DR. W. HOFMANN · KAUTSCHUK-TECHNOLOGIE

# KAUTSCHUK-TECHNOLOGIE

DR. WERNER HOFMANN

GENTNER VERLAG STUTTGART

Für

RUTH

REGINE, SUSANNE, ANNEGRET



Gesamtherstellung Vereinigte Buchdruckereien A. Sandmaier & Sohn, Bad Buchau

ISBN 3 87247 262 3

# Vorwort

„Alles fließt", „Stillstand ist Rückschritt", diese alten Weisheiten gelten auch für die Kautschuk-Technologie. Wenn auch die Gummi-Industrie zu den „alt eingesessenen" Industrien zählt, denen man gern Konservatismus bescheinigt, so hat sich doch gerade diese in den letzten Jahrzehnten progressiv entwickelt. Der Synthesekautschuk feiert in dem Jahr der Entstehung dieses Buches seinen 70. und der Buna seinen 50. Geburtstag. Die Weiterentwicklung bis heute, die z. T. stürmisch verlief, hat das kautschuktechnologische Denken verändert. Das Wissensgebiet der Kautschuk-Technologie hat sich auf fast allen Teilgebieten stark ausgeweitet.

Die letzte Gesamtdarstellung der Kautschuk-Technologie in deutscher Sprache, das „Kautschuk-Handbuch" in fünf Bänden, herausgegeben von S. BOSTRÖM, erschien in den Jahren 1958-1962. Seit dem Beginn der Herausgabe dieses Werkes sind über 20 Jahre vergangen, in denen eine Vielzahl von Synthese-Kautschuk-Typen, Kautschuk-Herstellungsverfahren, Kautschuk-Chemikalien, Verarbeitungstechnologien, Konstruktionen, Analysen oder Prüfmethoden neu oder weiter entwickelt wurden. Manche alte und vertrautgewordene Vorstellung mußte aufgrund neuerer Erkenntnisse modifiziert oder sogar völlig aufgegeben werden. Die früher klaren Definitionen der Kautschuk- und Elastomerbegriffe erweisen sich heute als nicht mehr eindeutig, seit sich die Grenzen zwischen den Elastomeren und Plastomeren und zwischen den Elastomeren und Duromeren immer stärker verwischt haben. Neuere Entwicklungen haben solche strukturellen Modifikationen des Kautschuks ermöglicht, daß er in früher nicht bekannte Grenzbereiche hineinwachsen konnte, in denen aber die Zuordnung zur Kautschuk- oder Kunststoff-Technologie problematisch wird.

Deshalb ist es an der Zeit, das Wissen auf dem Gebiet der Kautschuk-Technologie wieder einmal zusammenzufassen. Hierbei wäre es ideal, wenn man den Film über die ständig weiterlaufende kautschuktechnologische Entwicklung einmal an einer Stelle anhalten und den gerade eingetretenen stationären Zustand in Form eines Buches vollständig beschreiben könnte. Auch wenn dieses Vorhaben von einem einzigen Autor kaum zu realisieren ist, habe ich den Versuch gewagt. Dabei habe ich mich bemüht, neben herkömmlichem, den jeweils aktuellsten mir zugänglichen Stand der Entwicklungen und Erkenntnisse zu berücksichtigen. Mein Hauptanliegen war es, alles möglichst kurz und knapp zu beschreiben, um die wesentlichen Teilbereiche in einem Band abhandeln und übersichtlich präsentieren zu können. Durch eine ausführliche Bibliographie soll dem Leser das weiterführende Studium einzelner Teilbereiche erleichtert werden. Die Bibliographie wird, soweit notwendig und möglich, jeweils unterteilt in allgemeine

Übersichtsliteratur und solche spezielle Literaturstellen, die im Text zitiert werden.
Ein Vorläufer für diese Darstellung war meine Habilitation über „Kautschuk-Technologie" an der Rheinisch-Westfälischen Technischen Hochschule in Aachen, die als Umdruck meinen Hörern den Zugang zu diesem Sachgebiet erleichtern sollte. Hierin wurde vor allem auf das Werkstoffverständnis und die Kenntnis der Verarbeitungstechnologie Wert gelegt. Zusätzlich wurden Ausarbeitungen für die „Enzyklopädie der technischen Chemie", der Ullmann-Redaktion des Verlages Chemie, Weinheim, für das Stichwort „Kautschuk" sowie andere Publikationen, gegebenenfalls auch aus Firmenschriften, sowie Biliographien herangezogen. Dabei habe ich mich um völlig firmenneutrale Darstellung bemüht.

Um der Manuskriptlänge willen habe ich bevorzugt die heute zumeist eingebürgerten Kurzzeichen für verschiedene Kautschukklassen (nach ASTM bzw. ISO) bzw. Vulkanisationsbeschleuniger und Alterungsschutzmittel (nach WTR) und, wo solche nicht vorlagen, Kurzzeichen nach eigenem Ermessen verwendet.

Dosierungsangaben werden stets in phr angegeben; gemeint sind hier Gewichts-Teile auf 100 Gewichts-Teile Kautschuk.

Ein Buch dieser Art kann und will nicht persönliche Erfahrung ersetzen; es soll vielmehr einerseits der nachwachsenden Kautschuk-Technologen-Generation als Lehrbuch das rasche Eindringen in diese Materie erleichtern, und soll andererseits dem Erfahrenen als Fachbuch und Nachschlagewerk für die verschiedensten Sachbereiche dienen und ein rascheres Auffinden der Originalliteratur ermöglichen. Wenn dies gelungen sein sollte, dann war es den Versuch, eine zusammenfassende Darstellung der Kautschuk-Technologie zu gestalten, wert.

Ein erster Manuskriptentwurf dieses Buches wurde während meiner Tätigkeit bei der BAYER AG erstellt, der ich für diese Möglichkeit sowie die der Verwertung zahlreicher Informationen danke. Auch bin ich meinen früheren Kollegen für zahlreiche Diskussionen dankbar. Folgenden Technologen danke ich für die freundliche Durchsicht von Teilmanuskripten dieses Buches: Dr. RUDOLF CLAMROTH und HAGEN KRAMER, Prüfung; Dr. HEINZ ESSER, Latex-Verarbeitungstechnologie; Dr. GLANDER, Naturkautschuk; H. J. GOHLISCH, Extruder; H. W. LEENDERS und HERMANN OSTROMOW, Analytik; Dr. HORST-ECKART TOUSSAINT, Füllstoffe; Frau GERTRUT WÜLFKEN, Faktis, sowie Korrekturlesen; Dr. KONRAD ZIERMANN, Reifen. Den Firmen BERSTORFF, TROESTER, WERNER und PFLEIDERER sowie Dr. KÜTTNER danke ich für die Überlassung von Bildmaterial. Meiner jetzigen Firma BF GOODRICH Chemical, Europa, bin ich dafür dankbar, daß sie mir die Fertigstellung des Buches ermöglicht hat.

Dr. WERNER HOFMANN

## Inhaltsübersicht

Seite

Seite

Seite

Seite

Seite

Seite

Seite

Seite

Seite

Seite

Seite

Seite

Seite

Seitè

Seite

Seite

# Kautschuktechnologie

## 1. Einleitung und Definition

### 1.1. Einleitung [1.1.–1.24.]

Die Ausgangsstoffe für die Herstellung von Elastomeren sind Kautschuke.

Die Klasse der Kautschuke gehört, wie auch die Metalle, Fasern, Beton, Holz, Kunststoffe und Glas zu den Werkstoffen, ohne die eine moderne Technologie undenkbar wäre. Zur Zeit werden jährlich mehr als 13 Millionen Tonnen dieses Materials verarbeitet, zu denen noch einmal mehr als 13 Millionen Tonnen von Zusatzstoffen kommen, und die benötigte Menge steigt Jahr für Jahr um etwa 4%. Etwa ein Drittel des in der Welt verarbeiteten Kautschuks ist noch Naturkautschuk, der von Plantagen oder Smallholders in Malaysia, Indonesien oder anderen Ländern in Süd-ost-Asien sowie aus West-Afrika, Süd- und Zentral-Amerika erzeugt wird. Die restlichen zwei Drittel des benötigten Kautschuks werden in einer Vielzahl von Industrie-Staaten über die ganze Welt verstreut, synthetisch hergestellt. Ausgangsrohstoff hierfür ist heute noch zumeist das Erdöl.

Mehr als die Hälfte des in der Welt erzeugten Natur- und Synthese-Kautschuks wird für die Herstellung von Autoreifen benötigt. Der Rest der Weltkautschuk-Erzeugung wird zur Herstellung einer außerordentlichen Vielfalt von Industrie-Produkten und Gebrauchsgütern eingesetzt für Gummiteile, die von Motorauflagern und Kraftstoffschläuchen bis zu Fensterprofilen und von schweren Fördergurten bis zu Membranen für künstliche Nieren reichen.

Die besonders hervorstechende Eigenschaft der Elastomeren ist ihr elastisches Verhalten nach Druck- oder Zugdeformation; sie lassen sich z. B. bis zum Zehnfachen ihrer Ausgangslänge dehnen und springen nach Entlastung im Idealfall wieder völlig auf die Ausgangsform und -länge zurück. Darüber hinaus sind sie gekennzeichnet durch große Zähigkeit bei statischer und dynamischer Belastung, durch eine Abriebfestigkeit, die höher ist als die von Stahl, durch Luft- und Wasserundurchlässigkeit sowie in vielen Fällen durch Quell- und Chemikalienresistenz, sowohl bei Raum- als auch bei hohen Einsatztemperaturen und gegebenenfalls bei jedem Wetter sowie in ozonreicher Atomsphäre.

Kautschuke haben ferner die Fähigkeit sowohl Textilien als auch Metalle miteinander zu verbinden. In Kombination mit Textilien (z. B. Reyon, Polyamid, Polyester, Glas- oder Stahlcord) wird je nach Art des Festigkeitsträgers die Zugfestigkeit bei Abnahme der

Dehnbarkeit erheblich erhöht, wodurch die Einsatzmöglichkeit der Elastomeren erweitert wird. Beim Binden von Metallen mit Elastomeren erhält man Körper, die die Elastizität des Kautschuks mit der Starrheit der Metalle kombiniert, was für zahlreiche Konstruktionen von großer Bedeutung ist.

Der Grad des bei Elastomeren erzielbaren Eigenschaftsbildes wird hauptsächlich bestimmt durch die Wahl der Kautschukart und die Mischungszusammensetzung sowie auch durch die Herstellungsart und die Formgebung des Artikels. Im Gegensatz zu den meisten anderen Konstruktionswerkstoffen, wie den Metallen und vielen Kunststoffen, bei denen Rohstoff und Fertigteil weitgehend gleiche Eigenschaften aufweisen, unterscheiden sich Elastomere und die zu ihrer Herstellung erforderlichen Kautschuke wesentlich voneinander. Ein werkstoffgerechtes Eigenschaftsbild von Elastomeren wird erst durch das Compoundieren von Kautschuken mit Chemikalien und Zuschlagstoffen, von denen insgesamt ca. 20 000 verschiedene Substanzen zur Verfügung stehen, ermöglicht. Da hierbei nicht alle Eigenschaften gleichzeitig maximale Werte aufweisen, sondern meist mit der Verbesserung einer Eigenschaft Abstriche bei anderen gemacht werden müssen, geht es bei der Rezepturplanung um Optimierungsprozesse.

## 1.2. Der Kautschukbegriff

[1.4., 1.15.–1.18., 1.25.–1.29.]

Der erste als „Kautschuk"*) bekanntgewordene Stoff ist ein aus Pflanzensäften (bevorzugt aus der Hevea Brasiliensis) gewonnenes Polyisopren, das man heute zur Abgrenzung von synthetisch hergestellten Produkten als Naturkautschuk (NR) bezeichnet. Dieses läßt sich durch Reaktionen mit Schwefel in der Hitze vernetzen (vulkanisieren), wobei es eine Zustandsänderung erfährt. Es geht von dem ursprünglichen klebrigen und überwiegend plastischen in den hochelastischen Zustand über. Aus Kautschuk wird ein Elastomer oder Gummi.

Im Zuge der Entwicklung synthetischer Analoga zum NR fand man zunächst andere, ähnlich aufgebaute Stoffe, die sich ebenfalls mit Schwefel zu Elastomeren vernetzen lassen.

Einer solchen Schwefelreaktion sind nur solche makromolekularen Stoffe zugänglich, die ungesättigte Gruppen in ihrem Polymermolekül tragen, die also ganz oder teilweise aus Dienmonomereinheiten bestehen. Solche Stoffe sind z. B. Polyisopren, Polybutadien, Polychlorbutadien, Styrol-Butadien-, Acrylnitril-Butadien-Copolymere u.a.

---

*) abgeleitet von dem indianischen Wort caa-o-chu, weinender Baum.

Diese erste Gruppe von Synthesekautschuken (SR) wurde bald erweitert durch das Auffinden anderer makromolekularer Substanzen, die zwar nicht mit Schwefel reaktiv sind, die sich aber mit anderen Vernetzungsmitteln in analoger Weise zu Elastomeren umwandeln lassen.

Der Begriff „Kautschuk" steht demgemäß heute für eine Vielzahl von makromolekularen Stoffklassen, die sich alle z. T. mit unterschiedlichen Systemen weitmaschig vernetzen lassen.

Außer der weitmaschigen Vernetzbarkeit erfüllen die Kautschuke noch weitere Bedingungen:

Sie bestehen bevorzugt aus langen Kettenmolekülen, die in Knäuelform vorliegen, und die durch Einwirkung einer kleinen Kraft streckbar sind.

Die molekularen Einzelsegmente sind frei beweglich und führen demgemäß eine mikroBROWN'sche Bewegung aus. Diese ermöglicht u. a. nach einer Dehnung der Makromoleküle in eine statistische Ordnung (unwahrscheinlicher Zustand), einen Rückgang in die ideale statistische Unordnung (mit maximaler Entropie).

Thermodynamisch erfolgt eine solche Deformation im Idealfall ohne Änderung der inneren Energie, d. h. in der Gleichung

$$dF = dU - TdS$$

(F = freie Energie, U = innere Energie, T = absolute Temperatur und S = Entropie) wird im Falle idealer Kautschukelastizität)

$$dU = O,$$

was zur Folge hat, daß

$$dF = - TdS$$

wird. Das bedeutet, daß im Idealfall bei einem kautschukelastischen Vorgang eine reine Entropieänderung vorliegt. Dies ist bei NR und einigen SR-Typen im Bereich kleiner Deformationen angenähert gegeben. Im Idealfall erhält man also nach Aufhebung eines Zwanges einen spontanen und vollständigen Rückgang einer Deformation.

Aufgrund der Entropieänderung erhält man bei raschem Dehnen eine Wärmeentwicklung; beim Entlasten wird die Wärme vollständig wieder verbraucht (Energiebilanz = Null). Bei eventueller Abkühlung des Kautschuks nach einer Deformation, d. h. nach Abführen der Entropiewärme, kann der deformierte Zustand eingefroren werden; nach Erwärmen wird die Deformation wieder reversibel.

Bei Raumtemperatur soll ein Kautschuk weitgehend in amorphem Zustand vorliegen, damit nicht durch Kristallisation eine Beeinträchtigung der freien Beweglichkeit der Makromoleküle eintritt, wodurch der Stoff weniger sprungelastisch, sondern mehr oder weniger starr oder steif würde. Das bedeutet:

Die Einfriertemperatur (Glasumwandlungstemperatur, $T_G$) eines Kautschuks muß niedriger als die Umgebungstemperatur sein; sie sollte möglichst unter –50° C liegen.

Ein Kautschuk soll ferner eine möglichst breite Molekularmassenverteilung aufweisen, damit er auf Kautschukverarbeitungsmaschinen verarbeitbar ist.

Bei höheren Temperaturen, langfristiger oder sehr starker Deformationsbeanspruchung erweist sich Kautschuk als plastisch.

Nach diesen Ausführungen sind Kautschuke:
makromolekulare Stoffe, die bei Raumtemperatur amorph sind, eine niedrigere Glasumwandlungstemperatur aufweisen als die Umgebungstemperatur, weitmaschig vernetzbar sind und im weitmaschig vernetzten Zustand Elastomere darstellen. Hierbei ist es gleichgültig, ob die Vernetzung mit Schwefel oder durch einen vergleichbaren chemischen oder physikalischen Prozeß erhalten wird. Die meisten Kautschuke weisen infolge der Streckbarkeit verknäuelter Makromoleküle bei Raumtemperatur eine beachtliche Kautschukelastizität und bei erhöhten Temperaturen durch Fließerscheinungen eine zunehmende Thermoplastizität auf.

Beispielsweise kann Polyäthylen, auch wenn es weitmaschig vernetzbar ist, nicht als Kautschuk angesehen werden, da es bei Raumtemperatur kristallisiert ist und erst bei höheren Temperaturen, dem Auftaubereich, eine elastomere Phase durchläuft. Durch Störung der Kristallisation, z. B. durch Chlorierung oder Sulfochlorierung von Polyäthylen oder durch Mischpolymerisation von Äthylen mit Propylen oder anderen Comonomeren kann man zu Stoffen gelangen, die vernetzbar sind, deren Auftaubereiche unterhalb von Raumtemperatur liegen, die also bei Raumtemperatur amorph sind und die demgemäß Kautschuke darstellen und als solche erhebliche Bedeutung besitzen.

Die meisten SR-Typen unterscheiden sich in ihrem chemischen Aufbau von NR. Aus diesem Grund weisen sie entsprechend ihrer Zusammensetzung jeweils ein eigenständiges kautschuktechnologisches Eigenschaftsbild auf.

Hierbei spielt neben der chemischen Zusammensetzung der Polymeren wie Homo-, Co- und Terpolymerisaten, Polykondensaten und Polyaddukten insbesondere auch ihre molekulare Struktur wie z. B.

Molekularmasse,
Molekularmassenverteilung,
Anzahl von Doppelbindungen,
Doppelbindungen in der Haupt- oder Seitenkette,

Anzahl und Länge der Seitengruppen,
Vorvernetzungsgrad,
cis-trans-Isomerie,
Kopf-Schwanz-Anordnungen,
Verteilung der Monomeren wie Block- bzw. Randomanordnung (statistische Verteilung),
gegebenenfalls auch die Taktizität usw.

eine mehr oder weniger entscheidene Rolle.

Die Mehrzahl der SR-Typen ermöglicht die Herstellung von Fertigartikeln, die in bestimmten Eigenschaften aus NR hergestellte Vulkanisate deutlich übertreffen. Wegen dieser speziellen Eigenschaften ist die Bedeutung von SR in den letzten 20 Jahren stark gewachsen, und die Vielfalt der erforderlichen Produktklassen so groß geworden, daß heute für die meisten speziellen Einsatzgebiete der Elastomeren geeignete Rohstoffe zur Verfügung stehen.

Definitionsgemäß ist Kautschuk nur der Rohstoff, aus dem das Fertigerzeugnis Gummi hergestellt wird. Hierzu ist es im Gegensatz zu vielen Kunststoffen erforderlich, daß dem Kautschuk eine Vielzahl unterschiedlicher Mischungsbestandteile zugesetzt werden, insbesondere Vernetzungschemikalien, Alterungsschutzmittel, Füllstoffe, Weichmacher, Pigmente und andere.

Dem Mischungs- und Verarbeitungsvorgang schließt sich der Vernetzungs- oder Vulkanisationsvorgang an.

## 1.3. Der Gummi- und Elastomerbegriff
[1.4., 1.15.–1.18., 1.25.–1.29.]

Während die vernetzbaren Ausgangsprodukte als Kautschuke definiert werden, bezeichnet man die weitmaschig vernetzten hochelastischen Endprodukte als „Elastomere" oder „Weichgummi". Beide Begriffe sind inhaltsgleich (DIN 7724) und werden im Rahmen dieser Ausführungen als synonym betrachtet. Vielfach wird auch der Herstellungsbegriff „Vulkanisat" verwendet. Diese Begriffe sind in verschiedenen Normen unterschiedlich definiert [1.25.–1.29.]

Im Gegensatz zu kautschukelastischen Stoffen, die nach den Ausführungen des vorhergehenden Kapitels infolge ihrer noch nicht fixierten Struktur, insbesondere bei höheren Temperaturen und / oder bei Deformationsbeanspruchungen, vollständig plastisch verformbar sind, entfällt das plastische Zustandsgebiet bei gummielastischen Stoffen infolge der durch Vernetzung und Ausbildung eines dreidimensionalen Netzwerkes entstandenen strukturellen Fixierung der Makromoleküle. Sie können nur noch bei chemischer oder physikalischer Veränderung ihrer Struktur (z. B. Chemorheologische Effekte durch Alterung, Zersetzung, Umlagerung usw.)

durch Lösen von chemischen oder physikalischen Vernetzungsstellen plastisch verformt werden. Diese durch die Vernetzung bedingten Unterschiede im deformationsmechanischen Verhalten ermöglichen eine klare Abgrenzung zwischen den „kautschukelastischen Plastomeren“ und den „gummielastischen Elastomeren“.

Die Elastomeren nehmen aufgrund der weitmaschigen Vernetzung des Kautschuks eine Zwischenstellung zwischen dem noch unvernetzten Kautschuk (Plastomer) und dem engmaschig vernetzten Hartgummi (Thermoelast) bzw. Duromeren ein. (Vgl. Abb. 1.1).

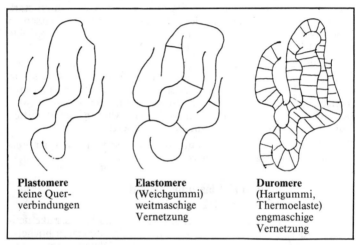

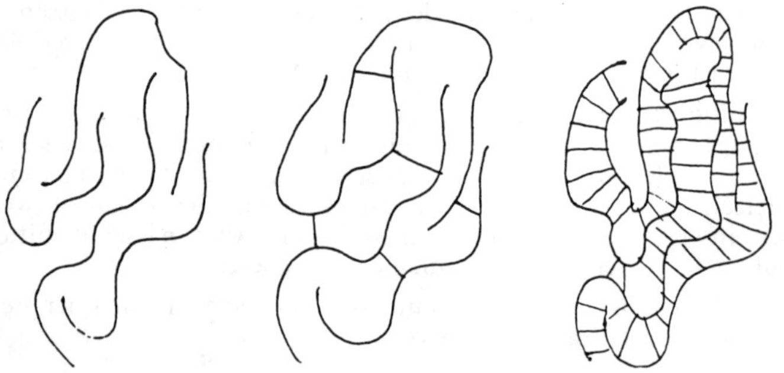


**Abb. 1.1:** Vernetzung von Kautschuk

Die Begriffe Plastomere und Kautschuk, Elastomere, Thermoelaste sowie Duromere beschreiben hiernach jeweils bestimmte Zustände von makromolekularen Stoffen (DIN 7724).

Betrachtet man die Abhängigkeit des Elastizitätsmoduls von Plastomeren (Kautschuk), Elastomeren und Duromeren, so kommt man zu folgenden Feststellungen (vgl. Abb. 1.2).

Im Idealfall ändert sich der Elastizitätsmodul eines Duromeren mit der Temperatur nicht sprunghaft. Ein Plastomer erfährt dagegen nach einer einem Duromeren ähnlichen Kurve im Auftaubereich ein thermoplastisches Fließen, wobei der Elastizitätsmodul angenähert auf Null abfällt. Bei Elastomeren tritt im Vergleich dazu nach einer Erweichung im Auftaubereich eine elastomere Phase ein, bei

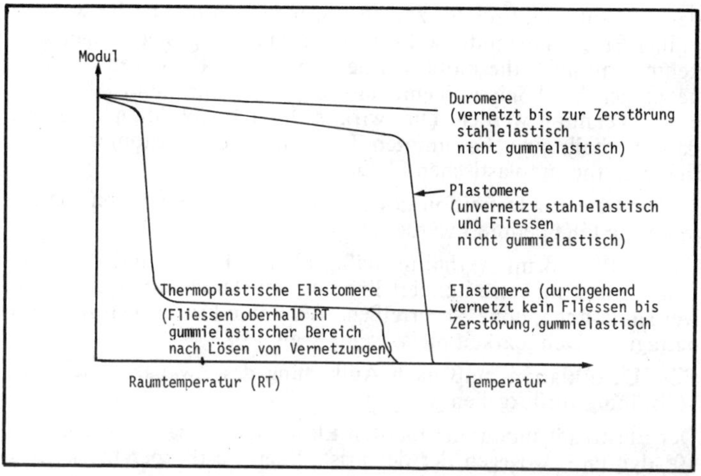


**Abb. 1.2:** Abhängigkeit des Elastizitätsmoduls von Duromeren, Plastomeren, Elastomeren und thermoplastischen Elastomeren von der Temperatur.

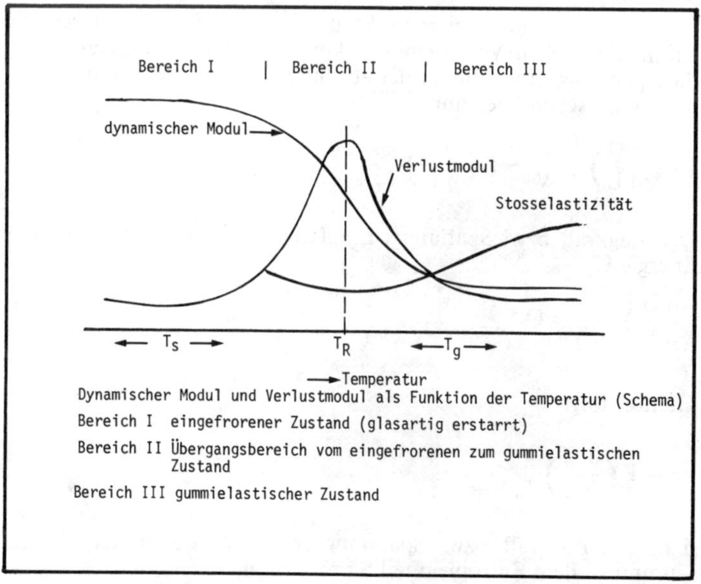


**Abb. 1.3:** Verhalten von Elastizitätsmodul und Dämpfung von Elastomeren in Abhängigkeit von der Temperatur.

der der Stoff praktisch bis zur Zerstörung einen mehr oder weniger hohen Elastizitätsmodul aufweist (vgl. Abb. 1.3). Seit einiger Zeit kennt man auch thermoplastische Elastomere, bei denen die Vernetzungen bei höheren Temperaturen gelöst und beim Abkühlen erneut geknüpft werden. Dies wirkt sich nach Abbildung 2 so aus, daß oberhalb einer bestimmten Temperatur die elastomere Phase in einem thermoplastischen Fließen endet.

In Analogie zur Definition des Kautschukbegriffes können Elastomere wie folgt definiert werden:

Der Stoff muß mit verhältnismäßig kleiner Kraft mindestens um 100%, meist mehrere hundert Prozent, der Ausgangslänge gedehnt werden können, ohne zu zerreißen. (Bei festen kristallinen Körpern beträgt die Dehnbarkeit meist weniger als 1%).

Eine Deformation muß nach Aufhebung des Zwanges rasch und vollständig zurückgehen.

Der Elastizitätsmodul der meisten Elastomeren liegt zwischen $10^6$–$10^8$ dyn/cm$^2$, wogegen der der kristallinen Festkörper meist etwa $10^{10}$–$10^{13}$ dyn/cm$^2$ und mehr beträgt.

Die Dehnung in idealen gummielastischen Stoffen erfolgt ohne Volumenänderung.

In idealen gummielastischen Stoffen ist im Temperaturbereich gummielastischen Verhaltens bei konstantem Dehnungsverhältnis die Spannung proportional der absoluten Temperatur. In der thermodynamischen Gleichung

$$\gamma = \left(\frac{\delta U}{\delta L}\right)_{T,V} - T\left(\frac{\delta S}{\delta L}\right)_{T,V}$$

($\gamma$ = Zugkraft bzw. Spannung, L = Länge) wird hierbei die innere Energie U

$$\left(\frac{\delta U}{\delta L}\right)_{T,V} = O$$

Hieraus folgt

$$\gamma = -T\left(\frac{\delta U}{\delta L}\right)_{T,V}$$

d. h. die Zugkraft bzw. Spannung in einem gedehnten idealen Gummi ist dem Entropieanteil S proportional.

Elastomere sind also weitmaschig im allgemeinen thermostabil vernetzte, makromolekulare Stoffe, die sich durch Einwirkung einer geringfügigen Kraft bei Raumtemperatur um mindestens das Doppelte ihrer Ausgangslänge dehnen lassen und die nach Aufhebung des Zwanges wieder rasch und praktisch vollständig in die ursprüngliche Form zurückkehren.

Bei thermoplastischen Elastomeren handelt es sich um makromolekulare Stoffe, die „amorphe“ Molekularsegmente mit Auftaubereichen unterhalb Umgebungstemperatur und kristalline Segmente mit Auftaubereichen oberhalb Umgebungstemperatur enthalten. Die amorphen Anteile wirken wie elastische Federn, und die kristallinen Segmente verschiedener Makromoleküle bilden gemeinsam physikalische Vernetzungen, die bei höheren Temperaturen schmelzen; dadurch kann das Elastomere plastisch verformt werden, und es bildet sich beim Abkühlen zurück (vgl. S. 207).

## 1.4. Der Vulkanisationsbegriff [1.4., 1.15.–1.18., 1.25.–1.29.]

Vulkanisation ist der Vorgang, bei dem der vorwiegend thermoplastische Kautschuk in den gummielastischen oder hartgummiähnlichen Zustand übergeht [1.5.] (s. Abb. 1.1, S. 40). Diesen Vorgang, der durch Verknüpfung von Makromolekülen an ihren reaktionsfähigen Stellen erfolgt, nennt man auch Vernetzung.

Unter dem Begriff Vulkanisation versteht man aber nicht nur die Vernetzungsreaktion, sondern auch das Verfahren, das zu seiner Erzielung angewandt wird.

Solange nur NR und seinem Aufbau ähnliche SR-Typen bekannt waren, die mit Schwefel vulkanisierbar sind, verwendete man für den Vernetzungsprozeß praktisch nur den historisch bedingten Begriff „Vulkanisation“. Mit der Einführung neuartiger hochmolekularer Substanzen, die nicht mit Schwefel reagieren, sondern nach anderen Mechanismen vernetzt werden müssen, erkannte man, daß die Schwefelvulkanisation lediglich ein Spezialfall der viel allgemeineren „Vernetzung“ ist, deren Durchführung und Verlauf außerordentlich vielfältig sein kann. Manche Autoren halten auch heute noch an einer Abgrenzung der Begriffe „Vulkanisation“ und „Vernetzung“ fest, indem sie den ersteren nur für die Vernetzung mit Schwefel und Schwefelspendern, den letzteren dagegen der schwefelfreien Vernetzung vorbehalten. In einer Zeit, in der die Begriffe Kautschuk und Elastomer im oben definierten Sinne verallgemeinert werden, ist es nicht mehr sinnvoll begriffsmäßig zwischen Vulkanisation und Vernetzung zu unterscheiden. Im Rahmen dieser Ausarbeitung werden daher beide Begriffe als inhaltsgleich angesehen.

Die Vulkanisationsreaktionen sind in erheblichem Maße von der Art der eingesetzten Vulkanisationschemikalien, dem angewandten

Vulkanisationsprozeß, der Temperatur und der Reaktionszeit abhängig. Die Anzahl der gebildeten Vernetzungsstellen – Vulkanisationsgrad genannt – beeinflußt aber wiederum das gummielastische Verhalten sowie auch fast alle anderen Eigenschaften der Elastomeren. Deshalb ist die Art und Weise der Durchführung der Vulkanisation als dem Bindeglied zwischen Roh- und Fertigprodukt von entscheidender Bedeutung (vgl. S. 240 ff).

## 1.5. Der Mischungsbegriff [1.6., 1.7., 1.19., 1.20.]

Mit der Wahl der Kautschuktype und der Vernetzungsart ist das Eigenschaftsbild eines Gummiartikels nur zum Teil festgelegt. Denn NR und SR sind keine Werkstoffe im allgemein üblichen Wortsinn, sondern Grundstoffe, denen vor der Vulkanisation eine Vielzahl von Mischungsbestandteilen zugesetzt werden müssen.

Je nach Art und Menge der Kautschukchemikalien und Zuschlagstoffe sowie der Art und dem Grad der Vulkanisation kann man, ausgehend von ein und derselben Kautschuktype, Vulkanisate mit sehr unterschiedlichen Eigenschaften, wie Härte, Elastizität, Festigkeit u. a., herstellen. Trotzdem bleiben aber die für das Rohmaterial typischen Grundeigenschaften, wie z. B. Öl-, Benzin- und Alterungsbeständigkeit eines Polymerisates, auch in den verschiedenen daraus hergestellten Vulkanisaten erhalten.

## 1.6. Literatur über Allgemeines und Definitionen

### 1.6.1. Allgemeine Literatur


[1.1.] P. W. ALLEN: Natural Rubber and the Synthetics. Verlag Crosby Lockwood, London 1972, 255 S.

[1.2.] J. Le BRAS: Grundlagen der Wissenschaft und Technologie des Kautschuks, Verlag Berliner Union, Stuttgart 1956.

[1.3.] A. S. CRAIG: Rubber Technology, Verlag Oliver & Boyd, Edinburgh 1963, 222 S.

[1.4.] H. G. ELIAS: Makromoleküle, Struktur, Eigenschaften, Synthesen, Stoffe. Verlag Hüthig & Wepf, Heidelberg 1971, 856 S.

[1.5.] W. HOFMANN: Vulkanisation und Vulkanisationshilfsmittel. Verlag Berliner Union, Stuttgart 1965, 460 S. (engl. Ausgabe bei MacLaren, London–Palmerton–New York 1967).

[1.6.] W. HOFMANN: Kautschuk-Technologie. Habilitationsschrift am Institut für Kunststoffverarbeitung an der Rheinisch-Westf. Techn. Hochschule Aachen. Selbstverlag. Aachen 1975.

[1.7.] W. KLEEMANN: Einführung in die Rezepturentwicklung der Gummi-Industrie. 2. Aufl. Deutscher Verlag für Grundstoff-Industrie Leipzig 1966. 630 S.

[1.8.] P. KLUCKOW, F. ZEPLICHAL: Chemie und Technologie der Elastomere. 3. Aufl., Verlag Berliner Union, Stuttgart 1970, 593 S.

[1.9.] H. KOLB, J. PETER: Natürliche und synthetische Elastomere, in: Winnacker-Küchler, Chemische Technologie, 3. Aufl., Hanser-Verlag, München, Bd. 5, S. 142–251, 1972.

[1.10.] G. KRAUS: Reinforcement of Elastomers. Verlag Interscience Publ., New York 1965, 611 S.

[1.11.] H. LOGEMANN in: Houben-Weyl, Methoden der organischen Chemie, Bd. XIV/1 (1961), G. Thieme Verlag, Stuttgart.

[1.12.] M. MORTON: Rubber Technology. 2. Aufl. Verlag Van Nostrand. Reinhold, New York 1973, 603 S.

[1.13.] P. SCHIDROWITZ, T. R. DAWSON: History of the Rubber Industry. Verlag Heffer & Sons, Cambridge 1952.

[1.14.] H. J. STERN: Rubber-Natural and Synthetic. 2. Aufl., MacLaren, London-Elsevier, Amsterdam 1967, 419 S.

[1.15.] H. A. STUART: Die Physik der Hochpolymeren, Bd. IV, Springer-Verlag, Berlin–Göttingen–Heidelberg 1956.

[1.16.] A. V. TOBOLSKI (u. M. HOFFMANN): Mechanische Eigenschaften und Struktur von Polymeren: Verlag Berliner Union, Stuttgart 1967.

[1.17.] Das wissenschaftliche Werk von Hermann Staudinger (Hrsg. M. STAUDINGER). Verlag Hüthig & Wepf, Basel 1969, 850 S.

[1.18.] Encyclopedia of Polymer Science and Technology (Hrsg. F. MARK, N. G. GAYLORD, N. M. BIKALES), Bd. 12, Verlag Interscience Publ. New York 1970.

[1.19.] Kautschuk-Handbuch (Hrsg. S. BOSTRÖM), Bd. 1–5. Verlag Berliner Union, Stuttgart 1959–1962.

[1.20.] W. HOFMANN, S. KOCH et al. (Hrsg. BAYER AG): Kautschuk-Handbuch. Verlag Berliner Union – Kohlhammer, Stuttgart 1971, 1026 S.

[1.21.] Rubber Technology and Manufacture (Hrsg. G. M. BLOW). Verlag Butterworth, London 1971.

[1.22.] Synthetischer Kautschuk, Darstellung einer Industrie. Intern. Inst. of Synthetic Rubber Producers, New York–Brüssel 1973, 96 S.

[1.23.] Ullmanns Enzyklopädie der Technischen Chemie, 4. neubearbeitete und erweiterte Auflage, Verlag Chemie Weinheim 1977, Bd. 13, W. HOFMANN: Kautschuk, S. 581.

[1.24.] Kautschuk-Lexikon, K. F. HEINISCH, A. W. Gentner-Verlag, Stuttgart, 2. ergänzte und erweiterte Auflage, 1977.

### 1.6.2. Literatur über Definitionen

[1.25.] DIN 7724 u. Beiblatt. Gruppierung hochpolymerer Werkstoffe aufgrund der Temperaturabhängigkeit ihres mechanischen Verhaltens. Grundlagen, Gruppierung, Begriffe, vereinfachte Zusammenfassung. Hrsg.: DIN, Berlin: Beuth-Verlag. Feb. 1972.

[1.26.] ASTM D 1566–75a. Rubber and Rubber-like Materials. Hrsg.: ASTM. In: 1975 Annual Book of ASTM Standards. Part. 37. Philadelphia, Pa. 1975. S. 376–382.

[1.27.] ISO 1382. Rubber Vocabulary. Hrsg.: ISO Genf 1972.
[1.28.] Deutscher Gebrauchszolltarif. Hrsg.: Bundesminister der Finanzen. Köln: Verlag des Bundesanzeigers 1. Jan. 1976. Kap. 40, Vorschrift 4a, S. 646–647.
[1.29.] Th. Timm: Kautschuk u. Gummi: **16** (1963), S. 253.

# 2. Geschichte des Kautschuks [2.1.–2.11.]

Nachdem COLUMBUS in Europa als erster über ein in Mittelamerika vorkommendes elastisches Harz berichtet hatte, vergingen noch ca. 200 Jahre, bis die Franzosen LE CONDAMINE und FRESNAU das Interesse an diesem „Caoutchouc“ genannten Stoff weckten. Mitte des 18. Jahrhunderts wurde der erste Kautschuk, der durch Eintrocknen von milchähnlichem Latex gewonnen worden war, nach Europa transportiert. Zunächst wurde er durch Lösen in Lösungsmitteln zur Herstellung von Schläuchen (1761), Gummischuhen (1768), gummierten Stoffen (1783) usw. verarbeitet. Die Erfindung von schweren Plastifiziermaschinen (HANCOCK, 1821) ermöglichte es, Festkautschuk zu verarbeiten, ohne ihn vorher lösen zu müssen. Diese Erfindung sowie die spätere Entdeckung der Vulkanisation (GOODYEAR, 1839) erwiesen sich als entscheidend wichtig für die industrielle Verwendung des Naturkautschuks.

Brasilien erwarb sich eine Art Monopolstellung und versuchte mit allen Mitteln, diese Position zu behaupten. Es erließ ein Ausfuhrverbot für Samen und Pflanzen der „Hevea-Brasiliensis“. Trotzdem gelang es dem englischen Abenteurer HENRY WICKHAM 1876 etwa 70 000 Sämlinge vom Amazonas nach Europa zu schicken. Bald darauf konnten 1800 junge Pflanzen in Ostasien ausgesetzt werden. Aber erst 1900 wurden die ersten vier Tonnen Plantagenkautschuk ausgeliefert.

Der Bedarf an Kautschuk stieg weiter. die Erfindung der Luftbereifung durch THOMSON 1845 (bzw. DUNLOP 1888), der Bau der ersten Automobile, die Entwicklung der elektrotechnischen Industrie, des Apparatebaues, alles war von Kautschuk abhängig, weshalb man sich einerseits verstärkt um die Plantagenwirtschaft, andererseits um die Möglichkeit der synthetischen Herstellung bemühte.

Bereits im Jahre 1826 hatte Faraday erkannt, daß eine Substanz der Zusammensetzung $C_5H_8$ (Isopren) den Hauptbestandteil des Kautschuks bildet. 1860 beobachtete G. WILLIAMS, daß sich beim Erhitzen von Kautschuk unter Luftausschluß Isopren bildet, was auch G. BOUCHARDAT 1879 bei der Behandlung von Kautschuk mit rauchender Salpetersäure gelang. Das so erhaltene Isopren wurde bei längerem Stehen viskos und ging in eine kautschukelastische Masse über. Als es W. TILDEN gelang, durch Erhitzen von aus Terpentinöl gewonnenem Isopren ein ähnliches Reaktionsprodukt zu gewinnen, war der Weg zur Kautschuk-Synthese grundsätzlich geöffnet.

1900 machte der Russe J. KONDAKOW die bedeutende Beobachtung, daß auch ein 2,3-Dimethylbutadien durch längeres Lagern in eine polymere Substanz übergeht.

1906 faßte man bei den FARBENFABRIKEN VORM. FRIEDRICH BAYER & Co. in Elberfeld den weltwirtschaftlich überaus bedeutsamen Entschluß, sich der Synthese des Kautschuks zuzuwenden. Die Entdeckung von F. HOFMANN (1906–1909), daß die Wärmepolymerisation von synthetisch hergestellten Diolefinen (Isopren, 2,3-Dimethylbutadien und Butadien) zu elastischen Polymerisaten führte, war der Ausgangspunkt. 1910 wurde unabhängig und gleichzeitig von F. E. MATTHEWS und E. H. STRANGE in England und von C. D. HARRIES in Deutschland die Polymerisationskatalyse von Butadien mit Alkalien aufgefunden.

1914–1918 wurden in Leverkusen insgesamt 2350 t Methylkautschuk aus 2,3-Dimethylbutadien hergestellt, obwohl F. HOFMANN bereits erkannt hatte, daß aus dem damals schwieriger zugänglichen Butadien ein besseres Produkt gebildet werden konnte. Nach Kriegsende wurden die Arbeiten eingestellt.

Nach Gründung der I. G. FARBENINDUSTRIE begann 1926 eine sehr erfolgreiche Entwicklungsperiode in Deutschland. Ausgehend von Butadien, das aus Acetylen hergestellt wurde, entwickelte man zunächst die sog. Zahlenbuna-Typen mit Alkali-Metallen als Katalysator (1927). Der Name Buna ist eine Abkürzung von **Bu**tadien-**Na**trium. Ein bedeutender Fortschritt wurde durch Mischpolymerisation des Butadiens mit Styrol in Emulsion erzielt (1929). Diese Polymerisate bildeten die Grundlage für die später großtechnisch hergestellten und überaus wichtigen Buna-S- und Buna-SS-Typen. Mischpolymerisate aus Butadien und Acrylnitril zeigten als Vulkanisate eine hervorragende Öl- und Benzinbeständigkeit (1930). Diese sehr bedeutsamen Typen wurden zunächst Buna N und später Perbunan genannt. Ab 1935 wurden diese Kautschuktypen in einer Reihe spezieller Synthesekautschukfabriken großtechnisch fabriziert (Leverkusen, Schkopau, Ludwigshafen, Hüls).

In den zwanziger Jahren und Anfang der dreißiger Jahre wurde eine analoge Basis zur Herstellung von Butadienkautschuk auch in Rußland gelegt.

1930 wurde in den USA und der Schweiz aus Natriumpolysulfiden und Äthylenchlorid ein elastisches, gegen Aromaten beständiges Reaktionsprodukt erhalten, das unter dem Namen Thiokol im Handel ist und vorübergehend auch als Perduren hergestellt wurde. Dieser Kautschuk hat nur untergeordnete Bedeutung.

In den USA gelang es CAROTHERS 1931, aus 2-Chlorbutadien wetterbeständigen und flammwidrigen Chloroprenkautschuk herzustellen, der zunächst Duprene, später Neoprene genannt wurde und eine große Rolle spielt.

Eine weitere interessante Entwicklung führte 1937 bei der STANDARD OIL Co. zum Butylkautschuk, einem Mischpolymerisat aus Isobutylen mit wenig Isopren.

Vollständig neue Wege zur Herstellung von hochmolekularen Verbindungen mit kautschukelastischen Eigenschaften wurden seit 1937 von O. Bayer durch die Polyurethan-Chemie erschlossen.

In USA wurde 1942 die Produktion von GR-S (ein dem deutschen Buna S analoges Produkt) in regierungseigenen Fabriken aufgenommen.

Die in Deutschland 1939 entdeckte und 1943 halbtechnisch für die Styrol-Butadien-Polymerisation erprobte Redox-Aktivierung gestattete die Herstellung von Emulsionspolymerisaten bei tiefer Temperatur, wodurch die mechanischen Eigenschaften wesentlich verbessert werden können. Diese Arbeiten wurden nach 1945 in den USA fortgesetzt und führten zur Produktion des sog. Cold-Rubber.

1942 gelang der Dow-Corning Corp. und der General Electric (USA) die Herstellung von Siliconkautschuk.

Nach dem Krieg durfte erst 1951 die Produktion von synthetischem Kautschuk in der Bundesrepublik Deutschland wieder aufgenommen werden.

In neuerer Zeit wurden völlig andersartige Kautschuk-Sorten entwickelt, z. B. Fluor-Kautschuk für extreme Temperaturbeanspruchungen, cis-Polybutadien- und cis-Polyisopren-Kautschuk sowie Äthylen-Propylen-Kautschuk als ozonbeständige „gesättigte“ Kautschuk-Typen. Schließlich sind in jüngster Zeit auch thermoplastisch verarbeitbare Elastomere hinzugekommen.

### Literatur über Geschichte des Kautschuks


[2.1.] E. A. Hauser: A Contribution to the early History of India Rubber, India Rubber J. 94 (1937 Nr.18a, S.7).

[2.2.] L. Eck: Chronologischer Überblick über die frühe Geschichte des Kautschuks, Gummi-Zeitung **53** (1939), S. 1015, 1032; **54** (1940), S. 385.

[2.3.] B. S. Corvey, jr.: History and Summary of Rubber Technology, Hrsg.: M. Morton, New York 1939 (43 S.).

[2.4.] P. Schidrowitz; T. R. Dawson: History of the Rubber Industry, Hrsg.: Institute of Rubber Industries, Cambridge: Verlag Heffer & Sons 1952.

[2.5.] R. F. Dunbrock: Historical Review in Synthetic Rubber, Hrsg.: American Chemical Society, Division of Rubber Chemistry, New York 1954, S. 32–55.

[2.6.] J. Le Bras: Grundlagen der Wissenschaft und Technologie des Kautschuks, Verlag Berliner Union, Stuttgart, 1956.

[2.7.] W. Hofmann: Synthetischer Kautschuk – Klassifizierung, Geschichte, Wirtschaftliche Bedeutung, in: Kautschuk-Handbuch, Hrsg.: S. Boström, Verlag Berliner Union, Stuttgart, Bd. 1, S. 227–231.

[2.8.] F. A. Howard: Buna Rubber, The Bird of an Industry, New York, Verlag van Nostrand 1947, 307 S.

[2.9.] H. J. Stern: Rubber-Natural and Synthetic, 2. Aufl. London, Verlag MacLaren; Amsterdam, Elsevier 1967, Historical Introduction, S. 1–35.

[2.10.] H. J. Stern: History, in: Rubber Technology and Manufacture, Hrsg.: G. M. Blow, London 1971, S. 1–19 (vgl. [1.21.].

[2.11.] Synthetischer Kautschuk, Darstellung einer Industrie, Intern. Inst. of Synthetic Rubber Producers, New York, Brüssel 1973, 96 S.

# 3. Naturkautschuk, Festkautschuk (NR) [3.1.–3.19.]

## 3.1. Kautschukliefernde Pflanzen und Plantagen-Wirtschaft

Eine Vielzahl von Pflanzen enthält einen milchigen Saft, Latex genannt, der eine kolloidale Kautschukdispersion in wäßrigem Medium darstellt. Die Biosynthese des Kautschuks ist aufgeklärt. Sie verläuft über Mevalonsäure und Isopentyl-pyrophosphorsäure [3.20.–3.21.].

Diese kautschukführenden Pflanzen, von denen einige hundert Arten bekannt sind, gehören verschiedenen botanischen Familien an. Sie sind vor allem in der tropischen Zone stark verbreitet. Die wichtigsten Arten der Euphorbiaceen, der Moraceen, der Apocinaceen, der Asclepiadaceen und der Compositen sind in [3.20.-3.23.] aufgeführt.

Natürlich werden nicht alle Kautschukpflanzen industriell genutzt, weil entweder der Ertrag oder der Kautschukgehalt des Latex zu gering ist oder aber, weil der gewonnene Kautschuk durch Begleitstoffe wie Harze zu stark verunreinigt ist.

Zu Beginn der Plantagenwirtschaft wurden Ficus elastica, Funtumia, de Castilloa und Manihot angepflanzt. Jedoch wurden diese Plantagen rasch durch die der Hevea Brasiliensis verdrängt, deren Überlegenheit sowohl hinsichtlich des Ertrages als auch hinsichtlich der Qualität des Kautschuks sich bald herausstellte.

Die meisten und wesentlichsten Kautschukplantagen sind dementsprechend heute Anpflanzungen der Hevea Brasiliensis (kurz Hevea genannt, mit 20 Unterarten), einem etwa 20 m hohen Baum mit tiefreichender Pfahlwurzel. Erste Erträge sind frühestens nach sechs Jahren zu erwarten.

In modernen Plantagen werden nur veredelte, d. h. gepfropfte oder aus einer Saatauslese gezogene Setzlinge ausgepflanzt. Die Gesamtheit der Setzlinge, die mit Reisern vom gleichen Baum gepfropft wurden, nennt man einen „Clone". Durch Pfropfen mit besonders ertragreichen Clones hat man in einer Reihe von Plantagen eine Verdoppelung bis Vervierfachung des ursprünglichen Kautschukertrages von ca. 500 kg/ha erzielen können.

Die aussichtsreichste Methode zur Produktionserhöhung scheint zur Zeit die Stimulation des Latexflusses mit verschiedenen Chemikalien zu sein. Besonders geeignete Stimulantien sind 4-Amino-3,5,6-trichlor-picolinsäure und 2-Chloräthyl-phosphorsäure. Sie werden auf die Rinde aufgetragen, dringen in die Pflanze ein und spalten dort Äthylen ab [3.22.]. Bisher wird die Methode aber nur begrenzt angewendet.

### 3.2. Produzenten

Der heute größte NR-Produzent ist die Föderation von Malaysia, die 1979 einen Anteil von 43% an der Weltproduktion hatte (ca. 1,6 Mill. t). Diese Tonnage wurde zu etwa 55% auf nur 40 Großplantagen erwirtschaftet.

Nach Malaysia folgt Indonesien mit ca. 900 000 t 1979 (ca. 24% der Weltproduktion) bei etwa gleich großer Anbaufläche wie Malaysia.

Auch in Thailand (12,5%), Sri Lanka (4,1%), Indien (3,5%) und anderen asiatischen, afrikanischen und amerikanischen Ländern, wie z. B. Vietnam, Kambodscha, Burma, China, Philippinen bzw. Ghana, Zaire, Kamerun, Elfenbeinküste bzw. Brasilien, Guatemala, Mexiko und noch weiteren in einem Streifen von etwa 10° nördlich und südlich des Äquators wird NR gewonnen mit im allgemeinen in letzter Zeit deutlich vermehrten Anstrengungen auch hinsichtlich verbesserter Aufbereitung des Latex von Kleinpflanzungen. Die Welterzeugung betrug 1978 etwa 3 715 000 und 1980 rund 4 Millionen Tonnen.

### 3.3. Zapfung des Latex

Der Latex ist in einem Netz von Kapillar- oder Milchsaftröhren enthalten, die in allen Teilen der lebenden Pflanze vorkommen und deren Scheidewände Latex absondern. In der Hevea sind diese Milchsaftgefäße in der Rinde zu vorwiegend vertikalen, konzentrisch angeordneten Bündeln vereinigt. Diese Bündel treten am zahlreichsten in der Nähe des Cambiums (lebendes Zellgewebe) in einer Zone von 2–3 mm Stärke auf. Ihr Durchmesser schwankt zwischen 20 und 50 $\mu$m. Schneidet man die Rinde eines Baumes ein, so fließt der Latex längs der Kerbe aus. Dieses Fließen hört nach zwei bis fünf Stunden auf, und der Latex koaguliert schließlich auf dem Einschnitt. Nach dem Zapfen bildet sich rasch neuer Latex, so daß in den folgenden Tagen wieder gezapft werden kann.

Die am häufigsten verwandte Zapfmethode ist die „halbe Spirale", wobei jeden zweiten Tag gezapft wird (Methode S2/d2). Dabei wird die Rinde mit einem gekehlten Messer etwa 0,5 mm dick bis 1–2 mm vor dem Cambium abgenommen. Sehr geübte Zapfer sind auch in der Lage, eine volle Spirale um den ganzen Stamm anzubringen. Diese diffizile Zapfart wird mit S1/d4 bezeichnet, entsprechend einer vollen Spirale jeden vierten Tage.

### 3.4. Gewinnung von NR aus Latex

Der größte Anteil des gezapften Latex wird zu Festkautschuk aufbereitet. Dazu ist kein Konzentrieren des Latex erforderlich (zur

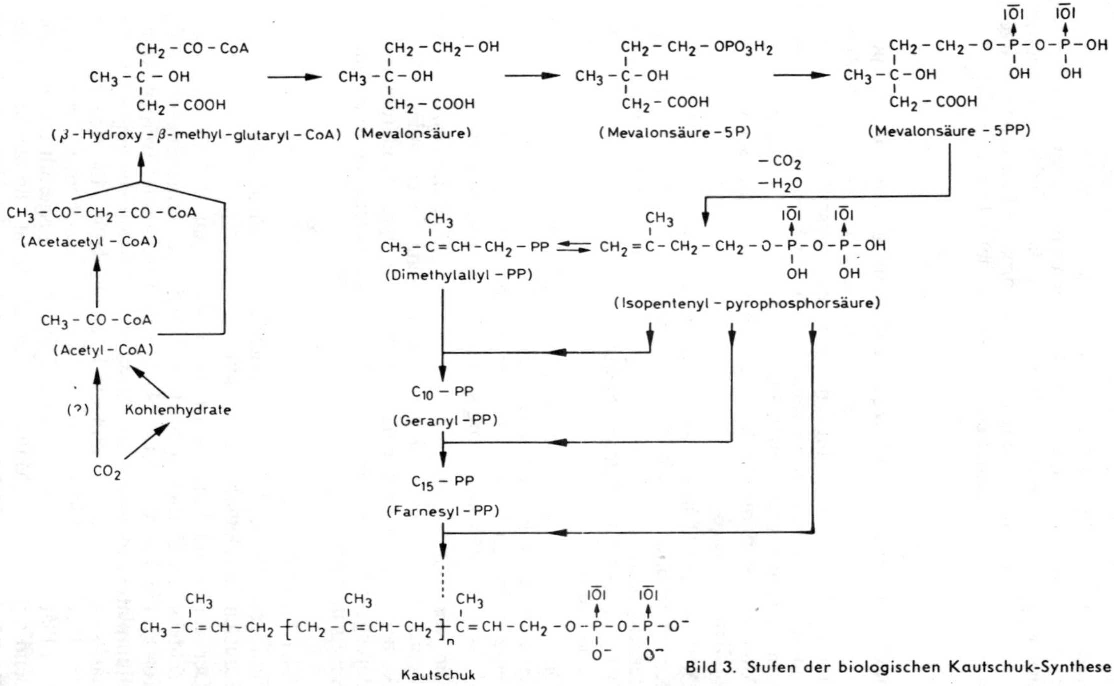


Bild 3. Stufen der biologischen Kautschuk-Synthese

Konzentrierung von Latex vgl. S. 569 ff). Der Kautschuk kann aus dem Latex durch Verdunsten des Wassers (Aufarbeitung von Wildkautschuk und Sprühtrocknung) oder, bei der weitaus wichtigeren Methode, durch Koagulation, Trocknen und weitere Bearbeitung des Koagulates gewonnen werden. Da die Wildkautschukgewinnung und Sprühtrocknung nur untergeordnete Bedeutung besitzen, wird hierauf nicht näher eingegangen; näheres hierzu [3.20.].

### 3.4.1. Koagulation und Koagulataufbereitung, Sheets und Crepe

Auf den Plantagen wird der Kautschuk bevorzugt durch Koagulation mit Säuren abgeschieden. Als Gerinnungsmittel werden Ameisensäure oder Essigsäure verwandt. Durch Sammeln des Latex in großen Tanks erreicht man einen weitgehenden Ausgleich der nach Alter und Standort der Bäume vorhandenen Unterschiede des gezapften Latex.

Der Latex wird mit Wasser auf die vorgeschriebene Kautschuk-Konzentration von 15–20% verdünnt. Die zur Koagulation erforderliche Säuremenge ist um so größer, je verdünnter der Latex ist. Bei ph 5,1–4,8 wird der isoelektrische Punkt erreicht, und der Latex koaguliert.

Das Koagulat muß bald weiter verarbeitet werden, da es sich an der Luft durch Bakterien verändert. Wenn es unter Wasser oder in seinem eigenen Serum verbleibt, bilden sich Gase, hauptsächlich Kohlendioxid, Methan und stickstoffhaltige Verbindungen.

Die Koagulationsverfahren bei der Herstellung der einzelnen NR-Typen unterscheiden sich nur geringfügig voneinander. Für die Aufbereitung des Koagulates haben sich zwei Standardmethoden durchgesetzt, das Räucherverfahren zur Erzeugung von Smoked Sheets und das Crepe-Kautschuk-Verfahren.

#### 3.4.1.1. Smoked Sheets [3.24.]

sind geräucherte Felle, die noch einen erheblichen Anteil der Kautschukbegleitstoffe enthalten.

Der verdünnte Latex wird unter ständigem Rühren in langen, rechteckigen Bottichen mit 1 Tl. 0,5%iger Ameisensäure auf je 10–12 Tle. Latex versetzt. Nach dem Abschäumen werden Aluminiumplatten in etwa 4 cm Abstand in die Bottiche eingesetzt. Am nächsten Tag nimmt man die Koagulatplatten, die sich zwischen den Blechen gebildet haben, heraus. Die weichen, völlig homogenen Platten werden mit einem Handroller ausgerollt und anschließend auf der Sheet-Mangel weiterverarbeitet, die aus fünf hintereinander angeordneten Paaren von Quetschwalzen besteht. Die 3–4 mm dicken Sheets werden über Holzplatten aufgehängt und im Rauchhaus mit durch Verbrennen von frischem Holz und von Nußschalen erzeugtem, kreosothaltigem Rauch behandelt, der den Kautschuk gegen Oxidation und Schimmelbildung schützt. Nach dem Räuchern wird die Temperatur bis auf 60° C gesteigert; in 2–3 Tagen sind die Sheets durchgetrocknet.

Zu den Standardtypen von Ribbed-Smoked Sheets, die nach Aussehen und Reinheit der Qualität von 1–5 bewertet und bezeichnet werden, ist eine nicht geräucherte Sorte als „luftgetrocknete Sheets“ hinzugekommen. Diese praktisch geruchlose Spitzenqualität von hellbrauner Farbe zeichnet sich durch große Reinheit und sehr gute mechanische Eigenschaften der Vulkanisate aus.

Zur Herstellung wird das zerkleinerte, feuchte Koagulat extrudiert und nach erneuter Zerkleinerung mehrere Male auf Waschwalzen gewaschen, anschließend mehrere Tage an der Luft getrocknet und schließlich zu Platten von einigen Millimetern Dicke gepreßt.

#### 3.4.1.2. Crepe [3.24.]

Crepe-Sorten sind durch Waschen auf Walzwerken weitgehend von Kautschukbegleitstoffen befreit.

Die Menge Gerinnungsmittel wird so bemessen, daß der auf 15–20% Kautschukgehalt verdünnte Latex im Verlauf einiger Stunden ein weiches, zusammenhängendes Koagulat ergibt, von dem sich allmählich ein klares Serum absetzt. Zur Entfernung der Säurereste sowie der Hauptmenge der Nicht-Kautschukbestandteile wird das Koagulat unter starker Wasserberieselung in Walzwerken mit Riffelung unter Friktion gewaschen und gleichzeitig zerrissen. Beim weiteren Durchlauf durch immer enger gestellte, fein geriffelte Walzen werden crepeähnliche dünne Felle erhalten, die in 10–12 Tagen an der Luft getrocknet werden.

Bei Benutzung von Vakuumtrocknern kann man bei 70° C völlige Durchtrocknung der Felle in 2 h erreichen, jedoch muß man beim Herausnehmen für rasche Abkühlung sorgen, um oberflächliche Oxidation zu vermeiden.

Der so erzeugte Crepe hat eine bräunliche Farbe. Zur Herstellung von hellem Crepe ist vor dem Koagulieren ein Zusatz von 0,5–0,75% Natriumhydrogensulfit, auf Kautschuk gerechnet, erforderlich.

Die verschiedenen Crepe-Sorten werden nach Farbe, Reinheit und Stärke des Fells unterschieden.

#### 3.4.1.3. Sondertypen [3.24.]

Sondertypen sollen ganz bestimmte Voraussetzungen erfüllen.

**Initial Concentration Rubber** (ICR) wird aus unverdünntem Latex hergestellt [3.25.].

**Hevea Crumb** ist ein krümelförmiger Kautschuk, dessen Aufarbeitung viel Arbeitszeit erfordert.

Durch Zusatz eines unverträglichen Öles (ca. 0,7% Rizinusöles) zu feuchtem Koagulat tritt beim Durchgang durch herkömmliche Crepewalzen eine Krümelung ein. Weniger als 0,4% Rizinusöl bleiben im Kautschuk zurück, dessen Klebrigkeit, physikalische Eigenschaften und Verarbeitbarkeit hierdurch nicht beeinträchtigt werden. Wegen der großen Oberfläche der Krümel kann der Kautschuk durch Waschen mit Wasser leicht gereinigt werden. Die Krümel werden in einem Tiefbett-Trockner mit Luftumwälzung bei 80–100° C in 3–4 h getrocknet [3.26.–3.27.]. Im Gegensatz zu Sheets- und Crepe-Sorten kann man Hevea Crumb leicht zu kompakten Ballen verpressen, die nach der Spezifikation des SMR gekennzeichnet werden können (s. unten).

**Superior-Processing-Rubber** (SP-Kautschuk) wird durch Koagulation einer Mischung aus normalem (20%) und teilweise vulkanisiertem Latex (80%) hergestellt. Seine Vorteile sind bessere Verarbeitungseigenschaften, insbesondere beim Spritzgießen und Kalandrieren. Er kommt unter dem Namen SP 80 und SP 75 (gestreckt mit 40 phr nichtverfärbendem Öl auf den Markt [3.28.–3.31.].

**Mastizierter Kautschuk** ist ein auf der Plantage durch Chemikalien abgebauter (erweichter) Kautschuk und kann daher leichter verarbeitet werden.

**Thermoplastischer NR** ist ein neu entwickelter Verschnitt von NR mit Polypropylen, der peroxidisch vorvernetzt ist (s. S. 209) [3.32.].

### 3.4.2. Klassifizierung von Hevea-Kautschuk

Trotz Einhaltung bestimmter Richtlinien bei der Koagulation und Aufarbeitung weisen die von den Plantagen erzeugten Standardtypen von Smoked Sheets und Crepe hinsichtlich Verarbeitbarkeit und Vulkanisationsgeschwindigkeit so deutliche Unterschiede auf, daß eine dauernde Kontrolle bei den verarbeitenden Gummibetrieben notwendig war. Ein Vorschlag zur Klassifizierung des Kautschuks wurde 1949 vom Französischen Kautschukinstitut in Indochina gemacht. Der nach diesen Richtlinien gekennzeichnete Kautschuk wird als *T C* Rubber (Technically Classified Rubber) bezeichnet, der nie eine besondere Bedeutung erlangt hat und abnehmende Tendenz zeigt. Malaysia hat ein weiter verfeinertes System ausgearbeitet, das sogenannte *SMR* (Standard Malaysian Rubber)-Schema, dem sich mit der Zeit andere NR-erzeugende Länder angeschlossen haben.

#### 3.4.2.1. TC-Kautschuk [3.33]

Die Typen werden nach der MOONEY-Viskosität des Kautschuks und nach dem Spannungswert eines daraus gefertigten Standardvulkanisates (als Hinweis für die Vulkanisationsgeschwindigkeit) gekennzeichnet. Ein blauer Kreis auf einem Ballen bedeutet z. B., daß der Kautschuk bei der Verarbeitung mittlere Plastizität zeigt und hohe Vulkanisationsgeschwindigkeit besitzt.

Einige Plantagen teilen seit 1953 nicht mehr nach der MOONEY-Viskosität ein, weil diese für Naturkautschuk nicht die gleiche Orientierung liefert wie für synthetischen Kautschuk. Dagegen hat sich die Kennzeichnung der Vulkanisationsgeschwindigkeit durch Angabe des Spannungswertes von Testvulkanisaten sehr gut bewährt.

#### 3.4.2.2. Standardized Malaysian Rubber (SMR) [3.34.–3.35.]

Die Qualitätsgrade sind in einer technischen Spezifikation festgelegt.

Qualitätsmerkmale sind der Schmutzgehalt, einschließlich Asche-, Kupfer-, Mangan- und Stickstoff-Gehalt sowie der Gehalt an flüchtigen Bestandteilen und der sog. Plasticity-Retention-Index (PRI), zu dessen Bestimmung der Kautschuk 30 min auf 140° C erhitzt wird. Die Plastizität wird vorher und nachher gemessen und das mit 100 multiplizierte Verhältnis beider Zahlen als PRI bezeichnet. [3.36.]. Man unterscheidet so CV(constant viscosity)- und LV (low viscosity)-Typen, Viskositätsstabilität wird durch Behandlung des NR mit Hydroxylamin erreicht [3.37.].

Die LV-Typen enthalten zur Herabsetzung der Viskosität einen Zusatz von naphthenischem Öl.

Mit dem PRI wird das Abbauverhalten des Naturkautschuks bei der Verarbeitung festgelegt und ein Anhaltspunkt für die zu erwartenden Alterungseigenschaften erhalten. Der Index bestimmt außerdem die Mischungsviskosität, die die Zugfestigkeit und einige dynamische Eigenschaften, wie Rückprallelastizität und Hysteresis, beeinflusst.

Als neueste Angabe wird seit Ende 1970 noch das Vulkanisationsverhalten durch den MOD-Wert beschrieben.

Diese weitgehende Klassifizierung des Naturkautschuks hat seit ihrer Einführung 1965 schon gute Erfolge erzielt. So wird die Produktion an SMR-Typen bereits 1971 auf 350 000 t geschätzt, was bereits etwa 25% der gesamten malaysischen Kautschuk-Produktion entspricht. Sie wird weiterhin rasch steigen.

#### 3.4.2.3. Standardized Indonesian Rubber (SIR)

SIR ist ein dem SMR analoger Indonesischer Kautschuk, dessen Entwicklung aber auf Grund der sehr hohen Investitionskosten noch in den Anfängen steht.

### 3.4.3. Andersartige Kautschuk-Sorten

#### 3.4.3.1. Guayule Kautschuk

Der in Mexiko vorkommende Strauch Guayule (Parthenium argentatum) enthält in den verholzten Teilen einen harzreichen Kautschuk, der seit 1900 plantagemäßig gewonnen wird. Der Kautschuk besteht durchschnittlich aus 70% Kautschukkohlenwasserstoff, 20% Harzen und 10% benzolunlöslichem Anteil (Cellulose und Lignin).

Infolge des hohen Harzgehaltes sind Mischungen aus Guayule-Kautschuk klebriger und stärker plastisch als Hevea-Kautschukmischungen. Sie vulkanisieren langsamer und ergeben einen geringeren Vernetzungsgrad [3.38.], haben aber in jüngster Zeit stark an Bedeutung gewonnen.

#### 3.4.3.2. Kok-Saghys

Größere Bedeutung hat unter den anderen kautschukführenden Pflanzen die Kultur von Kok-Saghys, einer Löwenzahnart, gewonnen. Kok Saghys wird in ein- oder zweijähriger Kultur angebaut und enthält den Latex in den Wurzeln. 1940 wurden daraus in Rußland 2000 t gewonnen, 1950 nach Schätzungen die dreifache Menge. Der Anbau der Pflanze kommt nur als Notmaßnahme in Frage.

#### 3.4.3.3. Ficus elastica

Ficus Elastica ist ein Latex führender Baum aus Burma und Assam, dessen Anbau in Westjava kurze Zeit betrieben wurde. Nach 1886 wurden keine Plantagen mit Ficus Elastica mehr angelegt.

#### 3.4.3.4. Guttapercha und Balata

Guttapercha und Balata, die aus der Pflanzenart der Sapotaceen stammen, stehen beide dem Naturkautschuk nahe; sie werden als trans-Isomere des Naturkautschuks aufgefaßt. Guttapercha wird auf Plantagen in Malaysia und Indonesien aus dem Milchsaft der Palaquium oder auch der Isonandra oder Payena gewonnen. Balata entsteht durch Eintrocknen des Milchsaftes der in Südamerika beheimateten und wild wachsenden Mimusops- oder Ecclinusa-Balata. Von Naturkautschuk unterscheiden sich Guttapercha und Balata ferner durch hohen Harzgehalt; sie besitzen nicht die typische Kautschukelastizität und Vulkanisationsfähigkeit und gehen beim Erwärmen auf 70–100° C aus einem harten, hornartigen in einen plastischen Zustand über.

Guttapercha wurde früher zur Isolierung von Kabeln benutzt, wird aber heute in steigendem Maße durch Kunststoff ersetzt. Balata wird in gewissem Maße bei der Herstellung von Treibriemen verwendet.

## 3.5. Struktur und Eigenschaften von NR-Festkautschuk

### 3.5.1. Struktur, Zusammensetzung und chemische Eigenschaften von NR

Rohkautschuk, wie er von den Plantagen geliefert wird, enthält neben den Kautschuk-Kohlenwasserstoffen immer gewisse Anteile an Kautschukbegleitstoffen, die bei der Koagulation mit ausgefällt werden. Die Menge dieser Kautschukbegleitstoffe variiert etwas mit den Aufbereitungsbedingungen.

Der Festkautschuk schwankt in seiner Zusammensetzung. Diese hängt stark von der angewandten Aufbereitungsmethode ab. Bei First Latex Crepe werden z. B. folgende Durchschnittswerte angegeben: 89,3–92,35% Kautschukkohlenwasserstoff, 2,5–3,2% Acetonextrakt, 2,5–3,5% Proteine, 2,5–3,5% Feuchtigkeit, 0,15–0,5% Asche.

Der Kautschukkohlenwasserstoff des NR besteht zu über 99,9% aus linear angeordnetem cis-1,4-Polyisopren. Das trans-1,4-Polyisopren (Guttapercha und Balata) hat ein von Kautschuk völlig verschiedenes Eigenschaftsbild. Aus der Synthesekautschukforschung ist bekannt, daß bereits ein trans-Anteil von wenigen Prozent im Polyisopren eine starke Veränderung der Eigenschaften mit sich bringt (vgl. S. 141). Die durchschnittliche Molekularmasse des Polyisoprens im NR beträgt 200 000–400 000 bei verhältnismäßig breiter Molekularmassenverteilung. Dies entspricht etwa 3000–5000 Isopren-Einheiten. Auf Grund der breiten Molekularmassenverteilung weist NR ein vorzügliches Verarbeitungsverhalten auf.

Beim Erhitzen von NR auf über 300° C tritt eine teilweise Zersetzung in destillierbare Produkte ein. Bei raschem Erhitzen entstehen bis zu 95% derartige Verbindungen, in der Hauptmenge Dipenten und Isopren. Bei 675–800° C und einem Vakuum von 15 mbar bilden sich z. B. 58% Isopren.

Auf jede gebildete Isopreneinheit kommt im fertigen Kautschukkohlenwasserstoff eine Doppelbindung. Die Doppelbindung und die $\alpha$-Methylengruppen zu den Doppelbindungen stellen reaktionsfähige Stellen dar. An diesen kann die Reaktion mit Schwefel bei der Vulkanisation stattfinden. Die Doppelbindungen sind also die Grundvoraussetzung für die Vulkanisierbarkeit mit Schwefel.

An den Doppelbindungen können aber auch Additionsreaktionen stattfinden, z. B. von Sauerstoff oder Ozon, durch die Kautschuk oder Gummi abgebaut werden (Alterung). Auch Wasserstoff (Hydrokautschuk), Chlor (Chlorkautschuk) oder Chlorwasserstoff (Kautschukhydrochlorid) lassen sich anlagern. Ferner sind Cyclisierungsreaktionen (Cyclokautschuk) möglich [3.20.]

Die Spaltung der Kautschuk-Kohlenwasserstoffkette durch kleine Mengen Sauerstoff bei gleichzeitiger starker mechanischer Bearbeitung wird praktisch bei der Mastikation, dem Abbau des sehr zähen Kautschuks (Molekularmassenverminderung), auf eine Verarbeitungsviskosität ausgenutzt (vgl. S. 233 ff). Dieser Effekt ist für die Herstellung von NR-Mischungen (Aufnahme von Füllstoffen und Chemikalien) von erheblicher Bedeutung. Ein Kautschuk, der aber etwa 1% seines Gewichts an Sauerstoff gebunden hat, ist vollständig abgebaut und unbrauchbar. Ein einmal eingeleiteter Abbau, für den sehr kleine Mengen Sauerstoff erforderlich sind, geht autokatalytisch weiter, falls er nicht durch Chemikalien, z. B. Stabilisatoren oder Alterungsschutzmittel, gestoppt wird.

Als ungesättigter Kohlenwasserstoff reagiert Kautschuk leicht mit Oxidationsmitteln, wie Peroxiden, Persäuren, Kaliumpermanganat, Ozon, Chlor usw. Infolge seines Gehaltes an natürlichen Antioxidationsmitteln verändert er sich bei Zimmertemperatur auch nach längerem Aufbewahren an der Luft nur wenig; Lösungen von Kautschuk nehmen jedoch sehr leicht Sauerstoff auf. Bei erhöhter Temperatur oder unter dem Einfluß des Lichtes wird auch fester Kautschuk oxidiert; über Radikale entstehen Hydroperoxide, die in Gegenwart von sehr geringen Mengen an Kupfer- oder Mangan-Salzen katalytisch zu wiederum aktiven Radikalen gespalten werden. Es handelt sich ebenfalls um einen autokatalytischen Prozeß [3.39.–3.40.]. Gelöster Kautschuk reagiert leicht mit Ozon. Bei der vollständigen Ozonisierung entstehen zu ca. 90% Derivate der Lävulinsäure [3.41.].

Die Reaktivität des Naturkautschuks wird neuerdings auf den Plantagen dahingehend ausgenutzt, daß man chemisch modifizierte Kautschuke herstellt, indem man z. B. auf die Kautschuk-Kohlenwasserstoffmoleküle andere Mono- oder Polymere aufpfropft. Man kommt so zu Blockpolymeren. Durch die Pfropfung der langen Seitenketten wird natürlich die Molekularstruktur des Naturkautschuks so modifiziert, daß wesentliche Eigenschaften erheblich verändert werden.

## 3.5.2. Physikalische und technologische Eigenschaften von NR (Rohkautschuk und Vulkanisate)

### 3.5.2.1. Physikalische Eigenschaften

Die Dichte von Rohkautschuk bei 20° C beträgt 0,934. Beim Rekken oder Einfrieren wird eine geringe Zunahme beobachtet. Die Verbrennungwärme bei konstantem Volumen ist 44,16 kJ/g, die spezifische Wärme bei 20° C 0,502, der Brechungsindex von mit Aceton gereinigtem Kautschuk bei 20° C 1,5215–1,5238. Die Lichtabsorption dünner Kautschukfilme beginnt bei 3100 Å. Unterhalb 2250 Å findet vollständige Absorption statt.

Die elektrischen Eigenschaften werden durch wasserlösliche Nebenbestandteile beeinflußt. So beträgt der spezifische Widerstand von Sheets $1 \cdot 10^{15}$ und von Crepe $2 \cdot 10^{15}$ Ohm · cm.

3.5.2.2. Verarbeitungseigenschaften

In ihrer Anlieferungsform sind die meisten NR-Sorten für eine direkte Verarbeitung zu hart. Sie müssen erst mastiziert werden. Nach einer Mastikation ist Rohkautschuk hervorragend verarbeitbar, was sich nicht nur in einer guten und raschen Fellbildung auf Walzwerken, sondern auch in einer hohen Festigkeit der unvulkanisierten Mischung, „Green Strengh" genannt, und einer hohen Konfektionsklebrigkeit ausdrückt. Diese beiden Eigenschaften sind für die Herstellung von Verbundkörpern wichtig, bei denen mehrere Lagen oder Mischungen miteinander verschweißen müssen. Auch das Verhalten bei Extrudier- und Kalandriervorgängen ist exzellent. Ein weiterer Vorzug ist die hohe Vulkanisationsgeschwindigkeit.

Ein wesentliches Kennzeichen des elastischen Verhaltens von NR ist seine reversible Deformation, die aber von einem plastischen Verformungsanteil überlagert wird. Durch Vulkanisation mit Schwefel wird die Plastizität beseitigt, der Kautschuk geht in einen „Gummi"-artigen, elastomeren Zustand über.

Wesentliche Merkmale für die Molekülstruktur des kautschukartigen Zustandes sind (s. S. 36 ff):

- Die Moleküle müssen eine hinreichend große Kettenlänge besitzen und unter sich verknäuelt sein.
- Die Ketten müssen beliebige Gestalt annehmen können. Die freie Beweglichkeit jedes Gliedes der Kette (mikroBROWN'sche Bewegung) muß gewährleistet sein und darf nicht durch starke Kohäsionskräfte gehindert werden.
- Die Konfiguration der Kettenmoleküle muß so beschaffen sein, daß sich möglichst keine kristallinen Bezirke ausbilden, weil dadurch die mikroBROWN'sche Bewegung gehindert würde. Die Glasübergangstemperatur (TG) soll möglichst unter –50° C liegen.

Zwischen den Kettenmolekülen müssen Haftpunkte vorhanden sein, damit die einzelnen Ketten sich nicht frei und unabhängig voneinander bewegen können. Beim Rohkautschuk sind sie mechanischer Art (Verknäuelung). Bei der Vulkanisation wird die Anzahl dieser Haftstellen durch intermolekulare Brückenbildungen (chemische Bindungen) erhöht, so daß die Beweglichkeit der ganzen Ketten (makroBROWN'sche Bewegung) absinkt. Dadurch wird die Zugfestigkeit und Elastizität verbessert und die plastische Verformung geringer. Die Temperaturabhängigkeit der Elastizität wird geringer. Beim thermoplastischen NR sind die Haftpunkte physikalischer Art (Kristallisation des Polypropylen, das mit NR-Molekülen durch peroxidische Anvernetzung verbunden wurde).

Bei der Verformung von Kautschuk zeigen sich bemerkenswerte thermische Begleiterscheinungen, die als GOUGH-JOULE-Effekt bezeichnet werden und im wesentlichen auf der Entropieelastizität des Kautschuks basieren:

Bei rascher Deformation erwärmt sich der Kautschuk im Unterschied zu dem bei anderen Stoffen beobachteten Effekt; umgekehrt zieht sich eine an einem Ende befestigte Kautschukprobe, die durch Belastung ihres anderen Endes mit einem Gewicht gedehnt wurde, bei plötzlicher Erwärmung zusammen.

Durch längeres Abkühlen auf 10 bis –35° C wird NR undurchsichtig und unelastisch. Dies beruht auf einer teilweisen Kristallisation. Beim Dehnen über 80% tritt durch Orientierung der Ketten gleichfalls Kristallisation (Dehnungskristallisation) ein, die durch das Auftreten von Beugungsbildern im Röntgen-Diagramm nachgewiesen werden kann. Die Kristallisation führt zu stärkeren inneren Anziehungskräften, was einem Verstärkungseffekt gleichkommt und eine höhere Zugfestigkeit in Dehnungsrichtung und entsprechend eine geringere Zugfestigkeit senkrecht zur Dehnungsrichtung zur Folge hat (Anisotropie mechanischer Eigenschaften). Die Folge ist ein gutes Festigkeitsniveau unvulkanisierter Mischungen (Green Strengh genannt).

Vulkanisierter NR liefert erst bei höherer Dehnung als Rohkautschuk Beugungsbilder. Diese Dehnungsorientierung der Makromoleküle wirkt sich in einer Selbstverfestigung des Vulkanisates aus. NR-Vulkanisate weisen im Gegensatz zu Vulkanisaten aus nicht dehnungskristallierenden Kautschuktypen (die meisten SR-Typen) bereits ohne Anwesenheit von aktiven Füllstoffen eine hohes Zugfestigkeitsniveau auf.

Rohkautschuk kann ohne Bruch auf 800–1000% seiner ursprünglichen Länge gedehnt werden. Mit sinkender Temperatur steigt die zum Dehnen erforderliche Kraft. Eine vollkommene Reversibilität der Dehnung tritt beim raschen Dehnen ein. Beim langsamen Dehnen wird eine von der Geschwindigkeit und der Dauer der Dehnung abhängige bleibende Deformation beobachtet; erst nach langer Zeit oder beim Erwärmen wird der ursprüngliche Zustand wieder eingenommen. Infolge der irreversiblen Veränderungen fallen die Zug-Dehnungskurven beim Be- und Entlasten nicht zusammen (Hysteresis). Der Hysteresisverlust, d.h. der Anteil an mechanischer Energie, der in Wärme umgewandelt wird (Heat-Build-Up), ist beim ersten Dehnen am stärksten und nimmt bei den nachfolgenden Dehnungen ab. Dies gilt auch in besonderem Maße für Vulkanisate.

3.5.2.3. Verhalten gegen Lösungsmittel

Eine andere charakteristische physikalische Eigenschaft von Kautschuk ist sein Verhalten gegenüber Lösungsmitteln. Bringt man Rohkautschuk mit organischen Flüssigkeiten, wie Benzol, Benzin, pflanzlichen Ölen, Erdöl, Tetrachlorkohlenstoff, in Berührung, so quillt der Kautschuk erheblich, wobei eine mehr oder minder zähflüssige Kautschuklösung oder ein Gel entsteht. Die rein mechanische Vernetzung des Rohkautschuks wird dabei weitgehend gelöst. Die Viskositätszahl der Lösung ist um so größer, je weniger stark der Kautschuk zuvor mastiziert (abgebaut) wurde.

Vulkanisierter Kautschuk quillt dagegen nur mehr oder weniger stark auf, je nach Art des Lösungsmittels. Hier wirkt die chemische Vernetzung einer Auflösung entgegen. Eine der Wirkungen der Vulkanisation besteht daher darin, die Quellung zu begrenzen.

3.5.2.4. Vergleich mit SR

Als Vulkanisat weist NR eine sehr interessante Kombination von technologischen Eigenschaften auf. Hinsichtlich jeder Einzeleigenschaft kann er allerdings von synthetischen Produkten übertroffen werden. Aber die Vereinigung hoher Zugfestigkeitswerte mit höchster Elastizität, bester Kälteflexibilität, hervorragenden dynamischen Eigenschaften und ausgezeichnetem Heat-Build-Up sowie akzeptablem Abrieb- und Alterungsverhalten machen NR und seine synthetische Nachbildung auch heute noch, trotz einer Vielzahl von SR-Typen, für einige Anwendungsfälle unentbehrlich.

## 3.6. Mischungsaufbau von NR-Festkautschuk

Für die Wahl der verschiedenen Chemikalien und Zuschlagstoffe gelten im wesentlichen die Prinzipien des Kapitels Kautschuk-Chemikalien und Zuschlagstoffe. Deshalb werden hier nur einige allgemeine Angaben gemacht.

### 3.6.1. Kautschukverschnitte

NR kann als unpolarer Kautschuk mit einer Vielzahl anderer bevorzugt unpolarer Kautschukarten verschnitten werden. Verschnitte mit SBR und BR und in geringem Maße auch mit NBR werden technisch genutzt. Dabei wird das Eigenschaftsbild des SR partiell auf NR (z. B. hinsichtlich Abriebbeständigkeit, Wärmebeständigkeit usw.) oder das des NR auf SR übertragen (z. B. hinsichtlich Verarbeitungsverhalten, Klebrigkeit, dynamischer Eigenschaften, Heat-Build-Up, Preis usw.). Zur Herstellung von Verschnitten ist wichtig, daß NR etwa auf gleiche Viskosität mastiziert wird, wie die Verschnittkomponente; ansonsten erzielt man keine gleichmäßige Verteilung der Polymeren untereinander. Das Vulkanisationssystem muß so gewählt werden, daß es beiden Verschnittkomponenten gerecht wird. Dies kann beim Verschnitt von NR mit SR-Typen mit sehr unterschiedlichem Vulkanisationsverhalten wie z. B. IIR, EPDM u. a. durchaus problematisch sein. Neuerdings werden auch Verschnitte von NR mit ETER vorgeschlagen [4.162.].

### 3.6.2. Vulkanisationschemikalien [1.5.]

**Schwefel und Vulkanisationsbeschleuniger:** Wenn auch NR mit Peroxiden und anderen Vernetzungsmitteln sowie energiereichen Strahlen vernetzbar ist, so wird in der Praxis fast ausschließlich mit Schwefel und Vulkanisationsbeschleunigern gearbeitet. Im Vergleich zu SBR und NBR wird bei NR meist mit höherer Schwefel- (2–3 phr) und geringerer Beschleunigermenge (0,2 bis 1,0 phr) gearbeitet. Mit entsprechend hoher Schwefel-Dosierung (30–50) läßt sich Hartgummi herstellen. Neben Schwefel werden auch Schwefelspender eingesetzt. Zur Vulkanisation bei Raumtemperatur dient Dischwefeldichlorid. Für die Wahl der Vulkanisationsbeschleuniger gelten die in dem Kapitel Vulkanisationsbeschleuniger (s. S. 259 ff) genannten Kriterien. Generell haben fast alle Basen eine beschleunigende und Säuren eine verzögernde Wirkung. Neben der Vulkanisation mit normalem Schwefelgehalt (konventionelle Vulkanisation) wird auch die Semi-Efficient-Vulkanisation mit niedrigem Schwefel- und erhöhtem Beschleunigergehalt, und die Efficient-Vulkanisation mit sehr niedrigem Schwefelgehalt (z. B. 0,25 phr) oder ohne Schwefel und/oder Schwefelspendern und hohe Beschleunigermenge (z. B. 3,0 phr) angewandt. Letztere liefert verbesserte Wärme- und Reversionsbeständigkeit (s. S. 255).

**Metalloxide:** Zur vollen Entfaltung der Beschleunigerwirkung sind Metalloxide erforderlich. Das wichtigste Metalloxid ist das Zinkoxid. Zur Erzielung besonderer Effekte werden gelegentlich auch Magnesiumoxid (z. B. in Gegenwart saurer Mischungsbestandteile, wie Chlorschwefelfaktis) und Bleioxid (zur Erzielung besonders niedriger Wasserquellung) eingesetzt.

**Aktivatoren.** In vielen Beschleunigersystemen kommt als zusätzlicher Aktivator eine Fettsäure oder ein fettsaures Salz wie Stearinsäure, Zinkseifen oder ein Aminstearat zum Einsatz. Auch Glykole oder Triäthanolamin dienen als zusätzliche Aktivatoren; letztere werden vor allem in Gegenwart aktiver Kieselsäurefüllstoffe verwendet.

**Vulkanisationsverzögerer.** Bei Gefahr einer vorzeitigen Anvulkanisation werden Vulkanisationsverzögerer benötigt. Vielfach wird ein verzögernder Effekt durch richtige Kombination von Beschleunigern oder durch Einsatz saurer Mischungsbestandteile erreicht. Wo dies nicht ausreicht, werden spezielle Verzögerer, z. B. auf Basis von Phthalimidsulfenamiden verwendet. Diese verlängern aber zumeist nicht nur die An-, sondern auch die Ausvulkanisation.

### 3.6.3. Alterungsschutzmittel

Aufgrund des ungesättigten Zustandes benötigt NR zur Erzielung ausreichender Alterungsbeständigkeit in den meisten Fällen dringend den Zusatz von Alterungsschutzmitteln, auch wenn die Alterungseigenschaften der NR-Vulkanisate bereits durch die Wahl der Vulkanisationschemikalien in einem gewissen Maße beeinflußt werden können. Die stärkst wirksamen Alterungsschutzmittel sind aromatische Amine, z. B. p-Phenylendiamin-Derivate, die z. T. nicht nur gegen Oxydation sondern auch gegen dynamische Rißbildung und gegen Wärmeeinfluß wirksam sind. Bemerkenswerterweise wirken in NR-Vulkanisaten manche Substanzen als Ermüdungsschutzmittel (z. B. PAN und PBN), die in SBR keine oder kaum eine ermüdungsschützende Wirkung aufweisen. Da die stärkst wirkenden Alterungsschutzmittel mehr oder weniger stark verfärben, kommen für helle Vulkanisate weniger stark wirkende Substanzen aus der Klasse der Bisphenole, der Phenole oder des MBI in Betracht. Letztere Substanzklasse weist in Kombination mit vielen anderen Alterungsschutzmitteln eine synergistische Wirkung auf. Für die Auswahl der Alterungsschutzmittel gelten die in dem Kapitel Alterungsschutzmittel (vgl. S. 313 ff) angegebenen Auswahlkriterien.

### 3.6.4. Füllstoffe

Im Gegensatz zu den meisten SR-Typen ist zur Erzielung hoher Zugfestigkeiten bei NR der Einsatz von Füllstoffen nicht unbedingt erforderlich. Um jedoch die in der Technik erforderliche Eigenschaftsvielfalt erreichen zu können, sind Füllstoffe unentbehrlich. Die verstärkenden Füllstoffe bewirken in NR nicht die gleichen Verstärkungseffekte wie bei den meisten SR-Typen, die Reihung ihrer Aktivität ist aber etwa die gleiche wie dort. Aktive Füllstoffe können über die bereits hohe Zugfestigkeit ungefüllter NR-Vulkanisate hinaus noch eine deutliche Weiterverbesserung bewirken. Besonders wirken sich aktive Füllstoffe auf eine Verbesserung des Abriebverhaltens und des Weiterreißwiderstandes aus. Weniger aktive Ruße wie z. B. N-770 (=SRF) oder N-990 (=MT) bzw. helle inaktive Füllstoffe wie Kaolin, Kreide, Bariumsulfat, Zinkoxid, Magnesiumcarbonat u. a. werden aus unterschiedlichen Gründen z. B. zur Verbesserung der Verarbeitungseigenschaften, zur Erzielung vorgegebener Spezifikationen, der Dichte, Farbgebung und nicht zuletzt aus Preisgründen eingesetzt. Die Füllstoffe erhöhen je nach ihrer Aktivität mehr oder weniger stark die Härte und erniedrigen die Stoßelastizität von NR-Vulkanisaten. Durch Verwendung inaktiver Füllstoffe, insbesondere durch Zinkoxid und

N-990 lassen sich gefüllte Vulkanisate mit nahezu der gleichen Elastizität ungefüllter Vulkanisate herstellen. Die Menge der eingesetzten Füllstoffe ist erheblich geringer als in vielen SR-Typen. Hochaktive Füllstoffe werden bis ca. 50 phr , inaktive entsprechend höher dosiert. Für die Auswahl der Füllstoffe gelten die in dem Kapitel Füllstoffe (s. S. 335 ff) angegebenen Auswahlkriterien.

### 3.6.5. Weichmacher und Harze

**Weichmacher.** Als Weichmacher wird eine Vielzahl von Stoffen eingesetzt. Die wichtigste Rolle spielen Mineralölweichmacher. Von ihnen kommt die ganze Palette von paraffinischen bis zu aromatischen Produkten zum Einsatz. Auch tierische und pflanzliche Produkte sind wichtige Weichmacher oder Verarbeitungshilfen (z. B. Wollfett, Tranöle, Fichtenteer und Soyaöl). Eine besondere Gruppe bilden die wasserhaltigen Emulsionsweichmacher, die besondere Vorteile bei der Verarbeitung der Mischungen ergeben und das Kleben an Walzen und Schaufeln bei der Mischungsherstellung verhindern. Die erforderliche Weichmacher-Menge ist geringer als bei vielen SR-Typen. Synthetische Weichmacher, die z. B. bevorzugt bei CR, NBR usw. eingesetzt werden, spielen für den Mischungsaufbau von NR keine Rolle.

**Harze.** Während Harze zur Erzielung konfektionierbarer Mischungen bei den meisten SR-Typen von erheblicher Bedeutung sind, lassen sich NR-Mischungen in vielen Fällen ohne solche Zusätze konfektionieren. Bei besonders klebrigen Mischungen, wie Friktionsmischungen u. a., werden jedoch Kolophonium, Teere, Peche oder andere Klebrigmacher mitverwendet. Die zumeist für SR entwickelten synthetischen Klebrigmacher sind für NR-Mischungen weniger bedeutsam.

**Faktisse.** Für den Aufbau von NR-Mischungen sind Faktisse dagegen von großer Bedeutung. Sie erleichtern die spätere Verarbeitbarkeit auf Spritzmaschinen und Kalandern, verhindern eine Deformation bei Freiheizungen und geben den Vulkanisaten ein angenehmes Äußeres und eine vielfach gewünschte Weichheit. Speziell für die Herstellung von Radiergummi werden große Mengen Faktis eingesetzt.

### 3.6.6. Verarbeitungshilfsmittel

Auch Verarbeitungshilfsmittel wie Stearinsäure, Zinkseifen, Fettalkohol-Rückstände und andere werden neben Verarbeitungsweichmachern und Harzen in NR-Mischungen eingesetzt und sind wichtig für eine gute Verteilung der Zuschlagstoffe und eine einwandfreie Verarbeitung.

## 3.7. Verarbeitung von NR-Festkautschuk

Die Verarbeitung von NR entspricht den im Kapitel Festkautschuk- Verarbeitungstechnologie beschriebenen Prinzipien (vgl. S. 413ff). Bei Verwendung nicht standardisierter NR-Typen ist vor der Mischungsherstellung ein Verschnitt aus verschiedenen NR-Chargen zweckmäßig, um die sonst notwendigerweise vorkommenden Ungleichmäßigkeiten auszugleichen.

### 3.7.1. Mastikation

Da NR zumeist sehr zäh in den Handel kommt, muß er vor dem Beginn der Mischungsherstellung zunächst mastiziert werden, um ihn auf Verarbeitungsviskosität zu bringen und für die Aufnahme der Zuschlagstoffe bereit zu machen. Es handelt sich um einen Prozeß, bei dem die NR-Moleküle mit starken Scherkräften (mechanische Bearbeitung) zerbrochen werden. Die Mastikation kann durch Walzen bei niedrigen Temperaturen oder in Gegenwart von Mastikationschemikalien bei mittleren oder hohen Temperaturen durchgeführt werden (vgl. Kapitel Mastikationschemikalien, S. 238 ff).

Hohe Mastikationsgrade werden nur eingestellt, wenn die späteren Mischungen sehr weich oder in Lösungsmitteln leicht lösbar sein müssen (Schwammgummi-Mischungen, Friktionen, Lösungen). NR ist bereits nach einer geringen Mastikation zur Aufnahme der Chemikalien und Zuschlagstoffe befähigt. Für viele Anwendungszwecke ist ein harter, nerviger NR, der entsprechend wenig mastiziert ist, vorzuziehen. Dieser gibt standfestere und schwerer deformierbare Spritzartikel mit allerdings geringerer Spritzleistung und die Mischungen sind höher füllbar; schließlich zeigen die daraus hergestellten Vulkanisate bessere mechanische, elastische und dynamische Eigenschaften als solche aus stark mastiziertem NR. Aus diesen, aber auch aus wirtschaftlichen Gründen bemüht man sich, die Mastikations- und Mischungszeiten möglichst kurz zu halten.

### 3.7.2. Mischungsherstellung

**Mischungsherstellung auf dem Walzwerk.** Bei der Mischungsherstellung auf dem Walzwerk läßt man zunächst solange laufen, bis ein geschlossenes Fell gebildet ist und mischt dann als erstes die Substanzen ein, die sich schwer verteilen, und solche, die nur in kleinen Mengen zugegeben werden, damit sie sich über die gesamte Mischzeit verteilen können. Zu ihnen gehören die Alterungsschutzmittel und Beschleuniger. Nun wird zunächst ein Teil des Füllstoffes gegebenenfalls gemeinsam mit der Stearinsäure eingearbeitet. Beim Zusetzen der Weichmacher reißt das Fell meist auf, das sich erst wieder schließen muß, ehe weitere Füllstoffe eingearbeitet werden. Zum Schluß wird der Schwefel eingemischt (falls keine zu rasch wirkenden Beschleuniger vorhanden sind; sonst erfolgt das Einmischen des Schwefels erst beim Vorwärmen der Mischung). Während des gesamten Mischprozesses darf die Mischung nicht eingeschnitten werden. Erst wenn alle Mischungsbestandteile eingearbeitet sind, beginnt das Schneiden und Stürzen, bzw. das Homogenisieren z. B. mittels eines Stockblenders. Nach Fertigstellung wird die Mischung von der Walze in Platten abgeschnitten und im Wasserbad gekühlt und gelagert oder über eine Batch-Off-Anlage zu Platten verarbeitet.

**Mischungsherstellung im Innenmischer.** Bei der Mischungsherstellung im Innenmischer ist ebenfalls ein verhältnismäßig harter und nerviger NR zur guten und raschen Verteilung der Mischungsingredienzien wichtig. Die normale Mischtemperatur im Innenmischer beträgt etwa 140 bis 150° C und durch intensive Kühlung kann die Temperatur z. B. für empfindliche Mischungen auf 120 bis 130° C gesenkt werden. Arbeitet man hingegen ohne Kühlwasser, so steigt die Temperatur gegebenenfalls auf 180 bis 190° C. Bei der Herstellung von Mischungen bei so hohen Temperaturen, Heißmischen genannt, was eine zeitlang eine große Rolle gespielt hat, ergeben sich neben der Kürze der Mischzeit wesentliche Veränderungen der Mischungs- und Vulkanisationseigenschaften [3.42.]. Der elastische Anteil der Mischungen wird vergrößert und die Anvulkanisation wird verschärft; auch die Stoßelastizität der Vulkanisate wird vergrößert, wogegen die Alterungsbeständigkeit verschlechtert wird. In neuerer Zeit geht der Trend wieder zur Mischungsherstellung bei niedrigeren Temperaturen, um den Kautschuk möglichst zu schonen. Es versteht sich, daß beim Heißmischen keine Vulkanisationschemikalien – auch keine Chemikalien, die sich durch den Hitzeeinfluß zersetzen können – zugegen sein dürfen. Die Herstellung von NR-Mischungen im Kneter erfolgt so, daß zunächst der Kautschuk, dann die Füllstoffe und Weichmacher zugegeben werden. Sind die Mischtemperaturen niedrig, werden die Beschleuniger zu Beginn mit den Füllstoffen, bei hohen Temperaturen später in einem separaten Arbeitsgang eingemischt. Der Schwefel und evtl. auch die Beschleuniger werden entweder beim Abkühlen oder beim erneuten Vorwärmen vor der Weiterverarbeitung auf dem Walzwerk eingemischt.

**Abkühlungswalzwerk.** Die ausgetragene Knetermischung wird zur Abkühlung auf ein Abkühlwalzwerk, gegebenenfalls mit Stockblender, gegeben und zu Platten ausgeschnitten oder über eine Batch-Off-Anlage zur Abkühlung gegeben. In manchen Großbetrieben wird die Mischung auch über einen Pelletizer gegeben, in Pellets geschnitten gekühlt, gebunkert und später automatisch gefördert, dosiert und abgewogen.

### 3.7.3. Weiterverarbeitung

**Vorwärmen.** Die Weiterverarbeitung der NR-Mischungen erfolgt erst nach Komplettierung der Mischung mit den vorher noch nicht eingearbeiteten Vulkanisationschemikalien, was in der Regel beim Vorwärmen geschieht.

**Verarbeitung auf der Spritzmaschine.** Die Verarbeitung auf Spritzmaschinen erfolgte früher hauptsächlich auf Warmfütterextrudern. Dazu mußten die Mischungen vorgewärmt und in Streifen eingeführt werden. Es handelte sich dabei um kurz gebaute Maschinen mit Schneckenlängen von 5 bis 6 D (vgl. S. 465). In neuerer Zeit haben sich immer stärker Kaltfütterextruder eingeführt, die, wie der Name sagt, kalt gefüttert werden können. Sie müssen wesentlich längere Schnecken besitzen (bis zu 20 D), da der erste Teil der Extrusion zur Erwärmung (Plastifizierung) dient. Hierbei werden die Mischungen wesentlich schärfer beansprucht, als bei der Warmfütterung, was sich auf die mechanischen Eigenschaften der Vulkanisate auswirken kann. Bei besonders hohen Anforderungen an die elastischen Eigenschaften und den Heat-Build-Up wird auch heute noch vielfach der warmgefütterte Extruder wegen der schonenderen Behandlung der NR-Mischungen vorgezogen. Jedoch muß berücksichtigt werden, daß bei hohen elastischen Rückstellkräften der Mischungen die Spritzquellung groß ist. Diese kann durch entsprechend starke Mastikation (Brechen des elastischen Anteils), durch Einsatz mittel- bis inaktiver Füllstoffe sowie Mitverwendung von Weichmachern und insbesondere von Faktis klein gehalten werden. Bei richtiger Temperaturführung lassen sich mit Mischungen mit mittelaktiven bis inaktiven Füllstoffen mit Weichmachern, Faktissen und sonstigen Verarbeitungshilfen hervorragend aussehende Extrudat-Oberflächen erhalten.

**Verarbeitung auf dem Kalander.** Bei richtigem Mischungsaufbau lassen sich NR-Mischungen sehr gut kalandrieren. Bei zu hohem elastischen Anteil der Mischungen muß man mit einem starken Kalandereffekt (anisotrope Schrumpfung der Kalanderplatte, die der Spritzquellung vergleichbar ist) rechnen. Den Kalandereffekt kann man mit den gleichen Maßnahmen wie die Spritzquellung klein halten, d. h. richtige Mastikation, halb- bis inaktive Füllstoffe, Weichmacher, Faktis u. dgl. Mit NR-Mischungen werden auf dem Kalander alle vorkommenden Arbeiten durchgeführt wie Platten ziehen, Doublieren, Belegen, Skimmen, Friktionieren usw.

### 3.7.4. Vulkanisation

NR-Mischungen kommen für alle Vulkanisationsverfahren, sei es Heißluft-, ohne oder mit Druck-, Dampf-, Wasser-, Pressen-, Transfer-Moulding-, Injection-Moulding-, Rotations-, LCM-, CV-Rohr-, UHF- oder Bleivulkanisation in Betracht. Aufgrund des unpolaren Charakters ist die Vorwärmung heller NR-Mischungen im ultrahochfrequenten Wechselfeld problematisch; hierfür ist die Mitverwendung von Ruß oder von polaren Substanzen wie Triäthanolamin, Äthylenglykol, polare Faktisse oder andere polare Verbindungen erforderlich. Die verhältnismäßig geringe Wärmebeständigkeit bedingt leicht ein Reversionsverhalten von NR während der Vulkanisation, weshalb man bei relativ niedrigen Vulkanisationstemperaturen arbeitet und die Heizzeiten oft genau einhalten muß. Je höher die Temperatur gewählt wird, um so ungünstiger sind die mechanischen Eigenschaften der NR-Vulkanisate und um so kürzer ist das Plateau. Durch Einsatz entsprechender Vulkanisationssysteme und guter Alterungsschutzmittel kann die Reversionsneigung zurückgedrängt werden. Von den Vulkanisationssystemen sind vor allem Semi-EV- und EV-Systeme (s. S. 250 ff), vor allem bei Verwendung von TMTD, OTOS, Triazinen oder Urethanvernetzern sowie die Vernetzung mit Peroxiden zu nennen. Auch bei der Heißluftvulkanisation ist man wegen der Oxydationsanfälligkeit von NR in der Wahl der Vulkanisationstemperatur sehr begrenzt.

## 3.8. Eigenschaften von NR-Vulkanisaten

NR-Vulkanisate weisen eine interessante Kombination technologischer Eigenschaften auf. Hinsichtlich jeder Einzeleigenschaft kann allerdings NR von synthetischen Produkten übertroffen werden. Aber die Vereinigung hoher Zugfestigkeitswerte mit höchster Stoßelastizität, bester Kälteflexibilität, hervorragender dynamischer Eigenschaften und geringstem Heat-Build-Up machen NR und sein synthetisches Analogon (IR) – trotz einer Vielzahl von SR-Typen – für einige Anwendungsfälle unentbehrlich.

### 3.8.1. Mechanische Eigenschaften

**Härte.** Die Härte von NR kann einerseits durch Füllstoffe und Weichmacher andererseits durch die Schwefelmenge von sehr weich (30 bis 50 Shore A) bis zu Ebonithärte eingestellt werden. Bei Einstellung eines lederartigen Zustandes durch 10 bis 20 phr Schwefel erhält man ungünstige Festigkeits- und Alterungseigenschaften; dieser Härtebereich spielt von wenigen Ausnahmen abgesehen (z. B. Bodenbeläge, Walzenbeläge) technologisch kaum eine Rolle.

**Zugfestigkeit.** Aufgrund der bereits beschriebenen Dehnungskristallisation von NR, die auch im Vulkanisat vorhanden ist, weisen NR-Vulkanisate im Gegensatz zu den meisten SR-Typen bereits im ungefüllten Zustand hohe Zugfestigkeit auf (z. B. 20 MPa und mehr). Dies wird genutzt zur Herstellung weicher und sehr fester, auch sehr dünnwandiger Artikel (z. B. OP-Handschuhe, Präservative, Ballone). Durch Zusatz aktiver Füllstoffe kann die Zugfestigkeit auf 30 MPa gesteigert werden.

**Bruchdehnung.** Die Bruchdehnung hängt naturgemäß stark von der eingesetzten Füllstoffart und -dosierung sowie vom Vulkanisationsgrad ab. Sie beträgt vielfach 500 bis 1000% und mehr.

**Widerstand gegen Weiterreißen.** Der Widerstand gegen Weiterreißen, der ebenfalls durch die Dehnungskristallisation beeinflußt wird, ist ebenfalls sehr gut; er ist besser, als er mit den meisten SR-Typen erhalten wird und wird nur von isocyanatvernetzten Polyurethanen (AU–I) übertroffen. Bei Einsatz hochaktiver Füllstoffe ist er natürlich wesentlich höher als bei Verwendung inaktiver Produkte.

**Stoßelastizität.** Besonders hoch ist auch die Stoßelastizität von NR-Vulkanisaten, die nur von solchen aus BR übertroffen wird. Mit wenig oder mit Zinkoxid gefüllten Vulkanisaten lassen sich Stoßelastizitätswerte von 70% und mehr erreichen. Durch Einsatz aktiver Füllstoffe fällt die Stoßelastizität mehr oder weniger stark ab.

### 3.8.2. Dämpfungseigenschaften

Das günstige elastische Verhalten wirkt sich auch in einem sehr guten Dämpfungsverhalten (geringe Hysterese) und einem günstigen Heat-Build-Up bei dynamischer Beanspruchung aus. Diese Eigenschaften, verbunden mit einer sehr kurzen Relaxationszeit machen NR in besonderem Maße für dynamisch beanspruchte Artikel, z. B. für Schwing- und andere Federelemente, Mitverwendung im Reifensektor u. a. geeignet.

### 3.8.3. Wärme- und Alterungsbeständigkeit

**Wärmebeständigkeit.** Die Wärmebeständigkeit von NR-Vulkanisaten ist für viele technische Anwendungen nicht befriedigend. Die Dauerwärmebeständigkeit nach VDE, d. h. die Temperatur, bei der ein Vulkanisat nach 20 000 Stunden (2 Jahre Lagerung) noch eine größere Bruchdehnung als 100% aufweist, beträgt ca. 60°–70° C. Sie wird von den meisten SR-Vulkanisaten übertroffen. Die Wärmebeständigkeit kann durch die Wahl der Vulkanisationschemikalien, der Vulkanisationsbedingung, der Füllstoffe und insbesondere der Alterungsschutzmittel beeinflußt werden. EV-Systeme oder Peroxide, niedrige Vulkanisationstemperaturen, geringfügige Untervulkanisation, die Verwendung von Kieselsäurefüllstoffen sowie der kombinierte Einsatz von ODPA, SDPA und MBI als Alterungsschutzmittel, ergeben die relativ beste Wärmebeständigkeit (ca. + 100° C bei 1000stündiger Alterung)

**Alterungsbeständigkeit.** Zur Erzielung einer guten Alterungsbeständigkeit von NR-Vulkanisaten ist ebenfalls der Einsatz von

Alterungsschutzmitteln, die Verwendung von Thiazolbeschleunigern und eine nicht zu hohe und nicht zu lange Vulkanisation entscheidend. Selbst unter optimierten Bedingungen erreicht die Alterungsbeständigkeit von NR-Vulkanisaten die der meisten SR-Vulkanisate nicht.

**Wetter- und Ozonbeständigkeit.** Wegen der auch nach der Vulkanisation verbleibenden Doppelbindungen weisen NR-Vulkanisate, insbesondere in hellen Einstellungen, eine unbefriedigende Wetter- und Ozonbeständigkeit auf. Durch Einsatz von Ruß, insbesondere aber durch Verwendung von Paraffin bzw. mikrokristallinen Wachsen, bzw. bestimmten Enoläthern läßt sich die Wetter- und Ozonbeständigkeit in einem gewissen Maße verbessern. Sie erreicht aber nicht die hervorragenden Eigenschaften der aus gesättigten Kautschuken (ACM, CO, CSM, ECO, EPM, FKM und Q) hergestellten Vulkanisate.

### 3.8.4. Kälteflexibilität

Hinsichtlich der Kälteflexibilität sind NR-Vulkanisate jedoch hervorragend zu beurteilen. Sie wird ohne besondere Hilfsmittel erreicht und ist besser als die der meisten SR-Vulkanisate und wird nur von BR- und Q-Vulkanisaten übertroffen.

### 3.8.5. Druckverformungsrest

Der Druckverformungsrest von NR-Vulkanisaten ist bei Raumtemperatur und etwas erhöhten Temperaturen recht gut. Bei niedrigen Temperaturen wird durch die Kristallisationsneigung des NR ein ungünstiger Druckverformungsrest vorgetäuscht. Bei hohen Temperaturen wirkt sich die geringe Wärmebeständigkeit auf das Druckverformungsrest-Verhalten der NR-Vulkanisate negativ aus.

### 3.8.6. Quellbeständigkeit

Aufgrund des unpolaren Charakters sind NR-Vulkanisate in unpolaren Lösungsmitteln wenig quellbeständig. Die Quellung in Mineralölen, Benzin, Benzol betragen je nach Bedingungen einige hundert Prozent. In Alkoholen, Ketonen, Estern usw. sind NR-Vulkanisate beständiger.

### 3.8.7. Elektrische Eigenschaften

Sehr ausgeprägt sind bei entsprechendem Mischungsaufbau auch die elektrischen Isolationseigenschaften. Man kann Durchgangswiderstände von $10^{16}$ Ohm · cm erreichen. Damit ist NR für den Elektroisoliersektor gut geeignet.

## 3.9. Anwendung von NR-Festkautschuk

Die besonderen chemischen und physikalischen Eigenschaften machen NR zu einem vielseitig anwendbaren Rohstoff. NR wird hauptsächlich in Form von Smoked Sheets oder Crepe und in geringerer Menge als Latex verarbeitet. Nur ein kleiner Teil wird direkt zur Herstellung von Klebebändern, Kautschuklösungen, Knetgummi usw. benutzt. Der größte Teil wird vulkanisiert und kommt als Weichgummi, ein kleiner Teil als Hartgummi (Ebonit) in den Handel. Früher wurde NR aufgrund seiner ausgewogenen Eigenschaftskombination für fast alle bekannten Gummiartikel herangezogen, weshalb er auch als Allzweck-Kautschuk bezeichnet wird. Infolge der zunehmenden Verfeinerung und Spezialisierung des SR-Sortiments wurde er aber in vielen Bereichen mehr und mehr verdrängt.

Heute gibt es neben Reifen nur noch verhältnismäßig wenige Artikel, für die NR aufgrund seines Eigenschaftsbildes bevorzugt wird; aber auch hier steht er vielfach in Konkurrenz mit anderen Materialien. Während NR im PKW-Reifensektor für die Herstellung von Diagonalreifen stark an Bedeutung verloren hatte, ist dies auf dem Gebiet der größer dimensionierten LKW-Reifen und der PKW-Radialreifen anders. Infolge der geringen Wärmeleitfähigkeit des Kautschuks spielt bei großen Reifen die Wärmeentwicklung, in der Kautschukterminologie im allgemeinen „Heat-Build-Up" genannt, eine besondere Rolle. Bei Kautschuktypen mit zu geringer Elastizität bzw. zu hoher Hysteresis kann es nämlich durch zu starke Hitzeentwicklung zu einem Wärmestau und damit zu inneren Verbrennungen kommen. NR-Vulkanisate weisen aber verhältnismäßig geringe Wärmeentwicklung auf. Aus diesem Grund haben sie bzw. das synthetische Analogen bei der Herstellung von LKW-Reifen stets besondere Bedeutung gehabt. Seit der Entwicklung von Radial-PKW-Reifen wird auch hierfür in ständig steigender Menge NR (IR) verwendet. Seine hervorragende Flexibilität ist besonders für die Seitenwand wichtig; infolge des geringen Heat-Build-UP läuft der Reifen kühler.

Ein wichtiges Einsatzgebiet des NR ist die Herstellung dünnwandiger weicher Artikel mit hoher Festigkeit, z. B. Luftballone, chirurgische Handschuhe, sanitäre Gummiartikel. Es ist wegen der Dehnungskristallisation bzw. des damit verbundenen Selbstverstärkungseffektes eine Domäne des NR geblieben.

Wegen der hohen Elastizität, verbunden mit geringer Hysteresis, ist NR auf dem Gebiet der Federelemente und Puffer noch ein bedeutender Rohstoff geblieben.

## 3.10. Umwandlungsprodukte des NR

Obgleich sich NR bei chemischen Umsetzungen wie ein wenig reaktionsfähiger Kohlenwasserstoff verhält, ist es möglich, mehrere Umwandlungsprodukte herzustellen. Neben der Addition an die Doppelbindung spielen hierbei die Substitution, die Isomerisierung sowie andere Reaktionen eine Rolle. Von der großen Anzahl der möglichen Derivate haben bisher nur die Chlorierungs-, Hydrochlorierungs- und Cyclisierungsprodukte technische Bedeutung erlangt. Da diese im Vergleich zum Ausgangsmaterial eine größere Härte und bessere Widerstandsfähigkeit gegen korrodierende Einflüsse aufweisen, werden sie vielfach in der Anstrichtechnik, zur Verpackung von Nahrungsmitteln, als Überzüge für Papier und zur Herstellung von Klebstoffen und Haftmitteln verwendet. Derartige Kautschukumwandlungsprodukte können auch aus synthetischem Kautschuk hergestellt werden. Näheres hierzu [3.20.].

## 3.11. Konkurrenzmaterialien von NR

Konkurrenzmaterialien des NR sind z. B. IR, SBR, BR, IIR, EPDM, ECO.

## 3.12. Literatur über NR

### 3.12.1 Allgemeine Literatur über NR

Bibliographien

[3.1.] G. W. Drake: Planting and Production of Natural Rubber and Latex. Progr. of Rubber Technol. **34** (1970), S. 25–32, 110 Lit.-ang.

[3.2.] Progr. of Rubber Technol. **35** (1971), S. 7–12, 95 Lit.-ang.

[3.3.] D. J. Elliot; B. K. Tidd: Developments in Curing Systems for Natural Rubber. Progr. of Rubber Technol. **37** (1973/74), S. 83–126, 285 Lit.-ang.

Buchliteratur

[3.4.] C. D. Harries: Untersuchungen über die natürlichen und künstlichen Kautschukarten, Verlag Springer, Berlin, 1919.

[3.5.] K. Memmler: Handbuch der Kautschukwissenschaften, Verlag S. Hirzel, Leipzig, 1930.

[3.6.] C. C. Davies; J. T. Blake: Chemistry and Technology of Rubber, Verlag Reinhold Publ. New York 1937.

[3.7.] J. Le Bras: Grundlagen der Wissenschaft und Technologie des Kautschuks, Verlag Berliner Union, Stuttgart, 1956.

[3.8.] S. Boström: Allgemeine Technologie des Naturkautschuks. In: Kautschuk-Handbuch. Bd. 2. Hrsg.: Boström, Verlag Berliner Union, Stuttgart 1960. S. 125–135.

[3.9.] J. A. Brydson: Developments with Natural Rubber. Hrsg.: J. A. Brydson. Verlag MacLaren, London 1967. 148 S.

[3.10.] P. Kluckow; F. Zeplichal: Chemie und Technologie der Elastomere. 3. Aufl. Verlag Berliner Union, Stuttgart 1970. S. 1–94.

[3.11.] G. Kolb; J. Peter: Natürliche und synthetische Elastomere. In: Chemische Technologie. Bd. 5. Organische Technologie. 3. Aufl. Hrsg.: K. Winnacker; L. Küchler. Verlag Hanser, München 1972. S. 142–251; s. bes. S. 144–152.

[3.12.] ...: Rubber, Natural. In: Encylclopedia of Polymer Science and Technology. Bd. 12. Hrsg.: F. Mark, N. G. Gaylord, N. M. Bikales, Verlag Interscience Publ., New York 1970. S. 179–256.

Zeitschriftenliteratur

[3.13.] P. W. Allen; L. Mullins: Natural Rubber Achievements and Prospects, Rubber J. **149** (1967) Nr. 5, S. 104.

[3.14.] H. C. Baker: Natural Rubber Faces the Future, IRI Trans. **39** (1963), S. 8.

[3.15.] K. A. Grosch et al.: Oil extended Natural Rubber, its Compounding and Service Testing, Rubber J. **148** Nr. 9 (1966), S. 76.

[3.16.] W. G. Vennels: Recent Advances in Natural Rubber Technology; Trans. IRI **42** (1966), S. 227.

[3.17.] L. Bateman: Science, Sociology and Change in the Plantation Industry, Rajiv Printers, Kuala Lumpur, Malaysia; J. IRI **5** (1971), S. 131.

[3.18.] ...: Naturkautschuk, Fortschritte und Entwicklungen. Wien. Hrsg.: Malaysian Rubber Producer Research Association.

[3.19.] ...: Naturkautschuk Technologie. Wien. Hrsg.: Malaysian Rubber Producer Research Association.

### 3.12.2. Spezielle Literatur über NR

[3.20.] W. Hofmann: Kautschuk, in Ullmanns Encyklopädie der technischen Chemie, 4. neubearbeitete und erweiterte Auflage, Verlag Chemie, Weinheim, Bd. 13, 1977, S. 583 ff.

[3.21.] F. Lynen, H. Eggerer, U. Henning u. J. Kessel: Angew. Chem. **70** (1958), S. 738. F. Lynen, U. Henning: Angew. Chem. **72** (1960), S. 820, 826.

[3.22.] J. Le Bras: Kautschuk u. Gummi, Kunstst. **15** (1962), S. 407.

[3.23.] M. Ulmann: Wertvolle Kautschukpflanzen des gemäßigten Klimas, Akademieverlag, Berlin 1951.

[3.24.] ...: Internationale Normvorschriften über Qualität und Verpackung von Naturkautschuksorten (Grünes Buch). Hrsg.: Wirtschaftsverband der deutschen Kautschuk-Industrie.

[3.25.] J. Leveque: Rev. Gen. Caoutch. Plast. **43** (1966), S. 1304.

[3.26.] B. C. Sekhar et al.: Naturkautschuk, Fortsch. Entwickl. **18** (1965), S. 78.

[3.27.] ...: NR-Techn. Bulletin Nr. 11, Rubber Research Inst. of Malaysia.

[3.28.] NR-Techn. Bulletin Nr. 2. Rubber Research Inst. of Malaya, 1965.

[3.29.] B. C. Sekhar, P. S. Chin: Kautschuk und Gummi, Kunstst. **19** (1966), S. 80.

[3.30.] St. T. Segeman: Rubber World **154** (1) (1966), S. 75.

[3.31.] F. W. Shipley: J. Inst. Rubber Ind. **149** (1967).

[3.32.] L. Mullins: Skandinavian Rubber Conference (SRC) 1979 Symposium Proceedings.

[3.33.] K. F. Heinisch: Gummi Asbest **4** (1951), S. 40.

[3.34.] B. C. SEKHAR: Malaysian Natural Rubber, New Presentation Process. Rubber Research Inst. of Malaya, 1970.

[3.35.] ...: Naturkautschuk, SMR-Bulletin **9,** 1979, Hrsg.: Malaysian Rubber Research and Development Board, The Rubber Research Institute of Malaysia.

[3.36.] M. G. SMITH: Rubber J. **149** (1967), S. 28; L. BATEMAN, B. C. SEKHAR: Rubber Chem. Technol. **39** (1966), S. 1608.

[3.37.] B. C. SEKHAR: J. Polym. Sci. **48** (1968), S. 133.

[3.38.] L. F. RAMOS DE VALLE, B. MOTOMOCHI, V. GONZALES: ACS-Tagung, 23.–26. 10. 79 in Cleveland, Vortrag Nr. 19.

[3.39.] G. P. WIBAUT: Discuss. Faraday Soc. **10** (1951), S. 332.

[3.40.] W. HOFMANN: Gummi Asbest Kunstst. **20** (1967), S. 602, 714.

[3.41.] R. PUMMERER et al.: Kautschuk **10** (1934), S. 149.

[3.42.] G. FROMANDI, S. REISSINGER: Kautschuk u. Gummi **11** (1958), S. WT 3.

# 4. Synthetischer Kautschuk (SR) [4.1.–4.39.]

## 4.1. Klassifizierung von SR

Unter dem Begriff Synthesekautschuk (SR) versteht man nicht nur das synthetisch hergestellte Analogon des Naturkautschuks (NR), also cis-1,4-Polyisopren (IR), sondern eine große Vielzahl anderer synthetisch hergestellter kautschukartiger Stoffe.

Zunächst wurden nur solche Stoffe als SR angesehen, die durch ihren chemischen Aufbau, d. h. die Anwesenheit von Doppelbindungen und die dadurch bedingte Möglichkeit durch Schwefel vulkanisiert zu werden, dem NR nahestanden; diese Produkte werden in der Regel durch Homo- oder Copolymerisation von konjugierten Dienen erhalten. Daneben wurden aber in zunehmendem Maße auch Polymere aus Monoolefinen und anderen Ausgangsstoffen entwickelt, die sich nach anderen Prinzipien als der Schwefelvulkanisation zu Elastomeren vernetzen lassen. Solche SR-Typen können sowohl durch Polymerisation als auch durch Polykondensation oder Polyaddition hergestellt werden. Den aus Dienen hergestellten Kautschuken kommt nach wie vor die weitaus größte Bedeutung zu, wogegen die gesättigten Kautschuke im allgemeinen Spezialprodukte sind. Die Zahl der dem Verarbeiter von der chemischen Industrie angebotenen SR-Typen ist inzwischen groß geworden. Daher war es zweckmäßig, die SR-Arten zu klassifizieren.

Je nach Herstellungsverfahren unterscheidet man zwischen Polymerisaten, Polykondensaten und Polyadditionsprodukten.

Bei der Polymerisation einheitlicher Monomerer erhält man Homopolymerisate, und bei Einsatz verschiedener Monomerer Copolymerisate. Werden drei Monomere copolymerisiert, spricht man von Terpolymeren. Bei der Allein- oder Mitverwendung von konjugierten Diolefinen (Dienen) als Ausgangsstoff erhält man die sogenannten Dienkautschuke, die im Makromolekül noch Doppelbindungen aufweisen und dadurch analog wie NR schwefelvernetzbar sind. Sie stellen SR im engeren Sinne dar.

Durch die Polymerisation einfach ungesättigter Monomerer (Olefine) sowie durch Polykondensation oder durch Polyaddition gesättigter Reaktionspartner erhält man gesättigte, nicht mit Schwefel vernetzbare makromolekulare Stoffe. Die weitaus größte Anzahl dieser gehört in die Gruppe der Kunststoffe. Eine Reihe dieser gesättigten hochmolekularen Produkte, wie z. B. Epichlorhydrine, chlorsulfoniertes Polyäthylen, Äthylen-Propylen- oder Äthylen-Vinylacetat-Mischpolymerisate, Urethan-, Silicon- oder Fluorkautschuk, Thioplaste u. a. lassen sich jedoch durch besondere

Methoden weitmaschig vernetzen, wodurch sie eine der Schwefelvulkanisation von Dienkautschuken analoge Zustandsänderung erfahren können. Aufgrund dieser Tatsache können diese Produkte als Kautschuk verwendet und dabei in erweitertem Sinne ebenfalls als SR angesprochen werden.

Während die Polymerisation für die SR-Herstellung von ausschlaggebender Bedeutung ist, und hier bevorzugt behandelt werden muß, ist die Polykondensation und Polyaddition hierfür von untergeordneter Bedeutung.

Bei der Polymerisation hat man wiederum je nach der Art der Verfahrensweise zwischen Emulsions-, Lösungs- oder Massenpolymerisation zu unterscheiden.

Einige Dienkautschuke, z. B. IR, BR, SBR, werden in vorteilhafter Weise bevorzugt in Einsatzbereichen verwendet, in denen früher NR benötigt wurde. Diese sogenannten Allzweckkautschuke werden hinsichtlich ihres Eigenschaftsbildes zweckmäßigerweise mit NR verglichen. Viele Spezialkautschuke lassen die Herstellung von Elastomeren mit so hochgezüchteten Eigenschaften zu, daß sie in Einsatzgebieten verwendet werden können, die dem NR niemals zugänglich gewesen wären. Diese sogenannten Spezialkautschuk-Typen sollen natürlich mit solchen Produkten verglichen werden, die dem zu behandelnden Kautschuk nach Eigenschaftsbild und Anwendungsgebiet verwandt sind.

Nach ASTM-D 1418-76 bzw. ISO R1629, 1980 werden die Kautschuk-Klassen folgendermaßen klassifiziert, wobei die mit * gekennzeichneten Stoffklassen die Haupttypen mit zusammen ca. 95% Marktanteil sind. Stoffe mit ** spielen im Markt als Spezialtypen ebenfalls eine wichtige Rolle, wogegen die nicht gekennzeichneten Typen von untergeordneter Bedeutung sind oder nur akademisches Interesse besitzen. In Klammern gesetzte Abkürzungen sind nicht von ASTM oder ISO vorgeschlagen.

| | |
|---|---|
| ABR | Acrylester-Butadien-Kautschuk |
| ACM** | Acrylester-2-Chloräthylvinyläther-Copolymere (Acrylatkautschuk) |
| AFMU | Terpolymere aus Tetrafluoräthylen, Trifluornitrosomethan und Nitrosoperfluorbuttersäure (Nitrosokautschuk) |
| ANM | Acrylester-Acrylnitril-Copolymere (Acrylatkautschuk) |
| ASR | Alkylensulfidkautschuk |
| AU** | Urethankautschuk auf Polyester-Basis |
| BR* | Butadienkautschuk (= Polybutadien) |
| BIIR** | Brombutylkautschuk |
| CIIR** | Chlorbutylkautschuk |
| CFM** | Polychlortrifluoräthylen-Vinylidenfluorid-Copolymere (Fluorkautschuk) |

| | |
|---|---|
| CM | Chlorpolyäthylen (frühere Bezeichnung CPE) |
| CO** | Epichlorhydrinkautschuk (= Polychlormethyloxyran) |
| CR* | Chloroprenkautschuk (= Polychloropren) |
| CSM** | Chlorsulfonylpolyäthylen |
| EAM** | Äthylen-Vinylacetat-Copolymere (frühere Bezeichnung EVA bzw. EVAC) |
| ECO** | Epichlorhydrin-Copolymere (= Aethylenoxid und Chlormethyloxyran) |
| CFM | Polychlortrifluoräthylen |
| EPDM* | Äthylen-Propylen-Terpolymere |
| EPM** | Äthylen-Propylen-Copolymere |
| EU | Urethankautschuk auf Polyäther-Basis |
| (ETER) | Epichlorhydrin-Äthylenoxid-Terpolymer |
| FKM** | Vinylidenfluorid-Co- und Terpolymere mit Hexafluorpropylen und anderen fluorhaltigen Comonomeren (= Fluorkautschuk) (nach ISO 1929 FPM genannt) |
| FMQ | Methylsiliconkautschuk mit Fluor-Gruppen (frühere Bezeichnung FSI) |
| (GPO) | Copolymerisat aus Propylenoxid und Allylglycidäther |
| IIR** | Isobutylen-Isopren-Kautschuk (= Butylkautschuk) |
| IR* | Isoprenkautschuk (synthetisch) |
| MQ** | Methylsiliconkautschuk (frühere Bezeichnung SI) |
| NBR* | Acrylnitril-Butadien-Kautschuk (= Nitrilkautschuk) |
| NCR | Acrylnitril-Chloropren-Kautschuk |
| NR* | Isoprenkautschuk (= Naturkautschuk) |
| PE | Polyäthylen |
| PBR | Pyridin-Butadien-Kautschuk |
| PMQ | Methylsiliconkautschuk mit Phenyl-Gruppen (frühere Bezeichnung PS) |
| PNR** | Polynorbornen |
| PO | Propylenoxidkautschuk |
| PSBR | Pyridin-Styrol-Butadien-Kautschuk |
| (PUR) | Gattungszeichen für Urethanelastomere |
| PVMQ** | Methylsiliconkautschuk mit Phenyl- und Vinyl-Gruppen |
| Q | Gattungszeichen für Siliconkautschuk |
| SBR* | Styrol-Butadien-Kautschuk |
| (SBS)* | Styrol-Butadien-Styrol-Block-Copolymere (= thermoplastischer Kautschuk) |
| SCR | Styrol-Chloropren-Kautschuk |
| SIR | Styrol-Isopren-Kautschuk |
| (SIS) | Styrol-Isopren-Styrol-Block-Copolymere (= thermoplastischer Kautschuk) |
| (SR) | Gattungsbegriff für alle Synthesekautschuke |
| (TM)** | Thioplaste |
| (TOR) | Trans-Polyoctenamer |

| | |
|---|---|
| (TPA) | Trans-Polypentenamer |
| (TPE) | Klassenbezeichnung für thermoplastische Elastomere |
| VMQ** | Methylsiliconkautschuk mit Vinyl-Gruppen |

Zusätzliche vor die Kurzzeichen gesetzte Indices:

| | |
|---|---|
| E- | Emulsionspolymerisat |
| L- | Lösungspolymerisat |
| OE- | Ölgestreckter Kautschuk |
| X- | Reaktionsfähige Gruppen (bevorzugt für Latices bedeutsam) |
| Y- | Thermoplastischer Kautschuk |

## 4.2. Grundsätzliches über die SR-Herstellung

### 4.2.1. Ausgangsstoffe für die SR-Herstellung

Einige der wichtigsten Ausgangsstoffe (Monomere) für die Homo- oder Mischpolymerisation sind die folgenden Verbindungen.

| | | Siedepunkt (° C) |
|---|---|---|
| Äthylen | $CH_2{=}CH_2$ | −104 |
| Propylen | $CH_2{=}CH{-}CH_3$ | − 50 |
| i-Butylen | $CH_2{=}C(CH_3)_2$ | − 6 |
| Butadien-1,3 | $CH_2{=}CH{-}CH{=}CH_2$ | − 4,5 |
| Isopren | $CH_2{=}C(CH_3){-}CH{=}CH_2$ | + 34 |
| Chloropren | $CH_2{=}C(Cl){-}CH{=}CH_2$ | + 59 |
| Styrol (Vinylbenzol) | 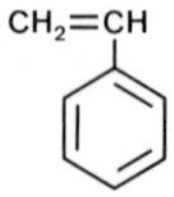 | +145 |

| | | Siedepunkt (° C) |
|---|---|---|
| Vinylacetat | $CH_2{=}CH{-}O{-}C({=}O){-}CH_3$ | + 72 |
| Acrylsäure-methylester | $CH_3{=}CH{-}COOCH_3$ | + 80 |
| Acrylnitril | $CH_2{=}CH{-}C{\equiv}N$ | + 77 |

### 4.2.2. Grundsätzliches über die Polymerisation
[4.4., 4.10., 4.16.]

Grundlage für die Polymerisation ist die Anwesenheit von Doppelbindungen, die aus zwei verschiedenartigen Elektronenpaaren bestehen, den $\sigma$- und den $\pi$-Elektronen. Letztere bewirken die Reaktivität der Doppelbindung, da sie durch äußere Einwirkung in zwei Einzelelektronen aufgespalten (Entkoppelung) werden können und da sie ferner nicht lokalisiert, sondern zum einen oder anderen Atom hin verschiebbar sind. Durch die Entkoppelung der Doppelbindung entsteht ein radikalischer Zustand,

$$>C{=}C< \;\rightarrow\; {}^{*}C{-}C^{*}$$

durch Verschieben der Doppelbindung ein ionischer Zustand

$$>C{=}C< \;\rightarrow\; (+)C{-}C\,|\,(-)$$

Während der erste Zustand die Radikalkettenpolymerisation auslöst, findet nach dem zweiten Mechanismus die Ionenkettenpolymerisation statt, die je nach der Art des Katalysators kationisch, anionisch oder als Koordinationspolymerisation ablaufen kann.

Die Polymerisation verläuft stets in drei Stufen: Startreaktion, Wachstumsreaktion, Abbruchreaktion. Sie kann in homogener (Masse-, Lösungspolymerisation) sowie in heterogener Phase (bei der SR-Herstellung fast ausschließlich Emulsionspolymerisation) durchgeführt werden. Die Radikalkettenpolymerisation findet bevorzugt in heterogener, die Ionenkettenpolymerisation fast ausschließlich in homogener Phase statt.

4.2.2.1. Radikalische Polymerisation [4.4., 4.10., 4.16.]

**Radikalische Homopolymerisation.** Bei der radikalischen Polymerisation stellt die Entkoppelung der $\pi$-Elektronen in einer Doppelbindung die Startreaktion dar; diese Entkoppelung kann bevorzugt durch thermische Anregung, aber auch durch photochemische oder elektrochemische Einflüsse entstehen. In erster Linie werden durch Einwirkung von in Radikale zerfallenden Stoffen, wie z. B. Hydroperoxid-, Peroxid- oder Azoverbindungen, Primärradikale gebildet, die mit den Monomeren unter Bildung von Monomerradikalen reagieren. Diese Stoffe werden Initiatoren, vielfach fälschlicherweise auch Polymerisationskatalysatoren genannt. Die heute meist verwendeten Initiatoren sind sogenannte Redox-Systeme, die durch Reaktion eines Reduktions- (z. B. Amine, Bisulfite, Mercaptane, Sulfinsäuren) mit einem Oxydationsmittel (z. B. Hydroperoxide, Peroxide, Sauerstoff) besonders intensiv wirken. Nach der Initiierung der Polymerisation erfolgt die Wachstumsreaktion, bei der die Moleküle durch laufende Anlagerung von weiteren Monomermolekülen so lange wachsen, bis sie durch Überträgermoleküle abgebrochen werden.

Das Schema einer Radikalkettenpolymerisation kann folgendermaßen dargestellt werden, wobei jede Teilreaktion nacheinander abläuft [4.16.].

1. Kettenstart
   $I \rightarrow 2\,R\cdot$ (Initiatorzerfall)
   $R\cdot + M \rightarrow RM\cdot$ (Bildung des Startradikals)
2. Kettenwachstum
   $RM\cdot + M \rightarrow RMM\cdot$
3. Kettenübertragung
   $RM_n^{\cdot} + HX \rightarrow RM_n H + X\cdot$ (Bildung eines Überträgerradikals)
   $X\cdot + M \rightarrow XM\cdot$ (Bildung eines neuen Startradikals)
4. Kettenabbruch
   $RM_m^{\cdot} + RM_n^{\cdot} \rightarrow P_{m+n}$ (Rekombination)
   $\rightarrow P_m + P_n$ (Disproportionierung)

In dieser Darstellung bedeuten I = Initiatormolekül; $R^{\cdot}$ = radikalisches Initiatorbruchstück; M = Monomermolekül; $RM^{\cdot}$ = Monomer-Startradikal; $RM_m^{\cdot}$ = Polymerradikal mit der Kettenlänge m; $RM_n^{\cdot}$ = Polymerradikal mit der Kettenlänge n; P = Polymermolekül; HX = Überträgermolekül; $X^{\cdot}$ = Überträgerradikal; $XM^{\cdot}$ = Neues Monomer-Startradikal.

Die Zeit zwischen einer Monomer-Startradikalbildung und der Polymerradikal-Abstoppung, d. h. die Wachstumszeit eines Polymermoleküls erfolgt nach Wahrscheinlichkeitsregeln, weshalb Polymermoleküle mit unterschiedlicher Anzahl von Monomereinheiten aufgebaut werden. Aus diesem Grunde besteht ein Polymerisat stets aus Makromolekülen unterschiedlichen Polymerisationsgrades, d. h. das Polymerisat kann je nach dem Wechselspiel von Kettenstart und -abbruch bzw. -übertragung eine unterschiedlich breite Molekularmassenverteilung aufweisen.

Die wachsende Polymerkette kann nach dem obigen Reaktionsschema 3 mit anderen im Polymerisationsansatz anwesenden Molekülen, den Überträgern unter Desaktivierung reagieren, wobei ein Überträgerradikal gebildet wird, das seinerseits ein neues Monomerstartradikal bildet. Als Überträgersubstanzen kommen z. B. Monomere, Polymere, Initiatoren, Lösungsmittel, in besonderem Maße aber die eigens zu diesem Zweck zugesetzten Regler in Betracht. Als Regler werden bevorzugt solche Übertragungssubstanzen verwendet, durch die die Umsatzgeschwindigkeit der Polymerisation kaum vermindert wird, da die durch sie neu gebildeten Radikale nahezu gleiche Reaktivität aufweisen, wie die durch sie desaktivierten. Solche Substanzen sind z. B. Alkohole, Alkylhalogenide, Mercaptane, Xanthogendisulfide. Durch die Einsatzmenge von Reglern lassen sich die mittlere Molekularmasse des Polymerisates einstellen und stärkere Verzweigungen und Vernetzungen (Gelbildung) verhindern. Sie bewirken also eine größere Gleichmäßigkeit der molekularen Struktur sowie der Molekularmasse des Polymerisates.

Zwischen Polymerradikalen kann es infolge Rekombination oder Disproportionierung zu Abbruchreaktionen kommen.

Alle diese Teilreaktionen wirken sich auf die Umsatzgeschwindigkeit (Geschwindigkeit des Monomerenverbrauches), den mittleren Polymerisationsgrad (mittlere Anzahl von Monomereinheiten je Polymermolekül) und die Molekularmassenverteilung (relative Häufigkeit, mit der Polymermoleküle mit bestimmten Polymerisationsgraden vorkommen) aus. Somit lassen sich durch die Polymerisationsrezeptur einige wichtige kautschuktechnologische Eigenschaften, wie z. B. die Verarbeitbarkeit, steuern.

**Radikalische Copolymerisation.** Die radikale Copolymerisation von zwei oder mehreren Monomeren verläuft im Prinzip nach dem gleichen Schema wie die Homopolymerisation, wobei hier von allen beteiligten Monomeren Monomerradikale gebildet werden. Diese können mit Monomeren der eigenen Art (Homowachstumsschritt) oder einem Fremdmonomeren (Heterowachstumsschritt) reagieren; dies richtet sich nach der vorhandenen Konzentration beider Monomeren und ihren individuellen Bereitschaften zur Reaktion mit einem anderen Monomeren (Copolymerisationsparameter).

Je nach den Copolymerisationsparametern von zwei Monomeren können folgende Grenzfälle eintreten:

- alternierende Polymerisation, d. h. die Monomerbausteine alternieren je nach der Monomerzusammensetzung bis zum Verbrauch der niedriger dosierten Komponente,
- die azeotrope Polymerisation, d. h. es kommt zu statistischer Sequenzlängenverteilung der Monomeren in der Kette, wobei die mittlere Polymerzusammensetzung für alle Umsätze der Monomerzusammensetzung entspricht und schließlich
- die Blockcopolymerisation, d. h. vollständige Vorpolymerisation des einen Monomeren, bevor das zweite Monomere nachpolymerisiert.

Der letzte Grenzfall kommt jedoch bei der radikalischen Polymerisation praktisch nicht vor. Die Copolymerisationsparameter in einem Polymerisationsansatz entscheiden also neben der Konzentration beider Monomerer über die mittlere Polymerzusammensetzung bzw. die chemische Uneinheitlichkeit sowie über die mittlere Sequenzlänge bzw. Sequenzlängenverteilung.

#### 4.2.2.2. Emulsionspolymerisation [4.40.–4.43.]

Für die Emulsionspolymerisation, die für die Radikalkettenpolymerisation wesentliche Bedeutung besitzt, sind im allgemeinen mindestens vier Komponenten erforderlich: Monomere (in Wasser schwer löslich), Wasser, Emulgatoren und Initiatoren (im Wasser löslich), zumeist ferner Regler, Abstopper und Stabilisatoren.

Der Emulgator emulgiert die Monomeren in Form von ca. $10^{10}$ kleinen Tröpfchen pro $cm^3$ (Durchmesser ca. $10^{-4}$ cm). Der Emulgator bildet durch Zusammenlagerung von jeweils ca. 20–100 Emulgatormolekülen sogenannte Micellen (ca. $10^{18}$ pro $cm^3$, Durchmesser ca. $10^{-6}$-$10^{-7}$ cm), von denen viele Monomermoleküle einlagern (solubilisieren).

Nach der Bildung von Initiatorradikalen werden fast ausschließlich die in den Micellen solubilisierten Monomeren angeregt, so daß die Polymerisation in den Micellen stattfindet. Mit der Polymerisation wachsen die gefüllten Micellen durch ständig neue Aufnahme von Monomeren (Lösung des Monomeren im Polymeren und Einpolymerisation) aus den Monomertröpfchen und gehen in Latex-Teilchen über. Wenn die Monomertröpfchen aufgebraucht sind, besteht die Emulsion nur noch aus Polymer-Monomer-Teilchen, die durch die Oberflächenladung der Emulgatormoleküle gegen Koagulation stabilisiert sind.

Durch den Einfluß der Emulgatorhülle sind die Abbruchreaktionen der Polymerradikalen stark behindert, weshalb sich hohe Umsatzgeschwindigkeiten und Polymerisationsgrade erzielen lassen (höher als bei der Lösungspolymerisation).

Bei Erreichen des gewünschten Umsatzes wird die Polymerisation durch Zugabe von Abstoppmitteln beendet. Um das Polymerisat gegen Oxidationseinfluß zu schützen, werden vor der Isolierung aus dem Latex sogenannte Stabilisierungsmittel zugesetzt.

Die Emulsionspolymerisation hat gegenüber der Polymerisation in homogener Phase folgende Vorteile:

- Durch die Verwendung von Wasser als Medium läßt sich die Polymerisationswärme leicht abführen, was von wesentlichem Einfluß auf die Konstanz der Eigenschaften des Polymerisates ist.
- Die Verteilung von Monomeren und von Polymerisationshilfsmitteln ist gleichmäßig. Zu jeder beliebigen Zeit kann z. B. ein Abstoppmittel zugesetzt werden, das in kurzer Zeit wirkt und die Polymerisation abbricht.
- Da die Viskosität der Emulsion nahezu unabhängig von der Molekularmasse des Polymeren ist, lassen sich auch höchstmolekulare Kautschuk-Typen problemlos herstellen.
- Infolge der niedrigen Viskosität der Emulsionen kann die Emulsionspolymerisation in einfachen Apparaturen, auch kontinuierlich in Kaskadenanordnung durchgeführt werden und erlaubt gute Raum-Zeit-Ausbeuten.
- Ferner ist für die kautschukverarbeitende Industrie wichtig, daß man durch die Emulsionspolymerisation zu stabilen Dispersionen – Latices – von synthetischem Kautschuk gelangt, die z. T. anstelle von Naturlatex verwendet werden können.

Ein Nachteil der Emulsionspolymerisation, wie überhaupt der radikalischen Polymerisation von Dienen, ist der sterisch relativ wenig einheitliche Aufbau der Polymermoleküle, der auf die verschiedene Reaktionsmöglichkeit der Diene zurückzuführen ist.

Während man früher die Emulsionspolymerisation zur Herstellung von Kautschuk zumeist bei + 45° C durchführte, konnte man durch die Verwendung der sogenannten Redoxkatalysatoren die Polymerisationstemperatur drastisch senken, z. B. auf + 5° C. Bei niedrigen Polymerisationstemperaturen erhält man Polymerisate mit einheitlicherem sterischen Aufbau und erheblich besseren kautschuktechnologischen Eigenschaften, als bei mit höheren Temperaturen hergestellten. Man unterscheidet demgemäß zwischen „Kaltkautschuk“ (cold rubber) und „Warmkautschuk“ (hot rubber). Der Kaltkautschuk hat sich gegenüber dem Warmkautschuk weltweit durchgesetzt.

#### 4.2.2.3. Ionische Polymerisation [4.44.–4.54.]

Während radikalisch wirkende Initiatoren homolytisch in zwei Radikale zerfallen und hierbei nur wenig durch elektrostatische Effekte und Solvatation beeinflußt werden, lassen sich ionisch wirkende dagegen durch das Medium, wie z. B. Lösungsmittel, stärker dissoziierend beeinflussen. Die sich aus Initiatoren bildenden Anionen oder Kationen lösen die Polymerisation aus, die von entsprechenden Gegenionen fortgepflanzt wird, und analog wie die radikalisch initiierte nach dem Schema einer Kettenreaktion abläuft. Während bei einer radikalischen Polymerisation das Startradikal seinen Radikalzustand an das Monomere weitergibt, so überträgt bei der ionischen Polymerisation das Starterion seine Ladung an das Monomere. Bei positiv geladenen Starterionen liegt eine kationische, bei negativ geladenen eine anionische Polymerisation vor. Die Monomeren können in verschiedenen mesomeren Grenzformen in Erscheinung treten und je nach der Art der auf das Monomermolekül einwirkenden elektrostatischen Kräfte zur einen oder anderen Grenzform polarisiert werden und zur Reaktion kommen.

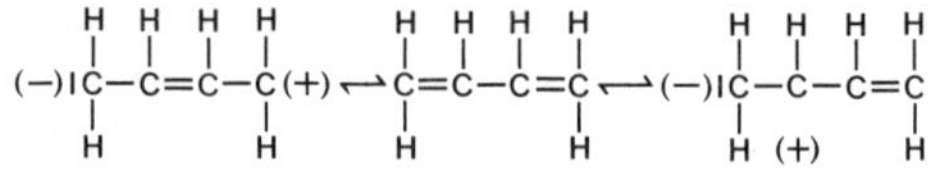

Beispiel für mesomere Grenzformen des Butadiens

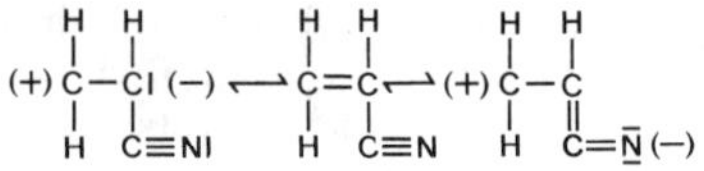

Beispiel für mesomere Grenzformen des Acrylnitril

Eine kationische Polymerisation kann z. B. mit Brönsted- und Lewis-Säuren (z. B. $H_2SO_4$, H Cl $O_4$, $AlCl_3$, $BF_3$, $C_2H_5AlCl_2$) initiiert werden, wobei in der Regel die Anwesenheit kleiner Mengen an Cokatalysatoren, wie Wasser, Alkohol oder Halogenwasserstoff, erforderlich ist [4.48.–4.51.].

$$AlCl_3 + H_2O \longrightarrow H^+ [AlCl_3OH]^-$$

Bei anionischen Polymerisationen kommen z. B. Li-alkylverbindungen zum Einsatz [4.52.–4.54.].

Da die Aktivierungsenergien für die Startreaktionen bei ionischen Polymerisationen vielfach erheblich geringer sind als bei radikalischer Initiierung, kann die Ionenkettenpolymerisation oft bei wesentlich niedrigeren Temperaturen durchgeführt werden.

Die Dissoziation des Initiators hängt vom Ausmaß der elektrostatischen Effekte des umgebenden Mediums ab. Je nach deren Dissoziationskonstante kann über eine bloße Polarisation eine zunehmend stärkere Dissoziation (je nach Polarität des Lösungsmittels) eintreten, weshalb für

$$R-X \rightleftharpoons \overset{(+)}{R} \cdots \overset{(-)}{X} \rightleftharpoons R^{\oplus} + X^{\ominus}$$

Beispiel für die Dissoziation einer Substanz

die kationische Polymerisation bevorzugt polare Lösungsmittel verwendet werden.

Bei der Dissoziation werden ein Kation und ein Anion gebildet. Aus thermodynamischen Gründen kann aber nur eines der beiden Ionen die Polymerisation eines Monomeren auslösen.

Die polymerisationsauslösenden Initiatorionen verschieben nun durch Polarisation das $\pi$-Elektronenpaar des Monomeren je nach ihrer Ladung an das eine oder andere C-Atom und ein

$$>\overset{(+)}{C}-\overset{(-)}{C}< \rightleftharpoons >C=C< \rightleftharpoons >\overset{(-)}{C}-\overset{(+)}{C}<$$

Beispiel für die Polarisierung eines Olefins

Initiatorion wird an das Monomere angelagert, das nun seinerseits initiierend wirkt und ein weiteres polarisiertes Monomeres anlagert, das erneut zu einem wachsenden Polymerion wird.

Infolge der regelmäßigen Aneinanderlagerung von Monomeren an Polymerionen erlaubt die ionische Polymerisation die Herstellung stereospezifischer Polymerer und in besonderen Fällen von streng linearen Polymeren.

Bei ionischen Polymerisationen kommen Kettenabbrüche durch Rekombination und Disproportionierung infolge der gleichnamigen elektrischen Ladungen der wachsenden Polymerionen praktisch nicht vor. Nur durch Verunreinigungen oder Abstoppmittel können die Kettenreaktionen beendet werden.

Bei kationischen Polymerisationen können auch Übertragungsreaktionen vorkommen. Mit sinkender Temperatur werden diese aber seltener, weshalb häufig kationische Polymerisationen bei sehr tiefen Temperaturen durchgeführt werden.

Bei anionischen Polymerisationen kommen bei entsprechenden Bedingungen praktisch keine Übertragungsreaktionen vor, weshalb hierbei sehr enge Molekularmassenverteilungen entstehen können. Wenn die Monomeren völlig verbraucht sind, bleiben die Makromoleküle aktiv, sogenannte „Living Polymers", die weiter wachsen, wenn neue Monomere zugegeben werden. Wenn man ein Fremdmonomer zusetzt, entstehen auf diese Weise Blockcopolymere, z. B. Polybutadien-Polystyrol-Blockcopolymere [4.50.].

### 4.2.2.4. Koordinationspolymerisation oder Metallkomplexpolymerisation [4.55.–4.62.]

Bei der Koordinationspolymerisation liegen die Initiatoren in Komplexform vor und das Monomere wird zwischen der wachsenden Kette und dem Initiatorfragment eingelagert, was auch Insertion genannt wird.

Zu den Initiatoren, die zu einer Polyinsertion führen, sind insbesondere die Ziegler-Komplexkatalysatoren zu nennen. Hierunter versteht man Reaktionsprodukte von metallorganischen Alkyl- oder Acylverbindungen der Hauptgruppen I–III und Übergangsmetallsalzen der IV bis VIII Nebengruppe des Periodensystems. Typische Vertreter der Ziegler-Katalysatoren sind z. B. Kombinationen von Aluminiumalkylen mit Halogenverbindungen des Titans, Kobalts, Nickels, Vanadins, Wolframs u. dgl.

Der Hauptgrund für die besondere katalytische Aktivität der Übergangsmetallverbindungen scheint in der Möglichkeit zu liegen mit den $\pi$-Elektronenpaaren von Olefinen und Dienen koordinative Bindungen auszubilden. Ferner sind sie in der Lage, kovalente Bindungen mit $\sigma$-Elektronenpaaren einzugehen. Diese Tatsache ermöglicht den Katalysatoren den Übergang von einem Bindungstyp zum anderen, was für den am Übergangsmetall stattfindenden Wachstumsschritt (Insertion) wesentliche Bedeutung hat. Diese Wachstumsschritte, die auf der koordinativen Bindung der eintretenden Monomereneinheit beruht, erfolgen unter sterischer Kontrolle, weshalb bei Anwendung dieser Katalysatoren sterisch einheitliche Polymere aufgebaut werden. Je nach der Katalysatorzusammenstellung lassen sich aus Dienen fast reine cis-1.4-, trans-1.4- oder 1.2-Strukturen aufbauen [4.61.].

### 4.2.2.5. Massepolymerisation (Polymerisation in Substanz)

Bei der Massepolymerisation läuft die Polymerisation im reinen flüssigen Monomeren ohne Lösungsmittel bzw. in der Gasphase ab.

Die Wärme wird durch Außenkühlung abgeführt und gelingt in Polymerisationskesseln nur in kleinen Ansätzen von 20–50 kg befriedigend. In sogenannten Polymerisationsschnecken und Reaktionstürmen kann man eine kontinuierliche Polymerisation mit wesentlich verbessertem Wärmeaustausch durchführen.

Die erste Polymerisationsform der Synthesekautschukherstellung vor und während des 1. Weltkrieges sowie die Herstellung von Zahlenbuna bei der IG-Farbenindustrie waren Massepolymerisationen. Diese haben inzwischen ihre Bedeutung fast völlig verloren. Im Rahmen neuerer, auch ökologischer Überlegungen könnte die Massepolymerisation jedoch wieder interessant werden.

## 4.2.2.6. Lösungspolymerisation [4.63.]

Bei der Lösungspolymerisation wird das Monomere in einem organischen Lösungsmittel hoher Reinheit gelöst. Die Katalysatorherstellung stellt oft ein besonderes Problem dar. Nach Initiierung der Polymerisation nimmt die Viskosität des Ansatzes mit zunehmendem Polymerisationsgrad zu, so daß dem Kettenwachstum oft durch Viskositätserhöhungen eine Grenze gesetzt ist. Höhere Molekularmassen lassen sich durch die Technik der Mooney-Sprung-Reaktion erzielen [4.64.] (vgl. S. 98). Nach der Zerstörung des Katalysators wird das Polymere aus dem Ansatz isoliert.

### 4.2.3. Grundsätzliches über Polyaddition und Polykondensation [4.10.]

Im Gegensatz zur Polymerisation spielen die Polykondensation und Polyaddition für die Herstellung von SR eine untergeordnete Rolle. Diese Verfahren werden beispielsweise bei der Herstellung von TM, AU und Q angewandt.

Hierbei reagieren mehrfunktionelle Ausgangsstoffe so miteinander, daß Makromoleküle entstehen. Werden ausschließlich bifunktionelle Gruppen eingesetzt, so entstehen lineare Kettenmoleküle. Bei Einsatz von mindestens einer trifunktionellen Komponente je Makromolekül erhält man verzweigte oder vernetzte Makromoleküle, deren Vernetzungsdichte von der Menge der trifunktionellen Komponente abhängt.

Addieren sich die Ausgangsstoffe lediglich aneinander, so spricht man von Polyaddition; werden dagegen die funktionellen Gruppen unter Abspaltung von z. B. von Wasser, Chlorwasserstoff oder anderen Stoffen gebildet, so handelt es sich um eine Polykondensation.

Als Beispiel für eine Polyaddition mag der Aufbau eines Polyurethans (AU) dienen:

$$...O-(CH_2)_y-OH+O=C=N-(CH_2)_x-N=C=O+HO-(CH_2)_y-O...$$

$$...-O-(CH_2)_y-O-\overset{O}{\overset{\|}{C}}-\overset{H}{\overset{|}{N}}-(CH_2)_x-\overset{H}{\overset{|}{N}}-\overset{O}{\overset{\|}{C}}-O-(CH_2)_y-O-...$$

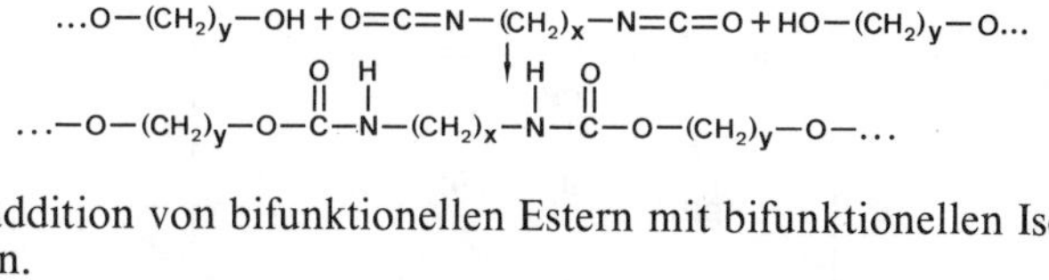

Polyaddition von bifunktionellen Estern mit bifunktionellen Isocyanaten.

Beispiel für eine Kondensation ist z. B. die Bildung von Thioplasten (TM):

$$n \ ClRCl + n \ Na_2 \ S_x \rightarrow (RS_x)_n + 2n \ NaCl$$

Polykondensation von Alkylenchloriden mit Natriumpolysulfid (R = Alkyl; $x = 2$ und größer).

### 4.2.4. Struktur der Polymeren und deren Bestimmung [4. 10., 4.65., 4.66.]

**Kettenanordnung.** Diene können bei der Polymerisation in verschiedener Weise reagieren und demgemäß zu Polymeren sehr unterschiedlicher Struktur führen, die für das Eigenschaftsbild der makromolekularen Verbindungen einschließlich Verarbeitungs- und Vulkanisationseigenschaften entscheidende Bedeutung haben. Auch die Herstellungsbedingungen haben wesentlichen Einfluß auf die Strukturen.

Bei der Herstellung linearer, langkettiger Polymerisate, bei der die Diene in 1,4-Stellung miteinander reagieren und die für die Kautschuksynthese von ausschlaggebender Bedeutung sind, spielt die cis-trans-Isomerie eine bedeutende Rolle. Durch 1,2-Addition in isotaktischer bzw. syndiotaktischer Weise oder durch Cyclisierungs- bzw. Aromatisierungsreaktionen können zusätzlich Polymere mit unterschiedlichen physikalischen Eigenschaften entstehen, wie die nachfolgende Darstellung am Beispiel von polymerem Butadien aufzeigt.

**Tab. 1:** Einfluß von Polybutadienstrukturen auf das Eigenschaftsbild [4.10.].

| Anordnung | Struktur | Schmelzpunkt | Eigenschaft |
|---|---|---|---|
| 1,4-cis | 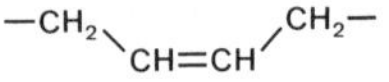 | 2° C | Elastomer |
| 1,4-trans | 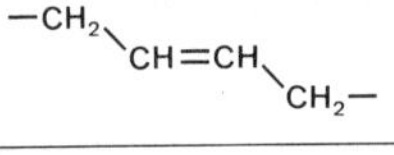 | 140° C | Thermoplast |
| 1,2-isotaktisch | 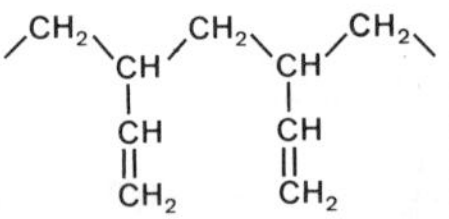 | 126° C | Thermoplast |
| 1,2-syndiotaktisch | 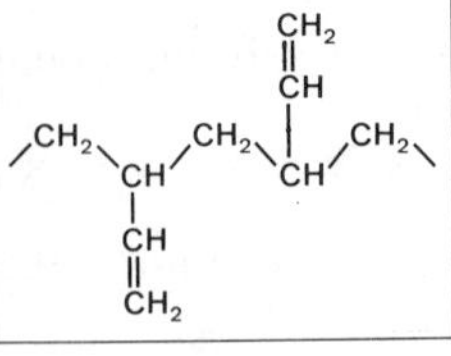 | 210° C | Schlagfester Thermoplast |

**Tab. 1, Fortsetzung**

| Anordnung | Struktur | Schmelz-punkt | Eigenschaft |
|---|---|---|---|
| 1,2-cyclisiert | 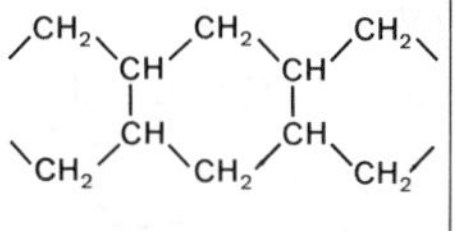 | – | Duromer (Isolator) unlöslich, da intermolekular vernetzt |
| 1,2-aromatisiert | 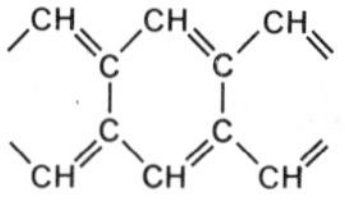 | – | Duromer (elektr. Halbleiter) unlöslich, da intermolekular vernetzt |

Bei Isopren ist neben der 1,2- auch die 3,4-Addition möglich.

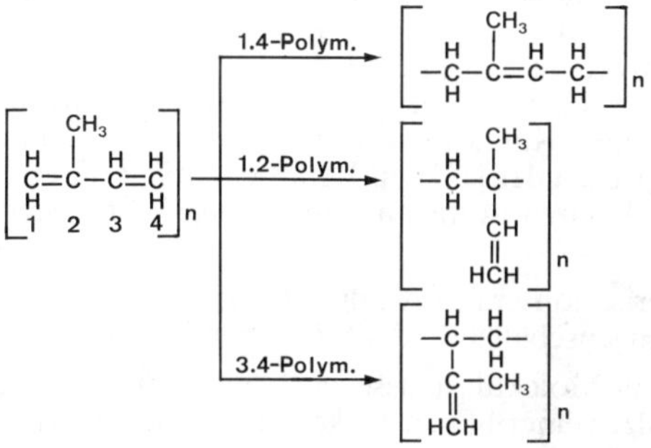


Beispiel für 1,4-, 1,2- und 3,4-Anordnungen bei Polyisopren

Bei sterisch wenig einheitlich verlaufenden Polymerisationen können die verschiedensten Konfigurationen nebeneinander entstehen.

Ideale elastomere Eigenschaften werden z. B. bei Polyisopren durch reine cis-1,4-Konfiguration erhalten. Bei der Bildung davon abweichender Strukturen werden die kautschuktechnologischen Eigenschaften in mehr oder weniger starker Weise beeinflußt. Bei anderen Kautschuk-Typen kann eine partielle trans-Konfiguration oder partielle Polymerisation in 1,2-Stellung, d. h. Bildung eines bestimmten Vinylgruppenanteiles, wünschenswert sein.

**Cis-trans-Isomerie.** Ein in der Natur vorkommendes Beispiel einer reinen cis-trans-Isomerie ist Naturkautschuk/Guttapercha.

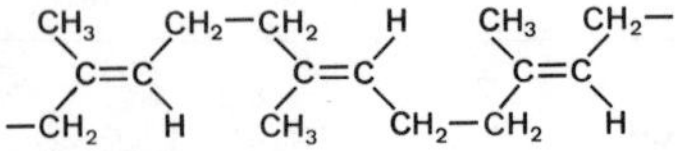

cis-1,4-Konfiguration (Naturkautschuk-Typ)

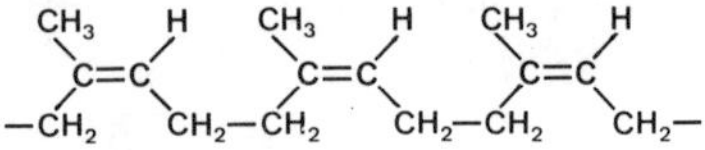

trans-1,4-Konfiguration (Guttapercha-Typ)

Bei NR beträgt die cis-1,4-Konfiguration im Rahmen der Meßgenauigkeit 100 %.

**Taktizität.** Unterschiedliche Taktizität ist im Vergleich dazu weniger bedeutsam.

**Molekularmassenverteilung und Molekularmasse.** Neben der sterischen Anordnung der Bausteine in den Makromolekülen spielt die *Molekularmassenverteilung* für das Verarbeitungsverhalten der Kautschuke eine wesentliche Rolle, Polymere mit enger Molekularmassenverteilung weisen einen sehr geringen Erweichungstemperaturbereich auf, was sich bei Einmischvorgängen negativ auswirken kann. Kautschuke mit breiterer Molekularmassenverteilung sind wegen der leichten Verarbeitbarkeit oft erwünscht; den niedrig molekularen Anteilen kommt quasi eine weichmachende Wirkung zu.

Der Polymerisationsgrad bzw. die *Molekularmasse* ist für das technologische Eigenschaftsbild der SR-Typen bedeutsam.

Bei sehr hoher Molekularmasse wird die Verarbeitbarkeit des Kautschuks infolge seiner hohen Viskosität problematisch. Solche Produkte müssen entweder vor der Verarbeitung abgebaut oder mit entsprechend großen Mineralölmengen gestreckt werden. Nach dem letzten Verfahren wird gleichzeitig das Verarbeitungsverhalten verbessert und der Preis reduziert.

Sehr hochviskose mit Öl gestreckte Kautschuke, sogenannte Oil-Extended-Rubber-Typen oder Ölkautschuke, spielen technologisch heute eine bedeutsame Rolle. Die Ölstreckung bewirkt nämlich in vielen Fällen kaum eine Verminderung der mechanischen Eigenschaften des Vulkanisates, da als Basis-Polymer ein besonders hochmolekularer Typ eingesetzt wird, der erst durch die Ölzugabe auf eine Verarbeitungsviskosität gebracht wird. Da das Vulkanisationsverhalten u. a. von der Länge der primären Polymermoleküle abhängt, sind Kautschuk-Typen mit sehr geringer Molekularmasse gegebenenfalls schwerer vulkanisierbar. Flüssige Kautschuke vulkanisieren z. B. kaum, wohingegen bei sehr langen Molekülketten bereits relativ wenige Vernetzungsreaktionen zur Durchvernetzung ausreichen. Bei sehr niedrigen Polymerisationsgraden ist oft das Eigenschaftsbild der Vulkanisate noch nicht voll ausgeprägt. Aus diesen Gründen sind SR-Typen mit sehr niedriger Molekularmasse meist nicht erwünscht; vielmehr werden mittlere Molekularmassen als Kompromiß zwischen Verarbeitbarkeit und mechanischen Vulkanisateigenschaften bevorzugt.

**Linearität, Verzweigung.** Auch andere Strukturelemente der Polymermoleküle wie Linearität, kurz- oder langkettige Verzweigung sowie Vernetzung, wirken sich sowohl auf das Verarbeitungsverhalten des SR als auch auf das Eigenschaftsbild der daraus hergestellten Vulkanisate erheblich aus.

—C—C—C—C—C—

linear gesteckt

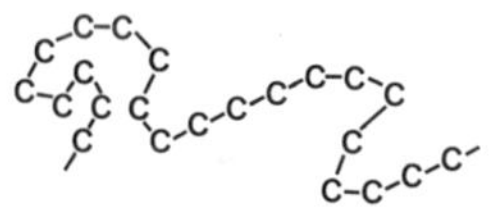

linear geknäuelt (Praxis)

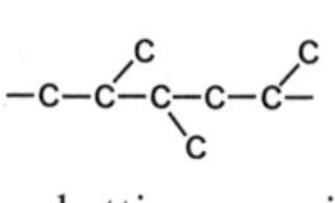

kurzkettig verzweigt

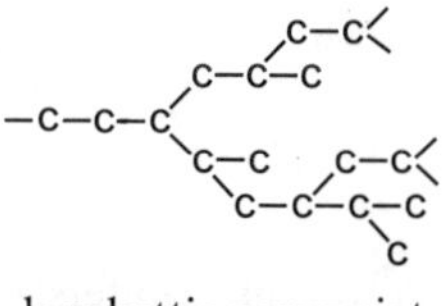

langkettig verzweigt

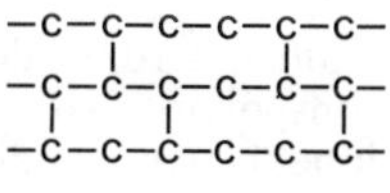

vernetzt

Da der Einfluß dieser Makrostruktur der Polymeren bei den einzelnen Kautschukarten behandelt wird, kann an dieser Stelle auf eine detaillierte Behandlung verzichtet werden.

**Monomeranordnung in Copolymeren.** Bei der Mischpolymerisation mehrerer Monomerer kann sich je nach der Durchführung der Polymerisation die Anordnung der Monomeren im Copolymerisat wesentlich voneinander unterscheiden. So kann eine statistische Anordnung (Random-Polymerisat), alternierende und Blockanordnung bzw. Sequenzanordnung vorliegen (s. S. 112 u. 207 ff).

—A—B—A—A—B—A—B—B—B—A—B—

statistische (zufällige) Anordnung.

—A—B—A—B—A—B—A—B—A—B—A—B

alternierende (abwechselnde) Anordnung

—A—A—A—A—A—A—B—B—B—B—B—

Blockanordnung.

Neben der reinen Kettenpolymerisation von Monomeren kann auch eine Pfropfpolymerisation, d. h. das nachträgliche Aufpolymerisieren von Monomeren auf eine bereits bestehende Polymerkette, durchgeführt werden. Diese spielt aber auf dem Gebiet der SR nur eine untergeordnete Rolle.

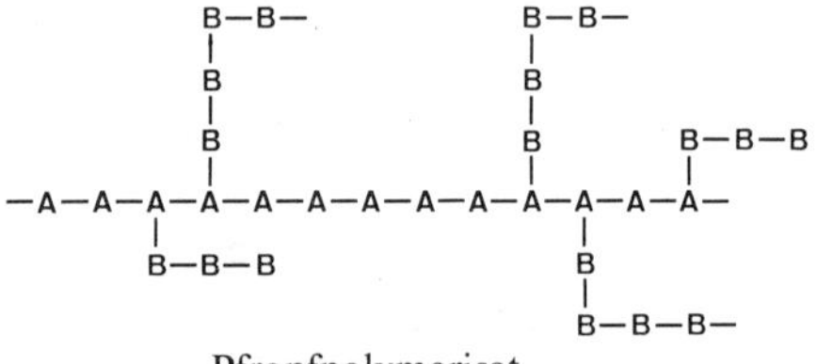


Pfropfpolymerisat.

Je nach der Monomer-Anordnung unterscheiden sich die Polymerisate hinsichtlich ihres kautschuktechnologischen Verhaltens erheblich.

Ein vollständig linearer Aufbau wird bei der radikalischen Polymerisation bzw. der Emulsionspolymerisation in der Praxis nicht erreicht, sie ist nur durch Ionenkettenpolymerisation erzielbar. Auch ein hoher Grad an sterischer Einheitlichkeit der Polymermoleküle, wie hoher cis- oder trans-Gehalt sowie alternierender oder blockmäßiger Aufbau bei Copolymeren kann durch Ionenkettenpolymerisation erhalten werden.

Die Struktur der Polymerisate kann auf folgende Weise bestimmt werden (s. S. 658) [4.65.].

Cis- und trans-Strukturen werden durch Infrarot (IR)-Absorption untersucht. Beide Strukturen absorbieren bei verschiedenen, diskreten Wellenlängen. Beim Polyisopren absorbiert die cis-1,4-Struktur bei 724 $cm^{-1}$, die trans-1,4-Struktur bei 967 $cm^{-1}$, die 1,2-Konfiguration bei 911 $cm^{-1}$. Die Extinktionen bei diesen Wellenlängen lassen sich zur quantitativen Bestimmung der Strukturen heranziehen.
Der Vinylgruppen-Gehalt (bei 1,2-ständigen Monomereinheiten) wird gleichfalls durch IR-Spektroskopie oder durch Nuclearmagnetische Resonanz (NMR) bestimmt. Für bestimmte Kautschukeigenschaften z. B. von Polybutadien ist die Anzahl der Vinylgruppen wichtig und deren Anordnung entlang der Makromoleküle. Diese Anordnung kann ungleichmäßig bzw. blockartig sein.

Die Molekularmasse kann wie bei anderen Polymeren durch Ultrazentrifuge und Lichtstreuung ($M_w$) und Osmose ($M_n$) bestimmt werden.

Die Molekularmassenverteilung wird durch Lösefraktionierung, Gelpermeations-Chromatographie oder Ultrazentrifugieren erhalten.

Die Langkettenverzweigung läßt sich durch Gelpermeations-Chromatographie und vergleichende Viskositätsmessung bestimmen, dabei wird die Anzahl der Verzweigungen pro Molekül erhalten.

Der Gelgehalt der Polymeren läßt sich ebenfalls durch Gelpermeations-Chromatographie bestimmen.

## 4.3. Polymerisate

### 4.3.1. Polybutadien (BR) [4.67.–4.88.]

#### 4.3.1.1. Allgemeines über BR

Bereits in der Anfangszeit der BR-Forschung zu Beginn dieses Jahrhunderts versuchte man neben Isopren (Methylbutadien), der Monomerstruktureinheit des NR auch das einfachste Analogon zum Isopren, das Butadien zu polymerisieren (C.D. HARRIES, F. HOFMANN, 1911). Für die Massepolymerisation schlug man Alkalimetalle vor. Bei der späteren Polymerisation von **Bu**tadien mit **Na**trium, von der sich der Name Buna (1926) ableitete, wurden die Zahlenbuna-Typen entwickelt. Diese ersten Arbeiten sowie die ersten in Deutschland und in Rußland auf den Markt gebrachten Produkte hatten nur einen geringen temporären Erfolg und konnten sich nicht durchsetzen.

Erst durch die Anwendung von Koordinationskatalysatoren vom Ziegler-Natta-Typ und von Lithiumalkylen wurden Lösungspolymere geschaffen, die einen breiteren Einsatz insbesondere in Verschnitten mit NR oder SBR bevorzugt im Reifensektor finden konnten. BR steht heute mit über einer Million Tonnen nach SBR mengenmäßig an zweiter Stelle unter den SR-Typen.

BR ist aus Butadieneinheiten aufgebaut, die sowohl in linearen 1,4-(bevorzugt in cis-1,4, in gewissen Anteilen auch in trans-1,4-Anordnungen), als auch in 1,2-Additionen eingebaut sein können.

$$+CH_2-CH=CH-CH_2+CH_2-CH=CH-CH_2+CH_2-CH-$$
$$\overset{|}{\underset{CH_2}{\overset{\|}{CH}}}$$

1,4−Butadien−            1,2−Butadien−  Einheit

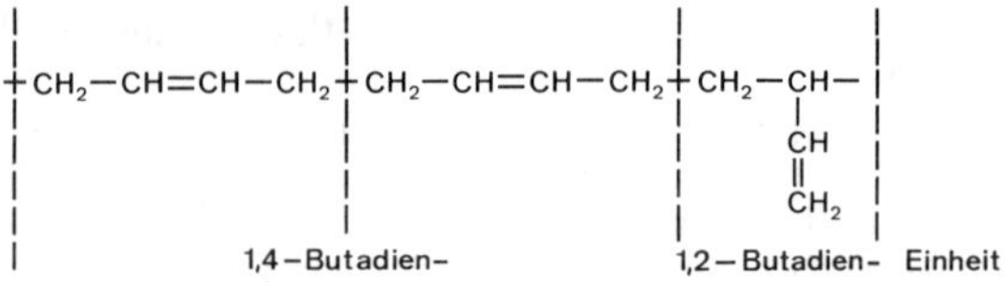

## 4.3.1.2. Herstellung von BR [4.72.]

### 4.3.1.2.1. Monomerherstellung [4.89.]

Das Ausgangsprodukt für die BR-Herstellung ist Butadien -1,3. Dieses wurde in der Frühzeit der SR-Herstellung aus $C_2$-Elementen synthetisch aufgebaut und zwar bevorzugt aus Acetylen (Meisenburg's Vierstufen-Verfahren, Reppe-Verfahren) bzw. ausgehend von Äthylalkohol (Lebedew-Verfahren). Diese Verfahren spielen heute keine oder z. T. nur noch regional eine untergeordnete Rolle.

Im Rahmen der Petrochemie fällt je nach Prozeßführung eine mehr oder weniger große Menge an $C_4$-Kohlenwasserstoffen ($C_4$-Schnitt) an. Hieraus lassen sich durch Dehydrierungsprozesse n-Butan (Houdry-Prozeß) bzw. n-Buten (Phillips-Prozeß) in Butadien umwandeln. Der Krack-Prozeß des Naphtha wird heute in Europa meist so gestaltet, daß im $C_4$-Schnitt größere Mengen Butadien enthalten sind. Diese müssen lediglich durch extraktive Destillation z. B. N-Methylpyrrolidon (BASF-Prozeß) gewonnen werden. Dieses Gewinnungsverfahren hat im letzten Jahrzehnt zunehmend an Bedeutung gewonnen.

Für die Herstellung von BR muß das Butadien in den meisten Fällen sehr rein, wasser- und z. T. dimerenfrei, hergestellt werden.

### 4.3.1.2.2. Polymerherstellung von BR [4.16.]

Heute wird der weitaus größte Teil des in der Welt erzeugten BR in Lösung polymerisiert. Als Initiatoren kommen insbesondere Koordinationskatalysatoren, Titan- [4.90.−4.92.], Kobalt- [4.93.] oder Nickelverbindungen [4.94.] oder Lithiumalkyle [4.95.] in Betracht. Während bei Anwendung von Koordinationskatalysatoren das Butadien zu mehr als 92% in cis-1,4-Verknüpfungen linear verbunden wird (Stereospezifische Polymerisation), liefert das Verfahren mit Lithiumalkylen ein BR mit mittlerem Gehalt an cis-1,4-Einheiten. Bei radikalischer Polymerisation von Butadien in Emulsion wird ein wenig einheitliches BR (E-BR) erhalten, das aufgrund seiner ungünstigen kautschuktechnologischen Eigenschaften nur sehr begrenztes Marktinteresse besitzt. Bei Anwendung von $RhCl_2$ in Emulsion erhält man bevorzugt trans-1,4-Konfiguration.

**Ti-BR.** Während ursprünglich von Phillips [4.90.] $TiJ_4$ und $Al(isobutyl)_3$ als Katalysator verwendet wurde, wird heute bei kontinuierlichen Prozessen aufgrund einer leichteren Handhabung $AlR_3/J_2/TiCl_4$ [4.91.] bzw. Al $R_3/TiJ_3OR/TiCl_4$ [4.92.] verwendet. Als Lösungsmittel kommen bevorzugt Benzol oder Toluol zur Verwendung, die wie das Butadien sehr rein und durch Azeotropdestillation nahezu wasserfrei eingestellt werden müssen.

**CO-BR.** Nach dem von Goodrich [4.93.] entwickelten Verfahren werden bevorzugt $CoCl_2$ [4.96.] oder Co-$(acetylacetonat)_2$ bzw. Co $(octanoat)_2$ [4.97.] gemeinsam mit Diäthylaluminiumchlorid bzw. Äthylaluminiumsesquichlorid eingesetzt. Als Lösungsmittel kommt bevorzugt Benzol zur Anwendung. Spuren von Wasser können den katalytischen Einfluß verstärken. [4.97.].

**Ni-BR.** Nach dem Bridgestone [4.94., 4.98.]-Verfahren wendet man als Initiator z. B. $Ni(naphthenat)_2/BF_3$, Äthylenoxid/Al-trialkyl und als Lösungsmittel Aliphaten bzw. Cycloaliphaten an.

**Li-BR.** Das von Firestone [4.95.] entwickelte Verfahren zur Herstellung von BR arbeitet mit Li-alkylen. Die Polarität des Lösungsmittels ist von wesentlichem Einfluß auf die Mikrostruktur z. B. den Vinylgehalt. Dieser läßt sich durch die Mitverwendung von Äthern oder tert. Aminen in weiten Grenzen einstellen [4.99.–4.100.].

**Alfin-Kautschuk.** Eine Sonderheit stellt das von A. A. Morton [4.101.] entwickelte Verfahren zur Herstellung von BR mit sogenannten Alfinkatalysatoren dar. Ein solcher heterogener Katalysator besteht z. B. aus Na-allyl/Na-isopropyl/NaCl. Die Polymerisation wird z. B. in aliphatischen Kohlenwasserstoffen durchgeführt. Im Gegensatz zu den übrigen Verfahren erhält man hohen trans-1,4-Gehalt und extrem hohe und mit der Katalysatorkonzentration nur schwer zu regelnde Molekularmassen.

Bei der BR-Herstellung sind im einzelnen folgende Parameter wichtig, nach denen die Einzeltypen unterschieden werden können:

- Initiatorart (BR-Typ)
- Stabilisatorart und -menge (unterschiedliche Verfärbung und Lagerstabilität)

- Molekularmasse (unterschiedliche Mooney-Viskosität, Verarbeitungsverhalten)
- Ölart und -menge (Oil-Extended Rubber)
- Rußart und -menge (Füllstoffbatches).

#### 4.3.1.3. Struktur von BR und dessen Einfluß auf die Eigenschaften [4.16.]

**Makrostruktur.** Die Makrostruktur der BR-Typen wie z. B. Molekularmassenverteilung, die vor allem das Verarbeitungsverhalten maßgeblich beeinflußt, hängt in starkem Maße vom Herstellungsverfahren ab. Während Li-BR häufig sehr enge Molekularmassenverteilung aufweist, verbunden mit starkem kalten Fluß, ist dies z. B. bei Ti-BR weniger stark ausgeprägt. Um die durch den kalten Fluß verursachten Verpackungs-, Transport- und Verarbeitungspropleme zu verringern, strebt man eine Verbreiterung der Molekularmassenverteilung z. B. durch Mooney-Sprungreaktionen [4.102.] an. Diese kommen vor allem bei Li-BR z. B. durch Copolymerisation mit Divinylbenzol [4.102.] bzw. durch Koppelungsreaktionen zustande, z. B. mit Dimethylphthalat, Siliciumtetrachlorid, Divinylchlorid [4.103.] bzw. bei Ti-BR durch Friedel-Crafts-Katalysatoren oder anorganische Säurechloride wie $POCl_3$, $SOCl_2$, $S_2Cl_2$, $SCl_2$ [4.103.–4.107.], die z. B. auch bei der Herstellung von Ölkautschuk technisch genutzt wird [4.108.].

Ein erhöhtes Ausmaß an Langkettenverzweigung bewirkt geringeren kalten Fluß, längere Mischzeit, erhöhte Rohmischungsfestigkeit (Green Strengh), erhöhte Spritzgeschwindigkeit und größere Spritzquellung. Eine Verbreiterung der Molekularmassenverteilung bewirkt größere Walzenhaftung (geringeres Beuteln), geringere Mischungsviskosität, kürzere Mischzeit und niedrigere Extrusionstemperaturen.

Die mittlere Molekularmasse der BR-Handelstypen liegt im Bereich von 250 000–350 000, entsprechend Mooney-Viskositäten ML 1–4 bei 100° C von 35–55.

**Mikrostruktur.** Wie bereits erwähnt haben die Katalysatoren auch entscheidenden Einfluß auf die Mikrostruktur des BR (siehe Tabelle 4.1.); diese ist von wesentlichem Einfluß auf die Vulkanisateigenschaften.

Je höher der cis-1,4-Anteil des BR, umso niedriger ist seine Glasübergangstemperatur $T_G$. BR-Typen mit reinem cis-1,4-Anteil weisen einen $T_G$-Wert von ca. –100° C, Handelstypen mit ca. 96% cis-1,4-Anteil einen solchen von unter –90° C auf. Reine cis-1,4-Polymerisate haben einen Schmelzpunkt von ca. +1°C und bilden bei Raumtemperatur bei Dehnung keinen kristallinen Bereich aus.

**Tabelle 4.1.** Mikrostruktur einiger BR-Typen (Zahlen in Prozent)

| BR-Typ | Ti-BR PHILLIPS | Co-BR GOODRICH | Ni-BR BRIDGESTONE | Li-BR FIRESTONE | Alfin-BR | $RhCl_2$ (Emulsion) SHELL | Peroxid Emulsion |
|---|---|---|---|---|---|---|---|
| cis-1,4-Gehalt | 93 | 96 | 97 | 35 | 5 | – | 15 |
| trans-1,4-Gehalt | 3 | 2 | 2 | 55 | 70 | 99,5 | 70 |
| 1,2-Gehalt | 4 | 2 | 1 | 10 | 25 | 0,5 | 15 |

Mit zunehmendem Anteil an 1,2-Strukturen (Vinylanteil) wird die Glasübergangstemperatur linear erhöht (siehe Abb. 4.1.). Solche Produkte gewinnen in letzter Zeit an Interesse. [4.109., 4.110., 4.111.].

Auch die Kristallisationsneigung wird durch den 1,2-Anteil bestimmt. Hinsichtlich der Einfriertemperaturen konkurieren z. B.

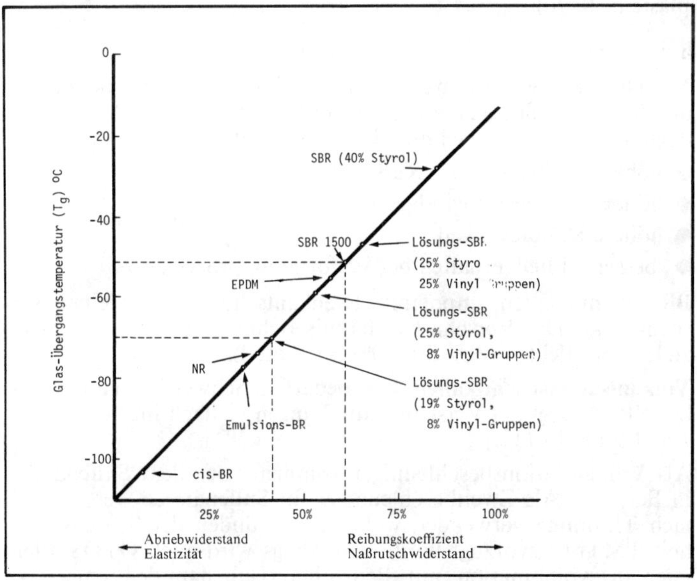


**Abb. 4.1.** Abhängigkeit der Glastemperatur $T_G$ vom 1,2-Gehalt von BR. Gegenüberstellung der Glastemperatur einiger anderer SR-Typen.

BR-Typen mit ca. 35% 1,2-Strukturen (Li-BR) mit E-SBR/BR-Verschnitten und solche mit 50–60% Vinylanteilen mit E-SBR. Die Konkurrenzfähigkeit dieser Produkte erstreckt sich auch auf die physikalischen Vulkanisateigenschaften. Reine cis-1,4-BR-Typen ergeben den besten Abriebwiderstand, aber die geringste Naßrutschfestigkeit. Mit zunehmendem 1,2-Gehalt wird das Abriebverhalten ungünstiger und das Naßrutschverhalten besser, so daß man Kompromisse eingehen muß. Es gilt als häufig bestätigte Regel, daß ein Gewinn an Abriebbeständigkeit an Naßrutschfestigkeit verloren geht. Ein BR-Typ mit z. B. ca. 35% Vinylstrukturen zeigt z. B. etwa gleiches Abrieb- und Naßrutschverhalten in Laufflächenvulkanisaten wie E-SBR/BR-Verschnitte von 50 : 50 Massen-%. Die Zugfestigkeiten solcher BR-Vulkanisate sind jedoch geringer als die vergleichbarer E-SBR-Vulkanisate, weisen aber bei dynamischer Belastung eine geringere Wärmeentwicklung (Heat-Build-Up) auf. Geeignete Molekülstrukturen ermöglichen eine Verminderung des Rollwiderstandes der Reifen ohne Verschlechterung der Rutschfestigkeit.

Reine syndiotaktische oder isotaktische 1,2-Polybutadien-Typen sind dagegen keine Kautschuke mehr sondern schlagfeste Thermoplaste (s. S. 90).

#### 4.3.1.4. Mischungsaufbau von BR [4.11.]

**Verschnitte.** BR wird wegen seiner schwierigen Verarbeitbarkeit auf der Walze fast ausschließlich im Verschnitt mit NR oder SBR eingesetzt. Solche Verschnitte haben z. B. folgende Vorteile:

- höhere Füllbarkeit mit Ruß und Öl
- höhere Spritzgeschwindigkeit
- höhere Standfestigkeit
- besseres Fließverhalten bei Verformungsprozessen.

BR ist mit allen unpolaren Dienkautschuk-Typen leicht verschneidbar. Das Verschnittverhältnis richtet sich nach den zu erzielenden Effekten (z. B. 30–50% BR-Anteil).

**Vulkanisationschemikalien.** Der Bedarf an Schwefel ist geringer als bei NR; er liegt bei Verschnittmischungen vielfach im Bereich von 1,6–1,9 phr [4.112.].

Als Vulkanisationsbeschleuniger kommen vor allem Sulfenamide in Betracht. Als Zweitbeschleuniger für Sulfenamide werden vielfach Thiurame verwendet, wobei aus Gründen der Scorchsicherheit TMTM bevorzugt wird. Neuerdings wird auch OTOS allein oder in Kombination mit Benzothiazylsulfenamiden eingesetzt. Solche Systeme ergeben bessere Lagerbeständigkeit der Mischungen, Verbesserung der dynamischen Eigenschaften wie z. B. Verringerung des Heat-Build-Up sowie des dynamischen Fließens.

**Alterungsschutzmittel.** Für die Auswahl der Alterungsschutzmittel gelten die gleichen Richtlinien wie z. B. für SBR (s. S. 109).

**Füllstoffe und Weichmacher.** Besonders im Vergleich mit NR aber auch gegenüber anderen Dien-Kautschuken erreichen BR-Mischungen optimale Eigenschaften nur bei hoher Füllstoff- und Weichmacher-Dosierung. Für deren Auswahl gelten ebefalls ähnliche Richtlinien wie z. B. für SBR (s. S. 109 f). Als Ruße kommen bevorzugt Furnace-Ruße zum Einsatz. Mischungen mit BR zeichnen sich durch gute Aufnahme von Weichmacherölen aus. Von den Weichmachern werden aromatische und naphthenische Mineralöl-Typen bevorzugt. Durch den Einsatz aromatischer Weichmacher werden die Konfektionsklebrigkeit der Rohmischungen und der Reibungskoeffizient der Vulkanisate (Bodenhaftung) günstig beeinflußt.

**Verarbeitungshilfsmittel.** Für den Einsatz von Fettsäuren, Harzen und Verarbeitungshilfen gelten etwa die gleichen Richtlinien wie für andere Kautschuke, z. B. SBR (s. S. 110).

4.3.1.5. Verarbeitung von BR [4.11.]

Die Herstellung und Verarbeitung von BR-Mischungen erfolgt auf den in der Gummi-Industrie üblichen Maschinen nach den dort eingeführten und bei NR auf Seite 67 ff beschriebenen Verfahren.

4.3.1.6. Eigenschaften von BR-Vulkanisaten [4.11.]

**Mechanische Eigenschaften.** Die *Zugfestigkeit* von unverschnittenen BR-Vulkanisaten ist erheblich geringer als die von vergleichbaren Vulkanisaten auf Basis NR oder SBR. In Verschnitten mit NR oder SBR werden aber die technischen Erfordernisse an qualitativ hochwertige Vulkanisate erfüllt.

Die Vulkanisateigenschaften von NR oder SBR werden im Verschnitt mit cis-1,4-BR insbesondere durch dessen niedrige Glasübergangstemperatur in verschiedener Hinsicht wesentlich verbessert. Solche Verschnitte haben vor allem einen sehr hohen *Abriebwiderstand,* gute *Kälteflexibilität* und hohe *Elastizität.*

**Dynamische- und Alterungseigenschaften.** Auch die dynamischen Eigenschaften wie *Heat-Build-Up* sowie die *Rißanfälligkeit* werden verbessert. Schließlich zeigen sich auch hinsichtlich der *Reversions- und Alterungsbeständigkeit* bei NR-Vulkanisaten deutliche Vorteile.

**Haftungseigenschaften.** Mit zunehmendem BR-Anteil wird der *Rollwiderstand* verringert, was sich hinsichtlich Kraftstoffverbrauch günstig auswirkt. Gleichzeitig geht natürlich die Straßenhaftung insbesondere die *Naßrutschfestigkeit* zurück, weshalb hier Optimierungen erforderlich sind. Ein höherer BR-Gehalt (z. B. 40%) wirkt sich jedoch günstig auf die *Eishaftung* aus, was für Winterreifenlaufflächen bedeutungsvoll ist.

4.3.1.7. Einsatzgebiete von BR [4.11.]

**Reifen.** BR wird zu über 90% im Reifensektor eingesetzt. Hier hat sich durch das Vordringen der Radialreifen die Verwendung von BR in einzelnen Reifenteilen zumindest in Europa gewandelt. Während BR wegen der Verbesserung der Abriebbeständigkeit zunächst in Laufflächen eingesetzt wurde, ist es infolge der verbesserten Abriebbeständigkeit von Radialreifenlaufflächen partiell in den Innenbau, die Seitenwand und den Reifenfuß verdrängt worden. In der Winterreifenlauffläche spielt BR wegen der guten Eishaftung eine wichtige Rolle.

**Technische Gummiartikel.** In technischen Gummiartikeln, wie z. B. Fördergurten und Schuhsohlen, wird BR bevorzugt dann mitverwendet, wenn z. B. hohe Abriebbeständigkeit gefordert wird. Auch die Verbesserung des Fließverhaltens von Mischungen durch Zusatz von BR bei Verarbeitung nach dem Injection-Moulding-Verfahren dürfte für den Einsatz von BR sprechen. Bewährt hat sich der Einsatz von BR in Sohlen, Puffern, Walzenbezügen, Fördergurten, Keilriemen, Gleiskettenpolstern, Prallplatten, anderen reversionsbeständigen Artikeln usw.

**Flüssige, reaktive BR-Typen.** BR-Typen mit niedriger Molekularmasse und endständigen reaktiven Gruppen (sogenannte Telechelics) lassen sich als „Reactive Liquid Polymers" mit anderen reaktionsfähigen Komponenten nach Art der Flüssigkautschukverarbeitung zu Elastomeren umsetzen [4.113.–4.114a].

**Kunststoffmodifizierung.** Li – BR wird auch in erheblichen Mengen zur Modifizierung von schlagzähen Thermoplasten eingesetzt.

4.3.1.8. Konkurrenzmaterialien und einige Handelsprodukte von BR

**Konkurrenzmaterialien** zu BR sind NR, IR, SBR.

**Handelsprodukte.** Folgende BR-Typen sind im Handel (diese Aufstellung erhebt keinen Anspruch auf Vollständigkeit):

**Co-BR:** Ameripol CB, GOODRICH, – Taktene, POLYSAR, – Cariflex BR, SHELL CHIMIE, – Buna CB, BUNA WERKE HÜLS, – Nipol, NIPPON Zeon Co,

**Ti-BR:** Phillips cis-4 1203, Phillips-Petroleum – Budene, GOODYEAR, – Cisdene, American Chem., – Duragene, GENERAL TIRE & RUBBER, – Europrene cis, Anic, – Buna CB, BUNA WERKE HÜLS,

**Ni-BR:** JSR-BR, JAPAN SYNTHETIC RUBBER, – Buna-Cis-132, VEB Chem. Werke Buna,

**Li-BR:** Diene, Firestone, – Intene, Intern. SYNTHETIC RUBBER Co., – Solprene, PHILLIPS PETROLEUM, – Asadene, ASAHI CHEM.,

**E-Br:** Synpol E-BR, TEXAS US-CHEMICAL CO.

### 4.3.2. **Styrol-Butadien-Kautschuk (SBR)** [4.115.–4.123.]

#### 4.3.2.1. Allgmeines über SBR

E. Tschunkur und A. Bock fanden 1929 [4.124.], daß sich Gemische aus Butadien und Styrol in einem Massen-%-Verhältnis von z. B. 75 : 25 in Emulsion copolymerisieren lassen. Solche als Buna S bezeichnete E-SBR-Typen waren besser verarbeitbar als Zahlen-Buna (BR) und ergaben Vulkanisate mit verbesserten Eigenschaften. Deshalb setzte sich E-SBR in der Folgezeit wesentlich stärker durch als BR.

In der Frühzeit der E-SBR-Herstellung wurde bei höheren Temperaturen (ca. + 50° C) polymerisiert (Warmkautschuk oder Hot Rubber). Die ersten E-SBR-Typen besaßen eine so hohe Molekularmasse, daß sie vor der Verarbeitung z. B. unter Wärmeabbau depolymerisiert werden mußten (Thermischer Abbau). Durch Anwendung von Reglern lernte man später die Molekularmasse zu steuern (Buna $S_3$, GR-S) und durch Einsatz von Redoxinitiatoren in der Kälte (+ 5° C) zu polymerisieren (Kaltkautschuk, Cold Rubber), wodurch man leichter verarbeitbaren Kautschuk erhielt [4.125.].

E-SBR wurde großtechnisch ab 1937 in Deutschland in Schkopau und Hüls als Warmkautschuk hergestellt. Ab 1942 baute man auch in den USA große regierungseigene Produktionsanlagen zur Herstellung von GR-S (Governement Rubber-Styrene), die nach 1954 privatisiert wurden; dabei wurde der allgemeine Gattungsbegriff SBR (Styrene-Butadiene-Rubber) eingeführt. Bis 1948 wurde nur Warmkautschuk hergestellt, danach begann die Herstellung von Kaltkautschuk, dessen Herstellung 1953 bereits 62% ausmachte. Heute ist Warmkautschuk verhältnismäßig bedeutungslos geworden. Ein erheblicher Teil des Kaltkautschuks wird als ölgestreckter Kautschuk (Oil-Extended Rubber, OE-SBR) hergestellt.

Seit der Einführung der stereospezifisch wirkenden Organometallverbindungen wird mit diesen Katalysatoren auch stereospezifischer SBR in Lösung hergestellt (L-SBR). Die weitaus größte Menge von SBR wird aber heute noch in Emulsion polymerisiert.

Eine weitere Neuentwicklung der letzten Zeit sind Block- oder Sequenzpolymere, die durch den Aufbau von Butadien- und Styrol-Sequenzen gekennzeichnet sind und die bei Raumtemperatur zu einer kristallinen Anordnung der Styrol-Blöcke neigen, was sich wie eine physikalische Vernetzung auswirkt. Solche Copolymeren sind thermoplastische Elastomere.

SBR kann wie NR oder IR als Allzweck-Kautschuk bezeichnet werden, da er für eine Vielzahl von Einsatzzwecken, insbesondere für den PKW-Reifensektor in Betracht kommt. Er gehört neben NR zu den tonnagemäßig größten und damit wirtschaftlich bedeutendsten Kautschuk-Typen.

SBR enthält zumeist einen Styrolanteil von ca. 23–40%. Er hat folgende Zusammensetzung:

$$-CH_2-CH=CH-CH_2-CH_2-CH-$$

| Butadien- | Styrol- | Einheit |

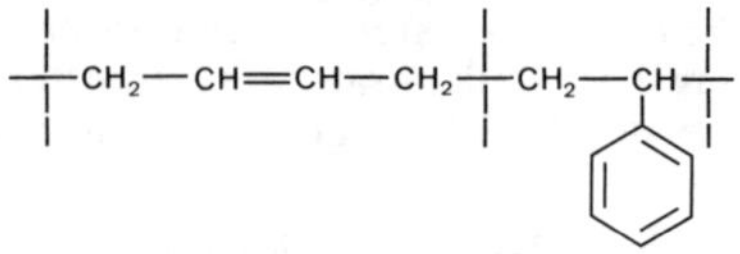

### 4.3.2.2. Herstellung von SBR

### 4.3.2.2.1. Monomerherstellung

Die Herstellung von Butadien wurde bereits in Abschnitt [4.3.2.2.] S. 96 abgehandelt.

Styrol wird praktisch ausschließlich durch Dehydrieren von Äthylbenzol gewonnen, das seinerseits durch Alkylierung von Benzol mit Äthylen mit Friedel-Crafts-Katalysatoren hergestellt wird.

### 4.3.2.2.2. Polymerherstellung von SBR [4.16.]

Der weitaus größte Anteil von SBR wird durch Polymerisation in Emulsion mit Redoxinitiatoren hergestellt. Daneben gewinnt die Polymerisation in Lösung steigende Bedeutung. Die in Emulsion hergestellten Typen fallen zunächst als Latices an, die z. T. als solche verarbeitet, zumeist jedoch als Festkautschuk aufbereitet werden.

**E-SBR (Kalt Kautschuk).** Als *Emulgatoren* zur Dispergierung der Monomeren werden bevorzugt anionaktive, z. B. Gemische aus Alkaliseifen von Fett- und Harzsäuren [4.126.] eingesetzt. Das Butadien/Styrolverhältnis beträgt zumeist 76,5/23,5 Massen-%.

Die zur Initiierung erforderlichen *Radikale* entstehen durch Umsetzen von Eisen II-Salzen mit p.-Menthanhydroperoxid oder Pinanhydroperoxid.

Als *Aktivatoren* kommen Chelatbildner, z. B. Na-Salze von Äthylendiamintetraessigsäure in Gegenwart von Na-Formaldehydsulfoxylat zum Einsatz [4.127.]. Hierbei werden Butadien und Styrol in unregelmäßiger Weise in die Makromolekülkette eingebaut. Der pH-Wert wird z. B. auf 11–12 eingestellt.

Als *Molekularmassenregler* wird bevorzugt tert.-Dodecylmercaptan (4.128.) verwendet. Da die Polymerisationsreaktion eine Kettenreaktion ist, würde sie erst zum Stillstand kommen, wenn sämtliche Monomeren verbraucht sind. Bei

Monomerumsätzen oberhalb 70% treten trotz der Anwesenheit von Reglern Verzweigungs- und Vernetzungsreaktionen ein, die die Verarbeitungseigenschaften des Kautschuks verschlechtern. Deshalb wird die Polymerisationsreaktion z. B. bei einem Monomer-Umsatz von 60% z. B. mit Na-dithionit, Na-dimethyldithiocarbamat und Dialkylhydroxylaminen [4.129.] *abgestoppt.* Vor dem *Koagulieren* werden dem Ansatz je nach der später erwünschten Stabilität nicht verfärbende (bevorzugt phenolische) oder verfärbende, z. B. aminische *Stabilisatoren* zugesetzt. Nach der Befreiung von restlichen Monomeren und der Koagulation wird der Kautschuk gewaschen und getrocknet.

**OE-E-SBR, Ruß-Batch.** Einem Teil des SBR wird bereits bei der Herstellung Mineralöl (OE-E-SBR) bzw. Ruß (Ruß-Batch) zugesetzt. Für eine Ölstreckung wird der Kautschuk auf eine wesentlich höhere Molekularmasse polymerisiert [4.130.–4.134.]. Das über die Latexphase zugesetzte und gemeinsam mit dem Kautschuk koagulierte Öl wirkt als Verarbeitungsweichmacher. Auch Ruß kann nach Dispergierung in den Latex durch Copräzipitierung in feinster Verteilung in dem Kautschuk verteilt werden [4.135.].

**E-SBR (Warmkautschuk).** Warmkautschuk wird ähnlich wie Kaltkautschuk hergestellt. Als Emulgatoren werden fettsaure Seifen, gelegentlich auch Alkylarylsulfonate verwendet. Die Polymerisationstemperatur liegt im allg. bei + 50° C, gelegentlich auch darüber. In diesem Temperaturbereich werden aus Kaliumperoxydisulfat und Mercaptan Radikale gebildet, die die Polymerisation initiieren.

Bei der SBR-Herstellung sind im wesentlichen folgende Parameter wichtig, nach denen die Einzeltypen unterschieden werden können:

- Monomerverhältnis (meist 23,5% Styrol, in Ausnahmen 40% Styrol)
- Polymerisationstemperatur (Cold- und Hot-Rubber)
- Regler (unterschiedliche Mooney-Viskosität, Verarbeitungsverhalten)
- Emulgator (unterschiedliche Konfektionsklebrigkeit)
- Stabilisator (unterschiedliche Verfärbung und Lagerbeständigkeit)
- Fällungsmittel (unterschiedliche elektrische Eigenschaften)
- Ölart und -menge (Oil Extended Rubber)
- Füllstoffart und -menge (Füllstoff-Batches).

**L-SBR.** Die Copolymerisation von Butadien und Styrol ist analog wie die BR-Herstellung auch in aliphatischen oder aromatischen Kohlenwasserstoffen, z. B. mit Li-alkylen möglich [4.136.]. Je nach der Polymerisationsführung entstehen dabei unterschiedliche Produkte. Aufgrund unterschiedlicher Polymerisationsparameter von Butadien und Styrol in solchen Systemen polymerisiert zunächst Butadien und anschließend Styrol [4.137.]. Es kommt zur *Block- oder Segment*-Copolymerbildung. Durch Zusatz kleiner Mengen Äther oder tert. Aminen [4.138.] lassen sich die Polymerisationsparameter so weit angleichen, daß eine *statistische Copolymerisation* eintritt. Blockcopolymere und statistische Copolymere gleicher Bruttozusammensetzung haben sehr unterschiedliche Eigenschaften [4.139.].

Durch diskontinuierliche Copolymerisation von Butadien und Styrol mit Li-alkylen in aliphatischen oder aromatischen Lösungsmitteln werden *Blockcopolymere* erhalten [4.140.]. Das „living-polymer" muß nach beendeter Polymerisation desaktiviert werden. Es kann jedoch durch weitere Zugabe von Styrol zur Herstellung von *Dreiblockpolymeren* verwendet werden [4.141.]. Solche Polymere vom SBS-Typ verdienen als sogenannte thermoplastische Elastomere besonderes Interesse.

#### 4.3.2.3. Struktur von SBR und dessen Einfluß auf die Eigenschaften [4.16.]

**E-SBR (Kaltkautschuk).** Bei E-SBR nimmt die Breite der Molekularmassenverteilung in begrenztem Maße mit der mittleren Molekularmasse zu. Trotz einer Verbreiterung der *Molekularmassenverteilung* sowie *Langkettenverzweigung* wird die Verarbeitbarkeit nicht immer verbessert, da E-SBR vielfach Fraktionen mit sehr hohen Molekularmassen enthalten, die bereits Vernetzungstendenz zeigen. Durch gestaffelten Reglerzusatz bei der E-SBR-Herstellung kann dies partiell verhindert und die Verarbeitbarkeit graduell verbessert werden.

E-SBR wird mit Mooney-*Viskositäten* ML 1 + 4 bei 100° C von ca. 30 bis ca. 120 geliefert, was mittleren Molekularmassen von ca. 250 000 bis 800 000 entspricht. Er ist ungefüllt, mit Öl oder Ruß gestreckt, meist ohne vorherige Mastikation direkt und gut verarbeitbar.

Die Viskosität der Rohmaterialien ist bei SBR wie bei den meisten SR-Typen aufgrund mangelnder Mastizierbarkeit für das Verarbeitungsverhalten von besonderer Bedeutung. Sie hat in erster Linie Einfluß auf die Verarbeitungseigenschaften. Fellbildung, Geschwindigkeit der Füllstoff- und Weichmacheraufnahme, Erwärmung beim Mischprozeß, Kalandrierbarkeit, Schrumpfen sowie häufig auch die Spitzgeschwindigkeit und das Aussehen der Spritzlinge sind bei den weichen Typen günstiger als bei den härteren. Bei höherviskosen Typen ist die Standfestigkeit der Mischungen besser. Außerdem verhalten sich höherviskose Typen im Hinblick auf Lufteinschlüsse im Fertigartikel günstiger als niedrigviskose Typen und können ihrer höheren Molekularmasse entsprechend auch mit größeren Füllstoff- und Weichmachermengen gefüllt werden, was aus Preisgründen wesentlich sein kann. Das elastische Verhalten der Vulkanisate wird mit zunehmender Viskosität der Polymerisate etwas verbessert. Im allgemeinen geben höherviskose Typen etwas bessere mechanische Eigenschaften (vor allem Spannungswert und Druckverformungsrest) der Vulkanisate, wenn auch dieser Unterschied bei Verwendung aktiver Füllstoffe stark nivelliert ist.

Die bei niedriger *Polymerisationstemperatur* hergestellten E-SBR-Typen (Kaltpolymerisate) zeichnen sich gegenüber Warmpolymerisaten durch geringere Verzweigung der Polymerketten aus. Dementsprechend hat auch die Polymerisationstemperatur ähnlich wie die Viskosität Einfluß auf die Verarbeitungseigenschaften. Dadurch sind bei gleicher Viskosität kaltpolymerisierte Typen deutlich besser verarbeitbar als warmpolymerisierte. Dies drückt sich insbesondere in einer besseren Walzfellbildung, einer geringeren Schrumpfung beim Kalandrieren und einer glatteren Oberfläche der Rohlinge aus. Die geringere Zyklisierungstendenz von Kaltpolymerisaten ist vor allem bei höheren Verarbeitungstemperaturen (Kneter) von Vorteil. Andererseits zeigen Warmpolymerisate aufgrund ihrer etwas stärker verzweigten Struktur eine bessere Standfestigkeit der Rohmischungen.

Die in E-SBR-Kaltkautschuk enthaltenen *Butadienanteile* weisen im Mittel beispielsweise 9% cis-1,4-, 54,5% trans-1,4- und 13% 1,2-Strukturen auf. Die *Glasübergangstemperatur* $T_G$ liegt z. B. bei einem SBR mit 23,5 Massen-% gebundenem Styrol bei –50° C. Mit steigendem Styrolanteil nehmen die Glasübergangstemperaturen zu und die Elastizität ab. Gleichzeitig wird das Verarbeitungsverhalten (Spritzgeschwindigkeit, Standfestigkeit, Oberflächenglätte) verbessert. Bei hohen *Styrolanteilen,* z. B. Styrolharze, gehen die Kautschukeigenschaften verloren, es handelt sich um Thermoplaste, die als Verarbeitungshilfen eine wichtige Rolle spielen (s. S. 390).

Der bei der Polymerisation eingesetzte *Stabilisator* hat Einfluß auf die Lagerbeständigkeit der Rohpolymerisate, die Zyklisierungstendenz bei hohen Temperaturen und die Verfärbung der Vulkanisate bei Belichtung. Zumeist geben die starkverfärbenden Stabilisatoren eine bessere Stabilisierung als nichtverfärbende, sind jedoch nicht für alle Einsatzgebiete anwendbar.

Der im Polymer verbleibende Rest-*Emulgatorgehalt* beeinflußt das Verarbeitungsverhalten. Bei Anwesenheit von Harzsäureemulgatoren wird das Klebrigkeitsverhalten verbessert; sie wirken sich jedoch nachteilig auf die Verfärbung aus. Aus diesem Grunde werden oft SBR-Typen, die mit einem Mischemulgator (Harzsäure-/Fettsäure) hergestellt wurden, bevorzugt.

**L-SBR mit statistischer Verteilung.** Solche L-SBR-Typen unterscheiden sich von E-SBR durch einen stärkeren cis-1,4-Einbau der Butadieneinheiten. Die Molekularmassenverteilung ist enger und die Langkettenverzweigung geringer. Deshalb ist zwar das Verarbeitungsverhalten von L-SBR ungünstiger als das von E-SBR, die Vulkanisate weisen aber einen besseren Abriebwiderstand und geringeren Heat-Build-Up bei dynamischen Beanspruchungen auf [4.136.].

**L-SBR-Segmentcopolymere.** Aufgrund der Blockbildungen weisen solche Polymere zwei getrennte Glasübergangsbereiche auf, die z. B. bei −85° C für den Polybutadien-Block und bei +75° C für den Polystyrolblock liegen. Sie sind aufgrund des thermoplastischen Anteils der Styrolblöcke gut verarbeitbar und können Verschnitte aus E-SBR mit Styrolharzen ersetzen. Die Vulkanisate sind hart und abriebfest [4.139.].

**L-SBR-Dreiblockcopolymere.** Polymere vom Typ SBS sind bereits im unvulkanisierten Zustand aufgrund von endständigen Styrol-Block-Agglomerationen Elastomere. Die Styrolagglomerate wirken wie Vernetzungsstellen (Physikalische Vernetzung) und die Butadienblöcke stellen die elastischen Elemente dar. Beim Erwärmen schmelzen die Agglomerate auf und die Polymeren werden plastisch und verarbeitbar. Wir haben es hier mit thermoplastischen Elastomeren zu tun [4.141.]. Der Schmelzbereich der Polystyrolblöcke liegt etwa bei +75° C (vgl. S. 209).

$$\begin{array}{ccc} & B-B-B-B & \\ -S-S-S-S\diagup & & \diagdown S-S-S-S- \\ -S-S-S-S\diagdown & & \diagup S-S-S-S- \\ & B-B-B-B & \end{array}$$

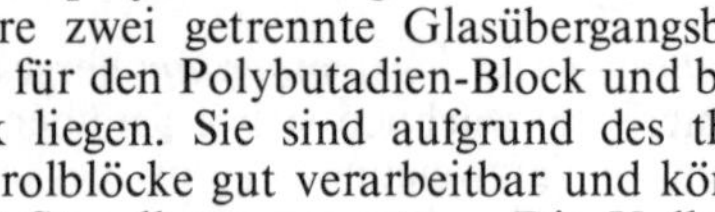

## 4.3.2.4. Mischungsaufbau von SBR

**Verschnitte.** Als wenig polarer Kautschuk läßt sich SBR mit praktisch allen nicht polaren Dienkautschuktypen in jedem Mischungsverhältnis verschneiden. Ein Verschnitt mit BR spielt im Reifensektor eine große Rolle. Hier wird durch den Einfluß von BR das Abrieb- und Hysteresisverhalten der Vulkanisate verbessert. Ein Verschnitt mit polaren Kautschuken wie NBR ist begrenzt z. B. auf NBR-Typen mit niedrigem Acrylnitrilgehalt.

**Vulkanisationschemikalien.** Zur Vulkanisation werden im Vergleich zu NR eine geringere Schwefel- und eine höhere Beschleunigermenge und die gleiche Menge ZnO eingesetzt. Mit hohen Schwefel-Dosierungen läßt sich aus SBR Hartgummi herstellen. Neben normalem Schwefel kommt auch unlöslicher Schwefel zum Einsatz, der die Gefahr der Schwefelausblühung vermindert. Schwefelspender spielen in Semi-EV- und EV-Systemen eine Rolle.

Als Beschleuniger haben sich vor allem die verarbeitungssicheren Sulfenamidbeschleuniger sowie MBTS bewährt, die durch Zusatz von OTOS, Dithiocarbamaten, Thiuramen oder Guanidinen aktiviert werden können. Es kommen sowohl konventionelle als auch Semi-EV und EV-Systeme zum Einsatz.

Bei Gefahr einer vorzeitigen Anvulkanisation werden Vulkanisationsverzögerer benötigt. Vielfach wird ein verzögernder Effekt durch richtige Kombination von Beschleunigern oder durch Einsatz saurer Mischungsbestandteile erreicht. Wo dies nicht ausreicht, werden spezielle Verzögerer, z. B. auf Basis von Phthalimidsulfenamiden eingesetzt, die aber in den meisten Fällen nicht nur die An-sondern auch die Ausvulkanisation verzögern.

**Alterungsschutzmittel.** SBR wird bei seiner Herstellung mit wirksamen Stabilisatoren versehen, die den Polymerisaten eine ausgezeichnete Lagerstabilität verleihen und zugleich die daraus hergestellten Vulkanisate in gewissem Maße gegen oxydative Einflüsse schützen. Es hat sich aber als zweckmäßig erwiesen, in den meisten Fällen zusätzlich Alterungsschutzmittel zu verwenden. Insbesondere sind Alterungsschutzmittel dort erforderlich, wo die Fertigprodukte hoher dynamischer Beanspruchung oder starker Wärmeeinwirkung ausgesetzt sind. Zur Erhöhung der Oxydationsbeständigkeit werden die üblichen Antioxydantien auf Basis der p-Phenylendiamine oder anderer aromatischer Amine eingesetzt. Zur Steigerung der Ermüdungsbeständigkeit verwendet man p-Phenylendiamine und hier insbesondere IPPD. Besondere Wärmebeständigkeit läßt sich durch Verwendung von TMQ oder ODPA, gegebenenfalls in Kombination mit MBI erzielen. MBI allein gibt besonders gute Dampfbeständigkeit. Bei Einsatz aminischer Alterungsschutzmittel muß man jedoch eine starke Verfärbung in Kauf nehmen. Für nichtverfärbende Artikel aus SBR werden Alterungsschutzmittel auf Bisphenol-, Phenol- oder MBI-Basis eingesetzt. Besonders hohe Schutzwirkung gegen Ozonalterung erreicht man in hellen SBR-Mischungen mit nicht verfärbenden Enoläthern in Kombination mit mikrokristallinen Wachsen (vgl. S. 322).

**Füllstoffe.** Mit ungefüllten Mischungen oder bei alleinigem Einsatz von inaktiven Füllstoffen erhält man gegenüber ähnlich aufgebauten Vulkanisaten aus NR oder CR nur verhältnismäßig niedrige Werte für die Zugfestigkeit und den Widerstand gegen Weiterreißen. Durch Verwendung von aktiven Rußen oder hellen Verstärkerfüllstoffen läßt sich jedoch etwa das Festigkeitsniveau von NR- oder CR-Vulkanisaten erreichen. Die Reihung der Füllstoffaktivität ist etwa die gleiche wie bei NR, der Grad der Füllstoffaktivierung ist jedoch deutlich höher (vgl. auch S. 331). Inaktive Ruße und inaktive helle Füllstoffe können ähnlich wie bei anderen Kautschuken zur Verbilligung, für gleiche Härteeinstellung in höheren

Dosierungen, eingesetzt werden, wobei sich außerdem ein verbessertes Verarbeitungsverhalten ergibt. Bei Verwendung von Ruß-Masterbatches erübrigt sich natürlich meist eine Füllstoffeinarbeitung. Durch deren Verwendung kann in den kautschukverarbeitenden Betrieben erhebliche Mischkapazität eingespart werden.

**Weichmacher.** Da SBR nicht mastiziert wird, spielen die Weichmacher zur Einstellung der erforderlichen Mischungsviskosität eine wichtige Rolle. Als Weichmacher kann ähnlich wie bei NR eine Vielzahl von Stoffklassen eingesetzt werden. Die wichtigste Rolle spielen jedoch Mineralölweichmacher. Von ihnen kommt die ganze Palette von paraffinischen bis zu aromatischen Produkten zum Einsatz. Auch tierische und pflanzliche Produkte sind wichtige Weichmacher oder Verarbeitungshilfen. Emulsionsweichmacher können ein Kleben der Mischungen an Walzen und Schaufeln verhindern. Die Weichmacher-Mengen, sofern sie nicht bereits in OE-SBR-Typen enthalten sind, sind je nach der Polymerviskosität vielfach erheblich höher als in NR. Synthetische Weichmacher, die in polaren Kautschuken wie NBR, CR u. dgl. eingesetzt werden, spielen in SBR kaum eine Rolle.

**Faktisse** dienen zur Verbesserung des Verarbeitungsverhaltens sowie der Erhöhung der Standfestigkeit von SBR-Mischungen. Die für SBR eingesetzten Faktistypen entsprechen denen, die für NR zum Einsatz gelangen.

**Harze** sind in SBR-Mischungen zur Erzielung einer guten Konfektionierbarkeit wichtiger als in NR-Mischungen. SBR-Typen, die mit Harzsäureemulgatoren polymerisiert werden, weisen eine bessere Konfektionsklebrigkeit auf als Fettsäure-Typen und benötigen geringere Harzzusätze. Als Harze kommen z. B. Xylolformaldehydharze, Koresin, Kolophonium, Peche, Teere u. a. zum Einsatz.

**Verarbeitungshilfsmittel.** Auch Verarbeitungshilfsmittel wie Stearinsäure, Zn-Seifen, Fettalkohol-Rückstände, Emulsionsweichmacher u. a. sind für die Erzielung einer einwandfreien Mischungsherstellung und Weiterverarbeitung, zur Verminderung des Klebens an den Walzen sowie zur Verbesserung der Füllstoffverteilung von großer Bedeutung.

### 4.3.2.5. Verarbeitung von SBR

Die Herstellung und Verarbeitung von SBR-Mischungen erfolgt auf den in der Gummi-Industrie üblichen Maschinen (s. S. 413 ff) nach den dort eingeführten und bei NR auf S. 67 ff beschriebenen Verfahren.

### 4.3.2.6. Eigenschaften von SBR-Vulkanisaten

#### 4.3.2.6.1. Eigenschaften von E-SBR-Vulkanisaten

**Mechanische Eigenschaften.** Die *Festigkeitseigenschaften* von E-SBR-Vulkanisaten hängen in erheblichem Maße von der Füllstoffart und -menge ab. Ungefüllte Vulkanisate haben mangels eines Selbstverstärkungseffektes nur eine geringe Zugfestigkeit und sind kautschuktechnologisch uninteressant; sie benötigen Verstärkerfüllstoffe. Mit hochaktiven Rußen optimal eingestellte E-SBR-Vulkanisate erreichen nahezu das ausgezeichnete Zugfestigkeitsniveau von entsprechend hergestellten NR-Vulkanisaten; dabei sind sie aber im *Widerstand gegen Weiterreißen* deutlich unterlegen. Auch das *elastische Verhalten* von E-SBR-Gummiteilen ist ungünstiger, als das von solchen aus NR.

Die für viele Anwendungsfälle wichtige Eigenschaft der *bleibenden Verformung* bzw. des *Druck-Verformungsrestes* hängt in starkem Maße von dem Mischungsaufbau, den Vulkanisationsbedingungen und den Prüfbedingungen ab. Bei sachgemäßem Mischungsaufbau und optimaler Vulkanisation lassen sich mit E-SBR sehr niedrige Werte für den Druck-Verformungsrest erzielen.

**Dynamische und Alterungseigenschaften sowie Abriebverhalten.** Besonders vorteilhaft bei E-SBR-Vulkanisaten ist die *dynamische Rißbeständigkeit* (Ermüdungsbeständigkeit), das Alterungsverhalten und die Wärmebeständigkeit, mit denen sie NR-Vulkanisate weit übertreffen. SBR-Vulkanisate sind jedoch ohne Ozonschutzmittel nicht wetter- und ozonbeständig.

Zur Erzielung optimaler *Wärme- und Alterungsbeständigkeit* werden für E-SBR- wie auch für NR-Artikel hochwertige Alterungs- und Ermüdungsschutzmittel verwendet. Auch die schwefelfreie bzw. schwefelarme Vulkanisation mit TMTD als Vulkanisiermittel (Semi-EV- und EV-Systeme) spielt eine gewisse Rolle. Optimal eingestellte E-SBR-Vulkanisate weisen eine um etwa 20° C höhere Dauerwärmebeständigkeit auf als NR-Vulkanisate. Sie sind reversionsbeständig.

Hinsichtlich des *Abriebverhaltens* erweisen sich E-SBR-Vulkanisate mit aktiven Füllstoffen als erheblich besser als vergleichbare NR-Vulkanisate; ihre Laufleistung in Reifen ist mindestens 15% größer.

Aufgrund der längeren Haltbarkeit durch das sehr gute Abrieb- und Alterungsverhalten hat E-SBR den NR in vielen Gebieten weitgehend verdrängt.

Infolge des ungünstigeren elastischen Gesamtverhaltens von E-SBR erwärmen sich SBR-Vulkanisate bei dynamischer Beanspruchung stärker als NR-Vulkanisate (ungünstigerer *Heat-Build-Up*). Da sie aber wärmebeständiger sind, kann die höhere Temperatur (z. B.

Lauftemperatur des PKW-Reifens) ohne Zerstörung des Artikels ertragen werden. Bei besonders starkwandigen Gegenständen, z. B. großdimensionierten LKW-Reifen, kann es wegen der geringen Wärmeleitfähigkeit von Gummi zu einem Wärmestau kommen, der die Wärmebeständigkeit von E-SBR-Vulkanisaten überschreitet.

Hierfür ist ein BR-Zusatz oder ein Vulkanisat mit geringerem Heat-Build-Up, z. B. auf Basis von NR oder IR in Kombination mit BR besser geeignet.

**Elektrische Isolierungseigenschaften.** E-SBR-Typen und die daraus hergestellten Vulkanisate zeigen wegen ihres unpolaren Charakters gute elektrische Isolationseigenschaften, die größenordnungsgemäß denen des NR gleichen, nach der Alterung diesen sogar überlegen sind. Die Isolationseigenschaften sind allerdings in erheblichem Maße von den Herstellungsbedingungen (Restgehalt an Emulgatoren und an Elektrolyten) abhängig.

**Verhalten gegen Lösungsmittel.** Während E-SBR-Vulkanisate gegenüber vielen unpolaren Lösungsmitteln, verdünnten Säuren und Basen beständig sind, quellen sie in Kraftstoffen, Ölen und Fetten stark auf. Die Neigung zur Quellung ist zwar geringer als bei NR, erlaubt jedoch nicht den Einsatz von SBR für solche Artikel, bei denen Quellbeständigkeit erforderlich ist.

4.3.2.6.2. Eigenschaften von L-SBR-Vulkanisaten

**L-SBR-Vulkanisate mit statistischer Styrolverteilung** weisen besonders günstige Hysteresis, geringen Heat-Build-Up und verbesserten Abriebwiderstand im Vergleich zu E-SBR auf. Sie sind ferner reiner als E-SBR, weisen wegen der Emulgatorfreiheit niedrige Wasserabsorption sowie besonders gute elektrische Isolationseigenschaften auf; sind fast vollständig geruchlos und heller [4.136.].

**L-SBR-Vulkanisate mit Blockanordnung** weisen neben guter Tieftemperaturbeständigkeit gute elastische Eigenschaften, niedrige Wasserabsorption und besonders gute elektrische Isolationseigenschaft auf. Sie sind abriebfest, von höherer Härte [4.139.].

**L-SBR mit Dreiblockanordnung (SBS).** Diese Blockpolymerisate können wie thermoplastische Kunststoffe auf Spritzgußmaschinen oder Extrudern verarbeitet werden. Sie weisen bei Raumtemperatur eine verhältnismäßig hohe Elastizität und Zugfestigkeit auf und verhalten sich wie Vulkanisate. Da die physikalischen Vernetzungen, auf Polystyrol-Kristallisationen beruhen, eignen sich die Produkte nur zur Herstellung von Gummiwaren, bei denen eine geringe Wärmebeständigkeit ausreicht. Sie verlieren bei Temperaturen oberhalb von 60–75° C in starkem Maße ihr Festigkeits- und Elastizitätsverhalten. Auch an die Beständigkeit gegen Lösungsmittel dürfen bei Einsatz von thermoplastischem SBR keine hohen Anforderungen gestellt werden [4.141.].

4.3.2.6.3. Eigenschaften von Vulkanisaten aus OE-SBR und Ruß-Masterbatches

**OE-SBR** (ölgestreckter SBR) weist aufgrund der sehr hohen Molekularmasse des Grundpolymeren, der durch hohe Weichmachermengen (25–50%) auf Verarbeitungsviskosität gebracht worden ist, analoges kautschuktechnologisches Verhalten auf wie nicht ölgestreckter, auf Verarbeitungsviskosität polymerisierter SBR. Er kann aus E-SBR oder L-SBR hergestellt werden. Die durch die Ölstreckung bedingten wirtschaftlichen Vorteile haben OE-SBR zu einer der wichtigsten Kautschukklassen werden lassen. Im Reifensektor bewirkt er besonders gute Bodenhaftung und geringes Fahrgeräusch.

**Ruß-Masterbatches.** Die daraus hergestellten Vulkanisate weisen das Eigenschaftsbild entsprechend gefüllter SBR-Vulkanisate auf.

4.3.2.7. Einige Einsatzgebiete von SBR

**E-SBR** wird in überwiegender Menge zumeist in Kombination mit BR für die Herstellung von PKW- und kleinen LKW-Reifen eingesetzt. Für große LKW-Reifen kommt SBR jedoch wegen seines höheren „Heat-Build-Up" im Vergleich zu NR, IR und BR praktisch nicht in Betracht. Weitere Einsatzbereiche für E-SBR sind Fördergurte, technische Formartikel, Schuhwerk, Sohlen, Kabelisolationen und -ummantelungen, Schläuche, Walzenbezüge, pharmazeutische, chirurgische und sanitäre Artikel sowie Lebensmittelbedarfsgegenstände und vieles andere mehr.

In Tabelle 4.1 sind für einige wichtige E-SBR-Typen differenzierte Einsatzgebiete aufgeführt.

**L-SBR mit statistischer Anordnung** wird z. B. E-SBR zur Verbesserung der Spritzbarkeit zugegeben, um die Kantenausbildung und Oberflächenglätte der Extrudate zu verbessern.

**L-SBR mit Blockanordnung** kommt bevorzugt für harte Schuhsohlen, Walzenbezüge, Kabelisolationen und -ummantelungen, Fußbodenbeläge und technische Spezialartikel zum Einsatz.

**Thermoplastischer SBR** wird beispielsweise für technische Artikel mit geringer Wärmebeständigkeit, die in großen Stückzahlen hergestellt werden müssen, für Dacheindeckungen, ferner für Babysauger eingesetzt.

Tab. 4.1.: Einige Einsatzgebiete für E-SBR-Typen

| SBR-Typen-bezeichung | Emul-gator* | ML 1+4 (100° C) | Produkt-verfärbg.* | ÖL-typ* | ÖL-phr | Ruß-typ | Ruß phr | Einsatzgebiete |
|---|---|---|---|---|---|---|---|---|
| 1500 | H | 50–52 | V | – | – | – | – | Allzweckkautschuk für PKW-Reifenlaufflächen und technische Gummiwaren aller Art |
| 1502 | HF | 50–52 | NV | – | – | – | – | hellfarbige technische Artikel |
| 1507 | HF | 30–35 | NV | – | – | – | – | für Mischungen mit gutem Fließverhalten zur Herstellung gespritzter oder kalandrierter Artikel |
| 1509 | HF | 30–35 | NV | – | – | – | – | wegen seines geringen Aschegehalts und der dadurch bedingten geringeren Neigung der Wasseraufnahme für die Kabel- und Elektroindustrie geeignet |
| 1516 | HF | 40 | NV | – | – | – | – | wegen des höheren Styrol-Gehalts für Spritz- und Formartikel mit glatter Oberfläche |
| 1573 | H | 115 | NV | – | – | – | – | Brems- und Kupplungsbeläge, Transportbänder, Kleber |
| 1707 | H | 49–55 | NV | NAPH | 37,5 | – | – | geeignet für hellfarbige und auch transparente Preß- und Spritzartikel zur Herstellung von Schläuchen, Profilen, Besohlungsmaterial, Bodenbelägen |

| SBR-Typen-bezeichnung | Emul-gator* | ML 1+4 (100° C) | Produkt-verfärbg.* | ÖL-typ* | ÖL-phr | Ruß-typ | Ruß phr | Einsatzgebiete |
|---|---|---|---|---|---|---|---|---|
| 1712 | HF | 49–55 | V | HAR | 37,5 | – | – | PKW-Reifenlaufflächen, Transportbänder, dunkelfarbige technische Gummiwaren |
| 1778 | HF | 49–55 | NV | NAPH | 37,5 | – | – | helle und transparente technische Gummiwaren als Besohlungsmaterial, Bodenbeläge und Kabelmischungen |
| 1609 | H | 61–68 | V | HAR | 5,0 | N 110 | 40 | besonders für hochabriebfestes Runderneuerungsmaterial und Reifenlaufflächen geeignet |
| 1618 | HF | 70 | NV | NAPH | 5,0 | N 550 | 50 | |
| 1808 | HF | 48–58 | V | HAR | 47,5 | N 330 | 76 | PKW-Reifenlaufflächen, Rohlaufstreifen, elektrische Artikel |
| 1843 | HF | 86 | NV | NAPH | 15,0 | N 770 | 100 | für dynamisch hochbeanspruchte Artikel wie z. B. Keilriemen geeignet |

* Es bedeuten: H Harzsäure; HF Harz-Fettsäuregemisch; V verfärbend, NV nicht verfärbend; NAPH naphthenisches Öl, HAR hocharomatisches Öl.

4.3.2.8. Konkurrenzmaterialien und einige Handelsprodukte von SBR

**Konkurrenzmaterialien.** Als Konkurrenzmaterialien sind NR, IR und BR zu betrachten.

**Handelsprodukte.** Die folgenden Handelsprodukte kommen jeweils in einer Fülle von Einzeltypen vor (die Aufstellung erhebt keinen Anspruch auf Vollständigkeit):

**Europäische E-SBR-Handelsprodukte** (ohne UdSSR). Buna Hüls, BUNAWERKE HÜLS. – Buna, VEB KOMBINAT CHEM. WERKE BUNA. – Bunatex/Duranit, CHEM. WERKE HÜLS. – Cariflex S, SHELL CHIMIE. – Carom, COMBINATUL PETROCHIMIE BORZESTI UZINA DE CAUCIUC/Rumänien. – Europrene, ANIC. – Intol/Intex, INTERNAT. SYNTHETIC RUBBER Comp. – KER, ZAKLADY CHEMICZENE OSWIECIM/Polen. – KRALEX, CHEMOPETROL/CSSR. – K/Krynol, Polysar S, POLYSAR FRANCE. – Pliolite, Comp. FRANCE, GOODYEAR. – Sirel, S. I. R.

**Amerikanische E-SBR-Handelsprodukte:** Asrc, AMER. SYNTH. RUBBER CORP. – Ameripol, GOODRICH. – FR-S, FIRESTONE. – Gentro, GENERAL TIRE & RUBBER COMP. – Philprene, PHILLIPS CHEM. COMP. – Plioflex, GOODYEAR. – Synpol, TEXAS-U. S. CHEM. COMP. Kanada: Polysar S, Polymer-Corp.

**Japan:** Diapol, MITSUBISHI. – ISR, JAPAN SYNTHETIC RUBBER Co. – Nipol, NIPPON ZEON Co. – Sumitomo SBR, SUMITOMO.

### 4.3.3. Acrylnitril-Butadien-Kautschuk, Nitrilkautschuk (NBR) [4.142.–4.149.]

4.3.3.1. Allgemeines über NBR

Die Covulkanisation von Acrylnitril und Butadien wurde erstmalig 1930 von E. Konrad und E. Tschunkur [4.150.] durchgeführt. P. Stöcklin erkannte den technischen Vorteil, der darauf beruht, daß die Vulkanisate im Gegensatz zu solchen aus NR oder SBR beständig gegen Kraftstoffe, Öle und Fette sind. Die Herstellung wurde 1934 in technischem Maßstab in Leverkusen begonnen. 1939 wurde die Fabrikation auch in den USA (Goodrich), danach in weiteren Ländern aufgenommen. 1976 betrug die Jahreskapazität zur Herstellung von NBR ca. 400 000 Tonnen. NBR wird z. Z. ausschließlich als E-NBR hergestellt. Eine begrenzte Menge ist noch Warmkautschuk, der größte Anteil ist jedoch Kaltkautschuk.

NBR, häufig auch Nitrilkautschuk genannt, wird in einer Vielzahl von Einstellungen mit einem Acrylnitrilgehalt etwa zwischen 18–51 Massen-% in den Handel gebracht. Seine Zusammensetzung ist folgende:

$$-CH_2-CH=CH-CH_2-CH_2-CH-$$
$$C\equiv N$$

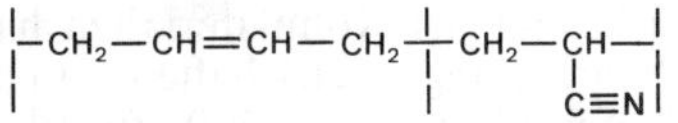

Butadien-   Acrylnitril-   Einheit

### 4.3.3.2. Herstellung von NBR

### 4.3.3.2.1. Monomerherstellung

Die Herstellung von Butadien wurde bereits im Abschnitt 4.3.1.2., S. 96 abgehandelt.

Die Zahl der für die Acrylnitril-Herstellung verwendeten Verfahren ist umfangreich. Das erste angewandte Verfahren, das von Äthylenoxid und Blausäure ausging und über Äthylencyanhydrin zum Acrylnitril (Ludwigshafen) führte, wurde bald von dem Verfahren nach Kurtz (Leverkusen) abgelöst. Dieses Verfahren arbeitete durch Anlagerung von Blausäure an Acetylen; es wurde vor einiger Zeit durch moderne Methoden unwirtschaftlich. Die modernste Acrylnitril-Synthese erfolgt z. Z. nach dem Verfahren der Standard Oil, Ohio, (Sohio-Verfahren) aus Propylen, Ammoniak und Luft in Gegenwart von Wasserdampf unter katalytischen Bedingungen in sehr wirtschaftlicher Weise. [4.142.]

### 4.3.3.2.2. Polymerherstellung von NBR [4.142.]

Die Copolymerisation von Butadien mit Acrylnitril erfolgt ähnlich wie die von Butadien mit Styrol in Emulsion mit ähnlichen Polymerisationsansätzen (s. S. 84 f und 104 ff).

### 4.3.3.3. Struktur von NBR und dessen Einfluß auf die Eigenschaften [4.142.]

Bei der NBR-Herstellung kommen ähnlich viele Parameter in Betracht wie bei der SBR-Herstellung, woraus sich zahlreiche im Handel befindliche Einzeltypen ergeben.

Die wesentlichen Parameter sind:

- Acrylnitrilgehalt (ca. 18–51%)
- Polymerisationstemperatur (Cold- und Hot-Rubber)
- Regler (unterschiedliche Mooney-Viskosität, Verarbeitungsverhalten)
- Stabilisator (unterschiedliche Verfärbung und Lagerstabilität)
- Vorvernetzung (Verarbeitungsverhalten)
- Einarbeitung reaktiver Gruppen (Vernetzbarkeit ohne Schwefel und Beschleuniger, spielt bevorzugt bei Latices eine Rolle)
- Zusätze von Weichmacher
- Verschnitt mit PVC.

**Viskosität.** Die Viskosität der Rohmaterialien hat in erster Linie Einfluß auf die Verarbeitungseigenschaften. Hier gilt im wesentlichen das bei SBR aufgeführte (s. S. 106f). Zwischen den Typen mit gleichem Acrylgehalt, aber unterschiedlicher Viskosität bestehen hinsichtlich des Quellverhaltens und der Kälteflexibilität der daraus hergestellten Vulkanisate praktisch keine Unterschiede.

NBR-Typen mit extrem niedrigen Viskositäten können als arteigene, nicht flüchtige Weichmacher (flüssiger NBR) in NBR-Mischungen eingesetzt werden. Bei der Vulkanisation können diese partiell in die Vulkanisatmatrix eingebaut werden; sie sind dann entsprechend wenig flüchtig und extrahierbar.

**Polymerisationstemperatur.** Die bei niedriger Polymerisationstemperatur hergestellten NBR-Typen (Kaltpolymerisate) zeichnen sich gegenüber den Warmpolymerisaten durch eine geringere Verzweigung der Polymerketten aus. Dementsprechend hat auch die Polymerisationstemperatur analog wie bei SBR beschrieben (s. S. 107) ähnlich wie die Viskosität Einfluß auf die Verarbeitungseigenschaften.

**Mikrostruktur.** Die Polymerisationstemperatur beeinflußt neben der Langkettenverzweigung auch die Monomersequenzverteilung sowie das cis-1,4 -/trans-1,4-/1,2- Einbauverhältnis des Butadiens. Ein z. B. bei 28° C hergestellter NBR mit 36-Massen-% Acrylnitril weist im Butadien eine statistisch auf die Polymerkette verteilte Zusammensetzung von 12,4% cis-1,4-, 77,6% trans-1,4- und 10% 1,2-Strukturen auf [4.151.]. Aufgrund mangelnder Einheitlichkeit ist NBR analog wie SBR weder in der Lage spontan noch bei Dehnung zu kristallisieren. Diese mangelnde Dehnungskristallisation (Selbstverfestigung) verursacht nur eine geringe Zugfestigkeit von ungefüllten NBR-Vulkanisaten.

**Vernetzung.** NBR-Typen, die bei der Herstellung mit geringfügigen Mengen Divinylbenzol vorvernetzt wurden, können bei Zusatz zu nicht vorvernetzten NBR-Typen deren Verarbeitungsverhalten sowie den Druckverformungsrest und die Quellbeständigkeit der Vulkanisate verbessern. Hierbei muß allerdings eine Einbuße von Zugfestigkeit, Bruchdehnung und Weiterreißfestigkeit in Kauf genommen werden.

**Acrylnitrilgehalt.** Da sich die Glasübergangstemperaturen von Polyacrylnitril ($T_G$ + 90° C) und vom Polybutadien ($T_G$ –90° C) stark voneinander unterscheiden, wird der $T_G$-Wert der Copolymeren und damit die Kälteflexibilität von NBR-Vulkanisaten naturgemäß umso höher (vgl. Abb. 4.2.) und das elastische Verhalten umso geringer, je mehr dieses an gebundenem Acrylnitril enthält. In gleichem Sinne werden die Copolymerisate thermoplastischer, was sich in einer Verbesserung des Verarbeitungsverhaltens der NBR-Mischungen auswirkt.

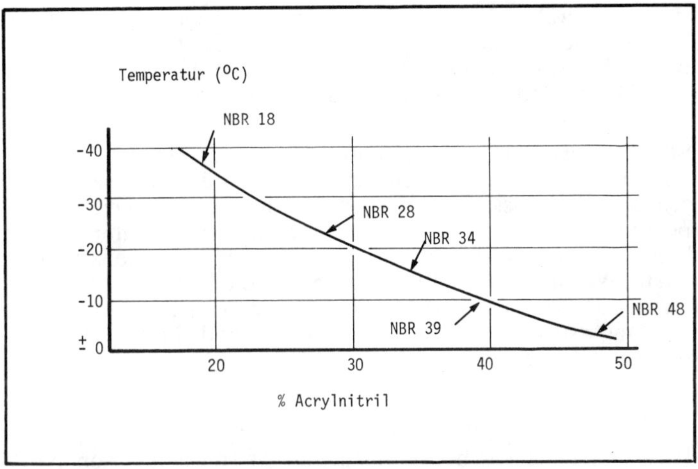


Abb. 4.2.: Einfluß des Acrylnitrilgehaltes auf die Glasübergangstemperatur von NBR [4.152.].

Aufgrund der Polaritätsunterschiede zwischen Acrylnitril und Butadien (Löslichkeitsparameter der Acrylnitrileinheit im Polymeren $\delta = 12{,}8$, der der Butadieneinheit $\delta = 8{,}4$ [4.153.]) nimmt die Polarität der Copolymeren mit zunehmendem Acrylnitrilgehalt zu.

Der Acrylnitrilgehalt der Polymerisate hat daher erheblichen Einfluß auf die Quellungseigenschaften der Vulkanisate. Mit zunehmendem Gehalt an Acrylnitril wird die Quellbeständigkeit der Vulkanisate in Treibstoffen, Ölen, Fetten u. dgl. verbessert, jedoch die Elastizität und die Temperaturflexibilität vermindert. Mit steigendem Acrylnitrilgehalt nimmt aus dem gleichen Grunde auch die Verträglichkeit mit polaren Weichmachern (z. B. auf Ester und Ätherbasis) sowie mit polaren Kunststoffen, wie z. B. PVC oder Phenoplasten, zu. Die Löslichkeit der Polymerisate in aromatischen Lösungsmitteln sowie die Gasdurchlässigkeit der Vulkanisate nehmen mit zunehmendem Acrylnitrilgehalt ab

**Acrylsäuren.** NBR-Typen, die zusätzlich ein Carboxylgruppentragendes Monomeres (bevorzugt auf Acrylsäurebasis, XNBR) enthalten, neigen bei Zusatz mehrfunktioneller Carboxylgruppen-Reaktanten leicht zu Vernetzungsreaktionen. Sie können deshalb nur unter besonderen Voraussetzungen gut verarbeitet werden [4.142., 4.154.–4.160.]. Wichtig ist für die Verarbeitung solcher Kautschuke jede Feuchtigkeit weitgehend auszuschließen. Auch mehrfunktionelle Verbindungen wie z. B. Amine, Metalloxide u. dgl. sind zu vermeiden. Als Beschleunigeraktivator hat sich Zn-

Peroxid bewährt. Vulkanisate, in denen die zusätzliche Vernetzungsmöglichkeit über Carboxylgruppen genutzt wird, zeigen jedoch erheblich verbesserte Quellresistenz und Abriebbeständigkeit bei höherer Härte im Vergleich zu entsprechenden Carboxylgruppenfreien NBR-Typen.

**Stabilisatoren.** Die nach der Polymerisation zugesetzten Stabilisatoren verleihen dem NBR eine gute Lagerbeständigkeit und schützen ihn vor Cyclisierung bei hohen Misch- oder Verarbeitungstemperaturen, wobei zumeist verfärbende Amin-Stabilisatoren einen besseren Schutz verleihen als nicht verfärbende phenolische Produkte. Wie auch beim SBR reicht jedoch die Stabilisierung in den meisten Fällen nicht aus, um die daraus hergestellten Vulkanisate vor langfristiger Oxydation, dynamischer und thermischer Belastung zu schützen.

#### 4.3.3.4. Mischungsaufbau von NBR [4.11., 4.142.]

Hinsichtlich des Mischungsaufbaues für die Herstellung von NBR-Artikeln bestehen viele prinzipielle Analogien zu NR oder SBR. Andererseits ist eine Reihe von charakteristischen Abweichungen festzustellen, die im wesentlichen mit der gegenüber NR oder SBR hohen Polarität des NBR zusammenhängen und die Verträglichkeit mit bestimmten Mischungszusätzen beeinflussen.

**Verschnitte.** Die Verträglichkeit von NBR mit unpolaren Kautschuken wie NR oder BR ist relativ gering. Dennoch werden gelegentlich geringe Mengen NR (z. B. Verbesserung der Konfektionsklebrigkeit) oder BR (z. B. Erniedrigung der Brittleness-Temperatur) eingesetzt. NBR, vor allem Typen mit niedrigem Acrylnitrilgehalt, kann mit SBR in allen Verhältnissen eingesetzt werden, ohne daß ein wesentlicher Abfall der mechanischen Eigenschaften eintritt. Von dieser Möglichkeit wird z. B. aus Preisgründen Gebrauch gemacht, wenn die Anforderungen an die Quellbeständigkeit nur mäßig sind. Die Möglichkeit NBR mit CR zu verschneiden, kann genutzt werden, um die Ozon-und Wetterbeständigkeit des NBR zu verbessern. Durch Verschnitte von NBR und ETER (Epichlorhydrin-Terpolymerisat) können gleichzeitg verbesserte Quellbeständigkeiten, niedrigere Tieftemperaturflexibilitäten und höhere Wärmebeständigkeit eingestellt werden [4.161.–4.162.]. Besonders bekannt sind Verschnitte von NBR und PVC, die in allen Mischungsverhältnissen verträglich sind, sofern die zur Verwendung kommenden NBR-Typen einen genügend hohen Acrylnitrilgehalt besitzen (Verträglichkeitsgrenze ca. 25% Acrylnitril). Solche Verschnitte weisen Ozonbeständigkeit, verbessertes Quellverhalten, erhöhte Zug- und Weiterreißfestigkeit, aber verminderte Elastizität, Kälteflexibilität und höhere bleibende Verformung auf [4.163.]. Auch Phenoplaste sind mit NBR gut verträglich; sie üben in gefüllten und ungefüllten NBR-Mischungen und -Vulkanisaten eine härtende und verstärkende Wirkung aus, die umso größer ist, je höher der Acrylnitrilgehalt der eingesetzten NBR-Typen ist [4.164.]. Mit Phenoplasten lassen sich Vulkanisate von äußerst hohem Abrieb-und Quellwiderstand, hoher Härte und hoher Zugfestigkeit herstellen, die jedoch wenig elastisch sind und einen hohen Druckverformungsrest aufweisen.

**Vulkanisationschemikalien** [4.6.]. Hier gelten weitgehend die gleichen Kriterien wie bei SBR (s. S. 108 f). Im Vergleich dazu spielen jedoch in NBR neben Schwefel, der in NBR weniger gut löslich ist als in SBR, Schwefelspender vor allem in Semi-EV- und EV-Systemen eine besondere Rolle zur Erzielung hoher Wärmebeständigkeiten und niedriger Druckverformungsrestwerte. Die traditionellen Beschleuniger – MBTS, Sulfenamide, Thiurame, Dithiocarbamate und Guanidine – haben sich am Besten bewährt. Besonders gute Wärmebeständigkeit erhält man z. B. bei Anwendung von TMTD ohne oder mit wenig (0,25 phr) Schwefel bzw. Schwefelspender (0,5 phr). In Gegenwart des aus toxikologischen Gründen suspekten CdO erhält man hohe Wärmebeständigkeitswerte [4.165.].

Neben der Schwefelvulkanisation ist auch die Vernetzung mit organischen Peroxiden für besonders wärmebeständige Vulkanisate bedeutungsvoll (vgl. S. 294 ff). Bei zusätzlicher Verwendung von Peroxidakitvatoren, wie z. B. monomeren Acrylaten wie Äthylendiamin-dimethacrylat (EDMA) lassen sich bei guter Verarbeitungsviskosität gleichzeitig höhere Härten einstellen. Bei Anwendung der Peroxid-Vernetzung muß man jedoch geringere Festigkeitseigenschaften, insbesondere geringeren Widerstand gegen Weiterreißen, ungünstigeres Quellverhalten und ungünstigere dynamische Eigenschaften hinnehmen.

**Alterungsschutzmittel.** Auch für die Auswahl der Alterungsschutzmittel gelten die bei SBR angeführten Auswahlkriterien. Bei der Anwendung der Peroxide können die meisten Alterungsschutzmittel die Vernetzung empfindlich stören.

**Füllstoffe.** Wie bereits erwähnt, erhält man aufgrund mangelnder Selbstverstärkung in NBR-Vulkanisaten brauchbare Festigkeitseigenschaften durch Verwendung von Verstärkerfüllstoffen. Hier gelten die gleichen Prinzipien wie bei SBR (s. S. 109 f).

**Weichmacher.** Mit Hilfe von Weichmachern können Viskosität, Klebrigkeit und Verarbeitungseigenschaften von NBR-Mischungen sowie Elastizität, Kälteflexibilität und Quellverhalten der Vulkanisate weitgehend beeinflußt werden. Zahlreiche Weichmacher, die in NR und SBR eine wichtige Rolle spielen, z. B. paraffinische naphthenische Mineralöle weisen aufgrund der Polarität des NBR nur eine begrenzte Verträglichkeit auf. Als *Verarbeitungsweichma-*

*cher* zur Verbesserung der Kalandrier- und Spritzbarkeit sowie teilweise auch der Klebrigkeit werden u. a. Xylolformaldehydharze, Kolophonium, Koresin, Cumaron-Harz, Wollfett, quellbeständige und flüssige Faktisse sowie in begrenzter Menge aromatische Mineralöle verwendet. Synthetische *Weichmacher auf Ester oder Äther-Basis* (z. B. Thioglykolsäureester, Adipate, Phthalate, Alkylsulfonsäureester, Polyglykoläther, Polythioäther) bewirken bei Dosierungen bis zu 30 phr und mehr eine mehr oder weniger starke Erhöhung der Stoßelastizität und der Kälteflexibilität, so daß ihre Verwendung in NBR als typisch angesehen werden kann. Es ist jedoch zu berücksichtigen, daß alle Weichmacher naturgemäß die Festigkeitseigenschaften von NBR-Vulkanisaten beeinträchtigen, bei hohen Einsatztemperaturen je nach ihrer Flüchtigkeit mehr oder weniger stark entweichen sowie bei Quellungsprozessen extrahiert werden; dies beeinträchtigt die Dimensionsstabilität der NBR-Vulkanisate.

**Faktis.** Zur Verbesserung des Mischverhaltens kann vor allem bei hohen Weichmacher-Dosierungen Faktis eingesetzt werden, der außerdem die Spritz- und Kalandrierbarkeit sowie die Standfestigkeit verbessert und die Verschweißbarkeit erleichtert. Faktisse werden wegen ihres hohen Weichmacherhaltevermögens insbesondere dann benötigt, wenn sehr weiche Vulkanisate mit ausreichenden mechanischen Eigenschaften hergestellt werden sollen. Für NBR-Mischungen kommen spezielle quellbeständige Faktisse vor allem solche auf Ricinusölbasis zum Einsatz.

**Verarbeitungshilfen.** Für NBR-Mischungen werden analog wie für solche aus SBR und NR Verarbeitungshilfsmittel wie Emulsionsweichmacher, Zn-Seifen, Fettalkohol-Rückstände u. dgl. eingesetzt. Auch hier gilt, daß polare Hilfsmittel z. B. auf Glykol- und Glycerinbasis bessere Verträglichkeit aufweisen als unpolare.

#### 4.3.3.5. Verarbeitung von NBR [4.11., 4.142.]

Die Herstellung und Verarbeitung von NBR erfolgt auf den in der Gummi-Industrie üblichen Maschinen (s. S. 413 ff) nach den dort eingeführten und bei NR auf S. 67 ff beschriebenen Verfahren.

#### 4.3.3.6. Eigenschaften von NBR-Vulkanisaten [4.11., 4.142.]

**Mechanische Eigenschaften.** Bei Verwendung aktiver Füllstoffe lassen sich mit NBR Vulkanisate mit ausgezeichneten *Festigkeits*eigenschaften erzielen. Die optimale Zugfestigkeit (z. B. bis über 25 MPa) liegt etwa bei 70–80 Shore A.

Mit NBR lassen sich sehr breite *Härte*bereiche, von $<20$Shore A bis zu Ebonit-Härte einstellen.

Bei sachgemäßem Mischungsaufbau und optimaler Vulkanisation sind sehr niedrige Werte für den *Druckverformungsrest* einstellbar.

Wichtig hierfür ist die Auswahl mittelaktiver Ruße (z. B. N 550 bzw. N 770) und EV-Systeme z. B. mit TMTD auch in Kombination mit OTOS [4.166.] und Schwefelspendern. Auch mit Peroxiden erhält man besonders guten Druckverformungsrest [4.167.].

Das *elastische Verhalten* von weichmacherfreien NBR-Vulkanisaten ist stark vom NBR-Typ abhängig, aber generell deutlich geringer als das vergleichbarer Vulkanisate aus NR oder SBR. Durch Einsatz wenig Acrylnitril enthaltender NBR-Typen, von Ester-oder Ätherweichmachern sowie wenig aktiven Rußen (z. B. N 770) lassen sich relativ hohe Elastizitätswerte einstellen. Hochacrylnitrilhaltige NBR-Vulkanisate sind dagegen wenig elastisch.

NBR-Vulkanisate mit aktiven Füllstoffen weisen einen *Abriebwiderstand* auf, der ca. 30% besser als bei vergleichbaren NR- und ca. 15% besser als bei vergleichbaren SBR-Vulkanisaten ist.

**Wärme- und Alterungsbeständigkeit.** NBR-Vulkanisate sind wesentlich *wärmebeständiger* als solche aus NR bzw SBR. Es lassen sich NBR-Vulkanisate herstellen, die nach Lagerung von z. B. sechs Wochen bei 120° C funktionstüchtig bleiben [4.168.]. Bei Einsatz unter Luftsauerstoffausschluß (z. B. in Öl) ist die Wärmebeständigkeit sogar noch besser. Die Wärmebeständigkeit ist natürlich erheblich vom Mischungsaufbau abhängig. Besonders günstigen Einfluß haben EV-Systeme, z. B. basierend auf TMTD und Schwefelspendern oder Peroxide, Kieselsäurefüllstoffe in Gegenwart von Silanen bzw. mittel- bis schwachaktive Ruße, z. B. N 770, N 990 und N 550. Auch der Einsatz hochwirksamer Alterungsschutzmittel, z. B. TMQ oder ODPA gegebenenfalls in Kombination mit MBI sind hierfür wichtig. Die beste Wärmebeständigkeit erzielt man durch Einsatz von Cadmiumoxid und cadmiumhaltigen Beschleunigern. Aus toxikologischen Gründen ist die Nutzung dieser Systeme jedoch zweifelhaft. Auch durch Verschnitt mit ETER (Epichlorhydrin-Terpolymerisat) läßt sich die Wärmebeständigkeit ohne Nachteil für andere Vulkanisateigenschaften steigern [4.162.]. Daß man bei wärmebeständigen Vulkanisaten wenig flüchtige Weichmacher einsetzt, liegt auf der Hand.

Die *Wetter- und Ozonbeständigkeit* von NBR-Vulkanisaten ist mit der von NR zu vergleichen; sie läßt sich aber schlechter durch Einsatz von Ozonschutzmitteln verbessern. Eine Verbesserung kann in schwarzen Mischungen mit z. B. p-Phenylendiaminen und in hellen Mischungen mit nicht verfärbenden Enoläthern in Kombination mit mikrokristallinen Wachsen, insbesondere aber durch Verschnitt mit ozonfesten Polymeren, z. B. ETER oder PVC, erzielt werden.

**Kälteflexibilität.** Für das Tieftemperaturverhalten von NBR-Vulkanisaten gilt im wesentlichen das gleiche, was für das elastische Verhalten gesagt wurde. Durch Einsatz von Ester- und Ätherweichmachern läßt sich die sonst oft ungenügende Kälteflexibilität verbessern. Auch durch Verschnitt mit anderen Polymeren ist eine deutliche Verbesserung möglich, wobei aber meist die Quellbeständigkeit beeinträchtigt wird. Das letztere ist jedoch bei Verschnitt mit ETER nicht der Fall.

**Quellbeständigkeit.** Vulkanisate auf Basis NBR sind aufgrund deren Polarität sehr gut quellbeständig gegen *nicht oder schwachpolare Medien* wie z. B. Kraftstoffe, Mineralöle, Schmierfette, pflanzliche und tierische Fette und Öle. Auch die Quellbeständigkeit hängt stark vom Mischungsaufbau wie NBR-Typ, Füllungsgrad, Weichmacherart und -menge, sowie vom Vulkanisationsgrad ab. Auch gegenüber *Alkoholen* (Methanol, Äthanol) sind NBR-Vulkanisate beständig. In Gemischen aus Kraftstoffen und Alkoholen (Gasohol), die neuerdings zur Streckung von Kraftstoffen diskutiert werden, quellen NBR-Vulkanisate deutlich stärker, als in den Einzelkomponenten (negativer Synergismus) [4.169.]. Die Gasohol-Beständigkeit von NBR-Vulkanisaten kann durch die Auswahl der NBR-Typen (hoher Acrylnitril-Gehalt), das Vernetzungssystem (z. B. Cadmium-System), am besten aber durch Verschnitt mit beständigeren Polymeren wie z. B. ETER oder BIIR verbessert werden. Wesentlich bessere Resistenz haben in dieser Hinsicht CO-Vulkanisate.

In bleifreien Kraftstoffen können sich unter bestimmten Bedingungen geringe Mengen Hydroperoxide bilden (*Sour Gas*) [4.170.–4.171.], die NBR-Vulkanisate in ihrer Struktur verändern können. Durch hochwertige Alterungsschutzmittel und UV-Stabilisatoren in NBR-Vulkanisaten läßt sich in einem gewissen Maße eine Desaktivierung der Hydroperoxide und damit eine bessere Beständigkeit erreichen (vgl. auch S. 176 u. 179).

Einen wesentlichen Einfluß haben auch die den Ölen zugesetzten *Additive,* die je nach Menge und Zusammensetzung – insbesondere bei höherer Temperatur – eine Oberflächenverhärtung von NBR-Vulkanisaten verursachen können. Hier zeigt sich eine Einsatzgrenze von NBR [4.172.]. In solchen Fällen werden die wesentlich teureren ACM-, Q-, oder FKM-Typen eingesetzt.

*Polare Medien* führen in NBR-Vulkanisaten zu starker Quellung. Gegen Ester, Ketone und andere polare Lösungsmittel sind NBR-Vulkanisate daher nicht beständig. Aromatische und chlorierte Kohlenwasserstoffe, wie Benzol, Toluol, Xylol, Styrol, Methylenchlorid, Aethylenchlorid, Trichloräthylen, Tetrachlorkohlenstoff oder Chlorbenzol bewirken bei nahezu allen herkömmlichen Elastomeren eine starke Quellung. Während bei Einwirkung von Toluol und Xylol, CO, AU und TM-Vulkanisate häufig noch brauchbare Ergebnisse zeigen, ist man in anderen Fällen auf den Einsatz des teuren FKM angewiesen. NBR kann im Kontakt mit aromatischen Kohlenwasserstoffen nur eingesetzt werden, wenn diese als Gemisch mit aliphatischen Kohlenwasserstoffen, wie z. B. Benzin, vorliegen. Dabei darf der Aromaten-Gehalt 50% keinesfalls überschreiten.

Tabelle 4.2. zeigt die Quellbeständigkeit eines NBR-Vulkanisates mit 28% Acrylnitrilgehalt in einigen Lösungsmitteln im Vergleich zu anderen Vulkanisaten.

**Tabelle 4.2.**: Quellung einiger rußhaltiger Vulkanisate in Lösungsmitteln (Zunahme in Gew.-% nach 8wöchiger Einwirkung bei Zimmertemperatur) [4.152].

| Quellungsmittel | NR | SBR | NBR (28% ACN) | TM |
|---|---|---|---|---|
| Paraffinöl | 117 | 59 | 3 | –1 |
| Transformatorenöl | 124 | 69 | 4 | –1 |
| Dieselöl | 97 | 62 | 11 | –1 |
| Benzin | 132 | 92 | 17 | 0 |
| Benzol | 306 | 235 | 167 | 11 |
| Tetrachlorkohlenstoff | 510 | 441 | 178 | 20 |
| Aceton | 10 | 12 | 79 | 1 |
| Ölsäure | 220 | 187 | 49 | 10 |
| Leinöl | 85 | 65 | 14 | –1 |
| Terpentinöl | 249 | 189 | 39 | 0 |

**Permeation.** NBR-Vulkanisate weisen eine geringere Gasdurchlässigkeit auf als solche aus NR oder SBR. Mit zunehmendem Acrylnitril-Gehalt wird die Gasdurchlässigkeit immer geringer und liegt bei den Typen mit hohem Acrylnitril-Gehalt etwa in der Größenordnung des IIR und ECO. Die sehr niedrigen Permeationswerte des CO werden durch NBR nicht erreicht. Die Diffusionskonstanten können durch die Art und Menge der Füllstoffe sowie den Vulkanisationsgrad beeinflußt werden.

Gegenüber Kraftstoffen weisen NBR-Vulkanisate jedoch verhältnismäßig hohe Permeabilität auf, weshalb bei besonderen Ansprüchen in dieser Hinsicht z. B. in den USA Vulkanisate auf Basis CO bzw. CO/ECO-Verschnitten bevorzugt werden.

**Sonstige Eigenschaften.** Aufgrund der polaren Eigenschaften weisen NBR-Vulkanisate eine wesentlich höhere *elektrische Leitfähigkeit* auf als solche von unpolaren Kautschuken. NBR kommt daher kaum für elektrisch isolierende Artikel zum Einsatz. Die *Wärmeleitzahl* und der *Wärmeausdehnungskoeffizient* liegen in der gleichen Größenordnung wie bei NR und SBR.

4.3.3.7. Einsatzgebiete von NBR [4.11.]

NBR wird aufgrund seines höheren Preises dort eingesetzt, wo neben guten mechanischen Eigenschaften Kraftstoff-, Öl-, Alterungs-, Wärme- und Abriebbeständigkeit gefordert werden. Typische Haupteinsatzgebiete sind z. B. statische Dichtungen, einschließlich IT-Platten, O-Ringe, Wellendichtungen, Packungen, Ventile, Membrane, Bälge, Kupplungen, Schläuche einschließlich Hochdruckschläuche für hydraulische und pneumatische Anlagen, Walzenbeläge und Rollen, Fördergurte, Bänder, Reibbeläge, Auskleidungen, Behälter, Arbeitsschuhe und Stiefel, Sohlen und Absätze, Drucktücher und Klischees. Infolge zunehmend steigender Temperaturanforderungen bei manchen Automobilanwendungen erfolgt seit einiger Zeit ein anhaltender Ersatz durch wärmebeständigere Elastomere. NBR kommt in erheblichem Maße auch für Lebensmittelbedarfsgegenstände zum Einsatz. Flüssige NBR Typen mit reaktionsfähigen Gruppen (Reactive Liquid Polymere) können mit reaktionsfähigen Substanzen nach der Flüssigkautschuk-Verarbeitungstechnologie zur Herstellung von Elastomeren eingesetzt werden [4.113.–4.114.] sowie zur Kunststoffmodifizierung.

4.3.3.8. Konkurrenzmaterialien und einige Handelsprodukte von NBR

**Konkurrenzmaterialien.** Als Konkurrenzmaterialien sind ACM, AU, CO, CR, CSM, EAM, ECO und TM zu nennen.

**Handelsprodukte.** Die folgenden Handelsprodukte kommen jeweils in einer Fülle von Einzeltypen vor (die Aufstellung erhebt keinen Anspruch auf Vollständigkeit):

**Europa** (ohne UdSSR): Buna N, VEB Chem. Werke BUNA – Chemigum, Goodyear, France – Breon, British Petroleum – Butacril, Ugine Kuhlmann – Elaprim, Monteedison – Europrene N, Anic – Hycar, Ciago – Krynac, Polysar, France – Perbunan, Bayer – S. I. R., Sirban.

**USA/JAPAN:** Chemigum, Goodyear. – Hycar, Goodrich – Paracril, Uniroyal – Polysar Krynac, Polymer Corp. – JSR-N, Japan Synthetic Rubber – Nipol, Nippon Zeon.

## 4.3.4. Poly-2-Chlorbutadien, Chloroprenkautschuk (CR) [4.173.–4.180.]

4.3.4.1. Allgemeines über CR

Die Polymerisation von 2-Chlorbutadien (Chloropren) wurde von W. H. Carothers und Mitarbeitern 1930 aufgefunden [4.181.]. 1931/1932 wurde in den USA mit der Herstellung von Polychloropren in technischem Maßstab in Massepolymerisation begonnen (1932 = 250 Tonnen) und in den USA zunächst unter der Bezeichnung Duprene als ölbeständiger Kautschuk auf den Markt gebracht. Das erste für allgemeine Zwecke verwendbare CR wurde 1939 unter der Bezeichnung Neoprene GN bekannt. Mit einer weltweiten Kapazität von ca. 500 000 Tonnen (1976) ist CR heute neben IIR und NBR mengenmäßig der größte Spezialkautschuk.

Man unterscheidet je nach Herstellung zwischen schwefelmodifizierten Typen und Mercaptan-Typen. Ferner unterscheidet man zwischen schwach, mittelstark und stark kristallisierenden Produkten. Die letzteren werden insbesondere für die Herstellung von Klebstoffen verwendet.

Die Zusammensetzung von CR ist folgende:

$$\underset{\displaystyle \text{Chloropren-}}{\overset{\displaystyle}{\left|\!\!-CH_2-\overset{\overset{\displaystyle Cl}{\displaystyle |}}{C}=CH-CH_2-\!\!\right|}}\ \underset{\displaystyle \text{Einheit}}{\overset{\displaystyle}{\left|\!\!CH_2-\overset{\overset{\displaystyle Cl}{\displaystyle |}}{C}=CH-CH_2-\!\!\right|}}$$

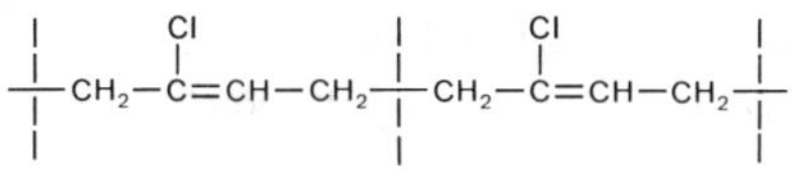

Chloropren-        Einheit

### 4.3.4.2. Herstellung von CR [4.179.]

#### 4.3.4.2.1. Monomerherstellung

Nachdem 2-Chlorbutadien bis 1965 praktisch ausschließlich durch Anlagerung von Chlorwasserstoff an Vinylacetylen (Niewland-Verfahren) hergestellt wurde, hat dieses Verfahren im letzten Jahrzehnt aufgrund des Acetylenpreises und der Explosionsgefahr des Vinylacetylens stark an Bedeutung verloren. Man geht heute bevorzugt von Butadien aus, das man z. B. partiell chloriert und anschließend Chlorwasserstoff abspaltet (Distillers-Verfahren, Du-Pont-Verfahren).

#### 4.3.4.2.2. Polymerherstellung von CR

CR wird heute ausschließlich in Emulsion mit radikalischer Initiierung polymerisiert. Als Emulgatoren kommen bevorzugt Na-Seifen von Harzsäuren in Betracht. Zur zusätzlichen Stabilisierung wird vielfach Na-Naphthalinsulfonat zugegeben. Zur Initiierung eignen sich Redoxsysteme z. B. als Sulfinsäuren in Gegenwart von Sauerstoff sowie Persulfate. Zur Verhinderung der Peroxidbildung werden geringe Mengen von Inhibitoren wie z. B. tert.- Butylbrenzkatechin zugesetzt, die jedoch die Umsatzgeschwindigkeit reduzieren. Bei den sogenannten schwefelmodifizierten Typen (oder auch Thiuram-Typen) [4.177., 4.182., 4.183.] wird die Molekularmassenregelung mit Schwefel vorgenommen, der in Form von Sx-Gliedern in die Polymerketten einpolymerisiert wird; sie werden mit Thiuramen z. B. TETD stabilisiert. Für die sogenannten Mercaptan-Typen [4.179.] wird n-Dodecylmercaptan als Regler verwendet. Nach Erreichung des gewünschten Umsatzes, z. B. bei

70%, wird die Polymerisation mit z. B. Phenothiazin oder tert. Butylbrenzkatechin abgebrochen. Nach Entfernung der restlichen Monomeren und Stabilisierung wird auf einer Gefrierwalze koaguliert, gewaschen und getrocknet.

Bei der Herstellung von CR kommen ähnlich viele Parameter in Betracht wie bei der SBR-Herstellung, woraus sich zahlreiche im Handel befindliche Einzeltypen ergeben.

Die wesentlichen Parameter sind:

- Schwefelmodifikation (Thiuram-Typen, Mastizierbarkeit),
- Mercaptanmodifikation (Mercaptan-Typen),
- Polymerisationstemperatur (Kristallisationsneigung),
- Regler (Unterschiedliche Mooney-Viskosität, Verarbeitbarkeit)
- Stabilisator (Verfärbung und Lagerstabilität),
- Copolymerisation mit anderen Monomeren (Kristallisationsneigung),
- Vorvernetzung (Verarbeitungsverhalten),
- reaktionsfähige Gruppen (Vernetzbarkeit ohne Schwefel und Beschleuniger, spielt nur bei Latices eine Rolle).

### 4.3.4.3. Struktur von CR und dessen Einfluß auf die Eigenschaften [4.11.]

**Viskosität.** Der Einfluß der Molekularmassenverteilung, des Langkettenverzweigungsgrades sowie der mittleren Molekularmasse ist bei CR von ähnlichem Einfluß wie z. B. bei NBR. Die Mooney-*Viskosität* beeinflußt beispielsweise die Walzfellbildung, die Erwärmung bei der Mischungsherstellung, das Füllstoffaufnahmevermögen, die Spritzbarkeit, Spritzquellung, Kalandrierbarkeit usw.

**Mikrostruktur.** Die Mikrostruktur von CR beeinflußt das Verarbeitungsverhalten und die elastischen Eigenschaften. Sie ist in starkem Maße von der Polymerisationstemperatur abhängig. Mit zunehmender Temperatur wird die Einheitlichkeit der Kettenstruktur gestört, indem z. B. der Anteil an 1,2- und 3,4-Strukturen vergrößert und der Anteil an verschiedenen Sequenzisomeren verändert wird [4.175.]. Infolge der Ausbildung irregulärer Strukturen wird die *Kristallisations*geschwindigkeit der Polymeren vermindert. CR-Typen, die bei niedriger Temperatur polymerisiert wurden, haben demgemäß eine rasche und starke Kristallisationsneigung, eine Forderung die für Klebstoffe, die hohe Anfangsfestigkeit aufweisen sollen, wichtig ist. Diese Polymeren sind wegen rascher und starker Verhärtung und Abnahme der Elastizität für die Herstellung von Gummiartikeln wenig geeignet. CR-Typen, die aufgrund einer geringen Kristallisationsneigung für die Herstellung von Gummiwaren geeignet sein sollen, werden deshalb bei höheren

Temperaturen polymerisiert. Auch durch die Herstellung von Copolymeren aus Chloropren mit z. B. kleinen Mengen 2,3-Dichlorbutadien, Acrylnitril oder Styrol kann die erwünschte Struktur-Irregularität, die zu einer Verminderung der Kristallisationsneigung führt, erreicht werden [4.176.]. Da die Vulkanisationsgeschwindigkeit von CR z. T. von der Menge allylständigen Chlors abhängig ist, beeinflussen die sich bei höheren Polymerisationstemperaturen bildenden Vinylstrukturen auch das Vulkanisationsverhalten von CR.

Bei der Herstellung von *schwefel*modifizierten CR-Typen werden, wie bereits erwähnt, Sx-Glieder in die Polymerkette eingebaut. Ferner binden sich aus der Thiuramstabilisierung Bruchstücke an die Polymerkette. Aufgrund der Schwefelsegmente können diese Typen bei der Verarbeitung abgebaut werden; bei Mastikationsprozessen erfolgt analog wie bei NR eine Molekularmassenverminderung, durch die der ursprüngliche hohe Nerv gebrochen und eine Verbesserung des Verarbeitungsverhaltens, z. B. Verminderung der Spritzquellung, erreicht wird. Aus diesem Grunde ist deren Polymerviskosität nicht konstant und die Lagerstabilität nicht immer gut. Infolge der Anwesenheit von Schwefel und Thiuramen können solche Kautschuk-Mischungen vielfach ohne weitere Beschleuniger vulkanisiert werden.

Die wesentlich stabileren *mercaptanmodifizierten* CR-Typen, deren Mischungsviskosität analog wie z. B. bei NBR durch den Polymerisationsgrad sowie die Art und Menge von Weichmachern eingestellt und deren Vulkanisationsverhalten durch Beschleuniger gesteuert wird, haben sich stärker durchgesetzt. Einen technologischen Vergleich zwischen schwefel- und mercaptanmodifizierten Typen zeigt Tabelle 4.3. (S. 130).

Auch sogenannte *vorvernetzte* CR-Typen, die fast vollständig aus CR-Gel bestehen, können zur Verbesserung des Verarbeitungsverhaltens den normalen, nicht vorvernetzten CR Typen (CR-Sol) zugesetzt werden. Bei ihrer Mitverwendung (10–50%) werden, analog wie bei NBR beschrieben, der Nerv reduziert und damit das Verarbeitungsverhalten verbessert, z. B. die Spritzquellung vermindert. Gleichzeitig werden jedoch entsprechend dem Grad ihres Zusatzes die Festigkeitseigenschaften vermindert.

**Chloranteil.** Infolge des Chlorgehaltes von CR (auf je vier Kohlenstoffatome kommt ein Chloratom) sind die Polymeren polar, was sich im Vergleich zu nicht polaren Dienkautschuken in einer Verbesserung der Quellbeständigkeit gegenüber mineralischen, tierischen und pflanzlichen Ölen und Fetten auswirkt. Die Polarität und damit die Quellbeständigkeit ist jedoch wesentlich weniger ausgeprägt als bei NBR. Infolge des Chloreinflusses weist CR aber auch ein besseres Brandschutzverhalten und eine verbesserte Wet-

**Tab. 4.3.**: Technologischer Vergleich von schwefel- und mercaptanmodifiziertem CR [4.11.].

| Eigenschaften | Schwefel-modif. Typen | Mercaptan-modif. Typen |
|---|---|---|
| **Rohpolymeres** | | |
| Polymerviskosität | variabel | nahezu konstant |
| Lagerstabilität | gut | sehr gut |
| Mastizierbarkeit | sehr gut | gering |
| **Mischung** | | |
| Beschleunigerzusatz | nicht notwendig | notwendig |
| Verarbeitungssicherheit | sehr gut | abhängig vom Beschleuniger |
| Vulkanisationsgeschwindigkeit | hoch | abhängig vom Beschleuniger |
| Fließverhalten | sehr gut | gut |
| Treibverhalten | sehr gut | gut |
| **Vulkanisat** | | |
| Festigkeit | oft etwas höher | hoch |
| Widerstand gegen Weiterreißen | meist höher | hoch |
| Druck-Verformungsrest | | |
| bei 20° C | sehr gut | sehr gut |
| bei 100° C | befriedigend | sehr gut |
| Heißluftbeständigkeit | gut | sehr gut |
| Haftung an Textilien bzw. Stahl*) | sehr gut | gut |
| Ozon- und Witterungsbeständigkeit | gut | sehr gut |
| spez. Durchgangswiderstand | geringer | befriedigend |
| Fließen und Erwärmung bei dynamischer Beanspruchung | etwas stärker | gering |
| Verfärbung am Licht | stärker | gering |

*) Bei geeigneter Vorbehandlung der Substrate.

ter- und Ozonbeständigkeit auf. Bei Chloropren-Dichlorbutadien-Mischpolymerisaten (Typen mit entsprechend höherer Dichte) ist dieses Verhalten infolge des höheren Chlorgehaltes besonders ausgeprägt.

### 4.3.4.4. Mischungsaufbau von CR [4.11., 4.179.]

**Verschnitte.** Das typische Eigenschaftsbild von CR kann durch Verschnitt mit anderen Kautschuktypen modifiziert werden. So verbessern Zusätze von NR die Elastizität und die Kälteflexibilität. Durch Zusatz von BR läßt sich der Brittleness-Point stark herabsetzen. Verschnitt mit NBR erhöht die Quellbeständigkeit in technischen Ölen. Problematisch an solchen Verschnitten ist die Einstellung eines beiden Verschnittmaterialien gerecht werdenden Vulkanisationssystems.

Als solches wird z. B. vielfach Schwefel mit Thioharnstoff-Derivaten unter Zusatz von Thiuram- und Guanidin-Beschleunigern verwendet.

**Vulkanisationschemikalien.** Die Vulkanisation von CR-Mischungen erfolgt im Gegensatz zu anderen Dien-Kautschuken zumeist, nicht mit Schwefel, sondern mit *Metalloxiden.* Am Besten haben sich hierfür bei allgemeinen Anwendungen entweder Kombinationen von z. B. 4 phr MgO mit 5 phr ZnO oder zur Erzielung besonders niedriger Wasserabsorption Bleioxide (PbO oder $Pb_3O_4$, bis 20 phr und mehr) bewährt.

Ein Zusatz von *Schwefel* kann bei den Mercaptan-Typen zu einer Erhöhung des Vulkanisationsgrades führen, was aber eine Verminderung der Wärmebeständigkeit zur Folge hat.

Die Auswahl der *Vulkanisationsbeschleuniger* erfolgt bei CR nach anderen Gesichtspunkten als bei den übrigen Dienkautschuken. Im allgemeinen gilt die Regel, daß mit steigender Geschwindigkeit der Ausvulkanisation einer CR-Mischung auch deren Neigung zur Anvulkanisation größer wird. Ein Vulkanisationssystem, das einen höheren Vulkanisationsgrad, d. h. höheren Spannungswert, niedrigere Bruchdehnung, größere Stoßelastizität und geringere bleibende Verformung ergibt, führt meist zu weniger verarbeitungssicheren Mischungen.

Wie bereits erwähnt, erfordern die Thiuram-Typen in den meisten Fällen keine zusätzlichen Vulkanisationsbeschleuniger. Die Anwesenheit von Metalloxiden allein reicht aus, um eine für die meisten Fälle ausreichende Vulkanisationsgeschwindigkeit zu erhalten. Durch Zusatz von Beschleunigern läßt sich jedoch die Vulkanisationsgeschwindigkeit solcher CR-Mischungen unter Verringerung der Lagerfähigkeit und Ausvulkanisationszeit erhöhen.

Bei Einsatz der Mercaptan-Typen hingegen ist neben MgO und ZnO oder Bleioxiden der Zusatz von Vulkanisationsbeschleunigern grundsätzlich erforderlich. Die meisten klassischen Beschleuniger weisen in CR eine stark verminderte Wirksamkeit auf. Die wichtigsten Beschleuniger kommen aus der Klasse der Thioharnstoffe. ETU, trotz einer verhältnismäßig raschen Ausvulkanisation, bislang das bedeutendste Produkt, wird aus toxikologischen Gründen immer mehr durch Ersatzprodukte, z. B. DETU bzw. neuentwickelte Stoffe auf Thioketon-, Thiadiazin-Basis und andere, ersetzt [4.39.]. Auch Thiadiazole scheinen als CR-Beschleuniger geeignet zu sein [4.184.]. Ein neu entwickeltes Thioketon-Derivat sowie

3-Methyl-thiazolidin-thion-2 scheinen hinsichtlich des An- und Ausvulkanisationsverhältnisses und dem erzielbaren Vernetzungsgrad des ETU noch zu übertreffen (vgl. S. 291, [5.96., 5.96a.].

Um einen guten Kompromiss zwischen der An- und Ausvulkanisationszeit einerseits und dem Vulkanisationsgrad anderseits zu erzielen, bieten sich z. B. Kombinationen kleiner Mengen ETU oder eines anderen CR-Beschleunigers mit Thiuram/Guanidinbeschleunigern an. Für extrem rasche Vulkanisation (Selbstvulkanisation) kann DPTU mit Aldehydaminen zur Anwendung gelangen.

Typische *Vulkanisationsverzögerer* für CR-Mischungen gibt es nicht. MBTS oder Thiurame sind zwar in der Lage, die Vulkanisationsgeschwindigkeit von ETU-haltigen Mischungen zu verringern. Eine Verzögerung bewirkt aber vielfach einen geringeren Vulkanisationsgrad, der sich aber mit steigender Vulkanisationstemperatur dem von Vulkanisaten mit ETU angleicht.

**Alterungsschutzmittel.** Trotz einer vorzüglichen Oxydationsbeständigkeit des CR werden für bestimmte Verwendungsgebiete zur weiteren Verbesserung der Beständigkeit gegen Sauerstoff- und Ozon-Alterung Alterungsschutzmittel zugesetzt. Als solche kommen vor allem aromatische Amine wie IPPD, und Diphenylamin-Derivate wie ODPA oder SDPA sowie sterisch gehinderte Phenole, letztere für helle Mischungen, in Betracht. Bei evtl. Einsatz von MBI muß berücksichtigt werden, daß dieses Produkt beschleunigende Wirkung in CR-Mischungen aufweist. Deshalb wird es selten verwendet. Zur weiteren Verbesserung der Ozonbeständigkeit kommen für schwarze Mischungen insbesondere unsymetrisch substituierte p-Phenylendiamine und für helle bestimmte Enoläther bzw. Benzofuranderivate zum Einsatz.

**Füllstoffe.** In ungefüllten CR-Vulkanisaten oder bei alleiniger Anwendung von inaktiven Füllstoffen liegen die erreichbaren Werte für Zugfestigkeit und Widerstand gegen Weiterreißen höher als bei entsprechend aufgebauten Vulkanisaten auf Basis SBR oder NBR. Sie erreichen jedoch nicht das Niveau entsprechender NR-Vulkanisate. Durch Verwendung von aktiven und halbaktiven Rußen oder hellen Verstärkerfüllstoffen können jedoch analoge Festigkeitseigenschaften wie von NR-Vulkanisaten erreicht werden. Besonders hervorzuheben ist der hohe Weiterreißwiderstand, den man mit aktiven Kieselsäuren in CR erreichen kann, ein Effekt, den andere Kautschuktypen nicht in demselben Maße liefern.

**Weichmacher.** Zur Verbilligung des Mischungspreises und zur Verbesserung der Verarbeitbarkeit werden in CR in der Hauptsache Weichmacher auf *Mineralöl*-Basis verwendet. Wegen der leichten Einarbeitbarkeit und der guten Allgemeineigenschaften setzt man in erster Linie naphthenische Verarbeitungsöle mit relativ niedriger Molekularmasse (sogenannte „light process oils“) ein. Sie besitzen jedoch eine verhältnismäßig hohe Flüchtigkeit bei der Heißluftalterung, neigen in hohen Dosierungen zum Ausschwitzen und haben einen relativ hohen Preis. Dagegen können die meist billigeren aromatischen Mineralöle selbst in hohen Dosierungen zum Einsatz kommen. Sie ergeben jedoch bei niedrigen Dosierungen ein etwas ungünstigeres Bild der Allgemeineigenschaften, verringern bei höheren Dosierungen die Tieftemperaturflexibilität und verfärben in hellen Mischungen. Andererseits verringern sie die Kristallisationstendenz der Mischungen und Vulkanisate und ermöglichen damit in manchen Fällen den Einsatz eines im Preis günstigeren CR-Typs mit etwas stärkerer Kristallisationsneigung. Paraffinische Mineralöle sind in Abhängigkeit von der mittleren Molekularmasse nur in geringen Dosierungen verträglich und im allgemeinen lediglich als Verarbeitungshilfsmittel, z. B. zum Erniedrigen der Klebeneigung von Mischungen auf Walzen, brauchbar. Für Spezialanwendungen von CR müssen die Mineralöle durch *synthetische Weichmacher* ersetzt werden. Diese sind besonders dann erforderlich, wenn es gilt, das Brandschutzverhalten, die Tieftemperaturflexibilität und Stoßelastizität zu verbessern. Eine besondere Bedeutung kommt den nichtentflammbaren Phosphorsäureestern als Ersatz für brennbare Mineralöle zu. Eine weitere Erhöhung des Brandschutzverhaltens kann man mit chlorierten Kohlenwasserstoffen als Weichmacher in CR vor allem in Gegenwart von Al-oxyhydrat erreichen. Zur Verbesserung der Stoßelastizität und Tieftemperaturflexibilität lassen sich insbesondere analoge Ester- und Ätherweichmacher, wie sie für NBR benötigt werden, einsetzen (s. S. 121 f).

Verschiedene *Harze,* wie Xylolformaldehydharz, Koresin, Kolophonium und Cumaronharz-Typen, können – falls erforderlich – zur Verbesserung der Füllstoffverteilung oder Erhöhung der Konfektionsklebrigkeit eingesetzt werden.

**Faktis.** Aufgrund der verhältnismäßig guten Festigkeitseigenschaften ungefüllter oder schwach gefüllter Vulkanisate lassen sich durch Zusatz von Faktis und Weichmachern sehr weiche Vulkanisate mit ausreichenden mechanischen Eigenschaften herstellen, wie sie z. B. für Druckwalzenbezüge, Dichtungen und Schläuche manchmal benötigt werden. Weiterhin haben Zumischungen von geringen Mengen Faktis bei CR wie auch bei anderen Kautschuktypen die Eigenschaft, die Verarbeitbarkeit (Spritzbarkeit, Kalandrierbarkeit, Standfestigkeit und Maßhaltigkeit) zu verbessern bzw. die Verträglichkeit mit Mineralölen zu erhöhen. Besonders bewährt haben sich die für CR entwickelten Spezialfaktisse bzw. Typen mit relativ hoher Quellbeständigkeit.

**Verarbeitungshilfen.** Für CR-Mischungen werden analog wie für solche aus SBR und NR Verarbeitungshilfsmittel wie z. B. Stearinsäure, Zn-Seifen und Fettalkohol-Rückstände, zur Verminderung des Klebens an den Walzen und zur Verbesserung der Füllstoffverteilung eingesetzt. Wegen des Einflusses von Zn auf die CR-Vulkanisation muß die Dosierung von Zn-Seifen aber begrenzt bleiben, weshalb Fettalkohol-Rückständen entsprechende Bedeutung zukommt.

4.3.4.5. Verarbeitung von CR [4.11.]

Die Herstellung und Verarbeitung von CR-Mischungen erfolgt auf den in der Gummiindustrie üblichen Maschinen (s. S. 413 ff) nach den dort eingeführten Verfahren. Wegen der relativ starken Anvulkanisationsneigung von CR-Mischungen muß hierbei die thermische Belastung möglichst gering gehalten werden.

4.3.4.6. Eigenschaften von CR-Vulkanisaten [4. 11., 4.179.]

**Mechanische Eigenschaften.** In ungefüllten oder mit inaktiven Füllstoffen gefüllten Vulkanisaten gibt CR aufgrund seiner durch Dehnungskristallisation bedingten Selbstverfestigung bessere *Festigkeitseigenschaften* als die meisten anderen SR-Typen. Den größten Einfluß auf die Festigkeitseigenschaften übt natürlich die Aktivität der eingesetzten Füllstoffe analog wie bei anderen SR-Typen aus. Mit hoch aktiven Rußen und Kieselsäuren erhält man Zugfestigkeitswerte, die nur wenig unter denjenigen vergleichbarer NR-Vulkanisate liegen. Auch der *Einreiß- und Weiterreißwiderstand* von CR-Vulkanisaten ist bei Verwendung von niedrigstrukturierten Rußen sowie besonders von aktiven Kieselsäuren hervorragend. CR-Vulkanisate zeigen vor allem in Gegenwart halbaktiver Ruße sowie Ester- und Ätherweichmachern hohe *Elastizität.* Zur Erzielung guter Wärme-*Druckverformungsreste* werden Mercaptan-Typen mit mittelaktiven Rußen, möglichst wenig Weichmachern, aber hohem Vernetzungsgrad verwendet. Beim Kälte-Druckverformungsrest können sich Kristallisationsvorgänge überlagern. Deshalb sind zur Erzielung guter Druckverformungsreste in der Kälte die gleichen Maßnahmen anzuwenden, die die Einfriertemperaturen und die Kristallisationsneigung herabsetzen.

**Wärme- und Alterungsbeständigkeit.** Zur Erzielung guter Wärmebeständigkeit sollte den Mercaptan-Typen vor den Thiuram-Typen der Vorzug gegeben und schwefelfrei vulkanisiert werden. Mit hellen Füllstoffen, insbesondere Talkum, sowie Alterungsschutzmitteln auf Diphenylaminbasis, z. B. ODPA bzw. SDPA erhält man optimale *Wärmebeständigkeit.* Diese liegt etwa in der gleichen Größenordnung wie die von NBR-Vulkanisaten mit EV-Systemen. Neben hervorragender *Oxidationsbeständigkeit* weisen CR-Vulkanisate bereits im ungeschützten Zustand eine wesentlich bessere *Wetter- und Ozonbeständigkeit* auf als andere Dienkautschuke. Von den Füllstoffen haben Ruße einen positiven und von den Weichmachern aromatische Mineralöle und ungesättigte Fettsäureester einen negativen Einfluß auf die Ozonbeständigkeit. Da die Ozonbeständigkeit mit abnehmendem Spannungswert stark ansteigt, wirken alle Maßnahmen, die ihn herabsetzen, positiv auf diese Eigenschaft: jedoch ist dieser Weg nur in den seltensten Fällen gangbar. Durch entsprechende Schutzmittel wird ein hohes und für viele technische Anwendungen ausreichendes Maß an Ozonbeständigkeit erreicht.

Unter starker Einwirkung von Licht neigen helle Polychloropren-Vulkanisate je nach Mischungsaufbau nach gewisser Zeit zur *Verfärbung.*

**Brandschutzverhalten.** CR besitzt infolge seines Chlor-Gehaltes ein günstiges Brandschutzverhalten und ist damit den meisten anderen Kautschuktypen überlegen. Zwar werden CR-Vulkanisate unter der Einwirkung hoher Temperaturen, z. B. in offener Flamme, wie alle organischen Stoffe unter Bildung brennbarer Produkte zersetzt; entfernt man jedoch die Flamme, so beobachtet man nach kurzer Zeit ein Selbstverlöschen der Verbrennung. Voraussetzung dafür ist natürlich, daß das Vulkanisat nicht größere Mengen entflammbarer Mischungsbestandteile wie Mineralöle enthält. Besonders brandgeschützte Vulkanisate werden unter Verwendung nichtbrennbarer Weichmacher vom Typ der Phosphorsäureester aufgebaut. Optimale Flammbeständigkeit erhält man durch chlorierte Kohlenwasserstoffe in Kombination mit Antimontrioxid bzw. Aloxyhydrat.

**Tieftemperaturverhalten.** Die Versteifung von CR-Vulkanisaten beim Abkühlen wird vielfach von Kristallisationsvorgängen überlagert. Die Einfriertemperatur von CR-Vulkanisaten ist vom CR-Typ und dessen Kristallisationsneigung unabhängig. Auch Füllstoffe haben kaum einen Einfluß. Entscheidend auf die dynamische Einfriertemperatur wirken die Weichmacher. Während aromatische Mineralöle eine deutliche Verschlechterung bringen, verbessern die Ester- und Ätherweichmacher die dynamische Einfriertemperatur mehr oder weniger stark.

**Kristallisationsneigung.** Die bereits erwähnte Kristallisationsneigung bei CR ist in der *Gummiindustrie* meist unerwünscht. So kann eine stärkere Kristallisation bei der Fertigung bestimmter technischer Artikel stören, da sie einen Rückgang der Konfektionsklebrigkeit mitsichbringt. Auch beim Kaltfüttern von Spritzmaschinen, wie es moderne Fertigungsmethoden oftmals erfordern, kann sich eine Verhärtung der Mischung durch zu starke Kristallisation ungünstig auswirken. Die durch Kristallisation bedingte reversible Verhärtung ist im Kautschuk am stärksten ausgeprägt und ist in CR-Mischungen bereits deutlich abgeschwächt. Im Fertigerzeugnis ist sie am geringsten ausgeprägt. Dennoch werden CR-Artikel, wenn sie längere Zeit bei tiefen Temperaturen eingesetzt werden, reversibel verhärtet. Die Kristallisationsneigung wird naturgemäß am stärksten vom CR-Typ beeinflußt. Füllstoffe haben kaum einen Einfluß auf dieses Phänomen. Besonderen Einfluß auf eine Verminderung der Kristallisationsneigung haben ein hoher Vulkanisationsgrad sowie hochmolekulare aromatische Öle und einige Ester-und Ätherweichmacher.

Eine starke Kristallisationsneigung ist im Gegensatz zur Gummiwarenherstellung bei der Herstellung von *Klebstoffen* von erheblicher Bedeutung. In Lösungen ist die Kristallisationsneigung völlig aufgehoben. Nach dem Verdunsten des Lösungsmittels nimmt aber infolge der durch die Kristallisation bedingten raschen Verhärtung die Kohäsion des Filmes zwischen den Klebeflächen rasch zu, weshalb ein einfaches Andrücken der zu klebenden Objekte ausreicht, um eine gute Haftung zu erzielen. Man spricht von Kontaktklebstoffen.

**Quellbeständigkeit und chemische Beständigkeit.** Wie bereits erwähnt, sind CR-Vulkanisate aufgrund ihrer Polarität in einem für viele technische Zwecke ausreichenden Maße *ölbeständig.* Sie sind in dieser Hinsicht mit einem NBR mit 18% Acrylnitril bzw. MQ zu vergleichen.

Die Beständigkeit hängt natürlich stark vom Öl-Typ ab. Gegen paraffinische und naphthenische sowie hochmolekulare Öle sind CR-Vulkanisate resistent; dagegen quellen sie in aromatischen Ölen mit niedriger Molekularmasse wesentlich stärker. Gegenüber Kraftstoffen sind CR-Vulkanisate nicht beständig. Mit zunehmendem Füllungs- und hohem Vulkanisationsgrad läßt sich die Quellbeständigkeit verbessern. Als Weichmacher sollten bevorzugt wenig extrahierbare Produkte, wie z. B. Polyadipate, eingesetzt werden.

Wegen des starken Einsatzes von CR im Kabelsektor kommt auch der *Wasserquellung* eine erhebliche Bedeutung zu. Ungefüllte CR-Vulkanisate zeigen wie alle Emulsionspolymerisate eine relativ hohe Wasseraufnahme; sie sind jedoch in dieser Hinsicht solchen auf Basis NBR und SBR unterlegen. Zur Verbesserung der Wasserquellung werden anstelle von MgO und ZnO z. B. 10 – 20 phr $PbO_2$ oder $Pb_3O_4$ eingesetzt. Bei der Auswahl der Füllstoffe muß auf die Möglichkeit eines hohen Füllungsgrades und deren Elektrolytarmut Wert gelegt werden (z. B. Ruß N 990, gebranntes Kaolin, Microtalkum usw.). Die Verwendbarkeit von Weichmachern richtet sich nach deren Unverseifbarkeit. So sind z. B. alle verträglichen Mineralölweichmacher, Chlorparaffine, Äther- und unverseifbare Esterweichmacher geeignet. Schließlich ist auch ein hoher Vernetzungsgrad für eine niedrige Wasserquellung wichtig.

CR-Vulkanisate weisen im allgemeinen eine recht gute *Chemikalienresistenz* auf. Ester, Ketone, Aldehyde, chlorierte und aromatische Kohlenwasserstoffe wirken im Gegensatz zu Aliphaten stark quellend und erweichend. Gegen Alkalien, auch in konzentrierter Form, sowie gegen verdünnte Säuren, wässrige Salzlösungen sowie reduzierende Agentien sind CR-Vulkanisate beständig. Oxydierende Stoffe und konzentrierte Mineralsäuren bewirken dagegen eine Verhärtung der Oberfläche bzw. völlige Zersetzung. Zur Verbesserung der Chemikalienbeständigkeit sollten hochgefüllte Mischungen mit hohem Anteil an mineralischen Füllstoffen angestrebt werden.

**Permeation.** CR ist hinsichtlich der Gasdurchlässigkeit dem NR und SBR deutlich überlegen, ohne die geringen Permeationswerte von CO, ECO, IIR und NBR zu erreichen.

**Elektrische Leitfähigkeit.** CR ist aufgrund seiner Polarität elektrisch leitfähiger als unpolare Kautschuke wie NR und SBR; die elektrische Leitfähigkeit ist jedoch geringer als die von NBR. Um technologisch befriedigende Isolationsmischungen auf CR-Basis aufzubauen, kommt der Auswahl von Füllstoffen, Weichmachern und Harzen eine ganz besondere Bedeutung zu. Die Alterungsschutzmittel haben in üblicher Dosierung praktisch keinen Einfluß. Bei den Füllstofftypen verbessern insbesondere spezielle Talkum-Sorten, Hartkoalin und gebrannter Kaolin den Isolationswiderstand. Sie sind auch gerade wegen ihres günstigen Einflusses auf die Wasserlagerung angebracht. Weiterhin wirkt ein Zusatz von Harzen (z. B. Phenol-Formaldehyd-Harz) günstig auf den spezifischen Durchgangswiderstand. Bei Zusatz von Rußen kann man durch die Auswahl des Ruß-Typs bei gleicher Dosierung leitfähige bis antistatische Vulkanisate aufbauen. Die Aktivität des Rußes hat einen markanten Einfluß, wobei in einer gleichen Typengruppe mit steigender Aktivität die Leitfähigkeit zunimmt. Bei der Auswahl der Weichmacher sind hochviskose Mineralöle vorzuziehen. Ester-Weichmacher senken deutlich das Niveau des Durchgangswiderstandes. Bei der Auswahl des Vulkanisationssystems ist zu beachten, daß ein möglichst hoher Vernetzungsgrad die Isoliereigenschaften verbessert. Daher empfiehlt sich eine Vulkanisation mit ETU. Da Feuchtigkeit sehr stark die elektrischen Eigenschaften beeinflußt, sollte eine gute Isolationsmischung eine sehr geringe Wasseraufnahme und -durchlässigkeit aufweisen. Wenn auch NR und SBR-Vulkanisate bessere Dielektrika darstellen, so sind optimal aufgebaute CR-Vulkanisate durchaus zur Isolation für Niederspannungsleitungen bis zu einer Nennspannung von 1 kV geeignet.

#### 4.3.4.7. Einsatzgebiete von CR [4.11.]

Die CR-Typen mit geringer und mittlerer Kristallisationsneigung werden für viele technische Gummiwaren, die schwer entflammbar, öl- und fettbeständig, wetter- und ozonbeständig sein sollen, eingesetzt, wie z. B. Form- und Spritzartikel, Dichtungen, Schläuche, Profile, Walzen, Fördergurte, Keilriemen, Auflager, Auskleidungen, Gewebegummierungen, Schuhwerk und für viele Anwendungen in der Bauindustrie, z. B. Fenster- und Bauprofile, Dacheindeckungen, ferner für Kabelummantelungen. Für Kabelummantelungen werden vielfach mittelstark kristallisierende Typen bevorzugt. Bei manchen Einsatzgebieten im Automobilbau ist die Verwendung von CR aus den gleichen Gründen wie bei NBR rückläufig. Im Profilsektor hat ein starker Verdrängungswettbewerb zugunsten EPDM stattgefunden. Auch SBR/ETER-Verschnitte scheinen in der Lage zu sein bei günstigerem Preis CR zu ersetzen.

Produkte mit einer starken Kristallisationsneigung werden bevorzugt für die Herstellung von Kontaktklebstoffen verwendet.

#### 4.3.4.8. Konkurrenzmaterialien und einige Handelsprodukte von CR

**Konkurrenzmaterialien.** Als Konkurrenzmaterialien zu CR sind z. B. folgende SR-Typen zu betrachten: CM, CO, CSM, EAM, ECO, EPDM, ETER, NBR, EPDM/NBR- und ETER/SBR-Vulkanisate.

**Handelsprodukte.** Die nachfolgende Übersicht über CR-Handelsprodukte, von denen jeweils eine Vielzahl von Einzeltypen existieren, erhebt keinen Anspruch auf Vollständigkeit.

Baypren, Bayer. – Butaclor, Rhône-Poulenc. – Denka Chloroprene, Denki Kagaku Kogyo. – Nairit, UdSSR. – Neoprene, Du Pont. – Petro-Tex Neoprene, Petro- Tex Chemical Co. – Skyprene, Toyo Soda MFG Comp.

### 4.3.5. Polyisopren, Isoprenkautschuk, synthetisch (IR)

[4.185.–4.191.]

#### 4.3.5.1. Allgemeines über IR

Schon in der Frühzeit der SR-Entwicklung versuchte man das synthetische Analogon des NR, ausgehend von Isopren, zu synthetisieren (F. Hofmann, 1909 [4.192.]). Mit den damaligen Polymerisationsmethoden (Wärmepolymerisation in Masse) gelang dies nur sehr unvollkommen. Erst 1954 gelang Goodrich mit Hilfe von Ziegler-Natta-Katalysatoren aus $TiCl_4$ und Al-trialkyl [4.193.] die Herstellung von cis-1,4-Polyisopren (IR), dem sogenannten „Synthetischen Naturkautschuk". Bald danach fand auch Firestone durch Verwendung von fein verteiltem Li [4.194.] und von Li-alkyl [4.195.] als Initiatoren Wege zur Herstellung von IR, Katalysatoren, die 1917 bereits von C. D. Harries vorgeschlagen worden waren [4.196.]. Großtechnisch wurde zuerst das Li-IR von Shell 1960 hergestellt. Ein Ti-IR kam erst 1962 von Goodyear auf den Markt.

Die IR-Produktionskapazitäten beliefen sich 1976 (ohne Staatshandelsländer) auf 380 000 Tonnen.

Aufgrund der chemischen und strukturellen Ähnlichkeit mit NR ist IR als Allzweckkautschuk mit analogen Einsatzgebieten wie NR anzusehen.

Durch Modifikation der Koordinationskatalysatoren z. B. auf Vanadin-Basis läßt sich auch trans-1,4-Polyisopren herstellen [4.197.], das seinerseits den Naturprodukten Guttapercha und Balata nahesteht. Da deren Bedeutung durch die Entwicklung von Plastomeren stark zurückgegangen ist, spielt auch ein synthetisches Gegenprodukt eine untergeordnete Rolle.

IR weist hohe sterische Einheitlichkeit auf; es besteht zu über 92% aus cis-1,4-Polyisopren.

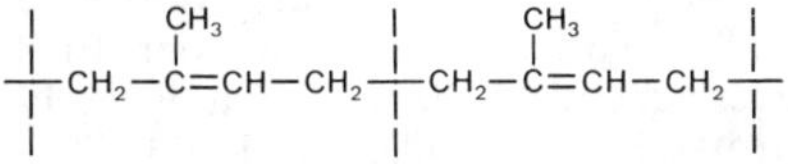

1,4-Isopren- Einheit

4.3.5.2. Herstellung von IR

4.3.5.2.1. Monomerherstellung [4.13.]

Bei den ersten Bemühungen um die IR-Synthese stand das Problem einer wirtschaftlichen großtechnischen Isopren-Herstellungsmethode im Vordergrund; diese war aber lange Zeit unzugänglich. Mit der Entdeckung der stereospezifischen Isopren-Polymerisation wurde zwangsläufig die Suche nach wirtschaftlichen Herstellungsverfahren intensiviert, wobei z. B. folgende Herstellungsprinzipien untersucht wurden: Dimerisierung von Propylen und Demethanisierung, Dehydrierung von Isopentan oder Isopenten; Spaltung von Dimethyldioxan; Reaktion von Aceton und Acetylen und Dehydratisierung. Die größte Bedeutung dürfte z. Z. die destillative Extraktion von Isopren aus den bei der thermischen Krackung von Naphtha anfallenden $C_5$-Schnitten z. B. mit n-Methylpyrrolidon (BASF-Verfahren) haben. Wegen der Vergiftungsgefahr des Ti-Koordinationskatalysators durch bereits sehr geringe Mengen Cyclopentadien und Acethylen-Derivate muß das hierfür zum Einsatz kommende Isopren hoch gereinigt werden.

4.3.5.2.2. Polymerherstellung von IR [4.16.]

Die Polymerisation von Isopren erfolgt in niedrig siedenden aliphatischen Kohlenwasserstoffen (Pentan oder Hexan).

**Ti-IR.** Als Katalysator kommt $TiCl_4$ und $Al(alkyl)_3$ in einem Molverhältnis 1 : 1 in Betracht. Durch geeignete Auswahl der aluminiumorganischen Katalysatorkomponente [4.198.] und durch

Modifizierung mit aliphatischen [4.199.–4.201.] oder aromatischen Äthern [4.202.] kann eine hohe Katalysatoraktivität herbeigeführt werden. Dadurch können die Katalysatormengen niedrig gehalten, die Bildung qualitätsmindernder Anteile mit geringer Molekularmasse unterdrückt und die Umsätze ohne Abfall der Produktionseigenschaften gesteigert werden. Die Verfahrensweise der Desaktivierung der Katalysatoren hat wesentlichen Einfluß auf die Qualität des resultierenden Ti-IR, da im Polymerisat verbleibende Katalysatorumwandlungsprodukte während der Aufarbeitung und Trocknung bereits eine Erniedrigung der Molekularmasse und eine Verminderung der Polymerstabilität bewirken kann. Vorgeschlagene Desaktivatoren sind z. B. Na-methoxyd [4.203.], und bestimmte Amine [4.204.]. Nach Zusatz von Stabilisatoren wie z. B. BHT wird das IR wie üblich aufgearbeitet.

**Li-IR.** Als Initiator wird z. B. Li-nButyl verwendet [4.195.]. Der Verfahrensverlauf entspricht weitgehend der Li-BR-Herstellung. Um eine für ausreichende Vulkanisationseigenschaften genügend hohe Molekularmasse von mindestens 1 000 000 zu erhalten, ist die Trocknung von Isopren und Lösungsmittel auf einen sehr niedrigen, aber konstanten Wassergehalt erforderlich.

### 4.3.5.3. Struktur von IR und dessen Einfluß auf die Eigenschaften [4.16.]

**Ti-IR.** Aufgrund der hohen *Molekularmassen* (1 000 000 bis 1 500 000) liegen die Mooney-Viskositäten ML 1 + 4 bei 100° C bei ca. 80–100. Die Viskositäten sind vom Mikrogelgehalt, der zwischen 15 und 25% schwankt, abhängig. Die *Molekularmassenverteilung* ist verhältnismäßig breit. Aufgrund dieser Tatsache und seiner Mastizierbarkeit ist Ti-IR gut verarbeitbar und kommt der des NR sehr nahe. Ti-IR ist dem NR auch hinsichtlich seiner molekularen Mikrostruktur sehr ähnlich. Im Gegensatz zu NR, der praktisch ausschließlich aus cis-1,4-Strukturen besteht (> 99%, Bestimmungsgenauigkeit), enthält Ti-IR ca. 98% cis-1,4- und ca. 2% 3,4-Strukturen, die die reine Linearität unterbrechen. Diese, wenn auch nur geringe Anzahl von Fehlstrukturen, bewirken Unterschiede im technologischen Verhalten zu NR. Die Kristallisationsgeschwindigkeit von Ti-IR, z. B. als Halbwertszeit bei -25° C gemessen, ist mit 5 Stunden deutlich langsamer als von NR mit 2 Stunden. Auch die durch Dehnungskristallisation bedingte Selbstverstärkung ist bei Ti-IR weniger stark ausgeprägt, was sich z. B. in einem geringeren Festigkeitsverhalten unvulkanisierter Mischungen (Green strengh) sowie ungefüllter Vulkanisate im Vergleich zu solchen aus NR auswirkt.

**Li-IR.** Die Molekularmassen von Li-IR sind mit ca. 1 500 000–2 500 000 wesentlich höher als diejenigen von Ti-IR, die Molekularmassenverteilung ist dagegen eng, weshalb sich Li-IR schwieriger verarbeiten läßt. Auch hinsichtlich der molekularen *Mikrostruktur* unterscheidet sich Li-IR wesentlich stärker von NR als Ti-IR, was sich mittels der Infrarotspektroskopie und NMR-Methoden nachweisen läßt. Der cis-1,4-Gehalt beträgt nur ca. 90–92%, der trans-1,4-Gehalt ca. 2–3% und der 3,4-Gehalt ca. 6–7% [4.205.–4.206.]. Infolge der wesentlich stärkeren Fehlstellenanzahl kristallisiert Li-IR kaum noch, was sich auch bei der Verarbeitung in einer wesentlich geringeren Green Strengh bzw. in deutlich verminderten Festigkeitseigenschaften ungefüllter Vulkanisate im Vergleich zu NR auswirkt. Li-IR ist in dieser Hinsicht eher mit BR oder SBR zu vergleichen und ist dem Ti-IR deutlich unterlegen.

#### 4.3.5.4. Mischungsaufbau von IR

**Ti-IR.** Hinsichtlich des Mischungsaufbaues ist Ti-IR weitgehend mit NR zu vergleichen (s. S. 63ff). Da Ti-IR jedoch eine etwas geringere Selbstverstärkung als NR aufweist, spielt die Füllstoffaktivierung eine stärkere Rolle. Aufgrund der Tatsache, daß Ti-IR keine in NR vorkommenden nativen Begleitstoffe enthält, muß sich das Schwefel/Beschleuniger-Verhältnis dem bei SBR erforderlichen annähern. Auch sind zur Erzielung vergleichbarer Konfektionsklebrigkeit bei Ti-IR-Mischungen etwas höhere Harzmengen erforderlich als bei NR. Im Vergleich zu NR ist jedoch Ti-IR mit Antioxydantien stabilisiert, was sich in einer besseren Wärmebeständigkeit bei reinem Polymervulkanisat-Vergleich zeigt. In Alterungsschutzmittel-haltigen Vulkanisaten wird dieser Unterschied dagegen nivelliert.

**Li-IR.** Der Mischungsaufbau bei Li-IR entspricht weitgehend dem bei SBR üblichen (s. S. 108ff).

#### 4.3.5.5. Verarbeitung von IR

Die Mischungsherstellung und Weiterverarbeitung entspricht weitgehend der von NR (s. S. 67ff) mit der Einschränkung, daß Ti-IR etwas und Li-IR deutlich schlechter zu verarbeiten sind.

#### 4.3.5.6. Eigenschaften von IR-Vulkanisaten

**Ti-IR.** Die Vulkanisateigenschaften vom Ti-IR kommen denen von NR sehr nahe (s. S. 70ff). Ti-IR erreicht in den meisten Eigenschaften die Werte des NR. Etwas ungünstiger sind lediglich, bedingt durch die etwas geringere Kristallisationsneigung, die Zugfestigkeit im ungefüllten Zustand und der Weiterreißwiderstand.

**Li-IR.** Dieses Polymere verhält sich hinsichtlich seiner Vulkanisationseigenschaften ähnlich wie BR und SBR (s. S. 101 u. 111ff).

## 4.3.5.7. Einsatzgebiete von IR

Im allgemeinen kommen für IR, insbesondere für Ti-IR, die gleichen Einsatzgebiete in Betracht wir für NR. Li-IR kann NR nur partiell ersetzen. Letzterer wird bevorzugt zur Verbesserung des Verarbeitungsverhaltens anderer Kautschuke, z. B. BR, SBR, im Verschnitt mit diesen eingesetzt.

## 4.3.5.8. Konkurrenzmaterialien und einige Handelsprodukte von IR

**Konkurrenzmaterialien.** Als Konkurrenzmaterialien zu IR kommen vor allem NR, SBR und BR in Betracht.

**Handelsprodukte.** Als Handelsprodukte sind zu nennen (die Aufstellung erhebt keinen Anspruch auf Vollständigkeit):

**Ti-IR:** Ameripol SN, Goodrich (Produktion z. Z. eingefroren) – Europrene IP 80, Anic – Natsyn, Goodyear – Natsyn, Comp. des Polyisoprène Synthetic.

**Li-IR:** Cariflex IR, Shell.

## 4.3.6. Isopren – Isobutylen – Copolymere, Butylkautschuk (IIR) [4.207.–4.220.]

### 4.3.6.1. Allgemeines über IIR [4.211.–4.219.]

IIR gehört zu den ältesten Spezialkautschuk-Typen, der zeitweilig besondere Bedeutung besaß, durch EPDM aber stark an Bedeutung verloren hat. Er wurde 1937 von Standard Oil, basierend auf dem BASF-Prozeß von 1931 zur Herstellung von Polyisobutylen, entwickelt und ab 1943 großtechnisch hergestellt. [4.216., 4.221.]

IIR besteht zu 97–99,5 Mol-% aus Isobutylen und 0,5–3 Mol-% aus Isopren, wodurch eine entsprechende Anzahl von Doppelbindungen, die für eine Schwefelvernetzung maßgeblich sind, entstehen.

$$-CH_2-\underset{\underset{CH_3}{|}}{\overset{\overset{CH_3}{|}}{C}}-CH_2-\underset{\underset{}{}}{\overset{\overset{CH_3}{|}}{C}}=CH-CH_2-$$

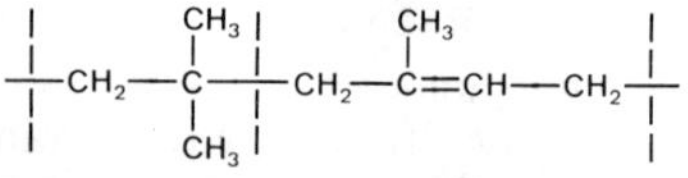

Isobutylen-          Isopren-                    Einheit

Seit geraumer Zeit wird auch chlorierter bzw. bromierter Butylkautschuk (CIIR bzw. BIIR) hergestellt (s. S. 147ff).

### 4.3.6.2. Herstellung von IIR [4.16., 4.211., 4.219.]

**Monomerherstellung.** *Isopren* wird nach den auf S. 139 beschriebenen Verfahren gewonnen. Auch *Isobutylen* wird in erster Linie aus den $C_5$-Schnitten der petrochemischen aus Naphtha stammenden Krackgase durch Extraktiv-Destillation gewonnen.

**Polymerherstellung.** Die Herstellung von IIR erfordert einen großen Aufwand. Sie erfolgt durch kationische Copolymerisation von Isobutylen und Isopren in Methylenchlorid als Lösungsmittel und Al $Cl_3$ als Katalysator bei ca. -100° C, wobei kleine Mengen an Feuchtigkeit oder z. B. HCl als Cokatalysator wirken. Die niedrige Temperatur ist erforderlich, um genügend hohe Molekularmassen zu erhalten. Während der sehr rasch verlaufenden Polymerisation fallen die Copolymerisatanteile mit entsprechend hoher Molekularmasse in Form kleiner Partikel aus (Fällungspolymerisation), die in einem nachgeschalteten Verdampfungskessel von Monomeren und vom Lösungsmittel befreit und anschließend getrocknet werden. Für einen reproduzierbaren Ablauf dieser kationischen Polymerisation ist eine hohe und konstante Reinheit der Monomeren Vorbedingung [4.49.].

Neuerdings ist vorgeschlagen worden, anstelle von Al $Cl_3$ Al $(alkyl)_2$ Cl als Katalysator zu verwenden, durch den eine echte Lösungspolymerisation z. B. in Hexan bei weniger tiefen Reaktionstemperaturen (– 40 bis – 50° C) möglich ist und zu ausreichend hohen Molekularmassen führt [4.222., 4.223.].

### 4.3.6.3. Struktur von IIR und dessen Einfluß auf die Eigenschaften [4.16.]

**Makrostruktur.** Die mittleren *Molekularmassen* von IIR liegen im Bereich von ca. 300 000–500 000, was Mooney-Viskositäten ML 1 + 4 bei 100° C von ca. 40–70 entspricht. Die Höhe der Mooney-Viskosität beeinflußt bevorzugt das Verarbeitungsverhalten sowie das Füllstoff-Weichmacher-Aufnahmevermögen. Die *Molekularmassenverteilung* ist verhältnismäßig breit. Hierdurch sowie aufgrund des thermoplastischen Einflusses der überwiegenden Polyisobutylen-Komponente ist IIR verhältnismäßig gut verarbeitbar.

**Mikrostruktur.** Die Isobutyleneinheiten in IIR sind bevorzugt in Kopf-Schwanz-Verknüpfungen und die Isopren-Einheiten in trans-1,4-Konfiguration eingebaut.

**Ungesättigtheit.** Die im wesentlichen gesättigte Struktur des IIR bestimmt dessen Haupteigenschaften wie Sauerstoff- und Ozonbeständigkeit, Gasundurchlässigkeit sowie chemische Beständigkeit. Die Doppelbindungen ermöglichen, wie bereits erwähnt, die Schwefelvulkanisierbarkeit. Bei sehr geringer Ungesättigtheit ist naturgemäß ein trägeres Vulkanisationsverhalten zu beobachten bei allerdings optimierten Eigenschaften, die auf gesättigten Strukturen basieren. Mit zunehmender Ungesättigtheit nimmt die Vulkanisationsgeschwindigkeit zu, wohingegen die anderen genannten Eigenschaften etwas ungünstiger werden. Deshalb werden bei Anwendung der Schwefelvulkanisation vielfach als Kompromiß Produkte mit einer mittleren Ungesättigtheit bevorzugt.

**Stabilisator.** IIR kommt sowohl verfärbend als auch nicht verfärbend stabilisiert in den Handel.

4.3.6.4. Mischungsaufbau von IIR [4.211., 4.219., 4.224.]

**Verschnitte.** IIR läßt sich aufgrund seiner trägen Vulkanisation nur schwer mit anderen Dienkautschuken covulkanisieren. Gelegentlich werden CIIR und CSM (bis zu 25 Massen-%) mit verwendet. CIIR und BIIR haben als Verschnittkomponente mit anderen Dienkautschuken größere Bedeutung gewonnen.

**Vulkanisationssysteme.** Für die Vulkanisation von IIR kommen im wesentlichen drei verschiedene Systeme in Betracht [4.6., 4.211., 4.214., 4.215.].

Für die *Schwefelvulkanisation*, die, wie bereits erwähnt, bevorzugt für IIR-Typen mit höheren Ungesättigtheitsgraden zum Einsatz kommt, sind besonders aktive Beschleuniger erforderlich. Als solche liefern z. B. Thiurame oder Dithiocarbamate auch in Kombination mit Thiazolen ausreichend hohe Vernetzungsgrade. Häufig benutzte Systeme bestehen z. B. aus Kombinationen von TMTD und MBT. Auch der Einsatz von Schwefelspendern anstelle von Schwefel ist interessant. Neben Schwefel und Beschleunigern werden auch übliche Mengen ZnO und Stearinsäure verwendet.

Durch Verwendung von *Chinondioxim* (CDO) als Vernetzungsmittel in Gegenwart von Oxydationsmitteln wie $PbO_2$ oder $Pb_3O_4$ und/oder MBTS erhält man besonders wärmebeständige Vulkanisate. Dieses Vernetzungsprinzip führt auch bei wenig ungesättigten IIR-Typen zu hohen Vernetzungsraden. Die Kombination CDO und Bleioxid ergibt sehr rasche Anvulkanisation, weshalb mitunter CDO durch die Dibenzoylverbindung, Dibenzo-CDO, ersetzt wird. Auch die Mitverwendung von MBTS gibt besser verarbeitbare Mischungen (s. S. 300 ff).

Schließlich hat die *Harzvernetzung* in IIR eine größere Bedeutung erlangt. Hierzu werden Phenol-Formaldehyd-Harze mit reaktiven Methylolgruppen sowie zusätzliche Aktivatoren, z. B. $SnCl_2$ oder $FeCl_3$, gegebenenfalls auch kleine Mengen chlorierter Polymerer, wie z. B. CR, eingesetzt. Bei Verwendung halogenierter Phenolharze kann gegebenenfalls auf die Verwendung der agressiven Aktivatoren verzichtet werden (s. S. 302) [4.215.].

Im Gegensatz zu den meisten anderen Kautschuken läßt sich IIR nicht ohne weiteres mit *Peroxiden* vernetzen. Peroxide haben auf IIR einen abbauenden Effekt [4.6.].

**Alterungsschutzmittel.** Wenn auch das Alterungsverhalten von IIR-Vulkanisaten vorzüglich ist, besteht doch bei besonderen Ansprüchen z. B. an die Wärme- und Ozonbeständigkeit die Notwendigkeit des Einsatzes hochwertiger Alterungsschutzmittel, z. B. aus der Klasse der aromatischen Amine.

**Füllstoffe.** Ungefüllte IIR-Vulkanisate haben bereits eine höhere Zugfestigkeit als z. B. solche aus SBR oder NBR. Zur Erzielung technisch ausreichender Vulkanisate werden jedoch auch für IIR-Vulkanisate Füllstoffe unterschiedlicher Art und Menge verwendet. Im wesentlichen gelten für IIR die gleichen Auswahlkriterien, wie in anderen Kautschuk-Typen.

**Weichmacher.** Als Weichmacher kommen in IIR-Mischungen insbesondere paraffinische und naphthenische *Mineralöle* in Betracht. Hocharomatische und ungesättigte Mineralöle bewirken in IIR-Vulkanisaten ungünstigere Alterungseigenschaften. Aufgrund der unpolaren Natur von IIR können hohe Anteile an Mineralölen und Paraffinen eingesetzt werden, die sich auf die Erzielung glatter Oberflächen positiv auswirken. Sie bewirken aber höhere bleibende Verformungen. Um das Kälteverhalten von IIR-Vulkanisaten zu verbessern, können auch schwer flüchtige höhere Ester eingesetzt werden.

Durch Zusätze von Cumaron-Inden-*Harzen* (bis zu 10 phr) wird eine beträchtliche Erhöhung der Vulkanisat-Härte erzielt. Die Zugfestigkeit bleibt dabei im wesentlichen erhalten. Richtige Harz-Dosierung verbessert außerdem die Oberflächenglätte und verleiht der Mischung einen größeren Nerv. Die wichtigste Eigenschaft dieser Harze besteht darin, die Verarbeitung bei höheren Temperaturen zu erleichtern, da die Harze oberhalb 100° C schmelzen und dann als Weichmacher und Gleitmittel wirken. Auch Styrol-Butadien-Harze gelten in erster Linie als Verarbeitungshilfsmittel für IIR. Sie erhöhen ebenfalls die Härte der Vulkanisate. Die Verträglichkeit der meisten Styrol-Butadien-Harze mit dem unpolaren IIR läßt jedoch zu wünschen übrig. Sie kann verbessert werden, indem man ca. 10 Massen-% des IIR durch das polare CIIR ersetzt. *Polyäthylen*-Zusätze (3–15 phr) bewirken eine Verbesserung der Spritzbarkeit sowie des Fließens beim Formpressen und erleichtern außerdem die Entformung der Vulkanisate.

**Verarbeitungshilfsmittel.** Für eine gute Verarbeitung, rasche und gleichmäßige Füllstoffaufnahme werden auch in IIR-Mischungen Stearinsäure, Zn-Seifen, Fettalkohol-Rückstände, Faktisse und andere Verarbeitungshilfsmittel eingesetzt.

#### 4.3.6.5. Verarbeitung von IIR [4.219.]

IIR wird analog wie andere Kautschuke auf üblichen – auf S. 413ff beschriebenen – Kautschuk-Misch- und Verarbeitungsmaschinen verarbeitet.

Als Besonderheit kann gelten, daß IIR zur Erzielung eines hohen Vernetzungsgrades im Innenmischer bei hohen Temperaturen von z. B. 150–175° C durch z. B. 5 Minuten langes Kneten mit Methyl-

N-4-Dinitrosoanilin bzw. Poly-p-dinitroso-benzol vorvernetzt werden kann.

### 4.3.6.6. Eigenschaften von IIR-Vulkanisaten [4.219., 4.224., 4.225.]

**Mechanische Eigenschaften.** Durch Einsatz aktiver Füllstoffe lassen sich hohe *Zugfestigkeiten,* die denen von SBR oder NBR entsprechen, erreichen.

Die *Stoßelastizitätswerte* bei Raumtemperatur sind extrem gering. Bei höheren Temperaturen nimmt jedoch die Stoßelastizität stark zu. Zur Erzielung angemessener Elastizitätswerte ist der Einsatz von paraffinischen Mineralölen, Dioctylsebacat u. ä. wichtig.

IIR-Vulkanisate sind normalerweise bis zu *Härten* von ca. 85 Shore A herstellbar, ohne daß Verarbeitungsschwierigkeiten mit den Mischungen auftreten. Für härtere Vulkanisate ist die Mitverwendung von Harzen oder auch von CSM (bis zu 25 Massen%) anzuraten.

Die *bleibende Verformung* von IIR-Vulkanisaten ist wie bei anderen Kautschuken im wesentlichen vom Vernetzungsgrad, von der Art und Menge der Füllstoffe und Weichmacher abhängig. Alle Maßnahmen, die den Vulkanisationsgrad und die Elastizität erhöhen, wie z. B. Vernetzung während des Heißmischens mit Nitrosoderivaten, Wahl der Weichmacher sowie der Einsatz wenig verstärkender Füllstoffe, ermöglichen die Einstellung verhältnismäßig niedriger bleibender Verformungen.

**Wärme- und Alterungsbeständigkeit.** Die *Wärmebeständigkeit* von IIR-Vulkanisaten, vor allem solche, die mit Phenol- oder Halogen-Phenolharzen vernetzt wurden, ist sehr hoch. Sie liegt erheblich höher als die von NBR-Vulkanisaten, ohne jedoch die Wärmebeständigkeit von z. B. ACM, CO oder EAM zu erreichen. Schwefelvulkanisate hingegen sind erheblich weniger wärmebeständig; sie sind in dieser Hinsicht mit EPDM zu vergleichen. Bei Ersatz des Schwefels durch Schwefelspender können IIR-Vulkanisate, wie auch in anderen Kautschuken, eine erhöhte Wärmebeständigkeit erhalten.

Aufgrund einer geringen Ungesättigtheit weisen IIR-Vulkanisate eine hervorragende *Wetter- und Ozonbeständigkeit* auf. Zur Optimierung sind IIR-Typen mit geringer Anzahl an Doppelbindungen, Ruße sowie Vulkanisationssysteme, die zu niedrigem Spannungswert führen, wichtig.

**Tieftemperaturbeständigkeit.** Trotz der geringen Stoßelastizität und weiteren Versteifung mit abnehmenden Temperaturen, ist die Versprödungstemperatur sehr niedrig (unter – 75° C).

**Permeation.** Vulkanisate aus IIR- weisen eine sehr niedrige Gasdurchlässigkeit auf, die noch niedriger ist als diejenige von Vulkanisaten aus NBR mit hohem Acrylnitrilgehalt. Sie erreicht jedoch nicht die extrem niedrigen Werte von CO-Vulkanisaten.

#### 4.3.6.7. Einsatzgebiete von IIR [4.211., 4.219., 4.224.]

Die wesentlichen Einsatzgebiete von IIR sind Kabelisolationen und -mäntel, Autoschläuche, Innenlagen schlauchloser Reifen, Heizbälge u. a. Autoreifen auf Basis von IIR haben sich nicht bewährt.

#### 4.3.6.8. Konkurrenzmaterialien und einige Handelsprodukte von IIR

**Konkurrenzmaterialien** zu IIR sind insbesondere BIIR, CIIR, CM, CSM, EAM, EPDM.

**Handelsprodukte.** Die wesentlichen Handelsprodukte (die Aufstellung erhebt keinen Anspruch auf Vollständigkeit) sind z. B.:

Enjay Butyl, Exxon – Esso Butyl, Esso – Polymer Butyl, Polysar, Kanada, Belgien – Soca-Butyl, Socabu-ISR – Butyl, Japan Butyl.

### 4.3.7. Halogenierte Copolymere aus Isopren und Isobutylen (CIIR bzw. BIIR) [4.226–4.232.]

#### 4.3.7.1. Allgemeines über CIIR bzw. BIIR

CIIR und BIIR leiten sich durch Halogenierung von IIR ab.

#### 4.3.7.2. Herstellung von CIIR bzw. BIIR [4.231., 4.232.]

Bei Zugabe von Chlor oder Brom zu IIR in inerten organischen Lösungsmitteln, z. B. Hexan, wird eine rasche elektrophile Substitutionsreaktion erreicht, wobei zunächst ein Halogenatom pro Isopren-Einheit, bevorzugt in Allylstellung, eingebaut wird. Der Einbau eines zweiten Halogenatoms verläuft wesentlich langsamer. Es handelt sich also um den Einbau kleiner Halogenmengen. Eine Halogen-Addition an die Doppelbindung wird kaum beobachtet. Bei Chlorieren entsteht CIIR, bei der Bromierung BIIR.

#### 4.3.7.3. Struktur und Eigenschaften von CIIR bzw. BIIR

Diese halogenierten IIR-Typen weisen im Vergleich zu IIR zwei Vorteile auf: Die Reaktionsfähigkeit der Doppelbindungen wird durch den Halogeneinfluß erhöht und die Möglichkeit von Vernetzungsreaktionen wird durch die Allylhalogenidstrukturen vergrößert. Dies ermöglicht auf der einen Seite eine Covulkanisation mit anderen Dienkautschuken und erhöht auf der anderen Seite die Vulkanisationsgeschwindigkeit, den Vernetzungsgrad und die Reversionsbeständigkeit.

### 4.3.7.4. Mischungsaufbau von CIIR bzw. BIIR [4.224., 4.227., 4.230.]

CIIR und BIIR können zwar mit den gleichen Vernetzungssystemen wie IIR vulkanisiert werden (s. S. 144). Zusätzlich kommt jedoch die Möglichkeit der Vernetzung mit ZnO [4.225.] oder Diaminen hinzu. Hierbei weist BIIR eine größere Vulkanisationsgeschwindigkeit und bei gleichen Vernetzungssystemen einen höheren Vulkanisationsgrad auf. Da der Vernetzungsgrad mit ZnO allein vielfach zu niedrig ist, wird es häufig gemeinsam mit Schwefel oder Schwefelspendern eingesetzt. Aber auch durch Zusatz von z. B. MBTS (das bei BIIR eine Scorchgefahr vermindert) oder TMTD, und vor allem durch OTOS, wird der Vernetzungsgrad erhöht. Bei Einsatz von Beschleunigern wird vielfach auch MgO zur Verbesserung der Scorchsicherheit zugesetzt. Für heißwasser- oder dampfbeständige Qualitäten wird anstelle ZnO $Pb_3O_4$ bevorzugt. CIIR und BIIR werden ansonsten weitgehend wie IIR-Mischungen aufgebaut und verarbeitet.

### 4.3.7.5. Verarbeitung von CIIR bzw. BIIR

Die Verarbeitung von CIIR und BIIR entspricht weitgehend der von IIR.

### 4.3.7.6. Eigenschaften von CIIR- bzw. BIIR-Vulkanisaten [4.224., 4.226.]

Die Vulkanisate besitzen weitgehend die gleichen Eigenschaften wie solche aus IIR, z. T. aber in noch ausgeprägterer Weise. So weisen BIIR-Vulkanisate z. B. eine niedrigere Gaspermeation, bessere Wetter- und Ozonbeständigkeit, höhere Hysteresis, bessere Chemikalienresistenz und bessere Wärmebeständigkeit auf als solche aus IIR. Sie lassen sich mit verringerten Chemikalienmengen rascher vulkanisieren und geben bessere Haftung zu anderen Polymeren. CIIR steht in seinem Eigenschaftsbild zwischen BIIR und IIR.

### 4.3.7.7. Einsatzgebiete von CIIR bzw. BIIR

Aufgrund dieser Eigenschaften und vor allem der Möglichkeit, diese Eigenschaften durch Verschneiden auf andere Dien-Elastomere zu übertragen, werden aus CIIR und vor allem aus BIIR folgende Artikel hergestellt: Innenlagen für schlauchlose Reifen mit verbesserter Covulkanisation und Haftung, Reifenschläuche z. B. für hochbeanspruchte Bus- und LKW-Reifen, Reifenseitenwände, Auskleidungen, Gurte, Schläuche, Dichtungen, Injection-Moulding-Artikel, Pharmazeutische Stopfen.

4.3.7.8. Konkurrenzmaterialien und Handelsprodukte von CIIR bzw. BIIR

Als Konkurrenzmaterialien sind insbesondere IIR zu nennen.

Handelsprodukte sind z. B. Chlorbutyl, Exxon – Polysar Brombutyl X 2, Polysar.

## 4.3.8. Äthylen – Propylen – Kautschuk (EPM bzw. EPDM) [4.233.–4.242.]

4.3.8.1. Allgemeines über EPM bzw. EPDM

Polyäthylen ist ein bei Raumtemperatur kristallisiertes Plastomer. Während der Erweichung durchläuft es eine „elastomere" Phase. Durch Störung der Kristallisationsneigung von Polyäthylen, d. h. durch Einbau kristallisationsstörender Elemente, kann der Schmelzbereich auf Temperaturen von z. T. erheblich unterhalb Raumtemperatur gesenkt werden.

Wenn solche amorphe Materialien vernetzbar sind, kann man sie als Kautschuk ansehen.

Bei der Copolymerisation von Äthylen und Propylen mit bestimmten Katalysatoren vom ZIEGLER-Natta-Typ erhält man derartige amorphe und kautschukartige Produkte (EPM), die sich, da sie keine Doppelbindungen enthalten, nur mit Peroxiden zu Elastomeren vernetzen lassen [4.243.].

Wenn bei der Herstellung solcher Äthylen-Propylen-Kautschuke als drittes Monomer ein Dien eingesetzt wird, dann enthalten die resultierenden Produkte Doppelbindungen (EPDM), über die sie zusätzlich schwefelvernetzbar werden.

Die Produktion von EPM bzw. EPDM begann großtechnisch 1963. 1976 betrug die weltweite Produktionskapazität (ohne Staatshandelsländer) ca. 390 000 Tonnen mit stark steigender Tendenz.

Die meisten kommerziellen EPM-Typen enthalten ca. 40–80 Massen% entsprechend ca. 45–85 Mol-% Äthylen. Der wichtigste Bereich ist der mit 50–70 Mol-%.

$$-CH_2-CH_2-CH_2-CH-$$
$$CH_3$$

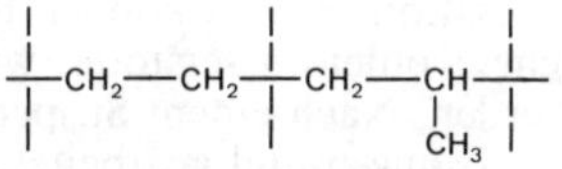

Äthylen-   Propylen-     Einheit

Als Terkomponenten werden in der Literatur zahlreiche Stoffe genannt. In Handelstypen werden dagegen nur drei Diene mit nicht konjugierten Doppelbindungen verwendet, bei denen die verbleibende Doppelbindung in der Seitenkette steht.

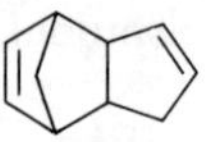

Dicyclopentadien (DCP)

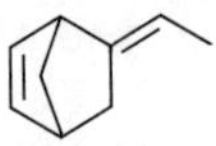

Äthylidennorbornen (EN)

trans-Hexadien-1,4

Die bei der Herstellung von EPM/EPDM vorkommenden Parameter sind ähnlich groß wie bei manchen Dien-Kautschuken, woraus sich zahlreiche im Handel befindliche Einzeltypen ergeben.

Die wesentlichen Parameter sind:

- Mengenverhältnis Äthylen/Propylen (amorphe oder Segmenttypen)
- Co- oder Terpolymerisation (EPM oder EPDM)
- Art und Menge von Terkomponenten (Vulkanisationsverhalten, mechanische Eigenschaften)
- Lösungs- und Suspensionspolymerisation (maximal einstellbare Molekularmasse)
- Molekularmasse (unterschiedliche Mooney-Viskosität, Verarbeitbarkeit)
- Ölstreckung (Verarbeitbarkeit, Preis)

### 4.3.8.2. Herstellung von EPM bzw. EPDM

#### 4.3.8.2.1. Monomerherstellung

Die Monomeren Äthylen und Propylen stehen aus den $C_2$- bzw. $C_3$-Schnitten der petrochemischen Raffineriegase oder aus Erdgasen in reichem Maße zur Verfügung. Die Terkomponenten werden speziell und z. B. auf kompliziertem Wege synthetisiert.

#### 4.3.8.2.2. Polymerherstellung von EPM bzw. EPDM [4.233., 4.238., 4.244.]

Äthylen und Propylen werden in technischem Maßstab praktisch ausschließlich mit Vanadium-haltigen Koordinationskatalysatoren, z. B. mit Alkylhalogenid-Verbindungen hergestellt, wie z. B. $VCl_4$, $VOCl_3$ mit $Al_2$ (äthyl)$_3$ $Cl_3$, Al (äthyl) $Cl_2$ oder Al (äthyl)$_2$ Cl [4.238.]. Als Polymerisationsmedien können nach einem Lösungsverfahren aliphatische Kohlenwasserstoffe, wie z. B. Pentan oder Hexan verwendet werden. Nach einem Suspensionsverfahren wird normalerweise ohne Lösungsmittel gearbeitet. Hierbei dient überschüssiges Propylen als Lösungsmittel.

Besonders problematisch ist die Auswahl geeigneter Terkomponenten [4.233.]. Einmal müssen die beiden Doppelbindungen des Diens unterschiedlich reaktiv sein, damit nur eine copolymersiert und die andere, statt während der Polymerisation zur Vernetzung zu führen, für die spätere Vulkanisation übrigbleibt. Zum anderen soll die verbleibende Doppelbindung eine genügend hohe Reaktivität gegenüber der Schwefelvulkanisation aufweisen. Schließlich spielt auch der Preis eine wichtige Rolle. Aus den genannten Gründen kommen bis heute nur die drei genannten Terkomponenten zum Einsatz.

#### 4.3.8.3. Struktur von EPM bzw. EPDM und deren Einfluß auf die Eigenschaften [4.16., 4.233.]

**Terkomponente.** Bei der Verwendung von *Dicyclopentadien* (DCP), das als erste Terkomponente eingesetzt wurde, entsteht wegen zu geringer Reaktivitätsunterschiede der beiden Doppelbindungen, eine gewisse Vernetzung (Gelbildung). Außerdem weisen die Polymeren eine nicht immer ausreichende Vulkanisationsgeschwindigkeit auf. Mit DCP lassen sich nur 3–6 Doppelbindungen auf je 1000 Kohlenwasserstoffatome einführen. Anders verhält sich *Äthylidennorbornen* (EN). Sowohl die Copolymerisierbarkeit als auch die Vulkanisationsreaktivität der Polymeren sind ausgezeichnet. Mit EN lassen sich 4–15 Doppelbindungen auf 1000 Kohlenstoff-Atome bei Gelfreiheit der Polymeren einführen. *Hexadien* nimmt hinsichtlich dieses Verhaltens eine Zwischenstellung ein. Entsprechende Polymere enthalten auf 1000 Kohlenstoff-Atome ca. 4–8 Doppelbindungen.

**Sequenzanordnung.** Wenn Copolymerisate Äthylenanteile zwischen 45–60% aufweisen, dann liegen völlig amorphe, nicht selbstverstärkende Polymere vor. Bei höheren Äthylengehalten, z. B. von 70–80%, enthalten die Polymeren Äthylen-Sequenzen, die teilkristallin sind und als Sequenztypen bezeichnet werden. Diese unterscheiden sich im Verarbeitungsverhalten erheblich von den amorphen (Normal-)Typen. Die teilkristallinen Bereiche bilden thermisch reversible, physikalische Vernetzungsstellen, die ähnlich wie in thermoplastischen Elastomeren, den Polymerisaten bereits im unvernetzten Zustand hohe Festigkeitseigenschaften verleihen (vgl. S. 207 ff) [4.245.].

**Viskosität und Verarbeitbarkeit.** Die Molekularmassen der meisten Handelsprodukte liegen etwa zwischen 200 000 und 300 000. Die Mooney-Viskositäten ML 1 + 4 bei 100° C liegen zwischen ca. 25 und 100. Die Typen im Mooney-Bereich zwischen 25 und 50 lassen sich natürlich, wie auch bei anderen Kautschukklassen, am besten verarbeiten, ihr Füllstoff- und Weichmacher-Aufnahmevermögen ist jedoch begrenzt. Zur Ausnutzung des hohen Füllungsgrades müssen also Typen mit hohen Mooney-Werten eingesetzt werden, deren Verarbeitbarkeit aber erschwert ist, jedoch durch hohe Weichmacherdosierung verbessert wird.

Besonders hochmolekulare EPDM-Typen, die als solche nicht verarbeitbar wären, kommen auch in ölgestreckter Form mit paraffinischen und naphthenischen Mineralölen in den Handel; diese sind gut verarbeitbar und besonders wirtschaftlich.

**Stabilisierung.** EPDM-Typen kommen praktisch ausschließlich nicht verfärbend stabilisiert in den Handel, so daß mit EPDM-Typen kaum Verfärbungsprobleme existieren.

**Konfektionsklebrigkeit.** Die Konfektionsklebrigkeit von EPM/EPDM lässt manche Wünsche offen, die eine Verwendung im Automobilreifen problematisch macht. Auch eine mäßige Metall- und Textilhaftung, sowie ungenügende Covulkanisation mit anderen Dien-Kautschuken, sind als Nachteile zu nennen.

**Ungesättigtheitsgrad.** Da in EPDM die Doppelbindungen in der Seitenkette stehen, ist die Hauptkette völlig gesättigt. Daraus erklärt sich die hervorragende Oxydations-, Ozon- und chemische Beständigkeit der daraus gefertigten Artikel. Die je nach Art und Menge der Terkomponenten eingebauten Doppelbindungen sind für das Vulkanisationsverhalten und den Vernetzungsgrad entscheidend. DCP-EPDM vulkanisiert wesentlich träger und gibt einen geringeren Vulkanisationsgrad als EN – EPDM. Hexadien-EPDM liegt dazwischen. Bei EN – EPDM unterscheidet man je nach dem EN-Gehalt zwischen Normal- (z. B. 4% EN), raschen (z. B. 6% EN) und ultraraschen (z. B. 8% und mehr EN) Typen. Mit zunehmender Geschwindigkeit wird auch der Vernetzungsgrad und damit das mechanische Eigenschaftsbild, z. B. der Druckverformungsrest, besser, die Reversionsbeständigkeit bei hohen Vulkanisationstemperaturen hingegen nimmt in gleichem Sinne ab. Außerdem sind höher ungesättigte Typen teurer.

### 4.3.8.4. Mischungsaufbau von EPM bzw. EPDM [4.241.]

**Verschnitte** von EPM bzw. EPDM mit anderen Polymeren spielen eine wesentliche Rolle. EPDM ist in der Lage, im Verschnitt anderen Dien-Kautschuken, wie z. B. NR oder SBR, eine Ozonbeständigkeit zu verleihen (z. B. 30 Masse-% EPDM). Da eine Covulkanisation hierbei durchaus problematisch ist, werden hierfür besonders EPDM-Typen mit hohem EN-Gehalt (ultrarasche Typen) sowie hochaktive Beschleunigersysteme oder Peroxide empfohlen. Verschnitte von EPDM mit NBR sind z. B. interessant als preiswerter und chlorfreier Ersatz für CR zur Herstellung wetter- und ölbeständiger Artikel. Für Verschnitte mit gesättigten Polymeren können EPDM-Typen mit geringerem Gehalt an Doppelbindungen oder auch EPM zum Einsatz kommen. Der Verschnitt von EPM bzw. EPDM mit Polyolefinen, z. T. in vorvernetzter Form, spielt bei der Herstellung von „thermoplastischen Elastomeren“ (TPE) oder „elastomermodifizierten Plastomeren“ (EMP), eine erhebliche Rolle (vgl. S. 207ff). Hierzu eignen sich in besonderem Maße die Sequenztypen. Hier wirkt EPM bzw. EPDM als elastifizierende Komponente zur Erhöhung der sogenannten „Impact-Strengh“. Aufgrund der stärkeren Elastifizierung und bei peroxidischer Vorvernetzung der höheren Reaktivität wegen werden für solche Modifikationen EPDM-Typen dem EPM vorgezogen.

**Vulkanisationschemikalien.** [4.246.] Während EPM nur peroxidisch vernetzbar ist, kann EPDM sowohl mit *Peroxiden* als auch mit Schwefel und Beschleunigern vulkanisiert werden. Trotz der zum Teil hohen Festigkeiten unvulkanisierter EPDM-Sequenztypen werden auch diese in der Regel peroxidisch oder mit Schwefel und Beschleuniger vulkanisiert. Die Menge von *Schwefel* und Beschleunigern richtet sich nach Art und Menge der Terkomponente. Bei EN-Typen werden in der Regel ca. 0,5–2 phr Schwefel oder adäquate Mengen *Schwefelspender* eingesetzt. Da die letzteren aber sehr stark zur Ausblühung neigen, muß ihre Menge in der Regel, z. B. auf Dosierungen von ca. 0,5 phr, begrenzt bleiben.

Erfahrungsgemäß genügt ein einzelner *Beschleuniger* nicht zur Vulkanisation von EPDM. Man muß mehrere Beschleuniger kombinieren, um ausreichende Vulkanisationsgeschwindigkeit und genügend hohen Vernetzungsgrad zu bekommen. Handelsprodukte, die für den Alleineinsatz gedacht sind, stellen häufig Kombinationspräparate aus mehreren Beschleunigern dar (z. B. Kombination aus Thiazolen, Thiuramen und Dithiocarbamaten), letztere werden für DCP- und EN-Typen empfohlen. Die vielfachen synergistischen Effekte, die zwischen Beschleunigern allgemein wirken, sind im Falle der EPDM-Vulkanisation von besonderer Bedeutung. Wenn durch Erhöhung der Dosierung einer bestimmten Beschleunigerart die Vulkanisationsgeschwindigkeit nicht mehr wesentlich, vergrößert wird, dann ist es wirkungsvoller, statt der Erhöhung der Dosierung eines Produktes zusätzlich ein weiteres einzusetzen. Dadurch werden die Vulkanisationssysteme oft recht komplex. Ein allgemeines Schema für den zweckmäßigen Aufbau eines Vulkanisationssystem ist die folgende Kombination. Mittlere Schwefelmenge (ca. 1,0–1,5 phr), Schwefelspender (ca. 0–0,5 phr) + Thiazolbeschleuniger (ca. 0,5–1,5 pr) + Dithiocarbamylsulfenamid (1,2–1,8 phr) + Thiurambeschleuniger (ca. 0,4–0,9 phr) + Dithiocarbamate oder Dithiophosphate (ca. 0,3–3,0 phr). evtl. zusätzlich Thioharnstoff-Derivate. Da eine Anzahl der in den Substanzklassen empfohlenen Produkte z. T. schon bei relativ niedrigen Dosierungen zum Ausblühen neigen und sich in dieser Hinsicht z. T. noch wechselseitig beeinflussen, ist die Zusammenstellung eines besonders geeigneten Vulkanisationssystems oft problematisch. Das ist wohl der Grund, weshalb sich vorgefertigte und optimierte EPDM-Beschleunigerkombinationen so breit durchgesetzt haben. Zur weiteren Aktivierung der Schwefelvulkanisation ist auch in EPDM ZnO (z. B. 5 phr oder mehr) erforderlich.

**Alterungsschutzmittel.** Für EPM-Mischungen werden meist keine *Alterungsschutzmittel* eingesetzt. Bei EPDM-Typen, die ungesättigte Gruppen enthalten, kann bei besonderen Anforderungen an die Alterungsbeständigkeit die Mitverwendung von Alterungsschutzmitteln wünschenswert sein. Hierfür kommen dann, wenn eine entsprechende Verfärbung toleriert werden kann, vor allem aromatische Amine, insbesondere p-Phenylen-diamine zum Einsatz.

*Ozonschutzmittel* sind für EPM- bzw. EPDM-Vulkanisate nicht erforderlich.

**Füllstoffe.** Für amorphe und nicht selbstverstärkende EPDM-Typen ist der Einsatz von verstärkenden Füllstoffen zur Erzielung hoher Festigkeitswerte im Gegensatz zu den Sequenztypen erforderlich. EPM/EPDM mit hohen Mooney-Viskositäten sind in besonderem Maße dazu geeignet, große Mengen Füllstoffe (z. B. 200–400 phr) und Weichmacher (z. B. 100–200 phr) aufzunehmen und dennoch praktisch anwendbar zu sein. Bei gleicher Mooney-Viskosität kann EPDM zumeist höher gefüllt werden als EPM.

Bei der Verstärkung gelten im wesentlichen die gleichen Aktivitätsabstufungen von *Rußen* und *hellen Verstärker-Füllstoffen*, wie in Vulkanisaten aus anderen Kautschuken. Besonders Hochstrukturruße geben hohe Verstärkungseffekte.

Aus preislichen und verarbeitungstechnischen Gründen werden für helle Mischungen oder zur Verbilligung von Rußmischungen gebrannte *Kaoline* oder feinteilige *Kreide* eingesetzt. Sie lassen sich sehr leicht einmischen, beeinflussen die Vulkanisation nicht und sind preiswert. Gebrannte Kaoline beeinflussen auch die Wasserquellung günstig, was für den Kabelsektor wichtig ist. Sehr feine Kreidesorten lassen sich mit Vorteil für weiche Vulkanisate mit gutem Widerstand gegen Weiterreißen bei höheren Temperaturen einsetzen. Da Hartkaoline zwar verstärkend wirken, die Vulkanisation aber verzögern, kommen sie selten allein zum Einsatz. Als guter Kompromiß zwischen dem Vulkanisationsverhalten, den mechanischen Eigenschaften und Mischungskosten werden vielfach Hartkaoline gemeinsam mit gebranntem Kaolin eingesetzt. Weichkaoline und gewöhnliche Kreide sind in EPM/EPDM wie auch in anderen Kautschuken, inaktive Füllstoffe und verbilligen lediglich die Mischungskosten bei Verminderung der mechanischen Eigenschaften. Sie werden z. B. für poröse Artikel eingesetzt.

**Weichmacher.** Die meist gebrauchten Verarbeitungsweichmacher sind *naphthenische Mineralöle.* Für Anwendungen, die hohe Beanspruchungstemperaturen erfordern, oder bei peroxidischer Vernetzung, werden *paraffinische Mineralöle* mit geringer Flüchtigkeit empfohlen. Da jedoch paraffinische Öle bei niedrigen Temperaturen oder in EPDM-Typen mit hohem Äthylengehalt zum Ausschwitzen neigen, werden sie in solchen Fällen auch mit naphthenischen Weichmachern kombiniert. Naphthenische Mineralöle beeinträchtigen aber die Peroxid-Vernetzbarkeit. *Aromatische Mineralöle* vermindern die mechanischen Eigenschaften und sind ferner bei peroxidischen Vernetzungen störend. Sie werden für EPM/EPDM nicht empfohlen.

Wegen der geringen Eigenklebrigkeit von EPDM-Mischungen ist zur Erzielung einer guten Konfektionsklebrigkeit die Mitverwendung von Harzen dringend erforderlich. Hier geben Cumaronharze, Koresin, Xylolformaldehydharze eine gewisse Verbesserung. Auf diesem Gebiet sind allerdings noch manche Wünsche offen.

**Verarbeitungshilfsmittel.** Bei der Verarbeitung von EPM/EPDM werden vor allem zur leichteren und besseren Verteilung von Füllstoffen Stearinsäure, Zinkseifen, Fettalkohol-Rückstände u. dgl. eingesetzt.

### 4.3.8.5. Verarbeitung von EPM bzw. EPDM [4.233.]

Die Herstellung von EPM- bzw. EPDM-Mischungen auf Walzwerken, wird nur für Low-Mooney-Typen empfohlen. Dementsprechend werden EPM/EPDM-Mischungen fast ausschließlich in Innenmischern, und zwar bevorzugt nach dem „Upside-Down"-Verfahren hergestellt. Für die Weiterverarbeitung kommen alle gebräuchlichen Methoden zum Einsatz. Wegen der Reversionsbeständigkeit werden für die Vulkanisation meist sehr hohe Temperaturen angewandt.

### 4.3.8.6. Eigenschaften von EPM- bzw. EPDM-Vulkanisaten [4.233.]

**Mechanische Eigenschaften.** Die *Festigkeitseigenschaften* hängen erheblich von der Art und Menge der eingesetzten Füllstoffe ab. Hier gelten etwa die gleichen Kriterien wie bei SBR. Mit optimal eingestellten Vulkanisaten werden etwa gleich gute Zugfestigkeiten erhalten wie bei SBR-Vulkanisaten. Besonders günstig sind die Festigkeitseigenschaften bei vulkanisierten Sequenz-EPDM-Typen. Hier reichen die Zugfestigkeiten an die mit NR erzielbaren heran. Der Widerstand gegen Weiterreißen, vor allem bei höheren Temperaturen, ist mit dem mit NR erzielbaren zu vergleichen.

Die *Härte* von EPM- bzw. EPDM-Vulkanisaten kann in breiten Grenzen variiert werden. Durch Kombination von EPDM mit z. B. Polypropylen können auch im unvernetzten Zustand hohe Härten von beispielsweise 99 Shore A verbunden mit einer noch akzeptablen Elastizität (Elastomer Modified Plastics, EMP) eingestellt werden.

Das *elastische Verhalten* von EPM- bzw. EPDM-Vulkanisaten ist wesentlich besser als das vieler anderer SR-Vulkanisate; insbesondere das von IIR, es erreicht jedoch nicht das ausgezeichnete Verhalten von NR-Vulkanisaten.

Auch der *Druckverformungsrest* von EPM- bzw. EPDM-Vulkanisaten ist oft erstaunlich niedrig. Dies gilt in besonderem Maße für EN-EPDM mit hohem EN-Gehalt und hochaktiven Beschleunigersystemen bzw. bei Peroxidvernetzung.

**Dynamische Eigenschaften.** Auch die *dynamischen Eigenschaften* und Biegeermüdungsbeständigkeit von EPDM-Vulkanisaten sind sehr gut und z. B. mit SBR vergleichbar. Dies gilt aber im wesentlichen für Schwefelvulkanisate.

**Wärme- und Alterungsbeständigkeit.** Die *Wärmebeständigkeit* optimal eingestellter EPM- bzw. EPDM-Vulkanisate ist besser als die von SBR- oder NBR-Vulkanisaten; sie ist mit der von IIR-Schwefel-Vulkanisaten zu vergleichen, liegt aber deutlich niedriger als sie mit EAM oder Q erhältlich ist. Peroxidisch vernetztes EPM kann z. B. 1000 Stunden bei 135° C ohne zu starke Verhärtung eingesetzt werden. EPDM-Schwefel-Vulkanisate erreichen geringere Wärmebeständigkeiten. Wegen der höheren Wärmebeständigkeit von Peroxidvulkanisaten (verbunden mit niedrigem Druckverformungsrest) wird dieses Vernetzungsprinzip auch für EPDM breit angewandt.

Die *Alterungsbeständigkeit* von EPM- bzw. EPDM-Vulkanisaten ist vorzüglich. Unter normalen Einsatzbedingungen tritt eine oxydative Zerstörung der Vulkanisate nicht ein.

Auch die *Ozonbeständigkeit* ist ausgezeichnet. Selbst nach monatelanger Behandlung mit ozonangereicherter Luft (100 pphm) werden die Vulkanisate nicht zerstört. Die Ozonbeständigkeit ist bei peroxidisch vernetzten EPM-Typen am besten und ist bei schwefelvulkanisiertem EPDM etwas abgeschwächt. Die Ozonbeständigkeit der EPDM-Vulkanisate übertrifft noch die von CR und IIR, obwohl sie die von EAM und Q nicht erreicht.

Analog der Ozonbeständigkeit ist auch die *Wetterbeständigkeit* hervorragend. Beim Einsatz im Freien werden EPM- bzw. EPDM-Vulkanisate durch atmosphärische Einflüsse nicht geschädigt oder gar zerstört.

**Kälteflexibilität.** Die *Kälteflexibilität* von EPM- bzw. EPDM-Vulkanisaten liegt etwa in der gleichen Größenordnung wie die von NR-Vulkanisaten.

**Quell- und Chemikalienbeständigkeit.** EPM- bzw. EPDM-Vulkanisate sind hervorragend *chemikalienbeständig.* Durch verdünnte Säuren, Alkalien, Aceton, Alkohol und hydraulische Flüssigkeiten werden sie nicht oder nur wenig angegriffen. Konzentrierte Mineralsäuren können die Vulkanisate verhärten bzw. zerstören.

Anders ist es mit der *Quellbeständigkeit* gegenüber aliphatischen, aromatischen und chlorierten Kohlenwasserstoffen. Wegen ihres unpolaren Charakters werden EPM- bzw. EPDM-Vulkanisate in diesen Medien stark gequollen.

**Elektrische Eigenschaften.** Die elektrischen Isolationseigenschaften, die dielektrischen Eigenschaften, die Durchschlagfestigkeit und die Coronabeständigkeit von EPM- bzw. EPDM-Vulkanisaten sind hervorragend. Hier ist jedoch zwischen EPM- und EPDM-Vulkanisaten zu unterscheiden. Die besten Eigenschaften werden mit EPM erhalten. Sie entsprechen denen mit NR und Q erhältlichen. EPM wird daher für Isolationen mit Nennspannungen über 25 kV eingesetzt. Bis zu 25 kV-Nennspannung bevorzugt man wegen der besseren Verarbeitbarkeit und höheren Füllbarkeit peroxidisch vernetztes EPDM. Die elektrischen Eigenschaften sind auch bei höheren Temperaturen oder nach Heißluftalterung noch recht gut. Wegen der geringen Wasseraufnahme werden die elektrischen Werte auch durch Wasserlagerung nur wenig beeinflußt.

#### 4.3.8.7. Einsatzgebiete von EPM bzw. EPDM [4.233., 4.241.]

Die Haupteinsatzgebiete sind Profile, Kabelisolationen und -ummantelungen sowie besonders wärmebeständige, wetterbeständige bzw. seewasserresistente technische Artikel. Auch ein Einsatz für weiße Seitenwände im Reifen ist möglich. 1978 wurden von den in den USA produzierten (ca. 150 000 Tonnen) EPM- bzw. EPDM-Mengen 11% für Reifen, 42% für Nicht-Reifen-Automobilanwendungen (z. B. Kühlwasserschläuche, Fenster-, Tür- und Kofferhaubenprofile, Stoßstangen), 7% für Nicht-Automobil-Schläuche (z. B. Waschmaschinenschläuche), 6% für Kabelanwendungen, 20% für Kunststoff-Modifikation und 14% für Verschiedenes (z. B. Fenster- und Fassadenprofile, Dichtungen, Dockfender u. a.) eingesetzt.

#### 4.3.8.8. Konkurrenzmaterialien und einige Handelsprodukte von EPM bzw. EPDM

**Konkurrenzmaterialien** von EPM bzw. EPDM sind z. B. BIIR, CIIR, CM, CR, CSM, EAM, IIR, NR, SBR.

**Handelsprodukte.** Als Handelsprodukte sind im Einsatz (die Aufstellung erhebt keinen Anspruch auf Vollständigkeit):

BUNA AP, CHEMISCHE WERKE HÜLS – EPCAR, GOODRICH – EP-TOTAL, SOCABU – ESPERENE, SUMITOMO – DUTRAL, MONTEEDI-

SON – KELTAN, DSM – MITSUI EP, MITSUI – NORDEL, DU PONT – ROYALENE, UNIROYAL – VISTALON, EXXON.

### 4.3.9. Äthylen-Vinylacetat-Copolymere (EAM) [4.247.–4.252.]

#### 4.3.9.1. Allgemeines über EAM

Wenn anstelle von Propylen Vinylacetat mit Äthylen copolymerisiert wird, erhält man ebenfalls einen Spezialkautschuk, EAM. Durch den Einbau von Vinylacetateinheiten wird nämlich, wie beim EPM beschrieben (s. S. 149), die Kristallinität des Polyäthylen gestört und demgemäß der Schmelzbereich erniedrigt.

Copolymere des Äthylen und Vinylacetat weisen bis ca. 30% Vinylacetat bevorzugt plastomere Eigenschaften auf. Zwischen ca. 30 und 75 Massen-% Vinylacetat sind die Produkte kautschukartig. Von diesem Bereich ist der mit ca. 40–50 Massen-% für die Kautschuk-Technologie der wichtigste [4.247].

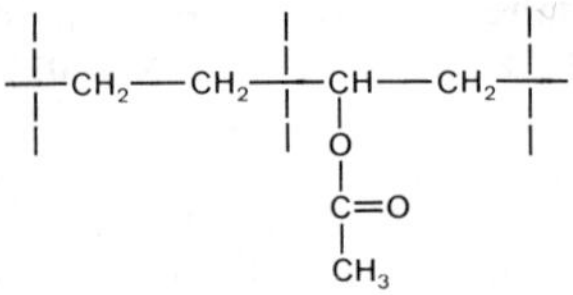


Äthylen- Vinylacetat- Einheit

#### 4.3.9.2. Herstellung von EAM

Nach dem Masse-Hochdruck- Polyäthylen- Verfahren erhält man bevorzugt Produkte mit niedrigen Vinylacetatgehalt, die nicht als Kautschuktypen anzusprechen sind. Das Mitteldruck-Lösungsverfahren, z. B. bei 200–400 bar, liefert hochmolekulare Produkte mit mehr als 30 Massen-% Vinylacetat [4.248.]. Als Lösungsmittel wird, wegen seiner niedrigen Übertragungskonstanten, z. B. tert.-Butanol verwendet. Die Initiierung erfolgt radikalisch, z. B. mit Azoverbindungen oder Peroxiden. Auf diese Weise lassen sich farblose, hochmolekulare Produkte herstellen, die praktisch gelfrei sind und nur geringe Langkettenverzweigung aufweisen.

Mittels Emulsionspolymerisation werden bevorzugt EAM-Typen mit Vinylacetat-Gehalten von über 60 Massen-% für den Klebstoff- und Pigmentbindemittel-Sektor hergestellt. Wegen ihres hohen Verzweigungsgrades und Gelgehaltes sind sie als Kautschuke wenig geeignet.

#### 4.3.9.3. Struktur von EAM und dessen Einfluß auf die Eigenschaften

**Vinylacetatgehalt.** Die Kristallisationsneigung des Polyäthylen wird zwar schon durch geringe Mengen Vinylacetat gestört. Die dynamische Einfriertemperatur ist aber noch so hoch, daß die Produkte als Thermoplaste (mit höherer Transparenz) anzusehen sind. Erst bei höheren Vinylacetatgehalten sinkt die dynamische Einfriertemperatur unter Raumtemperatur. Bei Einsatz von 40–50 Massen-% Vinylacetat liegt sie im Bereich von 20–25° C. Die Produkte sind amorph.

Aufgrund der polaren Eigenschaft des Vinylacetat werden Copolymere mit zunehmendem Vinylgehalt quellbeständig gegen tierische, pflanzliche und mineralische Öle. Bei 40–50 Massen-% Vinylacetat ist eine für viele technische Zwecke ausreichende Quellbeständigkeit vorhanden. Produkte mit 70% Vinylacetat weisen sehr gute Ölbeständigkeit auf.

**Viskositäten.** EAM-Typen, die nach dem Mitteldruck-Lösungsverfahren hergestellt werden, haben mittlere Molekularmassen von ca. 200 000 bis 400 000 und Mooney-Viskositäten ML 1 + 4 bei 100° C von 20–30. Aufgrund des thermoplastischen Charakters von EAM sind die Verarbeitungseigenschaften gut. EAM, das in Masse polymerisiert wird, hat für Kautschukanwendungen zu niedrige Molekularmassen von z. B. 50 000 und kommt deshalb nicht zum Einsatz.

#### 4.3.9.4. Mischungsaufbau von EAM [4.11.]

**Verschnitte** von EAM mit Dien-Polymeren wie NR oder SBR sind möglich, um deren Wetter- und Ozonbeständigkeit zu verbesseern. EAM bleibt in diesen Verschnitten unvernetzt und wirkt wie ein Polymer-Weichmacher. Hierfür kommen vor allem niedrig viskose EAM-Typen zum Einsatz. Natürlich können die EAM enthaltenden Kautschuke auch peroxidisch vernetzt werden, wobei eine Co-Vernetzung zustandekommt.

**Vulkanisationschemikalien.** EAM ist als völlig gesättigtes Polymer mit *Schwefel und Beschleunigern* nicht vernetzbar. Zu seiner Vernetzung kommen *Peroxide* in Betracht, deren Auswahl sich nach dem Verarbeitungsverfahren (Spaltungstemperatur, Geruch usw.) richtet. Mit Peroxiden allein ist der Vernetzungsgrad meist nicht ausreichend, weshalb in der Regel der Zusatz eines speziellen Vernetzungs-Coaktivators, wie z. B. Triallylcyanurat, Triallylphosphat u. ä. [4.247., 4.249.] erforderlich ist. Da durch den Zusatz solcher Produkte der Vernetzungsgrad wesentlich stärker angehoben wird, als durch eine Dosierungssteigerung der Peroxide, ist ihre Anwendung in EAM meist eine technische Notwendigkeit. *Metalloxide* sind in solchen Vulkanisationssystemen nicht erforderlich.

**Alterungsschutzmittel.** EAM ist als gesättigtes Produkt so oxydationsstabil, daß in der Regel keine *Alterungsschutzmittel* benötigt werden. Diese würden zudem auch die peroxidische Vernetzung stören. Zur Erzielung höchster Wärmebeständigkeit ist jedoch zum Schutz der Estergruppe die Verwendung eines *Hydrolysenschutzmittels,* wie z. B. Polycarbodiimid angebracht.

**Füllstoffe.** Wegen der amorphen Struktur und der mangelnden Selbstverstärkung benötigen EAM-Typen den Zusatz aktiver Füllstoffe. Für deren Auswahl gelten die allgemeinen Kriterien. Kritisch ist der Einsatz heller Füllstoffe, z. B. Kieselsäuren und Silikatfüllstoffe, da sie trotz höherer Festigkeitswerte den Vulkanisationsgrad negativ beeinflussen können. Besonders bewährt haben sich Kieselerden und neutrale Kaolin-Typen. Wegen der relativ niedrigen Mooney-Viskositäten sind EAM-Typen grundsätzlich nicht so hoch füllbar wie EPM bzw. EPDM.

**Weichmacher.** Aufgrund der niedrigen Mooney-Viskositäten und der erforderlichen Peroxid-Vernetzung sind der Anwendung von Weichmachern enge Grenzen gesetzt, die jedoch aus Gründen der geringen Konfektionsklebrigkeit erforderlich sind. Als solche kommen in erster Linie *paraffinische Mineralöle* mit sehr geringer Ungesättigtheit in Frage. Extrem gesättigte Produkte sind besonders geeignet. Für eine Verbesserung der Tieftemperaturflexibilität kommen solche Ester- oder Äther-Weichmacher zum Einsatz, die mit Peroxiden nicht reagieren, z. B. Dibutylphthalat oder Alkylsulfonsäureester des Phenols. Auch *Harze* kommen wegen ihrer Störung der Peroxidvernetzung kaum zum Einsatz.

**Verarbeitungshilfsmittel.** Da Stearinsäure, Zinkseifen und Fettalkohol-Rückstände die Peroxidvernetzung nicht stören, können sie zur Verbesserung der Füllstoff-Dispersion, der Spritz- und Kalandrierbarkeit eingesetzt werden.

#### 4.3.9.5. Verarbeitung von EAM [4.11.]

Die Herstellung und Verarbeitung von EAM-Mischungen erfolgt nach den allgemeinen Methoden der Gummi-Industrie. Es muß jedoch darauf geachtet werden, daß die Aggregate weitgehend sauber sind, da durch Verunreinigungen, insbesondere durch Schwefel, die spätere Peroxid-Vernetzung empfindlich gestört werden kann. Für die Vulkanisation gelten natürlich die einschränkenden Bedingungen der Peroxidvernetzung (vgl. S. 294 ff).

#### 4.3.9.6. Eigenschaften von EAM-Vulkanisaten [4.11.]

**Mechanische Eigenschaften.** Die optimalen mechanischen Eigenschaften von EAM-Vulkanisaten liegen bei *Härten* von ca. 60–85 Shore A. Mit aktiven Füllstoffen lassen sich hohe *Zugfestigkeiten* erreichen, wohingegen der *Weiterreißwiderstand* (Peroxid-Vernetzung!) oft zu wünschen übrigläßt. Auch der Abriebwiderstand ist mit dem von guten Dienkautschukvulkanisaten nicht vergleichbar. Die *Elastizität* ist oftmals von einer Versteifung infolge des thermoplastischen Charakters der Copolymeren überlagert.

Auch der *Druckverformungsrest* ist von dem noch vorhandenen thermoplastischen Charakter gekennzeichnet, weshalb er z. B. bei Raumtemperatur verhältnismäßig hoch ist. Bei höheren Temperaturen ist der Druckverformungsrest hingegen extrem niedrig.

**Wärme- und Alterungsbeständigkeit.** Die technischen Vorteile von EAM-Vulkanisaten auf dem Kautschuksektor liegen in ihrer ausgezeichneten Heißluftbeständigkeit. In der Heißluftalterung in geschlossenen Systemen, wie sie z. B. bei speziellen Kabeln vorliegen, können EAM-Vulkanisate sogar diejenigen von Q übertreffen.

Weitere kautschuktechnologische Vorteile liegen in der absoluten *Wetter- und Ozonbeständigkeit.*

**Quellbeständigkeit.** Im Gegensatz zu EPM sind EAM-Vulkanisate auch in einem für viele technische Zwecke ausreichenden Maße quellbeständig gegenüber aliphatischen Ölen.

**Elektrische Eigenschaften.** Der elektrische Isolationswiderstand ist jedoch infolge des polaren Aufbaues des EAM ungünstiger als der von EPM. Er reicht aber vor allem bei Typen mit Vinylacetatgehalten von ca. 40 Massen-% für viele Anwendungszwecke im Kabelsektor voll aus.

**Sonstige Eigenschaften.** Im Verschnitt mit anderen Polymeren, insbesondere NR und SBR, kann die Ozonbeständigkeit des EAM, wie bereits vorerwähnt, auf diese übertragen werden. Weiterhin ist die Farbstabilität in hellen Vulkanisaten sowie die Möglichkeit physiologisch einwandfreie Artikel herzustellen, hervorzuheben.

#### 4.3.9.7. Einsatzgebiete von EAM [4.11.]

Aufgrund seiner Eigenschaften wird EAM vielfach zur Herstellung wärmebeständiger Gummiartikel (Dichtungen) und Kabel (Heizleitungen) eingesetzt. Aber auch im Profil- und Foliensektor ist EAM recht bedeutsam. Für wetter- und ozonbeständige NR- und SBR-Artikel wird EAM im Verschnitt mit diesen Kautschuken eingesetzt. In zunehmendem Maße wird EAM schließlich auch für Schmelzkleber und für Kunststoffmodifizierungen bedeutsam.

Genauso leicht wie EAM mit Peroxiden vernetzbar ist, können in Gegenwart von Peroxiden verschiedene Vinylverbindungen auf EAM aufgepfropft werden. Eine gewisse Bedeutung haben die Pfropfprodukte aus EAM auf Basis von 40 bis 50 Massen-% Vinylacetat mit Vinylchlorid erhalten, die bei einem geringen EAM-Anteil (5–10 Massen-%) die Eigenschaft eines schlagbiegefesten PVC haben und bei hohem EAM-Anteil dem Weich-PVC ähnlich sind [4.250.–4.252.].

4.3.9.8. Konkurrenzmaterialien und einige Handelsprodukte von EAM

**Konkurrenzmaterialien** zur EAM sind z. B. BIIR, CIIR, CM, CSM, CR, EPDM, EPM, IIR.

**Handelsprodukte.** Als Handelsprodukte sind zu nennen (die Aufzählung erhebt keinen Anspruch auf Vollständigkeit):

Elvax, Du Pont – Levapren, Bayer – Lupolen VC, Basf – Ultrathene, Usi Chemicals – Vinnapas E., Wacker.

## 4.3.10. Chloriertes Polyäthylen (CM) [4.253., 4.254.]

### 4.3.10.1. Allgemeines über CM

Durch Chlorierung von Polyäthylen kann dessen Kristallinität so weit gestört werden, daß die Produkte kautschukartig werden und sich peroxidisch zu Elastomeren vernetzen lassen. Die Produkte unterscheiden sich im wesentlichen durch ihren Chlorierungsgrad (z. B. 25–42 Massen-% Chlorgehalt), die Mooney-Viskosität und den Kristallinitätsgrad.

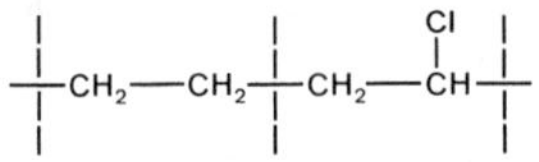

Äthylen- Chloräthylen- Einheit

### 4.3.10.2. Herstellung von CM [4.16.]

Grundsätzlich kann CM in Masse, in Lösung, in Emulsion oder in Suspension chloriert werden. Im Handel befindliche Produkte werden durch statistische Suspensionschlorierung von Niederdruck-Polyäthylen hergestellt. Da Niederdruck-Polyäthylen aufgrund seiner starken Kristallisationstendenz relativ schwer löslich ist, erfordert eine gleichmäßige Chlorierung höhere Temperaturen.

### 4.3.10.3. Struktur von CM und dessen Einfluß auf die Eigenschaften

Die verbleibende Restkristallinität hängt vom Chlorierungsgrad ab. Polymere mit z. B. 25 Massen-% Chlor sind merklich kristallin und enthalten Polyäthylen-Sequenzen; sie sind deshalb relativ hart. Bei Chlorgehalten von ca. 35 Massen-% Chlor geht die Kristallinität stark zurück. Sie weisen die beste Kälteflexibilität auf. Die Versprödungstemperatur liegt bei ca. – 40° C. Bei wesentlich höheren Chlorgehalten werden die Produkte aufgrund der stärker werdenden Wechselwirkung der Kohlenstoff-Chlor-Verbindungen wieder härter und spröde (z. B. oberhalb 45 Massen-%) [4.255.].

Durch den Chloreinfluß werden die Polymeren polarer, was sich in einer Verbesserung der Quellbeständigkeit in tierischen, pflanzlichen und mineralischen Ölen auswirkt. Mit zunehmendem Chlorgehalt wird das Quellverhalten und gleichzeitig das Brandschutzverhalten verbessert.

Infolge des Fehlens von Doppelbindungen und des statistischen Einbaues der Chloratome sind die Polymeren peroxidisch vernetzbar und im vernetzten Zustand wärmestabiler als CR.

Durch Dehydrochlorierung von CM oberhalb 160° C in Gegenwart von ZnO lassen sich ungesättigte Produkte herstellen, die mit Schwefel und Beschleunigern vernetzbar sind, was jedoch technologisch keine Rolle spielt.

Aufgrund des starken thermoplastischen Charakters läßt sich CM hervorragend verarbeiten.

### 4.3.10.4. Mischungsaufbau von CM [4.254.]

**Verschnitte.** CM läßt sich mit anderen peroxidisch vernetzbaren Kautschuken verschneiden, z. B. mit *EPDM* zur Verbesserung der Kälteflexibilität und Erhöhung der Vulkanisationsgeschwindigkeit, mit *NBR* zur Verbesserung der Öl- und Treibstoffbeständigkeit von CM. *SBR* wirkt in Mengen von 5 phr als Coagens der Vernetzung.

**Vulkanisationschemikalien.** Zur Vernetzung kommen bei den üblichen Handelsprodukten nur Peroxide zum Einsatz, deren Auswahl durch die Verarbeitungsverfahren, z. B. die geforderte Verarbeitungssicherheit und die Vulkanisationstemperatur bestimmt wird. Als *Vernetzungscoaktivatoren* werden wie bei EAM Triallylcyanurat sowie Triallyltrimellithat, Trimethylolpropantrimethacrylat (EDMA), Diallylphthalat u. a. empfohlen. Das letztgenannte Produkt wirkt gleichzeitig als Weichmacher.

**Stabilisatoren und Alterungsschutzmittel.** Wie jeder chlorhaltige Kautschuk muß auch CM gegen H Cl-Abspaltung, z. B. durch Zusatz von *Metalloxiden,* stabilisiert werden. In besonderem Maße eignen sich MgO und Pb-Verbindungen, wie auch epoxidierte Öle oder Epoxiharze. Während MgO als billige Substanz einen Allzweckstabilisator darstellt, verleihen Bleiverbindungen beste Alterungsbeständigkeit und geringe Wasserquellung, sie können aber verfärben, sind giftig und teuer. ZnO und Zn-Verbindungen kommen als Stabilisatoren nicht in Betracht, da sie selbst in geringer Menge die Stabilität empfindlich stören.

*Alterungsschutzmittel* sind für CM in der Regel nicht erforderlich. Bei besonderen Ansprüchen hinsichtlich Wärmebeständigkeit werden jedoch gelegentlich Produkte wie TMQ bzw. ADPA empfohlen.

**Füllstoffe.** CM kann große Füllstoffmengen z. B. zwischen 30 und 200 phr aufnehmen. Es kommen die in der Gummi-Industrie üblichen Ruße, Kieselsäuren und mineralischen Füllstoffe zum Einsatz, wobei bei den letzteren wegen der peroxidischen Vernetzung solche bevorzugt werden, die einen pH-Wert von 7 oder höher haben (z. B. Kreide, Quarzmehl, Kieselerde, Kaolin, Talkum usw.).

**Weichmacher.** Das Problem des Einsatzes von Weichmachern wird einerseits durch die Polarität des Kautschuks, andererseits der Nichtbeeinflussung der Peroxidvernetzung bestimmt. Daher scheiden Mineralölweichmacher in höheren Dosierungen aus und kommen bevorzugt solche Ester- und Ätherweichmacher zum Einsatz, die keine Reaktibilität mit Peroxiden besitzen. Als besonders günstig haben sich z. B. Dioctyladipat und Dioctylsebacat erwiesen.

**Verarbeitungshilfsmittel.** Wegen der guten Verarbeitbarkeit sind meist keine Verarbeitungshilfsmittel erforderlich.

### 4.3.10.5. Verarbeitung von CM

CM läßt sich problemlos auf den in der Gummi-Industrie üblichen Maschinen verarbeiten. Hierbei ist jedoch aufgrund der stärkeren Thermoplastizität im Vergleich zu NR, SBR usw. bei allen Verfahrensschritten auf eine stärkere Temperaturkontrolle zu achten.

### 4.3.10.6. Eigenschaften von CM-Vulkanisaten [4.254.]

Die Eigenschaften von CM-Vulkanisaten können in folgender Weise zusammengefaßt werden: Gute mechanische Eigenschaften, niedriger Druckverformungsrest (bis 150° C), niedrige Versprödungstemperatur, sehr gute dynamische Belastbarkeit, ausgezeichnete Alterungs-, Wetter- und Ozonbeständigkeit, gute Ölbeständigkeit, auch bei höheren Öltemperaturen und gegen viele legierte Öle, sehr gute Chemikalienresistenz auch gegen viele oxydierende Chemikalien, günstiges Brandschutzverhalten und sehr gute Farbbeständigkeit.

### 4.3.10.7. Einsatzgebiete von CM [4.254.]

CM wird besonders für solche Einsatzgebiete empfohlen, wo die hohe Beständigkeit gegen Alterung, Heißluft, Öle, Chemikalien, verbunden mit Ozon- und Wetterbeständigkeit, sowie das gute Brandschutzverhalten erforderlich sind. Das Haupteinsatzgebiet ist der Kabel- und Leitungssektor.

### 4.3.10.8. Konkurrenzmaterialien und einige Handelsprodukte von CM

**Konkurrenzmaterialien** zu CM sind z. B. BIIR, CIIR, CO, CR, CSM, ECO, EPM, EPDM, NBR.

**Handelsprodukte.** Als Handelsprodukte sind zu nennen (die Aufstellung erhebt keinen Anspruch auf Vollständigkeit):

Bayer CM, BAYER – Daisolac, OSAKA SODA CO. – DOW-CPE-CM, DOW-CORNING – Hostapren, HOECHST.

## 4.3.11. Chlorsulfoniertes Polyäthylen (CSM) [4.256.–4.259.].

### 4.3.11.1. Allgemeines über CSM

CSM entspricht in seinem Eigenschaftsbild etwa dem CM. Gegenüber diesem weist es neben Chlor- zusätzlich Chlorsulfonylgruppen auf, in denen Chlor labiler gebunden ist. Infolgedessen ist CSM wesentlich leichter vulkanisierbar als CM. Sein Aufbau kann schematisch folgendermaßen betrachtet werden:

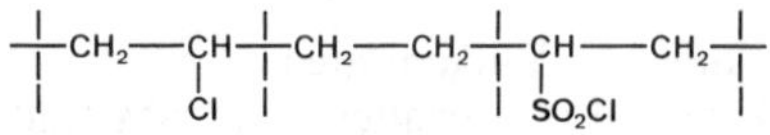

Chloräthylen- Äthylen- Chlorsulfonäthylen- Einheit

### 4.3.11.2. Herstellung von CSM

Durch Bestrahlung mit ultraviolettem Licht und Einwirkung von gasförmigem Chlor und Schwefeldioxid auf die Lösung von Hochdruck-Polyäthylen in inerten chlorhaltigen Lösungsmitteln, z. B. bei 70–75° C, bildet sich in Analogie zur Ree-Horn-Reaktion [4.260.] ein unter dem Namen Hypalon bekanntgewordenes Reaktionsprodukt, das von DU PONT technisch hergestellt wird [4.261.].

### 4.3.11.3. Struktur von CSM und dessen Einfluß auf die Eigenschaften

Handelsübliche CSM-Typen enthalten 25–43 Massen-% Chlor und 0,8–1,5 Massen-% Schwefel, so daß im Schnitt auf jedes 7. Kohlenstoffatom ein Chloratom und auf ca. jedes 85. Kohlenstoffatom eine Chlorsulfonylgruppe kommt [4.262.]. Chlor und Schwefel sind statistisch über die gesättigte Kette verteilt. Die Vulkanisationsgeschwindigkeit und der Vernetzungsgrad nehmen mit dem Chlorierungs/Sulfochlorierungsgrad zu. Je nach der Art der Vernetzungsmittel reagieren nur die Chlorsulfonylgruppe oder auch das an die Kette gebundene Chlor zur Vernetzung. Wegen seiner völlig gesättigten Polymerkette ist CSM analog wie CM gegen Alterung, Wetter, Ozon und Chemikalien sehr resistent.

### 4.3.11.4. Mischungsaufbau von CSM

CSM ist wegen seiner größeren Reaktionsfähigkeit mehr Vernetzungsreaktionen zugänglich als CM. Polyvalente Metalloxide, wie Pb- und Mg-oxid, reagieren in Gegenwart geringer Mengen schwacher Säuren, z. B. Stearinsäure, Abietinsäure u. dgl. in Gegenwart von Vulkanisationsbeschleunigern oder Schwefelspendern, wie z. B. TMTD, DPTT, MBT, unter Ausbildung von Brückengliedern, wie z. B. – $SO_3$ – Me – $O_3S$ –. In besonderen Fällen werden auch polyfunktionelle Alkohole, wie z. B. Pentaerythrit als Vernetzer in Gegenwart von Basen, angewendet, wobei Disulfonsäureester-Vernetzungsstellen gebildet werden [4.6., 4.259.]. Mit speziellen aliphatischen Diaminen tritt die Vernetzung sehr schnell ein, wogegen aromatische Diamine erst bei höheren Temperaturen wirksam werden.

Die Füllstoffe und Weichmacher entsprechen weitgehend den bei CR verwandten Produkten.

4.3.11.5. Verarbeitung von CSM

Das Verarbeitungsverhalten von CSM ist ungünstiger als das von z. B. CR und CM.

4.3.11.6. Eigenschaften von CSM-Vulkanisaten

Die physikalischen Vulkanisat-Eigenschaften von CSM sind denen von CM sehr ähnlich.

4.3.11.7. Einsatzgebiete von CSM

Aus diesen Gründen ergeben sich praktisch analoge Einsatzgebiete sowie Formartikel und Folien.

4.3.11.8. Konkurrenzmaterialien von CSM und Handelsprodukte

Konkurrenzmaterialien sind z. B. BIIR, CIIR, CM, CO, CR, ECO, EPM, EPDM, NBR. CSM wird unter der Bezeichnung Hypalon von DU PONT hergestellt.

**4.3.12. Acrylatkautschuk (ACM)** [4.263.–4.276.]

4.3.12.1. Allgemeines über ACM

Durch Copolymerisation von Acrylsäureestern mit zusätzlichen der Vernetzung zugänglichen reaktionsfähigen Comonomeren lassen sich gesättigte und amorphe Polymere aufbauen, die ein hohes Maß an Polarität aufweisen. Solche Kautschuke weisen, wie nicht anders zu erwarten, hervorragende Öl-, Hitze-, Alterungs- und Ozonbeständigkeit auf, wobei die ACM-Typen zwischen NBR und FKM einzuordnen sind. Als Acrylsäureester kommen in erster Linie Äthylacrylat und/oder Butylacrylat sowie Äthylmethoxy- bzw. -äthoxyacrylat zum Einsatz.

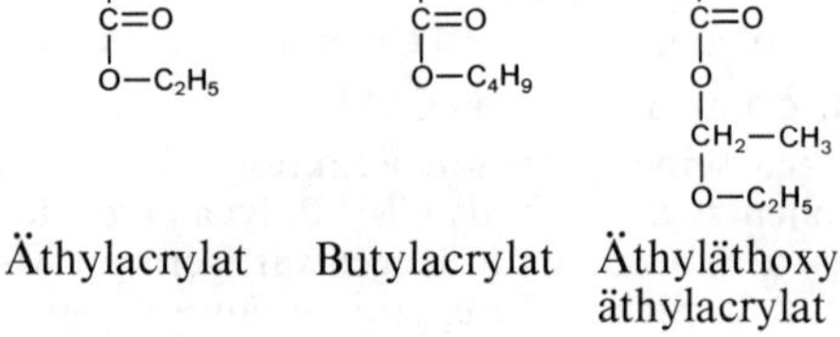

| | | |
|---|---|---|
| $CH_2=CH$ | $CH_2=CH$ | $CH_2=CH$ |
| $C=O$ | $C=O$ | $C=O$ |
| $O-C_2H_5$ | $O-C_4H_9$ | $O$ |
| | | $CH_2-CH_3$ |
| | | $O-C_2H_5$ |
| Äthylacrylat | Butylacrylat | Äthyläthoxy-äthylacrylat |

Als Vinylverbindungen können reaktive chlorhaltige [4.277. – 4.280.] oder chlorfreie Monomere verwendet werden. Vorgeschlagene Verbindungen sind z. B. 2-Chloräthylvinyläther, Vinylchloracetat, Acrylsäurechlormethyl- oder -äthylester, Glycidverbindungen [4.281.–4.283.], Methylolverbindungen [4.284.–4.286.], Iminderivate [4.287.–4.288], Hydroxylacrylate, wie z. B. $\beta$-Hydroxyäthylacrylat, Carboxylverbindungen, wie z. B. Methacrylsäure, sowie Alkyliden-norbornen [4.289.], wobei die drei letzteren z. B. in Kombination mit Epoxyverbindungen eingesetzt werden können. Beispielsweise werden folgende Comonomertypen für ACM eingesetzt:

CH$_2$=CH
|
O
|
CH$_2$
|
CH$_2$Cl

CH$_2$=CH
|
O
|
C=O
|
CH$_2$Cl

CH$_2$=CH
|
C=O
|
O
|
CH$_2$—Cl

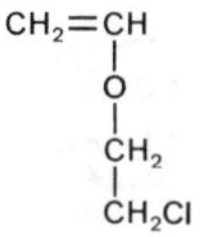

2-Chloräthyl-
vinyläther

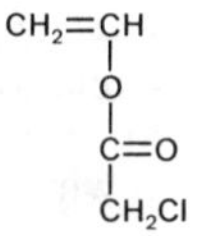

Vinylchloracetat

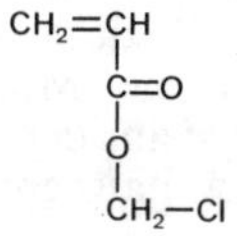

Acrylsäurechlor-
methylester

CH$_2$=CH—CH$_2$
|
O
|
CH$_2$
|
CH
|
CH$_2$

CH$_2$=CH
|
C=O
|
NH
|
CH$_2$OH

CH$_2$=CH
|
C=O
|
N

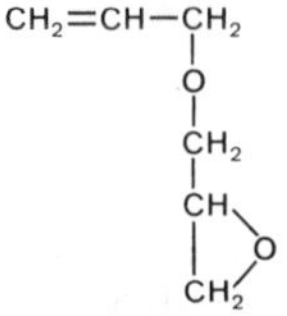

Allylglycidäther

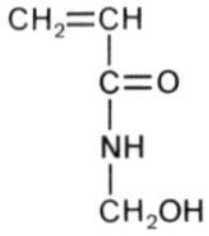

N-Methylolacryl-
amid (für Latex)

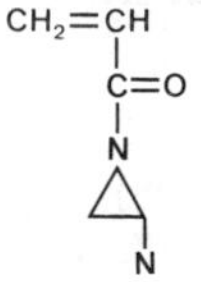

Acrylimidderivate

ACM wurde von Goodrich in den USA entwickelt und wird seit 1948 produziert. Durch Modifizierung des Comonomeren wurden im Laufe der Zeit Produkte entwickelt, die hinsichtlich Reaktionsgeschwindigkeit, d. h. Vulkanisationsgeschwindigkeit und Vernetzungsgrad wesentlich verbessert wurden. Neuerdings gelang Goodrich die Entwicklung einer neuen Generation von ACM-Typen, die so hohe Reaktivität aufweisen, daß sie im Prinzip ohne Nachtemperung (das bei den früheren Typen erforderlich war) vulkanisiert werden können.

Seit 1975 ist auch von DU PONT ein neuer Acrylatkautschuk-Typ entwickelt worden, bestehend aus Äthylen, Methylacrylat und Carboxylverbindungen, der z. B. mit polyvalenten Aminen vernetzbar ist. Dieser steht trotz der unterschiedlichen Vernetzungsweise wegen der geringeren Quellbeständigkeit dem EAM näher als dem ACM [4.290.].

4.3.12.2. Herstellung von ACM [4.16.]

ACM wird überwiegend nach dem Emulsions-Polymerisationsverfahren hergestellt. Die Suspensionspolymerisation, für die nicht-ionogene wasserlösliche Dispersionsstabilisatoren und in den Monomeren lösliche Peroxide oder Azoverbindungen eingesetzt werden, spielt eine untergeordnet Rolle. Die Emulsionspolymerisation muß wegen der im basischen Bereich verhältnismäßig starken Hydrolysenanfälligkeit der Monomeren bei pH-Werten $\leqslant 7$ vorgenommen werden, weshalb z. B. langkettige Alkylsulfate bzw. -sulfonate zum Einsatz kommen. Die Initiierung erfolgt z. B. mit organischen Peroxiden oder Azoverbindungen. Auch K-persulfat oder Redoxsysteme werden verwendet. Eine zusätzliche Verwendung von Reglern ist nicht notwendig. Die Molekularmasse läßt sich über die Monomer/Initiator-Relation einstellen. Festkautschuk wird aus den entstehenden Latices in üblicher Weise gewonnen. Der weitaus größte ACM-Anteil wird als Latex verarbeitet.

Äthylen/Acrylat-Kautschuke werden im Gegensatz dazu, ähnlich wie EAM, in Lösung hergestellt. Das Lösungsmittel wird von den Polymeren z. T. hartnäckig festgehalten; bei der Herstellung von Füllstoff-Batches wird dieses jedoch ausgetrieben.

4.3.12.3. Struktur von ACM und dessen Einfluß auf die Eigenschaften [4.16.]

**Acrylateinfluß.** Die Auswahl der Acrylate bestimmt im wesentlichen die Einfriertemperatur, aber auch das Quellverhalten und die Wärmebeständigkeit der Vulkanisate. Polyäthylacrylat weist die höhere Polarität und damit die beste Öl- und Wärmebeständigkeit auf; infolge der relativ hohen Glasübergangstemperaturen $T_G$ von $-21°$ C ist jedoch die Kälteflexibilität der Vulkanisate nur mäßig. Polybutylacrylat hat dagegen einen $T_G$-Wert von $-49°$ C [4.291.] und damit die daraus hergestellten Vulkanisate demgemäß eine gute Kälteflexibilität; die Öl- und Wärmebeständigkeit sind jedoch vermindert. Noch ausgeprägter ist die Kälteflexibilität bei Polyoctylacrylaten bei weiter verminderten Öl- und Wärmebeständigkeiten der Vulkanisate. Auch durch Einsatz von Alkoxyacrylaten läßt sich eine verbesserte Kälteflexibilität erreichen [4.292.]. Eine Copolymerisation von Äthyl- und Butylacrylat ermöglicht es den Herstellern, Kompromisse zwischen den gewünschten Eigenschaften einzustellen.

In Äthylen/Acrylat-Kautschuken wird durch den Einfluß des Äthylen die Kettenbeweglichkeit so gesteigert, daß eine Kälteflexibilität resultiert wie sie auch Butylacrylatcopolymere aufweisen. Gegenüber äthylenfreien Polyacrylaten ist jedoch die Ölbeständigkeit durch den Äthyleneinfluß vermindert.

**Comonomere.** Die Art der Comonomeren hat entscheidenden Einfluß auf das Vernetzungsverhalten und damit die physikalischen Vulkanisateigenschaften, dagegen weniger auf die Öl- und Wärmebeständigkeit sowie die Kälteflexibilität. Die in früheren Handelsprodukten und z. T. auch heute noch eingesetzten Chloräthylvinyläther und Vinylchloracetat weisen geringe Monomerreaktivität beim Einbau in die Polymerkette und z. T. geringe Halogenreaktivität bei der Vernetzung auf. Mit zahlreichen anderen reaktiven Vinylkomponenten konnte das Ziel einer hohen Polymerisations- und hohen Vernetzungsreaktivität nicht befriedigend gelöst werden. Erst in einer neuen ACM-Generation, für die jedoch spezielle Vernetzungscompounds erforderlich sind, konnte in dieser Hinsicht durch Einsatz nicht publizierter Cokomponenten ein bedeutender Fortschritt erzielt werden [4.293.]. Mit diesen lassen sich bei relativ kurzen Heizzeiten ohne oder mit Nachtemperung hohe Vernetzungsgrade und damit deutlich verbesserte mechanische Eigenschaften und niedrige Druckverformungsreste erreichen.

Die Art der vernetzungsaktiven Komponenten wie chlorhaltigen Verbindungen, Glycidgruppen, Methylolgruppen beeinflußt die Wahl der Vulkanisationssysteme. Während chlorhaltige Komponenten Amine, z. T. Schwefel und Beschleuniger und/oder Metallseifen/Schwefel-Kombinationen erfordern, lassen sich Glycid-Typen mit $NH_3$-abspaltenden Verbindungen, wie z. B. Ammoniumbenzoat oder Dicarbonsäuren, vernetzen [4.294.]. Vernetzungen mit Peroxiden geben keine brauchbaren Ergebnisse.

Methylolacrylamidgruppen enthaltende Verbindungen neigen z. B. im Gegensatz von Acrylamid-haltigen Copolymeren beim Erhitzen in Gegenwart von Phthalsäureanhydrid unter Wasserabspaltung unter Ausbildung von Methylen-bisamid-Brücken zur Selbstvernetzung [4.10.], was vor allem im Latexsektor für eine Vielzahl von Anwendungen genutzt wird.

**Gesättigte Struktur.** Aufgrund der Abwesenheit von Doppelbindungen weisen ACM-Typen die für alle gesättigten Polymere charakteristischen Merkmale einer ausgezeichneten Oxydations-, Wetter- und Ozonbeständigkeit auf. Die Chemikalienresistenz ist jedoch durch die gegebenenfalls verseifbaren Estergruppen begrenzt.

### 4.3.12.4. Mischungsaufbau von ACM [4.295.–4.297.]

**Verschnitte.** ACM wird kaum in Verschnitten mit anderen Kautschuken eingesetzt. Diskutiert werden Verschnitte aus ACM und FKM, um ein Optimum der Eigenschaften zwischen denen der Einzelkomponenten zu erzielen [4.298., 4.299.]. Auch Verschnitte mit ECO zur Erzielung besserer Tieftemperaturflexibilität werden vorgeschlagen [4.299.].

**Vulkanisationschemikalien** [4.268., 4.296.]. Die früher empfohlenen Systeme, bestehend aus Diaminen und Na-metasilikat werden wegen starken Klebens und schlechter Verarbeitbarkeit heute nicht mehr empfohlen. Die früheren *Chloräthylvinyläther-ACM-Typen* wurden bevorzugt mit Thioharnstoff-, Di- oder Polyaminsystemen vernetzt. Als solche kommen z. B. ETU/$Pb_3O_4$ / Hexamethylendiamincarbamat/basisches Pb-phosphit, TETA bzw. PEP/MBTS/Schwefel u. ä. in Betracht. Für *Vinylchloracetat-Typen* werden mildere, weniger zu Korrosionen neigende Systeme, vor allem Metallseifen und Schwefel, verwendet. Diese sind bis heute die meist verwendeten ACM-Vulkanisationssysteme, obwohl für solche ACM-Typen gelegentlich ebenfalls Diamine eingesetzt werden. Die Metallseifen/Schwefel-Vernetzung [4.6.] kann durch Säuren, z. B. Stearinsäure, verzögert und durch Basen, z. B. MgO beschleunigt werden. Das Seifen-Kation hat auf das Vulkanisationsverhalten des Systems erheblichen Einfluß. K-stearat ist, vor allem bei Vulkanisationstemperaturen unterhalb ca. 175° C wesentlich aktiver als Na-stearat. Mitunter werden Kombinationen beider Stearate verwendet. Anstelle von Schwefel können auch Schwefelspender treten. ACM-Typen mit *Glycidgruppen*-haltigen Komponenten werden bevorzugt mit Ammoniumbenzoat [4.294.] oder aus Gründen des Druckverformungsrestes mit Ammoniumadipat vernetzt, obwohl auch bei diesen ACM-Typen die Metallseifen/Schwefelvernetzung angewendet wird. Für die *neue ACM-Generation* kommen neben Seifen/Schwefel- und Diamin-Systemen, mit denen man den Vernetzungsmöglichkeiten nicht voll gerecht wird, vor allem zur Erzielung niedriger Druckverformungsreste, Systeme, bestehend aus Seifen/tertiärem Amin- bzw. Seifen/quaternärem Ammonium zum Einsatz. Beispielsweise wird mit Na-Stearat bzw. K-Stearat und einem normalerweise als Pflanzenschutzmittel verwendeten Diuron eine besonders gute Balance zwischen Verarbeitungs- und physikalischen Vulkanisateigenschaften erzielt. Auch Beschleunigerkombinationen wie z. B. DOTG/TMTM oder DOTG/OTOS sowie ein neuer Thioketon-Beschleuniger geben interessante Eigenschaften. Für *Äthylen/Acrylat*-Typen kommen bevorzugt Diamine, z. B. Hexamethylendiamincarbamat und DPG zum Einsatz.

**Stabilisatoren.** Wie alle chlorhaltigen Polymeren benötigen auch chlorhaltige ACM-Typen HCl absorbierende *Stabilisatoren.* Bei Anwendung basischer Vulkanisationssysteme erübrigt sich vielfach ein spezieller Zusatz. Ansonsten kommen für ACM, z. B. basisches Pb-phosphit und Pb-Phthalat oder $Pb_3O_4$ zur Anwendung. Normalerweise benötigen ACM-Vulkanisate keine *Alterungsschutzmittel.* Bei besonderen Ansprüchen an die Wärmebeständigkeit können jedoch Zusätze von aromatischen Aminen z. B. p-Phenyldiamin-

Derivate, ODPA, oder organische Phosphite zum Einsatz kommen.

**Füllstoffe.** Ungefüllte oder mit inaktiven Füllstoffen gefüllte ACM-Vulkanisate haben ungenügende Festigkeit, weshalb der Auswahl der Füllstoffe eine große Bedeutung zukommt. Zur Erzielung guter mechanischer Vulkanisateigenschaften werden aktive Ruße oder Silikate verwendet. Zur Vermeidung der meist basisch verlaufenden Vulkanisation ist die Auswahl von neutralen oder basischen Füllstoffen wichtig. Die Ruße geben, vor allem Ruß N 326 und N 550, ein ausgewogenes Verhältnis zwischen den Verarbeitungs- und physikalischen Vulkanisateigenschaften. Kieselsäure in Kombination mit Al-Silikaten oder Silan behandelte Kaoline werden ebenfalls empfohlen. Da Äthylen/Acrylat-Copolymere bereits als Füllstoff-Batches angeliefert werden, erübrigt sich meist ein Füllstoffeinsatz.

**Weichmacher.** Normalerweise werden für ACM keine *Weichmacher* eingesetzt, schon hinsichtlich der Hitzebeständigkeit und des Druckverformungsrestes. Wenn jedoch besondere Kälteflexibilität gefordert wird, werden 5–10 phr wenig flüchtige Adipat-Weichmacher, Polyätherester, Alkylacrylpolyätheralkohole, polyoxäthyliertes Nonylphenol u. a. verwendet. Als wenig flüchtige und schwer extrahierbare Weichmacher kommen Polyester in Betracht. Zur Erhöhung der Klebrigkeit können dem ACM Cumaron-Inden-*Harze,* Koresin u. a. zugegeben werden.

**Verarbeitungshilfsmittel.** Da ACM verhältnismäßig schwierig zu verarbeiten ist, empfiehlt sich die Mitverwendung von Verarbeitungshilfen wie von Stearinsäure, die einen verzögernden, von Zn-Seifen, die einen vulkanisationsaktivierenden Einfluß haben, Fettalkohol-Rückstände, die vulkanisationsneutral sind, Verarbeitungswachsen u. ä.

#### 4.3.12.5. Verarbeitung von ACM [4.264., 4.295.]

Die Herstellung von ACM-Mischungen und deren Weiterverarbeitung erfolgt trotz mancher Verarbeitungsschwierigkeiten, die z. T. in ihrem andersartigen rheologischen und Vulkanisationsverhalten begründet liegen, auf den in der Gummi-Industrie üblichen Maschinen und dort praktizierten Verfahren (s. S. 413 ff). Zusätzlich zu dem üblichen Vulkanisationsprozeß ist zur Erzielung optimaler Vulkanisationseigenschaften, insbesondere einem niedrigen Druckverformungsrest, in den meisten Fällen eine Nachtemperung von z. B. einigen Stunden bei 150° C erforderlich. Bei der neuen ACM-Generation ist dies zwar nicht mehr notwendig aber dennoch empfehlenswert.

4.3.12.6. Eigenschaften von ACM-Vulkanisaten [4.276.]

**Mechanische Eigenschaften.** Die *Festigkeits*eigenschaften erreichen, ähnlich wie andere Spezialkautschuke, nicht das hervorragende Niveau von NR oder NBR-Vulkanisaten. Es reicht aber für die üblichen technischen Anwendungen völlig aus. Die neue ACM-Generation ermöglicht jedoch im Vergleich zu früheren Typen deutliche Festigkeitssteigerungen. Dies gilt in besonderem Maße auch für den *Druckverformungsrest.* Im Gegensatz zu anderen, rascher alternden Kautschukvulkanisaten bleiben bei solchen aus ACM die Eigenschaften auch nach langen Einsatzzeiten und hohen Einsatztemperaturen erhalten.

**Alterungs-, Hitze- und Ozonbeständigkeit.** ACM-Vulkanisate, insbesondere aus Produkten der neuen Generation, oder aus Äthylen/Acrylat-Copolymeren, können unter bestimmten Bedingungen 1000 Stunden bei ca. 160–170° C eingesetzt werden. Bei 1000stündigem Einsatz in Ölen von 150° C ist praktisch noch kaum eine Eigenschaftsveränderung feststellbar. Es ist jedoch bei der Konzeption von bei höherer Einsatztemperatur laufenden ACM-Artikeln analog wie bei solchen aus anderen Spezialkautschuken zu berücksichtigen, daß diese wegen eines gewissen thermoplastischen Charakters bei hohen Temperaturen stärker erweichen, als solche aus Dien-Kautschuken, wie z. B. NBR. Neben der hervorragenden Alterungs- und Hitzebeständigkeit können die Vulkanisate als ozonresistent angesehen werden.

**Quellbeständigkeit, Chemikalienbeständigkeit.** ACM-Vulkanisate sind in allen tierischen, pflanzlichen und mineralischen *Ölen* wesentlich quellbeständiger als solche aus allen bisher behandelten Kautschuken und dies auch bei sehr hohen Einsatztemperaturen; sie werden in dieser Hinsicht lediglich von FKM übertroffen. Im Gegensatz zu NBR ist ACM auch gegen die in den meisten technischen Ölen verwendeten Öladditive resistent [4.300.], weshalb ACM den NBR in den letzten Jahren aus vielen seiner klassischen Einsatzgebiete verdrängt hat. ACM-Vulkanisate sind aber nicht kraftstoffbeständig. In dieser Hinsicht wird ACM von ECO übertroffen. Die Chemikalienbeständigkeit ist nicht sehr ausgeprägt.

**Kälteflexibilität.** Mit ACM-Typen auf Äthylacrylatbasis ohne Zusatz von Weichmachern ist die Kälteflexibilität von z. B. – 18° C nicht immer ausreichend. Deshalb werden in vielen Fällen entweder Weichmacher oder Äthylacrylat/Butylacrylat- Copolymere oder beides eingesetzt. Die Erzielung einer Kälteflexibilität von – 40° C ist nicht problematisch. Bei Verwendung von Polyesterätherweichmacher lassen sich selbst mit ACM-Typen auf Äthylacrylatbasis dynamische Einfriertemperaturen von z. B. – 38° C fast ohne Beeinträchtigung der Hitzebeständigkeit einstellen; hierbei werden allerdings die Druckverformungsreste höher. Auch Äthylen/Acrylat- Copolymere erreichen eine Kälteflexibilität von unter − 40° C.

4.3.12.7. Einsatzgebiete von ACM [4.276.]

ACM wird zu über 90% für Anwendungen im Fahrzeug- oder Maschinensektor eingesetzt. Die Hauptanwendungen sind Wellendichtungen aller Art, wie z. B. Kurbelwellendichtungen, Differentialdichtungen, Ventilschaftdichtungen, Dichtungen für automatische Getriebe, O-Ringe für spezielle Abdichtungen, Ölschläuche. Auch für spezielle Walzenbeläge kommt ACM gelegentlich zum Einsatz. Äthylen/Acrylat-Copolymere werden trotz niedriger dynamischer Dämpfung [4.301.] für statische Dichtungen und Schläuche, nicht dagegen für Wellendichtungen, eingesetzt. Infolge des relativ hohen Preises bleibt ACM speziellen Anwendungen vorbehalten.

4.3.12.8. Konkurrenzmaterialien und Handelsprodukte von ACM

**Konkurrenzmaterialien** sind z. B. FKM, NBR, Q.

**Handelsprodukte.** Als Handelsprodukte sind zu nennen (die Aufstellung erhebt keinen Anspruch auf Vollständigkeit):

Hycar, GOODRICH – Cyanacril, CYANAMID – Elaprim AR, MONTEEDISON – Vamac, Du Pont (Äthylen/Acrylat-Copolymere).

## 4.3.13. Epichlorhydrin-Kautschuk (CO, ECO bzw. ETER) [4.302.–4.305.]

4.3.13.1. Allgemeines über CO, ECO bzw. ETER

Durch ringöffnende Polymerisation von Epichlorhydrin lassen sich amorphe Homopolymere mit einer Polyäthylenäther-Struktur und seitenständigen Chlormethylgruppen herstellen [4.306.]. Diese sind über die Chlormethylgruppe mittels verschiedener Vernetzungssysteme vulkanisierbar. Solche Homopolymere, die die Kurzbezeichnung CO tragen (O aufgrund der Ätherstruktur), sind extrem polar und quellbeständig und weisen eine verhältnismäßig hohe Glasübergangstemperatur $T_G$ auf. Durch Copolymerisation des Epichlorhydrin mit Äthylenoxid lassen sich Copolymerisate, ECO, mit niedrigerem $T_G$-Wert, herstellen [4.306.]. Schließlich gelang es Goodrich, durch Terpolymerisation eine Dien-Komponente, mit seitenständiger Doppelbindung, deren Zusammensetzung nicht bekannt ist, in das ECO einzubauen.

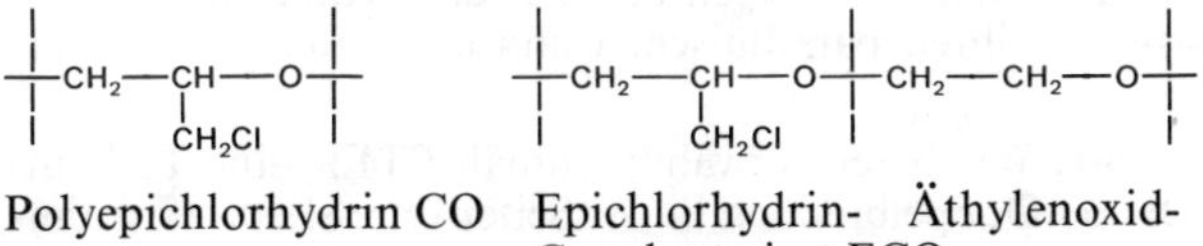


Polyepichlorhydrin CO Epichlorhydrin- Äthylenoxid- Einheit
Copolymerisat ECO

Ein derartiges Terpolymerisat mit der Kurzbezeichnung ETER kann über die Doppelbindung auch mit Schwefel vulkanisiert werden. Die technologische Bedeutung dieser Produkte ist durch gestiegene Anforderungen, vor allem in der Kraftfahrzeug-Industrie, in den letzten Jahren zu Lasten von NBR und CR immer größer geworden.

### 4.3.13.2. Herstellung von CO bzw. ECO [4.306.]

Zur Polymerisation von Epichlorhydrin können die für die ringöffnende Epoxid-Polymerisation bekannten Katalysatorsysteme, z. B. $Al(alkyl)_3$/Wasser-Systeme mit z. B. 0,5 Mol Wasser je Mol $Al(alkyl)_3$ verwendet werden. Durch Modifizierung dieser Systeme mit Chelatbildnern wie Acetylaceton [4.307.] kann die Katalysatoraktivität gesteigert werden, was vor allem bei der Copolymerisation bedeutsam ist. Die Polymerisation kann in aliphatischen, aromatischen, chlorierten Kohlenwasserstoffen oder auch Äthern durchgeführt werden und verläuft bereits bei Raumtemperatur mit ausreichender Geschwindigkeit. In der Praxis werden erhöhte Temperaturen zur Steigerung der Geschwindigkeit angewandt.

### 4.3.13.3. Struktur von CO, ECO bzw. ETER und deren Einfluß auf die Eigenschaften [4.16.]

**Chlormethylgruppen-Gehalt.** Das Homopolymere weist den höchsten Chlormethylgruppen-Gehalt auf. Dadurch bedingt weist CO einerseits die größte Vernetzungsreaktivität, andererseits die stärkste Polarität und damit die höchste Quell- und Hitzebeständigkeit, aber die geringste Kälteflexibilität der Vulkanisate auf. Auch das Permeations- und Brandschutzverhalten sind besonders gut. ECO- oder Terpolymere mit vermindertem Chlormethylgruppen-Gehalt stellen einen Kompromiß zwischen den erzielbaren Kälteflexibilitäten und den Quell- und Hitzebeständigkeiten dar. Das Verarbeitungsverhalten ist durch den das Kleben auf Walzen verstärkenden Chloreinfluß nicht immer zufriedenstellend, sofern keine Hilfsmittel eingesetzt werden.

**Gesättigte Struktur.** Aufgrund der völlig gesättigten Struktur sind CO bzw. ECO ähnlich wie andere gesättigte Kautschuke oxydations- und ozonbeständig. Durch den Einbau von Äther-Sauerstoff in die Polymerkette ist dieser Trend noch verstärkt.

Auch die Polarität der Polymeren ist durch die Ätherstrukturen bei Polyepichlorhydrinen im Gegensatz zu den Kautschuken auf Äthylenbasis mit ihren paraffinischen und unpolaren Ketten verstärkt.

**Terkomponente.** Wie bereits erwähnt, enthält ETER eine Terkomponente. Da die Doppelbindung in der Seitenkette steht, wird ähnlich wie beim EPDM die gesättigte Struktur der Hauptkette nicht unterbrochen und die Resistenz kann nicht nachteilig beeinflußt werden. Die Terkomponente erhöht natürlich die Vernetzungsaktivität erheblich und läßt höhere Vernetzungsgrade zu.

**Viskosität.** Die mittleren Molekularmassen von CO betragen etwa 500 000 und mehr, was Mooney-Viskositäten ML 1 + 4 bei 100° C von ca. 45–70 entspricht. ECO aus äquimolaren Mengen Epichlorhydrin und Äthylenoxid haben höhere Molekularmassen von ca. 1 000 000 und darüber und entsprechend höhere Mooney-Viskositäten ML 1 + 4 bei 100° C von ca. 70 bis 100.

**Kristallinität.** CO, ECO bzw. ETER sind völlig amorph und neigen nicht wie z. B. CR zur Kristallisation. Auch bei der Lagerung bei Temperaturen unter 0° C zeigen Mischungen oder Vulkanisate keine durch Kristallisation bedingte Verhärtung, weshalb z. B. ECO bei tiefen Temperaturen die Erzielung sehr niedriger Druckverformungsreste ermöglicht.

#### 4.3.13.4. Mischungsaufbau von CO, ECO bzw. ETER [4.302., 4.304.]

**Verschnitte.** CO und ECO bzw. ETER werden häufig miteinander verschnitten, um ein Optimum der Eigenschaften zwischen denen der Einzelkomponenten zu erzielen. Da diese nach gleichen Kriterien vernetzt werden, kann man eine gewisse Covulkanisation erzielen. CO und ECO sind jedoch mit den meisten Kautschuken nicht oder nur schwer covulkanisierbar, weshalb die Übertragung ihres Eigenschaftsbildes auf andere Kautschuke problematisch ist. Mit der Entwicklung des Terpolymeren, das neben der traditionellen ETU/Metalloxid-Vernetzung auch mit Schwefel und Beschleunigern sowie mit Peroxiden vulkanisierbar ist, zeichnet sich eine breitere Covulkanisierbarkeit von Epichlorhydrin-Kautschuk mit anderen schwefel- und peroxidvernetzbaren Kautschuken ab. Besonderes Interesse scheinen Verschnitte von ETER mit NBR zur Erzielung eines NBR mit verbesserten Eigenschaften (vgl. S. 123), mit NR zur Verbesserung dessen Wärmebeständigkeit bzw. mit SBR zur Erhöhung der Quellbeständigkeit, zu erhalten [4.304.]. ECO wird neuerdings auch als Verschnittkomponente für ACM zur Verbesserung dessen Tieftemperaturflexibilität vorgeschlagen [4.299.].

**Vulkanisationschemikalien.** *CO und ECO* wird am häufigsten mit ETU vernetzt. Durch Zusatz von Schwefel oder insbesondere Schwefelspender wie z. B. DTDM wird der Vernetzungsgrad zwar erhöht und die Anvulkanisationsgeschwindigkeit verzögert, gleichzeitig werden aber in etwas stärkerem Maße durch Schwefel als durch Schwefelspender die Hitzebeständigkeit und der Wärme-Druckverformungsrest der Vulkanisate vermindert. Auch bei Verwendung von *ETER* erhält man die beste Hitzebeständigkeit unter

Verwendung eines schwefelfreien ETU-Systems. Für die Abwägung der für ETER in Betracht kommenden drei Vernetzungssysteme (ETU, Schwefel und Beschleuniger, Peroxide) ist folgendes zu sagen: Mischungen mit *ETU* haben vergleichsweise den raschesten Vulkanisationseinsatz, niedrigsten Vernetzungsgrad, die relativ ungünstigste Metall- und Textilhaftung und geben die besten Festigkeits- und Weiterreißfestigkeitseigenschaften, mittlere Flex life und mittleren Druckverformungsrest, beste Hitze-, Öl- und Kraftstoffbeständigkeit. Mischungen mit *Schwefel und Beschleuniger* weisen bestes Verarbeitungs- und Haftungsverhalten auf und geben Vulkanisate mit etwas abgeschwächter Zugfestigkeit, aber bestem Weiterreißwiderstand und bester Flex life, aber ungünstigerem Druckverformungsrest, Wärme- und Ölbeständigkeit; dagegen ist die Kraftstoffbeständigkeit hervorragend aber die Ozonresistenz etwas abgeschwächt. Durch Einsatz von *Peroxiden* und Coaktivatoren wie z. B. Äthylenglykoldimethacrylat, EDMA (Trimethylolpropantrimethacrylat gibt zu rasche Anvulkanisation) werden ebenfalls sehr gutes Verarbeitungsverhalten, jedoch bei Vulkanisaten verminderte mechanische und dynamische Eigenschaften erhalten. Der Druckverformungsrest und die Hitze-und Ölbeständigkeit sowie die Ozonbeständigkeit der Vulkanisate und die Covulkanisierbarkeit sind sehr gut. Die Kraftstoffquellung ist aufgrund des etwas verminderten Vulkanisationsgrades jedoch stärker.

**Stabilisatoren und Alterungsschutzmittel.** Wie auch bei anderen chlorhaltigen Polymeren sind *Stabilisatoren* zur HCl-Absorption erforderlich. Als solche werden z. B. MgO, Mg-Stearate, dibasisches Pb-Phosphit, dibasisches Pb-Phthalat, $Pb_3O_4$, PbO, K- oder Na-Stearat usw. sowie auch ZnO, Zn-Stearat oder andere Zn-Seifen eingesetzt. Zn-Stearat oder Kombinationen aus ZnO und MgO geben einen guten Kompromiß zwischen Verarbeitbarkeit und Vulkanisateigenschaften. ZnO allein gibt eine verschlechterte Hitzebeständigkeit. Beste Hitzebeständigkeiten, vor allem auch hinsichtlich Heißölbeanspruchung geben größere Mengen dibasisches Pb-Phthalat und -Phosphit.

Als *Alterungsschutzmittel* kommen bevorzugt Ni-Dithiocarbamate zum Einsatz. Ni-Dibutyldithiocarbamat hat zwar eine stärkere Hitzeschutzwirkung als Ni-Dimethyldithiocarbamat. Da das erstere aber in Ölen und Kraftstoffen besser löslich ist und stärker eluiert wird, erhält man im praktischen Einsatz oft mit dem Dimethyl-Derivat bessere Ergebnisse. Zu einem ausgewogenen Verhältnis zwischen der Hitzebeständigkeit im ungequollenen und gequollenen Zustand (vor allem nach Quellung) werden meist Kombinationen aus beiden Ni-Verbindungen eingesetzt. Diese Hitzeschutzmittel wirken nur bei der ETU, nicht dagegen bei der Schwefel/Beschleuniger bzw. Peroxidvernetzung in ETER. In solchen Fällen, in denen z. B. eine Sour-Gas-Beständigkeit (vgl. S. 124) eingestellt werden soll, sind ebenfalls Ni-Dithiocarbamate als Stabilisatoren zu vermeiden. In solchen Fällen kommen stattdessen z. B. p-Phenylendiamine (insbesondere Di-β-Naphthyl-p-phenylendiamin), MBI oder andere Antioxidantien sowie UV-Stabilisatoren (wie z. B. Irganox 1098) und $Pb_3O_4$ zum Einsatz.

**Füllstoffe.** Für die Auswahl von Füllstoffen gelten die hinreichend bekannten Kriterien. Mit Ruß N-770 oder N 990 erhält man zwar die höchsten Füllungsgrade und besonders niedrige Druckverformungsreste, jedoch gleichzeitig recht niedrige Zugfestigkeiten. Mit Ruß N 550 erhält man in dieser Hinsicht einen guten Kompromiß. Unter Berücksichtigung der Bruchdehnung ist jedoch Ruß N 326 vorzuziehen. Zur Optimierung der ohnehin niedrigen Permeation und Verbesserung der Gasohol-Beständigkeit (vgl. S. 124) sind relativ hohe Füllungen mit Mikrotalkum, z. B. Mistron Vapor zu empfehlen, das sich besser eignet als z. B. Mica.

**Weichmacher.** Weichmacher spielen in Polyepichlorhydrinen schon aus Gründen der Hitzebeständigkeit eine geringere Rolle als z. B. bei NBR. Es kommen in der Regel nur kleine Mengen hochmolekularer Typen zum Einsatz, die im Falle der Peroxidvernetzung keinen störenden Einfluß haben dürfen. Als solche kommen z. B. Adipate, auch DOP, sowie Polyester in Betracht.

**Verarbeitungshilfsmittel.** Zur Verbesserung der Laufeigenschaften auf den Walzen oder der Füllstoffverteilung ist der Einsatz von Verarbeitungshilfsmitteln wie z. B. Zn-Seifen, Fettalkohol-Rückständen, Verarbeitungswachsen, Polyäthylenpulvern u. dgl. zweckmäßig. Phthalsäureanhydrid und Nitrosodiphenylamin wirken in Polyepichlorhydrinen als Chlorakzeptoren und verringern demgemäß die durch Chlorabspaltung sonst mögliche Formenkorrosion.

### 4.3.13.5. Verarbeitung von CO, ECO bzw. ETER [4.303.]

Die Mischungsherstellung und -verarbeitung erfolgen nach den in der Gummi-Industrie üblichen Prinzipien. Ähnlich wie bei ACM werden oft optimierte Eigenschaften nach einer kurzen Nachtemperung z. B. bei 150° C erhalten.

### 4.3.13.6. Eigenschaften von CO-, ECO- bzw. ETER-Vulkanisaten [4.303., 4.304.]

Polyepichlorhydrin-Vulkanisate weisen eine ungewöhnliche und eigenständige Kombination von Eigenschaften auf. Sie haben gleichzeitig höchste Quellbeständigkeit gegen Öle und Treibstoffe, hohe Wärmebeständigkeit, beste Ozonbeständigkeit, geringste Gas- und Treibstoff-Durchlässigkeit, sehr gute Dämpfungseigenschaften, gutes Brandschutzverhalten und gute Kälteflexibilität.

**Mechanische Eigenschaften.** Die Festigkeitseigenschaften von Polyepichlorhydrin-Vulkanisaten sind im Vergleich zu den aus anderen Spezialkautschuken erzielbaren, relativ hoch; sie sind jedoch niedriger als diejenigen aus Vulkanisaten adäquater Dien-Kautschuke. Die Härten lassen sich von ca. 50–90 Shore A einstellen; sie liegen für technische Anwendungen zumeist zwischen 60–80 Shore A. Die Druckverformungsreste sind stark vom Vernetzungssystem abhängig und erreichen sehr niedrige Werte.

**Hitzebeständigkeit.** Die Hitzebeständigkeit von unverschnittenen CO-Vulkanisaten liegt z. B. bei 1000stündigem Einsatz bei ca. 150° C, die von ECO- bzw. ETER-Vulkanisaten bei über 135° C.

**Kälteflexibilität.** Der Grad der Kälteflexibilität und der anderen Eigenschaften ist vom Verschnittverhältnis CO/ECO abhängig. Die Kälteflexibilität von unverschnittenen CO-Vulkanisaten liegt z. B. bei −23° C, diejenige von ECO bzw. ETER-Vulkanisaten dagegen unter −40° C. Durch Verschnitt lassen sich die dazwischen liegenden Werte einstellen. Beim Tieftemperaturverhalten von Polyepichlorhydrinen wird das bemerkenswerte Phänomen beobachtet, daß im Gegensatz zu anderen (auch chlorhaltigen) Elastomeren die dynamische Einfriertemperatur praktisch mit der Brittleness-Temperatur identisch ist.

**Quellbeständigkeit.** Epichlorhydrin-Vulkanisate weisen eine ungewöhnlich hohe Quellbeständigkeit in Kraftstoffen auf und sind in dieser Hinsicht NBR-Vulkanisaten erheblich überlegen. Selbst in aromatenhaltigen *Kraftstoffen* (Kraftstoff C) ist die Beständigkeit gut. Vulkanisate aus CO weisen aus der Reihe der Epichlorhydrine die beste Quellbeständigkeit auf, dicht gefolgt von solchen aus ECO und ETER, zwischen denen kaum Unterschiede bestehen. Ein Vorteil von ECO und ETER gegenüber NBR ist darüberhinaus der, daß die Vulkanisate neben der besseren Quellbeständigkeit gleichzeitig deutlich bessere Kälteflexibilität und höhere Wärmebeständigkeit, verbunden mit Ozonresistenz, aufweisen. Bei peroxidvernetzten Verschnitten mit ETER lassen sich diese Vorteile entsprechend dem Verschnittverhältnis auf NBR übertragen.

Ferner ist die Quellbeständigkeit von Epichlorhydrin-Vulkanisaten in alkoholhaltigen Kraftstoffen *(Gasohol)* im Vergleich zu solchen aus NBR verbessert.

Auch die *Permeation von Kraftstoffen* durch z. B. Kraftstoffschläuche ist bei den Epichlorhydrinen eine Größenordnung besser als bei NBR. Hier ist CO das beste Material. Während die Permeation von Kraftstoffen durch NBR-Kraftstoffschläuche z. B. 100 $mg/m^2$/Tag beträgt, ist diejenige entsprechender CO-Schläuche kleiner als 5 $mg/m^2$/Tag und diejenige von CO/ECO- bzw. CO/ETER-Verschnittschläuchen in der Größenordnung von ca.

10–20 mg/m²/Tag [4.308.–4.309.]. Es ist in den USA ab 1981 zu erwarten, daß die EPA (Environmental Protection Agency)-Behörde für Kraftstoffschläuche einen Permeationswert von unter 35 mg/m²/Tag vorschreibt, der mit NBR nicht, wohl aber mit CO/ECO- bzw. CO/ETER-Verschnitten erreichbar ist. Im Vergleich zu NBR ist jedoch die Beständigkeit von Epichlorhydrinen gegenüber hydroperoxidhaltigen Kraftstoffen (*SourGas*) (s. S. 124), die in blei- und alkoholfreien Kraftstoffen oder in Kraftstoff-Injektionsanlagen mit Boschpumpen (nicht aber mit Membranpumpen) auftreten können, vermindert. Innerhalb der Epichlorhydrine weist ETER gegenüber „SourGas", vor allem bei Anwendung geeigneter Antioxidantien, die beste Beständigkeit auf, die, von den genannten Kraftstoff-Injektionsanlagen abgesehen, in Europa praktisch keine Bedeutung hat. Peroxidvernetzte Verschnitte aus NBR und ETER können möglicherweise als Kompromißmaterialien für künftige Anwendungen bei gestiegenen Anforderungen herangezogen werden.

**Dämpfungsverhalten.** Bemerkenswert ist auch das Dämpfungsverhalten von ECO- bzw. ETER-Vulkanisaten, das demjenigen von NR-Vulkanisaten sehr nahesteht. Nach relativ kurzfristiger Hitzeeinwirkung übertreffen die Polyepichlorhydrine den NR sogar in dieser Hinsicht,weshalb bereits Motorlager aus Epichlorhydrinen bei hohen Temperatur-Anforderungen in Automobilen anstelle von solchen aus NR eingesetzt werden.

**Permeation.** Hinsichtlich der Permeation gegenüber Gasen sind CO-Vulkanisate dem IIR erheblich überlegen, diejenigen aus ECO bzw. ETER weisen die gleiche Größenordnung wie solche aus IIR auf.

### 4.3.13.7. Einsatzgebiete von CO, ECO bzw. ETER

Wegen dieses ausgewogenen Eigenschaftsbildes haben Polyepichlorhydrine in letzter Zeit stark an Bedeutung gewonnen und trotz ihres höheren Preises in z. T. gleichen Einsatzgebieten wie NBR Eingang gefunden. Das bevorzugte Einsatzgebiet ist die Kraftfahrzeugindustrie, z. B. für zahlreiche Dichtungen, Diaphragmen, Membranen, Schläuche, wie z. B. Kraftstoff- und Heißluftschläuche, wärmebeständige Dämpfungselemente (Motorauflager) usw. Darüberhinaus werden die Produkte jedoch auch für Walzenbeläge (z. B. Papier- und Druckwalzen), zahlreiche Formartikel auch nach dem Injection-Moulding-Verfahren, Gurte, Textilgummierungen u. dgl. empfohlen. Im Zusammenhang mit Verschnitten mit NBR, SBR, NR und anderen Kautschuken dürfte ETER künftig eine noch breitere Anwendung finden [4.162.].

4.3.13.8. Konkurrenzmaterialien und Handelsprodukte von CO, ECO bzw. ETER

**Konkurrenzmaterialien** sind z. B. ACM, BIIR, CIIR, CM, CR, CSM, FKM, IIR, NBR.

**Handelsprodukte.** Als Handelsprodukte sind zu nennen (die Aufstellung erhebt keinen Anspruch auf Vollständigkeit):

CO: Hydrin 100, GOODRICH – Herclor H, HERCULES INC.

ECO: Hydrin 200, GOODRICH – Herclor C, HERCULES INC.

ETER: Hydrin 400, GOODRICH.

### 4.3.14. Polypropylenoxid-Kautschuk (PO bzw. GPO) [4.305., 4.310.]

Propylenoxid läßt sich analog wie Epichlorhydrin durch ringöffnende Polymerisation durch Anwendung von $Zn(alkyl)_2$/Wasser- oder $Al(alkyl)_3$/Wasser-Katalysatoren [4.311.–4.313.] zu Homopolymerisaten (PO) bzw. gemeinsam mit z. B. Allylglycidäther [4.310.] zu Copolymerisaten (GPO), dem wichtigsten Produkt, herstellen. Die letzteren lassen sich aufgrund der Doppelbindungen mit Schwefel und Beschleunigern vulkanisieren. GPO hat folgende Struktur:

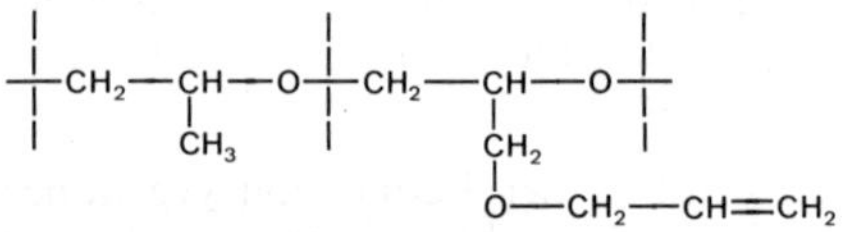

Propylenoxid- Allylglycidäther- Einheit

Die Molekularmasse von GPO liegt bei ca. 1 000 000–1 500 000. Entsprechend haben die Produkte eine Mooney-Viskosität ML 1 + 4 bei 100° C von ca. 75–80. Aufgrund der Chlorfreiheit liegt die Glasübergangstemperatur von GPO niedriger als bei ECO; sie liegt bei GPO bei ca. – 60° C.

GPO-Vulkanisate weichen z. Zt. in ihrem Eigenschaftsbild von dem von ETER-Schwefelvulkanisaten ab. Einerseits zeigen sie wie die letzteren ausgezeichnete Heißluft- und Ozonbeständigkeit, hohe Elastizität und gutes dynamisches Verhalten, andererseits ist die Quellbeständigkeit in Ölen und insbesondere in Kraftstoffen verschlechtert. Das Kälteverhalten von GPO ist besser und auch die Hydrolysebeständigkeit sowie die Quellbeständigkeit in Wasser und Alkoholen ist überraschend gut. PO bzw. GPO zeigen aufgrund der Chlorfreiheit kein Brandschutzverhalten.

Das Produkt wird unter der Bezeichnung Parel 58 von Hercules Inc., hergestellt.

### 4.3.15. **Fluorkautschuk (FKM)** [4.314.–4.319.]

4.3.15.1. Allgemeines über FKM (bzw. CFM)

Ausgehend von der Polytetrafluoräthylen-Herstellung (1938) gelang es 1956 amorphe Produkte mit mehr als 60% Fluor und niedriger Glastemperatur aus Vinylidenfluorid ($VF_2$) und Chlortrifluoräthylen (CTFE) (CFM-Typ) [4.320.–4.324.] herzustellen. Diese Produkte sind durch die Entwicklung neuerer, noch hitzebeständigerer, sogenannter Hydrofluorkautschuke (FKM) ersetzt worden, die durch Co- oder Terpolymerisation von Vinylidenfluorid mit nachfolgenden Monomeren hergestellt werden können:

| | |
|---|---|
| $CF_2{=}CF{-}CF_3$ | Hexafluorpropylen HFP [4.325.–4.328.] |
| $CF_2{=}CF_2$ | Tetrafluoräthylen TFE [4.329.] |
| $CHF{=}CF{-}CF_3$ | 1-Hydropentafluorpropylen HFPE [4.330.–4.332.] |
| $CF_2{=}CF{-}O{-}CF_3$ | Perfluor(methylvinyläther) FMVE [4.314.] |

Durch die Copolymerisation mit sperrigen Comonomeren wird die Symmetrie und dadurch die durch das Fluoratom bedingte Steifheit der Polyvinylidenfluorid-Kette kleiner. Während Polyvinylidenfluorid eine Schmelztemperatur von etwa + 170° C und eine Glasübergangstemperatur $T_G$ von –18° C aufweist, wird durch den Einbau von Comonomeren der $T_G$-Wert auf z. B. bis zu –40° C verringert.

FKM hat trotz eines sehr hohen Preises durch die stark gestiegenen Anforderungen der Automobil-Industrie einen erheblichen technologischen Auftrieb erhalten und früher eingesetzte Polymere wie NBR, Q in bestimmten Einsatzgebieten partiell verdrängt.

4.3.15.2. Herstellung von FKM [4.314.]

FKM wird bevorzugt durch Emulsionspolymerisation mit peroxidischer Initiierung bei höheren Temperaturen hergestellt. Dabei muß unter Druck gearbeitet werden, weil die Fluorolefine bei Atmosphärendruck gasförmig sind. Die Molekularmasse kann mit Hilfe von Reglern (Chlorkohlenwasserstoffe, Alkylmercaptane [4.333.], Alkylester [4.334.], Halogene [4.335.]) oder durch das Monomer/Initiator-Verhältnis eingestellt werden.

4.3.15.3. Struktur von FKM und dessen Einfluß auf die Eigenschaften [4.16.]

**Fluoreinfluß, Monomereinfluß.** Die Bindungsenergie der Kohlenstoff-Fluorbindung ist mit 442 KJ/mol wesentlich stärker als die Kohlenwasserstoff-Bindung mit 377 KJ/mol. Sie ist auch wesentlich stärker als die der meisten anderen Substituenten, z. B. Chlor. Aus diesem Grund und wegen der starken Abschirmung der Hauptkette durch das größere Fluoratom im Vergleich zu nicht substituierten Ketten kommt eine besonders starke Hitze- und Chemikalienresistenz des FKM zustande [4.336.]. Die Fluorkohlenwasserstoffe haben jedoch noch reaktionsfähige Stellen, über die mittels einer Vielzahl von Vernetzungssystemen, z. B. mit Diaminen, Dithiolen, Peroxiden und aromatischen Diphenylverbindungen, vulkanisiert werden kann.

Durch Terpolymerisation von $VF_2$, TFE und FMVG [4.314.] z. B. im Molverhältnis von 75/10/15 lassen sich neuerdings FKM-Typen mit einer wesentlich niedrigeren Glasumwandlungstemperatur von z. B. $-37°$ C und Versprödungstemperatur von z. B. $-50°$ C herstellen. Diese Kälterichtwerte liegen ca. 10° C niedriger als bei bisher üblichen Produkten auf Basis $VF_2$ und HFP.

**Gesättigte Struktur.** FKM ist völlig gesättigt und bietet oxydativen Prozessen keine Angriffsstelle. Deshalb ist FKM völlig oxydations- und ozonbeständig.

**Viskosität.** FKM wird in einer Bandbreite von Viskositäten angeboten.

4.3.15.4. Mischungsaufbau von FKM [4.314.–4.319., 4.337.]

**Vulkanisationschemikalien.** Zur Vulkanisation von FKM werden z. B. folgende Systeme eingesetzt: Hexamethylendiamincarbamat in Kombination mit MgO, CaO oder PbO bzw. anderen Pb-Verbindungen; Kombinationen aus z. B. Hydrochinon mit Pentaalkylguanidin und MgO oder Bisphenol A [4.338.–4.339.] mit Triphenyl-benzylphosphoniumchlorid und CaO, letzteres zur Erzielung hoher Einreißfestigkeit und gutem Druckverformungsrest.

**Stabilisatoren, Alterungsschutzmittel.** Als HF-Akzeptoren sind basische Verbindungen oder Metalloxide erforderlich.

Zur Erzielung höchster Wärmebeständigkeit ist die Auswahl des Fluorakzeptors von wesentlicher Bedeutung. $Pb_3O_4$ oder dibasisches Pb-Phophit werden besonders empfohlen und zwar $Pb_3O_4$ bei Einsatz in heißen Säuren und dibasisches Pb-Phosphit gegen Dampf und heißes Wasser. MgO und CaO sind überlegen bei trockener Hitze.

**Füllstoffe.** Zur Erzielung guter Festigkeitseigenschaften, Einstellung der gewünschten Härte, Verbesserung der Verarbeitbarkeit und Senkung des Mischungspreises werden inaktive Ruße und mineralische Füllstoffe eingesetzt. MT-Ruß gibt einen guten Kompromiß zwischen Verarbeitbarkeit und physikalischen Eigenschaften. Aus Gründen einer raschen Versteifung der Mischungen, kommen nur verhältnismäßig kleine Füllstoff-Mengen (10–30 phr) zur Verwendung. Um einen niedrigen Druckverformungsrest zu erhalten, wird die Verwendung von „Austin-Ruß" als bestem Füllstoff vorgeschlagen. Außerdem wird Zn-Sulfid und $Fe_2O_3$ empfohlen.

**Weichmacher.** FKM ist mit üblichen Weichmachern nicht verträglich, die auch schon wegen der hohen Einsatztemperaturen der Elastomeren nicht in Betracht kommen. Als Weichmacher können niedermolekulare Vinylidenfluorid/Hexafluorpropylen-Copolymere eingesetzt werden.

### 4.3.15.5. Verarbeitung von FKM [4.314., 4.316., 4.319.]

Die Herstellung und Verarbeitung von FKM erfolgt nach den in der Gummi-Industrie üblichen Methoden. Nach der Vulkanisation ist eine ausgiebige Nachtemperung von 4–24 Stunden bei 150–200° C nötig. Diese Nachvernetzung bringt erst die Vernetzungsreaktionen zum Abschluß und führt zu hohem Vernetzungsgrad und guten Festigkeitseigenschaften. Auch für die Erzielung eines guten Druckverformungsrestes ist die richtige Nachtemperung entscheidend.

### 4.3.15.6. Eigenschaften von FKM-Vulkanisaten [4.314.]

**Mechanische Eigenschaften.** Die Festigkeitseigenschaften von FKM ist wie bei den meisten Spezialkautschuk-Typen deutlich niedriger als bei den üblichen Dienkautschuk-Vulkanisaten. Die Zugfestigkeit ist stark von der Temperatur abhängig; sie fällt bei hohen Einsatztemperaturen erheblich ab. Auch die Härte, die sich von ca. 50 bis 95 Shore A einstellen läßt (vorzugsweise ist 70 Shore A gebräuchlich), fällt mit zunehmender Meßtemperatur stark ab. Durch ein Hydrochinon/Amin-Vernetzungssystem bleibt die Härte auch bei steigender Temperatur konstanter. Auch für niedrigen Druckverformungsrest ist dieses System optimal. Das elastische Verhalten von FKM-Vulkanisaten ist relativ niedrig.

**Hitze- und Alterungsbeständigkeit.** Die Hitzebeständigkeit ist die beste aller Elastomerer und wird mit 200° C Dauereinsatztemperatur, bei 1000 Stunden-Einsatz mit 260° C angegeben. Durch Alterung, Witterung und Ozon werden FKM-Vulkanisate nicht angegriffen.

**Kälteflexibilität.** Die dynamische Einfriertemperatur von FKM liegt bei – 18° C. Neuerdings ist eine FKM-Type mit verbesserter Kälteflexibilität bis – 40° C entwickelt worden.

**Quellbeständigkeit, chemische Beständigkeit.** FKM-Vulkanisate sind nicht nur gegen heiße Öle und Aliphaten, sondern auch gegen Aromaten und Chlorkohlenwasserstoffe beständig. Auch gegen die meisten Mineralsäuren, selbst in konzentrierter Form, ist ein hoher Grad an Beständigkeit vorhanden. In Alkoholen, Ketonen, Estern und Äthern quellen sie stärker. Eine neue FKM-Type soll gegen Alkohole und somit auch gegen „Gasohol" beständiger sein [4.340.]. Von den meisten Aminen, heißer Flußsäure und Chlorsulfonsäure werden FKM-Vulkanisate angegriffen.

**Permeation.** Die Gasdurchlässigkeit von FKM-Vulkanisaten ist sehr niedrig; sie ist wesentlich niedriger als die von IIR-Vulkanisaten.

4.3.15.7. Einsatzgebiete von FKM

Aufgrund dieser interessanten Eigenschaftskombination wird FKM für einige Spezialartikel, z. B. Wellendichtungen für hochtourige Maschinen und Teile im Flugzeug- und Raketenbau, bei denen der Preis keine Rolle spielt, eingesetzt.

4.3.15.8. Konkurrenzmaterialien und Handelsprodukte von FKM

**Konkurrenzmaterialien** sind z. B. ACM, Q.

**Handelsprodukte.** Als Handelsprodukte sind zu nennen (die Aufstellung erhebt keinen Anspruch auf Vollständigkeit):

$VF_2$/HFP-Typen: Viton A, Du Pont – Fluorel, Minnesota Mining – SKF-26, UdSSR

$VF_2$/HFP/TFE-Typen: Viton B, Du Pont – Daiel, Kaikiu Kogyo

$VF_2$/CTFE-Typen: Kel-F., Minnesota Mining – SKF-32, UdSSR

$VF_2$/HFPE-Typ: Tecnoflon Dl, Montedison

$VF_2$/TFE/HFPE-Typ: Tecnoflon T. Montedison.

4.3.15.9. Weiterentwicklungen von Fluorkautschuken

**Nitrosokautschuk (AFMU)** [4.341.]. Durch Polymerisation von Tetrafluoräthylen mit Perfluornitrosomethan in alternierender Weise und geringen Mengen Perfluornitrosobuttersäure als reaktive Terkomponente, erhält man einen Kautschuk (AFMU) folgender Struktur:

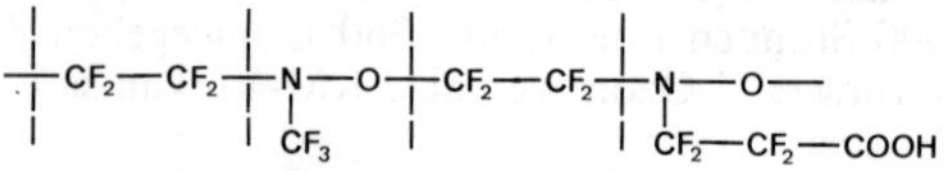


Tetrafluoräthylen- Perfluornitrosomethan- Perfluornitrosobuttersäure- Einheit

Dieser Kautschuk besitzt eine sehr niedrige Glasumwandlungstemperatur von – 50° C. AFMU ist jedoch gegen starke Basen und Sauerstoff oberhalb ca. 175° C nicht beständig. Durch Vulkanisation mit Metalloxiden und Epoxiden erhält man Vulkanisate mit ausgezeichneter Beständigkeit gegen starke Säuren und Oxydationsmittel, die sogar in reinem Sauerstoff schwer entflammbar sind. Dieses sehr teure Produkt wurde für die Raumfahrt entwickelt.

**Fluortriazinkautschuk** [4.342.]. Perfluoralkyltriazine erhält man z. B. durch Umsetzen von Perfluoralkylen-Dinitrilen und Ammoniak. So entstehende Amidine sind bei Raumtemperatur stabil und neigen bei höheren Temperaturen zur Selbstvernetzung. Die Fluor-Triazinelastomere weisen z. B. folgende Struktur auf:

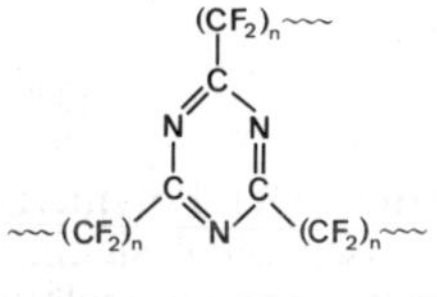

Sie sind gegen Säuren und Oxydationsmittel ebenso beständig wie Nitrosokautschuk; sie werden jedoch ebenfalls durch Basen stark angegriffen.

Weitere Neuentwicklungen auf dem Gebiet von Fluorkautschuken stellen alternierende Copolymere aus Tetrafluoräthylen und Propylen

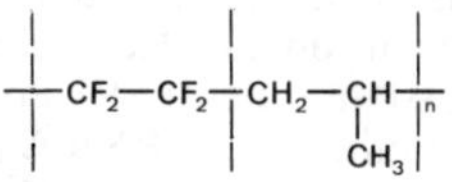

Tetrafluor- Propylen- Einheit
äthylen-

sowie Fluorphosphazene z. B. folgender Struktur

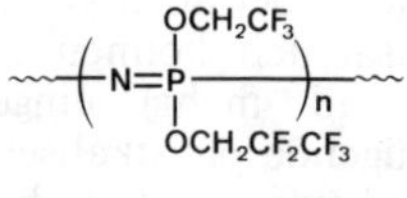

dar. Diese Produkte weisen eine weiterverbesserte Beständigkeit gegen Oxydation und Hitze sowie auch gegen polare Lösungsmittel auf.

Alle diese Produkte sind, sofern sie überhaupt handelsfähig sind, extrem teuer.

**Fluorsiliconkautschuk (FMQ).** Dieser Fluorkautschuk wird im Zusammenhang mit Siliconkautschuk abgehandelt (s. S. 190 ff).

### 4.3.16. Polynorbornen (PNR) [4.343.–4.345.]

**Allgemeines und Herstellung.** Über eine Diels-Alder-Synthese aus Äthylen und Dicyclopentadien ist Norbornen zugänglich, das ringöffnend zu Polynorbornen polymerisiert wird.

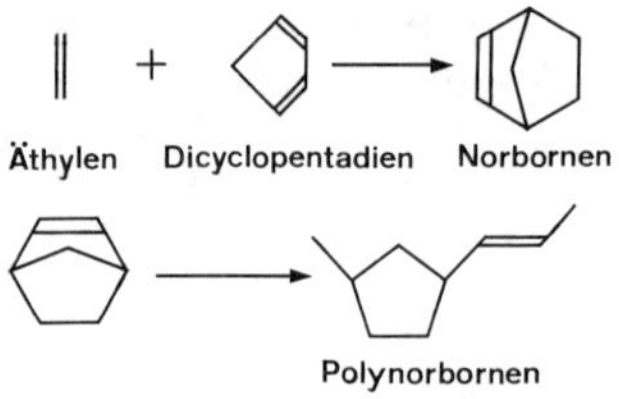


**Struktur und Eigenschaften.** Der Polymerisationsprozeß führt zu sehr hohen Molekularmassen ohne signifikante Vernetzung oder Gelanteil. Da in Polymeren eine Doppelbindung verbleibt, ist der Kautschuk mit Schwefel und Beschleunigern vulkanisierbar. Das Polymere besitzt zwar eine Glasumwandlungstemperatur $T_G$ von ca. +35° C und ist demgemäß als niedrig schmelzendes Plastomer anzusehen; durch Zusatz üblicher Mineralöle- oder Esterweichmacher kann jedoch der $T_G$-Wert auf z. B. –60° C abgesenkt werden. Um die Einarbeitung des Öls zu erleichtern, wird PNR in Pulverform oder bereits als Ölmasterbatch OE-PNR geliefert. OE-PNR kann wie ein konventioneller Kautschuk verarbeitet werden. Die hohe Molekularmasse und der in der Polymerkette verbleibende Cyclopentanring verleihen dem PNR-Vulkanisat hohe Festigkeiten auch in stark weichmacherhaltigen Formulierungen.

**Mischungsaufbau.** Für den Mischungsaufbau ist die Auswahl der *Weichmacher* von besonderer Bedeutung. Durch Einsatz von Paraffinölen oder Esterweichmachern wird eine besonders gute Kälteflexibilität eingestellt; aromatische Mineralöle sind in großen Mengen (200 phr und mehr) bei noch guten mechanischen Eigenschaften verträglich. Zusätzlich können hohe Dosierungen von *Füllstoffen* (200 phr und mehr) eingesetzt werden. Ohne Füllstoffe werden ungenügende physikalische Eigenschaften erhalten. Die Auswahl der Füllstoffe spielt nicht die gleiche Bedeutung wie bei den meisten Kautschuken. Bei Verwendung aktiver Ruße oder Kieselsäuren sind die Dosierungen natürlich geringer; dabei können die Viskositäten so stark ansteigen, daß Mischungsherstellungsprobleme entstehen. Als *Vulkanisationschemikalien* kommen Schwefel oder Schwefelspender, Beschleuniger, z. B. aus Thiazol/Thiuram/Dithiocarbamatklassen usw. Thiazol/Guanidin/Thioharnstoff/Dithiocarbamatklassen, ZnO und Stearinsäure zum Einsatz. Die Beschleunigerkombinationen sind recht komplex und die -mengen hoch. Durch Verwendung von Peroxiden lassen sich verbesserte Wärmebeständigkeit und Druckverformungsreste einstellen.

**Verarbeitung.** PNR wird nach allen in der Gummi-Industrie bekannten Verfahren zu Formartikeln, Profilen usw. verarbeitet. Für PNR-Pulver kommt auch das Pulvermischverfahren in Betracht.

**Eigenschaften der Vulkanisate.** Charakteristisch für PNR-Vulkanisate ist die Erzielung sehr niedriger Härten (z. B. bis ca. 15 Shore A) bei hohen Festigkeiten und niedrig bleibenden Verformungen.

**Einsatzgebiete.** Dichtungen, Profile, Walzenbezüge, Faltenbälge, Schwingungsdämpfungselemente in allen Shore-Härten für Vibrations- und Schallisolierung im Maschinen- und Fahrzeugbau.

**Handelsprodukt:** Norsorex, CdF-Chemie.

### 4.3.17. Trans-Polypentenamer (TPA) [4.346.]

Die ringöffnende Polymerisation des Cyclopentens führte vor einigen Jahren zu einem neuen kautschukelastischen Rohstoff, dessen Vulkanisate den aus Polybutadien hergestellten technologisch nahestehen.

Bei der Aufbereitung des $C_5$-Schnittes der petrochemischen Krackgase, ergibt sich bei der Aufbereitung zu Isopren ein gewisser Zwangsanfall an Cyclopenten und Cyclopentadien, die sich – letzteres nach partieller Hydrierung zu Cyclopenten – für die Herstellung des neuen Kautschuks eignen.

Mit in Lösung stabilen Wolfram-Komplexkatalysatoren, kombiniert mit Alkylaluminiumverbindungen, erhält man aus Cyclopenten in chlorierten oder aromatischen Kohlenwasserstoffen unter Ringöffnung eine stereospezifische Polymerisation.

Produkte mit $> 85\%$ Trans- und $< 15\%$ cis-Konfigurationen haben eine Einfriertemperatur von ca. $-90°$ C, die mit der von BR mit ca. 95% cis-1,4-Konfigurationen etwa übereinstimmt.

TPA ist je nach Einstellung noch bei hoher Molekularmasse verarbeitbar und ist erheblich mit Ruß und Öl streckbar. Auch bei niedrigen Dosierungen von Vernetzungsmitteln erhält man hochelastische, alterungsbeständige und abriebfeste Vulkanisate, deren Eigenschaften denen von Vulkanisaten aus BR- bzw. aus BR/SBR-Verschnitten nahekommen.

TPA ist nicht im Handel.

### 4.3.18. Sonstige Polymerisate

#### 4.3.18.1. Butadien-Copolymerisate

Obwohl Butadien mit einer großen Zahl anderer Vinylverbindungen als Styrol oder Acrylnitril Mischpolymerisate bildet, die elastische Eigenschaften zeigen, hat keine dieser Verbindungen bisher größere technische Anwendung gefunden. Denn es sind nicht nur die kautschuktechnischen Eigenschaften, sondern auch Zugänglichkeit und Preis der Rohstoffe entscheidende Faktoren für ihren technischen Einsatz. Von den zahlreichen Vinylverbindungen, die sich mit Butadien polymerisieren lassen, wurden Acrylate und Methacrylate bzw. Vinylpyridin, die als Terkomponenten bei der SBR- bzw. NBR-Latex-Herstellung eine gewisse Bedeutung besitzen sowie ferner N-Dialkylacrylsäureamide, im Kern halogenierte Styrole, Vinylmethylketon, Isopropenylmethylketon und Dimethylvinyläthinylcarbinol eingehender geprüft. Jedoch erwies sich keine dieser Verbindungen als geeignet, die leicht zugänglichen Stoffe Styrol oder Acrylnitril zu ersetzen.

Der Einfluß von mehr als 100 Vinylverbindungen auf die Mischpolymerisation mit Butadien sowie die Eigenschaften der entsprechenden Mischpolymerisate wurde untersucht und beschrieben [4.347.–4.348.].

**Vinylpyridin-Kautschuk.** Mischpolymerisate des Butadiens mit 15 oder 25% 2-Methyl-5-Vinylpyridin, die in Latexform für die Kautschuk-Textilhaftung eine Rolle spielen, können als Festkautschuk durch Benzotrichlorid, Chloranil usw. unter Vernetzung quaternisiert werden. Im Vergleich zu den mit Schwefel hergestellten Vulkanisaten zeigen die Quaternisierungsprodukte eine bessere Beständigkeit gegen Lösungsmittel, einen niedrigen Abriebverlust und eine geringe Hysteresis [4.349.]. Diese theoretisch interessante Anwendungsmöglichkeit wird praktisch nicht genutzt.

**Piperylen-Kautschuk.** Aufgrund der neuerlichen Verfügbarkeit von Piperylen im $C_5$ –Schnitt der petrochemischen Krackfraktionen wird auch auf dem Gebiet von Piperylen-Copolymeren gearbeitet. Beispielsweise wurden in neuerer Zeit Trans-Butadien-Piperylen-Copolymere entwickelt [3.450., 4.351.], die jedoch noch keine Marktbedeutung besitzen.

#### 4.3.18.2. Methylkautschuk [4.352., 4.353.].

Der erste großtechnisch hergestellte Kautschuk war Polydimethylbutadien (Methylkautschuk), der 1916–1918 aus der Not der Zeit heraus eine temporäre Rolle spielte und wegen seines im Vergleich zu NR ungenügenden Eigenschaftsbildes ab 1919 wieder vom Markt verschwand. Unter Anwendung moderner Koordinationskatalysatoren ist es möglich, einen neuen verbesserten

Methylkautschuk herzustellen, der aufgrund seiner höheren Glasumwandlungstemperatur und einem höheren Rollwiderstand der daraus hergestellten Vulkanisate sowie einer verbesserten Haftung auf Eis im Winterreifensektor eine gewisse Rolle spielen könnte.

4.3.18.3. Vernetzbares Polyäthylen (XPE) [4.354.]

Nach den Definitionen für Kautschukelastomere muß man auch das vernetzbare Polyäthylen XPE, trotz seiner bei Raumtemperatur vorhandenen Kristallisation, in die Gruppe der Synthesekautschuktypen einordnen, da die vernetzten Produkte bei Raumtemperatur elastomere Eigenschaften, allerdings verbunden mit verhältnismäßig hoher Härte, aufweisen. Diese Einordnung ist nicht nur theoretischer Natur, sondern zeigt sich auch in praktischen Anwendungen. In der Kabelindustrie hat XPE den IIR teilweise verdrängt.

Die Problematik bei der Verarbeitung von XPE besteht in der geringen Spanne zwischen der Verarbeitungstemperatur und den Zersetzungspunkten der für die Vernetzung verwendeten Peroxide. Neue stabilere Peroxide und die Gewöhnung der Verarbeiter an die Verarbeitungstechnik haben dazu geführt, daß die betriebliche Handhabung heute kein besonderes Problem mehr darstellt.

4.3.18.4. Alkylensulfid-Kautschuk (ASR)

Alkylensulfid-Kautschuk (ASR) entspricht in seinem chemischen Aufbau weitgehend dem PO, bei dem Sauerstoff-Atome durch Schwefel-Atome ersetzt sind.

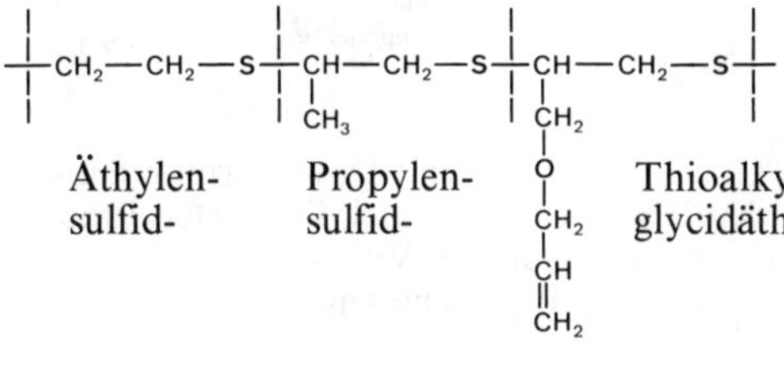


Äthylensulfid- Propylensulfid- Thioalkylglycidäther- Einheit

Aufgrund des eingebauten Schwefels weist ASR ähnliche Eigenschaften wie TM auf, ohne ihn in den Quellungseigenschaften ganz zu erreichen.

ASR scheint nicht in der Lage zu sein, die bisher auf dem Kautschuksektor noch vorhandene Lücke zu schließen, d. h. zu erträglichem Preis bei guter Verarbeitbarkeit Vulkanisate mit guter Quellbeständigkeit gegen Aromaten, Chlorkohlenwasserstoffe und Ketone bei gleichzeitig guten mechanischen Eigenschaften zu ergeben.

4.3.18.5. Trans-Polyoctenamer (TOR) [4.403.].

Neuerdings wird ein durch ringöffnende Polymerisation aus Cycloocten zugängliches Trans-Polyoctenamer (TOR) hergestellt, das in kleinen Mengen (10–30 phr) anderen Kautschuken zugesetzt, deren Fließfähigkeit steigert.

## 4.4. Polykondensations- und Polyadditionsprodukte

### 4.4.1. Polysiloxane, Siliconkautschuk (Q) [4.355.–4.360.]

4.4.1.1. Allgemeines über Q

Die Hauptvalenzkette von Q besteht nicht aus Kohlenwasserstoff, sondern aus Silicium- und Sauerstoffatomen. Dieser Aufbau verleiht dem Q seine einzigartigen Eigenschaften. Die im Vergleich zur Kohlenstoff-Kohlenstoff-Bindung höhere Bindungsenergie der Silicium-Sauerstoff-Bindung ist eine der Ursachen für die hervorragende Hitzebeständigkeit des Siliconkautschuks. Die wichtigsten Typen sind Dimethyl-Polysiloxan (MQ) und Methylphenyl-Polysiloxan (PMQ), die jeweils geringe Mengen einer Vinylgruppen-haltigen Terkomponente enthalten können (VMQ und PVMQ). Auch Polytrifluormethylsiloxan, Fluorsiliconkautschuk (FMQ) gehört in diese Reihe.

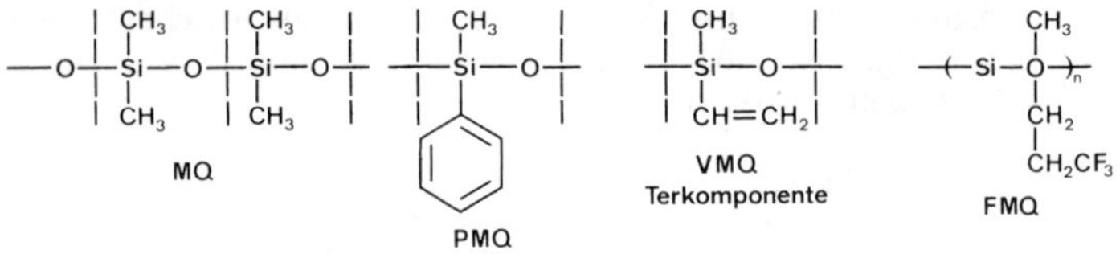


MQ wurde 1942 von General Electric und Dow Corning entwikkelt und kam 1945 in den USA in den Handel. Die ersten Produkte lieferten, im Vergleich zu den heutigen, Vulkanisate mit wesentlich ungünstigeren physikalischen Eigenschaften.

4.4.1.2. Herstellung von Q [4.358., 4.359.]

Ausgangsmaterial zur Herstellung von MQ ist Dimethyldichlorsilan, das in erster Stufe sauer hydrolysiert wird. Dabei entsteht durch Kondensation unter Wasserabspaltung ein Gemisch offenkettiger und cyclischer Oligodimethylsiloxane (Ringe mit 3–5 Siloxan-Einheiten), die im zweiten Schritt mit Hilfe saurer und basischer Katalysatoren bei höheren Temperaturen zu hochmolekularen Produkten weiter kondensiert werden. Da im Ausgangsmaterial geringe Mengen von Methyltrichlorsilan vorhanden sind, wird das Polymere bei der Kondensation je nach dessen Gehalt mehr oder weniger stark verzweigt bzw. vernetzt. Hohe Verzweigungsgehalte können die Verarbeitungseigenschaften bzw. die Festigkeiten der Vulkanisate beeinträchtigen [4.361.]. Um solche Verzweigungen oder Vernetzungen zu vermeiden, geht man heute bei der Herstellung von MQ vielfach entweder von hochgereinigtem Dimethyldichlorsilan oder von niedermolekularen cyclischen Polysiloxanen hoher Reinheit, z. B. dem Cyclotetrasiloxan, aus. Die letzteren werden mit starken Protonen- oder Lewis-Säuren (z. B. Schwefelsäure, Salzsäure u. a. $FeCl_3$, $BF_3$, $SnCl_4$ Phosphornitrilchlorid usw.) in Gegenwart kleiner Mengen Wasser, oder mit basischen, wasserfreien Katalysatoren, (z. B. KOH, Alkalisilanolate-, Siloxanolate, -alkoholate, quarternäre Ammonium- oder Phosphoniumhydroxide) bei hohen Temperaturen (bis zu 200° C) kondensiert.

Die mittlere Molekularmasse läßt sich durch Regler, wie z. B. Hexamethyldisiloxan einstellen. Zur Herstellung von Spezial-Q-Typen kommen auch Vinyl-Methyl-dichlorsilan bzw. Phenyl-Methyl-dichlorsilan zur Co- bzw. Terkondensation zum Einsatz. Zum Abstoppen der Reaktion werden Monochlorsilane eingesetzt.

Da die Polykondensationskatalysatoren auch einen Polymerabbau zu katalysieren vermögen, müssen sie nach beendeter Polykondensation durch Neutralisation desaktiviert werden.

### 4.4.1.3. Struktur von Q und dessen Einfluß auf die Eigenschaften [4.16.]

**Molekularmasse und Molekularmassenverteilung.** Heiß vulkanisierbare MQ-Typen mit einer mittleren Molekularmasse von ca. 300 000 bis 700 000 weisen einen Kompromiß zwischen guter Verarbeitbarkeit auf der einen und hohen Vulkanisatfestigkeiten auf der anderen Seite auf. Kalt vulkanisierbare Q-Typen müssen als gieß- oder streichbare Produkte naturgemäß sehr viel niedrigere Molekularmassen aufweisen (z. B. 10 000–100 000).

MQ besitzt nach der Herstellung eine breite Molekularmassenverteilung. Es sind nach der Herstellung noch bei Vulkanisations- oder Einsatztemperaturen relativ leicht flüchtige Siloxane enthalten, die später zu Schrumpferscheinungen führen können [4.359.]. Es ist deshalb wichtig, den niedrig molekularen Anteil aus der Masse vor seiner Verwendung aus dem Polymerisat destillativ zu entfernen, was z. B. durch Heißmischen in Knetern geschehen kann. Die in den Handel kommenden Typen sind in der Regel bereits entgast.

**Wechselwirkungskräfte, Einfluß von Substituenten.** Infolge der im Vergleich zu den meisten organischen Kautschuken ungemein niedrigen Kohäsionsenergiedichten (225 KJ/mol) sind die Wechselwirkungskräfte zwischen den Polymerketten nur gering. Infolgedessen weisen lineare MQ-Typen sehr niedrige Viskositäten und geringe *Temperatur*abhängigkeit der Viskosität, hohe Kompressibilität und Gasdurchlässigkeit sowie große Beweglichkeit aller Kettenglieder auf und dadurch bedingt extrem niedrige Glasübergangstemperaturen $T_G$. Die Bindungsenergie einer Si-O-Bindung ist mit 373 kJ/mol höher als die von C-C-Bindungen mit 343 kJ/mol. Aus diesem Grunde ist die Polysiloxankette gegen thermische und oxydative Einflüsse stabiler als eine organische Kohlenwasserstoffkette.

Zudem sind die in den Seitenstellungen enthaltenen Methylgruppen, da sie nur primäre H-Atome tragen, thermisch ebenfalls stabil. Je nach der Art der Substituenten werden die Siloxanbindungen beeinflußt; von Methylgruppen wird die Si-O-Bindung infolge der Elektronendonatoreigenschaften verstärkt, von Phenylgruppen als elektronenanziehende Gruppen geschwächt [4.362.]. Die letzteren stärken zudem die Polymerketten-Beweglichkeit, weshalb Phenylgruppen-tragende Polysiloxane einen besonders niedrigen $T_G$-Wert von ca. –115° C aufweisen. Methylgruppen haben eine polarisierende Wirkung auf die Siloxangruppen, was deren Hydrolysierbarkeit verstärken kann; Phenylgruppen bewirken im Gegenteil eine größere Hydrolysenbeständigkeit. Weil bei Wärmeeinflüssen sowohl Oxydationen als auch Hydrolysen wirksam werden können, weisen oft PMQ-Typen optimierte Hitzebeständigkeiten auf.

**Polarität.** Q-Vulkanisate sind gegen aliphatische, aromatische und chlorierte Kohlenwasserstoffe nicht beständig. Gegenüber paraffinischen Ölen ist eine begrenzte Quellbeständigkeit vorhanden. Durch Stärkung der Polarität, z. B. Einführung von Trifluorpropyl-Seitengruppen, wird die Beständigkeit gegen Lösungsmittel und Kraftstoffe erheblich verstärkt. Gleichzeitig geht aber der $T_G$-Wert auf z. B. –65° C zurück [4.314.]. Damit ist im Fluorsiliconkautschuk FMQ die Quellbeständigkeit der Fluorpolymeren mit der Kälteflexibilität des Siliconkautschuk kombiniert. Die Wärmebeständigkeit von FMQ wird durch die Möglichkeit der Abspaltung von Vinylidenfluorid im Vergleich zu MQ etwas herabgesetzt. Infolge ihrer Polarität ist die Polysiloxankette gegen die hydrolytische Wirkung von Säuren und Basen anfällig. Dies gilt sowohl für MQ als auch für FMQ.

**Vernetzungsaktivität.** Die radikalisch induzierte Vernetzung verläuft über die seitenständigen Gruppen, bei MQ z B. durch Dehydrierung zweier Methyl- und Ausbildung einer Äthylen-Gruppierung. Infolge der chemischen Stabilität der Methyl- im Vergleich zu Vinylgruppen ist MQ wesentlich weniger vernetzungsreaktiv als VMQ. Bei Anwesenheit von Platin ist die Reaktionsfähigkeit erhöht.

**Blockanordnung.** Polysiloxan-Typen, die alternierend aus Polymerblöcken aus Dimethylsiloxan und Tetramethyl-p-disilylphenylen-Einheiten

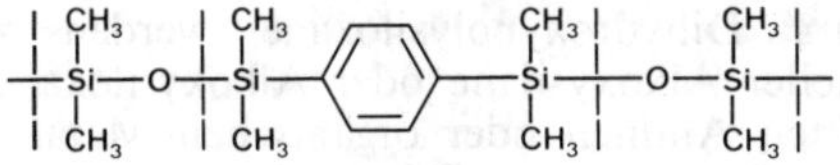

$$\underset{\underset{CH_3}{|}}{\overset{\overset{CH_3}{|}}{-Si}}-O-\underset{\underset{CH_3}{|}}{\overset{\overset{CH_3}{|}}{Si}}-\!\!\left\langle\bigcirc\right\rangle\!\!-\underset{\underset{CH_3}{|}}{\overset{\overset{CH_3}{|}}{Si}}-O-\underset{\underset{CH_3}{|}}{\overset{\overset{CH_3}{|}}{Si}}-$$

| Dimethyl- siloxan- | Tetramethyl-p- disilylphenylen- | Einheiten |

aufgebaut sind, haben thermoplastische Elastomereigenschaften. Da die Disilylphenylen-Blöcke kristallisieren und physikalische Vernetzungsstellen bilden (vgl. S. 209), wirken sie wie aktive Füllstoffe, die dem Q selbst ohne Vulkanisation hohe, wenn auch thermolabile, Zugfestigkeit verleihen [4.363.–4.366.]. Auch Dimethylsiloxan/Bisphenol-A-Polycarbonat-Blöcke werden in diesem Zusammenhang diskutiert.

### 4.4.1.4. Mischungsaufbau von Q [4.11.]

**Vulkanisationschemikalien [4.6.].** MQ ist eine hochviskose Flüssigkeit und erhält erst durch Vernetzung elastische Eigenschaften. Da MQ völlig gesättigt ist, kommen als Vernetzer für die *Heißvulkanisation* nur Peroxide in Betracht, die aus Verteilungsgründen (niedrige Mischungsviskosität) zweckmäßigerweise mit Siliconölen angepastet werden. Bei der Mischungsherstellung und Weiterverarbeitung werden in der Regel keine höheren Temperaturen erreicht. Aus diesem Grunde können für die Vernetzung von MQ Peroxide mit niederer Spaltungstemperatur, wie z. B. Dibenzoylperoxid oder Bis-(2,4-dichlorbenzoyl)-peroxid zum Einsatz gelangen. Letzteres gestattet die Durchführung der Vulkanisation bereits bei 100° C in der Presse bzw. im Dampf und auch drucklose Heißluftvulkanisation ohne Porosität der Vulkanisate durch die peroxidischen Zerfallsprodukte. Die Misch- und Lagertemperatur bei Anwendung dieses Peroxids beträgt ca. 40–45° C. Bei höheren Temperaturbeanspruchungen müssen stabilere Peroxide eingesetzt werden. VMQ besitzt im Normalfall eine geringfügige Anzahl von Doppelbindungen; diese reicht aber für eine Schwefelvulkanisation nicht aus. Deshalb wird auch VMQ (PVMQ) peroxidisch vernetzt. Infolge der Vinylkomponente wird die peroxidische Vernetzung intensiviert, weshalb mit solchen Produkten geringere Vernetzer-Dosierungen eingesetzt oder höhere Vernetzungsgrade erzielt werden. Zusätzliche Vernetzungsagentien außer den Peroxiden sind nicht erforderlich.

Von akademischem Interesse ist die Tatsache, daß VMQ mit höherem Ungesättigtheitsgrad mit Schwefel und Beschleunigern vulkanisierbar ist; jedoch nimmt die Wärmebeständigkeit so stark ab, daß die Vulkanisate für technische Anwendungen praktisch bedeutungslos sind [4.367.].

*Kaltvernetzbare* Dihydroxypolysiloxane werden z. B. mittels mehrfunktioneller Alkoxysilane oder Alkoxysiloxane gemeinsam mit katalysierten Aminen oder organischen Metallverbindungen (z. B. Dibutyl-Sn-diacetat, Dibutyl-Sn-dilaurat, Dioctyl-Sn-maleinat, Sn (II)-octoat u. a.) bei Raumtemperatur über endständige Hydroxylgruppen vernetzt. Bei sogenannten Zweikomponenten-Systemen werden die Komponenten getrennt aufbewahrt und erst kurz vor der Verarbeitung zusammengegeben. Bei Einkomponenten-Systemen hingegen liegen bereits vernetzbare Gemische vor, die mittels der Feuchtigkeit der Luft vernetzen.

**Füllstoffe.** Füllstofffreie Q-Vulkanisate haben praktisch keinerlei meßbare Zugfestigkeit. Aus diesem Grunde ist der Einsatz der höchst aktiven Füllstoffe erforderlich. Als arteigene Füllstoffe sind solche auf Basis von Kieselsäuren besonders geeignet, die sowohl in Form von kolloider Kieselsäure als auch als Diatomeenerde eingesetzt werden. Um die Füllstoff-Einsatzprobleme zu erleichtern, sind Q-Batches mit hochaktiven Kieselsäuren im Handel, die leichter zu verarbeiten und zu compoundieren sind.

Bevorzugt werden *pyrogen gewonnene Kieselsäuren* mit spezifischen Oberflächen (BET) von 50–400 $m^2/g$ zur optimalen Verstärkung eingesetzt. Mischungen mit solchen Füllstoffen verhärten jedoch beim Lagern und müssen vor weiterem Compoundieren bzw. Weiterverarbeitung replastiziert werden. *Gefällte Kieselsäuren* geben zwar eine geringere Mischungsverhärtung, jedoch wegen ihres Wasser- und Elektrolytgehaltes eine geringere Hitzebeständigkeit, vor allem in geschlossenen Systemen. Deshalb werden bevorzugt neben pyrogenen Kieselsäuren schwach aktive *Diatomeenerden* bzw. inaktive feinteilige *Quarzmehle,* Zirconsilikat, calcinierte Kaoline u. a. eingesetzt.

*Ruße* kommen nur in seltenen Fällen zur Herstellung elektrisch leitfähiger Q-Vulkanisate in VMQ in Betracht.

**Stabilisatoren.** Um die ohnehin gute Hitzebeständigkeit zu optimieren, werden vielfach anorganische Pigmente, wie $Fe_2O_3$, $TiO_2$, CdO u. a., verwendet.

**Weichmacher.** Um Q-Vulkanisate mit einer geringeren Härte als 50 Shore A herzustellen, ist es erforderlich, neben einer Füllstoffmenge, die einer Härte von 50–60 Shore A entspricht, einen arteigenen Weichmacher einzusetzen. Als solche kommen hochviskose Siliconöle oder füllstoffreies Q zur Anwendung.

#### 4.4.1.5. Verarbeitung von Q [4.11.]

Aufgrund der niedrigen Viskosität ist das Einmischen der großen feinstteiligen Füllstoffmengen problematisch. Geht man jedoch von Füllstoff-Batches aus, so entsprechen die Mischungsherstellung und Weiterverarbeitung etwa denen anderer SR-Typen. Man muß jedoch auf äußerste Sauberkeit aller Misch- und Verarbeitungsaggregate achten. Als Sonderheit bei der Q-Verarbeitung ist die starke Mischungsverhärtung beim Lagern zu nennen, die in vielen Fällen vor dem Fertigmischen oder Weiterverarbeiten zu erheblichem Walzaufwand (Replastizieren) führen kann. Bei richtiger Füllstoff-Zusammensetzung hält sich die Replastizierzeit in Grenzen. Ferner ist eine in vielen Fällen notwendig werdende Nachtemperung von z. B. 6–15 Stunden bei 200° C der fertigen Vulkanisate zu nennen, um zu optimaler Hitzebeständigkeit und niedrigem Druckverformungsrest zu kommen. Bei der Nachtemperung ist ein optimales Verhältnis von Frischluftzufuhr erforderlich, damit keine vorzeitige hydrolytische Spaltung während des Temperns eintritt. Bei der Temperung werden gleichzeitig alle flüchtigen Bestandteile entfernt, wodurch ein Vulkanisatschrumpf minimiert wird.

#### 4.4.1.6. Eigenschaften von Q-Vulkanisaten [4.11.]

**Mechanische Eigenschaften.** Die *Festigkeits*eigenschaften, vor allem die Kerbzähigkeit, und der Abriebwiderstand liegen erheblich unter dem Eigenschaftsniveau anderer Elastomerer. Die relativ leichte mechanische Verletzbarkeit von Q-Vulkanisaten, was durch die geringe Kerbzähigkeit bedingt ist, ist ihre eigentliche Schwäche. Es muß jedoch berücksichtigt werden, daß sich die Eigenschaften mit zunehmender Temperatur, im Gegensatz zu den meisten anderen Vulkanisaten, kaum verändern, weshalb der Unterschied zu diesen bei höheren Temperaturen immer geringer wird. Aus Q lassen sich *Härten* von 30–80 Shore A einstellen. Vulkanisate mit Härten von 50–60 Shore A haben zumeist die günstigsten mechanischen Eigenschaften. Auch das *elastische Verhalten* und der *Druckverformungsrest,* der bei Q-Vulkanisaten sehr niedrig ist, haben bei Härten von 50–60 Shore A meist ihr Optimum.

**Dynamische Eigenschaften.** Während die *dynamische Dämpfung* noch verhältnismäßig stark temperaturabhängig ist und beispielsweise unter bestimmten Bedingungen gleichmäßig von etwa 30% bei –35° C auf etwa 15% bei +180° C fällt, bleibt die *Federkonstante* im gleichen Temperaturbereich mit etwa 75 MPa/cm konstant. Es lassen sich daher auch Q-Federelemente herstellen, deren Eigenschaften im üblichen Einsatzbereich weitgehend temperaturunabhängig sind.

**Hitzebständigkeit, Alterungsbeständigkeit.** In Heißluft bis zu etwa 180° C sind Q-Vulkanisate praktisch dauer*hitzebeständig* und selbst bei 250° C bleibt die Gummielastizität noch über tausend Stunden voll erhalten. Kurzzeitig, z. B. unter Einfluß eines Hitzeschocks, werden selbst Temperaturen von 300–400° C und mehr ertragen. Im Dampf werden Q-Vulkanisate allerdings bei

Temperaturen oberhalb 120–140° C nach längerer Einwirkungsdauer angegriffen und zerstört, so daß die Verwendung von Q bei Beanspruchung in Dampf im allgemeinen nicht empfohlen wird. Die Hitzebeständigkeit gilt generell für den Einsatz in offenen Systemen. Bei den Alterungsvorgängen stehen zwei Konkurrenzreaktionen im Wettbewerb, hydrolytische Spaltungen durch eingeschleppte oder bei weiteren Kondensierungsreaktionen freiwerdenden Wasseranteilen und weitere Vernetzung durch oxydative Vorgänge. Bei normaler Hitzealterung stehen beide Wettbewerbsreaktionen in einem ausgeglichenen Verhältnis, wodurch die hervorragende Hitzebeständigkeit erreicht wird. Bei Ausschluß von Sauerstoff, d. h. bei Einsatz in geschlossenen Systemen, wird dagegen das dynamische Reaktionsgleichgewicht in Richtung einer übergewichtigen hydrolytischen Spaltung verschoben, weshalb hierbei die Hitzebeständigkeit vermindert ist.

Q-Vulkanisate sind außergewöhnlich alterungs-, wetter- und ozonbeständig; sie eignen sich z. B. sogar für Ozonschlauchleitungen.

**Strahlenbeständigkeit.** Im Vergleich zu anderen Elastomeren sind Q-Vulkanisate recht strahlenbeständig. Sie können z. B. einer Strahlendosis bis zu 10 Mrad ausgesetzt werden, ohne daß die Bruchdehnung um mehr als ein Viertel des ursprünglichen Wertes abnimmt [4.368.–4.369.]. Besonders beständig ist PVMQ.

**Kälteflexibilität.** Die Kälteflexibilität ist ebenfalls ausgezeichnet. MQ- und VMQ-Vulkanisate werden im allgemeinen erst bei Temperaturen von –50°C hart und verspröden; mit PVMQ lassen sich sogar Vulkanisate herstellen, die bis etwa –100° C flexibel bleiben. Die Kälteflexibilität ist härteabhängig; das günstigste Verhalten ist zumeist bei Vulkanisaten bei gleichen Härten zu finden, wie das Optimum der mechanischen Eigenschaften (50–60 Shore A). Bemerkenswert ist ferner, daß die Kälteflexibilität nicht durch Zusatz besonderer Weichmacher erreicht wird, sondern bereits durch den Kautschuk bedingt ist. Sie wird auch nicht wie bei vielen anderen Kautschuktypen auf Kosten der Wärmebeständigkeit erzielt. Die gleichen Artikel können daher sowohl bei tiefen als auch bei hohen Temperaturen ohne Dimensionsänderung eingesetzt werden.

**Quellbeständigkeit, Chemikalienbeständigkeit.** Die *Volumenquellung* von Q in Öl ist in den meisten Fällen mit derjenigen von CR vergleichbar. Gegenüber Motoren- und Getriebeölen aliphatischer Art ist im allgemeinen eine gute Beständigkeit gegeben; naphthenische Öle quellen dagegen Q-Vulkanisate stärker, und in aromatischen Ölen sind sie, insbesondere bei Öltemperaturen oberhalb von etwa 140° C, zumeist unbrauchbar. Q-Vulkanisate werden von bestimmten *Öladditiven* analog wie solche aus ACM oft weniger stark angegriffen als NBR. Naturgemäß wird die Quellung auch von der *Ölviskosität* beeinflußt. Gegenüber vielen Wärmeübertragungsmitteln sowie gegen *Askarels* sind Q-Vulkanisate gut, gegenüber Kraftstoffen, chlorierten Kohlenwasserstoffen, Estern, Ketonen und Äthern dagegen unbeständig. FMQ-Vulkanisate sind allerdings in dieser Hinsicht beständiger als solche aus MQ, VMQ und PMQ. Die *Wasser- und Chemikalienbeständigkeit* von Q-Vulkanisaten ist durch die Möglichkit der Hydrolyse des Siloxan-Moleküls unter extremen Bedingungen gekennzeichnet. Während die Beständigkeit von Q-Vulkanisaten in kochendem Wasser noch als gut bezeichnet werden kann, ist durch Einwirken von Dampf bei Temperaturen oberhalb 130–140° C eine mehr oder weniger rasche Zerstörung zu beobachten. Auch durch Alkalien oder Säuren werden Q-Vulkanisate stark angegriffen.

**Permeation.** Q-Vulkanisate weisen aufgrund ihres großen Molvolumens (95 $cm^3$/mol) eine wesentlich höhere Gas- und Flüssigkeitsdurchlässigkeit auf als andere Elastomere. Die Durchlässigkeit ist naturgemäß im Einzelfall von der Art des Gases bzw. der Flüssigkeit sowie von den Anwendungsbedingungen wie Temperatur, Druckdifferenz usw. abhängig. Im allgemeinen kann jedoch stets eine etwa 100fache Durchlässigkeit im Vergleich zu IIR bzw. NBR angenommen werden.

**Brandverhalten.** Bei einem Brand von Q-Vulkanisaten, die oberhalb einer Zündtemperatur von ca. 400° C brennen, bildet sich im Gegensatz zu organischen Elastomeren ein elektrisch isolierendes Kieselsäuregerüst, so daß z. B. Q-isolierte Steuerleitungen bei einem eventuellen Brand noch kurzzeitig funktionstüchtig bleiben.

**Elektrische Eigenschaften.** Die elektrischen Eigenschaften von Q-Vulkanisaten liegen schon bei Raumtemperatur in der Größenordnung der besten bekannten elastischen Isolierstoffe. Sie behalten diese auch bei Einsatztemperaturen bis zu 180° C weitgehend bei.

**Haftungseigenschaften.** Q-Vulkanisate sind *antiadhäsiv* und *hydrophob.* Sie weisen also die interessante Eigenschaft auf, an klebrigen Oberflächen nicht zu haften. Auch eine Haftung an Eis wird dadurch verhindert.

#### 4.4.1.7. Einsatzgebiete von Q. [4.11.]

Q ist ein teurer Spezialkautschuk, der, ähnlich wie FKM, nur dort Anwendung findet, wo herkömmliche organische Kautschuktypen infolge gesteigerter Anforderungen versagen. Er wird bevorzugt dort eingesetzt, wo es auf hohe Hitzebeständigkeit und extreme Kälteflexibilität bei konstanten physikalischen Eigenschaften, Wetter-, Ozon- und Alterungsbeständigkeit, Widerstand gegen UV- und Höhenstrahlung, gute elektrische Isoliereigenschaften, physiologische Indifferenz und antiadhäsive Oberflächeneigenschaften ankommt. Der Bogen spannt sich von der Elektrotechnik und Elektronik über den Fahrzeug- und Flugzeugbau, den Maschinenbau, die Beleuchtungstechnik, die Textilindustrie, die Kühltechnik, Kabelindustrie bis zur Pharmazie, Medizin und Lebensmittelbranche. Im Bereich der Wellendichtringe hat in letzter Zeit ein starker Verdrängungswettbewerb zugunsten von FKM stattgefunden.

In Form kaltvulkanisierender Pasten wird MQ z. B. für elastische Dichtungsmassen auf dem Bausektor, Abdruckmassen, Vergußmassen u. dgl. eingesetzt.

### 4.4.1.8. Konkurrenzmaterialien und Handelsprodukte von Q.

**Konkurrenzmatieralien** von Q sind z. B. ACM, EAM, FKM, AFMU, TM.

**Handelsprodukte.** Als Handelsprodukte sind im Einsatz (die Aufstellung erhebt keinen Anspruch auf Vollständigkeit):

RHODORSIL, RHÔHNE – POULENC – SE, GENERAL ELEKTRIC – SILASTIC, DOW CORNING – SILASTOMER, MIDLAND SILICONES – SILICON R, WACKER - SILOPREN, BAYER AG –NG, NÜNCHRITZ, DDR – SKT, UdSSR – KE, SHINETSU – SH, SRX, Toray – TSE, Tokyo SHIBANSA ELEKTRIC.

## 4.4.2.  Thioplaste, Polysulfidkautschuk (TM)
[4.370.–4.378.]

### 4.4.2.1. Allgemeines über TM

Die ältesten Vertreter der Polykondensationsprodukte mit kautschukähnlichen Eigenschaften sind die als Thioplaste bekanntgewordenen Thiokol-Typen (TM) der Thiokol Corp., die sich trotz vieler Schwächen wegen ihrer hervorragenden Quellbeständigkeit bis heute auf dem Markt gehalten haben. Das erste Produkt wurde bereits 1930 unter der Bezeichnung Thiokol A in den Handel gebracht [4.374.–4.375.]. Die auch von der IG-Farbenindustrie hergestellten Perduren-Typen wurden nach 1945 wieder aus dem Handel zurückgezogen [4.376.].

TM besteht im Gegensatz zu rein organischen Kohlenwasserstoffketten aus Kohlenstoff-Schwefel-Ketten, die verschiedene

$$
\begin{array}{cccc}
| & | & | & | \\
-CH_2—CH_2—S—S—CH_2—CH_2- \\
| & | & | & | \\
& S & S & \\
\end{array}
$$

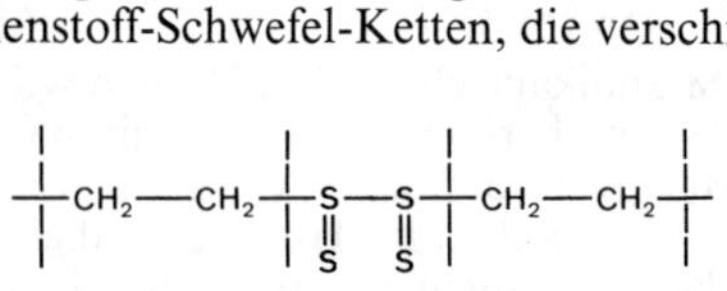

Äthylen-       Polysulfid-                    Einheit

Endgruppen tragen und damit unterschiedlich reaktiv sein können. Sie kommen hochmolekular als Kautschuke und mit geringeren Molekularmassen als Pasten oder Flüssigkeiten in den Handel.

#### 4.4.2.2. Herstellung von TM [4.371.]

TM wird durch Polykondensation von aliphatischen Dihalogeniden (z. B. 1,2-Dichloräthan) und Alkalipolysulfiden (z. B. Natriumtetrasulfid) in wässriger Phase bei z. B. 60° C hergestellt.

$$n\,ClRCl + n\,Na_2S_X \longrightarrow -(RS_X)_n- + 2\,nNaCl$$

(R = Alkyl, X = 2 und größer)

In Gegenwart eines Dispergiermittels, wie Mg- oder Ba-hydroxid, wird das Reaktionsprodukt in Form einer Suspension mit Teilchengrößen von etwa 15 $\mu$m erhalten. Wegen des hohen spezifischen Gewichtes und der relativ großen Teilchen tritt eine rasche Sedimentation ein, die ein leichtes Auswaschen erlaubt [4.377.].

Bei der Polykondensation entstehen hochmolekulare Produkte mit endständigen Hydroxylgruppen [4.378.], die sich durch Hydrolyse von Alkylhalogenidgruppen im basischen Reaktionsmedium bilden. Durch reduktive Spaltung der Polysulfid-Gruppen in der wässrigen Dispersion mit NaSH, $Na_2SO_3$ oder anderen Reduktionsmitteln, entstehen TM-Typen mit endständigen Thiol-Gruppen (Thiokol ST). Bei weitergehender Reduktion werden flüssige Produkte gebildet (Thiokol LP).

$$-R-S-S-R- + NaSH \longrightarrow -RSH + RSNa + S$$

Bei der Variation des organischen Halogenids und des Polysulfids ist eine Vielzahl von Reaktionsprodukten möglich, deren Zusammensetzung dem gewünschten Eigenschaftsbild angepaßt werden kann. Hieraus resultiert ein ganzes Handelsprodukt-Sortiment.

#### 4.4.2.3. Struktur von TM und dessen Einfluß auf die Eigenschaften [4.16.]

**Monomereinfluß.** TM, das aus Äthylenchlorid und $Na_2S_2$ hergestellt wird, ist eine harte, kunststoffähnliche Masse, während das Disulfid aus Dichloräthyl-formaldehydacetat und $Na_2S_2$ selbst bei tiefen Temperaturen noch kautschukartige Eigenschaften zeigt. Co-Kondensate aus beiden haben ein dazwischen liegendes Eigenschaftsbild (Thiocol FA).

**Endgruppen.** Die Art der Endgruppen ( – OH, – Cl, – SH) bestimmt weitgehend das Verhalten der TM-Gruppen bei der Vulkanisation. TM mit endständigen SH-Gruppen können z. B. durch Oxydationsmittel wie molekularen Sauerstoff, in Gegenwart von z. B. $PbO_2$, p-Chinondioxim, Co-Salzen, Peroxiden u. dgl. von sehr niedrig molekularen, sogar flüssigem Zustand, zu hochmolekularen Ketten vernetzt werden. Solche Produkte sind bei entsprechender Vorcompoundierung selbstvernetzend. Hydroxyl- und Chlorgruppen tragende Polymere werden zumeist mit Metalloxiden, z. B. ZnO, über die Endgruppen zu langen Ketten verknüpft.

**Molekularmasse.** TM-Typen mit Molekularmassen von z. B. 500 000 und mehr werden als heißvulkanisierbare Kautschuke eingesetzt. Kaltvulkanisierbare Pasten oder flüssige Polymere haben wesentlich niedrigere Molekularmassen, letztere z. B. 2000–4000.

**Schwefelgehalt.** Der Schwefelgehalt bestimmt weitgehend das Eigenschaftsbild, vor allem das Quellverhalten der Vulkanisate.

#### 4.4.2.4. Mischungsaufbau von TM [4.372.–4.373.]

**Vulkanisationschemikalien.** Das Vulkanisationssystem für TM ist sehr einfach. Der Einsatz von *ZnO* allein reicht für eine Vulkanisation völlig aus. Steigende ZnO-Mengen bis zu 10 phr steigern den Vernetzungsgrad. Als zusätzliche Beschleuniger (falls überhaupt erforderlich) fungieren 0,5–1,0 phr *Schwefel.*

**Füllstoffe.** *Ruße* werden als Verstärkungsmittel und zum Senken der Mischungskosten eingesetzt. Die meist gebräuchlichen Ruße sind z. B. Ruß N 550 bzw. N 770. Als *helle Füllstoffe* kommen ZnO in Dosierungen über 10 phr, $TiO_2$, $BaSO_4$, Lithopone usw. zum Einsatz.

**Weichmacher.** Als Weichmacher für TM dient z. B. MBTS (z. B. 0,3 phr), das bei der Mischungsherstellung einen abbauenden mastizierenden Effekt hat und glatten Lauf auf der Walze bewirkt. Wenn neben MBTS zusätzlich DPG (z. B. 0,1 phr) eingesetzt wird, läßt sich der Effekt noch verstärken. Zur Verbesserung der geringen Konfektionsklebrigkeit werden z. B. Cumaron-Harze (5 phr) eingesetzt.

**Verarbeitungshilfsmittel.** Stearinsäure wird empfohlen, um das Kleben auf der Walze zu verhindern und eine gute Füllstoffverteilung zu erreichen.

#### 4.4.2.5. Verarbeitung von TM [4.373.]

TM wird nach den in der Gummi-Industrie üblichen Verfahren verarbeitet. Das Misch- und Verarbeitungsverhalten (z. B. Konfektionierung) ist oft problematisch und erfordert Erfahrung oder spezielle Verarbeitungsanleitungen.

#### 4.4.2.6. Eigenschaften von TM-Vulkanisaten

Die wesentlichen Eigenschaften, wegen denen TM eingesetzt werden, sind die Beständigkeit ihrer Vulkanisate gegenüber aromatischen Kohlenwasserstoffen, Ketonen und Chlorkohlenwasserstoffen. In dieser Hinsicht sind TM-Vulkanisate allen anderen Elastomeren überlegen bei allerdings ungünstigen mechanischen Eigenschaften. Darüber hinaus sind sie wetter- und ozonbeständig. Die Festigkeitseigenschaften sowie der Druckverformungsrest, gemessen an anderen quellbeständigen Elastomeren, ist nicht optimal. Zudem ist TM verhältnismäßig teuer und vielfach geruchsbelästigend. Während in dieser Hinsicht früher TM-Typen z. T. unerträglich waren, sind heutige Produkte wesentlich geruchsschwächer.

#### 4.4.2.7. Einsatzgebiete von TM [4.372.]

**Heißvulkanisierender** TM wird entsprechend seiner hauptsächlichen Eigenschaften für lösungsmittel-, aromaten- und ölbeständige Dichtungen, Formartikel und Schläuche eingesetzt.

**Pastöse und flüssige** TM-Typen werden vor allem für Fugendichtungsmassen eingesetzt, da diese bei ihrem Härtungsprozeß nur wenig schrumpfen. Wegen ihrer guten Wetter- und Ozonbeständigkeit kommen sie im Bausektor zum Einsatz.

#### 4.4.2.8. Konkurrenzmaterialien und Handelsprodukte von TM

**Konkurrenzmaterialien** sind z. B. AU, CO, ECO, ETER, NBR, Q.

**Handelsprodukt** ist Thiocol, Thiocol Corp.

### 4.4.3. Polyester-Kautschuk

Durch Polykondensation von Estern lassen sich Polyester herstellen, die sich zu Elastomeren vernetzen lassen oder die thermoplastische Elastomere darstellen.

#### 4.4.3.1. Paraplex [4.379.]

Paraplex X-100, 1933–1942 von Bell-Telephone Lab. entwikkelt, war ein Polyester, der aus Äthylenglykol, 1,2-Propylenglykol, Sebacin-, Adipin- und wenig Maleinsäure (3 Massen%) bestand und nach der Zugabe von mineralischen Füllstoffen durch Benzoylperoxid vernetzt wurde. Paraplex S 200 war stärker ungesättigt und konnte durch Schwefel und Beschleuniger vulkanisiert werden. Die Produkte spielen heute keine Rolle mehr.

#### 4.4.3.2. Norepol [4.380.]

Norepol, von den North Regional Res. Lab. (USA) war ein Polyester aus dimerisierten, ungesättigten Fettsäuren und Äthylenglykol, der durch Schwefel und Beschleuniger vulkanisiert werden konnte. Diese Produkte wurden in USA vor der Einführung des GR-S in kleinem Maße angewendet und haben heute keine Bedeutung mehr.

4.4.3.3. Hytrel [4.381.]

Polyester auf Basis Polyäthylenterephthalat sind thermoplastische (Schmelzpunkt 201° C), hochelastische und harte Polymere, die als Hytrel von DuPont für die Herstellung von Spezialelastomeren angeboten werden. Die thermoplastischen Produkte werden ohne weitere Vulkanisation verarbeitet (vgl. S. 207 ff). Die Handelsprodukte sind meistens Kondensationsprodukte aus einem harten Polymeren, dem Polyäthylenterephthalat und einem als innerer Weichmacher wirkenden Polyäthylenglykol mit einer Molmasse von ca. 1000 (vermutlich auf Basis eines Polytetrahydrofuran-Derivates). Je mehr von der Polyäthylenglykol-Komponente anwesend ist, um so weicher ist das Material, ohne daß der Erweichungspunkt stark erniedrigt wird (Ausnahme, niedrigste Härte). Zahlreiche Typen mit Shore-D-Härten von 40 bis 72 werden angeboten.

Artikel auf Basis Polyäthylenterephthalat weisen hohe Härte, hohe Elastizität und hohen Biegemodul auf. Sie sind quellbeständig in Ölen, aliphatischen und aromatischen Kohlenwasserstoffen, Alkoholen, Ketonen, Estern und Hydraulikflüssigkeiten und sind löslich in Phenolen, Kresolen und chlorierten Kohlenwasserstoffen. Sie konkurrieren insbesondere gegen Polyesterpolyurethane und sind im Vergleich (laut Firmenangabe) härter, abriebbeständiger, bei tiefen Temperaturen schlagfester, besser verarbeitbar, wärmebeständiger (angewandt von −51° C bis +163° C) und weisen einen besseren Druckverformungsrest auf.

### 4.4.4. **Urethankautschuk (AU)** [4.382.–4.384.]

4.4.4.1. Allgemeines über AU

Urethankautschuke (AU) sind Polyester-Polyisocyanat-Prepolymere, die in traditioneller Weise auf Kautschuk-Verarbeitungsmaschinen verarbeitet und mit Isocyanaten, Peroxiden oder Schwefel vulkanisiert werden.

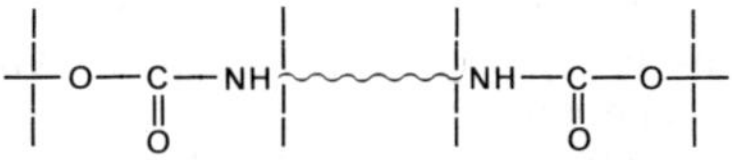


Polyester- Urethan- Einheit

Die Vulkanisation wird durch den Einbau reaktiver Verbindungen in das Polymer-Molekül, z. B.

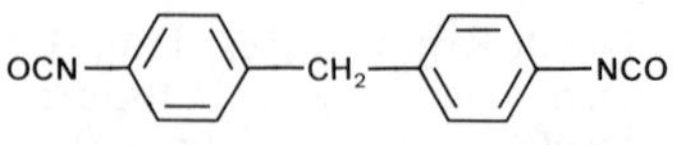


Diphenylmethan-diisocyanat

$$HO - CH_2 - CHOH - CH_2 - O - CH_2 - CH = CH_2$$

Glycerin-monoallyläther

gefördert. Die Angriffspunkte für die Vernetzung sind die aktiven Wasserstoff-Atome der Urethan-Gruppierung, eingebaute aktive Methylengruppen oder die eingebauten, einer Schwefelvernetzung zugänglichen Doppelbingungen.

Die Vielzahl möglicher Ausgangsprodukte führt zu einer großen Variationsbreite im Aufbau von AU. Logischerweise ergeben sich aus dem Aufbau des AU und der Vernetzungsweise erhebliche Unterschiede in ihrem Verarbeitungsverhalten, dem Vulkanisationsverhalten und dem technologischen Eigenschaftsbild der Vulkanisate.

Unabhängig von den AU-Typen ist auch thermoplastisches Polyurethan mit elastomeren Eigenschaften (z. B. als Estane, Goodrich bzw. Desmopan, Bayer) im Handel. Auf diese thermoplastischen Elastomere wird nicht näher eingegangen (s. [4.355.]).

#### 4.4.4.2. Herstellung von AU [4.383.–4.384.]

AU wird nach den in der Polyurethan-Chemie üblichen Polyadditionsverfahren aus Estern und Isocyanaten hergestellt.

#### 4.4.4.3. Eigenschaften von AU [4.11., 4.382.]

Die Eigenschaften von AU unterscheiden sich stark je nach den anwendbaren Vernetzungsarten.

**Viskosität.** Isocyanatvernetzbare AU-Typen (AU-I-Typen) sind verhältnismäßig weich eingestellt, z. B. Mooney-Viskositäten zwischen 14 und 25, wogegen peroxidvernetzbare Typen (AU-P-Typen) mit Mooney-Viskositäten von beispielsweise 55 übliche Kautschukviskositäten aufweisen.

**Lagerfähigkeit.** Die Lagerfähigkeit der AU-Typen ist gut. Bei AU-I-Typen ist kühle und trockene Lagerung vorteilhaft.

**Löslichkeit.** AU-Typen sind nur in wenigen Lösungsmitteln löslich. AU-I-Typen zeigen nur in Dimethylformamid eine vollständige Löslichkeit, wohingegen AU-P-Typen auch in Ketonen und Tetrahydrofuran löslich sind.

**Hydrolysenbeständigkeit.** Hinsichtlich der Hydrolysenbeständigkeit unterscheiden sich die AU-Typen voneinander. Neben hydrolysenanfälligen sind hydrolysenbeständige Typen im Einsatz.

#### 4.4.4.4. Mischungsaufbau von AU [4.11., 4.382.]

**Vulkanisationschemikalien.** Die Vernetzungschemikalien für AU sind insbesondere Isocyanate und Peroxide. Die bei einigen Typen ebenfalls mögliche Schwefelvulkanisation spielt in der Praxis kaum eine Rolle. AU-I-Typen werden mit Hilfe von *Toluylendiisocyanat* (TDI) vernetzt. Zur Herstellung von Produkten mit hoher Härte wird zusätzlich zu einer erhöhten TDI-Menge noch Hydrochinondioxyäthyläther eingearbeitet. Als *Beschleuniger* dienen organische Bleisalze. Es ist im Prinzip möglich, auch andere Isocyanate anstelle von TDI zur Vernetzung zu verwenden. Im allgemeinen sind damit jedoch keine Vorteile, sondern meist sogar beträchtliche Nachteile verbunden.

TDI verteilt sich leicht, ergibt eine relativ gute Haltbarkeit der Mischungen und führt trotzdem zu einer raschen Vulkanisation. Schließlich sind die physikalischen Eigenschaften der vernetzten Produkte bei Verwendung von TDI besser als bei Benutzung der meisten anderen Isocyanate.

Für die *peroxidische* Vernetzung der AU-P-Typen kommen wegen der Temperaturentwicklung bei der Mischungsherstellung und Weiterverarbeitung nur entsprechend stabile Peroxide in Frage. Hier gelten für die Auswahl der Peroxide die üblichen Kriterien (vgl. S. 294 ff).

Zur Erzielung eines besonders hohen Vernetzungsgrades werden den Mischungen spezielle *Coaktivatoren* wie Triallylcyanurat zugesetzt. Lagerbeständigkeit und Verarbeitungssicherheit werden durch den Einsatz von Triallylcyanurat nicht wesentlich beeinflußt.

Eine Beschleunigung der Peroxid-Vulkanisation ist nicht möglich. Von den Mischungen müssen Schwefel und schwefelhaltige Verbindungen sorgfältig ferngehalten werden, damit die peroxidische Vulkanisation nicht gestört wird.

**Alterungs- und Ozonschutzmittel** werden in Au-Mischungen kaum eingesetzt.

**Hydrolysenschutzmittel.** Wichtig ist der Einsatz von Hydrolysenschutzmitteln, insbesondere für hydrolysenanfällige Typen. Hierfür hat sich vor allem Polycarbodiimid (PCB) bewährt. Es bewirkt eine wesentlich bessere Beständigkeit der Fertigprodukte in Wasser, technischen Schmiermitteln, Heißluft und bei Bewetterung sowie in tropischem Klima.

**Füllstoffe.** *AU-I-Typen* werden häufig ohne Füllstoff verarbeitet, wobei die Härte der vernetzten Produkte lediglich durch die Menge des TDI und einer dazugehörigen weiteren Reaktionskomponente z. B. Hydrochinondioxyäthyläther bestimmt wird. Es können jedoch auch aktive, halbaktive und inaktive Füllstoffe in AU-I-Typen eingearbeitet werden. Bereits kleine Mengen von aktivem Ruß oder pyrogen gewonnene Kieselsäure erhöhen noch weiter die Härte und den Widerstand gegen Weiterreißen. Die Menge an Füllstoff, die ohne Schwierigkeiten eingearbeitet werden kann, ist begrenzt, weil die Mischtemperatur infolge der Anwesenheit von freiem Isocyanat stets möglichst niedrig gehalten werden muß. Anderenfalls besteht die Gefahr einer vorzeitigen Anvulkanisation. Halbaktive oder inaktive Füllstoffe werden verwendet, um das Verarbeitungsverhalten der Mischungen zu modifizieren und um den Preis des Fertigmaterials zu erniedrigen. Ein eventueller Wassergehalt von Füllstoffen kann die Isocyanat-Vernetzung stören und die Alterungsbeständigkeit der Vulkanisate mindern.

*AU-P-Typen* werden meist mit aktiven oder halbaktiven Füllstoffen verarbeitet, um optimale Eigenschaften der Vulkanisate zu erzielen. Als Füllstoff wird vorzugsweise Ruß verwendet. Besonders gebräuchlich sind Ruße vom Typ N 330 und N 550. Hier gelten im allgemeinen die gleichen Regeln und Erfahrungen bei der Wahl der Füllstofftypen und ihrer Wirkung auf Verarbeitungs- und Vulkanisateigenschaften wie bei anderen Kautschuktypen. Auch Kieselsäurefüllstoffe werden eingesetzt.

**Weichmacher.** Die geringe Quellung der *AU-I-Typen* in vielen Lösungsmitteln hat zur Folge, daß auch die Verträglichkeit mit den meisten Weichmachern schlecht ist. Die Verwendung von Weichmachern ist daher wenig gebräuchlich. In Sonderfällen kann die Mischung mit wenig Dibenzyläther weicher eingestellt werden. Damit ist auch ihre Haltbarkeit infolge verminderter Verarbeitungstemperatur auf der Spritzmaschine oder auf dem Kalander verbessert.

Bei *AU-P-Typen* kommen als Weichmacher für die Verarbeitung und zur Erniedrigung der Härte der Vulkanisate vor allem begrenzte Mengen von Phthalsäureestern und Polyadipaten in Frage.

#### 4.4.4.5. Verarbeitung von AU [4.11., 4.382.]

Die Herstellung und Weiterverarbeitung von AU-Mischungen erfolgt auf den in der Gummi-Industrie üblichen Maschinen und nach den traditionellen Verfahren, wobei mancherlei Verarbeitungsprobleme, vor allem mit AU-I-Typen, auftreten. AU-I-Mischungen sind wie rasch vulkanisierende Mischungen zu behandeln. Auch sollte von den Mischungen Wasser oder Feuchtigkeit ferngehalten werden. AU-Mischungen dürfen nicht in Dampf vulkanisiert werden.

#### 4.4.4.6. Eigenschaften von AU-Vulkanisaten [4.11., 4.382.]

**Mechanische Eigenschaften.** Die *Zugfestigkeiten* von AU-I-Vulkanisaten sind zumeist höher als von Vulkanisaten aus allen anderen Kautschuken. Z. B. erreichen sie 40 MPa. Die *Härten* sind hoch und liegen bei AU-I-Typen zwischen 70–99 Shore A (ca. 70 Shore D). AU-I-Vulkanisate weisen bei jeder Härte eine verhältnismäßig hohe *Elastizität* auf. Auch das *Abriebverhalten* ist trotz hoher Härte vorzüglich und besser als das der meisten anderen Vulkanisate. Dagegen sind die *Druckverformungsreste* bei höheren Temperaturen relativ hoch. Die Festigkeitseigenschaften sowie die Abriebbeständigkeit von AU-P-Vulkanisaten, die meist im Härte-Bereich von 60–80 Shore A eingesetzt werden, sind wesentlich niedriger als diejenigen auf Basis AU-I.

**Wärmebeständigkeit, Alterungsbeständigkeit.** AU-Vulkanisate weisen eine Dauer*wärmebeständigkeit* von ca. 90° C auf. Wärmefestere Vulkanisate sind ca. 3 Monate bei 100° C beständig.

Durch *Hydrolyse* können die Produkte aus AU ihrer chemischen Natur entsprechend angegriffen werden. Dies ist möglich in heißem Wasser oder Dampf, in Säuren oder Basen, in manchen technischen Schmiermitteln, insbesondere in der Wärme und bei langdauerndem Gebrauch in tropischem Klima

In Dampf oder Wasser von erhöhter Temperatur sind Vulkanisate auf Basis hydrolysierbarer AU-Typen relativ wenig beständig. Über einen Zeitraum von einem Jahr sind Vulkanisate auf Basis nichthydrolisierbarer AU-P-Typen bis ca. 65° C beständig.

Die *Alterungs-, Wetter- und Ozonbeständigkeit* von AU-Vulkanisaten ist ausgezeichnet. Durch Sauerstoff und Ozon werden die Fertigprodukte aus AU nicht angegriffen.

**Kälteflexibilität.** AU-Vulkanisate besitzen ein verhältnismäßig günstiges Tieftemperaturverhalten. Die dynamische Einfriertemperatur liegt zumeist bei ca. –25 bis –30° C.

**Quellbeständigkeit.** Die Quellung in Aliphaten und vielen anderen Lösungsmitteln ist sehr gering. In stark polaren chlorierten Kohlenwasserstoffen, in Aromaten, Estern und Ketonen ist die Volumenzunahme stärker. AU-Vulkanisate haben sich jedoch auch in Kontakt mit solchen Lösungsmitteln oder z. B. auch mit Super-Kraftstoff oft besser bewährt als manche anderen Elastomere. Soweit eine hohe Härte zulässig ist, können mit gutem Erfolg Fertigprodukte aus AU-I-Typen verwendet werden, die viel TDI und Hydrochinondioxyläthyläther enthalten, da die Quellung in jedem Lösungsmittel etwa in dem Verhältnis zurückgeht, in dem der Elastizitätsmodul erhöht wird.

**Permeation.** Die Gasdurchlässigkeit von AU-Vulkanisaten liegt etwa in der gleichen Größenordnung wie die von IIR.

#### 4.4.4.7. Einsatzgebiete von AU [4.11., 4.382.]

Fertigprodukte aus AU werden insbesondere im Fahrzeug- und allgemeinen Maschinenbau unter anderem als Dichtungselemente, elastische, schwingungs- und stoßdämpfende Glieder bei der Kraftübertragung oder an Gelenken und Aufhängungen sowie als Auflager gegen Verschleiß benutzt. Die meisten Anwendungen sind aus dem besonderen chemischen und physikalischen Charakter der

Produkte zu verstehen, nämlich der Vereinigung einer guten Witterungs- und Quellbeständigkeit mit einer hohen Abriebfestigkeit und Elastizität auch bei hoher Härte sowie einem günstigen Verhalten in der Kälte. Die Empfindlichkeit gegen Hydrolyse, die begrenzte Gebrauchstüchtigkeit in der Wärme und der verhältnismäßig hohe Preis der Rohstoffe setzen hier Grenzen und verlangen in jedem Anwendungsfall eine sorgfältige Vorprüfung.

4.4.4.8. Konkurrenzmaterialien und Handelsprodukte von AU

**Konkurrenzmaterialien** sind z. B. NBR, TM, Polyester auf Basis Polyäthylenterephthalat.

**Handelsprodukte.** Als Handelsprodukte sind im Einsatz (die Aufstellung erhebt keinen Anspruch auf Vollständigkeit):

Adiprene C, DUPONT – ELASTOTHANE 455, THIOCOL corp. – Igulan, HOKUCHIN KAGAKU – Urepan , BAYER AG – Vibrathane, US RUBBER CO.

## 4.5. Thermoplastische Elastomere (TPE) [4.385.–4.401.]

Die Grenzstrukturen der makromolekularen Stoffe sind gemäß der auf S. 40 ff gegebenen Definition die der Plastomeren und Duromeren. Die Plastomeren sind unvernetzte Stoffe, deren Gebrauchstemperatur unterhalb und deren Schmelztemperatur oberhalb der Glasumwandlungstemperatur $T_G$ ist. Im Schmelzbereich gehen die meist durch Kristallisation bedingten Zusammenhaltsmechanismen, die den Plastomeren ihre Härte und geringe Dehnung verleihen, verloren und sie werden leicht verformbar. Im Gegensatz dazu sind die engmaschig vernetzten Duromeren im Idealfall auch bei höheren Temperaturen völlig starr.

Die Elastomeren nehmen mit ihren schwach vernetzten Strukturen eine Zwischenstellung zwischen den Plastomeren und Duromeren ein. Sie sind durch eine hohe Dehnbarkeit und einen $T_G$-Wert unterhalb der Gebrauchstemperatur gekennzeichnet und sind im Idealfall auch bei höheren Temperaturbeanspruchungen nicht bleibend verformbar.

Zwischen den Grenzstrukturen Plastomeren, Elastomeren und Duromeren gibt es selbstverständlich Übergänge. Wenn z. B. in einem Makromolekül Segmente mit hoher Dehnbarkeit und niedrigem $T_G$-Wert (Weichsegmente, elastischer Anteil) mit Segmenten mit geringer Dehnbarkeit hohem $T_G$-Wert (Hartsegmente, thermoplastischer Abteil) kombiniert werden, dann liegen sogenannte thermoplastische Elastomere vor. Thermoplastische Elastomere sind also meist Blockcopolymere, bei denen weiche Blöcke mit $T_G$-

Werten unterhalb der Gebrauchstemperatur zwischen je zwei harten Blöcken mit $T_G$-Werten oberhalb der Gebrauchstemperatur eingebaut sind. Die verschiedenen Blöcke sind miteinander unverträglich. Die harten Blöcke bilden physikalische Vernetzungen, die bei höheren Temperaturen schmelzen; dadurch kann das Material nunmehr plastomer verformt oder anderweitig verarbeitet werden. Bei abnehmenden Temperaturen erhält das Polymer seine ursprüngliche Elastizität wieder.

In speziellen Fällen können auch thermisch reversible chemische Bindungen zu thermoplastischen Elastomeren führen. Unterhalb der Spaltungstemperatur der chemischen Bindung ist die elastomere Funktion in Takt, oberhalb dagegen wird das Material plastisch verarbeitbar.

Die ersten Polymeren, bei denen man thermoplastisch-elastomere Eigenschaften erkannte, waren Polyurethane, gefolgt von Butadien-Styrol-Dreiblock-Polymeren. Inzwischen sind andere Produkte mit thermoplastisch-elastomeren Verhalten entwickelt worden, die im wesentlichen alle den gleichen obengenannten Gesetzmäßigkeiten gehorchen. Diese lassen sich auf vereinfachte Weise folgendermaßen darstellen:

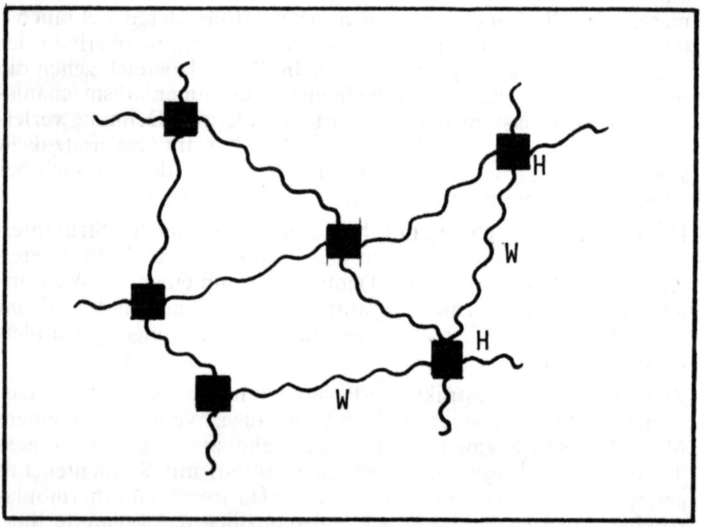


Abb. 4.3.: Thermoplastische Elastomere (Prinzip) mit weichen und elastischen (W) sowie harten und starren (H) Blöcken.

Die mit H bezeichneten Hartsegmente stellen kristallisierbare Strukturen und die mit W bezeichneten Weichsegmente die damit verbundenen elastischen Federn dar.

Die Schmelztemperatur der H-Segmente bestimmt den Einsatzbereich der Polymeren als Elastomer. Beispielsweise schmelzen Styrolblöcke bei ca. 70–80° C, weshalb ein Artikel aus SBS-Dreiblock-Polymer bis ca. 65° C eingesetzt werden kann. Thermoplastische Elastomere auf Basis von Polyäthylenterephthalat/Polyäthylenglycol-Copolymeren schmelzen dagegen erst bei ca. 200° C. Wichtig für den Aufbau eines thermoplastischen Elastomeren ist, daß die Schmelztemperatur der H-Segmente geringer ist, als die thermische Beständigkeit der W-Segmente. Die nachfolgende Tabelle 4.4. soll einen Überblick über einige im Handel befindliche thermoplastische Elastomere geben (sie erhebt keinen Anspruch auf Vollständigkeit):

**Tabelle 4.4.:** Beispiele von Hart- und Weichsegment-Kombinationen in einigen thermoplastischen Elastomeren.

| H Segmente aus | W Segmente aus | Typ | Zitat |
|---|---|---|---|
| Styrol | Butadien<br>Isopen<br>SBR | SBS (YSBR)<br>SIS (YIR) | Seite 108<br>Lit [4.141., 4.387.–4.391.] |
| Propylen | Äthylen<br>EPM | Sequenz-<br>EPDM | Seite 151<br>Lit. [4.245.] |
| | EPDM | Thermolastics bzw. EMP's | Seite 153<br>Lit. [4.395–4.399.] |
| | NR | Thermoplastischer NR | Seite 56<br>Lit. [3.12.] |
| Dimethylsiloxan | Tetramethyl-p-disilylphenylen<br>Bisphenol A/ Polycarbonat | Sequenz-Q | Seite 193<br>Lit. [4.363.–4.366.] |
| Polyester | Polyurethan | Thermoplastischer AU | Lit. [4.384.] |
| | Polyester | Thermoplastische Polyester (Hytrel) | Seite 202<br>Lit. [4.381.] |
| | Polyamid | Polyesteramide | Lit. [4.397.–4.398.] |

Die Bindung zwischen den H- und W- Segmenten kann auf unterschiedliche Weise zustandekommen: durch Blockcopolymerisation (z. B. bei SBS-Typen), durch Graftpolymerisation, durch Vorvernetzung z. B. durch Peroxide (z. B. bei thermoplastischem NR oder Thermolastics) oder durch Adsorption (z. B. bei Elastomer-Modified Plastics, EMP's).

## 4.6. Vergleichendes Eigenschaftsbild von Kautschuk-Typen und ihre Einsatzgebiete

Nachfolgend sollen für einen leichteren Vergleich die wichtigsten Eigenschaften und Einsatzgebiete für eine Reihe von Kautschuktypen tabellarisch aufgeführt werden (s. Tabelle 4.5. und 4.6.) [4.16.].

Hierbei können jedoch nicht alle Eigenschaften gleichzeitig optimal eingestellt werden.

Ein Vergleich der Dauereinsatztemperatur einiger Elastomerer gegen die Quellbeständigkeit in ASTM-Öl Nr. 3 aufgetragen ist aus Abb. 4.4. zu ersehen. Wegen dieser Zusammenfassungen konnte

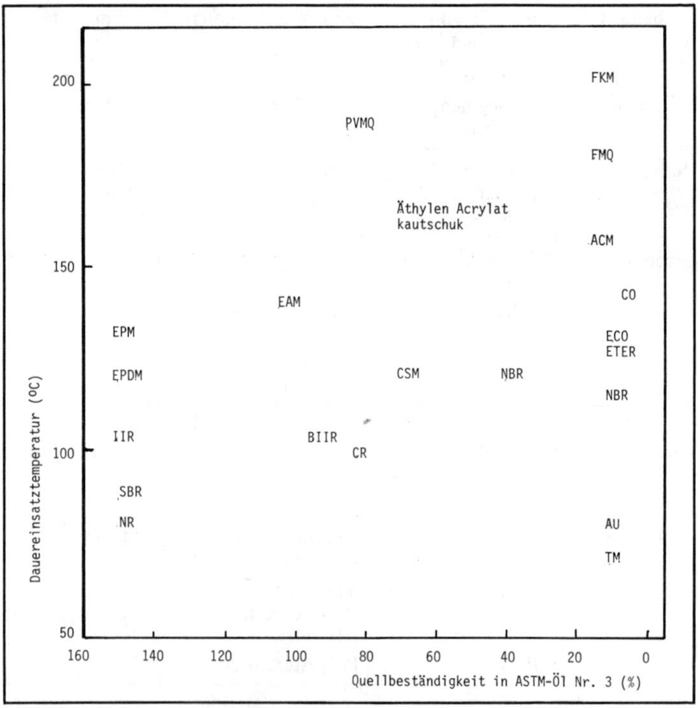


Abb. 4.4. Einige Wichtige SR-Typen nach ihrer Dauereinsatztemperatur und Quellbeständigkeit in ASTM-Öl Nr 3 geordnet.

**Tab. 4.5.:** Vergleich der physikalischen Eigenschaften von Vulkanisaten aus NR und verschiedenen SR-Klassen*.

| Eigenschaften | Kautschuk-Typ | | | | | | | | | | | | | | | | |
|---|---|---|---|---|---|---|---|---|---|---|---|---|---|---|---|---|---|
| | NR | IR | SBR | BR | NBR | ACM | CR | ECO | CSM | FKM | IIR | EPDM | EAM | PVMQ | TM | YSBR | AU |
| Zugfestigkeit ohne verstärkenden Füllstoff | 1 | 2 | 5 | 6 | 5 | 6 | 3 | 4 | 5 | 5 | 4 | 5 | 5 | 6 | 6 | 3 | 1 |
| Zugfestigkeit mit verstärkenden Füllstoffen | 1 | 2 | 2 | 4 | 2 | 3 | 2 | 3 | 3 | 3 | 3 | 3 | 3 | 4 | 4 | 1 | 1 |
| Bruchdehnung | 1 | 1 | 2 | 3 | 2 | 4 | 2 | 3 | 3 | 3 | 2 | 3 | 3 | 4 | 4 | 1 | 2 |
| Abriebwiderstand mit verstärkenden Füllstoffen | 4 | 4 | 3 | 1 | 2 | 4 | 3 | 3 | 3 | 4 | 4 | 3 | 2 | 5 | 5 | 5 | 1 |
| Weiterreißfestigkeit (Kerbzähigkeit) | 2 | 2 | 3 | 5 | 3 | 3 | 2 | 3 | 3 | 4 | 3 | 3 | 3 | 5 | 4 | 3 | 1 |
| Stoßelastizität | 2 | 2 | 3 | 1 | 3 | 4 | 3 | 3 | 4 | 5 | 6 | 3 | 3 | 3 | 5 | 4 | 3 |
| Kälteflexibilität | 2 | 2 | 3 | 2 | 3 | 5 | 3 | 3 | 5 | 5 | 2 | 2 | 4 | 1 | 4 | 2 | 4 |
| Wärmebeständigkeit | 5 | 5 | 4 | 4 | 3 | 2 | 3 | 2 | 3 | 1 | 3 | 2 | 2 | 1 | 5 | 6 | 5 |
| Oxidationsbeständigkeit | 4 | 4 | 3 | 2 | 3 | 2 | 2 | 1 | 2 | 1 | 2 | 1 | 1 | 1 | 1 | 5 | 1 |
| UV-Beständigkeit | 4 | 4 | 3 | 3 | 3 | 2 | 2 | 1 | 2 | 1 | 2 | 1 | 1 | 1 | 1 | 5 | 1 |
| Wetter- und Ozonbeständigkeit | 4 | 4 | 4 | 3 | 3 | 2 | 2 | 1 | 2 | 1 | 2 | 1 | 1 | 1 | 1 | 5 | 1 |
| Ölbeständigkeit | 6 | 6 | 5 | 6 | 1 | 1 | 2 | 1 | 2 | 1 | 6 | 4 | 4 | 1 | 1 | 6 | 1 |
| Kraftstoffbeständigkeit | 6 | 6 | 6 | 6 | 2 | 3 | 3 | 1 | 2 | 1 | 6 | 5 | 5 | 6 | 1 | 6 | 1 |
| Säurebeständigkeit | 3 | 3 | 3 | 3 | 4 | 5 | 2 | 2 | 2 | 1 | 2 | 1 | 3 | 5 | 6 | 2 | 6 |
| Basenbeständigkeit | 3 | 3 | 3 | 3 | 4 | 5 | 2 | 2 | 2 | 4 | 2 | 1 | 3 | 5 | 6 | 2 | 6 |
| Brandschutzverhalten | 6 | 6 | 6 | 6 | 6 | 6 | 2 | 2 | 3 | 3 | 6 | 6 | 6 | 6 | 6 | 6 | 6 |
| Elektrischer Widerstand | 1 | 1 | 2 | 2 | 5 | 5 | 4 | 4 | 4 | 4 | 2 | 2 | 3 | 1 | 4 | 2 | 4 |
| Gasdurchlässigkeit | 5 | 5 | 4 | 4 | 2 | 3 | 3 | 1 | 3 | 3 | 1 | 4 | 2 | 6 | 1 | 4 | 1 |
| Druckverformungsrest: – 40° C | 3 | 3 | 3 | 3 | 3 | 5 | 5 | 5 | 6 | 6 | 5 | 4 | 6 | 3 | 5 | 4 | 5 |
| + 20° C | 2 | 2 | 3 | 3 | 2 | 3 | 3 | 2 | 5 | 4 | 4 | 3 | 5 | 2 | 4 | 3 | 3 |
| + 100° C | 6 | 6 | 5 | 5 | 3 | 5 | 4 | 2 | 6 | 3 | 2 | 2 | 1 | 1 | 4 | 6 | 5 |

* 1 = aus gezeichnet, 6 = ungenügend.

**Tab. 4.6.:** Einige wichtige Einsatzgebiete für verschiedene Kautschuktypen (+ = Haupteinsatz, (+) = gelegentliche Verwendung).

| Eigenschaften | Kautschuk-Typ | | | | | | | | | | | | | | | | | |
|---|---|---|---|---|---|---|---|---|---|---|---|---|---|---|---|---|---|---|
| | NR | IR | SBR | BR | NBR | ACM | CR | ECO | CSM | FKM | IIR | EPDM | EAM | Q | AU | TM | YSBR | CM |
| PKW-Reifen | | | | | | | | | | | | | | | | | | |
| Lauffläche | | | + | + | | | | | | | | | | | | | | |
| Karkasse | + | | + | + | | | (+) | | + | | | (+) | | | | | | |
| LKW-Reifen | | | | | | | | | | | | | | | | | | |
| Lauffläche | + | + | (+) | + | | | | | | | | | | | | | | |
| Karkasse | + | + | | | | | | | | | | | | | | | | |
| Gurte u. Riemen | | | | | | | | | | | | | | | | | | |
| Fördergurte | | | + | | (+) | | + | | | | (+) | | | (+) | | | | |
| Keilriemen | + | | + | | | | + | | | | | | | | | | | |
| Federelemente | + | + | + | + | + | | + | + | | | | | | (+) | + | | | |
| Schläuche | | | | | | | | | | | | | | | | | | |
| Kraftstoffschläuche | | | | | + | | + | + | | + | | | | | | | | |
| Melkschläuche | | | | | + | | (+) | | | | | | | | | | | |
| Heiz- u. Kühlschläuche | | | | | + | | + | | | | (+) | + | | | | | | |
| Öl- u. fettbeständige Schläuche | | | | | + | + | + | + | | | (+) | | | | | | | |
| Chemikalienbeständige Schläuche | | | + | | | | + | | + | | + | + | (+) | | | | | |
| Sonstige | | | + | | + | | + | + | | | + | + | | | | | | |

| Eigenschaften | Kautschuk-Typ | | | | | | | | | | | | | | | | | |
|---|---|---|---|---|---|---|---|---|---|---|---|---|---|---|---|---|---|---|
| | NR | IR | SBR | BR | NBR | ACM | CR | ECO | CSM | FKM | IIR | EPDM | EAM | Q | AU | TM | YSBR | CM |
| Dichtungen | | | | | | | | | | | | | | | | | | |
| Profil-Dichtungen | | | + | | | | + | + | | | + | + | | + | | | | |
| Wellendichtungen | | | | | + | + | | | | + | | | | + | | | | |
| Hitzebeständige | | | | | (+) | + | | + | (+) | + | + | | + | + | | | | + |
| Ölbeständige | | | | | + | + | (+) | + | (+) | + | | | (+) | (+) | + | + | | + |
| Sonstige | | | + | | | | | | | | | | | | | | | |
| Lebensmittelbedarfsgegenstände | + | + | + | | + | | + | | + | | + | + | + | + | + | | + | |
| + Pharma | | | | | | | | | | | | | | | | | | |
| fette Lebensmittel | | | | | + | | + | | | | (+) | | | (+) | | | | |
| Sauger | + | + | | | | | | | + | | | | | | | | + | |
| Sonstige | + | + | + | | + | | + | | + | | + | (+) | + | + | (+) | | + | |
| Sanitäre Gummiartikel u. Ballone | + | (+) | | | | | (+) | | + | | | | | | | | | |
| Gewebegummierung | | | | | | | + | + | + | | + | | + | (+) | + | | | |
| Handschuhe | + | | + | | + | | + | | + | | | | | | | | | |
| Kabel | | | + | | (+) | | + | | (+) | | + | + | + | + | | | | + |
| Sohlen u. Schuhe | | | + | | + | | + | | | | | | + | | + | | | |
| Latexartikel | + | | + | | + | | + | | + | | | | | | | | | |

bei der Beschreibung der einzelnen Kautschuktypen vielfach eine detaillierte vergleichende Bewertung unterbleiben.

Bezüglich des Auswahlschemas für Elastomere sei auf [4.402.] verwiesen.

## 4.7. Literatur über Synthesekautschuk

### 4.7.1. Allgemeine deutschsprachige Übersichtsliteratur


[4.1.] W. Breuers, H. Luttrop: Buna, Herstellung, Prüfung, Eigenschaften, Verlag Technik, 1954, 427 S.

[4.2.] W. Becker, W. Graulich: Synthetischer Kautschuk in Chemie und Technologie der Kunststoffe. Hrsg.: R. Houwink, Verlag Geest und Portig, Leipzig, Bd. 2, 1956. S. 148–225.

[4.3.] Kautschuk-Handbuch, Hrsg.: S. Boström, Verlag Berliner Union, Stuttgart, Bd. 1–5, 1959–1962.

[4.4.] H. Logemann: in Houben Weyl, Methoden der organischen Chemie, Bd. XIV/1 (1961), G. Thieme Verlag, Stuttgart, S. 703 ff.

[4.5.] W. Hofmann: Nitrilkautschuk, Verlag Berliner Union, Stuttgart, 1965, 398 S.

[4.6.] W. Hofmann: Vulkanisation und Vulkanisationshilfsmittel, Verlag Berliner Union, Stuttgart, 1965. 460 S.

[4.7.] W. Kleemann: Einführung in die Rezepturentwicklung der Gummi-Industrie, 2. Auflage, Deutscher Verlag für Grundstoff-Industrie, Leipzig, 1966, 630 S.

[4.8.] Das wissenschaftliche Werk von Hermann Staudinger, Hrsg.: M. Staudinger, Verlag Hüthig u. Wepf, Basel, 1969, 850 S.

[4.9.] P. Kluckow, F. Zeplichal: Chemie u. Technologie der Elastomere, 3. Auflage, Verlag Berliner Union, Stuttgart, 1970. 593 S.

[4.10.] H. G. Elias: Makromoleküle, Struktur, Eigenschaften, Synthesen, Stoffe, Verlag Hüthig u. Wepf, Heidelberg, 1971. 856 S.

[4.11.] W. Hofmann, S. Koch et al. (Hrsg.: Bayer AG): Kautschuk-Handbuch, Verlag Berliner Union-Kohlhammer, Stuttgart, 1971, 1026 S.

[4.12.] H. Kolb u. J. Peter: Natürliche und synthetische Elastomere; in Chemische Technologie, Hrsg.: K. Winnacker, 3. Auflage, Hauser-Verlag, München, Bd. 5, 1972 S. 142–251.

[4.13.] W. Hofmann: Kautschuk-Technologie, Habilitationsschrift am Institut für Kunststoffverarbeitung an der Rheinisch-Westfälischen Technischen Hochschule zu Aachen, Leverkusen Selbstverlag, 1975. Getr. Pag.

[4.14] Synthetischer Kautschuk, Darstellung einer Industrie, Hrsg.: IISRP New York, Brüssel, Selbstverlag 1973, 96 S.

[4.15.] W. Gohl: Elastomere-Konstruktions- und Dichtungs-Werkstoffe, Lexika-Verlag, Grafenau, 1975. 259 S.

[4.16.] R. Casper, J. Witte, G. Kuth: Kautschuk, synthetischer, in Ulmanns Encyklopädie der technischen Chemie, 4. Auflage, Verlag Chemie, Weinheim, Bd. 13, 1977, S. 595ff.

[4.17.] H. GRÖNE: Synthesekautschuk – Gegenwart und Zukunft, Kautschuk u. Gummi, Kunstst. **31** (1978), S. 9.

### 4.7.2. Allgemeine englischsprachige Übersichtsliteratur

[4.18.] G. S. WHITBY: Synthetic Rubber, Hrsg.: ACS, Div. Rubber Chem., Verlag Wiley, New York; Chapman u. Hall, London, 1954. 1044 S.

[4.19.] W. J. S. NAUNTON: What every Engeneer should know about Rubber, Hrsg.: British Rubber Development, London, Selbstverlag 1954. 128 S.

[4.20.] A. R. PAYNE, I. R. SCOTT: Engeneering with Rubber, Verlag MacLaren, London; Interscience, New York, 1960, 255 S.

[4.21.] W. J. S. NAUNTON: The Applied Science of Rubber, Hrsg.: IRI, Verlag Arnold, London, 1961. 1191 S.

[4.22.] L. BATEMAN: The Chemistry and Physics of Rubberlike Substances, Hrsg.: NRPRA, Verlag MacLaren, London; Wiley, New York, 1963. 784 S.

[4.23.] A. S. CRAIG: Rubber Technology, Verlag Oliver a. Boyd, Edinburgh, 1963. 222 S.

[4.24.] W. HOFMANN: Nitrile Rubber, A Rubber Review for 1963, Published by the Division of Rubber Chemistry of the American Chemical Society Inc. in Rubber Chem. Technol., 1973, separater Band

[4.25.] ...: Encyclopedia of Polymer Science and Technology, 16 Bände, Hrsg.: F. Mark, N. G. Gaylord, N. M. Bikales, Verlag Interscience Publ., New York, 1964–1972.

[4.26.] A. B. DAVAY, A. R. PAYNE: Rubber in Engeneering Practice, Hrsg.: RAPRA, Verlag MacLaren, London, 1964. 501 S.

[4.27.] G. KRAUS: Reinforcement of Elastomers, Verlag Interscience Publ., New York, 1965. 611 S.

[4.28.] P. W. ALLEN, P. B. LINDLEY u. A. R. PAYNE: Use of Rubber in Engeneering, Hrsg.: NRPRA, Verlag MacLaren, London, 1967. 275 S.

[4.29.] W. HOFMANN: Vulcanization and Vulcanising agents, Verlag MacLaren, London; Palmerton, New York; Elsevier, Amsterdam, 1967. 371 S.

[4.30.] M. SITTIG: Stereo-Rubber and other Elastomer Processes, Hrsg.: Noyes Dev. Co. Park Ridge, N. J. Selbstverlag 1967. 215 S.

[4.31.] H. J. STERN: Rubber Natural and Synthetic, 2. Auflage, Verlag MacLaren, London; Elsevier, Amsterdam, 1967. 519 S.

[4.32.] J. P. KENNEDY u. E. G. M. TÖRNQUIST: Polymer Chemistry of Synthetic Elastomers, Verlag Interscience Publ., New York, 1968/1969, 2. Bände 1043 S.

[4.33.] Not from Trees alone, Hrsg.: BASRM, 2. Auflage, London, Selbstverlag, 1970. 79 S.

[4.34.] C.M. BLOW: Rubber Technology and Manufacture, Hrsg.: IRI, Verlag Butterwarth, London, 1971, 527 S.

[4.35.] A. D. JENKINS: Polymer Science, North Holland, Publ. Comp. 1972, 2. Bände. 1822 S.

[4.36.] P. W. ALLEN: Natural Rubber and the Synthetics, Verlag Crosby Lockwood, London, 1972. 255 S.

[4.37.] M. MORTON: Rubber Technology, 2. Auflage, Verlag Van Nostrand Reinhold, New York, 1973. 603 S.

[4.38.] Know Your Rubbers, Lecture Senis, Hrsg.: IRI, Australien Section, 1974. Getr. Pag.

[4.39.] R. O. BABBIT: The Vanderbilt Rubber Handbook, 1978, Selbstverlag, 871 S.

### 4.7.3. Spezielle Literatur über Polymerisation

#### 4.7.3.1. Allgemeine Literatur über Emulsionspolymerisation

[4.40.] F. A. BOVEY, I. M. KOLTHOFF, A. S. MEDALIA, E. J. MEHAU: Emulsion Polymerization, Verlag Interscience Publ., New York 1955.

[4.41.] H. GERRENS: Fortschr. Hochpolym. Forsch. **1** (1958–60), S. 234.

[4.42.] J. L. GORDON: Br. Polym. J. **2** (1970), S. 1.

[4.43.] A. E. ALEXANDER, D. H. NAPPER: Prog. Polym. Sci. **3** (1971), S. 145.

#### 4.7.3.2. Allgemeine Literatur über Ionenkettenpolymerisation

[4.44.] L. G. ELLINGER: Electron Acceptors as Initiators of Charge-Transfer Polymerizations, Adv. Macromol. Chem. **1** (1968), S. 169.

[4.45.] E. T. KAISER, L. KEVAN: Radical Ions, Hrsg.: Verlag Interscience Publ., New York, 1968.

[4.46.] M. SZWARC: Ions and Ion Pairs, Acc. Chem. Res. **2** (1969), S. 87.

[4.47.] S. TAZUKA: Photosensilized Charge-Transfer Polymerization, Adv. Polymer Sci. **6** (1969), S. 321.

Kationische Polymerisation

[4.48.] P. H. PLESCH: The Chemistry of Cationic Polymerization, Hrsg.: Pergamon Press, London 1963.

[4.49.] J. P. KENNEDY: Cationic Polymerisation of Olefius, critical Inventory, J. Wiley Verlag, New York, 1975.

[4.50.] J. P. KENNEDY, A. W. LANGER: Recent Advances in Cationic Polymerization, Fortschr. Hochpolym. Forschg. 3 (1964), S. 508.

[4.51.] P. H. PLESCH: Cationic Polymerization in Progress in High Polymers, Hrsg.: J. C. Robb u. F. W. Peaker, Vol. III, Verlag Heywood, London 1968, S. 137.

Anionische Polymerisation

[4.52.] J. E. MULVANEY, C. G. OVERBERGER, A. M. SCHILLER: Anionic Polymerization, Fortschr. Hochpolym. Forschg. Adv. Polym. Sci. **3** (1961), S. 106.

[4.53.] M. MORTON, L. J. FETTERS: Homogeneous Anionic Polymerization of Unsaturated Monomers, Macromol. Revs. **2** (1967), S. 71.

[4.54.] M. SZWARE: Carbanious, Living Polymers and Electron Transfer Processes, Verlag Interscience Publ., New York 1968.


Allgemeine Literatur über Koordinationspolymerisation

[4.55.] G. NATTA: Angew. Chem. **68** (1956), S. 393.

[4.56.] S. E. HORNE et al: Ind. Engng. Chem. **48** (1956) S. 784.

[4.57.] G. GAYLORD, H. F. MARK: Linear and Stereoregular Addition Polymers, Polymerization with Controlled Propagation, Verlag Interscience Publ., New York 1958.

[4.58] L. REICH, A. SCHINDLER: Polymerization by Organometallic Compounds, Verlag Interscience Publ., New York 1966.

[4.59.] J. BOOS, JR.: The nature of the Active Site in the Ziegler-Type Catalyst, Makromol. Revs. **2** (1967), S. 115.

[4.60.] G. HENRICI-OLIVÉ, S. OLIVÉ: Koordinative Polymerisation an löslichen Übergangsmetall-Katalysatoren, Adv. Polymer Sci. **6** (1969), S. 421.

[4.61.] Ph. TEYSSIÈ et al.: Stereospecific Polymerisation of Dialetines by $\pi$-Allylic Coordination Complexes in Coordination Polymerization, A Memorial to K. Ziegler, Verlag Academic Press, New York 1975.

[4.62.] G. HENRICI-OLÍVÉ, S. OLIVÉ: Coordination and Catalysis, Verlag Chemie, Weinheim 1977, S. 186 ff, 210 ff..


### 4.7.3.3. Allgemeine Literatur über Lösungspolymerisation

[4.63.] G. BECKMANN, E. ENGEL: Zur Technik der Lösungspolymerisation, Chem. Ing. Tech. **38** (1966), S. 1025.

[4.64.] E. ENGEL, J. SCHÄFER, K. M. KIEPERT: Kautschuk u. Gummi, Kunstst. **17** (1964), S. 702.


### 4.7.3.4. Allgemeine Literatur über Strukturbestimmung

[4.65.] P. SCHNEIDER: in Houben Weyl, Methoden der organischen Chemie, Bd. XIV/2 (1961), Verlag G. Thieme, Stuttgart.

[4.66.] N. SOMMER: Kautschuk u. Gummi, Kunstst. **28** (1975), S. 133.


## 4.7.4. Literatur über Kautschuk-Typen

### 4.7.4.1. Literatur über BR

Allgemeine Literatur

[4.67.] H. E. ADAMS et al.: The Impact of Lithium Initiators on the Preparation of Synthetic Rubbers, Rubber Chem. Technol. **45** (1972), S. 1252.

[4.68.] W. S. ANDERSON: Polymerization of 1,3-Butadiene on Cobalt- and Nickel Halogenides, J. Polymer Sci. **5A**-1 (1967), S. 429.

[4.69.] R. ARNOLD: The World Outlook for Stereo Homopolymer Rubbers, Rubber World **154** Nr. 6 (1966), S. 59.

[4.70] W. W. BACHIN: Vulcanization-Characteristics of Polybutadiene, Ind. Engng. Chem. Prod. Res. Dev. **4** (1965), S. 15.

[4.71.] F. W. BARLOW: Commercial Polybutadiene, Rubber a. Plastics Age **47** (1966), S. 1198.

[4.72] C. E. BAWN: Polymerisation of Butadiene by soluble Ziegler-Natta-Catalyst; Rubber a. Plastics Age **46** (1965), S. 510.

[4.73.] C. A. MCALL: Synergism of Emulsion Polybutadiene and Natural Rubber, Rubber World **151** Nr. 2 (1964), S. 54.

[4.74.] C. W. CHILDERS: Cationic Coordination Catalysts of Polybutadiene with high cis-1,4-Content, J. Am. Chem. Soc. **85** (1963), S. 229.

[4.75.] J. CHURCHOD: The Physico Chemical Characteristics of Commercial Elastomers – Molecular Dimensions and Distribution Funetions of Polybutadiene, Rubber Chem. Technol. **43** (1970), S. 1367.

[4.76.] A. DRÄXLER: Die Wirkung extrem hoher Verarbeitungstemperaturen auf kaltpolymerisiertes SBR und Polybutadien, Kautschuk u. Gummi **17** (1964), S. 71.

[4.77.] E. W. DUCK: Recent Developments in Organometallic Solution Polymerisation Catalysts, 13. IISRP Annual Meeting, München, 21.6.1972.

[4.78.] H. L. HSIEH: Alkyllithium Polymerization Catalyst, J. Polymer Sci. **31** (1965), S. 153, 163, 173, 181, 191.

[4.79.] F. P. VAN DE KEMP: Organoaluminium/Cobalt Butadiene Polymerization Catalyst, Makromol. Chem. **93** (1966), S. 202.

[4.80.] G. KRAUS, J. T. GRUVER: Rheological Properties of cis Polybutadiene, J. Appl. Polymer Sci. **9** (1965), S. 739.

[4.81.] K. H. NORDSIEK, K. VOHWINKEL: Das Verhalten von Schwefel in Polybutadien, Kautschuk u. Gummi **18** (1965), S. 566.

[4.82.] K. H. NORDSIEK: Entwicklung und Bedeutung spezieller Homopolymerisate des Butadiens, Kautschuk u. Gummi, Kunststoffe **25** (1972), S. 87.

[4.83.] H. E. RAILSBACK et al.: Highly Extended Polybutadien-SBR-Compounds, Rubber World **148** Nr. 1 (1963), S. 40.

[4.84.] D. REICHENBACH: cis-trans-Umlagerung von cis-1,4-Polybutadien bei der Vulkanisation durch Schwefel, Kautschuk u. Gummi **18** (1965), S. 213.

[4.85.] D. V. SARBACH: Tire Treads Based on Blends of SBR an High Mooney Oil Extended cis Polybutadiene, Rubber Age **98** (1966), S. 67.

[4.86.] D. SIMS: Butadiene Polymer, J. of JRJ **1** (1967), S. 200.

[4.87.] J. F. SVETLIK, E. F. ROSS: Heat Stability of cis Polybutadiene Compounds, Rubber Age **96** (1965), S. 570.

[4.88] H. WEBER et al: Die stereoregulierte Homo- und Copolymerisation der Butadiene, Makromol. **101** (1967), S. 320.

Spezielle Literatur

[4.89.] W. HOFMANN: Butadienherstellung in Nitrilkautschuk, Verlag Berliner Union, Stuttgart, 1965, S. 9–37.

[4.90.] GB 848 065, 1956, Phillips Petroleum Co.
[4.91.] DAS 1 112 834, 1960, Firestone.
[4.92.] DT 1 165 864, 1 190 441, 1962, DT 1 242 371, 1965, Bayer.
[4.93.] DT 1 128 143, 1958, Goodrich.
[4.94.] DAS 1 213 120, 1960, Bridgestone.
[4.95.] DAS 1 087 809, 1956, Firestone.
[4.96.] F. P. VAN DE KAMP: Makromol. Chem. **93** (1966), S. 202.
[4.97.] M. GRIPPIN: Ind. Engng. Chem. Proc. Res. Dev. **4** (1965), S. 160.
[4.98.] J. FURUKAWA: Pure Appl. Chem. **42** (1975), S. 495.
[4.99.] H. E. ADAMS et al.: Rubber Chem. Technol. **45** (1972), S. 1252.
[4.100.] A. E. OBERSTER et al.: Makromol. Chem. **29/30** (1973), S. 291.
[4.101.] A. A. MORTON et al.: J. Am. Chem. Soc. **69** (1947), S. 950.
[4.102.] DT 1 128 666, 1960, Bayer.
[4.103.] H. L. HSIEH: Rubber Chem. Technol. **49** (1976), S. 1305.
[4.104.] FR 1 449 382, 1 449 383, 1 456 282, 1964, FR 1 468 239, 1965, Chem. Werke Hüls.
[4.105.] W. RING, H. J. CANTOW: Makromol. Chem. **89,** (1965), S.d 138.
[4.106.] DT 1 126 794, 1963, DDS 1 495 734, 1963, Bayer.
[4.107.] K. NÜTZEL, H. LANGE: Angew. Makromol. Chem. **14** (1970), S. 131.
[4.108.] DT 1 570 099, 1965, Bayer.
[4.109.] K. H. NORDSIEK: Kautschuk u. Gummi, Kunstst. **25** (1972), S. 87.
[4.110.] E. F. ENGEL: Vortrag auf der IIRP-Tagung, München 1972.
[4.111] K. H. NORDSIEK, K. M. KIEPERT: Vortrag auf der internationalen Kautschuk-Tagung 3.–6. Okt. 1979 in Venedig, Proceedings, S. 960.
[4.112.] K. H. NORDSIEK, K. VOHWINKEL: Kautschuk u. Gummi **18** (1965), S. 566.
[4.113.] B. H. TER MEULEN et al.: Gummi, Asbest, Kunststoffe **31** (1978), S. 384.
[4.114] T. P. C. LEE et al.: The Potential and Limitations of Liquid Rubber Technology, Kautschuk u. Gummi, Kunstst. **31** (1978), S. 723.
[4.114a] W. HEITZ: Oligobutadiene mit Ester- und Carbonatendgruppen, Vortrag auf der internationalen Kautschuk-Tagung, 23.–26. 9. 1980 in Nürnberg.

## 4.7.4.2. Literatur über SBR

Allgemeine Literatur

[4.115.] W. HOFMANN: Mischpolymerisation in S. Boström, Kautschuk-Handbuch, Verlag Berliner Union, Stuttgart, 1959, Bd. 1, S. 330–394.
[4.116.] S. N. ANGAVE: Development in Spread Foam, Rubber a. Plastics Age **47** (1966), S. 1090.
[4.117.] E. L. BORG: High Solid SBR-Latices by a Chemical Promoted Agglomeration, Rubber a. Plastics Age **42** (1961), S. 869.

[4.118.] A. Dräxler: Einige Spezialanwendungen von kaltpolymerisiertem SBR, Gummi u. Asbest **14** (1961), S. 726.

[4.119.] A. K. O'Keefe: SBR-Free Latices, SPE-Journal **22** Nr. 5 (1966), S. 49.

[4.120.] K. Shaw: Rubber for Road Making and Building, Rubber J. **149** (1967) Nr. 10, S. 8.

[4.121.] C. B. Westerhoff et al.: Latex Preparation. Rubber Age **94** (1963), S. 446.

[4.122.] D. W. White: The Influence of Process Oil Structure on Polymer Processing, Rubber J. **149** (1967), Nr. 9, S. 42.

[4.123.] J. H. Wilson: Synthetic Latices for Paper Coating, rubber a. Plastics Age **45** (1964), S. 1195.

Spezielle Literatur

[4.124.] DRP 570 980, 1929, I. G. Farbenindustrie.

[4.125.] DRP 891 025, 1939, I. G. Farbenindustrie.

[4.126.] US 2 776 276, 1953, Hercules Powder.

[4.127.] US 2 716 107, 1953, US Rubber.

[4.128.] DRP 753 991, 1937, I. G. Farbenindustrie.

[4.129.] US 3 148 225, 1962, Pennsalt.

[4.130.] F. S. Rostler: Rubber Age **69** (1951), S. 559.

[4.131.] H. D. Harrington et al.: India Rubber Wld. **124** (1951), S. 435, 571.

[4.132.] F. S. Rostler, R. M. White: Ind. Engng. Chem. **47** (1955), S. 1069.

[4.133.] W. K. Taft: Ind. Engng. Chem. **47** (1955), S. 1077.

[4.134.] D. W. White: Rubber J. **149** (1967), Nr. 9, S. 42.

[4.135.] DT 1 280 545, 1961, Chem. Werke, Hüls.

[4.136.] J. M. Willis, W. W. Barbin: Rubber Age **100** (1968), S. 7, 53.

[4.137.] R. Zelinski, C. W. Childers: Rubber Chem. Technol. **41** (1968), S. 161.

[4.138.] H. L. Hsieh, W. H. Glaze: Rubber Chem. Technol. **43** (1970), S. 22.

[4.139.] M. Hofmann et al.: Kautschuk u. Gummi, Kunstst. **22** (1969), S. 691.

[4.140.] I. Kuntz: J. Polym. Sci. **54** (1961), S. 569.

[4.141.] US 3 265 765, 1962, Shell.

### 4.7.4.3. Literatur über NBR

Allgemeine Literatur

[4.142.] W. Hofmann: Nitrilkautschuk, Verlag Berliner Union, Stuttgart, 1965; W. Hofmann: Nitrile Rubber, A Rubber Review for 1963, Published by the Division of Rubber Chemistry of the American chemical Society Inc., separater Band 1963.

[4.143.] W. J. ABRAMS: Improving Ozone Resistance of Nitrile Rubber, Rubber a. Plastics Age **43** (1962), S. 451.

[4.144.] C. J. ALMOND: Mixtures of Nitrile Rubber and Vinyl Polymers, Trans. IRI **37,** Nr. 3 (1961), S. 85.

[4.145.] J. W. HARRIS, H. A. PFISTER: Modern Nitrile Rubber Technology, Rubber a. Plastics Age **41** (1960), S. 1527.

[4.146.] W. HOFMANN: in J. P. Kennedy u. E. G. M. Törnquist, Polymer Chemistry of Synthetic Elastomers, Verlag Interscience Publ., New York 1968, Bd. 1, S. 185.

[4.147.] H. E. MINNERLY: Processing of Nitrile rubber, Rubber World **152** Nr. 1 (1965), S. 76.

[4.148.] J. P. MORRILL: Nitrile Elastomers, in R. O. Babbit, The Vanderbilt-Handbook, 1978, Selbstverlag, S. 169–187.

[4.149.] J. R. DUNN et al.: Advances in Nitrile Rubber Technology, Vortrag auf der ACS-Tagung, Oktober 1977, Cleveland, Ohio, USA, Rubber Chem. Technol. **51** (1978), S. 389–405.

Spezielle Literatur

[4.150] DRP 658 172, 1930, I. G. Farbenindustrie.

[4.151.] W. HOFMANN: in S. Boström, Kautschuk-Handbuch, Verlag Berliner Union, Stuttgart 1959, Bd. 1.5.380.

[4.152.] W. WOLFF: Plaste u. Kautschuk **15** (1968), S. 869.

[4.153.] J. BRANDRUP, E. H. IMMERGUT: Polymer Handbook, 2. Aufl. Verlag J. Wiley, New York, 1974, Bd. IV, S. 354 ff.

[4.154.] DB 864 151, 1949 Bayer.

[4.155.] US 2669 550, 1950, Goodrich.

[4.156.] DB 955 901, 1953, Bayer.

[4.157.] DB 950 498, 1954, Bayer.

[4.158.] US 2 849 426, 1954, Firestone.

[4.159.] V. A. MILLER: Rev. gen. Caoutch, **34** (1957), S. 577.

[4.160.] W. COOPER, T. B. BIRD: Rubber World **A 36** (1957), Nr. 1., S. 78; Ind. Engng. chem. 50 (1958), S. 771.

[4.161.] J. T. OETZEL, E. N. SCHEER: Vortrag auf der ACS-Tagung 2.–5. Mai 1978 in Montreal, Quebec, Kanada.

[4.162] W. HOFMANN, C. VERSCHUT: Vortrag auf der internationalen Kautschuk-Tagung 23.–26. Sep. 1980 in Nürnberg, Gummi, Asbest, Kunstst. 1980/81 in Vorbereitung.

[4.163.] W. HOFMANN: Industrie des Plastiques Modernes, 1961, S. 37.

[4.164.] W. HOFMANN: in S. Boström, Kautschuk-Handbuch, Verlag Berliner Union, Stuttgart, 1960, Bd. 2, S. 200.

[4.165.] D. C. COULTHARD, W. D. GUNTER: J. Elastomers Plast. **9** (1977), S. 131.

[4.166.] W. HOFMANN, C. VERSCHUT: Gummi, Asbest, Kunstst. 1981 in Vorbereitung.

[4.167.] H. J. JAHN: Die Abhängigkeit des Compression Set vom Mischungsaufbau, Kautschuk, Gummi, Kunstst. **21** (1968), S. 469.

[4.168.] G. Walter: Gummi, Asbest, Kunststoffe **28** (1975), S. 306.
[4.169.] H. A. Pfisterer, J. R. Dunn: Vortrag auf der ACS-Tagung 23.–26. Oktober 1979 in Cleveland, Ohio, USA (Vortrag 24).
[4.170.] J. R. Dunn, J. P. Sandrap: Vortrag auf der Skandinavian Rubber Conference 2.–3. April 1979, Kopenhagen, Symposium Proceedings.
[4.171.] J. R. Dunn et al.: NBR-Vulcanizates, Resistant to High Temperature and „Sour„-Gasoline, Rubber Chem. Technol. **32** (1978), S. 331.
[4.172.] H. H. Bertram, D. Brand: Rubber Chem. Technol. **45** (1972), S. 1224.

### 4.7.4.4. Literatur über CR

Allgemeine Literatur

[4.173.] F. Kirchhof: in Kautschuk-Handbuch, Hrsg.: S. Boström, Verlag Berliner Union, Stuttgart, Bd. 1, 1959, S. 286.
[4.174.] J. C. Baument: Neoprene Processing, Rubber J. **146** (1964) Nr. 2, S. 34; Nr. 3, S. 50.
[4.175.] C. Handvet, M. Morin: Influence de la Temperature sur les Propriétes du Polychloroprène, Rev. gén. Caoutch. **42** (1965), S. 395.
[4.176.] F. Hrabák, J. Webr: Über die Dimerisation und die thermische Polymerisation des Polychloroprens, Makromol. Chem. **104** (1967), S. 275.
[4.177.] A. C. Stevenson: Neue Entwicklungen auf dem Gebiet der Polychloropren-Polymeren, Gummi u. Asbest **19** (1966), S. 144.
[4.178.] C. A. Hargreaves, D. C. Thompson: Neoprene, Encyclopedia of Polymer Technology and Science [4.25.].
[4.179.] P. R. Johnson: Polychloroprene Rubber, Rubber Chem. Technol. **49** (1976) S. 650.
[4.180.] P. Kovacic: Neopren-Vulcanization, Ind. Engng. Chem. **47** (1955), S. 1090.

Spezielle Literatur

[4.181.] W. H. Carothers et al.: I. Am. Chem. Soc. **53** (1931), S. 4203.
[4.182.] W. E. Michel: I. Polym. Sci. **8** (1952), S. 583.
[4.183.] A. L. Klebaanskii et al.: J. Polym. Sci. **30** (1958), S. 763.
[4.184.] E. M. Abdel–Barry et al.: Vortrag auf der International Rubber Conference 3.–6. Oktober 1979 in Venedig, Proceedings, S. 150.

### 4.7.4.5. Literatur über IR

Allgemeine Literatur

[4.185.] B. Francois et al.: Etude de la Polymerization Stéréospezifique de l'Isoprène par les Composés Organolithiens, J. Polymer Sci. **4C** (1963), S. 375.
[4.186.] M. Hoffmann, M. Unbehend: Vulkanisatstruktur, Relaxation und Reißfestigkeit von Polyisoprenen, Makromol. Chem. **58** (1962), S. 104.

[4.187.] I. KUNTZ: Polymerization of Isoprene with n-, iso-, sec.- and tert.-Buthyllithium. J. Polymer Sci. **2A** (1964), S. 2827.

[4.188.] H. J. OSTERHOF: Isoprene- and Polyisoprene Products. Trans. IRI **41** (1965), Nr. 2, S. T. 53.

[4.189] D. M. PREISS et al.: Characteristics of cis-1,4-Polyisoprene Latices, J. Appl. Polymer Sci. **7** (1965), S. 1803.

[4.190.] D. J. WASFOLD, S. BYWATER: Anionic Polymerization of Isoprene, Rubber Chem. Technol. **38** (1965), S. 627.

[4.191.] S. E. HORNE et al.: Ind. Engng. Chem. **48** (1956), S. 784.

Spezielle Literatur

[4.192.] DRP 250 690, 1909, Farb.fabr. vorm. Friedr. Bayer Co.

[4.193.] US 3 114 743, 1954, Goodrich Gulf.

[4.194.] US 3 285 901, 1955, Firestone.

[4.195.] US 3 208 988, 1955, Firestone.

[4.196.] C. D. HARRIES: Ann. **383** (1911), S. 213; **395** (1912), S. 220, sowie Untersuchungen über die natürlichen und künstlichen Kautschukarten, Berlin 1919.

[4.197.] FR 1 139 418, 1955, Goodrich Gulf.

[4.198.] DOS 1 720 772, 1968, Bayer.

[4.199.] US 3 047 559, 1956, Goodyear.

[4.200.] GB 870 010, 1958, Goodrich Gulf.

[4.201.] GB 880 998, 1957, Dunlop.

[4.202.] GB 992 189, 1 023 853, 1963, Goodyear.

[4.203.] US 3 467 641, 1963, Goodyear.

[4.204.] DT 2 720 752, 2 720 763, 1967, Bayer.

[4.205.] K. W. SCOTT et al.: Rubber Plast. Age **42** (1961), S. 175.

[4.206.] M. BRUZZONE et al.: Rubber Plast Age **46** (1965), S. 278.

## 4.7.4.6. Literatur über IIR

Allgemeine Literatur

[4.207.] P. A. BOOTH et al.: Selection of Butyl Compounds for Antivibration, Rubber a. Plastics Age **46** (1965), S. 173.

[4.208.] W. L. DUNKEL et al.: in M. MORTON: Introduction to Rubber Technology, Verlag Van Nostrand Reinhold Publ. Co. New York, 1959, S. 291.

[4.209.] W. E. FORD et al.: Effect of Carbon Black on Butyl Rubber, Rubber Age **94** (1964), S. 738.

[4.210.] R. M. GESSLER: The Reinforcement of Butyl with Carbon Black, Rubber Age **94** (1964), S. 598.

[4.211.] W. HOFMANN: in Kautschuk-Handbuch, Hrsg.: S. Boström, Verlag Berliner Union, Stuttgart, Bd. 1, 1959, S. 395.

[4.212.] J. P. KENNEDY: in Polymer Chemistry of Synthetic Elastomers, Vlg. Wiley, New York, 1968, Bd. 1, S. 291.

[4.213.] E. G. LASARGANZ, P. KOSLIN: Eine verbesserte Technologie für die Herstellung von Butylkautschuk-Latex, Plaste u. Kautschuk **13** (1966), S. 355.

[4.214.] W. C. SMITH: in G. Alliger, I. J. Sjothum, Vulcanization of Elastomers, Verlag Van Nostrand Reinhold Publ. Co. New York, 1964, Kap. 7.

[4.215.] P. O. TARNEY et al.: The Vulcanization of Butyl-Rubber with Phenol Formaldehyd Derivatives, Rubber Chem. Technol. **33** (1959), S. 229.

[4.216.] K. THOMAS: India Rubber World **130** (1954), S. 203.

[4.217.] R. M. THOMAS, W. J. SPARKS: in G. S. Whitby, Synthetic Rubber, Verlag J. Wiley, New York, 1954, Kap. 24.

[4.218.] H. H. WADDELL et al.: Highly Unsaturated Butyl Rubber, Rubber World **196** (1962) Nr. 5, S. 57.

[4.219.] R. L. ZAPP, P. HOUS: in M. Morton, Rubber Technology, Verlag Van Nostrand Reinold, New York, 2. Aufl. 1973, S. 249.

[4.220.] Butyl Latex, Rubber Age (1962), S. 111.

Spezielle Literatur

[4.221.] US 2 356 128, 1937, Jasco Inc.

[4.222.] S. CESCA et al.: Rubber chem. Technol. **49** (1976), S. 937.

[4.223.] J. P. KENNEDY, J. K. GILLHAM: Fortschr. Hochpolym. Forsch. **10** (1972), S. 1.

[4.224.] E. W. LAUE: Der Aufbau von Mischungen auf Basis von Butyl- und Chlor-Butylkautschuk, Kautschuk u. Gummi, Kunstst. **22** (1969), S. 565 ff, 648 ff.

[4.225.] G. J. v. AMERONGEN: J. Polym. Sci. **5** (1950), S. 307.

### 4.7.4.7. Literatur über CIIR bzw. BIIR

[4.226.] F. P. BALDWIN et al.: Rubber Plast. Age **42** (1961), S. 500.

[4.227.] S. A. BANKS et al.: Compounds of Chlorobutyl with other Rubbers for Transportation Applications, Rubber Age **94** (1964), S. 923.

[4.228.] G. C. BLACKSHAW: Bromobutyl Rubber, in R. O. Babbit, The Vanderbilt Handbook, 1978, Selbstverlag, S. 102–132.

[4.229.] J. R. COUDON: Chlorobutyl Rubber, in R. O. Babbit, The Vanderbilt Handbook, 1978, Selbstverlag, S. 133–136.

[4.230.] R. H. DUDLEY, A. J. WALLACE: Compounding of Chlorobutyl Rubber for Heat Resistance, Rubber World **152** Nr. 2 (1965), S. 66.

[4.231.] A. VAN TONGERLOO, R. VUKOV: Vortrag auf der Internationalen Kautschuk-Konferenz, Venedig, 3.–6. Oktober 1979, Proceedings, S. 70.

[4.232.] J. WALKER et al.: Rubber Age, **108** (1976), S. 33.

## 4.7.4.8. Literatur über EPM bzw. EPDM

Allgemeine Literatur

[4.233.] F. P. BALDWIN, G. VERSTRATE: Polyolefin Elastomers, Based on Ethylene and Propylene, Rubber Chem. Technol. **45** (1972), S. 709–781, (1325 Lit. cit.).

[4.234.] E. L. BORG: Ethylene-Propylene Rubber, in M. Morton, Rubber Technology, 2. Aufl., Verlag Van Nostrand Reinold, New York, 1973.

[4.235.] S. CESCA: J. Polym. Sci. Macromol. Rev. **10** (1975), S. 1.

[4.236.] I. HAMANN: Ethylene Propylene Rubbers, Vortrag auf der Australischen IRI-Section-Tagung, 19. 3. 1974.

[4.237.] C. A. HARPER: Handbook of Plastics and Elastomers, Verlag Mc Graw-Hill, 1975.

[4.238.] G. NATTA et al.: Ethylene-Propylene-Rubbers, in J. R. Kennedy, E. Törnquist, Polymer Chemistry of Synthetic Elastomers, Verlag Interscience Publ., New York, Bd. 2, 1969, S. 679.

[4.239.] D. OOSTERHOF: Ethylen-Propylen-Elastomers, Stanford Research Institute, Dezember 1967.

[4.240.] M. E. SAMUELS, K. H. WIRTH: Terpolymers of Ethylene and Propylene, Rubber Age, September 1967.

[4.241.] M. E. SAMUELS: Ethylene-Propylene Rubbers, in R. O. Rabbit, The Vanderbilt Handbook, 1978, Selbstverlag, S. 147–168.

[4.242.] K. H. WIRTH: The Versatile EPDM, Rubber World, **61** Mai (1968).

Spezielle Literatur

[4.243.] US. 3 300 459, 1955, Montecatini.

[4.244.] N. M. BIKALES: Encyclopedia of Polymer Science and Technology, Verlag Interscience, Publ., New York, Bd. 6, 1967, 818 S.

[4.245.] G. KERRUT: Kautschuk u. Gummi, Kunstst. **26** (1973), S. 341.

[4.246.] U. EHOLZER et al.: Gummi, Asbest, Kunstst. **28** (1975), S. 646.

## 4.7.4.9. Literatur über EAM

[4.247.] H. BARTL, J. PETER: Kautschuk u. Gummi, **14** (1961), S. WT 23.

[4.248.] DAS 1 126 614, 1957, Bayer.

[4.249.] FR 1 225 704, 1959, Bayer.

[4.250.] W. GOEBEL et al.: Kunststoffe **55** (1964), S. 329.

[4.251.] H. BARTL, D. HARDT: Angew. Chem. **77** (1965), S. 512.

[4.252.] US 3 358 054, 1962, Bayer.

## 4.7.4.10. Literatur über CM

[4.253.] J. B. JOHNSON: Chlorinated Polyethylene Rubber, in R. O. Babbit, The Vanderbilt Handbook, 1978, Selbstverlag, S. 295–299.

[4.254.] E. Rohde: Chlorinated Polyethylene, Advantages on its Application in the Elastomer Sector, Vortrag auf der Internationalen Kautschuk-Konferenz, Venedig, 3.–6. Oktober 1979, Proceedings S. 254.

[4.255.] W. G. Oakes, R. B. Richards: Trans Faraday Soc. **42 A** (1946), S. 197.

### 4.7.4.11. Literatur über CSM

[4.256.] I. C. Dupuis: Chlorosulfonated Polyethylene, in R. O. Babbit, The Vanderbilt Handbook, 1978, Selbstverlag, S. 300–307.

[4.257.] L. K. Scott: in Physical Chemistry, College Outline Series, Kap. 15, S. 159–164.

[4.258.] J. T. Maynard, P. R. Johnson: Rubber Chem. Technol. **36** (1963), S. 963–974.

[4.259.] A. L. Stevenson: in Vulcanization of Elastomers, G. Alliger, I. J. Sjothun, Verlag Van Nostrand Reinold Publ. Co. New York, Kap. 8, S. 273–279.

[4.260.] US 2 046 090, 1933, Ch. L. Horn.

[4.261.] M. A. Smook et al.: India Rubber Wld. **123** (1953), s. 348.

[4.262.] R. Schlicht: Kautschuk u. Gummi **10** (1957), S. WT 66.

### 4.7.4.12. Literatur über ACM

Allgemeine Literatur

[4.263.] J. del Gato: Low Temperature Acrylic Debut, Rubber World **152** (1965) Nr. 1, S. 95.

[4.264.] H. W. Holly et al.: Increased Versatility for Acrylic Elastomers, Rubber Age, Januar 1965.

[4.265.] M. A. Mendelsohn: Acrylatkautschuk, Kautschuk u. Gummi **18** (1965), S. 303, 788.

[4.266.] L. E. Nielsen: Mechanical Properties of Polymers, Verlag van Nostrand Reinhold, New York, 1962.

[4.267.] H. P. Owen: Rubber Age **66** (1950), A. S. 544.

[4.268.] R. Saxon, J. H. Daniel: Crosslinking Reactions of Acrylic Polymers, J. Appl. Polymer Science **8** (1964), S. 352.

[4.269.] N. v. Seeger et al.: Ind. Engng. Chem. **45** (1953), S. 2538.

[4.270.] S. T. Semegen, J. H. Wakelin: Rubber Age **71** (1952), S. 57.

[4.271.] P. H. Starmer, A. H. Jorgenson: An Improved Acrylic Rubber, Rubber World **151** (1964) Nr. 4, S. 78.

[4.272.] J. Stuesse: Selfcuring Acrylics, Rubber World **150** Nr. 2 (1964), s. 78.

[4.273.] H. E. Trexler, G. A. Ileka: Compounding Acrylic Rubber for Minimum Corrosion, Rubber Age **98** Nr. 4 (1966), S. 69.

[4.274.] H. A. Tucker, A. H. Jorgensen: Acrylic Elastomers in J. P. Kennedy, E. Törnquist, Polymer chemistry of Synthetic Elastomers, Verlag Interscience Publ., New York, 1968 Bd. 1. Kap. 4. S. 253.

[4.275.] T. M. VIAL: Recent Developments in Acrylic Elastomers, Rubber Chem. Technol. **44** (1971), S. 344.

[4.276.] F. R. WOLF, R. D. DE MARCO: Polyacrylic Rubber, in R. O. Babbit, The Vanderbilt Handbook, 1978, Selbstverlag, S. 188–206.

Spezielle Literatur

[4.277.] US 2 492 170, 1945, US-Government, W. C. Mast et al.

[4.278.] US 2 568 659, 1949, Goodrich.

[4.279.] DOS 1 910 105, 1970, Bayer.

[4.280.] DOS 1 938 038, 1970, Bayer.

[4.281.] US 3 312 677, 1967, Thiokol Corp.

[4.282.] US 3 335 118, 1967, Thiokol Corp.

[4.283.] B. P. 1 175 545, 1969, Polymer Corp.

[4.284.] DAS 1 207 629, 1965, Bayer.

[4.285.] US 3 315 012, 1967, Goodrich, P. H. Starmer, I. Steusse.

[4.286.] DOS 1 808 485, 1969, Goodrich.

[4.287.] US 3 448 094, 1969, Baker Chem. Co.

[4.288.] US 3 475 388, 1969, Dow Chem. Co.

[4.289.] DOS 2 358 112, 1972, Am. Cyanamid.

[4.290.] R. M. MURRAY et al.: Ethylene-Acrylic Rubber Technical Developments, Vortrag auf der Internationalen Kautschuk-Konferenz Venedig, 3.–6. Oktober 1979, Proceedings, S. 291.

[4.291.] O. G. LEWIS: Physical Constants of Linear Homopolymers, Verlag Springer, Berlin 1968.

[4.292.] US 3 488 331, 1968, Goodrich.

[4.293.] R. D. De MARCO: Polyacrylat-Elastomere einer neuen Generation, Gummi, Asbest, Kunststoff, **32** (1979), S. 588.

[4.294.] US 3 317 491, 1964, Thiocol Chemical Corp.

[4.295.] B. D. JONES: Kautschuk und Gummi, Kunststoffe **22** (1969), S. 722.

[4.296.] I. KÄNDLER, G. PESCHK, H. P. WÖSS: Angew. Makkromol. Chem. **29/30** (1973), S. 241.

[4.297.] W. C. MAST, C. H. FISCHER:, Ind. Engng. Chem. **41** (1949), S. 790.

[4.298.] I. ANTAL: Verschnitt aus Polyacrylatkautschuk und anderen ölbeständigen Elastomeren, Gummi, Asbest, Kunstst. 31 (1978), S. 628, Int. Polym. Sci. Technol. **5** (1978), Nr. 2, S. T. 22.

[4.299.] C. STANESCU:Einfluß des Verschneidens von Acrylatkautschuken mit Epichlorhydrin- und Fluorkautschuken auf die physikalischen und chemischen Eigenschaften von Vulkanisaten, Kautschuk u. Gummi, Kunstst. **32** (1979) S. 647.

[4.300.] H. H. BERTRAM, D. BRANDT: Rubber Chem. Technol. **45** (1972), S. 1224.

[4.301.] A. E. HIRSCH, R. J. BOYCE: Gummi, Asbest, Kunstst. **31** (1978), S. 394.

## 4.7.4.13. Literatur über CO, ECO bzw. ETER

Allgemeine Literatur

[4.302.] E. Scheer: Epichlorohydrin Elastomers in R. O. Babbit, The Vanderbilt Handbook, 1978, Selbstverlag, S.f 275–294.

[4.303.] J. T. Oetzel, E. N. Scheer: Vortrag auf ACS-Tagung 2.–5. Mai 1978, Montreal, Quebec, Canada.

[4.304.] W. Hofmann, C. Verschut: Gummi, Asbest, Kunstst. **33** (1980), S. 590, weitere Fortsetzungen in Vorber.

[4.305.] A. Ledwith, C. Fritzsimmond: in J. P. Kennedy, E. Törnquist, Polymer Chemistry of Synthetic Elastomers, Verlag Interscience Publ., New York, 1968, Bd. 1, S. 377.

Spezielle Literatur

[4.306.] E. J. Vandenberg: Rubber Plast. Age **46** (1965), S. 1134.

[4.307.] E. J. Vanderberg: J. Polym. Sci. **47** (1960), S. 486.

[4.308.] . . . : Polyepichlorhydrin Fuel Line Hose, Vortrag vor der Detroit Rubber Group der ACS, am 18. Oktober 1979.

[4.309.] R. F. R. T. Rijnders: Compounding against Alkohol-Containing Fuels, Vortrag auf der Skandinavischen Kautschuk-Tagung am 9. 5. 1980, Rönneby, Schweden.

## 4.7.4.14. Literatur über PO bzw. GPO

[4.310.] E. E. Gruber et al.: Ind. Engng. Chem. Prod. Res. Dev. **3** (1964), S. 194.

[4.311.] C. Booth: Polymer **5** (1964), S. 479.

[4.312.] J. Furukawa, T. Saegusa: Polymerisation of Aldehydes and Oxides, Verlag Interscience Publ., New York, 1963.

[4.313.] G. E. Foll, SCI-Monogr. **26** (1967), s. 103.

## 4.7.4.15. Literatur über FKM

Allgemeine Literatur

[4.314.] R. G. Arnold, A. L. Barney, D. C. Thompson: Fluorelastomers, Rubber Review for 1973, Rubber Chem. Technol. **46** (1973), S. 619–652, 143 Lit. cit.

[4.315.] I. Paciorek: Fluorpolymere, High Polymers Vol. XXV, L. A. Wall, Verlag J. Wiley-Interscience Publ., New York 1972.

[4.316.] B. H. Spoo: Injection Moulding of high Performance Fluoroelastomers, Vortrag auf der ACS-Tagung, April 1976.

[4.317.] D. A. Stivers: Fluoroelastomers in R. O. Babbit, The Vanderbilt Handbook, 1978, Selbstverlag, S. 244–258.

[4.318.] D. A. Stivers: Fluorocarbon Rubbers in M. Morton, 2. Auflage Rubber Technology, Verlag Van Nostrand. Reinold New York.

[4.319.] R. L. Vlasak, H. A. Vogel: Production of high Performance Fluoroelastomers, Vortrag auf der ACS-Tagung, April 1976.

Spezielle Literatur


[4.320.] M. E. CONROY et al.: Rubber Age **76** (1955), S. 543.

[4.321.] C. B. GRIFFIS, I. C. MONTERMOSO: Rubber Age **77** (1955), S. 559.

[4.322.] W. C. JACKSON, D. HALE: Rubber Age **77** (1955), s. 865.

[4.323.] R. E. HEADRICK: WADC-Techn. Rep. 1955, S. 55.

[4.324.] G. P. 742 907, 742 908, 1953, Kellog Co.

[4.325.] S. DIXON et al.: Ind. Engng. Chem. **49** (1957), S. 1687.

[4.326.] S. I. RUGG, A. C. STERENSON: Rubber Age **82** (1957), S. 102.

[4.327.] US 3 051 677, 1962, DuPont.

[4.328.] ...: Chem. Engng. News **34** (1956), S. 4881.

[4.329.] US 2 968 649, 1961, DuPont.

[4.330.] US 3 331 823, 1967, Montecatini-Edison.

[4.331.] US 3 335 106, 1967, Montecatini-Edison.

[4.332.] A. MIGLIERINA, G. CECCATO: Fourth Int. Syn. Rubber Symp., 1969, Nr. 2, 65.

[4.333.] USP 3 058 818, 1962, Minnesota Mining.

[4.334.] USP 3 069 401, 1962, DuPont.

[4.335.] USP 3 467 636, 1969, DuPont.

[4.336.] J. C. TATLOW: Rubber Plast. Age **39** (1958), S. 33.

[4.337.] J. H. BROWN: Fluorcarbon Elastomers for High Temperature and Chemical Sealing Applications, Vortrag auf der Internationalen Kautschuk-Konferenz, Venedig, 3.–6.Oktober 1979, Proceedings, S. 333.

[4.338.] J. B. FINLAYETAL: ebenda, Proceedings, S. 93.

[4.339.] W. W. SCHMIEGEL: Kautschuk u. Gummi, Kunst. **31** (1978), S. 139.

[4.340.] D. HÜBSCH: Viton and Vamac in the Automative Industry, Vortrag auf des Skandinavischen Kautschuk-Tagugung am 2. 4. 1979 in Kopenhagen, Proceedings, Vortrag 1

[4.341.] L. A. WALL: Fluorpolymers in High Polymers, Verlag J. Wiley-Interscience Publ., New York, 1972, Bd. 25, S. 175.

[4.342.] Ebenda, S. 267.


## 4.7.4.16. Literatur über PNR


[4.343.] ...: Rev. gen. Caoutch. **52** (1975), S. 71.

[4.344.] P. de DELLIOU: Current Applications of Polynorbonene Elastomers, Vortrag auf der Internationalen Kautschuk-Konferenz, Venedig, 3.–6. Oktober 1979, Proceedings, S. 349.

[4.345.] P. DE DELLIOU, H. D. MANGER: Vulkanisate mit niedrigen Härten aus Norbonenkautschuk, Gummi, Asbest, Kunstst. **30** (1977), S. 518. H. D. Manger: Polynorbornen-Eigenschaften und Anwendungen, Kautschuk u. Gummi, Kunstst. **32** (1979), S. 572.

### 4.7.4.17. Literatur über TPA


[4.346.] P. GÜNTHER et al.: Angew. Makromol. Chem. **14** (1970), S. 87.


### 4.7.4.18. Literatur über sonstige Polymerisate


[4.347.] H. W. STARKWEATHER et al.: Ind. Engng. chem. **39** (1947), S. 210.

[4.348.] G. B. BACHMANN et al.: Ind. Engng. Chem. **43** (1951), S. 997.

[4.349.] J. F. SVETLIK et al.: Ind. Engng. Chem. **48** (1956), S. 1084.

[4.350.] A. CARBONARO et al.: Trans-Butadien-Piperylen-Elastomers, Preparation and Structural Properties, Vortrag auf der Internationalen Kautschuk-Konferenz Venedig, 3.–6. Oktober 1979, Proceedings, S. 312.

[4.351.] E. LAURETTI et al.: Trans-Butadien-Piperylen-Elastomers, Properties and Applications, Vortrag auf der Internationalen Kautschuk-Konferenz, Venedig, 1979, Proceedings, S. 1979, Proceedings, S. 322.

[4.352.] J. KONDAKOW: J. Prakt. Chem. **62** (1900), S. 172; **64** (1901), S. 109.

[4.353.] A. HOLT: Angew. Chem. **27** (1914), S. 153.

[4.354.] S. C. MARTENS: Chemically Crosslinked Polyethylene, in R. O. Babbit, The Vanderbilt-Handbook, 1978, Selbstverlag, S. 308–318, 49 Lit.cit.


### 4.7.4.19. Literatur über Q

Allgemeine Literatur


[4.355.] E. G. ROCHOW: Einführung in die Chemie der Silicone, Verlag Chemie, Weinheim, 1952.

[4.356.] McGREGOR: Silicones and their Uses, Verlag McGraw-Hill Book Company Ltd. New York, N.Y., USA.

[4.357] R. N. MEALS, F. M. LEWIS: Silicones, Verlag van Nostrand Reinhold Publ. Corp., New York, N.Y. USA.

[4.358.] W. NOLL: Chemie und Technologie der Silicone, Verlag Chemie, Weinheim, 2. Aufl. 1968, 612 S.

[4.359.] F. M. LEWIS: The Chemistry of Silicone Elastomers, in J. P. Kennedy, E. Törnquist, Polymer Chemistry of Synthetic Elastomers, Verlag Interscience Publ., New York, 1969, Bd 2, S. 767–804.

[4.360.] M. G. NOBLE: Silicone Elastomers, in R. O. Babbit, The Vanderbilt Handbook, 1978, Selbstverlag, S. 216–232.


Spezielle Literatur


[4.361.] E. L. WARRIK: Rubber Chem. Technol. **49** (1977), S. 909.

[4.362.] C. E. WEIT et al.: Rubber Chem. Technol. **24** (1951), S. 366.

[4.363.] R. L. MERKER et al.: J. Polym. Sci. **2** (1964), S. 31.

[4.364.] US 3 051 684, 1962, M. Morton, A. Remhausen.

[4.365.] US 3 483 270, 1969, E. E. Bostick.

[4.366.] US 3 665 052, 1972, J. C. Saam, F. W. G. Fearon.

[4.367.] K. E. Polmanteer: Rubber Age **78** (1956), S. 83.

[4.368.] Mozisek: Änderung der Eigenschaften von Kautschuken und Vulkanisaten durch ionisierende Bestrahlung, Kautschuk u. Gummi, Kunstst. **26** (1973), S. 92–97.

[4.369.] R. Harrington: Rubber Age **81** (1957), S. 971; **82** (1957), S. 461; **83** (1958), S. 472, 1003; **86** (1960), S. 816.

## 4.7.4.20 Literatur über TM

Allgemeine Literatur

[4.370.] E. M. Fettes, J. S. Jorczak: Ind. Engng. chem. **42** (1950), S. 2217.

[4.371.] R. N. Gobran, M. B. Berenbaum: Polysulfide and Monosulfide Elastomers in J. P. Kennedy, E. Törnquist, Polymer chemistry of Synthetic Elastomers, Verlag Interscience Publ., New York, 1969, Bd. 2. S. 805–842.

[4.372.] M. A. Schulman, J. J. Schultheis: Polysulfide Polymers, in R. O. Babbit, The Vanderbilt Handbook, 1978, Selbstverlag, S. 207–215.

[4.373.] J. R. Paneck: in M. Morton, Rubber Technology, 2. Auflage, Verlag van Nostrand Reinhold Publ. Co., New York, 1973, S. 349.

Spezielle Literatur

[4.374.] CH. 127 540, 1926, J. Baer.

[4.375.] GB. 302 270, 1927, J. C. Patrik.

[4.376.] DRP 670 140, 1935, I. G. Farbenindustrie.

[4.377.] L. Hockenberger: Chem. Ing. Techn. **16** (1964), S. 1046.

[4.378.] E. M. Fettes et al.: Ind. Engng. Chem. **46** (1954), S. 1539.

## 4.7.4.21. Literatur über Polyester-Kautschuke

[4.379.] D. H. Harper: Trans. IRI **24** (1947), S. 181.

[4.380.] C. J. Cowan: Ind. Engng. Chem. **41** (1949), S. 1647.

[4.381.] R. P. Kane: Thermoplastic Copolyesters, in R. O. Babbit, The Vanderbilt Handbook, 1978, Selbstverlag, S. 233–240.

## 4.7.4.22. Literatur über AU

[4.382.] W. Kallert: Neue Entwicklungen auf dem Gebiet der Chemie und Technologie der walzbaren Polyurethane, Kautschuk und Gummi, Kunststoffe **19** (1966), S. 363.

[4.383.] O. Bayer et al.: Angew. Chemie **62** (1950), S. 57; **64** (1952), S. 523.

[4.384.] J. H. Saunders: Polyurethane Elastomers in J. P. Kennedy, E. Törnquist, Polymer Chemistry of Synthetic Elastomers, Verlag Interscience Publ., New York, 1969, Bd 2, S. 727–765.

## 4.7.4.23. Literatur über Thermoplastische Elastomere


[4.385.] C. G. SCHOLLENBERGER et al.: Rubber World **137** (1958), S. 549.

[4.386.] J. T. BAILEY et al.: Rubber Age **98** (1966), S. 69.

[4.387.] C. W. CHILDERS, G. KRAUS: Rubber Chem. Technol. **40** (1967), S. 1183.

[4.388.] M. BROWN, W. K. WITSIEPI: Rubber Chem. Technol. **45** (1972), S. 1138.

[4.389.] E. B. BRADFORD, E. VANZO: J. Polym. Sci. **A-1,** 6 (1968), S. 1661.

[4.390.] J. F. BEECHER et al.: J. Polym. Sci. **C 26** (1969), S. 117.

[4.391.] D. J. MEIR: J. Polym. Sci. **C 26** (1969), S. 81.

[4.392.] J. R. HAWS, T. C. MIDDLEBROOK: Rubber World **167** (1973), S. 27.

[4.393.] B. J. SIMPSON: Thermoplastic Elastomers, in R. O. Babbit, The Vanderbilt-Handbook, 1978, Selbstverlag, S. 238–240.

[4.394.] A. L. BULL, K. v. HENTEN: Thermoplastic Elastomers, the Utilisation of Structural Parameters in Application Developments, Vortrag auf der Internationalen Kautschuk-Konferenz, Venedig, 3.–6. Oktober 1979, Proceedings, S. 262.

[4.395.] S. DANESI, L. BALZANI: Composition and Properties of thermoplastic Polyolefin, ebenda S. 272.

[4.396.] H. DAALMANS: Thermoplastic Rubber, ebenda S. 281.

[4.397.] G. DELLA FORTUNA et al.: Morphology and Mechanical Propertics of new Elastoplastics based on alternated Polyesteramide, ebenda S. 229.

[4.398.] A. ARCOZZI et al.: Elastoplastic Materials based on regularly alternated Polyesteramides, Properties, Processing and Application, ebenda, S. 244.

[4.399.] J. R. JOHNSON, H. L. MORRIS: Automobile Engen. **81** (Mai 1973), S. 54.

[4.400.] K. VAN HENTEN: Thermoplastic Elastomers-Multipurpose Rubbers, Kautschuk u. Gummi, Kunstst. **31** (1978), S. 426.

[4.401.] G. WEGNER: Chemische Strukten, Überstrukten und Eigenschaften von thermoplastischen Elastomeren, Kautschuk u. Gummi, Kunstst. **31** (1978), S. 67.

[4.402.] G. KOLB: in Elastomer-Dicht- und Werkstoffe, Hrsg.: W. Gohl, 2. Auflage, Expert-Verlag, Grafenau, 1980, S. 42/43.

[4.403.] A. Dräxler: Trans-Polyoctenamer, Vortrag auf der internationalen Kautschuk-Tagung, 23.–26. 9. 1980 in Nürnberg.

# 5. Kautschukchemikalien und -Zuschlagstoffe [5.1.–5.16.]

Kautschuk verdankt seine große Anwendungsbreite u. a. der Tatsache, daß er mit zahlreichen Chemikalien und Zuschlagstoffen, wie Mastikationsmitteln, Vulkanisationschemikalien, Alterungsschutzmitteln, Füllstoffen, Weichmachern, Treibmitteln usw. vielfältig compoundierbar ist.

Grundsätzlich bestimmt zwar die Art des Kautschuks das Grundeigenschaftsbild der daraus zu fertigenden Artikel; diese lassen sich aber durch die Art und Menge der in den Kautschuk eingearbeiteten Chemikalien und Zuschlagstoffe erheblich modifizieren. Die Chemikalien und Zuschlagstoffe beeinflussen dabei einerseits das Misch- und Verarbeitungsverhalten der Kautschukmischungen und ermöglichen erst deren Vulkanisation, andererseits ermöglichen sie eine weitgehende Modifikation der Grundeigenschaften der Vulkanisate und deren Anpassung an die vielfältigen Erfordernisse der Praxis. Je virtuoser die sich dem Compoundierer bietenden sehr breiten Möglichkeiten genutzt werden, um so besser lassen sich die oft gegenläufigen Eigenschaftsmerkmale in Einklang bringen.

In dem Bestreben einer möglichst staubfreien Verarbeitung sind in der letzten Zeit aus arbeitshygienischen Gründen immer mehr Chemikalien in gecoateter, gepasteter oder granulierter Form in den Handel gekommen [5.17.]. Diese Entwicklung sollte konsequent weiter verfolgt werden [5.18.].

## 5.1. Mastikation und Mastikationshilfsmittel [5.19.–5.24.]

### 5.1.1. Das Wesen der Mastikation

5.1.1.1. Verarbeitungsviskosität

Um Füllstoffe und andere Zuschlagstoffe in Kautschuk leicht einarbeiten und gleichmäßig verteilen zu können, muß der Kautschuk eine entsprechende Viskosität aufweisen. Eine optimierte Viskosität ist bei der Herstellung von Mischungen aus Kautschukverschnitten besonders wichtig, weil erst durch vereinheitlichte Kautschukviskositäten eine homogene Verteilung der Polymermoleküle als Voraussetzung für gute Dispersion der Mischungsbestandteile erreicht wird. Auch für die gewünschten Weiterverarbeitungseigenschaften der Kautschukmischungen, z. B. für Extrudier- und Kalandrierprozesse sowie für Injizier- und Konfektionsprozesse, ist die richtige vorherige Einstellung der Kautschukviskosität eine Grundvoraussetzung. Schließlich ist für die Herstellung von Lösungen von Kautschukmischungen sowie von Schwamm- und

Moosgummi sowie anderen sehr weichen Mischungen eine besonders niedrige und einheitliche Viskosität notwendig.

Eine Viskositätsanpassung an diese Erfordernisse spielt bei der Verarbeitung von NR als meist relativ hartem und wenig plastischen Rohstoff eine besondere Rolle. Im Gegensatz dazu werden SR-Typen meist in verschiedenen Verarbeitungsviskositäten angeboten, die nur in bestimmten Fällen eine Erniedrigung der Viskosität erfordern.

Eine Viskositätserniedrigung kann häufig - vor allem, wenn es sich um kleinere Effekte handeln soll – durch den Einsatz von Verarbeitungshilfen, wie z. B. Stearinsäure, Zn-Seifen oder Fettalkohol-Rückständen bzw. durch Verarbeitungsweichmacher erreicht werden. Zur Erzielung stärkerer Viskositätserniedrigung, wie sie insbesondere bei der Verwendung von NR in der Regel erforderlich ist, muß der Kautschuk dagegen mastiziert werden.

5.1.1.2. Mastikation ohne Mastiziermittel

Beim Mastikationsprozeß werden durch ständige mechanische Deformation, vor allem bei niedrigen Temperaturen, aufgrund der Zähigkeit des Kautschuks so hohe Scherkräfte entwickelt, daß die Polymermoleküle zerrissen werden. Je größer die Scherkräfte sind, um so stärker ist dieser Effekt. Eine Rekombination der Molekülteile wird durch deren Reaktion mit Luftsauerstoff verhindert, ohne dessen Anwesenheit eine Mastikation gar nicht stattfinden könnte. Die Konsequenz der Mastikation ist eine Verkleinerung der mittleren Molekularmasse der Polymermoleküle, also ein Abbau, der sich in einer Erniedrigung der Viskosität ausdrückt.

Dieser 1819 von Hancock durch Anwendung einer Stachelwalze aufgefundene *mechanische Mastikationsprozeß* ist temperaturabhängig; er besitzt einen negativen Temperaturkoeffizienten. Mit zunehmender Temperatur wird der Kautschuk aufgrund seiner Thermoplastizität immer weicher und nimmt demgemäß weniger mechanische Energie auf, da die Polymermoleküle den angreifenden Scherkräften besser ausweichen können (s. Abb. 5.1.). Die Folge davon ist ein immer geringer werdender mechanischer Abbauprozeß, der schließlich bei ca. 120–130° C wegen der starken Erweichung praktisch zum Erliegen kommt.

Gleichzeitig wird aber ein anderer Abbaumechanismus mit positivem Temperaturkoeffizienten wirksam, der *oxydative Mastikationsprozeß.* Mit weiter zunehmender Temperatur wird nämlich durch oxydativen Angriff eine Radikalkettenspaltung der Polymermoleküle und somit eine Viskositätserniedrigung immer ausgeprägter.

Betrachtet man den Abbau eines Kautschuks in Abhängigkeit von der Temperatur, so erhält man wegen dieser unterschiedlichen Re-

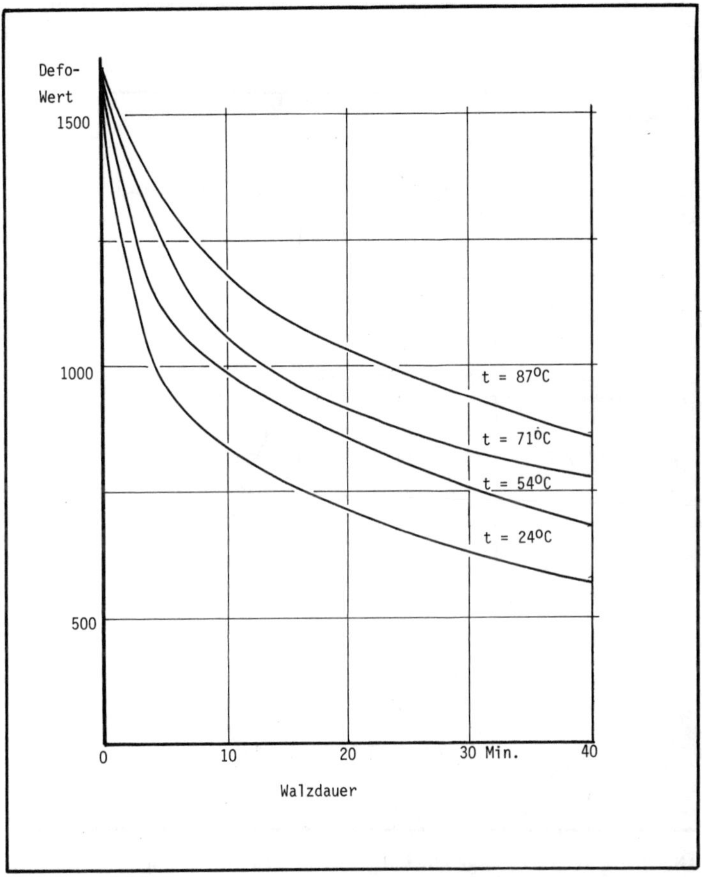


**Abb. 5.1.:** Einfluß der Mastikationszeit auf die Viskosität von NR bei verschiedenen Temperaturen.

aktionsweisen ein Maximum der Viskositäts-Temperaturkurve bei ca. 120–130° C (s. Abb. 5.2.).

Bei der mechanischen Mastikation kommt noch eine weitere abflachende Wirkung hinzu, durch die der Mastikationseffekt in Abhängigkeit von der Zeit exponentiell vermindert wird (negativer Zeitkoeffizient, vgl. Abb. 5.1.). Dieser Effekt wird durch die immer geringer werdenden Scherkräfte infolge der durch die Mastikation zunehmenden Erweichung bedingt. Eine oxydative Mastika-

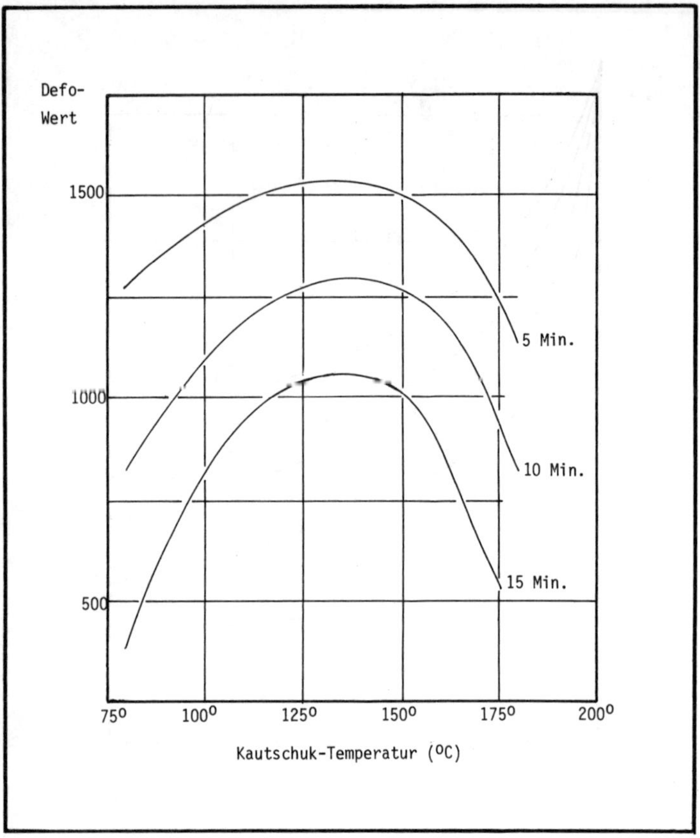


**Abb. 5.2.:** Mastikationsgeschwindigkeit von NR in Abhängigkeit von der Temperatur und Zeit.

tion ist dagegen im Idealfall von der Viskosität unabhängig, was sich in einem linearen Abbau über der Zeit ausdrückt.

Für eine mechanische Mastikation gilt somit die problematische Forderung, daß wegen des Erhaltens hoher Scherkräfte die Temperatur des Kautschuks möglichst niedrig gehalten werden muß. Dies setzt volle Kühlung und geringe Umdrehungszahlen der Walzen sowie nicht zu große Kautschukchargen voraus. Dennoch steigt beispielsweise bei der Mastikation von 40 kg Smoked Sheets auf einem 60"-Walzwerk (2500 x 650 mm Ballenabmessungen) die Temperatur bei voller Kühlung infolge Friktionswärme auf über

80° C – eine Temperatur, bei der die mechanische Mastikation nicht mehr optimal wirkt. Zudem wird bereits nach 5–10 Minuten Walzzeit ein deutliches Nachlassen der Mastikationswirkung ersichtlich. Demgemäß sind bei dieser Arbeitsweise relativ lange Mastikationszeiten oder zur Erzielung besonders niedriger Viskositätsgrade gegebenenfalls sogar mehrere separate Mastikationsprozesse der gleichen Charge nach jeweiligem Abkühlen erforderlich (s. S. 67).

5.1.1.3. Mastikation mit Mastiziermitteln

Die Konsequenz dieser Erkenntnis ist die Nutzung der oxydativen Mastikation, bei der mit zunehmender Temperatur der Mastikationseffekt immer größer wird. Diese Anwendung ist aber erst möglich geworden durch den Einsatz oxydationskatalytisch wirkender Stoffe, der sogenannten Mastikationsmittel. Diese fördern die Bildung der zur Kettenspaltung führenden Primärradikale, so daß die oxydative Mastikation stark beschleunigt wird und bereits bei sehr viel niedrigeren Temperaturen einsetzt (s. Abb. 5.3.).

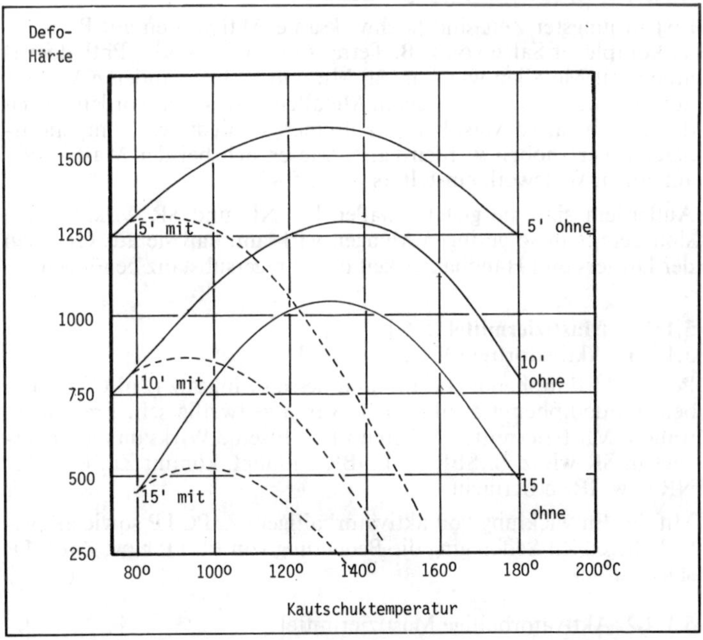


**Abb. 5.3.:** Mastikationsgeschwindigkeit von NR in Abhängigkeit von der Kautschuktemperatur ohne und mit 0,1 phr ZnPCTP.

Wichtig dabei ist, daß sich die Oxydationskatalysatoren im Verlaufe des Mischungsherstellungsprozesses desaktivieren lassen, damit sie bei späteren Wärme- oder anderen Alterungseinflüssen auf Mischungen oder Vulkanisate keine abbauende Wirkung mehr zeigen.

Die Wirkung von Mastikationsmitteln ist im Idealfall unabhängig von der Viskosität, so daß die Mastikationskurven über der Zeit keinen asymptotischen, sondern einen linearen Verlauf zeigen. Nach einer Desaktivierung der Mastikationsmittel bleibt die Viskosität dann weitgehend konstant.

Der katalytische Einfluß von Substanzen auf die Mastikation wurde bereits in den 30er Jahren entdeckt. Bis heute wurden zahlreiche Substanzen entwickelt, wie z. B. β-Thionaphthol, Xylylmercaptan und sein Zn-Salz, 2, 3, 5-Trichlorthiophenol, 9-Mercaptoanthracen, o,o'-Dibenzamidodiphenyldisulfid, Pentachlorthiophenol (PCTP) und dessen Zn-Salz (ZnPCTP), von denen die meisten nicht voll befriedigen (Toxikologie, Verteilung im Kautschuk, Verfärbung, Preis, Spezifität der Wirkung, Wirkungstemperatur und -grad) und die zumeist in nicht aktivierter Form nur noch begrenzte technologische Bedeutung haben.

Erst in jüngster Zeit sind hochwirksame Aktivatoren auf Basis innerkomplexer Salze von z. B. Tetraazoporphinen oder Phthalocyaninen mit Metallen wie Co, Cu, Mn und Fe bzw. anderen Verbindungen mit Fe, V oder anderen Metallen entwickelt worden, durch die die oxydative Mastikation auf einen so niedrigen Temperaturbereich verschoben werden kann, wie er sich bei der Mastikation auf einem Walzwerk einstellt (s. Abb. 5.4.).

Außerdem sind sie gleichermaßen bei NR und SR wirksam. Sie sind bereits in so geringen Mengen wirksam, daß sie aus Gründen der Dosier- und Handhabbarkeit eine Trägersubstanz benötigen.

### 5.1.2. Mastiziermittel [5.6.]

#### 5.1.2.1. Aktivatorfreie Mastiziermittel

Pentachlorthiophenol (PCTP) und dessen Zinksalz (ZnPCTP), Dibenzamidodiphenyl-disulfid u. a. waren zeitweilig sehr breit angewandte Mastiziermittel. Während PCTP seine Wirksamkeit bevorzugt in SR wie z. B. SBR und NBR entfaltet, kommt ZnPCTP für NR bzw. IR in Betracht.

Mit der Entwicklung von aktivatorhaltigem ZnPCTP sowie aktivatorhaltigen Zn-Seifen ging die Bedeutung von PCTP bzw. ZnPCTP stark zurück.

#### 5.1.2.2. Aktivatorhaltige Mastiziermittel

**Aktivierte Schwefelverbindungen.** Die aktivatorhaltigen Produkte, vor allem auf ZnPCTP-Basis, haben gegenüber den nicht aktivier-

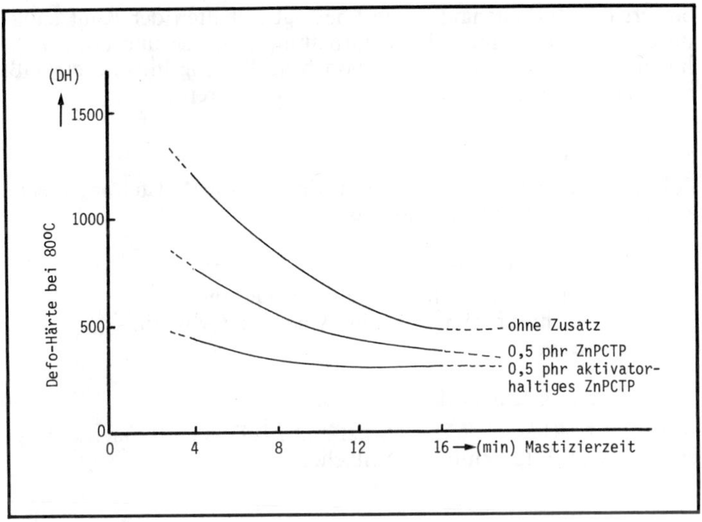


**Abb. 5.4.:** Mastikation von NR bei 80° C Kautschuktemperatur ohne und mit 0,5 phr ZnPCTP bzw. aktiviertem ZnPCTP.

ten den Vorteil, daß sie in einem breiten Temperaturbereich von z. B. 80–180° C, d. h. auf der Walze und im Innenmischer, und für die Mastikation von sowohl NR als auch SR angewandt werden können. Infolge ihrer hohen Wirksamkeit können sie die Mastikationszeiten verkürzen, die Maschinenkapazitäten erhöhen sowie Personalkosten senken. Da ihre Wirksamkeit bereits bei den sich beim Mischen automatisch einstellenden Temperaturen hoch ist, kann Kühlwasser oder Heizenergie gespart werden. Die oxydationskatalytische Wirkung der Aktivatoren läßt sich durch Schwefel, Alterungsschutzmittel und vielfach auch durch aktive Füllstoffe inhibieren. Bei Einsatz inaktiver Füllstoffe wirken die Mastiziermittel weiter, weshalb bereits während des Mastikationsprozesses mit dem Mischen begonnen werden kann.

**Aktivatorhaltige Zn-Seifen** [5.25.]. Im Vergleich zu aktivatorhaltigem ZnPCTP geben aktivatorhaltige Zn-Seifen den zusätzlichen Vorteil, daß sie sich als kautschuklösliche Mastiziermittel schnell einmischen und gleichmäßig verteilen lassen. Dies hat eine besonders rasche Fellbildung sowie schnelle und völlig homogene Mastikation zur Folge, die knotenfreie Weiterverarbeitung ermöglicht. Außerdem beginnt der Mastikationsprozeß durch den Zn-Seifeneinfluß sofort mit einer drastischen Senkung der Viskosität, was wiederum Energie- und Zeitersparnis bringt. Schließlich verbessert der Zn-Seifenanteil die Fließeigenschaften der Kautschukmischungen, erleichtert die Verarbeitungsprozesse und ermöglicht höheren Ausstoß. Der Einsatz von Verarbeitungshilfsmitteln läßt sich dementsprechend vermindern oder einsparen.

5.1.2.3. Handelsprodukte

Folgende Handelsprodukte sind im Einsatz (die Aufstellung erhebt keinen Anspruch auf Vollständigkeit):

**Aktivierte Schwefelverbindungen**

Ciclizzante, Bozzetto – Endor und RPA, DuPont –
Noctizer, Ouchi, Shinko – Pepton, American Cynamid –
Renacit 7, Bayer.

Aktivatorhaltige Zinkseifen sind z. B.

Aktiplast F, Rheinchemie – Dispergum 24, DOG – Renacit 8, Bayer – Struktol A 82 Schill und Seilacher.

## 5.2. Vulkanisation und Vulkanisationschemikalien [5.26.–5.43.]

### 5.2.1. Das Wesen der Vulkanisation [5.28., 5.34.–5.43.]

5.2.1.1. Allgemeines

**Vulkanisationsbegriff.** Unter Vulkanisation versteht man die Vernetzung von Kautschukmolekülen unter Aufrichtung von Vernetzungsbrücken (s. S. 39ff), zu deren Bildung Vulkanisationsmittel benötigt werden (s. S. 253ff). Als solche kommen zumeist Schwefel und Peroxide (s. S. 294ff) sowie in geringerem Maße andere spezielle Vulkanisiermittel sowie gegebenenfalls auch hochenergiereiche Strahlen zum Einsatz.

Solange die einzelnen Moleküle nicht untereinander fixiert sind, können sie sich, insbesondere bei höheren Temperaturen, mehr oder weniger frei gegeneinander bewegen (makroBROWN'sche Bewegung); der Stoff ist plastisch. Er zeigt ein mechanisch und thermodynamisch irreversibles Fließen (vgl. Abb. 1.1., S. 40ff). Durch Vernetzung geht der Kautschuk vom thermoplastischen in den elastischen Zustand über. Je mehr Vernetzungsbrücken im Verlaufe der Vulkanisation entstehen, um so strammer wird das Vulkanisat, um so stärker werden die zur Erzielung einer bestimmten Deformation erforderlichen, als Spannungswert bezeichneten Kräfte (s. Abb. 5.5.).

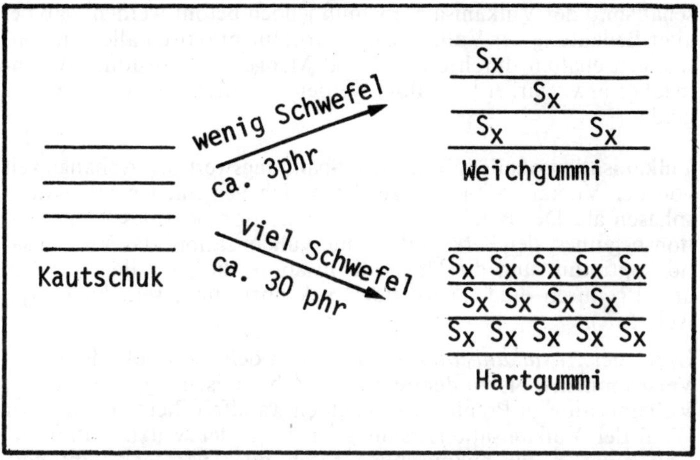


**Abb. 5.5.:** Unvernetzter und vernetzter Kautschuk.

**Vulkanisationsgrad.** Die Anzahl der sich bildenden Vernetzungsstellen ist von der Menge des eingesetzten Vernetzungsmittels, ihrer Aktivität und der Reaktionszeit abhängig. Man nennt sie Vulkanisationsgrad oder auch Vernetzungsdichte. Bei der Vulkanisation mit Schwefel, der meist gebrauchten Vulkanisationsart, werden je nach der Dosierung und Aktivität der zusätzlich verwendeten Substanzen, vor allem der Vulkanisationsbeschleuniger, Vernetzungsstellen unterschiedlicher Struktur, die von monofidisch bis polysulfidisch reichen können, gebildet (s. Abb. 5.6.).

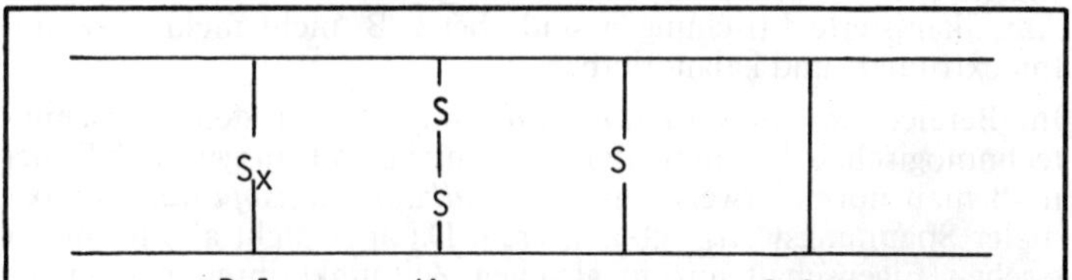


**Abb. 5.6.:** Vernetzungsarten.

Sowohl die Anzahl als auch die Art der entstehenden Vernetzungsstellen beeinflussen in erheblichem Maße das resultierende Eigenschaftsbild der Vulkanisate. Es muß jedoch betont werden, daß bei aller Bedeutung der Vulkanisationsstruktur praktisch alle Vulkanisateigenschaften durch die Art und Menge der Füllstoffe, Weichmacher usw. stärker beeinflußt werden als durch den Vernetzungsgrad.

**Vulkanisationsstadien.** Für den Spannungswert in Abhängigkeit von der Vulkanisationszeit zeichnen sich verschiedene Reaktionsphasen ab: Der Bereich der Anvulkanisation oder des Vulkanisationsbeginnes, der Bereich der Untervulkanisation, das Vulkanisationsoptimum und die Übervulkanisation, die vor allem bei NR und IR durch eine „Reversion" gekennzeichnet sein kann (vgl. Abb. 5.7.).

Unter der *Anvulkanisation* versteht man den Zeitpunkt des ersten Verstrammens, bis zu dem eine Kautschukmischung, z. B. bei der Vulkanisation in Preßformen, noch einwandfrei fließt. Je nach der Wahl der Vulkanisationschemikalien kann der Vulkanisationsbeginn einer Kautschukmischung rasch oder verzögert eintreten. Während man bei der Vulkanisation in Pressen ein mehr oder weniger langes Fließen der Kautschukmischungen vor dem Vulkanisationsbeginn benötigt, um alle Hohlräume der Form einwandfrei auszufüllen, damit die eingeschlossene Luft entweichen kann, fordert man z. B. bei der Freiheizung eine möglichst rasche Anvulkanisation; die schnell eintretende, durch Vernetzung bedingte, Verstrammung wirkt in diesem Fall einer Erweichung infolge Vulkanisationswärme entgegen, durch die eine unerwünschte Deformation verhindert wird.

Ein schneller Vulkanisationsbeginn ist in den meisten Fällen ungünstig, da er die Verarbeitungssicherheit der Mischungen beeinträchtigen und eine eventuelle vorzeitige Anvulkanisation bereits während des Misch- oder Verarbeitungsprozesses bewirken würde. Anvulkanisierte Mischungen sind aber z. B. nicht mehr einwandfrei extrudier- und kalandrierbar.

Im Bereich der *Untervulkanisation* sind die meisten kautschuktechnologischen Eigenschaften noch nicht voll ausgeprägt. Daher muß man normalerweise bis zum *Vulkanisationsoptimum* (maximaler Spannungswert) vulkanisieren. Da aber nicht alle technologischen Eigenschaften zum gleichen Zeitpunkt ihren maximalen Wert erreichen, muß ggf. zur Erzielung eines optimalen Kompromisses etwas unter- oder übervulkanisiert werden.

Während man bei den meisten SR-Typen selbst bei langen Heizzeiten keinen Abfall der Spannungswert/Heizzeit-Kurve (breites *Vulkanisationsplateau)* bzw. sogar noch eine ständige geringfügige Steigerung des Spannungswertes nach dem Vulkanisationsoptimum beobachten kann *(ansteigende Spannungswertcharakteri-*

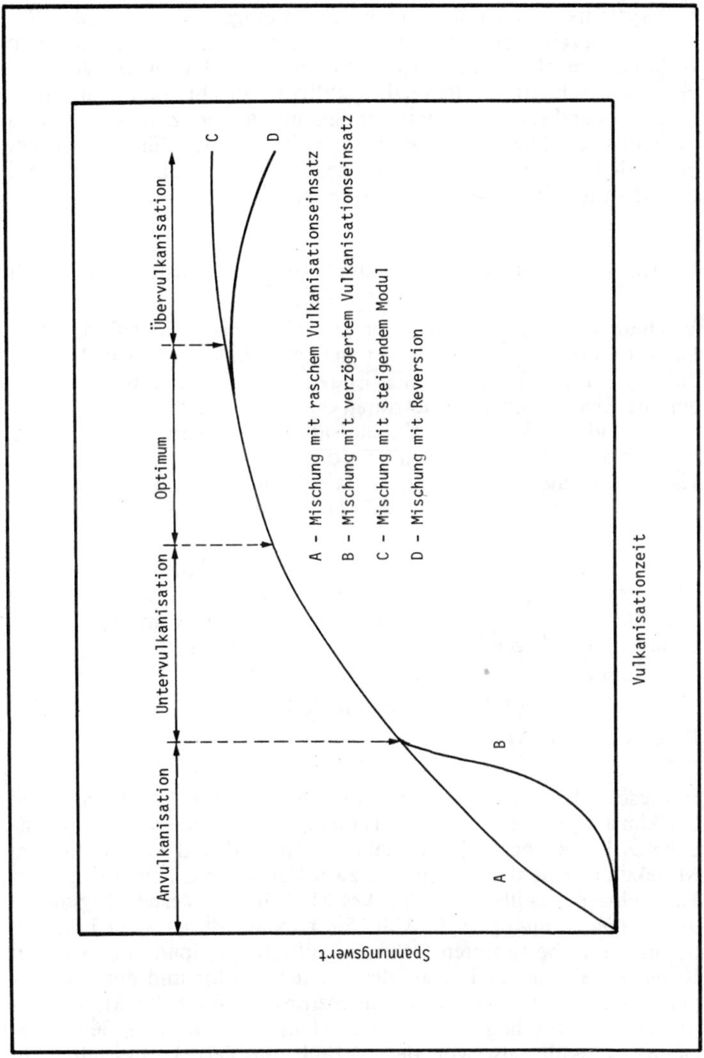


**Abb. 5.7.:** Vulkanisationsstadien

*stik)*, erhält man bei NR nach Überschreiten des Vulkanisationsoptimums *(Übervulkanisation)* je nach der Wahl des Vulkanisationssystems vielfach einen mehr oder weniger schnellen, als *„Reversion"* bezeichneten Rückgang der Vernetzung, der sich in einem Abfall der mechanischen Eigenschaften bemerkbar macht. Je nachdem, wie schnell die Reversion auftritt, spricht man von einem kurzen oder breiten Plateau der Spannungswert-Zeit-Kurve eines Vulkanisates. Die Breite des Plateaus ist ein Maß für die Wärmebeständigkeit, da sie den Einfluß der (Vulkanisations-) Wärme auf den Spannungswert des Vulkanisates anzeigt.

### 5.2.1.2. Veränderung der Eigenschaften von Elastomeren durch den Vulkanisationsgrad [5.42.]

**Mechanische Eigenschaften.** Da die Vulkanisation definitionsgemäß der Vorgang ist, durch den das kautschuk-elastische Rohprodukt in den gummi-elastischen Endzustand übergeführt wird, werden die Eigenschaften des letzteren durch den Verlauf der Vulkanisation und der Wahl der Vulkanisationschemikalien naturgemäß maßgeblich beeinflußt. Solange die einzelnen Moleküle eines Kautschuks nicht untereinander fixiert sind, ist der *Spannungswert* äußerst klein (vgl. Abb. 5.6., S. 241); er konvergiert gegen Null.

Der Spannungswert eines Vulkanisates ist der Anzahl von gebildeten Vernetzungsbrücken und somit dem „Vulkanisations-" oder „Vernetzungsgrad" bei kleinen Dehnungen proportional. Die Korrelation zwischen Spannungswert P und Vernetzungsgrad $M_c^{-1}$ kommt in der folgenden Gleichung zum Ausdruck.

(Spannungswert = f (Vernetzungsdichte))

$$P = \delta\, RTA_o^{-1}M_c^{-1}\,(1\text{-}1^{-2})$$

In dieser Gleichung bedeuten $\delta$ die Dichte des Kautschuks, R die Gaskonstante, T die absolute Temperatur, $A_o$ die Querschnittsfläche des Prüfkörpers im ungedehnten Zustand und $M_c$ die mittlere Molekularmasse der zwischen je zwei Vernetzungsstellen liegenden Kautschukmoleküle als reziprokes Maß für die Vernetzungsdichte und 1 die Dehnung (vgl. Abb. 5.8.). Nach dieser Gleichung ist der bei einer bestimmten Dehnung auftretende Spannungswert bei Konstanthaltung der Dichte, der Prüftemperatur und der Prüfkörperdimension abhängig von dem reziproken Wert der Molekularmasse der zwischen je zwei Vernetzungsstellen liegenden Kautschukmoleküle, also von der Anzahl von Vernetzungsstellen. Je dichter also das Netzwerk, um so kürzer werden die zwischen den Vernetzungsstellen liegenden Molekülsegmente und um so größer wird der Spannungswert.

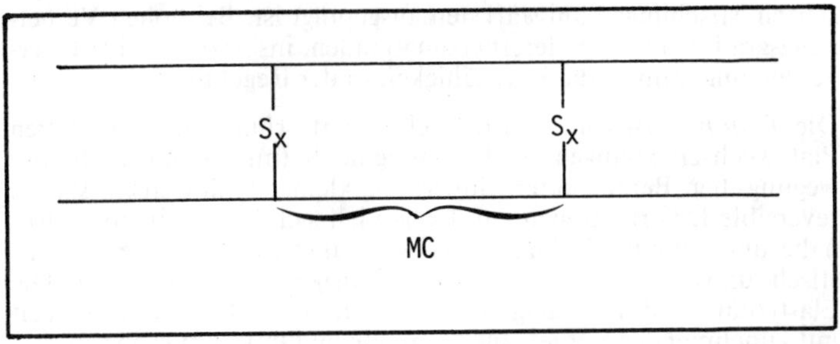


**Abb. 5.8.:** Mittlere Molekularmasse $M_c$ der zwischen je zwei Vernetzungsstellen liegenden Kautschukmoleküle.

Aus dem Spannungswert läßt sich also umgekehrt in idealen Systemen der Vernetzungsgrad eines Vulkanisates ableiten. Von der chemischen Konstitution der Makromoleküle und der Natur der Vernetzungsbrücken ist der Spannungswert weitgehend unabhängig.

Mit zunehmendem Vernetzungsgrad nimmt die *Härte* analog wie der Spannungswert bis zum Hartgummizustand laufend zu. Dies ist auch zu erwarten, wenn man bedenkt, daß die Härte und der Spannungswert nach ähnlichen Prinzipien gemessen werden.

Während der Spannungswert und die Härte mit zunehmender Anzahl von Vernetzungsstellen stetig steigen, zeigt die *Zugfestigkeit* in Abhängigkeit von der Anzahl von Vernetzungsstellen zunächst einen Anstieg bis zu einem Optimum, um bei weiter fortschreitender Vernetzung (Übervernetzung) zunächst stark abzufallen. Bei noch größerer Vernetzungsdichte erfolgt bei manchen Kautschukarten wiederum ein starker Anstieg bis zur hohen Festigkeit des Hartgummis.

Die *Bruchdehnung* nimmt mit zunehmendem Vernetzungsgrad stetig ab. Sie nähert sich asymptotisch bei hohen Vernetzungsgraden sehr kleinen Werten.

Auch die *bleibende Verformung* (z. B. bleibende Dehnung, Druckverformungsrest bei Raumtemperatur) wird bei Zunahme der Anzahl von Vernetzungsstellen bis zu optimalen Werten laufend kleiner, weshalb für Artikel, die eine besonders geringe bleibende Verformung aufweisen müssen, stets optimierte Vernetzungsgrade angestrebt werden. Sie ist vielfach der Elastizität umgekehrt proportional.

Der *Widerstand gegen Weiterreißen* (Kerbzähigkeit) erreicht seine optimalen Werte meist etwas früher als der Spannungswert. Das bedeutet, daß die Kerbzähigkeit meist in schwach untervulkanisierten Mischungen am stärksten ausgeprägt ist. Bei hohen Vernetzungsgraden, insbesonderernetzungsgraden, insbesondere bei Übervernetzung, nimmt die Kerbzähigkeit in der Regel rasch wieder ab.

Die *Gummielastizität* (Entropieelastizität) rührt von reversiblen Platzwechselvorgängen der Kettensegmente (mikroBROWN'sche Bewegung) her. Bereits unter Einwirkung kleiner Kräfte treten starke, reversible Deformationen auf. Es handelt sich hierbei in erster Annäherung um eine Entknäuelung der Makromoleküle in eine statistisch unwahrscheinliche Lage (Erniedrigung der Entropie). Die Elastizität wird mit steigender mikroBROWN'scher Beweglichkeit mit zunehmender Vernetzung bis zu einem Optimum größer.

Im idealplastischen Zustand verharren die Makromoleküle nach einer Dehnung an ihrem neuen Platz. Durch Fixierung haben dagegen die Makromoleküle nach einer Entfernung aus ihrer Ausgangslage das Bestreben, in diese zurückzukehren. Durch zunehmende Anzahl von Vernetzungsbrücken wird diese Neigung größer. Bei großer Vernetzungsdichte werden die Makromolekülsegmente dagegen unbeweglicher, das System wird steifer, die Elastizität geht zurück.

Zwischen der Elastizität und der Vernetzungsdichte existiert eine ähnliche Korrelation, wie zwischen Spannungswert und Vernetzungsdichte. Das bedeutet, daß die Gummielastizität in erster Linie von der Anzahl von Vernetzungsstellen und nicht von deren chemischer Natur abhängig ist.

Elastizität = f (Vernetzungsdichte)
$E = 1/2\ \delta RTM_c^{-1}\ (l_1^2 + l_2^2 + l_3^2 - 3)$
In dieser Gleichung bedeuten E die Elastizität, $\delta$ die Dichte des Kautschuks, R die Gaskonstante, T die absolute Temperatur, $M_c$ die mittlere Molekularmasse der zwischen je zwei Vernetzungsstellen liegenden Kautschukmoleküle als reziprokes Maß für die Vernetzungsdichte und $l_1$, $l_2$, $l_3$ die Dehnungen in drei Koordinaten. Danach ist die Elastizität innerhalb kleiner Gültigkeitsbereiche, der Vernetzungsdichte proportional.

Bei zu hohen Vernetzungsgraden, d. h. bei übervernetzten, starren Strukturen überlagert sich über die Entropieelastizität eine andere Form der Elastizität, die Energieelastizität (auch Stahlelastizität) z. B. im Hartgummibereich.

Bei der elastischen Rückfederung, die in der Realität niemals 100% erreichen kann (sonst läge ein „Perpetuum mobile" erster Art vor), geht je nach der Größe der Elastizität ein mehr oder weniger großer Energieanteil in Form von Wärme verloren. Bei Vulkanisaten mit sehr hoher Elastizität ist der Energieverlust klein und damit auch die Erwärmung des Gummis bei dynamischer Beanspruchung (Heat-Build-Up) gering.

**Kälteflexibilität.** Wenn auch die Kälteflexibilität eines Vulkanisates in erster Linie von der Glasübergangstemperatur des Kautschuks und der Art und Menge der mitverwendeten Weichmacher abhängt, so hat dennoch auch die Gummielastizität von Vulkanisaten auf diese einen signifikanten Einfluß. Mit abnehmenden Temperaturen wird die Elastizität immer geringer, bis sie bei der Einfriertemperatur in die Stahlelastizität übergeht (vgl. Abb. 1.3., S. 41); dabei verläuft die Elastizität durch ein Minimum. Bei dieser Temperatur hört ein Vulkanisat auf, gummielastisch zu sein. Mit steigenden Vernetzungsgraden wird bis zu einem Optimum der mikroBROWN'schen Beweglichkeit und der Elastizität auch die Kälteflexibilität verbessert.

**Quellung.** Nichtvernetzter Kautschuk kann von bestimmten, mit dem Kautschuk verträglichen, Lösungsmitteln unter Quellung so lange Lösungsmittel aufnehmen, bis er seinen inneren Zusammenhang verliert und die Moleküle in Lösung gehen. Ein Quellungsgleichgewicht stellt sich hierbei nicht ein. Die notwendige Voraussetzung hierfür ist, daß der osmotische Druck, den ein Lösungsmittel auf ein Polymer ausübt, größer ist als die Zusammenhaltmechanismen der Moleküle des Hochpolymeren. Wenn durch Vernetzung die Bindungskräfte zwischen den Makromolekülen größer werden, ist es naheliegend, daß das Hochpolymere nicht mehr in Lösung gehen kann, sondern mehr oder weniger stark quillt. Mit zunehmender Vernetzung wird die Quellung immer geringer.

Zwischen der Anzahl von Vernetzungsstellen und der sich einstellenden Gleichgewichtsquellung gibt es einen analogen physikalisch definierbaren Zusammenhang, wie zwischen dem Vernetzungsgrad und dem Spannungswert. Dieser wird von der sogenannten Flory-Rehner-Gleichung beschrieben.

$$-\ln\left[(1-V_2)\,V_2+\gamma\,V_2^2\right]=\left(\frac{V_1}{\overline{V}_2\,M_c}\right)\left(1-\frac{2M_c}{M}\right)\left(V_2\cdot{}^{1}/_{3}-\frac{V_2}{2}\right)$$

In dieser Gleichung bedeuten $V_2$ den Volumenanteil des Kautschuks im gequollenen Netzwerk, $V_1$ das molare Volumen des Lösungsmittels, $\overline{V}_2$ das spezifische Volumen des Polymeren, $\gamma$ der Huggins'sche Löslichkeitsparameter (eine Wechselwirkungskonstante zwischen Lösungsmittel und Polymeren), M die Molekularmasse des Polymeren (vor der Vernetzung), $M_c$ die Molekularmasse der Polymerkette zwischen je zwei Vernetzungsstellen.

Die Größenordnung der Quellung läßt sich durch den Vernetzungsgrad jedoch nicht in sehr starkem Maße beeinflussen. Im wesentlichen wird sie bekanntlich von der chemischen Natur des Polymeren und des Lösungsmittels bestimmt.

Bei relativ ähnlicher Kohäsionsenergiedichte e von Elastomeren und Lösungsmitteln, die das Verhältnis der inneren molaren Verdampfungswärme Li zum Molvolumen V darstellt, ist mit einer großen Löslichkeit bzw. starken Quellung zu rechnen.

$$e = \frac{Li}{V}$$

Polymere quellen in aller Regel in Lösungsmitteln gleicher Polarität stark, dagegen sind sie in Lösungsmitteln ungleicher Polarität beständiger.

Bei einem gegebenen Hochpolymeren wird man aber in solchen Fällen, in denen mit einer erhöhten Quellungsbeanspruchung zu rechnen ist, bis zu einem möglichst hohen Vernetzungsgrad vulkanisieren.

**Gasdurchlässigkeit.** Bei einer Erhöhung des Vernetzungsgrades wird die Diffusionsneigung von Gasen in Elastomeren verringert. Aus diesem Grunde erhält man im allgemeinen bei besser ausvulkanisierten Elastomeren eine etwas geringere Gasdurchlässigkeit als bei weniger stark vernetzten Produkten. Die Unterschiede sind allerdings, sofern man sich auf das Gebiet des Weichgummis beschränkt, recht unbedeutend und nicht zu vergleichen mit den Unterschieden, die durch verschiedene Füllstoffe bedingt sein können.

**Wärmebeständigkeit.** Die Wärmebeständigkeit zeigt kaum eine Abhängigkeit vom Vernetzungsgrad wie beispielsweise der Spannungswert oder die Elastizität. Vielmehr ist für die Wärmebeständigkeit neben der chemischen Konstitution der Hochpolymeren insbesondere die chemische Natur der im Verlaufe der Vernetzung gebildeten Brückenglieder verantwortlich. Die Bindungsenergie der an den Vernetzungsstellen beteiligten chemischen Bindungen sowie die Gleichmäßigkeit ihrer Verteilung in der Kautschukmatrix sind u. a. maßgeblich für die Wärmebeständigkeit des Vulkanisates verantwortlich.

**Zusammenfassung.** Mit zunehmendem Vernetzungsgrad im erweiterten Bereich des Vulkanisationsoptimums, d. h., mit steigender Anzahl von Vernetzungsstellen, werden folgende Eigenschaften der Vulkanisate

*stark verändert:*

- Spannungswert, Zugfestigkeit, Bruchdehnung
- Stoßelastizität bei erhöhter Temperatur
- Dynamische Dämpfung bei erhöhter Temperatur
- Widerstand gegen Weiterreißen (Kerbzähigkeit)
- Bleibende Dehnung, Druckverformungsrest (Compression Set)
- Ermüdungsbeständigkeit

- Zermürbungsbeständigkeit
- Erwärmung bei dynamischer Beanspruchung (Heat-Build-Up)
- Quellbeständigkeit

*weniger stark verändert:*
- Abriebbeständigkeit
- Gasdurchlässigkeit
- Stoßelastizität bei Raumtemperatur
- Dynamische Dämpfung bei Raumtemperatur
- Kälteflexibilität
- Elektrischer Widerstand.

Nicht alle Eigenschaften sind bei dem gleichen Vulkanisationsgrad wie der Spannungswert optimal. Folgende Eigenschaften sind jeweils optimal im Bereich

*der geringen Untervernetzung:*
- Abriebwiderstand
- Widerstand gegen Weiterreißen
- Dynamische Rißbeständigkeit,

*des Vulkanisationsoptimums:*
- Zugfestigkeit
- Alterungsbeständigkeit,

*der geringen Übervernetzung:*
- Stoßelastizität
- Bleibende Dehnung, Druckverformungsrest
- Zermürbungsbeständigkeit, Heat-Build-Up
- Dynamische Dämpfung
- Quellbeständigkeit
- Kälteflexibilität.

Im Bereich der starken Übervulkanisation, insbesondere bei Reversionsneigung, werden die meisten Eigenschaften, insbesondere die Kerbzähigkeit und Alterungsbeständigkeit, verschlechtert. Die Wahl des Vulkanisationsgrades läuft demgemäß in vielen Fällen auf einen Kompromiß hinaus.

Es soll betont werden, daß die hier diskutierten Eigenschaftsänderungen bei konstanter Mischungszusammensetzung, lediglich durch unterschiedlichen Vulkanisationsgrad eintreten. Daß sich darüber hinaus alle diese Eigenschaften durch den sonstigen Mischungsaufbau noch in einem weit stärkeren Maße beeinflussen lassen, steht an dieser Stelle nicht zur Diskussion.

### 5.2.1.3. Einfluß der Vernetzungsstruktur auf das Eigenschaftsbild von Vulkanisaten [5.42.]

**Art der Vernetzungsstrukturen.** Je nach dem angewandten Vulkanisationssystem, z. B. je nach der Schwefelmenge, wird eine unterschiedliche Vernetzungsstruktur erhalten. Bei schwefelreichen Systemen *(konventionelle Vulkanisation)* überwiegen polysulfidische (C-Sx-C; x größer als 2), bei schwefelarmen Systemen, *Semi-Efficient-Vulkanisation* (Semi-EV) disulfidische Vernetzungsbrükken (C-S-S-C); bei der sehr schwefelarmen bzw. bei der schwefelfreien Thiuramvulkanisation, *Efficient Vulkanisation* (EV), auch in Gegenwart von Schwefelspendern erhält man bevorzugt monosulfidische bis disulfidische (C-S-C, C-S-S-C) Vernetzungsbrücken, und bei schwefelfreier Vernetzung, z. B. mit Peroxiden, entstehen praktisch ausschließlich C-C-Vernetzungsbrücken (s. S. 296 ff).

Da die freie Beweglichkeit von Makromolekular-Kettensegmenten (mikroBROWN'sche Bewegung) von dem Abstand der Polymermoleküle und damit von der Länge der Brückenglieder abhängig ist, muß die Art der Vernetzungsstruktur das Eigenschaftsbild der Vulkanisate beeinflußen. Je länger die Brückenglieder sind (größerer Index X in C-$S_x$-C-Strukturen), umso leichter können Platzwechseländerungen bei mechanischer oder thermischer Beanspruchung der Vulkanisate stattfinden. Da aber die Unterschiede im Kettenabstand zumeist nicht sehr groß sind, halten sich auch die Auswirkungen in bescheidenen Grenzen. Immerhin kann man zwischen Vulkanisaten mit C-C-Vernetzungen, bei denen die Moleküle recht starr aneinander gebunden sind, und solchen mit größerem, beweglicherem Kettenabstand (polysulfidische Bindung) gewisse Unterschiede konstatieren. Noch größer werden die Unterschiede z.B. bei langkettigen Urethan-Vernetzungen. Die Unterschiede werden in NR-Vulkanisaten infolge ihrer einheitlicheren Polymerstruktur besser verdeutlicht als in SR, in denen die Auswirkungen meist nicht so klar sind.

**Mechanische Eigenschaften.** Die *Zugfestigkeit* von NR-Vulkanisaten ist bei gleichem Vernetzungsgrad im allgemeinen am höchsten, wenn eine hohe Schwefeldosierung (polysulfidische Bindung) eingesetzt wird. In Vulkanisaten, die ohne freien Schwefel hergestellt werden, ist sie vielfach ungünstiger. In SR-Vulkanisaten liegen die Verhältnisse zumeist nicht so klar. Die Zugfestigkeit kann hier mitunter in einer „Niedrig-Schwefel-Einstellung“ besonders günstig sein.

Die *Bruchdehnung* von NR-Vulkanisaten nimmt – wie theoretisch zu erwarten – mit höherem Schwefelgehalt in den Vernetzungsketten etwas zu. Bei SR ist das Verhalten häufig ebenfalls komplex und zeigt mitunter den gegenteiligen Effekt.

Der *Widerstand gegen Weiterreißen* verschlechtert sich bei gleichem Vernetzungsgrad vielfach mit abnehmender Schwefelkettenlänge; diese Verschlechterung ist aber nicht besonders signifikant.

Das *elastische Verhalten* von NR-Vulkanisaten wird von der Vernetzungsstruktur erwartungsgemäß ebenfalls beeinflußt. Eine längere Vernetzungsbrücke, die die elastische Beweglichkeit der Kettensegmente steigert, hebt die Stoßelastizitätswerte. Dieser Effekt ist zwar nicht sehr groß, jedoch reproduzierbar. In gleichem Maße wird die Dämpfung geringer. Dieser Effekt wurde oft reproduziert, und zwar mit den verschiedensten Vernetzungssystemen. Der Effekt ist bei NR ausgeprägter als bei SBR. Mit steigenden Meßtemperaturen wirkt sich die Erhöhung der Elastizität mit größer werdender Schwefelanzahl in den Vernetzungsbrücken noch stärker aus.

Die *bleibende Verformung* nach einer Deformationsbeanspruchung wird mit kleiner werdendem Index x in C-Sx-C-Brücken günstiger, d. h. die Werte werden geringer. Dies gilt im besonderen Maße bei höheren Temperaturbeanspruchungen.

Bei ungefüllten und erst recht bei gefüllten Vulkanisaten hat die Struktur der Vernetzungsstellen auf das *Abriebverhalten* keinen signifikanten Einfluß.

**Alterungsverhalten und Druckverformungsrest.** Ein anderer deutlicher Unterschied, der durch die Struktur der Vernetzungsstellen bedingt ist, beruht auf deren unterschiedlicher *Bindungsenergie.* Diese Tatsache ist insbesondere für das Alterungsverhalten von Vulkanisaten bedeutsam, wobei in erster Linie die *Wärmebeständigkeit* hervorgehoben werden muß. Hier sind die Vulkanisate mit Vernetzungsbrücken, die eine hohe Bindungsenergie besitzen (C-C-Vernetzung) den bindungsschwächeren (C-Sx-C-Vernetzung) überlegen. Aus diesem Grunde zeigen Vulkanisate mit kürzeren Vernetzungsbrücken (Semi-EV-, EV- und Peroxid-Systeme) gegenüber denen mit Polysulfidstruktur (konventionelle Vulkanisation) in der Regel eine bessere Wärmebeständigkeit. Hier sei auch beispielsweise die wesentlich geringere *Reversionsneigung* von schwefelarmen NR-Vulkanisaten gegenüber schwefelreicheren erwähnt (s. S. 64 u. 255).

Die höhere Bindungsenergie kurzkettiger Vernetzungsbrücken ist neben der Wärmebeständigkeit der Vulkanisate auch für den *Druckverformungsrest* bei höheren Temperaturen bedeutsam, wobei wie bei der bleibenden Verformung kleineres x in Sx in der Regel günstigere Werte liefert (vgl. S. 255). EV- und Peroxid-Systeme liefern deshalb in der Regel sehr niedrige Druckverformungsrest-(Compression-Set)-Werte, vor allem bei höheren Temperaturen.

Ein Einfluß der Vernetzungsart auf die *Ozonbeständigkeit* bei statischer Prüfung hat sich bisher nicht gezeigt.

**Dynamische Eigenschaften.** Auch bei dynamischer Beanspruchung ist teilweise ein signifikanter Einfluß der Vernetzungsstruktur auf das Eigenschaftsbild der Vulkanisate zu beobachten. Dies gilt in besonderem Maße für die *dynamische Dämpfung,* die bei Vulkanisaten mit Polythioätherbindungen günstiger ist, d. h. niedrigere Werte aufweist als bei kurzkettigen Schwefelbrückengliedern. Dieser Effekt läuft parallel mit der im gleichen Sinne verbesserten Elastizität und entspricht den theoretischen Erwartungen, nach denen bei größeren Abständen der Polymermoleküle voneinander die mikroBROWN'sche Bewegung leichter stattfinden kann.

Die *Ermüdungsrißbildung* der Vulkanisate wird mit kürzeren Vernetzungsbrücken stärker. Schwefelreiche Systeme ergeben eine deutlich bessere Ermüdungsresistenz als schwefelfreie. Sowohl nach der De-Mattia-Ermüdung als auch nach der Kettenermüdung ergibt sich ein deutliches Plus für Vulkanisate mit längerkettigen Brückengliedern. Auch das Rißwachstum wird mit wachsendem Sx verlangsamt. Wegen der besonderen Wärmebeständigkeit schwefelarmer Systeme können sich aber die Verhältnisse bereits nach kurzer Zeit (z.B. im Reifen nach kurzer Laufzeit) umkehren. Dieser Unterschied tritt bei NR deutlicher zutage als bei SR-Typen.

Bei dynamischen Zerstörungsuntersuchungsmethoden durch zunehmende Belastungen bis zur Zerstörung, der *Zermürbung* durch Hitzestau, ist der Einfluß der Vernetzungstruktur schwierig zu prognostizieren. Hier spielt nämlich neben der Energiebilanz, die für Vulkanisate mit langkettigen Vernetzungsgliedern günstig aussieht, auch die Reversionsbeständigkeit eine Rolle. Letztere ist natürlich für weniger geschwefelte Vulkanisate günstiger. Die Resultierende aus beiden Einflüssen ist nicht immer klar. Es hat sich aber vielfach gezeigt, daß bei besonders starken Zermürbungsbeanspruchungen, z. B. Prüfungen im Goodrich- bzw. Sant-Joe-Flexometer, die Reversionsbeständigkeit das Übergewicht behält und somit günstigere Wert für Vulkanisate mit kürzeren Schwefelketten erzielt werden.

Auch der *Reibungskoeffizient,* nach der Methode der Rollreibung gemessen, scheint von der Vernetzungsstruktur geringfügig abhängig zu sein. Wenig Schwefel enthaltende Vulkanisate ergeben vielfach einen etwas niedrigeren Rollreibungskoeffizienten, und damit z.B. bei Reifenanwendungen einen niedrigeren Kraftstoff-Verbrauch, als stärker geschwefelte Vulkanisate.

**Zusammenfassung.** Folgende Eigenschaften von NR-Vulkanisaten sind jeweils optimal im Bereich

*kleiner Vernetzungsbrücken* (C-C- bzw. C-S-C-Vernetzungen)

- Bleibende Verformung, Druckverformungsrest (Compression Set) bei höheren Temperaturen

- Reversionsbeständigkeit
- Wärmebeständigkeit
- Zermürbungsbeständigkeit (bei Vulkanisaten mit Reversion)

*längerer Vernetzungsbrücken* (C-Sx-C-Vernetzungen)

- Zugfestigkeit
- Elastizität
- Bleibende Verformung bei niedriger Temperatur
- dynamische Dämpfung
- Ermüdungsbeständigkeit
- Rollreibungskoeffizient (höherer)

*kein signifikanter Einfluß*

- Ozonbeständigkeit
- Abriebwiderstand.

Diese Zusammenstellung mag verdeutlichen, daß z. B. bei Erzielung bester Alterungs- und Wärmebeständigkeitseigenschaften mancherlei Abstriche hinsichtlich der statischen und dynamischen Eigenschaften hingenommen werden müssen.

## 5.2.2. **Schwefel und schwefelhaltige Vulkanisiermittel** [5.28.]

### 5.2.2.1. Allgemeines über Schwefel und schwefelhaltige Vulkanisiermittel

Die Vulkanisation kann im Prinzip durch Anwendung hochenergiereicher Strahlen ohne Vulkanisationschemikalien erreicht werden. Diese Vernetzungsart ist aber aus verschiedenen Gründen bis heute noch wenig wirtschaftlich (s. S. 525 ff).

Bei der heute üblichen Vulkanisation richtet sich die Art der erforderlichen Stoffe in erster Linie nach dem zu vulkanisierenden Kautschuk. Die Dien-Kautschuke, in deren Polymermolkülen also noch Doppelbindungen vorhanden sind, wie NR, SBR, NBR usw. lassen sich im allgemeinen mit Schwefel sowie mit Peroxiden vulkanisieren. Man bevorzugt die Schwefelvulkanisation aus mehreren Gründen:

- wegen der leichten Einstellbarbeit von An- und Ausvulkanisationsgeschwindigkeit,
- der Möglichkeit die Länge der Vernetzungsbrücken zu steuern und
- aus wirtschaftlichen Gründen.

Man benötigt bei dieser bevorzugten Vulkanisationsart zur Aktivierung des Schwefels zusätzliche Stoffe, wie Vulkanisationsbeschleuniger und Vulkanisationsaktivatoren, vielfach auch Vulkanisationsverzögerer. Die Optimierung eines Vulkanisationssystems unter Berücksichtigung der Verarbeitungssicherheit, Vulkanisationszeit und -temperatur, Vulkanisationsart und der gewünschten technologischen Eigenschaften des Vulkanisates setzen eine subtile Abstimmung der einzelnen Komponenten voraus.

Gesättigte Polymere lassen sich nicht mit Schwefel vulkanisieren. Für sie müssen andere Stoffe herangezogen werden. Als solche kommen vor allem Peroxide, Chinondioxime, bestimmte Harze und Isocyanate in Betracht, die an anderer Stelle behandelt werden (s. S. 294 ff).

5.2.2.2. Schwefel

**Vulkanisierschwefel.** Das wichtigste Vulkanisiermittel für Kautschuk ist der sogenannte Vulkanisationsschwefel. Zur Herstellung von Weichgummiwaren verwendet man *Dosierungen* von etwa 0,25–5,0 phr; bei Hartgummimischungen (Ebonit) erhöht man den Schwefelanteil auf 25,0–40,0 phr. Der Dosierungsbereich von 5,0–25,0 phr Schwefel ist für die meisten Anwendungszwecke uninteressant (außer z. B. für Fußbodenbeläge und manche Walzenbeläge), da die damit hergestellten Gummiwaren im sog. lederharten Bereich liegen und ungünstige Festigkeits- und Elastizitätseigenschaften aufweisen.

Die für die Herstellung von Weichgummi benötigte Schwefelmenge differiert stark mit der Menge an Vulkanisationsbeschleunigern bzw. der Anforderung an die Vulkanisateigenschaften.

In *beschleunigerfreien* NR-Mischungen, die heute technologisch fast keine Rolle mehr spielen, benötigt man relativ hohe Schwefeldosen (z. B. 5 phr). Es kommt bei einer solchen Vulkanisation neben sehr schwefelreichen polysulfidischen intermolekularen Schwefelbrückenbindungen zu zahlreichen nicht zu Vernetzungen führenden Nebenreaktionen (z. B. intramolekularen cyclischen Strukturen) [5.43.]. In *Gegenwart von Vulkanisationsbeschleunigern* werden diese Nebenreaktionen zurückgedrängt und je nach Aktivität und Menge der Beschleuniger die mittlere Anzahl von Schwefelatomen je Vernetzungsstelle verkleinert. Aus diesem Grunde benötigt man mit zunehmender Dosierung von Beschleunigern geringere Schwefelmengen. Bei wenig aktiven Beschleunigern, wie z. B. Basen oder Guanidinen, benötigt man höhere Schwefeldosierungen als bei hochaktiven, wie z. B. Sulfenamiden; eine besonders geringe ist z. B. bei Mitverwendung von Thiuramen bzw. des höchstwirksamen OTOS erforderlich, die gleichzeitig als Beschleuniger und Schwefelspender wirken.

Bei Anwendung sogenannter *konventioneller,* meist gebrauchter Systeme, benötigt man z. B. ca. 1.5–2.5 phr Schwefel bei ca. 1,2–0,5 phr Beschleuniger. Bei Erhöhung der Beschleuniger-Dosierung (z.B. 1,5–2,5 phr) muß zur Erzielung eines gleichen Vernetzungsgrades die Schwefelmenge weiter vermindert werden (z.B. 1,2–0,5 phr), was die Bildung noch schwefelärmerer Vernetzungsstellen zur Folge hat. Solche sogenannte *Semi-Efficient*-(Semi-EV)-Systeme führen erwartungsgemäß zu wärme- und reversionsbeständigen Vulkanisaten. Bei starker Erhöhung der Beschleunigermenge (z. B. 2,5–3,5 phr und mehr) reichen sehr kleine Schwefelmengen (z. B. 0,25 phr) oder entsprechend kleine Mengen von Schwefelspendern (z. B. 0,5 phr) aus. Bei manchen Beschleunigern, z. B. TMTD, kann bei entsprechend hohen Dosierungen (ca. 3,0–3,5 phr) sogar schwefel- und schwefelspenderfrei vulkanisiert werden. Eine solche sogenannte *Efficient*-Vulkanisation (EV) führt zu mono- bis disulfidischen Vernetzungstrukturen. Die Konsequenz ist eine besonders hohe Wärme- und Reversionsbeständigkeit bzw. ein niedriger Druckverformungsrest bei hohen Temperaturen.

Für die Vulkanisation von NR benötigt man in der Regel etwas höhere Schwefeldosierungen und etwas geringere Beschleuniger-Mengen als bei SR. Innerhalb der SR-Typen ist für solche mit sehr geringem Ungesättigtheitsgrad, wie z. B. IIR, eine größere Schwefel- und Beschleunigermenge erforderlich als für die klassischen Dien-Kautschuke.

Ein für die Vulkanisation gut geeigneter Schwefel soll einen *Reinheitsgrad* von mindestens 95% besitzen (Aschegehalt $\leqq$ 0,5%). Er muß säurefrei sein, weil ein Säuregehalt einen verzögernden Einfluß auf die Vulkanisation ausüben würde. Man verwendet daher für die Vulkanisation im allgemeinen keine Schwefelblüte, die bekanntlich meist Spuren von $SO_3$ enthält.

Während man früher eine besonders hohe *Teilchenfeinheit* verlangte, bevorzugt man heute ein Material mittlerer Feinheit (mit ca. 70–80 Chancel-Graden), das sich in den Mischungen leichter und besser verteilt. Sehr gleichmäßige Verteilung ist Voraussetzung für ein einheitliches Vulkanisationsergebnis und damit für ein gutes Eigenschaftsbild des Gummis. Bei Einsatz geringer Schwefelmengen, oder in solchen Fällen, in denen der Schwefel erfahrungsgemäß schwer in der Kautschuk-Mischung zu verteilen ist, werden häufig dispergatorhaltiger Schwefel oder Schwefelpasten eingesetzt.

**Unlöslicher Schwefel.** Beim Lagern von Kautschukmischungen neigt der normale Vulkanisationsschwefel zum Ausblühen an der Oberfläche, was bei der Weiterverarbeitung das Verkleben oder Verschweißen erschwert. Man kann das Ausblühen durch Verwendung von sogenanntem unlöslichen Schwefel (Schwefel mit 60–95% in Schwefelkohlenstoff unlöslichen Anteilen, die auch im Kautschuk unlöslich sind) vermeiden, der wegen seiner Unlöslichkeit im Kautschuk nicht ausblühen kann. Zur Erzielung einer gleichmäßigen Verteilung muß die Kornfeinheit gegenüber normalem Vulkanisationsschwefel wesentlich gesteigert werden. Außer-

dem wird unlöslicher Schwefel häufig in Form von Kautschuk-Batches oder angepastet eingesetzt.
Die unlösliche Form des Schwefels ist nicht stabil, sie geht bei Raumtemperatur langsam, bei erhöhter Temperatur rasch in die normale lösliche Form über. Unlöslicher Schwefel muß daher kühl gelagert werden. Beim Mischprozeß und bei der Verarbeitung der Kutschukmischungen ist darauf zu achten, daß die Temperaturen nicht über 120° C ansteigen. Eine gewisse Stabilisierung wird z. B. durch Zusatz von kleinen Mengen Chlor, Brom, Jod oder Schwefelchlorid oder von Terpenen erreicht. Auf die Vulkanisation und die Eigenschaften der damit hergestellten Vulkanisate hat die Verwendung von unlöslichem Schwefel im Vergleich zu normalem Vulkanisationsschwefel praktisch keinen Einfluß.

**Kolloidschwefel.** Um in Latexmischungen eine gleichmäßige Verteilung zu erhalten bzw. ein Sedimentieren zu vermeiden, ist die Verwendung von Kolloidschwefel erforderlich. Durch die gute Verteilung des Kolloidschwefels in der Mischung werden örtliche Übervulkanisationen im Vulkanisat, die leicht in der Umgebung gröberer Schwefelteilchen auftreten und die Alterungseigenschaften ungünstig beeinflussen, vermieden (s. S. 577).

5.2.2.3. Selen und Tellur.
Auch Selen und Tellur können anstelle von Schwefel für die Vulkanisation von Kautschuk verwendet werden. Die Wirkung dieser Produkte ist etwas schwächer als die von Schwefel. Auch aufgrund ihres Preises und ihrer Toxizität spielen sie praktisch keine Rolle.

5.2.2.4. Schwefelspender [5.44.–5.46.]
Außer elementarem Schwefel können auch organische Verbindungen, die den Schwefel in einer thermisch labilen Form enthalten, verwendet werden. Sie setzen den Schwefel bei den Vulkanisationstemperaturen in Freiheit. Bekannte Produkte sind z. B. *Dimorpholyldisulfid,* DTDM (I); *2-Morpholinodithiobenzothiazol* (MBSS) (II); *Dipentamethylenthiuramtetrasulfid,* DPTT, (III); *Caprolctamdisulfid,* bzw. N,N' – Di – thio – bis(hexahydro – 2H – azepinon – 2); (CLD) (IV); *N-Oxydiäthylendithiocarbamyl – N' – oxydiäthylensulfenamid* (OTOS) (V). Schließlich ist zu den Schwefelspendern auch *Tetramethylthiuramdisulfid,* TMTD (VI), zu rechnen [5.47.-5.53.].

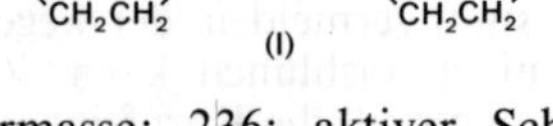

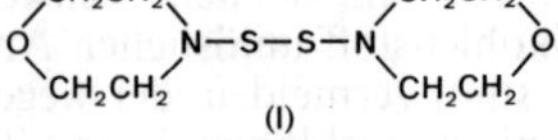

(I)

DTDM, Molekularmasse: 236; aktiver Schwefelgehalt: 13,6 Mol% *

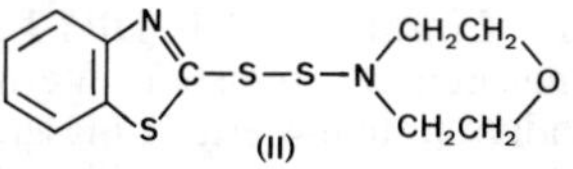

(II)

MBSS, Molekularmasse: 284; aktiver Schwefelgehalt: 11,3 Mol% *

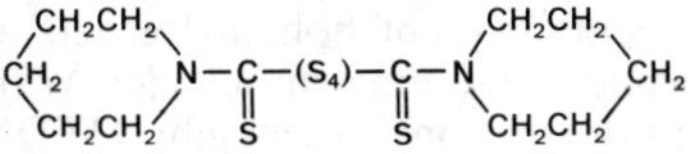

(III)

DPTT, Molekularmasse: 384; aktiver Schwefelgehalt: 16,6% **

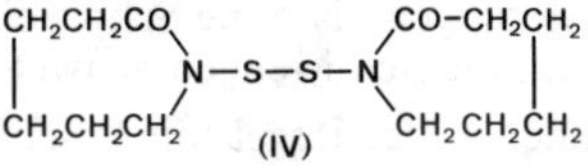

(IV)

CLD, Molekularmasse: 288; aktiver Schwefelgehalt: 11,1% *

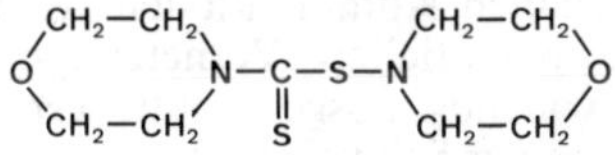

(V)

OTOS, Molekularmasse: 248; aktiver Schwefelgehalt: 12,9% *

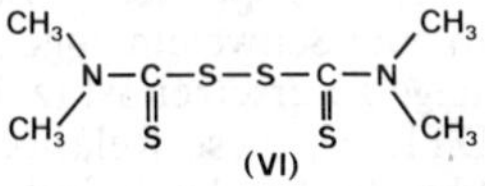

(VI)

TMTD, Molekularmasse: 240; aktiver Schwefelgehalt: 13,3%

Von diesen Produkten ist DPTT das schwefelhaltigste Produkt. Theoretisch können zwar von DPTT vier Schwefelatome abgespalteten werden; zumeist werden aber nur zwei aktiviert und mono- oder disulfidisch eingebaut. Bei der Anwendung von DPTT kann aber nicht ausgeschlossen werden, daß auch Tri- oder Tetrasulfidstrukturen, wenn auch in geringem Ausmaß, als Vernetzungsbrücken aufgerichtet werden. DTDM, MBSS, CLD und TMTD verfügen dagegen nur über zwei vernetzungsaktivierbare Schwefelatome, die mono- oder disulfidisch zur Vernetzung dienen. Im Vergleich dazu verfügt OTOS nur über ein aktivierbares Schwefelatom, so daß bei Anwendung dieser Substanz in EV-Systemen streng monosulfidische Vernetzungen zustandekommen.

---

* bezogen auf 1 abgespaltenes S-Atom (Monosulfidstruktur)
** bezogen auf 2 abgespaltene S-Atome (Disulfidstruktur)

Bei gewichtsgleichem Einsatz bildet DPTT im Vergleich zu anderen Schwefeldonatoren die meisten Vernetzungsstellen und ergibt so einen besonders hohen Vernetzungsgrad. Da die gebildeten Vernetzungsstellen aber die relativ größte Anzahl von Schwefelatomen aufweisen, ist die erzielbare Wärmebeständigkeit am geringsten. Demgegenüber bildet OTOS die wärmestabilsten Vernetzungsstellen, bei ebenfalls recht hohem Vernetzungsgrad. Die anderen Schwefelspender sind hinsichtlich der Wärmebeständigkeit dazwischen einzuordnen; von diesen gibt DTDM den höchsten Vernetzungsgrad.

Manche Schwefelspender (z.B. MBSS, OTOS, TMTD) sind gleichzeitig Vulkanisationsbeschleuniger und werden als solche in wesentlich höheren Dosierungen als reine Schwefeldonatoren wie z.B. DTDM gemeinsam mit kleinen Mengen Schwefel eingesetzt.

Da die Schwefelspender in der Regel mit Beschleunigern und vielfach zusätzlichen kleinen Schwefelmengen kombiniert werden, kann ihre Wirkung nicht singulär gesehen werden. Vielmehr geben sie vielfach in praxisnahen Kombinationen synergistische Effekte, durch die erst die potentiellen Vernetzungsmöglichkeiten der Schwefeldonatoren vollends ausgeschöpft werden. Der stärkste Synergist aus der Reihe der Schwefelspender dürfte OTOS sein.

Bei Einsatz von Schwefelspendern muß natürlich wegen der abspaltbaren Schwefelmenge die ursprüngliche Schwefeldosis verringert werden. Bei reinen Schwefelspendern, wie z. B. DTDM, gilt die allgemeine Regel, daß eine Schwefelmenge etwa durch die doppelte Schwefelspendermenge zu ersetzen ist (z. B. anstelle von 0,25 phr Schwefel, 0,5 phr DTDM); diese Relation ist nur erklärlich, wenn man durch den Schwefelspendereinfluß die Bildung wesentlich schwefelärmerer Vernetzungsstrukturen berücksichtigt.

Zu den Schwefelspendern müssen auch das neu entwickelte Bis-(3-triäthoxsilylpropyl)-tetrasulfid, das als Füllstoffaktivator verwendet wird (vgl. S. 345) sowie Thioplaste (s. S. 198 ff) gerechnet werden. Sie können anstelle von Schwefel in kleinen Mengen für die Vulkanisation von NR oder SR verwendet werden. Ein Teil des in Thioplasten locker gebundenen Schwefels wird beim Erwärmen abgespalten und für die Vulkanisation des Kautschuks verfügbar gemacht. Auch Faktisse mit hohem freien Schwefelgehalt müssen bei der Schwefelbilanz berücksichtigt werden.

Eines der ältesten Vulkanisiermittel ist der bereits 1846 aufgefundene Chlorschwefel [5.53.] der die Vulkanisation von dünnwandigen NR-Artikeln bei Raumtemperatur, besser jedoch bei gering erhöhten Temperaturen, ermöglicht (Kaltvulkanisation). Wegen der ungünstigen Alterungseigenschaften der Vulkanisate hat er nur noch eine recht begrenzte Bedeutung. Die Anwendung erfolgt nach den auf S. 529 f beschriebenen Verfahren.

**Handelsprodukte.** Folgende Handelsprodukte sind im Einsatz (die Aufstellung erhebt keinen Anspruch auf Vollständigkeit):

DTDM: Deoculc M, DOG – Sulfasan R, Monsanto – Vanax A , Vanderbilt.
CLD: Rhenocure S, Rhein-Chemie.
MBSS: Morfax, Goodyear – Vulcuren 2, Bayer.
DPTT: Tetrone A, DuPont.
OTOS: Cure-rite 18, Goodrich.
TMTD: Ancazide ME, Anchor – Ekagom Rapide TB, Ugine Kuhlmann – Methyl Tuads, Vanderbilt – Robac TMT, Robinson – Perkacit TMTD, Akzo – Thiuram, Monsanto – Thiuram 16, Metallgesellschaft – Thiuram M, Du Pont – Vulcafor TMT, Vulnax – Vulkacit Thiuram, Bayer.

### 5.2.3. **Vulkanisationsbeschleuniger**

#### 5.2.3.1. Allgemeines und Einteilung der Vulkanisationsbeschleuniger [5.26.–5.30.]

**Allgemeines.** Schwefel allein ist ein recht träges Vulkanisiermittel. Man benötigt hohe Schwefelmengen, hohe Temperaturen und lange Heizzeiten und erhält nur eine ungenügende Vernetzungsausbeute, verbunden mit unzulänglichen Festigkeits- und Alterungseigenschaften. Erst mit Vulkanisationsbeschleunigern werden Qualitäten erhalten, wie sie dem heutigen Stand der Technik entsprechen.

Die Vielfalt der geforderten Vulkanisationseffekte kann nicht mit einer Universalsubstanz erreicht werden, vielmehr ist eine Fülle unterschiedlicher Stoffe erforderlich.

Über die chemische Wirkung der Beschleuniger bei der Vulkanisation bestehen zahlreiche Theorien [5.34.–5.36.], auf die hier im einzelnen nicht eingegangen werden kann; es handelt sich aber jedenfalls nicht um einen rein katalytischen Effekt. Fast alle Beschleuniger bedürfen zur Entfaltung ihrer vollen Wirksamkeit des Zusatzes von Metalloxiden, von denen sich ZnO als bester Zusatz erwiesen hat.

**Einteilung.** Da es eine fast unüberschaubare Vielzahl von Handelsprodukten gibt, werden die Vulkanisationsbeschleuniger am zweckmäßigsten nach ihrer chemischen Klassenzugehörigkeit eingeteilt. Dabei gibt es aber eine Reihe nur schwer einzuordnender Spezialprodukte. Hinzu kommen zahlreiche unterschiedliche Präparationsformen, die vor allem dem Trend nach staubfreier Verarbeitung folgen: gecoatete Pulver, Pasten und Granulate [5.17.]. Zahlreiche Präparationen weisen nur 80% oder weniger Wirkstoffgehalt auf. Wegen ihrer besseren Verteilung können aber viele von diesen wie 100%ige Wirkstoffe eingesetzt werden ohne einen Abfall der Wirkung zu zeigen [5.54.].

Es ist im Rahmen dieser Darstellung nicht möglich, alle im Handel befindlichen Produkte zu berücksichtigen; deshalb werden im folgenden nur die wichtigsten Klassen bzw. Produkte behandelt.

Man unterscheidet im Prinzip zwischen anorganischen und organischen Vulkanisationsbeschleunigern. Da die *anorganischen* Produkte außer zur Aktivierung kaum noch eine Rolle spielen, können sie sehr knapp abgehandelt werden. Die wesentliche Bedeutung kommt den organischen Vulkanisationsbeschleunigern zu.

Die Bedeutung der *organischen* Vulkanisationsbeschleuniger beruht im wesentlichen auf folgenden Faktoren:

- Sie steigern die Geschwindigkeit der Vernetzungsreaktion mit Schwefel außerordentlich. Dies ermöglicht überhaupt erst die Verkürzung der Vulkanisationszeiten auf ein wirtschaftlich vertretbares Maß und bedeutet gleichzeitig Herstellung unter schonenden Bedingungen, was sich positiv auf die Alterungsbeständigkeit des Gummis auswirkt.
- Eine abgestufte Dosierung und Kombination verschiedener Beschleuniger erlaubt eine Einstellung der An- und Ausvulkanisationsgeschwindigkeit in weiten Bereichen.
- Durch den Zusatz von Beschleunigern kann man den zur Erzielung der optimalen Eigenschaften der Vulkanisate erforderlichen Schwefel-Gehalt herabsetzen, weil Schwefel durch die Wirkung der Vulkanisationsbeschleuniger zur Ausbildung von Vernetzungsbrücken besser ausgenutzt wird und wie bereits erwähnt, weniger unerwünschte Nebenreaktionnen stattfinden.
- Dies führt zu einer außerordentlichen Verbesserung der Alterungsbeständigkeit der Gummiartikel. Eine weitere wichtige Folge der verringerten Schwefel-Dosierungen ist das Abflachen der Spannungswert-/Heizzeit-Kurve, was ein längeres Verweilen auf dem Maximum bedeutet (Plateau-Effekt) und damit die Gefahr einer Übervulkanisation, insbesondere einer Reversion vermindert.
- Die Herabsetzung der Vulkanisationstemperaturen erlaubt auch die Verwendung organischer Farbstoffe anstelle der früher ausschließlich verwendbaren anorganischen Pigmente und ermöglicht dadurch eine vielfältige Farbgebung. Mit bestimmten Beschleunigern kann man auch transparente Artikel herstellen.

Die wichtigsten organischen Vulkanisationsbeschleuniger lassen sich in folgenden Substanzklassen zusammenfassen:

- Thiazolbeschleuniger (Mercapto- und Sulfenamidbeschleuniger)

- Thiurame (Thiuram-mono-, di- und tetrasulfide)
- Dithiocarbamate (Ammonium- und Metallsalze)
- Dithiocarbamylsulfenamide
- Xanthogenate
- Triazinbeschleuniger
- Aldehydaminbeschleuniger
- Basische Beschleuniger (Guanidine, Amine und Polyamine)
- Thioharnstoffderivate
- Sonstige basische Beschleuniger

Da die organischen Vulkanisationsbeschleuniger vielfach lange und komplizierte chemische Bezeichnungen tragen, hat sich eine vom Autor gegründete Vereinigung der wichtigsten Kautschuk-Chemikalienerzeuger der Welt (WTR), um ein *Abkürzungssystem* bemüht. Dieses vom WTR vorgeschlagene Abkürzungssystem, das außerdem Schwefelspender, Verzögerer, Aktivatoren, Alterungsschutzmittel, Treibmittel u. a. einbezieht, umfaßt bei weitem nicht alle Substanzen. Bei den hiesigen Ausführungen werden die vom WTR vorgeschlagenen Kurzzeichen verwendet. Bei Stoffen, bei denen keine WTR-Vorschläge vorliegen, werden allgemein gebräuchliche oder vom Autor vorgeschlagene Kurzzeichen verwendet.

Die im folgenden benutzten Kurzzeichen sind folgende:

| | |
|---|---|
| *Mercapto-Beschleuniger* | |
| 2-Mercaptobenzothiazol | MBT* |
| Zink-2-mercaptobenzothiazol | ZMBT* |
| Dibenzothiazyldisulfid | MBTS* |
| *Sulfenamid-Beschleuniger* | |
| N-Cyclohexyl-2-benzothiazylsulfenamid | CBS* |
| N-tert. Butyl-2-benzothiazylsulfenamid | TBBS* |
| 2-Benzothiazyl-N-sulfenmorpholid | MBS* |
| N,N-Dicyclohexyl-2-benzothiazylsulfenamid | DCBS* |
| *Thiuram-Beschleuniger* | |
| Tetramethylthiuram-disulfid | TMTD* |
| Tetramethylthiuram-monosulfid | TMTM* |
| Tetraäthylthiuram-disulfid | TETD* |
| Dimethyl-diphenylthiuram-disulfid | MPTD |
| Dipentamethylenthiuram-tetrasulfid | DPTT |
| *Dithiocarbamat-Beschleuniger* | |
| Zink-dimethyldithiocarbamat | ZDMC* |
| Zink-diäthyldithiocarbamat | ZDEC* |

---

*) WTR-Vorschläge

| | |
|---|---|
| Zink-dibutyldithiocarbamat | ZDBC* |
| Zink-pentamethylendithiocarbamat | Z5MC* |
| Zink-äthylphenyldithiocarbamat | ZEPC* |
| Zink-dibenzyldithiocarbamat | ZBEC |
| Piperidin-pentamethylendithiocarbamat | PPC |
| Natrium-dimethyldithiocarbamat | NaDMC |
| Natrium-dibutyldithiocarbamat | NaDBC |
| Selen-dimethyldithiocarbamat | SeDMC |
| Tellur-dimethyldithiocarbamat | TeDMC |
| Blei-dimethyldithiocarbamat | PbDMC |
| Cadmium-dimethyldithiocarbamat | CdDMC |
| Cadmium-pentamethylendithiocarbamat | Cd5MC |
| Kupfer-dimethyldithiocarbamat | CuDMC |
| Wismut-dimethyldithiocarbamat | BiDMC |
| *Dithiocarbamylsulfenamid* | |
| N-Oxydiäthylendithiocarbamyl-N'-oxydiäthylensulfenamid | OTOS |
| *Xanthogenat-Beschleuniger* | |
| Zink-isopropylxanthogenat | ZIX |
| Zink-butylxanthogenat | ZBX |
| Natrium-isopropylxanthogenat | NaIX |
| *Guanidin-Beschleuniger* | |
| Diphenylguanidin | DPG* |
| Di-o-tolylguanidin | DOTG* |
| o-Tolybiguanid | OTBG* |
| *Amin-Beschleuniger* | |
| Butyraldehydanilin | BAA |
| Tricrotonylidentetramin | TCT |
| Hexamethylentetramin | HEXA* |
| Polyäthylenpolyamine | PEP |
| Cyclohexyläthylamin | CEA |
| Dibutylamin | DBA |
| *Thioharnstoff-Beschleuniger* | |
| N,N'-Äthylenthioharnstoff = (2-Mercaptoimidazolin) | ETU* |
| N,N'-Diphenylthioharnstoff = (Thiocarbamilid) | DPTU* |
| N,N'-Diäthylthioharnstoff | DETU* |

---

*) WTR-Vorschläge

| | |
|---|---|
| *Dithiophosphat-Beschleuniger* | |
| Zink-dibutyldithiophosphat | ZDBP* |
| Kupfer-diisopropyldithiophosphat | CuIDP |
| | |
| *Schwefelspender* | |
| 2-Benzothiazyl-N-morpholydisulfid | MBSS* |
| Dimorpholyl-disulfid | DTDM* |
| | |
| *Vulkanisationsverzögerer* | |
| Phthalsäureanhydrid | PTA* |
| N-Nitrosodiphenylamin | NDPA* |
| Cyclohexylthiophthalimid | CTP* |
| Benzoesäure | BES |

### 5.2.3.2. Anorganische Vulkanisationsbeschleuniger [5.55.]

Schon bald nach Entdeckung der Vulkanisation wurde gefunden, daß ein Zusatz von Magnesiumoxid, Kalkhydrat, Bleiglätte oder Antimontri- und -pentasulfid die Vulkanisationszeit verkürzt. Gleichzeitig fand man, daß dabei eine Erniedrigung der bis dahin üblichen hohen Schwefelmengen möglich war, und daß Fabrikate mit besseren mechanischen Eigenschaften und längerer Haltbarkeit hergestellt werden konnten.

Anorganische Beschleuniger, wie Magnesiumoxid, Calciumhydroxid, Bleiglätte, Antimontri- und -pentasulfid werden seit Einführung der organischen Beschleuniger nur noch selten für sich allein angewandt. Als zusätzliche Aktivatoren für organische Beschleuniger werden sie neben Zinkoxid noch gelegentlich verwendet. Lediglich für dickwandige, voluminöse Fabrikate, wie große Textil- und Papierwalzenbezüge, werden noch Mischungen mit anorganischen Beschleunigern und höheren Schwefel-Mengen verarbeitet.

### 5.2.3.3. Thiazolbeschleuniger [5.6., 5.55.–5.65.]

Von allen Beschleunigerklassen kommt den Thiazolen die größte wirtschaftliche Bedeutung zu. Das 2-Mercaptobenzothiazol und seine Derivate, die in Mercaptobeschleuniger und Benzothiazylsulfenamide unterteilt werden, gehören zu den am häufigsten angewandten Beschleunigern, weil mit ihnen die Vielfalt von erreichbaren Vulkanisationseffekten und das Niveau der erzielbaren Vulkanisateigenschaften am größten ist. Etwa 80% aller verwendeten Vulkanisationsbeschleuniger dürften Thiazole sein. Zudem dienen die anderen Beschleunigerklassen wie die Guanidine, Thiurame

---

*) WTR-Vorschläge

und Dithiocarbamate vielfach noch dazu in Kombinationen mit Thiazolen eingesetzt zu werden.

Da die besonders interessanten Sulfenamidbeschleuniger eine eigene Substanzgruppe darstellt, wird im nachfolgenden die etwas willkürliche Unterteilung in „Mercaptobeschleuniger" und „Sulfenamidbeschleuniger" gewählt.

5.2.3.3.1. Mercaptobeschleuniger [5.6.]

**Produkte.** Der Grundkörper der Mercaptobeschleuniger ist das 2-Mercaptobenzothiazol (MBT),

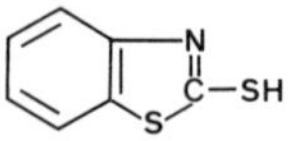


MBT

von dem sich das Dibenzothiazyldisulfid (MBTS) sowie das Zink-2-mercaptobenzothiazol (ZMBT) ableiten.

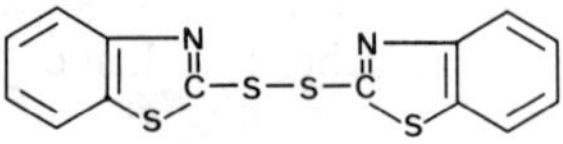


MBTS

Die Hauptprodukte dieser Beschleunigerklasse MBT und MBTS werden in vielen Kautschukklassen so breit angewandt, daß man sie als Allzweckbeschleuniger bezeichnen kann. Während die Vulkanisation mit MBT relativ rasch einsetzt, zeigt MBTS einen etwas verzögerten Vulkanisationsbeginn. Dies ist darauf zurückzuführen, daß MBTS erst thermisch in MBT-Bruchstücke zerfallen muß, ehe die Vulkanisation einsetzt. Mit ZMBT erhält man einen dazwischen liegenden Vulkanisationseinsatz; dieser Beschleuniger wird aber hauptsächlich in Latexmischungen eingesetzt.

**Wirksamkeit und Kombinationen.** Die Mercaptobeschleuniger sind sehr wirksam und verleihen den Kautschukmischungen relativ gute Verarbeitungssicherheit (mit MBTS besser als mit MBT), mittlere Vulkanisationsgeschwindigkeit (mit MBT größer als mit MBTS), breites Vulkanisationsplateau und sehr gute Alterungsbeständigkeit der Vulkanisate. Die Mercaptobeschleuniger können allein verwendet werden und geben dann einen verhältnismäßig niedrigen Vernetzungsgrad. Vorzugsweise werden sie in Kombination mit anderen Beschleunigern, z. B. Guanidinen, Thiuram- oder Dithiocarbamat-Beschleunigern, Thioharnstoffen, Dithiophosphaten u. dgl., eingesetzt, wobei Kombinationen mit insbesondere basischen Beschleunigern, z. B. Guanidinen, synergistisch wirken und eine Zweitbeschleunigung sowie Aktivierung erfahren. Solche Kombinationen bewirken raschere Vulkanisationen als die Einzelprodukte (Zweitbeschleunigung) und vor allem einen wesentlich höheren Vernetzungsgrad (Aktivierung) was sich auf das gesamte Eigenschaftsbild der Vulkanisate positiv auswirkt. Deshalb sind solche Kombinationen, wie z. B. MBTS/DPG, MBTS/DOTG, MBT/Hexa, die zum Teil als vorgefertigte Kombinationen im Handel sind, von großer technischer und wirtschaftlicher Bedeutung. Kombinationen mit z. B. Thiuramen, wie MBT/TMTD, kommen vor allem für träge vulkanisierende Kautschuke, wie IIR sowie auch EPDM, zum Einsatz. Die unkombinierten Mercaptobeschleuniger sind in Mischungen mit niedrigen Schwefelmengen (Semi-EV-Systeme) nicht sehr wirkungsvoll, in Kombinationen mit Basen lassen sich MBT und MBTS dagegen für Semi-EV-Systeme wirkungsvoll einsetzen. Im Vergleich zu unkombinierten oder mit Thiuramen bzw. Dithiocarbamaten kombinierten Mercaptobeschleunigern, die den Vulkanisaten hervorragende Alterungsbeständigkeit verleihen, haben basisch aktivierte Systeme einen ungünstigen Einfluß auf die Breite des Plateaus und die Reversionsbeständigkeit von zur Reversion neigenden Vulkanisaten. Optimale Wärmebeständigkeit wird deshalb mit basisch kombinierten Mercaptobeschleunigern vielfach nicht erzielt.

**Aktivierung.** Zur vollen Entfaltung der Wirksamkeit von Mercaptobeschleunigern ist ein Zusatz von ZnO und bei Abwesenheit von basischen Zweitbeschleunigern auch von Stearinsäure erforderlich. Anstelle beider können auch Zn-Seifen eingesetzt werden. Fettsäuren geben auch in Gegenwart von basisch aktivierten Mercaptobeschleunigern schon aus Verteilungsgründen eine weitere Steigerung der Wirksamkeit.

**Verzögerung.** Die Anvulkanisation von Mischungen mit unkombinierten Mercaptobeschleunigern läßt sich durch saure Vulkanisationsverzögerer nur relativ wenig beeinflussen. Bei Verwendung von basisch aktivierten Mercaptobeschleunigern läßt sich jedoch die Fließperiode durch die Stearinsäure-Dosierung regeln. Stärkere Verzögerungen erhält man z. B. durch Benzoesäure, Salicylsäure und Phthalsäureanhydrid, die jedoch auch die Gesamtheizzeit verlängern. Zweckmäßigerweise „bremst“ man aber eine zu rasche Anvulkanisation durch Mitverwendung von Benzothiazylsulfenamidbeschleunigern oder von OTOS.

**Vulkanisateigenschaften.** Da mit unkombinierten Mercaptobeschleunigern nur verhältnismäßig niedrige Vulkanisationsgrade erhalten werden, sind auch die Festigkeits- und Elastizitätseigenschaften solcher Vulkanisate nicht optimal. Diese werden jedoch durch Anwendung basischer Aktivierung hervorragend, was aber, wie bereits erwähnt, eine Verkürzung des Plateaus zur Folge hat. Mercaptobeschleuniger haben keinen verfärbenden Einfluß auf die Vulkanisate; jedoch können diese leicht vergilben.

**Anwendung.** Die Mercaptobeschleuniger eignen sich grundsätzlich für alle *Vulkanisationsverfahren* (Pressenvulkanisation, Heißluftvulkanisation, Dampfvulkanisation, Salzbadvulkanisation oder andere kontinuierliche Verfahren), wobei ggf. auf notwendige Zweitbeschleunigung zu achten ist. Für die Vulkanisation in Heißluft ist der Vulkanisationseinsatz bei Verwendung von MBTS und seinen Kombinationen oft zu langsam. Durch teilweisen Ersatz des MBTS durch das raschere MBT läßt sich ein breiter Bereich von Fließperioden von recht raschem bis verzögertem Vulkanisationseinsatz einstellen. Von dieser Möglichkeit, die Geschwindigkeit des Vulkanisationseinsatzes durch geringfügige Dosierungsänderungen in der Beschleunigerkombination zu verändern, macht man insbesondere bei der Herstellung von heißluftgeheizten Artikeln häufig Gebrauch. Umgekehrt sind Mischungen mit MBT + Guanidin meist in ihrer Verarbeitung nicht sicher genug. Durch teilweisen Ersatz des MBT durch MBTS in solchen Kombinationen läßt sich die Verarbeitungssicherheit wesentlich steigern, wobei die etwas spätere Ausvulkanisation auch bei der Heißluftheizung praktisch immer in Kauf genommen werden kann. So werden für heißluftgeheizte Artikel in sehr starkem Maße Kombinationen von beispielsweise MBT + MBTS + DPG ohne oder mit nur wenig Stearinsäure verwendet. Daneben spielt aber auch die kombinierte Anwendung von MBT + ZDEC sowie TMTD eine Rolle.

Die Beschleuniger der Mercaptoklasse werden z. B. für folgende *Kautschuktypen* eingesetzt: NR, IR, BR, SBR und NBR. MBTS wird in CR als Verzögerer verwendet. Für die Vulkanisation von Polymeren mit niedrigem Gehalt an Doppelbindungen wie IIR sowie EPDM finden Verschnitte aus Mercaptobeschleunigern und Thiuramen und/oder Dithiocarbamaten Verwendung. Prinzipiell können solche Kombinationen bei entsprechender Dosierung auch für Dien-Kautschuke eingesetzt werden. Für die bei IIR angewandte Chinondioxim-Vulkanisation dient MBTS neben Bleidioxid, Mennige, Thiuram u. a. als Aktivator. In Mischungen aus Thioplasten wirkt MBTS nicht als Vulkanisationsbeschleuniger, sondern als chemisches Abbaumittel und wird als solches eingesetzt. Bei der Vulkanisation von CSM mit Metalloxiden werden im allgemeinen zusätzlich organische Vulkanisationsbeschleuniger angewandt. Von diesen haben sich neben Thiuramen auch MBT und MBTS bewährt.

Die Mercaptobeschleuniger werden in einer großen Vielzahl von *Gummiartikeln* eingesetzt, z. B. für Formartikel (Dichtungen, Stopfen), Schläuche und Profile, Fördergurte und Transportwalzen, Schuhwerk (einschließlich Sohlen und Absätze), Kabel, Fahrrad- und Autobereifung, getriebene Artikel u. a. m. In der Gummifädenproduktion werden ebenfalls (unkombinierte) Mercaptobeschleuniger verwendet. ZMBT geht in erster Linie in die Produktion von Latexartikeln (vgl. S. 388 u. 578), wobei die beschleunigende und die sensibilisierende Funktion des Materials ausgenutzt werden. Für Produkte, bei denen eine lange Fließperiode erforderlich ist (kompliziert geformte Preßartikel), eignen sich MBTS + Basen. Im übrigen ist dies aber die Domäne der Sulfenamidbeschleuniger. MBT + Dithiocarbamate ist z. B. für schnell heizende Schuh- und Schlenmischungen wichtig. MBT + Thiurame (bzw. Dithiocarbamate) dient besonders für Erzeugnisse aus IIR und EPDM.

Die Vulkanisate besitzen einen bitteren Geschmack, so daß Mercaptobeschleuniger nur in sehr geringen Mengen für Erzeugnisse geeignet sind, die mit Lebensmitteln u. dgl. in Berührung kommen.

#### 5.2.3.3.2. Benzothiazylsulfenamidbeschleuniger [5.6.]

**Produkte.** Die Benzothiazylsulfenamidbeschleuniger leiten sich ebenfalls von 2-Mercaptobenzothiazol ab, indem an den Mercaptan-Schwefel ein Amin oxydativ gebunden wird. Je nach der Art des Amins unterscheiden sich die Beschleuniger voneinander. Typische Sulfenamidbeschleuniger sind z. B. die folgenden:

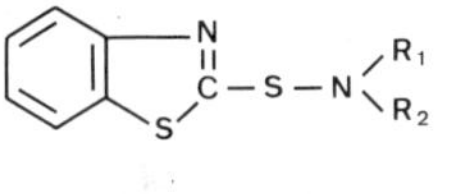


CBS: $R_1 = H$, $R_2 =$ Cyclohexyl
TBBS: $R_1 = H$, $R_2 =$ tert-Butyl
MBS: $R_1 + R_2 =$ — Oxydimethylen ($-CH_2CH_2-O-CH_2CH_2-$)
DCBS: $R_1$, $R_2 =$ Dicyclohexyl

Bei dieser Substanzklasse handelt es sich quasi um eine „molekulare Kombination“ von Mercaptobeschleunigern und Basen. Nach der Abspaltung der Basen im Verlaufe der Vulkanisation werden die Beschleuniger erst wirksam. Die Basen aktivieren das sich bildende 2-Mercaptobenzothiazol.

**Wirksamkeit und Kombinationen.** Infolgedessen zeigen die Benzothiazylsulfenamide im Vergleich zu den Mercaptobeschleunigern MBT und MBTS einen ausgesprochen verzögerten Vulkanisationseinsatz und daher eine größere Verarbeitungssicherheit. Je nach Art der am Stickstoff-Atom stehenden Substituenten ist die thermische Stabilität der Sulfenamide verschieden, woraus sich ein verschieden stark verzögerter Vulkanisationsbeginn ergibt. Die Verarbeitungssicherheit steigt von CBS über TBBS, MBS und ist am größten bei DCBS.

Infolge der basischen Aktivierung des nach der Sulfenamid-Spaltung entstehenden 2-Mercaptobenzothiazyl-Restes verläuft die Vulkanisation nach dem verzögerten Beginn sehr rasch. Mit Ausnahme der längeren Fließperiode entspricht das Vulkanisationsverhalten von Sulfenamiden dem von basisch aktivierten Mercaptobeschleunigern. Die Vulkanisationskurven von Mischungen mit Sulfenamiden kommen den für Formartikel gewünschten idealen Kurven – lange Fließzeit, rasche Ausvulkanisation – nahe. Die Vulkanisationsgeschwindigkeit kann durch Zusatz von Zweitbeschleunigern, insbesondere Thiuramen mit Dithiocarbamaten, synergistisch gesteigert werden. Eine weitere Aktivierung durch basische Beschleuniger ist nicht mehr sehr effektiv. Fügt man Sulfenamide zu rasch heizenden Beschleunigern bzw. Beschleunigerkombinationen zu, so wird das günstige Fließzeit/Heizzeit-Verhältnis der Sulfenamide auf letztere übertragen; die Sulfenamide können also in Kombination mit rascheren Beschleunigern wie Verzögerer wirken, indem sie ein günstiges Fließzeit/Heizzeit-Verhältnis auf dem Niveau einer erhöhten Vulkanisationsgeschwindigkeit ermöglichen.

Bei gleicher Dosierung ergibt TBBS den höchsten Vernetzungsgrad (Spannungswert) aus der Reihe der Sulfenamide; etwas niedrigere Werte bringen CBS und MBS, DCBS bildet den Endpunkt der Reihe. Insgesamt sind diese Unterschiede aber nicht bedeutend. Alle Sulfenamide ergeben einen höheren Vernetzungsgrad als unkombinierte Mercaptobeschleuniger; dagegen erreichen die mit Basen aktivierten Mercaptobeschleuniger nahezu die mit Benzothiazylsulfenamiden erzielbaren Spannungswerte. Das (z. B. in NR-Mischungen) beobachtete Vulkanisationsplateau ist bei den Sulfenamiden mäßig breit (ungünstiger als bei unkombinierten oder mit Thiuramen bzw. Dithiocarbamaten kombinierten Mercaptobeschleunigern). Allzu starke Übervulkanisation muß vermieden werden. Durch Kombinationen der Sulfenamide mit Dithiocarbamaten oder Thiuramen wird die Reversionsneigung der dazu neigenden Vulkanisate zwar etwas verbessert, sie erreicht aber nicht das hervorragende Niveau, das mit Dithiocarbamylsulfenamid (vgl. S. 281 ff) erhalten wird.

Analog wie die Thiurame und im Gegensatz zu den meisten anderen Beschleunigern sind die Sulfenamide für eine Semi-Efficient und eine Efficient Vulkanisation sehr geeignet. Solche Vulkanisationssysteme enthalten (neben 0,3–1,0 phr Schwefel) entweder nur Sulfenamide (bis 5,0 phr) oder besser eine Kombination aus 1,5–3,0 phr Sulfenamid und 0,2–1,0 Thiuram oder Dithiocarbamat. Diese Einstellungen vereinigen eine Reihe interessanter Vorteile in sich. Es sind dies in erster Linie rasche Ausheizung, weiter verbessertes Fließzeit/Heizzeit-Verhältnis im Vergleich zur unkombinierten Thiuram-Vulkanisation, sehr breites Vulkanisationsplateau, sehr gute Alterungsresistenz und niedrige Druckverformungsrest-Werte der Vulkanisate. Als Nachteile ergeben sich meist etwas verringerte Elastizität bzw. erhöhte Dämpfung der Vulkanisate und häufig geringere Beständigkeit gegen Ermüdungsrißbildung. Von den Sulfenamiden eignen sich für EV-Systeme am besten MBS und TBBS.

Die thermische Labilität der Benzothiazylsulfenamid-Bindung bedingt auf der einen Seite erst die Anwendbarkeit der Substanzklasse als Vulkanisationsbeschleuniger; auf der anderen Seite bedingt sie eine begrenzte Lagerbeständigkeit („Shelf-Life“) der Substanzen. Je nach der thermischen Beanspruchung einer Mischung [5.65.] („Heat History“) und deren Lagerzeit können bereits in unerwünschter Weise Benzothiazylsulfenamid-Bindungen gespalten werden. Die Folge davon ist, daß die erwartete Verarbeitungssicherheit bzw. Verzögerung des Vulkanisationseinsatzes vermindert wird. Schon nach Mischungsherstellung in Hochleistungsknetern, Weiterverarbeitung und einigen Tagen Lagerzeit kann die Mooney-Anvulkanisationszeit auf die Hälfte der potentiell erreichbaren Werte abfallen. In dieser Hinsicht zeigen Dithiocarbamylsulfenamide wesentlich günstigeres Verhalten (vgl. S. 282 f).

**Aktivierung.** Zur Aktivierung der Benzothiazylsulfenamide ist ein Zusatz von ZnO erforderlich. In Mischungen mit CBS empfiehlt sich die Einarbeitung von Stearinsäure zur Erhöhung des Spannungswertes; in Mischungen mit TBBS, MBS oder DCBS ist der Zusatz von Stearinsäure zur Erzielung eines hohen Vernetzungsgrades notwendig. Anstelle von ZnO und Stearinsäure können auch Zn-Seifen eingesetzt werden.

**Verzögerung.** Wenn auch die Benzothiazylsulfenamidbeschleuniger bereits einen verzögerten Vulkanisationseinsatz aufweisen, so wird dennoch in vielen praktischen Einsatzfällen die Mitverwendung zusätzlicher Vulkanisationsverzögerer erforderlich. Zwar können saure Mischungsbestandteile, wie z. B. Stearinsäure und in besonderem Maße Benzoesäure, Salicylsäure und Phthalsäureanhydrid die Fließperiode verlängern; gleichzeitig wird aber auch die Gesamtheizzeit verlängert. Verzögerer vom Typ des N-Cyclohexylthiophthalimids (vgl. S. 307f) haben hier besonders ausgeprägte Wirkung hinsichtlich der Korrelation von verzögernder Wirkung zu Gesamtheizzeiten und sind deshalb die wichtigsten Produkte.

Sulfenamid-Beschleuniger können aber, wie bereits erwähnt, ihrerseits als Vulkanisationsverzögerer für raschere Vulkanisationsbeschleuniger eingesetzt werden.

**Vulkanisateigenschaften.** Aufgrund des mit Benzothiazylsulfenamiden erzielbaren hohen Vernetzungsgrades werden sehr gute Festigkeits- und Elastizitätseigenschaften (Dämpfung, Heat-Build-Up) erzielt. Auch die Ermüdungsbeständigkeit der Vulkanisate ist gut. Hingegen sind in konventionellen Vulkanisationssystemen die Alterungseigenschaften ohne Alterungsschutzmittel nicht optimal.

Die Sulfenamid-Beschleuniger verursachen kaum eine Vulkanisationsverfärbung, wohl aber eine Vergilbung.

**Anwendung.** Als *Vulkanisationsverfahren* kommt für Sulfenamide in erster Linie die Pressenvulkanisation in Frage (Kompressions-Formung, Injection-Moulding, Transfer-Moulding). Auch für kontinuierliche Vulkanisationen in Dampf, im Fließbett und im Salzbad sind sie brauchbar, wobei meist ein Zweitbeschleuniger in Form von Thiuramen oder Dithiocarbamaten zugegeben wird. Bei der kontinuierlichen oder auch diskontinuierlichen Vulkanisation in Dampf ist noch eine besondere Eigenschaft der Sulfenamide zu beachten. Unter dem Einfluß von Hitze und Feuchtigkeit spalten die Produkte sofort und ergeben eine rasche Ausvulkanisation (s. S. 485 f).

Die Verzögerung des Vulkanisationseinsatzes wird stark reduziert. Diese Verkürzung der Fließperiode ist im Falle der Dampfvulkanisation gerade erwünscht, da auf diese Weise Deformationen vermieden werden. DCBS kommt allerdings für Dampfvulkanisationen nicht in Betracht. Für die Heißluftheizung sind die Produkte wegen der Verzögerung des Vulkanisationseinsatzes nicht geeignet.

Mit Sulfenamiden und Schwefel werden z. B. folgende *Kautschuktypen* vulkanisiert: NR, IR, BR, SBR und NBR. Nicht oder wenig geeignet sind die Sulfenamide für CR und langsam heizende Kautschuktypen wie IIR oder EPDM. Kautschuke ohne Doppelbindungen kommen natürlich ebenfalls nicht in Betracht.

Wie die Mercaptobeschleuniger haben die Produkte dieser Gruppe bei der Herstellung von Gummiartikeln sehr mannigfaltige *Anwendungsgebiete.* Aufgrund ihres speziellen Eigenschaftsbildes werden sie vorwiegend, aber keineswegs ausschließlich in der Reifenindustrie gebraucht. Weitere Einsatzgebiete sind dynamisch hoch beanspruchte technische Artikel (Fördergurte, Puffer, elastische Verbindungen) bzw. technische Artikel im allgemeinen (Dichtungen, Schläuche, Profile, Manschetten, Stopfen u. a.). Auch der Schuhsowie der Kabelsektor verbrauchen beachtliche Mengen an Sulfenamiden. Für die Latexverarbeitung kommen Sulfenamide nicht in Frage. Wegen eines bitteren Vulkanisatgeschmacks kommen die Sulfenamide für Lebensmittelbedarfsgegenstände kaum zum Einsatz.

### 5.2.3.4. Triazinbeschleuniger [5.66.–5.68.]

Vor einer Reihe von Jahren wurde eine völlig neue Beschleunigerklasse entwickelt, die Triazinbeschleuniger, die technologisch den Thiazolbeschleunigern sehr nahestehen.

Ein Beispiel sind die Aminomercaptotriazine

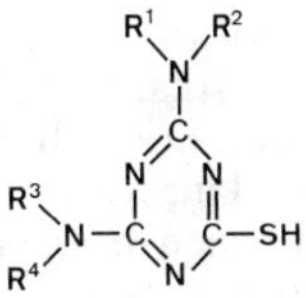

Grundkörper

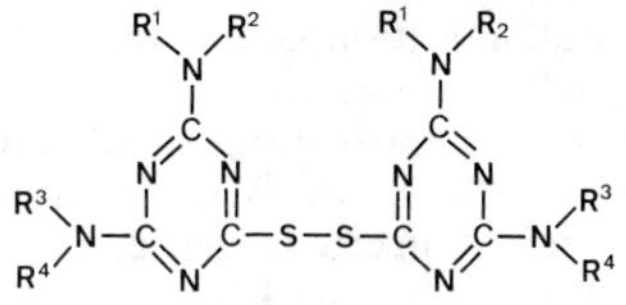

Disulfid

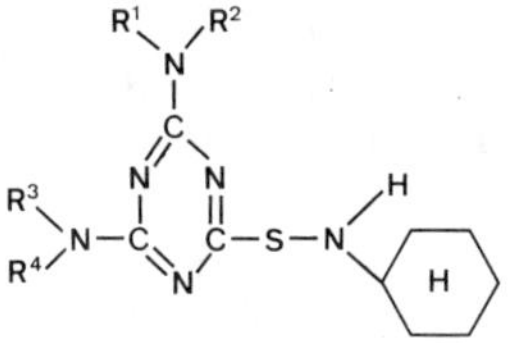

Sulfenamid

Sie zeichnen sich durch höhere Effektivität als die Thiazolbeschleuniger aus, weshalb sie niedriger dosiert werden können. Als Alleinbeschleuniger oder in Kombination mit Thiazolbeschleunigern führen sie zu besonderer Reversionsbeständigkeit der dazu neigenden Vulkanisate, was bei sehr großdimensionierten Artikeln, wie Ackerschlepperreifen, partiell genutzt wird.
Ferner führen Triazinbeschleuniger nicht zu einer Vergilbung der Vulkanisate, was z. B. bei der Herstellung von transparenten Schuhsohlen ausgenützt wird.

5.2.3.5. Dithiocarbamatbeschleuniger [5.69.–5.71.]

Diese in der Gummi-Industrie als Ultrabeschleuniger bekannten Produkte gehörten zu den ersten organischen Vulkanisationsbeschleunigern überhaupt [5.72.]; sie haben auch heute noch eine erhebliche technologische Bedeutung. Man unterscheidet zwischen Zink-, Ammonium- und anderen Metall-Dithiocarbamaten, die sich mit Ausnahme der Anvulkanisationsgeschwindigkeit technologisch relativ wenig voneinander unterscheiden; hinsichtlich ihres Verarbeitungsverhaltens weichen vor allem die Metall- und die Ammoniumdithiocarbamate voneinander ab. Die Zink- und andere Metalldithiocarbamate werden für den Festkautschuk- und Latexsektor verwendet, die Ammonium-dithiocarbamate hingegen finden vorzugsweise für Lösungen und Latexartikel Anwendung und werden aus diesem Grunde getrennt behandelt. Selen-, Tellur-, Cadmium-, Blei-, Wismut und Kupfer-dithiocarbamate sind ausgesprochene Spezialprodukte und werden nur in seltenen Fällen angewandt.

Die Vulkanisationsgeschwindigkeit der Dithiocarbamate ist so groß, daß bei ihrer alleinigen Verarbeitung in Festkautschuk keine genügende Verarbeitungssicherheit erzielt wird. Deshalb werden sie dort vielfach im Verschnitt mit anderen, langsamer heizenden Beschleunigern eingesetzt. In Latexmischungen hingegen, wo bei der Verarbeitung keine höheren Temperaturen auftreten, sind die Dithiocarbamate als alleinige Beschleuniger gut geeignet.

5.2.3.5.1. Zink-dithiocarbamate [5.6.]

**Produkte.** Der Grundkörper der Zink-dithiocarbamatbeschleuniger ist das Zink-dimethyldithiocarbamat (ZDMC)

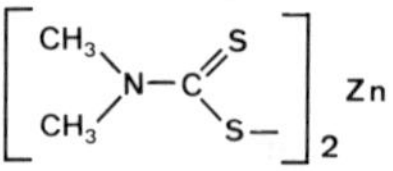


von dem sich durch Substitution der Methylgruppen durch andere Gruppen andere Dithiocarbamate ableiten. Die wichtigsten weiteren Zink-dithiocarbamat-Beschleuniger sind: Zink-diäthyldithiocarbamat (ZDEC), Zink-dibutyldithiocarbamat (ZDBC), Zink-pentamethylen-dithiocarbamat (Z5MC) und Zink-äthylphenyl-dithiocarbamat (ZEPC).

**Wirksamkeit und Kombinationen.** Die Anvulkanisationsgeschwindigkeit der Zink-dithiocarbamate als Alleinbeschleuniger ist so groß, daß schwefelhaltige Mischungen, denen diese Produkte zugesetzt werden, bereits bei niedrigen Temperaturen (z. B. Raumtemperatur) vulkanisieren. Dies ist in besonderem Maße bei zusätzlicher basischer Aktivierung, z. B. durch CEA, der Fall. Die rasch einsetzende Vulkanisation bedingt besondere Maßnahmen bei der Verarbeitung, wie z. B. Einarbeitung der Beschleuniger erst kurz vor Verarbeitung der Mischungen.

Die Anvulkanisationszeit in Festkautschukmischungen bzw. Verarbeitungssicherheit nimmt in folgender Reihenfolge zu: ZDBC, ZDEC, ZEPC, ZDMC, Z5MC. Es können aber in Abhängigkeit vom Mischungsaufbau Abweichungen von diesem Schema gefunden werden. In Latexmischungen ergibt Z5MC die kürzeste Anvulkanisationszeit; es folgen mit abnehmender Geschwindigkeit ZDBC, ZDEC, ZEPC sowie ZDMC. Eine besonders hohe Vulkanisationsgeschwindigkeit in Latexmischungen ergibt die Kombination ZDEC und Z5MC (etwa 1 : 1). Für die Ausvulkanisationsgeschwindigkeit ergibt sich im wesentlichen die gleiche Reihenfolge.

Die Zink-dithiocarbamate bewirken eine steile Spannungswertcharakteristik bis zu einem hohen Vernetzungsgrad, die nur geringfügig flacher ist als bei Einsatz von Thiuram-Beschleunigern, ergeben aber ein schmales Vulkanisationsplateau. Aus diesem Grunde sind z. B. bei NR-Mischungen recht niedrige Vulkanisationstemperaturen erforderlich.

Grundsätzlich können Dithiocarbamate für die Niedrig-Schwefel-Vulkanisation eingesetzt werden. Günstiger hinsichtlich Vernetzungsgrad, Fließzeit/Heizzeit-Verhältnis usw., sind aber Thiurame, vor allem in Kombination mit Sulfenamiden, weshalb die Dithiocarbamate hierfür kaum eingesetzt werden.

Ein Zusatz von Basen erhöht noch den Vernetzungsgrad von Mischungen mit Zink-dithiocarbamaten, d. h. er ergibt eine Aktivierung. Durch basische Beschleuniger kann auch die An- und Ausvulkanisationsgeschwindigkeit von Mischungen mit Zink-dithiocarbamaten noch weiter gesteigert, d. h. eine Zweitbeschleunigung erzielt werden, jedoch ist dies für die meisten Einsatzgebiete aus Verarbeitungsgründen nicht möglich. Ausnahmen sind beispielsweise selbstvulkanisierende Mischungen und Klebelösungen, wo sich eine Kombination aus ZEPC und CEA in der Praxis besonders bewährt hat.

Es kann auch eine Heißluftvulkanisation in Gegenwart von CEA-Dunst (Dunstvulkanisation) z. B. bei 80° C in kurzer Zeit erzielt werden, wenn Zink-dithiocarbamate und Schwefel in der Mischung anwesend sind.

Durch Kombination mit Thiuram- oder Thiazolbeschleunigern kann die Vulkanisationsgeschwindigkeit der Zink-dithiocarbamate vermindert und die Verarbeitungssicherheit gesteigert werden.

**Aktivierung.** Ein Zusatz an ZnO ist in Mischungen mit Zink-dithiocarbamaten notwendig. Auch ein Zusatz von Stearinsäure wirkt sich günstig auf die Vulkanisationseigenschaften aus. Anstelle beider können auch Zn-Seifen zum Einsatz kommen.

**Verzögerung.** Bei der Anwendung der Zink-dithiocarbamate spielt eine Verzögerung eine große Rolle. Sie wird meist durch Kombination mit anderen Beschleunigern, aber auch durch Einsatz saurer Verzögerer, wie z. B. Benzoesäure, Salicylsäure bzw. Phthalsäureanhydrid, erreicht.

**Vulkanisateigenschaften.** Die Festigkeits- und Elastizitätseigenschaften von Vulkanisaten mit Zink-dithiocarbamatbeschleunigern sind hervorragend. Zur Verbesserung der Alterungsbeständigkeit, insbesondere von NR und IR, ist die Mitverwendung von Alterungsschutzmitteln zweckmäßig.

Zink-dithiocarbamate bewirken weder eine Veränderung der Eigenfarbe, noch eine Verfärbung der Vulkanisate nach Belichtung.

**Anwendung.** Zink-dithiocarbamate allein eingesetzt, sind wegen ihres raschen Vulkanisationseinsatzes praktisch nur für Freiheizungen anwendbar. In Kombination mit langsameren Beschleunigern sind sie für alle *Vulkanisationsverfahren,* d. h. für die Pressen-, Dampf- und Heißluftvulkanisation, geeignet. Außerdem können sie für Transfer- und Injection-Moulding sowie andere Methoden der kontinuierlichen Vulkanisation eingesetzt werden. Es ist zu beachten, daß die Vulkanisationstemperatur, sofern die Zink-dithiocarbamate als Alleinbeschleuniger Anwendung finden, in NR-Mischungen 135° C nicht überschreiten sollte; bei SBR-Mischungen und ähnlichen kann die Temperatur etwas höher liegen. Werden sie als Zweitbeschleuniger verwendet, beeinflussen sie mit steigender Dosierung und steigender Temperatur die Anvulkanisation stark.

Die Zink-dithiocarbamate sind für die meisten *Kautschuktypen,* insbesondere alle Dien-Kautschuke einschließlich IIR und EPDM geeignet. Eine Ausnahme macht CR.

Sie kommen für die Herstellung einer Vielfalt von *Gummiartikeln* zum Einsatz und haben sehr mannigfaltige Anwendungsgebiete auf dem *Festkautschuksektor,* wo sie als Alleinbeschleuniger oder in Kombination mit anderen Beschleunigern für technische Artikel der verschiedensten Art, für den Schuh- und Kabelsektor, für chirurgische und hygienische Artikel, für Lebensmittelbedarfsgegenstände, Artikel des pharmazeutischen und kosmetischen Bereiches, Stoffgummierungen, Tauchartikel und selbstvulkanisierende Mischungen und Lösungen verwendet werden.

Auf dem *Latexsektor* werden die Zink-dithiocarbamate als nicht wasserlösliche Beschleuniger vielfach in Kombination mit wasserlöslichen Produkten zur Herstellung praktisch aller Artikel verwendet, auch für Gummifäden und Schaumgummi.

5.2.3.5.2. Ammonium-dithiocarbamate [5.6.]

Ammonium-dithiocarbamate sind wasserlösliche Beschleuniger, weshalb sie bevorzugt im Latexsektor verwendet werden. Ein typischer Beschleuniger dieser Klasse ist Piperidyl-ammonium-piperidyl-dithiocarbamat (PPC).

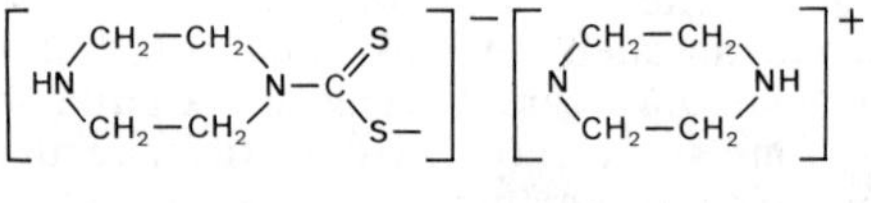

Produkte dieser Art sind extrem vulkanisationsbeschleunigend, weshalb sie in Festkautschukmischungen kaum ohne Anvulkanisationsgefahr eingemischt werden können. Sie gehören mit den Xanthogenaten zu den raschesten Vulkanisationsbeschleunigern überhaupt. Diese hohe Vulkanisationsgeschwindigkeit kann im Latexsektor, in dem die Mischungen kaum einer Wärmebehandlung ausgesetzt sind, mit Vorteil genutzt werden. Hier werden vielfach Kombinationen mit den wasserunlöslichen Zinkdithiocarbamaten, die noch eine synergistische Wirkung ergeben, verwendet.

Mit Ausnahme der höheren Vulkanisationsgeschwindigkeit und der speziellen Latexanwendung trifft für die Ammoniumdithiocarbamate das gleiche zu, was für Zink-dithiocarbamate ausgeführt wurde (vgl. S. 272 ff).

### 5.2.3.5.3. Natrium-dithiocarbamate

Außer Ammonium-dithiocarbamaten spielen als wasserlösliche Latexbeschleuniger auch Natrium-dithiocarbamate gelegentlich eine Rolle. Der Grundkörper dieser Beschleunigerklasse ist das Natrium- dimethyl-dithiocarbamat (NaDMC).

$$\left[ \begin{array}{c} CH_3 \\ \phantom{CH_3} \\ CH_3 \end{array} \!\!\! N\!-\!C \!\! \begin{array}{c} \nearrow S \\ \searrow S- \end{array} \right] Na$$

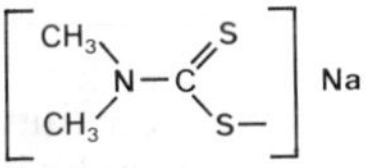

Die Vulkanisationsgeschwindigkeit dieser Beschleuniger ist etwas geringer als die der Ammonium-dithiocarbamate. Ansonsten gilt für diese Substanzen das dort bzw. bei den Zink-Derivaten gesagte.

### 5.2.3.5.4. Selen- und Tellur-dithiocarbamate

Selen- oder Tellur-dithiocarbamate haben analoge Struktur wie Zink-dithiocarbamate. Die Grundkörper dieser Beschleunigerklassen sind Selen- bzw. Tellur-dimethyldithiocarbamate (SeDMC bzw. TeDMC).

$$\left[ \begin{array}{c} CH_3 \\ \phantom{CH_3} \\ CH_3 \end{array} \!\!\! N\!-\!C \!\! \begin{array}{c} \nearrow S \\ \searrow S- \end{array} \right]_2 Se\ (Te)$$

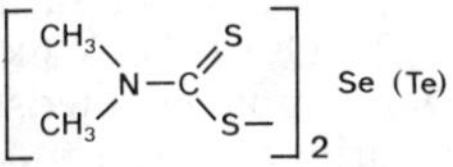

Die Selen- und Tellursalze der Dithiocarbaminsäuren kommen aufgrund des hohen Preises praktisch nur für spezielle Anwendungen in Frage. Vorwiegend werden sie als Beschleuniger oder als Zusatzbeschleuniger in IIR-Mischungen, CSM oder EPDM für MBT/TMTD-Kombinationen eingesetzt, in denen sie eine sehr stark aktivierende Wirkung haben. Insbesondere weisen Tellurdithiocarbamate eine außerordentlich hohe Vulkanisationsgeschwindigkeit auf, wodurch naturgemäß die Verarbeitungseigenschaften und die Lagerfähigkeit z. B. der IIR-Mischungen beeinträchtigt werden können. Sie werden in einem gewissen Maße bei der kontinuierlichen Vulkanisation beispielsweise bei der Herstellung von Kabeln und zur Herstellung wärmebeständiger Artikel eingesetzt. In normalen Dien-Kautschuk-Mischungen werden die Selen- oder Tellur-dithiocarbamate kaum eingesetzt. Auch aus toxikologischen Gründen werden diese Verbindungen nur in Ausnahmefällen herangezogen.

## 5.2.3.5.5. Blei-, Cadmium-, Kupfer- und Wismut-dithiocarbamate

**Produkte** Diese Beschleuniger sind ebenfalls analog wie die Zinkdithiocarbamate aufgebaut. Blei-, Cadmium-, Kupfer- bzw. Wismut-dimethyl-dithiocarbamat (PbDMC, CdDMC, CuDMC, BiDMC) haben folgende Struktur:

$$\left[ \begin{array}{c} CH_3 \\ \diagdown \\ CH_3 \diagup \end{array} N-C \diagdown \begin{array}{c} S \\ \\ S- \end{array} \right]_2 \quad Pb \ (Cd; \ Cu; \ Bi)$$

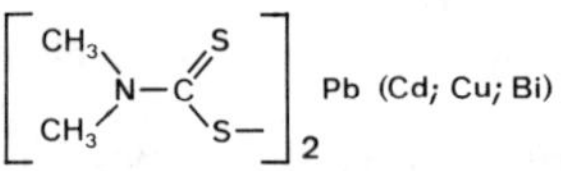

Auch Cadmium-pentamethylendithiocarbamat [Cd5MC] spielt technisch eine gewisse Rolle.

**Wirksamkeit und Kombinationen.** Diese Substanzen zeichnen sich ebenfalls durch große Vulkanisationsgeschwindigkeit aus. Der Vulkanisationseinsatz der mit diesen Beschleunigern hergestellten Mischungen erfolgt bei Blei- und Cadmium-dithiocarbamaten allerdings etwas langsamer als mit Zink-dithiocarbamaten. Insbesondere weist Cd5MD einen verzögerten Vulkanisationseinsatz auf. Besonders große Vulkanisationsgeschwindigkeit bewirkt BiDMC. Aufgrund der verhältnismäßig hohen Vulkanisationsgeschwindigkeit ist die Verarbeitungssicherheit der Mischung in ähnlicher Weise wie beim Einsatz von Zink-dithiocarbamaten relativ gering.

Durch Kombination mit MBTS wird die Verarbeitungssicherheit jedoch wesentlich verbessert. Bei nicht zu hohen Vulkanisationstemperaturen (unter ca. 125° C) ist das Vulkanisationsplateau von NR-Vulkanisaten gut. Das Hauptcharakteristikum dieser Vulkanisationsbeschleuniger ist darin zu suchen, daß die Arrheniussche Aktivierungsenergiekurve hierbei steiler verläuft als bei den Zinkdithiocarbamaten. Infolgedessen steigt ihre Vulkanisationsgeschwindigkeit mit steigender Temperatur steiler an, als dies bei den Zink-dithiocarbamaten der Fall ist, was z. B. bei der kontinuierlichen Vulkanisation von Bedeutung sein kann.

Durch MBT lassen sich diese Metallsalze der Dithiocarbaminsäuren noch aktivieren. Andererseits dienen diese Dithiocarbamate aber auch als aktivierende Zweitbeschleuniger für Produkte der Mercaptoklasse. Das CdDMC, CuDMC und BiDMC werden unter anderem auch als Zweitbeschleuniger zur Aktivierung der Sulfenamide in Mischungen aus SBR bei hohen Temperaturen empfohlen. Aufgrund der sehr hohen Vulkanisationsgeschwindigkeit wird BiDMC bei der kontinuierlichen Vulkanisation von Kabelmänteln im Dampfrohr (CV-Vulkanisation) verwendet.

**Aktivierung.** Die Blei-, Cadmium-, Kupfer- und Wismutsalze der Dithiocarbaminsäuren benötigen zur vollen Entfaltung ihrer Aktivität den Zusatz von Zinkoxid bzw. Cadmiumoxid. Fettsäuren wirken sich wie bei den anderen Dithiocarbamaten günstig aus. Auch Zn-Seifen können angewandt werden.

**Anwendung.** Diese Beschleuniger werden in gewissem Maße für Kabel und Formartikel aus SBR, IIR sowie zum Teil auch aus NR angewendet. Zur Erzielung hoch wärmebeständiger NBR-Vulkanisate wird z. B. CdDMC mit CdO-Aktivierung empfohlen. Solche Anwendungen sind aber aus toxikologischen Gründen umstritten.

**Nickel-dithiocarbamate** sind im Gegensatz zu den genannten Substanzen keine Vulkanisationsbeschleuniger, sondern Lichtschutzmittel und Alterungsschutzmittel für CR, CSM, CO, ECO und ETER gegen Wärmeeinflüsse.

### 5.2.3.6. Xanthogenatbeschleuniger [5.73.]

**Produkte.** Die Xanthogenatbeschleuniger leiten sich von der Xanthogensäure ab und sind in der Regel Alkali- oder Zinksalze. Einer der bekanntesten Beschleuniger dieser Klasse ist das Zink-isopropylxanthogenat (ZIX)

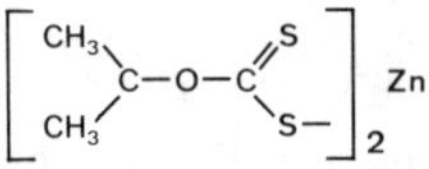


Andere bekannte Xanthogenatbeschleuniger sind Zink-butylxanthogenat (ZBX) und das wasserlösliche Natrium-isopropylxanthogenat (NaIX).

**Wirkung.** Die Xanthogenatbeschleuniger gehören zu den raschest wirkenden Ultrabeschleunigern. Sie sind noch etwas rascher wirksam als die Ammoniumsalze der Dithiocarbaminsäuren. Aus diesem Grunde kommen sie für die Anwendung in Festkautschuk nur in Ausnahmefällen in Betracht. Für die Anwendung in benzinischen Lösungen haben sie trotz ihrer geringen Lagerbeständigkeit („pot life") eine gewisse Bedeutung erlangt.

Im Latex-Sektor ist NaIX geringfügig schneller als das entsprechende Zinkderivat. Eine Kombination der beiden Beschleuniger (wasserlöslicher und wasserunlöslicher) vulkanisiert wie bei den Dithocarbamaten noch etwas rascher als die Einzelprodukte. Bei diesen sehr schnellen Beschleunigern ist eine solche Differenzierung allerdings schwierig festzustellen.

Aufgrund der sehr großen Vulkanisationsgeschwindigkeit ist das Vulkanisationsplateau der mit diesen Beschleunigern hergestellten Vulkanisate nur sehr kurz, weshalb man niedrige Heiztemperaturen (80° C–110° C) bevorzugt.

**Aktivierung.** Wie die Dithiocarbamate benötigen auch die Xanthogenate zur vollen Entfaltung ihrer Wirksamkeit ZnO.

**Anwendung.** Der Haupteinsatz der Xanthogenatbeschleuniger erfolgt allerdings auf dem Latexgebiet hauptsächlich für die Herstellung von Schaumgummi.

5.2.3.7. Thiurambeschleuniger [5.74.–5.75]

**Produkte.** Die Thiurambeschleuniger leiten sich von den Dithiocarbamaten ab, in dem das Dithiocarbamat-Molekül dimerisiert ist. Der Grundkörper dieser Substanzklasse ist das Tetramethylthiuram-disulfid (TMTD).

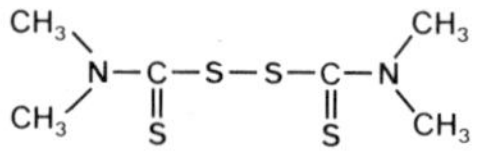


Die anderen Thiurambeschleuniger leiten sich durch Variation der Alkylgruppen und des Schwefelgehaltes von dem Grundkörper ab. Die bekanntesten weiteren Thiuram-Beschleuniger sind Tetramethylthiuram-monosulfid(TMTM), Tetraäthylthiuram-disulfid (TETD), Dimethyl-diphenylthiuram-disulfid (MPTD) und Dipentamethylenthiuram-tetrasulfid (DPTT)

**Wirksamkeit und Kombination.** Da die Thiurambeschleuniger vor Beginn ihrer eigentlichen Wirkung zunächst thermisch in die entsprechenden Dithiocarbamate gespalten werden müssen, ist der Vulkanisationsbeginn der Thiurame grundsätzlich später als bei Einsatz vergleichbarer Dithiocarbamate.

Die Thiurame können wie keine andere Beschleunigerklasse in weiten Beschleuniger/Schwefel-Relationen eingesetzt werden. Für konventionelle Vulkanisationssysteme (1,0–2,0 phr Schwefel) werden z. B. 0,3–1,5 phr, für Semi-EV-Systeme (0,5–1,0 phr Schwefel) z. B. 2.0–1,5 phr und für EV-Systeme (0–0,3 phr Schwefel) z. B. 3.0–2,5 phr Thiurambeschleuniger eingesetzt. Hieraus und aus den vielfältigen Wirkungen bei Kombination mit anderen Beschleunigern resultiert die besondere Bedeutung der Thiurame. In Kombination mit raschen Beschleunigern, z. B. Dithiocarbamaten und Xanthogenaten, haben die Thiurame eine verzögernde Wirkung, ohne die Steilheit der Vulkanisationskurve und den Vernetzungsgrad negativ zu beeinflussen. In Kombination mit Thiazolbeschleunigern hingegen wirken sie wie aktivierende Zweitbeschleuniger, indem die Fließzeit/Heizzeit-Relation bei etwas rascherer Anvulkanisation verbessert wird.

In *konventionellen Systemen* nimmt die An- und Ausvulkanisationsgeschwindigkeit in der Reihenfolge DPTT, TETD, MPTD, TMTM, TMTD zu. Da die Vulkanisation in jedem Fall rasch erfolgt, werden die Produkte zu den Ultrabeschleunigern gerechnet. Die Thiurame geben analog wie die Sulfenamide und Dithiocarbamate eine steile Spannungswertcharakteristik und ein schnelles Erreichen des Vulkanisationsoptimums. Bei Einsatz unkombinierter Thiurambeschleuniger wird ein kurzes Vulkanisationsplateau erhalten, das z. B. bei NR niedrige Vulkanisationstemperaturen erfordert (z. B. 135° C). Werden Thiurame als Sekundärbeschleuniger verwendet, so ergeben sich besonders günstige Fließzeit/Heizzeit-Verhältnisse und je nach dem Primärbeschleuniger ein breiteres Plateau. TMTM wird hier bevorzugt gebraucht.

Bei Kombination von Thiuramen mit Sulfenamiden läßt sich die Anvulkanisationsbeständigkeit deutlich verbessern ohne die Ausheizzeit merklich zu beeinflussen. Solche Kombinationen ermöglichen die Einstellung einer raschen Ausvulkanisation bei erstaunlich hoher Scorchsicherheit. Ferner werden hohe Vernetzungsgrade erhalten.

Kombinationen von Thiuramen mit Mercaptobeschleunigern, insbesondere MBT, sind für wenig reaktive SR-Typen, wie z. B. IIR, EPDM, CSM, ETER u. a. wichtig, da sie synergistische Wirkung zeigen.

In *Semi-EV-Systemen* werden die Thiuram-Beschleuniger vielfach mit Sulfenamiden kombiniert. In solchen Systemen gibt TMTM ein etwas besseres Fließzeit/Heizzeit-Verhältnis als z. B. TMTD; die Spannungswertcharakteristik ist etwas steiler. Bei gleicher Dosierung gibt aber TMTD einen höheren Vernetzungsgrad als TMTM. Die Vulkanisation mit verminderter Schwefelmenge ergibt erwartungsgemäß ein breites Vulkanisationsplateau, verbunden mit guter Reversionsbeständigkeit zu Reversion neigender Vulkanisate bzw. gute Alterungs- und Wärmebeständigkeit. Solche Systeme lassen sich weiter aktivieren durch Kombination mit basischen Beschleunigern, wie z. B. DPG, DOTG, HEXA bzw. in besonderem Maße mit Thioharnstoffen, wie z. B. ETU, DETU usw.

In *schwefelfreien EV-Systemen* [5.47.–5.52; 5.76.–5.77.] kommen von den Thiuram-Beschleunigern nur die Di- und Oligosulfide in Betracht. Sie haben hierbei Schwefelspenderwirkung, da selbst ohne Zusatz von freiem Schwefel Schwefelvernetzungsbrücken entstehen. Bei der Vulkanisation mit TMTD tritt jedoch kein freier Schwefel auf, was sich z. B. an einer Nichtschwärzung eines Silberspiegels zeigen läßt. Das wichtigste Produkt für diesen Einsatz ist TMTD. Dieses Produkt bewirkt aber eine relativ rasche Anvulkanisation bei flacher Fließzeit/Heizzeit-Relation. Zwar geben TETD und DPTT in dieser Hinsicht etwas größere Verarbeitungssicherheit als TMTD, sie spielen aber eine untergeordnete Rolle. Vielmehr läßt sich durch Kombination des TMTD mit Sulfenamiden eine wesentlich steilere Fließzeit/Heizzeit-Relation bei größerer Scorchsicherheit einstellen. Deshalb spielen hierbei Kombinationen mit Sulfenamiden eine wichtige Rolle. Die EV-Vulkanisation mit Thiuramen läßt sich durch Mitverwendung von Thioharnstoffbeschleunigern wie ETU, DPTU u. a. aktivieren. Andere typische Zweitbeschleuniger haben hierbei eine geringere Wirkung. Bei gleicher Dosierung gibt DPTT wegen seiner größeren Schwefelmenge einen wesentlich höheren Vernetzungsgrad als TMTD verbunden mit geringerer Reversionsneigung und Wärmebeständigkeit. Deshalb wird DPTT bei der EV-Vulkanisation in erster Linie in kleinen Dosen als Schwefelersatz (echter Schwefelspender) eingesetzt. Bei der schwefelfreien sogenannten „Thiuram-Vulkanisation" erhält man naturgemäß ein ausgezeichnetes Vulkanisationsplateau und nur geringe Reversionsneigung dazu neigender Vulkanisate bzw. sehr gute Wärmebeständigkeit.

**Aktivierung.** Thiurambeschleuniger benötigen zur Entfaltung ihrer Wirksamkeit ZnO. Auch die Zugabe von Fettsäuren, wie Stearinsäure, ist zweckmäßig. Anstelle beider können auch Zn-Seifen eingesetzt werden.

**Verzögerung.** Zur Verzögerung des Vulkanisationseinsatzes werden primär Thiazolbeschleuniger mitverwendet. In *konventionellen Systemen* kann die Scorchsicherheit aber auch mit klassischen Vulkanisationsverzögerern verbessert werden, wobei auch die Ausvulkanisation entsprechend verlängert wird. In *EV-Systemen* versagen die meisten Verzögerer, weshalb hier bevorzugt Sulfenamide zur Einstellung eines erwünschten Fließzeit/Heizzeit-Verhältnisses in Betracht kommen.

**Vulkanisateigenschaften.** Bei Anwendung unkombinierter Thiurame in *konventionellen Systemen* erhält man aufgrund des hohen Vernetzungsgrades gute Festigkeits- und Elastizitätseigenschaften. Die Reversions- und Wärmebeständigkeit ist begrenzt. In EV-Systemen wird dagegen die Reversions- und Wärmebeständigkeit optimiert, wohingegen die Festigkeits- und Elastizitätseigenschaften beeinträchtigt werden. Bei Anwendung von *Semi-EV-Systemen* läßt sich ein Kompromiß zwischen beiden Einflüssen einstellen.

Thiurame bewirken weder eine Veränderung der Eigenfarbe noch eine Verfärbung der Vulkanisate nach Belichtung.

**Anwendung.** Die Thiurame sind für alle herkömmllichen *Vulkanisationsverfahren* (Presse, Dampf, Heißluft) geeignet. Sie finden auch beim Transfer- und Injection-Moulding sowie für andere Methoden der kontinuierlichen Vulkanisation Anwendung.

Die Thiuram-Beschleuniger eignen sich in erster Linie für die Vulkanisation folgender *Kautschuktypen:* NR, IR, BR, SBR, und NBR. Darüber hinaus sind sie aber auch für Kautschuke mit niedrigerem Gehalt an Doppelbindungen wie EPDM, ETER oder IIR wichtig. Hierbei werden TMTD bzw. TMTM in Kombination mit Mercapto-Beschleunigern (MBT, ZMBT, MBTS) verwendet. Für die Vulkanisation von CR werden zwar meist Thioharnstoff-Derivate eingesetzt; falls jedoch eine erhöhte Anvulkanisationsbeständigkeit erwünscht ist, empfehlen sich Kombinationen aus TMTM + DOTG und Schwefel. Thiurame werden neben MBTS auch bei der Vulkanisation von CSM eingesetzt.

Aus dem oben skizzierten Eigenschaftsbild werden die zahlreichen *Anwendungsgebiete* der Thiuram-Beschleuniger für Gummiartikel verständlich. Ein Hauptanwendungsgebiet sind wärmebeständige Artikel aller Art, wie Fördergurte, Schläuche, Dichtungen, Manschetten usw. Ferner ist der Sektor der Artikel zu nennen, die nicht verfärben dürfen, z B. Badeartikel. Hinzu kommen Gummiartikel, die physiologisch einwandfrei sein müssen, z. B. Lebensmittelbedarfsgegenstände oder chirurgische Gummiwaren. Ein weiteres Gebiet sind Gummiwaren, die sehr rasch vulkanisieren sollen. Schließlich findet man Thiurame sehr häufig in der Rolle eines Sekundärbeschleunigers für Kabel, technische Artikel, teilweise auch für Reifen. Schwefelfreie EV-Systeme kommen ferner für solche Artikel zum Einsatz, die keinen freien Schwefel enthalten, wie z. B. Kabelisolationen, Scheinwerferdichtungen u. dgl.

TMTD eignet sich in *Dosierungen* von 3,0–5,0 phr auch als rasch wirkender Beschleuniger für Hartgummi, sei es auf Festkautschuk-, sei es auf Latexbasis.

Für die Vulkanisation von Latexmischungen ist die Vulkanisationsgeschwindigkeit der Thiurame meist zu langsam; es werden deshalb in der Regel Dithiocarbamate vorgezogen. Durch Zusatz von Thioharnstoff kann aber die Vulkanisation mit Thiuramen so sehr beschleunigt werden, daß sie grundsätzlich auch für den Latexsektor anwendbar ist.

### 5.2.3.8. Dithiocarbamylsulfenamidbeschleuniger [5.78.–5.81.]

**Produkte.** Aufgrund der Tatsache, daß Benzothiazylsulfenamide hinsichtlich der Reversionsbeständigkeit Schwächen aufweisen und deshalb, sowie auch zur Verbesserung des Fließzeit/Heizzeit-Verhältnisses häufig mit Thiuramen (bzw. Dithiocarbamat-

Derivaten) kombiniert werden, lag es nahe, eine molekulare Kombination von Dithiocarbamat- und Sulfenamid-Strukturen zu entwickeln. Diese Entwicklung von Goodrich führte zur jüngsten und besonders interessanten Beschleunigerklasse der Dithiocarbamylsulfenamide. Diese haben die Grundstruktur

$$\begin{array}{c} R_1 \\ {}^{\diagdown} \\ R_2 \end{array} N - \underset{\underset{S}{\|}}{C} - S - N \begin{array}{c} R_3 \\ {}^{\diagup} \\ R_4 \end{array}$$

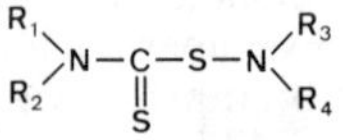

Das erste Handelprodukt aus dieser Klasse ist das N-Oxydiäthylendithiocarbamyl-N' -oxydiäthylensulfenamid (OTOS)

$$\underset{CH_2CH_2}{\overset{CH_2CH_2}{O}} N - \underset{\underset{S}{\|}}{C} - S - N \underset{CH_2OH_2}{\overset{CH_2CH_2}{O}}$$

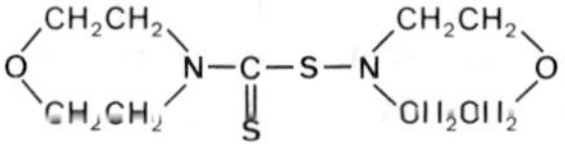

Ein weiteres Entwicklungsprodukt aus dieser Klasse ist das N-Dimethyldithiocarbamyl-N' -oxydiäthylensulfenamid (DTOS).

**Wirksamkeit und Kombinationen.** OTOS wirkt wie eine molekulare Kombination eines Sulfenamides mit Dithiocarbamaten. Das bedeutet, daß sich ein extrem steiles Fließzeit/Heizzeit-Verhältnis einstellt. Nach einer starken Verzögerung des Vulkanisationseinsatzes, die etwa der des TBBS entspricht, verläuft die Vulkanisation äußerst rasch bis zu einem sehr hohen Vernetzungsgrad, der bei vergleichbarer Dosierung deutlich höher ist als bei Anwendung von Benzothiazylsulfenamiden. Aufgrund der hohen Wirksamkeit von OTOS und der Tatsache, daß die Substanz in der Lage ist, monosulfidischen Schwefel für die Vernetzungsreaktion zur Verfügung zu stellen, werden im Mittel schwefelärmere Vernetzungsstellen gebildet als bei Einsatz von Benzothiazylsulfenamiden. Die Konsequenz hiervon ist ein besonders breites Vulkanisationsplateau, eine sehr hohe Reversions- und Alterungsbeständigkeit. Auch die Druckverformungsrest-Werte der Vulkanisate in der Wärme sind besonders niedrig.

OTOS gehört zu den stärksten Synergisten im Bereich der Vulkanisationsbeschleuniger [5.82.]. In Gegenwart von Thiazolbeschleunigern, vor allem von MBS und MBTS, kommen seine Vulkanisationseigenschaften voll zur Entfaltung. Dies gilt in besonderem Maße für NR, wo nur solche Kombinationen empfohlen werden. In SR, z. B. SBR, SBR/BR-Verschnitten u. dgl. wird OTOS auch als Alleinbeschleuniger eingesetzt.

OTOS besitzt zudem eine bessere chemische Stabilität als Benzothiazylsulfenamide, weshalb hier eine einmal eingestellte Scorchsicherheit unabhängig von der ,,Heat History" und der Lagerzeit der Mischungen erhalten bleibt. Aus diesem Grund wird in manchen

Fällen in SR-Mischungen unkombiniertes OTOS einem Verschnitt mit Benzothiazylsulfenamiden vorgezogen.

Da OTOS analog wie TMTD als Beschleuniger und Schwefelspender wirkt, kann es analog wie letzterer in breiten Schwefel-Beschleuniger-Verhältnissen eingesetzt werden. In Semi-EV-Systemen kommt die Reversions- und Alterungsbeständigkeit voll zur Auswirkung. Auch in EV-Systemen wird OTOS mit Vorteil eingesetzt, indem z. B. der Benzothiazylsulfenamidanteil in einem TMTD-System ganz oder teilweise durch OTOS ersetzt wird. Hierdurch lassen sich besonders niedrige Druckverformungsrestwerte erzielen [5.82a.]. Für eine schwefelfreie Vulkanisation ohne TMTD-Zusatz, die grundsätzlich möglich ist, ist OTOS zu langsam.

**Aktivierung.** Zur Aktivierung von OTOS ist wie bei Dithiocarbamat und Benzothiazylsulfenamiden ZnO erforderlich. Auch Fettsäuren, wie Stearinsäure, wirken sich günstig aus. Anstelle beider können auch Zn-Seifen eingesetzt werden.

**Verzögerung.** Die Ausvulkanisationsgeschwindigkeit richtet sich nach dem verwendeten Kombinationsbeschleuniger. Durch Kombination mit MBS wird die Ausvulkanisation verzögert. Ansonsten läßt sich eine weitere Verzögerung mit den gleichen Maßnahmen erreichen wie bei Benzothiazylsulfenamiden beschrieben.

In EPDM-Mischungen kann eine gewisse weitere Verzögerung des Vulkanisationseinsatzes erreicht werden, indem Schwefel partiell durch Schwefelspender ersetzt wird. Hierbei kann infolge synergistischer OTOS/Schwefelspender-Wirkungen in EPDM ein typischer verzögerter Vulkanisationseinsatz mit rascher Ausvulkanisation erreicht werden.

**Vulkanisateigenschaften.** Aufgrund seiner hohen Efficienz wird bei gewichtsgleichem Einsatz mit OTOS ein wesentlich höherer Vernetzungsgrad (Spannungswert) erhalten als mit Benzothiazylsulfenamiden. Eine Angleichung ist durch Senkung des Beschleuniger- oder des Schwefelgehaltes um jeweils etwa bis zu 30% möglich. Im ersten Fall werden etwa vergleichbare Vulkanisateigenschaften bei wirtschaftlichen Vorteilen, im zweiten Fall bessere Wärmebeständigkeit und bleibende Verformung erhalten. Bei Einsatz von OTOS wird praktisch immer die Wärmebeständigkeit, der Druckverformungsrest und der Heat-Build-Up verbessert.

**Anwendung.** OTOS kommt analog wie Benzothiazylsulfenamide bevorzugt für *Vulkanisation* in Kompressionspressen, Injection-Moulding- und Transfer-Moulding-Anlagen zum Einsatz.

Er wirkt besonders vorteilhaft in folgenden *Kautschuken:* NR, SBR, BR, NBR, EPDM, BIIR.

Seine wichtigsten Anwendungen findet es in folgenden *Gummiartikeln:* Reifen (vor allem Radial-Pkw-Laufflächen und Innerliner), Fördergurte, wärmebeständige Artikel mit niedrigem Druckverformungsrest, z. B. Motorauflager, Dichtungen, Fensterprofile.

5.2.3.9. Guanidinbeschleuniger [5.6., 5.83.–5.85.]

**Produkte.** Die bekanntesten Guanidinbeschleuniger sind Diphenylguanidin (DPG)

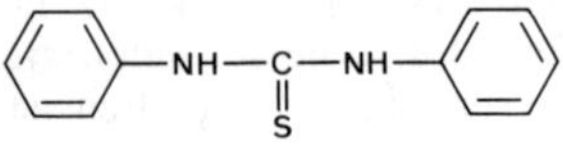

sowie Di-o-Tolylguanidin (DOTG) und o-Tolylbiguanid (OTBG). Von den drei Produkten dieser Gruppe hat DPG die größte wirtschaftliche Bedeutung. Das Material wird ebenso wie DOTG nur in geringem Umfang als Alleinbeschleuniger verwendet; die Guanidine dienen bevorzugt als Zweitbeschleuniger.

**Wirkung und Kombinationen.** Als Alleinbeschleuniger eingesetzt, bewirken die Guanidine eine so langsame An- und Ausvulkanisation und so ungünstiges Vulkanisationsplateau, daß ihre Verwendung, von Ausnahmen abgesehen, unwirtschaftlich und auch aus Gründen unzureichender Alterungseigenschaften der Vulkanisate unzweckmäßig ist.

In Kombination mit insbesondere Mercaptobeschleunigern haben sie jedoch eine starke synergistische Wirkung (vgl. S. 264f). Hierin liegt die wesentliche Bedeutung der Guanidine. Als aktivierende Zweitbeschleuniger bewirken sie gegenüber den Primärbeschleunigern allein oft eine drastische Anhebung der Vulkanisationsgeschwindigkeit und des Vernetzungsgrades. Diese Zweitbeschleunigerwirkung ist bei Kombination mit Mercaptobeschleunigern am ausgeprägtesten. Aber auch mit Thiuramen und Dithiocarbamaten, sowie in abgeschwächter Form mit Sulfenamiden, werden synergistische Wirkungen beobachtet. Auch in Dreierkombinationen, z. B. Sulfenamid + Dithiocarbamat (Thiuram) + Guanidin werden beachtliche aktivierende Wirkungen beobachtet.

**Aktivierung.** Ein Zusatz von ZnO ist in Mischungen mit DPG und DOTG als *Alleinbeschleuniger* notwendig. In Mischungen mit unkombiniertem OTBG kann die Einarbeitung von ZnO entfallen; die volle Wirksamkeit entfaltet der Beschleuniger jedoch erst bei Zugabe von ZnO. Stearinsäure wirkt auf Mischungen mit Guanidin-Beschleunigern verzögernd. Dosierungen über 1,0 phr ergeben darüber hinaus eine Verschlechterung der mechanischen Eigenschaften.

Bei Einsatz der Guanidine als *Zweitbeschleuniger* gelten die Aktivierungsregeln der Primärbeschleuniger, die einen ZnO-Zusatz erfordern. In solchen Systemen wirken in aller Regel Fettsäuren etwas verzögernd. Anstelle von ZnO und Fettsäuren können auch Zn-Seifen eingesetzt werden.

**Verzögerung.** Guanidine werden als basische Beschleuniger in erster Linie durch Säuren verzögert.

**Vulkanisateigenschaften.** Vulkanisate, die mit unkominierten Guanidin-Beschleunigern hergestellt werden, weisen bei entsprechend hohen Schwefel- (ca. 3 phr) und nur geringen Stearinsäuremengen (weniger als 1 phr) oft gute Festigkeits- und Elastizitätseigenschaften auf. Dies gilt vor allem auch in Mischungen mit (sauren) Kieselsäurefüllstoffen. Aufgrund der polysulfidischen Vernetzungsstrukturen ist aber die Alterungsbeständigkeit und der Druckverformungsrest nicht immer ausreichend. Die Eigenschaften von Vulkanisaten mit Beschleunigersystemen mit Guanidinen als Zweitbeschleuniger richten sich in erster Linie nach dem Einfluß der Primärbeschleuniger. Hier haben die Guanidine aber durch Steigerung des Vernetzungsgrades oft einen positiven, durch Verkürzung des Vulkanisationsplateaus oft einen negativen Einfluß.

Vulkanisate mit Guanidinen werden bei Belichtung verfärbt. Dies gilt in dem Maße ihrer Mitverwendung natürlich auch für Kombinationen mit Guanidinen. DOTG verhält sich hinsichtlich seiner Verfärbung günstiger als DGP. Als nicht verfärbender Zweitbeschleuniger wird oft Hexa den Guanidinen vorgezogen, das sogar eine etwas aufhellende Wirkung zeigt. Deshalb kann mitunter bei Einsatz von z. B. DPG + HEXA als Zweit- und Drittbeschleuniger das HEXA die geringfügige DPG-Verfärbung wieder kompensieren.

**Anwendung.** Guanidine, insbesondere in ihren mannigfachen Kombinationen, können für alle *Vulkanisationsverfahren* Anwendung finden. Es versteht sich von selbst, daß langsam eingestellte Mischungen (z. B. mit Guanidin allein) nicht für Freiheizungen bzw. kontinuierliche Vulkanisationsverfahren in Frage kommen.

Betrachtet man die Anwendbarkeit der Guanidine in Abhängigkeit von den *Kautschuktypen,* so ergibt sich ein differenziertes Bild. In Dien-Kautschuken wie NR, IR, BR, SBR und NBR entspricht die Anwendungsmöglichkeit praktisch der von Thiazol-, Thiuram- und Dithiocarbamatbeschleunigern. Wenig wirksam (seltsamerweise auch nicht in Kombination) sind dagegen die Guanidine beispielsweise in IIR und EPDM. In CR wird meist mit cyclischen oder offenen Thioharnstoffen als Beschleuniger gearbeitet; wünscht man jedoch eine erhöhte Anvulkanisationsbeständigkeit, so werden Kombinationen von z. B. DOTG/TMTM/Schwefel eingesetzt. In ACM können Guanidine als Basen zur Vernetzung eingesetzt werden.

Die Guanidine allein kommen als Alleinbeschleuniger nur für eine beschränkte Anzahl von *Gummiartikeln* zum Einsatz. Wegen der langsamen Ausheizung sind es in erster Linie dickwandige Gummiartikel wie beispielsweise Walzen. Die Rezepturen enthalten außer den Guanidinen häufig noch andere basische Produkte, beispielsweise HEXA. Auch für Mischungen mit hohen Kieselsäureanteilen erweisen sich Guanidine oft als wichtig. OTBG ist insbesondere für Reparaturmischungen geeignet und hat sich darüber hinaus – als Spezialanwendung – in Mischungen mit stärker sauren Mischungsbestandteilen – auch in Radiergummi-Mischungen, Chromlederabfallpreßplatten, u. a. (neben Polyäthylenpolyaminen) bewährt.

Kombinationen von Guanidinen und anderen Beschleunigern, insbesondere Mercaptobeschleunigern, finden in einer sehr großen Anzahl technischer Gummiwaren wie Spritzartikeln, Preßartikeln u. a. Verwendung. Ferner sind Bereifungen, Kabelmäntel und -isolationen, Gummischuhwerk, Sohlen und Absätze und gummierte Stoffe zu nennen. Aufgrund ihres Geruchs und eines bitteren Geschmacks kommen sie zur Herstellung von Lebensmittelbedarfsgegenständen in der Regel nicht in Betracht.

## 5.2.3.10. Aldehyd-Aminbeschleuniger [5.6, 5.86.–5.90.]

Die in dieser Gruppe zusammengefaßten Produkte sind in ihrer Wirksamkeit sehr unterschiedlich und spielen im Vergleich zu den bisher behandelten Beschleunigern eine untergeordnete Rolle. Teilweise gehören sie zu den relativ rasch wirkenden Beschleunigern, wie Kondensationsprodukte aus Butyraldehyd und Anilin (BAA) oder aus Heptaldehyd mit Anilin, und z. T. zu den schwachen Beschleunigern, wie Hexamethylentetramin (HEXA), Tricrotonylidentetramin (TCT), Formaldehyd-p-toluidin bzw. -anilin.

## 5.2.3.10.1. Butyraldehydanilin (BAA) [5.6.]

$$N=CH-CH_2-CH_2-CH_3$$

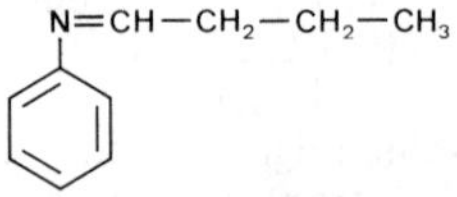

ist ein sehr rasch wirkender Beschleuniger, der zu sehr hohen Vernetzungsgraden führt. Wegen der besonders hohen Elastizitätswerte wird er gelegentlich für Federelemente eingesetzt. Wegen der außerordentlich raschen Anvulkanisationstendenz spielt er ansonsten auch als Zweitbeschleuniger nur eine untergeordnete Rolle.

5.2.3.10.2. Hexamethylentetramin (HEXA) [5.6.]

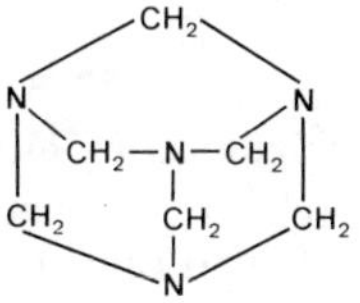


spielt als Alleinbeschleuniger praktisch keine Rolle. Er ist als Alleinbeschleuniger noch langsamer als die Guanidine. Eine gewisse Bedeutung besitzt er als aktivierender, nicht verfärbender Zweitbeschleuniger, der oft anstelle oder gemeinsam mit den Guanidinen verwendet wird (vgl. S. 285).

5.2.3.10.3. Tricrotonylidentetramin (TCT) [5.6.]

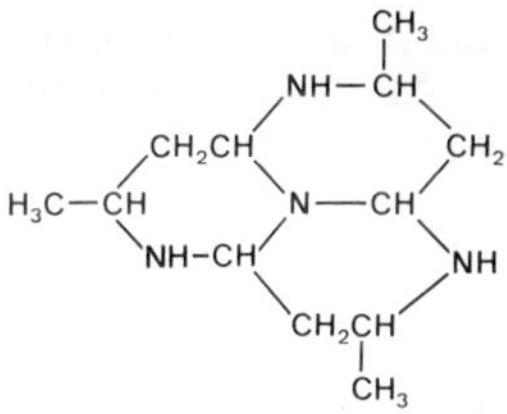


ist ein Spezialbeschleuniger für die Vulkanisation von Hartgummimischungen. Auch dieser Beschleuniger wirkt sehr langsam; er kommt auch als aktivierender Zweitbeschleuniger praktisch nicht zum Einsatz.

5.2.3.11. Sonstige Aminbeschleuniger [5.6., 5.91.–5.93.]

Sekundäre Amine, wie Dibutyl (DBA)-, Dibenzyl- oder Cyclohexyläthylamin (CEA) sind im allgemeinen schwache Beschleuniger und werden selten allein, sondern praktisch ausschließlich als aktivierende Zusatzbeschleuniger angewandt.

Cyclohexyläthylamin (CEA) und Dibutylamin (DBA) haben eine begrenzte Bedeutung bei der Aktivierung der Dithiocarbamatbeschleuniger, z. B. bei der sogenannten Dunstvulkanisation (vgl. S. 273). Bei Anwesenheit von Schwefel und Zink-dithiocarbamaten in der Mischung lassen sich CEA bzw. DBA nach gleichen Technologien, wie Chlorschwefel, anwenden (vgl. S. 529).

Polyäthylenpolyamine (PEP) sind verhältnismäßig rasch wirkende Beschleuniger, spielen bevorzugt als Aktivatoren für aktive Kieselsäurefüllstoffe sowie für Spezialzwecke, z. B. bei Anwesenheit saurer Mischungskomponenten, gegebenenfalls gemeinsam mit OTBG (vgl. S. 286) eine Rolle.

5.2.3.12. Thioharnstoffbeschleuniger [5.94.]

**Produkte.** Thioharnstoffbeschleuniger sind Spezialprodukte z. B. für die Vulkanisation von CR und Epichlorhydrinen. Für die klassischen Dienkautschuke kommen sie nur in Ausnahmefällen in Betracht.

Der älteste und früher vielgebrauchte Beschleuniger aus dieser Klasse ist der Diphenylthioharnstoff auch als Thiocarbanilid bezeichnet (DPTU).

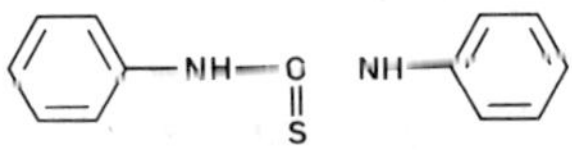


Andere bekannte Substanzen aus dieser Klasse sind die besonders wirksamen Substanzen Äthylenthioharnstoff auch als 2-Mercaptoimidazolin bezeichnet (ETU)

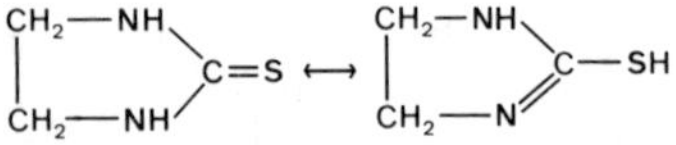


Äthylenthioharnstoff 2-Mercaptoimidazolin

und Diäthylthioharnstoff (DETU). Auch das Alterungsschutzmittel 2-Mercaptobenzimidazol (MBI, vgl. S. 321) hat als Thioharnstoff-Derivat eine schwach beschleunigende Wirkung auf CR-Mischungen.

**Wirkung und Kombinationen.** ETU und auch DETU nehmen aufgrund ihrer hohen Vernetzungsaktivität und relativ günstigen Fließzeit/Heizzeit-Verhältnisse in Mischungen auf Basis CR und Epichlorhydrinen gegenüber allen bisher bekannten Thioharnstoff-Derivaten eine überragende Stellung ein. DPTU kann zwar theoretisch auch für die Pressenvulkanisation von CR benutzt werden; wegen seines recht ungünstigen Fließzeit/Heizzeit-Verhältnisses und seiner geringen Vernetzungsaktivität wird er hier jedoch in praxi kaum verwendet. Vielmehr wird DPTU für selbstvulkanisierende Mischungen und Lösungen auf Basis CR in Kombination mit anderen Beschleunigern PEP oder BAA sowie als Zusatzbeschleuniger für EPDM eingesetzt. Eine ähnliche Vernetzungsaktivität wie im Festkautschuk zeigen die Thioharnstoffbeschleuniger auch bei der Vulkanisation von CR-Latices. Im Latex ist DPTU in seiner Vernetzungsaktivität dem ETU überlegen.

ETU (mit oder ohne Schwefel) und auch DETU wirken als Beschleuniger für CR hinsichtlich An- und Ausvulkanisationsgeschwindigkeit schneller als die ebenfalls hier gebräuchliche Kombination TMTM + DOTG + Schwefel, gibt im allgemeinen einen höheren Vernetzungsgrad und auch ein höheres Werteniveau und eignet sich besonders für die Hochtemperatur-Vulkanisation von CR [5.95.]. Die letztgenannte Kombination wird man also nur dann einsetzen, wenn Schwierigkeiten mit der Anvulkanisationsbeständigkeit mit Thioharnstoffen bestehen, oder diese aus anderen Gründen nicht eingesetzt werden sollen.

Bei der EV-Vulkanisation von Dienkautschuken mit Thiuramen weisen Thioharnstoffbeschleuniger im Gegensatz zu den meisten typischen Zweitbeschleunigern eine ausgeprägte, aktivierende Zweitbeschleunigerwirkung auf (vgl. S. 279). Auch im EPDM gibt ETU eine stark aktivierende Wirkung, wo er z. B. in CaO-haltigen Mischungen die durch CaO bedingte Verzögerung überkompensieren kann. Auch für Mischungen auf Basis von Polyepichlorhydrinen erweist sich ETU als einer der besten Beschleuniger. Mit ihm erhält man höchste Wärmebeständigkeit.

**Aktivierung.** Zur Aktivierung der Thioharnstoffe ist ein Zusatz von ZnO erforderlich, in CR-Mischungen in der Regel gemeinsam mit MgO; Stearinsäure ist dagegen nicht notwendig. Auch durch Zn-Seifen läßt sich eine Aktivierung erreichen.

**Verzögerung.** Mischungen mit ETU erfahren durch MPTD, Sulfenamide und vor allem MBTS eine Verzögerung. Vulkanisationsverzögerer sind hier nicht wirksam.

**Vulkanisateigenschaften.** Bei Einsatz von ETU anstelle von Thiuram/Guanidinbeschleuniger-Kombinationen in CR-Mischungen wird aufgrund des höheren Vernetzungsgrades ein ausgewogenes Wertebild erhalten. Zudem verfärben sie in Abwesenheit von Cu- und anderen Schwermetallen nicht.

**Anwendung.** ETU und DETU eignen sich für alle *Vulkanisationsverfahren* die für CR und Epichlorhydrine in Frage kommen, angefangen von der Pressen- und Heißdampfvulkanisation bis zu den modernen Verfahren des Injection- und Transfer-Moulding, der Salzbad- und UHF-Vulkanisation, der kontinuierlichen Vulkanisation im Dampfrohr u. a.

DPTU kommt in Kombination mit basischen Produkten wie PEP oder BAA hauptsächlich für die Selbstvulkanisation oder eine sehr rasche Vulkanisation von CR in Frage. Als Aktivator und Zweitbeschleuniger für Dien-Kautschuke ist er für alle Vulkanisationsverfahren geeignet. Als Zusatzbeschleuniger für EPDM können ETU und DPTU bei allen für diesen Kautschuktyp in Frage kommenden Vulkanisationsverfahren Anwendung finden.

ETU und DETU eignen sich als Alleinbeschleuniger für folgende *Kautschuktypen* CR und Epichlorhydrine. In den übrigen Dien-Kautschuken wirken sie nur als Aktivator und Zweitbeschleuniger in schwefelarmen und schwefelfreien Systemen, darüber hinaus als Zusatzbeschleuniger für EPDM. DPTU wird allein überhaupt nicht eingesetzt. Kombinationen mit basischen Beschleunigern finden in selbstvulkanisierenden oder sehr rasch heizenden Mischungen auf Basis CR Anwendung. In den übrigen Dien-Kautschuken wirkt DPTU nur als Aktivator und Zweitbeschleuniger. Ebenfalls als Zweitbeschleuniger wird er in EPDM eingesetzt. Auf dem Latexsektor werden diese Beschleuniger praktisch nur für Mischungen auf Basis CR verwendet.

Thioharnstoff-Derivate kommen nach den obigen Ausführungen vorwiegend für technische *Gummiartikel,* Kabel, Folien, Gummierungen, Lösungen und ähnliche Artikel in Frage. Für Lebensmittelbedarfsgegenstände kommen Thioharnstoffe aus toxikologischen Gründen nicht zum Einsatz. Aus den letztgenannten Gründen sind sie überhaupt, insbesondere aber ETU, als Vulkanisationsbeschleuniger gefährdet; man sucht nach Ersatzprodukten (vgl. S. 131 f u. 291) [5.96.].

### 5.2.3.13. Dithiophosphatbeschleuniger [5.97.–5.98.]

**Produkte.** Der Grundkörper der Dithiophosphatbeschleuniger ist das Zink-dibutyldithiophosphat (ZDBP).

$$\left[ \begin{array}{c} C_4H_9O \\ C_4H_9O \end{array} \!\!\! {>}P{<}^{\displaystyle S}_{\displaystyle S-} \right]_2 Zn$$

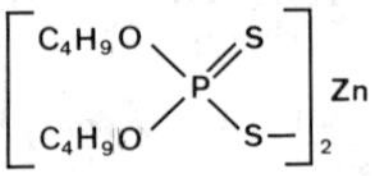

Auch Kupfer-diisopropyldithiophosphat (CuIDP) und Ammonium-dithiophosphate sind im Einsatz.

Von diesen Substanzen weist ZDBP eine langsamere *Anvulkanisation* auf als CuIDP. Insgesamt sind die Dithiophosphate etwas langsamer als Dithiocarbamate.

**Wirksamkeit und Kombinationen.** Da die Dithiophosphatbeschleuniger den Dithiocarbamaten chemisch nahestehen, können die ersteren analog den Dithiocarbamaten auch in Dienkautschuktypen eingesetzt werden. Die Dithiophosphate sind jedoch deutlich langsamer und auch preislich nicht so attraktiv wie die Dithiocarbamate, weshalb sie sich in diesem Bereich nicht haben durchsetzen können. Vorteilhaft bei den Dithiophosphaten ist jedoch die Verbesserung der Reversionsneigung dazu neigender Vulkanisate; deshalb werden gelegentlich Dithiophosphate in Semi-Efficient-Vulkanisationssystemen, z. B. in MBS/schwefelhaltigen Mischungen zudosiert, um besonders gute Reversionsbeständigkeit zu erzielen. Dabei wird aber die Anvulkanisationsbeständigkeit so ungünstig, daß sie in der Praxis mitunter nicht ausreicht.

In EPDM-Mischungen, wo die Dithiophosphate bevorzugt eingesetzt werden, ersetzen sie partiell die Dithiocarbamate, um deren Ausblühgrenze zu unterschreiten. Dabei geben sie mit ihnen schwache synergistische Effekte. Aus Kostengründen ist aber auch dieser Einsatz begrenzt.

**Aktivierung.** Zur Aktivierung der Dithiophosphate ist wie bei den Dithiocarbamaten ZnO erforderlich und Stearinsäure günstig. Auch Zn-Seifen kommen in Betracht.

**Verzögerung.** Eine Verzögerung in EPDM wird im allgemeinen nicht angestrebt. Durch partiellen Ersatz des Schwefels durch Schwefelspender kann eine gewisse Verzögerung der Anvulkanisation erreicht werden.

**Vulkanisateigenschaften.** Die mit Dithiophophaten erreichbaren Vulkanisateigenschaften entsprechen weitgehend denen, die mit Dithiocarbamaten erzielt werden. Lediglich die Reversionsbeständigkeit wird verbessert.

**Anwendung.** Die Dithiophosphate kommen zumeist ausschließlich für EPDM in allen dort bekannten Anwendungen zum Einsatz. Sie werden kaum als Alleinbeschleuniger, sondern in der Regel vor allem in EPDM in Beschleuniger-Kombinationen eingesetzt; die häufigst angewandten Kombinationen sind solche mit Thiazol-, Thiuram- und Dithiocarbamatbeschleunigern. Die Dithiophosphate können hier in allen Fällen anstelle der Dithiocarbamate in vergleichbaren Kombinationen eingesetzt werden.

Während ZDBP nicht zur Verfärbung neigt, verfärbt CuIDP und führt auch zur Abfärbung auf hellfarbigen, benachbarten Flächen wie PVC, Lacken usw.

#### 5.2.3.14. Sonstige Vulkanisationsbeschleuniger

In jüngster Zeit wurden neuere Beschleuniger vor allem als Ersatzprodukte für ETU entwickelt. Es handelt sich hierbei vor allem um z. B. Oxadiazin-, Thiadiazin-, Thiadiazol- und Thiazolidin-Derivate [5.95.–5.96a.] (vgl. Seite 131f).

Über die hier genannten bekanntesten Beschleunigerklassen hinaus stehen noch zahlreiche weitere Substanzen für spezielle Anwendungen, z. B. für ACM, CFM, FKM, usw., zur Verfügung, die bei den einzelnen Kautschukklassen behandelt worden sind (s. dort).

Viele Handelsprodukte sind besondere Kombinationen aus den bereits beschriebenen Beschleunigern oder leiten sich von den behandelten Beschleunigerklassen durch andere Substituenten ab.

5.2.3.15. Einige Handelsprodukte

Da eine unübersehbare Anzahl von Vulkanisationsbeschleunigern im Handel ist, würde schon der Versuch, sie aufzulisten, den Rahmen dieses Buches sprengen. Da dies in einigen Nachschlagewerken geschehen [5.1.–5.2.] und auch aus zahlreicher Firmenliteratur ersichtlich ist, genügt hier die Aufzählung einiger Handelsnamen bedeutsamer Lieferanten, wobei die Aufzählung keinen Anspruch auf Vollständigkeit erhebt. Zusätzlich ist eine große Anzahl von Kombinationspräparaten im Handel.

**Mercaptobeschleuniger**

*MBT.* Ancap, Anchor – Captax; Rotax, Vanderbilt – Ekagom Rapide G, Ugine Kuhlmann – Good rite MBT, Goodrich – MBT, Uniroyal – Percacit MBT, Akzo – Thiofax, Monsanto – Vulcafor MBT,Vulnax – Vulkacit Merkapto, Bayer.

*ZMBT.* Bantex, Monsanto – Ekagom Rapide GZ, Ugine Kuhlmann –Perkacit ZMBT, Akzo – Vulkafor ZMBT,Vulnax – Vulkacit ZM, Bayer – Zefax, Vanderbilt – Zinc Ancap, Anchor.

*MBTS.* Altax, Vanderbilt – Ancatax, Anchor – Ekagom Rapide GS, Ugine Kuhlmann – Good rite MBTS, Goodrich – MBTS, Uniroyal – Perkacit MBTS, Akzo – Thiofide, Monsanto – Vulcafor MBTS, Vulnax – Vulcacit DM, Bayer.

**Sulfenamidbeschleuniger**

*CBS.* Delac S, Uniroyal – Durax, Vanderbilt – Ekagom Rapide CBS, Ugine Kuhlmann – Furbac, Anchor – Good rite CBTS, Goodrich – Santocure, Monsanto – Vulcafor CBS, Vulnax – Vulkacit CZ, Bayer.

*TBBS.* Conac NS, DuPont – Delac NS, Uniroyal – Good rite BBTS, Goodrich – Santocure NS, Monsanto – Vulkacit NZ, Bayer.

*MBS.* Amax, Vanderbilt – Good rite OBTS, Goodrich – NOBS Special, Anchor / Cyanamid – Santocure MOR, Monsanto – Vulcafor MBS, Vulnax – Vulkacit MOZ, Bayer.

*DCBS.* Vulkacit DZ, Bayer.

*Sonstige.* DIBS, Anchor/Cyanamid – Morfax, Vanderbilt – Vulcuren 2, Bayer.

**Dithiocarbamatbeschleuniger.**

*ZDMC.* Ancazate ME, Anchor – Di 4, Metallgesellschaft – Eptac 1, Du Pont – Perkacit ZDMC, Akzo – Methasan, Monsanto – Methazate, Uniroyal –Methyl Zimate, Vanderbilt – Robac ZMD, Robinson – Vulcafor ZDMC, Vulnax – Vulkacit L, Bayer.

*ZDEC.* Ancazate ET, Anchor – Di 7, Metallgesellschaft – Ethasan, Monsanto – Ethazate, Uniroyal – Ethyl Zimate, Vanderbilt – Perkacit ZDEC, Akzo – Vulcafor ZDEC, Vulnax – Vulkacit LDA, Bayer.

*ZDBC.* Ancazate BU, Anchor – Butazate, Uniroyal – Butyl Zimate, Vanderbilt – Di 13, Metallgesellschaft – Eptac 4, Du Pont – Perkacit ZDBC, Akzo – Vulcafor ZDBC, Vulnax – Vulkacit LDB, Bayer.

*Z5MC.* Robac ZPC, Robinson – Vulkacit ZP, Bayer.

*ZEPC.* Ekagom Rapide 3 RN, Ugine Kuhlmann – Vulkacit Pextra N, Bayer.

*ZBEC.* Arazate, Uniroyal – Robac ZBED, Robinson – Perkacit ZBEC, Akzo.

*PPC.* Accelerator 552, Du Pont – Robac PPD, Robinson – Vulkacit P, Bayer.

*Sonstige.* Bismate; Cadmate; Ethyl Selenac; Selenac; Tellurac, Vanderbilt.

Perkacit BDMC; CDMC; NDBC; TDEC, Akzo – Robac CDC, Robinson.

**Xanthogenatbeschleuniger.**

C-P-B, Uniroyal – Propyl Zithate, Vanderbilt – Robac ZIX, Robinson.

**Thiurambeschleuniger.**

*TMTD.* Ancazide ME, Anchor – Ekagom Rapide TB, Ugine Kuhlmann – Goodrite TMTD, Goodrich – Methyl Tuads, Vanderbilt – Perkacit TMTD, Akzo – Robac TMT, Robinson – Thiurad, Monsanto – Thiuram 16, Metallgesellschaft – Thiuram M, Du Pont – Vulcafor TMTD, Vulnax – Vulkacit Thiuram, Bayer.

*TMTM.* Ancazide 1 S, Anchor – Ekagom Rapide TM, Ugine Kuhlmann – Mono Thiurad, Monsanto – Perkacit TMTM, Akzo – Robac TMS, Robinson – Thionex, Du Pont – Unads, Vanderbilt – Vulcafor TMTM, Vulnax – Vulkacit Thiuram MS, Bayer.

*TETD.* Ethyl Thiurad, Monsanto – Ethyl Tuads, Vanderbilt – Perkacit TETD, Akzo – Robac TET, Robinson – Thiuram E, Du Pont.

*DPTT.* Perkacit DPTT, Akzo – Robac P 25, Robinson – Tetrone A, Du Pont.

*Sonstige.* Ekagom Rapide TE, Ugine Kuhlmann – Robac PTD; PTM; TBUT, Robinson – Sulfads, Vanderbilt – Vulkacit J, Bayer.

**Dithiocarbamylsulfenamid.**
*OTOS.* Cure rite 18, Goodrich.

**Guanidinbeschleuniger.**

*DPG.* DPG, Anchor – DPG, Monsanto – Ekagom D 101, Ugine Kuhlmann – Perkacit DPG, Akzo – Vulcafor DPG, Vulnax – Vulkacit D, Bayer.

*DOTG.* Ekagom DT, Ugine Kuhlmann – Perkacit DOTG, Akzo – Vulcafor DOTG, Vulnax – Vulkacit DOTG, Bayer.

*OTBG.* Vulkacit 1000, Bayer.

**Aldehyd-Aminbeschleuniger.**
Acclerator 808; 833; Du Pont – Beutene, Hepteen Base, Uniroyal – Ekagom VS, Ugine Kuhlmann –Hexa K, Degussa – Hexamethylentetramin, Union Carbide – Vulkacit CT/N; H 30; 576, Bayer.

**Aminbeschleuniger**
DBA; Trimene Base, Uniroyal – TA 11, DuPont – Vulkacit HX; TR, Bayer.

**Thioharnstoffbeschleuniger**

*ETU.* Ekagom Rapide CLB, Ugine Kuhlmann – Perkacit ETU, Akzo – Na 22, DuPont – Robac 22, Robinson – Thiate N, Vanderbilt – Vulkacit NPV/C, Bayer.

*DETU.* Perkacit DETU, Akzo – Robac DETU, Robinson – Thiate H, Vanderbilt

*DBTU.* Perkacit DBTU, Akzo – Robac DBTU, Robinson – Thiate U. Vanderbilt.

*Sonstige.* NA 101, Du Pont – Rhenocure CA, Rhein-Chemie – Robac Alpha; CS, Robinson – Santowhite TBTU, Monsanto – Thiate B; E, Vanderbilt.

**Dithiophosphate.**
Rhenocure AT; CUT; TP; ZAT, Rhein-Chemie – Vocol, Monsanto.

**EPDM-Beschleunigergemische.**
Deovulc EG 3; EG 40; EG 28, DOG – Rhenocure EPC; LMT, Rhein-Chemie.

**Sonstige Beschleuniger.**
R 240, Lehmann u. Voss – Rhenocure S, Rhein-Chemie – Robac 44, Robinson – Vanax CPA; NP, Vanderbilt – Vulkacit CRV, Bayer.

### 5.2.4. Schwefelfreie Vernetzungsmittel [5.28.]

5.2.4.1. Peroxide [5.28., 5.99.–5.101.]

Die Vernetzung mit Peroxiden ist seit langem bekannt, aber erst mit der Entwicklung gesättigter synthetischer Kautschuktypen, wie EAM, EPM, CM, Q usw., gewannen sie an Bedeutung. Mittlerweile hat man auch ihre Wirkung in NR und den klassischen Dienkautschuktypen, SBR und NBR erkannt. Aufgrund der Wärmebeständigkeit, die sich durch die Peroxid-Vulkanisation bei Dienkautschuk, insbesondere NBR erreichen läßt, spielt sie hier eine gewisse, wenn auch nicht sehr bedeutsame Rolle.

Die Zersetzungstemperatur der Peroxide ist das wesentlichste Kriterium für die Anvulkanisationstemperatur und die Vulkanisationsgeschwindigkeit. Deshalb spielt die Zusammensetzung der Peroxide für ihre Verwendbarkeit als Vulkanisiermittel eine entscheidende Rolle.

**Produkte.** Formell leiten sich alle organischen Peroxide von Wasserstoffperoxid ab, wobei die einfach substituierten Produkte die sogenannten Hydroperoxide, die doppelt substituierten Produkte die eigentlichen Peroxide darstellen.

H - O - O - H Wasserstoffperoxid
R - O - O - H Hydroperoxide
R - O - O - R Peroxide

Hydroperoxide führen nicht nur zumeist keine Vernetzung herbei, sondern können auch die vernetzende Wirkung anderer Peroxide stören bzw. Polymermoleküle abbauen. Sie spielen deshalb bei der Kautschukvernetzung kaum eine Rolle (wohl aber bei der radikalischen Initiierung der Polymerisation).

Für die Vernetzung von Kautschuk werden naturgemäß nur solche organischen Peroxide verwendet, die einerseits genügend stabil sind und bei der üblichen Handhabung keine Gefahr darstellen, und die andererseits im Bereich der üblichen Vulkanisationstemperaturen genügend rasch zerfallen. Hierfür kommen Peroxide mit tertiären Kohlenstoffatomen in Betracht. Peroxide mit primär oder sekundär gebundenen Kohlenstoffatomen sind wenig stabil.

Organische Peroxide, die für die Kautschukverarbeitung stabil genug sind, lassen sich in zwei Gruppen einteilen:

Peroxide *mit Carbonsäuregruppen*

aliphatisch z. B.:

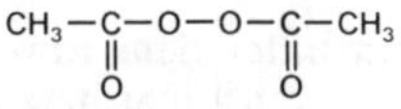

Diacetylperoxid

aromatisch z. B.:

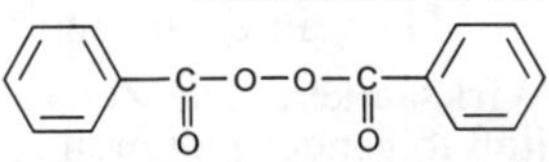

Dibenzoylperoxid

Peroxide *ohne Carbonsäuregruppen*

aliphatisch z. B.:

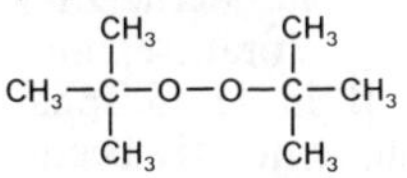

Di-tert.butylperoxid

aromatisch z. B.:

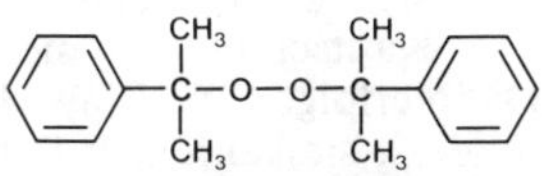

Dicumylperoxid

Von diesen Grundtypen lassen sich nahezu alle Peroxide ableiten, die für die Vernetzung von Kautschuk von Interesse sind. Außer halogenierten Produkten, wie das Bis-2.4-Dichlorbenzoylperoxid, leiten sich Peroxide mit mehr als einer Peroxi-Gruppe, sogenannte *polymere Peroxide,* davon ab, z. B.:

$$CH_3-\underset{\underset{CH_3}{|}}{\overset{\overset{CH_3}{|}}{C}}-O-O-\underset{\underset{CH_3}{|}}{\overset{\overset{CH_3}{|}}{C}}-CH_2-CH_2-\underset{\underset{CH_3}{|}}{\overset{\overset{CH_3}{|}}{C}}-O-O-\underset{\underset{CH_3}{|}}{\overset{\overset{CH_3}{|}}{C}}-CH_3$$

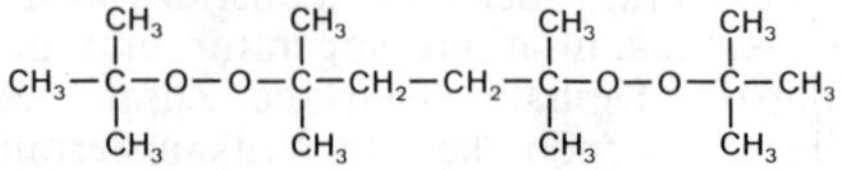

2.5-Bis- (tert.butylperoxi)-2.5-dimethylhexan

Außer derartigen *symetrisch aufgebauten Peroxiden* sind auch *gemischt aufgebaute Peroxide,* wie z. B. tert.-Butylperbenzoat, tert. Butyl-cumylperoxid u. dgl., bzw. gemischt aufgebaute polymere Peroxide, wie z. B.:

$$CH_3-\underset{\underset{CH_3}{|}}{\overset{\overset{CH_3}{|}}{C}}-O-O-\underset{\underset{CH_3}{|}}{\overset{\overset{CH_3}{|}}{C}}-\bigcirc-\underset{\underset{CH_3}{|}}{\overset{\overset{CH_3}{|}}{C}}-O-O-\underset{\underset{CH_3}{|}}{\overset{\overset{CH_3}{|}}{C}}-CH_3$$

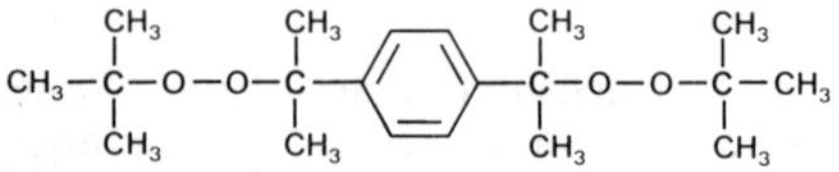

1.4-Bis- (tert. butylperoxiisopropyl)-benzol

im Einsatz.

Die einzelnen Peroxidklassen zeigen folgende Eigenschaftsmerkmale:

*Peroxide mit Carbonsäuregruppen:*
- geringe Säureempfindlichkeit
- niedrige Zersetzungstemperaturen
- keine Vulkanisation in Anwesenheit von Ruß

*Peroxide ohne Carbonsäuregruppen:*
- deutliche Säureempfindlichkeit, wobei aliphatische Substitutionen günstiger sind als aromatische
- höhere Zersetzungstemperaturen
- geringere Sauerstoffempfindlichkeit als Peroxide mit Carbonsäuregruppen.

**Wirksamkeit.** Die Zersetzung der Peroxide kann unter dem Einfluß folgender Faktoren stattfinden: durch Hitze, durch Licht bzw. Energiestrahlung bzw. durch Reaktion mit anderen Stoffen. Sie erfolgt vorzugsweise an den Peroxigruppen. Bei kovalent gebundenen Peroxiden kann die Spaltung homolytisch in Peroxidradikale oder heterolytisch in Ionen erfolgen. Für die peroxidische Vernetzung von Kautschuk ist eine homolytische Spaltung Voraussetzung. Diese erfolgt ohne Einwirkung anderer Stoffe, z. B. in der Gasphase ideal, sie kann aber durch Mischungsbestandteile negativ beeinflußt werden, was eine Verminderung der Radikalausbeute und damit der Vernetzungsdichte zur Folge hat. Bei Anwendung symetrisch aufgebauter Peroxide entstehen nach der homolytischen Spaltung zwei gleich wirksame Radikale, die gleichermaßen die Vernetzungsreaktion auslösen können. Bei gemischt aufgebauten Peroxiden entstehen dagegen Radikale unterschiedlicher Reaktivität. Bei mittleren Vernetzungstemperaturen (ca. 150° C) wirkt dabei im wesentlichen nur das aktivere der beiden Radikale vernetzend, während das andere weitgehend vernetzungsinaktiv bleibt. Eine geringere Vernetzungsdichte ist die Folge. Mit steigenden Vernetzungstemperaturen (ca. 180–190° C) wird die Aktivität beider Radikale aber mehr und mehr angeglichen, wodurch die theoretisch zu erwartende Vernetzungsdichte immer mehr erreicht wird. Bei Anwendung unsymetrisch aufgebauter Peroxide muß deshalb entweder bei mittleren Vernetzungstemperaturen eine höhere Peroxiddosierung oder bei normaler Peroxiddosierung hohe Vernetzungstemperaturen gewählt werden.

Da die Vernetzung mit der Zersetzung der Peroxide einsetzt, darf natürlich deren Zersetzungstemperatur nicht schon während der Verarbeitung der Mischungen erreicht werden. Vielmehr muß die Stabilität des verwendeten Peroxids mit der gewünschten Geschwindigkeit des Vulkanisationseinsatzes und demgemäß mit der Verarbeitungssicherheit in Einklang stehen. Die Stabilität des Peroxids ist natürlich auch für die Wahl der Vulkanisationstemperatur wesentlich. Peroxide mit Säuregruppen, z. B. die Diaroylperoxide, zersetzen sich bereits bei wesentlich niedrigeren Temperaturen als die Dialkyl-, Alkylaralkyl- oder Diaralkylperoxide. Aus diesem Grunde können z. B. Mischungen mit Dibenzoylperoxid nur bis ca. 45° C erwärmt werden, ohne anzuvulkanisieren (was in Mischungen auf Basis Q realisierbar ist), während Mischungen mit Dicumylperoxid ca. 110° C ohne Anvulkanisation ertragen können. Die Peroxidstabilität bestimmt auch die maximal anwendbare Vulkanisationstemperatur, die z. B. bei Dibenzoylperoxid ca. 130° C und bei Dicumylperoxid ca. 170° C nicht übersteigen sollte. Die Radikalausbeute und daher die Vernetzungsdichte ist nämlich stark von der Temperatur abhängig.

Je nach Größe der zur Dehydrierung des Kautschuks erforderlichen Energie kann bei gegebenem Energieinhalt eines Peroxiradikals eine Vernetzung oder eine Spaltung der Polymerkette resultieren. Vom Verhalten eines Peroxides in einem bestimmten Kautschuk kann daher kaum auf das Verhalten in anderen Kautschukarten geschlossen werden. Wesentlich voneinander abweichendes Verhalten kann auch in Verschnitten erwartet werden. Während sich Q, EAM, EPM, CM und AU sehr gut mit Peroxiden vulkanisieren lassen, und NR sowie NBR ebenfalls ein hoher Vernetzungsgrad durch Peroxide verliehen wird, ist die Vulkanisation von SBR und BR bereits problematisch. IIR läßt sich nicht mit Peroxiden vernetzen, sondern wird im Gegenteil durch den Einfluß der Peroxide abgebaut.

Beim Einsatz der meisten Peroxide ist Luftsauerstoff auszuschließen. Aus diesem Grunde kommt meist eine Heißluftheizung (auch UHF-Heizung) nicht in Betracht. Eine Ausnahme bildet z. B. Bis-2.4-dichlorbenzoylperoxid. Auf dem Gebiet Luftsauerstoff-unempfindlicher Peroxide sollen in letzter Zeit Fortschritte erzielt worden sein [5.102.].

**Beschleunigung.** Im Gegensatz zur Schwefelvulkanisation sind beschleunigende Zusatzstoffe (außer einigen Coaktivatoren) nicht bekannt. Eine Beschleunigung wird deshalb nur über eine Temperaturerhöhung im Rahmen tolerierbarer Grenzen erreicht. Ist durch Temperaturerhöhung eine erwünschte Vulkanisationsgeschwindigkeit nicht einstellbar, muß ein weniger stabiles Peroxid herangezogen werden.

**Aktivierung.** Eine Aktivierung der Peroxidvernetzung durch *Metalloxide,* wie ZnO, sowie Stearinsäure analog wie bei der Schwefelvulkanisation ist nicht möglich.

Der Vernetzungsgrad richtet sich bei der Peroxidvernetzung in erster Linie nach der Art und Dosis der Peroxide bzw. der Radikalausbeute sowie nach der individuellen Reaktivität des Kautschuks. Während die Radikalausbeute und somit der Vernetzungsgrad durch alle Stoffe, die mit Peroxiden vernetzungsinaktive Reaktionen eingehen, vermindert wird (z. B. Alterungsschutzmittel und die meisten Weichmacher, mit Ausnahme von z. B. hochparaffinischen Mineralölen u. dgl.), läßt sie sich durch die Mitverwendung sogenannter *Coaktivatoren* wesentlich steigern [5.103.]. Hierbei handelt es sich um polyvalente Verbindungen (z. B. Di- oder Triallylverbindungen, Maleinsäure- bzw. reaktive Acrylatderivate), die z. T. bei einer einzelnen peroxidischen Anregung mehrere Folgereaktionen ermöglichen. Sie greifen in das Vernetzungsgeschehen ein und ermöglichen eine Steigerung der Vernetzungsausbeute, wodurch der Spannungswert und die Härte und damit das gesamte Vulkanisateigenschaftsbild beeinflußt wird. Je nach der Art des Kautschuks werden unterschiedliche Coaktivatoren empfohlen. Für die Q-Vernetzung sind z. B. keine, für diejenige von EAM [5.103.] und CM [5.104.] dagegen hochwirksame Coaktivatoren erforderlich.

Als solche kommen z. B. Triallylcyanurat (TAC), Triallylphosphat (TAP), Triallyltrimellithat (TAM), Diallylphthalat (DAP, gleichzeitig Weichmacher), m-Phenylen-bis-maleinsäureimid, Äthylenglykoldimethacrylat (EDMA), Trimethylolpropantrimethacrylat (TPTA), 1.3-Butylenglykoldimethacrylat u. a. zum Einsatz [5.105.]. Auch Vinylsilan- und Titanat-Coupling-Agents sind zu nennen [5.106.]. Die Triallylverbindungen kommen wegen ihrer starken Wirksamkeit trotz eines hohen Preises bei träger vernetzenden Polymeren, wie EAM und CM, bevorzugt zum Einsatz, während die billigeren Methacrylatverbindungen in vielen anderen Fällen, z. B. bei ETER, bevorzugt werden. Als Acrylatmonomere wirken sie ähnlich wie DAP weichmachend auf die unvulkanisierten Mischungen und erlauben die Einstellung hoher Vulkanisathärten z. B. der peroxidischen NBR-Vulkanisation. Hierbei bewirkt aber z. B. TPTA eine wesentlich raschere Anvulkanisation (es kommt gelegentlich bereits zu Scorcherscheinungen bei der Mischungsherstellung) als EDMA, weshalb letzterer trotz einer etwas geringeren Coaktivierung vielfach bevorzugt wird. Neuerdings wurden auch Kombinationen von Peroxiden und Vulkanisationsbeschleunigern untersucht [5.107.].

**Verzögerung.** Für die Verzögerung der Peroxidvernetzung sind in jüngster Zeit N-Nitrosodiphenylamin [5.108.] vorgeschlagen worden.

**Vulkanisateigenschaften.** Zur Erzielung guter *mechanischer Vulkanisateigenschaften* ist ein hoher Vernetzungsgrad erforderlich. Danach erhält man bei peroxidischer Vernetzung meist geringere Festigkeitseigenschaften (vor allem auch geringere Kerbzähigkeiten) und geringere Elastizitäten sowie ungünstigere *dynamische Eigenschaften.* Auch die *Quellbeständigkeit* ist meist etwas vermindert. Die *Wärmebeständigkeit* und der *Druckverformungsrest* in der Wärme sind dagegen bei peroxidischer Vernetzung in der Regel besonders gut. Sie sind noch besser als bei Anwendung von schwefelfreien oder schwefelspenderhalten EV-Systemen (z. B. Thiuramvulkanisation).

Eine Reihe von Peroxiden, insbesondere Dicumylperoxid oder tert.-Butyl-cumylperoxid, hinterlassen nach der Vulkanisation einen starken unangenehmen *Geruch,* sofern nicht, wie bei Q und anderen hitzebeständigen Elastomeren, durch eine Nachvulkanisation in Heißluft bei erhöhter Temperatur die Zersetzungsprodukte zum Verdunsten gebracht werden (Nachtemperung). Die Dialkylperoxide, insbesondere 2,5-Bis-(tert.-butylperoxy)-2,5-dimethylhexan und einige neuere Produkte, weisen im Vergleich zu den anderen Produkten einen nur noch schwachen Geruch auf. Vielfach ist es auch aus Gründen der *Alterung* erforderlich, die Spaltprodukte durch Tempern zu entfernen. In Q katalysieren beispielsweise aus Peroxiden mit Säuregruppen zurückbleibende Zersetzungsprodukte dessen hydrolytische Depolymerisation, was sich insbesondere durch schlechte Beständigkeit von Q-Vulkanisaten bei Alterung in geschlossenen Systemen auswirkt. Bei Peroxiden ohne Säuregruppen ist diese Gefahr wesentlich geringer.

**Anwendung.** Peroxide kommen bevorzugt für die Vernetzung gesättigter *Kautschuke,* wie AU, CM, EAM, EPM, ETER, Q, XPE (vernetzbares Polyäthylen) usw. zum Einsatz. Wegen der mit der Peroxidvernetzung verbundenen hohen Wärmebeständigkeit werden sie dagegen auch in schwefelvernetzbaren Kautschuken, wie NR, NBR, EPDM, eingesetzt.

Bevorzugte *Vulkanisationsverfahren* sind die Pressenvulkanisation, Injection- bzw. Transfer-Moulding- und das LCM-Verfahren. Auch Dampfrohrvulkanisation ist möglich. Heißluftvulkanisationen wie auch das UHF-Verfahren kommen in Ausnahmefällen zur Anwendung.

Bei Dienkautschuken kommen Peroxide vor allen für solche *Gummiartikel* zum Einsatz, bei denen hohe Wärmebeständigkeit und/oder niedrige Druckverformungsreste gefordert werden, z. B. Kabelmäntel, Dichtungen, wärmebeständige Federelemente, wie Motorauflager, Bauprofile u. dgl.

**Handelsprodukte.** Von den zahlreichen *organischen Peroxiden* seien im folgenden einige Handelsnamen genannt, wobei die Aufstellung keinen Anspruch auf Vollständigkeit erhebt. Einige Handelsnamen umfassen durch Anfügen von Indices mehrere Produkte:

**Peroxide.**
Di-Cup, Vul-Cup, Hercules – Luperco, Luperox – Percadox; Trigonox, Akzo – Silopren-Vernetzer, Bayer – Varox, Vanderbilt.

**Coaktivatoren.**
Als Coaktivatoren sind z. B. folgende Handelsprodukte zu nennen:

**TAC:** Aktivator OC, Degussa – Aktivator TAC, Rheinchemie – Primix TAC, Kenrich.

**TAP:** Aktivator OP, Degussa.

**TAM:** Reomol LTM, Ciba-Geigy – Santicizer 79; TM, Monsanto.

**EDMA:** Chemling 20, Ware – Chemicals – Drimix SR 206, Kenrich – Sartomer 206, Ancomer.

**TPTA:** Chemling 30, Ware – Chemicals – Sartomer 350, Ancomer.

**Sonstige Acrylat-Monomere:** Chemling 24, Ware – Chemicals – Saret 500, Saret 515, Sartomer 297, Anchomer.

### 5.2.4.2. Chinondioxime [5.28., 5.109.–5.112.]

**Allgemeines.** p-Benzochinondioxim (CDO) sowie sein Dibenzoylderivat (Dibenzo-CDO) haben aufgrund ihrer radikalischen Reaktion ebenfalls eine vernetzende Wirkung auf viele Kautschuktypen. Am bekanntesten und interessantesten ist die Verwendung für IIR, wegen der damit erzielbaren vorzüglichen Wärme- und Dampfbeständigkeit. Für die klassischen Dienkautschuktypen sind sie bedeutungslos geblieben.

**Wirksamkeit.** Beim Einsatz von CDO und Dibenzo-CDO, die vor allem für IIR-Typen mit geringem Ungesättigkeitsgrad wegen deren Vulkanisationsträgheit mit Schwefel bedeutsam sind, kann ohne Schwefel vulkanisiert werden. Ein Zusatz von Schwefel erhöht jedoch den Spannungswert und führt außerdem zu einer gewissen Verzögerung der Anvulkanisation. Die Wärmebeständigkeit sowie der Compression Set der Vulkanisate werden aber durch die Mitverwendung von Schwefel beeinträchtigt.

Zur Erzielung eines optimalen Vulkanisationsgrades sowie zur Verhinderung einer Reversion muß man oxydierend wirkende Mittel wie MBTS, $PbO_2$ oder $Pb_3O_4$ zusetzen. Erst dann erhält man eine gute Durchvulkanisation und die gewünschte Wärmebeständigkeit.

Mit Kombinationen von CDO mit MBTS, Bleimennige, ZnO und Schwefel, erhält man so hohe Vulkanisationsgeschwindigkeiten, daß sie sich sogar zur kontinuierlichen Vulkanisation nutzen lassen. Dibenzo-CDO weist im Vergleich zu CDO einen etwas verzögerten Vulkanisationseinsatz auf, ohne aber die Gesamtheizzeit zu verlängern. Auch bei seinem Einsatz sind die oben angeführten Oxydationsmittel erforderlich.

**Aktivierung.** Auch die CDO-Vernetzung benötigt einen Zusatz von ZnO. Steigender Zusatz von ZnO erhöht in Mischungen mit CDO die Anvulkanisationsgeschwindigkeit, Wärmebeständigkeit und den Spannungswert. Analoges gilt auch für Dibenzo-CDO. ZnO-freie Mischungen sind zwar am sichersten zu verarbeiten, aber deren Vulkanisate besitzen nur ungenügende mechanische Eigenschaften. Zur Erzielung einer guten Hitzebeständigkeit von IIR-Vulkanisaten mit CDO ist ein höherer ZnO-Gehalt zu empfehlen.

Steigende Stearinsäure-Dosierung bewirkt eine Verminderung der Mischungsviskosität. Während in bleioxidhaltigen Mischungen eine Steigerung der An- und Ausvulkanisationstendenz durch die Anwesenheit von Stearinsäure beobachtet wird, ist eine solche bei Mischungen mit MBTS nicht zu beobachten.

**Vulkanisateigenschaften.** Mischungen mit MBTS ergeben im Vulkanisationsoptimum die höchste Zugfestigkeit, zugleich die höchste Bruchdehnung und die günstigste Alterungsbeständigkeit, allerdings auch den höchsten Druckverformungsrest. Bleioxidhaltige Qualitäten besitzen bei gleicher Heizstufe den höchsten Vulkanisationsgrad, außerdem die besten elastischen Eigenschaften (insbesondere bei höherer Temperatur) sowie die geringste Bruchdehnung und bleibende Dehnung.

**Handelsprodukte** sind z. B. (die Aufstellung erhebt keinen Anspruch auf Vollständigkeit):

Dibenzo GMF, Uniroyal – Kenmix GMF, Kenmix – Di-Benzo GMF, Kenrich – Rhenocure BQ, Rhein-Chemie.

5.2.4.3. Polymethylolphenolharze [5.28., 5.113.–5.115.]

Die Harzvulkanisation, die sich bisher in einem gewissen Maße für die IIR-Vernetzung eingeführt hat, ergibt ebenfalls wie die p-Chinondioxim-Vernetzung Vulkanisate mit vorzüglicher Wärme- und Dampfbeständigkeit. Hierzu werden z. B. nicht ausreagierte Polymethylolphenolharze eingesetzt, die im Verlaufe der Vulkanisation ausreagieren und dabei als Brückglieder zwischen die Polymermoleküle eingebaut werden.

Außer den Harzen sind spezielle Aktivatoren wie z. B. $SnCl_2$ erforderlich, was hinsichtlich der Einmischbarkeit, der schleimhautreizenden und korrosiven Wirkung von Nachteil ist. Bei bestimmten halogenierten Harzen kann man aber die Verwendung dieser Aktivatoren vermeiden.

Diese Vulkanisiermittel werden in Dosierungen von 5–12 phr eingesetzt. Obwohl die Vulkanisation an sich träge ist, erhält man überraschend niedrige Werte für die bleibende Verformung der Vulkanisate (Compression Set).

Ein theoretisch möglicher Einsatz solcher Harze in Dienkautschuken und EPDM ist in der Praxis nicht erfolgt. Bestimmte Phenoplaste werden jedoch bei Syntheselatices mit reaktiven Gruppen (z. B. freien Carboxylgruppen) verwendet, wodurch ohne Einsatz von Schwefel und Beschleunigern eine Vernetzung bereits durch einfaches Trocknen des Latex ohne besondere Vulkanisationsmaßnahmen zustande kommt (vgl. S. 582).

**Handelsprodukte** sind z. B. (die Aufstellung erhebt keinen Anspruch auf Vollständigkeit):
Arrcovez, Rubber-Regenerating – Synphorn C 1000, Anchor.

5.2.4.4. Di- und Triisocyanate [5.116.–5.117.]

Polyurethanvoraddukte, die als AU eingesetzt werden, lassen sich außer mit Peroxiden insbesondere artspezifisch mit Diisocyanaten vernetzen. Für die Vernetzung der Polyester wird in erster Linie 2.4-Toluylendiisocyanat (TDI) bzw. Methylen-bis- (Chloranilin) (MOKA) eingesetzt. Durch eine gewisse äquivalente Menge eines Hydrochinondioxiäthyläthers läßt sich der ohnehin hohe Vernetzungsgrad und damit die Härte weiter steigern. Die Reaktionsgeschwindigkeit kann durch Mitverwendung organischer Bleisalze gesteigert werden.

Auch Dienkautschuke lassen sich mit Isocyanaten z. B. durch Triphenylmethantriisocyanat bzw. Thionophosphorsäure-tris-(p-isocyanatophenyl)-ester vernetzen. Diese Möglichkeit wird zumeist nur im Bereich der Kautschuk-Klebstoffe zur Erzielung wärme- und fettbeständiger Klebungen bzw. gelegentlich für Textilgummierungen sowie Metallhaftungen (vgl. 379 u. 381 f) genutzt.

Eine neue für die Kautschukvulkanisation vorgeschlagene Substanzklasse basiert auf Urethan-Reagentien, die mit NR und SR Urethanvernetzungen zu knüpfen vermag. Dabei ergibt sich gute Reversionsbeständigkeit [5.118.]. Das Vernetzungsmittel stellt ein verkapptes Diphenylmethandiisocyanat dar, das thermisch in zwei Chinonoxim-Moleküle sowie ein Molekül Diphenylmethandiisocyanat dissoziiert. Die Chinonoxim-Moleküle werden nach Tautomerisation über die Nitrosogruppe an die Kautschukkette unter Hinterlassung von phenolischen Seitengruppen gebunden. An diese wird nun die diisocyanatgruppenhaltige Verbindung unter Vernetzung gebunden. Die Art der Verkappungsmittel haben Einfluß auf die Vernetzungsaktivität der Urethan-Vernetzungreagentien [5.119.].

**Handelsprodukte** sind z. B. (die Aufstellung erhebt keinen Anspruch auf Vollständigkeit):

**TDI:** Desmodur – Bayer

**MOKA:** Moka, DuPont

**Triphenylmethantriisocyanat:** Desmodur R, Bayer

**Trionophosphorsäure-tris-(p-isocyanatophenyl)-ester:** Desmodur RF, Bayer

**Hydrochinondioxyäthyläther:** Vernetzer 30/20, Bayer

**Urethan-Reagenz:** Novor, Durham

5.2.4.5. Sonstige Vernetzungsmittel

Für die Vernetzung von FKM sind zahlreiche polyvalente Amine entwickelt worden, die z. T. verkappt sind, damit der Vulkanisationseinsatz nicht spontan erfolgt. Sie sind z. T. auch für ACM anwendbar.

**Handelsprodukte.** Die bekanntesten Produkte (inclusive Handelsnamen) sind z. B. (die Aufstellung erhebt keinen Anspruch auf Vollständigkeit):

**Hexamethylendiamincarbamat:** (DIAK 1, DuPont)

**Äthylendiamincarbamat:** (DIAK 2, DuPont)

**Di-cinnamylidenhexan-diamin:** (DIAK 3, DuPont)

**Alicyclisches Amin-Salz:** (DIAK 4, DuPont) sowie

**spezielle $VF_2$/HFPE bzw. $VF_2$/TFE/HFPE-Vernetzer:** (Tenosin-Typen Monteedison).

**Spezieller Vernetzer für eine neue ACM-Generation:** Diuron [3-(3.4-Dichlorphosphyl)-1.1-dimethylharnstoff], Karmex Diuron, DuPont.

Auch polyfunktionelle Amine kommen hierfür in Betracht.

Außer den genannten sind zahlreiche weitere Vernetzungsmittel bekannt, die aber zumeist keine oder nur eine bescheidene Rolle in der Gummi-Industrie spielen. So sind z. B. 1,3,5-Trinitrobenzol und m-Dinitrobenzol in Gegenwart von Blei Vulkanisiermittel. Ferner sind z. B. Epoxidharze [5.28.], polyfunktionelle Amine, Azoverbindungen [5.120.], metall- und siliciumorganische Verbindungen [5.28.], energiereiche Strahlen [5.28., 5.121.–5.124.] u. a. zu nennen.

### 5.2.5. Beschleunigeraktivatoren [5.28., 5.125.–5.126.]

Bei organischen Vulkanisationsbeschleunigern muß man fast durchweg zur Entfaltung ihrer vollen Wirksamkeit gewisse anorganische und organische Aktivatoren mitverwenden. ZnO ist der wichtigste derartige Zusatz. Neben ZnO wird in speziellen Fällen noch MgO (z.B. in CR) und $Ca(OH)_2$ verarbeitet. PbO (Bleiglätte) bzw. $Pb_3O_4$ (Bleimennige), die früher in beschleunigerfreien Mischungen eine beachtliche Rolle spielten, werden dann angewandt, wenn eine besonders niedrige Wasserquellung gefordert wird bzw. in einer Reihe von Spezialkautschuken z.B. ACM, CSM, CO, CR, ECO, ETER u.a..

Das System Kautschuk-Schwefel-Beschleuniger-Zinkoxid wird zusätzlich aktiviert durch die Zugabe von Fettsäuren (Stearinsäure) oder Zinkstearat, Zinklaurat und dgl. Im gleichen Sinne wirken auch Dibutylaminoleat, 1,3-Diphenylguanidinphthalat und Amine, wie Mono-, Di- und Triäthanolamin, Mono- und Dibutylamin, Cyclohexyläthylamin, Dibenzylamin usw. Allgemein läßt sich sagen, daß eine Erhöhung des pH-Wertes zu einer Aktivierung der Vulkanisation führt. Die genannten basischen Aktivatoren bringen eine zusätzliche Verbesserung der Festigkeitseigenschaften der Vulkanisate und z. T. auch eine Abkürzung der Vulkanisationsdauer. Daneben ergeben die Fettsäuren und fettsauren Salze eine Verbesserung der Verarbeitbarkeit und Verbesserung der Füllstoffverteilung, die ebenfalls für das Eigenschaftsbild der Vulkanisate bedeutungsvoll ist; sie bewirken vielfach einen verzögerten Vulkanisationseinsatz.

**Handelsprodukte.** Von der ungeheuer großen Anzahl von im Handel befindlichen Vulkanisationsaktivatoren sollen im nachfolgenden einige der wichtigsten aufgeführt werden, wobei die Aufstellung keinen Anspruch auf Vollständigkeit hat:

**ZnO:** Gummidur, Zinkweiß GmbH – Hansa Ultra, Lehmann & Voss – Zinkoxyd aktiv, Zinkoxyd transparent, Bayer – Zinkweiß, Zinkweißhütte

**ZnO-Dispersionen:** Deomag Zn (in Kombination mit MgO), DOG – Dispersion Zinc oxide; Kenmix Zinc Oxide, Kenrich – Luvozinc, Lehmann & Voss – Polydispersion AZD; SZD, Manchem – Rapiblend Z, Anchor – RC-Granulat ZnO; RC-Zinkoxid 64, Rheinchemie – Structol-Typen, Schill u. Seilacher

**MgO:** Elastomag-Typen, Morton – Maglite D, Merck – Magnesiumoxid, Lehmann & Voss

**MgO-Dispersionen:** Kenmix-Typen, Kenrich – Luvomag, Lehmann & Voss – Rhenomag, Rheinchemie – Scorchguard O, Anchor – Structol-Typen, Schill u. Seilacher

**Bleioxide:** Acro-Bleiglätte, Lehmann & Voss – Litharge, Associated Lead

**Bleioxid-Dispersionen:** Bleioxidpaste, Lehmann & Voss – Dispersion Litharge, Dispersion Red Lead, Kenlastic – Kenmix-Typen, Kenrich – Polydispersion-Typen, Manchem – RC-Granulate PbO, $Pb_3O_4$, Rheinchemie

**Bleiverbindungen:** Dibasisches Bleiphosphit: Dyphos, DuPont; Dibasisches Bleiphthalat: Dythal, DuPont – Naphthovin T 80, Metallgesellschaft; Dibasisches Bleisulfat; Naphthovin T 3, Metallgesellschaft; Basisches Bleisilicat; BSWL 202, Eagle-Picher, Chemag

**Organische Aktivatoren:** Aktivator-Typen, Aktiplast-Typen, Rhein-Chemie – Dispergum-Typen, DOG – Structol-Typen, Schill u. Seilacher

### 5.2.6. Vulkanisationsverzögerer [5.127.]

#### 5.2.6.1. Allgemeines über Vulkanisationsverzögerer

Bei kurzen Vulkanisationszeiten oder hohen Verarbeitungstemperaturen muß man oft, um eine ausreichende Verarbeitungssicherheit gewährleisten zu können, den Vulkanisationsbeginn (Anvulkanisation) verzögern, damit z. B. gepreßte Artikel in den Formen gut verfließen können [5.128.]. Verbindungen mit vulkanisationsverzögernden Eigenschaften sind z. B. N-Nitrosoverbindungen von sekundären aromatischen Aminen wie N-Nitrosodiphenylamin (NDPA). Schwer flüchtige organische Säuren wie Benzoesäure (BES), Phthalsäureanhydrid (PTA) und Salicylsäure (SCS) [5.129.] spielen als Verzögerer eine große Rolle. Auch N-Chlorsuccinimid und Nitroparaffine [5.130.] wurden als Verzögerer genannt, spielen jedoch keine Rolle. Neuerdings haben bestimmte Sulfensäure- bzw. Sulfonsäure-Derivate [5.131.–5.132.] eine große Bedeutung gewonnen; sie stellen praktisch eine neue Generation von Vulkanisationsverzögerern dar.

Grundsätzlich ist zu überlegen, ob man überhaupt Vulkanisationsverzögerer einsetzen soll. Denn schon die Auswahl der Vulkanisationsbeschleuniger ermöglicht es, einen verzögerten Vulkanisationseinsatz zu erzielen, da mit einer Reihe von Beschleunigern die Vulkanisation verzögert einsetzt, z. B.

MBTS und Sulfenamid-Beschleuniger. Außerdem kann man durch geeignete Kombination von Beschleunigern (Primär- und Zusatzbeschleunigern) einen verzögerten Vulkanisationsbeginn einstellen, indem man z. B. einen raschen mit einem langsamen nicht synergistisch reagierenden Vulkanisationsbeschleuniger kombiniert. Hierbei werden die Zusatzbeschleuniger teilweise nur in ganz geringer Dosierung angewandt.

Auf die meisten Beschleuniger wirkt auch das Alterungsschutzmittel MBI verzögernd. Dithiocarbamtbeschleuniger und Thiuram werden auch durch Zusätze von Bleiglätte in ihrer Wirkung gehemmt.

Fettsäuren und fettsaure Salze, wie Stearinsäure und Ölsäure, sowie Zinkstearat und Zinklaurat können ebenfalls verzögernd auf die Anvulkanisation wirken. Diese Verbindungen sind auch gleichzeitig als Aktivatoren für die Vulkanisation von Bedeutung.

5.2.6.2. N-Nitrosodiphenylamin (NDPA) [5.6.]

NDPA

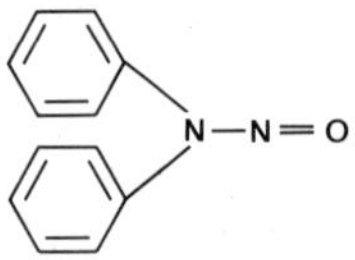


erhöht mit steigender Dosierung die Verarbeitungssicherheit von Mischungen mit Schwefel- und Beschleunigern und verlängert die Fließzeit der Mischungen bei der Vulkanisation. Da NDPA stark zur Verfärbung neigt, wird die Substanz nur in dunklen Mischungen eingesetzt. NDPA hat die stärkste Wirkung in Mischungen mit Sulfenamid- und Guanidinbeschleunigern. Bei Verwendung von Thiuram-, Dithiocarbamat- und Mercaptobeschleunigern ist der Verzögerungseffekt gering aber noch erkennbar. Auch auf die Peroxidvernetzung [5.108.] hat NDPA einen anvulkanisationsverzögernden Effekt. In schwefelfreien Mischungen mit TMTD (EV-Systeme) sowie in solchen mit Aldehydaminen zeigt NDPA praktisch keine verzögernde Wirkung.

NDPA verzögert nicht nur den Vulkanisationseinsatz; auch die Ausvulkanisationszeit wird verlängert. Jedoch ist die Verlängerung der Ausheizzeit bezogen auf den Gewinn an Anvulkanisationsbeständigkeit vielfach nur gering (rußhaltige Mischungen mit Sulfenamid-, Mercapto- und Guanidinbeschleunigern).

NPDA, das als Nitrosoamin in toxikologischer Hinsicht verhältnismäßig harmlos ist, kann in Gegenwart von Beschleunigern mit sekundären Aminen als Nitrosogruppenüberträger fungieren, z.B.

bei Thiuramen, Dithiocarbamaten, manchen Sulfenamiden, wobei aliphatische bzw. heterocyclische Nitrosoamine z.T. hoher Toxizität gebildet werden können (vgl. S. 683). Der Einsatz von NDPA ist deshalb nicht immer problemlos.

5.2.6.3. Phthalsäureanhydrid (PTA) und Benzoesäure (BES) [5.6.]

Im Vergleich zu NDPA weisen PTA

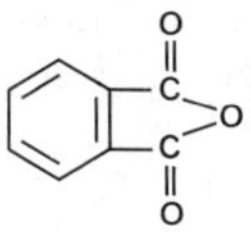

und BES

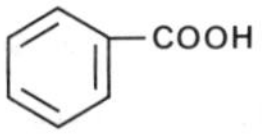

keine Verfärbungstendenz auf, weshalb sie bevorzugt in hellen Mischungen eingesetzt werden. In rußhaltigen Mischungen wirken sie zwar ebenfalls verzögernd; jedoch ist hierbei der Verzögerungseffekt geringer. Die sauren Verzögerer wirken fast in Gegenwart aller Vulkanisationsbeschleuniger; eine Ausnahme bildet jedoch die EV-Vulkanisation mit TMTD. Auch für peroxidische Vernetzung sind PTA und BES nicht anwendbar.

Die sauren Vulkanisationsverzögerer haben nicht nur einen anvulkanisationsverzögernden, sondern fast einen gleichen ausvulkanisationsverlängernden Einfluß, weshalb oft nur geringe Dosierungen (z. B. 0.2–0.5 phr) angewandt werden. In dieser Hinsicht ist PTA etwas günstiger als BES. PTA hat aber nur eine sehr begrenzte Löslichkeit in Kautschukmischungen, wohingegen BES weit höher dosiert werden kann; letztere hat einen erweichenden Einfluß auf unvulkanisierte Mischungen und einen härtenden Einfluß auf Vulkanisate.

5.2.6.4. Phthalimidsulfenamide [5.127., 5.131.] bzw. Sulfonamid-Derivate [5.132.]

Mit Produkten dieser Klassen, wie z. B. N-Cyclohexylthiophthalimid (CTP)

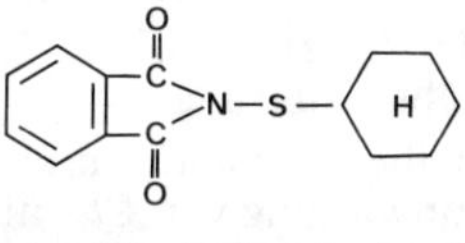

kann der alte Wunsch der Kautschuktechnologie, nämlich die Verzögerung des Vulkanisationseinsatzes ohne starke Verlängerung der Gesamtheizzeit zu erhalten, weitgehend erfüllt werden. Bei ihrem Einsatz ergeben sich praktisch Parallelverschiebungen der Vulkanisationskurven. Diese verschiedenen Substanzen sprechen aber auf unterschiedliche Vulkanisationsbeschleuniger verschieden an, weshalb sich die Wahl des Verzögerers nach den individuellen Gegebenheiten richten muß. Generell kann aber heute das CTP als ein Standardprodukt angesehen werden, das in niedrigen Dosierungen hohe Wirksamkeit aufweist. Allerdings ist dessen Wirkung in Mischungen mit Mercaptobeschleunigern geringer als in solchen mit Benzothiazylsulfenamiden. CTP neigt praktisch nicht zur Verfärbung.

Man kann davon ausgehen, daß Produkte dieser Substanzklassen langfristig Vulkanisationsverzögerer der alten Art ablösen werden, da sie universeller anwendbar sind.

Von B. F. Goodrich ist in neuester Zeit ein neues, hochwirksames Produkt entwickelt worden, das unter der Versuchsbezeichnung BCTO in der Praxis getestet wird.

5.2.6.5. Handelsprodukte [5.1.–5.2.]

Folgende Handelsnamen von Vulkanisationsverzögerersortimenten (Gruppenbezeichnungen) sind zu nennen (die Aufzählung erhebt keinen Anspruch auf Vollständigkeit):

| | |
|---|---|
| **NDPA:** | Curetard A, Monsanto – Good-rite Vultrol, Goodrich – Nitrosodiphenylamin, Rubber Regenerating – Redax, Vanderbilt – Retarder J, Uniroyal – Vulcatard A, Vulnax – Vulkalent A, Bayer. |
| **PTA:** | E-S-E-N, Uniroyal – Phthalsäureanhydrid, CdF Chimie – Retarder PD, Anchor – Vulkalent B/C, Bayer. |
| **BES:** | Benzoesäure, Albright & Wilson – Benzoesäure GK, Bayer – Benzoesäure, CdF Chimie. |
| **Salicsäure:** | Retarder TSA, Monsanto – Retarder W, Du Pont – Vulcatard SA, Vulnax. |
| **CTP:** | Santogard PVI, Monsanto. |
| **Sonstige:** | Barak, Du Pont – Tonox, Uniroyal – Vulkalent E, Bayer. |

## 5.3. Alterung und Alterungsschutzmittel

### 5.3.1. Das Wesen der Alterung [5.133.–5.142.]

5.3.1.1. Allgemeines über Alterung

Alterung ist ein Sammelbegriff für Eigenschaftsveränderungen, die an Werkstoffen ohne Einwirkung von Chemikalien im Verlauf längerer Zeiträume eintreten und zur teilweisen oder völligen Zerstörung führen. Solche Veränderungen können in Abbauvorgängen,

Versprödungs-, Verrottungs-, Zermürbungs- und Ermüdungserscheinungen, statischer Rißbildung u. dgl. bestehen. Alterung schließt also die Ermüdung mit ein.

Kautschuk und insbesondere Gummi sind solchen Alterungserscheinungen vielfach in starkem Maße ausgesetzt. Die ungesättigten Gruppen in Dienkautschuken, die durch ihre Reaktionsfähigkeit mit Schwefel einerseits die Vulkanisation ermöglichen, bedingen andererseits eine Empfindlichkeit gegenüber Sauerstoff, Ozon und anderen reaktionsfähigen Substanzen. Solche Reaktionen bewirken teilweise eine Zerstörung des Kautschuks. Da Weichgummi auf Basis von Dienkautschuken nach der Vulkanisation noch über ungesättigte Gruppen verfügt, bleibt er gegen die genannten Faktoren empfindlich. Je höher die Temperaturen sind, desto stärker werden diese Einflüsse bemerkbar. In Gegenwart von Oxidationskatalysatoren (Kautschukgifte), wie Cu- und Mn-Verbindungen, treten solche Alterungserscheinungen besonders rasch ein. Bei eventueller Übervulkanisation wirken sich diese Einflüsse ebenfalls besonders deutlich aus.

Durch die Anwesenheit freier Doppelbindungen besteht ferner die Möglichkeit, mit noch frei vorliegendem Schwefel unter Verhärtung zu reagieren (Nachvulkanisation). Bei SR hat auch eine Weiterführung der Polymerisation bzw. eine intramolekulare Vernetzung, Cyclisierung genannt, eine Verhärtung und Versprödung des Materials zur Folge. Materialien mit hydrolysierbaren Bindungen, z. B. Elastomere auf Polyester-Basis, können auch durch Einfluß von Feuchtigkeit, vor allem bei höheren Temperaturen, unbrauchbar werden.

Alle diese Einflüsse führen zu den unter dem Sammelbegriff „Alterung“ zusammengefaßten Zerstörungsformen. Es gibt demgemäß keine „Alterung“ schlechthin, sondern unterschiedliche Alterungsprozesse, die sich in verschiedenen Erscheinungsbildern äußern.

Man kann grundsätzlich folgende Alterungsprozesse voneinander unterscheiden:

- Oxydation bei niedrigen oder höheren Temperaturen (Alterung im eigentlichen Sinne)
- Durch Schwermetallverbindungen beschleunigte Oxydation (Kautschukgiftalterung)
- Durch Hitze, z. B. in Gegenwart von Feuchtigkeit bewirkte Veränderungen (Dampfalterung, Hydrolyse)
- Orientierte Rißbildung durch dynamische Beanspruchung (Ermüdung)
- Orientierte Rißbildung durch statische Ozon-Einwirkung (Ozonrißbildung)

- Nicht orientierte Rißbildung unter der Einwirkung von energiereichem Licht und Sauerstoff („crazing-Effekt“)
- Veränderungen des Oberflächenglanzes („frosting-Phänomen“)
- Sonstige Prozesse

Während die ersten drei genannten Prozesse das gesamte Volumen des Gummiartikels beeinflussen, bewirken die anderen Prozesse zunächst lediglich Oberflächenveränderungen.

#### 5.3.1.2. Sauerstoffalterung, Alterung im eigentlichen Sinne [5.133.–5.137.]

Vulkanisate aus Dien-Kautschuken nehmen im Verlauf der Lagerung Sauerstoff aus der Luft auf, der teils im Vulkanisat gebunden, teils in Form von Kohlendioxid und Wasser bzw. anderen niedermolekularen Oxidationsprodukten wieder freigesetzt wird.

Die bei der Einwirkung von Sauerstoff auftretenden Reaktionen verlaufen über einen Kettenmechanismus, bei dem aktive Radikale die eigentlichen Reaktionsträger sind. Bei der Oxidation entstehen Peroxide, deren Zerfallsprodukte wieder aktive Radikale sind, die weitere Kettenreaktionen starten und auch mit der Doppelbindung des Kautschuks reagieren können (autokatalytische Reaktion).

Bei niedrigen Temperaturen wird der Sauerstoff ungefähr linear zur Reaktionszeit aufgenommen, bei höheren Temperaturen hingegen geht die anfänglich linear verlaufende Reaktion schließlich in eine autokatalytische über. Schon relativ geringfügige Mengen gebundenen Sauerstoffs führen zu tiefgreifenden Veränderungen der Struktur des Vulkanisates, die nicht nur oberflächlich, sondern auch im Innern der Vulkanisate wirken. Je nach dem zugrunde liegenden Kautschuk-Typ kann der Sauerstoff

- eine Molekülkettenspaltung bewirken, wobei das Netzwerk des Vulkanisats gelockert wird (Abbau, Erweichung),
- eine Vernetzung herbeiführen, wodurch das Netzwerk des Vulkanisats engmaschiger wird (Cyclisierung, Verhärtung),
- in der Molekülkette chemisch gebunden werden, ohne daß es zu einer Spaltung oder Vernetzung der Kette kommt (indifferente Wirkung).

Vom Nettoergebnis dieser drei konkurrierenden Reaktionen hängt es ab, welche Eigenschaftsveränderungen des Vulkanisates überwiegen. Während die ersten beiden Reaktionen tiefgreifende Strukturveränderungen des Vulkanistes bewirken, ist die letztgenannte Reaktion (zunächst) weitgehend alterungsindifferent.

Vulkanisate auf Basis NR, IR und IIR erfahren bei Oxydationsprozessen bevorzugt Spaltungsreaktionen; sie werden zumeist weicher. Mit fortgeschrittener Alterung kann jedoch der Vernetzungsmechanismus überwiegen; auch oxydierter NR ist nämlich meist hart und spröde. Im Gegensatz dazu treten bei Vulkanisaten aus SBR, NBR, BR, CR, EPDM, ETER u. a. bevorzugt Cyclisierungsreaktionen unter Verhärtung der gealterten Artikel ein. Auch diese Produkte sind im durchoxydierten Zustand hart und spröde.

Diengruppenfreie Kautschuke, wie z. B. ACM, CM, CSM, CO, ECO, EPM, FKM, Q u. a., sind im Vergleich zu Dienkautschuken erheblich weniger oxydationsempfindlich.

#### 5.3.1.3. Beschleunigte Oxydation durch Schwermetallverbindungen (Kautschukgiftalterung)

Zahlreiche Schwermetallverbindungen wie z. B. Kupfer und Mangan haben einen oxydationskatalytischen Einfluß in Kautschukmischungen und Vulkanisaten. In besonderem Maße sind bereits Spuren (z. B. 0.001 Massen-%) von Cu- und Mn-Verbindungen in der Lage, die Autoxydation des Kautschuks und der Vulkanisate erheblich zu beschleunigen. Sie werden deshalb als Kautschukgifte bezeichnet. In besonderem Maße sind hiervon NR und IR betroffen, wogegen die meisten SR-Typen gegen diese Kautschukgifte weniger empfindlich reagieren.

Neben diesen Kautschukgiften im eigentlichen Sinn bewirken auch andere Schwermetallverbindungen, wie $Fe^{++}$, das besonders in SBR ein Kautschukgift darstellt, sowie Co- und Ni-Verbindungen beschleunigte Alterungseffekte. Diese wirken in NR und IR aber erst bei höheren Konzentrationen als Cu und Mn.

Wichtig ist für die Wirkung der Kautschukgifte, daß sie in kautschuklöslicher Form vorliegen. Während z. B. Cu als Metall oder CuO nur geringe alterungsbeschleunigende Wirkung aufweisen, wirkt z. B. Cu-oleat äußerst agressiv.

Auch bei der durch Kautschukgifte beschleunigten Autoxydation von NR und der daraus hergestellten Vulkanisate liegt eine unübersichtliche Konkurrenz von Erweichungs- und Verhärtungsreaktionen vor.

#### 5.3.1.4. Hitzealterung unter Sauerstoffausschluß

In Gegenwart von Hitze können auch unter Sauerstoffausschluß z. B. in Dampf oder unter Öl verschiedene Reaktionen eintreten, deren Nettoergebnis die Eigenschaftsveränderungen des Vulkanisates bestimmen:

- thermischer Abbau von Vernetzungsstellen sowie Hydrolyse von wasserempfindlichen Strukturen (Erweichung)
- Fortführung der inter- oder intramolekularen Vernetzung (Verhärtung)

- Umlagerung von Vernetzungsbrücken ohne Veränderung ihrer Anzahl (indifferente Wirkung).

Während eine Alterung bei Sauerstoffausschluß (z. B. in Dampf oder unter Öl) bei oxydationsempfindlichen Kautschuken, bei gleichen Temperaturen, zumeist zu einer langsameren Strukturveränderung führt, als eine Oxydation, verläuft bei hydrolysierbaren Kautschuken, z. B. AU, EAM, Q u. a., eine Dampfalterung wegen der zusätzlichen Spaltung von z. B. C-N-, C-O-bzw. Si-C-Bindungen deutlich rascher.

5.3.1.5. Ermüdung [5.139.]

Wird Gummi andauernden mechanischen Spannungsveränderungen unterworfen, z. B. periodisch hin- und hergebogen, so treten an der Oberfläche allmählich Risse auf, die sich vergrößern und schließlich zum Totalbruch des Artikels führen können. Die Risse verlaufen senkrecht zur Spannungsrichtung. NR bildet diese Risse relativ rasch aus, die dann aber nur langsam weiter wachsen. SBR zeigt ein späteres Einsetzen der Rißbildung, gefolgt von einem schnellen Wachstum. Dies hängt mit dem geringeren Widerstand gegen Weiterreißen der SBR-Vulkanisate zusammen. Erhöhung der Temperatur und natürlich auch der Frequenz der Spannungsänderung beschleunigt die Rißbildung. Bei gleichzeitiger Anwesenheit höherer Ozon-Konzentrationen verläuft die dynamische Rißbildung beschleunigt. Jedoch ist nicht geklärt, ob bei völliger Abwesenheit von Ozon überhaupt eine Rißbildung ausbleibt.

Die Ermüdungsrißbeständigkeit ist natürlich nicht nur von der Kautschukart, sondern in erheblichem Maße auch von der Vernetzungsdichte und -art abhängig (vgl. S. 248 f u. 252 f).

5.3.1.6. Ozonrißbildung [5.138.–5.142.]

Werden Vulkanisate im statisch gedehnten Zustand bewettert, so treten allmählich senkrecht zur Dehnungs(Spannungs)-Richtung Risse auf, die sich nach und nach vergrößern und schließlich zum Bruch des Vulkanisates führen können. Diese Erscheinung bildet das statische Gegenstück zur Rißbildung unter dynamischer Beanspruchung. Heute wird allgemein das in der Atmosphäre in kleinen Mengen vorkommende Ozon ($O_3$) als Ursache angesehen. Ohne Dehnung des Vulkanisates bilden sich keine Risse; es muß jeweils eine kritische Dehnung, die bei NR-Vulkanisaten unter 10% liegt, überschritten werden, bevor sich Risse zeigen. Mit wachsender Dehnung nimmt die Anzahl der pro Flächen- und Zeiteinheit gebildeten Risse stark zu. Auch die Temperatur und Luftfeuchtigkeit haben starken Einfluß auf die Geschwindigkeit der Ozonrißbildung.

5.3.1.7. Crazing-Effekt

Bei der Bewetterung ungespannter Vulkanisate, insbesonders bei länger andauernder Sonneneinstrahlung, kann auf der Vulkanisatoberfläche ein System netzartig verbundener Rillen ohne ausgeprägte Orientierung entstehen. Die Oberfläche gleicht dann einer runzeligen Apfelsine oder einer Elefantenhaut, woher dieser Effekt den Namen Elefantenhaut-Bildung, auch „crazing"-Effekt genannt, erhalten hat. Dabei kann die Oberfläche vor allem nach längerer Bestrahlung verspröden und den Füllstoff abkreiden. Das Vulkanisat wird dabei in der Regel nicht zerstört. Dieser Effekt tritt nur bei hellen Vulkanisaten auf; rußgefüllte und eingefärbte Artikel, die energiereiche Strahlen absorbieren, zeigen ihn nicht.

5.3.1.8. Frosting-Phänomen

Ein anderer Oberflächenveränderungseffekt ist das sogenannte „frosting", das bei Vulkanisaten mit hellen Füllstoffen durch eine warme feuchte ozonhaltige Atmosphäre verursacht wird und sich in einem Mattwerden vorher glänzender Gummioberflächen zeigt. Diese Alterungserscheinung ist noch nicht restlos erforscht.

## 5.3.2. Alterungs-, Ermüdungs- und Ozonschutzmittel [5.6., 5.143.–5.147.]

5.3.2.1. Allgemeines und Einteilung der Alterungsschutzmittel

Die Beständigkeit von Vulkanisaten gegen die genannten einzeln oder gemeinsam einwirkenden Einflüsse wird primär durch die chemische Struktur des zugrunde liegenden Kautschuks bestimmt. Z. B. werden Diene durch Sauerstoff und vor allem auch durch Ozon wesentlich stärker angegriffen als gesättigte Kautschuke. Deshalb sind letztere weitgehend oxydations- und ozonbeständig. Bei den Dienen sind insbesondere Isoprenstrukturen durch den Elektronendonatoreinfluß der Methylgruppe labiler als z. B. solche auf Basis von Butadien [5.147.]. Auch das Vernetzungssystem hat einen erheblichen Einfluß auf die Alterungs- und Wärmebeständigkeit der Elastomeren. EV-Systeme und schwefelfreie Vernetzungsmittel geben in aller Regel bessere Alterungs- und Wärmebeständigkeit als z. B. konventionelle Schwefelvulkanisation (vgl. S. 250 ff). Auch die Art und Menge der eingesetzten Füllstoffe hat einen erheblichen Einfluß auf das Beständigkeitsverhalten der Elastomeren.

Bei gegebenem Mischungsaufbau können die in diesem System relevanten Zerstörungsprozesse durch zusätzliche Chemikalien, unter der Sammelbezeichnung Alterungsschutzmittel zusammengefaßt, verzögert werden. Solche Alterungsschutzmittel werden den Kautschukmischungen meist in Dosierungen von 1–3 phr, in Ausnahmen bis 5 phr und mehr, zugesetzt. Damit wird dem Gummiartikel ein mehr oder weniger starker Schutz gegen die genannten Alterungseinflüsse verliehen. Die Stärke der Schutzwirkung hängt primär von der Zusammensetzung des Alterungsschutzmittels ab.

Neuerdings werden auch Kautschuk-Typen (z. B. NBR) angeboten, die gebundene Alterungsschutzmittel im Molekül enthalten [5.147.]. Diese scheinen aber gegenüber analogen Kautschuktypen ohne gebundene Alterungsschutzmittel aber mit gleich wirksamen Alterungsschutzmitteln versetzt, (außer einer Extraktionssicherheit) keinen Vorteil in der Alterungsresistenz zu bringen [5.148.].

Es gibt kein Alterungsschutzmittel, das gegen alle oben genannten Alterungsprozesse gleichzeitig maximalen Schutz gewährt und dabei nicht verfärbt. Vielmehr hat jedes Alterungsschutzmittel ein bestimmtes „Wirkungsspektrum", d. h. unterschiedliche Schutzwirkung gegen die genannten Einflüsse, sowie ein bestimmtes Verfärbungsverhalten bei Lichteinwirkung, das von aufhellend über nichtverfärbend und schwachverfärbend bis zu stark schwarzbraun verfärbend reichen kann. Entsprechendes gilt für die Abfärbung auf Kontaktflächen wie Lacke (Kontaktverfärbung).

Fast immer sind stark verfärbende Alterungsschutzmittel wirksamer als nicht verfärbende; andernfalls würde man keine stark verfärbenden Produkte verwenden. Diese Regel ist allerdings nur eine grobe Annäherung; keinesfalls geht der Schutzeffekt dem Verfärbungsverhalten streng parallel.

Die verschiedenen Handelsprodukte werden in der Regel nach ihrer Verfärbungstendenz sowie nach ihrem Verhalten bei Ermüdungs- und Ozonbeanspruchung eingeteilt. Im Gegensatz zu den reinen Antioxidantien werden die gegen Ozon wirkenden Stoffe Antiozonantien genannt.

Folgende Gruppen können unterschieden werden:

- Verfärbende Alterungsschutzmittel mit Ermüdungs- und Ozonschutzwirkung (insbesondere Alkyl-aryl-p-phenylendiamin- und Äthoxychinolin-Derivate).
- Verfärbende Alterungsschutzmittel mit Ermüdungs-, aber ohne Ozonschutzwirkung (z. B. Phenyl-$\alpha$-naphthylamin, Phenyl-$\beta$-naphthylamin, styrolisiertes Diphenylamin.
- Verfärbende Alterungsschutzmittel mit geringer bzw. ohne Ermüdungs- und Ozonschutzwirkung (z. B. polymerisiertes 2,2,4-Trimethyl-1,2- dihydrochinolin).
- Nichtverfärbende Alterungsschutzmittel mit Ermüdungs- oder Ozonschutzwirkung (z. B. aralkylierte Phenole, Benzofuran-Derivate).

- Nichtverfärbende Alterungsschutzmittel ohne Ermüdungs- oder Ozonschutzwirkung (z. B. sterisch gehinderte Bisphenole, Di-tert-butyl-p-kresol, 2-Mercaptobenzimidazol-Derivate).
- Nichtverfärbende Ozonschutzmittel ohne Alterungsschutzwirkung (z. B. Wachse und spezielle organische Verbindungen wie Enoläther).
- Alterungsschutzmittel mit Hydrolysenschutzwirkung (z. B. Polycarbodiimide).

Die Phenylendiamine und Phenole bilden die größten Gruppen von Alterungsschutzmitteln.

Eine Reihe von Alterungsschutzmitteln sind in den letzten Jahren aufgrund ihrer toxikologischen Eigenschaften in das Kreuzfeuer der Kritik geraten [5.149.] (vgl. S. 682).

Analog wie die Vulkanisationsbeschleuniger haben auch die Alterungsschutzmittel vielfach lange und komplizierte chemische Bezeichnungen, weshalb hierfür ebenfalls Abkürzungen gewählt werden, die teilweise von einer Kautschuk-Chemikalien-Erzeugervereinigung (WTR) für den internationalen Gebrauch vorgeschlagen werden. Wo WTR-Vorschläge nicht vorliegen, werden allgemein gebräuchliche oder selbst vorgeschlagene Kurzzeichen benutzt.

**Kurzzeichen für Alterungsschutzmittel nach ihrer chemischen Zugehörigkeit geordnet**

*p-Phenylendiamin-Derivate*

| | |
|---|---|
| N-Isopropyl-N'-phenyl-p-phenylendiamin | IPPD* |
| N-(1.3-dimethylbutyl)-N'-phenyl-p- phenylendiamin | 6PPD* |
| N,N'-Bis-(1.4-dimethylpentyl)-p-phenylendiamin | 77PD* |
| N,N'-Bis-(1-äthyl-3-methylpentyl) -p-phenylendiamin | DOPD |
| N,N'-Diphenyl-p-phenylendiamin | DPPD* |
| N,N'-Ditolyl-p-phenylendiamin | DTPD* |
| N,N'-Di-β-naphthyl-p-phenylendiamin | DNPD* |

*Dihydrochinolin-Derivate*

| | |
|---|---|
| 6-Äthoxy-2.2.4-trimethyl-1.2 -dihydrochinolin | ETMQ* |
| 2.2.4-Trimethyl-1.2-dihydrochinolin, polymerisiert | TMQ* |

*Naphthylamin-Derivate*

| | |
|---|---|
| Phenyl-α-naphthylamin | PAN* |
| Phenyl-β-naphthylamin | PBN* |

---

* WTR-Vorschläge

| | |
|---|---|
| *Diphenylamin-Derivate* | |
| octyliertes Diphenylamin | ODPA* |
| styrolisiertes Diphenylamin | SDPA |
| Aceton/Diphenylamin- Kondensationsprodukt | ADPA* |
| *Benzimidazol-Derivate* | |
| 2-Mercaptobenzimidazol | MBI* |
| Zink-2-mercaptobenzimidazol | ZMBI* |
| Methyl-2-mercaptobenzimidazol | MMBI* |
| *Bisphenol-Derivate* | |
| 2.2'-Methylen-bis-(4-methyl-6-tert. butyl-phenol) | BPH* |
| 2.2'-Methylen-bis-(4-methyl-6-cyclohexyl-phenol) | CPH |
| 2.2'-Isobutyliden-bis-(4-methyl-6-tert.butyl-phenol) | IBPH |
| *Monophenol-Derivate* | |
| 2.6-Ditert.butyl-p-kresol | BHT* |
| Alkyliertes Phenol | APH |
| styrolisiertes und alkyliertes Phenol | SAPH |
| styrolisiertes Phenol | SPH* |
| *Sonstige Substanzen* | |
| Trisnonylphenylphosphit | TNPP* |
| Polycarbodiimid | PCD |
| Benzofuran-Derivat | BD |
| Enoläther | EE |

5.3.2.2. Verfärbende Alterungsschutzmittel mit Ermüdungs- und Ozonschutz (Antiozonantien) [5.6., 5.146., 5.150.–5.155.]

Als Ozon- und Ermüdungsschutzmittel bei statischen und dynamischen Beanspruchungen sind am Stickstoff substituierte p-Phenylendiamine

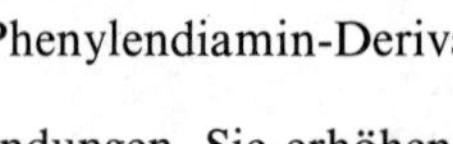


p-Phenylendiamin-Derivate

die wirksamsten Verbindungen. Sie erhöhen die kritische Energie, die zur Bildung der Ozonrisse unter statischen Bedingungen not-

*) WTR-Vorschläge

wendig ist. Daher tritt die Rißbildung erst bei höherer Dehnung ein. Gleichzeitig wird die Geschwindigkeit des Rißwachstums unter statischer und dynamischer Beanspruchung verringert [5.155.]

Die Wirksamkeit der p-Phenylendiamine hängt von der Art und Größe der am Stickstoff stehenden Substituenten ab.

*Symmetrische N,N'-Diaryl-p-phenyldiamine,* z. B. N,N'-Di-β-naphthyl-p-phenylendiamin, DNPD, sind hervorragende Oxydationsschutzmittel mit jedoch nur geringem Ermüdungs- und Ozonschutz [5.156.–5.157.]. DNPD kann nämlich wegen der Größe der Substituenten im Kautschuk kaum wandern, weshalb seine Migration an die Gummioberfläche, wo es als Ozonschutzmittel wirken soll, nur gering ist. Durch Verkleinerung der Substituenten (z. B. Übergang von Naphthyl- zu Tolylgruppen, DTPD) wird die Migration verstärkt, wodurch der Ermüdungs- und Ozonschutz verstärkt wird [5.154.–5.162.]. Bei noch kleineren Substituenten, *symmetrischen N,N'-Dialkyl-p-phenylen-diaminen,* z. B. N,N'-Bis-(1,4-dimethylpentyl)-p-phenylendiamin (77PD) bzw. das N,N'-Bis-(1-äthyl-3-methylpentyl)-Derivat, DOPD, wandern sie so stark an die Oberfläche, daß sie als statische Ozonschutzmittel anzusehen sind. Bei noch kleineren Substituenten ist die Migration so stark (bei noch weiterer Verstärkung des Ozonschutzes), daß die Substanzen aus dermatologischen Gründen nicht mehr zum Einsatz kommen.

*Unsymmetrisch substituierte N-Alkyl-N'-aryl-p-phenylendiamine* weisen unter statischen und dynamischen Beanspruchungen optimale Eigenschaften auf, wenn der Alkylsubstituent ein Isopropyl- oder Isobutylrest und der Arylsubstituent ein Phenylrest ist. Das Wirkungsoptimum liegt hier bei N-Isopropyl-N'-phenyl-p-phenylendiamin IPPD. N-1.3-Dimethylbutyl-N'-phenyl-p-phenylendiamin, 6PPD, wandert mit seinem etwas größeren Alkylsubstituenten etwas weniger, weshalb auch seine Wirksamkeit als Ermüdungs- und Ozonschutzmittel gegenüber IPPD etwas abgeschwächt ist. Die Substanz hat jedoch den Vorteil geringerer Flüchtigkeit und Wasserelution (Leaching Effekt), wodurch seine Wirksamkeit länger anhält. Bei noch längerkettigen Alkylsubstituenten nimmt die Migration und damit die Flüchtigkeit und Wasserelution, gleichzeitig aber auch die Wirksamkeit weiter ab [5.159.].

Die Migration der Alterungsschutzmittel ist natürlich vom Kautschuktyp abhängig. Im polaren NBR z. B. migrieren die p-Phenylendiamin-Derivate weniger als in SBR oder NR. Das ist der Grund, weshalb NBR schwieriger ozonbeständig einzustellen ist, als unpolare Kautschuke.

Außer den p-Phenylendiaminen, die als Ermüdungsschutzmittel die größte Marktbedeutung besitzen, spielt auch 6-Äthoxy-2.2.4.-

trimethyl-1.2-dihydrochinolin (ETMQ) eine gewisse Rolle. Diese Substanz hat jedoch als Ermüdungs- und Ozonschutzmittel gegenüber den p-Phenylendiaminen eine deutlich schwächere Wirkung.

Die früher in NR-Mischungen als Ermüdungsschutzmittel eingesetzten Phenyl-$\alpha$- bzw.-$\beta$-naphthylamine (PAN und PBN) haben in SBR und BR nur eine geringe Ermüdungsschutzwirkung, weshalb ihnen heute für diesen Einsatz keinerlei Bedeutung mehr zukommt.

5.3.2.3. Verfärbende Alterungsschutzmittel mit Ermüdungs- aber ohne Ozonschutzwirkung [5.6.]

Außer den bereits erwähnten Naphthylamin-Derivaten

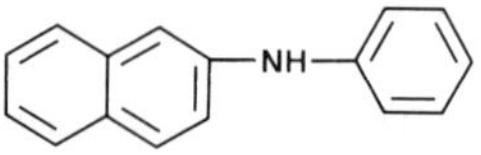


Phenyl-$\beta$-naphthylamin (PBN)

PAN und PBN, die zwar sehr hochwertige Oxydationsschutzmittel sind, deren Bedeutung aber aus toxikologischen Gründen stark zurückgegangen ist, sind hier vor allem substituierte Diphenylamine zu nennen.

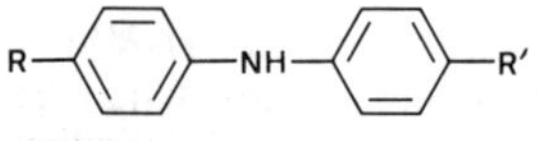


Diphenylamin-Derivate

Als solche kommen vor allem octylierte (ODPA), styrolisierte (SDPA) sowie acetonierte (ADPA) Derivate zum Einsatz. Es handelt sich bei ihnen um Substanzen mit guter Antioxydations- und Wärmeschutzwirkung. Während diese Produkte in Reifenkautschuken etwa gleich wirksam sind, erweist sich ODPA in CR-Vulkanisaten als besonders gutes Wärmeschutzmittel. Die Diphenylaminderivate bewirken in NR- bzw. IR-Mischungen einen gewissen Ermüdungsschutz, der aber noch geringer ist als der von PAN und PBN; in SBR- und BR-Vulkanisation ist eine Ermüdungsschutzwirkung nur sehr gering.

5.3.2.4. Verfärbende Alterungsschutzmittel mit geringer bzw. ohne Ermüdungs- und ohne Ozonschutzwirkung [5.6.]

Zum Schutz gegen Ermüdung und Ozon ist, wie bereits erwähnt, eine genügend starke Migrierbarkeit der Substanz im Vulkanisat notwendig. Hochmolekulare Alterungsschutzmittel oder solche mit sperrigen Substituenten sind dazu nicht fähig, weshalb sie lediglich als Antioxidantien wirken können. Den besten Schutz gegen Oxidation gibt das bereits erwähnte DNPD (vgl. S. 317). Aber auch ein polymeres 2.2.4-Trimethyl-1.2-dihydrochinolin (TMQ)

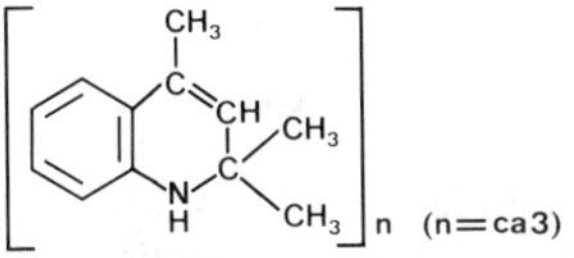


ist aufgrund seiner Molekularmasse im Vulkanisat wenig beweglich, weshalb es als Ermüdungsschutzmittel ausscheidet. Diese Substanz weist aber wie DNPD eine hervorragende Oxydations- und Wärmeschutzwirkung auf. Aufgrund der geringen Flüchtigkeit hält die Wirkung lange an.

### 5.3.2.5. Nicht verfärbende Alterungsschutzmittel mit Ermüdungs- oder Ozonschutzwirkung [5.6., 5.160.–5.162.]

Aralkylierte Phenole, wie z. B. styrolisiertes Phenol (SPH) sowie einige Benzofuran-Derivate (BD) [5.161., 5.162.], gehören zu den nicht verfärbenden Alterungsschutzmitteln, die eine gewisse Ermüdungs-oder Ozonschutzwirkung zeigen. SPH und BD bewirken einen etwa gleich starken Ermüdungsschutz wie ODPA, sind also erheblich geringer in ihrer Wirkung als z. B. p-Phenylendiamine. Hinsichtlich des Schutzes gegen Autoxydation ist das BD dem SPH überlegen. Da es zudem eine geringere Flüchtigkeit aufweist, wirkt es auch bei höheren Temperaturen.

BD hat eine ausgeprägte Wirkung gegen Ozonrißbildung, weshalb man es als chemisch wirkendes, nicht verfärbendes Ozonschutzmittel bezeichnen kann. Hierbei wirkt es bevorzugt in CR bzw. CR-haltigen Verschnitten.

Sowohl SPH als auch BD haben ferner eine ausgeprägte Wirkung gegen „Crazing-Effekt“, obwohl sie in dieser Hinsicht den phenolischen Alterungsschutzmitteln unterlegen sind.

### 5.3.2.6. Nicht verfärbende Alterungsschutzmittel ohne Ermüdungs- oder Ozonschutzwirkung [5.6., 5.145., 5.163.–5.168.]

Alterungsschutzmittel, die zu dieser Gruppe gehören, sind bevorzugt Phenole, aber auch Mercaptobenzimidazol und dessen Derivate. Von den 2,4,6-substituierten Phenolen wird das 2,6-Di-tert.-butyl-p-kresol (BHT) vielfach verwendet;

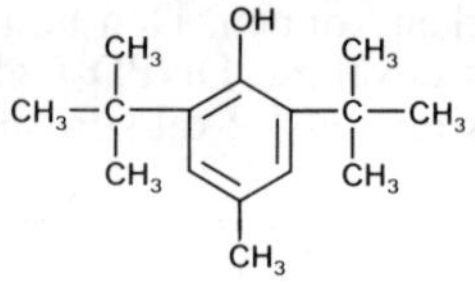

BHT

wegen seiner hohen Flüchtigkeit gewährt es aber nur bei relativ niedrigen Temperaturen einen Schutz gegen Oxidation. Bessere Wärmestabilität und z. T. erheblich verbesserte Schutzwirkung weisen stärker alkylierte Phenole auf, wie 2,4-Dimethyl-6-tert.-butyl-, 2,4-Dimethyl-6-($\alpha$-methyl-cyclohexyl)- und 4-Methoxymethyl-2,6-di-tert.-butyl-phenol. Eine Reihe weiterer 2,4,6-substituierter Phenole nicht bekanntgegebener Struktur werden von verschiedenen Firmen in den Handel gebracht.

Unter den bifunktionellen Phenolen geben das 2,2'-Methylen-bis(4-methyl-6- tert.-butyl-phenol) (BPH)

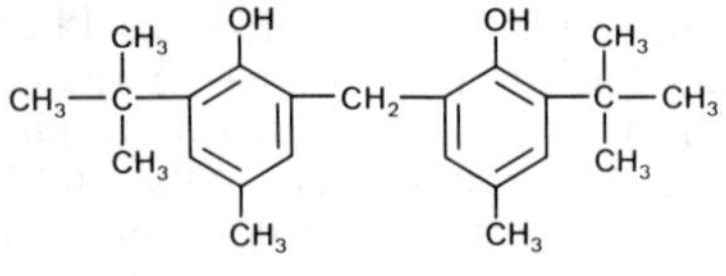

BPH

2,2'-Methylen-bis(4-methyl-6-cylohexylphenol) (CPH) sowie 2,2'-Isobutyliden-bis-(4,6-dimethylphenol) (IBPH) einen hervorragenden Schutz gegen die Einwirkung von Sauerstoff. Jedoch tritt bei längerer Belichtung eine gewisse Verfärbung nach rosa ein, die allerdings bei IBPH nur gering ist. Eine geringere Verfärbungstendenz, teilweise auch eine etwas abgeschwächte Wirkung haben die entsprechenden Äthyl-Derivate, z. B. 2,2'-Methylen-bis-(4-Äthyl-6-tert.-butyl-phenol).4,4'-Thio-bis-(3-methyl-6-tert.-butyl- phenol) ist nicht nur als Alterungsschutzmittel für Kautschuk, sondern auch als Stabilisator für Polyäthylen von geringer und hoher Dichte geeignet.

Trifunktionelle Phenole, die sich durch eine äußerst geringe Flüchtigkeit auszeichnen, z. B. Tris-1,1,3-(2'-methyl-4'-hydroxy-5'-tert.-butyl-phenyl)-butan, $\beta$-(4-Hydroxy-3,5-di-tert.-butyl-phenyl)-propionsäure-n-octadecylester oder 1,3,5-Trimethyl-2,4,6-tris(3',5'-di-tert.-butyl-4'-hydroxy-benzyl)-benzol, verwendet man daher bevorzugt für solche Kautschuke, die bei hoher Temperatur verarbeitet werden [5.166.–5.168.].

Heterocyclische Mercaptoverbindungen, wie das Mercaptobenzimidazol (MBI), sein Zinksalz (ZMBI) sowie die 4- bzw. 5-

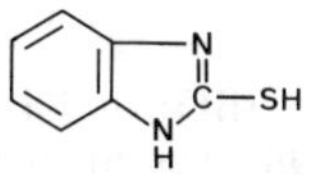

MBI

Methylverbindung (MMBI) weisen als nicht verfärbende Alterungsschutzmittel nur mittlere Wirksamkeit auf. Da sie jedoch als starke Synergisten wirken, worin ihre große Bedeutung liegt, werden sie selten als alleinige Alterungsschutzmittel eingesetzt. Sie verstärken in Kombination mit anderen Antioxydantien deren Wirksamkeit. ZMBI hat eine Bedeutung als sensibilisierend wirkende Substanz bei der Latex-Verarbeitung (vgl. S. 388 u. 578).

Die phenolischen Alterungsschutzmittel weisen eine gewisse Schutzwirkung gegen Kautschukgifte auf. Hierbei wird jedoch die ausgezeichnete Wirkung der p-Phenylendiamine nicht erreicht. MBI und MMBI wirken schwächer als die Phenole; wenn sie jedoch z. B. mit einem Bisphenol wie BPH kombiniert werden, geben sie eine synergistische Wirkung. Die Bedeutung dieser Kombinationen liegt in ihrer Nichtverfärbung.

Gegen Crazing-Effekte wirken vor allem die phenolischen Alterungsschutzmittel, von denen vor allem BPH und BHT zu nennen sind.

Die phenolischen und heterocyclischen, nicht verfärbenden Alterungsschutzmittel wirken nicht gegen Ermüdungs- und Ozonrisse.

### 5.3.2.7. Nicht verfärbende Ozonschutzmittel ohne Alterungsschutzwirkung [5.6., 5.160.–5.162.]

Während die Herstellung dunkler ozonbeständiger Gummiartikel nicht sonderlich problematisch ist (Ruß und p-Phenylendiamine), ist die Herstellung entsprechend heller Artikel aus Dienkautschuken nur bedingt möglich.

Hierfür setzt man in erster Linie physikalisch wirkende mikrokristalline Wachse, Paraffinwachse, Ozokerit u. dgl. ein, die durch Ausblühen einen oberflächlichen Wachsfilm bilden und somit den Gummiartikeln einen Schutz gegen Ozon verleihen. Wenn dieser Schutzfilm verletzt wird, geht naturgemäß die Ozonresistenz zurück. Deshalb können Wachse allein gegen dynamische Rißbildung nicht wirksam sein. Die Art des Wachses (Migrationsverhalten, Elastizität, Geschmeidigkeit u. dgl.) spielt eine große Rolle (vgl. S. 358). Die Dosierung für Ozonschutzwachse liegt je nach Wachstyp und erwünschtem Effekt zwischen 1 und 3,5 phr und mehr.

Noch höhere Dosierungen würden bei einigen Wachsen die Ozonbeständigkeit weiter verbessern, jedoch steht die dadurch erzielte Verbesserung in keinem angemessenen Verhältnis mehr zum preislichen Mehraufwand.

Einige Benzofuran-Derivate (BD) und Enoläther (EE) wirken im Vergleich dazu chemisch und verleihen hellen Vulkanisaten eine gute Ozonbeständigkeit. Während BD nur in CR bzw. CR-haltigen Verschnitten wirkt, können EE vor allem in Kombinationen mit mikrokristallinen Wachsen, die eine synergistische Wirkung geben, auch in anderen Dienkautschuken, wie NR, IR, BR, SBR, und in etwas abgeschwächtem Maße auch in NBR, eingesetzt werden. Während BD neben der Ozonschutzwirkung noch einen wirksamen Alterungsschutz gibt (vgl. S. 319), schützen EE nur gegen Ozon.

#### 5.3.2.8. Alterungsschutzmittel mit Hydrolysenschutzwirkung

Elastomere, die in der Kautschukmatrix oder in der Seitengruppe hydrolysierbare Gruppen tragen, wie z. B. Urethan- oder Estergruppen, können durch Feuchtigkeit (Dampf) oder hydrolisierend wirkende Chemikalien (Säuren, Basen) abgebaut oder verändert werden. Produkte, die einer solchen Hydrolyse entgegen wirken und demgemäß die Haltbarkeit der Polymeren auch gegenüber höheren Temperaturen erheblich steigern, sind z. B. Polycarbodiimide (PCD).

### 5.3.3. Auswahl von Alterungsschutzmitteln für einige Anwendungsbereiche

#### 5.3.3.1. Stabilisierung von SR (Oxidationsschutz)

Für die Stabilisierung (Oxidationsbeständigkeit, Verhinderung der Gelbildung) des unvulkanisierten Kautschuks werden sowohl verfärbende (insbesondere sekundäre aromatische Amine, z. B. SPDA, PBN, p-Phenylendiamine u. a.) als auch nichtverfärbende Alterungsschutzmittel (insbesondere sterisch gehinderte Mono- oder Bis-Phenol-Derivate, z. B. BHT, SPH u. a.), verwendet, wobei die Dosierung in der Regel je nach Wirksamkeit der Substanz und dem gewünschten Schutzeffekt ca. 0,4 bis ca. 1,25 phr beträgt (vgl. hierzu auch S. 105).

Verfärbende Stabilisatoren sind den nichtverfärbenden, vor allem hinsichtlich Hitzebeständigkeit und Verhinderung von Gelbildung, fast immer überlegen. Es gibt auch spezielle Stabilisatoren, die nicht gleichzeitig Alterungsschutzmittel für Vulkanisate sind, z. B. die Arylphosphorigsäureester (z. B. Trisphenylnonylphosphit, TNPP).

#### 5.3.3.2. Alterungsschutzmittel gegen unkatalysierte Autoxidation von Vulkanisaten

Zur Verhinderung der Autoxidation von Vulkanisaten werden Mengen von 0,8–1,5 phr Alterungsschutzmittel verwendet. Besonders wirksame Produkte (p-Phenylendiamine) geben schon von ca. 0,2 phr ab eine beachtliche Schutzwirkung; andererseits werden von völlig nichtverfärbenden Chemikalien (z. B. styrolisierten Phenolen) manchmal bis zu 2 phr zugegeben. Die erzielten Schutzwirkungen sind in NR durchweg ausgeprägter als in SR, teils wegen derer allgemein besseren Alterungsbeständigkeit, teils wegen der bereits bei der Herstellung zugegebenen und als Alterungsschutzmittel wirkenden Stabilisatoren.

Zur Verhinderung der Autoxidation können nahezu alle Alterungsschutzmittel verwendet werden mit Ausnahme der speziellen Ozonschutzmittel ohne Alterungsschutzwirkung und der Hydrolysenschutzmittel. Die stärkste Wirkung weisen die p-Phenylendiamine und Naphthylamin-Derivate auf. Da diese stark verfärben, kommen sie nur für schwarze und dunkel gefärbte Artikel in Frage. Die nur schwach verfärbenden Diphenylamin-Derivate schützen ebenfalls vielfach sehr gut. Von den nichtverfärbenden Substanzen haben die sterisch gehinderten Bisphenole die stärkste Wirkung, gefolgt von den aralkylierten Phenolen. Vielfach wird in Kombination mit MBI und seinen Derivaten ein synergistischer Effekt erzielt.

#### 5.3.3.3. Alterungsschutzmittel gegen die durch Kautschukgifte beschleunigte Autoxidation [5.169.–5.171.]

Als Schutzmittel gegen die schädliche Wirkung von Kautschukgiften werden im allgemeinen die gleichen Substanzen in gleicher Dosierung angewandt wie sie gegen unkatalysierte Oxidation üblich sind, d. h. in Mengen von ca. 0,8–1,5 phr, bei besonders wirksamen Chemikalien auch weniger. Dennoch sind einige Sonderheiten zu beachten.

Die Desaktivierung von Cu- und Mn-Verbindungen ist eine spezifische Eigenschaft eines Schutzmittels und muß dem Schutzeffekt gegen die unkatalysierte Alterung keineswegs parallel gehen. Z. B. unterscheiden sich PAN und PBN hinsichtlich der unkatalysierten Alterung kaum, während in Bezug auf die Schutzwirkung gegen Cu und Mn das $\alpha$-Isomere eindeutig den Vorzug verdient. Auch DNPD hat eine starke Wirksamkeit gegen Kautschukgifte. Bestimmte Kombinationen (z. B. von MBI mit Phenolen, insbesondere sterisch gehinderten Bisphenolen oder sekundären aromatischen Aminen) geben überraschend hohe Wirkungsgrade, selbst dann, wenn jede der Komponenten für sich kaum wirksam ist (synergistische Wirkung).

Wenigstens teilweise beruht der positive Einfluß von Antioxidantien gegen Kautschukgifte auf einer Komplexbindung (Chelatisierung) des schädlichen Ions. Dafür spricht, daß einfache Komplexbildner ohne Alterungsschutzmittel-Eigenschaften, wie Äthylendiamintetraessigsäure eine Kupfer-Schutzwirkung ausüben können. Auch Nickel-dimethyldithiocarbamat (NiDMC) wirkt als spezielles Gummigift-Schutzmittel, ohne einen sonstigen Alterungsschutz aufzuweisen.

#### 5.3.3.4. Alterungsschutzmittel gegen Hitzealterung

Zum Schutz gegen Hitzealterung haben sich besonders nicht- oder schwerflüchtige Verbindungen bewährt. Während für NR, SBR und NBR besonders gute Hitzebeständigkeit durch z. B. TMQ allein oder in Kombination mit anderen Alterungsschutzmitteln wie MBI erzielt wird, weichen Vulkanisate auf Basis CR hiervon ab. Für sie sind z. B. Produkte der Diphenylamin-Reihe wie z. B. ODPA besonders wirksam. Auch mit p-Phenylendiaminen wird gute Hitzebeständigkeit erreicht. Besonders wichtig für hitzebeanspruchte Gummiartikel ist die Wahl des richtigen Vulkanisationssystems. Hier sind schwefelfreie bzw. schwefelarme Systeme bei Dienkautschuken besonders wichtig (vgl. S. 250 ff).

#### 5.3.3.5. Ermüdungsschutzmittel

Der Kreis der brauchbaren Ermüdungsschutzmittel ist enger begrenzt als der der Alterungsschutzmittel. Im Regelfall ist ein Ermüdungsschutzmittel gleichzeitig gegen die statische Autoxidation wirksam, während das umgekehrte nicht gilt. Über den spezifischen Wirkungsmechanismus des Ermüdungsschutzes ist so gut wie nichts bekannt. Der Ermüdungsschutz geht jedoch in einem gewissen Maße mit dem Ozonschutz parallel.

Alle hochaktiven Produkte sind verfärbend, normalerweise um so stärker, je wirksamer sie sind. Die wirksamsten Ermüdungsschutzmittel sind aryl-alkylsubstituierte p-Phenylendiamine.

Die Auswahl der Produkte erfolgt entsprechend den Ausführungen des Abschnittes 5.3.2.2. (vgl. S. 316 ff).

#### 5.3.3.6. Ozonschutzmittel

Der Kreis der Ozonschutzmittel (im speziellen Sinne) ist noch enger als der der Ermüdungsschutzmittel. Verfärbende Ozonschutzmittel sind meistens auch Ermüdungsschutzmittel; nicht jedes Ermüdungsschutzmittel ist aber auch ein Ozonschutzmittel. Ozonschutzmittel sind, wenn man von Wachsen absieht, im allgemeinen auch Schutzmittel gegen Sauerstoff- und Wärmeeinflüsse. Umgekehrt ist bei weitem nicht jedes Antioxidans gegen Ozonrißbildung wirksam.

Die wichtigsten Mittel sind p-Phenylendiamine. Fast alle bisher bekannten, auf chemischem Wege wirkenden Ozonschutzmittel sind verfärbend. Erst in jüngster Zeit ist es gelungen einige Benzofuran-Derivate bzw. Enoläther als chemisch wirkende nichtverfärbende, Ozonschutzmittel aufzufinden [5.160.–5.162.]. Sie haben ihr Wirkungsoptimum in Kombination mit Wachsen (synergistische Wirkung). Als physikalisch wirkende Mittel sind die Wachse zu nennen.

Die Auswahl der Ozonschutzmittel erfolgt entsprechend den Ausführungen der Abschnitte 5.3.2.2., 5.3.2.5. sowie 5.3.2.7. (vgl. S. 316 ff, 319 u. 321).

Über den Wirkungsmechanismus eines Ozonschutzmittels ist kaum etwas bekannt. Man weiß lediglich, daß die Mittel in der Oberflächenzone des betreffenden Artikels entweder durch das Ozon selbst oder durch die Oxidationsprodukte des Gummis in einer chemischen Reaktion verbraucht werden und daß die Schutzwirkung in dem Maße aufrechterhalten wird, wie die Substanz aus dem Innern des Artikels nachdiffundieren kann. Da bestimmte Wachse hier eine Migrationshilfe leisten können, kommt den Kombinationen mit ihnen eine entsprechende Bedeutung zu.

### 5.3.3.7. Schutzmittel gegen Crazing- oder Frosting-Effekte

Verhältnismäßig einfach gestaltet sich die Verhütung des „Crazing"-Effekts. Da dieser nur bei hellen Vulkanisaten auftritt, kommen nur nichtverfärbende oder schwach verfärbende Schutzmittel in Frage. Die anzuwendenden Dosierungen liegen zwischen 0,5 und 2 phr. Nach bisherigen Beobachtungen besteht eine weitgehende Parallelität zwischen der Schutzwirkung gegen die unkatalysierte und gegen die lichtkatalysierte Autoxidation. Als Schutzmittel werden alkylierte und aralkylierte Phenole verwendet. Auch das gelb bis braune Einfärben des Gummis (Absorption der Blauanteile des Lichtes) geben einen Schutzeffekt.

Der Schutz gegen „Frosting"-Phänomene ist problematisch. In einem gewissen Maße wirkt p,p'-Diaminophenylmethan gegen „Frosting". Diese Wirkung hat aber nicht überall Anerkennung gefunden. Paraffinzusätze als physikalisch wirkende Ozonschutzwachse wirken sich aber günstig aus. Möglicherweise können auch chemisch wirkende Ozonschutzmittel positive Wirkungen erbringen. Den besten Schutz erhält man durch richtige Wahl der Füllstoffe und Vulkanisationsbeschleuniger.

### 5.3.3.8. Schutzmittel gegen Dampfalterung

Beim Schutz gegen Dampfalterung hat man zu unterscheiden zwischen Dienkautschuken und Kautschuk-Typen, die hydrolysiert werden können. Bei Vulkanisaten aus Dienkautschuken wirken sich die gleichen Schutzmittel positiv aus, die auch guten Hitzeschutz ergeben, also p-Phenylendiamine, Diphenylamin-Derivate, TMQ vor allem auch in Kombination mit MBI und dessen Derivaten. Besonders vorteilhaft sind hier wieder reversionsbeständige Vulkanisate. Hierfür gelten die Kriterien der Abschnitte 5.3.2.2.–5.2.2.4. (vgl. S. 316 ff).

Bei Kautschuken mit hydrolysierbaren Gruppen sind Schutzmittel geeignet, die rascher mit Dampf oder Feuchtigkeit reagieren als der Kautschuk selbst, wodurch Ketten- oder Seitengruppenspaltungen vermieden werden. Hierfür kommen z. B. Polycarbodiimide in Betracht (vgl. Kapitel 5.3.2.8., S. 322).

### 5.3.3.9. Zusammenfassung

Die folgende Tabelle 5.1. gibt einen Überblick über das Wirkungsspektrum der wichtigsten Alterungsschutzmittel (Auszug aus [5.172.]).

### 5.3.3.10. Handelprodukte [5.1., 5.2.]

Von der Vielzahl von Handelsprodukten sollen hier die Handelsmarken (Gruppenbezeichnung) der wichtigsten Lieferanten genannt werden, von denen sich meist durch zusätzliche Indices ganze Sortimente ableiten (die Aufstellung erhebt keinen Anspruch auf Vollständigkeit).

**Alterungsschutzmittel**
**p-Phenylendiamin-Derivate.**

*IPPD.* Eastozone 34, Eastman Chemicals – Flexzone 3C, Uniroyal – Permanax IPPD, Vulnax – Santoflex IP, Monsanto – Vulkanox 4010 NA, Bayer.

*6 PPD.* Agerite Antozite 67, Vanderbilt – Anto 3 E, Pennwalt – Flexzone 7 L, Uniroyal – Permanax 6 PPD, Vulnax – Santoflex 13, Monsanto – UOP 588, Universal Oil – Vulkanox 4020, Bayer. – (Wing Stay 300, Goodyear).

*77PD.* Agerite Antozite MPD, Vanderbilt – Anto 3 G, Pennwalt – Eastozone 33, Eastman Chemical – Flexzone 4 C, Uniroyal – Santoflex 77, Monsanto – UOP 788, Universal Oil – Vulkanox 4030, Bayer.

*DPPD.* Agerite DPPD, Vanderbilt – Altofane DIP, Ugine Kuhlmann – Antioxidant DPPD, Anchor – DPPD, Monsanto – Good-rite AO 3152×1, Goodrich – J-Z-F, Uniroyal – Permanax DPPD, Vulnax.

*DNPD.* Agerite White, Vanderbilt – Antioxidant 123, Anchor – Good-rite AO 3120×1, Goodrich.

**Tab. 5.1.:** Wirkungsspektrum der Alterungsschutzmittel[1]).

| Schutzmittel | Schutzwirkung gegen | | | | | | | | |
|---|---|---|---|---|---|---|---|---|---|
| | I Autoxidation[2]) | II Hitze[3]) | III Ermüdungsrißbildung[2]) | IV (stat.) Ozonrißbildung | V Metallvergiftung | VI crazing | VII Verfärbung | VIII Kontaktverfärbung[4]) | IX Zulassung f. Lebensmittelbedarfsgegenstände[5]) | X Aggregatzustand |
| DNPD | 1 | 1–2 | 6 | 6 | 1 | 3 | 2 | 1–2 | nein | fest |
| DTPD | 2 | 2–3 | 2 | 3 | 2 | – | 5 | 4 | nein | fest |
| 77PD | 3–4 | 3–4 | 2 | 1 | – | – | 5 | – | nein | flüssig |
| DOPD | 3–4 | 3–4 | 2 | 1 | – | – | 5 | – | nein | flüssig |
| IPPD | 2 | 2–3 | 1 | 1–2 | 2 | – | 5–6 | 5 | nein | fest |
| 6PPD | 2 | 2–3 | 1–2 | 2 | 2 | – | 5–6 | – | nein | fest |
| ETMQ | 2–3 | 3 | 2 | 3–4 | – | – | 5 | 4 | nein | flüssig |
| PAN | 2 | 2–3 | 2–3 | 6 | 2–3 | – | 5 | 4 | nein | fest |
| PBN | 2 | 2–3 | 2–3 | 6 | 3–4 | – | 5 | 4 | nein | fest |
| ODPA | 2–3 | 2[6]) | 3–4 | 6 | 3 | 6 | 1–2 | 1–2 | nein | fest |
| TMQ | 2 | 1–2[7]) | 4–5 | 5 | 3–4 | 6 | 2 | 1–2 | nein | fest |
| SPH | 3–4 | 3–4 | 4 | 6 | – | 2 | 0 | 0 | ja | flüssig |
| BD | 3 | 3 | 3–4 | 6[8]) | 6 | 2 | 0–1 | 0 | nein | fest |
| BHT | 3–4 | 4–5 | 6 | 6 | 4–5 | 1 | 0 | 0 | ja | fest |
| BPH | 2–3 | 3 | 6 | 6 | 3[9]) | 1 | 1 | 0 | ja | fest |
| MBI | 4[10]) | 3[11]) | 6 | 6 | 6[12]) | 6 | 0 | 0 | nein | fest |
| MMBI | 4[10]) | 3[11]) | 6 | 6 | 6[12]) | 6 | 0 | 0 | nein | fest |
| EE | 6 | 6 | 6 | 2[13]) | 6 | 6 | 0 | 0 | nein | flüssig |

[1]) Für Spalte I–IV bedeuten 1 (am besten) bis 6 (am schlechtesten); für Spalte VII und VIII bedeuten 0 (keine Verfärbung bis 6 (sehr starke Verfärbung); – bedeutet nicht geprüft bzw. hier ohne Bedeutung. – [2]) Für NR und IR. – [3]) Gilt nicht für CR. –[4]) Gummi/Gummi. – [5]) Empfehlung XXI, Bedarfsgegenstände aus Natur- und Synthesekautschuk (Bundesgesundheitsblatt **22** (1979), S. 283. – [6]) In CR: 1. – [7]) In Kombination mit MBI: 1. – [8]) Gute Schutzwirkung in CR. – [9]) In Kombination mit MBI: 1. – [10]) In Dithiocarbamat-beschleunigten Mischungen. – [11]) In Kombination mit IPPD oder TMQ 1; mischungsabhängig; in Dampf auch ohne andere Alterungsschutzmittel: 1–2. – [12]) In Kombination mit BPH: 1. – [13]) Wachszugabe erforderlich (Ausnahme: CR).

*Sonstige.* Akroflex AZ, DuPont – Agerite Antozite 1; 2, Vanderbilt – Antioxidant CP, Anchor – Anto A; 3 C; 3 F, Pennwalt – Aranox, Uniroyal – Flexzone 5 L; 6 H, Uniroyal – UOP 36; 62; 57; 488; 688, Universal Oil – Wingstay 100; 250; 275; 256.

**Dihydrochinolin-Derivate**

*ETMQ.* Anox W, Bozzetto – Santoflex AW; DD, Monsanto – Vulkanox EC, Bayer.

*TMQ.* Aceto POD, Aceto Chemical – Agerite Resin D; MA, Vanderbilt – Cyanox 12, Anchor/Cyanamid – Good-rite AO 3140, Goodrich – Flectol H, Monsanto – Naugard Q, Uniroyal – Pennox HR, Pennwalt – Permanax TQ, Vulnax – Vulkanox HS, Bayer.

**Naphthylamin-Derivate**

*PAN.* Aceto PAN, Aceto Chemical – Altofane A, Ugine Kuhlmann – Neozone A, Du Pont – PAN, Union Carbide – Vulkanox PAN, Bayer.

*PBN.* Aceto PBN, Aceto Chemical – Agerite Powder, Vanderbilt – Altofane MC, Ugine Kuhlmann, Antioxidant 116 X, Anchor – Neozone D, Du Pont – PBN, BASF – PBN, Bitterfeld – Vulkanox PBN, Bayer.

**Diphenylamin-Derivate**

*Alkylierte (ODPA).* Agerite Stalite; Stalite S; Gel; ISO; Hepa; Vanox 12, Vanderbilt – Antioxidant AD; Cyanox 8, Anchor/Cyanamid – Antox N, Du Pont – Flectol ODP, Monsanto – Good-rite AO 3190×29; 3191, Goodrich – Octamine, Uniroyal – Pennox ODP; A, Pennwalt – Permanax OD, Vulnax – Vulkanox OCD, Bayer.

*SDPA.* Vulkanox DDA, Bayer.

*ADPA.* Agerite Superflex, Vanderbilt – Aminox, Uniroyal – Good-rite AO 3146, Goodrich – Permanax B; BL; BLN; BLW, Vulnax.

*Sonstige.* Agerite Hepa, Vanderbilt – Altofane PCL, Ugine Kuhlmann – Betanox; BLE, Uniroyal – Good-rite AO 3920×3; 3185×1, Goodrich – Wing Stay 29, Goodyear.

**Benzimidazol-Derivate.**

*MBI.* Altofane MTB, Ugine Kuhlmann – Vulkanox MB, Bayer.

*ZMBI.* Altofane MTBZ, Ugine Kuhlmann – Vulkanox ZMB, Bayer.

*MMBI.* Vulkanox MB2, Bayer.

**Bisphenol-Derivate.**

*BPH.* Antioxidant 2246, Anchor/Cyanamid – Bisoxol D, CdF-Chimie – Naruxol 15, Uniroyal – Vulkanox BKF, Bayer.

*CPH.* (Permanax WSP, Vulnax) – Vulkanox ZKF, Bayer.

*IBPH.* Vulkanox NZ, Bayer.

*Sonstige gehinderte Phenole.* Agerite Geltrol; GT; Superlite, Vanderbilt – Anox G 1, Bozzetto – Antioxidant 425, Cyanamid – Antioxidant 431, Uniroyal – Antioxidant 555, Pitt Consol – Bisoxol SM, CdFChimie – Good-rite AO 3112; 3113×1, Goodrich – Naugawhite; Naugawhite Powder; Naruxol, Uniroyal – Santowhite Crystals; Santowhite 54, Monsanto – Wing Stay 2, Goodyear – Zalba; Zalba Special, DuPont.

**Monophenol-Derivate.**

*BHT.* Bisoxol 220, CdF Chimie – Imbutol E, Metallgesellschaft – Ionol, Shell – Naugard BHT, Uniroyal – Permanax BHT, Vulnax – Vulkanox KB, Bayer.

*APH, SAPH.* Bisoxol 24; MGB, CdF Chimie – Cyanox LF, Anchor/Cyanamid – Permanax WSL; WSO, Vulnax – Stabilisator K1; K2, BASF – Vanox 100 , Vanderbilt – Vulkanox DS; KSM; TSP; Bayer – Wing Stay T, Goodyear.

*SPH.* Agerite Spar; Vanox 102, Vanderbilt – Anox G 2, Bozzetto – Antioxidant SP, Anchor – Arconox SP, Uniroyal – Montaclere, Monsanto – Permanax SP, Vulnax – Stabilite SP, Reichhold – Wing Stay S, Goodyear.

*Sonstige.* Antioxidant MP, Anchor – Irganox 1010; 1076; Irgastab 2002, Ciba Geigy – Permanax CNS; EXP; HON; WMP, Vulnax – Santowhite MK; L, Monsanto.

**Sonstige Substanzen.**

*TNPP.* Good-rite AO 3113, Goodrich – Irgafos TNPP, Ciba-Geigy – Polygard, Uniroyal – Vanox 13, Vanderbilt.

*PCD.* Stabaxol PCD, Bayer.

*BD, EE.* Vulkanox AFC; Ozonschutzmittel AFD, Bayer.

*Ni-dithiocarbamate.* Isobutylniclate; Methylniclate, Vanderbilt – NBC, DuPont – Permanax NDBC, Akzo – Robac Ni BUD, Robinson.

**Ozonschutzmittel.**
Antilux; Ozonschutzwachs, Rheinchemie – Controzon, DOG – Heliozone, DuPont – Mikrowachs, BP – Ozonschutzmittel, Bayer – Rio Resin, Vanderbilt – Sunolite, Witco –Sunproof, Tonox, Uniroyal.

## 5.4. Verstärkung und Füllstoffe sowie Pigmente

### 5.4.1. Das Prinzip der Verstärkung, Einfluß von Füllstoffen auf das Eigenschaftsbild von Vulkanisaten [5.173.–5.184.]

Ein Vulkanisat erhält seinen Wert weniger durch die Höhe des Kautschukanteils als vielmehr durch die wohlausgewogene Auswahl der Zuschlagstoffe. Unter diesen spielen die Füllstoffe neben Vernetzungschemikalien und den Weichmachern eine ganz wesentliche Rolle. Dabei ist nur in den wenigsten Fällen der Wunsch nach Verbilligung, sondern vielmehr eine spezifische Wirkung auf den Kautschuk maßgebend. Die hier zu besprechenden Stoffe sind daher weniger als Streckmittel, sondern als qualitätsverbessernde Stoffe zu betrachten (vgl. S. 65 f u. 109 f).

Die meisten Füllstoffe wirken mehr oder weniger ausgeprägt verstärkend auf den Kautschuk, d. h. eine Reihe von Eigenschaften, wie Festigkeit, Elastizitätsmodul und Einreißwiderstand wird erhöht, während andere Eigenschaften, wie Bruchdehnung und Rückprallelastizität erniedrigt werden.

Neben der Bezeichnung „verstärkend" wird häufig von aktiven Füllstoffen gesprochen [5.185.]. Daher werden die Füllstoffe meistens nach dem Grad ihrer Aktivität, d. h. der aktiven Beeinflussung der Kautschukeigenschaften, eingeteilt. Die Aktivität eines Füllstoffes ist abhängig von der Teilchengröße, der geometrischen Gestalt des Teilchens und seiner chemischen Zusammensetzung.

Die optimale Wirkung von Füllstoffen kann ermittelt werden, wenn man die Veränderung der Eigenschaften mit dem Grad der Füllung untersucht (s. Abb. 5.9.). Bei inaktiven Füllstoffen ist fast durchweg eine stetige Veränderung des Eigenschaftsbildes mit dem Grad der Füllung zu beobachten, während sich bei den aktiven Füllstoffen ein Maximum bzw. ein Minimum ausbildet. Lage und Höhe der Kurve sind für den einzelnen aktiven Füllstoff spezifisch. Das Wirkungsoptimum kann am zweckmäßigsten anhand der Zugfestigkeit, des Abriebwiderstandes und des Einreißwiderstandes charakterisiert werden. Vielfach wird noch der Spannungswert als Maß der Aktivität hinzugezogen, doch ist diese Beurteilung etwas umstritten, da z. B. die hochaktiven Kieselsäure-Füllstoffe danach nur als halbaktive Füllstoffe angesprochen werden müßten, was sie nach ihrem sonstigen Verhalten im Kautschuk keineswegs sind [5.186.]. Für die Klassifizierung eines Füllstoffes muß daher das gesamte Eigenschaftsbild der mit dem Füllstoff hergestellten Rohmischungen und ihrer Vulkanisate herangezogen werden [5.187.] (s. Abb. 5.9. u. 5.10.).

Ferner ist auch die Mischungstemperatur bei der Mischungsherstellung sowie die Mischungsviskosität ein Maß für das aktive Verhalten der Füllstoffe. Je stärker die Viskosität mit zunehmender

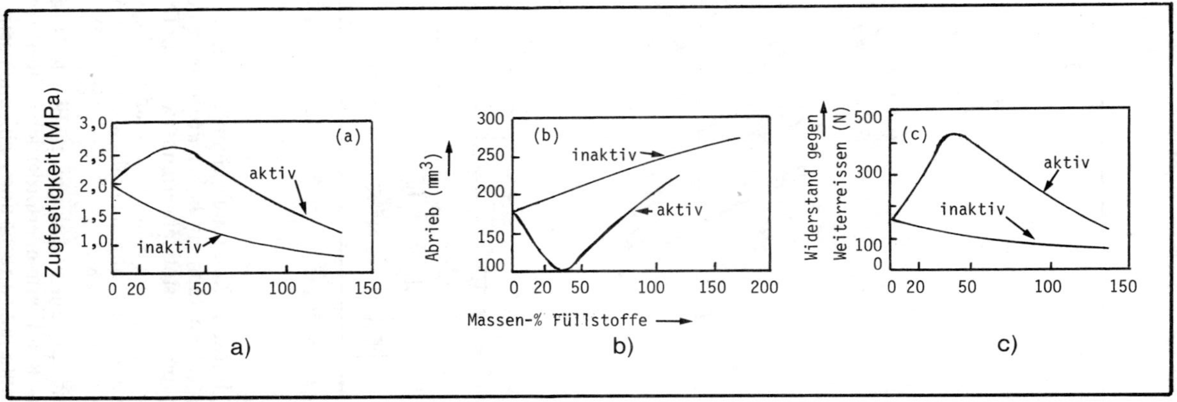


**Abb. 5.9.:** Einfluß von aktiven und inaktiven Füllstoffen in NR
a) auf die Zugfestigkeit von NR
b) auf das Abriebverhalten von NR
c) auf den Widerstand gegen Weiterreißen von NR

Füllung zunimmt, um so aktiver ist ein Füllstoff zu nennen (s. Abb. 5.10.).

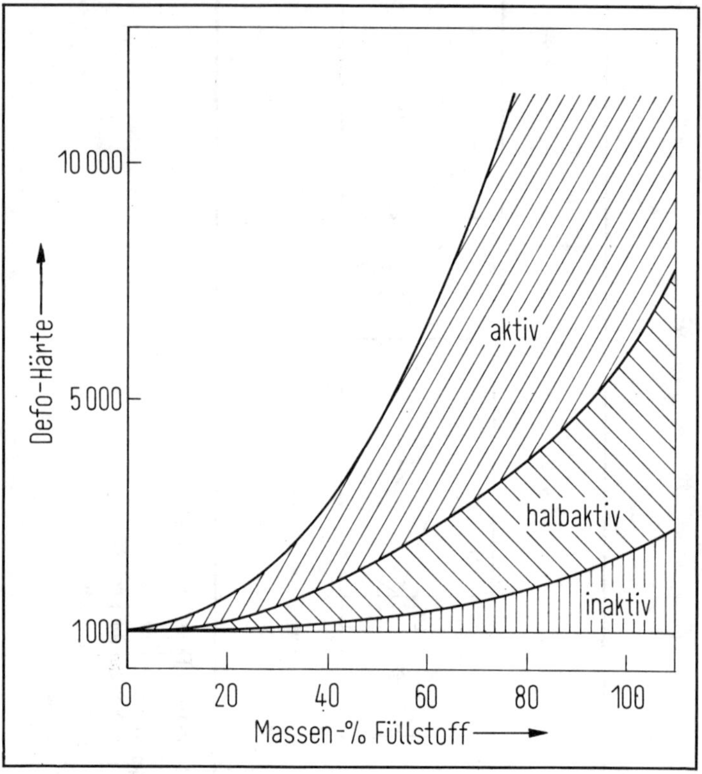


**Abb. 5.10.:** Einfluß der Aktivität von Füllstoffen auf die Mischungsviskosität.

Extrahiert man ein Füllstoff-Kautschuk-Gemisch mit einem Lösungsmittel, z. B. Benzol, so kann ein hoher Prozentsatz des Kautschuks nicht mehr vom Füllstoff abgetrennt werden. Dieser als „Bound Rubber" bezeichnete unlösliche, d. h. an den Füllstoff gebundene Anteil an Kautschuk kann ebenfalls als Maß für die Aktivität herangezogen werden [5.188.].

Die verstärkende Wirkung ein und desselben Füllstoffs sowie die zu seiner optimalen Realisierung erforderliche Dosierung kann bei verschiedenen Kautschuken recht unterschiedlich sein. Bei SR, besonders BR, SBR und NBR ist z. B. die Aktivität der Füllstoffe infolge ihres strukturellen Aufbaus und mangelnder Dehnungskristallisation oft wesentlich stärker ausgeprägt als bei NR.

Zu beachten ist, daß nicht die gleiche Füllstoffdosierung für alle mechanischen Eigenschaften optimale Werte liefert, sondern daß ähnlich wie bei der Vulkanisationszeit Unterschiede hinsichtlich der Erzielung optimaler Eigenschaften bestehen.

### 5.4.2. Bestimmung der Füllstoffaktivität [5.189.–5.193.]

Die optimale Wirkung von Füllstoffen kann ermittelt werden, wenn man die Veränderung der Eigenschaften von Kautschuk und/oder Vulkanisaten mit dem Grad der Füllung untersucht. Darüber hinaus existieren aber zahlreiche Methoden zur Ermittlung der Aktivität am Füllstoff selbst, die orientierende Aussagen über das vermutliche Verhalten in Kautschukmischungen und Vulkanisaten gestatten.

#### 5.4.2.1. Teilchengröße

Die Teilchengröße kann licht- oder elektronenmikroskopisch ermittelt werden. Hierbei kann man auch die Teilchengrößenverteilung, die im allgemeinen durch Auszählung einer elektronenmikroskopischen Aufnahme vorgenommen wird, ermitteln.

#### 5.4.2.2. Oberfläche

In unmittelbarem Zusammenhang mit der Teilchengröße steht die spezifische Oberfläche eines Füllstoffes. Sie wird am besten durch die Stickstoff-Adsorptionsmethode nach Brunauer, Emmett und Teller [5.193.] ermittelt. Man spricht von einem BET-Wert, der in $m^2/g$ angegeben wird. Bei einem inaktiven Füllstoff liegt dieser Wert bei 0 bis ca. 10 $m^2/g$, bei einem halbaktiven Füllstoff bei etwa 10 bis 60 $m^2/g$ und bei aktiven Füllstoffen zwischen ca. 60 und 250 $m^2/g$.

Außer dieser Stickstoff-Adsorption spielen weitere Adsorptionsmessungen eine gewisse Rolle. So kennt man die DPG-Adsorption, bei der man in einer modifizierten Methode anstelle von Stickstoff Diphenylguanidin verwendet, oder die Jodadsorption.

Es ist möglich, aus dem elektronenmikroskopisch gemessenen Teilchendurchmesser unter der Annahme einer Kugelgestalt des Füllstoffteilchens die Füllstoffoberfläche in $m^2/g$ zu errechnen. Dieser Wert, der mit $O_{EM}$ bezeichnet wird, ist im allgemeinen kleiner als die $O_{BET}$, die nach der Stickstoff-Adsorptionsmethode gemessene Oberfläche. Dieser Unterschied ist darauf zurückzuführen, daß eine Zerklüftung der Füllstoffoberfläche bei der $O_{EM}$ nicht erfaßt wird. Man spricht von einem Rauhigkeitsfaktor (R), oder der inneren Oberfläche eines Füllstoffes.

$$R = \frac{O_{BET}}{O_{EM}}$$

Je größer die innere Oberfläche ist, um so mehr kann von den Chemikalien durch den Füllstoff adsorbiert und der Kautschukmischung dadurch entzogen werden. Die kautschukwirksame Oberfläche, der sogenannte A-Wert, strebt mit steigender BET-Oberfläche einem Grenzwert zu. [5.184.]

#### 5.4.2.3. Öl-Adsorption

Unter der Öl-Adsorption versteht man die Menge Öl, die erforderlich ist, um eine bestimmte Füllstoffmenge zu einer zähen Paste anzureiben. Das Verfahren ist relativ schlecht reproduzierbar, liefert aber, von stets der gleichen Hilfskraft ausgeführt, vergleichbare Werte. Es gibt Füllstoffe mit großer und mit kleiner Öl-Adsorption. Man nimmt an, daß die Füllstoffe mit großer Öl-Adsorption eine hohe „Struktur" haben. Man versteht unter „Struktur" in diesem Zusammenhang das Auftreten von Füllstoffketten. Bei Füllstoffen mit niedriger Öl-Adsorption soll eine niedrige „Struktur" vorliegen, d. h. die Primärteilchen sind nicht zu Ketten agglomeriert. Die „Struktur" steht in einem Zusammenhang zur elektrischen Leitfähigkeit und auch zur Verstärkerwirkung.

#### 5.4.2.4. Schwärzungsintensität

Dieses Verfahren spielt nur für Ruße eine Rolle und ist auch hier nur jeweils in einer bestimmten Rußklasse anwendbar. Die Nigrometermessungen lassen einen Zusammenhang zwischen der Schwärzungsintensität und der Teilchengröße und damit der Aktivität zu.

#### 5.4.2.5. pH-Wert

Der pH-Wert kann wichtige Anhaltspunkte für das Vulkanisationsverhalten und die evtl. Adsorption von Beschleunigern durch den Füllstoff geben, wodurch die Vulkanisation gestört und ungenügende Eigenschaften der Vulkanisate erhalten würden.

#### 5.4.2.6. Aussagewert der Untersuchungen

Wenn auch der Aussagewert dieser Untersuchungen für die Charakterisierung eines Füllstoffes äußerst wichtig ist, so gestatten dennoch die Voruntersuchungen vielfach keine endgültige Aussage über das Verhalten eines Füllstoffes in Kautschukmischungen.

Z. B. kann es vorkommen, daß ein hochaktiver Füllstoff sich infolge seiner zu hohen Aktivität so schlecht verarbeiten läßt, daß er als Füllstoff nicht geeignet ist.

Es ist weiter wichtig, daß die Prüfung eines Füllstoffes nicht in einer feststehenden Testrezeptur durchgeführt, sondern daß in jedem Fall die Beschleunigung optimal eingestellt wird. Untersuchungen mit feststehenden Testrezepturen führen nur zu Fehlschlüssen und sind daher wertlos. Die physikalischen Voruntersuchungen geben Anhaltspunkte für den zweckmäßigen Rezepturaufbau und die zweckmäßige Beschleunigerdosierung, so daß man durch diese Voruntersuchung Arbeit einsparen kann.

### 5.4.3. Füllstoffe

#### 5.4.3.1. Einteilung der Füllstoffe

Die Füllstoffe werden primär eingeteilt in Ruße und helle Füllstoffe. Bei den hellen Füllstoffen ist insbesondere die chemische Zusammensetzung das Einteilungsprinzip. Zu nennen sind insbesondere kolloide Kieselsäure, Calcium- und Aluminiumsilicate, Tonerdegel, Kaoline, Kieselerde, Talkum, Kreide, Metalloxide wie Zinkoxid und Metallcarbonate.

Innerhalb jeder Füllstoffkategorie sind Aktivitätsabstufungen zu beobachten. Grundsätzlich gehören die meisten Ruße, die kolloide Kieselsäure und die meisten feinteiligen Silicate zu den hoch- bis mittelaktiven Füllstoffen, wogegen die Kreide zu den inaktiven Füllstoffen zählt.

#### 5.4.3.2. Ruße [5.194.–5.200.]

##### 5.4.3.2.1. Allgemeines über Ruße und Klassifizierung

Ruße sind technische Großprodukte. Die Weltproduktion beläuft sich auf weit über 2 Mill. t jährlich. Diese Stellung verdanken sie ihrer verstärkenden Wirkung auf Kautschuk, welche die Grundlage der heutigen Reifen- und Gummiindustrie darstellt. Hinsichtlich der Verstärkungseffekte haben sich Ruße noch nicht durch andere Materialien voll ersetzen lassen.

Das U. S. War Production Board teilte 1943 die wichtigsten Ruße nach ihrem Herstellungsprozeß in folgende Klassen ein:
„F" = Furnace Blacks (Ofenruße)
„C" = Channel Blacks (Kanalruße, „Gasruße")
„T" = Thermal Blacks (Thermalruße)

Von diesen Klassen spielt heute der Furnace-Ruß die weitaus bedeutendste Rolle. Channel-Ruße sind aus der Gummiindustrie praktisch vollständig verschwunden. Die Thermalruße sind in den letzten Jahren infolge wirtschaftlicher und ökologischer Faktoren (Preissteigerungen bei dem zur Herstellung dienenden Erdgas; kostspielige Maßnahmen zur Verminderung einer Luftverunreinigung) weitgehend durch geeignete Furnace-Ruße, oft in Kombination mit entsprechenden Rezepturumstellungen, ersetzt worden.

Die Rußklassifizierung alter Art beruht auf einer rein historischen Namengebung. Der „High Abrasion Furnace"-Ruß (HAF) besitzt nach heutigen Ansprüchen keineswegs eine hohe Abriebfestigkeit und wird kaum noch in Reifenlaufflächen eingesetzt. Der „High Modulus Furnace"-Ruß (HMF) ist heute eher als Niedrigmodul-Ruß einzuordnen. Ein vor einigen Jahren neu eingeführtes ASTM-Schema versucht (s. Tabelle 5.2.), die existierende Situation eindeutiger zu beschreiben [5.201.]. Die Typenbezeichnung besteht aus einem Buchstaben, der die Vulkanisationsgeschwindigkeit charakterisiert („N" für normal, „S" für langsam), und drei Ziffern, deren erste einen Index für die Primärteilchengröße darstellt.

Die zweckmäßigste Auswahl der Ruß-Typen und der Dosierungen kann aus den jeweiligen Kapiteln „Mischungsaufbau" der verschiedenen Kautschuk-Typen entnommen und braucht deshalb an dieser Stelle nicht detailliert abgehandelt zu werden.

5.4.3.2.2. Furnace-Ruße [5.202.–5.207.]

**Herstellung.** Das Furnace-Verfahren – der erste kontinuierliche Prozeß zur Rußherstellung – wurde 1922 eingeführt und blieb über 20 Jahre lang auf Erdgas als Rohmaterial („Feedstock") und auf SRF als einziges Produkt beschränkt. Später kamen HMF und FF hinzu, doch löste seit 1943 das mit flüssigem Feedstock arbeitende Öl-Furnace-Verfahren den auf Naturgas basierenden Prozeß ab; heute werden sämtliche Furnace-Ruße aus flüssigen aromatischen Feedstocks hergestellt, die aus der Aufarbeitung von Erdölfraktionen, der Kohleteer-Destillation oder aus Äthylencrackern stammen. Im Prinzip wird der vorerhitzte Feedstock mit einem Luftunterschuß in einer Reaktionszone verbrannt, deren Temperatur- und sonstige Bedingungen durch die Verbrennung von Hilfsgas oder anderen Sekundär-Feedstocks eingestellt werden. Die Reaktion wird durch Eindüsen von Wasser abgeschreckt und der gebildete Ruß aus dem Dampf/Gas-Gemisch in Zyklonen und/oder Schlauchfiltern abgeschieden und schließlich geperlt.

**Struktur.** Die Einteilung der Ruße erfolgt (s. Tab. 5.2.) vor allem nach ihrer Jodadsorption (einer Indexzahl für die Größe und Aktivität der Oberfläche) und ihrer „Struktur", worunter man das Ausmaß einer Aggregation und Agglomeration der Primärteilchen zu ketten- und traubenförmigen Gebilden versteht (solche Aggregate stellen auch nach dem Einmischen in Kautschuk, trotz eines gewissen eintretenden Abbaus, die kleinsten technologisch wirksamen Einheiten dar, während die Primärteilchen eher einem hypothetischen Begriff nahekommen). Die Struktur der Ruße bleibt in einem

**Tab. 5.2.**: Klassifizierung der Ruß-Typen nach ASTM-1765.

| Carbon Blacks | | | | Vulcanizates Containing Carbon Black | |
|---|---|---|---|---|---|
| ASTM Designation[a] | Typical Iodine Adsorption No.[b] D 1510, g $I_2$/kg | Typical DBP No. D 2414, $cm^3$/100 g | Typical Pour Density, kg/$m^3$ (lb/$ft^3$) D 1513 | Minutes at 145° C (293° F) | Δ Stress[c] MPa (psi) at 300% elongation |
| N110 | 145 | 113 | 335 (21,0) | 15<br>30 | –1,38 (–200)<br>–1,56 (–225) |
| N121 | 120 | 130 | 320 (20,0) | 15<br>30 | +1,52 (+220)<br>+1,93 (+280) |
| N166 | 150 | 135 | 320 (20,0) | 15<br>30 | +1,17 (+170)<br>+1,06 (+155) |
| S212 | 117[d] | 86 | 400 (25,0) | 30<br>50 | –4,63 (–670)<br>–4,00 (–580) |
| N219 | 118 | 78 | 440 (27,5) | 15<br>30 | –4,21 (–610)<br>–4,87 (705) |
| N220 | 121 | 114 | 345 (21,5) | 15<br>30 | –0,62 (–90)<br>–0,73 (–105) |
| N231 | 125 | 91 | 390 (24,5) | 15<br>30 | –3,11 (–450)<br>–3,22 (–465) |
| N234 | 118 | 125 | 320 (20,0) | 15<br>30 | +1,69 (+245)<br>+1,41 (+205) |
| N242 | 123 | 126 | 330 (20,5) | 15<br>30 | +0,83 (+120)<br>+0,58 (+85) |
| N270 | 102 | 124 | 345 (21,5) | 15<br>30 | +1,86 (+270)<br>+1,93 (+280) |
| N285 | 102 | 126 | 335 (21,0) | 15<br>30 | +1,52 (+220)<br>+0,92 (+135) |
| N293 | 145 | 100 | 375 (23,5) | 15<br>30 | –2,97 (–430)<br>–2,73 (–395) |
| N294 | 205 | 106 | 370 (23,0) | 15<br>30 | –5,04 (–730)<br>–5,84 (–845) |
| S300 | 105[d] | 102 | 350 (22,0) | 30<br>50 | –5,01 (–725)<br>–4,90 (–710) |
| S301 | 115[d] | 99 | 350 (22,0) | 30<br>50 | –5,29 (–765)<br>–5,04 (–730) |
| S315 | 86[d] | 79 | 450 (28,0) | 30<br>50 | –5,42 (–785)<br>–5,17 (–750) |
| N326 | 82 | 71 | 465 (29,0) | 15<br>30 | –3,32 (–480)<br>–3,22 (–465) |
| N327 | 86 | 60 | 510 (32.0) | 15<br>30 | –6,42 (–930)<br>–7,08 (–1025) |
| N330 | 82 | 102 | 375 (23,5) | 15<br>30 | +0.48 (+70)<br>+0,17 (+25) |
| N332 | 84 | 102 | 375 (23,5) | 15<br>30 | +0,69 (+100)<br>+0,69 (+100) |

**Tab. 5.2.**: Klassifizierung der Ruß-Typen nach ASTM-1765 (Fortsetzung).

| Carbon Blacks | | | | Vulcanizates Containing Carbon Black | |
|---|---|---|---|---|---|
| ASTM Designation[a] | Typical Iodine Adsorption No.[b] D 1510, g $I_2$/kg | Typical DBP No. D 2414, $cm^3$/100 g | Typical Pour Density, kg/$m^3$ (lb/$ft^3$) D 1513 | Minutes at 145° C (293° F) | Δ Stress[c] MPa (psi) at 300% elongation |
| N339 | 90 | 120 | 345 (21,5) | 15 | +1,86 (+270) |
| | | | | 30 | +1,93 (+280) |
| N347 | 90 | 124 | 335 (21,0) | 15 | +1,79 (+260) |
| | | | | 30 | +1,34 (+195) |
| N351 | 67 | 120 | 345 (21,5) | 15 | +2,38 (+345) |
| | | | | 30 | +2,10 (+305) |
| N356 | 93 | 150 | 305 (19,0) | 15 | +2,83 (+410) |
| | | | | 30 | +2,76 (+400) |
| N358 | 84 | 150 | 290 (18,0) | 15 | +4,97 (+720) |
| | | | | 30 | +4,79 (+695) |
| N363 | 66 | 68 | 480 (30,0) | 15 | –3,79 (–550) |
| | | | | 30 | –3,62 (–525) |
| N375 | 90 | 114 | 345 (21,5) | 15 | +1,45 (+210) |
| | | | | 30 | +1,55 (+225) |
| N440 | 50 | 60 | 480 (30,0) | 15 | –4,35 (–630) |
| | | | | 30 | –5,15 (–745) |
| N472 | 270 | 178 | 255 (16,0) | 15 | –2,97 (–430) |
| | | | | 30 | –3,77 (–545) |
| N539 | 42 | 109 | 385 (24,0) | 15 | +0,34 (+50) |
| | | | | 30 | –0,52 (–75) |
| N542 | 44 | 67 | 505 (31,5) | 15 | –3,49 (–505) |
| | | | | 30 | –4,60 (–665) |
| N550 | 43 | 121 | 360 (22,5) | 15 | +0,83 (+120) |
| | | | | 30 | +0,23 (+35) |
| N568 | 45 | 132 | 335 (21,0) | 15 | +0,89 (+130) |
| | | | | 30 | +0,51 (+75) |
| N601 | 35 | 84 | 425 (26,5) | 15 | –2,49 (–360) |
| | | | | 30 | –2,94 (–425) |
| N650 | 36 | 125 | 370 (23) | 15 | +0,83 (+120) |
| | | | | 30 | –0,14 (–20) |
| N660 | 36 | 91 | 425 (26,5) | 15 | –1,52 (–220) |
| | | | | 30 | –2,39 (–345) |
| N683 | 30 | 132 | 335 (21,0) | 15 | +0,84 (+70) |
| | | | | 30 | –0,32 (–45) |
| N741 | 20 | 105 | 370 (23,0) | 15 | –1,17 (–170) |
| | | | | 30 | –2,59 (–375) |
| N754 | 25 | 58 | 495 (31,0) | 15 | –4,35 (–630) |
| | | | | 30 | –4,46 (–645) |
| N762 | 26 | 62 | 505 (31,5) | 15 | –3,73 (–540) |
| | | | | 30 | –4,87 (–705) |

**Tab. 5.2.:** Klassifizierung der Ruß-Typen nach ASTM-1765 (Fortsetzung).

| Carbon Blacks | | | | Vulcanizates Containing Carbon Black | |
|---|---|---|---|---|---|
| ASTM Designation[a] | Typical Iodine Adsorption No.[b] D 1510, g $I_2$/kg | Typical DBP No. D 2414, $cm^3$/100 g | Typical Pour Density, kg/$m^3$ (lb/$ft^3$) D 1513 | Minutes at 145° C (293° F) | $\Delta$ Stress[c] MPa (psi) at 300% elongation |
| N765 | 31 | 111 | 375 (23,5) | 15 | –0,56 (–80) |
| | | | | 30 | –1,08 (–155) |
| N774 | 27 | 70 | 495 (31,0) | 15 | –3,25 (–470) |
| | | | | 30 | –4,11 (–595) |
| N785 | 25 | 126 | 335 (21,0) | 15 | +0,14 (+20) |
| | | | | 30 | –0,49 (–70) |
| N787 | 31 | 81 | 450 (28,0) | 15 | –2,97 (–430) |
| | | | | 30 | –3,08 (–445) |
| N880 | ... | ... | ... | 15 | –6,42 (–930) |
| | | | | 30 | –8,25 (–1195) |
| N907 | ... | ... | ... | 15 | –5,90 (–855) |
| | | | | 30 | –7,39 (–1070) |
| N990 | ... | ... | ... | 15 | –5,90 (–855) |
| | | | | 30 | –7,39 (–1070) |

[a] ASTM designations are determined according to Recommended Practice ASTM D 2516.
[b] In general. Method ASTM D 1510 can be used to estimate the surface area of furnace blacks but not channel, oxidized, and thermal blacks.
[c] $\Delta$ Stress = stress at 300% elongation of test black – stress at 300% elongation of IRB No. 4.
[d] Gaseous adsorption surface area see Method ASTM D 3037.

gewissen Maße auch im Vulkanisat erhalten und wird durch den sogenannten $\alpha$F-Wert charakterisiert. Niedrigstruktur-Ruße stehen seit gut 25 Jahren zur Verfügung; gezielt Hochstruktur-Ruße herzustellen, lernte man erst Mitte der 60er Jahre. Die Unterschiede in spezifischer Oberfläche und Struktur drücken sich deutlich in kautschuktechnologischen Eigenschaften aus. Steigende Jodadsorption geht durchweg mit erhöhter Verstärkerwirkung (höherer „Aktivität") einher. Hohe Ruß-Struktur bewirkt gute Verteilung in der Mischung, erhöhte Mischungsviskosität, niedrige Spritzquellung bei glatter Extrudat-Oberfläche sowie im Vulkanisat hohen Modul, erhöhte Härte und verbesserte Verschleißbeständigkeit. Niedrigstruktur-Ruße zeichnen sich dagegen durch geringeren Wärmeaufbau bei dynamischer Beanspruchung, durch hohe Zugfestigkeit und Weiterreißfestigkeit, gute Biegerißbeständigkeit und niedrige Spannungswerte aus. Bei konstanter kautschukwirksamer

Oberfläche (dem A-Wert) ergibt sich zwischen der im Vulkanisat gemessenen Ruß-Struktur ($\alpha$F-Wert) und dem Abriebwiderstand eine lineare Beziehung. Abriebverbesserungen sind also solange möglich, wie der $\alpha$F-Wert erhöht werden kann [5.184.].

**Improved-Ruße.** Seit 1970 wurden durch gezielte Abwandlung der Herstellungsbedingungen die „improved“ oder „New Technology-“-Ruße entwickelt [5.202.–5.207.]. Solche Ruße bieten ähnlich gute Verarbeitungs- und Vulkanisateigenschaften wie konventionelle Typen aus höheren Aktivitäts- und damit Preisklassen und haben sich daher rasch einen hohen Marktanteil gesichert. N375, N339 und N234 stellen sowohl in den USA als auch in Europa die erfolgreichsten Vertreter der neuen Ruße dar. Es erscheint nicht ausgeschlossen, daß konventionelle Großprodukte wie N220 (ISAF) und N110 (SAF) in wenigen Jahren vollständig durch „New Technology“-Ruße ersetzt sind; viele Zwischentypen wie N242 (ISAF-HS), N219 (ISAF-LS) oder N440 (FF) sind heute schon kommerziell nicht mehr verfügbar. Auch bei den Rußen, die für Großabnehmer nahezu ausschließlich in Großgebinden (Silowagen, Behälter) geliefert werden, besteht ein deutlicher Trend, wenn nicht sogar Zwang zur Rationalisierung. Der modernste Stand (1977) der Auswahl von Furnace Rußen kann aus [5.184.] entnommen werden.

### 5.4.3.2.3. Thermal-Ruße

Thermal-Ruße werden vorwiegend durch thermische Zersetzung von Erdgas in vorerhitzten Kammern in Abwesenheit von Luft erzeugt. Sie sind inaktiv und verbessern die Zugfestigkeit von Vulkanisaten nur wenig, geben aber auch bei hohen Füllungsgraden nur mäßige Härte, aber günstige Verarbeitungs- und dynamische Eigenschaften. Thermal-Ruße sind in den letzten Jahren knapp und teuer geworden, weshalb ihr Einsatz gegenwärtig vor allem auf Spezialfälle beschränkt ist (sehr hoch gefüllte CR-Qualitäten; FKM; XPE usw.).

### 5.4.3.2.4. Channel-Ruße

Bis zum Ende des 2. Weltkrieges spielten die Channel-Ruße auf dem Gebiet der verstärkenden Ruße die größte Rolle. Sie wurden durch die in den letzten Kriegsjahren abgeschlossene Neuentwicklung, der oben besprochenen Furnace-Ruße, aus ihrer führenden Stellung bis zur Bedeutungslosikeit verdrängt. Die Furnace-Ruße ergeben in SBR ein wesentlich günstigeres Abriebverhalten als die vergleichbaren Channel-Ruße. Die Channel-Ruße sind stärker sauer als die anderen Rußtypen (pH-Wert etwa 5 im Vergleich zu Furnace-Rußen, deren pH-Werte zwischen 6,5–10 liegen). Sie bewirken daher eine mehr oder weniger starke Vulkanisationsverzögerung.

Die Channel-Ruße werden durch partielle Verbrennung von gasförmigen Kohlenwasserstoffen, meist Erdgas, aus tausenden von Einzelbrennern erzeugt, schlagen sich auf gekühlten Eisenrinnen, den Channels, ab und werden von dort durch Abschaben gewonnen.

5.4.3.2.5. Sonstige Ruße

Über die genannten Hauptgruppen von Rußen hinaus unterscheidet man noch:

**Acetylenruße,** die durch thermische Zersetzung von Acetylen hergestellt werden zeichnen sich durch besonders hohe elektrische Leitfähigkeit aus. Sie bieten aus diesem Grund für viele Einsatzzwecke, wo hohe Leitfähigkeit benötigt wird bzw. elektrostatische Aufladung verhindert werden soll, z. B. Walzen, Tankschläuchen, Container für pulverförmige Güter, günstige Voraussetzungen. Sie werden aber heute vielfach durch leitfähige Furnace-Ruße ersetzt.

**Flammruße,** die durch Verbrennen von flüssigen Brennstoffen entstehen ergeben bei hohen Füllungsgraden besonders gute Verarbeitungseigenschaften bei attraktiven dynamischen Eigenschaften. Diese werden heute dennoch ebenfalls zunehmend durch Furnace-Ruße, insbesondere durch Typen mit hoher Struktur ausgetauscht.

**Lichtbogenruße,** entstehen als Nebenprodukt bei der Acytylenerzeugung im elektrischen Lichtbogen. Sie besitzen für die Kautschuktechnologie außer zur Farbgebung eine untergeordnete Bedeutung und werden bevorzugt als Farbruße, z. B. für Druckfarben, eingesetzt.

5.4.3.3. Helle Füllstoffe [5.208.–5.211.]

5.4.3.3.1. Aktive helle Verstärkerfüllstoffe

**Herstellung.** Die hochaktiven hellen Verstärkerfüllstoffe sind chemisch Kieselsäuren. Sie können auf zwei verschiedenen Wegen hergestellt werden, nach dem Lösungsverfahren [5.212.–5.213.] und auf pyrogenem Wege [5.214.].

Die für den Kautschukverarbeiter wichtigsten Produkte werden auf dem Fällungswege hergestellt: Alkalisilikat-Lösungen werden unter bestimmten Bedingungen angesäuert. Die ausfallende Kieselsäure wird gewaschen und getrocknet. Je nach den gewählten Herstellungsbedingungen erhält man mehr oder weniger aktive Kieselsäurefüllstoffe. Die höchstaktiven Produkte sind reine Kieselsäuren mit großen spezifischen Oberflächen. Ca-silikate sind etwas weniger aktiv, dafür aber besser verarbeitbar. Al-silikate haben in dieser Reihe die relativ geringste Aktivität.

Bei der Herstellung von kolloider Kieselsäure auf pyrogenem Wege wird Siliciumtetrachlorid bei hohen Temperaturen mit Wasserstoff und Sauerstoff umgesetzt.

$SiCl_4 + 2\ H_2O \rightarrow SiO_2 + 4\ H\ Cl$

Die Reaktionsprodukte werden unmittelbar nach dem Austritt aus dem Brenner abgeschreckt. Man erzielt äußerst feinteilige Kieselsäure, die z. B. als Füllstoff für Q von großer Bedeutung ist. Für die normalen Kautschuk-Typen ist pyrogen gewonnene Kieselsäure zu aktiv und zu teuer.

**Struktur.** Ebenso wie bei Rußen wird zur Charakterisierung von Kieselsäurefüllstoffen die Größe der Füllstoffeinzelteilchen und die Größe der spezifischen Oberfläche herangezogen.

Die kleinsten, physikalisch noch erfaßbaren Füllstoffeinzelteilchen, die sogenannten Primärteilchen, haben bei pyrogen gewonnenen Kieselsäuren Teilchendurchmesser von unter 15 $\mu$m, bei gefällten Kieselsäuren von etwa, 15–20 $\mu$m. Die Oberflächenkräfte der äußerst feinen Primärteilchen sind derartig hoch, daß sich jeweils viele Tausend zusammenlagern und sogenannte Sekundärteilchen bilden. Mit keiner Mischtechnik ist es möglich, so hohe Scherkräfte zu entwickeln, daß diese Sekundärstruktur aufgehoben werden kann und die Füllstoffverteilung im Kautschuk zu Primärteilchen führt. Die Kenntnis der Primärteilchengröße ist daher bei der hier beschriebenen Füllstoffgruppe für die Anwendung in Kautschuk nahezu bedeutungslos.

Auch die Sekundärteilchen von Kieselsäurefüllstoffen bilden weitere Agglomerate. Diese bauen netzwerkartige oder kettenförmige Zusammenlagerungen auf, d. h. sogenannte Tertiärstrukturen. Wenn auch diese Tertiärstrukturen verhältnismäßig stabil sind, so werden sie doch durch hohe Scherkräfte während der Mischungsherstellung mehr oder weniger stark abgebaut. Alle Maßnahmen bei der Mischungsherstellung, die erhöhte Scherkräfte zur Folge haben, verbessern daher die Homogenität der Füllstoffverteilung. Bei weichmacherfreien Mischungen auf Basis von Polymeren mit hoher Mooney-Viskosität ergibt sich aufgrund der hohen Scherkräfte eine gute Füllstoffverteilung; wird jedoch ein Kautschuk mit niedriger Mooney-Viskosität eingesetzt und ist auch noch eine hohe Dosierung an Weichmachern erforderlich, so sollten letztere nach Möglichkeit erst nach den Füllstoffen eingearbeitet werden. In Sonderfällen, beispielsweise bei Verwendung von Füllstoffgranulat, kann jedoch auch dann die Füllstoffverteilung noch problematisch sein.

Ebenso wie die Teilchengröße der Kieselsäurefüllstoffe wird auch deren spezifische Oberfläche vielfach zur Beurteilung herangezogen. Gebräuchlich ist dabei die Bestimmung der Oberfläche durch Adsorption von Stickstoff (BET-Methode). Hierbei ist zu berücksichtigen, daß jeweils die Gesamtoberfläche eines Füllstoffes erfaßt wird, also auch derjenige Anteil der Oberfläche, der beispielsweise durch die Sekundärstruktur des Füllstoffes im Inneren der Agglomerate liegt und der kautschuktechnologisch nicht zur Wirkung kommt. Die Kenntnis der Füllstoffoberfläche nach BET liefert demnach keinen echten Hinweis auf die Aktivität von Füllstoffen, wenn die Füllstoffe nach unterschiedlichen Verfahren hergestellt werden; sie kann jedoch zur Beurteilung der Produktionskonstanz eines bestimmten Füllstofftyps durchaus herangezogen werden.

**Adsorption der Füllstoffe.** Alle Kieselsäuren und Silikate werden durch starke Polarität der Oberfläche charakterisiert. Zentren dieser Polarität sind vorwiegend an Silicium gebundene Hydroxyl-Gruppen. Die Reaktionsfähigkeit der Oberflächen bewirkt, daß Fremdsubstanzen zumeist bis zur Sättigung der Füllstoffoberflächen adsorbiert werden. Das Verhalten eines Füllstoffes und seine Wirkung im Kautschuk können dadurch entscheidend beeinflußt werden.

Alle gefällten Kieselsäure- oder Silikat-Füllstoffe enthalten von der Herstellung her eine bestimmte Menge an Wasser. Da dieser Wassergehalt einige Verarbeitungs- und Vulkanisationseigenschaften deutlich zu beeinflussen vermag, wird durch produktionstechnische Maßnahmen dafür gesorgt, daß bei der Verpackung stets ein weitgehend konstanter Wassergehalt vorliegt. Während Transport und Lagerung kann sich dieser Wassergehalt jedoch in gewissen Grenzen verändern, d. h., je nach Feuchtigkeitsgehalt der Umgebung kann der Wassergehalt schwanken. Eine monomolekulare Wasserschicht auf der Oberfläche der Kieselsäure- bzw. Silikatteilchen kann auch mit den schärfsten Trocknungsmethoden praktisch nicht beseitigt werden.

Mit steigendem Wassergehalt wird im allgemeinen die Einarbeitungszeit von kolloider Kieselsäure in den Kautschuk etwas verlängert, die Geschwindigkeit der An- und Ausvulkanisation bei üblichen Schwefel-Beschleuniger-Kombinationen etwas erhöht und die Eigenfarbe von transparenten Vulkanisaten aufgehellt. Gewisse Schwankungen von Verarbeitungs- und Vulkanisationseigenschaften sind daher in der überwiegenden Mehrzahl der Fälle auf mangelhafte Klimatisierung der Füllstoffe vor der Einarbeitung in den Kautschuk zurückzuführen.

Die adsorptionsfähige Füllstoffoberfläche ist nicht nur in der Lage, Wasser aufzunehmen, sondern kann auch insbesondere basische Verbindungenn adsorbieren. Werden kieselsäurefüllstoffhaltige Mischungen mit basischen Produkten wie DPG oder DOTG beschleunigt, wird ein bestimmter Teil der eingesetzten Beschleuniger vom Füllstoff aufgenommen und steht daher zur Vulkanisationsbeschleunigung nicht mehr zur Verfügung. Solche Mischungen erfordern daher zur Kompensation stets einen erhöhten Gehalt an basischen Zusätzen, sofern nicht andere Maßnahmen getroffen werden. Bezüglich Adsorption hat Wasser im allgemeinen einen Vorrang vor anderen Verbindungen. Hat ein Füllstoff während seiner Lagerung eine gewisse Wassermenge zusätzlich aufgenommen, wird demgemäß eine verringerte Menge basischen Beschleunigers gebunden, wodurch zur Vulkanisationsbeschleunigung dann wiederum eine höhere Beschleunigermenge zur Verfügung steht und somit die beschriebene raschere Vulkanisation bei erhöhtem Wassergehalt eintritt. Bei der Vulkanisation mit TMTD oder mit Peroxiden treten die beschriebenen Adsorptionserscheinungen nicht auf.

**Füllstoffaktivierung.** Kieselsäurefüllstoffe vermögen nicht nur eine Wechselwirkung mit Fremdsubstanzen wie Wasser oder Beschleunigern, sondern auch mit den Polymeren einzugehen. Die anwendungstechnische Folge ist eine mit zunehmendem Füllstoffgehalt bzw. mit zunehmender Füllstoffaktivität einhergehende Viskositätserhöhung der Mischungen, die zumeist deren Verarbeitbarkeit erschwert. In dem Maße, wie die Füllstoff-Polymer-Wechselwirkung vermindert wird, läßt sich auch die Mischungsviskosität reduzieren. Werden daher den Mischungen zusätzlich Verbindungen beigemischt, die vom Füllstoff stärker als der Kautschuk adsorbiert werden, dann führt dies allgemein zu weicheren Mischungen und damit zu leichterer Verarbeitbarkeit. Zusätze dieser Art sind basische Beschleuniger vom Typ DPG oder DOTG, Hydroxylgruppen-haltige Verbindungen wie Glykole, Glycerin usw. sowie nahezu alle Verbindungen mit basischem Stickstoff wie z. B. Triäthanolamin und sekundäre Amine. Da diese Zusätze nicht nur im Sinne verbesserter Verarbeitbarkeit der Mischungen, sondern zumeist auch im Sinne einer verringerten Beschleunigeradsorption wirken, werden sie im technischen Sprachgebrauch vielfach als Füllstoff-Aktivatoren bezeichnet. Vielfach wirken sie aber gleichzeitig vulkanisationsaktivierend, weshalb eine Unterscheidung beider Wirkungen oft schwer getroffen werden kann.

Es ist eine Besonderheit, daß diese Aktivatoren, insbesondere aber Glykole, Triäthanolamin und sekundäre Amine über den beschriebenen Effekt hinaus auch einen weitergehenden Abbau der Füllstoff-Tertiärstruktur und damit bessere Füllstoffdispergierung bewirken können. Speziell bei hochaktiven Kieselsäuren kann demgemäß die Erscheinung auftreten, daß sich bei geringem Aktivatorzusatz zunächst eine Viskositätserhöhung infolge besserer Füllstoffverteilung einstellt und die beschriebene Viskositätserniedrigung der Mischung erst nach weiterem Aktivatorzusatz nach Durchlaufen des Viskositätsmaximums erreicht wird.

Während Ruße auf ihrer Oberfläche reaktionsfähige organische Gruppen gebunden enthalten, durch die sie eine Affinität zum

Kautschuk erhalten, fehlen diese reaktiven Zentren bei hellen Füllstoffen. Durch die genannten Füllstoffaktivatoren, insbesondere auch durch Silane [5.215.–5.220.], Titanate [5.221., 5.105.–5.106.] u. a. können die Füllstoffe reaktionsfähiger eingestellt werden [5.216.]. Diese Stoffe, vor allem die Silane, können als Kieselsäureabkömmlinge auf dem Kieselsäurepartikel chemisorptiv gebunden werden, wobei die reaktionsfähigen organischen Gruppen die Affinität zum Kautschuk steigert. Durch Mitverwendung von Silanen, Titanaten u. dgl. kann demgemäß die Aktivität eines hellen Füllstoffes erhöht werden. Seit einiger Zeit ist auch ein Bis-(3-triäthoxysilylpropyl)-tetrasulfid im Handel, das nicht nur als Füllstoffaktivator, sondern gleichzeitig als Vernetzer gemeinsam mit MPTD zur Erzielung reversionsstabiler NR-Vulkanisate fungiert [5.222.].

Entgegen den Gepflogenheiten, Zusatzstoffe auf den Kautschuk bezogen zu dosieren, sollten Füllstoffaktivatoren jeglicher Art auf den Füllstoff bezogen eingesetzt werden, z. B. bei Kieselsäuren 8,0–10,0 Gew.-Teile Polyäthylenglykol oder 4,0–6,0 Gew.-Teile sekundäres Amin oder DOTG bezogen auf die Füllstoffmenge, wenn Mercaptobeschleuniger vorhanden sind. Gelangen als Hauptbeschleuniger dagegen Produkte der Sulfenamid-Klasse zur Anwendung, können im Mittel die basischen Beschleuniger um ca. 20–30% reduziert werden. Wird die Vulkanisation mit TMTD ohne bzw. mit wenig Schwefel durchgeführt, erübrigt sich zwar ein Basenzusatz, da keine Beschleunigerabsorption auftritt, aus Gründen besserer Verarbeitbarkeit der Mischungen sollten jedoch Glykole oder Silane in der üblichen Dosierung eingesetzt werden. Beim Einsatz von Silikaten sind zumeist wegen der geringeren Aktivität die notwendigen Mengen an Füllstoffaktivatoren geringer.

Die zweckmäßigste Auswahl der hellen Verstärkerfüllstoffe und der Dosierungen kann aus den jeweiligen Kapiteln „Mischungsaufbau“ der verschiedenen Kautschuk-Typen entnommen und braucht deshalb an dieser Stelle nicht detailliert abgehandelt zu werden.

**Reine Kieselsäuren.** Die reinen Kieselsäuren erweisen sich als sehr aktive Füllstoffe. Bei vergleichbarer spezifischer Oberfläche erhält man mit ihnen Vulkanisate, die im Vergleich zu verstärkenden Rußen annähernd die gleichen Werte für Zugfestikeit und Widerstand gegen Weiterreißen zeigen, während der Abrieb um ca. 15 bis 20% geringer ist. Auch der Spannungwert und die Härte sind meist geringer. Dagegen ist das elektrische Verhalten etwas günstiger. Die höchstaktive Kieselsäure, bedingt aber durch die große spezifische Oberfläche, eine höhere Viskosität der Rohmischungen und damit schwierigere Verarbeitbarkeit als bei gleichaktiven Rußen, was aber durch Mitverwendung von Füllstoffaktivatoren reguliert werden kann.

**Silikate.** *Caliumsilikate,* die als halbaktive Füllstoffe anzusprechen sind, geben auch bei höheren Zugaben weiche und elastische Vulkanisate. Sie sind aufgrund der geringeren Aktivität besser verarbeitbar als reine Kieselsäurefüllstoffe.

Die *Aluminiumsilikate* sind zumeist noch weniger aktiv als Calciumsilikate und erreichen nicht in allen Eigenschaften die Wirkung der Kieselsäuren oder die der Calciumsilikate.

5.4.3.3.2. Inaktive helle Füllstoffe

Von den billigen inaktiven hellen Füllstoffen werden insbesondere Kreide und Kaolin in recht großen Mengen zur Verbilligung von sowohl hellen als auch rußhaltigen Mischungen eingesetzt. Beim Einsatz in NR ist es wichtig, daß diese Füllstoffe frei von Kautschukgiften, insbesondere Kupfer sind.

**Kreide.** Bei den Kreidesorten unterscheidet man zwischen gemahlener, geschlämmter und gefällter Kreide. Es muß noch erwähnt werden, daß es möglich ist, durch Fällung unter geeigneten Bedingungen Calciumcarbonat herzustellen, das eine sehr geringe Teilchengröße hat und ein Verstärkerfüllstoff ist [5.233.].

Die verschiedenen oben erwähnten Kreide-Typen unterscheiden sich einmal hinsichtlich der Farbe als auch hinsichtlich des Einflusses auf die Verarbeitbarkeit, Spritzbarkeit und Vulkanisation. Diese Unterschiede sind nicht sehr groß.

**Kaolin.** Außer den inaktiven Kaolinen vom Typ Kaolin G und China Clay, die im wesentlichen zum Strecken eingesetzt werden, gibt es eine Reihe von halbaktiven Kaolinen, z. B. Dixie Clay und Suprex Clay, die mit BET-Werten zwischen 20 und 50 $m^2/g$ schon eine gewisse Verstärkerwirkung ausüben.

**Kieselerde.** Die Kieselerde-Typen, Kieselgur und Mikrotalkum-Sorten sind inaktiven Füllstoffen zuzurechnen mit, je nach Teilchenfeinheit, gewissen Aktivitätsunterschieden.

**Zinkoxid.** Die ZnO-Typen unterscheiden sich hinsichtlich ihrer Aktivität erheblich voneinander. Während hier die nach dem pyrogenen Verfahren (Oxydation von Zinkdampf) hergestellten sogenannten Zinkweiß-Typen von geringer Aktivität sind, lassen sich nach dem naßchemischen Verfahren ZnO-Typen hoher Aktivität herstellen.

Die ZnO-Typen werden primär als Vulkanisationsaktivatoren in einer Menge von 1–5 phr eingesetzt. Für den gleichen Zweck lassen sich auch andere Metalloxide (Bleioxid, Antimonoxid, Magnesiumoxid) einsetzen, die aber nur in Ausnahmen zur Anwendung kommen.

Da ZnO in höherer Dosierung den geringsten Einfluß auf den Elastizitätsabfall der Vulkanisate von allen Füllstoffen aufweist, wird

ZnO, z. B. aktives ZnO, gelegentlich als Füllstoff für hochelastische Vulkanisate mit höherer Härte, z. B. Federelemente, die mit anderen Füllstoffen kaum einstellbar sind, eingesetzt.

**Aluminiumoxidhydrat.** Diese Substanz wird weniger wegen eines Füllstoffeffektes, sondern wegen ihres Wasserabspaltvermögens bei höheren Temperaturen als brandhemmendes Mittel eingesetzt.

### 5.4.4. Pigmente [5.224.–5.225.]

#### 5.4.4.1. Allgemeines über Pigmente

Zum Einfärben von Kautschukmischungen werden organische und anorganische Pigmente verwendet. Hierfür kommen nur solche Substanzen in Betracht, die in Kautschuk und den mit Gummiwaren üblicherweise in Berührung kommenden Lösungsmitteln (Wasser, Fette, organische Lösungsmittel) unlöslich sind. Sie dürfen keine freien wasserlöslichmachenden Gruppen, wie Carboxyl- oder Sulfonsäure-Gruppen enthalten, müssen im Kautschuk gut verteilbar sein, eine ausreichende Wärmebeständigkeit aufweisen, unempfindlich gegen alle Vulkanisationsbedingungen, Vulkanisiermittel und andere Zusätze sein und Farbtöne geben, die lichtecht und vom pH-Wert der Mischung unabhängig sind. Um eine vorzeitige Alterung zu vermeiden, müssen die Farbstoffe frei von Cu- und Mn-Verbindungen sein. Sie müssen in Kautschuk unlöslich sein, damit sie nicht ausblühen oder ausbluten. Die meisten anorganischen Pigmente sind auch gegen Alkalien und Säuren beständig.

#### 5.4.4.2. Weißpigmente

Die heute wichtigsten Weißpigmente für die Gummi-Industrie sind die verschiedenen Titandioxid-Typen [5.226.]. Trotz ihres relativ hohen Kilopreises sind sie aufgrund ihres sehr starken Aufhellvermögens auf dem Kautschuksektor besonders wirtschaftlich, da man mit geringen Dosierungen auskommt. Ein weiterer Vorteil der Titandioxid-Pigmente ist darin zu sehen, daß sie die Eigenschaften der Vulkanisate infolge der niedrigen Dosierungen nur wenig verändern. Bei Pigmenten mit geringem Aufhellvermögen müssen höhere Dosierungen eingesetzt werden, die wie eine inaktive Füllung wirken.

**Lithopone** [5.227.] hat verhältnismäßig geringe Weißkraft; deshalb ist eine relativ hohe Dosierung erforderlich. Da Lithopone als inaktiver Füllstoff wirkt, kann es demgemäß in hochwertigen Vulkanisaten einen deutlichen Qualitätsrückgang bedingen. Aus diesen Gründen wird heute als Weißpigment bevorzugt das wesentlich effektivere Titandioxid eingesetzt. Dies gilt in besonderem Maße für hochwertige Gummiartikel.

**Titandixoid.** Titandioxid-Pigmente kommen in zwei Modifikationen, in Form der Anatas- und Rutil-Tpyen, in den Handel, die sich durch ihr Kristallgitter voneinander unterscheiden und deren physikalische Eigenschaften in geringem Maße voneinander differieren.

Mit Titandioxid *Anatas* eingefärbte Vulkanisate zeichnen sich durch einen besonders hellen Weißgrad (blaustichiges Weiß) aus. Im Gegensatz dazu bewirken die meisten *Rutil*-Tpen ein cremestichiges Weiß, das in Kautschukmischungen, die von der bräunlichen Kautschukfarbe her ohnehin zu cremestichigem Weiß neigen, nicht optimal sind. Rutil-Typen haben aber ein um etwa 20 Prozent größeres Deckvermögen als Anatas-Typen. Deshalb wurden vor einiger Zeit auch Rutil-Typen mit dem begehrten blaustichigen Weißton entwickelt. Die Rutil-Typen verleihen den Kautschukvulkanisaten im Vergleich zu den Anatas-Typen eine erhöhte Licht-und Wetterstabilität in bunten und weißen Ausmischungen.

Die mit Anatas-Typen eingefärbten Vulkanisate ergeben nach der Bewetterung oder nach Prüfung im Weatherometer einen etwas stärkeren Abfall der mechanischen Werte als die mit Rutil-Typen eingefärbten Vulkanisate. Sie neigen ferner etwas stärker zur Rißbildung unter Spannung. Trotzdem wird für Artikel, bei denen es in erster Linie auf ein reines Weiß ankommt und ein eventueller Abfall der mechanischen Werte nach Bewetterung keine wesentliche Rolle spielt, oft der Anatas-Typ eingesetzt. Hierbei tritt schon nach relativ kurzer Bewetterungszeit eine kaum wahrnehmbare Abkreidung ein, wodurch ein reineres Weiß erscheint als bei Verwendung nachbehandelter, abkreidungsbeständiger Typen. Dieser sogenannte „Selbstreinigungseffekt“ wird in der Praxis häufig ausgenutzt. Die üblicherweise bei der Bewetterung von hellen Vulkanisaten zu beobachtende leichte Vergilbung tritt bei Verwendung von Anatas-Typen nicht oder nur in untergeordnetem Maße in Erscheinung.

Alle Weißpigmente gehören mit BET-Werten von 8–12 in den Bereich der inaktiven Füllstoffe. Da Titandioxid nicht selten in Dosierungen von mehr als 20 phr eingesetzt wird, spielt hier die Inaktivität des Füllstoffes durchaus eine Rolle.

#### 5.4.4.3. Anorganische Buntpigmente [5.228.]

Für die Herstellung bunter Gummiartikel wird eine Reihe anorganischer Pigmente angewandt, die zwar nicht ganz die Brillanz organischer Pigmente aufweisen, sich jedoch durch hervorragende Echtheitseigenschaften, gute Beständigkeit gegen chemische Einflüsse und teilweise durch einen niedrigen Preis auszeichnen.

Durch Mischen der Buntpigmente lassen sich alle coloristischen Effekte erzielen. Auch die Buntpigmente sind aufgrund ihrer geringen spezifischen Oberfläche zu den inaktiven Füllstoffen zu zählen. Sie werden aber stets nur in geringen Mengen eingesetzt.

**Eisenoxid-Pigmente.** Zur Erzielung von gedämpften roten, braunen, beigen und gelben Farbtönen sind die Eisenoxid-Pigmente besonders gut geeignet. Da Eisenoxide besonders leicht mit Kautschukgiften wie Mn verunreinigt sind, kommt es bei ihrer Auswahl auf sorgfältige Prüfung der Kautschukgiftfreiheit an. Es gibt spezielle Eisenoxidpigmente für die Gummiindustrie, deren Kautschukgiftgehalt geprüft und limitiert wird.

**Chromoxid-Pigmente.** Zur Erzielung gedämpfter grüner und gelbgrüner Farbtöne kommen vor allem die Chromoxid-Pigmente in Betracht. Auch hier werden der Gummiindustrie nahezu kautschukgiftfreie Typen angeboten.

**Cadmium-Pigmente.** Sollen Gummiartikel besonders leuchtende Farbtöne aufweisen, so sind die brillanten Cadmium-Pigmente den Eisenoxid- und Chromoxid-Pigmenten überlegen. Mit ihnen werden brillante Gelb-, Orange- und Rottöne erzielt.

**Ultramarin.** Zur Blaueinfärbung hat sich in besonderem Maße Ultramarin eingeführt.

### 5.4.4.4. Organische Buntpigmente

Im Vergleich zu den anorganischen Verbindungen sind die organischen Farbstoffe ausgiebiger, geben brillante Farbtöne, sind aber weniger lichtecht und haben eine geringere Deckkraft als anorganische Pigmente, ferner sind sie teurer. Der größere Teil der geeigneten Verbindungen sind Azo-Farbstoffe, z. B. das Kupplungsprodukt aus diazotiertem o-Chlor-anilin mit p-Nitrophenyl-3-methyl-5-pyrazolon, das für orangefarbige Töne verwandt wird. Neben diesen werden vereinzelt auch Verbindungen aus anderen Farbstoffklassen verwendet, wie Alizarin-Farbstoffe. Für blaue und grüne Farbtöne sind auch Phthalocyanin-Farbstoffe geeignet.

Diese Verbindungen kommen entweder als reine Pulverwaren oder als Pasten in den Handel. Bei den Pasten handelt es sich um Pigmente, die z. B. mit speziellen Faktis-Typen aufbereitet wurden, in denen der Farbstoff in einer fast kolloidalen Verteilung vorliegt. Für die Anwendung im Latex eignen sich wässerige Anteigungen von hoher Pigmentkonzentration oder auch pulverförmige, mit einem Dispergiermittel aufbereitete Farbstoffe, die in Wasser leicht dispergierbar sind.

## 5.4.5. **Organische Füllstoffe** [5.229.–5.233.]

### 5.4.5.1. Styrolharze

Butadien-Styrol-Copolymerisate mit 50–90 Massen-%, vorzugsweise 85 Massen-% Styrolanteil (Styrolharze) haben auf Kautschukvulkanisate eine härtende Wirkung bei Raumtemperatur, ohne daß die Dichte wie im Fall des Einsatzes von Füllstoffen erhöht würde. Die härtende Wirkung ist um so größer, je höher der Styrolanteil ist. Mit sehr hohem Styrolanteil wird aber die Schmelztemperatur zu hoch und damit die Einarbeitung problematisch. Da die Styrolharze thermoplastisch sind, bewirken sie hervorragende Verarbeitungseigenschaften. Sie werden in erster Linie in NR und SBR eingesetzt, z. B. für harte und leichte Sohlen. Da die Styrolharze bei der Vulkanisation nicht in das Kautschuknetzwerk eingebaut werden, erweichen die Vulkanisate bei höheren Temperaturen naturgemäß stark. Bei hohen Styrolharzanteilen erhält man bei Raumtemperatur hartgummiähnliche, schlagfeste Vulkanisate. Die Zusatzmenge der Styrolharze beträgt 5–60 phr und mehr, in Sohlenmischungen meist zwischen 10 und 30 phr.

### 5.4.5.2. Phenoplaste [5.233. – 5.235.]

Nicht auskondensierte Phenoplaste vom Novolack-Typ bewirken vornehmlich in Vulkanisaten auf Basis NBR eine Verbesserung der physikalischen Eigenschaften (vgl. S. 120). Sie erhöhen Härte, Zugfestigkeit, Weiterreiß- und Abriebwiderstand sowie die Quell- und Wärmebeständigkeit der Vulkanisate. Dieser Effekt ist um so ausgeprägter, je höher der Acrylnitril-Gehalt des der Mischung zugrunde liegenden Kautschuks ist. Dehnung und Elastizität gehen mit steigender Dosierung zurück. Der Abfall der Elastizität kann durch den Einsatz von Weichmachern z. T. wieder ausgeglichen werden. Die Gummi-Metall-Bindung wird durch Zusatz solcher Phenoplaste zur Mischung deutlich verbessert.

Auf die Mischungen wirken solche Phenoplaste plastizierend; sie verbessern die Füllstoffaufnahme und das Fließverhalten der Mischungen vor der Vulkanisation. Sie kommen z. B. allein oder in Kombination mit Ruß oder mineralischen Füllstoffen für Öl- und benzinfeste Dichtungen, Schläuche, Absatzflecken, Bremsbeläge und alle Gummiartikel zum Einsatz, die eine hohe Härte, Zugfestigkeit und Quellbeständigkeit aufweisen sollen.

### 5.4.5.3. Polyvinylchlorid (PVC) [5.235. – 5.236.]

Auch PVC kommt als Verschnittkomponente für NBR zum Einsatz, wobei es härtende Funktion ausübt und gleichzeitig die Witterungsbeständigkeit verbessert (vgl. S. 120). Bis zu einem Verschnittverhältnis von 50:50 kann PVC als härtende und verstärkende Komponente für NBR betrachtet werden, bei höheren PVC-Anteilen ist NBR als PVC-Weichmacher zu betrachten.

### 5.4.6. Einige Handelsprodukte [5.1., 5.2.]

Bei der Vielzahl von Handelsprodukten können nur wenige Handelsnamen einiger wichtiger Lieferanten, von denen meist jeweils mehrere Einzelprodukte mit Indices existieren, genannt werden, wobei die Aufstellung keinen Anspruch auf Vollständigkeit erhebt:

**Ruße:** Conductex; Furnex; Neotex; Statex, Columbian Carbon – Continex, Continex – Corax und ohne Gruppenbezeichnung, Degussa – Ketjenblack, Ketjen Carbon – Philblack, Philipps – Regal; Sterling; Vulcan, Cabot – Thermax und ohne Gruppenbezeichnung, Vanderbilt – United, Ashland.

**Kieselsäuren:** Aerosil, Durosil, Degussa – Hi-Sil, Pittsburg – Hoesch, Akzo – Vulcasil, Bayer – Zeosil, Sifrance.

**Ca-Silicate:** Calsil, Extrusil, Degussa – Silene, Pittsburg – Vulcasil C, Bayer.

**Al-Silicate:** Hoesch, Akzo – Pyrax, Vanderbilt – Silteg, Degussa – Vulkasil A, Bayer – Zeolex, Sifrance.

**Kaolin:** Butylfrantex, Claytex, Francley, Fransil, Franteg, Frantex, Neofrantex, Franterre – Dixie Clay, Vanderbilt – Suprex Clay, Huber.

**Kreide:** Calciumcarbonat, Lipsia, Juraperte, Jurastern, Juraweiß, Ulmer – Millicarb, Omya, Omyalite, Stauffer – Polycarb, ECC – Snowcal, Cement Marketing – Winnofil, ICI.

**Kieselerde:** Aktisil, Sillicoid, Sillitin, Hoffmann & Söhne – Neuburger Kieselkreide, Bayerkreide.

**Magnesiumcarbonat:** Magnesium Carbonat, Lehmann & Voss.

**Bariumsulfat:** Blanc Fixe, Sachtleben; Kalichemie.

**Al-oxidhydrat:** Al-hydrat, Reynolds – Hydral, Alcoa – Martinal, Martinswerk.

**Pigmente:** Siegle Farbstoffe, Siegle – Vulkafix, Ugine Kuhlmann – Vulcafor Colours, ICI – Vulcan-Farbstoffe; Vulcanecht-Farbstoffe, Hoechst – Vulcanosin-Farbstoffe, BASF.

**Anorganische Farbpigmente:** Cadmopur; Chromoxid grün; Eisenoxid; rot; gelb; Lichtblau, Bayer – Ultramarin, Ultramarin.

**Weißpigmente:** Bayertitan, Bayer – Hombilan; Lithopone, Sachtleben – Kronos, Titan.

**Silane:** A, Union Carbide – Dynasylan, Dynamit Nobel – Kettlitz Silanograu, Kettlitz – Si 69, Degussa – Wacker, Wacker.

**Titanate:** Kenreact, Kenrich.

## 5.5. Weichmachung und Weichmacher, Verarbeitungshilfsmittel und Faktis

### 5.5.1. Das Prinzip der Weichmachung und Einteilung der Weichmacher

[5.237.–5.241.]

Neben den Füllstoffen kommt den Weichmachern beim Mischungsaufbau des Kautschuks mengenmäßig die größte Bedeutung zu. Die Gründe für den Zusatz von Weichmachern sind mannigfaltig:

- Herabsetzung des Elastomergehalts durch hohe Ruß- und Weichmacherdosierung und damit Erniedrigung des Mischungspreises, d. h. Strecken des Kautschuks.
- Verbesserung der Fließfähigkeit der Kautschukmischung und Energieersparnis bei der Verarbeitung; insbesondere Vermeidung von Energiespitzen.
- Verbesserung der Füllstoffverteilung in der Kautschukmischung.
- Verbesserung der Verarbeitbarkeit und Klebrigkeit der Kautschukmischung.
- Beeinflussung der physikalischen Eigenschaften des Vulkanisats, insbesondere der Dehnbarkeit und Elastizität, vor allem bei niedrigen Temperaturen, Erniedrigung der Glastemperatur, Erhöhung der elektrischen Leitfähigkeit usw.

SR ist meist schwieriger verarbeitbar und weniger klebrig als NR und erfordert größere Zugaben an Weichmachern. Im Vergleich zu NR haben aber die notwendigen hohen Zusätze bei SR einen geringeren Einfluß auf die Eigenschaften der Vulkanisate [5.242.].

**Kautschuk/Weichmacher-Wechselwirkung.** Man kann die Weichmacher aufgrund ihrer Wechselwirkung mit dem Kautschuk in zwei Gruppen einteilen, die primären und sekundären Weichmacher. Je nach ihrer Wirkung kann das deformationsmechanische Verhalten der Kautschukmischung stark geändert werden. Eine quantitative Erfassung ist schwierig und nur über thermodynamische Betrachtungen möglich [5.235.].

Weichmacher, die eine lösende Wirkung auf Kautschuk ausüben, sogenannte *primäre Weichmacher,* fördern die mikro- und makro-BROWN'sche Bewegung der Fadenmoleküle und damit auch das viskose Fließen. Da sie in den Kautschuk einquellen, erniedrigen sie die Viskosität unvulkanisierter Kautschuk-Mischungen stark. Sie geben dem Vulkanisat bei niedriger Härte im allgemeinen gute elastische Eigenschaften. In verschiedenen Kautschukarten können unterschiedliche Weichmacher als primäre Weichmacher fungieren, z. B. polare Produkte in polaren und unpolaren in unpolaren Kautschuken. Beispielsweise bilden hochmolekulare Kautschukmoleküle mit Dipolcharakter intermolekulare Kraftfelder; sie vereinigen sich mit polaren Weichmachern zu Assoziaten [5.243., 5.244.], die eine Verringerung dieser Kraftfelder und dadurch bedingt eine Erhöhung der Beweglichkeit der Kettensegmente zur Folge haben. Mit polaren Weichmachern, früher mitunter auch „Elastikatoren" genannt, wird das elastische Verhalten der Vulkanisate, vor allem von NBR-Vulkanisaten verbessert. Solche Weichmacher erniedrigen jedoch das Festigkeitsniveau und die Härte von Vulkanisaten relativ stark.

Sehr wenig oder gar nicht lösende sogenannte *sekundäre* Weichmacher wirken zwischen den Molekülketten des Kautschuks wie Gleitmittel, verbessern die Verformbarkeit, ohne aber einen wesentlichen Einfluß auf die Viskosität der Mischung zu haben. Paraffin oder Ozokerit, die zu dieser Gruppe gehören, sind bei der Verarbeitungstemperatur in Kautschuk löslich, blühen aber schon bei relativ niedrigen Zugaben leicht aus und verringern dadurch die Klebrigkeit der Mischung.

Zwischen diesen Gruppen von Weichmachern (den primären, und den sekundären Weichmachern) sind viele Übergänge möglich, eine scharfe Grenze kann daher nicht gezogen werden.

Die *Wirksamkeit* der Weichmacher innerhalb beider Gruppen ist abhängig von ihrer chemischen Struktur und den physikalischen Eigenschaften sowie von der Art des Kautschuks [5.244.]. So sind hochsiedende Petroleumdestillate primäre Weichmacher für NR und SBR für Mischungen mit NBR hingegen typische sekundäre Weichmacher. Auf der anderen Seite können Steinkohlenteeröle sowohl für NR und SBR als auch für NBR als primäre Weichmacher angesprochen werden. In der Praxis werden daher häufig Gemische von Weichmachern mit verschiedenen Eigenschaften angewandt.

Die *physikalischen Eigenschaften der Weichmacher* sind für die praktische Anwendung von Bedeutung. Für hohe Verarbeitungs- und Anwendungstemperaturen sind hoher Siedepunkt, niedriger Dampfdruck und chemische Stabilität wichtig. Der Stockpunkt hat Einfluß auf die elastischen Eigenschaften der Vulkanisate bei tieferen Temperaturen, während die Viskosität bei höheren Zugaben von besonderem Einfluß auf die Härte ist. Weichmacher, die eine saure oder basische Reaktion zeigen, können die Vulkanisation verzögern oder beschleunigen. Ungesättigte Verbindungen gehen oft mit dem zur Vulkanisation erforderlichen Schwefel eine chemische Reaktion ein.

**Einteilung.** Die Weichmacher werden im allgemeinen in die Gruppen der Mineralöle, Naturstoffe und synthetischen Weichmacher eingeteilt.

Für die Streckung werden vor allem relativ billige Mineralöle verwendet. Die Auswahl des Mineralöl-Typs richtet sich nach Preis, Polymertyp bzw. Verträglichkeit und beeinflußt das Eigenschaftsbild der Vulkanisate nur relativ wenig.

Darüber hinaus kommt eine Vielzahl von Naturstoffen wie Fettsäuren, Wollfett, pflanzliche Öle, Leim, Harze, sowie von modifizierten Naturstoffen wie Faktis in Frage, um die Verarbeitungseigenschaften oder Klebrigkeit der Kautschukmischungen und die Füllstoffverteilung zu verbessern.

Die Anwendung der im Preis höher liegenden synthetischen Weichmacher, die meistens auch PVC-Weichmacher sind, beruht auf anderen Gesichtspunkten. Wesentlich sind die Verbesserung der Tieftemperaturflexibilität und des elastischen Verhaltens der Vulkanisate sowie bei speziellen Typen der günstige Einfluß auf die Klebrigkeit der Mischungen oder das Entflammungsverhalten der Vulkanisate. Zusätzliche Forderungen sind in manchen Fällen eine geringe Beeinträchtigung der Heißluftbeständigkeit der Vulkanisate sowie geringe Extraktion durch Lösungsmittel, Öle und Fette. Die große Variationsmöglichkeit in der chemischen Konstitution bei synthetischen Weichmachern ermöglicht die Erfüllung derartiger Forderungen. Die Verträglichkeit der synthetischen Weichmacher mit den verschiedenen Kautschuktypen ist im allgemeinen besser als diejenige der Mineralöle.

Viele Weichmacher, vor allem aromatische Mineralöle und Ätherweichmacher stören die Peroxidvernetzung (vgl. S. 294 ff) und können in Mischungen, die peroxidisch vernetzt werden sollen, nicht oder nur in geringen Dosierungen eingesetzt werden.

### 5.5.2. Weichmacher und Verarbeitungshilfsmittel

5.5.2.1. Mineralölweichmacher [5.245.–5.249.]

5.5.2.1.1. Mineralöle.

Den Mineralölweichmachern kommt mengenmäßig die größte Bedeutung zu, da sie als billige Streckmittel mit vielen Kautschuktypen gut verträglich sind. Jedoch sind auch hier verschiedene Untergruppen zu unterscheiden, die durch den relativen prozentualen Gehalt an aromatischen, naphthenischen und paraffinischen Kohlenstoffatomen charakterisiert sind. Um sich bei der Vielzahl von Produkten verschiedenster Herkunft und Zusammensetzung, die der kautschukverarbeitenden Industrie angeboten werden, hinsichtlich des Typs schnell orientieren zu können, werden Bestimmungsmethoden aus der Mineralölanalyse angewandt. Diese ermöglichen eine ausreichende Charakterisierung und Klassifizierung und sind gleichermaßen für eine Qualitätsüberwachung geeignet.

Eine der wichtigsten Klassifizierungsmethoden ist die Bestimmung der Viskositäts-Dichte-Konstante (VDK), die sowohl aus der Dichte des Mineralöles und seiner Sayboldt-Viskosität als auch aus dem Anilinpunkt ermittelt werden kann [5.6., 5.246–5.249.].

$$\text{VDK} = \frac{\text{D} - 0{,}24 - 0{,}022 \log (\text{V}_t - 35{,}3)}{0{,}755}$$

mit

$$\text{D} = \frac{\text{Dichte des Mineralöles bei } 60^\circ \text{ F } (15{,}6^\circ \text{ C})}{\text{Dichte des Wassers bei } 60^\circ \text{ F } (15{,}6^\circ \text{ C})}$$

$V_t$ = SAYBOLDT-Viskosität bei 210° F (98,9° C) (Umwandlung kinematischer Viskosität in konventionelle Einheiten für Gleichungsberechnung notwendig)

$$\text{VDK} = \frac{1196 - \text{Anilinpunkt } (^\circ \text{ F})}{1170}$$

Die VDK-Zahl läßt eine Abschätzung der Eigenschaften des Mineralöles zu (s. Tab. 5.3.).

**Tab. 5.3.:** Zusammenhang zwischen VDK und Zusammensetzung von Mineralölen.

| Mineralöltyp | Bereich der VDK |
|---|---|
| paraffinisch | 0,791–0,820 |
| relativ naphthenisch | 0,821–0,850 |
| naphthenisch | 0,851–0,900 |
| relativ aromatisch | 0,901–0,950 |
| aromatisch | 0,951–1,000 |
| hocharomatisch | 1,001–1,050 |
| extrem aromatisch | 1,050 |

Auch das Refraktionsinterzept Rj ist für die Ermittlung paraffinischer, naphthenischer, aromatischer und hocharomatischer Anteile bedeutsam (s. Tab 5.4.):

**Tab. 5.4.:** Zusammenhang zwischen Refraktionsinterzept und der Zusammensetzung von Mineralölen.

| Mineralöltyp | Rj-Bereiche |
|---|---|
| paraffinisch | $< 1{,}048$ |
| naphthenisch | 1,048–1,053 |
| aromatisch | 1,053–1,065 |
| hocharomatisch | $> 1{,}065$ |

$Rj = n_D - 0{,}5 d_4^{20}$
mit
$n_D$ = Brechungsindex bei 20° C
$d_4^{20}$ = Dichte des Mineralöles bei 20° C/ Dichte des Wassers bei 4° C

Bei Kenntnis der VDK und von Rj läßt sich ein genauer Aufschluß über die Konstitution des Mineralöls durch Bestimmung der Kohlenstoff-Verteilungsanalyse erhalten (sog. Rj-VDK-Methode, Abb. 5.11.). Hierbei geben Schnittpunkte von Linien gleicher VDK und Rj die prozentuale statistische Zusammensetzung des Mineralöles an. Beispiel zu Abb. 5.11.: Ein Mineralölweichmacher mit Rj = 1,050 und VDK = 0,90 besteht aus 35% paraffinischen, 40% naphthenischen und 25% aromatischen Anteilen. Aus der Kenntnis der Konstitution eines Mineralölweichmachers kann man weitgehend seine allgemeinen Eigenschaften (s. Tab. 5.5.) und seine Verträglichkeit mit verschiedenen Kautschuktypen (s. Tab. 5.6.) ableiten.

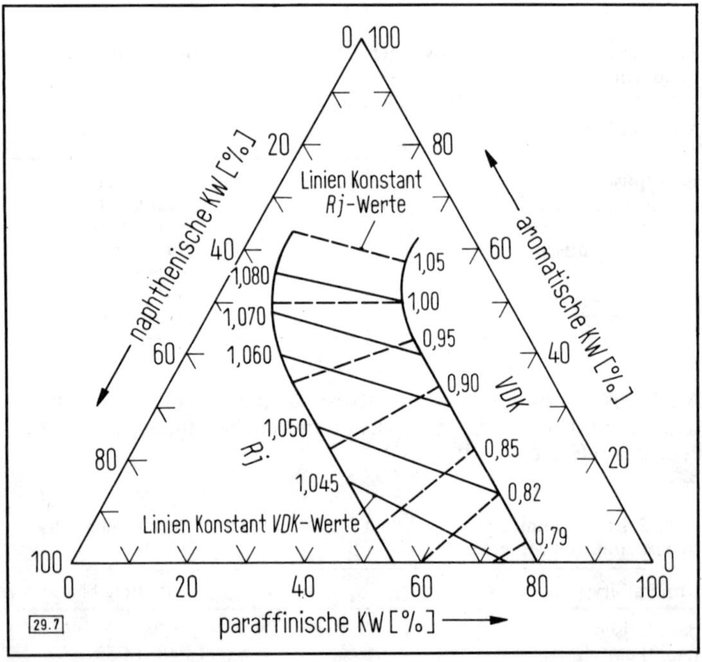


**Abb. 5.11.:** Diagramm für Kohlenstoff-Verteilungsanalyse (*Rj-VDK*-Methode) von Mineralölweichmachern.

**Tab. 5.5.:** Allgemeine Eigenschaften von Mineralölen.

| | Dichte | Lager-fähigk. | Temp. ab-hängigk. d. Viskosität | Anilinpkt. | Tieftemp.-eigensch. | Farbe u. Verfärbg. | Peroxidische Vernetzung |
|---|---|---|---|---|---|---|---|
| paraffinisch | niedrig | gut | gering | hoch | gut | gut | gut |
| relativ naphthenisch | | | | | | | |
| naphthenisch | ↕ | ↕ | ↕ | ↕ | ↕ | ↕ | ↕ |
| relativ aromatisch | | | | | | | |
| aromatisch | | | | | | | |
| hocharomatisch | hoch | schlecht | stark | niedrig | schlecht | schlecht | schlecht |

**Tab. 5.6.:** Verträglichkeit von Mineralölen mit verschiedenen Kautschuktypen.

| Mineralöltypen | NR | SBR | BR | NBR | CR | CSM | EPDM | IIR |
|---|---|---|---|---|---|---|---|---|
| paraffinisch | + | + | + | – | – | – | + | + |
| relativ naphthenisch | + | + | + | – | – | – | + | + |
| naphthenisch | + | + | + | 0 | 0 | 0 | + | 0 |
| relativ aromatisch | + | + | + | 0 | + | + | + | – |
| aromatisch | + | + | + | + | + | + | 0 | – |
| hocharomatisch | + | + | + | + | + | + | 0 | – |

+ Gut verträglich, 0 bedingt verträglich, – unverträglich.

Ganz allgemein kann man annehmen, daß polare Weichmacher mit polaren Kautschuken und unpolare Weichmacher mit unpolaren Kautschuken verträglich sind und demgemäß angewandt werden.

Die Mengen Mineralöl, die Kautschukmischungen zugesetzt werden, liegen im allgemeinen zwischen ca. 5–30 phr. In geringerem Umfang werden größere Mengen bis ca. 100 phr und mehr verwendet.

5.5.2.1.2. Paraffine und Ceresine [5.3.]

Oberhalb einer Kettenlänge von $C_{17}$ sind normale, unverzweigte Paraffinkohlenwasserstoffe fest. *Paraffine* mit Ketten von 17 bis 30 Kohlenstoffatomen weisen Erstarrungspunkte von 50 bis 62° C auf. Höher molekulare Paraffine mit Kettenlängen von 40 bis 70 Kohlenstoffatomen und Erstarrungspunkten von 80 bis 105° C werden z. T. synthetisch gewonnen und als Hartparaffine bezeichnet. Verzweigte Paraffine sind bei gleicher Molekularmasse weicher, geschmeidiger und plastischer als die normalen; auch ihr Erstarrungspunkt ist niedriger. Die verzweigten Paraffine werden auch als *Isoparaffine* oder als *Isoceresine* bezeichnet. Wenn diese Produkte noch cycloaliphatische Bindungen enthalten, nennt man sie *Ceresine.* Ceresine und Isoceresine haben ein sehr ähnliches Eigenschaftsbild. In technischen Mineralwachsen sind in der Regel alle drei Gruppen miteinander vermischt; sie sind nur schwierig vollständig zu trennen. Bei Paraffinsynthesen entstehen im Prinzip ähnlich aufgebaute Gemische.

*Mineralwachse* werden im Erdreich an solchen Stellen gefunden, wo in Vorzeiten Erdöl versickert ist. Man nennt solche in der Natur gefundenen Wachse *Rohozokerite,* aus denen mittels Trenn- und Reinigungsverfaren neben Paraffinen bevorzugt Ceresine gewonnen werden.

Paraffine werden bevorzugt aus Erdöl gewonnen. Bei der fraktionierten Destillation von Erdöl gewinnt man u. a. die Fraktionen des Spindel- und des Zylinderöls.

Aus der Fraktion des *Spindelöls* scheidet sich das *Paraffingatsch* ab, das als solches in Kautschukmischungen eingesetzt werden kann, aus dessen Lösung in Dichloräthan aber Paraffine auskristallisieren, die durch stufenweises Entziehen niedrig schmelzender Anteile zu Sorten mit hohen Erstarrungspunkten gereinigt werden.

Die Fraktion des *Zylinderöls* enthält *Petrolate,* die in früheren Rezepten und in amerikanischen Rezepten auch heute noch häufig anzutreffen waren bzw. sind. Durch Behandlung mit Lösungsmitteln lassen sich aus den Petrolaten feinstkristalline Paraffine gewinnen.

Während die Paraffine und Ceresine mit niedrigen Erstarrungspunkten in einem gewissen Maße als Weichmacher oder Verarbeitungshilfen eine Rolle spielen, werden diejenigen mit hohen Erstarrungspunkten als Ozonschutzwachse verwendet (vgl. S. 321 f).

5.5.2.1.3. Cumaron- und Indenharze [5.3.]

Nach der Behandlung der Leichtölfraktion des Mineralöls mit zunächst verdünnten Laugen (zum Abtrennen von Phenol und Kresol) und anschließend mit verdünnter Schwefelsäure (zum Abtrennen der Pyridinbasen) lassen sich durch konzentrierte Schwefelsäure die noch in Lösung befindlichen verharzbaren Körper polykondensieren. Es bilden sich hierbei Cumaron- und Indenharze,

Cumaron Inden

die zwischen 160 und 180° C abdestilliert werden können.

Diese Harze sind sehr brauchbare Weich- und Klebrigmacher für NR, aber besonders auch für SR. Je nach den Herstellungsbedingungen und Kondensationsgraden gibt es unterschiedliche Cumaron- bzw. Indenharzsorten. Diese Harze werden in Dosierungen von 1 bis 5 phr eingesetzt.

5.5.2.1.4. Mineralöldestillationsrückstände [5.3.]

Bei der Destillation von Mineralöl, Erdwachs, Ölschiefer u.dgl. bleiben hochsiedende und feste schmelzbare Kohlenwasserstoffe (bituminöse Anteile) zurück. Sie enthalten nur unbedeutende Mengen an mineralischen Beimengungen, aber noch sauerstoffhaltige Verbindungen. Aus den Rückständen lassen sich folgende Anteile gewinnen:

- In $CS_2$ lösliche, noch verseifbare Anteile, *Montanwachs.*
- In $CS_2$ teilweise lösliche, nur unvollständig verseifbare Anteile, *Ozokerit, Asphaltite (Gilsonit)* u. a.
- In $CS_2$ unlösliche und unverseifbare Anteile, *Bitumen, Peche.*

Mineralöle enthalten wechselnde Mengen an bituminösen Bestandteilen. Überwiegend paraffinische Öle liefern bei der Destillation kein oder nur wenig Bitumen. Andererseits gibt es aromatische Öle mit hohem Bitumenanteil und stark schwankender Zusammensetzung. In der Gummiindustrie werden Bitumen mit Erweichungspunkten zwischen 60 und 100° C in Dosierungen von 5 phr und mehr auch heute noch mitunter als Verarbeitungsmittel, das den elastischen Anteil von Kautschukmischungen stark drückt, eingesetzt.

5.5.2.2. Fettsäuren und Fettsäurederivate

**Fettsäuren** werden primär in kleinen Mengen als Vulkanisations-Chemikalien benötigt. Erst größere Mengen würden einen Weichmachereffekt ergeben, beeinflussen aber die Konfektionsklebrigkeit negativ. Auch auf die Vulkanisationsgeschwindigkeit haben steigende Mengen Fettsäuren einen verzögernden Einfluß. In den meisten Fällen wird Stearinsäure, seltener Palmitinsäure, verwendet.

Da fettsaure Salze als Emulgatoren bei der SR-Herstellung verwendet werden, enthalten viele SR-Typen bereits gewisse Mengen Fettsäure.

**Metallseifen.** Neben den Fettsäuren spielen fettsaure Metallsalze eine wichtige Rolle als Verarbeitungshilfsmittel. Unter ihnen sind die *Zn-Seifen* besonders bedeutsam. Im Gegensatz zu den Fettsäuren können sie infolge ihrer größeren Löslichkeit in höheren Dosierungen ohne Ausblühgefahr eingesetzt werden, wodurch entsprechend stärkere Effekte erzielbar sind. Neben einer hervorragenden Gleitmittelwirkung, die die Mischungsherstellung und Weiterverarbeitung erleichtert und verbessert, die Misch- und Verarbeitungstemperatur senkt und Energie einsparen hilft, wird die Verteilung von Mischungsbestandteilen besser, die Füllbarkeit höher und die Anvulkanisation vielfach ohne Verlängerung oder sogar bei Verkürzung der Vulkanisationszeit verzögert. Hinzu kommt bei mastizierbaren Kautschuken ein Mastikationseffekt, der durch Kombination mit Fe- und Mn-Komplexen noch verstärkt werden kann (vgl. S. 339 f) [5.250]. Infolge der besseren Füllstoffverteilung und der Vulkanisationsaktivierung wird vielfach das Eigenschaftsbild der Vulkanisate verbessert. Aus diesen Gründen gehören die Zn-Seifen zu den wichtigsten Verarbeitungshilfsmitteln. Zn-stearat wird darüber hinaus auch als Pudermittel verwendet, das die Konfektionierbarkeit nicht beeinträchtigt (vgl. S. 393 f).

Im Verglich zu den Zn-Seifen sind *Ca-Seifen* von sekundärer Bedeutung. Sie weisen keinen Mastikations- und einen schwachen Vulkanisationsaktivatoreffekt auf. Wegen ihrer schwach alkalischen Reaktion sind sie in der Lage, den pH-Wert einer Mischung geringfügig nach höheren Werten hin zu verschieben.

*Na-* bzw. *K-Seifen* haben in dieser Hinsicht einen wesentlich ausgeprägteren Effekt und werden bevorzugt zur Alkalischstellung von Kautschukmischungen, z. B. bei der Aminvernetzung verwendet. Sie sind beispielsweise bei der ACM-Vulkanisation bedeutsam (vgl. S. 170).

**Fettsäureester und Fettalkohole.** Neben den Fettsäuren und Metallseifen, sowie pflanzlichen und tierischen Fetten und Ölen werden in zunehmendem Maße auch preiswerte Gemische aus Fettsäureestern und Fettalkohole (Fettalkohol-Rückstände) wegen ihrer hervorragenden verarbeitungsverbessernden Wirkung (ohne

Mastikations- und Vulkanisationsaktivatoreffekt) eingesetzt. Da sie Zn- und Wasserfrei sind, können sie auch dort mit Vorteil angewendet werden, wo der Zn-Anteil der Zn-Seifen (z. B. bei der CR-Vulkanisation) bzw. der Wasser-Anteil der Emulsionsweichmacher (z. B. bei der drucklosen Vulkanisation) Störungen hervorrufen können.

5.5.2.3. Tierische und pflanzliche Fette, Öle und Harze

**Rohwollfett (Lanolin).** Lanolin ist ein geschätzter Weichmacher, der das Mischen, Extrudieren und Kalandrieren wesentlich erleichtert und die Oberfläche der extrudierten und kalandrierten Rohlinge verbessert.

**Fettemulsionen, Emulsionsweichmacher.** Auch Fettemulsionen und andere Emulsionsweichmacher haben sich in der Praxis gut bewährt. Man benutzt hierzu vorzugsweise Tranfettemulsionen. Auf Ruß und helle Füllstoffe üben sie eine dispergierende Wirkung aus. Sie erleichtern die Verarbeitung der Mischung beim Spritzen und Kalandrieren. Der Wassergehalt beträgt etwa 10–15%. Das Wasser, das auf diese Weise in die Kautschukmischung eingemischt wird, hat seinerseits einen positiven Effekt auf die Walzfellbildung und Kühlung der Kautschukmischung. Bei eventueller nachfolgender druckloser Vulkanisation können jedoch Reste des hierbei eingearbeiteten Wassers empfindlich stören.

**Pflanzliche Öle**. Einige pflanzliche Öle erniedrigen die Verarbeitungsviskosität der Kautschukmischungen und verbessern die Füllstoffaufnahme. In Frage kommt z. B. *Palmöl.* Der Einfluß des ungesättigten Charakters auf die Alterung der Vulkanisate ist zu berücksichtigen. Palmöl schmilzt bei 30–40° C und wirkt stark erweichend auf den Kautschuk. Für *Sojaöl* gilt kautschuktechnologisch grundsätzlich das gleiche wie für Palmöl.

Bei der Verarbeitung der Sojabohne wird ein gelbliches bis braunes Material pastenförmiger Konsistenz, *Rubberine Gel*, ein Gemisch fettsaurer Ester, die mit Lecithinen vermischt sind, gewonnen. Rubberine Gel wird als Ersatz für Stearinsäure verwendet, nur verzögert es den Einsatz der Vulkanisation nicht wie Stearinsäure, sondern beschleunigt ihn. Infolge seines hydrophilen Charakters vermindert es das Kleben hochgefüllter Mischungen an den Walzen.

Auch *Tallöl* hat sich in der Gummi-Industrie bis zu einem gewissen Grade als Weichmacher eingeführt.

**Tierischer Leim** ist ein recht interessantes Produkt für die Kautschuk-Industrie; zum Einmischen in den Kautschuk muß er normalerweise vorher angequollen werden. Es ist allerdings zweckmäßig, von Vormischungen aus Leim und Kautschuk im Verhältnis von 40 : 60 auszugehen. Solche Batches lassen sich in Innenmischern leicht einmischen. Anquellen ist bei den Leimsorten, die einen Gehalt an Wachsalkoholen haben, nicht erforderlich.

Leim wirkt in der Kautschukmischung als Plastikator und erleichtert die Formgebung. Bei der Vulkanisation in Dampf trägt er zur Standfestigkeit der Rohlinge bei. Im Vulkanisat wirkt Leim wie ein schwachverstärkender Füllstoff, d. h. er hat einen härtenden Einfluß und erhöht den Spannungswert.

**Harze** *Fichtenteer* (pine tar) ist ein beliebter Weichmacher für NR. Er kann zu Scorcherscheinungen bei der Beschleunigung mit Mercaptobeschleunigern führen, worauf beim Mischungsaufbau Rücksicht genommen werden muß. Die Säurezahl und der Anteil an leicht flüchtigen Substanzen dürfen nicht zu hoch sein.

*Abietinsäure* Abkömmlinge spielen als Emulgatoren bei der Herstellung von E-SR-Typen zur Erhöhung der Klebrigkeit eine große Rolle. Jedoch auch manche Kautschuktypen, die in Lösung hergestellt werden, erhalten Zusätze von Harzsäuren zur Zerstörung der Aktivatoren, wodurch ebenfalls eine Verbesserung der Klebrigkeit erreicht wird. Da die Harzsäuren beim Auswaschen und Aufarbeiten des Kautschuks nur teilweise entfernt werden, sind Reste auch immer in den Gummiartikeln enthalten. Die von der Herstellung im SR vorhandene Harzsäure-Menge beträgt im allg. ca. 2–7 phr.

*Kolophonium*-Derivate spielen als Klebrigmacher eine wichtige Rolle. Sie gehören für NR zu den besten Klebrigmachern.

*Steinkohlenteerpech* und Abwandlungsprodukte sowie geblasene Bitumenrückstände (Mineralrubber), die eine Erweichung der Kautschukmischungen und damit erleichterte Verarbeitbarkeit, verbunden mit einer gewissen Verhärtung der Vulkanisate herbeiführen, spielen heute keine Rolle mehr.

Dem Tallöl verwandt ist das *Zewa-Harz.* Zewa-Harz ruft beim Einmischen in NR eine exotherme Reaktion hervor. Es muß deshalb am Ende des Mischprozesses zugegeben werden. Es erhärtet das Vulkanisat und verbessert die Festigkeit. Besonders günstig ist die Wirkung in hochgefüllten Mischungen z. B. geeignet für Sohlen, Absatz- und Fußbodenbelagmischungen. Auch bei Nitrilkautschukmischungen dient Zewa-Harz als Verarbeitungshilfe.

5.5.2.4. Synthetische Weichmacher [5.6., 5.235., 5.237.–5.240., 5.244.]

5.5.2.4.1. Allgemeines über synthetische Weichmacher

Der Anwendung von synthetischen Weichmachern kommt im Vergleich zu den Mineralölen wegen ihres deutlich höheren Preises mengenmäßig eine wesentlich geringere Bedeutung zu. Wegen der Variationsmöglichkeit ihrer Zusammensetzung und zahlreicher spezifischer Wirkungen ist ihre Anzahl sehr groß. Sie sind aber qualitativ zur Erzielung spezieller Eigenschaften der Vulkanisate, die mit den Anforderungen der modernen Technik immer weiter gestiegen sind, um so wichtiger und werden ferner benötigt, wenn Kautschuktypen nicht mit Mineralölen verträglich sind. Dies spielt in besonderem Maße für die polaren Kautschuke NBR und CR eine wesentliche Rolle, die mit den wenig oder unpolaren Mineralölen nur schwer verträglich sind. Synthetische Weichmacher sind in den meisten Fällen primäre Weichmacher.

Die Einarbeitung von synthetischen Weichmachern sowohl auf dem Walzwerk als auch im Kneter bereitet keine Schwierigkeiten; im Gegenteil, sie erleichtern als eine Art Dispergiermittel die Einarbeitung der Füllstoffe unter gleichzeitiger Erweichung der Mischungen. Weichmacher enthaltende Mischungen weisen infolge der niedrigeren Viskosität oft eine verbesserte Konfektionsklebrigkeit und günstigere Spritzbarkeit auf, wobei stärkere Temperaturerhöhungen vermieden werden.

Im allgemeinen haben synthetische Weichmacher keinen Einfluß auf die Lagerfähigkeit oder Anvulkanisationstendenz der Mischungen. In den Vulkanisaten tritt jedoch in Abhängigkeit von der Dosierung bei sonst konstantem Mischungsaufbau eine Erniedrigung der Shore-Härte und eine Verschlechterung der Festigkeitseigenschaften auf. Dabei werden vielfach Stoßelastizität und Tieftemperaturflexibilität verbessert, insbesondere bei Verwendung monomerer Ester- und Äther-Typen. Für die Erzielung guter Heißluftbeständigkeit ist eine sorgfältigere Auswahl des Weichmachertyps notwendig, da vor allem niedermolekulare Produkte mit hoher Flüchtigkeit störend wirken können. Hierfür sind höher molekulare Produkte mit geringerer Flüchtigkeit besser geeignet.

Über die Quellbeständigkeit von weichmacherhaltigen Vulkanisaten lassen sich keine generellen Aussagen machen, da in organischen Lösungsmitteln praktisch immer eine mehr oder weniger starke Extraktion des Weichmachers aus den Vulkanisaten stattfindet, durch die eine geringere Quellung vorgetäuscht wird. Quellung und Extraktion sind also gegenläufig. Lediglich Polymerweichmacher wandern wenig aus den Vulkanisaten aus.

Die synthetischen Weichmacher haben im allgemeinen keinen Einfluß auf die Verfärbungseigenschaft der Vulkanisate. Wesentliche Ausnahmen sind bei den einzelnen Produkten angegeben.

#### 5.5.2.4.2. Ätherweichmacher

Für NBR besonders gut geeignet sind Äther oder Thioäther.

**Dibenzyläther** wurde früher in größerem Umfang zur Verbesserung der Verarbeitbarkeit von Synthesekautschuk verwendet, hat seine

Bedeutung jedoch heute, insbesondere wegen seiner Flüchtigkeit, weitgehend verloren.

**Polyäther und Polyäther-thioäther** spielen heute je nach Typ entweder als Antistatika oder als außerordentlich wirksame Weichmacher zur Erzielung höchster Elastizität und Tieftemperaturflexibilität von Gummiartikeln, insbesondere aus NBR und CR, eine Rolle.

**Thioäther-estern** kommen als sehr wirksamen Weichmachern zur Verbesserung des elastischen und Tieftemperaturverhaltens von Gummiartikeln aus NBR und CR größte Bedeutung zu. Beispiele sind Methylen-bis-thioglykolsäurebutylester, Thiobuttersäurebutylester usw. Die Dosierung liegt im allgemeinen zwischen 5–30 phr. Bei den höchsten angegebenen Dosierungen ist das Optimum der Elastifizierung erreicht.

5.5.2.4.3. Esterweichmacher

**Phthalsäureester** werden vielfach als billige Weichmacher zur Verbesserung der Elastizität und Tieftemperaturflexibilität, insbesondere von NBR und CR-Vulkanisaten verwendet. In der Hauptsache handelt es sich dabei um Dibutyl- und Dioctylphthalat (DOP).

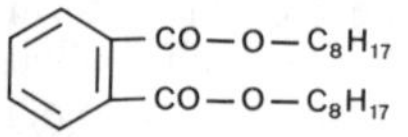


DOP

Höhermolekulare Produkte sind meist von geringerem Interesse, da Dioctylphthalat im allgemeinen genügend wenig flüchtig ist und die Tieftemperaturflexibilität durch längerkettige Phthalate nur ungünstiger würde. Die zugesetzten Mengen bewegen sich im allgemeinen zwischen 5–30 phr.

**Adipinsäure- und Sebacinsäureester.** Für *Adipinsäureester* gilt im wesentlichen dasselbe wie für Phthalsäureester. Jedoch ist ihr Zusatz aus preislichen Gründen im allgemeinen nur dann gerechtfertigt, wenn extreme Verbesserungen im elastischen Verhalten z. B. von NBR-Vulkanisaten erzielt werden müssen.

*Sebacinsäureester* spielen aus preislichen und technologischen Gründen für die Herstellung von Gummiartikeln eine untergeordnete Bedeutung, obwohl Dioctylsebacat ein sehr gutes Tieftemperaturverhalten erbringt. Das gleiche gilt für Esterweichmacher auf Basis *Acelainsäure* u. ä.

**Phosphorsäureester.** Entsprechend der Anwendung in Kunststoffen werden Phosphorsäureester wegen ihrer geringen Brennbarkeit auch Kautschuk zugesetzt. In erster Linie werden sie in SR-Arten verwendet, die selbst schon schwer brennbar sind wie in CR und nur den Zusatz von schwer brennbaren Weichmacher erfordern. In Betracht kommen vor allem Trikresyl- und Diphenylkresylphosphat, seltener auch Ester oder Mischester des Xylols oder das Trioctylphosphat. Die Dosierungen liegen im allgemeinen zwischen 5–15 phr.

#### 5.5.2.4.4. Chlorkohlenwasserstoffe

Chlorierte Paraffine werden zur Verminderung der Entflammbarkeit von Gummiartikeln in Dosierungen bis ca. 20 phr verwendet. Bei höheren Dosierungen werden die physikalischen Eigenschaften der Vulkanisate verschlechtert. In chlorhaltigen Kautschuktypen wie CR liegt die Menge im allgemeinen niedriger und überschreitet meist nicht 10 phr. Vielfach werden die Chlorkohlenwasserstoffe mit Antimontrioxid kombiniert. Auch Al-oxydhydrat, Zn-borat, Mg-carbonat oder Selen kommen als Zusatzstoffe in Betracht. Neben Chlorparaffinen werden auch chloriertes Diphenyl, chloriertes Naphthalin und Chlorkautschuk als Flammschutzmittel zugesetzt. Sie kommen sowohl als Flüssigkeiten als auch als Harze zum Einsatz.

#### 5.5.2.4.5. Polykondensations- und Polymerisationsprodukte

**Polyester aus Adipin- oder Sebacinsäure und 1,2-Propylenglykol** haben als flüssige nicht flüchtige und nicht wandernde Weichmacher eine gewisse Bedeutung für Gummierzeugnisse aus NBR erlangt. Jedoch werden die elastischen Eigenschaften der Vulkanisate bei tiefen Temperaturen durch diese Verbindungen im Vergleich zu den monomeren Estern nicht wesentlich verbessert.

**Alkydharze**. Für NBR-Mischungen kommen auch Alkydharze als Spritzbarmacher in Frage.

**Polymerisationsprodukte des Crotonaldehyd** sind gute Verteiler für Füllstoffe.

**Flüssiger SBR bzw. NBR** können vor allem für die entsprechenden Festkautschuke als nicht flüchtige und nur schwer extrahierbare Weichmacher verwendet werden.

**Klebrigmacher.** Da Synthesekautschuk in der Regel sehr viel weniger klebrig ist als NR, kommt dem Zusatz von Harzen bei seiner Verarbeitung besondere Bedeutung zu. Durch die Klebrigmacher wird beim Konfektionieren ein besseres Haften und Verschweißen der Berührungsstellen erzielt. Die Substanzen verleihen nur der unvulkanisierten Kautschukmischung Klebrigkeit bei gleichzeitiger Viskositätserniedrigung und Verarbeitungsverbesserung. Die Vulkanisate weisen keine Klebrigkeit mehr auf und sie werden auch im Gegensatz zu der Wirkung elastizierender Weichmacher, durch die genannten Harze relativ wenig erweicht.

Kolophonium ist oft nicht genug verträglich, weshalb in erster Linie synthetische Harze in Betracht kommen.

Der wichtigste Klebrigmacher, vor allem für NBR und CR, ist ein noch zähflüssiges *Xylol-Formaldehyd-Harz,* das die Konfektionsklebrigkeit je nach Dosierungen nach Wunsch steigen läßt. Steigende Bedeutung haben sonstige *Kohlenwasserstoffharze.* Auch andere synthetisch hergestellte Harze, wie *Alkydharze,* werden verwendet.

### 5.5.3. Faktis [5.251.–5.270.]

#### 5.5.3.1. Allgemeines über Faktis und Einteilung der Faktisse

Faktisse sind mit Schwefel oder ähnlich wirkenden Stoffen umgesetzte ungesättigte Öle. Die sich bei der Faktisierung abspielenden Vorgänge entsprechen in etwa der Hartgummivulkanisation. Man unterscheidet im wesentlichen braunen, gelben und weißen Faktis.

Die Faktisindustrie ist fast so alt wie die Gummiindustrie, deshalb ist im Verlaufe der Zeit eine Vielzahl von Faktissorten entstanden. Diese beruhen sowohl auf verschiedenen Rohstoffen und Herstellungsprozessen, als auch auf dem Bedürfnis nach speziellen Produkten für SR-Typen und maßgeschneiderten Produkten für bestimmte Abnehmer. So ist zu erklären, daß in der Praxis über 60 verschiedene Sorten gehandelt werden, obwohl mit ca. 7 Produkten weite Einsatzbereiche abgedeckt werden können.

Für die Herstellung von Faktis dienen in erster Linie pflanzliche und tierische fette Öle mit Jodzahlen $>80$, die also drei und mehr Doppelbindungen im Molekül enthalten und Schwefel, Chlorschwefel oder andere Stoffe als Vernetzer.

Bei den Faktis-Typen hat man demgemäß nach den angewandten Vernetzungsverfahren zu unterscheiden zwischen

- Schwefelfaktissen
- Schwefelwasserstoff-Faktissen
- Chlorschwefelfaktissen und
- Schwefelfreien Faktissen.

Als weitere Unterteilung wird die Art der zugrunde gelegten Öle herangezogen, z. B. Rüböl, Sojaöl, Tran oder Rizinusöl sowie deren Vorbehandlung, wie Polymerisation, Blasen, Härten u. dgl. Für eine weitere Unterteilung sind verbilligende Zuschläge von Mineralölen, und Füllstoffen zu berücksichtigen, die am Faktisierungsprozeß nicht reagierend teilnehmen.

Bei der Herstellung von Faktis können je nach Art der Ausgangsstoffe und der Temperaturführung weiße Faktisse über gelbe, bernsteinfarbene bis zu dunkelbraunen Typen entstehen.

Entsprechend den kautschuktechnologischen Erfordernissen sind sieben Faktisgruppen zu unterscheiden:

- Weiße Schwefel-Faktisse
- Gelbe Schwefel-Faktisse
- Braune Schwefel-Faktisse
- Weiße Chlorschwefel-Faktisse, stabilisiert
- Weiße Chlorschwefel-Faktisse, nicht stabilisiert
- Spezial-Faktisse für SR
- Schwefel- und chlorfreie Spezial-Faktisse.

Die Herstellung ist in [5.269.–5.270.] beschrieben.

5.5.3.2. Verwendung und Eigenschaften

Der englische Name für Faktis ist „Rubber substitute", er deutet an, daß Faktis anfänglich als Ersatz für den früher sehr teuren Kautschuk benutzt wurde.

An die Faktissorten werden mannigfaltige Anforderungen gestellt.

Im einzelnen handelt es sich um folgende Einsatzgründe:

Bei der *Verarbeitung* von Kautschukmischungen
- Verbesserung der Standfestigkeit und Maßhaltigkeit beim Spritzen
- Verminderung des Kalandereffektes
- Verbesserung der Oberflächenglätte
- Vergrößerung des Weichmacheraufnahmevermögens
- Verbesserung der Manipulierbarkeit extrem weicher Mischungen mit hohem Weichmacheranteil, (z. B. Druckwalzen-, Moosgummimischungen)

In *Vulkanisaten*
- ergibt Faktis einen angenehmen Griff (textilen Charakter)
- verbessert Faktis die Schleifbarkeit (z. B. bei Walzen)
- erhöht Faktis den Widerstand gegen Dauerermüdungsbrüche (z. B. in Oberblattmischungen)

In der *Kalkulation*
- spart Faktis Energie beim Walzen und Kneten
- spart Faktis Arbeitszeit durch Verkürzen der Mischdauer
- erhöht Faktis die Spritzleistung
- erhöht Faktis die Kalandriergeschwindigkeit
- senkt Faktis den Volumenpreis durch Senkung der Dichte.

**Auswahl.** Bei der Auswahl der geeigneten Faktissorte sind die Basisöle, Herstellungsart und Farbe zu berücksichtigen sowie eventuelle Anteile an streckenden Zusätzen (dadurch Verminderung des Faktiseffektes). Schwefelfaktisse und stabilisierte Chlorschwefelfaktisse beeinträchtigen – auch bei den oft erforderlichen hohen Dosierungen – die Wirksamkeit der Vulkanisationsbeschleuniger nicht. Dagegen wirkt Chlorschwefelfaktis bei der Vulkanisation verzögernd, weil in der Wärme Chlorwasserstoff abgespalten wird.

Nur bei Verwendung stark basischer Vulkanisationsbeschleuniger in höherer Menge kann daher weißer unstabilisierter Chlorschwefelfaktis auch für heiß zu vulkanisierende Mischungen benutzt werden, z. B. bei der Fabrikation von Radiergummi.

**Einfluss auf die Eigenschaften.** Die Zugfestigkeit und der Compressen Set werden entsprechend dem Faktis-Zusatz, aber abhängig von der Faktis-Type mehr oder weniger beeinträchtigt. Faktis erhöht die Abriebfreudigkeit. Das ist der Grund, weshalb Faktis in großen Mengen in Radiergummi eingesetzt wird, wo die Abriebfreudigkeit erwünscht ist. Diese Erhöhung des Abriebs macht aber den Einsatz von Faktis in Reifenlaufflächen indiskutabel. Dagegen werden in Reifenseitenwänden kleinere Faktismengen angewendet, da die dynamische Ermüdungsbeständigkeit in Anwesenheit von Faktis gut ist. Da gute Faktissorten auch bei längerer Lagerung keine Alterungserscheinungen zeigen, üben sie auch hinsichtlich der Alterungsbeständigkeit der Gummiwaren einen günstigen Einfluß aus.

**Anwendungsgebiete.** Ansonsten sind die Anwendungsgebiete praktisch nur in Nicht-Reifenartikeln zu sehen.

Die *Faktistypen auf Rübölbasis* werden bevorzugt in NR, IR, SBR und ähnlichen Allzweckkautschuken eingesetzt. Sie eignen sich auch für NBR und CR, für günstigstes Quellverhalten kommen aber hier quellbeständige *Faktistypen auf Basis Rizinusöl* in Betracht. Alle Schwefelfaktisse sind schon aus Gründen der Schwefelvernetzungsstruktur nicht hitzebeständig. Deshalb werden für hitzebeständige Artikel solche Faktistypen eingesetzt, bei denen anstelle von Schwefelbrücken andere Vernetzungsarten vorhanden sind. Als solche kommen z. B. folgende Faktisse in Betracht:

*Sauerstoff-Faktis,* bei dem die Faktisierung der fetten Öle durch Peroxide zustande gekommen ist, er enthält Sauerstoffbrücken statt Schwefelbrücken;

*Isocyanat-Faktis,* bei dem über die Hydroxylgruppen von z. B. Ricinusöl mittels Isocyanaten unter Urethanbildung Vernetzungen zustande gekommen sind.

*Spezial-Faktisse* spielen noch in anderen Bereichen eine große Rolle: z. B. als Wildlederpflegemittel oder sie können mit Zusätzen von Schleifmitteln als Putzmittel für Metalle dienen.

*Flüssige Schwefel- oder Chlorschwefelfaktisse* sind als Additive zur Verbesserung von Schmier- und Schneidölen geeignet, ferner zum Anpasten von schwer verteilbaren Farbstoffen und anderen Produkten für die Gummiindustrie.

### 5.5.4. Handelsprodukte

Nachfolgend sollen einige Handelsmarken von wichtigen Lieferanten, die jeweils mit zusätzlichen Indices versehen ganze Sortimente beinhalten, aufgeführt werden, wobei die Aufstellung keinen Anspruch auf Vollständigkeit darstellt:

**Synthetische Weichmacher:** *Adipate*: Bisoflex, BP - Kettlitz NB, Kettlitz - Adimoll; Ultramoll, Bayer–Plasticizer TP, Thiocol–Plastimoll, BASF–Witamoll, Dynamit Nobel - Wolflex, Wolf.

*Phthalate:* Bisoflex, BP - Esso Jayflex, Esso - Gedeflex, CdF-Chemie - Palatinol, BASF - Reomoll, Ciba Geigy - Unimoll, Bayer - Witamoll, Dynamit Nobel.

*Phosphate:* Disflamoll, Bayer - Reophus, Ciba Geigy.

*Acelate:* Reomoll, Ciby Geigy - Plastolein, Unem.

*Epoxiester:* Lankroflex, Lankro - Reoplast, Ciba Geigy - Plastolein, Unem.

*Trimellithate:* Bisoflex, BP - Reomol, Ciby Geigy.

*Glykolester:* Bisoflex, BP - Plastolein, Unem - Vulkanol, Bayer - Wolflex, Wolf.

*Andere Ester:* Bisoflex, BP - Hercoflex; Hercolyn, Hercules - Melonil, Henkel - Mesamoll, Bayer - Plastolein, Unem - Pliabrac, Albright & Wilson - Reomoll; Reoplex, Ciby Geigy - Struktol, Schill u. Seilacher - Vulkanol, Bayer - ZP, Thiokol.

*Chlorparaffine:* Arubren, Bayer - Cereclor, ICI - Clorafin, Hercules - Flacaron, Schill u. Seilacher - Witaclor, Dynamit Nobel.

*Ätherweichmacher:* Antistaticum, Rhein-Chemie - Antistatischer Weichmacher; Vulkanol, Bayer - Plasticizer, Thiokol.

Eine Reihe von Firmen liefern Weichmacher unter den chemischen Bezeichnungen oder deren Abkürzungen, z. B. DOP, Albright & Wilson, Berol, ICI, Unem, Tenneco.

**Faktis:** DOG-Faktis, DOG - RC-Faktis, Rhein-Chemie.

## 5.6. Treibmittel [5.6., 5.271.–5.276.]

### 5.6.1. Allgemeines über Treibmittel

Für die Herstellung von Schwamm-(offene Poren), Moos-(kleine, teils geschlossene, teils offene Poren) und Zellgummi (kleinste geschlossene Poren mit sehr dünnen Zellwänden) werden anorganische und organische Treibmittel (auch Blähmittel genannt) benutzt. Hierzu dienen im wesentlichen zwei verschiedene Verfahren: das Treibverfahren zur Herstellung von Schwamm- und Moosgummi und das Expansionsverfahren zur Herstellung von Zellgummi (vgl. S. 536 ff).

Bei den Treibmitteln handelt es sich um Substanzen, die in Kautschukmischungen eingearbeitet werden und bei Raumtemperatur stabil sind, aber bei höheren Temperaturen vor oder während der Vulkanisation unter Gasabspaltung zerfallen. Das sich bildende Gas, Stickstoff oder Kohlendioxid ist für die Porenbildung maßgeblich.

Die anorganischen Treibmittel lassen sich schlecht in den Kautschuk einarbeiten, vor allem ist ihre Verteilung nicht sehr gut, wodurch die Porenstruktur unregelmäßig wird. Auch die Lagerfähigkeit dieser Mischungen, insbesondere der Ammoniumbicarbonathaltigen, ist nicht groß. Daher wurden Stickstoff-abspaltende organische Treibmittel entwickelt, die bessere Eigenschaften haben und deshalb trotz des höheren Preises die anorganischen Treibmittel weitgehend verdrängt haben.

Ein gutes Treibmittel soll folgende Ansprüche erfüllen:

- eine hohe abspaltbare Gasmenge enthalten,
- toxikologisch einwandfrei sein,
- keine unangenehm riechenden Zersetzungsprodukte liefern,
- keine Verfärbung der Vulkanisate ergeben,
- gute Verteilbarkeit im Kautschuk zeigen,
- keinen Einfluß auf die Vulkanisation und keinen ungünstigen Einfluß auf die Alterung ausüben,
- einen geeigneten Zersetzungsbereich (für die einzelnen Einsatzgebiete verschieden) besitzen,
- einen niedrigen Preis haben.

Da es schwierig ist, alle diese Eigenschaften in einem Produkt zu vereinigen, hat man für die verschiedenen Verwendungsgebiete spezielle Treibmittel entwickelt, die bei großer Verarbeitungssicherheit jeweils Vulkanisate mit optimalen Eigenschaften ergeben. Z. B. ist in manchen Fällen (für harte Porensohlen) ein hoher Zersetzungspunkt günstig, in anderen Fällen (z. B. bei Schwammgummi-Herstellung) ist ein niedriger Zersetzungspunkt des Treibmittels erforderlich.

### 5.6.2. Anorganische Treibmittel

Für die Herstellung von Schwammgummi wurde früher Natriumhydrogencarbonat bevorzugt, z. T. in Kombination mit schwachen organischen Säuren, wie Weinstein, Stearin- oder Ölsäure. Zur besseren Verteilbarkeit werden derartige anorganische Treibmittel auch als Pasten, z. B. in Mineral- oder Paraffinöl, verwendet. Der Kautschuk bzw. die Kautschukmischung muß sehr stark mastiziert werden, und die Viskosität des Rohkautschuks sowie die Lagerzeit und -temperatur der Kautschukmischung ist genau einzuhalten.

Der niedrige Preis der anorganischen Treibmittel wird durch die erhöhte Verarbeitungssicherheit und die gleichmäßige Porenart und -größe bei Verwendung organischer Treibmittel mehr als aufgewogen. Eine Ausnahme macht in dieser Beziehung nur Natriumnitrit in Verbindung mit Ammoniumchlorid, das meistens in Tablettenform als Treibmittel bei der Herstellung von Gummihohlkörpern, vor allem von Bällen, verwendet wird.

### 5.6.3. Organische Treibmittel

Aus den genannten Gründen werden heute überwiegend organische Treibmittel eingesetzt. Da Stickstoff bedeutend langsamer durch Kautschuk-Zellwände diffundiert als Kohlendioxid und Ammoniak, werden heute Stickstoff abspaltende Treibmittel in besonderem Maße bevorzugt.

#### 5.6.3.1. Azoverbindungen

**Diazoamino-Verbindungen** gehören zu den älteren Treibmitteln. Das bekannteste Treibmittel dieser Gruppe, das Diazoaminobenzol,

$C_6H_5\text{-NH-N=N-NH-}C_6H_5$,

Fp der technischen Verbindung 90–96° C (Zers.), ist je nach Reinheitsgrad mit einem isonitrilähnlichen Geruch behaftet. Es entwickelt unter Normalbedingungen 113 $cm^3$ Stickstoff/g Substanz. Zugaben von 2–3 phr, wie sie für die Herstellung eines weichen Schwammgummis benötigt werden, sind in Kautschuk noch löslich. Diazoaminobenzol zeichnete sich durch gute Wirksamkeit aus und war bei den früher üblichen Mischtemperaturen beständig. Bei der thermischen Zersetzung entsteht neben Stickstoff ein Gemisch von intensiv gelbbraun gefärbten Verbindungen, das auch Anilin enthält. Helle Materialien, wie Papier, Textilien, Kunststoffe, Linoleum, Lacke auf Nitrocellulose-Basis u. a. m., verfärben sich bei Berührung mit Vulkanisaten, die Diazoaminobenzol bzw., seine Zersetzungsprodukte enthalten. Weitere Nachteile sind darin zu sehen, daß mit Diazoaminobenzol hergestellte Mischungen und Vulkanisate zu Hautreizungen Anlaß geben. Aus diesen Gründen ist die praktische Verwendbarkeit beschränkt.

**Azonitrile.** Während des zweiten Weltkrieges wurden bei der IG-Farbenindustrie Azonitrile als Stickstoff-abspaltende Treibmittel für Kautschukmischungen und in der Folge auch für Kunststoffe entwickelt. *α,α'-Azo-bis-(isobuttersäurenitril),*

$(CH_3)_2\,C(CN)\text{–N=N–}C(CN)(CH_3)_2$,

Fp der technischen Verbindung 103–104° C (Zers.), ist infolge seiner stärkeren Treibwirkung (136 $cm^3$ Stickstoff/g Substanz, unter Normalbedingungen) dem weniger schnell spaltenden *α,α'-Azo-bis-(hexahydrobenzonitril)* (84 $cm^3$ Stickstoff/g Substanz, unter Normalbedinungen) überlegen: infolge der hohen Wirksamkeit lassen sich mit einer Zugabe von 2–4 phr des Isobutyronitril-

Derivates bei weichen Schwammgummimischungen Expansionen von 500–600% erhalten. Ferner ist die Erzeugung von sehr leichtem Porenhartgummi mit einem Raumgewicht bis etwa 0,065 $g/m^3$ möglich. Die bei seiner Zersetzung auftretenden Reaktionsprodukte, vor allem das Tetramethylbernsteinsäure-dinitril, weisen aber toxische Eigenschaften auf und erfordern besondere Vorsichtsmaßnahmen bei der Verarbeitung und auch bei der Verwendung der Gummiwaren. $\alpha,\alpha'$-Azo-bis-(hexahydrobenzonitril) bietet zwar den Vorteil geringerer Giftigkeit seiner Zersetzungsprodukte, die geringere Treibwirkung und langsamere Zersetzung müssen aber berücksichtigt werden.

Aus den genannten toxikologischen Gründen des Isobutyronitril-Derivates und den technologischen Nachteilen (zu langsame Zersetzung und geringe Gasabspaltung) des Hexahydronitril-Derivates werden beide Substanzen heute als Treibmittel in der Gummiindustrie praktisch nicht mehr angewandt.

**Azodicarbonamid.** Eine ebenfalls bei der IG-Farbenindustrie erfolgte Weiterentwicklung der Azonitrile führte zu den Derivaten der Azodicarbonsäure, von der sich das Azodicarbonamid

$$H_2N - CO - N = N - CO - NH_2$$

ableitet, das heute aus dieser Gruppe die wichtigste Substanz ist. Azodicarbonamid, ein hellgelbes Pulver, Zersetzung ca. 215° C, ist heute noch ein sehr interessantes Stickstoff abspaltendes Treibmittel mit sehr großer Verarbeitungs- und Lagersicherheit zur Herstellung geruchloser, zelliger Vulkanisate; es ist insbesondere für solche Artikel geeignet, die bei relativ hohen Temperaturen vulkanisiert werden (z. B. Moosgummiprofile in LCM- oder UHF-Anlagen. Die Gasabspaltung beginnt in Kautschukmischungen bei etwa 140° C; sie ist jedoch erst bei Vulkanisationstemperaturen von etwa 160° C und darüber vollständig. Aus diesem Grunde treten auch bei der Lagerung von Rohmischungen mit Azodicarbonamid keine Gasverluste auf. Das abspaltbare Gasvolumen beträgt ca. 190 $cm^3/g$ unter Normalbedingungen. Neben der hohen abspaltbaren Gasmenge ist die Geruchfreiheit bei der Verarbeitung und in den Vulkanisaten sowie die Nichtverfärbung wesentlich.

Durch sogenannte Kicker kann die Zersetzungstemperatur um z. B. 20–30° C erniedrigt werden und die Zersetzungsgeschwindigkeit bei gleicher Temperatur erhöht werden. Als günstigste Substanzen haben sich ZnO und Zn-Salze, Glykole (z. B. Diäthylenglykol) und (weniger ausgeprägt) Harnstoff sowie Sulfinsäuren erwiesen. Eine Reihe von Handelsprodukten stellen fertige Treibmittel/Kicker-Gemisch mit entsprechend erniedrigten Zersetzungstemperaturen dar.

Bei Anwendung des Treibverfahrens (z. B. für Moosgummi) erhält man eine gleichmäßige, sichtbare Porenstruktur. Expandierte Artikel (z. B. leichter Zellgummi) weisen eine gleichmäßige Zellstruktur auf. Die Zellgröße wird hier durch den angewendeten Preßdruck stark beeinflußt und kann von praktisch nicht sichtbaren bis zu deutlich erkennbaren Zellen variiert werden.

### 5.6.3.2. Hydrazinverbindungen

Hydrazin-Derivate der organischen Sulfonsäuren, die 1949 von Bayer entwickelt worden sind, stellen eine neue Generation von Treibmitteln dar. Sie gehören zu den modernsten stickstoffabspaltenden Treibmitteln.

**Benzolsulfohydrazid.** Unter den Hydraziden aromatischer Sulfonsäuren hat sich vor allem das Benzolsulfohydrazid

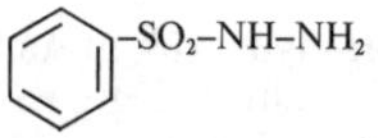

als eines der wichtigsten Treibmittel hervorragend bewährt. Technisches Benzolsulfohydrazid ist ein farbloses und geruchloses kristallines Pulver (Zers. bei 95–100° C), das unter üblichen Bedingungen unbegrenzt lagerbeständig ist. Aus Verteilungsgründen im Kautschuk wird er bevorzugt in Form von Pasten, z. B. 27%ig in Mineralöl, eingesetzt. 1 g der Substanz entwickelt 115–130 $cm^3$ Stickstoff unter Normalbedingungen.

Gute Verteilbarkeit sowie Verarbeitungseigenschaften, die auch für Großbetriebe noch brauchbar sind, ausgezeichnete Treibwirkung, Geruchlosigkeit der damit hergestellten Schwamm-, Moos- und Zellkautschuk-Artikel, die auch bei Einstellung hellster Farbtöne nicht verfärben, sind die hervorstechenden Eigenschaften dieses Produktes. Da der Grad der Treibwirkung auch davon abhängt, daß die Kautschukmischung vor Einsetzen der Vulkanisation genügend lange fließfähig bleibt, muß in Rechnung gestellt werden, daß Zusätze von Benzolsulfohydrazid auf die Vulkanisationsbeschleuniger eine aktivierende Wirkung ausüben. In Kautschukmischungen beginnt die Zersetzung des Benzolsulfohydrazids bei etwa 80–90° C. Die Zersetzungsgeschwindigkeit wächst mit steigender Vulkanisationstemperatur. Sie beträgt etwa 10 min bei 110° C. Durch basische Beschleuniger wird die Zersetzungstemperatur stark erniedrigt [5.245.]

Die Zersetzung des Benzolsulfohydrazids verläuft unter Stickstoff-Abspaltung über die entsprechende Sulfinsäure, die dann unter Disproportionierung in Diphenyldisulfid und Diphenyldisulfoxid übergeht. Der Mischung können Derivate von Fettsäureamiden als

Verteiler zugesetzt werden, um bestimmte Porengröße und Gleichmäßigkeit zu erreichen. Man kann sowohl unter der Presse als auch in Heißluft und sogar in Freidampf vulkanisieren.

**Benzol-1,3-disulfohydrazid.** In Mischungen, die Benzol-1,3-disulfohydrazid enthalten, beginnt die Gasabspaltung (ca. 166 cm³/g, Stickstoff, unter Normalbedingungen) erst bei ca. 115° C. Dieses Treibmittel kann daher ohne Gefahr einer vorzeitigen Gasabspaltung auch in harten, stark gefüllten Mischungen verwendet werden, die bei der Verarbeitung höhere Temperaturen erreichen. Die Zersetzungstemperatur wird durch basisch reagierende Stoffe ebenfalls herabgesetzt. Da das reine Benzol-1,3-disulfohydrazid außerordentlich energiereich ist und zur Explosion neigt, wird es nur in phlegmatisierter Form, z. B. als 50%ige Paste (z. B. mit Chlorparaffin angepastet) in den Handel gebracht. Wegen der höheren Zersetzungstemperatur eignet es sich besonders für die Herstellung von Porensohlen.

**Diphenyloxid-4.4'-disulfohydrazid** braucht im Gegensatz zu Benzol-1.3-disulfohydrazid nicht phlegmatisiert zu werden. Der Zersetzungspunkt liegt bei ca. 160° C (ca. 125 cm³/g Stickstoff, unter Normalbedingungen), die Zersetzung beginnt aber bereits ab ca. 120° C. Die Substanz wird meist mit ca. 3% Mineralöl gecoatet geliefert.

**p-Toluolsulfonsäurehydrazid** steht dem Benzolsulfohydrazid anwendungstechnisch nahe. Sein Zersetzungspunkt liegt bei ca. 105° C (ca. 120 cm³/g Stickstoff, unter Normalbedingungenn). Die Substanz kommt wie die meisten anderen in Pulver- und Pastenform (z. B. 80%ig) in den Handel.

Die beschriebenen Sulfohydrazide beeinflussen weder Geruch noch Geschmack der Vulkanisate. Auch beim Öffnen der Vulkanisationspressen tritt keine Geruchsbelästigung auf, und die Vulkanisate werden in physiologischer Hinsicht nicht ungünstig beeinflußt.

### 5.6.3.3. N-Nitrosoverbindungen

Eine andere wichtige Treibmittelgruppe leitet sich von N-Nitroso-Derivaten von sekundären Aminen und N-substituierten Amiden ab. Sie spalten ebenfalls Stickstoff ab.

**N,N'-Dinitrosopentamethylentetramin,**

$$
\begin{array}{ccc}
H_2C-N-CH_2 \\
|\quad\ |\quad\ | \\
ON-N\quad CH_2\quad N-NO \\
|\quad\ |\quad\ | \\
H_2C-N-CH_2
\end{array}
$$

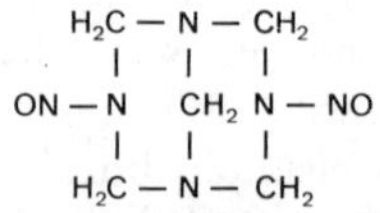

ein feinkristallines Pulver von hellgelber Farbe, weist einen Zersetzungspunkt von ca. 205° C auf. Wegen seines hohen Energiegehaltes muß es zur gefahrlosen Handhabung in phlegmatisierter Form verwendet werden. Es zeichnet sich auch dann noch, z. B. als 80%ige Ware durch Abspaltung einer großen Gasmenge (ca. 260 $cm^3/g$, unter Normalbedingungen aus. Die Gasabspaltung beginnt in Kautschukmischungen bei ca. 120–125° C. Die volle Treibwirkung setzt aber erst bei den üblichen Vulkanisationstemperaturen ein. Aufgrund der hohen abspaltbaren Gasmenge ist N,N'-Dinitrosopentamethylentetramin als Treibmittel sehr ökonomisch.

N,N'-Dinitrosopentamethylentramin ist aber im Gegensatz zu den Sulfohydraziden säureempfindlich. Außer sauren Mischungsbestandteilen, z. B. Benzoesäure, erniedrigen auch hydroxylgruppenhaltige Verbindungen, z. B. Glykole, die Zersetzungstemperatur. Geringe Mengen derartiger Verbindungen werden vielfach zur Aktivierung, d. h. Beschleunigung der Gasabspaltung, zugesetzt.

Zur Phlegmatisierung wird N,N'-Dinitrosopentamethylentetramin mit Kreide und Mineralöl oder mit flüssigem Polyisobutylen versetzt.

Als Anwendungsgebiete für N,N'-Dinitrosopentamethylentetramin kommen nur poröse Gummiartikel in Frage, bei denen der charakteristische Geruch der Zersetzungsprodukte nicht stört. Wegen der hohen abspaltbaren Gasmenge ist es ein besonders preiswertes, weltweit benutztes Treibmittel und wird vor allem für die Herstellung von Porensohlen aller Qualitäten und von Zellgummi benutzt. Für die Schwammgummifabrikation eignet es sich wegen der hohen Zersetzungstemperatur weniger.

**N,N'-Dimethyl-N,N'-dinitrosoterephthalamid** ist ein kristallines, gelbes, geruchloses Pulver mit einem Zersetzungspunkt von ca. 105° C. Es spaltet ca. 180 $cm^3/g$ Stickstoff, unter Normalbedingungen ab. In Mischungen beginnt die Zersetzung bereits bei 80° C. Da sie in Substanz mit hoher Geschwindigkeit verläuft, existiert Explosionsgefahr. Deshalb wurde die Herstellung in jüngster Zeit eingestellt, da auch die phlegmatisierte Form nicht sicher genug war. Die Substanz zeigte eine besondere Eignung in Q-Mischungen.

### 5.6.4. Vergleich der wichtigsten Treibmittel [5.6.]

Ein Vergleich der Eignung der wichtigsten Treibmittel für eine Reihe wichtiger Anwendungsgebiete ist in Tabelle 5.7. wiedergegeben.

### 5.6.5. Handelsprodukte

Die wichtigsten Handelsmarken von Treibmitteln sind die folgenden (die Aufstellung erhebt keinen Anspruch auf Vollständigkeit):

CELOGEN, UNIROYAL – GENITRON, LANKRO – POROFOR, BAYER – UNICEL, DUPONT – VULCACEL, ICI.

**Tab. 5.7.:** Übersicht über die Eignung einiger Treibmittel für verschiedene Anwendungsgebiete.

| | Benzolsulfohydrazid | Benzol-1,3-disulfohydrazid | Dinitrosopentamethylentetramin | Azodicarbonamid |
|---|---|---|---|---|
| Treibverfahren | | | | |
| Schwammgummi | sehr gut | gut | möglich | nicht empfohlen |
| Pantoffelsohlen | sehr gut | sehr gut | möglich | nicht empfohlen |
| Moosgummi¹) | sehr gut | gut | möglich | möglich-gut |
| Moosgummi²) | möglich | gut | sehr gut | sehr gut |
| Expansionsverfahren | | | | |
| Weichzellgummi³) | sehr gut | gut | sehr gut | sehr gut |
| Porensohlen | sehr gut | gut | sehr gut | gut |
| Hart-Zellsohlen⁴) | möglich | sehr gut | sehr gut | gut |
| Zellebonit | sehr gut | gut | gut | möglich |
| Porenart | sehr fein bis unsichtbar | sichtbare Poren | sehr fein bis unsichtbar | sehr fein |

[1]) Freigeheizt. – [2]) Im Salzbad oder in UHF-Anlagen vulkanisiert. – [3]) Dichte ca. 0,3 $g/cm^3$. – [4]) Lederähnlich.

## 5.7. Haftung und Haftmittel

### 5.7.1. Gummi-Gewebe-Haftung und Haftmittel [5.277.–5.291.]

#### 5.7.1.1. Gummi-Gewebe-Haftung

Bei vielen Erzeugnissen der Gummi-Industrie, wie Reifen, Keilriemen, Fördergurten, Schläuchen usw., werden sehr hohe Anforderungen an die Bindung zwischen Gummi und den eingearbeiteten Festigkeitsträgern aus halb- bzw. vollsynthetischen Fasern, Metallen und in letzter Zeit auch aus Glasfasern gestellt. Das gilt insbesondere bei dynamischer Beanspruchung der Artikel. Nur durch Anwendung spezieller Haftmittel läßt sich meist eine ausreichende Haftfestigkeit erzielen.

In manchen Fällen genügt es, wenn man nur für einen innigen Kontakt zwischen der Gewebeoberfläche und dem Gummi sowie für eine weitgehende mechanische Verankerung des Gummis in den Verästelungen des Gewebes sorgt. Besonders leicht kann man das bei Baumwolle erreichen, bei der schon durch Imprägnieren mit der Lösung einer Kautschukmischung oder mit Latex eine für viele Anwendungsmöglichkeiten ausreichende Haftfestigkeit erzielbar ist.

Die Baumwolle stand bis weit in den 40er Jahren als Festigkeitsträger ausschließlich zur Verfügung, bevor das halbsynthetische Reyon entwickelt wurde. In den 50er Jahren kam Polyamid Nylon 6.6. (USA) und Nylon 6 (bevorzugt Japan) und Anfang der 60er Jahre Polyester (USA, zunächst Goodyear) hinzu. Anfang der 70er Jahre wurde von DuPont die Aramid-Faser Kevlar (früher Fiber B) entwickelt. Zudem ist in kleinerem Maße eine Polyvinylalkohol-Faser (bevorzugt Japan) im Gebrauch. Außer den organischen Fasern wurde von Michelin bereits 1936 Stahlcord und in den 60er Jahren durch Owens-Corning Glasfasercord als Verstärkungsträger entwickelt. Da alle diese halb- oder vollsynthetischen bzw. anorganischen Fasern im Gegensatz zu Baumwolle, die zu Fasergarnen verarbeitet wird, Filamentgarne darstellen, weisen sie keine Verankerungsmöglichkeiten in Kautschukmischungen auf. Sie haben deshalb eine so geringe Affinität zu Kautschukmischungen, daß nur durch den Einsatz spezieller Haftmittel eine ausreichende Haftung zwischen Gewebe und Gummi erzielt werden kann.

#### 5.7.1.2. Haftmittel auf Resorcin-Formaldehyd-Basis [5.6.]

**Vorimprägnierungen.** Die ältesten Haftmittel zur Erzielung einer Gummi-Gewebe-Haftung sind die bereits 1935 entwickelten Resorcin-Formaldehyd-Harze, die in wässeriger Phase gemeinsam mit Latices (RFL-Dip) eingesetzt werden und weite Verbreitung gefunden haben [5.292.]. Mit der Verwendung neuerer Fasern und SR-Typen wurden auch die RFL-Präparationen verändert und verbessert. Beispielsweise wurde für den Einsatz von Polyamid-Fasern ein spezieller Latex auf Basis Butadien-Styrol-2-Vinylpyridin (70:15:15 Massen-%), der sogenannte Vinylpyridin-Latex (VP-Latex), entwickelt [5.293.]. Dieser spielt heute auch im Verschnitt mit NR- bzw. SBR-Latex auch für Reyon-Imprägnierungen eine Rolle. Für Polyester- bzw. anorganische Fasern reichen diese Hilfsmittel jedoch nicht aus. Diese kommen z. T. in vorimprägnierter Form in den Handel.

Die RFL-Dips stellen sich die Gummifabrikanten oft selbst aus den Einzelkomponenten her. So wird z. B. Resorcin und Formaldehyd im Molverhältnis 1 : 1.5–2 in alkalischem Medium gemischt. Nach ca. 6stündigem Stehen bei Raumtemperatur wird die entstandene Harzlösung in NR-, SBR- oder VP-Latex bzw. Gemischen dieser Latices eingerührt. Anschließend ist ein ca. 12–24stündiger, recht empfindlicher Reifeprozeß erforderlich, der nur bei sehr sorgfältiger Durchführung zu gleichbleibender Harzqualität und somit zu stets dem gleichen Haftungsniveau bei den Fertigartikeln führt. Insbesondere bereitet das Einhalten konstanter Temperaturen bei der Umsetzung und Reifung erhebliche Schwierigkeiten, da die Reaktion zwischen Resorcin und Formaldehyd ein exothermer Prozeß ist. Um diese Probleme zu vermeiden, werden vorkondensierte Resorcin-Formaldehyd-Harze mit optimalem und konstantem Kondensationsgrad als Haftmittel in den Handel gebracht. Sie werden ebenfalls in Kombination mit Latices, vor allem in Kombinationen von NR-, SBR- und VP-Latices verarbeitet [5.290., 5.294.]. Beim Ansetzen des Imprägnierbades muß noch Formaldehyd zugesetzt werden. Ein Vorreifeprozeß ist aber nicht mehr erforderlich. Der Harzgehalt des Imprägnierbades wird auf den Kautschuk-Anteil des Latex eingestellt und beträgt meist 20 Massen-%. Der Trockengehalt der RFL-Dips hat sich nach dem zu imprägnierenden Textilmaterial zu richten und beträgt z. B. für Reyon ca. 10–15 Massen-%, für Polyamid ca. 15–20 Massen-% und für Polyester ca. 20 Massen-% oder mehr.

Durch Zusatz weiterer haftvermittelnder Substanzen zum RFL-Dip kann das Haftvermögen des Textils zum Gummi noch gesteigert werden. Als solche sind z. B. Reaktionsprodukte von Triallylcyanurat [5.295.] bzw. p-Chlorphenol [5.296–5.297.] mit Resorcin und Formaldehyd zu nennen.

Die Vorimprägnierung von Cord- und Geweben in RFL-Dips erfordert Spezialapparaturen für die Dip-Bereitung sowie aufwendige Maschinen für die Imprägnierung und anschließende Trocknung (vgl. S. 453 ff). Je nach dem verwendeten Gewebe und der vorgesehenen Kautschukmischung sind entsprechend abgestimmte Imprägnierprozesse notwendig. Die Lagerung des imprägnierten Gewebes bedarf außerdem besonderer Maßnahmen. Die Auftragsmenge des aus dem RFL-Dip aufgenommenen Haftmittels sollte bei Normal-Reyon etwa bei 4–8 Massen-% des Textilgewichtes liegen. Bei schweren Geweben werden Auftragsmengen bis zu 15 Massen-% benötigt; bei Glasfasercord liegt er sogar bei 25–30 Massen-%.

Die Vorimprägnierung von Textilien spielt insbesondere in solchen Gummifabriken, die über eingefahrene und abgeschriebene Imprägnieranlagen verfügen, immer noch eine wesentliche Rolle.

**Haftmischungen.** Viele der aufgezählten Probleme sowie der aufwendige Imprägnier-Prozeß entfallen bei der Verwendung des 1965 bei Bayer entwickelten sogenannten Direkt-Haftverfahrens mit Haftmischungen [5.298.].

Für die Herstellung solcher Haftmischungen ist der Zusatz folgender drei Komponenten zur Kautschukmischung wesentlich (RFK-System):

- Resorcin,
- Formaldehyd-Spender,
- Kieselsäure-Verstärkerfüllstoff

Als Formaldehyd-Spender werden insbesondere Hexamethylolmelamin-äthyläther oder Hexamethylentetramin verwendet. Ein Zusammenwirken aller drei Komponenten des Haftsystems ist zur Erzielung optimaler Haftungen unbedingt erforderlich. Im Lauf des Vulkanisationsvorganges bildet sich das für die Haftung wirksame Resorcin-Formaldehyd-Harz. Die Funktion der aktiven Kieselsäure ist bisher nicht genügend geklärt. Sicher wirkt sie als Katalysator für die Harzbildung.

Ein sorgfältiges Ausarbeiten geeigneter Mischungsrezepturen ist bei dem RFK-System wichtig.

In erster Linie arbeitet man bei Anwendung des RFK-Systems mit Festkautschukmischungen. Diese können aber nach Lösen in organischen Lösungsmitteln auch zur Vorbehandlung von Geweben verwendet werden.

Das Verfahren ist universell auf praktisch alle Kautschuktypen in Kombination mit allen gebräuchlichen Textilien, z. B. Baumwolle, Reyon, Polyamid, Polyestertypen mit speziellem Spin-Finish (Diolen 1645, Trevira 715, Terylen 111H), einschl. Glascord oder Glasgeweben, sowie mit Metallen, insbesondere Stahlcord (rohem, vermessingtem und verzinktem Stahlcord) anwendbar. Selbst bei Rohstahl (Schnittkanten von vermessingtem Stahlcord) ist das RFK-System wirksam.

#### 5.7.1.3. Imprägnieren mit Isocyanaten [5.6.]

Werden besonders hohe Haftfestigkeiten gefordert oder ist das Erzielen ausreichender Bindungen wie bei Polyester-Gewebe schwierig, können die Gewebe mit den in den 40er bis 60er Jahren entwickelten Isocyanaten, z. B. Triphenylmethantriisocyanat sowie Thionophosphorsäure-tris-(p-isocyanato-phenyl)-ester, imprägniert werden [5.298.–5.302.] (vgl. Seite 302 f). Das bedeutet aber nicht nur Arbeiten mit organischen Lösungsmitteln anstatt mit Wasser, sondern auch ein Einstellen auf die beschränkte Lagerfähigkeit der Teig- oder Imprägnierlösungen (kurzes „pot life"). Aus diesem Grunde ist die Anwendung der Isocyanate für die Gummiindustrie immer weiter zurückgegangen. Sie spielt heute noch bei speziellen Bereichen eine bedingte Rolle, z. B. bei der Cordimprägnierung für flankenoffene Keilriemen.

Die genannten Triisocyanate besitzen eine besonders hohe Wirksamkeit, wogegen diejenige von Diisocyanaten, wie z. B. Diphenylmethan-diisocyanat (MDI), etwas abgeschwächt ist.

5.7.1.4. Sonstige Gummi-Gewebe-Haftmittel

Da Polyester und Aramid-Fasern bei der Haftung zu Gummi Schwierigkeiten bereiten, werden sie z. T. mit einem Spinn-Finish vorimprägniert in den Handel gebracht. Bei ihnen lassen sich Zweibadimprägnierverfahren anwenden. Die Vorimprägnierungen werden beim Faserherstellen z. B. mit Phenyl-geblocktem MDI in Kombination mit Peroxid durchgeführt [5.303.]. Solche Polyester mit Haftausrüstung lassen sich anschließend wie oben beschrieben in RFL-Dips imprägnieren [5.304.]. Neben dem erwähnten Phenolgeblockten MDI spielen vor allem auch Expoxy-Harze eine Rolle [5.305.].

Um Glasfasercord gummifreundlicher auszurüsten, wird als Haftvermittler ein Silan-Finish auf die Faser aufgebracht. Bei Glasfasercord ist wichtig, daß wegen der zerstörenden Selbstabriebeinflüsse jedes einzelne Filament vollkommen in die Gummimatrix eingebettet ist [5.306.–5.309.].

Stahlcord wird in der Regel vor seinem Einsatz vermessingt oder verzinkt und erhält dadurch eine Gummifreudigkeit.

Alle diese vorimprägnierten Textilien können anschließend mittels des RFL-Dip oder eines RFK-Systems zur Haftung gebracht werden. Bei Stahlcord können aber bei späterem Einsatz Unterrostungen eintreten [5.310.]. Bei Stahlcord kann die Haftung auch durch Co-Salze, wie z. B. Co-naphthenat, verbessert werden. Co-naphthenat-haltige Mischungen können für Stahlcord zu den Haftmischungen gezählt werden. Bei verzinktem Stahlcord bewirkt auch PbO eine Erhöhung der Haftung.

### 5.7.2. Gummi-Metall-Haftung und Haftmittel [5.310.–5.320.]

5.7.2.1. Gummi-Metall-Haftung

Durch den vermehrten Gebrauch von Gummi in Konstruktionselementen der Automobil-, Flugzeug- und Maschinen-Industrie werden hochwertige Verbindungen von Gummi zu Metall benötigt. Da die Bindefestigkeit von Weichgummi auf den meisten Metallarten nur gering ist, spielen gute Bindemittel für Gummi-Metall-Elemente eine große Rolle.

Früher wurde das Problem vorwiegend durch Verwendung einer Zwischenschicht von Hartgummi gelöst. Wegen der durch den Hartgummi bedingten längeren Heizzeiten, geringerer Verwendungsmöglichkeiten bei dynamischer Beanspruchung und geringerer Wärmebeständigkeit der Bindung arbeitet man heute überwiegend mit anderen Bindungsvermittlern.

5.7.2.2. Messing-Verfahren [5.315.]

Ein Bindungsvermittler [5.321.], der bei richtiger Arbeitsweise recht gute Bindefestigkeit von Gummi auf Metall liefert, ist eine galvanisch aufgebrachte Messingschicht. Vorteilhaft ist vor allem die große Beständigkeit der Bindung gegenüber Wärme- und Lösungsmitteleinfluß. Das Verfahren erfordert aber gegenüber den chemischen Haftmitteln relativ hohe Investitionen für die maschinellen Einrichtungen. Die größte Schwierigkeit beim Messingverfahren ist wohl die Notwendigkeit, alle bei einem galvanischen Bad auftretenden Variablen konstant zu halten. Das Messingverfahren ist vorteilhaft, wenn die Rohmischung unter hohem Druck auf die in Formen eingebauten Metallteile aufgepreßt wird (z. B. Injection-Moulding-Verfahren). Hierbei können chemische Haftmittel evtl. verschoben werden, wodurch die Haftung teilweise vermindert wird. Auch bei Stahlcord für Autoreifen hat sich ein Messingüberzug sehr gut bewährt.

5.7.2.3. Chemische Haftmittel

Seit Jahren werden vorwiegend Isocyanate, Chlorkautschuk, cyclisierter Kautschuk, Kautschukhydrochlorid, Epoxide usw. verwendet, die ohne Messingzwischenschicht eine gute Haftung verschiedener Kautschuktypen auf Metallen ermöglichen.

Für eine Gummi-Metall-Haftung ist eine saubere Vorbereitung der Metalloberfläche, und zwar eine mechanische (z. B. Sandstrahlen) und/oder chemische Behandlung unerläßlich [5.327.].

**Isocyanate** [5.6., 5.322.–5.323.] Mit Isocyanaten insbesondere Triphenylmethantriisocyanat und Thionophosphorsäure-tris-(p-isocyanato-phenyl)-ester (vgl. S. 302 f) erhält man nicht nur besonders gute Haftung, sondern die erzielten Gummi-Metall-Bindungen zeichnen sich auch durch besonders gute Wärme- und Quellbeständigkeit aus. Die große Ausgiebigkeit der Isocyanate halten die Kosten für das Verfahren sehr niedrig.

Mit Isocyanaten können Mischungen fast aller gängiger Sorten von NR und SR mit ausgezeichneter Haftung auf fast alle gebräuchlichen Schwer- und Leichtmetalle mit Ausnahme von Bronze gebunden werden. Die Arbeitsweise mit Isocyanaten ist aber nicht problemlos. Die Isocyanat-Aufstriche sind nicht nur feuchtigkeits- und dampfempfindlich, sondern auch die Zusammensetzung der Kautschukmischung ist wesentlich. Da die Isocyanate sehr reaktionsfähig sind, kann es mit einer Reihe von Kautschuk-Chemikalien zu störenden Nebenreaktionen kommen.

**Halogenierte Haftmittel** [5.320., 5.324.–5.325.]. Aus diesen Gründen haben sich in den letzten Jahren problemlosere Gummi-Metall-Haftmittel auf Basis compoundierter chlorierter und bromierter NR- und SR-Typen durchgesetzt. Diese Haftmittel bestehen z. B. aus Chlorkautschuk, Kautschukhydrochlorid sowie Polymerisaten des 2-Chlorbutadiens bzw. 2.3-Dichlorbutadiens, die z. T. nach der Polymerisation weiter halogeniert werden. Als Vernetzer werden z. B. Dinitrosobenzol und p-Chinondioxim mit Oxydationsmitteln, ferner Füllstoffe und Lösungsmittel eingesetzt [5.326.]. Mit ihnen erhält man wegen der geringeren Nebenwirkungen oft konstantere Werte als mit Isocyanaten, wenn auch die Wärme- und Quellbeständigkeit der Haftung nicht mit der bei Isocyanaten zu vergleichen ist. Bei Anwendung dieser Substanzen sind jedoch verschiedentlich spätere Unterrostungen an der Bindeschicht beobachtet worden.

**Reaktionshaftmittel.** Für polare Kautschuke, wie z. B. NBR und CR, können auch Reaktionshaftmittel auf Epoxid- oder Polyurethanbasis zur Anwendung kommen. Diese spielen aber kaum eine Bedeutung.

### 5.7.3. Vernetzer für Kautschuk-Klebelösungen [5.6.]

Durch Zusatz von Vernetzern zu Kautschuk-Klebelösungen kann man die Adhäsions- und Kohäsionsfestigkeit des Klebfilms sowie seine Wärmefestigkeit und Lösungsmittelbeständigkeit, unabhängig von den mitverwendeten Harzen, oft erheblich verbessern.

Als Vernetzer hat man früher praktisch ausschließlich raschwirkende Vulkanisationssysteme (Selbstvulkanisation) verwendet.

Durch Isocyanate sind die genannten Vulkanisationssysteme jedoch stark zurückgedrängt worden. Mit ihnen wird nicht nur die Kohäsionsfestigkeit erhöht, sondern auch eine ganz wesentliche Steigerung der Adhäsion an den verschiedenen Materialien erreicht. Klebelösungen mit solchen Vernetzern müssen im Gegensatz zu solchen mit verkappten Isocyanaten oder nur harzhaltigen Lösungen zweiteilig angewandt werden.

Isocyanat-haltige Klebelösungen haben sich besonders für die Klebung von Gummi, Leder, Textilien, Holz, Metall und Kunststoffen bewährt. Die Klebungen zeichnen sich durch rasches Anziehen aus und ermöglichen dadurch ein besonders rationelles Arbeiten. Sie weisen hohe Haftwerte bei statischer und dynamischer Beanspruchung, gute Wärmebeständigkeit und bei NBR und CR gute Quellbeständigkeit, auch gegen PVC-Weichmacher, auf.

### 5.7.4. Einfluß der Kautschukmischung auf die Bindung

Bei Haftung von Gummi auf Textilien, Metalle, Gummi, Kunststoffe oder andere Substanzen, kommt außer dem Haftmittel auch der Zusammensetzung der Kautschukmischung oft eine entscheidende Bedeutung zu.

- Weiche Kautschukmischungen (z. B. unter 50 Shore A) sind wesentlich schwerer zu binden als harte.
- Ein eventuelles Ausschwitzen von Weichmachern oder Ausblühen von Schwefel, Wachsen oder anderen Produkten, kann bis zu völligem Verlust der Haftung führen.
- Der Vulkanisationsverlauf ist für das Erzielen guter Bindungen oft mitentscheidend [5.328.–5.331.]. Es ist erforderlich, daß eine genügend lange Anvulkanisationszeit vorhanden ist, damit sich die Bindungen ausbilden können. Bei anvulkanisierten Kautschukmischungen treten meist Bindefehler auf. Auch bei starker Unter- oder extremer Übervulkanisation wird oft keine gute Bindung erhalten [5.325.].
- Bestimmte Alterungsschutzmittel, wie MBI, können die Bindung stark mindern oder sogar aufheben [5.329.].
- Auch Füllstoffe können die Bindung beeinflussen [5.332.–5.333.].
- Schließlich hat die Kautschukart einen mitentscheidenden Einfluß auf die Bindung [5.334.]. Die Kautschuke nehmen in der folgenden Reihenfolge in ihrer Haftungstendenz ab: NBR > CR > NR > SBR > BR > EPDM > IIR.

Für die Herstellung von Gummi-Metallteilen ist ferner wichtig, daß die Formteilung so angeordnet ist, daß das Haftmittel von der fließenden Kautschukmischung nicht verschoben wird. Auch ist beim Aufbau darauf zu achten, daß in der Grenzzone der Haftung keine übermäßige Spannungskonzentration auftritt.

### 5.7.5. Handelsprodukte

Im nachfolgenden werden einige Handelsnamen aufgeführt (die Aufstellung erhebt keinen Anspruch auf Vollständigkeit):

**Vinylpyridin-Latices:** BUNATEX VP, Hüls – Gen-Tac-Latex, General TIRE – HYCAR VP-Latex, GOODRICH – ISR 0650, Japan SYNTHETIC RUBBER Co. – NIPOL 5218 FS, NIPPON Zeon – Pliocord Latex VP, GOODYEAR – Polysar Latex 781, Polysar – Pyratex, UNIROYAL.

**Resorcin-Formaldehyd-Harze:** Arofene Resins, ASHLAND – Penacolite Resins, KOPPERS Co. – Resine 7401, 7402, ROUSSELOT – Resorcin Vorkondensat, HOECHST – Vulkadur T, BAYER.

**RFK-Systeme, Methylen-Donoren:** COFILL, DEGUSSA – COHEDUR, BAYER – BONDING AGENT M 3; R 4, UNIROYAL.

**Isocyanate:** DESMODUR R, RF, BAYER – Hylene, DU PONT – Vulcabond, ICI.

**Metallhaftmittel:** Chemosil, HENKEL – Chemlok; Ty Ply, HUGHSON, CHEMICALS – Manobond, Manchem – MEGUM, Metallgesellschaft – THIXON, DAYLON.

## 5.8. Latex-Chemikalien [5.6., 5.335.–5.339.]

### 5.8.1. Allgemeines über Latex-Chemikalien

Da Latex ein wässeriges kolloides System ist, müssen pulverförmige, wasserunlösliche Stoffe wegen ihrer schlechten Benetzbarkeit in Form von Dispersionen, flüssige wasserunlösliche Stoffe in Form von Emulsionen in den Latex eingearbeitet werden. Neben den üblichen Kautschuk-Chemikalien, wie Schwefel, Vulkanisationsbeschleunigern, Alterungsschutzmitteln usw., spielen demgemäß für die Latexverarbeitung die eigentlichen Latex-Chemikalien, wie Dispergatoren oder Emulgatoren sowie Stabilisierungsmittel, Verdickungsmittel, Netz- und Schaummittel, Schaumstabilisatoren, Entschäumungsmittel, Koagulationsmittel, Konservierungsmittel usw., eine wichtige Rolle (vgl. S. 576 ff).

### 5.8.2. Eigentliche Latex-Chemikalien

5.8.2.1. Dispergatoren [5.6.]

Ein guter Dispergator soll in Form seiner wässerigen Lösung

- in möglichst geringer Konzentration die pulverförmigen Füllstoffe schnell benetzen.
- in möglichst geringer Menge, mit einer bestimmten Menge eines pulverförmigen Füllstoffes vermischt, eine niedrigviskose Paste von hoher Konzentration ergeben.
- bei der Vermahlung möglichst keine Schaumentwicklung zeigen und
- die Bildung von Sekundärteilchen der zu dispergierenden Substanz vermeiden.

*Methylen-bis-naphthalinsulfosaures Natrium* (Kondensationsprodukt von naphthalinsulfosaurem Natrium und Formaldehyd) entspricht diesen Forderungen weitgehend und findet Anwendung in Form seiner 2,5–10%igen wässerigen Lösung. Gute dispergierende Wirkung besitzt gleichfalls eine 1,0- bis 2,5%ige *ammoniakalische Lösung des Caseins.*

### 5.8.2.2. Emulgatoren [5.6.]

Die Emulgatoren lassen sich in drei Gruppen einteilen:

- anionische Emulgatoren
- kationische Emulgatoren
- nichtionogene Emulgatoren.

**Anionische Emulgatoren**, wie Alkalisalze von Fettsäuren, kommen nur für anionische Latices in Betracht. Sie spielen in der Latextechnologie insbesondere als Netz- und Schaummittel eine wichtige Rolle.

**Kationische Emulgatoren** sind z. B. Hydrochloride langkettiger Fettamine, Reaktionsprodukte von Fettsäuren mit Dialkylaminoalkanalen sowie Esteramine. Sie haben geringe Bedeutung, da sie nur für die wenigen im Handel befindlichen kationischen Latices verwendet werden können.

**Nicht ionogene Emulgatoren.** In der Latextechnologie am wichtigsten sind die nichtionogenen Emulgatoren, wie Polyglykoläther bzw. Polyätherpolythioäther. Sie beeinflussen die Ladung der Latexteilchen nicht. Während *Polyglykoläther* sehr gute Stabilisierungswirkung gegen chemische Einflüsse bestimmter Mischungsbestandteile aufweisen, zeigen gewisse *Polyätherpolythioäther* diesen Einfluß nicht. Eine Steigerung der chemischen Stabilität kann störend sein, wenn die Koagulation, eine Stufe im Verarbeitungsprozeß der Latexmischung bildet.

Wässerige Lösungen von nichtionogenen Emulgatoren weisen als Eigentümlichkeit den sogenannten *Trübungspunkt* auf, unter dem man die Temperatur versteht, bei der beim Erwärmen der gelöste Bestandteil unlöslich zu werden beginnt und bei der infolgedessen eine Trübung eintritt. Der Trübungspunkt wässeriger Lösungen der meisten nichtionogenen Emulgatoren liegt zwischen ca. 50° C und ca. 80° C. Mit dem Erreichen des Trübungspunktes verliert ein in Wasser gelöster nichtionogener Emulgator seine Wirksamkeit; bei höheren Temperaturen tritt ein Entmischen (Brechen) der Emulsion ein.

### 5.8.2.3. Stabilisiermittel [5.6.]

Stabilisiermittel sollen der Latexmischung Stabilität, z. B. gegen mechanische und chemische Einflüsse sowie Temperatureinflüsse verleihen, die nicht mit den Stabilisatoren gegen oxidativen Abbau zu verwechseln sind (s. Kap. 5.3.3.1., S. 322).

Die meisten *Emulgatoren* (s. oben) sind gleichzeitig auch gute Stabilisiermittel. Kationische Emulgatoren verleihen kationischen Latices im allgemeinen eine besonders gute mechanische Stabilität. Nichtionogene Emulgatoren sind in der Regel gleichzeitig hochwertige Stabilisiermittel.

Als schwächeres Stabilisiermittel wird häufig das *Casein* in Form einer 5–10%igen ammoniakalischen Lösung verwendet. Eine geringfügige Erhöhung der mechanischen Stabilität synthetischer Latices kann man auch durch Zusatz von *Methylen-bis-naphthalin-sulfosaurem* Natrium erzielen.

### 5.8.2.4. Netz- und Schaummittel [5.6.]

**Netzmittel.** Die üblichen Latices benetzen andere Materialien in den meisten Fällen nicht ausreichend, auch wenn sie Emulgatoren enthalten. Um die Oberflächenspannung von Latices so zu reduzieren, daß sie für Imprägnierzwecke geeignet sind, ist ein Zusatz von Netzmittel erforderlich, als solche kommen vorwiegend anionische Emulgatoren in Betracht. Isobutyl-naphthalinsulfosaures Natrium und Alkylsulfonate sind hochwirksame Netzmittel für die Verarbeitung von Latexmischungen. Bei vielen synthetischen Latices erübrigt sich aber ein Netzmittelzusatz, je nach dem zu ihrer Herstellung verwendeten Emulgatorsystem.

**Schaumbildner.** Während Isobutyl-naphthalinsulfosaures Natrium kaum schaumbildend wirkt, was bei Imprägnierung glatter Materialien und Beschichtungen erwünscht ist, sind Alkylsulfonate ausgezeichnete Schaumbildner, wobei sie sich besonders in Kombination mit den üblicherweise verwendeten Seifen, z. B. Natriumoleat, bewährt haben.

**Antischaummittel.** Bei anderen Imprägnierprozessen gibt man oft Antischaummittel zu, um durch Schaumblasen bedingte Oberflächenschäden zu verhindern. Langkettige Alkohole haben eine gewisse Wirkung, die jedoch vielfach nicht ausreicht. Besonders wirksam sind bestimmte Siliconöle.

### 5.8.2.5. Schaumstabilisatoren [5.6.]

Bei der Verarbeitung von Latexschaum, sowohl bei der Herstellung von Formartikeln als auch bei der Fertigung schaumgummigestrichener Gewebe, tritt häufig die Schwierigkeit auf, daß der in Formen abgefüllte oder auf Gewebe aufgestrichene Schaum bereits vor Eintritt der Gelierung und Koagulation durch Porenvergrößerung zusammenfällt. Als Schaumstabilisator hat sich Polyäther-polythioäther bewährt, der das Zusammenfallen der hochgeschlagenen Latexmischung verhindert, gleichzeitig deren Viskosität erniedrigt, so daß auch komplizierte Formen leicht ausgegossen werden können, und die Zeit bis zum Beginn der Gelierung bzw. der Koagulation verlängert wird. Dadurch wird eine bessere Verarbeitbarkeit, insbesondere beim Streichverfahren, erzielt.

5.8.2.6. Verdickungsmittel [5.336.]

Eine höhere Viskosität der Latexmischung ist z. B. bei Streichmischungen erwünscht, die zur Beschichtung von Textilien dienen, gelegentlich aber auch bei Tauchmischungen, um mit nur einem Tauchvorgang eine bestimmte Wandstärke zu erzielen. Dies gilt in besonderem Maße für manche Syntheselatices, die nur eine relativ niedrige Konzentration und dadurch eine für manchen Verarbeitungszweck zu niedrige Viskosität aufweisen. Die Viskosität darf jedoch einen bestimmten Grad nicht übersteigen, da sonst die in der Mischung vorhandenen feinsten Luftblasen nicht mehr an die Oberfläche steigen und zu fehlerhaften Filmen führen.

Als Verdickungsmittel verwendet man z. B. Pflanzengummis, Polysaccharide, Albumine usw. sowie Casein, Tragant, Pektin, Leim, Gelatine, Agar-Agar. Sie werden in Form 5–20%iger wässeriger Lösungen zugegeben. Wichtige synthetische Verdickungsmittel sind z. B. Polyvinylalkohol oder Polyacrylate.

Den Verdickungsmitteln ist mit Emulgatoren und Stabilisiermitteln gemeinsam, daß sie die Wasserquellung von Artikeln aus synthetischen Latices erhöhen. Deshalb sollte man ihre Dosierung so wählen, daß die angestrebte Viskositätserhöhung eben erreicht und jeder Überschuß an Verdickungsmitteln vermieden wird.

Manche Verdickungsmittel sind gleichzeitig Aufrahmungsmittel und bewirken bei weniger konzentrierten Latexmischungen eine mehr oder weniger starke Aufrahmung. Auch aus diesem Grund verwendet man nur die zum Einstellen einer gewünschten Viskosität eben erforderliche Menge an Verdickungsmittel. Bei stärker konzentrierten Latexmischungen ist die Gefahr der Aufrahmung geringer.

Aus den genannten Gründen kann es manchmal erforderlich sein, auf die Verwendung konventioneller Verdickungsmittel ganz zu verzichten und die Latexmischung durch Zusatz bestimmter Substanzen (Elektrolyte, Wärmesensibilisierungsmittel, Säuren usw.) in gewissem Umfang zu sensibilisieren. Die Sensibilisierung ist in den meisten Fällen mit einer Viskositätserhöhung verbunden.

In manchen Fällen wird auch ein mineralischer Füllstoff, der Bentonit, verwendet, der bereits bei niedriger Dosierung die Viskosität der Latexmischung erhöht. Unter Umständen kann allerdings ein störender Thixotropieeffekt auftreten.

Die erzielbare Viskositätserhöhung hängt nicht nur von der Konzentration des Latex und der Art und Konzentration des Verdickungsmittels ab, sondern auch wesentlich von der chemischen Zusammensetzung und den spezifischen kolloidchemischen Eigenschaften des Latex sowie der Molekularstruktur der Kautschuksubstanz.

5.8.2.7. Koaguliermittel [5.6.]

Bei vielen Latex-Verarbeitungsprozessen, z. B. bei der Herstellung von Tauchartikeln und Schaumartikeln sowie beim Arbeiten mit Latex im Holländer, ist die Koagulation des Latex eine Stufe des Prozesses. Fast alle synthetischen Latices sind gegenüber den sensibilisierenden Einflüssen der Koagulationsmittel durch ihren relativ hohen Gehalt an Emulgatoren, den sie von der Polymerisation her aufweisen, wesentlich beständiger als Naturlatex.

**Stark und spontan wirkende Koaguliermittel.** Zu dieser Klasse gehören die Elektrolyte, z. B. Carbonsäuren (Ameisensäure, Essigsäure, Milchsäure), Salze mehrwertiger Metalle (Ca- und Al-chloride oder -nitrate) und organische Salze (Cyclohexylaminacetat). Im Gegensatz zum Naturlatex erzielt man mit ihnen bei NBR- oder SBR-Latices kein kompaktes Koagulat, sondern die Kautschuksubstanz fällt in flockiger oder krümeliger Form aus. Auch wässerige oder alkoholische Lösungen dieser Koaguliermittel, die zum Vortauchen von Formen bei der Herstellung von Tauchartikeln verwendet werden, ergeben bei derartigen Latices keinen einheitlichen, glatten, geschlossenen Film.

Die meisten CR-Latices hingegen sprechen auf den Zusatz der stark und spontan wirkenden Koaguliermittel ähnlich an wie Naturlatex und bilden ein kompaktes Koagulat. Allerdings müssen die Koaguliermittel bei ihnen im allgemeinen in konzentrierterer Form verwendet werden, als dies bei Naturlatex üblich ist.

**Schwache, nur allmählich oder bei Erwärmung wirkende Koaguliermittel** [5.337.]. Zu dieser Gruppe gehören Ammoniumsalze, ZnO, Na- und K-silicofluorid, MBI, ZMBI, ZMBT, Polyvinylmethyläther, Polyoxypropylenglykol sowie bestimmte funktionelle Siloxane.

Die Wirkung der *Elektrolyte* mit schwächerer Koagulationswirkung beruht auf einer allmählichen Entladung der Kautschukteilchen, die eine steigende Sensibilisierung der Mischung mit sich bringt. Die Mischung koaguliert beim Erwärmen oder mit weiter fortschreitender Sensibilisierung bei Raumtemperatur. *Polyvinylmethyläther* und *Polyoxypropylenglykol* und die *Siloxane* sind bei Raumtemperatur leicht wasserlöslich, werden jedoch bei einer bestimmten Temperatur (Trübungspunkt) wasserunlöslich und fallen aus. Sie reißen dabei die Latexteilchen als irreversibles Koagulat mit. Sie werden als Wärmesensibilisierungsmittel bezeichnet, da bei ihrer Anwesenheit oberhalb einer bestimmten Temperatur, z. B. 32° C, spontane Koagulation eintritt.

Während Polyvinylmethyläther und Polyoxypropylenglykol zur Wärmesensibilisierung von Naturlatex sehr geeignet sind, ist ihre

Wirkung auf NBR- und CR-Latices unbefriedigend. Am besten bewährt haben sich hierfür die funktionellen Siloxanverbindungen.

Auch Ammoniumsalze, ZnO, MBI, ZMBI u. a. haben auf Syntheselatices eine schwach sensibilisierende Wirkung.

5.8.2.8. Konservierungsmittel [5.336.]

In vielen Fällen sind in Latexmischungen Casein- oder Haemoglobin-Lösungen enthalten, die bei längerem Lagern zur Fäulnis neigen, wodurch der Latex einen unangenehmen Geruch erhält. Die Fäulnis kann man durch Zusatz von z. B. Natrium-o-phenylphenolat verhindern.

## 5.8.3. Kautschukchemikalien für Latex [5.6.]

5.8.3.1. Vulkanisationschemikalien für Latex (s. S. 577 f)

Alle Kautschukchemikalien werden entweder in Emulsions- oder Dispersionsform, oder falls sie wasserlöslich sind, in wässeriger Lösung zugegeben. Als Wasser verwendet man weiches, z. B. destilliertes Wasser, Kondens- oder Regenwasser.

Voraussetzung für eine einwandfreie Vulkanisation der Latexartikel ist die besonders gleichmäßige Verteilung und größtmögliche Feinheit des Schwefels, wodurch ein Sedimentieren in der Latexmischung wirksam vermieden wird. Besonders zu empfehlen ist deshalb die Verwendung von Kolloidschwefel in Latexmischungen.

Von den Vulkanisationsbeschleunigern kommen in der Regel bevorzugt die am raschest wirkenden Substanzen, also z. B. die Dithiocarbamatbeschleuniger in Betracht, weil eine Anvulkanisationsgefahr wegen der geringen Verarbeitungstemperaturen nicht vorhanden ist. Bei Einsatz von ZMBT ist dessen sensibilisierende Wirkung zu berücksichtigen.

5.8.3.2. Alterungsschutzmittel für Latex (s. S. 578)

Zum Schutz gegen Alterung werden fast ausschließlich nichtverfärbende phenolische oder schwachverfärbende aminische Alterungsschutzmittel verwendet. Bei Einsatz von MBI und dessen Derivaten vor allem ZMBI müssen deren sensibilisierende Einwirkung auf die Latex-Stabilität berücksichtigt werden.

5.8.3.3. Füllstoffe für Latex (s. S. 579)

Bei Zusatz von Füllstoffen zu Latexmischungen beobachtet man keinen Verstärkungseffekt, wie er von der Festkautschuktechnologie her bekannt ist. Deshalb kommen, falls überhaupt, bevorzugt inaktive, helle Füllstoffe in Betracht.

5.8.3.4. Weichmacher für Latex (s. S. 579)

Zugabe von Weichmachern ist nicht erforderlich. Gelegentlich werden Paraffinöl, pflanzliche Öle oder Ätherweichmacher in Emulsionsform zugesetzt, um einen besonders geringen Spannungswert zu erzielen, z. B. für Spielzeugballone. Zur Verbesserung des Brandschutzverhaltens werden chlorierte Paraffine verwendet.

## 5.9. Sonstige Hilfsmittel

### 5.9.1. Mischungsbestandteile

5.9.1.1. Härtende Mittel [5.340.–5.343.]

Für die Herstellung verschiedener Gummiwaren, wie Sohlen bzw. Porensohlen, Absätze, Fußbodenbeläge usw., werden neben inaktiven und aktiven Füllstoffen weitere Zusätze verwendet, welche die Härte der Vulkanisate erhöhen. Früher wurde der Kautschukmischung für diesen Zweck Leim, z. B. in geperlter Form, oder Schellack, versuchsweise auch Wasserglas zugegeben. Die erzielbaren Härteeffekte waren z. T. recht erheblich, nachteilig war die verhältnismäßig schlechte Einmischbarkeit.

Um einen geringeren Härteanstieg zu erreichen, wird Benzoesäure in Mengen von 3–6 phr verwendet, wobei sie vor allem in rußhaltigen Mischungen gleichzeitig als Erweicher der Rohmischung und im übrigen als schwacher Verzögerer der Anvulkanisation wirkt. Auch Styrolharze (s. S. 107) und Phenoplaste [5.233.] kommen in Betracht. In NBR läßt sich durch PVC ein härtender Effekt erzielen (vgl. S. 120).

5.9.1.2. Geruchsverbessernde Mittel [5.6.]

In vielen Fällen ist der typische Gummigeruch störend, der bereits dem NR und SR eigen ist und durch Kautschuk-Chemikalien sowie durch die Vulkanisation noch verstärkt werden kann. Er kann durch längeres Lagern der Kautschukmischung, Tempern oder Dämpfen zwar schwächer, normalerweise aber nicht völlig beseitigt werden. Durch geruchsverbessernde Substanzen kann man ihn als Teilkomponente in eine neue „harmonische" Geruchsnuance einbeziehen oder ihn völlig überdecken (parfümieren). Eine Geruchsnuance ist z. B. Lederduft zur Parfümierung lederähnlicher Artikel.

5.9.1.3. Termitenschutzmittel [5.344., 5.345.]

Mit zunehmender Industrialisierung tropischer und subtropischer Länder wird die termitenfeste Ausrüstung von Gummiartikeln wie Kabel, Dichtungen, Transportbänder usw. immer bedeutsamer. Die verwendeten Schädlingsbekämpfungsmittel müssen vulkanisationsbeständig sein. In Frage kommen bestimmte Phosphorsäureester.

5.9.1.4. Antimikrobiell wirksame Substanzen [5.346.]

Eine antimikrobielle Ausrüstung kommt z. B. für Gummischuhwerk, Handschuhe, hygienische Gummiartikel usw. in Betracht, um die Verbreitung von Krankheitserregern zu verhindern oder weitgehend einzuschränken. Das gleiche gilt für Gummiartikel, die im Haushalt oder Krankenhäusern verwendet werden.

Geeignete antimikrobielle Produkte sind z. B. Salicylaldehyd und Dihydroxydichlor-diphenylmethan-Derivate. Auch Zink-dithiocarbamate und Thiurame weisen eine geringe Wirkung auf. Furylbenzimidazol, das versuchsweise als hervorragend wirkendes Antimykotikum benutzt wurde, hat sich wegen seiner allergisierenden Wirkung nicht bewährt.

## 5.9.2. Substanzen zur Erzielung besonderer Effekte [5.6.]

5.9.2.1. Trennmittel

In der Presse vulkanisierte Gummiartikel neigen mit wenigen Ausnahmen zu einem mehr oder weniger starken Haften und Kleben an den Vulkanisierformen. Beim Entformen kann dies zu Beschädigungen des vulkanisierten Artikels und der Vulkanisierform führen. Eine rationelle Fertigung von Formartikeln wird daher nicht zuletzt erst durch die Verwendung geeigneter Formentrennmittel ermöglicht. Mit ihrer Hilfe werden der Ausschuß verringert, das Aussehen der Fabrikate verbessert, die Formenreinigungskosten vermindert und die Lebensdauer der Formen erhöht.

Die an ein Formentrennmittel gestellten Anforderungen sind je nach Fertigungsverfahren, Art und Form der Artikel sowie etwaiger Nachbehandlung recht unterschiedlich. Ein ideales, für alle Einsatzgebiete optimales Formentrennmittel gibt es bisher nicht.

**Seifenlösungen.** Vor Jahren – und vereinzelt auch noch heute – verwendete man einfache Seifenlösungen. Auch einige neuere synthetische Seifenrohstoffe zeichnen sich durch eine hervorragende Trennwirkung aus. Diese Produkte haben jedoch den Nachteil, daß sie sich bei Vulkanisationstemperaturen nach und nach zersetzen und stärkere krustenartige Verunreinigungen an der Formenoberfläche bilden, wodurch keine saubere Auspressung der Vulkanisate mehr gewährleistet ist. Darum wird ein häufiges Reinigen der Formen erforderlich, das nicht nur zeitraubend, kostspielig und bei komplizierten Formen häufig sehr schwierig ist, sondern oft auch zu frühzeitigem Verschleiß der mitunter sehr teuren Vulkanisierformen führen kann.

**Siliconformentrennmittel** [5.6.]. Dieser Nachteil der auf Seifenbasis aufgebauten Formentrennmittel läßt sich durch die Anwendung von geeigneten Siliconformentrennmitteln vermeiden.

Trennmittel auf Silicon-Basis zersetzen sich aufgrund ihrer hohen Wärmebeständigkeit nicht, und die vulkanisierten Artikel erhalten einen hohen Glanz und guten Griff. Die Silicone beeinträchtigen jedoch im Gegensatz zu den rein organischen Trennmitteln ein nachträgliches Lackieren, Verkleben oder Verschweißen der Oberflächen. Außerdem ist die Trennfähigkeit von reinen Siliconformentrennmitteln etwas schwächer als die von organischen Trennmitteln.

Ein besonders guter Kompromiß wird durch Kombination von Siliconöl-Emulsionen mit hochwertigen organischen Trennmitteln erzielt.

Neuerdings werden auch polyfluorierte makromolekulare Verbindungen in Sprühdosen angeboten, die auf die Formen aufgesprüht und dann eingebrannt werden. Wegen der verdunstenden Lösungsmittel (Toxikologie) und relativ schwierigen Reparierbarkeit beschädigter Beschichtungen haben sich solche Trennmittel nur wenig eingeführt.

#### 5.9.2.2. Pudermittel und Trennmittel zur Verhinderung des Zusammenklebens unvulkanisierter Mischungen

Um das Zusammenkleben von Mischungsfellen beim Lagern von Halbfabrikaten z. B. gespritzten Artikeln, bei der Vulkanisation zu verhindern, werden in großem Maßstab Talkum, Zn-stearat oder andere Pudermittel angewendet. Sie haben den bekannten Nachteil großer Staubbelästigung. Man ist daher mehr und mehr auf flüssige Trennmittel übergegangen. Einen gewissen Erfolg insbesondere bei harten, hochgefüllten Mischungen, hat man mit einfachen Seifenlösungen erzielt. Bei mittelharten und erst recht bei weichen Mischungen, sowie bei warm aufeinander gelagerten Mischungsfellen oder nebeneinandervulkanisierten Profilen dringt die Seife aber mehr oder weniger stark in die Mischung ein, und die Oberfläche verarmt an der trennenden Substanz. Durch Einarbeiten von Substanzen, die in Kautschuk unlöslich sind, z. B. hochmolekularer Stoffe wie Cellulosederivate, in eine solche Seifenlösung wird erreicht, daß ein trennender Film auf der Oberfläche hinterbleibt, der ein Zusammenbacken beim Lagern oder Vulkanisieren verhindert.

Zinkstearat hat als Trennmittel (Pudermittel) die bemerkenswerte Eigenschaft, daß es zwar bei Raumtemperatur das unerwünschte Zusammenkleben von unvulkanisierten Mischungen vermeidet, jedoch bei der Vulkanisation eine Verschweißung nicht verhindert.

Vielfach können auch die bereits beschriebenen Formentrennmittel oder auch Lösungen von Siliconölen verwendet werden. 0,5–1 Massen-%ige Lösungen in Benzin, Tetrachlorkohlenstoff oder Äthylacetat dienen z. B. zum leichten Abstreifen vulkanisierter Tauchartikel von den Formen. Die Vulkanisate erhalten gleichzeitig einen schönen einheitlichen Glanz und gutes Aussehen.

5.9.2.3. Produkte zur Oberflächenbehandlung [5.6., 5.347.]

Durch Verwendung polierter Formen oder durch Formeneinstreichmittel kann man an Gummiformartikeln Oberflächeneffekte erzielen, die für viele Anwendungen ausreichen; bei freigeheizten Artikeln dagegen sind solche Effekte ohne einen Lacküberzug nur schwer zu erhalten.

Will man solchen Artikeln ein schönes Aussehen verleihen oder werden an Formartikel besondere Ansprüche hinsichtlich Glanz und Griff gestellt, ist es erforderlich, ihnen einen besonderen Finish zu verleihen, bzw. sie zu lackieren.

**Trocknende Öle.** Geeignete Lacke sind z. B. trocknende Öle, die durch Blasen oder Schwefeln behandelt sind und auch Alkydharze sowie andere Kunstharze enthalten können. Als Grundstoffe können auch Polymerisate aus Vinylverbindungen, wie Polyacrylate, Polyvinylacetat, sowie plastifizierte Harnstoff-Formaldehyd-Harze verwendet werden. Je nach seiner Eigenschaft, wird der Lack auf das Vulkanisat oder auf die Kautschukmischung aufgetragen, wobei der Überzug durch Trocknen an der Luft oder bei der Vulkanisation gebildet wird. Die letztere Methode hat den Vorteil, daß in kurzer Zeit ein nicht klebriger Film entsteht, der ein sofortiges Verpacken des lackierten Gummierzeugnisses gestattet.

**Polyurethanlacke.** Neuerdings werden auch häufig Lacke aus Polyestern und Polyisocyanaten angewandt. Mit stabilisierten Isocyanaten entsteht eine lagerfähige Lösung, die auf die Kautschukmischung aufgetragen wird; erst bei der Vulkanisationstemperatur entstehen freie Isocyanatgruppen, die dann mit dem Polyester unter Vernetzung zu einem elastischen, festhaftenden Überzug reagieren. Die begrenzt lagerfähigen Lösungen aus nicht stabilisierten Polyisocyanaten und Polyestern können entweder auf die Kautschukmischung oder als lufttrocknende Lacke auf das Vulkanisat aufgetragen werden [5.347.].

**Einfluß der Mischungszusammensetzung auf die Lackierbarkeit.** Kautschukmischung und Lack müssen aufeinander abgestimmt werden. So darf die Kautschukmischung kein Paraffin, Mineralöl oder höhere Dosierungen von Weichmachern enthalten, die sich an der Oberfläche anreichern und eine Beeinträchtigung der Haftung herbeiführen. Der Lack darf dagegen keine Bestandteile enthalten, die bei der Vulkanisation stören. Wird der Lack auf das Vulkanisat aufgetragen, so dürfen, wenn die Vulkanisation in Formen ausgeführt wird, keine Formeneinstreichmittel auf der Basis von Siliconölen, Seifen und ähnlichen Verbindungen verwendet werden. Dagegen stört eine Puderung mit Zinkstearat das Trocknen oder das Aussehen des Lacküberzuges nur wenig. Auch das im Kautschuk angewandte Alterungsschutzmittel muß beachtet werden. Verfärbende Verbindungen werden in den Lösungsmitteln des Lackes gelöst oder diffundieren in den Lackfilm und bewirken dann eine Verfärbung bei Belichtung.

Geeignete Lacke geben dem Gummierzeugnis nicht nur ein besseres Aussehen, sondern schützen es auch gegen den Einfluß der Bewetterung. Lacke lassen sich sowohl bei Mischungen aus Festkautschuk als auch bei Latexerzeugnissen anwenden.

#### 5.9.2.4. Regeneriermittel [5.348.]

Bei der Gummiwarenherstellung fallen stets Gummiabfälle oder Fehlchargen an, die nach einem Regenerierprozeß wieder verwendet werden können (vgl. S. 551 ff). Die Bedeutung der Regenerierung von Abfällen hängt naturgemäß stets eng mit dem jeweiligen Neukautschukpreis zusammen.

Bei Erhitzen von Vulkanisaten über längere Zeit bei Temperaturen von z. B. 200–250° C werden diese depolymerisiert und es entsteht wieder ein plastisches, verarbeitbares Material, das Regenerat. Dieser Prozeß kann durch Zusatz von Chemikalien beschleunigt werden. Diese Stoffe werden Regeneriermittel genannt.

Die bei der Regenerierung von Fabrikationsabfällen und Fehlchargen verwendeten Anorganika, wie Ätznatron oder Schwefelsäure, sind nicht als Regeneriermittel im eigentlichen Sinne anzusprechen; sie werden nur zur Zerstörung der in den vulkanisierten Abfällen enthaltenen Gewebeteile zugegeben (vgl. auch S. 555).

Als Regeneriermittel kommen die als Mastikationsmittel verwendeten Thiophenole und Disulfide in Betracht (s. S. 556), ferner Dixylyldisulfid oder auch alkylierte Phenolsulfide vorzugsweise bei der Regenerierung von Vulkanisaten aus SR.

Sowohl allein als auch in Verbindung mit derartigen Regeneriermitteln werden teilweise auch sogenannte Regenerieröle, Mineralöle und deren Verschnitte mit Harzen sowie stark ungesättigte Öle verschiedenster Herkunft und Zusammensetzung benutzt.

Je höher die Regeneriertemperatur gewählt wird, um so eher und stärker tritt eine unerwünschte Cyclisierung insbesondere bei SR in Vordergrund. Die meisten SR-Vulkanisate müssen daher bei möglichst niedriger Temperatur und möglichst rasch regeneriert werden.

Die Art der chemischen Zusätze richtet sich nach dem Kautschuktyp. Für Gummiabfälle aus NR können praktisch alle Regeneriermittel angewandt werden, die in einer Menge von 1–2 Massen-% mit den gemahlenen Abfällen und etwa 2 Massen-% Harzöl vermischt werden.

Für die Regenerierung von Vulkanisaten aus SBR und NBR bewährten sich substituierte Thiophenole sowie o,o'-Dibenzamidodiphenyldisulfid oder Disulfide von isomeren Xylylmercaptanen. Die gemahlenen Abfälle werden, mit ca. 2–2,5 Massen-% des Regeneriermittels, 3–5 Massen-% Kolophonium und 5–10 Massen-% Weichmacher versetzt, auf Horden aufgebracht und erwärmt.

5.9.2.5. Lösungsmittel [5.349.]

Von den in der Gummi-Industrie brauchbaren Lösungsmitteln werden neben gutem Lösungsvermögen (s. Tab. 5.8.) für den Rohkautschuk und dessen Mischungen günstige toxikologische Eigenschaften, Möglichkeiten der Rückgewinnung, Einhaltung bestimmter Siedegrenzen und Schwerbrennbarkeit verlangt. Das Lösungsvermögen ist bei Rohkautschuk davon abhängig, inwieweit vorher mechanisch, z. B. durch Plastizieren auf Walzen, oder chemisch, z. B. unter Verwendung von Plastiziermitteln, aufgebaut wurde. Ähnliches gilt für die jeweilige Mischung (Herstellung von Lösungen s. S. 457 ff).

Je nach Konzentration und Plastizitätsgrad des Kautschuks erhält man Lösungen unterschiedlicher Viskosität. Tabelle 5.8. gibt Aufschluß über das Verhalten einiger Lösungsmittel, die für die Gummiindustrie in Frage kommen.

## 5.10. Literatur über Kautschukchemikalien und Zuschlagstoffe

### 5.10.1. Allgemeine Übersichtsliteratur, Bibliographien und Buchliteratur

[5.1.] J. v. ALPHEN: Rubber Chemicals, Hrsg.: C. M. van Turnhout, Institut TNO, Delft, Verlag, D. Reidel Publ. Co. Dordrecht, Holland; Boston, USA, 1973.

[5.2.] Chr. NORDENSKJÖLD, L. G. LAURELL: Nordisk Gummiteknisk, Handbok, Specialtidningsförlaget AB, Helsingborg 1976, AGF Publ. 50.

[5.3.] S. BOSTRÖM (Hrsg.): Kautschuk-Handbuch, Verlag Berliner Union, Stuttgart, Bd. 1–5. 1959–1962.

[5.4.] W. KLEEMANN: Einführung in die Rezeptentwicklung der Gummi-Industrie, 2. Auflage, Deutscher Verlag für Grundstoff-Industrie, 1966, 630 S.

[5.5.] P. KLUCKOW, F. ZEPLICHAL: Chemie und Technologie der Elastomere, 3. Auflage, Verlag Berliner Union, Stuttgart, 1970, 593 Seiten.

**Tab. 5.8.:** Übersicht über die Eignung einiger Treibmittel für verschiedene Anwendungsgebiete.

| | Kp°C | NR | SBR | IIR | CR | NBR[1] | NBR[2] | TM |
|---|---|---|---|---|---|---|---|---|
| n-Hexan | 69 | gl | gl | gl | mb | q | k | k |
| Benzin | 80–110 | gl | gl | gl | mb | q | k | k |
| Rohpetroleum | 160–250 | gl | gl | gl | q | k | k | k |
| Mineralöl | – | q | mq | mq | q | b | k | k |
| Terpentin | 160–180 | gl | gl | gl | gl | b | k | b |
| Benzol | 80 | gl | gl | gl | gl | gl | q | gl |
| Toluol | 111 | gl | gl | gl | gl | gl | q | b |
| Xylol | 138–142 | gl | gl | gl | gl | gl | q | b |
| Styrol | 145–146 | gl | gl | gl | gl | gl | gl | gl |
| Tetralin | 205 | gl | gl | ml | gl | ml | mq | gl |
| Chloroform | 61 | gl | gl | ml | gl | gl | gl | gl |
| Tetrachlorkohlenstoff | 77 | gl | gl | gl | gl | b | k | k |
| Chlorbenzol | 132 | gl | gl | ml | gl | gl | gl | ml |
| Diäthyläther | 35 | gl | gl | q | b | k | k | k |
| Dibenzyläther | 295–298 | ml | ml | k | ml | ml | ml | gl |
| Aceton | 56 | k | k | k | b | gl | gl | k |
| Äthylmethylketon | 81 | b | b | q | gl | gl | gl | k |
| Cyclohexanon | 155–157 | gl | gl | q | gl | gl | ml | gl |
| Äthylacetat | 77 | b | k | b | ml | ml | ml | k |
| Butylacetat | 127 | gl | gl | b | gl | ml | ml | k |
| Dibutylphthalat | 339 | q | mq | k | ml | mq | ql | k |
| Dioctylphthalat | 216 | mq | mq | k | gl | q | k | k |
| Trikresylphosphat | 295 | k | b | k | mb | mq | mq | k |
| Pyridin | 115 | q | gl | k | gl | gl | gl | ml |
| Schwefelkohlenstoff | 16 | gl | gl | ml | gl | gl | mb | q |

[1] Mit 28% Acrylnitril. – [2] Mit 38% Acrylnitril.

w = wenig
g = gut
b = begrenzte Quellung oder Erweichung
l = löslich
m = mittelmäßig
q = Gelbildung bzw. unbegrenzte Quellung
k = keine Einwirkung

[5.6.] W. HOFMANN, S. KOCH, Autorenkollektiv (Hrsg.: Bayer AG): Kautschuk-Handbuch, Verlag Berliner Union-Kohlhammer, Stuttgart, 1971, 1026 Seiten.

[5.7.] W. HOFMANN: Kautschuk-Technologie, Habilitationsschrift am Institut für Kunststoffverarbeitung der Rheinisch-Westfälischen Technischen Hochschule zu Aachen, Leverkusen, Selbstverlag 1975, Getr. Pag.

[5.8.] TH. KEMPERMANN: Trends im Einsatz von Kautschuk-Chemikalien in der Gummi-Industrie, Kautschuk u. Gummi, Kunstst. **31** (1978), S. 234.

[5.9.] L. BATEMANN: The Chemistry and Physics of Ruberlike Substances, Hrsg.: NRPRA, Verlag MacLaren, London; J. Wiley, New York, 1963, 784 S.

[5.10.] A. S. CRAIG: Rubber Technology, Verlag Oliver and Boyd, Edinburg, 1963, 222 Seiten.

[5.11.] G. KRAUSS: Reinforcement of Elastomers, Verlag Interscience Publ. New York, 1965, 611 Seiten.

[5.12.] . . . : Roh- und Hilfsstoffe in der Gummi-Industrie, Verlag für Grundstoffindustrie, Leipzig, 1968, 328 Seiten.

[5.13.] C. M. BLOW: Rubber Technology and Manufacture, Hrsg.: IRI, Verlag Butterworth, London, 1971, 527 Seiten.

[5.14.] M. MORTON: Rubber Technology, 2. Auflage, Verlag van Nostrand Reinhold, New York, 1973, 603 Seiten.

[5.15.] I. R. PYNE: Compounding Ingredients, Progress of Rubber Technology, Hrsg.: Plast. Rubber Inst., Vol. **35** (1971), S. 54, 90 Lit. cit.

[5.16.] R. O. BABBIT (Hrsg.): The Vanderbilt-Handbook, Selbstverlag, 1978.

[5.17.] R. F. R. T. Rijnders, A. Katzaneras: Kautschuk u. Gummi, Kunstst. **32** (1979), S. 309.

[5.18.] W. HOFMANN: Gummi, Asbest, Kunstst. **27** (1974), S. 624, 830.

## 5.10.2. Literatur über Mastikation und Mastiziermittel

[5.19.] F. LOBER: in S. BOSTRÖM: Kautschuk-Handbuch, Verlag Berliner Union, Stuttgart, 1961, Bd. 4, S. 385.

[5.20.] W. REDETZKY: Developments in Peptizing Agents, Prepr. Conference on Recent Developments in Rubber Compounding, S. 5, IRI, Manchester 1969.

[5.21.] TH. KEMPERMANN: Gummi, Asbest, Kunststoffe **27** (1974), S. 566.

[5.22.] M. PIKE, F. WATSON: J. Polymer Sci. **9** (1952), S. 229.

[5.23.] M. MOUTH: Rev. gén. Caoutch. **29** (1952) S. 506.

[5.24.] P. SCHNEIDER: Kautschuk u. Gummi **6** (1953), S. WT 21, WT 48.

[5.25.] . . .: DOG-Kontakt Nr. 25, Dispergum 24 – ein hochwirksames Mastikationsmittel, Firmenschrift der Deutschen Ölfabrik DOG, Hamburg, auf Anfrage erhältlich.

## 5.10.3. Literatur über Vulkanisation und Vulkanisationschemikalien

### 5.10.3.1. Literatur über Vulkanisation

[5.26.] G. ALLIGER, H. SJOTHEM: Vulcanizing of Elastomers, Verlag Reinhold Publ. New York 1964.

[5.27.] W. HOFMANN: Vulkanisationschemikalien in S. Boström, Kautschuk-Handbuch, Verlag Berliner Union, Stuttgart, 1961, Bd. 4, S. 281–352.

[5.28.] W. HOFMANN: Vulkanisation u. Vulkanisationshilfsmittel, Verlag Berliner Union, Stuttgart, 1965 ab Seite 85, 1100 Lit. cit.: Vulcanization and Vulcanizing Agents, Verlag McLaren, Palmerton, New York, 1967.

[5.29.] D. I. ELLIOTT, B. K. Tidd: Developments in Curing Systems for Natural Rubber, Progr. of Rubber Technol. **37** (1974) Nr. 4, S. 83–126, 285 Lit. cit.

[5.30.] D. G. LLOYD: Developments in Accelerators and Retarders, Progress of Rubber Technol., Hrsg.: Plast. Rubber Inst., Vol. **38** (1975), S. 77, 151 Lit. cit.

[5.31.] TH. KEMPERMANN: Neue rasch vernetzende Vulkanisationssysteme für wärmebeständige Gummiartikel, Kautschuk u. Gummi **20** (1967). S. 126.

[5.32.] TH. KEMPERMANN: Zusammenhang zwischen Konstitution und Wirkung bei Beschleunigern, Gummi, Asbest, Kunstst. **30** (1977), S. 776, S. 868; **31** (1978), S. 247.

[5.33.] TH. KEMPERMANN: Der Heat-Build-Up in Abhängigkeit vom Vernetzungssystem, Gummi, Asbest, Kunstst. **31** (1978), S. 941; **32** (1979), S. 96.

[5.34.] W. SCHEELE: Chemismus und Mechanismus der Vulkanisation, Kautschuk u. Gummi, Kunstst. **15** (1962), S. WT 482.

[5.35.] L. BATEMAN et al.: in L. Batemann, The Chemistry and Physics of Rubberlike Substances, Hrsg.: NRPRA, Verlag MacLaren, London, I. Wiley, New York, 1963, S. 449–561, 211 Lit. cit.

[5.36.] A. I. CORAN: Vulcanization, Rubber Chem. Technol. **37** (1964), S. 668, 673, 679, 689.

[5.37.] W. ECKELMANN, D. REICHENBACH, H. SEMPF: Über die Abhängigkeit der Eigenschaften von Vulkanisaten von Vulkanisationszeit und -Temperatur, Kautschuk u. Gummi, Kunstst. **22** (1969, S. 5–13.

[5.38.] D. REICHENBACH, W. ECKELMANN: Zur Konzentrationsabhängigkeit der Vulkanisation, Kautschuk u. Gummi, Kunstst. **24** (1971), S. 443–450.

[5.39.] V. HÄRTEL: Differentielle Vulkametrie, Kautschuk u. Gummi, Kunstst. **31** (1978), S. 415.

[5.40.] H. SCHNECKO: Bedeutung und Aufbaumöglichkeiten von Netzwerten, Kautschuk u. Gummi, Kunstst. **32** (1979), S. 297.

[5.41.] H. G. ELIAS: Makromoleküle, Struktur, Eigenschaften, Synthesen, Stoffe, Verlag Huthig u. Wepf, Heidelberg 1971, 856 S.

[5.42.] W. HOFMANN: Einfluß der Vernetzungsart und -dichte auf das Eigenschaftsbild makromolekularer Stoffe, Probevortrag an der technischen Universität Berlin, 9.2.1978.

[5.43.] J. LE BRAS: Kautschuk u. Gummi, **15** (1962), S. WT 407.

## 5.10.3.2. Literatur über Schwefelspender

[5.44.] TH. KEMPERMANN, U. EHOLZER: Einsatzmöglichkeiten von Schwefelspendern, Gummi, Asbest, Kunstst. **26** (1973), S. 272.

[5.45.] J. P. LAWRENCE: Efficient and Semi-Efficient Vulcanizing Systems, Vortrag auf der 110. ACS-Tagung, 5.–8. Okt. 1976, San Franzisko, Calif., USA.

[5.46.] W. HOFMANN: OTOS, ein neuer hochwirksamer Vulkanisationsbeschleuniger, Gummi, Asbest, Kunstst. **32** (1979), S. 158ff.

[5.47.] P. STÖCKLIN: Kautschuk **15** (1939), S. 1.

[5.48.] D. CRAIG et al.: J. Polym. Sci. **5** (1950), S. 709; **6** (1951), S. 1, 7, 13, 177.

[5.49.] B. DOGADKIN et al.: Rubber Chem. Technol. **24** (1954), S. 883, 920.

[5.50.] W. SCHEELE et al.: Kautschuk u. Gummi **8** (1955), S. WT 27; S. WT 251.

[5.51.] TH. KEMPERMANN: Verzögerung der Thiuram-Vulkanisation, Gummi, Asbest, Kunstst. **28** (1975), S. 278.

[5.52.] B. BANERJEE: Kautschuk u. Gummi, Kunstst. **32** (1979), S. 13

[5.53.] G. B. 11 147, 1947, A. Parkes.

## 5.10.3.3. Literatur über Vulkanisationsbeschleuniger

[5.54.] W. HOFMANN, C. VERSCHUT: Gummi, Asbest, Kunstst. **34** (1981), S. . . ., in Vorbereitung.

[5.55.] H. L. FISHER, A. R. DAVIS: Ind. Engng. Chem. **40** (1948), S. 143.

[5.56.] C. W. BEDFORD, L. B. SEBRELL: Ind. Engng. Chem. **13** (1921), S. 1034; **14** (1922), S. 25.

[5.57.] L. B. SEBRELL u. C. E. BOORD: Ind. Engng. Chem. **15** (1923), S. 1009.

[5.58.] G. BRUNI, E. ROMANI: Ind. Rubber J. **62** (1921), S. 18.

[5.59.] L. B. SEBRELL, C. E. BOORD: J. Am. Chem. Soc. **45** (1923), S. 2390.

[5.60.] I. TEPPEMA, L. B. SEBRELL: J. Am. Chem. Soc. **49** (1927), S. 1748, 1779.

[5.61.] W. KLEEMANN, G. ERBEN: Plaste u. Kautschuk **9** (1962), S. 407.

[5.62.] C. D. TRIVETTE et al.: Rubber Chem. Technol. **35** (1962), S. 1360.

[5.63.] E. MORITA, E. I. YOUNG: Rubber Chem. Technol. **36** (1963), S. 844.

[5.64.] TH. KEMPERMANN: Gummi, Asbest, Kunstst. **27** (1974), S. 566.

[5.65.] G. FROMANDI, S. REISSINGER: Kautschuk u. Gummi **11** (1958), S. WT 3; Rubber Chem. Technol. **32** (1959), S. 295; Kautschuk u. Gummi **13** (1960), S. WT 255.

[5.66.] H. Westlinning: Kautschuk u. Gummi, Kunststoffe **23** (1970), S. 219, Rubber Chem. Technol. **43** (1970), S. 1194.

[5.67.] H. Westlinning, W. Schwarze: Rubbercon 72, Hrsg.: IRI, London o. I., S. G 4–1/9.

[5.68.] H. Ahne et al.: Kautschuk u. Gummi, Kunststoffe **28** (1975), S. 135.

[5.69.] DRP 280 198, 1914, Farb. Bayer, K. Gottlob, u. M. Bögemann.

[5.70.] D. F. Cranor: India Rubber J. **58** (1919), S. 1199.

[5.71.] DRP 380 774, 1919; FP 520 477, 1920; G.B. 140 387, 1920, G. Bruni.

[5.72.] DRP 265 221, 1912, Bayer, F. Hofmann et al.

[5.73.] I. Ostromysslenski: Chem. Ztbl. **I** (1916), S. 703.

[5.74.] US 1 413 172, 1920, R. T. Vanderbilt, B. E. Lorenz.

[5.75.] US 1 440 962, 1922, Naugatuck, S. M. Cadwell.

[5.76.] T. D. Skinner, A. A. Watson: Rubber Age **99**, Nr. 11 (1967), S. 76.

[5.77.] D. S. Campbell: Rubber Chem. Technol. **45** (1972), S. 1366.

[5.78.] R. B. Taylor: Effect of Alkyl Group Structure on Cure Characteristics of N,N-Dialylthiocarbamyl- N', N'-Dialkylsulfenamide Vulcanisation Accelerators, Rubber Chem. Technol. **47** (1974), S. 906.

[5.79.] J. F. Krymowski, R. D. Taylor: Chemical Reactions between Thiocarbamyl Sulfenamides and Benzothiazylsulfenamides, Leading to Cure Synergism, Rubber Chem. Technol. **50** (1977), S. 671.

[5.80.] K. C. Moore: OTOS/MBT-Derivative Vulcanization Systems, Elastomerics, Juni 1978, S. 36.

[5.81.] W. Hofmann: OTOS – ein neuer hochwirksamer Vulkanisationsbeschleuniger, Gummi, Asbest, Kunstst. **32** (1979), S. 158, 318, 392; SRC (1979) – Proceedings.

[5.82.] Persönliche Information von Dunlop-Research Centre, Mississauga, Ontario, Kanada.

[5.82a.] W. Hofmann, C. Verschut: unveröffentlichte Arbeiten.

[5.83.] DRP 551 805, 1929, IG Farbenindustrie, Th. Weigel.

[5.84.] US 1 417 970, 1920, Naugatuck, S. M. Cadwell.

[5.85.] US 1 780 326, 1925; USP 1 780 334, 1926, DuPont, I. Williams, W. B. Burnett.

[5.86.] US 1 411 231, 1921, Dovan Chem. Co., M. L. Weiss.

[5.87.] US 1 721 057, 1922, DuPont, W. Scott.

[5.88.] GB. 201 885, 1923, Pirelli u. Co., G. Bruni, E. Romani.

[5.89.] G. B. 253 197, 1925, Brit. Dystuffs Corp.

[5.90.] DRP, 481, 994, 1929, IG Farbenindustrie.

[5.91.] K. Gottlob: Gummiztg. **30** (1916), S. 303, 326; **33** (1918), S. 87.

[5.92.] G. Oenslager: Ind. Engng. Chem. **25** (1933), S. 232.

[5.93.] M. Bögemann: Angew. Chem. **51** (1938), S. 113.

[5.94.] US 1 365 495, 1920, W. SCOTT.
[5.95.] S. BEHR, E. ROHDE: Vernetzungssysteme für die Hochtemperatur-Vulkanisation von Polychloropren, Kautschuk u. Gummi, Kunstst. **23** (1979), S. 492.
[5.96.] R. SKLENARZ: Neuer Vulkanisationsbeschleuniger für CR, Gummi, Asbest, Kunstst. **33** (1980), S. 224.
[5.96a.] U. EHOLZER, TH. KEMPERMANN: Ein neuer Polychloroprenbeschleuniger als Ersatz für Ethylenthioharnstoff, Kautschuk u. Gummi, Kunstst. **33** (1980), S. 696.
[5.97.] U. EHOLZER et al.: Schnellheizende Vulkanisationssysteme, Gummi, Asbest, Kunststoffe **28** (1975), S. 646.
[5.98.] H. EHREND: Vortrag auf der skandinavischen Kautschukkonferenz 20./21.5.1976 in Kopenhagen, Proceedings, Nr. 49.

### 5.10.3.4. Literatur über schwefelfreie Vernetzer

[5.99.] I. OSTROMYSLENSKI: J. Russ. Phys. Chem. **47** (1915), S. 1467; India Rubber J. **52** (1916), S. 470.
[5.100.] F. BRADEN et. al.: Trans. IRI **30** (1954), S. 470.
[5.101.] L. D. LOAN: Rubber Chem. Technol. **40** (1967), S. 149.
[5.102.] Persönliche Information der Firma Akzo.
[5.103.] H. BARTL, J. PETER: Kautschuk u. Gummi **14** (1961), S. WT 23; FP 1 225 704, 1959, Bayer.
[5.104.] E. ROHDE: Chlorinated Polyethylene, Adrantages on its Application in the Elastomer Sector, Vortrag auf der Internationalen Kautschuk-Konferenz, Venedig, 3.–6. Oktober 1979, Proceedings S. 254.
[5.105.] J. YOUNGER: Vortrag auf der internationalen Kautschukkonferenz, 3.–6. Okt. 1979, Venedig, Proceedings, S. 1054.
[5.106.] S. J. MONTE, G. SUGERMAN: The Effect of Titanate Coupling Agents, Vortrag auf der 116. ACS-Tagung, 23.–26.10.1979 in Cleveland, Ohio, USA, Vortrag 43.
[5.107.] P. K. BANDYOPADHYAY, S. BANERJEE: Kautschuk u. Gummi, Kunstst. **32** (1979), S. 588, 961.
[5.108.] Y. W. CHOW, G. T. KNIGHT: Peroxidische Vernetzungssysteme mit verzögerter Wirkung, Gummi, Asbest, Kunstst. **31** (1978), S. 716.
[5.109.] H. FISHER: Ind. Engng. Chem. **31** (1939), S. 1381.
[5.110.] J. REHNER JR., P. I. FLORY: Ind. Engng. Chem. **38** (1946), S. 500.
[5.111.] I. P. HAWORTH: Ind. Engng. Chem. **40** (1948), S. 2314.
[5.112.] US 2 975 153, 1958, Monsanto Co.
[5.113.] A. GILLER: Kautschuk u. Gummi **13** (1960), S. WT 288; **14** (1961), S. WT 201.
[5.114.] D. CHISTOV, Cr. BOUTSCHER: Kautschuk u. Gummi, Kunstst. **31** (1978), S. 731.
[5.115.] . . .: Vulkanisationssysteme für Butylkautschuk, Bayer-Mitteilungen für die Gummiindustr. Nr. 29, S. 34–57. Firmenschrift der Bayer AG, Leverkusen Bayerwerk, auf Anforderung erhältlich.
[5.116.] O. BAYER, E. MÜLLER: Angew. Chem. **72** (1960), S. 934.

[5.117.] O. BAYER: Das Diisocyanat-Polyadditionsverfahren, Carl-Hauser-Verlag, München 1963, S. 9ff, 37ff.

[5.118.] C. S. L. BAKER et al.: Rubber Chem. Technol. **43** (1970), S. 501; Kautschuk u. Gummi, Kunstst. **26** (1973), S. 540; Proc. Int. Rub. Conf. Brighton 1952.

[5.119.] A. N. SHAPKIN et al.: Int. Polym. Sci. Technol. **5** (1978), Nr. 2, S. T 11.

[5.120.] H. ESSER: Kautschuk u. Gummi **11** (1958), S. WT 5.

[5.121.] W. W. JACKSON, D. HALE: Vulcanization of Rubber with High-Intensity Gamma Radiation, Rubber Age **77** (1955), S. 865.

[5.122.] E. N. SEMAGIN et al.: Kaučuk y Rezina **23** (1964), Nr. 6, S. 14.

[5.123.] D. S. PEARSON, G. G. A. BÖHM: Rubber Chem. Technol. **45** (1972), S. 193.

[5.124.] D. CARAGNAT et al.: Caoutch. et. Plast. **576** (Dez.1977), S. 263.

#### 5.10.3.5. Literatur über Beschleunigeraktivatoren

[5.125.] R. ECKER: Kautschuk u. Gummi **7** (1954), S. WT 96.

[5.126.] D. T. I. T. Taranenko: Leichtindustrie **15** (1955), S. 24.

#### 5.10.3.6. Literatur über Vulkanisationsverzögerer

[5.127.] D. G. LLOYD: Anwendungen eines geregelten Vulkanisationseinsatzes, Kautschuk u. Gummi, Kunstst. **31** (1978), S. 576.

[5.128.] US 1 734 633, 1928, A. C. Burrage.

[5.129.] A. W. CAMPBELL: Ind. Engng. Chem. **33** (1941), S. 809.

[5.130.] US 1 871 037, 1930, Naugatuck.

[5.131.] K. M. DAVIES, D. G. LLOYD: Die Entwicklung von Vulkanisationsverzögerern, Gummi, Asbest, Kunstst. **27** (1974), S. 92 H; Rev. gén.ds Caoutch. **51** (1974), S. 217.

[5.132.] TH. KEMPERMANN et al.: Neue Erkenntnisse auf dem Gebiet der Vulkanisationsverzögerer, Gummi, Asbest, Kunstst. **25** (1972), S. 510; Gummi, Asbest, Kunstst. **28** (1975), S. 278, 316.

### 5.10.4. Literatur über Alterung und Alterungsschutzmittel

#### 5.10.4.1. Literatur über Alterung

[5.133.] A. CARPENTER: Absorption of Oxygen by Rubbers, Ind. Engng. Chem. **39** (1947), S. 187.

[5.134.] L. BATEMAN: Oxidation of Natural Rubber Hydrocarbon, Trans. IRI **26** (1950), S. 246.

[5.135.] P. SCHNEIDER: Ein Überblick über die Alterung von Kautschuk und Kautschuk-Vulkanisaten, Kautschuk u. Gummi **6** (1953), S. WT 111.

[5.136.] I. M. BUIST: Aging and Weathering of Rubber, Verlag W. Heffer Sons Ltd. Cambridge 1956.

[5.137.] W. HOFMANN: Oxydatives Verhalten von Polymerisaten und Copolymerisaten des Isoprens und Butadiens, Gummi, Asbest, Kunstst. **20** (1967), S. 602, 714, 331 Lit. cit.

[5.138.] F. VAN PUL: Kautschuk u. Gummi **8** (1955), S. WT 184.

[5.139.] G. I. LAKE et al.: Ozone Cracking, Flex cracking and Fatigue of Rubber, Rubb J. **146** (1964) Nr. 10, S. 34; Nr. 11, S. 30.

[5.140.] TH. KEMPERMANN ET AL.: Über die kritische Dehnung als Maß für die Ozonfestigkeit von Vulkanisaten, Kautschuk u. Gummi, Kunstst. **18** (1965), S. 638.

[5.141.] E. H. ANDREWS: Resistance to Ozone Cracking in Elastomer Blends, J. Appl. Polymer Sci. **10** (1966), S. 47.

[5.142.] C. S. AMSDEN: Static Ozone Resistance and Treshold strain, J. of IRI **1** (1967), S. 214.

## 5.10.4.2. Allgemeine Literatur über Alterungsschutzmittel (Antioxidantien)

[5.143.] ...: Protective Materials for Rubber, Antioxidants Antiozonants, Waxes (Symposium), Rubber Age **77** (1955), S. 705.

[5.144.] TH. KEMPERMANN: Alterungsschutzmittel, in S. Boström, Kautschuk-Handbuch, Verlag Berliner Union, Stuttgart, 1961, Bd. 4, S. 353 ff.

[5.145.] TH. KEMPERMANN: Zusammenhang zwischen chemischer Konstitution und Wirkung bei Alterungsschutzmitteln vom Typ Mehrkernphenol, Vortragsveranstaltung der ACS, Div. Rubber Chem., Cleveland 1971, Paper 25.

[5.146.] TH. KEMPERMANN: Über den Zusammenhang zwischen Konstitution und Wirkung bei Rißschutzmitteln vom Typ p-Phenylendiamin, Gummi, Asbest, Kunstst. **26** (1973), S. 90 ff.

[5.147.] G. SCOTT: Neuere Entwicklungen bei an Kautschuk gebundenen Antioxydantien, Gummi, Asbest, Kunstst. **31** (1978), S. 934.

[5.148.] Persönliche Information von der Firma Goodrich.

[5.149.] W. HOFMANN: Gummi, Asbest, Kunstst. **27** (1974), S. 624, 830, (197 Lit. cit.).

## 5.10.4.3. Literatur über Antiozonantien

[5.150.] TH. KEMPERMANN, R. CLAMROTH: Antiozonantien in ölverstrecktem Kautschuk, Kautschuk u. Gummi, **15** (1962), S. WT 135.

[5.151.] O. LORENZ, C. R. PARKS: Mechanism of Antiozonant Action, Rubber Chem. Technol. **36** (1963), S. 194, 201.

[5.152.] E. W. BERGMANN et al.: Antiozonants for Diene Elastomers, Rubber World **148** (1963) Nr. 6, S. 61.

[5.153.] A. DIBBO: Prüfung, Beschreibung und Einsatz von Ozonschutzmitteln, Gummi, Asbest, Kunstst. **18** (1965), S. 120.

[5.154.] ... WIDMER: Langzeitalterungsschutz von Gummiartikeln, Vortrag auf der Vortragsveranstaltung der DKG am 7.11.1975 in Wiesbaden.

[5.155.] G. P. LANGNER et al.: über den Langzeiteffekt von Antiozonantien, Kautschuk u. Gummi, Kunstst. **32** (1979), S. 81.

[5.156.] I. H. THELEN, A. R. DAVIS: Rubber Age **86** (1959), S. 81.

[5.157.] O. LORENZ, C. R. PARKS: Rubber Chem. Technol. **34** (1961), S. 816.

[5.158.] M. BRADEN, A. N. GENT: J. Appl. Polym. Sci. **3** (1960), S. 90, 100; **6** (1962), S. 449.

[5.159.] TH. KEMPERMANN: Kautschuk u. Gummi **15** (1962), S. WT 422.

#### 5.10.4.4. Literatur über nicht verfärbende Ozonschutzmittel

[5.160.] I. M. BUIST, T. I. MEYRINK: Eur. Rubber J. **157** (1975), Nr. 10, S. 26.

[5.161.] DT 1620 800, 1966, Bayer.

[5.162.] DT 1693 163, 1795 646, 1967, 1917 600, 1969 Bayer.

#### 5.10.4.5. Literatur über nicht verfärbende Alterungsschutzmittel

[5.163.] P. SCHNEIDER: Angew. Chem. **67** (1955), S. 61.

[5.164.] I. C. AMBELANG et al.: Rubber Chem. Technol. **36** (1963), S. 149.

[5.165.] G. E. WILLIAMS: Trans. IRI **32** (1956), S. 43.

[5.166.] FR 1 263 659, 1960, ICI.

[5.167.] BE 605 950, 1960, Shell.

[5.168.] US 3 285 855, 1965, Geigy.

#### 5.10.4.6. Literatur über Alterungsschutzmittel gegen schwermetallbeschleunigte Alterung

[5.169.] . . .: Gummi Ztg. **5** (1891), S. 7; **6** (1892), S. 7.

[5.170.] H. V. VILLAIN: Rev. gén. Caoutch. **26** (1949), S. 740.

[5.171.] C. R. PARKS et al.: Ind. Engng. Chem. **42** (1950), S. 2552.

#### 5.10.4.7. Zusammenfassende Literatur

[5.172.] M. ABELE et al.: Kautschuk-Chemikalien und -Zuschlagstoffe in Ullmanns Encyclopädie der technischen Chemie, Verlag Chemie, Weinheim, 4. Aufl. Bd. 13. S. 649.

### 5.10.5. Literatur über Verstärkung und Füllstoffe sowie Pigmente

#### 5.10.5.1. Allgemeine Literatur über Verstärkung und Füllstoffe

[5.173.] D. PARKINSON: Reinforcement of Rubbers, Hrsg.: IRI, London, Lakemann 1957, 102 S.

[5.174.] J. H. BACHMANN et al.: Literaturzusammenstellung über Verstärkungsprobleme, Rubber Chem. Technol. **32** (1959), S. 1286.

[5.175.] R. ECKER: Kautschuk u. Gummi, **12** (1959), S. WT 351.

[5.176.] K. WESTLINNING: Verstärkerfüllstoffe für Kautschuk, Kautschuk u. Gummi, Kunstst. **15** (1962), S. WT 475.

[5.177.] K. WESTLINNING: Verstärkung und Abrieb, Kautschuk u. Gummi, Kunstst. **20** (1967), S. 5.

[5.178.] G. KRANZ: Reinforcement of Elastomers, Verlag Intersciene Publ., New York, 1965, 611 S.

[5.179.] P. D. RITCHIE: Plasticizers, Stabilisers and Fillers, Hrsg.: Plastics Institute, London, Iliffe Books 1972, 333 S.

[5.180.] ...: Colloque International sur „Les Interactions entre les Elastomères et les Surface Solides avant une Action Renforcante„, Veranstalter Centre National de la Recherche Scientifique. Le Bischenberg Obermai, 24.–26. September 1973.

[5.181.] E. HEITZ: Füllstoffe als qualitätsverbessernde Modifikation, Gummi, Asbest, Kunstst. **28** (1975), S. 286 ff.

[5.182.] ...: Reinforcing Fillers-Clays, Silicas and Silanes, Cellulose, Cour Starck, Rice Husk Asb and Carbon Blacks, Eur. Rubber J. **157** (1975) Nr. 4, S. 34 ff.

[5.183.] ...: Technology of Reinforcement of Elastomers. First European Conference of the Plastics and Rubber Institute, organized by the Belgium Section. Brussel 9.–11. April 1975, Hrsg.: PRI.

[5.184.] S. WOLFF: Füllstoffentwicklung heute und morgen, Kautschuk u. Gummi, Kunstst. **32** (1979), S. 312.

[5.185.] H. KUNOWSKI, U. HOFMANN: Angew. Chem. **67** (1955), S. 289.

[5.186.] G. FROMANDI, R. ECKER: Kautschuk u. Gummi **5** (1952), S. WT 191.

[5.187.] C. W. SWEITZER: Trans. IRI. **32** (1956), S. 77.

[5.188.] M. L. STUDEBAKER: Rubber Age **77** (1955), S. 69.

### 5.10.5.2. Literatur über die Bestimmung der Füllstoffaktivität

[5.189.] M. L. DEVINEY jr.: Neuere Fortschritte bei der Anwendung der Radiochemie in der Kautschuk und Ruß-Forschung, Kautschuk u. Gummi, Kunstst. **25** (1972), S. 51, 92.

[5.190.] W. M. HESS, et al.: Morphological Characterization of Carbon Blacks in Elastomer Vulcanizates. Rubber 1973, Prag 17.9.73, Vortrag A 17. 58 S.

[5.191.] W. M. HESS, G. C. DONALD: Morphologie Analysis of Carbon Black, 76 th Annual Meeting ASTM, Philadelphia, 24.6.1973, in Rubber and Related Products, Philadelphia 1973, S. 3–18.

[5.192.] G. KRAUS, I. JANZEN: Verbesserte physikalische Rußprüfung für Korrelation und Voraussage des Verhaltens in Vulkanisaten, Kautschuk u. Gummi, Kunstst. **28** (1975), S. 253.

[5.193.] St. BRUNAUER et al: J. Am. Chem. Soc. **60** (1938), S. 309.

### 5.10.5.3. Literatur über Ruße

[5.194.] M. L. STUDEBAKER: Carbon, a Survey for Rubber Compounds, Phillips Chemical Co., Bull. P–10, 1954.

[5.195.] I. DROGIN, T. H. MESSANGER: Proc. 3rd Rubber Techn. Conf. S. 585, Cambridge 1955.

[5.196.] W. M. HESS et al: Kautschuk u. Gummi, Kunstst. **21** (1968), S. 689.

[5.197.] I. JANZEN, G. KRAUS: J. of Elast. and Plast. **6** (1974), S. 142.

[5.198.] TH. TIMM, W. MESSERSCHMIDT: Kautschuk u. Gummi, Kunstst. **27** (1974), S. 83–289.

[5.199.] K. R. DAHMEN, N. N. MCREE: Rubber World **170** (1974), Nr. 2, S. 66 ff.

[5.200.] G. R. COTTEN: 107. Meeting of ACS, Rubber Div. Cleveland 6.5.1975, Vortrag 1, 24 S.

[5.201.] ...: Annual Book of ASTM-Standards (1976), D 1765, S. 445.

[5.202.] K. VOHWINKEL: SGF Arsmöte, Rönneby, 28.5.1970 in Symposium Proceedings, SGF. Publ. Nr. 37, 5 S.

[5.203.] S. WOLFF: Kautschuk u. Gummi, Kunstst. **27** (1974), S. 511 ff.

[5.203a.] A. I. MEDALIA et al: Rubber Chem. Technol. **46** (1973), S. 1239.

[5.204.] B.B. BOONSTRA et al: Rubber Chem. Technol. **51** (1974), S. 823.

[5.205.] E. M. DANNENBERG: Rubber Chem. Technol. **48** (1975), S. 410, 84 Lit. cit.

[5.206.] H. E. TOUSSAINT: 5. Int. Symp. f. Gummi, Gottwaldow, CSSR, 1.9.1975, Vortrag A 18, 18 S.

[5.207.] S. WOLFF et al: Kautschuk u. Gummi, Kunstst. **28** (1975), S. 379.

## 5.10.5.4. Literatur über helle Füllstoffe

[5.208.] I. SHAH, E. F. SEEBERGER: Gummi, Asbest, Kunstst. **27** (1974), S. 592 ff.

[5.209.] E. M. DANNENBERG, G. R. COTTEN: Rev. gén. Caoutch. **51** (1974), S. 347.

[5.210.] K. E. POLMANTEER, C. W. LENTZ: 107. Meeting of ACS, Rubber Div., Cleveland, 6.5.1975, Vortrag 7, 33 S.

[5.211.] ...: White Reinforcing Fillers for Natural and Synthetic Rubbers, Washington Chemical, Washington, Selbstverlag, 56 S.

[5.212.] DT 879 834, Degussa.

[5.213.] FR 1 064 230, 1952; 1 082 945, 1953, Columbia Southern Chem. Corp.

[5.214.] DT 900 339, 1951, Degussa.

## 5.10.5.5. Literatur über Silane und Titanate

[5.215.] G. M. CAMERON et al: Eur. Rubber J. **156** (1974) Nr. 3, S. 37 ff.

[5.216.] M. W. RANNEY et al: Kautschuk u. Gummi, Kunstst. **26** (1973), S. 409.

[5.217.] M. W. RANNEY et al: Gummi, Asbest, Kunstst. **27** (1974), S. 600 ff.

[5.218.] S. WOLFF: Non-Black Reinforcing Agents, Vortrag auf der 116. ACS-Tagung, 23.–26.10.1979 in Cleveland, Ohio, USA, Vortrag 6.

[5.219.] D. G. JEFFS: Vortrag auf der Internationalen Kautschukkonferenz, 3.–6.Okt. 1979, Venedig, Proceedings, S. 850.

[5.220.] S. YAMASHITA et al.: ebenda, Proceedings, S. 1076.

[5.221.] S. I. MANTE et al: 107. Meeting of ACS, Div. Rubber Chem. Cleveland, 6.5.1975, Vortrag 8, 41 S.

[5.222.] S. WOLFF: A New Development for Reversionstable Sulfur-Cured NR Compounds, Vortrag auf der Internationalen Kautschuk-Konferenz 3.–6. Oktober 1979 in Venedig, Proceedings S. 1043.

[5.223.] J. HUTCHINSON, J. D. BIRCHALL: ebenda, Proceedings. 133.

### 5.10.5.6. Literatur über Pigmente

[5.224.] G. W. INGLE: Mod. Plastics **31** (1954) Nr. 11, S. 69.

[5.225.] D. A. SMITH: Rubber J. **153** (1971), S. 19 ff.

[5.226.] E. E. JACOBSEN: Ind. Engng. Chem. **41** (1949), S. 523.

[5.227.] E. A. BECKER: Lithopone, Verlag Berliner Union, Stuttgart, 1957, 164 S.

[5.228.] ...: Pigments in Rubber 1960–1970, Bibliography 112, Hrsg.: ACS, Div. Rubber Chem., Library and Inf. Service, The University of Acron, 97 Lit.cit.

[5.229.] J. LE BRAS: Rubber Chem. Technol. **35** (1962), S. 1308, 70 Lit. cit.

[5.230.] P. O. POWERS: Rubber Chem. Technol. **36** (1963), S. 1542, 97 Lit. cit.

[5.231.] G. L. BROWN: Resins in Rubber, Clairtown Pa. Pennsylvania Industrial Chemical Corp. 1969, 101 S.

[5.232.] K. M. GREEN: ACS Div. Rubber Chem. Southern Rubber Group Meeting, Houston, 22. 2. 1974, 9 S.

[5.233.] H. FRIES et al.: Neuartige härtende Phenolharze für die Gummi-Industrie mit breitem Anwendungsspektrum, Vortrag auf der internationalen Kautschukkonferenz 3.–6. Oktober 1979, Venedig, Proceedings, S. 111. Kautschuk u. Gummi, Kunstst. **32** (1979), S. 860.

[5.234.] G. R. NEWBERG: Rubber Age **62** (1948), S. 533.

[5.235.] W. HOFMANN: Nitrilkautschuk, Verlag Berliner Union, Stuttgart, 1965, 304–306.

[5.236.] W. HOFMANN: Industrie des Plastiques Modernes 1961, S. 37.

## 5.10.6. Literatur über Weichmachung und Weichmacher

### 5.10.6.1. Literatur über Weichmacher

[5.237.] ...: Weichmacher in der Gummi-Industrie, Teil 1; Grundlagen und Analysenmethoden, Hrsg.: WdK, Frankfurt, Selbstverlag 1971, 86 S., Grünes Buch Nr. 32.

[5.238.] R. A. ROBINSON: Process Oils in Rubbers and PVC, Information Report 5947, RAPRA, Shawbury, Shrewsbury, 1971.

[5.239.] P. D. RITCHIE: Plasticizers, Stabilisers and Fillers, Hrsg.: Plastics Institute, Iliffe Books, London 1972, 333 S.

[5.240.] G. R. DIMELER: Etude de la Volatilé des Huiles de Mise en Oeuvre pour Caoutchouc et Influence sur le Comportement de Vulcanisats, Rev. gén. Caoutch. **51** (1974), S. 91.

[5.241.] H. E. CORBIN: Oil use in Rubber Processing, Rubber Age **106** (1974), S. 49.

[5.242.] L. E. LUDWIG et al.: India Rubber World **111** (1944), S. 55, 180.

[5.243.] L. E. CHENEY: Ind. Engng. Chem. **41** (1949), S. 670.

[5.244.] P. STÖCKLIN: Kautschuk u. Gummi **2** (1949), S. 367; **3** (1950), S. 45, 86, 199.

[5.245.] H. E. CORBIN: Rubber India **26** (1974), S. 26.

[5.246.] I. Holl, H. Coats: Ind. Engng. Chem. **20** (1928), S. 641.
[5.247.] S. Kurtz et al.: Engng. Chem. **48** (1950), S. 2233.
[5.248.] F. Rostler: Rubber Age **69** (1951), S. 559; **70** (1952), S. 735; **71** (1952), S. 223.
[5.249.] I. Sweely et al: Rev. gén. Caoutch. **34** (1957), S. 170.
[5.250.] ....: DOG-Kontakt Nr. 24, Dispergum-Zinkseifen, Firmenschrift der Deutschen Ölfabrik DOG, Hamburg, auf Anfrage erhältlich.

## 5.10.6.2. Literatur über Faktisse

[5.251.] C. E. Webb: Sulphur Choride Reactions in Relation to the Rubber Industry, Trans. IRI **27** (1951), S. 179.
[5.252.] I. B. Harrison: Factice – Its Use and Function in Rubber Technology, Trans. IRI **28** (1952), S. 117.
[5.253.] A. E. Lever: Factice – A Review of its characteristics, India Rubber J. **120** (1951), S. 820.
[5.254.] F. Kirchhof: Über die praktische Anwendung von Faktis in der Kautschuk-Industrie, Gummi, Asbest **4** (1951), S. 313.
[5.255.] F. Kirchhof: Neuere Ergebnisse über die Chemie der Faktisbildung und verwandten Reaktionen, Kautschuk u. Gummi **5** (1952), S. WT 115.
[5.256.] C. F. Flint: Factice, Relation of Structure to Properties, Proc. Inst. Rubb. Ind. **2** (1955), S. 151.
[5.257.] C. F. Flint: Factice in SBR – Compounds, Vortrag Nr. 6, 8, 11, 1961, Newton Heath Technical College Manchester.
[5.258.] C. F. Flint: Use of Factice in Butyl Rubber, Rubber J. Intern. Plastics **139** (1960), S. 490.
[5.259.] C. F. Flint: The Chemical Structure of Factice and his Behaviour at Vulcanizing Reactions, J. IRI, Juni 1969, S. 110.
[5.260.] F. J. Erroll (Hrsg.): Symposium, Factice as an Aid to Productivity in the Rubber Industry, National College of Rubber Technology, Selbstverlag, 1962, 133 Seiten.
[5.261.] A H. Clark: Chemistry of Factice, in [5.260], S. 32–49.
[5.262.] J. Glazer: Mechanistic Aspects of Factice Chemistry, in [5.260.], S. 50–62.
[5.263.] J. Donnelly: Factory Uses of Factice in Natural Rubber Compounds, in [5.260], S. 63–73.
[5.264.] B. Pickup: Factice in Synthetic Rubber Compounds, in [5.260.], S. 74–104.
[5.265.] C. F. Flint:Factice in SBR-Compounds, in [5.260.], S. 105–126.
[5.266.] F. Kirchhof: Über den gegenwärtigen Stand der Chemie der Faktis-Bildung, Kautschuk u. Gummi **15** (1962), S. WT 168.
[5.267.] F. Kirchhof: Die Rolle des Faktis in der Technologie des Kautschuks, Kautschuk u. Gummi, Kunstst. **16** (1963), S. 201, 266, 431.
[5.268.] F. Berchelmann: Spezielle Einsatzmöglichkeiten für Faktis in Kautschuk-Mischungen, Kautschuk u. Gummi, Kunstst. **18** (1955), S. 577.

[5.269.] J. H. Carrington: Manufacture and Testing of Factice in [5.260], S. 15–31.

[5.270.] W. Hofmann: Faktis in Ullmanns Encyclopädie der technischen Chemie, Verlag Chemie, Weinheim, 4. Aufl. Bd. 13. S. 658.

## 5.10.7. Literatur über Treibmittel

[5.271.] F. Lober: Entwicklung und Bedeutung von Treibmitteln bei der Herstellung von Schaumstoffen aus Kautschuk und Gummi, Angew. Chemie **64** (1952), S. 65.

[5.272.] W. Overbeck: Die Verfahren zum Herstellen von porösen Kautschukwaren, Gummi, Asbest **8** (1955), S. 560, 604, 686.

[5.273.] R. A. Reed: The Chemistry of Modern Blowing Agents, Plastics Progress, Papers and Discussions at the British Plastics Convention, 1955, Iliffe & Sons Ltd., London (87 Lit. cit.).

[5.274.] H. F. Mark, N. G. Gaylord, N. M. Bikales: Encyclopedia of Polymer Science, Vol. 2, Interscience Publ., A Decision of John Wiley & Sons, Inc. New York, London, Sidney, S. 532 Blowing Agents (204 Lit. cit.).

[5.275.] B. A. Hunter: Chemical Blowing Agents, Rubber Age **108** (1976), Nr. 2, S. 19 (26 Lit. cit.).

[5.276.] W. Eckelmann, G. Kaiser: Über den Zerfall von Benzosulfohydrazid in NR und in Mischungen, Kautschuk u. Gummi, Kunststoffe **22** (1969), S. 220.

## 5.10.8. Literatur über Haftung und Haftmittel

### 5.10.8.1. Literatur über Gummi-Gewebe-Haftung und -Haftmittel

**Allgemeine Literatur**

[5.277.] K. D. Albrecht: Untersuchungen über den Einfluß des Vulkanisationssystems auf die Gummi-Gewebe- und Gummi-Stahlcord-Haftung, Kautschuk u. Gummi, Kunstst. **25** (1972), S. 531.

[5.278.] R. G. Aitken et al.: Terylene Polyester Cord as Reinforcement of Tires, Rubber World **151** (1965) Nr. 5, S. 58.

[5.279.] I. B. Curley: The Case for Rayon, Rubber World **156** (1967) Nr. 6, S. 53.

[5.280.] A. Ebert: Entwicklung und Wettbewerbssituation der Chemifasern für den technischen Einsatz, Kautschuk u. Gummi, Kunstst. **18** (1965), S. 372.

[5.281.] I. E. Ford: Observations on Adhesive Dip in Rayon Tire Cord, Trans. IRI **39** (1963), S. 1.

[5.282.] F. I. Kovac, C. R. McMillen: Polyester Tire – New Fibre Venture, Rubber World **153** (1965) Nr. 5, S. 83.

[5.283.] A. Marzocchi, R. K. Gagnon: Glass Fibre – Big Potential for Versatile Reinforcer, Rubber World **156** (1967) Nr. 5, S. 55.

[5.284.] M. H. Priest: Developments for Rubber and Plastics Reinforcement, Rubber a. Plastics Age **46** (1965), S. 491.

[5.285.] W. A. SCHRÖDER, I. B. PUTTMAN: Synthetic Fibres as Tire Cords, Rubber Age **99** (1967), S. 72.

[5.286.] Z. SMELY, Z. MZOUREK: Einige Verfahren zur Erhöhung der Festigkeit der Textil-Gummi-Bindung, Plaste u. Kautschuk **12** (1965), S. 674.

[5.287.] B. M. VANDERBILT, R. E. CLAYTON: Bonding of Fibres of Glass to Elastomers, Ind. Engng. Chem. Prod. Res. Dev. **4** (1965), S. 18.

[5.288.] A. M. VAN DE VEEN: Die Festigkeitsträger für den technischen Einsatz, Kautschuk u. Gummi, Kunstst. **32** (1979), S. 97.

[5.289.] T. TAKEYAMA, J. MATSUI: Rubber Chem. Technol. **42** (1969), S. 159–256.

[5.290.] F. LEPETIT: Rev. Gén. Caout. **41** (1964), S. 219.

[5.291.] G. M. DOYLE: Trans. IRI **36** (1960), S. 177.

**Spezielle Literatur**

[5.292.] US 2128 229, 1935, Du Pont.

[5.293.] US 2561 215, 1945, Du Pont.

[5.294.] US 2619 445, 1949, General Tire & Rubber Ca.

[5.295.] GB 1082 531, 1963, ICI.

[5.296.] DAS 1620 816, 1966, ICI.

[5.297.] J. MATHER: Br. Polym. J. **3** (1971), S. 58.

[5.298.] DT 1301 475, 1965 Bayer.

[5.299.] T. J. MEYRICK, J. T. WATTS: Trans. IRI **25** (1949), S. 150.

[5.300.] DT 928 252, 1942, Bayer.

[5.301.] BE 668 068, 1964, Bayer.

[5.302.] FR 1366 471, 1962, US Rubber Co.

[5.303.] US 2994 671, 1956, Du Pont.

[5.304.] US 3307 996, 1963, Du Pont.

[5.305.] Y. IYENGAR: Vortrag auf der ACS-Vortragstagung 10. 5. 1976, San Franzisko, Calif. USA.

[5.306.] A. MARZOCCHI, R. K. GAGNON: Rubber World **156**, Nr. 5 (1967), S. 55.

[5.307.] A. MARZOCCHI, A. E. JANNARELLI: Rubber World **158,** Nr. 6 (1968), S. 67.

[5.308.] N. G. BARTRUG, R. L. KOLEK: Adhes. Age **11**, Nr. 6 (1968), S. 2.

[5.309.] FR 1459 078, 1965, Owens Corning.

## 5.10.8.2. Literatur über Gummi-Metall-Haftung und -Haftmittel

**Allgemeine Literatur**

[5.310.] W. E. WEENING: Theorie u. Praxis bei Untersuchungen über die Gummi-Metall-Haftung, Kautschuk u. Gummi, Kunstst. **31** (1978), S. 227.

[5.311.] S. BUCHAN: Rubber to Metal Bonding, Verlag Crosby Lockwood & Son, 1948.

[5.312.] S. BOSTRÖM: Bindung von Gummi an Metalloberflächen in S. BOSTRÖM (Hrsg.) Kautschuk-Handbuch, Verlag Berliner-Union, Stuttgart, Bd. 4, 1961, S. 119–131.

[5.313.] H. H. IRRING, W. H. CORNELL: Rubber World **132** (1955), S. 55.

[5.314.] F. JÄGER: Kautschuk u. Gummi, Kunstst. **18** (1965), S. 155.

[5.315.] J. W. GALLAGHER: Adhes. Age 1968, S. 29.

[5.316.] J. R. N. ÖZELLI, H. SCHEER: Abhängigkeit der Gummi-Metall-Bindung vom Vulkanisationssystem, Kautschuk u. Gummi, Kunstst. **32** (1979), S. 701

[5.317.] D. M. ALSTADT: Rubber World **133** (1955), S. 221.

[5.318.] B. P. SPEARMAN, I. D. HUTCHINSON: Rubber Age **106** (1974), S. 41.

[5.319.] R. N. ÖZELLI, H. SCHEER: Gummi, Asbest, Kunstst. **28** (1975), S. 512 ff.

[5.320.] R. N. ÖZELLI: Kleben von Elastomeren, Ullmanns Encyclopädie der technischen Chemie, Verlag Chemie, Weinheim, 4. Aufl., Bd. 14, S. 253.

**Spezielle Literatur**

[5.321.] H. IRRIN, W. H. CORNELL: Rubber World **132** (1955), S. 55.

[5.322.] DT 928 252, 1942, Bayer.

[5.323.] W. PROSKE: Kautschuk u. Gummi, **6** (1954), S. WT 137.

[5.324.] B. P. SPEAMAN, I. D. HUTSCHINSON: Gummi, Asbest, Kunstst. **28** (1975), S. 519 ff.

[5.325.] R. V. ÖZELLI, H. SCHEER: Gummi, Asbest, Kunstst. **28** (1975), S. 512 ff.

[5.326.] DT 1143 017, 1958, Lord Manufacturing Co.

[5.327.] G. KLEMENT: Gummi, Asbest, Kunstst. **24** (1971), S. 430.

[5.328.] De CREASE: Rubber World **158** (1958), Nr. 1, S. 55.

[5.329.] K.-D. ALBRECHT: Rubber Chem. Technol. **46** (1973), S. 981; Kautschuk u. Gummi, Kunstst. **25** (1972), S. 531.

[5.330.] A. MAESELE, E. DEBRUYNE: Rubber Chem. Technol. **42** (1969), S. 613.

[5.331.] R. C. AYERST, E. R. RODGER: Rubber Chem. Technol. **45** (1972), S. 1497.

[5.332.] A. E. HICKS, F. LYON: Adehes. Age 1969, S. 21.

[5.333.] T. J. MEYRICK, J. T. WATTS: Trans. Proc. IRI **13** (1966), S. 52.

[5.334.] D. R. COX: Rubber J. 1963, S. 73.

## 5.10.9. Literatur über Latexchemikalien

[5.335.] H. ESSER, G. SINN: Die Verarbeitung von Naturlatex, Hrsg.: Farbenfabriken Bayer AG, Selbstverlag, Leverkusen 1961.

[5.336.] ...: Latex-Hilfsprodukte, Bayer-Mitteilungen f. d. Gummi-Industrie **32** (1963), S. 56–77. Firmenanschrift der Bayer AG, Leverkusen-Bayerwerk, auf Anfrage erhältlich.

[5.337.] A. D. T. GORTON, T. D. PENDLE: Vortrag auf der internationalen Kautschukkonferenz 3.–6. Okt. 1979, Venedig, Proceedings, S. 161.

[5.338.] W. HOFMANN: Nitrilkautschuk, Verlag Berliner Union, Stuttgart, 1965, S. 89–95.

[5.339.] W. HOFMANN: Latex-Chemikalien, Ullmanns Encyclopädie der technischen Chemie, Verlag Chemie, Weinheim, 4. Aufl. Bd. 13, S. 664.

## 5.10.10. Literatur über sonstige Chemikalien

[5.340.] J. LE BRAS: Rubber Chem. Technol. **35** (1962), S. 1308, 70 Lit. cit.

[5.341.] P. O. POWERS: Rubber Chem. Technol. **36** (1963), S. 1542, 97 Lit. cit.

[5.342.] G. L. BROWN: Resins in Rubber, Clairtown Pa. Pennsylvania Industrial Chemical Corp. 1969, S. 101.

[5.343.] K. M. GREEN: ACS Div. Rubber Chem. Southern Rubber Group Meeting, Houston, 22. 2. 1974, S. 9.

[5.344.] W. HOFMANN: VDI-Nachrichten **19** (1), 2 (1965).

[5.345.] W. HOFMANN: Indian Rubber Bull. **245**, 15 (1969).

[5.346.] W. HOFMANN: Kautschuk u. Gummi, Kunstst. **15**, WT 501 (1962); Acta Medicotechnica **10**, 419 (1962); Rev. Gen. Caoutch. Plast. **41**, 1119 (1964).

[5.347.] R. HEBERMEHL: Farbe u. Lack **280** (1955).

[5.348.] P. SCHNEIDER: Kautschuk u. Gummi **6** (1963), S. WT 21.

[5.349.] D. V. SARBACH, B. S. GARVEY jr.: India Rubber World **116,** (1947), S. 798.

# 6. Verarbeitung von Festkautschuk [6.1. – 6.27]

Der weitaus größte Teil der Gummiwaren wird aus Festkautschuk hergestellt, der durch Vermischen mit anorganischen und organischen Substanzen sowie einer anschließenden Vulkanisation eine Vielseitigkeit der Verwendungszwecke, wie sonst kein anderes Hochpolymeres erreicht.

Die üblichen Zusatzstoffe (s. S. 233 ff) werden nach technischen und auch nach wirtschaftlichen Notwendigkeiten ausgewählt. Während bei stark mechanisch beanspruchten Artikeln, wie Autoreifen, Fördergurten, hochelastischen Puffern usw., nur vorwiegend technische Gesichtspunkte für den Mischungsaufbau bestimmend sind, wird bei einer Reihe von minder beanspruchten Gummiwaren und Massenartikeln durch Streckung der Mischung mit Substanzen, wie Regenerat, inerten Füllstoffen, Weichmachern usw., eine Herabsetzung des Gestehpreises angestrebt. Durch Gütenormen für eine immer größere Anzahl von Artikeln sind in den meisten Industrieländern Qualitätsanforderungen festgesetzt.

Der Festkautschuk wird mit den Kautschuk-Zusatzstoffen auf schweren Verarbeitungsmaschinen gemischt. Als Verarbeitungsverfahren für die dabei erhaltenen Walzfelle, Streifen oder Pellets zu Halbzeug und Fertigartikeln kommen vor allem das Kalandrieren, Imprägnieren, Streichen, Extrudieren (Spritzen), Formpressen, Freihandkonfektionieren und Tauchen in Betracht. In vielen Fällen ist die Formgebung mit der stets erforderlichen Vulkanisation untrennbar verbunden (z. B. beim Formpressen). In anderen Fällen ist sie ein isolierter Vorgang, z. B. beim Kalandrieren und Extrudieren, obwohl auch hier kombinierte Formgebungs- und Vulkanisationsverfahren bekannt sind. Bei der Freihandkonfektion ist dagegen zwischen der Produktion des Halbzeugs und der Vulkanisation stets eine Zäsur erforderlich.

## 6.1. Mischungsherstellung [6.28. – 6.29.]

Für die Mischungsherstellung, die früher ausschließlich auf Walzwerken vorgenommen wurde, verwendet man heute im allgemeinen Innenmischer. Walzwerken kommt aber für spezielle Zwecke immer noch erhebliche Bedeutung zu.

In modernen Großbetrieben ist der Materialfluß bereits in erheblichem Maße automatisiert (vgl. Abb. 6.1.). NR oder SR wird zerkleinert und nach einer Puderung und Kühlung in Bunker überführt. Von hier aus wandert das Material in die Innenmischer, wo es computergesteuert mit den ebenfalls gebunkerten, automatisch geförderten und verwogenen Mischungsbestandteilen vermischt wird. Die dort zunächst hergestellte Vormischung (Batch) wird in ähnlicher Weise zerkleinert, gebunkert und mit den restlichen Chemikalien weiteren Innenmischern für die Fertigmischung zugeführt (vgl. S. 429).

Die Herstellung von Mischungen aus NR und SR, bzw. die bei der Mischungsherstellung zu beachtenden Prinzipien, sind in den einzelnen Kautschukkapiteln, insbesondere aber im Kapitel NR (vgl. S. 67 ff) ausführlich behandelt worden, weshalb an dieser Stelle darauf verzichtet werden kann. Für die Mischungsherstellung aus SR-Typen sei auf [4.11.] und [4.39.] verwiesen.

**Zerkleinern des Kautschuks.** NR und SR werden bevorzugt in Ballen von 25–100 kg geliefert, die vor der Verarbeitung auf sogenannten Kautschukspaltern mit Messern zerkleinert werden.

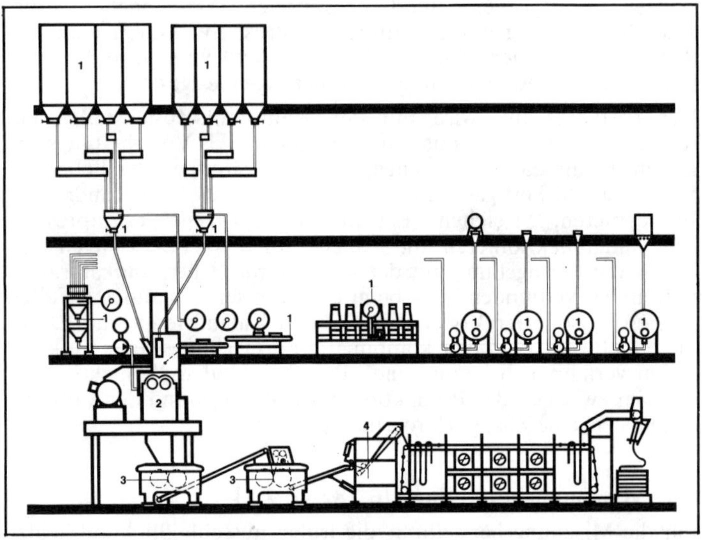

1 Materialbereitstellung, Verwiegung von Rußen, Füllstoffen, Weichmacher, Chemikalien und Kautschuk
2 Innenmischer für die Herstellung der Grundmischung und Beginn der Fertigmischung
3 Walzwerke zum Fertigmischen; eines mit Ausschneidevorrichtung
4 Fellkühler mit Wigwagablage

**Abb. 6.1.:** Anlage zur Herstellung von Grund- und Fertigmischungen für technische Gummiwaren.
Bild: Werner & Pfleiderer.

NR ist bei Temperaturen, die noch wesentlich über dem Gefrierpunkt liegen, „eingefroren“ und zum Schneiden zu hart; daher wird er meistens vor dem Schneiden in Wärmekammern von etwa 50° C „aufgetaut“.

Für die Zerkleinerung von mastiziertem Kautschuk oder von Vormischungen stehen Pelletizer zur Verfügung.

### 6.1.1. Arbeiten auf dem Mischwalzwerk

Die Mischungsherstellung auf Walzwerken wird bevorzugt in kleineren Betrieben durchgeführt. Daneben haben Walzwerke als Folgemaschinen hinter Innenmischern oder als Vorwärmaggregate vor Kalandern oder Spritzmaschinen sowie zur Mastikation von NR oder SR noch große Bedeutung. Sie zählen daher noch zu den Standardmaschinen in den Gummifabriken. Als Mischaggregate dienen sie vor allem zur Herstellung von farbigen, klebrigen oder sehr harten Mischungen.

#### 6.1.1.1. Walzwerke

Die Walzwerke bestehen aus zwei horizontal hintereinander angeordneten *Walzen* (s. Abb. 6.2.) aus Kokillenhartguß, die in kräftigen Lagern z. B. Gleitlagern (Klotzlagern) in zwei *Walzwerkständern* aus Stahlguß gelagert sind und mit unterschiedlicher Tourenzahl (Friktion) gegeneinander laufen.

Zur *Beheizung* oder *Kühlung* sind die Walzen innen hohl, wobei zur gleichmäßigen Heiz- oder Kühlwirkung gleichmäßige Wand-

**Abb. 6.2.:** Walzwerk mit Stockblender.
Bild: Troester.

dicke wichtig ist. Im Gegensatz zu Walzwerken für die Kunststoffverarbeitung werden die Walzwerke in der Gummiindustrie nur selten, meist nur bei Beginn der Produktion, aufgeheizt. Über eine Stopfbüchse wird z. B. dem in der drehenden Walze feststehenden Spritzrohr Sattdampf zugeführt, der durch mehrere Düsen gegen die Innenwand sprüht und kondensiert. Eine besonders gute Heiz- oder Kühlwirkung wird mit peripher gebohrten Walzen (vgl. S. 426 f) erreicht, bei denen je drei hintereinandergeschaltete Kühlkanäle ca. 25 mm unter der Walzenoberfläche eingearbeitet sind.

Das während des Heizvorganges sich bildende Kondensat fließt an der Stopfbüchse aus. Eine Temperaturregelung und -anzeige ist nur selten üblich. Zur Temperaturregelung muß allerdings das Kondensat zur Erzielung eines Druckaufbaues im Walzeninnern über einen Kondenstopf abgestoßen werden. Beim Anwärmen der Walzen mit Heißwasser ist der Walze ein Dampf-Wasser-Mischer vorgeschaltet.

Durch die im Kautschuk beim Verarbeitungsvorgang im Walzenspalt entstehende Friktionswärme, die laufend abgeführt werden muß, ist die Kühlung von großer Bedeutung. Das Kühlwasser gelangt ebenfalls durch die Stopfbüchse in das Walzeninnere und fließt aus.

Bei Laborwalzen findet man auch die elektrische Beheizung der Walzen, die über Ringtransformatoren geregelt wird.

Der *Antrieb* erfolgt normalerweise durch einen Elektromotor über ein Reduktionsgetriebe und ein Zahnradpaar auf die feststehende hintere Walze. Am anderen Ende der etwas längeren Hinterwalze sitzt ein Zahnrad, das mit einem Zahnrad der Vorderwalze (den sogenannten Kuppelrädern) im Eingriff ist. Das Verhältnis der Anzahl der Zähne der Kuppelräder bestimmt die Friktion.

Unter der *Friktion* versteht man die unterschiedliche Umfangsgeschwindigkeit der beiden Walzen (die hintere Walze ist die schnellere), durch welche das Zerreißen, Kneten und Mischen der Kautschukmasse und der Mischungsbestandteile im Walzenspalt hervorgerufen wird. Es gibt auch veränderliche Friktionen. Bei Produktionswalzwerken gibt es manchmal zwei Kuppelradpaare, für Friktion und Gleichlauf.

Alle Walzwerke sind mit *Begrenzungsbacken* ausgerüstet, die ein Ausweichen des Kautschukmaterials vom Walzenspalt in die Lager hinein verhindern. Diese Begrenzungsbacken sind in ihrer Form dem Walzenspalt und dem Walzendurchmesser angepaßt.

Der *Walzenspalt* kann durch Verschieben der Vorderwalze (über Spindeln, von Hand oder elektrisch angetrieben, selten hydraulisch) verändert werden.

Zur Bruchsicherung der Walzen ist eine *Druckplatte* zwischen Stellspindelkopf und Ringauflage am Lagerkörper angebracht. Die Druckplatte wird bei zu hohem Spaltdruck durchgestanzt und läßt die Walze nach vorn rutschen. Zum Beispiel sind Lagerdrücke bei einem Walzwerk 550 × 1500 bis zu 1 MN noch zulässig.

Solange das auf das Walzwerk gebrachte Mischgut im Walzenspalt noch kein zusammenhängendes Fell bildet, fällt ein Teil des Mischgutes nach unten, wird in einer *Bodenwanne* unter dem Walzenspalt, die durch Vibration selbstfördernd sein kann, gesammelt und vom Bedienungspersonal mittels Schaufeln wieder in den Walzenspalt gegeben.

Da der Mischvorgang oder die Vorwärmung auf dem Walzwerk diskontinuierlich erfolgt und die Qualität der fertigen Mischung sehr von der Sorgfalt des Bedienungspersonals abhängt, hat man versucht, diesen Prozeß möglichst weitgehend zu automatisieren. Hierzu dient der sogenannte *Stockblender* (s. Abb. 6.3.).

**Abb. 6.3.:** Stockblender, Photo.
Bild: Berstorff.

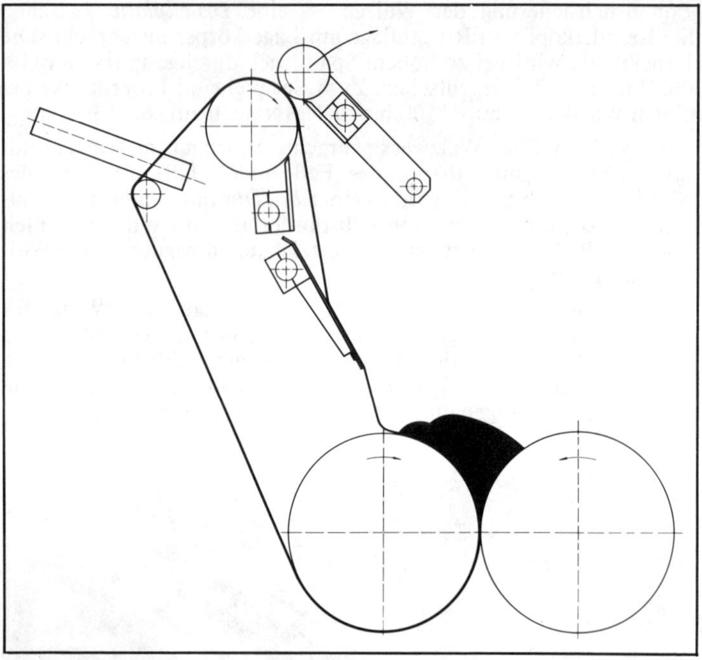

**Abb. 6.4.:** Stockblender, Prinzipskizze.
Bild: Berstorff.

Dieser besteht im wesentlichen aus zwei Umlenkrollen gleicher Breite wie die Mischwalzen, die nebeneinander auf den Walzenständern über dem Walzenspalt angeordnet sind, und zwei hin- und hergehenden Führungsrollen.

Zu Beginn des Mischprozesses läßt man die Mischung so lange auf der Vorderwalze laufen, bis sie ein zusammenhängendes Fell von ausreichender Festigkeit bildet. Dieses wird dann aufgeschnitten, hochgezogen und zwischen den Führungsrollen über die Umlenkrollen dem Walzenspalt der Mischwalzen wieder zugeführt. Die angetriebenen Umlenkrollen übernehmen dabei den Transport des Felles. Durch die hin- und hergehende Bewegung der Führungsrollen wird ohne zusätzliche Tätigkeit des Bedienungspersonals das Walzfell in einem stets gleichbleibenden Rhythmus deformiert und so gleichmäßig und intensiv durchgemischt. Nach Ablauf der vorher festgelegten Mischzeit wird das Walzfell vom Stockblender abgeschnitten und wie üblich in Platten abgenommen. Die Vorteile dieses Arbeitsverfahrens liegen in der raschen Abkühlung des Felles während des Prozesses und in der besseren Homogenität und Plastizität der Mischung bei gleicher Mischzeit.

Zur weiteren Automatisierung des Misch- oder Vorwärmprozesses und zum kontinuierlichen Ablauf der Produktion kann eine sogenannte *Batch-Off-Vorrichtung* dienen (vgl. S. 430 f). Ihre Aufgabe ist es, das vom Walzwerk kommende Mischungsfell in Wasser oder eine Trennmittellösung zu tauchen, zu kühlen, zu trocknen und in Verbindung mit einer Schneidevorrichtung in Platten zu zerschneiden und eventuell auch aufzustapeln bzw. in Wig-Wag-Weise abzulegen. Im allgemeinen wird die Batch-Off-Vorrichtung so aufgestellt, daß das Walzfell in der Richtung, in der es von der Walze abgezogen wird, sofort von dieser auf einem Transportband zu den Verbrauchsstellen gefördert werden kann (s. S. 430).

Außer den Mischwalzwerken, die es in Produktions- und Laborgröße gibt, werden noch je nach den Verarbeitungsbedingungen

- Waschwalzwerke
- Brechwalzwerke
- Mahlwalzwerke
- Refiner (vgl. S. 554) und
- Teigwalzwerke

eingesetzt.

Auf Mischwalzwerken werden bevorzugt fünf verschiedene Verarbeitungsvorgänge durchgeführt, nämlich das

- Mastizieren,
- Mischen,
- Abkühlen und
- Fertigmischen halbfertiger bzw.
- Vorwärmen fertiger Kautschukmischungen.

### 6.1.1.2. Mastikation auf dem Walzwerk

NR muß vor dem Mischvorgang durch die sog. Mastikation plastiziert werden (vgl. S. 67 u. 233 ff). Die Mastikation ohne Mastiziermittel wird bei möglichst niedrigen Walzentemperaturen unter voller Kühlung der Walzen betrieben oder heute bevorzugt unter Zusatz von Mastikationshilfsmitteln bei höheren Temperaturen (vgl. S. 237 ff). Da die meisten SR-Typen bereits mit Verarbeitungsviskosität angeboten werden und zudem kaum mastizierbar sind, erübrigt sich meist ein separater Mastikationsprozeß.

Bei der *Mastikation ohne Mastiziermittel* wird der zerkleinerte Rohkautschuk auf die kühlen und eng gestellten Walzen gegeben, wobei das durchgelassene Material, z. T. nicht zusammenhängend, in die unter dem Walzwerk befindliche Blechwanne fällt. Nach dem zweiten Durchgang bildet sich meist schon ein zusammenhängendes Fell, das nach Vergrößerung des Walzenspaltes um die Vorderwalze herumgeführt und erneut in den Walzenspalt eingezogen wird.

Durch die Friktion der Walzen wird der Kautschuk zerrissen und umläuft die Vorderwalze zunächst als aufgerissenes Fell. Nach mehrmaligem Passieren des Walzenspaltes bildet sich eine plastische Masse, welche die Walze als geschlossenes Fell umschließt. Die endgültige Walzenstellung wird so gewählt, daß im Walzenspalt ein ständig rotierender Wulst entsteht, durch den die Mastikation stark unterstützt wird. Der erzielbare Mastikationsgrad ist von der Walzentemperatur, der Spaltdicke und der Anzahl von Durchgängen abhängig. Bei Vorhandensein eines Stockblenders führt man das Walzfell über die Umlenkrollen als endloses Band zur Kühlung durch die Luft, ehe es wieder zum Walzenspalt zurückgeleitet wird. Ein Anblasen durch Preßluft kann die Kühlwirkung noch unterstützen.

Bei *Anwendung von Mastiziermitteln* wird der zerkleinerte Kautschuk und das Mastiziermittel auf den enggestellten Walzenspalt von auf 40–60° C gekühlten Walzen gegeben. Wenn das Fell zusammenhängend ist, wird der Walzenspalt bis auf eine Fellstärke von ca. 8–10 mm geöffnet. Nun wird regelmäßig von rechts und links eingeschnitten, wobei der Kautschuk sich auf 120–130° C erwärmt. Die Dosierung der Mastiziermittel bestimmt den Mastikationsgrad.

*Der elastische Anteil*, d. h. die Rückverformungsneigung des Kautschuks (Nerv) muß durch die Mastikation mindestens so weit gebrochen sein, daß sich der Kautschuk beim Mischvorgang leicht plastisch verformt, so daß sich beim Arbeiten auf Mischwalzwerken ein zusammenhängendes Fell ausbildet. Das Brechen des Nervs ist für die meisten weiteren Verarbeitungsschritte wie Kalandrieren oder Spritzen überaus bedeutsam. Ein zu nerviges Material würde nach der Verformung eine zu starke Rückverformung erleiden.

Ein zu weitgehender Abbau („Übermastizieren" oder „Totwalzen") ist zu vermeiden, da dadurch die Vulkanisateigenschaften, besonders aber die Alterungsbeständigkeit und mechanischen Eigenschaften, wesentlich verschlechtert werden. Gemäß den verschiedenen Verwendungszwecken des Kautschuks werden verschiedene Mastikationsgrade angestrebt; so ist z. B. für eine Schwammgummimischung ein stark plastizierter Kautschuk erforderlich, damit der Gasentwicklung durch das Treibmittel kein zu großer Widerstand entgegengesetzt wird. Andererseits muß der Kautschuk für die Herstellung von Profilen, die bei der Vulkanisation im Kessel ihre Form beibehalten müssen, nur so weit mastiziert sein, daß die Füllstoffe aufgenommen werden und daß er sich glatt spritzen läßt. Wichtig ist, daß der für eine Mischung festgelegte Mastikationsgrad ständig möglichst genau eingehalten wird.

6.1.1.3. Mischungsherstellung auf dem Walzwerk

Bei der Mischungsherstellung auf Walzwerken kommt es darauf an, alle Mischungskomponenten, die in Pulverform oder in flüssiger Phase vorliegen, möglichst homogen zu verteilen. Die Verteilung beruht auf dem Knetvorgang im Walzenspalt und vor allem auf der Friktion zwischen den beiden Walzen. Durch die höhere Umfangsgeschwindigkeit der Hinterwalze wird der Materialwulst im Walzenspalt in rollender Bewegung gehalten, wobei die hintere Walze als Friktionswalze ständig Teilchen vom Wulst abreißt und in das auf der Vorderwalze umlaufende Walzfell hineinreibt.

Der Mischprozeß kann sich unmittelbar an die Mastikation anschließen. Bei Einsatz von vorplastiziertem Kautschuk muß dieser zunächst auf ca. 40–50° C warmen Walzen zu einem zusammenhängenden Fell gewalzt werden. Danach werden zunächst die Beschleuniger, Alterungs- und Lichtschutzmittel, Harze, Bitumen, Faktisse, Farbstoffe, Füllstoffe und Weichmacher aufgegeben. Die Vulkanisationsmittel werden möglichst getrennt eingemischt. Die Beschleuniger, die oft nur in Bruchteilen von Prozenten angewandt werden und absolut einwandfrei im Kautschuk verteilt sein müssen, werden zu Beginn über die ganze Walzenspannbreite, der Schwefel, der sich leicht einmischen läßt, zum Schluß des Mischvorganges aufgegeben. Während des gesamten Einmischens darf nicht geschnitten werden.

Mit steigender Zugabe der Füllstoffe wird der Walzenspalt stets so weit vergrößert, daß der im Walzenspalt umlaufende Wulst, in dem sich die Füllstoffe gut verteilen, erhalten bleibt.

Zum Schluß wird zur Homogenisierung die Mischung mehrfach abgeschnitten in Puppen aufgerollt, gestürzt, von rechts und links eingeschnitten und umgeschlagen. Bei Vorhandensein eines Stockblenders wird dieser zur Homogenisierung herangezogen. Anschließend werden einzelne Felle von der Walze abgeschnitten, evtl. in Tauchbädern gekühlt, getrocknet und chargenweise abgelegt.

Da beim Mischprozeß im Material selbst eine große Menge Friktionswärme erzeugt wird, müssen die Walzen intensiv mit Wasser gekühlt werden. Daneben muß eine ganz bestimmte Reihenfolge bei der Zugabe der Mischungskomponenten eingehalten werden, z. B. folgende: Vulkanisationsbeschleuniger, Alterungs- und Lichtschutzmittel, Harze und Bitumen, Faktis und Regenerat, Farbstoffe, Weichmacher, Füllstoffe. Das Einmischen des Weichmachers vor den Füllstoffen verlängert meist die Mischzeit, weil das Fell durch den Weichmacherzusatz aufreißt, die Scherkräfte vermindert und damit die Füllstoffverteilung verschlechtert wird. Deshalb werden die Weichmacher zumeist, vor allem wenn es sich um größere Mengen handelt, gemeinsam mit oder erst nach den Füllstoffen eingearbeitet. Dies gilt ganz besonders für solche Weichmacher, die vom Kautschuk nur schwer aufgenommen werden. Handelt es sich bei einer Mischung nur um kleinere Weichmachermengen, so mischt man sie häufig nach der Einarbeitung der Füllstoffe gemeinsam mit den Resten aus der Bodenwanne, den sogenannten Trogresten, auf.

Der gesamte Mischprozeß dauert im allg. 20–30 min, er kann in Ausnahmefällen bis 60 min und länger dauern.

#### 6.1.1.4. Vorwärmen auf dem Walzwerk

Eine Vorwärmung ist erforderlich, wenn fertige Mischungen einige Zeit gelagert werden müssen. Dabei wird vielfach der restliche Bestandteil des Vulkanisationssystems eingemischt, den man aus Gründen der Anvulkanisationsbeständigkeit zunächst aus der Mischung herausgelassen hat. Für die Weiterverarbeitung auf Kalandern oder Spritzmaschinen muß die Mischung in jedem Fall wieder vorgewärmt werden, damit sie die notwendige Viskosität erhält. Häufig werden mehrere Vorwärmwalzwerke nebeneinander installiert, die über Kopf mit Transportbändern verbunden sind (vgl. S. 450).

### 6.1.2. Arbeiten im Innenmischer (Kneter)

In großen Gummifabriken, insbesondere Reifenfabriken, hat der Innenmischer für die Mischungsherstellung das Walzwerk praktisch völlig abgelöst (vgl. Abb. 6.5. und 6.6.). Aus Rationalisierungsgründen sind aber auch kleinere Gummifabriken gezwungen, die Mischungsherstellung in Innenmischern und nur noch in Ausnahmefällen auf Walzwerken vorzunehmen.

Im Innenmischer wird der Mischprozeß in einer geschlossenen Kammer durch massive Knetschaufeln durchgeführt. Gegenüber dem Walzwerk lassen sich im Innenmischer normalerweise einheitlichere Mischungen und größere Chargen herstellen. Staubfreiheit, vor allem bei der Verarbeitung von Rußmischungen, und weitgehende Herabsetzung der Unfallgefahr durch den vollkommen abgeschlossenen Arbeitsraum sind weitere Vorteile. Auch hinsichtlich Anschaffungskosten, Energie- und Lohnkosten sowie Platzbedarf sind Innenmischer Walzwerken überlegen. Bei sorgfältiger Arbeitsweise wird aber bei einer auf dem Walzwerk herge-

**Abb. 6.5.:** Innenmischer, GK650N.
Bild: Werner & Pfleiderer.

stellten Mischung eine bessere Verteilung der Mischungsbestandteile erzielt als im Innenmischer.

### 6.1.2.1. Innenmischer

Man unterscheidet Innenmischer mit und ohne Stempel. Ein Innenmischer mit Stempel (s. Abb. 6.7.) ist folgendermaßen konstruiert:

**Abb. 6.6.:** Stempelkneter, aufgeklappt.
Bild: Werner & Pfleiderer.

Der Innenmischer besteht aus einer geschlossenen Mischkammer, die auf der Außenseite mit Kühlrippen versehen ist. In den beiden zylindrisch ausgebildeten (waagerecht in Form einer liegenden Acht zueinander liegenden) Teilen der Kammer laufen zwei Kne-

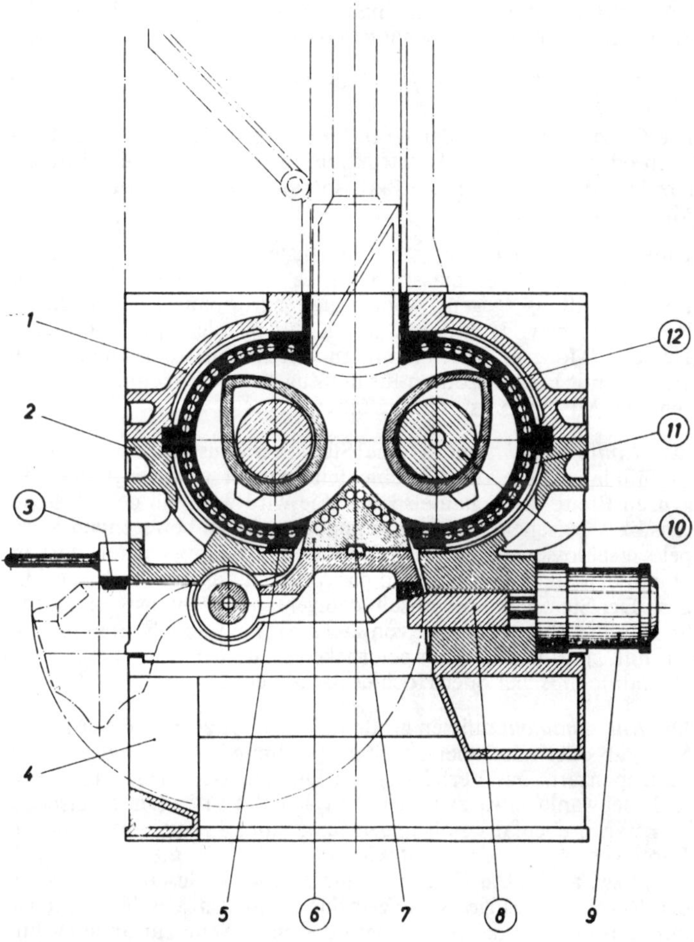


**Abb. 6.7.:** Mischkammer mit Klappsattel (Prinzipskizze).
Bild: Werner & Pfleiderer.

terschaufeln mit birnenförmigem Querschnitt mit verschiedener Geschwindigkeit (Friktion zumeist sehr hoch) gegeneinander. Es gibt auch Innenmischerausführungen ohne Friktion.

Bei dem älteren System ohne Stempel sind die Knetschaufeln schräg übereinander angeordnet. Diese Kneter arbeiten mit starken, schraubenförmigen, ineinandergreifenden Kneterflügeln. Bei Stempelknetern sind die Schaufeln dagegen horizontal angeordnet.

Die Innemischer weisen im allgemeinen folgende konstruktive Merkmale auf:

Die Grundplatte bzw. der *Grundrahmen* ist ein Kasten aus Gußeisen oder eine Schweißkonstruktion, in dem sich in der Mitte unter der Mischkammer eine Aussparung für die Entleerung des Mischgutes befindet.

Die *Mischkammer*, die in verschiedenen Konstruktionen gebaut wird, enthält in der massiven, durch verschleißfeste Elektroauftragsschweißung gegen Abnutzung, hartgepanzerten Wandung Bohrungen bzw. Hohlräume zur Kühlung oder falls erforderlich Heizung. Moderne Mischkammern von Hochleistungsknetern sind vielfach mit Einspritzdüsen für die Zugabe der Weichmacher während des Mischprozesses ausgestattet.

Der *Einfüllschacht*, meist eine Stahlblechkonstruktion mit einer Einfüllklappe, die zum Beschichten geöffnet wird, liegt über der ganzen Breite des Schaufelspaltes. Sie wird während des Mastizierens bzw. Mischens von einem pneumatisch zu bewegenden Stempel verschlossen, woher die Bezeichnung Stempelkneter stammt. Durch den Stempeldruck wird das Material am Ausweichen gehindert. Der Stempelkneter mischt demgemäß sehr intensiv und rasch. Spezifische Stempeldrücke von 2–12 bar sind üblich. Stempelkneter mit spezifischen Stempeldrücken von 6–12 bar nennt man Hochdruckmischer oder Hochleistungskneter.

Die *Knetschaufeln* müssen große Kräfte übertragen. Sie werden aus Stahlguß oder aus legiertem Stahl geschmiedet und sind ebenfalls hartgepanzert. Das Verhältnis von Durchmesser zur Schaufellänge (d/1) schwankt etwa zwischen 1 : 1,4 und 1 : 1,7. Die Knetschaufeln tragen ebenfalls Bohrungen bzw. Hohlräume zum Kühlen in Form von Ring- oder Spritzkühlung (vgl. Abb. 6.8., vgl. auch S. 416) bzw. auch zum Heizen. In ihrer äußeren Gestalt haben sie in der Regel vier Flügel so angeordnet, daß das Mischgut intensiv durchmischt und dabei auch von der einen Seite zur anderen umgeschlagen wird.

Der Stempel ist in der Regel zwei bis vier Millimeter kleiner als die Stempelöffnung. Zur Einfüllklappe hin ist er abgeschrägt, damit das einzufüllende Material nachrutschen kann. Der Stempel ist oft auch kühlbar. Er ist über eine Kolbenstange mit einem Kolben im Stempelzylinder verbunden, von wo aus er pneumatisch, meist mit eigenem Kompressor mit bis zu 12 bar angetrieben wird. Wichtig ist eine ausreichende *Schmierung* der Kolbenstangenführung, da sonst die Gefahr einer Stempelblockierung besteht.

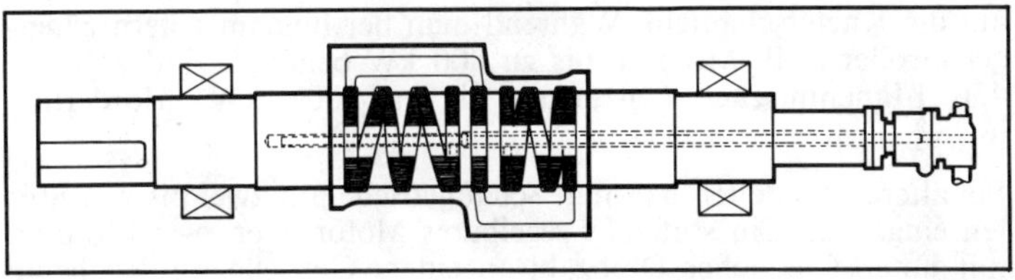

(a)

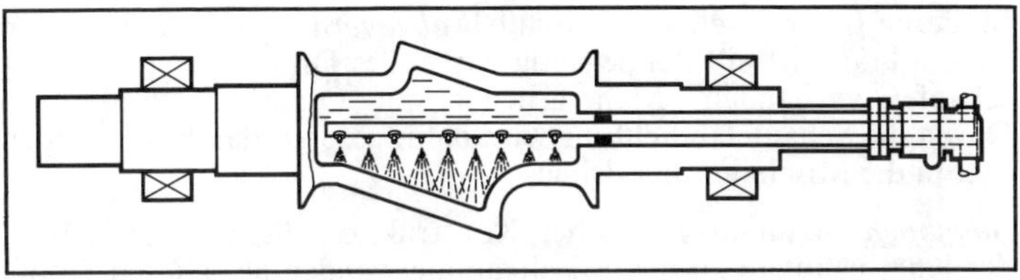

(b)

**Abb. 6.8.:** Ring- (a) und Spritzkühlung (b) (Prinzipskizze).
Bilder: Werner & Pfleiderer.

Die Öffnung zum *Entleeren* des Innenmischers wird durch eine rechteckige Öffnung an der Unterseite der Mischkammer mittels eines kühl- bzw. heizbaren (vgl. Abb. 6.7.) Klappsattels, in älteren Maschinen auch eines Schiebsattels, ölhydraulisch verschlossen. Ein Schiebesattel entleert die Kammern nur langsam, in kleineren Klumpen, wogegen ein Klappsattel die Entleerung in kürzester Zeit in verhältnismäßig großen Klumpen erlaubt.

Die Größe eines Innenmischers wird in Litern *Fassungsvermögen* (Nutzinhalt) angegeben. Das Mischkammervolumen, das beispielsweise durch Auslitern mit Korn ermittelt wird, ist dagegen größer. Das Fassungsvermögen muß kleiner als das Mischkammervolumen sein, damit die Mischungsbestandteile auch in achsialer Richtung vermischt werden können. Es gibt Laborkneter von 1 bis 5 Litern und Betriebskneter von 15 bis 650 Liter Fassungsvermögen. Nach längerer Einsatzzeit wird das Fassungsvermögen des Kneters durch normalen Verschleiß größer. Das günstigste Füllvolumen eines Kneters ist etwa 70 Prozent des Mischkammervolumens. Die optimale Füllmenge wird bei einer neuen Mischung im allgemeinen durch Vorversuche ermittelt; es ist diejenige, bei der die technologischen Eigenschaften der Vulkanisate die besten Werte aufweisen.

Der *Antrieb* des Kneters erfolgt durch Elektromotoren verhältnismäßig hoher Leistung, von beispielsweise 8 bis 12 kW pro Liter Nutzinhalt, je nach Schaufeldrehzahl, über Reduziergetriebe direkt auf die Kneterschaufeln. Während man bei Innenmischern gängiger Größen z. B. Motoren bis zu 800 kW benötigt, sind z. B. für 450 l-Innenmischer Leistungen bis zu 2000 kW erforderlich [6.28.].

Bei älteren Modellen hat man Schaltgetriebe mit zwei bis vier Stufen eingebaut. Ein stufenlos regelbarer Motor oder zwei Motoren mit unterschiedlicher Drehzahl an einem Getriebe werden heute einem einfachen Antrieb vorgezogen.

Moderne Innenmischer laufen auf *Wälzlagern.* Zur Aufnahme der Achsialkräfte ist ein doppelseitig wirkendes Drucklager pro Knetschaufel vorhanden. Man arbeitet mit Ölumlaufsschmierung. Durch die Schaufelabdichtung wird dafür gesorgt, daß kein Öl oder Fett in die Mischkammer dringt.

*Stopfbüchsen* unterschiedlicher Konstruktion dichten die Zapfen der Knetschaufeln zu den Mischkammerwänden ab. Diesen Stopfbüchsen wird laufend Fett oder Weichmacheröl zugeführt, das sich mit dem austretenden Staub vermischt und als Paste austritt.

Zur Abführung der beim Mischvorgang entstehenden Wärmemengen müssen Innenmischer sehr gut *gekühlt* werden. Zu diesem Zweck sind wie bereits erwähnt die Mischkammer, die Knetschaufeln und der Sattel mit Hohlräumen oder Bohrungen für Kühlwasser versehen. Sehr moderne Kneter haben anstelle der Kühlräume in Trog und Schaufeln Kühlkanäle, durch die Kühlwasser bzw. auch heißes Wasser zum Temperieren des Mischraumes, läuft.

Zur *Temperaturkontrolle* sind in der Mischkammerseitenwand Meßgeräte eingebaut, die, wie auch andere Steuereinrichtungen, mit Schreibern im Steuerschrank verbunden sind.

Die *Mischzeiten* liegen bei automatisch gesteuerten Maschinen gegenwärtig bei 90–180 s. Das bedeutet, daß die Mischungsbestandteile dem Kneter nicht nur in kürzester Zeit zugeführt, sondern die Mischungen auch ebenso rasch wieder ausgestoßen werden müßen. Eine wesentliche Verbesserung bei den modernen Mischern ist der Ersatz des früheren Schiebsattel-Verschlußes durch den Klappsattel-Verschluß, wodurch die Nebenzeiten des Mischprozesses verkürzt und Mischungsverluste vermieden werden.

Moderne Innenmischer sind meist mit automatischen Dosier- und Verwiegeeinrichtungen verbunden. Großkomponenten, wie Füllstoffe und Weichmacher und in wenigen Großbetrieben auch pelletisierte Kautschuke, werden so aus Siloanlagen automatisch, z. T. sogar computergesteuert verwogen und eingefüllt. Kleinkomponenten, wie die Chemikalien werden noch vielfach von Hand zugegeben.

### 6.1.2.2. Mastikation im Innenmischer

Sie kann aufgrund der hohen Kautschuktemperatur nur mit Mastikationschemikalien (vgl. S. 61) durchgeführt werden. Wegen der sehr kleinen Substanzmengen und der notwendigen raschen und gleichmäßigen Verteilung der Chemikalien arbeitete man früher meist mit Masterbatches (Vormischungen) von Mastikationschemikalien. Heute werden dagegen Mastiziermittel vielfach in einer Handelsform angeboten, die einen direkten Zusatz ermöglichen.

Um die Temperaturentwicklung beim Mastizieren möglichst gering zu halten, läuft der Innenmischer mit voller Kühlung; außerdem wird er zweckmäßigerweise ca. 10% unterfüllt. Die Arbeitsbedingungen (Drehzahl, Zeit) werden so gewählt, daß eine Kautschuktemperatur von ca. 180° C nicht überschritten wird. Der gesamte Vorgang dauert je nach dem erwünschten Mastikationsgrad, der von der Menge der Mastikationschemikalien, der Energieaufnahme (abhängig vom Füllgrad und der Schaufeldrehzahl), der Kautschuktemperatur und der Zeit abhängt, ca. 3–5 Minuten.

Im Innenmischer mastizierter NR wird in einer Nachfolgemaschine auf ca. 80° C heruntergekühlt, auf Walzwerken, Extruder, Strainer, Pelletizer verformt (Puppen, Felle, Pellets) und talkumiert bzw. mit Trennmittel behandelt.

Bei Innenmischern mit gleichlaufenden und kämmenden Schaufeln kann sich der Mischvorgang gleich an die Mastikation anschließen.

### 6.1.2.3. Mischungsherstellung im Innenmischer

Die Beschickung eines Stempelkneters erfolgt bei hochgezogenem Stempel durch den Einfüllschacht. Der gespaltene oder pelletisierte und gewogene Kautschuk wird in der Regel über ein Förderband, das vielfach als Bandwaage konstruiert ist, oder über spezielle Behälter nach vorheriger Zuwiegung dem Innenmischer zugeführt. Nach kurzer Plastizierarbeit werden Füllstoffe, Weichmacher und Chemikalien eingefüllt, wobei man sich vielfach voll- oder halbautomatischer Anlagen bedient. Dann wird der Stempel heruntergefahren. Bei richtiger Füllmenge und richtigem Stempeldruck kann man nach ca. 15–25 Sekunden ein hartes Aufsetzen des Stempels hören. Die vollständige Aufnahme der Füllstoffe in den Kautschuk und eine gute Verteilung macht sich durch saugende Geräusche bemerkbar. Dann steigt die Temperatur an und die Mischung wird rasch ausgeworfen. Mischzeiten von nur 2–3 Minuten sind heute keine Seltenheit mehr.

Eine Abwandlung dieses Verfahrens ist das sogenannte „Up-side-down"-Verfahren, bei dem zur Erzielung hoher Scherkräfte zuerst die Füllstoffe und erst dann der Kautschuk in den Innenmischer eingefüllt werden [6.29.].

Zumeist wird eine Kautschukmischung im Innenmischer nicht fertig gemischt; dies würde in den meisten Fällen Anvulkanisationsprobleme geben. Vielmehr stellt man zumeist eine Grundmischung her, der in einem zweiten Arbeitsgang die fehlenden Stoffe (entweder nach Abkühlen im Innenmischer oder auf einem Vorwärmwalzwerk) zugemischt werden.

Der Leistungssteigerung der Innenmischer, z. B. durch weitere Steigerung der Schaufeldrehzahlen (heute vielfach 40 Upm) oder Temperaturerhöhung und damit einer Verringerung der Mischzeiten, sind Grenzen gesetzt. Eine gute Dispersion der Mischungsbestandteile muß gewährleistet sein, da die weitere Verarbeitung auf Folgemaschinen den Dispersionsgrad kaum noch verbessert.

### 6.1.2.4. Homogenisieren in nachgeschalteten Vorrichtungen

Nach dem Ausstoßen aus dem Innenmischer fällt das Mischgut in Stücken an und muß in nachgeschalteten Vorrichtungen homogenisiert, gekühlt und zu Fellen verarbeitet werden.

**Ausziehwalzwerke.** Die Verwendung des Ausziehwalzwerkes ist die älteste Folgemaschine. In vielen Fällen, in denen der Innenmischer oberhalb eines Abkühlwalzwerkes aufgestellt ist, fällt das heiße Mischgut in Form unregelmäßiger Brocken in freiem Fall oder über eine Rutsche oder bei Anordnung der Maschinen auf gleichem Niveau über ein Transportband oder Schrägseilaufzug in den Walzenspalt. Die Walzen sind dabei intensiv gekühlt. Nach Bildung eines Felles wird, falls vorhanden, ein Stockblender eingeschaltet, um die Wärmeabfuhr an die Luft und die Homogenisierung zu verbessern. Dabei wird in manchen Fällen das zur Stockblenderwalze laufende Fell mit aus Düsen austretender Preßluft angeblasen. Durch die Stockblenderwalze wird das Mischungsfell gerafft und im Zickzack wieder in den Walzenspalt geführt. Nach genügender Abkühlung und Homogenisierung wird die Mischung fellweise von den Walzen abgeschnitten.

**Batch-Off-Anlage.** Die Fellabnahme wird in modernen Anlagen von einer Fellabnahmemaschine (Batch-Off) übernommen. In einer solchen wird z. B. ein 600 mm breiter Fellstreifen mittels eines Transportbandes der Batch-Off-Anlage zugeführt, in der das Fell ein Wasser- oder Trennmittelbad durchläuft, nach Trockenblasen auf Querstangen eines Doppelkettenförderers gehängt oder nach Abschneiden auf Felllänge in Einzelfellen abgelegt wird. Die Fellschlaufen bzw. Felle werden in einem Kanal mittels seitlich angebrachter Ventilatoren gekühlt und am Ende im Wig-Wag-Verfahren abgelegt (vgl. Abb. 6.9.). Bei Nachschalten einer Batch-Off-Anlage an das Abkühlwalzwerk kann die kurze Kneter-Taktzeit auch seitens des Walzwerkes begleitet werden.

**Abb. 6.9.:** Batch-Off-Anlage, Landshuter Werkzeugbau.
Bild: Dr. Küttner.

**Extruder** (s. auch Seite 463 f). Eine andere Vorrichtung, um nach dem Mischen ein endloses Mischungsfell zu erzeugen, stellen besonders konstruierte Spritzmaschinen dar. Die Mischungsstücke fallen vom Innenmischer durch einen großen Trichter auf das Schneckenende, wo sie mittels eines hydraulisch betätigten Stopfers in die Schnecke gedrückt werden. Der Zylinder und die Förderschnecke sind intensiv gekühlt. Es wird über eine Spritzleiste ein Fell oder über ein Mundstück ein starkwandiger Schlauch gespritzt, der automatisch längs aufgeschnitten wird und demgemäß als Fell austritt (vgl. Abb. 6.10., s. auch S. 469).

**Abb. 6.10.:** Plattenspritzanlage.
Bild: Troester.

**Rollerdie-Anlage.** In manchen modernen Anlagen (Rollerdie) drückt der Extruder die homogenisierte Masse durch eine Breitschlitzdüse in einen Zweiwalzen-Kalander, der das gewünschte endlose Mischungsfell erzeugt, es glättet und kalibriert (vgl. Abb. 6.11., s. auch S. 442 u. 469) [6.29.].

**Pelletizer.** Eine andere Entwicklung ist der Pelletizer, ebenfalls ein Extruder, bei dem die Mischung durch eine Lochplatte in daumenstarken Strängen extrudiert wird, die durch kreisende Messer in Stücke, sogenannte „Pellets", geschnitten werden.

**Abb. 6.11.:** Rollerdie-Extruder.
Bild: Werner & Pfleiderer.

**Transfermix.** [6.30.] Der Uniroyal-Frenkel-Transfermix besteht aus einer Schnecke, die in einem Gehäuse läuft, das nicht wie üblich glatt, sondern mit schraubenförmigen Gängen versehen ist. Die Gänge der Schnecke sind nicht fortlaufend, sondern verengen sich und verschwinden nach einer gewissen Länge ganz, während die Gänge im Gehäuse umgekehrt ausgebildet sind. Die Mischung, die sich ständig vorwärts bewegt, wechselt von den verschwindenden Schneckengängen in die Gänge des Gehäuses, die dann ihrerseits verschwinden und die Mischung wieder an einen neuen Schnekkengang abgeben, so daß eine gute Durchmischung gegeben ist. Für die Verwendung des Transfermix als kontinuierlichen Mischer bestehen noch Probleme hinsichtlich der genau dosierten Zuführung der Rohmaterialien. Der Transfermix wird gegenwärtig in erster Linie zur Fertigmischung aus Batches und als kaltfütterbare Spritzmaschine verwendet, die eine gute Egalisierung der Mischung ermöglicht (vgl. Abb. 6.12., s. auch S. 469).

### 6.1.3. Weitere Mastikations- und Mischverfahren

#### 6.1.3.1. Der Gordon-Plastikator

Der Gordon-Plastikator dient als Mastikationsmaschine und ist seiner Bauart nach ein großer Extruder mit einer zylindrischen Büchse und einer am Kopf konisch zulaufenden Schnecke. Der eingefüllte Kautschuk wird im zylindrischen Schneckenteil vorplastiziert und erwärmt. Im konischen Teil der Schnecke bilden sich zwischen Zylinderwandung und Schnecke zum Schneckenende hin zunehmend größer werdende Scherspalte, die einen Mastikations-

**Abb. 6.12.:** Kontinuierlicher einwelliger Schneckenkneter Transfermix. Bild: Werner & Pfleiderer.

effekt haben; ihre Wirkung kann mit dem Walzenspalt im Walzwerk verglichen werden. Durch Verschieben der Schnecke läßt sich der Scherspalt auf die erwünschte Dicke einstellen. Die sehr robuste Maschine kann mit einem ganzen Kautschukballen beschickt werden (s. auch S. 469).

### 6.1.3.2. Pulverkautschukverarbeitung [6.31.–6.35.]

#### 6.1.3.2.1. Allgemeines über Pulverkautschukverarbeitung

Wegen der hohen Investitionskosten der heutigen Mischanlagen und des hohen Energiebedarfes bei der Mischungsherstellung aus kompakten Kautschuk-Ballen, gehen neuerdings die Überlegungen in verstärktem Maße nach einem vereinfachten Prozeß ausgehend von Pulverkautschuk. Hierzu werden bereits verschiedene Kautschuk-Typen in Pulverform geliefert.

Die Pulverkautschuk-Verarbeitungs-Technologie dürfte vermutlich zunächst für folgende Produktionsbereiche Bedeutung erlangen:

- Technische Formartikel im Spritzgußverfahren
- Profile und Schläuche
- Kabelummantelungen
- Kalandrierte Plattenware
- Gewebebeschichtungen.

Für einen kontinuierlichen Herstellungsprozeß von Artikeln der genannten Art besteht die Herstellung von Mischungen aus Pulverkautschuk vor der Weiterverarbeitung (Extrusion bzw. Kalandrieren, Vulkanisation) aus folgenden Schritten:

- Dosierung der Pulver aus Vorratsbehältern
- Automatische Verwiegung
- Herstellung eines pulverförmigen Gemenges in einem
- Trocken-Schnellmischer
- Kompaktierung des pulverförmigen Gemenges.

Eine Anlage dieser Art ließe sich zentral mit geringstem Personalaufwand bedienen.

6.1.3.2.2. Mischungsherstellung im Trocken-Schnellmischer

Der erste verfahrenstechnische Schritt ist die Herstellung pulverförmiger Gemenge in einer Stufe in einem Trocken-Schnellmischer.

Durch den Boden eines Kessels ist eine Welle zur Befestigung des Werkzeuges durchgeführt. Das Werkzeug besteht aus einem Bodenräumer, einem Schlagmesser in der Mitte und einem darüberliegenden Kreiselsogmesser. Der Antrieb des Werkzeuges ist stufenlos regelbar, wobei die Drehzahlbereiche selbst mit größer werdenden Maschinentypen kleiner werden. Zur manuellen Beschikkung ist der Deckel abschwenkbar. Für eine kontinuierliche Beschickung ist der Deckel mit Anschlußstutzen für die Förderleitungen versehen.

Der Füllgrad der Maschine ist eine wichtige Einflußgröße. Bei richtiger Füllung des Mischers bildet sich eine umfassende Materialtrombe aus. Ein Leitblech sorgt dafür, daß die Mischtrombe ständig in das Werkzeug gelenkt wird. Die optimalen Drehzahlen sind mischungsabhängig und liegen zwischen 1000 und 1500 Upm. Die Mischfolge beim Beschicken des Mischers ist beliebig. Wichtig ist nur, daß der Weichmacher erst nach Ausbildung der Trombe injiziert wird. Der gesamte Mischzyklus liegt zwischen 3 und 4 Minuten. Während der Mischungsherstellung wird im wesentlichen Zerkleinerungs- und Mischarbeit geleistet unter gleichzeitigen Anlagerungen von Ingredienzien an das Kautschuk-Korn. Unter Berücksichtigung des Schüttgewichtes ergibt sich das mittlere Chargengewicht gleich dem 0,3 fachen Wert des maximalen Nutzvolumens.

6.1.3.2.3. Kompaktierung (Verdichtung)

Der zweite Schritt der Pulverkautschuk-Verarbeitung ist die Kompaktierung der pulverförmigen Fertigmischung, die für die meisten weiteren Verarbeitungsstufen erforderlich ist. Bei manchen Verarbeitungsgängen, z. B. der horizontalen Spritzgußverarbeitung einfacher Mischungen, kann auch ohne Kompaktierung gearbeitet werden.

Zur Kompaktierung pulverförmiger Fertigmischungen werden Walzwerke eingesetzt, deren Arbeitsweise und Kompaktiererfolg aber aus folgenden Gründen nicht günstig sind. Das Walzwerk muß zur Aufnahme des pulverförmigen Gemenges sehr eng gestellt werden, da sonst bei Arbeitsbeginn keine Kompaktierung erfolgt [6.30b.]. Trotzdem kann nicht verhindert werden, daß pulverförmiges Gemenge durch den Walzenspalt fällt. Das Engstellen der Walzen bewirkt zudem eine enorme Reduzierung der Durchsatzleistung. Werden zum Kompaktieren Innenmischer eingesetzt, dann werden Walzwerke zur Gummifell-Ausformung und nachgeschaltete Batch-Off-Anlagen zur Abkühlung der Gummifelle benötigt. Deshalb sollte in einem Pulverkautschukverarbeitungskonzept die Verwendung von Innenmischern gänzlich und, soweit möglich, auch von Walzwerken schon aus Gründen der Staubentwicklung ausgeschlossen werden.

Nach Prüfung mehrerer Methoden zur Kompaktierung der pulverförmigen Gemenge erwiesen sich die konische Schneckenkompaktierung sowie Doppelschneckenverdichter als anwendbare Methoden.

Die *konische Schnecke* bietet verfahrenstechnisch die Möglichkeit, das erforderliche Kompressionsverhältnis zu erreichen. Geht man von einem Schüttgewicht der pulverförmigen Fertigmischung von 0,4 g/cm³ aus und möchte kompaktierte Mischungen mit einer mittleren Dichte von 1,2 g/cm³ erreichen, dann muß das pulverförmige Gemenge im Verhältnis 1 : 3 verdichtet werden. Eine Kompaktierverdichtung mit entsprechender Rührwerks- und Schneckenauslegung bietet sich hier an. Aufgrund der niedrigen Energie- und Investitionskosten besteht zusätzlich die Möglichkeit, ein solches Aggregat als Hilfseinrichtung mit jedem Extruder oder jeder Spritzguß-Maschine zu kombinieren.

Das auf diese Weise kompaktierte Material ist noch nicht plastiziert, was z. B. bei der nachfolgenden Extrusion erfolgen muß. Ein neuer Trend geht dahin, das Mischungsgemenge z. B. auf *Planetenwalzenextrudern* gleichzeitig zu kompaktieren und zu plastizieren, wobei zentrale Mischungseinheiten angestrebt werden.

#### 6.1.3.2.4. Extrusion

Für die Extrusion solcher kompaktierter Mischungen sind Schnecken erforderlich, die einen Scher- und Entgasungsprozeß ermöglichen (s. S. 468 f). Als solche eignen sich insbesondere neu entwickelte Schnecken.

Die extrudierte Mischung wird am Schluß automatisch vulkanisiert. Hiermit bietet sich zum ersten Mal die Möglichkeit, Gummiartikel vollautomatisch und kontinuierlich herzustellen. Man kann natürlich die Pulvermischung auch nach Kompaktierung auf Walzwerken, auf herkömmlichen Extrudern oder auf Kalandern weiterverarbeiten.

6.1.3.3. Andere kontinuierliche Mischverfahren [6.36.–6.40.]

In den letzten Jahren wurden verschiedene kontinuierlich arbeitende Mischer entwickelt. Die Einführung solcher Mischanlagen ist jedoch problematisch, solang die Handelsform der Kautschuke diesem Verarbeitungsprinzip nicht entspricht. Aufgrund der Vielzahl von Mischungskomponenten (20 und mehr) und ihrer unterschiedlichen Lieferform ist eine ökonomische und ausreichend genaue Dosierung der Komponenten in einem kontinuierlichen Mischer kaum möglich. Hingegen lassen sich Batches z. B. ein Kautschuk-Füllstoff- und ein Chemikalien-Batch beim Extrudieren bei Anwendung spezieller Mischschnecken gut mischen. Auch lassen sich durch Methoden, durch die Chemikalien adhäsiv an die Oberfläche von Kautschuk-Füllstoff-Granulaten gebunden werden, kontinuierliche Mischmethoden mit hinreichender Genauigkeit durchführen. Kontinuierliche Mischanlagen werden bisher bevorzugt nur für Teilbereiche, z. B. für das Zusammenmischen einiger weniger Hauptmischungsbestandteile, d. h. die Herstellung von Batches oder für das Vorwärmen für den Kalander oder für das Fertigmischen und Extrudieren von kompaktierten Pulverkautschukmischungen in einem Arbeitsgang eingesetzt.

**EVK-Prinzip**. Eine Anordnung ist das EVK-Prinzip von Werner & Pfleiderer. Die EVK-Maschine ist ein kontinuierlicher Misch- und Knetextruder, der sich von den üblichen Ausformextrudern durch seine besondere Misch- und Knetwirkung deutlich unterscheidet. Das Verfahren beruht in erster Linie auf der speziellen Ausbildung der Schnecke, die in einem zylindrischen glatten Gehäuse arbeitet. Das Besondere der Schneckengeometrie sind die über die ganze Schneckenlänge verteilten Scher- und Stromverteilungselemente, die eine intensive Scherwirkung ermöglichen (vgl. Abb. 6.13., s. auch S. 469).

**Troester-Pulverkautschuk-Mischschnecke.** Eine Spezialschnecke für die Beschickung von Vakuumextrudern mit vorverdichteter Pulverkautschukmischung in Streifenform ist von Troester entwickelt worden. Sie ist eine Kombination aus den bekannten Troester-Mischzonen und Scherteilen. Die erste Mischzone ist bereits im Einzugsbereich der Schnecke angeordnet. Durch die verschiedenen Gangtiefen und Gangsteigungen entstehen unterschiedliche Transportgeschwindigkeiten und Friktionen. Der Kautschuk wird bei möglichst geringer Temperaturerhöhung gut durchgearbeitet. Die Anordnung der Mischzone im Einzugsbereich ist möglich, da sie auch fördern kann. Im weiteren Schneckenverlauf folgen im Wechsel Entspannungszonen (Förderzonen) und weitere kurze

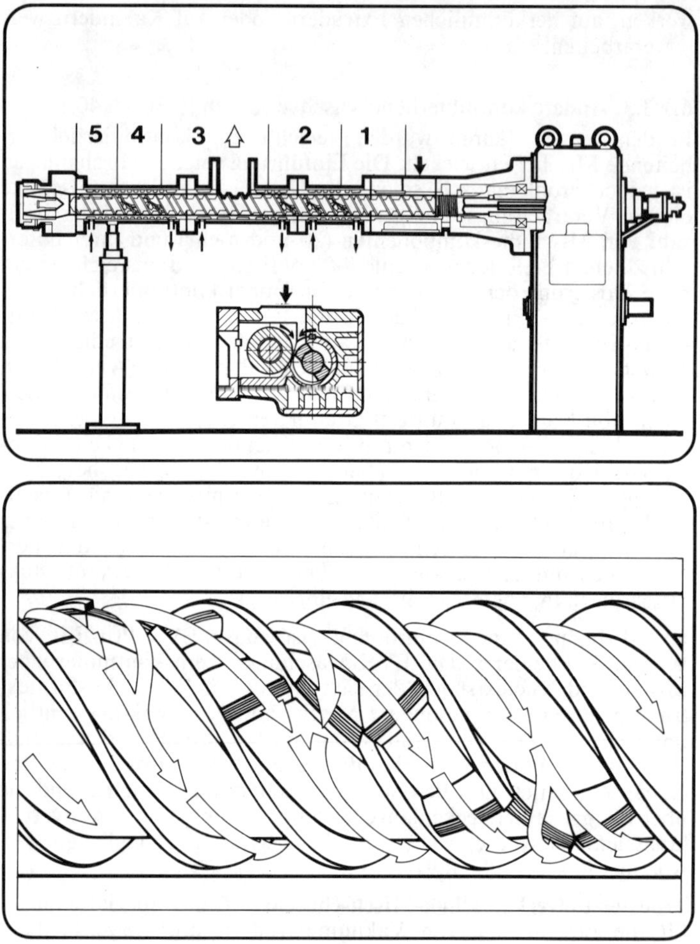


**Abb. 6.13.:** EVK-Mischextruder und Schnecke (Prinzipskizze).
Bilder: Werner & Pfleiderer.

Mischzonen. Dadurch wird eine ständige Störung der bei der Förderung entstehenden Orientierung erreicht. Das Scherteil ist vor der Vakuumzone angeordnet. Es schafft die zum Entgasen notwendige, große Oberfläche. Nach dem Entgasen folgt die Austragszone, in der im Wechsel ebenfalls Entspannungs- und Mischzonen angeordnet sind. Die gesamte Schneckenlänge beträgt bei einem

Schneckendurchmesser von 90 mm 20 D. Die Vakuumzone ist nach 8 D angeordnet (vgl. Abb. 6.14.).

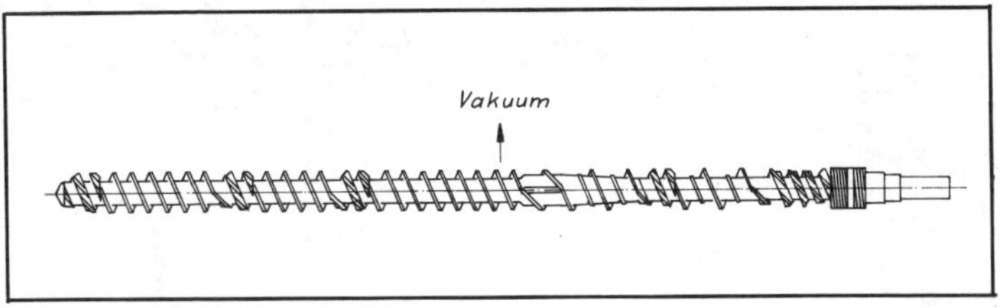


**Abb. 6.14.:** Troester-Mischschnecke.
Bild: Troester.

**Maillefer-Prinzip**. Extruderschnecken nach dem Maillefer-Prinzip arbeiten mit Steigungen und Gangtiefen wie die Schnecken konventioneller warmbeschickter Extruder und erzielen damit hohe Durchsatzleistung pro Umdrehung. Ihre Länge entspricht derjenigen von Kaltextrudern.

Im Gegensatz zu den bekannten Scherteilen von Schnecken für Kaltextruder früherer Bauart wird beim Maillefer-Scherteil die Scherenergie über einen Bereich von ca. 30 bis 80% der Gesamtschneckenlänge eingeleitet. Der Materialtransport über die Scherstege erfolgt somit trotz engster Scherspalte, die für die thermische und physikalische Homogenität des Extrudates bedeutsam sind, infolge der Haftung am Zylinder nahezu drucklos. Dadurch werden örtliche thermische Überbeanspruchungen des Extrudates vermieden, und die Zylindertemperatur kann zur thermischen Beeinflussung des Extrusionsprozesses wirkungsvoller eingesetzt werden. Hierdurch ist eine kontrollierte Temperaturführung möglich. Die Plastizierung erfolgt je nach Anzahl, Länge und Weite der Scherspalte in definierten Stufen (vgl. Abb. 6.15.).

**Continuous Mixer [6.41].** Der Farrel-Bridge-Continuous-Mixer, der in der Kunststofftechnologie seit langem mit Vorteil eingesetzt wird, ähnelt in seiner Arbeitsweise einem Innenmischer. Eine Mischkammer mit zwei mit Friktion laufenden Knetschaufeln ist zur Antriebsseite hin in Form eines Zylinders und die Schaufeln in Form von Schnecken verlängert. Die über die Einfüllöffnung zugegebenen Mischungsbestandteile werden von den Schnecken in den Knetschaufelbereich gedrückt, wo die eigentliche Mischungsherstellung erfolgt. Die Verweildauer in der Mischkammer kann durch eine Austrittsklappe geregelt werden. Das Mischgut durchwandert die Mischkammer und tritt kontinuierlich aus. Die Mischqualität und -temperatur werden bevorzugt durch die Schaufelge-

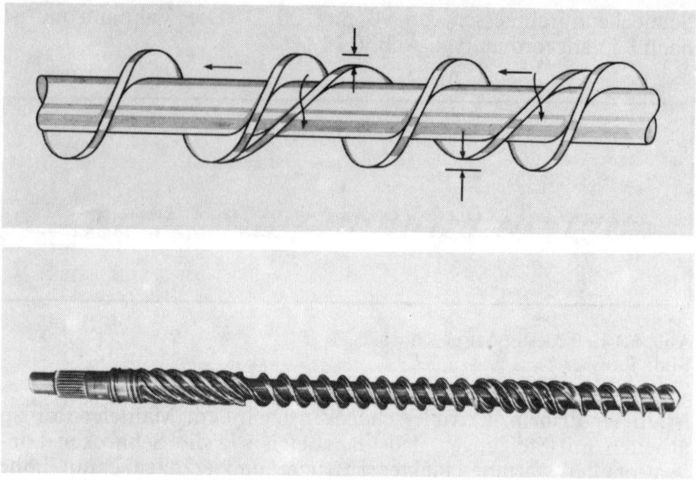

**Abb. 6.15.:** Maillefer-Mischschnecke (Photo und Prinzipskizze).
Bilder: Berstorff.

schwindigkeit und die Größe der Austrittsöffnung beeinflußt. Die Maschine kann nicht leergefahren werden, weshalb das Maschinengehäuse abziehbar gestaltet ist.

**Monomix [6.42.].** Neuerdings wird ein schnellaufender Fertigmischer unter der Bezeichnung Monomix angeboten. Durch eine besonders gestaltete gegenläufige gewindeähnliche Extruderschnekken-Charakteristik eines bikonischen Rotors wird das Mischgut unter Scherwirkung gezwungen, sich von den Seitenwänden bis zur Mischkammer und quer dazu zu bewegen. Gleichzeitig wird es durch hohen hydraulischen Druck mittels eines Stempels aus dem Raum zwischen Rotor und Zylinder verdrängt. Die Mischzeiten betragen 3–4 Minuten.

### 6.1.3.4. Herstellung von Mischungen aus flüssigen Polymeren [6.43.–6.46.]

In Anbetracht der Tatsache, daß manche Kautschuke auch in flüssiger Form angeboten werden, hat es nicht an Versuchen gefehlt, diese nach einer der Polyurethan-Gießtechnik analogen Verarbeitungsform in Elastomere umzuwandeln. Da die Schwefelvulkanisation bei entsprechend kurzkettigen Kautschuken falls überhaupt sehr träge erfolgt, ist man auf Reaktionsmechanismen über reaktive Seiten- und endständige Gruppen der Polymeren angewiesen. Diese sogenannten Telechelics oder Reactive Liquid Polymers

(RLP's) benötigen je nach ihrer individuellen reaktiven Gruppe z. B. (-COOH, – $NH_2$, – OH, – BR) eine adäquate Vernetzungssubstanz.

Ein wesentliches Problem bei der Herstellung von Kautschukmischungen aus zähviskosen Polymeren als Ausgangsstoffen ist die Einarbeitung und gleichmäßige Verteilung von Füllstoffen und anderen Zusatzstoffen, insbesondere aktiven Rußen. Hierfür sind vor allem bei der RAPRA Intensivmischer entwickelt worden. Dreiroller haben sich hierfür nicht bewährt. Es hat sich gezeigt, daß bei Anwendung von Epoxiden als Vernetzer adäquate Verstärkungen erhalten werden können wie mit Rußen, weshalb in manchen Fällen auf Ruße verzichtet werden kann [6.42.].

Die Weiterverarbeitung der flüssigen Kautschukmischungen erfolgt je nach ihrer Viskosität. Sehr zähviskose, rußhaltige Mischungen können z. B. in Injection-Moulding-Anlagen, niedriger viskose in Rotationsguß-Anlagen verarbeitet werden. Nach dem letzten Verfahren werden z. B. serienmäßig Rugby-Bälle preisgünstiger als nach dem früheren Konfektionsverfahren hergestellt.

## 6.2. Verarbeitung zu Platten und gummierten Geweben [6.28., 6.39.]

### 6.2.1. Kalandrieren [6.28., 6.39., 6.47.–6.49.]

#### 6.2.1.1. Kautschukkalander

Zur Herstellung von Platten verschiedener Stärke, zum Gummieren technischer Gewebe (Friktionieren) und zum Belegen von Geweben mit einer dünnen Gummiplatte (Skimmen) werden Kalander verwendet.

Der Kalander besteht aus zwei bis vier in einem Ständer angeordneten Walzen aus Kokillenhartguß in Längen bis zu 2300 mm. Ebenso wie bei den Walzwerken sind die Walzen hohl oder peripher gebohrt und mit einer Einrichtung zum Heizen und Kühlen versehen. Die Walzenspalte sind verstellbar.

Beim Kalandrieren von Kautschukmischungen muß im Vergleich zum Kalandrieren von Kunststoffen wegen Anvulkanisationsgefahren mit wesentlich niedrigeren Temperaturen gearbeitet werden. Aus diesem Grunde und wegen der geringeren thermoplastischen Eigenschaften der Kautschukmischungen ist das zu kalandrierende Material so zäh, daß sehr große Kräfte aufgenommen werden müssen. Das bedingt die bekanntermaßen massive Bauweise der Kautschukkalander (vgl. Abb. 6.16.).

**Kalanderarten.** Je nach der Anzahl von Walzen unterscheidet man zwischen Zwei-, Drei- und Vierwalzenkalander.

**Abb. 6.16.:** Kautschukkalander.
Bild: Berstorff.

*Zweiwalzenkalander* eignen sich zum Auswalzen von Kautschukplatten und können zur Herstellung z. B. von Schuhsohlenplatten und Fußbodenbelägen verwendet werden. Sie kommen aber nur noch selten zum Einsatz. Eine Ausnahme bilden z. B. Rollerdie-Anlagen, bei denen ein Zweiwalzenkalander eine aus einer Breitspritzdüse kommende Platte glättet und kalibriert (vgl. auch S. 432). Saubere, blasenfreie Platten können nach diesem Prozeß bis zu 18 mm hergestellt werden. Bei Zweiwalzenkalandern steht die eine Walze fest, die andere ist verstellbar.

Eine Sonderausführung des Zweiwalzenkalanders ist der sogenannte *IT-Plattenkalander* (s. S. 450, 532).

*Dreiwalzenkalander* können für alle vorkommenden Kalandrierarbeiten, ausgenommen beidseitiges Belegen in einem Arbeitsgang, eingesetzt werden. Sie werden zumeist zum Ziehen von Platten von 2 mm bis herunter zu 0,3 mm Stärke sowie zum Friktionieren eingesetzt. Die mittlere Walze steht in der Regel fest, die obere und untere sind beweglich gelagert.

*Dreiwalzenkalander mit Tandemanordnung.* Wo ein Vierwalzenkalander fehlt, werden zur wirtschaftlichen Durchführung von speziellen Produktionen auch zwei Dreiwalzenkalander gleicher Größe und Bauart hintereinander geschaltet und bilden dann eine Tandemanordnung, wie dies in großen Betrieben zum doppelseitigen Gummieren von Cordgeweben für die Autoreifenherstellung in einem Arbeitsgang geschieht. Es besteht nebenbei die Möglichkeit beide Einzelkalander auch zum Plattenziehen oder zum Friktionieren einzusetzen.

*Vierwalzenkalander* werden heute in der Gummiindustrie am meisten eingesetzt, da sie infolge ihrer Konstruktion universelle Anwendung erlauben.

Bei den Vierwalzenkalandern ist man, insbesondere aus Gründen der Beschickung, mehr und mehr von der Anordnung der Walzen übereinander (I-Kalander) abgegangen (vgl. Abb. 6.17.); entweder die Oberwalze oder die Unterwalze wird der benachbarten Walze vorgelagert (F- oder L-Kalander). Bei der neuesten Entwicklung stehen nur die mittleren Walzen übereinander, während die beiden anderen Walzen in horizontaler Ebene zu diesen Walzen vor bzw. hinter diesen angeordnet sind (Z-Kalander).

Diese verschiedenen Kalander werden nach folgenden Prinzipien verwendet:

- *I-Kalander:* Hierbei handelt es sich um ältere Konstruktionen, die kaum noch gebaut werden. Sie lassen sich ansonsten wie andere Vierwalzenkalander z. B. F-Kalander einsetzen, z. B. zum Ziehen von Platten und Friktionieren von Geweben.

- *F-Kalander* empfehlen sich, wenn überwiegend Kalanderplatten bis herab zu ca. 0,1 mm und herauf bis zu 1–2 mm Stärke gezogen, seltener Gewebe belegt werden sollen. Ein Spalt ist gut fütterbar, Zusatzeinrichtungen sind gut anbringbar und die Arbeitsspalte sind gut zugänglich. Sie werden in der Kautschuktechnologie besonders häufig eingesetzt.

- *L-Kalander:* Bei diesen handelt es sich zumeist um kleine Kalander z. B. Laborkalander. Sie werden für den gleichen Verwendungszweck eingesetzt wie F-Kalander. Die unten vorgelagerte Walze erleichtert die Bedienung.

- *Z-Kalander* werden eingesetzt wenn überwiegend Gewebe oder Cord beidseitig belegt werden soll. Beide Spalte sind gut fütterbar und eine Durchbiegung der Walzen beeinflußt jeweils nur einen Spalt. Die Bauhöhe des Kalanders ist zwar wesentlich herabgedrückt, die Grundfläche wird aber erheblich größer, was sich in vielen Betrieben nachteilig auswirkt.

- *Z-Kalander mit angehobener Brustwalze:* Dieser wird wie ein normaler Z-Kalander eingesetzt, jedoch sind die Zusatzeinrichtungen besser anzubringen und die Arbeitsspalte besser zugänglich.

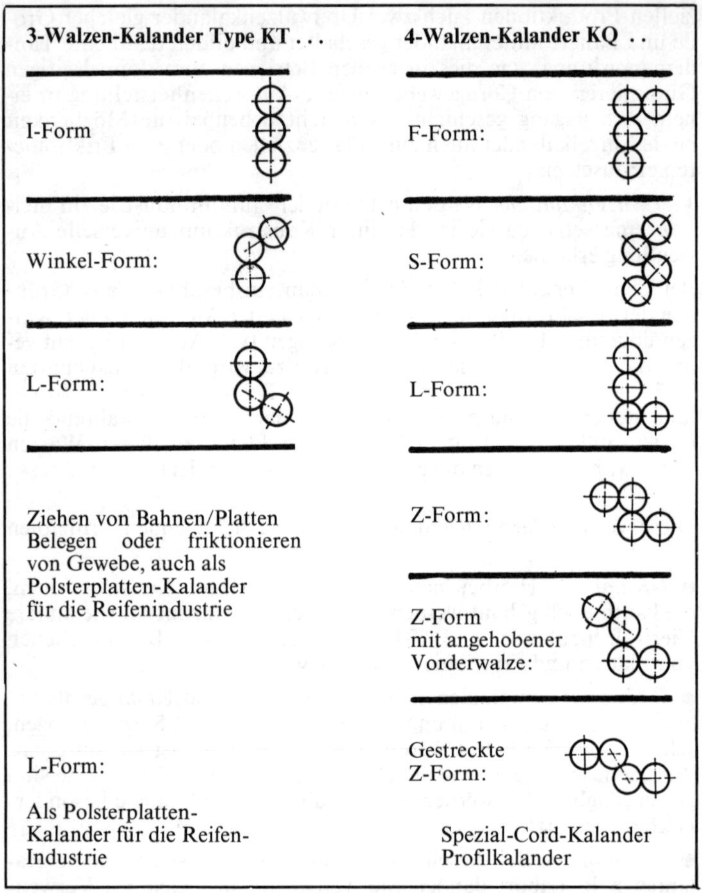


**Abb. 6.17.:** Walzenanordnung bei Drei- und Vierwalzenkautschukkalandern (Prinzipskizze).
Bild: Troester.

● Drei- und Vierwalzenkalander werden auch als *Profilkalander* hergestellt.

**Konstruktion der Kalander.** Kautschukkalander sind folgendermaßen konstruiert:

Die eigentlichen Kalandrierwerkzeuge, die Walzen, sind in stabilen *Ständern* aus Stahlguß oder Mechanite-Guß (Gußeisen mit extrem feiner und gleichmäßiger Graphitverteilung von hervorragenden

Gütewerten) mit kastenförmigem Querschnitt gelagert. Die Ständer müssen den gesamten oft sehr hohen Arbeitsdruck auffangen.

Die *Walzen* werden bei Produktionskalandern überwiegend aus Kokillen-Hartguß hergestellt. Bei Laborkalandern werden fast ausschließlich Stahlwalzen eingesetzt. Der Vorteil der Stahlwalzen, nämlich die geringere Durchbiegung wegen des fast doppelt so hohen Elastizitätsmoduls gegenüber Hartguß wird durch die Schwierigkeiten beim Kalandrieren wegen des erhöhten Klebens der Mischungen an den Walzen mehr als aufgehoben. Die Kokillenhartgußwalzen sind aus diesem Grund typisch für den Kautschukkalander.

Jede *Durchbiegung* der Kalanderwalzen im letzten Spalt ergibt Dickenunterschiede in der Folie von der Mitte zu den Seiten. Zur Verminderung dieser Dickenunterschiede schleift man die Walzen vielfach nicht zylindrisch, sondern in der Mitte dicker, d. h. man bombiert sie (s. Abb. 6.18.).

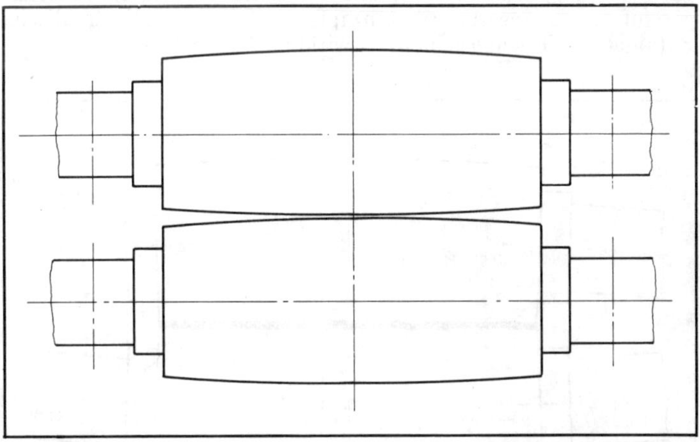

**Abb. 6.18.:** Walzenbombage (Prinzipskizze), übertriebene Darstellung. Bild: Troester.

Eine der Walzen, meist die Antriebswalze, läßt man zylindrisch und bombiert die andere entsprechend mehr.

Die Bombierung ist praktisch unveränderlich und kann nur ein Kompromiß sein, da die Betriebsbedingungen, wie Zähigkeit der Mischung bei Kalandriertemperatur, Foliendicke und Umfangsgeschwindigkeit sich laufend ändern. Große Schwierigkeiten bringt die Bombage beim Friktionieren bzw. Doublieren, da bei diesen Arbeitsvorgängen nur geringe Spaltdrücke herrschen und dadurch unterschiedliche Schichtdicken entstehen können.

Eine veränderliche Bombierung, die den jeweiligen Betriebsbedingungen angepaßt werden kann, erzielt man durch die sogenannte „Schränkung" einer Walze. Die Walze wird dabei um den Mittelpunkt des Ballens gedreht, so daß der entstehende Spalt in der Mitte eng, an den Seiten weiter wird.

Unter Produktionsbelastung biegen sich die Walzen durch, der Spalt wird parallel, d. h. die Folie wird über die Breite gesehen gleichmäßig dick. Die Schränkung einer Kalnderwalze ist natürlich nur möglich, wenn die Walze(n) über Gelenkwellen direkt von einem Sondergetriebe aus angetrieben wird (werden).

Ein weiterer Weg zu Vermeidung der durch die Walzendurchbiegung hervorgerufenen Vergrößerung des Walzenspaltes zur Ballenmitte hin wurde unter dem Namen Roll-Bending (Walzengegenbiegevorrichtung) bekannt. Bei dieser Vorrichtung sitzen zwei Hilfslager auf den verlängerten Walzenzapfen, auf die über ölhydraulische Zylinder ein Gegenbiegemoment wirkt (s. Abb. 6.19.).

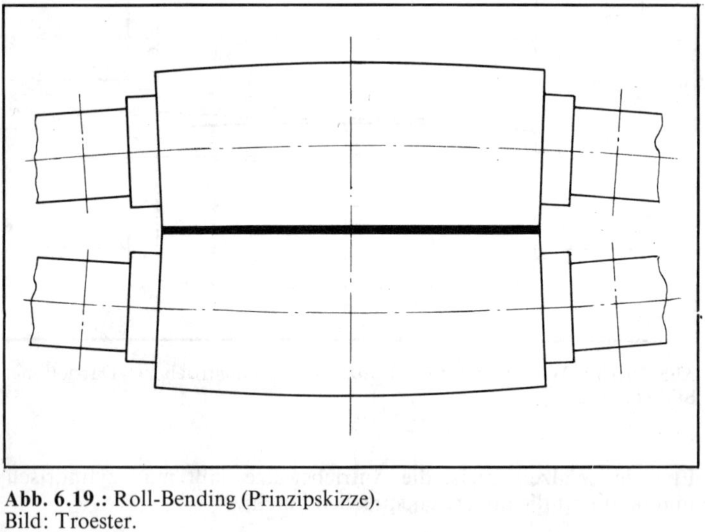

**Abb. 6.19.:** Roll-Bending (Prinzipskizze).
Bild: Troester.

Die Hydraulikzylinder stützen sich auf zwei massiven Konsolen, die auf den Kalanderständer fest verschraubt sind, ab. Da die Walzenlager zusätzlich belastet werden, ist das Gegenbiegemoment begrenzt.

Während man die *Oberfläche* von Walzwerkwalzen zur Erhöhung des Mischeffektes häufig etwas rauh läßt, werden Kalanderwalzen geschliffen und poliert.

Die *Lagerung* der Kalanderwalzen kann in Gleit- oder Wälzlagern erfolgen.

Gleitlager sind einfach und billig; die Lagerbuchsen werden aus hochwertiger Lagerbronce hergestellt. Bei ihrem Einsatz ergeben sich aber hohe Reibungsverluste, die Walze kann „schwimmen", d. h. der Zapfen kann sich, je nach Richtung der angreifenden Spaltkräfte, an verschiedenen Stellen anlegen.

Wälzlager weisen dagegen nur geringe Reibungsverluste, aber hohe Genauigkeit aus. Das bedeutet eine spielfreie Lagerung (vorgespannte Lager).

Im modernen Kalander sind oft Gleit- und Wälzlager eingesetzt. Zum Beispiel können bei Vierwalzenkalandern die beweglichen Walzen in Gleitlagern, die feststehende Walze dagegen in einem Wälzlager gelagert sein. Dadurch ist die feststehende Walze spielfrei fixiert, wogegen die beweglichen ein gewisses Spiel haben.

Die *Schmierung* der Lager erfolgt durch eine Spülschmierung, wobei die Ölrückläufe der einzelnen Lager durch Ölwächter überwacht werden. Ölkammern an beiden Seiten der Lager sammeln das austretende Öl, das zur Temperierung der Lager benutzt wird. Zu Beginn wird das Öl vorgewärmt (z. B. auf 50° C) und später zur Abführung der Lagerwärme gekühlt.

Die *Walzenspaltverstellung* bei Gummikalandern erfolgt durch Verschieben der Klotzlager über Spindeln, die von Getriebemotoren gemeinsam oder getrennt angetrieben werden. Wenn jedes Lager der gleichen Walze einen eigenen Getriebemotor hat, dann sind diese durch eine Welle synchron miteinander verbunden. Zur Korrektur der Parallelität ist aber oft die getrennte Verstellung jeder Seite möglich. Hydraulische Spaltverstellungen haben sich nicht bewährt und werden in Gummikalandern nicht mehr eingebaut.

Die *Beheizung* und *Kühlung* der Kalanderwalzen erfolgt, je nach Ausführung der Walzen, entweder mit Dampf-Wasser-Gemischen bis etwa 80° C bei einfachen hohlen Walzen, oder mit Heißwasser bis 150° C und mehr aus speziellen Heißwasseranlagen bei peripher gebohrten Walzen, die analog wie bei den Walzen von Walzwerken aufgebaut sind (vgl. S. 416 u. 426 f, Abb. 6.8., S. 427). Man arbeitet immer mit vorgegebenen Wassertemperaturen, da sich alle Arten von Temperaturfühlern auf der Ballenoberfläche oder in der Ballenwand nicht bewährt haben.

Bei Dampf-Wasser-Mischern wird eine möglichst große Menge heißen Wassers vorgegebener Temperatur über ein Spritzrohr in die Walze geleitet. Durch die im Walzenspalt entstehende Friktionswärme stellt sich eine Walzentemperatur ein, die über der Heißwassertemperatur liegt.

Bei periphergebohrten Walzen wird pro Walze eine Heißwasseranlage zur Temperierung eingesetzt. Durch die Heißwasserumlaufheizung erhält man eine gute und gleichmäßige Temperaturführung. Jeweils drei Kanäle (ca. 50 mm unter der Ballenoberfläche) sind so hintereinandergeschaltet, daß kein Temperaturabfall über die Ballenlänge entsteht. Die Temperaturfühler sitzen in der Rücklaufleitung.

Bei Laborkalandern werden abweichend von Produktionskalandern die Walzen manchmal elektrisch beheizt.

Ältere Kalander, vorwiegend in I-Form, sind mit einem Zentral*antrieb* ausgerüstet. Ein regelbarer Gleichstrommotor treibt über ein Reduktionsgetriebe die zweite Walze nach unten. Diese Walze ist im Ständer fest montiert. Der Antriebsseite gegenüber sitzen die Kuppelräder mit sehr langen Zähnen auf den verlängerten Walzenzapfen. Haben die Kuppelräder gleiche Zahnanzahl, so erhält man Gleichlauf.

Zur Erzielung einer Friktion ist eine zweite Reihe Kuppelräder unterschiedlicher Zähnezahlen neben denen für Gleichlauf angeordnet. Die Kuppelräder auf der Antriebswalze sitzen fest, die Kuppelräder der übrigen Walzen sind lose, d. h. sie laufen in Gleitlagern um die Walzenzapfen. Zwischen den Kuppelrädern sitzen Kupplungsringe mit Kronenverzahnungen an beiden Seiten, die seitlich verschiebbar, jedoch auf den Zapfen nicht drehbar sind. Die Gegenstücke zu den Kronenverzahnungen bilden gleichartige Verzahnungen an den Kupplungsrädern. Wird die Kronenverzahnung eines Kupplungsringes mit der eines Kupplungsrades in Eingriff gebracht, dann ist das Zahnrad mit dem Walzenzapfen fest verbunden und treibt die Walze. Das Verhältnis der Zähnezahl der Kupplungsräder bestimmt die Friktion.

Bei modernen Kalandern wird jede Walze von einem speziellen Gleichstrommotor angetrieben. Die Regelmotoren sind an dem Sondergetriebe, das die einzelnen Reduktionsgetriebe zusammenfaßt, angeflanscht. Die Antriebszapfen sind über Doppelgelenkwellen mit dem Walzenzapfen verbunden. Dieser Antrieb bringt erhebliche Vorteile gegenüber dem Zahnradantrieb.

Jede Kalanderplatte muß nach dem Verlassen des letzten Spaltes auf genaue Breite geschnitten werden. Wenn direkt auf der Kalanderwalze geschnitten wird, verwendet man federnd angedrückte *Rundmesser* aus einer harten Bronce. Moderner ist das Schneiden mit federnd angedrückten Stahlrundmessern auf einer mit Kalandergeschwindigkeit angetriebenen weicheren Stahlwalze. Die abfallenden Randstreifen werden wieder dem Vorwärmewalzwerk zugeführt.

Vor dem Auflaufen der kalandrierten Platte auf das Nachfolgetransportband wird die Plattenstärke z. B,. durch ein *β-Strahlenmeßgerät* gemessen.

Hinter dem Kalander ist eine *Abzugsvorrichtung* mit mehreren Kühlwalzen, einem Abzugsband und einem Wickelbock vorgesehen. Durch ein Regelgetriebe wird erreicht, daß Kalander und Abzugsvorrichtung synchron laufen.

Kalander, die ausschließlich zum Cordbelegen eingesetzt werden, bilden vielfach mit den vor- und nachgeschalteten Einrichtungen sogenannte Kalanderstrecken. Eine Kalanderstrecke beginnt mit dem Doppelabrollbock, dem folgt die Spleißpresse zum schnellen Verbinden (durch Vulkanisation) der einzelnen Bahnen. Es folgt ein Warenspeicher, der das Spleißen erlaubt, ohne daß der Kalander stillgelegt werden muß. Anschließend passiert das Cordgewebe einen Heizkalander zum Aufwärmen und läuft abschließend durch den Kalander. Hinter dem Kalander folgt wieder ein Warenspeicher und dann eine Kühlvorrichtung mit anschließender Aufwicklung unter Zulauf von Zwischenleinen (vgl. Abb. 6.20.).

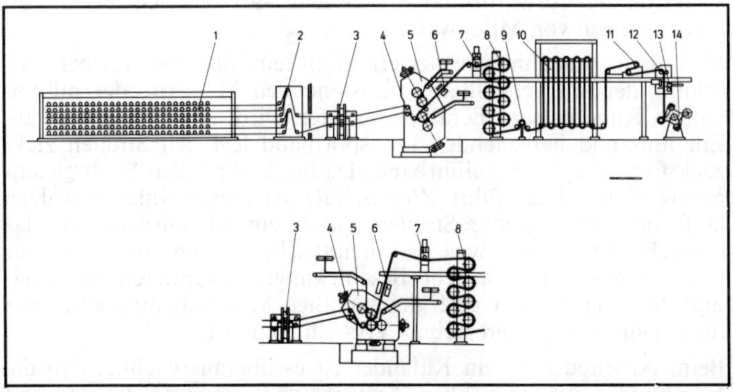


**Abb. 6.20.:** Doppelseitiges Belegen mit einem Doppelzweiwalzen- bzw. einem Vierwalzenkalander (Prinzipskizze) 1. Spulengatter; 2. Spannungsmessrollen; 3. Zweietagen-Spleißpresse; 4. Rillenwalzsystem; 5. Doppelzweiwalzen- oder Vierwalzenkalander; 6. Dickenmessgerät; 7. Spann- und Steuerwalze zur Zugmessung; 8. Kühleinrichtung; 9. Zugwerk; 10. Auslaufspeicher; 11. Zugwerk; 12. Halte- und Auszugswerk; 13. Querschneideeinrichtung; 14. Doppelwendelwickeleinrichtung.
Bild: Berstorff.

**IT-Plattenkalander.** Eine Sonderbauart stellt der sogenannte IT-Plattenkalander dar. Kalander zur Herstellung von IT-Platten arbeiten mit zwei Walzen ungleichen Durchmessers und vertikaler oder horizontaler Anordnung im Ständer. Die größere und beheizte Walze dient als Arbeitswalze, sie ist ortsfest gelagert und ist über ein Kuppelradpaar mit der darüber angeordneten Druckwalze verbunden; der zwischen beiden Walzen bestehende Spalt ist dadurch verstellbar (s. auch S. 532 f).

### 6.2.1.2. Arbeiten auf Kalandern und Einfluß von Mischungsbestandteilen auf die Kalandrierbarkeit der Mischungen

**Arbeiten auf Kautschukkalandern.** Die *Kalanderbeschickung* erfolgt mit genügend vorgewärmten Mischungen. Bei fließenden Fabrikationen werden die Mischungen oft von den Folgemaschinen des Innenmischers direkt auf das Vorwärmwalzwerk genommen und von dort in den Kalander eingefüttert. Werden die Mischungen dagegen zwischengelagert, so werden sie zunächst auf geriffelten Walzen eines Brechwalzwerkes vorgebrochen und auf meist mehreren in einer Reihe angeordneten Vorwärmwalzwerken mit glatten Walzen (bis zu sechs, deren Kapazität wesentlich die Kalanderleistung bestimmt) über Kopf untereinander mit Transportbändern verbunden. So erfolgt ein Materialfluß von der hintersten Vorwärmwalze bis zur vordersten, die das Ausschneidewalzwerk darstellt und dem Kalander das Material zuführt. Die Konstruktion der Vorwärm-und Ausschneidewalzwerke entspricht völlig denjenigen von Mischwalzwerken.

Von dem Ausschneidewalzwerk läuft ein Streifen warmer Mischung der mit verstellbaren feststehenden Messern oder mitlaufenden Rundmessern herausgeschnitten wird, dem Fütterspalt zu. Ein hin- und hergehendes Transportband legt den Streifen zickzack-förmig auf ein Zuführband. Dadurch wird dem Spalt gleichmäßig Material zugeführt. Zum Schutz der teuren Kalanderwalzen läuft der vorgewärmte Streifen durch ein Metallsuchgerät, das beim Passieren irgendwelcher metallischer Verunreinigungen sofort stillsteht. Automatische Beschickungen garantieren gleichmäßige Materialmengen und gleichmäßige Materialtemperatur, was für ein gutes Kalanderergebnis Vorbedingung ist.

Beim Arbeiten auf dem Kalander ist es überaus wichtig, daß die Mischungen auf die richtige *Temperatur* vorgewärmt werden und daß die Walzen richtig temperiert sind. Sind die Mischungen oder Kalanderwalzen zu kalt, so bilden sich kalte Stellen auf der Oberfläche der Kalanderfelle bei Friktionen, sogenannte „Krähenfüße“. Bei zu hohen Temperaturen bilden sich dagegen Blasen. Nur innerhalb eines verhältnismäßig kleinen Temperaturbereiches, der von Kautschuk zu Kautschuk und von Mischung zu Mischung verschieden ist, erhält man ein einwandfreies glattes Kalanderfell. Das

Auffinden des richtigen Temperaturgefälles der Kalanderwalzen und der günstigsten Arbeitsgeschwindigkeit ist die Kunst des Kalanderführers.

**Gummieren (Friktionieren) von Geweben.** Ein sehr wichtiger Arbeitsprozeß auf dem Kalander ist das Gummieren (Friktionieren) von Geweben, da ein großer Teil der Gummierzeugnisse aus der Kombination von Gummi und Gewebe besteht. Für diesen Zweck sind sehr weiche Mischungen erforderlich, die sich einmal gut in das Gewebe einpressen lassen, zum anderen fest an der Kalanderwalze haften müssen. Die Mischung wird in den oberen Spalt des Dreiwalzenkalanders eingeführt und umläuft die mittlere Walze. Diese hat eine ca. 30–50% größere Umlaufgeschwindigkeit als die beiden äußeren Walzen, d. h., sie läuft mit einer Friktion bis zu 1 : 1,5. Das vorgetrocknete Gewebe wird in den unteren Walzenspalt eingeführt und nimmt die Geschwindigkeit der unteren Walze an. Die Kautschukmischung wird nun durch die größere Relativgeschwindigkeit der mittleren Walze zum Gewebe in dieses gründlich eingerieben. Der Spalt zwischen der mittleren Walze und dem Gewebe wird so eingestellt, daß sich ein kleiner rollender Wulst auf dem Gewebe bildet. Bei beidseitiger Friktionierung nimmt die erste Seite stets mehr Kautschukmischung auf. Die Auftragsstärke, die von der Art des Gewebes und der Mischung abhängt, läßt sich nur schwer bestimmen.

**Belegen von Geweben mit dünnen Platten.** Häufig sollen Gewebe beidseitig mit einer dünnen Platte belegt werden. Das bekannteste Beispiel hierfür ist das Belegen von Reifencord oder von Fördergurtgeweben. Das Gewebe muß vor dem Belegen friktioniert oder durch Imprägnieren (vgl. S. 453ff) gummifreundlich gemacht werden, damit eine ausreichende Haftung zwischen Gewebe und Gummi erzielt wird. Im ersten Spalt wird die Platte mit einer leichten Friktion von 1 : 1,1 bis 1,2 gezogen und im zweiten Spalt mit Gleichlauf auf das Gewebe gedrückt. Für einseitiges Belegen reicht somit ein Dreiwalzenkalander aus. Auf Vierwalzenkalandern kann in einem Arbeitsgang beidseitig gummiert werden, indem im dritten Spalt eine zweite Platte gezogen wird, die im mittleren Spalt zur Belegung der anderen Gewebeseite dient.

Die Kalandergeschwindigkeiten haben sich immer mehr gesteigert und liegen bei etwa 10–25 m/min. Beim Belegen von Reifencord liegen die Geschwindigkeiten dagegen bei ca. 70 m/min.

Bei diesen hohen Geschwindigkeiten reicht die Beschickung des Kalanders über Walzen alleine nicht mehr aus, deshalb wird ein Innenmischer zum Brechen und Vorwärmen der Mischungen mit herangezogen. Die Cordbahnen, die beispielsweise 400 m lang sind, werden während des Laufens durch Vulkanisation aneinandergeheftet. Eine große Zahl von Ausgleichsschleifen sorgt für einen kontinuierlichen Arbeitsgang. Zur besseren Gummierung wird das Gewebe meist vorgewärmt in den Kalander eingeführt. Ein System von Kühlwalzen hinter dem Kalander sorgt dafür, daß das gummierte Gewebe, um ein Anvulkanisieren und Festkleben im Mitläuferstoff zu vermeiden, kühl aufgewickelt wird (vgl. Abb. 6.20.).

**Ziehen von Profilen.** Für das Ziehen von flachen Profilen, wie z. B. Laufstreifen von Fahrradreifen, Sohlen von Gummischuhen usw., werden Kalander verwendet, von denen eine Walze profiliert ist. Bei modernen Profilkalandern sind die Profilwalzen mit austauschbaren Profilhülsen versehen, bei denen die Umrüstzeit z. B. nur vier bis fünf Minuten dauert.

**Folgevorrichtungen.** Nach Verlassen des Kalanders wird das gezogene Material der Abzugsvorrichtung oder einer automatischen Vulkanisiermaschine zugeführt. Zum *Abzug* wird das kalandrierte Material zunächst über eine oder mehrere Kühlwalzen und dann zum Abzugsband geleitet. Am Ende des Abzugsbandes wird die Kalanderplatte bzw. das friktionierte oder belegte Gewebe mit einem Zwischenleinen, auch *Mitläufer* genannt, zum Vermeiden des Klebens der einzelnen Lagen aufgewickelt. In neuerer Zeit hat sich der Einsatz von Einwegfolien (z. B. 0,04 mm dickes geprägtes Polyäthylen) immer mehr eingeführt.

Das *Aufwickeln* erfolgt üblicherweise über eine Friktionskupplung, die von Hand nachgestellt wird, während der zulaufende Mitläufer (oder die Folie) abgebremst wird, oder man verwendet eine Steigdockenvorrichtung, d. h. die Wickelrolle liegt auf dem Transportband, auf dem die Kalanderplatte zuläuft. Dadurch ergibt sich eine gleiche Umfangsgeschwindigkeit der Wickelrolle.

An Kalandern lassen sich zumeist Platten bis zu etwa 1–2 mm Stärke ziehen. Stärkere Platten müssen durch *Doublieren* hergestellt werden. Auf der Aufwickelvorrichtung kann das Doublieren in einfacher Weise vorgenommen werden. Die blasenfreien Platten werden durch eine weichgummierte Doublierwalze auf das als Transportband ausgebildete Abzugsband, auch Doublierband genannt, aufgedrückt, die mit dem Doublierband umlaufen. Nach einer gewünschten Lagenzahl wird die Platte durchgeschnitten und in der Länge des Doublierbandes abgezogen. Der Doubliervorgang wiederholt sich sofort wieder.

**Einfluß der Kautschukmischung.** Für die Glätte der Kalanderplatten ist neben der Temperatur der richtige Mischungsaufbau bedeutsam. Mischungen mit zu hohem Nerv weisen nach dem Kalandrieren oft ein zu starkes elastisches „Rückerinnerungsvermögen", auch „Memory-Effekt" genannt, auf. Sie schrumpfen entgegen der Kalanderrichtung. Man nennt diese Erscheinung „Kalandereffekt". Bei genügend guter Mastikation, dem Einsatz inaktiver bis halbaktiver Füllstoffe, Verwendung von Verarbeitungsweichmachern und insbesondere durch Faktisse usw. können einwandfrei glatte und hochglänzende Kalanderfelle erhalten werden. Auch durch Einsatz weitmaschig vorvernetzter Kautschuktypen wird die Fellglätte und der Kalandereffekt günstig beeinflußt.

**Vulkanisation.** In den meisten Fällen dienen die kalandrierten Erzeugnisse als Halbzeug und werden unvulkanisiert entnommen, weiterverarbeitet und nach der Verarbeitung vulkanisiert. In einzelnen Fällen, wenn kalandrierte Erzeugnisse als Fertigartikel eingesetzt werden, schließt sich ein kontinuierlicher Vulkanisationsprozeß an, der an anderer Stelle besprochen werden soll (s. S. 461 ff).

## 6.2.2. Imprägnieren, Streichen und Beschichten mit Lösungen von Kautschukmischungen

### 6.2.2.1. Imprägnieren

Um die Haftung von Kautschukmischungen an Cord- oder Kreuzgeweben zu erhöhen, d. h. gummifreundlich zu machen, imprägniert man diese vor den Kalanderprozessen, wenn keine selbsthaftenden Kautschukmischungen benutzt werden. Dies ist insbesondere bei Cordgeweben aus Kunstseide oder anderen synthetischen Fasern erforderlich. Selbsthaftende Mischungen können in den meisten Fällen auf unbehandeltes Gewebe kalandriert werden (vgl. (S. 379).

**Imprägnieren.** Zur Imprägnierung wird entweder eine wässerige Latex- und Harz-Mischung oder eine benzinische Isocyanat-Lösung verwendet (s. S. 377 ff). Die Imprägnierung erfolgt, indem man das Gewebe in die Flüssigkeit eintaucht (dipt) und anschließend gegebenenfalls unter Vor- oder Nachschaltung eines Streckprozesses trocknet.

Die Dip-, Streck- und Trockenanlagen sind vielfach so angelegt, daß das fertig imprägnierte Gewebe direkt dem Kalander zugeführt wird.

Das Gewebe läuft von einem Doppelabrollbock ab, der mit einer mechanischen oder elektrischen Bremseinrichtung mit einstellbarer Bremsspannung ausgerüstet ist. Nach Bildung eines großen Einlaufwarenspeichers zwischen einer Spleißpresse bzw. Nähmaschine und dem Diptrog läuft es unter Spannung in die Diplösung. Eine teflonisierte Rakel streift überschüssige Lösung ab, die wieder in den Trog fließt. Das Gewebe wird nun über eine Vakuumstrecke in den Trockner – eine dampf- oder druckwasserbeheizte Luftkammer mit Lufttemperaturen von 160–180° C – geführt. Der Imprägniertrog ist z. B. V-förmig gestaltet und aus nichtrostendem Stahl hergestellt. Er besitzt eine Niveauregelung mit automatischer Zufuhr der Diplösung. Er ist mit einer Hubvorrichtung versehen, mit der die Eintauchtiefe des über eine Walze in das Dipbad laufenden Gewebes reguliert werden kann. Die Verweilzeit des Gewebes im Trockner beträgt z. B. 100–120 Sekunden, die geforderte Endfeuchte 0,5–1,5%. Eine Kontakttrocknung über dampfbeheizte Walzen wird heute nur noch selten angewandt. Vor dem Aufwickeln oder der Kalanderzufuhr wird für einen genügend großen Auslauf-Warenspeicher Sorge getragen.

Der gesamte Imprägniervorgang wird üblicherweise unter Gewebespannung durchgeführt. Hierzu dienen neben den Bremsen des Abrollbocks und dem Zug des Aufwickelbocks sowie hydraulisch bzw. pneumatisch gesteuerten Tänzerwalzen insbesondere Streckwerke für Gewebezüge mit heiz- und kühlbaren hartverchromten Walzen, die stehend oder liegend angeordnet sein können. Die Gewebezugmessung erfolgt mit Hilfe von Druckmeßdosen über pendelnd gelagerte Meßwalzen. Bei einer Heißverstreckung z. B. bei vollsynthetischen Fasern, erfolgt das Strecken bei 180–225° C um ca. 15–20%. Die Restdehnung nach dem Erkalten beträgt ca. 10–13%.

Nach der Imprägnierung wird das Gewebe über einen Heizkalander, der dem Gummikalander vorgeschaltet ist, schließlich nach einem Warenspeicher der Kühlvorrichtung, und dem Wickler mit Zwischenleinenbock, zugeführt.

**Teigen.** Ein anderes Verfahren ist das sogenannte Teigen. Bei diesem wird eine hochviskose Lösung von Kautschukmischungen in organischen Lösungsmitteln auf einem mit Gleichlauf arbeitenden horizontal angeordneten Zweiwalzenkalander,dem sogenannten „Lösungs-" oder „Teigkalander" oder einem Walzwerk mit zwei Walzen, beidseitig auf das Gewebe aufgebracht. Hierfür kommen nur zugkräftige Textilien in Betracht. Die obere Walze des Lösungskalanders ist höhenverstellbar und reguliert die Auftragsstärke, deren Genauigkeit allerdings nur gering ist. Bei einer Passage können jedoch größere Schichtdicken erzielt werden als auf der Streichmaschine (vgl. S. 455). Das Trocknen erfolgt anschließend im Trockenturm. Früher wurden hierfür Teig- bzw. Lösungskalander mit anschließender Trockentrommel eingesetzt.

### 6.2.2.2. Streichen mit Lösungen von Kautschukmischungen

Stoffe für technische Zwecke werden in erster Linie auf dem Kalander, feinere Gewebe, z. B. Mantelstoffe, Gummitücher usw., auf der Streichmaschine gummiert. Beim Streichen bzw. Beschichten wird eine pastöse Lösung einer Kautschukmischung in organischen Lösungsmitteln (fälschlicherweise oft als Gummilösung bezeichnet) analog wie eine Latexmischung (vgl. S. 617 ff) auf ein Gewebe gestrichen. Man kann sehr dünne Beschichtungsdicken und bei stärkeren Beschichtungen sehr gute Gasundurchlässigkeit erreichen.

Für stärkere Beschichtungen muß der Streichprozeß mehrfach wiederholt werden.

Als Lösungsmittel wird meistens Benzin verwendet. Die Lösungen werden nach Anquellen des Kautschuks im Lösungsmittel (8–24 h) in Lösungsknetern hergestellt.

**Streichmaschine.** Die Streichmaschine besteht aus einer lederhart gummierten oder verchromten *Streichwalze*, über der ein sogenanntes Streichmesser (Rakel) zur Änderung des Spaltes verstellbar angeordnet ist. Die Dicke des Rakels richtet sich nach der Feinheit des zu streichenden Stoffes; sie schwankt zwischen 2 und 6 mm.

Man unterscheidet verschiedene Rakelformen und Rakelanordnungen.

Die am häufigsten verwendete *Rakelform* ist das Messerrakel, auch Streichmesser genannt. Das Streichmesser ist an dem verwindungssteifen Streichbalken angeordnet, der durch zwei Zapfen schwenkbar ist, die wiederum in zwei Führungsböcken des Maschinengestells höhenverstellbar gelagert sind. Die Messerneigung ist veränderlich. Das Umschwenken und die Höhenverstellung des Messerbalkens erfolgt z. B. mit Handrädern.

Bei den *Rakelanordnungen* unterscheidet man das

- Walzen-,
- Band-,
- Membran- oder
- Luftrakel.

Bei dem *Walzenrakel* ist das Streichmesser über der Streichwalze angeordnet, die stabil, aber innen hohl und kühlbar ist, und über Zahn- oder Kettenräder angetrieben wird. Das Gewebe wird zwischen der Streichwalze und dem Streichmesser durchgezogen und die pastöse Lösung vor dem Streichmesser zwischen den als Seitenbegrenzungen dienenden Führungsbacken aufgebracht. Durch die Höhenverstellung des Rakels wird die auf das Gewebe aufgebrachte Schichtdicke bestimmt. Mit dem Walzenrakel kann man höchste Genauigkeit erhalten.

Bei dem *Bandrakel* läuft der Stoff über ein Transportband aus Gummi, über dem das höhenverstellbare Streichmesser angeordnet ist. Das Gewebe wird mit dem Transportband unter dem Rakel mit der Lösung und den Seitenbegrenzungen durchgezogen.

Bei dem *Membranrakel* handelt es sich um eine ähnliche Anordnung, bei dem aber das Streichmesser über einer luftgefüllten Membrane angeordnet ist.

Schließlich sitzt bei einem *Luftrakel* das Streichmesser frei auf einer Stoffbahn, die durch zwei Transportrollen unter hoher Spannung steht und die das Gewebe unter dem Streichmesser weg transportieren. Der Streicheffekt und Höhenverstellung wird durch die Regulierung der Textilspannung eingestellt. Diese wird am besten durch z. B. selbstregulierende Bremsrollen gesteuert. Bei einem Luftrakel sind Seitenbegrenzungen selten. Die Lösung läuft hierbei vielmehr seitlich ab.

**Streichen.** Das zu streichende Gewebe läuft von einer Abwicklungsvorrichtung durch den Spalt zwischen dem Streichmesser und der Walze und nimmt die vor dem Rakel aufgebrachte teigartige Lösung der Kautschukmischung in gewünschter Spaltdicke mit. Der Streichvorgang wird nach jeweiligem Trocknen in einem nach der Streichzone angeordneten Trockentunnel so oft wiederholt, bis die Gummierung die erforderliche Stärke erreicht hat.

### 6.2.2.3. Weitere Beschichtungsverfahren

**Auftragsverfahren.** Ein weiteres Beschichtungsverfahren von Geweben kann durch Auftragen mittels Auftragswalzen geschehen. Hierbei taucht eine Walze in die Lösung ein und überträgt einen Lösungsfilm auf das zu beschichtende Gewebe. Hierbei gibt es zahlreiche Anordnungsmöglichkeiten der Auftragswalze zum Gewebe.

**Tränk- und Sprühverfahren.** Außer den genannten Verfahren lassen sich gummierte Textilien aus Lösungen von Kautschukmischungen noch mittels einem Tränkverfahren und einem Sprühverfahren herstellen, wobei, wie der Name sagt, in einem Fall das Textil durch Eintauchen in die Lösung getränkt und im anderen Fall durch Spritzpistolen besprüht wird.

**Kaschieren.** Wenn nach dem Beschichten des Gewebes auf den Strich eine weitere Bahn aufgepreßt wird, so nennt man dies Kaschieren. Eine von verschiedenen Varianten dieses Verfahrens ist das sogenannte Schichtpressen. Hierbei werden das gestrichene Gewebe und die Deckbahn gemeinsam einer Verbindungswalze zugeführt und unter Spannung unter ihr hergeleitet. Anschließend wird das durch die Walzenspannung verbundene Gewebe über eine Trockentrommel geleitet und aufgewickelt.

### 6.2.2.4. Nachbehandlung

**Abzugsvorrichtungen.** Nach jedem Auftrag wird das Gewebe von einer Abzugsvorrichtung über einen, dampfbeheizten Heiztisch, eine dampfbeheizte Trockentrommel oder durch einen Heizkessel geleitet. Zusätzlich ist noch Infrarotheizung möglich. Die Trockenstrecke (4 – 12 Meter) ist so bemessen, daß der Stoff bei einem einmaligen Durchgang getrocknet wird. Auf der Aufwickelrolle wird der Stoff gemeinsam mit einem Mitläufer aufgerollt.

**Vulkanisation.** Nach dem letzten Strich oder der Beschichtung und nach der Trocknung schließt sich die Vulkanisation auf Rotationsvulkanisationsmaschinen oder auch in Heißluft an (vgl. S. 461 f u. 519 ff).

**Messung der Streichdicke.** Nach der Trocknung wird die Streichdicke durch ein Beta-Strahlenmeßgerät angezeigt und schließlich wird unter vorgegebener Stoffspannung unter Zuführung eines Mitläufers aufgewickelt.

**Wiedergewinnung der Lösungsmittel.** Aus ökonomischen und ökologischen Gründen ist die Wiedergewinnung der Lösungsmittel bedeutsam. Hierfür sind zwei Verfahren in Anwendung das *Kondensationsverfahren,* bei dem die Lösungsmitteldämpfe durch wassergekühlte Kondensatoren geleitet und in diesen niedergeschlagen werden und das *Adsorptionsverfahren,* bei dem die Lösungsmitteldämpfe mit Gebläsen durch verschiedene Adsorber z. B. A-Kohle geleitet und von diesen adsorbiert werden. Die Rückgewinnung erfolgt durch Dampfdestillation.

Während nach dem Kondensationsverfahren die Wiedergewinnungsausbeute nur relativ gering und das Arbeiten innerhalb der Explosionsgrenze gefährlich ist, erhält man nach dem Adsorptionsverfahren ca. 90% der eingesetzten Lösungsmittel zurück; die Explosionsgefahr ist zudem geringer.

**Explosionsschutz.** Wichtig ist, daß die zum Teil schädlichen und explosiven Lösungsmitteldämpfe bei der Trocknung abgesaugt werden. Die Explosionsgrenze z. B. eines Benzin-Luftgemisches liegt zwischen 35–320 g Benzin pro $m^3$ Luft. Es muß Sorge dafür getragen werden, daß die Lösungsmittelkonzentration unter der Explosionsgrenze bleibt. Alle Motoren, Schalter, Beleuchtungen usw. müssen exgeschützt sein, auch alle Antriebe, Führungsrollen u. dgl. müssen geschützt und gut geerdet werden. Schließlich sind sichere Löschdüseneinrichtungen Vorschrift. Eine Funkenbildung durch die gummierte Gewebebahn wird beispielsweise dadurch vermieden, daß die elektrostatische Aufladung mittels Influenz-Spitzenionisatoren abgeleitet wird.

### 6.2.2.5. Herstellung von Lösungen von Kautschukmischungen bzw. Teigen

Bei dem Imprägnier-, Teig-, Streich- (s. S. 453 ff), Tränk- oder Sprühprozeß, ferner auch für Tauch- (s. S. 514 ff) oder Klebeverfahren bzw. z. T. noch zur Herstellung von Gummifäden werden unvulkanisierte Kautschukmischungen in Form von Lösungen in organischen Lösungsmitteln verwendet.

**Lösungsmittel.** Zur Herstellung von Kautschukmischungen werden organische Lösungsmittel verwendet, die ein Auflösevermögen für Kautschuk besitzen. Als solche kommen z. B Benzin, aromatische und chlorierte Kohlenwasserstoffe sowie Ester in Betracht. Welches Lösungsmittel im einzelnen verwendet wird, entscheidet die zu lösende Kautschukart und der Verwendungszweck (vgl. S. 395 f).

So sind z. B. NR-Mischungen in Benzin löslich, NBR- und CR-Mischungen dagegen nicht. Besonders gute Lösungsmittel sind hierfür aromatische und chlorierte Kohlenwasserstoffe sowie Ester. Vielfach werden auch Lösungen von Kautschukmischungen in Lösungsmittelkombinationen hergestellt, wobei lösende und nur stark quellende Lösungsmittel miteinander kombiniert werden können, die z. T. als Kombinationen besser lösende Eigenschaften aufweisen bzw. die Herstellung konzentrierterer Lösungen gestatten als die einzelnen Lösungsmittel. Dies spielt z. B. bei der Klebstoffherstellung eine entscheidende Rolle.

Lösungen aus NR-Mischungen, bei denen das Lösungsmittel möglichst rasch verdunsten soll, werden vielfach mit Benzin insbesondere Leichtbenzin angesetzt, während für Lösungen mit hoher Klebkraft, wegen ihres guten Quellvermögens aromatische oder chlorierte Kohlenwasserstoffe verwendet werden.

Da organische Lösungsmittel zumeist unangenehm riechen, gesundheitsschädlich oder zum Teil explosionsgefährlich sind, muß auf die sachgerechte Konstruktion der für den Verarbeitungsprozeß eingesetzten Maschinen und auf eine Belüftung der Arbeitsräume Wert gelegt werden.

Zur Herstellung der Lösungen von Kautschukmischungen setzt man ein:

- Zweiwellen-Lösungskneter
- Kreiselmischer
- Planetenrührer und
- Rührwerke.

**Lösungskneter.** Bei den Zweiwellen-Lösungsknetern (s. Abb. 6.21.), die von ca. 1–4300 Litern Nutzinhalt hergestellt werden, handelt es sich um einen doppelmuldenförmigen Trog in einem Maschinengestell mit Deckel und zwei Knetschaufeln. Die Maschine ist entweder mit einer Kippvorrichtung oder einer Austragsschnecke versehen.

Der Trog wird von zwei halbkreisförmigen Wannen gebildet, in denen die Knetschaufeln mit unterschiedlicher Drehzahl (Friktion), die vordere 1,5 bis 2 mal schneller als die hintere, gegeneinander laufen. Diese Rührflügel arbeiten so, daß der vorgequollene Kautschuk nicht nur zerkleinert, sondern auch ständig vom Lösungsmittel bis zur vollkommenen Lösung benetzt wird. Der Trogmantel ist doppelwandig, wodurch der Kneter kühl- und heizbar ist. Der Trog ist mit einem klappbaren Deckel verschlossen, der zum

**Abb. 6.21.:** Zweiwellen-Lösungskneter.
Bild: Werner Pfleiderer.

leichteren Öffnen Gegengewichte besitzt. Zum Arbeiten bei offenem Deckel ist noch ein Schutzgitter vorhanden.

Die Knetschaufeln sind meist Z-förmig ausgebildet und besitzen an beiden Enden Wellenstümpfe für die Lagerung und den Antrieb. Im Lager sind sie durch Stopfbüchsen abgedichtet.

Zum Entleeren wird die Kippvorrichtung von Hand, elektrisch oder hydraulisch betätigt. Bei Trogausführungen mit Austragsschnecken arbeitet die Schnecke während des Knetens in den Trog hinein, zur Entleerung wird die Drehrichtung umgekehrt.

Für den Antrieb werden gewöhnlich Stufengetriebe mit zwei bis drei Arbeitsgeschwindigkeiten vorgesehen.

**Kreiselmischer** bestehen aus Antriebsgehäuse mit Getriebe, Arbeitsbehälter mit Deckel und Kreisel mit Einzugs- und Auswurfsschaufeln und Abstreifern. Sie arbeiten mit einer vertikal angeordneten Welle, die einen Kreisel mit einem System von Einzugsarmen und Auswurfsschaufeln trägt in einem kühl- und heizbaren Arbeitsbehälter, wobei üblicherweise drei Tourenzahlen eingestellt werden können. In Verbindung mit feststehenden Abstreifern zerkleinern die rotierenden Knetelemente die Kautschukmischung und sorgen für eine gute Durchmischung mit dem Lösungsmittel. Durch diese Anordnung wird die Lösungsflüssigkeit in eine strudelnde Bewegung mit sich überschneidenden und sich kreuzenden Strömungen versetzt, die auf die Kautschukmischung eine schnell lösende Wirkung ausübt. Diese Mischerkonstruktion ermöglicht in verhältnismäßig kurzer Zeit eine knötchenfreie Lösung.

**Planetenrührer** bestehen aus dem Maschinenständer mit Antrieb, dem Rühr- und Mischorgan und dem ausfahrbaren Mischbehälter. Der Maschinenkopf mit den Rührern wird zum Unterfahren des Mischbehälters hydraulisch hochgefahren und wieder gesenkt. Die Rührer drehen sich im Kreise und um sich selbst. Hierdurch wird ein besonders intensiver Mischeffekt erzielt.

**Rührwerke** setzt man insbesondere zum Homogenisieren oder Verdünnen fertiger Mischungslösungen sowie zum Durchmischen nach längerem Stehen der Mischungen ein. Sie bestehen aus dem Lösungsbehälter und der von oben eintauchenden Rührwelle mit Rührflügeln verschiedener Bauart.

**Heizung, Kühlung.** Wichtig bei allen Lösungsaggregaten ist, daß sie neben einer Heizung mit einer intensiv wirkenden Kühlung des Mischbehälters ausgerüstet sind, um die beim Lösungsprozeß auftretende Wärme abzuführen. Beim Lösungsprozeß wird durch den Knetprozeß des Kautschuks eine erhebliche Wärmemenge erzeugt, die u. U. zum vorzeitigen Anvulkanisieren führen kann, wenn es sich um rasch beschleunigte Mischungen handelt. Der Deckel des Kneters muß sorgfältig abgedichtet sein, damit bei der auftretenden Friktionswärme das Lösungsmittel nicht verdunsten kann.

**Mischungsaufbau.** Für den Mischungsaufbau von Kautschukmischungen, die in Lösung verarbeitet werden, gilt in noch stärkerem Maße als bei Kalander- und Spritzmischungen, daß die Kautschuke vor der Mischungsherstellung sorgfältig mastiziert und alle Rohmaterialien von Verunreinigungen peinlich freigehalten werden. Die Lösefähigkeit und Klebkraft selbst hängen aber auch von der verwendeten Kautschuksorte und dem Mastikationsgrad ab. Mastizierter Kautschuk klebt stärker als unmastizierter. Für helle, beinahe farblose Lösungen wird gewöhnlich helle Crepe eingesetzt. Da SR-Typen schwieriger mastizierbar sind, werden für die Herstellung von Lösungen oft Typen entsprechend niedriger Viskosität angewendet. Die Klebkraft von SR-Typen hängt in starkem Maße von der Molekularmassenverteilung ab. Je breiter sie ist, um so stärker wird im allgemeinen die Klebrigkeit.

Zur Vermeidung von Mischungsnestern sollten die Mischungen mehrmals auf einem Refiner eng abgezogen oder gut gestrainert werden. Alle Zusatzstoffe, die die Viskosität der Kautschukmischung stark erhöhen, wie z. B. aktive Füllstoffe, müssen vermieden werden. Wenn erforderlich, können inaktive Füllstoffe in gewissen Grenzen verwendet werden. Die Mooney-Viskosität der

Kautschukmischung sollte möglichst niedrig, aber immer konstant sein.

Je höher die Viskosität einer zu lösenden Kautschukmischung ist, um so höher ist auch die Lösungsviskosität, bzw. um so geringer ist der Feststoffanteil bei konstant gehaltener Lösungsviskosität. Durch einen kleinen Zusatz von Alkohol zum Benzin (etwa 0,5%) kann z. B. eine merkliche Viskositätserniedrigung erreicht werden. Für die Herstellung von Lösungen mit hohem Feststoff(„Körper“)-Anteil werden vielfach faktishaltige Mischungen eingesetzt.

Zumeist werden zur Herstellung von aus Lösung gefertigten Artikeln Ultrabeschleuniger (z. B. Dithiocarbamate) eingesetzt. Bei zu rascher Vulkanisationseinstellung muß mit vorzeitiger Gelierung der Lösung gerechnet werden. Daher muß die Vulkanisationsgeschwindigkeit bei der Verarbeitung von Lösungen im Gegensatz zur Latexverarbeitung sehr sorgfältig auf deren Gebrauchsdauer eingestellt werden. Gegebenenfalls muß der Beschleuniger zumindest partiell aus der Mischung herausgehalten und der Lösung vor dem Gebrauch zugegeben werden. Bei Tauchlösungen werden die Lösungen wegen der Gefahr einer vorzeitigen Anvulkanisation oft täglich erneuert. Diese müssen dann aber lange genug stehen, um blasenfrei zu sein, wobei die Viskosität so niedrig sein muß, daß Blasen noch rasch genug nach oben steigen.

### 6.2.3. Vulkanisation von Platten und gummierten Geweben

#### 6.2.3.1. Selbstvulkanisation, Heißluftvulkanisation

In manchen Fällen sind Kalanderplatten oder Imprägnierungen bzw. Beschichtungen z. B. beim Korrosionsschutz sehr großer Behälter so stark beschleunigt, daß sie bei der Umgebungstemperatur vulkanisieren (Selbstvulkanisation). Die meisten Plattenerzeugnisse, wie z. B. Dachfolien, Betteinlegeplatten, Regenmantelstoffe u. a. werden aber drucklos in Heißluft (Heizkammern von z. B. 60–70° C) vulkanisiert (siehe hierzu S. 519 ff).

#### 6.2.3.2. Rotationsvulkanisationsverfahren

Früher trat zwischen den Kalander- bzw. Streichprozeß einerseits und der Vulkanisation z. B. in Heizkammern andererseits als völlig getrennten Verfahrensschritten praktisch immer eine Zäsur ein. Bei der Anwendung von Rotationsvulkanisationsmaschinen kann man dagegen in manchen Fällen in kontinuierlicher Arbeitsweise dünne Kalanderfolien bzw. -platten und beschichtete Gewebe, Bänder, Riemen u. dgl. unmittelbar im Anschluß an den Kalander- bzw. Beschichtungsprozeß in einem Arbeitsgang vulkanisieren. Auch vorgeformte Artikel, wie z. B. Keilriemen, können auf Rotationsvulkanisationsmaschinen vulkanisiert werden. Die Arbeitsgeschwindigkeit einer Rotationsvulkanisationsanlage ist aber meist geringer als z. B. die des Kalanders. Aus diesem Grunde kann diese nicht in allen Fällen direkt mit dem Kalanderprozeß gekoppelt werden.

Bei Rotationsvulkanisationsmaschinen läuft über etwa zwei Drittel des Umfanges einer dampfbeheizten, langsam rotierenden Stahltrommel, die mit verschiedenen Profilschalen belegt sein kann, ein endlos geschweißtes Stahlblechband oder Stahldrahtgeflecht, das durch zwei Umlenkrollen und eine unter hydraulischem Druck stehende Spannwalze an die Trommel gepreßt wird (vgl. Abb. 6.22.). Die zu vulkanisierende Platte läuft zwischen Trommel und dem Stahlband ein und wird mit einem Druck von z. B. 6 bar fest auf die Trommel gepreßt, die wiederum die Platte infolge der langsamen Rotation kontinuierlich weiterbefördert. Die Vulkanisation erfolgt durch die Temperatur der Trommel auf der dieser zugekehrten Seite der Platte unter dem Anpreßdruck des Stahlbandes, wobei auch ein Verschweißen einer auslaufenden mit einer

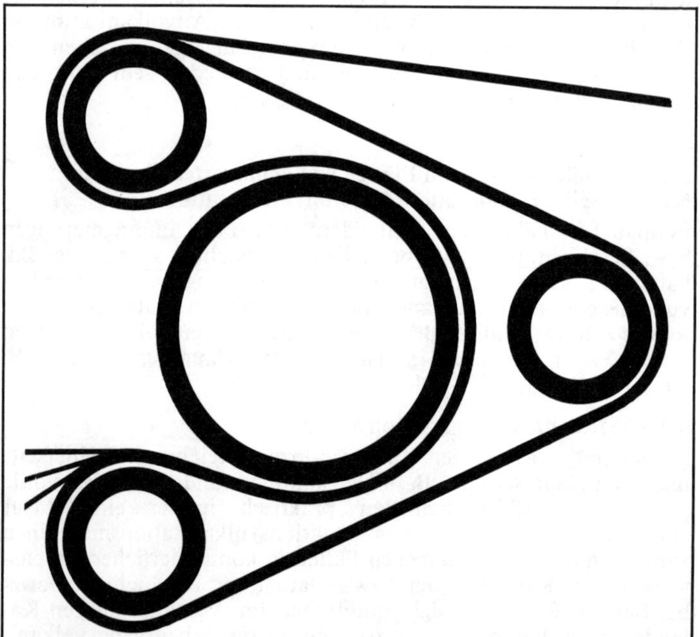

**Abb. 6.22.:** Rotationsvulkanisation (Prinzipskizze).
Bild: Berstorff.

neu einlaufenden Platte erfolgen kann. Da die Wärmezufuhr nur einseitig erfolgt, sollte die Stärke der zu vulkanisierenden Platte möglichst 5 mm nicht überschreiten. Trotzdem läßt sich bei niedriger Vulkanisationseinstellung eine Durchvulkanisation der Platte bei einer Verweilzeit von z. B. 10 Minuten und weniger auf der Trommel bei 130 bis 190° C erreichen. Wenn auch der spezifische Anpreßdruck auf solchen Rotationsvulkanisationsmaschinen geringer ist als bei anderen Vulkanisationsprozessen (z. B. in der Presse), so reicht dieser Druck infolge der Anschmiegsamkeit des Stahlbandes völlig aus, um ein homogenes Gefüge und eine geschlossene Oberfläche zu erreichen und Porosität zu vermeiden.

## 6.3. Herstellung von extrudierten (gespritzten) Artikeln

Extruder dienen zur Herstellung von Strängen, Schläuchen und Profilen, Laufflächen für Reifen, Platten sowie zum Umspritzen von Kabeln und Drähten. Außerdem verwendet man größere Maschinen zum Strainern oder zum Plastizieren (Gordon Plastikator) (vgl. S. 433 f). Es ist daher ein ziemlich großes Produktionsgebiet, das durch den Extruder erfaßt wird.

### 6.3.1. **Kautschukextruder (Spritzmaschinen)** [6.50.–6.51.]

#### 6.3.1.1. Schneckenspritzmaschinen

Kautschukextruder arbeiten nach dem Prinzip eines mächtigen Fleischwolfes. Die Schneckenspritzmaschine besteht aus einer heiz- und kühlbaren Schnecke, die über einen geeigneten Antrieb in einem heiz- und kühlbaren Zylinder läuft, der wiederum das zur endgültigen Formgebung dienende Spritzwerkzeug (Mundstück) trägt. Der Zylinder hat eine Einfüllöffnung, durch die die vorgewärmte Mischung der Schnecke zugeführt wird.

**Konstruktion.** Die Schnecke hat zusammen mit dem Zylinder die Aufgabe, das zu verspritzende Gut vom Einfülltrichter zum Spritzwerkzeug zu fördern, es zu mastizieren und durchzuwärmen, damit es die für die endgültige Verformung erforderliche Viskosität erhält (vgl. Abb. 6.23.). Je nach ihrer Konstruktion erfüllt sie diese Aufgaben mehr oder weniger gut und bestimmt damit die Ausstoßleistung der Maschine.

Darüber hinaus sind zur Erzielung einer hohen Leistungsfähigkeit des Extruders noch die Temperatur von Schnecke und Zylinder, die Reibungskoeffizienten zwischen Spritzgut und Schnecke bzw. zwischen Spritzgut und Zylinder sowie auch die Ausbildung des Spritzkopfes, seine Oberflächengüte und vor allem auch der Querschnitt des Mundstückes mitverantwortlich.

Für den Ausstoß des Spritzgutes und damit für eine entsprechende Spritzgeschwindigkeit ist ein bestimmter Druck notwendig, der von

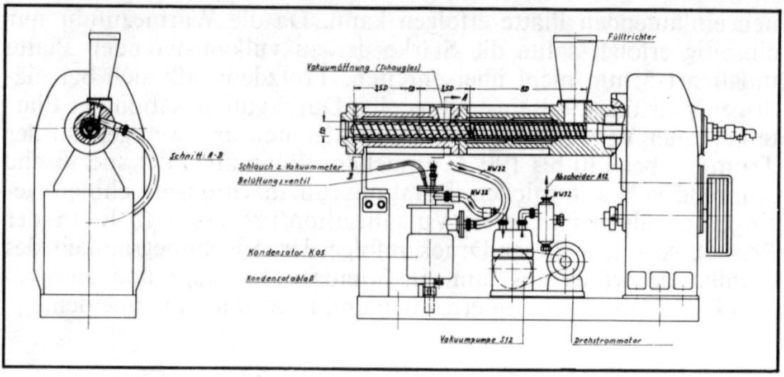


**Abb. 6.23.:** Spritzmaschine (Prinzipskizze).
Bild: Berstorff.

der Schnecke aufgebaut und durch Abstimmung der Spritzkopfkonstruktion und des Mundstückquerschnittes zum Schneckenquerschnitt mit einer möglichst geringen Toleranz konstant gehalten werden muß. Maßgebend für die Erfüllung dieser Forderung ist

- die *Geometrie,* d. h. Steigung und Tiefe des Schneckenganges
- der *Querschnitt* des Mundstückes und
- die *Drehzahl* der Schnecke in der Zeiteinheit sowie
- das *Spiel* zwischen den Schneckenstegen und der Zylinderwandung, welches sich nach dem Schneckenaußendurchmesser richtet.

Die Axialkomponente der Kraft, welche auf die zu fördernde Masse einwirkt, wird um so größer je kleiner die *Schneckensteigung* ist. Aus diesem Grunde wäre eine Schnecke mit möglichst kleiner Steigung und hoher Drehzahl und dadurch großer Axialkraft anzustreben. Diesem Bemühen sind jedoch in der Praxis recht bald durch die auftretende Friktionswärme, die zum vorzeitigen Anvulkanisieren der Mischung führen kann, Grenzen gesetzt.

Es ist daher zweckmäßig, den Druck in der Schnecke so aufzubauen, daß eine eigentliche Drucksteigerung erst gegen Ende der Schnecke auftritt, um eine vorzeitige Vulkanisation und ein Zurückfließen des Spritzgutes zur Einfüllöffnung hin zu vermeiden. Eine solche Drucksteigerung läßt sich durch eine entsprechende Schneckengeometrie, z. B. allmähliche Abnahme des *Gangquerschnittes* der Schnecke zum Spritzkopf hin erreichen, die wiederum durch einen größer werdenden Schneckenkerndurchmesser (konischer Schneckenkern) oder durch Abnahme der Gangsteigung (degressive Steigung) bewirkt werden kann.

Das Profil des Schneckengangquerschnittes wird meist so ausgebildet, daß das Spritzgut bei der axialen Vorwärtsbewegung im Gang noch eine umwälzende Relativbewegung erfährt. Die Schnecken werden selten *eingängig,* sondern in der Regel *mehrgängig* geschnitten eingesetzt. Im Einzugsbereich der Extruder kann bei Einsatz von Schnecken mit zu wenigen Gängen ein Pulsieren der Mischung erfolgen.

Maßgebend für die gute Leistung der Maschine, für den Druckaufbau und eine gute Qualität des Endproduktes ist in gewissem Grade auch der *Füllfaktor* der Schnecke in der Einfüllzone, der möglichst hoch sein soll. Man kann dies durch tief geschnittene Schneckengänge, durch Einzugstaschen oder Einzugkurven in der Zylinderbüchse an der Einfüllöffnung oder, vielleicht am wirksamsten, durch eine sogenannte Fütterwalze oder durch einen Stempel erreichen. Diese Walze ist in der Einfüllöffnung so angeordnet, daß sie mit den Schneckenstegen, ähnlich wie beim Walzwerk, einen Spalt bildet, durch den das Spritzgut eingezogen und in die Schneckengänge gedrückt wird.

Die Schnecke soll nicht länger sein als zum Erwärmen und Plastizieren sowie zum Aufbau des erforderlichen Spritzdruckes unbedingt erforderlich ist. Eine zu große *Schneckenlänge* würde nur Nachteile durch unnötigen Energieverbrauch und die Gefahr einer zu stark ansteigenden Friktionswärme sowie durch Verlust an Antriebsenergie mit sich bringen.

Die Schneckenlänge wird im Vielfachen des Schneckendurchmessers angegeben. Oft wählt man als Schneckenlänge z. B. für Produktionen von Reifenlaufflächen das Fünffache des Schnecken-Außendurchmessers (= 5 · D). Laufstreifen können auch mit 3 · D langen Schnecken zufriedenstellend produziert werden. Man war früher bei der Kautschukverarbeitung bestrebt, ganz allgemein mit kleinen Schneckenlängen auszukommen, ganz im Gegensatz zur Kunststoffverarbeitung, wo Schneckenlängen bis zu 15 · D und mehr üblich sind. Nach der Länge der Schnecken unterscheidet man zwischen Extrudern mit Schneckenlängen von 3 bis 6 · D. Diese haben einen Mastikationseffekt und müssen mit vorgewärmten Streifen oder Puppen beschickt werden. Man nennt solche Maschinen *Warmfüttermaschinen,* sowie Spritzmaschinen mit Schneckenlängen von 12 bis 24 · D. Diese können mit kalten Streifen oder kaltem Granulat (Pellets) gefüttert werden. Bei diesen Maschinen spart man die Vorwärmung. Man nennt sie *Kaltfüttermaschinen.* Bei diesen wird im letzten Teil der Schnecke wie bei der Warmfüttermaschine der Druck aufgebaut; der erste Teil dient zum Erwärmen und Plastizieren.

Bis vor einigen Jahren ging der Trend in der Gummiindustrie deutlich nach den *Kaltfüttermaschinen* hin [6.52.–6.53.]. In der Reifenindustrie hat man aber bei der Verarbeitung von NR die Vorteile der Warmfüttermaschine im Zusammenhang mit kontinuierlichen

Verarbeitungsprozessen, d. h. Füttern des Extruders direkt von den Mischanlagen erkannt, wobei der Nerv des Kautschuks vor allem bei Verarbeitung von NR geschont und ein elastisches Vulkanisat mit geringem „Heat Build Up" erreicht wird. Für die Herstellung von Laufflächen werden demgemäß vielfach Warmfüttermaschinen eingesetzt, wogegen für die Herstellung technischer Spritzartikel bevorzugt Kaltfüttermaschinen verwendet werden. Hier zeichnet sich ein neuer Trend ab, nämlich der Einsatz von *Kaltfütterextrudern mit Stiftzylindern,* d. h. mit Querstrommischzylindern (QSM) [6.54.] (vgl. Abb. 6.24.].

**Abb. 6.24.:** QSM-Extruder.
Bild: Troester

Neben der Länge einer Schnecke von beispielsweise 5 · D wird die Gangtiefe im allgemeinen mit D/5 bis D/6 und die Gangsteigung gleich D gewählt.

Um eine möglichst geringe Friktion zwischen Spritzgut und Zylinder zu erhalten, muß auf unterschiedliche *Reibungskoeffizienten* zwischen Spritzgut und Zylinderbüchse einerseits und Spritzgut und Schneckengang andererseits geachtet werden. Der letztere soll durch eine möglichst große Politur der Oberfläche des Schneckenganges so klein wie möglich gehalten werden, damit das Spritzgut nicht mit umläuft, während die Zylinderbüchse etwas weniger poliert sein soll.

Ein weiteres Mittel, niedrige Reibungskoeffizienten zu erhalten, ist bei Kaltbeschickung die Einstellung einer höheren *Temperatur* bei der Schnecke (z. B. 80–100° C) als bei der Zylinderwand. Selbstverständlich darf die Temperatur der Schnecke nicht so hoch werden, daß ein Anvulkanisieren stattfindet, ebenso wie die Temperatur der Zylinderbüchse nicht so niedrig liegen darf, daß das Spritzgut die Verarbeitungstemperatur nicht mehr erreicht.

Da die Spritztemperatur vom Polymer- und Mischungstyp abhängig ist, wurde in früheren Anlagen bei Warmfütterextrudern eine Heizung in der Zylinderzone mit Sattdampf von bis zu 4 bar Überdruck vorgesehen. Die Temperatur wurde durch einfache Bimetall- oder Ausdehnungsthermometer gemessen, während eine Regelung der Dampfheizung und der Wasserkühlung über Ventile mit Handrädern geschieht. Das Mundstück wird durch eine Gasflamme angewärmt oder es bekommt eine elektrische Beheizung durch ein Heizband, da dies auf der kleinen, zur Verfügung stehenden Fläche wesentlich wirksamer und einfach zu montieren ist. Die Schnecke ist gewöhnlich nur für Wasserkühlung vorgesehen, die ebenfalls von Hand reguliert wird. In neueren Anlagen werden wegen der erheblich engergesteckten Spezifikationen Warmwasserumlaufsysteme und Temperaturregler verwendet.

Die *Lagerung* der Schnecke bzw. des Schneckenhalters, aus dem sich die eigentliche Schnecke beim Schneckenwechsel sehr leicht demontieren läßt, ist wegen der oft ganz erheblichen Axialdrücke sehr solide gebaut.

In den meisten Fällen kann auf eine stufenlose Regelung der *Schneckendrehzahl* verzichtet werden. Daher wird für den Antrieb gewöhnlich ein Elektromotor und ein Reduktionsgetriebe vorgesehen, das für 2, 3 oder 4 feststehende Drehzahlen mittels Handschaltung im Stillstand ausgelegt ist. Die Schneckendrehzahl liegt normalerweise nicht höher als 60 U/min und hängt sehr vom Durchmesser der Schnecke ab.

Bei der Anfertigung eines *Spritzmundstückes* muß einkalkuliert werden, daß das austretende Profil nicht die gleiche Abmessung wie das Spritzmundstück aufweist, sondern daß eine gewisse Spritzquellung auftritt (vgl. S. 471). Die richtige Dimensionierung der Spritzscheibe erfolgt vielfach nach vorherigem Probespritzen.

Durch die Vielfalt der Spritzartikel sind verschiedene Ausführungen von *Spritzköpfen* erforderlich. Die im Gebrauch üblichsten sind

- der *Profilspritzkopf* für Profilschnüre,
- der *Schlauchspritzkopf* mit Dorn und Dornhalter zur Herstellung von Hohlprofilen sowie
- der *Breitspritzkopf* für Laufflächen, Bänder und dgl.

- Die *Quer- und Schrägspritzköpfe* werden zum Umspritzen von Kabeln, Drähten, Gewebeschläuchen usw. verwendet und sind meistens Sonderanfertigungen.

Beim Herstellen von Schläuchen mit Gewebeeinlagen sind vielfach ein Extruder vor und ein Querspritzkopfextruder nach einer *Klöppeleinrichtung* installiert.

Die Größe eines Extruders wird durch den Schneckendurchmesser und die Schneckenlänge bestimmt. Üblich sind Schneckendurchmesser von 30, 60, 90, 120, 150, 200, 250 und 300 bis 600 mm. Während die Anlagen mit Schneckendurchmessern bis 250 mm als Kaltfüttermaschinen im Einsatz sind, werden solche mit Schneckendurchmessern von 350 bis 600 mm nur als Warmfütterextruder gebaut.

**Vakuumextruder.** Bei druckloser Vulkanisation von Kautschukmischungen können in die Mischung eingearbeitete Gas(Luft)- oder Feuchtigkeitsmengen zu Porösität des Vulkanisates führen. Für kontinuierliche, dem Extrudieren folgende Anschlußvulkanisationsprozesse, die meist drucklos erfolgen, ist demgemäß eine Entgasung der Mischung Vorbedingung. Seit 1962 werden Extruder mit Entgasungsteilen (Vakuumzonen) zum Entgasen von Kautschukmischungen für die direkt folgende kontinuierliche Vulkanisation eingebaut.

Solche Extruder sind in der Kunststoffindustrie schon länger in Gebrauch. Die Anwendung in der Gummiindustrie erfordert jedoch einen besonderen Aufwand, da die Entgasung der auch bei höheren Temperaturen ziemlich zähen und hochviskosen Kautschukmischungen ein gewisses Problem darstellt.

Der Vakuum-Extruder besteht aus der Füllöffnung, einem Einzugsteil, das meist die für die Kaltfütterung charakteristische flachgeschnittene Schnecke aufweist. Zwischen dem Einzugsteil und dem Vakuumteil ist ein Ring (Damm) angeordnet.

Im Entgasungsteil, der mit der Vakuumpumpe verbunden ist, muß ein Vakuum von 3 bis 5 Torr herrschen. Dieser Teil der Schnecke ist entweder tiefer oder weiter geschnitten, oder der Raum für die Vakuumzone ist durch Erweiterung des Mantels verbreitert. Der freie Raum in diesem Teil der Maschine muß so groß sein, daß er während des Spritzens zur Hälfte mit Mischung gefüllt ist. Dies wird unterstützt durch den Ring bzw. Damm zwischen Einzugs- und Vakuumzone, der nur einen dünnen Schlauch der Mischung in den Vakuumteil der Maschine eintreten läßt und dadurch den Vakuumteil abdichtet. Durch Querrillen wird der Schlauch immer wieder aufgerissen, wodurch die Oberfläche weiter vergrößert wird. Nach Durchlaufen der Vakuumzone tritt das Spritzgut schließlich in den eigentlichen Spritzteil ein.

Auch die nur dünne Mischungsschicht, die in den Vakuumteil eintritt, kann bei der hohen Viskosität der Kautschukmischungen im Gegensatz zu gewissen Kunststoffmischungen nicht völlig entgast werden. Eine vollständige Entgasung wird in der Maschine nur dadurch erzielt, daß das Mischungsgut zwischen den höchstens halb gefüllten Schneckengängen des Vakuumteils und dem Mantel abrollt, wodurch immer neue Oberflächen gebildet werden, von denen Luft- und Feuchtigkeitseinschlüsse durch das Vakuum entfernt werden. Infolge der Relativbewegung rollt die Mischung automatisch unter Schaffung immer neuer Oberfläche ab [6.54.].

Von ausschlaggebender Bedeutung ist daher, daß die Temperatur von Schnecke und Mantel in allen Teilen der Maschine, besonders aber in der Vakuumzone, genau gemessen und eingestellt werden kann. Die Maschine erfordert daher einen weit größeren Aufwand an Temperaturkontrolle und Regelung, als dies normalerweise bei Spritzmaschinen üblich ist. Die genaue Einstellung der Temperatur am Damm ist darüber hinaus für die Viskosität der in die Vakuumzone eintretenden Mischung entscheidend.

**Andere Schneckenspritzmaschinen.** Neben den besprochenen Extruder-Typen sind z. B. noch weitere Arten bedeutsam:

- die *Duplex-Spritzmaschine,* bei der aus zwei Mundstücken z. B. die Basismischung und die Laufflächenmischung für einen Protektor erzeugt wird, und zu einem Spritzling zusammengefaßt wird,
- der *Strainer,* der vor dem Materialaustritt einen Siebkopf trägt und mit dem Fremdkörper aus der Kautschukmischung ausgesiebt werden,
- der *Mill-Strainer,* eine Maschine, die vorgewärmte Streifen erzeugt, z. B. für die Kalander- oder Spritzmaschinenfütterung,
- der *Pelletizer,* bei dem die Kautschukmischung in Form von Strängen ausgepreßt und durch rotierende Messer abgeschnitten wird
- der *Gordon-Plastikator*, bei dem der vordere Teil der Schnecke so ausgebildet ist, daß der Kautschuk gezwungen ist mehrfache Schneckenstege zu passieren, wobei der Kautschuk kontinuierlich mastiziert wird (schwere Mastikationsmaschine, vgl. S. 433 f),
- die *Rollerdie-Anlage* und *Fellspritzmaschine,* die zum Spritzen von Platten im Anschluß an die Mischungsherstellung verwendet wird (vgl. S. 432),
- *Einschnecken-* (z. B. EVK oder Transfermix) bzw. *Zweischneckenmischanlagen* zur kontinuierlichen Mischungsherstellung oder zum Homogenisieren von Mischungen (vgl. S. 433 u. 437 ff) und

- *Gummifädenspritzmaschinen,* bei denen durch eine Vielzahl von Düsen ein Teig einer Kautschukmischung in organischen Lösungsmitteln in ein Fällbad gespritzt wird. Diese spielen heute kaum noch eine Rolle.

6.3.1.2. Kolbenspritzmaschine

Bei Kolbenspritzmaschinen wird die Mischung nicht durch Schnecken transportiert, sondern wie der Name sagt, durch Kolben. Die vorgewärmte Mischung wird in Form von Puppen in die Spritzkammer gelegt und mittels des Kolbens, der z. B. hydraulisch angetrieben wird, durch das Spritzmundstück gepreßt. Hierbei erhält man einen gleichmäßigeren Druckaufbau im Mundstück als bei Schneckenextrudern mit kurzen Schnecken, bei denen der Druckaufbau durch rotierende Bewegung der Schnecke zustande kommt. Aus dem gleichen Grund ist die Maßgenauigkeit des Extrudats beim Austritt aus der Spritzscheibe größer als bei Schneckenspritzmaschinen. Die gleiche Mischung kann bei der Verarbeitung auf beiden Maschinentypen sehr unterschiedliche Spritzquellung aufweisen. Wegen der Möglichkeit der Herstellung besonders maßgenauer Spritzlinge, wird die Kolbenspritzmaschine bei der Herstellung von Rohlingen für die Weiterverarbeitung zu Formartikeln bevorzugt. Wegen des Nachteils einer grundsätzlich diskontinuierlichen Arbeitsweise hat sich dieser Maschinentyp trotz seiner unbestrittenen Vorteile nicht allgemein durchgesetzt.

### 6.3.2. Arbeiten in Extrudern und Einfluß von Mischungsbestandteilen auf die Spritzbarkeit von Mischungen

Wie aus dem Vorhergehenden ersichtlich ist, muß bei dem Spritzvorgang sorgfältig auf die Temperaturführung der Kautschukmischungen geachtet werden.

Bei Maschinentypen mit langen Schnecken (Kaltfüttermaschinen) ist ein Vorwärmen der Mischungen nicht erforderlich. Diese können z. B. kontinuierlich mit Pellets oder kalten Streifen von Kautschukmischungen gefüttert werden.

Bei den vielfach im Einsatz befindlichen Warmfüttermaschinen gilt für die Vorwärmung der Mischung das Gleiche wie beim Kalandrieren (s. S. 450). Es werden z. B. von Vorwärmwalzwerken mittels Radmesserpaaren Streifen ausgeschnitten und über ein Transportband der Einzugseinrichtung des Extruders zugeführt. Aber auch mittels eines Mill-Strainers kann ein vorgewärmter Mischungsstreifen hergestellt und dem Extruder zugeführt werden. Der Einsatz eines Mill-Strainers hat dabei den Vorteil, daß die zu extrudierende Mischung durch ein vorgeschaltetes Strainer-Sieb von allen möglichen Fremdstoffen, Füllstoffnestern, Kautschukknoten usw. befreit wird.

Beim Extruder-Prozeß wirken sich nämlich derartige Verunreinigungen störender auf den Produktionsfluß aus als bei anderen Verarbeitungsverfahren. Eine Verunreinigung, die sich am Spritzmundstück festsetzt, kann über die gesamte Länge des zu erzeugenden Artikels Riefen ziehen, die das Material zum Ausschuß werden lassen.

Aus diesen Gründen müssen Spritzmischungen besonders sorgfältig hergestellt werden. Alle einzumischenden Füllstoffe und Chemikalien sollten vorher gesiebt werden, daß sie gritfrei sind. Auch ist sorgfältig darauf zu achten, daß sich keine verhärteten Füllstoff- oder Chemikaliennester bei der Mischungsherstellung bilden. Die Bildung eines guten Kautschukwalzfelles ohne Kautschukknoten (unmastizierte Stellen) vor dem Mischungsbeginn ist Vorbedingung.

Je niedriger die elastischen Anteile einer Kautschukmischung sind, je besser also der Kautschuk vor der Mischungsherstellung *mastiziert* wurde, um so glatter läßt sie sich extrudieren. Im Idealfall reiner Plastizität würde die Kautschukmischung nach dem Verlassen des Spritzmundstückes genau gleiche Profildimension aufweisen wie die Öffnung des Mundstückes. Kautschukmischungen weisen aber stets mehr oder weniger große elastische Anteile auf. Aufgrund dieses elastischen „Rückerinnerungsvermögens" (Memory-Effekt) der Kautschukmischung zeigt diese, ähnlich wie bcim Kalander, in axialer Spritzrichtung ein mehr oder weniger starkes Schrumpfen auf, was sich in einem Stärkerwerden des Querschnittes des gespritzten Profiles ausdrückt. Diese sogenannte Spritzquellung ist um so stärker, je größer der elastische Anteil der Kautschukmischung ist. Dies drückt sich auch zumeist in der Oberflächenglätte aus (vgl. auch S. 452).

Aus diesen Gründen lassen sich füllstofffreie oder sehr füllstoffarme Mischungen nicht oder kaum zu glatten Profilen spritzen. Es kommt also auf einen sorgfältigen *Mischungsaufbau* an, um glatte und exakte Extrudate in hoher Fertigungsgeschwindigkeit produzieren zu können.

Die Vorbedingung für eine gute Spritzbarkeit ist eine einwandfreie Vormastikation oder richtige Viskositätsauswahl des *Polymeren.* Weitmaschig vorvernetzte Polymere weisen zumeist ein besonders gutes Spritzverhalten auf. Als *Füllstoffe* kommen bevorzugt inaktive oder halbaktive in Betracht. Viele der halbaktiven Ruße, z. B. aber auch Kreide und Kaolin, bewirken sehr gute Spritzerfolge. Von den *Weichmachern* bewähren sich vor allem die Verarbeitungsweichmacher wie z. B. Mineralöle, aber auch gewisse Fette. Beispielsweise gehört Wollfett zu den besten Spritzbarmachern. Auch *Faktisse,* die einerseits die Oberflächenglätte der Spritzlinge und die Spritzgeschwindigkeit, andererseits aber als Gerüstbildner auch die Standfestigkeit des extrudierten Profils oder Schlauches auch bei der Vulkanisation erhöhen, gehören zu den wichtigsten Hilfsmitteln bei der Herstellung von Spritzmischungen. Schließlich muß auch das *Vulkanisationssystem* sorgfältig abgestimmt sein; denn bei den Verarbeitungstemperaturen im Extruder darf noch keine Anvulkanisation stattfinden, wogegen nach der Verarbeitung eine möglichst rasche Vulkanisation bei nur wenig erhöhten Temperaturen eintreten soll. Hierfür kommen Vulkanisationsbeschleuniger mit genügend spätem Vulkanisationseinsatz (hoher Verarbeitungssicherheit) aber rascher Ausvulkanisation zum Einsatz.

Nach dem Extrudieren wird das Spritzgut, wenn es als Halbzeug weiterverarbeitet wird, gepudert oder durch ein Trennmittelbad gezogen und auf Blechpfannen, vielfach mit Unterstützungsvorrichtung zur Vermeidung von Deformationen aufgewickelt und in einem getrennten Verarbeitungsschritt z. B. in Dampf oder unter Blei vulkanisiert (s. S. 521 ff und 486). Zumeist schließen sich aber an das Extrudieren kontinuierliche Vulkanisationsprozesse an, die im Anschluß besprochen werden sollen.

### 6.3.3. **Vulkanisation extrudierter Erzeugnisse** [6.56.–6.69.]

#### 6.3.3.1. Allgemeines über die Vulkanisation extrudierter Erzeugnisse

Früher wurden Extrudate fast ausschließlich in Autoklaven in Heißluft oder Dampf vulkanisiert.

In den letzten Jahren haben sich kontinuierliche Vulkanisationsverfahren für extrudierte Erzeugnisse aus Gründen der Wirtschaftlichkeit immer mehr eingeführt. Während ein Teil der Extrudate als Halbzeug weiterverarbeitet wird (z. B. Reifenlauffläche), bevor sie vulkanisiert werden und ein anderer Teil z. B. wegen zu kleiner Charge einem separaten Vulkanisationsprozeß zugeführt wird, erfolgt die Vulkanisation eines erheblichen Teils der extrudierten Erzeugnisse unmittelbar nach Verlassen des Spritzmundstückes in kontinuierlicher Weise. Hier kommen insbesondere die kontinuierliche Vulkanisation in Flüssigkeitsbädern, im Fließbett und in Heißluft nach einer UHF-Vorwärmung in Betracht, auf die nachfolgend eingegangen wird. Auch die kontinuierliche Vulkanisation in hochgespanntem Dampf (Dampfrohr) ist in diesem Zusammenhang bedeutsam; sie wird bevorzugt bei der Kabelherstellung angewandt. Schließlich spielt auch die Vulkanisation unter Blei für extrudierte Erzeugnisse noch eine gewisse Rolle.

#### 6.3.3.2. Vulkanisation in Autoklaven

Bei der Vulkanisation von Extrudaten in nicht kontinuierlichen Prozessen besitzt nach wie vor die Heizung in Heißluft- oder Dampfautoklaven unter Druck große Bedeutung, die an anderer

Stelle abgehandelt wird (vgl. S. 516 ff). Um zu verhindern, daß sich die Extrudate während der Vulkanisation deformieren, werden die Mischungen mit entsprechenden Faktismengen versetzt und/oder die Profile in Stützeinrichtungen oder in Talkum eingelegt. Dünnwandige Schläuche werden zur Verhinderung von Deformationen auf Dorn gezogen und in Vulkanisationsautoklaven von z. B. 30 m Länge und mehr unter Druck vulkanisiert. Es ist auch möglich, die Extrudate in Autoklaven unter Wasser zu heizen (vgl. S. 523 ff).

Da diese Arten der Vulkanisationen stets diskontinuierlich sind, werden sie nur dann angewendet, wenn kontinuierliche Prozesse ausscheiden oder sich nicht lohnen.

#### 6.3.3.3. Kontinuierliche Vulkanisation in Flüssigkeitsbädern, Liquid-Curing-Methode (LCM-Vulkanisation)

Vor einer Reihe von Jahren hat sich ein kontinuierliches Vulkanisationsverfahren für extrudierte Profile, Schläuche u. dgl., bei dem die Vulkanisation in heißen Flüssigkeiten vorgenommen wird, das sogenannte LCM-Verfahren (von liquid curing method) durchgesetzt.

**Grundprinzip.** Das Grundprinzip ist denkbar einfach: Die Profile werden unmittelbar nach Verlassen des Mundstückes des Extruders mittels eines Einlauftransportbandes in ein langgestrecktes Bad mit einer heißen Flüssigkeit eingebracht, dort durch ein Stahlband in die Flüssigkeit gedrückt, durch diese gefördert und am Ende fertig vulkanisiert entnommen.

Die Hauptvorteile der Liquid-Curing-Methode im Vergleich zur Vulkanisation in Vulkanisationsautoklaven ist nicht nur darin zu suchen, daß endlose Profillängen hergestellt werden können, sondern auch darin, daß

- die Ausschußquoten geringer werden,
- die Profile vielfach besser aussehen und
- die Vulkanisationszeiten verkürzt werden.

Die Verringerung der Ausschußquote hängt damit zusammen, daß in den meist verwendeten Heizmedien des LCM-Verfahrens eine wesentlich geringere Verzerrung und Deformation der Profile erfolgt, als bei der Vulkanisation im Autoklaven.

Eine weitere Verringerung des Ausschußes erreicht man dadurch, daß bei dieser Methode gleich nach dem Austritt aus dem Vulkanisationsbad die Dimension und das Aussehen des fertigen Vulkanisates kontrolliert und überwacht werden kann, wogegen man sie bei in Heizkesseln vulkanisierten Profilen nur chargenweise ermittelt, und bei Fehlern eventuell eine ganze Charge verwerfen muß. Außerdem ist der Wirkungsgrad von LCM-Anlagen höher; bei der Vulkanisation in Kesseln geht beim Öffnen stets Wärme verloren.

Da bei der Flüssigkeitsbad-Vulkanisation zumeist auf Pudermaterialien verzichtet werden kann und Kondenswasserflecken, die bei der Vulkanisation in freiem Dampf eine Rolle spielen, nicht auftreten, erhält man nach dieser Methode vielfach besonders ansprechende Profile.

**Konstruktion.** Zur LCM-Vulkanisation ist folgende *maschinelle Einrichtung* erforderlich:

Das Salzbad stellt eine langgestreckte Flüssigkeitswanne dar, durch die ein Transportband, z. B. aus Stahl, läuft. Diese Wanne wird dicht vor dem Extruder aufgestellt, von der das extrudierte Profil mittels des Bandes in das Salzbad eingedrückt und durch dieses befördert wird.

Die erforderliche Länge eines solchen Flüssigkeitsbades ist nicht nur von der Vulkanisationsgeschwindigkeit der zu heizenden Profile und der Heizbadtemperatur abhängig, sondern auch von der Spritzleistung des angeschlossenen Extruders, d. h. der maximalen Durchzugsgeschwindigkeit. Diese ist aber wieder abhängig von der Dimension des extrudierten Profiles. Ein zu langes Verweilen des Profiles über die optimale Vulkanisationszeit hinaus ist in Anbetracht der sehr hohen Vulkanisationstemperaturen bedenklich, weshalb ein sorgfältiges Abstimmen zwischen Spritzgeschwindigkeit und Verweilzeit im Heizbad zu erfolgen hat.

Als *Heizmedien* für Vulkanisierbäder werden z. B. in der Regel eutektische Salzgemische sowie seltener Metallgemische, Polyalkylenglykole, Glycerin, Siliconöle u. a. verwendet. Das Verfahren wird wegen der meist verwendeten Salzgemische auch häufig „Salzbadvulkanisation" genannt.

Als eutektisches Salzgemisch kommt meist ein Gemisch aus

53 Massen-% Kaliumnitrat
40 Massen-% Natriumnitrit und
7 Massen-% Natriumnitrat

in geschmolzener Form zum Einsatz.

**Vor- und Nachteile von LCM-Anlagen.** Bei der Anwendung dieser Bäder erhält man sehr sauber aussehende Profile. Der Nachteil des Salzgemisches ist dessen hohe *Dichte.* Da die Dichte der Kautschukmischungen praktisch immer deutlich niedriger liegt als die der Salzschmelze, entsteht ein mehr oder weniger starker Auftrieb, der dadurch überwunden wird, daß die Profile mit dem Stahlband in das Bad hineingedrückt werden. Bei sehr weichen Mischungen mit geringer Dichte und kompliziertem Profilquerschnitt können sich daraus Deformationen ergeben. In solchen Fällen kann z. B. mit Polyalkylenglykolen oder Siliconöl als Heizbadmedium wegen deren geringer Dichte besser gearbeitet werden.

Die *Wärmeübertragung* der Heizmedien ist im allgemeinen sehr gut und da hohe Vulkanisationstemperaturen gewählt werden können (im Regelfall 210–240° C), erhält man recht kurze Vulkanisationszeiten. Von den Badflüssigkeiten hat das genannte Salzgemisch eine besonders gute Wärmeübertragung. Diese ist bei der Salzbadvulkanisation deutlich höher als bei anderen kontinuierlichen Vulkanisationsverfahren. Problematisch ist jedoch die relativ langsame Wärmedurchdringung insbesondere starkwandiger Profile sowie z. B. auch von Kammerprofilen, die durch die geringe Wärmeleitfähigkeit von Kautschukmischungen bedingt ist. Je stärker das zu heizende Profil ist, um so länger muß naturgemäß die Verweilzeit des Profils im Flüssigkeitsbad sein, damit es durchwärmt wird. Dies bedingt aber eine entsprechend starke Übervulkanisation des Profils an der Oberfläche, vor allem bei sehr hohen Heiztemperaturen. Schließlich kommt mit zunehmender Stärke des Profils ein immer größerer Gradient des Vulkanisationsgrades und damit eine Anisotropie der Vulkanisateigenschaften von außen nach innen zustande. Hier zeigt sich eine Grenze der Anwendbarkeit des LCM-Verfahrens. Beim sogenannten UHF-Verfahren (vgl. S. 479 ff) erhält man im Vergleich dazu eine bessere Durchwärmung des gesamten Profils über den Querschnitt.

Ein weiteres Problem bei der Flüssigkeitsbadvulkanisation ist das Vermeiden von Porosität, die durch den nur sehr geringen Vulkanisationsdruck (lediglich die geringe Flüssigkeitssäule) entstehen kann. Porosität entsteht durch die in der Kautschukmischung enthaltene Luft und Feuchtigkeit. Daß dies in starkem Maße von der Art und Menge der Füllstoffe und anderer Zusatzstoffe und der Verarbeitungsmethodik abhängig ist, liegt auf der Hand. Je höher die Härte der rohen Mischung ist, um so geringer wird im allgemeinen die Porosität.

Der wesentliche Anteil der Porosität rührt vom Wassergehalt der Mischung her. Durch Einsatz eines Trockenmittels in der Mischung, wie z. B. CaO, kann die Porosität bereits stark reduziert werden, das jedoch das Vulkanisationsverhalten der Mischungen beeinflußt.

Die Beseitigung der Restporosität, die durch eingemischte Luft bedingt ist, bereitet größere Schwierigkeiten. Durch die Verwendung von Extrudern mit Vakuumzonen im Schneckenzylinder (vgl. S. 468 f) läßt sich die Restluft absaugen.

Auch Moosgummi – poröse Profile mit feinen Poren – lassen sich kontinuierlich in LCM-Anlagen herstellen, obwohl deren Herstellung in UHF-Anlagen vorteilhafter ist. Die in der Mischung enthaltenen Treibmittel zersetzen sich bei den Badtemperaturen und treiben das Profil vor dem Einsetzen der Vulkanisation auf die gewünschte Höhe auf. Ein vorzeitiger Gasverlust im Extruder ist zu vermeiden. Dem dient die richtige Temperaturführung und Wahl eines Treibmittels mit entsprechender Zersetzungstemperatur (s. Kapitel 5.6. u. 6.7.10., S. 369 ff u. 536 ff).

Den *Vorteilen* der LCM-Vulkanisation, nämlich

- keine Unterbrechung des kontinuierlichen Spritzvorganges;
- kein Transport der Halbfabrikate;
- nur geringe Wärmeverluste;
- keine kostspieligen Vorrichtungen zur Unterstützung der Profile;
- keine Verwendung von Pudermaterialien, dadurch größere Sauberkeit der Betriebe;
- geringer Ausschuß;
- Einsparung von Arbeitskräften;
- besseres Aussehen der Profile,
- Möglichkeit der Vulkanisation peroxidhaltiger Mischungen,
- keine oxidierende Wirkung oxidationsempfindlicher Kautschuke z. B. NR.

stehen folgende *Nachteile* gegenüber:

- Notwendigkeit der Verwendung von teuren Extrudern mit Entgasungszone,
- daher vielfach geringere Spritzgeschwindigkeit als bei konventionellen Verfahren;
- gewisser Salzverlust im Salzbad in Abhängigkeit von der Art des Profiles, der Spritzgeschwindigkeit und der Temperatur,
- daher Wartung des Bades erforderlich;
- Notwendigkeit der Reinigung der Profile,
- mehr Gefahrenmomente beim Arbeiten mit dem Salzbad,
- gelegentliche Deformation der Profile

**Einfluß der Mischungszusammensetzung.** Naturgemäß ist die Mischungszusammensetzung auf die Salzbadvulkanisation von wesentlichem Einfluß. Bei entsprechender Mischungseinstellung können sämtliche Kautschuktypen ohne größere Schwierigkeiten drucklos vulkanisiert werden. Bei der Festlegung der maximalen Badtemperatur muß man sowohl die Wärmebeständigkeit als auch sonstige technologische Gesichtspunkte beachten.

Als Erfahrungswerte können folgende Temperaturgrenzen angegeben werden (siehe Tabelle 6.1.).

Als *Vulkanisationsbeschleuniger* wurden anfänglich relativ rasche Beschleunigerkombinationen für die Salzbadvulkanisation verwendet, um der kurzen Vulkanisationszeit Rechnung zu tragen. Spätere Versuche zeigten, daß dies nicht erforderlich und sogar auch nicht zweckmäßig ist, da bei den sehr hohen Vulkanisationstemperaturen die Unterschiede in der Heizzeit relativ gering sind, jedoch eventuelle Reversionsgefahren vergrößert werden. Die weniger

**Tab. 6.1.:** Maximale Vulkanisationstemperaturen verschiedener Kautschuktypen bei der LCM-Vulkanisation.

| Kautschukart | maximale Vulkanisationstemperatur | Bemerkungen |
|---|---|---|
| NR | bis 210° C | darüber Oberflächenklebrigkeit, Reversion |
| SBR | bis 240° C | evtl. noch höher |
| OE-SBR | bis 240° C | darüber Porenbildung |
| NBR | bis 240° C | evtl. höher |
| CR | bis 240° C | in Ausnahmefällen höher |
| EAM | bis 220° C | darüber große Poren durch Peroxidzersetzung |

rasch beschleunigten Mischungen haben vor allem den Vorteil einer größeren Anvulkanisationssicherheit im Extruder. So kommen z. B. Sulfenamide in Kombination mit Mercaptobeschleunigern, Thiuramen und Dithiocarbamaten zum Einsatz. Bei CR wird beispielsweise ETU-Thioharnstoff mit Polyäthylenpolyaminen kombiniert. Bei sehr starken Querschnitten ist die Anwendung weniger rasch beschleunigter Mischungen aufgrund der geringen Wärmeleitfähigkeit der Kautschukmischungen und dementsprechend starker Untervulkanisation im Innern des Profils begrenzt. Bei zur Reversion neigenden Kautschuken sind wegen der hohen Vulkanisationstemperaturen solche Beschleuniger vorzuziehen, die die Reversionsbeständigkeit verbessern.

Bei der Vulkanisation von Mischungen mit *Peroxiden* muß die Vulkanisationstemperatur auf ca. 200 bis 220° C beschränkt werden, da eine plötzliche Zersetzung des Peroxids bei höheren Temperaturen Anlaß zu großen Blasen geben kann.

Von den *Füllstoffen* verursachen Furnace-, Acetylen- und Ölruße keine Porosität und ergeben somit keine Schwierigkeiten. Es ist dagegen praktisch nicht möglich, mit Channelrußen porenfreie Vulkanisate herzustellen. Auch mit Kaolin wird oft ein negatives Ergebnis erzielt. Durch Mitverwendung von CaO kann die Porosität aber in den meisten Fällen vermindert werden.

Der Einfluß wenig flüchtiger *Weichmacher* auf die Porosität bei der Salzbadvulkanisation ist relativ gering. Die meisten Weichmacher, insbesondere die Mineralölweichmacher, verursachen auch bei Temperaturen bis zu 240° C keine Porosität. Bei Verwendung von Emulsionsweichmachern ist dagegen fast immer mit Porosität zu rechnen, da der in der Mischung verbleibende Wasseranteil selbst im Vakuumextruder nur schwer völlig auszutreiben ist.

### 6.3.3.4. Fließbettvulkanisation [6.72.–6.73.]

Neben der Salzbadvulkanisation wird, wenn auch in geringerem Umfange, die sogenannte „Fließbettvulkanisation" (fluid bed vulcanization) für das kontinuierliche Herstellen von Schläuchen und Profilen angewendet.

Das Prinzip der Fließbettvulkanisation ist dem der Flüssigkeitsbadvulkanisation sehr ähnlich. Auch die den Praktiker bei der Anwendung der beiden Verfahren berührenden Probleme sind nahezu die gleichen. Das Prinzip ist folgendes:

**Grundprinzip.** Läßt man ein Gas aufwärts durch eine Schicht von festen, kleinen Teilchen strömen, so werden die letzteren angehoben. Bei genügender Strömungsgeschwindigkeit expandiert die Schicht, und jedes Teilchen wird von dem sich bewegenden Gas in der Schwebe gehalten und besitzt durch sein „Gaspolster" eine beträchtliche Beweglichkeit. In diesem Zustand wird das System als Fließbett bezeichnet; denn die in der Schwebe gehaltenen kleinen Teilchen verhalten sich in vieler Hinsicht wie eine NEWTON'sche Flüssigkeit: Es nimmt die Formen des Behälters an, zeigt eine horizontale Oberfläche, läßt sich durch ein Rohr transportieren, und der hydrostatische Druck wächst linear mit der Tiefe. Bedeutsam ist, daß sich durch diese scheinbare NEWTON'sche Flüssigkeit ein zu vulkanisierendes Profil analog wie durch ein Salzbad ziehen läßt. Auch die Wärmeübertragungseigenschaften entsprechen denen einer Flüssigkeit und sind etwa 50mal größer als die von Luft.

Solche Fließbetten lassen sich analog wie die Flüssigkeitsbäder zur kontinuierlichen Vulkanisation von Spritzartikeln verwenden. Als Partikel dienen beispielsweise kleine Glaskugeln von 0,13 bis 0,25 mm Durchmesser, Ballotini genannt. Die Schicht zeigt in loser Packung ca. 40% Hohlraum; bei durchströmendem Gas tritt etwa eine Expansion der Schicht um 10% ein, und der Hohlraum steigt auf etwa 45%. Diese Expansion genügt, um einen flüssigkeitsähnlichen Zustand zu erreichen und die Glaskügelchen in ein Fließbett zu verwandeln. Hierdurch kann das zu vulkanisierende Gut gezogen werden.

**Wärmeübertragung**. Die Wärmeübertragung eines Fließbettes hängt nur wenig vom Material ab, aus dem die Partikel bestehen; sie wird vielmehr bestimmt durch die Stärke der Fluidisierung und der spezifischen Wärme des Trägergases, z. B. Dampf. Der Grad der Fluidisierung bestimmt wiederum die „Dichte" des Fließbettes, die sich verändern und der Dichte des Vulkanisates anpassen läßt. Die Fließbettvulkanisation eignet sich deshalb vor allem auch für besonders komplizierte Profile, die empfindlich gegen Deformationen sind, da hierbei das Profil frei durch das Fließbett „schweben" kann.

Die Probleme der Porosität sind hier die gleichen wie bei der Flüssigkeitsbadvulkanisation und werden durch die gleichen Maßnahmen bekämpft.

**Anordnung.** Fließbettvulkanisationsanlagen werden in horizontaler und vertikaler Anordnung gebaut.

### 6.3.3.5. Kontinuierliche Vulkanisation in Heißluft nach Vorwärmung in ultrahochfrequentem Wechselfeld (UHF-Vulkanisation) [6.58.–6.62., 6.66.–6.75.]

**Heißluftvulkanisation.** Die Vulkanisation in Heißluft ist eines der ältesten Vulkanisationsverfahren (vgl. S. 519 ff). Bei kontinuierlicher Durchführung wird sie nur drucklos angewendet. Dabei wird das Extrudat durch Wärmeschränke geleitet, die z. B. bis zu 150 m lang sein können. Die Gesamtstrecke wird in verschiedene Abschnitte unterteilt, um die Temperaturregelung und Abziehgeschwindigkeit gut regeln zu können.

In dem Bestreben, die Länge von Heißluftkanälen drastisch zu reduzieren, wurde bei dem neuesten kontinuierlichen Vulkanisationsprozeß zur Vorwärmung des Extrudates eine Ultrahochfrequenzstrecke entwickelt, die mit einer relativ kurzen Heißluftstrecke kombiniert wird. Diese kontinuierliche Vulkanisation in Heißluft nach Vorwärmung im ultrahochfrequenten Wechselfeld wird nicht ganz korrekt „UHF“ – oder „Mikrowellen“-Vulkanisation genannt. Nach UHF-Vorwärmung können die Heißluftstrecken auf z. B. 6 bis 22 m verkürzt werden. Sie dienen nur noch zum Halten der im UHF-Feld erzeugten Wärme (vgl. Abb. 6.25., s. auch S. 509 f).

**Grundprinzip der UHF-Methode.** Bei der UHF-Vulkanisation wird ein extrudiertes Profil nach Verlassen des Mundstückes des Extruders durch einen Mikrowellenhohlleiter mit einem ultrahochfrequenten Wechselfeld geführt, wobei es sich infolge dielektrischer Verluste erwärmt.

Die *dielektrische Erwärmung,* die eine rasche und gleichmäßige Durchwärmung aller elektrisch nicht leitenden Substanzen gestattet, beruht darauf, daß in das elektrische Hochfrequenzfeld gebrachte nicht leitende Substanzen unter dem Einfluß des ultrahochfrequenten Wechselfeldes einer Polarisation unterworfen werden, wobei in diesen Körpern dielektrische Verluste entstehen; hierdurch wird der Stoff erwärmt.

Diese dielektrischen Verluste werden nach Debye je nach Frequenz des elektrischen Wechselfeldes auf unterschiedliche Arten der Polarisation zurückgeführt, die einen Teil der Energie des Feldes in Form einer inneren Reibung verbraucht und sich nach außen hin

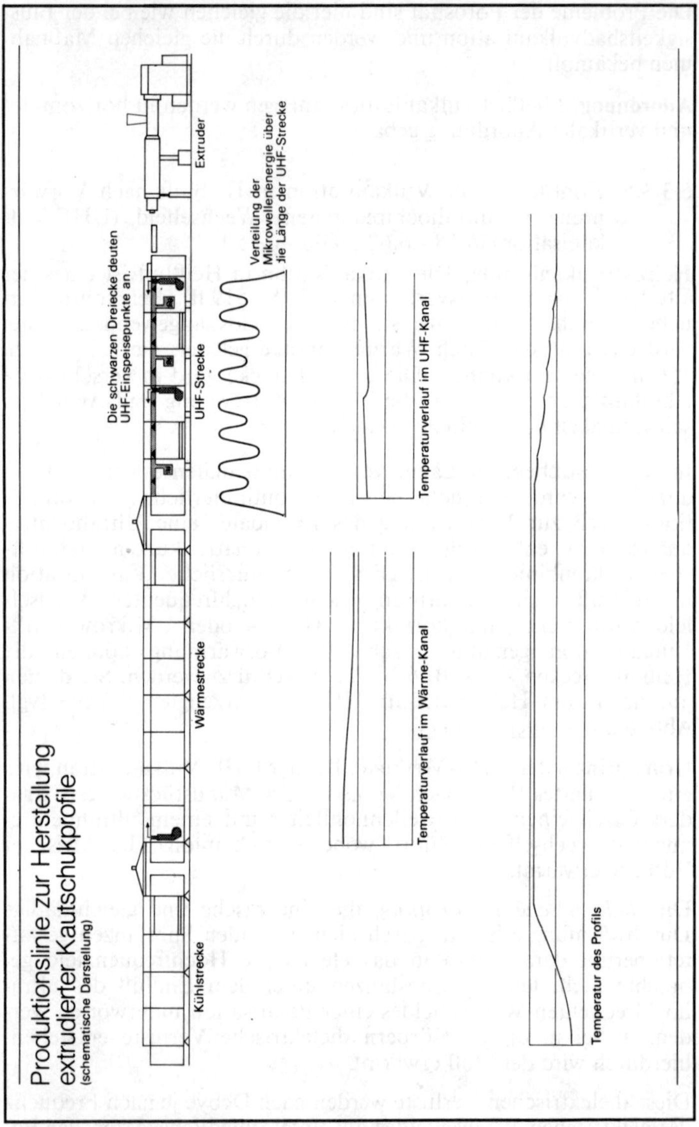


**Abb. 6.25.:** UHF-Vulkanisation (Prinzipskizze).
Bild: Troester.

als Wärme bemerkbar macht. Man muß dabei folgende Polarisationsarten unterscheiden:

- *Elektronenpolarisation,* hervorgerufen durch eine Verschiebung der Elektronen gegen den positiven Atomkern.
- *Dipolpolarisation,* hervorgerufen durch den Einfluß des Feldes auf Moleküle mit Dipolcharakter.
- *Grenzflächen- oder Ionenpolarisation,* hervorgerufen durch die Anhäufung freier Ionen an den Grenzflächen zwischen Stoffen verschiedener Leitfähigkeit und Dielektrizitätskonstante.

Bei reinem NR, SBR, EPDM, IIR u. dgl., bei denen es sich um *unpolare Substanzen* handelt, ist eine Ultrahochfrequenzerwärmung nur durch Elektronenpolarisation möglich, die eine außerordentlich hohe Frequenz erfordert. Eine praktische und wirtschaftliche Verwendung der Vorwärmung ist daher in diesem Falle nicht gegeben.

Für Kautschukarten mit Dipolcharakter, also *polare Substanzen* wie NBR und CR, werden dagegen wesentlich geringere Energien benötigt, sie sind deshalb wesentlich besser für eine gleichmäßige Erwärmung im Hochfrequenzfeld geeignet.

Da es sich aber bei der praktischen Verwendung der Hochfrequenzvorwärmung um Kautschukmischungen, also um *heterogene Stoffsysteme* handelt, ist in vielen Fällen eine Erwärmung durch Grenzflächen- oder Ionenpolarisation mit im Vergleich zur Elektronenpolarisation relativ geringen Frequenzen möglich. Hierfür ist die Erklärung des Mechanismus der Erwärmung noch umstritten. Hier gewinnt die „Wagnersche Theorie" des geschichteten Dielektrikums an Bedeutung, welche die elektrische Heterogenität als Ursache des Energieverlustes erklärt, wobei der Vergleich herangezogen wird, daß ein elektrisch gestörtes Milieu in ähnlicher Form elektrische Energie absorbiert, wie ein optisch gestörtes System Lichtenergie.

Die Erwärmbarkeit einer Mischung ist außer von der Art des Polymeren in erheblichem Maße von den eingesetzten *Füllstoffen* abhängig. Mit steigenden Mengen Ruß wird die Erwärmungsgeschwindigkeit gesteigert. Aber auch die Aktivität des Rußes ist von Einfluß. Bei gleicher Dosierung bewirken stärker aktive Ruße eine raschere Erwärmung als weniger aktive. Helle Füllstoffe geben weniger rasch erwärmbare Mischungen als Ruße. Von hellen Füllstoffen gibt ZnO schneller erwärmbare Mischungen als beispielsweise $MgCO_3$ und dieses wiederum wirkt schneller als Kreide.

Die Energieaufnahme im verlustbehafteten Dielektrikum durch ein ultrahochfrequentes Wechselfeld wird durch die nachfolgende Gleichung beschrieben,

$$P = K \cdot E^2 \cdot f \cdot \tan\delta \cdot \varepsilon'_r$$

wobei P die Verlustleistung in $W/cm^3$, K eine Konstante ($0{,}556 \cdot 10^{-12}$), E die Feldstärke in V/cm, f die Frequenz des Feldes, $\tan\delta$ der Verlustfaktor und $\varepsilon'_r$ die Dielektrizitätskonstante ist. Das Produkt aus $\tan\delta \cdot \varepsilon'_r$ ist die Verlustziffer $\varepsilon''_r$, eine für ein Material charakteristische Größe. Sowohl $\tan\delta$ als auch $\varepsilon'_r$ sind frequenz- und temperaturabhängig. Die Verlustziffer $\varepsilon''_r$ ist für die Erwärmbarkeit einer Mischung im UHF-Feld ausschlaggebend, d. h., sie läßt eine Beurteilung über die Vulkanisationsgeschwindigkeit im UHF-Feld zu. Sie kann für die Beurteilung der Verwendbarkeit von Kautschukmischungen in einem kleinen zylindrischen Hohlraumresonator mit dazugehöriger Meßbrücke bestimmt werden.

**Konstruktion.** Bei der UHF-Vorwärmung ist folgende maschinelle Einrichtung erforderlich. Der Generator ist ein Sender nach dem Prinzip eines oszillierenden *Magnetrons* mit einer Frequenz von 2450 MHz, die in Europa als einzige in diesem Bereich für indu strielle Zwecke freigegeben ist (in USA und England ist außerdem die Frequenz 915 MHz anwendbar).

Beim *Hohlleiterprinzip* werden die durch das Magnetron erzeugten ultrahochfrequenten Wellen in einen Hohlleiter eingespeist, wobei Wellen entstehen, die axial im Hohlleiter fortschreiten und durch Abstimmung der Hohlleiterlänge mit Hilfe von Reflektorbüchsen konzentrisch stehende Wellen bilden. Durch spezielle Zusatzeinrichtungen wie Koaxialleiter oder einem Ferritkäfig wird dafür Sorge getragen, daß bei der Vorwärmung von Gummi-Metallteilen wie z. B. Kabeln und Leitungen eine Verzerrung der Felder vermieden wird und keine Abstrahlung elektrischer Energie nach außen stattfindet.

Beim *Resonatorkammerprinzip* entsteht die Mikrowellenenergie im Vorwärmbereich als Streustrahlung, die durch Reflexion an den Kammerwänden über den gesamten Kammerbereich verteilt wird. Im Vergleich zu der im Hohlleiter gebildeten stehenden Welle, ist die diffusere Energie in der Resonatorkammer natürlich abgeschwächt, weshalb auch die Produktionskapazität, bezogen auf gleiche Querschnittsgrößen der Profile um ca. 20–25% kleiner ist. Bei solchen Anlagen lassen sich aber wesentlich stärkere Profile fahren, wodurch die Produktionsleistung bei allerdings langsamerer Transportgeschwindigkeit größer werden kann. Da die Wärmeübertragung in der Resonatorkammer aber gleichmäßiger ist als im Hohlleiter, eignet sich das Resonatorkammerprinzip in besonderem Maße für die Herstellung von größeren Profilen sowie Moosgummi, bei der eine gleichmäßige Wärmeentstehung für die Entstehung eines einheitlichen Porenbildes Voraussetzung ist.

Der Mikrowellenhohlleiter bzw. die Resonatorkammer ist der Vorwärmkanal. Durch diesen Kanal von z. B. 4 m Länge läuft ein silikonisiertes oder teflonisiertes Glasgewebeband zum Transport

des Rohlings. Die Anlage enthält außerdem die Einrichtung zur Geschwindigkeitsvariation des Transportbandes sowie ein System zur Zentrierung des Wellenleiters, das es erlaubt, das Profil in Abhängigkeit von Größe und Form genau durch die Mitte des elektrischen Feldes zu führen.
Ferner gibt es Einrichtungen, mit deren Hilfe man kontrollieren kann, wieviel Energie der Arbeitswelle durch die Kautschukmischung absorbiert wird. Fotozellen am Ende der Strecke schalten das Magnetron aus, wenn kein Material die Vulkanisationsstrecke mehr passiert.
Um Wärmeverluste an dem Profil durch Abstrahlung zu verhindern, ist ein *Warmluftgebläse* angebracht, das gleichzeitig die entstehenden Gase abführt, und ein Absetzen von Niederschlägen vermeidet.
Die relativ kurze Länge der UHF-Strecke macht es, wie bereits erwähnt, erforderlich, einen *Infrarot- oder Heißluftkanal* nachzuschalten, um das Spritzgut auszuvulkanisieren und mit ausreichender Geschwindigkeit fahren zu können. Diese Kombination hat den Vorteil einer möglichst gleichmäßigen Durchvulkanisation. Natürlich wäre auch eine Durchvulkanisation in einer entsprechend langen UHF-Strecke möglich, was aber einen wirtschaftlich nicht zu vertretenden Aufwand erfordern würde.
Im Gegensatz zu anderen Vulkanisationsverfahren erfolgt in der UHF-Strecke die *Wärmezufuhr* nicht von außen, sondern hier wird die Wärme innen und an der Oberfläche gleichzeitig gebildet, wodurch insbesondere bei stärker dimensionierten Profilen ein größeres Gefälle des Vulkanisationsgrades nach innen hin nicht entsteht. Es resultiert vielmehr eine gleichmäßige Durchvulkanisation und ein isotropes Eigenschaftsbild über dem Querschnitt. Aus diesem Grunde erfordert dieses Verfahren im Vergleich zu anderen Vulkanisationsarten einen wesentlich geringeren Energieaufwand (Energieausbeute 50–60%) und darüber hinaus eine wesentliche Verkürzung der Vulkanisationszeit bei dickeren Artikeln, bei denen z. B. die LCM-Vulkanisation problematisch sein kann.
Auch bei der UHF-Vulkanisation ist es analog wie bei der LCM-Vulkanisation (vgl. S. 473 ff) erforderlich, einen Extruder mit Entgasungszone einzusetzen, um porenfreie Vulkanisate zu erhalten (s. S. 468 f).

**Mischungsaufbau** Beim Mischungsaufbau von Kautschukmischungen, die in UHF-Anlagen vulkanisiert werden sollen, besteht die Notwendigkeit beim Aufbau der Rezeptur Einfluß auf die zu absorbierende Energie, d. h. auf die entstehende Vulkanisationstemperatur zu nehmen.

Die Erwärmung einer Kautschukmischung im UHF-Feld erfolgt wie bereits erwähnt um so rascher, je polarer der *Kautschuk* ist oder je größere Anteile *polarer Mischungsbestandteile,* wie z. B. Ruß, eingearbeitet werden. Demgemäß bereitet es keine besondere Schwierigkeiten rasch vulkanisierende Mischungen auf Basis von polaren Kautschuken wie NBR und CR aufzubauen, die von sich aus eine starke Energieabsorption aufweisen, oder von unpolaren Polymeren wie NR, SBR, EPDM usw., sofern sie mit geeigneten Rußen gefüllt sind. Probleme ergeben sich bei unpolaren, mit hellen Füllstoffen gefüllten Kautschuken. Um dieses Problem zu lösen bieten sich folgende Möglichkeiten an:

- Der Verschnitt von unpolaren und *polaren Kautschuken,*
- Zusatz *polarer Stoffe* zur unpolaren Mischung.

Verschnitte von unpolarem NR oder EPDM mit polarem *NBR oder CR* führen beispielsweise zu Erwärmungen, die es schon bei relativ geringen Mengen von NBR oder CR ermöglichen, Mischungen für die kontinuierliche Vulkanisation zu entwickeln. Auch ein Zusatz von PVC oder PVDC wird praktisch angewendet.

Bei Zusätzen von polaren *Weichmachern,* wie z. B. Chlorparaffin, kann mit den üblichen Mengen, keine genügende Erwärmung erzielt werden.

Durch Einsatz von *Faktis*, insbesondere Rizinusölfaktistypen, wird eine gewisse Erhöhung der Erwärmungsgeschwindigkeit erreicht. Besonders stark ist die Erhöhung beim Einsatz der als *Füllstoffaktivatoren* eingesetzten Produkte Diäthylenglykol und Triäthanolamin. Meist genügt es schon, wenn hellfarbigen unpolaren Qualitäten 10 Massen-% der Füllstoffmenge an Diäthylenglykol und Triäthanolamin zu gleichen Teilen zugesetzt wird, um eine deutliche Steigerung der Erwärmbarkeit zu erzielen [6.76.]. Auch Verarbeitungshilfsmittel wie Zn-Seifen, Fettalkoholrückstände u. dgl. leisten einen positiven Beitrag zur ultrahochfrequenten Vorwärmung. In der Regel reicht jede der Einzelmaßnahmen allein nicht aus, um eine ausreichende dielektrische Erwärmungsgeschwindigkeit zu erreichen, weshalb meist mehrere der erwähnten Maßnahmen gleichzeitig angewandt werden.

Bei der Verwendung aktiver *Kieselsäurefüllstoffe* bleibt immer ein Teil des Wassers so fest gebunden, daß es in der Vakuumzone der Spritzmaschine nicht entfernt wird. Dieses festgebundene Wasser kann bei der hohen Vulkanisationstemperatur frei werden und zu porösen Vulkanisaten führen, falls nicht mit CaO-Zusätzen gearbeitet wird. Durch den Einsatz von Diäthylenglykol und Triäthanolamin kann dagegen das von aktivem Kieselsäurefüllstoff normalerweise festgehaltene Wasser zum großen Teil freigesetzt und in der Vakuumzone abgesaugt werden. Man erhält daher häufig auch ohne den Einsatz von CaO porenfreie Vulkanisate.

Es sollte ferner berücksichtigt werden, daß in manchen Fällen durch die *Vernetzung* eine Änderung in der Polarität der Mischung auftritt, die sich darin äußert, daß nach dem Vulkanisationseinsatz mehr Energie absorbiert wird als zu Beginn des Prozesses.

### 6.3.3.6. Kontinuierliche Vulkanisation im Dampfrohr

Die kontinuierliche Vulkanisation in hochgespanntem Dampf im Dampfrohr kann nur bei solchen extrudierten Erzeugnissen durchgeführt werden, die einen Festigkeitsträger zum Durchziehen des Profils, z. B. metallische Leiter bei Kabel und Leitungen, besitzen. Diese Art der Vulkanisation wird daher praktisch ausschließlich in der Kabelindustrie vorgenommen.

Bei genügend hohem Dampfdruck lassen sich aufgrund der hohen Temperaturen sehr kurze Vulkanisationszeiten erzielen, die eine kontinuierliche Arbeitsweise ermöglichen.

**Grundprinzip.** Das Prinzip der kontinuierlichen Vulkanisation im Dampfrohr ist folgendes: Das Kabel wird nach dem Aufspritzen des Mantels in ein direkt an den Querkopfextruder anmontiertes doppelwandiges Rohr geleitet, in dem der Dampfdruck meist etwa 5 bis 12 bar, mitunter 20 bar und mehr, beträgt. Das Dampfrohr kann über eine geeignete Dichtungsanordnung mit dem Kühlwasserrohr verbunden werden; es kann auch selbst am Ende in ein Kühlwasserrohr auslaufen.

Die erforderliche Länge des Rohres hängt neben der Kabelgröße und der Stärke der Ummantelung in erster Linie von der Höhe des Dampfdruckes, sowie von der Wahl der Vulkanisationsbeschleuniger ab. Man kann nicht beliebig rasch vulkanisieren, da einer der zeitbestimmenden Faktoren wie bei der LCM-Vulkanisation (vgl. S. 475) die Durchwärmung der Kautschukmischung ist.

Die kontinuierliche Vulkanisation ist aufgrund der geringen Wärmeleitfähigkeit von Kautschukmischungen nur bis zu bestimmten Wandstärken der Kabelmäntel anwendbar. Es lassen sich jedoch auf diese Weise Mäntel von mittelstarken Kabeln ebenso einwandfrei vulkanisieren, wie diejenigen von Leitungen mit kleinem Querschnitt.

**Anordnung.** Die Dampfrohre sind üblicherweise horizontal angeordnet. Es sind aber auch durchhängende und vertikale Anlagen bekannt.

**Vulkanisationsbeschleuniger.** Für die Vulkanisation im Dampfrohr kommen nur Vulkanisationsbeschleuniger in Betracht, die ein genügend breites Plateau ergeben, die eine große Verarbeitungssicherheit aufweisen und dennoch in Dampf bei hohen Temperaturen in Sekundenschnelle anvulkanisieren. Solche Beschleuniger sind beispielsweise die Sulfenamide, die zwar in der Presse eine lange Fließperiode aufweisen, in Dampf aber sehr schnell wirken, insbesondere in Kombination mit Thiuramen oder Dithiocarbamaten (vgl. S. 267 ff).

6.3.3.7. Vulkanisation unter Blei

Um bei gespritzten Artikeln, z. B. Kabel oder Schläuchen, mit besonders großem Querschnitt und weichen Einstellungen eine Deformation bei der Vulkanisation zu vermeiden, umgibt man sie manchmal vor der Vulkanisation mit einem Bleimantel. Der Bleimantel schützt auch gegen andere Einflüsse, beispielsweise die hydrolytische Wirkung des Dampfes.

Die Bleimäntel können diskontinuierlich durch hydraulische Pressen oder kontinuierlich durch Schneckenpressen aufgebracht werden [6. 76a.].

Die mit Blei ummantelten Rohlinge werden meist diskontinuierlich vulkanisiert, indem sie auf große Trommeln aufgerollt und anschließend in Dampf geheizt werden. Die Vulkanisationsdauer ist natürlich länger als bei einer einfachen Dampfvulkanisation, da das Blei mit erwärmt werden muß.

Nach der Vulkanisation wird das ummantelte Vulkanisat möglichst rasch, beispielsweise durch Abbrausen mit Wasser, abgekühlt. Nach dem Abkühlen schält man das Blei durch Einkerben ab, trennt es vom Vulkanisat und führt es wiederum den Bleipressen zu.

## 6.4. Herstellung von Formartikeln [6.77., 6.78.]

Die Formartikel, zu denen typische Massenartikel gehören, wie Stopfen, Sauger, Flaschenverschlüsse, Sohlen und Haushaltsgegenstände sowie zahlreiche Artikel, die in der Industrie ihre Verwendung finden, z. B. Dichtungsringe, Manschetten, Membranen, Ventilkugeln und Puffer aller Art, und schließlich der Reifen, der eine Kombination von Freihand- und Formartikel darstellt, sind im Rahmen der Gummiwarenherstellung überaus bedeutsam.

Formartikel aus Gummi lassen sich nach vier verschiedenen Fertigungsverfahren herstellen:

- *Kompressionsverfahren* (Preßverfahren)
- *Spritzpreßverfahren* (Transfer-Moulding-Verfahren)
- *Flashless-Verfahren*
- *Spritzgußverfahren* (Injection-Moulding-Verfahren)

wobei das „Flashless-Verfahren“ nur eine Sonderausführung des „Transfer-Moulding-Verfahrens“ darstellt.

Während des Formvorganges erfolgt die Vulkanisation. Zahlreiche Artikel müssen jedoch vor der Vulkanisation aus mehreren Mischungen zusammengesetzt werden. Hierfür spielt die Konfektionierung eine wichtige Rolle.

### 6.4.1. Konfektionierung

Die Konfektioniermethoden für verschiedene Gummiwaren, z. B. Autoreifen, Schläuche mit Einlagen, Fördergurte, Keilriemen, Walzenbeläge, Gummischuhe, Bälle und viele andere mehr, sind außerordentlich unterschiedlich. Man war bemüht, die relativ kostspielige Handarbeit für den Aufbau dieser Artikel durch Entwicklung entsprechender Maschinen auszuschalten. Viele Verfahren laufen voll- oder teilkontinuierlich, andere dagegen erfordern noch erhebliche Handarbeit; die Herstellung von Formartikeln ist daher vielfach noch recht lohnintensiv.

Einige Konfektionierungsverfahren werden bei der Herstellung der wichtigsten Gummiartikel erörtert. Für jede Art von Konfektion ist eine gewisse Klebrigkeit der Kalanderplatte oder der gummierten Gewebe erforderlich. Normalerweise ist diese Klebrigkeit bei NR-Mischungen gegeben. Sie kann, insbesondere bei SR durch Zusatz von Harzen und Weichmachern entsprechend den Erfordernissen verbessert werden. Da die Oberfläche durch Verschmutzung von den Mitläufern durch Anoxidation oder durch Schwefelausblühung stumpf geworden sein kann, muß sie meist durch leichtes Abreiben mit Lösungsmitteln wie z. B. Benzin gereinigt werden. Für NBR, das in Benzin unlöslich ist, müssen andere Lösungsmittel, z. B. Methyläthylketon usw., evtl. unter Zusatz von etwas Harz verwendet werden. In gewissen Fällen werden Kautschuklösungen für die Konfektion zu Hilfe genommen (vgl. auch S. 513).

### 6.4.2. Kompressionsverfahren und Vulkanisationspressen [6.77–6.80.]

#### 6.4.2.1. Allgemeines über die Herstellung von Formartikeln

Eine große Anzahl von Gummiwaren, wie Formartikel, Transportbänder, Reifen usw. wird in hydraulischen, in Ausnahmefällen noch mit Spindeln versehenen Kompressionspressen oder in Kniehebelpressen vulkanisiert. Durch Spritzen oder Stanzen und Zuschneiden von Platten unvulkanisierter Kautschukmischungen wird ein Rohling erstellt. Dieser erhält seine Formgebung durch Pressen in Formen unter Anwendung von Hitze. Mit der Formgebung ist gleichzeitig die Vulkanisation verbunden.

Alle nach diesem Verfahren hergestellten Artikel haben den Nachteil, daß sie einen mehr oder weniger starken Austrieb aufweisen, wodurch die Maßhaltigkeit der Artikel in der Preßrichtung ungünstig beeinflußt wird.

#### 6.4.2.2. Pressen

Die Kompressionspressen werden im wesentlichen eingeteilt in Etagenpressen, Kniehebelpressen und Spezialpressen.

**Etagenpressen.** Die sogenannten Etagenpressen (s. Abb. 6.26.) bestehen aus zwei oder mehr Preßplatten, die in einen Rahmen oder zwischen Ständern geführt werden. Sie werden durch Dampf, heißes Wasser oder elektrische Energie *geheizt.* Die gebräuchlichste Art der Erwärmung ist die durch Dampf.

**Abb. 6.26.:** Hydraulisch betätigte Mehretagenpresse.
Bild: Berstorff.

Die Pressen sind an hydraulische Systeme angeschlossen, von denen meist das eine als Nieder*druck*-System mit 30–40 bar zum Schließen und Lüften der Presse, das andere als Hochdruck-System mit ca. 200 bar auf den Kolben der Presse arbeitet. Da die Stempel der Presse wesentlich kleiner als die Preßplatten sind, kann man normalerweise mit Drucken von 35–100 bar/cm² rechnen. Diese hohen Drucke sind erforderlich, um ein gleichmäßiges Verpressen der Kautschukmischung zu gewährleisten. Größere Pressen, wie sie z. B. für die Herstellung von Fördergurten verwendet werden besitzen mehrere Zylinder.

Die *Steuerung* der Etagenpressen kann durch einen Programmregler erfolgen, der das Schließen, mehrmaliges Lüften (kurzfristiges Öffnen zur Entweichung der Luft) und Öffnen der Presse automatisiert.

Die zu vulkanisierenden Rohlinge werden in verschließbare *Formen* eingelegt, die zwischen die Preßplatten geschoben werden. Nach Beendigung der Vulkanisation werden die Formen wieder aus der Presse herausgezogen, geöffnet und die Artikel aus der Form genommen.

**Kniehebelpressen.** Um bei Formartikeln, die in größerer Stückzahl hergestellt werden, eine weitere Vereinfachung des Arbeitsganges zu erzielen, werden anstelle der hydraulischen Etagenpressen vielfach elektrisch betriebene Kniehebelpressen verwendet. Das Öffnen bzw. Schließen erfolgt hierbei mechanisch mit Kniehebeln, die der Presse ihren Namen verliehen haben. Die Formen sind hier in der Presse eingebaut, weshalb es sich hierbei zumeist um Spezialpressen handelt. Die Schrägstellung der Heizplatten beim Öffnen der Presse ermöglicht eine schnellere Beschickung und Entleerung der Formen. Die bedeutendste Presse dieser Art ist der sogenannte Reifeneinzelheizer.

Im Vergleich zu den anderen drei Fertigungsverfahren hat das Kompressionsverfahren den Vorteil, daß für die Herstellung der Formartikel einfache und billige Formen verwendet werden. Dadurch ist auch die Möglichkeit gegeben, geringe Mengen von Formartikeln relativ preiswert herzustellen. Außerdem sind die Investitionskosten für die Pressen, im Gegensatz zum Injection-Moulding-Verfahren, geringer.

**Spezialpressen.** Außer den erwähnten Etagen- und Kniehebelpressen, die bevorzugt für die Herstellung kleinerer oder mittelgroßer Formartikel verwendet werden, existiert eine Vielzahl von Spezialpressen, die zumeist für die Herstellung bestimmter Artikel ausgelegt sind. Hier sind u. a. folgende zu erwähnen:

- *Reifenpressen* mit hohem Automationsgrad sind meist Einzel- oder Zwillingsheizer, in denen die Reifenform mit dem Profil in zwei Formhälften in Unter- und Oberteil der Presse fest eingebaut ist (vgl. S. 544 f).
- *Maulpressen,* bei denen der Arbeitsraum wegen der Verwendung eines einhüftigen Ständers nach drei Seiten offen ist und die bevorzugt zur Herstellung von Platten, Fußbodenbelägen, Matten usw. verwendet werden.
- *Fördergurtpressen,* die mit Klemm- und Streckvorrichtungen versehen sind, um den vorgefertigten, noch unvulkanisierten Fördergurt unter Dehnung vulkanisieren zu können. Die Vulkanisation erfolgt abschnittweise, wobei an den Enden der Presse durch Kühlzonen eine Überheizung der Anschlußstellen verhindert wird,
- *Keilriemenpressen,* mit anologem Aufbau wie Fördergurtpressen,
- *Schuh- und Stiefelpressen,* in denen Gummischuhe oder Stiefel, die auf dem Leisten vorkonfektioniert werden, geformt und vulkanisiert werden,
- *Sohlenpressen,* in denen Sohlen auf Leder-, Filz- oder Kunststoffteile aufgepreßt und vulkanisiert werden,
- *Kesselpressen,* bei denen die eigentlichen Pressen von einem Dampfkessel umhüllt sind, zur Herstellung großdimensionierter Teile wie z. B. Federelemente, bei denen in einer einfachen Etagenpresse die Abstrahlung der Wärme zu groß wäre.
- *Autoklavenpressen,* die nach dem gleichen Prinzip wie Kesselpressen arbeiten, jedoch aus einem vertikal in den Boden gelassenen Dampfautoklaven bestehen, in denen ein Presskolben in axialer Richtung gegen den verankerten Deckel arbeitet und dann gegen mehrere übereinander angeordnete Vulkanisierformen (z. B. mit Reifenrohlingen) preßt.

Die Pressen für die Vulkanisation werden zumeist mit Dampf beheizt, der durch die Kanäle der Preßplatte geleitet wird.

Da es sich um Sattdampf handelt, werden die Vulkanisationstemperaturen häufig durch den Dampfdruck angegeben. Die Angabe, Vulkanisation bei 4 bar Überdruck bedeutet z. B., daß die Mischung bei 151° C geheizt wird. Elektrisch beheizte Pressen werden besonders dann verwandt, wenn höhere Temperaturen benötigt werden. Großflächige Artikel, wie Fördergurte, Matten, Dichtungsplatten usw., werden direkt zwischen den Preßplatten oder unter Zwischenlegung von polierten und profilierten Stahlblechen und Beilegen von Stahlleisten zur Seitenbegrenzung vulkanisiert.

### 6.4.3. Spritzpressen (Transfer-Moulding) und Flashless-Verfahren

6.4.3.1. Spritzpressen [6.79., 6.80.]

Das Spritzpressen, in der Gummiindustrie zumeist als Transfer-Moulding-Verfahren bezeichnet, ist eine Weiterentwicklung des Kompressionsverfahrens und ist mit dem Spritzgießen (Injektion-moulding-Verfahren) eng verwandt.

**Grundprinzip.** In seiner einfachsten Form besteht das Spritzpreß-Verfahren im Prinzip in der Verwendung einer dreiteiligen Form, deren Ober-oder Unterteil auf einer Oberkolbenpresse befestigt wird, während das Mittelteil herausnehmbar oder bei größeren Formen über Schienen aus der Presse ausfahrbar ist. Das Oberteil der Form ist dabei in neueren Anlagen vielfach als Preßkolben ausgebildet, das Mittelteil enthält den Zylinder zur Aufnahme der zu verpressenden Mischung (Füllraum) sowie die Einspritzdüse, und das Unterteil bildet die eigentliche Form. Es handelt sich hierbei um Spezialpressen, für die Großserienherstellung ein und desselben Artikels.

Beim Spritzpreß-Verfahren wird die Kautschukmischung beim Schließen der dreiteiligen Form durch den hierfür aufgewendeten Druck aus dem „Füllraum“ (Form-Oberteil) durch Kanäle oder flache Fugen (im Form-Mittelteil) in die eigentliche Form (Unterteil) „transferiert“, woher das Verfahren die Bezeichnung „Transfer-Moulding“-Prozeß erhielt.

Die Verwendung derartiger drei- oder mehrteiliger Formen hat jedoch gewisse Nachteile durch Zeitverluste beim Ausbau der Form sowie dadurch, daß die oft auftretenden erheblichen Seitendrücke nur schwer abgefangen werden können und die Formen sich beim Einspritzen, bevor der volle Druck auf ihnen lastet, etwas öffnen können; letzteres hat eine stärkere Gratbildung zur Folge.

**Anlagen.** Um dieser Schwierigkeit Herr zu werden, war man bemüht, das Prinzip der dreiteiligen Form zu verlassen und wie bereits erwähnt den Preßteil der Form als Kolben in das Oberteil der Presse zu verlegen, oder die Mischung ähnlich wie bei Injection-Moulding-Anlagen einzuspritzen (vgl. Abb. 6.27 a., 6.27 b. und 6.28.), bevor die Mischung mittels eines Kolbens in die Form transferiert wird. Es entstanden dadurch spezielle Pressen für dieses Verfahren, die einfacher in der Bedienung sind, und durch den festen Verschluß vor Wirksamwerden des Preßdrukkes die Bildung eines nennenswerten Formgrates weitgehend verhindern.

**Formen.** Die Formen für dieses Verfahren sind teurer als zweiteilige Vulkanisierformen für Etagenpressen, und es entsteht mehr vulkanisierter Abfall dadurch, daß stets eine gewisse Menge Mischung

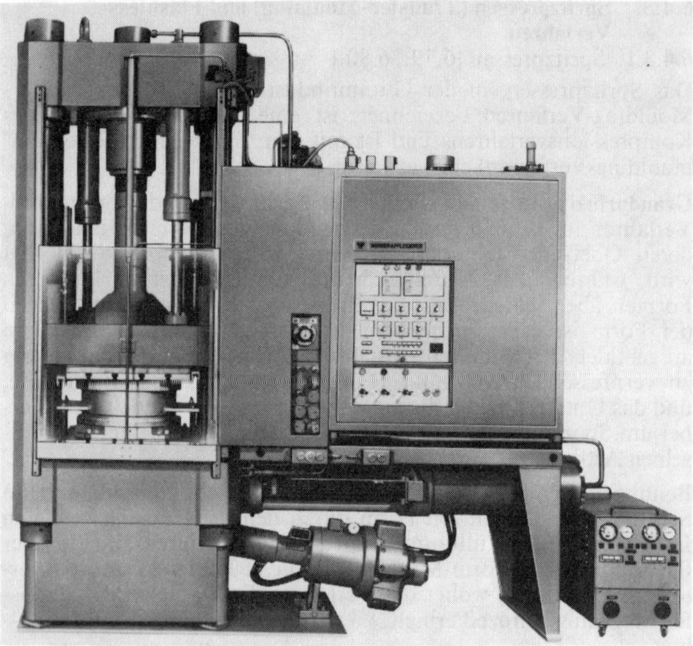

**Abb. 6.27 a.:** Spritzpresse (Photo).
Bild: Werner & Pfleiderer.

im Füllraum der Form und in den Teilen, die die Kautschukmischung bei ihrer Formung durchfließen muß, zurückbleibt.

Das Transfer-Moulding-Verfahren vereinfacht aber die Beschikkung der Formen, was besonders bei der Herstellung komplizierter Formteile Kostenersparnisse bringt, verringert die Gefahr der Lufteinschlüsse und gestattet die Herstellung von sehr genau dimensionierten und nahezu austriebsfreien Formartikeln.

**Probleme.** Im Gegensatz zum Kompressionsverfahren ist ein einoder mehrmaliges Lüften nicht erforderlich. Bei der Betrachtung der Transfer-Moulding-Vulkanisation haben wir es mit zwei Problemkreisen zu tun, dem Problem der Fließformung und dem der Kompressionsvulkanisation. Die Probleme der Fließformung beim Spritzpressen sind denen beim Spritzgießen sehr ähnlich und werden dort abgehandelt (vgl. S. 496 ff), wogegen die Kompressionsformung im Abschnitt 6.4.2. besprochen worden ist (vgl. S. 487 ff). Aus diesem Grunde kann auf die Abhandlung spezifischer Vulka-

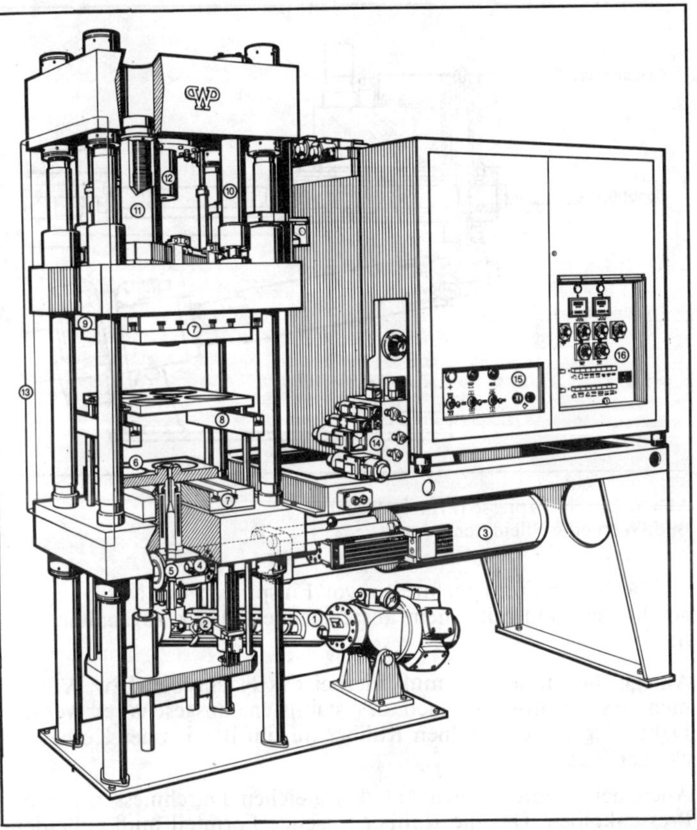


**Abb. 6.27 b.:** Spritzpresse (Prinzipskizze).
Bild: Werner & Pfleiderer.

nisationsprobleme beim Spritzpressen an dieser Stelle verzichtet werden.

6.4.3.2. Flashless-Verfahren [6.81.]

**Grundprinzip.** Mit dem Ziel, austriebslose Formartikel herzustellen, die keiner Nachbearbeitung durch Entgraten bedürfen und die in der Preßrichtung den immer größeren Anforderungen an Maßhaltigkeit entsprechen, ist die Flashless-Vulkanisation entwickelt worden. Sie ist ein abgewandeltes Transfer-Moulding-Verfahren, bei dem im Prinzip der Austrieb dadurch verhindert wird, daß alle

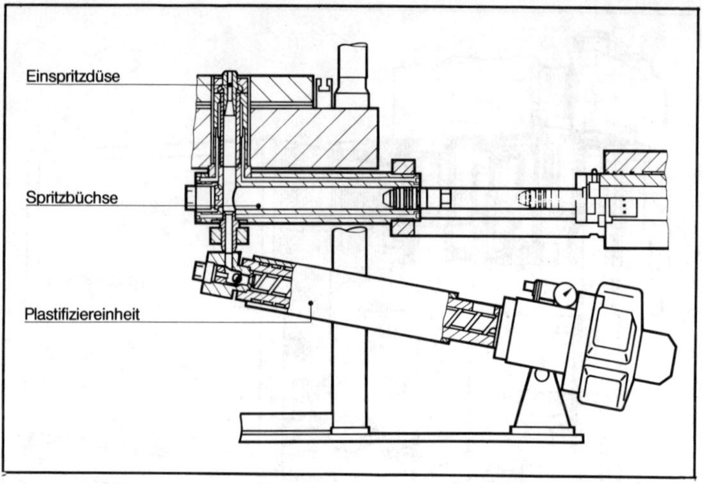


**Abb. 6.28.:** Spritzpresse (Prinzipskizze).
Bild: Werner & Pfleiderer.

Kaliber einer Form rechtzeitig vor Einspritzen der Mischung fest geschlossen und mit einem ausreichenden Druck zugehalten werden.

**Anlage.** Grundsätzlich muß hierbei das Nachgeben bzw. Verformen des Preßtisches, auch des stabilsten, ausgeschaltet werden. Daher liegen die einzelnen Kaliber nur im Bereich der Kolbenfläche der Presse.

Auch der Formenkolben hat den gleichen Durchmesser wie der Pressenkolben. Das die Kaliber tragende Formteil muß außerdem möglichst weich und anpassungsfähig ausgebildet werden, damit es sich den immer vorhandenen kleinen Ungenauigkeiten der Heizplatte bzw. der Isolierplatte zwischen Heizplatte und Pressentisch leicht anpassen kann. Dies wird bei relativ hohen Artikeln dadurch erreicht, daß man die Formplatte zwischen den Kalibern ausfräst und ihr somit die gewünschte Elastizität verleiht. Die Formkaliber selbst sind immer als gehärtete Einsätze ausgebildet und werden so eingesetzt, daß sie in Preßrichtung beweglich bleiben. Diese Einsätze ragen immer mindestens 0,05 mm über die Platte, in der sie eingesetzt sind hinaus, so daß nur die Ringfläche der Kaliber bei geschlossener Form den Preßdruck erhält. Zwischen dem Formenstempel und einem an Teleskopankern sitzenden Spannring sind vier Tellerfederpakete angebracht, die im geöffneten Zustand für einen Abstand sorgen. Auch im Formenunterteil sind Tellerfederpakete zur leichteren Entformung eingebaut. Beim Zufahren der Presse sorgen sie für das Schließen der Vorrichtung, bevor die Kautschukmischung in die Form transferiert wird. Nach dem Schließen der Form wird das eingelegte Material aus dem Ring durch die Spritzkanäle in die einzelnen Kaliber gedrückt. Der Ring hat nach innen eine Stahllippe, die wie eine Dichtlippe einer Manschette arbeitet und verhindert, daß die eingelegte Mischung zwischen Ringunterseite und Form tritt.

**Arbeitsweise.** In den Ring muß unbedingt so viel Kautschukmischung eingelegt werden, daß sich zwischen Stempel und Form, nachdem alle Kaliber gefüllt wurden, eine Gummischicht bildet, die mindestens 0,8 mm dick sein muß. Die Schicht der Kautschukmischung wirkt im Rohzustand wie eine Flüssigkeit und sorgt für gleichmäßigen Schließdruck aller Kaliber. Die Spritzkanäle, anfangs ziemlich weit und konisch zulaufend, verengen sich kurz vor dem Kaliber auf ca. 0,8 mm Durchmesser. Die Länge dieser Verengung soll nur 0,4 mm betragen, so daß bei Öffnen der Form bzw. bei Abreißen des Kissens an dieser Stelle das Material durchreißt. Das Kissen bedingt zwar, daß mehr Material als der übliche Austrieb bei Kompressionsformen benötigt wird, garantiert aber dafür austriebslose Artikel.

Sobald die Presse aufgefahren wird, ziehen die Tellerfedern den Ring vom Stempel; die eigentliche Form wird frei. Diese Form muß nun herausgenommen werden. Durch Aufklappen der Form werden die Gummiartikel vom Kissen getrennt. Die Formenplatte mit den Kalibern wird herausgenommen. Die Artikel werden im Anschluß daran in einer eigens dafür aufgestellten Ausstoßvorrichtung entformt. Ausstoßvorrichtungen mit pneumatischem Antrieb sind dafür besonders geeignet.

Die einzelnen Ausstoßstifte werden verschieden lang ausgeführt, so daß man mit geringeren Ausstoßkräften auskommen kann. Das Öffnen der Form und das Ausstoßen der Artikel muß möglichst schnell geschehen, damit sich die Form selbst nicht zu sehr abkühlt.

Damit sich beim Herausnehmen der Formplatte die Artikel nicht vorzeitig lösen bzw. nicht auf dem Formenunterteil hängen bleiben, muß das Einsprühen der Kaliber mit Formeneinstreichmitteln besonders sorgfältig, d. h. gleichmäßig und entsprechend dosiert, vorgenommen werden. Nach jedem Entformen müssen alle Trennflächen der Form peinlich sauber gemacht werden, da jeder zurückbleibende Gummirest das Schließen eines oder mehrerer Kaliber behindert und zu Fehlern führt.

**Formen:** Flashless-Formen sind Form- und Vulkanisierwerkzeuge von hoher Präzision und können mit den herkömmlichen Kompressions-oder Transfer-Moulding-Formen nicht verglichen werden. Der höhere Herstellungspreis pro Formkaliber wird durch den höheren Ausstoß pro Zeiteinheit, geringerem Ausschuß, Nachbehandlungsfreiheit und, da es sich durchweg um gehärtete Einsätze handelt, durch längere Lebensdauer bei entsprechender Behandlung mehr als aufgehoben. Flashless-Formen können bei Beachtung bestimmter Betriebsbedingungen in jeder Art von Etagenpressen eingesetzt werden.

**Druckaufbau.** Aber nicht nur die präzise Form und ihre richtige Behandlung garantieren austriebsfreie Artikel, sondern auch der Druckaufbau während des Schließens der Presse und die Druckhöhe während der Vulkanisation spielen eine große Rolle. Ein schnelleres Zufahren der Presse kann zu Lufteinschlüssen führen. Diese Gefahr ist insbesondere dann gegeben, wenn zu weiche Mischungen zum Einsatz kommen. Bei den üblicherweise nach der Flashless-Methode hergestellten Formartikeln sind Vulkanisationszeiten von 4 Minuten und weniger zu erreichen.

### 6.4.4. Spritzguß (Injection-Moulding)-Verfahren [6.82.–6.89.]

Neben dem Transfer-Moulding-Verfahren ist insbes. das Spritzguß-Verfahren (in der Gummi-Industrie im allg. „Injection-Moulding-Verfahren“ genannt) zur Grundlage einer wirtschaftlichen Fertigung geworden.

Für das „Injection-Moulding-Verfahren“ werden im Prinzip die gleichen Maschinenarten, jedoch in Sonderbauweise, verwendet wie in der Kunststoff-Industrie. Gegenüber den Thermoplasten treten jedoch bei der Verarbeitung von Kautschukmischungen gewisse Probleme auf, die durch die höhere Viskosität, die geringere Temperaturabhängigkeit der Viskosität, die Gefahr für vorzeitige Anvulkanisation und die Tatsache, daß die Formen zur Erzielung einer schnellen Vulkanisation auf 180–220° C erhitzt werden müssen, entstehen. Außerdem wird im Forminneren bei der Vulkanisation ein höherer Druck aufgebaut, so daß höhere Schließdrücke erforderlich sind; deshalb müssen die Pressen- und Formteile für die Kautschukverarbeitung schwerer ausgeführt werden. Nach dem Spritzgussverfahren lassen sich gratfreie Formteile herstellen. [6.90.]

**Maschinentypen.** Man verwendet zwei Maschinentypen: Die Schnecken- (vgl. Abb. 6.29. und 6.30.) und die Kolbenmaschine.

Bei dem *Schneckentyp* wird die zur Füllung der Form notwendige Menge Kautschukmischung von der Schnecke vorgewärmt und genau dosiert. Während die Mischung nach der Injection in der Form vulkanisiert, arbeitet die Schnecke und plastiziert neue Mischung. Zu Beginn der Plastizierungsphase bewegt sich die Schnecke rückwärts und sammelt dabei das plastizierte Material im Druck-

**Abb. 6.29.:** Injektionspresse, System Metzeler (Landshuter Werkzeugbau). Bild: Dr. Küttner.

raum zwischen der Düse und der Schnecke an. Danach wird die Schnecke von einem hydraulisch betätigten Kolben axial verschoben und spritzt das plastische Material in die geschlossene heiße Form ein.

Je nach der Einspritzart in die Form unterscheidet man beim Kautschukeinspritzverfahren mit Schneckenvorplastizierung drei Verfahren,

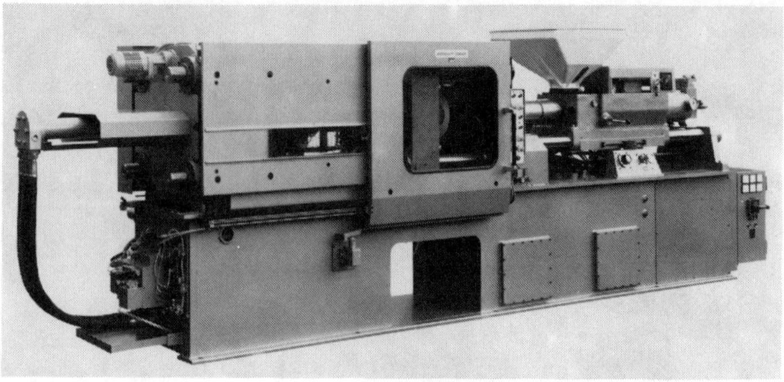

**Abb. 6.30.:** Horizontale Spritzgußmaschine.
Bild: Werner & Pfleiderer.

- das konventionelle,
- das Spritzpräge- und
- das Transferspritzverfahren,

die in Abb. 6.31 näher erläutert werden.

Bei Spritzguß-Anlagen des *Kolbentyps* wird aus einem größeren Vorrat vorgewärmte und damit plastizierte Kautschukmischung durch axiale Bewegung des Kolbens in den Formteil der Maschine eingespritzt.

Bei den Spritzgußmaschinen sind in letzter Zeit besondere Weiterentwicklungen betrieben worden, um die Wirtschaftlichkeit des Verfahrens insbesondere im Hinblick auf die Herstellung von Spritzgußartikeln mit langer Verweilzeit in der Preßform zu vergrößern. Hierfür werden Maschinen angeboten, bei denen durch ein feststehendes Spritzaggregat nacheinander verschiedene, auf einem *Karusselltisch* angeordnete Formen gefüllt werden, in denen die Kautschukmischung bis kurz vor der nächsten Füllung der Form unter Schließdruck verbleibt und so gut ausvulkanisieren kann. Bei den meisten dieser Maschinen sind mehrere komplette Formschließsysteme, teilweise sogar unterschiedlicher Art, auf einem Drehtisch angeordnet. Solche Anlagen arbeiten zwar sehr rationell, sind aber in der Anschaffung sehr teuer.

Eine Sonderform der Spritzgußmaschine ist die Injektionseckenpresse zur Anvulkanisation von Ecken an Profile (vgl. Abb. 6.32.).

**Arbeitstemperaturen.** Das Hauptproblem bei dem Spritzguß-Prozeß ist darin zu suchen, die zu vulkanisierende Mischung vor dem Einspritzen in die Form in einen Zustand möglichst niedriger Viskosität zu bringen. Hierzu benötigt man im allgemeinen relativ

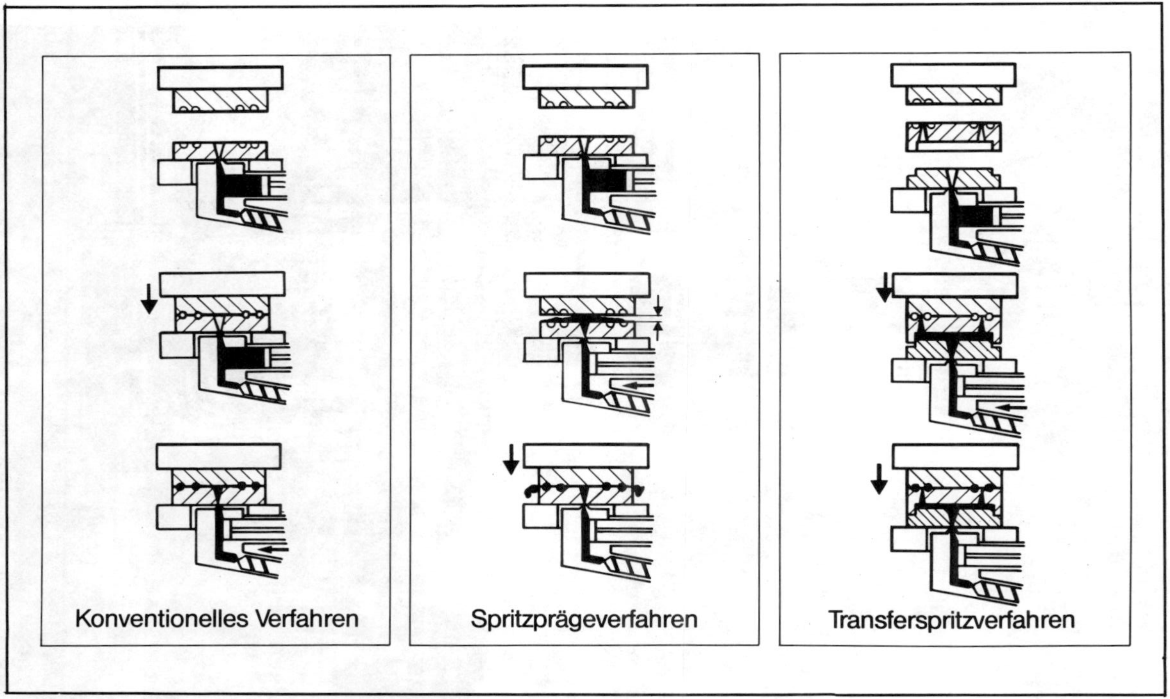


**Abb. 6.31.:** Kautschukspritzverfahren mit Schneckenvorplastizierung. Bild: Werner & Pfleiderer.

**Abb. 6.32.:** Injektionseckenpresse (Landshuter Werkzeugbau).
Bild: Dr. Küttner.

hohe Temperaturen, die nahe an die Vulkanisationstemperaturen heranreichen, wodurch Anvulkanisationsprobleme auftreten können. Die Vulkanisation darf aber erst dann beginnen, wenn alle Mischungsteile in der Form zur Ruhe gekommen sind.

Mehr als beim konventionellen Preßheizen liegt die wirtschaftliche Bedeutung des Spritzguß-Verfahrens in der Erzielung eines möglichst kurzen Arbeitszyklus, d. h. bei gegebener Injections- und Entformungszeit in einer möglichst kurzen Vulkanisationszeit. Die erforderliche kurze Vulkanisationszeit ist aber nicht primär durch hohe Beschleunigermengen oder rasch wirkende Beschleuniger zu erreichen; sie wird wesentlich durch die Eintrittstemperatur der Kautschukmischungen in die Spritzgußform bestimmt. Dieser Einfluß ist um so bedeutender, je größer die Wandstärke des Formartikels ist. Für den Idealfall wäre anzustreben, daß die Rohmischung beim Eintritt in die Form bereits deren Wandtemperatur besitzt. Unter dieser Bedingung wäre der sonst während des Vulkanisationsvorganges stattfindende Temperaturfluß von der Formwandung in die Mischung nicht mehr erforderlich; der Form fiele dann neben der Formgebung lediglich die Aufgabe zu, die der Mischung mitgegebene Temperatur zu halten. Auf diese Weise könnte auch ein starkwandiger Formkörper in seiner Gesamtheit gleichzeitig und gleichmäßig über seinen gesamten Querschnitt in kürzester Zeit durchvulkanisiern und hätte über den gesamten Querschnitt einheitliche Vulkanisateigenschaften. Je höher also die Mischungstemperatur beim Eintritt in die Form ist, um so mehr nähert man sich diesem Ideal an. Diesem Idealfall einer Vulkanisation kommt man mit einer Schnecken-Spritzguß-Maschine nach der Erfahrung der Praxis eher nahe als mit einer Kolbenspritzguß-Maschine.

Eine hohe Düsenaustrittstemperatur ist bei der *Schneckenspritzgußmaschine* auf Grund der kürzeren Verweilzeit des vorgewärmten Materials in ihr eher möglich als bei der Kolbenspritzgußmaschine. Die Temperatur vor der Schnecke kann um 120° C liegen und die Düsenaustrittstemperatur bis zu 140° C betragen. Eine Temperatursteigerung im Material von 140° C bis z. B. 180° C ist während des Fließens durch die Kanäle und Düsen der Form möglich.

Bei der *Kolbenspritzgußmaschine* kann das Material wegen der langen Verweilzeit nur auf Vorwärmtemperaturen von etwa 70–80° C gehalten werden. Es ist daher sehr schwer, die erstrebte hohe Temperatur noch während des Einspritzvorganges zu erzielen. Deshalb werden bei diesem Maschinentyp oft bewußt lange und enge Angußkanäle und hochviskose Mischungen gewählt, um durch größeren Kontakt mit der heißen Formoberfläche und durch erhöhte Friktion während des Einspritzvorganges die nötige Aufwärmung zu erzielen. Das aber bedeutet verlängerte Injektionszeiten oder erhöhten Spritzdruck. Der erhöhte Spritzdruck wiederum verlangt eine stärkere Auslegung in der Maschinenkonstruktion sowohl für den Spritzteil als auch für den Formenschließteil.

Wesentlich für das Injection-moulding-Verfahren ist das Fließverhalten der Kautschukmischung, das neben den Arbeitsbedingungen (Staudruck, Ausbildung der Düse und der Form) weitgehend vom Mischungsaufbau abhängig ist.

**Mischungsaufbau.** Der Aufbau der Mischungen wird für die Verarbeitung nach dem Spritzguß-Verfahren auf Schnecken-Maschinen im allgemeinen so vorgenommen, daß man einerseits bei der Einspritztemperatur eine den Verhältnissen angepaßte optimale, meist niedrige Viskosität erhält, damit der Einspritzvorgang möglichst rasch erfolgt, daß aber andererseits keine Anvulkanisationsgefahr besteht. Vor allen Dingen darf in dem Bereich der besonders gefährdeten Zylinderaustrittsöffnung, der Einspritzdüse, keine Anvulkanisation eintreten.

Aus diesen Gründen muß dafür Sorge getragen werden, daß die Mischungen eine möglichst niedrige Viskosität und einen möglichst gut verzögerten Vulkanisationseinsatz aufweisen. Die niedrige Viskosität läßt sich aus Gründen der Anvulkanisationsgefahr nicht allein durch eine hohe Verarbeitungstemperatur erreichen, sondern hier ist ein richtiger Mischungsaufbau entscheidend.

Dies läßt sich sowohl durch die Wahl *niedrigviskoser Kautschuktypen* und die Art ihrer Vorverarbeitung (Plastizierung) als auch in wesentlichem Maße durch die Wahl der Zuschlagstoffe (inaktive bis *halbaktive Füllstoffe, Weichmacher, usw.*) erreichen. Es hat sich ferner gezeigt, daß praktisch bei den meisten in Betracht kommenden Kautschuktypen (NR, SBR, NBR) bei Mitverwendung von *stereospezifischem BR und IR* die Einspritzzeiten erheblich reduziert werden können, wodurch die Herstellung von Formartikeln nach dem Spritzguß-Verfahren nicht nur wesentlich schneller und rationeller, sondern auch sicherer erfolgen kann.

Von den *Vulkanisationsbeschleunigern* haben sich insbesondere die Sulfenamidbeschleuniger evtl. in Kombination mit Thiuramen, Dithiocarbamaten oder Guanidinen gegebenenfalls in Gegenwart von *Verzögerern* bewährt.

**Vor- und Nachteile.** Bei einem Vergleich des Spritzgießens [6.89.] mit dem Formpressen erhält man folgende Vor- und Nachteile:

*Vorteile* sind z.B.

- *Verminderte Vorbereitungsarbeit.* In der Regel müssen bei der Kompressionsformung aus gewalzten Fellen oder extrudierten Strängen Rohlinge zugeschnitten werden. Für die Spritzgußverarbeitung entfällt die Herstellung von Rohlingen. Dafür kann mit Granulaten oder wie bei Spritzmaschinen mit Strängen weitgehend kontinuierlich gefüttert werden.

- *Entfallen von Transport und Zwischenlagerung* der zugeschnittenen Rohlinge. Beim Zuschneiden der Rohlinge für die Kompressionsformung fallen Abfälle an, die zwar nicht weggeworfen werden, sondern wieder eingewalzt oder erneut extrudiert werden müssen.
- *Entfallen des Einlegens* der Rohlinge in die Form. Hierbei ist zu beachten, daß falsches Einlegen beim Formpressen häufig die Ausschußquote ungünstig beeinflußt.
- *Erheblich kürzere Vulkanisationszeiten* als Folge gleichmäßig vorgewärmter Masse. Je nach Formteil, Mischung und gewählter Maschine können die Vulkanisationszeiten um 70–90% verkürzt werden.
- *Gleichmäßigere Durchvulkanisation* des Fertigartikels bei hohen Einspritztemperaturen; deshalb bei stärkerwandigen Artikeln ein isotropes Eigenschaftsbild über den gesamten Querschnitt.
- *Entfallen des Lüftens.* Beim Formpressen ist in der Regel ein einmaliges oder mehrmaliges Öffnen der Form zur Entweichung eingeschlossener Luft notwendig.
- *Schnelleres Entformen* der fertigen Spritzlinge, das ohne schwere manuelle Arbeiten zu bewerkstelligen ist und beim Preßverfahren insbesondere bei Flachformen in Mehretagenpressen schwere und zeitraubende Arbeit bedingt. Schwierigkeiten mit dem Auswerfen fertig vulkanisierter Artikel behindert aber im Vergleich zu entsprechenden Kunststoff-Verarbeitungsanlagen vielfach eine vollkontinuierliche Arbeitsweise beim Spritzguß-Verfahren von Kautschukmischungen.
- *Entfallen oder Verringern des Entgratens* der fertigen Formteile. Im Gegensatz zum Formpressen kann beim Spritzgießen häufig auf den Einsatz von Formtrennmitteln verzichtet werden.
- *Senken der Abfall- und Ausschußquote*, die beim Formpressen durchschnittlich zwischen 10 und 20% liegt, auf 5 bis 10% beim Spritzgieß-Verfahren. In Einzelfällen sind die Abweichungen noch wesentlich größer.

Dem stehen als *Nachteile* die in der Regel *wesentlich höheren Investitionskosten* für Formen und Maschinen gegenüber.Beim Spritzgußverfahren können ferner keine so großen Volumina verarbeitet werden wie beim Spritzpressen.

Neben der Herstellung von Formartikeln aller Art hat sich das Injection-Moulding-Verfahren auch für die Anfertigung von Schuhsohlen und Absätzen sowie zum Anspritzen von Sohlen auf Schuhoberteile eingeführt.

**Wirtschaftlichkeit.** Welche Methode zur Herstellung von Formartikeln die wirtschaftlichste ist, das Formpressen mit geringeren Investitionen, aber höheren Produktionskosten, oder das Spritzpressen, bei dem höhere Investitionen erforderlich sind, aber eine rentablere Herstellung möglich ist, hängt in starkem Maße von der zu fertigenden Stückzahl ab. Unterhalb bestimmter Rentabilitätsgrenzen wird man günstiger mit billigen Produktionsmitteln, aber höheren Löhnen arbeiten, wogegen bei besonders hohen Stückzahlen sich die großen Investitionen rentieren.

### 6.4.5. Vulkanisation in Vulkanisierpressen

Im Nachfolgenden sollen einige allgemeine, bei der Formartikelherstellung wichtige Probleme behandelt werden. Im Rahmen dieser Ausführungen ist ihre vollständige Behandlung nicht möglich. Auch die Vielzahl unterschiedlicher Herstellungsweisen von Formartikeln kann hier nicht beschrieben werden.

#### 6.4.5.1. Einfluß der Temperatur auf die Vulkanisationsgeschwindigkeit

**Reaktionsgeschwindigkeit.** Wie alle chemischen Reaktionen, so nimmt natürlich auch die Geschwindigkeit der Vulkanisation mit steigender Temperatur zu. Es gilt hier angenähert die van't HOFF'sche Regel, nach der die Reaktionsgeschwindigkeit bei der Erhöhung der Temperatur um je 8–10° C (entsprechend etwa 1 bar Dampfüberdruck) jeweils etwa verdoppelt bzw. die Reaktionszeit halbiert wird. Wenn man diese Regel mathematisch formuliert, so erhält man folgende Gleichung:

$$RG_2 = RG_1 \cdot 2^{0,1 \Delta T}$$

wobei RG die Reaktionsgeschwindigkeit und T die Temperatur bedeutet. Nach dieser Gleichung würde sich die Reaktionsgeschwindigkeit bei einer Temperaturerhöhung um 20° C vervier- bzw. bei Erhöhung um 30° C verachtfachen. Der nach diesem Gesetz zu erwartende Geschwindigkeitsanstieg mit der Temperatur (Temperaturkoeffizient = 2, d. h. jeweilige Verdoppelung der Geschwindigkeit bei Temperaturerhöhung um 10° C) ist allerdings bei der Kautschukvulkanisation nur zum Teil real, da er von der Mischungszusammensetzung stark abhängig ist.

**Aktivierungsenergie.** In Wirklichkeit hat praktisch jede Mischung einen etwas anderen Temperaturkoeffizienten, der z. B. von 1,86 (bei NR-Mischung mit Kreide als Füllstoff) bis zu 2,50 (z. B. Hartgummimischungen) reicht. Hinzu kommt, daß der Temperaturkoeffizient der Vulkanisationsgeschwindigkeit selbst von der Reaktionstemperatur abhängig ist. Aus diesen Gründen ist man in den letzten Jahren zur Ermittlung der Temperaturabhängigkeit der Vulkanisationsgeschwindigkeit mehr und mehr zur Anwendung der ARRHENIUS-Gleichung übergegangen, in der die Aktivierungsenergie A als Koeffizient eingeführt wird:

$$RG_2 = RG_1 \cdot e^{-\frac{A}{R} \cdot \left(\frac{1}{T_2} - \frac{1}{T_1}\right)} \text{ bzw. } \ln RG_2 = RG_1 - \frac{A}{R} \cdot \left(\frac{1}{T_2} - \frac{1}{T_1}\right)$$

In dieser Gleichung stellen R die Gaskonstante und T die absolute Temperatur dar. Diese Formel ist nicht komplizierter als die ungenaue Potenzformel, graphisch ist sie sogar wesentlich leichter auszuwerten.

Die Aktivierungsenergie nach ARRHENIUS ist ein exaktes, auch in der täglichen Praxis gut zu verwendendes Maß für die Temperaturabhängigkeit der Vulkanisationsgeschwindigkeit. Man gewinnt sie unmittelbar aus den Gleichwertzeiten (d. h. Zeiten, die zu gleichen Vulkanisationsgraden führen), indem man deren Logarithmen über der reziproken absoluten Temperatur aufträgt und die Neigung der erhaltenen Geraden bestimmt.

**Grenzen der Vulkanisationstemperatur.** Aus Rationalisierungsgründen ist man natürlich sehr daran interessiert, die Vulkanisationstemperatur möglichst hoch zu wählen, um zu entsprechend kurzen Vulkanisationszeiten zu gelangen. Diesem Bestreben sind allerdings aus verschiedenen Gründen insbesondere für großdimensionierte Artikel Grenzen gesetzt.

Eine beliebige Verkürzung der Vulkanisationszeit durch Temperaturerhöhung ist schon deshalb nicht möglich, weil die Mischungen in den Formen erst verfließen müssen, bis alle Hohlräume der Formen ausgefüllt sind, bevor eine Anvulkanisation beginnen darf.

Eine Begrenzung der Vulkanisationstemperatur, die für alle Vulkanisationsverfahren gleich bedeutsam ist, ergibt sich beispielsweise aus der *Breite des Plateaus* des Vulkanisates (vgl. Kapitel 5.2.1.1., S. 242 ff). Während Mischungen mit einem sehr breiten Plateau hohe Vulkanisationstemperaturen zulassen, dürfen solche mit einem schmalen Plateau nur bei niedrigen Temperaturen geheizt werden.

Auch zwischen NR- und SR-Typen ergibt sich ein Unterschied in der höchstzulässigen Heiztemperatur. Je *wärmebeständiger* der SR ist, um so höhere Temperaturen können für seine Vulkanisation zugelassen werden, ohne daß die Vulkanisate durch den Einfluß der Temperatur bereits geschädigt werden.

Da die *mechanischen Vulkanisateigenschaften* von der Vulkanisationstemperatur abhängig sind, kann in besonders gelagerten Fällen, wenn z. B. bestimmte Spezifikationen eingehalten werden müssen, eine Temperaturgrenze vorhanden sein, die nicht überschritten werden darf.

Eine weitere Temperaturbegrenzung ergibt sich beispielsweise durch die *Wandstärke* des zu vulkanisierenden Artikels (s. S. 507 ff).

Bei Vulkanisation in der Presse darf oft, wenn bei gegebenen Formen bestimmte *Dimensionen* eingehalten werden müssen, die Vulkanisationstemperatur nicht geändert werden, da nur sie, aufgrund des Schwundmaßes zu den genauen Dimensionen führt (s. S. 510 ff).

Nur in manchen Fällen läßt sich also die Vulkanisationstemperatur in einem solchen Maße steigern, daß man zu äußerst kurzen Vulkanisationszeiten gelangt. Hiervon macht man bei den kontinuierlichen Vulkanisationsverfahren Gebrauch (s. S. 473 ff, 479 ff u. 485 f).

6.4.5.2. Fließperiode

Bei den hohen Investitionskosten für eine Pressenabteilung, den hohen Formkosten und dem relativ starken Dampf- bzw. Stromverbrauch ist für die wirtschaftliche Herstellung von Preßartikeln naturgemäß eine weitgehende Rationalisierung der Preßarbeit erforderlich. Eine wesentliche Bedingung hierfür ist, daß die Vulkanisationszeiten so kurz wie nur eben möglich gehalten werden.

Um zu möglichst kurzen Vulkanisationszeiten zu gelangen, sollte die Fließperiode, die sich in der Hauptsache nach den zurückzulegenden Fließwegen, der Mischungsviskosität, der erforderlichen Anzahl von Lüftungen usw. zu richten hat, so kurz wie möglich sein und die im Anschluß daran beginnende Ausvulkanisation sehr rasch erfolgen. Das Ideal der angestrebten Vulkanisationskurve für Formheizungen ist daher die in Abb. 6.33. gezeigte Kurve.

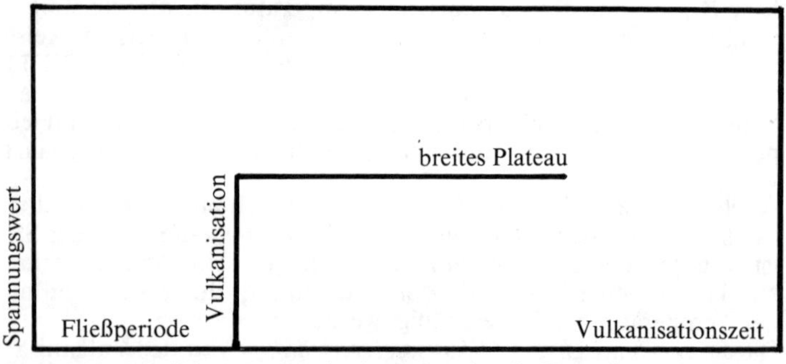


**Abb. 6.33.:** Idealisierte Vulkanisationskurve für die Herstellung von Formartikeln.

Daß eine solche idealisierte Vulkanisationskurve nur angenähert erreicht werden kann, liegt auf der Hand. Am nächsten kommt man dieser Kurve durch Verwendung von Benzothiazyl- und Dithiocarbamyl-Sulfenamidbeschleunigern (vgl. S. 267ff u. 281ff).

Je nach der Wahl der Sulfenamidbeschleunigertypen und weiterer Mischungsbestandteile hat man es in der Hand, die Fließperiode in sehr weiten Grenzen zu variieren und sich damit den betrieblichen Belangen anzupassen. Nach dem Vulkanisationseinsatz erfolgt die Ausvulkanisation bei Verwendung von Sulfenamidbeschleunigern sehr rasch; schließlich kann man Vulkanisate mit einem sehr breiten Plateau erhalten.
Auch durch die Wahl der Vulkanisationstemperatur läßt sich die Fließperiode beeinflussen. Bei sehr hohen Heiztemperaturen erhält man vielfach nur noch mit den verarbeitungssichersten Beschleunigern eine genügend lange Fließperiode, ohne daß die Ausschußquote durch Fehlpressungen ansteigt.

### 6.4.5.3. Vulkanisation starkwandiger Artikel

**Temperatur.** Die meisten zu vulkanisierenden Artikel sind größer, als die zur Ermittlung der optimalen Vulkanisation verwendeten Prüfkörper. Man kann daher ausgehend von den im Laboratorium, an z.B. 6 mm starken Prüfkörpern ermittelten optimalen Heizzeiten zur Festlegung der Vulkanisationszeiten in der Fabrikation oft nur schätzen. Die Festsetzung der richtigen Vulkanisationstemperatur und -zeit vor allem bei voluminösen Artikeln ist oft schwierig. Im allgemeinen gilt zwar die Regel, daß die an beispielsweise 6 mm starken Testklappen ermittelte optimale Vulkanisationszeit bei starkwandigen Artikeln unabhängig von der Vulkanisationstemperatur je Millimeter größerer Wandstärke um etwa eine Minute verlängert werden muß, um die Vulkanisationswärme auch ins Innere der Mischung eindringen zu lassen. Die Verlängerung der Heizzeit, die durch die schlechte Wärmeleitfähigkeit des Gummis bedingt ist, bewirkt natürlich an der Oberfläche des Vulkanisates eine mehr oder weniger starke Übervulkanisation, die von der Höhe der Vulkanisationstemperatur abhängig ist. Im Inneren kann der Körper dabei noch untervulkanisiert oder gerade optimal vulkanisiert sein.

Hieraus ergibt sich die Folgerung, daß ein Artikel innerhalb gewisser Grenzen bei um so niedrigeren Temperaturen und demgemäß um so länger vulkanisiert werden muß, je starkwandiger er ist. Die Festsetzung der günstigsten Vulkanisationstemperatur und -zeit erfordert erhebliche Erfahrung und ist meist nur durch Probevulkanisation und Prüfung der Vulkanisate möglich.

Hier gewinnt aber die in den letzten Jahren entwickelte Vulkanisationssimulation mit temperaturprogrammierten Vulkametern an Bedeutung, mit der man auch bei größeren Artikeln die optimalen Vulkanisationsbedingungen im Laboratorium ermitteln kann [9.29.] (vgl. S. 633).

**Bedeutung gleichmäßiger Durchvulkanisation.** Ein großdimensionierter und dynamisch stark beanspruchter Artikel muß möglichst gut und gleichmäßig durchvulkanisiert sein, da eine ungenügende Vulkanisation selbst einer begrenzten Zone im Inneren bei dynamisch starken Beanspruchungen infolge innerer Reibung eine stärkere Erhitzung und damit Zerstörung von innen her bewirken kann. Bei Fundamentpuffern kann die Untervulkanisation z. B. ein Absinken des gelagerten Teiles (Maschine, Bauwerk o. a.), oft nach längerer Zeit der Beanspruchung, zur Folge haben. Durch Bestimmung der Federkonstanten kann die Durchvulkanisation ohne Zerstörung des Puffers geprüft werden.

**Erzielung gleichmäßiger Durchvulkanisation.** Die Größe der Vulkanisationsform, die Art der Presse, das Formenmaterial u. a. wirken sich natürlich auf die Heizzeit und -temperatur in starkem Maße aus. Bei hohen Vulkanisierformen hat eine mehr oder weniger große Wärmeabstrahlung einen ungünstigen Effekt auf die Ausvulkanisation des Artikels. Sehr große Formartikel werden sinnvollerweise in einer Kesselpresse vulkanisiert, bei der die direkt beheizten Preßplatten von einem Vulkanisationskessel umgeben sind, in dem zusätzlich mit Dampf geheizt wird.

Zur Erzielung einer gleichmäßigen Durchvulkanisation von starkwandigen Artikeln ergeben sich folgende Möglichkeiten:

- Stufenweise Erhöhung der Preßtemperatur
- Konfektionieren der Artikel aus verschieden beschleunigten Mischungen
- Vorwärmen des Rohlings im Heizschrank bei mittlerer Temperatur
- Hochfrequenzvorwärmung.

Während die ersten drei genannten Verfahren keiner besonderen Verfahrenstechnik bedürfen, ist die heute sehr bedeutsame Hochfrequenzvorwärmung problematischer, weshalb sie im Anschluß besonders besprochen werden soll.

**Vulkanisationsbeschleuniger.** Für die Vulkanisation starkwandiger Artikel werden wegen der langen Heizzeiten zumeist langsam heizende Beschleuniger oder solche, die ein besonders breites Plateau ergeben, verwendet.

**Back Rinding.** Bei der Vulkanisation großvolumiger Artikel können sich an der Nahtstelle der Formen leicht Ausfressungen und Spalten bilden, durch die der Verkaufswert der Gummiteile sehr gemindert wird. Diese als „Back Rinding“ bezeichnete Erscheinung ist noch nicht in allen Einzelheiten geklärt. Die wahrscheinlichste Theorie führt diesen Effekt auf eine durch die exotherme Vulkanisationsreaktion bedingte innere Erwärmung der Mischung über die Vulkanisationstemperatur hinaus zurück, durch die ein Überdruck in der Form entsteht. Durch diesen Überdruck kann die Form während der Vulkanisation an der Teilung geringfügig geöffnet werden, wodurch eine gewisse, über den normalen Austrieb hinausgehende und zum Teil bereits anvulkanisierte Materialmenge zwischen den Formhälften austritt. Wenn nach einer gewissen Zeit der innere Überdruck nachläßt und die Form durch den Preßdruck wieder fest geschlossen wird, bleibt der zu starke Austrieb zwischen den Formteilen haften. Beim Abreißen dieses Austriebes entstehen dann die bekannten Fehler.

Diese lassen sich bis zu einem gewissen Grade abstellen, indem man den inneren Überdruck vermindert, beispielsweise durch Verringerung der Einwaage, insbesondere aber durch Erniedrigung der Vulkanisationstemperatur und unter Umständen durch Verlängerung der Fließperiode, aber auch durch Vermeidung flüchtiger Mischungsbestandteile. Auch durch die Preßdruckführung ist ein Teilerfolg möglich.

Schließlich läßt sich auch durch die Konstruktion der Formen ein Ausfressen an den Formgraten vermindern, indem man nämlich die Teilung der Formen nicht horizontal, sondern senkrecht zur Form anordnet. Auf diese Weise kann bei geringem Öffnen der Form kein Material in die Nahtstellen eindringen, wodurch dann naturgemäß die Fehlerquelle vermieden wird.

### 6.4.5.4. Hochfrequenzvorwärmung

Wegen der durch die schlechte Wärmeleitfähigkeit des Kautschuks bedingten langen Heizzeiten bei relativ niedrigen Vulkanisationstemperaturen von voluminösen Gummiartikeln sinkt die Kapazität von Pressen und Autoklaven in einem solchen Maße, daß die Herstellung der Gummiartikel verhältnismäßig teuer wird.

Durch die Anwendung einer dielektrischen Vorwärmung der Rohlinge vor dem Einlegen in die Form können höhere Vulkanisationstemperaturen gewählt, die Heizzeiten erheblich verringert und somit die Herstellungskosten gesenkt werden.

**Grundprinzip.** Das Grundprinzip der dielektrischen Vorwärmung von Formartikeln entspricht weitestgehend den auf S. 479 ff für die UHF-Vulkanisation gemachten Angaben.

Die dielektrische Erwärmung, die eine rasche und gleichmäßige Durchwärmung aller elektrisch nicht leitenden Substanzen gestattet, beruht darauf, daß in das elektrische Hochfrequenzfeld zwischen zwei Kondensatorplatten eines Hochfrequenzsenders gebrachte nicht leitende Substanzen unter dem Einfluß des hochfrequenten Wechselfeldes einer Polarisation unterworfen werden, wobei in diesen Körpern dielektrische Verluste entstehen, durch die der Stoff erwärmt wird.

**Anlagen.** *Hochfrequenzsender* verschiedenster Systeme sind auf dem Markt. Um durch derartige Anlagen den normalen Funkbetrieb nicht zu stören, sind den Generatoren für Hochfrequenzerwärmung bestimmte Frequenzbänder zugeordnet.

Mit einem Hochfrequenzgenerator werden Gummirohlinge außerhalb der Form, ohne Druck, auf ca. 110 bis 115° C vorgewärmt und anschließend in der Form vulkanisiert.

Als *Generatorbelastung* hat sich ungefähr 1 kg Mischung pro abgegebene 1 kW Generatorleistung als noch zulässig erwiesen. Bei größerer Mischungsmenge wird die Vorwärmzeit zu lang.

Um stets zu möglichst kurzen Vorwärmzeiten zu kommen ist es ferner erforderlich, die *Elektrodenform* der äußeren Form der Rohlinge (z. B. Auflageflächen mit parallelem oder ovalem Querschnitt) anzupassen. Auch eine gute Ausnutzung der Belegungsfläche der Elektroden ist wichtig (z. B. mehrere Rohlinge gleichzeitig). Durch diese Maßnahmen erhält man nicht nur eine gute Auslastung der Anlage, sondern auch die geringsten Feldverluste.

Die *Rohlinge* müssen glatt zugeschnitten werden und trocken sein, damit Überschläge durch Spitzenentladungen oder Verbrennungen innerhalb der unvulkanisierten Artikel vermieden werden.

Eine *Ausvulkanisation* bei dielektrischer Erwärmung in der Presse wird in der Gummiindustrie nicht durchgeführt; sie findet in Vulkanisationspressen statt. Dafür ist eine Reihe von Gründen maßgebend, wie

- die Frage des Formenmaterials, das nicht leitend sein muß,
- zu langsame Erwärmung mancher, insbesondere rußfreier Mischungen,
- ungleichmäßige Erwärmung infolge steigender Energieaufnahme durch die Dipolbildung bei der Schwefelbindung,
- örtliche Überheizung durch Inhomogenität der Mischung.

Bei der Vorwärmung von Kautschukmischungen fallen die meisten der angeführten Schwierigkeiten aber nicht stark ins Gewicht.

#### 6.4.5.5. Das Schwundmaß bei der Herstellung von Formartikeln [6.91.]

Ein Formartikel aus einer Kautschukmischung fällt bei der Vulkanisation immer kleiner aus als die Form, in der er vulkanisiert wurde. Die Differenz in den Abmessungen des Fertigartikels und denen der Form, bei Raumtemperatur gemessen und in Prozent ausgedrückt, bezeichnet man als Schwundmaß. Da die Abmessungen der Formartikel häufig in sehr engen Toleranzen liegen müssen, ist es wichtig, das Schwundmaß zu kennen, damit bei der Konstruktion der Form darauf Rücksicht genommen werden kann.

Einesteils ist das Schrumpfen des Gummis beim Erkalten zu begrüßen, denn hätten Gummi und Form denselben Wärmeausdehnungskoeffizienten, so wäre das Herausnehmen der Vulkanisate aus der Form problematisch. Andererseits erschwert dieser Umstand die Herstellung maßgerechter Artikel.

**Grundprinzip.** Die Größe des Schwundmaßes wird vornehmlich bestimmt durch den Unterschied in den Wärmeausdehnungskoeffizienten des Vulkanisats und des Formenmaterials sowie durch die Vulkanisationstemperatur. Der Gummikörper, der bei der Vulkanisation die Form vollständig ausfüllt, zieht sich beim Abkühlen auf Raumtemperatur stärker zusammen als die Form, weil er einen erheblich größeren Ausdehnungskoeffizienten hat als letztere. Somit steigt also das Schwundmaß mit zunehmender Differenz sowohl zwischen den Ausdehnungskoeffizienten von Kautschukmischung und Formenmaterial als auch zwischen Vulkanisations- und Raumtemperatur. Die Schwierigkeiten bei einer Berechnung des Schwundmaßes liegen im wesentlichen darin, daß der Wärmeausdehnungskoeffizient von Vulkanisaten je nach der Mischungszusammensetzung wechselt. Trotzdem lassen sich ohne Probepressung Schwundmaße näherungsweise ermitteln.

**Ermittlung des Schwundmaßes.** Neben dem Einfluß der Vulkanisationstemperatur ist der *Kautschukgehalt* der Mischung für den Ausdehnungskoeffizienten und somit für das Schwundmaß von ausschlaggebender Bedeutung. Der Ausdehnungskoeffizient wird um so größer, je höher der Kautschukgehalt der Mischung ist. Die Ausdehnungskoeffizienten der Füllstoffe liegen nämlich in der Größenordnung der Formenmaterialien, weshalb bei der Berechnung in der Hauptsache nur der Kautschukanteil der Mischung berücksichtigt wird.

*Acetonlösliche Chemikalien und Zusatzstoffe,* wie Beschleuniger, Alterungsschutzmittel, Weichmacher, Harze, Wachse und Schwefel, ferner Faktis, Regenerat haben dagegen einen ähnlichen Ausdehnungskoeffizienten, wie der Kautschuk, so daß diese Substanzen bei der Ermittlung des zu erwartenden Schwundmaßes wie der Kautschukanteil in Anrechnung gebracht werden.

Die *Vulkanisationszeit* und die Mastikationszeit bei der Mischungsherstellung sind praktisch ohne Einfluß auf das Schwundmaß.

Einige der zur Errechnung des Schwundmaßes bedeutsame *Ausdehnungskoeffizienten* sind in Tabelle 6.2. zusammengestellt.

**Tabelle 6.2.:** Lineare Ausdehnungskoeffizienten einiger Kautschuktypen, Füllstoffe und Formenmaterialien.

| *Kautschuke* | Linearer Ausdehnungskoeffizient |
|---|---|
| NR | $216 \times 10^{-6}$ |
| SBR | $216 \times 10^{-6}$ |
| NBR | $196 \times 10^{-6}$ |
| CR | $200 \times 10^{-6}$ |
| IIR | $194 \times 10^{-6}$ |
| *Füllstoffe* | Größenordnung: 5 bis $10 \times 10^{-6}$ |
| *Formenmaterial* | |
| Stahl | $11 \times 10^{-6}$ |
| Leichtmetall | $22 \times 10^{-6}$ |

Die *Berechnung des Schwundmaßes* aus der Zusammensetzung der Mischung kann nach dem Gesagten nur zu einem Annäherungswert führen, dessen Genauigkeit meist jedoch ausreicht. Hierzu läßt sich die folgende Gleichung verwenden.

S (Schwundmaß in %) = $\Delta T \cdot \Delta A \cdot K \cdot \Delta F \cdot \Delta H$

Dabei ist

$\Delta T$ = Differenz zwischen Vulkanisations- und Raumtemperatur
$\Delta A$ = Differenz zwischen Wärmeausdehnungskoeffizient des Kautschuks und Wärmeausdehnungskoeffizient des Formenmaterials
K = Vol.-% Kautschuk + acetonlösliche Chemikalien
$\Delta F$ = Differenz zwischen Wärmeausdehnungskoeffizient der Füllstoffe und Wärmeausdehnungskoeffizient des Formenmaterials
$\Delta H$ = Differenz zwischen Wärmeausdehnungskoeffizient der acetonlöslichen Chemikalien und Wärmeausdehnungskoeffizient des Kautschuks.

Wenn man die sehr geringen Faktoren $\Delta F$ und $\Delta H$ vernachlässigt, so kommt man zu der folgenden Näherungsformel

$S = \Delta T \cdot \Delta A \cdot K$

Diese Näherungsformel ist unter der Annahme gültig, daß der Füllstoff den gleichen Ausdehnungskoeffizienten wie das Formenmaterial und der acetonlösliche Anteil den gleichen Ausdehnungskoeffizienten wie der Kautschuk haben und somit keinen Beitrag zum Schwundmaß leisten.

Aus dieser Gleichung geht hervor, daß das Schwundmaß bei konstant gehaltener Mischung um so größer wird, je höher man die

Vulkanisationstemperatur wählt. Auch beim Übergang von einem Formenmaterial auf ein anderes erhält man ein anderes Schwundmaß.

Von geringer Bedeutung für das Schwundmaß ist die von der Temperatur unabhängige *Kontraktion,* die eine Folge der chemischen Reaktion zwischen Kautschuk und Schwefel ist. Versuche haben gezeigt, daß sie bei der für Weichgummimischungen üblichen Schwefeldosierung weniger als 0,1% beträgt, für Hartgummi ist sie größer. Da die Kontraktion in gefüllten Mischungen infolge des geringeren Kautschukgehaltes weiter verringert wird, liegt sie innerhalb der Fehlergrenzen und kann demgemäß meist vernachlässigt werden.

### 6.4.6. Formenreinigung [6.92.]

Nach längerem Gebrauch der Formen setzen sich von den Kautschukmischungen oder den Formentrennmitteln organische Anteile in Form von Verkrustungen oder Verkohlungen ab. Selbst bei Verwendung von Formeneinstreichmitteln auf Siliconbasis bilden sich nach längerer Benutzung der Formen Verschmutzungen.

Die Formen werden zur Reinigung zuerst in ein z. B. auf 60° C erwärmtes Chromschwefelsäure-Bad gelegt, um die Schmutzschicht aufzuweichen. Danach folgt die eigentliche Reinigung in einer sogenannten „Läppanlage". Mit Wasser aufgeschlämmtes Quarzmehl wird durch eine Düse unter Druck (z. B. 5,0 bar Luftdruck) auf die zu reinigende Fläche gestrahlt. Zur Vermeidung einer Rostbildung der Anlage ist es vorteilhaft, der Aufschlämmung eine geringe Menge Soda zuzugeben. Nach dem Läppen wird die Form zuerst mit kaltem Wasser, anschließend mit heißem Wasser gespült und dann mit Preßluft getrocknet. Nach dieser Behandlung ist die Form sofort zu verwenden, um Rostbildung zu vermeiden. Bei längerer Lagerung der Form muß sie in Korrosionsschutzöl getaucht werden.

## 6.5. Herstellung von handkonfektionierten Artikeln (Freihandartikel) und Tauchartikeln aus Lösungen von Kautschukmischungen

### 6.5.1. Handkonfektion (vgl. auch S. 487)

Neben den bereits beschriebenen Artikeln werden in der Gummiindustrie sogenannte Freihandartikel durch Handkonfektion hergestellt. Zu solchen Freihandartikeln zählen z. B. Manschetten, Flach- und Profilringe, gestanzte Artikel und Rahmen aller Art. Es sind also Gummiartikel, die wegen ihrer Form oder ihrer Größe aus finanziellen Gründen in keiner Form hergestellt, sondern von Hand auf Schablonen konfektioniert oder von Hand zusammengesetzt und dann vulkanisiert werden. Als Schablone bezeichnet man hierbei einen aus Stahlblech hergestellten Körper, den man mit der gewünschten Kautschukmischung belegt und von dem man ihn nach der Vulkanisation wieder abzieht.

Für die Herstellung von Freihandartikeln ist wesentlich, daß die Mischungen eine gute Konfektionsklebrigkeit und Standfestigkeit bei der Vulkanisation aufweisen, da sie frei vulkanisiert werden. Während des Anheizens bis zum Vulkanisationseinsatz, der erst eine Formstabilität herbeiführt, soll sich der konfektionierte Artikel nicht deformieren.

Die hierfür erforderliche Konfektionsklebrigkeit und Standfestigkeit wird durch ein ausgewogenes Verhältnis von Harzen (Klebrigmacher), Weichmachern, Faktissen und Füllstoffen erreicht.

Zur Unterstützung der Formbeständigkeit während der Vulkanisation werden einige konfektionierte Freihandartikel z. B. Schläuche und Walzengummierungen mit nassen Stoffwickeln eingewickelt, bevor sie vulkanisiert werden. Zu den Artikeln, die früher von Hand konfektioniert wurden, deren Herstellung aber heute teilautomatisiert wurde, gehören z. B. Walzenbezüge und Druckschläuche sowie Riemen, Gurte und Reifen (wobei jedoch die letzteren nach ihrer Konfektion als Formartikel vulkanisiert werden).

### 6.5.2. Herstellung von Tauchartikeln aus Lösungen von Kautschukmischungen

Durch Eintauchen von Formkörpern in Lösungen von Kautschukmischungen (vielfach einfach als Lösungen bezeichnet, s. S. 457 ff), und anschließende Weiterbehandlung werden Gummiwaren hergestellt, die als Tauchgummiwaren bezeichnet werden. Da sie gegenüber gepreßten oder handkonfektionierten Gummiartikeln keine Naht aufweisen, werden sie häufig auch nahtlose Gummiwaren genannt. Zu diesen gehören Sauger, Präservative, Operationshandschuhe, Industrie- und Elektrikerhandschuhe, Fingerlinge, Ballone und Spezialgummiwaren für medizinische Zwecke.

**Formenmaterial.** Als Formenmaterial haben sich Formen aus Glas, glasiertem Porzellan oder Leichtmetall bewährt. In einzelnen Fällen werden auch Formen aus Kunststoff eingesetzt. Die Oberfläche der Formen muß glatt sein und darf keine porösen Stellen aufweisen, da diese beim Tauchen zu Blasenbildung Anlaß geben. Die Formen dürfen weder scharfkantig sein noch spitz auslaufen, da an diesen Stellen die Lösung nach dem Austauchen abliefe und dort eine dünnere Wandung entstünde.

Die Formen werden in Eisenrahmen oder in Kassetten eingesetzt. Mit diesen werden die Tauchapparte beschickt.

**Tauchapparatur.** Die Tauchapparatur besteht aus einem Blechgehäuse, dessen oberer zylindrischer Teil je nach Formengröße ein zwei- oder vierteiliges Drehkreuz zur Aufnahme der Formenrahmen enthält. Die Lösung befindet sich in einem Lösungsbehälter, einem fahrbaren Tauchwagen, der zum Ein- oder Austauchen der Formen gehoben und gesenkt werden kann. Dies geschieht durch eine hydraulische Anlage.

**Tauchen.** Zum *Eintauchen* wird der Tauchwagen so hochgefahren, daß die Formenspitzen, und bei Handschuhen auch die Fingerwurzeln, ganz langsam in die Lösung eintauchen. Anschließend kann bis zu den an den Formen angebrachten Tauchmarkierungen schneller getaucht werden, jedoch muß man die Geschwindigkeit so regulieren, daß sich die mehr oder weniger zähflüssige Lösung beim Tauchen nicht überschlägt und dadurch Luft einschließt, die zu unangenehmen Blasenkränzen führen würde. Die Einstellung der richtigen Tauchgeschwindigkeit erfordert ein ausgesprochenes Fingerspitzengefühl.

Zum *Austauchen* kann man den Tauchwagen mit gleichmäßiger Geschwindigkeit ganz langsam herunterfahren, so daß die überschüssige Lösung mit dem Absenken abläuft.

Nach Abreißen des Lösungsfadens wird der Tauchwagen völlig heruntergefahren und mit einem Deckel verschlossen. Nunmehr wird das Drehkreuz in Rotation von etwa neun Umdrehungen pro Minute versetzt. Infolge des Wechselganges wird die Drehrichtung der Formen im Turnus von etwa einer Minute geändert und dadurch ein einseitiges Verlaufen des Tauchfilmes während des Trockenvorganges verhindert. Nach hinreichender *Trocknung* des Films wird der gegenüberliegende Rahmen auf gleiche Weise getaucht.

Es muß ein gleichmäßig dünner Film auf den Formen entstehen, da zu dick getauchte Lösungsfilme sich beim Rotieren verschieben, nur sehr schwer völlig durchtrocknen und durch zurückbleibende Lösungsmittelreste bei der Vulkanisation Blasen erzeugen.

Die *Zahl der Tauch- und Trockenvorgänge* wird so oft wiederholt, bis die gewünschte Wandstärke erreicht ist. Sehr dünnwandige Artikel wie Präservative werden ein- bis zweimal getaucht, Operationshandschuhe und Fingerlinge zwei- bis viermal, und dickwandige Artikel oft 20 bis 30mal. Der Kautschukfilm des ersten Tauchens fällt stets dünner aus als die Filme der weiteren Tauchungen, da die Lösung auf den glatten Formen schlechter haftet als auf einem bereits vorhandenen Kautschukfilm. Jede folgende Tauchung darf erst nach vollständigem Trocknen der vorhergehenden erfolgen, wobei zu beachten ist, daß das Benzin nicht nur nach außen verdunstet, sondern auch in die unteren Schichten diffundiert. Dadurch wird das Trocknen immer langwieriger, je dicker der Film ist.

**Rändern.** Nach dem Trocknen werden die Tauchartikel gerändert, d. h. der untere Rand des Filmes der Kautschukmischung wird bis zur Rändermarkierung auf der Form hochgerollt. Der dabei entstehende Wulst erleichtert das Abziehen der Tauchartikel von der Form nach der Vulkanisation und verhindert das Einreißen beim Abziehvorgang und beim späteren Gebrauch.

**Vulkanisation.** Die Vulkanisation erfolgt anschließend zumeist in Heizschränken.

Die Herstellung von Tauchartikeln aus benzinösen Lösungen ist ein sehr zeit- und arbeitsintensiver Prozeß. Aus diesem Grunde hat die Herstellung von Tauchartikeln aus Latex große Bedeutung erlangt (vgl. S. 610 ff). Artikel wie Präservative, Ballone und Operationshandschuhe werden heute zumeist aus Latex gefertigt. Für die Herstellung von Elektrikerhandschuhen, bei denen Mineralstoffanteile, Emulgatoren und andere aus Latex stammende Verunreinigungen das elektrische Isoliervermögen herabsetzen würden, werden heute nach wie vor benzinöse Lösungen herangezogen.

### 6.5.3. Freiheizung (Vulkanisation in freiem Dampf, Heißluft oder Wasser)

#### 6.5.3.1. Allgemeines über Freiheizung

Die meisten konfektionierten Gummiwaren und einige Spritzartikel werden nicht in Formen, sondern frei vulkanisiert. Die Freiheizung ist neben der Vulkanisation in Formen die am meisten angewandte Vulkanisationsmethode. In den meisten Fällen erfolgt diese in Autoklaven unter Druck. Da bei dieser Heizmethode die Wärme langsamer auf das Vulkanisationsgut übertragen wird als in Formen, können hierbei leicht Deformationen auftreten. Um diese zu vermeiden, werden die Produkte z. B. in Talkum eingebettet, durch Stützschienen oder Schablonen unterstützt oder z. B. bei Schläuchen, Walzengummierungen u. ä. in Streifen aus z. B. feuchter Baumwolle umwickelt, die beim Trocknen schrumpfen und den Artikel in seiner Form hält. Artikel, die eine Dampfeinwirkung nicht vertragen oder bei denen es auf glatte Oberflächen ankommt, z. B. lackierte Stiefel, gummierte Gewebe, Tauchartikel usw. werden in Heißluft vulkanisiert.

Bei der Freiheizung muß im Gegensatz zur Vulkanisation in der Presse, ein möglichst rascher Vulkanisationsbeginn erfolgen, damit der durch die Erwärmung der Mischung bedingten Deformationsneigung durch eine rasche Verstrammung entgegengewirkt wird. Die Geschwindigkeit des Vulkanisationseinsatzes darf aber wiederum nicht so groß sein, daß sich bei den Verarbeitungstemperaturen die Gefahr einer vorzeitigen Anvulkanisation ergeben kann. Demgemäß bleibt im allgemeinen nur ein recht enger Spielraum zwischen der guten Verformbarkeit bei Verarbeitungstemperaturen einerseits und der Deformationsstabilität bei Vulkanisationstemperaturen andererseits. Dies bedingt einen recht sorgfältigen Mischungsaufbau, insbesondere seitens der Vulkanisationschemikalien vor allem bei Heißluftvulkanisationen.

**Unterschiede bei Heißluft- und Dampfheizung.** Der Mischungsaufbau hat sich aber auch danach zu richten, welches Wärmeübertragungsmedium angewendet wird. Beim Einsatz von Heißluft oder Dampf ergeben sich grundsätzlich folgende Unterschiede:

Luft besitzt im Vergleich zu Dampf nur eine relativ geringe Wärmekapazität. Auch ist die Wärmeleitfähigkeit sehr viel geringer. Aus diesem Grunde ist der *Wärmeübergang* von Heißluft auf zu vulkanisierende Gummiartikel nur gering und die Vulkanisationszeiten müssen bei Luftheizungen unter Zugrundelegung einer gleichen Mischung im allgemeinen etwa doppelt so lange gewählt werden als bei einer Heizung in Sattdampf, bei der wiederum eine Heizzeitverlängerung bzw. Temperaturerhöhung (meist ca. 1 bar Überdruck) im Vergleich zu Formheizungen erforderlich ist.

Die Beschleuniger in Mischungen, die in Heißluft vulkanisiert werden sollen, müssen wegen der geringen *Vulkanisationsgeschwindigkeit* bereits bei relativ niedriger Temperatur wirksam sein, damit die Oberfläche der Artikel durch einen frühzeitigen Vulkanisationseinsatz eine gewisse Standfestigkeit erhält und sich nicht deformiert. Ihre Vulkanisationsgeschwindigkeit muß größer sein als bei Mischungen, die in Dampf geheizt werden.

Durch den *Sauerstoffgehalt* der Heißluft können Kautschukmischungen bei zu hohen Temperaturen infolge Oxydation gefährdet werden. Als obere Grenze für die Heißluftvulkanisation von NR wird etwa 150° C angesehen. Bei höheren Temperaturen schreitet der oxydative Angriff schneller fort als die Vulkanisation. Deshalb vulkanisieren z. B. NR-Mischungen bei höheren Temperaturen in Heißluft in der Regel nicht aus. Wegen des Sauerstoffgehaltes ist die Oxydationsanfälligkeit von Mischungen, die in Heißluft geheizt werden, auch vom Vulkanisationsdruck (Luftdruck) abhängig. Wegen des Fehlens von Sauerstoff bei der Dampfheizung kann man hierbei vielfach wesentlich höhere Vulkanisationstemperaturen, beispielsweise bis 200° C und darüber, zulassen.

Während in Heißluft geheizte Vulkanisate aufgrund geringfügiger oberflächlicher Anoxydation vielfach durch ein sehr schönes glattes *Aussehen* bestechen, weisen Dampfvulkanisate häufig Kondenswasserflecken auf oder haben eine wesentlich stumpfere Oberfläche.

Heißluft ist nicht an die Anwendung von *Druck* gebunden, wogegen die Sattdampftemperatur stets mit einem entsprechenden

Druck korreliert. Bei der Anheizperiode mit Dampf werden demgemäß zuerst geringe und dann steigend größere Drücke erzielt. Bei stark dimensionierten Artikeln kann bei langsamem Anheizen in Dampf und demgemäß langsamer Druck- und Temperatursteigerung Porosität eintreten.

Während man aber bei der Dampfheizung mit direkt beheizten *Kesseln* auskommt, sind für die Luftvulkanisation und für die Heizung in Luft/Dampf-Gemischen indirekt beheizbare Kessel erforderlich.

Eine weitere Grenze in der Anwendbarkeit von Heißluft ergibt sich bei der Verwendung von *Peroxiden* als Vulkanisationschemikalien. Da das Peroxid teilweise mit dem Luftsauerstoff reagiert und somit der Vernetzung des Polymeren nicht mehr zur Verfügung steht, können sich Störungen bei der Vulkanisation (Oberflächenklebrigkeit, vgl. S. 298) ergeben.

Um die jeweiligen Vorteile der Heißluft- und der Dampfheizung miteinander zu kombinieren, wendet man mitunter Luft/Dampf-Gemische an.

**Vulkanisationsabschnitte bei Freiheizung.** Die Heizzeit läßt sich in vier Abschnitte aufteilen, die Steigzeit, die Vorwärmzeit, die eigentliche Vulkanisationszeit und die Ablaßzeit. Bei der Freiheizung spielen diese Abschnitte zum Teil eine besondere Rolle.

Die *Steigzeit* ergibt sich zwangsläufig bei jeder Vulkanisation dadurch, daß kalte Teile in den Kessel gebracht werden und es einer gewissen Zeit bedarf, um den dadurch auftretenden Temperaturverlust zu kompensieren.

Bei großdimensionierten Teilen ist dagegen mitunter eine Vorwärmzeit oder eine wesentlich verlängerte Steigzeit notwendig (vgl. Abb. 6.34.).

Unter *Vorwärmzeit* versteht man die Zeit, während der bei konstanten oder sehr langsam steigenden Temperaturen unterhalb des Vulkanisationseinsatzes absichtlich verweilt wird, um die zu vulkanisierenden Teile gleichmäßig durchzuwärmen. Sie spielt eine umso größere Rolle, je starkwandiger der zu vulkanisierende Artikel ist.

Die eigentliche *Vulkanisationszeit* beginnt beim Erreichen der gewünschten Temperatur und wird mit dem Beginn des Ablassens des Vulkanisationsmediums oder spontanem Abkühlen beendet. Bei heterogen gefüllten Kesseln oder bei heterogen zusammengesetzten Teilen wird die Vulkanisationszeit durch die Vulkanisationsgeschwindigkeit der am langsamsten vulkanisierenden Mischung bestimmt.

Üblicherweise wird nach Beendigung der Vulkanisationszeit der Kessel möglichst schnell entleert *(Ablaßzeit)*, um ein zu starkes

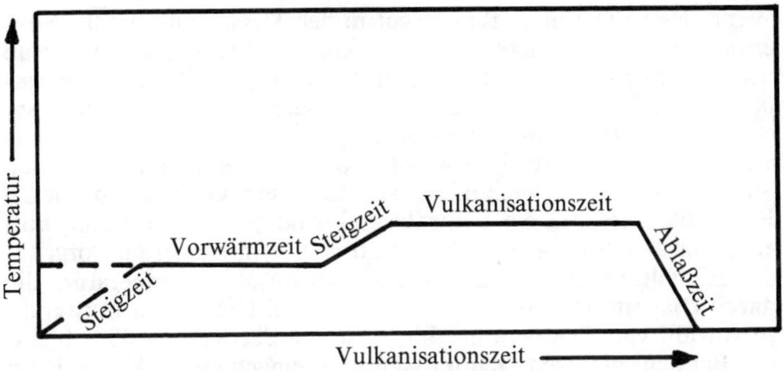


**Abb. 6.34.:** Vulkanisationstemperatur in Abhängigkeit von der Vulkanisationszeit, insbesondere bei größer dimensionierten Artikeln (Steigzeit, Vorwärmzeit, Vulkanisationszeit, Ablaßzeit).

Abfallen der Kesseltemperatur und damit nachfolgendes Wiederaufheizen zu vermeiden. Die dazu benötigte Zeit ist durch die Kapazität der für diesen Zweck installierten Leitungen gegeben. Lediglich bei Teilen auf Basis Q kann ein rasches Ablassen von Nachteil sein. Bedingt durch die hohe Gasdurchlässigkeit dieses Materials können sich in Q während der Vulkanisation in Abhängigkeit vom Druck mehr oder weniger große Mengen des Vulkanisationsmediums, z. B. Dampf, lösen, die bei spontaner Druckreduktion durch ihre Expansion zur Blasenbildung führen. Daher muß bei der Freiheizung von Q ein langsamer Druckausgleich, z. B. Verringerung um 1 Atmosphäre in 5 bis 10 Minuten, vorgenommen werden.

### 6.5.3.2. Vulkanisation in Heißluft

**Vulkanisationsaggregate.** Die Heißluftvulkanisation kann in Kesseln unter Luftdruck oder in drucklosen Heißluftschränken erfolgen. Heißluftkessel sind Druckautoklaven, im allgemeinen in liegender Anordnung mit innerer oder äußerer Luftumwälzanlage. Bei solchen mit *innerer Luftumwälzanlage* liegt im Kessel eine Heizschlange, die die Luft im Kessel aufheizt, und ein Ventilator im Kesselinneren wälzt die Luft dauernd um und sorgt für eine gleichmäßige Temperaturverteilung.

Bei Kesseln mit *äußerer Luftumwälzung* liegt der Wärmeaustauscher außerhalb. Auf der einen Seite des Kessels wird Heißluft eingeblasen und gleichzeitig auf der entgegengesetzten Seite wieder abgesaugt. Nach der halben Vulkanisationszeit wird dieser Vorgang umgekehrt. Durch diese Wechselschaltung werden die Artikel besonders gleichmäßig vulkanisiert.

Wenn das kalte Vulkanisationsgut in den Kessel eingebracht wird, erfolgt im Kesselinneren eine merkliche Abkühlung. Nun muß meist in möglichst kurzer Steigzeit die richtige *Vulkanisationstemperatur* erreicht werden. Dies läßt sich durch ein ausreichendes System von Heizschlangen und eine entsprechende Luftumwälzung erreichen. Es ist natürlich wichtig, daß die Temperatur an allen Stellen des Kessels gleichmäßig ist; aus diesem Grunde müssen die Rohrschlangen und die Umwälzgeschwindigkeit der Heißluft aufeinander abgestimmt sein. Automatische Ventilsteuerung sorgt für die Einhaltung der vorgesehenen Vulkanisationstemperatur, die durch Diagrammschreiber kontrolliert wird. Die hierfür notwendige Anzahl von Temperaturfühlern ist von der Kesselgröße abhängig. Bei dem heutigen Qualitätsstand der angebotenen Kessel kann die Temperatur sehr gleichmäßig gehalten werden (auf etwa 2° C genau), was für die Qualität der Gummiwaren unbedingt erforderlich ist.
Für die drucklose Heißluftvulkanisation kommen neben Schränken, die z. B. bis zu 150 m lang sein können, Heißluftschächte und -tunnel in Betracht.

**Vulkanisation.** Die Vulkanisation in Heißluft kann drucklos oder unter Druck durchgeführt werden. Die *drucklose Heizung* kommt vor allen Dingen für sehr dünnwandige Artikel in Betracht. Da bei stärker dimensionierten Artikeln eine drucklose Vulkanisation zu Porosität führen würde, ist bei ihnen Druckluft anzuwenden.

Wie bereits erwähnt, läßt sich bei der *Heißluftvulkanisation im Autoklaven* im Vergleich zur Sattdampfvulkanisation jeder gewünschte Kesselinnendruck einstellen. Es ist daher beispielsweise möglich, bei hohem Kesselinnendruck und niedriger Vulkanisationstemperatur oder umgekehrt mit niedrigem Kesselinnendruck und hoher Vulkanisationstemperatur zu arbeiten. Porosität und durch die Vulkanisation bedingte mangelhafte Lagenverschweißung bei konfektionierten Artikeln können daher mit Sicherheit vermieden werden.

Es hat sich gezeigt, daß in der Praxis ein Kesselinnendruck von maximal 8 bis 10 bar ausreicht, um auch bei starkwandigen Artikeln porenfreie Vulkanisate zu erzielen.

Die Heißluftvulkanisation kann aber aus den auf Seite 516 ff angeführten Gründen nicht in allen Fällen angewendet werden.

Bei genügend hohen Temperaturen oder angemessenen langen Zeiten läßt sich die Heißluftvulkanisation auch *kontinuierlich* durchführen. Die maximal zulässige Heißlufttemperatur hängt aber in erster Linie von der Oxydationsanfälligkeit des Kautschuks und von der Kontaktzeit mit Heißluft ab. Dünnwandige Profile mit rasch wirkenden Beschleunigern lassen sich auch aus oxydationsanfälligen Kautschuken ohne besondere Hilfsmittel in Heißluft

kontinuierlich vulkanisieren. Bei Profilen stärkeren Querschnittes und/oder geringerer Vulkanisationsgeschwindigkeit ist eine Vorwärmung der Profile z. B. im ultrahochfrequenten Wechselfeld (UHF-Vulkanisation, s. S. 479 ff) vor dem Eintritt in den Heißluftkanal angebracht. Besonders hitze- und oxydationsbeständige Kautschuke vertragen sehr hohe Lufttemperaturen und können ohne UHF-Vorwärmung kontinuierlich in Heißluft vulkanisiert werden.
Da die kontinuierliche Heißluftvulkanisation im allgemeinen drucklos erfolgt, kommt sie entweder nur für dünnwandige Artikel, z. B. Profile, gummierte Gewebe, Tauchartikel usw., oder bei stärkeren für entgaste Mischungen in Betracht.
Der zunehmende Einsatz neuerer Polymerer, wie z. B. des ACM, EAM, FKM, Q, usw., erfordert nach einer Vulkanisation in Pressen vielfach eine *Nachvulkanisation* (auch *Temperung* genannt) in Heißluft. Bei diesen Kautschuktypen ist die Vulkanisation in den üblichen Vulkanisationspressen lediglich die formgebende Vorvulkanisation; die Endvernetzung erfolgt als drucklose Nachvulkanisation in speziellen Temperungsschränken. Das Nachtempern wird im allgemeinen bei wesentlich höheren Temperaturen vorgenommen, als die Vorvulkanisationstemperatur. Im Falle des Q ist neben der hohen Temperatur und langen Nachheizzeit auch noch eine ständige Frischluftzufuhr erforderlich, um optimale Eigenschaften zu erreichen. Bei dieser Nachheizung entweichen vielfach die Spaltprodukte von Kautschukchemikalien, die sich ansonsten negativ auf das Alterungsverhalten auswirken können.

### 6.5.3.3. Vulkanisation in Dampf

**Vulkanisationsaggregate.** Für die Vulkanisation im freien Dampf benutzt man liegende Kessel oder Topfkessel.

Der *liegende Vulkanisierkessel* hat innen Schienen, auf die über eine Art Brücke ein Wagen eingefahren werden kann. Der Deckel ist mit einem Bajonettverschluß versehen. Zur Abdichtung werden Lippendichtungen verwendet. Der Deckel kann um ein Scharnier geklappt oder an einem Schwenkarm zur Seite geklappt werden.
Der *Topfkessel* steht, wie sein Name schon sagt, ähnlich einem Topf mit der Öffnung nach oben. In den meisten Fällen ist der Kessel in den Boden eingelassen und kann daher vom Boden aus leicht beschickt werden. Moderne Topfkessel haben ebenfalls einen Bajonettverschluß. Als Dichtung zwischen Kessel und Deckel dient auch hier eine Lippendichtung. Der Deckel wird durch einen Schwenkarm angehoben und zur Seite geschwenkt.
Druckkessel der genannten Art können auch für eine Vulkanisation in Wasser, sofern diese unter Druck durchgeführt wird, verwendet werden.

**Vulkanisation.** Eine verhältnismäßig gute *Wärmeübertragung* und damit im Vergleich zur Heißluftvulkanisation kürzere Heizzeit ergibt die Vulkanisation in Dampf.

Bei der Anwendung von *Sattdampf*, bei dem sich bekanntlich Wasser und Dampf im Gleichgewicht befinden, ist die Temperaturübertragung durch die relativ große freiwerdende Kondensationswärme sehr gleichmäßig. Allerdings kann bei großen Kesseln die vorhandene Luft unter Umständen an einzelnen Stellen gestaut werden, so daß sich Luftsäcke mit schlechter Wärmeübertragung bilden. Um dies und die damit eventuell hervorgerufenen partiellen Untervulkanisationen zu vermeiden, sollte der Kessel, sofern keine ausreichende Umwälzanlage vorhanden ist, vor Vulkanisationsbeginn mit Dampf durchgeblasen werden.

Bei ausreichender Dimensionierung der Dampfzuleitung ist der gewünschte Dampfdruck und damit die geforderte Vulkanisationstemperatur schnell erreicht und läßt sich einfach kontrollieren und steuern. Von großem Nachteil ist bei der Sattdampfvulkanisation oft die Abhängigkeit des Dampfdruckes von der Temperatur und umgekehrt.

Bei der Sattdampfvulkanisation ist der besonders bei kaltem Ausgangszustand des Kessels zu Beginn der Schicht auftretende starke *Kondenswasseranfall,* der eine gleichmäßige Durchwärmung der Anlage verhindert, ebenfalls von Nachteil. Diese Kondenswasserbildung kann man durch Vorwärmen des Kessels vor der Vulkanisation oder durch zusätzliche indirekte Beheizung des Kessels vermindern oder sogar ganz vermeiden.

Durch die Kondenswasserbildung können sogenannte *Kondenswasserflecken* auf den Vulkanisaten hervorgerufen werden, die nicht nur den Nachteil eines unschönen Aussehens besitzen, sondern auch oberflächlich partielle Untervulkanisation bewirken können. Diese unerwünschte Erscheinung kann teilweise durch Vorbehandlung der Rohlinge mit einem Netzmittel vermieden werden.

Die Vulkanisation in Dampf läßt wesentlich höhere *Temperaturen* zu als die Luftvulkanisation, da Dampf im Gegensatz zum Luftsauerstoff als inertes Gas wirkt. So kann man bei der Vulkanisation in Dampf ohne Schwierigkeiten Vulkanisationstemperaturen bis 200° C und darüber zulassen.

Da bei zur Reversion neigenden Kautschuken, wie NR, die Reversionstendenz sehr schnell mit der Temperatur ansteigt, sollte hierbei die Dampfspannung nicht wesentlich mehr als 10 bar Überdruck betragen. Manche SR-Typen vertragen demgegenüber noch wesentlich höhere Dampfspannungen.

Handelt es sich jedoch bei den zur Vulkanisation gelangenden Artikeln um solche aus hydrolysierbaren Kautschuksorten, wie z. B.

AU, so ist die Anwendung von freiem Dampf möglichst zu vermeiden. Auch bei Q sollten keine zu hohen Dampftemperaturen angewandt werden. Bei hohen Dampftemperaturen kann man zu Vulkanisationszeiten unter einer Minute gelangen. Diese kurzen Heizzeiten werden bei der kontinuierlichen Vulkanisation (CV-Vulkanisation) beispielsweise bei der Herstellung von Kabeln im Dampfrohr großtechnisch angewendet (vgl. S. 485).

Die Anwendung von *Heißdampf* (überhitzter Dampf), der sich aus Sattdampf in direkt oder indirekt beheizten Kesseln mit zusätzlichen Heizschlangen erzeugen läßt, würde einige der gravierenden Nachteile der Sattdampfvulkanisation vermeiden. So würde man bei der Anwendung von Heißdampf innerhalb gewisser Grenzen die Druckeinstellung unabhängig von der Temperatur wählen können. Auch die Kondenswasserbildung ist erheblich geringer als bei der Verwendung von Sattdampf. Diesen bedeutsamen Vorteilen steht aber als Nachteil gegenüber, daß sich die Temperatur von Heißdampf wesentlich schwieriger auf die bei der technischen Vulkanisation erforderliche Toleranz von $\pm$ 2° C regeln läßt, als es bei Sattdampf der Fall ist. Schließlich ist Heißdampf, insbesondere bei höheren Temperaturen, ein so aggressives Gas, daß es die Kesselwandungen leicht und schnell korrodieren läßt, sofern diese nicht aus entsprechend beständigen und demgemäß teuren Materialien konstruiert sind. Aus diesen Gründen wird Heißdampf bis heute bei der Vulkanisation, im Gegensatz zu den Regenierverfahren, die sich gerne des Heißdampfes bedienen, nur selten angewandt.

### 6.5.3.4. Vulkanisation in Luft/Dampf-Gemischen

Die Luft/Dampf-Vulkanisation, für die die gleichen technischen Einrichtungen wie für die Heißluft- bzw. Dampfvulkanisation erforderlich sind (s. S. 519, 521), vereinigt in sich sowohl die Vorteile der Heißluft- als auch die der Dampfvulkanisation. Neben der intensiven Wärmeübertragung, die durch den Dampf gewährleistet wird, gestattet der vorgegebene Luftdruck eine rasche Druckeinstellung zu Beginn der Vulkanisation unabhängig von der Temperatur, wodurch unerwünschte Porosität vermieden werden kann.

### 6.5.3.5. Vulkanisation in Wasser

Der Vorteil der Wasservulkanisation ist darin zu suchen, daß die Wärmeübertragung noch größer ist als die von Dampf und daß die Deformationsneigung durch die größere Dichte des Wassers im Vergleich zu Luft oder Dampf und durch die größere Vulkanisationsgeschwindigkeit geringer ist. Ferner kann die Wasservulkanisation noch bei sehr großen Teilen, beispielsweise Großbehältern, durchgeführt werden, für die normale Vulkanisationsaggregate zu klein wären.

Die Vulkanisation in Wasser kann auf verschiedene Weise durchgeführt werden:

- *Unter Atmosphärendruck*
- *Unter Druck*, wobei die zu vulkanisierenden Artikel entweder in wassergefüllte Kessel eingelegt oder in wassergefüllte Wannen in Vulkanisierkessel eingebracht werden.

**Vulkanisation unter Atmosphärendruck.** Unter Atmosphärendruck ist die maximal anwendbare Wassertemperatur 100° C. Durch Zugabe von beispielsweise Kochsalz läßt sich der Kochpunkt des Wassers etwas erhöhen. Bei diesen relativ niedrigen Vulkanisationstemperaturen ist die Vulkanisationsgeschwindigkeit trotz der sehr guten Wärmeübertragung gering, und man benötigt lange Heizzeiten.

Bei großdimensionierten Behältern, die nicht auf Druck beansprucht werden können, werden die Behälter mit Wasser von Raumtemperatur gefüllt und durch Einleiten von Dampf das Wasser aufgeheizt. Es ist hierbei allerdings erforderlich, daß die Vulkanisation unter dem Druck einer mindestens 2 m hohen Wassersäule erfolgt. Um dies zu erreichen, setzt man auf den Apparat einen Kragen oder ein Rohr entsprechender Höhe. Hierauf wird das Gefäß mit Wasser gefüllt. Die Aufheizzeit des Wassers durch Dampfrohre dauert allerdings recht lange. Sie soll 5 bis 6 Stunden nicht überschreiten. Die eigentliche Kochzeit dauert vielfach weitere 48 Stunden und mehr, bis der Artikel – es handelt sich hierbei zumeist um Hartgummiauskleidungen – ausvulkanisiert ist und die genügende Härte aufweist. Für Weichgummiauskleidungen wird dieses Verfahren mehr und mehr verdrängt durch den Einsatz selbstvulkanisierender Mischungen.

**Vulkanisation unter Druck.** Bei der Vulkanisation in Wasser unter Druck wird beispielsweise das Vulkanisationsgut in einen wassergefüllten Kessel eingelegt. Hierfür muß naturgemäß ein Autoklav zur Verfügung stehen, der so weit mit Wasser gefüllt werden kann, daß die zu vulkanisierenden Artikel ganz mit Wasser bedeckt sind. Aus dem Wasser herausragende Teile würden später einen anderen Vulkanisationsgrad aufweisen. Daraufhin wird Dampf eingeleitet.

Die maximal erreichbare Temperatur des Wassers wird durch den verwendeten Dampfdruck bestimmt.

Nach der Vulkanisation muß vor Öffnen des Kessels das Wasser erst wieder auf 100° C abgekühlt werden, da es sonst stark zu sieden beginnt und überkochen kann.

Wie ersichtlich, ist für die Vulkanisation in Wasser unter Druck eine verhältnismäßig aufwendige Anlage erforderlich. In der Praxis wird dieses Verfahren deshalb nur noch selten z. B. für die Vulkanisation weicher Druckwalzen angewandt. Der Energieverbrauch ist, besonders wenn die Vulkanisationsanlage nicht ständig benutzt wird, sehr hoch und die Heizzeit ist wesentlich länger als bei den vorher beschriebenen Methoden, da das Wasser viel Energie aufnimmt, ehe die Vulkanisation beginnt. Um im gesamten Heizmedium gleichmäßige Temperaturen zu erhalten, muß sorgfältig darauf geachtet werden, daß das Wasser ungehindert zwischen den zu vulkanisierenden Teilen zirkulieren kann.

### 6.5.3.6. Vulkanisation durch energiereiche Strahlen [5.24., 6.93., 6.93a.]

Da die Bildung freier Radikale an den Polymerketten deren eigentliche Vernetzung auslösen kann, sind im wesentlichen alle diejenigen chemischen oder physikalischen Verfahren zur Vernetzung geeignet, die eine Bildung von Radikalen an der Polymerkette bewirken. Eine Radikalbildung an der Polymerkette durch Dehydrierung und somit eine Vernetzung der Polymeren kann auch durch energiereiche Strahlen erfolgen, die man also als eine Art indirektes Vulkanisiermittel auffassen kann. Die Energie der Strahlung muß naturgemäß größer sein als die Bindungsenergie der labilsten Kohlenstoff-Wasserstoff-Bindung des Kautschuks. Dieses Vernetzungsprinzip, das sich in der Kunststofftechnologie, z. B. für die, PE-, PVC-Vernetzung u. a. einen festen Platz gesichert hat, ist auch für die Kautschukvernetzung anwendbar.

**Strahlenquellen.** Als Strahlenquellen können Kobaltquellen ($Co^{60}$), Van-de-Graaff-Generatoren und Resonanztransformatoren, Kaskaden- und Linearbeschleuniger oder Betatrone verwendet werden. Die schwächste Strahlungsquelle stellt die *$Co^{60}$-Quelle* dar. Sie liefert $\beta$- und $\gamma$-Strahlen, mit einer mittleren Gesamtstrahlungsleistung von etwa 60-140 W, das bedeutet eine $\gamma$-Strahlenteilchenenergie von 1,17 bis 1,33 MeV sowie eine $\beta$-Strahlenteilchenenergie von 0,306 MeV. Die Strahlungsleistung ist bei der $Co^{60}$-Quelle naturgemäß begrenzt, da die Halbwertzeit von $Co^{60}$ bei etwa 5 Jahren liegt.

*Elektronenbeschleuniger,* arbeiten nach folgendem Prinzip: Im Inneren des Generators werden Elektronen erzeugt, die im Hochvakuum infolge Durchlaufens einer Potentialdifferenz stark beschleunigt werden. Am Ende des Strahlenkanals, der Austrittstelle durch ein Titanfenster, besitzen die Elektronen dann eine hohe Energie. Die Strahlleistung der Linearbeschleuniger ist innerhalb der letzten zwanzig Jahre um den Faktor vierzig, von 5 auf 200 KW, größer geworden. Damit scheinen solche Anlagen in den Rentabilitätsbereich gekommen zu sein. Der Elektronenstrahl kann durch ein magnetisches Ablenksystem so gesteuert werden, daß entweder eine nahezu punktförmige Strahlenquelle oder aber ein breites Band erhalten werden.

Verglichen mit einer Co⁶⁰-Quelle gibt der Elektronenbeschleuniger eine genau fokussierbare und gleichbleibende Strahlung. Die Co⁶⁰-Quelle erzeugt stets eine diffuse Strahlung, deren Energie mit der Dauer der Strahlung mit ihrer Halbwertzeit abnimmt.

**Vernetzung.** Die Vernetzung durch Strahlen wird in einem Elektronenbeschleuniger zumeist so durchgeführt, daß der zu vernetzende Artikel auf einem Transportband durch das Strahlenband geführt wird. Benötigt beispielsweise eine 4 mm starke Platte zur völligen Vernetzung eine absorbierte Strahlungsenergie von 8 Mrad*) und gibt der Generator bei einem Durchgang eine solche von 4 Mrad ab, so ist für jede Seite der Platte 1 Durchgang notwendig.

Bei der Bestrahlung mit energiereichen Strahlen werden in der Polymerkette Radikale erzeugt, die durch gegenseitige Absättigung C-C-Vernetzungen bewirken. Für solche Vulkanisate ist daher entsprechend den Darlegungen auf S. 250 ff mit einer hohen Wärmebeständigkeit zu rechnen. Auf die einfachste Form gebracht, läßt sich der Vernetzungsvorgang durch die nachfolgende Gleichung demonstrieren:

$$2 - \overset{|}{\underset{|}{C}}H + 2e \longrightarrow 2 - \overset{|}{\underset{|}{C}}{}^* + H_2$$

$$2 - \overset{|}{\underset{|}{C}}{}^* \longrightarrow \overset{|}{\underset{|}{-C}} - \overset{|}{\underset{|}{C}} -$$

---

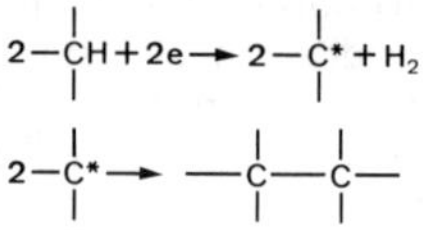

*) Zur Betrachtung von Bestrahlungen technischer Materialien ist die Einheit „Röntgen" (die Strahlungsmenge einer Röntgenröhre, die in 1 cm³ Luft von 760 Torr bei 18° C unter Ausnutzung aller Sekundärelektronen eine solche Leitfähigkeit bewirkt, daß gerade die elektrostatische Einheit von 3,3359 · 10⁻¹⁰ Ampère bei Sättigungsstrom gemessen wird) ungeeignet. Man hat vielmehr analoge Begriffe geschaffen, um die absorbierte Strahlungsenergie, bezogen auf die Gewichtseinheit, festzulegen. Bestrahlt man Luft unter Normalbedingungen mit einer Strahlendosis von 1 Röntgen, so wird von je 1 g Luft eine Energie von 83,6 erg absorbiert. Diese absorbierte Energie ist 1 rep (röntgen equivalent physical), und sinngemäß spricht man bei Bestrahlung von Materialien mit der gleichen Dosis ebenfalls von 1 rep = 83,6 erg/g. Technisch hat es sich allerdings vielfach als günstiger erwiesen, wenn die absorbierte Energie im Dezimalsystem pro Gramm Material als Bezugseinheit gewählt wird. Man spricht daher von 1 rad, wenn pro Gramm Materie 100 erg absorbiert werden. 1 rad ist demgemäß 100 erg/g, 1 Mrep = 10⁶ rep, 1 Mrad = 10⁶ rad. In Si-Einheiten wird die Einheit Gy (Gray) oder KJ/Kg verwendet. Für die Umrechnung gilt:

$$1 \text{ Mrad} = 10^6 \text{ rad} = 10^4 Gy = 10 \, \frac{KJ}{Kg} = 10^8 \text{ erg/s}.$$

In Wirklichkeit verläuft die Vernetzung jedoch teilweise komplizierter.

Die Strahlenenergie und damit die Art des zu verwendenden Elektronenbeschleunigers sind abhängig von der benötigten Eindringtiefe, der Dichte des zu bestrahlenden Materials und dem gewählten Bestrahlungsverfahren. Mißt man die Dichte (d) in g/cm³ und die Schichtdicke (S) in mm, so kann man für den Fall optimaler Homogenität die benötigte Strahlenenergie (E) überschlägig bestimmen aus

$$E = \frac{S \cdot d}{3} \text{ (MeV) bei einseitiger Bestrahlung bzw.}$$

$$E = \frac{S \cdot d}{8} \text{ (MeV) bei zweiseitiger Bestrahlung.}$$

Bei entsprechend gewählter Strahlenenergie ist dann die Produktionsgeschwindigkeit (V) eine Funktion des Strahlstroms (i), der Dosis (D) und des Bestrahlungsverfahrens bzw. der Bestrahlungsvorrichtung, gekennzeichnet durch eine Konstante (k).
Generell sind

$$V = k \cdot \frac{i}{D} \text{ bzw. } D = k \cdot \frac{i}{V}.$$

Bei Konstanthalten des Verhältnisses $\frac{i}{V}$ kann immer mit konstanter Dosis gearbeitet werden.

Tritt ein Elektronenstrahl hoher Energie in ein zu vernetzendes Medium ein, so wird er abgebremst. Wenn er soviel Energie verloren hat, daß seine Energie der zur Vernetzung erforderlichen Anregungsenergie entspricht, kommt es zur Vernetzung; das bedeutet, daß je nach der Strahlenenergie der wesentliche Vernetzungsvorgang mehr oder weniger weit im Inneren des zu vernetzenden Materials stattfindet. Bei weiterer Eindringstiefe geht immer mehr Energie verloren, bis die Strahlungsenergie nicht mehr zur Anregung der Vernetzung ausreicht. Die Intensität der Wirkungsminderung ist in erster Linie auf die Dichte der zu vernetzenden Mischungen zurückzuführen: Die Minderung der Wirksamkeit wird mit zunehmender Dichte bei gleicher Schichtdicke größer. Ist die Wirkungstiefe der Strahlung in einem Material mit der Dichte von 1 g/cm³ = n Millimeter, so ist sie in einem Material mit einer Dichte von 1,2 g/cm³ = n : 1,2 Millimeter. Darüber hinaus ist jedoch auch die Reichweite einer Strahlung, d. h. die mit der Dichte multiplizierte Schichtdicke, bei der die Strahlung auf 10% ihrer ursprünglichen kinetischen Energie abgeklungen ist, von Bedeutung. Da es zur Ausbildung von Polymerradikalen einerseits einer bestimmten Mindestaktivierungsenergie bedarf, andererseits aber die Strahlungsenergie mit steigender Eindringtiefe der Strahlung abnimmt, ist es verständlich, daß ein gleichmäßiger Vernetzungszustand von einer bestimmten Dicke der Artikel ab auch dann schwierig zu erreichen ist, wenn die Bestrahlung von beiden Seiten durchgeführt wird.

Die absorbierte Strahlenenergie ist erheblich geringer, als die zu radioaktiver Anregung der in den Kautschukmischungen enthaltenen Metallatomen erforderlichen Energie.

**Mischungsaufbau.** Für die Strahlenvernetzung sind keinerlei Vulkanisationshilfsmittel wie z. B. Peroxide erforderlich. Es genügt also, wenn den Polymerisaten die üblichen Füllstoffe, Weichmacher, Farbpigmente usw. zugesetzt werden. Gegebenenfalls werden Aktivatoren, die auch bei der Peroxidvernetzung als Coaktivatoren benutzt werden, wie z. B. EDMA bzw. TPTA (vgl. S. 298) eingesetzt, um mit geringerer Strahlenenergie auszukommen bzw. bei gleicher Strahlenenergie eine größere und gleichmäßigere Vernetzungsdichte zu erhalten. Bei Q, für den die Strahlenvernetzung besonders interessant zu werden verspricht, beträgt die mittlere erforderliche Strahlungsenergie beispielsweise etwa 10 Mrep. Allerdings kann die erforderliche Dosis je nach der verwendeten Q-Type beachtlich schwanken. Vinylgruppenfreie Typen benötigen im allgemeinen eine etwas höhere Dosis als vinylgruppenhaltige Produkte. Bei Methylphenylpolysiloxanen steigt mit größer werdendem Anteil an Phenylgruppen der Energiebedarf stark an. Aus gleichem Grunde sind daher auch phenylgruppenhaltige Polysiloxane strahlungsbeständiger als Dimethylpolysiloxane.

**Vulkanisateigenschaften.** Bei gleicher Vernetzungsausbeute sind dünnwandige strahlungs-und peroxidisch vernetzte Kautschuktypen hinsichtlich ihrer mechanischen Eigenschaften und Wärmebeständigkeit praktisch kaum zu unterscheiden. Bei größeren Schichtdicken – vor allem bei gleichzeitig sehr hoher Dichte der Mischungen – ist es bei Anwendung *älterer strahlenschwacher* Anlagen schwierig, durch energiereiche Strahlen einen gleichmäßigen Vernetzungszustand über die gesamte Dicke zu erhalten, da die Strahlen, wie bereits erwähnt, beim Eindringen in den Kautschuk gebremst werden, d. h., sie verlieren an kinetischer Energie. Von bestimmten Wandstärken an kann das Innere von bestrahlten Artikeln stark unter- oder sogar völlig unvernetzt bleiben. Letzteres ist eben dann der Fall, wenn die Strahlungsenergie infolge Absorption geringer geworden ist als die Energie der labilsten Bindungen. Bei *neueren Anlagen mit hoher Strahlleistung* ist aufgrund der großen Eindringtiefe eine wesentlich gleichmäßigere Durchvulkanisation bei gegebenenfalls sogar nur einseitiger Bestrahlung möglich.

Bei der Strahlenvernetzung entstehen keinerlei Spaltprodukte von Vulkanisationschemikalien, die ihrerseits das Eigenschaftsbild und die Physiologie von Vulkanisaten beeinflussen können.

**Wirtschaftlichkeit.** Bei Verwendung leistungsstarker Elektronenbeschleuniger scheint die Durchführung z. B. einer kontinuierlichen Plattenvulkanisation inzwischen (nach Angabe der Hersteller) wirtschaftlicher geworden zu sein, als eine Rotationsvulkanisation [6.93a.].

6.5.3.7. Kaltvulkanisation [6.94.]

Die Kaltvulkanisation kann sowohl nach der Peachy-Reaktion unter aufeinanderfolgende Einwirkung von Schwefeldioxid und Schwefelwasserstoff als auch durch Einwirkung von Chlorschwefel erfolgen. Während die erste Methode ohne jede technische Bedeutung ist, wird nach der Chlorschwefelvulkanisation, die in den zwanziger Jahren sehr verbreitet war, noch in einem beschränkten Umfang z. B. für die Badehaubenherstellung gearbeitet.

**Selbstvulkanisation.** Bei der Anwendung sehr schnell wirkender Beschleuniger (Ultrabeschleuniger) kann unter bestimmten Umständen die Schwefelvulkanisation bei Raumtemperatur erfolgen (Selbstvulkanisation), was z. B. bei der Weichgummiauskleidung großwandiger Behälter, die keiner Warmvulkanisation zugänglich sind, überaus bedeutsam ist.

**Chlorschwefelvulkanisation.** Die Chlorschwefelvulkanisation (vgl. auch S. 258) kann nur bei dünnwandigen Artikeln angewendet werden. Hierzu kommen folgende Verfahren in Betracht:

- Anwendung von *Chlorschwefeldunst*
- Anwendung von *Chlorschwefellösung*

Zur Behandlung von Kautschukartikeln mit *Chlorschwefeldunst* werden die fertig konfektionierten Platten oder aus Lösungen hergestellten Tauchartikel, die kein Vulkanisationschemikal enthalten, in Schränke mit möglichst trockener Luft eingebracht, wo sie mit Chlorschwefel, der in Blei- oder Eisenpfannen verdunstet wird, in Berührung kommen.

Das Auftragen von benzinischer *Chlorschwefellösung* auf gummierte Gewebe mit Hilfe von Walzen fand bei der Herstellung von Stoffgummierungen Anwendung. Ein Kontakt der Kautschukmischung mit Chlorschwefel reicht in beiden Fällen aus, um bei Raumtemperatur eine Vulkanisation herbeizuführen.

Der früher meist für Lösungsmittel verwendete *Schwefelkohlenstoff,* unter dessen Anwendung die Kaltvulkanisation auch für Tauchartikel durch nachträgliches Abtauchen in Chlorschwefellösung möglich war, wird nicht mehr eingesetzt.

Zur *Neutralisation* der bei der Chlorschwefelvulkanisation durch die Reaktion des Chlorschwefels mit dem Kautschuk evtl. auftretenden Salzsäurespuren wird den Mischungen vor der Vulkanisation zumeist MgO zugesetzt. Ferner ist ein gutes, meist nicht verfärbendes phenolisches Alterungsschutzmittel erforderlich. Weitere Substanzen sind für den Mischungsaufbau nicht unbedingt erforderlich.

Häufig werden die fertigen Artikel in Ammoniak nachgetaucht, um die gebildeten sauren Stoffe zu neutralisieren. Trotzdem sind die *Alterungseigenschaften* und damit die Haltbarkeit von Chlorschwefelvulkanisaten schlechter als die von heißvulkanisierten Artikeln, wogegen die Oberflächen der Fertigerzeugnisse ein besonders brillantes Aussehen aufweisen.

## 6.6. Endbearbeitung von Gummiartikeln [6.95.]

Nach der Vulkanisation sind viele Gummiartikel noch nicht verkaufsfertig. Viele Dichtungen werden z. B. mit Stanzwerkzeugen aus Plattenware ausgestanzt oder mit Schablonen ausgeschnitten.

Besondere Nachbearbeitung benötigen die meisten Formartikel, die entgratet werden müssen, wenn sie nicht nach dem Flashless- oder Injection-Moulding-Verfahren austriebslos hergestellt wurden. Dieser Prozeß in Handarbeit ist sehr aufwendig. Die Entgratungskosten können den Herstellungspreis, insbesondere kleiner Artikel, übersteigen. Deshalb wurde eine Reihe von Verfahren oder Maschinen entwickelt, um diesen Prozeß zu automatisieren. Für Gummiartikel, die nicht zu elastisch sind, gilt als eine der modernsten Möglichkeiten die sog. Gefrierentgratung [6.70.] bei der der ganze Artikel tiefen Temperaturen (Kohlensäureschnee, flüssigem Stickstoff) ausgesetzt wird, bis die dünnen Austriebsteile bereits gefroren, der stärkere Formartikel aber noch nicht durchgefroren ist. Durch mechanische Behandlung bricht dann der Austrieb vom Formartikel ab.

Mit anderen Maschinen lassen sich die Grate voll- oder halbautomatisch beschneiden oder stanzen.

Entgratete Formartikel werden häufig, falls es nicht bereits in Gummibeschneideautomaten geschehen ist, an den Nahtstellen nachgeschliffen, wozu spezielle Schleifmaschinen verwendet werden.

Besondere Bedeutung hat das Nachschleifen für gummierte Walzen, die in der Regel auf eine etwas größere Dicke, als sie der gewünschten Toleranz entspricht, gummiert werden. Nach der Vulkanisation wird dann auf einer Drehbank mit beweglichem Schleifstein durch Abschleifen der Vulkanisationshaut die richtige Toleranz eingestellt.

Bei kleineren Formartikeln wird die Vulkanisationshaut vielfach durch sogenanntes Trommeln entfernt. Hierzu werden die Artikel gemeinsam mit rauhen Steinen in einer Trommel gedreht oder geschüttelt, oder in Wasser zentrifugiert.

## 6.7. Herstellung der wichtigsten Gummiwaren

### 6.7.1. Spritzartikel (s. S. 463–486) [6.96.–6.101.]

Spritzartikel werden auf dem Extruder als laufende Meterware hergestellt. Man vulkanisiert sie meist kontinuierlich in LCM- oder UHF-Anlagen (s. S. 473 ff, 479 ff), in seltenen Fällen noch in dampfbeheizten Vulkanisationskesseln, wobei das Spritzgut, in Talkum eingebettet, je nach Artikel, gerollt oder geradlinig eingelegt wird. Im letzteren Falle werden die Profile zur Vermeidung des staubenden Talkums durch Trennlösungen, die meist aus seifenartigen Substanzen bestehen, zur Verhinderung des Zusammenklebens durchgeleitet und auf Blechen vulkanisiert. Die wesentlichsten Artikel dieser Gruppe sind: Schläuche mit und ohne Einlagen, Dichtungsschnüre und Profile aller Art sowie hygienische Schlauchwaren.

Eine Reihe von Artikeln, wie Couponringe, Schlauchringe, Flaschenscheiben und Konservenringe, wird als Strang gespritzt und, auf einen Dorn aufgezogen, vulkanisiert. Die Ringe und Scheiben werden anschließend von einem Automaten mit stehendem Rund- oder Spitzmesser rotierend abgestochen.

Der größte Teil der verwendeten Schläuche wie Wasserschläuche, Preßluftschläuche, Spiralschläuche usw., sind Schläuche mit Einlagen. [6.99.–6.100.] Allen gemeinsam ist ein Schlauchseele, die auf einen Metalldorn aufgezogen wird. Diese wird in mehreren Lagen mit diagonal geschnittenem gummiertem Gewebe umwickelt, oder sie wird auf horizontal oder vertikal arbeitenden Flechtmaschinen umklöppelt, wobei die Klöppellage gleichzeitig mit einer teigartigen Gummilösung eingestrichen wird. Bei sog. Cordschläuchen werden Cordfäden unter ca. 45° C in zwei Lagen gegenläufig um den Schlauch gewickelt. Bei sogenannten Spiralschläuchen werden Drahtspiralen zur Verstärkung des Schlauches auf den Dorn gewickelt und anschließend umspritzt. Die äußere Umhüllung erfolgt anschließend durch Konfektion oder Umspritzen auf einer Spritzmaschine mit Querkopf.

Zur Vulkanisation wird der Schlauch mit nassen Gewebestreifen umwickelt, in bis zu 40 m langen Kesseln in freiem Dampf vulkanisiert. Verfahren, die eine Vulkanisation ohne Dorn ermöglichen, wobei der rohe Schlauch unter einem gewissen Luftdruck steht, werden immer häufiger angewandt. Schläuche mit Einlagen können für die Vulkanisation auch in einer Bleipresse mit einem Bleimantel versehen und anschließend auf Trommeln vulkanisiert werden. Der Bleimantel wird im Anschluß an die Vulkanisation abgeschält.

**6.7.2. Kabelisolationen und -ummantelungen** [6.102.]

Zur Herstellung von Kabelisolationen werden die Leiter entweder durch Umspritzen oder nach dem Längsbedeckungsverfahren gummiert, wobei der Leiter mit zwei Bändern der Gummimischung von entsprechender Dicke durch Kaliberwalzen geschickt wird, die die Platten zu Seiten des Drahtes abscheren; hierbei entseht eine Schernaht. Man vulkanisiert entweder das auf großen Trommeln aufgewickelte Material im Dampfkessel oder im Anschluß an die Spritzmaschine in einem Vulkanisierrohr von ca. 40–60 m Länge in Dampf von 10–12 bar Überdruck oder in einer UHF-Strecke kontinuierlich. Die isolierten Einzeldrähte werden vielfach mit abnutzungsfesten Kabelmänteln umspritzt. Diese Kabel werden entweder ebenfalls kontinuierlich in freiem Dampf vulkanisiert, oder auch vielfach in einer Bleimantelpresse mit einem Bleimantel für die Vulkanisation umpreßt, der nach der Vulkanisation entfernt wird (s. S. 485 f).

**6.7.3. Formartikel** (s. S. 486–513) [6.97., 6.98.]

Unter die Gruppe der Formartikel fallen die in einer Form unter der Presse nach dem Transfer- oder Injection-moulding-Verfahren vulkanisierten Gummiwaren wie Absätze, Formsohlen, Manschetten, Membranen, Faltenbälge, Dichtungen, Flaschenverschlüsse, Puffer usw. Für die Herstellung dieser Massengüter gilt das im Kapitel 6.4. Ausgeführte.

**6.7.4. Plattenmaterial** (s. S. 441–463)

Hierzu werden Dichtungsplatten mit und ohne Einlagen, Sohlenplatten, Matten und Fußbodenbeläge gerechnet. Die auf dem Kalander gezogenen Platten werden doubliert. Bei Dichtungsplatten mit Gewebeeinlagen werden friktionierte Gewebe und Platten von Kautschukmischungen abwechselnd konfektioniert. Man vulkanisiert entweder im Wickel im freien Dampf, unter der Presse oder auf der Rotations-Vulkanisiermaschine.

Folienartige Artikel wie Bettplatten, Schweißblätter, Gummischürzen, Fußballblasen usw. werden aus dünnen kalandrierten Platten hergestellt und in Heißluft oder Dampf vulkanisiert.

Zu den Plattenmaterialien sind auch die IT-Platten zu rechnen. Hierunter versteht man Dichtungsplatten für Hochdruck- und Flanschdichtungen, die für höhere Temperaturen im wesentlichen aus Asbest bestehen und Kautschuk als Bindemittel enthalten. Für die Herstellung der Platten wird der Rohasbest zunächst in Kollergängen zermahlen und von den anderen mineralischen Bestandteilen befreit. Anschließend wird er in einem Reißwolf zerfasert, wobei die unbrauchbaren kurzen Fasern entfernt werden. Die so vorbereiteten flockigen Fasern werden in Spezialrührwerken zur guten Verteilung vorsichtig in eine viskose Gummilösung in Benzin eingetragen. Die Lösung enthält meist noch Zusätze von Füllstoffen wie Kaolin, etwas MgO und Farbstoffe.

Wird diese Fasermasse vorsichtig auf den IT-Plattenkalander aufgegeben, so haftet sie an der heißen großen Walze. Nach Verdunsten des Benzins geht die Masse in eine äußerst feste harte Platte über. Ist die notwendige Stärke erreicht, so wird die Platte von der Walze abgeschnitten und auf besonderen Satinier-Kalandern geglättet. Starke Platten werden durch Doublieren auf Glätt- und Doubliermaschinen mit Gummilösung doubliert (s. S. 450).

### 6.7.5. Bänder, Gurte und Riemen [6.97., 6.98.]

Zur Herstellung von Fördergurten, Treibriemen und dergleichen werden friktionierte und oder mit einer aufgeskimmten dünnen Lage einer Kautschukmischung versehene schwere Gewebe von 750–1100 g/m² einschließlich der beiden als Decklagen dienenden Gummiplatten unter Anbringung eines seitlichen Kantenschutzes konfektioniert. Hier ist der Einsatz entsprechender Gummi-Gewebe-Haftmittel bedeutsam. Man vulkanisiert in Fördergurtpressen, die bis zu 20 m lang sind. In den Vulkanisierpressen werden die Bänder bis auf eine Restdehnung von 10–16% gestreckt.

Für besonders stark beanspruchte Bänder werden an Stelle von Gewebe Stahlcordeinlagen verwendet.

Riemen werden ohne Decklage meist aus weniger schwerem Gewebe hergestellt. Sie werden entweder aus einem breiteren Band auf entsprechende Breite geschnitten oder durch Umlegen der einzelnen Lagen in der gewünschten Breite hergestellt.

Keilriemen werden so hergestellt, daß im endlosen Aufbau eine spezifizierte Anzahl von gummierten Cordlagen aufeinander konfektioniert werden. Auf diese wird ein Keilriemenkissen gelegt und schließlich wird das ganze mit friktioniertem Kreuzgewebe zwei oder mehrmals umwickelt. Neuerdings werden sogenannte flankenoffene Keilriemen hergestellt.

Die Riemen oder Bänder werden nach der Vulkanisation in Spezialpressen oder moderner auf automatischen Vulkanisiermaschinen vulkanisiert.

Bezüglich des Einsatzes von Textilien und ihrer Vorbehandlung s. [6.99.–6.100.].

### 6.7.6. Gummischuhe [6.96]

Gummischuhe wurden früher durch Konfektion auf Metalleisten aus vorgestanzten Einzelteilen aus gummierten Geweben und Plat-

ten aufgebaut und vor der Vulkanisation im Heißluftkessel häufig mit Leinöllacken durch Tauchen lackiert (vgl. Seite 393).
Heute werden Gummischuhe und Stiefel zumeist in speziellen Schuh- bzw. Stiefelpressen vulkanisiert. Dazu wird über den Innenkörper der Form (Schaft) ein vorgefertigter Strumpf, der das Innenfutter bildet übergezogen und Kautschukplatten vor dem Schließen der Formhälften aufgelegt. Auch das Aufspritzen der Kautschukmischung mittels Injection-Moulding-Anlagen wird angewandt.

Bei Pantoffeln oder Lederschuhen mit Gummisohle werden die unvulkanisierte Sohle sowie der Absatz auf Spezialpressen auf das vorbereitete Oberteil aufvulkanisiert oder in Injection-Moulding-Anlagen aufgespritzt und dabei gleichzeitig vulkanisiert.

### 6.7.7. Gummi-Metall-Elemente [6.102.–6.106.]

Zur Herstellung von Gummi-Metallelementen muß die Kautschukmischung auf das vorbereitete Metall aufvulkanisiert werden (vgl. Seite 381). Das Aufvulkanisieren der Kautschukmischung auf die Metallteile war früher ausschließlich über das Vermessingen des Metalls oder eine Hartgummischicht möglich. Heute werden meist chemische Haftverfahren angewandt (vgl. S. 381 f). Die durch Entfetten und Sandstrahlen gereinigte Metalloberfläche wird mit einem dünnen Aufstrich des Haftmittels versehen und der möglichst gut vorgeformte Rohling nach dem Trocknen aufvulkanisiert. Die Vulkanisation erfolgt nach sorgfältigem Einbau in Formen meist nach dem Kompressionsverfahren. Beim Formenbau ist darauf zu achten, daß die Formteilung nicht in gleicher Ebene liegt, wie der Haftmittelaufstrich, da sonst beim Austrieb das Haftmittel verschoben werden kann. Aus dem gleichen Grund wird für die Herstellung von Gummi-Metall-Elementen mit chemischen Haftmitteln auch in den seltensten Fällen das Injection-Moulding-Verfahren angewandt.

### 6.7.8. Walzenbeläge

Zur Herstellung von gummierten Walzen muß zunächst der meist metallische Walzenkern vorbereitet werden. Dies geschieht durch Sandstrahlen oder durch Abdrehen auf einer Drehbank und anschließendem Aufbringen der Haftmittelschicht. Nach sorgfältigem Trocknen wird die Kautschukschicht blasenfrei aufkonfektioniert. Dies kann von Hand erfolgen, geschieht heute aber bevorzugt maschinell durch Aufrollen mittels Spezialmaschinen. Auch das Aufspritzen eines Stranges von der Spritzmaschine auf den sich mit Vorschub drehenden Walzenkern wird durchgeführt. Der Walzenkern wird stärker gummiert als es seine gewünschte Dimension erfordert. Vielfach wird die Gummierung anschließend mit nassen Gewebestreifen umwickelt und in Dampf vulkanisiert. Bei sehr großen Walzen ist oft eine erhebliche Zeit erforderlich, bis der massige Walzenkern durchwärmt ist, weshalb ihre Vulkanisation 12 Stunden und mehr bevorzugt in Dampf betragen kann. Dabei sind niedrige Temperaturen zweckmäßig. Nach der Vulkanisation wird der Wickel abgenommen und die Walze auf ihr gewünschtes Maß auf der Schleifbank geschliffen.

### 6.7.9. Apparateauskleidung und Hartgummiwaren [6.107.–6.116.]

Zum Schutz von Oberflächen gegen korrodierende Einflüsse, insbesondere von Rohrleitungen, Reaktionsgefäßen, Lagerbehältern und dergleichen, werden in erheblichem Ausmaße Auskleidungen mit Kautschukmischungen herangezogen. Der größte Anteil an Auskleidungen erfolgt aufgrund der besonders guten chemischen Resistenz mit Hartgummi.

Hartgummi entsteht bei der Vulkanisation von Dienkautschuken mit mehr als 25 phr Schwefel. Ein NR-Vulkanisat mit 15 phr Schwefel ist lederartig; es wird mit zunehmendem Schwefelgehalt immer härter und spröder. Mit ca. 50 phr Schwefel sind bei NR alle Doppelbindungen des Kautschuks abgesättigt.

Die Vulkanisationszeit von Hartgummi ist wesentlich länger als die von Weichgummi. Da die Vulkanisation nach Einsetzen der Reaktion stark exotherm verläuft, muß sie zudem bei niedrigen Temperaturen durchgeführt werden. Je dicker der Hartgummiartikel ist, umso niedriger muß die Vulkanisationstemperatur und umso länger die Heizzeit gewählt werden. Bei zu hoher Vulkanisationstemperatur kann die Reaktion so heftig werden, daß es zur Explosion kommt, die so stark sein kann, daß Pressen und Autoklaven zerstört werden können.

Zum Oberflächenschutz müssen die Metalloberflächen zunächst durch Strahlen mit Quarz- oder Stahlsand von Rost oder Zunder befreit und z. B. mit einer Lösung einer Hartgummimischung eingestrichen werden. Nach dem sorgfältigen Verdampfen des Lösungsmittels wird meist mit 3 bis 5 mm starken, unvulkanisierten Mischungen aus Hartgummi, in Sonderällen aus Weichgummi, belegt. Die Belegung erfolgt in der Regel durch sorgfältige, blasenfreie Handkonfektion, die große Erfahrung und manuelle Fertigkeit erfordert.

Die Vulkanisation erfolgt anschließend in großen Autoklaven, bei Hartgummiauskleidungen meist in Heißluft, da hierbei eine lackartige, dichte und nicht so leicht verletzbare Oberfläche entsteht. In Sonderfällen wird in Dampf vulkanisiert, wodurch zwar eine besonders gleichmäßige Durchwärmung des Grundmetalls und der Kautschukmischung erfolgt, bei der aber die Gefahr der Porosität größer ist. Bei besonders groß dimensionierten Behältern kann man mit speziell beschleunigten Hartgummimischungen auch in kochendem Wasser vulkanisieren (vgl. S. 524). Dieses Verfahren kommt vor allem dann zur Anwendung, wenn die auszukleidenden Behälter aufgrund ihrer Größe in keinen Vulkanisationsautoklaven passen und an Ort und Stelle vulkanisiert werden müssen.

In neuerer Zeit werden hierfür aber in immer stärkerem Maße selbstvulkanisierende Weichgummimischungen eingesetzt [6.117.], die bei Verwendung geeigneter Klebstoffe auch auf Beton, Holz oder Kunststoff aufgebracht werden können.

Nach der Fertigstellung der Korrosionsschutzschicht muß sie auf ihre Dichtigkeit geprüft werden. Dies geschieht mit Funkeninduktoren, die mit Hochspannung betrieben werden.

Hartgummi eignet sich auch für die Herstellung von Formartikeln, obwohl diese durch Kunststoffe stark zurückgedrängt worden sind. Typische Artikel sind z. B. Batteriekästen, Pfeifenspitzen, hochwertige Kämme und Artikel für die Elektroindustrie mit hervorragender elektrischer Isolationsfähigkeit.

### 6.7.10. Schwamm- und Zellgummi [6.118.]

Schwamm- und Zellgummi entstehen dadurch, daß der Kautschukmischung ein Treibmittel (vgl. S. 369 ff) zugesetzt wird, das zu Beginn oder während der Vulkanisation Gas abspaltet, wodurch Poren gebildet werden und die Mischung aufgetrieben wird. Je nach der Porenstruktur unterscheidet man zwischen Schwammgummi, bei dem die Zellmembranen aufgerissen sind, mit offenem Porensystem und Zellgummi mit geschlossenem Porensystem. Moosgummi besitzt kleine Poren, die nicht durchweg geschlossen sind, und gemäß der Herstellung eine feste Vulkanisationshaut. Während Schwamm- und Moosgummi durch Auftreiben der Mischung hergestellt werden, ersteres in der Presse, letzteres zumeist nach Extrusion bei kontinuierlicher, druckloser Vulkanisation im Salzbad oder der UHF-Strecke, wird Zellgummi nach dem Expansionsverfahren in der Presse hergestellt.

**Treibverfahren.** Das *Prinzip* des Treibferfahrens ist mit dem Backen eines Kuchens mit Backpulver vergleichbar: das Treibmittel zersetzt sich und treibt die Mischung auf (Volumenzunahme bis auf 1000%). Anschließend erfolgt die Vulkanisation.

Zur Erzielung einer starken Volumenzunahme ist es erforderlich, daß die Mischung ein gutes Fließvermögen aufweist. Dies erreicht man durch besonders starke Mastikation oder starken Abbau des Kautschuks und Einsatz möglichst inaktiver Füllstoffe. Wichtig ist auch, daß die Treibtemperatur und Anvulkanisationstemperatur gut aufeinander abgestimmt sind. Beim Einsatz von Benzolsulfohydrazid als Treibmittel mit seiner Gasabspaltungstemperatur von ca. 80° C ist dies meist problemlos. Um ein gutes Fließen und Auftreiben der Mischung zu erreichen, setzt man Beschleuniger mit verzögertem Vulkanisationseinsatz ein. Das Treibmittel muß nämlich weitgehend zersetzt und die Mischung aufgetrieben sein, bevor die Vulkanisation beginnt. Anderenfalls ist der Artikel ungleichmäßig und evtl. unvollständig getrieben. Bei größeren Artikeln, die sich schlecht durchwärmen lassen, ist es notwendig, eine Stufenheizung durchzuführen, d. h. man heizt zunächst bei einer Temperatur, bei der sich das Treibmittel schon zersetzt, die Vulkanisation aber noch nicht beginnt, vor. Anschließend erhöht man die Temperatur und vulkanisiert aus. Es muß beachtet werden, daß die Anvulkanisation auch nicht zu spät einsetzen darf, da sonst die Gefahr besteht, daß die aufgetriebene Mischung wieder zusammenfällt.

Zur *Herstellung von Schwammgummi* füllt man die Form, die mit Gewebe und Papier bedeckt ist, zu etwa 10–50% mit der Kautschukmischung, die so viel Treibmittel enthält, daß die Form nach dem Auftreiben voll ausgefüllt ist. Man erhält dabei ein Produkt mit teilweise offenen und teilweise geschlossenen Zellen. Der Formrahmen wird oben ebenfalls mit Papier und Gewebe abgedeckt, damit die während des Treibens verdrängte Luft oben und unten entweichen kann und Lufteinschlüsse vermieden werden.

Die Vulkanisation von Schwammgummiplatten für *Toilettenschwämme* erfolgt im allgemeinen in einer Vulkanisierpresse mit Niederdruck, kann aber auch in Heißluft durchgeführt werden. Nach dem Abkühlen der vulkanisierten Schwammgummiplatte fällt der Schwamm zusammen, da sich das in den noch geschlossenen Zellen befindliche Gas beim Abkühlen zusammenzieht. Es ist daher erforderlich, die dünnen Zellwände aufzubrechen, was durch mehrmaliges Walzen bei Gleichlauf erfolgt, und die Oberflächenhaut abzuschälen. Durch diese Maßnahme erreicht der Schwamm wieder sein ursprüngliches Volumen und wird saugfähig.

Bei der *Pantoffelsohlenherstellung* legt man eine Schwammgummimischung in eine Sohlenform einer Schuhpresse und treibt diese wie bei der Schwammgummiherstellung auf und vulkanisiert, wobei sich die Mischung gleichzeitig mit dem Stoffoberteil verbindet. Im Gegensatz zur Porensohlenherstellung handelt es sich bei der Pantoffelsohlenherstellung um ein reines Treibverfahren.

Die *Moosgummiherstellung* erfolgt, wie bereits erwähnt, nach der Extrusion während eines kontinuierlichen Vulkanisationsprozesses. Ein gleichmäßiges Porenbild kann nur bei exaktem Einhalten aller Mischungs- und Herstellungsparameter erfolgen.

**Expansionsverfahren.** Das *Prinzip* des Expansionsverfahrens ist mit der Blasenbildung in einer Mineralwasserflasche nach deren Öffnen (Entspannung) zu vergleichen. Das Treibgas ist in der Kautschukmischung unter Druck gelöst und expandiert diese nach Entspannung durch Gasentwicklung.

Zur Herstellung von *Porensohlen* und *Zellgummi* wird die Kautschukmischung mit einem Treibmittel mit höherer Gasabspaltungstemperatur (vgl. S. 372) in eine Form mit abgeschrägten Kanten eingelegt. Im Gegensatz zu dem Treibverfahren, bei dem die eingelegte Mischung die Form nur teilweise ausfüllt, legt man hier so viel Mischung ein, daß das Volumen der Form vollständig ausgefüllt ist (+ 3% Überschuß zum Abdichten der Form). Beim Vulkanisationsprozeß zersetzt sich das Treibmittel; der entstehende Stickstoff löst sich z. T. unter dem hohen Pressendruck im Kautschuk. In einem noch nicht völlig ausvulkanisierten Zustand wird die Presse geöffnet. Die anvulkanisierte Mischung expandiert infolge des hohen Gasdruckes im Innern, und man erhält ein Material mit geschlossenen Zellen, das dann in einer zweiten Heizung in entsprechend größeren Formen ausvulkanisiert wird. Die erzielbare Volumenvergrößerung hängt, abgesehen von der gebildeten Gasmenge, also der Art und Menge des verwendeten Treibmittels, aber auch von dem Vorvulkanisationsgrad ab, bei dem die Presse geöffnet wird. Je länger vulkanisiert wird, desto geringer ist die Volumenvergrößerung der expandierten Platten; bei kürzerer Heizzeit wird dagegen eine größere Volumenzunahme erzielt. Das bedeutet, daß das Vulkanisat bei kürzerer Vulkanisationszeit weicher und leichter wird. Es kommt demgemäß bei der Einstellung der Dichte und des Porenbildes von Zellgummi im wesentlichen auf ein ausgewogenes Verhältnis der Treibmitteldosierung und der Länge der Vorvulkanisation an. Auch der Preßdruck bei der Vulkanisation ist zur Vermeidung von Gasverlusten von wesentlicher Bedeutung. Bei der Vulkanisation dieser Porenplatten entsteht nämlich durch die abgespaltenen Gase ein sehr erheblicher Druck, der gegebenenfalls die Pressenplatten während der Vulkanisation bereits etwas öffnen kann.

Im Gegensatz zu den Schwammgummi-Mischungen, die in der Form stark treiben müssen und daher weich und plastisch sein sollen, ist bei der Herstellung von expandiertem porösen Gummi die Verwendung eines stark mastizierten Kautschuks nicht erforderlich. Im Gegenteil, ist es sogar erwünscht, daß die unvulkanisierten Mischungen möglichst steif und hart sind, um ein gutes Auspressen zu gewährleisten. Mit gutem Erfolg wird in derartigen Mischungen, vor allem auf dem Besohlungssektor, ein gewisser Anteil an hochstyrolhaltigen Polymerisaten eingesetzt.

Nach der Entnahme der vorvulkanisierten Platten aus der Form, neigen sie bei der Abkühlung zu einer starken Schrumpfung. Bei längerer Lagerung schreitet die Schrumpfung weiter fort. Zur Vorwegnahme der Schrumpfung und zur Erzielung der erforderlichen Ausvulkanisation ist es daher erforderlich, sie nachzuvulkanisieren. Hierdurch wird die Schrumpfung auf ein Mindestmaß reduziert.

Die Nachheizung, bei der die Platten ausvulkanisiert werden, kann in Heißluft durchgeführt werden, aber auch in einer nicht vollständig geschlossenen Vulkanisierpresse in einer entsprechend größeren Form, so daß kein Druck mehr auf die Vulkanisate ausgeübt wird.

Einen besonders feinporigen (mikroporösen) Zellgummi erhält man nach dem sogenannten *Pfleumer-Verfahren.* Bei diesem wird eine Kautschukmischung unter hohem Druck in einer Stickstoffatmosphähre vulkanisiert. Dabei löst sich eine bestimmte Stickstoffmenge in der Kautschukmischung. Beim Erreichen eines bestimmten Vulkanisationsgrades wird der Druck abgelassen und der gelöste Stickstoff bläht die Kautschukmischung beim Entspannen auf. Da der nach diesem Prozeß hergestellte Zellgummi völlig geschlossene Zellen besitzt, eignet er sich in besonderem Maße für die Herstellung von z. B. Taucheranzügen.

### 6.7.11. Hohlkörper [6.119.]

Hohlkörper werden zum Teil aus Kalanderplatten konfektioniert und anschließend in freiem Dampf oder in Preßformen z. T. unter Einsatz eines Treibmittels vulkanisiert. Hierzu gehören: Spielbälle, Spielfiguren, Wärmeflaschen, Fußballblasen, Sitzkissen usw. Die Kalanderplatten werden nach dem Zuschneiden zum Teil maschinell mit sogenannten Knipsmaschinen zu einem geschlossenen Hohlkörper konfektioniert. In das Innere bestimmter Hohlkörper, z. B. Bällen, wird vorher ein Treibmittel, z. B. ein Gemisch aus Ammoniumchlorid, Natriumnitrit und Wasser, oder ein organisches Treibmittel eingebracht, damit die Kautschukmischung mit genügendem Anpreßdruck in die Form gepreßt wird und der fertige Artikel (z. B. Ball) einen genügenden Gasdruck aufweist.

### 6.7.12. Fahrzeugbereifung [6.120.–6.124.]

#### 6.7.12.1. Allgemeines über Fahrzeugbereifung

Der Fahrzeugreifen ist vom Volumen und der Bedeutung her der wichtigste Gummiartikel und das wichtigste Konstruktions- und Federelement am Fahrzeug. Mehr als die Hälfte des in der Welt erzeugten NR und SR geht in die Reifenindustrie.

**Wesen des Reifens.** Der Reifen überträgt die Motorkräfte zur Fortbewegung auf die Fahrbahn. Dabei gleicht er im Zusammenwirken mit der Radaufhängung die Unebenheiten des Untergrundes aus und ermöglicht erst einen Fahrkomfort. Das eigentliche Federungselement beim Fahren ist allerdings nicht der Gummi, sondern die Luft. Der Reifen dient nur als deren Gehäuse, das sie unter Druck hält. Der Reifen muß aber selbstfedernde Eigenschaften besitzen, d. h. es soll die Federungseigenschaften der Druckluft möglichst noch unterstüzen. Tatsächlich läßt sich auch auf Luft allein fahren, wie die Luftkissenfahrzeuge beweisen, allerdings unter erheblich größerem Aufwand zur ständigen Erneuerung des entweichenden Luftvolumens.

Die Reifenentwicklung mußte mit den sich laufend verändernden Fahrzeugkonstruktionen, zunehmenden Motorstärken, höheren Beschleunigungen und Fahrgeschwindigkeiten Schritt halten. Deshalb spannt sich ein großer Bogen von der Erfindung des ersten Reifens, 1845 durch Thomsen bzw. die praxisnahe Verbesserung 1888 von dem englischen Tierarzt John Dunlop, über den ersten vollsynthetischen Reifen 1912, bis zum heutigen Hochgeschwindigkeitsreifen. Die Belastung, die ein mittlerer Pkw-Reifen (SR) überstehen muß ist z. B. eine Belastung von über 4 700 N bei 1,9 bar Innendruck und einer Maximalgeschwindigkeit von 180 km/h über einen Temperaturbereich von sibirischer Kälte bis zu + 110° C im Dauerbetrieb. Lkw-Reifen haben noch höhere Belastungen von z. B. 30 000 N bei einem Innendruck von 7,5 bar und einer Geschwindigkeit von 100 km/h über den gleichen Temperaturbereich auszustehen. Diese Kräfte können nicht von einer Gummischicht allein aufgenommen werden; vielmehr kommt hier dem Festigkeitsträger, der Karkasse, die eigentliche Bedeutung zu, der durch Umhüllung mit Gummi luftdicht wird und vor Feuchtigkeit, Beschädigungen und Abrieb geschützt wird.

**Klassifizierung von Reifen.** Der Reifen stellt den Gummiartikel mit dem kompliziertesten Aufbau dar. Konstruktion und Material sind das Ergebnis jahrelanger Entwicklung und Erfahrung. Je nach der Konstruktion bzw. Herstellungsweise werden die Fahrzeugreifen beispielsweise in Diagonal-, Radial- und Bias-Beltedreifen unterschieden. Auch nach der Art der Festigkeitsträger kann man die Reifen z. B. in Textil-, Stahlcord- oder Glascordreifen (letzterer jedoch nur mit sehr geringer Bedeutung) einteilen. Weitere Einteilungsprinzipien werden nach Winter- und Sommerreifen, der zulässigen Geschwindigkeit, dem Höhen-Breiten-Verhältnis u. a. vorgenommen.

Entsprechend der Vielzahl von Fahrzeugen mit unterschiedlichen Funktionen und Anforderungen gibt es eine große Zahl der verschiedenartigsten Reifentypen, die sich in Größe, Profilgestaltung und innerem Aufbau unterscheiden. Auf diese Vielgestaltigkeit, die Nomenklaturen, Normungen, Profilgestaltung, Geschwindigkeitsbegrenzungen u. dgl., kann im Zusammenhang mit diesen Ausführungen nicht eingegangen werden.

Wesentliche Unterscheidungen der Reifen nach der Art des Fahrzeugtyps sind z. B. Zweiradreifen, Pkw-, leichte Lkw-, Lkw-, Karren-, landwirtschaftliche Fahrzeug-, Erdbewegungsmaschinen-, Flugzeug- und Militärfahrzeugreifen.

6.7.12.2. Diagonalreifen

Diagonalreifen werden aus einer hochabriebfesten Laufflächenmischung, einer dynamisch besonders beanspruchbaren Seitenwandmischung, der aus Textilcordgewebe bestehenden Karkasse und dem Stahlkern aufgebaut. Letzterer gewährleistet im Fuß des Reifens den richtigen Sitz und eine Abdichtung auf der Felge und dient zur unteren Befestigung der Karkasse.

**Konstruktion.** Bei Pkw-Reifen besteht die Textilkarkasse aus 2 bis 4 Lagen und bei Lkw-Reifen je nach Größe aus 6 bis 20 Lagen. Die Cordlagen werden so aufeinander gebracht, daß die Fadenrichtung je zweier aufeinander folgender Lagen sich unter einem Winkel kreuzt. Von dem diagonalen Lauf der Cordfäden rührt der Name für diesen Reifentyp her. Der beim Reifenaufbau einzustellende Fadenwinkel muß mit der resultierenden Kraft, die sich aus dem Kräfteparallelogramm Luftdruck/Fliehkraft bzw. Luftdruck/Seitenführungskraft ergibt, übereinstimmen. Mit zunehmender Geschwindigkeit muß der Fadenwinkel immer spitzer verlaufen, da die Geschwindigkeit im Quadrat einwirkt.

**Aufbau.** Der Reifen wird auf sogenannten Reifenaufbaumaschinen aus den einzelnen Elementen zusammengesetzt. Diese Maschinen sind Halbautomaten. Alle vorgefertigten Einzelteile werden über automatische Zulieferanlagen (Servicer) dem Reifenwickler zugeführt. Das eigentliche Fertigungsinstrument ist eine zusammenklappbare Aufbautrommel. Auf diese werden zunächst die Karkassenlagen in dem vorher festgelegten Winkel aufgelegt. Die Wulstringe (Drahtkerne) werden in den freien Enden der Karkassenlagen eingeschlagen und fixiert. Schließlich wird die Lauffläche mit den Seitenteilen aufgelegt. Alle Einzelteile werden gut angerollt, die Konfektion muß blasenfrei erfolgen und die Lagen müssen sehr gut aufeinander haften. Schließlich wird die Trommel zusammengeklappt, so daß der Rohling entnommen werden kann. Der von der Aufbautrommel kommende Reifen besitzt eine zylindrische Form. Die eigentliche Reifenform erhält der Rohling durch einen separaten Bombiervorgang (früher) oder bei der Vulkanisation in modernen Reifenpressen. Wenn auch an modernen Aufbaumaschinen ein relativ hoher Automatisierungsgrad herrscht, so ist doch der eigentliche Aufbau Handarbeit und die Qualität des Reifens wird entscheidend von der Fingerfertigkeit und Zuverlässigkeit des Reifenbauers bestimmt. Es sind zwar auch Reifenwickelautomaten entwickelt worden, diese haben sich aber nicht durchgesetzt.

6.7.12.3. Radialreifen

Der Radialreifen nahm 1948 bei Michelin seinen Anfang, nachdem deren Entwicklung bereits auf 1933 zurückging. Während er sich in Europa in starkem Maße durchgesetzt hat, ist der derzeitige

Anteil an Radialreifen in den USA noch wesentlich geringer. Einer der Gründe für die langsamere Entwicklung war der, daß der amerikanische Autofahrer aufgrund der großen Entfernungen in seinem Lande dem Fahrkomfort größte Bedeutung bemißt. Hauptsächlich aber dürften wirtschaftliche Gründe, die in der notwendigen Umrüstung der gesamten Aufbaumaschinen liegen, maßgebend sein.

**Konstruktion.** Radial- oder Gürtelreifen werden nach anderen Konstruktionsprinzipien aufgebaut. Hierbei werden unter den Laufflächen von Pkw-Reifen vorzugsweise vier Lagen-Textil- oder zwei Lagen-Stahlgürtel, auch mit Nylon-Bandage (Cord in Umfangsrichtung) bzw. bei Lkw-Reifen drei bis fünf Stahlcordlagen als Gürtel unterlegt. Diese Gürtel, die in der Schulterpartie der Lauffläche enden, stabilisieren die Lauffläche. Die einzelnen Gürtellagen werden ebenfalls unter einem dem Kräfteparallelogramm entsprechenden Winkel aufeinander gebracht, der wesentlich geringer ist als beim Diagonalreifen. Da der Reifen durch die Stabilisierung der Lauffläche wesentlich härter wird, müssen zum Ausgleich die Seitenwände weicher werden. Sie bestehen beim Radialreifen aus einem gegen dynamische Beanspruchung und Alterung besonders gut geschützten Seitengummi, unter welchem 1 bis 3 um die Drahtkerne herum verankerte Karkassenlagen liegen. Deren Cordfäden laufen bei mehreren Karkassenlagen im Winkel von 80–90° und bei Einlagekarkassen im Winkel von 90°, also radial von Wulst zu Wulst. Auf den Gürtel bzw. die Bandage wird die Lauffläche aufgebracht. Der Reifenfuß wird bei Radialreifen durch Scheuerbewegungen besonders belastet und muß durch harte, abriebfeste Kautschukmischungen oder ensprechende Textilien, z. B. monofiles Nylongewebe stabilisiert und geschützt werden.

**Aufbau.** Die Karkasse des Gürtelreifens wird ebenfalls auf einer zylindrischen Aufbaumaschine nach den gleichen Gesichtspunkten wie die Diagonalkarkasse konfektioniert. Im Gegensatz zum Diagonalreifen muß der Rohling vor der Fertigstellung auf eine andere Aufbaumaschine genommen werden, wo er in einer zweiten Aufbaustufe mittels Druckluft in eine reifenähnliche Form gebracht wird (den Vorgang nennt man Bombage). Erst in dieser Form werden Gürtel, Bandagen und Lauffläche aufgelegt. Bei beiden Aufbaustufen ist eine besonders präzise Zentrierung erforderlich, um die erforderliche Rundlaufgenauigkeit gewährleisten zu können. In neuentwickelten modernen Anlagen können beide Aufbaustufen auf einer Maschine vorgenommen werden.

### 6.7.12.4. Andere Konstruktionen

In den USA wurde als Kompromiß eine Kombination von Diagonal- und Radialreifen der sogenannte Bias-Belted-Reifen entwickelt. Dieser kann in einem Arbeitsgang auf herkömmlichen Aufbautrommeln konfektioniert werden.

Auch andere Konstruktionen sind üblich, z. B. zwei Karkassenlagen Reyon im Winkel von 34 bis 60° und einem Stahlgürtel mit einem Winkel von 4 bis 10° geringer als die Karkasse. Der zylindrische Rohling wird anschließend wie der Diagonalreifen bombiert und vulkanisiert. Durch die Schwierigkeit der exakten Zentrierung während der Bombage läßt die „Uniformity" dieser Reifenkategorie zu wünschen übrig.

### 6.7.12.5. Reifentextilien [6.125., 6.126.]

Das zum Aufbau des Reifens verwendete Cordmaterial hat in den letzten Jahren eine starke Wandlung durchgemacht. Die vor dem 2. Weltkrieg ausschließlich übliche Baumwolle ist zugunsten von halb- und ganzsynthetischen Textilmaterialien verlassen worden. Sie wurde zunächst durch Kunstseide (Reyon) abgelöst. Bessere Festigkeiten, höhere dynamische Dämpfung und gute Biegeermüdung haben beim Pkw- und Lkw-Reifen vor einigen Jahren die Verwendung von Polyamidcord (Nylon 66 und Nylon 6) bzw. Polyestercord begünstigt, die aber dem Reifen die Tendenz zum sogenannten „flat spotting" verleihen, dem Abflachen der Reifenauflagefläche beim Stehen des Wagens, die erst nach längerer Fahrzeit wieder verschwindet. Auch ein verstärktes Reifenwachstum bei Diagonalreifen wird bei Einsatz vollsyntetischer Fasern vielfach beobachtet. Dieses läßt sich durch die Reifenkonstruktion (Stabilisierung der Flanke durch den Gürtel bis in die Schulterpartie und vom Fuß her) günstig beeinflussen.

Die Einführung von Radialreifen veränderte auch die Verwendung der Reifentextilien. Reyon-, Polyamid-, Glas- und Stahlcordmaterialien sowie Aramide stehen zur Verfügung. Geeignete Cordmaterialien werden in erster Linie nach deren Festigkeit, Dehnung, Ermüdungsbeständigkeit und Gummibindung ausgewählt. Auch die Veränderung der mechanischen Cordeigenschaften bei Vulkanisations- und Reifenlauftemperaturen sowie die chemischen Einflüsse durch Substanzen aus der Kautschukmischung müssen Berücksichtigung finden. Zur Herstellung von Gürteln können nur Cordmaterialien mit geringer Dehnung, hoher Festigkeit und hoher Biegesteifigkeit verwendet werden. Stahl kommt diesen Forderungen am nächsten und ist deshalb ein fast ideales Gürtel-Cordmaterial. Auch Aramide, die bei geringerer Biegesteifigkeit aber eine hohe Dämpfung aufweisen und damit für hohen Fahrkomfort sorgen, sind sehr gut geeignet. Dies gilt aufgrund der hohen Festigkeit auch für Cordmaterial für Lkw-Karkassen, während für Pkw-Karkassen auch Reyon, Polyamid und Polyester in Betracht kommt. Aus Preisgründen wird hierfür heute meist Reyon bevorzugt.

Als Haftsysteme kommen bevorzugt Co-Naphthenat (nur für vermessingten Stahl) oder Haftsysteme auf Basis von Resorcinformaldehydharzen zum Einsatz.

6.7.12.6. Reifenvulkanisation

Für die Herstellung von Reifen sind spezielle Reifenpressen mit hohem Automationsgrad als Einzelheizer oder Zwillingsheizer im Einsatz, in denen die Reifenform eingebaut ist. Für Diagonalreifen werden mittengeteilte Formen verwendet, für Radialreifen dagegen mit radialer Teilung.

Die Besonderheit gegenüber der Vulkanisation anderer Formartikel ist die, daß diese großdimensionierten Formkörper nicht nur von außen, d. h. von der Pressenform, sondern auch von innen, d. h. vom Heizschlauch, Heizbalg oder der Heizmembran geheizt werden.

Früher wurde ein Reifenrohling, der auf Wickeltrommeln konfektioniert wird und dann die Form eines Zylinders hat, grundsätzlich durch eine Bombierung vorgeformt, wobei gleichzeitig ein Heizschlauch zur Druck- und Wärmezufuhr von Innen während der nachfolgenden Vulkanisation eingezogen wurde.

In modernen Heizapparaten ist ein Gummizylinder als Heizbalg fest in den Heizautomat eingebaut, der das Formen des zylindrischen Reifenrohlings übernimmt, diesen in die beheizte Form, die das Reifenprofil trägt, preßt und gleichzeitig von innen beheizt.

Ein Vorformen (Bombieren) des Rohlings bei gleichzeitigem Einführen des Heizschlauches und nach Beendigung der Vulkanisation ein Herausnehmen des Heizschlauches aus der Decke erübrigt sich dadurch. Lediglich bei Radialreifen ist ein vorheriges Bombieren während des Reifenaufbaues zur exakten Zentrierung des Gürtels vor dem Auflegen der Lauffläche erforderlich; hierbei wird jedoch ebenfalls kein Heizschlauch mehr verwendet.

In Reifenheizern neuester Bauart, insbesondere zur Vulkanisation von Radialreifen, wird anstelle des Heizbalges eine ebenfalls fest eingebaute Heizmembran aus Gummi als Heizschlauchersatz verwendet. Diese Heizmembran wird analog dem Heizbalg aufgepumpt, wodurch diese den Reifenrohling in das Profilbett der Form preßt, das zur leichteren Einführung des vorgeformten Reifens in Segmente unterteilt ist, und führt die Wärme von innen zu. Nach Beendigung der Vulkanisation wird die Heizmembran in einen unter der Form angeordneten Zylinder eingezogen, wodurch das Herausnehmen des geheizten Reifens und das Neueinlegen des nächsten Rohlings nicht durch den hochstehenden Heizbalg erschwert wird.

Die Beheizung der Pressen erfolgt mit Dampf von beispielsweise 180° C, wogegen die Heizung von innen über die Heizschläuche, Heizbälge oder Membranen bevorzugt mit heißem Wasser von ca. 200° C vorgenommen wird. Hierzu sind entsprechende Dampf-, Wasser- und/oder Druckluftanlagen erforderlich.

Während früher die Vulkanisationszeiten für einen Vier-Lagen-Pkw-Reifen bei 45–60 Minuten lagen, sind sie in modernen Vulkanisierpressen bei hohen Vulkanisationstemperaturen auf 8–16 Minuten heruntergedrückt worden.

Die Länge der Heizzeit ist natürlich auch von der Dicke der Heizbalg- bzw. -Membranwand abhängig. Je dünner diese ist, desto besser ist der Wärmedurchgang.

Der Ablauf der Heizvorgänge wird von Prozeßreglern gesteuert. Sämtliche Teilvorgänge des Heizprozesses, Ein- und Abstellen von Dampf oder Wasser, außen oder innen, das Schließen und Öffnen der Formen usw., wird automatisch von Steuerorganen geschaltet.

Diagonalreifen, die vollsynthetische Fasern als Verstärkungsmittel enthalten neigen beim Abkühlen nach der Vulkanisation zum Schrumpfen. Um dieses zu vermeiden, werden sie nach der Vulkanisation aufgezogen und bis zum Abkühlen aufgeblasen. Durch diesen sogenannten Post-Inflation-Prozeß wird verhindert, daß der Reifen schrumpft. Bei modernen Reifen-Vulkanisationsanlagen ist eine Vorrichtung, die diesen Vorgang automatisch übernimmt, eingebaut.

Dem Wärmezufluß – sowohl von innen als auch von außen – müssen die Mischungsqualitäten des Reifens angepaßt sein, denn der Wärmezufluß ist in der dünneren Seitenwand ein anderer als im Zenit oder in der Schulter des Reifens. Die Einstellung der Vulkanisationssysteme, d. h. die Schwefel- und Beschleunigerdosierung müssen deshalb in den verschiedenen Reifenschichten der einwirkenden Wärmemenge angepaßt sein. Durch die Verwendung neuartiger temperaturprogrammierter Vulkameter, auch Vulkanisationssimulatoren genannt, ist heute die richtige Abstimmung von Vulkanisationsgeschwindigkeiten der Mischungen und der optimalen Vulkanisationsbedingungen erleichtert worden (vgl. S. 633).

Besonders wichtig ist ferner der richtige Druck während der Heizung. Nur wenn er eine ausreichende Höhe hat (rund 20 bar), wird vermieden, daß sich keine Luft oder Gasbläschen zwischen der Rohlingsaußenhaut und der Formenschale einschließen. Solche Einschließungen geben nicht nur unschön aussehende, sondern auch von der Festigkeit her nicht zu tolerierende „schwache Stellen“ auf der Reifenaußenhaut. Wenn sie sich im Innern der Reifenwand befinden, können sie beim Einsatz der Anlaß für eine Ablösung sein. Wichtig ist auch, daß der Druck gleich bei Beginn der Heizung genügend hoch ist, denn nur im Anfang der Heizung sind die Kautschukschichten noch genügend plastisch verform- und fließbar, um Unregelmäßigkeiten auszugleichen. Der Druck kann im übrigen nur von innen heraus wirken, denn außen stützen sich die beiden Formenschalen vollkommen gegeneinander ab.

6.7.12.7. Vergleich der Reifen, Trends in der Reifenentwicklung

**Diagonalreifen** sind einfach in der Herstellung, da sie einstufig aufgebaut werden. Der Fahrkomfort mit ihnen ist relativ hoch. Die Reifen weisen aber eine starke Verformung im Einsatz auf. Sie bilden einen Rollwulst, dessen Größe mit der Geschwindigkeit steigt. Aufgrund dessen ergibt sich eine relativ starke Erwärmung, eine permanente Vertikalbewegung der Aufstandsfläche (Aufstandsellipse) auf der Straßenoberfläche, die mit einem vor allem bei Kurvenfahrten ungünstigen Abriebverhalten und schlechterer Bodenhaftung verbunden ist, sowie ein schlechtes Bremsverhalten, und ein hoher Rollwiderstand.

**Radialreifen** weisen aufgrund der stabilisierten Lauffläche eine geringere Verformung des Reifens und eine kraftschlüssigere Aufstandsellipse auf der Straße auf, die geringe Vertikalbewegungen auf der Straße ausübt. Bei Radialreifen ist deswegen im Gegensatz zu Diagonalreifen die Anwendung von Blockprofilen mit mehr Traktionskanten möglich. Dadurch ergibt sich größere Griffigkeit und ca. 15% größere Aufstandsellipse, die sich bei Kurvenfahrt nierenförmig dem Untergrund anpaßt. Bei Radialreifen erhält man im Vergleich zu Diagonalreifen gleichmäßigere Kraftverteilung, niedrigere spezifische Bodenbelastung, kürzere Bremswege, geringeren Abrieb, geringere Erwärmung (Heat-Build-Up), geringeren Rollwiderstand, bessere Seitenführungskräfte. Dies wirkt sich in höherer Haltbarkeit, höherer Sicherheit und geringerem Kraftstoffverbrauch aus. Nachteilig ist der kompliziertere, d. h. zweistufige Aufbau, der wegen der exakten Zentrierung des Gürtels erforderlich ist. Hier zeigen sich aber durch die neuere Entwicklung einer einstufigen Aufbaumaschine künftig verbesserte Möglichkeiten.

**Bias-Belted-Reifen** liegen im Abrieb- und Rollwiderstand zwischen Diagonal- und Radialreifen.

**Textilgürtel** weisen gegenüber Stahlgürteln folgende Nachteile auf: Schlechtere Rückstellmomente (schwierigeres Steuern), wesentlich höherer Abrieb, demgemäß geringere Lebensdauer, größeres Reifenwachstum, demgemäß geringere „Uniformity". Aramide geben in Verbindung mit Stahlcord eine Verbesserung des Fahrkomforts.

**Sicherheitsreifen.** Im Bereich des Sicherheitsreifens haben sich Konstruktionen mit Kernfüllungen nicht bewährt. Hier ist man zu Reifen mit stark reduziertem Höhen- zu Breitenverhältnis von 0,6 (normal 0,8) mit verstärkter Schultern übergegangen und zu spezieller Felgenkonstruktion durch die die Wülste auch bei Druckverlust nicht abspringen können. Bei Druckverlust tritt eine Gleitflüssigkeit in Funktion, die eine Zerstörung verhindert. Mit solchen Reifen kann man im Falle eines Defektes mit verminderter Geschwindigkeit bis zu einer Werkstatt weiterfahren. Solche Reifen sind aber teuer (vier Sicherheitsreifen teurer als fünf konventionelle). Bei neueren Entwicklungen werden zusätzlich Stützschläuche verwendet.

**Winterreifen.** Durch Verbot von Spikes-Reifen in der Bundesrepublik Deutschland und einigen anderen Ländern wurde das Problem der Eishaftung von reinen Gummi-Laufflächen in den Vordergrund des Interesses gerückt. Durch Einsatz von Kieselsäurefüllstoffen und Silanen anstelle von Ruß ließ sich zu Beginn der Entwicklung gute Eishaftung erzielen. Solche Reifen wiesen aber auf nassen Straßen ungünstigere Haftung auf, hatten einen hohen Verschleiß und waren für den Dauerbetrieb nicht geeignet. Auch Reifen mit Kieselsäure und Ruß (1 : 1) als Füllstoff wurden als Eisreifen angeboten, durch die hinsichtlich der Haftung auf Eis und feuchtem Untergrund ein Kompromiß erzielt wurde. Neuere Entwicklungen basieren auf der Erhöhung des BR-Anteils im Verschnitt mit SBR bei Beibehaltung einer reinen Rußfüllung und einer Profilkonstruktion mit vielen Traktionskanten.

**Gießreifen.** Der uralte Traum der Reifentechnologie einen karkassenlosen Reifen durch Gießen aus flüssigen Ausgangsstoffen herstellen zu können, hat die Reifenentwickler nicht ruhen lassen. Immer wieder wurden Herstellungsmethoden aus Polyurethan-Rohstoffen vorgestellt und wieder fallen gelassen. In jüngster Zeit ist diese Frage wieder aktuell geworden. Ein karkassenloser Reifen, insbesondere ein gürtelloser Reifen muß notwendigerweise ein größeres Reifenwachstum als ein Reifen mit Festigkeitsträger und damit ungünstigere Seitenführungskräfte aufweisen. Er weist zudem im allgemeinen ungünstigere Rutschwerte und ungünstigere Haltbarkeit auf und ist z. Z. nicht als ein vollwertiger Ersatz für Radialreifen anzusehen. Gießreifen mit Gürtel scheinen aber langfristig Aussicht auf begrenzten Einsatz zu haben.

**Trend beim Pkw-Reifen.** Bei Pkw-Reifen hat sich zumindest in Europa der Stahlgürtelreifen völlig durchgesetzt. Das Höhen/Breitenverhältnis wird immer kleiner. Man bemüht sich, die Anzahl der Mischungen und Bauteile je Reifen zu reduzieren, damit sich die Reifenherstellung noch stärker automatisieren läßt. Außerdem ist man bestrebt, Reifen für universelle Anwendung (Ganzjahresreifen) sowie Reifen mit geringem Rollwiderstand (Kraftstoffeinsparung) zu entwickeln.

**Trend beim Lkw-Reifen.** Hier hat der Ganzstahl-Radialreifen bereits eine völlige Marktbeherrschung. Auch hier geht der Trend zu kleineren Höhen/Breitenverhältnissen, verbunden mit einer Umstellung auf schlauchlosen Reifen, der auf einteiligen Felgen montiert wird. Durch den Wegfall von Schlauch, Wulstband u. dgl. wird das Radgewicht und damit die ungefederte Masse geringer. Außerdem geht der Trend dahin, bisherige Zwillingsbereifungen durch einen Super-Singel-Reifen zu ersetzen.

### 6.7.13. **Runderneuerung** [6.127.]

#### 6.7.13.1. Allgemeines über Runderneuerung

Aufgrund preiswerter Reifenimporte und hoher Arbeitslöhne wurde in der Bundesrepublik Deutschland die Preisdifferenz zwischen runderneuerten und Neureifen so zurückgedrängt, daß der Trend zum runderneuerten Reifen stark rückläufig war. Ein entsprechend größerer Altreifenanfall war die Folge. Die Rohstoffkrisen der letzten Jahre, durch die die Rohstoff- und Energiepreise stark gestiegen und ein Teil der Billigimporte ausgeblieben sind, gaben der Runderneuerungs-Industrie einen neuen Impuls. Durch die Richtgeschwindigkeiten bzw. die gezügeltere Fahrweise werden die Bedenken gegen den Einsatz runderneuerter Reifen entsprechend gemindert.

In der Bundesrepublik Deutschland, wo bis 1973 eine Abwärtsbewegung der Runderneuerungstendenz stattfand, erhöhte sich der Anteil runderneuerter Reifen temporär auf etwa 33%. Nach einer erneuten starken Anteilverminderung dürfte der runderneuerte Reifen z. Z. wieder an Bedeutung zunehmen.

Die Runderneuerung wird nach drei verschiedenen Methoden durchgeführt:

- Runderneuerungen nach der konventionellen Art,
- Runderneuerungen nach dem Kaltbelegungsverfahren ohne Heizformen
- Runderneuerungen nach dem Warmbelegungsverfahren ohne Kissen.

#### 6.7.13.2. Konventionelle Runderneuerungsverfahren

Die Runderneuerung nach konventioneller Art ist der Herstellung von Reifen ähnlich. Auf die abgeschälte und aufgerauhte Karkasse wird nach Einstreichen mit einer Konfektionshaftlösung die neue, unvulkanisierte Lauffläche aufgebracht, angerollt und in konventionellen Vulkanisationsanlagen geheizt.

#### 6.7.13.3. Runderneuerungsverfahren nach Kaltbelegung ohne Heizformen

**Bandag-Verfahren.** Eine heute sehr breit angewandte Methode ist das Bandag-Verfahren, das in Deutschland während des zweiten Weltkrieges entwickelt und in den USA weiterentwickelt worden ist. Das Prinzip der Methode ist folgendes: Der Reifen wird, nachdem er an seiner ursprünglichen Lauffläche aufgerauht ist, mit einer neuen vulkanisierten als Bandage ausgebildeten Lauffläche (daher die Ableitung Bandag) belegt, die an der Unterseite mit einem Haftkissen versehen ist, und anschließend zur Vernetzung der Haftschicht vulkanisiert.

Die Bandag-*Laufflächen* werden in speziell für diese Runderneuerungsart entwickelten 10 m langen Etagenpressen in Formen für den jeweiligen Reifentyp mit Profil vulkanisiert. Die Vulkanisation erfolgt unter einem Druck von ca. 50 bar, der deutlich höher ist als bei der Vulkanisation der herkömmlichen Runderneuerung und auch der der Neureifenherstellung, wo man maximal 20 bar anwendet unter hohen Temperaturen. von z. B. 195°C.

Um die Haftschwierigkeiten zwischen der Karkasse und der Lauffläche zu vermeiden, wird die Lauffläche nach der Vulkanisation mit einem *unvulkanisierten Kissen* aus NR belegt. Die belegte, vulkanisierte Lauffläche wird an den Runderneuerungsbetrieb geliefert.

Das *Abrauhen* der Karkasse muß beim Runderneuern mit großer Präzision vorgenommen werden, und zwar bedeutend sorgfältiger als bei der herkömmlichen Runderneuerung; die Karkasse muß für dieses Verfahren absolut kreisrund, ähnlich wie auf einer Drehbank bearbeitet, gerauht sein. Die Rauhung ist deshalb von großer Wichtigkeit, weil die neue Lauffläche für dieses Verfahren bereits ausvulkanisiert ist und sich somit nicht mehr verändern oder verformen kann.

Nachdem die Bandag-Lauffläche auf den Reifen *aufkonfektioniert* ist, wird der Reifen nach Einlegen des Luftschlauches auf eine Felge aufgezogen und mit einem Band aus Metall oder sonstigem Werkstoff fest umwickelt. Hiernach wird der Reifen mit Luft auf 8 bar gegen die äußere Bandage aufgepumpt, der ausreicht, um das Kissen mit Karkasse und Lauffläche zu verbinden.

Die *Vulkanisation* erfolgt in Heißluftautoklaven. Da mit Ausnahme des Kissens alle anderen Teile bereits vulkanisiert sind und die Kissenqualität entsprechend eingestellt wird, reicht eine niedrige Vulkanisationstemperatur. Die Heizung im Autoklaven erfolgt z. B. 4 Stunden bei 95° C Heißluft mit einem Druck von 6 bar.

**Schelkmann-Verfahren.** Das Vakuum-Vulk-Verfahren, auch als Schelkmann-Verfahren bekannt, unterscheidet sich vom Bandag-Verfahren nur in der Vulkanisation. Hier wird zwar ebenfalls über einen Zeitraum von 4 Stunden bei 95° C vulkanisiert, gegenüber Bandag aber als Kesselfüllung Wasser benutzt. Die runderneuerten Reifen werden hierbei untereinander mit einem Schlauchsystem an die Pumpe angeschlossen und gestapelt im Heißwasser-Autoklaven vulkanisiert.

Die *Vorteile* beider Verfahren können wie folgt benannt werden:

- Die relativ niedrigen Vulkanisationstemperaturen von 95° C, wobei die Karkassen kaum in Mitleidenschaft gezogen werden und somit auch mehrmals in gleicher Weise runderneuert werden können.

- Der geringe Aufwand eines Maschinenparkes und hieraus resultierend.
- Die Einsparung großer Lagerhallen oder Plätze für Schablonen oder Reifenformen verschiedener Größen.

*Nachteile* sind:

- Alle zur Verwendung kommenden Mischungen und Lösungen müssen bei den Vertragsfirmen bezogen werden. In dem Kaufpreis der Mischungen sind gleichzeitig die Lizenzgebühren enthalten.
- Bei Übernahme dieser Verfahren müssen auch Autoklaven, Rauhmaschinen, Laufflächenschneidemaschinen bei den lizenzgebenden Firmen gekauft werden.

#### 6.7.13.4. Runderneuerungsverfahren nach Warmbelegung ohne Kissen

Die bekanntesten Verfahren dieser Runderneuerungsart sind das Collmann- und das Orbitread-Verfahren.

**Collmann-Verfahren.** Für das Collmann-Verfahren wird die Karkasse in der üblichen Weise, d. h. wie bei der herkömmlichen Runderneuerung von Schulter zu Schulter aufgerauht und eingesprüht. Anschließend wird die Lauffläche dimensionsgerecht gespritzt und kontinuierlich auf die Altkarkasse aufgebracht. Die Belegung erfolgt auf einer speziellen Maschine, der sogenannten Collmann-Maschine, welche gleichzeitig Extruder und Belegemaschine ist. Da der Weg vom Spritzkopf bis zur Belegevorrichtung relativ kurz ist, kommt der kontinuierlich gespritzte Rohlaufstreifen noch warm an die Belegevorrichtung. Weil warme Mischungen eine bessere Konfektionsklebrigkeit besitzen als kalte und diese Klebrigkeit zur Belegung der Karkasse ausreicht, erübrigt sich hierbei die Verwendung eines Kissens. Die belegten Karkassen werden anschließend in herkömmlichen Reifenpressen vulkanisiert.

**Orbitread-Verfahren.** Das Orbitread-Verfahren ist eine Methode, bei der die Laufflächen ebenfalls mittels einer besonderen Belegemaschine auf die Altkarkassen aufgebracht werden. Die Laufflächenmischung wird hierbei als Flachband warm auf die vorher aufgerauhte und eingesprühte Karkasse gespritzt. Dieses Flachband wird auf die laufende Karkasse gewickelt. Die Belegung erfolgt innerhalb von 2 bis 3 Minuten, so daß sich eine Kapizität von ca. 20 Pkw-Reifen pro Stunde und Maschine ergibt. Wie bei dem Collmann-Verfahren benötigt man auch hierfür aufgrund der Warmbelegung und der daraus resultierenden erhöhten Konfektionsklebrigkeit kein Polsterkissen.

Die *Vorteile* dieser beiden Verfahren sind:

- Die Einsparung einer Kissenqualität

- Platzeinsparung durch den Wegfall der Lagerhaltung von Rohlaufstreifen der verschiedensten Dimensionen.

Der *Nachteil* und dies speziell bei dem Orbitread-Verfahren ist:

- die Voraussetzung einer qualitativ guten Mischung mit einer extremen Spritzgeschwindigkeit, die bei einer Pkw-Mischung ca. 30m/min betragen soll.

**Pressurtreader-Verfahren.** Den Mittelpunkt dieses relativ neuen Verfahrens stellt der sogenannte „Pressurtreader“ dar. Dieser ist im wesentlichen ein Extruder, der die dimensionsgerechte Lauffläche unmittelbar hinter dem Spritzkopf auf die Altkarkasse aufbringt und gleichzeitig das fertige Reifenprofil formt. Zur Vorbereitung werden die Altkarkassen auf einer Reifenaufbereitungsmaschine nach einer Schablone geschält und gerauht. Der so vorbereitete Reifen wird anschließend auf den Pressurtreader gespannt, welcher nun unter Druck eine vorher eingestellte Menge Laufflächen-Mischung dimensionsgerecht spritzt. Im Spritzkopf bewegt sich währenddessen eine Düse hin und her, um die Rillen des Profils zu formen. Die reziproke Bewegung der Düse wird durch eine Lochscheibe, die auf der Nabe montiert ist, kontrolliert. Da sowohl Lochscheibe als auch Düse schnell auswechselbar sind, kann die Laufflächengestaltung sowie auch Tiefe und Breite der Profilrillen auf Wunsch geändert werden. Die Vulkanisation dieser Reifen erfolgt ohne Verwendung jeglicher Formen in einem Autoklaven.

**Kentread- und Kenplast-Verfahren.** Bei diesen Verfahren wird ein vulkanisierter und mit einem Kissen belegter Laufflächenring, der bereits das Profil enthält, mittels Spezialmaschinen unter Spannung auf die abgeschälte und exakt gerauhte Karkasse aufgezogen, exakt zentriert und mittels einer Ringpresse aufvulkanisiert. Dabei verbindet sich die Lauffläche über das Kissen mit der Karkasse.

Bei einer Modifikation wird ein unvulkanisierter Laufflächenring ohne Profil auf die abgeschälte und gerauhte Karkasse gezogen und mit einer analogen Ringpresse, die jedoch das Profil trägt, auf die Karkasse vulkanisiert. Hierbei wird etwas mehr Mischung (z. B. 3%) eingelegt, als dem eigentlichen Volumen der Lauffläche entspricht. Durch den dadurch bedingten hohen Druck wird die Lauffläche besonders massiv, was sich in entsprechend niedrigen Abriebwerten ausdrückt.

## 6.8. Regenerieren [6.128.–6.139.]

### 6.8.1. Allgemeines über Regenerieren

Der ständig wachsende Bedarf an Kautschuk stellt die verarbeitende Industrie vor das Problem der Wiederverwendung der durch chemische und physikalische Einflüsse oder mechanischen Verschleiß unbrauchbar gewordenen Vulkanisate.

Schon Ch. GOODYEAR erkannte die Bedeutung der Wiederverwendung von Vulkanisaten und machte Versuche, die ursprünglichen plastischen Eigenschaften des vulkanisierten Kautschuks wieder herzustellen. Seitdem wurde eine Reihe von Verfahren zur Regenerierung von Vulkanisaten entwickelt, die im wesentlichen auf einer thermischen oxydativen und mechanischen Behandlung beruhen und mit denen es möglich ist, die Plastizität des vulkanisierten Kautschuks so weit zu erhöhen, daß er erneut verarbeitet werden kann.

Die Regnerierung beruht weniger auf einer Devulkanisation als auf einer Depolymerisation, wobei die Schwefelbindungen nur geringfügig verändert werden. Weil bei der Vulkanisation von Kautschuk durch Schwefel in Gegenwart von Beschleunigern nur ein geringer Teil der Doppelbindungen abgesättigt wird, können die bei der Regenerierung eintretenden Reaktionen mit den Vorgängen bei der Mastikation verglichen werden. Die Anwesenheit von Sauerstoff ist auch hierbei eine notwendige Voraussetzung. Im allgemeinen genügen geringe Mengen Sauerstoff, wie sie in den gemahlenen Abfällen oder in der Regenerierapparatur bereits vorhanden sind. Wie die Mastikation bei erhöhter Temperatur (s. S. 237 ff), so läßt sich auch die Regenerierung durch Zusatz chemischer Plastiziermittel, die für diesen speziellen Anwendungszweck Regeneriermittel genannt werden, wirksam beschleunigen (vgl. S. 394 f). Ihre Wirkung kann durch eine Reaktion der bei der thermischen Behandlung unter Mitwirkung des Sauerstoffes entstandenen Kettenradikale erklärt werden, wobei das Regeneriermittel in erster Linie einen Kettenabbruch bewirkt und die Vereinigung zweier Radikale zur Kette verhindert.

Der im Vulkanisat vorhandene freie Schwefel wird durch die thermische Behandlung entweder vom Kautschuk gebunden oder in Gegenwart von Alkali, Zn-chlorid usw., die das Gewebe von z. B. Autoreifen zerstören, in eine wasserlösliche Form übergeführt.

Weil die Zahl der Doppelbindungen beim Regenerieren nur wenig geändert wird, kann die Regenerierung ein und desselben Vulkanisates mehrere Male wiederholt werden und ist das Regenerat wieder vulkanisierbar. Während bei Vulkanisaten aus NR die Viskosität unter vergleichbaren Bedingungen proportional der Regenerierzeit abnimmt, zeigen Vulkanisate aus SR ein anderes Verhalten. Bereits nach kurzer Zeit tritt eine beträchtliche Abnahme der Viskosität infolge von Cyclisierreaktionen ein, die von den Regenerierbedingungen, der verwendeten Apparatur, der Wirksamkeit des Regeneriermittels usw. abhängig ist. Aus diesem Grunde müssen bei der Regenerierung von SR die Regenerierbedingungen sorgfältig abgestimmt werden.

Um die Vereinigung der Kettenradikale, die bei hohen Temperaturen überwiegt, zu vermeiden, ist es zweckmäßig, bei der Regenerierung von Vulkanisaten aus SR die Temperatur nicht wesentlich über 150° C zu steigern und durch die Zugabe von größeren Mengen an Weichmachern (über 8%) den Reaktionsverlauf zu beeinflussen. Vulkanisate aus NR- und SBR-Verschnitten in denen der Anteil an SR 25–30% nicht übersteigt, können wie NR-Vulkanisate regeneriert werden. Vulkanisate aus NBR oder CR sind schwieriger als solche aus SBR zu regenerieren. Sie erfordern weit höhere Zusätze an Weichmachern und Regeneriermitteln. Demgegenüber werden Vulkanisate aus IIR durch thermische Behandlung oder auch durch mechanische Regenerierung unter Zusatz von Weichmachern oder Regeneriermitteln leicht regeneriert.

Zur Regenerierung stehen hauptsächlich folgende Rohstoffe zur Verfügung:

- *Gewebefreie*, z. B. Luftschläuche, Heizschläuche, Vollgummireifen, technische Gummiwaren usw.
- *Gewebehaltige*, z. B. Reifen, Gummischläuche, Fördergurte, Schuhe, technische Gummiwaren usw.

Um eine einheitliche Qualität zu erhalten, werden die Abfälle auch nach Art der Kautschuktypen getrennt. Bei gewebefreien Abfällen genügt eine thermische Behandlung, wobei der Zusatz von Weichmachern und Regeneriermitteln die erforderlichen Zeiten stark verkürzt. Bei gewebehaltigen Vulkanisaten wird das Gewebe durch Einwirkung von Alkalien, Zn-chlorid, Säuren oder durch Behandlung bei hohen Temperaturen bei der Regenerierung zerstört. Gewebehaltige Vulkanisate überwiegen aber.

### 6.8.2. Regenerier-Verfahren

Im wesentlichen arbeitet man bei der Regenerierung nach folgenden Verfahren:

- Alkali-Verfahren
- Neutralsalz-Verfahren
- Säure-Verfahren
- Heiß- und Sattdampf-Verfahren
- Mechanisches Plastizier-Verfahren

Der Autoreifen hat seine dominierende Stellung als Lieferant von Altgummi bis heute behalten. Mehr als 80% der zur Regenerierung verwendeten Abfälle sind Autoreifen, die eine Reihe von Arbeitsgängen durchlaufen müssen, bevor sie der eigentlichen Regenerierung zugeführt werden. Je nach dem angewandten Verfahren ist ein feines Zermahlen oder ein grobes Zerschneiden oder Zerreißen nach dem Entfernen des Wulstes erforderlich.

6.8.2.1. Alkali-Verfahren [6.140.]

Beim Alkali-Verfahren werden die Abfälle fein zermahlen und zur Entfernung eisenhaltiger Teile über einen Magnetabscheider befördert.

Zur Regenerierung werden die Abfälle in einer Menge von 2,5 t in einen von mehreren horizontal angeordneten, doppelwandigen und mit Rührer ausgestatteten Autoklaven gefüllt, der gleichzeitig 5 t einer auf 50° C vorgewärmten 4–6%igen wässerigen Lösung von Natronlauge sowie Regenerieröle, wie Fichtenholzteer, Kolophonium, Cumaron-Indenharze usw., aufnehmen kann. Durch Einleiten von Dampf in den äußeren Mantel des Autoklaven wird die Temperatur so eingestellt, daß der Druck ca. 13 bar beträgt. Nach 9–12 h langer Verweilzeit im Autoklaven wird das nunmehr gewebefreie Regenerat am Boden des Autoklaven unter Druck in einen Sammeltank abgelassen, der zur Hälfte mit Wasser gefüllt ist, um wasserlösliche Bestandteile auszuwaschen. Die festen Bestandteile werden durch einen Zyklon abgetrennt und in den Sammeltank geleitet. Von hier aus wird das Regenerat kontinuierlich über ein Schwingsieb geführt und durch Besprengen mit Wasser nochmals ausgewaschen. In einer wringerähnlichen Preßwalze wird der Wassergehalt auf ca. 40% reduziert. Das Auswaschen einer Charge von 2,5 t dauert ca. 15–20 min.

Von der Waschanlage wird das Regenerat in einen kontinuierlich arbeitenden Trockner gebracht, der mit vorgewärmter Luft arbeitet, die am oberen Ende eintritt und beim Erreichen des Bodens abgekühlt ist. Im Trockner wird das Regenerat durch ein endloses, engmaschiges Drahtnetz befördert. Nach dem Trocknen beträgt der Feuchtigkeitsgehalt 5–15%.

In einem Innenmischer wird das Regenerat dann mit Füllstoffen, Weichmachern usw. gemischt, deren Art und Menge sich nach dem jeweiligen Anwendungszweck richtet. Mischen kann man auch auf einem Walzwerk, jedoch sind bei kleinerem Durchsatz längere Mischzeiten erforderlich. Die Mischung wird dann in einem Refiner, einem kurzen, schnellaufenden Walzwerk mit engem Spalt und einer Friktion von 2,5 : 1, zu einem Fell von 0,4 mm homogenisiert. Das Fell wird dann über eine Schnecke zum Strainer befördert. Hier werden die festen Bestandteile wie Messing oder andere Nichteisenmetalle, die durch den Magnetabscheider nicht entfernt werden können, abgetrennt. Das Regenerat wird im Strainer durch ein engmaschiges Stahldrahtnetz gepreßt, aus dem es in Form von Strängen austritt, die durch kontinuierlich arbeitende Messer zerschnitten werden. Die zerschnittenen Stücke werden dann zum zweiten Male refinert. Der Walzenspalt dieses Refiners ist so eng, daß gröbere Teilchen, die den engen Spalt nicht passieren können, an die Außenseite des Felles befördert und abgetrennt werden. Das Fell mit einer Dicke von ca. 0,2 mm wird auf einer rotierenden Trommel zu einem ca. 2,5 cm dicken Hohlzylinder aufgewickelt, der zu Platten von ca. 15 kg geschnitten wird. Diese werden eingestäubt und so gelagert, daß sie durch umströmende Luft weiter abgekühlt werden.

6.8.2.2. Neutral-Verfahren

Durch die Einführung von NR/SR-Verschnittmischungen ergaben sich Schwierigkeiten bei der Regenerierung mit Alkali, weil SR bei erhöhter Temperatur durch das Alkali verhärtet. Diese Schwierigkeit kann umgangen werden wenn an Stelle der Natronlauge eine 4–6%ige wäßrige Lösung von Ca- oder Zn-chlorid als gewebezerstörende Verbindung benutzt wird. Das sogenannte Neutral-Verfahren wird daher heute in steigendem Umfange angewandt. Die prinzipielle Arbeitsweise bei der Regenerierung von Autoreifen ist die gleiche wie beim Alkali-Verfahren.

6.8.2.3. Säure-Verfahren

Beim Säure-Verfahren, dessen Bedeutung durch die Einführung des Alkali-Verfahrens stark zurückgedrängt wurde, werden die gemahlenen Abfälle in einem mit Blei ausgeschlagenen hölzernen Behälter mit 8–10%iger Schwefelsäurelösung bei 75–80° C bis zur Zerstörung der Fasern behandelt. Nach der Hydrolyse der Fasern werden die Abfälle sorgfältig gewaschen und erst dann durch ca. 24 h langes Erwärmen in Dampf von 150° C, wie in Abschnitt 6.8.2.1. beschrieben, regeneriert.

6.8.2.4. Heißdampf-Verfahren

Für das Heißdampf-Verfahren wird der Altgummi im allgemeinen nicht gemahlen, sondern durch Hacken, Zerschneiden usw. grob zerkleinert und in horizontale Regenerierkessel auf Hordenwagen verteilt eingebracht. Bei diesem Verfahren sind keine Weichmacher oder Regeneriermittel notwendig. Das Regenerat braucht auch nicht mehr gewaschen und getrocknet zu werden. Man wendet Heißdampf an, der direkt auf den Altgummi einwirkt und durch Umwälzung und elektrische Heizung bis auf 250° C erhitzt werden kann. Im Altgummi vorhandene Fasern werden derart umgewandelt, daß sie beim anschließenden Walzen und Refinern als feines Pulver zurückbleiben. Daher beträgt die Ausbeute bei diesem Verfahren nahezu 100% und die Dauer der Regenerierung ca. 4–5 h einschließlich der Kühlung. Das Regenerat ist plastischer als das mit Alkali gewonnene, so daß die Behandlung auf dem Refiner nur eine kurze Zeit dauert.

6.8.2.5. Hochdruck-Sattdampf-Verfahren

Beim Hochdruck-Sattdampf-Verfahren wird ähnlich wie beim Heißdampf-Verfahren der Altgummi nur grob zerkleinert und bei einem Betriebsdruck von 45 bar behandelt. Die Fasern im Altgummi werden hierbei so verändert, daß sie als braunes Pulver im Regenerat enthalten sind. Weil bei diesem Verfahren nur Sattdampf verwendet wird, fällt der Kühlprozeß am Ende der Regenerierung fort. Auch durch Einblasen von Dampf von 150° C in einen mit 2–4 atü Luft gefüllten Kessel erreicht man eine sehr schnelle Plastizierung, jedoch ist es wegen der Gefahr eines Brandes notwendig, das Regenerat vor dem Öffnen des Kessels auf Zimmertemperatur abzukühlen.

### 6.8.2.6. Sattdampf-Verfahren in Gegenwart von Regeneriermitteln

Bei pulverförmig zerkleinertem Altgummi läßt sich das Dampfregenierverfahren in Gegenwart von Regeneriermitteln sehr rationell gestalten (s. S. 394). Hierbei ist die Anwesenheit von Luft erforderlich. Die beim Schließen des Regenerierkessels eingeschlossene Luft reicht hierfür aber in der Regel aus.

### 6.8.2.7. Mechanisches Plastizieren

Durch mechanisches Plastizieren in einem Banbury bei erhöhter Temperatur und hohen Umdrehungszahlen können Kautschukabfälle ebenfalls regeneriert werden, jedoch erfordert diese Methode einen wesentlichen Aufwand an Energie und wird am besten zum Replastizieren von teilweise anvulkanisierten Mischungen verwendet [6.141.].

### 6.8.2.8. Reclaimator-Prozeß

Ein kontinuierliches Verfahren – der Reclaimator-Prozeß – [6.140.], dessen Leistungsfähigkeit stark von dem genau einzuhaltenden Verhältnis zwischen der Menge des zerkrümelten Altgummis und des zu verwendeten Regenerierungsmittels ist, arbeitet auf folgende Weise: Der zerkrümelte Altgummi mit einer Teilchengröße von ca. 12 mm wird in einer mechanischen Vorrichtung von den Fasern getrennt und über eine Gurtförderung einer Füllvorrichtung zugeführt, von wo er in einer abgewogenen Menge einem Spezialmischwerk mit Doppelschnecke zugeführt wird. Durch besondere Dosierpumpen werden die Regeneriermittel in das Mischwerk gepreßt. Die homogenisierte Mischung aus Altgummi und Regeneriermittel wird dann in eine „Reclaimator" genannte Regenerier-Apparatur eingeführt, die im wesentlichen eine lange Spritzmaschine mit einer 12zölligen Schnecke ist, die heiz- und kühlbare Zonen besitzt. Im Reclaimator wird der Altgummi derart zusammengepreßt und scherend beansprucht, daß die Temperatur auf über 180° C ansteigt, wobei die Regenerierung eintritt. Das Regenerat verläßt die Schnecke in Form eines Stranges, der nach dem Refinern als dünnes Fell auf einer Trommel aufgewickelt wird. Der erhaltene Hohlzylinder wird zu Platten zerschnitten. Ein wesentlicher Vorteil des kontinuierlichen Verfahrens ist der relativ niedrige Energieverbrauch, der geringe Aufwand an Bedienungspersonal sowie die Möglichkeit, ein in der Qualität gleichbleibendes Regnerat leicht herzustellen.

### 6.8.3. Eigenschaften und Prüfung von Regenerat

Die Eigenschaften des Regenerates wie Plastizität, Klebrigkeit usw., können den verschiedenen Anwendungszwecken angepaßt werden, jedoch verlief die Entwicklung in den letzten Jahren in Richtung einer begrenzten Zahl von Typen, um die Herstellung und den Verbrauch zu erleichtern.

Regenerate haben nach erneuter Vulkanisation Eigenschaften, die den Vulkanisaten aus frischem Kautschuk ähnlich sind. Während die Härte und Elastizität nur geringfügig abfallen, erleiden andere physikalische Eigenschaften wie Zugfestigkeit, Bruchdehnung, Abriebwiderstand usw., eine stärkere Einbuße. Heute stellen die Hersteller ein Regenerat von nahezu gleichbleibender Qualität her.

Es ist daher in den meisten Fällen nur erforderlich, den Aceton- und Chloroformextrakt sowie den Alkali- und Säuregehalt des Regnerates zu bestimmen. Durch den Chloroformextrakt wird der löslich gewordene Teil des Kautschuks erfaßt, während der Acetonextrakt eine Aussage über den Weichmachergehalt sowie über den Anteil an oxydiertem Kautschuk macht.

Nach dem Neutral-Verfahren hergestellte Regenerate, die frei von Alkali sind, haben gegenüber den Alkali-Regeneraten den Vorteil, daß sie die Vulkanisation nicht aktivieren. Zur vollständigen Charakterisierung ist es weiterhin notwendig, den Gehalt an Gesamtschwefel sowie an Füllstoffen zu bestimmen.

### 6.8.4. Verwendung von Regenerat

Während noch vor wenigen Jahrzehnten Regenerate als Streckmittel betrachtet wurden, um den Preis von Gummiwaren zu verringern, werden heute große Mengen standardisierter Produkte, auch aus technischen Gründen, in der Kautschukindustrie fortlaufend verwendet. Die damit verbundenen Vorteile sind u. a. ein kühleres Mischen und Spritzen von Kautschuk-Mischungen, eine geringere Schrumpfung beim Kalandrieren sowie die geringe Empfindlichkeit gegen zu langes Walzen.

Regenerate werden hauptsächlich zur Herstellung von technischen Gummiwaren wie Batteriekästen, Schläuchen, Fußbodenbelägen, Schaumgummi, Fahrrad-Bereifung, Gummischuhen, Fensterdichtungen usw., benutzt. Für Laufflächen von Autoreifen kann nur geringer Zusatz verwendet werden, weil sich sonst die mechanischen Eigenschaften verschlechtern. Die heutige Regenerierrate liegt bei ca. 25–30% des Altreifenanteils. Die eingesetzte Menge ist in einem gewissen Maße eine Funktion des Neukautschukpreises.

## 6.9. Andere Methoden zur Wiederverwendung von Altgummi [6.142.–6.146.]

### 6.9.1. Nutzung ganzer oder zerkleinerter Gummiartikel (Reifen)

Es hat nicht an Versuchen gefehlt, Altreifen auf andere Weise einzusetzen und es sind außer dem Verwendungszweck als Dockfender und als Federelemente zum Beispiel zum Verkehrsschutz viele unterschiedliche Einsatzmöglichkeiten vorgeschlagen worden, z. B.:

- Anwendung für Fischriffe [6.147.]
- Anwendung als Pflanzendünger [6.148.]
- Verwendung für den Straßenbau [6.149.]
- Verwendung für Platten, Wege, Isolierungen u. a. [6.150.]
- Einsatz als Kautschukfüllstoff [6.144.]

Alle diese Anwendungen können jedoch das Problem des riesigen Altreifenanfalles nicht lösen, weshalb insbesondere folgende Probleme zur Diskussion stehen:

- Deponieren
- Verbrennen unter Energiegewinnung
- Pyrolysieren

### 6.9.2. Ablagerung auf Deponien [6.143., 6.148.]

Den zur Zeit größten Anteil an der Reifenbeseitigung hat die Ablagerung auf Deponien. Man muß aber bedenken, daß der mikrobiologische Abbau sehr langsam erfolgt.

Bei der Ablagerung ergeben sich die verschiedensten Möglichkeiten: Lagerung unzerschnittener Reifen bzw. zerkleinerter Reifen in geordneten Deponien, Spezial-Deponien, Haushaltmüll-Deponien. In der Bundesrepublik Deutschland existieren zur Zeit schätzungsweise 30 000 Müllablagerungsplätze. Nur 350 davon sind so angelegt, daß sie die Umwelt nicht gefährden, nämlich als geordnete Deponien. Durch neue Umweltschutzgesetze ist es in der Bundesrepublik Deutschland heute nicht mehr zulässig, unzerschnittene Altreifen in Haushaltmüll-Deponien abzulagern.

Wenn man die künftige Rohstoff- und Energiesituation betrachtet, dann muß man die Frage erörtern, ob ein in dieser Quantität anfallender relativ einheitlicher organischer Stoff als potentielle Rohstoff- oder Energiequelle einfach verworfen werden soll. Zur Zeit erfolgt das Deponieren wohl hauptsächlich deshalb, weil die Energiegewinnung noch zu wenig genutzt und Recycling-Verfahren noch nicht genügend ausgereift sind. Man sollte aber alle Kräfte in die Nutzung dieser Energie- und Rohstoff-Reserven setzen. Wenn man mit diesem Ziel die Altreifen in speziellen Reifendeponien quasi bis zu ihrer gelegentlichen Nutzung ablagert, dann kann das Vorhaben als sinnvoll angesehen werden.

### 6.9.3. Verbrennung unter Energiegewinnung

[6.143., 6.144., 6.146.]

Auch das Vernichten von Altreifen durch Verbrennen ist, vor allem bezüglich des Materialwertes der organischen Substanz, mit kritischen Augen zu betrachten. Im Hinblick darauf, daß heute noch Millionen Tonnen des wertvollen Syntheserohstoffs „Erdöl" zur Energieerzeugung verbrannt werden, kann man der Verbrennung eines aus Erdöl hergestellten und bereits verbrauchten Sekundärproduktes zustimmen, falls sie zur Energieerzeugung benutzt wird. Es muß aber berücksichtigt werden, daß der gesamte Energieinhalt der pro Jahr anfallenden Altreifen, bezogen auf die zur vollen Versorgung eines Landes benötigten Energien relativ gering ist. Durch die in der Bundesrepbulik Deutschland insgesamt anfallenden Reifen könnte immerhin eine Großstadt wie Düsseldorf laufend mit Energie versorgt werden.

In den letzten Jahren ist die Verbrennung von Altreifen unter Energie (Dampf)-gewinnung Stand der Technik geworden. Man kann hierdurch Hochdruck-Heißdampf zum Betreiben von Dampfturbinen für die Gewinnung elektrischer Energie, Sattdampf zum Beheizen von Vulkanisationsaggregaten und Wärme für Heizzentralen gewinnen. Wenn man annimmt, daß Reifen einen Heizwert von 8600 kcal/kg (gegenüber 7300 kcal bei Kohle und 9800 kcal/mol bei Erdöl) besitzen, und daß weltweit rund 9 Mill t Altreifen pro Jahr zur Verfügung stehen, so fällt jährlich ein theoretisches Wärmepotential von rund $7{,}5 \times 10^{13}$ kcal in der Welt an, von dem sich wegen der starken Streuung des Altreifenanfalls jedoch nur ein Bruchteil nutzen lassen würde.

Die Wirtschaftlichkeit der Altreifenverbrennung muß differenziert betrachtet werden. Wenn man die Altreifen speziell für eine Verbrennung unter Energiegewinnung sammeln müßte, wäre die Altreifenverbrennung gegenüber der Verbrennung von Öl zu teuer. Wo jedoch Altreifen in großer Stückzahl anfallen, sieht die Kalkulation anders aus. Beispielsweise können Runderneuerer ihre nicht mehr runderneuerbaren Karkassen verbrennen und einen Teilbedarf des benötigten Stroms bzw. des benötigten Dampfes damit decken [6.146.]. Bezogen auf die Strom- und Dampfersparnis und entfallenden Deponiekosten können sich solche Anlagen, die zudem umweltfreundlich arbeiten, in 5–6 Jahren amortisieren. Analoge Anlagen würden sich auch in den Spezialdeponien rentieren, wo man statt zerkleinerte Reifen zu vergraben (Deponiekosten ca. 0,65 DM/kg) Energie aus unzerkleinerten Reifen erzeugen und damit Gewinn erzielen könnte.

### 6.9.4. Pyrolyse [6.143.–6.145., 6.151.–6.155.]

Auf dem Gebiet der Pyrolyse wurde in den letzten Jahren intensiv geforscht und es wurden bereits einige Teilerfolge erzielt, obwohl das Problem als solches noch nicht als endgültig gelöst betrachtet werden kann.

Bei einer Pyrolyse von Polystyrol werden z. B. 80% Monostyrol wiedergefunden. Im Vergleich dazu läßt sich durch thermisches Kracken von Altreifen bisher bestenfalls 1,4% Butadien wiedergewinnen.

Ein in der Bundesrepublik Deutschland entwickeltes Verfahren liefert neben Ruß ein niedrig siedenes Öl, eine hochsiedende Fraktion, die bitumenartigen Charakter hat, und faserige Rückstände [6.151.].

In den USA werden seit Jahren Untersuchungen zur hydrogenierenden Degradation von Altreifen durchgeführt. Auch bei dieser Behandlung von Altgummi werden gasförmige und flüssige Spaltprodukte neben Ruß gebildet. Neben zahlreichen niedermolekularen Alkanen, Alkenen und Aromaten kann eine erhebliche Menge Naphtha gebildet werden, das seinerseits wieder krackbar ist. Auch der zurückbleibende Ruß kann angeblich wieder als Laufflächen-Ruß verwendet werden. Diese Entwicklungsarbeiten sind soweit gediehen, daß diese Methode bei noch wesentlich stärkerer Ölverteuerung wirtschaftlich anwendbar wäre.

In eigenen Untersuchungen [6.155.] wurde auch der oxydative Abbau untersucht. Bei einer Verbrennung in starkem Sauerstoffunterschuß, wobei durch die Bildung von Verbrennungwärme energiesparend gearbeitet werden kann, lassen sich ebenfalls zahlreiche Kohlenwasserstoffe – unter anderem polymerisierbare Diene – gewinnen. Im Gegensatz zur Pyrolyse im Inertgas werden dabei auch sauerstoffhaltige Verbindungen wie z. B. Methanol und Phenol gebildet.

Das Ergebnis aller dieser Bemühungen, aus Altreifen wieder Syntheserohstoffe zu gewinnen, kann folgendermaßen zusammengefaßt werden:

- Das Ausgangsprodukt für den Krackprozeß ist teurer als das bisher benutzte Naphtha.
- Die Zusammensetzung der Krackprodukte aus Altreifen ist komplexer als bei Einsatz von Naphta. Daraus folgt:
- Die Gewinnung der Petro-Chemikalien durch Destillation der Krackprodukte ist aufwendiger und teurer.
- Die Rückstandsmenge wie Ruß, Bitumen, sowie zusätzlich von Stahl, Zink usw. ist größer als bei der Verwendung von Naphtha.

- Der Schwefelgehalt der Abgase und damit das Emissionsproblem ist größer als beim Kracken von Naphtha.

Aus diesen Gründen werden z. Z. keine ernsten Bemühungen angestellt, den bisherigen Ausgangsstoff für Krackprozesse Naphtha durch Altreifengummi zu ersetzen. Für eine künftige Beurteilung dieser Frage muß aber neben der technischen Realisierung der Krack-und Aufarbeitungsprozesse der Ölpreis, das Abluftproblem und eventuelle staatliche Subventionen berücksichtigt werden.

## 6.10. Literatur der Festkautschukverarbeitungstechnologie

### 6.10.1. Deutschsprachige Bibliographie und Buchliteratur


[6.1.] S. BOSTRÖM: Kautschuk-Handbuch, Verlag Berliner Union, Stuttgart, 1959–1961, Bd. 3 u. 4.

[6.2.] J. LE BRAS: Grundlagen der Wissenschaft und Technik des Kautschuks, Verlag Berliner Union, Stuttgart, 1956.

[6.3.] H. EICHSTÄDT: Maschinenkunde, Fachbuchverlag GmbH., Leipzig, 1953.

[6.4.] E. A. HAUSER: Handbuch der gesamten Kautschuktechnologie, Union dtsch. Verlagsges. Berlin 1935.

[6.5.] W. HOFMANN: Vulkanisation und Vulkanisationshilfsmittel, Verlag Berliner Union, Stuttgart, 1975, S. 39–82.

[6.6.] P. KLUCKOW, F. ZEPLICHAL: Chemie und Technologie der Elastomere. 3. Aufl., Verlag Berliner Union, Stuttgart 1970.

[6.7.] M. LANG: Die mischungstechnischen Grundlagen der Kunststoff- und Gummi-Industrie, C. Marhold-Verlag, Halle, 1950.

[6.8.] J. F. LEHNEN: Maschinenanlagen und Verfahrenstechnik in der Gummi-Industrie, Verlag Berliner Union, Stuttgart, 1968.

[6.9.] K. MAU: Die Praxis des Gummifachwerkers, Verlag Berliner Union, Stuttgart, 1951.

[6.10.] K. MEMMLER: Handbuch der Kautschukwissenschaft, S. Hirzel-Verlag, Leipzig 1930.

[6.11.] W. SEYDERHELM, J. FREY: Zusammenfassende Darstellung der Rohlingsvorbereitung in der Gummi-Industrie, Kautschuk u. Gummi, Kunstst. **28** (1975), S. 335.

[6.12.] A. SPRINGER: Werkstoffkunde, Fachbuchverlag GFachbuchverlag GmbH, Leipzig, 1952.

[6.13.] . . . : Maschinen und Apparate in der Gummi-Industrie, Dtsch. Verlag für die Grundstoffind., Leipzig, 1970.


### 6.10.2. Englischsprachige Bibliographie und Buchliteratur


[6.14.] T. ALFREY: Mechanical Behaviour of High Polymer, Verlag Interscience Publ. New York, 1948.

[6.15.] P. W. ALLEN: Natural Rubber and the Synthetics. Verlag Crosby Lockwood, London, 1972.

[6.16.] H. BARRON: Modern Synthetic Rubber. Verlag Chapman a. Hall Ltd., London 1949.

[6.17.] C. M. BLOW: Rubber Technology and Manufacture, Hrsg.: IRI, Verlag Butterworth, London, 1971.

[6.18.] J. BROWN: Developments in Rubber and Plastics Machinery. Rubber a. Plastics Age **37** (1956), S. 400.

[6.19.] W. E. BURTON: Engineering with Rubber, Verlag McGraw-Hill Book Co., Inc. New York 1949.

[6.20.] R. C. W. MOAKES, W. C. WAKE: Rubber Technology, Verlag Butterworth Scient. Publ., London, 1951.

[6.21.] M. MORTON: Rubber Technology, 2. Auflage, Verlag van Nostrand Reinhold, New York, 1973.

[6.22.] W. J. S. NAUNTON: What every Engineer should know about Rubber, Verlag Brown, Knight a. Truscott Ltd., London 1954.

[6.23.] H. J. STERN: Natural and Synthetic Rubber, Verlag McLaren a. Sons Ltd., London 1954.

[6.24.] G. S. WHITBY: Synthetic Rubber, Hrsg.: ACS, Div. Rubber Chem., Verlag Wiley, New York; Chapman a. Hall Ltd., London 1954.

[6.25.] E. C. WOODS: Pneumatic Tyre Design, Verlag W. Heffer a. Sons, Cambridge 1952.

[6.26.] . . . : Machinery and Equipments for Rubber and Plastics, Vol. I. India Rubber World, New York, 1952.

[6.27.] . . .: Know your Rubber Lecture Series, Hrsg.: IRI, Australien Section, 1974, Getr. Pag.

### 6.10.3. Literatur über Mischverfahren

[6.28.] H. WERNER: Kautschuk u. Gummi, Kunstst. **16** (1963), S. 42.

[6.29.] J. P. LEHNEN: Kunstst. u. Gummi **3** (1964), S. 85, 132, 183, 257.

[6.30.] H. J. GOHLISCH: Transfermix für die Verarbeitung von Kautschukmischungen, Vortrag, gehalten auf der Tagung des schwedischen gummitechnischen Vereins SGF Arsmöte am 1.6.1972 in Tylösand.

[6.31.] J. P. LEHNEN: Vortrag, gehalten auf der Tagung des schwedischen gummitechnischen Vereins SGF Arsmöte, am 22. 5. 1975 in Rönneby.

[6.32.] P. L. BLEYIE: Einfluß von Morphologie und Korngröße von Kautschuken in Pulverform bei Verarbeitung auf dem Walzwerk, Kautschuk u. Gummi, Kunstst. **27** (1974), S 336; Rubber Chem. Technol. **40** (1975), S. 254.

[6.33.] J. P. LEHNEN: Neue Fertigungsverfahren zur Herstellung technischer Gummiwaren aus Pulverkautschuk, Kautschuk u. Gummi, Kunstst. **31** (1978), S. 25.

[6.34.] I. ANTAL: Powder Rubber, Int. Polym. Sci. Technol. **4** (1977), Nr. 12, S. T 7.

[6.35.] C. MILLAUER: Vortrag auf der internationalen Kautschukkonferenz, 3.–6. Okt. 1979, Venedig, Proceedings, S. 710.

[6.36.] J. P. LEHNEN: Kunstst. u. Gummi **6** (1967), S. 267.

[6.37.] K. ALLISON: Rubber World **154** Nr. 5 (1966), S. 67.

[6.38.] C. P. PONSHALL, A. J. SAULINO: Rubber World **156** Nr. 2 (1967), S. 78.

[6.39.] W. LUERS: Gummi, Asbest, Kunstst. **26** (1975), S. 248, 410.

[6.40.] C. CAPELLE: Mischen im Extruder, Kautschuk u. Gummi, Kunstst. **33** (1980), S. 191.

[6.41.] H. ELLWOOD: Vortrag auf der internationalen Kautschukkonferenz 3.–6. Okt. 1979, Venedig, Proceedings, S. 738.

[6.42.] A. BÖKMANN: Kautschuk u. Gummi, Kunstst. **32** (1979), S. 330.

[6.43.] T. C. P. LEE et al.: The Potential and Limitations of Liquid Rubber Technology, Kautschuk u. Gummi, Kunstst. **31** (1978), S. 723.

[6.44.] B. H. TER MEULEN et al.: Gießbare Elastomere auf der Basis von reaktiven flüssigen Polymeren, Gummi, Asbest, Kunstst. **31** (1978), S. 384.

[6.45.] M. ZAJICEK, K. ZAHRADNICKOVA: Liquid Rubbers, Int. Polym. Sci. Technol. **4** (1977), Nr. 12. S. T. 16.

[6.46.] J. F. COLEMAN: Castable Reinforced Elastomers, Vortrag auf der 107. Vortragsveranstaltung der ACS, Mai 1975, Vortrag Nr. 57.

### 6.10.4. Literatur über Kalandrieren

[6.47.] H. DECKER: Kalander für Gummi und thermoplastische Massen, PTH 1943.

[6.48.] KOPSCH: Kalandertechnik, Hanser-Verlag.

[6.49.] H. WILLSHAW: Calenders for Rubber Processing, Hrsg.: IRI, Verlag Lakemann, London, 1956.

### 6.10.5. Literatur über Extrudieren

[6.50.] E. HARMS: Kautschuk-Extruder, Aufbau und Einsatz aus verfahrenstechnischer Sicht, Verlag Krausskopf, Mainz, 1974.

[6.51.] ...: Extrusion, Hrsg.: BASF, Ludwigshafen, Selbstverl. 1971.

[6.52.] W. BAUMGARTEN: Kautschuk u. Gummi, Kunstst. **18** (1965), S. 670; Rubber a. Plastics Age **43** (1962), S. 349.

[6.53.] ...: Zur Verarbeitung kaltgefütterter Kautschukmischungen auf Extrudern Kautschuk u. Gummi, Kunstst. **32** (1979), S. 987.

[6.54.] H. J. GOHLISCH: Der QSM-Extruder–eine Entwicklung für die kautschukverarbeitende Industrie, Gummi, Asbest, Kunstst. 32 (1979), S. 744.

[6.55.] K. FELLENBERG: Kautschuk u. Gummi, Kunstst. **18** (1965), S. 665 ff.

### 6.10.6. Literatur über kontinuierliche Vulkanisation von Extrudaten

[6.56.] C. W. EVANS: Continuous Vulcanization in Europe-Present and Future, Rubber Age **103** (1971), S. 53.

[6.57.] ...: Curing with Microwaves, Plastics Rubber Wkly **378** (14. 5. 1971), S. 20.

[6.58.] C. OETTNER: Behaviour of Elastomers and their Blends in a high Frequency Field, Rev. gen. Caoutch. **46** (1969), S. 973.

[6.59.] D. ANDERS: Continuous cure by microwave, Rubber J. **152** (1970), Nr. 3, S. 19 ff.

[6.60.] B. B. BOONSTRA: Dielectric Heating, Rubber Age **103** (1970), Nr. 4, S. 49.

[6.61.] J. IPPEN: Additives enable Microwave Curing of most Elastomers, Chem. Engng. News **48** (1970), Nr. 46, S. 34.

[6.62.] H. J. GOHLISCH: Salt Bath and UHF Methods, Rubber Age **103** (1971), S. 49.

[6.63.] M. C. MANUS: Continuous Vulcanization – a practical Appricrisal of Existing Methods, J. IRI **5** (1971), S. 109.

[6.64.] K. H. MORGENSTERN: Radiation Vulcanization, Rubber Age **103** (1971), S. 49.

[6.65.] . . . : Continuous Curing, Rubber J. **153** (1971), S. 38 ff.

[6.66.] J. IPPEN: Formulation for continuous Vulcanization Microwave Heating Systems, Rubber Chem. Technol. **44** (1971), S. 294.

[6.67.] B. G. CROWTHER, S. H. MORRELL: Continuous Production, Progr. Rubber Technol. **36** (1972), S. 37 (322 Lit. cit.).

[6.68.] M. J. MANUS: Kontinuierliche Vulkanisation, eine praxisnahe Beurteilung der verschiedenen Verfahren, Gummi, Asbest, Kunstst. **25** (1972), S. 798, 835.

[6.69.] W. LUERS: Die kontinuierliche Vulkanisation von Gummierzeugnissen, Gummi, Asbest, Kunstst. **26** (1973), S. 628, 732 ff, 858 ff, 870.

[6.70.] FECHT: Ein Jahrzehnt UHF-Anlagen in der Gummiprofilherstellung, Gummi, Asbest, Kunstst. **32** (1979), S. 622.

[6.71.] H. GREGOR: Neuentwicklungen an Mikrowellenanlagen für die kontinuierliche Vulkanisation extrudierter Kautschukprofile, Gummi, Asbest, Kunstst. **32** (1979), S. 732.

[6.72.] B. G. HUGHES et al.: Rubber World **147** (1962) Nr. 1, S. 82; **149** (1963) Nr. 2, S. 57.

[6.73.] A. L. SODEN: Australian Plastics Rubber J. **25** (1970), Nr. 305, S. 44.

[6.74.] H. F. SCHWARZ et al.: Rubber Age **107** (1975), Nr. 11, S. 27.

[6.75.] H. D. GREGOR: Neuentwicklungen an Mikrowellenanlagen für die kontinuierliche Vulkanisation extrudierter Kautschukprofile, Gummi, Asbest, Kunstst. **32** (1979), S. 732.

[6.76.] J. IPPEN: Vortrag, gehalten am 1. 6. 1972 auf der Vortragsveranstaltung des schwedischen gummitechnischen Vereins in Tylösand, SGF-Publ. Nr. 41.

[6.76a.] H. CZERNY, F. FAHRNER: Schläuche mit Einlage, Kautschuk u. Gummi, Kunstst. **16** (1963), S. 93.

### 6.10.7. Literatur über die Herstellung von Formartikeln

[6.77.] B. MORRISSON: Rev. gén. Caoutch. **49** (1972), S. 155 ff.

[6.78.] J. HEMPEL: Gummi, Asbest, Kunstst. **28** (1975), S. 792 ff.

[6.79.] J. WERNER: Rubber Age **103** (1971), Nr. 7, S. 48.

[6.80.] Th. WEIR: Rubber World **169** (1973/74), Nr. 2, S. 52.

[6.81.] R. H. MÜLLER: Kautschuk u. Gummi, Kunstst. **20** (1967), S. 83.

[6.82.] W. MORRIS, D. A. W. IZOD: Rubber a. Plastics Age **45** (1964), S. 1186.

[6.83.] . . . : Spritzgießen von Elastomeren, Hrsg.: WdK, Frankfurt/M. Selbstverl. 1966, 173 S. (Grünes Buch Nr. 25; 1967, 139 S.; Grünes Buch Nr. 26).

[6.84.] . . . : Spritzguß, Hrsg.: BASF, Ludwigshafen, Selbstverl. 1969, 175 S. (Kunststoffverarbeitung im Gespräch, Bd. 1).

[6.85.] . . . : Injection Moulding of Elastomers, Hrsg.: W. S. PENN, Verlag McLaren, London, 1969, 201 S.

[6.86.] M. A. WHEELENS: Injection Moulding of Rubber, Verlag Butterworth, London, 1974, 241 S.

[6.87.] D. P. KENNEDY: Rubber Age **106** (1974), Nr. 7, S. 41.

[6.88.] . . . : Spritzgießen von Elastomeren, Hrsg.: Verein Deutscher Ingenieure, VDI-Gesellschaft Kunststofftechnik, VDI-Verlag GmbH, Düsseldorf, 1978.

[6.89.] W. EULE: Vor- und Nachteile bei der Anwendung des Kompressions-, Transfer- und Injection-Moulding-Verfahrens, Kautschuk u. Gummi, Kunstst. **31** (1978), S. 637.

[6.90.] G. MENGES, F. BUSCHHAUS: Spritzgießen von Elastomeren, Herstellung gratfreier Formteile aus Elastomeren, Kautschuk u. Gummi, Kunstst. **32** (1979), S. 869.

[6.91.] J. R. BEATTY: Einfluß des Rezepturaufbaues auf den Schrumpf von Gummiformartikeln, Gummi, Asbest, Kunstst. **32** (1979), S. 688.

[6.92.] A. MAC LEAN: Mold fouling – a Literature Survey, RAPRA-Members J. **2** (1974), Nr. 12, S. 296–298, 35 Lit.-cit. (Nur für RAPRA-Mitglieder erhältlich).

### 6.10.8. Literatur über Kaltvulkanisation

[6.93.] E. G. HOFMANN: Industrielle Bestrahlungstechnik–Stand und Zukunft einer neuen Technologie, Firmenanschrift der AEG-Telefunken, Wedel (Holstein), auf Anforderung erhältlich (16 Lit. cit.)

[6.93a.] K. N. MORGENSTERN, R. G. BECKER: The Technology and Economics of Radiation Curing, Vortrag auf der ACS-Rubber-Division-Tagung in Cleveland, Ohio, 6.–9. Mai 1975.

[6.94.] . . . : Low Temperature Vulcanization of Rubber, Literatur-Zusammenstellung der University of Akron, Hrsg.: ACS, Div. Rubber Chemistry, Rubber Div. Library, 1935–1960, 29 Lit. cit.

### 6.10.9. Literatur über Nachbearbeitung

[6.95.] S. HOFHERR: Rubber World **172** (1975), Nr. 5, S. 35.

### 6.10.10. Literatur über Fertigartikel-Herstellung

[6.96.] S. BOSTRÖM: in Kautschuk-Handbuch, Hrsg.: S. BOSTRÖM, Verlag Berliner Union, Stuttgart, Bd. 3, 1958, S. 174 ff.

[6.97.] H. VIEWEG: Kautschuk u. Gummi, Kunstst. **16** (1963), S. 33.

[6.98.] A. BÖKMANN: Kautschuk u. Gummi, Kunstst. **18** (1965), S. 737 ff.

[6.99.] H. CZERNY, F. FAHRNER: Kautschuk u. Gummi, Kunstst. **16** (1963), S. 93.

[6.100.] C. W. EVANS: Schläuche, Vergangenheit, Gegenwart, Zukunft, Gummi, Asbest, Kunstst. **32** (1979), S. 508.

[6.101.] W. SEYDERHELM: Neue Impulse für die Schlauch- und Profilfertigung, Kutschuk u. Gummi, Kunstst. **32** (1979), S. 974.

[6.102.] R. M. BLACK: Progr. Rubber Technol. **34** (1970), S. 92–104.

[6.103.] G. KLEMENT: Gummi, Asbest, Kunstst. **22** (1969), S. 690 ff.

[6.104.] R. C. AYERST, E. R. RODGER: Rubber Chem. Technol. **45** (1972), S. 1497.

[6.105.] R. N. ÖZELLI, H. SCHEER: Gummi, Asbest, Kunstst. **28** (1973), S. 512 ff: 32 (1979), S. 701.

[6.106.] B. P. SPEARMAN, J. D. HUTCHINSON: Gummi, Asbest, Kunstst. **28** (1975), S. 519 ff.

[6.107.] L. NEUMANN: Gummiauskleidungen in Kautschuk-Handbuch, Hrsg.: S. BOSTRÖM, Verlag Berliner Union, Stuttgart, Bd. 4, 1961, S. 132.

[6.108.] W. M. GALL: Rubber Chem. Technol. **23** (1950), S. 266.

[6.109.] R. L. DAVIES: Ann. Rep. Rubber Technol. **17** (1953), S. 143.

[6.110.] . . . : Ann. Rep. Progr. Rubber Technol. **14** (1955), S. 126.

[6.111.] H. PETERS: Ind. Engng. Chem. **44** (1952), S. 2344; **49** (1957), S. 1604; **51** (1959), S. 1176.

[6.112.] B. L. DAVIES: Ann. Rep. Progr. Rubber Technol. **22** (1958), S. 97; **23** (1959), S. 115; **24** (1960), S. 129.

[6.113.] W. G. VENNELS: NR Technol. 1971, Nr. 12, 6 S.

[6.114.] L. TOULLEC: Rev. gén. Caoutch. **51** (1974), S. 545.

[6.115.] E. SONNEMANN: Auskleiden von Apparaten mit Polymerwerkstoffen, Gummi, Asbest, Kunstst. **32** (1979), S. 672.

[6.116.] J. BOEHNERT: Anwendung von Kautschuk im Oberflächenschutz, Kautschuk u. Gummi, Kunstst. **33** (1980), S. 95.

[6.117.] J. IPPEN: Vortrag auf SGF Arsmöte, Tammerfors am 5. 6. 1969, SGF-Publ. Nr. 35, 12 S.

[6.118.] A. D. WILSON: Prog. Rubber Technol. **35** (1971) S. 97.

[6.119.] F. REINER: Kautschuk u. Gummi, **3** (1950) S. 18.

[6.120.] H. WILD-BERTSCHMANN: Kautschuk u. Gummi, Kunstst. **16** (1963), S. 142.

[6.121.] B. BURDEWICK: Kautschuk u. Gummi, Kunstst. **16** (1963), S. 163.

[6.122.] W. HOFFERBERTH: Kautschuk u. Gummi, Kunstst. **16** (1963), S. 225.

[6.123.] E. R. GARDNER: Progr. Rubber Technol. **38** (1975), S. 35–37, 227 Lit. cit.

[6.124.] E. RABITSCH: Herstellung und Verarbeitung von Mischungen für Autoreifen, Kautschuk u. Gummi, Kunstst. **31** (1978), S. 149.

[6.125.] E. PIEPER: Kautschuk u. Gummi, Kunstst. **16** (1963), S. 18.

[6.126.] A. M. VAN DE VEEN: Die Festigkeitsträger für den technischen Einsatz, Kautschuk u. Gummi, Kunstst. **82** (1979), S. 97.

[6.127.] . . . : Tire Production Retreads 1960 – 1970, Lit. Abstr. Nr. 124 of University of Akron, Rubber Div. Library 1971, 158 Lit. cit.

## 6.10.11. Literatur über Regenerieren

[6.128.] D. S. LE BEAU: Basic Reactions Occuring during Reclaiming, India Rubber Wld. **118** (1948), S. 59.

[6.129.] D. S. LE BEAU: Powdered Reclaim, Rubber Age **73** (1953), S. 785.

[6.130.] T. R. DAWSON, J. R. SCOTT: First Rubber Techn. Conf., Verlag W. HEFFER a. Sons Ltd. Cambridge 1938.

[6.131.] T. B. DORRIS: Recovery of Cotton, Rubber Age **71** (1952), S. 773.

[6.132.] H. GÜNTHER: Regenerat in Kautschuk-Handbuch, Hrsg.: S. BOSTRÖM, Verlag Berliner Union, Stuttgart, Bd. 2, 1960, S. 82–124.

[6.133.] J. J. KEILEN, W. K. DOUGLARTY: Minimum Staining Reclaim, India Rubber Wld. **129** (1953), S. 199.

[6.134.] F. KIRCHHOF: Regenerierung von Vulkanisaten aus Synthesekautschuk, Kautschuk u. Gummi **10** (1951), S. 372.

[6.135.] A. E. LEVER: Reclaim, India Rubber J. **123** (1952), S. 4.

[6.136.] P. SCHNEIDER: Mastizieren und Regenerieren mit chemischen Hilfsmitteln, Kautschuk u. Gummi **6** (1953), S. WT 21.

[6.137.] W. E. STAFFORD, R. A. WRIGHT: Reclaimed Rubber – its Manufacture and Uses, Proc. IRI **1** (1954), S. 40.

[6.138.] W. E. STAFFORD, Recent Developments in Reclaim, Rubber a. Plastics Age **37** (1956), S. 407.

[6.139.] J. WETTLY: Le Dip-Process, nouvelle technique de Régéneration, Rev. gen. Caoutch. **29** (1952), S. 192.

[6.140.] . . . : Rubber Age **78** (1956), S. 732.

[6.141.] D. A. COMES: India Rubber Wld. **127** (1951), S. 175.

## 6.10.12. Literatur über Kautschuk-Recycling

[6.142.] W. HOFMANN: Okologie in der Gummi-Industrie, Kautschuk u. Gummi, Kunststoffe **27** (1974), S. 487.

[6.143.] W. HOFMANN: Einige Probleme bei der Beseitigung von Gummiabfällen, Gummi, Asbest, Kunststoffe **28** (1975), S. 38, 167, 277 Lit. cit., Verfahrenstechnik **11** (1977), Nr. 1, S. 28.

[6.144.] H. SCHNECKO: Über die Verwendungsmöglichkeiten von Altreifen, Kautschuk u. Gummi, Kunststoffe **27** (1974), S. 526; Chem. Ing. Techn. **48** (1976), S. 443.

[6.145.] H. SINN et al.: Aufarbeitung von Altreifen und Gummi, Kautschuk u. Gummi, Kunstst. **32** (1979), S. 23.

[6.146.] G. MERTENS: Wirtschaftlichkeitsbetrachtungen über thermische Verfahren der Altreifenverwertung, Kautschuk u. Gummi, Kunstst. **31** (1978), S. 75.

[6.147.] E. v. ANDERSON: Chem. Engng. News **50** (1972), 14. 8., S. 8.

[6.148.] W. NICKERSON: New Scientist **56** (1972), S. 821.
[6.149.] H. ESSER: Straßen und Tiefbau (1962), Nr. 4; Proc. Int. Symp., Use Rubber in Asphalt Paverments, Salt Lake City 5. 10. 1971, S. 363.
[6.150.] . . . : Gummibereifung **49** (1973), S. 72.
[6.151.] F. ZEPLICHAL: Gummi, Asbest, Kunstst. **26**, (1973), S. 566.
[6.152.] I. A. BECKMANN et al.: Rubber Age **105** (1973), Nr. 4, S. 43.
[6.153.] D. BRAUN, E. CANJI: Angew. Makromol. Chem. **35** (1974), S. 27.
[6.154.] H. SINN: Chem. Ing. Techn. **46** (1974), S. 579.
[6.155.] W. HOFMANN: Unveröffentlichte Arbeiten.

# 7. Natur- und Syntheselatex

NR und die durch Emulsionspolymerisation hergestellten SR-Typen fallen zunächst in Form von Dispersionen des Kautschuks in Wasser, Latex genannt, an.

Latices werden nach speziellen Technologien in kleinerem Maße zur Herstellung von Gummiwaren und darüber hinaus in großem Umfang für eine Vielzahl anderer Anwendungen eingesetzt. Dem Rohstoff Kautschuk kommt demgemäß auch in seiner Latexform eine große technische und wirtschaftliche Bedeutung zu und die Produktionshöhe von Latices insgesamt ist erheblich.

Entsprechend den sehr unterschiedlichen Einsatzbereichen werden an die Latices sowie auch an Kunststoffdispersionen vielfältige Anforderungen gestellt. Das ist der Grund, weshalb eine fast unübersehbare Anzahl von Latices und Dispersionen, viele davon „maßgeschneidert", benötigt und produziert wird.

Im Rahmen dieser Ausführungen sollen nur solche Latices behandelt werden, die sich von den in Dispersionsform anfallenden, im ersten Teil dieses Buches behandelten Kautschuktypen ableiten.

## 7.1. Naturlatex [7.1.–7.4., 7.15.–7.17., 7.22., 7.23.]

### 7.1.1. Aufarbeitung des Naturlatex zu flüssigen Konzentraten. Spezielle Naturlatices

#### 7.1.1.1. Konzentrierung

Ein Teil des gezapften Kautschuks wird in konzentrierter flüssiger Form als Latex verarbeitet, der größte Teil wird zu festem Kautschuk aufgearbeitet (s. S. 54 ff).

Der Latex, wie er beim Zapfen anfällt (s. S. 52), weist eine Konzentration von ca. 30%* auf und hat in dieser Form aus mehreren Gründen keine Bedeutung für die Latex-Verarbeitung. So sind die Kosten für die Verschiffung zu hoch, und der Latex enthält sämtliche bei der Gewinnung anfallenden Eiweißsubstanzen, die eine höhere Dosierung an Konservierungsmitteln bedingen und zu einer dunkleren Farbe der daraus hergestellten Artikel und höherer Wasserempfindlichkeit des getrockneten Films führen. Ferner bereitet ein Latex mit niedrigerer Konzentration bei den meisten Verarbeitungsverfahren größere Schwierigkeiten.

Bei der Aufkonzentrierung des Latex wird ihm der größere Teil des Serums entzogen; hiermit ist gleichzeitig eine Abtrennung von Nicht-Kautschuksubstanzen verbunden. Der Standardtyp des konzentrierten Hevea-Latex enthält bis zu 60% Kautschuk-

* Prozentangaben in diesem Kapitel bedeuten stets, sofern keine anderen Angaben gemacht werden, Massen-%.

Trockensubstanz oder 62% Gesamt-Festsubstanz. Daneben sind für Spezialzwecke Latices bis zu einem Trockengehalt von ca. 72% auf dem Markt.

Technische Konzentrierungsmethoden sind

- Eindampfen,
- Zentrifugieren,
- Aufrahmen und
- Elektrodekantieren.

Daran können sich noch andere Nachbehandlungsmethoden anschließen.

**Eindampfen.** Da der Latex gegen höhere Temperaturen empfindlich ist, müssen ihm vor dem Erwärmen Stabilisierungsmittel zugesetzt werden. In der Praxis verwendet man 0,05% Kalilauge und 2% eines mit Kalilauge verseiften Kokosnußöles.

Die älteste und immer noch gebräuchlichste Eindampfmethode besteht darin, den stabilisierten Latex in rotierenden Trommeln zu erhitzen. Die Trommel ist mit einem wassergefüllten Mantel umgeben, der von außen mit Flammen erwärmt wird. In der Trommel liegt lose eine Rolle, welche sich bei der Rotation mitdreht, die Oberfläche des Latex in Bewegung hält und somit eine Hautbildung verhindert. Um das verdampfende Wasser abzuführen, wird heiße Luft axial durch die Trommel geblasen.

Bei dem kontinuierlich arbeitenden Eindampfungsprozeß gießt man den Latex auf eine schnell rotierende Scheibe, die sich in einem heißen Raum befindet. Der von der Scheibe versprühte Latex dampft schnell ein. Das Konzentrat wird gesammelt und so oft über die Scheibe gegossen, bis die gewünschte Konzentration erreicht ist. Auf diesem Wege entstehen höher konzentrierte Pasten als nach den übrigen Eindampfverfahren. Dabei wird ausschließlich Ammoniak als Stabilisierungsmittel angewandt.

Das durch Verdampfen gewonnene Konzentrat führt die Bezeichnung Revertex. Man erhält pastenförmige Konzentrate mit 70–75% Gesamt-Festsubstanz, die gegen mechanische Beanspruchung und chemische Einflüsse äußerst stabil sind, da sie nicht nur die gesamten natürlichen Stabilisatoren und Kautschukbegleitstoffe, sondern auch die für das Verfahren notwendigen zusätzlichen Stabilisierungsmittel enthalten. Der Gehalt an Kautschuk-Trockensubstanz eines 75%igen Konzentrates beträgt nur ca. 67,5%.

Infolge seiner Stabilität und hohen Konzentration wird Revertex hauptsächlich für Streich- und Spritzmischungen angewandt. Weil der Revertex-Film wegen des hohen Anteils an Nicht-Kautschukbestandteilen an der Luft nicht vollständig trocknet und daher klebrig bleibt, wird er auch für Klebezwecke benutzt. Die zu erreichende Filmfestigkeit liegt relativ niedrig.

Die verschiedenen Revertex-Typen besitzen eine höhere mittlere Teilchengröße als die übrigen Latices, weil wegen der hohen thermischen Beanspruchung eine teilweise Agglomeration nicht verhindert werden kann. Aus diesem Grunde ist Revertex für Imprägnierverfahren weniger als die übrigen Latices geeignet.

**Zentrifugieren.** Eine Spezialzentrifuge ermöglicht eine kontinuierliche und wirtschaftliche Konzentrierung des Latex (Dichte der Kautschukteilchen 0,91 und des Serums 1,02). Das Verfahren steht heute bei weitem an erster Stelle. Die gebräuchlichen Zentrifugen gleichen im Prinzip denen, die zur Rahmherstellung aus Milch verwendet werden.

Der mit 0,3% Ammoniak stabilisierte Latex fließt kontinuierlich in den Zentrifugenkörper, der sich mit bis zu 18 000 U/min dreht. Am äußeren Teil der Zentrifuge fließt das Serum und am inneren Teil das Konzentrat kontinuierlich ab. Das Konzentrat enthält z. B. 60% Kautschuk-Trockensubstanz und ca. 62% Gesamt-Festsubstanz. Das Serum besteht aus ca. 11% Festsubstanz mit ca. 7% Kautschuk-Trockengehalt. Die durch Zentrifugierung nicht mehr zu entferndenden Kautschukteilchen haben eine Größe von nur 0,05–0,15 $\mu$m. Die im Serum enthaltene Kautschuksubstanz wird durch Koagulation ausgefällt und zu Trockenkautschuk aufgearbeitet. Nach der Konzentrierung wird der Gehalt an Stabilisator durch Einleiten von gasförmigem Ammoniak auf 0,7% erhöht.

Durch das Zentrifugieren wird ein reiner und gleichmäßiger Latex („Jatex“ oder ähnliche Typen) erhalten, der von Verunreinigungen, die beim Zapfen in den Latex gelangten, sowie von den Nicht-Kautschukanteilen weitgehend befreit ist.

Für Spezialzwecke werden besonders gereinigte Latices hergestellt, indem man das Konzentrat mit destilliertem Wasser wieder auf einen Festgehalt von 30% verdünnt und anschließend erneut konzentriert. Durch mehrfache Wiederholung dieses Prozesses kann schließlich ein hochgereinigter Latex erhalten werden, der nur noch ganz geringe Mengen an Fremdsubstanz enthält. Die hieraus hergestellten Artikel zeichnen sich durch gute elektrische Eigenschaften und durch eine geringe Wasseraufnahme und hohe Transparenz aus.

**Aufrahmen.** Die Konzentrierung durch Aufrahmung hat nach der Zentrifugierung am meisten Bedeutung gewonnen. Dem Latex werden dabei wasserlösliche, höhermolekulare Substanzen, z. B. Alginate, in Form wässeriger Lösung zugesetzt, die eine reversible Agglomeration der Kautschukteilchen hervorrufen. Die Agglomerate zeigen nur geringe BROWN'sche Bewegung und rahmen wegen ihres geringeren spezifischen Gewichtes auf.

Unter den Aufrahmungsmitteln hat sich in der Praxis Ammoniumalginat durchgesetzt, dem man noch eine Seife zusetzt, wodurch der Aufrahmungsprozeß beschleunigt wird.

Der frische, mit einer relativ hohen Menge Ammoniak (z. B. 1,75%) stabilisierte Latex wird mit 0,25% Ammoniumalginat und 0,5% Ammoniumoleat in Form einer wässerigen Lösung versetzt. Nach ca. 2–3 Wochen langem Stehen ist die Aufrahmung beendet. Die Viskosität der so erhaltenen Latices ist bei gleichem Festgehalt höher als beim Zentrifugen-Latex.

**Elektrodekantation.** Ein neues Konzentrierungsverfahren für Latex, das jedoch keine technische Bedeutung hat, beruht auf der Wanderung der Kautschukteilchen im elektrischen Feld.

Die negativ geladenen Kautschukteilchen wandern zur Anode, wo sie entladen werden und ein irreversibles Koagulat bilden. Legt man jedoch in kurzem Abstand vor die Anode eine permeable Membran, die zwar den Stromdurchgang ermöglicht, die Kautschukteilchen aber nicht durchtreten läßt, so wandern diese bis zur Membran, wo sie sich konzentrieren, reversible Agglomerate bilden, die keine BROWN'sche Bewegung besitzen und infolge ihres geringeren spezifischen Gewichtes an die Oberfläche aufsteigen, wo sie kontinuierlich entfernt werden.

#### 7.1.1.2. Spezielle Naturlatices

**Vorvulkanisation.** Der vorvulkanisierte Latex (Vultex mit normalem und Revultex mit erhöhtem Kautschukgehalt) hat für den Verarbeiter den Vorteil, daß die daraus hergestellten Artikel nur getrocknet und nicht zusätzlich vulkanisiert zu werden brauchen.

Zur Herstellung von Revultex werden dem konzentrierten Latex Vulkanisationsagentien wie Schwefel, ZnO und Vulkanisationsbeschleuniger, in feinstgemahlener Dispersion zugegeben sowie Stabilisierungsmittel, die eine Koagulation bei der anschließenden Vulkanisation verhindern. Man vulkanisiert in einem Kessel unter Druck durch 60 min langes Erhitzen auf 100° C. Nach dem Abkühlen werden die Vulkanisationsagentien durch Zentrifugieren wieder entfernt. Der Latex koaguliert dabei nicht.

Die Kautschukteilchen im Revultex sind nur anvulkanisiert. Die daraus hergestellten Artikel besitzen eine hohe Dehnung und gleichzeitig eine hohe bleibende Dehnung. Die Festigkeitswerte liegen relativ niedrig, weil die Verschweißung der anvulkanisierten Kautschukteilchen weniger stark als beim unvulkanisierten Latex ist. Revultex eignet sich für die Herstellung von Tauchartikeln wie Spielballons, ferner als Bindemittel sowie für Imprägnier- und

Streichzwecke. Die Verfahren zur Verarbeitung sind die gleichen wie beim nichtvulkanisierten Latex.

**Umladung.** Unter Positex versteht man Latices, deren ursprüngliche negative Ladung in eine positive umgewandelt worden ist. Dies gelingt durch Zugabe von kationaktiven Seifen, deren langkettiges, positiv geladenes Ion vom Kautschukteilchen adsorbiert wird, wobei über die Neutralisation eine Umladung zum positiv geladenen Teilchen eintritt. Beispiele solcher kationaktiven Seifen sind Cetylpyridiniumchlorid, Laurylpyridiniumchlorid u. a. Die kationaktiven Seifen werden zu verdünntem Latex mit 20–25% Trockengehalt und einem pH-Wert von 8,5–9,5 gegeben; bei höheren Konzentrationen tritt Koagulation ein.

Positex hat sich besonders für die Imprägnierung von Textilien und Textilfasern bewährt, da diese normalerweise eine negative Ladung besitzen.

**Regenerat-Dispersionen.** Unter der Bezeichnung Regenerat-Dispersionen versteht man künstliche, aus Regenerat hergestellte Latices. Weiches Regenerat wird dazu im Kneter allmählich mit einer konzentrierten Lösung von Casein oder Saponin sowie Seifen versetzt. Nach dem Homogenisieren gibt man in kleinen Portionen warmes Wasser zu.

Regenerat-Dispersionen werden vor allem in USA in größerem Umfange hergestellt und als billiger Verschnitt mit Naturlatex zur Herstellung von gestrichenen Stoffen und Artikeln verwendet, bei denen auf die mechanischen Eigenschaften kein besonderer Wert gelegt wird.

#### 7.1.1.3. Konservierung von Naturlatex

Um den Latex vor vorzeitiger Koagulation und gegen Fäulnis zu schützen, muß er konserviert werden. Die einfachste Art der Konservierung, besteht im Zusatz von Natronlauge oder Ammoniak [7.5.]. Von NaOH werden z. B. 0,5–0,6% einer 20%igen wässerigen Lösung und von $NH_3$ 0,3–0,8% benötigt. Um den Latex lediglich für den Konzentrationsprozeß zu konservieren, reichen z. B. 0,5% $NH_3$ aus, wohingegen für Exportware z. B. 0,8% $NH_3$ erforderlich sind. $NH_3$ wird dem Latex entweder in Form seiner wässerigen Lösung oder gasförmig zugesetzt. Zwar ist die Konservierung mit NaOH billiger, als die mit $NH_3$; sie läßt sich aber aus den aus Latex erzeugten Artikeln nur schwer entfernen, verleiht ihnen eine hohe Serumadsorption und beeinflußt das Vulkanisationsverhalten. Aus diesem Grund ist $NH_3$ bis heute das wichtigste Konservierungsmittel, das sich leicht verflüchtigen oder z. B. mit Formaldehyd binden läßt [7.6.]. Dieser Vorgang der Entkonservierung bewirkt eine Sensibilisierung des Latex und ist häufig ein wesentlicher Prozeß im Verlaufe der Naturlatexverarbeitung.

Zahlreiche andere Verbindungen wie z. B. Na-bisulfit, Na-borat, Na-arsenit, Na-fluorid, Na-acetat, Na-oxalat, K-cyanid, Salicylsäure, Ameisensäure, Phenol, β-Naphthol sowie Kresole sind vorgeschlagen worden, haben aber wegen ihrer hohen Preise, ihrer Toxizität oder ihrem Einfluß auf das Eigenschaftsbild der Latices kaum eine technische Anwendung gefunden.

In neuerer Zeit werden dagegen vielfach Latices mit niedrigem $NH_3$-Gehalt bevorzugt. Derartige Latices benötigen zusätzliche Konservierungsmittel. Als solche kommen z. B. Na-Pentachlorphenol in einer Menge von z. B. 0,3% bei zusätzlichem 0,1% $NH_3$ zum Einsatz (Santobrite-Latex). Andere zusätzliche Konservierungsmittel für Niedrig-Ammoniak-Latex sind z. B. Zn-Dialkyldithiocarbamate, Aminophenol und Äthylendiamintetraessigsäure, Ammoniumborat, Ammoniumpentachlorphenolat u. a. Diese Stoffe beeinflussen aber z. T. das Verarbeitungs- und Vulkanisationsverhalten der Latices.

Neben der Konservierung mittels Chemikalien kann der Latex auch durch längeres Erhitzen auf z. B. 120° C sterilisiert werden, was zum gleichen Effekt führt. Wegen der Gefahr von Koagulationen bei dieser Temperatur hat sich dieses Verfahren nicht durchgesetzt.

### 7.1.2. Zusammensetzung und Eigenschaften von Naturlatex

#### 7.1.2.1. Zusammensetzung von Naturlatex

Die Teilchen des Naturlatex bestehen im Kern aus Kautschuk-Kohlenwasserstoff (Polyisopren) in der Hülle aus Eiweißstoffen. Die negative Ladung der Teilchen entsteht durch Adsorption von Anionen wasserlöslicher Substanzen an der Oberfläche.

Der Gehalt an Kautschuk-Trockensubstanz im Latex schwankt zwischen 20% und 45%, normalerweise liegt er bei 32–38%. Frisch gezapfter Latex enthält z. B. folgende Bestandteile:

Wasser 60%,
Kautschuk-Trockensubstanz 34%,
Proteine 2,0%,
Fettsäuren 0,4%,
Harze wie Quebrachitol 1,6%,
Asche 0,6%,
Zucker 1,4%.

Unter den Nicht-Kautschuksubstanzen kommt den Proteinen die größte Bedeutung zu, weil sie die natürlichen Stabilisierungsmittel des Latex darstellen. Bei den tropischen Temperaturen der Erzeugerländer werden sie aber durch Bakterien und Enzyme sehr schnell abgebaut. Sofort nach der Zapfung beträgt der pH des Latex 7,0. Schon nach 12–24 h fällt er auf ca. 5 ab, wobei eine teilweise Koagulation eintritt. Diese Prozesse sind mit einer äußerst unangenehmen Geruchsentwicklung verbunden. Der Latex muß daher bald nach der Gewinnung konserviert werden.

7.1.2.2. Eigenschaften von Naturlatex

**Kolloidchemische Eigenschaften.** Der Latex aus Hevea brasiliensis ist ein kolloides System, dessen flüssige Phase aus Wasser besteht, das zahlreiche organische und anorganische Stoffe gelöst enthält. Kautschuk, die feste Phase, ist in Form kleinster Teilchen polydispers mit einer sehr breiten *Teilchengrößen*verteilung in der wäßrigen Phase verteilt. Diese ist sehr viel breiter und die größten Einzelteilchen sind sehr viel größer als bei den meisten Syntheselatextypen. Wenn man für die Kautschukteilchen eine Kugelform annimmt, so besitzen ca. 45% der Teilchen einen Durchmesser von 0,15–0,4 $\mu$m und der Rest eine Größe von 0,4–3 $\mu$m. Gewichtsmäßig überwiegen die Teilchen der Größen von 0,4–3 $\mu$m. Aus der Dichte des Kautschuks und der mittleren Teilchengröße von 0,26 nm läßt sich errechnen, daß 1 $cm^3$ eines 40%igen Latex $47 \times 10^{12}$ Kautschukteilchen enthält.

Wegen der verhältnismäßig groben Teilchen ist Naturlatex z. B. für Imprägnierprozesse meist schlechter geeignet als Syntheselatices. Da der Abstand der Gewebefasern voneinander vielfach kleiner ist als die Teilchengröße des Naturlatex kommt es auf der Oberfläche des zu imprägnierenden Gewebes im Gegensatz zu vielen Syntheselatices zur Abfiltration der Naturlatexteilchen und daher nicht zu einer Durchimprägnierung.

Die dispergierten Naturlatexteilchen zeigen unter dem Mikroskop eine lebhafte *BROWN'sche Bewegung* auf. Sie tragen auf ihrer Oberfläche eine gleichsinnige *negative elektrostatische Ladung* (mit Ausnahme von positiv umgeladenem Latex), durch die sie sich gegenseitig abstoßen.

Diese Ladung bedingt die *Stabilität* des Latex. Durch intensive Bewegung (Schütteln), starke Vergrößerung der BROWN'schen Bewegung (Erhitzen oder durch Entladung der Oberfläche (z. B. Zusatz von Elektrolyten) wird die Stabilität gemindert oder aufgehoben. Es kommt zur partiellen oder vollständigen Koagulation. Auch durch Fäulnisprozesse der im Naturlatex enthaltenen Eiweißstoffe bei nichtgenügender Konservierung (Stabilisierung) kann eine langsame Entladung und damit eine Verminderung der Stabilität *(Sensibilisierung)* zustande kommen. Bei Latexverarbeitungsprozessen, bei denen eine gesteuerte Koagulation erforderlich ist, wird eine Sensibilisierung des Latex durch allmählich wirkende Koagulationsmittel (vgl. S. 388) oder durch partielles oder vollständiges Binden des $NH_3$ (z. B. durch Formaldehyd) bewußt herbeigeführt.

Tritt bei Naturlatex eine *Koagulation* ein, so erhält man im Gegensatz zu den meisten Syntheselatices (vgl. S. 580 ff), ein kompaktes, zusammenhängendes Koagulum. Dies ermöglicht in besonderem Maße die Herstellung homogener Gummiartikel wie z. B. Tauchartikel. Naturlatex zeigt auch nicht die gefürchtete, beim Syntheselatex beobachtete Eigenschaft der Synhärese (vgl. Seite 581).

**Eigenschaften von Naturlatexmischungen.** Im wesentlichen zeigen Naturlatexmischungen gleiches *Vulkanisationsverhalten* auf, wie korrespondierende NR-Festkautschukmischungen. Da aber bei der Latexverarbeitung keine wie bei der Festkautschukverarbeitung erforderliche hohe Temperatur auftritt, kann die Möglichkeit der raschesten Vulkanisationseinstellungen genutzt und damit sehr kurze Heizzeiten bei niedrigen Temperaturen erzielt werden.

Selbst wenn eine vorzeitige *Anvulkanisation* des Latex eintritt, so hat dies im Gegensatz zu Festkautschukmischungen keine Konsequenzen auf ihr weiteres Verarbeitungsverhalten. Sie können weiter verwendet werden. Anvulkanisierter Latex wird sogar bewußt hergestellt und in den Handel gebracht (Revultex, vgl. S. 572).

Im Gegensatz zu Festkautschukmischungen, bei denen aktive Füllstoffe eine *Verstärkung* bewirken, wird eine solche bei der Latexverarbeitung in der Regel nicht beobachtet, lediglich durch Verwendung bestimmter Kieselsole ist eine andeutungsweise Verstärkung zu beobachten. Erst nach einem Walzprozeß läßt sich z. B. mit Rußen eine Verstärkung erzielen. Hierzu scheint die Bildung neuer emulgatorfreier Oberflächen, die sich mit dem Füllstoff verbinden können, erforderlich zu sein.

**Vulkanisateigenschaften.** Die aus Naturlatex hergestellten Vulkanisate weisen ein analoges Eigenschaftsbild auf, wie korrespondierende Vulkanisate aus NR-Festkautschuk.

Da der Nerv des Kautschuks während der Latexverarbeitung nicht gebrochen wird und die Vulkanisation schonend durchführbar ist, erhält man aus Naturlatex Vulkanisate mit noch wesentlich höheren *Zugfestigkeiten* bei sehr hohen *Dehnungen* und *Elastizitäten* als bei Festkautschukvulkanisaten. Wegen des mangelnden Füllstoffeffektes läßt sich jedoch keine einer Laufflächenqualität adäquate *Abriebbeständigkeit* einstellen.

Das Eigenschaftsbild der Latexmischungen und -vulkanisate wird natürlich analog wie bei Festkautschukvulkanisaten durch den Mischungsaufbau beeinflußt.

### 7.1.3. Mischungsaufbau von Naturlatex

Für die Herstellung von Latexmischungen können im Prinzip die gleichen Chemikalien und Zuschlagstoffe angewendet werden, wie für die Herstellung von Festkautschuk. Aufgrund der kolloidchemischen Eigenschaften des Latex und seine individuelle Verarbeitungsweise haben sich aber nur spezielle Produkte als praktikabel erwiesen.

7.1.3.1. Vulkanisationschemikalien

Die Vulkanisationssysteme haben auf die Vulkanisateigenschaften den stärksten Einfluß und sind demgemäß von entsprechender Bedeutung. Mit zunehmendem Vernetzungsgrad werden die mechanischen Eigenschaften der Vulkanisate verbessert.

**Schwefel** ist für die Vulkanisation von Latexmischungen unentbehrlich. Zur einwandfreien Homogenisierung benötigt man ihn in feinster Vermahlung. Da *Schwefel* aufgrund seines harzartigen Charakters nur schwer entsprechend fein vermahlbar ist und lange Mahlzeiten erforderlich sind, kommt als Vulkanisationsmittel bevorzugt *Kolloidschwefel* zum Einsatz, der in der Regel bereits ein Dispergiermittel enthält, das eine Agglomeration der Primärteilchen verhindert. Normaler, gröberer Schwefel würde sich wegen mangelnder Scherung der Kautschukmischung im Latex nicht genügend verteilen. Dies hätte einen ungleichmäßigen Vulkanisationsgrad zur Folge, der vor allem bei dünnwandigen Artikeln Unbrauchbarkeit zur Folge hätte. Zudem würden in den örtlichen Regionen um gröbere Schwefelteilchen herum starke Übervulkanisationen auftreten, die infolge rascher Alterung Schwachstellen darstellen. Erst Kolloidschwefel gibt die erforderliche Sicherheit für gleichmäßige Verteilung und Sedimentfreiheit.

**Vulkanisationsbeschleuniger**. Als Vulkanisationsbeschleuniger kommen sowohl wasserlösliche als auch nichtwasserlösliche Produkte zum Einsatz. *Wasserlösliche* Beschleuniger haben zwar den Vorteil einer einfachen Einarbeitungsmöglichkeit; sie lassen sich aber nicht bei allen Verarbeitungsverfahren anwenden. Dort, wo während der Verarbeitung eine Abtrennung des Serums erfolgt, z. B. bei der Abscheidung auf porösen Formen, würde die hinterbleibende Kautschukmischung zu wenig oder keinen Beschleuniger mehr enthalten. *Wasserunlösliche* Beschleuniger sind allgemeiner anwendbar; sie verteilen sich bei Anwendung von Dispergatoren wie die übrigen festen Bestandteile gleichmäßig im Latex. Da sich bei gemeinsamer Anwendung von wasserlöslichen und wasserunlöslichen Beschleunigern vielfach eine synergistische Wirkung zeigt, kommen häufig beide Kategorien in einer Latexmischung zum Einsatz. Aus den bereits erwähnten Gründen (vgl. S. 576) kommen für Latexmischungen praktisch nur sehr rasch wirkende Beschleuniger in Betracht. Bevorzugt werden Ammonium-, Na- und Zn-dithiocarbamate, gelegentlich auch Xanthogenate, verwendet. Hierfür gelten die auf S. 274 ff beschriebenen Auswahlkriterien. In Ausnahmefällen, in denen eine aus Latex hergestellte Mischung bei längerer Lagerzeit keine Anvulkanisation zeigen oder bei höheren Temperaturen längere Zeit vulkanisiert werden soll, kommen auch Thiuram- oder Mercaptobeschleuniger zum Einsatz. Hierbei muß jedoch berücksichtigt werden, daß ZMBT ein Sensibilisiermittel für Latex darstellt, weshalb es als Beschleuniger nicht verwendet wird. In solchen Mischungen, in denen ZMBT als Sensibilisiermittel enthalten sind, muß aber dieser Anteil bei der Wahl der Beschleunigermenge berücksichtigt werden.

**Zinkoxid.** Für die Vulkanisation von Latexmischungen ist, wie für Festkautschukmischungen, ein Vulkanisationsaktivator erforderlich. Der wichtigste ist ZnO. ZnO sollte für Latexanwendungen möglichst feinteilig und bleifrei sein. Auch dürfen keine Elektrolyte enthalten sein. Die Dosierung beträgt meist ca. 1 phr*). Bei größeren Dosierungen können unzulässige Sensibilisierungen auftreten. Besonders feinteilige ZnO-Typen können eine starke Erhöhung der Latexviskosität bewirken.

7.1.3.2. Alterungs- und Lichtschutzmittel

**Alterungsschutzmittel.** Aus Latex werden bevorzugt dünnwandige Artikel oder solche mit dünnwandigen Membranen hergestellt, weil das Wasser entweichen und eine praktikable Trocknungszeit eingehalten werden muß. Aus diesem Grunde weisen Latexartikel eine verhältnismäßig große relative Oberfläche auf und sind deshalb, trotz einer guten Alterungsbeständigkeit, oxydationsanfällig. Deshalb ist der Einsatz von Alterungsschutzmitteln wichtig. Wegen der Hellfarbigkeit der meisten Latexartikel kommen zumeist nicht oder schwach verfärbende Antioxidantien zum Einsatz. Die meist verwendeten Substanzen sind alkylierte bzw. styrolisierte Phenole. Bei besonders hohen Anforderungen werden auch solche auf Basis von Bisphenolen, die aber teurer sind, eingesetzt; bei deren Verwendung kann jedoch gelegentlich eine pinkfarbige Verfärbung auftreten. Bei Einsatz von ODPA bzw. SDPA erhält man den besten Alterungsschutz, aber man muß eine graue bis bräunliche Verfärbung nach Belichtung hinnehmen. Im Prinzip gelten für die Auswahl der Alterungsschutzmittel die auf S. 313 bis 329 gemachten Angaben. MBI und dessen Derivate, vor allem ZMBI haben einen sensibilisierenden Einfluß auf Latexmischungen, weshalb sie als Alterungsschutzmittel nicht verwendet werden. Beim Einsatz von ZMBI als Sensibilisiermittel wirkt die Substanz natürlich auch alterungsschützend.

**Lichtschutzmittel.** Auch für Artikel aus Latex kann analog wie für solche aus Festkautschuk der Einsatz von Lichtschutzmitteln wichtig sein. Als solche haben sich Zusätze von Wachs- oder Paraffinemulsionen bewährt. Es werden 2 bis 4 phr eingesetzt. Das Wachs

---

*) Bei Angabe von phr im Latexsektor ist gemeint Massen-Teile auf 100 Massenteile Kautschuk-Trockensubstanz.

oder Paraffin kann, analog wie bei Festkautschukvulkanisaten, beim Fertigerzeugnis an die Oberfläche migrieren und einen physikalischen Schutz gegen Licht- und Ozoneinwirkung geben.

#### 7.1.3.3. Weichmacher

Weichmacher werden in Latexmischungen selten eingesetzt. Sie sind dann erforderlich, wenn eine besondere Flexibilität, weicher Griff und niedriger Spannungswert erforderlich sind. In solchen Fällen kommen helle Öle, wie z. B. pflanzliche und mineralische (insbesondere paraffinische), bis zu 20 phr in emulgierter Form zum Einsatz. Auch Faktis läßt sich in emulgierter Form mit gutem Erfolg verwenden. Letzterer gibt den Vulkanisaten vor allem einen angenehmen Griff.

#### 7.1.3.4. Füllstoffe

Für viele Latexartikel werden keine Füllstoffe eingesetzt. Wenn aber zur Erzielung besonderer Effekte Füllstoffe benötigt werden, dann bevorzugt man solche, die im Anlieferungszustand bereits in möglichst hochdisperser Form vorliegen und die billig sind. Als solche kommen vor allem Kreide, Kaolin, Kieselerde und Schiefermehl jeweils in dispergierter Form zum Einsatz. Füllstoffe mit hoher Dichte, wie z. B. Lithopone, Bariumsulfat, Titandioxid, bleihaltige Mineralien und solche, die im ammoniakalischen Medium Ionen bilden, z. B. Ca- oder Al-Silikate, scheiden wegen ihrer raschen Sedimentation oder koagulierenden Wirkung aus. Als verstärkender Füllstoff kann Kieselsol in Betracht kommen. Ruße verbessern die Eigenschaften von aus Latex hergestellten Vulkanisaten nicht und scheiden deshalb als Füllstoff aus. Bei Einsatz größerer Füllstoffdosierungen ist nicht wie im Festkautschuksektor gleichzeitig eine größere Weichmachermenge erforderlich. Bei der Auswahl der Füllstoffe muß ein eventueller Elektrolytgehalt sorgfältig beachtet werden, der die Latexstabilität beeinträchtigen könnte.

#### 7.1.3.5. Farbstoffe und Pigmente

Zum Färben von Latexerzeugnissen können im Prinzip alle Farbstoffe und Pigmente, die aus der Festkautschuktechnologie her bekannt sind, verwendet werden. Sie müssen frei von Kautschukgiften, wie Cu und Mn, sein. Auch ist der Einsatz anorganischer Fe-, Cr- und Cd-Pigmente wegen ihrer hohen Dichte nicht zu empfehlen, da sie leicht zur Sedimentation neigen.

Organische Farbstoffe besitzen wegen ihres hohen Schüttvolumens eine äußerst schlechte Benetzungsfähigkeit mit Wasser, was die Einarbeitung in den Latex erschwert. Aus diesem Grunde werden bevorzugt solche Farbstoffe, die speziell für die Latexverarbeitung angeboten werden, eingesetzt. Deren Benetzbarkeit mit Wasser wurde nämlich aufgrund einer Nachbehandlung wesentlich verbessert.

7.1.3.6. Latexchemikalien

Neben den Kautschukchemikalien spielen zur Herstellung und Verarbeitung von Latexmischungen Latexchemikalien, insbesondere Emulgatoren, Dispergatoren, Stabilisatoren, Schaum- und Netzmittel, Schaumstabilisatoren, Verdickungsmittel und Koaguliermittel eine große Rolle. Ihre Auswahl und Anwendung erfolgt nach den auf Seite 384 bis 390 dargelegten Kriterien.

### 7.1.4. Herstellung und Verarbeitung von Naturlatexmischungen

Die Herstellung von Naturlatexmischungen, deren Verarbeitung und Vulkanisation ist im Kapitel „Latexverarbeitung" ausführlich behandelt (vgl. S. 605 bis 627).

### 7.1.5. Einsatzgebiete von Naturlatex

Die Haupteinsatzgebiete von Naturlatex sind die Herstellung insbesondere dünnwandiger Tauchartikel, wie z. B. Präservative, Operationshandschuhe, Ballone, ferner Spieltiere, Schaumgummi u. a. Die Hauptgründe für die Herstellung von Tauchartikeln aus Naturlatex sind einmal das einwandfreie Koagulationsvermögen des Naturlatex und zum anderen die hervorragende Festigkeit auch dünner Filme.

## 7.2. Syntheselatex [7.7.–7.23.]

### 7.2.1. Allgemeines über Syntheselatex, Vergleich mit Naturlatex

Synthetische Latices sind wässerige, kolloidale Dispersionen synthetisch hergestellter Kautschuktypen, die in der Regel durch Emulsionspolymerisation aus einem oder mehreren Monomeren hergestellt werden. Deren Herstellung erfolgt nach den Prinzipien, die im Kapitel Synthesekautschuk bei den einzelnen Kautschuken besprochen worden ist, so daß an dieser Stelle darauf verzichtet werden kann.

Analog wie bei Naturlatex und NR-Festkautschuk entsprechen auch die in den Syntheselatices enthaltenen Kautschuke den jeweiligen SR-Festkautschuktypen, weshalb jeweils auf die entsprechenden Abschnitte verwiesen sei.

7.2.1.1. Kolloidchemische Eigenschaften

**Teilchengröße und Viskosität.** Im Vergleich zum Naturlatex weisen die meisten Syntheselatices eine wesentlich engere Latexteilchenverteilung auf. Auch ist der mittlere Teilchendurchmesser, der meisten synthetischen Latices viel kleiner als derjenige von Naturlatexteilchen. Er ist bei der Synthese einstellbar. Deshalb sind die meisten Syntheselatices z. B. für Imprägnierungs- und Saturierungsprozesse besonders geeignet, zu deren Anwendung Naturlatex oft von vornherein zum Scheitern verurteilt wäre. Aufgrund der Kleinheit der dispergierten Synthesekautschukpartikel zeigen sie unter dem Mikroskop eine noch ausgeprägtere *BROWN'sche Bewegung* als diejenigen in Naturlatex.

Manche Syntheselatices zeigen je nach ihrer Herstellungsweise und Zusammensetzung eine deutlich niedrigere oder eine deutlich höhere *Viskosität* als Naturlatex.

Die meisten Syntheselatices weisen wie Naturlatex eine *negative Ladung* auf der Oberfläche der Teilchen auf.

**Einfluß der Emulgatoren.** Der in Syntheselatices durch die Emulsionspolymerisation bedingte Gehalt an Emulgatoren macht sie im allgemeinen recht stabil gegen chemische und mechanische Einflüsse und verleiht ihnen vielfach günstigere benetzende Eigenschaften, als Naturlatex sie besitzt. Durch die stabilisierende Wirkung der Emulgatoren ergibt sich bei vielen synthetischen Latices durch Zusatz von Koagulationsmitteln kein kompaktes Koagulat, sondern die Kautschuksubstanz fällt in flockiger oder krümeliger Form aus. Dieser Effekt ist besonders stark bei NBR- und SBR-Latices ausgeprägt. Bei diesen Latices bereitet die Herstellung von Filmen durch Tauchen nach dem Koagulant-Verfahren (vgl. S. 611) Schwierigkeiten. Durch den Gehalt an Emulgatoren wird auch die Herstellung von Schaumgummi aus bestimmten synthetischen Latices vielfach erschwert, da die Wirkung der beim Latexschaum-Verfahren üblichen Gelierungsmittel – z. B. der Ammoniumsalze und des Na-silicofluorids – durch die stabilisierende Wirkung der Emulgatoren beeinträchtigt wird. Schließlich ist der Gehalt an Emulgatoren bei Produkten, die aus synthetischen Latices bzw. Mischungen derselben hergestellt werden, für eine geringere Quellbeständigkeit gegen Wasser verantwortlich, als dies bei Artikeln aus Naturlatex der Fall ist.

Durch Verwendung geeigneter synthetischer Speziallatices und besonderer Kautschukchemikalien ist es jedoch in vielen Fällen möglich, die oben erwähnten Schwierigkeiten zu überwinden. Mit speziellen Emulgatoren lassen sich beispielsweise Syntheselatices herstellen, die durch bestimmte Sensibilisierungsmittel wärmesensibel einstellbar sind. Auch leicht verschäumungsfähige Syntheselatices können erhalten werden.

**Synhärese.** Die Neigung zu stärker ausgeprägten Synhärese-Erscheinungen bei der Herstellung von Filmen aus synthetischen Latices bildet einen weiteren Unterschied zum kolloidchemischen Verhalten von Naturlatex. Die Synhärese ist ein Entmischungsvorgang in kolloidalen Systemen, bei dem das Dispersionsmedium (in den meisten Fällen Wasser) unter Umständen sogar spontan abgeschieden wird, ohne daß äußere Kräfte einwirken.

7.2.1.2. Kautschuktechnologische Eigenschaften

**Vulkanisateigenschaften.** Das kautschuktechnologische Verhalten von Syntheselatices weicht individuell von dem des Naturlatex ab. Vulkanisate aus Nitrillatex weisen z. B. die vom NBR bekannte Öl-, Benzin- und Alterungsbeständigkeit, die aus Chloroprenlatex die bei CR-Artikeln übliche Wetter-, Ozon- und Flammwidrigkeit auf. Hinsichtlich der mechanischen Eigenschaften weisen die Vulkanisate aus Syntheselatex meist deutlich geringere Festigkeiten auf als diejenigen aus Naturlatex.

**Mischungsaufbau.** Bei Syntheselatices unterscheidet man im Gegensatz zu Naturlatex zwischen Typen ohne und mit reaktiven Gruppen [7.10., 7.24.–7.28.]. Latices mit reaktiven Gruppen weichen hinsichtlich der erforderlichen *Vulkanisationssysteme* erheblich von den Normaltypen ab. Bei den letzteren werden analog wie bei Naturlatex Schwefel, Beschleuniger und ZnO nach gleichen Kriterien eingesetzt, wobei meist etwas höhere Beschleuniger-Dosierungen erforderlich sind. Latices mit reaktionsfähigen Gruppen werden vielfach aus kommerziellen oder anlagebedingten Gründen durch bloße Anwendung mehrwertiger Metalloxide oder -salze ohne zusätzlichen Vulkanisationsprozeß vernetzt; hierbei erreichen sie aber ihr Vulkanisationsoptimum nicht. Die günstigsten Eigenschaften z. B. hinsichtlich Filmfestigkeit und Lösungsmittelbeständigkeit lassen sich daher erst durch eine zusätzliche Vulkanisation mit Schwefel und Beschleunigern erzielen. Je größer aber der Gehalt an reaktionsfähigen Gruppen im Polymerisat ist, um so höher wird der durch rein heteropolare Bindung erzielbare Vernetzungsgrad und um so besser wird demgemäß das Zugfestigkeitsniveau der vernetzten Filme. Gleichzeitig nimmt aber deren Steifigkeit zu und die Elastizität ab.

Durch Zugabe von *Weichmachern,* die im allgemeinen als Emulsionen einzuarbeiten sind, werden die mechanischen Eigenschaften der Vulkanisate in analoger Weise verändert, wie es von Festkautschukvulkanisaten her bekannt ist. Durch synthetische Weichmacher lassen sich die Elastizität und Kälteflexibilität von NBR- und CR-Latexvulkanisaten, durch Mineralöle oder andere Weichmacher die Geschmeidigkeit der Filme, durch Harze die Klebrigkeit und durch Chlorparaffin die Flammwidrigkeit günstig beeinflussen.

Für Syntheselatices gilt die gleiche von Naturlatex her bekannte Erfahrung, daß aktive *Füllstoffe* – von Ausnahmen abgesehen – nicht die von der Festkautschuktechnologie bekannte verstärkende Wirkung aufweisen. Deshalb werden normalerweise nur helle inaktive Füllstoffe – zum Teil in recht hohen Dosierungen – verwendet, die natürlich eine Verschlechterung der mechanischen Eigenschaften bewirken. Die Vulkanisate werden mit zunehmender Füllstoffmenge steifer, weniger elastisch und weniger zugfest, dafür aber beständiger gegenüber chemischen Angriffen (Ausnahme: Kreide gegenüber Säureangriff) und quellenden Medien. Im Gegensatz zur Festkautschuktechnologie bedürfen Latexmischungen bei Einsatz von Füllstoffen keiner höheren Weichmachermenge. Die Füllstoffe werden in Form von Dispersionen eingearbeitet, die durch Verwendung von Dispergiermittellösungen hergestellt werden. Die Gefahr der Beeinträchtigung der Latexstabilität durch eventuelle in Füllstoffen enthaltenen Elektrolytmengen ist zwar bei Syntheselatices wegen ihrer größeren chemischen Stabilität geringer als bei Naturlatex, sollte aber nicht außer acht gelassen werden. Bei solchen Syntheselatices, die sensibilisierbar sind, muß der Füllstoffeinfluß in besonderem Maße berücksichtigt werden. Gegebenenfalls ist vor der Füllstoffzugabe der Zusatz eines Latex-Stabilisierungsmittels notwendig.

Bei der Einarbeitung der sogenannten *Latexchemikalien,* z. B. größerer Mengen Dispergiermittel zusammen mit den Füllstoffen oder größerer Mengen Emulgiermittel zusammen mit Weichmachern, wird das kolloidchemische Verhalten der Latices verändert. Dies muß im Rahmen des gesamten Mischungsaufbaues einer Latexmischung gebührend berücksichtigt werden (vgl. Kapitel 7.1.3., S. 576ff, vgl. auch S. 384ff).

## 7.2.2. Styrol-Butadien-Latex (SBR-Latex) [7.29., 7.31.]

### 7.2.2.1. Herstellung von SBR-Latex und Allgemeines über SBR-Latex

SBR-Latex wird durch Emulsionspolymerisation von Butadien und Styrol nach den auf Seite 104ff beschriebenen Verfahren hergestellt. Die bei der Polymerisation anfallenden Latices weisen einen verhältnismäßig geringen Festkautschukanteil auf und werden deshalb meist für den Einsatz in der latexverarbeitenden Industrie nach den gleichen Verfahren aufkonzentriert wie Naturlatex (vgl. S. 569ff).

Die SBR-Latices unterscheiden sich durch

- den Styrolgehalt,
- die Mooney-Viskosität des dispergierten Kautschuks,
- Einpolymerisation reaktiver zu heteropolarer Vernetzung neigender Monomerer und
- ihre kolloidchemischen Eigenschaften

voneinander.

### 7.2.2.2. Eigenschaften von SBR-Latex

**Kolloidchemische Eigenschaften.** SBR-Latices sind anionisch, d. h. die Kautschukpartikel sind wie bei Naturlatex elektronegativ geladen. Sie zeichnen sich durch eine relativ niedrige Latexviskosität aus. Aufgrund der in den Latices anwesenden Emulgatoren ist eine für die üblichen Verarbeitungsverfahren ausreichende mechanische und chemische Stabilität gegeben. Sie lassen sich durch geeignete Koagulationsmittel (Elektrolyte, organische Lösungsmittel, Wärmesensibilisierungsmittel) ausfällen.

**Eigenschaften des dispergierten SBR.** SBR-Latices enthalten zumeist zwischen ca. 25 und 60% *Styrol* im Polymeren. Das *plastische Verhalten* der den SBR-Latices zugrunde liegenden Polymerisate ist auf die Verarbeitbarkeit ohne besonderen Einfluß. Sie ist vielmehr für die Füllstoffaufnahme der herzustellenden Artikel sowie für die damit erzielbare Steifigkeit bedeutsam. Die in den SBR-Latices vorliegenden feinst dispergierten Polymerisate besitzen, von carboxylierten Typen abgesehen, weitestgehend die gleichen *kautschuktechnologischen* Eigenschaften wie die entsprechenden Festkautschuktypen.

Unter den SBR-Latices nehmen die Typen mit reaktionsfähigen Gruppen eine Sonderstellung ein. Aufgrund der im Polymerisat enthaltenen Carboxyl-Gruppen kann man bereits mit ZnO allein ohne Einsatz weitere Vulkanisationsagenzien (Schwefel und Beschleuniger) und bei der Trocknung eine vulkanisationsartige Vernetzung erzielen.

### 7.2.2.3. Mischungsaufbau von SBR-Latex

Für SBR Latices gelten weitgehend die gleichen Mischungsaufbauprinzipien wie für Naturlatex (vgl. S. 576 ff) sowie die Angaben auf S. 384 ff. Folgende Besonderheiten sind zu berücksichtigen.

**Vulkanisationschemikalien.** SBR-Latexfilme *ohne reaktive Gruppen* müssen analog wie Naturlatex nach dem Trocknen in einem besonderen Prozeß vulkanisiert werden. Dazu benötigen sie die für die Latexanwendung üblichen Vulkanisationschemikalien (vgl. S. 577 f). Die Vulkanisation von Mischungen aus SBR-Latices mit konventionellen Vulkanisationschemikalien verläuft im allgemeinen etwas träger als bei Naturlatex mit gleichem Mischungsaufbau. Aus diesem Grunde sind häufig etwas höhere Vulkanisationstemperaturen bzw. längere Vulkanisationszeiten sowie etwas höhere Dosierungen an Vulkanisationsagenzien notwendig.

Bei der Anwendung von SBR-Latices *mit reaktiven Gruppen* ist eine separate Vulkanisation nicht unbedingt erforderlich. Bei ihnen reicht z. B. die Gegenwart von *ZnO* alleine aus. ZnO reagiert bei diesen Latices mit den im Polymerisat enthaltenen reaktionsfähigen Carboxyl-Gruppen im Sinne einer vulkanisationsartigen heteropolaren Vernetzung. Insbesondere feinteiliges ZnO ergibt einen hohen Vernetzungsgrad und damit gute mechanische Eigenschaften. Auch mit *Harnstoff-* oder *Melamin-Formaldehyd-Harzen* können SBR-Latices mit reaktiven Gruppen vernetzt werden.

Durch zusätzliche Vulkanisation mit *Schwefel, Beschleunigern* und Anwendung von Hitze kann zwar noch eine weitere deutliche Erhöhung des Vernetzungsgrades der aus diesen Latices hergestellten Artikel erhalten werden, sie ist aber grundsätzlich nicht erforderlich. Als Vulkanisationschemikalien kommen dann neben ZnO ebenfalls Kolloidschwefel und ein Dithiocarbamat-Beschleuniger in Betracht. Neben ZDEC können auch Kombinationen verschiedener Dithiocarbamate zur Erzielung bestimmter Vulkanisationseffekte verwendet werden.

**Alterungsschutzmittel.** Ein Zusatz von Alterungsschutzmitteln zu Mischungen auf Basis SBR-Latices ist im allgemeinen nicht erforderlich, da die Latices bereits von der Herstellung her ein nichtverfärbendes Alterungsschutzmittel enthalten, das in der Mehrzahl der Fälle einen völlig ausreichenden Alterungsschutz gewährt. Wenn jedoch die Alterungsbeständigkeit der aus SBR-Latices hergestellten Artikel noch weiter verbessert werden soll, so können zusätzliche Alterungsschutzmittel eingesetzt werden. Für die SBR-Latexverarbeitung kommen dann die gleichen Substanzen zum Einsatz wie bei Naturlatex (vgl. S. 578 f).

**Klebrigmacher.** Da SBR-Latexmischungen weniger klebrig sind als solche aus Naturlatex, kann die Erhöhung der Klebeneigung wünschenswert sein. Zur Verbesserung der Klebeeigenschaften (speziell der Adhäsionseigenschaften) von Mischungen auf Basis SBR-Latices ist vielfach der Zusatz sogenannter klebrigmachender Stoffe erforderlich. Bei richtiger Auswahl können diese die Kontaktklebrigkeit stark erhöhen. Geeignete Klebrigmacher sind z. B. Xylolformaldehydharz in Kombination mit Cumaron-Indenharzen, Kolophonium oder Kolophonium-Modifikationen sowie Pentaerythritester, Terpen-Phenol-Kombinationen und bestimmte aromatische Polyäther.

**Brandschutzverbessernde Stoffe.** Vulkanisate aus SBR-Latices weisen kein Brandschutzverhalten auf. Durch Zusatz hoher Mengen an brandschutzverbessernden Mitteln wie Chlorparaffin und Sb (III)-oxid können auch aus SBR-Latices Artikel mit verminderter Brandneigung hergestellt werden. Durch Einarbeitung von Chlorparaffin werden die Festigkeitseigenschaften weniger verschlechtert als durch gleiche Dosierungen anderer Weichmacher.

**Füllstoffe.** SBR-Latexmischungen sind hochfüllbar (bis zu 400 phr). Hierfür kommen die gleichen Füllstoffe wie für Naturlatex zum Einsatz.

**Latexchemikalien.** Für die Einarbeitung der Kautschukchemikalien und Zuschlagstoffe sowie die Weiterverarbeitung der Latexmischungen werden die auf S. 384 bis 390 behandelten Latexchemikalien nach den dort beschriebenen Gesichtspunkten verwendet.

Ein besonderer Punkt, der beim Mischungsaufbau von SBR-Latices berücksichtigt werden muß, ist der der *Wärmesensibilisierung.* Die Mehrzahl der synthetischen Latices ist nicht wärmesensibel einstellbar. Speziell eingestellte SBR-Latices lassen sich dagegen mit einem Wärmesensibilierungsmittel auf Polysiloxan-Basis, mit funktionellen Gruppen, wärmesensibel einstellen. Solche Mischungen kann man mit Hilfe von heißen Formen zu Tauchartikeln oder in Vliesen oder auf Teppichrücken durch Wärmeeinwirkung zur Koagulation bringen.

Im Gegensatz zu Naturlatex ist bei SBR-Latex infolge dessen hoher Stabilität normalerweise ein Zusatz von *Stabilisierungsmitteln,* die den Latex vor Koagulation schützen, nicht erforderlich. Sollten jedoch hohe Mengen an Füllstoffen zugesetzt werden, so ist ein Stabilisierungsmittel aus der Klasse der nichtionogenen Emulgatoren empfehlenswert, um die Lagerbeständigkeit einer solchen Mischung zu gewährleisten. Der Zusatz des Stabilisierungsmittels muß natürlich vor dem Füllstoff oder gemeinsam mit dem Füllstoff erfolgen.

#### 7.2.2.4.Herstellung von SBR-Latex-Mischungen

Die Herstellung der vulkanisationsfähigen Mischungen aus SBR-Latex erfolgt nach den auf S. 608 ff beschriebenen Verfahren.

#### 7.2.2.5. Verarbeitung von SBR-Latex und Vulkanisation

**Verarbeitung.** Mischungen auf Basis SBR-Latices werden zur Herstellung von Gummierzeugnissen, jedoch in sehr starkem Maße auch in der Teppich-, Schuh-, Schmirgel- und Asbestpapier-Industrie und in verschiedenen anderen Bereichen verarbeitet. Daraus ergibt sich eine Vielzahl von Verarbeitungsverfahren, die im Kapitel „Latexverarbeitung" ausführlich behandelt werden (vgl. S. 610 bis 627).

**Vulkanisation.** Die Vulkanisation von Artikeln aus *SBR-Latices ohne reaktive Gruppen* kann in der gleichen Weise wie bei Naturlatex durchgeführt werden. Bei Gummiartikeln wird in der Regel 15–20 min in Heißluft von 110° C vulkanisiert.

Bei der Vulkanisation von Artikeln aus *SBR-Latices mit reaktiven Gruppen* mit ZnO allein – ohne Schwefel und Beschleuniger – reicht normalerweise das einfache Trocknen bei erhöhter Temperatur aus. Bei Anwesenheit von Schwefel und Beschleunigern ist zu deren Nutzung eine Vulkanisation in Heißluft erforderlich.

Artikel aus SBR-Latices sind weniger empfindlich gegen Übervulkanisation als solche aus Naturlatex.

7.2.2.6. Eigenschaften der SBR-Latexvulkanisate

Die aus SBR-Latices hergestellten Vulkanisate zeigen ein sehr ähnliches Eigenschaftsbild wie analoge, aus SBR-Festkautschuk hergestellte Artikel (vgl. S. 111 f). Die Festigkeitseigenschaften ungefüllter oder nur mit inaktiven Füllstoffen gefüllter Vulkanisate sind bei SBR-Latexvulkanisaten in der Regel besser als bei vergleichbaren Vulkanisaten aus SBR-Festkautschuk, erreichen jedoch nicht das hervorragende Niveau der aus Naturlatex hergestellten Vulkanisate.

Das Niveau der mechanischen und chemischen Eigenschaften ist naturgemäß vom Vernetzungsgrad abhängig. Bei Artikel aus SBR-Latices mit reaktiven Gruppen, die nur mit Metalloxiden vulkanisiert werden, wird der optimale Vernetzungsgrad vielfach nicht erreicht. Der höchste Spannungswert, der oft höher ist als von Vulkanisaten aus SBR-Latices ohne reaktive Gruppen, wird daher zumeist erst durch Mitverwendung von Schwefel und Vulkanisationsbeschleunigern erzielt. Bei Latextypen mit hohem Gehalt an reaktiven Gruppen wird oft eine erhebliche Versteifung erreicht.

Die Alterungs-, Wärme-, Kälte- und Chemikalienbeständigkeit bewegen sich in der gleichen Größenordnung wie diejenigen bei SBR-Festkautschukvulkanisaten.

7.2.2.7. Einsatzgebiete von SBR-Latex

Vulkanisate aus SBR-Latex werden überall dort eingesetzt, wo gute Alterungsbeständigkeit, gutes elastisches Verhalten und ein hohes Niveau an mechanischen Eigenschaften gefordert werden.

Steigende Anwendung finden SBR-Latices mit einem Styrolgehalt von 40 bis 60% bei der Herstellung von Tufting-Teppichen und zur Rückenbeschichtung von konventionell gewebten Teppichen sowie zur Imprägnierung von Faservliesen, z. B. für versteifende Inneneinlagen sowie für Putz- und Wischtücher. Weitere Anwendungsgebiete für SBR-Latices sind die Papier-Saturierung und -Beschichtung. Hierdurch wird die Naßreißfestigkeit und die Aufnahmefähigkeit für Druckfarben verbessert. Für diese Zwecke muß der Latex eine hohe mechanische und chemische Stabilität aufweisen [7.32.–7.34.]. SBR-Latices mit reaktiven Gruppen haben eine erhöhte Affinität zu den verschiedensten Fasern. Wegen der durch ihren Einsatz bedingten vereinfachten Technologie (Vermeidung eines Vulkanisationsprozesses) sind solche Produkte recht bedeutsam geworden, z. B. für Teppichrückenbeschichtungen. Solche Rückenbeschichtungen können sehr hohe Füllstoffmengen (bis maximal 400 phr) aufnehmen [7.35.].

Schaumgummi, der sich zur Textilausrüstung und zur Rückenbeschichtung von Teppichen eignet, wird vielfach aus konzentrierten SBR-Latices hergestellt und gegebenenfalls anstelle der sonst üblichen Schwefelvulkanisation durch Melamin-Formaldehyd-Harze vernetzt. Hierdurch weist er praktisch keine Verfärbung am Licht auf [7.36.–7.38.]

SBR-Latex spielt ferner für die Herstellung von Anstrichfarben eine Rolle.

Zusammenfassend kommen für SBR-Latex u. a. folgende Anwendungsgebiete in Betracht:

- Teppichrückenbeschichtung zur Noppenfestigung, auch als Schaumgummi
- Schaumgummipolster und Matratzen
- Steife Schuhkappen
- Schmirgelleinen
- Textilimprägnierung, z. B. Reifencord
- Asbestpapier
- Anstrichfarben.

### 7.2.3. Acrylnitril-Butadien-Latex (NBR-Latex) [7.10., 7.11., 7.31., 7.39.]

#### 7.2.3.1. Herstellung von NBR-Latex und Allgemeines über NBR-Latex

NBR-Latex wird durch Emulsionspolymerisation aus Butadien und Acrylnitril nach den auf S. 117 bzw. 104 ff beschriebenen Verfahren hergestellt. Die bei der Polymerisation anfallenden Latices weisen einen verhältnismäßig geringen Anteil an Festkautschuk auf und werden daher für den Einsatz in der latexverarbeitenden Industrie nach den gleichen Verfahren aufkonzentriert wie Naturlatex (vgl. S. 569 ff).

Die NBR-Latices unterscheiden sich durch

- den Acrylnitrilgehalt,
- die Mooney-Viskosität des dispergierten Kautschuks,
- Einpolymerisation weiterer, z. T. reaktiver zu heteropolarer Vernetzung neigender Monomerer,
- den Dispersitätsgrad,
- die Art der Emulgatoren usw.

voneinander.

#### 7.2.3.2. Eigenschaften von NBR-Latex

**Kolloidchemische Eigenschaften.** NBR-Latices sind anionisch, d. h., die dispergierten Kautschukpartikel sind wie bei Naturlatex elektronegativ. Sie zeichnen sich durch eine relativ niedrige Latexviskosität aus. Aufgrund der in den Latices anwesenden Emulgatoren ist eine für die üblichen Verarbeitungsverfahren ausreichende mechanische und chemische Stabilität gegeben. Sie lassen sich durch geeignete Koagulationsmittel (Elektrolyte, organische Lösungsmittel, Wärmemesensibilisierungsmittel) ausfällen.

Der Durchmesser der Teilchen von NBR-Latices ist im allgemeinen erheblich kleiner als derjenige von Naturlatexteilchen und liegt je nach Latextyp zwischen 5 bis 80 nm. Durch die geringe Teilchengröße sind NBR-Lactices für Imprägnierungs- und Saturierungsprozesse besonders geeignet, da die Kautschukteilchen zum Eindringen in das Gewebe kleiner sein müssen als der Abstand der Gewebefasern voneinander. Bei sehr dichten Geweben erreicht man den günstigsten Effekt durch die Anwendung von hochdispersem NBR-Latex, dessen Teilchengröße z. B. bei ca. 5 bis 10 nm liegt.

**Eigenschaften des dispergierten NBR.** Der Einfluß des *Acrylnitril-Gehaltes* auf das Eigenschaftsbild der Vulkanisate ist praktisch der gleiche wie bei den entsprechenden Festkautschuktypen. Der Acrylnitril-Gehalt der den meisten NBR-Latices zugrunde liegenden Polymerisate bewegt sich etwa zwischen 28 und 33%.

Das *plastische Verhalten* der den NBR-Latices zugrunde liegenden Polymerisate ist auf die Verarbeitbarkeit ohne besonderen Einfluß. Es ist vielmehr für die Füllstoffaufnahme der herzustellenden Artikel sowie für die damit erzielbare Steifigkeit bedeutsam.

Die in den NBR-Latices (von carboxylierten Typen abgesehen) vorliegenden feinst dispergierten Polymerisate besitzen weitgehend die gleichen *kautschuktechnologischen Eigenschaften* wie die entsprechenden Festkautschuktypen.

Unter den NBR-Latices nehmen die *Typen mit reaktionsfähigen Methacrylsäure-Gruppen* eine Sonderstellung ein. Aufgrund der im Polymerisat enthaltenen Carboxyl-Gruppen kann man bereits mit ZnO allein ohne Einsatz weiterer Vulkanisationsagenzien (Schwefel und Beschleuniger) bei der Trocknung eine vulkanisationsartige Vernetzung erzielen.

### 7.2.3.3. Mischungsaufbau von NBR-Latex [7.11.]

Der Mischungsaufbau für NBR-Latices entspricht weitgehend demjenigen für Naturlatex (vgl. S. 576 ff) sowie den Angaben auf S. 384 ff. Folgende Besonderheiten sind zu berücksichtigen:

**Vulkanisationschemikalien.** NBR-Latexfilme *ohne reaktive Gruppen* müssen analog wie Naturlatex nach dem Trocknen in einem besonderen Prozeß vulkanisiert werden. Dazu benötigen sie die für die Latexanwendung üblichen *Vulkanisationschemikalien* (vgl. S. 377). Die Vulkanisation von Mischungen aus NBR-Latices mit konventionellen Vulkanisationschemikalien verläuft im allgemeinen etwas träger als bei Naturlatex mit gleichem Mischungsaufbau. Aus diesem Grund sind häufig etwas höhere Vulkanisationstemperaturen bzw. längere Vulkanisationszeiten sowie etwas höhere Dosierungen an Vulkanisationsagenzien notwendig.

Bei der Anwendung von NBR-Latices *mit reaktiven Gruppen* ist eine separate Vulkanisation nicht unbedingt erforderlich. Hierbei reicht z. B. die Gegenwart von *ZnO* alleine aus. ZnO reagiert bei diesen Latices mit den im Polymerisat enthaltenen reaktionsfähigen Carboxyl-Gruppen im Sinne einer vulkanisationsartigen Vernetzung. Insbesondere feinteiliges ZnO ergibt einen hohen Vernetzungsgrad und damit gute mechanische Eigenschaften. Auch mit *Harnstoff-* oder *Melamin-Formaldehyd-Harzen* können NBR-Latices mit reaktiven Gruppen vernetzt werden.

Durch zusätzliche Vulkanisation mit *Schwefel, Beschleunigern* und Anwendung von Hitze kann zwar noch eine weitere deutliche Erhöhung des Vernetzungsgrades der aus diesen Latices hergestellten Artikeln erhalten werden, sie ist aber grundsätzlich nicht erforderlich und spielt hauptsächlich bei der Verbesserung der Quellbeständigkeit eine Rolle. Hierbei gelten die für SBR-Latex gemachten Angaben (vgl. S. 585).

**Alterungsschutzmittel.** Auch für die Auswahl von Alterungsschutzmitteln sind die gleichen Kriterien heranzuziehen wie für SBR-Latex (vgl. S. 378 f).

**Weich- und Klebrigmacher.** Für NBR-Latexmischungen kommen, wenn erforderlich, analog wie für NBR-Festkautschukmischungen unpolare *Weichmacher* wegen mangelnder Verträglichkeit kaum zum Einsatz. Vielmehr sind auch hier synthetische Äther- und Esterweichmacher, z. B. Dibenzyläther bzw. Dibutylphthalat bevorzugt. Die Weichmacher bewirken aber grundsätzlich eine Verschlechterung der Festigkeitseigenschaften und der Quellbeständigkeit, dagegen eine Verbesserung der Elastizität und Tieftemperaturflexibilität.

Zur Verbesserung der Klebeeigenschaften (speziell der Adhäsionseigenschaften) von Mischungen auf Basis NBR-Latices ist vielfach der Zusatz *klebrigmachender Stoffe* erforderlich. Bei richtiger Auswahl können diese die Kontaktklebrigkeit stark erhöhen. Geeignete Klebrigmacher sind z. B. Xylolformaldehydharze, Cumaron-Indenharze, Kolophonium und seine Modifikationen, Pentaerythritester, Terpen-Phenol-Harze, aromatischer Polyäther u. dgl.

**Brandschutzverbessernde Stoffe.** Vulkanisate aus NBR-Latices weisen kein Brandschutzverhalten auf. Durch Zusatz hoher Mengen an brandschutzverbessernden Mitteln wie Chlorparaffin und Sb (III)-oxid können auch aus NBR-Latices Artikel mit verminderter Brandneigung hergestellt werden. Durch Einarbeitung von Chlorparaffin werden die Festigkeitseigenschaften weniger verschlechtert als durch gleiche Dosierungen anderer Weichmacher.

**Latexchemikalien.** Für die Einarbeitung der Kautschukchemikalien und Zuschlagstoffe sowie die Weiterverarbeitung der Latexmischungen werden die auf S. 384 bis 390 behandelten Latexchemikalien nach den dort beschriebenen Gesichtspunkten verwendet.

Wie bei SBR-Latex ist auch bei NBR-Latices infolge ihrer hohen Stabilität normalerweise ein Zusatz von *Stabilisierungsmitteln,* die den Latex vor Koagulation schützen, nicht erforderlich. Sollten jedoch hohe Mengen an Füllstoffen zugesetzt werden, so ist ein Stabilisierungsmittel aus der Klasse der nichtiogenen Emulgatoren empfehlenswert, um die Lagerbeständigkeit einer solchen Mischung zu gewährleisten. Der Zusatz des Stabilisierungsmittels muß natürlich vor dem Füllstoff oder gemeinsam mit dem Füllstoff erfolgen.

Ein besonderer Punkt, der bei der Verarbeitung von NBR-Latices berücksichtigt werden muß, ist der der *Wärmesensibilisierung.* Die Mehrzahl der NBR-Latices ist nicht wärmesensibel einstellbar. Spezielle NBR-Latices lassen sich dagegen durch Anwendung eines Wärmesensibilisierungsmittels auf Polysiloxan-Basis, wärmesensibel einstellen. Solche Mischungen kann man mit Hilfe von heißen Formen zu ölbeständigen Tauchartikeln verarbeiten. Besonders interessant ist der Einsatz von wärmesensiblen NBR-Latexmischungen für die Imprägnierung dicker Faservliese. Mittels eines Hitzeschocks wird die Imprägniermischung spontan und vollständig koaguliert, wodurch beim Trocknungsprozeß die gefürchtete Spaltung des Vlieses (Spalteffekt) wirksam verhindert wird.

#### 7.2.3.4. Herstellung von NBR-Latex-Mischungen

Die Herstellung der vulkanisationsfähigen Mischungen aus NBR-Latex erfolgt nach den auf den Seiten 608ff beschriebenen Verfahren.

#### 7.2.3.5. Verarbeitung von NBR-Latex und Vulkanisation

**Verarbeitung.** Mischungen auf Basis von NBR-Latices werden zur Herstellung von Gummierzeugnissen jedoch in sehr starkem Maße auch in der Papier-, Leder-, Syntheseleder-, Vliesstoff- und Textilindustrie, in der Klebstoffbranche, als Konservendosenverschlußmassen und in verschiedenen anderen Bereichen verarbeitet. Daraus ergibt sich eine Vielzahl von Verarbeitungsverfahren, die im Kapitel „Latexverarbeitung" ausführlich behandelt werden (vgl. S. 610 bis 624).

**Vulkanisation.** Die Vulkanisation von Artikeln aus *NBR-Latices ohne reaktive Gruppen* kann in der gleichen Weise wie bei Naturlatex durchgeführt werden. Bei Gummiartikeln wird in der Regel 15–20 min in Heißluft von 110° C vulkanisiert.

Bei der Vulkanisation von Artikeln aus *NBR-Latices mit reaktiven Gruppen* mit ZnO allein – ohne Schwefel und Beschleuniger – reicht normalerweise das einfache Trocknen bei erhöhter Temperatur aus. Bei Anwesenheit von Schwefel und Beschleunigern ist eine Vulkanisation in Heißluft erforderlich.

Artikel aus NBR-Latices sind weniger empfindlich gegen Übervulkanisation als solche aus Naturlatex.

### 7.2.3.6. Eigenschaften der NBR-Latexvulkanisate [7.11.]

Die aus NBR-Latices hergestellten Vulkanisate zeigen naturgemäß ein sehr ähnliches Eigenschaftsbild wie analoge, aus NBR-Festkautschuk hergestellte Artikel (vgl. S. 122 ff). Während die Quellbeständigkeit gegenüber organischen Lösungsmitteln die gleiche Größenordnung aufweist, ist sie gegenüber Wasser etwas vermindert. Die Festigkeitseigenschaften ungefüllter oder nur mit inaktiven Füllstoffen gefüllter Vulkanisate sind bei NBR-Latexvulkanisaten in der Regel besser als bei vergleichbaren Vulkanisaten aus Festkautschuk.

Das Niveau der mechanischen und chemischen Eigenschaften ist naturgemäß vom Vernetzungsgrad abhängig. Bei Artikeln aus NBR-Latices mit reaktiven Gruppen, die nur mit Metalloxiden vulkanisiert werden, wird der optimale Vernetzungsgrad vielfach nicht erreicht. Der höchste Spannungswert und das günstigste Quellverhalten, das oft besser ist als von Vulkanisaten aus NBR-Latices ohne reaktive Gruppen, werden zumeist erst durch Mitverwendung von Schwefel und Vulkanisationsbeschleunigern erzielt. Je höher der Gehalt an reaktiven Gruppen, um so größer wird die Versteifung von NBR-Vulkanisaten.

Die Alterungs-, Wärme- und Quellbeständigkeit sowie die Gasdurchlässigkeit bewegen sich in der gleichen Größenordnung wie bei NBR-Festkautschukvulkanisaten.

### 7.2.3.7. Einsatzgebiete von NBR-Latex [4.39.]

Vulkanisate auf Basis NBR-Latex werden überall dort eingesetzt, wo hohe Quellbeständigkeit gegen Treibstoffe, Mineralöle und Fette, Schweiß, Wärmefestigkeit, Alterungsbeständigkeit, Reinigungsbeständigkeit, Verschleißfestigkeit und ein hohes Niveau der mechanischen Eigenschaften gefordert werden.

Als Anwendungsgebiete für NBR-Latex kommen im einzelnen hauptsächlich in Betracht:

- *Tauchartikel,* z. B. Handschuhe;
- *Fäden,* z. B. für Miederwaren, Hosenbunde, Hosenträger;
- *Schaumgummi,* z. B. für Kaschierungen;
- *Bindemittel,* für textile Fasern zur Herstellung von Vliesmaterialien aller Art mit hoher Lösungsmittelbeständigkeit und guten Alterungseigenschaften, z. B. Einlegevliese im Bekleidungssek-

tor, Haushaltstücher, Basismaterial für Syntheseleder, technische Vliesmatieralien (z. B. Luft- und Ölfilter);

für mineralische Fasern wie Asbest zur Herstellung von Kupplungs- und Bremsbelägen sowie von Dichtungen;

für grobe, pflanzliche und tierische Fasern wie Kokos, Sisal, Hanf oder Roßhaar zur Herstellung von Gummihaar für Filtermaterialien;

für Korkschrot zur Herstellung von Dichtungen.

- *Lederdeckfarben*
- *Textilveredelung,* Imprägnierung (z. B. Schuhkappen, Schmirgelscheiben), Beschichtung und Kaschierung von Geweben aller Art;
- *Herstellung veredelter Papiere,* für Dichtungen oder Verpackungsmaterialien;
- *Dosenverschlußmassen*
- *Modifizierung von Teer und Bitumen*

### 7.2.4. Polychloropren-Latex (CR-Latex)

[7.11., 7.13., 7.31. 7.39.–7.41.]

#### 7.2.4.1. Herstellung von CR-Latex und Allgemeines über CR-Latex

CR-Latex wird durch Emulsionspolymerisation, von Chloropren entsprechend der Herstellung von CR-Festkautschuk (vgl. S. 127 f) hergestellt. Die bei der Polymerisation anfallenden Latices weisen einen verhältnismäßig geringen Anteil an Festkautschuk auf und werden daher für den Einsatz in der latexverarbeitenden Industrie nach den gleichen Verfahren aufkonzentriert wie Naturlatex (vgl. S. 569 ff).

Die CR-Latices unterscheiden sich durch

- die Mooney-Viskosität,
- die Kristallisationsneigung des dispergierten Kautschuks,
- Einpolymerisation weiterer, z. T. reaktiver zu heteropolarer Vernetzung neigender Monomerer,
- die Art der Emulgatoren,
- die Oberflächenladung usw.

voneinander.

#### 7.2.4.2. Eigenschaften von CR-Latex

**Kolloidchemische Eigenschaften.** CR-Latices sind zumeist wie Naturlatex anionisch, d. h., daß ihre Teilchen elektronegativ geladen sind. Es sind jedoch auch positiv geladene CR-Latices bekannt. CR-Latices zeichnen sich durch eine relativ niedrige Latexviskosität aus. Aufgrund der in den Latices anwesenden Emulgatoren ist eine für die üblichen Verarbeitungsverfahren ausreichende mechanische und chemische Stabilität gegeben. Sie lassen sich durch geeignete Koagulationsmittel (Elektrolyte, organische Lösungsmittel, Wärmesensibilisierungsmittel) ausfällen.

In ihrem kolloidchemischen Verhalten haben CR-Latices in einigen Punkten mit Naturlatex eine gewisse Ähnlichkeit, deren Ursache vielleicht die Tatsache ist, daß es sich in beiden Fällen um einheitliche Polymerisate handelt, die als Baustein nur eine Monomerkomponente enthalten. Bestimmte CR-Latextypen ergeben ebenso wie Naturlatex beim Zusatz von Koaguliermitteln ein kompaktes Koagulat; beim Herstellen von Tauchartikeln sowohl nach dem Koagulat- als auch nach dem Wärmesensibilisierungsverfahren erfolgt die Abscheidung eines geschlossenen, zusammenhängenden, glatten Filmes.

**Eigenschaften der dispergierten CR-Polymerisate.** Typisch für unvulkanisierte und vulkanisierte Filme aus CR-Latices ist wie bei CR-Festkautschuk die Neigung zur *Kristallisation.* Dieser Vorgang beruht auf einer Orientierung der Makromoleküle unter Ausbildung von Kristalliten. Die Kristallisation kann bei einheitlichen Polymerisaten sehr ausgeprägt sein. Sie ist in der Latexphase aufgehoben und tritt erst nach der Isolierung des Festkautschukanteils auf. Sie ist reversibel und kann z. B. nach ihrem Entstehen beliebig oft durch Zuführen von Wärme, sei dies nun durch Erwärmen selbst auf etwa 50–60° C oder durch mechanische Behandlung, aufgehoben werden. Sie spielt bei der Herstellung von Dispersions-Klebstoffen eine ganz besondere Rolle. Bei solchen Artikeln, bei denen eine Kristallisationstendenz weniger erwünscht ist, kann sie durch geeignete Maßnahmen, z. B. sehr gute Ausvulkanisation, oder durch geeignete Zusätze zur Mischung, z. B. durch Weichmacher, verringert werden. Für diesen Zweck haben sich Weichmacher auf Mineralöl-Basis in nicht zu hohen Dosierungen gut bewährt.

Das *plastische Verhalten* der den CR-Latices zugrunde liegenden Polymerisate ist wie bei SBR- und NBR-Latices auf die Verarbeitbarkeit ohne besonderen Einfluß. Es ist vielmehr für die Füllstoffaufnahme der herzustellenden Artikel sowie für die damit erzielbare Steifigkeit bedeutsam.

Die in den CR-Latices vorliegenden feinst dispergierten Polymerisate besitzen, von carboxylierten Typen abgesehen, ähnliche *kautschuktechnologische Eigenschaften* wie die entsprechenden Festkautschuktypen.

Die *mechanischen Eigenschaften* (Zugfestigkeit, Spannungswert, Widerstand gegen Weiterreißen usw.) von Filmen aus CR-Latices sind im Vergleich zu solchen aus Naturlatex etwas schlechter, jedoch wesentlich besser als bei Anwendung von NBR- oder SBR-Latices.

*CR-Latices mit reaktiven Gruppen* nehmen unter den CR-Latices eine Sonderstellung ein. Aufgrund der im Polymerisat enthaltenen Carboxyl-Gruppen kann man bereits mit *ZnO* allein ohne Einsatz weiterer Vulkanisationsagenzien (Schwefel und Beschleuniger) beim Trocknen eine vulkanisationsartige Vernetzung erzielen.

Artikel aus CR-Latices bedürfen im allgemeinen wesentlich schärferer *Vulkanisationsbedingungen* als Artikel aus Naturlatex oder anderen synthetischen Latices. CR-Latex mit reaktiven Gruppen gestattet dagegen aufgrund seiner Carboxyl-Gruppen eine Vulkanisation unter wesentlich milderen Bedingungen.

7.2.4.3. Mischungsaufbau von CR-Latex [7.11.]

Beim Aufbau von Mischungen aus CR-Latices werden im allgemeinen die gleichen oder ähnliche Mischungsbestandteile verwendet, wie sie für Naturlatex (vgl. S. 576 ff) benötigt werden, und entsprechend den Angaben auf S. 384 ff. Die Vulkanisationschemikalien weichen jedoch davon ab. Folgende Sonderheiten sind zu berücksichtigen:

**Vulkanisationschemikalien.** Zur Erzielung optimaler Eigenschaften der Fertigerzeugnisse ist es bei CR-Latices *ohne reaktive Gruppen,* analog wie bei Naturlatex, erforderlich, nach dem Trocknen den CR-Film einem besonderen Vulkanisationsprozeß zu unterziehen. Dazu werden die für CR-Festkautschuk üblichen *Vulkanisationschemikalien* eingesetzt (vgl. S. 131 f).

Bei der Anwendung von CR-Latices *mit reaktiven Gruppen* ist dies nicht unbedingt erforderlich. Hierbei reicht die Anwesenheit von *ZnO* aus. Außer den handelsüblichen ZnO-Marken kann besonders feinteiliges ZnO in vielen Fällen vorteilhaft verwendet werden. Dieses bewirkt im Vergleich zu üblichem ZnO eine Erhöhung der Zugfestigkeit und des Spannungswertes. Durch zusätzliche Vulkanisation mit Vulkanisationschemikalien kann der Vernetzungsgrad noch weiter angehoben werden.

Hinsichtlich der Vulkanisationschemikalien unterscheidet sich der Mischungsaufbau von CR-Latex von dem des Natur-, SBR- und NBR-Latex. Die Bezeichnung *Vulkanisationsbeschleuniger* im Zusammenhang mit CR-Latex ist ungenau, da diese sogenannten Beschleuniger in vielen Fällen die eigentliche Vernetzungsreaktion, die sich zwischen Metalloxid, Schwefel und Polymer abspielt, gar nicht wesentlich beschleunigen, sondern hauptsächlich Einfluß auf den Vernetzungsgrad und die physikalischen Werte wie Zugfestigkeit, Spannungswert, Bruchdehnung usw. des Vulkanisates nehmen. Das liegt daran, daß die Vulkanisation von CR, wie bereits bei CR-Festkautschuk ausgeführt (vgl. S. 131), einen grundsätzlich anderen Verlauf nimmt als bei NR und vielen anderen SR-Arten. Es würde an dieser Stelle zu weit führen, auf Einzelheiten näher einzugehen, allein schon die Tatsache, daß bei CR Beschleunigerklassen und -kombinationen verwendet werden, die ansonsten in der Latextechnologie völlig ungebräuchlich sind, lassen eine andersartige Vulkanisationsreaktion erkennen. Auffällig ist auch, daß bei Mischungen auf Basis von CR-Latices in vielen Fällen schärfere Vulkanisationsbedingungen notwendig sind als bei Naturlatex; für eine Ausvulkanisation benötigt man in Abhängigkeit von der Filmstärke eine Zeit von 30–40 min in Heißluft von 120–140° C. Weiterhin ist auffällig, daß – mit Ausnahme von CR-Latex mit reaktiven Gruppen – eine Ausvulkanisation bei Raumtemperatur bisher auf keine Weise möglich war. Als Vulkanisationsbeschleuniger kommen Ultrabeschleuniger der Klasse der Dithiocarbamate, wie z. B. ZDEC, in Frage. Besonders wirksam sind Kombinationen von Thioharnstoff-Derivaten wie DPTU mit Guanidin-Beschleunigern wie DPG oder DOTG.

Zumeist wird ohne Schwefel-Zusatz gearbeitet. Durch Mitverwendung von *Schwefel* läßt sich der Vulkanisationsgrad noch etwas anheben und gleichzeitig die Kristallisation erniedrigen; dies geschieht aber auf Kosten der Alterungsbeständigkeit. Schwefelfreie Vulkanisationssysteme geben auch bei CR-Latexvulkanisaten das beste Alterungsverhalten. In den Fällen, wo auf besonders geringe Kristallisationstendenz Wert gelegt wird (z. B. bei Tauchartikeln), empfiehlt sich der Zusatz von 1,0 phr Schwefel. Dagegen ist die Anwendung von ZnO für die Vulkanisation von CR-Latex unerläßlich.

**Alterungsschutzmittel.** Für die Auswahl von Alterungsschutzmitteln sind die gleichen Kriterien heranzuziehen wie für SBR-Latices (vgl. S. 578 f).

**Weich- und Klebrigmacher.** *Weichmacher* haben für CR-Latexmischungen ganz allgemein nicht die gleiche Bedeutung wie für CR- oder NBR-Festkautschukmischungen; sie sind für CR-Latexmischungen in den meisten Fällen nicht unbedingt erforderlich. Zur Erzielung bestimmter Eigenschaften, z. B. eines niedrigen Spannungswertes, einer guten Flexibilität bei niedrigen Temperaturen und – bei imprägnierten und beschichteten Materialien – eines weichen Griffes, ist es jedoch manchmal erwünscht, den Latexmischungen Weichmacher zuzusetzen. Die Weichmacher bewirken aber grundsätzlich, daß die mechanischen Eigenschaften und die Quellbeständigkeit der Vulkanisate verschlechtert werden.

Als synthetische Weichmacher werden beispielsweise Äther- und Esterweichmacher verwendet. Mineralöl-Weichmacher sind mit CR-Latex nur begrenzt verträglich.

Zur Verbesserung der Klebeeigenschaften (speziell der Adhäsionsfestigkeit) von CR-Latexmischungen ist vielfach der Zusatz *klebrigmachender Stoffe* erforderlich. Geeignete Klebrigmacher sind

z. B. Emulsionen von bestimmten Terpen-Phenol-Kombinationen, Kolophonium oder Kolophonium-Modifikationen, von Pentaerithritestern und von Cumaron-Indenharzen.

**Brandschutzverbessernde Stoffe.** Werden an Artikel, die aus CR-Latices oder unter deren Mitverwendung hergestellt worden sind, und somit an sich schon besseres Brandschutzverhalten aufweisen als Vulkanisate aus anderen Kautschuken, hinsichtlich des Brandschutzverhaltens besonders hohe Anforderungen gestellt, so empfiehlt sich die zusätzliche Einarbeitung *brandschutzverbessernder Mittel* wie Chlorparaffin. Eine weitere Verminderung der Brandneigung kann durch Zusatz von Sb(III)-oxid erreicht werden.

**Latexchemikalien.** Für die Einarbeitung der Kautschukchemikalien und Zuschlagstoffe sowie die Weiterverarbeitung der Latexmischungen werden die auf S. 384 bis 390 behandelten Latexchemikalien nach den dort beschriebenen Gesichtspunkten verwendet.

Wie SBR-Latex ist auch bei CR-Latices infolge ihrer hohen Stabilität normalerweise ein Zusatz von *Stabilisierungsmitteln,* die den Latex vor Koagulation schützen, nicht erforderlich. Sollten jedoch hohe Mengen an Füllstoff zugesetzt werden, so ist ein Stabilisierungsmittel aus der Klasse der nichtionogenen Emulgatoren empfehlenswert, um die Lagerbeständigkeit einer solchen Mischung zu gewährleisten. Der Zusatz des Stabilisierungsmittels muß natürlich vor dem Füllstoff oder gemeinsam mit dem Füllstoff erfolgen.

Ein besonderer Punkt, der bei der Verarbeitung von CR-Latices berücksichtigt werden muß, ist der der *Wärmesensibilisierung.* Die Mehrzahl der synthetischen Latices ist aufgrund ihres Emulgatorsystems nicht wärmesensibel einstellbar. Speziell eingestellte CR-Latices lassen sich dagegen mit Hilfe eines Wärmesensibilisierungsmittels auf Polysiloxan-Basis, wärmesensibel einstellen.

### 7.2.4.4. Herstellung von CR-Latex-Mischungen

Die Herstellung vulkanisationsfähiger Mischungen aus CR-Latex erfolgt nach den auf Seite 608 ff beschriebenen Verfahren.

### 7.2.4.5. Verarbeitung von CR-Latex und Vulkanisation

**Verarbeitung** Mischungen auf Basis CR-Latex werden in der Gummiindustrie, jedoch in sehr starkem Maße auch in der Bau-, Papier-, Leder- und Textilindustrie, im Bergbau, in der Klebstoffbranche, als Konservendosenverschlußmassen und in verschiedenen anderen Bereichen verarbeitet. Daraus ergibt sich eine Vielzahl von Verarbeitungsverfahren, die im Kapitel „Latexverarbeitung" ausführlich behandelt werden (vgl. S. 610 bis 624).

**Vulkanisation.** Die Vulkanisation von Artikeln aus *CR-Latices ohne reaktive Gruppen* kann in der gleichen Weise wie bei Naturlatex durchgeführt werden. Sie erfolgt vorwiegend in Heißluft. CR-Filme mit einer Kombination von 2,0 phr DPTU und 1,0 phr DPG erfordern eine Vulkanisationszeit von ca. 30 min in Heißluft von 120–140° C, bei Verwendung von Dithiocarbamatbeschleunigern benötigt man ca. 40 min in Heißluft von 140° C. Bei Artikeln aus *CR-Latex mit reaktiven Gruppen* mit ZnO ist bei der Vulkanisation ohne Beschleuniger zur Vernetzung die Anwendung höherer Temperaturen nicht erforderlich. Nach der Trocknung ist der Film bereits vulkanisationsartig vernetzt. Für die Vernetzung ist es praktisch belanglos, ob die Trocknung bei Raumtemperatur oder erhöhter Temperatur durchgeführt wird. Aus betrieblichen Gründen und auch im Sinne einer Zeitersparnis ist es allerdings häufig erforderlich, die Trocknung bei erhöhten Temperaturen durchzuführen. Bei Anwesenheit von Vulkanisationsbeschleunigern ist dagegen eine Vulkanisation in Heißluft erforderlich.

Artikel aus CR-Latices sind weniger empfindlich gegen Übervulkanisation als solche aus Naturlatex.

7.2.4.6. Eigenschaften von CR-Latexvulkanisaten [7.11.]

Die aus CR-Latices hergestellten Vulkanisate weisen naturgemäß ein sehr ähnliches Eigenschaftsbild auf wie analoge aus CR-Festkautschuk hergestellte Artikel (vgl. S. 134 ff). Die Festigkeitseigenschaften ungefüllter oder nur mit inaktiven Füllstoffen gefüllter Vulkanisate auf Basis CR-Latices sind in der Regel besser als bei vergleichbaren Vulkanisaten aus Festkautschuk; sie sind aber auch vielfach besser als die von Filmen aus anderen Syntheselatices. Während die Quellbeständigkeit von CR-Latexfilmen gegenüber organischen Lösungsmitteln die gleiche Größenordnung aufweist wie bei CR-Festkautschukartikeln, ist sie gegenüber Wasser wegen des Emulgatoranteils geringfügig vermindert.

Das Niveau der mechanischen und chemischen Eigenschaften ist naturgemäß vom Vernetzungsgrad abhängig. Bei Artikeln aus CR-Latices mit reaktiven Gruppen, die nur mit Metalloxiden vulkanisiert werden, wird der optimale Vernetzungsgrad vielfach nicht voll erreicht. Der höchste Spannungswert und das günstigste Quellverhalten werden daher bei diesen Latices mitunter erst durch Mitverwendung von Schwefel und Vulkanisationsbeschleunigern erhalten.

Die Alterungs-, Wärme-, Wetter-, Ozon- und Chemikalienbeständigkeit sowie das Brandschutzverhalten bewegen sich in der gleichen Größenordnung wie bei CR-Festkautschukvulkanisaten.

7.2.4.7. Einsatzgebiete von CR-Latex [7.39.]

Vulkanisate auf Basis CR-Latices werden überall dort eingesetzt, wo Wetter-, Ozon- und Alterungsbeständigkeit, Brandschutzverhalten, Wärmefestigkeit, Chemikalien- und Ölresistenz, Gasundurchlässigkeit, geringer Verschleiß und ein hohes Niveau der mechanischen Eigenschaften gefordert werden.

Als Anwendungsgebiete für CR-Latices kommen im einzelnen hauptsächlich in Betracht:

- *Tauchartikel,* z. B. für Handschuhe, meteorologische Ballone, Spielzeugballone;
- *Papierveredelung,* z. B. für die Herstellung von Schuhinnen- und -zwischensohlen, Papiere für Dichtungen und Verpackungsmateralien;
- *Modifizieren von Bitumenemulsionen,* z. B. für die Hydroisolation von Gebäuden, Dächern, Tunneln, Mauern, Schächten, Kanälen, Talsperren, Schleusentoren und anderen Hoch-, Tief- und Wasserbauten [7.39.–7.41.];
- *Gewebeveredelung,* z. B. zur Imprägnierung, Beschichtung und Kaschierung von Geweben aller Art; für Textilvliese für Spezialanwendungen;
- *Dispersionsklebstoffe*
- *Vergütung von bituminösen Massen* (Asphaltbeton, Gußasphalt, Mastix, Fugenvergußmassen, Bitumenemulsionen), z.B. für Straßenbeläge [7.39.–7.41.].
- *Bindemittel,* z. B. für pflanzliche und tierische Fasern wie Kokos, Sisal oder Roßhaar zur Herstellung von Gummihaar für Polsterzwecke oder Filtermaterialien; für Glasfasern; für Korkschrot (z. B. Einlege- und Brandsohlen, Dichtungen);
- *Bergbau,* z. B. zur Errichtung von Branddämmen und für wettertechnische Arbeiten;
- *Konservenindustrie,* z. B. für Dosenverschlußmassen.

### 7.2.5. Polyacrylat-Latex (ACM-Latex) [7.35.]

#### 7.2.5.1. Allgemeines über ACM-Latex

ACM-Latex wird durch Mischpolymerisation aus Alkylacrylaten und vernetzungsaktiven Monomeren wie z. B. verkapptem Methylolacrylamid [7.36.], nach den auf S. 168 beschriebenen Verfahren hergestellt.

Sie unterscheiden sich durch

- den Acrylat-Typ,
- die Art der Comonomeren,
- die Mooney-Viskosität des dispergierten Kautschuks,
- den Dispersitätsgrad,
- die Art der Emulgatoren usw.

voneinander.

Es sind auch thermoplastische ACM-Latices im Handel, die nicht vernetzungsaktiv sind und die unvernetzt angewandt werden. Wenn auch die in den Acrylatlatices dispergierten Polymeren in ihrer Zusammensetzung in der Regel nicht den ACM-Festkautschuktypen entsprechen, soll der Einfachheit willen hier von ACM-Latices die Rede sein.

### 7.2.5.2. Eigenschaften von ACM-Latex

**Kolloidchemische Eigenschaften.** ACM-Latices sind anionisch, d. h., die dispergierten Kautschukpartikeln sind wie bei Naturlatex elektronegativ geladen. Sie zeichnen sich durch eine relativ niedrige Latexviskosität aus. Aufgrund der in den Latices anwesenden Emulgatoren ist eine für die üblichen Verarbeitungsverfahren ausreichende mechanische und chemische Stabilität gegeben. Sie lassen sich durch geeignete Koagulationsmittel (Elektrolyte, organische Lösungsmittel, Wärmesensibilisierungsmittel) ausfällen.

In ihren kolloidchemischen Eigenschaften haben ACM-Latices eine gewisse Ähnlichkeit mit NBR-Latices. Durch die geringe Teilchengröße der Polymeren in den ACM-Latices eignen sich diese besonders für Imprägnier- und Saturierprozesse, da die Kautschuk-Teilchen klein genug sind um zwischen die Gewebefasern einzudringen.

**Eigenschaften der dispergierten ACM-Polymerisate.** Der Einfluß des die Hauptkette bildenden *Acrylattyps* (Äthyl-, Butylacrylat usw.) auf die Polymereigenschaften entspricht dem des Festkautschuks (vgl. S. 168 f). Aufgrund der anders gearteten Seitengruppen und der damit verbundenen anderen Vernetzungsstrukturen entsprechen aber die *kautschuktechnologischen Eigenschaften* nicht denen adäquater ACM-Festkautschuktypen. Lediglich eine Gattungsgleichheit ist vorhanden.

Das *plastische Verhalten* der den ACM-Latices zugrunde liegenden Polymerisate ist auf die Verarbeitbarkeit ohne besonderen Einfluß. Es ist vielmehr für die Füllstoffaufnahme der herzustellenden Artikel sowie für die damit erzielbare Steifigkeit bedeutsam.

Viele ACM-Latices sind selbstvernetzend; sie vulkanisieren bereits unter milden Bedingungen (Trocknen bei ca. 60–80° C). Je größer der Gehalt an reaktionsfähigen Gruppen ist, um so höher werden die Vernetzungsgrade und um so steifer werden die Vulkanisate.

### 7.2.5.3. Mischungsaufbau von ACM-Latex

**Vulkanisationschemikalien.** Die ACM-Latices benötigen in der Regel keinerlei Vulkanisationschemikalien, da die Typen selbstvernetzend eingestellt sind. Beim Trocknungsprozeß werden die reaktiven Stellen aktiv und es kommt zur Vernetzung. Es ist lediglich Sorge zu tragen, daß die Latices schwach sauer eingestellt sind.

**Alterungsschutzmittel.** Ein Zusatz von Alterungsschutzmitteln ist für ACM-Latices nicht erforderlich, da die Latices von der Herstellung her bereits gut stabilisiert sind und die Polymeren zudem eine hervorragende Alterungsbeständigkeit aufweisen.

**Füllstoffe.** Ein Zusatz von Füllstoffen ist für Artikel aus ACM-Latices ebenfalls nicht erforderlich, jedoch meist üblich. Zur Erzielung besonderer Effekte können auch für ACM-Latices die von der Naturlatexverarbeitung her bekannten Elektrolyt-freien Füllstoffe wie Kreide, Kaolin, Kieselerde, Schiefermehl usw. verwendet werden (vgl. S. 579). Bei Verwendung von ACM-Latices werden oft sehr hohe Füllstoffzuschläge (z. B. 700 phr Kreide) eingesetzt.

**Weichmacher und klebrigmachende Stoffe.** Weichmacher und klebrigmachende Stoffe sind für die Herstellung von Vulkanisaten aus ACM-Latices in der Regel nicht erforderlich.

**Latexchemikalien.** Für die Einarbeitung der Füllstoffe sowie die Weiterverarbeitung der Latexmischungen werden die auf S. 608 bis 627 behandelten Chemikalien nach den dort beschriebenen Gesichtspunkten verwendet.
Wie SBR-Latex ist auch bei ACM-Latices infolge ihrer hohen Stabilität normalerweise ein Zusatz von *Stabilisierungsmitteln,* die den Latex vor Koagulation schützen, nicht erforderlich. Sollten jedoch hohe Mengen an Füllstoffen zugesetzt werden, so ist ein Stabilisierungsmittel aus der Klasse der nichtionogenen Emulgatoren empfehlenswert, um die Lagerbeständigkeit einer solchen Mischung zu gewährleisten. Der Zusatz des Stabilisierungsmittels muß natürlich vor dem Füllstoff oder gemeinsam mit dem Füllstoff erfolgen.

### 7.2.5.4. Herstellung von ACM-Latex-Mischungen

Die Herstellung von Mischungen aus ACM-Latex erfolgt nach den auf Seite 608 ff beschriebenen Verfahren.

### 7.2.5.5. Verarbeitung von ACM-Latex und Vulkanisation

**Verarbeitung.** Mischungen auf Basis ACM-Latices werden in der Gummiindustrie wenig, jedoch in starkem Maße in der Papier-, Leder- und Textilindustrie, in der Klebstoffbranche und in verschiedenen anderen Bereichen verarbeitet. Daraus ergibt sich eine Vielzahl von Verarbeitungsverfahren, die im Kapitel „Latexverarbeitung" ausführlich behandelt werden (vgl. S. 610 bis 624).

**Vulkanisation.** Für die Vulkanisation von Artikeln aus *ACM-Latices* reicht das einfache Trocknen bei erhöhter Temperatur aus.

Artikel aus ACM-Latices sind weniger empfindlich gegen Übervulkanisation als solche aus Naturlatex.

7.2.5.6. Eigenschaften der ACM-Latexvulkanisate

Die aus ACM-Latices hergestellten Vulkanisate zeigen bei vergleichbarem Vernetzungsgrad eine hohe Quellbeständigkeit gegenüber Ölen, Fetten, Wachsen, Reinigungsmitteln u. dgl., die mit der der ACM-Festkautschuke zu vergleichen ist; gegenüber Wasser ist sie etwas vermindert. Die Festigkeitseigenschaften ungefüllter oder nur mit inaktiven Füllstoffen gefüllter Vulkanisate sind bei ACM-Latexvulkanisaten in der Regel besser als bei vergleichbaren Vulkanisten aus Festkautschuk.

Da ACM-Latexvulkanisate kein Dien enthalten, zeigen sie eine hervorragende Farbbeständigkeit, sie vergilben nicht wie solche aus z. B. SBR- und NBR-Latex hergestellten Vulkanisate. Reinweiße Artikel bleiben rein weiß.

Hinsichtlich des Wärme-, Alterungs-, Wetter- und Ozonverhaltens lassen sich aus ACM-Latex hergestellte Erzeugnisse mit den aus Festkautschuk hergestellten vergleichen.

7.2.5.7. Einsatzgebiete von ACM-Latex

Vulkanisate auf Basis ACM-Latex werden bevorzugt dort eingesetzt, wo hohe Alterungs-, Wetter- und Ozonbeständigkeit, verbunden mit absoluter Nichtverfärbung, Fett-, Öl- und Schweiß- sowie Reinigungsbeständigkeit, Verschleißfestigkeit und ein hohes Niveau der mechanischen Eigenschaften gefordert werden.

Als Anwendungsgebiete für ACM-Latex kommen hauptsächlich in Betracht:

- Bindemittel für textile Fasern;
- Textilveredelungen;
- Teppichrückenbeschichtungen,
- Papierveredelungen u. a.

## 7.3. Literatur über Natur- und Syntheselatex

### 7.3.1. Literatur über Naturlatex

[7.1.] J. Le Bras: Grundlagen der Wissenschaft und Technologie des Kautschuks, Verlag Berliner Union, Stuttgart, 1956.

[7.2.] G. Sinn: Latextechnologie in S. Boström (Hrsg.) Kautschuk-Handbuch, Verlag Berliner Union, Stuttgart, Bd. 4, 1961, S. 225–278.

[7.3.] A.R.T. Gorton: The Production and Properties of Natural Latex Concentrate, Hrsg. Natural Rubber Producers Research Association.

[7.4.] R. J. Noble: Latex in Industry, Rubber Age, New York, 1953.

[7.5.] US 9891, 1853; GB 467, 1853.

[7.6.] US 1 872 161, 1932, Mc Garrack.

## 7.3.2. Literatur über Syntheselatex

### 7.3.2.1. Allgemeine Literatur über Syntheselatex

### Deutschsprachige Bibliographien und Buchliteratur


[7.7.] G. SINN: in Kautschuk-Handbuch, Hrsg.: S. BOSTRÖM, Verlag Berliner Union, Stuttgart, Bd. 4, 1961, S. 225–278.

[7.8.] F. HÖLSCHER: Dispersionen synthetischer Hochpolymerer, Teil 1: Eigenschaften, Herstellung und Prüfung, Springer-Verlag, Berlin 1969, 182 S., in Chemie, Physik und Technologie der Kunststoffe in Einzeldarstellungen, Bd. 13.

[7.9.] H. REINHARD: Dispersionen synthetischer Hochpolymerer, Teil 2, Anwendung, Springer-Verlag, Berlin 1969, 272 S., in Chemie, Physik und Technologie der Kunststoffe in Einzeldarstellungen, Bd. 14.

[7.10.] W. HOFMANN: Nitrilkautschuk, Verlag Berliner Union, Stuttgart, 1965, S. 349–372.

[7.11.] W. HOFMANN, S. KOCH u. Autoren-Kollektiv: Hrsg. BAYER, Kautschuk-Handbuch, Verlag Berliner Union-Kohlhammer, Stuttgart, 1971, S. 213–272.

[7.12.] W. MÜHLSTAPH, W. PÖGE: Anwendungstechnik der Plast- und Elastdispersionen, 1. Überarb. u. erw. Ausgabe, Deutscher Verlag für Grundstoffindustrie, Leipzig 1967, 369 S.

[7.13.] I. C. CARL: Neoprene Latex, Grundzüge des Mischungsaufbaues und der Verarbeitung, Selbstverlag DuPont, 1964, 157 S.


### Englischsprachige Bibliographien und Buchliteratur


[7.14.] D. C. BLACKLEY: High Polymer Latices, Their Science and Technology, Bd. 2. Testing and Application, Verlag MacLaren, London, 1966, 856 S.

[7.15.] E. C. COCKBAIN: Natural and Synthetic Latices in The Applied Science of Rubber, Hrsg.: W. I. S. Naunton, London 1961, S. 1–30.

[7.16.] P. G. COOK: Latex Natural and Synthetic, Verlag Reinhold, New York 1956, 231 S.

[7.17.] C. F. FLINT: The Principles of Latex Technology in Fundamentals of Rubber Technology, Hrsg.: ICI, London 1947, S. 10–27.

[7.18.] W. HOFMANN: Nitrile Rubber, A Rubber Review for 1963, Published by the Division of Rubber Chemistry of the American Chemical Society Inc., Technology of Nitrile Rubber Latexes, S. 234–251.

[7.19.] L. H. HOWLAND: GR-S-Latex in Synthetic Rubber, Hrsg.: American Chemical Society, Division of Rubber Chemistry, New York 1954, S. 649–667.

[7.20.] W. I. S. NAUNTON: Synthetic Rubber, Macmillan London 1957, 162 S.

[7.21.] R. STAGG: Latices in Encyclopedia of Polymer Science and Technology, Vol. 8. Interscience. New York 1968, S. 164–195.

[7.22.] H. I. STERN: Rubber, Natural and Synthetic, 2. Aufl., Verlag MacLaren, London; Elsevier, Amsterdam, 1967, 519 S.

[7.23.] G. G. WINSPEAR, R. R. WATERMAN: Latex Sponge and Foam in Introduction to Rubber Technology, Hrsg.: M. Morton, New York 1959, S. 434–461.

### 7.3.2.2. Spezielle Literatur über Syntheselatex

[7.24.] DT 955 901, 1953, BAYER, D. ROSAHL et al.

[7.25.] DT 950 498, 1954, BAYER, W. GRAULICH, D. ROSAHL.

[7.26.] W. COOPER, T. B. BIRD: Rubber World A **36** (1957) Nr. 1, S. 78; Ind. Engng. Chem. **50** (1958), S. 171.

[7.27.] E. MÜLLER, K. DINGES, W. GRAULICH: Makromol. Chem. **57** (1962), S. 27.

[7.28.] H. G. ELIAS: Makromoleküle, Verlag Hüthig & Wepf, Heidelberg, 3. Aufl. 1975.

[7.29.] B. RIDGEVELL: Synthetic Rubber Latex 1975, Eur. Rubber J. 1975 Nr. 2, S. 10, 70.

[7.30.] T. D. PENDLE: Latex Natural and Synthetic, Properties, Testing, Application, Progr. Rubber Technol. **34** (1970), S. 43–50; **35** (1971), S. 22–28.

[7.31.] B. G. CROWTHER, S. H. MORREL: Continous Production, Progr. Rubber Technol. **36** (1972), S. 37–65, 322 Lit.-cit.

[7.32.] W. W. WHITE et al.: J. Appl. S. **8** (1964), S. 2049.

[7.33.] H. SCHLÜTER: Kautschuk u. Gummi **19** (1966), S. 608.

[7.34.] D. C. BLACKLEY: Rubber J. **148** (1966) Nr. 8, S. 78, 82.

[7.35.] G. E. EILBACK, E. R. URIE: Rubber World **148** (1963) Nr. 2, S. 37.

[7.36.] US 2 871 213, 1956, BAYER.

[7.37.] FR 1 366 243, 1962, Dow Corning.

[7.38.] R. L. ZIMMERMANN et al.: Rubber Age **98** (1966), Nr. 5, S. 68.

[7.39.] H. ESSER, W. HOFMANN: Gummi, Asbest, Kunststoffe **17** (1964), S. 534.

[7.40.] H. ESSER: Kunststoffe **17** (1964), S. 534.

[7.41.] H. ESSER: Straßen- und Tiefbau **4** (1962), S. 342–359

[7.42.] E. MÜLLER, K. DINGES, W. GRAULICH: Makromol. Chem. **57** (1962), S. 27.

[7.43.] DT 1 221 018, 1959, BAYER, KNAPP, BERLENBACH, DINGES.

# 8. Latexverarbeitung [8.1.–8.7.]

## 8.1. Allgemeines über Latexverarbeitung

Die direkte Latexverarbeitung macht nur einen geringen Teil der gesamten Kautschukverarbeitung aus. Im Gegensatz zur Festkautschukverarbeitung, für die schwere Verarbeitungsmaschinen Vorbedingung sind, ist für die flüssigen Latices eine völlig andersartige Verarbeitungstechnologie erforderlich. Einige Prozesse entsprechen der Verarbeitung von Kautschuklösungen, wie der Tauch-, Imprägnier- und Streichprozeß. Daneben gibt es aber auch eigenständige Prozesse, wie die Herstellung von Latexschaum oder das Binden von Textilfasern usw. mit Latex zu flächenhaften Gebilden; die hierfür verwendeten Latices werden oft als Binder bezeichnet. Bei allen diesen Prozessen muß auf das spezifische physikochemische Verhalten der Latices Rücksicht genommen werden.

Neben natürlichem Latex werden synthetische Latices, wie sie bei der Emulsionspolymerisation anfallen, verwendet.

**Eigenschaften.** Das *Eigenschaftsbild eines aus Latex gewonnenen Fertigerzeugnisses* korrespondiert weitgehend mit einem aus Festkautschuk erzeugten Artikel. Jedoch gelten die bereits im Kapitel 7 erwähnten Besonderheiten:

Da das Kautschukmolekül nicht wie bei der Verarbeitung von festem Naturkautschuk in Bruchteile zerrissen wird, sind die mechanischen Eigenschaften ungefüllter bzw. nur mit inaktiven Füllstoffen gefüllter Vulkanisate aus Latex in der Regel besser als von vergleichbaren aus Festkautschuk hergestellten.

Bei der Latex-Verarbeitung ist ein Verstärkungseffekt mit aktiven Füllstoffen weitgehend unbekannt, weshalb man keine den rußverstärkten Festkautschukartikeln adäquaten Vulkanisate aus Latex herstellen kann.

Da in Vulkanisaten aus Latex häufig geringe Mengen an Emulgatoren oder anderen Netzmitteln zurückbleiben, weisen sie vielfach eine höhere Wasserquellung auf als Festkautschukvulkanisate.

Bei Syntheselatex werden auch Kautschuktypen mit reaktionsfähigen Gruppen oder in Polymerisationsgraden verwendet, die als Festkautschuktypen gar nicht verarbeitbar wären. Sie können sowohl bei der Verarbeitung Besonderheiten aufweisen als auch das Eigenschaftsbild der Fertigerzeugnisse maßgeblich beeinflussen.

Die *kolloidchemischen Eigenschaften* von Latices hängen naturgemäß in erheblichem Maße von der Zusammensetzung, insbesondere der Art und Menge der Emulgatoren, dem isoelektrischen Punkt und dem pH-Wert ab. Je mehr sich der pH-Wert dem isoelektrischen Punkt nähert, um so instabiler wird der Latex, der bei Erreichen des isoelektrischen Punktes spontan koaguliert.

**Trocknung und Vulkanisation.** Latex wird im allgemeinen zu dünnwandigen Artikeln verarbeitet. Durch die mit zunehmender Dicke ansteigende *Trocknungs*zeit wird die Herstellung von Latexfilmen über 2,5–3,0 mm Dicke unwirtschaftlich. Der Endpunkt der Trocknung kann bei den meistens transparenten Filmen recht gut am Verschwinden der Opaleszenz erkannt werden.

Beim Trocknen von stärkeren Latexfilmen kann man zwei Phasen unterscheiden. In der ersten Phase ist die in der Zeiteinheit von der Oberfläche verdampfende Wassermenge praktisch unabhängig von der Filmdicke. Dieser erste Abschnitt relativ hoher Trockengeschwindigkeit ist bei einem Feuchtigkeitsgehalt von ca. 20% beendet. Von da an macht sich die stärkere Oberflächentrocknung und die damit verbundene verringerte Permeabilität der Filme bemerkbar, und der Wassergehalt klingt nur sehr allmählich gegen den Wert Null ab.

Die Trocknungsgeschwindigkeit nimmt mit der Temperatur rasch zu. Eine besonders starke Geschwindigkeitsänderung tritt bei 100–110° C ein. Es ist zweckmäßig, die erste Phase der Trocknung bei mäßigen Temperaturen, ca. 50–80° C, durchzuführen und von da an Trocknung und *Vulkanisation* (mit Ultrabeschleunigern) miteinander zu verbinden, wobei die Temperatur maximal bei 110° C liegen soll.

Zur Erzielung optimaler physikalischer Werte des Vulkanisats muß der Film vor Beginn der Vulkanisation ohne Anvulkanisation getrocknet werden. Man kann die Vulkanisation in kochendem Wasser oder Dampf vornehmen. Beide Methoden sind nicht zu empfehlen, wenn Filme mit optimalen Festigkeitswerten gefordert werden, da der Film im unvulkanisierten Zustand durch das Wasser stark angequollen wird, wodurch sich die Filmstruktur lockert.

## 8.2. Prüfung des Latex [8.4., 8.8.–8.13].

Da die verschiedenen Latextypen in ihren Eigenschaften variieren, ist es für den Verarbeiter unerläßlich, sich vor Herstellung der gebrauchsfertigen Mischungen über die Eigenschaften der zu verarbeitenden Latexpartie durch verschiedene Prüfmethoden Klarheit zu verschaffen. Schwankungen in der Konzentration, im Ammoniak-Gehalt, in der chemischen und mechanischen Stabilität können Störungen bei der Mischungsherstellung, bei den Verarbeitungsverfahren und bei der Vulkanisation hervorrufen.

Bei der Probenahme ist darauf zu achten, daß der Latex durch Rühren oder bei größeren Partien durch Rollen des Fasses homogenisiert wird.

### 8.2.1. Äußere Beschaffenheit.

Der Latex soll frei von Verunreinigungen und Koagulat sowie von jedem unangenehmen, fauligen Geruch sein. Zur Prüfung auf den Gehalt an Koagulat und Verunreinigungen gießt man verdünnten Latex durch ein feines Haarsieb [8.14.].

Zur Prüfung auf einwandfreien Geruch wird der Latex mit einer gesättigten Borsäure-Lösung bis zur Neutralisation des Ammoniaks versetzt. Nach kurzem Schütteln kann man den geringsten fauligen Geruch einwandfrei feststellen.

### 8.2.2. Gehalt an Festsubstanz.

Der Gehalt an Gesamtfestsubstanz wird durch Eindampfen des Latex bei 70° C im Heißluftschrank ermittelt.

### 8.2.3. Kautschuk-Trockensubstanz.

Sie wird durch Koagulation mit Essigsäure bestimmt, wobei mit dem austretenden Serum gleichzeitig die Begleitstoffe entfernt werden. Das gewaschene Koagulat wird auf einem Walzwerk von der Hauptmasse Wasser befreit, bei 60–70° C getrocknet und gewogen [8.15.].

### 8.2.4. Ammoniak- bzw. Gesamtalkaligehalt.

Man bestimmt ihn durch Titration von stark verdünntem Latex insbesondere bei Naturlatex mit 0,1 n-Salzsäure [8.16.].

### 8.2.5. Mechanische Stabilität.

Durch mechanische Einflüsse kann der Latex koagulieren. Als Maß für die mechanische Stabilität gilt die Zeit in Sekunden, die vergeht, bis in einem 55%igen Latex bei Rühren mit einem scheibenförmigen Schnellrührer (14 000–15 000 U/min) die erste Koagulationserscheinung auftritt [8.17.].

### 8.2.6. Chemische Stabilität.

Sie ist eine sehr wichtige Eigenschaft, die durch Messung des zeitlichen Verlaufs der Koagulation nach Zugabe von Koagulationsmitteln bestimmt wird. Bei einem anderen Verfahren ist der Viskositätsanstieg, den ein Latex nach Zugabe einer ZnO-Dispersion im Laufe von 1h bzw von 24 h erfährt, ein Maß für die chemische Stabilität.

Bei einem beschleunigten ZnO-Test erwärmt man einen mit wenig ZnO versetzten Latex im Wasserbad. Die Zeit und die Temperatur der Latexmischung bis zum Eintritt der Koagulation dient als Maß für die Stabilität.

### 8.2.7. Aceton-Extrakt von Naturlatex

Zur Ermittlung des Kautschukgehaltes bzw. des Anteils an Kautschuk-Begleitstoffen wird ein Aceton-Extrakt durchgeführt. Ein nach [8.18.] getrockneter Latexfilm wird mit Aceton nach DIN [8.19.]extrahiert, der Extrakt eingedampft und der Rückstand, der den Kautschukgehalt darstellt, im Vakuum-Trockenschrank getrocknet.

### 8.2.8. Methanol-Extrakt von Syntheselatex

Da Synthesekautschuk in Aceton teilweise löslich ist, wird das Aceton bei der oben beschriebenen Extraktion durch Methanol ersetzt.

### 8.2.9. KOH-Zahl

Unter der KOH-Zahl versteht man die Menge an KOH die den an Ammoniak gebundenen Säuren in einer Latexmenge mit 100 g Trockensubstanz äquivalent ist. Die KOH-Zahl wird deshalb nur bei Naturlatex, der ausschließlich mit Ammoniak oder mit Ammoniak und Formaldehyd konserviert ist, nach [8.20.] bestimmt.

### 8.2.10. VFA-Zahl

(Volatile-Fatty-Acid-Zahl) von Naturlatex. Sie gibt die Menge an KOH in g an, die den flüchtigen Fettsäuren in Latex mit 100 g Trockensubstanz-Gehalt äquivalent ist. Mit zunehmendem Alter des Naturlatex wird die Menge an flüchtigen Fettsäuren größer, was sich auch im Geruch bemerkbar macht. Wegen der partiellen Bindung des als Konservierungsmittel zugesetzten Ammoniaks wird die Haltbarkeit des Latex dadurch eingeschränkt. Die VFA-Zahl wird nach [8.21.] bestimmt.

## 8.3. Herstellung von Latexmischungen

### 8.3.1. Allgemeines über die Herstellung von Latexmischungen

Latexmischungen lassen sich im Vergleich zu Festkautschukmischungen mit weniger kostspieligen Maschinen und weit geringerem Energieaufwand herstellen. Der Latex soll hierbei, um Koagulationserscheinungen zu vermeiden, möglichst wenig mechanisch beansprucht werden. Falls eine vorzeitige Koagulation zu befürchten ist, muß der Latex durch ein Stabilisierungsmittel, z. B. Polyglykoläther, angemessen stabilisiert werden. Die Vulkanisationsagenzien und sonstigen Zuschlagstoffe, wie Füllstoffe, Alterungsschutzmittel, Weichmacher usw., werden durch Dispergieren und Emulgieren so vorbereitet, daß man sie lediglich in den Latex einzurühren braucht.

### 8.3.2. Dispergierung fester Stoffe

Die zu dispergierende Substanz wird mit dem Dispergiermittel, z. B. dem Kondensationsprodukt aus naphthalinsulfosaurem Na und Formaldehyd, in wässerigem Medium gemahlen. Als Mahlaggregate haben sich vor allem Kugelmühlen neben Steinmahlwerken, Kolloidmühlen, Farbreibmühlen, Vibrations- oder Schwingmühlen bewährt, die in den verschiedensten Größen im Handel sind. Kugelmühlen haben sich in der latexverarbeitenden Industrie weitgehend durchgesetzt. In modernen Steinmahlwerken wird die zu dispergierende Flüssigkeit unter Zwang durch einen großen Topf voller Steine, die in Rotation gehalten werden, gepreßt. In ihnen kommt in kürzester Zeit ein sehr guter Dispersitätsgrad zustande.

Ein gutes Dispergiermittel unterstützt die Mahlwirkung außerordentlich und, was von größter Bedeutung ist, verhindert eine nachträgliche Agglomeration.

Die verschiedenen Füllstoffe und Pigmente benötigen entsprechend den Abweichungen hinsichtlich Teilchengröße, Oberflächenausbildung, Adsorptionseigenschaften und Quellvermögen die verschiedensten Flüssigkeitsmengen, um ähnliche Viskositäten im wässerigen Teig zu erzielen.

Grundsätzlich können zwar alle Feststoffe für eine Mischung zu einer gemeinsamen Paste vermahlen werden. Für Betriebe, in denen Mischungen mit verschiedenen Mengen der Einzelbestandteile verarbeitet werden, ist es jedoch zweckmäßig, die Pasten für Beschleuniger, Füllstoff usw. getrennt herzustellen. Die Mahldauer der Pasten in der Kugelmühle sollte mindestens 24 h, besser sogar 48 h betragen. Nach dieser Mahldauer ist eine Dispersion entstanden, die man direkt unter gutem Rühren in den Latex einmischen kann. Im Steinmahlwerk werden vergleichbare Dispersionsgrade z. B. schon nach zweistündiger Mahlzeit erhalten

### 8.3.3. Emulgierung wasserunlöslicher Flüssigkeiten

Zur Emulgierung wasserunlöslicher Flüssigkeiten, wie Weichmacher, flüssiger Beschleuniger, Alterungsschutzmittel, Wachse, Faktis usw. stehen gut wirkende Emulgiermaschinen zur Verfügung. Im Prinzip sind es sehr schnell laufende Rührwerke, deren spezielle Propeller für eine möglichst intensive Durchmischung sorgen.

Anionaktive Emulgatoren (vgl. S. 385) wie Alkalisalze langkettiger Fettsäuren sind öllöslich und fördern die Emulsionsbildung nur von der Ölseite her. Substanzen wie Triäthanolamin fördern dagegen die Emulgierung von der Wasserseite her. Nichtionogene Emulgatoren unterstützen die Bildung der Emulsion sowohl von der Wasser- als auch von der Ölphase her.

Im allgemeinen legt man die wässerige Phase mit dem Emulgator vor und gießt die zu emulgierende Flüssigkeit, die ebenfalls Emulgator enthält, unter intensivem Rühren langsam zu.

Wachse oder Paraffine werden auf ähnliche Weise emulgiert, jedoch bei Temperaturen, die über ihren Schmelzpunkten liegen. Die entstehende Emulsion bleibt so lange in der Emulgiermaschine, bis die Temperatur einige Grade unter den Schmelzpunkt des Wachses abgesunken ist. Bei höher schmelzenden Wachsen wird die Emulgierung dadurch erleichtert, daß man im Wachs 5 bis 10 Massen-% eines Öles z. B. Mineral- oder Paraffinöl, löst.

Um Emulsionen auf Vorrat halten zu können, also eine Entmischung zu verhindern, müssen vor allem bei schwer emulgierbaren Ölen geringe Mengen an Schutzkolloiden zugesetzt werden. Hierfür eignen sich wässerige Lösungen verdickend wirkender Substanzen (vgl. S. 387).

## 8.4. Einzelne Verfahren der Latexverarbeitung

### 8.4.1. Tauchverfahren [8.22.–8.24.]

Bis etwa 1940 wurden Tauchartikel fast ausschließlich durch Tauchen von Formen in Lösungen von Kautschukmischungen hergestellt (vgl. S. 514 ff). Heute verwendet man dafür bevorzugt Latex. Da es sich um die Herstellung hochwertiger Produkte handelt, von denen hohe Zugfestigkeit und Dehnung sowie gute Alterungsbeständigkeit gefordert wird, werden Mischungen verwendet, die wenig oder keine Füllstoffe enthalten. Während besonders dünnwandige Tauchartikel mit hoher Zugfestigkeit bevorzugt aus Naturlatex hergestellt werden, nimmt man für dickere Handschuhe vielfach synthetische Latices.

Als Material für die Tauchformen hat sich Glas, Porzellan oder Leichtmetall, das jedoch frei von Kupfer oder Mangan sein muß, bewährt. Der Tauchtank darf von dem ammoniakalischen Latex nicht angegriffen werden. Die Tauchapparate sind entweder so konstruiert, daß sich die Formen in gleichmäßiger langsamer Bewegung in die Latexmischung einsenken, oder daß sich der Tank mit der Latexmischung hebt und auf diese Weise die darüber hängenden Formen in die Mischung eingetaucht werden.

#### 8.4.1.1. Einfaches Tauchverfahren

Beim einfachen Tauchverfahren für die Herstellung sehr dünnwandiger Artikel werden die Formen in die Latexmischung langsam eingetaucht und langsam wieder herausgehoben. Der Vorgang wird nach jeweiligem Trocknen so oft wiederholt, bis die gewünschte Wanddicke erreicht ist. Die Viskosität der Latexmischung und damit die Filmdicke kann durch Zusatz von destilliertem Wasser oder durch Zusatz von Verdickungsmitteln variiert werden. Durch kleine Mengen Antischaummittel läßt sich die Bildung sog. „Schwimmhäute", dünner Stellen zwischen den Fingern bei Handschuhen, vermeiden.

8.4.1.2. Tauchen mit Koagulationsmitteln (Koagulantverfahren).

Das einfache Tauchverfahren ist kein rationelles Herstellungsverfahren für stärkerwandige Tauchartikel, da hierzu ein häufig zu wiederholender Tauchprozeß erforderlich wäre. Für solche Artikel, wie Haushaltshandschuhe, Badehauben, Sauger und dgl., dient das Koagulantverfahren, auch Fixalverfahren genannt. Hierbei wird die Form zunächst in die alkoholische Lösung eines Koagulationsmittel (vgl. S. 388) eingetaucht. Diese Lösung kann zusätzlich eine kleine Menge eines Verlaufmittels wie Polyglykoläther enthalten. Nach etwa 30 bis 40 s Trockenzeit ist die Hauptmenge des Lösungsmittels verdunstet und die Form mit einem gleichmäßigen Film der Koagulationslösung überzogen; man taucht sie dann in die Latexmischung ein. Durch den Einfluß des Koagulationsmittels bildet sich auf den Formen ein stärkeres zusammenhängendes Koagulum als beim einfachen Tauchprozeß. Falls der Tauchartikel nicht die gewünschte Filmstärke besitzt, kann der Prozeß nach dem Trocknen (vor der Vulkanisation) wiederholt werden.

Nach dem Trocknen und der Vulkanisation müssen die Artikel gut in warmem Wasser zur Entfernung der Koagulationsmittel gewässert werden, da die meisten der oben angeführten Produkte den Geschmack und die Alterung ungünstig beeinflussen. Bei Cyclohexylaminacetat, das sich in dieser Hinsicht einwandfrei verhält und daher bevorzugt verwendet wird, ist dies allerdings nicht erforderlich.

8.4.1.3. Tauchen unter Verwendung poröser Formen.

Zur Herstellung von Tauchartikeln mittlerer Wanddicke haben auch poröse Formen weite Verbreitung gefunden. Das Formenmaterial besteht aus unglasiertem Porzellan oder Gips, die Poren von durchschnittlich 0,2 bis 0,4 nm besitzen, während die der Kautschukteilchen bevorzugt zwischen 0,4 bis 3,0 $\mu$m liegt. In Latex oder eine Latexmischung eingetaucht, saugt das poröse Material das Serum auf und hält die Kautschukteilchen an der Oberfläche fest, wo sie infolge der Konzentrierung koagulieren. Da sich aber im Latex auch kleinere Teilchen befinden, die in die Poren des Formenmaterials eindringen können und sich auch die im Serum gelösten Substanzen im porösen Material absetzen, ist die Verwendungsdauer der Formen beschränkt.

8.4.1.4. Wärmesensibilisierverfahren.

Durch Zusatz sogenannter Wärmesensibilisierungsmittel zu Latexmischungen kann man erreichen, daß diese bei höheren Temperaturen koagulieren (vgl. S. 388 f). Das älteste Wärmesensibilisierungsverfahren ist unter der Bezeichnung KAYSAM-Prozeß bekannt. Die dabei mit schwach wirkenden Koaguliermitteln sensibilisierten Mischungen sind im allgemeinen nur einige Stunden haltbar, was z. B. für die Schaumgummiherstellung durchaus erwünscht sein kann, für die Tauchartikelherstellung jedoch störend ist.

Die ausgezeichnete Stabilität von Latexmischungen bei Normaltemperatur und die Konstanz der Koagulationstemperatur, die bei Wärmesensibilisierung mit Polyvinylmethyläther bzw. funktionellen Polysiloxanen erzielt werden, haben sich dagegen für die Tauchartikelherstellung sehr gut bewährt. Die mit Polyvinylmethyläther sensibilisierten Naturlatexmischungen koagulieren bei 32–40° C und die mit funktionellen Polysiloxanen sensibilisierten synthetischen Latices bei 32–60° C, je nach Mischungsaufbau.

Beim Wärmesensibilisierungsverfahren werden die Formen, deren Temperatur über dem Koagulationspunkt, z. B. bei 60–80° C liegt, in die vorbereitete Latexmischung eingetaucht. Dabei koaguliert der Latex auf der Oberfläche des warmen Formkörpers zu einem zusammenhängenden Überzug. Je höher die Formentemperatur ist und je länger die Formen eingetaucht werden, um so stärker wird der koagulierte Film.

8.4.1.5. Vulkanisation von Tauchartikeln.

Tauchartikel werden auf der Tauchform im allgemeinen in Heißluftschränken ohne Druck vulkanisiert, wobei Trocken- und Vulkanisationsprozeß in einem Arbeitsgang ablaufen. Die Länge der Trocken- und Vulkanisierzeit bei z. B. 110° C richtet sich nach der Wärmekapazität der Form, der Dicke des Tauchfilms und der Geschwindigkeit des Vulkanisationssystems. Hartgummimischungen müssen evtl. bis zu 4 h geheizt werden.

### 8.4.2. Gießverfahren

8.4.2.1. Gießen unter Anwendung poröser Formen.

Die hohle Form aus porösem Material wie unglasiertem Porzellan oder Gips ist zweiteilig und besitzt eine trichterförmige Öffnung, durch welche die Latexmischung eingegossen wird. Das Serum wird von dem porösen Material aufgesaugt, und auf der Innenwand der Form scheidet sich ein mit der Zeit dicker werdender Film ab. Nach Erreichen der gewünschten Wanddicke wird die restliche Latexmischung zurückgegossen, die Form in Heißluft bei ca. 60° C getrocknet und anschließend der Formkörper bei 50 bis 60° C gleichzeitig getrocknet und vulkanisiert. Nach ca. 15–20 Gießprozessen verliert die Form ihre Saugfähigkeit und muß verworfen werden.

Die für das Gießverfahren verwendeten Mischungen enthalten gewöhnlich eine für Latexmischungen relativ hohe Menge an Füllstoffen, die nach der gewünschten Steifigkeit des Artikels mit 50 bis 300 phr* dosiert werden. Das Verfahren dient in der Hauptsache zur Herstellung von Hohlkörpern, z. B. Spielsachen und Figuren aller Art.

8.4.2.2. Gießen nach dem Wärmesensibilisierverfahren.

Die abgemessene Menge einer wärmesensibilisierten Latexmischung wird in eine verschließbare metallische Hohlform gegossen, die dann in biaxiale Rotation versetzt wird, wobei sich die Latexmischung in gleichmäßiger Schichtdicke an der Formwandung niederschlägt. Man erwärmt die rotierende Form von außen, so daß Gelierung und Koagulation der wärmesensiblen Mischung eintritt. Der entstandene Hohlkörper wird der Form entnommen, gewaschen, getrocknet und vulkanisiert.

Eine interessante Erweiterung dieses Verfahrens für die Herstellung meteorologischer Ballone besteht darin, daß man mit einer ungefüllten Mischung einen relativ kleinen, aber dickwandigen Ballon in der Hohlform anfertigt, der nach der Entnahme aus der Form auf das 8- bis 10fache seines Volumens mit Wasserstoff aufgeblasen wird. Auf diese Weise lassen sich Ballone mit einem Durchmesser bis zu 2 m und geringer Wanddicke herstellen.

### 8.4.3. Schaumgummiverfahren [8.25.–8.26.]

8.4.3.1. Dunlop-Verfahren.

Der größte Teil des heute auf dem Markt befindlichen Schaumgummis wird nach dem DUNLOP-Schaum-Schlagverfahren hergestellt.

**Grundprinzip.** Eine vulkanisationsfähig eingestellte und mit Schaummitteln (vgl. S. 386) versetzte Latexmischung wird zu einem stabilen Schaum von 8- bis 12fachem Volumen der ursprünglichen Latexmischung aufgeschlagen. Zum Schaum gibt man eine Lösung sensibilisierend wirkender Verbindungen und füllt ihn in eine verschließbare Form. Je nach der Menge des zugesetzten Sensibilisierungsmittels bleibt der Schaum noch ca. 5 bis 10 min flüssig, bevor er geliert und koaguliert.

Er wird noch in der Form entweder in Dampf von 105 bis 110° C oder in kochendem Wasser vulkanisiert. Beim anschließenden Waschen und Trocknen kann eine Schrumpfung von ca. 5% eintreten.

---

* Bei Angabe von phr im Latexsektor sind gemeint, Massen-Teile auf 100 Massenteile Kautschuk-Trockensubstanz.

**Schaummittel.** Für die Schaumerzeugung hat sich eine Kombination von Seifen und synthetischen Netzmitteln als günstig erwiesen. Durch die Seife erhält man einen stabilen Schaum, und das Netzmittel verringert die Zeit, die zum Aufschlagen bis zum gewünschten Volumen notwendig ist. Zur Stabilisierung des Schaumes, d. h. um ein frühzeitiges Zusammenfallen des Schaumes zu verhindern, können geringe Mengen an verdickend wirkenden Substanzen (vgl. S. 387) zugesetzt werden.

**Sensibilisierungsmittel.** Das am meisten angewandte Sensibilisierungsmittel ist das Na-Silicofluorid. Ammoniumchlorid, -sulfat, -nitrat und -acetat weisen ähnliche sensibilisierende Wirkung auf und werden ebenfalls häufig verwendet. Bei ihnen setzt jedoch die Gelierung etwas früher ein als bei Na-silicofluorid, weshalb man sie bevorzugt bei großformatigen Schäumen verwendet, um die Gefahr eines Schaumzerfalls vor der Koagulation zu verringern.

Außer diesen Sensibilisierungsmitteln setzt man vielfach sogenannte sekundäre Sensibilisiermittel zu. Aus der Vielzahl dieser Produkte haben sich das MBI und das ZMBI als besonders günstig erwiesen, da außer dem kolloidchemischen Effekt das erste als Alterungsschutzmittel und das zweite aktivierend auf die Vulkanisation wirken (s. S. 266 f, 321). Beide Substanzen rufen eine Thixotropie der Mischung hervor. Der mit ihnen versetzte Latex wird nach kurzem Stehen viskos. Durch Rühren stellt sich die ursprüngliche Viskosität wieder ein. Durch den thixotropen Effekt wird die Viskosität des Schaumes nach dem Schlagen erhöht, wodurch die Gefahr des Zusammenfallens vermindert wird.

**Füllstoffe.** Die Verwendung von Füllstoffen zur Verbilligung oder zur Erhöhung der Härte des Schaumgummis hat sich nicht bewährt, da sie die Festigkeit des Schaumes zu stark herabsetzen. Als geeignet für die Erhöhung der Härte des Latexschaumes haben sich geringe Zusätze von SBR-Latices mit hohem Styrol-Gehalt erwiesen, die speziell für die Schaumgummiverarbeitung entwickelt wurden. Sie können ohne Verminderung der mechanischen Eigenschaften der Vulkanisate bis zu 20% zugesetzt werden.

**Verschäumung** Die heute üblichen Schaumschlagmaschinen gleichen im Prinzip einer Sahneschlagmaschine. Die Schläger bilden ein birnenförmiges Drahtnetz, das gleichzeitig in schlagende und rotierende Bewegung versetzt werden kann. Um das Einbringen der Luft zu beschleunigen, wird häufig während des Schlagvorganges langsam Luft von unten in das Gefäß eingeblasen. Eine kontinuierlich arbeitende Maschine ist die „Oaks-Maschine“, bei der alle Zusätze über separate Leitungen einem Aggregat zugeführt werden, in dem die Verschäumung innerhalb von Sekunden stattfindet.

**Wärmesensibilisierung.** Man kann auch mit Wärmesensibilisierungsmitteln arbeiten (vgl. S. 388). Da Polyvinylmethyläther aber die Oberflächenspannung der Latexmischung stark heraufsetzt, soll seine Dosierung so niedrig wie möglich sein. Durch Zusatz des ebenfalls sensibilisierend wirkenden MBI's kann auch bei einer geringen Konzentration an Polyvinylmethyläther der gewünschte Koagulationspunkt auf ca. 34° C eingestellt werden.

Taucht man eine auf 80 bis 90° C erwärmte Metallform in den wärmesensibel eingestellten Schaum, so koaguliert ein gleichmäßiger Film auf der Form. Das Verfahren eignet sich daher zur Herstellung von Schaumgummi-Tauchartikeln.

8.4.3.2. Talalay-Treibverfahren.

Dieses Verfahren, das den Schlagprozeß umgeht, ist zwar kostspieliger als die übrigen, liefert aber einen weichen Latexschaum mit einer feinen und gleichmäßigen Porenstruktur.

Man setzt der vulkanisationsfähig eingestellten Latexmischung eine Wasserstoffperoxid-Lösung zu. Das Wasserstoffperoxid wird in der Mischung durch Zugabe eines Katalysators (z. B. Hefe) gespalten. Der sich bildende Sauerstoff bläht den Latex auf das 10- bis 14fache seines ursprünglichen Volumens auf und bildet einen sehr feinporösen Schaum, der in eine doppelwandige Form gegossen wird. Durch die doppelte Wandung läßt man zunächst eine Kühlflüssigkeit strömen, friert den Schaum auf ca. –10 bis –15° C ein und leitet Kohlendioxid durch den erstarrten Schaum, der dadurch vollständig koaguliert. Anschließend läßt man heißes Wasser oder Dampf durch die doppelte Wandung strömen und vulkanisiert hierdurch den Schaum.

### 8.4.4. Spinnverfahren

8.4.4.1. Spinnen in ein Koagulationsbad.

Man läßt eine vulkanisationsfähige Latexmischung durch eine Glaskapillare der gewünschten Fadenstärke unter normalem oder erhöhtem Druck in ein Koagulationsbad einlaufen; die Kapillare wird ca. 5 bis 10 mm in das Bad eingetaucht. Bei Verwendung poröser Kapillaren dringt eine gewisse Menge des Koagulationsmittels schon innerhalb der Kapillare in den Latex ein, so daß dieser die Kapillare bereits als verfestigter Faden verläßt. Der Faden läuft anschließend durch ein Bad mit fließendem Wasser zum Auswaschen des Koagulationsmittels und dann durch einen Trockenkanal. Nach dem Aufspulen wird bei relativ niedriger Temperatur (ca. 40 bis 50° C) während mehrerer Stunden vulkanisiert.

Bei den üblichen Spinnmaschinen sind ca. 100 Kapillaren nebeneinander angeordnet. Der Latex verläßt die Kapillaren mit einer Geschwindigkeit von 6 bis 8 m/min.

Als Koagulationsbad dienen 25 bis 40%ige Ameisensäure oder Essigsäure, 15 bis 20%ige Salzsäure, wässerige Lösungen zwei- oder dreiwertiger Metallsalze oder Kombinationen dieser Lösungen.

8.4.4.2. Verspinnen wärmesensibilisierter Mischungen

Wärmesensibel eingestellte Latexmischungen (vgl. S. 388) durchfließen eine Kapillare, die von außen auf ca. 100°C erwärmt wird. Auch hier verläßt die Mischung die Kapillare als koagulierter Faden. Der Faden kann ohne zu wässern getrocknet und vulkanisiert werden, da er keine die Alterung schädigenden Koagulationsmittel enthält.

Die Latexmischungen können aber auch auf eine mit Rillen profilierte Trommel aufgestrichen werden. In den Rillen koaguliert die Mischung zu Fäden, die nach einer dreiviertel Umdrehung von der Walze abgezogen und in der üblichen Weise aufgearbeitet werden. In analoger Weise lassen sich auf einer beheizten Trommel Kautschukbändchen herstellen, die zwischen rotierenden Walzen zu einem Faden verdrillt und anschließend vulkanisiert werden. Fäden dieser Art lassen sich an einer spiralförmig ausgebildeten Oberfläche erkennen.

### 8.4.5. Hartgummi aus Latex

Wie aus Festkautschuk, so läßt sich auch aus Latex durch Erhöhung des Schwefel-Gehalts auf 40–45 phr Hartgummi herstellen. Derartige Mischungen werden vor allem zum Beschichten von Eisenteilen benutzt, die vor Korrosion zu schützen sind. Die Teile werden entweder mehrfach in die Mischung getaucht, bis die gewünschte Wandstärke erreicht ist, oder die Mischung wird mit einer Spritzpistole aufgesprüht oder elektrophoretisch abgeschieden. Kleinere Teile können nach dem Tauchverfahren mit wärmesensiblen Hartgummimischungen überzogen werden (vgl. S. 535).

### 8.4.6. Elektrophoretische Abscheidung

Die Kautschukteilchen besitzen meistens eine negative Ladung und wandern daher bei Stromdurchgang zur Anode, wo sie entladen werden und zu einem Film koagulieren. Man scheidet die Kautschukteilchen entweder direkt auf der metallischen Anode ab, oder die Anode wird mit einem mikroporösen Diaphragma überzogen, auf dem sich die Teilchen abscheiden und von dem der aufkoagulierte Film abgezogen werden kann.

Für die Abscheidung können normale, vulkanisationsfähig eingestellte Mischungen verwendet werden, da die im Latex dispergierten Vulkanisationsagentien und Füllstoffe ebenfalls eine negative Ladung besitzen und in elektrochemisch äquivalenter Menge an der Anode abgeschieden werden. Natürlich muß jede Gasentwicklung an der Anode vermieden werden. Als Material für die Anode werden Metalle wie Cd, Zn, Sn oder Sb verwendet, die den gebildeten Sauerstoff durch sofortige Oxidation binden.

Die elektrische Spannung und die Stromstärke dürfen einen bestimmten Betrag nicht überschreiten. Als geeignet haben sich 10 bis 50 V Spannung bei Stromstärken von 2 bis 5 A/dm² erwiesen. Die Dicke des abgeschiedenen Films wächst proportional mit der Stromdichte und mit der Dauer des Stromdurchganges und ist direkt proportional dem Produkt aus Konzentration und der spezifischen Leitfähigkeit, aber umgekehrt proportional der Gesamtleitfähigkeit des Bades. Bei Absinken der Konzentration auf ca. 10 bis 15% wird der Prozeß unwirtschaftlich, und die Restmischung muß verworfen werden. Die direkte Abscheidung wird angewendet, wenn kompliziert gebaute Metallteile, wie Drahtsiebe, Lochbleche usw., mit Gummi zu überziehen sind. Der zu bekleidende Gegenstand wird direkt als Anode benutzt. Zur Verbesserung der Haftung der Gummischicht empfiehlt sich wie beim Tauch- und Sprühverfahren ein vorheriges gutes Sandstrahlen.

Durch Auflage eines Diaphragmas auf die Anode lassen sich Gummiartikel aller Art, wie Handschuhe, Schuhe, Spielwaren u. ä. anfertigen.

Die beschichteten Teile werden nach der Trocknung in Heißluft vulkanisiert; bei Weichgummimischungen ist eine etwa 30minütige, bei Hartgummimischungen eine drei- bis vierstündige Vulkanisation, z. B. bei 110° C, erforderlich.

### 8.4.7. Imprägnier-, Streich- und Sprühverfahren

8.4.7.1. Imprägnieren von Textilien.

Durch die Imprägnierung soll Textilien eine verbesserte Elastizität und Festigkeit verliehen werden, wobei jedoch das imprägnierte Material möglichst keine Oberflächenklebrigkeit und auch einen möglichst geringen gummiartigen Griff aufweisen darf. Neben einer erhöhten Elastizität und Festigkeit zeichnen sich imprägnierte Gewebe auch durch höhere Faltenbeständigkeit, geringeren Glanz, verminderte Tendenz zum Ausfransen und hohe Wasserdichtigkeit aus.

Die mit Latexmischung benetzten Gewebebahnen werden in hängenden Schleifen durch Wärmeschränke zur Trocknung und Vulkanisation geführt. Bei Mischungen aus synthetischen Latices mit reaktionsfähigen Gruppen (Carboxylgruppen), die mehrfunktionelle Metalloxide wie $ZnO$ enthalten, kann ein Vulkanisationsprozeß unterbleiben. Beim Trockenvorgang reagiert das Metalloxid bereits vulkanisationsartig mit den Kautschukmolekülen.

Bei sehr dicht gewebten Textilien kann in vielen Fällen mit hochdispersem Latex aus Nitrilkautschuk noch eine einwandfreie Imprägnierung erzielt werden, dessen Teilchen mit einer durchschnittlichen Größe von nur ca. 5–10 nm auch in sehr kleine Poren eindringen können.

Die Latices, insbesondere Naturlatex, besitzen kein besonders gutes Netzvermögen, man gibt daher dem Imprägnierbad Netzmittel zu.

Für das Imprägnieren vonTextilien haben sich synthetische Latices mit reaktiven Gruppen hervorragend bewährt, da sie einerseits ein verbessertes Haftvermögen auf der Textilfaser bewirken und andererseits eine das Gewebe schonende Vulkanisation bei relativ niedrigen Temperaturen zulassen. Für besonders steife Textilien bevorzugt man Latices aus CR mit starker Kristallisationsneigung, für öl- und fettbeständige Textilien dagegen Latices aus NBR.

Beim Imprägnieren von synthetischen Geweben, vor allem von Cord für die Herstellung von Reifen, Riemen, Bändern, sind zusätzliche Hilfsmaßnahmen zur Erzielung einer guten Haftung auf den Fasern fast immer unerläßlich. In diesen Fällen hat sich das Verschneiden mit Polyvinylpyridin-Latices und der Zusatz von Resorcin-Formaldehyd-Lösungen als vorteilhaft erwiesen (vgl. S. 377 ff).

Ein modernes Anwendungsgebiet für imprägnierte Textilien ist z. B. die Herstellung künstlicher Fensterleder. Die Produkte sollen hervorragend saugfähig sein, einen weichen Griff haben und schlierenfreies Trocknen auf der Glasfläche gewährleisten. Durch Verwendung locker gewebter und durch oberflächliches Aufkratzen besonders gut saugfähiger Textilien, die mit CR-Latex imprägniert werden, lassen sich künstliche Fensterleder herstellen, die den natürlichen sehr nahekommen.

#### 8.4.7.2. Imprägnieren von Papier.

Während die Naßimprägnierung sich als zusätzliche Stufe bei der Papierfabrikation einfügt, kann die Nachimprägnierung nach Fertigstellung des Papiers zu beliebiger Zeit vorgenommen werden. Bei der Nachimprägnierung spielen die Saugfähigkeit der Papierfaser, die Teilchengröße des Latex und dessen Netzfähigkeit eine noch größere Rolle als beim Naßimprägnieren.

Grundsätzlich wird sowohl bei der Naß- als auch bei der Nachimprägnierung so verfahren, daß das mit Latex, insbesondere Latex aus NBR oder CR, getränkte Papier durch Quetschwalzen läuft und dann auf einen Bandtrockner geleitet wird. Durch entsprechende Einstellung der Quetschwalze und Variation der Latexkonzentration läßt sich die vom Papier aufzunehmende Kautschukmenge regulieren. Die günstigsten Voraussetzungen für den Imprägnierprozeß haben Latexmischungen mit nicht zu hoher Konzentration. Durch Anwendung von Druck oder Vakuum kann der

Imprägnierprozeß wesentlich erleichtert werden. Eine ausreichende Naßfestigkeit des Papiers ist sowohl beim Naß- als auch beim Nachimprägnierprozeß in vielen Fällen erforderlich, damit sich das nasse Papier über kleinere Strecken selbst tragen kann und nicht unter dem eigenen Gewicht reißt.

Durch die Imprägnierung können die Reißfestigkeit, Falzfestigkeit sowie Öl-, Fett- und Lösungsmittelbeständigkeit des Papiers stark verbessert werden. Gute physikalische Eigenschaften der imprägnierten Papiere werden mit langen und saugfähigen Papierfasern erzielt. Auch die Latextype spielt eine große Rolle. Sehr gute Ergebnisse erzielt man mit hochdispersen Latices aus Nitrilkautschuk mit einer Teilchengröße von 5–10 nm, die in praktisch allen Fällen eine durchgreifende Imprägnierung garantiert. Auch Latices mit reaktionsfähigen Gruppen führen zu hochwertigen imprägnierten Papieren, da sie bei Raumtemperatur vulkanisiert werden können, wodurch das Papier geschont wird.

Imprägnierte Papiere werden vor allem für Schuhvorder- und -hinterkappen, Schuhinnen- und -zwischensohlen, Schleif- und Schmirgelpapiere, Bänder, Treibriemen, Dichtungen, künstliches Leder, Papiere für Verpackungszwecke aller Art, verwendet.

8.4.7.3. Beschichten von Textilien.

Während man beim Imprägnieren im allgemeinen darauf Wert legt, daß das Gewebe vom Latex völlig durchdrungen wird, darf die Latexmischung beim Beschichten keineswegs auf die Rückseite des Gewebes durchschlagen. Ein gewisses Eindringen der Latexmischung in das Gewebe ist auch beim Beschichten erforderlich, um die notwendige Verankerung der Kautschukteilchen sicherzustellen.

Die grundsätzlichen Unterschiede zwischen Imprägnierung und Beschichtung bedingen einen in vieler Hinsicht stark unterschiedlichen Aufbau der Latexmischungen und eine andersartige Verarbeitungstechnik. Beim Beschichten verwendet man möglichst konzentrierte Latices mit hoher Viskosität, die man in vielen Fällen durch Zusatz von Verdickungsmitteln oder großen Mengen an Füllstoffen noch weiter erhöht. Als Verdickungsmittel (vgl. S. 387) werden häufig mineralische Stoffe, wie Bentonite, den organischen Verdickungsmitteln vorgezogen.

Um eine gute Haftung der Beschichtung auf dem Gewebe, insbesondere bei synthetischen Textilien zu gewährleisten, kann man dem Beschichtungsvorgang bei beidseitiger Beschichtung noch einen Imprägnierprozeß mit einer stark verdünnten Latexmischung vorschalten (s. S. 617).

Die Beschichtung kann z. B. mit Luftrakel, Bürsten- oder Walzenauftrag durchgeführt werden. Für die Trocknung und Vulkanisation gilt das gleiche wie für imprägnierte Gewebe (s.oben), jedoch mit der Einschränkung, daß die Trocknung wegen der größeren Schichtdicke vorsichtig eingeleitet werden muß, damit durch spontanes Verdampfen des Wassers keine fehlerhafte Oberfläche entsteht.

Um gummierten Stoffen eine glatte Oberfläche zu verleihen, die keinerlei Kontaktklebrigkeit zeigt, unterwirft man sie oft einer Nachbehandlung, indem man die vulkanisierte Oberfläche mit einer ca. 2%igen Lösung von Chlor oder Brom in Tetrachlorkohlenstoff oder Trichloräthylen oder mit Chlorwasser befeuchtet. Nach einigen Minuten Einwirkungszeit müssen die Lösungen mit Wasser wieder abgewaschen werden, um ungünstige Einflüsse auf die Alterung zu vermeiden.

Beschichtete Gewebe werden u. a. zur Herstellung von Wagen-, Verdeck-, Waggon-, Geschütz- und Zeltplanen, Häuten von Schlauch- und Paddelbooten und Schutzbekleidung (u. a. Regenschutzkleidung) verwendet.

In der Teppichindustrie haben in den letzten Jahren nicht durchgewebte Teppiche immer größere Bedeutung gewonnen. Sie benötigen zur Verankerung von Fasern oder Noppen eine rückseitige Beschichtung mit einem zugfesten Material, für das synthetische Latices in größtem Maße verwendet werden. Man kann sogar sagen, daß die Latextechnologie der neuen Teppichkonstruktion erst zum Erfolg verholfen hat.

Aus Preisgründen haben sich für die Teppichrückenbeschichtung besonders Latices aus SBR mit reaktiven Gruppen eingeführt, die bereits beim Trocknungsprozeß vulkanisationsartig vernetzen, oder bestimmte ACM-Latices.

#### 8.4.7.4. Doublieren.

Der Doublierprozeß ist ein kombinierter Beschichtungs- und Klebungsvorgang. Beim Naßverfahren wird eine Gewebebahn einseitig beschichtet und im nassen Zustand durch Zusammenpressen mit einer nichtbeschichteten Gewebebahn vereinigt. Beim Trockendoublieren arbeitet man mit zwei einseitig beschichteten Gewebebahnen, die man jedoch erst nach dem Trocknen zwischen Doublierwalzen vereint.

#### 8.4.7.5. Beschichten von Papier.

Auch zur Papierbeschichtung werden häufig Latexmischungen verwendet, die in der Regel noch natürliche Bindemittel wie Casein, Stärke oder Leim sowie größere Mengen an Pigmenten und Füllstoffen enthalten. Vorzüglich bewährt haben sich SBR-, NBR- und CR-Latices, insbesondere solche mit reaktionsfähigen Gruppen, die in Anwesenheit von ZnO bereits bei Raumtemperatur vernetzen.

Für die Beschichtung werden übliche Vorrichtungen verwendet, wie Walzenauftrag oder Luftrakel, vornehmlich jedoch Bürstenauftrag.

8.4.7.6. Sprühverfahren.

Eine weitere Methode zur Oberflächenbeschichtung ist das Aufsprühen mit einer Spritzpistole, insbesondere für Gegenstände mit komplizierter Oberfläche. Man arbeitet dabei gern mit wärmesensiblen Mischungen (vgl. S. 388). Der zu besprühende Gegenstand wird z. B. auf 80° C erwärmt und bis zur gewünschten Wandstärke gleichmäßig besprüht.

**8.4.8. Latex als Bindemittel für flächige Gebilde** [8.27.–8.29.]

8.4.8.1. Nichtgewebte Textilien.

Bei Herstellung der sog. „Non-woven-fabrics" wird das Wirrfaservlies mit einer Mischung von Latex aus Synthesekautschuk imprägniert, der Überschuß an Bindemittel abgequetscht und das feuchte Vlies getrocknet und vulkanisiert. Durch einen Waschprozeß entfernt man den Überschuß an Emulgatoren und Stabilisatoren sowie andere wasserlösliche Produkte. Durch Kalandrieren wird dem Vlies schließlich noch eine glatte Oberfläche verliehen.

Zur Erzielung besonderer Eigenschaften (z. B. Erhöhung der Elastizität und Quellbeständigkeit) kann die zusätzliche Verwendung von bestimmten Kunstharzen, z. B. auf Melaminbasis, vorteilhaft sein. Die Harze setzt man entweder der Latexmischung zu, wobei diese in der Regel einer zusätzlichen Stabilisierung bedarf, oder man leitet das bereits lateximprägnierte, abgequetschte, noch feuchte Vlies vor der Vulkanisation durch ein wässeriges Harzimprägnierbad.

Hauptanwendungsgebiete der Textilvliese sind die Bekleidungsindustrie (z. B. Steifleinen), Fenster- und Autoleder, Gläser- und Geschirrtücher, Filtereinsätze usw.

Besondere Bedeutung hat Syntheseleder für die Täschnerindustrie sowie für Schuhinnenfutter und Schlupfleder. Die Basis des Syntheseleders ist ein genadeltes und geschrumpftes Vlies aus Synthesefasern. NBR ist für diesen Zweck besonders geeignet, weil er bei Zusatz funktioneller Polysiloxane eine wärmesensible Koagulation in der Infrarotstrecke ermöglicht. Dadurch wird die Wanderung des Kautschuks an die Außenseiten verhindert, die bei anderen Verfahren leicht eintritt, und der gefürchtete „Spalteffekt" vermieden. Nach dem Waschen, Ausquetschen und Vulkanisieren kann das Vlies mit Schneidemaschinen längs gespalten und anschließend geschliffen werden. Zur Oberflächenbeschichtung dienen PVC oder Polyurethane. Bei PVC als Beschichtungsmaterial spielt auch die Beständigkeit des NBR-Latex gegen die üblichen PVC-Weichmacher eine wichtige Rolle.

8.4.8.2. Kautschukgebundenes Papier.

Bei der Herstellung von kautschukgebundenem Papier wird dem Papierbrei im Holländer eine vulkanisationsfähige Latexmischung zugesetzt. Innerhalb von ca. 25 min ziehen die Kautschukteilchen auf die Papierfaser auf. Die endgültige Fällung wird durch Zusatz einer 2–5%igen wässerigen Alaun- oder Aluminiumsulfat-Lösung erzielt. Das Papier wird dann auf einer üblichen Papiermaschine weiterverarbeitet.

Papiere mit guter Naßfestigkeit, z. B. Filterpapiere, enthalten bis zu 5 Massen-% Kautschuktrockensubstanz, bezogen auf die Papierfaser. Mit 20 und 30 Massen-% Kautschuktrockensubstanz gewinnt man Papiere mit guter Elastizität, Falzbeständigkeit und hoher Einreißfestigkeit, während eine optimale Reißfestigkeit erst bei 40 Massen-% Kautschuktrockensubstanz und darüber erhalten wird.

Aus locker gebundenen Papiervliesen geringerer Festigkeit werden hauptsächlich Artikel zur einmaligen Verwendung (Wegwerfartikel) hergestellt, wie schweißbeständige Bettwäsche für Krankenhäuser, Damenbinden, Kittel und sonstige Berufskleidung der verschiedensten Art, ferner öl- und benzinfeste Dichtungen für die Automobilindustrie, Schuhinnensohlen, wasserdichte Papiere und Pappen für Verpackungszwecke usw.

8.4.8.3. Kautschukgebundenes Faserleder.

Faserleder ist von dem oben besprochenen Syntheseleder zu unterscheiden. Es besteht aus latexgebundenen echten, vegetabilisch oder chromgegerbten Lederfasern.

Lederabfälle werden zu Fasern von 1 bis 2 cm Länge trocken vermahlen, diese Fasern mit Wasser gut durchfeuchtet und in bereits angequollenem Zustand in einen Holländer gebracht, wo ihnen noch etwas Lederfett in Form einer Emulsion zugesetzt wird.

Das Gemisch läßt man im Holländer bei nicht zu enger Spaltbreite der Messerwalze so lang laufen, bis eine einwandfreie Auflockerung und Homogenisierung der Fasern erzielt ist. Hierauf setzt man eine Latexmischung, insbesondere auf Basis von CR zu, die ein bei Raumtemperatur wirksames Vulkanisationssystem enthält. Noch im Holländer wird der Kautschuk mit 5%iger Alaunlösung auf der Faser koaguliert. Man setzt so viel Alaun zu, daß ein relativ klares braunes Serum entsteht. Der Inhalt des Holländers wird auf einem Metallsieb unter Vakuum zu einer Platte verdichtet, wobei das Fasermaterial verfilzt. Die gut von Wasser befreite Platte wird zwischen zwei Drahtsieben und zwei Filzplatten von 1 bis 2 cm Dicke 5 min bei 15 bar und 5 min bei 25 bar kalt verpreßt. Trocknung und Vulkanisation benötigen einige Tage bei Raumtemperatur.

Die Anwendungen für Faserleder sind mannigfaltig, z. B. für Schuhinnensohlen (Brandsohlen), Schuhvorder- und -hinterkappen, Zwischenwände von Aktentaschen usw., billige Täschnerartikel (Lederimitationen).

8.4.8.4. Gummihaar.

Aufgelockerte Fasern oder tierische Haare werden mit einer Spritzpistole mit wärmesensibel und vulkanisationsfähig eingestellter Latexmischung, bevorzugt auf Basis von Chloroprenkautschuk mit reaktiven Gruppen, gleichmäßig eingesprüht. Der Abstand der Spritzdüsen vom Fasermaterial darf keinesfalls zu groß sein.

Als Fasermaterial wird seit einiger Zeit aus Preisgründen kaum noch reines Roßhaar verarbeitet. In der Regel verwendet man Verschnitte aus vegetabilischen Fasern, z. B., Kokosfasern, mit tierischem Haarmaterial, wie Roßhaar. Kuhschwanzhaar, Schweineborsten usw. Je höher der Anteil an pflanzlichen Fasern ist, um so mehr gehen die positiven Qualitätsmerkmale zurück.

Das nasse Haarmaterial wird in einer Blech- oder Holzform zu einer Platte oder einem Formartikel verformt und in einem Dampfkessel mit 2 bar Dampfüberdruck vulkanisiert.

Gummihaar ist in der Polsterindustrie ein wichtiges Konstruktionsmaterial. Außerdem wird Gummihaar auch in der Technik, z. B. für Luftfilter, verwendet.

8.4.8.5. Kork- und Holzplatten.

Korkabfälle werden auf eine Korngröße von 1–3 mm verschrotet und mit der vulkanisationsfähigen CR- oder NBR-Latexmischung in einem Rühr- oder Knetwerk derart befeuchtet, daß kein Latex aus dem fertigen Gemisch mehr abläuft. Das lockere Korkschrot-Latexgemisch wird bei Raumtemperatur getrocknet und hierauf in einer Form zu den gewünschten Artikeln verpreßt.

Kautschukgebundener Kork wird u. a. zur Herstellung von Kronkorken, Preßkorken, Korkenscheiben, Einlege- und Brandsohlen, Dichtungen usw. verwendet.

Nach der gleichen Methode lassen sich auch Holzspäne oder Holzmehl zu Platten, z. B. Spanplatten, verarbeiten.

8.4.8.6. Schmirgelscheiben, Brems- und Kupplungsbeläge.

Für die Herstellung von Schmirgelscheiben, bei denen Korund mit Latex gebunden wird, eignet sich CR-Latex besonders gut, da er besonders hohe Zugfestigkeiten ergibt, ausgezeichnete Klebeeigenschaften aufweist und sehr gute Wärmebeständigkeit besitzt.

Bei der Herstellung von Brems- und Kupplungsbelägen hat sich dagegen vielfach NBR-Latex (neben NBR-Festkautschuk) als Bindemittel durchgesetzt.

### 8.4.9. Elastischer Beton [8.30.]

Bereits seit Jahrzehnten ist die Verarbeitung von Latex mit Zement zu elastischem Beton bekannt, ohne daß es zu einer starken Verwendung auf diesem Gebiet bisher gekommen wäre.

Die auffälligsten Eigenschaften von elastischem Beton sind seine gute Haftung auf den verschiedensten Oberflächen (Stahl, altem Beton, Holz), seine Beständigkeit gegen korrodierende Einflüsse, sein flexibles elastisches Verhalten und seine gute Wasserbeständigkeit, die durch eine Art Membranfunktion des Kautschuks bewirkt wird.

CR-Latex bringt eine Reihe günstiger Eigenschaften mit, wie hohe Elastizität und sehr gute Wärme-, Wetter- und Chemikalienbeständigkeit. Kolloidchemisch ist jedoch Vorbedingung, daß der Latex positiv geladene Teilchen besitzt. Ferner muß sicher gestellt sein, daß das hydraulische Aushärten der Zementmischung zu Beton durch den Latex nicht gestört wird. Daher kommen nur speziell entwickelte CR-Latices in Frage.

Elastischer Beton wird meistens im Spachtelverfahren aufgetragen. Das Aushärten geht in der Regel so schnell vonstatten, daß Dekken, Böden, Gehwege oder Fahrbahnen normalerweise nach ca. 12 Stunden wieder begangen werden können.

Die Haftung des elastischen Betons auf Eisen, Leichtmetall, Holz und konventionellem Beton ist im allgemeinen so gut, daß sich in vielen Fällen besondere Maßnahmen zur Erhöhung der Haftfestigkeit erübrigen.

Anwendungsmöglichkeiten ergeben sich in erster Linie im Schiffsbau, da der elastische Beton alle Schlingerbewegungen des Schiffes ohne Rißbildung mitmacht. Als Belag schützt elastischer Beton Metall- und Holzdecks von Schiffen vor Witterungseinflüssen aller Art, wirkt wärmeisolierend und bei Eisendecks korrosionsverhütend. Ferner kommt er im Brückenbau als Estrich zur Schalldämmung und -isolierung, für Bodenbeläge in Eisenbahngüterwagen, chemischen Anlagen, Stallungen und dgl. in Frage.

### 8.4.10. Modifizieren von bituminösen Massen [8.30.–8.32.]

8.4.10.1. Allgemeines über Modifizieren bituminöser Massen.

Bitumen wird durch Zusatz von Latex, z. B. auf Basis von SBR oder CR so verändert, daß man von Vergüten spricht. Die Änderung der Eigenschaften der Bitumina kann sehr unterschiedlich sein und hängt einerseits von der Menge, Art und Zustandsform des Kautschuks, andererseits auch von der Herkunft und Herstellungsmethode des Bitumens ab. Bituminöse Bindemittel sind Thermoplaste, deren Eigenschaftsbild durch den Zusatz von Kautschuk deutlich in Richtung zu Elastomeren verschoben wird. Das Temperaturintervall zwischen Erweichungspunkt und Brechpunkt wird erweitert, während gleichzeitig die Streckbarkeit und elastische Verformung eine Verbesserung erfahren. Daneben wird die Alterung deutlich verlangsamt.

Das Modifizieren von bituminösen Massen wird in der Praxis für Hydroisolationen und im Straßenbau ausgenutzt.

8.4.10.2. Hydroisolation.

Nach diesem neuen Verfahren wird ein Gemisch aus z. B. CR-Latex und Bitumenemulsion mit einer geeigneten Elektrolytlösung gefällt. Nach dem Trocknen zeigt das gefällte Koagulat die typischen Eigenschaften von kautschukmodifiziertem Bitumen.

Die Arbeitsweise bei der Isolation ist sehr einfach. Ein Druckbehälter enthält das genannte Gemisch und ein zweiter eine 2,5–5%ige wässerige $CaCl_2$-Lösung. Beide Flüssigkeiten werden mit Druckluft von 2,5–4,5 bar Überdruck über eine doppelköpfige Spritzpistole auf den zu isolierenden Untergrund gesprüht. Unter der koagulierenden Wirkung der $CaCl_2$-Lösung koaguliert das Latex-Bitumen-Gemisch spontan und bildet auf dem Trägermaterial sofort einen zusammenhängenden, dichten und elastischen Film mit gleichzeitig verbessertem Brandschutzverhalten.

Aufgrund dieser Vorteile und der besonders wirtschaftlichen Auftragung wird das Hydroisolationsverfahren bereits sehr bretionsverfahren bereits sehr breit verwendet, z. B. zur Isolierung von Wasserbehältern, von Löschwasserteichen, Dämmen, Schleusentoren, Abwässerkanälen, Tunnel-und Schachtbauten, Fundamenten, Dachabdeckungen usw.

8.4.10.3. Verwendung im Straßenbau.

Seit Jahren werden systematische Versuche über die Vergütung von Straßenbelägen mit Kautschuk gemacht. Aufgrund der heutigen Erkenntnisse ist zu erwarten, daß die Modifizierung bituminöser Massen durch Latices in Zukunft eine gewisse Rolle spielen könnte. Sie wird insbesondere bei stark befahrenen Strecken, Neigungsstrecken und im Bereich von Ampelanlagen Bedeutung haben.

### 8.4.11. Sonstige Verwendungsgebiete

8.4.11.1. Dosenverschlußmassen.

Dosenverschlußmassen für Konservendosen, Büchsen und dgl.

wurden hauptsächlich aus Kautschuklösungen in Benzin bzw. redispergiertem Festkautschuk hergestellt. Neuerdings verwendet man dafür geeignete Latextypen, die einen weitaus höheren Festgehalt als Kautschuklösungen aufweisen, und mit denen man in einem einzigen Arbeitsgang einen dicken Film herstellen kann. Der aus Latex erzeugte Film hat darüber hinaus auch bessere mechanische und Alterungseigenschaften. Schließlich besteht beim Arbeiten mit Latex keine Brandgefahr und auch keine Belästigung durch toxische Dünste.

An gute Dosenverschlußmassen werden sehr hohe Anforderungen gestellt, die wesentlich durch die vollautomatische Verarbeitung der Verschlußmassen mitbestimmt werden. Mit hochentwickelten Maschinen werden in der Minute ca. 600 Deckel und mehr beschichtet. Dabei wird die Verschlußmasse durch eine Düse auf den Rand des rasch rotierenden Deckels gespritzt.

Speziell eingestellte NBR- und auch CR-Latexmischungen haben sich für die Herstellung von Dosenverschlußmassen gut bewährt. Dabei zeigte sich, daß Kieselgur als Füllstoff zur Erzielung eines lackartigen Flusses und blasenfreien Auftrocknens besonders gut geeignet ist. In vereinzelten Fällen führt Schwerspat als Füllstoff gleichfalls zu guten Ergebnissen.

8.4.11.2. Lederdeckfarben.

Hochwertige Lederdeckfarben müssen auf dem Leder gut haften, vorzügliche Abriebfestigkeit sowohl im trockenen als auch im nassen Zustand aufweisen und gegen Lösungsmittel und Wachse in Lederpflegemitteln beständig sein. Lederartikel, die Licht- und Wettereinflüssen ausgesetzt sind, dürfen keinerlei Verfärbung zeigen und müssen gute Wetter- und Wasserfestigkeit aufweisen. Alle diese Anforderungen werden von reaktionsfähigen NBR-Latices weitgehend erfüllt. CR-Latices mit reaktiven Gruppen kommen nur dann in Betracht, wenn an die Verfärbungsbeständigkeit gegen Lichteinflüsse keine sehr hohen Anforderungen gestellt werden, also für Lederdeckfarben in gedeckten oder dunklen Tönen.

8.4.11.3. Dispersionsklebstoffe

Unter allen Kautschuken sind die CR-Typen für die Klebstoffherstellung wegen ihrer Fähigkeit, durch Orientierung der Moleküle in den kristallisierten Zustand überzugehen, besonders geeignet. Durch die Kristallisation wird eine besonders gute Kohäsionsfestigkeit erreicht (vgl. S. 135 f).

In neuerer Zeit setzen sich neben den Lösungsmittelklebstoffen mehr und mehr Klebstoffe auf Latexbasis durch, die den Vorteil einer hohen Konzentration, der Nichtentflammbarkeit und der günstigen toxischen Eigenschaften haben. Schließlich bieten Klebstoffe auf Latexbasis auch Preisvorteile, da das aufwendige Lösen des Kautschuks entfällt. Für die Klebstoffherstelllung eignen sich insbesondere stark kristallisierende CR-Typen und solche mit reaktiven Gruppen.

## 8.5. Literatur über Latexverarbeitung

### 8.5.1. Allgemeine Literatur


[8.1.] L. LANDON: Natural Rubber Latex and its Application. British Rubber Div. Board 1954, 60 S.

[8.2.] J. LE BRAS: Grundlagen der Wissenschaft und Technologie des Kautschuks. Verlag Berliner Union, Stuttgart 1956, S. 58–72.

[8.3.] H. ESSER, G. SINN: Die Verwendung von Natur-Latex. Bayer, Leverkusen 1961, Selbstverlag.

[8.4.] D. C. BLACKLEY: High Polymer Latices – Their Science and Technology, Bd. 2: Testing and Application. Verlag MacLaren, London 1966, 856 S.

[8.5.] E. W. MADGE: Chemie und Technologie der natürlichen und synthetischen Latices, Kautschuk u. Gummi, Kunstst. **16**, (1968) S. 12.

[8.6.] H. REINHARD: Dispersionen synthetischer Hochpolymere, Tl. 2: Anwendung, Springer-Verlag Berlin 1969, 272 S.

[8.7.] H. ESSER: Baypren-Latices und ihre industriellen Anwendungen, Gummi, Asbest, Kunstst. **23** (1973), S. 394.


### 8.5.2. Spezielle Literatur


[8.8.] P. SCHOLZ, K. KLOTZ: Kautschuk **7** (1931), S. 42, 66.

[8.9.] R. H. GERKE: Ind. Engng. Chem. **11** (1939), S. 593.

[8.10.] R. F. ALTMANN: Rubber Chem. Technol. **14** (1941), S 664.

[8.11.] Ch. K. NOVOTNY, W. F. JORDAN: Ind. Engng. Chem. Anal. Ed. **13** (1941), S. 189.

[8.12.] F. I. PATTON: Trans. IRI **23** (1947), S. 75.

[8.13.] S. H. MARON, J. L. ULEVITCH: Analyt. Chem. **25** (1953), S. 1987.

[8.14.] ISO 249, DIN 53527.

[8.15.] ISO 498, DIN 53591.

[8.16.] ISO 125, DIN 53565.

[8.17.] ISO 35, DIN 53567.

[8.18.] ISO 124, DIN 53563.

[8.19.] DIN 53553.

[8.20.] ISO 127, DIN 53556.

[8.21.] ISO 506, DIN 53590.

[8.22.] H. EICHSTÄDT: Mechanisierungsfragen bei der Produktion von Latex-Tauchartikeln, Gummi, Asbest, Kunstst. **24** (1971), S. 1098, 1203.

[8.23.] P. H. HANNAM: Einführung in das Latex-Tauchverfahren, Naturkautsch. Technol. **4** (1973), S. 33; Latex Dipped Goods Technology, Rubber Age **105**, (1973), S. 51.

[8.24.] H. ESSER: Die Herstellung von Tauchartikeln aus synthetischen Latices, Gummi, Asbest, Kunstst. **31** (1978), S. 302.

[8.25.] E. W. MADGE: Latex Foam Rubber. Verlag MacLaren, London – Wiley, New York 1962, 270 S.

[8.26.] E. A. MURPHY: Trans. IRI **13**, (1955), S. 90.

[8.27.] H. ESSER: Gummi, Asbest, Kunstst. **26**, (1973), S. 394.

[8.28.] Bindung von Vliesstoffen, Reutlinger Kolloquium, Konferenzbericht. Inst. f. Textiltech., Reutlingen.

[8.29.] . . . . : Chemiefasern Text. Anwendungstech. Text. Ind. **23**, Nr. 5–8 (1973).

[8.30.] H. ESSER, W. HOFMANN: Hoch- u. Tiefbau **62**, (1963), S. 263 Gummi, Asbest, Kunstst. **17** (1964), S. 534.

[8.31.] H. ESSER: Bitumen, Teere, Asphalte, Peche **17** (1966), S. 11.

[8.32.] Proceedings of the Internat. Symposium on the Use of Rubber in Asphalt Pavements, 10.–13. 5. 1971 in Salt Lake City, Utah, USA (Hrsg. the Utah State Dept. of Highways).

# 9. Kautschuk-Prüfung und Analytik

## 9.1. Allgemeines über Kautschuk-Prüfung

Gummi nimmt aufgrund seines Eigenschaftsbildes unter den organischen Werkstoffen eine Sonderstellung ein: Starke Deformierbarkeit gepaart mit einer hohen Elastizität sind die hervorstechenden Eigenschaften. Dazu kommt eine außerordentlich hohe Variabilität, die einerseits durch die vielfältigen Möglichkeiten des Mischungsaufbaus und andererseits durch die unterschiedlichen Verhaltensweisen bei verschiedenartigen Beanspruchungen bedingt sind. Einfache Materialkennwerte reichen daher zur Beschreibung der Eigenschaften nicht aus. Vielmehr ergibt sich die Notwendigkeit, funktionale Zusammenhänge zwischen Beanspruchung und Stoffverhalten zu ermitteln.

Die Forderungen nach einer Produktcharakterisierung auf der einen und nach einer Verhaltensbeschreibung bei der Rohmaterialverarbeitung und der Gummianwendung auf der anderen Seite haben zu einer Fülle von Prüfverfahren geführt. Bei ihnen können die früher vielfach üblichen Ein-Punkt-Prüfungen zu falschen Schlüssen führen, weshalb man bei den sogenannten statischen Prüfungen möglichst die Temperatur und die Verformungsgeschwindigkeit und bei den dynamischen Prüfungen die Temperatur, Frequenz, Amplitude usw. variieren muß.

Die physikalisch-technologische Prüfung erstreckt sich auf den Rohkautschuk, das Zwischenfabrikat (die nicht vulkanisierte Mischung) und das Vulkanisat.

## 9.2. Mechanisch-technologische Prüfung [9.1.–9.12.]

### 9.2.1. Prüfungen an unvulkanisiertem Material

9.2.1.1. Viskositäts- bzw. Plastizitätsmessungen.

Der Plastiziervorgang muß durch geeignete Meßvorrichtungen gesteuert werden, um jederzeit reproduzierbare, gleichwertige Endprodukte zu erhalten. Zu diesem Zweck wurden eine Reihe von Viskositäts- bzw. Plastizitätsmeßgeräten entwickelt.

**Scherscheiben-Viskosimeter**. Das wohl verbreitetste Gerät zur Viskositätsbestimmung dürfte das Scherscheiben-Viskosimeter nach Mooney sein.

Der wesentlichste Teil des Gerätes ist ein Scheibenrotor, der sich in einer flachen zylindrischen Kammer mit einer Geschwindigkeit von 2 U/min dreht. Die Oberflächen des Rotors sind gerieft, um ein Gleiten in dem ihn umfließenden Kautschuk zu vermeiden. Der obere und untere Teil der Kammer wird durch elektrisch beheizte Platten begrenzt. Die Kammer ist an ihren Seiten- und Deckflächen ähnlich wie der Rotor gerieft.

Der Rotor wird über einen Synchronmotor in Bewegung gesetzt und die Kautschukprobe dadurch einer Scherbeanspruchung ausgesetzt. Der Widerstand des Kautschuks gegen diese Scherung bewirkt einen Schub auf eine schwebende horizontale Schneckenwelle, die gegen eine Bügelfeder drückt und diese ablenkt. Der an der Meßuhr bzw. an einem Registriergerät nach festgelegten Zeitabständen abgelesene Wert, ein Drehmoment, wird als MOONEY-Viskosität bezeichnet [9.12.–9.13.].

**Plattendruckgeräte.** Das WILLIAMS-Plastometer [9.14.] und das früher in Deutschland viel gebrauchte Defo-Gerät [9.15.] werden nur noch wenig verwendet.

Das Defo-Gerät ist wie das WILLIAMS-Plastometer ein Plattendruckgerät. Die zylindrische Kautschukprobe, 10 mm Höhe und 10 mm Durchmesser, wird 20 min bei 80° C vorgewärmt und dann bei derselben Temperatur zwischen zwei Achatstempeln von ebenfalls 10 mm Durchmesser belastet. Das Belastungsgewicht, das den Prüfkörper innerhalb von 30 s von 10 mm auf 4 mm zusammendrückt, wird als Defo-Härte bezeichnet. 30 s nach der Entlastung wird die Höhe des entspannten Prüfkörpers in Zehntelmillimeter abgelesen und die Rücklaufhöhe als Defo-Elastizität angegeben.

**Kapillarviskosimeter.** Da Kautschuk als „Flüssigkeit mit fixierter Struktur" angesehen werden kann, ist eine direkte Viskositätsmessung kaum möglich und die Extrapolation der Viskosität von Kautschuklösungen auf Kautschuk selbst kann zu Fehlschlüssen führen.

Zur Bestimmung der Fließeigenschaften sind Druck-*Auslauf-Viskosimeter* entwickelt worden, so das MARZETTI-Plastometer, in dem der Kautschuk oder eine unvulkanisierte Mischung unter *Gasdruck* (bis zu 80 bar) durch eine Düse gedrückt und die austretende Menge nach bestimmten Zeitintervallen gemessen wird.

Neuerdings sind *Kapillarviskosimeter* [9.16., 9.17.] entwickelt worden, in denen der Gasdruck durch *Stempeldruck* ersetzt wird. Mit diesen Geräten können die rheologischen Eigenschaften von Kautschuk und Kautschukmischungen recht gut untersucht werden. Es handelt sich hierbei u. a. um die Simulation von Spritzgußvorgängen.

**Verarbeitungsmaschinen.** Auch *Extrudervorgänge* können auf kleinen Meßextrudern wie dem BRABENDER-Plastographen oder dem GÖTTFERT-Extrusiometer sorgfältig untersucht und das Verarbeitungsverhalten studiert werden.

Das *Kalandrierverhalten* wird auf Laborkalandern bestimmt.

### 9.2.1.2. Löslichkeit und Klebrigkeit von Kautschuk und Kautschuk-Mischungen

**Löslichkeit.** Eine wichtige Prüfung, die sowohl mit Rohkautschuk als auch der nicht vulkanisierten Mischung durchgeführt werden muß, ist die Untersuchung der Löslichkeit in organischen Lösungsmitteln. Bezüglich der Wahl des Lösungsmittels lassen sich keine einheitlichen Richtlinien angeben. Zunächst sollten niedrigprozentige Lösungen hergestellt werden, z. B. eine 1%ige Lösung in Cyclohexanon, um eventuelle Schlierenbildung klar erkennen zu können. Außer der rein visuellen Prüfung ist es günstig, die Viskosität der Lösungen zu bestimmen. Dazu eignen sich sowohl Ausflußviskosimeter als auch Viskosimeter mit Fallkörpern, wie das HÖPPLER-Viskosimeter. Steifere Lösungen und Zemente, wie sie in der Praxis häufig auftreten, werden vorteilhaft im Konsistometer oder in einem Rotationsviskosimeter untersucht [9.18.].

**Klebrigkeit.** Viele Gummiartikel entstehen durch Konfektionieren, d. h. durch Verkleben verschiedener Schichten. Die Bestimmung der Klebrigkeit von Kautschukmischungen, ist ein recht schwieriges Kapitel, das bis heute wohl noch nirgendwo befriedigend gelöst worden ist. Man unterscheidet zwischen „Tack" (Konfektionsklebrigkeit) und „Tackiness" (der eigentlichen Klebkraft). Verschiedene Meßgeräte sind entwickelt worden, die im wesentlichen darauf beruhen, unvulkanisierte Plattenproben unter genormtem Druck zusammenzupressen und die Kraft für ihre Trennung zu bestimmen. s. [9.19.–9.22.]

### 9.2.1.3. Vulkanisationsverhalten.

Für den Verarbeiter von Kautschukmischungen ist das Vulkanisationsverhalten von entscheidender Wichtigkeit, er muß wissen, nach welchen Zeiten und bei welchen Temperaturen Anvulkanisation und optimale Ausvulkanisation erfolgen. Da eine Kautschukmischung während der Vulkanisation vom plastischen in den elastischen Zustand übergeht, wobei sich mechanische Eigenschaften, wie Härte, Zugfestigkeit, Dämpfung, E-Modul u. a., ändern, kann man bei Verfolgung einer oder mehrerer dieser Größen den Vulkanisationsgrad in Abhängigkeit von Zeit und Temperatur feststellen. Diese Arbeitsweise ist am zuverlässigsten, aber auch am aufwendigsten.

**Stufenheizung**. Das früher am meisten angewandte Verfahren der Stufenheizung gestattet nur eine diskontinuierliche Messung der mechanischen Eigenschaften. Man vulkanisiert Prüfkörper verschieden lange, an denen dann die wichtigsten Vulkanisateigenschaften gemessen werden. Diese aufwendige Methode ist aufgrund der verhältnismäßig großen Fehlerbreite der einzelnen herangezogenen Prüfungen recht ungenau. Nachteilig ist diese Methode ferner bei rasch vulkanisierenden Mischungen, da sich die Meßpunkte nicht beliebig dicht legen lassen. Der Punkt der optimalen Vulkanisation kann daher nicht befriedigend genau aufgefunden werden. Auch das Verhalten im plastischen Bereich kann bei der Stufenheizung nicht erfaßt werden.

**Defo-Anvulkanisation.** Das Verhalten zu Beginn der Vulkanisation kann dadurch studiert werden, daß man die Veränderung des plastischen Zustandes der Mischungen sowohl in Abhängigkeit von der Zeit als auch von der Temperatur kontrolliert. Hierfür wurde früher häufig das Defo-Gerät verwendet (vgl. S. 630). Das Verfahren ist exakt, benötigt aber sehr viel Zeit und Probenaufwand, der sich bei der täglichen Betriebskontrolle im allgemeinen nicht verantworten läßt.

**Mooney-Anvulkanisation.** Wesentlich schneller und mit geringem Probenaufwand läßt sich das Anvulkanisationsverhalten mit dem MOONEY-Viskosimeter (vgl. S. 629 f) bestimmen. In Abänderung des Verfahrens wird dabei nicht der große Rotor (Durchmesser 38,1 mm), sondern ein kleiner Rotor (Durchmesser 30,5 mm) verwendet. Als Meßtemperatur nimmt man z. B. 125° C oder 150° C. Als sogenannte Scorch-Time wird diejenige Zeit festgelegt, bei der der MOONEY-Wert gegenüber dem Minimalwert um z. B. 5 MOONEY-Einheiten angestiegen ist [9.21.].

**T-50-Test.** Das Vulkanisationsoptimum, insbesondere von SR, wurde in den USA vielfach mit dem sogenannten T-50-Test ermittelt [9.24.]. Stäbchenförmige Prüfkörper aus verschiedenen Vulkanisationsstufen werden auf 100 bzw. 200% gedehnt und in diesem gedehnten Zustand bei – 70° C eingefroren. Dann werden die Halterungen auf der einen Seite gelöst und die Proben langsam wieder aufgetaut. Diejenige Temperatur, bei der sich die Probe auf 50% ihrer ursprünglichen Dehnung wieder zusammenzieht, ist der gesuchte Testwert. Bei optimaler Vulkanisation erhält man die niedrigsten Temperaturen. Der gleiche Test gibt auch einen Hinweis auf das Tieftemperaturverhalten.

**Vulkameter.** Mit der modernsten Methode zur Bestimmung des Vulkanisationsverlaufes [9.25.–9.26.] kann man eine vollständige Vulkanisationskurve automatisch aufzeichnen. Man erhält Auskunft über Fließzeit, Anvulkanisation, optimale Ausvulkanisation, Reversion oder Nachvulkanisation. Das Gerät wurde ursprünglich von der AGFA-PHYSIK unter dem Namen „Agfa Vulkameter" hergestellt und vertrieben. Inzwischen existieren weltweit diverse technische Modifikationen, die teilweise erhebliche Verbesserungen aufweisen.

An einer Probe wird die Änderung des Schubmoduls während des Vulkanisationsvorganges gemessen. Der eine Teil der beheizten Probenhalterung wird dazu von einem Exzenter hin- und herbewegt; dadurch wird eine Schubkraft auf die Probe ausgeübt. Der andere Teil ist mit einer Kraftmesseinrichtung gekoppelt, die die übertragene Schubkraft mißt und automatisch aufzeichnet. In modernen Geräten werden dabei die zunächst sinusförmigen Impulse so aufgearbeitet, daß nur die Änderung der Amplitude aufgezeichnet wird, die der Änderung des Schubmoduls in Abhängigkeit von der Vulkanisationszeit proportional ist. Somit wird von dem Gerät eine Vulkanisationskurve in Abhänigkeit von der Zeit automatisch aufgezeichnet.

Nach der Art der Probenverformung unterscheidet man die beiden wichtigsten Gerätetypen, die *Linearschub*- und die *Torsionsschub* geräte. Von diesen hat sich das Torsionsschubgerät am meisten durchgesetzt.

Bei neueren Geräten kann man außer der Vulkanisationskurve auch die Differentialkurve der ersten Ableitung der Vulkanisationskurve aufzeichnen lassen [9.27.–9.28.], die kinetische Aussagen z. B. über die Vulkanisationsgeschwindigkeit u.a. gestattet (GÖTTFERT-Elastograph). Auch temperaturprogrammierte Vulkameter zur Simulation von Vulkanisationsprozessen sind entwickelt worden (s. auch S. 545) [9.29.].

Durch verschiedene Messbereiche des Dynamometers lassen sich harte und weiche Gummiarten mit gleicher Genauigkeit erfassen. Das Vulkameter gibt in kürzester Zeit eine eindeutige und sichere Auskunft über die bei der Vulkanisation einzuhaltenden Temperaturen und Zeiten.

### 9.2.2. Prüfungen am Vulkanisat

Die Kautschukvulkanisate liegen bei den technisch interessierenden Temperaturen in ihren Eigenschaften zwischen dem flüssigen und festen Aggregatzustand. Beim Studium der Verformungsvorgänge müssen daher die physikalischen Gesetzmäßigkeiten der flüssigen und der festen Körper berücksichtigt werden.

Man unterscheidet wie bei jeder Materialprüfung zwischen der statischen und der dynamischen Prüfung. Die statische Prüfung liefert im wesentlichen einen Wertmaßstab für einmalige Beanspruchung und legt Kenngrößen fest, welche charakterisieren, bis zu welchen Spitzen ein Material beanspruchbar ist. Die dynamische Prüfung erfaßt im wesentlichen, wie oft ein Material unter bestimmten Bedingungen beansprucht werden kann, und legt Kenngrößen fest, welche die Dauerhaftigkeit, also im allgemeinen den Gebrauchswert charakterisieren.

Für die meisten mechanisch-technologischen Prüfungen werden die Prüfkörper durch Stanzen, Schneiden oder Schleifen aus größeren Proben hergestellt. Dieser Vorgang muß exakt gehandhabt werden, da sonst die Reproduzierbarkeit der Prüfung beeinträchtigt wird [9.30.]

Da viele Gummierzeugnisse im Gebrauch den verschiedensten Temperaturen ausgesetzt werden und ihre Eigenschaften stark von der Temperatur abhängen, muß man die einzelnen Eigenschaften in einem größeren Temperaturbereich prüfen, um entscheiden zu können, in welchem Bereich das Material verwendbar ist.

9.2.2.1. Der Zug-Dehnungs-Versuch [9.31.].

Der Zug-Dehnungs-Versuch in einer Zerreißmaschine ist die am häufigsten angewandte Prüfung. Beansprucht man Gummi bis zu großen Dehnungen, so erhält man eine charakteristische gekrümmte Zugdehnungskurve. Das HOOKE'sche Gesetz gilt hier nicht.

Um trotzdem einen Materialkennwert zu erhalten, ist es üblich, die Spannung anzugeben, die zur Erzielung bestimmter Dehnungen erforderlich ist (Spannungswert). Häufig wählt man den Spannungswert $\sigma_{300}$ bei 300% Dehnung.

Die Spannungs-Verformungs-Kurve kann man im Anfangsgebiet quantitativ erfassen:

$$\sigma = \frac{E_0}{3}(\lambda - \lambda^{-2})$$

Die Gleichung gilt auch im Druckbereich. Sie läßt sich umformen in

$$\sigma = [E_0(\lambda - 1)][1/\lambda][(\lambda/3)(1 + 1/\lambda + 1/\lambda^2)]$$

wobei $\lambda = L/L_0$ ist.

$E_0$ ist der Elastizitätsmodul im Anfangsbereich der Zug-Dehnungskurve, $L_0$ die Länge der ungedehnten Probe, $\lambda - 1$ ein Maß für die Verformung. Der erste Faktor repräsentiert das HOOKE'sche Gesetz, der zweite Faktor berücksichtigt die Querschnittsänderung der Probe ($\sigma$ wird auf den Anfangsquerschnitt bezogen), und der dritte Faktor stellt eine Korrektur dar, die sich aus der statistischen Theorie eines idealen Netzwerkes ergibt.

Bei Bestimmung der Zugfestigkeit und Bruchdehnung in der Zerreißmaschine verwendet man neben der Stäbchenform auch vielfach ringförmige Prüfkörper, die eine automatische Aufzeichnung des Zug-Dehnungs-Diagramms direkt mit der Prüfmaschine erleichtern. Die an stabförmigen Proben gefundene Zerreißfestigkeit ist in der Regel größer als bei Ringen. Die Zugfestigkeit ist abhängig von der Anzahl von Fehlstellen in der Probe, die proportional dem Probenvolumen ist. Das Volumen von Ringen ist größer als das von Stäbchen.

Neben der Zugfestigkeit wird die zu einer bestimmten Dehnung gehörige Kraft gemessen und auf den ursprünglichen Querschnitt umgerechnet. Dieser Spannungswert ist ein Maß für die Strammheit einer Gummiqualität und eine der wichtigsten Zahlengrößen für die Bewertung von Vulkanisaten, da sie unabhängig ist von den Zufälligkeiten, denen die Zugfestigkeit unterworfen ist. Der Spannungswert wird häufig im technischen Sprachgebrauch als Modul bezeichnet, analog dem Elastizitätsmodul von Metallen und anderen harten Werkstoffen. Das Wort Modul ist hier jedoch irreführend, da die Spannungswerte fast immer in einem Verformungsbereich liegen, in dem das HOOKE'sche Gesetz keine Gültigkeit mehr hat [9.32.].

Da Kautschuk im vulkanisierten Zustand kein ideal elastischer Körper ist, zeigt eine auf Zug oder Druck beanspruchte Gummiprobe nach der Deformation eine bleibende Verformung (die bleibende Dehnung oder der Druck-Verformungsrest). Die bleibende Verformung kann sowohl nach einer Zug- als auch nach einer Druckbeanspruchung auf zweierlei Art bestimmt werden; man kann entweder die Verformung nach Einwirkung einer gegebenen Kraft über eine bestimmte Zeitspanne messen oder man bestimmt diejenige Kraft (Zug oder Druck), die zu einer bestimmten Größe der Verformung führt [9.33.–9.34.].

Bei Druck- bzw. Schubbeanspruchung weist die Schubspannungs-Verformungs-Kurve einen größeren Linearitätsbereich auf als die Zug-Dehnungs-Kurve [9.35.]. Wegen der Inkompressibilität der Elastomeren hat der Dehnungsmodul in der Regel den dreifachen Wert des Schubmoduls. Bei der Zug- und Schubmodul-Bestimmung ist der Formfaktor, d. h. das Höhen/Breiten-Verhältnis bedeutsam. Bei Zug ist ein kleiner und bei Schub ein großer Formfaktor günstig.

Sowohl die Zug- als auch die Druckverformungskurven sind in starkem Maße von der Prüftemperatur, der Verformungsgeschwindigkeit und der Vorbeanspruchung abhängig.

#### 9.2.2.2. Weiterreißwiderstand, Nadelausreißfestigkeit.

Unter Weiterreißwiderstand (auch Kerbzähigkeit oder Strukturfestigkeit genannt) versteht man den Widerstand, den eine oberflächlich durch Schnitt oder Riß verletzte Gummiprobe dem Weiterreißen bei Zug- oder Druckbeanspruchung entgegensetzt. Für diese Prüfung gibt es eine noch größere Vielfalt von Prüfkörperformen als für die Bestimmung der Zugfestigkeit [9.36.]. Neuerdings spielt der Begriff der Weiterreißenergie eine Rolle, die weitgehend probenunabhängig ist [9.37.].

In engem Zusammenhang mit der Kerbzähigkeit steht die Nadelausreißfestigkeit. Diese von der Lederprüfung her bekannte Größe ermöglicht eine Qualitätsbeurteilung von Sohlen und Absätzen aus Gummi, wo diese durch Nähen oder Nageln auf der Unterlage befestigt werden [9.38.]

9.2.2.3. Härtemessung.

Die Härtemessung korreliert in gewissem Maß mit der Messung des Spannungswertes, da bei der Prüfung ein definierter Eindringkörper unter definierten Bedingungen in das Material eingedrückt wird, d. h. das Material verformt. Die Eindringtiefe ist abhängig von der Gestalt des Eindringkörpers, von der Belastung und dem Dehnmodul [9.39., 9.43.].

International genormt war zunächst nur ein kugelförmiger Eindringkörper bei Messung der sogenannten ISO-Härte; neuerdings soll jedoch auch die weitverbreitete Härteprüfung nach Shore als internationale Norm aufgenommen werden.

**Shore-Härte.** Zur Bestimmung der SHORE-Härte [9.40., 9.44.] verwendet man ein sehr einfaches und preisgünstiges Prüfgerät, das nicht unbedingt in einer Prüfstelle stationär installiert werden muß, sondern das man als Taschengerät mitführen kann. Für die Messung der Härte von Weichgummi wird meistens die SHORE-Härte A herangezogen.

Als Eindringkörper wird ein Kegelstumpf benutzt. Durch Zusammendrücken einer Bügelfeder mit genau festgelegter Federcharakteristik wird der Widerstand gegen das Eindringen des Kegelstumpfes gemessen. Bei der SHORE-Härte 100, einem extrem harten Material, wird die Feder maximal bis zur Auflagefläche zusammengedrückt, ohne daß der Kegelstumpf eindringt. Die Belastung der Feder beträgt dann 822 g. Bei der SHORE-Härte 0, einem extrem weichen Material, wird die Feder nicht zusammengedrückt, d. h. die Belastung der Feder ist dann geringer als 56 g. Die Zwischenwerte erhält man durch geradlinige Interpolation.

Um reproduzierbare Härtewerte zu erhalten, wurden folgende Apparatekonstanten festgelegt:

- Die Charakteristik der Feder,
- der Konuswinkel des Eindringkörpers sowie dessen Durchmesser an beiden Grundflächen des Kegelstumpfes und
- die freie Länge des herausragenden Stiftes.

Von der Shore-Härte ist die nach PUSEY-JONES zu unterscheiden. [9.43.].

**ISO-Härte.** Die ISO-Härte ergibt sich im Härtebereich von 30–85 IHRD (International Hardness Degree) aus dem Unterschied zwischen den Eindringtiefen einer Stahlkugel von 2,5 mm Durchmesser bei einer Vorkraft von 0,3 N und einer Hauptkraft von 5,4 N, d. h. einer Gesamtkraft von 5,7 N.

**Brinell-Härte.** Die Härte von Hartgummi und harten Kunststoffen wird als BRINELL-Härte [9.45.] angegeben, deren Bestimmung auf demselben Prinzip wie die Bestimmung der ISO-Härte beruht, nur daß die Kugel mit größerer Kraft eindringt.

9.2.2.4. Verformungsrest, Relaxations- und Fließversuch.

**Verformungsrest** ist ein Maß für den viskosen Anteil des Elastomeren. Der Druckverformungsrest ist bei konstanter Verformung durch folgende Beziehung gegeben:

$$R = \frac{h_0 - h_2}{h_0 - h_1}$$

wenn $h_0$ die Ausgangshöhe der Probe vor der Beanspruchung, $h_1$ die Höhe bei Beanspruchung und $h_2$ die Höhe nach einer bestimmten Entlastungszeit darstellt. Bei dem Versuch wählt man meistens eine Verformung von z. B. 50%. Hierzu werden die Proben zwischen zwei Platten zusammengedrückt, die Größe der Verformung durch Distanzstücke bestimmt und nach einer $^1/_2$stündigen Entlastungszeit der Verformungsrest gemessen. Vielfach werden die Proben unter Belastung bei höherer Temperatur gelagert, um die Beanspruchung von Dichtungsmaterialien nachzuahmen, bei denen Veränderungen durch Alterungseffekte eine Rolle spielen [9.46.–9.47.].

**Relaxations- und Fließversuch.** Beim Relaxations- und Fließversuch beobachtet man direkt die zeitliche Änderung der Spannung oder Verformung. Beim Relaxationsversuch hält man die Verformung konstant und mißt die Änderung der Spannung; beim Fließversuch hält man die Spannung konstant und mißt die Änderung der Verformung. Je größer der viskose Anteil ist, um so stärker macht sich die Relaxation bzw. das Fließen bemerkbar.

Bei Dichtungsmaterialien hat man bisher nur die Größe des Verformungsrestes angegeben. Man erkennt aber immer mehr, daß es besser ist, die Relaxation selbst zu messen. Für die Funktionstüchtigkeit der Dichtung interessiert, wie stark die Dichtkraft nach einer gewissen Zeit abgefallen ist, d. h. wie stark sich die Spannung in Abhängigkeit von der Zeit ändert.

9.2.2.5. Rückprallelastizität.

Bei Bestimmung der Rückprallelastizität, auch Stoßelastizität genannt, wird die Energie gemessen, die bei einer kurzzeitigen, stoßartigen Beanspruchung verloren geht. Ein Pendelhammer (nach SCHOB) fällt aus einer bestimmten Höhe auf die Probe, und man mißt die Höhe, die der Pendelhammer nach dem Rückprall wieder erreicht [9.48.].

Hier wird der Begriff „Elastizität“ als quantitativer Kennwert benutzt, der angibt, wieweit sich der Werkstoff elastisch verhält und wieweit viskos. Die Elastizität ist um so größer, je weniger Verformungsenergie in Wärme umgewandelt wird. Nach einem Vorschlag von A. SCHOB wird das Verhältnis

$$\frac{\text{Rückprallhöhe}}{\text{Fallhöhe}} = \frac{\text{Wiedergewonnene Arbeit}}{\text{Aufgewendete Arbeit}}$$

als „elastischer Wirkungsgrad“ bezeichnet.

Das Verfahren zählt seinem Charakter nach eigentlich zu den dynamischen Prüfmethoden, weil es sich um einen durch Stoß angeregten Schwingvorgang handelt. Die Prüfwerte bewegen sich bei den einzelnen Gummiqualitäten zwischen 10 und 75%. Hochelastische Gummiqualitäten weisen Rückprallelastizitätswerte von 60–75% auf; mittlere Elastizitätsstufen sind solche mit 40–60% und niedrige solche mit 10–40%. Die Rückprallelastizität ist stark von der Temperatur abhängig.

9.2.2.6. Viskoelastisches Verhalten, dynamische Dämpfung [9.11.].

**Allgemeines.** Das Verformungsverhalten kann auf die beiden Grundfunktionen: Widerstand gegen die Verformung und Verformungsenergie zurückgeführt werden. Bei den folgenden Angaben wird vorausgesetzt, daß die Deformationsbeanspruchung im Bereich der linearen Beziehung zwischen Verformung und verformender Kraft bleibt.

Zur Beschreibung des Spannungs-Verformungsverhaltens unterscheidet man zwei Idealfälle. Der feste Körper gehorcht dem HOOKE'schen Gesetz

$$\sigma = E \cdot \varepsilon$$

und die viskose Flüssigkeit dem NEWTON'schen Gesetz

$$\sigma = \eta \cdot \dot{\varepsilon}$$

Im ersten Falle ist die im Werkstoff auftretende Spannung $\sigma$ der jeweiligen Verformung $\varepsilon$ proportional und im zweiten Fall der Verformungsgeschwindigkeit $\dot{\varepsilon}$. Die Proportionalkonstante ist beim HOOKE'schen Festkörper der Elastizitätsmodul E und bei der NEWTON'schen Flüssigkeit die Viskosität $\eta$.

Die Elastomeren entsprechen keinem dieser Idealfälle, sondern nehmen eine Zwischenstellung ein. Je nach dem, wie man ein Elastomeres bei einem Prüfverfahren beansprucht, kann man aus dem Versuch einen Materialkennwert, der dem Elastizitätsmodul oder der der Viskosität entspricht, ermitteln. Bei den dynamischen Messungen erhält man aus einem einzigen Versuch beide Kennwerte gleichzeitig.

Dies läßt sich an folgenden Modellen verdeutlichen:

HOOKE'sches Gesetz

$\sigma = E \cdot \varepsilon$

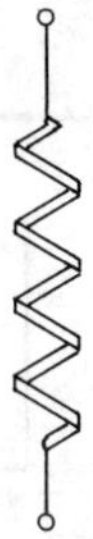

**Abb. 9.1.:** HOOKE'sches Modell

Feder

NEWTON'sches Gesetz

$\sigma = \eta \cdot \dot{\varepsilon}$

**Abb. 9.2.:** NEWTON'sches Modell

Viskosität

E = Elastizitätsmodul
$\sigma$ = Spannung
$\varepsilon$ = Verformung

$\eta$ = Viskosität
$\sigma$ = Spannung
$\dot{\varepsilon}$ = Verformungsgeschwindigkeit

Bei gleichzeitiger Anwesenheit von Feder und Viskosität ergeben sich folgende Primäranordnungen:

$$\sigma = E \cdot \varepsilon + \eta \cdot \dot{\varepsilon}$$

elastisch-viskose Verformung

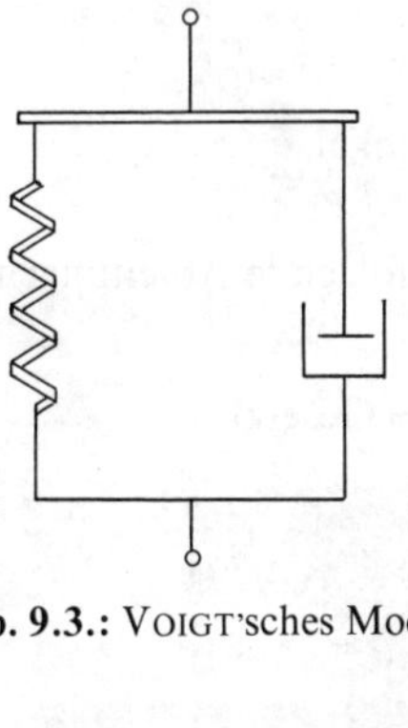

**Abb. 9.3.:** VOIGT'sches Modell

$$\dot{\varepsilon} = \frac{\dot{\sigma}}{E} + \frac{\sigma}{\eta}$$

zeitlich bedingte Abnahme einer Spannung

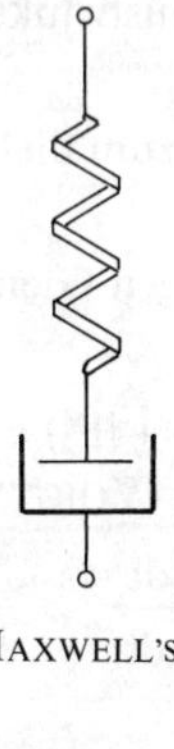

**Abb. 9.4.:** MAXWELL'sches Modell

Die zeitliche Abhängigkeit der Verformung ist aus Abb. 9.5. zu entnehmen. Einen Zusammenhang zwischen den elastischen und den plastischen Erscheinungen bei dynamischer Deformationsbeanspruchung kann man durch

$E^* = E_1 + iE_2$

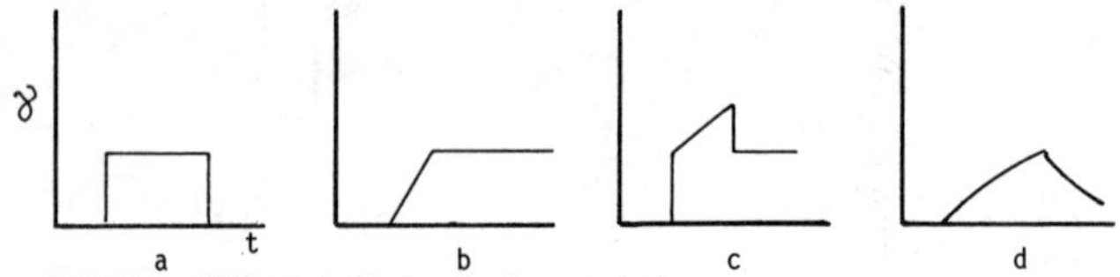

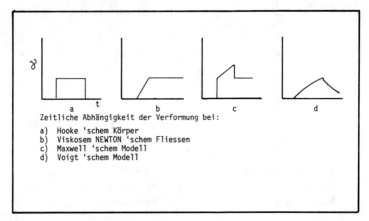

Zeitliche Abhängigkeit der Verformung bei:

a) Hooke 'schem Körper
b) Viskosem NEWTON 'schem Fliessen
c) Maxwell 'schem Modell
d) Voigt 'schem Modell

**Abb. 9.5.** Zeitliche Abhängigkeit der Verformung nach verschiedenen Modellen

herstellen. Man nennt $E^*$ den komplexen E-Modul und kann zeigen, daß der Realteil identisch ist mit dem Elastizitätsmodul und der Imaginärteil die Viskosität charakterisiert.

Häufig wird nicht der Real- oder Imaginärteil für sich allein dargestellt, sondern der Quotient aus $E_2$ und $E_1$ als Tangens des mechanischen Verlustwinkels (vgl. Abb. 9.6.):

$\tan \delta = E_2/E_1$

in Analogie zum dielektrischen Verlustwinkel.

Aus den obigen Gleichungen lassen sich folgende Ableitungen vornehmen:

$\sigma E^* \cdot \varepsilon = (E_1 + iE_2)\, \varepsilon$ (analog HOOKE'schem Gesetz)

$\sigma = E\varepsilon + \eta\dot{\varepsilon}$ (VOIGT'sches Modell)

$$\sigma = E\varepsilon + \eta \frac{d\varepsilon}{dt}$$

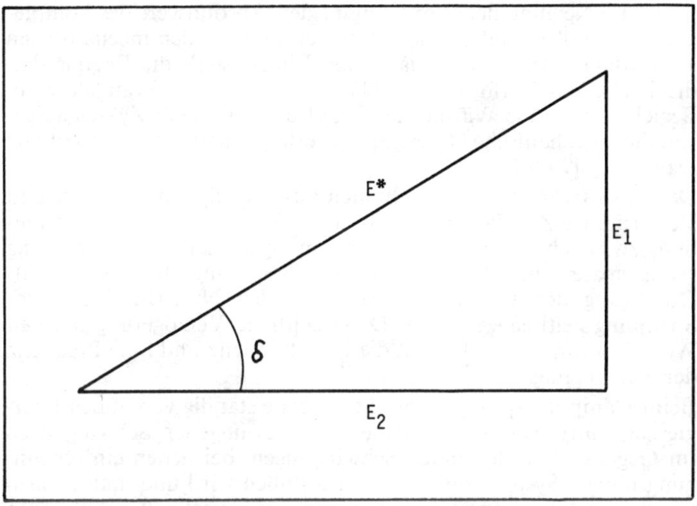


**Abb. 9.6.** Darstellung des mechanischen Verlustwinkels

Bei periodischen Verformungen wird

$\varepsilon = \varepsilon_0 \cdot e^{i\omega\eta}$

also

$$\frac{d\varepsilon}{dt} = i\omega \underbrace{E \cdot e^{i\omega\eta}}_{= \varepsilon}$$

$$\sigma = E\varepsilon + i\omega\eta\varepsilon = (E + i\omega\eta)\varepsilon$$

Danach ist $E_1 = E$

$E_2 = \omega\eta$ Der Imaginärteil entspricht dem Produkt aus Kreisfrequenz und Viskosität

$\tan\delta = \frac{\omega\eta}{E}$ können ermittelt werden aus Dämpfungsbestimmungen

**Meßverfahren.** Die viskoelastischen Eigenschaften lassen sich am besten bei dynamischer Beanspruchung durch freie oder erzwungene Schwingungen erfassen. Bei dem von H. ROELIG entwickelten, heute allgemein üblichen *Dämpfungsgerät* wird eine Probe durch einen rotierenden Exzenter periodisch verformt, die ebenfalls sinusförmige Beanspruchungskraft wird mit einem Dynamometer gemessen. Durch optische Anzeige erhält man das Spannungs-Verformungsdiagramm. Da eine Phasenverschiebung zwischen Spannung und Verformung besteht, erhält man eine Ellipse; die Neigung der Ellipse ergibt den Absolutwert des komplexen Moduls $|E^*|$, und aus der Fläche erhält man den mechanischen Verlustfaktor tan $\delta$. Die Fläche der Ellipse stellt die Energie dar, die bei jedem Verformungszyklus in Wärme umgewandelt wird. Bezieht man diese Wärmeenergie auf die bei einem Zyklus aufgewandte mechanische Energie, so erhält man die prozentuale Dämpfung [9.49.].

Der Verlustwinkel $\delta$ läßt sich auch aus dem Spannungs-Zeit- und Verformungs-Zeit-Diagramm ableiten. Wegen der Phasenverschiebung zwischen Spannung und Verformung erreicht die Verformung etwas später ihr Maximum als die Spannung, bzw. der Null-Durchgang der Verformung ist gegen den Null-Durchgang der Spannung zeitlich verzögert. Diese zeitliche Verzögerung hat den Wert $\delta/\omega$ mit $\omega = 2\pi f$; $\omega$ ist die Kreisfrequenz und f die Frequenz der Schwingung.

Beim Dämpfungsprüfgerät wird der Probe ständig von außen Energie zugeführt. Man spricht daher von erzwungenen Schwingungen im Gegensatz zu den freien Schwingungen, bei denen ein schwingungsfähiges System nur einmal angestoßen wird und man je nach Größe der Dämpfung ein mehr oder weniger schnelles Abklingen der Schwingungen beobachtet.

Nach dem Prinzip der freien Schwingungen arbeitet das *Torsionsschwingungsgerät* [9.50.–9.51.], bei dem ein streifenförmiger Probekörper auf Torsion beansprucht wird. Man registriert die Schwingungen mit einem optischen System. Aus der Frequenz erhält man den dynamischen Torsionsmodul und aus den Amplituden zweier aufeinanderfolgender Schwingungen das logarithmische Dekrement $\Lambda$. Für kleine Dämpfungen (tan $\delta$-Werte) gilt

$$\Lambda = \pi \tan \delta$$

Außer von der Frequenz und der Temperatur sind die viskoelastischen Kennwerte auch vom Formfaktor und von der Amplitude abhängig. Die Amplitudenabhängigkeit ist um so stärker, je mehr Füllstoff die Mischung enthält.

**Heat-Build-Up.** Da bei dynamischen Beanspruchungen die verlorengegangene mechanische Energie infolge molekularer Reibung in Wärme umgewandelt wird, kann man den viskosen Anteil auch durch direkte Messung der Temperaturerhöhung erfassen, den sogenannten Heat-Build-Up. Man hat den Versuch mit erzwungenen Schwingungen nur bei größeren Amplituden durchzuführen. Für derartige Messungen werden z. B. Flexometer verwendet. Durch Flexometerversuche (z. B. mit dem GOODRICH-Flexometer [9.52.–9.53.] oder dem ST. JOE-Flexometer) kann man auch die Beständigkeit nach einer längeren dynamischen Beanspruchung ermitteln. Man bestimmt die Grenzbeanspruchung bei welcher der Gummiartikel den „Hitzetod“ stirbt.

**Kugelzermürbung** nach MARTENS. Sie gehört zur gleichen Kategorie von Untersuchungen. Man läßt Vollgummibälle unter ständig steigender Belastung bis zur Zerstörung rotieren. Bei Überbeanspruchung wird der Gummi im Innern infolge sehr hoher Temperaturen abgebaut, die Probe platzt und flüssiges „Regenerat" tritt aus.

9.2.2.7. Abrieb und Alterung.

Die Ausführung der bisher beschriebenen Prüfmethoden benötigt nur kurze Zeit. Ergebnisse über die Bewährung eines Artikels in der Praxis erhält man meist erst nach Jahren. Bei Kurzprüfungen werden die Proben überbeansprucht und die Überbeanspruchung soll im Zeitraffersystem die natürlichen Zerstörungsursachen im praktischen Gebrauch widerspiegeln. Das ist oft außerordentlich schwierig und in keinem Fall restlos befriedigend gelungen. Trotzdem müssen solche Methoden angewandt werden, z. B. für die Prüfung des Abriebwiderstandes und des Alterungsverhaltens.

**Abriebwiderstand** [9.54.–9.56.]. Zur Prüfung des Abriebwiderstandes wird die Gummiprobe z. B. unter Belastung gegen rotierende, mit Schmirgel bespannte Walzen gedrückt. Der unter genormten Abriebbedingungen erhaltene Verlust (in $mm^3$) ist ein Maß für den Abriebwiderstand, der vielfach relativ auf denjenigen eines Standardvulkanisates bezogen wird. Das Resultat steht mit der praktischen Erfahrung nicht immer restlos in Einklang. Derartige Methoden sind aber für Entwicklungsarbeiten im allgemeinen leistungsfähig genug.

**Alterungsprüfung.** Für die Alterungsprüfung trifft das Zeitrafferprinzip am deutlichsten zu. Bei den verschiedenen Gummiarten kennt man verschiedene Erscheinungsformen der Alterung. So neigt z. B. NR dazu, beim Altern weich und leimig zu werden, während viele SR-Arten, z. B. SBR oder NBR bei der Alterung verhärten und brüchig werden. In beiden Fällen sinken z. B. die Zugfestigkeit und Bruchdehnung ab. Bei einer Kurzalterung bestimmt man daher den Grad des Abfalls dieser Eigenschaften in Abhängigkeit von der Lagerungszeit bei hohen Temperaturen [9.57.]. Bevorzugt werden drei Methoden verwendet:

- Bei der GEER-Alterung werden die Proben in einem von *Heißluft* durchströmten Raum gealtert.
- Bei der BIERER-DAVIS-Prüfung werden die Gummiproben einer *Sauerstoff*-Beanspruchung z. B. unter 20 bar Sauerstoffdruck bei 70° C ausgesetzt. Die Dauer der Alterung wird üblicherweise auf 24 h oder ein ganzzahliges Vielfaches davon festgelegt [9.58.].
- Die rascheste Alterungsuntersuchung erfolgt in einer mit komprimierter *Luft* von 5 bar Überdruck gefüllten Bombe z.B. bei 125°C [9.59.].

Läßt man ungleichartige Gummiqualitäten längere Zeit in ein und demselben Alterungsraum, so können sich die Proben durch Wanderung bestimmter Substanzen (z. B. von Alterungsschutzmitteln, Weichmachern usw.) gegenseitig beeinflussen. Daher hat man Apparate entwickelt, bei denen jede Probe in einer eigenen Zelle (*Zellenalterung*) untergebracht ist [9.60.–9.61.].

Nach der Lagerung unter den beschriebenen Bedingungen werden die wichtigsten Vulkanisationseigenschaften festgestellt und mit denen der ungealterten Proben verglichen.

Man kann den Alterungsverlauf auch mit Hilfe von *Relaxationsmessungen* untersuchen [9.62.] . Die Probe wird bei erhöhter Temperatur in Gegenwart von Sauerstoff einer konstanten Dehnung oder konstanten Belastung unterworfen und die Längenänderung gemessen. Die dabei eintretende „stress relaxation“ bzw. der „tensile creep“ sind die Folge chemischer Reaktionen, die durch Auflösen von primären Valenzbindungen zum Bruch der Molekülketten führen.

### 9.2.2.8. Rißbildung.

**Ozonrißbildung.** Zu den Alterungserscheinungen gehört auch die Rißbildung an der Oberfläche gespannter Proben, die durch Ozon in Gegenwart von Sauerstoff hervorgerufen wird. Sie wird in Belichtungskammern, im Weatherometer oder durch Freibewetterung untersucht; bei den letzten beiden Methoden kommen andere klimatische Einflüsse dazu, wie Wasser und Ozon.

Ozon führt bei NR- und den meisten SR-Sorten sehr schnell zu Zerstörungen. Zur Prüfung wird die Gummiprobe unter gewisser Spannung einem Strom ozonhaltiger Luft ausgesetzt. Die Ozonbeständigkeit wird anhand der Rißbildung in Abhängigkeit von der Dehnung beurteilt [9.63.–9.65.]. Unterhalb einer kritischen Dehnung (z. B. 20% Dehnung) zeigt sich keine Rißbildung.

**Lichtrißbildung.** Wenn weiße oder hellfarbige Vulkanisate ohne Anlegen einer äußeren Spannung unter atmosphärischen Bedingungen dem Sonnenlicht ausgesetzt werden, so bilden sich an der Oberfläche zunächst feine Risse in beliebiger Orientierung, Elefantenhaut genannt. Bei länger andauernder Einwirkung entsteht eine harte, nicht mehr elastische Haut, die durch Wasser ausgelaugt werden kann, wobei der Füllstoff zurückbleibt (Kreiden). Ein anerkanntes Verfahren zur Erfassung dieser „Frosting“ genannten Erscheinung existiert z. Z. noch nicht.

**Dynamische Rißbilung.** Bei der dynamischen Beanspruchung von Vulkanisaten, z. B. auf Druck, Zug, Biegung, Scherung usw., bilden sich ebenfalls Risse an der Oberfläche (Ermüdungsrisse). Bei der Prüfung wird die Zahl der Lastwechsel registriert, die zur Bildung der ersten Risse an der Oberfläche der Prüfkörper notwendig sind.

Für eine solche Ermüdungsprüfung wird z. B. die *DE MATTIA-Stauchermüdungsprüfmaschine* verwendet [9.66.]. Man bestimmt die Rißbildung und deren Wachstum (flex-cracking) oder das Schnittwachstum (cut growth). Beim flex cracking wird die Probe unbeschädigt geprüft, man beobachtet die Bildung der ersten Risse und deren Wachstum. Im zweiten Fall wird dem Prüfkörper bereits vor Beginn der Prüfung eine genau festgelegte Schnittverletzung beigebracht, und man beobachtet während des Prüfvorgangs die Geschwindigkeit des Wachstums dieses Schnittes.

Der Beginn der Rißbildung ist stark abhängig von Umweltbedingungen, wie Temperatur, Feuchtigkeitsgehalt, Ozongehalt, Intensität und Wellenlänge des einwirkenden Lichtes, sowie von der mechanischen Beanspruchung, wie Amplitude und Frequenz [9.67.]. Bei dynamischer Ermüdung bilden sich nur bei Dehnungen oberhalb einer kritischen Dehnung Risse [9.68.]. Die Rißbildung ist unter Ozoneinwirkung besonders stark.

Während bei der DE MATTIA-Maschine eine konstante Verformung angewendet wird, arbeitet die *Du Pont Kettenermüdungsmaschine* [9.69.] mit konstanter, verformender Last.

Ein Riemen besteht aus mehreren Prüfstücken, die als Glieder einer Kette durch Verbindungsstücke zusammengehalten werden. Die Prüfkörper selbst weisen verschieden breite und tiefe Rillen auf, so daß sich beim Umlaufen um schmale Rollen unterschiedliche Stauchungen und Dehnungen (wie beim Reifen) ergeben. Die Auswertung erfolgt durch Auszählen der Risse.

Die Korrelation zum Ermüdungsverhalten im Reifen ist verhältnismäßig gut.

### 9.2.2.9. Kälteverhalten [9.70.].

**Grundprinzip.** Das Kälteverhalten von Elastomeren ist durch drei Temperaturbereiche gekennzeichnet:

Bereich 1 entspricht dem eingefrorenen Zustand mit hohem Modul und geringer Dämpfung.

Bereich 2 ist der kritische Übergangsbereich vom eingefrorenen Zustand zum hochelastischen Zustand. Hier herrscht ein lederartiger Zustand vor. Der Modul fällt stark ab und die Dämpfung zeigt ein Maximum.

Bereich 3 ist durch den gummielastischen Zustand gekennzeichnet mit niedrigem Modul und geringer Dämpfung.

Entsprechend kann man folgende Temperaturpunkte voneinander unterscheiden:

- Die *Kältesprödigkeitstemperatur* ($T_S$) ist die Temperatur, bei der ein eingefrorener Körper unter einer bestimmten Schlagbeanspruchung gerade nicht mehr bricht, splittert oder sonstwie verletzt wird. Der Kältesprödigkeitpunkt soll das Verhalten, z. B. gegen Schlag- und Stoßbeanspruchungen kennzeichnen.

- Beim *Kälterichtwert* ($T_R$) hat die Dämpfung ihr Maximum und zeigt der Modul einen Wendepunkt.
- Die *Grenztemperatur* ($T_G$) ist diejenige Temperatur, bei der sich der Modul um einen bestimmten Faktor im Vergleich zur Raumtemperatur ändert (z. B. um das 2fache, 5fache, 10fache).

Alle drei Begriffe sind zur Charakterisierung des Verhaltens hochpolymerer Stoffe in der Kälte notwendig und wichtig. Die Prüfergebnisse hängen in starkem Maß von den Prüfbedingungen ab. So verschiebt sich z. B. der Kälterichtwert mit höheren Versuchsfrequenzen zu höheren Temperaturen. Entsprechend ist je nach der Beanspruchung in der Praxis die zweckmäßigste Prüfung aus der Vielzahl der vorhandenen Methoden auszuwählen [9.74.].

**Bestimmungsmethoden.** Die Bestimmung des *Kältesprödigkeitspunktes* ($T_S$), auch „Brittleness Point" genannt, kann nach zweierlei Methoden geprüft werden, nach Schlagbeanspruchung [9.71.] und nach einem Falzbiegeversuch. In beiden Fällen werden die Versuche bei abnehmenden Temperaturen so lange wiederholt, bis die Probe bricht.

Der *Kälterichtwert* ($T_R$) kann nach drei Methoden bestimmt werden, durch die Bestimmung des Dämpfungsmaximums von der Temperatur [9.72.], durch den Torsionsschwingversuch nach CLASH und BERG [9.73.] sowie die Bestimmung des Stoßelastizitätsminimums [9.48.] bei abnehmenden Temperaturen (s. S. 40 ff).

Die Bestimmung der *Grenztemperatur* ($T_G$) kann wie auch $T_R$ durch die Bestimmung der viskoelastischen Eigenschaften von der Temperatur [9.72.] sowie den Torsionsschwingversuch [9.73.], darüber hinaus aber auch durch die Änderung des Druckverformungsrestes mit abnehmender Temperatur [9.47.] oder die Bestimmung der Shorehärte mit abnehmenden Temperaturen [9.40.] erfolgen.

### 9.2.2.10. Quellverhalten und Permeation.

**Quellverhalten.** Vor allem Lösungsmittel, aber auch eine Reihe von Gasen und Dämpfen wirken auf Gummi quellend und zerstörend. Man bestimmt meistens das Gewicht oder das Volumen vor- und nach der Einwirkung der quellenden Chemikalien [9.75.]. Da auch die mechanischen Eigenschaften, wie Zugfestigkeit, Bruchdehnung und Härte, durch die Quellung stark in Mitleidenschaft gezogen werden, sollten auch sie vor und nach der Behandlung gemessen werden.

**Permeation**. Für viele Gummiartikel ist die Frage der Durchlässigkeit für Gase, Dämpfe und Flüssigkeiten wichtig (z. B. bei Luftschläuchen, Innenlagen von Reifen, Kraftstoffpermeation durch Kraftstoffschläuche). Man mißt die Durchlässigkeit durch Druck- bzw. Volumendifferenzen beidseitig einer Membran [9.76.].

9.2.2.11. Wärmeleitfähigkeit

Die Wärmeleitfähigkeit von Elastomeren wird bestimmt durch die je Zeiteinheit durch einen senkrecht zu der Strömungsrichtung gelegten Querschnitt hindurchtretende Wärmemenge. Diese ist proportional dem Temperaturgefälle. Die Bestimmung mit Calorimetern erfordert große Erfahrung. Die Wärmeleitzahl R wird meist angegeben in kcal/m h° C [9.77.–9.78.].

## 9.3. Elektrische Prüfung [9.2.]

### 9.3.1. Allgemeines über elektrische Prüfung

NR und eine Reihe von SR-Typen (z. B. SBR, IR, BR, EPDM, IIR, MQ) weisen eine sehr geringe elektrische Leitfähigkeit auf und eignen sich daher als elektrische Isoliermaterialien, wogegen einige andere Sorten wie CR und NBR elektrisch polarisierbare Gruppen oder Dipole enthalten und daher für elektrische Isolationen weniger in Betracht kommen.

Bei der Mischungsherstellung läßt sich der Bereich der elektrischen Leitfähigkeit bei allen Kautschuken durch Zugabe isolierender (z. B. heller Füllstoffe) oder leitfähiger Substanzen (insbesondere Ruße, antistatische Weichmacher und dgl.) in weiten Grenzen variieren.

So lassen sich auch Gummiartikel mit so großer Leitfähigkeit herstellen, daß eine elektrostatische Aufladung verhindert wird. Dies spielt z. B. bei Tankschläuchen, Fördergurten und auch bei Reifen eine wichtige Rolle.

### 9.3.2. Messung des Oberflächen- und Durchgangswiderstandes [9.62.]

Zur Messung des Widerstandes kann man verschiedene Methoden anwenden:

- Entladung eines Kondensators
- Direkte Strom- und Spannungsmessung
- Brückenanordnung
- Elektrometerröhre
- Potentialmeßverfahren.

9.3.2.1. Entladung eines Kondensators

Bei der ersten Methode besteht das Dielektrikum eines Kondensators aus dem zu untersuchenden Material. Der Kondensator wird auf eine bestimmte Spannung aufgeladen und es wird mittels eines elektrostatischen Voltmeters der zeitliche Abfall der Spannung aufgenommen. Für gut isolierende Materialien wird die Meßzeit zu lang, und man muß andere Methoden anwenden.

### 9.3.2.2. Strom- und Spannungsmessung

Bei der Messung des Widerstandes durch direkte Strom- und Spannungsmessung wird die negative Spannung an die eine Elektrode und ein Schutzring an die Erde angelegt. Die Leitung der zum Galvanometer führenden Elektrode muß gut abgeschirmt sein, damit keine Kriechströme über das Galvanometer fließen können.

### 9.3.2.3. Anwendung von Brückenanordnungen

Man kann die zu untersuchende Probe auch in einen Zweig einer WHEATSTONE'schen Brücke legen und kann zur Bestimmung des Nullstromes statt eines Galvanometers auch ein Röhrenvoltmeter benutzen. Bei Gleichspannungsmessungen an guten Isolatoren hat man Schwierigkeiten bei der Erdung, weshalb diese Methode relativ selten angewandt wird.

### 9.3.2.4. Anwendung einer Elektrometerröhre

Die wichtigste und heute meist gebrauchte Methode ist die Messung mit einer Elektrometerröhre. Bei dieser Messung wird die abgeschirmte Elektrode direkt an das Gitter gelegt. Der durch die Probe fließende Isolationsstrom erzeugt einen Spannungsabfall, der die Gitterspannung und damit den Anodenstrom bestimmt. Bei leitfähigem Gummi stößt man bei Anwendung der plattenförmigen Proben und Elektroden auf Schwierigkeiten. Es hat sich als zweckmäßig erwiesen, zur Erzielung eines homogenen Stromlinienverlaufes streifenförmige Proben zu verwenden.

### 9.3.2.5. Potential-Meßverfahren

Bei dem Potential-Meßverfahren führt man den Strom durch zwei Elektroden an den Enden der Probe zu und greift die Spannung an zwei weiteren schneidenförmigen Elektroden, den sogenannten Potentialelektroden ab. Den Widerstand errechnet man aus der Spannung an den Potentialelektroden. Die Methode eignet sich besonders für leitfähigen Gummi.

Die Messung des Durchgangswiderstandes kann recht exakt erfaßt werden, wenn man neben der zweckmäßigsten Elektrodenform mit einem Schutzring arbeitet. Die exakte Bestimmung des Oberflächenwiderstandes ist im Vergleich dazu problematischer, da man die Stromlinien nicht daran hindern kann, in das Innere der Probe zu gehen. Auch Oberflächenstrukturen (z. B. Risse), Ausblühungen, Feuchtigkeit usw. beeinflussen stark den Oberflächenwiderstand.

### 9.3.3. Messung der Dielektrizitätskonstanten und des dielektrischen Verlustfaktors [9.80.]

Für die Messung der Dielektrizitätskonstante und des dielektrischen Verlustfaktors kann man eine Brücken-Parallelschaltung – gegebenenfalls auch Hintereinanderschaltung mehrerer Elemente – einer verlustfreien Kapazität bekannter Größe und der Probe als OHM'schen Widerstand heranziehen, z. B. in Form einer SCHERING-Brücke und mißt im Wechselstrom-Frequenzbereich von 15 bis 500 Hz. Man benutzt im allgemeinen Plattenkondensatoren, deren Kapazität sich im Vakuum berechnen läßt. In der Brückenanordnung variiert man den Widerstand so lange, bis die Brücke abgeglichen ist, d. h. bis man mit dem Nullinstrument keinen Strom mehr mißt. Man kann nun aus den Versuchsparametern die Dielektrizitätskonstante und den dielektrischen Verlustfaktor berechnen.

Bei höheren Frequenzen kann man mit der Schering-Brücke nicht mehr messen. Für den Bereich von 50 bis 100 000 Hz wird die Brücke nach GIEBE-ZICKNER empfohlen.

Bei noch höheren Frequenzen (0,1–100 MHz) arbeitet man nicht mehr mit einer Brückenanordnung sondern mit Schwingkreisen, die durch veränderliche Kapazitäten und Induktivitäten auf die Meßfrequenz abgestimmt sind.

### 9.3.4. Messung der Durchschlagfestigkeit [9.81.], der Kriechstromfestigkeit [9.82.] und der Lichtbogenfestigkeit [9.83.]

Analog dem Durchgangswiderstand und dem Oberflächenwiderstand hat man zwischen Durchschlagfestigkeit und Kriechstromfestigkeit zu unterscheiden.

**Durchschlagfestigkeit.** Bei der Durchschlagfestigkeit steigert man eine Spannung so lange, bis ein Durchschlag erfolgt. Diese maximal mögliche Spannung hängt sehr von der Versuchsdurchführung ab, weshalb die Werte oft unspezifisch sind und stark streuen. Deshalb muß auf exakte Versuchsdurchführung großer Wert gelegt werden. Dabei ist der Elektrodenform [9.84., 9.85.], dem Dielektrikum, unter dem zwecks Vermeidung von Überschlägen der Versuch durchgeführt wird (z. B. Siliconöl), die Zeit der Aufladung und anderen Einflußgrößen große Aufmerksamkeit zu widmen.

**Kriechstromfestigkeit.** Analoges gilt auch für die Kriechstromfestigkeit. Hierbei spielt die Oberflächengestaltung eine wichtige Rolle. Zwei spannungsführende Elektroden werden auf die Oberfläche der Probe aufgesetzt. Zwischen beide Elektroden läßt man z. B. eine NaCl-Lösung tropfen und mißt die Anzahl von Tropfen bis zur Entstehung eines Kurzschlusses infolge des Kriechstromes. Dieser kann bis zu sichtbaren Zerstörungen an der Oberfläche und zur Ausbildung eines Kriechweges führen.

**Lichtbogenfestigkeit.** Zur Bestimmung der Lichtbogenfestigkeit bringt man zwei Kohleelektroden auf den Isolierstoff, zieht die unter Spannung stehenden Elektroden auseinander und beobachtet die Einwirkung des Lichtbogens auf die Isolierstoffoberfläche. Bei Gummi, mit Ausnahme von Silicongummi, kommt es zur Verkohlung; es tritt eine Verstärkung der elektrischen Leitfähigkeit auf. Bei Silicongummi bildet sich ein isolierendes Kieselsäuregerüst.

#### 9.3.5. Messung der elektrostatischen Aufladung [9.86.–9.88.]

Bei mechanischer Beanspruchung insbesondere Reibung des Isolators Gummi kann sich dieser elektrostatisch aufladen. Die Stärke der Aufladung hängt nicht nur von der Zusammensetzung des Gummis und damit seiner Leitfähigkeit ab, sondern wird in starkem Maße auch vom Gesamtsystem bestimmt. Sie wird bestimmt von dem Gegenmaterial, auf dem Gummi gerieben wird, von der Anordnung des Gummis zu Leiterteilen, vom Feuchtigkeits- und Staubgehalt der umgebenden Luft usw.

Die Messung der Aufladung kann beispielsweise dadurch erfolgen, daß eine isolierte Platte über die aufgeladene Fläche gehalten wird. Durch Influenz werden in der Platte die Ladungen getrennt. Die gleichsinnigen Ladungen werden auf der Rückseite der Platte durch kurzzeitiges Erden abgeleitet. Nun bringt man die Platte in einen FARADAY'schen Käfig und mißt die Aufladung mit einem Elektrometer.

Solche Messungen eignen sich nur für das Labor. Für Messungen in der Praxis haben sich Feldstärkemessungen auf elektronischem Wege eingeführt. Auf einer über einen Widerstand geerdeten Platte wird durch ein elektrisches Feld eine Ladung influenziert, die nach Abschirmung des Feldes durch eine zweite geerdete Platte wieder abließt und an dem Widerstand einen Spannungsabfall hervorruft.

## 9.4. Prüfung von Latex [9.87.–9.94]

Die Prüfung von Latex ist im Kapitel Latexverarbeitung ausführlich behandelt worden (vgl. S. 606 bis 608).

## 9.5. Analyse von Kautschuk und Gummi [9.95.–9.110.]

Hier sollen vor allem die modernen Analysenverfahren zum Nachweis der Kautschukart und der wichtigsten Verarbeitungshilfen, wie Stabilisatoren, Alterungsschutzmittel, Beschleuniger, Weichmacher, angedeutet werden.

### 9.5.1. Quantitative Bestimmungen

Die Deutschen Industrie-Normen (DIN) sowie die amerikanischen (ASTM) und britischen Standardmethoden (BS) beschreiben zwar einen Gang für die Vollanalyse von Kautschukvulkanisaten, jedoch bleibt die Kombination der einzelnen Verfahren dem Analytiker grundsätzlich selbst überlassen.

9.5.1.1. Probenahme [9.111.]

Bei der Probenahme ist vor allem darauf zu achten, daß das entnommene Material tatsächlich einen Durchschnitt der zu untersuchenden Probe darstellt. *Unvulkanisierte* Kautschukproben oder Kautschukmischungen werden dünn ausgewalzt oder klein zerschnitten. *Vulkanisate* müssen so weit zerkleinert werden, daß sie durch ein Sieb von 40 Maschen/$cm^2$ restlos abgesiebt werden können. *Gummikitte* und *Lösungen* werden zunächst im Vakuum getrocknet und der Rückstand wie unvulkanisierter Kautschuk behandelt.

9.5.1.2. Bestimmung der Feuchtigkeit [9.112.]

1–2 g der zerkleinerten Probe werden auf einem Uhrglas im evakuierten Exsikkator über konzentrierter Schwefelsäure bis zur Gewichtskonstanz getrocknet. Alle Resultate, die sich aus den folgenden Vorschriften ergeben, müssen auf das getrocknete Material bezogen werden. Aus Gründen der Praktikabilität ist es vorteilhaft, den Feuchtigkeitsverlust durch 2stündiges Trocknen bei 105° C im Trockenschrank zu bestimmen. Dabei werden jedoch alle bei dieser Temperatur flüchtigen Anteile entfernt, weshalb sich diese einfache Methode nur bei Abwesenheit anderer flüchtiger Anteile eignet.

9.5.1.3. Bestimmung der wasserlöslichen Anteile [9.113.]

Durch Behandeln mit warmem Wasser werden aus Kautschuk oder Gummi z. B. Proteine, Stärke, Leim, Glycerin, verschiedene Beschleuniger und Zucker teilweise gelöst.

9.5.1.4. Bestimmung der acetonlöslichen Anteile [9.114.]

Mit Aceton können folgende Verbindungen aus Kautschuk und Vulkanisaten extrahiert werden: Kautschukharze, freier Schwefel, Wachse, zugesetzte Harze, Weichmacher, Paraffine, Celluloseester und -äther, Beschleuniger und Alterungsschutzmittel, Lanolin, einige organische Farbstoffe; teilweise extrahiert werden fette Öle, deren Oxidationsprodukte sowie stark mastizierter Kautschuk.

9.5.1.5. Bestimmung der chloroformlöslichen Anteile [9.114.]

Nur Vulkanisate werden mit Chloroform extrahiert. Chloroform löst aus den mit Aceton extrahierten Vulkanisaten bituminöse Substanzen, die an der schwarzbraunen Farbe sowie an der Fluoreszenz erkennbar sind. Weil vulkanisierter Kautschuk stets geringe Mengen chloroformlöslicher Anteile enthält, wird der auf den getrockneten Kautschuk bezogene Chloroformextrakt bis zu einer

Menge von 4% als normal bezeichnet. Wenn dieser Wert höher ist und die Farbe des Extraktes nicht auf die Anwesenheit von bituminösen Substanzen hinweist, so sind erhebliche Mengen von Kautschukbestandteilen in Lösung gegangen. Dies deutet darauf hin, daß die Probe nicht ausvulkanisiert ist, Regenerate enthält oder durch mechanische Bearbeitung vor der Vulkanisation zu stark depolymerisiert wurde. Der Chloroformextrakt ist bei NR, BR, SBR, CR und gut ausvulkanisiertem NBR anwendbar. Für IIR, TM, sowie stark untervulkanisierte oder Regenerat enthaltende Vulkanisate kann die Methode nicht angewandt werden. Die Dauer der Extraktion muß z. B. bei rußhaltigen Vulkanisaten 8 Stunden betragen.

9.5.1.6. Bestimmung der in methanolischer Kalilauge löslichen Anteile [9.115.]

Alkoholische KOH löst aus aceton- und chloroformextrahierten Vulkanisaten den Faktis. Außerdem gehen Eiweißstoffe sowie Bestandteile von gehärteten Phenolharzen in Lösung. Wenn der Stickstoff-Gehalt des Extraktes mit dem Faktor 6,25 multipliziert wird, erhält man einen ungefähren Wert für den Eiweißgehalt. Zieht man den Betrag an Schwefel und Eiweiß vom Gesamtextrakt ab, so kann man annähernd auf den Gehalt an Faktis schließen.

9.5.1.7. Bestimmung von Füllstoffen [9.116.]

Die Veraschung [9.117.] verläuft wegen der Zersetzung von Füllstoffen oft nicht quantitativ. Trotzdem wird diese Methode häufig angewandt, weil sie relativ einfach ist und unter Beachtung von Vorsichtsmaßnahmen quantitative Ergebnisse liefern kann, wenn die Veraschungstemperatur nicht höher als 500 – 600° C ist.

Zur Rußbestimmung sind Methoden weit verbreitet, bei denen der Kautschukanteil und andere Mischungskomponenten durch heiße $HNO_3$ zersetzt werden. CR-, CSM-, IIR-, und TM-Mischungen können auf diese Weise nicht analysiert werden, da sie gegen $HNO_3$ weitgehend beständig sind. Falls die Proben z. B. auf Basis SBR in $HNO_3$ nicht völlig löslich sind, muß das Verfahren etwas modifiziert werden. Ein Nachteil des Verfahrens ist die schwierige Filtration des Rußes, der infolge seiner feinen Verteilung auch durch Asbestfilter leicht durchläuft.

Bei einer weiteren Methode [9.119.] wird der Kautschuk durch tert.-Butylhydroperoxid in Gegenwart von Osmiumtetroxid zu gut löslichen niedrig molekularen Abbauprodukten oxidiert. Säurelösliche Füllstoffe werden aus dem Rückstand mit verdünnter Salpetersäure und Wasser ausgewaschen. Das Verfahren liefert gute Ergebnisse für Vulkanisate aus NR und SR mit höherem Anteil an konjugierten Divinylverbindungen.

9.5.1.8. Schwefelbestimmung [9.120.]

Durch Zusatz von Perchlorsäure oder Brom zur rauchenden $HNO_3$ und Erwärmen auf einem Sandbad werden Vulkanisate aus NR, SBR, IIR, NBR in relativ kurzer Zeit aufgeschlossen. In der siedenden rauchenden $HNO_3$ werden in Anwesenheit von ZnO Sulfate gebildet. Zur Bestimmung des Gesamtschwefels wird der wässerige Auszug des $HNO_3$-Aufschlusses mit $BaCl_2$ versetzt, die Sulfate durch $BaCl_2$ niedergeschlagen, isoliert und gewogen. Ebenso zuverlässige Analysenergebnisse stellen sich bei der Oxydation mit Na-peroxid in einer Bombe ein. Bei CR und NBR, manchmal auch bei SBR muß die Methode etwas modifiziert werden, bei IIR werden oft 0,1–0,5% zu niedrige Werte gefunden. In CSM, TM und CR-Thiuram-Typen wird auch der im Polymeren gebundene Schwefel mitbestimmt. Die Methode ist nur bei Weichgummi, nicht jedoch bei Hartgummi anwendbar.

Die entsprechende BS-Methode empfiehlt die Bestimmung nach CARIUS. Das entstandene Schwefeldioxid wird durch Wasserstoffperoxid zu Schwefelsäure oxydiert, die entweder direkt mit NaOH titriert oder wie bei der Verbrennung von NBR und CR mit 4-Amino-4' -chlor-diphenyl ausgefällt und säurefrei gewaschen wird. Der Rückstand wird unter Verwendung eines Mischindikators aus Phenolrot und Bromthymolblau mit NaOH titriert.

Zur Bestimmung des freien Schwefels wird das dünn ausgewalzte Vulkanisat in einer siedenden Natriumsulfit-Lösung behandelt. Der freie Schwefel wird hierbei zu Thiosulfat umgesetzt und jodometrisch bestimmt.Auch eine neue potentiometrische Methode nach GROSS [9.121.] ist anwendbar.

Zur Bestimmung des acetonlöslichen Schwefels wird die Probe mindestens 16 h lang mit Aceton extrahiert. Der trockene Acetonextrakt wird entweder mit $Br/HNO_3$ oder mit Na-Peroxid oxydiert. Das gebildete Sulfat kann gravimetrisch oder durch photometrische Titration mit Bariumchlorid bis zur maximalen Trübung bestimmt werden.

## 9.5.2. Identifizierung der Kautschukart durch Infrarotspektroskopie

9.5.2.1. Identifizierung von Rohkautschuk und der Kautschukart in unvulkanisierten Mischungen

Die erste Publikation, die den Gebrauch der Infrarot-Spektroskopie bei der Analyse von Kautschukarten verzeichnet, stammt von BARNES, WILLIAMS, DAVIS und GIESECKE [9.122.]. Diese Autoren trennten das Polymer von den verschiedenen anwesenden Füllstoffen, insbesondere von Ruß, und zwar durch Lösen in hochsiedenden Lösungsmitteln und Entfernen der Füllstoffe durch Filtration. Wichtig ist, daß die Probe erst mit Aceton oder

Petroläther extrahiert wird, um störende Anteile wie Weichmacher, Paraffine, Antioxidantien u. a. zu entfernen. Auch die Extraktion unvernetzter Anteile ist wichtig [9.123.]. Aus der Lösung wird das Polymer durch Fällung mit Alkohol abgetrennt, getrocknet und als Film oder in Lösung in einem für Infrarot durchlässigen Lösungsmittel identifiziert. Diese Vorbereitung ist mühsam und langwierig, führt aber zu einer unzweideutigen Identifizierung des Polymers, weil ein über den ganzen Bereich sich erstreckendes Spektrum gemessen und mit einer geeigneten Serie von Vergleichsspektren verglichen werden kann.

#### 9.5.2.2. Identifizierung der Kautschukart in Vulkanisaten durch Auflösen

DINSMORE und SMITH [9.124.] benutzen gleichfalls ein hochsiedendes Lösungsmittel (z. B. o-Dichlorbenzol) zum Auflösen von vulkanisiertem Kautschuk, entfernen die Füllstoffe durch Zentrifugieren oder Filtrieren, konzentrieren die Lösung zur viskosen Konsistenz und breiten sie zwischen Metallstäben als Abstandhalter auf einer Steinsalz- oder Kaliumbromid-Kristallplatte aus. Nachdem das Lösungsmittel vollständig verdampft ist, wird das Spektrum aufgenommen und ausgemessen. Da die Probe in o-Dichlorbenzol meist nicht völlig in Lösung geht, wird der in Lösung gegangene Anteil als repräsentatives Muster angesehen.

#### 9.5.2.3. Identifizierung der Kautschukart in Vulkanisaten durch Pyrolyseinfrarotspektroskopie

Eine schnellere Methode zur Bestimmung der Kautschukart in Vulkanisaten beruht auf der infrarotspektroskopischen Untersuchung thermischer Zersetzungsprodukte. Eingeführt wurde diese Methode von HARMS [9.125.] und KRUSE und WALLACE [9.126.], zum Nachweis von unlöslichen Kunststoffen und Harzen. Diese Technik wurde dann von TYRON, KOROWITZ und MONDEL [9.127.] für die quantitative Analyse von Mischungen aus NR und SBR benutzt. National Bureau of Standards und ISO-Standard [9.128.] empfehlen und beschreiben ausführlich die Analyse von Vulkanisaten mit Hilfe der Pyrolyse-Infrarotspektroskopie.

Sehr ausführlich ist die Pyrolysetechnik und die theoretische Grundlage zur Identifizierung von thermischen Spaltprodukten aus Vulkanisaten mit Hilfe der IR-Spektroskopie von FIORENZA und BONANI beschrieben [9.129.]; dies ist auf diesem Gebiet eine der wichtigsten Arbeiten.

Die meisten Autoren beschreiben die Pyrolyse der Materialien in Luft, wobei ein sehr schmutziges, stark oxydiertes Pyrolysat entsteht, dessen Zusammensetzung sich mit Änderung der Polymer-Zusammensetzung für sehr viele aliphatische Kohlenwasserstoff-

Polymerisate nur unzureichend ändert. Aus diesem Grunde wird von ISO eine Pyrolyse in der Stickstoffatmosphäre empfohlen. BENTLEY [9.130.] empfiehlt die thermische Zersetzung unter Vakuum durchzuführen. Dieses Verfahren wurde von anderen Autoren auf eine breite Auswahl der z. Z. benutzten Kautschukarten ausgedehnt und umfaßt Absorptionsdaten für einige typische Mischungen und für eine Reihe von Polymerisaten und Copolymerisaten, die als Mischungsbestandteile benutzt werden können. Die Infrarot-Spektroskopie ist im allgemeinen ein Verfahren, das unempfindlich ist für den Nachweis von Nebenbestandteilen, besonders dann, wenn die Hauptbestandteile starke Absorbentien sind. Es muß daher darauf hingewiesen werden, daß abhängig von dem Absorptionsverhalten des Restes der Mischung ein Nebenbestandteil in der Mischung in Konzentrationen von mindestens 10% vorhanden sein und trotzdem unentdeckt bleiben könnte. Beispiele solcher Mischungen sind folgende:

- bis zu 10% CSM in EPDM
- bis zu 15% CR in einer SBR-NBR-Mischung.

Es ist daher klar, daß für die erforderlichen Analysen von aus vielen Komponenten zusammengesetzten Mischungen so viele charakteristische Banden gemessen werden sollten wie möglich. Außerdem sollte der Analytiker den Rest des Spektrums sorgfältig studieren und mit den Spektren von Standardverbindungen vertraut sein. In diesem Zusammenhang ist eine rasche BEILSTEIN-Probe sehr nützlich, wenn ein erforderlicher Nachweis kleiner Mengen von chlorhaltigen Polymeren, wie z. B. CSM oder CR, erreicht werden soll.

### 9.5.3. Pyrolyse in Verbindung mit einer papierchromatographischen Identifizierung der Kautschukarten

FEUERBERG [9.131.] beschreibt ein Pyrolyseverfahren in einem elektrisch beheizten Pyrolyserohr unter genau festgelegten Bedingungen sowie die Herstellung und die papierchromatographische Identifizierung von Hg-Addukten leicht flüchtiger Kautschukpyrolysate. Die aus der Kühlfalle entnommenen Pyrolysate werden mit festem Hg-Acetat versetzt und mindestens 2 Stunden geschüttelt. Die erhaltenen Addukte werden auf Papierrundfilter mit etwa 30 cm Durchmesser chromatographiert. Es werden 1–3 $\mu$l Lösung aufgetragen.

Laufmittel: $CH_3OH/CH_3COC_2H_5$/1,5 n $NH_4OH$/1,5 n $(NH_4)_2CO_3$ (6 : 6 : 1 : 1 v). Die Laufzeit beträgt 4–6 Stunden. Zum Anfärben der Flächen wird eine 1%ige Lösung von Diphenylcarbazon in Methanol verwendet. Es treten blaue bis violette, für den betreffenden Kautschuk charakteristische Ringsegmente auf.

### 9.5.4. Identifizierung der Kautschukart mit Hilfe der Pyrolyse-Gaschromatographie

Unter Pyrolyse-Gaschromatographie versteht man eine Kombination von pyrolytischer Zersetzung und gaschromatographischer Trennung der Zersetzungsprodukte. Die erhaltenen Chromatogramme lassen sich meist aufgrund ihres äußeren Erscheinungsbildes (wie etwa „Fingerabdrücke") bestimmten Polymerisaten zuordnen. Die Methode der Pyrolyse-Gaschromatographie ergänzt die Pyrolyse-IR Spektroskopie und ist unentbehrlich, wenn die Infrarotspektroskopie zu unempfindliche Aussagen für untergeordnete Komponenten liefert. Als Pyrolyse-System wird am häufigsten der Hochfrequenz-Pyrolysator (CURIE-Punkt-Pyrolyse) [9.132.] benutzt. Die Probe wird in Form eines dünnen Fadens ins Innere der ferromagnetischen Spirale gesetzt. Die günstigste Pyrolysetemperatur beträgt 700° C. Die gaschromatographische Trennung erhält man am besten mit Hilfe einer 30 m langen Dünnschicht-Kapillarsäule unter Verwendung von Polysev als polare Trennflüssigkeit.

Eine quantitative Untersuchung der Zusammensetzung von Elastomer-Mischungen mit Hilfe der Pyrolyse-Gaschromatographie ist nur dann möglich, wenn erstens eine repräsentative Probe vorliegt und zweitens die Ausgangskomponenten bekannt sind. Es gibt keine theoretische Möglichkeit den BR-Anteil in einem unbekannten Vulkanisat aus BR-SBR-Gemisch zu bestimmen, es sei denn, die beiden Ausgangskomponenten sind bekannt (z. B. es liegt ein Gemisch aus cis-1,4-BR und ein SBR mit einem Styrolgehalt von etwa 23,5 Massen-% vor).

Eine ausführliche Zusammenstellung der Literatur über die Pyrolyse-Gaschromatographie enthält die Beilage zur 18. bzw. 41. Mitteilung des Bundesgesundheitsamtes von OSTROMOW und HOFMANN [9.101.] sowie Arbeiten von CANJI [9.132.].

### 9.5.5. Identifizierung von Zusatz- und Fabrikationshilfsstoffen in Kautschuk-Mischungen und Vulkanisaten

Die Zusatz- und Fabrikationshilfsstoffe (wie Stabilisator, Alterungsschutzmittel, Beschleuniger, Weichmacher) lassen sich aus Kautschuk-Mischungen und Vulkanisaten durch Extraktion mit Aceton oder Methanol abtrennen [9.133.–9.134.]. Nach Abdampfen der Lösungsmittel werden die Extraktionsrückstände zur Bestimmung dieser Stoffe benutzt.

#### 9.5.5.1. Identifizierung von Stabilisatoren und Alterungsschutzmitteln

Der Nachweis von Stabilisatoren und Alterungsschutzmitteln erfolgt dünnschichtchromatographisch [9.135.].

Über die quantitative Bestimmung siehe OSTROMOW und HOFMANN [9.136.].

9.5.5.2. Identifizierung von Beschleunigern und deren Spaltprodukten

Der Nachweis von Beschleunigern erfolgt papier- bzw. dünnschichtchromatographisch. Das Verfahren ist ausführlich beschrieben bei OSTROMOW und HOFMANN [9.101., 9.136.]. Die quantitative Bestimmung von Beschleunigern und deren Spaltprodukten siehe OSTROMOW und HOFMANN [9.137.]

9.5.5.3. Identifizierung von Weichmachern

Die Weichmacheranalyse wird mit Hilfe chemisch analytischer, dünnschichtchromatographischer, gaschromatographischer und IR-spektroskopischer Verfahren durchgeführt. Diese Verfahren sind ausführlich in einem Buch von WANDEL, TENGLER und OSTROMOW [9.138.] beschrieben und lassen sich gegebenenfalls auch auf Weichmachergemische anwenden.

### 9.5.6. Hochleistungs-Flüssigkeitschromatographie [9.139.]

Die seit geraumer Zeit bekannte Hochleistungs-Flüssigkeitschromatographie (HPLC), die bei der Analyse organischer Verbindungen steigende Bedeutung erlangt, ist neuerdings auch für die Kautschuk und Gummianalytik bekannt geworden.

Die Sorptionsmittel sind kleiner als $2 \mu m$, wodurch sie sehr große spezifische Oberflächen besitzen (200–500 $m^2/g$). Die Eluentien werden mit hohen Drucken durch die Säulen geleitet (bis 300 bar). Als Flüssigkeiten kommen z. B. Diisopropyläther, Methanol, Dioxan, Tetrahydrofuran, Wasser u. dgl. zur Anwendung. Die HPLC ist durch eine sehr große Anzahl von theoretischen Böden (z. B. 5000) der analytischen Säule sehr trennscharf.

### 9.5.7. Automatisierung der Analytik

Dieses Verfahren verspricht die Analytik zu vereinfachen und gestattet die Möglichkeit der Automatisierung. Infolge des geringen Zeitbedarfs ist es künftig eventuell möglich, eine weitgehende Qualitätskontrolle von Mischungen und Elastomeren auch auf chemischem Wege durchzuführen. Sie dient zur qualitativen und quantitativen Erfassung von Additiven, wobei die Identifikation z.B. durch IR-Spektroskopie erfolgt. Wenn die wichtigsten Substanzen mit ihren bekannten Spektren in einer Datei gespeichert sind, können die zu prüfenden Substanzen aufgrund ihrer funktionellen Gruppen mit den gespeicherten Spektren per Computer verglichen und mit hoher Wahrscheinlichkeit identifiziert werden. Die Identifikation kann auch massenspektroskopisch erfolgen.

### 9.5.8. Thermoanalysen von Elastomeren [9.140–9.141.]

Diese Methoden sind weniger zur Bestimmung der Zusammensetzung von Kautschuk und Gummi geeignet, sondern dienen mehr zur Erfassung von Strukturelementen.

Das Prinzip der Differential-Thermoanalyse (DTA) ist, daß sich zwischen der Probe und dem Referenzmuster ein Enthalpieunterschied in Calorimetern bei konstanter Temperatur einstellt, der sich als Temperaturdifferenz der Proben äußert. Dieser Ethalpieunterschied gibt z. B. Auskunft über Kristallisations-oder Umlagerungsvorgänge, Glasübergangstemperaturen u. dgl. Nachteilig bei dieser Untersuchung ist, daß die Übergangswärme nicht quantitativ erfaßt werden kann.

Eine Methode, mit der diese Schwierigkeiten überwunden wurden, ist die „Differential-Scanning-Calorimetry", (DSC). Hierbei wird statt der Temperaturunterschiede die Differenz der Wärmeströme zwischen der Probe und einem Referenzmuster gemessen. Deshalb wird mit der DSC-Methode primär die Größe der Enthalpieänderung bestimmt.

Bei der Thermogravimetrie (TGA) [9.142.] wird kontinuierlich das Gewicht (Dichte) der Probe als Funktion einer programmiert verlaufenden Temperatur bestimmt. Diese Methode dient z. B. zur Erkennung von Zersetzungsreaktionen, Reinheitsbestimmungen u. dgl.

Die Thermomechanische Analyse (TMA) ist eine eindimensionale dilatometrische Messung, bei der die Länge der Probe in Abhängigkeit von der Temperatur gemessen wird. Diese Methode eignet sich für Expansions- und Penetrationsmessungen. Sie ist ferner geeignet zur Bestimmung der linearen Ausdehnungskoeffizienten, aber auch der Glasübergangstemperatur, anisotroper Effekte u. dgl.

Mit Hilfe neuentwickelter Thermoanalyse (TA)-Detektoren lassen sich recht genau Nitrosoamine bestimmen.

### 9.5.9. Polymerstrukturanalysen

Die außerordentlich zahlreiche neuere Literatur zur Strukturaufklärung von Polymeren wie z. B. Flüssigkeitschromatographie, Gel-Permeations-Chromatographie, Thermoanalysen, Massenspektroskopie, Torsional Braid Analysis (TBA), Electronspectroscopie für chemische Analysen (ESCA), Nuclear Magnetic Resonance (NMR), Lumineszenz, Elektron-Spin-Resonanz, Raman Spectroscopie, Neutron Scattering, Mikroskopie, Akustik, turbudimetrische Titration, Molekularmassenbestimmung durch Viskositätsmessungen, Röntgen-Diffraktion u. a. sind in [9.143.] beschrieben.

## 9.6. Bestimmung der Art der Schwefelbindung (Vernetzungsstruktur) in Vulkanisaten [9.144.–9.145.]

Die Menge an gebundenem Schwefel wird bestimmt durch die Differenz zwischen der Menge an extrahierbarem Schwefel und der Menge des Gesamtschwefels. Nach diesem Differenzverfahren erfaßt man lediglich die Gesamtmenge des an Kautschuk gebundenen Schwefels ohne Rücksicht auf die Art der Bindung. Während dies für die Bestimmung des Vulkanisationsgrades in vielen Fällen ausreicht, spielt bei der wissenschaftlichen Erfassung der Vernetzungsvorgänge die Frage, ob der Schwefel mono-, di- oder polysulfidisch, cyclisch oder als Thiolgruppe gebunden ist, eine bedeutsame Rolle. Diese Fragestellung sollte jedoch nicht nur den Wissenschaftler, sondern in besonders gelagerten Fällen auch den Praktiker interessieren, da bekanntlich nicht aller gebundener Schwefel den Vernetzungsgrad beeinflußt und da die Art der Schwefelbindung auf das technologische Eigenschaftsbild des Vulkanisates von Bedeutung ist .

### 9.6.1. Anwendung von Methyljodid

9.6.1.1. Prinzip der Methode

Wenn Vulkanisate einige Tage mit einem Überschuß von Methyljodid gelagert werden, addieren sie Methyljodid [9.146.]. Die Reaktion von Vulkanisaten mit Methyljodid wurde von zahlreichen Autoren untersucht [9.147.–9.152.].

Zusammenfassend ergaben sich bei diesen Untersuchungen folgende Erkenntnisse:

**Aliphatische Mercaptane**. Bei der Reaktion von Mercaptanen mit Methyljodid in alkoholischer Lösung bildet sich nach den folgenden Gleichungen (9.1. und 9.2.) Dimethylalkylsulfoniumjodid:

$$R-CH_2-SH + CH_3J \longrightarrow HJ + R-CH_2-S-CH_3 \qquad \text{Gleichung 9.1.}$$

$$R-CH_2-S-CH_3 + CH_3J \longrightarrow \left(R-CH_2-S\begin{matrix}CH_3\\CH_3\end{matrix}\right)J \qquad \text{Gleichung 9.2.}$$

Wenn freies Jod zugegen ist, so geht eine entsprechende Menge des Mercaptans nach folgender Gleichung (9.3.)

$$2R-CH_2-SH + J_2 \longrightarrow 2HJ + R-CH_2-S-S-CH_2-R \qquad \text{Gleichung 9.3.}$$

in das Dialkyldisulfid über. Dieses kann seinerseits durch Umsetzung mit Methyljodid ebenfalls in das entsprechende Sulfoniumjodid übergehen.

**Aliphatische Monosulfide.** Bei der Reaktion von Dialkylmonosulfiden mit Methyljodid wird dieses nach folgender Gleichung (9.4.)

$$R{-}CH_2{-}S{-}CH_2{-}R' + CH_3J \longrightarrow \left(R{-}CH_2{-}S\begin{matrix}CH_2{-}R'\\CH_3\end{matrix}\right)J \qquad \text{Gleichung 9.4.}$$

zu den entsprechenden Sulfoniumjodiden addiert.

Bei einem Überschuß an Methyljodid kann auch ein Austausch der Alkyl-Gruppen gegen den Methyl-Rest in mehreren Stufen stattfinden, die die folgende Gleichung (9.5.) zusammenfassend beschreibt.

$$\left(R{-}CH_2{-}S\begin{matrix}CH_2{-}R'\\CH_3\end{matrix}\right)J + 2CH_3J \longrightarrow \left(CH_3{-}S\begin{matrix}CH_3\\CH_3\end{matrix}\right)J + R{-}CH_2J + R'{-}CH_2J$$

Gleichung 9.5.

Diese Reaktionen verlaufen jedoch langsam und das Alkylmethylmonosulfid tritt als Zwischenprodukt in Erscheinung. Aufgrund der geringen Geschwindigkeit wird bei relativ niedrigen Analysentemperaturen, z. B. bei 24° C, lediglich das Reaktionsprodukt aus Gleichung 9.4. gefunden. Die Menge des gefundenen Methylsulfoniumjodids ist unter diesen Bedingungen ein Maß für die Anzahl alkylgebundener Monosulfid-Bindungen.

Allylmonosulfide reagieren zunächst analog wie Gleichung 9.4. nach folgender Gleichung (9.6.).

$$R{-}CH{=}CH{-}CH_2{-}S{-}CH_2{-}CH{=}CH{-}R' + CH_3J$$

$$\longrightarrow \left(R{-}CH{=}CH{-}CH_2{-}S\begin{matrix}CH_2{-}CH{=}CH{-}R'\\CH_3\end{matrix}\right)J \qquad \text{Gleichung 9.6.}$$

Das dabei primär entstehende Diallylmethylsulfoniumjodid ist jedoch unstabil; bei der weiteren Reaktion tauscht es relativ rasch nacheinander alle Allyl-Reste gegen Methyl-Gruppen aus. Auf diese Weise entsteht analog wie nach Gleichung 9.5. Trimethylsulfoniumjodid als Endprodukt. Diese komplexen Reaktionen verlaufen recht schnell [9.150., 9.153.], die zusammenfassend als Summengleichung (9.7.) folgendermaßen formuliert werden können.

$$R{-}CH{=}CH{-}CH_2{-}S{-}CH_2{-}CH{=}CH{-}R' + 3CH_3J \longrightarrow$$

$$J_2 + R{-}CH{=}CH{-}CH_2{-}CH_2{-}CH{=}CH{-}R' + (CH_3)_3SJ \qquad \text{Gleichung 9.7.}$$

Die bei der Reaktion bei z. B. 24° C gebildete Jod-Menge kann titrimetrisch erfaßt werden und ist bei Abwesenheit von Mercaptanen (vgl. Gleichung 9.3.) ein Maß für Allyl-gebundene Monothioäther.

**Aliphatische Disulfide** reagieren mit Methyljodid außerordentlich langsam bzw. erst bei höheren Temperaturen, wobei pro Mol Disulfid 4 Mol Methyljodid verbraucht werden. Die Reaktion soll gemäß Gleichung 9.8. verlaufen [9.154.].

$$R{-}CH_2{-}S{-}S{-}CH_2{-}R + CH_3J$$

$$\longrightarrow R{-}CH_2{-}\underset{\displaystyle CH_3}{\underset{/}{S}}{-}\underset{\displaystyle J}{\underset{\backslash}{S}}{-}CH_2{-}R$$

Gleichung 9.8.

Dieses Addukt zerfällt wieder zu Alkylmethylmonosulfid und Alkylsulfenyljodid, das jedoch nur intermediär auftritt. Auch diese Reaktion im Überschuß von Methyljodid verläuft recht komplex und kann in folgender Summenformel (s. Gleichung 9.9.) zusammengefaßt werden.

$$R{-}CH_2{-}S{-}S{-}CH_2{-}R + 4CH_3J$$

$$\longrightarrow J_2 + 2\left(R{-}CH_2{-}S\begin{matrix}{\diagup}CH_3\\{\diagdown}CH_3\end{matrix}\right)J$$

Gleichung 9.9.

Bedeutsam für die Ablösbarkeit des Schwefels aus dem Vulkanisat ist also dessen Art und dessen Stellung zur Doppelbindung. In $\alpha$-Methylen-C-Stellung erfolgt die Reaktion durch Ablösung des Schwefels aus dem Vulkanisat und unter Bildung von Trimethylsulfoniumjodid, entsprechend Gleichung 9.7.

Wurde die Vernetzungsbrücke unter Auflösung einer Doppelbindung aufgerichtet, dann wird Methyljodid unter Bildung von Sulfoniumjodid addiert. Wenn also der größte Teil des Schwefels durch Methyljodid extrahierbar ist, dann zeigt dies eine Schwefelbindung an der $\alpha$-Methylen-Gruppe zur Doppelbindung (d. h. in Allylstellung) an. Die Methyljodid-Reaktion mit Di- und Polythioäthern geht wesentlich langsamer vor sich als mit Monothioäthern. Bei relativ niedrigen Temperaturen, z. B. 24° C, erfaßt man deshalb praktisch ausschließlich Monothioäther.

### 9.6.1.2. Durchführung der Analyse

0,2–0,3 g einer vorher von freiem Schwefel durch Extraktion völlig befreiten und zerkleinerten Gummiprobe werden im 125-ml-Vakuumkolben mit 57 g (25 ml) reinem Methyljodid versetzt, die Luft völlig entfernt und reiner Stickstoff eingefüllt. Dann läßt man die Probe 500 Stunden im Dunkeln bei 24° C stehen. Nach vollständiger Reaktion wird Methyljodid im Hochvakuum abdestilliert und anschließend im Hochvakuum bei 60° C getrocknet. Das sich evtl. bildende Trimethylsulfoniumjodid wird durch Aceton extrahiert und der Schwefel nach der Na-Sulfid-Methode bzw., wenn genügend Substanz vorhanden ist, durch $HNO_3$-Oxydation nach ASTM [9.155.] bestimmt. Die Bestimmung des freien Schwefels erfolgt durch Titration mit Thiosulfat, die Bestimmung des Gesamtjods nach ELEK und HARTE [9.156.].

Die Bestimmung des nach der Reaktion noch gebundenen Schwefels erfolgt nach der Differenzmethode, d. h. Gesamtschwefel abzüglich freiem Schwefel. Wenn vor der Behandlung mit Methyljodid die Gesamtzahl von Vernetzungsstellen beispielsweise nach der Quellungsmethode [9.157] bestimmt worden ist, läßt sich nun aus der Anzahl der noch verbleibenden Vernetzungsstellen abschätzen, wieviel Vernetzungsstellen gespalten worden sind. Dies entspricht der Anzahl allylgebundener Thioäthergruppen; die Menge frei gewordenen Schwefels läßt auf die Länge der Vernetzungsbrücken schließen.

### 9.6.2. Anwendung von Lithiumaluminiumhydrid

#### 9.6.2.1. Prinzip der Methode

Bei der Reaktion mit Methyljodid reagieren nicht nur die intermolekular gebundenen Schwefelanteile, sondern auch intramolekular gebundener (cyclisch eingebauter) Schwefel, wodurch die Ergebnisse verfälscht werden können. Nach STUDEBAKER und NABORS [9.158.] sowie MOORE [9.159.] sind die nach der Methyljodid-Methode erhaltenen Ergebnisse recht schwierig zu interpretieren. Man kann jedoch mit ihnen eindeutig feststellen, ob man beispielsweise bei der Vulkanisation ohne freien Schwefel Schwefel- oder C-C-Vernetzungsstellen vorliegen hat. Im Falle der Abwesenheit von C-C-Vernetzungen ist die weitere Differenzierung von Mono-, Di- oder Polythioäther-Vernetzungsstellen durch die Anwendung von Lithiumaluminiumhydrid besonders einfach [9.158.]. Über die Handhabung von Lithiumaluminiumhydrid geben die Arbeiten von ARNOLD und WEISS [9.160.] sowie von ARNOLD, LIEN und ALM [9.161.] Auskunft.

Monosulfidbindungen werden durch Lithiumaluminiumhydrid nicht angegriffen, sondern bleiben unverändert erhalten.

Dithioäther werden dagegen unter Bildung von Mercaptanen hydrolysiert, siehe Gleichung 9.10.:

$$R{-}S{-}S{-}R \xrightarrow[\text{Hydrolyse}]{LiAlH_4} 2RSH$$ Gleichung 9.10.

Polythioäther bilden bei der Reaktion mit Lithiumaluminiumhydrid dagegen Mercaptane und eine dem Faktor × des Polythioäthers äquivalente Menge an Sulfiden, siehe Gleichung 9.11.:

$$R{-}S{-}S_x{-}S{-}R \xrightarrow[\text{Hydrolyse}]{LiAlH_4} 2RSH + xS{-}{-}$$ Gleichung 9.11.

Die aus den reduzierten Proben gebildeten Mercaptane und Sulfide werden potentiometrisch titriert. Die Menge der gefundenen Sulfide weist auf polysulfidische Bindungen hin. Die Größenordnung von x läßt sich durch die Anwendung von Triphenylphosphin als Reagens (vgl. Abschnitt 9.6.3., S. 664) bestimmen. Aus der ermittelten Anzahl von Polysulfid-Vernetzungen läßt sich durch Differenz zur Gesamtzahl von gespaltenen Vernetzungsbrücken die Anzahl von Disulfid-Vernetzungen feststellen. Aus der Differenz der nach der Reduktion noch verbleibenden Vernetzungsbrücken zur vorherigen Gesamtanzahl (unter der Voraussetzung, daß C-C-Vernetzungen nicht vorhanden sind) erhält man die Anzahl von Monothioäther-Vernetzungsgliedern.

9.6.2.2. Durchführung der Analyse

**Herstellung der Analysenproben.** 1,5 g einer dünnwandigen Vulkanisatprobe werden mit Chloroform 7 Tage lang im Soxhlet extrahiert und 24 Stunden bei Raumtemperatur im Vakuum getrocknet. Anschließend wird eine Stunde lang mit 75 ml reinem Äther am Rückfluß gekocht. Es werden 10 ml konzentrierter Salzsäure zugesetzt. Daran schließt sich ein weiteres 3stündiges Kochen am Rückfluß an, wobei durch den Reaktionskolben Stickstoff durchgeleitet wird. Der sich bildende Schwefelwasserstoff wird in wässeriger, saurer Cd-Acetat-Lösung aufgefangen. Der Sulfidschwefel wird dann jodometrisch bestimmt. Der Überschuß an Äther und Salzsäure wird dekantiert und die Probe mit destilliertem Wasser gewaschen und anschließend getrocknet. Dann extrahiert man 48 Stunden mit reinem Methanol und trocknet erneut 48 Stunden bei Raumtemperatur über Stickstoff. Die auf diese Weise erhaltenen Proben werden unter Paraffin im Mikrotom in 5 dünne Scheibchen zerschnitten, das Paraffin mit 50 ml n-Hexan extrahiert. Mit weiteren 20 ml n-Hexan werden die Scheibchen nun in einen 125-ml-Dreihalskolben übergeführt, auf dem in der Mitte ein Kühler, auf der einen Seite eine Stickstoffkapillare und auf der anderen Seite ein Tropftrichter für die Reagenszugabe aufgesetzt sind.

**Reagenzien:** Cd-Acetat-Lösung:
25 g Cd-Acetat und 100 ml Eisessig in 875 ml destilliertem Wasser.

**Reaktionslösung:** 180 ml Tetrahydrofuran, das über Lithiumaluminiumhydrid destilliert worden ist und 18 g Lithiumaluminiumhydrid werden gerührt, über Nacht stehen gelassen, durch Glaswolle filtriert und dann mit 3 Tropfen der nachfolgenden Indikatorlösung, die Lithiumaluminiumhydrid anzeigt, versetzt.

**Indikatorlösung:** 1% 4-Phenylazo-diphenylamin in Benzol, Ammoniumnitrat in Äthanol (5 g Ammoniumnitrat werden in 1 l destilliertem denaturiertem Äthylalkohol gelöst).

**Durchführung der Reaktion**. Das Reaktionsgefäß mit den unter n-Hexan befindlichen Proben wird gut mit Stickstoff ausgespült und im Eisbad gekühlt. 30 ml eines über Lithiumaluminiumhydrid destillierten Tetrahydrofurans, das so viel Lithiumaluminiumhydrid enthält, daß der Indikator eine schwach bräunliche Farbe ergibt, werden zugesetzt. Nun gibt man 3 ml der Reaktionslösung tropfenweise zu. Die Reaktion erfolgt zuerst schwach und dann stärker. Die Geschwindigkeit des Zusatzes der Reaktionslösung sollte so bemessen sein, daß er nach etwa 5 Minuten abgeschlossen ist. Danach wird das Reaktionsgefäß auf ein 25° C warmes Wasserbad gestellt und 3 Stunden lang mit einem Magnetrührer gerührt. Der Überschuß an Lithiumaluminiumhydrid wird dann durch Zusatz von 10 ml der Ammoniumnitrat-Äthanol-Lösung zersetzt. Diese Lösung wird zuerst ebenfalls tropfenweise bis zur deutlichen Wasserstoffentwicklung zugesetzt, dann wird der Rest eingerührt. Schließlich werden 3 ml konzentrierten Ammoniumhydroxids zugesetzt und mit 20 ml Ammoniumnitrat-Äthanol-Lösung gespült. Der Inhalt der Kolbens wird nun in ein 250-ml-Becherglas übergeführt und zwar unter Ausspülen mit weiteren 70 ml Ammoniumnitrat-Äthanol-Lösung.

**Titration.** Die Titration erfolgt mit 0,1 n $AgNO_3$-Lösung, z. B. mit der SYRINGE-Mikrobürette SB-2 der Firma MICRO METRIC INSTRUMENT Comp., Cleveland, Ohio. Als Elektrode wird ein Ag-Kalomel-System empfohlen. Nahe dem Endpunkt erfolgt die Silbernitratzugabe in einem Abstand von etwa 1 Minute. Das $MV^-$-Potential wird mit einem Potentiometer gemessen. Bei Sulfid-Spaltprodukten wird ein Potentiometerwert zwischen 450 und 600 und bei Mercaptan-Spaltprodukten ein solcher zwischen 150 und 330 $MV^-$ gemessen. Die Sulfid-Spaltprodukte lassen sich rasch titrieren, wogegen die Mercaptan-Spaltprodukte zur Einstellung des Gleichgewichtes eine längere Zeit benötigten.

**Auswertung:** $S - \frac{\text{ml} \times \text{Normalität } (AgNO_3)}{2}$ = Millimol Sulfid-Schwefel

RSH ml × Normalität ($AgNO_3$) = Millimol Mercaptanschwefel

### 9.6.3. Anwendung von Triphenylphosphin

Eine Reihe weiterer Substanzen scheint zum Spalten von Vernetzungsbrücken in Vulkanisaten geeignet zu sein. Eine recht interessante Substanz ist das Triphenylphosphin [9.162.–9.163.]. Es hat sich nämlich gezeigt, daß Dialkyltetrasulfide ($R\text{-}S_4\text{-}R$) mit Triphenylphosphin in Benzol bei 80° C nach Gleichung 9.12.

$$R{-}S_4{-}R + 2Ph_3P \longrightarrow R{-}S_2{-}R + 2Ph_3PS \quad (Ph{=}Phenyl)$$ Gleichung 9.12.

reagieren, indem Disulfide gebildet werden und die beiden restlichen aus der Schwefelkette herausgelösten Schwefelatome durch Bindung an das Triphenylphosphin nachweisbar werden.

Durch Anwendung dieser Methode kann man ergänzend zur Lithiumaluminiumhydrid-Nachweismethode die Größe von x in Polysulfid-Vernetzungsbrücken R-S-$S_x$-S-R bestimmen. Bei Dialkenyldisulfiden werden durch Reaktion mit Triphenylphosphin (siehe Gleichung 9.13.)

$$R'-S_2-R' + Ph_3P \longrightarrow R'-S-R' + Ph_3PS \quad (R' = \text{Alkenyl}) \qquad \text{Gleichung 9.13.}$$

unter vergleichbaren Bedingungen, aber in Abwesenheit von Lösungsmitteln, Monosulfide gebildet.

### 9.6.4. Anwendung von Natriumdialkylphosphit und Propan-2-thiol-piperidin

Bei der Anwendung von Natriumdialkylphosphit [9.164.] und von Propan-2-thiol-piperidin [9.165.] lassen sich ebenfalls Di- und Polysulfide nachweisen. Beide Kategorien sind nämlich in diesen Reagenzien löslich. Polysulfide sind rasch und Disulfide sehr langsam löslich, wogegen Monosulfide nicht löslich sind. Die Reaktionen erfolgen nach den Gleichungen 9.14. bis 9.16.:

$$[(\text{Alkyl}-O)_2\,PO]^-\ Na^+ + R-S-S-R \longrightarrow (\text{Alkyl}\ O)_2PO\ SR + (R-S)^-\ Na^+ \qquad \text{Gleichung 9.14.}$$

$$3[(CH_3)_2CH\ S]^-\ (C_5H_{10}NH_2)^+ + R-S-S-S-R \longrightarrow [R-S-S-CH(CH_3)_2] + (R-S)^-(C_5H_{10}NH_2)^+ + (CH_3)_2CH-S-S-CH(CH_3)_2 + (C_5H_{10}NH_2)_2^{++}\ S^{--} \qquad \text{Gleichung 9.15.}$$

$$[(CH_3)_2CH\ S]^-(C_5H_{10}NH_2)^+ + R-S-S-R \longrightarrow [R-S-S-CH(CH_3)_2] + (R-S)^-(C_5H_{10}NH_2)^+ \qquad \text{Gleichung 9.16.}$$

## 9.7. Literatur über Kautschuk-Prüfung und -Analytik

### 9.7.1. Allgemeine Literatur über Kautschuk-Prüfung

[9.1.] H. J. Stern: Rubber Natural and Synthetic. 2. Aufl., Verlag MacLaren, London–Elsevier, Amsterdam 1967.

[9.2.] S. Boström: Kautschuk-Handbuch, Bd. 5. Verlag Berliner Union, Stuttgart 1962.

[9.3.] R. ECKER: Entwicklungstendenzen in der Prüftechnik für Elastomere, Kautschuk, Gummi, Kunstst. **16**, (1963), S. 73.

[9.4.] K. FRANK: Prüfungsbuch für Kautschuk und Kunststoffe. Verlag Berliner Union, Stuttgart 1955, 140 S.

[9.5.] A. R. PAYNE: Physics and Physical Testing of Polymers, in Progress in High Polymers, Bd. 2. Verlag Heywood Books, London 1968, S. 1–93, 228 Literaturzitate.

[9.6.] J. M. SCHMITZ: Testing of Polymers. Bd. 3 Verlag Interscience Publ., New York 1965–1967.

[9.7.] J. R. SCOTT: Physical Testing of Rubbers. Verlag MacLaren, London; Palmerton, New York 1965, 355 S.

[9.8.] O. H. VARGA: Stress-Strain Behaviours of Elastic Materials. Verlag Interscience Publ., New York 1966, 190 S.

[9.9.] G. N. WELDING: Rubber and Plastics Testing. Verlag Chapman u. Hall, London 1963. 242 S.

[9.10.] P. KAINRADL: Kritische Überlegungen zu den physikalischen und technologischen Prüfmethoden in der Gummi-Industrie Kautschuk u. Gummi, Kunstst. **31** (1978), S. 341.

[9.11.] TH. TIMM: Elemente des viskoelastischen Eigenschaftsbildes von Kautschuk und Elastomeren im Hinblick auf einige Probleme der Praxis, Kautschuk u. Gummi, Kunstst. **31** (1978), S. 901.

## 9.7.2. Literatur über mechanisch-technologische Prüfung

[9.12.] DIN 53523 (Teil 1–3); ASTM-D 1646-74.

[9.13.] H. KRAMER: Zum Problem der Vergleichbarkeit der Mooney-Viskositätsmessung zwischen verschiedenen Prüfstellen, Kautschuk u. Gummi, Kunstst. **33** (1980), S. 20.

[9.14.] ASTM-D 926-79.

[9.15.] DIN 53 514 (zurückgezogen).

[9.16.] H. E. TOUSSAINT et al.: Kautschuk u. Gummi, Kunstst. **25** (1972), S.155.

[9.17.] H. WESCHE: Untersuchungen des Fließverhaltens von Kautschukmischungen mit einem Kapillar-Viskosimeter, Kautschuk u. Gummi, Kunstst. **31** (1978), S. 495.

[9.18.] W. HEINZ: Kolloid-Z. **145** (1956), S. 119.

[9.19.] O. UMMINGER: Kunststoffe **42** (1952), S. 169.

[9.20.] R. F. BAUER: J. Polym. Sci. Polym. Phys. Ed. **10** (1972), S. 541.

[9.21.] A. S. GHAG: Rubber News **11** (1972), S. 18.

[9.22.] Bull. Lab. Rech. Con. Caoutch. 90, 1–34, mit 23 Literaturzitaten.

[9.23.] DIN 53523 (Teil 4).

[9.24.] ASTM-D 599-40 T.

[9.25.] J. PETER, W. HEIDEMANN: Kautschuk u. Gummi **10** (1957), S. WT 168; **11** (1958), S. WT 159.

[9.26.] W. HOFMANN: Gummi, Asbest, Kunstst. **27**, (1974), S. 265. 56 Literaturzitate sowie Eur. Rubber J. Jan. 1974, S. 42.

[9.27.] V. HÄRTEL: Differentielle Vulkametrie, Kautschuk u. Gummi, Kunstst. **31** (1978), S. 415, sowie Vortrag auf der skandinavischen Kautschuk-Konferenz, 2.–3. April 1979, Kopenhagen, Proceedings.

[9.28.] O. GÖTTFERT: Kautschuk u. Gummi, Kunstst. **29** (1976), S. 261, 341.

[9.29.] J. IPPEN, H.-J. JAHN, H. KRAMER: Kautschuk u. Gummi, Kunstst. **28** (1975), S. 647, 720.

[9.30.] ISO DP 2214; DIN 53502.

[9.31.] ISO R 37-1968; DIN 53504; ASTM-D 412.

[9.32.] F. H. MÜLLER: Kautschuk u. Gummi **9**, (1956), S. WT 197.

[9.33.] ISO R 815-1969; DIN 53517; ASTM-D 395-78.

[9.34.] ISO 2285-1975; DIN 53518.

[9.35.] P. KAINRADL, F. HÄNDLER: Kautschuk u. Gummi **10** (1957), S. WT 278.

[9.36.] DIN 53507, DIN 53 515, ASTM-D 624-54.

[9.37.] R. CLAMROTH, U. EISELE: Kautschuk u. Gummi, Kunstst. **28** (1975), S.433; U. EISELE: Gummi, Asbest, Kunstst. **31** (1978), S. 724.

[9.38.] DIN 53506.

[9.39.] A. L. SODEN: A Practical Manual for Rubber Hardness Testing. Verlag MacLaren, London 1951.

[9.40.] DIN 53 505; BS 903: 19: 1950 (BS bedeutet britische Standardmethoden); ASTM D 2240-75; ISO 868

[9.41.] H. PETZOLD: Die Härteprüfung als Methode zur Bestimmung des Elastizitätsmoduls, Gummi, Asbest, Kunstst. **32** (1979), S. 824.

[9.42.] P. PÖLLET: Härteprüfung an Kunststoffen und Gummi, Kautschuk u. Gummi, Kunstst. **32** (1979), S. 877.

[9.43.] ASTM-D 531-49.

[9.44.] W. SPÄTH: Gummi, Asbest **8** (1955), S. 418.

[9.45.] DIN 53456.

[9.46.] H.-J. JAHN: Kautschuk u. Gummi, Kunstst. **21** (1968), S. 469.

[9.47.] ISO R 815-1969; DIN 53517; ASTM-D 395-78.

[9.48.] ISO/DIS 4662; DIN 53512; ASTM-D 1054-53 T.

[9.49.] ISO/DIS 4664-1975; DIN 53513

[9.50.] ASTM-D 945-52 T; DIN 53520 (Entwurf)

[9.51.] M. SEEGER: The Measurement of Dynamic Properties of Elastomers with a computerized Torsional Pendulum, Vortrag auf der Internationalen Kautschuk-Konferenz 3.–6. Okt. 1979, Venedig, Proceedings S. 442.

[9.52.] ASTM-D 623-67 (1972).

[9.53.] TH. KEMPERMANN: Der Heat-Build-Up in Abhängigkeit vom Vernetzungssystem, Gummi, Asbest, Kunstst. **31** (1978), S. 941; **32** (1979), S. 96.

[9.54.] A. SCHALLAMACH: Gummiabrieb, Gummi, Asbest, Kunstst. **31** (1978), S. 502.

[9.55.] H. HOFFMANN, K. TOBISCH: Das Langzeitverhalten von Vergleichselastomerplatten für die Abriebprüfung nach DIN 53516, Kautschuk u. Gummi, Kunstst. **33** (1980), S. 101.

[9.56.] DIN 53516; ASTM-D 394-47; BS 903: 1950.

[9.57.] DIN 53508; ASTM-D 573-78.

[9.58.] ASTM-D 572-73.

[9.59.] ASTM-D 454-53 (1976).

[9.60.] ASTM-D 865-52 T.

[9.61.] R. ECKER, D. BRÄUTIGAM: Kautschuk u. Gummi **8** (1953), S. 269.

[9.62.] R. ECKER: Arch. Tech. Mess. V 8276-7 (Februar 1960).

[9.63.] ISO ITC 45/WG 7 N (1959); DIN 53509, ASTM D 1149-60 T.

[9.64.] TH. KEMPERMANN u. R. CLAMROTH: Kautschuk u. Gummi, Kunstst. **15** (1962), S. WT 135.

[9.65.] TH. KEMPERMANN: Gummi, Asbest, Kunstst. **26** (1973), S. 90.

[9.66.] DIN 53522; ASTM-D 430-51 T.

[9.67.] R. G. NEWTON: Trans. IRI **15** (1939), S. 172.

[9.68.] TH. KEMPERMANN, R. CLAMROTH, H. PALLA: Kautschuk u. Gummi, Kunstst. **18** (1965), S. 638.

[9.69.] J. M. BUIST: Fundamentals of Rubber Technology, ICI-Selbstverlag, 1947, S. 162.

[9.70.] DIN 53545.

[9.71.] DIN 53546; ASTM-D 2137-75.

[9.72.] ISO DIS 4664-1975; DIN 53513.

[9.73.] ASTM-D 945-52 T; DIN 5320 (Entwurf)

[9.74.] DIN 53545; ASTM-D 1053-58 T.

[9.75.] DIN 53521; BS 903: 27: 1950; ASTM-D 471-54 T.

[9.76.] DIN 53536; ASTM-D 814-46 T; ASTM-D 815-47.

[9.77.] DIN 52612.

[9.78.] F. FISCHER: Wärmeleitfähigkeit von amorphen und teilkristallinen Kunststoffen, Gummi, Asbest, Kunstst. **32** (1979), S. 922.

### 9.7.3. Literatur über elektrische Prüfung

[9.79.] DIN 53482; DIN 53596.

[9.80.] DIN 53483.

[9.81.] DIN 53481.

[9.82.] DIN 54480.

[9.83.] DIN 53484.

[9.84.] W. ROGOWSKI: Arch. Elektrotechn. **12** (1923), S. 1; **16** (1926), S. 76.

[9.85.] K. W. WAGNER: Arch. Elektrotechn. **39** (1948), S. 215.

[9.86.] H. F. SCHWENKHAGEN: Elektrizitätswirtsch. **42** (1943), S. 120.

[9.87.] G. SCHÖN, G. VIETH: Kautschuk u. Gummi **9**, (1956), S. WT 159.

[9.88.] O. UMMINGER: Kautschuk u. Gummi **11** (1958), S. WT 297.

### 9.7.4. Literatur über die Prüfung von Latex

[9.89.] F. I. PATTON: Trans. IRI **23** (1947), S. 75.

[9.90.] R. H. GERKE: Ind. Engng. Chem. **11** (1939), S. 593.

[9.91.] P. SCHOLZ, K. KLOTZ: Kautschuk **7** (1931), S. 42, 66.

[9.92.] R. F. ALTMANN: Rubber Chem. Technol. **14** (1941), S. 664.

[9.93.] Ch. K. NOVOTNY, W. F. JORDAN: Ind. Engng. Chem. Anal. Ed. **13** (1941), S. 189.

[9.94.] S. H. MARON, J. L. ULEVITCH: Analyt. Chem. **25** (1953), S. 1987.

### 9.7.5. Literatur über Kautschuk-Analytik

#### 9.7.5.1. Allgemeine Literatur über Kautschuk-Analytik

**Deutschsprachige Bibliographie und Buchliteratur**

[9.95.] H. E. FREY: Methoden zur chemischen Analyse von Gummi-Mischungen, Springer-Verlag, Berlin 1953.

[9.96.] W. SCHEELE, Ch. GENSCH: Über die quantitative Bestimmung von Kautschuk-Hilfsstoffen, Kautschuk u. Gummi **6** (1953), S. WT 147.

[9.97.] J. W. H. ZIJP: Papierchromatographische Identifizierung der Vulkanisationsbeschleuniger, Kautschuk u. Gummi **8** (1953), S. WT 160.

[9.98.] K. WEBER: Der papierchromatographische Nachweis einiger Vulkanisationsbeschleuniger, Plaste u. Kautschuk **1** (1954), S. 38.

[9.99.] W. C. WAKE: Die Analyse von Kautschuk und kautschukartigen Polymeren, Verlag Berliner Union, Stuttgart, 1960.

[9.100.] H. OSTROMOW, W. HOFMANN: Chemische Analyse von Kautschukmischungen und -Vulkanisaten, Bayer-Mitteilungen f. d. Gummi-Industrie **38** (1966), S. 43; **39** (1967), S. 65; **40** (1967), S. 60; **41** (1968), S. 53; **42** (1968), S. 31; **45** (1972), S. 27 (Firmenschrift der Bayer AG, Leverkusen, auf Anfrage erhältlich).

[9.101.] H. OSTROMOW, W. HOFMANN: Untersuchung von Bedarfsgegenständen aus Gummi; Beilage zur 18. bzw. 41. Mitteilung des Bundesgesundheitsamtes über die „Untersuchung von Kunststoffen, soweit sie als Bedarfsgegenstände im Sinne des Lebensmittelgesetzes verwendet werden“. Bundesgesundheitsbl. **14** (1971), Nr. 8. S. 104; MVP-Berichte **2**/1978, Dietrich Reimer-Verlag, Berlin 34 S., 97 Lit. cit. (Herausgegeben vom Bundesgesundheitsamt, Berlin).

**Englischsprachige Bibliographie und Buchliteratur**

[9.102.] H. P. BURCHFIELD: Qualitative Spot Tests for Rubber Polymers, Ind. Engng. Chem. Anal. Ed. **17** (1945), S. 806.

[9.103.] C. M. FLOW: The Estimation of Small Percentages of Rubber in Fibrons Materials, Rubber Chem. Technol. **23** (1950), S. 300.

[9.104.] K. E. KRESS, F. G. STEEVENS MEES: Identification of Curing Agents in Rubber Products, Analyt. Chem. **27** (1955), S. 528.

[9.105.] M. C. BROOK, G. D. LOUTH: Identification of Accelerators and Antioxidants in Compounded Rubber Products, Analyt. Chem. **27** (1955), S. 1575.

[9.106.] L. J. BELLAMY et al.: Chromatographic Analysis of Rubber Compounding Ingredients and their Identification in Vulcanizates, Trans. IRI **22** (1955), S. 308.

[9.107.] H. P. BURCHFIELD, N. JUDY: Color Reactions of Amine Antioxidants, Ind. Engng. Chem. Anal. Ed. **19** (1947), S. 786.

[9.108.] R. A. HILVERLEY et al.: Detections of some Antioxidants in Vulcanized Rubber Stocks, Analyt. Chem. **27** (1955), S. 100.

[9.109.] W. C. WAKE: The Analysis of Rubber and Rubber-Like Polymers, Verlag MacLaren a. Sons Ltd., London, 1958, sowie second Edition 1969.

[9.110.] R. P. LATTIMER, K. R. WELCH: Direct Analysis of Polymer Chemical Mixtures by Field Desorption Mass Spectroscopy, Vortrag auf der 116. ACS-Tagung, 23.–26. Okt. 1979, Cleveland, Ohio, USA, Vortrag NN 39.

### 9.7.5.2. Spezielle Literatur über Kautschuk-Analytik

[9.111.] DIN 53525 (für Kautschuk, Teil 1–4); 53551 (für chemische Prüfungen).

[9.112.] DIN 53554.

[9.113.] DIN 53556.

[9.114.] DIN 53553.

[9.115.] DIN 53588.

[9.116.] DIN 53560.

[9.117.] DIN 53568.

[9.118.] I. M. KOLTHOFF, R. G. GUTMACHER: Analyt. Chem. **22** (1950), S. 1002.

[9.120.] DIN 53561.

[9.121.] H. ZIMMER, H.-J. KRETZSCHMAR, K. STRAUSS, D. GROSS: Potentiometrische Bestimmung des Gesamtschwefelgehaltes in Elastomeren, Kautschuk u. Gummi, Kunstst. **33**, (1980), S. 189.

[9.122.] R. B. BARNES et al.: Ind. Engng. Chem. Anal. Ed. **16** (1944), S. 9.

[9.123.] J. SCHNETGER et al.: Einsatz von Extraktionsverfahren und Infrarotspektroskopie zur quantitativen Bestimmung von unvernetzten EPDM-Anteilen in Vulkanisat-Verschnittmischungen, Kautschuk u. Gummi, Kunstst. **33** (1980), S. 175.

[9.124.] H. L. DINSMORE, D. C. SMITH: Analyt. Chem. **20** (1948), S. 11.

[9.125.] O. L. HARMS: Analyt. Chem. **25** (1953), S. 1140.

[9.126.] P. F. KRUSE, W. B. WALLACE: Analyt. Chem. **25** (1953), S. 1156.

[9.127.] M. TYRON et al.: Rubber World **134** (1956), S. 421; Ref. Kautschuk und Gummi **10** (1957), S. WT 167.

[9.128.] DOC ISO/TC-45-2852 Identification of Rubber by IR-Spectroscopy.

[9.129.] A. FIORENZA, G. BONANI: Rubber Chem. Technol. **36** (1963), S. 1129.

[9.130.] BENTLEY, F. FREEMAN: Technical Rep. 54-268, Washington, D. C., 1956.

[9.131.] H. FEUERBERG: Kautschuk u. Gummi **14** (1961), S. WT 33.

[9.131a.] W. G. FISCHER: G.I.T.-Fachzeitschrift für das Laboratorium, Heft 1, Januar 1969, S. 13.

[9.132.] E. CANJI: in „Die angewandte makromolekulare Chemie **29/30** (1973), S. 491; **33** (1973), S. 143; **35** (1974), S. 27; **36** (1974), S. 67, 75.

[9.133.] DIN 53553.

[9.134.] K. M. BAKER et al.: Analyse von Beschleunigern und Alterungsschutzmitteln in Kautschuken – ein Überblick über vorhandene Bestimmungsmethoden, Kautschuk u. Gummi, Kunstst. **33** (1980), S. 175.

[9.135.] DIN 53622, Teil 1 und 2.

[9.136.] H. OSTROMOW, W. HOFMANN: Bayer-Mitteilungen f. d. Gummi-Industrie **41** (1968), S. 53 (Firmenanschrift der Bayer AG, Leverkusen, auf Anfrage erhältlich).

[9.137.] H. OSTROMOW, W. HOFMANN: Bayer-Mitteilungen f. d. Gummi-Industrie **42** (1968), S. 31 (Firmenanschrift der Bayer AG, Leverkusen, auf Anfrage erhältlich).

[9.138.] M. WANDEL, H. TENGLER, H. OSTROMOW: Die Analyse von Weichmachern, Springer-Verlag, Berlin, Heidelberg, New York, 1967.

[9.139.] D. GROSS, K. STRAUSS: Hochleistungsflüssigkeitschromatographie in der Gummi-Analyse, Kautschuk u. Gummi, Kunstst. **32** (1979), S. 18.

[9.140.] . . . .: Rubber (Review): Analytical Chemistry **51** (1979), S. 303 R, 153 Lit. cit.

[9.141.] J. J. MAURER: Thermoanalyses of Elastomers, unveröffentlichte Arbeit der Enjay Polymer Laboratories, Linden, New Jersey, USA.

[9.142.] D. J. JAROSZYNSKA, T. KLEPS: Uses of Thermogravimetric Methods for Quantitative Analysis of Rubber Vulcanisates, Int. Polymer. Sci. Technol. **5** (1978), S. T 125.

[9.143.] . . . .: Analysis of High Polymers, Analytical Chemistry **51** (1979), S. 287 R, 577 Lit. cit.

### 9.7.6. Literatur über Schwefel-Strukturanalyse

[9.144.] H. OSTROMOW, W. HOFMANN: Bayer-Mitteilungen f. d. Gummi-Industrie **38** (1966), S. 43.

[9.145.] W. HOFMANN: Vulcanization and Vulcanizing Agents, Verlag MacLaren, London, Palmerton, New York, 1976.

[9.146.] K. H. MEYER, W. HOHENEMSER: Helv. Chem. Act. **18** (1935), S. 1061; Rubber Chem. Technol. **9** (1936), S. 201.

[9.147.] I. R. BROWN, E. A. HAUSER: Ind. Engng. Chem. **30** (1938), S. 1291; Rubber Chem. Technol. **12** (1939), S. 43.

[9.148.] M. L. SELKER, A. R. KEMP: Ind. Engng. Chem. **36** (1949), S. 16; Rubber Chem. Technol. **17** (1944), S. 303, 312.

[9.149.] M. L. SELKER, A. R. KEMP: Ind. Engng. Chem. **39** (1947), S. 895; Rubber Chem. Technol. **21** (1948), S. 14.
[9.150.] M. L. SELKER: Ind. Engng. Chem. **40** (1948), S. 1457; Rubber Chem. Technol. **21** (1948), S. 14.
[9.151.] M. L. SELKER, A. R. KEMP: Ind. Engng. Chem. **40** (1948), S. 1470; Rubber Chem. Technol. **22** (1949), S. 8.
[9.152.] W. SCHEELE, W. TRIEBEL: Kautschuk u. Gummi **11** (1958), WT, S. 127.
[9.153.] F. E. RAY, J. LEVINE: J. org. Chem. **2** (1938), S. 267.
[9.154.] O. HAAS, G. DOUGHERTY: J. Am. Chem. Soc. **62** (1940), S. 1004.
[9.155.] Standards of Rubber Products (1941), S. 1.
[9.156.] A. ELEK, R. A. HARTE: Ind. Engng. Chem. Anal. Ed. **9** (1937), S. 502.
[9.157.] G. KRAUS: Rubber World **135** (1956), S. 67, 254.
[9.158.] M. L. STUDEBAKER, L. G. NABORS: Rubber Chem. Technol. **32** (1959), S. 941.
[9.159.] C. G. MOORE: J. Polym. Sci. **32** (1958), S. 503.
[9.160.] R. C. ARNOLD, F. T. WEISS: Anal. Chem. **28** (1956), S. 1784.
[9.161.] R. C. ARNOLD, A. P. LIEN, R. M. ALM: J. Am. Chem. Soc. **72** (1950), S. 731.
[9.162.] A. SCHÖNBERG, M. Z. BARAKAT: J. Chem. Soc., London 1949, S. 892.
[9.163.] M. B. EVANS, G. M. HIGGINS, C. G. MOORE, M. PORTER, B. SAVILLE, F. J. SMITH, B. R. TREGO, A. A. WATSON: Chem. and Ind. (1960), S. 897.
[9.164.] C. G. MOORE, B. R. TREGO: unveröffentlichte Arbeiten.
[9.165.] M. B. EVANS, B. SAVILLE: Proc. Chem. Soc. 1962, S. 18.

# 10. Gefahren in der Gummiindustrie, ihre Erkennung und Beseitigung

## 10.1. Allgemeine Betrachtungen [10.1.–10.13.]

Die in der Gummiindustrie eingesetzten makromolekularen Stoffe sind in gesundheitlicher Hinsicht harmlos [10.2.].

Die Kautschuke enthalten aber von ihrer Enstehung her noch kleine Mengen niedermolekularer Anteile wie Monomere und organische Polymerisationshilfsmittel sowie Stabilisatoren. Die Menge der in Festkautschuken enthaltenen Restmonomeren ist im allgemeinen so gering, daß sie in gesundheitlicher Hinsicht bei ihrer Verarbeitung kein Risiko bedeuten. [10.3., 10.4.] Dies gilt auch für die in den letzten Jahren in die Schußlinie geratenen Monomeren Acrylnitril, Epichlorhydrin und Vinylchlorid. Die Hersteller von Kautschukarten mit solchen Monomeren haben erheblichen Aufwand betrieben, um ihre im Kautschuk verbleibenden Restmengen auf gefahrfreie Konzentrationen herabzudrücken.

Die Restemulgatoren oder Restlösungsmittel bzw. die noch im Kautschuk enthaltenen Anteile von Polymerisationschemikalien erweisen sich aufgrund ihrer geringen Konzentration in der Regel ebenfalls als unschädlich. Schließlich werden zur Stabilisierung der Kautschuke zumeist relativ harmlose Stoffe eingesetzt. Aus diesen Gründen stellen die Kautschuke bei ihrer Verarbeitung in aller Regel keinerlei gesundheitliche Risiken für die Mitarbeiter dar. Deshalb können die Kautschuke im Rahmen dieses Beitrages weitgehend unberücksichtigt bleiben.

Den Kautschuken werden aber vom Verarbeiter chemisch reaktive Kautschukchemikalien (z. B. Mastikationshilfsmittel; Vulkanisationschemikalien wie Beschleuniger, Verzögerer, Peroxide, Isocyanate; Alterungs- und Ozonschutzmittel; Blähmittel u. dgl.) zugegeben, die nicht immer harmlos sind. Auch andere Zusatzstoffe wie Füllstoffe, Weichmacher, Haft- oder Trennmittel, Puder- oder Lösungsmittel können bei der Anwendung Gefahren bringen. [10.3.–10.6.]

Statistische Vergleichsuntersuchungen (epidemiologische Studien) haben gezeigt, daß die Gefahr für eine höhere Erkrankungsrate (Morbidität) oder sogar für eine größere Sterblichkeit (Mortalität) [10.14] von in der Gummiindustrie arbeitenden Menschen verhältnismäßig gering ist. Trotzdem sollte man alle beim Umgang mit Kautschuk-Zusatzstoffen möglichen Risiken in der Gummiindustrie zu erkennen versuchen, sie abbauen oder beseitigen, bzw. noch besser, sie von vornherein verhindern. Dazu dient planmäßiges Erkennen von Gefahren. [10.8.–10.13.] Erweist sich eine Substanz als gefährlich, so sollte sie vermieden oder durch eine harmlose, mit gleicher technischer Wirksamkeit, ersetzt werden. Wenn ein Ersatz nicht möglich ist, dann ist eine entsprechende Lieferform (z. B. staubfreie Granulate) und/oder entsprechende Verarbeitungsweise (z. B. in geschlossenen Systemen) oder entsprechender Arbeitsschutz vorzusehen bzw. erforderlich.

Ziel dieser Ausarbeitung ist eine möglichst objektive Darstellung der beim Umgang mit Kautschuk-Zusatzstoffen vorhandenen Risiken aufgrund toxikologischer und arbeitsmedizinischer Erkenntnisse und der Möglichkeit des Schutzes von Mitarbeitern.

## 10.2. Toxikologische Bewertung von Stoffen [10.3., 10.6.]

### 10.2.1. Definitionen

Ob, bzw. unter welchen Bedingungen ein Stoff auf den Menschen gesundheitsschädliche Wirkungen haben kann, wird primär von dem Wissensgebiet der Toxikologie beurteilt.

Voraussetzung für toxische Wirkungen einer Substanz ist natürlich ihr Eindringen (Resorption) in den Organismus. Ihre Aufnahme ist prinzipiell durch den Mund (oral), durch die Atmungsorgane (Inhalation) und durch die Haut (percutan) möglich. Neben der Wirkung durch Resorption (systemische Effekte) können auch lokale Reizwirkungen an der Haut (Irritationen und Sensibilisierungen) auftreten.

Die Toxikologie grenzt den Begriff der „toxischen Stoffe" (Schadstoffe) von den „harmlosen Stoffen" ab und unterscheidet bei den ersteren zwischen „Giften" und „gesundheitsschädlichen Stoffen".

Nach rein verbaler Definition sind unter Giften solche Stoffe zu verstehen, bei deren Aufnahme durch den Menschen Gesundheitsschäden erheblichen Ausmaßes oder der Tod eintreten, und unter gesundheitsschädlichen Stoffen solche, bei deren Aufnahme Gesundheitsschäden geringeren Ausmaßes oder Unwohlsein auftreten können. Im Vergleich dazu können harmlose Stoffe auch in größeren Mengen ohne nachweisliche Wirkung aufgenommen werden.

Die Giftigkeit eines Stoffes ist dosis- und zeitwirkungsabhängig. Unterhalb gewisser substanzindividueller Dosen sind bei einmaliger Aufnahme (akute Toxizität) selbst die giftigsten Stoffe für den menschlichen Organismus tolerierbar, da sie, ohne dem Organismus zu schaden, wieder ausgeschieden oder in harmlosen Substanzmengen gespeichert werden können. Bei regelmäßig wiederkehrender Aufnahme des gleichen Stoffes über kürzere (subakute oder subchronische) oder längere Zeit (chronische Toxizität) können schon so geringe Stoffmengen, die bei akuter Aufnahme keinerlei Wirkungen zeigen, zu erheblichen Gesundheitsschäden führen.

Aus diesen Gründen ist es wichtig, bei allen Kontaktmöglichkeiten des Menschen mit den betroffenen Substanzen, die tolerierbaren Dosen (dosis tolerata) zu kennen, die bei einmaliger oder regelmäßiger Aufnahme gefahrlos sind. Die Höhe der Dosis eines Stoffes, bei der eine Schädigung des Organismus oder einzelner Organsysteme eintritt, ist also das wichtigste Kriterium für seine Giftigkeit. Sie wird durch toxikologische im Tierexperiment gewonnene Daten beurteilt.

Entsprechend den beim Umgang mit Stoffen bevorzugt herrschenden Einwirkungsmöglichkeiten (Exposition) untersucht der Toxikologe bevorzugt

- Orale Aufnahme (für die Gummiindustrie von untergeordneter Bedeutung)
- Inhalation
- Hautkontakt
- Injektionen (für die Gummiindustrie praktisch ohne Relevanz)

Die Versuchsdurchführung richtet sich im Einzelnen nach dem Gefährdungsgrad. Deshalb erstrecken sich die toxikologischen Untersuchungen von Substanzen auf:

- Versuche mit einmaliger Verabreichung (akute Toxizität)
- Versuche über lokale Reizwirkungen (Haut- oder Schleimhautverträglichkeit)
- Versuche mit mehrmaliger Verabreichung (subakute bzw. subchronische Toxizität)
- Versuche mit regelmäßiger Verabreichung über lange Zeit, z. B. zwei Jahre oder Überlebenszeit der Versuchstiere (chronische Toxizität)
- Versuche mit regelmäßiger Verabreichung über mehrere Generationen von Versuchstieren (Reproduktionsversuche)
- Untersuchung spezieller Wirkungen wie Embryotoxizität (Teratogenität) und Erbanlagenveränderung (Mutagenität)

Im Nachfolgenden sollen diese Begriffe etwas weiter vertieft werden.

### 10.2.2. Akute Toxizität

Die akute Toxizität der Stoffe wird durch den sogenannten $LD_{50}$-Wert charakterisiert. Darunter wird die Menge (mg Substanz pro Kilogramm Körpergewicht eines Vesuchstieres) eines Stoffes verstanden, die bei einer genügend großen Anzahl von Tieren bei einmaliger Applikation (Verfütterung, Injektion oder Einwirkung auf die Haut) 50% der untersuchten Tiere tötet. Die mittlere letale Konzentration bei Inhalationsuntersuchungen (Einatmung) wird analog als $LC_{50}$-Wert bezeichnet. Diese Untersuchungen werden an den üblichen Laboratoriumstieren wie Ratte, Maus, Kaninchen, Hamster u. a. durchgeführt. Diese $LD_{50}$- bzw. $LC_{50}$-Werte können jedoch selbst bei demselben Wirkstoff und gleicher Exposition je nach Art, Geschlecht und Gesundheitszustand der Tiere, Art der Applikation sowie Art und Konzentration von eventuell verwendeten Lösungen oder Beistoffen verschieden hoch sein. Sie stellen daher keine absoluten Werte dar, sondern geben nur Hinweise auf die Größenordnung der Giftigkeit der einzelnen Stoffe bei verschiedenen Tierarten. Die Ergebnisse der akuten Toxizitätsprüfung geben Hinweise auf Gefahren bei versehentlicher Aufnahme von Substanzen.

### 10.2.3. Lokale Wirkungen

Nach Kontakt von Substanzen mit der Haut- oder Schleimhaut können an der Expositionsstelle Reizwirkungen oder gar Verätzungen auftreten. Diese möglichen Effekte prüft man meist bei Kaninchen, die bei dieser Prüfung die empfindlichsten Versuchstiere sind. Die zu prüfende Substanz wird über längere Zeit in Kontakt mit der empfindlichen Haut des Ohres bzw. den Schleimhäuten des Bindegewebssackes des Auges in Berührung gebracht. Dabei ergeben sich auch Hinweise auf evtl. Schädigungen nach lokaler Einwirkung auf das Auge. Bei diesen Untersuchungen erhält man Informationen über die direkte (obligate) Hautreizung bzw. Schädigung. Sie lassen jedoch keine Aussage über die sogenannten allergischen Reaktionen zu, die nach häufigem oder langem Kontakt der Haut mit einer Substanz durch Sensibilisierung des Organismus entstehen können. Die Übertragung entsprechender Beobachtungen aus dem Tierexperiment auf den Menschen ist kaum zulässig. Informationen über allergische Reaktionen von Stoffen erhält man daher bevorzugt aus arbeitsmedizinischen Beobachtungen.

### 10.2.4. Subakute bzw. subchronische Toxizität

Um Wirkungen von Substanzen nach mehrmaliger Aufnahme beurteilen zu können, werden diese im Tierexperiment entweder einige Male oder über Zeiträume von beispielsweise 4 Wochen bis 3 Monaten (90-Tage-Test) regelmäßig dem Tier verabreicht, wobei die gelegentliche Wiederaufnahme (subakute) bzw. längerfristige Aufnahme (subchronische Toxizität) simuliert wird. Je nach möglicher Exposition werden im Tierversuch die Substanzen oral, cutan oder per inhalationem appliziert. Bei Inhalationen können Stäube, Dünste oder Dämpfe in Frage kommen. Dabei werden die Tiere laufend eingehend auf ihren Gesundheitszustand untersucht.

### 10.2.5. Chronische Toxizität

Mögliche chronische Wirkungen von Substanzen werden durch 2 Jahre andauernde Tierexperimente erfaßt. Teilweise werden die Prüfsubstanzen sogar über die gesamte Lebensdauer einer oder mehrerer Tierspezies in abgestuften Dosierungen verabreicht.

Auch hier richtet sich die Art der Verabreichung nach der in der Praxis vorkommenden Exposition. Eingehende Untersuchungen des Gesundheitszustandes sowie detaillierte pathologische Untersuchungen bei gestorbenen oder getöteten Tieren liefern die Grundlagen für die Beurteilung der chronischen Wirkung.

Diese chronischen Untersuchungen ergeben auch Hinweise auf mögliche cancerogene oder neurotoxische Wirkungen bei der betreffenden Tierart. Ziel der chronischen Untersuchungen ist es, nicht nur chronische Schädigungen aufzudecken, sondern auch eine Dosis zu finden, bei der selbst nach langandauernder Aufnahme eine schädliche Wirkung nicht mehr auftritt, die sogenannte „dosis tolerata“ der „No-effect-level“, aus dem man unter Einbeziehung großer Sicherheitsfaktoren den „acceptable daily intake“-Wert, den ADI-Wert, berechnen kann. Dieser Wert läßt mit gewissen Einschränkungen einen Rückschluß auf die Substanzmenge zu, die ein Mensch (bezogen auf ein Kilogramm seines Körpergewichtes) ohne irgendwelche Symptome zu zeigen, ständig zu sich nehmen kann. Bezogen auf einen 60-Kilogramm schweren Menschen wird der ADI-Wert mit 60 multipliziert und gibt die Menge an, die ein Mensch täglich über lange Zeit symptomlos aufnehmen kann. Die Bestimmung dieser Werte ist aufgrund entsprechend langdauernder Tierexperimente recht aufwendig.

Tritt bei chronischen Tieruntersuchungen ein Carcinogenverdacht auf, dann kann, wie noch zu zeigen sein wird, keine untere Dosisgrenze angegeben werden, bei der nach gesicherten wissenschaftlichen Erkenntnissen, keine Schädigung mehr eintritt.

### 10.2.6. Spezielle Wirkungen

Zur Untersuchung möglicher embryotoxischer Effekte werden trächtige Tiere in empfindlichen Phasen der Schwangerschaft den Prüfsubstanzen ausgesetzt und die Wirkung auf die sich entwikkelnde Frucht untersucht. Dabei können Wirkungen wie Entwicklungsverzögerungen, Absterben der Embryonen oder Mißbildungen erfaßt werden.

Für die Untersuchung möglicher Effekte von Stoffen auf die Erbsubstanz (Genetik-Teste) und auf Carcinogenität sind verschiedene relativ rasch auszuführende Methoden (Screening-Tests) ausgearbeitet worden.

Sie basieren vor allem auf „In-Vitro-Versuchen“ an Mikroorganismen oder Zellkulturen. Einige der bekannt gewordenen Untersuchungen arbeiten z. B. mit Sacharomyces mit und ohne Aktivierung (Ames-Test), Salmonella Typhimurium (Salmonella-, Microsom-Test) Coli-Bakterien u. a. Weiterhin sind bekannt der Mouse-Lymphoma-Test, der Zell-Transformations-Test und der Chromosome-Aberration-Test. Alle diese Untersuchungen lassen keine gesicherten Übertragungsmöglichkeiten auf höhere Lebewesen und erst recht nicht auf den Menschen zu. Wenn aber eine Substanz auch nur bei einem der Genetik-Tests die eventuelle Möglichkeit der Veränderung von Erbanlagen oder Zellschädigungen (Veränderung der Gen-Struktur oder der Chromosomen bzw. carcinogene Entartung) anzeigt, dann sind weitere tierexperimentelle Untersuchungen zur Erhärtung oder Entkräftung der Befunde erforderlich.

Andere wichtige Tieruntersuchungen sind Prüfungen der Veränderungen des Stoffwechsels und die Feststellung, welche Folgeprodukte (Metaboliten) beim Umsatz des untersuchten Stoffes im Tierkörper gebildet werden.

## 10.3. Beurteilung von Kautschuk-Chemikalien und -Zusatzstoffen aufgrund ihrer toxikologischen Eigenschaften

### 10.3.1. Akute Toxizität, Einstufung in Giftklassen [10.12.]

Die Beurteilung der akuten toxikologischen Wirkung von Stoffen und deren Einstufung in Giftklassen, läßt sich u. a. nach der Höhe der $LD_{50}$-Werte oder der $LC_{50}$-Werte vornehmen. Innerhalb der EG wird z. B. folgende Einteilung diskutiert:

**Tab. 10.1.**: Einstufung von Stoffen in Giftklassen

| Giftklasse | $LD_{50}$ oral (mg/kg Ratte) |
|---|---|
| Sehr giftig | <25 |
| Giftig | 25– 200 |
| Gesundheitsschädlich | 200–2000 |

Nach einem in der Schweiz gültigen Giftgesetz gibt es darüber hinaus noch die Einstufung „geringe Toxizität", mit $LD_{50}$-Werten von 2000–15 000 und „praktisch nicht toxische Stoffe" mit $LD_{50}$-Werten > 15 000.

Keine der bekannten und seit langem in der Gummiindustrie eingesetzten Substanzen fallen in die Gitfklassen sehr giftig oder giftig und nur relativ wenige Stoffe weisen $LD_{50}$-Werte unter 2000 mg/kg Versuchstier auf, [10.3.] z. B. TMTD, TMTM, ZDMC, DPG, ETU, MBT, MBI, PAN, IPPD.

Die $LD_{50}$Werte der meisten Kautschuk-Chemikalien liegen etwa zwischen 2000 und 20 000 mg/kg Versuchstier, so daß bei einer versehentlichen Aufnahme kleiner Mengen keine Vergiftungsgefahr besteht. Das Risiko einer tödlichen Vergiftung ist hiernach etwa gleich groß bzw. vielfach deutlich geringer als bei Kochsalz mit einem $LD_{50}$-Wert von 3000 mg/kg Versuchstier. Selbst bei einem angenommenen $LD_{50}$-Wert von 1000 mg/kg Versuchstier für einen gesundheitsschädlichen Stoff bedeutet erst die Aufnahme von 60 Gramm, d. h. mehrere Eßlöffel voll für einen 60 kg-schweren Menschen eine tödliche Gefahr.

### 10.3.2. Chronische Toxizität und ihre Relevanz

Eine Vielzahl von Kautschuk-Zusatzstoffen ist in Tierversuchen auf chronische Wirkungen hin untersucht worden. Nur bei relativ wenigen dieser Stoffe ist bei regelmäßiger und langzeitiger Aufnahme durch den Menschen mit Schädigungen zu rechnen. Solche Stoffe sind z. B. Asbest, bestimmte aromatische Amine, Benzol, bestimmte Chlorkohlenwasserstoffe und Isocyanate, TMTD und ZDMC. Bei ihrer Anwendung werden durch Gesetze oder Verordnungen (z. B. die EG-Richtlinie für gefährliche Stoffe) oder durch arbeitsmedzinische Erlasse (z. B. MAK, bzw. TRK-Werte) restriktive Maßnahmen vorgeschrieben. [10.8.–10.13., 10.15.–10.16.] Hierüber wird in den Abschnitten 10.3.3., 10.4.2. bzw. 10.4.3. ausführlicher berichtet.

Bei einigen anderen Stoffen z. B. ETU sind z. Z. nur Verdachtsmomente geäußert worden. Obwohl einige epidemiologische Ergebnisse gegen eine stärkere Gefährdung sprechen, wird eine möglichst geringe Kontamination mit diesen Stoffen (z. B. Verarbeitung staubfreier Granulate) empfohlen.

Ruße enthalten zwar auf ihrer Oberfläche adsorptiv gebundene carcinogene Stoffe, die an und für sich gefährlich sind. Diese sind aber so fest gebunden, daß sie selbst in den Lungenbläschen bzw. dem Magen-Darmtrakt des Menschen nicht resorbiert werden. Das Hantieren mit Rußen erweist sich so als harmlos. [10.17.–10.20.]

Die chronische Inhalationsuntersuchung von amorphen Kieselsäuren und Silikaten hat erkennen lassen, daß eine Gefährdung der damit umgehenden Menschen nicht existiert. Auch bei arbeitsmedizinischen Untersuchungen hat sich keine Relevanz zwischen Kontakt mit Kieselsäurefüllstoffen und einer Silicosebildung gezeigt.

Grundsätzlich ist die Gefährdung der in der Gummiindustrie täglich mit Kautschuk-Zusatzstoffen umgehenden Menschen unter Berücksichtigung üblicher arbeitshygienischer Maßnahmen recht gering.

### 10.3.3. Richtlinie für gefährliche Stoffe

In einer EG-Richtlinie für gefährliche Stoffe werden einige hundert der gebräuchlichsten Substanzen hinsichtlich ihrer Gefährlichkeitskriterien eingestuft. [10.12.] Die toxischen Stoffe werden hierin in giftige, gesundheitsschädliche, ätzende und reizende Substanzen eingeteilt. Jeder dieser Gruppen sind Kennbuchstaben und spezielle Gefahrensymbole zugeordnet.

Tabelle 10.2. Kennzeichnung toxischer Stoffe

| Gefahrenklasse | Kenn-buchstabe | Symbol |
|---|---|---|
| Gifte | T | Totenkopf |
| Gesundheitsschädliche Stoffe | Xn | Andreaskreuz |
| Reizstoffe | $X_1$ | Andreaskreuz |
| ätzende Stoffe | C | Fallende Tropfen |

In dieser umfaßenden Positivliste sind nur drei Kautschuk-Chemikalien, nämlich TMTD, ZDMC und PTA als gesundheitsschädlich und Chlorschwefel als ätzender Stoff eingestuft. Diese Liste wird von den EG-Behörden von Zeit zu Zeit durch Aufnahme weiterer Stoffe ergänzt.

Diese in der EG-Liste aufgeführten Stoffe müssen in den EG-Staaten auf ihren Gebinden mit Sicherheitsetiketten versehen sein, deren Beschriftung genau vorgeschrieben ist.

Diese müssen folgende Einzelheiten enthalten:

- Den chemischen Namen der Substanz
- Die Gefahrenklasse der Substanz
- Den Kennbuchstaben
- Das Gefahrensymbol
- Die Gefahrenbeschreibung
- Die Kurzbeschreibung vorgeschriebener Sicherheitsvorkehrungen
- Den Namen und die Adresse des Herstellers, Importeurs, Repräsentanten oder Lieferanten.

Am 18. September 1979 ist die sechste Änderung der Richtlinie des Rates der EG (67/548) verabschiedet worden, die am 18. September 1981 in allen EG-Staaten in Kraft tritt [10.12.]. Bis dahin müssen sämtliche auf dem Markt der Gemeinschaft im Einsatz befindlichen Stoffe (alte Stoffe) in einem Verzeichnis aufgelistet sein. Alle nach diesem Stichtag in den Handel gebrachten, nicht in dem Verzeichnis aufgeführten Stoffe (neue Stoffe) bedürfen einer umfangreichen Zulassungprozedur.

Basis für die Zulassung ist neben chemischen und ökologischen Daten vor allem ein umfassender Nachweis der toxikologischen aus Tierexperimenten gewonnenen Eigenschaften. Je nach den eventuellen Gefährlichkeitskriterien wird dann eine generelle Zulassung erteilt oder eine solche an bestimmte Auflagen gebunden. Das bedeutet, daß die künftig (ab September 1981) auf den Markt kommenden neuen Stoffe in toxikologischer Hinsicht gründlich geprüft sein müssen.

## 10.4. Arbeitsmedizinische Erfahrungen und Konsequenzen

### 10.4.1. Bewertung arbeitsmedizinischer Erfahrungen [10.10.]

Neben den toxikologischen Daten kommt den arbeitsmedizinischen Erfahrungen und Erkenntnissen erhebliche Bedeutung zu. Bei ständiger ärztlicher Überwachung von Menschen, die einen Stoff herstellen oder mit ihm hantieren und somit mit ihm in mehr oder weniger engen Kontakt kommen, sowie bei Vorsorge-Untersuchungen gewinnt die arbeitsmedizinische Wissenschaft wichtige Erkenntnisse. So erfährt man aus den statistisch ausgewerteten Untersuchungsergebnissen, ob bestimmte Stoffe, also auch Kautschuk-Zusatzstoffe, bei ständigem Umgang die menschliche Gesundheit zu beeinflussen vermögen oder nicht.

Bei der Erkenntnis gesicherter Gesundheitsgefährdung müssen entweder besondere Sicherheitsmaßnahmen beachtet werden oder das Produkt wird nicht mehr, oder in harmloserer Form hergestellt oder für bestimmte Anwendungen nicht mehr empfohlen.

Die arbeitsmedizinische Erfahrung beim ständigen Umgang des Menschen mit bestimmten Substanzen ist bei Untersuchung eines genügend großen Personenkreises oft höher zu bewerten als tierexperimentelle Toxizitätsuntersuchungen. In diesem Zusammenhang sind epidemiologische Studien zu nennen, bei denen alle Personen eines Betriebes, einer Region oder sogar eines Landes erfaßt werden, die in Kontamination mit einem Stoff kommen (z. B. Raucher) und die hinsichtlich ihrer Morbidität bzw. Mortalität statistisch untersucht werden. Verschiedene epidemiologische Studien in europäischen und US-amerikanischen Betrieben sowie eine großangelegte 10-Jahres-Studie in englischen Gummifabriken [10.14.] haben gezeigt, daß unter Berücksichtigung der erforderlichen und vertretbaren arbeitshygienischen Maßnahmen das heutige Risiko in der Gummiindustrie gering ist bzw. daß keine ernsten Gesundheitsgefahren zu erwarten sind.

Grundsätzlich muß aber festgestellt werden, daß bei jeder bloßen Andeutung von Gefahren verstärkte arbeitshygienische Maßnahmen in den Gummifabriken erforderlich sind bzw. von arbeitsmedizinischer Seite restriktive Maßnahmen verlangt oder Verbote ausgesprochen werden müssen. Diese für erforderlich gehaltenen Maßnahmen können von Firma zu Firma und von Land zu Land differieren, wobei die regionalen oder politischen Sonderheiten ins Gewicht fallen können.

### 10.4.2. Arbeitsmedizinische Bewertung einiger Kautschuk-Zusatzstoffe [10.10.]

Infolge arbeitsmedizinischer Erkenntnisse wurden bis heute einige Stoffe, die für die Gummiindustrie relevant sind, als krebserzeugend oder krebsverdächtig erkannt. [10.21.]

Die Berufsgenossenschaft der chemischen Industrie der Bundesrepublik Deutschland hat diese Arbeitsstoffe mit erwiesenen oder potentiellen krebserzeugenden Wirkungen, die besondere Vorsicht und Maßnahmen der Gesundheitsvorsorge erfordern, folgendermaßen unterteilt. [10.10.]

- Stoffe, die beim Menschen erfahrungsgemäß bösartige Geschwülste zu verursachen vermögen. Hierzu gehören z. B. Asbest, Benzol, β-Naphthylamin, monomeres Vinylchlorid.
- Stoffe, die sich bislang nur im Tierversuch eindeutig als cancerogen erwiesen haben, und zwar unter Bedingungen, die der möglichen Exponierung des Menschen am Arbeitsplatz vergleichbar sind. Hierzu gehören z. B. monomeres Acrylnitril und monomeres Epichlorhydrin.
- Stoffe, bei denen ein nennenswertes krebserzeugendes Potential zu vermuten ist. Hierzu gehört z. B. Phenyl-β-naphthylamin (PBN).

Wenn die Verwendung solcher Stoffe technisch notwendig ist, sind besondere Schutz- und Überwachungsmaßnahmen erforderlich. Hierzu gehören sowohl die regelmäßige Kontrolle der Luft am Arbeitsplatz als auch die besondere ärztliche Überwachung exponierter Personen, bei denen routinemäßig zu prüfen ist, ob die Stoffe oder ihre Metabolite im Organismus nachweisbar sind. Durch fortgesetzte technische Verbesserung soll erreicht werden, daß diese Stoffe nicht in die Luft am Arbeitsplatz gelangen.

Wie bereits erwähnt sind die Monomer-Konzentration von Acrylnitril, Epichlorhydrin und Vinylchlorid in den entsprechenden Festkautschuken seitens der Hersteller soweit abgesenkt worden, daß die Forderungen der Arbeitsmedizin als erfüllt gelten können.

Ein weiterer Stoff, der unter dem Verdacht steht, carcinogen zu sein, ohne daß bisher arbeitsmedizinische Statements vorliegen, ist Äthylenthioharnstoff (ETU). In einigen Ländern (England, Schweden) wird deshalb mit dieser Substanz nicht mehr oder nur noch in staubfreier Form als Granulat gearbeitet. Grundsätzlich kann dazu gesagt werden, daß bei einer Kontamination = 0 auch die Gefährdung = 0 wird. Bei Einsatz staubfreier Granulate kann man eine Kontamination weitestgehend ausschließen.

In neueren genetischen Screening-Untersuchungen mit Mikroorganismen und Zellkulturen hat man bei mehreren Thiuram-, Dithiocarbamat-, Sulfenamidbeschleunigern und Schwefelspendern mutagene Verdachtsmomente geäußert, die in Tierversuchen noch nicht bestätigt worden sind, [10.22.] für die auch bisher keine epidemiologische Bestätigungen vorliegen. Für diese Stoffe gilt das gleiche, wie für ETU, daß beim Arbeiten mit staubfreien Granulaten eine potentielle Gefährdung praktisch ausgeschlossen ist.

Neuerdings wurde durch die Verfeinerung der analytischen Methoden [10.23.] festgestellt, daß bei gleichzeitiger Verwendung von Diphenylnitrosoamin als Verzögerer, das als verhältnismäßig harmlose Verbindung angesehen wird, mit Beschleunigern mit sekundären Aminen (Thiurame, Dithiocarbamate, Sulfenamide) kleine Mengen aliphatischer bzw. heterocyclischer Nitrosoamine [10.24.] in die Vulkanisationsluft gelangen können, die z. T. im Tierexperiment, nicht jedoch bisher beim Menschen, carcinogene Effekte gezeigt haben. Deshalb ist der gemeinsame Einsatz von Diphenylnitrosoamin und Beschleunigern mit sekundären Aminen zu vermeiden. [10.25.]

Wenn auch die Kautschuk-Chemikalien zumeist problemlos verarbeitet werden können, so ist dennoch darauf hinzuweisen, daß gelegentlich Personen mit individuell bedingter Reaktionsbereitschaft gegenüber einem oder mehreren Produkten eine spezifische Überempfindlichkeit erwerben oder – was selten vorkommt – auch von vornherein aufweisen können. [10.3., 10.26.–10.27.] Solche Fälle gehören in das Gebiet der sogenannten allergischen Reaktionen, die sich weder in irgendeiner Weise, auch nicht aus dem Tierexperiment, vorhersehen, noch durch geeignete Wahl der Chemikalien ganz ausschließen lassen. Sie werden bevorzugt durch arbeitsmedizinische Beobachtungen erfaßt. Sie können bei zahlreichen chemischen Produkten aber auch bei vielen Naturstoffen auftreten. Diese Überempfindlichkeitsreaktionen lassen sich meist durch Verwendung anderer Substanzen gleicher technischer Wirkung vermeiden. In extremen Fällen ist ein Arbeitsplatzwechsel anzuraten. Generell sollte daher jeder Hautkontakt mit Industrie-Chemikalien, also auch mit allen Kautschuk-Chemikalien weitgehend vermieden werden. Dem sollten entsprechende Schutzvorrichtungen und das Tragen von Handschuhen dienen. Von den Kautschuk-Chemikalien sind vor allem Thiurame, Dithiocarbamate, MBT bzw. MBTS und Guanidine im Zusammenhang mit allergischen Raktionen genannt worden. [10.26.–10.27.]

Hier sei noch auf mögliche Alkoholüberempfindlichkeiten nach Exposition mit Thiuram-Derivaten hingewiesen, die als Antabuswirkung charakterisiert werden. Die Symptome sind Hautrötung, Schweißausbruch, starke Übelkeit, Neigung zum Kollaps. [10.28.]

### 10.4.3. Zulässige Konzentrationen in der Arbeitsluft

Wegen der besonderen Gefährdung des Menschen am Arbeitsplatz durch Inhalation, Stäube, Dünste oder Dämpfe aufzunehmen, ist in einigen Staaten die Konzentration gefährlicher Stoffe in der Atemluft entweder durch besondere gesetzliche Vorschriften oder durch Empfehlungen hinsichtlich der maximal zugelassenen Konzentrationen geregelt. Die bekanntesten Empfehlungen sind die von der Deutschen Forschungsgemeinschaft der Chemischen Industrie der Bundesrepublik Deutschland aufgestellten „Maximalen Arbeitsplatz-Konzentrationen", die sogenannten „MAK-Werte", [10.10.] sowie die von der American Conference of Governmental and Industrial Hygienists in USA empfohlenen „Threshold Limit Values", die sogenannten „TLV-Werte". [10.11.]

Unter einem MAK-Wert versteht man die Konzentration eines Stoffes in der Atemluft, von der man jeweils nach wissenschaftlicher Erkenntnis annehmen muß, daß ihre Einwirkung bei einem gesunden, erwachsenen Menschen täglich 8 Stunden lang, bis zu 45 Stunden in der Woche, weder die Gesundheit beeinträchtigt, noch zur Belästigung führt. Diese Werte werden aufgrund von toxikologischen Langzeitinhalations-Untersuchungen und arbeitsmedizinischen Beobachtungen aufgestellt. Diese Konzentrationen sollen in Produktionsbetrieben, Laboratorien usw. bei einem 8-Stundentag im Mittel nicht überschritten werden. Es ist demgemäß darauf zu kontrollieren. Die MAK- und TLV-Werte werden für die wichtigsten und bekanntesten Arbeitsstoffe jährlich überprüft und dem Stand experimenteller und arbeitsmedizinischer Erkenntnisse angepaßt. Sie werden in ppm (Teile der Substanz in einer Million Teile Luft) oder in $mg/m^3$ (mg der Substanz im Kubikmeter Luft) angegeben.

Die Gummiindustrie ist von den MAK-Werten nur wenig tangiert. Von den bekannten Kautschuk-Chemikalien ist nur TMTD in der MAK-Liste mit einem MAK-Wert von 5 $mg/m^3$ aufgeführt. Für inerte Stäube, in denen natürlich auch Kautschuk-Chemikalien und Füllstoffe enthalten sein können, gilt generell ein MAK-Wert von 8 $mg/m^3$.

Die Staubkonzentration in der Atomsphäre ist durch Absaugen einer Luftprobe leicht zu messen. Dafür gibt es ortsfeste und am Körper getragene Geräte, die gravimetrisch messen. Darüber hinaus sind natürlich auch die evtl. mitverarbeiteten Lösungsmittel zu berücksichtigen.

Die in Festkautschuk-Typen enthaltenen Reste von Monomeren sind in der Regel, wie bereits erwähnt, nur noch in so geringen Konzentrationen enthalten, daß sie in der Luft am Arbeitsplatz praktisch keine Rolle mehr spielen. [10.4., 10.29.–10.30.] Bei Latextypen können die Restmonomergehalte etwas größer sein, weshalb hier die MAK-Werte für die Monomeren berücksichtigt werden müssen. Diese sind für Butadien 1000 ppm bzw. 2200 $mg/m^3$, für Chloropren 10 ppm bzw. 36 mg/m³ und für Styrol 100 ppm bzw. 420 mg/m³.

Für die bereits erwähnten carcinogenen Stoffe werden MAK-Werte nicht mehr aufgestellt, da sich in Tierversuchen absolute Wirkungsgrenzdosen bzw. -konzentrationen grundsätzlich nicht ermitteln lassen. Wenn solche Stoffe technisch unvermeidbar sind und Expositionen gegenüber diesen Stoffen nicht völlig ausgeschlossen werden können, werden für die zu treffenden Schutzmaßnahmen und die meßtechnische Überwachung vom „Ausschuß für gefährliche Arbeitsstoffe (AGA)" in der Bundesrepublik Deutschland sogenannte Technische Richtkonzentrationen „TRK-Werte" erstellt. Die TRK-Werte sind als Jahresmittelwerte zu verstehen, bei einer Einwirkung von täglich in der Regel nicht länger als 8 Stunden und wöchentlich nicht länger als 40 Stunden. Für den Zeitraum einer Stunde darf die Konzentration als Mittelwert das dreifache des TRK-Wertes nicht überschreiten.

Von Kautschuk-Chemikalien wird kein Stoff von TRK-Werten tangiert. Von den Lösungsmitteln wird Benzol [10.31.] mit 8 ppm bzw. 26 mg/m³ und von den Monomeren Acrylnitril mit 6 ppm bzw. 13.23 mg/m³ sowie Vinylchlorid mit 5 ppm bzw. 13 mg/m³ in der Liste aufgeführt. Für monomeres Epichlorhydrin ist ein TRK-Wert in Vorbereitung. Bei der Verarbeitung von Festkautschuken werden die TRK-Werte auch im entferntesten nicht erreicht.

Auch der TLV-Wert [10.11.] wird unterteilt in eine durchschnittliche Konzentration über die Zeit, den „Threshold Limit Value-Time-Weighted-Average" (TLV-TWA-Wert) und den Grenzen für kurzfristige Exposition, den „Threshold Limit Value-Short Term Exposure Limit" (TLV-STEL-Wert). Der TLV-TWA-Wert entspricht weitgehend dem MAK-Wert (er basiert aber auf einer 40stündigen Arbeitswoche). Unter einem TLV-STEL-Wert versteht man im Gegensatz dazu die Konzentration, der ein Mitarbeiter bis zu 15 Minuten ununterbrochen ausgesetzt sein darf, ohne daß er unerträgliche Hautreizungen, chronische oder irreversible Gewebeschäden oder Bewußtseinsschwächung erfährt. Dabei dürfen nicht mehr als vier derartiger Expositionen am Tag zugelassen werden und zwischen je zwei Einwirkungen müssen Pausen von zumindest 60 Minuten liegen.

Zudem wird noch der sogenannte „Action Level" als der halbe TLV-TWA-Wert definiert, bei dessen Einhaltung eine regelmäßige arbeitsmedizinische Überwachung nicht mehr vorgeschrieben ist. In Holland und anderen europäischen Ländern wird ebenfalls mit TLV- oder MAK-Werten gearbeitet, wobei jedoch individuelle Zahlen zu grundegelegt werden. Dies mag am Beispiel von Acrylnitril demonstriert werden:

Tabelle 10.3. Begrenzung von Acrylnitril in der Luft von Betrieben in einigen Ländern.

| Standard | USA | | Holland | | BRD (1979) | |
|---|---|---|---|---|---|---|
| | ppm | mg/m³ | ppm | mg/m³ | ppm | mg/m³ |
| TLV–TWA | 2 | 4,4 | 4 | 8,8 | – | – |
| Action Level | 1 | 2,2 | 2 | 4,4 | – | – |
| TLV–Stel | 10 | 22 | 10 | 22 | – | – |
| MAK | – | – | – | – | aufgehoben | – |
| TRK | – | – | – | – | 6 | 13,23 |

### 10.4.4. Arbeitsmedizinische Konsequenzen, Umgang mit Kautschuk-Zusatzstoffen

Bei den Kautschuk-Chemikalien und Zuschlagstoffen handelt es sich um Industrie-Chemikalien, die verhältnismäßig wenig toxisch sind [10.32.]; dennoch sollte man stets bestrebt sein, den damit beschäftigten Personenkreis möglichst wenig der Einwirkung dieser Stoffe, insbesondere der Stäube, Dünste oder Dämpfe, auszusetzen, auch wenn sie eventuell nicht als unangenehm empfunden werden. Dem dienen die allgemeine Hygiene und Sauberkeit der Betriebe.

Da fahrlässiger Umgang mit Industrie-Chemikalien z. B. Aufnahme größerer Mengen gegebenenfalls zu Gesundheitsstörungen führen kann, sind grundsätzlich folgende Vorsichtsmaßregeln zu beachten:

Das Verbot des Essens, Rauchens und Alkoholgenußes bei der Arbeit, die Vermeidung der Einatmung größerer Mengen von Stäuben und Dünsten, vor allem in geschlossenen Räumen, weiterhin das Tragen von Arbeitskleidung, Schutzbrille, Atemmaske und Kopfbedeckung, das Reinigen benetzter Hände und Hautstellen, Ablegen verunreinigter Kleidung. Im übrigen gelten die jeweiligen Unfallverhütungsvorschriften für die chemische Industrie.

Bei evtl. Vergiftungen durch Kautschuk-Chemikalien existieren keine spezifischen Behandlungsmaßnahmen. Es sind daher wirksame symptomatische Maßnahmen der Ersten Hilfe (Laienhilfe) anzuwenden.

Vor Eintreffen des Arztes sollte folgende Laienhilfe gegeben werden:

Arzt benachrichtigen, versuchen die Vergiftungsursachen zu ermitteln, Substanzrest sicherstellen und dem Arzt vorlegen.

Den Vergifteten an die frische Luft bringen. Verschmutzte Kleider sofort ablegen, Haut mit Wasser und Seife von evtl. Substanzresten reinigen. Den Vergifteten bei kaltem Wetter warm einpacken. Im Magen befindliche Substanz bei Nichtbewußlosen durch Erbrechen (warmes Salzwasser, 1 Eßlöffel, Kochsalz auf 1 Glas Wasser, mechanische Reizung) zu entfernen versuchen. Gaben von Medizinalkohle (2–3 Eßlöffel Granulat oder Tabletten mit Wasser zu einer Aufschwemmung verrührt) können im Magen-Darmkanal noch nicht resorbierte Giftstoffe binden. (Medizinalkohle sollte in jeder Werksapotheke vorhanden sein!). Unter keinen Umständen Rizinusöl, Milch, Butter, Eier oder Alkoholika verabreichen, da diese die Resorption der Wirkstoffe beschleunigen können.

## 10.5. Toxikologische Bewertung von Kautschuk-Zusatzstoffen in Lebensmittelbedarfsgegenständen

[10.33.]

Da die in einem fertigen Bedarfsgegenstand aus Hochpolymeren enthaltenen niedermolekularen Anteile wie Restmonomere, Polymerisationschemikalien und Kautschuk-Zusatzstoffe beim Kontakt mit Lebensmitteln auf diese zu überwandern vermögen, gewinnen die Betrachtungen über die Toxikologie dieser Stoffe besondere Aktualität [10.34.–10.35.].

Die Gesetzgeber in vielen Ländern fordern, daß die Lebensmittel durch den notwendigen Kontakt mit Bedarfsgegenständen durch überwandernde Fremdstoffe in toxikologischer, geruchlicher und geschmacklicher Weise nicht verändert werden dürfen. Aus diesem Grunde werden die für die Herstellung von Bedarfsgegenständen notwendigen Substanzen nach analytischen und toxikologischen Untersuchungsergebnissen von den Gesetzgebern limitiert. Die extrem starke Begrenzung von zugelassenen Substanzen findet neben Geruchs- und Geschmacksproblemen vielfach eine wesentliche Begründung in der zum Teil nicht ausreichenden toxikologischen Erfahrung, insbesondere von älteren Substanzen nach den neuzeitlichen Untersuchungsmethoden. Arbeitsmedizinische Erkenntnisse werden bei der Beurteilung über die Zulassung eines Stoffes für Lebensmittelbedarsgegenstände nicht hinreichend berücksichtigt, obwohl die Menschen zum Teil bereits seit Jahrzehnten mit diesen Stoffen gearbeitet haben und in ständigen Kontakt gekommen sind, weil die Anzahl der beobachteten Personen für eine statistische Übertragung der Ergebnisse auf die gesamte Menschheit im allgemeinen zu gering ist.

Die von den verschiedenen Ländern für Lebensmittelbedarfsgegenstände zugelassenen Substanzen sind jeweils in entsprechenden Positivlisten aufgeführt.

Das deutsche Bundesgesundheitsamt (BGA) hat die zulässigen Substanzen für den Kautschuksektor in der Empfehlung XXI zusammengefaßt. In Holland und Italien sind Gesetze in Vorbereitung und in den USA werden von der Food and Drug Administration

(FDA) Vorschriften über Zusammensetzung sowie Gebrauchsbedingungen gemacht. Eine Richtlinie der EG zur behördlichen Regelung für die Verwendung von Chemikalien in Lebensmittelbedarfsgegenständen aus Gummi ist in Vorbereitung. [10.36.]

## 10.6. Technische Maßnahmen zur Vermeidung einer Gefährdung durch Kautschuk-Chemikalien und -Zusatzstoffe in der Gummiindustrie

### 10.6.1. Ordungsgemäße Lagerung von Kautschuk-Chemikalien und -Zusatzstoffen

Kautschuk-Chemikalien sind zumeist organische Substanzen, die sich z. T. bei längerer Lagerung, vor allem bei Einfluß höherer Temperaturen durch den Einfluß von Luftsauerstoff und gegebenenfalls durch Feuchtigkeit verändern können.

Die üblichen Kautschuk-Chemikalien sind weder explosibel noch selbstentzündlich. Sie brauchen nach der EG-Richtlinie für gefährliche Stoffe hinsichtlich Brand- und Explosionsgefährdung nicht gekennzeichnet zu werden. Eine Ausnahme hinsichtlich der Feuergefährlichkeit bilden aber die energiehaltigen Treibmittel, die aufgrund ihrer technologischen Funktion von beschränkter thermischer Stabilität und stark gasbildend sein müssen, sowie brennbare Flüssigkeiten mit niedrigen Flammpunkten und Peroxide. Sie müssen besonders sorgfältig gelagert und die entsprechenden Hinweise oder Bestimmungen beachtet werden.

Kautschuk-Chemikalien sollten trocken in Gebäuden oder Plätzen gelagert werden, die für diesen Zweck vorgesehen sind. Große Überschreitungen der Lagertemperaturen nach oben oder unten und Lagerstellen in der Nähe von Wärmequellen sind immer zu vermeiden. Hohe Lagertemperaturen haben stets einen ungünstigen Einfluß auf die Eigenschaften der organischen Chemikalien. Auf feste oder homogene flüssige Chemikalien haben niedrige Temperaturen normalerweise keinen ungünstigen Einfluß, vorausgesetzt natürlich, daß letztere vor der Anwendung genügend aufgewärmt werden, damit sie ihre notwendige Viskosität wiedergewinnen. Einfriertemperaturen können jedoch bei flüssigen Dispersionen, Lösungen oder Latices durch Koagulation zu Dauerschäden führen. Die idealen Lagertemperaturen für Kautschuk-Chemikalien liegen zwischen 5–30° C; die meisten Produkte vertragen jedoch auch höhere bzw. tiefere Temperaturen.

Verpackte Kautschuk-Chemikalien und Großbehälter sollten leicht lesbare Etiketten tragen, die auf den Inhalt und die evtl. Gefahren sowie gegebenenfalls auf die Sicherheitsratschläge beim Umgang mit diesen Materialien hinweisen. Verschüttete Chemikalien aus defekten oder undichten Verpackungen sollten sofort beseitigt und der restliche Inhalt in einen anderen gut etikettierten Behälter umgefüllt werden.

Verpacktes Material sollte bei der Lagerung nur von ausgebildetem Personal bewegt werden, das mit den etwaigen speziellen Lager- und Handhabungsvorschriften sowie den evtl. Gefahren und Sicherheitsratschlägen vertraut gemacht worden ist.

### 10.6.2. Abfallbeseitigung von Kautschuk-Chemikalien und -Zusatzstoffen

Wo Abfälle von Kautschuk-Chemikalien beseitigt werden müssen, sind diese den zuständigen örtlichen Behörden anzuzeigen. Normalerweise erfolgt das Ablagern auf Sonderdeponien oder die Substanz wird durch Verbrennen unter sorgfältig kontrollierten Bedingungen vernichtet. Auch Verpackungsmaterialien, die geringe oder größere Mengen dieser Substanzen enthalten, sollten nach denselben Gesichtspunkten behandelt werden.

### 10.6.3. Maßnahmen im Brandfall

Die meisten organischen Chemikalien, die in der Kautschuk-Industrie verwendet werden, neigen zum Brennen, Zersetzen oder Verdampfen, wenn sie direkt dem Feuer ausgesetzt werden oder in die Nähe einer hohen Verbrennungswärme geraten. Kautschuk-Chemikalien sollten deshalb generell nicht der Einwirkung von Hitze ausgesetzt werden. Die bei einer Verbrennung entstehenden Gase, Dämpfe oder Rauchentwicklungen können gesundheitsgefährlicher oder giftiger Art sein. Es sollte auch sorgfältig auf das Entflammbarkeitsverhalten der Kautschuk-Chemikalien bei der Handhabung und Lagerung geachtet werden, und zwar sowohl im indirekten Kontakt mit Feuer als auch im Hinblick auf den Einfluß von Hitze. Sollten sich Zersetzungsdämpfe bilden, ist für gute Durchlüftung zu sorgen und der Raum zu räumen bzw. nur mit Atemmasken zu betreten.

Kautschuk-Chemikalien sollten auch nicht in Kontakt oder in die Nähe von stark oxydierenden Substanzen oder mineralischen Säuren gebracht werden. Die Lagerhaltung ist so durchzuführen, daß im Falle eines Brandes der Fluchtweg für die dort Tätigen oder derjenigen aus angrenzenden Gebäuden, nicht verlegt ist. Die Löschgeräte sollten zweckmäßigerweise von außen erreichbar sein und es ist Vorsorge zu treffen, daß das Feuer sich nicht durch Flugasche oder andere damit verursachten Risiken ausbreiten kann. Anweisungen der Feuerwehr sind einzuholen und zu beachten.

### 10.6.4. Vermeidung einer Staubemission [10.37.–10.40.]

Die sehr unterschiedlichen in der Gummi-Industrie anfallenden Staubarten sollten möglichst nahe an der Entstehungsquelle abgesaugt und niedergeschlagen werden. Dazu werden beispielsweise wirksame Absauganlagen über Walzwerken bzw. über Innenmischern installiert.

Die Aspiration an der Maschine selbst kann aber nur als eine nachträgliche Verbesserung betrachtet werden; am besten versucht man von vornherein eine Staubemission zu vermeiden. Dies läßt sich beim Arbeiten in Innenmischern z. B. durch Installieren von Silos mit automatischen Verwiege- und Beschickungsanlagen, die mit Filtereinrichtungen versehen sind, erreichen. Je exakter die Ausführung und der Betrieb solcher Anlagen sind, desto weniger Staub fällt an.

Man arbeitet in der Gummi-Industrie heute kaum noch mit Zyklonen da die Grenzkornabscheidung ca. 10 $\mu$m bei einer Teilchenfeinheit der Kautschuk-Zuschlagstoffe bis zu 0,1 $\mu$m–0,01 $\mu$m beträgt, sondern bevorzugt Gewebefilter. Mit solchen Gewebe- oder Faservliesfiltern ist es möglich, Filterungen bis zu einer Korngröße von 0,1 $\mu$m vorzunehmen, wobei Reststaubgehalte von unter 50 mg/m$^3$ Luft ohne Schwierigkeiten erreicht werden. [10.41.] Zulässig sind nach der derzeit gültigen Norm der Bundesrepublik Deutschland 150 mg/m$^3$ Luft. [10.42.]

Je nach Staubart können auch Naßabscheidungen vorgenommen werden. Hier ist die sehr gut geeignete Bürstenentstaubung zu nennen. Es sind auch elektrostatische Filter im Einsatz, bei denen die Staubteilchen in Kollektorzellen durch Ionisation elektrisch aufgeladen und von den Kollektorplatten angezogen werden; sie haben einen hohen Wirkungsgrad.

Eine andere wesentliche Staubquelle war früher und ist teilweise auch heute noch das Pudern von Kautschuk-Mischungen. Man sollte, wo immer es möglich ist, ein Pudern vermeiden und Trennmittellösungen verwenden. Falls sich jedoch in bestimmten Fällen eine Puderung nicht vermeiden läßt, sollte sie in geschlossenen, gut abgesaugten Räumen vorgenommen werden. Neuerdings stehen hierfür auch automatische, staubfrei arbeitende Puderungsanlagen zur Verfügung.

Eine andere Möglichkeit der Verminderung von Staub ergibt sich durch Verarbeitung staubarmer Mischungsbestandteile wie z. B. Granulate. Hiervon sollte in viel stärkerem Maße Gebrauch gemacht werden.

### 10.6.5. Vermeidung einer Emission von Dünsten und Dämpfen [10.40, 10.43.]

Die Emission von Dünsten und Dämpfen ist für die Gummi-Industrie bei weitem nicht so problematisch wie die von Stäuben. Abgesehen von der Verarbeitung von Kautschuk-Lösungen und Latices treten in der Gummiindustrie vor allem bei der Herstellung und der Verarbeitung von Kautschuk-Mischungen bei höheren Temperaturen, vor allem bei der Vulkanisation Dünste auf, vor denen die Arbeitnehmer zu schützen sind. Durch eine genügend starke Absaugung über den Verarbeitungs- und Vulkanisationsaggregaten kann hier Abhilfe geschaffen werden.

### 10.6.6. Zusammenfassung der Schutzmaßnahmen in der kautschukverarbeitenden Industrie

Im allgemeinen sollten folgende 10 Gebote berücksichtigt werden:

1) Das Einatmen von Chemikalien in Form von Stäuben, Dünsten oder Dämpfen ist zu vermeiden. Hier ist nach den Ausführungen von 10.6.4. und 10.6.5. abzusaugen und zu belüften. Gegebenenfalls sind Atemschutzgeräte zu tragen. In speziellen Fällen sind die besonders vorgeschriebenen Vorsichtsmaßnahmen zu befolgen. Auch die Bildung von Staubwolken beim Kehren oder aus Ablagerungen von Chemikalienstaub ist zu vermeiden.
2) Grundsätzlich sollten keine Chemikalien mit der Haut in Kontakt kommen oder in die Augen gelangen. Beim Arbeiten mit Chemikalien ist das Tragen von Arbeitsschutzkleidung wie Handschuhen, Augenschutz, gegebenenfalls auch Kombinationsanzügen oder Schürzen erforderlich, besonders dann, wenn ein längerer oder wiederholter Umgang mit Chemikalien gegeben ist. Pulver auf der Haut sollten sofort entfernt und Spritzer von Flüssigkeiten sofort mit viel Wasser und Seife abgewaschen werden. Sollten Chemikalien in die Augen gelangen, so ist das Auge unverzüglich mit fließendem Wasser zu spülen, gegebenenfalls der Facharzt einzuschalten.
3) Chemikalien sollten grundsätzlich nicht über Speisen oder Getränke in den Körper gelangen. Nahrungsmittel sollten nicht dort gelagert, zubereitet oder verzehrt werden, wo Chemikalien verarbeitet werden. Sollten Chemikalien verschluckt werden, ist sofort ein Arzt einzuschalten.
4) Arbeitsschutzkleidung sollte regelmäßig gewechselt und gereinigt werden. Stark verschmutzte Kleidung sollte unverzüglich gewechselt und gegebenenfalls weggeworfen werden.
5) Waschmöglichkeiten für den Normal- und Ernstfall müssen von den Verarbeitungsplätzen aus rasch erreichbar sein. Die Einrichtungen sollten für den Notfall ermöglichen den Kopf oder die Augen reichlich mit Wasser zu spülen. Auch zum Händewaschen vor der Nahrungsaufnahme müssen sie leicht erreichbar sein.
6) Chemikalien sollten nur an solchen Orten gelagert und abgewogen werden, die für den Zweck vorgesehen und gut belüftet sind. Die verpackten Chemikalien müssen ordentlich und

greifbar gelagert sein, sie müssen deutlich etikettiert und mit den evtl. notwendigen Gefahrenmerkmalen und Sicherheitsrichtlinien beim Umgang versehen sein. Eventuelle Vorschriften über die Lagerung leicht entzündlicher Stoffe müssen dringend befolgt werden (siehe hierzu auch die Abschnitte 10.6.1. und 10.6.3.).

7) Abgesehen vom Transport in verschlossenen Behältern sollten Chemikalien nur von solchen Personen bewegt und verarbeitet werden, die dazu beauftragt und mit der Handhabung vertraut gemacht sind.
8) Verschüttete Chemikalien sind unter Beachtung der für die einzelnen Produkte vorgesehenen Sicherheitsrichtlinien sofort aufzunehmen.
9) Für die Handhabung von Chemikalien sind geeignete Geräte wie Schaufeln, Eimer u. dgl. bereitzuhalten und zu benutzen, die nur zu diesem Zweck verwendet werden.
10) Eine Erste-Hilfe-Ausrüstung und andere Schutzeinrichtungen wie Feuerlöscher, sollten in gut sichtbarer und erreichbarer Weise angebracht sein. Ein Sicherheitsbeauftragter muß diese Einrichtungen regelmäßig kontrollieren. Auch das Telefon, auf dem die Telefonnummer der Rettungsstelle und der Feuerwehr sichtbar angebracht ist, muß leicht zugänglich sein.

## 10.7. Literatur über Gefahren in der Gummiindustrie, ihre Erkennung und Beseitigung


[10.1.] D. Henschler: Veränderungen der Umwelt-Toxikologische Probleme, Angew. Chem. **85** (1973), S. 317–368.

[10.2.] W. Hofmann: Ökologie in der Gummiindustrie, Kautschuk u. Gummi, Kunstst. **27** (1974), S. 487–492.

[10.3.] W. Hofmann: Umweltschutzprobleme bei der Anwendung von Synthesekautschuk und Kautschukchemikalien, Gummi, Asbest, Kunstst. **27** (1974), S. 624–632 und 830–840, 197 Lit. cit (besonders über die Toxikologische Bewertung von Kautschuk-Chemikalien und -Zusatzstoffe).

[10.4.] E. Löser: Toxicology of some Monomers and Solvents, used in Synthetic Rubber Production, Vortrag auf der internationalen Kautschuk-Tagung 3.–6. Oktober 1979 in Venedig, Proceedings, S. 886.

[10.5.] H. G. Parkes: Living with Carcinogens, IRI, Manchester Sect., Symposium on "Health and Environmental Problems in the Polymer Field", Manchester 1973 – 11 – 30, Rubber Ind. **8** (1974), Nr. 1, S. 21–23.

[10.6.] A. M. Spivey: Some Health Consideration in the use of Chemicals in the Rubber Industry, Vortrag auf der Skandinavischen Kautschuk-Tagung 2.–3. April 1979, Proceedings, Vortrag 7.

[10.7.] ...: Evaluation of the Toxicity of a Number of Antioxidants, 6. Report of the Joint FAO/WHO Expert Committee on Food Additives, Genf 1961 – 06 – 06.

[10.8.] ...: Gefährliche Stoffe und Vorschläge für ihre Kennzeichnung, Hrsg.: Conseil de L'Europe. 3. Aufl. Straßburg: Selbstverlag 1971, 327 S.

[10.9.] ...: Manual about Toxicity and Safe Handling of Rubber Chemicals, Code of Praxis, Hrsg.: British Rubber Manufacturing Association, Birmingham, 1978.

[10.10.] ...: Maximale Arbeitsplatzkonzentrationen 1979, Hrsg.: Berufsgenossenschaft der chemischen Industrie, Deutsche Forschungsgemeinschaft, Senatskommission zur Prüfung gesundheitsschädlicher Arbeitsstoffe, Mitteilung xv.

[10.11.] ...: Threshold Limit Values for Chemical Substances and Physical Agents in the Workroom Environment with Intended Changes for 1979, Hrsg.: American Conference of Government Industrial Hygienists, Publications Office, ACGIH, 3rd Edition, 4th Printing.

[10.12.] ...: 6. Änderung der Richtlinie des Rates 67/548/EWG zur Angleichung der Rechts- und Verwaltungsvorschriften für die Einstufung, Verpackung und Kennzeichnung gefährlicher Stoffe, Amtsblatt der Europäischen Gemeinschaften **22** L 259 vom 15. Oktober 1979, 79/831/EWG, Seite 10–28.

[10.13.] ...: Entwurf eines Gesetzes zum Schutz vor gefährlichen Stoffen (Chemikaliengesetz) vom 7. 6. 1979, Bundestagsdrucksache 8/3319.

[10.14.] P. J. Baxter, J. B. Werner: Mortality in the British Rubber Industries 1967–76, Hrsg.: Health and Safety Executive, Her Majesty's Stationery Office, 1980.

[10.15.] ...: Verordnung über gefährliche Arbeitsstoffe, Bundesgesetzblatt I (1975), 167 vom 8. 9. 1975.

[10.16.] ...: Schwedisches Giftgesetz, schwedische Verordnung Nr. 702 über Gifte und andere gesundheitsgefährdende Waren vom 1. 7. 1973, Teil des allgemeinen Umweltschutzgesetzes vom 1. 7. 1973.

[10.17.] C. A. Nau, J. Neal, V. A. Stembrigde: Arch. Ind. Health **17** (1958), S. 21ff; **18** (1958), S. 511ff; Arch. Environm, Health **1** (1960), S. 512, 516; **4** (1962), S. 45.

[10.18.] J. Neal, M. Thorten, C. A. Nau: Arch. Environm, Health **4** (1962), S. 46.

[10.19.] Th. H. Ingalls: Arch. Environm, Health **2** (1961), S. 429.

[10.20.] K. B. Metzger: Kleines Weißbuch für den schwarzen Ruß, Tl. 1 u. 2., Hrsg.: Degussa, Frankfurt 1971, Interne Mitteilung.
Die Toxikologie von Produktionsrußen, Hrsg.: Degussa, Frankfurt 1974, Interne Mitteilung.

[10.21.] A. Munn: Bladder Cancer and carcinogenic Impurities in Rubber Additives, IRI, Manchester Sect., Symposium on "Health and Environmental Problems in the Polymer field", Manchester 1973 – 11 – 30, Rubber Ind. **8** (1974), Nr. 1, S. 19–20.

[10.22.] A. Hedenstedt et al.: Mutagenicity and Metabolism Studies on 12 Thiuram- und Dithiocarbamate Compounds used as Accelerators in the Swedish Rubber Industry, Mutation Research **68** (1979), S. 313–325.

[10.23.] L. R. EMBER: Nitrosamines: Assessing the relative Risk, CCEN **31** (März 1980), S. 20–26.

[10.24.] H. DRUCKREY et al.: Organotrope carcinogene Wirkungen bei 65 N-Nitrosoverbindungen, Z. Krebsforschung **69** (1967), S. 103.

[10.25.] . . .: Bayer-Rundschreiben an alle Abnehmer von Vulkalent A vom 10. 4. 1980.

[10.26.] E. SCHULTHEISS;: Gummi und Ekzem, Aulendorf Württ.: Verlag Editio Cantor 1959, 213 Seiten, Monographien zur Zeitschrift Berufsdermatosen, Bd. 3.

[10.27.] W. HOFMANN: Gummiallergien, Bayer-Mitteilungen für die Gummi-Industrie Nr. **46** (1972), S. 33, Firmenschrift der Bayer AG, Leverkusen – Bayerwerk, auf Anforderung erhältlich.

[10.28.] W. HOFMANN: Antabuswirkung durch Thiuram-Derivate, Bayer-Mitteilungen für die Gummi-Industrie Nr. **48** v. 1. 10. 1974, S. 25 Firmenschrift der Bayer AG, Leverkusen – Bayerwerk, auf Anforderung erhältlich.

[10.29.] F. FERRÉ: Determination of Acrylonitrile in the Workplace Air, Vortrag auf der Internationalen Kautschuk-Tagung, 3.–6. Oktober 1979 in Venedig, Proceedings S. 867.

[10.30.] G. CANTONI, U. SENATI: A new Technology for the Nitrile Rubber Production, Improvement in Residual Monomers Content in the Polymer and in the Factory Environment, Vortrag auf der Internationalen Kautschuk-Tagung, 3.–6. Oktober 1979, in Venedig, Proceedings S. 876.

[10.31.] W. HOFMANN: Einsatz von Benzol in der Gummi-Industrie, Bayer-Mitteilungen für die Gummi-Industrie Nr. **48,** 1974, Firmenschrift der Bayer AG, Leverkusen – Bayerwerk, auf Anfrage erhältlich.

[10.32.] E. LÖSER, H. LOHWASSER, N. SCHÖN: Toxikologische und arbeitshygienische Gesichtspunkte beim Umgang mit Kautschukchemikalien und polymeren Rohstoffen unter Berücksichtigung bestehender gesetzlicher Regelungen, Vortrag auf der internationalen Kautschuk-Tagung 24.–26. 9. 1980 in Nürnberg

[10.33.] R. FRANCK, H. MÜHLSCHLEGEL: Kunstoffe im Lebensmittelverkehr, Empfehlung des Bundesgesundheitsamtes, Textausgabe, Carl Heymanns Verlag, Köln, Stand 1. 10. 1979, Empfehlung XXI, Bd. 1., S. A 63–68u.

[10.34.] H. OSTROMOW, W. HOFMANN: Untersuchung von Bedarfsgegenständen aus Gummi, Stand 1. 8. 1978, MvP-Berichte 2/1978, S. 1–34, in [10.33.], Bd. 2., B II/XXI, S. 1–99.

[10.35.] W. HOFMANN, H. OSTROMOW: Analytische Untersuchungsbefunde des Ausschusses Gummi im Rahmen des Lebensmittelgesetzes, Kautschuk u. Gummi, Kunstst. **21** (1968), S. 244, 318, 368, 432, 481, 560, 620, 695; **22** (1969), S. 14; **25** (1972), S. 145, 204, 260, 314, 359; Deutsche Lebensmittelrundschau **63** (1967), S. 359.

[10.36.] W. HOFMANN: Stand der Lebensmittelgesetzgebung in der EG; Folgen für die Kautschukindustrie, Chemische Rundschau **28** (1975), vom 2. April, S. 6 f.

[10.37.] W. HOFMANN: Vermeidung der Staubemission in der Gummiindustrie, Gummi, Asbest, Kunstst. **29** (1976), S. 852.

[10.38.] H. HORN: Verwiege- und Beschickungsanlagen in der Gummiindustrie, Gummi, Asbest, Kunstst. **27** (1974), S. 254–262.

[10.39.] H. HORN: Silier-, Förder- und Verwiegeanlagen zur Beschickung eines Innenmischers Banbury 620, Gummi, Asbest, Kunstst. **28** (1975), S. 700–705; Industrieanzeiger **74** v. 17. 9. 1975.

[10.40.] ...: Reine Luft für Morgen, Utopie oder Wirklichkeit? Ein Konzept für das Land Nordrhein-Westfalen. Hrsg.: Minister für Arbeit, Gesundheit und Soziales des Landes Nordrhein-Westfalen, Möhnesee-Wamel, Verlag Saint George, 1972, 81 Seiten.

[10.41.] W. KKNOP et al.: Technik der Luftreinhaltung, Krauskopftaschenbücher, Krauskopfverlag GmbH, Mainz 1972, S. 131–230.

[10.42.] G. FELDHANS, H. D. HAUSEL: Bundesimmissionsschutzgesetz mit Durchführungsverordnungen sowie TA Luft und TA Lärm, Hrsg.: Bundesministerium des Innern, Bonn, Deutscher Fachschriftenverlag, Braun Co. KG, Mainz-Wiesbaden, 1975, S. 124 ff.

[10.43.] G. G. FODOR: Schädliche Dämpfe. Die Gefährdung des Berufs- und Alltagslebens, VDI-Verlag 1972, 167 Seiten.

# 11. Anhang

## 11.1. Physikalische Einheiten, Auswahl (SI-Einheiten und einige für die Gummiindustrie wichtige Umrechnungsbeziehungen)

11.1.1. Basiseinheiten des internationalen Einheitssystems (SI-Einheiten)

| Basisgröße | Name | Einheitszeichen |
|---|---|---|
| Länge | Meter | m |
| Masse | Kilogramm | kg |
| Zeit | Sekunde | s |
| Temperatur (thermodynamische) | Kelvin | K |
| Elektrische Stromstärke | Ampere | A |
| Lichtstärke | Candela | cd |
| Stoffmenge | Mol | mol |

11.1.2. Abgeleitete SI-Einheiten mit eigenen Einheitsnamen, Auswahl

| Größe | Name | Einheits-zeichen | Beziehung |
|---|---|---|---|
| Kraft | Newton | N | $1\ N = 1\ kg \cdot m/s^2$ |
| Druck | Pascal | Pa | $1\ Pa = 1\ N/m^2 = 10^{-5}\ bar$ |
| Energie, Arbeit, Enthalpie, Wärmemenge | Joule | J | $1\ J = 1\ N \cdot m = 1\ W \cdot s$ |
| Leistung, Energiestrom, Wärmestrom | Watt | W | $1\ W = 1\ J/s$ |
| Elektrische Spannung | Volt | V | $1\ V = 1\ W/A$ |
| Elektrischer Widerstand | Ohm | $\Omega$ | $1\ \Omega = 1\ V/A$ |
| Elektrischer Leitwert | Siemens | S | $1\ S = 1/\Omega$ |
| Induktivität | Henry | H | $1\ H = 1\ V \cdot s/A$ |
| Elektrische Kapazität | Farad | F | $1\ F = 1\ A \cdot s/V$ |
| Elektrizitätsmenge | Coulomb | C | $1\ C = 1\ A \cdot s$ |
| Frequenz | Hertz | Hz | $1\ Hz = 1/s$ |
| Lichtstrom | Lumen | Lm | $1\ Lm = 1\ cd \cdot s$ |
| Beleuchtungsstärke | Lux | Lx | $1\ Lx = 1\ Lm/m^2$ |

11.1.3. Abgeleitete SI-Einheiten ohne eigene Einheitsnamen, Auswahl

| Größe | Beziehung |
|---|---|
| Beschleunigung | m/s² |
| Brucharbeit | N · m = J = Ws |
| Diffusionskoeffizient | m²/s |
| Drehzahl | 1/s |
| Enthalpie, spezif. | J/kg; J/m² |
| Entropie | J/K |
| Entropie, spezif. | J/kg · K |
| Gasdurchlässigkeit | m³/m² · s · bar |
| Geschwindigkeit | m/s |
| Impuls | N · s |
| Kerbschlagzähigkeit | J/m²; J/m |
| Längenausdehungskoeffizient | $K^{-1}$ |
| Massenstrom | kg/s |
| Moment, Biege, Torsion | N · m = J = Ws |
| Permeationskoeffizient | m²/s · bar |
| Spannung | N/m² = Pa |
| Temperaturleitfähigkeit | m²/s |
| Viskosität, dynamische | Pa · s |
| Viskosität, kinematische | m²/s |
| Volumen | m³ |
| Volumen, spezif. | m³/kg |
| Volumenstrom | m³/s |
| Wärmeableitung | J/m² |
| Wärmekapazität | J/K |
| Wärmekapazität, spezif. | J/kg · K |
| Wärmedampfdurchlässigkeit | kg/m² · s |
| Wasserdampfdurchlässigkeitskoeffizient | kg/m · s · N/m² |
| Zugfestigkeit | N/mm² = MPa |

11.1.4. Vorsätze

| Zehnerpotenz | Vorsatz | Zeichen | Zehnerpotenz | Vorsatz | Zeichen |
|---|---|---|---|---|---|
| $10^{12}$ | Tera | T | $10^{-1}$ | Dezi | d |
| $10^{9}$ | Giga | G | $10^{-2}$ | Zenti | c |
| $10^{6}$ | Mega | M | $10^{-3}$ | Milli | m |
| $10^{3}$ | Kilo | k | $10^{-6}$ | Mikro | $\mu$ |
| $10^{2}$ | Hekto | h | $10^{-9}$ | Nano | n |
| 10 | Deka | da | $10^{-12}$ | Piko | p |
| | | | $10^{-15}$ | Femto | f |
| | | | $10^{-18}$ | Atto | a |

11.1.5. Umrechnung von Längen-, Flächen- und Volumeneinheiten (in Klammern veraltete Bezeichnungen)

Längeneinheiten (SI)

| Längeneinheiten | Zeichen | Beziehung | | | | |
|---|---|---|---|---|---|---|
| | | km | m | dm | cm | mm |
| Kilometer | km | 1 | $10^3$ | $10^4$ | $10^5$ | $10^6$ |
| Meter | m | $10^{-3}$ | 1 | 10 | $10^2$ | $10^3$ |
| Dezimeter | dm | $10^{-4}$ | $10^{-1}$ | 1 | 10 | $10^2$ |
| Zentimeter | cm | $10^{-5}$ | $10^{-2}$ | $10^{-1}$ | 1 | 10 |
| Millimeter | mm | $10^{-6}$ | $10^{-3}$ | $10^{-2}$ | $10^{-1}$ | 1 |
| | | cm | mm | $\mu$m ($\mu$) | nm (m$\mu$) | (Å) |
| Zentimeter | cm | 1 | 10 | $10^4$ | $10^7$ | $10^8$ |
| Millimeter | mm | $10^{-1}$ | 1 | $10^3$ | $10^6$ | $10^7$ |
| Mikrometer | $\mu$m ($\mu$) | $10^{-4}$ | $10^{-3}$ | 1 | $10^3$ | $10^4$ |
| Nanometer | nm (m$\mu$) | $10^{-7}$ | $10^{-6}$ | $10^{-3}$ | 1 | 10 |
| (Angström) | (Å) | $10^{-8}$ | $10^{-7}$ | $10^{-4}$ | $10^{-1}$ | 1 |

Umrechnung anderer Längeneinheiten in Si-Einheiten

| Längeneinheit | Zeichen | Beziehung |
|---|---|---|
| 1 Inch (Zoll) | in (") | = 25,4 mm = 0.025 4 m |
| 1 Foot | ft (') | = 0,304 8 m (1' (ft) = 12 " (in)) |
| 1 Yard | yd | = 0,914 4 m |
| 1 Mile (engl.) | mi | = 1 609,344 m |
| 1 Mil | mil | = 25,400 $\mu$m |
| 1 Zentimeter | cm | = 0,393 7 in |
| 1 Meter | m | = 39,37 in = 3,280 8 ft = 1,093 6 yd |
| 1 Nanometer | nm | = 0,039 4 mil |
| 1 Mil | mil | = 25,400 $\mu$m |

Flächeneinheiten (Si)

| Flächeneinheiten | Zeichen | Beziehung | | | |
|---|---|---|---|---|---|
| | | $km^2$ | (ha) | $hm^2$(a) | $m^2$ |
| Quadratkilometer | $km^2$ | 1 | $10^2$ | $10^4$ | $10^6$ |
| (Hektar) | (ha) | $10^{-2}$ | 1 | $10^2$ | $10^4$ |
| Quadrathektometer (Ar) | $hm^2$(a) | $10^{-4}$ | $10^{-2}$ | 1 | $10^2$ |
| Quadratmeter | $m^2$ | $10^{-6}$ | $10^{-4}$ | $10^{-2}$ | 1 |
| | | $m^2$ | $dm^2$ | $cm^2$ | $mm^2$ |
| Quadratmeter | $m^2$ | 1 | $10^2$ | $10^4$ | $10^6$ |
| Quadratdezimeter | $dm^2$ | $10^{-2}$ | 1 | $10^2$ | $10^4$ |
| Quadratzentimeter | $cm^2$ | $10^{-4}$ | $10^{-2}$ | 1 | $10^2$ |
| Quadratmillimeter | $mm^2$ | $10^{-6}$ | $10^{-4}$ | $10^{-2}$ | 1 |

Umrechnung anderer Flächeneinheiten in Si-Einheiten

| Flächeneinheit | Zeichen | Beziehung |
|---|---|---|
| 1 Square Inch | $in^2$ | $= 6.451\,6\ cm^2 = 6.451\,6 \cdot 10^{-4}\ m^2$ |
| 1 Square foot | $ft^2$ | $= 0.092\,903\ m^2$ |
| 1 Square yard | $yd^2$ | $= 0.836\,127\ m^2$ |
| 1 Acre | ac | $= 4\,046{,}8\ m^2$ |
| 1 Square mile | $mi^2$ | $= 2.59\ km^2$ |
| 1 Quadratzentimeter | $cm^2$ | $= 0.155\,0\ in^2$ |
| 1 Quadratmeter | $m^2$ | $= 1\,550\ in^2 = 10{,}763\,9\ ft^2$ $= 1{,}196\,0\ yd^2$ |

Volumeneinheiten (Si)

| Volumeneinheiten | Zeichen | Beziehungen | | | |
|---|---|---|---|---|---|
| | | $m^3$ | $dm^3$ | $cm^3$ | $mm^3$ |
| Kubikmeter | $m^3$ | 1 | $10^3$ | $10^6$ | $10^9$ |
| Kubikdezimeter | $dm^3$ | $10^{-3}$ | 1 | $10^3$ | $10^6$ |
| Kubikzentimeter | $cm^3$ | $10^{-6}$ | $10^{-3}$ | 1 | $10^3$ |
| Kubikmillimeter | $mm^2$ | $10^{-9}$ | $10^{-6}$ | $10^{-3}$ | 1 |
| | | $m^3$ | (hl) | $(l) = dm^3$ | (dl) |
| Kubikmeter | $m^3$ | 1 | 10 | $10^3$ | $10^4$ |
| (Hektoliter) | (hl) | $10^{-1}$ | 1 | $10^2$ | $10^3$ |
| (Liter) = Kubikdezimeter | $(l) = dm^3$ | $10^{-3}$ | $10^{-2}$ | 1 | 10 |
| (Deziliter) | (dl) | $10^{-4}$ | $10^{-3}$ | $10^{-1}$ | 1 |

Umrechnung anderer Volumeneinheiten in Si-Einheiten

| Volumeneinheit | Zeichen | Beziehung |
|---|---|---|
| 1 Cubic Inch | $in^3$ | $= 16.387\ cm^3 = 16.387 \cdot 10^{-6}\ m^3$ |
| 1 Cubic Foot | $ft^3$ | $= 28.317\ dm^3 = 0.223\,17\ m^3$ |
| 1 Cubic Yard | $yd^3$ | $= 0.764\,6\ m^3$ |
| 1 Register ton. | reg. tn. | $= 2.831\,7\ m^3$ |
| 1 Gallon (engl.) | imp. gal. | $= 4.546\,092\ dm^3$ $= 0.004\,546\,092\ m^3$ |
| 1 Gallon (USA) | gal. | $= 3.785\ dm^3$ (= 4 quart(qt) = 8 pint(pt) = 32 gill(gil) |
| 1 Kubikzentimeter | $cm^3$ | $= 0.061\ in^3$ |
| 1 Kubikdezimeter | $dm^3$ | $= 0.353\,1\ ft^3$ |
| 1 Kubikmeter | $m^3$ | $= 1.308\ yd^3 = 0.353\,1$ reg. tn. |

11.1.6. Umrechnung von Masseeinheiten
Masseeinheiten (SI)

| Masseeinheiten | Zeichen | Beziehung | | | |
|---|---|---|---|---|---|
| | | kg | g | cg | mg |
| Kilogramm | kg | 1 | $10^{3}$ | $10^{5}$ | $10^{6}$ |
| Gramm | g | $10^{-3}$ | 1 | $10^{2}$ | $10^{3}$ |
| Zentigramm | cg | $10^{-5}$ | $10^{-2}$ | 1 | 10 |
| Milligramm | mg | $10^{-6}$ | $10^{-2}$ | $10^{-1}$ | 1 |

Umrechnung anderer Masseeinheiten in SI-Einheiten

| Masseeinheiten | Zeichen | Beziehung |
|---|---|---|
| 1 Pound | lb | = 0.453 592 37 kg = 7000 gr = 16oz |
| 1 Grain | gr | = 64.798 mg |
| 1 Ounce | oz | = 28.349 g = 437.5 gr |
| 1 ton (long ton) | tn. l. | = 1 016.05 kg |
| 1 ton (short ton) | tn. sh. | = 907.18 kg |
| 1 Zentner | z | = 50 kg |
| 1 Doppelzentner | dz | = 100 kg |
| 1 Tonne, metrisch | t | = 1000 kg = 2 204.63 lb |
| 1 Kilogramm | kg | = 2.204 6 lb |
| 1 Gramm | g | = 15.432 gr (grain) |

11.1.7. Umrechnung von Temperatureinheiten

| Temperatureinheit | Zeichen | Beziehung | | |
|---|---|---|---|---|
| | | K | °C | °F |
| Absolute Temperatur | K | 1 | + 273 | $^9/_5 \cdot$ K − 459.684 |
| Celsius | °C | -273 | 1 | $^9/_5 \cdot$ °C +32 |
| Fahrenheit | °F | $^5/_9 \cdot$ °F + 255.38 | $^5/_9$ (°F−32) | 1 |
| Réaumur | °R | | $^5/_9 \cdot$ °R | $^9/_4 \cdot$ °R +32 |

11.1.8. Umrechnungen von Druckeinheiten

| Druckeinheiten | Zeichen | Beziehung |
|---|---|---|
| | bar | = 100 000 Pa = 0.1 MPa = |
| | | = 0.1 N/mm² = 1.019 7 kp/cm² |
| | kp/mm² | = 98.066 5 bar ≈ 100 bar |
| | kp/cm² | = 0.980 665 bar ≈ 1 bar |
| | | ≈ 0.1 MPa |
| | | = 1 at = 736 Torr = 14.223 lb/in² |
| | kp/m² | = 9.806 65 Pa = 1 mm $H_2O$ |
| 1 mm Wassersäule | mm $H_2O$ | = 9.806 65 Pa = 1 kp/m² |
| 1 mm Quecksilbersäule | mm Hg | = 133.322 4 Pa = 1 Torr |
| | | = 1/760 atm |
| | | = 13.595 1 kp/m² |
| 1 Torr | Torr | = 0.001 332 8 bar = 0.019 59 lb/in² |
| 1 Atmosphäre, technisch | at | = 1 kp/cm² |
| 1 Atmosphäre, physikalisch | atm | = 1.013 bar = 101 325 Pa |
| | | = 1.033 kp/cm²(at) |
| | | = 760 Torr = 14.696 lb/in² |
| | lb/in² | = 6 894.76 N/m² = 0.068 948 bar |
| | | = 0.068 046 atm = 0.007 030 9 MPa |
| | lb/ft² | = 478 803 N/m² = 0.478 803 mbar |

11.1.9. Umrechnung von Energie-, Arbeits- und Wärmeeinheiten

| Einheiten | Zeichen | Beziehung |
|---|---|---|
| 1 Kilokalorie | kcal | = 4.186 8 kJ = 3 088 ft. lb<br>= 3.968 7 BTU |
| 1 Kalorie | cal | = 4.186 8 J |
| 1 Kilopond Meter | kp · m | = 9.806 65 J |
| 1 Foot Pound | ft · lb | = 1.355 82 J |
| 1 British Thermal Unit | BTU | = 1.055 06 kJ = 1 055.06 J<br>= 778.169 ft · lb<br>= 0.251 996 Kcal |
| 1 Pferdestärke | PS | = 0.735 498 kW (≈ 736 W)<br>= 0.986 hp<br>= 75 kp · m/s |
| 1 horse power | hp | = 0.745 7 kW = 1.014 198 PS |
| 1 horse power Stunde | hp h | = $2.68 \cdot 10^3$ kJ = $0.268 \cdot 10^7$J<br>= 0.746 kWh |
| 1 Kilowatt | kW | = 1.36 PS = 1.340 8 hp |
| 1 Kilowattstunde | kWh | = 3 600 kJ |
| 1 Kilokalorie pro Sekunde | kcal/s | = 4.186 W = 4.186 KW (kJ/s) |
| 1 Kilokalorie pro Stunde | kcal/h | = 1.163 W |
| 1 Kilopondmeter pro Sekunde | kpm/s | = 9.806 65 W = 0.013 33 PS<br>= 0.013 151 hp |
| 1 British Thermal Unit pro Sekunde | BTU/s | = 1 055 W = 1.055 kW (kJ/s)<br>= 0.252 kcal/s |
| pro Minute | BTU/min | = 17.58 W = 17.58 J/s |
| pro Stunde | BTU/h | = 0.293 W = 0.293 J/s |
| 1 Foot Pound pro Sekunde | ft · lb/s | = 1.355 82 W = 1.355 82 J/s |

11.1.10. Dichte

| Einheit | Zeichen | Beziehung |
|---|---|---|
| Dichte | $g/cm^3$ | 1 $g/cm^3$ = 1 $kg/dm^3$ = $10^3$ $kg/m^3$ |
| | $lb/in^3$ | = $2.767\,99 \cdot 10^4$ $kg/m^3$ |
| | $lb/ft^3$ | = 16.015 8 $kg/m^3$ |
| | lb/imp. gal. | = 99.776 4 $kg/m^3$ |
| | lb/us gal. | = 119.8 $kg/m^3$ |

# 11.2. Abkürzungsverzeichnis*)

| | |
|---|---|
| ABR | Acrylester-Butadien-Kautschuk |
| ACM | Acrylatkautschuk |
| ADI | Acceptable daily Intake |
| ADPA | Aceton/Diphenylamin-Kondensationsprodukt |
| AFMU | Nitrosokautschuk |
| AGA | Ausschuß für gefährliche Arbeitsstoffe |
| ANM | Acrylester-Acrylnitrilcopolymere |
| APH | Alkyliertes Phenol |
| ASR | Alkylensulfidkautschuk |
| ASTM | Amerikanische Standard Methode |
| AU | Urethankautschuk auf Polyesterbasis |
| AU-I | Isocyanatvernetzbares AU |
| AU-P | peroxidisch vernetzbares AU |
| BAA | Butyraldehydanilin |
| BD | Benzofuran-Derivat |
| BES | Benzoesäure |
| BET | Spezifische Oberfläche von Füllstoffen |
| BGA | Bundesgesundheitsamt |
| BHT | 2.6-Ditert. butyl-p-kresol |
| BiDMC | Wismut-dimethyldithiocarbamat |
| BIIR | Brombutylkautschuk |
| BPH | 2,2'-Methylen-bis-(4-methyl-6-tert. butylphenol) |
| BR | Butadienkautschuk |
| BS | Britische Standard Methode |
| BSH | Benzolsulfohydrazid |
| CBS | N-Cyclohexyl-2-benzothiazylsulfenamid |
| CdDMC | Cadmium-dimethyldithiocarbamat |
| Cd5MC | Cadmium-pentamethylendithiocarbamat |
| CDO | p-Benzochinondioxim |
| CEA | Cyclohexyläthylamin |
| CF | Conductive-Furnace-Ruß |
| CFM | Polychlortrifluroräthylen |
| CFM | Fluorkautschuk auf Polytrifluoräthylenbasis |
| CIIR | Chlorbutylkautschuk |
| cis | molekulare Strukturanordnung |
| CTFE | Chlortrifluoräthylen |
| CLD | Caprolactamdisulfid |
| CM | Chlorpolyäthylen |
| CO | Epichlorhydrinhomopolymerisat |
| CPH | 2,2'-Methylen-bis-(4-methyl-6-cyclohexylphenol) |
| CR | Chloroprenkautschuk |
| CSM | Chlorsulfonylpolyäthylen |

---

*) Im Abkürzungsverzeichnis nicht berücksichtigt wurden:
- Chemische Zeichen
- Bestandteile von Gleichungen
- Physikalische Einheiten
- Indices von Handelsnamen

| | |
|---|---|
| CTP | Cyclohexylthiophthalimid |
| CuDIP | Kupfer-diisopropyldithiophosphat |
| CuDMC | Kupfer-dimethyldithiocarbamat |
| CV | Kontinuierliche Vulkanisation |
| CV | constant viscosity |
| DAP | Diallylphthalat |
| DBA | Dibutylamin |
| DCBS | N,N-Dicyclohexyl-2-benzothiazylsulfenamid |
| DCP | Dicyclopentadien |
| DCP-EPDM | EPDM auf Dicyclopentadienbasis |
| DETU | N,N'-Diäthylthioharnstoff |
| DIN | Deutsche Industrie Norm |
| DNPD | N,N'-Di-$\beta$-naphthyl-p-phenylendiamin |
| DOP | Dioctylphthalat |
| DOPD | N,N'-Bis-(1-äthyl-3-methylpentyl)-p-phenylendiamin |
| DOTG | Di-o-tolylguanidin |
| DPG | Diphenylguanidin |
| DPPD | N,N'-Diphenyl-p-phenylendiamin |
| DSC | Differential-Scanning-Calorimetry |
| DTA | Differentialthermoanalyse |
| DTDM | Dimorpholyldisulfid |
| DTOS | N-Dimethyldithiocarbamyl-N'- oxydiäthylensulfenamid |
| DTPD | N,N'-Ditolyl-p-phenylendiamin |
| DPTT | Dipentamethylenthiuram-tetrasulfid |
| DPTU | N,N'-Diphenythioharnstoff |
| EAM | Äthylen-Vinylacetatcopolymere |
| E-BR | Emulsions BR |
| ECO | Epichlorhydrin-Äthylenoxid-Copolymere |
| EDMA | Äthylenglykoldimethacrylat |
| EE | Enoläther |
| EG | Europäische Gemeinschaft |
| EMP | Elastomer modifizerte Plastomere |
| EN | Äthylidennorbornen |
| EN-EPDM | EPDM auf Äthylidennorbonenbasis |
| EPDM | Äthylen-Propylen-Terpolymere |
| EPM | Äthylen-Propylen-Copolymere |
| E-SR | Emulsions-Synthesekautschuk |
| E-SBR | Emulsions-SBR |
| ESCH | Electronspectroskopie für chemische Analysen |
| ETER | Epichlorhydrin-Äthylenoxid-Terpolymerisat |
| ETMQ | 6-Äthoxy-2,2,4-trimethyl-1,2-dihydrochinolin |
| ETU | N,N'-Äthylenthioharnstoff |
| EU | Urethankautschuk auf Polyätherbasis |
| EV | Efficient Vulkanisation (sehr schwefelarme bzw. schwefelfreie schwefelspenderhaltige Vulkanisation) |
| FDA | Food and Drug Administration |
| FEF | Fast-Extrusion-Furnace-Ruß |
| FF | Fine-Furnace-Ruß |
| FKM | Fluorkautschuk |
| FMVE | Perfluor(methylvinyläther) |
| FMQ | Fluorsiliconkautschuk |
| Fp | Schmelzpunkt |

| | |
|---|---|
| GPF | General Purpose Furnace-Ruß |
| GPO | Propylenoxid Allylglycidäther-Copolymerisat |
| H | Harzsäureemulgator |
| HAF | High Abrasion Furnace-Ruß |
| HAR | Hocharomatisches Mineralöl |
| HEXA | Hexamethylentetramin |
| HF | Harz-Fettsäureemulgator-Gemisch |
| HFP | Hexafluorpropylen |
| HFPE | 1-Hydropentafluorpropylen |
| HMF | High-Modulus-Furnace-Ruß |
| HPLC | Hochdruckflüssigkeitschromatographie |
| HS | High Structur (Hochstrukturruß) |
| IBPH | 2,2'-Isobutyliden-bis-(4-methyl -6-tert. butylphenol) |
| ICR | Initial Concentrated Rubber |
| IHRD | International Hardnes Degree |
| IIR | Butylkautschuk |
| IPPD | N-Isopropyl-N'-phenyl-p-phenylendiamin |
| IR | Infrarotspektroskopie |
| IR | Isoprenkautschuk (synthetisch) |
| ISAF | Intermediate-Super -Abrasion-Furnace-Ruß |
| ISO | Internationale Standard Organisation |
| IT | Asbest-Kautschuk-Dichtungsmaterial |
| L-BR | Lösungs BR |
| LCM | Flüssigbadvulkanisation |
| LC 50 | Mittlere letale Konzentration |
| LD 50 | Mittlere letale Dosis |
| Li-BR | BR auf Basis Lithium-Katalysatoren |
| LKW | Lastkraftwagen |
| LS | Low Structure (Niedrigstrukturruß) |
| L-SBR | Lösungs-SBR |
| LV | Low Viscosity |
| MAK | Maximale Arbeitsplatzkonzentration |
| MBI | 2-Mercaptobenzimidazol |
| MBS | 2-Benzothiazyl-N-sulfenmorpholid |
| MBSS | 2-Morpholinodithiobenzothiazol |
| MBT | 2-Mercaptobenzothiazol |
| MBTS | Dibenzothiazyldisulfid |
| MDI | 4,4'-Diphenylmethandiisocyanat |
| Me | Metall |
| ML | Einheit der Mooney-Viskosität |
| MMBI | Methyl-2-mercapto-benzimidazol |
| MOD | NR-Typen mit spezifiziertem Vulkanisationsgrad |
| MOKA | Methylen-bis-Chloranilin |
| MPTD | Dimethyl-diphenylthiuram-disulfid |
| MQ | Methylsiliconkautschuk |
| MT | Medium-Thermal-Ruß |
| NaDBC | Natrium-dibutyldithiocarbamat |
| NaDMC | Natrium-dimethyldithiocarbamat |
| NaIX | Natrium-isopropylxanthogenat |
| NAPH | Naphthenisches Mineralöl |
| NBR | Nitrilkautschuk |
| NCR | Acrylnitril-Chloropren-Kautschuk |

| | |
|---|---|
| NDPA | N-Nitrosodiphenylamin |
| Ni-BR | BR auf Basis Nickel-Katalysatoren |
| NiDBC | Nickel-dibutyldithiocarbamat |
| NiDMC | Nickel-dimethyldithiocarbamat |
| NMR | Nuclearmagnetische Resonanz-Analyse |
| NR | Naturkautschuk |
| NS | Nicht abfärbend |
| NV | Nicht verfärbend |
| ODPA | Octyliertes Diphenylamin |
| OE-BR | Ölgestrecktes BR |
| OE-EPDM | Ölgestrecktes EPDM |
| OE-E-SBR | Ölgestrecktes Emulsions SBR |
| OE-L-SBR | Ölgestrecktes Lösungs-SBR |
| OE-SBR | Ölgestrecktes SBR |
| OTBG | o-Tolylbiguanid |
| OTOS | N-Oxydiäthylendithiocarbamyl- N'-oxydiäthylen sulfenamid |
| PAN | Phenyl-$\alpha$-naphthylamin |
| PbDMC | Blei-dimethyldithiocarbamat |
| PBN | Phenyl-$\beta$-naphtylamin |
| PBR | Pyridin-Butadien-Kautschuk |
| PCB | Polycarbodiimid |
| PCTP | Pentachlorthiophenol |
| PE | Polyäthylen |
| PEP | Polyäthylenpolyamine |
| phr | Parts per hundred Rubber (Gewichtsteile auf 100 Gewichtsteile Kautschuk) |
| PKW | Personenkraftwagen |
| PMQ | Siliconkautschuk mit Phenylgruppen |
| PNR | Polynorbornen |
| PO | Propylenoxid-Homopolymerisat |
| PPC | Piperidin- pentamethylendithiocarbamat |
| PRI | Plasticity-Retention Index |
| PSBR | Pyridin-Styrol-Butadien-Kautschuk |
| PTA | Phthalsäureanhydrid |
| PUR | Gattungszeichen für Urethanelastomere |
| PVC | Polyvinylchlorid |
| PVMQ | Siliconkautschuk mit Phenyl- und Vinyl-Gruppen |
| Q | Gattungszeichen für Siliconkautschuk |
| RFK | Resorcin-Formaldehyd-Haftsystem |
| RFL | Resorcin-Formaldehyd-Latex-Präparation |
| Rj | Refraktionsinterzept |
| RLP | Reactive Liquid Polymer (flüssige Kautschuke) |
| SAF | Super-Abrasion-Furnace-Ruß |
| SAPH | Styrolisiertes und alkyliertes Phenol |
| SBR | Styrol-Butadien-Kautschuk |
| SBS | Styrol-Butadien-Styrol-Block-Copolymere |
| SCR | Styrol-Chloropren-Kautschuk |
| SDPA | Styrolysiertes Diphenylamin |
| SeDMC | Selen-dimethyldithiocarbamat |
| Semi-EV | Semiefficient Vulkanisation (schwefelarme Vulkanisation) |
| SIR | Styrol-Isopren-Kautschuk |

| | |
|---|---|
| SIR | Standardisierter indonesischer NR |
| SIS | Styrol-Isopren-Styrol-Block-Copolymere |
| SMR | Standardisierter Malaysischer NR |
| SP | Superior-Processing NR |
| SPH | Styrolisiertes Phenol |
| SR | Gattungsbezeichnung für Synthesekautschuk |
| SRF | Semi-Reinforcing-Furnace-Ruß |
| TA | Thermoanalyse |
| TAC | Triallylcyanurat |
| TAM | Triallyltrimellithat |
| TAP | Triallylphosphat |
| TBA | Torsional Braid Analysis |
| TBBS | N-tert. Butyl-2-benzothiazylsulfenamid |
| TC | Technical classified NR |
| TCT | Tricrotonylidentetramin |
| TDI | Toluylendiisocyanat |
| TeDMC | Tellur-dimethyldithiocarbamat |
| TeDEC | Tellur-diäthyldithiocarbamat |
| TETD | Tetraäthylthiuram-disulfid |
| TFE | Tetrafluoräthylen |
| $T_G$ | Glasübergangstemperatur |
| TGA | Thermogravimetrie |
| Ti-BR | Br auf Basis Titan-Katalysatoren |
| TLV | Threshold-Limit-Values |
| TLV-TWA | Threshold-Limit-Value-Time-Weighted-Average |
| TLV-STEL | Threshold-Limit-Value-Short-Term-Exposure-Limit |
| TM | Thioplaste |
| TMA | Thermomechanische Analyse |
| TMQ | 2,2,4.-Trimethyl-1,2-dihydrochinolin, polymerisiert |
| TMTD | Tetramethylthiuram-disulfid |
| TMTM | Tetramethylthiuram-monosulfid |
| TNPP | Trisnonylphenylphosphit |
| TOR | Trans-Polyoctenamer |
| TPE | Thermoplastische Elastomere |
| TPA | Trans-Polypentenamer |
| TPR | Gattungsbezeichnung für thermoplastischen Kautschuk |
| TPTA | Trimethylolpropantrimethacrylat |
| $T_R$ | Kälterichtwert |
| TRK | Technische Richtkonzentration |
| $T_S$ | Kältesprödigkeitspunkt |
| trans | molekulare Strukturanordnung |
| U | Umdrehungen |
| UHF | Ultrahochfrequenz |
| Upm | Umdrehungen pro Minute |
| UV | Ultraviolett |
| V | Verfärbend |
| VDK | Viskositäts-Dichte-Konstante |
| $VF_2$ | Vinylidenfluorid |
| VMQ | Siliconkautschuk mit Vinylgruppen |
| VP | Vinyl-Pyridin |
| XCR | Chloroprenkautschuk mit reaktiven Gruppen |
| XNBR | Nitrilkautschuk mit reaktiven Gruppen |

| | |
|---|---|
| XPE | Vernetzbares Polyäthylen |
| YIR | Thermoplastisches IR |
| YSBR | Thermoplastisches SBR |
| ZBEC | Zink-dibenzyldithiocarbamat |
| ZBX | Zink-butylxanthogenat |
| ZDBC | Zink-dibutyldithiocarbamat |
| ZDBP | Zink-dibutyldithiophosphat |
| ZDEC | Zink-diäthyldithiocarbamat |
| ZDMC | Zink-dimethyldithiocarbamat |
| ZEPC | Zink-äthylphenyldithiocarbamat |
| Zers. | Zersetzung |
| ZIX | Zink-isopropylxanthogenat |
| ZMBI | Zink-2-mercaptobenzimidazol |
| ZMBT | Zink-2-mercaptobenzothiazol |
| ZnPCTP | Zink-Pentachlorthiophenol |
| Z5MC | Zink-pentamethylendithiocarbamat |
| 6PPD | N-(1,3-Dimethylbutyl)-N'-phenyl-p-phenylendiamin |
| 77PD | N,N'-Bis-(1,4-dimethylpentyl)-p-phenylendiamin |

## 11.3. Schlagwortverzeichnis*



---

*) Die in diesem Register berücksichtigten Schlagworte sind nicht immer mit den im Text vorkommenden Stichworten identisch.

## B

## C

## D

## E

## F

## G

## H

# I

## J



## K

## L



## M

# N

## O



## P

## Q



## R

## S

## T

## U



## V

## W

## X



## Y



## Z

# ANZEIGEN-ANHANG
## mit folgenden Inserenten

| Kunde | Ort | Seite |
|---|---|---|
| Ashland Chemical Company | 6800 Mannheim | A 20 |
| Brabender oHG | 4100 Duisburg 1 | A 6 |
| CIAGO | NL-6880 Velp/Holland | A 8 |
| Deutsche Ölfabrik GmbH | 2000 Hamburg 11 | A 13 |
| Ellerbrock Gummiwerk | 2000 Hamburg 54 | A 19 |
| Gentner Verlag Stuttgart | 7000 Stuttgart 1 | A 22 |
| Greiner-Gummitechnik GmbH | 2091 Wulfsen | A 22 |
| GUMASOL-Werke Dr. Mayer KG | 6728 Germersheim | A 10 |
| KRAHN-Chemie GmbH | 2000 Hamburg 11 | A 21 |
| Hermann Linden GmbH & Co. KG | 5277 Marienheide | A 18 |
| Chemische Werke LOWI | 8264 Waldkraiburg | A 12 |
| LUPEROX GmbH | 8870 Günzburg | A 5 |
| Menscher, Johannes | 4060 Viersen 11 | A 20 |
| PIRELLI Vertriebs-GmbH | 4053 Jüchen 2 | A 14 |
| PLAST-ELAST-Chemie | 4300 Essen 1 | A 11 |
| Rhône-Poulenc Chemie GmbH Deutschland | 6000 Frankfurt 16 | A 4 |
| Schiesser, Maschinenfabrik | CH-8050 Zürich | A 2 + A 3 |
| Schill & Seilacher GmbH & Co. | 2000 Hamburg 74 | A 15 |
| Schlösser GmbH & Co. KG | 7947 Mengen 1 | A 23 |
| Treffert, Heinrich | 6530 Bingen/Rhein 17 | A 18 |
| VfT – Verkaufsvereinigung für Teererzeugnisse | 4300 Essen 1 | A 7 |
| Wacker Chemie GmbH | 8000 München 22 | A 9 |
| Weber & Schaer | 2000 Hamburg 1 | A 24 |
| Werner & Pfleiderer | 7000 Stuttgart 30 | A 16 + A17 |

Lassen Sie's erst gar nicht so weit kommen!
Kabelmäntel, Profile und Dichtungen, Fußbodenbeläge, Schläuche und Transportbänder aus ®Butaclor sind flammwidrig.
®Butaclor ist ein Polychloroprenkautschuk. Dem hohen Chlorgehalt verdankt es sein ausgezeichnetes flammwidriges Verhalten.
Unsere breite ®Butaclor-Palette bietet für jede Anwendung eine Lösung: öffentliche Gebäude, Hochhäuser, Industrieanlagen, Bergbau, U-Bahnen.
Wir verfügen über jahrelange Erfahrung und Referenzen. Vertretungen in 70 Ländern.
Butaclor
flammwidrig
DISTUGIL
Vertrieb in der Bundesrepublik Deutschland:
Rhône-Poulenc Chemie GmbH
Geschäftsbereich Polymere, Gutleutstr. 30, Postfach 16 227, 6000 Frankfurt (Main) 16, Tel. (06 11) 26 96 - 1, Telex 04/16 085 rpc d

# LUPEROX
# Organische Peroxide
## bieten gegenüber der konventionellen Vernetzung von EPDM, EVA, SBR usw. mit Schwefel **entscheidende Vorteile:**

- Vernetzung von gesättigten und ungesättigten Polymeren;
- Co-Vernetzung von gesättigten mit ungesättigten Polymeren sowie Vernetzungsverstärkern;
- einfachere Rezepturen;
- höhere Thermostabilität, bessere Alterungseigenschaften, niedrigerer Druckverformungsrest, weniger Verfärbung (keine Kontaktverfärbung) und Geruch.

Fordern Sie bitte unsere Broschüre XL 10 »Organische Peroxide für die Vernetzung von Polyolefinen und Elastomeren« an.

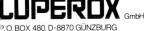

**LUPEROX** GmbH
P. O. BOX 480, D-8870 GÜNZBURG
TEL. (0 82 21) 8066 ‹9 80›
TELEX 531 121

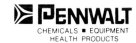

**PENNWALT**
CHEMICALS ▪ EQUIPMENT
HEALTH PRODUCTS

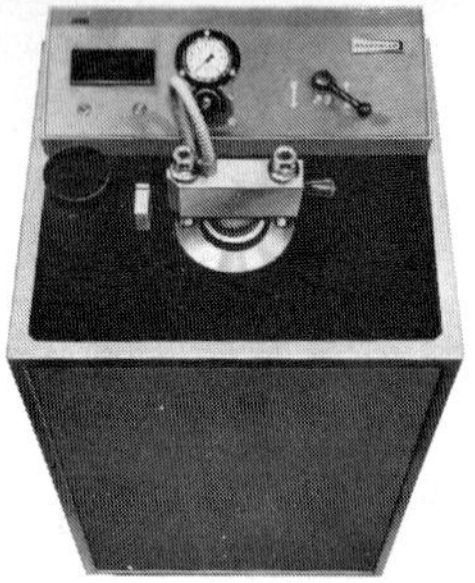



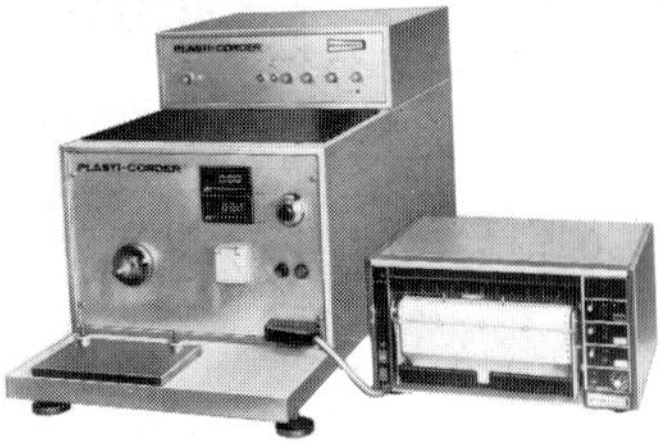



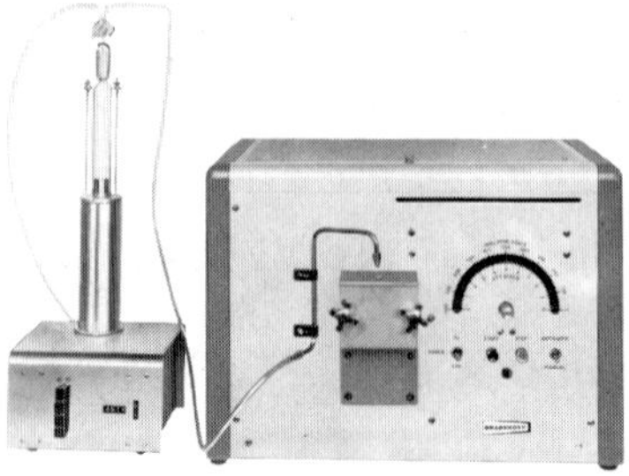

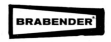

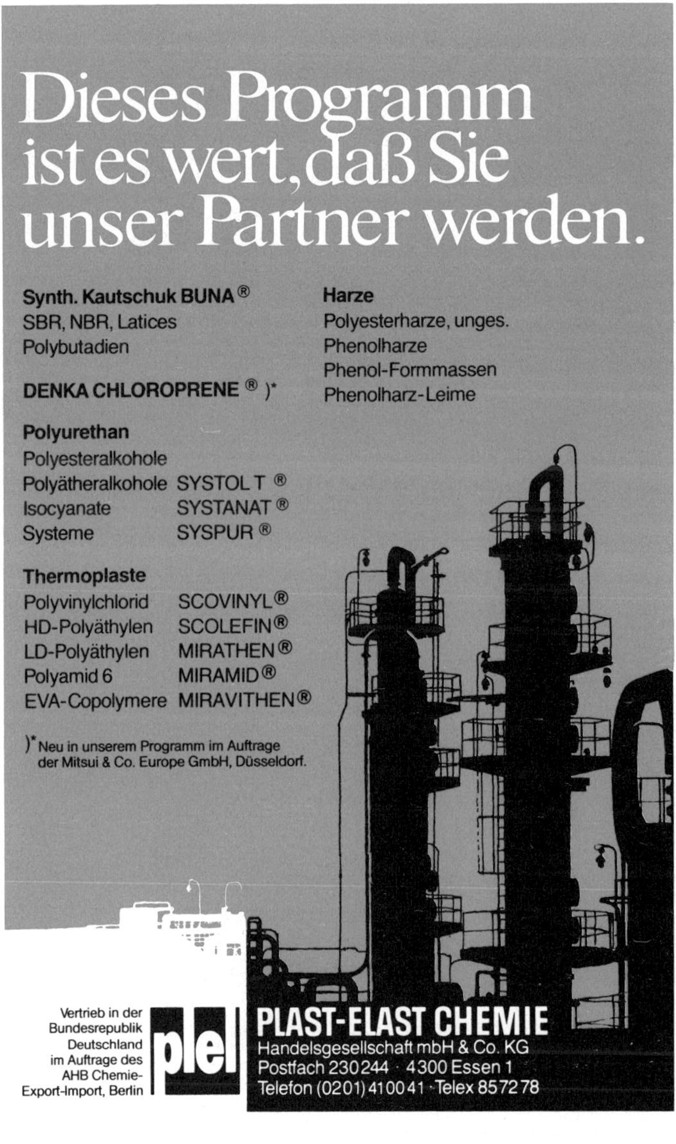

Dieses Programm ist es wert, daß Sie unser Partner werden.
Synth. Kautschuk BUNA®
SBR, NBR, Latices
Polybutadien
DENKA CHLOROPRENE® )*
Polyurethan
Polyesteralkohole
Polyätheralkohole SYSTOL T®
Isocyanate SYSTANAT®
Systeme SYSPUR®
Thermoplaste
Polyvinylchlorid SCOVINYL®
HD-Polyäthylen SCOLEFIN®
LD-Polyäthylen MIRATHEN®
Polyamid 6 MIRAMID®
EVA-Copolymere MIRAVITHEN®
)* Neu in unserem Programm im Auftrage der Mitsui & Co. Europe GmbH, Düsseldorf.
Harze
Polyesterharze, unges.
Phenolharze
Phenol-Formmassen
Phenolharz-Leime
Vertrieb in der Bundesrepublik Deutschland im Auftrage des AHB Chemie-Export-Import, Berlin
plel
PLAST-ELAST CHEMIE
Handelsgesellschaft mbH & Co. KG
Postfach 230244 · 4300 Essen 1
Telefon (0201) 410041 · Telex 857278

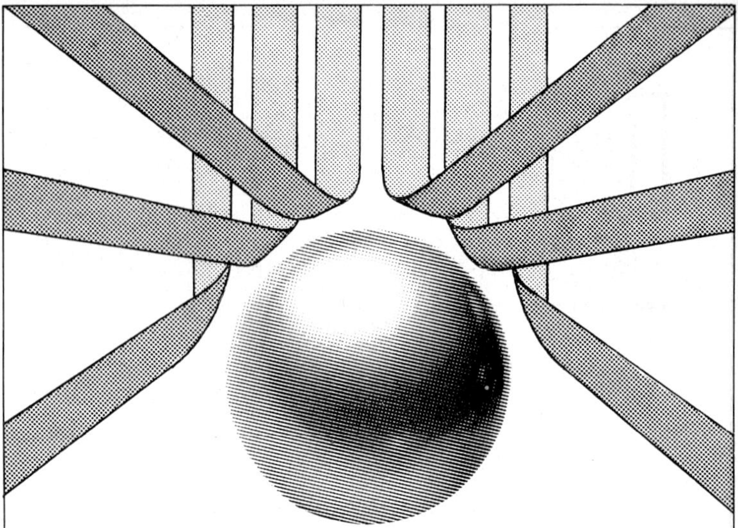

# PFLEIDERER technik

## Gummi-Verarbeitung

## Mit WP-Maschinen produzierte Gummiteile

Vulkanisierpressen

Gummispritzpressen
GSP-Baureihen

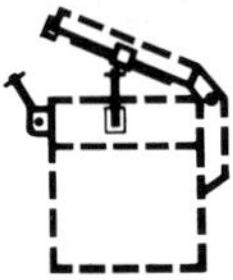

Reifenheizer

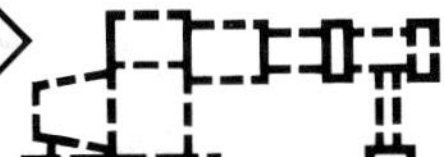

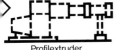

Profilextruder

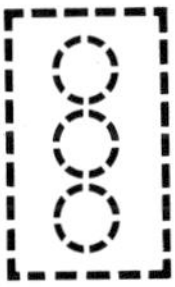

Kalander

**WERNER & PFLEIDERER**
Postfach 301220
D-7000 Stuttgart 30

Theodorstraße 10
Telefon (0711) 89561
Telex 725120
Drahtwort: Knetwerke Stuttgart

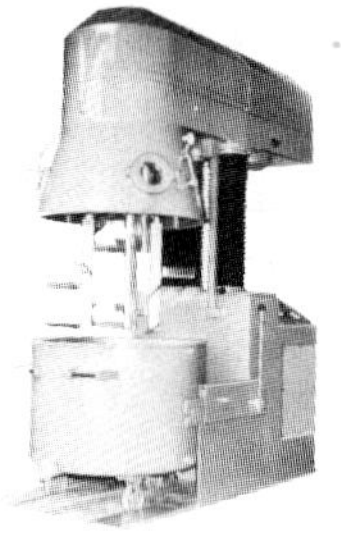

Planetenmischer
in Vakuumausführung
Type LPM 500

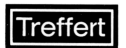

## VERZEICHNIS DER FIGUREN IM TEXT

# VERZEICHNIS DER KARTEN[1]



[1] (F) = Farbkarte

# VERZEICHNIS DER TABELLEN IM TEXT

## BETONUNG, FORM UND ABKÜRZUNGEN GEOGRAPHISCHER NAMEN

Im allgemeinen wird ein Wort im Italienischen auf der vorletzten Silbe betont, z. B. die häufigen Namen auf -ano (San Gimignano, Monte Gargano), aber auch Pavia, Oroséi, Monti Ibléi. Um eine falsche Betonung zu vermeiden, wird bei letzteren ein Akzent als Betonungszeichen geschrieben, wenn der Ton auf dem i ruht. Bei andersartiger Betonung wird zunehmend, besonders in Kartenwerken, Ortsnamenverzeichnissen und Lexica ein Akzent gesetzt (z. B. Impéria, Ófanto, Séveso, Tánaro). Ein Akzent (Gravis) *muß* im Italienischen gesetzt werden bei Betonung auf dem Vokal der Endsilbe (z. B. città, ALMAGIÀ).

Bei der Form geographischer Namen wurde auf das im Italienischen übliche Geschlecht der Wörter Rücksicht genommen. So heißt es z. B. il Friuli, il Molise, il Piemonte, il Piave, il Polésine, il Tavoliere, also *der* Piave und *der* Tavoliere usw. Im Deutschen übliche Namen von Städten und Regionen sind in Text und Literaturverzeichnis beibehalten worden, z. B. Florenz für ›Firenze‹, Kampanien für ›Campania‹, Mailand für ›Milano‹, Marken für ›Marche‹, Trient für ›Trento‹. Bei Berg- und Gebirgsnamen wird M. für Monte und Mti. für Monti gesetzt, bei Ortsnamen S. für San. Bei der Beschriftung einiger Figuren sind die Namen von Städten und Provinzen in der in Italien eingeführten Weise abgekürzt worden, daneben steht die Reihenfolge ihrer Stellung in den statistischen Werken des Istituto Centrale di Statistica, Rom, die der räumlichen Anordnung folgt, beginnend im Nordwesten:

| | | | | | | | | |
|---|---|---|---|---|---|---|---|---|
| Agrigento | 084 | AG | Cágliari | 092 | CA | Frosinone | 060 | FR |
| Alessándria | 006 | AL | Caltanissetta | 085 | CL | Génova | 010 | GE |
| Ancona | 042 | AN | Campobasso | 070 | CB | Gorízia | 031 | GO |
| Aosta (Valle d') | 007 | AO | Caserta | 061 | CE | Grosseto | 053 | GR |
| Arezzo | 051 | AR | Catánia | 087 | CT | Impéria | 008 | IM |
| Áscoli Piceno | 044 | AP | Catanzaro | 079 | CZ | Isérnia | 094 | IS |
| Asti | 005 | AT | Chieti | 069 | CH | L'Áquila | 066 | AQ |
| Avellino | 064 | AV | Como | 013 | CO | La Spézia | 011 | SP |
| Bari | 072 | BA | Cosenza | 078 | CS | Latina | 059 | LT |
| Belluno | 025 | BL | Cremona | 019 | CR | Lecce | 075 | LE |
| Benevento | 062 | BN | Cúneo | 004 | CN | Livorno | 049 | LI |
| Bérgamo | 016 | BG | Enna | 086 | EN | Lucca | 046 | LU |
| Bologna | 037 | BO | Ferrara | 038 | FE | Macerata | 043 | MC |
| Bolzano-Bozen | 021 | BZ | Firenze | 048 | FI | Mántova | 020 | MN |
| Bréscia | 017 | BS | Fóggia | 071 | FG | Massa-Carrara | 045 | MS |
| Bríndisi | 074 | BR | Forlì | 040 | FO | Matera | 077 | MT |

| | | | | | | | | |
|---|---|---|---|---|---|---|---|---|
| Messina | 083 | ME | Pistoia | 047 | PT | Táranto | 073 | TA |
| Milano | 015 | MI | Pordenone | 093 | PN | Téramo | 067 | TE |
| Módena | 036 | MO | Potenza | 076 | PZ | Terni | 055 | TR |
| Nápoli | 063 | NA | Ragusa | 088 | RG | Torino | 001 | TO |
| Novara | 003 | NO | Ravenna | 039 | RA | Trápani | 081 | TP |
| Núoro | 091 | NU | Réggio di Calabria | 080 | RC | Trento | 022 | TN |
| Oristano | 095 | OR | Réggio nell'Emília | 035 | RE | Treviso | 026 | TV |
| Pádova | 028 | PD | Rieti | 057 | RI | Trieste | 032 | TS |
| Palermo | 082 | PA | Roma | 058 | ROMA | Údine | 030 | UD |
| Parma | 034 | PR | Rovigo | 029 | RO | Varese | 012 | VA |
| Pavía | 018 | PV | Salerno | 065 | SA | Venézia | 027 | VE |
| Perúgia | 054 | PG | Sássari | 090 | SS | Vercelli | 002 | VC |
| Pésaro e Urbino | 041 | PS | Savona | 009 | SV | Verona | 023 | VR |
| Pescara | 068 | PE | Siena | 052 | SI | Vicenza | 024 | VI |
| Piacenza | 033 | PC | Siracusa | 089 | SR | Viterbo | 056 | VT |
| Pisa | 050 | PI | Sóndrio | 014 | SO | | | |

# VORWORT

So unterschiedlich die Aufgaben einer geographischen Länderkunde auch sein mögen, die der jeweilige Verfasser ihr zuweist oder die der Leser und Benutzer von ihr erwartet, so hat sie doch vor allem drei Fragen zu beantworten und die Antworten möglichst weitgehend zu begründen: erstens die Frage nach der Gestalt des Teiles des Erdraumes und seiner räumlichen Ordnung, zweitens die Frage nach den Ursachen für die historisch bedeutsamen und für die heute ablaufenden, diese Gestalt wandelnden Vorgängen. Die dritte und weitere Fragen gelten Gegenwartsproblemen, soweit sie geographisch faßbar sind. Solche Fragen sollen innerhalb Italiens allmählich dadurch einer Beantwortung zugeführt werden, daß analytisch die Strukturen erkannt und die Zusammenhänge zwischen Naturraum, Bevölkerung und Wirtschaft zu verstehen gesucht werden. Dabei gilt es auch, das eine oder andere Italienklischee zu berichtigen oder zu erklären, welches zum Italienbild des Deutschen geführt hat (LEHMANN 1964). Ist Italien des Deutschen ›Traumland‹ oder ist es zum ›Problemland‹ geworden?

Innerhalb der Europäischen Wirtschaftsgemeinschaft trägt Italien ein Doppelgesicht: Einerseits zeigt es sich als stark am Europamarkt orientierter Produzent und Exporteur hochwertiger und vom Mittel- und Nordeuropäer begehrter landwirtschaftlicher Erzeugnisse, andererseits erscheint es als aufstrebender Produzent und Exporteur industrieller Güter, die sowohl in den hochindustrialisierten westeuropäischen Staaten als auch auf dem Weltmarkt eine Rolle spielen. Italien ist nach dem Zweiten Weltkrieg vom landwirtschaftlich bestimmten Staat zum Industriestaat geworden. Nachdem es lange Jahre hindurch ein Arbeitskräftereservoir für Westeuropa gewesen ist, wurde Italien inzwischen selbst zum Einwandererland für legale und illegale Arbeitskräfte. Weist allein schon diese Situation auf brennende und ungelöste soziale, wirtschaftliche und innenpolitische Probleme hin, so gilt das noch deutlicher im Hinblick auf die sich immer wiederholenden, ja zunehmend verstärkenden Krisen in Landwirtschaft und Industrie, in Verwaltung und Staatshaushalt. Streiks stören Verkehr und Tourismus ebenso wie das Wirtschaftsleben. Die Geldentwertung hat von Beginn der siebziger Jahre an rasch zugenommen und zu stark ansteigenden Preisen und Löhnen geführt. Es entwickelte sich eine von offiziellen Löhnen, Steuern und Sozialleistungen unabhängige ›Schattenwirtschaft‹.

Für den Mittel- und Nordeuropäer zeigt sich Italien oft problemloser als ersehntes Urlaubsziel, als das ›Land des sonnigen Südens‹, das Land alter Kultur und Geschichte, reich an Kunstschätzen und erfüllt von Musik. Trotz spürbarer Abschwächung wachsen die Fremdenströme noch immer an, greifen immer weiter in bisher unberührte Räume, und das heißt an südlichere Strände aus. Der Fremdenverkehr ist ein besonders wichtiger Faktor im Wirtschaftsleben Italiens, nicht zuletzt zum Ausgleich der Außenhandelsdefizite, die wegen der hohen Energie-, Rohstoff- und Lebensmittelimporte beträchtlich sind. Die Pflege des Fremdenverkehrs bedarf ganz besonderer Anstrengungen, um den steigenden Ansprüchen zu genügen, nicht zuletzt auch, um für Ruhe und Sauberkeit in den Küstenorten, an den Stränden und in den Küstengewässern zu sorgen.

Schon die Alpenrandseen bieten dem Urlauber die Illusion einer mediterranen Umwelt mit den ersten Ölbäumen und mit Parkanlagen in exotischer Pracht dank ihrer Klimagunst. Doch dann wird Norditalien rasch durchfahren, um an die Badestrände von Adria oder Riviera zu gelangen. Venedig ist ein Sonderfall, vereinigen sich doch hier Romantik, Geschichte und Kunst mit dem Sandstrand des Lido. Die Weltöffentlichkeit ist aufgeschreckt von der drohenden Gefahr, dieses Kleinod zu verlieren, das sich im Interessenfeld des Industrie- und Hafenkomplexes Marghera-Mestre befindet. Fast alle übrigen Touristenzentren liegen jenseits des Apennins und in seinem tyrrhenischen Vorland: Florenz, Rom und Neapel. Zielorte wie Capri und Amalfi, aber auch Paestum, schließlich Sardinien und Sizilien mit Taormina, Ätna und Palermo, ziehen die Besucher an. Das schnell gewachsene Netz der Autobahnen und der Flugverkehr lassen den Touristen rasch Ziele erreichen, die früher lange Reisen im Fernschnellzug erforderten.

Ist die Sprach- und Kulturgrenze überquert, dann verwirrt Italien den Fremden durch die rasch aufeinander folgenden und dicht im Raum sich drängenden Kontraste, von einem Natur- und Kulturraum zum nächsten, ebenso aber auch schon innerhalb ein und derselben Stadt. Hier mischen sich römischer Grundriß und Ruinen, mittelalterliches Stadtbild und überkommene Lebensformen mit der modernen Stadtentwicklung, wie sie sich in ausgreifender und umstürzender Bebauung, in Industrieanlagen und im lärmenden und tosenden Verkehr äußern. Das gilt für die Hauptstadt Rom im Zentrum der Halbinsel ebenso wie für die Wirtschaftsmetropole Mailand im Zentrum Norditaliens. In dem Gegenüber dieser beiden Städte schon, deutlicher aber noch in vielen anderen Bereichen der Natur, Kultur und Wirtschaft, begegnen wir immer wieder dem Kontrast zwischen Nord- und Süditalien oder von kontinentalem und mediterranem Italien. Eine klare Grenze läßt sich zwischen beiden nicht ziehen, und es gibt auch in Wirklichkeit keine zwei oder drei verschiedene Italien, die wir – jedes für sich – besonders beschreiben oder aus sich heraus verstehen lernen könnten. Das Staatsgebilde besteht aus einer Vielzahl von Einzelräumen, die sich nur nach grober Vereinfachung zu mehr oder weniger deutlichen, größeren Einheiten zusammenfassen lassen.

Einige der genannten Probleme Italiens und weitere Gegenwartsfragen sind sicher geographisch faßbar und würden jede für sich (wie die schwer zu bewältigende ›Südfrage‹) eine exemplarische Behandlung lohnen. Die notwendigerweise subjektive Auswahl solcher Beispiele würde aber zu viele Lücken lassen und dem Bemühen, zum vollen Verständnis des Landes beizutragen, widersprechen. Der

Benutzer der Länderkunde sollte in der Auswahl dessen, was ihn interessiert, möglichst wenig beschränkt sein, und es sollte ihm der Zugang zu Tatsachen durch ausgewogene Wertung und Diskussion auf Grund der Literatur, und das heißt nicht zuletzt aus der Sicht des Italieners, ermöglicht werden. Deshalb werden hier die Gesichtspunkte der Allgemeinen Geographie auf Italien angewendet, ohne doch die länderkundliche Systematik vollständig und gleichmäßig zu erfüllen. Es wird dagegen angestrebt, die oft sehr engen Verbindungen zwischen den Natur- und Kulturfaktoren bestehen zu lassen und deutlich zu machen, wie sie z. B. innerhalb der vom geologischen Aufbau her charakterisierbaren Teilräume bestehen, in den Kalkstein-, Tongesteins- und Vulkanlandschaften.

Weil die naturgegebene Umwelt Italiens vielfach gefährdet ist und für ihre Bewahrung sehr dringend Sorge getragen werden muß, stehen die physischen Bereiche als Ausschnitte und Schichten der Geosphäre im Vordergrund der länderkundlichen Darstellung. Diese heute vielfach vernachlässigte, andererseits aber auch wieder aktuell erscheinende Betrachtungsweise dient auch dazu, die komplexen Probleme zwischen Natur, Wirtschaft, Verkehr und Bevölkerung im notwendigen Maß behandeln zu können. In Italien ist die teilweise seit alter Zeit sehr weitgehend umgestaltete Landschaft als recht ›labil‹ zu bezeichnen. Vorgänge, Formen und Ursachen der Vegetations- und Bodenzerstörung, der Erdbeben, der vulkanischen Ereignisse und der Meeresverschmutzung müssen stärker berücksichtigt werden, als das in vergleichbaren Länderkunden üblich ist. Der Verbrauch an Natur, an land- und forstwirtschaftlichen Nutzflächen und Küstensäumen durch Siedlung, Industrie, Verkehr und gerade auch Fremdenverkehr ist in Italien wesentlich höher als im weitgehend ›stabilen‹, viel weniger gefährdeten mitteleuropäischen Raum.

Die Darstellung von Teilräumen Italiens auf dem Wege der länderkundlichen Synthese mußte unterbleiben, weil dafür ein Buch gleichen Umfanges erforderlich wäre. Italienische Geographen haben dem Bedürfnis nach Regionaldarstellungen weitgehend Rechnung getragen und auf der Grundlage der großen Verwaltungseinheiten der ›Regionen‹ ausführliche Handbücher veröffentlicht. Nur A. Sestini ist es gelungen, sich über diese allgemein übliche Gliederung hinwegzusetzen und einzelne, von der Naturausstattung her bestimmte Teilräume zu beschreiben. Es ist zu hoffen, daß es einmal zu einer Neubearbeitung und Übersetzung des Bandes ›Il Paesaggio‹ von 1963 ins Deutsche kommt.

Der Leser möge es dem Autor nachsehen, wenn so manches Interessengebiet und manche Fragestellung nicht in dem Maße berücksichtigt worden ist, wie es sachlich oder methodisch wünschenswert wäre. Über den oft zu kurz gehaltenen Text hinaus dürfte er die gewünschten weitergehenden Informationen mit Hilfe der Literaturangaben bekommen können. Die Literaturhinweise mögen einerseits als zu reichlich, andererseits als zu knapp empfunden werden. Vollständig können sie auch bis zur Zeit des Abschlusses des Manuskripts Anfang Juni 1984 nicht sein. Unvermeidbar ist ein großer Teil der Daten schon bei der Niederschrift veraltet.

Dennoch ist es nicht möglich, auf Belege durch Zahlenangaben und statistisches Material zu verzichten. Für spätere Vergleiche mit neueren Daten vermag es die erforderliche Basis zu bieten. Die Verwendung italienischer und anderer fremdsprachiger Literatur war mit Übersetzungen von Zitaten, Begriffen und Erläuterungen zu Figuren verbunden, die vom Autor stammen, wenn nicht Übersetzungsquellen angegeben sind.

Im Vergleich zu den meistens sehr reich mit Bildern und Karten ausgestatteten landeskundlichen Werken, die in Italien selbst erschienen sind, muß dieses Buch enttäuschen. Während auf Bildmaterial, das sich jeder an Italien Interessierte leicht beschaffen kann, ganz verzichtet wurde, sind einige Kartenskizzen, graphische Darstellungen und Farbkarten durch Umzeichnung aus der Literatur übernommen oder neu entworfen worden. Auf weiteres wertvolles Anschauungsmaterial wird jeweils hingewiesen. Im Institut für Geographie der Universität Erlangen-Nürnberg zeichneten H. Ben Ghezala, K. Richter und R. Rößler zahlreiche Karten mit großer Sorgfalt in enger Zusammenarbeit mit W. Mehl und C. Meier, die technische Arbeiten durchführten. Den Text schrieben dankenswerterweise die Damen E. Nitsche, S. Tausch und E. Weninger. Ihnen allen gilt der Dank des Autors für die langjährige bereitwillige Unterstützung.

Im Lauf des Entstehens des Manuskriptes gab es von den ersten Konzepten an viel Anlaß zur Diskussion und Zusammenarbeit innerhalb und außerhalb des Institutes. Im Anschluß an eigene Arbeiten entstanden diejenigen von I. Kühne, K. Müller-Hohenstein und W. Schreck. Gemeinsame Reisen und Exkursionen wirkten sich ebenso fördernd aus wie zuletzt die kritische Durchsicht einiger Kapitel seitens meiner Kollegen und Mitarbeiter. Dafür und für die Hilfe bei der Literaturbeschaffung bin ich auch R. Monheim dankbar. Ein besonderer Dank gilt K. Rother für seinen tatkräftigen Beitrag in Gestalt der Bearbeitung von Bevölkerungskarten im Geographischen Institut der Universität Düsseldorf, die er zur Verfügung gestellt hat.

Kurz nachdem die Verpflichtung zur Abfassung des Italienmanuskriptes dem Verlag gegenüber eingegangen war, begann ein umfassendes Forschungsunternehmen in Mexiko alle für die Forschung freie Zeit in Anspruch zu nehmen. Bei der dennoch langsam weitergeführten Beschäftigung mit dem Thema traten Fragen auf, die eingehendere Nachforschungen notwendig machten. Die Geduld des Verlages und aller Subskribenten der Länderkunde hat der Verfasser allzusehr in Anspruch genommen und bittet hiermit um Verständnis für die Verzögerung. Daß die Arbeit überhaupt wieder in Gang kommen und beendet werden konnte, ist nicht zuletzt dem Bayerischen Staatsministerium für Unterricht und Kultus zu verdanken, das dafür zwei Forschungsfreisemester gewährt hat. Die lange Verzögerung hatte aber gewiß auch eine positive Seite. Die intensive Forschungs- und Publikationstätigkeit in der italienischen Geographie und anderen Wissenschaften, aber auch durch zahlreiche deutsche Geographen, hat bisher deutliche, ja gravierende Lücken in der Kenntnis des Landes gefüllt. Eigentlich ist auch erst jetzt, nach einem gewissen Abklingen des gewaltigen Wandels, den Italien in den letzten zwanzig Jahren erlebt hat, eine zusammenfassende Darstellung sinnvoll. Die Bewältigung der rasch gewachsenen Menge an Daten und Literatur mußte in Kauf genommen werden.

# I. DAS STAATSGEBIET DER REPUBLIK ITALIEN

## 1. Lage und räumliche Gliederung

### *a) Zur geographischen Lage der Apenninenhalbinsel*

Die Apenninenhalbinsel ragt wie eine Mole 950 km weit ins Mittelmeer hinaus und trennt das östliche vom westlichen Mittelmeergebiet. Die Halbinsel selbst rechnen wir aber noch zum westlichen Teil. Dennoch ist diese Mole – sonst wäre diese bildhafte Bezeichnung schlecht gewählt – keine Sperrmauer zwischen Ost- und Westmediterraneis. Den Versuch, hier eine strategische Sperre zu legen, machten erst die Briten mit Malta. Die Halbinsel ist eher eine Landbrücke, die nach Nordafrika, nach Tunesien, hinüberführt. Noch innerhalb des italienischen Staatsgebietes, in Sizilien, vollzieht sich der Übergang vom nordmediterranen zum südmediterranen oder nordafrikanischen Klima- und Vegetationsbereich. Heute hat die Apenninenhalbinsel die Brückenaufgabe nicht mehr zu erfüllen wie in der Zeit des Römischen Reiches, als der Seeweg von Brindisi, dem Endpunkt der Via Appia, aus zu den Gestaden des von Rom beherrschten Meeres führte. Heute fahren die Handelsschiffe von Genua und Venedig aus sowohl nach Osten, nach dem Vorderen Orient und nach Ägypten, als auch nach Westen und zum Atlantik. Öltanker legen in der inneren Adria vor Triest, Venedig-Mestre und Ravenna oder an der ligurischen Küste vor Genua an, von wo die Ölleitungen nach Mitteleuropa ihren Ausgang nehmen. Erst mit der Entwicklung des Autoverkehrs ist der Charakter von Bríndisi – nunmehr Endstation der Adriaautobahn – als Molenendpunkt wieder hervorgetreten, nämlich als Fährhafen zum griechischen Gegengestade. Süditalien mit Sizilien ist nicht Verkehrszentrum im Mittelmeer geworden, wie seine Lage – gleich weit von der Levanteküste wie von Gibraltar – zu fordern scheint (Maull 1929). Es wurde mit der Wanderung der Macht- und Wirtschaftsschwerpunkte Europas nach Nordwesten zum ›Fernsten Italien‹ (Philippson 1925) und gegenüber Norditalien zu dem über lange Zeiten hin ausgebeuteten, deshalb verarmten und rückständigen Landesteil, zum europäischen Entwicklungsland. Trotz gewaltiger Anstrengungen ist die ›Italienische Südfrage‹ (Vöchting 1951) noch nicht gelöst; zwischen Norden und Süden bestehen Unterschiede und Gegensätze vor allem in den Bevölkerungs- und Wirtschaftsstrukturen, die niemals auszugleichen sein werden.

Entscheidend und folgenschwer drückt sich die Größe Italiens in der gestreckten Form der Halbinsel und der großen meridionalen Ausdehnung aus. Die geringste Breite hat die Halbinsel zwischen den Golfen von Gaeta und Vasto mit

125 km, die größte liegt zwischen dem M. Argentario und dem M. Cónero mit 244 km. Von den schmalen Einschnürungen Kalabriens sei hier abgesehen. Nach der geradlinigen Verbindung zwischen dem nördlichsten Punkt (Vetta d'Italia[1]) und dem südlichsten Punkt in Südostsizilien (Kap Isola dei Correnti) ergibt sich eine Länge in meridionaler Richtung von 1177 km. Die längste Strecke über Land beträgt zwischen dem Mont Blanc und der Südostspitze in der Salentinischen Halbinsel 1146 km. Benutzt man das Auto zur Überwindung der langen Nord-Süd-Strecke, so muß man vom Brennerpaß ab über die Autostrada del Sole und die sizilianische Ostküstenstrecke rund 1650 km bis zur SO-Küste der Insel zurücklegen. Im Vergleich dazu beträgt die Nord-Süd-Erstreckung der Bundesrepublik Deutschland 832 km, die Straßenentfernung zwischen Tondern und dem Scharnitzpaß 1136 km. Dieser Vergleich macht die gewaltige Benachteiligung Italiens hinsichtlich seiner Verkehrsbedingungen auf einfache Weise deutlich, ein Nachteil, der durch die Meereslage mit seinen wichtigsten Häfen Genua, Venedig und Neapel keineswegs aufgewogen wird.

Mit rund 8600 km Meeresgrenzen, die über fünfmal länger sind als die Festlandsgrenzen von 1610 km, ist Italien ein maritimes Land. 80 % seiner Fläche sind weniger als 100 km von der Küste entfernt. Durch die reiche Küstengliederung und die großen Inseln wird die Meerverbundenheit noch erhöht. Aber darum ist der Italiener doch nicht vorwiegend zum Seefahrer oder Fischer geworden. Schon die Römer waren ein Bauernvolk. Der Anteil der in der Fischerei tätigen Bevölkerung ist entsprechend gering (0,5 %). Heute ist der an den Küsten des Festlandes und der Inseln immer reger gewordene sommerliche Badebetrieb eine Bestätigung der Maritimität. Wichtig ist die nahe Meereslage insbesondere für die industriereichen Großstädte des Binnenlandes. Obwohl Turin und Mailand mitten im kontinentalen Norditalien in der Padania liegen, sind sie nicht weiter vom Meer entfernt als Hamburg. Entbehren sie auch des schiffbaren Zugangs zum Meer, den dieses besitzt, so sind sie doch heute durch Autobahnen mit Genua verbunden, diesem wichtigsten Industriehafen des Landes. Die Landverkehrslage zu den transalpinen Ländern hat seit der römischen Zeit die Zentren der Padania begünstigt. Dort sammeln besonders Turin, Mailand und Venedig die von den Alpenpässen herabführenden Straßen und leiten sie durch die Padania hindurch und über den Apennin auf die Halbinsel oder auf der alten Via Aemilia an den adriatischen Saum. Die breite, vom Alpen- und Apenninenbogen umschlossene Basis der Landbrücke, Norditalien oder nach Th. Fischer (1893) Festlandsitalien, ist der offene, vorherrschend ebene, klimatisch Mitteleuropa ähnliche, verkehrs- und wirtschaftsgünstige und deshalb heute reichste und produktivste Teil Italiens. Die Bezeichnungen ›Oberitalien‹ und ›Unteritalien‹, wie sie vor allem für Reiseführer üblich waren, sollten heute nicht mehr verwendet werden, denn sie sagen nichts

[1] Am Ostende der Zillertaler Alpen im westlichen Zwillingskopf (2837 m), vgl. Scotoni 1964.

weiter aus, als daß Norditalien auf der Landkarte oben, Süditalien unten gelegen ist. Der Italiener nennt diese Landesteile ›Italia settentrionale‹ und ›Italia meridionale‹, die ›Italia centrale‹ zwischen sich lassen. Vom Süden spricht er auch kurz mit dem Wort ›Mezzogiorno‹ (= Mittag). ›L'Italia di mezzo‹ ist ein Begriff, mit dem die nach Bevölkerung und Wirtschaft recht ähnlichen Räume Nordost- und Mittelitaliens zusammengefaßt werden. Nach neuerer Ansicht gibt es also ›Drei Italien‹ (vgl. Kap. V).

Der italienische Staat hat große Anstrengungen unternommen, um die in der langen Erstreckung der Halbinsel, in der überwiegenden Gebirgsnatur und in der Fernlage der Inseln begründeten ungünstigen Verkehrsverhältnisse zu verbessern. Das Autobahnnetz gehört neben dem der Bundesrepublik zum größten Europas und ist auch auf Sizilien ausgedehnt worden. Im Steilküstenbereich Kalabriens und Ostsiziliens, aber auch an vielen anderen Strecken, wurden phantastisch anmutende Ingenieurbauten errichtet, die Bewunderung und Hochachtung erregen.

### *b) Die Großraumgliederung nach Formenwandelkategorien*

Um als Grundlage der weiteren Besprechung einen Überblick über die Gliederung Italiens zu geben, gilt es, geeignete Großräume auszusondern, zu charakterisieren und abzugrenzen. In den meisten länderkundlichen Darstellungen Italiens ist die politische Einteilung in ›Regionen‹ zur Grundlage gewählt worden, was verständlich ist, weil für diese auch statistische Daten zur Verfügung stehen. Unserer Zielsetzung entsprechend bevorzugen wir Großräume, die nach geographisch-länderkundlichen Prinzipien abgegrenzt sind, wie sie z. B. die Kategorien des ›Geographischen Formenwandels‹ darstellen (Lautensach 1953).

Der in den klimatischen Verhältnissen begründete planetarische Formenwandel von Norden nach Süden und der hypsometrische Wandel, dem bei der starken Gebirgsgliederung besondere Bedeutung zukommt, bestimmen die landwirtschaftlichen Produktionsbedingungen, aber auch die Lebens- und Wirtschaftsgewohnheiten in so weitgehender Weise, daß die Differenzierung des Landes in größere und kleinere Einzelräume, die sowohl physisch- wie kulturgeographisch charakterisiert werden können, sehr stark ausgeprägt ist.

Der Nord-Süd-Wandel bildet die auffälligste länderkundliche Kategorie in der Raumgliederung Italiens, der wir immer wieder begegnen werden. Er ist eine der wichtigsten Ursachen des unauslöschlichen Nord-Süd-Gegensatzes und der italienischen Südfrage. Durch den Höhenwandel erfährt der planetarische Wandel mannigfache Abänderung auch auf kleinem Raum und bedingt die hohen Bevölkerungs- und Siedlungsdichten in den Ebenen im Gegensatz zu den sich entleerenden Höhen. Bei besonders großen Höhenunterschieden wie im Bereich der Alpen und am Alpenrand sind dadurch auch Großräume auszugliedern. Obwohl diese beiden länderkundlichen Gliederungsprinzipien überwiegen, ist doch trotz der geringen Breite der Halbinsel auch ein Ost-West-Wandel erkennbar. Dem nach Westen offenen tyrrhenischen Apenninvorland mit seinen teilweise vulkanischen Hügelländern steht der hohe Mittlere Apennin mit seinen Kalkmassiven und dem sich gegen Osten anschließenden Tertiärhügelland gegenüber, das klimatisch trockener ist und im Temperaturgang kontinentale Züge aufweist. Dem Südlichen Apennin sind im Osten das Kalkmassiv des M. Gargano und die Apulische Kalktafel vorgelagert, die im Tavoliere, der apulischen Ebene, den trockensten Teil Halbinselitaliens einschließen.

Der planetarische Nord-Süd-Formenwandel zeigt sich vor allem in den vom Klima abhängigen Erscheinungen der natürlichen Vegetation, im Boden und in den landwirtschaftlichen Anbauverhältnissen, d. h. zunächst in der Art der Kulturpflanzen und ihrer Vergesellschaftung. Die in Süditalien schon vier bis sechs, sogar bis acht Monate dauernde sommerliche Trockenzeit zwingt überall dort zur Bewässerung, wo von Natur aus zu wenig grundwassernahe Boden zur Verfügung stehen, und das bedeutet die Notwendigkeit aufwendiger Maßnahmen, wie Rückhaltebecken und Stauseen, um die im Gebirgsland reichlich fallenden, aber rasch abfließenden winterlichen Niederschlagsmengen zu speichern. Eine ganze Reihe anderer Erscheinungen in den Agrarlandschaften sind ebenfalls geeignet, zur Charakterisierung der Großräume beizutragen, wie die Dorf-, Haus- und Flurformen, die wieder durch die Besitz- und Betriebsverhältnisse bedingt sind und historische Elemente darstellen. Die moderne Bodenreform brachte allerdings über das ganze Land hin recht einheitliche Elemente in Dorf, Haus und Flur mit sich; die verschiedenen Kulturpflanzen und Wirtschaftsziele haben seitdem jedoch schon wieder zu einer recht weitgehenden Differenzierung geführt.

Die große Bedeutung der Lage im Relief hatte zur Folge, daß für statistische Zwecke jede Gemeinde einer der drei großen Gruppen von sogenannten Höhenzonen (zone altimétriche) zugeordnet worden ist und sich für den gesamten Staat oder für die einzelnen Regionen die Flächenverteilung auf diese ›Zonen‹, d. h. Höhenstufen angeben läßt. Es werden Bergland, Hügelland und Ebene unterschieden, wobei wegen der Bedeutung der Lage zur Küste die Gebirgs- und die Hügellandstufe noch unterteilt werden in ›zona interna‹ und ›zona litoránea‹.[2]

Nach dem statistischen Material, wie es das ›Annuario Statistico Italiano‹ zur Verfügung stellt, gehören 35,3 % Italiens zum Bergland (15,4 % Küstenbergland), 41,6 % zum Hügelland (11,4 % Küstenhügelland) und 23,2 % zur Ebene. Im Vergleich zu Ländern anderer südeuropäischer Halbinseln liegt Italien damit zwischen den iberischen Ländern und Griechenland; die Iberische Halbinsel ist reich an Hochebenen, aber arm an mediterranen Küstenebenen, die griechische Halb-

[2] Vgl. Tabelle und Übersichtskarte in: Istituto Statistico Italiano: Annuario statistico italiano 1969, S. 1. – Die Gebirgsstufe beginnt in Norditalien bei 600 m, in Mittel-, Süd- und Inselitalien bei 700 m. Die Zuordnung geschah in Grenzfällen nach der überwiegenden Lage der Nutzflächen einer Gemeinde. Vgl. dazu ISTAT 1958, Circoscrizioni statístiche, S. 10.

insel besonders reich an Gebirgen, die kaum für einige Becken und Küstenebenen Raum lassen.

Das Überwiegen des Berg- und Hügellandes mit mehr als drei Viertel der Fläche gegenüber den Niederungen hatte für die Entwicklung des Landes im Lauf der Geschichte schwerwiegende Folgen und bildet einen Wesenszug Italiens, der sich gegenwärtig in den sozialen, wirtschaftlichen und Verkehrsverhältnissen immer stärker nachteilig bemerkbar macht. Es genügt, an die große Zahl der Siedlungen zu denken, die fern von den lebhaften Wirtschaftsräumen und Verkehrsströmen dicht gedrängt an Hängen, auf Höhen und Gipfeln liegen, an die Armut der Gebirgsländer, die weitgehende Entwaldung, die extensive Weidewirtschaft und die geringen landwirtschaftlichen Erträge, an die starke Auswanderung und allgemeine Gebirgsentvölkerung, an die Schwierigkeiten und die hohen Kosten, die beim Bau von Bahnlinien und Straßen entstanden sind, und an den hohen Aufwand zu deren Erhaltung im Kampf gegen Überschwemmungen und Rutschungen. Dem großen Anteil an Berg- und Hügelland entspricht aber auch der Abwechslungsreichtum an Landschaftsbildern und Landschaftsschönheit, der noch keineswegs weit genug bekannt ist, weil der Ausländer gewöhnlich die mediterranen Küstenländer bevorzugt und die Gebirge meidet, obwohl sie heute durch Straßen gut erschlossen sind.

### *c) Die Landschaftsräume*

Wegen der außerordentlich großen Differenzierung Italiens, von der nur wenige Teile ausgeschlossen sind, soll schon an dieser Stelle eine räumliche Gliederung vorgestellt werden, die über diejenige, die sich aus den Lagekategorien ableiten läßt, weit hinausgeht. Sie soll einerseits die topographische Basis für die weiteren Besprechungen als wesentliche Ergänzung zur Atlaskarte bieten und andererseits wegen ihrer geomorphologischen Typisierung erste Grundlagen zur Erklärung bereitstellen.

Früher als in Deutschland selbst haben deutsche Geographen versucht, in Italien zu einer ›landschaftskundlichen Gliederung‹ zu kommen, d. h. einer naturräumlichen Gliederung, wie wir heute sagen (MAULL 1929, S. 192; KANTER 1936, S. 349). Der kleinkammerige Gebirgscharakter ließ sie bis zu 50 Einheiten ausgliedern. Heute ist in Italien eine Gliederung in große Naturräume üblich, die ursprünglich eine großräumige morphologische Gliederung darstellte (SESTINI 1944; Abb. bei ALMAGIÀ 1959, S. 23). Sie unterscheidet:

1. die alpinen Regionen, das sind kristalline Alpen und Kalkalpen, Voralpen, Karsthochflächen und subalpine Zone;
2. die Po-Ebene und die venetische Ebene;
3. die apenninischen Regionen, bestehend aus dem eigentlichen Apennin mit seinen Gliedern Nord-, Mittel-, Süd- und Kalabrischer Apennin und dem

sogenannten Antiapennin, gegliedert in den Toskanischen und den Latium-Kampanischen Antiapennin auf der tyrrhenischen Seite, den Gargano und dem Apulischen Antiapennin auf der adriatischen Seite;

4. die Inseln Sizilien und Sardinien.

Eine weitergehende Einzelgliederung besteht aus 95 Einheiten (SESTINI 1963; vgl. Karte 1). Es handelt sich mit wenigen Ausnahmen um morphologisch bestimmte Einzelräume, zum Teil auch um morphologische Landschaftstypen, wie z. B. Granitlandschaften und Küstenlandschaften Sardiniens, Ebenen und Küsten Kalabriens.

*Tab. 1: Die Landschaftsräume Italiens* (nach SESTINI 1963)

Italienische Alpen
1 Massive kristalliner und metamorpher Gesteine
2 Alpentäler in Piemont und Lombardei
3 Alpentäler im Gebiet der Etsch (a Porphyrhochfläche von Bozen. b Etschtalgebirge. Vom Verf. geändert)
4 Große Alpentäler
5 Dolomitenhochland
6 Karnische und Julische Alpen

Voralpen
7 Alpenrandzone im Piemont
8 Lombardische Voralpen
9 Große Voralpenseen
10 Voralpen Venetiens
11 Voralpen des Friaul

Karst
12 Typischer Karst
13 Istrien (a Kalkhochflächen. b Hügelland)

Subalpine Zone
14 Moränenamphitheater
15 Pleistozänterrassen mit Brughieraheide
16 Subalpines Berg- und Hügelland in Venetien und Friaul

Po-Ebene und venetische Ebene
17 Piemonteser Ebene
18 Reisbaulandschaft
19 Lombardische Alta Pianura
20 Stadtgebiet von Mailand
21 Lombardische Bassa Pianura
22 Ebene des mäandrierenden Po
23 Alta Pianura des Veneto

24 Bassa Pianura des Veneto
25 Alta Pianura des Friaul
26 Bassa Pianura des Friaul
27 Lagunenzone
28 Po-Delta
29 Terre vécchie des Polésine und von Ferrara
30 Moderne Bonifikation
31 Pianura der Emilia
32 Pianura der Romagna

Nördlicher Apennin
33 Ligurischer Apennin und Piacenzaapennin
34 Emilianischer Apennin (a Montefeltro)
35 Apennin der Romagna
36 Tertiärhügelland des Monferrato
37 Tertiärhügelland der Langhe
38 Hügelland der Emilia-Romagna
39 Küstenbergland Liguriens
40 Westliche Riviera
41 Östliche Riviera
42 Apuanische Alpen
43 Toskanischer Apennin
44 Intramontane Becken der Toskana

Mittlerer Apennin
45 Umbrisches Berg- und Hügelland
46 Umbrisch-sabinische Becken und oberes Tibertal
47 Kalkapennin Umbriens und der Marken
48 Molassebergland der Marken und Abruzzen
49 Kalkmassive der Abruzzen
50 Intramontane Becken der Abruzzen
51 Tertiärhügelland der Marken und Abruzzen (a Miozän. b Pliozän)
52 Küstensaum der Marken und Abruzzen

Tyrrhenisches Apenninenvorland
53 Pliozänhügelland der Toskana
54 Berg- und Hügelland des tyrrhenischen Apenninenvorlandes
55 Kalkgebirge von Latium (a Bergland. b große Täler)
56 Latiumvulkane
57 Tufftafeln und Pliozänhügelland in Latium
58 Ebenen der nördlichen Toskana (a Küstenebene. b Schwemmlandebene)
59 Tyrrhenische Bonifikationsebenen
60 Inseln, Strände und Vorgebirge der Tyrrhenis
61 Vulkane Kampaniens und M. Vúlture
62 Kampanische Ebene mit Intensivkulturen
63 Küsten am Golf von Neapel, um Amalfi und Capri

(Forts. s. u. S. 8)

(Tab. 1, Forts.)

Südlicher Apennin und apulisches Vorland
64 Molise-Kampanien-Apennin
65 Kampanisch-Lukanischer Apennin mit seinen Becken (a Kalkgebirge. b Hügelland aus Sand- und Tongesteinen. c Becken und große Täler. d Küste)
66 Flyschbergland der Basilicata
67 Pliozänhügelland der Basilicata
68 Tavoliere und peripheres Hügelland
69 Gargano
70 Hochflächen der Murge (a Kreidekalktafel. b Pliozäntafel)
71 Bruchstufen und Terrassen der Terra di Bari
72 Salentinische Halbinsel
73 Strandterrassen und Schwemmlandküste am Golf von Tarent

Kalabrischer Apennin
74 Sila und Küstenkette Kalabriens
75 Bergland von Südkalabrien
76 Kalabrisches Hügelland
77 Ebenen und Küsten Kalabriens (a Quartärterrassen. b Schwemmlandebene. c Küstensaum)

Sizilien
78 Sizilianisches Gebirge (a Peloritanisches Gebirge. b Nébrodi und Madoníe. c Kalkmassiv der Madonie)
79 Berg- und Hügelland Innersiziliens
80 Bergland Westsiziliens und Ägadische Inseln
81 Ätna (a Laven und Aschen. b Kulturland und Siedlungen)
82 Liparische Vulkaninseln
83 Tafeln Südostsiziliens
84 Quartärtafeln Westsiziliens
85 Tyrrhenische Küsten und Küstenebenen
86 Schwemmlandebenen Siziliens

Sardinien
87 Granitlandschaften Sardiniens (a Gallura. b Granithochflächen. c zentrales Bergland)
88 Kalk-Dolomit-Bergland Sardiniens
89 Bergland Südostsardiniens
90 Berg- und Hügelland Südwestsardiniens
91 Basalt- und Trachyttafeln Nordwestsardiniens
92 Kalktafeln und Hügelland Nordwestsardiniens (a Kalktafeln. b Hügelland und Ebenen)
93 Miozänhügelland und Giarebasalttafelberge Sardiniens
94 Grabensenke des Campidano
95 Küstenlandschaften Sardiniens (a Steilküste im Westen. b hohe Kalksteilküste. c Riasküste der Gallura. d tyrrhenische Vorgebirge und Strände. e Strand, Dünen und Küstenseen)

## 2. Der Staat Italien

Italien ist nicht schon durch seine länderkundlich darstellbare Gestalt als Staatsgebiet vorgegeben. Erst 1860/61 zum Nationalstaat geworden nach über tausendjähriger Zersplitterung – eine Parallele zu Deutschland –, stellt der Staat keinen geschlossenen, von der Natur oder von kulturellen Faktoren bestimmten Raum dar, trotz aller Versuche, ihn dazu zu erklären, wie z. B. durch den Anspruch auf die alpine Wasserscheide als ›natürliche Grenze‹.

Nach dem in Italien immer wieder vertretenen Konzept ist die Individualität des Landes zwischen dem Alpenbogen und seinen Meeren im Begriff ›Italien‹ von Natur aus enthalten (Almagià 1959, S. 17). Damit hängt die Auffassung der Alpengrenze im Verlauf der Hauptwasserscheide eng zusammen. Man beruft sich auf lateinische Schriftsteller, die zu einer Zeit, als die Alpen noch völlig unbekannt waren, die Gebirgsgrenze Italiens in den ›divortia aquarum‹ sahen. Seit dem 16. Jh. stellte man die Alpen vereinfachend als eine einzige Hauptkette dar, die man mit der Wasserscheide zusammenfallen ließ. Vom 17. Jh. an sind durch Verträge die Grenzen festgelegt, ohne daß sie dabei der Wasserscheidenkonzeption entsprochen hätten. Noch Mitte des 19. Jh. gehörte das französische Savoien zusammen mit Piemont zum Stammland der späteren Könige von Italien, dem Haus Savoyen. Zur Abtretung an Frankreich kam es erst als Entschädigung für die militärische Hilfe gegen Österreich im Jahr 1858, die 1859 zur Vereinigung mit der Lombardei führte. 1866 trat Österreich Venetien ab. Trotz alldem wird seit dem 18. Jh. von Italien aus dessen ›natürliche Grenze‹ auf dem Festland in der Wasserscheide zwischen der inneren Alpenabdachung gegen das westliche Mittelmeer und der äußeren Abdachung gegen die Nordsee und das Schwarze Meer gesehen. Noch heute hält man diese Grenze für die eigentliche Landesgrenze, woher dann auch die Auseinandersetzungen mit den Nachbarstaaten wegen Südtirol und Istrien herrührten.

Innerhalb dieses oft als ›natürliche Region‹ – oder auch ›geographische Region Italien‹ – bezeichneten Areals gehören nur 93 % der Fläche zum heutigen Staatsgebiet, weil die übrigen 20 800 km² Teile anderer Staaten sind, von denen Monaco, San Marino und Vatikanstadt eigene Kleinstaaten innerhalb dieser ›natürlichen Grenzen‹ bilden oder sogar innerhalb der politischen Grenzen Italiens liegen. Italienisch sprechende Bevölkerung lebt auf Korsika und in der Schweiz außerhalb des Staatsgebietes, wie auch nichtitalienisch sprechende Bevölkerungsteile in geschlossenen Siedlungsgebieten in die Grenzen einbezogen sind wie in Südtirol und im Aostatal. Bis 1870 und auch wieder als Folge des Ersten und Zweiten Weltkrieges sind die Staatsgrenzen Verschiebungen unterworfen gewesen. Damit erhebt sich die Frage, seit wann der Begriff und der Name ›Italien‹ bekannt ist, wo er zuerst aufgetreten ist und wie es geschah, daß er heute eben diesen Staat bezeichnet.

### *a) Name und Begriff ›Italien‹*

Die Griechen des Altertums nannten die Halbinsel ›Hesperia‹, das heißt ›Westland‹. Der vielleicht sikulische Name ›Italien‹ war bei griechischen Schriftstellern im 5. Jh. v. Chr., so bei Herodot, beschränkt auf das heutige Kalabrien bis zum Laos (Lao) bei Kap Scalea auf der tyrrhenischen und bis Metapont oder auch Tarent auf der ionischen Seite. Die Ableitung vom lateinischen Wort ›vitulus‹ für junger Stier gilt als irrtümliche Volksetymologie.

Vom heutigen Kalabrien aus verbreitete sich der Name allmählich im Lauf des 4. Jh. v. Chr. nach Norden und wurde von den Römern übernommen.[3] In der 1. Hälfte des 3. Jh. v. Chr., als die ganze Halbinsel südlich des Arnus (Arno) und des Aesis (Ésino) unter römischer Herrschaft vereinigt war, trägt sie schon den Namen ›Italia‹. Cato rechnet Italien im 2. Jh. v. Chr., also nach der Eroberung der Po-Ebene, schon bis zum Alpenbogen. Seit 41 v. Chr. gelten als Grenzen Norditaliens der Varus (Varo) bei Nizza im Westen und die Arsia (Arsa, Raša) in Istrien im Osten. Erst 292 n. Chr. wurden die drei Inseln Sizilien, Sardinien und Korsika unter Diocletian zusammen mit Rätien in die 14 Diözesen des römischen Gesamtreiches einbezogen. Unter Konstantin gab es eine ›praefectura italiae‹, die dem späteren Reich Odoakers (476–493) entsprach. Im Mittelalter verwischte sich der Gebrauch des Namens Italien mit der politischen Aufsplitterung. Es gab ein Herzogtum Italien im Süden und die Mark Italien im Piemont. Dennoch gaben Schriftsteller des Mittelalters – unter ihnen vor allem Dante – davon Zeugnis, daß sich die Kenntnis von der Einheit Italiens nicht ganz verloren hatte, obwohl sein Name keinen einheitlichen Raum, sondern nur noch ein Gebiet gemeinsamer Sprache, Geschichte und Kultur bezeichnete.

Italien erlebte zwischen dem 5. und dem 19. Jh. keine Periode politischer Einheit mehr, und sei sie auch noch so kurz. Wie eine politische Karte der Zeit Dantes zu zeigen vermag (z. B. in TCI: L'Italia storica 1961), war Norditalien besonders stark in einzelne Territorien zerstückelt. Nur unter den Visconti von Mailand, in der Terraferma der Republik Venedig und unter den Herzögen von Este in Ferrara gab es vom 14./15. Jh. an größere territoriale Zusammenfassungen. Allmählich hatte sich auch das Herzogtum Savoyen in die westliche Po-Ebene hinein vorgeschoben und konnte dort einen Staat bilden, der zum Ausgangspunkt der Einigung Italiens werden sollte. Für Mittelitalien galt das gleiche Bild der Zersplitterung. Ende des 15. Jh. teilten sich aber nur die Republiken Florenz und Siena in die Toskana. Mit Rom wurden unter päpstlicher Verwaltung Teile der heutigen Regionen Romagna, Umbrien, der Marken und Latium vereinigt. In den alten Pontifikalstaaten und im Königreich Neapel und beider Sizilien blieb die mittelalterliche Feudalstruktur weitgehend erhalten. Norden und Süden Italiens haben

[3] Vgl. dazu Abb. 1 in TCI ›L'Italia física‹ (1957), die die Ausbreitung des Namens vom 6. Jh. v. Chr. bis zu Diocletian 292 n. Chr. darstellt.

also über Jahrhunderte hin eine völlig verschiedene politische Entwicklung durchgemacht. Daraus erklärt sich vor allem der bis in die Gegenwart wirksame Unterschied in der Sozial- und Wirtschaftsstruktur zwischen Nord- und Süditalien, der durch die naturgegebenen Unterschiede zwischen dem kontinentalen und mediterranen Italien noch verschärft und am allmählichen Ausgleich behindert wird.

### *b) Größe des Staates und der Großräume*

Das Staatsgebiet der Republik Italien ist mit 301 278 km² etwas kleiner als dasjenige Norwegens oder Finnlands. Nach seiner Bevölkerungszahl liegt Italien mit 56,6 Mio. (1981) aber zwischen Großbritannien (55,8 Mio.) und der Bundesrepublik Deutschland (61,7 Mio.). Da das Schwergewicht der italienischen Wirtschaft und Bevölkerung aber auf den Norden entfällt, ist eine solche Gesamtangabe von Größe und Einwohnerzahl für den ganzen Staat wenig aufschlußreich, und es ist zweckmäßig, die großen Teilbereiche des Nordens, der Mitte und des Südens sowie der Inseln miteinander zu vergleichen.

Norditalien entspricht dem kontinentalen Italien als Basis der Halbinsel mit seiner Lage nördlich des 44. Breitengrades oder nördlich einer Linie zwischen der Mündung der Magra bei La Spézia und derjenigen des Rubicone nordwestlich von Rímini. Mittelitalien rechnet man nach Süden bis zur Verbindungslinie zwischen den Mündungen von Garigliano im nordwestlichen Kampanien und dem Trigno oder dem Fortore im nordwestlichen Apulien. Der Rest der Halbinsel ist Süditalien, die zwei Inseln Sizilien und Sardinien bilden Inselitalien. Süditalien und Inselitalien werden auch für statistische Zwecke zusammengefaßt und sind unter dem Begriff ›Mezzogiorno‹ zu verstehen. Die Statistik kann sich allerdings nicht an die genannten ›natürlichen Grenzen‹ zwischen Nord-, Mittel- und Süditalien halten, sondern ist auf Verwaltungsgrenzen angewiesen. Danach läßt sich die Zugehörigkeit der festländischen Regionen zu den drei Bereichen folgendermaßen angeben:

- Norditalien umfaßt die acht Regionen Piemont, Aostatal, Lombardei, Ligurien, Trentino-Südtirol (Alto Ádige), Venetien, Friaul-Julisch Venetien und Emilia-Romagna;
- zu Mittelitalien werden die vier Regionen Toskana, Marken, Umbrien und Latium [4] gerechnet;
- Süditalien umfaßt die sechs Regionen Abruzzen, Molise, Kampanien, Apulien, Basilicata und Kalabrien;
- die restlichen zwei der zwanzig Regionen bilden Sizilien und Sardinien, also ›Inselitalien‹.

[4] Im Rahmen der den Mezzogiorno begünstigenden Gesetze ist Latium aufgeteilt, denn die Provinzen Latina und Frosinone werden zum Mezzogiorno gerechnet. Die für die begünstigte Industrieansiedlung recht einflußreiche Grenze verläuft sogar unmittelbar südlich von Rom (vgl. Kap. IV 2d6).

*Tab. 2: Regionale Gliederung. Größe und Bevölkerung 1871–1981*

| Region Großraum | 31. 12. 84 Größe km² | Popolazione residente Einwohner in 1000 | | | | | | Änderung in % | Einw./km² | |
|---|---|---|---|---|---|---|---|---|---|---|
| | | 1871 | 1921 | 1951 | 1961 | 1971 | 1981 | 1971/81 | 1951 | 1981 |
| Piemont | 25 399 | 2 928 | 3 439 | 3 518 | 3 914 | 4 432 | 4 479 | 1,1 | 139 | 176 |
| Aostatal | 3 262 | 84 | 83 | 94 | 101 | 109 | 112 | 2,8 | 29 | 34 |
| Lombardei | 23 858 | 3 529 | 5 186 | 6 566 | 7 406 | 8 543 | 8 892 | 4,1 | 275 | 373 |
| Ligurien | 5 418 | 884 | 1 338 | 1 567 | 1 735 | 1 854 | 1 808 | 2,5 | 289 | 334 |
| *Nordwesten* | *57 937* | *7 425* | *10 047* | *11 745* | *13 157* | *14 938* | *15 291* | *2,4* | *203* | *264* |
| Trentino-Südtirol | 13 618 | – | 661 | 729 | 786 | 842 | 873 | 3,7 | 54 | 64 |
| Venetien | 18 364 | 2 196 | 3 319 | 3 918 | 3 847 | 4 123 | 4 345 | 5,4 | 213 | 237 |
| Friaul-Jul. Venetien | 7 845 | 508 | 1 178 | 1 226 | 1 204 | 1 213 | 1 234 | 1,8 | 156 | 157 |
| Emilia-Romagna | 22 123 | 2 228 | 3 077 | 3 544 | 3 667 | 3 847 | 3 958 | 2,9 | 160 | 179 |
| *Nordosten* | *61 950* | *4 932* | *8 235* | *9 417* | *9 767* | *10 026* | *10 410* | *3,8* | *152* | *168* |
| *Norditalien* | *119 887* | *12 357* | *18 282* | *21 163* | *22 923* | *24 964* | *25 701* | *3,0* | *177* | *214* |
| Toskana | 22 992 | 2 124 | 2 810 | 3 159 | 3 286 | 3 473 | 3 581 | 3,1 | 137 | 156 |
| Umbrien | 8 456 | 479 | 658 | 804 | 795 | 776 | 808 | 4,1 | 95 | 96 |
| Marken | 9 694 | 958 | 1 201 | 1 364 | 1 347 | 1 360 | 1 412 | 3,8 | 141 | 146 |
| Latium | 17 203 | 1 173 | 1 997 | 3 341 | 3 959 | 4 689 | 5 002 | 6,7 | 194 | 291 |
| *Mittelitalien* | *58 345* | *4 733* | *6 665* | *8 668* | *9 387* | *10 298* | *10 803* | *4,9* | *149* | *185* |
| *Nordosten und Mittelitalien* | *120 295* | *9 665* | *14 900* | *18 085* | *19 154* | *20 324* | *21 213* | *4,4* | *150* | *176* |

| | | | | | | | | | | |
|---|---|---|---|---|---|---|---|---|---|---|
| Abruzzen | 10794 | 1280 | 1514 | 1277 | 1206 | 1167 | 1218 | 4,4 | 118 | 113 |
| Molise | 4438 | | | 407 | 358 | 320 | 328 | 2,5 | 92 | 74 |
| Kampanien | 13595 | 2520 | 3343 | 4346 | 4761 | 5059 | 5463 | 8,0 | 320 | 402 |
| Apulien | 19348 | 1440 | 2365 | 3220 | 3421 | 3583 | 3872 | 8,1 | 166 | 200 |
| Basilicata | 9992 | 524 | 492 | 628 | 644 | 603 | 610 | 1,2 | 63 | 61 |
| Kalabrien | 15080 | 1219 | 1627 | 2044 | 2045 | 1988 | 2061 | 3,7 | 136 | 137 |
| *Süditalien* | *73248* | *6983* | *9341* | *11923* | *12436* | *12720* | *13552* | *6,5* | *163* | *185* |
| Sizilien | 25709 | 2590 | 4223 | 4487 | 4721 | 4681 | 4907 | 4,8 | 175 | 191 |
| Sardinien | 24090 | 636 | 885 | 1276 | 1419 | 1474 | 1594 | 8,1 | 53 | 66 |
| *Inselitalien* | *49799* | *3227* | *5109* | *5763* | *6140* | *6160* | *6501* | *5,5* | *116* | *131* |
| *Süd- und Inselitalien* | *123047* | *10210* | *14450* | *17685* | *18576* | *18893* | *20053* | *6,2* | *144* | *163* |
| *Italien* | *301278* | *27300* | *39397* | *47516* | *50624* | *54137* | *56557* | *4,5* | *158* | *188* |

Quellen: Istituto Centrale di Statistica: Popolazione residente e presente dei Comuni ai censimenti da 1861 al 1961. Rom 1967; 10., 11. u. 12. Censimento Generale della Popolazione 1961, 1971 u. 1981.

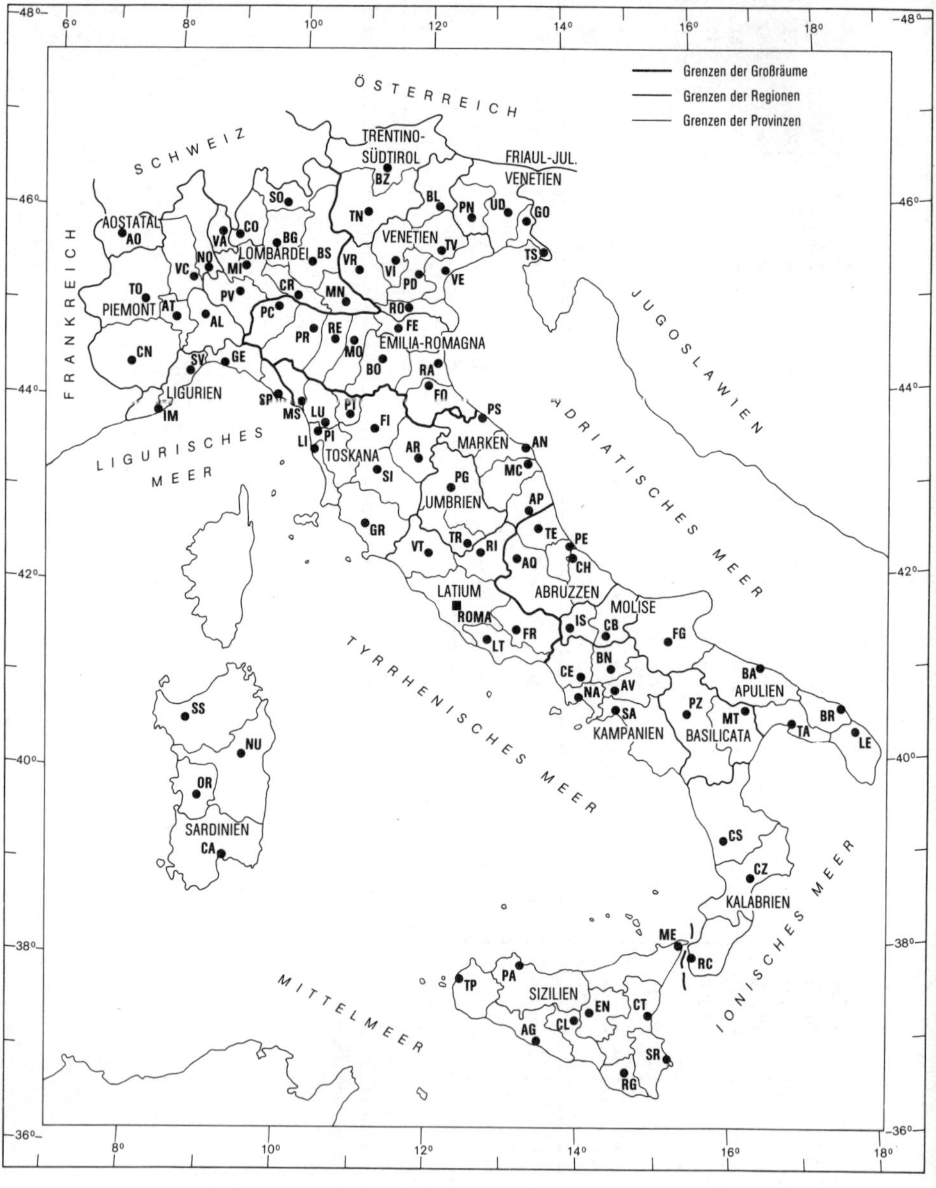


*Fig. 1: Die Verwaltungsgliederung. Regionen und Provinzen.* Nach ISTAT Ann. stat. it. 1982.

Nach dieser statistischen Gliederung gehören zu Norditalien 40 % des Landes mit 119 887 km², zu Mittelitalien 19 % mit 58 345 km², zu Süditalien 24 % mit 73 248 km² und zu Inselitalien 17 % mit 49 799 km². Die Bevölkerungsanteile waren noch 1951 fast die gleichen wie die Flächenanteile mit 44,6 % im Norden, 18,5 % für die Mitte, 24,9 % für den Süden und 12,1 % für die Inseln. Seitdem haben sich die Gewichte beträchtlich verschoben zum Nachteil Süd- und Inselitaliens, was schon 1961 deutlich wurde und sich bis 1981 noch verstärkt hat; die entsprechende Verteilung errechnet sich zu (1961 in Klammern): 45,4 % (44,8) – 19,1 % (18,5) – 24,0 % (24,6) – 11,5 % (12,1).

Tabelle 2 gibt die Bevölkerungsdaten aus einigen Zensusjahren ab 1871 für die Regionen und Großräume wieder und läßt erkennen, daß schon in den Regionaldaten die noch viel schwerer wiegenden Veränderungen innerhalb der Provinzen, der Gemeinden und Gemeindeteile sichtbar werden. Allein acht Regionen, und keineswegs nur süditalienische, erlitten von 1951 bis 1971 mehr oder weniger große absolute Bevölkerungsverluste. Bei Sizilien macht sich die Abnahme erst im Vergleich zwischen 1961 und 1971 bemerkbar; bis 1981 kam es aber wieder zum Ausgleich. Im Jahr 1981 hatten nur noch drei Regionen, Abruzzen, Molise und Basilicata, geringere Einwohnerzahlen als 1951. Außer Ligurien wiesen alle Regionen seit 1971 wieder eine Bevölkerungszunahme auf.

Diese und andere Bevölkerungsdaten sind eingehender zu besprechen, nicht zuletzt im Zusammenhang mit der sich hier schon abzeichnenden Binnenwanderung, d. h. der Süd-Nord-Wanderung in Richtung auf die nordwestitalienischen Wirtschaftszentren und der Gebirgsflucht in die Hügelländer und Ebenen, vor allem aber in die größeren Städte (vgl. Kap. III 3d4).

### *c) Das Konzept der ›Regioni‹*

In länderkundlichen Darstellungen von Italien nach Einzelräumen wird heute fast allgemein die politische Gliederung in seine großen Verwaltungseinheiten, die ›Regioni‹, zugrunde gelegt, weshalb deren Entstehung, Bedeutung und Problematik in länderkundlicher Sicht aufzuzeigen ist. Folgende Fragen stellen sich zunächst: Wie ist es zu dieser politischen Gliederung gekommen? Handelt es sich um alte, historisch bestimmte Räume mit entsprechend homogener, charakteristischer kulturgeographischer Ausstattung? Unterscheiden sich die Regionen voneinander, also z. B. durch Volkstum, Dialekte, Siedlung und Wirtschaft? Stellen ihre Grenzen womöglich gleichzeitig Übergangsbereiche, wenn nicht sogar deutliche Grenzen zwischen Wirtschaftsräumen dar? Kommt es vor, daß Regionalgrenzen mit Naturraumgrenzen zusammenfallen?

Eine Reihe von Namen heutiger Regionen treten schon unter den elf augusteischen Regionen auf, bei denen es sich um Verwaltungseinheiten handelt, wenn auch mit ethnischer Begründung. Es waren folgende ›regiones‹:

1. Latium und Campania, 2. Apulia und Calabria (auf der salentinischen Halbinsel), 3. Lucania und Bruttium (das heutige Kalabrien), 4. Samnium, 5. Picenum, 6. Umbria, 7. Etruria, 8. Aemilia (früher Gallia Cispadana), 9. Liguria, 10. Venetia und Histria, 11. Gallia Transpadana.

Schon unter den römischen Kaisern veränderten sich Zahl und Ausdehnung der Regionen, und im Mittelalter ging ihre Geltung als politische Einheit vielfach verloren. Neue historisch und politisch-wirtschaftlich begründete räumliche Einheiten entstanden trotz der staatlichen Zersplitterung Nord- und Mittelitaliens oder gerade deswegen. In der Renaissancezeit versuchten die Humanisten, die klassischen Namen wieder einzuführen, was im vollen Maß nicht mehr gelingen konnte. Wie groß die Veränderungen waren, zeigt das Beispiel des Namens Kalabrien, der von der salentinischen Halbinsel Apuliens auf eine andere Halbinsel, das ehemalige Bruttium, übertragen worden ist. Trotz alter Benennungen stimmen die augusteischen Regionen nirgends, weder in ihrer Fläche oder auch nur auf kurze Strecken ihres Grenzverlaufes, mit den heutigen Regionen überein (vgl. Karten in TCI: L'Italia física 1957, S. 17).

Im Mittelalter und in der frühen Neuzeit haben sich einige Namen zur Bezeichnung von historischen Räumen so sehr gefestigt, daß sie in die moderne Regionalgliederung Italiens übernommen worden sind. Das gilt für Piemont, Lombardei, Romagna, Marken, Abruzzen und Basilicata. Im 19. Jh. wurde aus den Herzogtümern Parma und Modena und den päpstlichen Legationen die Aemilia (Emília) gebildet und damit ein antiker Name wieder eingeführt, dann auch Apulien (Púglia) und 1870 Latium (Lázio). Die Region Basilicata wurde in der faschistischen Zeit in das antike Lucania umbenannt, nach dem Zweiten Weltkrieg kehrte man aber wieder zum alten Namen zurück.

Viele andere Landschaftsnamen sind im Lauf der Neugliederung Italiens vorgeschlagen worden.

Die während des Mittelalters entstandenen räumlichen Einheiten sind zwar im Volke noch lebendig und haben auch meistens eine klare Begrenzung, werden jedoch wie die französischen ›pays‹ von der modernen regionalen Gliederung überlagert. Alte Landschaftsnamen treten überall in Italien auf, die Karten verzeichnen sie bis heute. Besonders reich an ihnen ist Sardinien. In den Alpentalungen nennen sich die Bewohner nach dem Tal, wie die Nónesi im Val di Non, die Solandri im Val di Sole zwischen Ortler und Adamellogruppe. Andere Landschaften sind nach verschwundenen Städten benannt, wie die Lomellina westlich Pavía nach Laumellum, Valsugana östlich Trient – das Brentatal – nach Eusucum, Lunigiana nördlich La Spézia nach Luni. Alte Volksstämme gaben die Namen für Cadore (Cadubri), Val Camónica (Camuni) – das obere Ógliotal –, Frigniano (Friniates) südwestlich Módena (vgl. Baldacci 1944, Näther 1972, TCI ›Annuario generale‹ mit Liste der Comuni, 1980, S. 1294–1334). Gelegentlich kommen auch neue Landschaftsnamen in Gebrauch, wie das Beispiel von ›La Ciociaría‹ in der Provinz Frosinone zeigt. Der Bauer der römischen Campagna, der ›ciociaro‹, trägt die ›ciócie‹, eine Art Sandalen (Scotoni 1977).

In Nord-, aber auch in Süditalien ist außerdem eine Benennung nach dem Contado oder nach Hauptorten der alten Kreise, der ›circondarii‹, üblich. So spricht man vom Vercellese (Vercelli), Novarese (Novara), Astigiano (Asti) oder vom Melfese (Melfi), Potentino (Potenza), Lagonegrese (Lagonegro). In gewissem Sinne ergibt sich daraus eine zentralörtliche Gliederung nach wirtschaftlichen, verkehrsbedingten und kulturellen Zusammenhängen, aber noch keine eigentliche Kulturraum- oder Wirtschaftsraumgliederung, die bisher mit Ausnahme der Kulturlandschaftsgliederung der Padania durch Lehmann (1961 a) noch nicht in Angriff genommen worden ist.

Auf Maestri (1867) geht der Vorschlag zurück, Gruppen von Provinzen unter der Bezeichnung von 16 ›Compartimenti‹ zu bilden, die daraufhin bald für statistische Erhebungen Anwendung fanden; um Verwechslungen mit anders definierten Compartimenti auszuschließen, wurden die Einheiten ab 1912 im ›Annuario Statistico Italiano‹ als ›regioni‹ bezeichnet, und sie blieben auch zunächst nichts anderes als statistische Einheiten. Wirkliche Neuerungen brachte erst die Verfassung von 1947 mit der Abtrennung des Aostatals vom Piemont wegen seiner Eigenschaft als französisches Sprachgebiet und mit der Bildung der Region Friaul-Julisch Venetien nach dem Verlust von Istrien und anderen Gebietsteilen.

Es gab auch immer wieder Versuche zur Änderung der Regionalgliederung, um andere historische Landschaften zu berücksichtigen. Ein solcher Vorschlag bestand unter anderem darin, die Provinz Campobasso von der Region Abruzzen-Molise zu lösen und zur Region Sánnio, dem antiken Samnium, zu erheben unter Hinzufügung der Gebirgsteile der Provinzen Avellino und Benevent (Almagià 1959, S. 925). Es kam aber nur so weit eine Änderung zustande, daß die Provinz Campobasso zur Region Molise erklärt wurde, was den Vorteil hat, daß die statistischen Einheiten weiter vergleichbar bleiben.

Bis 1971 waren die ›Regionen‹ trotz der Verfassungsbestimmung von 1947 über die Gliederung Italiens in zwanzig Regionen keine Verwaltungseinheiten, mit Ausnahme der fünf autonomen Regionen Aostatal, Trentino-Südtirol, Friaul-Julisch Venetien, Sizilien und Sardinien. Mit der Regionalgesetzgebung von 1970/71 sind die Hauptstädte der Regionen bestimmt, was in Kalabrien zum Aufstand in Réggio, der Konkurrenzstadt von Catanzaro, und zur Kompromißlösung durch Verlagerung von Behörden geführt hat, wie auch im Falle der Rivalität zwischen L'Áquila und Pescara in der Region Abruzzen. Nach Art. 116 der italienischen Verfassung sollen die als autarke und autonome Gebietskörperschaften vorgesehenen Regionen eigene Verfassungen haben. Es werden nunmehr Regionalparlamente und -präsidenten gewählt, eine Reihe von Funktionen sind den Regionen übertragen worden (Steuereinzug, Regionalpolizei, Stadtplanung, Lokalverkehr, Wohlfahrts- und Gesundheitsverwaltung). Dennoch handelt es sich dabei nicht um einen Föderalismus, sondern nur um eine begrenzte Dezentralisierung der noch immer zentralistisch aufgebauten Verwaltung und Regierung.

Die Regionen bilden durchaus nicht immer geographisch zu definierende Einheiten. Sie lassen sich mit wenigen Ausnahmen nicht so charakterisieren, daß man ihnen im Vergleich zu benachbarten Regionen besondere Eigenschaften zuschreiben könnte. Nach ALMAGIÀ (1959, S. 924) sind solche Ausnahmen die beiden großen Inselregionen, die klar begrenzte Region Kalabrien und auch Apulien in seiner besonderen landeskundlichen Ausprägung. In Norditalien erkannte er nur der Emilia-Romagna eine solche Individualität zu, außerdem der Gebirgsregion Trentino-Südtirol (nach dem Ersten Weltkrieg Venezia Tridentina), die als ehemaliges österreichisches Territorium auch kulturräumlich prägnante, eigene Züge in Stadt und Land besitzt. Obwohl also die Regionen eindeutig künstliche Verwaltungseinheiten, wenn auch auf historischer Grundlage, darstellen, werden sie fast allen italienischen länderkundlichen Darstellungen zugrunde gelegt, mit der wohltuenden Ausnahme der ›Paesaggi‹ von SESTINI (1963), der sich darin MAULL (1929) und KANTER (1936) anschließt. Auf die Verwaltungseinheiten beziehen sich hingegen auch die regionalen Darstellungen von ALMAGIÀ selbst und die von ihm begründete Reihe der ›Regioni‹-Bände. Die von der Statistik gelieferten und nach Verwaltungseinheiten zusammengefaßten Daten sind es, die dazu zu zwingen scheinen, gegen bessere geographische Einsicht zu handeln.

### *d) Literatur*

Über die wichtigste Literatur informiert in systematischer Gliederung der Überblick im Anhang und über die Verfasserangaben im Text das Literaturverzeichnis. Dort werden die in und nach jedem Kapitel erwähnten, grundlegenden und weiterführenden Werke genannt. Sie enthalten oft reiches Anschauungsmaterial an Bildern, Karten und Diagrammen, auf das hier verzichtet werden muß. Hervorzuheben sind die länderkundlichen Gesamtdarstellungen von ALMAGIÀ (1959), COTTI-COMETTI (1970), HOUSTON (1964), KANTER (1936), MAULL (1929), SESTINI (1963), außerdem die vom Touring Club Italiano (TCI) in Mailand ab 1957 herausgegebene Reihe ›Conosci l'Italia‹, die Reihe ›Capire l'Italia‹ ab 1977 und die Reihe der Reiseführer (Guida d'Italia) für die einzelnen Regionen in laufender Neubearbeitung. An deutschsprachigen neueren Veröffentlichungen zu Gesamtitalien sind die Bücher der Journalisten PIOVENE (1960) und SCHLITTER (1977) zu nennen. Die hier verwendeten statistischen Daten stammen fast ausschließlich aus Veröffentlichungen des Istituto Centrale di Statistica in Rom, unter anderem dem jährlich erscheinenden ›Annuário statístico italiano‹ oder den Kurzfassungen im ›Compéndio statístico italiano‹ und in ›le regioni in cifre‹. – Zur Geschichte Italiens sei verwiesen auf den Band V der Reihe ›Conosci l'Italia‹, l'Italia storica‹ (Mailand 1961) mit seinen Kartendarstellungen, ferner auf A. VON HOFMANN (1921), KRAMER (1968), LILL (1980), PROCACCI (1983) und SEIDLMAYER (1962), abgesehen von größeren Handbüchern, z. B. GALASSO (1979ff.).

# II. DIE NATÜRLICHE UMWELT
# IHR WERDEN UND IHRE UMGESTALTUNG
# DURCH DEN MENSCHEN

## 1. Die Reliefsphäre
## Geologische Jugend, Rohstoffarmut und Gefährdung

Weniger als in anderen Ländern Europas ist der feste Boden Italiens innerhalb der geographischen Umwelt des Menschen ein sicherer Untergrund, ein für alle Zeiten konstanter Bereich. Er bedarf deshalb besonderen Schutzes und intensiver Erforschung. In der Po-Ebene und im Apennin sind die Gebirgsbewegungen, sogar die Faltung und Gebirgsbildung vor den Küsten, noch nicht zum Abschluß gekommen (Wunderlich 1965, 1966). Immer wieder ereignen sich im Zusammenhang mit Krustenbewegungen vor allem im Bereich des Alpenrandes, des mittleren und südlichen Apennins und auf Sizilien Erdbeben. Die Gesteine auf zwei Dritteln der Fläche Italiens wurden erst seit dem Tertiär abgelagert, vorwiegend im Meer, und seit Ende des Pliozäns durch Hebung dem Lande angegliedert. Der zum Teil aktive Vulkanismus ist ein weiteres Zeichen für die geologische Jugend und die Gefährdung des Landes und seiner Bewohner. Die junge geologische Geschichte Italiens äußert sich darüber hinaus fast alljährlich, häufig mit Katastrophenfällen bei der beschleunigten Abtragung und Massenverlagerung der wenig verfestigten Gesteine im Gebirge und im Hügelland. Die Verfrachtung des Materials durch die Flüsse führt zu Ablagerungen in Tälern, Küstenebenen und Flußmündungen und zum Deltawachstum von Po und Tiber. Die geologische Jugend des Landes ist aber auch die Ursache für die allgemeine Armut des italienischen Staatsgebietes an Bodenschätzen, mit Ausnahme Sardiniens (De Lorenzo 1953; H. Wagner 1982). Wie die Gesteine, so sind auch die Oberflächenformen erst mit der Heraushebung und Abtragung und mit der Auffüllung der Gräben, Senken und Seebecken entstanden, weshalb ihre Geschichte erst mit dem Ausgang der Tertiärzeit beginnt und Höhepunkte während der Quartärzeit in den Kaltzeiten des Pleistozäns erreicht. Sogar in der geologisch sonst kaum spürbaren Gegenwart lassen sich rezente Formungsprozesse beobachten, die durch extreme Witterungsfälle ausgelöst werden und meistens durch die Tätigkeit des Menschen begünstigt sind.

Zu den genannten Problemen der Bodenzerstörung in jungen Sedimenten, zum Vulkanismus und zu den Erdbeben kommen noch die den Menschen, seine Siedlung und seine Wirtschaft beeinflussenden Tatsachen und Prozesse, die die weitverbreiteten Kalksteingebiete der Apenninen und ihrer Vorländer charakterisieren bzw. sich in ihnen abspielen. Die Böden sind wegen der ständigen kräftigen Abtragung im Gebirge und der jungen Aufschüttungen in den Ebenen meist nur gering entwickelt, und das heißt: sie stehen in engem Zusammenhang mit den sie bedingenden Gesteinen. Deshalb werden sie trotz ihrer ökologischen Bedingtheit durch Klima, Wasserhaushalt und Vegetation mit in dem folgenden Teil behandelt, der sich der ›Reliefsphäre‹ widmet, wie Büdel (1977) die Grenzfläche der Erdkruste nach außen nennt.

### *a) Die Großformen und ihr Bau*

Aus der Po-Ebene heraus erheben sich die Faltenketten der Alpen gegen Westen und Norden unmittelbar und rasch zu großen Höhen. Italien hat Anteil an den hohen kristallinen Penniden, der penninischen Zone der Westalpen (Gran Paradiso 4061 m), den kristallinen Zentralmassiven (Mont-Blanc-Gruppe 4810 m, Matterhorn-Cervino 4478 m, Monte-Rosa-Gruppe 4633 m) und den kristallinen Ostalpen, den Austriden (Ortlergruppe 3900 m, Adamellogruppe 3556 m). Zwischen kristallinen Alpen und Po-Ebene gewinnt die Zone der Südlichen Kalkalpen nach Osten zunehmend an Breite und erreicht in der Marmoladagruppe der Dolomiten ihre größte Höhe mit 3342 m, um über Istrien in die Dinariden überzugehen. Zwischen Alpen und Apennin liegt in der Padania eine besonders von den Alpenflüssen her verschüttete Schwemmlandebene, die als Senkungsbereich für die gegen Westen und Norden zum ›Europäischen Vorland‹ hin gerichtete Alpenfaltung das tektonische Rückland bildet. Außerdem ist sie zusammen mit der Adria das tektonische Vorland für die Apenninenfaltung und für die Südalpen. Nach den auf das Konzept der Plattentektonik gestützten Vorstellungen handelt es sich um einen im Westteil der Po-Ebene untertauchenden Teil des sogenannten ›Afrikanischen Vorlandes‹. Auf dieses hin richten sich die Falten- und Überschiebungsdecken des Apennins ebenso wie das System, das von den Südalpen über die Dinariden zu den Helleniden zieht (Panza u. a. 1982).

#### a1 Zur geologisch-tektonischen Entwicklung

Im Bereich der Tröge der keineswegs einheitlichen Tethysgeosynklinalzone gelegen, erfuhr der Bereich des heutigen Italien während des Tertiärs seine Faltung und Gebirgsbildung. Auf die Faltung des Alpenbogens und des tyrrhenischen Rücklandes des Apennins im Eozän bis Mitteloligozän folgte im Jungtertiär bis Anfang Pliozän die Faltung des Apennins selbst. Gegen Osten hin ereigneten sich die Faltungsphasen in immer jüngerer Zeit und wanderten gegen die Vortiefe in der Padania und am Rand der Adria sowie gegen die ionische Vortiefe, wo sich offenbar rezente Faltungsvorgänge ereignen (vgl. Fig. 3, Wunderlich 1966,

S. 109, Abb. 13, und S. 177, Abb. 30). Der Adriaraum stellt mit seinem starren Block ein Widerlager dar. Im apenninischen Rückland waren die Heraushebung und die gleichzeitige Abtragung während des Tertiärs, im Miozän, besonders kräftig – der variszische kristalline Untergrund trat in den heutigen Apuanischen Alpen über den Meeresspiegel –, weshalb sich die Geschichte der Oberflächenformen Italiens höchstens bis ins Miozän zurückverfolgen läßt. Solche Reste paläozoischer Gebirge bilden auch die Granite und Glimmerschiefer des Kalabrisch-Peloritanischen Massivs, die permischen Sandsteine in der Toskana und die Gesteine von Elba. Die kristallinen Massen von Korsika und Sardinien dagegen gehören nach neueren Auffassungen nicht mehr diesem apenninischen, sondern dem kontinentaleuropäischen System an. Während der langen Meeresperiode in Trias-, Jura- und Kreidezeit wurden mächtige Kalksedimente abgelagert, die der Trias im apenninischen Rückland, im Südapennin und in Westsizilien, Jura- und Kreidekalke in den Südalpen und im Apenninenvorland, im Gargano, Ostapulien und Istrien. Dazu kommen Tertiärkalke, vor allem in Istrien, Nordsizilien und Apulien. Die Zeit der Sedimentierung des eozänen Flyschs mit seinen Tongesteinen wurde am Ausgang des Eozäns und im Oligozän von einer Hebungsphase abgelöst, es kam zu Binnenseeablagerungen und Bildung von Braunkohlen. Im Miozän ereigneten sich mächtige Ablagerungen von Sanden, Kalken und in Sizilien vor allem der miopliozänen Salz-Gips-Schwefel-Formation. Ins Miozän gehören auch die Vulkanbildungen der Euganeen. Innerhalb der während des gesamten Tertiärs nachweisbaren Gebirgsbildungsphasen – Demangeot (1965) erkannte in den Abruzzen acht verschiedene Phasen – war diejenige des Miozäns offenbar die bedeutendste, sowohl in den Alpen wie im Apennin, und sie gab auch die Basis für die heutige Oberflächengestalt Italiens.

Mit der Transgression des Meeres im mittleren Pliozän geriet die Halbinsel zu großen Teilen noch einmal unter den Meeresspiegel. Die Toskana erscheint (vgl. Fig. 16) aufgelöst in einen Inselarchipel. Es kam zur Ablagerung der feinkörnigen, leicht zerstörbaren Tonsedimente, bis im ausgehenden Pliozän, dem Astiano, kenntlich an Sandablagerungen, die Landhebung begann. In Sizilien wurden die marinen Pliozänsedimente bis 1000 m, in Kalabrien bis 1300 m, im Apenninenvorland bis 500–600 m Höhe herausgehoben. Binnenbecken im Apennin um Arno und Tiber und im Lukanischen Apennin sind von ihnen erfüllt. In isolierter Lage finden sie sich stark verstellt und durch die Abtragung herauspräpariert. Das Fortschreiten der Hebung der Apenninenhalbinsel und der Insel Sizilien ist an hochgelegenen marinen Terrassen erkennbar, wobei allerdings die allgemeinen Meersspiegelschwankungen während des Pleistozäns in Rechnung zu stellen sind. Besonders große Ausmaße hatte diese junge Hebung an der kalabrischen Westküste. Während des Höchststandes der Eisbedeckung auf der Nordhemisphäre im Würmglazial lag die nördliche Adria trocken. Auf die starke Heraushebung von Alpen und Apennin und die kaltzeitlichen Klimaverhältnisse ist die gewaltige Abtragung und Aufschüttung zurückzuführen, die während des Pleistozäns die Auffüllung der Po-Ebene und der größeren und kleineren Küsten- und Schwemmlandebenen zur Folge hatte. Im Pleistozän ereigneten sich auch die Vulkanausbrüche im Apenninrückland von Latium und Kampanien. Gletscher stießen in den Alpentälern bis an den Rand der Padania vor mit Übertiefungsbeträgen bis −74 m unter den Meeresspiegel, wie im Etschtal bei Trient, dem am stärksten übertieften Tal der Alpensüdseite (Venzo 1979, S. 121). Fluß- und Seesedimente füllten es im Postglazial um 267 m zur heutigen Höhe des Talbodens (193 m) auf. In den hohen und dichtgescharten Moränenkränzen liegen die Ablagerungen verschiedenen Alters in schwer zu identifizierender Weise neben- und übereinander. Im Apennin hat die pleistozäne Vereisung nur in geringem Maß formgestaltend gewirkt, weil sie auf Kare beschränkt blieb. Mit der Flandrischen Transgression, hier Versiliatransgression genannt, gewann das Meer die nördliche Adria zurück. Junge Anschwemmungen bauten Deltas auf, Dünenkränze und Nehrungen sperrten Flußmündungen ab.

Folgende Großräume sollen in ihrem Bau und Formenschatz betrachtet werden: die Padania, der Nordapennin, der Mittlere und der Südapennin mit ihren Vorländern und die großen Inseln Sizilien und Sardinien. Der italienische Alpenanteil wird in diesem Zusammenhang nicht behandelt, weil die Darstellung sachlich und räumlich zu weit ausgreifen müßte (vgl. dazu Castiglioni in Embleton, Hrsg., 1984, S. 249–253); auch hier ist die Beschränkung auf die typischen Großräume Italiens geboten.

### a2 Die Padania

Das vom Po (lat. podanus) durchflossene Tiefland zwischen Alpen und Apennin, die Padania, ist am Alpenrand, wo sich die Hänge der italienischen West-, Zentral- und Ostalpen schroff aus dem Moränen- und Schwemmkegelgürtel herausheben, scharf begrenzt. Demgegenüber vermittelt eine Vorhügelzone zwischen der Ebene und der Apenninennordabdachung. Das Monferratohügelland, ein vom Tánaro abgeschnittener Teil des Nordapennins, wird von Lehmann (1961) aus kulturgeographischen Gründen der Padania zugerechnet, was aus geologischer und geomorphologischer Sicht nicht möglich ist. Der tiefere Untergrund der Po-Ebene ist in einigen Spezialtrögen bis zu 6000 m Tiefe vor dem Apenninenfuß mit Sedimenten des Quartärs und Pliozäns, darunter von miozänen Ablagerungen unbekannter Mächtigkeit erfüllt. Die Padania ist demnach mindestens seit dem Miozän Senkungs- und Akkumulationsraum zwischen den aufsteigenden Kettengebirgssträngen von Alpen und Apennin, gleichzeitig Rücksenke der Alpenfaltung und Vortiefe der Apenninenfaltung. Am Alpenrand treten pliozäne Meeresablagerungen nicht an der Oberfläche auf. Nach Machatschek (1955 I, S. 362) ›ist der Alpenrand an einer pliopleistozänen Flexur im vertikalen Ausmaß von etwa 400 m gegen die Ebene abgebogen‹, und die pliozänen Verebnungsflächen tauchen unter die quartären Sedimente unter (Winkler-Hermaden

1957, S. 476). Am Apenninenrand dagegen bildet marines Pliozän gerade das Hügelland am Gebirgsfuß etwa von Bologna ab südostwärts, weil es bei der Hebung mit emporgetragen worden ist. Wie die Profile bei GABERT (1962, S. 78 u. 79) zeigen, verläuft der Kontakt zwischen der Ebene und dem Monferrato und ebenso zwischen der Ebene und dem Apennin bei Voghera entlang steiler Bruchlinien.

Die gesamte Padania ist ein Bereich überwiegenden Schweredefizits mit Maxima nahe dem Apenninenrand. Die quartären und jungtertiären Sedimente zeigen Bruch- und Faltenstrukturen sowie Auf- und Überschiebungen (vgl. CASTIGLIONI in EMBLETON, Hrsg., 1984, Fig. 10.21). Bei gestörtem Gleichgewicht in der Kruste gehen offenbar bis heute Senkungs- und Faltenbewegungen vor sich, die sich auch durch Erdbeben bemerkbar machen, wie beim Beben von Parma im November 1983. Die Sattelstrukturen beziehen nunmehr anscheinend die Oberfläche selbst mit ein, worauf gehobene Schotterflächen am Fuß des Apennins hinweisen. Demgegenüber ist im Raum Rovigo-Padua-Venedig ein rezentes Senkungsfeld anzunehmen, nachgewiesen durch Feinnivellements, auch bei Berücksichtigung der durch Gasförderung bedingten Absenkung. ›Die hinsichtlich der Oberflächengeologie und auch landschaftlich etwas reizlose, um nicht zu sagen langweilige Po-Ebene wird unter diesem Aspekt zu einem der orogenetisch wichtigsten und interessantesten Gebiete Europas . . .‹ (WUNDERLICH 1966, S. 21).

Die Ebenen der Padania liegen in einem Senkungs- und Abtragungsraum, in dem auch in den Warmzeiten des Pleistozäns etwa bis Turin Flachmeersedimentation stattfand, weil die Senkung mit der Auffüllung Schritt hielt (CASTIGLIONI in EMBLETON, Hrsg., 1984, S. 253, vgl. Kap. II 1 f 3). Seit Ende des Pliozäns wurde die Padania stark aufgeschottert. Als Ursachen dafür sind kräftige Krustenbewegungen mit Zunahme der Reliefenergie und die beginnende Vergletscherung in den Kaltzeiten anzunehmen. Dabei wurde der Sedimentationsraum gegen Osten gekippt, was daran erkennbar ist, daß ältere Schotterflächen in Piemont zerschnitten, in Venetien aber unter Schwemmkegeln der letzten Eiszeit verborgen sind. Zu dieser West-Ost-Asymmetrie kommt die schon im Kartenbild auffällige Nord-Süd-Asymmetrie. Vom Alpenrand her haben die Flüsse in den Kaltzeiten Schwemmfächer aufgebaut, die schon in 450 m Höhe, wie an der Stura di Lanzo, beginnen können und den Po als ihren wesentlich schwächeren Vorfluter zum Apenninenrand hin gedrängt haben, der im Monferrato auch direkt berührt wird. Aus dem Apennin wurde demgegenüber nur wenig Schutt angeliefert, weil die Vereisung dort keine wesentliche Rolle gespielt hat. Die Schuttkegel sind kurz, bestehen aus feinkörnigem Material und reichen am östlichen Apenninenrand nur bis 70–100 m Höhe aufwärts (LEHMANN 1961 a, S. 94).

Die gewaltigen Schuttkegel und Schwemmfächer, die sich aus den Alpentälern in die Padania hinaus erstrecken, bestimmen deren Naturraumgliederung (vgl. Fig. 2). Sie unterscheiden sich in ihrem Gefälle, in der Korngröße ihres Materials und damit in der Wasserdurchlässigkeit und im Wasserhaushalt des Untergrundes. Die Altschotterfluren in den ›Pianalti‹ (bei LEHMANN ›Altipiani‹) lassen sich da-

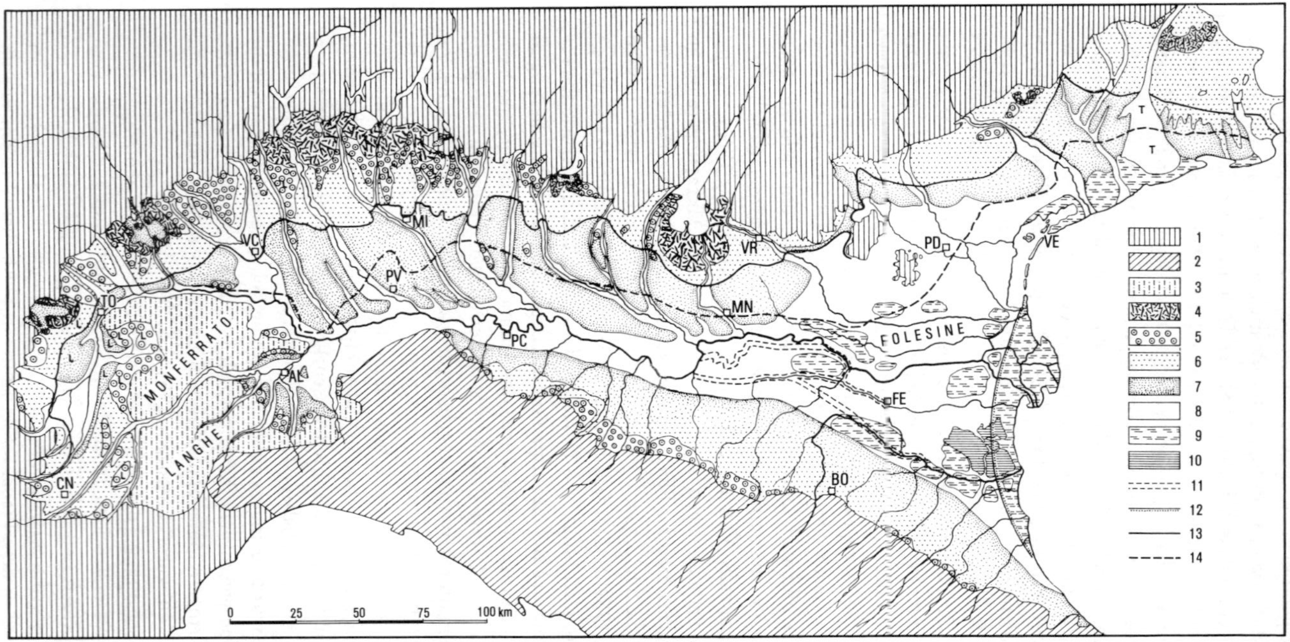


*Fig. 2: Dir naturräumliche Ausstattung der Padania.* Nach LEHMANN 1961a, S. 97.
1 Alpen einschließlich Mti. Berici und Euganeen. 2 Apennin. 3 Tertiärhügelland von Monferrat und der Langhe. 4 Moränenamphitheater. 5 Altpleistozäne Schotter der Pianalti. 6 Jung- und mittelpleistozäne Schwemmkegel der Alta Pianura am Alpenrand mit Gefälle über 2‰ einschließlich des Schwemmkegelsaumes der Emilia zum Teil mit Löß (L).
7 Größtenteils jungpleistozäne Schwemmkegelschleppen der Bassa Pianura, südlich Turin mit Löß (L). 8 Postglaziale Aufschüttungen der Bassa Pianura und postglaziale Torrentenschotter (T). 9 Organische Böden der Sumpf- und Lagunenzone in der Bassa Pianura. 10 Tote Lagunen. 11 Alte Po-Läufe. 12 Vorgeschichtlicher Strandwall im Mündungsgebiet des Po. 13 Obere Grenze der Fontanilizone. 14 Untere Grenze der Fontanilizone.

durch von den jüngeren Würmschottern[5] der Alta Pianura unterscheiden, daß sie tiefgründig verwittert sind. Sie zeigen die Ferrettisierung, d. h. sie sind leuchtend rot gefärbt und besitzen stark saure Böden, was sich in der an die Trockenheit und den hohen Säuregrad des Bodens angepaßten Heidevegetation bemerkbar macht (Upmeier 1981, S. 19). Diese trockenen und stärker geneigten Schwemmkegel grenzen oftmals an hohen Steilhängen gegen die sie durchziehenden rezenten Talauen der Alpenflüsse. Zur Tiefenlinie der Padania hin laufen sie mit ihrem feinkörniger werdenden Material in ›Schleppen‹ aus und gehen schließlich in die feuchte Niederung der Alluvialaue über. Zwischen der trockenen und höheren, aus grobkörnigem Material aufgebauten Alta Pianura und der dank des feinkörnigen, wasserhaltenden und wasserstauenden Materials feuchteren Bassa Pianura liegt die Zone der Schichtquellen, der ›fontanili‹ oder ›risorgive‹. Sie ist etwa von Vercelli ab mit sehr ergiebigen Quellen in 15–30 km breitem Bereich besonders entwickelt und verschmälert sich von dort gegen Osten immer mehr. Im Bereich der Euganeen setzt sie ganz aus, um erst in der venetisch-friaulischen Ebene wieder als breiteres Quellenband zu erscheinen (Upmeier 1981, S. 33). Wegen der weitverbreiteten Kanalbewässerung ist der Unterschied zwischen feuchter und trockener Ebene heute nur noch selten erkennbar. Viele Fontanili sind als Folge der Grundwassernutzung im industriellen Ballungsraum der Lombardei verschwunden.

Die feinkörnigen Schwemmfächer bilden in der Bassa Pianura von Piemont vollkommene Ebenheiten; es handelt sich um ausgedehnte, von Flüssen zerschnittene Niederterrassenfelder. In der Lombardei fließt der Po in einem 2–10 km breiten alluvialen Schwemmlandstreifen, der 8–10 m tiefer liegt als die Terrassenebene; es ist der ›piano di divagazione‹ bei Sestini (1963, S. 59). Dammuferseen und Altwasserarme sind Zeugen junger Laufverlegungen. Sichere Siedlungs-, Verkehrs- und Nutzflächen boten einst nur die natürlichen, sandig-lehmigen Flußdämme. Erst in unserem Jahrhundert gelang es, die Dammflüsse, den Po und seine größeren Zuflüsse in ihren Unterläufen, zwischen hohen Deichen festzulegen und das fruchtbare Schwemmland zu kultivieren. Dennoch ist die Gefährdung durch Hochwasser groß (Upmeier 1981, S. 43, hier Kap. II 3e 3).

Die Alpenseite der Padania läßt sich nach geomorphologischen Gesichtspunkten in die drei Abschnitte der Ebenen des Piemont, der Lombardei und von Venetien-Friaul gliedern. Dazu kommt noch der vorwiegend in der Emilia gelegene Südsaum, der apenninische Teil rechts des Po.

In der Umgebung von Cúneo breitet sich die Oberpiemontesische Ebene unmittelbar, vom Gebirgsfuß scharf begrenzt, in gleichförmiger Weise und in der höchsten Lage innerhalb der Padania bis um 600 m aus. Sie bildet insgesamt einen

[5] Die Altersstellung der Deckenschotter ist noch keineswegs geklärt. Zweifelsfreie Rißschotter gibt es bisher nur in der westlichen Po-Ebene, wo sie von Löß bedeckt sind (vgl. Chardon 1975, Karte 1).

einheitlichen Schwemmkegel, der von der Stura di Demonte und vom Tánaro tief zerschnitten ist. Dank des Kalkgehalts der meist aus den Ligurischen Alpen stammenden Schotter sind die Böden dieses altpleistozänen Schwemmkegels gut kultivierbar. Die typischen Heiden, die dort ›váude‹ genannt werden, finden sich erst auf den Pianalti der Stura di Lanzo mit ihren kristallinen Schottern. Außerdem fehlt noch die Quellenzone, und es kann keine Alta Pianura von einer Bassa Pianura abgegrenzt werden. Bis zum Würmglazial floß der Tánaro noch durch die Ebene bis zu seiner Vereinigung mit dem Po bei Turin. Durch rückschreitende Erosion, wohl erst gegen Ende des Höchststandes der Würmkaltzeit, kam es zur Anzapfung (Gabert 1962, S. 462, vgl. Castiglioni in Embleton, Hrsg., 1984, Fig. 10.22). Damit hat er seitdem seinen Lauf verkürzt und tiefer gelegt, so daß er zwischen Bra und Cherasco, die in 300 m Höhe am Rand der Ebene liegen, heute 100 m tiefer fließt. Zwischen dem Monferrato und den Langhe trennt er einen Teil des Nordapennins, das jung herausgehobene Miozänhügelland, ab und mündet in 80 m Höhe unterhalb von Alessándria in den Po.

Die eiszeitlichen Talgletscher der Cottischen Alpen erreichten den Alpenrand nicht, während von den Graischen Alpen an die Talausgänge der Dora Ripária, Dora Báltea und des Tessin von prachtvollen Moränenamphitheatern blockiert sind. Dasjenige der Dora Ripária bei Rívoli bildet einen schmalen Bogen mit drei Wällen, deren äußerster wahrscheinlich dem Jungriß zuzuschreiben ist (Mensching 1954, S. 36). Die Wälle erheben sich nur um rund 200 m über die Ebene. Die Moränenwälle des Dora-Báltea-Gletschers erreichen dagegen in der Serra 500–940 m oder 200–400 m über dem Zungenbecken und bilden damit das höchste Moränenamphitheater in den Alpen und in Europa. Noch ist nicht sicher, ob es sich bei den Serramoränen um Rißmoränen handelt oder ob es Zeugen des Würmhöchststandes sind (Penck u. Brückner 1909; Fränzle 1959; Gabert 1962, S. 224; Zienert 1973). Die Moränen des Tessin sind wesentlich schwächer ausgebildet mit Höhen um 200 m über dem Ortasee und nur 100 m über dem Lago Maggiore.

Außerhalb dieser Moränenkränze setzen die pleistozänen Schwemmkegel an, von denen Lehmann (1961, Fig. 16) als Beispiel denjenigen der Stura di Lanzo zeigt. Erhalten ist der altpleistozäne Schotterkörper von Váuda, der im Nordosten an steiler, 50 m hoher Erosionsstufe angeschnitten und tief zertalt ist. Er überragt die wahrscheinlich rißeiszeitlichen Schwemmkegel, zwischen denen an deutlicher Stufe die würmzeitlichen und postglazialen Talböden von Stura und Orco eingesenkt sind.

Vor dem Alpenrand der Lombardei liegen zwischen den Tessin- und den Gardaseemoränen weitere Moränenhügelländer in dem zusammenhängenden Gürtel der Seemoräne zwischen Comer See und Lago Maggiore. Mindestens drei verschiedene Altersstadien sind trotz aller noch bestehenden Unklarheiten wohl zu unterscheiden. In der Brianza hat Gabert (1962, S. 376) im Brianzaamphitheater nördlich Monza bei Camparada Mindelmoränen nachweisen können. Deren Ferrettoverwitterung stellt er ins Mindel-Rißinterglazial. Eingelagert sind die jüngeren Riß- und Würmmoränen. Am Gardasee werden die stark verwitterten, ferrettisierten Altmoränen mit Parabraunerden am Chiese-Ostufer von PENCK (1909) und HABBE (1969) ins Riß- bzw. Altriß, von VENZO (1969, geol. Blatt Peschiera) und anderen ins Mindelglazial gestellt. Die inneren hohen Wälle mit ihren frischen Formen gehören nach VENZO dem Rißglazial, nur der innerste dem Würmglazial an. HABBE sieht in den Wällen die Zeugnisse des Würmglazials mit Ausnahme des äußeren Moränenwalles, den er ins Jungriß stellt (1972, S. 361). CHARDON (1975, S. 591) hält auch diesen für würmzeitlich. Der Gardaseemoränenkranz erreicht 300 m Höhe über dem See bei etwa 70 km Länge und 13 km Breite, unterbrochen nur von dem schmalen Mäandertal des Míncio.

Aus dem Gebiet der Lombardischen Seen und ihrer Moränen reichen die großen alten Schotterplatten bis nahe an Mailand heran, trichterförmig zerlegt durch die Alta-Pianura-Kegel. Bis auf schmale Säume im Bereich des Iseosees fehlen sie in der östlichen Lombardei. Wegen ihrer entkalkten Böden sind die Pianalti Standorte der lombardischen Heiden (vgl. Kap. II 4c). Die Fontanilizone quert die pleistozänen Schwemmkegel, bildet aber keine scharfe Landschaftsgrenze. Im Gebiet des Serioschwemmkegels streichen nacheinander drei verschiedene, bei Bérgamo in 41 m, 56 m und 100 m Tiefe angetroffene Grundwasserkörper aus (LEHMANN 1961 a nach COLTERA 1960). Auf dem Schwemmkegel verlegt der Sério häufig seinen Lauf trotz seines recht großen Gefälles von 6 ‰ (oder 6 m auf 1 km). Mailand liegt gerade am Übergang von der Alta Pianura zur Bassa Pianura an der unscharfen Südgrenze der Fontanilizone, die südlich des Canale Villoresi verläuft. Dann beginnt die durch Reisfelder und Marcitebewässerungswiesen charakterisierte lombardische Bassa Pianura, die sich mit geringem Gefälle bis unter 1 ‰ von 100 m auf 70 m zum Po hin senkt.

Im Unterschied zur Lombardischen Ebene dacht sich das Venetisch-Friauler Tiefland nicht zum Po, sondern direkt gegen die Adria hin ab zu deren Delta- und Lagunenküste. Die Ebene liegt auch insgesamt tiefer, nämlich am Gebirgsrand um 45–90 m Höhe über dem Meer; nur im Friaul reicht sie auf den großen Schwemmfächern bis 180 m aufwärts. Das einzige Moränenamphitheater ist dasjenige des Tagliamentogletschers östlich des heutigen Flusses, abgesehen von dem kleinen Wall von Vittório Véneto, wo eine Gletscherzunge durch das tektonisch bestimmte Tal des Lago di Croce vorstoßen konnte. Terrassen der Alta Pianura fehlen fast ganz, bis auf die Montellozone des Piave. Dabei handelt es sich aber um einen Sonderfall, weil hier plio-pleistozäne bis altpleistozäne, stark ferrettisierte Schotter durch tektonische Vorgänge aufgepreßt worden sind (LEHMANN 1961 a, S. 105). In den Schwemmkegelschleppen breitet sich der Sandabbau aus, besonders nordwestlich Treviso in der ›größten Sandgrube Italiens‹. Der Bauboom führte dazu, daß heute (1975) in Italien jährlich über 130 Mio. t Sand und Schotter abgebaut werden gegen 85 Mio. t 1972 und 7–8 Mio. t 1951 (TURRI 1977, S. 21). Die damit verbundene Landschaftszerstörung kann noch kaum eingedämmt werden, weil es an entsprechenden Gesetzen fehlt.

In der Friauler Ebene ist die Abgrenzung der trockenen Alta Pianura von der feuchten Bassa Pianura durch die Fontanilizone, die etwa der 30-m-Höhenlinie folgt, besonders scharf. Sie liegt an einem Gefällsknick, dem ein Materialwechsel zwischen Schottern und Kiesen oberhalb und sandig-tonigem Material unterhalb entspricht (vgl. LEHMANN 1961 a, Fig. 8). Längs der Grundwasserquellen reihen sich mehrere große Dörfer quer über den Tagliamentoschwemmkegel an der Stradalta auf. Während die Quellenzone lange unpassierbar war, verlief diese alte ›Hochstraße‹ Friauls am Rande der trockenen Alta Pianura.

LEHMANN erkannte durch den Vergleich zwischen Isohypsen und Grundwasserhöhengleichen der Schwemmkegel, daß sich im Cellina-Meduna-Kegel beide Systeme gleichen, im Tagliamentosanderkegel aber der Grundwasserkegel auf den heutigen Tagliamento und nicht den fluvioglazialen Sanderkegel eingestellt ist. Damit wird klar, daß die Fontaniliwässer nicht nur aus Sickerwasser der Alta Pianura, sondern auch aus dem Gebirge durch Flußwasser gespeist werden. Die groben Schotter des Cellina-Meduna-Schwemmkegels sind sehr wasserdurchlässig, die Bodenbildung ist verzögert; hier hielten sich auf holozänen Schottern große Ödlandflächen, Gras- und Strauchheiden, die ›magredi‹ (von magro, d. h. mager). Dagegen ist die Alta Pianura im Tagliamentosander altes Siedlungsland mit höherem Feinkornanteil im Boden, und deshalb sind die ›praterie‹, wörtlich ›Steppen‹, richtiger Heiden mit Calluna, Erica und Ginster, auf Schotterflächen beschränkt, die nur eine geringmächtige Verwitterungsdecke aufweisen. Die feuchte Bassa Pianura besaß noch 1912 große Waldungen. Ihre Fortsetzung in der Lagunenzone ist erst im 20. Jh. melioriert worden.

Anders als die übrigen padanischen Ebenen wird die Venetische Ebene, die hier zwischen 60 und 5 m über dem Meeresspiegel der Adria liegt, von unvermittelt aufragenden, isolierten Bergen und Hügeln, den Mti. Bérici (444 m) und den Euganeen (602 m) unterbrochen. Die Mti. Bérici bestehen aus alttertiären Effusivgesteinen und dolomitischem Korallenkalk des Oligozän. Die Euganeen sind das Ergebnis eines submarinen Vulkanismus mit Intrusionen aus Trachyt, Liparit und Basalt; sie erheben sich über einem Sockel von Scáglia, d. h. Plattenkalken der oberen Kreide, und eozänen Mergeln (SCHLARB 1961). Es handelt sich bei den Euganeen aber nicht um vulkanische Aufbauformen, sondern um stark abgetragene Härtlinge.

Am Südsaum der Padania liegen in der Bucht von Alessándria, einem Senkungsbereich, alte Schwemmkegel des Tánaro-Vorläufers, der Bórmida und der Scrívia, die in jüngere flußnahe Schotter übergehen (CASTIGLIONI in EMBLETON, Hrsg., 1984, Fig. 10.22; LEHMANN 1961 a, S. 116). Im Gegensatz zu den kargen roten Böden über diesen Schottern in der ›Frascheta‹ stehen die jungen Schwemmkegel der beiden Flüsse in der ›Piana di Marengo‹, die aber wesentlich trockener ist als die gegenüberliegende ›Bassa Pianura‹ in der Lomellinaebene. Von da an ostwärts folgen die schmalen, nur im Westen etwas breiteren Zonen am Apenninensaum, in der lombardischen ›Oltrepò Pavese‹ und in den Regionen Emilia und

Romagna. Die geringere Breite der Zone ist bedingt durch die im Vergleich zu den Alpen geringere und niedrigere Gebirgsmasse des Apennins und die schwache eiszeitliche Vergletscherung. Da im Herkunftsbereich des Schuttes leicht zerstörbare und rutschungsgefährdete Tongesteine vorherrschen, bestehen die Schwemmkegel aus feinkörnigem Material; grober Schutt liegt auf den Talböden der Torrenti offen da. Auch in den jungpleistozänen und holozänen Schwemmkegelschleppen, die die größten Areale einnehmen und bedeutendes Gefälle aufweisen (6–8‰), überwiegt sandig-toniger Schutt, weshalb die Böden wenig unter Trokkenheit zu leiden haben. Das Phänomen der Fontanili tritt in der Ebene von Parma und Piacenza auf, ohne aber landschaftsprägende Bedeutung zu erlangen. Ihr Wasser stammt offenbar aus größeren Tiefen, es sind keine einfachen Schichtquellen (PETRUCCI u. a. 1982). Die Pianalti sind in der Romagna auf einen schmalen Saum beschränkt und setzen weiter gegen Osten, wo die pliozänen Tone besonders verbreitet sind, ganz aus. Im Kontaktbereich Padania – Apennin unterlagen die Quartärterrassen den Verstellungen durch junge Tektonik, z. B. zwischen Enza und Cróstolo (GOSSEAUME 1982 a). Das Erdbeben von Parma im November 1983 bewies die bis heute anhaltenden Bewegungen am Südsaum der Padania. Die jungen Schwemmkegel haben noch immer ein Gefälle von 3–5‰ und sind bis heute nur wenig tief zerschnitten. Die Schuttfracht ist bei den winterlichen Hochwassern sehr beträchtlich. Im allgemeinen werden diese zusammengewachsenen Schwemmfächer zur Bassa Pianura gerechnet; LEHMANN (1961a, S. 117) sieht in ihnen aber die Alta Pianura der Emilia-Romagna.

Das Po-Delta, das ›nasse Dreieck‹, wie es bei LEHMANN heißt, ist die sich rasch verbreiternde, sehr gefällsarme (<1‰) und niedrig gelegene Alluvialebene, der Flußmündungs- und Lagunenbereich der Padania. Hier müssen die natürlichen Dammflüsse durch Deiche gefaßt werden, um die Ebene vor Überflutungen zu schützen, die sich immer wieder auf katastrophale Weise ereignet haben. Auf den jahrhundertelangen Kampf gegen das Wasser wird an anderer Stelle einzugehen sein (vgl. Kap. II 1 f 5). Weil es an Abflußmöglichkeiten fehlt, ist die Bewässerung nur beschränkt durchführbar, und trotz des hohen Grundwasserstandes fehlt gerade hier ein ausgedehnter Reisanbau. Besonders gering ist das Gefälle in der Landschaft ›Polésine‹ (ital. ›Il Polésine‹) zwischen Etsch und Po di Primero bzw. dem Renokanal. Die Oberfläche dieses Gebietes sinkt zum Teil bis auf 3,40 m unter den Meeresspiegel ab, so daß mit Pumpwerken entwässert werden muß. Über die mannigfaltigen Oberflächenformen und ihre Entwicklung orientiert DONGUS (1963 und 1966).

Mit der häufigen seitlichen Verlagerung seines Laufes, wozu er als Dammfluß leicht fähig war, verschob der Po auch immer wieder sein Mündungsgebiet, bis sein Hauptlauf im Delta zu Beginn des 17. Jh. festgelegt wurde. In vorgeschichtlicher Zeit lag die Mündung wahrscheinlich im Bereich des Po di Volano und des Po di Goro wenig südlich des heutigen Stromes. Noch gab es kein Delta, weil die Küstenströmungen die in geringerem Maß als heute anfallenden Schwemm- und

Schwebstoffe verfrachten konnten. Ein alter Strandwall aus etruskischer Zeit zeigt den Verlauf einer ausgeglichenen Küstenlinie, die in die heutigen Lidi der Lagune von Venedig übergeht; das Po-Mündungsgebiet befand sich im Bereich einer Lagunenküste. Auf Strandwällen 6 km südwestlich des heutigen Comácchio lag die etruskische Hafenstadt Spina inmitten der gegenwärtigen Valli, wo sich eine relative Küstensenkung seit jener Zeit um etwa 2 m nachweisen läßt. Zu römischer Zeit mündete der Po gerade dort im Bereich der Valli di Comácchio, wobei der Strom den Lauf des Po di Primero benutzte. Hier kam es erstmals zum Aufbau eines Deltas über die Linie der Lidi hinaus, nachweisbar an jüngeren Strandwällen (vgl. Kap. II 1 f 5 u. Fig. 17).

Kürzere Deltaspitzen besitzen die Etschmündung, in die seit dem 16. Jh. auch die Brenta eingeleitet ist, und die Mündung von Tagliamento und Isonzo. Alle anderen Flüsse münden in der jung aufgeschütteten, 2–3 km breiten Lagunenzone. Der Dünengürtel aus reinem Sand hat wie die venezianischen Lidi große Bedeutung für den Badetourismus erlangt (vgl. Kap. IV 3 d 3).

## a 3 Der Apennin

Wie es die Atlaskarten erkennen lassen, bildet der Apennin orographisch im Anschluß an die Alpen die Fortsetzung des jungen Kettengebirgsbogens. Als ›Rückgrat Italiens‹ durchzieht er die ganze Halbinsel. Zwei Fragen sind zu beantworten: 1. Wo beginnt der Apennin? und 2. Ist es überhaupt ein einheitlicher Gebirgszug?

Der große Bogen des Nordapennins beginnt mit den Turiner Hügeln im Bergland von Monferrato. Gegen die Ligurischen Alpen hin läßt er sich weniger am Col di Cadibona als vielmehr an der Einsenkung in den verkehrsreichen, niedrigen Pässen zwischen Savona und Genua abgrenzen, am besten im Passo dei Giovi (472 m). Der einheitliche Gebirgszug endet hier. Mehrere parallele Ketten übernehmen von nun an die Wasserscheide abwechselnd, die dabei immer weiter nach Osten rückt. Die Vielzahl der Kämme bewirkt die ›Kulissenwirkung‹ in diesem ersten Abschnitt des Nordapennins (ALMAGIÀ 1959, S. 283).

Die Diskussion um den tektonischen Zusammenhang zwischen Alpen und Apennin wird noch immer geführt, und es stehen sich verschiedene Meinungen gegenüber. Die Zusammenstellung von zehn verschiedenen älteren Ansichten von SUESS 1886 bis SOLÉ 1949 (bei HOUSTON 1964, S. 53) über die Kettengebirgszüge im westlichen Mittelmeerraum zeigt, wie weit die Meinungen auseinandergehen. Die Abgrenzung bei Genua wird wichtig, wenn die Tatsache der ungleichen Bewegungsrichtung beachtet wird (WUNDERLICH 1965, Abb. 3). Die West- und Zentralalpenbewegung ist aus der Rücktiefe der Padania nach außen gerichtet, in den Meeralpen also nach Südwesten, die des Apennins aus der tyrrhenischen Rücktiefe zur Padania und zur Adria als seiner Vortiefe. Es gibt also keine einheitliche Tethysgeosynklinale. GÖRLER und IBBEKEN (1964) legen die Alpen-Apennin-Grenze in die Zone Sestri-

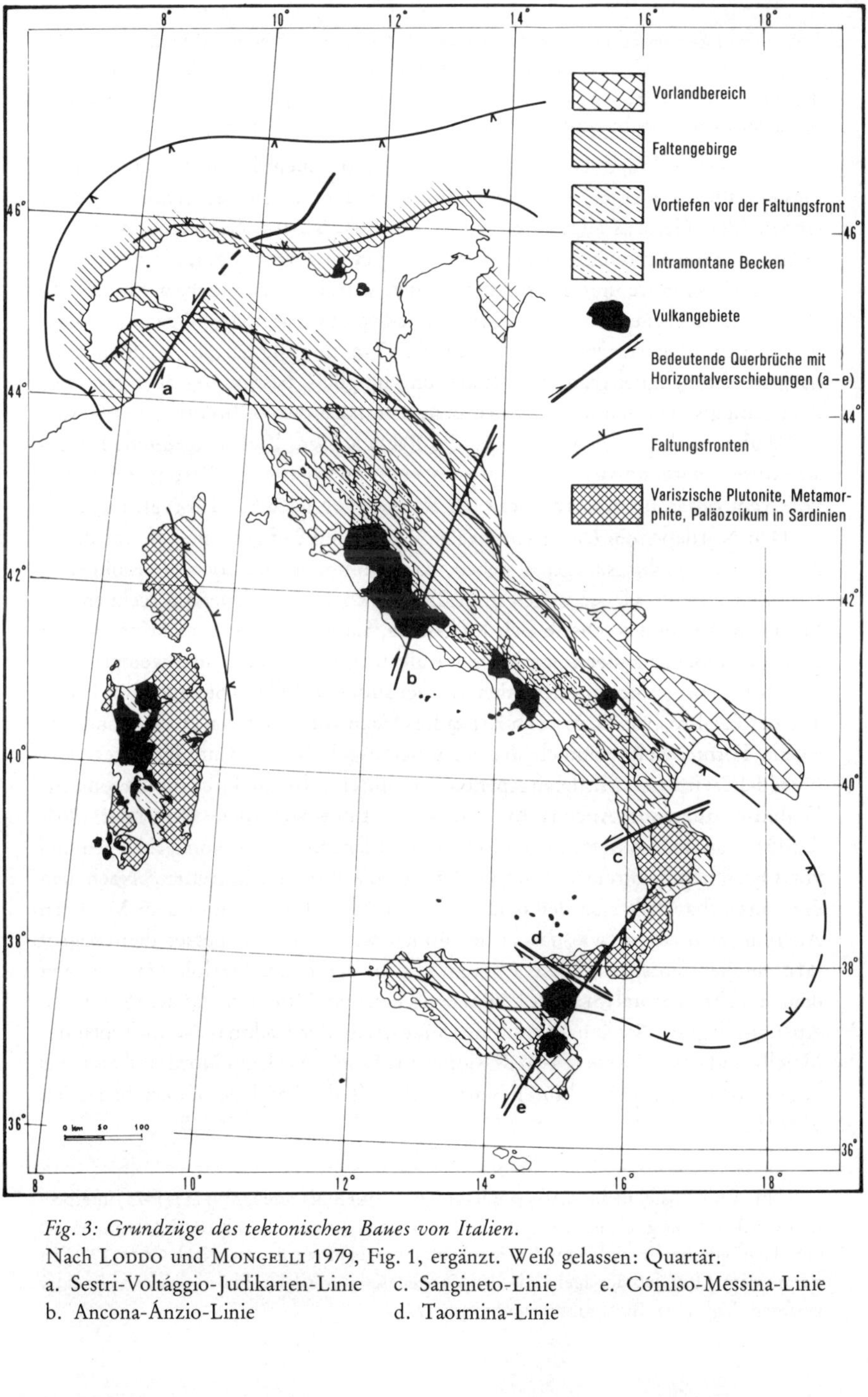


*Fig. 3: Grundzüge des tektonischen Baues von Italien.*

Nach LODDO und MONGELLI 1979, Fig. 1, ergänzt. Weiß gelassen: Quartär.

a. Sestri-Voltággio-Judikarien-Linie
b. Ancona-Ánzio-Linie
c. Sangineto-Linie
d. Taormina-Linie
e. Cómiso-Messina-Linie

Voltaggio. Dort endet nach der ›Geological Map of the Northern Apennines‹ 1:500000 (Bortolotti 1969) die Voltrisequenz mit ›Schistes lustrés‹, Glanzschiefern und metamorphen Ophiolithen, die zur penninischen Zone der Westalpen gerechnet werden und im Nordosten von Korsika wieder auftreten.

Zur zweiten Frage: Der Apennin ist weder in seinem Formenschatz noch im Gesteinsaufbau oder gar in seinem tektonischen Bau, in Entstehung und Alter als einheitliches Gebirge anzusehen (Richter 1963, S. 510). Deshalb gibt es auch keine Übereinstimmung in seiner Gliederung in einzelne orographisch-morphologische Abschnitte und deren Abgrenzung, wie sie unter anderem von Sestini (1944) mit den Teilen des Nord-, Mittel-, Süd- und Kalabrischen Apennins vorgenommen worden ist. Obwohl es keine klaren Trennungslinien gibt, ist doch schon nach der Höhengliederung eine Einteilung möglich, bestimmter aber erst nach dem geologischen und tektonischen Bau, d.h. nach der Verbreitung von Gesteinen und nach den Streichrichtungen der Faltenachsen. Zwei tektonische Bogenstrukturen charakterisieren den Apennin, eine von Ligurien bis Latium, die andere von Kampanien bis Kalabrien mit der Fortsetzung nach Sizilien (vgl. Fig. 3).

Den Nordapennin bauen vorwiegend Sand- und Tongesteine auf, aus denen die parallelen Gebirgsketten bestehen, dazu kommen aber noch die Kalkketten Umbriens, wenn wir sie wegen ihrer Tektonik zum Nordapennin rechnen. Im Mittleren Apennin wechseln sich Kalksteine, Sand- und Tongesteine ab, womit auch ein Nebeneinander von schroffen Kalkstöcken und mehr oder weniger sanften Mittelgebirgsformen verbunden ist. Der südliche Teil des Südapennins hat als Teil des kalabro-peloritanischen Kristallins einen völlig anderen Aufbau und eine eigene Formenwelt, nämlich die eines herausgehobenen Rumpfgebirges. Der Nördliche wird vom Mittleren Apennin tektonisch getrennt durch die diagonal die Halbinsel querende Ancona-Ánzio-Linie – ›Linie von Rieti‹ (Richter 1963, S. 513) –, an der die Kettenstrukturen des Nordapennins meridional abbiegen und von Osten her die Streichrichtungen der Abruzzen senkrecht treffen.[6] Nach dem Gesteinsaufbau läßt sich der Umbrisch-Märkische Kalkapennin dem Mittleren Apennin angliedern, wie das bisher üblich war und auch besser dem Begriff ›Mittelitalien‹ entspricht. Die Abgrenzung an der Bocca Serriola (730 m) folgt dann dem Metáurotal (Sestini 1944). Zwischen dem Mittleren und dem Südlichen Apennin liegt die Senkenzone auf der Südostseite der Kalkmassive zwischen der Maiella und dem Matese (Passo di Rionero 1052 m). Auch am Nordrand Siziliens liegen apenninische Strukturen vor; doch soll die Insel gesondert behandelt werden.

6 Ein ERTS-Satellitenbild, das von Barbieri, Conedera und Dainelli (1973) interpretiert worden ist, zeigt die Linie von Rieti (linea Ancona–Anzio), die mit Luftbildern 1:33000 vom Geologischen Institut Florenz eingehend untersucht worden ist. Nach Coli (1976) ist sie mit dem Abschluß der apenninischen Orogenese im mittleren Pliozän nicht mehr aktiv gewesen. Vgl. auch Boccaletti und Coli 1979.

## a4 Der Nordapennin

Der einseitige, asymmetrische Bau des Nordapennins wird schon im Gewässernetz deutlich. Während auf der tyrrhenischen Seite Längstäler und langgestreckte Beckenräume herrschen, die durch kurze Engtalstrecken miteinander verbunden sind, werden auf der adriatischen Seite die Kettenzüge von mehr oder weniger langen Abdachungsflüssen gequert, ohne daß sich die tektonischen Strukturen stärker bemerkbar machen. An das tyrrhenische Rückland, das seit dem Miozän endgültig landfest ist und nur zum Teil in den Beckenräumen vom Pliozänmeer erfaßt und zu einem Inselarchipel wurde, schlossen sich gegen Osten nacheinander auftauchend 6–7 Gebirgsrücken an mit parallelem Verlauf und asymmetrischem Querschnitt, d. h. steiler West- und sanfter Ostflanke. Auf der Westseite sind demnach ältere, stark umgestaltete Oberflächenformen zu erwarten, wenn auch keine Altformen. In den Apuanischen Alpen, den Pisaner Bergen, der Catena Metallífera und anderen kleineren Horstgebirgen sind ältere Strukturen mit Altflächen besonders stark herausgehoben worden. Über Sandsteinen und Serpentiniten können sich im Wasserscheidenbereich pliozäne Flächen erhalten haben (Braun 1907), auf der adriatischen Abdachung zwischen den postpliozänen Tälern auch jüngere Flächenreste. Die Ostseite ist durch die Jugend der Sedimente und die jungtertiäre Tektonik charakterisiert, außerdem durch die geringe Widerständigkeit der Sand- und noch mehr der Tongesteine gegenüber der Abtragung und Zerschneidung durch das fließende Wasser ebenso wie gegenüber Massenbewegungen. Das hydrographische Netz entspricht im Nordapennin noch weitgehend dem ursprünglich angelegten, abgesehen von einigen Veränderungen im Bereich der Beckenfolgen der tyrrhenischen Seite (z. B. die Chianaanzapfung im Arno-Tiber-System) und der rückschreitenden Erosion der Adriaflüsse, die zu einer Westverlegung der Wasserscheide hinter die den Apenninenhauptkamm krönenden höchsten Gipfeln geführt hat (Desio 1973, S. 43). Im Lauf der weiteren Heraushebung haben sich, beeinflußt durch Klimaveränderungen und stets in Anpassung an die Gesteinswiderständigkeit Abtragungs- und Aufschüttungsformen gebildet, die bis in die Gegenwart hinein ständiger Umgestaltung unterworfen sind. Frane an den Talhängen, Schotterfluren auf den Talböden und die Verschüttung der Flußmündungen sind deutliche Zeugen dafür. Zu diesen Prozessen und den von ihnen gestalteten Formengemeinschaften siehe unten Kap. II 1f.

Eine Gliederung des Nordapennins in einzelne Abschnitte wird durch die Abfolge der Großformen und der Höhenverhältnisse ermöglicht und geschieht gewöhnlich anhand bedeutender Paßeinschnitte. Abgesondert liegen die Berg- und Hügelländer des Monferrato und der Langhe. Der am Passo dei Giovi beginnende Ligurische Apennin ist bis 1840 m hoch. Parallele Kammlinien bilden ein Mittelgebirgsrelief mit wenig hervortretenden Gipfeln, darunter dem M. Maggiorasca (1799 m). An Längsbrüchen, denen die Steilküsten folgen, bricht er steil gegen die Riviera di Levante hin ab. Gegen Norden dacht sich das zum Teil aus stark gefalteten Kalken und Mergeln aufgebaute Relief allmählich zum schmalen Vorland hin ab. Dort liegt ein Saum von miozänen Sandsteinen und Mergeln. Vom Paß Cento Croci (1053 m) oder auch dem Cisapaß ab (1040 m), über den der Verkehr von La Spézia nach Parma durch das Tarotal verläuft, beginnt die für den übrigen Nordapennin charakteristische zonale Gliederung in Kamm- und Beckenbereiche. Es ist der Etruskische oder Toskanisch-Emilianische Apennin. Der Hauptkamm mit der Wasserscheide ist aus Sandsteinen und Mergeln aufgebaut. Er erreicht im Nordteil 2165 m Höhe im M. Cimone, an dessen Nordostflanke man eiszeitliche Kare findet. Weithin bleibt das Gebirge aber unter 1700 m. Tief und steil eingesenkt sind die Ausraumbecken der ›Toskanischen Beckenreihe‹. Diese folgt den tektonischen Tiefenlinien von Trögen, die sich gegen Ausgang des Pliozäns bildeten und Seen enthielten. Am adriatischen Rand zieht sich eine Hügelzone hin (250–300 m) mit schwach geneigten, also bei der Apenninhebung hochgeschleppten pliozänen marinen Sedimenten, weichen Tonen und Mergeln, die apenninwärts in eine Zone widerstandsfähigerer Gesteine der miozänen, sogenannten Gips-Schwefel-Formation übergehen mit Höhen um 450–500 m. Terrassen liegen bis 30 m hoch über den breiten Talsohlen und ihren im Sommer oft trockenen Schotterbetten. Zwischen den allein besiedlungsfähigen standfesten Riedeln sind die parallel aufeinanderfolgenden Abdachungstäler tief eingeschnitten. Weiter aufwärts folgen abgeflachte Rücken aus schwach gefalteten Miozänsedimenten (Kalke, Tone, Konglomerate), über die sich dann recht unvermittelt der Hauptkamm heraushebt.

In geologischer und tektonischer Sicht kann man den Nordapennin vereinfachend als Tonschiefer- oder besser ›Flysch‹-Apennin bezeichnen, wobei der aus der Alpentektonik übernommene Begriff ›Flysch‹ der Tatsache Rechnung trägt, daß stark gefaltete und herausgehobene, aber meist wenig verfestigte marine Sand- und Tongesteine, die Abtragungsprodukte des älteren Gebirges darstellen, noch in die Orogenese einbezogen worden sind. Die Geologen unterscheiden im Nordapennin drei verschiedene Faziesbereiche aufgrund des Fossilieninhaltes und der Gesteine dreier Flyschsedimentationströge. Zum ligurischen, im inneren Trog, und dem toskanischen Trog kam noch der emilianische oder äußere Trog. Die Annahme einer ligurischen Decke und deren Wurzeln im äußersten Westen des Apennins ist aufgegeben, weil für einen solchen Ansatz die Gesteine nicht einheitlich genug auftreten.

In den Flyschtrögen liegen unten kreidezeitliche Ton- und Mergelgesteine, die früher als Schuppentone (argille scagliose) zusammengefaßt worden sind.[7] Darüber folgen mächtige starre Kalkschichten der Oberkreide und des Eozäns, die Alberesekalke. Oft treten sie in einer Kalkstein-Tonschiefer-Wechselfolge im

[7] Heute versteht man mit den Geologen der toskanischen Schule unter ›argille-scagliose-Komplex‹ nicht mehr die Gesteine (Schuppentone), sondern die tektonische Struktur, gekennzeichnet durch übereinandergeglittene Sedimente am submarinen Hang einer Aufwölbung (Pieri 1967/68, S. 112).

liguriden Faziesbereich auf (Wunderlich 1966, S. 113). Mächtige Flyschsandsteine wie der ›macigno‹ gehören zu den sogenannten synorogenen Serien des Nordapennins, die meist im Oligozän abgelagert worden sind. Zuletzt folgt im Miozän die sogenannte Formation ›marnoso-arenácea‹, eine Mergel-Sandstein-Wechselfolge von flyschähnlichem Habitus. Im oberen Mugello wird um Firenzuola in wachsendem Maß ein hierher gehöriger wertvoller Sandstein gebrochen, mit dem schon die Piazza Santa Croce in Florenz gepflastert worden ist.

Während die Kalkdecke bei tektonischen Bewegungen zerbrach und in Schollen abgeglitten ist, ging in den nachgiebigen Tongesteinen eine sogenannte disharmonische Faltung vor sich, Richter nennt sie anschaulich ›Darunterweg-Faltung‹ (1963, S. 511). Es kam auch zum Aufdringen des Unterbaus in diapirischer Tektonik, den Salzstöcken vergleichbar; dabei geriet älteres Material über jüngeres. Aber im Unterschied zur alpinen Deckentektonik mit weithin einheitlichen Decken liegen hier einzelne Schollen vor, die bis 30 km geglitten sind, weshalb Richter von ›Scherben-Tektonik‹ spricht (S. 512). Auf den Flanken einer Serie von sechs bis sieben Aufwölbungen (rughe = Runzeln), die parallel zueinander nordwest-südost streichen und sich nach Merla (1951) zeitlich nacheinander entwickelt haben, soll es zum ›Gravitationsgleiten‹, einem Schlammfluß, oder – anders ausgedrückt – zu ›orogenen Rutschungen‹ gekommen sein. Solche Rutschungsbewegungen sollen sich auf untermeerischen Hängen ereignet haben. Die so bewegten Massen werden als ›Olisthostrome‹ bezeichnet (Görler u. Reutter 1968; Reutter 1965), als Suspensionsströme oder Mudflows (Sames 1965, S. 185).[8]

Die Orogenese schritt von Westen nach Osten fort, weshalb im Westen des Nordapennins alte verfestigte und metamorphisierte Massen verbreitet sind, wie im Kern der Apuanischen Alpen die metamorphe Serie mit den Marmoren als ›Fenster‹, sowie der M. Pisano. Nach den Geologen der Florentiner Schule sind verschiedene geosynklinale Sequenzen zu unterscheiden, die im Karbon und in der Trias begonnen haben.

Zum Nordapennin ist auch ein Stück Kalkapennin zu rechnen, der ›Umbrische Bogen‹, der von Urbino bis südlich Rieti zieht (Richter 1963). Bisher hatte man diesen Gebirgsbogen zum Mittleren Apennin gerechnet (Machatschek 1955, S. 364). Hier wiederholt sich nach Richter (S. 512) die Fazies der Südalpen, mit denen sich der Apennin unter der Padania hindurch (bei Ferrara erbohrt) zum Gardasee verbinden läßt. Die Faltenketten tauchen westlich von Ancona aus der miozänen Molasse auf und enden an der tektonischen ›Ancona-Anzio-Linie‹. Hier endet die südalpine Tiefseefazies, und es beginnt die Flachseefazies der Abruzzen.

[8] Über die Datierung besteht noch keine Übereinstimmung, wie auch sonst die Ansichten über die tektonische Gliederung und Entwicklung stark divergieren. Pieri (1967/68) hat die verschiedenen Theorien der Faldisten, Autochthonisten und Neofaldisten, d. h. der Neu-Deckentektoniker, dargestellt.

Die komplizierte und weithin strittige Entwicklungsgeschichte des Nordapennins ist von Wunderlich (1966, Abb. 14) in der raumzeitlichen Folge der Zonen und ihrer tektonischen Entwicklung dargestellt worden. Danach verlagerte sich vom Beginn der Kreidezeit an eine Faltungsfront durch die Toskana nach Nordosten. Vor ihr lagerten sich typische synorogene Sedimentserien ab, die Flyschgesteine, die mit dem Weiterrücken der Front gefaltet wurden. Im Rücken des werdenden Gebirges folgte die Sedimentation jüngerer Schichtfolgen vom Miozän ab bis zum Quartär, die nicht mehr in die Faltung einbezogen wurden, während gleichzeitig im Osten die Faltung anhielt.

Mit der Orogenese und Faltung war eine starke Einengung verbunden, die nach Weiterrücken der Front in eine Dehnung der Kruste überging und dadurch einen gewissen Ausgleich brachte. Die Dehnung äußerte sich in der Zerlegung des vorher gefalteten Untergrundes in ein Mosaik von Bruchschollen im Apenninischen Rückland der Toskana. Trotz der Überdeckung durch junge Sedimente war das Bruchschollengebirge nachzuweisen, ja diese selbst sind in ihrer Verbreitung von tektonischen Untergrundstrukturen abhängig. Horste und Gräben sind Ausdruck junger Tektonik, die im Bereich der Apuanischen Alpen seit dem oberen Mittelpliozän wirksam war (Gosseaume 1982 b). Ein Senkungsbereich ist die Versilia. Längs- und Querbrüche bestimmen auch das Relief des Nordapennins. Der Verlauf des Magratales, die Bucht von La Spézia, die Garfagnana, der Verlauf des oberen Tibertals und das Arno-Chiana-Tal sind tektonisch bestimmt.

Im westlichsten Teil der Toskana kam es zur Heraushebung, wahrscheinlich als Folge des Aufdringens von Graniten und Granodioriten mit Intrusionen, die von Elba und von den benachbarten Mti. di Campíglia bekannt sind. Erze reicherten sich an den Flanken der Intrusivkörper an (Pichler 1970 a, S. 27). Wie auf Elba mit seinem Eisenerz und Pyrit wird im Toskanischen Erzgebirge seit alter Zeit Bergbau auf Blei, Zink, Silber, Kupfer, Pyrit und Eisen betrieben, der Massa Maríttima als Stadt zur Blüte brachte (vgl. TCI: L'Italia fisica 1957, Fig. 45). Neue Bergwerke sind angelegt worden, mit denen eine weitere, bedeutende Phase in der Nutzung der Bodenschätze beginnen könnte (Bringe 1982). Auch die Marmore von Carrara befinden sich im Kontaktbereich zum Granit im Untergrund. Auf einer Hebungsachse liegt der M. Amiata, wo Pliozänsedimente bis in eine Höhe um 1000 m gelangt sind. Erdbebenzentren weisen ebenso wie die postvulkanische Tätigkeit, z. B. in den heißen Borsäurequellen von Larderello, auf ein Anhalten der Bewegungen hin (vgl. Kap. II 1 d 3).

Das tektonische Geschehen im Nordapennin sei mit den Worten von Wunderlich (1966, S. 125) zusammengefaßt:

›So ist schließlich ein Areal von über 200 km Breite innerhalb eines Zeitraums von rund 100 Mio. Jahren abgesenkt, gefaltet, überschoben, herausgehoben, teilweise wieder abgetragen und schließlich mit jungen, neoautochthonen Bildungen bedeckt worden, die ihrerseits wieder von einer Bruchschollentektonik (unter Mitwirkung magmatischer und vulkanischer Tätigkeit) betroffen sind.‹

### a5 Der Mittlere Apennin mit Vorland

Die Abgrenzung des Mittleren Apennins ist in üblicher Weise nach seinen vorherrschenden orographischen und morphologischen Merkmalen möglich, z. B. nach SESTINI 1944, nämlich im Norden auf der Linie vom Metáuro über die Bocca Serriola (730 m) zum Trasimenischen See und im Süden vom Sangro zum oberen Volturno über den Passo di Rionero (1052 m). Aus der allgemeinen apenninischen Streichrichtung von Nordwest nach Südost, der die Kämme und Rücken folgen, biegen an der Linie von Rieti die Mti. Sibillini und die anschließenden Höhen nach Süden ab. Zwei vorwiegend von Kalken und Dolomiten aufgebaute Hochzonen werden hier tektonisch getrennt; dennoch überwiegt im Großformenschatz von Voll- und Hohlformen die Einheit, bedingt durch die Wasserdurchlässigkeit und Löslichkeit der Kalke. Im Mittleren Apennin erreicht das Gebirge seine größte Breite mit über 110 km und auch seine höchsten Höhen.

Die Zonengliederung auf der adriatischen Seite ist von der des Nordapennins wenig verschieden. Im adriatischen Vorland (avanpaese) vor der Faltungsfront des Umbrischen Bogens sind die pliozänen Sedimenttafeln schon stark herausgehoben und treten als Bergland auf. Von der hohen Kliffküste bei Ancona (M. Cónero 572 m) steigt das Relief mit teilweise kräftiger Faltenstruktur an und erreicht in den harten Konglomeraten des M. Ascensione 1103 m. An Kanten, Stufen und Rükken treten harte Gesteinsbänke hervor, während an den Steilhängen die Tone zu Rutschungen und zur Kerbtalzerschneidung (vgl. Kap. II 1 c 3 zu calanco) neigen und in das verwirrende Formenbild noch mehr Unruhe bringen. Die stärker gehobene Miozänzone wird von Ésino, Potenza, Chienti und Tronto in zum Teil schluchtartigen Durchbruchstälern gequert. In den Mti. della Laga sind Miozänsandsteine bis auf 2455 m (M. Gorzano) emporgehoben worden, worin sich die einst große tektonische Aktivität im Bereich der Rietilinie zeigt.

Die Kalksteinhöhen des Umbrisch-Märkischen Apennins, die in den Mti. Sibillini gipfeln (M. Vettore 2476 m) und bis zu den Mti. Sabini zu verfolgen sind, entsprechen dank ihrer nordapenninischen Tektonik dem Kettengebirgstyp und lassen zwischen ihren Kulissen breite Senken und Becken frei, wie unter anderem das von Gúbbio und die vom Karst geprägten Becken von Nórcia und Castellúccio (LEHMANN 1959, S. 265–273). Tektonische Bewegungen äußern sich in Erdbeben und lassen sich im Cáscia- und im Nórcia-Becken in der Verstellung von Beckenfüllungen nachweisen (CALAMITA u. a. 1982). Kare und Talgletscher bis 1180 m gab es nur auf der Nordostseite des M. Vettore (v. KLEBELSBERG 1933). Östlich der Linie von Rieti und ihrer Überschiebungsfront dehnen sich breite Rükkenflächen um 1200–1400 m mit flachen Mulden, deren eine vom Stausee von Campotosto eingenommen wird. Hier haben Flyschgesteine noch einen gewissen Anteil an der Formengestaltung. Wenn auch mit der Verbreitung von flachen Abtragungsformen pliozänen Alters zu rechnen ist, so überwiegt doch die der unterschiedlichen Gesteinshärte folgende selektive Denudation. Schroff erheben sich über die Verflachungen mächtige Kalkmassive und einzelne Kalkstöcke im Jura- und Kreidekalk. Ihre steilen und meist kahlen Flanken gehen in runde Kuppeln über; in denen des Gran Sasso sollen sich nach der grundlegenden Forschungsarbeit von Demangeot (1965, S. 209) pontische Flächenreste erhalten haben (vgl. Laureti 1980). Das Relief wird von einer jungen Bruchtektonik bestimmt, die im Mittelpleistozän besonders lebhaft gewesen ist (Raffy 1981/82). Hochgebirgsformen mit Karzerschneidung sind selten und auf die Maiella und den Gran Sasso beschränkt, der zwei würmzeitliche Talgletscher barg und noch heute den einzigen Apenninengletscher (Calderone) am Corno Grande (2974 m) besitzt (Demangeot 1965, Fig. 41, 62, 63, v. Klebelsberg 1930, Suter 1934). Im zentralen Apennin soll die Schneegrenze während der Rißkaltzeit tiefer gelegen haben als im Würmglazial (Federici 1980).

Die Nachteile der Steilformen für Siedlung, Wirtschaft und Verkehr werden gemildert durch die in verschiedenen Höhen eingeschalteten Becken. Einige waren von Seen erfüllt (Rieti, L'Áquila, Sulmona[9], Avezzano – Fúcino) (Raffy 1970, 1983). Aber es fehlt an durchgehenden Beckenzonen. In höheren Lagen sind kleinere und weniger eingetiefte Becken mit gewöhnlich tischebenem Boden eingeschaltet, die ›piani‹ und ›campi‹, Karstbecken vom Poljetyp mit unterirdischem Abfluß. Manche ihrer Ränder sind von Moränen oder Schuttkegeln umgeformt (Lehmann 1959; Pfeffer 1967).

Der Aternograben mit seiner Terrassentreppe trennt den äußeren oder adriatischen Apennin (Gran Sasso und Maiella) vom inneren oder tyrrhenischen Apennin (Simbruini, Érnici). Zwischen die Kalkgebirgsstöcke greifen vom Nordapennin her in schmalen Tiefenlinien Flyschzonen ein, während im Molise die Flyschsedimente und das von ihnen aufgebaute unruhige Berg- und Hügelland das Kalkgebirge völlig umschließen und damit den Mittleren Apennin begrenzen.

Obwohl die Hauptwasserscheide in den Mti. Sibillini besonders weit adriawärts gerückt ist, greifen doch die größeren Täler in ihrem Oberlauf weiter in den Apennin ein, nachdem sie die äußeren Ketten und Rücken in Schluchtstrecken überwunden haben. So entwässert der Aterno das Becken von L'Áquila wie der Sagittário das von Sulmona zur Pescara hin durch die Pópolischlucht. Die westlich gerichteten Täler haben längere Laufstrecken in Längstälern und Beckenräumen, aus denen Quertäler hinausführen. Die allgemeine Asymmetrie des Gebirgsbaues mit den zur Adria gewandten größten Höhen und der folgenden, oft unvermittelten Abdachung stellen beträchtliche Hindernisse für den modernen Verkehr dar, insbesondere für die kürzeste Verbindung zwischen Rom und der Adria. Mit dem Autostradatunnel durch den Gran Sasso konnte auch dieses Hindernis, wenn auch mit höchstem technischem Aufwand, überwunden werden.

Das tyrrhenische Vorland, welches das tektonische Rückland des mittleren

[9] Nach Dimarco (1976) soll ein Pelignosee im Pliozän und in den Kaltzeiten des Pleistozäns mit 115 km² Fläche von Sulmona bis Pópoli gereicht haben.

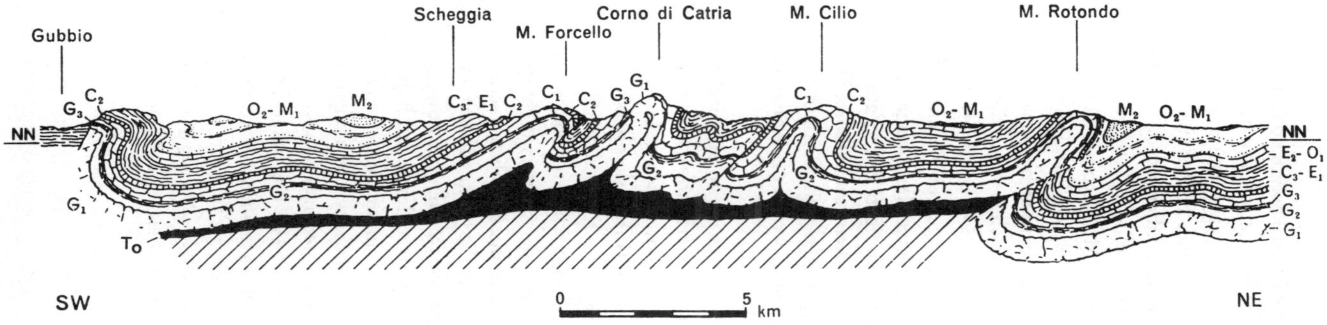


*Fig. 4: Der Deckenbau in der Tektonik des Umbrisch-Märkischen Apennins.* Nach ELTER 1968 aus DESIO 1973, S. 908.
To Evaporite der oberen Trias. G 1 Massenkalke. G 2 Kieselkalke und rote Ammonitenkalke. G 3 Aptychenschiefer. C 1 Maiolicakalk. C 2 Fucoidenmergel. C 2-E 1 Roter Schuppenton. E 2–01 Rosa und graue Schuppentone. 02–M 1 Mergel-Sandstein-Formation. M 2 Graue Sande des Unteren Pliozäns.

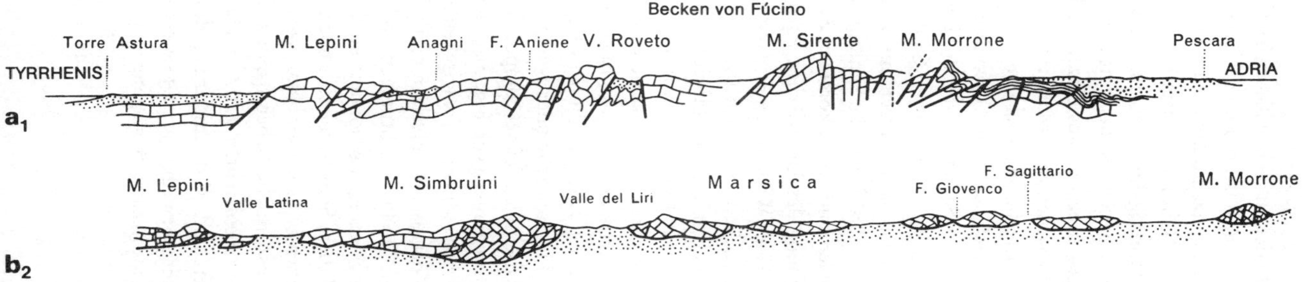


*Fig. 5: Geologische Profile durch den Mittleren Apennin nach verschiedenen Auffassungen der Autochthonisten und der Allochthonisten.* Aus DESIO 1973, S. 908.
a: Von der Tyrrhenis zur Adria über das Becken von Fúcino nach der Interpretation durch BENEO (1939) als Keilschollenbruchtektonik.
b: Das gleiche Profil etwas südlicher zum Becken von Sulmona (rechts) nach der Interpretation durch FANCELLI, GHELARDONI u. PAVAN (1966) als Teilstücke einer allochthonen Decke über Tertiärsedimenten.

Apennins bildet, ist im nördlichen Teil bis zur Linie von Rieti, die bis Anzio südlich Rom zu verfolgen ist, bestimmt durch das Vulkangebiet von Latium mit den sich von Nordwest nach Südost aufreihenden Calderavulkanen, zum Teil mit Seen (Mti. Volsini, Cimini, Sabatini), und den Albaner Bergen (vgl. Raffy 1983). Sie setzen die Störungslinie fort, auf der der M. Amiata herausgehoben wurde. Breite Tuffebenen überziehen die Umgebung der Vulkane. Der südliche Teil des Vorlandes dagegen besteht aus einzelnen Kalkgebirgsstöcken (Mti. Lepini, Ausoni, Aurunci) zwischen dem M. Circeo und dem Valle Latina (Sacco-Liri-Talung).

Der mehrfache Wechsel von Hoch und Tief mit eingesenkten Beckenzonen kann im Bereich des Umbrischen Bogens bis zur Sabina inzwischen durch die Faltung plastischer Sedimente mit der Bewegungsrichtung gegen Osten erklärt werden (vgl. Fig. 4). Die höchsten Gipfel, wie der M. Cátria, liegen im Bereich der asymmetrischen Antiklinalen im widerständigen Massenkalk der pelagischen Offenseefazies, während die Synklinalen im wenig widerständigen Mergel ausgeräumt worden sind. Dazu kommen Bruchzonen, wie im Becken von Gúbbio. Die Überschiebung des Umbrischen Apennins auf die Abruzzen sieht Bodechtel (1974, S. 21) als Wirkung einer Rotation im Uhrzeigersinn, wobei die Abnahme der Überschiebung von Norden nach Süden erklärbar wird.

Im südlichen Teil des Mittleren Apennins mit seinen starren mesozoischen Litoralkalken und Dolomiten ist keine solche Faltenstruktur erkennbar. Autochthonisten vertreten die Ansicht von Bruchschollenstrukturen; ihnen gegenüber stehen die Vertreter der Deckentheorie, die Mobilisten (faldisti). Bisher herrschte die Auffassung vor, daß die an Ort und Stelle abgelagerten Kalksedimente als kompakte Horste mehr oder weniger gehoben und gekippt worden seien, zum Teil als Keilschollen (cúnei composti), getrennt von mehr oder weniger dicht gescharten Bruchlinien (vgl. Fig. 5). Nach neueren Ansichten der Mobilisten setzen sich die Tertiärsedimente dazwischen in die Tiefe und unter die Kalke hin fort und bilden die plastische Unterlage und Gleitbahn für eine von Westen her bewegte allochthone Decke. Nachträglich sind die Kalkmassive an Bruchlinien mit hohen Verwerfungsbeträgen besonders an den Westseiten abgeschnitten worden. Teilweise sind diese Schwächelinien noch aktiv, wie die sich immer wieder ereignenden Erdbeben zeigen, z. B. beim Avezzano-Beben 1915, bei denen es sich vorwiegend um tektonische Beben handelt (Demangeot 1965, S. 44). Die junge Tektonik ist zu beobachten z. B. an Harnischstreifen, Facetten wiederaufgelebter Bruchlinien und Mylonitisierung des Gesteins, d. h. dessen Teilumwandlung durch Gebirgsbewegungen. Demangeot konnte im Gran-Sasso-Massiv die Aktivität der tektonischen Bewegungen im Quartär bis zur Würmkaltzeit nachweisen.

## a6 Der Südapennin mit Vorländern

Der Südapennin ist der am wenigsten einheitliche Teil des gesamten Gebirgszuges; das gilt sowohl für seine Längserstreckung zwischen der Volturno-Sangrotal-Linie und dem Passo dello Scalone an der Grenze zur Kalabrischen Küstenkette als auch für seine Breitenausdehnung zwischen der Tyrrhenis und dem Adriatisch-Ionischen Meer. Wegen seiner großen Längserstreckung ist die Unterteilung in den Kampanischen und Lukanischen Apennin zweckmäßig, und zwar durch eine vom Ófanto über die Sella di Conza (700 m) zum Sele führende Linie.

Das tektonische Rückland des Südapennins liegt unter dem Spiegel des Tyrrhenischen Meeres, aus dem sich seine Kalk- und Dolomitmassive an Bruchlinien, und das heißt an Steilküsten, schroff herausheben, wenn sie nicht wie in Kampaniens ehemaligem Meeresgolf von vulkanischen Tuffen und Laven überdeckt worden sind. Das Gitternetz der Bruchlinien bestimmt den Küstenverlauf und, als auffälligste Erscheinung, das Vorspringen der Halbinsel von Sorrent mit dem Horst des Lattarigebirges und seiner Fortsetzung in der Insel Capri. Aus der zur Adria gewandten Asymmetrie des Zentralapennins ist mit der Verlagerung der höchsten Höhen über den Matesegebirgsstock deren Wendung zur tyrrhenischen Seite vor sich gegangen. Die Wasserscheide liegt jedoch binnenwärts, es ist die ›betonte Diskordanz zwischen Orographie und Hydrographie‹ (Sestini 1957, S. 234). Der Verlauf der Wasserscheide ist unscharf, auch verbinden sich die einzelnen Gebirgsmassive nicht zu deutlichen Ketten.

In den Großformen kommen stratigraphische, paläogeographische und tektonische Strukturen zum Ausdruck, so daß eine Gliederung nach den Höhenverhältnissen in vier Längszonen auch deren Ursachen, die im inneren Bau liegen, zum Ausdruck bringt. Ihre Abgrenzung voneinander ist nicht in eindeutiger Weise möglich, weil die Längszonen oft ineinander übergehen. Die erste Zone kann man in den mächtigen südapenninischen Ketten und Massiven aus Kalk und Dolomit sehen, die mesozoischen Alters sind (Desio 1973, S. 909). Adriawärts schließt sich als zweite Zone das südapennine Flyschbergland an, das im Molise und der Basilicata besonders breit entwickelt ist mit Höhen zwischen 1300 und 800 m. Es ist eine in Formen, Gesteinen und deren Lagerung komplizierte Einheit, der sogenannte ›Miozängraben‹ der Geologen. Die dritte Zone enthält in ihren flachen Tafeln, Rücken und Beckenfüllungen die regelmäßige Abfolge pliozäner mariner Tone und Sande zwischen 800–1000 m und etwa 300 m Höhe, an die sich über Küstenterrassen absteigend die von Dünen abgeschlossene jüngste Quartärzone anschließt. Als vierte Zone folgt in Apulien das Apenninenvorland mit mesozoischem Kalk und Dolomit im M. Gargano und in der apulischen Tafel mit deren Überdeckungen.

Die Kalk-Dolomit-Zone besteht aus einzelnen Massiven, die einzeln als Klippen aufragen oder sich zu größeren Gruppen zusammenschließen, wie in den Mti. del Matese und den Mti. Picentini. Ihre steilen Flanken sind oft mehr oder weniger breit von Flyschsedimenten umgeben, die in erosionsferner Lage die typischen weichen Mulden- und Rückenformen besitzen. Die apenninische Nordwest-Südost-Streichrichtung herrscht im Matese und den vier Teilen der Picentini (Cervialto 1809 m) ebenso wie im M. Alburno (1742 m) und M. Cervati (1899 m). Die Pollino-Dolcedorme-Gruppe (2271 m) schließt den Südapennin ab.

An Bruchlinien sind ebenso wie in der Toskana und in Umbrien Becken eingesenkt, die Seen enthalten haben, wie das vom Tánagro durchflossene Vallo di Diano oder das Becken des oberen Agri, die größten unter ihnen. Zu den kleineren Hohlformen mit ebenem Boden gehören die tief eingesenkten, einst von Seen erfüllten Becken und das langgestreckte Becken im Matese mit seinem See. Die Umgebung der höchsten Gipfel trägt Gletscherspuren, wie im Matese, am M. Sirino und besonders am M. Pollino, wo ältere Karsthohlformen dadurch umgestaltet worden sind (v. Klebelsberg 1932; Boenzi u. Palmentola 1972; Beck 1972; Fuchs u. Semmel 1974).

Die Großformung der Flyschzone weist deutliche Parallelen zu denen des Nordapennins auf mit ihren leicht zur Rutschung oder zur intensiven Zerschneidung neigenden Tongesteinen. Wegen der chaotischen Lagerung der Sedimente fehlt die vom Nordapennin her bekannte Kettenstruktur. Sandsteine und Quarzite, Mergel und Tongesteine verschiedenster Verfestigung bestimmen durch die selektive Abtragung das Hoch und Tief des Reliefs, die Engen und Breiten der Täler und die Festigkeit oder Beweglichkeit der Hänge. In einzelnen Beckenräumen sind in dieser Zone auch Pliozänsedimente, marine Sandsteine über Tonen, von der Tektonik mitbetroffen worden, so daß auf schräggestellten Sandsteinschichtpaketen Siedlungen errichtet werden konnten (z. B. Potenza und Avigliano/Basilicata).

Das pliozäne Hügel- und Tafelland erfuhr eine geringere Umformung, weil es nicht mehr den umstürzenden Faltungsbewegungen unterlag. Die Sedimente sind aber doch stellenweise bis zu 1000 m über den Meeresspiegel herausgehoben worden, was zu einer tiefen Zerschneidung und in den weichen Tonen besonders weit ausgreifenden Ausräumung geführt hat. Von den größten Höhen am Gebirgsrand an senken sich die durch Auflage mariner Terrassensande und Konglomerate vor der Abtragung geschützten Rücken und schmalen Plateaus allmählich von 600 auf 400 m. ›Wie bei einem riesengroßen Amphitheater‹ schließen sich je nach Auffassung sieben (Néboit 1981/82, S. 22) oder zehn (Brückner 1982) marine Küstenterrassen von ca. 400 bis 10 m Höhe an,[10] deren unterste vor der Küste des Golfs von Tarent von einem Dünengürtel bedeckt ist. Es ist die eindrucksvollste Meeresterrassentreppe im zirkummediterranen Raum. Aus dem Kalkapennin kommende Täler, in denen auch im Sommer zumindest noch unter den mächtigen Schotter-

[10] Die Datierung der Terrassen ist strittig. Nach der geologischen Neuaufnahme 1967/68 sind sie postkalabrisch, d. h. sie gehören in die Zeit vom mittleren bis oberen Pleistozän über die Milazzostufen bis zu den tyrrhenischen Stufen der letzten Warmzeit (Eem). (Vgl. Fuchs 1980, Abb. 3; Brückner 1980 a, S. 200 u. Abb. 35, hier Kap. II 1 f 3.)

auflagen Wasser fließt, folgen der allgemeinen Abdachung in parallelen Linien zum Golf von Tarent (Sinni, Agri, Cavone, Basento, Brádano).

In der Bradanofurche bildet ein breites Pliozänbecken den Übergang zur folgenden vierten Zone, die dem nördlichen und mittleren Apennin fehlt, dem adriatischen Apenninvorland in Apulien. Es besteht aus der Apulischen Tafel jenseits der Bradanofurche und dem M.-Gargano-Vorgebirge, das vom Apennin selbst und von der Apulischen Tafel durch die Ebenen des Tavoliere, eines ehemaligen Adriagolfes, getrennt wird.

Etwa auf der Grenzlinie zwischen der Flyschzone und der Pliozänfüllung der Bradanofurche erhebt sich der M.-Vúlture-Vulkan mit seinem Kratersee bis 1327 m und stellt mit seiner Lage in der apenninischen Vortiefe einen Sonderfall auf der Halbinsel dar.

Das Hochland des M. Gargano, das den ›Sporn des italienischen Stiefels‹ bildet, besteht aus einem als Horst besonders hoch herausgehobenen Teil der mesozoischen Kalke des Apenninvorlandes. Trotz der Höhe bis 1056 m (M. Calvo) sind über den durchlässigen Kalken und Dolomiten weite verkarstete Abtragungsflächen erhalten geblieben. Im Nordosten ist an Bruchlinien alttertiärer Nummulitenkalk angegliedert, und dort entstand mit der Zerschneidung und Unterhöhlung der Brandungsarbeit eine vielgestaltige Kliffküste mit Brandungstoren und Höhlen (Martinis 1964). Eine leichte Faltung und zahlreiche Brüche bestimmen die Gliederung im Inneren und die Begrenzung nach außen. In Gräben, wie bei San Giovanni Rotondo, sind jüngere marine Sedimente erhalten. Während in dieser Senke und am Südrand des Massivs die tektonischen Linien in West-Ost-Richtung verlaufen, beweist die sonst herrschende Nordwest-Südost-Streichrichtung die Zugehörigkeit des M. Gargano zum Apenninsystem.

Der Tavoliere di Puglia, ein alter Meeresgolf über der tiefer liegenden Kalkplatte, ist mit marinen pleistozänen Sanden und Tonen bedeckt und senkt sich gegen Nordosten in eine ehemals versumpfte Schwemmlandebene. Der bis 300 m herausgehobene Westrand ist von Apenningewässern zwischen Fortore und Ófanto zerschnitten.

Im Osten des Tavoliere steigt die Apulische Kalktafel steil an, es beginnen die Hochflächen der Murge (686–400 m), die gegen Südost in die niedrigen Flächen der Salentinischen Halbinsel übergehen. Die Kreidekalke und Dolomite großer Mächtigkeit (3000 m) sind autochthon, also im Bildungsraum geblieben. Ihre leichte Faltenwellung bestimmt teilweise das Relief, wie in den flachen Antiklinalen der Serre in der Salentinischen Halbinsel. Die Einsenkung im ›Canale di Pirro‹, einem Polje (Rossi 1973), ist als Graben mit Karstcharakter aufzufassen. Während die Murge gegen die Bradanofurche steil abbrechen, senken sie sich zur Adria hin über drei niedrige Bruchstufen und Terrassen, im Südosten bei La Selva über eine Bruchstufe und dann drei marine Abrasionsterrassen in Kalksandsteinen der Kalabrischen Stufe (Di Geronimo 1970). Solche plio-pleistozänen Sedimente treten als nutzbarer ›tufo‹ auf (Desio 1973, S. 693); Mergelkalke bedecken die

Salentinische Halbinsel. Trockene Schluchttäler (gravine) und Höhlen sind Zeugnisse der unterirdischen Entwässerung.

Im Südapennin sind die geologische und die tektonische Forschung noch nicht so weit fortgeschritten wie im Nord- und Mittleren Apennin, aber die Ergebnisse haben doch dazu geführt, daß ältere Anschauungen von der Entwicklungsgeschichte der Bauformen revidiert und neue Hypothesen aufgestellt wurden, die bei Desio (1973, S. 909, nach Selli 1968) zusammengefaßt zu finden sind. Danach werden die südapenninen Ketten, soweit man von ihnen sprechen kann, von 400–6000 m mächtigen Kalken und Dolomiten aufgebaut, die sich in der Zeit vom oberen Jura bis zur Kreide in einem jeweils nicht über 50 m tiefen absinkenden Meeresboden abgesetzt haben. Es folgten im Alttertiär weitere Kalke und Kalkbrekzien, im Miozän lagerten sich nach Meerestransgressionen in einem sinkenden Becken Mergel- und Sandsteinflysch mit mehreren hundert Metern Mächtigkeit darüber. Mitten in dieser Flyschzone, dem Miozängraben der Geologen, liegen mesozoische ›Klippen‹ (Tramútola, Lauría), die von den ›Mobilisten‹ als abgelöste Schollen vor einer Deckenfront aufgefaßt werden. Dagegen gelten die Mti. Picentini, die rundum von Flysch umgeben sind, als ›Fenster‹, der M. Alpi von Latrónico als Horst (Bellezza 1966a). Über dem miozänen Flysch finden sich ältere Gesteine in völlig ungeregelter Anordnung, Bruchstücke bis zu Metergröße (Schuppentone, Mergel, Kalkstein, Sandstein, metamorphe Gesteine), die sogenannten ›terreni caotici‹. Weitere Zeugnisse für Allochthonie, für Horizontalbewegungen älterer über jüngere Sedimente hinweg, sind ›schwimmende Schollen‹ bis zu 1 km Größe, Kalke, Kalksandsteine, Mergel und Tone. Neben diesen stark gestörten, ungeordneten Bereichen komplizierter Tektonik liegen über 10 km hin wieder gleichförmige miozäne Sedimente (Flysch, Mergel, Sande) mit geringen Störungen, zum Teil über den ›terreni caotici‹ und dann wieder von ihnen überdeckt. Schließlich folgen jüngere Überdeckungen mit ruhiger Tektonik vom Mittelmiozän bis Mittelpliozän und Pleistozän in der ›avanfossa‹ der Bradanofurche und im ›avanpaese‹ der apulischen Kalkzone.

Die tektonisch ruhigen Zonen mit autochthonen Gesteinen und vormittelpliozänen Brüchen bieten wenig Probleme; strittig ist die tektonische Interpretation im Bereich der Strukturunordnung, der Lagerungs- und Faziesanomalie der Miozängrabenformation (Flyschzone) und dort, wo mesozoische Massen des Südapennins über älteren Formationen liegen, wie der Triasdolomit bei Castellúccio und Belvedere Maríttimo (Desio 1973, S. 913). Die Erklärungen reichen von der klassischen Autochthonie (Fig. 223,1 nach Selli 1968 bei Desio) über Teilallochthonie bis zur Vollallochthonie (Fig. 223, 4). Kontrovers ist insbesondere die Erklärung für die plastischen, kompliziert gelagerten und zusammengesetzten Flyschmassen. Behrmann (1935, Abb. 42) erkannte darin einen Schuppenbau; Mobilisten sehen in ihnen die Folgen von Deckenschüben und Horizontalverlagerung oder mindestens ›Gravitationsgleiten‹ (Selli 1962). Die Autochthonisten (so Ghezzi u. Bayliss 1964) erklären die komplizierte Lagerung und die Faziesheteropie im Miozängraben durch Schuttstromsedimentation, wodurch eine Lagerung nach Größe und Dichte entstand im Unterschied zur allgemeinen Schichtung in Altersfolgen (Bellezza 1966). Dazu kamen noch basische submarine Intrusionen. Eine Verlagerung, wie sie Grandjaquet (1963) mit 50 km für den M. Alburno annimmt, wird von keinem der italienischen Geologen bestätigt. Im Untergrund liegen die zerbrochenen, stets als autochthon anerkannten mesozoischen Kalke, die im Bereich des Miozängrabens unter dessen Füllung abtauchen und im apulischen Vorland wieder in mehr oder weniger ungestörter Lagerung aufsteigen. Mit gewissen kurzen Überschiebungen ist zu rechnen, zumindest am Rand der Kalkmassive gegen Nordosten, wie auch im Norden der Ancona-Anzio-Linie zu den Abruzzen hin (Bodechtel u. Nithack 1974), etwa durch eine Drehung im Uhrzeigersinn.

### a7 Der Kalabrische Apennin

Der Übergang vom südlichen Kalkapennin zum Kalabrischen Apennin macht sich nicht nur durch den Wechsel von Gestein und Bau bemerkbar. Über einen eindrucksvollen Steilabfall von 2000 m Höhe bricht die Pollino-Dolcedorme-Gruppe zur nur 300 m hoch gelegenen Pliozäntafel von Castrovíllari ab. Südlich dieser Tiefenzone beginnt das kristalline paläozoische Grundgebirge mit einzelnen Kernen, die aus Granit, Gneis oder Glimmerschiefer bestehen, zunächst der Sila. Auf der tyrrhenischen Seite schließt sich am Scalonepaß (744 m) die Küstenkette (Páolakette) an. Sila und Küstenkette, die beiden nördlichen Glieder des Kalabrischen Apennins, werden durch die von Nord nach Süd streichende Cratisenke getrennt, einen alt angelegten (Tomas 1966) Längsgraben von 10 km Breite, der von mächtigen Miozän- und Pliozänablagerungen erfüllt ist. Der Crati hat diese Meerestone und Sande in seiner Mitte ausgeräumt, und so begleitet Hügel- und Terrassenland seine Talung.

Die kristallinen Massive sind von flach gewölbten Hochflächen überzogen, die von seichten Tälern um 1250 m Höhe gegliedert werden. Flache Kuppeln bilden die höchsten Erhebungen, wie im Botte Donato der Sila mit 1929 m. Die typische Asymmetrie des apenninischen Gebirgsbaues macht sich auch hier bemerkbar. Die Ränder der Massive brechen steil gegen Westen ab, sei es zur Cratigrabensenke oder zur tyrrhenischen Steilküste. Sie sind von geröllreichen Torrenti und Fiumare mit hohem Gefälle tief zertalt. Das weitgehend zu Grus verwitterte kristalline Gestein leistet der Abtragung nur wenig Widerstand. Über der breiten Küstenebene von Crotone liegt im Osten in 300 m Höhe die stark zerschnittene Pliozäntafel. Jungtertiäres Tafelland überzieht auch die Senke zwischen den Golfen von Sant' Eufémia und Squillace, einen ehemaligen Meeresarm. Westlich der Serre liegt die Granithochfläche des M. Poro, abgesondert durch eine mit Pliozän erfüllte Senke. Im Osten folgen Schichtkämme aus Jura- und Kreidekalken. Das südlichste Massiv, der Aspromonte mit kristallinen Schiefern, Granit und Gneis, ist im Westen charakterisiert durch einen in zwei bis vier, ja bis zu sieben Stufenflächen gegliederten Abfall. Im Osten liegen mesozoische Kalke, dann Schichtkämme aus Miozänkonglomeraten, denen eine schmale Pliozänzone folgt mit ihren typischen Zerschluchtungsformen. Seiner Form entsprechend ist das Aspromontemassiv radial und an den Rändern tief zertalt. Ein schmaler langgestreckter, die Wasserscheide tragender Rumpfflächenrest verbindet Aspromonte und Serre in Höhen um 1000 m. Auf das hohe Alter solcher Rumpfflächen weisen die tiefgründig und rot verwitterten Gesteine hin.

Die Stufengliederung besonders im Westen, aber auch im Süden des Aspromonte hatte durch Lembke (1931) erstmals eine anerkannte Erklärung gefunden. Entscheidend ist die noch immer anhaltende Heraushebung, die in den einzelnen Massiven in ungleichem Maße vor sich gegangen ist. Die auf der Ostseite unter dem Pliozän liegenden Sedimente verhielten sich bei der Hebung flexibel und wurden aufgebogen. Die starren kristallinen Massen der Westseite dagegen sind zerbrochen; bei der Heraushebung entstand eine Staffelstruktur mit geradlinig verlaufenden, parallel zueinander liegenden Stufenflächen. Sie sind demnach Teile der die Höhen überziehenden Abtragungsflächen, die teilweise als Abrasionsterrassen und teilweise unter Festlandsbedingungen entstanden sind und nicht etwa Rumpftreppen darstellen. Sie liegen in der Sila zwischen 1100 und 1700 m, in den Serre 1000–1400 m, im M. Poro 500–650 m, im Aspromonte 1300–1400 m hoch. Sie können aber auch randlich vom Pliozänmeer und vom Pleistozänmeer in Warmzeiten bedeckt gewesen sein. Spuren der plio-kalabrischen Transgression sind im Aspromonte noch in 1400 m Höhe gefunden worden. Zwischen dem Capo Vaticano und dem M. Poro ließen sich 14 Abrasionsterrassen unterscheiden (Dumas u.a. 1981/82, S. 27). Sie zeigen einen geschwungenen Verlauf, haben Kliffränder und Brandungskonglomerate, aber nicht gleiche Höhen wegen der jungen Verstellungen. Erst die jüngsten tieferen Terrassen lassen sich einigermaßen weiterverfolgen.

Mit der jungen Heraushebung versuchte man auch die Tatsache zu erklären, daß nur würmzeitliche Vereisungsspuren im Kalabrischen Apennin gefunden worden waren, wie auf der Nordseite der höchsten Erhebung der Sila am Botte Donato (1936 m) in 1770–1580 m (Boenzi u. Palmentola 1974). Das sind die bisher südlichsten der Halbinsel. Inzwischen nimmt man jedoch an, daß der Apennin schon in der Rißkaltzeit große Höhen erreicht hat, was auch in Kalabrien zur Vereisung geführt hat (Federici 1980).

### a 8 Sizilien

In Sizilien wiederholt sich die zonale Anordnung der Großformen des Südapennins in recht deutlicher Weise. Im Norden erstreckt sich küstenparallel die Gebirgszone mit ihren höchsten Erhebungen in widerständigen Kalken, Sandsteinen und kristallinen Gesteinen. Das Innere der Insel wird von einem Tertiärhügelland erfüllt, das mit dem südapenninen Flyschbergland und seiner Fortsetzung im pliozänen Hügel- und Tafelland vergleichbar ist. Die dritte morphologische Einheit bildet auch hier ein Vorland, die Südostsizilianische Tafel, die das Gegenstück zur Apulischen Tafel darstellt. Dies sind die drei Haupteinheiten der Landschaftsgliederung Siziliens, das Apenninische Faltengebiet, das Vorland des Apennins und das Tafelland im Südosten, um Agrigent und Castelvetrano (PHILIPPSON 1934).

In der Gebirgszone schließen sich die Mti. Peloritani nach der kurzen Unterbrechung im Grabenbruch der Straße von Messina an den Kalabrischen Apennin an. Mit mäßigeren Höhen (1100–1300 m) zeigen sie die gleichen Formengemeinschaften wie dieser mit Verebnungen in der Höhe und zur Küste hin, mit Fiumare, Torrenti und Küstenterrassen. Die sich westlich anschließenden höheren Nébrodi, manchmal auch Caroníe genannt, die im M. Soro 1847 m erreichen, erinnern in ihrer Gestaltung an den Nordapennin, weil sie wie dieser bestimmt sind durch Tertiärsandsteine und Tone. Die Trias- und Jurakalkstöcke der Madoníe (1979 m) und der Gebirgsgruppen um Palermo, wie z. B. des M. Pellegrino, wiederholen die charakteristischen Formen des Südapennins mit ihren Karsthochflächen, Dolinen (quarare), kahlen Hängen und Steilküsten zwischen teilweise aufgefüllten Meeresbuchten. Die Berge Westsiziliens bilden ein abwechslungsreiches Nebeneinander von ungleich hohen widerständigen Felsklötzen. Meistens sind es Kalkberge, auch zusammen mit Zeugen eines Juravulkanismus wie in den Mti. Sicani, in der Rocca Busambra (Kalk) bis 1613 m hoch, die sich damit über die sie trennenden Hügel- und Muldenformen der typischen Flyschformationen erheben. Sie enden an einer Stufe über der gehobenen Küstenebene Westsiziliens zwischen Trápani und Sciacca. Die Unruhe in den bewegten, abwechslungsreichen Oberflächenformen mit dem schroffen Nebeneinander von Kalkbergen und von der Abtragung stark betroffenen Mergeln wird noch betont, aber auch erklärt durch die wiederholte Erdbebentätigkeit, wie zuletzt 1968 im Belicetal.

Das Zentralgebiet ist viel einheitlicher, doch erheben sich hier mit steilen Flanken einige Höhen aus widerständigen Gesteinen als Tafeln oder kurze Schichtkämme über die gipsführenden Mergel und Tone, die im Obermiozän abgelagert worden sind. Gipsdolinen (zubbi) sind verbreitet, nur noch wenige Schwefelgruben und moderne Kali- und Salzbergwerke nutzen die Bodenschätze (vgl. BÄCKER 1976 u. Kap. IV 2 e 5). Dank der auch hier kräftigen postpliozänen Heraushebung werden noch Höhen bis 948 m erreicht, wie in dem von der Stadt Enna gekrönten Gipfel. Pliozäntafelland schließt sich von dort gegen Süden an mit den Mti. Eréi um Piazza Armerina, wo Höhen um 500–800 m liegen.

Die im Südosten gelegene Oligozän-Eozän-Kalksandsteintafel von Ragusa enthält ein Erdölspeichergestein. Sie dacht sich allmählich bis um 400 m ab, um dann steil zur Südküste hin abzubrechen. Im Norden ist die Tafel von einer Basaltlavadecke überzogen, die von einigen Vulkankegeln überragt wird, es sind die Mti. Iblei.

Der gewaltige Vulkanbau des aktiven Ätna (3263 m) bildet eine Großform für sich. Er ist mit seiner Lage am Rand der Gebirgszone und auf der Tertiärfüllung der Zentralzone dem M. Vúlture im Südapennin vergleichbar, während die übrigen italienischen Vulkangebiete im tyrrhenischen Rückland gelegen sind, wie auch die Vulkane der Äolischen Inseln.

Rund um Sizilien liegen in verschiedenen Höhen über dem heutigen Meeresspiegel Ebenheiten, die leicht ansteigend bis zu einem mehr oder weniger scharfen Geländeknick ins Land reichen können, als schmaler Saum oder als breite Küstentafel wie diejenige Westsiziliens. Solche mit marinen Sanden oder Schottern bedeckte Terrassen, die bis zum ehemaligen Kliff reichen, begleiten zwischen 70 und 130 m Höhe über dem Meer fast die gesamte Nordküste der Insel. Während einer Warmzeit des Pleistozäns hat das Sizilmeer hier seine Spuren hinterlassen. Zu dessen Ablagerungen kommen ältere und jüngere in anderen Höhenlagen, Zeugen der sogenannten kalabrischen und der tyrrhenischen Transgressionen. Dazwischen liegt die Milazzoterrasse in 50 m Höhe, durch die eine kleine Insel ans Festland Sizilien angegliedert worden ist. Auch diese Ebenheiten der jüngeren geologischen Vergangenheit Siziliens unterlagen der Hebung und Verstellung an Bruchlinien, wenn auch in geringerem Maß als diejenigen Kalabriens. Bei Messina, in einer besonders stark tektonisch bewegten Region, liegen drei Verebnungen in 420 m, in 330 m und zwischen 70–120 m übereinander (Hugonie 1974).

Auch die Ausbildung des Gewässernetzes ist mit demjenigen auf der Vorlandseite des Südapennins in der Basilicata vergleichbar. In Sizilien gelangen gleichfalls nur wenige kurze Flüsse, zumeist Torrenti und Fiumare (vgl. Kap. II 3 e 2), aus der Gebirgszone ins Tyrrhenische Meer. Nur der Torto nutzt die breite Lücke im Kalkgebirgszug, die sich als Niederung südwärts zum Plátani fortsetzt. Die längsten Flüsse gelangen wie dieser nach Süden ins Mittelmeer. Ein alter Meeresgolf ist die von Schwemmland aufgefüllte und bis vor kurzer Zeit noch versumpfte Ebene von Catánia, in der die Flüsse radial zur Mündung des Simeto zusammenströmen.

Auch im geologischen Bau ist Sizilien am leichtesten mit dem Südapennin zu vergleichen, weil es die gleiche Zonengliederung vom gehobenen, in Schollen zerlegten Gebirge der Nordregion (Desio 1973) über die Miozänsedimentationströge der Zentralregion hin bis zum Vorland in der Südostregion der Hybläischen Tafel erkennen läßt. Diese Interpretation ist erst durch die Tiefbohrungen und seismischen Messungen der Erdölgesellschaften möglich geworden. Beneo (1964) hat deren Ergebnisse für seine geologische Karte im Maßstab 1 : 500000 verwendet. Das Nordwest-Südost-Profil zeigt den starren Sockel aus festen, widerstandsfähigen Gesteinen, vor allem Kalk und Dolomit, der bei der tektonischen Beanspruchung in Horste und Gräben zerlegt worden ist. Er ist von plastischen Sedimenten überlagert, von Tonen und Mergeln, die dort, wo der Sockel am tiefsten abgesunken ist – wahrscheinlich zwischen Agrigent und Licata wegen der dort maximalen negativen Schwereanomalie – bis zu 8000 m mächtig sein können. Der Gegensatz zwischen Kalk und Flysch, zwischen Bruchtektonik und dem Fließgleiten, das zu der wirren Lagerung im Miozänbecken geführt hat, bestimmt also auch den Bau Siziliens. Aus der plastischen Füllung der Depression ragen Kalkhorste auf, wie z. B. die Mti. Sicani. Das Dach der Horste besteht im Nordwesten ebenso wie in der Tafel Südostsiziliens in Kalksandstein des mittleren Miozäns. Erst danach hat wahrscheinlich bis zum Mittelquartär die Senkung und Sedimentation angedauert. In der Westregion liegt der Sockel nicht über 3000 m, in der Nordregion nur bis 500 m tief. Als Sedimentationsmaterial herrschen dort Sande vor im Unterschied zur Tonfazies der Zentral- und Südregion.

Der Nordosten Siziliens gehört zur Kalabro-Peloritanischen Masse, die stark verstellt ist. Kalk- und Dolomitreste sind auf der Hochfläche noch teilweise erhalten. Ausdruck der seit der Jurazeit anhaltenden starken orogenetischen Bewegung und allgemeinen Instabilität der Kruste sind außer der Bruchtektonik auch die damit verbundene Erdbebentätigkeit und der aktive Vulkanismus, der im Ätna und den Vulkanen der Äolischen Inseln (Strómboli) bis heute anhält.

Die so einfach erscheinende und der hier dargestellten Auffassung von der Genese des Südapennins entsprechende Erklärung für Sizilien durch BENEO stimmt weitgehend überein mit derjenigen durch MANFREDINI (1963) in seinem Überblick über die gesamte Apenninenhalbinsel mit Sizilien. DESIO (1973) dagegen folgt ganz der Auffassung von OGNIBEN, der einen Deckenbau mit sieben verschiedenen Decken in drei Komplexen zu erkennen glaubt, von denen aber nur eine, die von Cesarò mit den ›argille scagliose‹ die Zentralregion überlagert haben soll.

### a9 Sardinien

In Formen, Strukturen und Gesteinen ist Sardinien von den bisher besprochenen Verhältnissen vollkommen verschieden. Handelte es sich auf der Apenninenhalbinsel und in Sizilien um geologisch junge Sedimente und bis in die Gegenwart anhaltende Bewegungen, die sich in Erdbeben und aktivem Vulkanismus äußern, so tritt uns hier ein in Gesteinen und Formen vorwiegend altes Land entgegen, und das bedeutet im Unterschied zu der an Bodenschätzen armen Apenninenhalbinsel einen seit frühen Zeiten genutzten Reichtum an wertvollen Erzen. Sardinien ist ein Teil der Korsardinischen Masse, von den Festländern getrennt durch Meeresbekken, die im Westen über 2500 m, im Osten über 3500 m und noch im Süden über 2000 m tief sind, während Korsika über den toskanischen Archipel noch mit der italienischen Halbinsel zu verbinden ist (vgl. DIETRICH u. ULRICH: Atlas zur Ozeanographie 1968, S. 71).

Sardinien besteht in sich wieder aus zwei großen, sehr unterschiedlichen Einheiten, die in Nordwest-Südost-Richtung von einer breiten, geradlinigen Niederungszone, der Campidanograbensenke getrennt werden, sie erstreckt sich vom Golf von Oristano zum Golf von Cágliari. Im Südwesten liegt die kleinere der beiden alten Massen, durch einen Quergraben geteilt, in dem sich die Cixerriniederung erstreckt. Der so abgegrenzte Südwestteil ist das Iglesientegebiet, dessen jungpaläozoische Gesteine, randlich auch Granite, und noch ältere, in Kambrium und Silur entstandene Gesteine bedeutende Lagerstätten von Blei-, Zink- und anderen Erzen enthalten (vgl. HILLER 1978, S. 124; H. WAGNER 1982, Abb. 9). Die Gebirgsteile sind stark gegliedert und erheben sich über steile Hänge, doch nur selten zu größeren Höhen (M. Linas 1236 m). Im Westen ist ein Hügelland aus alttertiären Gesteinen angelagert, welches Braunkohle enthält, der Sulcis. Einige Teile davon sind aus Trachytlaven aufgebaut, ebenso auch die vorgelagerten flachen Inseln.

Nördlich der Campidanosenke liegt ein außerordentlich vielgestaltiges Bergland, dessen Westteil sich wieder vom Ostteil unterscheidet. Der kristalline Untergrund, meist Granit, bildet im Ostteil die Oberflächenformen, während im Westteil diese Basis tief liegt und mit mächtigen Serien von ungestört horizontal lagernden Meeressedimenten des Miozäns bedeckt ist, die häufig noch von Lavadecken vor der Abtragung geschützt werden. Abgesondert ist der Nordwestteil, die Nurra, mit silurischen Gesteinen, die an ihrer Steilküste gegen Westen senkrecht abfallende Jurakalkfelsen besitzt. Trotz der völligen Andersartigkeit Sardiniens gibt es doch im Ostteil einige gemeinsame Züge im Vergleich mit dem Südapennin und dem kalabro-peloritanischen Kristallin. Gemeinsamkeiten sind die zur Tyrrhenis gewandten steilen Seiten, also die Asymmetrie in den Höhenverhältnissen, und weiterhin die Kalksteinauflagerung über kristallinem Untergrund, wie in den südwestlichen Peloritani.

Der Ostteil besteht aus einer unregelmäßigen Abfolge einzelner Gebirgsgruppen und leichtwelliger Hochflächen. Mit Ausnahme von Felshängen und Abstürzen einzelner Massive gibt es keine schroffen Formen, es überwiegt im allgemeinen die Horizontale. Bewegter erscheint die im Norden allmählich unter den Meeresspiegel abtauchende Gallura mit ihren Höhen unter 1000 m. Sie setzt sich in der romantischen Riasküste fort, die aus kleinen Halbinseln und Inseln, wie der Maddalenagruppe, besteht (BALDACCI 1961). In der Bucht von Ólbia ist eine typische Ria, eine versunkene flache Flußstrecke, zu erkennen (SCHEU 1923b). Ein für den Granitbereich der Gallura charakteristischer Küstenhof liegt dahinter in der Ebene von Ólbia und ihrer Umrahmung. Nach HILLER (1981, S. 44) ist die über dem vergrusten Granit wirksame Spüldenudation als Bildungsursache heranzuziehen, marine Abrasion dagegen auszuschließen. Granitfelsen zeigen bizarre Hohlformen in den ›tafoni‹, z. B. am ›Orso‹, dem ›Bären‹, weil die Verwitterung grobkristallinen Gesteins in Meeresnähe besonders wirksam tätig ist (Hydratationsvorgänge durch Wasseraufnahme besonders auf Schattenseiten und von der Basis her; KLAER 1956, S. 41–68; PELLETIER 1960, S. 136–142). Einzelne Granitberge sind in Kuppel- oder Glockenform gestaltet als Folgen der Entlastungsklüftung, die der Oberfläche des Gesteins parallel verläuft (z. B. bei Ággius). Ein bedeutendes Massiv bildet der M. Limbara (1362 m), der von Granitfelsburgen gekrönt ist und eine weite Aussicht bieten kann.

Im übrigen herrschen als Ergebnis von Abtragungsvorgängen verschiedener geologischer Zeiten Hochflächen vor, die hier etwa 800–1000 m Höhe besitzen. Solche Abtragungsflächen könnten sich zuletzt nach dem Auftauchen der Insel aus dem Miozänmeer als ›obermiozäne Rumpffläche‹ ausgebildet haben (Hiller 1981, S. 106). Einzelne Gebirgsrücken erheben sich in der Nordost-Südwest-Richtung dank der größeren Widerständigkeit ihrer feinkörnigen Granite über die in normalen Graniten ausgeräumten Längssenken und intramontanen Becken. Es ist dies ein Ergebnis strukturbetonender Flächenbildung im Pliozän (Hiller 1981, S. 43). Wie für Ággius und den M. Limbara gilt das für die Gocéanukette, die noch 1259 m weit im Westen erreicht, und für das Becken von Témpio. Die Einebnungsflächen überziehen nach Hiller nicht nur die Granite und kristallinen Schiefer, Altflächenreste enthält auch das obere Stockwerk der Gebirgstreppe Ostsardiniens. Dort liegen um den Golf von Oroséi langgestreckte Kalk-Dolomit-Schollen in Gestalt einer Grabensenke mit Reliefumkehr (M. Albo, Mti. di Oliena). Den Formenschatz bilden schmale Karsthochebenen und Poljen, an den Flanken Rutschmassen und mächtige Schuttkegel. In das Formenbild der Abtragungsflächen bringen tertiäre Vulkankegel und Basaltdecken neue Elemente hinein. Plio-pleistozäne Vulkanite ermöglichen die Datierung einzelner Flächen.

Südlich der Granithochflächen erhebt sich das weite Gennargentumassiv als flache Kuppel in kristallinen Schiefern bis auf 1834 m Höhe. Die fluviale kaltzeitliche Zerschneidung war gegen Süden im Flumendosagebiet besonders tief und ergab ein vielgestaltiges Relief (vgl. Hiller 1981, Photo 4). Die rundlichen Jurakalktafelberge (tacchi) und deren oft steil aufragende Zeugenberge (tónneri, z. B. die Perda Liana), die sich im Süden zwischen Láconi und Lanuséi über die Einebnungsfläche in Granit und Schiefern erheben, sind nach älterer Auffassung Zeugen dafür, daß die Ebenheiten vor der Ablagerung der Meeressedimente entstanden sein müßten. Man sprach von einer herzynischen (Vardabasso 1951) oder permo-triassischen Rumpffläche (Desio 1973, S. 929). Hiller (1981, S. 100) bezieht dagegen die flachlagernden jurassischen Kalke und Dolomite in den obermiozänen Treppenbau Ostsardiniens mit ein. Die Rumpfstufen sind in ihnen besonders scharf als Tafellandstufen ausgebildet. Südlich des Gennargentu, d. h. in der Barbágia, setzt sich das Silurschiefergebiet als Gegenstück zum Iglesiente fort, es sind die Landschaften Gerréi und Sárrabus. Dank der Undurchlässigkeit ihrer Gesteine konnten in den tiefen Tälern der Flumendosa Talsperren angelegt werden, die für Sardinien so lebensnotwendig sind. Noch einmal folgt ein Granitkomplex in den Sette Fratelli, dem Südostsporn der Insel.

Obwohl der Grundgebirgssockel im Westteil wesentlich tiefer liegt, sind die Höhen infolge der Auffüllung der ehemaligen Tiefen- und Senkungszone doch mit 600–700 m noch beträchtlich. Im Norden, in der Anglona, bestimmen Laven und Tuffe die Hochflächen, an die sich um Sássari Miozäntafeln anschließen. Zur Westküste hin erstrecken sich weite Trachythochflächen (bis 800 m) mit einem

Stufenabfall nach Alghero und zur Steilküste bei Bosa. Südlich Sássari erheben sich auch kleine Vulkankegel, und man spricht von der ›Sardinischen Auvergne‹. Bis an den Rand des eigentlichen Campidano erstreckt sich eine weite Basaltregion, im Südosten die Catena del Márghine (bis 1118 m). Der M. Ferru im Südwesten ist ein radial zertalter alter Vulkanberg, mit Trachyten und Basalten vielfältig zusammengesetzt (1050 m). Südlich des Tirso und bis Cágliari liegen meist sandige und mergelige, also leicht abzutragende Miozänsedimente, aus denen die Hügelländer der Marmilla und Trexenta bestehen. Trachyte, wie im M. Arci (812 m), und Basalte schützen die feinkörnigen Sedimente vor der Abtragung und bestimmen als steil aufsteigende Tafelberge (giare, z. B. Giara di Gésturi) das Landschaftsbild. Das miozäne Hügel- und Tafelland kann als Ostflügel der großen Campidanograbensenke aufgefaßt werden. Deren westlicher Flügel ist tiefer abgesunken; von den Grabenrändern her und im Gebirgsrückland beginnend legten sich breite, später zerschnittene Gebirgsfußflächen mit ihrer quartären Schotter- und Schuttbedeckung geringer Mächtigkeit (2–5 m) über den miozänen Untergrund (SEUFFERT 1970). Das Grabeninnere enthält also keine einfache Schwemmlandebene, sondern ein recht bewegtes Relief. Die Meeresspiegelschwankungen, die Ingressionen während der Warmzeiten, reichten nur wenige Kilometer von den beiden Golfen aus in die Senke hinein (Abb. 170 bei DESIO 1973, S. 711, nach MAXIA u. PECORINI 1968). Schmale Küstensäume, wie die von Arbatáx-Tortolì im Osten, des Sulcis im Südwesten, der Bucht von Porto Torres und der Halbinsel Sinis, sind mit der Tyrrhenterrasse zu erklären, die als sogenannte ›panchina‹ mit Unterbrechungen die ganze Insel umzieht. Mit Bezug auf die Lokalität Cala Mosca bei Cágliari wurde der Terminus ›Tyrrhénien‹ von ISSEL 1914 vorgeschlagen (PASKOFF u. SANLAVILLE 1981; MARINI u. MURRU 1983, Karte).

Der geologische Bau Sardiniens läßt sich vorwiegend durch die sich immer wieder erneuernde Bruchtektonik verstehen. Sie betraf zusammen mit Westkorsika die Korsardinische Masse, einen alten Kristallinkomplex von paläozoischen Massiven, ›die von jungen Faltensträngen gleichsam umflossen werden‹ (WUNDERLICH 1966, S. 271). Ostkorsika gehört schon zum penninischen Trog der Alpen, der sich nach Westen verlagert im Unterschied zum apenninischen Trog, der nach Osten wandert. Der penninische Trog zieht demnach nah der Ostküste der Insel entlang, und man darf annehmen, daß die leichte Faltung der Kreidekalke in der Synklinale von Urzuléi als Umrahmung des Senkungsgebietes von Oroséi ein Ergebnis davon ist, als Reaktion des starren paläozoischen Massivs gegenüber den orogenen Schüben des alpinen Zyklus von der Tyrrhenis her (DESIO 1973, S. 931). Hinzu kommt eine allochthone Überschiebung am Osthang des M. Albo (HILLER 1981, S. 102).

Eine Erklärungsmöglichkeit für die im Vergleich zum übrigen Italien so völlig andersartigen geologischen Strukturen und die auf ihnen entwickelten Großformen bieten Vorstellungen, wie sie in der Theorie der Plattentektonik erarbeitet worden sind. Danach lag die Korsardinische Masse einst quer vor der heutigen südfranzösischen Küste und gilt deshalb als kontinentales Fragment. Die Fortsetzung des Rhônegrabens ist in der großen zentralsardinischen Grabenzone zu sehen, nun als Riftbildung anzusprechen. Paläomagnetische Messungen in den Vulkaniten haben die Drehung der Masse seit 35 Mio. Jahren um 40–50 Grad nachgewiesen (GIESE u. a. 1980, Fig. 6). ›Sardinien liegt eingebettet in den eurasiatischen Kettengebirgsgürtel, der durch das Aufeinandertreffen der afrikanischen und eurasiatischen Platte entstanden ist, und der hier vom größten kontinentalen Grabengürtel der Alten Welt durchsetzt wird‹ (HILLER 1981, S. 8).

Die Bruchstücke des alten Massivs, die Sardinien zusammensetzen, sind in unterschiedlicher Weise herausgehoben oder abgesenkt worden. In die gesunkenen Grabenzonen konnte das Miozänmeer eindringen und seine Sedimente hinterlassen wie schon in der Jura- und Kreidezeit, nun aber in einer großen zentralen Grabenzone zwischen den beiden Horstflügeln kristalliner Massive im Osten und Südwesten. Zu jener Zeit war Sardinien eine Inselflur. Erst nach der Hebung ab Obermiozän – denn marines Pliozän fand sich nur bei Oroséi in kleinen Resten – und nach der Überdeckung und Füllung der Grabenzone mit Laven und Tuffen ist die Insel so gestaltet worden, wie sie uns heute entgegentritt.

Als Ergebnis der so überaus interessanten Entstehungsgeschichte der Insel und der entsprechenden Gestaltung der Oberflächenformen lassen sich drei verschiedene meridionale Zonen erkennen: 1. die östliche, breite altkristalline Hochzone (Gallura–Barbágia–Gerréi–Sárrabus–Sette Fratelli), 2. eine zentrale Grabenzone zwischen den Golfen von Asinara und Cágliari, der Turritano-Campidano-Graben nach VARDABASSO, und 3. die westliche paläozoische Hochzone mit Iglesiente-Sulcis im Süden und der Nurra im Norden, wozu in deren Mitte ein Reststück in Gestalt der Insel Mal di Ventre kommt. Zwei Höhenzonen queren den Zentralgraben von Nordosten nach Südwesten, nämlich im Norden der Márghinerücken bei Macomér und im Süden die Gúspini-Sárdara-Scholle mit Monreale (VARDABASSO 1964, S. 817). Der kristalline Kern ist im Süden durch parallele Nordwest-Südost-Strukturen zerlegt wie jene, denen der Campidanograben und das Flumendosatal folgen. Im Norden bestimmen die Nordost-Südwest-Strukturen den Verlauf der Gebirgsrücken und Talungen, so den des Tirsograbens, des Grabens von Logudoro-Ólbia und des Márghinerückens. Am Golf von Oroséi schneiden sich beide tektonische Strukturen, die als paläozoisch-herzynisch angesehen werden, ebenso wie im Golf von Oristano; beides sind jüngere Senkungsräume, bei Oristano mit über 2000 m mächtigen, jungtertiären bis altquartären Sedimenten (VARDABASSO 1964, S. 620). Meridionale Nord-Süd-Strukturen und die dazu quer verlaufenden gelten dagegen als älter, als kaledonisch oder sardisch, d. h. zwischen Kambrium und Ordovizium. Sie treten in der Nurra und im Iglesiente auf und stehen im Zusammenhang mit der kaledonischen Orogenese, während die Granitisierung und die Vererzungen von VARDABASSO (1964, S. 627) als variszisch angesehen werden. Der Vulkanismus Sardiniens ist als Zeichen der ehemaligen Instabilität zu verstehen, die wiederum das Ergebnis der raschen Hebung des Massivs und der Absenkung des westmediterranen Beckens ist (Desio 1973, S. 932, vgl. ferner Kap. II 1 d 3).

Sardinien erscheint nach diesem Überblick über seine Großformen und Strukturen in einem anderen Licht, als es die kurze Charakterisierung als starres kristallines Massiv im Vorland der alpidischen Faltung erkennen ließ. Die Konsolidierung ist jedoch inzwischen so weit fortgeschritten, daß es bis auf heiße Quellen an Grabenrändern keine Merkmale mehr von vulkanischer oder postvulkanischer Tätigkeit gibt; auch Erdbeben sind nur an der Straße von Bonifácio hin und wieder schwach spürbar. Die große Verbreitung von Granithochflächen und von Tafeln aus jungvulkanischen und vorwiegend sauren Gesteinen bedingt die geringe Nutzungsmöglichkeit für die Landwirtschaft, abgesehen von Weidewirtschaft. Der mit den alten Massiven verbundene Reichtum an Erzen war einst von Bedeutung, schon in der Nuraghenzeit, ist heute aber keine Grundlage mehr für eine moderne Wirtschaft. So sind die Landnutzungs- und Siedlungsräume beschränkt auf die meeresnahen Bereiche der Grabenzone, vor allem aber der Campidanograbensenke. Auch sind die malerischen Küstenstriche und nicht das Innere der Insel die vom Tourismus berührten Teile Sardiniens.

## a 10 Literatur

In fast allen Teilen Italiens herrschen Oberflächenformen vor, die durch geologisch junge Sedimente und bis heute anhaltende Tektonik bedingt sind. Zur Erklärung ist deshalb die geologische Literatur neben den grundlegenden Kartenwerken heranzuziehen. Wegen der weitreichenden Fortschritte der Forschung bedürfen ältere Darstellungen, wie die entsprechenden Kapitel bei Machatschek (1938 u. ²1955) der Aktualisierung, sind aber noch als Einführung nützlich. Dazu kann schon die Einführung von Schönenberg (1971) dienen, vor allem aber das zusammenfassende Werk von Desio (1973), zu dem 113 italienische Geologen beigetragen haben. Die größten Probleme bietet zweifellos der Apennin, um dessen Erforschung sich neben vielen italienischen gerade auch deutsche Geologen verdient gemacht haben: Behrmann (1935, 1958), Görler und Ibbeken (1964), Görler und Reutter (1964, 1968), Görler und Richter (1966), Manfredini (1963), Pieri (1967/68), Reutter (1968, 1980), Richter (1960, 1963), Teichmüller u. Quitzow (1935), Wunderlich (1965, 1966). Die ›Toskanaschule‹ hat einen hervorragenden Anteil an der Apenninenforschung seit Merla (1951; vgl. G. Sestini 1970). Dort entstand die geologische Karte des Nordapennins 1 : 500 000 (Bortolotti u. a. 1969). Bedeutende Fortschritte brachten die Fernerkundungsmethoden (Bodechtel 1970; Bodechtel u. Nithack 1974; Boccaletti u. Coli 1979) und die Anwendung des Konzepts der Plattentektonik (Giese u. a. 1980, Reutter 1980). Ein ›Strukturmodell‹ erarbeiteten auf Grund neuerer Forschungen Ogniben u. a. (1976) mit einer Karte 1 : 1 Mio. Geologische Führer haben Waldeck (1977) für die Insel Elba und Pichler (1970 a, b, 1981, 1984) für die italienischen Vulkangebiete verfaßt. Zur Geologie der Lagerstätten und zur Rohstoffwirtschaft vgl. den Länderbericht von H. Wagner (1982).

Die Erdöl- und Erdgasexploration führte in der Padania und in Sizilien zu neuen Erkenntnissen über den tektonischen Bau und die Sedimente (Beneo 1964).

Zusammenfassende Darstellungen zur Geomorphologie Italiens finden sich in EMBLETON (Hrsg., 1984), verfaßt von CASTIGLIONI und SESTINI. Über den Stand der Forschung informieren CASTIGLIONI u. a. (in CORNA-PELLEGRINI u. BRUSA 1980, S. 647). Geomorphologen sind seit jüngerer Zeit an der Neotektonik stark interessiert, unter anderem in einem Forschungsprojekt des CNR, das eine Karte 1 : 500 000 erarbeitet. Zum Apennin vgl. dort FEDERICI (1973, 1978), BARTOLINI u. BARTOLOTTI (1971), zur Padania PELLEGRINI und VEZZANI (1978), zum Alpenrand ZANFERRARI u. a. (1980). Die geomorphologische Forschung, in Italien vorwiegend von geologischen Instituten aus betrieben, wurde in jüngster Zeit intensiviert. Beispielhaft ist die Kartierung um Fébbio im Emilianischen Apennin unter PANIZZA (1982).

Eine geologische Bibliographie gibt der Forschungsrat C.N.R. seit 1954 heraus. An Zeitschriften erscheinen der ›Bollettino della Società geologica italiana‹ (mit Memórie), der ›Giornale di Geología‹, der ›Bollettino del Servízio geológico d'Italia‹ und der ›Giornale della Geología prática ed applicata‹. Institutsveröffentlichungen kommen unter anderem in Padua und Rom dazu. Der Quartärgeologie und Quartärmorphologie dient die ›Geografia Física e Dinámica Quaternária‹ des Comitato Glaciológico italiano.

Die Herausgabe der flächendeckenden geologischen Karten obliegt dem offiziellen Servízio geológico, der dem Ministerium für Industrie und Handel untersteht. Die Karte 1:100 000 erscheint dort seit 1955 in Neubearbeitungen, die Übersichtskarten 1:1 Mio. in 5. Aufl. (vgl. DI PASQUALE 1961), eine Karte 1:500 000 in 5 Blättern begann mit Sizilien–Kalabrien. Spezialkarten 1:25 000 dekken Kalabrien (1967–71) und zum Teil den Iglesientebereich. Abgesehen von älteren Ausgaben sind seit 1972 einige Karten im Maßstab 1:50 000 erschienen.

Weitere Literatur zur Geologie und Geomorphologie der Einzelräume und zu Teilgebieten wie Karst, Vulkanismus, Erdbeben, Tongebiete mit Bodenerosion und Küstenformen wird im Anschluß an die entsprechenden Kapitel erwähnt und im Text durch die Verfasser genannt.

### *b) Karstgebiete mit ihren Formen und in ihrer Verbreitung*

Die in Kalabrien, Nordostsizilien und Sardinien für die Gestaltung der Großformen so entscheidenden kristallinen Gesteine haben innerhalb Italiens nur noch in den Westalpen ihr Gegenstück, wo sie jedoch viel stärker herausgehoben, tief zertalt und zudem vom Gletschereis umgestaltet worden sind. Alle anderen Großformen, abgesehen von den Schwemmlandebenen, haben sich im Grunde über drei Gruppen völlig unterschiedlicher Gesteine herausgebildet, die sich wegen ihres Verhaltens gegenüber dem Wasser und der Schwerkraft in sehr unterschiedlicher Weise als Lebens-, Wohn- und Wirtschaftsraum des Menschen eignen, wobei positive und negative Wirkungen in gleicher Weise zu beobachten sind. Es sind das erstens die Kalksteine, Dolomite, Gipse, d. h. Karbonatgesteine, zweitens Mergel, Tone, Schiefertone, d. h. Tongesteine, und drittens die Laven und Tuffe, die Vulkanite. Während die aus Kalkgestein bestehenden Großformen in der bisherigen Besprechung immer wieder zu beschreiben waren, sind typische Kleinformen und die sich in und über dem Gesteinskörper abspielenden Vorgänge noch unberücksichtigt geblieben. Weiterhin ist noch nicht deutlich geworden, in welch hohem Maß ein derartiger Gesteinsaufbau und der durch Gestein, Tektonik und Klima bestimmte Formenschatz für den oberirdischen Abfluß, die Wasserspeicherung, die Quellschüttung und damit für die Wasserversorgung der Bevölkerung von Bedeutung sind. Wenn hier auch nicht alle diese vom Substrat abhängigen geographischen Komplexe eingehend behandelt werden können, so soll doch versucht werden, den Blick auf die wesentlichen Zusammenhänge zu lenken, soweit sie für das Verständnis notwendig sind.

### b1 Karst in Italien

Kalkgesteine bestimmen das Gerüst des Formenschatzes Italiens am stärksten und bauen die höchsten und steilsten Gebirgsgruppen auf. Ihre Besonderheit und ihre Problematik besteht darin, daß Kalke, wie auch Dolomit und Gips, zu den lösungsfähigen Gesteinen gehören. Damit sind gewöhnlich schwerwiegende Folgen für den Wasserhaushalt in der Natur und für die Wasserversorgung von Mensch und Tier verbunden. Die italienischen Karstgebiete sind deshalb ausgesprochene Problemräume. Die sich in ihrem Bereich abspielenden Prozesse und die dabei geschaffenen Formen werden in der Karstforschung untersucht, in der verschiedenste Disziplinen tätig sind, wie Geologie, Hydrologie, Paläontologie, Geomorphologie, Boden- und Höhlenkunde. Der Terminus ›Karst‹ ist vom Namen der slowenischen Landschaft abgeleitet, wo solche Lösungsformen zuerst systematisch untersucht und beschrieben worden sind. Weil es sich dort um kahle, von Vegetation weitgehend entblößte Landschaften handelt, werden auch häufig andere, nicht auf Kalk entwickelte, aber ebenfalls weitgehend degradierte oder zerstörte Flächen ›verkarstet‹ genannt.

Die charakteristischen Erscheinungen der Großformen der Kalksteingebiete seien noch einmal zusammengefaßt: steilaufragende Massive mit kahlen Flanken, die mehr oder weniger mächtige oder massive Kalke mit ihrer Faltung und Klüftung erkennen lassen. Die Gipfel sind gerundete Kuppeln oder Rücken, nur die Dolomite neigen dazu, schärfere Zacken und Grate entstehen zu lassen, nicht nur in den Alpen, sondern auch am Gran Sasso. Hochflächen sind von der Zerschneidung bewahrt geblieben und zeigen doch oft ein bewegtes Relief mit ihren Rücken und eingelagerten Becken, die den Strukturen folgen. Die Armut an Tälern und die geschlossenen Hohlformen der kleineren Dolinen und der großräumigen Poljen (piani, campi) mit ihrem ebenen Boden beweisen, daß die auffallenden Niederschlagswässer durch das Gestein unterirdisch über sich ausweitende Klüfte abgeführt werden. Nach Speicherung und Sammlung dort und in größeren Hohlräumen treten sie ständig oder auch nur nach der Schneeschmelze und/oder nach starken Regenfällen in dann gewöhnlich reich schüttenden Quellen aus.

Kalklösung tritt auf, wenn saure, vor allem $CO_2$-haltige Regen- oder Bodenwässer den Kalkstein an seiner Oberfläche angreifen. Ein freiliegender Block ist dann von Rillenkarren überzogen. Kluftwände werden von scharfkantigen Schratten zerfressen und ausgeweitet. Der Kalkschutt wird in der feuchten Bodendecke allmählich aufgelöst, übrig bleiben die Tonbestandteile, um so mehr, je ›unreiner‹ oder weniger kalkhaltig das Gestein ist. Diese Rückstände finden sich in Mulden und Hohlformen als Roterde (Terra rossa) oder auch als Bauxit angereichert. Die italienischen Bauxitlagerstätten in den Abruzzen, Apulien und Kampanien sind das Ergebnis einer intensiven Verkarstung der Kreidekalksteine schon in der ausgehenden Kreidezeit. In reinen Kalksteinen greifen die Lösungsvorgänge besonders rasch in die Tiefe und auch in flachen Hohlformen, den Dolinen und Poljen, in die Breite. Man schätzt die Abtragung an der Oberfläche auf 10–30 mm im Jahrtausend (Fey u. Gerstenhauer 1977). Dazu kommt die Lösung im Innern des Gebirgskörpers, die ein um so größeres Ausmaß erreicht, je gängiger das Gestein ist, d. h. je zahlreicher die Klüfte sind. Jeder Besuch einer der erschlossenen Karsthöhlen vermittelt eine Vorstellung von den möglichen Größenordnungen. Je nach Gesteinszusammensetzung, Lagerung und tektonischer Beanspruchung sind in Kalken und Dolomiten Italiens sehr verschiedene Karstformen anzutreffen. Der Wasserhaushalt, die Vegetation und der auflagernde Boden sind von erheblichem Einfluß. Oberhalb der pleistozänen Schneegrenze kamen noch die Gletscherarbeit und deren Begleiterscheinungen dazu mit Moränen und Frostschutt. Grundsätzlich betrifft die Verkarstung aber Kalksteine und andere Karbonate jeden Alters, vom Kambrium Südwestsardiniens (z. B. die als Straßentunnel benutzte Grotta di San Giovanni bei Domusnovas) bis zum pleistozänen Travertin der Campagna Romana.

Die heutigen Karstformen sind also die Ergebnisse der seit Jahrtausenden anhaltenden, im Ausmaß sich ändernden Lösungsvorgänge. Ein von kräftigen Karren überzogener Felsblock muß schon seit etwa 1000 Jahren frei über der Boden- und Vegetationsdecke gelegen haben, so daß ihn das abrinnende Regenwasser bearbeiten konnte. Karstflächen konnten in den pleistozänen Kaltzeiten, als sie vegetationslos waren, besonders stark abgetragen werden. Der wiederaufgekommene Wald hat die Formen konserviert (Fey u. Gerstenhauer 1977, S. 47). Nach der Entwaldung geht heute die Abtragung und Lösung weiter, vor allem dann, wenn der leicht zu verfrachtende Lösungsrückstand an den Hängen abgewaschen worden ist. Dazu genügen schon einige Starkregenfälle. Die Kahlheit der Kalksteingebirge Italiens und des Mittelmeerraumes ist dadurch zu erklären, daß es sich um die seit jeher bevorzugten Weideflächen handelt. Nach der Entwaldung sind dadurch die Flächen ständig offengehalten worden und blieben der Gefahr der Bodenzerstörung ausgesetzt, die auf steilen Hängen leichtes Spiel hatte, wodurch weithin das Gestein (wieder) freigelegt ist. Die italienischen Karstgebiete zeigen infolge der seit etwa 2000 Jahren anhaltenden Nutzung und Bodenzerstörung mit wenigen Ausnahmen, z. B. der bewaldeten Nordhänge, so vollständig degradierte Flächen, daß sie auch durch die aufwendigsten Rekultivierungs- und Schutzmaßnahmen nur selten in einen günstigeren Zustand versetzt werden können. Im Wasserhaushalt haben die Kalkbereiche einen positiven Einfluß. Die Niederschlagswässer fließen zum größten Teil nicht oberflächlich ab, der größte Teil versickert und kommt verzögert zum Abfluß; bei Starkregenfällen werden mögliche Hochwasserspitzen gekappt, anders als in den benachbarten Flyschmergel- und Tongesteinsgebieten, deren Undurchlässigkeit den Oberflächenabfluß und die Entstehung von Hochwassern begünstigt.

### b2 Istrischer Karst

Im Istrischen Karst, und so auch in seinem zu Italien gehörigen Teil bei Monfalcone und Triest, sind alle Karstformen in höchster Intensität ausgebildet: Karren, Schratten, Dolinen, Trockentäler, Poljebecken, die durch Speilöcher unter Wasser gesetzt werden oder ständig einen See stark wechselnden Wasserstandes enthalten, Schlucklöcher (inghiottitói) und senkrecht hinabführende Höhlen (abissi), Riesenhöhlen, wie die zugängliche Grotta gigante bei Triest, Höhlensysteme, die heute trocken liegen oder noch von Flüssen durchströmt werden. Der unterirdische Flußlauf des Timavo, das berühmteste Beispiel, ist mit modernen Methoden erforscht worden, wobei seine Aufgliederung in viele Zweige nachzuweisen war; aber der lange unterirdische Lauf über 26 km hin zwischen der 329 m tiefen Trebicianohöhle und dem Austreten 1 km vor der Adriaküste bei San Giovanni di Duino ist noch unklar (Belloni u. a. 1972, S. 118). Färbeversuche haben erwiesen, daß es sich um den Unterlauf der Rieka handelt (Nangeroni 1957, Fig. 130), die über 47 km oberirdisch im Sandstein, im ›grünen Karst‹ fließt und mit Beginn des Kalksteins in der S.-Canziano-Höhle verschwindet. Während sie oberirdisch mit einer Geschwindigkeit von 800 m/h fließt, sind es im unterirdischen Teil nur 100 m/h, woraus schon zu ersehen ist, daß es sich nicht um einen einfachen Lauf wie durch einen Stollen handelt.

Karstgebiete sind stets Wassermangelgebiete wegen der seltenen oberirdischen Wasserläufe. Quellen liegen tief an der Untergrenze des durchlässigen Gesteins, oft weit voneinander entfernt und in tiefen Tälern, wo sie dann aber unter Umständen sehr reichlich schütten. Die Bevölkerung ist deshalb zum Teil heute noch in ihren Höhensiedlungen auf besondere Anlagen zur Wasserrückhaltung und Ansammlung von Regenwasser in Zisternen und künstlichen Teichen angewiesen, um Mensch und Vieh versorgen zu können. Im Triester Karst zeugen davon die jetzt verfallenen Eiszisternen (jazere), in denen das Teicheis, das in Triest zum Verkauf kam, bis zum Herbst aufbewahrt wurde (Pagnini-Alberti 1972).

## b3 Karst in den Südlichen Kalkalpen und in den Voralpen

In den südlichen Kalkalpen, also östlich des Lago Maggiore, macht sich in den Großformen der Unterschied zwischen Dolomit und Kalk deutlich bemerkbar. Das Dolomitgestein neigt zur Ausformung von Zacken und Zinnen, die von mächtigen Schuttmänteln umgeben sind. Riffe erheben sich im Schlerndolomit isoliert aus der Umgebung von Tuffen und Sandsteinen. Der dick gebankte Dachsteinkalk dagegen bestimmt den Tafelcharakter. Der Wechsel verschieden widerständiger Gesteine übereinander bedingt den treppenförmigen Aufbau wie bei einer Schichtstufenlandschaft (BEHRMANN 1954).

In den Voralpen von Friaul, Venetien und der Lombardei reihen sich Karsthochflächen aneinander, von Osten nach Westen die von Bernadia, M. Prat, Ciaurléc, Cansíglio, Asiago oder Sette Comuni, Lessini, Bérici und Serle bei Bréscia. Sie werden bei BELLONI u. a. (1972, S. 98–101) näher beschrieben, die Alti Lessini erhielten eine Monographie durch SAURO (1973). Poljen sind aus den Venetischen Voralpen bekannt geworden, darunter ein ›Schichtgrenzenpolje‹ im Bereich unterschiedlich widerständiger Kalke im Bosco del Cansíglio (LEHMANN 1959). Sein Boden in 1000 m Höhe ist nicht mehr vom Gletschereis und von Moränenablagerungen erreicht worden. Die Haupteintiefung an dieser tektonisch vorgezeichneten Stelle erfolgte durch die Karstkorrosion, die Lösung und unterirdische Abfuhr des Materials, zwischen dem Pliozän und dem Altpleistozän. Für die Formenbildung im Karst am Alpenrand ist Neotektonik mit Hebungen und Bruchbildung von höchster Bedeutung gewesen, z. B. in den Mti. Lessini und im Karst des M. Baldo (MAGALDI u. SAURO 1982).

Höhlen sind in den Südlichen Kalkalpen und Kalkvoralpen weit verbreitet, allein 40 werden von BELLONI u. a. (1972) aufgezählt, aber nur sechs sind öffentlich zugänglich. Die senkrecht hinabführenden Höhlen heißen ›abisso‹, die mehr oder weniger horizontal entwickelten ›grotta‹, ›buco‹ oder ›bus‹, ›buso‹, ›busa‹, d. h. ›Loch‹. Die bisher tiefste Höhle Italiens, die 1963 von einer Expedition in der Spluga della Preta (Venetien) erforscht worden ist, hat einen Höhenunterschied von 879 m; sie ist nun noch von dem Abisso di Gortani in den Julischen Alpen mit 892 m übertroffen worden (BELLONI u. a. 1972, S. 100).

Unterirdische Flußläufe gibt es auch in den Südlichen Kalkalpen und Voralpen, was die starke Livenzaquelle im Friaul am Fuß des M. Cavallo ebenso zeigt wie die Fiumelatte, 100 m oberhalb des Comer Sees. Er heißt ›Milchfluß‹ wegen des weißschäumenden Wassers, das von Frühling bis Herbst austritt.

## b4 Karsterscheinungen im Apennin

Auch im Kalkapennin sind überall Karsterscheinungen verbreitet. Sehen wir von den Kleinformen ab, dann erweisen sich als charakteristisch die Karstmassive und die Karstbecken. Auf die letztgenannten ist hier näher einzugehen. Die ›piani‹ und ›campi‹ liegen in Höhen zwischen 700 und 1200 m, gewöhnlich zwischen steil aufragenden Kalkmassiven eingesenkt oder innerhalb von bewegten Hochflächen. Ihr Umriß hat eine langgestreckte ovale Form und folgt in seiner Ausrichtung gewöhnlich dem allgemeinen geologischen Streichen des Apennins von Nordwesten nach Südosten. Die Karstbecken können einige Kilometer lang und einige hundert Meter breit sein. Da ihr Boden mit Sedimenten aufgefüllt ist, bildet er eine ebene Fläche, die bei denjenigen in tieferen Lagen als Ackerland nutzbar ist und dann dem Namen ›campo‹ entspricht, was aber z. B. für den hochgelegenen und nur beweideten Campo Imperatore am Gran Sasso nicht gilt. Das den Untergrund abdichtende Material besteht aus eingeschwemmten Lehmen, Sanden oder Schottern, immer aber auch aus Lösungsrückständen des Kalkes. Inmitten der Ebene kann sich eine Anhöhe aus anstehendem Kalk, ein Hum, erheben. Dolinen unterbrechen häufig die Ebenheit und zeigen, daß womöglich unter der aufgeschütteten Fläche Höhlungen eingebrochen sind und dort Wasser verschwinden kann. Manche Becken können durch eine niedrige Schwelle und ein Schluchttal oberirdisch entwässert werden, meist geschieht dies aber unterirdisch durch Gesteinsspalten am Rand der Ebene, durch ein Schluckloch. Manche dieser Ebenen enthalten Ablagerungen eines ehemaligen Sees, wie der vierteilige Piano di Castellúccio in den Sibillini, wo ein See noch bis ins 18. Jh. bestanden haben soll. Bei hohen Niederschlägen und nach der Schneeschmelze kann der Piano überflutet werden, aber das Wasser tritt nicht aus Speilöchern aus im Unterschied zu den jugoslawischen Poljen, die meistens auch größer sind als die Piani. Dennoch ist erwiesen, daß es sich geomorphologisch bei den Piani und Campi Italiens um echte Poljen handelt. Von diesen zu unterscheiden sind Einbruchsbecken, die von Karsterscheinungen mit gestaltet sein können und über einen unterirdischen Abfluß verfügen wie das Becken von Avezzano.

Zu den charakteristischen Piani rechnen wir mit Belloni u. a. (1972, S. 109) folgende: die Piani von Colfiorito zwischen Foligno und Nocera Umbra in 750–800 m Höhe, die von Castellúccio östlich Nórcia mit 1300 m, von Santa Scolástica weiter im Südwesten mit 700–800 m, die Piani von Cornino, Lago di Rascino, Campo Láscia und Antrodoco zwischen Rieti und L'Áquila, die zahlreichen Piani auf der Südseite des Gran-Sasso-Massivs bei Castel del Monte, Santo Stéfano und Caláscio, darunter die Piani Prosciuta, Chiano, Tagno und Caláscio, alle um 1200 m hoch gelegen und in westnordwestlich-ostsüdöstlicher Richtung angeordnet (vgl. Karte 6 bei Lehmann 1959; Fig. 53 bei Demangeot 1965), die Piani von Viano 960 m und Vuto auf 915 m Höhe in gleicher Richtung, die von Rocca di Cámbio, Rocca di Mezzo, Campo Felice, di Pezza, Róvere und Ovíndoli zwischen M. Velino und M. Sirente (vgl. Karte 4 u. 5 bei Lehmann 1959, glazialmorphologische Karten bei Pfeffer 1967), die Piani in den Mti. Carseolani, Simbruini und Érnici, wieder in Nordwest-Südost-Richtung, unter denen sich das von Arcinazzo mit 8 km Länge in 850 m Höhe befindet; es ist bekannt durch seine verstreuten Hums und viele Dolinen und Uvalas. Im Campo Felice und im Piano di Pezza fand Pfeffer erstmals rißzeitliche Moränen und Schotter. Außerdem konnte er die Bildung von Poljen für die Zeit vom Oberpliozän bis zum anschließenden Villafranchiano bestimmen. Der einst stark wechselnde Lago Canterno bei Fiuggi entstand Anfang des 19. Jh. durch eine Verstopfung des Schlucklochs, trocknete aber später aus und ist jetzt völlig trockengelegt. Temporäre Seen bilden sich jedoch immer wieder bei starken Regenfällen, wie bei Sulmona in der Quarto di Santa Chiara und in den Picentini in der Piana del Dragone bis zu 5 $km^2$ Fläche (Nangeroni 1957, S. 288). Der Matesesee besteht ständig und wird zur Elektrizitätsgewinnung genutzt (Formica 1965, S. 367).

Das Phänomen der Karstbecken läßt sich durch den ganzen Südapennin weiter verfolgen. In den Mti. Ausoni liegt der Piano di Pástena, in den Picentini hat Fey (1977) die Piani del Dragone in 670 m und Laceno in 1050 m Höhe untersucht und nachgewiesen, daß es sich um rein korrosive Einsenkungen handelt, was in dem tektonisch stark zerstückelten Südapennin jeweils der Prüfung bedarf. Im Lukanischen Apennin und insbesondere in der Pollinogruppe wird eine Seite der Karstbecken gewöhnlich nicht von Kalk, sondern von Flyschsedimenten gebildet, von undurchlässigem, nicht verkarstungsfähigem Gestein, es sind dann ›Semipoljen‹ (Lehmann 1959, S. 289). Beck (1972) beschreibt aus dem Hochgebirgsteil des Massivs die Piani di Rúggio und di Pollino, aus dem Mittelgebirgsteil die Piani Caroso, Grande, di Mezzo, Rindro, Caramolo. Von diesen sind wieder Beckenreihen zu unterscheiden, die ehemaligen Talungen folgen und deshalb einen oberirdischen Ausgang besitzen, obwohl die Entwässerung zum beträchtlichen Teil unterirdisch vor sich geht.

Im Unterschied zu den aus Dolomit bestehenden Massiven, die von der Erosion zerschnitten sind und deshalb schroffere Formen zeigen, haben Kalksteinmassive oft recht gleichförmige, gerade oder konvexe, geschlossen abfallende Hänge, besonders dann, wenn ihre Kalksteine sehr rein sind und wenn die Gipfelregion nicht von Glazialformen, wie Karen, gegliedert wird. Solche unzerschnittenen Hänge werden beschreibend als ›Glatthänge‹ bezeichnet, obwohl sie von Nahem gesehen ein sehr bewegtes, rauhes Mikrorelief aufweisen. In Vertiefungen, die bis zu einem Meter reichen, sind Bodenreste und Kalksteinbrocken enthalten, und dort versickert das Niederschlagswasser so vollständig, daß es nicht zum oberflächlichen Abfluß und zur erosiven Zerschneidung kommen kann. Gerstenhauer (in Fey u. Gerstenhauer 1977) hat solche Glatthänge in den Mti. Picentini untersucht, Beck (1972) beschreibt sie vom Pollino.

Höhlenbildungen scheinen im Südlichen Apennin häufiger zu sein als im Zentralapennin. Dazu kommen Küstenhöhlen (vgl. dazu Nangeroni 1957, S. 298), wie diejenigen am Kap Palinuro, die Smaragdgrotte bei Amalfi und die Blaue Grotte von Capri, bei denen die Meerestätigkeit mitwirkt. Hochgelegene Karsthöhlen mit Strandgeröllen oder Sanden sind Zeugen der eustatischen Meeresspiegelschwankungen; teilweise dienten sie Vorzeitmenschen als Wohnung (z. B. Grotta delle Capre/Circeo mit über 30 weiteren).

Unterirdische Entwässerung ist in Karstgebieten die Regel, sie läßt sich auch hier im Kalkapennin häufig nachweisen. So entwässert der Piano di Castellúccio zum Becken von Nórcia hinunter. Je mächtiger die Kalkgesteine als Wasserspeicher zur Verfügung stehen, um so stärker sind die Quellschüttungen, weshalb die Pópoliquellen der Pescara 7000 l/s liefern. In den Apuanischen Alpen verschwindet das Wasser im Val d'Arni, um in der Polláccia bei Isolasanta wieder aufzutauchen. Die Volturnozuflüsse Sava und Late haben teilweise einen unterirdischen Lauf. Der Fiume Bussento tritt im Cilento/Provinz Salerno in ein 30 m hohes Höhlentor ein und erscheint nach 5 km wieder südlich des M. Pannello. In den Mti. Alburni fließt ein Fluß durch die Pertosahöhle, ein anderer durch die Castelcívitahöhle.

### b5 Karst in Apulien

Zu den charakteristischen Karstgebieten Italiens gehört fast ganz Apulien mit dem M. Gargano, den Murge und den Salentoserren, wo sich wie im Karst von Triest Monfalcone alle Karstformen finden, wenn auch weniger häufig (Belloni u.a. 1972, S. 101, und geologische Kartenskizze S. 102). An den Rändern der Hochflächen reihen sich Dolinen auf, Karstbecken und Trockentäler ziehen sich im Gebirgsstreichen von Nordwesten nach Südosten hin. Die Entwässerung geschieht weniger durch deutliche Schlucklöcher als durch das dichte Kluftnetz. Als Bodensediment ist in allen Vertiefungen und besonders den landwirtschaftlich nutzbaren Senken, aber auch auf Hochflächen in tieferer Lage, der Kalkverwitterungsboden, die ›Terra rossa‹, angereichert.

Dolinen finden sich im Gargano (Marcaccini 1962, vgl. auch Sestini 1963a, S. 163, Karte) besonders im flachen Westteil, auf der Terrasse von S. Giovanni Rotondo und auf den höchsten Höhen um 800–1000 m; weiter östlich im M.-Spigno-M.-Sacro-Gebiet liegen 80 Dolinen auf dem Quadratkilometer. Sie haben meistens einen Durchmesser von 100 m, sind im Verlauf von Trockentälern aufgereiht und auch zu Uvalas zusammengewachsen. Die Pozzatinodoline bei Sannicandro ist 675 m lang, 440 m breit und bis 130 m tief mit Steilhängen um 30° Neigung (Bissanti 1966). – Als Poljen werden von Belloni u.a. (1972, S. 103) die Becken von S. Giovanni Rotondo, S. Egídio und S. Marco in Lamis bezeichnet, die im Südteil an tektonischen West-Ost-Linien aufgereiht sind. Kleinere Poljen und Trockentäler im Inneren des Gargano folgen der apenninischen Nordwest-Südost-Richtung. Die Karstwässer kommen stellenweise längs der Nordabdachung hervor und versorgen auch die beiden Küstenseen Lésina und Varano.

In den Murge fällt das Fehlen der Oberflächenentwässerung und damit der Täler besonders auf, denn diese finden sich erst in den höchsten Teilen, wie z.B. um Castel del Monte. Häufig sind mit Roterde erfüllte Hohlformen, darunter Dolinen, die mit 2–6 m Tiefe und 50–100 m Durchmesser nur geringe Größen erreichen.

Auffällig sind die sogenannten ›Puli‹ mit ihren senkrecht abfallenden Wänden, wie der Pulo von Altamura (725 m Durchmesser, 96 m tief; Pfeffer 1975,

Abb. 78) und der Pulícchio von Gravina in Púglia (560 m Durchmesser und 110 m tief). Eine flache Senke nennt man ›capivento‹ und ›grava‹. Einsturzdolinen kommen ebenfalls vor, wie die von Toritto oder die den Eingang zur Castellanahöhle bildende offene, 60 m hohe Halle. Trockentälchen (lame) gliedern die zur Adria abfallenden Terrassen, tiefe ›gravine‹ die hohe ionische Abdachung (Gravina di Púglia; vgl. ABATI u. GIANNINI 1979).

Wie im Gargano liegen die Höhlen auch in den Murge meist horizontal und sind klein, mit Ausnahme derjenigen von Castellana, einer der berühmtesten Italiens (vgl. Skizzen bei NANGERONI 1957, S. 296). Sie erstreckt sich über 2 km im Zuge einer Nordwest-Südost-Bruchlinie. Ein Fahrstuhl befördert 700 Personen je Stunde. Die Höhle wird von über 100000 Touristen im Jahr besucht und rangiert damit unter den kommerziell genutzten italienischen Höhlen vor der Toiranohöhle bei Savona, der Riesengrotte bei Triest, den Höhlen in der Provinz Salerno, der Blauen Grotte von Capri und den drei Höhlen Sardiniens.

Auch die Salentinische Halbinsel ist bestimmt durch Karstphänomene, wenn auch in weniger auffallender Weise. Höhlenbildungen sind dort meistens die Ergebnisse mariner Erosion, z. B. die prähistorisch wichtige Romanellihöhle an der Straße von Ótranto (BELLONI u. a. 1972). Die benachbarte 140 m lange Zinzulusahöhle ist dagegen nicht durch marine Erosion entstanden; ihre frühere Guanofüllung wurde ausgebeutet. Die meeresnahe Lage und die geringe Höhe des Kalkgesteins über dem Meeresspiegel haben zur Folge, daß Salzwasser bis tief in die Kalke eindringt und sich im Untergrund Wässer des Adriatischen und Ionischen Meeres treffen (BELLONI u. a. 1972, S. 123, nach COTECCHIA 1956). Die Grenzfläche zwischen Salzwasser und überlagerndem Süßwasser sinkt vom Meeresspiegel an mit 15‰ Gefälle landeinwärts, d. h. um 15 m je km Abstand von der Küste, was für die Wassergewinnung aus Brunnen von Bedeutung ist.

Die in Apulien im Vergleich zum übrigen Süditalien geringen Niederschläge und deren Versickerung im Karstuntergrund hatten die Region zum Wassermangelgebiet höchsten Grades gemacht. Deshalb wurde schon 1906 das größte Wasserleitungsprojekt Italiens begonnen, der Acquedotto Pugliese mit einem 3600 km langen Leitungsnetz. Von den Karstquellen des Sele im Südapennin werden jetzt große Teile des Gargano, der Murge und der Salentinischen Halbinsel versorgt (vgl. Karte in ALMAGIÀ 1959, S. 707 und Kap. II 3b).

### b6 Karst in Konglomeraten und in Gips

Auch in Konglomeraten mit Kalkbindemittel kommt es zu Karsterscheinungen, Dolinen und Höhlen, z. B. im Montello in der Trevisoebene am Piave (BELLONI u. a. 1972, S. 113), in den pontischen Konglomeraten am Rande der Venetischen und Friauler Voralpen und im Ceppo des Addatales und am Comer See. Diese älteste Schmelzwasserablagerung des Pleistozäns kann in tiefen Tälern angeschnitten sein (Upmeier 1981, S. 19). Der Ceppo ist in der nördlichen Lombardei ein geschätzter Baustein gewesen.

Zu den Karstgebieten gehören auch solche Landesteile, in denen Gips vorkommt, der ebenfalls wasserlöslich ist und Hohlformen wie Dolinen entstehen läßt (vgl. Verbreitungskarte bei Marinelli 1917, S. 386). Im südlichen Innersizilien sind es die ›zubbi‹ im Bereich der obermiozänen Gips-Schwefel-Formation. Durch Auslaugung von Gips und wohl auch von Salz im Untergrund bildeten sich über der abgesenkten Tongesteinsdecke einige Seen, darunter der von Pergusa bei Enna. Diese Formation findet sich auch am adriatischen Apenninensaum mit Dolinen. Gipskarst kommt außerdem am Alpenrand vor, besonders in der Karnischen Stufe (= Gipskeuper) mit stellenweise vielen kleinen Dolinen, z. B. im tektonisch stark gestörten Moncenísiokarstgebiet bei Susa mit bis zu 1500 Dolinen auf einem Quadratkilometer, aber auch bei Courmayeur. Im Miozängips äußert sich die unterirdische Entwässerung in kleinen Trockentalern und in Flußschwinden an der Grenze zum unterlagernden Ton, aber auch in Dolinen und Höhlen, z. B. der Grotta della Spípola bei Bologna (Belloni u. a. 1972, S. 116). Karstformen besitzt die entsprechende Formation Siziliens bei Agrigent und Calatafimi. Hier ist es trocken genug, daß die Gipslagen sogar die widerständige Schicht von einzelnen Tafelbergen bilden können (vgl. Fig. 81 bei Sestini 1963 a, S. 188).

Die Gipsvorkommen sind vom Menschen in verschiedenster Weise genutzt worden, was Varani (1974) am Beispiel des Bologneser Bereiches beschrieben hat. Natürliche Höhlen dienten als Wohnstätten in prähistorischer Zeit. Das Gestein wurde trotz seiner geringen Härte und Widerständigkeit gegen Witterungseinflüsse als Quaderstein z. B. für die Mauer von Bologna verwendet (Rodolico 1964, S. 168; Varani 1974, S. 335). Das Brechen des Gesteins und die Weiterverarbeitung zu Gipsmehl hat ein Gewerbe und heute eine eigene Industrie hervorgerufen; die ›gessaroli‹ wohnen teilweise in eigenen Ortsteilen der Dörfer.

### b7 Die Inwertsetzung von Kalkstein- und Karstgebieten

Einer landwirtschaftlichen Nutzung und Besiedlung der Karstgebiete Italiens stehen beträchtliche Nachteile entgegen. Meistens ist nur eine extensive Weidewirtschaft möglich, wobei die Orte an den wenigen stärker schüttenden Quellen liegen. Gunsträume sind allein die in tieferer, d. h. klimatisch günstigerer Lage befindlichen Karstbecken mit ihren mächtigeren Böden. Einige von ihnen enthielten Seen und konnten auf Dauer entwässert werden, wie die Piani di Colfiorito in Umbrien und der Canternosee bei Fiuggi. Hochgelegene Karstebenen boten mit ihren Quellen aber auch die Möglichkeit für Dauersiedlungen und sind zum Teil Fremdenverkehrsstandorte geworden, wie Pescocostanzo und Roccaraso in den Abruzzen. Die reichlicher schüttenden Quellen, auch der Höhlen, werden sämtlich genutzt, oft für hydroelektrische Anlagen, zur Wasserversorgung und Bewässerung. Trotz der Versickerungsverluste beträchtlicher Wassermengen sind auch im Kalkapennin einige Talsperren angelegt worden, z. B. am Salto, am Sagittário bei Scanno, am Sangro bei Barréa und bei Muro Lucano (vgl. Tab. 7). Fast alle größeren Flüsse, nicht nur der Abruzzen, werden aus Karstquellen gespeist, wenigstens zu erheblichen Teilen. Höhlen dienen dem Fremdenverkehr als Schauhöhlen, teils bieten sie Nutzungsmöglichkeiten zur Gewinnung von Dünger (Guano, Phosphat), von Ornamentsteinen (Kalkspat, Sinterkalk, Talk), zur Pilzzucht und für medizinisch-therapeutische Zwecke.

Es sind jedoch nicht nur Nachteile, die dem Bewohner der Karst- und insbesondere der Kalksteingebiete erwachsen, denn diese bieten ihm im Vergleich zu den benachbarten Flyschgebieten mit ihren mobilen Tongesteinen vor allem einen sicheren Baugrund. Außerdem steht das Baumaterial als Naturstein verschiedenster Ausbildung, plattig oder massig, hart oder weich und dann leicht zu bearbeiten, als reiner Kalkstein oder als Kalksandstein, in der Nähe der Siedlungen an. Im Bereich des Plattenkalkes, wie in den Lessini, werden sowohl Wände wie Dächer daraus errichtet, und in den apulischen Trulli sind sogar aus aufgeschichteten Steinen errichtete Feldhütten zum Wohnhaus in Einzelhöfen und Dörfern geworden (vgl. Kap. III 4e 4). Besonders leicht zu gewinnen und zu bearbeiten sind die im feuchten Zustand weichen, schneidbaren miozänen Kalksandsteine (tufi). Auf den breiten Terrassenebenen um Bari sind die ›tufare‹-Gruben senkrecht eingetieft, wie die berühmten ›latomíe‹ von Syrakus und die Gruben auf der Insel Favignana (Westsizilien). Die Tufi kamen ›dem übersteigerten barocken und manieristischen Spieltrieb der Architektur von Lecce entgegen‹ (Lehmann 1961b, S. 260). Der weißleuchtende Kalkstein oder der warmgelbliche Kalksandstein haben seit der Antike und dem Mittelalter nicht nur ländliche Gehöfte und Dörfer geprägt, sondern gerade auch einige Städte Italiens mit ihren Kunstdenkmälern bestimmt. Deshalb kann man ›Kalkbruchstein-Mauerwerk-Provinzen‹ erkennen, die sich innerhalb der Kalkgebiete befinden. In die Städte der Po-Ebene, die am Rande der sich anschließenden ›Ziegelprovinz‹ liegen, entsenden sie Ausläufer. Besonders stark ist der istrische Kalkstein über die Adria hin ausgebreitet worden (Valussi 1957), aber auch der Stein von Verona, d. h. der rote Marmor von Sant'Ambrógio di Valpolicella (vgl. Kap. IV 3b 3). Bérgamo und Bréscia sind in ihren Altstadtteilen bestimmt durch Liaskalksteine und Kreidesandsteine. Prato wurde als die ›weiße Stadt‹ gerühmt wegen ihrer Bauten aus eozänem Alberese und Jurakalksteinen des Apennins (Müller 1975, S. 45). Inzwischen haben die modernen Transportverhältnisse dazu geführt, daß die landschaftliche Differenzierung durch das Baumaterial weitgehend verlorengegangen ist.

### b 8 Literatur

Als einer der Begründer der Geomorphologie in Italien darf O. MARINELLI gelten, unter anderem durch seine Studien zum Gipskarst (1917). Eine rasche Orientierung über den Karst in Italien bieten die zusammenfassenden Darstellungen von NANGERONI (1957) und in englischer Sprache BELLONI, MARTINIS und OROMBELLI (1972), wobei gerade auch die Verbreitung verkarstungsfähiger Gesteine und die auffälligsten, zum Teil vom Tourismus erschlossenen Erscheinungen, die Höhlen, behandelt werden. Die Società Speleológica Italiana hat einen Höhlenkataster zusammengestellt. Eine kurze Beschreibung der öffentlich zugänglichen Höhlen findet sich in Dok. 27, 1977, H. 1, S. 95–112. Deutsche Geographen haben sich nach dem Zweiten Weltkrieg intensiv an der karstmorphologischen Forschung in Italien beteiligt, angefangen von H. LEHMANN 1959 in den Venetischen Voralpen, ergänzt durch ein Blatt im Karstatlas, durch CASTIGLIONI (1960), und fortgesetzt durch seine Schüler GERSTENHAUER (1977), FEY u. GERSTENHAUER (1977), PFEFFER (1967 u. 1975), ferner BECK (1972). Einzelstudien lieferten unter anderem ABATI und GIANNINI (1979), BISSANTI (1966), MARCACCINI (1962), SAURO (unter anderem 1973) sowie MAGALDI und SAURO (1982). LEHMANN (1961 b) war es auch, der an KELLER (1960) anschließend am Beispiel der Po-Ebene die Baustoffverwendung kartographisch dargestellt hat, wobei das interessante Werk des Geologen RODOLICO (1953 u. ²1964) die Grundlage bot. Eine erste speziellere Untersuchung legte R. MÜLLER (1975) über das Becken von Prato–Pistóia–Florenz vor.

## *c) Tongesteinsgebiete mit beschleunigter Abtragung*

### c 1 Marine Tone im Abtragungsbereich

Die erst in junger geologischer Vergangenheit hoch über den Meeresspiegel herausgehobenen Ablagerungsräume mariner Tongesteine, die der Flyschserien des Alt- und Mitteltertiärs ebenso wie die blaugrauen Tone des Jungtertiärs, umfassen große Teile des Apennins und der Hügelländer (vgl. Karte bei PRINCIPI 1961, S. 400). Alle diese Sedimente sind den abtragenden Vorgängen in besonders hohem Maße ausgesetzt. Schuld daran ist nicht nur die leichte Beweglichkeit der Tone selbst, sondern auch die hohen Niederschlagsmengen, die im Winterhalbjahr in kurzer Zeit fallen können, und das Steilrelief im Apennin und in den Alpen. Man kann vereinfacht und in Abwandlung des Stoßseufzers von Ugo Pratolongo (vgl. VÖCHTING 1951, S. 22) sagen: ›Was nicht Karst ist, das rutscht oder wird zerrunst.‹ Eine Frühlingsreise durch den Apennin ist in dieser Hinsicht ein Erlebnis besonderer Art, denn dann sind die Warnungstafeln an den Straßen mit der Aufschrift ›frana‹ lebenswichtig, weil die Asphaltdecke streckenweise mit dem ganzen Unterbau abgesunken oder hoch von Rutschmassen überdeckt worden sein kann. Hohe, von Drahtnetzen gesicherte Steinpackungen (briglioni), die den Bewegungen nachgeben können, schützen die Böschungen. An jedem Hang bewegt sich die Boden- und Hangschuttdecke langsam abwärts, in tonhaltigen Böden aber oft so plötzlich und rasch, daß unter unseren Augen frische Oberflächenformen entstehen, durch Bergschlipfe, die mit den Bergstürzen unter der Bezeichnung ›frane‹ (Einz. frana) zusammengefaßt werden (vom lat. frangere = brechen). Wird ein Hang größerer Höhe nahezu vollständig von reinen Tonsedimenten, z. B. den pliozänen graublauen Tonen, aufgebaut, dann kommt es außer zu flachen Rutschungen bei starken Regenfällen noch zur Bildung tiefer Erosionsrinnen, vieler dicht nebeneinanderliegender V-Tälchen, in denen das feine Material ausgeschwemmt wird oder als Brei hinausfließt. Die dabei entstehenden Runsen werden nach ihrer Dialektbenennung im emilianischen Apenninvorland ›calanchi‹ (Einz. calanco) genannt. Beide Formen sind Ergebnisse von Vorgängen, die das Relief zerstören und ein anderes neu schaffen, man spricht von ›Soil Erosion‹ und ›Bodenzerstörung‹.

### c2 Franarutschungen

Im Bergland mittlerer Höhen kommen nahezu überall im Tongesteinsgebiet solche plötzlich ablaufenden Denudationsvorgänge vor; wo sie aber häufig oder gar periodisch auftreten, dort sind sie eine Geißel des Landes und den Erdbebenkatastrophen gleichzustellen, wie Almagià (1924 in 1961, S. 343) sagte. Wie seine Verbreitungskarte (1959, S. 55) zeigt, ist vor allem die adriatische und ionische Seite des Apennins betroffen, von der Emilia über die Regionen Marken, Abruzzen und Molise bis zum Lukanischen und Kalabrischen Apennin; aber auch Sizilien und Sardinien haben Franagebiete. Zu Rutschungen, Erdschlipfen größeren Ausmaßes, neigen besonders die Boden-, Hangschutt- und Verwitterungsdecken der Flyschgesteine, in Kalabrien auch der paläozoischen Glimmerschiefer, die tief verwitterten Granite und Gneise, in Sardinien die phyllitischen Tonschiefer. Nach einer Schätzung ereignen sich in Italien jährlich 3000 Frane mit etwa 45 Toten.

Im offenen Acker- und Weideland mit seinen sanfteren Böschungen lassen sich an den flachwelligen, buckeligen oder auch kleingetreppten Oberflächenformen die Folgen der flachen ›lame‹-Rutschungen erkennen. Sie ereignen sich in jedem Jahr in der niederschlagsreichen Zeit, nachdem sich die Böden über dem undurchlässigen Untergrund mit Wasser angereichert haben. Im Ackerland werden die frischen Formen durch die Bearbeitung bald wieder ausgeglichen, im Weideland dagegen bleiben sie erhalten. Sie gehören auch im Pliozäntonbereich zu den häufigen Formen. Innerhalb solcher von Lamebewegungen betroffener Hänge kommt es gelegentlich auch zu tiefer greifenden, beschleunigt ablaufenden Massenbewegungen. Ein ganzer Komplex über 3–50 m kann aus dem Gleichgewicht geraten und aus der stabilen Umgebung abreißen. Sein Gewicht drückt auf die unterhalb liegenden Massen, die seitlich ins Rutschen kommen, er selbst sinkt ab und bildet eine Vertiefung, die versumpfen oder einen Teich sammeln kann. Am flacheren Hang oder auf dem Talboden, wo der Druck nachläßt, wölbt sich ein Ablagerungskegel auf. Man spricht dann von einer Absenkungsfrana.

Großräumig ausgreifende Rutschungen, bei denen die abgerissenen Massen

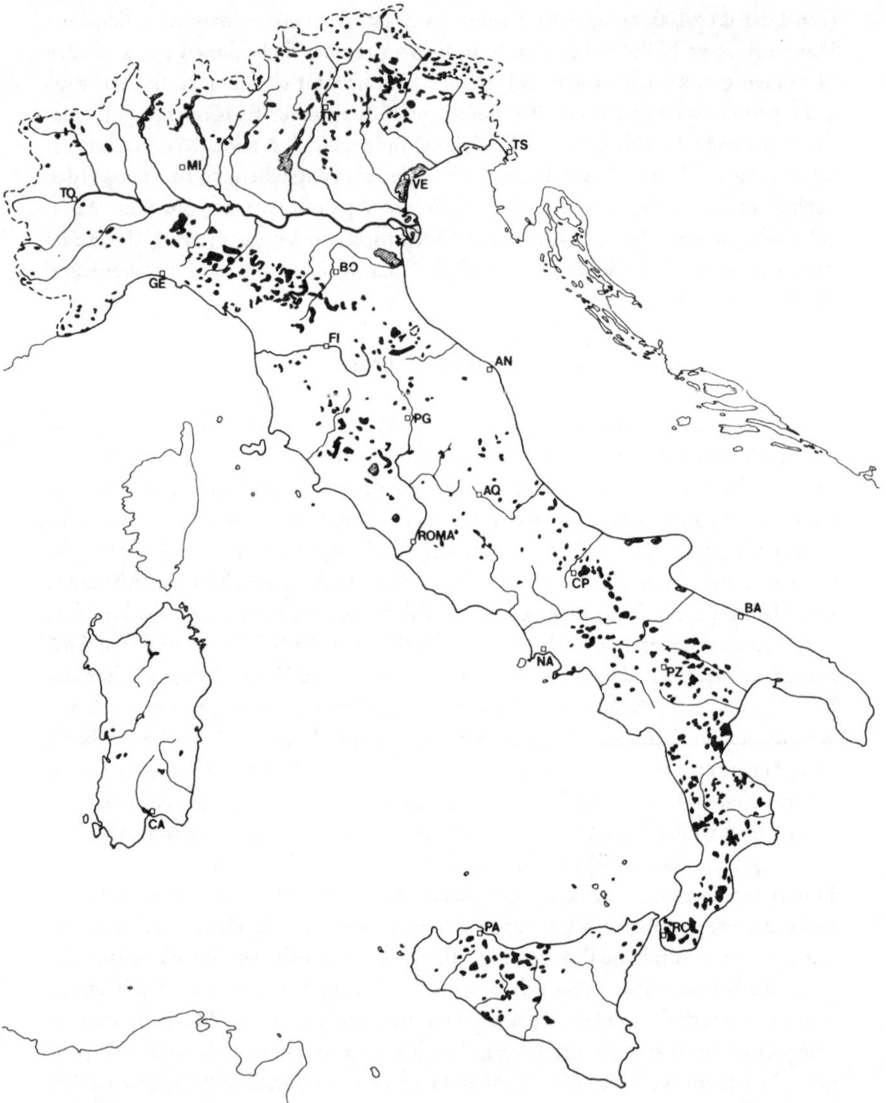


*Fig. 6: Franarutschungen (schwarze Flächen).* Aus MUSCARÀ 1978, S. 216, nach Relazione TECNECO 1974 vereinfacht. Kartiert wurden Flächen über 200 ha.

Entfernungen bis zu einigen hundert Metern zurücklegen können, nennt man Gleitfrane. Sie sind es, die im Apennin die größten Schäden verursachen, aber glücklicherweise wenig häufig sind. Bei ihnen ist durch die Wasseranreicherung über dem undurchlässigen anstehenden Untergrund eine schmierige, reibungsarme Rutschfläche entstanden. Das Rutschmaterial besteht dabei etwa aus einem Gemisch von Sandstein, Kalkstein, Ton und Mergel oder auch aus Blockschutt harter Gesteine, oft von großer Mächtigkeit. Im oberen Teil der Gleitfrana, in der abgesunkenen Abrißnische, ist der Boden in Schollen zerrissen, die wie Treppenstufen absteigen. In der gletscherartigen Gleitbahn ist die Masse völlig umgewälzt und an scharfen gestriemten Grenzflächen gegen das standfeste Gebiet abgegrenzt. Wo die Bewegung gehemmt wird, ist ein mehr oder weniger breiter Franakegel im Ablagerungsgebiet aufgewölbt. Abrißnische, Gleitbahn und Ablagerungsgebiet sind deutlich zu unterscheiden.

Die Hauptursache für die Franarutschungen sind hohe Niederschläge. Weil sich die im Sommer ausgetrockneten, geschrumpften Tonböden mit tiefen Trokkenrissen erst allmählich mit Wasser anreichern, gehen die Frane gewöhnlich nach der Zeit der hohen Niederschläge ab. Im Nordapennin kommen einige Rutschungen im Dezember und die meisten im März vor; das entspricht dem Niederschlagsmaximum im Oktober/November und der Schneeschmelze und den Frühjahrsniederschlägen. Auf der adriatischen Seite des Mittleren und des Südapennins gibt es drei Franamaxima im Oktober, Januar und das höchste im März. Etwa gleichzeitig liegen die Niederschlagsmaxima im Oktober/November, Januar und etwas später im April/Mai. Auf der ionischen Seite der Basilicata und Kalabriens gibt es dem reinen Winterregentyp entsprechend nur ein Franamaximum von Januar bis März.

Es ist nicht auszuschließen, daß Frane auch durch Erdbeben ausgelöst werden, wenn Bodensättigung besteht, so wie das von Bergstürzen in den Alpen bekannt ist (Longaronekatastrophe 1963 – vgl. Kap. II 3c 4 –, Friaulkatastrophe 1976). In seismisch labilen Gebieten, wie in der Basilicata, dürfte ein Zusammenhang bestehen, aber ihr Einfluß ist sicher zweitrangig (KAYSER 1961, S. 97). Immer wieder diskutiert wird die Entwaldung als mögliche Ursache für Franarutschungen. Als sicher gilt, daß die oberflächlichen Lamerutschungen, die im Acker- und Weideland so häufig sind, erst nach der Rodung möglich waren. An Steilhängen sind langsame Bodenbewegungen auch im Wald nicht ausgeschlossen, was am Kniewuchs der Bäume zu beobachten ist. Vor großen Gleitfrane bleibt auch ein dichter Wald nicht verschont, vor allem dann nicht, wenn durch die Bewegungen im offenen Land einem darüber liegenden Hang die Basis genommen wird. In den seit Ende des 19. Jh. gerodeten Flächen innerhalb der Basilicata waren bisher keine größeren Rutschungen festzustellen.

Franakatastrophen haben immer wieder ganze Dörfer unbewohnbar gemacht. Wenn sie auf Franahängen erbaut waren, mußten sie in manchen Fällen verlassen und an sicherer Stelle wiederaufgebaut werden. Solche Umsiedlungen gab es schon

1908 in den Provinzen Chieti und Benevent. Ein imponierendes Beispiel bildet die Verlegung des Dorfes Gáiro in der Ogliastra Sardiniens (Mori 1966, S. 135), wo oberhalb der heute in Ruinen liegenden Gebäude das neue Dorf auf Betonterrassen in städtischer Bauweise entstand. Da hangparallel lagernde Tonschiefer immer wieder ins Gleiten kamen, gab es keine andere Lösung als die Aufgabe des alten Ortes.

In anderen Fällen kann die Gefahr dadurch beseitigt werden, daß mit Hilfe von Grabenbauten oberhalb der Siedlung alles überschüssige Wasser möglichst rasch abgeleitet wird. Damit können auch ehemalige Rutschflächen konsolidiert werden. In Süditalien ist man sich dessen bewußt, daß die im Winter fallenden Regenmengen mehr schaden als die Sommertrockenheit (Pantanelli 1936). Im Bergland der Basilicata wird stellenweise das Ackerland nicht nur durch immer wieder neu ausgehobene Gräben entwässert, sondern auch durch eine Dränage mit Steinpackungsreihen in Grätenform, nach der Methode Pelo-Pardi. In den Hangmulden wird das Wasser in befestigten Gräben senkrecht abgeführt. Wenn das überall praktiziert würde, bedeutete es aber auch eine Vergrößerung der Hochwassermengen, die jetzt schon allzugroße Schäden verursachen (Tichy 1962, S. 135 u. Abb. 10). Der italienische Staat hat gesetzliche Maßnahmen ergriffen, um den Ausbau von Schutzanlagen im Gebirgsland zu fördern und eine weitere Degradierung zu verhindern. Mit der Aufforstung degradierter Flächen ist es jedenfalls nicht getan, zusätzlich sind aufwendige Kulturbau- und Wasserbaumaßnahmen erforderlich.

### c3 Calancoerosion

Während die Franarutschungen im Bereich der Flyschsedimente des Apennins oft so verheerend wirken, spielen sich die Bodenzerstörungsprozesse der ›Calancoerosion‹ vorwiegend in den reinen Pliozäntonen ab. Sie sind auf der tyrrhenischen Seite, in der Toskana und in Latium verbreitet, im Hügel- und Tafelland auf der adriatischen und ionischen Seite der Halbinsel und außerdem auch in Sizilien. In den tiefen Runsen äußert sich die Bodenzerstörung auf besonders spektakuläre und intensive Weise. Immer wieder, und heute verstärkt, sind ihre Formen und Prozesse untersucht und beschrieben worden.

Auf den durch den Menschen und vor allem durch sein Weidevieh von der Vegetation weitgehend entblößten Hängen, aber auch an frischen Prallhängen von Flüssen, schneiden sich die Regenwässer in die undurchlässigen Tone ein und graben tiefe und breite Rinnen. Durchfeuchtete Tone gleiten an den Hängen ab, der Schlamm wird in die Täler hinausgeschwemmt. In den betroffenen Flächen laufen während der feuchten Zeiten mit ihren Niederschlägen also gleichzeitig verschiedene Vorgänge ab, solche der Erosion und der Denudation, die verschiedene Kleinformen schaffen und immer wieder umbilden. Die tiefen und steil abfallenden Furchen haben einen U- und V-förmigen Querschnitt, sie verlaufen parallel oder sind fiederförmig verästelt, und zwar so dicht nebeneinander, daß nur scharfe, schmale Grate zwischen ihnen übrigbleiben, deren steile Hänge wiederum von eng gescharten Rinnen zerfurcht sind. Besonders scharfe Formen haben die Runsen im Bereich von schluffigen Tonen ohne quellungsfähige Tonminerale, wie z. B. im Piombatal/Abruzzen (Vittorini 1977, S. 51). Die frischen Formen tragen keine Vegetation mehr; sie ist mit abgeschwemmt worden und kann nur schwer wieder Fuß fassen, solange die Abtragung anhält. Wie Cori (1965, S. 70) betont, handelt es sich bei der Kerbzerschneidung um einen komplexen Vorgang, an dem verschiedene Prozesse der beschleunigten Erosion und Denudation beteiligt sind. Aber diese auffälligen frischen Formen sind nach der ›Initialphase‹ (1) nur ein kurzlebiges ›Jugendstadium‹ (2), in dem die Runsen in Weiterbildung begriffen sind. Bald hört in einer ›Zwischenphase‹ (3) die Zerschneidung von der Basis her auf, die Längs- und Querprofile werden im ›Reifestadium‹ (4) flacher. Erstbesiedler der Vegetation, Gräser und Gehölz, stellen sich ein, das ›Greisenstadium‹ (5) ist erreicht, die Wunden der Bodenzerstörung vernarben, bis der Prozeß mit katastrophalen Starkregenfällen von neuem beginnt. Bei einem derartigen, innerhalb von 100–200 Jahren ablaufenden Formungsvorgang ist es berechtigt, die Davissche Terminologie zu verwenden, wie das Castiglioni (1935) und Kayser (1961) mit drei und Cori (1965) mit den soeben zitierten fünf Altersstadien getan haben. In den Pliozängebieten lassen sich Formen aller Phasen neben- und ineinander beobachten. An den Nordhängen des Tafelberges von Pisticci/Basilicata blendeten noch 1957 die vegetationslosen, tief zerfurchten Hänge grell weiß das Auge, doch ist dort inzwischen (1974) die Vegetation zurückgekehrt. Durch Hilfsmaßnahmen unterstützt, ging in diesem Fall die Zerschneidung nicht mehr weiter. An anderen Stellen hat der Erosionsprozeß jedoch erst begonnen.

Ihre auffälligste Entwicklung haben die Kerbzerschneidungen aber in den Schuppentonen, den Scágliaschichten des Nordapennins erfahren, z. B. im Imoleser Subapennin (Martens 1968). Spektakuläre Beispiele gibt es im Trontotal, in der Gegend von Atri. Beim Vergleich der Lage im Relief fällt auf, daß die Runsen im Nordapennin und im Mittleren Apennin gewöhnlich auf den West- und Südhängen vorkommen, in der Basilicata aber auf der Nordseite liegen. Rapetti und Vittorini (1975) erklären die Situation im Nord- und Zentralapennin damit, daß die Südhänge stärker austrocknen und tiefere Trockenrisse erhalten, wie sie an höheren Bodentemperaturen und geringerer Vegetationsbedeckung beobachten konnten. Martens (1968, S. 151 u. Karte) fand keine Bindung an die Exposition, stellte aber 80 % aller Rachelkomplexe an den Stirnseiten der Schichtrippen im Südwesten fest, wenige nur auf den Lehnen.

Mit den Calanchi sind gelegentlich Tonkegel vergesellschaftet, die ›biancane‹ oder ›mammelli‹ genannt werden und die man als Endstadien der Entwicklung auffassen kann (Kayser 1961, S. 100). Sie unterscheiden sich in der Materialzusammensetzung von den Calanchi, die 20–30 % an Ton neben Schluff besitzen, durch ihren um 50 % liegenden höheren Gehalt an quellungsfähigen Tonen (Vittorini 1977, S. 26 u. Fig. 1 u. 2, ferner Sestini 1963a, Abb. 54). Die Biancane sind also sedimentbedingte Erosionsformen. In den berühmten Crete senese (creta = argilla, Ton) südöstlich von Siena sind es nur selten deutlich hohe Kegel, sondern niedrige Kuppen am getreppten Hang, der durch die Wechsellagerung von Ton und Sand bedingt ist. Ihre Südseiten erscheinen in der regenarmen Jahreszeit weiß wegen der Ausblühungen von Thenardit ($Na_2SO_4$; Guasparri 1978, S. 120).

Die so weitgehend zerstörten Flächen überläßt man heute, wenn irgend möglich, nicht mehr sich selbst. Man braucht ihren natürlichen Alterszustand nicht abzuwarten, der Ablauf des Prozesses läßt sich beschleunigen. Dazu gehören Maßnahmen wie das Aufhöhen des benachbarten Talbodens durch das gestaute Tonmaterial selbst mit Hilfe von Quermauern (bríglie) oder Faschinen, wobei man vom ›Kolmatieren‹ spricht. Die schmalen Grate möchte man sich selbst abtragen lassen, indem man Regenwasser über sie hinwegleitet (Olschowy 1963, Abb. 9). Die Gräben tieften sich aber nicht einmal im Lauf von sieben Jahren ein (Vittorini 1971), und die Hangentwicklung ging im allgemeinen weiter wie bisher (Dramis u. a. 1982). Mit Hilfe von Terrassen, den ›gradoni‹, versucht man weiterhin, die Hänge auszugleichen. Durch Aufforstung mit Tamarisken und anderen salzresistenten Holzarten können die Hänge weitgehend befestigt werden. Um Pisticci wird dadurch auch ein Fortschreiten der beschleunigten Abtragung gegen den Rest der ehemaligen Pliozäntafel hin verhindert, auf der sich das Dorf befindet (Tichy 1962, S. 132). Dennoch ereignete sich im März 1972 nach Regenfällen am Ortsrand eine Rutschung auf einer 30 ha großen Fläche (Boll. Soc. Geogr. It. 1972, S. 350). Nach den Beobachtungen von Almagià (1961, S. 357) zu Beginn des Jahrhunderts nahm die Zahl der gefährdeten Dörfer vom Nord- zum Südapennin hin zu und erreichte in der Basilicata mit 90 das Maximum. Von der Calancoerosion betroffen ist auch die Umgebung des Dorfes Aliano, des Verbannungsortes von Carlo Levi (vgl. die Luftbilder Pisticci und Aliano bei Kayser 1961 u. 1964).

Die Ränder der von Sanden oder Sandsteinen bedeckten Pliozäntafeln brechen zuweilen über senkrechte Wände, ›balze‹, in den Zirkustalschlüssen ab. Das berühmteste Beispiel sind die Balze von Volterra (Martelli 1908; Plett 1931, S. 18). Die in die gelben Sandsteine (30 m) und graugelben tonigen Sande (20 m) eingedrungenen und gespeicherten Wässer, die Lebensgrundlage der Höhensiedlungen, quellen über den grauen Tonen an der Wand aus, die durchfeuchteten Tone werden ausgeschwemmt, was zur Unterhöhlung der tonigen Sande und Sandsteine führt, die in dünnen Platten abbrechen. Schmale Pfeilersporne bleiben hin und wieder stehen zwischen den vier gewaltigen, 50 m tief abfallenden Zirkuswänden. Die steilgeböschten Hänge im Ton sind von Runsen gegliedert. Die Standfestigkeit des Schichtgebäudes ist dennoch so groß, daß Häuser dicht am Rand der Balze noch bewohnt sind. In diesem Fall kann das Fortschreiten des Abtragungsprozesses durch keinerlei Schutzmaßnahmen verhindert werden; auch handelt es sich nicht wie bei den Franarutschungen, insbesondere bei den Lame, und bei den Runsen um Vorgänge und Formen einer vom Menschen augelösten oder geförderten Abtragung, sondern um naturgegebene Prozesse. Im Pliozängebiet der Basilicata zerstörte 1857 ein Bergsturz bei Erdbeben das Dorf Montemurro und forderte unter den 7000 Einwohnern 5000 Tote (ALMAGIÀ 1961, S. 358).

### c4 Die Inwertsetzung der Tongebiete

Man darf mit ALFANI (1953, S. 340) annehmen, daß etwa ein Fünftel der Fläche Italiens von leicht zu degradierenden Tonsedimenten aufgebaut wird. An Pliozäntonen besitzt die Basilicata mit über 300000 ha das Maximum noch vor den Marken, und dazu kommen noch 320000 ha Flyschgesteinsflächen mit ihrem hohen Anteil an Tongesteinen und Mergeln. Damit sind fast zwei Drittel der Regionsfläche mit Tonsedimenten bedeckt. Glücklicherweise liegt der größte Teil der Pliozäntone im flacheren Hügelland und in der Ebene, wo die Gefährdung gering ist oder fehlt. Nutzflächen in Hanglage können aber nur schwer vor der exzessiven Abtragung bewahrt werden.

Gerade die Verbreitungsgebiete der Pliozäntone und anderer Tongesteine sind in Süditalien, sowohl auf der Halbinsel wie in Sizilien, die Weizenanbaugebiete. Wenn man die schlechten Baugrundverhältnisse im Hügelland in Betracht zieht, dann wird verständlich, daß die Siedlungsdichte innerhalb der extensiv bewirtschafteten Weizenfluren gering ist und daß die einwohnerreichen Agrostädte auf hochgelegenen Schichtrippen oder Tafelbergen liegen. Extrem sind die Bodenwasserverhältnisse mit ihrem raschen Wechsel von der winterlichen Schlammperiode zur sommerlichen Dürrezeit, in der die tonreichen Böden an oft metertiefen und einige Zentimeter breiten Trockenspalten aufreißen. Im Winter muß Wasser abgeleitet werden, das danach im Sommer fehlt. Um es für die vier bis fünf Trockenmonate zurückzuhalten, werden seit 1951 Hügellandseen propagiert, kleine bis mittlere Rückhaltebecken in Mulden und kleinen Tälern mit Erddämmen, die inzwischen auch in Sizilien (MANZI und RUGGIERO 1971, S. 109–114) und Sardinien mit einigem Erfolg angelegt werden (DONNER 1965). Jährlich müssen hohe Summen für den Gewässerschutz, für Hangbefestigung, Bodenregulierung und Aufforstung aufgewendet werden, von denen bisher die Südkasse große Anteile übernommen hatte. Die prekären Naturbedingungen in den Tongesteinsgebieten ebenso wie in den Kalksteingebieten sind eine der vom Menschen nicht oder nur unwesentlich zu beeinflussenden Ursachen für die Problematik der Italienischen Südfrage.

Die Tongesteine liegen größtenteils in den abgesenkten und gleichzeitig aufgefüllten Vortiefen der Gebirgsbildung. Da es sich um mächtige Lagen von Flachmeersedimenten handelt, sind Salz-, Gips- und Schwefellagerstätten weit verbreitet (vgl. Kap. IV 2e 5). Die Ablagerungen enthalten außerdem organische Stoffe, die bei ihrer Umwandlung Methan freisetzten; dieses tritt in den Synklinalen von selbst aus und bewirkt die Erscheinungen der Schlammvulkane, der ›salse‹, die in Sizilien ›maccalube‹ genannt werden (BIASUTTI 1907). Im Apenninenvorland und in Sizilien haben auch die Bohrungen nach Erdgas Erfolg gehabt (Emilia, Marken, Basilicata, vgl. Fig. 55).

Wie die Kalksteingebiete Bruchsteinmauerwerk und Dachplatten, aber auch für die künstlerische Ausgestaltung von Bauwerken geeignetes Material liefern, so gilt das auch teilweise für die Tongesteinsgebiete. Sie gehören als baustoffliefernde Räume zu den ›Ziegelprovinzen‹, wenn der Kalkgehalt der Tone weniger als 20% beträgt. Unter den Pliozängebieten sind die südliche Toskana und Latium hier einzuordnen. Dazu kommen Seetone in den pleistozänen Beckenfüllungen und in der mittelalterlichen Ziegelprovinz der Po-Ebene die Schwemmlandtone. Beispiele sind die Skaligerbauten von Verona, dann Venedig und Ravenna. Flyschtone wurden dagegen selten zur Ziegelherstellung verwendet. Sehr bezeichnend sind als Zentren von Ziegelprovinzen die Stadt Siena mit ihren Bauten um den Campoplatz und das antike Rom mit seiner technisch vollendeten Ziegelbauweise (LEHMANN 1961b, S. 261). Große Ziegeleien liegen am Fuß des Kastellberges von Lucera/Apulien. Keramik ist auf der Apenninenhalbinsel seit ältesten Zeiten von außerordentlicher Bedeutung gewesen, wie das die etruskischen und römischen Grabmäler zeigen, der griechische Tempelschmuck, die Votivfiguren, Weinkrüge und andere Gefäße. Bis in die jüngste Zeit war viel unglasierte Keramik in Gebrauch; gegenwärtig verschwindet mit den mannigfaltigen Formen der Krüge, die das Wasser für die Feldarbeit kühl hielten, ein interessantes Kulturgut des Mittelmeerraumes. Unterhalb der Dörfer auf den Pliozäntafeln der Basilicata lagen die Töpfereien in Stollen, die dort in den Ton gegraben waren. Die Majolika, benannt nach Mallorca, wurde in Faenza zur Fayence.

## c5 Literatur

Der Häufigkeit und der schweren Folgen wegen, die ›spontane Massenbewegungen‹ (LOUIS u. FISCHER 1979, S. 158) im Apennin mit sich bringen, haben sich italienische Geographen intensiv mit den Frane befaßt. Über die ersten Untersuchungen der Italienischen Geographischen Gesellschaft 1903–10 legte ALMAGIÀ einen zweibändigen Bericht vor (1910, 1924, 1959). BOTTA (1977) sammelte Daten für die Zeit 1946–76. Zur Diskussion über die Entwaldung als mögliche Ursache der Franabildung trugen nach ALMAGIÀ (1910a, S. 338), TICHY (1962, S. 123) und PERSI (1974, S. 33) bei. Zur Definition und Klassifikation vom ingenieurgeologischen Standpunkt vgl. PENTA (1956). Eine sorgfältige Kartierung der Haupterscheinungen unter Berücksichtigung der Plastizität und der tonmineralogischen Zusammensetzung lieferte RUTGERS (1970) für Rutschungen bei Bóbbio/Provinz Piacenza. TICHY (1960) berichtet über Franamessungen in der Basilicata und die Veränderungen im Lauf mehrerer Jahre mit Bildern und Blockdiagrammen. Ausgehend von Untersuchungen in den nördlichen Marken nennt PERSI (1974, S. 50) allein 13 verschiedene Bekämpfungsmaßnahmen, die in Franagebieten anzuwenden wären.

Zur Literatur über Calancoerosion vgl. CORI (1965, S. 70, Anm. 20). Viele Arbeiten stammen aus den Projekten des CNR ›Erosione del Suolo in Italia‹ (MORANDINI 1957a, 1962a) und ›L'erosione del suolo in Italia e i suoi fattori‹ (CNR, Pisa 1964–1977). Versuchsflächen zur Beobachtung und Messung der Prozesse wurden angelegt, unter anderem in der Tertiärmulde von Alpago in den Venetischen Voralpen (GERLACH u. PELLEGRINI 1972/73) und im Pliozän der Val d'Era/Toskana (CORI u. STEFFANON 1962; CORI 1965; CORI u. VITTORINI 1974); vgl. auch CASTELVECCHI und VITTORINI (1974) für die Val d'Orcia zwischen Chianatal und Tiber. In siebenjähriger Beobachtungstätigkeit im Versuchsfeld der Val d'Era untersuchte VITTORINI (1971) die Morphogenese. Vergleichende Beobachtungen und Bestimmungen der Tonmineralzusammensetzung ergaben deren Bedeutung für die Formung (VITTORINI 1977). Zur Verbreitung der Calanchi im Hinterland des Golfs von Tarent vgl. KAYSER (1961, 1964) und PANIZZA (1968), der für Calopezzati am Nordostfuß der Sila Greca eine weitere Kartierung lieferte (PANIZZA 1966). Im Imoleser Subapennin hat MARTENS (1968, S. 160) die Entwicklung von Runsenkomplexen bis 164 Jahre zurückverfolgen können und schätzt die ältesten auf ein Alter von über 200 Jahren. In der deutschen Literatur sind Calanchi, Biancane und Balze unter anderem behandelt von BRAUN (1907), OLSCHOWY (1963), PLETT (1931, 1933) und ULLMANN (1964).

## *d) Vulkangebiete. Naturphänomene der Vergangenheit und der Gegenwart*

### d1 Vulkanismus in Italien. Forschungen und Grundlagen

Im Vergleich zu den Kalk- und Tongesteinsgebieten nehmen die von vulkanischen Ablagerungen bedeckten Flächen innerhalb Italiens nur geringe Teile ein, nur etwa 1/20 der Gesamtfläche. Dennoch besitzen sie so auffällige Merkmale und Eigenschaften, daß es genügend Anlaß gibt, sie ausführlicher zu besprechen. Die Vor- und Nachteile, die sie für ihre Bewohner bedeuten, liegen hier räumlich so nahe nebeneinander und können zeitlich so rasch aufeinander folgen, daß es berechtigt wäre, dem Kapitel noch einen Untertitel zu geben: ›Fluch und Segen Italiens‹ (G. MÜLLER 1961). Doch wäre es ein Mißverständnis, alle Vulkangebiete des Landes für gefährdet und gleichzeitig segensreich zu halten. Ein solches Wort gilt im Grunde nur für zwei hervorragende Gebiete mit aktivem jungem Vulkanismus, nämlich für die Hänge an Vesuv und Ätna, auf deren verwitterten Aschen und Laven eine intensive und äußerst produktive Landwirtschaft betrieben werden kann und wo man immer wieder einmal – wie am Ätna zuletzt im Frühjahr 1983 durch Lava – mit der Zerstörung von Siedlungen und Nutzflächen zu rechnen hat. Andere Bereiche mit älterem Vulkanismus, mit Vulkankegeln, Basalttafeln und Tuffsedimenten, z. B. im Westen Sardiniens oder in der südlichen Toskana und Nordlatium, gehören hingegen keineswegs zu den Gunsträumen Italiens.

Der junge oder gar aktive Vulkanismus übt einen besonderen Reiz auf den Touristen und den naturwissenschaftlich interessierten Reisenden aus; aber auch als eigenartige Siedlungs-, Wirtschafts- und Kulturräume bieten die Vulkane reiche Eindrücke. Damit hat Italien innerhalb Europas den Vorzug, noch sechs tätige oder zur Zeit ruhende Vulkane, nämlich Vesuv, Phlegräische Felder, Íschia, Ätna, Strómboli und Vulcano, zu besitzen.

Seit der berühmten Schilderung des Vesuvausbruchs von 79 n. Chr. durch

Plinius d. J., der sich nach einer etwa tausendjährigen Ruhezeit ereignet hatte, sind die vulkanischen Erscheinungen wiederholt beschrieben und immer genauer untersucht worden. Im Lauf der Zeit ist die spezielle Literatur gewaltig angewachsen, weshalb im Anschluß an dieses Kapitel nur wenige Titel genannt werden können, zumal für näheres Studium geologische Reiseführer über die italienischen Vulkangebiete zur Verfügung stehen (Pichler 1970a, b, 1981, 1984). Die Forschung über die endogenen Prozesse, ihre Ursachen und Folgen in Gestalt der Eruptionsereignisse, deren zeitliche Gliederung, über den Untergrund und die aus Magmen entstandenen Gesteine wird von Geologen, Vulkanologen, Geophysikern, Geochemikern und Petrologen geleistet. Dem Geomorphologen bleibt der Bereich der Veränderungen der Oberflächen durch äußere Kräfte zu untersuchen. Solche Forschungen sind aber in Vulkangebieten deshalb besonders fruchtbar, weil sich Aufbauformen und Ablagerungen oft recht genau datieren lassen und die Ausgangsform bekannt oder zu rekonstruieren ist. Zu den geomorphologischen Untersuchungen kommen weitere physisch-geographische, z. B. die landschaftsökologische Untersuchung des Ätna durch Werner (1968). Großes Interesse fanden einige Vulkangebiete, die man als Schwerpunkte von Bevölkerung, Wirtschaft und auch Fremdenverkehr bezeichnen kann, bei Kulturgeographen. Deren Untersuchungen bauen auf den geologisch-vulkanologischen Forschungen auf, kann doch erst dadurch die besondere Situation zum Teil erklärt werden. Mit den heute vorliegenden Daten über die mineralogische und chemische Zusammensetzung der Vulkanite, d. h. der aus magmatischen Massen entstandenen Gesteine, sind Rückschlüsse auf die Bodenentwicklung und das der Vegetation zur Verfügung stehende Nährstoffangebot möglich.

Es ist heute notwendig, sich mit einigen Fortschritten vertraut zu machen, die in der Gesteinskunde der Tiefengesteine (Plutonite, z. B. Granit) und der Ergußgesteine (Vulkanite, z. B. Trachyt, Basalt) erfolgt sind. Die Namen der Gesteine sind inzwischen strenger als bisher definiert, weil sie nach ihrer mineralogischen, vor allem aber nach ihrer chemischen Zusammensetzung klassifiziert werden (Streckeisen-Klassifikation im Doppeldreieck). Dadurch können auch z. B. die bisher einheitlich als Obsidian bezeichneten vulkanischen Gläser unterschieden werden, und andererseits werden viele, gerade aus Italien stammende Lokalnamen, wie Italit, Vesuvit, Vulsinit, Ciminit, Liparit und andere, entbehrlich. Solange nicht alle Gesteine analysiert und derart benennbar sind, muß man noch auf das äußere Erscheinungsbild zurückgreifen, wobei man das Präfix ›Phäno-‹ benutzt und z. B. vom ›Phäno-Leucit-Tephrit‹ spricht (vgl. dazu Pichler 1970a, S. VIII).

### d2 Vulkanische Tätigkeit und tektonische Entwicklung

Seit dem Paläozoikum sind alle Gebirgsbildungsperioden, vor allem aber die alpidische und apenninische, mit gleichzeitiger oder darauffolgender vulkanischer Tätigkeit verbunden gewesen. Mit einer Ausnahme (M. Vúlture) war es ein Rückseitenvulkanismus im Rückland der Orogenese. Einen weiteren Typ bildet der

Vulkanismus der Bruchschollengebiete, der konsolidierten Kratone, wie Sardinien und Ostsizilien. Die Gebirgsbildung im Mittelmeerraum kann heute mit Vorgängen der Plattentektonik erklärt werden, bei der die Afrikanische Platte gegen die Eurasische Platte wandert. Es handelt sich offenbar um ein kompliziertes Mosaik von starren Mikroplatten mit Plattengrenzen zweiter Ordnung, die von einzelnen Faltensträngen umgeben sind (Rast 1980, S. 96). Das Abtauchen von Platten, die Subduktion, führt zum Aufdringen von Magma. So werden die Vulkane Italiens einem Subduktionsvulkanismus zugeordnet. Der mesozoische Vulkanismus Westsiziliens lieferte demgegenüber ›Intraplatten-Basalte‹ (Catalano u. a. 1984).

Der permische Vulkanismus hat am Innenrand des Alpenbogens, vor allem aber in der bis 2000 m mächtigen ›Bozener Porphyr-Platte‹ Laven, Schmelztuffe (Ignimbrite), Tuffe und anderes gefördert, die aus sialischem Magma der aufgeschmolzenen Kruste stammen. Das harte Gestein wird in großen Brüchen gewonnen. Außerdem hat der permo-karbonische Vulkanismus in den Südalpen abbauwürdige Uranerzlagerstätten geschaffen (Novazza/Bérgamo).

Zur Zeit der beginnenden alpidischen Geosynklinalbildung gab es im Nordapennin einen ›initialen Vulkanismus‹ mit basischen, simatischen subkrustalen Magmen, die sich als Grünstein (Ophiolithe) im Mesozoikum (Ende Jura, besonders Kreide) untermeerisch ergossen haben. Sie sind in die Gebirgsbildung einbezogen. Zu dieser Zeit waren schon die Vulkane im Bereich der Mti. Ibléi in Südostsizilien tätig. In Südwestsardinien gab es nach der paläozoischen Phase noch im Perm Ausbrüche. Sialische Schmelzen ergaben den Porphyr im Südosten. Die Tätigkeit kam nach ihrem Höhepunkt im Tertiär auf der Westseite der Insel erst im Altpleistozän (Golf von Orosei) zur Ruhe. Auf den Spalten des stark zerbrochenen Kratons konnten im Vorland der sogenannten tyrrhenischen Virgation der alpidischen Orogenese Magmen aufdringen. Damit vergleichbar ist der ›Frontseitenvulkanismus‹ der Mti. Ibléi vor der Kalktafel Südostsiziliens und des M. Vúlture vor der Apulischen Kalktafel.

Am Alpenrand hat der tertiäre Vulkanismus vom Eozän ab seine Zeugnisse im M. Baldo am Gardasee, in den Mti. Lessini und den Mti. Bérici hinterlassen und fand seinen Abschluß während des Miozäns in den Euganeen. Am Beginn standen basische Laven, am Ende in den Euganeen saure. Große Bruchsysteme wie die Judikarienlinie waren Leitbahnen schon im Perm, das altangelegte System der Linie von Schío-Vicenza (Desio 1973, S. 816) bestimmte die Ausbruchsstellen in den Euganeen (Schlarb 1961).

Eine sehr intensive vulkanische Tätigkeit ereignete sich während des ganzen Pliozäns und bis ins Altpleistozän auf der tyrrhenischen Seite der Halbinsel von der Toskana bis zu den Äolischen Inseln. Wie am Alpenrand handelt es sich um einen typischen Rücklandvulkanismus (Pichler 1970a, S. 21). Er begann im Westen mit granitischen Intrusionen, die Schmelzen blieben im Untergrund, verursachen aber postvulkanische Erscheinungen wie die Borsäureexhalationen von Larderello und heiße Quellen. Diese Tätigkeit fand hinter der Orogenfront statt und verlagerte sich mit deren Wanderung nach Osten zum M. Amiata und nach Radicófani. Im Rückland ereigneten sich Hebungen und Aufwölbungen, Spalten rissen auf. Mit dieser ›distruktiven Bruchtektonik‹ ist der spätorogene junge Vulkanismus der Apenninenhalbinsel verbunden, der bis heute anhält. Die nun entstandenen, bis heute frisch gebliebenen Aufbauformen und Krater sind auf tektonischen Linien aufgereiht, die der apenninischen Nordwest-Südost-Richtung, zum Teil auch der tyrrhenischen Richtung senkrecht dazu folgen. Im Verlauf des toskanisch-kampanischen Lineaments (Imbò 1957, S. 104) liegen der M. Amiata und die Vulkane Latiums von den Vulsiner Bergen bis zu den kampanischen Vulkanen, die den Einbruchskessel des Kampanischen Beckens umgeben. Hier wird das Rückland immer mehr vom Meer eingenommen, und der Vulkanismus äußert sich in untermeerischen Vulkanen und Inselvulkanen. Die Grenzlage des Vesuv zwischen Kalkapennin und Tyrrhenis bedingt zahlreiche besondere Eigenschaften der Magmen, des Vulkanismus und der Vulkanite dieser ›kampanischen Provinz‹ der Vulkanologen, aber indirekt auch der geographischen Region insgesamt.

### d3 Formengemeinschaften im Bereich des Tertiärvulkanismus Euganeen, Sardinien, Toskana

Nach dem Überblick über die tektonische Situation der italienischen Vulkangebiete sollen nun die wichtigsten der im Tertiär und Quartär tätig gewesenen Vulkane als Formengemeinschaften charakterisiert werden. Es gilt zu zeigen, in welchem erheblichen Ausmaß sie differenziert sind und welche verschiedenen Möglichkeiten sie der Inwertsetzung bieten. Zur Erklärung der Bauformen ist es notwendig, sich über das Alter der vulkanischen Tätigkeit und die Förderprodukte zu orientieren, weil uns heute je nach Art der Intrusion, Explosion oder Effusion sehr verschiedene Aufbauformen oder deren Reste begegnen. Für die landwirtschaftliche Nutzbarkeit der aus Vulkaniten entstandenen Böden sind deren physikalische Eigenschaften, vor allem ihre Dichte, und die chemische Zusammensetzung entscheidend, wie sie heute von der Geochemie und Petrologie festgestellt werden. Die Kenntnis vom Ablauf eruptiver Ereignisse vermag den Formenwandel zu erklären; historische Nachrichten geben Auskunft über das Ausmaß von Schäden in Siedlungen und auf Nutzflächen.

Landschaftsbildende Aufbauformen sind in den Verbreitungsgebieten des Tertiärvulkanismus erhalten geblieben, in den Euganeen, in Sardinien und in der Toskana.

Die Euganeen bestehen aus dicht nebeneinanderstehenden Kuppen, die sich meistens mit auffällig geradlinigen und steilen Hängen, sogar als ideale Kegel, bis 601 m im M. Venda, aus der Schwemmlandebene der Padania erheben. Die Kuppen sind aber keine echten vulkanischen Aufbauformen, auch nicht Reste eines ehemaligen Vulkans von Ätnagröße. Heute gelten sie als Reste eines stark abgetragenen, komplizierten Gebäudes, von einem submarinen Vulkanismus herrührend, dessen Intrusivkörper und Schlotfüllungen zum Teil als Härtlinge erhalten geblieben sind, weil sie aus dem Tuff- und Sockelgestein herausgearbeitet wurden (Schlarb 1961, S. 172). Vom Eozän bis Miozän wurden basische simatische Basalte gefördert, dann kam es durch Aufschmelzung der Kruste zu sauren Magmen, es entstanden der Rhyolithpfropfen des M. Venda und die Lakkolithe (Baone und Valmándira) mit Latit, Trachyt und basaltischem Andesit (M. Lovertino); aber es kam auch zu Ergüssen und Tuffen. Zeugen des nahen Magmas sind die seit der Antike bekannten heißen Quellen (56–87° C) östlich der Euganeen (Àbano Terme, Montegrotto). Die Euganeen sind mit dem Siebengebirge vergleichbar, das etwa gleichzeitig entstanden ist und ähnliche Formen und Gesteine besitzt.

Der oligo-miozäne Vulkanismus Sardiniens ist zu verstehen als Folge einer Subduktionszone unter der Insel im Sinne der Plattentektonik. Sieht man von den paläozoischen Vulkaniten im Südwesten und den permischen Porphyriten im Südosten (Rhyolite und Rhyodazite; Desio 1973, S. 809) ab, dann lassen sich häufig frische Aufbauformen beobachten, weil die Aktivität gleichzeitig mit der Alpenorogenese sehr lebhaft war. Obgleich Linearausbrüche mit Flächenergüssen und kleine Kegelberge vorherrschen, kam es doch im M. Ferru zum Aufbau eines hohen komplexen Gebäudes während der ganzen Tertiärzeit und bis ins Pleistozän hinein (vgl. Fig. 201, geol. Skizze, in Desio 1973, S. 840).

Der M. Ferru ist ein Stratovulkan mit verschiedenartig zusammengesetzten Basaltströmen, die eine Trachyt-Phonolith-Kuppe überdecken. Er liegt an einer Kreuzungsstelle großer Blattverschiebungen mit Randverwerfungen des Campidanograbens (Hiller 1981, S. 9). Der Kuppenbau entstand durch allmähliche Effusion viskoser Magmen, denen basaltische, leicht flüssige Laven folgten, die sich aus Linearspalten ergossen haben.

Die für Sardinien bezeichnenden Formengebilde sind aber Tafeln aus vulkanischen Gesteinen, die den sogenannten Zentralsardischen Graben bis zu 1000 m Mächtigkeit erfüllen. Sie sind im Nordwesten Sardiniens weit verbreitet als mehr oder weniger verstellte Trachyttafeln in der Anglona, im Logudoro, um Villanova und am mittleren Tirso sowie im Küstenbereich des Sulcis im Südwesten und auf den vorgelagerten Inseln (Hiller 1981, Abb. 10). Wo diese prämiozänen Trachyte und Tuffe den Verwitterungsboden bilden, handelt es sich um, landwirtschaftlich gesehen, leistungsfähige Böden (Mori 1972, S. 52, und Fig. 10), obwohl sie aus sauren Vulkaniten hervorgegangen sind. Im schroffen Gegensatz dazu stehen die postmiozän-pliozänen Basalttafeln, welche die Campedahochfläche und die sich südlich anschließende Abbasantafläche überziehen und die so charakteristischen ›giare‹-Tafelberge krönen. Durch die Übereinanderlagerung von Flächenergüssen kam es zu Treppenbildungen, wie an der Westküste bei Alghero in der ›scala piccada‹ durch ältere Trachyte und Tuffe (Vardabasso 1964, S. 628). Am Golf von Oroséi liegen die jungen ›golléi‹, Tafel- und Schildberge. Sie gehören wie die ›giare‹-Basalttafeln Innersardiniens in die Zeit ab Postmiozän bis ins Pleistozän (DESIO 1973, S. 932; HILLER 1981, Abb. 7). Es sind dichte, basische Vulkanite (Tholeiitbasalte bis Tholeiitolivinbasalte), die nur sehr selten sichtbare Kristalle enthalten. Aschen und Tuffe fehlen (DESIO 1973, S. 843). Da die Basalte der Hochflächen wenig Verwitterungsschutt lieferten, wird das Niederschlagswasser nicht aufgenommen, und die Basalttafeln sind landwirtschaftlich kaum nutzbar. Sie sind ein Beispiel dafür, daß keineswegs alle basischen Vulkanite, auch nicht die der jungen Vulkangebiete Italiens, hohe Bodengunst zeigen und einen Segen für die Bevölkerung bedeuten, denn sie besitzen nach MANCINI u. a. (1966, S. 25, u. 1968) sogar ein noch geringeres landwirtschaftliches Potential als die Granithochflächen Ostsardiniens.

Die nördliche Toskana ist bis zum M. Amiata noch Wirkungsbereich des spättertiären Vulkanismus gewesen, der vorwiegend unter der Erdoberfläche Intrusionen hervorrief. Stellenweise sind flachintrusive Lakkolithe freigelegt worden, wie die dunklen Trachyte von Montecatini und Orciático westlich Volterra im Pliozänton und die Granite des westlichen Elba (WALDECK 1977), von Gíglio und Montecristo, die vor 3,5–7 Mio. Jahren entstanden sind. Mit diesem Vulkanismus hängt auch die Aufwölbung des Toskanischen Erzgebirges und dessen Reichtum an Bodenschätzen zusammen (PICHLER 1971 a, S. 27, vgl. Kap. II 1 a 4).

Die Nähe des Magmas macht sich in mineralreichen Dampfquellen bemerkbar. Oberflächenwässer gelangen in dem spaltenreichen, durchlässigen Untergrund abwärts, werden vom langsam abkühlenden Intrusivkörper erwärmt und nehmen beim Aufsteigen Minerale auf (Konvektionstheorie, vgl. DESIO 1973, S. 1002).

Die Anlagen von Larderello mit 180 Bohrlöchern auf 250 km² Fläche erlauben die Gewinnung unter anderem von Borsäure, Borax und Ammoniumsulfat. Sinken Temperaturen und Druck, müssen sie aufgegeben werden. Neue Bohrungen reichen schon bis 2500, ja 4000 m Tiefe. Im Vordergrund steht heute die Erzeugung elektrischer Energie in geothermischen Kraftwerken. 1979 leisteten 36 Turbinen insgesamt 390 MW und lieferten 2 % des italienischen Strombedarfes (VORDEMANN 1979). Zu diesen nutzbaren, ›segensreichen‹ Folgeerscheinungen des Vulkanismus gehören auch einige Thermalquellen mit Temperaturen über 50° C, wie Bagni di Lucca, Galleráie bei Larderello, Vignoni und S. Filippo am M. Amiata, und auch kühlere, wie Chianciano und S. Casciano.

### d 4 Formengemeinschaften im Bereich des Quartärvulkanismus Südliche Toskana, Latiumvulkane

In der südlichen Toskana erhebt sich auf einer Fläche von 85 km² der Vulkangebirgsstock des M. Amiata bis auf 1738 m. Den Sockel bilden Flyschsedimente bis 115 m (MARINELLI 1919, S. 224). Das Ausmaß der Hebung lassen marine pliozäne Sedimente erkennen, die in der Umgebung um 200–300 m, am Amiata aber 900 m erreichen.

Der stufenweise Aufbau, der von einzelnen Kuppen überragt wird, ist die Folge einer mehrphasigen Entwicklung mit verschiedenartigen Eruptionen. Sie ereigneten sich vom Altpleistozän an mit wenig mobilen Magmen geringer Energie, d.h. ohne Explosionen. Saure Vulkanite flossen vor 430000 Jahren aus (Pichler 1970a, Tab. 2). Es folgten rhyolithische Staukuppen und zuletzt kleine Lavaströme (trachytisch-latitisch). Die rhyolithischen Laven erreichen über eine Fläche von 26 km² hin eine Mächtigkeit von 300 m (Vittorini 1969, S. 25). Auf die Langsamkeit des Fließvorganges weisen die bogenförmigen Blockwälle an der Oberfläche hin.

Die Rhyolithe sind leicht erodierbar, werden aber nach Vittorini (1969) durch die dichte Buchen-, Ginster- und Kastanienvegetation davor bewahrt, in stärkerem Maße abgetragen zu werden. Die Vulkanite sind stark klüftig und wenig homogen, was sie befähigt, viel Wasser aufzunehmen, das an der Basis über Tonen und Mergeln in zahlreichen Quellen austritt. An der Ostseite entstanden mit der Quellerosion (Vittorini 1969, S. 38, u. Anm. 16) hohe Quellzirkuswände (balze). Wegen dieser Eigenschaften des Gesteins ist die vulkanische Aufbauform bis heute nahezu unverändert erhalten geblieben.

Am Ostrand bei Abbadía S. Salvatore wird im Stollenbau Quecksilbererz (Zinnober) mit 0,5–1 % Hg gefördert, das sich im Liegenden des Vulkans angereichert hat und als Nebenwirkung der vulkanischen Tätigkeit zu erklären ist (Strappa 1977). Die Produktion, die seit Beginn unseres Jahrhunderts weltwirtschaftliche Bedeutung hatte, wurde 1981 nach kurzer Unterbrechung wiederaufgenommen. Ferner nutzt man auch hier Wasserdampf, der bei Bagnore am Südwestrand in 21 Bohrungen gewonnen wird. Aus 500–600 m Tiefe werden pro Stunde 125 t Dampf mit 150°C und 4–5 at geholt und für die Elektrizitätserzeugung nutzbar gemacht (Pichler 1970a, S. 64).

Die alten Latiumvulkane mit den sie umgebenden Tuffterrassen gehören zur ›Romanischen Vulkanprovinz‹ der Geologen. Auf den Bruchstrukturen des toskanisch-kampanischen Lineaments, aber nicht auf Horsten, wie der M. Amiata, sitzen die Vulkanbauten der Mti. Vulsini mit dem Bolsenasee, der Cimini mit dem Vicosee, der Sabatini mit dem Braccianosee und die der Colli Albani (Vulcano Laziale) mit dem Albano- und dem Nemisee. Die Vulsini liegen am Kreuzungspunkt des großen tyrrhenischen Lineaments mit dem apenninischen (Bodechtel 1970). Also waren offenbar die Schnittpunkte des toskanisch-kampanischen Lineaments mit den senkrecht dazu verlaufenden Linien für die Anlage der Großbauten entscheidend. Die Linie von Rieti durchquert auf ihrem Verlauf nach Anzio die Albaner Berge.

Zwei neue vulkanische Aufbauformen treten hier auf: Der eine Typ besteht in einem großen runden Seebecken mit einem Calderaring, der zweite wird dargestellt von den etwa 50 m mächtigen Tuffdecken; insgesamt ergibt sich so das größte geschlossene Areal vulkanischer Ablagerungen Italiens.

Die hier verbreiteten ›mediterranen‹ Gesteine sind basisch, und deswegen

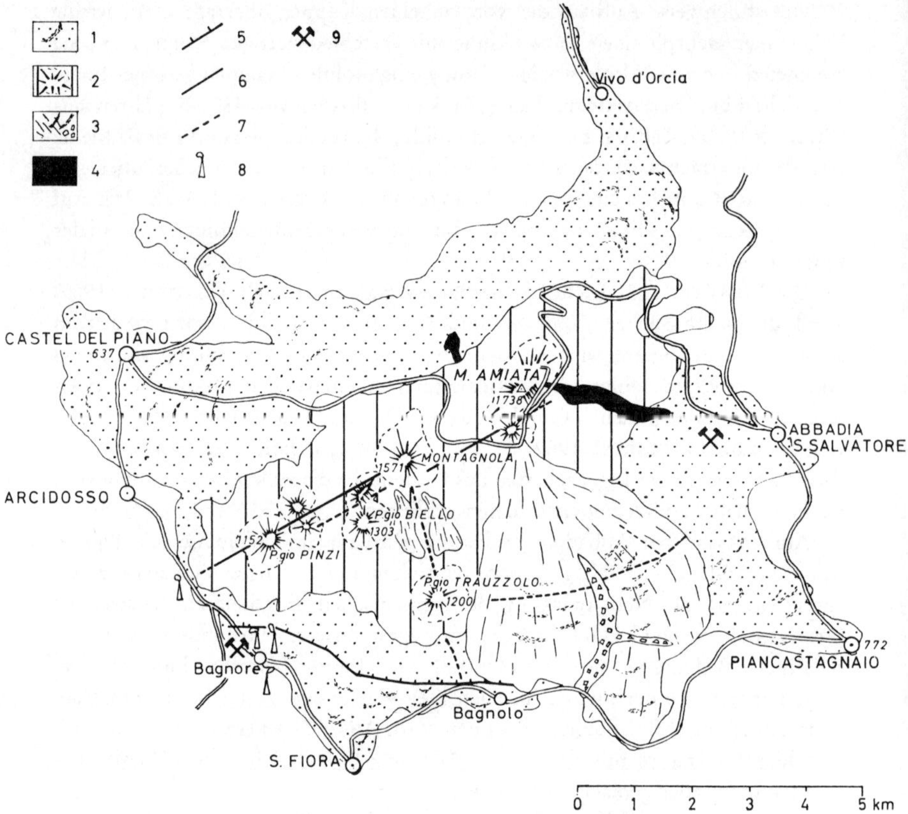


*Fig. 7: Vulkanologische Karte des M. Amiata.* Nach MAZZUOLI und PRATESI 1963 aus PICHLER 1970 a, S. 53, abgeändert durch PICHLER.

1 Ältere rhyolithische Laven mit Aufstauungswällen. 2 Rhyolithische Staukuppen. 3 Jüngere rhyolithische Laven mit Aufstauungswällen und Blockdetritus. 4 Jüngste Laven (dunkle Trachyte bis Latite). 5 Vulkano-tektonische Bruchlinien. 6 u. 7 Sichtbare bzw. vermutete regional-tektonische Bruchlinien. 8 Erddampf-Förderzentren. 9 Zinnober-Abbau.

Der M. Amiata erhebt sich über Sedimentgesteinen, hier weiß gelassen.

waren die Magmen mobiler als die sauren toskanischen (PICHLER 1970 a, S. 29). Die höhere Eruptionsenergie verursachte die kurzfristige Förderung großer Massen poröser Schaumlaven, die bisher als Ignimbrit bezeichnet worden sind. Als direkte Folge brachen große Schollen über den in geringer Tiefe zu vermutenden ausgedehnten Magmakammern ein. Die Förderschlote verlagerten sich, in den Sabatini z. B. von Osten nach Westen, nur der Krater von Vico blieb an seiner Stelle. Das Stamm-Magma ist meist latitisch, d. h. es ist kieselsäurearm, und die weitere

Veränderung durch Karbonatassimilation ergab die Leucit führenden Vulkanite der Albaner Berge.

Die Altersbestimmungen der Vulkanite lassen erkennen, daß die Tätigkeit in den Vulsini im Altpleistozän begonnen hat (Pichler 1970a, S. 6); die Haupttätigkeit fand vor 300000 Jahren statt, gleichzeitig mit derjenigen in den Sabatini, in den Albaner Bergen und im Roccamonfinakomplex. Wesentlich älter sind die Vulkanite der Cimini mit über einer Million Jahren; daher sind die Aufbauformen weitgehend abgetragen. Dagegen ereignete sich der Ausbruch des sehr gut erhaltenen M. Vico erst vor 95000 Jahren. Noch jünger ist der Krater des Albaner Sees mit 29000 Jahren. Eine Sonderstellung hat das Tolfagebiet westlich des Braccianosees, das ein Ableger der Toskanaprovinz ist, mit 2,3 Mio. Jahren alten sauren rhyolithischen Laven. Die Entwicklungsgeschichte der Vulkane ist noch nicht völlig aufgeklärt mit Ausnahme derjenigen der Albaner Berge.

Die Vulkanite sind aus ihren Ausbruchsherden in Strömen mit Bimstuffen an der Oberfläche bis etwa 30 km weit in die Umgebung ausgeflossen, wobei sie den Tälern des alten Reliefs folgten. Die so entstandenen Tufftafeln sind bei der späteren Zerschneidung in schmale Riedel und Sporne zerlegt worden. Die charakteristischen Kastentäler mit ihren senkrechten Felswänden sind bis in die Pliozäntone des Liegenden eingetieft, ebenso wie die tiefen Schluchten und Gräben. Die Autostrada del Sole berührt diesen Bereich rechts des Tibertals z. B. bei Orvieto mit seinem vom Tuff bedeckten Tafelberg. Weder die Vulkankomplexe noch die Tuffterrassen und Riedel sind als vorteilhafte landwirtschaftliche Nutzflächen zu bezeichnen, vor allem wegen ihrer wenig tiefgründigen Böden und der Wasserdurchlässigkeit. Manche Teile zeigen Ansätze von Krustenbildung (pelláccio) und sind deshalb kaum nutzbar (Migliorini 1973, S. 33). Auf den Höhen überwiegen Wald-, Weide- und Ackerland. Auf Spornen liegen enggebaute Ortschaften in der sogenannten ›posizione etrusca‹, wie Veio und das fast verlassene Cívita di Bagnoregio über den Pliozänrunsen (vgl. Sestini 1963a, Fig. 58 u. Tav. 69). In ihrer Nähe wird der Anbau im Kleinbesitz intensiv betrieben, und es werden geschätzte Weine erzeugt, zu deren Lagerung Keller in die Tuffe gegraben sind. Hochproduktive Rebkulturen liegen, begünstigt durch wenig verfestigte Tuffe und schlakkenarme Lapillibedeckung, an den dicht besiedelten sanften Hängen der Albaner Berge (Castelli Romani). Im Gebiet der Tufftafeln aber bildet das kleinzertalte Relief heute ein erhebliches Verkehrshindernis, nicht jedoch für die mittelalterliche Straßenführung, z. B. die Pilgerstraße nach Rom, die frei von den Hochwassergefahren des Tibers durch eben diese Landschaft hindurchführte (Goez 1972).

Die Laven und Tuffe werden seit alters als Baustein geschätzt, und manche Altstadtteile, wie die von Viterbo, sind von ihnen geprägt, im genannten Fall vom ›peperino‹ aus den Cimini. Aus den Volsini kam der ›nenfro‹, der auch ›necrolite‹ genannt wird, weil in ihm die etruskischen Nekropolen liegen; es ist der ›gelbe peperino mit schwarzem Bims‹ (Almagià 1966, S. 56). Aus den Albaner Bergen

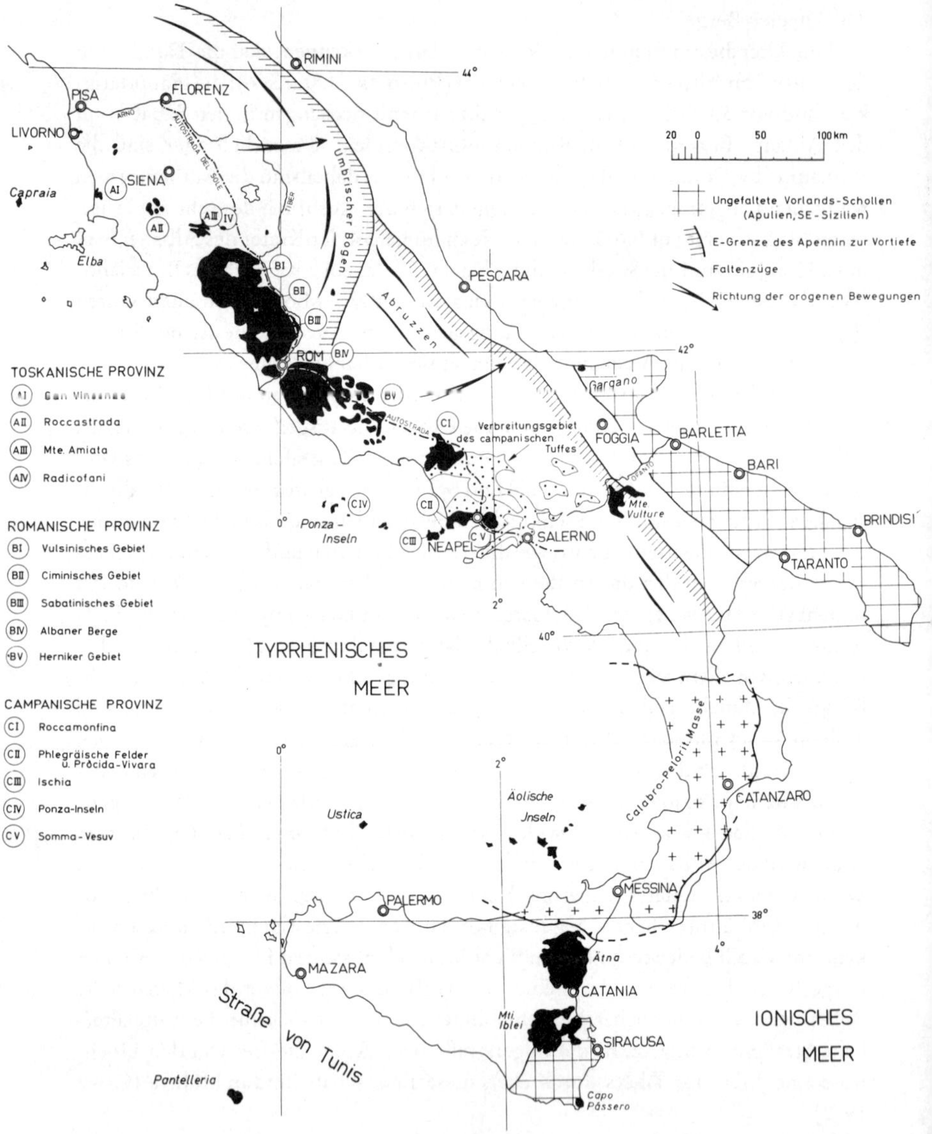


*Fig. 8: Die großtektonischen Strukturen und die Lage der jungen Vulkanprovinzen Mittel- und Süditaliens* (schematisch).
Pfeile = Verlagerungsrichtung der Orogenfront. Aus Pichler 1970a, S. 2.

gelangte ein anderer Peperino nach Rom, Lapis albanus, der Bautuff oder ›Litoid‹. Die besonders harten Leucitit-Laven (selce) dienten zur Herstellung des Straßenpflasters. Die sieben Hügel bestehen selbst meistens aus Tuff, und in diese körnigen lapillireichen Tuffe Roms sind die Katakomben gegraben; heute werden sie als ›pozzolane‹ zur Betonherstellung genutzt (RODOLICO 1964, S. 375). Mit dem Vulkanismus in indirektem Zusammenhang stehen unter den nutzbaren Gesteinen die Travertine, die sich am Austritt warmer kalkhaltiger Quellen aufgebaut haben, wie die von Tívoli. Westlich von Viterbo finden sich 17 solche Quellen, zum Teil mit Travertinen. Thermalquellen haben Vicarello und Stigliano in den Sabatini; berühmt sind die Acque Álbule bei Tívoli (DESIO 1973, S. 1007).

### d 5 Die kampanischen Vulkane und der M. Vúlture

Einen Übergang zwischen den Latium- und Kampanienvulkanen bildet der Roccamonfinakomplex, dessen basische Vulkanite denen des Sommavesuvs ähnlich sind, und er soll einen ebenso hohen Baukörper wie dieser von 1800–2000 m Höhe erreicht haben. Diesem Vergleich entspricht auch seine dichte Besiedlung unterhalb der Kastanienwälder, die dank der nährstoffreichen und lockeren Verwitterungsböden möglich ist.

Der Roccamonfina ist ein komplexer Stratovulkan, der einschließlich der von Schwemmland überdeckten Teile 400 km² umfaßt (PICHLER 1970 b, S. 1). Mit den Latiumvulkanen hat er ignimbritartige Ausbrüche und die typische Calderabildung gemeinsam. Der heutige Doppelgipfel (1005 m) wurde aus Staukuppen gebildet. Mehrere Krater und viele Adventivkegel bestimmen die unruhige Oberfläche des Vulkankomplexes. Im Südostteil liegen auch die einzigen Maare Kampaniens mit dem Maarsee Carínola (PICHLER 1970 b, S. 12). Der erloschene Vulkan ist stark abgetragen; seine Haupttätigkeit liegt über 400000 Jahre zurück, ebenso wie die des M. Amiata und der Latiumvulkane. Man darf annehmen, daß sich der letzte Ausbruch 269 v. Chr. ereignet hat. Vor der Küste liegen die Ponzainseln (BALDACCI 1955), mit denen sich der vom Vulkanismus beherrschte Teil des Apenninrücklandes erstmals in die Tyrrhenis verlagert.

In Kampanien läßt sich ein Festlands- und ein Inselvulkanismus unterscheiden mit den Phlegräischen Feldern und dem Sommavesuv auf der einen und den Inseln Ischia, Vivara, Prócida und Nísida auf der anderen Seite.

Der große Kegel des Vesuv (1279 m im Osten) sitzt im Zentrum des aufgebrochenen Calderaringes (M. Somma 1132 m), es ist der Typ des ›Sommavulkans‹ mit zwei ineinandergeschachtelten Kegeln. Der Sommavesuv ist einer der am besten untersuchten Vulkane der Erde, und nach der Neubearbeitung durch RITTMANN ab 1930 und zahlreiche italienische Forscher kann seine Entwicklung als entschlüsselt gelten (vgl. Fig. 9).

Der das Magma liefernde Herd liegt nach Ausweis der Auswürflinge mitgeris-

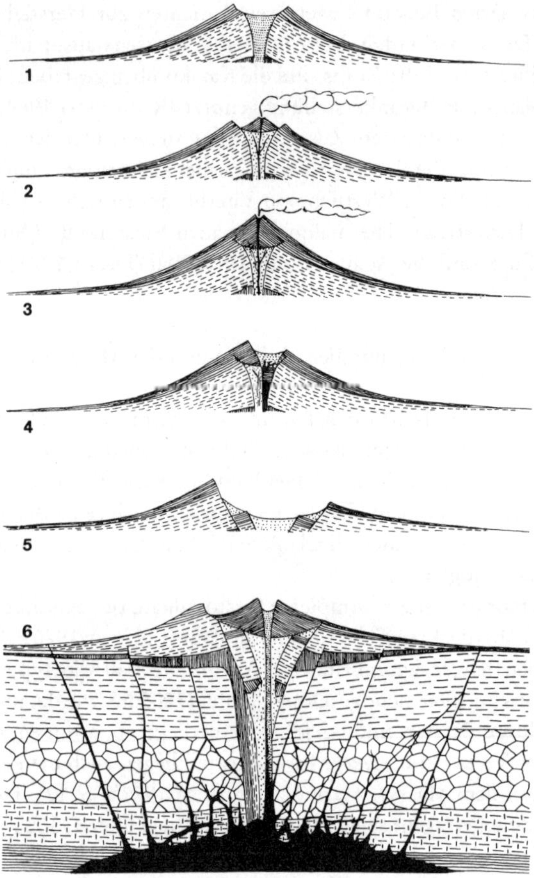


*Fig. 9: Die Entwicklung des Sommavesuv seit prähistorischer Zeit.* Aus Rittmann 1960, Abb. 67, Daten nach Pichler 1970a.
1: Gipfelkrater nach prähistorischer Eruption. Ursomma.
2: Zentralkegel nach Dauertätigkeit.
3: Einheitlicher Vulkankegel im 12. Jh. v. Chr. (?), etwa 3000 m hoch. Jungsomma.
4: Eingipfliger Berg mit Kraterebene nach gewaltiger Eruption (vor dem 8. Jh. v. Chr.).
5: Weite Gipfelcaldera mit höherem Nordrand im heutigen M. Somma nach der Eruption von 79 n. Chr.
6: Heutiger zweigipfliger Vulkan mit Vulkaniten über dem Untergrund von tertiären Sandsteinen, Tonen, Mergeln und Kalksteinen der Kreide und des Juras. Der Herd ist in Triasdolomite eingedrungen.

senen Gesteins unterhalb von Dolomitschichten 5,5 km tief und hat ein Volumen von etwa 50 km³. Das latitische Stamm-Magma veränderte sich durch Gastransport und Karbonatassimilitation zu überwiegend tephritischem Leucitit (= Vesuvit), einem hochbasischen Vulkanit. Die Entwicklung begann im jüngsten Pleistozän mit dem Aufbau der Ursomma vor der Ablagerungszeit der Gelben Tuffe der Phlegräischen Felder, d. h. vor 10000 Jahren. Die Altsomma war vor 8000 Jahren tätig. Drei große Ausbrüche der Jungsomma begannen vor 5000 Jahren und endeten vermutlich im 12. Jh. v. Chr. Der vierte dieser Ausbrüche war der von Plinius beschriebene im Jahr 79 n. Chr. Das gasreiche Magma ging als Bimssteinregen auf Pompeji nieder. Eruptionsregen verursachten heiße Schlammströme (Lahars), die Herculaneum begruben. Seit damals besitzt der Vesuv mit dem M. Somma die Gipfelcaldera am Nordrand. Vom 3. Jh. n. Chr. ab wuchs der heutige Kegel empor. Im Jahre 1631 ereignete sich eine plötzliche Explosion mit verheerender Wirkung, ähnlich derjenigen von 79 n. Chr., die alles kultivierte Land der nächsten Umgebung und zahlreiche Dörfer vollkommen zerstörte. In der östlichen und südlichen Vesuvniederung sind die Lapilli- und Tuffschichten bis 8 m mächtig (Wagner 1968, S. 286). Wieder begann eine Aktivitätsphase, die von 1700 ab so gut beschrieben wurde, daß der Ablauf der Tätigkeit in Einzelheiten bekannt und auch vorhersehbar ist, wenn sich bestimmte Anzeichen (Temperaturerhöhung der Fumarolen, Bocca im Zentralkrater, Erdbebentätigkeit) beobachten lassen. Seit der Periode 1913–1944 und der Terminaleruption, die rund 18 Mio. m³ Lava und 30 Mio. m³ Lockermaterial lieferte, dauert die Ruhephase an. Nur an Fumarolen an den oberen Kraterwänden mit Temperaturen bis über 600° C (Pichler 1970a, S. 164) ist noch die Aktivität zu erkennen. Der Krater selbst wird durch abstürzendes Material allmählich aufgefüllt.

Für die rasch nach den Ausbrüchen immer wieder mögliche landwirtschaftliche Nutzung der unteren Vesuvhänge ist der Wechsel von Tuff und Lava und die Struktur der Laven entscheidend, denn diese sind reich an Hohlräumen, wodurch die Verwitterung erleichtert wird. Vegetation stellt sich aber auf den steilen, rutschenden Aschenhängen erst im Lauf von Jahrhunderten ein. So sind die Aschen von 1631 noch nicht besiedelt, nur auf flacheren Hängen ohne Bewegung oder mit Unterstützung durch Terrassen gelingt die Begrünung rascher. Aufforstungen mit Ätnaginster *(Genista aetnensis)* und Scheinakazie *(Robinia pseudacacia)* sind am Aschenhang bis zur unteren Bergbahnstation erfolgreich gewesen, unterhalb des Forstgürtels kam es aber zur Grabenerosion (Wagner 1967, S. 42, und Bild 6). Der vorwiegend flächenhafte Abfluß wurde von dort ab in wenigen Rinnen konzentriert. Unterhalb wird Kulturland mit Aschen, Lapilli und Geröll überschüttet. Noch sind die von Vegetation bedeckten Flächen nicht groß genug, um die in kurzer Zeit fallenden großen Niederschlagsmengen an Ort und Stelle versickern lassen zu können. Mit Unterstützung der natürlichen Vegetation, durch Förderung der Verwitterung und Bodenbildung und durch Steuerung der Abtragungsvorgänge gelingt es aber schon, die Lavaflächen des vorigen Jahrhunderts aufzuforsten (Wagner 1967, S. 45). Die weniger als 200 Jahre alten Lavaströme haben dennoch eine Sonderstellung innerhalb des Kulturlandes und sind an der Vegetation und Nutzungsweise leicht erkennbar. Begünstigt sind flachere Hänge, an denen die Verwitterung rascher vor sich geht, vor allem dann, wenn die Bauern noch Aschen und Boden auf die Lavaflächen aufbringen. Auf diese Weise hat die Bevölkerung ihre Existenzgrundlagen, die Anbauflächen, immer wieder zurückgewonnen und auch erweitern können. Wagner schildert die sehr differenzierte Nutzung auf Lavaströmen und weist nach, daß sogar auf den Lapillidecken von 1944 ohne Bewässerung Gemüsebau möglich ist, während die gleichzeitigen Laven von der natürlichen Vegetation erst spärlich besiedelt werden und eine landwirtschaftliche Nutzung unmöglich ist. Auf Lava von 1929 können Ölbäume stehen, wenn Boden für die Pflanzlöcher herangeschafft wurde (vgl. Wagner 1966, Bild 1). Aschentuffe können in zehn Jahren den gleichen Zustand erreichen wie die älteren Böden, bei Lapillidecken (1906 wurden 50 km$^2$ bis zu 90 cm hoch überdeckt) ist ein arbeitsaufwendiges Unterhacken nötig. Bewässerungskulturen nutzen manche aufgelassenen Steinbruchareale im Zungenbereich der Lavaströme. Von höchster Produktivität sind die von Natur aus nährstoffreichen vulkanischen Ablagerungen aber erst dort, wo sie wie in der Sarnoebene mit einem hohen Grundwasserstand und Bewässerungsmöglichkeit verbunden sind. Wagner (1967, S. 12) stellte fest: ›Die Erreichbarkeit des Grundwasserkörpers bildet somit für die agrarwirtschaftliche Inwertsetzung der vulkanischen Böden und Rohböden im Vesuvgebiet eine wichtige physisch-geographische wie technische Voraussetzung.‹

Wie der Vesuv sind auch die Phlegräischen Felder (Campi flegrei, brennende Felder) von großem Interesse und ziehen die Touristen an. Sie bestehen ursprünglich aus einer großen polygenen Caldera, die im Jungpleistozän aus einem mächtigen Stratovulkan, dem Urphlegraeus, entstanden sein soll, und dessen südlicher Bereich längs tyrrhenischer Bruchlinien unter den Meersspiegel gesunken ist (vgl. Fig. 10; Rittmann 1950, 1960, S. 144). Explosivausbrüche schufen randlich kleinere Calderen. Durch Spalten aufdringende Magmen bauten Kegelkrater auf, deren jüngster der M. Nuovo von 1538 ist. Vom Kloster Camáldoli, d. h. vom Rande eines der Calderawälle im Ostteil, aus gesehen (vgl. Panoramaskizze von Rittmann in Pichler 1970 b, Abb. 7), erkennt man die Ringwälle der Vulkane und deren Umgebung mit den kleinterrassierten Tuffhängen der Agrarlandschaft.

Aus der ältesten Entwicklungsphase stammen die grauen kampanischen Tuffe, die ein schneidbares Gestein, die ›Pipernoide‹, liefern, das als Leichtbaustein verwendet wird. Dieser Tuff bildet die Küstenfelswände von Sorrent (50–60 m hoch). Nach $^{14}C$-Bestimmung sind die Tuffe etwa 28000 Jahre alt (Di Girólamo u. Keller 1971/72). Eine spätere Auswurfphase mit Laven, Schlacken und Aschen, Schweißschlacken nach Rittmann, ergab die besonders haltbaren ›piperno‹-Bausteine, eine weitere lieferte die ›geschichteten gelben neapolitanischen Tuffe‹, denen die bis zu 200 m mächtigen ›chaotischen gelben Tuffe‹ folgten. Das trachytische, zementierte Gestein wird in Neapel als Baustein in Blöcken zu

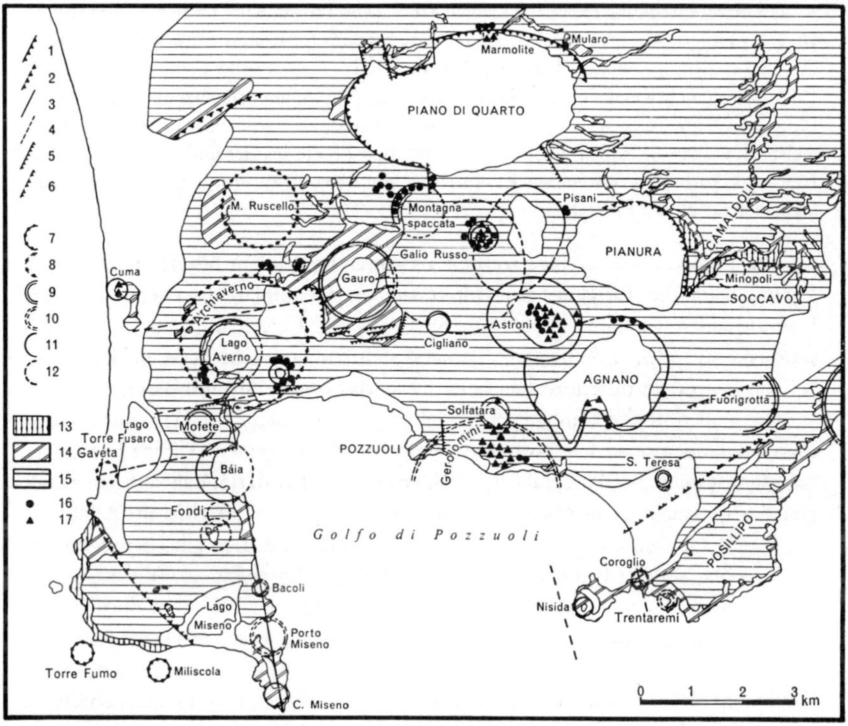


*Fig. 10: Die Oberflächenformen der Phlegräischen Felder.* Nach PENTA 1964 aus DESIO 1973, S. 848.

1 Calderarand. 2 Dgl. vermutet. 3 Bruchlinie. 4 Dgl. vermutet. 5 Bruchstufe. 6 Dgl. vermutet. – Kraterränder: 7 Älter als ›Gelber neapolitanischer Tuff‹. 8 Dgl. vermutet. 9 Zeit des ›Gelben neapolitanischen Tuffs‹. 10 Dgl. vermutet. 11 Jünger als ›Gelber neapolitanischer Tuff‹. 12 Dgl. vermutet. – Vulkanische Ablagerungen: 13 Älter als ›Gelber neapolitanischer Tuff‹. 14 Chaotische ›Gelbe neapolitanische Tuffe‹. 15 Jünger als ›Gelber neapolitanischer Tuff‹. 16 Wurfschlackenvorkommen. 17 Lavavorkommen. Weiß = Alluvionen.

20 × 20 × 25 cm benutzt, ›alle Häuser Neapels bestehen daraus‹ (RODOLICO 1964, S. 394). Aus unverfestigtem Material sind dagegen die jüngeren Vulkanbauten, wie z. B. die Solfatara von Pozzuoli, aufgebaut.

Landoberfläche oder Meeresboden werden durch Magmabewegungen des hochliegenden Herdes gehoben oder gesenkt (bradyseismische Oszillationen), die nichts mit tektonischen Verstellungen oder gar eustatischen Meeresspiegeländerungen zu tun haben. Bohrlöcher von Meeresmuscheln (Pholaden, Lithodomus) an den Säulen des Serapeums von Pozzuoli zeigen dessen einst tiefere Lage unter dem Meeresspiegel an.

Die erste Absenkung der relativ kleinen Scholle von Pozzuoli um 10,26 m dauerte bis ins 10. Jh.; es folgte eine etwa gleich große Hebung bis zum Ausbruch des M. Nuovo 1538, an die sich wieder eine Senkung um rund 7 m anschloß. Die plötzliche Hebung im Frühjahr 1970 um 1,40 m ließ einen bevorstehenden Ausbruch befürchten, der aber nicht eintrat (vgl. Pichler 1970b, Abb. 16 u. 17). Die jüngste Hebungsphase von 1983 um 90 cm war mit meist schwachen Erdbeben verbunden. Einsturzgefährdete Häuser und die drohende Gefahr eines Ausbruchs führten zur Evakuierung von Bewohnern und zum Plan einer Satellitenstadt für 25000 Einwohner.

Die Phlegräischen Felder werden als ruhender Vulkan bezeichnet, wie der Vesuv, denn die Tätigkeit beschränkt sich auf sekundäre Erscheinungen mit Dampfquellen (Fumarolen mit 130–165 °C), deren Wasserdampf durch Kondensationskerne z. B. brennenden Papiers sichtbar gemacht werden kann. In Schlammsprudeln durchbrechen heiße Gase das breiige Grundwasser.

Die Vulkanite des kampanischen Gebietes sollen nach Rittmann durch Anatexis entstanden sein, d. h. Aufschmelzung von Krustenmaterial. Eine Besonderheit der Gesteine der Phlegräischen Felder besteht aber darin, daß stets chemisch gleichartige trachytische Magmen beteiligt waren, woraus unterkieselte Alkalitrachyte und sodalithführende Phonolithe entstanden sind. Das gilt ebenso für die Insel Ischia, aber nicht für die Gesteine der Doppelinsel Prócida-Vivara.

Im untergetauchten südlichen Teil der Phlegräischen Felder ist die Küstengestalt durch bogenförmige Buchten bestimmt, die aus Teilen größerer oder kleinerer Calderen bestehen. Der Reichtum an solchen Buchten war in der Antike noch mehr als heute von hohem Nutzen für die Schiffahrt, z. B. in der nach Osten offenen, geschützten Bucht von Baia.

Der westliche Eckpfeiler des Golfs von Neapel, die Insel Íschia, gehört im Unterschied zur gegenüberliegenden Kalkstein-Insel Capri noch zum kampanischen Vulkangebiet, ist jedoch kein einfacher Inselvulkan wie z. B. Strómboli. Ältere vulkanische Gesteine liegen über einem wenig tiefen Magmakörper, sind an Bruchlinien in Schollen zerlegt und um rund 1000 m herausgehoben worden, d. h. Íschia ist ein vulkano-tektonischer Horst. Die Schollen bestehen aus dem bis 1000 m mächtigen grünen Epomeotuff, gewaltigen Bimsstein- und Aschenmassen, Ignimbriten und trachytischen Laven (vgl. Fig. 11). Nach der Entleerung des Magmakörpers war das Gebiet abgesunken, es lagerten sich marine Tone und Mergel ab. Bei der erneuten Hebung während des Pleistozäns zerbrach die Sedimentdecke, und es entstand der steilwandige Horst, dessen höchste Scholle der M. Epomeo (789 m) einnimmt. Schon L. v. Buch wußte, daß es sich dort um keinen Vulkan handelt (Lautensach 1955, S. 252). Vor etwa 25000 Jahren erfolgte eine submarine Eruption von Tuffen, die wegen der charakteristischen Mineralführung von großer Bedeutung für die Eiszeitchronologie im östlichen Mittelmeergebiet ist (Rittmann in Desio 1973, S. 845). Vom Beginn des Pleistozäns bis in die Antike erfaßten Ausbrüche vor allem den Südostteil der Insel, wo eine bedeutende tyrrhenische Südwest-Nordost-Bruchlinie vermutet wird. Es entstanden

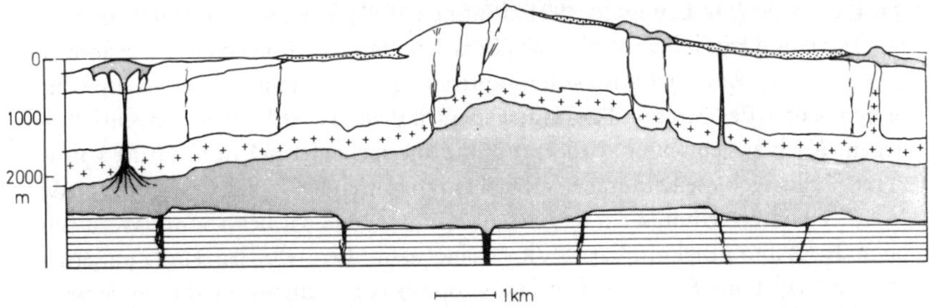


*Fig. 11: Schematisches West-Ost-Profil durch den neotektonischen Horst der Insel Íschia.* Aus RITTMANN 1981, S. 39.
Eruption vor ca. 28000 Jahren, Absacken des Daches des lokalen Magmaherdes, Zerbrechen in Schollen, Absinken unter den Meeresspiegel, längs Brüchen im Herddach spätere Eruptionen (halbrechts). Der Synaptitvulkan von Castello d'Íschia (rechts) entstand vor etwa 250000 Jahren. In der Mitte der M. Epomeo (789 m) mit Staffelbrüchen, entstanden bei Spaltenausbruch im 4. Jh. v. Chr.

im Lauf der Zeit über 50 Vulkanbauten. Einen Nachklang der Aktivität bedeutete der Ausbruch von 1301. Die pleistozäne Heraushebung des Horstes ist an Strandlinien mit Geröllen ablesbar, die bis 580 m Höhe vorkommen, besonders deutlich am Nordhang des M. Epomeo in 470 und 340 m. Jetzt sinkt die Insel allmählich um 3 mm im Jahr ab, was mit dem Erkalten des Magmaherdes erklärt wird. Auch auf Ischia sind noch Fumarolen tätig, und heiße Quellen werden als Bäder genutzt (15–82 °C); beide Formen sind an Bruchlinien gebunden (PICHLER 1970b, S. 105). Erdbeben sind tektonischen Ursprungs; besonders im Nordteil der Insel waren sie von verheerender Wirkung wie 1883.

Die Inselbevölkerung hat sich im Lauf der Geschichte in höchstem Maße an die Gegebenheiten angepaßt. In die steilen Tuffwände sind Speicher- und Wohnhöhlen gegraben worden (vgl. BUCHNER-NIOLA 1965, Taf. XIV u. XV). Auf mühsam gepflegten Anbauterrassen, die an solche in Lößgebieten erinnern, wird vorwiegend Weinbau betrieben. Die marinen Tone bieten Rohmaterial für die seit ältester Zeit bekannte Keramik. Dem Fremdenverkehr ist die Insel schon früh erschlossen worden, und sie hat bis heute nicht an Reiz verloren, der nicht zuletzt in ihrer interessanten geologisch-vulkanologischen Entwicklungsgeschichte begründet ist. Porto d'Íschia war ursprünglich ein an der Küste gelegener großer Krater, der 1854 mit dem Meer verbunden worden ist und seitdem einen geschützten Hafen bietet.

Der M. Vúlture nimmt innerhalb der italienischen Vulkangebiete eine Sonderstellung ein, weil er nicht im Apenninrückland, sondern in der Vortiefe liegt, am Rande der Bradanosenke in der nördlichen Basilicata. Das Aufdringen von Magma wird mit dem Stau der Orogenfront vor dem starren apulischen Vorland erklärt; auch liegt der M. Vúlture vermutlich auf einer von der Halbinsel Sorrent zum Ófanto ziehenden tyrrhenischen Bruchlinie. Aktiv war er vom mittleren bis oberen Pleistozän (De Lorenzo 1901, Pichler 1981, S. 1); seine Formen sind also noch steil und frisch bis auf die sich überschneidenden Gipfelkrater, die stark abgetragen sind. Auf trachytische Ignimbrite folgten Phonolithe. Gemischte Eruptionen bauten den Stratovulkan auf, an dessen Flanken noch kleine Adventivkegel liegen. Auch wegen seiner Förderprodukte unterscheidet sich der Vúlture von anderen Vulkangebieten Süditaliens. Die Hauyn führenden Laven des heute von den Montícchioseen erfüllten Kraters lassen vermuten, daß wie beim Sommavesuv und beim Roccamonfinakomplex Kalkgesteine assimiliert worden sind, außerdem aber Anhydrit und Steinsalz. Der Hauynophyr von Melfi wurde für den Straßenbau gebrochen.

Der M. Vúlture, insbesondere seine Ostseite, bietet ein Beispiel für die an vulkanische Böden angepaßte Landwirtschaft. Die dort verbreiteten Rebflächen, Ölbaumhaine und anderen Baumkulturen im Kleinbesitz und Kleinbetrieb unterscheiden sich kraß von den benachbarten Weizenanbauarealen auf Pliozänböden (Ranieri 1953). Auch hier findet sich der Komplex Weinbau – Tuffkeller – Kastanien – Niederwald wie auf Íschia. Bemerkenswert ist der bis 800 m Höhe an die Seen hinunterreichende Buchenwald auf den feuchten Nordhängen des Kraterinnern. Wie der M. Amiata ist auch der M. Vúlture als Niederschlagssammler und Quellwasserspender von Bedeutung, wenn auch die Schüttung der an der Basis entspringenden Quellen gering ist (Ranieri 1953, S. 23); doch werden die Montícchiomineralwässer in industriellem Maßstab genutzt.

### d6 Der Ätna

Im Nordosten Siziliens erhebt sich der Ätna, der größte tätige Vulkan des festländischen Europa, auf einer elliptischen Grundfläche von etwa 1370 km² zunächst zu einer Kegelstumpffläche in 2900 m Höhe. Diese wird von dem noch um weitere 400 m aufsteigenden Gipfelkegel, dem Mongibello, überragt. Seine sich ständig ändernde Höhe wurde 1971 zu 3340 m bestimmt. Den Untergrund bildet ein in Hebung befindlicher Horst, im Westen mit oberpliozänen Sandsteinen und eo-miozänen Tongesteinen bis 1150 m, während im Osten in 800 m Höhe marine Tone der sizilianischen Stufe des Altpleistozäns anstehen. Mit 2–5° Neigung beginnend werden die oberen Hänge 20–30° steil, der Vulkanaufbau ist jedoch unregelmäßig. Abweichungen bedingen die große Gipfelcaldera älterer Kegel, darunter die des sogenannten ›Trifoglietto‹ im Valle del Bove, die Bruchstufen des Ostabhanges als Folge tektonischer Hebung und die etwa 270 noch nicht zugedeckten Parasitärkrater oder Adventivkegel auf den Hängen (Rittmann 1964, Abb. 11).

Der seit dem Altquartär aufgebaute Stratovulkan ist komplizierter zusammengesetzt, als man bisher annahm. Verflachungen und anschließende Steilhänge sind als frühere zentrale Vulkanbauten interpretiert worden, die teilweise übereinan-

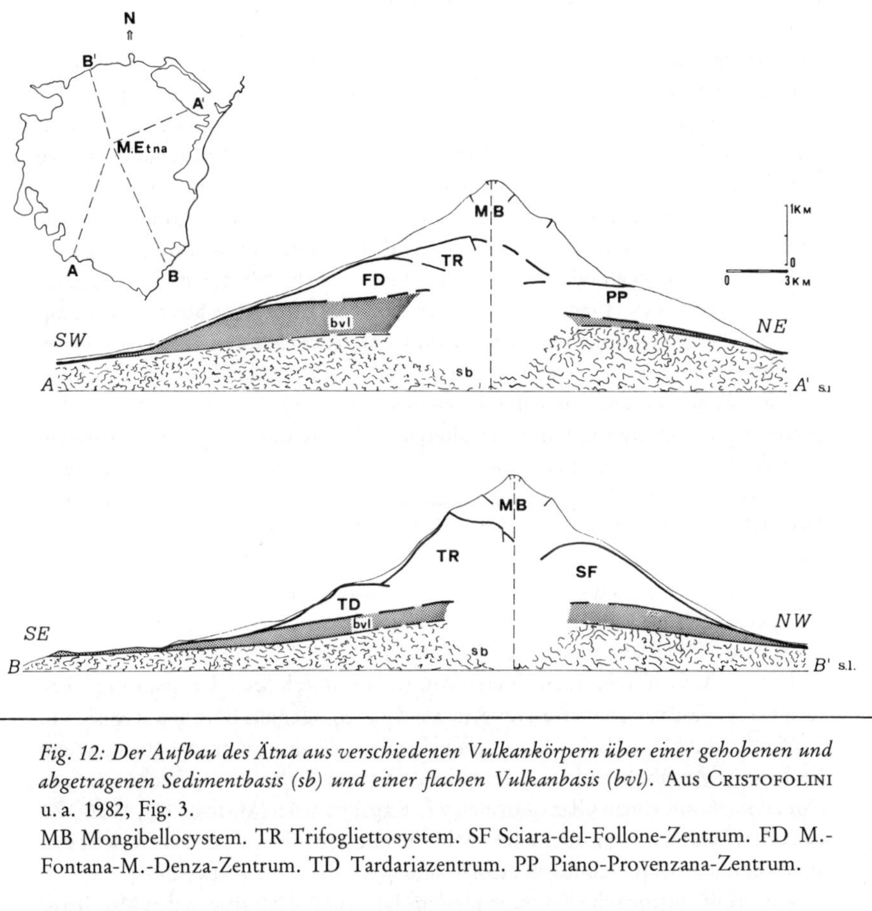


*Fig. 12: Der Aufbau des Ätna aus verschiedenen Vulkankörpern über einer gehobenen und abgetragenen Sedimentbasis (sb) und einer flachen Vulkanbasis (bvl).* Aus CRISTOFOLINI u. a. 1982, Fig. 3.
MB Mongibellosystem. TR Trifogliettosystem. SF Sciara-del-Follone-Zentrum. FD M.-Fontana-M.-Denza-Zentrum. TD Tardariazentrum. PP Piano-Provenzana-Zentrum.

derliegen (CRISTOFOLINI, PATANÉ u. RECUPERO 1982; vgl. Fig. 12 u. 13). Drei verschiedene Typen von Ausbruchsstellen werden unterschieden (CUCUZZA-SILVESTRI 1969, S. 88): Wenn der Zentralschlot verstopft war, wurde ein sogenannter Subterminalkegel an einer schwachen Stelle aufgebaut, z. B. der heute tätige Nordostkraterkegel. Exzentrische Kegel sind größere, aus Lockermaterial aufgebaute Kegel im unteren Hangbereich, die wie die Mti. Rossi in 750 m Höhe auf Bruchlinien gereiht aufsitzen und selbständige Vulkane sind. Dagegen stehen die Lateralkegel, die auf einer radial vom Zentralkegel ausgehenden Spalte sitzen, mit diesem direkt in Verbindung (Mti. Silvestri).

Am Ätna kommen verschiedene Lavaarten vor, die sich zwar nicht chemisch, aber doch durch ihre Erstarrungsform unterscheiden, die von der Viskosität des

Magmas abhängig ist. Im wissenschaftlichen Sprachgebrauch nennt man die Fladen- oder Schollenlava nach dem Vorkommen auf Hawaii Pahoehoelava. Sie besteht aus einzelnen Platten verschiedenartiger Oberflächenstruktur, z. B. solcher aus seilartig gedrehter Lava, die dem Lavastrom auflagen, dann zerbrachen oder aufgestellt wurden. Die Aa- oder Brockenlava besteht aus unregelmäßigen koksartigen Bruchstücken. Schweißschlacken sind aus ausgeworfenen flüssigen Lavafetzen gebildet. Die verfestigten Tuffe reichen von feinen Aschentuffen bis zu brekzienartigen Tuffen; es überwiegen aber lockere Aschen und Sande.

Dank der Verbreitung von Aschen und Tuffen und wegen der großen Massenerhebung des Ätna reicht die natürliche und die Kulturvegetation in besonders große Höhen. Birken und Buchen bilden die natürliche Waldgrenze um 2000 m.

Nach Rittmann (1964, S. 789) ist der Ätna ein lavareicher Stratovulkan, auf vorätnaischen, submarinen Basalten ruhend. Die rezenten Laven sind Grenztypen zwischen hellen basaltischen Differentiaten (Mugeoriten und Hawaiiten), Nephelin-Phonotephriten und Nephelin-Tephriten, die nach Rittmann die Sammelbezeichnung ›Etnait‹ tragen. Unter den älteren Vulkaniten sind neben Alkalibasalten auch Tholeiitbasalte vertreten. Aus großer Tiefe sind alkaline Magmen über Spalten in den wahrscheinlich stark verzweigten schwammartigen ›Herd‹ gelangt; nur deshalb konnte der Ätna so lange tätig bleiben (Rittmann 1960, S. 241; Pichler, briefl. Mitt.).

Wie alle Stratovulkane zeichnet sich auch der Ätna durch hohe Durchlässigkeit für Niederschlagswässer aus. Weil stauende Horizonte fehlen, gibt es aber am Hang keine Quellwasseraustritte, sondern erst über den Basistonen.

Die am Ätna auftretenden Vulkanformen lassen sich nach der ursprünglichen Tätigkeit explosiver oder effusiver Art, aus Spalten oder aus Bocchen, typisieren. Erosion und Akkumulation haben Folgeformen gestaltet (Werner 1968). Wenn die heutige Ätnahöhe schon während der letzten Kaltzeiten erreicht gewesen wäre, dann könnte man Glazialformen wie Kare erwarten (Maier 1929, 1936). Zu jener Zeit kann der Ätna aber noch nicht die nötige Höhe gehabt haben, weil erst später beträchtliche Hebungen erfolgt sind (Cucuzza-Silvestri 1969).

Die größte historische Eruption fand im Jahr 1669 statt, als von den Mti. Rossi bei Nicolosi ca. 1000 Mio. $m^3$ Lava (Etnait) bis nach Catania und zum Hafen flossen, wo heute Teile der Stadt auf ihr errichtet sind. 1892 ereigneten sich die Flankenausbrüche der Mti. Silvestri und 1928 der Flankenausbruch mit Effusionen bei Máscali. Kleinere Eruptionen explosiver und vor allem effusiver Art ereignen sich immer wieder in unregelmäßiger Folge. Besonders intensiv ist der Lavaausfluß aus Bocchen, die auf Bruchlinien aufgereiht sind. Die Förderungsperioden sind gewöhnlich kurz; sehr selten dauern sie einige Monate lang (Cristofolini 1981, S. 248).

Größere Ausbrüche fanden vom 5. April bis 14. Juni 1971 statt mit Lavaausflüssen aus einer Spalte in 1840 m Höhe nördlich der Valle del Bove bis in die Baumkulturflächen von Fornazzo. Rittmann (1981, S. 49) beschreibt den Ablauf

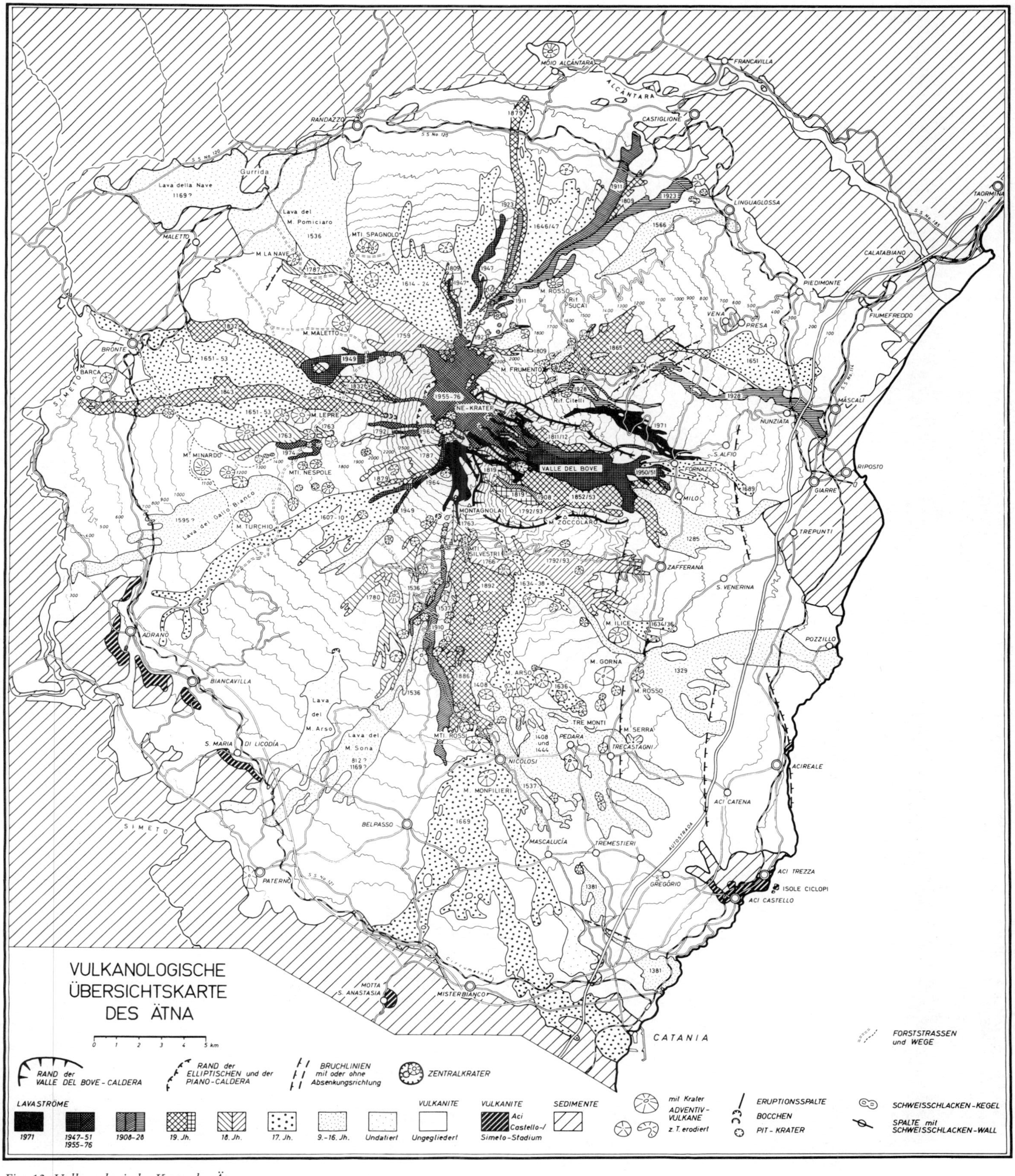


*Fig. 13: Vulkanologische Karte des Ätna.*
Stand Herbst 1977; dementsprechend sind die Ausbrüche nach 1974 nicht mehr berücksichtigt. Aus PICHLER 1984, Tafel 1.

als Beispiel für die Vulkantätigkeit in Text, Skizze und Chronogramm. Anfang August 1979 floß Lava aus mehreren Kratern wiederum gegen Fornazzo und zerstörte 400 ha Wald und Kulturland. Bis 700 m breit waren die Lavaströme, die am 19. März 1981 aus 1700 m Höhe in nordwestlicher Richtung gegen Randazzo flossen, wobei 900 ha Wald und Kulturland vernichtet worden sind. Seit 28. 3. 1983 floß bis Ende Mai ein Lavastrom auf der Südseite aus einem frischen Nebenkrater in 2300 m Höhe am Südhang der Montagnola in Richtung Ragalna und Nicolosi. Durch aufwendige Sprengungen wurde eine Ableitung versucht, um die Zerstörung von Ortschaften zu verhindern (PICHLER 1983 mit Skizze).

### d7 Die Äolischen Inseln

Die sieben rein vulkanischen Liparischen oder Äolischen Inseln (Isole Eólie) lassen sich wegen ihrer Eigenarten als ›Äolische Vulkanprovinz‹ absondern (PICHLER 1981). Es sind die Inseln Lípari, Salina, Filicudi, Alicudi, Panaréa/Basiluzzo und die nicht nur in ihrer Gesteinszusammensetzung etwas andersartigen Inseln Strómboli und Vulcano. Ústica weiter westlich wird zur sizilischen Provinz gerechnet wie der Ätna. Es handelt sich um jenen Teil einer größeren Zahl untermeerischer Vulkanbauten, der ›Seeberge‹, die sich aus der eintönigen Tiefsee oder aus dem Kontinentalabfall herausheben und heute über den Meeresspiegel hinausragen. Der Sockel der Seeberge liegt bis 3200 m unter dem Meeresspiegel auf dem tyrrhenischen Tiefseeboden und bei den perityrrhenischen Seebergen, zu denen die Inselvulkane gehören, 70–2000 m tief, beim Strómboli in 2300 m Tiefe (PICHLER 1981, S. 7, u. Tafel 1).

Ihre Lage auf Schnittpunkten dreier Bruchliniensysteme zeigt die Abhängigkeit des Vulkanismus von der Tektonik. Es sind Bruchsysteme der siculischen (West-Ost), der apenninischen (Nordwest-Südost) und der tunesischen (Nordost-Südwest) Richtung (PICHLER 1981, S. 11).

Seit dem Obermiozän war eine zerrende Bruchtektonik im Bereich der tyrrhenischen Masse wirksam. Durch Wegdriften der Apenninenhalbinsel, durch Einbruch und Absenkung entstand das tyrrhenische Meeresbecken. Es kam zu submarinem Vulkanismus mit Deckenergüssen typischer Ozeanbodenbasalte aus tholeiitbasaltischen Schmelzen. Aus tieferen Bereichen des oberen Mantels folgten im Pleistozän kalkalkaline Magmen und bauten Seeberge auf, damit auch die Inselvulkane. Aus noch tieferen Bereichen stiegen schließlich alkalibasaltische Schmelzen auf und drangen in Ústica und bis heute im Ätna an die Oberfläche.

Die erstgenannte Gruppe, die von Lipari angeführt ist, wird aus typisch kalkalkalinen Magmen gebildet. Strómboli und Vulcano dagegen haben Gesteine mit höherem Kaliumgehalt, die Übergänge zu kaliumbetonten Gesteinen bilden. Die beiden Inseln unterscheiden sich von der ersten Gruppe aber nicht nur durch ihre Vulkanite, sondern auch durch ihr jüngeres Alter (Jungpleistozän) und ihre bis heute anhaltende vulkanische Tätigkeit. Auf keinen Fall haben die Inselvulkane etwas mit dem Ätna zu tun oder mit Ústica, die natriumbetonte, aus dem oberen Erdmantel stammende Vulkanite besitzen.

Der Vergleich mit einem Inselbogen lag bei den Vulkaninseln am Rande der kalabrisch-peloritanischen Masse nahe und gab Anlaß zur Anwendung der Theorie der Plattentektonik; man sah im Bereich der Äolischen Inseln eine Verschlukkungszone, obwohl eigentlich zu der in der Tyrrhenis abtauchenden Platte ein ozeanischer Rücken im Ionischen Meer gehören sollte. Vor allem aber wegen widersprüchlicher seismischer Verhältnisse – es fehlen hinreichend tiefe Hypozentren der Erdbeben – ist dieser Erklärungsversuch strittig (Pichler 1981, S. 18 u. 54).

Eine ältere Tätigkeitsperiode der Inselvulkane über dem Meeresspiegel wird nach der Datierung der Gesteine und der marinen Abrasionsterrassen ins Mittelpleistozän gestellt, eine Zeit, die vermutlich mit starken Schollenbewegungen verbunden gewesen ist (Pichler 1968, S. 120). Der jüngere Vulkanismus folgte erst nach einer langen Ruhepause im Jungpleistozän bis ins Holozän. Leitmarken für die Alterseinstufung des Vulkanismus sind eustatische Brandungsterrassen mit Küstenkonglomeraten, die auf einigen Inseln, und zwar denjenigen mit den ältesten Vulkanen, stets fast in der gleichen Höhe zu beobachten sind, nämlich in rund 30 m, in 6–15 m und in 3–4 m Höhe (Pichler 1964, S. 818ff.; Keller 1967, S. 41). Das sind pleistozäne Meeresspiegelstände, die aus dem gesamten Mittelmeerraum bekannt geworden sind. Sie lassen erkennen, daß es seit den pleistozänen, terrassenbildenden Meeresspiegelständen hier keine epirogenen Bewegungen mehr gegeben hat; es sind auch keine Verwerfungen mit merklichen Verstellungen auf den Inseln bekannt.

Zu den tätigen Vulkanen zählt man außer dem Strómboli auch den zur Zeit ruhenden Fossavulkan von Vulcano, dessen letzte Ausbrüche 1888–1890 stattfanden; jetzt hat er nur noch Solfataren-Fumarolen-Tätigkeit. Zu den in historischer Zeit tätig gewesenen Vulkanen sind auch die von Lípari zu rechnen (Keller 1969). Die jüngsten Eruptionen förderten dort die Obsidianströme und Bimstuffe im Nordosten der Insel (vgl. geologische Karte bei Pichler 1981, Taf. 2). Der Strombolivulkan ist fast ständig und regelmäßig aus einer der Bocchen tätig, die in rund 800 m Höhe liegen, und zwar mit Explosionen, mit denen Lapilli, Schlacken und Bomben ausgeworfen werden. Seltener sind starke Explosionen und Lavaeffusionen, die ihr Material über die ›Feuerrutsche‹ (Sciara del fuoco) ins Meer schicken (vgl. geologische Karte bei Pichler 1981, Taf. 4).

Alle jene vulkanischen und postvulkanischen Ereignisse und Landschaftsformen sind beträchtliche Attraktionen für den Fremdenverkehr, aber dieser hat doch nicht die Abwanderung der Bevölkerung verhindern können und nicht einmal die Bevölkerungszahl zu erhalten vermocht. Außer neuen Hotels sind leerstehende Gebäude als Unterkünfte hergerichtet worden, besonders in Panarea. Empfindlich spürbar ist der Wassermangel. Auf Lípari ist der Krater des

M. Sant'Ángelo zum Niederschlagswasser-Rückhaltebecken ausgebaut worden (Mikus 1969). In der Landnutzung fallen die schmalen Hangterrassen auf, deren Nutzung inzwischen oft eingestellt ist; andere Flächen wurden aufgeforstet. Auf Lípari werden an den Osthängen des M. Pilato seit Mitte des 19. Jh. die hochwertigsten Bimssteinvorkommen der Erde abgebaut. Die Produktion ist gewaltig gestiegen, von 1960 bei etwa 200000 t auf fast 761 000 t im Jahr 1976 (vgl. Näheres bei Pichler 1981, S. 98). Die riesigen Tagebaue bedeuten eine großräumige Landschaftszerstörung, vor allem auch durch die Abraumablagerung auf einem Obsidianstrom. Die Obsidiane haben in prähistorischen Zeiten zur Herstellung von Klingen und Schabern gedient und sind von hier aus über See im Mittelmeerraum verbreitet worden.

### d 8 Fluch und Segen des Vulkanismus

Es ist sicher keine eindeutige Antwort zu geben auf die eingangs gestellte Frage, ob der Vulkanismus für Italien Fluch oder Segen oder beides zugleich bedeutet. Im Lauf der Geschichte haben sich zwar an einigen Stellen verheerende Ausbruchskatastrophen ereignet; die Ruheperioden aber überwiegen bei weitem. Im Katastrophenfall ist der betroffenen Bevölkerung fast immer der Fluchtweg offengeblieben, weil sich die Höhepunkte der Ausbrüche gewöhnlich deutlich genug ankündigten. Die materiellen Schäden dagegen können gewaltige Ausmaße erreichen, wenn ein dichtbesiedeltes Gebiet, wie am Vesuv oder Ätna, betroffen wird. Aber auch dort können sogar Lavaströme abgelenkt werden, so daß größere Schäden zu vermeiden sind. Aschenüberdeckung geringer Mächtigkeit ist eher positiv zu bewerten, dickere Lagen über 50 cm jedoch beeinträchtigen die Landwirtschaft erheblich und verlangen einen hohen Aufwand an Arbeitskraft, um allmählich wieder anbaufähigen Boden entstehen zu lassen. Ein so hoher Aufwand lohnt sich freilich nur, wenn die Lage und Marktsituation so günstig ist wie etwa am Vesuv, wo einer der einwohnerreichsten Räume Italiens überhaupt zu versorgen ist. Günstige Folgen für die Landwirtschaft hat der Vulkanismus aber auch nur dann, wenn mehr oder weniger basische Magmen beteiligt sind oder solche sauren Magmen, die auf ihrem Wege zur Erdoberfläche eine Umwandlung durch Aufnahme von Kalkgestein erfahren haben. Glücklicherweise bedecken solche Vulkanite den größten Teil der italienischen Vulkangebiete. Daß aber auch basische Lavadecken von Nachteil sein können, das zeigen die armen Giare und Basalthochflächen Sardiniens.

Zu dem Vorteil, den die Nutzung vulkanischer Böden bringen kann, kommt als weitere Gunst häufig die Verwertung vulkanischer Gesteine, wie der Bimstuffe von Lípari oder der Zungen rezenter Lavaströme in bester Lage zum Verkehr und zum Verbraucher, z. B. am Fuß des Vesuv oder bei Máscali am Ätna, wo 1928 ein Lavastrom die alte Stadt vernichtet und die Bahnlinie Messina–Catania überflutet hatte. Noch ist es nur gelegentlich zu einer sofortigen Verwertung der Schmelze selbst gekommen, höchstens in Form der bei den Ätnaausbrüchen 1971 und 1983 gepreßten Aschenbecher. Durch Steinbrüche können allmählich ganze Berge abgetragen oder doch stark verunstaltet werden, wie in den Euganeen, wo mehr als 70 moderne Betriebe jährlich 5 bis 7 Mio. $m^3$ Gestein abbauen (FARNETI, PRATESI u. TASSI 1975, S. 119). Die Verwertung der Erdwärme wird sicherlich weitere Fortschritte machen, sind doch einige Kraftwerksanlagen bei Larderello, am M. Amiata und auf Íschia schon viele Jahre in Betrieb. Aber nicht alle Dampfquellen und Thermalquellen sind als Begleiterscheinungen des Vulkanismus anzusehen, noch weniger die ›Schlammvulkane‹ (maccalube, salinelle), wenn sie durch entweichendes Erdgas zu erklären sind, sehr wohl aber die kohlensäureliefernden Schlammsprudel am Rande des Ätna (Paternò und Lago dei Palici). Insgesamt gesehen dürften die Vorteile, die der Vulkanismus im Lauf geologischer Zeiträume für Italien gebracht hat und die seine Bewohner heute nutzen können, die kurzfristigen Nachteile an einigen wenigen Orten bei weitem überwiegen.

## d9 Literatur

In Lehrbüchern der Allgemeinen Geologie wird dem Vulkanismus seiner hohen Bedeutung als endogenes Phänomen entsprechend Rechnung getragen, nicht zuletzt an Beispielen aus Italien; in besonderem Maße ist das freilich der Fall in dem von A. RITTMANN noch kurz vor seinem Tod neubearbeiteten Lehrbuch ›Vulkane und ihre Tätigkeit‹ (1981). In jeder Hinsicht von unschätzbarem Wert sind nicht nur für die Durchführung von Exkursionen die geologischen Reiseführer, in denen gerade auch neuere Auffassungen dargelegt und diskutiert werden. Die Reihe ›Italienische Vulkangebiete‹ von PICHLER ist auf 5 Bände angelegt (1970 a, b, 1981, 1984 ff.). Dort finden sich zahlreiche Kartendarstellungen und anderes Anschauungsmaterial. Ältere geologische Führer verfaßten NICKEL (1964) über die Äolischen Inseln und MEDWENITSCH (1967) über die süditalienischen Vulkane.

In dem Lehrbuch zur Geologie Italiens (DESIO 1973) hat DERIU den Abschnitt über Vulkanologie bearbeitet, und RITTMANN, der durch seine fruchtbare Tätigkeit im Istituto Internazionale di Vulcanologia in Catania bekannte Schweizer Forscher, verfaßte den für uns besonders interessanten Teil Pleistozän – Holozän. Von ihm stammt auch eine umfangreiche Monographie zur Entwicklungsgeschichte von Ischia (1930, Neubearb. im Druck). An weiteren Monographien seien genannt: DE STEFANI (1907) über die Phlegräischen Felder (in deutscher Sprache), FORNASERI, SCHERILLO und VENTRIGLIA (1963) über die Albaner Berge. Ein grundlegendes Werk über den Ätna hinterließ schon 1880 S. v. WALTERSHAUSEN. Die Aktivität des Ätna, die laufend genau verfolgt wird, ist im Jahr 1971 besonders kräftig gewesen, was sich in der Literatur niederschlug (vgl. unter anderen CLAPPERTON 1972; RITTMANN, ROMANO u. STURIALE 1973). Eine erste Spezialkarte des Ätna 1 : 50 000 gab das Istituto Internazionale di Vulcanologia in Catania heraus (1979).

Der Geograph ist im Bereich der Vulkanologie mehr der Nehmende als der Gebende, wie SESTINI (1969) bemerkt; aber er beklagt mit Recht, daß sich Geomorphologen mit den Entstehungs- und Entwicklungsvorgängen der Vulkane Italiens nur selten beschäftigt haben. Einer der ersten war MARINELLI (1919) mit einer kleinen Studie über den M. Amiata. Zu einer Sondersitzung während des Italienischen Geographenkongresses in Rom 1967 sind jedoch wichtige Beiträge eingegangen, einer ebenfalls zur Morphologie des M. Amiata (VITTORINI 1969), einer über den Vesuv (BONASIO u. a. 1969), zwei zur Morphologie des Ätna (CUCUZZA-SILVESTRI 1969) und zwei zum Vulkanismus in Sardinien.

Die geomorphologische Interpretation der geologischen Karte des Ätna 1 : 50 000 (1979) hat zum Verständnis des komplizierten Aufbaues beigetragen (CRISTOFOLINI 1981; CRISTOFOLINI u. a. 1982). Morphologische und vulkanologische Probleme des Stromboli behandeln KIEFFER und POMEL (1982) und POMEL (1982). Von Arbeiten deutscher Geomorphologen ist nur die Arbeit von SCHLARB (1961) über die Euganeen zu nennen. Um so mehr haben sich deutsche Geographen mit anderen über die vulkanologischen Vorgänge hinausgehenden Erscheinungen der italienischen Vulkangebiete befaßt: LAUTENSACH (1955) und BUCHNER-NIOLA (1965) mit Íschia, MIKUS (1969, 1970) mit den Äolischen Inseln, WAGNER (1967) mit der Agrargeographie am Vesuv und WERNER (1968) mit der Landschaftsökologie des Ätna.

## *e) Junge Tektonik und Erdbebengefährdung*

### e1 Tektonische Vorgänge und Erdbebenwahrscheinlichkeit

Italiens geologische Jugend ist bei der bisherigen Besprechung der Oberflächenformen und ihres Baues immer wieder zum Ausdruck gekommen. Sie wird deutlich in den marinen Sedimenten des mittleren und jüngeren Tertiärs, die teilweise erst an der Wende zum Quartär durch eine Heraushebung, oft von beträchtlichem Ausmaß, landfest wurden; sie zeigt sich ebenso in den Aufbauformen, die der junge Vulkanismus geschaffen hat. Nur selten befinden sich die geologischen Schichten in horizontaler Lagerung, und auch dann zeigt eine nähere Untersuchung, daß sie durch Brüche in mehr oder weniger große Schollen zerlegt worden sind. Die Sedimente des Tertiärs sind mit Ausnahme der Pliozänablagerungen noch in die Gebirgsfaltung mit einbezogen worden. Die folgende Hebung, am Ätna in den letzten 600 000 Jahren bis zu 800 m betragend, hatte beträchliche Höhenunterschiede zwischen Sedimentdecke und Meeresspiegel zur Folge, so daß die Erosion durch das fließende Wasser in kurzer Zeit ein sehr bewegtes Relief schaffen konnte. Aber auch Küstensedimente des Pleistozänmeeres, die auf Strandterrassen zurückblieben, befinden sich heute nicht immer in derjenigen Höhenlage, die dem Meeresspiegelstand zur Zeit der warmen Interglaziale entspricht. Die soeben besprochenen älteren Vulkane der Äolischen Inseln sind geradezu als Ausnahme zu betrachten. Besonders große Hebungsbeträge sind an den Terrassen Südkalabriens festgestellt worden. Während die Tyrrhenterrasse, datierbar durch die Muschel *Strombus bubonius,* gewöhnlich in 25–30 m Höhe liegt, erreicht sie dort, beiderseits der Straße von Messina, Höhen bis zu 120 m (KELLETAT 1973, S. 147). Durch die Arbeit der Meeresbrandung sind Zeitmarken ins gehobene Gebirgsmassiv eingeschnitten worden. Im Binnenland gingen solche jungen Bewegungen gleichfalls vor sich, nur sind sie nicht so eindeutig nachweisbar;

in den Abruzzen konnten jedoch Demangeot (1965) und Raffy (1981/82) das Ausmaß der jüngsten Tektonik erkennen. Man braucht aber nicht derartige geologisch-geomorphologische Methoden anzuwenden, um sich von dem bis heute anhaltenden Wirken endogener, nichtvulkanischer Gestaltungskräfte überzeugen zu können. Katastrophenmeldungen über Erdbeben in Italien erreichen uns immer wieder. Warum sie sich in manchen Jahren so auffällig häufen, ist ebenso unklar wie die Häufung von Vulkanausbrüchen.

Italien liegt innerhalb der mediterran-transasiatischen Erdbebenzone (Schneider 1975, S. 18). Die Mittelmeerbecken sind arm an Beben, dagegen treten solche innerhalb der zusammenhängenden Kettengebirgsgürtel, in den Alpen und im Apennin auf und sind besonders häufig in einigen langgestreckten Teilzonen. Ihr Schwerpunkt liegt im südlichen Griechenland, nicht in Süditalien, obwohl sich dort, vor allem in Kalabrien (1783–1786) und konzentriert im Bereich der Straße von Messina (1783 und 1908), Erdbeben mit höchsten Schäden und Menschenverlusten ereignet haben. Die Schwerpunkte des Vulkanismus und der Erdbeben sind innerhalb Europas also räumlich getrennt, und schon deshalb ist zu vermuten, daß kein direkter Zusammenhang zwischen diesen beiden Äußerungen endogener Kräfte besteht. Die Ebenen Kampaniens gehören zu den seismisch weniger aktiven Gebieten trotz des von Tacitus und Seneca beschriebenen Erdbebens von 63 n. Chr., das dem Vesuvausbruch vorherging, und dem neapolitanischen Erdbeben vom Dezember 1456. Aktiver ist der Bruchrand, so auch an der Halbinsel Sorrent. In Vulkangebieten beschränken sich die zerstörenden Beben gewöhnlich auf kleine Bereiche, ja einzelne Ortschaften, wofür die Katastrophe vom 28. 7. 1883 auf Íschia ein Beispiel ist, als Casamícciola zerstört wurde. Catánia ist zweimal durch Erdbeben sehr schwer betroffen worden, 1169 und 1693, zuletzt bei dem verheerenden südostsizilianischen Beben, bei dem kein Zusammenhang mit dem Ätnavulkanismus bestand. Ursache von Beben in Vulkangebieten sind nicht etwa Magmabewegungen, sondern wie bei allen Beben spielen Bruchvorgänge die primäre Rolle. Auf solchen tektonischen Vorgängen, die Energien freisetzen, beruht auch die seismische Labilität im Apennin. Ein Vergleich der Erdbebenwahrscheinlichkeit mit den tektonischen Strukturen gibt über diesen ursächlichen Zusammenhang Auskunft (vgl. Fig. 8 und 15 sowie Karte 3).

### e2 Schwerpunkte der Erdbebentätigkeit

Der ganze Apennin ist von Herden überzogen, die kaum über 65 km tief liegen. Besonders gefährdet waren bisher Teile des Mittleren Apennins, der in Horste und Gräben zerlegt ist. Drei mäßig schwere Beben ereigneten sich 1984 im Bereich der Längsachse der Halbinsel, beginnend im Raum Pisa, fortgesetzt am 29. 4. in Umbrien mit Gúbbio und am 7. 5. mit dem Zentrum am Südrand der Abruzzen (S. Donato Val di Comino). In und um Nórcia, das schon 1971 von Beben be-

Hypozentren in km

| ⊙ | 0 – 65 | ▼ | 185 – 245 | ◇ | 305 – 425 |
| ▽ | 65 – 185 | ▲ | 245 – 305 | ◆ | 425 – 545 |

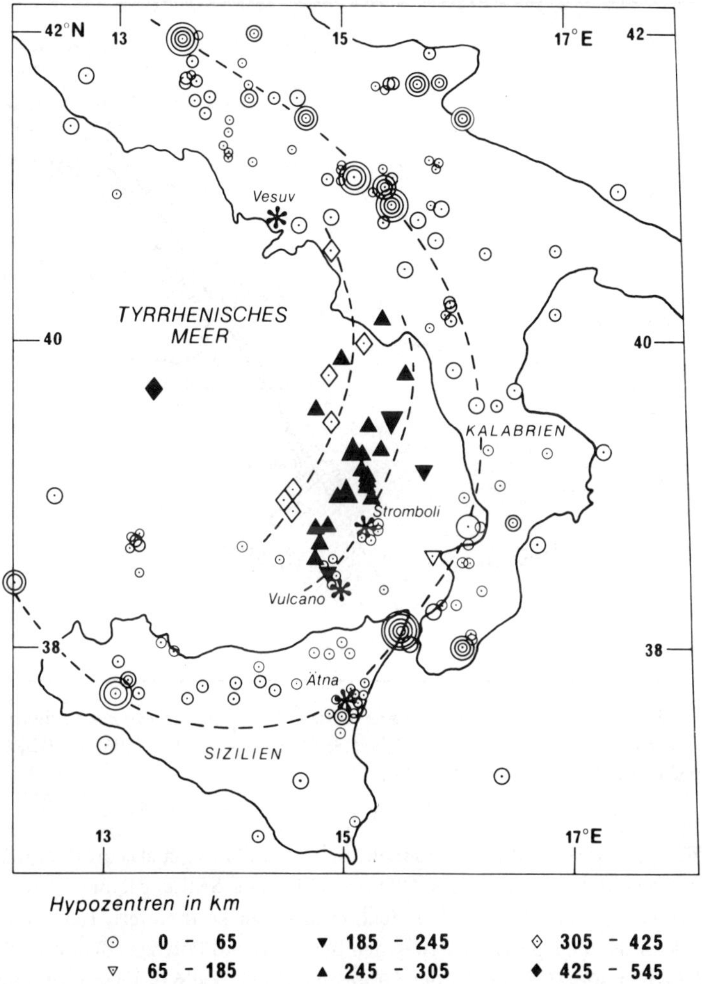

*Fig. 14: Hypozentren der Erdbeben in Süditalien. Ihre Lage in Kilometer unter der Erdoberfläche.* Nach BLOT 1971 aus RITTMANN 1981, S. 317.
Die Größe der Symbole gibt die Intensität, die Zahl der konzentrischen Kreise die Häufigkeit an. Sterne = tätige Vulkane. Gestrichelte Linien = seismische Achsen.

troffen war, verursachten heftige Stöße am 19. 9. 1979 schwere Gebäudeschäden und ließen 7000 Menschen obdachlos werden. Eines der bekanntesten Beispiele von folgenschweren Erdbebenkatastrophen ist jenes im Fúcinobecken von Avezzano am 13. 1. 1915, das am Kreuzungspunkt zweier bedeutender Bruchlinien liegt. Weitere Beispiele bilden die Beben in den Marken 1915, in L'Áquila 1456

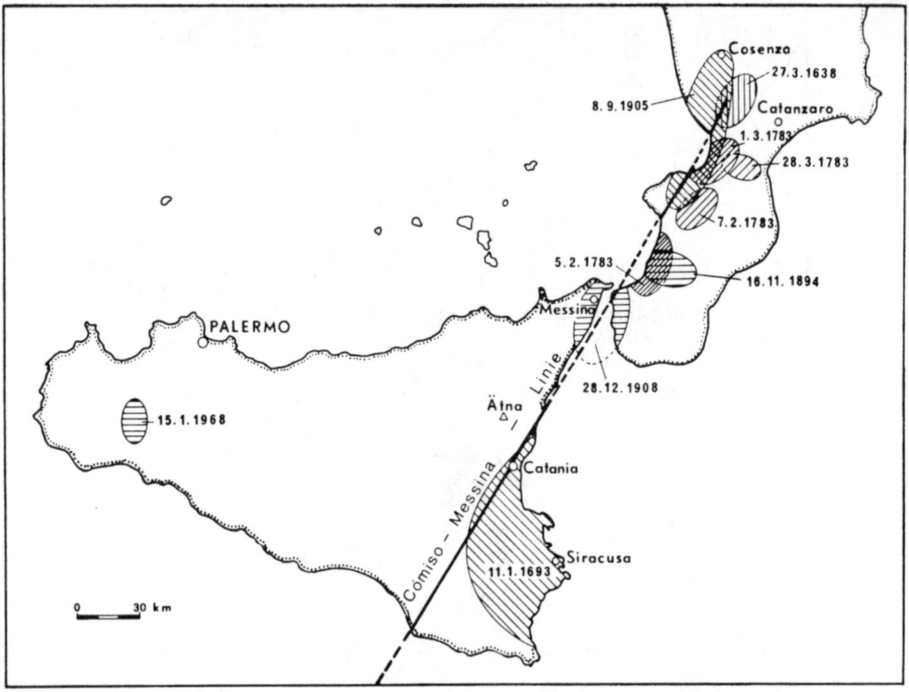


*Fig. 15: Bebengebiete an der Cómiso-Messina-Linie mit teilweise verheerenden Auswirkungen.* In Westsizilien ist das Epizenter-Gebiet des Bebens vom 15. 1. 1968 im Bélice-Tal eingetragen. Aus Pichler 1984, Abb. 14.

und 1703 und das von Sulmona 1688; das Beben von 1703 gilt als eine der größten Katastrophen Italiens (Almagià 1959, S. 114). Die Senkungszone L'Áquila–Sulmona war wiederholt betroffen, auch in unserem Jahrhundert. Ein ähnliches Geschick hatten die Irpíniazone zwischen Benevent und Potenza (Benevent 1688, vor allem aber am 20. 7. 1930), der Grabenbruch des Vallo di Diano (besonders 1561), der Molise am 26. 7. 1805 und das Vúlturegebiet 1694, 1851 und 1930.

Fünfzig Jahre später ereignete sich am 23. 11. 1980 im gleichen Raum ein schweres Erdbeben (Magnitude über 6,8), das nach langem Ausbleiben mittlerer bis starker Beben erwartet worden war, gehört doch dieser Bereich zu den sechs besonders stark erdbebengefährdeten Regionen im Mittelmeerraum. Mit 5000 Toten und 400000 Obdachlosen war die Bevölkerung ganz außerordentlich schwer und unmittelbar betroffen worden, und im Gebirge verschärfte der Wintereinbruch die Lage bis zum Äußersten. Das Einzugsgebiet des Bebens war mit 28000 km² über sieben Provinzen mit 7 Mio. Einwohnern ungewöhnlich groß (Dok. 29, 1981 Nr. 16u. 30, 1982 Nr. 1)

Ein zweiter Schwerpunkt liegt in Kalabrien und Nordostsizilien. Auch hier konzentriert sich die seismische Aktivität auf einige Bereiche, während andere relativ bebenarm sind. Der Cratigraben mit Cosenza wurde 1184 betroffen. Immer wieder bebt die Erde in unterschiedlicher Stärke, aber besonders häufig und heftig beiderseits der Straße von Messina an der großen meridionalen Bruchlinie zwischen Réggio und Messina (vgl. Fig. 15), wo sich die Katastrophen von 1693 und 1783 und dann am 28. 12. 1908 ereignet haben; die letztgenannte hatte außerordentlich hohe Menschenverluste mit 100000 Toten zur Folge, weil zwei große Städte betroffen wurden, in denen die Gebäude in schlechtem Zustand waren. Eine seismisch bedingte Flutwelle hatte das Land bis 2,90 m Höhe unter Wasser gesetzt. Südostsizilien erlitt mehrfach schwerste Schäden, besonders im Val di Noto am 11. 1. 1693 und zuletzt Westsizilien im Bélicetal am 15. 1. 1968 (Gibellina und Montevago). Dabei wurden 130 Orte betroffen, sechs von ihnen blieben vollständig zerstört zurück, weitere fünf wurden sehr schwer beschädigt. Das dazwischenliegende Innersizilien dagegen gehört wie alle Becken- und Tafelräume Italiens zu den seismisch nicht oder wenig aktiven Bereichen. Eine aktive Erdbebenlinie liegt vor der Nordküste Siziliens, wo die Äolischen Inseln Beben erfahren, z. B. Strómboli am 27. 12. 1954. Sardinien als einer der jetzt festen Kratone kennt keine Erdbeben. Anders ist die Situation in Apulien, wo der M. Gargano im Unterschied zur übrigen Region schon schwere Beben erlebt hat, so am 30. 7. 1627. Aktiv ist dort die Candelarobruchlinie (Desio 1973, S. 48, Fig. 11). 1731 wurde Fóggia fast völlig zerstört.

Die Erdbebenkatastrophe von Friaul am 6. Mai 1976 mit der langen Serie, die folgte (16. 9. 1976 und 17. 9. 1977), hat daran erinnert, daß eine seismisch aktive, schmale Zone dem Alpensüdrand folgt, von Piemont bis an den Rand der Karnischen Alpen und weiter bis ins Wiener Becken. Über 600 Jahre war es dort relativ ruhig geblieben, denn so lange liegt das furchtbare Ereignis vom 25. 1. 1348 zurück, das Kärnten und Friaul betraf. Große Schuttmassen waren abgestürzt und hatten einen See aufgestaut (Almagià 1959, S. 116). Das Beben vom 6. 5. 1976 betraf mit der Stärke 6,5 R (siehe unten zur Richter-Skala) den nördlichen Teil des Friaul von der Hügelzone bis in die Hochtäler hinein; die folgenden Beben rückten weiter nach Norden vor. 100 Gemeinden waren betroffen, wo es 1000 Tote und etwa 80 000 Obdachlose gab. Erdbebenherde sind bekannt vom Gardaseegebiet und von Tolmezzo; dagegen ist die Ivreazone, über das Tessin hinweg bis etwa an den Gardasee, merkwürdigerweise seismisch ruhig (Schneider 1975, S. 166). Auch der Rand des Apennins ist gegen die Po-Ebene hin noch tektonisch aktiv, worauf ein Erdbeben Anfang November 1983 mit dem Epizentrum südlich Parma mit 5,8 R aufmerksam machte.

### e3 Erdbebenforschung, Schadenverhütung, Katastrophenfolgen

Bevor geeignete Instrumente (Seismographen) entwickelt und in genügender Zahl aufgestellt waren, war man zur Beurteilung der Erdbebenintensität auf das Ausmaß der Schäden angewiesen. Die Zahl der Toten ist als Maß vollkommen ungeeignet. In der 10teiligen Mercalliskala sind die Werte 9 und 10 Katastrophenfälle. Auf Instrumentenbeobachtung beruhen die Messung der freiwerdenden Energie und die Angabe der Magnitude nach dem kalifornischen Seismologen Richter. Die Skala ist logarithmisch aufgebaut und erfaßt von − 3 bis + 8,8 R auch sehr schwache und sehr starke Beben (Schneider 1975, S. 16 u. 78–86). Als Maximum ist im westlichen Mittelmeergebiet eine Magnitude von 8,3 gemessen worden. Bei den Beben von 1908, 1915 und 1930 rechnet man mit Magnituden von 7, 6,5 und 6 (Imbò 1957, S. 131), beim Beben von 1980 mit über 6,8 R.

Der Notwendigkeit entsprechend haben sich die Erdbebenbeobachtung und die seismologische Forschung in Italien nach zögernden Anfängen mit wenigen Stationen beträchtlich entwickelt. Im Jahre 1914 gab es in Süditalien nur die Stationen Táranto, Mileto und Messina (Sieberg 1914, S. 81), heute verfügt das Land über ein dichtes Stationsnetz und Sonderinstitute, wie den Centro Internazionale d'Ingegneria antisismica am Politecnico in Mailand. Diese werden eingeschaltet bei der Planung von Staudämmen und Kernkraftwerken, weil für diese Anlagen seismisch stabile Standorte ausgewählt werden müssen. Aus Verbreitungskarten kennt man zwar die bisher betroffenen Gebiete und ihre mögliche Gefährdung, kann daraus aber noch keine sicheren Vorhersagen ableiten. Viel wichtiger sind Maßnahmen zur Schadenverhütung im Katastrophenfall. Nach der Zerstörung von Réggio erließ die bourbonische Regierung 1784 eine Bauordnung für erdbebengefährdete Zonen, nach der die Häuser nicht mehr als zwei Geschosse und nur an großen Straßen und Plätzen ein bis zu 2,65 m hohes Zwischenstockwerk haben durften. Der Kirchenstaat erließ 1860 eine Regelung für Nórcia, nach dem Beben von 1859, wo uns heute die mächtigen Stützmauern auffallen. Weitere Vorschriften betreffen Baumaterial, Bauhöhe, Dachkonstruktion, Dachboden; die Holzrahmenbauweise wurde verfügt. Insbesondere waren solche Vorschriften in Kalabrien anzuwenden für Neubauten und in neugegründeten Orten nach den Zerstörungen, vor allem nach 1908. Die alten Häuser bestanden gewöhnlich aus Trockenziegeln, und deshalb waren die Schäden so groß (Migliorini 1963, S. 127). Der Italienreisende wird infolgedessen nicht nur durch Ruinen verlassener Orte auf frühere Erdbebenkatastrophen aufmerksam gemacht – Umgebung des Beckens von Fúcino, Balsorano und Gióia Vécchio in den Abruzzen, Stazzano Vécchio in Latium (Migliorini, S. 136), Val di Noto in Südost- und Belicetal in Westsizilien –, sondern auch durch die unkonventionelle Bauweise und Grundrißgestalt von Dörfern und Städten. Dank moderner Stahlbetonbauweise können heute auch in Gebieten, die vom Centro di Studio per la Geologia tecnica als gefährdet eingestuft worden sind, Gebäude bis zu 12 m Höhe errichtet werden. Wie die Schäden beim Beben von 1980 erwiesen, wurden bisher jedoch die Bauvorschriften keineswegs im notwendigen Maß erfüllt. Besonders wichtig ist die Wahl und Prüfung des Baugrundes. Neue Ortschaften erhielten breite, gerade Straßen, zahlreiche Plätze und große Gärten. Dadurch stehen sie oft in starkem Kontrast zu den früheren Orten, wie z. B. das moderne Avezzano mit seinem rechtwinkligen Straßennetz und Battipáglia, das für die Flüchtlinge aus Melfi 1857 errichtet worden ist. Bevor es aber zu Neugründungen kam, wurden die Flüchtlinge in Barakkensiedlungen untergebracht. Obwohl die Katastrophe von 1883 weit zurückliegt, wohnten 1961 auf Íschia noch 1261 Einwohner, d. h. in Casamícciola der vierte Teil, in den freilich umgebauten und verbesserten Baracken (Buchner-Niola in Migliorini 1963, S. 131). In Kalabrien und den Abruzzen sind weitere Beispiele zu finden (Lama dei Peligni, Maiella, Celano/Fúcino mit seinem Barakkenortsteil), vergleichbar den Orten Salemi, Ninfa und anderen nach der Bélicetalkatastrophe von 1968. Noch nach zehn Jahren lebten 30000 Menschen dort in Baracken. Was nach vielen Protesten entstand, ist das neue Gibellina, eine kaum von der Bevölkerung angenommene Anlage in übertriebener, modernster Architektur (Caldo 1975; Pennino u. a. 1979). Um so höher zu werten ist die historische Wiederaufbauleistung nach der Katastrophe von 1693 im Val di Noto durch fähige Architekten, die mit dem neuen Noto im 18. Jh. ein städtebauliches Schmuckstück hervorgebracht haben (Tobriner 1982).

Friaul erlebte nach der Katastrophe von 1976 – sicherlich auch dank der Nachbarschaftslage – nicht nur eine Welle der Hilfsbereitschaft, sondern es wurde auch Gegenstand intensiver sozialgeographischer Forschung, da geradezu eine ›Laborsituation‹ gegeben war (Geipel 1978; ferner Geipel 1977; Dobler 1980; Steuer 1979; Pascolini 1981). Unter höchstem Zeitdruck war innerhalb eines halben Jahres mit der Neuplanung der gesamten Regionalstruktur zu beginnen, zunächst jedoch die betroffene Bevölkerung in Fertighäusern unterzubringen. Geipel diskutiert an diesem Katastrophenerdbeben besonders auffallende Regelhaftigkeiten, wie die Persistenz vorher angelegter Raumstrukturen, sozialer und politischer Verhältnisse und die kaum genutzte Chance potentiellen Wandels, auf der Grundlage einer Befragungsaktion unter der betroffenen Bevölkerung. Schon zwischen 1979 und 1984 ist Osoppo, das dem Erdboden gleichgemacht war, dank der Zusammenarbeit zwischen den Betroffenen und der Stadtverwaltung erdbebensicher wieder erstanden. Wird auf die Rekonstruktion historischer Bausubstanz Wert gelegt, wie in Gemona und Venzone, dauert es länger.

Messina, Réggio und Palmi sind durch die Erdbeben von 1783, 1894, 1905 und 1908 stark verändert worden. Mit der Abwanderung sank die Einwohnerzahl von Messina, das 1909 noch 172000 Bewohner besessen hatte, auf 3000. Es folgte eine planmäßige Neubautätigkeit mit geeignetem Material und moderner Bautechnik. Schon 1912 hatte die Stadt 127000, 1921 fast 177000 Einw. erreicht. In der Umgebung von Messina und in Kalabrien wurden neue Ortschaften gegründet, die gewöhnlich trotz des Standortwechsels den Namen der zerstörten Siedlungen beibehalten haben. Eine Ausnahme bildet Filadélfia, das an die Stelle von Castel Monardo im Isthmus von Catanzaro trat. Es erhielt einen elliptischen Grundriß mit Zentralplatz und vier Vierteln mit vier Toren (vgl. Fig. 44). Die Neusiedlungen bei Messina sind auf ebenen Flächen höherer Lage errichtet worden, weil die küstennahe Ebene besonders schwer betroffen worden war. Messina hat keinen alten Baubestand mehr, daher auch keine repräsentativen öffentlichen Gebäude (A. Mori 1917).

Die von schweren Erdbebenkatastrophen betroffenen Teile Italiens, in denen Städte und Dörfer neu errichtet worden sind, lassen einen eigentümlichen Siedlungstyp erkennen, der ganze Landesteile wie um Réggio und Messina charakterisieren kann (Migliorini 1963, S. 133). Demgegenüber sind Veränderungen, die sich während der Katastrophen an der Erdoberfläche ereignet haben, das Aufreißen von Spalten, Bergstürze und Frane, nicht mehr zu erkennen oder doch nicht ohne weiteres mit der seismischen Aktivität in Verbindung zu bringen. Nach Katastrophen lassen sich jedoch unmittelbare geomorphologische Folgen beobachten, wie die Bergstürze im Friaul (Braulíns, Gemeinde Trasághis), wo auch periglaziale Hangbewegungen wiederauflebten (Chardon 1979). Vom Erdbeben in Süditalien im November 1980 wurden Erdrutsche bei Senérchia am Sele und bei Calitri am Ófanto ausgelöst (Geipel 1983).

## e4 Literatur

Jüngere Untersuchungen haben enge Zusammenhänge zwischen einer rezenten tektonischen Dynamik und der Oberflächenformung im Apennin, am Alpenrand, sogar in der Padania nachgewiesen (Demangeot 1965; Raffy 1981/82; Pellegrini u. Vezzani 1978). Gegenüber solchen rein wissenschaftlichen Interessen haben Forschungen über die Erdbebentätigkeit hohen praktischen Wert. So ist es verständlich, daß Karten der Erdbebenaktivität in Italien zwischen 1893 und 1965 und der Wahrscheinlichkeit schwerer Beben vom Italienischen Kernenergiezentrum veröffentlicht worden sind (Iaccarino 1968 u. 1973, vgl. hier Karte 3). Einen Katalog der Erdbeben bis zum Jahr 1971 gaben Carozzo u. a. (1973) heraus. Von geographischer Seite brachten schon A. Mori (1917) und dann Migliorini (1963) Beiträge. Zur Neotektonik am Alpenrand vgl. Zanferrari u. a. (1980), zum seismisch-tektonischen Zusammenhang des Friaulbebens Weber u. Courtot (1978). Vom sozialgeographischen Gesichtspunkt her sind die Forschungsarbeiten von Geipel (1977, 1978) mit Dobler (1980) und Steuer (1979) bestimmt von Betonung der Wahrnehmungsvorgänge und der Bewertung von Naturrisiken; hier schließt Pascolini (1981) an. Selbstverständlich bleibt die eigentliche Erdbebenforschung der Geophysik und der speziellen Seismologie überlassen; dennoch ist es bedauerlich, daß sich die Geographie mit den für Italien so einschneidend wichtigen Prozessen und deren Begleiterscheinungen allzuwenig befaßt hat.

## *f) Die Küstenräume und ihre Veränderungen*

### f1 Problembereiche in Vergangenheit und Gegenwart

Die Küsten der weit ins Mittelmeer vorspringenden Halbinsel und der großen und kleinen Inseln haben eine große Länge; es sind nach FRANCIOSA (1938) 8572 km. Diese Tatsache sagt noch nichts über die Bedeutung aus, die sie im Lauf der Geschichte für die Bewohner der Küstenräume gehabt haben. Ihr Wert änderte sich nicht nur im Bereich einzelner Hafenplätze oder Küstenstrecken, sondern auch insgesamt gesehen mehrmals und verkehrte sich oft ins Gegenteil. Nach einer langen Blütezeit, während der Seeherrschaft der Phönizier, Etrusker und Griechen über das Mittelmeer, und anschließend während des Römischen Reiches, versandeten viele Häfen; Siedlungen und Anbauflächen wurden aufgegeben, die Bevölkerung zog sich ins Gebirge zurück, ungesunde Sumpfgebiete breiteten sich aus, die danach lange Zeit allen Entwässerungsversuchen trotzten (vgl. Kap. II 1 g5). Heute, nach einigen Jahrzehnten einer teilweise stürmischen Entwicklung, sind die gleichen Räume wieder bevorzugte Siedlungs-, Verkehrs- und Wirtschaftsgebiete des Landes. Hier liegen die Anziehungspunkte für Industrie, Fremdenverkehr, Handel und Landwirtschaft in nahezu gleichem Maß, was zu Auseinandersetzungen und Interessengegensätzen führen mußte. In der Öffentlichkeit des In- und Auslandes werden der Zustand und die jüngsten Veränderungen im Küstenbereich mit Recht kritisch beobachtet. Man verlangt, daß die Strände offengehalten und nicht der Bauspekulation und der ›Betonlava‹ geopfert werden, daß Strände und Küstengewässer saubergehalten, d. h. vor allem Kläranlagen errichtet werden, und manche Badeorte an der Adria haben dabei den für sie lebenswichtigen Erfolg aufzuweisen. Von solchen Maßnahmen hängt nicht nur der devisenbringende Fremdenverkehr, sondern auch die Volksgesundheit in höchstem Maß ab, wie die Choleraepidemie von Neapel Ende August 1973 erschreckend deutlich gemacht hat. Ebenso abhängig vom Zustand der Küsten und des Meerwassers sind auch andere Wirtschaftszweige, vor allem die Fischerei. Der Großindustrie, den Stahlwerken und petrochemischen Betrieben mußten Auflagen gemacht werden.

Die Situation an der langen Küstenlinie der Halbinsel und der Inseln ist jedoch außerordentlich unterschiedlich und von zahlreichen naturgegebenen Faktoren abhängig, wie dem Aufbau der Küste aus anstehendem Fels oder Schwemmland, der Höhe der eigentlichen Küste über dem Meeresspiegel, insbesondere aber davon, ob es eine Flach- oder Steilküste ist, ob die Längsküste am Gebirgsfuß verläuft wie am Westrand der Adria oder ob Bergrücken, Mulden und Täler von einer Querküste abgeschnitten werden. Auf der anderen Seite sind im Mittelmeer weniger die Gezeiten von Einfluß als die Richtung und Stärke der Küstenströmungen und die Brandungsarbeit des Meeres; dazu kommt der nicht zu unterschätzende Eingriff des Menschen schon seit der Antike, der direkt an der Küste und indirekt im Hinterland wirksam war, ohne Rücksicht auf mögliche Folgen für den Küstenbereich.

Veränderungen im Küstenbereich, die für uns heute deutlich sichtbar sind, ereigneten sich besonders während des Wechsels zwischen Kalt- und Warmzeiten im Pleistozän. Während der historischen Zeit, die schon durch Bauwerke, schriftliche Quellen und Karten zu dokumentieren ist, traten vor allem im Bereich der Mündungen größerer Flüsse Veränderungen ein, nämlich ein auffallend rasches Deltawachstum. Mit diesem Problem eng verbunden ist die Frage nach den Ursachen des allmählichen Sinkens der Lagunenstadt Venedig und den Möglichkeiten, dieses aufzuhalten.

### f2 Küstenformen

Wegen der großen Unterschiede, die schon von der natürlichen Ausstattung der Küsten herrühren, seien zunächst drei Hauptformen charakterisiert, denen man die große Mannigfaltigkeit unterordnen kann. Die vom Badetourismus bevorzugten Küsten sind noch immer neben den für den Tauchsport günstigen Felsküsten die flachen Sandstrände, die sich an den Anschwemmungs- oder Ausgleichsküsten finden, wie sie die nördliche Adria und in größeren und kleineren Buchten das Ionische und das Tyrrhenische Meer umsäumen. Eine schmale, gerade, buchtenarme Längsküste begleitet die westliche Adria von den Marken bis zum M. Gargano. Ein dritter, seltener Typ wird von der Riasküste gebildet, genannt nach der Flußmündungsbucht Ria in Spanisch-Galizien.

Wo widerständiges, hartes Gestein an der Küstenlinie ansteht, dort kann der Aspekt völlig verschieden sein, je nachdem ob Schichttafeln oder Rumpfflächen ins Meer eintauchen, oder ob die Küstenlinie etwa an einer Steilküste mit einer tektonischen Bruchlinie zusammenfällt; außerdem ist das Gestein selbst von erheblichem Einfluß. Kliffsteilküsten werden von der Brandungsarbeit des Meeres unterhöhlt, was besonders rasch vor sich geht, wenn aus anstehenden Konglomeraten große Gerölle gelöst werden und als Angriffswaffen zur Verfügung stehen. Andererseits können senkrechte Kalksteinwände ehemaliger Bruchlinien-Küsten über lange Zeit hin erhalten bleiben, wenn es reine Kalke sind, wie das KELLETAT (1974) am M. Gargano zeigen konnte; das gilt z. B. auch für die Westküste der Nurra Sardiniens. Brandungsplattformen können vor der Küste liegen und die bis heute andauernde flächenhaft wirkende Abtragungstätigkeit (Abrasion) des Meeres beweisen, während über der Kliffküste eine ebene Terrasse für die entsprechende Tätigkeit während eines der letzten warmzeitlichen Meereshochstände spricht, als das Gletscherschmelzwasser die Wassermenge im Weltmeer ansteigen ließ. Solche Küstenterrassen sind besonders gut an der Nordküste Siziliens zu beobachten, fehlen dagegen an hohen Steilküsten.

Die Brandungsarbeit ist im wenig widerständigen Gestein aktiver als im widerständigen, sie geht selektiv vor, weshalb der Küstenverlauf gewöhnlich ›gezähnt‹

ist im Unterschied von gestreckt verlaufenden Längsküsten im gleichförmigen Gestein (Houston 1964, Fig. 14). Stark zerlappte Küsten, bei denen sich steile Felsvorsprünge und winzige Buchten ständig abwechseln, sind seit jeher siedlungsfeindlich gewesen. Dennoch fand man gerade hier, z. B. in hochgelegenen, vom Meer überarbeiteten Karsthöhlen am M. Circeo, vorgeschichtliche Siedlungsplätze. Die Grotta Guattari, eine dieser Höhlen, ist im Riß-Würm-Interglazial ausgeformt worden und fiel mit dem Rückzug des Meeres trocken (Morandini 1957b, Fig. 77).

Eine typisch mediterrane Erscheinung sind die meist kleinen Schwemmlandbuchten mit ihrem schmalen Sandstrand. In der Antike wurden sie oft als geschützte Landeplätze genutzt, wie z. B. die Buchten der Halbinsel Sinis in Westsardinien am ehemaligen Inselfelsen von Tharros von den Phöniziern oder die Doppelbuchten von Nora, Bíthia und Tegula an der Südküste. Je nach Windrichtung war stets ein geschützter Hafen verfügbar (Schmiedt 1965, S. 228).

Sardinien bietet mit der Granitküste der Gallura auch das Beispiel für eine ins Meer eintauchende oder vom Meer überflutete, ehemals landfeste Abtragungs- oder Rumpffläche. Schmale Buchten sind einst Täler und Senken gewesen, die vom Meer eingenommen wurden und dabei unter anderem den günstigen, ebenfalls schon von den Phöniziern und dann Römern genutzten Hafen Ólbia möglich machten. Kleine Buchten gewinnen heute Wert als Jachthafen, wie Porto Cervo an der Costa Smeralda. Zahlreiche Inseln und Halbinseln setzen die vielbesuchte romantische Küstenlandschaft zusammen, deren Eindruck durch bizarre Granitfelsen noch verstärkt wird. Es ist eine Ingressionsküste, d. h. die Küste ist zurückgewichen, weil sich das Land gesenkt hat oder der Meeresspiegel angestiegen ist, eine typische Riasküste (Scheu 1923b). Ein weiteres Beispiel dazu bietet die istrische Küste, wo die vom Meer überfluteten Täler ›canali‹ heißen.

Überall dort, wo Flußsedimente ins Meer verfrachtet wurden, sind entweder ehemalige Mündungsbuchten verschüttet worden, oder es haben sich darüber hinaus junge Deltabildungen vorgebaut. Stärkere Küstenströmungen können die Sedimente verfrachten, und dann wächst das Delta wie an der Arno- und der Cratimündung nicht ins Meer hinaus. Wo die Meeresarbeit die des Flusses bisher nur wenig übertraf, entstand ein gestutztes Delta wie an der Gariglianomündung. Ein von halbmondförmigen Küsten begrenztes Delta (Tiber, Volturno) weist auf einflußreichere Meeresarbeit hin. Einen besonderen Typ bildet das sehr eingehend untersuchte, zerlappte Po-Delta. Es hat sich seit dem Mittelalter besonders kräftig entwickelt, und zwar vorwiegend als direkte Folge der Besiedlung, der Entwaldung und Landnutzung (vgl. Kap. II 1 f5).

Besonders rasch ging die Anlandung und Aufschüttung vor den Küstensäumen der jungpliozänen Beckenräume vor sich, wie am Golf von Tarent, an den Küsten der Toskana und Latiums, in der ehemals weiten Bucht südlich Catania, aber auch an den Grabenenden des Campidano Sardiniens bei Cágliari und Oristano. Seichtes Meer umgibt die nördliche Adria, an deren Küste Haffe und Nehrungen entstanden sind, die ›valle‹ und ›lido‹ heißen; in der Toskana nennt man die Nehrung dagegen ›tombolo‹, in Latium ›tumoleto‹, das Haff ist die ›laguna‹, in Sardinien der ›stagno‹, der vom Strandwall abgedämmte See.

Wirkliche lebende Lagunen, das sind solche, in denen die Gezeitenströme wirksam sind, gibt es in Italien nur noch zwischen Po-Delta und Isonzomündung. Weiter innen gelegene Wasserflächen mit schwacher Gezeitenwirkung sind die toten Lagunen. Die ›porti‹ zwischen den Strandwällen, die den Austausch ermöglichen, werden dabei tief gehalten, zum Teil künstlich gefördert, ebenso die Priele, hier ›rii‹, denen die Schiffahrt folgen muß. Zwischen ›rio‹ und ›rio‹ liegen die selten überfluteten begrasten ›barene‹-Flächen; tiefere Teile, die ›velme‹, fallen nur bei Niedrigwasser trocken.

Besonders ausgedehnt sind Schwemmlandküsten dort, wo mehrere Flüsse in eine Bucht münden und bei Hochwasser große Schutt- und Schlamm-Mengen transportieren. In der Bucht von Catania waren es die radial zuströmenden, heute zu Nebenflüssen des Simeto gewordenen Gewässer; in den Golf von Tarent strömen Brádano, Basento, Cavone, Agri und Sinni mit ihren breiten Schotterbetten; die nördliche Adria wird von den Alpenflüssen Etsch, Brenta, Piave, Tagliamento und Isonzo mit Sedimenten versorgt. Küstenströmungen haben zur Entstehung von bogenförmigen oder geradlinigen Ausgleichsküsten geführt.

### f3 Küstenveränderungen in jüngster geologischer Vergangenheit

Von den gewaltigen Hebungen und Senkungen, die sich noch lange nach dem Abklingen der eigentlichen Gebirgsbildung des Apennins ereignet haben und deren Auswirkungen sich bis heute in Erdbeben und Vulkanismus bemerkbar machen, ist in voranstehenden Kapiteln mehrfach die Rede gewesen. Während des Pliozäns, als die marinen Tone (Piacenzastufe) und abschließend Kalksande und andere Sande (Astistufe) abgelagert wurden, bestand das heutige italienische Staatsgebiet vorwiegend aus einem Inselarchipel, die Po-Ebene war ein tief zwischen Alpen und Apennin eingreifender Meeresgolf. Nur durch die marinen Sedimente in ihrer maximalen Verbreitung, nicht etwa durch deutliche Kliffküsten, ist die in Kartenskizzen niedergelegte Vorstellung gewonnen worden (vgl. Fig. 16).

Mit dem Pliozän ging das Tertiärzeitalter zu Ende, als die Temperaturen des Weltmeeres abzusinken begannen. Im Mittelmeergebiet läßt sich in den seitdem herausgehobenen marinen Sedimenten diese geologische Grenze am Auftreten sogenannter ›nordischer Gäste‹ erkennen, zu denen Muscheln wie *Arctica islandica (= Cyprina isl.)* und *Cyotheropteron testudo* gehören. Als Typort kann Vrica, südlich Crotone/Kalabrien gelten (Colalongo u. a. 1982). Während des Pleistozäns, dessen Beginn vor 2,5 Mio. Jahren angesetzt wird, reagierte der Meeresspiegel auf die klimatisch bedingten Veränderungen in der Eisbedeckung der Polarge-

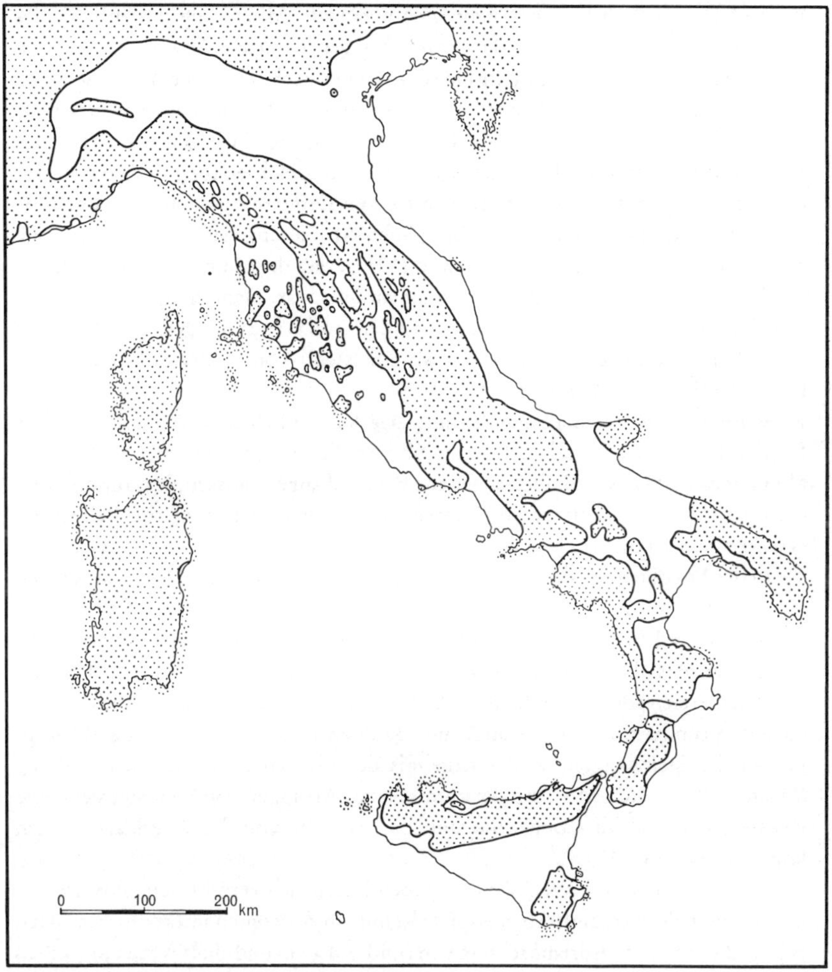


*Fig. 16: Italien während des Höchststandes des Pliozänmeeres.* Nach BELLINCIONI und TREVISAN aus DESIO 1973, S. 18.
Landflächen punktiert.

biete und Gebirge mit entsprechenden Hebungen in Warmzeiten und Senkungen in Kaltzeiten.

Über die maximale Größe des Festlandes und der Inseln während der Zeit der größten Eisbedeckung der Erde, die während der Mindelkaltzeit anzunehmen ist, besteht noch weitgehende Unsicherheit, weil man aus Sedimenten unter dem Meeresspiegel nicht genügend Aufschluß erhält. Aufgrund von Schätzungen und

Wasserhaushaltsberechnungen kann eine maximale Absenkung des Spiegels des offenen Weltmeeres auf − 120 m unter das gegenwärtige Niveau erfolgt sein (VALENTIN 1954, S. 38, Tab. 1). Eine submarine Böschung in der Adria zwischen 140 und 200 m, sie liegt zwischen Pescara und Šibenik, läßt aber auf eine maximale Regression bis − 150 m schließen (DESIO 1973, S. 950, Fig. 238; VAN STRAATEN 1971, S. 108). Damit ist die eustatische Meeresspiegelabsenkung des Weltmeeres unterschritten, es muß nach Ursachen für die Differenz gesucht werden. Eine mögliche Erklärung bietet die nachträgliche Absenkung des Adriabodens, eine zweite liegt in der Annahme von BLANC (1937), daß die Gibraltarschwelle (heute − 324 m) zur Zeit der Maximalvereisung landfest war. Dann hätte sich der Wasserspiegel im Mittelmeer selbständig verändert und wegen des geringen Zuflusses bei hoher Verdunstung sogar einen Minimalstand von − 200 m erreicht (vgl. DESIO 1973, Fig. 2, VENZO 1979, S. 121).

Während des Eishöchststandes und der kaltzeitlichen Regressionen gab es Landverbindungen zwischen Korsika und Sardinien und zwischen Sizilien und Malta; womöglich war Sizilien sogar ans Festland angeschlossen, was für die Ausbreitung oder den Rückzug von Floren- und Faunenelementen von Bedeutung gewesen sein kann.

In der Po-Ebene lag die maximale Küstenlinie in den pleistozänen Warmzeiten etwa bei Turin, d. h. die Höhe des Pliozänmeeresspiegels wurde nicht mehr erreicht. Öl- und Erdgasbohrungen haben ergeben, daß die marinen Quartärsedimente meistens über 1000 m mächtig sind, südlich des Gardasees über 2000 m und im Deltabereich sogar über 3000 m Mächtigkeit erreichen, je nach Höhe des Tertiäruntergrundes und dessen Sattel- und Muldenstrukturen. Die große Mächtigkeit im Po-Deltabereich ist das Ergebnis der bis heute andauernden Senkung (DESIO 1973, S. 682–685), mit der zum Teil das Absinken von Venedig, sicher die Existenz der Valli di Comácchio und die Aufgabe von Spina, erklärt werden können (vgl. Kap. II 1 f5).

Aus Seekarten und ihren Tiefenangaben lassen sich verschiedene Niveaus erkennen und als ehemalige Meeresspiegelstände in Kaltzeiten interpretieren; dazu gehört die erwähnte Adriaböschung von rund − 150 m und ein Niveau um − 20 m (KELLETAT 1974, S. 46–51). Besser orientiert sind wir über jene Niveaus, die in den Warmzeiten mit dem Ansteigen des Meeresspiegels erreicht wurden, weil sie durch Sedimente, Klifflinien und besonders Strandterrassen zu erkennen und aufgrund des Fossilinhaltes der Sedimente auch datierbar sind. Der große Meeresspiegelanstieg während des letzten Interglazials mit dem Maximum vor 125000 Jahren hat Terrassen entstehen lassen, die gewöhnlich gut erhalten sind.[11] Alle

[11] Die Transgression dieses Eem-Meeres entspricht der Stufe 5 e in der Paläotemperaturkurve für den Äquatorialen Pazifik nach SHACKLETON und OPDYKE (1973, vgl. GRÜN u. BRUNNACKER 1983). Die zugehörige Terrasse wird von BRÜCKNER (1980) dem Eutyrrhen-II-Transgressionszyklus zugeschrieben, der sich wie der vorhergehende Eutyrrhen-I-Zyklus

älteren Meeresspiegelstände und ihre Terrassen wurden zerstört, wenn sie nicht durch tektonische Hebung des Landes aus dem Einflußbereich des Meeres geraten sind, wie das gerade in Süditalien und Sizilien der Fall ist. Terrassen aus der sogenannten Kalabrischen Transgression des frühesten Glazials, die um 100 m Höhe über dem heutigen Meeresspiegel zu erwarten wären, liegen in Kalabrien weit darüber am Aspromonte bis 1400 m hoch, am Ätna bei 750 m. Geringere Verstellungen gab es auch noch seit den letzten Warmzeiten, und deshalb sagt die bloße Höhenlage einer Terrasse über dem Meer noch nichts über die Zeit ihrer Entstehung aus.

### f4 Küstenveränderungen in historischer Zeit

In der Nacheiszeit ist mit dem weitgehenden Abschmelzen der Inlandeismassen der Meeresspiegel allmählich angestiegen und steigt – abgesehen von Klimaschwankungen – durchschnittlich um 1,5 mm im Jahr weiter. Als Meßmarken, die eine Bestimmung dieses Wertes erlaubt haben, dienten die für solche Forschungen im Mittelmeerraum zum Teil hervorragend geeigneten antiken Bauwerke im Küstenbereich. An der Küste der Toskana und Nordlatiums, die in tektonischer Hinsicht als relativ stabil gelten darf, sind Messungen durchgeführt worden. Im Vergleich zu den an antiken Hafenanlagen gewonnenen Ergebnissen, an denen der damalige Meeresspiegelstand nicht genau genug ablesbar ist, erwiesen sich die Messungen bei den an römischen Meervillen angelegten Fischteichen als gut geeignet. Sie wurden bei Hochwasser gerade überflutet und mit Frischwasser versorgt (Hafemann 1960; Schmiedt 1965; Pongratz 1972, 1974; Pirazzoli 1976).

Einen besonders hohen Stand soll das Meer schon während der Flandrischen oder Versíliatransgression vor 5000–8000 Jahren mit 2–5 m über dem heutigen Niveau erreicht haben. Die zugehörige Tapes- oder Nizzaterrasse ist aber schwer zu beweisen, weil in der gleichen Höhe auch pleistozäne Terrassen liegen können.

Die Untersuchung der etruskischen, griechischen und römischen Bauwerke in Küstennähe hat nicht nur bewiesen, daß seit ihrer Anlage der Meeresspiegel um 1–2 m gestiegen ist, sie hat auch den Bedeutungswandel der Häfen und Küstensiedlungen erklären können. Eigentlich müßten sämtliche Hafenbauten der Antike vor der Küste unter Wasser liegen, wenn die Küstenlinie überall die gleiche geblieben wäre (Dongus 1970, S. 66). An den Schwemmlandküsten liegen sie aber in den meisten Fällen binnenwärts. Viele Häfen verloren schon am Ausgang der Antike oder während des Mittelalters ihre Funktion (Schmiedt 1965, 1967). Von diesem Geschehen waren vorwiegend die Häfen in den rasch verlandenden Mün-

des vorletzten Interglazials durch das Auftreten einer thermophilen Meeresschnecke (Strombus bubonius) erkennen läßt, die dem drittletzten Interglazial (Paläotyrrhen) ebenso fehlt wie dem holozänen Meeresspiegelanstieg seit 1300 Jahren (Versil, Maximum um 7000 ?).

dungsbuchten betroffen. Die Geschwindigkeit des Vorgangs zeigt besonders gut Pisa, das zur Zeit Strabos nur 3 km vom Meer entfernt war und bis ins 14. Jh. mit Seeschiffen erreichbar war, solange man die Fahrrinne tief genug halten konnte (vgl. Karte der Küstenentwicklung, MAZZANTI und PASQUINUCCI 1983). Schließlich trat Livorno mit einem künstlichen Hafen das Erbe der mächtigen Handelsstadt an. Die Insel des M. Argentário, wo ein etruskischer Hafen lag, wurde durch Tómboli an das Festland angegliedert; es entstanden die Lagunen von Orbetello (GOSSEAUME 1973). Óstia verlor durch das Wachstum des Tiberdeltas seine Küstenlage, der Trajanshafen wurde wertlos (vgl. Kap. II 3 e 5). Zum Hafen des modernen Rom entwickelte sich Civitavécchia an der Stelle des etruskisch-römischen Centumcellae erst im 19. Jh. durch künstliche Molenbauten (vgl. Karten bei DONGUS 1970 u. TERROSU-ASOLE 1960, S. 410). Die Lage von Paestum-Poseidonia, heute 700 m vom Meer entfernt, ist nur zu verstehen durch den ehemaligen Verlauf von zwei Mündungsarmen des Sele. An der adriatischen und ionischen Küste war es nicht anders. Der römische Hafen von Aquiléia liegt heute 4 km fern vom Meer, der Wasserspiegel ca. 0,80 m über dem zur römischen Zeit (PIRAZZOLI 1981, S. 161). Der Hafen von Ravenna, Classis, verlandete, das Grundwasser in der Stadt stieg an. Spina, im 6. Jh. v. Chr. gegründet, war eine bedeutende etruskische Handelsstadt im Po-Mündungsgebiet am Ende des Strandwallgürtels. Im heutigen Valle Pega wurde es 1953 durch Luftbildaufnahmen entdeckt und während der Trockenlegungsarbeiten archäologisch erforscht. Durch die Konkurrenz von Adria hatte Spina seine Funktionen und durch den Meeresspiegelanstieg um 2 m auch die Existenz als Siedlung verloren (LEHMANN 1963, S. 127, u. Tafeln I–III). Verschüttet unter mächtigen Sand- und Schotterlagen ist das griechische Sýbaris an der Cratimündung 1962/63 mit geophysikalischen Verfahren und Bohrungen geortet worden (SCHMIEDT 1967, S. 24). Die Stadt soll sogar bewußt von ihren Eroberern durch Umlenkung des Crati verschüttet worden sein, aber im Vergleich zu den anderen Hafenstädten in ähnlicher Lage ist diese Annahme nicht erforderlich.

Die Verschüttung der Flußmündungen und das Fehlen der für die Atlantikküste typischen Ästuare hatten zur Folge, daß sich in Italien wie im ganzen Mittelmeergebiet an den Flußmündungen keine großen Hafenstädte entwickeln konnten. Pisa ist das beste Beispiel für den mißlungenen Versuch, sich darüber hinwegzusetzen zu einer Zeit, als die Gefahr der Verschüttung der Fahrrinne noch nicht zu bemerken war. Venedigs Position auf Inseln im Lagunenraum konnte durch kluge Maßnahmen gesichert werden, die den Hafen vor der Verlandung bewahrten. Günstige Häfen, die seit der Antike bis heute aktiv sind, liegen an Ingressionsbuchten, wie Tarent, Bríndisi, Palermo und Ólbia, Neapel in der Bruchzone des kampanischen Beckens; andere Städte, wie Bari und Genua, mußten durch kostspielige Molenbauten für einen sicheren Hafen sorgen.

In Luftbildern und Karten wird die Entwicklung des Deltawachstums in eindrucksvoller Weise durch die Strandwälle sichtbar. Jeder einzelne der Wälle, die durch die Strandversetzung der Sande im Zusammenspiel von Küstenströmung und Brandung entstanden sind und durch Dünenbildungen noch überhöht wurden, zeigt eine bestimmte Lage der Küste an. Der nah am Meer gelegene ist der jüngste und beweist mit den älteren binnenwärts folgenden wiederum Strandverschiebungen, die hier negativer Art sind, weil mit der Anlandung und Aufhöhung die Küstenlinie allmählich meerwärts gerückt ist. An der Ombronemündung, an der toskanischen Maremmenküste bei Grosseto, liegen nach MORI 17 Wälle, deren ältester von ihm in die etruskische Zeit datiert worden ist (ALMAGIÀ 1959, S. 139). Zwischen den Dünenkränzen blieben Rinnen und Mulden frei, die sich mit Teichen und Sümpfen bedeckten. Binnenwärts können große Flächen in tieferer Lage von Küstenseen und Sümpfen eingenommen sein, wie die an der Lagunenküste Venetiens, am M. Gargano, am M. Argentário, wie die ehemaligen Pontinischen Sümpfe und die der toskanischen Maremmen, wie der Lago di Fondi und die ›stagni‹ von Cágliari und Oristano, um nur die größten von ihnen zu nennen. Alle diese Formen sind typisch für Küsten eines gezeitenschwachen Meeres, in dem Trichtermündungen zusedimentiert werden und sich bei hoher Schuttfracht der Flüsse Deltas vorbauen. Kleinere, periodisch fließende Gewässer können ihre Mündung nicht offenhalten; das von den Küstenströmungen bewegte Material schließt sie ab, die Mündung wird zunächst seitwärts verschleppt und womöglich ganz geschlossen.

Der Anstieg des Grundwasserspiegels in Küstennähe, der schon für Ravenna und Spina erwähnt wurde und der die Sumpfbildung hinter und zwischen den Strandwällen bewirkt, ist ebenfalls zum Teil eine Folge des allgemeinen Meeresspiegelanstiegs der Nacheiszeit. Dieser ist die Hauptursache für die Vernässung und Versumpfung der Maremmen und der Pontinischen Sümpfe, nicht etwa die Verlandung ehemaliger Seen, wenn auch mit der Ausnahme des Sees von Grosseto (DONGUS 1970, S. 66).

Mit dem Fortschreiten der Versumpfung begann eine verhängnisvolle Entwicklung für die Küstenräume, die zu ihrer völligen Verödung führen sollte. Vermutlich ist der Grundwasseranstieg die primäre Ursache, Versumpfung und Malaria waren die Folgen (DONGUS 1970, S. 68). Die weichende Bevölkerung war nun gezwungen, Flächen im Bergland durch Rodung für den Anbau zu gewinnen. Infolgedessen werden nach Starkregen in kurzer Zeit hohe Schuttmengen bei den jährlichen Hochwassern in die Täler verfrachtet und feineres Material ins Meer getragen worden sein. In der Deltabildung sind die Folgen zu sehen, aber auch in Terrassenresten in 4–5 m Höhe innerhalb der Täler, die mit antiken Scherben zu datieren waren (VITA-FINZI 1969, S. 75). In den Tälern von Brádano, Basento und Cavone haben die in der Antike abgelagerten Hochwassersedimente sogar 15 m Mächtigkeit erreicht (NÉBOIT 1977, 1980; BRÜCKNER 1982). Wir können sie nur annähernd vergleichen mit den teilweise einige Meter mächtigen Auelehmfüllungen in Tälern Mitteleuropas, die als Folge der spätmittelalterlichen Rodungstätigkeit anzusehen sind.

Eine andere ursächliche Verknüpfung besteht darin, daß es kriegerische Verwicklungen gewesen sein könnten, die zu einem strategischen Rückzug in Schutzpositionen gezwungen haben (DONGUS 1970, S. 67). Weil dadurch die weitere Unterhaltung von Entwässerungsanlagen, z. B. der antiken Emissare von Cosa-Ansedonia aus etruskischer Zeit (RODENWALDT u. LEHMANN 1962), unterblieb und die Kanalnetze verfielen, konnten sich die einst trockengelegten Sümpfe erneut ausbreiten. Eine solche Melioration von Sümpfen, die heute unter dem Meeresspiegel liegen, konnte erst in moderner Zeit mit Pumpwerken erfolgreich sein; das zeigt die Geschichte der Pontinischen Sümpfe besonders deutlich. Der entscheidende Anstoß für den Ablauf der Entwicklung in den tiefgelegenen Küstenräumen, die zur Entvölkerung führte, muß in dem Meeresspiegelanstieg gesehen werden.

### f5 Veränderung im Po-Mündungsgebiet und das Geschick Venedigs

Besonders folgenreiche Prozesse haben sich im Polésine, im alten und neuen Deltabereich, abgespielt. Ein weitläufiges flaches Gebiet, das heute zwischen der Etsch im Norden und dem Po di Goro oder di Volano im Süden liegt, ist in der Spät- und Postglazialzeit von Brenta, Etsch, Po und zum Teil auch vom Reno aufgeschüttet worden. Durch die ständigen Laufveränderungen der Flüsse und die Verlagerung der Mündungsarme entstand noch im freien Spiel der Kräfte das alte Po-Delta mit fünf Armen und den heutigen sandigen ›terre vécchie‹. Es ist der innere Polésine um Ferrara und Rovigo (DONGUS 1963, 1966; MANFREDINI-GASPARETTO 1961). Dazwischen liegen die heute entwässerten, ehemaligen Süßwassersümpfe, die ›valli dolci‹. Ostwärts folgen ehemalige brackige Sümpfe, die ›valli salse‹, vom Ende des 19. Jh. ab ebenfalls trockengelegte, meliorierte und besiedelte Polderflächen. Wie es den Verhältnissen in den anderen Flußmündungsbereichen entspricht, wird die Sumpfzone adriawärts von einem mehrgliedrigen Strandwallbereich, hier aus 5–7 m hohen Rücken bestehend, abgeschlossen, die mit ihren Dünen auf höheren Strandplatten liegen (Fig. 17). Ein vorgeschichtlicher Nehrungswall zieht von Chióggia über die Nekropole von Spina nach Ravenna; ein römerzeitlicher weiter östlich wurde von der mittelalterlichen ›Strada romea‹, heute der Straße Ravenna–Venedig, benutzt. Ein dritter Dünenwall begleitet die heutige Küste. Östlich der zwei älteren Nehrungswälle beginnt das seit dem Mittelalter unter zunehmendem Einfluß des Menschen im ganzen Einzugsgebiet des Po und im Deltabereich selbst stehende, in die Adria vorgebaute moderne Delta (DONGUS 1963).

Das komplizierte Mosaikbild des Deltas ist in seiner Genese vor allem durch den Vergleich von historischen Kartendarstellungen aufgeklärt worden. Detailuntersuchungen mit geomorphologischen Methoden trugen zur Lösung der Frage bei, ob der Rest eines Adriagolfes durch eine Nehrung zur Lagune geworden und dann aufgefüllt worden sei (Regressionshypothese nach DONGUS 1963) oder ob die von DONGUS unterstützte Transgressionshypothese die Situation erklären könne. Es ging dabei um die Frage, ob Spina auf dem festen Land an einem Fluß oder auf einem Sandrücken in einer Lagune lag. Die Veränderungen der Strandlinie zwischen Po- und Tagliamento-Mündung von 1887/92 bis 1961/66 zeigen nach ZUNICA (1971 b, Tav. XVIII) die gegenwärtige Transgression mit Landverlusten an der Strandlinie der Lidi, während im Mündungsbereich der Flüsse und auch der Porti das Wachstum des Landes anhält. Zum Küstenschutz wurden schon Mitte des 18. Jh. natürliche Küstenwälle verstärkt, unter anderem durch die berühmten ›murazzi‹ des Lido di Pellestrina. Nach der Novemberflut von 1966 wurden alle gefährdeten Strände gesichert.

Im natürlichen Delta, dessen Entwicklung gegen das Meer hin von den Küstenströmungen behindert war, ging die Ablagerung der Sedimente in einem breiten Deltakegel vor sich. Wo durch Verdichtung und Absinken des Untergrundes – des plastischen Pliozäntones in einer tektonischen Mulde unter dem Druck der hier bis über 3000 m mächtigen Quartärsedimente – Vertiefungen entstanden, dort wurden sie von der flächenhaft wirkenden Deltaaufschüttung aufgefüllt und ausgeglichen. Das Deltawachstum ging langsam vor sich, die Sedimentführung der Flüsse im Mündungsbereich war nach der schon weitgehend erfolgten Ablagerung des transportierten Materials gering; man rechnet mit einem Vorrücken um 450 m im Jahrhundert (ZUNICA 1971 b, S. 50). In prähistorischer Zeit lag die Po-Mündung im Norden, wo sich Dünenkränze in einem geschlossenen Bereich entwickelt haben. Im Südteil, an deren Ende und hinter ihnen, fand Spina seinen Hafenstandort und hielt über einen Kanal durch die jüngeren Strandwälle hindurch Verbindung zum Meer (LEHMANN 1963, S. 128).

Vom Mittelalter ab änderte sich der ›Stil‹ der Deltaentwicklung, denn sie ging jetzt in verschiedenen Armen vor sich (ZUNICA 1972). Der Strandwall- und Dünengürtel wurde durchbrochen und kein neuer aufgebaut, das Deltawachstum erreichte 7 km im Jahrhundert. Durch die Bevölkerungsvermehrung in der Padania, die Entwaldung und Landnutzung, erhielten der Po und die übrigen Flüsse größere Sedimentmengen zugeführt. Durch die Eindeichung der Flüsse zur Sicherung des Landes wurde der Transport von Wasser und Material beschleunigt, die Sedimente aber nicht mehr bei Hochwasser flächenhaft im Bereich des Polésine abgelagert, sondern als Deltaspitze in die Adria vorgebaut. Beispielhaft waren die Arbeiten der Venezianer zur Sicherung ihrer Lagune und ihrer Strandlinien. Nach dem Dammbruch von Ficarolo um 1150 wurde der nördliche Deltateil von der Etsch und drei Po-Armen vorgeschoben. Um zu verhindern, daß dieses Delta gegen die Lagune weiterwuchs, leiteten sie 1599–1604 den Po di Levante durch den ›taglio di Porto Vivo‹ zur Sacca di Goro ab. Um die Lagune vor der Verschüttung durch die Sedimente der Brenta zu bewahren, die ursprünglich östlich von Mira ein Delta vorschob, führten sie sie im 14. Jh. in einem Kanal um die Lagune herum zur Ausmündung südlich Chióggia.

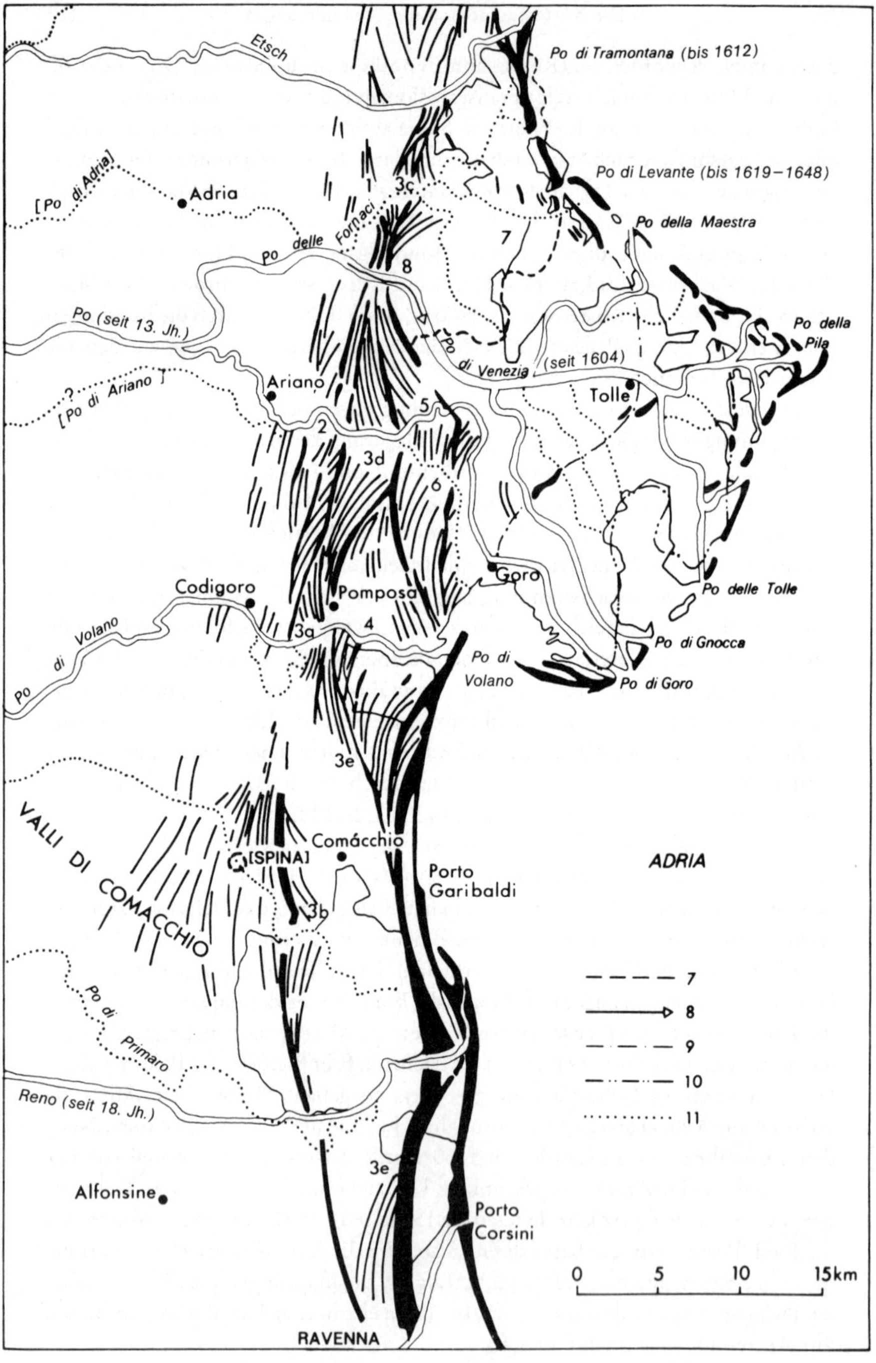

Etsch
Po di Tramontana (bis 1612)
Po di Levante (bis 1619–1648)
[Po di Adria]
Adria
1
3c
Po della Maestra
7
Po delle Fornaci
8
Po (seit 13. Jh.)
Po della Pila
Po di Venezia (seit 1604)
? [Po di Ariano]
Ariano
Tolle
5
2
3d
6
Goro
Codigoro
Pomposa
Po delle Tolle
Po di Volano
3a
4
Po di Gnocca
Po di Volano
Po di Goro
3e
VALLI DI COMACCHIO
[SPINA]
Comácchio
Porto Garibaldi
ADRIA
3b
7
8
9
10
11
Po di Primaro
Reno (seit 18. Jh.)
3e
Alfonsine
Porto Corsini
0 5 10 15km
RAVENNA

Diese technischen Maßnahmen haben bewirkt, daß die natürliche Aufhöhung im Deltabereich fast völlig eingestellt wurde und sich die Po-Arme ebenso wie die Strandlinien stabilisierten. Seit dreißig Jahren wächst das Delta außerhalb der Mündungen des Po della Pila und des Po di Goro nicht mehr, es wird sogar abgebaut. Die Sedimentfracht ist wegen des starken Sandabbaus in den Flußbetten geringer geworden (Castiglioni in Embleton, Hrsg., 1984, S. 260). Aber die Sackung der Sedimente und das Absinken der Oberflächen, in größerem oder geringerem Maß räumlich und zeitlich, gingen ebenso weiter wie selbstverständlich der eustatische Meeresspiegelanstieg. In den fünfziger Jahren dieses Jahrhunderts nahm die Absenkung in außerordentlichem Maß zu. Infolge der Landgewinnungsarbeiten waren Torflagen ausgetrocknet und bewirkten nach 1957 Absenkungen von – 3 m unter dem Meeresspiegel auf – 5,5 m. Dazu kam noch die Entnahme von methanführendem Wasser ab 1938. Bevor diese Art der Gasförderung 1961 eingestellt wurde, war am Hauptarm des Po zwischen Ca'Vendramín und Contarina zwischen 1940 und 1960 das Gelände um mehr als 3 m gesunken (Béthemont 1974, S. 262).

Das Geschick Venedigs ist in engstem Zusammenhang mit dem Geschehen im Po-Delta zu sehen. Immer öfter macht die Presse die Weltöffentlichkeit auf die Probleme dieser Stadt aufmerksam, gewöhnlich dann, wenn der Markusplatz bei Sturmfluten überschwemmt wird. Besonders schwere Hochwasser ereigneten sich in den Jahren 1908, 1954, 1961, 1966 und am 22. 12. 1979. Das höchste seit Menschengedenken war das vom 4. November 1966 mit 190 cm über dem Mittelwasserniveau, was einem Wasserstand von 140 cm über dem Markusplatz entspricht. Fast die Hälfte, nämlich 25 oder 46 % aller Hochwasser zwischen 1867 und 1967 ereigneten sich in der Dekade 1957–66 (Zunica 1971 b, S. 34). Das mittlere Hochwasser (MHW), das im Durchschnitt täglich erreicht wird, ist im Vergleich zum übrigen Mittelmeer mit 37,5 cm sehr hoch, denn schon in der südlichen Adria sind es nur noch 15 cm.

Um Maßnahmen zur Rettung Venedigs ergreifen zu können, deren dringende Notwendigkeit hier nicht erörtert zu werden braucht, mußten die Ursachen der zunehmenden Katastrophengefahr ergründet werden. Bekannt war schon im 16. Jh., daß Venedig auf seinen Inseln absinkt, und deshalb mußte der Boden der Krypta der Markuskirche von 829 mehrmals erhöht werden. Er lag 1963 etwa 90 cm unter dem MHW (Dongus 1963, S. 213). Das Ausmaß des Absinkens in jüngerer Zeit ist durch die Beobachtung der MHW-Stände von 1876–1955

*Fig. 17: Veränderungen der Küstenlinie im Bereich des Po-Deltas seit vorgeschichtlicher Zeit.* Aus Castiglioni in Embleton (Hrsg.) 1984, S. 259. Schwarz: Strandwälle, Dünen. 1 u. 2 Vorgeschichte. 3 a und 3 b Etruskerzeit. 3 c, 3 d u. 3 e Etruskisch-Römische Zeit. 4 Mittelalter vor 1200. 5 u. 6 Mittelalter bis Neuzeit. 7 Küstenlinie im 17. Jh. (erster Deltalobus) durch den Po delle Fornaci und seine Arme. 8 Ableitung durch den Taglio di Porto Vivo 1599–1604. 9 Küstenlinie 1750. 10 Küstenlinie 1874. 11 Alte Mündungsarme.

ermittelt worden; es waren 39 cm in 100 Jahren. Davon entfallen 8 cm auf den eustatischen Meeresspiegelanstieg, 31 cm auf die Absenkung des Lagunenbereichs (ZUNICA 1971 b, S. 35).

Die besonders hohen Wasserstände bei Hochwasserkatastrophen kommen durch die zufällige Überlagerung verschiedener Faktoren zustande. Die höchsten Gezeitenwasserstände der Springtiden erreichen 100 cm über MW oder 0 m. Erhöhte Wasserstände können bei Scirocco-Südwetterlagen im Winterhalbjahr eintreten, wenn bei starken auflandigen Winden Flußwasser in der Lagune gestaut wird. Wenn die Flüsse nach langdauernden Regenfällen starkes Hochwasser führen, wie das im November 1966 der Fall war, muß es zu Katastrophen kommen. Eine weitere erhöhende Wirkung haben Schaukelwellen des Adriaspiegels, sogenannte ›Seiches‹ (frz.), die Erhöhungen um + 50 cm bringen können und etwa 2–3mal aufeinander folgen. Im Winter kommen sie bei Tiefdruckwetterlagen durchschnittlich 6mal vor. Wenn diese verschiedenen Faktoren gleichzeitig auftreten und sich ihre Wirkungen addieren, dann können sich in Venedig Hochwasser ereignen, die mehr als 2 m erreichen.

Bei den Maßnahmen zur Rettung Venedigs stehen solche im Vordergrund, die ein weiteres Absinken verringern, und solche, die Hochwasserkatastrophen vermeiden sollen. Als die Ursache des raschen Absinkens in der Methanwasserförderung gefunden war, hat man sie sofort eingestellt, das Absinken ließ auch nach. Außerdem soll die Grundwasserentnahme für die Großindustrie durch deren Versorgung mit Fernleitungen ersetzt werden. Eine aktive Hebung des Niveaus durch Eindrücken quellfähiger Materialien ist noch problematisch. Um die Hochwasser zu verringern, sollten die drei ›porti‹ (Chióggia, Malamocco, Lido) mit beweglichen Flutschutztoren – man dachte an eine Gummisperre, dann an eine Barriere aus riesigen Stahlzylindern – versehen werden. Solche Sperren würden aber die Wasserzirkulation um ein Zehntel verringern und die Selbstreinigung der sehr stark verschmutzten Lagune und der Kanäle schwächen. Nach der Ausbaggerung des Canale di Petroleo bis 15 m kam es in der Mitte der Hafeneinfahrt von Malamocco zu starker Erosion und Vertiefung bis 45 m. Bei Sturm wird deshalb viel Wasser in die Lagune gedrückt. Zur Erhöhung der Hochwasser führte auch die Verkleinerung der Lagunenfläche, die 1900 586 km² umfaßt hat, um ein Drittel. Die Urbarmachung für die Landwirtschaft trug mit 40 km² dazu bei. Industriebauten, Wohnzentren und der Flughafen Tessera benötigten 32 km². Die Fischzuchtbecken sind statt mit Netzen wie einst heute mit festen Dämmen umgrenzt und nehmen 85 km² ein.

Alle Pläne sind auch zehn Jahre nach dem Gesetz zur Rettung Venedigs vom 14. 4. 1973 noch nicht zur Ausführung gekommen. Wichtiger ist auch zunächst die Sanierung der Lagune, in die täglich 100 Mio. m³ Adriawasser mit einem Salzgehalt von 37‰ und 6 bis 52 Mio. m³ stark verschmutztes Wasser vom Festland fließen. Eine moderne Großkläranlage stand 1983 vor der Inbetriebnahme, ebenso die Ringkanalisation. Gefahr droht Venedig nicht nur durch Hochwasser, sondern auch durch die hohen Schwermetallgehalte der Sedimente (nach Wolf Mittler in Bayer. Rundf. 11. 11. 83)

Trotz aller Pläne und schon bewilligter Mittel wartet Venedig weiter auf seine Rettung. Technische Vorhaben müssen mit dem Naturhaushalt, in diesem Fall mit den hydrologischen und ökologischen Vorgängen in der Lagune, abgestimmt werden. Noch ist man sich der drohenden Gefahren nicht genügend bewußt. Dauerhafte Lösungen sind noch nicht in Sicht; man wird einen Kompromiß suchen müssen zwischen der Abschließung Venedigs von der Adria und den wirtschaftlichen Zwängen, die in dem Industriekomplex, in den Hafenfunktionen von Marghera und Chióggia sowie in der Fischerei bestehen.*

Venedig ist aber nur der Brennpunkt des Geschehens in der Sicht der Weltöffentlichkeit. Betroffen von der Landsenkung ist die gesamte nördliche Adriaküste. In weniger als 100 Jahren sind gesunken: Rímini um 30 cm, Ravenna um 80 cm, Adriano nel Polésine um 170 cm (Brambati u. a. 1975, S. 3). Der Raum Ravenna ist ebenso bedroht wie der von Venedig. Als Ursachen für die Absenkung werden außer der allgemeinen Absenkung der Sedimente genannt: die Belastung durch die bei der Kolmatierung zur Landgewinnung aufgeschwemmten Sedimente und durch Gebäudemassen von Fabriken und Städten. In Ravenna wird die hohe Absenkungsrate von 116 mm im Jahr gegen 0–2 mm in den fünfziger Jahren auf die Entnahme von Grundwasser aus Tiefen zwischen 100 und 430 m Tiefe für die Industrie zurückgeführt (Castiglioni in Embleton, Hrsg., 1984, S. 258). Die Folgen zeigten sich im Absinken von Gebäuden im Bonificabereich und im Unwirksamwerden von Bewässerungsanlagen, die höher zu legen waren, und außerdem im Brackigwerden des Grundwassers.

Die vom Wirken des Menschen provozierten Veränderungen in den Küstenräumen sind heute an vielen Stellen in aufsehenerregender Weise beschleunigt worden. Ein Beispiel für die völlige Umkehr der bisher abgelaufenen Prozesse ist das Tiber-Delta, das wie das Po-Delta seit 30 Jahren nicht mehr wächst und wo die Sandstrände zerstört werden (De Luca 1979; vgl. Kap. II 3 e 5).

›Die Problematik in den einzelnen Küstenabschnitten Italiens erscheint bisher ebenso weitläufig wie wenig ergründet. Zu den besorgniserregenden Meldungen über häufige und sich wiederholende Erosion kommen die über Verunreinigungen, über die chaotische Entwicklung des Tourismus, die Ausdehnung von Städten und Industrieanlagen, und ganz allgemein die gegensätzlichen Interessen und die Spekulation jeder Art im Wettstreit um oft geringfügige Flächen. Daraus ergeben sich viele Einzelpläne und Maßnahmen – meistenteils in Teilbereichen angreifend und Einzelinteressen verfolgend –, die nicht die zugrundeliegenden Probleme lösen, sondern oft sogar negative Folgen in Gang setzen, die schwerer wiegen als die Schäden, denen man wehren wollte. Die häufigen Alarmmeldungen von verschiedenen Orten sind schon allein Ausdruck von Unordnung, wenn nicht vom Zusammenbruch, dem ein großer Teil des italienischen Küstensaumes entgegengeht‹ (Zunica 1979, S. 488).

* Nach jahrelangen Vorbereitungen soll das Sanierungsprojekt nun in den Jahren 1986–1993 durchgeführt werden.

## f6 Literatur

Die Küsten Italiens sind seit langem der Forschungsbereich zahlreicher italienischer und ausländischer Forscher mit dem Ziel, deren Genese aufzuklären und deren Veränderungen zu verfolgen. Ein besonderes, von Geologen, Geomorphologen und anderen Quartärforschern bearbeitetes Problem bildet der Ablauf der glazialeustatischen Meeresspiegelschwankungen. Italien hat Lokalitäten, die für Datierung und Benennung einzelner Spiegelstände während des Pleistozäns bedeutsam geworden sind. Zur paläontologischen Datierung ist heute die absolute Chronologie mit Hilfe von Isotopen getreten. Es kann nicht die Aufgabe dieser Länderkunde sein, hierzu Literaturangaben anzuführen; einige Verfasser sind im Text genannt. Zur jungen Tektonik in der Küstenmorphologie Mittelitaliens vgl. RADTKE (1983), für Süditalien BAGGIONI (1975 u. 1978).

Die Erforschung des Meeresspiegelanstiegs seit der Antike wurde von HAFEMANN 1960 im Mittelmeerraum eingeleitet, auch an Küsten Italiens, vgl. seine Karte bei PONGRATZ 1972. Eingehende Untersuchungen führte SCHMIEDT durch (1965–1967 ausführlich 1972). Danach ergab sich ein Meeresspiegelanstieg seit der Zeitenwende um etwa 1 m, nach HAFEMANN seit dem 3. Jh. v. Chr. um 2 m. SCHMIEDT (1972) erhielt für 600 v. Chr. bis 100 n. Chr. einen Wert von 1,7 mm/Jahr und von 1890 bis heute 1,5 mm/Jahr. Eine übersichtliche Zusammenstellung der Daten mit Diskussionen lieferte PIRAZZOLI (1976).

Zwei umfassende Forschungsprojekte galten seit den dreißiger Jahren dem Küstenbereich. Untersuchungsergebnisse über die Veränderungen der Strände sind in acht Bänden, herausgegeben vom Consíglio Nazionale delle Ricerche (1933–1971) niedergelegt. Drei Bände (1935–1942) orientieren über Forschungen an fluviatilen und marinen Terrassen. Seitdem wurde die Erforschung der Prozesse im Küstenbereich fortgesetzt unter anderem durch ein ›Modell-Strand-Projekt‹ an der Etsch-Mündung (CNR, Padua 1976, 1980). Eine Arbeitsgemeinschaft italienischer Geographen widmet sich den Küstenproblemen und der Raumordnung im Küstenbereich, worüber ZUNICA (1979) berichtet, der die heute ablaufenden Prozesse in einer Karte dargestellt hat (1976; vgl. auch VITTORINI in PINNA und RUOCCO, Hrsg. 1980, S. 53–65). An Beiträgen deutscher Geographen ist zu nennen KELLETAT (1973 u. 1974), zur Terrassenforschung BRÜCKNER (1980) und RADTKE (1983).

Die Erforschung des Po-Deltas begann mit LOMBARDINI (1867–1868), G. MARINELLI (1898) und O. MARINELLI (1924). Ergänzt und erweitert wurde das Entwicklungsbild bis zur Gegenwart durch CIABATTI (1966) und BONDESAN (1968); vgl. dazu ZUNICA (1972). Über Detailuntersuchungen gibt DONGUS (1963), gefolgt von Diskussionen, DONGUS (1965) und ALFIERI (1967), Auskunft, über die Küstenentwicklung ZUNICA 1971 b; auf eine Luftbildinterpretation stützen sich POLITI und ZILIOLI (1980).

Zur Kulturgeographie im Küstenbereich Süditaliens lieferte PRINCIPE (1971–1972) eine vergleichende kritische Darstellung bei verschiedenen Siedlungstypen und Verstädterungsformen. Dem Phänomen der ›marina‹-Siedlungen widmeten sich KISH (1953) und MONHEIM (1973).

## *g) Die Böden Italiens im Konflikt zwischen Nutzung und Erhaltung, Neugewinnung und Zerstörung*

### g1 Böden und Bodengesellschaften

Die große meridionale Erstreckung der Apenninenhalbinsel und die Gebirgsnatur bringen eine bedeutende Differenzierung der klimatischen Bedingungen für die Bodenbildung mit sich. Wenn auch die meisten Böden Italiens bis zu Höhen um 1500 m zu den Braunerden oder braunen Waldböden gerechnet werden können, so unterscheiden sich doch die im Norden gelegenen, wo die Wärme geringer und die Dauer der Trockenzeit im Sommer nur kurz ist, von denjenigen im Süden und auf den Inseln. Gegen Süden werden die Böden heller, d. h. ihr Humusanteil, der nicht 4 % überschreitet, verringert sich wegen der rascher ablaufenden Zersetzung organischen Materials, was ein für die Bodenfruchtbarkeit sehr nachteiliger Vorgang ist. Man spricht dann von ›mediterranen Braunerden‹, die an der Tonanreicherung im B-Horizont erkennbar sind. Als Höhenstufe treten unter erhalten gebliebenen Waldbeständen Braunerden vom mitteleuropäischen Typ auf, die sich durch einen humusreichen A-Horizont auszeichnen, in dem der Humus als Mull enthalten ist. Dieser Typ der Braunerden ist auch beiderseits der Po-Ebene am Fuß der Alpen und des Apennins in den Hügelländern verbreitet.

In der ersten modernen Bodenkarte des gesamten Staatsgebietes ist trotz des kleinen Maßstabes 1 : 1 Mio. die Verbreitung von 31 Bodengesellschaften dargestellt (Mancini 1966). Sie läßt den planetarischen und hypsometrischen Formenwandel, dem die Böden unter dem Einfluß des Klimas folgen, klar erkennen. Der jeweiligen Klimazone entsprechen als zonale Böden verschiedene Braunerden. In Gebirgslagen treten die den klimatischen Höhenstufen entsprechenden Typen auf; das sind über sauren Gesteinen der Alpen und des Kalabrischen Apennins Podsolböden. Saure Braunerden, das sind solche mit besonders geringem Kalkgehalt und niedrigem pH-Wert, rücken gegen Süden, vom Alpenrand her betrachtet, in die Gebirgsstufen hinauf und folgen damit dem allgemeinen planetarischen und hypsometrischen Formenwandel. Aus diesem vom Klima bestimmten Rahmen fallen die roten mediterranen Böden heraus, die in Kalksteingebieten zusammen mit Braunerde und Gesteinsböden (Lithosol) verbreitet sind, wie die Terra rossa in den Murge Apuliens. Sie werden meist als Reliktböden eines wärmeren subtropischen Klimas angesehen, ebenso wie die rot verwitterten kalkreichen Schotter der Pleistozänterrassen am Alpenrand ihre Ferrettisierung in einer warmen Zeit zwischen Mindel- und Rißkaltzeit erhalten haben werden, nämlich als Rotlehmverwitterung im großen Interglazial (Fränzle 1965, S. 378).

Zum Einfluß des Klimas, der sich im Angebot von Wärme und Feuchtigkeit äußert und die Bodenbildung steuert, kommt der Einfluß der Gesteinsunterlage. Das Ausgangsgestein für die Bodenbildung ist für eine genauere Klassifizierung und für die Nutzbarkeit der Böden, ihre Produktivität, ebenso entscheidend wie für das Ausmaß der Gefährdung und umgekehrt für die Methoden der zweckmäßigen Nutzung und der Bodenerhaltung. Lockere, großporige Sedimente, Sande und Schotter, lassen überschüssige Regenmengen versickern; Böden mit hohem Feinerdeanteil, vor allem aus Tongesteinen entstandene Böden, verschlämmen dagegen und neigen zur Rinnenerosion oder führen zu Rutschungen nach starker Wasseraufnahme, wobei die schon beschriebenen Formen, Calanchi oder Frane, entstehen. Gerade die Tonböden aber sind diejenigen mit dem höchsten nutzbaren Gehalt an Mineralen. Beide Gunstfaktoren, nämlich genügende Durchlässigkeit und Mineralreichtum bedingen demgegenüber die hohe Bodenfruchtbarkeit ausgereifter Vulkangesteinsböden. Wegen dieser durch das Ausgangsgestein bestimmten Bodeneigenschaften seien im folgenden die Böden der Kalksteingebiete, der Tongesteinsgebiete und der Vulkangebiete besprochen (vgl. Tab. 3).

### g2 Böden der Kalkstein-, Tongesteins- und Vulkangebiete

1. Die Böden der Kalksteingebiete, ihre Eigenschaften und Nutzungsmöglichkeiten lassen sich aus der Bodenkarte, der Karte der Ertragsfähigkeit (Mancini 1966; Mancini u. Ronchetti 1968) und den zugehörigen Erläuterungen zusammenfassend charakterisieren. Über den Kalken und Dolomitgesteinen, die in den geologischen Formationen vom Jura über Kreide bis zum Miozän abgelagert wurden, sind auch in Italien schwarze bis braunschwarze Böden zu erwarten, die zu dem weißen anstehenden Gestein in schroffem Gegensatz stehen. Meistens sind sie mit Kalkbraunerden und Gesteinsböden vergesellschaftet. Rendzinen überwiegen nur in Gebirgslagen über rund 1000 m Höhe, sowohl in den Südlichen Kalkalpen als auch im Kalkapennin Mittel- und Süditaliens. Während die Rendzinen sich durch einen hohen Bestandteil organischer Stoffe über 10 % auszeichnen, enthalten die Kalkbraunerden beträchtliche Tonanteile bis 20 oder gar 30 %. Mancini erklärt mit der damit gegebenen Fähigkeit, auch im Sommer Wasser festzuhalten, die rasche Bodenbildung im Unterschied zur Rendzina, die leicht austrocknet und dann der Windabtragung unterliegt. Aus vielen Kalkbraunerden sind die Karbonate im oberen Teil des Profils abgeführt und nahe über dem Anstehenden angereichert. Kalkschuttböden sind im Gebirge weit verbreitet, nackte Felsen erheben sich darüber hinaus. In Senken, Dolinen und allen Hohlformen ist Kalkbraunerde angereichert. Auf solchen Gebirgsböden ist allein Wald- und Weidewirtschaft möglich, wobei der Wald eine bedeutende Schutzfunktion zu erfüllen hat.

In tieferen Lagen ist die Bodenbildung weiter fortgeschritten; es herrschen tonreiche Kalkbraunerden, die Rendzinen sind oft braun. Dieser Typ ist über den gesamten Verbreitungsraum der Karbonatgesteine hin von den Alpen bis zu den Inseln zu finden. Die Auswaschung des Oberbodens hat häufig zur Bildung eines Kalk- oder Tonanreicherungshorizontes B geführt. Derartig vergesellschaftete

Böden hat MANCINI auch in den Piani des Zentralapennins kartiert, wo sie jedoch unter Grundwassereinfluß stehen und Grasvegetation oder Ackerland tragen. Im übrigen sind sie mit Eichen-, darüber Buchenwald bedeckt. Ihre Produktivität ist gering, deshalb sollte der Getreidebau in höheren Lagen durch Forsten ersetzt werden.

Kalkbraunerden und Rendzinen tragen auch die Moränenamphitheater und die fluvioglazialen Terrassen am Alpenrand. Ihr Kalkgehalt steigt gegen Osten stark an. Auch auf Pleistozänterrassen in innerapenninen Becken, z. B. im Becken von Sulmona, kommen sie in der typischen Vergesellschaftung mit Alluvialböden vor. Während in den feuchten Niederungen Halmfrüchte angebaut werden, gedeihen an den Hängen Rebkulturen, am Gardasee sogar Ölbäume.

Kalkanreicherung in Knoten oder weichen Konkretionen, aber auch in Gestalt regelrechter Krusten von einigen Dezimetern Mächtigkeit schon in geringer Tiefe, kommen in den westlichen Murge Apuliens vor, aber auch im Tavoliere. Häufig sind die Krusten schon durch die Bodenbearbeitung aufgebrochen. Weizenbau und Ölbaumkulturen überwiegen.

Innerhalb der eigentlichen mediterranen Klimastufe, die durch Hartlaubvegetation, insbesondere die Steineiche, charakterisiert ist, sind im Hügelland und am Gebirgsfuß die mediterranen Braunerden verbreitet und bei Kalksteinbasis mit roten mediterranen Böden vergesellschaftet. Diese überwiegen überall bei flacherem Gelände und haben größere Mächtigkeit, im A-Horizont auch einigen Humusgehalt. Seit alter Zeit kultiviert, tragen sie in Apulien, wo sie ihre größte geschlossene Verbreitung haben, Baumkulturen, Reben und Ölbäume. Ihre Ertragsfähigkeit ist beträchtlich, abgesehen vom Auftreten von Gesteinsboden (Lithosol) und dünner Bodenauflage, wo allein Weide und Wald einen Nutzen bringen können.

Mit den oben erwähnten, roten mediterranen Böden nicht zu verwechseln sind die fossilen Böden des sogenannten ›ferretto‹ (PRINCIPI 1961, S. 400), die auch unter den Rißmoränen und Schottern des Alpenvorlandes liegen. Es sind eisen- und tonreiche (Illit) Horizonte, deren starke Entkalkung mit der hohen Durchlässigkeit der Schotter erklärt wird. Ihre Nutzung ist schwierig wegen der Nährstoffarmut besonders im westlichen Bereich um Biella im Unterschied zu Saluzzo, Pinerolo und anderen Orten mit Kalk- und Glimmerschiefermaterial.

Wo anstehender Fels, Lithosol und Terra rossa nebeneinander auftreten, handelt es sich um typische Standorte einer mehr oder weniger degradierten Macchie bis zu armen Gariden und von Weideflächen, die mit trockenheitsresistenter Dornstrauchvegetation bedeckt sind. Die Roterde wird nur in Senken, Dolinen, Taschen und Klüften mächtiger. Von Ligurien bis zur Küste der Toskana, am M. Gargano, in Sizilien und Sardinien, aber nie im Inneren des Landes, ist dieser Typ zu beobachten. Daraus geht hervor, daß klimatische und vor allem mikroklimatische Bedingungen, wie sie unter den Gariden und in Küstennähe herrschen, die Bildung der Sonderform ›Terra rossa‹ zur Folge haben können. Dort entsteht der Kalksteinrotlehm nach den Untersuchungen in Ost- und Südspanien auch heute als Klimaxboden auf Karbonatgesteinen neben den übrigen braunen und roten Karbonatböden (Skowronek 1978, S. 240). Nur kleine Flächen sind jeweils nutzbar; auch die Beweidung wird aufgegeben werden müssen, so daß die Macchie die Möglichkeit erhält, wieder vorzudringen, trotz der allzu häufigen Brände. In einigen besonders malerischen und dem Fremdenverkehr erschlossenen Landschaften sind Aufforstungen durchgeführt worden, wie am M. Pellegrino über Palermo.

2. Den aus Ton- und Mergelgesteinen entstandenen Böden gemeinsam sind der geringe Humusgehalt, der hohe Karbonatanteil, der Basenreichtum und ein hoher pH-Wert, der bei pliozänen Tonen bis zu 8 erreichen kann. Wegen dieser Eigenschaften sind die Tonböden im allgemeinen landwirtschaftlich gut nutzbar und ertragreich, stellen jedoch oft erhebliche Bearbeitungsprobleme. Sie verfestigen sich bei Trockenheit, schlämmen nach Regenfällen auf und sind dann ständig in Bewegung (Principi 1961, S. 403). Die Wasserableitung steht als Kulturmaßnahme im Bergland obenan, weil die Böden undurchlässig sind; nur die sandhaltigen Pliozäntone um Volterra haben in dieser Hinsicht günstigere Eigenschaften. Die Wasserrückhaltung in Hügellandteichen wird deshalb schon lange propagiert. Die weiten Flächen im sanftwelligen Hügelland Innersiziliens und der Basilicata, aber auch der adriatische Saum, werden seit alters her für den Weizenanbau genutzt; hier liegen deshalb die größten geschlossenen Anbauareale der Halbinsel.

Einige Bodengemeinschaften lassen sich zusammenfassen. Am problemreichsten sind die marinen Tone des Pliozäns (Piacenziano) wegen ihrer Erosionsgefährdung mit den Calanchi. An Steilhängen ist die Bodenentwicklung so gering, daß nur Rohböden auftreten (Regosole aus Lockergesteinen). An sanften Hängen und bei Tonen mit quellungsfähigen Mehrschichtmineralen (besonders Montmorillonit) besteht eine Tendenz zu meist tiefgründigen Vertisolen, die sich im feuchten Zustand selbst durchmischen, in Trockenzeiten aber starke Schrumpfrisse zeigen. In sandigeren Böden entwickeln sich zwar Braunerden, die aber auch diese Tendenz der Vertisole haben. Die Flächen sind meistens als Ackerland oder an steileren Hängen als Weideland genutzt; dennoch gibt es auch heute noch auf sandig-lehmigen Tonböden Waldbestände, wie im nördlichen Pliozänhügelland der Toskana, wenn sie auch gewöhnlich degradiert sind (Müller-Hohenstein 1969, S. 113). Auf Steilhängen wäre die Rückkehr zu Wald erforderlich, auf feuchten und breiteren Talböden kann Wiesenkultur leistungsfähig sein; Pappelanpflanzungen haben sich auch bei Staunässe bewährt.

Die auf den benachbarten Höhen auf pliozänen Sanden (Astiano), z. B. oberhalb der Balze gelegenen Böden sind ebenfalls Regosole, oft tiefgründig im Kulturland, die aber unter Austrocknung im Sommer leiden. Baumkulturen finden hier ihre beste Entwicklung. An erosionsgefährdeten steilen Hängen kommt der Aufforstungsversuch meistens zu spät, um noch den Oberflächenabfluß und die Balzenbildung hemmen zu können.

Die Böden im Flyschapennin sind wegen des häufigen Wechsels zwischen

Sand- und Tongesteinen meistens sandig, weshalb Braunerden verschiedener Typen entstanden sind. Saure humusarme Braunerden liegen unter Wald, z. B. in den großen Staatsforsten. In degradierten Waldungen sind es ausgewaschene Braunerden mit beträchtlicher Tonanreicherung im B-Horizont. Gesteinsrohböden (Lithosole) sind in den höchsten Teilen des Apennins häufig. Im Kulturland herrschen gleichförmige, weniger saure Braunerden wegen ihrer jungen Entwicklung und der Bearbeitung. Sie reichen vom Meeresspiegel bis über 1200 m aufwärts. Ihre Produktivität ist durchschnittlich und für den Anbau geeignet, aber in den Gebirgsstufen ist Wald- und Weidewirtschaft vorzuziehen. Manche Standorte sind vorzüglich geeignet für Spezialweinbau wie in der Toskana. Die Klimaunterschiede zwischen Nord- und Südapennin wirken sich auch auf die Bodenbildung aus und bringen Unterschiede mit sich, die noch wenig erforscht sind.

3. Die aus Eruptivgesteinen, Laven, Tuffen und Aschen entstandenen Böden gelten im allgemeinen als besonders gut geeignet für die landwirtschaftliche Nutzung, wenn es die Höhenlage und das Relief erlauben. Richtig ist diese Meinung jedoch nur für die basischen Vulkanite, die vor allem in Latium, Kampanien und Ostsizilien vorkommen. Unter den herrschenden Klimabedingungen können sie tiefgründig verwittern und lehmige Böden bilden, die reich sind an Eisenoxiden, an Calcium, Kalium und auch an Phosphaten. Unterschiedliche Tonminerale entstehen dabei und sind entscheidend für die Wasser- und Nährstoffbindung. Trachyte bilden gewöhnlich mehr Illit als Kaolinit, ihre Böden sind, wie in den Euganeen, in der Toskana und in Latium, kaliumreich, aber arm an Quarzsand. Besonders reich an nutzbaren Pflanzennährstoffen sind die Böden über lockeren vulkanischen Tuffen basaltischer, tephritischer oder leuzitischer Art, weil sich ihre Minerale leicht zersetzen und sich rasch tiefgründige Böden bilden können (Principi 1961, S. 402).

Tiefen- und Intrusivgesteine (Plutonite), wie sie uns als Granite in den Zentralalpen, in Kalabrien, Nordostsizilien und in Sardinien begegnen, zerfallen bei der Verwitterung zu Grus und bilden sandige Böden. In ihrer chemischen Zusammensetzung erweisen sie sich als arm an Calcium und Phosphaten, während sie reich an Alkalien sein können, besonders an Kalium als Feldspatverwitterungsprodukt. Dies fördert nach Principi das Gedeihen von Grasland und Hochwald. Höhenlage und steile Hänge vermindern jedoch die Ertragsfähigkeit erheblich. Nur in ebenen Lagen, wo die Tonmineralbildung begünstigt ist, konnten zufriedenstellende Ackerböden entstehen. Die über den Quarzporphyren Südtirols liegenden Böden sind in ihrer Qualität denen der Granitgebiete vergleichbar.

Die wenig entwickelten Böden über vulkanischen Auswurfmassen sind wie am Ätna Sandböden (Werner 1968, S. 29); es überwiegt Grobsand, der mit der weiteren Entwicklung in Mittel- und Feinsand übergeht. In den feuchteren Waldstufen dagegen macht sich der Schluff- und Tonanteil deutlich bemerkbar, es sind schwach lehmige oder tonige Sande. Die sich fast ständig wiederholende Überdeckung mit unverwitterten Lockermassen durch Ausbrüche, Überwehung und

Anschwemmung ist am Ätna, aber auch in allen jüngeren Vulkanlandschaften, am Vesuv ebenso wie auf den Äolischen Inseln, für die Bodenbildung entscheidend. Am Ätna kommen Böden vor, die aus mehreren begrabenen Bodenhorizonten bestehen, ›Polyboden‹ nach WERNER (1968, S. 31).

Auf den Lavaströmen, wie sie in den Giare Sardiniens zu finden und dort genauer untersucht worden sind, tritt das Gestein als Lithosol an die Oberfläche, oder es sind dünne, dunkelbraune A-C-Böden vorhanden. Diese werden wegen ihres Gehaltes an vulkanischem Glas als Andosole bezeichnet. Nur bei genügender Tiefe können sie bewirtschaftet werden. Lichte Eichenwälder überwiegen, sind aber oft zu Gebüsch reduziert und werden nur als Weideland benutzt, was häufig zu ihrer Zerstörung durch Prozesse der beschleunigten Erosion geführt hat.

In der Bodentypenklassifizierung durch MANCINI (1966) sind die meisten der aus Vulkaniten entstandenen Böden den Braunerden zugeordnet, die oft mit Andosolen vergesellschaftet sind. Diese Assoziation ist vorwiegend über den lockeren Tuffen, aber auch über Laven Mittel- und Süditaliens verbreitet und reicht bis über 1000 m Höhe aufwärts. Wasserdurchlässigkeit und allgemein gute physikalische Eigenschaften wirken sich günstig aus. Über alten Vulkaniten mit ungestörter Bodenbildung kam es dagegen zur Tonverlagerung und zur Entstehung lessivierter Braunerden (Parabraunerden); über jungen Vulkaniten und an Hängen gibt es Rohböden, Ranker und Regosol oder bloße anstehende Aschen, Tuffe und Laven, wo die Bodenbildung noch nicht begonnen hat. Während die höheren und steileren Lagen dem Laubwald überlassen sind, werden die tieferen Stufen häufig im Weinbau genutzt.

Der hohe Quarzanteil in Böden über Granit und Gneis hat zu Bodengesellschaften aus podsolischen und sauren Braunerden geführt, wo in der Gebirgsstufe zwischen 800 und 1500 m hohe Niederschlagsmengen fallen. In warmtrockenen Lagen, wie sie in Süditalien häufig sind, treten dagegen auch hier mediterrane Braunerden auf. Gesteinsreiche und wenig entwickelte Böden (Ranker) sind in Kalabrien die Folge der Abholzung der Kiefernwälder und der Bodenabtragung. Eigentlich sind alle diese Böden nur für eine forstliche Nutzung geeignet, die auch heute gegenüber der Weidewirtschaft wieder an Fläche gewinnt.

Über die Verbreitung von Böden mit hoher und guter landwirtschaftlicher Produktionsmöglichkeit gibt die beschriebene Karte der Bodengesellschaften nicht unmittelbar Auskunft, wozu jedoch eine Karte der ›Potenzialità dei suoli italiani‹ dienen kann (vgl. Tab. 3).

Um die Bodenkarte mit ihren 31 Assoziationen für Fragestellungen der Praxis nutzbar zu machen, haben MANCINI und ROCCHETTI (1968) auf deren Basis eine entsprechende, weniger stark differenzierte Karte entworfen. Ähnliche Bodenassoziationen sind nach ihren physikalischen und chemischen Eigenschaften zu einer von sieben Güteklassen zusammengefaßt worden. Böden der 1. Klasse hoher Ertragsfähigkeit bieten die Möglichkeit hoher, vom Boden bestimmter landwirtschaftlicher Produktion. Dazu gehören die Vertisole in Verbindung mit Alluvialböden, reine Alluvialböden und sandige bis tonige alluviale Lehmböden. Sie sind

*Tab. 3: Die Bodengesellschaften Italiens. Potentielle Ertragsfähigkeit und Verbreitung*

| Ertrags-fähigkeit Klasse | | Bodengesellschaften[1] | Verbreitung |
|---|---|---|---|
| sehr gut 1 | 9 | Vertisole[10] und Alluvialböden | Terrassen und Schwemmlandebenen; Pontinische Ebene, Tavoliere, Ebene von Catania u. a. kleinere Ebenen |
| | 29 | Alluvialböden (tiefgründige Regosole)[8] | Po-Ebene, Auen von Etsch, Arno, Ombrone, Tiber, Volturno, Ófanto, Cervaro, Sele, Simeto und kleinerer Flüsse |
| | 29 | L Alluvialböden von schluffigem Sand bis tonigem Schluff | |
| gut 2 | 19 | Braunerden, Andosole[2] | Vulkangebiete in der Toskana, Latium, Kampanien, Inseln; flachgeböschte Hänge |
| | 24 | Parabraunerden[4], Braunerden und Alluvialböden | große fluvioglaziale Terrassen, würmzeitliche Moränen Norditaliens |
| | 29 | G Alluvialböden auf Schottern und Sanden und sandigen Mergeln | junges Schwemmland, z. T. trockengelegt, links des Po (Prov. Novara, Vercelli, Pavia, Mailand) und Adriaküste zwischen den Mündungen von Reno und Brenta |
| | 29 | A Alluvialböden mit Ton und Schluff | |
| | 30 | Hydromorphe Alluvialböden und Alluvialböden | |
| genügend 3 | 10 | rotbraune Böden, untergeordnet Alluvialböden | Pleistozänterrassen links des Mannu im Campidano u. a. Teile Sardiniens |
| | 14 | Kalkbraunerden, Rendzinen[9] und Parabraunerden | Kalkstein- und Dolomitgebiete der Alpen, des Apennins und der Inseln bei wenig bewegtem Relief |
| | 15 | Kalkbraunerden, Alluvialböden und Rendzinen | Moränen und fluvioglaziale Ablagerungen vom Gardasee an ostwärts |
| | 16 | Kalkbraunerden, Braunerden mit Kalkanreicherungshorizont, Vertisole und Regosole | Hügelland der Murge Apuliens |
| | 20 | Braunerden, lessivierte fersiallitische Böden und Andosole | Latium südlich der Albaner Berge |
| | 21 | saure, humusarme Braunerden, Parabraunerden und Lithosole[3] | Sandsteine und Tongesteine des Apennins bis Nordost-Sizilien |
| | 25 | graubraune Podsole[5] mit Pseudogley[6], Parabraunerden und Alluvialböden | Moränen und fluvioglaziale Ablagerungen der Rißkaltzeit südlich der Alpen, in Seebecken und längs einiger Flüsse Mittelitaliens |

(Forts. s. u. S. 130 u. 131)

| Ertrags-fähigkeit Klasse | | Bodengesellschaften[1] | Verbreitung |
|---|---|---|---|
| mäßig 4 | 2 | Regosole[8], Braunerden, Kalkbraunerden, mediterrane Braunerden | Hügelland mit Balze und Stufenhängen in Sanden des Pliozäns und des Calabriano im mediterranen und submediterranen Bereich von der Toskana und den Marken ab südwärts |
| | 3 | Regosole und hydromorphe Alluvialböden | Küstendünenbereich, z. T. kultiviert |
| | 4 | Regosole und Vertisole | Tone und Mergel des marinen Pliozäns vom Vorapennin der Toskana und Emilia bis Süditalien und Innersizilien |
| | 11 | rote Kalksteinböden, untergeordnet Rendzinen und Lithosole | Miozänbecken von Sássari |
| | 13 | rote mediterrane Böden, Braunerden und Lithosole | Kalksteine südlich von Ligurien und Toskana bis zu den Inseln |
| | 14b | Kalkbraunerden, Rendzinen, Parabraunerden, Lithosole | felsiger Kalkapennin südlich 44° n. Br. |
| | 17 | mediterrane Braunerden, lessivierte Böden und Lithosole | Hügelland und niedriges Bergland mit Steilhängen über Granit, Gneis, Glimmerschiefer, Phyllit, Sandstein, Tonschiefer u. a. |
| | 23 | Braunerden und Regosole | miozäne Mergel, z. T. mit starker Bodenerosion |
| | 27 | braune Podsole, saure Braunerden und Lithosole | alpine Bodengesellschaft auf Silikaten von 600–1500 m Höhe, auch im Sandsteinapennin größerer Höhen und bei hohen Niederschlagsmengen |
| | 28 | braune Podsole, mediterrane Braunerden und Lithosole | Silikatgesteine, Vulkanite und Metamorphite, Granite und Gneise Kalabriens; Gebirge Süditaliens in Küstennähe |
| | 31 | Torf und organische Böden | Polésine, um den Lago di Massaciúccoli, zwischen Pisa und Viareggio u. a. Ebenen |
| niedrig 5 | 5 | Regosole, Lithosole und Andosole | junge Vulkangebiete; Vesuv, Ätna, Liparische Inseln |
| | 6 | Regosole, Küsten-Podsole, rote und braune mediterrane Böden | tyrrhenische Küste auf älteren Dünen |

| Ertrags-fähigkeit Klasse | | Bodengesellschaften[1] | Verbreitung |
|---|---|---|---|
| | 8 | Rendzina, Kalkbraunerden, Lithosole | Kalkalpen, Zentralapennin; Steilhänge |
| | 12 | rote mediterrane Böden, Lithosole | Kalkstein an den Küsten Liguriens und der Toskana bis Sizilien und Sardinien |
| | 22 | Braunerden, Lithosole, Regosole, Pseudogley und Parabraunerden | Apennin bei starker Erosion und Franenbildung, bes. im Schuppenton |
| | 26 | Eisen-Humus-Podsole, braune Podsole und Lithosole | saure Vulkanite und Metamorphite, bes. in den Alpen zwischen 1500 u. 2000 m |
| sehr niedrig 6 | 7 | Ranker[7], Lithosole und braune Ranker | Silikatgesteine der Alpen, z. T. auch im Apennin und in Sardinien |
| | 18 | Andosole und Lithosole | Vulkangebiete, bes. auf Lavaströmen; Giare Sardiniens, Volsini und Cimini in Latium, Mti. Iblei in Südostsizilien |
| fehlend oder fast fehlend 7 | 1 | Lithosole, Fels, Protorendzina und/oder Protoranker | Silikatgesteine, Kalkstein im Gebirge und Hochgebirge bei behinderter oder stark verzögerter Bodenbildung; Alpen, versch. Teile der Halbinsel, Sizilien, Sardinien |

Quelle: Mancini 1966, Mancini und Ronchetti 1968. – Die Ertragsfähigkeit wurde bestimmt nach Bodenart (Korngröße), Wasserdurchlässigkeit, Aggregatgefüge, Gründigkeit, Nährelementen, Austauschkapazität und Basensättigung.

1: Bezifferung von Nr. 1–31 nach Mancini 1966. 2: Andosole = A/C-Böden aus Vulkanaschen. 3: Lithosole = Rohböden aus Festgestein. 4: Parabraunerden = Braunerden mit Tonverlagerung. 5: Podsole = Bleicherdeböden. 6: Pseudogley = Staunässeboden. 7: Ranker = A/C-Böden aus Silikatgestein. 8: Regosole = Rohböden aus Lockergestein. 9: Rendzina = A/C-Boden aus kalkhaltigem Gestein. 10: Vertisole = Böden aus Tonen (Montmorillonit) mit starker Quellung und Schrumpfung, Selbstdurchmischung.

tiefgründig (über 1 m), haben in den oberen Horizonten eine ausgewogene Körnung mit geringem Skelettanteil und ein Krümel- bis Polyedergefüge; sie sind mäßig bis rasch wasserdurchlässig, mäßig humos und haben beträchtliche Mineralreserven, hohe Austauschkapazität (über 40 mval/100 g) und hohe Basensättigung des Sorptionskomplexes (über 65 %).

Die Bereiche, in denen Böden der höchsten Bodengüte vorkommen, finden sich unter den Alluvialböden in den Auen des Po außerhalb der Schotterplatten, in der venetischen und emilianischen Ebene und längs der größeren Flüsse. Vertisole kommen innerhalb solcher Alluvialböden in der pontinischen Ebene, im apulischen Tavoliere, in der Ebene von Catánia und anderen kleineren Ebenen vor. Es sind die für den Weizen- und Industriepflanzenanbau geeigneten Böden, wenn es die Klimabedingungen erlauben. Die Böden der 2. Klasse haben ähnliche Eigenschaften mit guter Ertragsfähigkeit. Es handelt sich meistens um Braunerden, die zum Teil lessiviert sind, und um Alluvialböden, die die großen fluvioglazialen Terrassen und die Moränenhügelländer der Padania und den Fuß des Nordapennins einnehmen. Braunerden und Andosole sind es in den Vulkangebieten der südlichen Toskana, Latiums, Kampaniens und der Inseln auf Tuffen und Laven im wenig bewegten Gelände. Auch die trockengelegten Küstenräume mit früher hydromorphen Böden sind hier eingestuft. Dazu gehören außerdem links des Po die Flächen um Novara, Vercelli, Pavía und südlich Mailand sowie die Küstenbereiche von der Renomündung ab über das Po-Delta mit dem Polésine zur Etsch- und Brenta-Mündung.

### g3 Bodenzerstörung und Degradierung

Als oberster Teil des festen Landes sind die Böden die entscheidenden Standortfaktoren, Substrat und Nahrungslieferant zugleich für die Vegetation jeder Art und deren Nutzung durch Land- und Forstwirtschaft. Innerhalb Italiens darf man den Boden sogar als den wichtigsten Naturfaktor neben Klima und Oberflächenform überhaupt ansehen, bestimmt er doch zuallererst die Produktionskraft und die Nutzungsmöglichkeiten des Landes, die sich immer wieder erneuernden Ressourcen, die aus der Vegetation zu gewinnen sind. Der Boden reagiert aber auch am raschesten und am nachhaltigsten auf Fehler des Menschen. Solche Fehler sind im Lauf der Geschichte häufig genug begangen worden, z. B. bei der Rodung auf zu steilen Hängen oder auf erosionsgefährdeten, feinkörnigen Böden mit geringem Steinanteil (Skelett). Die von der Natur gezogenen Grenzen wurden nicht rechtzeitig erkannt und aus Sorglosigkeit, aus Not oder Unerfahrenheit überschritten; die Folgen waren oft nicht wiedergutzumachen. Heute haben die höheren Gebirgslagen ihren schon immer geringen Wert für die Landwirtschaft fast ganz verloren, sieht man von den Resten der Weidewirtschaft ab. Die Bevölkerung ist in zunehmendem Maß abgewandert, zurück blieben ›Brachflächen‹, die allmählich von der Wildvegetation besiedelt werden, etwa so, wie es RUGGIERI (1976) beobachtet und skizziert hat. Mit Aufforstungsmaßnahmen wären zwar rascher eine Wiederbewaldung und ein Schutz vor der Bodenzerstörung zu erreichen, aber nur unter hohem Einsatz von Arbeitskraft und Kapital.

Bei Unwetterkatastrophen wie im November 1966 (vgl. Kap. II 2d) werden immer wieder – geradezu periodisch – die Gefahren deutlich, denen Italien mit seinem hohen Anteil an Berg- und Hügelland und seinen weitverbreiteten jungen, unverfestigten Gesteinen und lockeren Böden ausgesetzt ist. Dann werden Kommissionen gebildet und Pläne aufgestellt, deren Ausführung Schäden solchen verheerenden Ausmaßes, wie sie Florenz 1966 zu erleiden hatte, in Zukunft soweit als irgend möglich verhindern sollen. Forschungs- und Kartierungsarbeiten sind begonnen worden, um die Eigenschaften der Böden, die besonderen Niederschlagsstrukturen und Abtragungsvorgänge an Hängen und die nicht nur bei solchen Katastrophen offensichtlich werdenden Grenzen der Bodennutzung kennenzulernen. Dazu gehört auch das deutsche Projekt ›Geoökodynamik‹ in Sardinien (SEUFFERT 1983).

Die Tätigkeit des Menschen hat in den letzten 2000 Jahren in den Alpen und im Apennin zur Degradierung oder sogar zur völligen Zerstörung der Bodendecke überall dort geführt, wo sie an Steilhängen besonders exponiert war. In spätrömischer Zeit wurde das Weideland (saltus) ausgedehnt und behielt seinen Vorrang vor dem Ackerland bis ins Hohe Mittelalter (SERENI 1972, S. 65). Ungeschützt durch die später angelegten Mauern und Hecken unterlag das Ackerland als ›Offenfeld‹ mit beweideter Brache dem ständigen Wechsel, es war eine Feldweidewirtschaft mit immer weiter ausgreifenden Rodungen. Von solchen zeitweise von der Vegetation entblößten Flächen können bei langdauernden, vor allem aber intensiven Starkregenfällen, wie sie sich häufig mit Eintritt des Winterhalbjahres ereignen, in kurzer Zeit ungeheuer große Mengen an Lockermaterial in die Bäche und Flüsse geschwemmt werden, wovon ein großer Teil bis ins Meer transportiert wird.

Besonders katastrophale Ereignisse müssen sich abgespielt haben, als gegen Ende der Antike die Niederungen von der Bevölkerung verlassen wurden, die sich neuen Nutzungsraum in den Bergen suchte, die sie vor den wiederholten Einfällen unter anderem der Sarazenen im 9. und 10. Jh. schützten. Von der Abtragung der Bodendecken in kurzer Zeit geben die mehrere Meter mächtigen Aufschüttungsterrassen in einigen Tälern beredtes Zeugnis, in besonders eindrucksvoller Weise diejenigen von Basento und Cavone in der Basilicata (vgl. Kap. II 1 f4).

Auch heute nahezu völlig kahle, verkarstete Kalkgebirgshänge werden vor 2000 Jahren noch ein dichtes Laubwaldkleid über den bis zu 1 m mächtigen Lokkerböden getragen haben; das lassen Relikte erkennen. Buchen stehen zuweilen wie auf Stelzwurzeln über dem Gesteinsschutt, Wurzelstöcke von Ölbäumen liegen offen und lassen das Ausmaß des Bodenabtrags ablesen. Die Differenz zwischen der Waldbodenfläche und dem angrenzenden Rodungsland vom Ende des 19. Jh. kann bis heute einen Betrag von 1/2 m erreicht haben (TICHY 1962, S. 120), bei jahrhundertelang offenen Flächen das Mehrfache.

### g4 Erhaltung der Bodendecke durch Kulturmaßnahmen in alter und neuer Zeit

Die landwirtschaftliche Nutzung des Berg- und Hügellandes, das fast 80 % der Staatsfläche umfaßt, hat im Laufe der Zeiten zu Erhaltungsmaßnahmen des

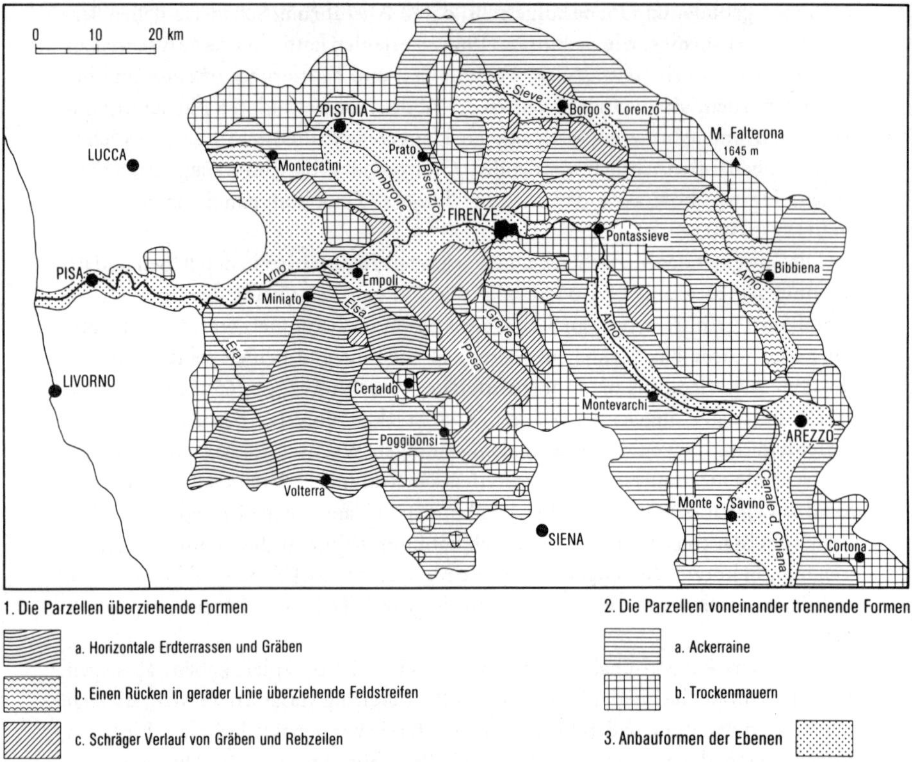


*Fig. 18: Formen der Hangkultivierung im Arno-Gebiet.* Nach Desplanques in TCI: I paesaggi umani 1977, S. 105.

Bodens geführt, um die Abschwemmung und die Zerstörung durch Rinnen und Rutschungen zu hemmen. In den durch Rutschungen betroffenen Flyschbergländern gilt es, das überschüssige Wasser möglichst gefahrlos abzuführen (vgl. Kap. II 1 c2); im Calancobereich versucht man durch die Methode der ›colmata di monte‹ die Tiefenlinien durch Querriegel zu erhöhen und die Firstlinien zu erniedrigen, wozu ein hoher Kapitaleinsatz erforderlich ist (Sereni 1972, Abb. S. 349, Dörrenhaus 1976, S. 87). Im übrigen geht es darum, das Gefälle des Hanges zu brechen, was durch Terrassentreppen möglich ist. Manche Teile der Alpen und des Apennins sind durch künstliche Terrassen so weitgehend charakterisiert, daß man sie sich anders nicht mehr vorstellen kann. Dennoch ist ihre Entstehungsgeschichte nicht sehr weit zurückzuverfolgen, jedenfalls nicht bis in die römische Antike. Columella hat zwar mehrmals das Abgleiten der Bodenkrume vermerkt, empfahl aber nur unzureichende Gegenmaßnahmen; von wirksamen Stützmauern war nicht die Rede. Der Anbau beschränkte sich auf Ebenen und sanfte Hänge; es bestand bei der geringen Bevölkerungsdichte kein Zwang, unter hohem Aufwand an Arbeitskräften und Kosten das Bergland zu erschließen (SCHMITZ 1938, S. 9–17). Nur bei Baumkulturen für Reben und Ölbäume wird man durch Abgraben am Hang und Aufschütten unterhalb Podeste gebaut haben, wobei halbrunde Raine entstanden, eine Form, die man heute ›lunette‹ nennt. Wenn es in römischer Zeit auch noch keine durch Mauern gestützte, landwirtschaftlich genutzte Terrassen gab, dann bildeten solche doch ein integrierendes Element der Gartenanlagen von Villen. Mit derartigen künstlichen Terrassen sollte man die einfachen Ackerraine nicht verwechseln, die an flacheren Hängen (unter 30° oder 50 % Gefälle) beim Horizontalpflügen, das schon Columella empfohlen hatte, entstehen (KITTLER 1963, S. 51). An steileren Hängen sind auf jeden Fall Stützmauern erforderlich. Form und Material der Terrassen sind von Region zu Region, von den Kalkstein- zu den Tongesteins- und Vulkangebieten, sehr verschieden, auch nach Art des Anbaus und in ihren Bezeichnungen. Die ›fasce‹ Liguriens tragen Blumenkulturen, die ›ronchi‹ der Lombardei verschiedenen Anbau, die ›catene‹ von Ponza und die ›ripette‹ von Íschia dienen dem Weinbau, die sizilianischen ›cunzarri‹ tragen Mischkulturen (coltura promiscua), d. h. Feld- und Gartenfrüchte und darüber Reben und andere Baumkulturen, oder Agrumen (PEDRESCHI 1963, S. 5). Fast überall, außer in Sardinien, gibt es Terrassenbau, in besonders dichter Verbreitung aber in der Toskana, in Umbrien und Latium.

In der landwirtschaftlichen Literatur werden verschiedene Formen und Verfahren beim Anbau an Hängen unterschieden, die sich allmählich entwickelt haben, je nach dem zur Verfügung stehenden Material und der Oberflächenform (DESPLANQUES 1969, S. 13; GRIBAUDI u. GHISLENI 1966; PEDRESCHI 1963, S. 6; SERENI 1972, S. 205–222; vgl. hier Fig. 18):

ciglioni = Ackerraine aus Erde oder Grassoden, nicht durchgehend, in Lockermaterial und im Hügelland verbreitet, vor allem im Weinbau der Toskana, im Moränenhügelland und auf vulkanischen Tuffen Mittel- und Süditaliens;

gradoni = unregelmäßige Terrassen mit Lesesteintrockenmauern und Hecken, im mittleren und südlichen Apennin seit der Renaissance verbreitet;

lunette = kleine runde oder halbkreisförmige (mezzelune) Mauern bis ca. 1 m hoch aus Steinen oder Gestrüpp um jeden Baum an steileren, steinigen Hängen unter anderem bei Ölbäumen, Kastanien, an flacheren Hängen 2–3 Bäume zusammengefaßt, verbreitet seit der Zeit der Stadtstaaten;

terrazze = regelmäßige Folge von Trockenmauern an flacheren Hängen (unter 50 %), selten mit Mörtel, auch ›argine‹ oder ›banche‹ genannt, seit der Zeit der Renaissance. Sie bilden ein wesentliches Element der Villenlandschaft (DÖRRENHAUS 1976, S. 86);

sistemazione a girapoggio = Erdterrassen, Gräben und Rebenreihen verlaufen horizontal, höhenlinienparallel, auch schraubenförmig, heute am weitesten verbreitet, besonders auf Tonböden;

sistemazione a cavalcapoggio = mit geraden querlaufenden Feldstreifen, aber nach zwei Seiten talwärts fallend;

sistemazione a tagliapoggio = mit querlaufenden Feldstreifen, aber horizontal zum Graben in der Tiefenlinie laufend;
sistemazione a serpeggiamento = Hauptgraben verläuft in Schlangenlinien, in großen Serpentinen; in Monferrato und Langhe, Toskana, Marken;
sistemazione a rittochino = Gräben und Rebzeilen verlaufen im Gefälle des Hanges senkrecht bergab; trotz der Erosionsgefahr noch immer üblich;
sistemazione a traverso = dgl., aber mit schrägem Verlauf.

Inzwischen ist die Blütezeit der Terrassenkulturen längst überschritten. Im Bereich der höher gelegenen Dorfsiedlungen des Apennins tragen die Fluren oft nur noch Grasland; viele Mauern sind verfallen, wodurch die Erosion freies Spiel bekommt. Im Wein- und Ölbaumbereich der Toskana sind die alten Terrassen oft zu schmal für die Maschinenarbeit und werden verbreitert, zu steile Hänge werden aufgegeben.

### g5 Meliorationsarbeiten zur Landgewinnung in Sumpfgebieten

Die Böden in den für die Landwirtschaft, für den Anbau von Getreide und Gemüsekulturen besonders geeigneten küstennahen Ebenen und Binnenbecken waren teilweise schon gegen Ende der römischen Republik, wie unter anderem große Teile Latiums, weithin versumpft und blieben der Weidewirtschaft überlassen. Einst in der Zeit Großgriechenlands und in der vorrömischen Zeit von den Etruskern, Volskern und anderen Völkern genutzte Ebenen wurden vermutlich seit Nero und Trajan vernachlässigt und schließlich aufgegeben; Beispiele sind die Ebenen von Paestum-Poseidonia, Metapont, Sybaris, des Liri, weiterhin das Chianatal und schließlich die in der Zeit der römischen Kolonisation noch unter Antoninus im 2. Jh. n. Chr. in der Po-Ebene gewonnenen Flächen. Dieser Prozeß wird mit dem Übergang vom bäuerlichen Klein- und Mittelbesitz- und -betrieb zum Großgrundbesitz, zur Weidewirtschaft und Sklavenarbeit erklärt, außerdem mit Steuererhöhungen, Düngermangel und Getreideimporten. Die teilweise noch aus der vorrömischen Zeit stammenden Wasserbauanlagen, die Kanäle, wurden nicht mehr instand gehalten, die Sedimentation machte sie unbrauchbar.

Erst im Zeitalter der Stadtstaaten, in der Renaissance, begannen wieder Wasserbau- und Entwässerungsmaßnahmen, die der Neugewinnung von landwirtschaftlich nutzbaren Böden dienen sollten, daneben auch der Malariabekämpfung, die die Voraussetzung zur Wiederbesiedelung war. Seit dem 15. Jh. läßt sich die Geschichte der Kulturbaumaßnahmen, der sogenannten ›bonífica‹ verfolgen (Almagiá 1959). Solche Maßnahmen waren gewöhnlich staatlich geplant und ausgeführt, zuletzt von Genossenschaften mit staatlicher Unterstützung. Einen ersten Anlaß zu größeren Anstrengungen und Aufwendungen gaben die Folgen der Katastrophe im Polésine mit dem Dammbruch bei Ficarolo Mitte des 12. Jh. Es entstand das erste großzügig geplante Unternehmen unter dem letzten Herzog von

Este, Alfons II., zwischen 1566 und 1580, ›la grande bonificazione ferrarese‹. Weil Abflußmündungen der Kanäle verlandeten und sich das Gebiet senkte, gelang das Werk nicht; trotz der Arbeiten im Kirchenstaat ab 1606 war Anfang des 19. Jh. erst wenig mehr als ein Drittel des Bereichs kultiviert. Nach 1870 nahm man die Arbeiten wieder auf, und heute werden auf den feuchten Schwemmlandböden, den hydromorphen Alluvialböden, anspruchsvolle Kulturen, wie Zuckerrüben, angebaut. Manche Flächen geringer Produktivität sind anmoorig, andere sumpfige Stellen mit Schilf bewachsen, wieder andere enthalten Salze. Steigt der Grundwasserspiegel bei Wasserüberschuß im Lauf des Jahres an, dann kommt es recht häufig zu Schäden im Getreidebau. Hier entstand die baumlose Bonificalandschaft mit ihrem weitständigen geraden Straßennetz.

Etwa zur gleichen Zeit arbeitete im 16. Jh. die Bonifica Bentivogli, und zwar erstmals auf genossenschaftlicher Basis. Zwischen Enza, Cróstolo und Po, etwa zwischen Parma und Réggio nell'Emília, wo heute rund 20000 ha genutzt werden, wurde 1576 ein 77 m langer Tunnel unter dem Cróstolo gebaut, für jene Zeit eine erstaunliche Leistung. Die Entwässerung des Landes zwischen Cróstolo und Sécchia, heute 75000 ha, wurde im 16. Jh. durch einen Kanalbau begonnen, aber erst im 19. Jh. abgeschlossen. Die technischen Mittel waren zu jener Zeit oft ungeeignet, so auch im Bereich der Euganeen. In den Valli Grandi Veronesi zwischen Etsch und Po, d. h. zwischen Legnago und Ostíglia, ist nach ersten Untersuchungen im 17. Jh. der Bau erst 1854 begonnen und schließlich nach dem Zweiten Weltkrieg beendet worden; noch sind 1500 ha Sumpfland übrig. Sehr schwierig war die Melioration um Ravenna auf 170000 ha, die im 14. Jh. schon begonnen hatte und von seiten des Kirchenstaates fortgesetzt worden war. Hier ist das Verfahren der Kolmatierung, der bewußten Überflutung mit sedimentreichem Flußwasser, hier des Lamone, angewendet worden, nachdem der Reno abgeleitet war. Damit waren die Grundlagen für die heutigen Intensivkulturen, für den reichen Obst- und Futterbau geschaffen; aber es zeigt sich nun, daß die mit der Kolmatierung geförderte weitergehende Landsenkung immer wieder neue Anstrengungen nötig macht, um die Bewässerungsanlagen in Funktion zu halten (Brambati u. a. 1975, S. 5).

Südlich des Apennins waren die Großherzöge der Toskana tätig, so Peter Leopold Ende des 17. Jh. in den Paduli von Bientina und Fucécchio, im toskanischen Chianatal und in den Maremmen links des Ombrone in der Bonifica Grossetana (zum Begriff ›Maremma‹ vgl. Dörrenhaus 1971 a). Rechts des Ombrone liegt die junge Bonifica dell'Alberese mit dem Canale diversivo. Es folgen weitere wie die von Óstia und die Arbeiten im Agro Pontino, die anschließend im Zusammenhang besprochen werden. In der kampanischen Ebene waren wieder größere Arbeiten erforderlich, ab 1539 unter Vizekönig Peter von Toledo mit den Kanälen der Regi Lagni bis 1616. Weitere Arbeiten wurden nach 1866 fortgesetzt. Die Malaria, die im 16. Jh. bis vor die Tore von Neapel gereicht hatte, wurde ausgerottet. Das Gebiet links des Volturno ist im Lauf der Zeiten vollkommen in Kultur genommen worden und ist heute dicht besiedelt, aber rechts des Flusses sind wegen der ungünstigeren Bedingungen die Arbeiten noch im Gange.

Im ehemaligen Seebecken des Vallo di Diano begann Ende des 18. Jh. die Entwässerung. Die des Fuciner Beckens, das den Versuchen unter Claudius, Trajan und Hadrian trotz eines Tunnelbaus widerstanden hatte, ist erst 1854–1876 durch einen weiteren Tunnelbau zum Liri hin gelungen. Zahlreiche weitere kleinere Küstenebenen sind inzwischen landwirtschaftlich nutzbar gemacht worden, wie die kampanische Seleniederung, der apulische Tavoliere, die kalabrischen Ebenen von Palmi, Sant'Eufémia und von Síbari, in der Basilicata die ionischen Ebenen von Metapont und Policoro. Die Arbeiten in der Küstenebene von Oristano/Sardinien sind ebenfalls weitgehend abgeschlossen.

Die Neulandgewinnung in Lagunen- und Sumpfgebieten hinter den Strandwall- und Dünenkränzen der Ausgleichsküsten erforderte wegen des hohen Grundwasserstandes und der tiefen Lage des Geländes bis unter dem Meeresspiegel erheblichen technischen Aufwand, unter anderem durch Kanalschleusen und Pumpanlagen, den man in früheren Zeiten nicht leisten konnte; deshalb blieben die ersten Versuche erfolglos, wofür die Pontinischen Sümpfe mit ihrer Ausdehnung über 800 km² ein Beispiel sind:

Die späteren ›paludi pontini‹ waren in der vorrömischen Zeit unter den Volskern bis zu ihrer Vertreibung genutzt worden; zahlreiche Siedlungen gab es auch in den zentralen Teilen. Schon beim Bau der Via Appia jedoch war das Gebiet versumpft und entvölkert, so daß die Straße an Wert verlor. Von Malaria verseucht, blieben die Sümpfe unbewohnt und schwer passierbar. Zwar ließ schon Julius Cäsar Versuche zu ihrer Entwässerung machen, und in der Kaiserzeit wiederholte man sie ebenso wie unter 18 Päpsten, aber es gab noch nicht die geeigneten Verfahren für ein so großes Unternehmen. Unzureichend blieb auch der bis heute funktionierende Längskanal (Linea Pio). Erst 1899 begannen die Arbeiten wieder, die 1928 mit der Entwässerung abgeschlossen worden sind, und inzwischen ist der größte Teil urbar gemacht worden (Almagiá 1959, S. 688–698). Unter einer ›Bonífica integrale‹, die zuletzt nach dem Gesetz vom 13. 2. 1933 durchgeführt wurde, versteht man alle Arbeiten vom Wasserbau und der Kultivierung bis zu sanitären Anlagen und vom Bau von Straßen, Häusern und Schulen bis zu Versorgungszentren. Zusammen mit weiteren Landgewinnungsmaßnahmen (Aprília und Pomézia) sind im Agro Pontino-Romano 1500 km² Neuland geschaffen worden.

Die Bodenverhältnisse sind im Bereich des Agro Pontino keineswegs einheitlich, doch lassen sich drei Teile unterscheiden: Im Küstenstreifen ziehen sich lange, jüngere Dünenkränze hin, die vier Seen abgliedern. Im Rücken der Seen erheben sich alte Dünen mit einst dichter Macchie und Hochwald. Kalksande sind oft verkittet und rot verwittert, die Böden werden als ausgewaschene (lessivierte) Braunerden bezeichnet, die im Wechsel mit Alluvialböden liegen, dazu können wenig produktive podsolische Böden mit Pseudogley kommen. Zwischen der

Dünenzone und dem Gebirgsfuß der Mti. Lepini liegt die dritte, die innere Zone, die vielleicht einst von seichten Binnenseen oder Sümpfen eingenommen war. Der Abfluß der reichen Karstquellen vom Fuß der Mti. Lepini (Ninfa) war wegen des geringen Gefälles und der küstenparallelen Dünen behindert. Die Böden dieser Zone sind als Vertisole in Verbindung mit Alluvialböden kartiert, d. h. es sind schwere Tonböden, die der landwirtschaftlichen Nutzung wegen der Verschlämmung im Winter und der Austrocknung im Sommer Schwierigkeiten bereiten. Trockenrisse beträchtlicher Tiefe und bis um 5 cm Breite treten auf.

Die Alluvialniederungen hatten auch am Golf von Tarent ursprünglich Gley- und Torfböden, vor allem am küstennahen Rand der Niederungszone (Rother 1971 a, S. 25). Mit der Melioration und der Inkulturnahme sind die ursprünglichen Böden in tiefgründige, graue lehmige Tonböden umgestellt worden. Ihr hoher Kalkgehalt macht sie zwar fruchtbar, es besteht jedoch Phosphor- und Stickstoffmangel. Stellenweise ist auch der Salzgehalt der Böden für den Anbau zu hoch, weshalb das Land nur als Dauerweide genutzt werden kann. Im sybaritischen Küstenhof überziehen sich in der trockenen Zeit die Flächen mit weißem Salz, das wahrscheinlich aus salzhaltigen Schichten der Gebirgsumrahmung stammt (Rother 1971 a, Abb. 3). Auch der hohe Grundwasserspiegel, der zwischen 50 und 70 cm liegen kann, macht stellenweise große Schwierigkeiten. Salzhaltige Schwemmlandböden kommen außerdem im Polésine und am Golf von Manfredónia vor, wo die kennzeichnende Halophytenvegetation salzertragender Pflanzen auffällt. Eine gewisse landwirtschaftliche Nutzung von Salzböden und eine Bewässerung mit brackigem Quell- und Grundwasser ist jedoch möglich.

In den Neulandgewinnungsgebieten ist nahezu unter unseren Augen ein Bodenbildungsprozeß im Gange, der mit technischen Mitteln aus hydromorphen Bodentypen, wozu die Niedermoor-, Aue-, Gley- und Pseudogleyböden gehören, anthropogene Neubildungen oder Kulturböden macht. Das geschieht dadurch, daß die Voraussetzungen, der Stau- und Grundwassereinfluß, möglichst weitgehend aufgehoben werden. Pflügen und Durchlüftung, Düngung, aber auch Bewässerung tun ihre Wirkung, so daß auch Salze allmählich ausgewaschen werden. Es erhebt sich die Frage, ob solche Prozesse bei tiefer Bearbeitung zur Bildung rein anthropomorpher Böden, z. B. von Rigosol, führen, oder ob die unter dem herrschenden Klima zu erwartenden Böden entstehen. Dann müßten sich entsprechende Unterschiede ergeben zwischen den in Umwandlung begriffenen Böden des Polésine und z. B. denen an der ionischen Küste.

Der Landhunger, der zur Neulandgewinnung zwang, ist zwar vorüber, aber die Trockenlegungsmaßnahmen werden nur allmählich eingestellt, angesichts der negativen Auswirkungen auf den Naturhaushalt viel zu langsam. Ein Beispiel ist die Bonifica um den Bosco della Mésola an der Küste des Po-Deltas mit 10 km² Fläche. Noch 1970 wurde dort die Valle de Falce entwässert. Die Grundwasserabsenkung führte zum Absterben von Steineichen, der Reste des uralten Bestandes, des letzten von vier Wäldern, die im 18. Jh. dort lagen. Heute ist die Trockenlegung von Sumpfflächen weder aus hygienischen noch aus wirtschaftlichen Gründen notwendig. Wichtiger ist es, die Feuchtgebiete als schutzwürdig anzuerkennen. Der Plan zur Bildung eines Nationalparks Po-Delta mit den Valli di Comácchio sollte bald verwirklicht werden (DAGRADI und CENCINI in MENEGATTI, Hrsg., 1979, S. 39 u. 63; FARNETI u. a. 1975, S. 174; vgl. hier Fig. 26).

## g6 Literatur

Zu Fragen der Bodenzerstörung haben Geographen häufig Stellung genommen und seit Jahrzehnten Beobachtungen gesammelt, vgl. Referate während des Congr. Geogr. It. Triest 1962. An CNR-Forschungsprojekten zum Thema ›Difesa del Suolo‹ waren sie lange Jahre beteiligt. CAPUTO u. a. gaben einen Literaturbericht ab 1960 in CORNA-PELLEGRINI und BRUSA (Hrsg.) 1980. Im Vordergrund standen Untersuchungen zur Hydrologie, zur Frana- und Hangforschung und zur Küstendynamik, worüber schon berichtet wurde. Vertreter vieler Disziplinen befaßten sich mit Fragen des Bodenschutzes auf zahlreichen Kongressen, die fast unmittelbar nach der Unwetterkatastrophe vom November 1966 einberufen wurden, drei allein im Jahr 1967; vgl. z. B. den Band ›La Difesa del Suolo in Italia‹, Mailand 1969, der 17 Beiträge enthält, jedoch keinen geographischen.

Formen und Verfahren der Hangkultivierung zur Bodenerhaltung behandeln DESPLANQUES (1969), DÖRRENHAUS (1976), KITTLER (1963), OLSCHOWY (1963), PEDRESCHI (1963). Die von GRIBAUDI und GHISLENI (1956) geplante Verbreitungskarte ist offenbar nicht verwirklicht worden. (Für das Arno-Gebiet vgl. DESPLANQUES; hier in Fig. 18.)

Eine zusammenfassende Darstellung der Geschichte der Meliorationen (bonificazioni) enthält die Länderkunde von ALMAGIÁ (1959, S. 680–700, vgl. auch BERNATZKY 1951). Das Werk von BEVILACQUA und ROSSI-DORIA (1984) schließt eine deutliche Lücke. Regionaldarstellungen und weiterführende Literatur finden sich bei DAGRADI in MENEGATTI (Hrsg., 1979, S. 15–39), DELLA VALLE (1956), DONGUS (1962 u. 1970), RETZLAFF (1967), ROTHER (1971), SCHLIEBE (1972), VÖCHTING (1935). Monographien einzelner Bonifikationen gaben das Istituto Nazionale di Economia Agrária und einzelne Bodenreformgesellschaften heraus. Angaben über einzelne Regionen mit Literatur enthalten die Erläuterungshefte zur Landnutzungskarte, vgl. G. BARBIERI (1966) und MIGLIORINI (1973), und außerdem die Bände ›Le Regioni d'Italia‹ (ALMAGIÁ, Hrsg., 1960 ff.), darunter der Latiumband (ALMAGIÁ 1966).

Die Bodenkunde wird in Italien von seiten der Agrarwissenschaften und der Forstwissenschaften betrieben und hat ein Zentrum in Florenz. Für Zwecke des Landwirts bearbeitete PRINCIPI (1961) seine Darstellung der Böden Italiens, die Karte 1:1,5 Mio. lieferte MANCINI. Im Anschluß an die internationale Bodenkunde arbeiten die Mitglieder des seit 1961 bestehenden Komitees für die Bodenkarte Italiens, das die Bodenkarten für Sizilien und Sardinien im Maßstab 1:200000 und die sehr nützlichen Italienkarten 1:1 Mio. unter MANCINI (1966) und MANCINI und RONCHETTI (1968) herausgab. Die Bodenverhältnisse sind in landschaftsökologischen und agrarökologischen Untersuchungen, die GEROLD (1979), MARTENS (1968) und WERNER (1966 u. 1973) durchgeführt haben, einbezogen worden.

## 2. Die Atmosphäre
## Witterung und Klima im räumlichen und zeitlichen Wandel
## Der naturgegebene Nord-Süd-Gegensatz

### *a) Große Gegensätze von Klima und Witterung in Zeit und Raum*

Wie die anderen Mittelmeer-Anrainerstaaten wird Italien als Reise- und Urlaubsland vor allem deswegen so geschätzt, weil es sich in seinem Klima so deutlich vom übrigen Europa unterscheidet und auszeichnet. Zum bleibenden Erlebnis für den Fremden gehören das helle Licht, das intensive Blau des Himmels und des Meeres, die Milde der Wintertemperaturen, aber auch die Hitze und Trockenheit des Sommers. An die typische Sommerwitterung aufs engste angepaßt sind Macchie und Steineichenwald ebenso wie die mediterranen Baumkulturen, Rebe und Ölbaum, die das Landschaftsbild geringerer Höhenlagen prägen. Die ruhige, nur selten bewegte Atmosphäre des Sommers ist es, die der Tourist schätzt, der hier im Gegensatz zu der wechselhaften Witterung in Mitteleuropa mit schönem Urlaubswetter rechnen darf. Auch die Wintermilde veranlaßt noch viele Nord- und Mitteleuropäer, seit langem beliebte Fremdenverkehrsgebiete, wie die Ligurische Riviera oder eine der Inseln, als Winteraufenthalt zu wählen, trotz der Konkurrenten in den Tropen. »Der Reiz des italienischen Klimas liegt nicht nur in der Milde des Winters, sondern auch in der großen Lichtfülle, die Goethe in seinen ›Römischen Elegien‹ und in der ›Italienischen Reise‹ gefeiert hat« (Lehmann 1969, S. 241).

In der Tat erreicht die auf photometrischem Wege ermittelte Ortshelligkeit etwa von Capri während des Dezembers den zweieinhalbfachen Wert derjenigen von München, und selbst im Juli ist sie immer noch um 66 % größer! Dadurch kommen auch auf größere Entfernungen die Farben der Landschaft stärker zur Geltung, und es entsteht der Eindruck großer Klarheit bei gleichzeitiger Weichheit in den Abstufungen. Goethe findet in der ›Italienischen Reise‹ hierfür den treffenden Ausdruck ›dunstige Klarheit‹. Der Himmel ist seltener bewölkt als bei uns, aber keineswegs immer von der sprichwörtlichen Bläue, eher von seidiger Beschaffenheit. Goethe: ›Ein weißer Glanz liegt über Meer und Land / und duftig ruht der Äther ohne Wolken‹ (Nausikaa). (Vgl. auch Lehmann 1964c, S. 190.)

Der heitere Witterungscharakter wird oft gestört durch plötzlich auftretende Stürme, durch unverhofft fallende Temperaturen oder rasche Hitzewellen und durch Regenfälle, die viel heftiger niedergehen als in nördlicheren Breiten. Nicht Gleichförmigkeit, sondern große Unterschiede beherrschen das Klima des Landes (Mori 1957, S. 21). Drei Eigenschaften sind es, die zur Erklärung der klimatischen Eigenart Italiens herangezogen werden können und die sich auf das Witterungsgeschehen auswirken:

1. führt der direkte und breite Anschluß an den mitteleuropäischen Rumpf im Norden zum kontinental beeinflußten Bereich Norditaliens,
2. läßt die Gebirgsnatur der Halbinsel mehrere klimatische Höhenstufen unter-

scheiden und bestimmt die unterschiedliche Wetterwirksamkeit der sie überstreichenden Luftmassen und

3. führt das weite, molenartige Vorspringen ins Mittelmeer hinein zur Ausbildung von Küsten-, Insel- und Binnenklimaten.

Für das Witterungsgeschehen sind zwei Effekte höchst bedeutsam: 1. die Barrierenwirkung der Alpen und des Apennins. Sie äußert sich unter anderem darin, daß schon am Alpensüdrand, der gegen Kaltlufteinbrüche abgeschirmt ist, klimatische Gunstlagen auftreten, die durch die Alpenrandseen, das Moränenhügelland und den mildernden Föhneinfluß noch gefördert werden. Ebenso geschützt ist die Ligurische Riviera durch den Apennin (Hayd 1962). 2. ist von beträchtlicher wetterbestimmender Wirkung das im Vergleich zum Atlantik ständig warme Wasser des Meeres, das einen labilisierenden Effekt auf die Atmosphäre ausübt und die Zyklogenese in der Nachbarschaft der Halbinsel ermöglicht (Cantù 1977, S. 128).

Das Eindringen von Kaltluft wird durch die Lage von zwei Höhentrögen begünstigt (Flohn 1948; Trewartha 1961, S. 227). Der eine über Ostfrankreich führt zum Einströmen maritimer Polarluft von Nordwesten durch das Rhônetal als Mistral (ital. Maestrale), der andere über dem Balkan zum Einbruch kontinentaler Polarluft von Osteuropa durch die Pforte nördlich Triest als Bora. Der Golf von Genua, wo die Polarluft des Mistral über das warme Meer streicht, ist ein Raum besonders häufiger Zyklogenese innerhalb des Mittelmeergebietes. Es bilden sich hier sogenannte Leezyklonen, die als ›Genuazyklonen‹ bekannt sind (Cantù 1977, Fig. 2; Mori 1957, S. 25; Trewartha 1961, S. 230 u. Fig. 5. 20). Vor Ankunft des Mistral herrscht im Golf von Genua noch kein Tiefdruck; die Kaltluft wird also nicht etwa angesogen, sondern der Mistral erzeugt erst das Tief (Pédelaborde 1963, S. 116). Die ursprünglich 8–9 km hoch reichenden Kaltluftmassen gelangen häufig nur durch die ›orographischen Düsen‹ in den Mittelmeerraum, weil ihre Mächtigkeit wegen der absteigenden Tendenz bei Divergenz und Reibung auf ihrem Weg über Mitteleuropa schon stark abgenommen hat. Aber es kommt auch zum Überströmen der Alpen, besonders über Pässe.

Die allgemeine sommerliche Ruhe und die Trockenheit der Atmosphäre lassen sich erklären durch die Abseitslage von den Hauptzugbahnen der atlantischen Zyklonen und deren wetterwirksamen Fronten, die meistens das Mittelmeergebiet nur randlich berühren oder im Nordwesten vorüberziehen. Während im Jahresdurchschnitt bei maximal 120 Fronten 80 nördlich der Pyrenäen und der Alpen durchziehen, queren nur 50–60 die Iberische und die Apenninenhalbinsel (Eriksen 1971, Abb. 1 u. 2). Besonders wenige sind es im Sommer über Mittel- und Süditalien; deshalb ist dort auch die Sonnenscheindauer entsprechend lang. Als Ursache der sommerlichen Trockenheit ist die Divergenz bodennaher Luftströmungen auf der polwärtigen Seite der Passate anzusehen, wenn sich das Azorenhoch zum Mittelmeergebiet hin ausgedehnt hat. Wegen der Instabilität der warmen und feuchtigkeitsgesättigten Luft über den Meeren kann es jedoch auch im

Sommer zu Regenschauern und Gewittern kommen, wenn auch häufig nur eine leichte Cumulus-Bewölkung aufzieht.

Das Klima Italiens läßt sich nicht mit wenigen Worten beschreiben, weil von Jahr zu Jahr und von Ort zu Ort derartig große Unterschiede auftreten, daß langjährige Durchschnittswerte weniger Stationen so gut wie nichts über den zu erwartenden Witterungsverlauf eines Einzeljahres aussagen. Sehr beträchtlich sind die zeitlichen Schwankungen, wie sie sich in den Temperatur- und Niederschlagsdaten einzelner Jahre und Jahreszeiten ausprägen. Auf Jahre mit kalten Wintern folgen bisweilen unmittelbar solche mit milden Wintern (z. B. für Florenz Jan./Febr.: 1929/30, 1940/41; vgl. auch Mennella 1967, S. 390). Auf trockene Jahre, in denen womöglich nur ein Drittel des durchschnittlichen Niederschlags fällt, können andere folgen, in denen ein Drittel mehr als das Niederschlagsmittel gemessen wird (1854/55, 1861/62; Almagià 1959, S. 411); umgekehrt folgte auf das besonders feuchte Jahr 1960 ein trockenes 1961. Sowohl Niederschlagsmangel als auch Niederschlagsüberschuß können der Landwirtschaft erheblich schaden. Es ist freilich zu bedenken, daß von solchen extremen Ereignissen meistens nicht ganz Italien betroffen ist, vielmehr können einzelne Regionen in besonderer Weise bevorzugt oder benachteiligt sein. Norditalien, aber zum Teil auch Mittelitalien, schließt sich dabei gewöhnlich an die Verhältnisse in Mitteleuropa an, wie es in den Trockenjahren 1921 und 1947 der Fall war, während sich Siziliens Witterung meistens anders verhält als die des übrigen Italien.

### *b) Jahresgang der Witterung*

Trotz aller Differenzen und Gegensätze innerhalb des Landes und von Jahr zu Jahr läßt sich ein Überblick über den charakteristischen Witterungsverlauf in den vier Jahreszeiten geben. Für eine länderkundliche Darstellung haben derartige Witterungskalender mit ihren Regularitäten großen Wert, weil sie den Jahresrhythmus erkennen lassen (Blüthgen u. Weischet 1980, S. 504). Wenn auch der Kalender der Witterungsregelfälle für Italien noch nicht erarbeitet worden ist, so ist doch eine Schilderung des Jahresganges möglich (Mennella 1967, S. 714).

Herbst: In der ersten Septemberhälfte herrscht noch ruhiges Herbstwetter, aber es treten schon erste Anzeichen der kommenden radikalen Änderung auf. Die Hochdrucklage über Europa mit ihrem Kern über Mitteleuropa zieht sich allmählich auf den Atlantik zurück und macht den Weg frei für atlantische Störungen. Anfangs folgen sie noch in größerem Abstand aufeinander und lassen Intervalle für Hochdruckzeiten frei. Die nächtliche Abkühlung bringt für die Po-Ebene schon Nebel, besonders am Fuß des Apennins. Sobald sich die Leewirbel-Tiefs der autochthonen mediterranen Zyklogenese bilden, folgen die Schlechtwetterperioden rascher aufeinander und machen den Herbst zur regenreichsten Jahreszeit in Mittelitalien. Die Zugbahnen der Tiefdruckgebiete liegen nördlicher als im Winter und bringen für die Julischen Alpen starke und ausgedehnte Niederschläge (Bossolasco u. a. 1971). Noch haben Süditalien und Sizilien wenig Anteil daran; aber es kommt doch schon in Kampanien und Kalabrien im Stau des Apennins besonders bei Zustrom maritimer Polarluft von Nordwest bis West zu starken Niederschlägen besonders dann, wenn Hochdruck im östlichen Mittelmeergebiet den normalen Weg nach Osten hindert. Gewitter begleiten die Niederschläge wegen der Instabilität der Kaltluft über dem warmen Meer und dem noch warmen Land. Wenn warme Tropikluft von Süden einströmt und sich mit Feuchtigkeit gesättigt nordwärts bewegt, dann kann es zu ersten Hochwasserkatastrophen im Apennin kommen, wie dies Anfang November 1966 der Fall war (vgl. Fig. 20).

Winter: Wenn sich eine Hochdruckbrücke vom Atlantik bis zur Antizyklone über dem westlichen Rußland ausbildet, herrscht im allgemeinen heiteres Wetter, oft mit sehr tiefen Temperaturen. Nur die mittlere und südliche Adriaküste kann eine Ausnahme bilden. Atlantische Störungen ziehen über Nordeuropa, aber es können Mediterranzyklonen entstehen. Es überwiegen im Winter die Leewirbel oder Genuazyklonen, die anfangs an der Alpenkette entlangwandern, sich aber bald südwärts verlagern und der ganzen Halbinsel Niederschläge bringen, die noch orographisch verstärkt werden. Oft ist ihr Einfluß aber auch auf das kontinentale Norditalien beschränkt. Dabei strömt von Süden feuchte Warmluft ein, die über der Bodenkaltluft Dauerregen zur Folge hat. Unter dem Einfluß der autochthonen Zyklonen wird der Winter Kalabriens und Siziliens zur niederschlagsreichsten Zeit, besonders im Stau der Gebirge mit Starkregen und kräftigen Gewittern. Weniger häufig erreichen die Mittelmeerzyklonen auch Norditalien, wo sie eine Zeitlang stationär werden und Niederschlag verursachen. Im Winter ist über dem Golf von Triest und der nördlichen Adria die Bora häufig, hervorgerufen durch eine Antizyklone im Nordosten und tiefen Druck über Italien. Trotz der adiabatischen Erwärmung beim Absteigen kommt die Festlandsluft kalt an, weht über Venetien hinweg, erreicht die Küste der Emilia und ist bis Pescara spürbar. In Süditalien ist demgegenüber der Scirocco, ein warmer Wüstenwind, recht häufig, der oft gekoppelt ist mit tiefem Druck westlich der Halbinsel. Er bringt düsteres Wetter mit bedecktem Himmel bei recht milden Temperaturen, ist aber oft von Dauerregen begleitet. Während des Winters ist auch Föhn häufig am Alpensüdrand und verursacht dort einen schmalen Saum klaren Himmels, besonders in den nach Süden offenen Tälern. Wie am Alpennordrand läßt er den Schnee schmelzen, obwohl die Temperaturen nicht oder nur unwesentlich über denen am Rand der Po-Ebene liegen. Ähnliche Fallwinde treten an der tyrrhenischen Seite des Ligurischen, des Toskanisch-Emilianischen und des Umbrischen Apennins auf, wenn sich ein Tiefdruckgebiet gegen Südosten bewegt und plötzlich klares Wetter bringt. Bei Hochdrucklagen können die Nebel in der Po-Ebene den ganzen Tag über andauern; in dem großen Kältesee treten dann jene tiefen Temperaturen auf, wie sie der Kontinentalität Norditaliens im Winter entsprechen.

Die Winterwitterung ist also charakterisiert durch einen fast ständigen Wechsel zwischen Regenschauern, rascher Abkühlung und Wiedererwärmung, klarem Himmel und auch einmal einer längeren regenlosen Zeit. In Sardinien nennt man diese milde und trockene Phase ›secche di gennaio‹, obwohl sie auch häufig erst im Februar auftritt.

Frühling: Diese Jahreszeit ist entgegen der allgemeinen Meinung noch erheblich von Störungen bestimmt, jedoch verlagern sich die Zugbahnen ab März allmählich nordwärts. Die Leewirbel bevorzugen den Weg über die Po-Ebene ostwärts oder bilden sich erst dort. Die russische Antizyklone schwächt sich mit der Erwärmung des Kontinents ab, während sich das atlantische Hoch wieder ostwärts auszubreiten beginnt. Die Hoch-Ausläufer über Mitteleuropa und dem Mittelmeergebiet werden aber oft wieder abgelöst, und es bilden sich sekundäre Hochdruckzellen. Bemerkenswert sind wandernde, kalte Hochdruckzellen, die den wandernden Tiefdruckgebieten nach Osten folgen, Nord- und Mitteleuropa queren und auch Italien berühren können. Mit der Erwärmung kommt es zur Instabilität der Atmosphäre besonders in Norditalien, wo sich Haufenwolken bilden und Frühjahrsregen als Platz- oder Gewitterregen niedergehen, gefolgt von Aufklaren und raschem Wechsel des typischen Aprilwetters. Mit der weiteren Nordverlagerung der Zugbahnen tritt weitere Wetterbesserung im Süden ein, zugleich aber eine deutliche Verstärkung der Unbeständigkeit im Norden, wo bei häufigen Kaltlufteinbrüchen die Verschlechterung noch zunehmen kann. Im Zusammenhang mit dem Durchzug von Zyklonen bestehen günstige Bedingungen für die Entstehung von Bora und Scirocco. Föhnwetterlagen führen zur Schneeschmelze, die Hochwasser und Lawinen zur Folge haben kann.

Im Spätwinter und Frühling sind über der Adria heftige Stürme typisch, die für die Schiffahrt äußerst gefährlich sein können. Sie treten sehr plötzlich ohne deutliche Warnzeichen auf, wenn sich nördlich der Alpen polare oder arktisch-maritime Kaltluft angesammelt hat, während sich der über dem Mittelmeer herrschende Druck noch vertieft. Durch die ›Borapforte‹ nördlich von Triest gelangt die Kaltluft mit hoher Geschwindigkeit zuweilen bis zum Ionischen Meer, wo sie zur Verstärkung von Mittelmeertiefs und zur Entstehung neuer Zyklonen beitragen kann.

Sommer: Diese allgemein in ihren atmosphärischen Erscheinungen ruhigste Zeit wird beherrscht von der Antizyklone über dem Nordatlantik. Sekundäre Hochdruckgebiete spalten sich ab und wandern ostwärts, ein Vorgang, der aber nicht regelmäßig zu einer stabilen Wetterlage führt. Die Luftdruckunterschiede über dem Mittelmeer schwächen sich ab, es herrscht klarer Himmel; ansteigende Temperaturen treten dort auf, wo die orographischen Verhältnisse dafür günstig sind, wie in der mittleren und östlichen Po-Ebene und im äußersten Süden (Apulien, Kalabrien, Sizilien). In der Po-Ebene kommt es mit der Überhitzung des Bodens zu kleinen Tiefs, deren Wettererscheinungen nachts wieder abklingen; solche Zyklonen verstärken sich also nicht weiter. Dies geschieht jedoch bei Kaltluftzufluß in der Höhe, ein Vorgang, der zu kräftigen Starkregen führt.

Der Sommer ist in den Alpen dem kontinentalen Charakter dieser Region entsprechend die niederschlagsreichste Zeit, wobei das Gebirge die aufsteigenden Strömungen begünstigt und damit die Ergiebigkeit der Niederschläge steigert. Umgekehrt haben wir in den anderen Regionen der Halbinsel, insbesondere jedoch im Süden, wenig Niederschläge; es ist die Zeit der Niederschlagsminima. In der Po-Ebene und im Inneren der Halbinsel ereignen sich nun die meisten Gewitter.

Auch im Sommer gibt es zyklonale Störungen; sie sind aber bei schwachen Luftdruckunterschieden kaum abzugrenzen, haben eine kaum vorhersehbare Entwicklung und bewegen sich nur langsam und in unterschiedliche Richtungen. Die Sommerniederschläge treten meistens als Gewitterregen auf und sind die Folge der atmosphärischen Instabilität und der Erhitzung der Erdoberfläche. Die Bewölkung im Sommer zeigt jene typischen Formen, wie sie bei Konvektion auftreten: am Tage Haufenwolken mit einem Maximum am Nachmittag und einem Minimum in der Nacht. Wolkenbänke lehnen sich in dieser Jahreszeit oft an die Kammlagen der Gebirge an. Die schwachen Sommerwinde der Po-Ebene wechseln oft ihre Richtung und Stärke. Sonst überwiegen überall Winde mit einer deutlichen Umkehr ihrer Richtungen, sei es als Berg- und Talwind im Gebirge oder als Land- und Seewind an den Küsten, die eine sehr erwünschte Milderung der Nachmittagshitze bringen. Besonders charakteristisch sind die Winde über den Voralpenseen (vgl. Kap. II 3c 1).

### *c) Temperaturklimate*

Nach dem Tagesgang der Temperatur lassen sich nur wenige Landesteile besonders kennzeichnen. Im Winter sind die Tagestemperaturamplituden unter dem Schirm einer Wolken- oder Hochnebeldecke allgemein gering, vor allem in der Po-Ebene und in den Becken- und Tallagen der Alpen und des Apennins; nur in Berglagen nehmen sie zu. Vom Frühling bis August wächst die Temperaturdifferenz zwischen den kältesten und wärmsten Stunden des Tages, und zwar in der kontinentalen Padania besonders kräftig (Vercelli). Deutlich sind die Unterschiede zwischen dem ausgeglichenen Temperaturgang an den Küsten (La Spézia, Vittória/Sizilien) und den ausgeprägten Temperaturschwankungen im Inneren (Vercelli, Sulmona).

Aussagekräftiger ist der Gang der Monatsmitteltemperaturen. Wegen der breiten Landbasis Norditaliens am Südrand der Alpen kommen beträchtliche Unterschiede vor, die sich als verschiedene Grade der Maritimität und Kontinentalität interpretieren lassen. Die Differenz zwischen den Mittelwerten des wärmsten und des kältesten Monats (meistens Juli und Januar) wird bei Werten über 20° C als Ausdruck der Kontinentalität, bei Amplituden unter 15° C als Zeichen der Maritimität gewertet (Mori 1957, S. 35).

Bei Küsten- und Inselstationen sind geringere Werte bis 14° möglich (San

Remo 14,0°); an den Küsten von Nordwest- und Südwestsardinien und Westsizilien ergeben sich Werte zwischen 12 und 14°, während in der Po-Ebene über 24° erreicht werden (Asti und Alessándria 24,7°; GAZZOLO und PINNA 1969, S. 59 u. Karte 12). An der ligurischen Küste haben San Remo die höchste und La Spézia die geringste Maritimität, was BOSSOLASCO u. a. (1974) durch die verschiedenen Richtungen der Seewinde zum Küstenverlauf erklären. Bei den höher gelegenen Alpenstationen, die sich über den winterlichen Kaltluftsee oder die sommerlich erhitzte Ebene oder auch über die inneralpinen Talungen (Bozen 21,6°) herausheben, sinkt die Amplitude wieder bis unter 16°; aber auch der Moränen- und Seengürtel hat einen ausgeglicheneren Jahresgang, der die Klimagunst dort bestätigt. Im Apennin erreicht die Amplitude in Beckenlagen die 20°-Grenze wie in L'Áquila. An den Küsten nehmen die Amplituden südwärts ab, jedoch auf der tyrrhenischen und adriatischen Seite in verschiedener Weise. Mit 18,2° in Fano gegen Livorno mit 16,9° erweist sich die adriatische Küste als kontinentaler im Vergleich zur tyrrhenischen Küste, was durch die Leelage zu den wetterwirksamen Depressionen verständlich wird. Auch die großen Inseln zeigen einen deutlichen Unterschied zwischen West- und Ostküsten in ihrem Jahresgang.

Für die so eng vom Klima abhängige Vegetation, die spontane, natürliche Pflanzenwelt und für die Kulturpflanzen und Forstkulturen, sind nicht sosehr die Mittelwerte der Temperatur von Bedeutung als vielmehr die Extremtemperaturen bei Frost und Hitze, vor allem dann, wenn sie nicht nur kurzfristig auftreten. Frostgrenzen und Wärmemangelgrenzen sind es, die gewöhnlich mit den Anbau- und Verbreitungsgrenzen der Vegetation übereinstimmen.

Die höchsten Temperaturen innerhalb Italiens wurden beim Vordringen saharisch-kontinentaler Luftmassen bei Scirocco-Wetterlagen gemessen, und zwar 49,6° in Sizilien am 29. 8. 1885 (MORI 1957, S. 36), 45° in Iglésias/Sardinien im Juni 1928; aber auch in Alessándria wurden schon 39,5° im Juli 1947 in dem extremen europäischen Trockensommer erreicht. Während die Temperaturmaxima eine Abhängigkeit von der Breitenlage zeigen, sind die absoluten Temperaturminima in den höchsten Gebirgslagen zu erwarten, aber nicht unter − 30°. Das gilt auch für Süditalien, wo Potenza in 826 m Höhe im Januar 1938 − 10,9° Kälte hatte. In der Po-Ebene sind schon Werte zwischen − 15° und − 22° in strengen Wintern, wie im Februar 1929, in Vercelli im Januar 1945 sogar − 22,4° gemessen worden. Dagegen sank bezeichnenderweise an der Riviera die Temperatur noch nie unter − 3,3°, aber in Viaréggio im Februar 1949 schon auf − 4,6°. Die tiefsten Temperaturen kommen bei Kaltlufteinbrüchen vor, wenn sich die Luftmasse außerdem noch bei Hochdruckeinfluß und Luftruhe durch nächtliche Ausstrahlung weiter abkühlen kann. Das ist in der Po-Ebene am ehesten möglich. Nach den kalten Wintern 1929, 1941, 1942, 1947, 1949 traten 1954, 1956, 1963, zur Jahreswende 1978/79, am 8. 1. 80 und am 20. 1. 1983 extreme Kältegrade auf. Die Zufuhr arktischer Kaltluft führte Anfang Januar 1985 zu ungewöhnlich starken Schneefällen (80 cm Schnee in Mailand, 13.–16. 1. 85). Die niedrigsten Temperaturen seit 1850 wurden am 11. 1. 1985 gemessen (Florenz – 11°, Rom, Collegio Romano, – 5,6°). Aufschlußreich sind die Tabellen für Februar 1929 und 1956 und für Januar 1963 bei Mennella (1967, S. 366–371).

Von außerordentlicher Bedeutung für eine erfolgreiche landwirtschaftliche Produktion, insbesondere von Frühgemüse und subtropischen Baumkulturen, ist die Kenntnis der möglichen Frosttage im Jahr. Während in den Alpentälern und in der Ebene der Padania noch 35–40 Tage vorkommen, an denen die Frostgrenze erreicht oder unterschritten wird, gibt es am Alpenrand günstigere Lagen (Salò 27, Treviso 30). Dort können schon, wie im Gardaseemoränengebiet, Ölbäume kultiviert werden, die kurzfristig Temperaturen bis – 12° ertragen. Noch Florenz hat durchschnittlich 37 Frosttage, eine Erscheinung, die sich durch die Beckenlage erklären läßt. An der tyrrhenischen Küste (Genua 4) und an der adriatischen Küste südlich von Ancona kommen weniger als 10 Frosttage vor (meist nur ein einziger im Jahr), jedoch tritt Frost dort nur für so kurze Zeit auf, daß frostempfindliche Kulturen kaum geschädigt werden. Messina hatte sogar im Februar 1929 ein absolutes Minimum von nur 0,1° und Acireale – 0,8°; in Catania lag der entsprechende Wert im Januar 1949 bei – 3,4°, im Februar 1949 bei – 3,6°.

Für die Agrumenkulturen genügt aber die Frostfreiheit nicht, es müssen auch die Temperaturen des kältesten Monats, d. h. überhaupt die Wintertemperaturen, hoch genug liegen. Man rechnet mit einem Grenzwert der Januartemperatur von + 10°. Nur schmale Küstenstriche Kalabriens, Siziliens und Südsardiniens und die kleinen Inseln haben so milde Wintertemperaturen, daß man von subtropischem Klima sprechen kann (vgl. Karte 4 Typ 55, 81 u. 82; Pinna 1970).

Die einzelnen Arten der Natur- und Kulturvegetation stellen an die Temperaturen in Höhe und Andauer ganz bestimmte Ansprüche. Sie lassen sich in Wärmesummen ausdrücken und in phänologischen Karten in ihrer Verbreitung zeigen (Schnelle 1970, S. 5 u. Karte 1). Im europäischen Mittelmeerraum erreicht die landwirtschaftlich nutzbare Vegetationsdauer ihr Maximum für Europa mit mehr als 260 Tagen. In Süditalien gehören ganz Apulien und – mit Ausnahme der Gebirgsteile – Sizilien und Sardinien zu diesem Gunstraum, der auf der tyrrhenischen Seite schon nördlich Piombino, auf der adriatischen aber erst etwa an der Sangromündung beginnt. Daß diese temperaturabhängige Zeit von der Landwirtschaft in Süditalien wegen der Sommertrockenheit ohne Bewässerung dennoch nicht voll ausnutzbar ist, gehört zu den Problemen der Südfrage Italiens.

Wegen der Abnahme der Lufttemperatur mit der Höhe um rund 0,6° je 100 m Höhenunterschied lassen sich recht klar einzelne Höhenstufen durch Mitteltemperaturen des Jahres oder einzelner Monate beschreiben und ihre Bereiche abgrenzen. Für die Erklärung der Höhenstufen der Waldvegetation ist die Forstklimakarte von De Philippis (1937) aufschlußreich (vgl. TCI: La Flora 1958, S. 157). Der planetarische Wandel zeigt sich darin, daß die wärmste und unterste Stufe (Lauretum sottozona calda) erst in Süditalien einsetzt, zunächst als schmaler Saum an der Küste des Agro Pontino und am M. Gargano. Aber weder hier noch bei der folgenden mediterranen Stufe mit Unterstufen (sottozone media e fredda) zeigt sich der Unterschied zwischen tyrrhenischer und adriatischer Seite.

Eine Erfahrung findet der Italien-Besucher immer wieder bestätigt, die in solchen Kartendarstellungen zum Ausdruck kommt: Die von ihm so andersartig und lebhaft empfundene warme mediterrane Klimastufe, die sich in allen Erscheinungen der Natur und des Lebens ihrer Bewohner bemerkbar macht, ist auf schmale Ränder und Küstensäume der Halbinsel und der Inseln beschränkt. Um so heimischer kann sich der Mitteleuropäer in der Gebirgsstufe des Apennins fühlen, wo noch Buchen- oder Tannenwälder erhalten sind. Die obere Waldgrenze jedoch, eine Wärmemangelgrenze im Unterschied zur alpinen, die durch Frosttrocknis bestimmt ist, ist kaum jemals noch die naturgegebene klimatische Grenze; sie ist stets durch die Weidenutzung herabgedrückt. Aufforstungen in diesen Höhen werden durch die Klimabedingungen erheblich erschwert, wobei die sommerlichen ausdörrenden Winde die Setzlinge allzuleicht absterben lassen, bis die Wurzeln endlich tief genug hinabreichen, um diese Zeit zu überstehen. Der Landwirt hat seit jeher dafür gesorgt, seine wertvollsten Kulturen vor den kurzfristig auftretenden Kältewellen und Schadenfrösten zu schützen. Auf der Tuffterrasse und den Hängen um Sorrent sind mächtige Gerüste gebaut und mit Matten bedeckt, unter denen Agrumen vor Frost geschützt sind und außerdem ihre Reifezeit verzögert wird. In den Blumenkulturen und Gewächshäusern sind keine aufwendigen Heizungsanlagen notwendig, wenn auch die Möglichkeit zur Heizung bei Kaltlufteinbrüchen vorhanden sein muß. Wenn solche Luftmassen gelegentlich in breiter Front den Alpenwall überqueren und bis Süditalien und darüber hinaus vordringen, kann es zu erheblichen Frostschäden in den unersetzlichen Baumkulturen kommen. Ölbäume verlieren dann ihre fruchttragenden Zweige und müssen rigoros gestutzt, wenn nicht gerodet werden. Der Maifrost 1957 ließ das frisch ausgetriebene Laub der Buchen in der oberen Gebirgsstufe der Basilicata oberhalb 1200 m verdorren. Die in die Täler hinabreichenden Kaltluftzungen waren durch die braune Laubfärbung markiert. Weite Rebflächen hatten ihren Blütenansatz verloren. Solche Witterungsextreme sind jedoch in Italien so selten, daß z. B. in Weinbaubetrieben keine Frostschutzmaßnahmen üblich sind.

### *d) Niederschlagsklimate*

Es ist im länderkundlichen Rahmen nicht möglich, mehr als die wichtigsten Klimaelemente zu behandeln. Maßgebend für die Auswahl kann die Wirkung auf andere, regional bedeutsame Eigenschaften und Vorgänge in den Bereichen von Natur und Kultur Italiens und das Leben und Wirtschaften seiner Bewohner sein. Neben der Temperatur sind in einem Land, in dem der Jahreszeitengang in höchstem Maß von der Häufigkeit und der Höhe der Niederschläge bestimmt wird, die Niederschlagsverhältnisse von höchstem Interesse. Sie machen erst eine vollständige Klimagliederung möglich und geben Auskunft über die Lage von Wassermangelgebieten ebenso wie über die von häufigen Hochwasserkatastrophen betroffenen Landesteile. Dabei geht es zunächst darum, sich einen Überblick über die den Niederschlag bringenden Hauptwetterlagen und über den durchschnittlichen Verlauf des Jahresganges der Niederschläge in einzelnen charakteristischen Teilräumen zu verschaffen. Ebenso geht es um die Erklärung der Lage von Gebieten, die besonders hohe und besonders niedrige Niederschlagsmengen erhalten.

Für das Verständnis der Niederschlagsvorgänge im Mittelmeerraum ist es zweckmäßig, zwei Niederschlagstypen zu unterscheiden, nämlich den instabilen Typ mit Schauern, Starkregen und Gewittern und den stabilen, weniger ergiebigen Dauerregentyp (Trewartha 1962, S. 235). Das ist gleichbedeutend mit der Differenzierung zwischen Kaltfront- oder Rückseitenniederschlag und Warmfront- oder Frontseitenniederschlag. Während es im Frühjahr öfter zum Warmfronttyp mit Aufgleitvorgängen kommt, überwiegen im Herbst und Winter die Kaltfrontniederschläge. In dieser Zeit ist der Temperaturgegensatz zwischen Kaltluftmasse und Meeresoberfläche entscheidend. Er wird dadurch hervorgerufen, daß die westlich Skandinavien nach Süden fließenden polar-maritimen und arktischen Luftmassen relativ frisch und durch die Orographie der Westseite Europas in ihrem Fluß wenig behindert in das westliche Mittelmeergebiet gelangen, wo sie Anlaß zu den Zyklonenbildungen geben (Reichel 1948, S. 414).

Die in der Tyrrhenis gebildeten und zur Dynamik veranlaßten Luftmassen bewegen sich vorwiegend ostwärts oder gegen Nordosten. Dabei werden sie zunächst an der Apenninbarriere und bei ihrer weiteren Bewegung, wenn sie nicht stationär werden, am Ostalpenrand zum raschen Aufsteigen gezwungen. Dadurch erklärt sich die Lage der Beobachtungsstationen mit den höchsten Niederschlagssummen im Apennin und in den Alpen. An den Stationen im Isonzogebiet werden durchschnittlich 3313 mm in Musi und 3186 mm Niederschlag in Uccéa gemessen; dies bedeutet, daß dort in manchen Jahren wesentlich mehr Niederschlag fällt (1960 in Uccea 6103 mm; Frosini 1961, S. 15). Da es sich um Höhenlagen in nur 633 bzw. 663 m handelt, ist mit noch weit höheren Maxima an Gebirgshängen darüber zu rechnen.

Die im Lee der Gebirgsketten absteigenden Luftmassen erklären auch die Lage der Minima in den niederschlagsarmen Bereichen, die sich schon in der Po-Ebene (Bondeno, westlich Ferrara, 548 mm) und in den inneralpinen Längstälern (Cogne 400 mm, Bruneck 548 m) finden. Die innerapenninen Becken gehören zu den trockeneren Räumen (L'Áquila 695 mm, Sulmona 647 mm). Im Lee des Apennins liegen die niederschlagsärmsten Stationen in Apulien (Manfredónia 426 mm, Tarent 445 mm mit nur 273 mm im Jahr 1927, aber 714 mm 1940!). Weil Süditalien seltener von regenbringenden Luftmassen überquert wird und dort an der Südküste ebenfalls Minima auftreten (Cozzo Spadaro, Leuchtturm am Capo Pássero/Sizilien 365 mm, Cágliari 431 mm, Villasór/Sardinien 410 mm), ergibt sich eine allgemeine, aber unregelmäßige Zunahme der Niederschlagssummen mit dem planetarischen Wandel von Süden nach Norden. Dieser planetarische Formenwandel wird in wirksamer Weise vom hypsometrischen Formenwandel überlagert. Der West-Ost-Wandel hat seine Ursachen in der Luv- und Leewirkung der meridional streichenden Gebirge. Mit wachsender Breite steigt auch die Zahl der Niederschlagstage an von 55 im Süden bis auf 100 im Norden; ein solcher Anstieg ergibt sich auch im Vergleich zwischen Stationen der Ebene und denen im Gebirge.

Für alle Kulturmaßnahmen sind Extremwerte des Niederschlags, jene Regenmengen also, die in wenigen Stunden, an einem Tag oder einer Folge von Tagen bei besonderen Wetterlagen zu erwarten sind, von höchstem Interesse. Wasserbaumaßnahmen zum Hochwasserschutz werden danach geplant und ausgeführt, z. B. die für mitteleuropäische Verhältnisse gewaltige Höhe der Uferschutzmauern am Tiber in Rom oder am Arno in Florenz und Pisa, die Rohrweite der Stadtkanalisation und die Höhe von Brückenbauwerken. Es geht aus der Literatur hervor, daß die Florenz-Katastrophe für die Wasserbauingenieure der Toskana wenigstens zum Teil vorauszusehen war. Nach den beobachteten Werten war man sich sehr wohl darüber klar, daß die nördliche Toskana – ebenso wie der Ostalpenrand – von sehr hohen Tagessummen des Niederschlags betroffen werden kann und daß diese für Florenz gerade im November zu erwarten sind; man konnte mit 50 mm Niederschlag in einer und 120 mm in zehn Stunden rechnen, in Genua sogar mit 90 bzw. 260 mm Niederschlag (Mennella 1967, S. 505). Von Katastrophenregen wird in Italien aber erst ab 186 mm Niederschlag in einer und 380 mm in zehn Stunden gerechnet. Die jemals in Italien gemessene höchste Tagesmenge betrug in Genua am 25. 10. 1822 812 mm. Am 3. 11. 1966 wurden in Florenz 128 mm Niederschlag gemessen, am 4. November weitere 54 mm, nach anderen Angaben 190 mm Niederschlag in 24 Stunden (Dörrenhaus 1967), d. h. etwa ein Viertel der mittleren Jahresmenge. Trotz der großen Niederschlagstagesmengen wäre es nicht zur Hochwasserkatastrophe gekommen, wenn nicht schon im Oktober in ganz Italien übermäßig viel Regen gefallen wäre, nämlich etwa die doppelte Menge als normal; deshalb war der Boden für zusätzliche Feuchtigkeitszufuhr nicht mehr aufnahmefähig. In den Julischen Alpen kamen die Wassermengen einer rasch geschmolzenen Schneedecke noch dazu (vgl. Gazzolo 1972, Niederschlagskarten für Oktober und 4./5. 11. 1966).

Die möglichen Niederschlagsschwankungen von Jahr zu Jahr sind sehr bedeutend (Bissanti 1970, für Sardinien Hofele 1937). Charakteristisch ist jedoch die relativ geringe Veränderlichkeit in den maritimen Luvlagen an den Westküsten mit weniger als 14 % Abweichung vom mittleren Jahresniederschlag (Mitteleuropa ca. 10 %). Für die Landwirtschaft sind Gegenden mit einer geringen Schwankungsbreite besonders im Frühjahr und Frühsommer günstig, weil dann sicherer mit Regen gerechnet werden kann. In den Leelagen der Ostküsten beträgt die Veränderlichkeit an der Adria 16–20 %, an der ionischen Küste 22–26 %; das Maximum hat Oroséi an der sardischen Ostküste mit 33,5 %.

Weshalb sind die Niederschlagsereignisse in Italien im Vergleich zu Mittel-

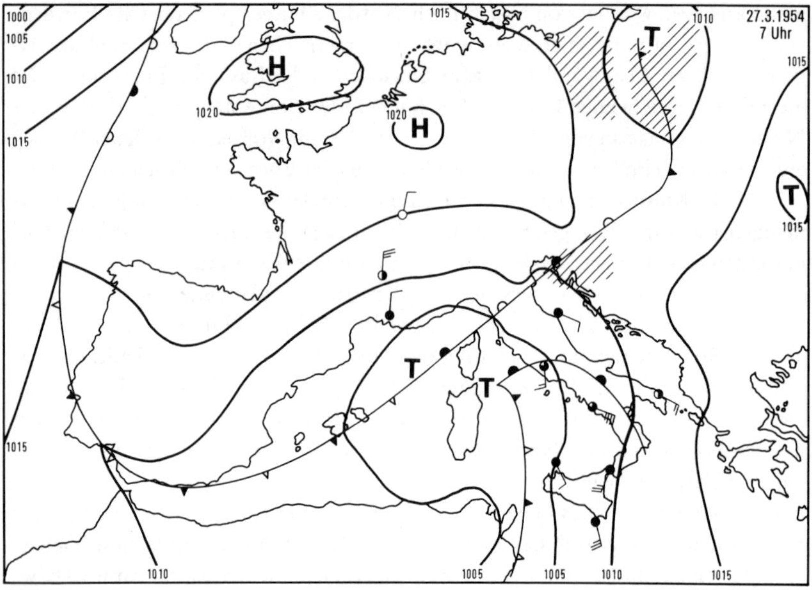


*Fig. 19: Synoptische Situation zur Entwicklung eines Mistral im Rhônetal und eines Scirocco in Süditalien.* Nach Wetterkarte des Deutschen Wetterdienstes 27. 3. 1954.

europa so viel heftiger, die Starkregenmengen so viel größer, aber auch die Regenerwartung unsicherer, die Maxima höher und die Minima niedriger? Wenn zur Beantwortung solcher Fragen auch im Grunde die Untersuchung jedes Einzelfalles nötig ist, so kann doch schon die Kenntnis einiger Wetterlagen, die häufig Niederschläge bringen, zur Erklärung hinführen: Das sind die Mittelmeerzyklonenlagen.

Bedeutende Niederschlagsbringer, vor allem für Nord- und Mittelitalien, sind die einleitend erwähnten Genuazyklonen. Es ist charakteristisch für sie, daß sie selten klare Fronten bilden und damit das klassische Zyklonenmodell vermissen lassen (Cantù 1977, S. 130; Houston 1964, S. 16). Außer der allgemeinen Zugrichtung ostwärts kann man auch keine bestimmten Zugbahnen festlegen, was die Wettervorhersage schwierig macht. Im Winter ziehen sie mehr an der tyrrhenischen Küste entlang nach Südosten, im Sommer dagegen wandern sie durch die Padania, wo sie am Alpenrand und verstärkt in den Julischen Alpen hohe Niederschläge verursachen, bis sie gegen Süden über die Adria hin abbiegen. Andere werden um die Ostalpen herum gesteuert und können als Vb-Zyklonen vor allem im östlichen Mitteleuropa langdauernde Sommerniederschläge und Hochwässer mit sich bringen.

Im Frühjahr sind die Temperaturunterschiede zwischen Südfrankreich, Nordspanien und dem westlichen Mittelmeer normalerweise gering. Die Wetterkarte vom 27. 3. 1954 (Fig. 19) verzeichnete deshalb auch geringere Windgeschwindig-

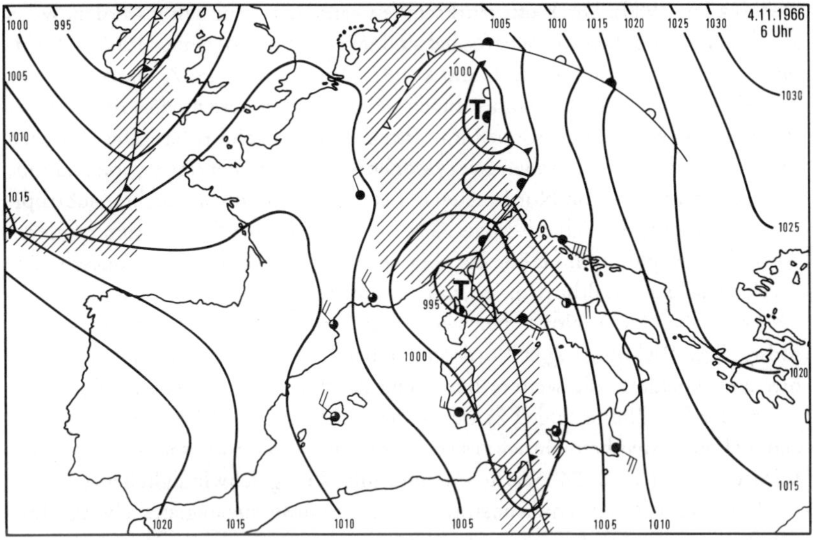


*Fig. 20: Synoptische Situation während des Katastrophenhochwassers Anfang November 1966 in Nord- und Mittelitalien.* Nach Täglicher Wetterbericht, Deutscher Wetterdienst, Jg. 91 Nr. 308, 4. 11. 1966.

keiten und schwächere Niederschläge, als sie im Herbst zu erwarten sind. In das rasch entstandene Tief strömte die ursprünglich trockene, kontinentale Tropikluft $cT_s$ als Scirocco mit hohen Geschwindigkeiten aus der Sahara über den Golf von Tunis. Über dem Meer reicherte sie sich mit Wasserdampf an. Sie war 6–8° C wärmer als die benachbarten Luftmassen. Schon am Spätnachmittag des 26. 3. wurde sie in Agrigent vor allem dadurch spürbar, daß nach der sonnigen Witterung der Vortage plötzlich schwülwarme Luft von Süden herangeführt wurde und sich die Sonne hinter dem gelben Dunst verschleierte. Zu Regen kam es jedoch auch am nächsten Tag nur ganz geringfügig, denn in Süditalien ist jene Luft gewöhnlich noch trocken. In Palermo können unter Föhneinfluß gelegentlich bis unter 10 % relative Feuchte bei hohen Temperaturen bis nahe 50° gemessen werden. Mit hohen starken Sciroccoströmungen wird nicht selten feinster Saharasand zum Ätna, nach Ligurien und bis nach Mitteleuropa transportiert, wie bei dem von Müller und Richter (1984) ausführlich beschriebenen Ereignis vom 30./31. 3. 1981.

Im Herbst und Frühwinter sind die Temperaturdifferenzen, die Luftdruckunterschiede und die Windgeschwindigkeiten gewöhnlich erheblich größer als im Frühjahr. Die Differenz zwischen Luft- und Meerwassertemperatur erreicht ihr Maximum, und die Instabilität ist hoch. Im Herbst kann die ursprünglich heißtrockene Luft über dem Meer besonders große Mengen an Feuchtigkeit aufnehmen (Trzpit 1980). Die Wetterwirksamkeit kann dann sehr heftig werden, wenn auch die Folgen selten so katastrophal sind wie Anfang November 1966 in Nord- und Mittelitalien (vgl. Fig. 20; Cicala 1967; Dörrenhaus 1967; Marx 1969). In der Nacht vom 3./4. November brach ein Unwetter herein, das zu einer der schlimmsten Wetterkatastrophen im Mittelmeerraum geführt hat. Die Ursachen dafür bestanden – wie bei allen Leezyklonen – im Zusammentreffen von Kaltluft, die über Frankreich von Nordwesten her einströmte, und von feuchter subtropischer Warmluft, die sich mit hoher Geschwindigkeit über Sizilien zum mittleren Apennin bewegte. In der Höhe lag über Spanien als Höhentief eine abgeschnürte Kaltluftmasse, ein Kaltlufttropfen, mit Temperaturen zwischen − 25 und − 33° in 5000 m Höhe. Am 3. November wendete sich das Höhentief aus der bisherigen südwärtigen Richtung gegen Nordosten. Über dem Balkan lag ein Hochdruckgebiet und blockierte die weitere Bewegung des Tiefs nach Osten. Infolgedessen wuchs der Druckunterschied zwischen dem Höhentief im Westen und dem Bodenhoch im Osten beträchtlich; es stellte sich die starke Südströmung mit einem Scirocco ein, der 18–24° warm war und mit Windgeschwindigkeiten bis über 100 km/h gegen den Apennin anstürmte. Damit wurde eine ungemein heftige Dynamik ausgelöst. Die feuchtwarme Luft kam nicht nur zum Aufgleiten über der Kaltluft, sondern außerdem wurden auch wegen der Instabilität der einströmenden Kaltluft rasche Umlagerungen bis zur Stratosphäre hinauf in Gang gesetzt. Dabei ereigneten sich Gewitter und Starkregenfälle ungeheuren Ausmaßes; über der Toskana regnete es 26–28 Stunden ununterbrochen, über Venetien sogar 32–34 Stunden. Die Winde mit ihren hohen Geschwindigkeiten über der nördlichen Adria drückten Meerwasser in die Flußmündungen, im Po-Delta wurde das Flußwasser gestaut; es kam zu Deichbrüchen, wodurch die Katastrophe noch verschlimmert wurde.

Fast jeder Sommer wird in Mittel- und Norditalien mit mehr oder weniger heftigen und plötzlichen Regenfällen abgeschlossen; ich erinnere mich lebhaft an den ›Ausbruch‹ des Herbstwetters in Florenz am 24. 9. 1973 mit stundenlang anhaltendem Gewitter und Starkregen mit folgendem Arno-Hochwasser. Die Schadensmeldungen füllten die Spalten der Zeitungen der nächsten Tage. Das Wettergeschehen bei solchen Situationen wird zwar mit modernen Hilfsmitteln immer besser analysiert und verstanden; doch müßten rechtzeitige Warnungen und rasche Schutzmaßnahmen ergriffen werden, um in Zukunft derart hohe und nicht wiedergutzumachende Schäden, wie sie Florenz Anfang November 1966 zu erleiden hatte, zu verhindern.

Für Mitteleuropa ist es sinnvoll, mittlere Jahresniederschlagsmengen anzugeben, um die Klimaverhältnisse einer Stadt oder Region zu beschreiben, weil hier das ganze Jahr über nahezu in gleicher Höhe mit Niederschlägen zu rechnen ist, trotz der bekannten Schwankungen von Jahr zu Jahr. Für Italien haben solche Daten wegen der schon erwähnten wesentlich größeren Schwankungen viel geringeren Wert. Hier ist es nötig, jeweils auch die Lage der Maxima und Minima im Jah-

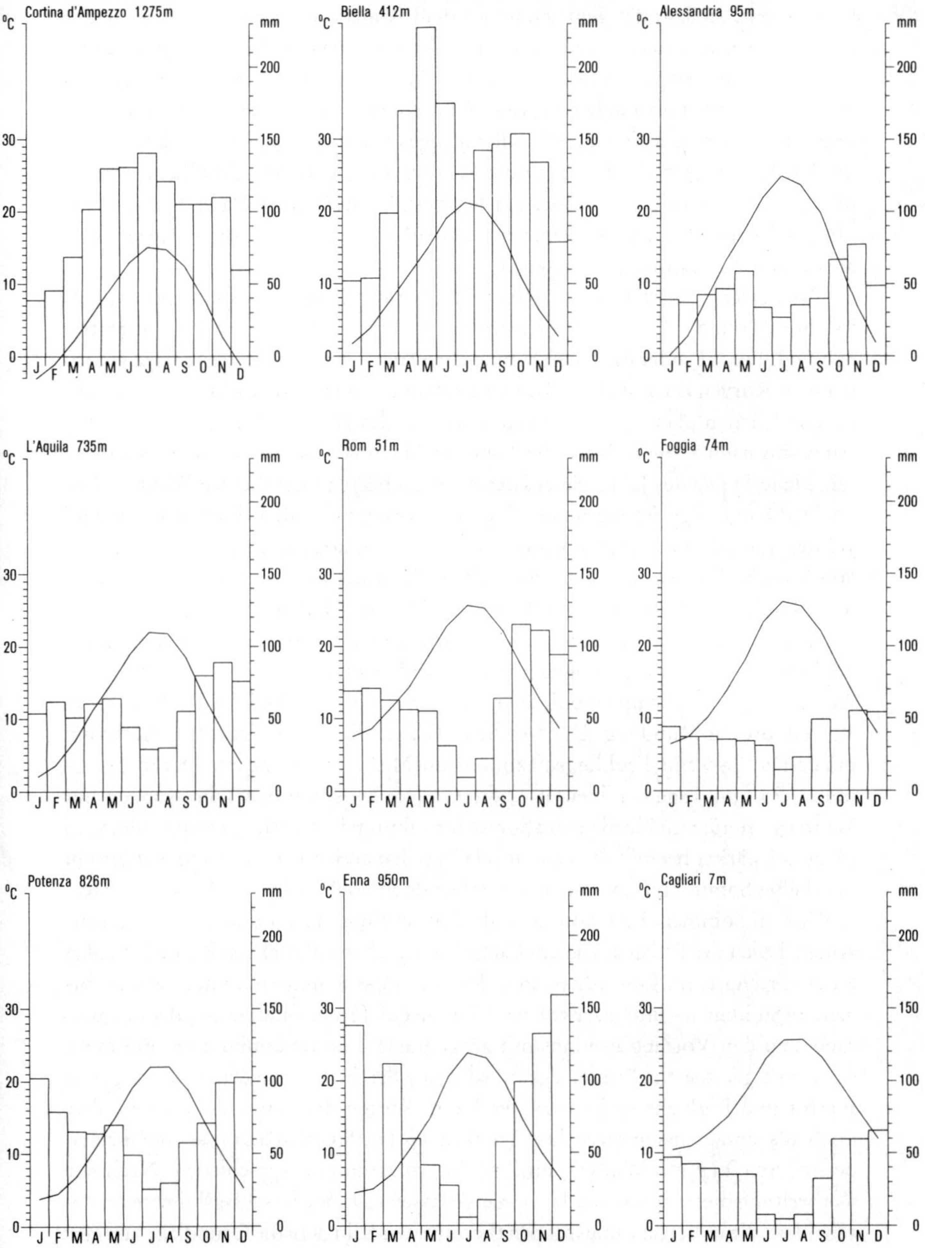


*Fig. 21: Klimadiagramme.*

resgang mitzuteilen; das geht schon aus dem Begriff ›Winterregenklima‹ für den mediterranen Klimatyp hervor. Es muß geklärt werden, welche Teile des Landes ein reines Winterregenmaximum haben und im Sommer eine mehr oder weniger lange Trockenzeit überstehen müssen. Die geographische Situation Süditaliens ist ohne eine gewisse Diskrepanz des Klimaganges nicht zu verstehen: Im Winter sind die Niederschläge nicht direkt für die Landnutzung wirksam, ihr Überschuß hat oft erhebliche Schäden zur Folge; dagegen besteht im Sommer Wassermangel. Alle übrigen Regionen aber, vor allem jene mit Frühlings- und Frühsommerregen, sind als klimatisch begünstigt anzusehen.

Niederschlagskarten für einzelne Monate oder Jahreszeiten (wie im ›Atlante fisico-economico‹ Tav. 17–19), Kurvendarstellungen für einzelne typische Stationen (vgl. Fig. 21) oder die Übertragung der Daten – nach ihrer Breitenlage geordnet – in Kurven oder auch als Isoplethendiagramm (FROSINI 1961, S. 27) orientieren über den planetarischen Formenwandel des Niederschlagsganges von den Alpen bis nach Sizilien. Nach der Lage der Maxima und Minima lassen sich verschiedene Typen des Jahresganges der Niederschläge unterscheiden (MORI 1969).

Der eingipflige kontinentale Typ mit vorherrschenden Sommerregen und Julimaximum ist in den Ostalpen verbreitet. Der subkontinentale Typ, der sich um Sóndrio und Trient und in den venetischen Alpen anschließt, hat schon einen weiteren Gipfel im Herbst, der aus dem Charakter der Herbstwetterlagen verständlich ist. Der nahezu symmetrische, zweigipflige Gang im subalpinen Typ hat seine höchsten Niederschlagsmengen im Mai und September; verbreitet ist er im Aostatal und am Ostalpenrand, aber auch im nördlichen Teil der Po-Ebene von Vercelli bis zur Mündung. Der westliche Teil der Po-Ebene dagegen gehört zum präalpinen Typ mit Frühlingsmaximum im Mai und sekundärem Herbstmaximum. Po und Tánaro bilden etwa die Grenze zwischen den Jahresgängen mit Winterminimum im Norden und Sommerminimum im Süden. Der folgende, vom Meer her stärker beeinflußte ›sublitorale Typ‹ hat außer dem Herbstmaximum ein deutliches Sommerminimum, aber es fallen doch noch mehr als 10 % der Niederschläge im Sommer. Eine kontinentale Abwandlung davon findet sich in regenarmen Teilen der Padania, wie um Cúneo, wo auch im Winter wenig Niederschlag zu erwarten ist. Im submediterranen Typ sinkt das Sommerminimum weiter, bis dann in Süditalien – und zwar von der Linie Áscoli Piceno–Latina an – der mediterrane Typ den Vorrang gewinnt mit ausgeprägtem Sommerminimum und mehr oder weniger reinem Winterregenmaximum, das in verschiedener Weise gegen Herbst und Frühjahr verbreitert sein kann. Wegen der besonders kurzen, aber doch ausgeprägten sommerlichen Trockenzeit hat MORI in Sardinien noch einen besonderen Typ mit Winter- und Frühlingsmaximum ausgeschieden. Nach der Verbreitung dieser typischen Jahresgänge lassen sich Niederschlagsklimate unterscheiden, die in Verbindung mit den thermischen Klimaten die Grundlage zu einer vollständigen Klimaeinteilung Italiens bilden können.

## *e) Trockenzeiten*

Noch fehlt für eine vollständige Klimagliederung und Klimabeschreibung das nur schwer erfaßbare Merkmal der Aridität. Fast alle Klimastationen haben im Unterschied zu denen in Mitteleuropa einen mehr oder weniger ausgeprägten Jahresgang verschieden langer, feuchter und trockener Perioden. Solche wechselfeuchten Klimate können nur dann richtig charakterisiert werden, wenn die Dauer der trockenen Zeit feststeht und man außerdem auch über die Größe der Aridität, etwa durch die Höhe des Niederschlagsdefizits in jedem Monat, orientiert ist. Dazu wäre es nötig, die Größe der wirklichen Landes- oder ›Landschaftsverdunstung‹ zu kennen, und zwar nicht nur für wenige Observatorien (LAUER und FRANKENBERG 1981).

Für Klimabeschreibungen werden vor allem Daten der aktuellen Verdunstung benötigt, wie sie nur sehr aufwendig mit Lysimeteranlagen oder auf hydrologischem Weg durch Abflußmessungen und Berechnung der Differenz von Niederschlag und Abfluß eines Flußgebietes erhalten werden können. Bekannt sind einige Angaben für die potentielle Verdunstung freier Wasserflächen, die für die Bestimmung der ›Landschaftsverdunstung‹ geeignet sind. Für den Nationalatlas haben PINNA und VITTORINI (1976) Karten der Evapotranspiration und der Wasserbilanz entworfen. Eine für die landwirtschaftliche Praxis gedachte Methode wandte SCHREIBER (1973) an. Sie erlaubt angenähert die Bestimmung der Dauer der sommerlichen Trockenzeiten, und zwar besser als einfachere, nur auf Temperatur- und Niederschlagsdaten gestützte Verfahren.

Obwohl die Unsicherheit in der Ariditätsbestimmung weiterbesteht, lassen sich doch einige wichtige Beobachtungen machen: Nur Alpen und Alpenrand, aber mit Ausnahme der großen Längstäler, haben keinen Trockenmonat. Die Dauer der sommerlichen ariden Zeit mit Wasserdefizit nimmt nach Süden keineswegs laufend zu, sondern bleibt bis an die Grenzen Apuliens und Kalabriens nahezu gleich. Schon in der Padania haben einige Stationen bis zu vier Trockenmonate, das sind ebenso viele wie am Golf von Neapel. Der dennoch offensichtliche Unterschied muß in dem höheren Gesamtdefizit bei süditalienischen Stationen im Vergleich zu den norditalienischen liegen.

Das Ausmaß des Defizits ist gleichzeitig ein Maß für den Wasserbedarf der Vegetation, die während der sommerlichen Trockenheit produktiv ist und die dann mit entsprechenden Mengen bewässert werden muß oder die sich aus dem Grundwasser ihren Bedarf heranholt. In Norditalien sind dafür wesentlich geringere Wassermengen erforderlich als im Süden, und das Wasser ist aus Quellen und Flüssen zudem leicht zu beschaffen, ganz im Gegensatz zum benachteiligten Süden. Gebirgsstationen haben im Lukanischen und Kalabrischen Apennin ebenso wie am Ätna wegen der höheren Niederschläge bei geringeren Temperaturen eine nur dreimonatige aride Zeit. Alle landwirtschaftlich nutzbaren Bereiche Süditaliens aber, die südlich der Kampaniengrenze liegen, haben unter einer sommerlichen Dürre zu leiden, die durchschnittlich fünf bis sechs Monate anhält. Der schon geschilderte Klimagegensatz zwischen tyrrhenischer und adriatischer Seite findet zwischen Kampanien und Apulien auch in der Dauer der Tockenzeit seinen Ausdruck: Während die Bewohner Kampaniens mit drei Trockenmonaten zu rechnen haben, beginnt auf der apulischen Seite in gleicher Breitenlage die meist halbjährige Dürrezeit schon früher und endet später.

Jedem Italienreisenden wird die Beobachtung geläufig sein, daß die Küstenräume mit Agrumenkulturen auch sehr trocken sind. Die Wärmegunst Süditaliens, die diese subtropischen Baumkulturen möglich macht, kann nur genutzt werden, wenn genügend Bewässerungswasser zur Verfügung steht. Das ist nur in den wenigen wirklichen Gunsträumen Süditaliens der Fall, wie man sie an unteren Hängen und am Fuß von Vesuv und Ätna, aber auch am Fuß von Kalkgebirgen findet, wo das im Winter gespeicherte Wasser austritt.

### *f) Klimagliederung Italiens*

In einer länderkundlichen Darstellung, die den Beziehungen zwischen Mensch und Natur nachgehen will, darf eine zusammenfassende Klimaübersicht nicht fehlen. Eine räumliche Gliederung in klimatisch mehr oder weniger einheitliche Gebiete gibt es aber bisher nicht, wenn man von den Gliederungen nach den Temperaturverhältnissen durch Pinna (1970) oder nach dem Niederschlagsgang durch Mori (1969) absieht. Deshalb wurde der Versuch gemacht, eine möglichst vollständige und erläuterte, dem Maßstab entsprechend vereinfachte Klimagliederung Italiens durchzuführen. Sie geht von den bisher beschriebenen Räumen aus, die sich durch besondere Niederschlags- und Temperaturverhältnisse auszeichnen. Temperaturamplituden und Trockenmonate werden ebenso berücksichtigt wie die Höhengliederung, die in Italien das regionale Klima viel stärker differenziert, als es sich hier darstellen läßt (vgl. Karte 4 u. Tab. 4/5). Zur Deutung der wichtigsten Abgrenzungen möge der von Norden nach Süden forschreitende, dem klimatischen Formenwandel folgende Überblick dienen:

In den Ostalpen läßt sich auf Grund des Niederschlagsganges ein zentralalpiner Typ (1) mit Niederschlagsminimum im Winter und Niederschlagsmaximum im Sommer vom südalpinen Typ (2) mit zwei Niederschlagsmaxima, im Frühling und im Herbst, unterscheiden (Fliri 1974, S. 421). In Padua liegen diese Niederschlagsmaxima um den 28. 4. und 25. 10. Gegen Westen haben die Südalpen aber zum Teil ihr Niederschlagsmaximum im Sommer, und in den Westalpen ist der Herbst die niederschlagsreichste Zeit (3). Fliri betont, daß der Alpenhauptkamm keine Klimascheide bildet, denn die Alpen sind ein Übergangsgebiet zwischen den Sommerniederschlägen am Nordrand und den Frühlings- und Herbstniederschlägen am Südrand der Alpen und in der Padania. Der Südalpenrand erscheint im Niederschlagscharakter als Bereich, in dem besonders viele Tage mehr als 100 mm Niederschlag bringen. Eine schmale Zone am Fuß der Alpen (6 und 7) besitzt einige Gunstfaktoren, vor allem einen ausgeglicheneren Jahresgang der Temperatur und eine geringere Nebelhäufigkeit als die Po-Ebene.

Die Padania bildet – großräumig betrachtet – mit ihren Klimaten einen vielfältigen und sonderbaren Übergangsraum zwischen Mitteleuropa und dem Mittelmeergebiet. Sie gehört aber noch zur subozeanischen Klimaprovinz Mitteleuropas (I in Tab. 4). Gemeinsam ist ihren Teilen der kontinentale Charakter, der sich in der großen Temperaturamplitude zwischen Januar und Juli, in der Nebelhäufigkeit im Spätherbst und Winter und in den sommerlichen Konvektionsregen äußert (Cantù 1977, Fig. 13–17). Nirgends auf der Erde sind die Schäden durch Hagel so hoch wie hier (Morgan 1973). Nach dem Niederschlagsgang kann man nördlich des Po und westlich des Tánaro eine nördliche subkontinentale Padania (10) mit Winterminimum des Niederschlags und südlich des Po eine südliche submediterrane Padania mit Sommerminimum des Niederschlags unterscheiden (20). Weitere Differenzierungen ergeben sich aus der Lage der Niederschlagsmaxima und -minima im Herbst oder im Frühling und aus dem Relief, aber auch aus der Dauer des Niederschlagsdefizits. Man kann sagen, daß die Padania insgesamt im Sommer mehr zum Mittelmeerraum, im Winter aber eher zu Mitteleuropa gehört (Roth 1976). Köppen trug ihrem Übergangscharakter dadurch Rechnung, daß er ein Cx-Klima (warm-gemäßigtes Regenklima mit Regenmaximum im Frühsommer, heiterer Spätsommer) ausgliederte.

Der mediterrane Einfluß ist erst in der Region mit ausgeprägter Sommertrockenheit vorherrschend und wird dort durch die Hartlaubvegetation, d. h. die Steineichen- und Macchienbestände, sichtbar gemacht. Mit der ligurischen Küstenzone (40) beginnt die mediterrane Klimaprovinz Südeuropas (II in Tab. 4), und zwar weiter nördlich als der entsprechende adriatische Typ (50) bei Rímini. Die Höhengliederung bestimmt auch hier Abgrenzung und Differenzierung.

Das Gebirgsklima des Apennins (30, 31 und 54) unterscheidet sich nicht nur durch höhere Niederschläge und niedrigere Temperaturen vom Klima der Hügelländer und Beckenräume, sondern vor allem durch die Humidität, die sich in den Waldvegetationsstufen mit Tannen und Buchen verdeutlicht. Sonderklimate haben die innerapenninen Becken von L'Áquila, Sulmona, Avezzano und alle kleineren abgeschlossenen Hohlformen, wie auch die Piani (32). Die Abgrenzung gegen die Gebirgsklimate des südlichen Apennins (54) mit Niederschlagsmaxima im Winter ist nicht klar zu ziehen; deshalb ist die Zuordnung der Matesegruppe fraglich. Die nun zu beobachtenden Winterregenmaxima südlich der Linie Áscoli Piceno–Latina machen es möglich, die Vorlandsklimate auf der tyrrhenischen Seite (42/43 und 44/45) voneinander zu unterscheiden. Die milden Wintertemperaturen waren ausschlagend für die Ausgliederung der subtropischen Küstenklimate Süditaliens und der Inseln nach Pinna (1970) mit dem Januarmittel über 10° C und der Möglichkeit zur Agrumenkultur in thermischer Hinsicht (55 u. 81).

Die hier vorgelegte Klimagliederung hat dazu geführt, daß sich vier besonders unterschiedliche, durch einen jeweils ähnlichen Jahresgang von Niederschlägen

*Tab. 4: Die Klimate Italiens. Erläuterungen zur Karte 4: Die Klimate Italiens*

*I. Subozeanische Klimaprovinz Mitteleuropas*

A Alpines Klimagebiet

1 Gebirgs- und Hochgebirgsklima der Zentralalpen und Südalpen mit Winterminimum des Niederschlags und Sommer-(Herbst-)Maximum. Temperaturjahresschwankung 14–20 °C, Januar unter –6° bis –2°, Juli unter 14°–18°. Alle Monate humid. (Cortina d'Ampezzo.)[1]

2 Gebirgs- und Hochgebirgsklima der Südalpen mit Herbst- und Frühlingsniederschlagsmaximum. Temperaturjahresschwankung 16–20°C, Januar –4° bis + 2°, Juli unter 14–22°. Alle Monate humid. (Riva, Fóppolo.)

3 Gebirgs- und Hochgebirgsklima der Westalpen mit Herbst- und Frühlingsmaximum des Niederschlags, zum Teil mit Sommerminimum. Temperaturjahresschwankung 14–20°C, Januar unter –6° bis 0°, Juli unter 14 bis 18°. 1 Trockenmonat möglich. (Bardonécchia.)

4 Trockenwarmes Klima der großen Alpentäler. Temperaturjahresschwankung 20–22°C, Januar –2 bis + 2°, Juli 20–24°. 1–3 Trockenmonate in Längstälern. (Aosta.)

5 Dinarisches Gebirgsklima. Herbst-(Sommer)-Niederschlagsmaximum mit höchster Ergiebigkeit. Temperaturjahresschwankung 18–20°C, Januar –4 bis + 2°, Juli 14–20°. Alle Monate humid. (Montemaggiore.)

B Subkontinentales Übergangsgebiet der Padania

6 Alpenrand- und Hügellandklima der westlichen Padania. Frühlings- und Herbstniederschlagsmaximum. Temperaturjahresschwankung 18–22 °C. Mäßig kalte Winter, Januar 0–2°C, Juli 18–22°C. Alle Monate humid. (Biella.)

7 Alpenrand- und Hügellandklima der nördlichen Padania. Herbst- und Frühlingsniederschlagsmaximum. Temperaturjahresschwankung 20–22°C. An Voralpenseen milde Winter. Januar 0–4°, Juli 20–24°. Alle Monate humid. (Bérgamo.)

10 Tieflandsklima der nördlichen Padania mit Frühlings-(Herbst-)Niederschlagsmaximum im Westen, Herbst-(Frühlings-)Niederschlagsmaximum im Osten. Temperaturjahresschwankung 22–24°C, mäßig kalte Winter: Januar 0–2°, warme Sommer: Juli 22–25°C. 1–2 Trockenmonate, über 50 Nebeltage besonders im Spätherbst. (Mailand.)

11 Tieflandsklima der venetischen Padania mit Frühlings-(Herbst-)Niederschlagsmaximum. Temperaturjahresschwankung 20–22°C, Juli 22–24°, Januar 0–4°. 1–2 Trockenmonate. (Treviso.)

12 Tieflandsklima von Friaul mit Frühlings-(Herbst-)Niederschlagsmaximum. Temperaturjahresschwankung 19–22°C, Januar 0–4°, Juli 22–24°. Kein Trockenmonat. (Údine.)

13 Tieflandsklima des Polésine mit Herbst-(Frühlings-)Niederschlagsmaximum. Temperaturjahresschwankung 20–23°C, Januar 0–4°, Juli 23–25°. 2–3 Trockenmonate. (Rovigo.)

[1] Grenzwerte nach Temperaturkarten bei Gazzolo u. Pinna (1969), Niederschlagsverteilung nach Mori (1969), Trockenmonate nach D. Schreiber (1973) berechnet und von diesem zur Verfügung gestellt. Beispielstationen sind in die Karte eingetragen, deren Jahres- und Monatsmittelwerte von Temperatur und Niederschlag nach Tabellen des Servizio Idrografico für die Perioden 1926–55 (T) und 1921–50 (N) Tab. 5 enthält.

C Submediterranes Übergangsgebiet der südlichen Padania

20 Tieflandsklima der südlichen Padania mit Herbst-(Frühlings-)Niederschlagsmaximum und Sommerminimum. Temperaturjahresschwankung 22–24 °C. Mäßig kalte Winter: Januar 0–2 °, warme Sommer: Juli 22–26 °. Häufige Herbstnebel. 3–4 Trockenmonate. (Alessándria, Bologna.)

21 Apenninrand- und Hügellandklima der südlichen Padania mit Herbst-(Frühlings-) Niederschlagsmaximum. Temperaturjahresschwankung 20–22 °C, Januar 0–3 °, Juli 20–24 °. 3 Trockenmonate. (Salsomaggiore.)

22 Innerpadanisches Klima mit Frühlings-(Herbst-)Niederschlagsmaximum. Temperaturjahresschwankung 18–22 °C, Januar –2 bis +2 °, Juli 18–22 °. 1 Trockenmonat. (Cúneo.)

D Nord- und Mittelapenninisches Klimagebiet

30 Gebirgsklima des nördlichen Apennins mit Herbst-(Frühlings-)Niederschlagsmaximum. Temperaturjahresschwankung 15–20 °C, Januar –4 bis + 4 °, Juli 16–20 °. Wasserüberschußgebiete mit kurzer Zeit geringen Defizits. 1–3 Trockenmonate. (San Pellegrino in Alpe.)

31 Gebirgsklima des mittleren Apennins mit Herbst-(Frühlings-)Niederschlagsmaximum. Temperaturjahresschwankung 15–20 °C, Januar –4 bis + 4 °, Juli 14–20 °. Wasserüberschußgebiete mit kurzer Zeit geringen Defizits. 2–3 Trockenmonate. (Castel del Monte.)

32 Innerapennine Beckenklimate mit geringeren Niederschlagsmengen als in ihrer Umgebung. Temperaturjahresschwankung 20–22 °C, Januar 0–2 °, Juli 20–25 °. Herbstnebel. 3 Trockenmonate. (L'Áquila.)

33 Hügelland- und Beckenklima der östlichen Toskana und des nördlichen Latium. Herbst-(Frühlings-)Niederschlagsmaximum. Temperaturjahresschwankung 18–20 °C, Januar 4–6 °, Juli 22–25 °. 3 Trockenmonate. (Perúgia.)

*II. Mediterrane Klimaprovinz Südeuropas*

A Tyrrhenisches Klimagebiet

40 Küstenklima Liguriens und der nördlichen Toskana mit Herbst-(Winter-), zum Teil Herbst-(Frühlings-)Niederschlagsmaximum. Temperaturjahresschwankung 14–17 °C, Januar 6–10 °, Juli 22–26 °. 1–10 Frosttage im Jahr. 3 Trockenmonate. (San Remo.)

41 Hügelland- und Beckenklima des nordtyrrhenischen Apenninenvorlandes mit Herbst-(Winter-)Niederschlagsmaximum. Temperaturjahresschwankung 17–20 °C, Januar 4–8 °, Juli 20–25 °. 2–3 Trockenmonate. (Florenz, Volterra.)

42 Hügelland- und Beckenklima des Apenninenvorlandes der südlichen Toskana und des nördlichen Latium mit Herbst-(Winter-)Niederschlagsmaximum. Temperaturjahresschwankung 17–20 °C, Januar 4–7 °, Juli 20–25 °. 3 Trockenmonate. (Manciano.)

43 Tyrrhenisches Küstenklima der südlichen Toskana und des nördlichen Latium mit Herbst-(Winter-)Niederschlagsmaximum. Temperaturjahresschwankung 15–18 °C, Januar 5–9 °, Juli 22–26 °. 3 Trockenmonate. (Rom.)

44 Hügelland- und Beckenklima des südlichen Latium und Kampaniens mit Winter-(Herbst-)Niederschlagsmaximum. Temperaturjahresschwankung 16–18 °C, Januar 4–8 °, Juli 20–24 °. 3–4 Trockenmonate. (Benevent.)

(Forts. s. u. S. 162)

(Tab. 4, Forts.)

45 Tyrrhenisches Küstenklima des südlichen Apennins mit Winter-(Herbst-)Niederschlagsmaximum. Temperaturjahresschwankung 16–18 °C, Januar 6–10 °, Juli 22–26 °. 3–4 Trockenmonate. (Neapel.)
46 Inselklimate des toskanischen Archipels mit Winter-(Herbst-)Niederschlagsmaximum. Temperaturjahresschwankung 14–17 °C, Januar 6–10 °, Juli 22–26 °. 4–5 Trockenmonate. (Portoferráio.)

B Adriatisch-Ionisches Klimagebiet
50 Adriatisches Klima mit Herbst-(Winter-)Niederschlagsmaximum. Temperaturjahresschwankung 18–20 °C, Januar 3–8 °, Juli 22–26 °. 3 Trockenmonate. (Téramo.)
51 Adriatisch-apulisches Klima mit Winter-(Herbst-)Niederschlagsmaximum. Temperaturjahresschwankung 16–20 °C, Januar 6–10 °, Juli 24–26 °. 5–6 Trockenmonate. (Fóggia, Locorotondo.)

C Südapenninisches Klimagebiet
52 Südkalabrisches Klima mit Winter-(Herbst-)Niederschlagsmaximum. Temperaturjahresschwankung 15–18 °C, Januar 6–10 °, Juli 20–26 °. 5–6 Trockenmonate. (Nicastro.)
53 Hügellandklima Süditaliens mit Winter-(Herbst-)Niederschlagsmaximum. Temperaturjahresschwankung 18–20 °C, Januar 3–8 °, Juli 20–26 °. 3–4 Trockenmonate. 25–100 Frosttage. (Melfi.)
54 Gebirgsklima des südlichen Apennins mit Winter-(Herbst-)Niederschlagsmaximum. Temperaturjahresschwankung 17–20 °C, Januar –2 bis + 3 °, Juli 16–22 °. 2–3 Trockenmonate, 50–150 Frosttage. (Potenza.)
55 Subtropisches Küstenklima Halbinselitaliens mit Winter-(Herbst-)Niederschlagsmaximum. Temperaturjahresschwankung 14–17 °C, Januar über 10 °, Juli bis 26 °. 6 Trockenmonate. (Tropéa.)

D Klimate Siziliens, Sardiniens und der kleinen Inseln
60 Nordsizilisches Klima mit Winter-(Herbst-)Niederschlagsmaximum. Temperaturjahresschwankung 14–20 °C, Januar 6–10 °, Juli 24–26 °. 5–6 Trockenmonate. (Palermo.)
61 Gebirgsklima Siziliens mit Winter-(Herbst-)Niederschlagsmaximum. Temperaturjahresschwankung 18–20 °C, Januar –2 bis +7 °, Juli 16–24 °. 3–5 Trockenmonate. (Enna.)
70 Hügelland- und Küstenklima Ostsardiniens mit Winter-(Herbst-)Niederschlagsmaximum. Temperaturjahresschwankung 14–18 °C, Januar 8–10 °, Juli 22–26 °. 1–10 Frosttage, 3–5 Trockenmonate. (Ólbia.)
71 Hügelland- und Küstenklima Westsardiniens mit Winter-(Herbst-)Niederschlagsmaximum. Temperaturjahresschwankung 14–20 °C, Januar 6–10 °, Juli 22–26 °. 3–5 Trockenmonate. (Sássari.)
72 Gebirgsklima Sardiniens mit Winter-(Frühlings-)Niederschlagsmaximum. Temperaturjahresschwankung 16–20 °C, Januar 4–8 °, Juli 16–22 °. 10–50 Frosttage, 2–3 Trockenmonate. (Désulo.)
80 Sommerheißes und trockenes Klima im Süden Siziliens und Sardiniens mit Winter-(Herbst-)Niederschlagsmaximum. Temperaturjahresschwankung 13–16 °C, Januar 8–10 °, Juli 25–27 °. 5–6 Trockenmonate. (Vittória.)

81 Subtropisches Küstenklima Siziliens und Sardiniens mit Winter-(Herbst-)Niederschlagsmaximum. Temperaturjahresschwankung 12–16 °C, Januar über 10°, Juli bis über 26°. Sehr selten Frosttage, 6–7 Trockenmonate. (Messina, Cágliari.)

82 Inselklimate Süditaliens mit Winter-(Herbst-)Niederschlagsmaximum. Temperaturjahresschwankung 13–15 °C, Januar 10–12°, Juli bis über 26°. Jahresniederschläge 300–600 mm, 6–8 Trockenmonate. (Strómboli.)

und Temperaturen ausgezeichnete Bereiche erkennen und mehr oder weniger scharf abgrenzen ließen. Es sind dies 1. die Alpen, 2. die Padania, 3. Mittelitalien mit dem nördlichen und mittleren Apennin und ihren Vorländern und 4. Süditalien und die Inseln Sizilien und Sardinien.

Der Alpensüdrand tritt als bedeutender Grenzsaum hervor, an dem sich der Übergang zwischen dem Strahlungsklima der Mittelbreiten und dem der Subtropen vollzieht und von den Alpen verstärkt wird. Diese Grenze liegt im allgemeinen in der Gegend des 45. Breitengrades, dem der Po von Turin bis zur Mündung folgt (Louis 1958, S. 158). Die Padania hat ein typisches Übergangsklima. Sie zeigt sich im Winter mit Kälte und hoher Nebelhäufigkeit kontinentaleuropäisch und im Sommer subtropisch beeinflußt, mit Frühsommerniederschlag und folgender Trockenheit bei hohen Temperaturen. Die Mitte Italiens hat vorwiegend Herbst- und Frühjahrsniederschläge und zwei bis drei Monate lange, heiße und trockene Sommer. Sie enthält klimatische Vorzugslagen, in denen kälteempfindliche Vegetation gedeihen kann. Die nächste Klimagrenze ist diejenige, an der sich der Übergang von den Herbst- und Frühjahrsniederschlägen zu den Winterniederschlägen vollzieht. Es ist die Grenze zwischen Mittel- und Süditalien in klimatologischer Sicht. Der Einfluß der Sommertrockenheit mit ihrem Wasserdefizit wird größer und nimmt nach Süden und in den Leegebieten mit allgemeinem Niederschlagsmangel noch zu. Die vom Touristen geschätzte hohe Zahl der Stunden mit Sonnenschein ist kein Ersatz für die damit verbundenen Nachteile im Vergleich zu dem zwar winterkalten, aber sommerwarmen und feuchten Norditalien. Der Nord-Süd-Gegensatz in Italien ist von der Natur bestimmt und ist mit Maßnahmen, die der Mensch ergreifen kann, nicht auszugleichen; dieser Determinismus kann nicht abgestritten werden, er zwingt aber zu erhöhten Anstrengungen, um das Los des Mezzogiorno so weit zu erleichtern und zu bessern, wie es möglich ist.

## *g) Literatur*

Eine moderne, kurze Darstellung des Klimas von Italien gibt Cantù (1977), eine Bibliographie erschien 1973 (Cantù und Narducci). Zahlreiche klimageographische Arbeiten sind Pinna zu verdanken, darunter eine Beschreibung der Klimabedingungen mit Karten in Pinna und Ruocco (Hrsg.), 1980, S. 65–88. Die Entwicklung der Klimatologie in Italien leidet unter der Aufsplitterung in verschiedene Institutionen und dem Fehlen eines zentralen Wetter- und Klimadienstes.

*Tab. 5: Klimatabelle. Temperatur und Niederschlag, Monats- und Jahresdurchschnitt an ausgewählten Stationen. Mittelwerte der Perioden 1926–1955 für Temperaturen (° C), 1921–1950 für Niederschlagssummen (mm).*

| Klimaeinheit | | Station | | I | II | III | IV | V | VI | VII | VIII | IX | X | XI | XII | Jahr | At | Dn[1] |
|---|---|---|---|---|---|---|---|---|---|---|---|---|---|---|---|---|---|---|
| IA | 1 | Cortina d'Ampezzo | t° | −3,0 | −1,0 | 2,1 | 5,8 | 9,4 | 13,1 | 15,2 | 14,9 | 12,5 | 7,6 | 2,7 | −1,1 | 6,5 | 18,2 | 109 |
| | | 1275 m | mm | 39 | 46 | 69 | 102 | 130 | 131 | 141 | 121 | 105 | 105 | 110 | 60 | 1159 | | |
| | 2 | Riva | t° | 3,2 | 4,2 | 8,2 | 12,6 | 16,5 | 20,5 | 22,5 | 21,7 | 18,6 | 13,1 | 7,6 | 3,8 | 12,7 | 19,3 | 92 |
| | | 70 m | mm | 49 | 51 | 76 | 85 | 109 | 92 | 85 | 92 | 93 | 93 | 103 | 68 | 996 | | |
| | 1/2 | Fóppolo | t° | −3,9 | −2,9 | −0,4 | 2,8 | 6,0 | 9,7 | 12,2 | 11,8 | 9,7 | 4,8 | 0,9 | −2,5 | 4,0 | 16,1 | 95 |
| | | 1520 m | mm | 74 | 76 | 137 | 168 | 250 | 216 | 215 | 219 | 204 | 212 | 191 | 111 | 2073 | | |
| | 3 | Bardonécchia | t° | −3,0 | 1,6 | 4,1 | 7,9 | 11,1 | 15,2 | 17,5 | 17,2 | 14,5 | 9,4 | 4,9 | 1,5 | 8,8 | 14,5 | 84 |
| | | 1275 m | mm | 35 | 41 | 54 | 72 | 84 | 47 | 45 | 53 | 82 | 80 | 82 | 61 | 736 | | |
| | 4 | Aosta | t° | −0,3 | 2,7 | 6,7 | 11,0 | 14,8 | 18,7 | 20,6 | 19,4 | 16,0 | 10,4 | 4,8 | 0,8 | 10,4 | 20,9 | 72 |
| | | 583 m | mm | 37 | 33 | 42 | 61 | 54 | 38 | 38 | 44 | 59 | 61 | 76 | 49 | 585 | | |
| | 5 | Montemaggiore | t° | −0,7 | 0,7 | 3,4 | 7,3 | 11,2 | 14,9 | 17,4 | 17,3 | 14,3 | 9,3 | 4,5 | 1,1 | 8,4 | 18,1 | 123 |
| | | 954 m | mm | 147 | 123 | 216 | 273 | 298 | 290 | 208 | 211 | 258 | 307 | 321 | 196 | 2848 | | |
| IB | 6 | Biella | t° | 1,8 | 3,8 | 7,5 | 11,2 | 14,8 | 19,0 | 21,2 | 20,6 | 17,2 | 11,3 | 6,3 | 2,8 | 11,5 | 19,4 | 94 |
| | | 412 m | mm | 52 | 54 | 99 | 170 | 227 | 175 | 126 | 143 | 147 | 154 | 134 | 79 | 1560 | | |
| | 7 | Bérgamo | t° | 2,4 | 4,2 | 8,2 | 12,6 | 16,4 | 20,7 | 23,0 | 22,5 | 19,2 | 13,6 | 7,9 | 3,8 | 12,9 | 20,6 | 100 |
| | | 366 m | mm | 60 | 58 | 91 | 117 | 172 | 122 | 93 | 104 | 112 | 113 | 120 | 81 | 1243 | | |
| | 10 | Mailand | t° | 1,7 | 4,3 | 9,2 | 14,0 | 18,0 | 22,6 | 25,1 | 24,2 | 20,4 | 14,0 | 8,0 | 3,1 | 13,7 | 23,4 | 84 |
| | | 121 m | mm | 61 | 55 | 68 | 82 | 100 | 80 | 59 | 68 | 74 | 93 | 97 | 75 | 912 | | |
| | 11 | Treviso | t° | 2,8 | 4,5 | 8,5 | 13,2 | 17,1 | 21,6 | 23,8 | 23,3 | 19,8 | 14,0 | 8,3 | 4,4 | 13,5 | 20,5 | 90 |
| | | 15 m | mm | 56 | 49 | 70 | 78 | 119 | 101 | 77 | 63 | 75 | 86 | 99 | 65 | 938 | | |
| | 12 | Údine | t° | 3,3 | 4,9 | 8,5 | 13,1 | 17,1 | 21,0 | 23,2 | 22,9 | 19,6 | 14,1 | 8,6 | 4,6 | 13,4 | 19,9 | 104 |
| | | 146 m | mm | 73 | 63 | 105 | 122 | 138 | 155 | 106 | 101 | 131 | 132 | 137 | 104 | 1367 | | |
| | 13 | Rovigo | t° | 1,3 | 3,6 | 8,5 | 13,5 | 17,7 | 22,1 | 24,5 | 23,9 | 20,1 | 14,1 | 8,2 | 3,1 | 13,4 | 23,2 | 80 |
| | | 4 m | mm | 45 | 43 | 49 | 56 | 67 | 60 | 33 | 49 | 58 | 75 | 67 | 43 | 645 | | |

| | | | | | | | | | | | | | | | | | |
|---|---|---|---|---|---|---|---|---|---|---|---|---|---|---|---|---|---|
| IC | 20 West | Alessándria | t° | +0,1 | 2,8 | 8,1 | 13,2 | 17,4 | 22,0 | 24,8 | 23,7 | 20,0 | 13,2 | 7,0 | 2,0 | 12,9 | 24,7 | 65 |
| | | 95 m | mm | 39 | 37 | 43 | 47 | 59 | 34 | 27 | 36 | 40 | 67 | 78 | 49 | 556 | | |
| | 20 Ost | Bologna | t° | 2,2 | 4,3 | 9,2 | 14,1 | 18,3 | 23,0 | 25,7 | 25,0 | 21,2 | 14,8 | 8,7 | 3,9 | 14,2 | 23,5 | 71 |
| | | 52 m | mm | 43 | 50 | 47 | 46 | 57 | 43 | 33 | 28 | 50 | 80 | 68 | 56 | 601 | | |
| | 21 | Salsomaggiore | t° | 1,1 | 3,2 | 7,5 | 11,8 | 15,7 | 20,1 | 22,5 | 22,0 | 18,4 | 12,7 | 6,8 | 2,2 | 12,0 | 21,4 | 83 |
| | | 160 m | mm | 72 | 75 | 83 | 91 | 94 | 63 | 36 | 45 | 93 | 112 | 111 | 87 | 962 | | |
| | 22 | Cúneo | t° | 1,2 | 3,0 | 6,9 | 11,3 | 15,0 | 19,5 | 22,0 | 21,1 | 17,7 | 11,8 | 6,3 | 2,5 | 11,5 | 20,8 | 85 |
| | | 536 m | mm | 53 | 52 | 87 | 113 | 144 | 72 | 40 | 59 | 82 | 102 | 106 | 76 | 986 | | |
| ID | 30 | San Pellegrino in Alpe | t° | −3,6 | −3,5 | −0,9 | 3,2 | 7,3 | 11,9 | 15,5 | 14,9 | 10,9 | 6,0 | 1,7 | −1,6 | 5,2 | 19,1 | 108 |
| | | 1525 m | mm | 139 | 115 | 152 | 123 | 155 | 99 | 66 | 69 | 134 | 207 | 218 | 142 | 1619 | | |
| | 31 | Castel del Monte | t° | −0,2 | +0,7 | 3,2 | 6,9 | 10,9 | 15,1 | 17,9 | 17,7 | 14,7 | 9,8 | 5,4 | 1,5 | 8,6 | 17,7 | 87 |
| | | 1300 m | mm | 63 | 80 | 57 | 76 | 73 | 66 | 39 | 39 | 67 | 86 | 99 | 90 | 835 | | |
| | 32 | L'Áquila | t° | 2,0 | 3,6 | 7,0 | 11,3 | 15,0 | 19,0 | 22,0 | 21,8 | 18,6 | 13,1 | 8,1 | 3,7 | 12,1 | 20,0 | 89 |
| | | 735 m | mm | 54 | 62 | 51 | 61 | 64 | 44 | 29 | 30 | 55 | 80 | 89 | 76 | 695 | | |
| | 33 | Perúgia | t° | 4,0 | 5,1 | 8,2 | 11,6 | 15,5 | 20,2 | 23,1 | 22,7 | 19,6 | 14,1 | 9,5 | 5,5 | 13,2 | 19,1 | 91 |
| | | 493 m | mm | 63 | 71 | 69 | 79 | 78 | 59 | 30 | 48 | 86 | 113 | 102 | 76 | 874 | | |
| IIA | 40 | San Remo | t° | 9,9 | 10,4 | 12,3 | 14,7 | 17,8 | 21,4 | 23,7 | 23,9 | 21,8 | 17,8 | 14,0 | 11,1 | 16,6 | 14,0 | 65 |
| | | 9 m | mm | 68 | 52 | 72 | 59 | 62 | 30 | 10 | 24 | 60 | 94 | 115 | 95 | 741 | | |
| | 41 | Florenz (Oss. Xim.) | t° | 5,3 | 6,4 | 9,9 | 13,8 | 17,7 | 22,2 | 24,9 | 24,3 | 20,8 | 15,3 | 10,2 | 6,3 | 14,7 | 19,6 | 89 |
| | | 51 m | mm | 69 | 66 | 65 | 66 | 73 | 55 | 24 | 38 | 75 | 116 | 109 | 84 | 840 | | |
| | 41 | Volterra | t° | 4,5 | 5,1 | 8,0 | 11,4 | 15,1 | 19,6 | 22,5 | 22,4 | 19,4 | 14,1 | 9,6 | 5,9 | 13,1 | 18,0 | 91 |
| | | 500 m | mm | 78 | 70 | 75 | 78 | 83 | 59 | 37 | 43 | 94 | 145 | 118 | 114 | 994 | | |
| | 42 | Manciano | t° | 4,9 | 5,4 | 7,9 | 11,4 | 15,3 | 20,1 | 22,9 | 22,8 | 19,9 | 14,9 | 9,7 | 6,3 | 13,5 | 18,0 | 75 |
| | | 443 m | mm | 84 | 81 | 87 | 73 | 66 | 46 | 17 | 37 | 75 | 142 | 127 | 122 | 957 | | |
| | 43 | Rom (U. O. M.) | t° | 7,5 | 8,5 | 11,3 | 14,6 | 18,4 | 22,8 | 25,6 | 25,2 | 22,2 | 17,2 | 12,5 | 8,7 | 16,2 | 18,1 | 81 |
| | | 51 m | mm | 69 | 71 | 63 | 56 | 55 | 31 | 9 | 22 | 64 | 115 | 111 | 94 | 760 | | |
| | 44 | Benevent | t° | 6,7 | 7,5 | 10,2 | 13,5 | 17,3 | 21,9 | 24,7 | 24,2 | 21,3 | 16,3 | 11,9 | 7,9 | 15,3 | 18,0 | 84 |
| | | 170 m | mm | 71 | 71 | 54 | 52 | 53 | 36 | 14 | 30 | 54 | 76 | 94 | 90 | 695 | | |

(Forts. s. u. S. 166)

(Tab. 5, Forts.)

| Klimaeinheit | Station | | I | II | III | IV | V | VI | VII | VIII | IX | X | XI | XII | Jahr | At | Dn[1] |
|---|---|---|---|---|---|---|---|---|---|---|---|---|---|---|---|---|---|
| 45 | Neapel (Oss. | t° | 8,5 | 9,5 | 11,3 | 14,3 | 17,9 | 22,2 | 24,8 | 24,8 | 22,0 | 17,6 | 13,6 | 10,0 | 16,4 | 16,3 | 87 |
| | Capodimonte) 149 m | mm | 102 | 82 | 67 | 52 | 49 | 30 | 14 | 29 | 75 | 115 | 125 | 115 | 855 | | |
| 46 | Portoferráio | t° | 9,3 | 10,0 | 11,8 | 14,4 | 17,7 | 21,8 | 24,7 | 24,3 | 21,6 | 17,9 | 14,1 | 10,8 | 16,5 | 15,4 | 65 |
| | 32 m | mm | 58 | 61 | 48 | 47 | 36 | 19 | 10 | 22 | 49 | 59 | 79 | 88 | 576 | | |
| IIB 50 | Téramo | t° | 4,9 | 5,8 | 8,8 | 12,6 | 16,7 | 21,2 | 23,9 | 23,5 | 20,2 | 14,9 | 10,2 | 6,5 | 14,1 | 19,0 | 91 |
| | 300 m | mm | 70 | 76 | 65 | 68 | 73 | 69 | 46 | 44 | 75 | 74 | 86 | 93 | 839 | | |
| 51 | Fóggia | t° | 6,5 | 7,4 | 10,1 | 13,8 | 18,0 | 23,3 | 26,1 | 25,5 | 22,2 | 16,9 | 12,2 | 7,9 | 15,8 | 19,6 | 63 |
| | 74 m | mm | 44 | 37 | 37 | 35 | 34 | 31 | 14 | 23 | 49 | 41 | 55 | 54 | 454 | | |
| 51 | Locorotondo | t° | 6,5 | 7,0 | 8,9 | 12,5 | 16,5 | 21,0 | 23,5 | 23,2 | 20,5 | 15,9 | 11,8 | 8,1 | 14,6 | 17,0 | 61 |
| | 420 m | mm | 75 | 63 | 68 | 49 | 36 | 30 | 12 | 20 | 51 | 75 | 104 | 96 | 679 | | |
| IIC 52 | Nicastro | t° | 9,4 | 9,9 | 11,6 | 14,4 | 17,8 | 22,4 | 24,9 | 25,3 | 23,1 | 18,7 | 14,6 | 10,9 | 16,9 | 15,9 | 92 |
| | 200 m | mm | 190 | 139 | 107 | 76 | 67 | 33 | 11 | 21 | 53 | 125 | 166 | 187 | 1175 | | |
| 53 | Melfi | t° | 5,4 | 6,0 | 8,3 | 12,1 | 16,0 | 21,1 | 24,1 | 24,0 | 20,7 | 15,5 | 11,0 | 7,0 | 14,3 | 18,7 | 87 |
| | 531 m | mm | 96 | 81 | 75 | 65 | 50 | 44 | 20 | 23 | 52 | 76 | 89 | 104 | 775 | | |
| 54 | Potenza | t° | 3,7 | 4,4 | 6,8 | 10,7 | 14,7 | 19,1 | 22,0 | 22,0 | 18,9 | 13,8 | 9,3 | 5,3 | 12,6 | 18,3 | 93 |
| | 826 m | mm | 102 | 79 | 65 | 64 | 70 | 49 | 26 | 30 | 58 | 71 | 99 | 103 | 816 | | |
| 55 | Tropea | t° | 10,8 | 10,9 | 12,2 | 14,7 | 18,1 | 22,4 | 24,8 | 25,2 | 23,2 | 19,5 | 15,7 | 12,4 | 17,5 | 14,4 | 82 |
| | 51 m | mm | 90 | 65 | 54 | 35 | 33 | 22 | 7 | 14 | 33 | 63 | 91 | 103 | 610 | | |
| IID 60 | Palermo (Oss. Astr.) | t° | 11,4 | 11,7 | 13,3 | 15,8 | 18,9 | 22,7 | 25,3 | 25,4 | 23,6 | 20,1 | 16,6 | 13,0 | 18,1 | 14,0 | 76 |
| | 31 m | mm | 109 | 95 | 64 | 42 | 31 | 14 | 6 | 16 | 44 | 90 | 90 | 130 | 731 | | |
| 61 | Enna | t° | 4,5 | 5,0 | 7,0 | 10,7 | 14,8 | 20,6 | 23,8 | 23,2 | 19,9 | 14,4 | 9,8 | 6,3 | 13,3 | 19,3 | 81 |
| | 950 m | mm | 138 | 102 | 112 | 60 | 42 | 28 | 6 | 18 | 58 | 100 | 133 | 159 | 956 | | |
| 70 | Ólbia | t° | 9,2 | 9,7 | 11,4 | 14,0 | 17,3 | 21,8 | 25,0 | 24,5 | 21,9 | 17,7 | 13,7 | 10,4 | 16,4 | 15,8 | 58 |
| | 15 m | mm | 93 | 73 | 66 | 50 | 37 | 8 | 3 | 6 | 43 | 70 | 93 | 113 | 655 | | |

| | | | | | | | | | | | | | | | | | |
|---|---|---|---|---|---|---|---|---|---|---|---|---|---|---|---|---|---|
| 71 | Sássari | t° | 8,7 | 9,1 | 11,3 | 14,1 | 16,8 | 21,4 | 24,1 | 24,5 | 22,1 | 17,6 | 13,6 | 10,0 | 16,1 | 15,8 | 74 |
| | 224 m | mm | 62 | 59 | 58 | 52 | 41 | 10 | 4 | 7 | 46 | 71 | 88 | 98 | 596 | | |
| 72 | Désulo | t° | 4,2 | 4,8 | 7,5 | 10,4 | 13,8 | 19,2 | 22,3 | 22,2 | 18,9 | 13,8 | 9,3 | 5,6 | 12,6 | 18,1 | 108 |
| | 920 m | mm | 155 | 152 | 136 | 117 | 95 | 33 | 14 | 14 | 61 | 103 | 146 | 182 | 1208 | | |
| 80 | Vittória/Siz. | t° | 9,8 | 10,6 | 12,7 | 15,2 | 18,8 | 23,4 | 25,7 | 25,4 | 23,1 | 19,2 | 15,0 | 11,4 | 17,5 | 15,9 | 58 |
| | 168 m | mm | 90 | 61 | 44 | 31 | 18 | 10 | 1 | 7 | 36 | 65 | 67 | 99 | 529 | | |
| 81 | Messina | t° | 11,4 | 11,9 | 12,9 | 15,4 | 18,9 | 23,2 | 26,0 | 26,1 | 23,8 | 20,0 | 16,2 | 12,9 | 18,2 | 14,7 | 89 |
| | 54 m | mm | 135 | 97 | 82 | 60 | 37 | 25 | 10 | 25 | 66 | 99 | 156 | 146 | 938 | | |
| 81 | Cágliari | t° | 10,4 | 10,9 | 12,8 | 15,1 | 18,5 | 22,9 | 25,5 | 25,6 | 23,3 | 19,4 | 15,5 | 11,8 | 17,6 | 15,2 | 58 |
| | 7 m | mm | 47 | 42 | 39 | 35 | 35 | 7 | 4 | 7 | 32 | 59 | 59 | 65 | 431 | | |
| 82 | Strómboli 1959/68 | t° [2] | 12,2 | 12,6 | 13,6 | 15,9 | 19,0 | 22,8 | 25,9 | 26,4 | 24,3 | 20,8 | 17,2 | 14,1 | 18,7 | 14,2 | 69 |
| | 5 m | mm | 92 | 67 | 53 | 34 | 28 | 17 | 3 | 12 | 37 | 66 | 80 | 92 | 581 | | |

[1] AT = Temperaturjahresschwankung. Dn = Zahl der Tage mit Niederschlag.
[2] Vittorini 1972, S. 4.
Quelle: Servizio Idrografico.

Es ist bedauerlich, daß die ersten Klimabeobachtungen, die 13 Jahre lang ab 1654 in einem Netz in der Toskana dank der Initiative Ferdinands II. durchgeführt wurden, keine Fortsetzung fanden und daß die meisten Aufzeichnungen verlorengegangen sind (CANTÙ 1977, S. 127). Mit der Sammlung, Publikation und Auswertung befassen sich der Servízio Meteorológico dell'Aeronáutica, der Servízio Idrográfico del Ministero dei Lavori Púbblici, der die ›Annali Idrológici‹ herausgibt, und der Uffício Centrale di Meteorología ed Ecologia Agrária. Der ISTAT sammelt und veröffentlicht Klimadaten in seinen ›Annuarii di Statistiche Meteorologiche‹ seit 1959. Wenn auch der Fusionsplan noch vor der Verwirklichung steht, so ist doch eine gemeinsame Forschungstätigkeit durch das Istituto per la Física dell'Atmósfera der CNR möglich. Die fehlende Koordinierung hatte auch zur Folge, daß es nicht zur Erarbeitung eines Klimaatlas kam und daß die veröffentlichten Karten einzelner Klimaelemente sehr unterschiedlich sind (MORI 1961).

Für den geplanten Nationalatlas wurden Klimakarten vorbereitet (PINNA und VITTORINI 1976); einige waren von geographischer Seite schon früher entworfen worden (MORI 1969; PINNA 1970), zum Teil in Zusammenarbeit mit dem Hydrographischen Dienst. Eine Klimatologenschule existiert nicht. An Universitäten wird Klimatologie nur gelegentlich innerhalb der Physischen Geographie gelehrt. Klimageographische Forschungsarbeit begann deshalb erst spät, vor allem mit dem Congr. Geogr. It. XVII, Bari 1957. Einen Tätigkeits- und Literaturbericht für 1960–80 gab VITTORINI in CORNA-PELLEGRINI und BRUSA (Hrsg.) 1980, S. 679–692.

Eine beschreibende Klimatologie legte MENNELLA in drei Bänden vor (1967, 1972, 1973). Nach der forstlichen Klimaklassifikation von DE PHILIPPIS (1937) folgte die an KOEPPEN anschließende von PINNA (1970). Eine Monographie zur Temperaturverteilung mit Karte 1:1 Mio., Isoplethen- und anderen Diagrammen erschien von GAZZOLO und PINNA 1969 beim Servizio Idrográfico auf der Grundlage der Beobachtungsreihe 1926–1955. Auf der ebenfalls dreißigjährigen Periode 1921–1950 beruht die Karte des Niederschlagsganges von MORI (1969) ebenso wie die Karte des Servízio Idrográfico, 1:1 Mio. von FROSINI in Bd. XIII von 1961 in den 13bändigen Veröffentlichungen der Niederschlagsbeobachtungen. GAZZOLO und PINNA veröffentlichten dort (1973) die Schneefalldaten für 1921–1960; vgl. auch MORANDINI (1963) über die Schneedecke Italiens. Hierher gehören auch die glaziologischen Beobachtungen und Veröffentlichungen des Geographischen Alpeninstituts in Turin, des Comitato Glaciológico Italiano.

Unter den regionalklimatologischen Arbeiten befinden sich einige Monographien (GENTILLI 1964, 1977; HAYD 1962; PINNA 1954) und speziellere Arbeiten wie die von VITTORINI (1972, 1976). Dazu kommen einige Stadtklimaveröffentlichungen. Das Thema ›Klimaänderung und Mensch‹ behandelte erstmals in Italien PINNA (1969). In einem ersten Kongreß zur Apenninmeteorologie 1979 in Anlehnung an einen solchen der Alpenmeteorologie wurden der Einfluß des Apennins auf die atmosphärische Zirkulation, die wichtigsten Wetterlagen, Temperatur- und Niederschlagsverteilung im Vergleich beider Seiten, Lokalwinde und periodische Winde neben anderen Themen behandelt (ZANELLA, Hrsg., 1982).

## 3. Die Hydrosphäre. Binnengewässer und Meere

### *a) Wasserprobleme eines industrialisierten Halbinsel- und Insellandes im Nord-Süd-Gegensatz*

Es gibt kaum noch ein Land auf der Erde, wo nicht Wasserprobleme zu bewältigen wären. Während die Bewohner des einen Landes unter häufigen Hochwassern leiden, haben andere im Trockengürtel lebende ständig Schwierigkeiten mit der Wasserbeschaffung. Nicht nur in tropischen Ländern werden Krankheiten durch das Wasser übertragen, und in den Industrieländern steigen die Kosten für die Versorgung mit Trink- und Brauchwasser ebenso an wie für die Aufbereitung und Abwasserbeseitigung. Nur mit hohem Aufwand sind Flüsse, Seen und Meere sauberzuhalten. Italien hat an allen Problembereichen Anteil, an Hochwassergefahren in den Gebirgen und in der Po-Ebene, am Wassermangel in den südlichen Landesteilen und auf den Inseln. In manchen Stadtregionen ließ der stark gestiegene Wasserverbrauch das Grundwasser und sogar das Niveau der Oberfläche erheblich absinken. Nur allmählich nimmt die Zahl der Kläranlagen zu. Die 140 Anlagen von 1976 verarbeiteten nur zwei Fünftel der anfallenden festen Verschmutzungsstoffe, der größte Teil gelangte in die Binnengewässer und ins Meer (Dok. 24, 1976, S. 222). Noch 1963 hatten sogar 52 % der geschlossenen Ortschaften mit zusammen fast 6 Mio. Einwohnern nicht einmal Kanalisation (ISTAT 1968).

Wasserwirtschaftsmaßnahmen gab es schon in der Antike, und der Kampf gegen das Wasser wurde seitdem an Flüssen, Seen und Küsten immer wieder aufgenommen. Dabei blieb die Wasserwirtschaft auf den Agrarsektor beschränkt, mit Urbarmachung, Kanalisation, Ent- und Bewässerung, zum Teil auch mit dem Bau von Speicheranlagen. In dem Gesetz über die integrale Bonifikation von 1933 sind alle notwendigen Maßnahmen vereinigt. Erst seit jüngerer Zeit wird eine allgemeine Wasserwirtschaft und eine Bestandsaufnahme des Wasserhaushalts betrieben (Chiappetti 1972). Nach dem Gesetzentwurf Merli von 1974 ist eine allgemeine Gewässersanierung geplant. Zu einer sorgfältigen Planung und Bewirtschaftung der Wasservorräte ist es aber noch nicht gekommen.

Wegen der Lage dichtbesiedelter Räume im Küstenbereich spielt das Meer in der natürlichen Umwelt Italiens eine gewichtige Rolle, die es auch in einer Länderkunde aufzufassen gilt. Von der Qualität des Meerwassers, den Küstenströmungen und Schiffahrtswegen über das Meer werden Fremdenverkehr und Badetourismus bestimmt, die in der Volkswirtschaft einen hohen Rang einnehmen. Städte, Gemeinden und Staat müssen für die Reinhaltung der Gewässer Sorge tragen, wobei sie heute durch Verträge zwischen den Mittelmeeranrainerstaaten unterstützt werden. Zunächst sollen aber die Binnengewässer besprochen werden.

Stehende und fließende Gewässer, Sümpfe und Moore, Quellen, Grundwasser, Flüsse und Bäche, Seen und auch Stauseen sind in vielerlei Hinsicht als Ausdruck der Oberflächenformen, des geologischen Untergrundes und der klimatischen Gegebenheiten zu verstehen. Vom Großklima sind sie abhängig, und das Klima ihrer Umgebung wird von ihren Wasserflächen beeinflußt, was sich augenfällig in der Seen- und Moränenzone des südlichen Alpenrandes in der natürlichen und in der Kulturvegetation der ›Insubrischen Zone‹ beobachten läßt. Auch Schnee und Gletscher gehören hierher als Ansammlung von Firn und Eis und als Wasserressourcen, welche die klimatisch gegebene Gunst Norditaliens hinsichtlich seiner Wasserversorgung und seiner Versorgung mit hydroelektrischer Energie noch erhöhen.

Die natürlichen Bedingungen sind die Ursache für die unterschiedliche Verbreitung der Oberflächengewässer nach Menge, Dichte und zeitlichen Veränderungen zwischen Nord- und Süditalien, sowohl im Jahresgang zwischen Sommer und Winter als auch im Wechsel von feuchten und trockenen Jahren. Die Binnengewässer sind also Ausdruck des Wasserhaushaltes und seines Formenwandels in Raum und Zeit. Die ständig fließenden Bäche und Flüsse (Einz. fiume) nehmen nach Süden hin rasch ab, nur die größeren und die aus kräftigen Karstquellen gespeisten setzen sich noch durch. In den Alpen mit ihren hohen Niederschlägen und den Wasserreserven im Gletschereis hat Italien ein bedeutendes Wasserüberschußgebiet (1000–2000 mm im Jahresdurchschnitt nach Abzug der Verdunstung; nach Baumgartner–Reichel 1975). Auch der nördliche Apennin und die Abruzzen haben bis 1400 mm Überschuß, der für den Abfluß zur Verfügung steht, jedoch sind es im Apennin gewöhnlich nur 400–1000 mm. Alle anderen Räume, Hügelländer und Ebenen einschließlich der Padania haben noch 200 mm übrig, Apulien, Südsizilien und die tieferen Teile Sardiniens aber nur 100 mm. Im Jahresmittel ist das zuwenig, um Vorräte im Untergrund anzulegen. Bei den winterlichen Starkregen gelangt der allergrößte Teil mit Hochwassern und auf kurzem Weg über Wildbäche (Einz. torrente) ins nahe Meer, wenn nicht künstlich angelegte Rückhaltebecken und Stauseen eingeschaltet worden sind. Nur unter günstigen Bedingungen, wo Speichergesteine, wie Sand- und Kalkstein, anstehen, am Rande von Schotterterrassen am Alpenrand und wo es gletschergespeiste Flüsse gibt, ist die sommerliche Dürreperiode zu überstehen. Überall sonst trocknen die Bach- und Flußbetten aus, die mit Geröll und Sand erfüllt sind. Nur in ihrem Untergrund sickern auch in den breiten ›fiumare‹ noch Wässer meerwärts. In der Hydrosphäre Italiens spiegelt sich die Klimagliederung unmittelbar wider, besonders deutlich im Abflußverhalten kleiner autochthoner Flüsse (Grimm 1968).

### *b) Grundwasser, Quellen und Wasserversorgung*

Für die Wasserversorgung der ländlichen und städtischen Siedlungen, der Landwirtschaft und Industrie, werden weniger Seen und Flüsse als vielmehr Quellen und Grundwasservorkommen genutzt; Trinkwasserspeicher kommen dazu.

Besonders problematisch ist die Versorgung kleiner Inseln nicht zuletzt wegen des hohen Bedarfs durch den Fremdenverkehr. Statt der bisherigen Transporte mit Tankschiffen wird die Meerwasserentsalzung auf den Inseln Lampedusa, Ventotene, Ponza, Ústica und Lípari angewendet oder vorbereitet, ferner in Porto Torres, Gela, Vieste (Gargano) und im Stahlwerk Tarent.

Der Reichtum eines Gebietes an Quellen und deren Schüttungsmenge bestimmt auch den Abflußgang seiner Bäche und Flüsse, ob sie gleichmäßig oder nur periodisch oder episodisch zum Abfluß kommen. Die Wasserdurchlässigkeit und Speicherfähigkeit der festen Gesteine und der Lockersedimente ist entscheidend, weshalb grundwasser- und quellenreiche Landschaften direkt neben wasserarmen Gegenden liegen können. Die Fontanili- oder Risorgivezone in der nördlichen Padania, welche die trockene, von Grobschottern aufgebaute Alta Pianura von der Bassa Pianura trennt, ist ein Beispiel dafür. Besonders scharf ist der Grenzverlauf im Tagliamentosander (LEHMANN 1961 a, S. 98 u. Fig. 8), wo sich zwischen Codróipo und Palmanova am Rande der trockenen Alta Pianura die großen Dörfer in etwa 2 km Abstand perlschnurartig aneinanderreihen.

Die Becken- und Schwemmlandräume, insbesondere die Po-Ebene, sind auch hinsichtlich ihrer Grundwasservorkommen Gunstgebiete, sie versorgen ihre Bewohner und die Bewässerungswirtschaft. In der Po-Ebene ist das Verfahren der ›marcite‹-Wiesen dank der Fontanili möglich (vgl. Kap. II 3 d). Im Laufe der Bohrungen nach Erdöl und Erdgas sind auch die Grundwasserstockwerke genauer erforscht worden (ENI 1972). Der große Wasserbedarf in den Großstädten und ihrer Industrie hat besonders um Mailand zu einer besorgniserregenden Absenkung des Grundwassers geführt. Neben dem städtischen Netz bestehen etwa 3000 Brunnen, von denen viele wegen der Grundwasserverschmutzung geschlossen werden mußten (MAZZARELLA 1973). Die Landsenkung im Polésine konnte dadurch verlangsamt werden, daß die Gewinnung erdgashaltigen Wassers eingestellt wurde. Um Absenkungen zu vermeiden, muß die Großindustrie von Mestre-Marghera durch Fernwasserleitungen versorgt werden.

Im Kalkgebirge können unter Umständen große Wassermengen aus den Niederschlägen in die Tiefe geführt und in Hohlräumen gespeichert werden, die dann in einigen reich schüttenden Karstquellen austreten. Sie speisen Dauerflüsse, und viele bilden die Grundlage von Wasserversorgungsanlagen. Die Karstquellen des oberen Aniene in den Mti. Simbruini wurden schon 144 v. Chr. gefaßt, um ihr Wasser als Aqua Marcia über Aquädukte nach Rom zu leiten (COARELLI 1975, S. 34). Sie bilden bis heute einen Bestandteil der Wasserversorgung der Hauptstadt. Dazu kamen in jüngster Zeit die Peschieraquellen, die reichsten des Mittleren Apennins.

Ein imponierendes Beispiel einer Fernwasserleitung ist der Acquedotto Pugliese. Die Selequellen im Kampanisch-Lukanischen Apennin versorgen das Netz. Der 1906–1929 erbaute Hauptkanal von 262 km Länge speist 1400 km Nebenkanäle und weitere Leitungen, insgesamt 3600 km. Die Versorgungsleistung konnte in jüngerer Zeit erhöht werden; aber die Versickerungsverluste sollen beträchtlich sein. Heutigen Ansprüchen einer Trinkwasserversorgung genügt das Netz nicht mehr, weshalb es durch Grundwasserquellen ergänzt werden muß (ALMAGIÀ 1959, S. 707; AMORUSO 1977; ROTHER 1980c; S. 289).

Tongesteinsgebiete leiden auch bei genügend hohen Winterniederschlagsmengen im Sommer gewöhnlich unter Wassermangel, weil die Niederschläge über dem undurchlässigen Untergrund abfließen und zu wenig Wasser auf natürliche Weise zurückgehalten wird, was besonders für entwaldete Flächen gilt. Die wenigen Quellen können sogar die Franabildung verstärken, wenn die Rutschungsmasse ständig feucht bleibt und nicht für Entwässerung gesorgt wird. Hügellandteiche, wie sie in neuerer Zeit gefördert werden, sind die geeigneten Methoden, um hier Abhilfe zu schaffen.

Wo die Quellschüttung und das Brunnenwasser nicht ausgereicht haben, dort baute man bei geeigneten Voraussetzungen Grundwassersammelstollen, sogenannte ›acquedotti filtranti‹ oder ›cunícoli‹ (lat. cuniculi). Das griechische Akragas (Agrigent) besaß ein kompliziertes Netz davon. Palermo erhielt auf diese Weise Wasser vom M. Grifone. Andere solche Stollen liegen tief in den Fiumaresedimenten der Mti. Peloritani. Im südlichen Etrurien dienten die Cunicoli wohl vor allem der Entwässerung in den Tälern des Tuffgebietes (vgl. Literatur unter 3g).

Auch andere Städte und Gemeinden im Bergland hatten solche ›cunicoli sotterranei‹ wie im Subapennin von Latium (SCOTONI 1968, S. 364); aber im stark zerschnittenen Gelände war man auf den Bau von Aquädukten auf Pfeilern und Bögen angewiesen. Rom besaß allein elf Aquädukte und damit vor Kampanien die größte Wasserversorgungsanlage der Alten Welt. Aus der Zeit Trajans stammt das Werk von FRONTINO ›De Aquaeductu urbis Romae commentarium‹, welches Konstruktion und Funktion überliefert hat. In Kampanien wurde in augusteischer Zeit der Venafroaquädukt gebaut, der Wasser von den Volturnoquellen nach Neapel geleitet hat. Kanäle, Tonröhren und Bleirohre mit systematisch abnehmendem Querschnitt übernahmen die weitere Verteilung zu den Brunnen in den Städten, ausgehend vom Wasserschloß an der Stadtmauer.

Das starke Städtewachstum der jüngsten Vergangenheit hat große Anstrengungen bei der Trinkwasserversorgung erforderlich gemacht. Wo noch stark schüttende Quellen zur Verfügung standen, dort wurden sie neu gefaßt und wie die Peschieraquellwässer nach Rom geleitet, denn es gilt die recht durchschnittliche Tagesversorgung von 400 l je Einw. aufrechtzuerhalten trotz weiterhin starken Wachstums an Bevölkerung und Wohnfläche. In Zukunft wird der Braccianosee mit Zuleitungen von den Seen von Bolsena und Vico angezapft werden müssen (Dok. 18, 1970, S. 24). Im Bereich kristalliner Gesteine Süditaliens, in Kalabrien und Sardinien, fehlt es an natürlichem Speicherraum, weshalb zur Versorgung ländlicher und städtischer Siedlungen verstärkt Stauseen angelegt worden sind (vgl. Tab. 7).

Italien ist außerordentlich reich an Mineral- und Thermalquellen (MORANDINI

1957b, Fig. 118; vgl. Tab. in Doc. 25, 1975, S. 791). Dieser Reichtum ist in dem vom Vulkanismus beherrschten und von Brüchen und Spalten der jungen Tektonik durchzogenen Land leicht zu erklären. Thermalquellen liegen in Tälern und am Rand der Alpen, am Fuß der Euganeen und des Apennins, im toskanischen Apenninrückland, in den Phlegräischen Feldern, auf Íschia, Lípari, Vulcano, dort teilweise untermeerisch, ferner in Kalabrien, Sizilien und Sardinien. Viele von ihnen sind seit der Antike genutzt und haben bis heute an ihrer Bedeutung als Kur- und Erholungsorte zum Teil gewonnen.

Von der Tatsache des allgemeinen Wassermangels im Sommer ausgehend, könnte man die Vermutung ableiten, in Italien und besonders im Süden des Landes könnten die Siedlungen an reichlich fließende Quellen oder zumindest wasserreiche Brunnen gebunden sein. Die für die Etruskerzeit typische und heute immer problematischer werdende Berglage, nicht nur kleiner, sondern auch größerer Städte widerspricht dieser Ansicht. Diese Lage hatte zwar den Vorzug der Sicherheit gegenüber äußeren Feinden, zwang aber immer wieder und alltäglich zu gewaltigen Anstrengungen bei der Wasserversorgung. Trinkwasser sammelte man in Zisternen, die Wäsche wurde ins Tal zum Bach oder Fluß getragen. Erst die modernen Energieformen und Pumpen haben den Bergstadtbewohnern das Leben leichter gemacht. Dennoch ist bis heute in vielen Städten, nicht nur in solchen Höhenlagen, im Herbst der Wassermangel empfindlich spürbar und behindert die Entwicklung des Wirtschaftslebens und nicht zuletzt des Fremdenverkehrs.

Für den Menschen der Frühzeit waren Quellen heilige Orte, ihnen galten Schutz und religiöse Verehrung. Veji hatte seine heiligen Quellen ebenso wie Rom (Lupercale, fons Inturnae, lacus Curtius) und viele andere Etruskerstädte. Vor allem in Sardienien trifft man noch auf Quellheiligtümer, die teilweise als Wallfahrtsorte dienen und Kirchen besitzen (Santa Cristina, Santa Vittória bei Serri, Su Tempiesu bei Orune, Santa Anastásia in Sárdara, Su Funtane coberta bei Balláo; Pauli 1978, S. 101).

### *c) Die Inwertsetzung der Seen und ihre Umgestaltung*

Binnenseen prägen und beleben das Landschaftsbild in eindrucksvoller Weise und geben einigen Gegenden Italiens einen nicht nur praktisch-wirtschaftlichen, sondern auch einen hohen ästhetischen Wert. Italien, das mit seinen Küsten und Gebirgen schon so reich an Landschaftsschönheit ist, besitzt in manchen Seen bedeutende Anziehungspunkte für den Fremdenverkehr und bevorzugte Wohnsitze. Größe, Form, Lage und Tiefe der Seen, aber auch die Wasserqualität bestimmen jeweils deren Nutzungsmöglichkeit und Wertschätzung durch Einheimische und Fremde.

Wegen ihrer engen Beziehungen und Abhängigkeiten von den schon besprochenen Naturbedingungen lassen sich die Seen nach ihrer Lage in den Kalkstein-,

Frana- und Vulkangebieten charakterisieren, wozu noch die Seen im Alpenbereich und an den Küstensäumen hinzuzufügen sind. Jeder dieser Teilräume hat seine eigenen Seentypen, so daß wir von Voralpen- und Alpenseen, Schwemmland- und Karstseen, Bergsturz- und Vulkanseen und schließlich von Küstenseen und Küstensümpfen sprechen können (vgl. Tab. 6). Diese Typen unterscheiden sich vor allem auch in der Art der Wasserzufuhr und der Größe des Niederschlagsgebietes. Davon wieder hängt die für den völligen Wasseraustausch nötige Zeit ab und die Fähigkeit zur Reinhaltung. Besonders gefährdet sind Kraterseen wie der Lago Bracciano, der auf Niederschlagswasser eines kleinen Einzugsgebietes angewiesen ist und sein Wasser theoretisch erst nach 137 Jahren erneuern würde. Dies geschieht dagegen beim Lago Maggiore schon nach vier Jahren. Mit solchen und anderen Fragen befaßte sich eine Tagung der Italienischen Geographischen Gesellschaft zum Schutz der Seen und Feuchtgebiete in Italien (PINNA 1983).

Lit.

### c1 Binnenseen der Alpen und Voralpen

In den Hochalpen finden sich stellenweise gehäuft kleine Seen, die von frischen Moränenwällen der rezenten Gletscher abgedämmt sind oder in den vom Gletschereis ausgearbeiteten Karen und anderen Mulden liegen. Innerhalb der einst von Eis erfüllt gewesenen großen Talungen sind Seen entstanden, wo Schutt- oder Schwemmkegel das Wasser gestaut haben. Berühmt sind die großen Voralpenseen in den engen Glazialtalungen, abgedämmt von Moränenkränzen. Ehemalige Voralpenseen sind noch mit Hilfe ihrer Moränenkränze und der tischebenen Flächen dahinter als solche auszumachen; aber sie haben zum Teil schon am Ende der Eiszeit bis auf kleine Reste keine Seen mehr enthalten, wie in der Sésia- und Aviglianazone. Alpenseen erfuhren teilweise eine Vergrößerung ihres Stauraumes durch die künstliche Erhöhung der sie abschließenden natürlichen Wälle, die größeren von ihnen unterlagen Regulierungsarbeiten. Dazu kommen die von hohen Mauern oder Dammbauten abgeschlossenen Stauseen an Stellen, an denen vorher nie ein See bestanden hat. In den Alpen sind 85 Stauseen angelegt worden, womit nahezu alle Möglichkeiten zur Gewinnung hydroelektrischer Energie ausgeschöpft sind.

Die Voralpenseen folgen von Westen nach Osten aufeinander: vom westlichen Piemont über die Lombardei bis an die Grenze Venetiens, die lombardischen sind die bekanntesten unter ihnen (vgl. Tab. 6a). Ihre Längserstreckung bis zu 55 km in steilwandig, fjordartig eingetieften Tälern und ihre große Tiefe bis 400 m lassen sich dadurch erklären, daß sie Flußtäler erfüllen, die während der Alpenvereisung durch die Gletscherzungen und die Schmelzwässer zu typischen U-Tälern ausgearbeitet worden sind. Die Täler mündeten ursprünglich in eine wesentlich tiefer gelegene Po-Ebene, deren Nordsaum von den Fluß- und Gletscherablagerungen aufgehöht worden ist. Nur die eingetieften Zungenbecken wurden freigehalten und bilden heute von Wasser erfüllte sogenannte Kryptodepressionen, deren Boden bis über 280 m unter dem heutigen Meeresspiegel liegen kann (vgl. Tab. 6a). Moränenreste an den Hängen lassen die Mächtigkeit der ehemaligen Gletscher abschätzen. Bis in 400 m Höhe reichte die Eiszunge des Gardaseegletschers am Alpenrand, so daß er dort noch bis 680 m mächtig gewesen sein kann (Habbe 1969, Beil. 10 u. 11). Das Eis floß in den Tälern zusammen, auch vom Haupttal aus in die Nebentäler hinein über niedrige Pässe hinweg. Als Ergebnis entstanden die so typisch verzweigten lombardischen Seen.

Schon die Übertiefung hinterließ einen beträchtlichen natürlichen Stauraum, der durch die Endmoränen noch vergrößert wurde. Die Wasserführung der sie entwässernden Flüsse wird reguliert; die Seen wirken als Schotterfang, wovon nicht nur die benachbarten landwirtschaftlichen Flächen der Padania profitieren. Aber nicht alle Seen haben unmittelbar einen Abfluß südwärts zur Po-Ebene hin. Der Lago d'Orta ist nordwärts zum Toce und zum Lago Maggiore hin gerichtet. Manche Seen waren ursprünglich größer, was man an den angrenzenden Ebenen erkennen kann, von denen aus die Verlandung, wie an der Mündung der Sarca in den Gardasee, fortschreitet. Die Onedaebene am Idrosee wurde im 19. Jh. trokkengelegt und ist seitdem intensiv genutzt. Einige See- und Sumpfgebiete gehörten noch im 19. Jh. zu gefürchteten Malariaherden.

Über den mittleren Wasserstand steigt das Niveau des Lago Maggiore im Frühling und Herbst im allgemeinen bis um 1–1,5 m. Anfang Oktober 1868 erreichte der Seespiegel aber 7,54 m über dem Normalwert. Unter diesen kann er bis 70 cm sinken, bei den anderen Seen viel weniger, beim Gardasee nur bis 5 cm.

Einige der Voralpenseen haben ihre charakteristischen Winde, es sind periodische Berg- und Talwinde, die frei über die Seefläche hinweg wehen und schließlich bei hohen Geschwindigkeiten kräftige Wellen verursachen können, gerade auch bei Nordföhn. In den Stunden des Windwechsels, am heißen Sommermittag, ruht die Luft, und die Atmosphäre wirkt drückend. ›An verträumten Spätsommertagen‹ dagegen liegt über dem Gardasee ›ein unbeschreiblicher, schillernder Perlmutterglanz‹, wie Lehmann (1949/50; S. 56) diese Stimmung schilderte. Die Namen wechseln von einem See zum anderen, gemeinsam sind ihnen die durch die transversalen Täler streichende Strömung am Tage von Süden aus der Po-Ebene heraus als Talwind und der nächtliche Bergwind von Norden bis etwa 10 Uhr vormittags (Koch 1950; Schamp 1964).

| | nächtlicher Bergwind<br>Nordwind | Tagestalwind<br>Südwind |
|---|---|---|
| Lago Maggiore | Tramontana | Inverna |
| Comer See | Tivano | Breva |
| Iseosee | Vet | Ora |
| Gardasee | Suer, Sover | Ora |

Wegen der großen Fläche des Gardaseespiegels kommt es gelegentlich zu freien Schwingungen oder Schaukelwellen (sesse, frz. seiches) durch Luftdruckschwankungen oder Windstau. Starke Strömungen sind festgestellt worden, z. B. im Gardasee der ›corriv‹ zwischen San Vigílio und Peschiera. Im allgemeinen sind die Seen sehr fischreich, wenn sie nicht wie der Idrosee im Chiesetal seit 1923 als Stausee zur Elektrizitätsgewinnung und weiterhin zur Bewässerung genutzt werden; weitere Regulierungsarbeiten gab es 1933 im Iseosee, 1944 am Comer See und 1950 am Gardasee. Mit der zunehmenden Besiedlung der Seeufer, nicht zuletzt durch Ferienwohnungen und Zeltplätze, und durch die fortschreitende Industrialisierung, z. B. am Lago Maggiore (Turco 1977) und am Comer See (Della Valle 1961), hat sich die Wasserqualität stellenweise erheblich verschlechtert, was zur Veränderung in der Artenzusammensetzung der Fischbestände geführt hat.

Der Gardasee ist mit einer ihn begleitenden Vegetation in Garten- und Parkanlagen, mit Zypressen, Magnolien, Lorbeer, Palmen und Agaven, mit Ölbäumen und Reben auf den Moränenhügeln und mit einigen, geschützt angelegten Agrumen-, vor allem Zitronenkulturen, der mediterranste der Voralpenseen. Im Herbst wird sein Wasser bis 21° C warm und hat, wie andere Seen, den Fremdenverkehr an sich gezogen. Berühmte Kurorte entwickelten sich, in denen nicht nur das sommerliche Baden, sondern gerade auch der Winteraufenthalt geschätzt sind. Der Reinhaltung des Sees dient ein kürzlich fertiggestellter, 120 km langer Ringkanal, der zur Kläranlage am Míncio führt (Pinna 1983). Im Januar haben die Orte an den Seeufern stets Monatsmittel über 5° C, die Herbstnebel der Po-Ebene dringen nicht über die Moränenkette vor, dazu kommt die Abschirmung im Norden gegen Kaltlufteinbrüche.

Zu den Voralpenseen kann man noch zahlreiche kleine und flache Seen rechnen, die im Endmoränengelände und auf Grundmoränen liegen, z. B. am Talausgang der Dora Ripária in der Aviglianazone und am Ausgang des Dora-Báltea-Tals in der Ivréazone. In ähnlicher Lage befinden sich weitere bis hin nach Friaul.

### c2 Seen in Binnenbecken und Karstgebieten
### Bergsturzseen

Schwemmlandebenen und Talfüllungen enthalten ihre charakteristischen Seen, zu denen diejenigen von Montepulciano und Chiusi im Chianatal in der Toskana gehören. Der bekannteste und größte See dieses Typs ist der Trasimenische oder Perúgiasee, der über wenig durchlässigem Flysch und fluviolakustren Ablagerungen liegt. Mit 128,7 km² Fläche, 54 km Umfang und nur bis zu 7 m Tiefe ist er der Fläche nach der größte See Halbinselitaliens. Nur kleine Gewässer fließen ihm zu. Seine starken Spiegelschwankungen sind vom Niederschlag abhängig und verursachen weite Versumpfungen und einen breiten Schilfgürtel. Seit römischer Zeit besteht ein Auslaß zum Tiber hin, dessen Aufgabe im Mittelalter Cunicolostollen übernahmen. Wie diese war auch der offene Kanal von 1898 nicht in der Lage, den Wasserstand auf gleicher Höhe zu halten (Dragoni 1982; Frosini 1958).

In Karstgebieten Italiens finden sich Seen in Dolinen und Karstebenen, die oberirdisch weder Zu- noch Abfluß haben und wo der Boden durch Tonsedimente abgedichtet ist. Einige sind Dauerseen mit stark schwankendem Wasserstand, andere sind episodische oder periodische, intermittierende Seen, die sich füllen, wenn bei starken Regenfällen das Wasser nicht rasch genug durch die Ponore abgeführt werden kann oder wenn diese sogar verstopft sind. Im Karst von Monfalcone gehört der Lago di Pietrarossa hierher, und auch der ehemalige Fuciner See ist zu nennen, der bei 155 km² Fläche 22 m tief war. Nach ersten Ableitungsversuchen in der römischen Kaiserzeit wurde er in der 2. Hälfte des 19. Jh. auf Kosten des Fürsten Torlonia endgültig durch einen 6,3 km langen Tunnel zum Liri hin entwässert. In Latium liegt bei Fiuggi in 538 m Höhe der Lago di Canterno, der sich alle zwei bis drei Jahre durch Schlucklöcher entleert hat (Riccardi 1925a). Dennoch wird er jetzt als Stausee für ein Kraftwerk (1100 kW) verwendet. Der Matesesee in 1012 m Höhe erfüllt in 8 km Länge und 2 km Breite einen Grabenbruch und wird ebenfalls als Reservoir für Kraftwerke genutzt (Formica 1965a, S. 367). Damit sind oft erhebliche Spiegelschwankungen verbunden. Das interessanteste Beispiel für einen See im Gipskarst ist der abflußlose, ovale See von Pergusa bei Enna in Sizilien mit 5,87 km² Fläche und 4,60 m Tiefe (Marinelli 1917, S. 405).

An Stauseen erinnern jene Seen, die dadurch entstanden sind, daß eine Bergsturzmasse ein Tal verschüttet hat. In den Dolomiten ist der malerische Lago di

*Tab. 6: Daten der Seen Italiens*

*a) Binnenseen der Alpen und Voralpen*

| Name | Abfluß | Höhe m | Länge km | Fläche km² | Tiefe max. m | Tiefe x̄ m | Übertiefung m | Inhalt km³ | Umfang km | Einzugsgebiet km² |
|---|---|---|---|---|---|---|---|---|---|---|
| Maggiore oder Verbano | Tessin | 193 | 65 | 216 | 372 | 175 | 179 | 37,1 | 166 | 6600 |
| Lugano oder Cerésio | Tresa | 271 | 35 | 50,5[1] | 288 | 140 | 17 | 6,5 | | 615 |
| Como oder Lário | Adda | 197 | 45 | 146 | 414 | 155 | 217 | 22,5 | 175 | 4500 |
| Iseo oder Sebino | Óglio | 185 | 25 | 65 | 251 | 123 | 66 | 7,6 | 60 | 1840 |
| Garda oder Benaco | Míncio | 65 | 52 | 368 | 346 | 136 | 281 | 50,3 | 180 | 3325 |

[1] Davon 18 km² in Italien.

(Forts. s. u. S. 178)

(Tab. 6, Forts.)

*b) Kraterseen*

| Name | Höhe m | Fläche km² | Niederschlags-gebiet km² | Tiefe max. m | Abfluß und andere Daten |
|---|---|---|---|---|---|
| In den Latiumvulkanen: | | | | | |
| Lago di Bolsena (Vulsínio) | 305 | 114,53 | 160 | 146 | Marta<br>mehrere Krater |
| Lago di Bracciano (Sabatino) | 164 | 57,50 | 92 | 160 | Arrone<br>fast rund |
| Lago di Vico (Cimino) | 507 | 12,10 | 42 | 49,5 | Vicano/Tiber |
| Lago Albano | 293 | 6,02 | 10 | 170 | künstl. Ableit.<br>400 v. Chr. |
| Lago di Nemi | 305 | 1,67 | 10,5 | 34 | künstlich |
| In den Phlegräischen Feldern: | | | | | |
| Lago d'Averno | 0,40 | 0,55 | ca. 1 | 34 | ohne Abfluß |
| Im M. Vúlture/Basilicata: | | | | | |
| Laghi di Montícchio | 656<br>658 | 0,38<br>0,16 | ca. 1<br>ca. 1 | 39<br>45 | Creta/Ófanto |

Quellen: MORANDINI 1957 b, ALMAGIÀ 1959.

*c) Küstenseen*

| Name | | Umfang km | Fläche km² | Tiefe max. m |
|---|---|---|---|---|
| Massaciúccoli | Toskana | 10,7 | 6,9 | 4,4 |
| Orbetello (beide Seen) | Toskana | 35 | 26,2 | 1,5 |
| Fogliano | Latium | 13 | 4,2 | 2 |
| Sabáudia | Latium | 19 | 3,9 | 11,3 |
| Fondi | Latium | 27 | 4,6 | 30 |
| Pátria | Kampanien | 6,5 | 1,87 | 2,5 |
| Varano | Apulien | 33 | 60,5 | 5,5 |
| Lésina | Apulien | 50 | 51,4 | 1,5 |
| Santa Giusta | Sardinien | 9,5 | 9,3 | 2 |
| Porto Botte | Sardinien | 7 | 5,2 | ? |

Quelle: Nach ALMAGIÀ 1959, S. 503, auf den Stand von 1980 reduziert.

Álleghe im Val Cordévole bekannt. Am 11. Januar 1771 ereignete sich am M. Piz ein Bergsturz und schuf einen Stausee, 1500 m lang und fast 100 m tief, der sich aber allmählich bis auf 18 m Tiefe mit Sedimenten aufgefüllt hat (MORANDINI 1957b, Bild 151; ALMAGIÀ 1959, Bild S. 499). Der Lago di Antrona bei Domodóssola liegt an der Stelle eines Dorfes, das bei einem Bergsturz im Jahre 1642 zerstört worden ist (MORANDINI, Karte 116). Auch im Apennin gibt es einen Bergsturzsee, den 1,7 km langen Lago di Scanno im Sagittáriotal, wo sich die abfließenden Wasser schon in die Schuttmassen des prähistorischen Ereignisses eingeschnitten haben (Riccardi 1929).

### c 3 Kraterseen und Küstenseen

Die bekanntesten Kraterseen liegen in Latium und bestimmen mit ihrer überschaubaren runden bis elliptischen Fläche, die von hohen bewaldeten Ringwällen umgeben ist, das außerordentlich reizvolle Landschaftsbild. Die in der Nähe Roms gelegenen Albaner Berge sind nicht zuletzt ihrer Seen wegen schon seit der Antike beliebte Ausflugs- und Ferienziele, aber auch die übrigen Seen haben für den Touristen ihren besonderen Reiz und besitzen entsprechende Fremdenverkehrseinrichtungen.

Abweichungen von der runden Form der Vulkanseen sind dadurch zu erklären, daß mehrere Krater zu verschiedenen Zeiten an ihrer Ausgestaltung beteiligt gewesen sind. Das Niederschlagseinzugsgebiet ist gewöhnlich außerordentlich klein, und doch halten die meisten Seen ihren Wasserstand, wenn auch manche ausgetrocknet sind, wie in den Albaner Bergen der von Aríccia. Im Lauf der Jahrtausende hat es beträchtliche Wasserstandsschwankungen gegeben, die nicht ohne weiteres etwa mit Klimaänderungen erklärbar sind. Im Braccianosee fand man in 13 m Tiefe Reste einer bronzezeitlichen Siedlung (Dok. 26, 1978, S. 107–111). In Vulkangebieten gibt es selten auch den Stauseetyp dadurch, daß ein Lavastrom ein Tal abgedämmt hat (Gurrida am Ätna westl. Randazzo, jetzt trocken), und durch Absenkung können langgestreckte Hohlformen entstehen, die sich mit Wasser füllen.

Eine Kombination von Vulkan- und Küstenseen haben die Phlegräischen Felder dadurch bekommen, daß der südliche Teil des Areals abgesunken ist und vom Meer die Krater überflutet worden sind, wodurch die in römischer Zeit wichtigen Hafenstandorte, darunter Baiae, entstanden (Lago Lucrino, Mare Morto). Mit den nun zu besprechenden Küstenseen haben sie im übrigen wenig zu tun, weil sie auf ganz andere Weise entstanden sind und nicht wie diese an flachen Schwemmlandküsten liegen.

Die Küstenseen liegen in der Kampfzone von Fluß und Meer an Ausgleichsküsten, wo von kleineren Flüssen Sande herangeführt und vom Meer mit der Strandversetzung und Küstenströmungen verlagert werden. Die Brandung baut hohe Strandwälle auf, Dünen erhöhen sie noch, und damit kommt es zum Absperren meist kleiner Buchten. Typisch sind die halbkreisförmigen Seen, wie der Lago di Varano im Nordwesten des M. Gargano (Morandini 1957b, Fig. 85). Liegen sie ganz im Schwemmland, dann sind sie oft langgestreckt, wie der 51 km² große Lésinasee weiter gegen Westen. Im Schwemmland kam es zu Sackungserscheinungen und Depressionen geringer Tiefe, hier nur 2 m, weshalb die flachen Küstenseen zur Verlandung neigen und oft nur Sümpfe übriggeblieben sind. Je nach der Situation, ob Meerwasser noch eindringen kann oder nicht, handelt es sich um Brackwasser- oder Süßwasserlagunen, und damit unterscheiden sie sich im Fischbestand. Die venetischen ›valli‹ hinter ihren ›lidi‹, die Lagunen der Maremmenküste hinter den ›tómboli‹ und die ›stagni‹ Sardiniens sind natürliche Lebensräume der Fisch- und Vogelwelt und deshalb Anziehungspunkte für Fischer und Jäger seit ältesten Zeiten. Leider werden auf dem Stagno di Cabras bei Oristano die Binsenboote nicht mehr benutzt, die einen so eindrucksvollen Vergleich mit anderen bei Fischervölkern am Titicacasee oder im Zweistromland möglich gemacht haben.

Viel tiefer greifende Veränderungen sind dort schon vor sich gegangen, und weitere sind zu befürchten. Die Abwässer des Industriezentrums Ottana, oberhalb des Omodeostausees am Tirso gelegen, könnten die im Mündungsgebiet des Tirso verbreiteten Stagni so verschmutzen, daß die bisher hohe Fischproduktion aufgegeben werden müßte. Der 2000 ha große Stagno di Cabras, der trotz seiner Kanalverbindung zum Meer vorwiegend Süßwasser enthält, liefert jährlich ca. 225 kg/ha (Pratesi und Tassi 1973, S. 303). Der Stagno di Santa Giusta mit 900 ha hatte die höchste Fischproduktion mit 620 kg/ha Weißfisch. Dort soll ein Industriegebiet mit großem Hafen entstehen, der die Hälfte der Fläche einnehmen würde. Die Verschmutzung durch eine Papierfabrik hat schon viele Vögel und Fische verschwinden lassen. Dennoch wird ein Parco naturale regionale del Sinis e dell'Oristanese geplant. Die Stagni von Cágliari blieben bisher erstaunlicherweise fast unversehrt, trotz der ausgedehnten Salinenanlagen in Großstadtnähe. Riesige Flamingoschwärme stellen sich von Oktober bis Juli ein, dazu 170 Vogelarten in dem berühmten Stagno di Molentárgius, direkt neben der Stadt, wo die Eutrophierung fördernd gewirkt haben mag. Diese einzigartige Situation könnte eine Touristenattraktion sein, wenn der Stagno erhalten bliebe. Die von neuen Industrieanlagen, vor allem den Raffinerien und petrochemischen Betrieben von Sarróch und Porto Foxi, ausgehende Verschmutzung ist aber äußerst bedrohlich. Trockenlegungsmaßnahmen, Landgewinnung und Bodenreform haben im Bereich der Küstenseen und Sümpfe freilich schon in räumlich viel weiter ausgreifender Weise und seit der Zeit zwischen und nach den Weltkriegen verstärkt zu Veränderungen geführt (vgl. Kap. II 1 g5, zu Salinen Kap. II 3 f3).

### c4 Stauseen

Wenn auch die hinter technischen Großbauten gelegenen ›echten Stauseen‹ nicht streng zur natürlichen Umwelt Italiens gehören, so handelt es sich doch auch bei ihnen um Seen, die im Wasserhaushalt, in ihrer Wirkung auf die Abflußvorgänge und in vielerlei anderer Hinsicht über die Hydrographie hinaus von landeskundlicher Bedeutung sein können. Energiemangel und der Bedarf der Wasserversorgung machten Italien zu einem an Stauseen reichen Land (Fels 1974/76; Almagià 1959, S. 811; vgl. Tab. 7). Schon 1926 gab es 91 fertige und 41 im Bau befindliche Stauseen aller Größen (Riccardi 1926). Im Jahre 1961 wurde über 384

Stauanlagen berichtet, von denen allein im Alpenbereich 210 oder 55 % liegen, in Sardinien aber schon 32 oder 8,3 %. Dort liegt am Tirso auch der 1923 gestaute und nach Fläche und Inhalt größte Stausee Italiens, benannt nach Omodeo, dem Vorkämpfer des Stauseebaus in Sardinien (vgl. Fig. 3.6 in: PINNA und RUOCCO, Hrsg., 1980, S. 107).

In dem Werk von LINK (1970) sind Angaben über 134 Alpenstauseen enthalten, 39 in den West- und 95 in den Ostalpen. Im Anschluß an die behandelten natürlichen Seen ist es interessant festzustellen, daß allein 51 von ihnen (33 in den Ostalpen) Naturseen waren, deren Spiegel erhöht und deren Fläche und Fassungsraum damit vergrößert wurden. Weil die lombardische Industrie mit Energie zu versorgen war, kam es zur Konzentration in deren Nähe. Hohe Leistungen waren durch das große Gefälle zu erreichen. Selten, nur bei geringerem Gefälle, konnte man sich mit Dammbauten begnügen, die im Unterschied zu Mauern nicht so fremdartig in der Landschaft wirken, weil sie begrünt werden können. Glücklicherweise sind die Stauseen während des Fremdenverkehrs im Sommer gefüllt und fallen deshalb nicht unangenehm auf, ebensowenig freilich bei ihrem Tiefstand im März wegen der Schneebedeckung. Die Regionen Aostatal und Trentino-Südtirol konnten 1969 ihren gesamten Bedarf an elektrischer Energie aus Wasserkraft dekken. Hochwasserschutz und Bewässerung spielen nur eine ganz geringe Rolle, ebenso der Fremdenverkehr. Für den Hochwasserschutz wird nur bei wenigen Anlagen Raum zur Aufnahme der Spätherbstregen freigelassen, die im Po-Einzugsgebiet Hochwasserkatastrophen wie 1966 hervorrufen können.

Die Flutkatastrophe im Piavetal am 9. Oktober 1963, die Longarone vernichtet hat, wurde durch den Bergsturz von 0,3 km³ Gestein vom M. Toc in den Vaiontsee ausgelöst. Die Staumauer blieb unversehrt; der See wurde in zwei Teile zerlegt, und von den einst 169 Mio. m³ Fassungsraum blieben nur noch 20 zur Nutzung übrig (BOTTA 1977, S. 53 u. Karte 5; BROILI 1967; DE NARDI 1965; LOUIS und FISCHER 1979, Fig. 28 u. 29). Damit wurden in tragischer Weise die Probleme deutlich gemacht, denen sich ein Stauseebau in den Alpen gegenübergestellt sehen muß. Die Prüfung der geologisch-geomorphologischen Situation ist bei jeder Planung die erste Voraussetzung, und dennoch kann es bei Erdbeben zur unvorhersehbaren Auslösung von Bergstürzen kommen. Nicht nur Kernkraftwerke sind gefährliche, schwer zu beherrschende Erzeuger von Energie.

In Halbinsel- und Inselitalien gibt es im Vergleich zu den Alpen nur wenige Stauseen. Im Kalkapennin mit seinem klüftigen durchlässigen Gestein fehlen die wichtigsten Voraussetzungen, und doch sind auch dort Sperrmauern errichtet worden. Die starke Schuttführung der Flüsse läßt noch dazu den Stauraum rasch kleiner werden. Dammbauten sind häufiger als Mauern und schädigen das Landschaftsbild in geringerem Maße als diese. Die geringsten Spiegelhöhen treten selbstverständlich im Sommer ein. Auch hier dienen die Seen vorwiegend der Energiegewinnung, aber dazu kommt der Bewässerungszweck und immer stärker auch der Hochwasserschutz, der jedoch noch viel mehr betrieben werden müßte.

*Tab. 7: Daten der Stauseen Italiens*

| Name | Baujahr | Flußgebiet | Provinz | Mauer/Damm Höhe m | Mauer/Damm Länge m | See Fläche ha | See Länge km | Nutzvolumen Mio. m³ | Stauziel m ü. Meer | Spiegelschwankg. max. m | Natürliche Einzugsfläche km² | durch Beileitung[1] erweitert | Zweck der Anlage[2] |
|---|---|---|---|---|---|---|---|---|---|---|---|---|---|
| *Aostatal* | | | | | | | | | | | | | |
| Place Moulin | 1965 | Buthier/ Dora Baltea | AO | M 140 | 78 | 180 | 3,3 | 105 | 1968 | 120 | 74 | + 63 | E |
| Beauregard | 1957 | Dora di Valgrisanche | AO | M 94 | 394 | 153 | 4 | 72 | 1770 | 85 | 94 | | E |
| *Lombardei* | | | | | | | | | | | | | |
| Valle di Lei | 1961 | Reno di Lei (Hinterrhein) | SO | M 143 | 710 | 420 | 8 | 200 | 1931 | 101 | 46 | + 90 | E |
| Lago di Livigno | 1969 | Spöl/Inn | SO | M 130 | 540 | 470 | 143 | 164 | 1805 | 105 | 180 | | E |
| Lago di Cancano di Fraele | 1956 | Adda | SO | M 124 | 390 | 155 | 4 | 123 | 1900 | 85 | 36 | | E |
| Alpe Gera | 1964 | Cormor/Adda | SO | M 138 | 520 | 115 | | 65 | 2125 | 87 | 36 | + 27 | E |
| Lago di San Giácomo di Fraele | 1950 | Adda | SO | M 82 | 970 | 200 | 3 | 64 | 1949 | 66 | 19 | + 115 | E |
| Lago d'Idro | 1930 | Chiese | BS | 3 | – | 1410 | 10 | 76 | – | 6 | | | E, B |
| Santa Maria Valvestino | 1962 | Toscolano/ Gardasee | BS | M 116 | 288 | 101 | | 52 | 503 | 65 | 97 | | E |
| Lago di Belviso | 1959 | Belviso/Adda | SO | M 130 | 315 | 90 | | 52 | 1484 | 100 | 27 | + 20 | E |
| *Südtirol–Trentino* | | | | | | | | | | | | | |
| Lago di Molveno | 1953 | Natursee Brentagruppe | TN | in 116 m Tiefe angezapft | | 335 | 4 | 178 | – | – | 65 | | E |
| Lago di Molveno | 1963 | | | D 16 | 177 | 347 | | 206 | 833 | 117 | 65 | + 490 | E |
| Lago di Santa Giustina | 1950 | Noce/Etsch | TN | M 138 | 124 | 350 | 8 | 183 | 530 | 85 | 1050 | | E |

| | | | | | | | | | | | | |
|---|---|---|---|---|---|---|---|---|---|---|---|---|
| Lago di Resia Reschensee (2 Naturseen) | 1955 | Etsch | BZ | D 33 | 467 | 660 | 6,4 | 121 | 1499 | 33 | 176 | | E |
| Lago di Malga Bissina | 1957 | Chiese | TN | M 84 | 563 | 138 | – | 61 | 1788 | 67 | 51 | + 24 | E |
| *Venetien* | | | | | | | | | | | | | |
| Lago di Santa Croce (Natursee) | 1929 | Tesa/Piave | BL | D 9 | 1975 | 780 | | 147 | 386 | 24 | 150 | jetzt 1690 | E, B Hw |
| Lago di Pieve di Cadore | 1950 | Piave | BL | M 108 | 410 | 230 | 8 | 68 | 684 | 58 | 818 | | E |
| *Friaul-Julisch Venetien* | | | | | | | | | | | | | |
| Lago di Maina | 1948 | Lumiei/ Tagliamento | UD | M 134 | 138 | 164 | 2,5 | 73 | 980 | 75 | 59 | + 80 | E |
| Lago del Vaiont | 1960 | Vaiont/Piave | UD | M 259 | 190 | 270 | 6,5 | 169 | 722 | 100 | 62 | | E, B |
| | | nach Katastrophe 9./10. Okt. 1963: | | | | | | 20 | | | | | |
| *Toskana* | | | | | | | | | | | | | |
| Lago di Montedóglio | Beginn 1977 | Tiber | AR | D 52 | | 804 | 7,5 | 102 | 396 | 32 | 231 | | B |
| *Umbrien* | | | | | | | | | | | | | |
| Lago di Corbara | 1963 | Tiber | TR | M+D 86 | 641 | 1070 | 13 | 207 | 138 | 18 | 6075 | | E |
| *Latium* | | | | | | | | | | | | | |
| Lago del Salto | 1940 | Salto/Tiber | RI | M 90 | 185 | 833 | 11,4 | 278 | 540 | 66 | 779 | + 245 | E, Hw |
| Lago del Turano | 1938 | Turano/Tiber | RI | M 70 | 256 | 557 | 13 | 163 + 20 Hw | 540 | | 475 | | E, Hw |
| *Abruzzen* | | | | | | | | | | | | | |
| Lago di Campotosto (drittgrößter) | 1971 | Fúcino/Vomano | AQ | M 47 | 155 | 1580 | 14 | 324 | 1325 | | 48 | + 96 | E, Fi, Erh |
| Lago di Bomba | 1960 | Sangro | CH | D 58 | 681 | | 7 | 83 | 255 | 25 | 863 | | B |
| *Molise* | | | | | | | | | | | | | |
| Ponte Liscione | 1971 | Biferno im Bau | CB | D 57 | 540 | | – | 173 | | – | | | B |

(Forts. s. u. S. 184)

(Tab. 7, Forts.)

| Name | Bau-jahr | Fluß-gebiet | Pro-vinz | Mauer/Damm Höhe m | Mauer/Damm Länge m | See Fläche ha | See Länge km | Nutz-volumen Mio. $m^3$ | Stauziel m ü. Meer | Spiegel-schwankg. max. m | Natürliche Einzugs-fläche $km^2$ | durch Beilei-tung[1] erweitert | Zweck der Anlage[2] |
|---|---|---|---|---|---|---|---|---|---|---|---|---|---|
| *Basilicata* | | | | | | | | | | | | | |
| Pietra del Pertusillo | 1964 | Agri | PZ | M 98 | 380 | | | 155 | 531 | 45 | 530 | | B, E |
| Lago di San Giuliano | 1958 | Brádano | MT | M 34 | 314 | | 10 | 107 | 101 | – | 2700 | | B, Hw |
| Monte Cotugno | 1984 | Sinni | PZ | D 70 | 1850 | 1850 | 6,8 | 430 | 252 | 4 | 804 | | B, Ind., Trw |
| *Apulien* | | | | | | | | | | | | | |
| Lago di Occhito | 1965 | Fortore | FG | D 59 | 432 | 1200 | 10 | 333 | 195 | | 1012 | | B |
| *Calabrien* | | | | | | | | | | | | | |
| Lago di Cécita | 1954 | Mucone/Crati | CS | 48 | 166 | 1260 | | 108 | 1142 | 27 | 154 | | E, Erh |
| Lago Arvo | 1931 | Arvo | CS | D 26 | 279 | 920 | 9 | 83 | 1278 | 10 | 77 | + 6 | E, Erh |
| Lago Ampollino | 1928 | Ampollino | CS | M 30 | 105 | 550 | 10 | 67 | 1272 | | 77 | | E, Erh |
| *Sizilien* | | | | | | | | | | | | | |
| Lago di Pozzillo | 1959 | Salso/Simeto | EN | 50 | 403 | 750 | 6,5 | 140 | 366 | 28 | 577 | | B, E |
| Lago d'Ogliastro | 1966 | Gornalunga/ Simeto | CT | D 43 | 750 | 520 | 4 | 110 | 212 | | 727 | | B |
| Lago di Poma | 1971 | Iato | PA | D 49 | 238 | 660 | 5,2 | 68 | 194 | | 165 | | B |
| *Sardinien* | | | | | | | | | | | | | |
| Lago Omodeo (größter ital. Stausee) | 1924 | Tirso | OR | M 66 | 260 | 2080 | 20 | 374* | 107 | 28 | 2082 | | B, E, Hw, Ind |
| Lago del Medio Flumendosa | 1957 | Flumendosa | NU | M 112 | 295 | 900 | 17 | 260 | 267 | | 581 | | Trw, B, E, Hw |
| Lago del Mulargia | 1957 | Mulargia/ Flumendosa | NU-CA | M 95 | 272 | 1260 | 8 | 310 | 258 | – | 172 | | Trw, B, E, Ind |

| | | | | | | | | | | | | |
|---|---|---|---|---|---|---|---|---|---|---|---|---|
| Lago del Coghinas (zweitgrößter) | 1927 | Coghinas | SS | M | 54 | 186 | 1800 | – | 242 | 164 | 1009 | Trw, B, E, Ind |
| Lago del Lixia | 1961 | Lixia | SS | M | 69 | 281 | | – | 104 | 178 | 285 | Trw, B, E |
| Monteleone Roccadoria | 1974 im Bau | Temo | SS | M | 56 | | | – | 76 | 226 | 145 | Trw, B |
| Cedrino | 1972 im Bau | Cedrino | NU | D | 67 | 229 | | – | 30 | 120 | 621 | Trw, B, E, Hw |
| Lago di Monte Pranu | 1956 | Palmas | CA | M | 32 | 216 | | – | 50 | 44 | 436 | B, Ind |
| Lago dell'Alto Flumendosa | 1949 | Rio Sicca/ Flumendosa | NU | M | 58 | 235 | 350 | – | 58 | 800 | 62 | E, Trw, Ind |
| Lago di Gúsana oder Lago del Taloro | 1961 | Taloro | NU | M | 71 | 369 | | – | 58 | 642 | 252 | E, B |

[1] Beileitung aus anderem Einzugsgebiet durch Kanal oder Tunnel.

[2] E = Energiegewinnung. B = Bewässerung. Hw = Hochwasserschutz. Ind = Industrie. Trw = Trinkwasser. Erh = Erholung. Fi = Fischerei.

Quelle: Fels 1974/76, ergänzt durch Pracchi u. Terrosu 1971, S. 65; Pruneti 1979 und andere Mitteilungen.

* Diese und folgende Daten aus Pracchi und Terrosu 1971, S. 65.

Die Spätherbsthochwasser im Apennin lassen sich durch Stauseen kappen, weil die Seen dann weitgehend leer sind; in den Alpen mit Sommerregen ist das kaum möglich.

Dem Fremden- und Naherholungsverkehr sowie der Fischerei dienen bisher neben der Energiegewinnung in den Abruzzen der Lago di Campotosto (Ruggieri 1968) und die Silastauseen Cécita, Arvo und Ampollino (Ruggieri u. Sciuto 1977). Zur Bewässerung sind in Süditalien einige neue Seen angelegt worden: Ponte Liscione/Molise, Pietra del Pertusillo, Lago di San Giuliano und M. Cotugno/Basilicata, Lago di Occhito/Apulien, Pozzillo, L'Ogliastro und Poma in Sizilien. Die Seen Sardiniens haben neben der Energiegewinnung vorwiegend der Wasserversorgung zu dienen und sind begünstigt durch die Lage im undurchlässigen Kristallin, wie auch die Silaseen. Weitere Ausbaumöglichkeiten bestehen noch; allein in Sardinien waren 41 weitere Anlagen geplant, 9 davon mit über 50 Mio. $m^3$, eine bis 600 Mio. $m^3$ (Fels 1976, S. 234).

Die echten Stauseen und die ausgebauten Naturseen haben in hohem Maß die Wasserrückhaltung gesteigert, ohne daß es möglich wäre, dafür Zahlen zu nennen. Von beträchtlichem Wert wäre aber die weitere Förderung von Hügellandteichen (Zucconi 1971), denn in deren Schwerpunktbereichen, den Tongesteinsgebieten, konnten bisher nur selten größere Stauräume gewonnen werden, weil die geologischen Voraussetzungen fehlen und die Auffüllung durch Sedimente zu rasch vor sich gehen würde. Die Notwendigkeit besteht aus verschiedenen Gründen, wegen der Wasserknappheit im Sommer für Bewässerung und Viehhaltung und wegen der Hochwassergefährdung infolge des raschen Abflusses hoher Wassermengen im Winterhalbjahr ins nahe Meer. Ende des Jahres 1975 hatte Italien 8645 ›laghi collinari‹, die 284 Mio. $m^3$ fassen konnten, d. h. 3,8 % aller Stauanlagen. Vor allem in Mittelitalien waren sie häufig (Modugno 1977).

Die Ziele, denen die Stauseen dienen sollen, ändern sich von Norden nach Süden (vgl. Tab. 7 letzte Spalte). Aber auch im Lauf der Zeit gab es Veränderungen. Anfangs stand die Nutzung des großen Wasserkraftpotentials der Alpen und in geringerem Maß auch des Apennins im Vordergrund, um elektrische Energie zu gewinnen. Davon hat die seit jeher am Alpenrand in einigen ihrer Täler angesiedelte Industrie profitiert. Die Wasserkräfte der Adda lieferten ihre Energie vor allem in den Raum Mailand. Innerhalb Italiens erreichte die Produktion hydroelektrischer Energie nach gewaltiger Steigerung (1938: 14580 Mio. kWh) im Jahr 1960 einen Höchstwert (46106 Mio. kWh) und 82 % der gesamten Energieerzeugung des Landes. Der Energiebedarf nahm mit dem Aufschwung der Industrie stark zu und konnte nur mit neuen Wärmekraftwerken befriedigt werden, wozu einige Kernkraftwerke kamen. Der Anteil der hydroelektrischen Energie sank ab (1981: 26,2 %; vgl. Tab. 43). Fast die Hälfte der Gesamtproduktion liefern die Wasserkräfte des Po-Einzugsgebietes (Bevilacqua und Mattana 1976, S. 182). Der Energieproduktion sind bisher in rücksichtsloser Weise andere mögliche Zwecke des Stauseebaus wie Bewässerung, Niedrigwasseranreicherung, Hochwasserschutz und Trinkwasserversorgung untergeordnet worden. Trotz der Umweltfreundlichkeit der sauberen, hydroelektrischen Energieproduktion waren erhebliche Veränderungen die Folge. Hervorzuheben ist der Einfluß auf die Abflußmengen der Gewässer und deren Abflußgänge. Die Alpenstauseen füllen sich mit dem Sommerregen, im Herbst und Winter werden sie allmählich entleert. Aber gerade im Sommer wird viel Bewässerungswasser benötigt, in Trockenjahren ist die verursachte Niedrigwasserabsenkung bei der Schiffahrt auf dem mittleren und unteren Po-Lauf spürbar, und die Industrieabwässer werden zu wenig verdünnt. Umgekehrt werden die winterlichen Niedrigwasser der Alpenflüsse erhöht. Ein wirksamer Hochwasserschutz ist nur in den Apenninstauseen möglich; in den Alpen würde das Freihalten von Stauraum für diesen Zweck einen beträchtlichen Energieverlust bedeuten. Die Landwirtschaft verlor im Stauseebereich produktive Nutzflächen, Ackerland und Dauerwiesen. Früher intensiv bewässerte Wiesen wurden stellenweise aus Mangel an Bewässerungswasser zu magerem Weideland (Bevilacqua und Mattana 1976, S. 184).

### *d) Die Bewässerung*
### *Verstärkung oder Ausgleich des Nord-Süd-Gegensatzes?*

Der planetarische Formenwandel in den Klima- und Bodenverhältnissen kann einen Teil des problemreichen Nord-Süd-Gegensatzes als naturbedingt erklären. Die beim Übergang von Mittel- nach Süditalien so rasch wachsende Dauer der sommerlichen Trockenzeit von drei auf fünf bis sechs Monate und der Wassermangel, unter dem die Kulturpflanzen zu leiden haben und der die Hektarerträge sinken läßt, sind für die Landwirtschaft im Vergleich zum wasserreichen Norden schwere Nachteile. Kann dieser ›physischen Südfrage‹ mit geeigneten technischen Maßnahmen begegnet werden? Welche Möglichkeiten bieten Bewässerungsmethoden, überkommene und moderne, zur Überwindung dieses Gegensatzes?

Die Landwirtschaftsbehörden und Forschungseinrichtungen haben sich dem dringenden Bedarf entsprechend intensiv mit der Bestandsaufnahme der bewässerten Flächen, ihren Ausweitungsmöglichkeiten und der Verbesserung der Methoden befaßt. Für den Stand 1961 sind wir über die historische Entwicklung, die wirtschaftlichen Verhältnisse, die Verteilungs- und Entnahmemethoden des Bewässerungswassers, die Wassermengen und die notwendigen Arbeitskräfte unterrichtet (Antonietti u. a. 1965). Daraus geht hervor, daß Italien die größte bewässerbare landwirtschaftliche Nutzfläche Europas besitzt; 1961 lag es mit 3,1 Mio. ha noch weit vor Spanien (2,7 Mio. ha). Ein Anteil von 14,4 % an seiner landwirtschaftlichen Nutzfläche war bewässert (Spanien 5,4 %). Er lieferte rund die Hälfte seiner Agrarprodukte. In Süditalien waren es aber nur 6,7 %, in Inselitalien sogar nur 4,5 %, obwohl doch dort der größte Bedarf an Bewässerung besteht, im Vergleich zu Norditalien mit 29,7 % und zur Lombardei mit sogar

52,5 % Anteil der bewässerten Fläche an der gesamten landwirtschaftlichen Nutzfläche. In Mittelitalien konnten nur 7,2 % entsprechender Flächen bewässert werden. Der Gegensatz von jeweiligen Bewässerungsflächenanteilen besteht also zwischen dem kontinentalen und dem übrigen Italien, der Halbinsel und den Inseln.

Schon in früher Zeit ist der Norden dank seines reichen Wasserdargebotes bevorzugt gewesen, obwohl die Entwicklung im Süden begonnen hat. In den Kolonien Großgriechenlands dürften Ackerländereien bei Metapont, Sybaris, Heraklea und anderen Orten teilweise bewässert worden sein. In den Küstenebenen leiteten Etrusker und Latiner Wasser auf ihre Felder, vielleicht auch aus den Cuniculi, nicht aber aus Aquädukten, die höchstens stadtnahe Gärten versorgt haben dürften. Ob bewässert wurde oder nicht, war Sache des einzelnen. Columella erwähnt die Anwendung bei Paestum für Rosen und Gemüse. Erste kollektive Anlagen gab es unter arabischer Herrschaft in Sizilien, wo kleine Wassermengen zu verteilen waren, die aus Quellen geleitet oder aus Brunnen gehoben wurden. Unzählige Brunnen enthalten die Schwemmlandebenen an Küsten. Arabische Bezeichnungen sind noch üblich, wie beim Göpelwerk mit Eimerkette, der ›sénie‹, beim Wasserrad ›nória‹, dem Wasserbehälter ›gébbia‹ und der ›cubba‹ über dem Brunnenschacht (Scotoni 1979). Zur öffentlichen Aufgabe wurde die Bewässerung im Becken von Sulmona mit dem Bau von Kanälen vom Aterno her. Allmählich gelangte die Anwendung von Bewässerungsverfahren weiter nordwärts. Vergil erwähnt die Wiesenbewässerung aus seiner Heimat Mantua um 42–39 v. Chr.: ›claudite iam rivos, pueri, sat prata biberunt‹ (Ecl. 3, 111). Unter der Förderung durch Klöster breitete sich diese Methode zuerst im Piemont und in der Lombardei aus, beginnend in der Abtei der Humiliaten von Viboldone bei Mailand um 1200 und dann bei den Zisterziensern von Chiaravalle um 1400 in der Form der ›marcita‹ (s. u.). Die Marcite von Nórcia sind wahrscheinlich erst Ende des 16. Jh. von den Coelestinern angelegt worden (Desplanques 1969, S. 326). Während in Süditalien subtropische Baumkulturen und Gemüsepflanzen bewässert wurden, diente die nun verbreitete Wiesenbewässerung der Viehhaltung. Sie ermöglichte es, auch im Winter Gras zu schneiden, weil es bei der Berieselung mit gleichbleibend 10–12° C warmem Wasser das Wachstum nicht einstellt. Venetien und die Emilia kamen bald ebenfalls zu Bewässerungsflächen.

Ein großer Teil der Kanäle, der ›róggie‹, und der Ableitungsgräben in dem dichten Bewässerungsnetz von Piemont und Lombardei stammt aus der Zeit der größten Ausdehnung der Bewässerungswirtschaft in der westlichen Padania in der Epoche der freien Städte. Während der Herrschaft der selbständigen Städte und der Fürstentümer wurde diese Entwicklung fortgesetzt. Ein Kanalnetz entstand im 12./13. Jh., und es bildeten sich Bewässerungsverbände oder Genossenschaften (Consorzi di Irrigazione). Im Süden gab es solche Fortschritte kaum; zu erwähnen sind aber der Staudamm von Grotticelli bei Gela von 1565, der bis 1949 in Betrieb war (durch Neubau ersetzt), und die Eleuterokanalbrücke bei Palermo, die heute wegen ihrer gotischen Architektur als Nationaldenkmal gilt (Antonietti u. a. 1965, S. 151).

Erst ab 1861 gab es Regionalpläne für die Wassernutzung. 1863–1866 wurde der 85 km lange Cavourkanal für die Bewässerung von 150000 ha fertiggestellt. Der heute von einer Genossenschaft betriebene 86 km lange Villoresihauptkanal läßt die Bewässerung von 85000 ha trockenen Terrassenlandes um Mailand im Splitterbesitz zu, hat aber im gesamten 1600 km langen Verteilernetz Versickerungsverluste von einem Drittel der Gesamtwassermenge (Nelz 1960). Die von der Etsch ausgehenden Kanäle Alto Veronese und Agro Veronese versorgen 366000 ha. Der jüngste Bau dieser Art ist der 140 km lange Emiliano-Romagnolo-Kanal für 150000 ha (Fabbri 1979, Toschi 1961). Im Mezzogiorno hat die Flumendosa-Campidano-Ebene das größte geschlossen bewässerte Areal (24000 ha; Schliebe 1975, S. 340, u. Abb. 1, für Apulien und Basilicata Rother 1980d). Nicht zu vergessen sind die vielen kleinen Flächen, die sich in einigen Gunsträumen häufen können, wie im Bereich des großen natürlichen Quellwasserspeichers Ätna.

Mit einer Bewässerung lassen sich recht verschiedene Wirkungen erreichen, von denen die Bodenerwärmung in den Rieselwiesen schon erwähnt wurde, und auch der Reisanbau benötigt sie vorbereitend (irrigazione térmica). Es läßt sich Frostschutz ebenso erreichen wie eine Schädlingsbekämpfung in Obst- und Weinbau. Hier soll nur von Methoden berichtet werden, die manche Agrarräume Italiens charakterisieren und die heute bevorzugt werden (Cavazza 1972). Ihre Verbreitung innerhalb des Landes und seiner Regionen ist für 1961 erhoben worden. Die Ergebnisse sind schon im Vergleich der Großräume aufschlußreich (vgl. Tab. 8).

Die Berieselung (scorrimento) durch einen gleichmäßig fließenden Wasserschleier ist das typische Verfahren im geneigten Gelände bei der Hangbewässerung oder bei den Marciterieselwiesen, die in der Art des Rückenbaus dachförmig angelegt sind. Dies erfordert hohe technische Perfektion und hohen Arbeitsaufwand. Der Grasschnitt im Winter läßt sich bei aufgeweichten Wiesen nicht mechanisieren, weshalb die Rieselwiesenfläche im Abnehmen begriffen ist. Weitere Gründe dafür sind der hohe Wasserverbrauch und die zunehmende Verschmutzung der Abwässer (Upmeier 1981, S. 78–94). Die Erhebung von 1961 hat die Furchenbewässerung (infiltrazione) mit der Berieselung zusammengefaßt, die bei Mais und Hackfrüchten angewendet wird. Auch hier sind Arbeitsaufwand und Flächenverlust durch die Gräben nachteilig, die je nach Korngrößen des Bodens in verschiedenen Abständen gezogen werden oder sich nach der Breite der Maschinen richten. Berieselung und Furchenbewässerung wurden 1961 auf 74 % der bewässerbaren Fläche Italiens angewendet, erstere Methode vorwiegend im Aostatal, in Piemont, Lombardei und Trentino-Südtirol, also bei Wiesenbewässerung, letztere vor allem in Ligurien, Apulien und Kampanien.

Im ebenen und im besonders planierten Gelände wird die Flächenüberstauung

*Tab. 8: Bewässerungsmethoden in den Großräumen 1961*

| | bewässerte Fläche in 1000 ha durch | | |
| --- | --- | --- | --- |
| | Sickerbewässerung | Flächenbewässerung | |
| | Berieselung<br>Furchenbewäss.<br>Rohrbewäss. | Überstauung<br>Stauberieselung | Beregnung |
| Norditalien | 1736 | 173 | 331 |
| Mittelitalien | 136 | 0 | 137 |
| Süditalien | 344 | 2 | 42 |
| Inselitalien | 113 | 78 | 7 |
| Italien | 2329 | 253 | 517 |

Quellen: ANTONIETTI u. a. 1965, S. 16; Dok. 17, 1969, S. 364.

(sommersione) durchgeführt, gewöhnlich als Stauberieselung mit ständigem Zu- und Abfluß. Im Reisbau der Provinz Vercelli sind es bis mehrere Hektar umfassende Rechtecke, bei abgedämmten Ackerterrassenflächen an den Hängen des Ätna nur kleine Stücke; man bewässert ›a conca‹ im Agrumenanbau. Die Anteile dieses Verfahrens sind deshalb besonders hoch in Piemont und Sizilien.

Seit den sechziger Jahren hat sich aus verschiedenen Gründen, wobei die Lohnkosten, aber auch der bisher nachteilige Flächenverlust durch Gräben entscheidend gewesen sein werden, die Beregnung oder besser ›Besprengung‹ (per aspersione, a pióggia) stark verbreitet. Es gibt fest installierte, halbfeste und mobile Anlagen, dabei die gigantischen Kreisregner mit drehenden Flügeln (semoventi; zentrierte Drehbewässerung, center pivot irrigation). Je nach Anforderungen lassen sich verschiedene Wasserdrücke und Intensitäten anwenden, der nötigen Regenmenge vergleichbar. Die Beregnung ist besonders geeignet für das Hügelland, und man findet sie inzwischen auch im Kleinbetrieb mit wenig Arbeitskräften, im Futter- und Gemüsebau, bei Artischocken- und Zuckerrübenanbau. Die Beregnung war schon 1961 im Bereich südlich Mantua, Legnago und Gonzaga konzentriert. In Latium war schon mehr als die Hälfte der bewässerbaren Fläche beregnet, in Umbrien waren es 42%, in Trentino-Südtirol fast 38% und in den Abruzzen 34% (ANTONIETTI u. a. 1965, S. 10). Heute ist das Verfahren in der Lombardei weit verbreitet (BEVILACQUA und MATTANA 1976, S. 185). Mit Hilfe der Bewässerung lassen sich auch von Natur aus salzhaltige Böden verbessern, wie sie im Sybaritischen Küstenhof vorkommen (vgl. Kap. II 1 g5). Die Anwendung von Dränflexrohren machte es möglich, bisher ungenutzte Flächen mit Reis und Tomaten zu bestellen (BAUMANN 1974).

Für die Höhe der bei der Anlage und dem Betrieb von Bewässerungsflächen entstehenden Kosten ist unter anderem auch die Entnahmeart und die Herkunft

*Tab. 9: Bewässerungswasser in den Großräumen 1961*
Entnahmeart und Herkunft

| | bewässerte Fläche in 1000 ha aus | | |
|---|---|---|---|
| | Flußwasser | Speicherwasser | Brunnen |
| Norditalien | 1731 | 23 | 485 |
| Mittelitalien | 141 | 33 | 100 |
| Süditalien | 209 | 21 | 157 |
| Inselitalien | 49 | 27 | 123 |
| Italien | 2130 | 104 | 865 |

Quellen: Antonietti u. a. 1965, S. 16; Dok. 17, 1969, S. 364.

des Wassers entscheidend (vgl. Tab. 9). Die wasserreichen Bäche und Flüsse und die stark schüttenden Quellen der Padania erlauben mit verhältnismäßig geringen Mitteln eine teilweise übermäßige Wasserverwendung im Unterschied zu den geringen und sparsam zu nutzenden Mengen, die im übrigen Italien aus Stauseen und Brunnen stammen.

Innerhalb der gesamtitalienischen Wasserwirtschaft, deren Lage in der jüngsten Zeit immer schwieriger geworden ist, verbraucht die Bewässerung am meisten Süßwasser, vor Industrie und Haushalten. Im Vergleich zu anderen Ländern mit Bewässerungslandwirtschaft ist der Verbrauch viel zu hoch, und die Kritiker meinen, daß bei gleicher Wassermenge die Fläche verdoppelt werden könnte (Dok. 17, 1969, S. 360). Dabei wird aber der wesentliche Unterschied in den Zwecken im Norden und Süden nicht berücksichtigt. Während die Wiesenberieselung in der Padania das Wasser nur wenig für die Transpiration der Pflanzen und deren Produktion direkt nutzt, ist dies im übrigen Italien der Hauptzweck. Etwa 50 % allen Bewässerungswassers links des Po wird wieder verwendet. Der Verlust, die Differenz zwischen notwendigem Bewässerungswasser und Verdunstung, ist keine negative Eigenschaft, sondern dient zur Erhaltung der Grundwasserhöhen (Bevilacqua und Mattana 1976, S. 186).

Ein wirklicher Ausgleich zwischen der hydrologischen Ungunst im Süden und dem Wasserüberfluß im Norden ist nicht möglich, auch wenn die bewässerbare Fläche laufend vergrößert, im Campidano z. B. verdoppelt wird. Viel wichtiger ist die Sicherung gleichbleibend hoher Erträge, was mit Bewässerung zu erreichen ist, wenn die Schwierigkeit der betrieblichen Umstellung vom Trockenfeldbau her bewältigt wurde. Mit einer Erhöhung der bewässerbaren Fläche von 3 Mio. ha im Jahr 1961 über 3,5 Mio. 1970 auf 4 Mio. ha wird gerechnet werden können. Sicherlich wird der Anteil Norditaliens dabei stärker steigen als der der übrigen Landesteile. Große Anstrengungen erfordert aber schon die Modernisierung und die bessere Ausnutzung älterer Anlagen und die Reduzierung der Verluste. Bei konsequenter Weiterführung der Bewässerungsarbeiten im Süden dürfte aber das Problem der Viehzucht gelöst werden können, denn in diesem Bereich besteht, wie wir sehen werden, ebenfalls ein empfindliches Ungleichgewicht. Im Südosten sind beträchtliche Erfolge erzielt worden (ROTHER 1980d).

## *e) Die Flüsse Italiens*

### e1 Fließende Gewässer als Ergebnis natürlicher und wirtschaftlicher Zustände und Prozesse

Im Rahmen einer Länderkunde, die der Umweltproblematik Raum geben will, sind fließende Gewässer nicht als eigene, aus dem Zusammenhang gelöste Erscheinungen zu sehen, sondern vielmehr als Ausdruck des Zusammen- und Gegeneinanderwirkens vielfältiger Vorgänge und Kräfte in Raum und Zeit. Ohne das Wirken des Menschen aufzufassen, ist das, was beim Abfluß des Wassers heute geschieht, nicht zu verstehen. Bisher sind die Flüsse Italiens wegen ihrer Erosions- und Transporttätigkeit bei der Ausgestaltung der Oberflächenformen und zuletzt wegen ihrer Bedeutung für Energieproduktion und Bewässerung betrachtet worden. Als Verkehrswege spielen sie, abgesehen vom mittleren und unteren Lauf des Po, keine Rolle. An ihren Mündungen liegen keine bedeutenden Hafenstädte, denn wegen des starken Schutttransportes sind die Flußbetten in den Ebenen mit Schottern und Sanden gefüllt, teilweise wie beim Po überhöht, und die Mündungen sind verschüttet, wenn nicht sogar ein Delta ins Meer gebaut wird. Die Öffentlichkeit erfährt nur dann etwas vom Flußgeschehen, wenn sich Hochwasserkatastrophen ereignet haben, z. B., wenn der Po wieder einmal einen seiner Uferdämme durchbrochen und den Polésine teilweise unter Wasser gesetzt oder eine wichtige Eisenbahnbrücke, wie 1982, zum Einsturz gebracht hat. Nach Ereignissen wie jenen vom November 1966 besteht Einigkeit darüber, daß die erforderlichen Maßnahmen eingeleitet werden müssen, die mehr als nur die Erhöhung der heute schon so beeindruckenden Ufermauern bringen. Studienkommissionen wurden berufen, die Ursachen diskutiert und Abhilfemaßnahmen vorgeschlagen, vom Staudammbau bis zur Aufforstung. Von der Ausführung solcher Arbeiten dringt nur wenig an die bald wieder beruhigte Öffentlichkeit.

In Fortführung der Besprechung der Hochwasserereignisse im Klimateil sind die extremen und durchschnittlichen Verhaltensweisen von Flüssen als typische Eigenschaften einzelner Flußgebiete zu betrachten. Im Abflußverhalten kommt das Zusammenwirken der natürlichen Bedingungen zum Ausdruck ebenso wie das Ausmaß und die Art der Eingriffe des Menschen in direkter Weise, z. B. durch Stauseen und den Ausbau der Abflußwege, oder indirekt über die Bodennutzung in Wald- und Landwirtschaft und durch Industriestandorte. Die Wassermengen und die Wasserqualität im Jahresgang und in den einzelnen Flußabschnitten lassen nach geeigneten Beobachtungen und Analysen erkennen, in welchem Zustand sich die zugehörigen Niederschlags- und Grundwassergebiete befinden; sie können über drohende Gefahren, in einem Industriestaat wie Italien heute vor allem über die Verschmutzung und Vergiftung, Auskunft geben. Je kleiner das Einzugsgebiet ist, um so leichter sind die Ursachen und die Zusammenhänge schon durch Einzelbeobachtungen erkennbar. Bei Strömen wie dem Po ist ein großräumig verteiltes, kostspieliges Beobachtungsnetz erforderlich.

### e2 Abflußtypen

Der sich in den Klimaten Italiens äußernde planetarische Formenwandel ist mit der Umkehr des Niederschlagsganges und mit der zunehmenden Dauer und Intensität der Trockenzeit auch im Abflußverhalten der Flüsse zu erwarten. Nur im Abflußbereich der Alpen gibt es noch ständig fließende Gewässer. Auf der Halbinsel dagegen überwiegen bald Täler, deren Bach- und Flußbetten lange trocken liegen, aber bei Regen plötzlich anschwellen können. Im italienischen Sprachgebrauch wird deutlich unterschieden zwischen dem ›fiume‹ und dem ›torrente‹. Unter ›fiume‹ versteht man ein Gewässer mit regelmäßigem Abfluß aus einem größeren Einzugsgebiet, das weniger direkt von den Niederschlägen abhängig ist. ›Torrente‹ nennt man einen Wasserlauf mit kleinem Gebiet, beträchtlichem Gefälle und vorherrschend erosiver Tätigkeit; man kann ihn als mediterranen Wildbach bezeichnen. Torrenti sind besonders häufig im Bereich undurchlässiger Gesteine, z. B. im Flyschapennin und im Bereich kristalliner Gesteine Kalabriens. Wo reichlich Quellwässer zur Verfügung stehen, dort kann der Abfluß das ganze Jahr über anhalten und bei durchlässigem, wasserspeicherndem Gestein einen Fiume ernähren, wie z. B. im Kalkapennin.

Um den Formenwandel der Flüsse Italiens überschauen zu können, bedient man sich zweckmäßigerweise einiger Abflußtypen, die nach dem Abflußgang im Jahresverlauf, also ihrem Abflußverhalten, bestimmt worden sind. Dessen Kenntnis ist die Voraussetzung für die Nutzung der Energie, für die Entnahme von Trink-, Brauch- oder Kühlwasser und auch für die Abwasserbelastung. Mit Hilfe der Abflußkoeffizienten können auch große und kleine Flüsse miteinander verglichen werden (vgl. Fig. 22).

Der Umkehr im Niederschlagsgang, vom Sommerregen in den Alpen über Herbst- und Frühjahrsregen bis zum Winterregen in Süditalien, entspricht die Umkehr im Abflußregime. In den höheren Teilen der Alpen macht sich der Einfluß der Zurückhaltung von Wassermengen in Schnee und Gletschereis durch das Winterminimum bemerkbar; das zu erwartende Sommermaximum wird durch Schmelzwässer erhöht. Dem Alpentyp bei Toniolo (1950) entspricht das sommernivale Aareregime (Grimm 1968). Beispielhaft ist die Dora Báltea mit Junimaximum (240 $m^3/s$) und Februarminimum (30 $m^3/s$). Der Abflußkoeffizient im

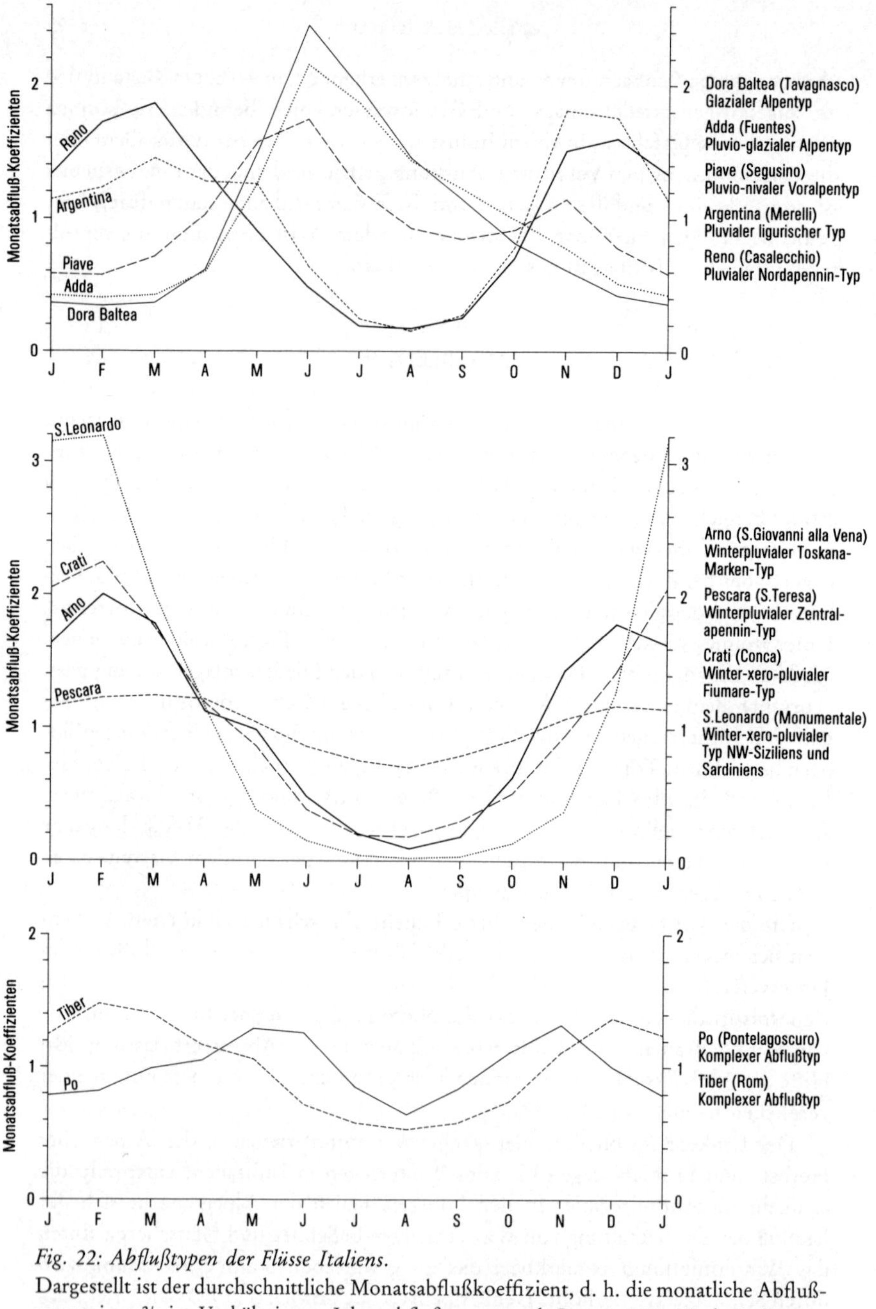


*Fig. 22: Abflußtypen der Flüsse Italiens.*

Dargestellt ist der durchschnittliche Monatsabflußkoeffizient, d. h. die monatliche Abflußmenge in $m^3/s$ im Verhältnis zur Jahresabflußmenge nach PARDÉ 1947. Nach Dati caratteristici dei corsi d'acqua italiani, Servizio idrografico 1963. Bezeichnung der Typen nach MORANDINI 1957b und GRIMM 1968.

Juni liegt bei 2,4, d. h., die mittlere Wasserführung des Jahres (100 $m^3/s$) wird um das 2,4fache übertroffen. Mit abnehmendem Gletschereinfluß schließt sich im Südalpenbereich mit stets wasserreichen Flüssen der voralpine Typ oder das pluvionivale Sérioregime mit Frühjahrsmaximum und einem weiteren Herbstmaximum an. Außer dem Sério selbst ist der Piave zu nennen. Dem Niederschlagsgang entsprechend haben die in der nördlichen Padania verbreiteten Flüsse ein Herbstmaximum vom subalpinen Typ; sie folgen nach GRIMM (1968) dem Savaregime oder – nach dem Fluß in Südwestkorsika benannt – dem Taravoregime. Der Isonzo kann als Beispiel gelten. Im Sommer macht sich geringe Austrocknung bemerkbar. Dieser Abflußgang ist für das östliche Venetien und Friaul charakteristisch. Zu den ganzjährig abflußreichen Flüssen gehören noch diejenigen Liguriens und des Nordapennins mit Herbstmaximum; aber hier macht sich das Sommerminimum schon stärker bemerkbar als Ligurischer Typ oder Entellaregime, für das ein kleiner, 34 km langer Fluß bei Chiávari namengebend war, bei TONIOLO (1950) Lavagna genannt.[12]

In Mittelitalien haben die Flüsse ein ausgeprägtes Abflußmaximum im Winter (Febr./März) und ein Sommerminimum; sie folgen wie der Arno dem Toskana-Marken-Typ oder dem winterpluvialen Topinoregime, letzteres benannt nach dem Tiberzufluß bei Assisi. Die tyrrhenischen Tiefländer der Toskana südlich des Arno und am Ombrone sind von GRIMM (1968) wegen der geringen Abflußspenden schon dem für Apulien typischen Ófantoregime zugeordnet worden, was der auffällig längeren Trockenperiode von Grosseto im Sommer entspricht. Im mittleren Apennin rücken die Winter- und Herbstmaxima zusammen (Nov./Dez. und Febr./März), bekannt als Typ des Zentralapennins mit der Pescara. Nach einem Zufluß zum Kaspisee spricht GRIMM (1968) vom Lenkoranregime.

In Apulien bis zum Golf von Tarent und seinem Hinterland, im größten Teil Siziliens (Imera meridionale bei TONIOLO) und Sardiniens ist der Abflußgang von einem mäßigen Wintermaximum (Jan./Febr.) und einem langanhaltenden Sommerminimum (April bis Nov.) mit starker Austrocknung beherrscht. Dem Fiumaretyp bei MORANDINI (1957b) entspricht das winter-xero-pluviale Ófantoregime. Als ›fiumare‹ bezeichnet man diejenigen Gewässer, die einen breiten Talboden mit Schottern und Sanden erfüllen und bei kräftiger Seitenerosion ständig ihren Lauf verlegen. Im Sommer liegen sie völlig trocken, können aber bei Regenfällen verheerende Hochwässer führen. Das breite Schotterbett mündet gewöhnlich über ein Delta ins Meer. Auffällig ist das breite Geröllbett auch bei kurzen, gefällereichen Flüssen. TONIOLO (1950) nennt einen lukanischen Typ mit dem Brádano als Beispiel, bei dem das ausgeprägte Hochwasser erst im Frühjahr auftritt. Mit dem Jabalónregime (Fluß in Spanien) trennt GRIMM (1968) das Gennargentumassiv mit Febr./März-Maximum ebenso ab wie die Umgebung des Ätna. Die Abflußverzögerung im Vergleich zum Niederschlagsmaximum wird mit dem

[12] Es ist DANTES ›fiumana bella‹: ›In tra Sestri e Chiavari s'adima una fiumana bella.‹

*Tab. 10: Daten der wichtigsten Flüsse Italiens*

| Flußname | Quelle Höhe m | Mündung | Länge km | Gebiet km² | Gestein (1) | Pegel Gebiet km² | ~MQ m³/s (2) | NNQ / HHQ m³/s (2) | |
|---|---|---|---|---|---|---|---|---|---|
| Sele | Caposele 420 | Tyrrhen. M. | 63 | 3 300 | K | Albanella 3295 | 69 | 6,06 / 1048 | (3) |
| Crati | Sila Grande | Ion. Meer | 89 | 2 440 | T/S | Conca 1332 | 27 | 2,3 | |
| Simeto | M. Sori 1700 | Ion. Meer | 113 | 4 326 | T | Giarretta 1832 | 40 | 1,1 / 2390 | |
| Sangro | M. Túrchio 1400 | Adriat. M. | 117 | 1 515 | K | Villa S. Maria 762 | 3,1 | 0,07 / 423 | (4) |
| Coghinas-R. Mannu | Catena del Márghine ca. 900 | Sard. Meer | 123 | 2 447 | C | Muzzone 1900 | – | 0,10 / 2400 | |
| Flumendosa | Gennargentu ca. 1500 | Tyrrhen. Meer | 127 | 1 780 | C | M. Scrocca 1011 | 13 | 0,14 / 3300 | |
| Ófanto | M. Porrara 715 | Adriat. Meer | 131 | 2 390 | T | Samuele di Cafiero 2716 | 14,8 | 0,00 / 1060 | (3) |
| Agri | Loma di Mársico ca. 850 | Ion. Meer | 136 | 1 648 | T/S | Grumento 278 | 7,0 | 1,20 / 120 | (3) |
| Isonzo | Grinta di Plezzo 990 | Adriat. Meer | 136 | 3 460 | K | – | | – | |
| Imera meridionale oder Salso | Madoníe 1200 | Sizil. Meer | 144 | 2 120 | T | Orasi 1782 | 5,3 | 0,00 / 2280 | (5) |
| Basento | M. Arioso 1300 | Ion. Meer | 150 | 1 507 | T/S | Gallipoli 848 | 9 | 0,02 / 1250 | |

| | | | | | | | | | |
|---|---|---|---|---|---|---|---|---|---|
| Tirso | Altopiano di Buddusò 880 | Sard. Meer | 150 | 3 100 | C | Rifornitore Tirso 587 | – | 0 / 1100 | |
| Aterno-Pescara | M. Civitella 1100 | Adriat. Meer | 152 | 3 190 | K/T | S. Teresa | 54 | 18,40 / 900 | |
| Brádano | Lago di Pésole 793 | Ion. Meer | 167 | 2 755 | T | Ponte Palatine 2743 | 7,3 | 0,01 / 1930 | |
| Liri-Garigliano | M. Arunzo (Simbruini) ca. 1200 | Tyrrhen. Meer | 168 | 5 020 | K | Mündung | 120 | 44 | |
| Brenta | Lago di Lévico 440 | Adriat. Meer | 174 | 2 300 | K | Barzizia 1567 | 727 | 14 / 1300 | (6) |
| Dora Báltea | M. Blanc (Gletscher) | Po | 160 | 4 322 | C | Tavagnasco 3313 | 100 | 17,5 / 2670 | |
| Ombrone | Poggio Macchioni ca. 600 | Tyrrhen. Meer | 161 | 3 480 | T | Sasso d'Ombrone 2657 | 30 | 1,4 / 3110 | |
| Tagliamento | Passo della Máuria 1295 | Adriat. Meer | 172 | 2 600 | K | Latisana | 92 | – | |
| Volturno | M. Rocchetta M. Curvale 1260 | Tyrrhen. Meer | 175 | 5 680 | K | Cancello Arnone 5558 | 83 | 30 / 1650 | (7) |
| Reno | Piano Pratale | Adriat. Meer | 211 | 4 630 | – | Casalecchio 1051 | 26 | 0,48 / 2200 | |
| Piave | M. Peralba 2037 | Adriat. Meer | 220 | 4 100 | K | Segusino 3333 | 82 | – | |
| Arno | M. Falterona 1358 | Tyrrhen. Meer | 241 | 8 250 | – | San Giovanni alla Vena 8187 | 100 | 2,20 / 2290 | |

(Forts. s. u. S. 198)

(Tab. 10, Forts.)

| Flußname | Quelle Höhe m | Mündung | Länge km | Gebiet km² | Gestein (1) | Pegel Gebiet km² | ~MQ m³/s (2) | NNQ/HHQ m³/s (2) |
|---|---|---|---|---|---|---|---|---|
| Tessin-Ticino | Nufenenpaß St. Gotthard ca. 2400 | Po | 248 | 7228 | C | Sesto Calende 6599 | 299 | 35/5000 |
| Tánaro | Passo di Tanarello 2042 | Po | 276 | 7985 | T | Montecastello 7985 | 130 | 6/3150 |
| Oglio | Corno dei Tre Signori | Po | 280 | 6640 | – | Capriolo 1842 | 59 | 5,60/414 (8) |
| Adda | Passo Alpisella 2289 | Po | 313 | 7980 | – | – | 152 | 85/270 |
| Tiber-Tévere | M. Fumaiolo 1268 | Tyrrhen. Meer | 405 | 17168 | – | Rom 16545 | 232 | 60,8/3300 |
| Etsch-Ádige | Reschenpaß 1571 | Adriat. Meer | 410 | 12200 | – | Boara Pisani 11954 | 235 | 61/1700 |
| Po | M. Viso Cottische Alpen 2020 | Adriat. Meer | 652 | 75000 | – | Pontelagoscuro 70091 | 1490 | 275/12000 |
| | | | | | | Meirano b. Turin 4885 | 82 | 19/2230 |

(1) C = Kristalline Gesteine. K = Kalkstein, Dolomit. S = Sandstein. T = Tongesteine. (2) 1921–1960, nach ›Dati caratteristici dei corsi d'acqua italiani‹, Rom 1963. (3) 1929–1942, 1946–1969; (4) 1965–1970; (5) 1960–1974; (6) 1955–1962; (7) 1954–1969; (8) 1933–1969.

Quelle: Nach Unterlagen der Bundesanstalt für Gewässerkunde/Koblenz.

durchlässigen Untergrund in Vulkangebieten und durch die vorhergegangene Austrocknung erklärt. Den Nordwesten von Sardinien und Sizilien weist GRIMM seinem Plátaniregime zu, wo bei höheren Winterniederschlägen als beim Ófantoregime ein besonders starkes Wintermaximum (Jan./Febr.) bei intensiver Austrocknung im Sommer bezeichnend ist.

Eine klare Typisierung ist nur bei kleinen Einzugsgebieten möglich, die zu einem Klimagebiet gehören und einheitliche Gesteins- und Geländeverhältnisse aufweisen. Deshalb sind die in Tab. 10 genannten größeren Flüsse nicht den verschiedenen Regimetypen zugeordnet worden. Viele Flüsse Italiens lassen sich nach Abflußtypen auch deshalb nicht klassifizieren, weil sie nicht vom Niederschlagsgang oder von der Rückhaltung durch Schnee oder Gletscher abhängig sind. Sie haben einen mehr oder weniger ausgeglichenen Jahresgang des Abflusses, weil sie aus ständig fließenden Quellen, z. B. denen der Fontanilizone, oder aus Karstquellen gespeist werden, sie haben ein Retentionsregime (KELLER 1968, S. 76). So kommt es, daß die Wassermengen der aus Kalkgebieten kommenden Gewässer weniger stark schwanken als diejenigen von Flüssen, deren Einzugsgebiete über undurchlässigen Gesteinen liegen. Beispiele dafür sind Volturno und Ombrone (Tab. 10). Der Abruzzenfluß Nera hat eine ausgeglichene Wasserführung und beeinflußt die des Tibers von seiner Einmündung ab sehr stark, wie zu zeigen ist.

### e3 Der Po, einziger Strom Italiens

In seinem Mittel- und Unterlauf schwanken die Abflußmengen des Po im Jahresgang recht gering. Dazu führt weniger der Zufluß aus der eigenen Quellenzone als vielmehr aus den im Sommer wasserreichen Alpenflüssen und der im Winter wenigstens kurzfristig kräftige Zufluß aus dem Apennin. Damit demonstriert sein Abflußgang den klimatischen Übergang zwischen Mitteleuropa und dem Mittelmeergebiet. Wie der Rhein besitzt er ein komplexes Regime, denn es fließen ihm auf seinem 652 km langen Lauf Gewässer aus ganz verschiedenen Klimagebieten zu, und dazu kommen die ausgeglichenen Quellwässer.

Der Po ist in den Cottischen Alpen ein Wildbach, der nach 35 km bei Saluzzo die Ebene erreicht. Dabei überfließt er einen Schwemmkegel und beginnt bald zu mäandrieren. Historische Laufverlegungen sind dort nachzuweisen, wo die Grenze zwischen den Provinzen Cúneo und Turin den Fluß quert. Diese folgt oberhalb dem Fluß selbst, dann aber drei abgeschnittenen Mäanderbögen (BIANCOTTI 1972, S. 279, Anm. 11). Nach 70 km bei Turin hat der Po nur noch ein Gefälle von 1,5 ‰. Mit den Alpenzuflüssen, vor allem den Gletscherschmelzwässern der Dora Báltea aus dem Aostatal, nimmt seine Wassermenge stark zu. Deren glazialer Abflußgang mit Junihochwasser und Winterniedrigwasser bestimmt auch die Wasserführung des Po, der aber schon oberhalb von Turin (Meirano) ein niedrigeres Minimum im August hat, das er bis zur Mündung beibehält.

Die wasserreichen linken Zuflüsse aus den Westalpen drängen den Oberlauf des Po an den Rand der piemontesischen Ebene, und von Turin an begleitet er den Nordrand des Hügellandes von Monferrato unter dem Einfluß von Dora Ripária, Stura di Lanzo, Orco und Dora Báltea. Danach setzt er die Laufrichtung der Sésia nach Südosten fort, läßt sich aber vom Tánaro wieder ostwärts abdrängen, bis ihn der besonders wasserreiche und kräftige Tessin an den Fuß des Apennins zwingt. Dieser ›besternährte Fluß Europas‹ führt nach Verlassen des Lago Maggiore rund 300 $m^3/s$, der Po bei Turin dagegen nur 82 $m^3/s$ (Pardé und Visentini 1936, S. 275; vgl. Tab. 10). Bei Stradella ist er in einem Tal festgelegt. Sein Gefälle hat sich auf 0,5 ‰ verringert. Bisher war sein Lauf gestreckt oder nach Aufnahme der Sesia in kleine Windungen gelegt. Nachdem er sich vom Apennin entfernt hat, beginnt er bis zur Mündung der ebenfalls stark mäandrierenden Adda hin große Mäanderbögen zu entwickeln, die flußabwärts wandern. Altwasserbögen (mortizza, lanca, ancona) lassen die Laufverlegungen und Abschnürungen erkennen (Almagià 1959, Karte S. 447). Waren bisher die Alpenflüsse mit ihrer Wassermenge im Vorteil, so konnten von nun an die Apenninflüsse mit ihrer starken Schuttführung den Lauf des Po etwa auf die Achsenmitte der Ebene festlegen. Das zweiseitige Gefälle der Ebene, zum Po und zur Adria hin, führte zu einem Abgleiten der Unterläufe der Nebenflüsse gegen Osten. Die Etsch mündet deshalb heute selbständig in die Adria, gehört also nicht mehr zum Po-Einzugsgebiet, ebensowenig wie der durch einen Kanal abgelenkte Reno. Dieses Abdrängen der Flußmündungen ist auch durch die starke Aufschüttung im eigenen Flußbett wegen der starken Schuttfracht des Po selbst bei dem geringen Gefälle unter 0,4 ‰ verursacht. Schon bei Pavía liegt der mittlere Hochwasserstand über dem Niveau der Ebene, weshalb diese von nun an durch Dämme geschützt werden muß. Gegen das Delta hin erreicht der Höhenunterschied 6 m.

Beim Pegel Pontelagoscuro, 91 km vor der Mündung und mit einem Einzugsgebiet von 70091 $km^2$, hat der Po die größte mittlere Abflußspende unter allen europäischen Flüssen (Pardé und Visentini 1936, S. 263; Wundt 1953, S. 265) mit 20,6 $l/s \cdot km^2$; der Rhein hat bei Maxau nach etwa gleichlangem Lauf nur 10,7. Bis zur Mündung wächst die Spende noch etwas, beim Rhein auf 16, bei der Rhône aber auf 20 $l/s \cdot km^2$. Von Dämmen gebändigt, strömt das Wasser des Po deltawärts, schließlich in fünf großen Armen und durch 14 Auslässe. Deren Anteil änderte sich im Lauf der Zeiten; bis 1840 flossen drei Viertel der Wassermenge nach links hin durch den Po di Maestra, bis 1951 zwei Drittel geradeaus durch den Po della Pila. Nahezu die gesamte aus dem Po-Gebiet abfließende Wassermenge wird am Pegel Pontelagoscuro gemessen. Deren Schwankungen sind über das Jahr hin recht ausgeglichen. Der Kurvenverlauf vom Pegel Meirano ist noch erkennbar, jedoch ist das vom Oberlauf bekannte Sommerminimum, wo die Alpenflüsse noch wenig Anteil am Niederschlagsgebiet haben, jetzt unter dem starken Einfluß der Alpenschmelzwässer und Sommerregen weniger tief. Ein zweites Maximum mit der Spitze Anfang November wird keineswegs nur von den Apenninflüssen verursacht, denn auch der Tessin zeigt es. Im Po wird das Maximum aber auf der Basis der Apenningewässer verbreitert, und es wird höher als das Maimaximum. Die Monatsabflußkoeffizienten sind 1,20 für Mai, 1,28 für November und 0,60 für August bei einer mittleren Wassermenge von 1490 $m^3/s$ im Jahr.

Wenn in den Flüssen hohe Wassermengen zur Verfügung stehen, dann können auch große Mengen an erodiertem Material, von Feststoffen transportiert werden, wobei Schwebstoffe, Sinkstoffe und Geschiebe zu unterscheiden sind. Die vom Po aus seinem Einzugsgebiet abtransportierten Feststoffe wurden auf 17 Mio. t im Jahr geschätzt, davon 15 Mio. t als Suspensions- oder Schwebfracht. Dazu kommt vielleicht noch einmal soviel als gelöstes Material (Pontelagoscuro 1914–1932, PARDÉ und VISENTINI 1936, S. 272). Das sind 278 $t/km^2$ und Jahr, woraus sich ein durchschnittlicher Abtrag im gesamten Einzugsgebiet um 16,3 cm Höhe im Lauf von 1000 Jahren errechnet. Die im Po-Gebiet gelegenen Tongesteinsbereiche des emilianischen Apennins liefern dabei die höchsten Mengen und haben den größten Abtrag. Das Maximum liegt im Sécchiagebiet (Ponte Bacchello) mit 10000 $t/km^2$ und Jahr, was eine Abtragung um fast 60 cm schon in 100 Jahren bedeutet. Für das Alpengebiet liegen die Werte zwischen 3 und 9 cm in 100 Jahren. Im Vergleich zu den Abtragungsvorgängen durch Flüsse in den Tropen sind das schon für das gesamte Po-Gebiet etwa zehnmal höhere Werte, die nur durch die seit Jahrtausenden vor sich gehende Landnutzung zu erklären sind (BREMER 1968, S. 376).

Solche hohen Feststoffmengen werden selbstverständlich nur bei Hochwasser transportiert, und so wie sich glücklicherweise nur selten sehr hohe, schadenbringende Hochwasser ereignen, schwanken auch die transportierten Mengen sehr stark. An der Magra im östlichen Ligurien hat GUIGO (1975) die Schwebstofführung in der Abhängigkeit von Abflußmenge und Niederschlag untersucht. Schon innerhalb des Flußbettes werden Sinkstoffe abgelagert, sobald die Fließgeschwindigkeit nachläßt. Stellenweise höht sich dadurch der Flußboden auf, was die Hochwassergefahr erheblich steigern kann. Wo es zu Dammbrüchen kommt, dort werden womöglich riesige Mengen an Sand oder Schlamm abgelagert, wodurch bei der Polesineüberschwemmung (November 1951 – Mai 1952) nachhaltige Schäden verursacht worden sind (GAMBI 1953, S. 24). Inzwischen hat die Ausbaggerung von Sand aus den Flußbetten zu einer starken Abnahme des Feststofftransports geführt, der Po tiefte sich ein, und die Hochwassergefahr verringerte sich. Die erhöhte Erosion führte aber auch zum Einsturz von Brücken und Uferschutzanlagen (CASTIGLIONI in EMBLETON, Hrsg., 1984, S. 257).

Im Gebiet des Po ereignete sich 1950/51 die größte Hochwasserkatastrophe überhaupt nach den bisher bekannten Pegelbeobachtungen von Pontelagoscuro. Nach dem ›World Catalogue of very large floods‹ (UNESCO 1976, S. 138) gab es in den 42 Jahren 1918–1960 dort 23 Jahre mit einer Hochwassermenge über 5000 $m^3/s$, neun Jahre mit über 7000, zwei Jahre (2. 5. 1926 und 5. 11. 1928) mit mehr als 8000 und schließlich am 14. 11. 1951 das Maximum mit 10300, rekonstruiert wegen der Dammbrüche auf 11580 $m^3/s$. Das war ein Pegelstand von

4,28 m, wozu man wissen muß, daß der niedrigste Stand dort – 5,71 m betrug (28. 4. 1893).

Im Po-Gebiet treten Hochwasser vorwiegend im Frühjahr und Spätherbst als Folge besonders hoher Niederschläge auf. Katastrophale, hohe Schäden verursachende Hochwasser ereignen sich dann, wenn die Voraussetzungen dafür sich etwa so addieren wie beim Novemberhochwasser 1951, einem exemplarischen Ereignis. Eine ebenso beispielhafte Hochwasserwetterlage ist für Anfang November 1966 beschrieben worden (vgl. Kap. II 2d). Eine starke Südströmung feuchtwarmer, labiler Luft führte beim Zusammentreffen mit Kaltluft zu gewaltiger Dynamik. Die Niederschlagsmengen wurden noch verstärkt an den Gebirgsrändern von Alpen und Apennin. Fünf weitere, ein Hochwasser begünstigende Tatsachen kamen noch dazu: 1., daß in dieser Jahreszeit die Verdunstung herabgesetzt ist; 2., daß die Monate August bis Oktober niederschlagsreich waren und in den Alpen eine Schneedecke lag, die nun in kurzer Zeit abschmolz; 3., daß der feuchte Boden kein Wasser mehr aufnehmen konnte; 4. führte Windstau von der Adria her dazu, daß der Abfluß gebremst wurde, und 5. war gleichzeitig Springflut. In nur sechs Tagen (7.–12. Nov. 1951) fielen im gesamten Einzugsgebiet außergewöhnliche Regenmengen, besonders im Alpenbogen und im Ligurischen und Emilianischen Apennin. Im Mittel waren es 236 mm mit Höchstwerten im Sesiagebiet von 418 mm, im Tessingebiet von 371 mm und im Scríviagebiet von 330 mm (Gambi 1953, S. 16).

Diese außerordentlich großen Wassermengen erreichten bald die Deichkronen in 8–12 m Höhe, sie wurden überspült, und an drei Stellen kam es zum Durchbruch (rotta) gegenüber von Pontelagoscuro, wo der Po einen Bogen schlägt und das Flußbett verengt ist. Daß die Rotte wie in diesem Beispiel auf der linken Seite des Stromes auftreten, läßt sich durch die vom Apennin her kommenden großen Wassermengen erklären, die eine Verlagerung des Stromstrichs nach links bewirken. Am bekanntesten, wenn auch nicht in Einzelheiten, ist der Deichbruch von Ficarolo um 1140, weil er zu einer Richtungsänderung des Po geführt hat. Verheerend waren die Folgen des Hochwassers 1438, nachdem aus militärischen Gründen 1432 die Deiche der Etsch durchstochen worden waren. Im Oktober 1882 überflutete das Hochwasser der Etsch 1200 km². Zu Po-Hochwassern wegen Deichbrüchen und Überflutungen kam es 1917, 1926, 1951, 1957, 1960 und 1966.

Im Polésine waren ab November 1951 195 Tage lang etwa 1000 km² überflutet, die unter 2,50 m Höhe liegen. Weitere Überflutungen an anderen Stellen kamen dazu. Gewaltige Schäden wurden an Siedlungen und Einzelhöfen verursacht, etwa 50 Brücken wurden zerstört, Straßen aufgerissen, vor allem aber die Landwirtschaft geschädigt. 160000 Menschen verließen das Gebiet (Botta 1977, S. 43). Man mußte die erneute Ausbreitung der Malaria befürchten, weshalb sogleich Bekämpfungsmaßnahmen getroffen wurden. Dank der großen Hilfeleistung von allen Seiten kam es aber nicht zu einer Auswanderungswelle wie nach der Katastrophe von 1882, ja es wurden sogar neue Dörfer gebaut (Gambi 1953, S. 26 Anm.).

Erst am 25. Mai 1952 waren die letzten Felder des Polésine, über denen das Wasser in den ersten Monaten bis über 3 m hoch gestanden hatte, wieder trocken. Interessant waren die ökologischen Folgeerscheinungen in der Agrarlandschaft. Weil die Feldmäuse bei der Überschwemmung ausgerottet wurden, konnten sich Eulenraupen, gefährliche Maisschädlinge, stark vermehren, die sonst von den Mäusen vertilgt worden waren.

Im Vergleich zu den Deichbrüchen und Überschwemmungen im unteren Po-Gebiet während des 19. Jh. sind im 20. Jh. wesentlich seltener derartige Katastrophen eingetreten, nicht zuletzt deswegen, weil die Deiche ständig verstärkt und erhöht worden sind. Zwischen 1801 und 1876 hat es 204 Deichbrüche gegeben, 29 noch 1907 und 15 im Jahr 1917; 1926 gab es nur drei, 1928 bei fast gleichgroßer Abflußmenge keinen und dann die drei von 1951.

Die hohen Niederschläge vom 3.–7. November 1966 im Toskanischen Apennin und in den Venetischen Alpen haben im Po selbst nicht zu außergewöhnlichen Abflußmengen geführt, jedoch in einigen seiner Zuflüsse, vor allem in Sécchia und Panaro (Gazzolo 1972, S. 151). Der Panaro überschritt sogar seine bisher höchste Hochwassermarke vom 13. November 1862 (10,58 m) um 40 cm. Ausnahmen gab es im Deltabereich, wo die bisherigen Höchstmarken überschritten wurden, was auf die damalige Landsenkung, den Materialtransport am Boden des Flußbettes und das außergewöhnliche Hochwasser der Adria am 4. 11. 1966, bei hohem Wellengang und Windstärken von 10–11 aus Ostsüdost zurückgeführt wird. Es kam an der Adriaküste und an den unteren Flußläufen zu Deichbrüchen und Überflutungen, vor allem in Venetien und Friaul. Venedig wurde schwer in Mitleidenschaft gezogen, denn der Wasserstand in der Lagune lag über 24 Stunden lang höher als 1 m über Mittelwasser und erreichte am 4. November am Pegel S. Nicoló Lido sogar 1,94 m (Zunica 1971a, Fig. 1).

## e4 Der Arno und seine Hochwasser

Der Arno entwässert etwa ein Drittel der gesamten Toskana, und damit hat er zusammen mit seinen Nebenflüssen Anteil an der tyrrhenischen Abdachung des Apennins selbst, den Längstalbecken und dem Apenninvorland. Für den Wasserabfluß bestimmend sind außer dem Relief die vorwiegend aus Tongesteinen aufgebauten Niederschlagsgebiete mit geringer Durchlässigkeit und schwachem Rückhaltevermögen. Der Oberlauf durchzieht das Längstal des Casentino und gelangt in die Ebene von Arezzo. Beides sind Beckenräume, die noch im Altquartär von Seen erfüllt gewesen sind, und sie enthalten Arnosedimente aus jener Zeit, als die Entwässerung zum Tiber hin gerichtet war (Merla 1938, Fig. 13). Im südlich anschließenden Becken des ehemaligen Chianasees folgt heute die Chiana noch diesem Lauf. In etruskischer Zeit lag es trocken und war landwirtschaftlich genutzt; dann nahm bald die Sedimentierung und Versumpfung zu. Mit der Aufhöhung verlagerte sich die Wasserscheide zwischen Arno und Tiber, es kam zur Flußumkehr der Chiana, deren oberster Lauf sich dem Arno zuwandte. Ein Dammbau südlich des Sees von Chiusi legte Ende des 18. Jh. die Wasserscheide fest. Die Entwässerung sicherte der Canale Maestro zum Arno hin (Morandini 1957b, Fig. 122: Umkehrphasen). Durch die jetzt mit einer Stauanlage versehene Schlucht des Val d'Inferno oberhalb Montevarchi, wo er in das Macignogestein eingeschnitten ist, gelangt der Arno in das obere Valdarno, das ebenfalls ein altquartärer See erfüllt hatte. Tonige und sandige Seesedimente liegen in dem Binnenbecken zwischen dem Pratomagno und den Chiantibergen (Villafranchiano), die von Flußsanden überdeckt sind (Meurer 1974, Abb. 4). Der bei Pontassieve aus dem Mugello hinzufließende Sieve hat in Niedrigwasserzeiten etwa die halbe Wassermenge des Arno und verstärkt ihn damit beträchtlich. Oberhalb Florenz tritt der Fluß in das weite Binnenbecken von Florenz. Ins untere Valdarno gelangt er durch die Gonfolinaschlucht. Noch unter seinem Niveau liegen die heute entwässerten Fucécchiosümpfe. Die Wassermenge wird von Florenz (51 m$^3$/s) bis Pisa (140 m$^3$/s) durch die linken Zuflüsse (Pesa, Era, Elsa) kräftig erhöht. Nun fließt er fast im Meeresniveau auf den eigenen Aufschüttungen, die die ehemalige Bucht von Pisa erfüllen, zur Mündung bei Marina di Pisa. Der aus der Garfagnana kommende Sérchio war sicherlich zeitweise der letzte rechte Nebenfluß.

Der schon typisch mediterrane Toskana-Marken-Abflußtyp wird vom Arno selbst trotz der vielfältigen Zusammensetzung seines Einzugsgebietes recht klar vertreten. Im Toskanischen Apennin bestimmen Sand- und Tongesteine und die hohe Reliefenergie die Abflußverhältnisse. Eingeschaltet sind mit den Binnenbekken einst natürliche Ausuferungsräume, mit engen Gefällstrecken dazwischen. Zuletzt entscheidet der starke Zufluß aus dem pliozänen Berg- und Hügelland über die Wassermengen. Die große Differenz zwischen den mittleren monatlichen Wassermengen im Winter (Dez. 180, Febr. 200 m$^3$/s) und Sommer (12 m$^3$/s im Aug.) läßt sich durch die geringe Speicherfähigkeit der Gesteine und die sommerliche Trockenzeit von drei ariden Monaten erklären. Schon die mittleren Tagesmengen können aber auf 250–270 m$^3$/s steigen und die Minima auf 5 m$^3$/s fallen (Servizio idrogr. 1963, Fig. 3 für 1924–1960). Zu jeder Jahreszeit kann der Fluß Niedrigwasser führen, mindestens aber 2,2 m$^3$/s. Wie im Po-Einzugsgebiet liefern auch im Arnogebiet die aus dem Verbreitungsgebiet von Pliozäntonen kommenden Gewässer die höchsten Feststoffmengen.

Während der Arno bei Subbiano ca. 296000 t/Jahr mit sich führt, sind es in der Órcia am M. Amiata 840000 t/Jahr. Allein im November 1966 hatte der Arno bei dem Katastrophenhochwasser eine Last von 215000 t, im Februar 1910 sogar von 367000 t. Die Órcia führte als Maximum im Oktober 1953 906000 t an diesem Pegel, im November 1966 492000 t. Bei einer spezifischen Dichte von 2,6 g/cm$^3$ ist das ein durchschnittlicher Abtrag von 0,13 bzw. 0,55 mm pro Jahr in den Einzugsgebieten oder von 13 bzw. 55 cm in 1000 Jahren (Billi 1978; vgl. für die Órcia auch Castelvecchi und Vittorini 1974).

Welche ungeheuren Schäden seine Hochwasser verursachen können, hat der Arno am 4. November 1966 bewiesen, als Florenz überflutet worden ist und zur Rettung nicht nur der Kunst- und Bibliotheksschätze die Helfer herbeieilten. Zwar wurden nicht so große Flächen überschwemmt wie bei der Polesinekatastrophe 1951 und wie am unteren Arno und Ombrone zur gleichen Zeit; aber in dem dichtbewohnten Stadtgebiet wirkte das Hochwasser, wie es seit Mitte des 16. Jh. keines mehr gegeben hatte, um so schlimmer. Das Hochwassergeschehen und seine Auswirkungen können hier nicht verfolgt werden (vgl. dazu Dörrenhaus 1967).

In kleineren Flußgebieten ereignen sich innerhalb des Mittelmeerraumes viel häufiger katastrophale Hochwasser als in größeren, weil schon einzelne, räumlich begrenzte Starkregen im Steilrelief und bei undurchlässigem Untergrund einen hohen Abfluß bewirken. Viel seltener erhalten so große Flußgebiete wie die des Po, des Arno oder des Tibers insgesamt oder in größeren Teilen und in kurzer Zeit so hohe Niederschläge wie bei dem außergewöhnlichen Ereignis vom November 1966 (vgl. Kap. II 2 d). Dennoch ist die Liste der Arnohochwasser recht lang. Der Florenzreisende kann sie zum guten Teil selbst an den Hochwassermarken ablesen (Principe und Sica 1967, Tab. 2), unter anderem am Portal von San Jacopo in der Via Ghibellina 31–35.

Das Wasser stieg dort bis über die Kapitelle 4,74 m hoch (Cavina 1969, Fig. 7), zuletzt hatte es am 13. September 1557 mit 4,03 m fast ebenso hoch gestanden. Der Ausnahmefall von 1966 wird betont durch die ›niedrigen‹ Marken ebenfalls außerordentlicher Hochwasser (3. Nov. 1844, 1,68 m; 3. Dez. 1740 1,60 m; 3. Aug. 1547 1,34 m; 1758 1,25 m). Erste bekanntgewordene Katastrophen ereigneten sich am 1. Oktober 1269, 2. April 1284 und 4. November 1333. In unserem Jahrhundert sind einige Hochwasser auf die möglichen Schutzmaßnahmen hin untersucht worden: Januar 1919, November 1928, Januar 1929, Februar 1931, Dezember 1934, Februar/März 1935, Dezember 1937 (Natoni 1944).

Gegen Hochwasser dieser Größenordnung gab es noch einen gewissen Schutz durch die Erhöhung der Ufermauern, gegen 500-Jahr-Hochwasser wie 1557 und 1966 kann man sich nicht schützen; man muß sich bei der Aufbewahrung wertvoller Güter, Bibliotheken und Kunstgegenstände auf die Möglichkeit auch solcher seltener Ereignisse einstellen. Ein zu lösendes Problem dürfte die zukünftige Lagerung von Heizöl sein, das nicht wiedergutzumachende Schäden verursacht hat.

In der Toskana regnete es von den ersten Stunden des 3. November an bis zum Nachmittag des 4. gegen 12–14 h, d. h. 26–28 Stunden lang, in Venetien aber sogar 32–34 Stunden. Der Niederschlag fiel auf einen schon feuchten, gesättigten und nicht mehr aufnahmefähigen Boden, denn schon seit September hatte es geregnet; der Oktober hatte in Mittelitalien das 1½fache der Monatsmittel gebracht, rund 190 mm, bis zum Dreifachen um Siena, Arezzo und Livorno mit 300 mm. Nach der Niederschlagskarte für den 3./4. November 1966 fielen in Florenz 150–200 mm, im Apennin 200–250 mm, zum Teil bis 300 mm, die größten

Mengen längs des Hauptkammes (Badia Agnano 437 mm) und vom Arnoquellgebiet bis zur Küste bei Grosseto. Davon waren die Zuflüsse des oberen Arno, die linken Zuflüsse und darüber hinaus das Ombrone-Einzugsgebiet und andere Maremmengewässer betroffen. Die heftigsten Platzregen fielen am oberen Arno am 3. November von 18–22 h, im Ombronegebiet von 16–18 h; kräftige Güsse folgten in den ersten Stunden des 4. November, aber nicht von gleicher Intensität (Gazzolo 1972).

Die Hochwasserwelle wäre nicht so hoch gestiegen, wenn die Flüsse der Toskana nicht schon zu Regenbeginn überdurchschnittliche Wasserführung gehabt hätten. Das ist wichtig hinsichtlich der Überlegung, ob nicht die lange propagierten Hügellandteiche das Hochwasser hätten verhüten oder zumindest kappen können. Diese wären also schon voll gewesen. Im Arno-Gebiet gab es dann Wassermengen, die bis doppelt so groß waren wie die bisher bekannten Maxima. Dort führten alle Zuflüsse mit Ausnahme unter anderem des Canale Maestro außergewöhnliche Mengen. Sieve, Elsa und Era hatten die höchsten bekannten Hochwasser. Alle bisherigen Höchststände wurden übertroffen, und bei kleineren Einzugsgebieten waren die Abflußmengen bis um das 2½fache größer als frühere Maxima.

Subbiano (738 $km^2$) hatte einen Pegelstand von 10,28 m gegenüber 6,24 m am 17. 2. 1960, mit 2250 $m^3/s$ eine Steigerung um 258 %. Am Pegel in Florenz, am Lungarno Acciaioli, der zerstört wurde, sind für die Welle, die am 4. November zwischen 3 und 4 Uhr morgens mit etwa 2000 $m^3/s$ durchgelaufen ist, 11 m geschätzt worden. Unterhalb von Florenz erhöhten sich die Werte nicht mehr, weil es zur Überflutung im Beckenbereich kam. Bei S. Giovanni alla Vena am Fuß des M. Pisano flossen beim Höchststand von 8,94 m (vorher 8,90 m) 2290 $m^3/s$ durch.

Nach Piccoli (1972, S. 158) waren die beobachteten Niederschlagsmengen selbst für das Arno- und Ombronegebiet nicht einmal außergewöhnlich; aber selten werden zur gleichen Zeit so große Bereiche von ihnen betroffen, wie das im November 1966 der Fall war. Dadurch trafen die Hochwasserwellen der Nebenflüsse fast gleichzeitig mit derjenigen im Arno selbst zusammen und überlagerten sich teilweise mit ihr zur extremen Abflußmenge. Glücklicherweise war die Sievewelle verzögert, sonst wäre die Katastrophe in Florenz noch größer gewesen (Principe und Sica 1967, S. 195). Die Ausuferung am unteren Arno ließ die Welle so weit abflachen, daß sie sich von früheren Ereignissen nicht mehr unterschied (1931, 1934, 1949). Das zeigt, wie notwendig es ist, Überschwemmungsflächen von Bebauung und Nutzung freizuhalten, sie nicht einzuengen, sondern sogar für weitere Überflutungsräume, z. B. in den Binnenbecken des Apennins, zu sorgen (Botta 1977, Karte 8).

Die Niederschlagsverhältnisse waren extrem, und die Florenz-Katastrophe ist nicht zu vermeiden gewesen, vor allem auch wegen der Überlagerung der Hochwasserwellen nicht. Dennoch wird immer wieder die Entwaldung im Apennin als eine der Hauptursachen von Hochwassern angesehen. Gerade in der Toskana ist aber die Waldfläche noch recht groß, und es ist sehr fraglich, ob deren Erweiterung eine entscheidende Besserung bringen würde. Hügelland und Ebene sind ebenso in ihrer den Wasserabfluß steigernden Wirkung zu sehen (Piccoli 1972, S. 168). Terrassierung, Wasserableitungsgräben und Kanäle erhöhten die Erträge und hinderten die Regenwasser am Bodenabtrag. Heute verfallen Terrassen, Gräben werden nicht mehr gereinigt, Hügellandflächen bleiben ungenutzt. Neue Anbaumethoden haben die Standfestigkeit der Böden verringert. Ungenutzt gebliebene Sumpfflächen, Fischerei- und Jagdgebiete wurden trockengelegt, und damit sind Ausuferungs- und Rückhalteräume reduziert worden. ›Einst duldete man tagelange Überschwemmungen, heute nicht mehr für eine Stunde‹ (Piccoli 1972, S. 170).

Industrieanlagen sind im hochwassergefährdeten Talbereich und sogar unterhalb von Rutschungshängen errichtet worden. Städte und Dörfer breiten sich aus und engen die Flußläufe immer mehr ein; man kanalisierte sie und überbaute sie sogar mit Gärten und Parks. Ganze Wohnsiedlungen sind in die Überschwemmungsbereiche gesetzt worden, ohne Schutzmaßnahmen zu treffen. Schon ein langdauernder Regen muß zu Schäden an Gebäuden führen, wenn nicht sogar zu Menschenverlusten. Es gibt fast jedes Jahr beklagenswerte Beispiele dafür, wie die Genua-Flut vom 7./8. Oktober 1970 (Guigo 1973; Botta 1977, S. 81 u. Karte 11). In Genua wurden die hangabwärts führenden Straßen zu Wildbächen mit sehr raschem Abfluß, was die Überflutung der unteren Stadtteile begünstigte. Das gilt auch für Voltri, wo das Mündungsgebiet des Torrente Léiro bebaut worden war. Der Rekordniederschlag ist in Bolzaneto mit 965 mm gemessen worden, der in insgesamt 18 Stunden fiel. Schon 1945, 1951 und 1953 waren dort sehr hohe Regenmengen in kurzer Zeit gemessen worden.

Mit gewaltigen Niederschlagsmengen muß in solchen Staulagen zwischen Meer und Gebirge gerechnet werden; aber das heißt auch, daß sich die Stadtplanung in ganz rigoroser Weise darauf einstellen muß, sonst sind derartige Katastrophen mit eingeplant. An entsprechenden Hinweisen auf die möglichen anthropogenen Ursachen für eine Verstärkung der Hochwasser hat es sogleich nach der Florenz-Katastrophe nicht gefehlt, gerade auch von seiten der Forstwissenschaft (Patrone 1966; Susmel 1967), und auch nicht an Plänen der Städtebauer (Detti 1966). Oberhalb Florenz sollten etwa zehn Staubecken mit 150 Mio. m³ im oberen Arno- und Sievegebiet gebaut werden und außer zum Hochwasserschutz zur Bewässerung dienen (Dok. 18, 1970, S. 28). Zehn Jahre nach der Florenz-Katastrophe fand eine Gedenkfeier statt, wo man beklagte, daß zwar die Gelder bewilligt wurden, aber nichts geschehen sei. Die Stadt liegt zum großen Teil im Hochwasserbereich des Arno, und das bedeutet, daß die tiefer gelegenen Stadtteile mit ihren unteren Stockwerken der Häuser auch in Zukunft Überflutungen ausgesetzt sein werden. Dagegen können sie auch teure Staumauern und große Aufforstungen im Apennin nicht schützen.

### e5 Der Tiber, der von Rom unbeachtete Fluß

Der Tiber ist nach dem Po der Fluß Italiens mit dem größten Einzugsgebiet und der größte Halbinselitaliens überhaupt. Im Vergleich zum nächstgrößeren Arno, der quer zum Streichen des Apennins von einem der intermontanen Becken ins andere treppenartig absteigt, folgt der Tiber vorwiegend ebensolchen Becken und der allgemeinen Längstalflucht bis zu den Albaner Bergen, die ihn schließlich zur Tyrrhenis abbiegen lassen. Seinem Oberlauf im Valtiberinabecken fließen zahlreiche kleine, aber zuweilen kräftige Hochwasser führende Torrenti zu. Dann wechselt auch er in die benachbarte Längstalfolge gegen Südwesten durch die Forelloschlucht südlich Perúgia. Dort fließt der Topino zu, der dem Abflußregime nach Grimm (1968) den Namen lieh und der zunächst auch den winterpluvialen mediterranen Gang der Wasserführung mit dem Februarmaximum und Sommerminimum beschreibt. Hier im undurchlässigen Bereich seines Einzugsgebietes ist sein Abflußverhalten noch irregulär.

Im zweiten Längstalabschnitt fließt ihm bei Orte die Nera zu, die seine Wasserführung von nun an reguliert und ihn zu einem auch im Sommer wasserreichen Fluß macht. Ein Sprichwort sagt: ›Der Tiber wäre nicht Tiber, wenn ihm der Nera nicht Wasser zu trinken gäbe‹ (Almagià 1959, S. 484; Nera ist im örtlichen Sprachgebrauch männlich). Mit 4000 km² Niederschlagsgebiet führt sie dem Tiber aus dem Kalkapennin gleichmäßig fließende Karstwässer zu, nachdem sie das Bekken von Rieti über die 165 m hohen Mármorefälle verlassen hat. Heute ist ihr Abflußgang jedoch durch die Saltotalsperre stark bestimmt. Oberhalb Orte führt der Tiber 73 m³/s, die Nera aber 90 m³/s.

Mit der nun größeren Wassermenge zieht der Tiber einige Mäanderbögen aus, wie z. B. den flaschenförmigen von Ponzano. Auch der Aniene bringt bei der Salariobrücke im Norden von Rom aus den Simbruiner Bergen Karstgewässer, die über die Fälle von Tívoli (34 m) mit durchschnittlich 30 m³/s zur Tiberebene fließen. Nach einem windungsreichen, 40 km langen Lauf erreicht der Tiber bei Óstia den Bereich des antiken Hafens und die modernen Bonifikationen hinter den Strandwällen, um mit den letzten 5 km seines Laufes das von ihm seit der Antike vorgebaute Delta zu durchqueren. Nach anfangs raschem Wachstum schob es sich im Mittelalter nur langsam weiter vor, was mit der natürlichen Wiederbewaldung in Verbindung gebracht wird. Ab 1500 beschleunigte sich das Deltawachstum mit der intensiven Erosionstätigkeit der Gewässer auf den wieder entwaldeten Hängen (Almagià 1959, S. 487).

Die vom Tiber durchschnittlich transportierten Feststoffmengen von 7,8 Mio. t im Jahr bedeuten einen Massenverlust von 470 t je km² im Jahr. Daraus läßt sich der gewaltige Flächenabtrag von 28 cm Höhe in 1000 Jahren errechnen. Allein im Jahr 1946 betrug die Feststoffmenge aber 12 Mio. t. Deshalb ist es verständlich, daß das Tiberdelta ständig weiter vorgeschüttet worden ist. Seit 1951 sind jedoch die Feststoffmengen auf etwa 40% der Werte gesunken, und der

Schwebstoffanteil erhöhte sich, was zur Folge hatte, daß das Deltawachstum aufhörte und die Brandungsarbeit an der Ausgleichsküste freies Spiel bekam. Bis um 1976 wich die Strandlinie bis zu 150 m in der Nähe der Tibermündung zurück. Wohnhäuser, die in Nuova Ostia allzu nahe an den Strand gebaut worden waren, sind ebenso bedroht wie der gesamte Lido di Roma, das Erholungsgebiet der Römer. Gegen die Wirkungen der Brandungserosion sind erhebliche Schutzbauten notwendig geworden. Als Ursache der Küstenzerstörung werden die Talsperrenbauten im Tibergebiet vermutet, in denen das gröbere Material zurückgehalten wird (De Luca 1979; Pruneti 1979). Dazu kommt noch die Entnahme von Sand und Schotter aus dem Flußbett für Bauzwecke.

Fast ein Drittel des Tibergebietes wird von durchlässigen Gesteinen aufgebaut, eine Tatsache, die einige Besonderheiten im Abflußverhalten erklärt; einmal die recht ausgeglichene Wasserführung, die recht große sommerliche Wassermenge (Augustmittel 60,8 $m^3/s$, 1921–1960), und dann die erstaunlich geringe Hochwassergefahr, auch bei hohen Winterniederschlägen, wenn nicht zwei bis vier Monate vorher schon höhere Regenmengen gefallen sind und den Untergrund abgedichtet haben (Pardé 1933, S. 324, und 1934, S. 430); dann sind in Rom auch Pegelstände bis über 14 m verzeichnet worden. Solche Maxima haben ihre Ursachen aber weniger in außerordentlichen Abflußspenden (rund 200 l/s. $km^2$ am 2. 12. 1900 bei 3300 $m^3/s$), sondern in der geringen Breite des Flußbettes. Pardé meinte angesichts der vielen Berichte von schrecklichen Überschwemmungen bei Dichtern und Chronisten, man müßte dann eigentlich 300–400 l/s. $km^2$ erwarten, und fährt fort: ›Les crues du fleuve romain, certes, sont intéressantes â plusieurs points de vue, mais point du tout exorbitantes. Quant à celles de la Nera, c'est leur insignificance qui stupéfie‹ (1933, S. 317).

Wie es bei einem Fluß, der die Hauptstadt des Römischen Reiches und die Stadt der Päpste quert, nicht anders zu erwarten ist, hat sich eine reiche Literatur mit dem Tiber befaßt, über die Gregorovius in seinen ›Wanderjahren in Italien‹ ausführlich informiert (Zur Geschichte des Tiber-Stromes, 1876); dennoch sind einige Ereignisse bemerkenswert. Dazu gehört das Hochwasser vom 8. Oktober 1530, drei Jahre nach der Plünderung der Stadt, das zur ersten Geschichte der Tiberüberschwemmungen Anlaß gab, als ein Pegelstand von 18,97 m erreicht wurde. Zum Durchbruch des Mäanders bei Óstia kam es 1567, zum Höchststand von 19,56 m am 24. Dezember 1598, als die Pons Palatinus weggerissen wurde, die heute ›ponte rotto‹ heißt. Weitere verheerende Fluten, bei denen das Wasser in der Altstadt gewöhnlich ins Pantheon eindrang, gab es 1660 und am 28. Dezember 1870. Für dieses höchste Hochwasser sind 5200 $m^3/s$ und für das am 2. Dezember 1900 eine Abflußmenge von 3300 $m^3/s$ berechnet worden, für das letzte höchste am 17. Dezember 1937, das bis 16,90 m stieg, 2800 $m^3/s$ oder 169 $l/s \cdot km^2$. Bei Starkregenfällen, wie sie am 1. bis 2. September 1965 ganz Mittelitalien betroffen haben, kann auch heute noch trotz der hohen, seit etwa 60 Jahren bestehenden Mauern einmal ein Stadtteil unter Wasser gesetzt werden, wie damals ein Arbeiterwohnviertel im Norden Roms. Gerade diese Ufermauern haben aber den Tiber zu einem Fremdkörper innerhalb der Stadt gemacht, der jedoch in höchstem Maß ausgenutzt und belastet wird. Die Stadt verbraucht mehr als die Hälfte des nutzbaren Wassers des gesamten Tibergebietes und leitet täglich 1512 t Schmutzwasser ein. Dazu kommen noch die privaten Einleitungen. Von fünf geplanten Kläranlagen waren 1979 erst zwei in Betrieb. Mit Bewässerungswasser gelangt deshalb viel Schmutz auf die Felder (Dok. 27, 1979, S. 309). Wo einst Schiffe stromauf fuhren und wo bis 1870 die Tibermühlen arbeiteten, dort gab es bis vor kurzem höchstens noch ein Wäscherei- oder Hausboot. Ob das Projekt eines Touristikhafens verwirklicht werden kann und die Schiffahrt belebt wird, ist fraglich.

### *f) Das Meer, Bestandteil der natürlichen Umwelt*

#### f1 Die Halbinsellage Italiens im Mittelmeer Begünstigung und Gefährdung

In der Länderkunde eines Staatsgebietes stehen zwar die Landflächen im Vordergrund des Interesses; Italien ist aber nicht ohne die das Land umgebenden Teile des Mittelmeeres zu denken. Seine Festlands- und Inselküsten sind etwa 8600 km lang, es bezieht hohe Einnahmen aus dem Badetourismus, es gilt als größte Fischereination unter den Mittelmeerländern, und drei Viertel seiner Versorgung bezieht es auf dem Seeweg. Dank seiner Lage ist es mit dem Ligurischen, Sardinischen und Tyrrhenischen, dem Sizilischen, Ionischen und Adriatischen Meer aufs engste verbunden. Deren Größenverhältnisse, Abgrenzungen und Meerestiefen lassen sich leichter auf Atlaskarten, z. B. denen des Atlas zur Ozeanographie (Dietrich u. Ulrich 1968, S. 70–71), erkennen als durch Worte vermitteln. Auf die Besonderheit der Adria sei jedoch hingewiesen, deren geringe Tiefe im nördlichen Teil (bis 243 m) ihre Zugehörigkeit zur Kontinentalplattform erweist und sie zum fischreichsten Meer Italiens und des Mittelmeeres überhaupt macht.

Die zentrale Lage der Halbinsel inmitten des Mittelmeeres mußte den Ablauf ihrer Geschichte bestimmen, mußte den Handel begünstigen und mit dem Seeverkehr die politische Einheit des Römischen Reiches ebenso ermöglichen wie die Lebensmittelversorgung seiner Hauptstadt. Immer wieder bedeutete diese Lage aber auch eine Gefahr, denn sie erleichterte in Zeiten politischer Schwäche die Invasionen fremder Völker. Wie diese vertrieben der Anstieg des Meeresspiegels und des Grundwassers in den Küstenebenen, die Versumpfung und als fast unmittelbare Folge die Malaria die Bewohner aus den in der Antike blühenden Küstenhöfen. Die Gebirge verloren ihr schützendes Waldkleid, Täler und Mündungsbuchten wurden von Hochwassersedimenten aufgefüllt, Deltas wuchsen ins Meer, Sande wurden durch die Strömungen parallel zur Küste verfrachtet, Strandwälle und Dünen dämmten kleinere Flußmündungen ab. Nur wenige Hafenstädte konnten, wie Genua, Tarent und Palermo, dank ihrer Lage oder mit Hilfe kluger wasserbaulicher Maßnahmen, wie Venedig, ihre auf den Seehandel gegründete Macht und Bedeutung bewahren. Erst nach der Entwässerung und Sanierung sind die zur Zeit Großgriechenlands dicht besiedelten und von hoher wirtschaftlicher und kultureller Blüte zeugenden Küstenebenen heute wieder zu Schwerpunkten der Bevölkerung, der Wirtschaft und des Verkehrs geworden, aber auch zu Konfliktbereichen von Landwirtschaft und Industrie, von Industrie, Bevölkerung und Fischerei und zwischen diesen und dem Fremdenverkehr an vielen Küstenstrecken wegen der Wasserverschmutzung. Die Wasserverschmutzung durch Industrie und städtische Siedlungen schließt eine Nutzung benachbarter Strände durch den Badetourismus grundsätzlich aus.

Die weitere planvolle, an die natürliche Umwelt angepaßte Nutzung beruht auf möglichst guter Kenntnis der wichtigsten Eigenschaften des Meeres, seiner Tiefenverhältnisse und Temperaturen, des Salzgehaltes und der Farbe, der Strömungen und der keineswegs überall unbedeutenden Gezeiten, der Nährstoffgehalte als der Grundlage für die Fischerei und insbesondere der Sauberkeit in hygienischer Hinsicht, damit alle Lebewesen einschließlich der Menschen, die ständig oder gelegentlich hier leben, gesund bleiben.

### f2 Die Meeresteile im Bereich Italiens<br>Wasserqualität, Strömungen, Gezeiten

Im Vordergrund der Forschungsinteressen stand bis vor kurzem die Kartierung der Küsten und des Meeresbodens. Dabei sind nicht nur die bisherigen Lotungen der größten Tiefen verbessert worden. Am interessantesten sind die erkannten Kleinstrukturen, einzelne unterseeische Kuppen, Vulkankegel, die nicht bis zur Oberfläche aufragen, einzelne Gräben und Depressionen, die im Zusammenhang mit der Tektonik des Festlandes zu sehen sind, und dann die den Kontinentalabhang in oft dichter Folge gliedernden submarinen Canyons (Houston 1964, S. 46, Fig. 13). An der Riviera können es ehemalige Täler im herabgebogenen Festlandsrand sein. Im allgemeinen darf man aber annehmen, daß es sich um die Folgen von Rutschungen am Schelfrand handelt, die am Kontinentalhang in Strömungen von suspendiertem Material übergehen. Die Rutschungen können durch Erdbeben ausgelöst worden sein wie jene, die 1929 an der Neufundlandbank zu Brüchen der Überseekabel geführt haben (Dietrich u. a. 1975, S. 31; Pichler 1981, S. 10).

Für eine zweckmäßige und ausgewogene Nutzung der Meere ist die Kenntnis der physikalischen, chemischen und biologischen Eigenschaften und Vorgänge eine wichtige Voraussetzung, die meistens noch nicht besteht. Der Badegast schätzt die im Vergleich zu Meeren in gleicher Breitenlage anomal hohe Temperatur, denn Tyrrhenis und Adria sind relativ 5° C wärmer. Gegen Winterende ist das

Ligurische Meer noch um 13° C warm, während sich die nördliche Adria bis auf etwa 9° C abkühlt. Bis in große Tiefen hat das Wasser eine Temperatur um 13° C, denn das schwere kalte Tiefenwasser des Atlantik kann nicht über die Schwelle von Gibraltar (– 324 m) einfließen. Im Sommer liegen die Maxima zwischen 23 und 26° C.

Wer freut sich nicht am blauen, durchsichtigen und sauberen Wasser, wie man es glücklicherweise nicht nur bei einer Fahrt auf offenem Meer oder an Inselküsten von Capri, Pantellería oder der Äolischen Inseln erleben kann, sondern auch noch in einigen Buchten Siziliens, Sardiniens und des M. Gargano Apuliens. Ist das Wasser arm an Schwebstoffen, dann kann das Licht tief eindringen, wobei die langwelligen Anteile der Strahlung in den oberen Schichten absorbiert werden. Die blauen kurzwelligen Anteile verursachen das Blau des Meeres. Art und Tiefe des Untergrundes rufen die oft faszinierenden Farbwechsel hervor. Auch das Meeresleuchten kann auftreten, wenn das Wasser von den Noctiluca Flagellaten erfüllt ist; man spricht dann vom ›mare di latte‹ oder den ›acque bianche‹. Wegen des hohen Schwebstoffgehaltes hat die nördliche Adria im Bereich der Po-Mündung die geringste Transparenz; aber auch die Südhälfte hat nur zwei Drittel von der des übrigen Mittelmeeres und nur die Hälfte der Durchsichtigkeit des Atlantikwassers. An der Ostküste ist sie größer als an der Westküste, weil dort frisches ostmediterranes Wasser einströmt (Riccardi 1962, S. 337).

Kartendarstellungen in unseren Tageszeitungen und Meldungen von der Meeresverschmutzung und gesperrten Badestränden machen allzu deutlich, daß die Küstenbereiche des nördlichen Mittelmeeres kein sauberes Wasser mehr haben. Stellenweise ist die Verschmutzung durch Abwässer der Gemeinden und Industriebetriebe so stark, daß das Baden verboten ist und die Strände gesperrt sind. Die Fischerei, besonders die Muschelzucht, wurde geschädigt. Nach einem Zustandsbericht von Artuso und Ertaud (1975, S. 78) enthalten 17 von 30 Nutzfischarten höhere Hg-Mengen, als man als unschädlich ansehen darf. Schiffsunfälle, bei denen Chemikalien und darunter Gifte ins Meer gelangen, machen immer wieder Schlagzeilen, wie z. B. die Tankerkatastrophen. Nichtgiftige und hygienisch einwandfreie Abwässer freilich bedeuten eine Düngung für das allgemein nährstoffarme Mittelmeerwasser. Zahlreiche Krankheiten sind als Folge des Badens im verseuchten Wasser, vor allem aber des Genusses von rohen ›frutti di mare‹ erkannt worden. Hierher gehört der Ausbruch der Cholera Ende August 1973 in Neapel, der auf Miesmuscheln zurückgeführt wurde, die im Golfbereich gewachsen waren. Das Wasser ist dort erfüllt mit Kolibakterien, die zwar unschädlich sind, aber daneben kommen Salmonellen als Typhuserreger und auch Choleraerreger vor. Nicht alle Abwässer Neapels werden in die Bucht entlassen oder sickern dorthin durch unbekannte undichte Rohre. Die der westlichen Stadtteile werden an die Küste von Cumae geleitet, wo eine riesige Kläranlage entsteht. Seit Ende der siebziger Jahre ist für die Aufgabe ›Sauberer Golf‹ das größte Netz von Kläranlagen auf europäischem Boden entworfen worden. Es reicht von der

Volturnomündung über 260 km Küste bis fast nach Paestum und soll bis 1986 5,9 Mio. Einwohnern dienen. 1982 bestanden 11 Kläranlagen, 25 weitere sind zu errichten (vgl. auch Spooner 1984, Fig. 2).

Auch im Binnenland ist Hepatitis weit verbreitet, und das Trinkwasser ist hygienisch nicht einwandfrei. Schon im September 1973 ging eine Serie ›Viággio tra lo sporco in Italia‹ durch die Presse, unter anderem mit der Überschrift ›Uccidersi con un po' d'acqua‹ (sich mit einem Tropfen Wasser umbringen). Bis heute fehlt es weithin an leistungsfähigen Kläranlagen, und die wenigen sauberen Küsten werden lobend hervorgehoben, so die bei Rímini und zwischen Sorrent und Amalfi, wo solche Anlagen errichtet sind. Noch 1971 gab es sie nur in 10 % aller Küstenorte, und während der Badesaison, die eine Zunahme der Einwohner bis um das Dreifache bringt, sind sie überlastet. Eine Besserung verspricht man sich von der Forderung, kommunale Abwässer mindestens erst in 600 m Entfernung von der Küste ins Meer zu leiten. Es ist fraglich, ob der Anteil der von Verschmutzung freien Küsten Italiens, es waren 1970 nur etwa 14 %, sich inzwischen erhöht hat. Eher ist der Anteil der stark verschmutzten noch über die ebenfalls 14 % dieses Jahres hinaus gewachsen (vgl. Fig. 69).

Die Qualität des Meerwassers zu erhalten oder wiederherzustellen ist zur Lebensfrage großer Bevölkerungsteile in den Anrainerstaaten geworden, die im ›blauen Plan‹ ihre Forschung und Planung koordinieren und über Ölverschmutzung und Ablagerung von Abfällen Verträge geschlossen haben. Am 4. 7. 1979 ist der Vertragstext der 14 Anrainerstaaten, vorbereitet vom Umweltprogramm der Vereinten Nationen (UNEP) beschlossen worden, der die noch ins Meer zu leitenden Abwasser- und Chemikalienmengen regelt. In Italien gehört es ab 1979 zu den Aufgaben des neuen staatlichen Gesundheitsdienstes, die Verschmutzung der Luft, des Wassers und des Bodens festzustellen und deren Ursachen zu beseitigen. Für durchgreifende und endgültige Maßnahmen fehlt es aber nicht nur an Geld, sondern auch am Willen, so manche Gewohnheiten zu ändern.

Wegen des erheblichen Süßwasserzuflusses ist in der nördlichen Adria der Salzgehalt mit 33 ‰ so niedrig wie nirgends sonst im Mittelmeer. Im allgemeinen erreicht er bis zu 38 ‰ oder 38 g Salz im Liter gegen etwa 35 g/l im Atlantik. Das ist die Folge der starken Verdunstung, die von Westen nach Osten von 1200 bis 1600 mm ansteigt, während der Niederschlag aber abnimmt und der Zufluß gering ist (Baumgartner und Reichel 1975). Der Wasserstand wird durch den Zustrom kalten, salzärmeren Atlantikwassers aufrechterhalten, der einer Wasserschicht von 666 mm Höhe gleichkommt (Riccardi 1962, S. 336). Weil die Verdunstung gegen Osten zunimmt, ergibt sich ein West-Ost-Gefälle, dem das Atlantikwasser in einer anfangs recht beständigen Ostströmung folgt. Mit einer Geschwindigkeit von 2,8–3,6 km/h lehnt sich diese Strömung wegen der Coriolisablenkung an die nordafrikanische Küste an, was für die dortige Fischerei von Vorteil ist. In den großen Becken und auch in den kleinen Teilbecken, wie der Adria, sind Strömungen erkennbar, die einem zyklonalen Kreislauf entgegengesetzt dem Uhrzeigersinn folgen (Morandini 1957b, Abb. 68, S. 145; Metallo 1965). Örtliche Strömungen und Winddriften, die unregelmäßige Geschwindigkeiten haben, überdecken sie häufig.

Diesem Strömungsverlauf entsprechend überwiegt vor der tyrrhenischen Küste eine Nordwestküstenversetzung, die das Ausziehen der Tomboli nordwärts besorgt hat, wenn nicht Neerströme, wie z. B. nördlich des M. Argentario, die Richtung umkehren (Rodenwaldt und Lehmann 1962, S. 17). Die Lidi der Küste Venetiens wachsen dagegen südwärts (vgl. Satellitenbild, Bodechtel und Gierloff-Emden 1974, S. 131). Im Sommer sind die Strömungen recht schwach und bilden neben den wenig bedeutenden Gezeiten einen gewissen Sicherheitsfaktor für die Schwimmer, Taucher und Segler. Gerade wegen dieser Verhältnisse ist aber der Bau von Kläranlagen im Bereich stark besuchter Badeorte besonders dringlich.

Im Unterschied zu den Küsten des Atlantik und der Nordsee braucht der Badegast an den Mittelmeerküsten wenig auf die geringen Gezeitenbewegungen und Gezeitenströme Rücksicht zu nehmen. Im einzelnen sind die Hubhöhen und die Eintrittszeiten sehr stark von der Gestalt der Meeresbecken abhängig. Knotenpunkte, um die sich die Gezeitenwelle dreht, haben fast keinen Hub. Sie liegen in engen Meeresstraßen, wo sich die Phasen umkehren, z. B. in der Straße von Messina kurz vor ihrem Nordausgang mit der Schwelle von Ganzirri-Punta Pezzo (– 80 m); weitere liegen bei Pantellería in der Straße von Sizilien und in der Adria zwischen Ancona und Zara. Bis Ancona reicht die gezeitenschwache südliche Adria, von dort an wächst die Hubhöhe. Es handelt sich dabei um Gezeiten, die nur wenig von der Erdrotation bestimmt sind; sie sind deutlich auf die periodischen Impulse aus dem Ionischen Meer zurückzuführen, woraus sich eine einfache Schaukelbewegung um die Knotenlinie bei Ancona ergibt (Defant 1953, S. 76–78; Morandini 1957b, Abb. 67, S. 144). Die Springfluthöhen liegen an den Halbinsel- und Inselküsten Italiens zwischen 20 und 30 cm, nur im äußersten Golf von Venedig erreichen sie dank der besonderen Eigenschaften des Adriabekkens 80 cm und mehr. Aber ein Windstau kann von Osten her für Venedig, wie es bereits geschildert wurde, katastrophal wirkende Hochwasser bringen, wenn er mit einem Tidenhochwasser zusammenfällt, wie das Anfang November 1966 der Fall war. Als besonders starker Tidenstrom, er erreicht 2 m/s, kann der während der Antike berüchtigte Charybdisstrom durch die Straße von Messina hindurch beschrieben werden, den schon Aristoteles als solchen erklärt hat. Er entsteht dadurch, daß das Tidenhochwasser im Norden der Straße zur gleichen Zeit eintritt wie das Tidenniedrigwasser im Süden und umgekehrt (Defant 1940, S. 147, Abb. 2). Wie eine Bore in großen Flußmündungen läuft jedesmal eine Sprungwelle (taglio della rema montante bzw. t. della rema scendente) hindurch. Die Skyllawirbel entstehen bei der Verwirbelung zweier verschiedener Wassermassen, dem kälteren und salzreicheren, also schweren ionischen und dem leichteren tyrrhenischen Wasser. Vor 2000–3000 Jahren sind die Wirbel für die Schiffahrt viel gefährlicher gewesen. DEFANT vermutet, daß die Engstelle schmaler war und die Schwelle höher lag, bis sie durch die häufigen tektonischen Brüche und Bewegungen breiter und tiefer wurde.

## f3 Die Nutzung der Meere
## Salinen, Fischerei

Sauberkeit von Meerwasser ist vor allem dort dringlich, wo es direkt genutzt wird, wie in Entsalzungsanlagen, von denen schon die Rede war; aber auch bei der Meersalzgewinnung benötigt man sauberes Wasser. Salinen gibt es an der apulischen Küste in Margherita di Savóia (CANDIDA 1951; TORTOLANI 1969), an den Küsten Westsiziliens von Trápani bis zur Insel San Pantáleo und an denen Sardiniens, vor allem in Cágliari (MORI 1950). Verdunstungsbecken nehmen gewöhnlich große Flächen im Lagunenbereich ein. Gelegentlich ist das Wasser rot von Salzbakterien *(Halobacterium halobium)*. Der Transport aus den meernahen größeren in die kleineren, wenig höher gelegenen Becken, wo die Salzkonzentration erhöht wird, geschieht mit Hebeanlagen, in der Ebene von Trápani ursprünglich mit Windmühlen, die endlose Schrauben antrieben, sonst mit Windmotoren und Elektromotoren. Nach laufender Reinigung und Konzentration kann in den ›salanti‹-Becken ab Ende September und teilweise bis November eine etwa 15 cm dicke Salzschicht geerntet werden. Gegen Strahlung, Regen und Staub schützen Ziegeldächer; selten wird das Salz im Freien zu hohen Kegeln aufgeschüttet. Überschwemmungen können beträchtliche Schäden in den Salinen anrichten, wie 1965 und 1968 in Trápani (BAZZONI 1973).

Die physikalischen und chemischen Eigenschaften des Mittelmeerwassers, seine Strömungs- und Tiefenverhältnisse, sind im allgemeinen für die biologische Primärproduktion wenig günstig. Aus den Vergleichswerten des Planktongehaltes ergibt sich die fast fünfmal so hohe Primärproduktion der Nordsee (57 mg/m$^3$) gegenüber der Adria (13 mg/m$^3$), deren Planktongehalt als Trockengewicht höchstens 26 und mindestens 4,7 mg/m$^3$ betragen kann (AUGIER 1973). Das tiefblaue, wegen der geringen Schwebstoffmengen transparente Wasser ist ein deutlicher Hinweis auf Nährstoffmangel. In den oberflächennahen Schichten fehlt es an Nitraten und Phosphaten, das Tiefenwasser ist sauerstoffarm. Das vom Atlantik einströmende Wasser ist nährstoffreicher und erklärt den höheren Gehalt an Plankton und Kleintieren und den davon abhängigen höheren Fischereiertrag im Vergleich mit dem östlichen Mittelmeer. Italien besitzt auch einige wertvolle Schelfgebiete, an denen das übrige Mittelmeer arm ist: Mittlere und nördliche Adria und die Bänke zwischen der Ostküste Tunesiens und Sizilien bilden Brut- und Nährgebiete von Jungfischen und sind Lebensräume von Bodenfischen (BARTZ 1964, S. 355). Nährstoffquellen sind für die Adria der Po und die wasserreichen Alpenflüsse. Für die Fischerei bieten die zahlreichen Lagunen und Küstenseen weitere günstige Möglichkeiten. Comácchio, die größte Fischeransiedlung Italiens, nutzt sowohl die Valli als auch die nördliche Adria.

Im Unterschied zu den reichen Fischgründen des Nordatlantik leben im Mittelmeer geringe Fischbestände, die sich aber aus einer großen Zahl von Arten zusammensetzen. Weil es weniger Nahrung gibt, sind die atlantischen Arten hier kleiner, und weil das Wasser wärmer ist, tritt die Reife früher ein. So kommt es, daß auch kleinere Fische auf den Markt kommen und im Vergleich zur Fischerei im Nordatlantik die Fangerträge recht gering sind.

Pelagische Wanderfische können in größeren Schwärmen auftreten, während die an den Boden gebundenen mannigfaltigen Arten nur vereinzelt zu finden sind. Aber sie sind es, die das bunte Bild des südlichen Fischmarktes bestimmen. In Tyrrhenis und Adria werden vorwiegend ›Blaufische‹ gefangen, z. B. die gewöhnliche europäische Sardine *(Clupea pilchardus)*, in südlicheren Gewässern wie um Sizilien dagegen die Aláccia *(Sardinella aurita)*. Auch die Sardelle (alice, acciuga, anchovis; *Engraulis encrasicholus*) erlaubt größere Fänge. Wegen allgemeiner Vermarktungsmängel kommen jedoch die Blaufische kaum auf den Tisch, sondern werden zu Düngemittel und Hühnerfutter verarbeitet. Besonders geschätzt ist die zu den Wanderfischen gehörende Makrele (scombro; *Scomber scombrus*). Unter den verschiedenen Thunarten, die als Einwanderer aus dem Atlantik gelten, ist der Rote Thun (tonno; *Thunnus thynnus*) am häufigsten. Die nördliche Adria gehört für die Thune zu den Freßgebieten; die Laichgebiete liegen im südlichen Mittelmeer, eines wahrscheinlich in 200 m Tiefe südlich der Straße von Messina (Bartz 1964, S. 358). Auf der Wanderung dorthin werden sie in der Meeresstraße von April bis Mai und bei der Rückkehr im Juli und August beobachtet. In der Straße von Messina findet auch der Fang der Schwertfische statt (pescespada; *Xiphias gladius*, vgl. Gambi 1955). Die Einrichtung von Beobachtungsposten auf den Höhen, die an die Fischer Signale geben, ist recht aufwendig (Bartz 1964, S. 377).

Neben dem Fang der Schwertfische hat stets der Fang der Thunfische besonderes Interesse erregt, der mit besonderen Anlagen und Methoden geschieht. Bei Gesamtfängen im Jahr zwischen 3000 und 3500 t handelt es sich freilich im Vergleich zu denen in Japan oder USA um bescheidene Mengen, und das ist auch weniger, als von der Türkei aus erreicht wird. Dafür fangen die italienischen Fischer aber vorwiegend den Roten Thun. Am bekanntesten ist wohl der Fang mit der Riesenreuse, dem ›tonnare‹, und den kleineren ›tonnarelle‹, die vor allem an den Küsten Westsardiniens und Nordsiziliens mit schweren Ankern angelegt worden sind. Von den einst zwanzig gab es in Westsardinien 1962 noch fünf, 1963 nur noch drei (Ann. Stat. It. 1964, Tav. 198), 1971 vier. Von den im Jahr 1915 für Sizilien genannten fünfzig gab es 1963 noch 14, 1974 fünf (Wallner 1981, S. 84). 1978 waren nur zwei zusammenliegende übriggeblieben, wo auf den Inseln Favignana und Formica die Verarbeitungsanlagen noch mit 250 Fischern und Arbeitern in Betrieb sind (Cacciabue 1978, S. 405). Favignana wird als ›Isola carcere e Isola tonnare‹ bezeichnet, wo sich die letzte große Tonnara befindet.

Während 1961 in 26 Anlagen noch über 12100 Thunfische mit 1423 t Gewicht gefangen worden sind, waren es in den 12 Anlagen von 1971 nur noch 7520 mit 1044 t. In ganz Italien sind 1975 4170 t Thunfisch gefangen worden, 1979 nur noch 1328 t (Ann. Stat. It. 1980, Tav. 150). Um dem großen jährlichen Bedarf von 70000 t Thunfisch nachzukommen, versucht man im Bereich einer ehemaligen Tonnara von Favignana Thunfische im Freiwasserbereich aufzuziehen und mit Blaufischen zu ernähren (Siracusa 1980; TCI: Qui Touring, Jan. 1982).

Italien hat unter allen Mittelmeerländern, wenn man von dem teilweise atlantischen Spanien absieht, die höchste Fischereiproduktion, und doch sind die Gesamterträge niedrig. Nach der seit den sechziger Jahren vor sich gegangenen starken Verminderung der in der Fischerei Beschäftigten (von 1962 mit 132900 bis 1971 auf 40600 in der Meeresfischerei) ist deren Fanganteil auf 6,4 t pro Fischer zwar stark angestiegen, erreicht aber nicht die in der nordwestatlantischen Fischerei üblichen Beträge. Man sollte aber der Legende vom armen italienischen Fischer entgegentreten (Belardinelli 1971, S. 255). Die amtlichen statistischen Daten sind keine sichere Basis für die Beurteilung ihrer Lage, denn sie erfassen weder Eigenverbrauch noch Direktverkauf an Verbraucher und Kleinhändler. Die altüberkommene und mit traditionellen Methoden arbeitende Kleinfischerei im Familienbetrieb (pesca artigianale) hat erhebliche Veränderungen erlebt. Der Übergang zur industrielleren ›pesca meccanica‹ ist nicht zuletzt mit staatlicher Hilfe weit fortgeschritten. Ein großer Teil der bisher in der Fischerei Tätigen konnte sich gegen die Konkurrenz des ertragreicheren Tourismus nicht behaupten, der mit seiner Unterwasserjagd auch die Erträge schmälert. Dazu kommt der hohe Aufwand für Maschinen, Treibstoff und Reparaturen, aber auch die zunehmende Verschmutzung der Küstengewässer. Alte Fischerorte mit ihren kleinen Häfen, wie sie sich an der Adriaküste aneinanderreihen und die während der faschistischen Zeit oft ihre Häfen ausbauen konnten, sind ebenso auf den Fremdenverkehr angewiesen wie neugegründete Badeorte.

Nachdem die Fangmengen der Meeresfischerei (mit Lagunen- und Ozeanfischerei) einige Jahrzehnte stagniert hatten, sind sie nun deutlich angestiegen, ebenso aber auch die Importe wegen der wachsenden Nachfrage, von 129000 t (1966) auf 225700 t (1981). In Diagrammen ist die Entwicklung für 1951–1977 dargestellt bei Aversano in Pinna und Ruocco (Hrsg.), 1980, Fig. 9.15 und in der Karte Fig. 9.14.

1959: 193000 t; tatsächliche Fänge geschätzt auf etwa 238000 t (Bartz 1964);
1966: 190300 t (Ann. Stat. It. 1972);
1971: 243230 t (Ann. Stat. It. 1972), geschätzt auf etwa 380000 t;
1983: 414705 t (Le regioni in cifre 1985, S. 73)

Italien kann sich nicht selbst mit Fisch versorgen, obwohl der Verbrauch nicht hoch ist. An Frischfisch wurden 1981 8,7 kg und an Trocken- und Konservenfisch 2,0 kg pro Kopf verbraucht. Wie die Fänge stiegen auch die Importe an, die aus

Norwegen, Spanien, Dänemark und Island kamen. Der Frischfisch aus heimischen Gewässern ist besonders geschätzt und erzielt hohe Preise. Verarbeitung zu Fischmehl kommt dennoch vor. Die Konservierung mit Salz (salagione) erfolgt in Sizilien und an der tyrrhenischen Küste, die ›marinature‹ ist in den Lagunen von Ferrara (Mésola, Comácchio) und die Aalräucherei in Grado üblich.

Bei den Mengenangaben muß man beachten, daß nicht nur kleinste Fische, sondern auch viele andere Meerestiere (Krebse, Tintenfische, Seeigel, Schnecken und Muscheln) gefangen und vermarktet werden, kleine als Mischung vor allem für ›frittura‹ oder ›zuppa‹. Der Tintenfischfang spielt an der Adria eine große Rolle mit den Märkten Venedig (polpo; *Octopus vulgaris*) und Chióggia (seppie; Sepiaarten), außerdem in Sizilien (calamari; *Loligo vulgaris* und *L. moscardini*). Unter ›frutti di mare‹ versteht man kleine Meerestiere außer Fischen, die roh genossen werden, wie Austern und Muscheln. Dazu kommen noch viele andere Arten, die von Tarent aus für typische Restaurants auf die Märkte kommen und aus freien Fängen im Mar piccolo und Mar grande stammen (Novembre 1971, Anm. 18).

Neben dem Fang werden Meerestiere in Kulturen herangezogen, nicht Muränen wie in römischer Zeit, sondern außer Austern in geringen Mengen vorwiegend Miesmuscheln (cozze nere; *Mytylus galloprovincialis*). Bisher stammten sie aus dem Mar piccolo von Tarent, jetzt mehr aus dem Mar grande und werden dort zusammen mit denen von Bríndisi und dem Lago di Varano vermarktet. Muschelbänke sind schon für das 12. Jh. in Tarent nachweisbar, eine rationelle Zucht gibt es aber erst seit dem 18. Jh. (Novembre, Anm. 9). Erhebliche Probleme bestehen in der einzuhaltenden Hygiene für die Muschelbänke selbst, dem Transport und Handel. In Tarent besteht die Gefahr der Verunreinigung durch ungeklärte städtische Abwässer und durch giftige Industrieabwässer, ferner in der Verschlammung der beiden Meeresbecken. Abnehmende Wassertiefe hat höhere Wassertemperaturen im August zur Folge, die den Muscheln schaden (Novembre, Anm. 28). Außer Tarent haben Muschelzuchten: La Spézia, der Lago Fusaro (Austernzucht), der Lago Ganzirri bei Messina und Ólbia (Spano 1954 a). Von den Fischereierträgen entfällt ein Fünftel bis ein Sechstel auf Mollusken. Die meisten Krebstiere kommen jetzt aus Südsizilien, und zwar Hummer (gámberi; *Homarus vulgaris*) vom Markt Sciacca. Krabben (granchi) und Heuschreckenkrebse (pannócchie; *Squilla mantis*) kommen in Venedig und Chióggia auf den Markt. Besonders geschätzt sind die Langusten *(Palinurus vulgaris)*, die eine Spezialität der Fischer von Ponza waren.

Die Korallen- und Schwammfischerei spielt heute fast keine Rolle mehr, erstere noch von Alghero aus mit Fischern, die aus Torre del Greco stammen, wo auch die Verarbeitung stattfindet. Die Korallen sind mit dem hölzernen Andreaskreuz im Raubbau erbeutet worden. Die aufwendige Fischerei war seit jeher eine Domäne der Italiener, so wie die Schwammfischerei Sache der Griechen war.

Wichtiger ist die Fischerei in den Lagunen und Küstenseen, die ›vallicoltura‹.

Im Po-Mündungsgebiet geht es um Meeräschen (cefali; *Mugil spec.*), Goldbrassen (orado; *Chrysophrys aurata*), Sandgarnelen *(Crangon vulgaris)* und um Aale wie in den Valli di Comácchio (ALMAGIÀ 1959, S. 799; BARTZ 1964, S. 395). Erhebliche Veränderungen macht die Stagnofischerei in Sardinien durch, die sich bis in die sechziger Jahre hinein durch ihre Binsenboote und eigenartigen Pachtverhältnisse ausgezeichnet hat (Stagno di Cabras bei Oristano; SPANO 1954b). Eine auffällige und merkwürdige Fangmethode führt dort und an anderen Küsten zu recht malerischen Landschaftsbildern: Die quadratische ›bilancia‹, so nennt man das Hebe- und Senknetz (BARTZ 1964, S. 396), findet man gelegentlich auf Felsen, alten Wachttürmen oder auch auf einem Boot installiert, an der Adria an Kanaleingängen und auf Kaimauern, auch an Flußmündungen.

### f4 Fischerhäfen und Märkte

Das Meer war ein Lebens- und Wirtschaftsraum für die italienischen Fischer weit über ihr Heimatland hinaus; sie wanderten nicht nur gelegentlich in neue Fanggebiete, sondern betätigten sich auch erfolgreich als Kolonisatoren (ALMAGIÁ 1959, S. 800; BARTZ 1964, S. 366). Sie kamen nach Sardinien, wo es keine einheimische Fischereibevölkerung gab, nach Südfrankreich, Algerien, Tunesien, nach Port Said und Alexandria. Während im 19. Jh. die Korallenfischerei, die ihre Blütezeit um 1870 hatte, zur Mobilität Anlaß gab, so führte nach dem Zweiten Weltkrieg die einträgliche Langustenfischerei zu Wanderungen von Ponza und Ventotene nach Sardinien, wo temporäre Siedlungen entstanden. Der Thunfischfang wurde in Sardinien seit Jahrhunderten von Ligurern betrieben (Carloforte, Calasetta), aber auch die Katalanen waren von Einfluß, so in Alghero.

Nur wenige der sich in oft dichter Folge an den Küsten aufreihenden Orte, die in der Karte von CANDIDA und MORI (1955) mit mehr als 100 Fischern eingetragen sind, haben eine wirtschaftliche Bedeutung. Meistens fehlt das Hinterland, und die Vermarktung geschieht in benachbarten größeren Häfen. Im allgemeinen dienen sie nur als Schutzhäfen (porto rifúgio) für die motorisierten Fischereifahrzeuge, und auch nur dann, wenn deren Tiefgang gering ist; denn das ständige Ausbaggern ist ebenso aufwendig wie die Unterhaltung der Molen. An der Markenküste haben eine wirkliche Aktivität nur Civitanova Marche und vor allem San Benedetto del Tronto (BELLEZZA 1966; ZAVATTI 1971). Die Modernisierung mit größeren Fahrzeugen und neuen Fangmethoden ging gewöhnlich nicht von den ansässigen, sondern von ortsfremden Fischern aus, wie das Beispiel Fiumicino an der Tibermündung zeigt, wo sich dank des Marktes Rom die Fischerei mit Leuten aus Kampanien, Apulien und anderen Regionen weiterentwickelt hat, während die einheimischen Fischer bei der gewohnten Küstenfischerei blieben (TARGA 1971).

Die größten Fischmärkte liegen verständlicherweise dort, wo reiche Fänge aus der Nachbarschaft angelandet werden können und gleichzeitig Großstädte mit genügend Verbrauchern vorhanden sind (ALMAGIÀ 1959, Karte S. 795). Bei den Fischen geht die Reihenfolge, den 1970 verkauften Mengen in Tonnen entsprechend, von Chióggia über Viaréggio, Palermo, Catánia, Venedig, Sciacca, Tarent, Pozzuoli, Triest, Genua, Molfetta, Neapel, San Benedetto del Tronto bis Mazara del Vallo und Salerno. Bei den Mollusken rangiert Tarent vorn, und erst mit 50 % der abgesetzten Mengen folgen Venedig und dann Chióggia und Genua. Bei den Krebsen liegen Venedig, Sciacca, San Benedetto und Chióggia vorn.

Livorno ist Sitz der sich mit Hochseefischerei befassenden Genepesca (Compania Generale Italiana della Grande Pesca), und hier werden neben Civitavécchia die aus dem Atlantik stammenden Fänge angelandet. Eine Flotte für Hochseefischerei besitzt auch Mazara del Vallo in Südwestsizilien mit (1978) 145 Einheiten und einem neu ausgebauten Hafen. Es wird Schleppnetzfischerei (pesca a stráscico) vor der tunesischen Küste und in den Syrtegewässern betrieben, wobei das Verhältnis zu Libyen und Tunesien nicht immer gut ist und trotz gegenseitiger Verträge die Entwicklung behindert ist. Krustentiere und wertvolle Speisefische erlauben hohe Erträge, an denen über 2000 zur See fahrende Einwohner und vier große Unternehmen beteiligt sind. Nachteilig sind die geringe Modernisierung von Flotte und Fangmethoden und der zu starke Individualismus der Unternehmer (CACCIABUE 1978, S. 402).

Es sind in den siebziger Jahren mehrere Gesetze erlassen worden, die für die italienische Fischerei fördernd wirken sollten (Doc. 28, 1978, S. 829). Alle Anstrengungen müssen aber zusammengehen mit der Reinhaltung der zu befischenden Gewässer, insbesondere derjenigen mit Muschelkulturen. Fiumicino an der Tibermündung, Genua, Triest und Tarent mit Großindustrie, Neapel mit seiner dichten Besiedlung und auch Palermo werden die damit zusammenhängenden Probleme schwerlich lösen können.

Ein direkter Zusammenhang besteht zwischen Ballungsräumen, Industrie in Küstennähe und dem Grad der Verschmutzung, während das offene Meer, dünn besiedelte Küsten (Kalabrien) und die der Inseln mit einigen Ausnahmen (Südost- und Nordostsizilien, Palermo, Cágliari, Porto Torres-Sássari) noch relativ sauberes Wasser haben (WALLNER 1981, Karte 4). Wird die Küstenfischerei mehr und mehr aufgegeben, dann ist die industrielle Fischerei auf fern gelegene Fischgründe angewiesen, und die Bevölkerung verliert ihre in Jahrtausenden gewachsenen engen Beziehungen zum Meer als Lebens-, Nahrungs- und Wirtschaftsraum. Eine Störung solcher Beziehungen bedeuten aber auch die Auswüchse der Sportfischerei, wenn die sonst im Mittelmeerraum verbotene Jagd auf Delphine vor der ligurischen Küste von schnellen Motorbooten aus mit großkalibrigen Gewehren erfolgt. Obwohl Delphine Säugetiere sind, unterliegen sie nicht dem Jagd-, sondern dem Fischereigesetz, und das bietet keine Möglichkeit, wenigstens den bisher damit befaßten Fischern den weiteren Fang zu verbieten. Das gute Verhältnis des Menschen zu seinem Meer zu pflegen und zu erhalten, ist für Italien wie für alle Mittelmeerländer eine dringende Notwendigkeit.

## *g) Literatur*

Die im hydrologischen Dienst und in der Forschung tätigen Institutionen sind bei der allgemeinen Bestandsaufnahme des Wasserhaushaltes verbunden; vgl. den Bericht ›I problemi delle acque in Italia‹ (Senat der Republik, 1972). Ein Wasserforschungsinstitut koordiniert die Projekte (CHIAPETTI 1972), an denen aber Geographen noch wenig beteiligt sind (BRANDIS 1981, S. 341). Über deren Arbeit in der Hydrologie der Binnengewässer orientiert der Literaturbericht von BARBANTI und CAROLLO (in CORNA-PELLEGRINI und BRUSA 1980, S. 591–604). In den Informationsheften des Ministerpräsidiums ›Das Leben in Italien‹ werden häufig hydrologische Themen behandelt (vgl. Dok. 17, Nr. 5, 1969 und 18, Nr. 1, 1970).

Gletscherforschung, Lawinen- und Schneebeobachtungen werden bevorzugt von Geographen betrieben, worüber die Publikationen des Istituto di Geografia Alpina in Turin (vgl. CAPELLO 1977) und des Istituto di Geografia in Padua (vgl. MORANDINI 1963) sowie die des Comitato Glaciológico Italiano berichten. Der staatliche Servízio Idrográfico veröffentlichte 1973 die Daten der Periode 1921–1960.

Die Seenforschung wird vorwiegend von limnologischen und hydrobiologischen Forschungsstellen aus betrieben (Rom, Padua, Pallanza); vgl. den Bericht des Istituto Italiano di Idrobiologia, Pallanza 1971. Geographen widmeten sich der morphologischen Seenforschung (MARINELLI 1894/95; MORANDINI 1952; NANGERONI 1956; PALAGIANO 1969; PEDRESCHI 1956; RICCARDI 1925b; 1955). Über die Literatur informieren außer den Regionalbibliographien und BARBANTI und CAROLLO (s. o.) MARSILI (1965) und MORANDINI (1964b).

Einen besonderen Bereich bildet die Unterwasserarchäologie, die auch für die Siedlungsgeschichte bedeutsam wurde, wie es das Beispiel des Lago di Bracciano gezeigt hat (Dok. 29, 1978, S. 107). Über Seiches (sesse) hat unter anderem CALOI (1948, 1949) Untersuchungen gemacht. Zur Typisierung der Seen vgl. DAINELLI (1939), Atlante fis.-econ. d'Italia, Karte 9, ALMAGIÀ (1959, S. 492) und MORANDINI (1957b, S. 258). Alpenvorlandseen beschreiben ALMAGIÀ (1959, S. 504), LANGINI (1961/62), MORANDINI (1957b). Salinen im Bereich ehemaliger Küstenseen behandeln CANDIDA (1951), MORI (1950), RUOCCO (1958). FELS sammelte Einzeldaten von 44 Stauseen mit mehr als 50 Mio. m³ Inhalt und erläuterte sie (1974/76). Einen früheren Stand zeigte RICCARDI (1926); eine Verbreitungskarte brachte ALMAGIÀ (1959, S. 811); zu Stauseen in den Alpen vgl. LINK (1970). Hügellandteiche untersuchten MANZI und RUGGIERO (1971) für Sizilien, MODUGNO (1977), MARIA L. SCARIN (1972/73) im Chientigebiet; ZUCCONI (1971) zeigt deren Bedeutung quantitativ und in ihrer Verbreitung.

Über die Bewässerung liegt ein umfassendes, mit Zahlenmaterial, anschaulichen Karten und Regionalmonographien für den Stand von 1961 erarbeitetes Werk vor: ›Carta delle irrigazioni d'Italia‹ (ANTONIETTI u. a. 1965; vgl. auch Dok. 17, 1969, S. 353ff.). Über die Verhältnisse in Norditalien unterrichten BEVILACQUA und MATTINA (1976), NELZ (1960), TOSCHI (1961), UPMEIER (1981); für Südostitalien vgl. ROTHER (1980d), für Kalabrien BAUMANN (1974), für Sardinien SCHLIEBE (1975), für Südostsizilien GEROLD (1982). Die Zeitschrift ›L'Irrigazione‹ erscheint in Bologna seit 1953.

Die für die Geschichte der Wasserversorgung und Bewässerung interessanten Grundwasserstollen (cunícoli) werden genannt für Sizilien bei FISCHER (1902, S. 390), MAIURI (1960, S. 171), LANDINI (1944, S. 172), für das südliche Etrurien bei CASE (1976), HOUSTON

(1964, S. 513, Abb. 22 u. 23, Fig. 200), Judson und Kahane (1963), Ward-Perkins (1962, S. 394).

Wasserstands- und Abflußmessungen werden vom Servizio Idrografico als ›Dati caratterístici dei corsi d'acqua italiani‹ veröffentlicht. Toniolo verarbeitete sie für den ›Atlante fis.-econ. d'Italia‹. Seiner Klassifizierung von 1949 mit Regionalbezeichnungen folgt Morandini (1957b, S. 271 ff.). In der Typisierung des Abflußverhaltens in Europa durch Grimm (1968) ist Italien mit besonderen Typen vertreten. Das Abflußregime in Italien behandelt Tönnies (1971).

Über die Hydrographie des Po orientieren Pardé und Visentini (1936), Skirke und Tönnies (1972). Die Hochwasser behandeln Botta (1977), Cavina (1969), Gambi (1953), Gazzolo (1972). Zu den Arnohochwassern vgl. Billi (1978), Dörrenhaus (1967). Gazzolo (1972), Meurer (1974), Morandini (1957b), Pardé (1968), Piccoli (1972), Principe und Sica (1967). Eine Dokumentation der Hochwasserkatastrophe von 1966 erschien in den Quaderniche ›La ricerca scientifica‹ 43, 1968; eine leidenschaftliche Darstellung schrieb Gerosa (1967). Zur Geschichte des Tibers trug Gregorovius (1876) bei, das Abflußverhalten zeigt Pardé (1933, 1934). Zur gegenwärtigen Situation vgl. Dok. 27, Nr. 4, 1979.

Der problematische Zustand der Binnengewässer, darunter die starke Verschmutzung des Po, die sich in der Adria bis Bríndisi auswirkt, ist einer breiten Öffentlichkeit durch die Aufsatzfolge des TCI in seiner Zeitschrift ›Qui Touring‹ 1982 bewußtgemacht worden.

Über den jeweiligen Stand der Meeresforschung berichteten Riccardi (1962) und Mosetti und Ridolfi (in Corna-Pellegrini und Brusa 1980, S. 199 u. 667). Sie hat eine lange Tradition, die mit den berühmten Seekartenwerken, den Portulankarten des Mittelalters, begann. Als erster Meeresforscher gilt Graf L. F. Marsili (1658–1730). In mehreren Instituten der Marine, einiger Universitäten und durch den CNR wird ozeanographische und meeresbiologische Forschung betrieben (vgl. Doc. 30, Nr. 19. 1982). Seit 1872 ist die von dem deutschen Zoologen Anton Dohrn gegründete Zoologische Station in Neapel erfolgreich tätig.

Mit der Fischerei Italiens befaßten sich unter anderem die Geographenkongresse XVI in Padua-Venedig 1954 und XX in Rom 1971. Eine neuere Untersuchung über die Veränderungen in Betriebsgrößen, Beschäftigtenzahlen, Fangmethoden, Fahrzeugtypen und über die Konkurrenz mit dem Fremdenverkehr in den Küstenorten fehlt noch, abgesehen von Artikeln in Fachzeitschriften, wie z. B. ›La pesca maríttima in Italia‹ der Direzione Generale della Pesca Marittima del Ministero della Marina Mercantile. Für Sizilien besitzen wir die moderne Arbeit von Wallner (1981). Nachträglich genannt sei der Überblick über die Entwicklung in Italien bis 1977 durch Aversano in Pinna und Ruocco (Hrsg.), 1980, S. 424–432.

## 4. Die Biosphäre. Die Vegetation als Ausdruck des Konflikts von Natur und Landnutzung

Italien ist von Natur aus ein Waldland, denn es gibt unterhalb der klimatischen Höhengrenze des Waldes keine Gegend, die – abgesehen von Sümpfen, bewegten Dünen, Sandstränden, Schotterfluren und Felshängen – keine Holzvegetation tragen würde, wenn nicht der Mensch tätig gewesen wäre. Seit einigen Jahrtausenden weicht der Wald dem Getreideanbau und der Viehweide. Diesem Offenland gegenüber entspricht die Landnutzung durch Fruchtbäume und Weinreben wesentlich besser den Standortbedingungen, die weithin von Winterregen, Sommertrokkenheit und von steilen, leicht erodierbaren Hanglagen bestimmt sind. Im Gegen- und Miteinander von Natur und Mensch entstanden Pflanzenkleid und Tierwelt in ihrer Zusammensetzung und Verbreitung, die uns heute eng mit dem Begriff ›Italien‹ verknüpft zu sein scheinen. Wer hätte nicht auf einer seiner ersten Italienreisen am Alpenrand nach dem Auftreten von Ölbaum oder gar Zitronenbäumchen Ausschau gehalten und sich vielleicht an Goethes Mignonlied erinnert? Wer war nicht vom Italien- und Griechenlandklischee beeinflußt und glaubte, Agaven und Opuntien gehörten von Natur aus zur mediterranen Landschaft, wie sie PRELLER (1865–69) in seinem Odysseezyklus dargestellt hat, bis man sich eines besseren belehren ließ? Unzählige Reisende, aber nicht Goethe, erwarteten eine landschaftliche Szene, die als bloße Natur durch – positiv gewertete – Öde, durch ›heroische‹ oder ›arkadische‹ Stimmung den rechten Hintergrund für die Zeugen einer großen Vergangenheit abgibt, meinte HERBERT LEHMANN (1964b, S. 316).

Viele Pflanzen und Tiere Italiens sind nicht erst mit der Umweltverschmutzung unseres Industriezeitalters vernichtet, ausgerottet oder auf letzte unzugängliche Refugien verdrängt worden; trotzdem ist die Zahl der Arten, Gattungen und Familien in Flora und Fauna für den aufmerksamen Beobachter erstaunlich groß. Noch wird die Schönheit einiger Landschaften gerade von ihrem Pflanzenkleid bestimmt, und es gibt auch außerhalb der Naturreservate noch Bereiche, die für den Naturliebhaber und forschenden Biologen ein Eldorado sind. Trotz aller tiefgreifenden Umgestaltung, die sich im Lauf der Geschichte mit Landwirtschaft, Siedlung, Verkehr und Industrie ereignet hat, erscheinen manche Gegenden im Vergleich zu ähnlichen in Mitteleuropa noch unversehrter, in ihrem natürlichen Bestand noch nahezu erhalten. Das liegt an den großen Gegensätzen in der Bevölkerungsverteilung und an der unterschiedlichen Intensität der Landnutzung zwischen Norden und Süden und zwischen Ebene und Gebirge. Die größten, heute in ihrem Ausmaß kaum noch abzuschätzenden Veränderungen innerhalb der Biosphäre Italiens haben sich am Ausgang des Mittelalters mit den weitgreifenden Rodungen im Bergland abgespielt. Ob einmal unsere Zeit diese Epoche in ihrer biogeographischen Wirkung übertrifft, läßt sich noch nicht abschätzen, aber die Gefahr ist groß. Um deren Ausmaß erkennen und die Ursachen schließlich verstehen zu können, sei in diesem Rahmen vereinfachend zunächst ein Überblick über die allein von der Natur bestimmte Waldvegetation gegeben.

### *a) Die natürliche Waldvegetation*

Die Lage Italiens im westlichen Mittelmeerraum und seine starke Höhengliederung sind die entscheidenden Ursachen für die von der Klimagliederung her bekannte zonale Abfolge seiner Vegetationsformationen mit abnehmender geographischer Breite und mit seinen Vegetationsstufen vom Meeresspiegel bis über die Waldgrenze. Der planetarische und der hypsometrische Formenwandel des Klimas bestimmen die räumliche Differenzierung der natürlichen Waldvegetation. Deshalb ist eine Karte der ›Potentiellen natürlichen Vegetation‹ in ihren Grundzügen einer Karte der Klimagliederung recht ähnlich (Tomaselli 1970; hier Karte 5). Von der Verbreitung der Waldvegetation ausgehend, konnte eine forstliche Klimaklassifikation abgeleitet werden (de Philippis 1937; vgl. TCI: Conosci l'Italia: La Flora 1958, S. 157).

Man muß sich fragen, was eine solche theoretische Vegetationskarte, die mit der Wirklichkeit der aus landwirtschaftlichen Nutzflächen und Forsten bestehenden Kulturlandschaft nur wenig übereinstimmt, für die Landeskunde, für die Landesplanung und die Umweltpolitik bedeutet. Heute ist die potentielle natürliche Vegetation, die sich ohne jeden Einfluß des Menschen einstellen würde, bei den Bestrebungen, eine standortgemäße Land- und Forstwirtschaft zu betreiben, in den Vordergrund des Interesses gerückt. Wird sie berücksichtigt, dann lassen sich auch bei der immer stärker mechanisierten Bodennutzung Umweltschäden vermeiden. Die geographische Landeskunde sollte für das Verständnis der Umweltprobleme ein regelhaftes Gerüst bieten, und das vermag eine Karte der potentiellen Vegetation zu leisten; dazu kommen Profile (Fig. 24).

Mit dem Übergang aus den Bereichen kurz dauernder Sommertrockenheit in Nord- und Mittelitalien zu dem wärmeren, frostfreien und unter langer Trockenzeit leidenden Süden verändert sich allmählich die Zusammensetzung der Vegetation. Im Tiefland nehmen die sommergrünen, laubwerfenden Gehölze ab, nur in den kühleren und feuchteren Gebirgsstufen gedeihen sie noch. Buche, Tanne und Bergahorn, die unsere Mittelgebirge besiedeln und in den unteren bis mittleren Höhenlagen der Alpen verbreitet sind, finden sich im Südlichen Apennin erst in Höhen über 1000–1200 m. Dafür wächst der Anteil thermophiler und dürreresistenter Hartlaubgewächse, sogenannter sklerophyller Xerophyten, zu denen z. B. die Steineiche *(Quercus ilex)* gehört; andere, immergrüne ›Weichlaubgewächse‹, malakophylle Xerophyten, wie Lorbeerbaum und Zistrosenarten, kommen dazu. Im Vergleich zu diesem planetarischen ist wegen der Schmalheit der Halbinsel der west-östliche Formenwandel weniger auffällig. Auf der klimatisch und edaphisch trockenen Salentinischen Halbinsel kommen schon ostmediterrane Eichenarten vor, wie die Makedonische Eiche (fragna; *Quercus trojana*) und die Valloneneiche *(Qu. macrolepis = Qu. aegilops)*. Auf wenigen Vorposten steht die Balkaneiche *(Qu. farnetto)*. Auch in der Vegetation ist eine Anpassung an die feuchtere, maritime, tyrrhenische Seite im Unterschied zur trockeneren, adriatischen Seite zu beobachten. Während die gesamte Westküste mediterrane Hartlaubvegetation – an der ligurischen Küste stellenweise bis etwa 400 m Höhe – tragen kann, beginnt sie an der adriatischen Küste in schmalem Saum erst südlich von Ancona am M. Cónero. Wegen des hohen Gebirgsanteils und der starken orographischen Gliederung des Landes und der Inseln ist aber der hypsometrische Formenwandel der Vegetation am auffälligsten und bei jeder Querung der Alpen und des Apennins und bei jeder Bergbesteigung, die in Höhen über etwa 400 m hinausführt, festzustellen.

Unter den heutigen Klimaverhältnissen würde sich ganz Nord- und Mittelitalien – bliebe es sich selbst überlassen – mit laubwerfenden Wäldern überziehen, in denen Eichen, wie die Flaumeiche (roverella; *Qu. pubescens*) und die Traubeneiche (róvere; *Qu. petraea*), aber auch die Zerreiche (cerro; *Qu. cerris*), herrschen würden. In den höheren Lagen der Südalpen und des Apennins würden sich Wälder mit Buchen (fággio; *Fagus sylvatica*) und Tannen (abete; *Abies alba*) ausbreiten. Die klimatisch kontinentale Po-Ebene würde dagegen von der Stieleiche bevorzugt werden (fárnia; *Qu. robur*); außerdem sind Eschen (frássino; *Fraxinus excelsior*) und Hainbuchen (cárpino; *Carpinus betulus*) zu erwarten. An den zahlreichen Gewässern würden sich Erlen, Pappeln und Weiden zu Auwäldern sammeln. Bis auf die Zerreiche und die auf trocken-warme Lagen Deutschlands beschränkte Flaumeiche handelt es sich also um uns wohlbekannte Holzarten.

Aber auch Süditalien und die Inseln waren einmal von dichtem Wald bedeckt, der freilich heute auf den weitverbreiteten, nahezu kahlen Felsflächen nicht ohne weiteres wieder Fuß fassen kann. Man muß die Meinung vom einst bewaldeten und auch einmal wieder zu bewaldenden Mittelmeergebiet schon deshalb für wahr halten, weil es in manchen Eichenarten, aber auch in den Baumkulturen, mit Ölbaum und Weinrebe, Pflanzen besitzt, die an die oft extremen Klima- und Bodenwasser-Verhältnisse aufs beste angepaßt sind. Mit ihrem in sehr tiefe Gesteinsspalten reichenden Wurzelwerk, ihrem Hartlaub und anderen Einrichtungen zur Einschränkung der Verdunstung wachsen die Steineichen jedoch langsam und sind heute für eine rationelle Forstwirtschaft wenig geeignet.

Während Norditalien und die Gebirgsstufen Mittelitaliens von Pflanzenarten besiedelt sind, die in großen Teilen Mitteleuropas vorkommen, d.h. in der ›Mitteleuropäischen Florenregion‹, sind die meisten Arten Süditaliens, aber auch viele Gattungen, auf die ›Mediterrane Florenregion‹ beschränkt. Die Padania wird demnach ganz zur ersten Region gerechnet; man schließt aber auch noch den Nördlichen und den Mittleren Apennin als ›Apenninische Provinz‹ bis zum Sangro mit ein.

In den Südalpen erfolgt, dem Klimawandel entsprechend, der Übergang von der mitteleuropäischen zur submediterranen Gebirgsvegetation. Während am Alpennordrand Buchen-, Tannen- und Fichtenwälder stehen, gedeihen am Alpensüdrand wärmeliebende Eichen und andere Laubhölzer. Arve *(Pinus cembra)* und Lärche haben hier ihre südlichsten Standorte, und auch die Waldkiefer *(Pinus sylvestris)* geht nicht über den Nordapennin hinaus. Von der Massenerhebung im Bereich des Alpenhauptkammes südwärts sinkt die obere Waldgrenze von 2400–2600 m über die Südlichen Kalkalpen mit 2200 m zu den Kalkvoralpen auf 1900 m rasch ab. Die Legföhren verschwinden, Lärchen (lárice; *Larix decidua*)

*Tab. 11: Formationen der natürlichen Vegetation Italiens und ihre großklimatischen Bedingungen*[1]

| | | Formation | Mittl. Jahres-temp. °C | Mittl. Temp. des kält. Mon. °C | Mittl. Jahres-minimum °C | Zahl der Tage über 10° C im Jahr |
|---|---|---|---|---|---|---|
| A Untere Stufe | | | | | | |
| a Mediterrane Stufe: immergrüne Hartlaubformationen | 1 Küstenland mit<br>1' Oleaster, Johannisbrotbaum (Oleo-Ceratonion)<br>2' Steineiche-Korkeiche (Quercion ilicis) | Aa 1 | 15–23 | über 7 | über –4 | mehr als 300 |
| | 2 Küstenvorland mit Steineiche, Flaumeiche, Korkeiche (Quercion ilicis) | Aa 2 | 14–18 | über 5 | über –7 | 240–300 |
| | 3 Übergangsgebiet zu Ab | Aa 3 | 12–17 | über 3 | über –9 | 210–240 |
| b Submediterrane Stufe: laubwerfender Wald mit Vorherrschaft der Eichen | 1 mit thermo-mesophilen Eichen insbes. Flaum- u. Traubeneiche (Quercion pubescenti-petraeae) | Ab 1 | 10–15 | über 0 | über –12 | 180–210 |
| | 2 mit mesophilen Eichen, Esche, Hainbuche, Stieleiche, z.T. Zerreiche (Fraxino-Carpinion) | Ab 2 | 10–15 | über –1 | über –15 | 180–210 |
| B Gebirgsstufe | | | | | | |
| a Gebirgsstufe: mit Vorherrschaft der Buche | 1 Untere Gebirgsstufe Süditaliens: Buche mit Stechpalme (*Ilex aquifolium;* Aquifolio-Fagetum), *Pinus laricio* in Sila, Aspromonte, Ätna | Ba 1 | 7–12 | über –2 | über –20 | 120–180 |

| | | | | | | |
|---|---|---|---|---|---|---|
| | 2 Obere Gebirgsstufe | Ba 2 | 6–12 | über –4 | über –25 | 120–180 |
| | 1' Süditalien: Buche mit Tanne (Asyneumati-Fagetum)[2] | | | | | |
| | 2' Mittel- u. Norditalien: Fagion sylvaticae-Gesellschaften | | | | | |
| | 3' Nordostitalien: Buche mit *Anemone trifolia* (Anemoni trifoliae-Fagetum) oder Schwarzkiefer und Föhre | | | | | |
| b Hochgebirgsstufe: überwiegend mit Nadelbäumen | mit Fichte, Lärche, z.T. Arve (Vaccinio-Piceion) | Bb | 3–8 | über –6 | bis unter –30 | |
| C Alpine Stufe | | | | | | |
| a Subalpine und alpine Stufe mit Zwergsträuchern und Grasfluren | | C | bis unter 2 | unter –20 | bis unter –40 | |
| b Hochalpine Stufe mit Polsterpflanzen, Schneerand- und Felsvegetation | | | | | | |

[1] Das Erläuterungsheft zur Karte von Tomaselli enthält die Beschreibung der einzelnen Formationen, vor allem mit Aufzählung der wichtigsten Arten, außerdem ausführliche Literatur. Nach Erscheinen dieser Karte kann nun endgültig auf die mißverständlichen Stufenbezeichnungen Lauretum und Castanetum der Forstklimate nach Pavari und de Philippis (TCI: La Flora 1958, Abb. 111) verzichtet werden, denn Lorbeer und Edelkastanie sind keine Elemente der natürlichen Vegetation Italiens. – Das Übergangsgebiet Aa 3 entspricht dem ›kühlen Lauretum‹ nach Rubner u. Reinhold (1953), vgl. Müller-Hohenstein 1969, S. 138.

[2] Als Kennart des Unterholzes die Glockenblumenart *Asyneuma trichocalycinum*.

Quellen: Tomaselli 1970, S. 61–63, Müller-Hohenstein 1969, S. 138.

stellen die hohen Waldbäume. Darunter folgt im gleichen Hochgebirgshorizont noch die Fichte (péccio; *Picea abies*), die der Vegetationsgesellschaft (Picetum) und zusammen mit Heidelbeere der Klimaxvegetation der betreffenden Höhenstufe (Vaccinio-Piceion) die Namen gibt (vgl. Tab. 11 und Profil Fig. 24). Mit den Buchen (fággio; *Fagus sylvatica*) ist die Gebirgsstufe des Fagion sylvaticae erreicht, die von Tannen und Waldkiefern begleitet wird. Ab 1000 oder 800 m Höhe wäre ein sommergrüner Eichenmischwald mit Flaum- und Stieleichen zu erwarten; man trifft jedoch nun die Edelkastanie (castagno; *Castanea sativa*) an, die schon in den trockenen Längstälern unterhalb der Kiefernstufe vorkommt. Sie stammt aus dem östlichen Mittelmeergebiet und gedeiht vor allem auf sauren Böden gut, wo sie ihrer Früchte und ihres Nutzholzes wegen angepflanzt worden ist.

Am Alpenrand und im Bereich der Seen, in der sogenannten ›Insubrischen Zone‹, können schon Steineichen wachsen, jedoch zeigt sich die Klimagunst auffälliger an den ersten angepflanzten, den Eindruck südlicher Landschaft verstärkenden Ölbäumen (LÖTSCHERT 1970) und pyramidenförmigen Zypressen *(Cupressus sempervirens var. fastigiata)*. Sie gelten als Mutation der in den Gebirgen Vorderasiens heimischen Horizontalzypresse. Zusammen mit der Flaumeiche (roverella; *Quercus pubescens*), der Blumenesche (orniello; *Fraxinus ornus*) und der Hopfenbuche (carpiniella; *Ostrya carpinifolia*) gedeihen hier schon zahlreiche mediterrane Arten wie der Binsenginster (sparto; *Spartium junceum*). Es sind Vorboten der Hartlaubvegetation, die wahrscheinlich nach dem Eisrückzug über die niedrigen Pässe Liguriens eingewandert sind. Erst an der ligurischen Küste nämlich liegen die nächsten natürlichen Standorte des Steineichenwaldes mit dem ›léccio‹ *(Quercus ilex)*, dem namengebenden Charakterbaum der Quercion-ilicis-Stufe. Die hohe Sommerfeuchtigkeit im westlichen Teil der schmalen klimatischen Gunstzone begünstigt die oft subtropisch erscheinende, in Gärten und Parks um den Lago Maggiore, bei Biella und anderen Orten verbreitete üppige Vegetation. Dieser ›Insubrische Vegetationskomplex‹ im engeren pflanzengeographischen Sinne hat als ›Lorbeersommerwald‹ enge Beziehungen zur subozeanischen, westeuropäischen Vegetation (OBERDORFER 1964, S. 172). Östlich von Como, also auch im Gardaseegebiet, herrscht dagegen der submediterrane Typ eines ›Hartlaubsommerwaldes‹ mit der Hopfenbuchen-Blumeneschen-Flaumeichen-Vegetation (Orno-Ostryon), wo unter günstigen Bedingungen schon Ölbäume und Zypressen das ›mediterrane‹ Landschaftsbild anklingen lassen.

An seiner Nordgrenze reicht der immergrüne Wald des mediterranen Horizonts der unteren Vegetationsstufe Italiens (vgl. Tab. 11 und Profile in Fig. 24) durchschnittlich bis 100 m, örtlich aber auf der tyrrhenischen Seite bis 400 m Höhe, was sich an der Verbreitung des Ölbaums beobachten läßt. In dem anschließenden sommergrünen Wald des submediterranen Horizonts folgen zur Tyrrhenis hin wie am Alpenrand Kastanienwaldungen. Auf der adriatischen Abdachung herrscht in gleicher Höhe die Zerreiche (cerro; *Quercus cerris*). Im Nord-

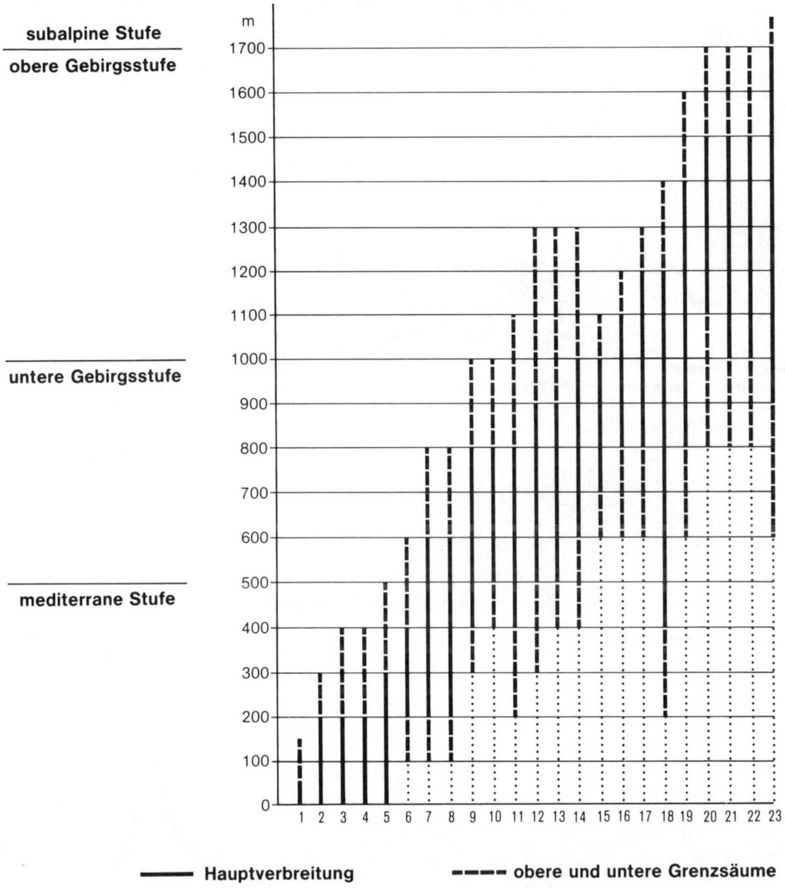


1 Eukalyptuswald
2 mediterrane Zwergstrauchgesellschaft
3 mediterrane Strauchgesellschaft
4 immergrüner Eichenwald
5 mediterraner Nadelwald
6 Mischwald mediterraner Nadelhölzer und sommergrüner Eichen
7 Mischwald immer- und sommergrüner Eichen
8 Mischwald mediterraner Sträucher und sommergrüner Eichen
9 submediterrane Strauch- und Zwergstrauchgesellschaften
10 Mischwald sommergrüner Eichen und Kastanien
11 sommergrüner Eichenwald
12 Mischwald sommergrüner Laubhölzer
13 Mischwald sommergrüner Laubhölzer und Kastanien
14 Kastanienwald
15 Erlenwald (Alnus cordata)
16 Douglasienwald
17 Mischwald aus Kastanien und Buchen
18 submontaner Nadelwald
19 Mischwald aus Buchen und anderen montanen Laubhölzern
20 Erlenwald (Alnus viridis)
21 montaner Nadelwald
22 Mischwald aus Buchen und Tannen
23 Buchenwald

*Fig. 23: Schema der Verbreitung der Waldvegetationstypen in den Waldvegetationsstufen der Toskana.* Nach Müller-Hohenstein 1969, S. 142.

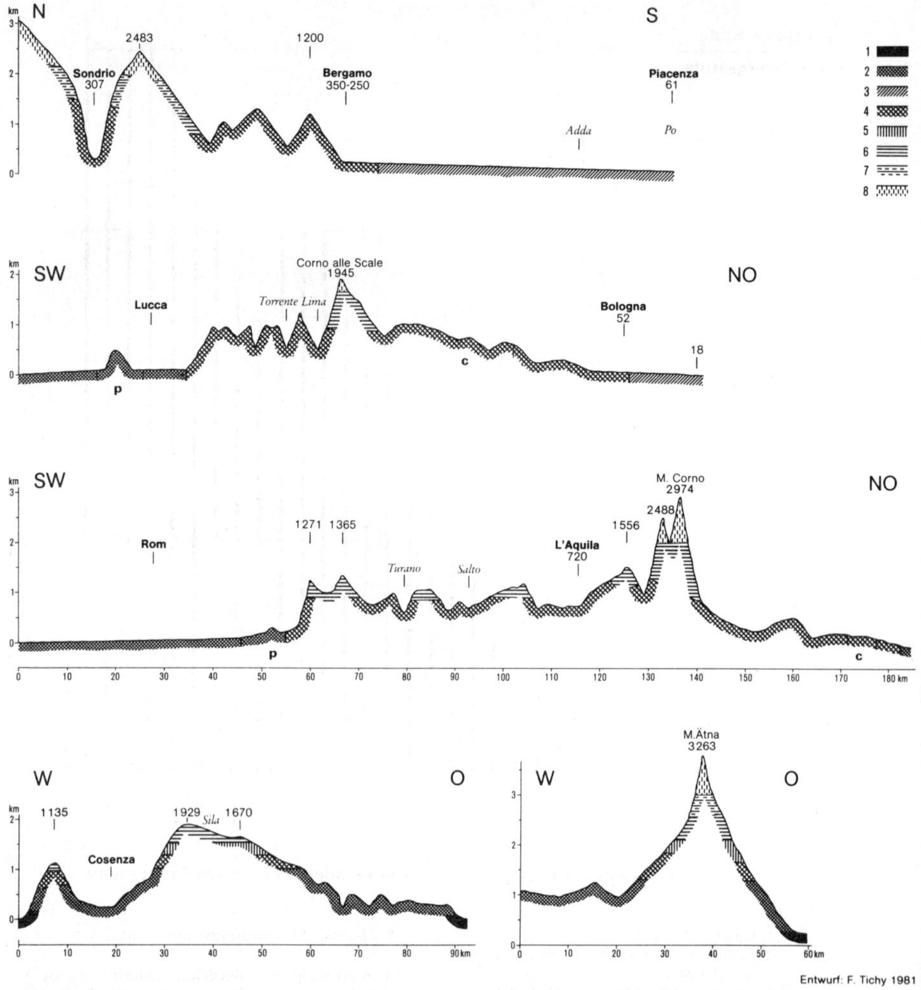


*Fig. 24: Profile der potentiellen natürlichen Vegetation durch die Südalpen, den Toskanisch-Emilianischen und den Zentralapennin, durch Mittelkalabrien und den Ätna.* Nach der Vegetationskarte von TOMASELLI 1970.

1. Mediterrane Stufe im Küstenland mit Oleaster (Oleo-Ceratonion). 2. Mediterrane Stufe mit immergrünen Hartlaubformationen, Stein- und Korkeichen (Quercion ilicis), im Küstenvorland mit Flaumeichen (P). 3. Submediterrane Stufe mit mesophilen Eichen, Eschen und Hainbuchen, zum Teil mit Zerreichen (C) (Fraxino-Carpinion). 4. Submediterrane Stufe mit thermo-mesophilen Eichen (Quercion pubescenti-petraeae). 5. Untere Gebirgsstufe Süditaliens (Aquifolio-Fagetum). 6. Obere Gebirgsstufe mit Buche (Fagion sylvaticae), im Süden mit Tanne (Geranio-Fagion). 7. Hochgebirgsstufe mit Nadelbäumen (Vaccinio-Piceion); Astragaletum am Ätna. 8. Alpine Stufe. Subalpine, alpine und hochalpine Stufe.

apennin beginnt die Gebirgsstufe bei 900–1000 m mit Buchen und Tannen. Die Waldgrenze liegt um 1700 m und wird z. B. am M. Gomito (1892 m) im Abetonegebiet von niedrigem, dichtem Buchenbuschwald bei 1750 m gebildet; subalpine Zwergstrauchvegetation (Vaccinietum) und Grasfluren (Nardetum) schließen sich an. Im Nordapennin fehlt also eine natürliche Nadelwaldstufe. Es gibt aber in einem Reliktstandort im Valle del Sestaione südlich des Abetonepasses in 1750 m Höhe Fichten, die wohl noch in der Antike im Apennin weiter verbreitet gewesen sind. Die reichen Tannen- und Fichtenbestände am M. Penna sind das Ergebnis der von Mussolini geförderten Aufforstung (Ullmann 1967, S. 22).

In der Toskana wird der Hartlaubgürtel bis 30 km breit und nimmt auch die Beckenbereiche am Arno bis nach Florenz mit ein, die heute an ihren Rändern vom Ölbaum bestanden sind. Das von der Arnomündung über Lucca nach Bologna, das heißt über den Hauptkamm des Apennins, gezeichnete Profil (Fig. 24) bringt zum Ausdruck, daß der Emilianisch-toskanische Apennin schon ab 100 m Höhe vorwiegend von laubwerfenden Eichen eingenommen würde, wobei an der Nordostabdachung die Zerreiche geeignete Standorte besitzt. In den südlichen Maremmen hat die Korkeiche innerhalb der Steineichenstufe günstige Standortbedingungen. Das heutige Waldbild der Toskana entspricht noch weitgehend der Stufenfolge der potentiellen natürlichen Vegetation, also den durch Klima und Boden bestimmten ökologischen Bedingungen (Müller-Hohenstein 1969, Abb. 19 u. S. 104–128).

Das nächste Profil quert den zentralen Apennin von der Tibermündung über Rom und L'Áquila zur Adria bei seiner höchsten Erhebung im Gran Sasso. Am Rand der Steineichenstufe kann neben *Quercus ilex* auch die Flaumeiche *(Qu. pubescens)* gut gedeihen, bis sie fast allein herrscht. Aber auch in größeren Höhen, bei Assisi am M. Subásio (1290 m), hat der Steineichenwald noch genügend geeignete Standorte bis 850 m dank der Förderung durch den Menschen in der Vergangenheit wegen der Eichelmast. Die über 1000 m aufragenden Gipfel reichen zwar in die Buchenstufe hinein, haben aber fast keine Wälder dieses Typs mehr. Erst in den Abruzzen, vor allem im Nationalpark, bestimmen sie zusammen mit Tannen die Vegetation. Die Waldgrenze steigt hier auf 1900 m an, wobei die Buchen auf der adriatischen Seite noch höher oben stehen und auch tiefer hinabreichen als auf der Südwestseite. An der Adriaküste nimmt die mediterrane Steineichenstufe vom M. Cónero bei Ancona ab nur einen schmalen Saum bis 3 km Breite ein. Gerade dieser Gunstraum ist aber stark genutzt durch Landwirtschaft, Siedlung und Verkehr.

Mit den Abruzzen endet in der Buchenstufe der mitteleuropäische Typ, und es beginnt im Matesegebirgsstock der von der Stechpalme (agrifóglio; *Ilex aquifolium*) als Unterholz begleitete Buchenwald (Aquifolio-Fagetum). Schon unterhalb 1000 m Höhe ist er auf den Höhen des M. Gargano im Bosco Umbra (um 800 m) vertreten. Damit ist Süditalien erreicht, wo sich mit dem Ansteigen der Temperaturen und mit der längeren Sommertrockenheit in der mediterranen Stufe eine untere Stufe ausgliedern läßt. Ihre Vegetation wird nach dem Wilden Ölbaum (olivastro; *Olea europaea var. oleaster*) und dem Johannisbrotbaum (carrubo; *Ceratonia siliqua*) als ›Oleo-Ceratonion‹ bezeichnet. Von solcher Klimaxvegetation ist wenig zu beobachten, denn dies ist die von mediterranen Baumkulturen, bei Bewässerung auch von Agrumenkulturen bestandene Stufe. Die anschließende Steineichenstufe wird durch den im Unterholz auftauchenden Salbei-Gamander *(Teucrium siculum)* charakterisiert. In den laubwerfenden Eichenwäldern finden sich weiterhin Flaum-, Stiel- und Zerreichen; die Zerreiche ist besonders für die höheren Lagen mit reichlicheren Niederschlägen zwischen 800 und 1000 m geeignet. Die Tanne muß in den Buchenwäldern einst häufiger gewesen sein, geht aber nicht bis zur Waldgrenze, auch dort nicht, wo diese durch Beweidung herabgedrückt ist. Die natürliche Waldgrenze wird erst wieder im Pollíno-Dolcedorme-Massiv zwischen 2100 und 2200 m erreicht, wo einzelne Panzerkiefern (pino loricato; *Pinus leucodermis*) auf 2270 m Höhe die Buchen weit unter sich lassen. Diese existenzgefährdete Kiefer ist von Thessalien bis Dalmatien verbreitet und hat hier ihren westlichsten Standort im Mittelmeergebiet. Unter 1800 m kommt sie nicht vor (Tichy 1962, S. 34). Tomaselli hat die Buchenstufe Süditaliens in einen unteren Horizont mit der Aquifolio-Fagetum-Vegetation und einen oberen gegliedert, dessen Vegetation er nach der Glockenblume *Asyneuma trichocalycinum* als ›Asyneumati-Fagetum‹ bezeichnet.

Das Vegetationsprofil durch Kalabrien, und zwar über die Küstenkette nach Cosenza und über die Sila hinweg, zeigt das Ansteigen der Vegetationsstufen von der tyrrhenischen zur ionischen Seite. In der maritim beeinflußten Küstenkette liegt die Untergrenze des Fagetum bei etwa 1000 m, in der Sila aber erst bei 1250–1300 m. Typisch ist für die kalabrische Buchenstufe mit ihrem Aquifolio-Fagetum das Auftreten einer speziellen Schwarzkiefer *(Pinus nigra ssp. laricio)*, die man für ein Tertiärrelikt hält; aber auch hier geht die Buche unter natürlichen Bedingungen noch höher hinauf mit dem Asyneuma-Fagetum. Als ursprünglich gilt in Kalabrien der Tannenwald der Serra San Bruno in feuchter Nordlage zwischen 850 und 1420 m Höhe.

Die Höhenstufen des Ätna lassen sich auf der Fahrt zur Seilbahnstation recht bequem beobachten, nicht jedoch die mediterrane Unterstufe des Oleo-Ceratonion, denn hier liegt der Bereich des Bewässerungsanbaus. Die Steineichenstufe nehmen die bevorzugten Baumkulturareale ein, die nur wenig Wald und Macchie übrigließen (Bosco Nicolosi 650 m). Auch am Ätna stehen in der Flaumeichenstufe Kastanienhaine und dazu Haselnußkulturen, aber es gibt bis 1400 m hinauf noch viele sommergrüne Eichenwälder (Werner 1968, S. 41). Wie im übrigen Süditalien ist die Buchenstufe geteilt. Hier an der Südgrenze der Buche rückt die schon verarmte Fagetumvegetation bis zur Baumgrenze bei 2200 m. Buche, Ätnabirke und Pappel kommen dort nur noch als am Boden liegende Büsche vor. Die unteren Bereiche der Buchenstufe gelten als ›Stufe der Pinus-laricio-Wälder‹ zwischen 1400 und 1800 m, von denen es dichte Bestände gibt. In der höchsten Stufe

(Rumici-Astragalon siculi) ist der Anteil endemischer Formen hoch; es herrschen mediterrane Arten und solche der Gebirgssteppen Westasiens, darunter der namengebende *Astragalus siculus* (spino santo), ein Tragant mit großen Dornpolstern. Der Ätnaampfer (*Rumex aetnensis* und andere Arten) reicht bis über 2900 m. Alle hier noch gedeihenden Pflanzen sind an heftigen Wind, starke Einstrahlung und Trockenheit angepaßt.

In Sizilien nimmt die Fläche der Oleaster-Carruben-Stufe dem warmtrockenen Klima entsprechend den überwiegenden Teil der Insel ein, und hier kann man manchmal einen der mächtigen Johannisbrotbäume antreffen. Ob sie wirklich einheimisch sind, dürfte schwer zu beweisen sein, ebensowenig für den Oleaster, den Wilden Ölbaum *(Olea europaea L. ssp. oleaster)*, der oft als Pfropfunterlage für den Kulturbaum benutzt wird. Aus oleasterreichen Macchien sind so Olivenhaine geworden. Aber diese Tatsache zeigt nur um so deutlicher, daß von der natürlichen Vegetation der unteren mediterranen Stufe wenig erhalten ist. Alle Niederungen, wie die Ebene von Catania, und die Tafelländer gehören bis in Höhen um 500 m hierher. An der Nord- und Nordostküste wird der schmale Saum dieser Klimaxstufe teilweise sehr intensiv und mit Agrumenkulturen genutzt. Die Steineiche, d. h. die immergrüne Vegetation, geht über den eigentlichen mediterranen Horizont hinaus bis in die Flaumeichenstufe, wo sie von der resistenteren Zerreiche abgelöst wird. Für die Buchen-Tannen-Stufe ist nur in den höchsten Gebirgsteilen der Madoníe und der Nébrodi ab 1000 m Höhe Raum, kaum in den Peloritani. Die Nébrodi haben mit der *Abies nebrodensis* eine eigene, isolierte, der Weißtanne nahestehende Art (Frei 1946).

Auf den Sizilien benachbarten Äolischen Inseln wäre die gleiche Abfolge der Vegetationsstufen bis zur Flaumeichenstufe zu erwarten, wenn die Vulkantätigkeit nicht besondere Standortverhältnisse geschaffen hätte (vgl. Richter 1984, Abb. 7). Geringe Niederschläge, die hohe edaphische Trockenheit der Aschen- und Rohböden, Brände und die heftige Windwirkung bedingen z. B. die auffällige Artenarmut der Zistrosenmacchien und Rohrgrasbestände auf Stromboli.

Sardinien hat sein mediterranes Gunstklima und die entsprechende Vegetationsstufe des Oleo-Ceratonion in breiter Ausdehnung nur im Campidano, in der Nurra und im Agro von Sássari im Nordwesten, ferner in den schmalen Küstensäumen und auf den kleinen Inseln. Ein auffälliger Vertreter ist die Zwergpalme *(Chamaerops humilis)*, die an ungestörten Standorten einen Stamm bildet und fruchtet. Die Bergländer des Inneren gehören wie die tyrrhenischen Niederungen Mittelitaliens in die Hartlaubstufe mit der Steineiche (Quercetum galloprovinciale). Etwa die Hälfte der von dieser Klimaxstufe eingenommenen Fläche bietet aber der Korkeiche (súghero; *Quercus suber*) auf den sauren Verwitterungsböden der Granite gute Existenz und erlaubt genügende Produktion. Deshalb sind geschlossene, mehr oder weniger dichte Korkeichenwälder vor allem nördlich von Núoro und am M. Limbara verbreitet. Ein Problem bietet das Gennargentumassiv, dessen Höhen bis auf allmählich aussetzende Eichenbestände und einzelne oft mächtige Baumwacholder keinen Wald tragen, obwohl sie 1829 m Höhe erreichen. Die Karte von TOMASELLI nennt Zwergsträucher; es sind kriechender Wacholder *(Juniperus communis ssp. nana)* und mediterrane Bergsteppen. Dennoch besteht kein Anlaß, daran zu zweifeln, daß auch dieses Bergland in die Klimaxstufe der Buchenwälder reicht. Von Buchen und Tannen fehlt zwar jede Spur; deren wichtigster Begleiter dagegen, die Stechpalme, findet sich in entlegenen Tälern und Schluchten und auch auf der Márghinekette (1200 m) in einigen mächtigen Exemplaren. Dazu kommen hohe Baumwacholder *(Juniperus oxycedrus)* und Eiben (tasso; *Taxus baccata*), wie in dem berühmten Altbestand von Bolótana in 950 m Höhe an der Márghinekette. Für die Stufe oberhalb von 1000 m ist demnach die Aquifolio-Fagetum-Vegetation zu erwarten (SCHMID 1946, S. 564). Die seit Jahrhunderten starke Beweidung auf den leicht zugänglichen Höhen von Gennargentu, Gocéano- und Márghinekette wird dazu geführt haben, daß die Buche heute auf Sardinien nicht mehr vorkommt; auf Korsika sind die Höhen zwischen 1300 und 1800 m von ihr besiedelt. Die Flora Sardiniens ist im übrigen als typische Inselflora von höchstem biogeographischem Interesse. Die Standorte einiger ihrer Endemiten, an denen sie zusammen mit Korsika sehr reich ist (ADAMOVIĆ 1933, S. 173–176, Listen), bedürfen eines strengen Schutzes, der noch nicht gewährleistet ist (PRACCHI und TERROSU 1971, Karten 30–31, PRATESI und TASSI 1973).

### *b) Rodung und Bewahrung des Waldes in Antike und Mittelalter*

Auf die Folgen der Entwaldung ist in vorangegangenen Kapiteln mehrfach aufmerksam gemacht worden. Der beschleunigte, von der Vegetation wenig gebremste Abfluß führt zu Hochwasserkatastrophen; an Hängen kommt es zu Rutschungen und zur Calancoerosion, Nutzflächen und Siedlungen werden zerstört; in die mit Schutt erfüllten Täler haben sich Flüsse wieder eingeschnitten und Sedimente ins Meer als Delta vorgeschüttet. Deren Abfolge ließ erkennen, daß sich die mit heftigen Hochwässern verbundenen Abtragungs- und Aufschüttungsvorgänge gehäuft am Ende der Antike abgespielt haben müssen, als der Apennin einen großen Teil seines Waldkleides verloren hatte.

Zur Zeit der vollständigen Bewaldung, die soeben als Modell vorgestellt wurde, gab es die vom Wasserabfluß bewirkten, zerstörenden Prozesse fast gar nicht; aber die wenigen Menschen, die bis in die Zeit der Etrusker hinein hier lebten, benötigten auch nur geringe Nutzflächen. Die Geschichte der Kulturlandschaft ist ebenso wie die der Oberflächenformen, der Gewässer, der Vegetation, aber auch des Klimas und der Böden, nicht ohne die Kenntnis der Bevölkerungsentwicklung (vgl. Kap. III 2 a) und der Waldgeschichte zu verstehen. Bei dem folgenden Überblick muß auf viele interessante Einzelheiten und auf fast alle Quellenangaben aus der Antike, dem Mittelalter und der Neuzeit verzichtet werden.

In der Zeit des Aufstiegs Roms zur Hauptstadt eines Großreiches gab es noch genügend Nutz- und Brennholz in erreichbarer Nähe, Flöße auf dem Tiber transportierten es heran. In der Kaiserzeit holte man Nutzholz schon aus den Alpen über den Fluß- und Seeweg ab Ravenna. Die Tannen des Apennins waren offenbar schon dezimiert. Mit der Brennholznutzung werden schon damals rund um die Siedlungen Eichenniederwälder entstanden sein (bosco céduo = Schlagwald, im Unterschied zu bosco alto fusto = Hochwald für Nutzholz). Nach CATO hatte der Wald von allen Teilen eines römischen Gutshofes am wenigsten Wert, sogar weniger als Ödland und Weideland (THIELSCHER 1963, S. 32). Ein Nutzen war vor allem aus Rebland, Gärten, Weide- und Ackerland zu gewinnen, denen der Wald zu weichen hatte.

Über die Größe und die Lage der bedeutendsten Wälder zu römischer Zeit wissen wir so gut wie nichts; einige Staatswälder jedoch sind dem Namen nach bekannt wie die der Sila (= silva), die des Gargano und andere, meist in entlegenen Gebieten der Halbinsel, während die Wälder der Alpen noch nicht erwähnt werden. Im Bereich zwischen Küste und Bergland, also in den Ebenen und Hügelländern, wird zur Zeit der Republik und dann in der Kaiserzeit der Wald weitgehend verdrängt worden sein. Die Folgen wurden sogleich spürbar, weil Hochwasser Schäden verursachten, Trinkwassermangel eintrat, Ackerland wieder aufgegeben wurde und der extensiven Weide überlassen blieb. Anlaß dazu werden die Bodenzerstörung, der Steuerdruck auf die Bauern und die Zunahme der Getreideimporte gewesen sein. Nach DI BERENGER (1887, vgl. SCHRECK 1969, S. 18ff.) sind eine Reihe von Anordnungen erlassen worden, wie sie schon für die streng geschützten und als heilig erklärten Waldungen Gültigkeit hatten. Solche Hochwaldbestände sollten meist die Versorgung mit Quellwasser und mit fließendem Wasser sichern. Auch Ansätze einer Forstwirtschaft, sogar der Wiederbewaldung durch Pflanzung und Saat, soll es gegeben haben, wenn auch wohl in geringem Maße. Die Ziegenweide, nach CATO ›ein Gift und eine Geißel der Kultur‹, hatte der römische Staat verboten (DI BERENGER 1887, S. 44).

Wo Acker- und Weideland in den Gebirgen aufgegeben wurde – das wird nicht überall so gewesen sein, vermutlich auf Sizilien und Sardinien nicht –, dort hat eine erste Wüstungsperiode am Ausgang der Antike dem Wald eine Regeneration ermöglicht. Während der Völkerwanderungszeit und mit dem allgemeinen Bevölkerungsrückgang blieb weiteres Kulturland dem Wald überlassen.

Langobarden und Franken brachten eine neue Einstellung zum Wald mit, die sich in Nutzungs-, Rechts- und Besitzverhältnissen lange erhalten sollte. Bis heute sind ehemalige Jagdreservate dieser Zeit an ihrem Namen zu erkennen (difesa, riserva, gualdo, valda, viza, foresta). In der Padania hatte sich der Wald auch in der Ebene wieder ausgebreitet. Die verödete Lomellina, nordwestlich der langobardischen Hauptstadt Pavía gelegen, wurde zum Bannwald erklärt (MATZAT 1979, S. 315). Die neuen Herren vergaben gegen entsprechende Gegenleistung Nutzungsrechte verschiedener Art, wobei die Waldweide im Vordergrund stand. Die Zusammensetzung der Wälder mußte sich damit allmählich verändern. Aus

Laubmischwäldern, deren geringer Nadelholzanteil als Bauholz entnommen war, entwickelten sich reine Eichen- und Buchenwälder, deren Produktion von Eicheln und Bucheckern genutzt wurde.

Mit der Vergabe von Lehen kamen Waldflächen in den Besitz einzelner Adliger, und d. h. von Privatpersonen, sowie in den Besitz von Gemeinden oder geistlichen Orden. Bis heute hat sich an der Besitzverteilung wenig geändert, denn der Staat ist erst spät, unter anderem durch die Enteignung von Kirchenbesitz 1866 oder durch die Übernahme von Grundbesitz der ehemaligen Staaten zum Waldbesitzer geworden.

Zahlreiche Klöster, die inmitten entlegener Waldgebiete durch Schenkung oder Kauf gegründet wurden, sollten für die Erhaltung ursprünglicher Vegetation und auch für die Entwicklung einer geregelten Forstwirtschaft mit einheimischen Holzarten von Bedeutung werden. Das Kloster Vallombrosa bei Florenz (gegr. 1055), das herrliche alte Tannen- und Buchenbestände besitzt, wurde zur ›Wiege der Forstwirtschaft Italiens‹; auf der klösterlichen konnte die erste staatliche Forstschule von 1869 aufbauen (Elsner 1955). Wie in Deutschland waren auch die Zisterzienser beteiligt, die am M. Amiata die Waldungen des Klosters Sancti Salvatoris übernommen hatten (Schreck 1969, S. 31). Weiterhin seien aus der Toskana die Klosterwaldungen von La Verna und Camáldoli und aus Umbrien die der Eremitage San Francisco am M. Subásio genannt; im Zentralapennin liegen die Waldungen von Subiaco, Trisulti und Montevérgine, in der Nähe von Fóggia die des Santuário Incoronata, in der Basilicata die von Montícchio in Vúlture und Gallípoli-Cognato (Tichy 1962, S. 49–51), in Kalabrien die Wälder der Basilianerklöster, z. B. Rossano und Stilo. In vielen Fällen wird es sich bei Hochwäldern im Apennin, die sich im Klosterbesitz befanden, um ehemals heilige Wälder der römischen oder sogar vorrömischen Zeit handeln. Seit der Antike werden sie kontinuierlich bestanden haben, ohne je gerodet worden zu sein. Dennoch haben sie ihre Zusammensetzung allmählich geändert, in bewußter und zweckmäßiger Weise in Vallombrosa.

Während Klöster und weltliche Herren ihre Waldungen durch Forstordnungen erhielten oder sogar pflegten, sind die Gemeindewälder schon im Mittelalter durch übermäßige Nutzung herabgewirtschaftet und degradiert gewesen. Dennoch waren um 1400 im Gebiet der Toskana auch außerhalb des Apenninhauptkammes und des M. Amiata noch große zusammenhängende Waldflächen erhalten. Nicht zuletzt dank der bewahrenden Tätigkeit der Klöster und der Verordnungen der Medici liegt heute die Toskana mit einem Waldanteil an der Gesamtfläche der Region von 37,7% weit über demjenigen Italiens mit 21%.

Vom 12. bis Mitte des 14. Jh., als die Pest von 1348 ein Ende setzte, war die Bevölkerung stark angewachsen und brauchte Land. Der Wald wurde in dieser Zeit in ganz Italien erheblich zurückgedrängt, und man rodete die inzwischen wiederbewaldeten Flächen. In der Lomellina wurden Königshufen angelegt; der Siedlungsausbau schuf dort große, weitabständige Dörfer (Matzat 1979, S. 321). Man ging gegen die Gebirgswälder vor und besiedelte auch die Höhen. In der Periode der großen ›roncamenti‹, der wichtigsten Rodungsphase Italiens, waren alte und neugegründete Klöster bei der Rodung und Kultivierung beteiligt; auch hier gab es Rodeklöster der Benediktiner und Zisterzienser, die z. B. in Piemont ›corti‹ und ›grange‹, d. h. landwirtschaftliche Gutshöfe, bewirtschaftet haben. Sant' António di Ranverso und die Staffarda (gegr. 1135) gehören mit ihren gotischen Backsteingebäuden zu den bedeutendsten Bauwerken Piemonts (GRIBAUDI 1960, S. 25).

Für Heizung, Gewerbe und Schiffahrt wurde viel Holz verbraucht, für letztere die Lärchen der Südalpen, alle Nadelhölzer für Pechbrennerei. Die Seerepubliken beschafften sich das lebenswichtige Holz schon von weit her, Genua von den tyrrhenischen Küsten, Pisa aus Sardinien. Venedig kaufte aus Dalmatien Holz; gleichzeitig sicherte es sich aber Wälder der Venetischen Alpen und Voralpen und schützte sie als ›Ruderwälder‹, z. B. den ›Bosco da remi di San Marco‹, wie der 60 km² große heutige Bosco del Cansíglio hieß. Anfang des 14. Jh. sorgte eine besondere Behörde für den Waldkataster und eine geregelte Bewirtschaftung. In den Venetischen Alpen entwickelte man den Plenterbetrieb (PAVARI 1940/41, S. 202). Masten lieferte unter anderem die Foresta Somadida (= Vizza di San Marco) in den Dolomiten, wo es besonders hohe Fichten gab. Eichenholz für die Galeeren bezog Venedig aus dem wegen seiner Stieleichen berühmten Wald von Montello am Piave (360 m ü. M.). Er war mit seiner artenreichen Flora bis gegen Ende des 19. Jh. erhalten geblieben und fiel dann der Rodung zum Opfer (TCI: La Flora 1958, S. 28; FARNETI u. a., 1975, S. 119).

Die Mönche sollen auch die Edelkastanie (castagno; *Castanea sativa*) verbreitet haben, weil deren Früchte eßbar sind und ein stärkereiches Mehl liefern. Dieser aus dem pontischen Raum stammende Baum war wohl schon den Etruskern bekannt. Dank seiner vielfältigen Nutzungsmöglichkeiten hat er für die Besiedlung der Apuanischen Alpen und des nördlichen Apennins auf der tyrrhenischen Seite und später auch in den Südalpen eine außergewöhnliche Rolle gespielt. In der Eichenstufe fand die Kastanie auf den Sonnenseiten der Alpentäler und auf den Hängen der tyrrhenischen Abdachung des Apennins, besonders in den Apuanischen Alpen und in der Nordwesttoskana, geeignete Standorte. 28% der Kastanienwälder Italiens stehen in der Toskana. Dank dieser Nahrungsgrundlage bildete sich eine Höhenstufe hoher Bevölkerungsdichte. Früchte gewann man in den Selven in Siedlungsnähe, aus den Niederwäldern weiterhin Gerbstoff, Pfähle und anderes Nutzholz. Heute besitzt die Kastanie nur noch geringen Wert, denn die Lebensansprüche der Bevölkerung sind gestiegen, die Dorfbewohner wanderten ab. Dazu kamen bedeutende Ertragseinbußen durch Krankheiten, die ›Tintenkrankheit‹ durch *Phytophthora cambivora* und den ›Rindenkrebs‹, der, durch den Pilz *Andothia parasitica* ausgelöst, erstmals 1938 auftrat. Inzwischen sind aus den alten Hochwäldern durch Holznutzung und Vernachlässigung Niederwälder entstanden (GIORGI 1960; G. BARBIERI 1966, S. 155; MÜLLER-HOHENSTEIN 1969, S. 155).

Die im Mittelalter begründeten Kastanienwälder gehören zu den wenigen, aber um so auffälligeren Beständen, die nur aus einer Holzart zusammengesetzt sind und als reine Wirtschaftswälder gelten dürfen. Sie lieferten wertvolle Produkte und wurden deshalb gesät, gepflanzt und gepflegt. Andere vergleichbare Reinbestände entstanden mit dem Produktionsziel Kork, wie die Korkeichenwälder Sardiniens. Reine Steineichenwälder entwickelten sich mit der Schweineweide auf Grund der Eichelmast. Eichenniederwälder waren die Folge kurzfristigen Umtriebs in sechs bis acht Jahren, um Kohlholz und Brennholz zu gewinnen. Diesen gegenüber bildeten die Klosterwälder von Vallombrosa eine Ausnahme; denn dort war nicht die Holzproduktion erstes Ziel der frühen Forstwirtschaft, sondern die Bewahrung und Pflege des Waldes aus Gewissensgründen, eine Einstellung zum Wald, die man dem Romanen gewöhnlich abzusprechen geneigt ist. Außerdem hatte man die Wohlfahrtswirkungen des Waldes, vor allem für den Wasserhaushalt, schon früh erkannt.

Während die Nutzwälder wegen ihrer wirtschaftlich wertvollen und marktfähigen Produkte, aber auch in der Tradition der heiligen Wälder der Vorzeit, erhalten blieben – Jagdreservate kamen dazu –, ging die allgemeine Entwaldung weiter. Sie läßt sich flächenmäßig und zeitlich heute nicht mehr erfassen. Aller Wald außerhalb der Nutzwälder war wenig wert. Er diente der Waldweide, die ihn allmählich ebenso schädigte wie die übermäßige Holzentnahme. Im hohen Apennin lagen die Sommerweiden der Wanderherden, die den Wald von oben her zurückdrängten, so wie das der Bauer von unten her tat. Die weithin herabgedrückte Waldgrenze und die kahlen Höhen und Hänge im Mittleren und Südlichen Apennin sind darauf zurückzuführen. Es gab zwar seit der frühen Neuzeit in den einzelnen Staaten des heutigen Italien zahlreiche Erlasse und Statuten, die eine Schonung der Wälder bewirken sollten, die Rodungen verboten haben und die Waldweide einschränken wollten; derartige Anordnungen mußten aber Papier bleiben, weil die Bevölkerung auf die Nutzung der Wälder angewiesen war (Tichy 1962, S. 38).

### *c) Die allmähliche Entwaldung Heiden, Macchien und Gariden*

Zwischen Wald und Weide liegen Übergangsstadien einer Sekundärvegetation; man spricht von Ersatzgesellschaften des natürlichen Waldes. Sie zeigen den Weg, auf dem eine allmähliche Entwaldung durch ständige Ausbeutung, aber bedingt durch die Not der Bevölkerung, vor sich gegangen ist. Viele Flächen, die in der gegenwärtigen Nutzflächenstatistik zum Wald gerechnet werden, sind nur mit kümmerlichen Resten abgetriebener Eichenniederwälder, mit lockerem Eichengebüsch oder anderer Strauchvegetation sowie Gräsern und Kräutern bedeckt. Je nach der klimatischen Höhenstufe und dem planetarischen Wandel, in Abhängigkeit von den Bodenverhältnissen und unter dem Einfluß von Mensch, Weidetieren und Feuer haben sie sich zu ganz verschiedenen Vegetationsformen und Pflanzengesellschaften entwickelt.

In der Padania waren einst die höheren pleistozänen Terrassen, die Pianalti mit ihren groben kristallinen Schottern und Sanden und mit ihren geringmächtigen sauren Böden im Piemont und in der Lombardei, weithin von einer Callunaheide bedeckt (LEHMANN 1961a, S. 111; UPMEIER 1981, S. 21). In der nach dem Heidekraut (bruga; *Calluna vulgaris*) benannten Brughiera sind außerdem Besenginster *(Sarothamnus scoparius)*, Pfeifengras *(Molinia caerulea)* und Birken verbreitet. Man nimmt an, daß sich das Heidekraut von einigen Reliktstandorten aus, die es seit der letzten Eiszeit auf den höchsten Teilen der Terrassen besaß, nach der Vernichtung des Stieleichen-Birken-Waldes und nach dem Verlust der dünnen Bodendecke ausgebreitet hat. Im engeren Sinne spricht man von ›brughiera‹ im Bereich von Varese, dagegen um Vercelli und Novara von ›baragge‹, oberhalb Mailand von ›groane‹.

Die Groane finden sich insbesondere auf den sehr sauren, ferrettisierten Böden mit undurchlässigem Tonhorizont, wie bei Gallarate und Casorate, wo sich der Flughafen Malpensa anschließt (FARNETI u. a. 1975, S. 69, TCI: La Flora 1958, S. 64). Die Brughiera von Bréscia dagegen und die Magrediheiden auf den sterilen Schotterkegeln von Cellina und Meduna im Friaul tragen auf Kalksteingeröll und Sand eine dürftige Vegetation mit typischer Sandflora (*Corynephoretum*; TCI: La Flora 1958, S. 131, FARNETI u. a. 1975, S. 139).

Heute sieht man von der Brughiera nur noch wenig, z. B. um Candelo und Rovasenda östlich Biella mit ihren Baragge. Teilweise ist sie dank der Bewässerungsmöglichkeiten wieder in Kultur genommen; große Teile sind Standorte von Industriebetrieben geworden, die billigen Baugrund auf den sterilen, fast wertlosen Böden erwerben konnten, z. B. im Dreieck Mailand–Varese–Como. Fast überall aber zwischen Po und Alpenrand, wo noch unkultiviertes Land übriggeblieben war, breitete sich im Laufe des 19. Jh. die Robinie *(Robìnia pseudacacia)* aus. 1601 aus Nordamerika nach Europa gelangt, wurde der Baum 1785 erneut in Mailand eingeführt (TCI: La Flora 1958, S. 129). Er gewann die steilen Terrassenhänge in der nördlichen Padania ebenso für sich wie neben der Waldkiefer große Teile der durchlässigen, mageren Schotterfluren, vorwiegend als Niederwald. Ihr wirtschaftlicher Wert ist leider gering, sie hat aber bei der Befestigung erosionsgefährdeter Hänge eine wichtige Funktion bekommen. Das Ausmaß ihrer weiten Verbreitung wird besonders im Frühjahr deutlich, wenn die weißen Blütentrauben die Wälder überziehen.

In der Buchen- und Kastanienstufe sind bis nach Süditalien Adlerfarn- und Stechginsterheiden verbreitet (*Pteridium aquilinum* und *Ulex europaeus*). Sie nehmen aufgegebenes Acker- und Weideland ebenso ein wie überweidete und abgebrannte Flächen. Im Weideland können sich Affodillfluren ausdehnen, vor allem mit *Asphodelus albus*, oder Sträucher verschiedener Arten, die wegen ihrer Dornen oder Gifte vom Vieh nur verbissen werden. Dazu gehören Wacholderarten und der Binsenginster *(Spartium junceum)*.

Die Hartlaubstufe wird außer von der Kulturvegetation der Landwirtschaft fast ganz von vielfältig angepaßten Ersatzgesellschaften beherrscht, die als Folge der trockenen Sommer, Verbiß durch Weidetiere, Nutzung für Brennmaterial und nach Feuer entstanden sind. Es sind die mediterranen Macchien und Gariden.

Der Italiener versteht unter ›mácchia‹ ein dichtes, oft undurchdringliches Gehölz; im wissenschaftlichen Sprachgebrauch ist es – enger gefaßt – eine küstennahe, immergrüne, in sich recht einförmige, hohe Strauchvegetation unterschiedlicher Zusammensetzung. Sie ist rund um das Mittelmeer verbreitet und wird in Spanien ›monte bajo‹, in Griechenland ›xerovumi‹ genannt. Bei 2–3 m Höhe bildet sie ein dicht anliegendes Pflanzenkleid, das die Oberflächenformen noch klar hervortreten läßt. Solche Formationen können bei ständiger Nutzung aus Steineichenwäldern entstanden sein, so daß nur deren Unterholz übrigblieb; das sind die sekundären Macchien. Manche können auch zu den primären Macchien gehören, wenn die Standortbedingungen einen Steineichenhochwald wegen zu großer Trockenheit, wegen zu geringer Temperaturen an der Höhengrenze oder an Küsten unter Einfluß des Windgebläses, nicht mehr erlauben. Dort zeigen immergrüne Sträucher oft eindrucksvolle Windschurformen.

Die französische Bezeichnung ›garrigue‹ für Ödland stammt von dem provenzalischen Namen der dornigen Eiche *(Quercus coccifera)*. Als vegetationskundlichen Begriff verwendet man das Wort ›gariga‹ im Italienischen gleichbedeutend etwa mit den durch den Thymian charakterisierten ›tomillares‹ und der griechischen ›phrygana‹ für niedrige, immergrüne Kleinstrauchfluren. Sie bedecken den steinigen bis felsigen Boden nicht vollständig und sind reich an Thero- und Geophyten, d. h. aus Samen keimenden einjährigen Pflanzen und an Zwiebel- und Knollenpflanzen. Frühjahrs- und Herbstregen verursachen die ausgeprägte Periodizität der ›Hartlaubgariden‹ (Schmithüsen 1968, S. 226).

Die Übergangsmöglichkeiten von Wald zu Macchie und zu den niedrigen Strauchfluren der Gariden unter Einfluß landwirtschaftlicher Nutzung, aber auch durch Klimaänderung und die Möglichkeiten der Regenerierung zeigt das Schema (Fig. 25).

Die Macchien bestehen aus sehr regenerationsfähigen Arten, zu denen auch die Steineiche gehört. In ihrer Artenzusammensetzung zeigt sich die Anpassung an die klimatischen Verhältnisse, z. B. an die feuchtere tyrrhenische und die trockenere adriatische Seite, an Sonnen- und Schattenhänge, an Luft- und Bodenfeuchte, an Bodenart und Säuregrad. Unter dem Begriff ›Macchie‹ lassen sich deswegen innerhalb der Hartlaubstufe sehr verschiedene Pflanzengesellschaften zusammenfassen. Trotz aller Anpassung widerstehen sie aber doch nicht der Übernutzung, und deshalb findet man die noch recht natürlich wirkende, hohe Macchie, die aus den Unterholzarten des mediterranen Waldes besteht, in Italien recht selten. Weit verbreitet dagegen sind Macchien in lockeren Beständen an Steilhängen oder in Schluchten. Oft bleiben sie niedrig und gehen in schüttere Kleinstrauchfluren der Gariden und steppenhaft wirkende Gras- und Krautfluren über.

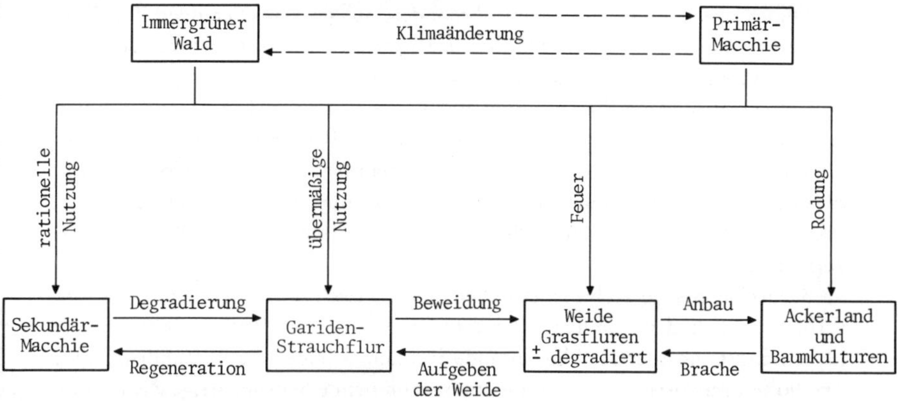


*Fig. 25: Degradierung und Regeneration von Waldflächen im Mittelmeerraum.* Nach TCI: La Flora 1958, S. 183.

Um einen Überblick über die Vielfalt der Vegetation innerhalb der Macchien und Gariden zu geben, seien die wichtigsten Typen kurz charakterisiert (vgl. ausführlicher TCI: La Flora 1958, S. 183ff.; und Rikli 1943):

1. Die Steineichenmacchie enthält die meisten derjenigen Florenbestandteile, die auch einen typischen Steineichenhochwald zusammensetzen, jedoch überwiegen nun die sein Unterholz bildenden immergrünen Sträucher, und auch *Quercus ilex* besitzt deren Wuchsform. Auf Kalksteinböden hat diese Macchie besonders gute Standortbedingungen, aber sie benötigt auch genügend Luft- und Bodenfeuchte. Die wichtigsten Bestandteile sind mit ihren deutschen, wissenschaftlichen und italienischen Namen:

| | | |
|---|---|---|
| Steineiche | *Quercus ilex* | Léccio |
| Erdbeerbaum | *Arbutus unedo* | Corbézzolo |
| Mastixstrauch | *Pistacia lentiscus* | Lentisco |
| Steinlinde | *Phillyrea media* | Fillírea |
| Immergrüner Kreuzdorn | *Rhamnus alaternus* | Alaterno |
| Echte Myrte | *Myrtus communis* | Mirto |
| Stechwinde | *Smilax aspera* | Smílace |
| Waldrebe | *Clematis flammula* | Fiámmola |
| Mäusedorn | *Ruscus aculeatus* | Pungitopo |

2. Die Erdbeerbaum-Erica-Macchie kommt nach Bränden als erste mit dem Erdbeerbaum wieder auf. Sie kann aus den drei wichtigsten Arten bestehen oder diese können einheitliche Bestände bilden:

| | | |
|---|---|---|
| Erdbeerbaum | *Arbutus unedo* | Corbézzolo |
| Baumheide | *Erica arborea* | Érica |
| Geißklee | *Cytisus triflorus* | Lerca |

Dieser Macchietyp findet sich insbesondere auf sauer reagierenden Böden, in feuchteren Lagen und größeren Höhen der mediterranen Stufe. Bei Degradierung geht er in reine Erica-Macchien über. Wenn deren Wurzeln, wie es in Kalabrien üblich war, in ungeregelter Nutzung zur Herstellung von Tabakspfeifenköpfen verwendet wurden, war Bodenzerstörung die Folge. Baumheide ist häufig in Korkeichenwäldern Sardiniens und auch in Reinbeständen, wie z. B. am M. Limbara, anzutreffen. Cytisus kommt in Sizilien und Sardinien allein oder mit Erica vor, ebenfalls auf feuchteren, sauren Böden, und ist mit seinem Laubfall eine Besonderheit der Macchien.

3. Die Zistrosenmacchie ist in Italien nicht so reich an Arten und nicht so weit verbreitet wie in den Tomillares der Iberischen Halbinsel. Auf sauren Böden der Flyschsandsteine oder der Pliozänsande Süditaliens bilden die weißblühende, bis 2 m hohe Französische und die niedrige rotblühende Salbeiblättrige Zistrose im Frühling ein Blütenmeer. Ende September können die Sträucher ganz entlaubt sein, d. h. sie stehen auf der Grenze zwischen immergrünen und sommergrünen Arten (Rikli 1943, S. 23):

| | | |
|---|---|---|
| Französische oder Montpellierzistrose | *Cistus monspeliensis* | Cisto marino oder Imbrentano |
| Salbeiblättrige Zistrose | *Cistus salvifolius* | Cisto fémmina oder Brentina |

Dazu können kommen: *Pistacia lentiscus,* Oleaster, Myrte, besonders in Sardinien, und Wacholder:

| | | |
|---|---|---|
| Zedernwacholder | *Juniperus oxycedrus* | Ginepro rosso |
| Phönizischer Wacholder | *Juniperus phoenicea* | Ginepro fenício |

Zistrosenmacchien treten dort gehäuft auf, wo wiederholt gebrannt wird und die Flächen zeitweise als Ackerland oder Weide genutzt werden, denn Cistus wird vom Weidevieh nicht angenommen.

4. Die Wacholdermacchie kommt vorwiegend in Sardinien auf Fels- und Sandstandorten vor, wo Wacholder auch zur Aufforstung dient. Einzelne Stämme können bis 8 m hoch werden, regenerieren sich aber nach Zerstörung nur langsam:

| | | |
|---|---|---|
| Zedernwacholder | *Juniperus oxycedrus* | Ginepro rosso |
| Großfrüchtiger Wacholder | *Juniperus macrocarpa* | Coccolone |
| Zwergpalme | *Chamaerops humilis* | Palma nana |

Dazu kommen ferner *Pistacia lentiscus, Phillyrea media,* Cistusarten, Lianen.

5. Die Oleaster-Lentiscus-Macchie findet sich mehr in wärmeren, tieferen Lagen. Sie wird meistens nur 1–2 m hoch und zeigt Übergänge zu Gariden. Auch bei stärkerer Degradierung bleibt der Mastixstrauch erhalten und bildet dichte Kuppelbüsche, weil er vom Vieh nur an den Spitzen verbissen wird:

| | | |
|---|---|---|
| Wilder Ölbaum | *Olea europaea var. oleaster* | Oleastro |
| Mastixstrauch | *Pistacia lentiscus* | Lentisco |
| Steinlinde | *Phillyrea media* | Fillírea |
| Dornginster | *Calycotome spinosa* | Calicótome |

6. Die Wolfsmilch-Macchie mit ihren bis 2 m hoch werdenden Kuppelbüschen ist ein Charakteristikum warmer Küsten des Südens, besonders auf Felsen wie in Kalabrien. Ihren giftigen Milchsaft benutzen Fischer gelegentlich zum Betäuben von Fischen. Dieser Macchientyp wird als Degradationsform der Klimaxvegetation des Oleo-Ceratonion angesehen und zeigt vielfache Übergänge zu anderen Macchietypen, wie zur Zistrosen- und zur Oleaster-Lentiscus-Macchie:

| | | |
|---|---|---|
| Baumwolfsmilch | *Euphorbia dendroides* | Eufórbia arbórea |
| Wilder Ölbaum | *Olea europaea var. oleaster* | Oleastro |
| Baumbeifuß | *Artemisia arborescens* | Assénzio arbóreo |
| Mastixstrauch | *Pistacia lentiscus* | Lentisco |
| Bocksdorn | *Lycium europaeum* | Spina-Cristo, Agútoli |

7. Die Zwergpalmenmacchie findet sich häufig an den Nord- und Westküsten Sardiniens, ist aber von der Bodenreform zurückgedrängt. Zwergpalmen stehen vorwiegend auf Kalksteinuntergrund und liefern mit den Palmblättern Material für Seile, Matten, Besen und Füllmaterial. An ungestörten Orten bilden sie höhere Stämme; gewöhnlich treten sie aber als Folge von Überweidung nur niedrig und in Gestalt von Gariden in Erscheinung:

| | | |
|---|---|---|
| Zwergpalme | *Chamaerops humilis* | Palma nana |
| (Doldengewächs) | *Thapsia garganica* | Tápsia |
| Affodill | *Asphodelus microcarpus* | Asfódelo |
| Strauchiger Spargel | *Asparagus acutifolius* | Aspárago spinoso |

8. Die Ginstermacchie besteht aus dem mediterranen Ginster mit blattlosen Sprossen, der im Frühjahr mit goldgelben Blüten auch trockene Kalk-, Mergel- und Sandsteinhänge vom Meeresspiegel bis 1300 m Höhe, besonders am Rand des Apennins, belebt. Dieser Ginster gehört eigentlich in die Eichenstufe und reicht damit über die typische mediterrane Macchienstufe hinaus:

| | | |
|---|---|---|
| Binsenginster | *Spartium junceum* | Vera Ginestra ›Ginestra di Leopardi‹ |
| Dornginster | *Calycotome spinosa* | Calicótome |

9. Die Lorbeermacchie kommt nur in warm-feuchten Lagen von Natur aus wirklich vor, z. B. in Südistrien und in einigen Restwaldungen wie dem Coltanowald zwischen Pisa und Livorno (Giacobbe 1939):

| | | |
|---|---|---|
| Lorbeer | *Laurus nobilis* | Alloro |
| Mäusedorn | *Ruscus aculeatus* | Pungitopo |
| Efeu | *Hedera helix* | Édera |
| Lorbeerartiger Schneeball | *Viburnum tinus* | Tino |

10. Die Oleandermacchie gedeiht in Süditalien und auf den Inseln längs Gewässern, an deren Rande und in Schotterbetten, wo Grundwasser verfügbar ist. Im trockenen Sommer ist sie ein blühendes Wunder, weshalb der Oleander auch vielfach als Zierpflanze an Straßen verwendet wird:

| | | |
|---|---|---|
| Oleander | *Nerium oleander* | Oleandro |

In den Zwergstrauchfluren der Gariden sind die Lebensbedingungen der Pflanzen besonders begrenzt. Der Boden wird kaum beschattet und trocknet bis in große Tiefe aus, so daß die von nacktem Boden, Gestein und Fels unterbrochene Vegetation im Sommer wie tot erscheint. Zur Zeit der Frühjahrs- und Herbstregen erwacht sie zum Leben, vor allem auch durch die Zwiebel- und Knollenpflanzen und die einjährigen Gräser und Kräuter. Die Bodenverhältnisse entscheiden schließlich über die für die Besiedlung am besten geeigneten Arten. Deshalb kann man die beiden Gruppen der Kalk- und der Kieselgariden unterscheiden:

1. Zu den Kalkgariden gehören folgende Arten (TCI: La Flora 1958, S. 197):

| | | |
|---|---|---|
| Kermeseiche | *Quercus coccifera* | Quércia spinosa |
| Rosmarin | *Rosmarinus officinalis* | Rosmarino |
| Vielblütige Erikaheide | *Erica multiflora* | Érica multiflora |
| Kopfiger Thymian | *Coridothymus capitatus* (= *Thymus capitatus*) | Timo |
| Dorniger Wiesenknopf (Kugelpolster) | *Sarcopoterium spinosum* | Pimpinella spinosa |

Hierher gehören auch einige Arten, die endemisch sind und im Küstenbereich, auf Sanden Sardiniens, Apuliens und der Ägadischen Inseln, Sonderformen der Gariden darstellen.

2. Zu den Kieselgariden rechnet man (TCI: La Flora 1958, S. 198) die meist auch einen humosen Oberboden beanspruchenden Arten:

| | | |
|---|---|---|
| Italienische Strohblume | *Helichrysum italicum* | Elicriso itálico |
| Salbeiblättrige Zistrose | *Cistus salvifolius* | Cisto fémmina |
| Schopflavendel | *Lavandula stoechas* | Steca, Stécade |
| Korsischer Ginster | *Genista corsica* | Ginestra córsica |
| Meerträubelartiger Ginster (Küsten Sardiniens) | *Genista ephedroides* | Ginestra efedroide |
| Meerträubel (örtlich an Küsten) | *Ephedra distachya* | Éfedra |

In den Gariden wachsen viele Gewürz- und Heilkräuter, z. B. die zu den Lamiaceae (Lippenblütler) gehörenden Arten von Rosmarin, Lavendel, Salbei,

Thymian. Sie fanden von hier aus ihren Weg in die Gärten und Spezialkulturen, weil sie reich an duftenden, flüchtigen Pflanzenölen sind und Ausgangsstoffe für Medikamente, Essenzen und Parfüm liefern können.

Die extremen Standortbedingungen im Bereich der Calancoerosion können nur Spezialisten ertragen und die Flächen mit einer lockeren, niedrigen Vegetation steppenhaften Charakters überziehen. In der Provinz Forlì sind es der sehr tiefwurzelnde Kretische Beifuß *(Artemisia cretacea)* und einige Gräser (*Agropyrum litorale* und *Hordeum marinum*) außer annuellen und ephemeren Kräutern des Frühjahrs (Zangheri 1961, S. 209). Auf den Pliozäntonen Süditaliens können die Halbkugelsträucher der Lentiscusmacchie *(Pistacia lentiscus)* und das Spartogras *(Lygeum spartum)* die weitere Zerstörung und Zerschneidung der Hänge ebensowenig verhindern wie diese Steppenvegetation. Mit Hilfe aufwendiger Aufforstungsterrassen und Bepflanzung mit Zypressen und anderen Gehölzen hat man aber große Teile der Calanchihänge, z. B. bei Pisticci/Basilicata, begrünen und festigen können.

### *d) Forstgesetze und Rodungen im 19. Jahrhundert*

Allzu häufige Schäden durch Hochwasser, die offensichtlich Folgen der Entwaldung im Apennin waren, und der allgemeine Mangel an Rohstoffen hatten die Regierungen der Einzelstaaten Italiens zum Erlaß neuer Forstgesetze veranlaßt, als es im Grunde dazu schon zu spät war. Die Toskana begann damit unter Leopold I. im Jahre 1780. Die früheren Gesetze der Mediceer des 16. Jh., in denen die Holzentnahme im Bereich des Apenninenhauptkammes in einer beiderseits zwei Meilen breiten Zone verboten war, wurden zwar übernommen; Leopold erlaubte aber dennoch den privaten Waldbesitzern und den großherzoglichen Eisenhütten die Nutzung der Buchenwälder, z. B. am Abetonepaß, für Holzkohle und Brennholz unter bestimmten Auflagen (Schreck 1969, S. 102 u. 153). Glücklicherweise hat diese zu liberale Einstellung nicht zu einer weiteren Entwaldung im Kammbereich geführt. Im größten Flächenstaat der Zeit, im Königreich Neapel und Sizilien, kamen Gesetze 1826/27, Umbrien beendete die Reihe 1865. Jetzt schlug sich der seit langem schon fortgesetzte Rodungsvorgang zur Gewinnung von Ackerland in Akten nieder, das heißt, von nun an läßt sich verfolgen, wann und wo wie viele Flächen dem Wald verlorengingen. Für das Königreich Neapel und Sizilien kennt man die zwischen 1809 und 1870 genehmigten Rodungen, die recht erheblich waren, denn die herangewachsene Bevölkerung hatte noch kein Ventil wie in der bald einsetzenden Auswanderung. In Apulien sind 43 800 ha, davon allein auf der Salentinischen Halbinsel 11 900 ha, in der Basilicata 9800 ha Wald und Macchien gerodet worden (Tichy 1962, Tab. 7 u. Fig. 7). Das Ausmaß der Macchienrodung auf der Salentinischen Halbinsel ließ sich aus Orts- und Flurnamen kartographisch erfassen (Novembre 1965).

In ganz Italien liefen während des 19. Jh. Wellen von Rodungen ab, die räumlich und zeitlich verfolgt werden können, wenn Archivalien genutzt werden. Nach der Enteignung des Kirchenbesitzes 1866 verkaufte der Staat zur Finanzierung seines Aufbaus die meisten der in Besitz genommenen Wälder wieder. Die neuen Besitzer wollten sie gewöhnlich alsbald durch Rodung und Anbau, wenn nicht durch Verpachtung oder Weiterverkauf nutzbar machen. In dieser Zeit bildete sich aber auch der größte Teil des heutigen Staatswaldes aus dem ehemaligen Besitz der Einzelstaaten und dem eingezogenen Kirchengut (Doc. 21, 1971, S. 445). Weitere und oft größere Flächen sind auf Gemeindebesitz gerodet worden, vor allem solche, die den Gemeinden nach der Ablösung des Feudalwesens unter Murat 1806 als Allmendgut zugefallen waren (Tichy 1962, S. 47).

Das gesamtitalienische Forstgesetz von 1877 brachte nur für die höheren Gebirgsstufen von der oberen Kastaniengrenze ab Verbesserungen. Dafür wurden alle anderen tiefer gelegenen Flächen aus der Forstaufsicht entlassen. Weil das Gesetz Freiheiten erlaubte, ohne etwas aufzubauen, verursachte es ›einen schlimmeren Schaden an dem Waldbesitz der Nation, als ihn alle waldverderbenden Insekten zusammengenommen verursachen könnten‹. Man sprach von einem ›chaotischen Stadium‹ der Forstgesetzgebung (Piccioli 1923, S. 54). Nur zwei Beispiele: In der Provinz Molise gab es 1827 etwa 97400 ha Wald; 1870 stellte man 72500 ha und 1911 nur noch 54700 ha fest (Mancini 1979, S. 390). Der M. Gargano soll 1885 noch 40700 ha Hochwald getragen haben; für 1927 werden nur noch 24000 ha erwähnt (Ruoff 1938, S. 99).

Die Gesetze gaben die Möglichkeit zur Rodung und lösten sie aus. Die Ursachen lagen jedoch im Wachstum einer fast rein landwirtschaftlichen Bevölkerung, im allgemeinen Nahrungsmangel und in der Landnot. Für große Flächen sind aber gerade von Großgrundbesitzern Rodungsgesuche gestellt worden. Hohe Holz- und Getreidepreise in der ersten Hälfte des 19. Jh. ermöglichten größere Gewinne als die Erhaltung unproduktiver Wald- und Macchieflächen. Der geringe Weizenertrag, weniger als 1 t/ha, zwang zur Erweiterung der Anbaufläche. Ein Ende der Rodungswelle brachten in Süditalien schließlich der Preisdruck ausländischen Weizens, steigende Grundsteuern und die rasch um sich greifende Auswanderungsbewegung.

### *e) Die Umwandlung der Waldvegetation durch Aufforstungen*

Eine wirkliche Neubegründung der Vegetation ist von den Buchen- und Tannenwaldungen um Vallombrosa/Toskana bekannt, die sich bis ins 14. Jh. zurückverfolgen lassen. Die Nähe von Florenz erlaubte Verarbeitung, Transport und Vermarktung des Holzes, ein Vorteil, der für die übrigen unzugänglichen Teile des Apennins nicht galt. In viel früheren, nicht mehr feststellbaren Zeiten dagegen säte und pflanzte man im leicht zugänglichen Küstenbereich Nadelhölzer an, die eine vielseitige Nutzung ermöglichten. Es handelt sich dabei um die Pinie, besser

Pinolikiefer (pino doméstico; *Pinus pinea*), die Meerstrandkiefer (pino marìttimo; *Pinus pinaster*) und die Aleppokiefer *(P. halepensis)*. Hier ließen sich Piniensamen, Harz und Holz gewinnen, und außerdem waren Jagd und Waldweide möglich.

Die von malerischen Pinolikiefern gebildete schmückende Girlande der vom Tourismus genutzten Küstenlandschaften ist als geschlossener Wald keine ursprüngliche Vegetation. Es wird vermutet, daß der von Vergil gerühmte Baum schon in etruskischer Zeit über seine Heimat auf der Iberischen Halbinsel hinaus verbreitet worden ist. Die tyrrhenischen Pineten liegen sämtlich in der mediterranen Klimaxstufe. Trotz ihrer Macchienarten im Unterholz werden aber die wohl berühmtesten Pineten, die von Ravenna und Classe, wie die von Bibione an der Tagliamentomündung an der nördlichen Adria, von ZANGHERI (1936, vgl. TCI: La Flora 1958, S. 174 u. Fig. 123) in den submediterranen Horizont gestellt. Viele einst gepflanzte Pineten sind inzwischen zerstört worden. Manche litten unter Salz oder auch Detergentien, die bei Stürmen vom Meer her in die Kronen geweht werden und den Verdunstungsschutz herabsetzen (MÜLLER-HOHENSTEIN 1969, S. 105); viele Pineten wichen anderer, für ertragreicher gehaltener Nutzung, oft nach Brandstiftung, um das Bauverbot auf Waldflächen zu umgehen. Daß ein Fremdenverkehr ohne entsprechende Naturschönheiten, wie sie Pinienbestände an der Küste bieten, wenig wert ist, hat man nicht sehen wollen.

Die Meerstrandkiefer ist ebenfalls eine westmediterrane Art. Trotz ihres Namens ist sie nicht nur fast im gesamten Küstenbereich mit Ausnahme Südkalabriens, Siziliens und Sardiniens (bis auf dessen Südwestküste) verbreitet. Sie wechselt sich z. B. im Hügelland der Toskana auch mit Macchie und Ackerland ab und geht bis auf 700 m hinauf. Bei Aufforstungen spielt sie dort im Binnenland und an der Küste wieder eine Rolle. Sie ist weniger salzempfindlich als die Pinolikiefer, sie liefert Harz und dank ihres raschen Wachstums ist der Holzertrag gut.

Die Aleppokiefer hat ein Areal, das den gesamten Bereich der mediterranen Stufe rund um das Mittelmeer umfaßt. Im Unterschied zur kieselholden Meerstrandkiefer bevorzugt sie kalkhaltigen Boden; sie besiedelt trockene, warme Kalksteinfelsen im Küstenbereich ebenso wie Dünensande, geht aber nicht ins Binnenland. Zur Aufforstung steriler Küstensande ist die Aleppokiefer sehr geeignet, und auch sie liefert Holz und Harz.

Erst in jüngerer Zeit wird ein Nadelbaum ausländischer Herkunft für Aufforstungen in den Gebirgsstufen verwendet, die Douglasie (abete americano; *Pseudotsuga menziesii*; vgl. MÜLLER-HOHENSTEIN 1969, S. 123 u. Bild 14). Nach neueren Forschungsergebnissen braucht man nach Nadelholzanbau nicht mit Bodenverschlechterung zu rechnen, und damit dürfte die Ausbreitung von Wirtschaftsforsten im Apennin bald Fortschritte machen. Von einheimischen Arten werden Tannen und Schwarzkiefern angepflanzt, in tieferen Lagen Neapolitanische Erle *(Alnus cordata)* und Zypressenarten. Dazu kommt die amerikanische *Pinus radiata*. Im Gebirge werden sich Rodungsinseln schließen, und die Staatswälder werden sich weiter ausdehnen. Nur wenn es gelingt, die Wohlfahrtsfunktionen des Waldes mit dem Ertrag aus Wirtschaftsforsten zu verbinden, wird es im Laufe der Zeit möglich sein, dem Apennin das dringend notwendige Waldkleid wiederzugeben.

Auf schweren, feuchten Böden im Küstenbereich kam es schon früh zu Aufforstungsarbeiten. Seit Anfang des 19. Jh. wollte man mit Eukalyptusanpflanzungen nicht nur Sümpfe entwässern, sondern auch die Malaria beseitigen. Dies gelang freilich erst nach aufwendigen Entwässerungsarbeiten und der Bekämpfung durch DDT. 1963 gab es 650000 ha Eukalyptuswald in Italien. Dabei besteht ein großer Teil in Windschutzstreifen der Bodenreformgebiete; auch aus Schwarzpappeln sind solche angelegt worden, denn Eukalyptus ist auf die weitgehend frostfreie mediterrane Stufe beschränkt. Außer dem Windschutz und der Entwässerung dienen sie im Niederwaldbetrieb der Brennholzversorgung. Schwarzpappel und Eukalyptus sind in Landgewinnungsarealen wie in den Maremmen zur Pioniervegetation geworden (MÜLLER-HOHENSTEIN 1969, S. 118 u. Bild 3).

In den Jahren vor dem Zweiten Weltkrieg spielte sich in der Padania und anderen Feuchtgebieten ein regelrechter Pappelboom ab. Die raschwachsende und schädlingsresistente Weißpappel *(Populus alba)* wirft früh einen Ertrag ab und hat in der Nutzholzproduktion Italiens heute eine große Bedeutung. Das meiste Pappelholz kommt aus Baumbeständen der Felder, Alleen usw., nicht aus Wäldern. Flächenhaft wird sie aber in Schlägen bei Torviscosa in der Provinz Údine kultiviert, um eine Zellulosefabrik zu versorgen, die vorher das Schilf im küstennahen Sumpfland genutzt hat (PASCHINGER 1961). Die Pappel hat auch ehemalige Weidenpflanzungen weitgehend verdrängt, die in der Zeit blühender Korbflechterei in der östlichen Padania und besonders im Friaul verbreitet waren. In tiefgelegenen Flächen des Po-Mündungsgebietes sind Weiden aber noch immer lohnend (BELLUCCI 1961). Im mediterranen Italien sind die natürlichen Feuchtwälder weitgehend gerodet und besiedelt worden. Das gilt für den Typ der Pantanowälder des sogenannten Populetum albae, die aus Pappeln, Weiden, Erlen, Ulmen, Eschen, Ahorn und Schlingpflanzen bestehen und meistens alte Jagdreservate mit großem Wildreichtum waren. Den Bosco di Policoro am unteren Sinni/Basilicata hat Anfang des 20. Jh. DOUGLAS in seinem Buch ›Old Calabria‹ (1915, deutsch 1969, S. 158) beschrieben, wie schon der deutsche Geologe v. RATH (1871, S. 148; vgl. TICHY 1962, S. 30). Rodung und Feuer ließen ihn fast ganz verschwinden.

### *f) Waldbrände und ihre Folgen für die Vegetation*

Im Unterschied zu den einheimischen, artenreichen Formationen des mediterranen Waldes und der sommerlaubtragenden Eichenwälder sind die einheitlichen Kiefernforsten feuerempfindlich und äußerst gefährdet. Brände in Küstenwäldern mit ihren Feriendörfern und Campingplätzen können schreckliche Folgen haben (Spanien 1979). Nur selten sind sie die Folgen von Blitzschlag, eigentlich immer das Ergebnis von Nachlässigkeit oder gar Brandstiftung. Wenn im Herbst Stoppelfelder und Straßenböschungen abgebrannt werden, dann greift das Feuer leicht auf die benachbarten, ausgedörrten Gras- und Macchieflächen über; der fast ständig wehende Wind treibt es an die Waldränder und in die Wälder hinein. Durch einen Eichenniederwald läuft womöglich nur eine schmale Brandgasse; ein Eichenhochwald bleibt womöglich unversehrt, vor allem wenn er aus Korkeichen besteht, die durch eine dicke Borke geschützt sind. Eichen können Brände gut überstehen, auch wenn sie oberirdisch tot zu sein scheinen, denn alsbald treiben sie wieder aus, und es entstehen dann anscheinend gleichalte Bestände. Die Eichenwälder des Apennins sind durch Waldweide und extensive Nutzung, durch ungeregelten Einschlag für Brennholz, Holzkohle, Bauholz und für den Schiffsbau im Lauf der Geschichte stark gelichtet worden. Zu ihrer Vernichtung konnte es aber erst nach mehreren, bewußt angelegten Bränden und ständiger Beweidung kommen. Die meisten der schon beschriebenen Heide- und Macchieformationen sind als sogenannte Pyrophytengesellschaften anzusehen, die aus Pflanzen bestehen, die entweder Feuer überstehen oder sich sogar gerade nach Feuern regenerieren. Das gilt in der Gebirgsstufe sicherlich für die Adlerfarn-Ginster-Heiden und in der unteren Stufe für die meisten Macchien und Gariden. Charakteristische Brandfolger sind Erdbeerbaum, Affodill, das hohe Doldengewächs Ferula und die Zwenke (Brachypodium), die sich als Gras dann ausbreiten kann (vgl. das Schema in TCI: La Flora 1958, S. 203).

In jedem Sommer melden die Zeitungen verheerende Waldbrände; schwarzgebrannte Strauch- und Ödlandflächen sind weit verbreitet, und gelegentlich sieht man das Feuer prasselnd durch die Macchie stürmen. Forststatistiken zählen bis zu 6000 Bränden im Jahr, die zwischen 1970 und 1982 jährlich 30000 bis 88000 ha Waldfläche mehr oder weniger vollkommen vernichtet haben. Überwiegend sind davon Niederwälder betroffen. Immer wieder brennen frisch aufgeforstete Flächen ab, und in jedem Jahr ist die abgebrannte Fläche größer als die aufgeforstete. Breite Brandschutzstreifen und Schutzmauern sind um gefährdete Forsten herum und durch sie hindurch gezogen worden. In Sardinien sollen die von Hirten angelegten Brände zugenommen haben, nachdem anstelle der Ziegen mehr Rinder gehalten werden; man will ihnen dadurch frische Triebe der Macchie und junges Gras verschaffen. Fremdenhaß scheint ein weiterer Grund zu sein. Auf natürliche Weise kommt es hier nicht zu Bränden.

### *g) Die Forstwirtschaft nach dem Zweiten Weltkrieg*

Der Staat hat sich nach 1950 mit verstärktem Interesse der Gebirge, ihrer Gewässer und Wälder angenommen, eingedenk der Tatsache, daß eine Vernachlässigung dieser Naturräume, die so erheblichen Anteil am Staatsgebiet haben, die Unwetterfolgen ständig weiter verstärken müßten, wofür die Arno-Hochwasserkatastrophe vom November 1966 ein neues aufrüttelndes Zeichen gewesen ist. Es ging und geht weiter darum, Schutz- und Nutzwaldungen zu verbessern und zu erweitern in einem Lande, das dafür recht selten gute Voraussetzungen besitzt. Die über 63 000 km² große Waldfläche nimmt nur 21 % der Landfläche ein – in der Bundesrepublik Deutschland 29 % –, im Gebirge sind es aber 40 %. Von nachteiliger Wirkung ist der geringe Anteil der Staatswaldungen mit 5 % gegenüber 28 % Gemeindewald und 6 % im Besitz anderer Vereinigungen. Vor allem können die 61 % Privatwald schwer in eine Forstpolitik einbezogen werden. Bei der Aufsicht und den Aufforstungen in Gemeindewäldern ist der Forstdienst jedoch beteiligt. Die staatliche Verwaltung ist bestrebt, den Staatsbesitz zu erweitern, weil nur so eine geregelte Forstwirtschaft möglich erscheint und nur damit eine nachhaltige Wiederaufforstung sinnvoll ist. Schon das Berglandgesetz von 1952 sah in Art. 6 vor, daß im Jahrzehnt 1952–62 jährlich für 1 Mrd. Lire Ödland, Strauchflächen, also Heiden und Macchien, und auch teilweise bewaldete Areale erworben werden sollten. Weitere 20,8 Mrd. Lire kamen 1962–71 dazu, auch für Aufforstungen und Geländeausbau bestimmt. In einigen Teilen des Apennins bot auch die bald einsetzende Abwanderung von Bergbauern die Möglichkeit dazu, aber doch in viel geringerem Maß, als das zu hoffen war (Tichy 1966). Die italienische Forstwirtschaft sieht sich zu Erweiterungen und Umgestaltungen großen Ausmaßes veranlaßt, wozu hohe Kosten aufgebracht werden müssen, die nicht aus dem Wald selbst zu erwirtschaften sind. Dennoch sind die Voraussetzungen für eine Wiederbewaldung günstiger, nachdem der Bevölkerungsdruck im Gebirge trotz der überkommenen Wirtschaftsgewohnheiten und der Armut weiter Kreise der ländlichen Bevölkerung geringer geworden ist.

Die Erweiterung der Waldfläche betrug zwischen 1950 und 1978 7260 km². Die ersten größeren Aufforstungen wurden von der Cassa del Mezzogiorno im Süden unterstützt und standen im Zusammenhang mit der Bodenreform. Im allgemeinen verteilen sich seitdem die Aufforstungsflächen aber fast gleichmäßig auf Gebirge, Hügelland und Ebenen.

Wegen der Hauptaufgabe, die entblößten, der Bodenzerstörung ausgesetzten Gebirgs- und Hügelländer ausreichend zu bedecken und das Siedlungs- und Wirtschaftsland der Ebenen und Beckenlandschaften zu schützen, überwiegen die Protektionsaufforstungen, wofür hohe Staatszuschüsse gegeben werden. Daneben muß selbstverständlich eine geregelte, produktive Holznutzung stehen, die auf der vorhandenen Fläche durch Verbesserungen erstrebt wird. Veränderungen haben sich dadurch angebahnt, daß z. B. die Papierindustrie eigene Holzungen, z. B. die Douglasienforste im toskanischen Apennin, aufgebaut hat. Pappeln werden vorwiegend auf Privatland und im landwirtschaftlichen Betrieb bewirtschaftet. Der Hauptertrag kommt aus Feldbaumbeständen in Piemont, der Lombardei und aus Friaul, also aus der dafür besonders geeigneten feuchten Ebene. Die Umstellung von der alten vorherrschenden Brennholz- und Holzkohleerzeugung im Niederwaldbetrieb zur Nutzholzproduktion im Hochwald geschieht sehr langsam. Holzkohle wird nach anfänglichem Rückgang durch die Flaschengasverwendung nun gleichbleibend weiter abgesetzt. An Brennholz werden jährlich rund 3 Mio. m³, vor allem in der Toskana, in Piemont, der Lombardei und Latium eingeschlagen; Nutzholz kommt mit 3,5–4 Mio. m³ aus Norditalien, Laubholz vor allem aus den Pappelbeständen der drei erwähnten Regionen, und Nadelholz überwiegend aus den Fichten-, Lärchen-, Tannen- und Kiefernforsten der Provinzen Bozen und Trient.

Die Waldbetriebsarten werden vom Nutzungsziel und den Besitzverhältnissen bestimmt. Der Anteil der Ausschlagwälder im Nieder- und Mittelwaldbetrieb ist etwas kleiner geworden, sie haben jedoch noch eine größere Fläche als die Hochwälder. Meistens befinden sie sich in Privatbesitz und wurden seit jeher individuell zur Brennholz- und Kohlholzproduktion und zur Gewinnung von Futterlaub und Eicheln verwendet. Weil sie kaum durch Fahrwege erschlossen sind, geschieht die Holzbringung oft weiterhin auf dem Rücken von Maultieren, im Apennin besorgt von den ›mulattieri‹, einer besonderen Berufsgruppe (KÜHNE 1970). Nieder- und Mittelwälder werden zum allergrößten Teil von Eichen und Buchen aufgebaut, daneben auch von Kastanien, Hasel und anderen Laubhölzern. Wegen des Wurzelwerks, das beim Ausschlagwald erhalten bleibt, bilden die Niederwälder einen guten Schutz gegen die Bodenabtragung und werden deshalb zweckmäßig in Mittelwälder übergeführt, die neben Brennholz auch Nutzholz liefern können, wie das in der Toskana schon weitgehend der Fall ist (MÜLLER-HOHENSTEIN 1969, Abb. 27/28). Besonders reich an Ausschlagwald ist das Toskanische Erzgebirge (Provinz Grosseto), dann die Regionen Piemont, Emilia-Romagna, Latium, Umbrien, Kampanien, Lombardei und Sardinien. Im Hochwald stehen sich Nadel- und Laubforste fast gleichgroß gegenüber. Im Alpenbogen überwiegen freilich die Fichtenwaldungen, in Kalabrien die Schwarzkiefern; in den bewaldeten Küstenstreifen und deren Hinterland herrschen die Meerstrandkiefern, hinter denen Aleppo- und Pinolikiefern zurücktreten. Hier, in den einst künstlich erzogenen Kiefernwäldern der Ebenen, hat es in manchen Provinzen erhebliche Flächenverluste gegeben, denn sie standen der Entwicklung von Siedlungen und Fremdenverkehrseinrichtungen, aber auch der Industrie im Weg. In Gesamtitalien gingen in den Jahren 1964–78 fast 12000 ha Wald in der Tieflandstufe verloren. Eine allgemeine Reduzierung der Tieflandswälder gab es seit 1952 im tyrrhenischen Küstenland der Provinzen Florenz, Grosseto, Latina, Caserta, Salerno und ferner in der Provinz Cágliari (Ann. Stat. Forestale 1953 und 1979).

Die Nutzholzproduktion kann den Eigenbedarf Italiens nicht befriedigen, denn die produktiven Hochwaldbestände sind dafür zu klein, und die holzverarbeitenden Betriebe eines Industriestaates benötigen heute beträchtliche Mengen tropischer Hölzer. Sie kommen vor allem aus Ghana und Indonesien ins Land. Die Standorte, z. B. der Möbelindustrie, haben keine unmittelbare Beziehung zu den produktiven Forsten, auch wenn sie dem Alpenrand benachbart sind: Cantù, Lissone, Meda, Varedo und Seregno in der Brianza nördlich von Mailand. In der

Provinz Údine hat sich die Holzindustrie nahe den Forsten und längs der Verkehrslinien für österreichische und jugoslawische Holzimporte konzentriert; auf die Produktion von Stühlen sind Manzano, San Giovanni al Natisone und andere Orte spezialisiert. Für die Papierherstellung und andere Zwecke werden Nadelhölzer importiert, und dadurch ist Italien in die vorderen Stellen der holzimportierenden Staaten gekommen. Des Imports der Grundstoffe wegen ist in Hafenstandorten eine Papierindustrie entstanden, nämlich in Sciacca und Fiumefreddo in Sizilien und in Arbatáx in Sardinien. Die wichtigsten und größten Papierfabriken aber liegen am Ausgang der Alpentäler, wo es Wasser und hydroelektrische Energie gibt. Die Importe belasten die immer wieder ins Negative gleitende Handelsbilanz und verlangen hohe Anstrengungen zur weiteren Eigenversorgung aus dem Binnenland. Die holzverarbeitende Industrie erwirtschaftet jedoch einen beträchtlichen Exportwert.

Unter den sonstigen Waldprodukten hat vor Kastanien, Pinoli, Trüffeln, Pilzen und Nüssen nur noch Kork einen wirtschaftlichen Wert, von dem Sardinien drei Viertel liefert und auch weitgehend verarbeitet. Nach Portugal, Spanien, Marokko und Algerien folgt Italien erst an fünfter Stelle. An Trüffeln (tartufo) werden jährlich bis 130000 kg gesammelt, weiße um Alba/Piemont und schwarze in Mittelitalien für den Export nach Frankreich.

Um abschließend Italien in seiner forstwirtschaftlichen Stellung zu betrachten, seien die von Windhorst (1978, S. 167) gewählten Kriterien verwendet: Restwaldflächen werden ausschließlich für den Binnenmarkt genutzt. Umfangreiche Wiederaufforstungen sind durchgeführt worden und werden weitergeführt. Es bestehen zwar seit langem schon Ansätze zu einer geregelten Forstwirtschaft, jedoch ist sie nur in wenigen Forsten wirklich erreicht worden. Gründe dafür liegen in der Gebirgsnatur, in den nach langer Zeit der Übernutzung weithin abgetragenen Böden, in der Erosion und in der dichten Besiedlung und intensiven Landnutzung alles ebenen Landes. Der Nord-Süd-Gegensatz macht sich stark bemerkbar in der Holzproduktion, die von den naturbedingten Holzzuwachswerten abhängig ist. Im sommertrockenen Süden ist ein kräftiges Wachstum nur bei genügend bodenfeuchten Standorten möglich, und diese sind von der Landwirtschaft eingenommen. Hoher Zuwachs und hohe Produktivität sind im allgemeinen nur bei Nadelholzanbau, bei Fichten, Tannen und Lärchen, und damit im Alpenbereich möglich, im Apennin in den Tannen- und Douglasienforsten. Dazu kommen die meisten außerhalb des eigentlichen Forstbetriebs befindlichen Pappelpflanzungen. Gerade diese auf Eigeninitiative der Grundbesitzer beruhende Aktivität ist ein Beispiel dafür, was erreichbar ist, freilich unter besonders günstigen Bedingungen. Die Standortverhältnisse im Apennin und im mediterranen Süden sind wesentlich ungünstiger. Der Holzertrag eines neugepflanzten Eichenschlages ist erst von den Enkeln seines Begründers zu genießen. Dennoch hat sich die Bevölkerung bei der gespannten Rohstofflage der Forderung zu stellen, so bald als möglich die produktive Holzproduktion in ihren Wäldern zu steigern. In den überkommenen, heute nicht mehr zeitgemäßen Niederwäldern ist das unmöglich. Wegweisend sind die langjährigen Vorarbeiten, die unter Leitung von ALDO PAVARI das Istituto sperimentale per la selvicoltura zur Einführung geeigneter ausländischer Holzarten geleistet hat. Vom neuen Zentrum in Arezzo aus werden die Sektionen für den Alpenbereich (Florenz), für den Apennin (San Pietro Avellana) und den mediterranen Süden (Cosenza) geleitet.

### *h) Die in Wald und Forst tätige Bevölkerung*

Mit der Primärproduktion auf den Wald-, Heide- und Macchieflächen Italiens sind einige Berufszweige mit vielen Verästelungen spezieller und traditioneller Art befaßt. Die Berufsgliederung der Bevölkerungsstatistik 1971 zählt 71 Berufe in der Forstwirtschaft auf, vom ›abbattitore‹ bis zum ›tronchettaio‹, und weitere 15 in der Köhlerei, vom ›boscolaio carbonaio‹ bis zum ›trasportatore di carbone‹. Sie sind unmittelbar oder mittelbar von den Veränderungen abhängig, die sie größtenteils selbst hervorrufen. Sehen wir von der Viehhaltung im Weidebetrieb ab, dann sind es alle mit der Holznutzung beschäftigten Personen, die im Forstwesen tätigen Angehörigen der Milizia forestale und der Forstverwaltung und die in Forschungs- und Ausbildungsstätten.

Wie groß ist aber etwa die Zahl der in der Forstwirtschaft tätigen Bevölkerung? Besteht ein Zusammenhang mit der Größe der Holzproduktion in den einzelnen Regionen? Gibt es so etwas wie Waldarbeitersiedlungen, Konzentrationen von Holzfällern, Köhlern, Fuhrunternehmern, Handwerkern? Weil die nebenberufliche Waldarbeit weit verbreitet ist, sind die von der Statistik erhobenen Zahlen klein; für 1971 ergaben sich 20300 Beschäftigte, davon 18000 Unselbständige. Köhler gab es noch in größerer Menge in Kampanien (650), wo das Holzkohlebecken (braciere) noch statt der Raumheizung üblich ist, wenn auch weniger als früher. Entsprechend viele Köhler hatten Molise, Kalabrien und Sizilien (bis 200), aber auch Toskana und Lombardei (um 100). In Regionen mit hoher Holzproduktion waren die meisten Waldarbeiter beschäftigt, in der Reihenfolge von über 2600 in der Toskana über Kalabrien, Lombardei nach Trentino/Südtirol mit 1600, bis zu Venetien und Latium (um 1000). An zweiter Stelle stand schon Kampanien mit fast 2300, was dort als Zeichen für die noch geringe Anwendung moderner Technik gelten kann.

Im Apennin werden im Bereich der in Gemeinde- und Privatbesitz befindlichen Niederwälder die Schläge an Holzhändler vergeben, die Holzfäller anwerben und für den Abtransport sorgen (KÜHNE 1970). Nur im Nördlichen und Mittleren Apennin kann heute der Holztransport weitgehend durch Kraftfahrzeuge erfolgen. An Steilhängen werden Seilbahnen errichtet, um die Lagerplätze an den Straßen zu füllen. Dadurch finden sich Arbeitskräfte aus einem größeren Umkreis ein, und es gibt keine spezifischen Waldarbeitersiedlungen wie noch im 19. Jh. In den

Abruzzen dagegen ist man beim Abtransport des Eichen- und Buchenbrennholzes auf den Maultiertransport angewiesen. Diesen besorgt die alte Berufsgruppe der Mulattieri mit einer Gruppe von drei bis fünf Tieren als freie Unternehmer, teilweise in saisonaler Wanderarbeit, über oft schwieriges Gelände zwischen Schlag und Sammelplatz. Sie wohnen in den Abruzzen noch konzentriert zusammen mit Holzfällern und Handwerkern, z. B. den Packsattelmachern, und Bauern, die auch die Köhlerei besorgen, in einer Kette von Dörfern um Tagliacozzo. Aber auch im Toskanisch-emilianischen und im Märkisch-umbrischen Apennin sind sie ansässig, am M. Gargano, im Cilento und in der Sila.

Noch in den fünfziger Jahren mußte in entlegenen Waldungen der Basilicata und Kalabriens auch das Nutzholz mit Tragtieren zu Tal getragen oder vielmehr geschleift werden. Um den Transport zu erleichtern und zu verbilligen, sägte man Bohlen und Schwellen schon im Wald zurecht, z. B. mit einer senkrecht von zwei Männern bewegten Bandsäge. Altehrwürdige Bäume blieben schon dieser Schwierigkeiten wegen von der Ausbeutung verschont.

Mit dem Rückgang der Köhlerei und der Brennholzverwendung verlieren die Niederwälder weiter an Wert und werden nicht mehr regelmäßig alle 8–12 Jahre (Buchen), 12–15 Jahre (Flaumeichen) geschlagen, sie wachsen frei aus oder werden zu Hochwald umgewandelt. Die Mulattieri und andere Berufsangehörige verlieren ihre Beschäftigung, sie wandern teilweise ab und arbeiten mit ihren Tieren im Sommer in den Alpen, sogar in Südost-Frankreich, und im Winter in den Maremmen (KÜHNE 1970).

### *i) Die Erholungs- und Naturschutzfunktion der Wälder Nationalparks und Naturschutzgebiete*

In der früheren Forstgeschichte Italiens bestanden die Interessen des Waldbesitzers darin, seine eigenen Bedürfnisse persönlicher Art (Jagdreservat) oder wirtschaftlicher und politischer Art (Versorgung von Bergbau-, Gewerbe- und Industriebetrieben, Werften) zu sichern. Schon früh sind nach Hochwasserkatastrophen die Wohlfahrtswirkungen der Wälder bekanntgeworden, und es kam zum Erlaß der den Waldbestand begünstigenden Anordnungen und Gesetze. Erst allmählich und gleichzeitig mit dem Bau von Eisenbahnen und Straßen sind die Waldungen mehr und mehr von der Stadtbevölkerung zur Erholung aufgesucht worden; Erholungsheime, Pensionen und Hotels entstanden für die begüterten Leute zum Sommerfrischen- oder Kuraufenthalt. Seit den fünfziger Jahren stellten die Staatsforstverwaltungen Freizeiteinrichtungen für den Tourismus bereit, Grillplätze, Spiel- und Campingplätze. Die Unterbringung blieb noch bescheiden in Bauernhäusern und Gasthöfen. Allmählich stieg mit den Ansprüchen das Angebot; aufwendige Hotelbauten entstanden vor allem an den für Wintersport geeigneten Orten des Zentralapennins und für den Naherholungsverkehr im Sommer

*Tab. 12: Nationalparks in Italien*

| Nationalpark | Gründungsjahr | Fläche (ha) | Bevölkerung [1] | | Überwachungspersonal | | Hütten | | Wege | |
|---|---|---|---|---|---|---|---|---|---|---|
| | | | (A) | (B) | Zahl | ha/je Wächter | Zahl | ha je Hütte | Zahl | ha/km |
| Gran Paradiso | 1922 | 54674 | 11150 | – | 60 | 1012 | 4 | 13668 | 370 | 147 |
| Abruzzen | 1923 | 29160 | 21696 | 5407 | 24 | 1215 | 13 | 2243 | 200 | 145 |
| Circeo | 1934 | 7445 | 50590 | 10780 | 10 | 744 | – | – | – | – |
| Stilfser Joch | 1935 | 91823 | 41937 | 22633 | 40 | 2295 | 32 | 2869 | 500 | 183 |

[1] (A) Gesamtbevölkerung in den Parkgemeinden. (B) Wohnbevölkerung innerhalb der Parks.
Quelle: Dok. 24, 1976, S. 156.

(SPRENGEL 1973, S. 169). Dabei mußte es zum Konflikt zwischen den Bestrebungen zur Erhaltung der Wälder und den Anforderungen des Massentourismus kommen. In höchstem Maß gilt das für die ersten Nationalparks, in denen nicht besondere Schutzzonen ausgewiesen worden waren.

In einem Land, in dem sich auf dem langen Weg des Formenwandels von den Alpen bis Sizilien eine so vielfältige, artenreiche, oft endemische und zum Teil äußerst seltene Pflanzen- und Tierwelt entwickelt hat, sollte der Naturschutzgedanke seinen selbstverständlichen Platz haben. Leider ist das nicht der Fall, und es mußte sich immer wieder, schon seit Ende des 19. Jh., eine Minderheit in einzelnen Gesellschaften wie dem Alpenklub CAI, dem Touringclub TCI und heute der Italia-Nostra-Bewegung engagieren, um zu retten, was noch erhalten ist. Örtliche Gesellschaften und Wissenschaftler der Natur- und Geschichtswissenschaften tragen ihren Teil dazu bei. In den zwanziger Jahren gab es eine Nationalparkeuphorie, und Italien erhielt den Abruzzen-Nationalpark und den Gran-Paradiso-Park, 1934 den kleinen Circeo-Park und 1935 den am Stilfser Joch. Nach dem Zweiten Weltkrieg gab es zunächst nur Vorschläge für weitere Nationalparks und Studien, z. B. für einen in den Mti. Sibillini zu schaffenden (BONASERA 1978). Die Gefahr, daß die bestehenden zum Teil wieder verlorengehen, ist groß. Die kleine Zahl weitsichtiger Naturschützer, wozu die Forstleute gehören, kann sich gegen Bauspekulanten, lokale Behörden und andere Interessenten nicht durchsetzen, die den gewinnträchtigen Touristen- und Freizeitboom rücksichtslos fördern wollen.

Es gibt sehr viele, nicht nur vor dem Massentourismus und der Industrie, sondern auch vor den Jägern zu schützende Flächen. Die Jagdgesetze sind so freizügig, daß sich heute jedermann zum Sport oder aus Prestige in die immer noch anschwellende Zahl derer einreihen kann, denen auch kleine Vögel als Beute nicht zu schade sind. Man kann mit acht Jägern je Quadratkilometer gegenüber einem oder zwei in anderen europäischen Ländern rechnen (CASSOLA 1981). Zu viele Interessen in Wirtschaft und Politik verhinderten es bisher, diese folgenschwere Entwicklung einzudämmen. Es ist trotzdem gelungen, außer den Nationalparks

Bestehende Nationalparks
Naturschutzgebiete
geplante Nationalparks mit gesetzlicher Grundlage
weitere Nationalparks in Planung
VALLE D'AOSTA
PIEMONTE
LOMBARDIA
ALTO ADIGE
TRENTINO
VENETO
FRIULI - VENEZIA GIULIA
EMILIA - ROMAGNA
LIGURIA
TOSCANA
MARCHE
UMBRIA
LAZIO
ABRUZZO
MOLISE
CAMPANIA
PUGLIA
BASILICATA
CALABRIA
SICILIA
SARDEGNA
MARE LIGURE
MARE TIRRENO
MARE ADRIATICO
MARE IONIO
0 150 km

einige Naturparks einzurichten: Schlern, Puez-Geisler und Texelgruppe in Südtirol, Panevéggio-Pale di San Martino und Adamello-Brenta im Trentino und den Maremmenpark (Varotto 1977). Dazu kommen noch nach dem Stand von 1979 die 59 Naturreservate und zwei biologische Schutzgebiete, darunter 27 Feuchtgebiete und mehrere Wildschutzgebiete (Lovari und Cassola 1975; Dok. 27, 1979, S. 249; Bianchi u. a. 1982). Ganz offen sprechen die Veröffentlichungen zu dem Thema jedoch von einer trostlosen Situation. Aus all dem wird deutlich, daß die Multifunktionalität der Wälder ihre Grenzen hat, die um so enger gezogen werden müssen, je weniger Geld für Aufsicht und Pflege der Bestände an Pflanzen und Tieren zur Verfügung steht. Hoffentlich wird das Umweltbewußtsein der Bevölkerung – nicht zuletzt durch die sich wiederholenden Katastrophenmeldungen – bald so wachgerüttelt, daß sich der Gedanke vom dringend benötigten Schutz der Wälder und der verbliebenen naturnahen Flächen ebenso wie der Nationalparkgedanke wieder beleben. Noch ist leider das Bedürfnis nach Freizeiterfüllung auf den Verbrauch auch dessen gerichtet, was die Natur anscheinend so billig und freigebig zur Verfügung stellt. Ende 1979 brachten neue Gesetze einen Wandel. Nachdem ein fünfter Nationalpark aus mehreren Teilen in Kalabrien mit 17000 ha im Entstehen begriffen ist (Doc. 33, 1983, Nr. 5), werden acht weitere nach einem einheitlichen Modell geplant, und zwar in den Seealpen, den Dolomiten von Belluno, den Tarviser Alpen, im Po-Delta, in den Sibillini, im Pollinogebiet, am Ätna und im Gennargentumassiv mit insgesamt 280000 ha.

*Fig. 26: Naturparks und Naturschutzgebiete 1975.* Aus Barbieri und Canigiani 1976, S. 53.

1 Gran-Paradiso-Nationalpark. 2 Alpe-Veglia-Park. 3 Tessinpark. 4 Groanepark. 5 Regionalpark Mailand-Nord. 6 Monzapark. 7 Addapark. 8 Bérgamobergpark. 9 Stilfser-Joch-Nationalpark. 10 Regionalpark Adamello-Brenta. 11 Regionalpark Ritten. 12 Regionalpark Schlern. 13 Regionalpark Panevéggio-Pale di San Martino. 14 Nationalpark Belluneser Dolomiten. 15. M.-Baldo-Park. 16 Nationalpark Pasúbio und Kleine Dolomiten. 17 Fusinepark. 18 Euganeenpark. 19 Nationalpark Po-Delta und Valli di Comácchio. 20 Meeralpenpark. 21 M.-Portofino-Park. 22 Park von Cimone-Libro Aperto-Corno alle Scale. 23 Nationalpark San Rossore-Migliarino. 24 Falteronapark und Foreste del Casentino. 25 Regionalpark Mti. dell'Ucellina und Ombronedelta. 26 Coneropark. 27 Nationalpark Mti. Sibillini. 28 Mti.-della-Tolfa-Park. 29 Mti.-Cimini-Park. 30 Nationalpark Mti. Tiburtini und Sabini. 31 Park Albaner Berge. 32 Park Simbruiner Berge. 33 Sirentepark. 34 Abruzzen-Nationalpark. 35 Circeo-Nationalpark. 36 Pollino-Nationalpark. 37 Nationalpark Kalabrien. 38 Ätna-Nationalpark. 39 Madoníe-Nationalpark. 40 Limbarapark. 41 Sinispark und Seen von Oristano. 42 Gennargentu-Nationalpark.

## *j) Literatur*

Der des Italienischen Kundige und an Vegetation, Flora und Tierwelt interessierte Leser sei auf die beiden wertvollen Bände des Touring Club Italiano, ›La Flora‹ (1958) und ›La Fauna‹ (1959) hingewiesen, die mit reichem Bild- und Kartenmaterial versehen sind. Der von den Botanikern V. GIACOMINI und L. FENAROLI bearbeitete erste Band müßte eigentlich ›La Vegetazione‹ heißen, denn er beschreibt die Vegetation der Alpen, der Padania, der Insubrischen Zone und der Euganeen, des Apennins und die Vegetation des mediterranen Italien, gefolgt von der Vegetationsgeschichte. Der Gesamtübersicht dienen Karten der Florenprovinzen und Florensektoren, die Waldverbreitungskarte aus dem Weltforstatlas und die forstliche Klimaklassifikation nach DE PHILIPPIS (1937). Die Karte der potentiellen natürlichen Vegetation mit Erläuterungen, erarbeitet von TOMASELLI (1970), diente als Vorlage für die Karte 5; vgl. auch TOMASELLI u. a. 1973. Das Werk von ADAMOVIĆ, ›Die pflanzengeographische Stellung und Gliederung Italiens‹ (1933), bringt reiches Tabellenmaterial und 23 Verbreitungskarten. Zu der aus Südosteuropa übergreifenden Vegetation vgl. HORVAT, GLAVAČ und ELLENBERG (1974). Sehr nützlich sind die Italien betreffenden Abschnitte in RIKLI, ›Das Pflanzenkleid der Mittelmeerländer‹ (1943–1948), insbesondere die Beiträge von FREI, LÜDI und SCHMID im 2. Band (1947) für die Gebirgsstufen. Ein ausführliches Bestimmungsbuch schuf ZANGHERI mit ›Flora Italica‹ (1967), eine ›Flora d'Italia‹ verfaßte PIGNATTI (1982). Die mediterranen Pflanzengemeinschaften behandelt EBERLE (1965). Zahlreiche Florenstudien enthalten die Zeitschriften ›Nuovo Giornale Botánica Italiana‹ und ›Archívio Botánico‹.

Die Literatur zum Alpenbereich sei hier unberücksichtigt. Die des Alpenrandes behandeln KNAPP (1953), LÖTSCHERT (1970) und OBERDORFER (1964). Dieser bespricht auch den Nordapennin (1967) wie BARBERO und BONIN (1979). Einen Beitrag zur Waldvegetation der Toskana lieferte MÜLLER-HOHENSTEIN (1969), zu der Gesamtitaliens vgl. RUBNER und REINHOLD (1953, S. 226–236), neuerdings MAYER (1984) in ›Die Wälder Europas‹.

In der Untersuchung der Höhenstufen des Ätna schließt WERNER (1968) an ältere Beschreibungen (siehe dort) von SCUDERI, PRESL (1826) bis FREI (1946), TOMASELLI (1961) und POLI (1964) an. Die ökologischen Besonderheiten von Flora und Vegetation der Vulkaninsel Stromboli stellt RICHTER (1984) dar.

Kartographische und statistische Übersichten über die Verteilung des Waldes und einzelner Holzarten nach dem Stand der ersten Nachkriegsjahre enthält der Weltforstatlas (Bundesforschungsanstalt für Forst- und Holzwirtschaft 1952). Die ›Carta forestale d'Italia‹ 1 : 100 000 des Corpo forestale dello Stato ist nicht veröffentlicht worden. Neuere statistische Daten liefert das jährlich erscheinende ›Annuario di Statistica forestale‹ des ISTAT, Rom. Von großem Wert sind die 26 Blätter der ›Carta della Utilizzazione del Suolo d'Italia‹ CNR (1956–1968) und die Erläuterungen für einzelne Regionen. Über ›Die waldbaulichen Verhältnisse Italiens‹ unterrichtet neben weiteren Arbeiten PAVARI (1940/41). Zu Spezialfragen, auch über einzelne Holzarten, vgl. Beiträge in den Zeitschriften ›Italia forestale‹ und ›Monti e Boschi‹.

Zur Wald- und Forstgeschichte führen NISSEN (1883/1902) und SEIDENSTICKER (1888), PORENA (1886) und DI BERENGER (1887) wichtige Quellen an. Beiträge zur regionalen Waldgeschichte erarbeiteten für die Toskana DEL NOCE (1849) und SCHRECK (1969), für die Salentinische Halbinsel NOVEMBRE (1965), für die Molise MANCINI (1979), für die Basilicata TICHY (1962). Noch ist die Waldgeschichte Italiens zu schreiben, fand ALMAGIÀ (1959, S. 524).

Den Belangen des Naturschutzes dient ein Naturreiseführer (Farneti, Pratesi und Tassi, deutsch 1973), weitere über einzelne Regionen folgten, so für Sardinien (Pratesi und Tassi 1973). In den letzten Jahren hat die Naturpark- und Nationalparkbewegung Fortschritte gemacht, denen unter anderem der TCI mit seinem Werk ›I Parchi nazionali‹ Rechnung trug (Bianchi u. a., Hrsg. 1982); vgl. auch Dok. 24, 1976, S. 144, Barbieri und Canigiani 1976 und die Veröffentlichungen über einzelne Nationalparks und Naturparks (Bortolotti 1969; Garazzi 1979; Lovari und Cassola 1975; De Monte 1966; Tassi o. J.; Varotto 1977).

Auch Geographen haben ihre Kenntnisse von den Umweltveränderungen, ihren Ursachen und möglichen Folgen der Öffentlichkeit vermittelt. Mori (1976) ist es gelungen, das Ausmaß der Erhaltung und Degradierung der Landschaften Italiens in seiner Farbkarte ›Carta dei paesaggi su base ecológica‹ übersichtlich darzustellen. Turri (1977) hielt Italien geradezu den Spiegel vor.

In dem Kapitel zur Biosphäre konnten die Kulturpflanzen nicht behandelt werden, mit denen sich als Objekten der Wirtschaft Kap. IV 1 befaßt. Für die Geschichte der Kulturpflanzen brauchbar ist noch immer das Werk von V. Hehn (1870, in 8. Aufl. 1911). Reiches Material bieten zu einzelnen Kulturpflanzen die Erläuterungshefte zur Landnutzungskarte, ebenso die Regionalbände ›Guida d'Italia‹ jeweils in der Einleitung, ferner die Nutzpflanzenkunden von Franke (1976) und Rehm und Espig (1976).

# III. BEVÖLKERUNGS- UND SIEDLUNGSSTRUKTUREN IM RÄUMLICHEN DUALISMUS VON NORD- UND SÜDITALIEN

## 1. Die Zweigesichtigkeit der Natur Italiens und ihre Inwertsetzung

### *a) Die Gegensätze in den Lagekategorien und den physischen Faktorengruppen*

Bei der Besprechung der einzelnen Teilsphären, die die natürliche Umwelt Italiens zusammensetzen, ist stets die vielfältige Differenzierung deutlich geworden. Sie ist grundsätzlich zurückzuführen auf die große Nord-Süd-Erstreckung der schmalen Halbinsel innerhalb jener Breiten Europas, in denen sich der Übergang vom mitteleuropäischen, ozeanisch bestimmten Klima mit ganzjähriger Humidität zum mediterranen Winterregenklima mit wachsender Aridität abspielt. Diesem planetarischen Formenwandel des Klimas folgen alle von den atmosphärischen Zuständen abhängigen Erscheinungen des Bodens, der Gewässer, der Vegetation und der Tierwelt, denen sich der Mensch als Nutznießer der Natur angepaßt hat. Es ergibt sich daraus das Schema einer ausgeprägten Polarität, bestimmt durch den fast immerfeuchten Norden und den sommertrockenen Süden, mit dem natürlichen Potential und allen jenen typischen Erscheinungen, die für den dort wohnenden und wirtschaftenden Menschen von Bedeutung sind.

Schon die Fernlage Süditaliens ist als schicksalhaft anzusehen, auch dann, wenn man berücksichtigt, daß sie sich erst nach der Verlagerung der Handelswege aus dem Mittelmeer zum Atlantik zum Nachteil des Südens ausgewirkt hat. Noch haben die neuen Industrieagglomerationen an den Küsten – auch nach der Wiedereröffnung des Suezkanals – nicht zu einer Abschwächung der Fernlage geführt.

Kalkstein- und Tongesteinsgebiete sind im Süden viel nachteiliger in ihrer Öde nach dem Verlust ihrer Vegetation als im Norden. Die schwierig zu nutzenden und siedlungsfeindlichen Pliozäntone, aber auch die Tonböden des Flyschapennins sind im Süden besonders weit verbreitet (Basilicata, Sizilien). Gemildert wird dieser Nachteil allein durch einige Vulkangebiete, in denen sich vor allem am Vesuv und am Ätna Gunsträume finden. Die Bodenzerstörung hat wegen der schroffen Gebirgsnatur und in den junggehobenen Tertiärsedimenten leichtes Spiel, wo sich in kurzer Zeit gewaltige Regenmengen ergießen können. Der Süden ist das Land der Torrenti und der Fiumare, deren Trockenbetten, erfüllt von groben Schottern und Sanden, im dürren Sommer die Gewalt der Spätherbst- und Frühjahrsfluten nur wenig ahnen lassen.

Der Wassermangel wird nur in Kalkgebieten und am Fuß der Vulkane, den natürlichen Wasserspeichern, gemildert und nur unzureichend dort, wo aufwendige

Talsperrenbauten errichtet werden konnten. Wieder sind die Tongebiete besonders benachteiligt. Die Bewässerung, für die Landwirtschaft wegen der kurzen aktiven Vegetationszeit zwischen Winter und früh einsetzender Hitze und Trockenheit die einzige Hilfe, läßt sich wegen des Wassermangels viel zu wenig einsetzen, während der Norden Überfluß an Wasser hat, wo man sogar im Winter Dauergrasland berieselt, um es zu erwärmen.

Die Vegetation mußte über Jahrtausende hin hergeben, was sie kurzfristig nicht wieder nachschaffend produzieren konnte. Von den in die Bergländer verdrängten Bevölkerungsteilen und vor allem mit der Weidewirtschaft wurde sie, besonders von der ausgehenden Antike an (vgl. Kap. II 4b), ausgebeutet. Nur in den fernsten Gebirgslagen blieb sie von Schafen und Ziegen verschont, oder dort, wo ihre einst reichen Buchen-, Tannen- und Eichenwälder um einsam gelegene Klöster oder als Jagdreservate einen besonderen Wert besaßen.

Die Gebirgsnatur Italiens bringt zu diesem in der einfachen Weise nur für das Tiefland gültigen Schema des Nord-Süd-Gegensatzes, zu der ›horizontalen Polarität‹, noch die ›vertikale Polarität‹ hinzu. Im Süden vor allem wurden die Höhen der Gebirge zum Ausgleichsraum, wo die Sommer weniger heiß und trocken sind und noch Weidemöglichkeit besteht. Dennoch fand die Bevölkerung im Gebirge keine besseren Lebensbedingungen, weil die Winter zu kalt und zu lang sind und weil hohe Niederschläge den Anbau auf dem Ackerland erschweren. Die nutzbare Vegetationszeit ist noch weiter verkürzt, denn die Sommer sind auch im Gebirge des Südens für den Anbau zu trocken. Diese beiden Polaritäten, die horizontale und die vertikale, haben auch die Verteilung der Bevölkerung bis in die moderne Zeit hinein bestimmt. Mit den wachsenden Verkehrsmöglichkeiten stieg die Bereitschaft der Bewohner des Südens und der Gebirge zur Auswanderung und zur Abwanderung. Mit dem natürlichen Dualismus Italiens ist das Phänomen der Wanderung aufs engste verbunden, und die Mobilität ist zum Charakteristikum der Entwicklung der italienischen Bevölkerung in diesem Jahrhundert geworden.

### *b) Die historische Verschärfung des Dualismus durch die Malaria*

Zur Abwanderung und Auswanderung aus den südlichen Landesteilen und den großen Inseln hat vor und nach der Jahrhundertwende ein Naturfaktor beigetragen, der in länderkundlichen Darstellungen und Atlanten bis zum Zweiten Weltkrieg noch ausführlich zu behandeln war, denn Italien galt als das klassische Land der Malaria (vgl. Fig. 27). Im ganzen Land gab es jährlich Todesfälle, aber besonders viele im Süden, und zwar deswegen, weil es sich dort nicht um die leichteren Formen, die Tertiana des Frühlings und die Quartana, handelte, sondern um die schwere Malaria tropica mit Sommer-Herbst-Fieber. Am Ende des Jahrhunderts waren von 69 Provinzen nur sechs malariafrei, nämlich die drei Provinzen Liguriens und außerdem Florenz, Pésaro und Piacenza; 29 waren schwer be-

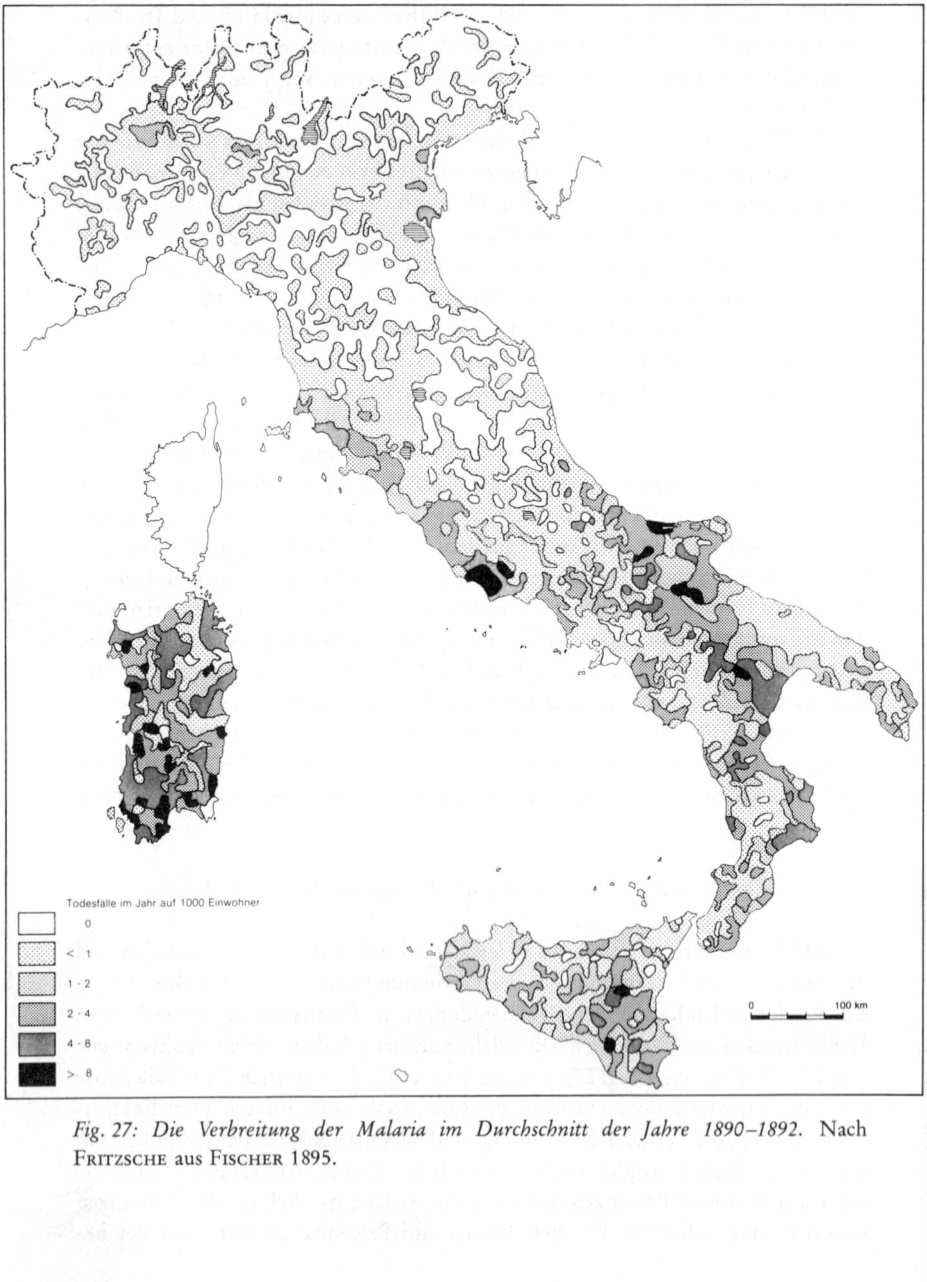


*Fig. 27: Die Verbreitung der Malaria im Durchschnitt der Jahre 1890–1892.* Nach FRITZSCHE aus FISCHER 1895.

troffen. T. FISCHER (1902, S. 355) nannte die Malaria den Wurm, der die herrliche Frucht des italienischen Klimas wurmstichig werden läßt; und in den Begleitworten zur Verbreitungskarte (1895, S. 48) schrieb er: ›Ohne genaue Kenntnis derselben ist ein tieferes Verständnis des Standes der materiellen und geistigen Kultur, der wirtschaftlichen Lage und mancher anderer eigenartiger Züge Italiens nicht möglich.‹ Nach G. FORTUNATO war die Geschichte Süditaliens gleichzeitig die Geschichte der Malaria (CELLI 1926, S. 83). Aber auch Mittelitalien, die Maremmen und der Agro romano sind in ihrer Siedlungs- und Kulturlandschaftsentwicklung durch die ehemalige Malariaverbreitung bestimmt, die ausführlich und mit reichem Quellenmaterial durch CELLI vermittelt wird (VÖCHTING 1935, S. 13–31). Auch heute noch, nach der hoffentlich endgültigen Ausrottung der Krankheit, muß man sich der verheerenden Folgen, die die Malaria verursacht hat, bewußt sein. Nur so ist ein beträchtlicher Teil der Umsiedlungsprozesse vom Gebirge zur Küste und die Wiederbesiedlung der ehemals verseuchten Niederungen, zum Teil im Zusammenhang mit der Entwässerung und Bodenreform, zu verstehen. Die Höhendörfer, die einst Schutz vor ihr boten, sind nun dem Verfall, dem Wüstungsprozeß preisgegeben, und einst wüstgefallene Räume im Tiefland sind wieder besiedelt worden, oft dichter als jemals zuvor.

Schon in der Antike wurde die Malaria für fremde Eroberer, die keine Immunität besaßen wie die einheimische Bevölkerung, gefährlich, wie am Beispiel Syrakus berichtet wird (NISSEN 1883, S. 416). In der römischen Kaiserzeit, als Landwirtschaft und Wasserbaumaßnahmen in den Küstenniederungen vernachlässigt wurden, konnten sich die Anophelesmücken und mit ihnen die Krankheit offenbar weiter ausbreiten, und das machte schließlich die Küstenräume wenigstens im Sommer unbewohnbar (NISSEN 1883, S. 417). Im Winter weideten die Schafherden in den Maremmen der Toskana und Latiums, in den Pontinischen Sümpfen, in den Phlegräischen Feldern, in der Seleniederung mit den Ebenen von Paestum, in den Ebenen von Metapont und Catánia sowie in der Campidanosenke. Bei der Rückkehr in die Höhendörfer im Frühling brachten die Hirten aber oft die Malaria mit. In den gewohnten, historisch überkommenen, dichtgedrängt bebauten Dörfern und Städten fühlte man sich dennoch vor der Krankheit geschützt. In Nord- und Mittelitalien dagegen galt das offene Land als gesund, und dort gab und gibt es Streusiedlungen, die in den größten Teilen der Toskana das Landschaftsbild bestimmen.

Über Süditalien hinaus, bis in die südliche Toskana, aber mit Ausnahme der Höhen des Apennins und auch der apulischen Murge wegen deren Trockenheit, zeigt die Verbreitungskarte für 1890/92 die meisten Malariatodesfälle. Kalabrien war vom Fiebergürtel umschlossen; das hafenlose, von Erdbeben heimgesuchte Land war von der übrigen Welt abgesperrt, seine Eisenbahnlinie vollständig verseucht (FISCHER 1895). Gerade der Bahnbau ab 1860 förderte die Ausbreitung der Malaria, weil Aushubgruben stehenblieben. Wasser erfüllte sie, und es staute sich im Winter an den Dämmen. Wegen der hohen Ausfälle unter den Bahnarbeitern und Angestellten wurden sie täglich mit Sonderzügen hin und her transportiert. Der Aufbau Roms zur Hauptstadt ab 1870 ließ dort die Zahl der Todesfälle ansteigen.

In ganz Italien waren jährlich 15000 bis 16000 Tote zu verzeichnen. Das Maximum lag 1900–1902 in der Basilicata mit 183,7 Malariatoten in Jahr auf 100000 Einwohner gegen 4,8 in der Lombardei und 40,3 in Gesamtitalien. Die Bekämpfung durch Entwässerungsmaßnahmen in Sumpfgebieten hatte bald große Erfolge und drückte diese Zahlen bis 1912/1914 auf 25,6 für die Basilicata, 0,5 für die Lombardei und 7,4 für Italien hinunter (Vöchting 1951, S. 31; vgl. dazu die Karten des Atlante fisico-economico d'Italia, Dainelli 1939, S. 32). In der Periode 1929/32 lag das Maximum, bei noch gleicher Verbreitung der Malaria, im Tavoliere mit 50–75 Todesfällen auf 100000 Einw.

Erst die Anwendung von DDT in mehrjährigen Kampagnen hat vom Ausgang des Zweiten Weltkriegs ab dem Süden diese Geißel nehmen können, was einer Befreiung gleichkam. Noch in den fünfziger Jahren gingen die Spritzkolonnen durch die Dörfer, und an den Bahnhöfen der Bodenreformgebiete sah man die Drahtnetze vor den Fenstern. Die Malaria gehörte zu den naturgegebenen Ursachen der italienischen Südfrage und zu den Gründen für die im Vergleich zur Gegenwart bis vor kurzem noch viel größere Benachteiligung des Südens. Diese Tatsache sollte man nicht als Selbstverständlichkeit abtun.

### *c) Soziale und anthropologisch beeinflußte Gegensätze als Folge von Einwanderung und Eroberung*

Noch immer gilt Italien als Auswandererland, wenn auch im Vergleich zur Jahrhundertwende oder der Zeit nach dem Zweiten Weltkrieg in sehr abgeschwächtem Maß. Einwandererland aber war das heutige Staatsgebiet in vor- und frühgeschichtlicher Zeit, unterbrochen durch die römische Republik- und Kaiserzeit, und noch in der beginnenden Neuzeit. Zu Fuß und übers Meer kamen aus allen Himmelsrichtungen Gruppen und Stammesverbände unterschiedlichen Volkstums. Als älteste Bewohner gelten vorindoeuropäische Völker, die Ligurer, Korsen, Sarden und in Westsizilien die Elymer, die die kleinwüchsige mediterrane Urbevölkerung bildeten. Die Stellung der Sikaner ist unklar. Es folgten die indoeuropäischen Italiker, zu denen als älteste die Latiner und die Sikuler zählen, gefolgt von Umbrern, Oskern, Sabellern, Volskern, Samniten, Lukanern und Bruttiern (Almagià 1959, S. 564). Nichtitalische Völker sind die ursprünglich illyrischen Japoden, in Apulien Japyger genannt, und die Veneter. Andere Einwanderer bestimmten nur für kurze Zeit den Lauf der Geschichte und haben doch ihre Spuren in den archäologisch und siedlungsgeschichtlich faßbaren Strukturen, ebenso wie in der Bevölkerung, hinterlassen. Etrusker, Griechen und Phönizier, die von außen kamen, und die sich von Latium aus verbreitenden Römer überlagerten und verdrängten die Vorbevölkerung. Über den hohen Stand der Kultur dieser einheimischen oder in früherer Zeit eingewanderten Bevölkerung haben uns neuere Ausgrabungen unter anderem in der Basilicata unterrichtet. Sie zog sich in die Gebirge zurück und mußte den Eroberern, z. B. den Griechen, das beste Land in den Küstenhöfen ebenso überlassen wie den Phöniziern die natürlichen Häfen (vgl. Maiuri 1960, Karte ›Italia Antica‹).

Nach der ruhigen Zeit der römischen Herrschaft kamen neue Wellen von Eroberern, deren Druck von Norden her den Rückzug in die Berge und damit die Waldvernichtung verstärkte. Die Nordvölker blieben zwar Sieger, unterlagen aber der Malaria, der gegenüber die Urbevölkerung eine gewisse Immunität erlangt hatte, wenn auch gekoppelt mit der Sichelzellenanämie und der damit verbundenen geringeren körperlichen Leistungskraft. Der Süden wurde bei der Überlagerung und Mischung von Völkern und Rassen zu einem Raum auch ethnischer Gegensätze.

Man braucht nicht weit in die Geschichte zurückzugehen, um sich über die Wurzeln solcher Andersartigkeit klar zu werden. Aufschlußreich ist schon ein Blick in Karten eines historischen Atlas, die Italien im 13. Jh. zur Zeit Dantes oder in der frühen Neuzeit zeigen. Von hoher Bedeutung muß die Grenze des Römisch-Deutschen Reiches gewesen sein, die bis zum Frieden von Lodi (1454) Mittelitalien einbezogen hatte. Erst dann wurde der Kirchenstaat abgegliedert. Nach den wechselvollen Schicksalen während der Völkerwanderungszeit ab 476 war trotz der Sarazeneneinfälle der Schwerpunkt im Süden geblieben. Hier herrschten noch die Erben von Byzanz, die Normannen und der Stauferkaiser Friedrich II., gefolgt von den Anjou 1268. Das Königreich Neapel in Süditalien, Sizilien und Sardinien war seit 1442 bis 1714 unter der spanischen Herrschaft Aragon. Nach kurzer habsburgischer und piemontesischer Herrschaft folgten 1735 die Bourbonen als Herren des ›Königreiches beider Sizilien‹, wie schon 1700/1713 in Spanien. Das Herzogtum Savoyen und das Fürstentum Piemont diesseits der Alpen waren noch in einer Hand; 1720 kam Sardinien als Königreich dazu. Korsika war unter piemontesischer Herrschaft, bis es 1768 an Frankreich fiel. Norditalien und die Toskana waren seit Bestehen des Römisch-Deutschen Reiches besonders eng mit Mitteleuropa verbunden gewesen, und das galt nicht nur politisch, sondern ebenso wirtschaftlich und kulturell, wie es in Architektur und Malerei nicht nur Süddeutschlands besonders augenfällig geworden ist. Die Beziehungen zwischen Spanien und Süditalien sperrten den Süden gegen den Norden weitgehend ab, hielten ihn aber für mediterrane Einflüsse offen, darunter für Wanderungsbewegungen. Neapel gelang es unter den übrigen wichtigen Städten jener Zeit, Palermo, Bari und Tarent, eine Vormachtstellung zu erringen und zu bewahren. Die Verlagerung des Schwergewichtes von Wirtschaft und Bevölkerung vom Süden nach dem Norden des Landes führte dort zur bis heute höchsten Bevölkerungsdichte. Städtische Gemeinwesen wurden selbständig, unter denen Venedig, Genua und Pisa seit dem 1. Kreuzzug zur Vorherrschaft im Mittelmeerraum und durch Seehandel, aber auch Gewerbe und Kunsthandwerk, zu großem Reichtum gelangten. Küsten- und Binnenstädte wurden zu Umschlagplätzen für den Mitteleuropa- und Nordwesteuropahandel; der Süden aber blieb davon ausgeschlossen, vor allem nach der Entdeckung der Neuen Welt, als er im Rücken der Interessen seiner spanischen Herrscher lag; das sollte so bleiben bis zur Einigung Italiens 1870.

Obwohl dieser so bedeutende Wendepunkt in der Geschichte Italiens schon über ein Jahrhundert zurückliegt, sind Dorf und Stadt mit ihrer Umgebung noch immer für den einzelnen Bürger oft von größerer Bedeutung als der Einheitsstaat mit seiner Hauptstadt und seiner Zentralregierung. Der überschaubare Nahbereich hat einen höheren Rang als die Nation (Banfield 1962). Die große Andersartigkeit innerhalb Italiens findet ihren deutlichsten Ausdruck in den autonomen Regionen. Aostatal erhielt 1945 nach separatistischen Bestrebungen seinen Sonderstatus, Südtirol und Sizilien folgten 1946, Friaul-Julisch Venetien 1948. Allmählich werden auch andere ›Regionen‹ selbstbewußter (vgl. Kap. I 2c).

Ob man in den Folgen historischer Schicksale den Schlüssel zu verschiedenen Zügen südlicher Eigenart in der Lebenshaltung finden kann, mag dahingestellt bleiben (vgl. Vöchting 1951, S. 39). Die sozialen Gegensätze innerhalb der Bevölkerung zwischen Norden und Süden und innerhalb des Nordens und Südens scheinen zu einem gewissen Teil ethnisch bestimmt zu sein. Das gilt auch dann, wenn man bedenkt, daß die Bevölkerung Italiens aus der Verschmelzung vieler Elemente entstanden ist und ›bisher alle Versuche gescheitert sind, die Bevölkerung der Halbinsel und der zugehörigen Inseln nach irgendwelchen Rassenmerkmalen einzuordnen‹ (Olschki 1958, S. 27).

Die sich unter anderem auf das klassische Werk von R. Livi (1898) stützenden Verbreitungskarten anthropologischer Eigenschaften im ›Atlante fisico-economico d'Italia‹ (Dainelli 1939, S. 23) zeigen deutlich genug die damaligen, heute sicher durch die Binnenwanderungen veränderten Verhältnisse.

Die Blonden-Blauäugigen haben ihr Maximum der Verbreitung in den Alpen, im Aostatal zu 22 % der Bewohner, die Brünetten überwiegen dagegen auf der Salentinischen Halbinsel, in Kalabrien, im Küstenbereich Siziliens, in Sardinien mit Ausnahme des Nordostteils; dennoch trifft man in den Bergen des Apennins immer wieder einmal blonde Menschen, auch noch in der Basilicata. Während die Musterungsjahrgänge 1956 und 1957 in Nord- und Mittelitalien durchschnittlich fast 174 cm groß waren, hatten sie im Süden nur 170 cm (ISTAT: Annuario 1980, S. 13).

Im Vergleich zwischen Norden und Süden ist aber die soziale und psychische Differenzierung besonders auffällig, die trotz der gewaltigen Mobilität der Bevölkerung den Ausgleich zwischen den beiden Gesichtern Italiens hindert und verzögert (vgl. Kap. III 3 d4). Auch dort, wo solche Unterschiede bisher unauffällig waren, sind sie durch den Zuzug von Arbeitskräften nach Norden und von Facharbeitern nach Süden vertieft worden. In den Großstädten können sich die Einwanderer am schwersten assimilieren (Sacchetti 1967). Wie sehr sich ein Italiener vom anderen unterscheidet, je nach seiner Heimatregion oder Stadt, aber auch innerhalb einer Stadt wie Rom, das zeigen wohl am besten Beispiele und Schilderungen aus der Literatur, etwa für Rom die Erzählungen von ALBERTO MORAVIA, für die Toskana CURZIO MALAPARTE, für die Basilicata CARLO LEVI, für Sizilien TOMASI DI LAMPEDUSA und DANILO DOLCI, für Sardinien FRANCO CAGNETTA und viele andere, die hier nicht aufzuzählen sind.

Auch der Dialekt der Neuzugewanderten kann eine Integration an der Arbeitsstätte und in der andersartigen Umgebung erschweren. Für den Ablauf der Wanderungen und das Nachbarschaftsverhältnis an den Zielorten, z. B. der Kalabresen an der Blumenriviera, aber auch in Großstädten der Bundesrepublik, ganz sicher für die Rückkehr in die Heimatorte ist der Dialekt ein hoch zu veranschlagender Faktor. Er ist eng mit der geographischen und topographischen Lage der Siedlungen, nicht zuletzt wegen der früheren Kommunikationsmöglichkeiten der Bevölkerung, verbunden. Zusammen mit anderen kulturgeographischen Elementen, z. B. den Orts- und Hausformen und den anthropologischen Eigenschaften der Bevölkerung, vervollständigt er deren Gesamtcharakter. Manche Dialekte haben eine eigene Literatur, besonders in Liedern und Erzählungen, was zu ihrer Erhaltung beiträgt.

Die italienische Hoch- und Schriftsprache hat sich nur langsam aus dem Toskanischen weiterentwickelt, das im 14./15. Jh. in der Dichtung fixiert worden ist. Fast jede Region hat ihren eigenen Dialekt, wenn er auch in seiner Verbreitung nicht so scharf wie jene abgegrenzt werden kann (vgl. DEVOTO u. GIACOMELLI 1972, PELLEGRINI 1977; hier Fig. 28). Man unterscheidet alpine Dialekte, es sind Reste der neulateinischen Sprachen wie das Rätoromanische, das Ladinische und das Friaulische, und nördliche Dialekte oder gallo-italische mit westlichen und östlichen Teilgruppen. Jenseits des Apenninenhauptkammes folgt das noch teilbare Toskanische, während sich die Dialekte Umbriens, der Marken und Latiums zusammenfassen lassen. Die Abruzzen bilden mit der Molise eine Einheit, die in sich aber stark gegliedert ist. Das Neapolitanische geht in die Basilicata über, wo das Lukanische eine Mittelstellung zum Apulischen einnimmt und an der Gebirgsgrenze des Pollino gegen das Kalabrische endet. Der Leccedistrikt ist seiner Lage wegen vergleichbar mit dem kalabrischen Dialekt auf seiner Halbinsel. In Sizilien hat es nach Abzug der Araber eine neue Latinisierung gegeben; im 13. Jh. folgte eine regelrechte Lombardenkolonisation, die am Dialekt der Bevölkerung von Piazza Armerina, Nicosía und anderen Orten kenntlich ist.

In Sardinien wird im Nordteil korsisch gesprochen, im Hauptteil der Insel sardisch. Das ist eine eigene romanische Sprache, die eng ans Lateinische angelehnt ist; sie enthält aber viele Besonderheiten, Elemente aus der vorindoeuropäischen und punischen Zeit, besonders Tier- und Pflanzennamen (z. B. nach WAGNER 1950: Zíppiri = Rosmarin), auch toskanische und ligurische Bestandteile. Noch gibt es keine sardische Schriftsprache, und deshalb ist der weitere Bestand des Sardischen gefährdet. Konzentriert ist der ligurische Einfluß in dem durch Genuesen

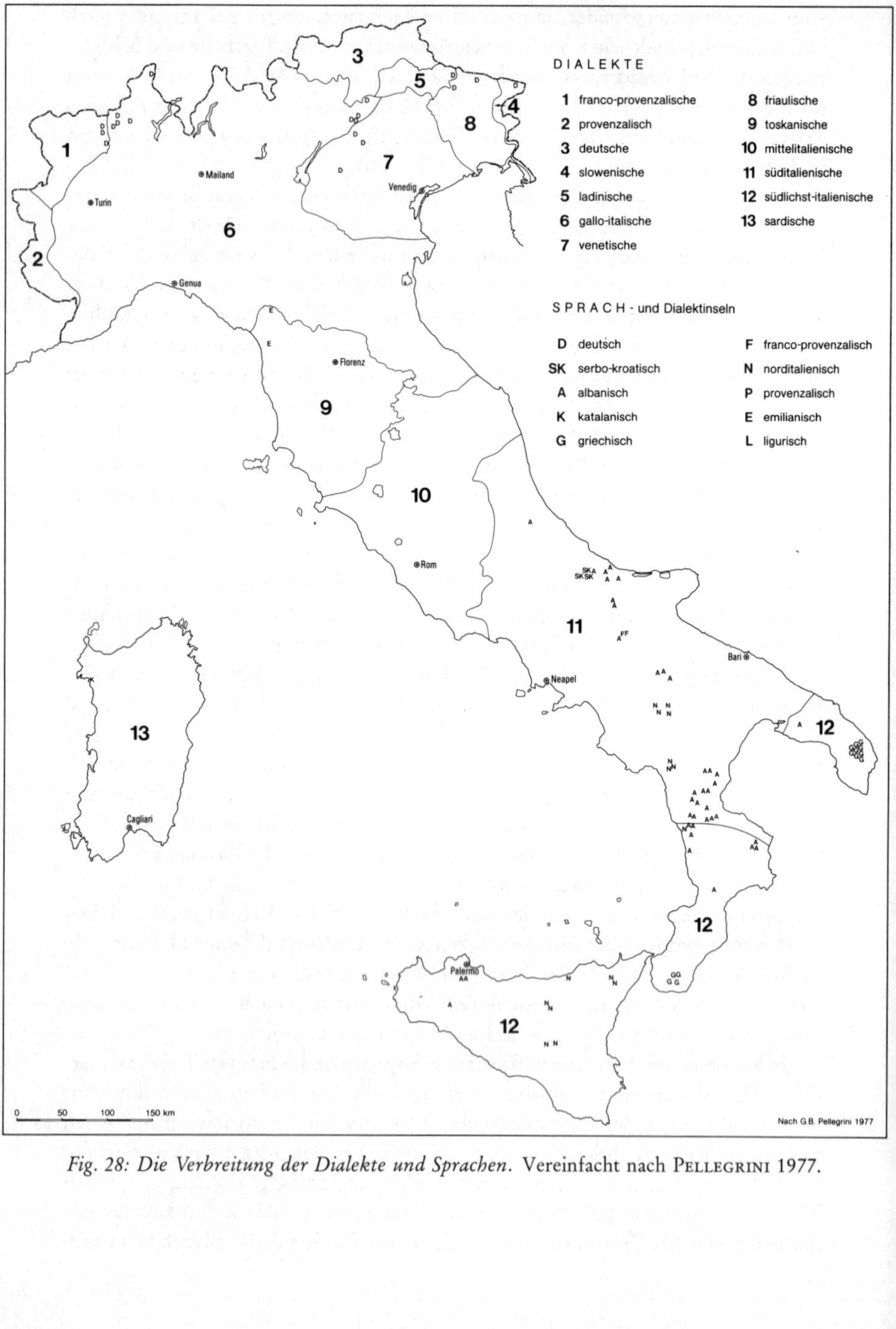


*Fig. 28: Die Verbreitung der Dialekte und Sprachen.* Vereinfacht nach PELLEGRINI 1977.

1737 auf der Insel San Pietro im Südwesten gegründeten Fischerdorf Carloforte. Eine Besonderheit stellt auch die Katalanensiedlung in Alghero dar.

Besser und schärfer als an anthropologischen Merkmalen sind einst nach Italien eingewanderte Volksgruppen noch heute an ihrer Sprache zu erkennen, eine Tatsache, die sich nur durch die lange Isolierung solcher Gruppen im fernen Süden und besonders im Bergland erklären läßt. ROHLFS (1924, zuletzt 1967) versuchte nachzuweisen, daß es Nachfahren der Bewohner Großgriechenlands sind, die auf der Salentinischen Halbinsel südlich Lecce in neun Gemeinden leben. Weil die Latinerkolonisation vom 1. Jh. ab alle Spuren des Hellenismus überwältigt habe, wird diese Meinung von denen bestritten, die eine byzantinische Kolonisation im frühen Mittelalter annehmen (SPANO 1965, Anm. 4). In Apulien folgte diese offenbar der religiösen und politischen Byzantinisierung im 9. Jh. Drei Jahrhunderte vorher sollen aber schon die Vorfahren der am Südhang des Aspromonte in sechs Dörfern lebenden Griechen von Sizilien gekommen sein. Nach der Vertreibung aus der Peloponnes durch die Avaren hatten sie in Syrakus Zuflucht gefunden, das sie 878, bedrängt durch die Araber, wieder verließen und über die Straße von Messina setzten (SPANO, S. 33; SCOTONI 1979). Die kulturgeographische Bedeutung der byzantinischen Herrschaft, Verwaltung, Religion und Kolonisation gerade für Süditalien und auch Sardinien war weitgehend unbeachtet geblieben. Man wird womöglich einige historische Ursachen süditalienischer Probleme darin finden können. Es ist jedenfalls erstaunlich, daß sich griechische Sprache und Kultur bis heute in den beiden Sprachinseln haben erhalten können. Nach starkem Rückgang durch Seuchen und Erdbeben, auch durch Auswanderung, nahm die griechisch, d. h. ›il grico‹ sprechende Bevölkerung sogar zwischen 1921 mit fast 19700 Angehörigen und 1964 auf über 23600 zu; 3900 von ihnen lebten am Aspromonte (SPANO, S. 153 u. 162; ROTHER 1968b, S. 1). Slawische Einwanderer zog Otto I. zum Gargano zur Verteidigung gegen Sarazenen ins Land, wovon Ortsnamen zeugen (Lésina, Péschici und andere). Die aus dem 15. Jh. (?) stammenden Reste einer kroatischen Sprachinsel im Molise mit noch drei Gemeinden (Acquaviva-Collecroce [Kruč], Montemitro, San Felice) verfallen allmählich (A. BALDACCI 1908).

Um 1500 flohen Albaner in drei Wellen vor der Osmanenherrschaft nach Süditalien und Sizilien. ROTHER (1968b) schätzte für 1966 ihre Zahl auf etwa 92000, die an 50 Wohnplätzen mit 34 Dörfern lebten, die über 70 % albanisch sprechende Bevölkerung besaßen. Etwa die Hälfte davon entfiel auf Kalabrien. Dank der langen Abgeschlossenheit und ihres griechischen Ritus wegen behielten sie Sprache und Kultur bei, ihre Lage festigte sich sogar noch. Im übrigen sind sie voll integriert und als Italoalbaner zu bezeichnen. In Orts- und Hausformen und anthropologischen Merkmalen unterscheiden sie sich nicht von ihrer Umgebung.

In einem fast geschlossenen Siedlungsgebiet leben seit 1330 in drei Alpentälern von Piemont (Péllice, Chisone, Germanasca) die frankoprovenzalisch sprechenden Waldenser. Obwohl geistig an Frankreich gebunden, gibt es keine Autonomiebewegung. Aus religiösen Gründen nach Piemont gekommen, durften sie sich oberhalb von 1000 m als Bergbauern ansiedeln. Erst Ende 19. Jh. kamen sie nach Torre Péllice an den Rand der Ebene, wo sie den Westteil der Stadt einnahmen, der ihren Hauptsitz bildet. Im 15. Jh. gründeten sie Faeto in Apulien und Guárdia Piemontese in Kalabrien. Im Piemont bilden sie die einzige geschlossene protestantische Gruppe Italiens. Während dort ein Auflösungsprozeß vor sich geht, gibt es in Süditalien Waldensergemeinschaften der einheimischen Bevölkerung, z. B. in San Giovanni Lipioni/Abruzzen, in Palermo und in Riesi/Sizilien. Von allgemeiner Bedeutung ist deren Aufnahme von Innovationen, die den Weg aus der Armut ermöglichen. Ihre Protesthaltung führte z. B. einige Bewohner von Lipioni durch Schulung seitens der Waldenser zur Aufnahme von Arbeit als Pendler und zu einem gewissen Wohlstand. Seit 1961 besteht das von dem Waldenserpfarrer Vinay aufgebaute Entwicklungszentrum in Riesi und kämpft um seine Existenz, ›dessen Ziel letztlich die Überwindung des alles vergiftenden Mißtrauens ist‹ (Monheim 1972, S. 406; Vinay u. Vinay 1964).

Von diesen Fernwanderern unterscheiden sich jene Volksgruppen, die über den Alpenhauptkamm hinüber kolonisiert haben. Die einst östlich der Etsch weiter ins Trentino verbreitete deutsche Siedlung, z. B. Lusern (Becker 1968), konnte sich nördlich der Salurner Klause geschlossen erhalten. Während des Zweiten Weltkrieges verließen mit der Option und Umsiedlung etwa 75 000 Deutsche und Ladiner Südtirol, später kehrten 25 000 von ihnen wieder zurück. Erst 1972 wurde die Autonomie gesichert. In der Provinz Bozen-Südtirol erklärten sich bei dem Zensus 1981 zwei Drittel der Bevölkerung als Deutsche. Kleine Siedlungsgruppen in isolierter Lage sind stark reduziert worden, z. B. die ›Sieben Gemeinden‹ auf der Hochebene von Asiago, die ›Dreizehn Gemeinden‹ in den Lessinischen Alpen und vier Dörfer am Fuß der Karnischen Alpen im Friaul. Die Siedlungen der Walser am M. Rosa konnten sich über 700 Jahre in der romanischen Umwelt dank des Wanderhändlertums halten (Rother 1966, S. 37; Wurzer 1973). Während sich die deutschen Siedlungen im Grenzbereich gegen das italienische Siedlungsgebiet deutlich in ihrer kulturgeographischen Eigenart von diesem unterscheiden, ist das bei den ladinischen Siedlungen, abgesehen von der Sprache, die zur alpenromanischen Gruppe gehört, nicht der Fall (Becker 1974). Im Anschluß an das französische Sprachgebiet liegt das schon seit 1948 autonome Aostatal mit frankoprovenzalischem Dialekt. Im östlichen Friaul bei Görz sind die Bewohner einiger slowenischer Orte zweisprachig.

Die anthropologische und sprachliche Differenzierung der Bevölkerung ist in den meisten Fällen auch eine sozioökonomische und wird dann sozialgeographisch faßbar. Noch fehlt eine entsprechende Aufarbeitung solcher Fragestellungen in genügender Breite. Es ist notwendig, dies außerordentlich differenzierte Bild der Bevölkerung und ihrer Siedlungsräume bei den folgenden Kapiteln als Tatsache zu sehen. Es steht jeweils als Ausdruck der historisch gewordenen und lebendigen Bevölkerung hinter aller vordergründigen dürren Statistik und über allen Verwaltungseinheiten.

### *d) Literatur*

Zur naturbedingten Differenzierung und Gegensätzlichkeit Italiens, der ein beträchtlicher Teil der Süditalien-Problematik zuzuschreiben ist, äußerte sich VÖCHTING (1935 und 1951), nachdem schon FORTUNATO (1926) richtige Erkenntnisse gewonnen und in die Politik eingebracht hatte. Süditalien galt lange Zeit als vernachlässigtes, rückständiges Land, in dem alte und seltsame Sitten überlebten. Ihnen widmeten sich zunächst besonders stark die volkskundlichen oder ›ethnoanthropologischen‹ Wissenschaften. Einen Überblick über deren Ideen- und Forschungsgeschichte findet sich in Dok. 30, 1982, Nr. 1 und 2: ›Die italienische Volkskunde‹, gegründet unter anderem auf das Werk von CIRESE (1976). Innerhalb dieses Forschungsbereiches, der Völkerkunde, Volkskunde, Folklore, Sprach- und Dialektgeographie, Volkskunst, Dichtung, Musik, Lieder, Feste, Brauchtum, insgesamt die Äußerungen der Volksnatur umfaßt, sind auch Geographen beteiligt. Über die Sprachgeographie berichtet BARBINA (in CORNA-PELLEGRINI u. BRUSA, Hrsg., 1980, S. 263–267). Es sind Atlaswerke angeführt wie der ›Sprach- und Sachatlas Italiens und der Südschweiz‹, hrsg. von KARL JABERG u. JAKOB JUD, Zofingen 1928–1940, und der ›Atlante stórico-linguístico etnográfico‹, hrsg. von G. B. PELLEGRINI u. G. FRAU, Padua u. Udine 1971 ff., sowie die hier benutzte Dialektkarte (PELLEGRINI 1977).

Nach Volkstum und Sprache zu kennzeichnende Minderheiten innerhalb der Bevölkerung Italiens haben auch in der amtlichen Literatur, zu der die Zeitschrift ›Das Leben in Italien, Dokumente und Berichte‹ gehört, ihren Platz gefunden (Doc. 30, 1981, Nr. 19, mit Karten und Bibliographie). Deutsche Geographen haben mehrfach auf diesem Gebiet Forschungsarbeit geleistet, wie BECKER (1968 u. 1974) und ROTHER (1966 u. 1968b). Mit Waldensergemeinden befaßte sich BÜTTNER (Manuskript 1974; ROTHER 1966 u. SIBILLA 1980). Die reiche Südtirolliteratur muß hier selbstverständlich außer acht bleiben. Zu Daten über Minderheiten vgl. in PINNA und RUOCCO (Hrsg.), 1980, S. 174–181.

## 2. DIE BEVÖLKERUNGSSTRUKTUREN IM RÄUMLICHEN UND ZEITLICHEN WANDEL

### *a) Zur Bevölkerungsgeschichte. Bevölkerungswachstum*

Die Bevölkerungsentwicklung entspricht grundsätzlich jener, die für Europa insgesamt charakteristisch ist. Zum Beginn unserer Zeitrechnung werden etwa 7 Mio. Einwohner auf dem Boden des heutigen Italien gelebt haben. Mit Hilfe verschiedener erster staatlicher Zählungen konnte BELOCH (Bd. 3, 1961, S. 349; vgl. POUNDS 1979, S. 107 mit Tab. u. Figuren) deren Zahl für 1500 auf etwa 10 Mio. feststellen. Die nach dem Trienter Konzil (1545–63) eingeführten Kirchenbücher liefern nur teilweise bessere Angaben. Bis um 1600 wuchs die Bevölkerung auf 13,3 Mio.; Rückschläge blieben nicht aus. In den Jahren 1630 und 1656/57 soll die Pest rund 2 Mio. Tote gefordert haben, um 1650 lebten nur noch 11,5 Mio. Den-

*Tab. 13: Die Bevölkerungsentwicklung Italiens 1861–1981. Am Jahresende gemeldete Bevölkerung auf dem heutigen Staatsgebiet (popolazione residente)*

| Jahr | Gesamtbevölkerung in Mio. | Mittl. jährl. Zuwachsrate in ‰ | Wanderung Gewinn- u. Verlust in 1000 |
|---|---|---|---|
| 1861 | 26,3 | – | – |
| 1871 | 28,1 | 6,7 | + 21 |
| 1881 | 29,8 | 5,7 | – 297 |
| 1901 | 33,8 | 6,6 | –2172 |
| 1911 | 36,9 | 8,6 | – 594 |
| 1921 | 37,9 | 2,4 | –1007 |
| 1931 | 41,0 | 8,6 | – 999 |
| 1936 | 42,4 | 6,5 | – 423 |
| 1951 | 47,5 | 7,4 | – 583 |
| 1961 | 50,6 | 6,4 | –1022 |
| 1971 | 54,1 | 6,7 | –1138 |
| 1981 | 56,6 | 4,5 | + 78 |
| 1861/1980 | – | – | –8136 |

Quellen: ISTAT: Popolazione e movimento anagrafico dei comuni 1981, Tav. 23, Ann. Stat. It. 1982, Tav. 5, Ann. stat. demogr. 31, 1984, Tav. 24.

*Tab. 14: Die Bevölkerungsentwicklung nach Großräumen 1871–1981 (in Mio.)*

| | 1871 | 1921 | 1951 | 1961 | 1971 | 1981 | Änderung je Jahr in ‰ 51/71 | 71/81 |
|---|---|---|---|---|---|---|---|---|
| Nordwesten | 7,43 | 10,05 | 11,75 | 13,16 | 14,94 | 15,29 | 13,6 | 2,4 |
| Nordosten | 4,93 | 8,24 | 9,42 | 9,77 | 10,03 | 10,34 | 3,2 | 3,8 |
| Norditalien | 12,36 | 18,28 | 21,16 | 22,92 | 24,97 | 25,70 | 9,0 | 3,0 |
| Mittelitalien | 4,73 | 6,67 | 8,67 | 9,39 | 10,30 | 10,80 | 9,4 | 4,9 |
| NO und Mitte | 9,67 | 14,90 | 18,09 | 19,15 | 20,32 | 21,21 | 5,4 | 4,4 |
| Süditalien | 6,98 | 9,34 | 11,92 | 12,44 | 12,72 | 13,55 | 3,4 | 5,6 |
| Inseln | 3,23 | 5,11 | 5,76 | 6,14 | 6,16 | 6,50 | 3,5 | 5,5 |
| Süden und Inseln | 10,21 | 14,45 | 17,69 | 18,58 | 18,89 | 20,05 | 3,4 | 6,2 |
| Italien | 27,30 | 39,40 | 47,52 | 50,62 | 54,14 | 56,56 | 7,0 | 4,5 |

Quellen: Istituto Centrale di Statistica: Popolazione residente e presente dei Comuni ai censimenti da 1861 al 1961. Rom 1967; 10., 11 u. 12. Censimento Generale della Popolazione 1961, 1971 u. 1981.

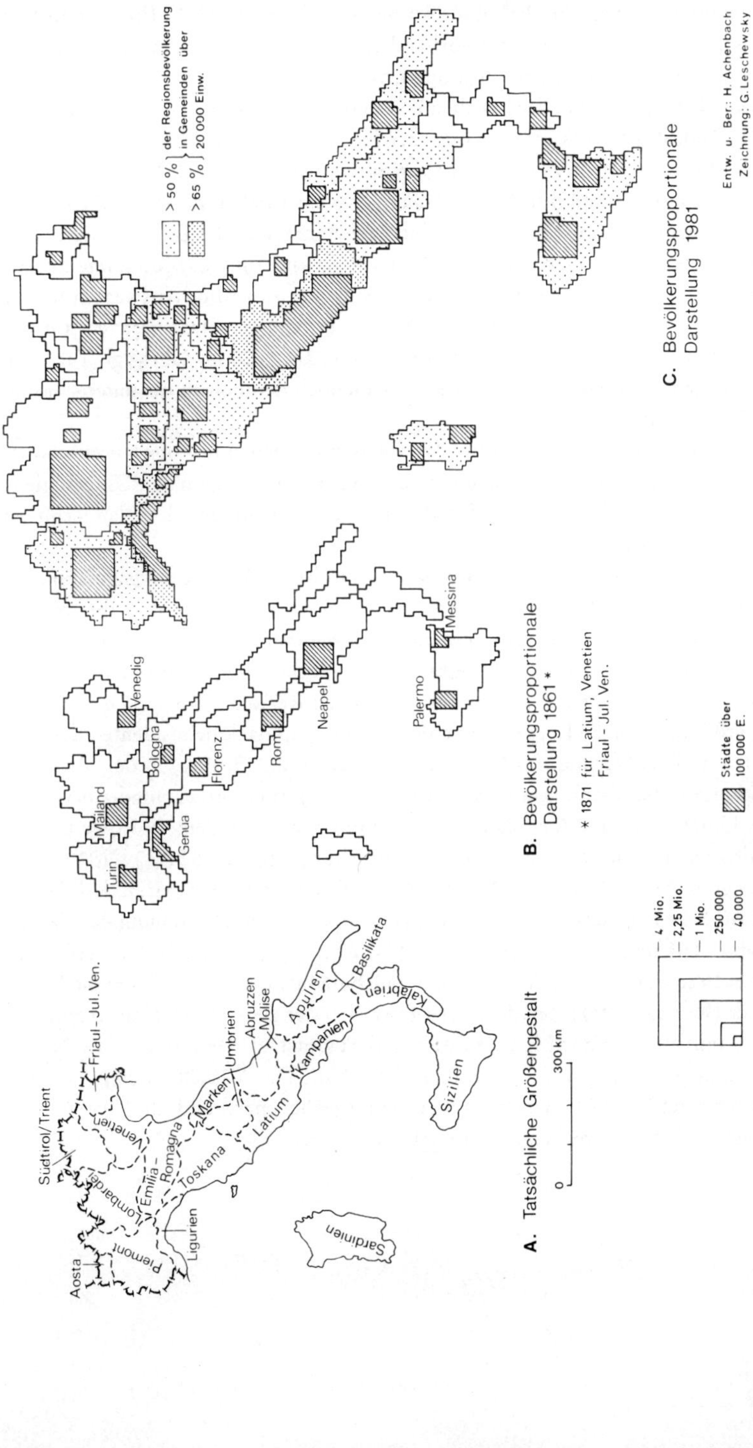


*Fig. 29: Die Bevölkerungsverteilung Italiens 1861 und 1981 in mengenproportionaler Darstellung.* Aus Achenbach 1983, Abb. 2.

noch werden nach rascher Erholung zu Beginn des 18. Jh. 13,4 Mio. und im Jahr 1790 schon 18,1 Mio. Bewohner vorhanden gewesen sein. Der Anstieg der Bevölkerungskurve hatte im 18. Jh. begonnen, wurde aber im 19. Jh. immer steiler und erzwang bei unzureichender Ernährungs- und Wirtschaftslage die Auswanderung großer Teile der Bevölkerung, wobei der Höhepunkt in den Jahren vor dem Ersten Weltkrieg erreicht werden sollte, im Süden schon um 1900. Von 1861 ab läßt sich der Kurvenverlauf mit den regelmäßigen Zensusdaten im Abstand von zehn Jahren genauer bestimmen; für die einzelnen Jahre sind die Bilanzen berechnet worden, auch für die Gemeinden (ISTAT 1960). Im Lauf von 100 Jahren hat sich zwischen 1861 und 1961 trotz des Verlustes von etwa 7 Mio. Auswanderern die Bevölkerungszahl fast verdoppelt. Innerhalb der heutigen Staatsgrenzen stieg sie von 26,3 auf 50,6 Mio., das heißt um 6,5 Einw. auf 1000 im Jahr (vgl. Tab. 13). Von 1975 an schwächte sich das Wachstum jedoch deutlich ab bis unter 4 ‰ im Durchschnitt Italiens.

Die obengenannten Zahlen für das Staatsgebiet geben nur den durchschnittlichen Gang der Bevölkerungsentwicklung wieder. Die regionalen Unterschiede sind in ihrem natürlichen Verlauf und unter Berücksichtigung der Wanderungen besonders zu beachten.

Trotz des geringeren natürlichen Wachstums ist die Bevölkerungszunahme bis 1971 im Norden und insbesondere im Nordwesten, im ›Triangolo‹, am größten gewesen. Im Süden gab es trotz hohen Geburtenüberschusses seit 1951 und vor allem ab 1961 absolute Bevölkerungsabnahmen durch Abwanderung, nicht nur in einzelnen Gebirgsgemeinden, sondern in ganzen Regionen. Zwischen 1951 und 1971 erhöhten sich die Einwohnerzahlen für die ›popolazione residente‹, d. h. die registrierte Bevölkerung, im Nordwesten jährlich um 13,6 ‰, in der Mitte um 9,4 ‰, im Süden aber nur um 3,4 ‰ (vgl. Tab. 14). Im Norden fällt der beträchtliche Unterschied im Bevölkerungswachstum zwischen dem Nordwest- und Nordostteil auf, für welche das Staatsinstitut für Statistik (ISTAT) seit 1974 die Daten gesondert mitteilt, weil Norditalien als Großraum in sich zu stark differenziert ist. Sehr eindrucksvoll ist die mengenproportionale Darstellung der Verteilung für 1861 und 1981 (Achenbach 1983, Abb. 2; vgl. Fig. 29). Noch bis zum Zensus 1921 war die Bevölkerung recht gleichmäßig über das Land und die Inseln verteilt (Kanter 1931). Seitdem verlagerte sich der Bereich höchster regionaler Dichte immer mehr nach Latium, d. h. zur Hauptstadt Rom, und in die Nordwestregionen mit ihrer aufstrebenden Wirtschaft. Das Verhältnis zwischen Bevölkerung und Fläche wurde immer unausgeglichener, und die Darstellung Italiens erfährt entsprechende Verzerrungen.

## *b) Die Bevölkerungsstruktur als Ergebnis der natürlichen Bevölkerungsbewegung*

### b1 Die ›italienische Krise‹ oder der demographische Umbruch

Mit den Angaben zur Struktur der Bevölkerung, d. h. ihrer Zusammensetzung nach Geschlecht, Alter, Familienstand, Familiengröße, Erwerbstätigkeit und anderen Merkmalen, die der zehnjährige Zensus liefert, läßt sich nicht nur der Zustand zum Zählungsdatum selbst bestimmen. Man gewinnt z. B. aus dem Altersaufbau, in Verbindung mit Fruchtbarkeits- und Sterblichkeitsdaten, auch Auskunft über die zu erwartende natürliche Bevölkerungsbewegung in der Zukunft. Für Italien ist nun wegen seiner inhomogenen Verhältnisse die Gesamtprognose weniger interessant als die zu erwartende Entwicklung im Norden und Süden. Wenn von dem Bevölkerungsproblem als der ›italienischen Krise‹ gesprochen wird (Vitali 1976), dann geht es im Grunde um diese differentielle, regionale demographische Entwicklung und ihr Verhältnis zur sozioökonomischen Entwicklung und um die Feststellung, daß sich Italien in einem demographischen Umbruch befindet.

Der Norden sollte sich erwartungsgemäß in seinen demographischen Merkmalen wie ein Industriestaat verhalten, in dem die Unterschiede zwischen Stadt und Land deutlich hervortreten. Im Süden dagegen wären noch die Strukturen der vorindustriellen Agrargesellschaft zu erwarten. Das sich daraus ergebende Gegensatzpaar wäre der Ausdruck für das Nebeneinander von entwickelten und unterentwickelten Regionen. Die für die vorindustrielle Agrargesellschaft charakteristischen Merkmale sind tatsächlich, wenn auch in abgeschwächtem Maß, in den Regionen Süditaliens und der Inseln noch vorhanden: die starke Bindung an die Familie; hohe eheliche Fruchtbarkeit; hohe Säuglingssterblichkeit und niedrige Lebenserwartung. Die Bevölkerungszahl ist noch weithin bestimmt durch den zur Verfügung stehenden Nahrungsspielraum in der Landwirtschaft, denn außerlandwirtschaftliche Arbeitsplätze sind nur unzureichend vorhanden, es fehlt auch an fachlicher Ausbildung dafür, und daraus folgt der Zwang zur Ab- und Auswanderung. Ein weiterer Ausdruck dieser Verhältnisse ist der strenge Sittenkodex, der sich im zurückhaltenden Auftreten der Frau in der Öffentlichkeit bemerkbar macht, z. B. wird das Straßenbild von Männern beherrscht. Die strenge Familienehre führt oft genug zur Blutrache. Dennoch haben sich seit Ende der fünfziger Jahre deutliche Veränderungen auch in diesem Bereich ereignet, vor allem hinsichtlich der Tätigkeiten im Beruf, beim Sport usw., die für den Norden seit langem üblich sind. Trotzdem liegt der Anteil der Frauen innerhalb der berufstätigen Bevölkerung auf den Inseln auch 1982 noch mit 26 % weit unter dem schon geringen Durchschnitt Italiens (34 %).

### b2 Altersaufbau

Eine sogenannte ›Bevölkerungspyramide‹ kann zeigen, welche Bevölkerungsbewegungen der Vergangenheit dem Altersaufbau, wie ihn die Statistik liefert, zugrunde liegen und wie in der Zukunft der Altersaufbau aussehen wird. Der Vergleich zwischen dem Altersaufbau der Bevölkerung in nördlichen und südlichen Regionen läßt die zu erwartende Polarität deutlich erkennen (vgl. Fig. 30). Im Nordosten (Venetien) zeigt sich bei der über zehn Jahre alten Bevölkerung die sogenannte ›Glockenform‹. Sie entspricht weitgehend dem Durchschnitt Italiens und sagt aus, daß die jährlichen Geburtenraten annähernd konstant waren; denn bis zum Beginn der Altersreduzierung ab 58 Jahre sind die Jahrgänge nahezu gleich stark. Im mehr agrarisch bestimmten Trentino und in Südtirol, in Venetien, in Latium und in den Abruzzen war 1971 die Basis pyramidenartig verbreitert, so wie das 1871 noch im Durchschnitt ganz Italiens der Fall war.

In Kampanien, Apulien, Basilicata, Kalabrien, Sizilien und Sardinien war die ›Pyramidenform‹ noch nahezu vollkommen vorhanden (Vitali 1976, Fig. 1). Zur ›Urnenform‹ mit abnehmender Geburtenrate kam es dagegen schon ein Jahrzehnt vorher, d. h. bei den Zweiundzwanzigjährigen von 1980, in den Regionen Friaul-Julisch Venetien, im ›Triangolo‹ (Piemont, Lombardei, Ligurien) und in den Regionen Emilia-Romagna und Toskana (Meneghetti 1971, S. 103). Die Krise begann sich aber erst nach dem Zensus 1971 in der Statistik abzuzeichnen. Im allgemeinen zeigt die Bevölkerungspyramide Italiens zwar noch die Glockenform; aber das gilt nur bis zum Jahrgang 1968. Seitdem nehmen die Geburtenraten überall ab, d. h. es besteht Tendenz zur Urnenform, wie sie die Regionen des Industriedreiecks schon bisher gezeigt hatten, wenn auch im Süden und auf den Inseln noch nicht so eindeutig (vgl. Kampanien und Ligurien in Fig. 30).

Der Vergleich der Bevölkerungspyramiden von Italien und der Bundesrepublik Deutschland macht auf grundsätzliche Übereinstimmungen aufmerksam, die durch das gemeinsame historische Schicksal zweier Weltkriege bedingt sind. In die Zeit des Geburtenausfalls in Deutschland während der Weltwirtschaftskrise um 1932 fällt in Italien aber eine Geburtenzunahme. Der Frauenüberschuß setzt schon mit 35 Jahren ein, den Überschuß der männlichen Bevölkerung ablösend, während in der Bundesrepublik dieser Wendepunkt erst bei 50 Jahren liegt. Der gleiche Unterschied besteht aber schon zwischen dem Norden und dem Süden Italiens und ist für die Polarität bezeichnend: Im Zuwanderergebiet der Nordregionen sind die Jahrgänge von Männern und Frauen zwischen 50 und 54 Jahren gleich stark; im Süden aber gibt es schon in der Altersklasse 30–34 Jahre ebenso viele Frauen wie Männer, denn die älteren Männer sind abgewandert.

Differenzen im Altersaufbau zeigen sich bei der Gegenüberstellung der Regionen im Nord-Süd-Gegensatz, weil die Bevölkerungsdynamik durch das regional ungleichgewichtige Wirtschaftspotential erheblich beeinflußt worden ist. Zu diesem innerstaatlichen Entwicklungsgefälle treten außerdem noch individuelle,

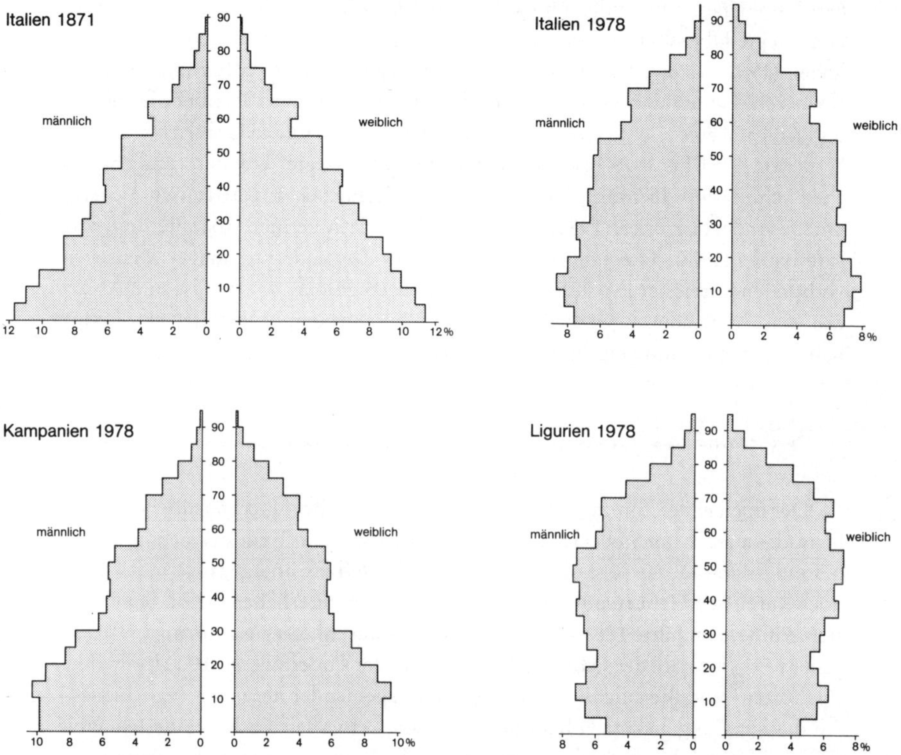


*Fig. 30: Der Altersaufbau der Bevölkerung Italiens 1871 und 1978 und Kampaniens und Liguriens 1978.* Entwurf TICHY 1981.

Dargestellt sind der Altersaufbau der Bevölkerung und seine Veränderungen von der Pyramidenform 1871 zur beginnenden Urnenform 1978 und die Gegensätze zwischen Norden und Süden, wie sie in den gegensätzlichen Regionen Kampanien mit Pyramidenform und Ligurien mit Urnenform nach der fortgeschriebenen Bevölkerung im Jahre 1978 zum Ausdruck kommen.

aus historischen Ausgangsbedingungen ableitbare Bevölkerungsentwicklungen der Teilräume hinzu.

Wird die nach dem Altersaufbau gegliederte Bevölkerung Italiens oder einer der Regionen in zwei zahlenmäßig gleiche Mengen geteilt, dann läßt sich aus dem sogenannten Medianwert erfahren, in welcher Altersstufe die Trennlinie zwischen alter und junger Bevölkerung liegt. Eine hohe Überalterung wird durch einen hohen Medianwert angegeben. Die Ursachen können in geringer Fruchtbarkeit oder in hoher Abwanderung junger Menschen liegen. Die regionalen Gegensätze des Altersaufbaus und dessen Veränderungen zwischen 1961 und 1979 zeigt das unterschiedliche Ansteigen des Medianwertes (ACHENBACH 1981, Fig. 4). In beiden Jahren gab es im Süden und auf den Inseln, aber auch in der Provinz Bozen, noch keine Überalterung; der Medianwert lag dort stets unter dem für Gesamtitalien (1961: 31,6; 1979: 32,7 Jahre). 1979 begann die Überalterung in Molise, Abruzzen, Latium und Venetien. In beiden Jahren hatten auch Trentino, Lombardei und Aostatal eine leichte Überalterung. In den Marken und in Umbrien wuchs der Wert von 1961 bis 1979 rasch an. Dem Typ ausgeprägter Überalterung entsprachen schon 1961 Piemont, Toskana, Emilia-Romagna, Friaul-Julisch Venetien und besonders Ligurien (1980: 40,7 Jahre). Die relativ geringe Überalterung in der Lombardei (1980: 34,6 Jahre) ist die Folge der Zuwanderung junger Menschen, verbunden mit hoher Fruchtbarkeit. In Gebirgsregionen, wie Molise und Abruzzen, sind Abwanderungen die Ursache der Überalterung. In Venetien und Latium haben sich die Familiengrößen verringert.

### b3 Natürliche Bevölkerungsbewegungen. Geburten- und Sterberaten

Der noch in den fünfziger Jahren hohe natürliche Bevölkerungsüberschuß Italiens, das an sechster Stelle der Länder Europas lag, ist bis Ende der siebziger Jahre besonders im Norden so stark gesunken oder in Defizite übergegangen, daß er nur noch durch den Geburtenüberschuß im Süden aufrechterhalten bleibt. Seit der ersten Zählung im Jahre 1861 wuchs die Bevölkerung nahezu gleichförmig, während gleichzeitig die Zahl der Lebendgeborenen und der Todesfälle auf 1000 Einwohner (Geburten- und Sterblichkeitsraten) parallel zueinander absanken (vgl. Fig. 31). An diesem Gang gemessen befindet sich Italien etwa seit Ende des Ersten Weltkriegs in einer Übergangsphase, in der sich die Raten aus dem hohen Niveau der sogenannten vormodernen Phase erniedrigen und aufeinander zu bewegen (Vitali 1976, Fig. 4). Die Geburtenraten sanken rascher als die Sterberaten. Während 1965 noch über 1 Mio. Kinder geboren wurden, kamen 1983 nur 612 900 zur Welt. Ganz Italien ist inzwischen vom Geburtenrückgang erfaßt. Die Salden der natürlichen Bevölkerungsbewegung sind mit Ausnahme Süditaliens für die meisten Provinzen, aber auch für die Hauptstädte, negativ geworden, und die Bevölkerungszunahme hat sich drastisch verlangsamt. Das Bevölkerungsproblem wurde zur Krise Italiens. Die dritte Phase der sogenannten stationären, kontrollierten Bevölkerungsentwicklung ist danach für Mitte der achtziger Jahre zu erwarten. Die Intensität des Geburtenrückganges ist regional zwar unterschiedlich, aber doch überall zu beobachten (Achenbach 1981, Fig. 6). Im Nordwesten liegt Ligurien noch unter den Werten der Regionen Lombardei und Piemont, die sich jetzt einheitlich verhalten. Im Nordosten fielen die Geburtenziffern im Trentino-Südtirol von hohen Werten besonders stark ab, in fünf Jahren um 25%. In allen Nordregionen geht die Entwicklung rasch zu einem gleichmäßig niedrigen Stand. In Mittelitalien war das Ausgangsniveau wegen der starken Gebirgsentvölkerung schon 1968 niedrig, die Geburtenraten sanken dennoch weiter ab. Noch sind die Salden

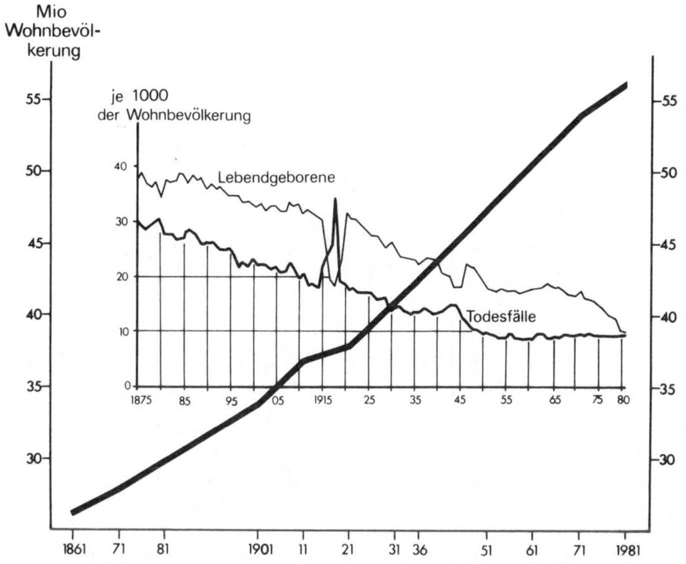


*Fig. 31: Bevölkerungsentwicklung 1861–1981 und Geburten- und Sterberaten 1875–1981.* Aus ACHENBACH 1983, Abb. 1.

aber positiv mit Ausnahme der Provinz L'Áquila (seit 1980). Der Geburtenrückgang hat jetzt auch den Süden erfaßt, was eine Abnahme der bisher noch hohen Geburtenüberschüsse zur Folge hatte. Die Geburtenhäufigkeit des Nordens vor zehn Jahren ist nahezu erreicht, denn die Bevölkerung Süditaliens gleicht sich in ihrem Verhalten dem allgemeinen Trend an. Bevölkerungsdynamisch gesehen läßt sich eine Vierteilung Italiens erkennen: ›Den beiden natürlichen Zunahmegebieten des Südens und der zentralen Padania stehen die arealmäßig sich ausweitenden Abnahmegebiete des Nordwest- und Zentralflügels sowie der äußersten nordöstlichen Peripherie gegenüber‹ (ACHENBACH 1981, S. 25). Mit geringen Ausnahmen haben die Provinzen des Nordens und der Mitte Geburtenraten unter dem italienischen Durchschnitt, der 1978 12,7‰ betrug; 1982 lag er schon bei 10,9‰.

Die Südregionen sind nicht mehr einheitlich zu sehen (ACHENBACH 1981, Fig. 8). Nur in Apulien haben 1981 alle Provinzen außer Brindisi hohe Geburtenraten bis über 16‰. Die Ursachen für die in wenigen Jahren erfolgte Änderung der natürlichen Bevölkerungsentwicklung sind nicht einheitlich und müssen je nach den örtlichen Bedingungen zu erklären versucht werden. ACHENBACH unternahm dies an regionalen Beispielen. Die Sterberaten sind demnach weitgehend stabilisiert, und die Geburtenentwicklung entscheidet über die Bevölkerungsdynamik. Wirtschaftliche Verhältnisse sind wirksam geworden. Dazu kommt der bewußte Verzicht auf Kinder, ferner nicht zustande gekommene Eheschließungen

*Tab. 15: Die natürlichen Bevölkerungsbilanzen für die Jahre 1911/13, 1951/52, 1972 und 1981 in Promille*

| | *1911/13* | | | | | *1951/52* | | | | |
|---|---|---|---|---|---|---|---|---|---|---|
| | Nord | Mitte | Süd | Inseln | Italien | Nord | Mitte | Süd | Inseln | Italien |
| Geburtenrate | 30,0 | 31,0 | 34,7 | 32,4 | 31,9 | 14,4 | 15,7 | 24,5 | 24,2 | 18,2 |
| Sterberate | 18,0 | 18,1 | 21,6 | 20,9 | 19,4 | 11,0 | 9,4 | 10,3 | 9,7 | 10,2 |
| Geburtenüberschuß | 12,0 | 12,9 | 13,1 | 11,5 | 12,5 | 3,5 | 6,3 | 14,3 | 14,5 | 8,0 |
| | *1972* | | | | | *1981* | | | | |
| | Nord | Mitte | Süd | Inseln | Italien | Nord | Mitte | Süd | Inseln | Italien |
| Geburtenrate | 14,6 | 15,0 | 19,7 | 19,0 | 16,3 | 8,8 | 9,8 | 14,8 | 14,4 | 11,0 |
| Sterberate | 10,4 | 9,1 | 8,3 | 8,8 | 9,4 | 10,5 | 9,7 | 8,3 | 8,8 | 9,6 |
| Geburtenüberschuß | 4,1 | 5,9 | 11,4 | 10,2 | 6,9 | –1,7 | 0,1 | 6,5 | 5,6 | 1,4 |

Quellen: MORTARA 1960, Tab. 1; ISTAT: Ann. Stat. It. 1982, Tav. 12. Popolazione e movimento anagrafico dei comuni Vol. 22, 1978, Tav. 1.

und die allgemeine Tendenz zum Zweikindersystem. Bisher hatten das Wirtschaftswachstum und das hohe Angebot an Arbeitsplätzen im Norden die Geburtenraten im Süden hochgehalten. Deren Verknappung in den Zielgebieten der Binnenwanderung führte zur entscheidenden Wende, es waren nicht etwa Veränderungen in den Herkunftsgebieten (ACHENBACH 1981, S. 54). Dennoch besteht kein Anlaß, daraus eine Abschwächung des ökonomischen Ungleichgewichtes abzuleiten, aber jetzt bestehen dazu die Voraussetzungen.

Als gesellschaftlich bestimmte Charakteristika des Südens sind höhere Säuglings- und Kindersterblichkeit zu erwarten als Folgen hoher Kinderzahl in manchen Familien, unhygienischer Lebensbedingungen und entsprechender Krankheiten sowie unzureichender Ernährung und Versorgung. Im Jahr 1971 starben in 14 von den 33 Provinzen im Süden und auf den Inseln noch mehr als 35‰ der Kinder im ersten Lebensjahr. Das Maximum lag in der Provinz Neapel mit 48‰, wo 1979 die tragische Situation offenkundig wurde, als eine Häufung von plötzlichen Todesfällen auftrat; aber auch Bologna und Frosinone kamen über 30‰ hinaus. Ein weiteres Merkmal des Südens ist der geringe Anteil unehelicher Geburten an allen Geburten (Minima 1979) in Molise und Basilicata im Unterschied zu den hohen Anteilen in Alpenregionen vom Aostatal bis Südtirol, worin das alpenbäuerliche Verhalten zum Ausdruck kommt (Ann. Stat. It. 1982, Tav. 21).

## b4 Familiengröße

Es bestehen zwar beträchtliche Unterschiede zwischen den Regionen, wenn man das Merkmal Familiengröße vergleichend betrachtet; der zu vermutende Gegensatz zwischen großen Familien im Süden und weniger großen im Norden zeigt sich aber nicht (ACHENBACH 1983, Abb. 3 u. 4). Bedeutender sind die Differenzen meistens zwischen den drei Wirtschaftssektoren und zwischen Stadt und Land. Der Bevölkerungssituation im Norden entspricht die erwartete größere Familie auf dem Land und in der Landwirtschaft und die kleinste im tertiären Sektor. Im Süden aber ist die Homogenität bestimmend. Die landwirtschaftlichen Familien sind wahrscheinlich wegen der Abwanderung kleiner als die des sekundären Sektors. Mit Ausnahme von Kalabrien sind die Familien auf dem Land sogar kleiner als in den Städten. Dabei muß freilich berücksichtigt werden, daß beträchtliche Teile der landwirtschaftlich tätigen Bevölkerung in ›Städten‹ mit mehr als 20000 Einw. leben. Die Gegensätzlichkeiten in der natürlichen Bevölkerungsentwicklung können nicht auf diejenigen zwischen Norden und Süden reduziert werden. Auch der Norden weist in sich stark divergente Entwicklungen auf (ACHENBACH 1981). Im Piemont könnten sie historisch begründet sein wegen der früher einsetzenden Reduktion der Geburten nach französischem Vorbild. Die zugezogene Bevölkerung übernahm alsbald diesen Trend. In Venetien dagegen folgte die Bevölkerung in Stadt und Land erst spät dem für das Industriezeitalter üblichen Verhalten. Es ist zu erwarten, daß sich allmählich in ganz Italien niedrige Geburtenraten einstellen werden und die regionalen Unterschiede noch geringer werden. Weil die Ursachen dafür aber in Nord und Süd andere sind, ist das einheitlicher werdende Verhalten der Bevölkerung nicht gleichbedeutend mit einem Ende der Gegensätze zwischen den beiden Italien. So ist die Migration kein Ausweg mehr, die Familien müssen nun auch im Süden klein gehalten werden.

›Im Hinblick auf die zukünftige Entwicklung des Staates kann aber davon ausgegangen werden, daß die Situation des Südens in einem neuen Licht erscheint. Dessen Abgeschlagenheit wird nunmehr nicht permanent reproduziert durch die wirtschaftliche Schwäche und die unaufhörliche Zunahme der Bevölkerung. Vielmehr bleibt zu hoffen, daß eine verstärkte rationale und einzelfamiliäre Lebensauffassung auch einen Prozeß vermehrter wirtschaftlicher Aktivitäten auslöst, welche den Süden in die Lage versetzen, zumindest allmählich den Teufelskreis der sich ständig erneuernden Armut und Aussichtslosigkeit zu durchbrechen‹ (Achenbach 1981, S. 100).

### *c) Die Bevölkerungsverteilung im räumlichen und zeitlichen Wandel Verdichtung und Ausdünnung*

Das Studium von Karten und Luftbildern, aber auch die direkte Beobachtung beim Überfliegen des Landes können einen richtigen Eindruck von der mehr oder weniger dichten Verbreitung großer und kleiner Siedlungen und damit der Bevölkerung geben. Als Anschauungsmittel, in denen die Daten einer Volkszählung verarbeitet sind, dienen Karten der Bevölkerungsverteilung. Verschieden dicht bewohnte Räume sind auf diese Weise nach dem Maß ihrer Wohndichte abzugrenzen und zu kennzeichnen. Sie erlauben es, Überlegungen darüber anzustellen, welches die Ursachen sind, die einerseits Beharrung oder geringe Entwicklung, andererseits industrielle oder großstädtische Ballung zur Folge hatten.

Karten absoluter und relativer Darstellung aus verschiedenen Jahren bieten sich an und lassen sich für entsprechende Interpretationszwecke nutzen (vgl. Literaturübersicht in Kap. III 2f). Für diese Länderkunde haben K. Rother und seine Mitarbeiter drei Karten auf Grund der Originaldaten entworfen und dankenswerterweise zur Verfügung gestellt (Karten 6, 7 und 8; Rother 1980c).

Erstmals liegt eine Bevölkerungsdichtekarte für 1871 vor, die den Zustand zur Zeit der Entstehung des Einheitsstaates und der beginnenden Industrialisierung zum Ausdruck bringt und damit zum Verständnis des heutigen Verteilungsbildes beitragen kann (vgl. Karte 6). Die ausgedehnte Bevölkerungsagglomeration höchster Dichte am Golf von Neapel ist besonders auffällig. Ihr kommen auf kleinerer Fläche nur alte Haupt- und Residenzstädte, wie Turin, Mailand, Genua, Florenz, Palermo und Messina, gleich, aber auch Bérgamo und Bologna. Noch tritt Rom zurück mit ähnlichen Dichtewerten wie die Umgebung von Mailand, wie Venedig, die Versília mit Livorno, wie Bari und Catánia. Dicht bewohnt war schon die Po-Ebene ohne den Polésine, aber mit der Via Emília und deren Fortsetzung an der Adriaküste bis über Pescara hinaus, ebenso wie die ligurische Küste und das untere Arnogebiet ab Florenz. An der Adria ist schon der auf der tyrrhenischen Seite noch undeutliche Gegensatz in der Bevölkerungsdichte zwischen Küstenraum und Gebirge deutlich, abgesehen von der Unterbrechung durch Tavoliere und M. Gargano. Auffällig ist die Brücke dichterer Besiedlung zwischen Pescara und Neapel über den Apennin hinweg, die heute nicht mehr besteht. Dünn bewohnt sind noch Küstenräume an der nördlichen Adria, der Polésine, die Maremmen der südlichen Toskana und von Latium, die Pontinischen Sümpfe, die Seleniederung, die Ebenen am Golf von Tarent, der Marchesato Kalabriens und in sehr auffälliger Weise ganz Sardinien, insbesondere sein Ostteil.

Vergleicht man die Bevölkerungsdichtekarten von 1871 und 1971 miteinander, dann läßt sich die Konstanz der genannten Schwerpunkte und die weitere Verdichtung und Ausweitung in den Dichtegebieten von 1871 ablesen (vgl. Karte 6 und 7). Eine Ausweitung gab es besonders nördlich von Mailand, weniger um Turin, dann auf dem venetischen Festland. In und um Rom, am Saum der Adria und in auffälliger Weise in Apulien, mit Tarent und auf der Salentinischen Halbinsel, kam es zur kräftigen Verdichtung. In Sizilien gewannen die Küstenräume an Bevölkerung, nicht aber in Sardinien trotz der Zunahme um Cágliari und Sássari mit der Nurra. Im Apennin treten Perúgia und Terni mit ihrer Umgebung hervor. Einst dünn bewohnte Küstenebenen verdichteten sich dank der Bodenreformmaßnahmen. Dazu gehören die Seleniederung, der Agro Pontino, Fórmia am Golf von Gaeta, die Ebene von Síbari und die Ebenen von Cágliari mit dem Campidano. Noch klafft eine Lücke im Küstenstreifen der Maremmen zwischen Grosseto und Civitavécchia.

In den Jahren zwischen 1951 und 1971 haben sich mit der Binnenwanderung sehr tiefgreifende Bevölkerungsverschiebungen vollzogen, die zur Verdichtung der wirtschaftlichen Aktivräume und zur Verdünnung der Passivräume Italiens geführt haben (vgl. Karte 8). Im nördlichen und mittleren Apennin kam es zu weiteren Verlusten. Abnahmen gab es auch in der östlichen Po-Ebene und im Friaul. In den Alpen war die Entwicklung unterschiedlich, denn einige Haupttäler gehören zu den Gewinnern (Aostatal, Val d'Óssola, Veltlin, Trentiner Etschtal) und auch Südtirol (Rother 1980c, S. 107). Der Zensus von 1971 hat einen Zustand nach der Periode stärkster Binnenwanderung erfaßt, der kurz vor der folgenden Konsolidierungsphase stand. Die Entleerung der Höhensiedlungen ging zwar weiter, aber die Ballungsräume wuchsen nur noch langsam oder schrumpften sogar wie Genua. Der Kontrast zwischen gering bewohnten Abwanderungsräumen mit weniger als 50 Einw./km² und den Wachstums- und Dichtegebieten mit mehr als 200 bis 400 Einw./km² wird dennoch bestehenbleiben. Zwischen diesen beiden regionalen Typen der demographischen Entwicklung liegt ein ›peripherer Bereich‹, in dem sich nach der starken Abwanderung in der Periode 1957–1963 eine

*Tab. 16: Prozentanteil und Dichte der Bevölkerung in den Höhenstufen 1921–1981*

| Jahr Zensus | Ebene unter 300 m 69752 $km^2$ | | Hügelland 300–600 (700) m 125486 $km^2$ | | Bergland über 600 (700) m 106055 $km^2$ | | Italien 301268 $km^2$ |
|---|---|---|---|---|---|---|---|
| | % | Dichte | % | Dichte | % | Dichte | Dichte |
| 1921 | 37,6 | 207 | 42,3 | 133 | 20,4 | 75 | 130 |
| 1951 | 41,8 | 285 | 40,7 | 154 | 17,5 | 78 | 158 |
| 1961 | 44,3 | 322 | 39,7 | 160 | 16,1 | 77 | 168 |
| 1971 | 47,2 | 366 | 38,5 | 166 | 14,3 | 73 | 179 |
| 1981 | 47,7 | 385 | 38,7 | 174 | 13,5 | 72 | 187 |

Quelle: Doc., Nr. 10, 1969, S. 835 u. ISTAT 12. Censimento generale della popolazione 1981, Vol. 1, 1982.

Wiederbesiedlung ereignet. Es läßt sich seit 1967 eine Art Erholungsprozeß erkennen, der mit einer in westlichen Industrieländern zu beobachtenden Abwanderung aus Ballungsräumen und der Bevölkerungszunahme in nichturbanisierten Räumen vergleichbar ist und der mit der Dezentralisierung von Industrie und Dienstleistungen in Verbindung steht (Dematteis 1982).

Als Einheiten höchster Dichte erscheinen die großstädtischen Gemeindeareale mit ihrer Umgebung, die in Turin, Mailand, Rom und Venedig zur Konurbation zusammengefaßt worden sind. Die Stadtgemeinden erreichen viel höhere Werte als die Konurbationen. Beispiele dafür sind Mailand, als Gemeinde im Jahr 1967 mit einer Dichte von 9240, in der Konurbation mit 93 Gemeinden noch immer mit 2620 Einw./$km^2$; Neapel mit 10745 als Gemeinde, mit 3650 zusammen mit 40 Comuni; Rom als Gemeinde mit 1735, mit 40 Comuni noch 875; Turin als Gemeinde mit 8640, mit 24 Comuni 2336 Einw./$km^2$ (Meneghetti 1971; vgl. Kap. III 4 a4).

Das Relief ist als Hauptfaktor der ungleichmäßigen Bevölkerungsverteilung heranzuziehen, vermag freilich die Lage der Ballungsräume nicht allein zu erklären, um so mehr aber die dünn bewohnten Gebirgsräume. Klimaungunst und Steilhänge begrenzen die landwirtschaftliche Bodennutzung, und der Fremdenverkehr ist nur in wenigen Gemeinden von wirtschaftlicher Bedeutung, ohne doch Dauerwohnplätze zu sichern. Die Bevölkerungsverteilung nach Höhenstufen wird in der italienischen Statistik seit langem verfolgt und erlaubt eine vergleichende Betrachtung (vgl. Tab. 16). Lebten um 1951 nur etwa zwei Fünftel der Bevölkerung in der Ebene oder in Höhen bis 300 m, so ist es 1981 fast die Hälfte, und zwar auf Kosten von Gebirge und Hügelland, auch wenn im Hügelland die Bevölkerungsdichte zugenommen hat (zur Gebirgsentvölkerung vgl. Kap. III 3 d6).

In den von der Landwirtschaft geprägten Bereichen, wo Boden- und Wasserverhältnisse die begrenzenden Faktoren sind, werden selten höhere Dichten er-

*Tab. 17: Die Verteilung der Bevölkerung auf die Großräume und Höhenstufen in den Jahren 1921 und 1981 in Prozent*

| | Ebene | | Hügelland | | Gebirge | | Gesamtfläche | |
|---|---|---|---|---|---|---|---|---|
| | 1921 | 1981 | 1921 | 1981 | 1921 | 1981 | 1921 | 1981 |
| | in % | | in % | | in % | | in 1000 | |
| Nordwesten | 49,7 | 57,9 | 27,6 | 25,3 | 22,7 | 16,8 | 10047 | 15258 |
| Nordosten | 57,5 | 63,7 | 22,9 | 21,8 | 19,6 | 14,5 | 8235 | 10349 |
| Mitte | 17,7 | 36,3 | 63,3 | 53,9 | 19,0 | 9,8 | 6665 | 10755 |
| Süden | 25,3 | 35,7 | 53,3 | 51,5 | 21,4 | 12,8 | 9341 | 13432 |
| Inseln | 30,0 | 42,1 | 54,4 | 46,1 | 15,6 | 11,8 | 5109 | 6450 |
| Italien | 37,6 | 47,7 | 42,2 | 38,7 | 20,2 | 13,5 | 39397 | 56244 |

Quelle: Doc., Nr. 10, 1969, S. 835 u. ISTAT 12. Censimento generale della popolazione 1981, Vol. 1, 1982.

reicht. In der kampanischen Ebene östlich des Vesuv mit 600–1000 Einw./km² steigt sie im intensiv bewässerten Sarnotal bis 1700, z. B. in Scafati/Provinz Salerno, einer Gemeinde, in der sich rund ein Fünftel der Bevölkerung einschließlich ihrer Familienangehörigen mit der Landwirtschaft befassen. Solche Werte sind in ländlichen Ballungsgebieten der Erde selten (Wagner 1967, S. 168). Auch die 200–400 Einw./km² auf der Salentinischen Halbinsel oder zwischen Trápani und Marsala wird man der agrarischen Nutzung zurechnen können. Überall aber erhöhen Handel, Verkehr und Industrie die Dichtewerte beträchtlich, auch wenn man Spitzenwerte der Wohndichte in Großstädten unberücksichtigt läßt.

### *d) Die Berufs- und Erwerbsstruktur im räumlichen und zeitlichen Wandel*

Die sehr unausgeglichene Bevölkerungsverteilung Italiens mit dicht bewohnten Ballungsräumen und dünn besiedelten Gebirgsregionen und Hügelländern erinnert im Kartenbild an das Hoch und Tief einer Höhenschichtenkarte; die Gefälleverhältnisse liegen aber gerade in umgekehrter Richtung im Vergleich zum Relief und auch umgekehrt zur Verteilung von Räumen hohen und niedrigen Geburtenüberschusses oder gar Geburtendefizits. Durch Wanderungsbewegungen kommt es zwischen letzteren zum Ausgleich, so wie es sich bei der Süd-Nord-Wanderung ereignet hat. Bei der Verteilung verschieden großer Bevölkerungsdichte dagegen führt die Wanderung zur Verstärkung der Gegensätze, die Ballungsräume wachsen, und die an Einwohnern armen Bereiche werden noch leerer, zumindest an jungen Jahrgängen. Hier spielt also nicht der Bevölkerungsdruck der großen Menschenzahl die maßgebende Rolle, sondern die Bewertung, die ein

Bewohner der dicht oder dünn besiedelten Gebiete erfährt oder die er seinem Lebensraum und seinen Lebensmöglichkeiten dort selbst zuschreibt. Schließlich sind die sozialen Strukturen der Bewohner entscheidend dafür, ob die Bevölkerungsverteilung mehr oder weniger stabil bleibt, unter denen z. B. die Berufstätigkeit, der Bildungsstand und das Ausbildungsniveau der Erwerbspersonen aus der Statistik leicht zu erfahrende Eigenschaften sind, während die Bewertungskriterien auch durch soziologische oder sozialgeographische Befragungen kaum direkt zu erfassen sein dürften. Bevor die Bevölkerungs- und Siedlungsveränderungen mit den Wanderungsvorgängen zu behandeln sind, sei deshalb ein Blick auf die Verteilung und die Veränderungen der Berufs- und Erwerbsstrukturen geworfen; denn wieder lassen sich Indizien zur Beantwortung der Frage erwarten, ob sich das wirtschaftliche und soziale Ungleichgewicht abzuschwächen beginnt oder ob sich die Disparitäten sogar noch verstärken (WAGNER 1975, S. 67).

### d1 Beschäftigtenstruktur

Erst in den Jahren vor dem Zweiten Weltkrieg begann Italien den Weg vom Agrarstaat zum Industriestaat zu gehen, in dem die Wirtschaftsleistung überwiegend vom gewerblichen, dem sekundären Sektor, erbracht wird (Fig. 32 und Tab. 19). Die Zahl der in der Landwirtschaft Tätigen von 8,6 Mio. beim Zensus 1881 war nach beträchtlicher Zunahme während des Ersten Weltkrieges und folgender Abnahme bis 1936 auf 8,84 Mio. gewachsen (VITALI 1968, S. 16). Die Produktionsfläche war nahezu die gleiche geblieben, und die arbeitskräftesparende Mechanisierung hatte kaum begonnen. Der landwirtschaftliche Anteil an den Erwerbstätigen war von 56,8 (1881) bis 1936 nur auf 48% gefallen. Erst nach 1951 (43,9% bei 8,26 Mio.) machte sich die industrielle Entwicklung in der von nun an immer rascher vor sich gehenden Verminderung der agrarisch Beschäftigten bemerkbar. Im Jahr 1961 waren es 5,69 Mio. oder 29,1%; 1984 nur noch 2,43 Mio. oder 11,8%. Der sekundäre Sektor war wie der tertiäre aufnahmefähig, und dennoch blieb der Bevölkerungsdruck auf das Land erhalten; es war nur die überschüssige Bevölkerung abgeflossen, bis schließlich doch Mangel an landwirtschaftlichen Arbeitskräften spürbar wurde. Der Wandel in der Berufsstruktur verlief in den zwanzig Jahren zwischen 1951 und 1971 in rapider Weise, und zwar gleichzeitig mit dem Wechsel des Arbeitsortes großer Bevölkerungsteile, d. h. mit der Landflucht (ROTHER 1974, S. 72); es sind aber auch statistische Erhebungskriterien zu berücksichtigen, z. B. zum Anteil der 10–14 Jahre alten Kinder und außerdem hinsichtlich der Unterbewertung der Frauenarbeit.

Im Süden, einschließlich Sardinien, blieb der Vorrang des Agrarsektors noch viel länger erhalten. Bis 1936 hatte sich trotz der Bevölkerungszunahme von 9,8 auf 15,4 Mio. nichts geändert; die absolute Zahl der in der Landwirtschaft Arbeitenden hielt sich bei 3,2–3,5 Mio. mit einem Anteil von 56,7% im Jahr 1951, in Gewerbe und Industrie waren es

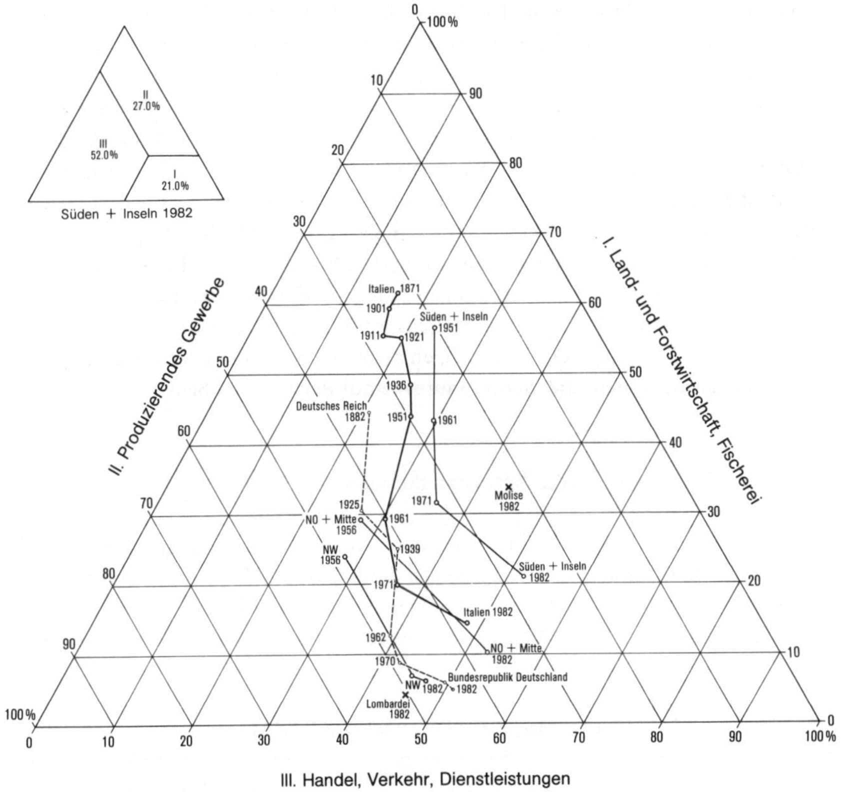


*Fig. 32: Die Entwicklung der Beschäftigtenstruktur.* In Anlehnung an Monheim 1972, S. 394 erweitert und verändert.

1,3 Mio. (20,1 %) (vgl. Rodgers 1979, S. 15–19; Vöchting 1951, S. 649 und Wagner 1975, Tab. 7). Gleichzeitig lebten aber 1936 4,1 Mio. Erwerbstüchtige untätig oder waren nur zum Teil beschäftigt. Wie im Jahre 1971 arbeitete auch 1984 mehr als die Hälfte der agrarischen Bevölkerung Italiens im Süden und auf den Inseln (51,0 %), es waren 1,2 Mio. von insgesamt 2,4 Mio.

In der geringen Abgabe von landwirtschaftlichen Arbeitskräften kann man mit Rother (1974, S. 72) einen gewissen Erfolg der staatlichen Programme zur Verbesserung der Wirtschaftslage und der Lebensbedingungen der Bevölkerung sehen. Die Regionen des Südens liegen mit ihrem Anteil an Beschäftigten im primären Sektor, zwischen 15,5 % in Sardinien und 33,3 % im Molise, über den traditionell agrarischen Exportgebieten Südtirols (Provinz Bozen 16,6 %, 1982) und der Emilia-Romagna (13,4 %). In den von der gewerblichen Wirtschaft geprägten Nordwestregionen wird die Landwirtschaft in einer rationellen und arbeitskraftsparenden Weise betrieben, so daß sie mit einem Anteil von 10 % (Piemont), 4,1 % (Lombardei) und 8,4 % (Ligurien) auskommt (Le regioni in cifre 1983, Tav. 56). Die Veränderungen in der Erwerbs- und Berufsstruktur sind vielseitiger, als sie hier zu verfolgen sind. Verschiebungen in der sozialen Schichtung waren damit verbunden, auch noch 1961–71. In der Landwirtschaft nahm der Anteil der Selbständigen – sicherlich auch dank der Bodenreform – zu, bisher mithelfende Familienangehörige fanden andere Beschäftigung und schieden aus der Landwirtschaft aus. Im sekundären Sektor verminderte sich der Anteil der Selbständigen nicht zuletzt durch den Niedergang des überbesetzten Handwerks und das Vordringen von Großbetrieben; die unselbständigen Arbeitskräfte behielten ihren Anteil von 75 %. Diese Entwicklung dürfte anhalten, wenn auch in der Landwirtschaft wieder mit einer Abnahme der Selbständigen zu rechnen ist, durch Vergrößerung der Betriebe auf der einen und Betriebsaufgabe auf der anderen Seite.

### d2 Berufstätigkeit der Frauen

Problematisch sind Angaben über den Anteil der berufstätigen Frauen vor allem im Vergleich mit älteren Erhebungen und im Vergleich zwischen Norden und Süden. Im allgemeinen sind Frauen weniger als in anderen Industrieländern Europas am (offiziellen) Wirtschaftsleben beteiligt; es ist das Problem der Hausfrauen-

*Tab. 18: Beschäftigte und unbeschäftigte Arbeitskräfte 1982*

| | Beschäftigte | | Unbeschäftigte | | |
|---|---|---|---|---|---|
| | Gesamt in 1000 | Frauen in % | Gesamt in 1000 | Frauen in % | Anteil an Arbeitskräften in % |
| Nordwesten | 6132 | 34,6 | 434 | 60,1 | 6,6 |
| Nordosten | 4764 | 29,6 | 310 | 61,3 | 6,9 |
| Mitte | 4056 | 31,9 | 383 | 55,4 | 8,6 |
| Süden | 4382 | 29,7 | 643 | 51,5 | 12,8 |
| Inseln | 1942 | 22,1 | 299 | 52,5 | 13,3 |
| Italien | 20678 | 31,7 | 2068 | 55,6 | 9,1 |
| erstmals Arbeit suchend | | | 1166 | 52,1 | |
| sonstige Arbeit suchend | | | 619 | 68,2 | |
| arbeitslos | | | 283 | 42,8 | |

Quelle: ISTAT: Le regioni in cifre 1983, Tav. 57.

tätigkeit. 1982 lag der Anteil bei 32%, in der Bundesrepublik Deutschland bei 38%. Vom Nordwesten, wo er 35% betrug, verringerte er sich auf 30% im Süden und 22% auf den Inseln (Tab. 18). In der Landwirtschaft jedoch waren Frauen stets in einem höheren Verhältnis beteiligt (1881 mit 37,4%, 1936 mit 38,1%, 1981 mit 35,3%), wenn auch in geringerer Zahl in Sizilien (1981: 21,1%) oder Sardinien (1981: 12,5%; 1961 nur 5,5%!). Der Grund dafür ist in der extensiven latifundistischen Wirtschaft zu sehen, die besonders in Sizilien verbreitet war. Hier haben sich historische Verhaltensformen entwickelt, die Frauenarbeit auf dem Feld nicht zulassen (Rochefort 1961, S. 85). Das gilt in weitaus höherem Maß für die Weidewirtschaft Sardiniens, nicht aber für die intensive mediterrane Fruchtbaum- und Weinkultur (Apulien 1981 mit 46,4%, Kampanien 50,6%) oder für die kärgliche Gebirgslandwirtschaft in den Abruzzen (37,5%) und im Molise (52,5%) oder in der Basilicata (50,8%). Als Folge der Abwanderung männlicher Arbeitskräfte stieg der Anteil der Frauen in allen Großräumen an, weshalb man von der ›Femminazzazione‹ spricht, die sich gleichzeitig mit der Überalterung, der ›Senizzazione‹, ereignet hat (Barberis 1965, S. 104). Die Daten für 1981 sind ein beredter Ausdruck für die einschneidende Veränderung. In drei Regionen arbeiten nun sogar mehr Frauen als Männer auf dem Feld, während 1961 das Maximum noch bei 43,1% in der Basilicata lag.

### d3 Erwerbstätige Jugendliche und illegale Arbeitsverhältnisse

Charakteristisch für die differenzierte Entwicklung innerhalb Italiens, aber auch Italiens insgesamt, ist der unterschiedliche Anteil der Altersgruppen am Berufsleben, d. h. die altersspezifische Erwerbsquote. Mit unter 40% Erwerbstätigen an der Gesamtbevölkerung (1980) ist ein Anteil erreicht, der noch unter dem Durchschnitt vieler Entwicklungsländer liegt, in denen die nicht erwerbsfähigen jungen Jahrgänge stark besetzt sind. Erstaunlich gering aber ist die Erwerbsquote bei den 14- bis 19jährigen mit nur 29% (1971) gegenüber Industrieländern mit 50% im gleichen Jahr, wenn es auch zusammen mit den die erste Arbeit Suchenden 39% sind (vgl. Ruppert 1982, S. 42, ISTAT 11. cens. gen. Vol. X, 1976, Tav. 19). Immer mehr Jugendliche dieser Jahrgänge treten als Schüler und Studenten später als bisher in das Berufsleben ein (1971: 47,3%, Hausfrauen 12%). Derartige statistische Daten sind trotz aller Genauigkeit der Erhebung und Berechnung kein Spiegelbild der Wirklichkeit des Wirtschaftslebens. Ebensowenig wie sie den tatsächlich hohen Anteil der Frauen als Arbeitskräfte auf dem Lande in Teilzeitarbeit und im Heimgewerbe berücksichtigen, lassen sie die trotz Verbot weiter bestehende Kinderarbeit erkennen. Viele Familien, insbesondere im Raum Neapel, würden ohne Beteiligung aller ihrer Mitglieder an der Einkommensbeschaffung auf jede nur denkbare Weise nicht existieren können. Schwerwiegende Unfälle von Kindern in Werkstätten, die von keiner Versicherung gedeckt sind, haben Aufsehen erregt. Der kleine Junge, der den Beamten und Angestellten ihren Espresso ins Dienstzimmer bringt, und der Ladenbote, der die Signora mit ihren Einkäufen begleitet, gehören zum Alltag.

In der Beschäftigtenstatistik bleibt die gesamte ›Untergrundwirtschaft‹ (economia sommersa; vgl. Kap. IV 2 b4) selbstverständlich unberücksichtigt. Nach einer Schätzung von 1979 (Doc. 30, 1982, Nr. 19) sind daran beteiligt: 280000–400000 Einwanderer aus mediterranen Entwicklungsländern, Frauen mit Teilzeitarbeit, 1,16 Mio. Beschäftigte mit Doppelarbeit, die produktive Arbeit von Lehrlingen (690000) und die Heimarbeit von Alten, Frauen und Kindern (vgl. Ist. di sociol. Turin 1979, ›Lavorare due volte‹). Illegal tätig und deshalb offiziell nicht erfaßt sind die wachsenden Mengen von Ausländern (Arena 1982; Reyneri 1979, S. 117). Sie finden sich konzentriert in Rom, Genua und Mailand besonders als Hauspersonal aus Eritrea, Somalia, den Philippinen und anderen Ländern. Andere leisten Saisonarbeit an Touristenplätzen der Adria, Tunesier tun dies im Weinbau Westsiziliens (Castelvetrano), in Südostsardinien und in der Fischerei (Mazara del Vallo). Nordafrikaner sind in der Emilia-Romagna im Baugewerbe, in metallverarbeitenden Betrieben und kleinen Gießereien beschäftigt.

### *e) Lebens- und Wirtschaftsräume im Ungleichgewicht*

#### e1 Italien als Modellfall für wirtschaftsräumliche Disparitäten

Mit seinen Gegensätzen in der Naturausstattung zwischen Norden und Süden, zwischen Ebene und Gebirge, die ebenso offenliegen in der Art und Dichte der Besiedlung, und mit den erheblichen Unterschieden im Wohlergehen und in der Wirtschaftskraft seiner Bewohner gilt Italien als überzeugendes Beispiel eines Landes innerer Ungleichheiten. Bei grober Betrachtung ist es ein Dualismus, der allen schon mehr als ein Jahrhundert dauernden Bemühungen zum Trotz sich nur wenig abschwächen ließ. Deshalb diente Italien auch als Modellfall für theoretische Überlegungen und für Diskussionen allgemeiner Fragen der Entwicklungspolitik, die sich mit der Überwindung sogenannter ›raumwirtschaftlicher Disparitäten‹ befassen (Lutz 1962; Jochimsen 1965; Holland 1971). Dabei stellten sich Fragen wie diese: Ist nicht die Ungleichheit notwendig, ist nicht ein regionales Gefälle erforderlich, um Kräfte freizusetzen, die ein Wachstum sichern und in Gang halten können? Hätte sich die Industrie in Nordwestitalien ohne den Zuzug meist ungelernter Arbeitskräfte aus den Regionen des Südens in der Nachkriegszeit so rasch entwickeln können? Das ist die gleiche Frage, die bei der Diskussion der Wirtschaftsentwicklung in der Bundesrepublik Deutschland hinsichtlich des Anteils der ausländischen Arbeitskräfte gestellt wird. Für die Zielräume brachte die Wanderungsbewegung zwar erhebliche Probleme mit sich, wirtschaftlich aber vielfachen Gewinn. In diesem Fall erscheinen Zuwanderungsgewinne geradezu als partielle Voraussetzung für Wachstum und Entwicklung. Für die Abwanderungsräume ist dagegen zu fragen, ob deren Entlastung von Arbeitslosen und Unterbeschäftigten Vorteile gebracht hat. Nach der These von V. LUTZ soll Wirtschaftswachstum erst durch verstärkte Abwanderung ermöglicht werden. Große und offensichtliche Nachteile treten aber in den Abwanderungsbereichen selbst auf, weil die Wanderung selektiv erfolgt, denn gerade die jungen Jahrgänge im erwerbsfähigen Alter verlassen ihre Heimat (CINANNI 1975). Man kann der These ›Entwicklung durch Abwanderung‹ eine Gegenthese ›Unterentwicklung durch Abwanderung‹ gegenüberstellen. Oder gilt die Meinung von HIRSCHMAN (1967, S. 62), daß Ungleichheiten erhalten bleiben müssen, damit eine Druck- und Anreizsituation die Entwicklung fördern kann? Die Politik des Ausgleichs mit großer finanzieller Hilfe (ROSENSTEIN-RODAN 1943, S. 208) und die Begründung von Wachstumspolen nach dem Konzept von PERROUX (1955; vgl. SCHILLING-KALETSCH 1976, S. 7ff.) schienen am ehesten einen raschen Erfolg zu versprechen. Kann man mit einer ›dezentralen Konzentration‹ den Problemräumen langfristig Hilfe bringen? Neue Industrien können zur Selbstverstärkung innerhalb der Förderungszone führen, was aber auf Kosten anderer, benachbarter Bereiche zu deren Abschwächung führen kann. Das ›Prinzip der zirkulären und kumulativen Verursachung‹ nach MYRDAL (1959) mit seinen Ausbreitungs- und Kontereffekten hat viel für sich.

## e2 Zu den Ursachen der Notstandsgebiete in Süditalien

Der naturräumliche Gegensatz, wie er vor allem vom Klima, der Sommertrokkenheit des Südens, bestimmt ist und sich bei dem Vergleich der landwirtschaftlich nutzbaren Böden, der Vegetation und der Wasserverhältnisse wiederfindet, ist lange als nahezu unüberwindliche Tatsache hingenommen worden. Die seit Jahrtausenden erprobten Anbauverfahren bei Getreidebau und Baumkulturen, mit Terrassenanlagen und Bewässerung waren kein genügender Ausgleich gegenüber Waldzerstörung, Bodenabtrag, Gewässerverwilderung und Versumpfung. Großgrundbesitz und extensiver Getreidebau schienen dem Land schicksalhaft auferlegt zu sein. Solange die Bodennutzung fast die einzige Wirtschaftsgrundlage der Bevölkerung war, mußte der Kontrast zu dem sich entwickelnden Norden immer stärker hervortreten. Die Klimagunst, die sich in der höheren Zahl der Sonnentage, der stabilen Sommerwitterung und der intensiven Strahlung zeigt, ist durch die Fremdenverkehrswirtschaft erst in jüngerer Zeit in höherem Maß in Wert gesetzt worden und bietet einige Möglichkeiten zur Energienutzung, wie z. B. durch Sonderkulturen.

Erfahrene und berühmte Südpolitiker wie G. FORTUNATO und E. AZIMONTI haben sich um die Jahrhundertwende angesichts der widrigen Naturbedingungen recht pessimistisch geäußert. Nur der Geograph MARANELLI (1908, 1946) trat dem

Problem optimistisch entgegen (CAIZZI 1962, S. 162; BUCHER 1963, S. 39): ›Es handelt sich in der Tat nicht darum, die jährliche Regenmenge zu erhöhen; keiner ist so töricht, das Unmögliche zu verlangen; aber es handelt sich darum zu sehen, ob die extensive Kultur verschwinden oder sich wenigstens bedeutend verringern kann, wenn man das Wasser, das man schon hat, besser benützt.‹ Die milden feuchten Winter sollten im Süden seiner Meinung nach auch einen genügenden Viehstand auf der Grundlage des Futterpflanzenanbaues ermöglichen können. Die gewaltige Auswanderungsbewegung aus den Südregionen hatte die Öffentlichkeit und die Regierung aufgeschreckt, das Südproblem verlangte Entscheidungen. Doch zunächst unterrichtete man sich durch eine umfassende Erhebung über die Lebens- und Wirtschaftsbedingungen der ländlichen Bevölkerung in den Südprovinzen und in Sizilien (Inchiesta Parlamentare etc. 1909–1911; vgl. RÜHL 1912a). Wie kam es zu dieser Eskalation der gegensätzlichen Zustände?

›Wer nach den Hintergründen für die Entstehung dieses wirtschaftlichen Notstandsgebietes in Süditalien fragt, findet keine monokausale Erklärung, sondern ein Bündel interdependenter Gründe geographischer, agrarhistorischer und agrarsoziologischer Provenienz, zu denen nach Vollendung der nationalen Einheit verstärkt ökonomische Faktoren hinzutraten.‹ Diese von OTTO (1971, S. 42) gegebene Feststellung läßt sich auch als Ergebnis der ausführlichen Untersuchung von VÖCHTING (1951) bestätigen, die aus der Fülle der Literatur, die sich mit der italienischen Südfrage befaßt, als Standardwerk herausragt. Erst seit der Bildung des italienischen Einheitsstaates 1861 ist der seit jeher bestehende Unterschied zwischen dem städtereichen Norden mit seinem traditionellen Gewerbefleiß und früher Industrieentwicklung und dem landwirtschaftlich feudalen Süden mit seinen fernen, isolierten Großdörfern, dem es an Rohstoffen und Energiegrundlage fehlte, zu einem wirklichen Kontrast geworden. Mit der Aufhebung der Zollgrenzen sah sich die junge Industrie des Südens der Konkurrenz der fortgeschrittenen norditalienischen Wirtschaft bei gleicher Steuerlast ausgeliefert. Fernlage und schlechte Verkehrsverbindungen erschwerten die Situation. Als eine der Hauptursachen für die Entstehung und Verschärfung des Dualismus darf man die Kapitalbewegungen ansehen. Stets unterlag der Süden verschiedenartiger Fremdherrschaft und Ausbeutung. Schon als die Anjou sich im 13. Jh. an die Banken Mittel- und Norditaliens verschuldet hatten, flossen die Erträge nordwärts. Mit dem Aufschwung der Industrie nach der Einigung Italiens kam es zur Kapitalflucht, denn im Norden versprachen Investitionen in der Industrie höhere Gewinne als in der Landwirtschaft des Südens. Dennoch waren in den achtziger Jahren des vorigen Jahrhunderts im Raum Neapel ebenfalls größere Schwerindustrien begründet oder erweitert worden (Torre Annunziata, Pozzuoli, Bagnoli), und es war ein unerschöpfliches Arbeiterreservoir vorhanden. Die ersten staatlichen Maßnahmen durch besondere Gesetze für den Süden zu Beginn des 20. Jh. griffen in nur unzureichender Weise. Zwischen den Weltkriegen litt der Süden unter der Autarkiepolitik der faschistischen Regierung, denn er hatte vor allem Weizen zu liefern.

## e3 Wirtschaftsräumliche Disparitäten

In einer vorwiegend landwirtschaftlich tätigen Bevölkerung, verstärkt nach Einsetzen des industriell bestimmten Wirtschaftswachstums nach dem Zweiten Weltkrieg, mußten sich Ungleichheiten ergeben, die sich in mannigfaltiger Weise äußerten und hier nur kurz zu charakterisieren sind. Statistische Daten und aus ihnen abgeleitete Indikatoren und Indizes drücken zwar weitgehend exakt und theoretisch begründet Einzeltatsachen oder deren Summierung aus (ZANETTO 1979); um aber der Wirklichkeit nahezukommen, immer vor dem historischen Hintergrund und angesichts des komplizierten Gefüges einer Gesellschaft, die in sich äußerst differenziert ist, muß die statistische Ausdrucksform, auch in ihrer kartographischen Umsetzung, abstrakt und unvollkommen bleiben. Es sei nur an Erscheinungen erinnert, die mit den Begriffen Traditionalismus, Immobilismus (LEPSIUS 1965, S. 304), Patronatswesen, Klientelsystem, d. h. Begünstigungswirtschaft (MÜHLMANN u. LLARYORA 1968), bezeichnet werden; man denke an die Mafia in Sizilien, das Brigantentum Kalabriens oder die Camorra Neapels und die Banditen Sardiniens, die Bedeutung der Großfamilie, den Familismus, die Familienehre mit ihren oft genug tragischen Folgen, an die Rolle der Mutter in dieser Familie, an den Männlichkeitsanspruch der Männer (MÜHLMANN u. LLARYORA 1973; SCHNEIDER u. SCHNEIDER 1976). Der Erfassung durch die Statistik entzieht sich aber auch die wirtschaftlich kaum abschätzbare Arbeitsleistung von Frauen und Kindern, die sich mehr oder weniger im Verborgenen abspielt, als Heimarbeit und in untergeordneten Dienstleistungen. Dazu kommt die vielgerühmte Fähigkeit des Italieners, sich ›durchzuwursteln‹, trotz fast alltäglicher Streiks, trotz offizieller Arbeitslosigkeit und geringer Arbeitslosenunterstützung. Der Dualismus läßt sich in fast allen Lebens- und Wirtschaftsbereichen an einer Fülle von Merkmalen beobachten, wenn man sie direkt im Lande, in Städten und Dörfern auffaßt und vergleicht; sie sind aber schwer zu objektivieren. Eindeutiger sind dagegen die von der Statistik gebotenen Daten zu nutzen, die wegen des zeitlichen Abstandes der Zählungen auch die Veränderungen erkennen lassen und flächendeckend Vergleichsuntersuchungen ermöglicht haben, wie sie von verschiedenen Disziplinen angestellt worden sind, und die oft erschütternden Zeugnisse, die in den Werken von Schriftstellern ihren Niederschlag gefunden haben (vgl. Literatur unter 2f).

Die in der Tab. 19 angeführten statistischen Daten sind mehr oder weniger treffende Kennzeichen für die Tatsache, daß in den drei Jahrzehnten 1951–1981 in vielen Bereichen von Bevölkerung und Wirtschaft im Mezzogiorno Besserungen eingetreten sind. Der Vorsprung des Nordens jedoch, der sich in der gleichen Zeit vor allem im Nordwesten, dem ›goldenen Dreieck‹, so stürmisch entwickelt hat, machte den Abstand des Südens noch spürbarer.

Nachdem die Veröffentlichungen des ISTAT vier Haupteinheiten unterscheiden, Nordwesten, Nordosten, Mitte und Süden (BONASERA 1965), ist es möglich

*Tab. 19: Die wirtschaftsräumlichen Disparitäten Italiens 1951, 1971 und 1981*
*Die Indikatoren im Vergleich zwischen den statistischen Haupteinheiten*

| Indikatoren | Nordwesten | | | Nordosten und Mittelitalien | | | Süditalien und Inselitalien | | | Italien | | |
|---|---|---|---|---|---|---|---|---|---|---|---|---|
| | *1951* | *1971* | *1981* | *1951* | *1971* | *1981* | *1951* | *1971* | *1981* | *1951* | *1971* | *1981* |
| Fläche in km² (31.12.1982) | | 57933,98 | | | 120298,42 | | | 123045,70 | | | 301278,10 | |
| Einwohner in Mio. | 11,7 | 14,9 | 15,3 | 18,1 | 20,3 | 21,2 | 17,7 | 18,9 | 20,1 | 47,5 | 54,1 | 56,6 |
| Einwohner. Anteil in % der Gesamtbevölkerung | 25,0 | 27,6 | 27,0 | 38,0 | 37,6 | 37,5 | 37,0 | 34,8 | 35,5 | 100 | 100 | 100 |
| Ebenen. Anteil in % der Gesamtfläche Italiens | | 25,0 | | | 27,5 | | | 18,3 | | | 23,2 | |
| Straßenlänge. km/1000 km² | 790 | 935 | 1175 | 681 | 1155 | 1050 | 349 | 783 | 835 | 567 | 951 | 987 |
| km/1000 Einw. | 3,9 | 4,5 | 4,5 | 4,6 | 6,0 | 6,0 | 2,5 | 5,1 | 5,1 | 3,6 | 5,3 | 5,2 |
| Bevölkerungszunahme in % | a | b | c | a | b | c | a | b | c | a | b | c |
| a. 1951/71; b. 1971/77 c. 1971/81 | 27,2 | 3,2 | 2,1 | 12,4 | 4,2 | 3,8 | 6,8 | 7,6 | 6,2 | 13,9 | 4,5 | 4,5 |
| Bevölkerung in der Ebene in % 1956, 1971 und 1981 | 54,5 | 57,7 | 57,9 | 45,2 | 49,6 | 49,7 | 31,9 | 36,1 | 37,8 | 42,5 | 47,2 | 47,1 |
| Erwerbstätige in % der Bevölkerung | 48,1 | 38,5 | 40,8 | 45,2 | 36,0 | 38,9 | 39,5 | 30,0 | 31,7 | 43,6 | 35,0 | 36,9 |
| Landwirtschaftlich Tätige in % der Erwerbstätigen | 25,0 | 8,5 | 6,6 | 46,0 | 17,3 | 11,3 | 56,7 | 31,0 | 22,6 | 43,9 | 17,2 | 13,3 |
| Industrie-Tätige in % der Erwerbstätigen | 45,8 | 54,7 | 47,7 | 26,1 | 40,0 | 36,9 | 20,1 | 32,0 | 27,4 | 29,4 | 43,3 | 37,2 |
| Arbeitslose in % der aktiven Bevölkerung | . | 2,0 | 6,3 | . | 3,0 | 7,8 | . | 4,8 | 12,2 | . | 3,2 | 8,4 |
| Auswanderer. Anteil von 1000 Einwohnern | 6,4 | 1,1 | 0,9 | 10,1 | 1,7 | 1,1 | 7,3 | 6,2 | 2,6 | 8,1 | 3,1 | 1,6 |
| Analphabeten in % der Bevölkerung über 6 Jahre | 2,8 | 1,3 | 0,9 | 8,8 | 3,2 | 1,7 | 24,4 | 10,7 | 6,3 | 12,9 | 5,2 | 3,1 |

| | | | | | | | | | | | | |
|---|---|---|---|---|---|---|---|---|---|---|---|---|
| Netto-Einkommen pro Kopf in 1000 Lire zu Marktpreisen von 1963; | 436 | 1068 | . | 317 | 797 | . | 208 | 492 | . | 306 | 765 | . |
| Steigerung 51/71 in % | | 145 | | | 151 | | | 137 | | | 150 | |
| Erwirtschaftetes Einkommen pro Kopf in 1000 Lire zu Markt- | . | 1590 | 9162 | . | 1235 | 7710 | . | 765 | 4893 | . | 1169 | 7107 |
| preisen in % Gesamtitaliens | . | 136,1 | 128,9 | . | 105,5 | 108,5 | . | 65,5 | 68,8 | . | 100 | 100 |
| und | | | | | | | | | | | | |
| Erwirtschaftetes Einkommen in % des Volkseinkommens | 43,0 | 37,5 | 35,4 | 38,5 | 39,8 | 40,5 | 24,1 | 22,7 | 24,1 | 100 | 100 | 100 |
| Anteil aus Land- u. Forstwirtschaft und Fischerei | 25,2 | 4,8 | 3,3 | 24,2 | 9,4 | 6,7 | 34,0 | 17,9 | 12,2 | 22,9 | 9,8 | 6,9 |
| Anteil aus Gewerbe u. Industrie | 43,7 | 49,9 | 48,1 | 32,0 | 35,5 | 37,9 | 23,7 | 27,2 | 30,6 | 36,6 | 38,7 | 39,7 |
| Anteil aus Dienstleistungen | 31,1 | 45,3 | 48,5 | 43,8 | 55,1 | 55,4 | 42,3 | 54,9 | 57,2 | 40,5 | 51,5 | 53,4 |
| Weizenertrag dt/ha | 21,0 | 32,8 | 40,4 | . | 29,9 | 36,0 | 11,0 | 20,4 | 19,6 | 14,7 | 25,5 | 27,5 |
| Chemischer Dünger in kg Gehalt je ha geeigneter Fläche | | 127 | | | 119 | | | 71 | | | 101 | |
| Traktorenbesatz je ha Ackerland | | 12 | | | 9 | | | 3 | | | 7 | |

Quelle: ISTAT: Annuario statistico italiano 1982 u.a.

geworden, nicht nur den Gegensatz zwischen den Südregionen und dem übrigen Italien oder dem Norden herauszustellen, sondern die viel größeren Abweichungen zwischen Süden und Nordwesten erkennbar werden zu lassen. Wegen der weitgehenden Ähnlichkeiten und dem noch erhaltenen Vorrang der Landwirtschaft im Nordosten und in Mittelitalien kann man auf drei Hauptgebiete reduzieren: Nordwesten, Nordosten mit Mittelitalien und den Süden mit den Inseln.

Die Südregionen hatten weiterhin die meisten der in Armut lebenden Familien, den größten Anteil an Arbeitslosen, an landwirtschaftlich Tätigen, an Analphabeten. Der agrarische Bereich beschäftigte wie bisher einen großen Teil der Berufstätigen bei relativer Abnahme von 57 auf 19 % (1984); im übrigen Italien sank deren Anteil auf 8,3 %. Die Weizenerträge sind trotz der Steigerung auf das Doppelte weiterhin gering, es wird am wenigsten chemischer Dünger verbraucht, es sind die wenigsten Traktoren in Betrieb, es wird am wenigsten Fleisch und Zucker verzehrt. Das liegt freilich an den Einkommensverhältnissen, die den Konsum einschränken. Das Nettoeinkommen pro Kopf liegt niedrig, woraus sich auch die geringe Kaufkraft der Bevölkerung erklärt (vgl. für 1980 Fig. 58). Das Pro-Kopf-Einkommen lag 1971 in den meisten Südprovinzen um mehr als 30 % unter dem gesamtitalienischen Wert; nur in zwei Provinzen (Tarent und Syrakus mit Großindustrie) gab es durchschnittliche Einkommen. In fast allen Provinzen des Nordens werden überdurchschnittliche Einkommen erzielt, wenn sie sich auch in den westlichen Alpen und im westlichen Apennin, in der östlichen Po-Ebene und im Ostalpenanteil abschwächen. Das Industriedreieck hat selbstverständlich die Spitzenwerte. Florenz schließt sich dem Gunstraum der Emilia an, Rom folgt erst inselhaft als Bereich höheren Einkommens (Monheim 1974, Beil. VI a). Die Italienische Union der Industrie- und Handelskammern läßt regelmäßig Einkommensberechnungen durchführen (Tagliacarne 1973), aus denen sich ergeben hat, daß die dualistische Struktur des Landes bis 1971 konstant geblieben ist. Stets wurden im Süden nicht mehr als 56–60 % des Einkommens der Nordregionen erwirtschaftet, und der Südanteil am Gesamteinkommen sank sogar ab. Nach 1971 sind die Erfolge der Entwicklungsstrategie der ›dezentralen Konzentration‹ größer geworden, als sie im Vergleich zwischen den drei Hauptgebieten sichtbar werden können. Die Entwicklungsräume Neapel, Bari, Tarent, Syrakus, Palermo, Cágliari und Sássari-Porto Torres sind zu Zentren hoher industrieller Produktivität, intensiven Handels und anderer Dienstleistungen, starken Verkehrs und bedeutender Bautätigkeit geworden.

### e4 Mezzogiornopolitik

Bald nach der Vereinigung des Königreichs Neapel und Sizilien mit den übrigen Staaten Italiens, und damit der Verbindung zwischen zwei in der Natur, Wirtschaft und Gesellschaft sehr unterschiedlichen historischen Räumen, wurde eine

Politik zugunsten des Südens eingeleitet (Dok. 25, 1977, S. 195). Das neue Zoll- und Steuersystem wurde aber in seiner, den Dualismus verstärkenden Wirkung durch Sondermaßnahmen kaum wesentlich abgeschwächt. Mit den Sondergesetzen für Sardinien 1897, für die Basilicata und Neapel 1904, für Kalabrien 1905 begann eine Reihe von Maßnahmen zur Beseitigung des wirtschaftsräumlichen Ungleichgewichtes, denen 1906 ein Gesetz für alle Südprovinzen folgte. Die umfassende Untersuchungskommission der Inquiesta parlamentare zeigte Wirkungen. Trotz bedeutender Erfolge beim Straßenbau, der Errichtung der Apulischen Wasserleitung (Gesetz 1898), der Verbesserung der sanitären Verhältnisse und bei der Malariabekämpfung blieb im Grunde alles beim alten, denn die Auswanderung wurde keineswegs eingedämmt; schließlich war sie es, die Vorteile durch die Entlastung vom Bevölkerungsdruck brachte (Vöchting 1951, S. 198).

Nach dem Zweiten Weltkrieg kamen die sozialen Konflikte offen zum Ausbruch. Eine blutig beendete Landbesetzung bei Melissa führte 1950 zur Opera Valorizzazione Sila und zum Siziliengesetz. Das Jahr 1950 brachte allgemein die Wende mit der Bodenreform, dem ›legge strálcio‹ (Teilungsgesetz), und mit der Begründung der Südkasse, der Cassa per il Mezzogiorno, eigentlich Cassa per Ópere Straordinárie di Púbblico Interesse nell'Italia Meridionale (Rom), deren Tätigkeit 1980 ausgelaufen ist. Schon 1946 war das wichtige Wirtschaftsforschungsinstitut für den Süden (SVIMEZ) gegründet worden. Die Bodenreformgesetze waren seit Jahren vorbereitet, nicht zuletzt im Blick auf die starke kommunistische Minderheit in der Regierung De Gasperi (Vöchting 1951, S. 541); nun erzwang die Situation deren sofortige Verabschiedung. Es sollten ca. 1,5 Mio. ha enteignet werden, um 250000 Bauern anzusiedeln. Reformgesellschaften in den einzelnen Regionen wurden die Einzelarbeiten übertragen. Mit Ausnahme der im Polésine und in den Maremmen tätigen Gesellschaften lagen alle anderen Reformgebiete im Süden (Hahn 1957; Barbero 1961; King 1973). Das ursprüngliche Ziel der Cassa, die jetzt erstmals alle Kräfte zur Intervention im Süden vereinigen konnte, bestand in der Durchführung von Bodenreformprojekten, d. h. der Förderung der ländlichen Siedlung und der Landwirtschaft. Voraussetzung dafür war der Ausbau von Infrastrukturen, die Erschließung durch Straßen, Ent- und Bewässerungsmaßnahmen, Wasserversorgungsanlagen, Stauseen, Gewässerausbau im Gebirge, Bekämpfung der Bodenerosion und Frane, Aufforstung. In den fünfziger Jahren wiesen überall im Süden große Tafeln auf die Arbeiten der Cassa hin.

Diese erste Phase der Entwicklungspolitik (1950–1957) suchte überall einzugreifen, wo es besonders nötig schien, oft genug weniger geplant als vielmehr gelenkt von örtlichen, einflußreichen Gruppen. Zu jener Zeit folgte man der entwicklungspolitischen Theorie, die von international anerkannten Wirtschaftswissenschaftlern wie Rosenstein-Rodan vertreten wurde und die eine massive und weitgestreute Schaffung von Infrastrukturen für die geeignete Methode hielt. Eine gleichgewichtige Entwicklung in allen wirtschaftlichen und regionalen Bereichen mußte jedoch kostspielig werden, ohne bleibenden Erfolg zu bringen. Weil Industrieprojekte noch keine Rolle spielten, nennt man diese Periode auch die Zeit der Vorindustrialisierung (Campagna 1963; Pacione 1976). Für die folgende Industrialisierungsphase wurden durch die Infrastrukturmaßnahmen die Voraussetzungen geschaffen. Allein diese waren aber für die Privatwirtschaft nicht Anreiz genug, um im Süden zu investieren; es kam nicht zur Selbstverstärkung, die sich nach der Theorie hätte einstellen sollen. 1955 wurde eine Entwicklungshypothese für zehn Jahre, der sogenannte Vanoniplan, herausgegeben, der die angestrebten Ziele enthielt und die zu erwartende Zunahme an Arbeitskräften und die Abwanderung ins Ausland und nach dem Norden berücksichtigte.

In der zweiten Phase (1957–1965), die unter der Bezeichnung ›gezielte Industrialisierung‹ bekannt ist, folgte man unter anderem den Ideen von Saraceno (1969). Anstelle eines Ausgleichs der Einkommensunterschiede zwischen Nord und Süd erstrebte man nun das Ziel einer selbständigen Entwicklung des Südens nach dem Vorbild des wirtschaftlichen Aufschwungs mit der modernen Technik im Triangolo des Nordens. Die dafür geeigneten Standorte wählte man nach ihrer Ausstattung mit Infrastrukturen und Arbeitskräften aus.

In der dritten Phase nach 1965 konzentrierte man sich bei der ›geplanten Industrialisierung‹ schließlich auf einige Schwerpunkte. Es wurden als Leitindustrien große Werke begründet, wie die Großchemie Montédison in Bríndisi, die Autowerke Alfa Sud in Pomigliano d'Arco bei Neapel (1971) und das Italsiderstahlwerk in Tarent (1965), Raffinerien und petrochemische Werke im Raum Augusta-Syrakus und Gela in Sizilien und in Porto Torres in Sardinien. An solche Entwicklungszentren, meist Hafenstandorte mit staatlicher Großindustrie, schließen sich Entwicklungszonen an, die das Arbeitereinzugsgebiet umfassen. Kleinere Einzelstandorte sind darüber hinaus die sogenannten Entwicklungskerne, die auch im Binnenland liegen können, wo Rohstoffe oder ein Arbeiterpotential zur Verfügung stehen. 1968 gab es 12 Zonen und 30 Kerne auf 29 % der Fläche und mit 45 % der Bevölkerung des Südens (Pacione 1976, S. 43). Jetzt galt das theoretische Konzept der Entwicklungspole nach Perroux, nach dem sich an ein großes Werk in Selbstverstärkung allmählich mittlere und Kleinbetriebe angliedern sollten, was ebensowenig vor sich ging wie in der zweiten Phase. Die von der Cassa zur Verfügung gestellten Mittel zugunsten des Industriesektors erreichten nun beträchtliche Anteile, 1965–69 waren es allein 42 % der Gesamtaufwendungen (Gribaudi 1969, S. 210; Näheres siehe in Kap. IV, 2d).

### e5 Ein neues Ungleichgewicht im Süden

Die Konzentration so hoher Mittel auf einige Entwicklungsgebiete und Entwicklungspole hat an diesen selbst gewaltige Veränderungen mit sich gebracht. Die Pro-Kopf-Einkommen stiegen dort rasch an. Dicht benachbart aber können weiterhin benachteiligte, im Traditionellen beharrende Dörfer und kleine Städte liegen, man spricht vom ›Süden im Süden‹. Die Wirkungen, die ein Expansionsstandort, etwa die Petrochemie in Südostsizilien, auf das benachbarte Binnenland ausübt, dadurch daß Arbeitskräfte entzogen werden, Dienstleistungen verschwinden, ist ein Beispiel von Kontereffekten, die den Ausbreitungseffekten des expansiven Industriestandortes entgegenstehen. Solche Erscheinungen entsprechen der Theorie von MYRDAL (1959) ebenso wie den Auffassungen von HIRSCHMAN (1967) vom unausgeglichenen Wachstum, nur daß hier bewußt Wirtschaftspole gesetzt wurden.

Die massiven Entwicklungsbemühungen haben im einzelnen gewaltige Veränderungen gebracht, die sich in vielfältiger Weise in den Entwicklungszonen und den Polen, so in den Städten mit Großindustrie, zeigen. Dennoch ist zwischen 1961 und 1971 der Anteil des Südens am gesamten italienischen Volkseinkommen bei nur leichter Steigerung des Pro-Kopf-Einkommens gesunken. Als Ursache ist die hohe Emigrantenrate von Arbeitskräften zu sehen. Damit wird die These von der ›Entwicklung durch Abwanderung‹, wie schon für die Zeit vor dem Ersten Weltkrieg, wiederum widerlegt. Sie stimmt nur rechnerisch: Durch Abwanderung erhöht sich das Pro-Kopf-Einkommen in einer Verwaltungseinheit, weil das Gesamteinkommen auf eine verminderte Kopfzahl umgelegt wird. Dieser Effekt tritt aber nur kurzfristig ein und bedeutet auch keine reale Erhöhung der Pro-Kopf-Einkommen. Da Wanderungen meist aber selektiv ablaufen, denn es wandern jüngere Erwerbstätige ab, wird längerfristig das erwirtschaftete Gesamteinkommen tendenziell fallen (HOPFINGER 1982, S. 94).

Das wirtschaftsräumliche Ungleichgewicht ist innerhalb Italiens trotz aller Fortschritte, die erreicht worden sind, nicht so rasch, wie man zu Beginn der Arbeit der Cassa gehofft hatte, abgebaut worden. Ob der Mezzogiorno jemals den Vorsprung des Nordens aufholen wird, muß bezweifelt werden. Innerhalb des Südens ist mit der Entwicklungspolitik ein neues Ungleichgewicht hervorgerufen worden. Mit der Konzentration der Industrie auf die schon dicht besiedelten Kerne in küstennahen Gebieten des ›Mezzogiorno esterno‹ kam es im Landesinneren, dem ›Mezzogiorno interno‹ zur Entleerung und weiteren Verarmung (SCHINZINGER 1970). Der Gegensatz zwischen dem urbanen Norden mit seiner Industrie und dem agrarischen Süden von einst findet sich nun im Mezzogiorno selbst wieder, ebenso wie die Südfrage mit der Emigration in die Städte des Nordens exportiert worden ist. Die Nachteile der Industrialisierung sind besonders im Umkreis stark emittierender Anlagen, wo Luft und Wasser verschmutzt werden, spürbar. Viel ›schmutzige Industrie‹, Erdölverarbeitung, Stahlproduktion und Chemiewerke, sind im Süden angesiedelt worden, womit der schon stark betroffene Norden eine gewisse Entlastung erfuhr. Der berechtigte Wunsch nach Reinhaltung von Luft und Meerwasser, der den Konflikt zwischen Industrie, Fischerei und Fremdenverkehr geringzuhalten sucht, könnte jedoch ein Alibi dafür abgeben, die weitere Entwicklungspolitik im Süden beiseite zu schieben (COMPAGNA in LEONE,

Hrsg., 1974, S. 43). Eine ausgewogene, differenzierte Industrie benötigt eine Basis in Forschung und Technologie. Solange deren Schwergewicht mit den Direktionszentralen im Norden liegt, hat der Süden die erforderliche Entwicklung zur Selbständigkeit nicht begonnen, er hat nach Meinung von COMPAGNA den sozusagen ›kolonialen‹ Charakter noch nicht überwunden.

### *f) Literatur*

Die Bevölkerungsgeschichte Italiens hat durch das dreibändige Werk von K. J. BELOCH (Berlin 1937–1961) als Ergebnis seiner Quellenforschungen ihre grundlegende Darstellung gefunden. Über die Daten seit 1861 geben Spezialveröffentlichungen des ISTAT Auskunft (1960, 1967). Dort erscheinen das Jahrbuch ›Annuário di statística demográfica‹ und die Zeitschrift ›Bollettino mensile di statística‹. Alle zehn Jahre sind Volkszählungen durchgeführt worden, zuletzt die des ›12. Censimento generale della popolazione‹ vom 25. Oktober 1981. Die Veröffentlichungen enthalten Daten über Bevölkerungsbewegung, Verteilung der Geschlechter, Familiengröße, Berufszugehörigkeit, Wohnsituation, Tagespendler, zur Zeit der Erhebung Abwesende, Bereich und Dauer der Abwesenheit, Bevölkerungsverteilung nach Regionen, Provinzen, Höhenstufen (d.h. in Ebene unter 300 m, Hügelland und Gebirge, dieses über 600 m im Norden, über 700 m im Süden). Für 1971 gibt Band II in 94 Heften Auskunft über die Gemeindedaten, Band III nennt in 20 Heften für jede der Regionen die Einwohnerzahlen in den Gemeindeteilen und Einzelhöfen. Jährlich erscheinen die Daten der fortgeschriebenen Bevölkerung: Popolazione e movimento anagráfico dei Comuni.

Eine bevölkerungsgeographische Ausarbeitung mit reichem Anschauungsmaterial lieferte ACHENBACH (1981) nach früheren Beiträgen und führt die wichtigste italienische Literatur an, darunter die des führenden Bevölkerungswissenschaftlers M. LIVI-BACCI. Die Universität Rom besitzt ein Istituto di Demografia (vgl. GOLINI 1966 u. 1974). Ferner sind zu nennen BARBERIS (1965), DEMATTEIS (1982), MENEGHETTI (1971), VITALI (1968 u. 1976).

Karten der Bevölkerungsverteilung liegen in verschiedenen Darstellungsmethoden vor. Für 1951 benutzte R. RICCARDI (1964) eine absolute Darstellung (Kugeln und Punkte) im Maßstab 1:1 Mio., Punktdarstellung bringt in Teilkarten HOUSTON (1964), eine andere ALMAGIÀ (1959, S. 666). Eine Dichtekarte in vier Stufen auf der Basis der Gemeindegrenzen veröffentlichten KARRER und LACAVA (1975). Die Pseudoisoliniendarstellung, die viel kritisiert wurde, findet sich für 1931 im ›Atlante físico-económico d'Italia‹ (DAINELLI, Hrsg., 1939). Eine Kombination von Isolinien mit Mosaikflächen wird der Diskontinuität des Wandels gerecht, wie sie PINNA (1960) für 1951 vorlegte. PRACCHI kehrte für 1971 wieder zu Isolinien zurück, veröffentlicht in: Italy, A Geographical Survey, PINNA und RUOCCO (Hrsg.), 1980, wo sich auch eine Kugeldarstellung und eine Karte der Bevölkerungsveränderungen 1951/1971 auf Gemeindebasis findet, jeweils im Maßstab 1:2,5 Mio. Die Unterlagen für die hier beigegebenen Dichtekarten für 1871, 1971 und die Veränderung 1951–1971 stellte ROTHER (1980c) zur Verfügung. Sie beruhen auf den Agrarregionen (Karte in Ann. Stat. It. 1972 und ISTAT 1958), einer Anregung von DONGUS und dem Verf. folgend.

Die wirtschaftsräumlichen Disparitäten Italiens sind als Modellfall vielfach untersucht worden, so von HOLLAND (1971), JOCHIMSEN (1965) und LUTZ (1962). Entwicklungstheorien wurden erprobt von HIRSCHMAN (1967), MYRDAL (1959), PERROUX (1955), ROSEN-

STEIN-RODAN (1943); vgl. SCHILLING-KALETSCH (1976). Einen Vergleich zwischen der regionalen Wirtschafts- und Strukturpolitik in Italien und Spanien zwischen 1950 und 1971 stellte HOPFINGER (1982) an. Den wirtschaftsräumlichen Dualismus als System behandelt WAGNER (1975). Zur Kenntnis und zum Verständnis des schwer zu durchschauenden Gefüges der Gesellschaft in Süditalien trugen Soziologen, Ethnologen und Geographen bei, so ARLACCHI (1980), BLOK (1974), LEPSIUS (1965), MÜHLMANN und LLARYORA (1968, 1973), ROCHEFORT (1961), SCHNEIDER und SCHNEIDER (1976). Spezialstudien, die an Ort und Stelle durchgeführt wurden, sind von hohem Wert, z. B. diejenigen von DAVIS (1973), MARASPINI (1968), MONHEIM (1969), SCHRETTENBRUNNER (1970) und WAGNER (1967). Erschütternde Zeugnisse enthalten die Arbeiten von Schriftstellern wie A. CORNELISEN (1969, 1978), D. DOLCI, C. LEVI, G. RUSSO, L. SCIASCIA, R. SCOTELLARO, Ignazio SILONE und anderen.

Die reiche Mezzogiornoliteratur fand ihren ersten Bearbeiter in deutscher Sprache in F. VÖCHTING (1951). Einige Anthologien fassen wichtige Aufsätze zusammen (CAIZZI 1962). Im Wirtschaftsforschungsinstitut SVIMEZ in Rom sind unter SARACENO wichtige Grundlagen erarbeitet und veröffentlicht worden. Zur Tätigkeit der Südkasse und zur Mezzogiornopolitik informieren in deutscher Sprache BUCHER (1963), DUTT (1972) und SCHINZINGER (1970).

## 3. DIE MOBILITÄT DER BEVÖLKERUNG ITALIENS

### *a) Migrationsphänomene und ihre Erfassung*

Die wirtschaftsräumlichen Gegensätze sind auch nach drei Jahrzehnte währenden, sehr aufwendigen Bemühungen nicht zum erwünschten Ausgleich gebracht worden; es verlagerte sich der Dualismus vielmehr in den Süden selbst. Die zu leistende Aufgabe wäre sehr viel größer gewesen, wenn die betroffene Bevölkerung nicht mit der Abwanderung zur Selbsthilfe gegriffen hätte, wie sie das schon seit mehr als hundert Jahren tat. Es kam zum ›Gesundschrumpfen‹ und zur ›Passivsanierung‹. So blieb dem Land wahrscheinlich um die Jahrhundertwende eine Sozialrevolution erspart. Weil eine Besserung der Lebensverhältnisse im Heimatort, vor allem wegen des Mangels an Ausbildung und Kapital, aussichtslos schien – und es gibt im Binnenland, im Mezzogiorno interno, bis heute keine Lösung –, blieb als einziger Weg die Migration. Italien geriet in Bewegung, es ereignete sich ein Massenexodus. In mehreren Wellen, in charakteristische Zielländer, Räume und Städte innerhalb und außerhalb Italiens gerichtet und von jeweils unterschiedlichen Gruppen und aus anderen Provinzen getragen, begannen Auswanderung und Binnenwanderung schon vor den Jahren der staatlichen Einigung. Die heutige Struktur, Dichte und Verteilung der italienischen Bevölkerung ist ohne die Berücksichtigung der Migration ebensowenig zu verstehen wie die Industrieentwicklung und die Städteballung im Nordwesten, das Wirtschaftswunder hier und in der Bundesrepublik. Aber auch der Süden ist nicht nur von überschüssiger Bevölkerung entlastet worden. Er zeigt Erscheinungen wie die typischen Heimkehrersiedlungen der ›Americani‹ und eine ausgreifende Neubautätigkeit dank der im Norden oder im Ausland verdienten Gelder, die bis ins fernste Dorf hinein gedrungen ist. Andere Räume jedoch, besonders im Gebirge, sind verlassen und zeigen Erscheinungen der Dorf-, Flur- und Hofwüstung, unbenutzte Schulen, leerstehende und verfallende Häuser und Gehöfte, ungenutztes Feld- und Weideland, ungepflegte Terrassen, unbehinderte Bodenzerstörung und Erosion (PICCARDI 1978).

Wenn sich auf eine Frage hin die meisten Bewohner Europas als ›Seßhafte‹ bezeichnen würden, dann entspricht das im Zeitalter des Automobils, des Düsenflugzeugs und der Urlaubsreisen nicht der Wirklichkeit, und es war niemals richtig. Zeiten mehr oder weniger großer Wanderungsbewegungen folgten im Lauf der Geschichte aufeinander im Wechsel von Bevölkerungsvermehrung und Abnahme, bedingt durch Naturereignisse, wirtschaftliche oder politische Zwänge. Land Stadt Wanderung, Saison- und Arbeiterwanderung auf der einen und die Flüchtlingsbewegungen auf der anderen Seite waren die freiwilligen oder unfreiwilligen, jedenfalls die gewaltigsten Migrationsprozesse der jüngeren Vergangenheit. Wenn auch die höchsten Wanderungswellen inzwischen abgeklungen sind, hält doch die Mobilität weiter an. In der Bundesrepublik Deutschland wechseln jährlich rund 3,5 Mio. Bürger ihren Wohnort, in Italien etwa 1,5 Mio.

Im Jahre 1911 wohnten nur 4,5 % der Bevölkerung nicht am Geburtsort, 1921 nur 23 %; 1950 waren es 30 % und 1971 schon mehr als 42 % (KÜHNE 1974, S. 20; MIGLIORINI 1978, S. 12). In den Zuwanderungsgebieten des Nordwestens steigt dieser Wert auf 53,5 %, im Piemont sogar auf 61,6 %. Im Süden dagegen wohnten im Jahre 1971 noch immer fast drei Viertel der Bevölkerung dort, wo sie geboren worden waren, oder sind nach einer Auswanderungsphase wieder dorthin zurückgekehrt (ISTAT 11. Censimento 1971, Vol. IX, Tav. 2). Der Grad der Homogenität ist also sehr hoch geblieben, wenn er auch gegen 1951 niedriger geworden war. Damals lagen die Anteile in der Basilicata bei 84,4 %, in Sizilien bei 82,5, in Kampanien bei 80,2 und sogar im Piemont noch bei 53,8 und in Venetien bei 67,5 % (AQUARONE 1961, S. 36).

Von allen Bewegungen des Menschen im Raum, die auch als ›Wanderungen‹ bezeichnet werden, sind die mit einem Wohnortwechsel verbundenen ›Migrationen‹ im Rahmen einer länderkundlichen Betrachtung von besonderem Gewicht. Dabei ist es gleichgültig, ob der Wechsel des Hauptwohnsitzes des Berufstätigen, mit oder ohne Familie, nur für einige Zeit oder endgültig erfolgt (HEBERLE 1955). Wanderungen im Rahmen des Tourismus, Reisen, aber auch Umzüge innerhalb von Städten und Pendelwanderungen von Berufstätigen zwischen Wohn- und Arbeitsort bleiben hier außer acht, ebenso die Grenzgänger, wie in die Schweiz (CORNA-PELLEGRINI 1974, S. 142). Italien ist vom ausgehenden 19. Jh. ab von umstürzenden Migrationsvorgängen so gewaltigen Ausmaßes und mit so einschneidenden Folgen betroffen worden wie kein anderes Land Europas, wenn man von den Flüchtlingsströmen während und nach dem Zweiten Weltkrieg absieht. Es begann mit Massenwanderungen nach Übersee, die ihren Höhepunkt vor dem Ersten Weltkrieg erreichten. Arbeiterwanderungen nach West- und Mitteleuropa hatte es gleichzeitig gegeben; aber erst nach 1947, vor allem in der Periode 1951–65, standen sie im Vordergrund des Interesses der Wanderungswilligen neben der Binnenwanderung vom Süden in den Nordwesten; gleichzeitig erreichte die Gebirgsentvölkerung ihr Maximum (ROTHER u. WALLBAUM 1975, TICHY 1966). Hinter Auswanderung, Arbeiterwanderung und Binnenwanderung blieben die Ausmaße innerstädtischer Umzüge, aber auch der Saisonwanderungen von Landarbeitern wie zur Blumenriviera (MIGLIORINI 1962, S. 390), der Tabakbauern am Golf von Tarent (ROTHER 1968a), der Mulattieri (KÜHNE 1970) oder der Herdenwanderungen (SPRENGEL 1971) weit zurück. Inzwischen haben sich die Migrationsprozesse auf niedrigem Niveau stabilisiert, und es gibt auch im Süden für sie kein Potential mehr (REYNERI 1979, S. 171). Das Ausmaß der Vorgänge und ihrer Folgen, mit denen sich Staat und Öffentlichkeit zu befassen hatten, wird durch die Tatsache deutlich, daß besondere Kommissionen und Forschungszentren, wie der Centro di Studi Emigrazione in Rom, eingerichtet wurden. Schon seit 1876 werden statistische Daten zur Auswanderung veröffentlicht. In Anbetracht all dessen ist es erstaunlich, daß sich Migrationstheoretiker nicht auf italienische Beispiele stützten, so wie das die Entwicklungstheoretiker erfolgreich getan haben, so daß jeweils zu prüfen ist, ob die von ihnen erarbeiteten Theorien uns zur Beschreibung und Erklärung der Phänomene behilflich sein können.

## *b) Auswanderung*

### b1 Überseeauswanderung aus Süditalien und Arbeiterwanderung aus Norditalien

Abgesehen von kurzfristigen Reisen über den Atlantik, um etwa in Argentinien bei der Einbringung der Ernte zu arbeiten, kehrten die Überseeauswanderer nur selten, nur für kurze Zeit oder erst im Alter in die Heimat zurück. Die Auswanderung nach europäischen Ländern war dagegen seit jeher eine überwiegende Arbeiterwanderung. Im 17./18. Jh. gingen Angehörige mehrerer Baumeisterfamilien, so aus Laino im Valle d'Intelvi, zwischen Luganer und Comer See gelegen, nach Böhmen und Süddeutschland. Zahlreiche Norditaliener ließen sich in der Schweiz nieder oder siedelten sich als Bauern in Südfrankreich an (FAIDUTTI-RUDOLPH 1964 u. 1978, S. 191). Viele Eisenbahntrassen sind in der Schweiz und in Deutschland von italienischen Arbeitern gebaut worden (RAFFESTIN 1978, S. 171); Kalabresen waren beim Bau des Suezkanals beschäftigt und haben dabei Auslandserfahrungen gesammelt. 1876 gingen fast vier Fünftel aller Auswanderer in europäische oder mediterrane Länder. Die Bewohner des Alpenraumes, besonders Venetiens, brauchten nur kurze Wege zu ihren neuen Arbeitsplätzen zurückzulegen, an denen es in ihrer Bergheimat fehlte. An alte Beziehungen anknüpfend,

*Tab. 20: Die Auswanderung 1876–1920 aus Süditalien und Sizilien*

| Jahr | Auswanderung aus dem südital. Festlande und Sizilien | übrigen Italien | von 100 Auswanderern entstammen dem Süden |
|---|---|---|---|
| 1876 | 7121 | 101655 | 7 |
| 1880 | 21122 | 98779 | 18 |
| 1885 | 43325 | 113868 | 28 |
| 1890 | 71757 | 145487 | 33 |
| 1895 | 95485 | 197696 | 33 |
| 1900 | 140801 | 211981 | 40 |
| 1905 | 350102 | 376229 | 48 |
| 1910 | 298964 | 352511 | 46 |
| 1913 | 400632 | 471966 | 46 |
| 1920 | 345643 | 268968 | 56 |

Quelle: Vöchting 1951, S. 238.

nicht zuletzt durch den Hausierhandel, fanden sie auch dank ihrer Bildung rasch im Ausland Arbeit. Die Po-Ebene hatte dank ihrer landwirtschaftlichen Gunst an dieser Bewegung nur wenig Anteil, obwohl bis 1911 mehr Norditaliener (2,3 Mio.) als Süditaliener (1,8 Mio.) ihre Heimat verlassen haben. Mittelitalien war an der Auswanderung jener Zeit noch fast unbeteiligt, was an der völlig anderen Siedlungsweise und dem an den Einzelhof gebundenen Halbpachtwesen liegen dürfte. Die dort nicht aufgenommene Bevölkerung war seit jeher zur Abwanderung gezwungen, weshalb sich kein großer Überschuß angesammelt hatte. Eine Erklärung des verschiedenen Ausmaßes der Wanderungen durch unterschiedliche Distanzen ist nicht ohne weiteres möglich. Für die Arbeit suchenden Bewohner des Südens waren die Landwege nach europäischen Ländern zu weit und zu teuer, die Seewege dagegen standen ihnen offen; zu mehr als 80 % und bis über 95 % (Basilicata und Apulien) war die Neue Welt ihr Ziel (Rühl 1912 b, S. 660). Es läßt sich also ein älteres Gebirgs- und Arbeiterauswanderungsgebiet des Nordens von einem jüngeren Überseeauswanderungsgebiet im Süden Italiens unterscheiden.

Rühl war schon aufgefallen, daß sich die Stadtbewohner sowohl im Norden als auch im Süden an dem Wanderungsgeschehen wenig beteiligt hatten, obwohl sie ja einen Kommunikationsvorsprung besaßen. Die Auswanderung wurde vorwiegend von der ländlichen Bevölkerung getragen, was für die Beantwortung der Frage nach den Ursachen entscheidend ist. Rühl bemerkte weiterhin, daß es auch im Süden vor allem die Gebirgsbevölkerung war, denn die in den von der Natur benachteiligten Höhen über 500 m lebenden Einwohner, z. B. der Abruzzenpro-

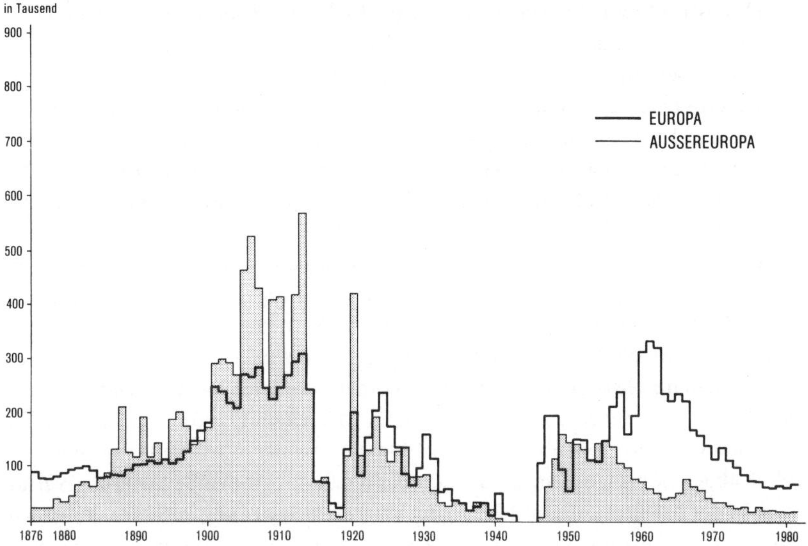


*Fig. 33: Auswanderer in europäische und außereuropäische Länder 1876–1981.* Nach FAVERO u. TASSELLO 1978; erweitert nach ISTAT, Ann. Stat. Dem. 31 (1982) I, Rom 1984, Tav. 24.

vinzen, hatten höhere Anteile als die in den für die Landwirtschaft günstigeren tieferen Lagen wohnenden. Die Beobachtung läßt sich aber nicht verallgemeinern, denn in den berüchtigten Malariagebieten gab es ebenfalls hohe Auswandererziffern.

Anfangs besaß der Norden einen Vorsprung, der mit seiner günstigeren Lage im Verkehrsnetz und seiner Weltoffenheit erklärbar ist. Er wurde aber bald vom Süden eingeholt (Tab. 20). Dort nahmen die Auswandererzahlen so stark zu, daß in den Vorkriegsjahren schon fast die Hälfte aller Auswanderer aus dem Süden kam; deren Anteil stieg zwischen 1876 und 1913 von 7 auf 46%. Der Krieg unterbrach den Prozeß, der alsbald wieder beginnen sollte. Er wurde aber durch die Einwanderungsbeschränkungen der USA und dann durch die Maßnahmen der faschistischen Regierung eingedämmt. Der Bevölkerungsdruck war geringer geworden, denn für die Kolonialarmee, für Polizei, Binnensiedlung und Kolonistensiedlungen in Libyen und Äthiopien wurden Menschen gebraucht. Die Auswandererzahlen nach Übersee (vgl. Fig. 33) sanken von 1928 an schroff ab; sie wurden durch den Zweiten Weltkrieg abermals unterbrochen, um schon 1947 wieder auf mehr als 150000 und damit auf die Höhe der zwanziger Jahre zu steigen. Die Not war um so drückender geworden, als die Siedler aus den Kolonien heimkehrten, die Industrie darniederlag, die Landwirtschaft die Arbeitskräfte nicht aufnehmen konnte und die großangelegte Bodenreform den einzigen Ausweg bot, die politische Katastrophe zu vermeiden. Nach dem Höchststand von 1949 und 1955 verlor die Überseeauswanderung, die sich vor allem Kanada zugewandt hatte, erheblich gegenüber der enorm steigenden Gastarbeiterwanderung, die 1961 einen ersten Gipfel erreichte. Die Spitzenwerte der Überseeauswanderung lagen 1906 bei 512000 und 1913 bei 560000. Damit überragten sie die Höchstwerte der Auswanderung aus Großbritannien (1883: 320000) und auch aus Rußland (1908: 665000; Rühl 1912b, S. 657). Im Jahre 1906 verließen nämlich insgesamt 788000 Italiener ihr Heimatland.

Die Differenz zwischen wirklichem und natürlichem Bevölkerungswachstum ergibt den Wanderungssaldo, der für die hundertjährige Auswanderungsperiode 1861–1964 einen Verlust von 8,4 Mio. Bewohnern Italiens an das Ausland ergab (Tagliacarne 1966, S. 5). Erst vom Jahr 1972 ab sind wieder positive Wanderungssalden für Gesamtitalien errechnet worden. Weil sich die Auswanderung aus dem Süden vom ausgehenden 19. Jh. an zur Massenemigration entwickelt hatte, ist in manchen Regionen und Provinzen nicht nur der jährliche Geburtenüberschuß abgeschöpft worden, es kam darüber hinaus zu großen Bevölkerungsverlusten. In der Basilicata, die bis 1902 an der Spitze der Bewegung im Süden gestanden hatte, nahm die Einwohnerzahl in den 30 Jahren nach 1881 um 10% ab, von 524500 auf 474000 Einw. (Barbagallo 1973, S. 79). Im Vergleich zu allen anderen Regionen Italiens ist die Basilicata am stärksten von der Auswanderung betroffen worden.

### b2 Ursachen der Massenauswanderung

Der Problemkreis der italienischen Auswanderung ist zu umfassend, als daß er hier ausführlich behandelt werden könnte. Bevor die ebenso folgenreichen und für die kulturgeographische Situation Italiens der Gegenwart so entscheidenden Vorgänge der Binnenwanderung und Bergflucht besprochen werden, gilt es jedoch noch die Fragen zu beantworten, ob es geographisch faßbare Gründe für die große Auswanderungswelle der Zeit vor dem Ersten Weltkrieg gibt, und welche Ursachen diskutiert worden sind, die uns den Exodus vor allem aus dem Süden erklären können (Rühl 1912b, Sartorius Frhr. von Waltershausen 1911; Vöchting 1951, S. 237).

Es wäre zu einfach, die Ursachen der Massenauswanderung allein in den bekannten natürlichen Mißständen des Südens zu sehen, im Bevölkerungsdruck und im sozialwirtschaftlichen Gefälle zu den Zielräumen und Städten im Ausland. Dennoch ist die Beschreibung und Erklärung durch abweisende und anziehende Faktoren möglich und treffend. Der Bevölkerungsdruck hatte wegen der hohen Geburtenraten trotz hoher Sterberaten zu hohem Arbeitskräfteangebot geführt. Die deshalb niedrigen Löhne machten Investitionen unnötig, Unternehmer in Landwirtschaft, Gewerbe und Industrie wandten nicht wie in anderen Ländern jener Zeit neue arbeitsparende Maschinen und Produktionsmethoden an. Die Landnot führte zu ungesundem Pachtwettbewerb und Wucher. Wald und Boden wurden bis zur Zerstörung genutzt, Weideflächen überstockt. Unter dem Einheitsstaat spitzten sich die Verhältnisse mit Steuerlast und Wehrpflicht noch zu. Die Kirchengutversteigerungen entzogen das wenige aus der Landwirtschaft erlöste Kapital und legten es im Grundbesitz fest. Die Allmendteilungen brachten keine Entlastung, denn sie schufen lebensunfähige Zwergwirtschaften auf zu kleinen, ferngelegenen, nach der Waldrodung oft rasch abgewirtschafteten Parzellen. An ihrer schematischen Fluraufteilung sind solche Flächen leicht erkennbar (vgl. TICHY 1962, S. 90, Abb. 4, Fig. 16 u. Karte 3). Schon früh wanderten deshalb Kleinpächter und Kleinbauern aus.

Zu der allgemeinen Notsituation kamen Ereignisse, die den Auswanderungsprozeß zur Auslösung brachten: landwirtschaftliche Mißjahre, Pflanzenschädlinge, wie die Reblaus, die um 1900 den Süden erreicht hatte, und die als gefährlichster Schädling Italiens geltende Ölfliege (*Dacus oleae;* vgl. GHIGI 1959, S. 132). Als die Auswanderung zunahm, wurde der Einsatz landwirtschaftlicher Maschinen erforderlich, und sie waren bald sowohl Folge als auch Ursache der Auswanderung.

Die Zielgebiete der Auswanderung boten dank der Konjunkturlage der Zeit große Aufnahmeräume für die italienischen Arbeitskräfte, gerade auch für die ungelernten Analphabeten aus dem Süden und aus den Bergdörfern. In der Arbeitsnachfrage drückte sich das sozialwirtschaftliche Gefälle aus, dem die Auswandererströme nach Europa und Amerika folgten. Je nach Konjunkturlage und Arbeitskräftebedarf schwankten die Auswandererzahlen, gelenkt von einer gut funktionierenden Nachrichtenübermittlung (SARTORIUS 1911, S. 2 u. 9). Dennoch ist das Phänomen nicht so mechanistisch erklärbar oder als Regel zu beschreiben, schon gar nicht in Migrationsformeln auszudrücken, auch ist der Verlauf nicht nur sachlich bestimmt gewesen. Neben die Berechnung des möglichen Verdienstes, neben das vorausschauende Planen traten unterbewußte Regungen, der Nachahmungsdrang, die geistige Ansteckung, Träume und Wunschvorstellungen (VÖCHTING 1951, S. 241). Die damals noch weitgehend des Lesens unkundigen Bewohner der enggebauten Höhendörfer und Agrostädte waren in ihren Kommunikationsmöglichkeiten gegenüber den gebildeteren Norditalienern keineswegs rückständig, was aus der folgenden Schilderung deutlich wird (SARTORIUS 1911, S. 7):

›Die Stadt, in der also jeder sich auf der Straße befindet (am Abend nach der Feldarbeit), gleicht einem Bienenkorbe, in dem das individuelle Leben zugunsten des sozialen verschwindet. Die Angelegenheiten eines jeden müssen bald zur Kenntnis aller gelangen, etwa wie es den Söhnen in Amerika ergangen ist, und welche Geldsendung ein Mann seiner Frau gemacht hat. Nirgends können die privaten Mitteilungen der Ausgewanderten so rasche wirksame Verbreitung finden als hier, aber zugleich wird auch nirgends, wie hier, die Auswandererschaft so zu einem Zusammengehörigkeitsgefühl erzogen.‹

Das Beispiel und die Berichte lockten Verwandte, Freunde und Bekannte, Geldsendungen erleichterten die Reise, Haus und Land wurden verkauft; andere gerieten erst durch übervorteilende Kredite in den Sog, bis solche Machenschaften durch die Auswanderergesetze 1901 gestoppt wurden.

Das von SARTORIUS erkannte Migrationsgesetz hat bis jetzt noch keine Beachtung gefunden, obwohl es zur Erklärung des Prozeßablaufs sehr gut geeignet ist: Danach besteht das ›psychologische Gesetz der Auswanderung‹ darin, daß jede erfolgreiche Auswanderung neue Auswanderer derselben Herkunft nach sich zieht, solange die Erwerbsverhältnisse in dem Neuland noch erheblich besser als daheim sind. Dieser regelhafte Verlauf hat sich auch bei den Gastarbeiterwanderungen der Nachkriegszeit und bei der Binnenwanderung innerhalb Italiens bewahrheitet.

### b3 Folgen der Auswanderung im Süden

Für das Land, seine Bewohner und seine Wirtschaft sind die Folgen der Auswanderung nicht leicht abzuschätzen (VÖCHTING 1951, S. 248). Bedeuteten sie einen Gewinn durch Entlastung, durch Gesundschrumpfen, oder war der Schaden durch den Verlust aktiver Bevölkerung größer? Es gab Störungen in der Verteilung der Geschlechter, eine Verweiblichung, und im Altersaufbau eine Überalterung. Die öffentliche Sicherheit besserte sich in unerwarteter Weise, denn die Auswanderung brachte das Ende des Brigantenunwesens in den Bergen Kalabriens, freilich nicht das Ende der Mafia und der Camorra in den Städten. Bald stieg die Nachfrage nach landwirtschaftlichen Arbeitern, bei höherem Lohn auch für Tagelöhner; es fehlten Fachkräfte, z. B. für die Baumpflege. Die ersten Rückwanderer zahlten übertriebene Bodenpreise. Die Entlastung in der Landwirtschaft ließ die Nutzfläche zurückgehen, die Pachtpreise mußten nachgeben, Betriebe wurden stillgelegt, Frauen- und Kinderarbeit nahmen zu. Die Geldsendungen in die Heimat brachten einen Gewinn an sachlichem Reichtum und Zahlungsbilanzüberschüsse, sie erhöhten die Kaufkraft, schufen Bedürfnisse und belebten den Handel. Von der Ausfuhr landwirtschaftlicher Erzeugnisse, von Öl, Wein, Teigwaren und Käse für die Auslandsitaliener, profitierte der Süden. Die Zahl der Teilbauern, Anteilpächter und Kleineigentümer nahm zu, die der Tagelöhner ab (VÖCHTING 1951, S. 255).

Endlich konnte die Sehnsucht nach eigenem Grund und Boden gestillt werden. Es entstanden besonders in Kalabrien, den Abruzzen und der Basilicata Neusiedlungen der ›americani‹, die sich durch saubere, gepflegte Anlage, schmucke Gehöfte und intensiveren Anbau vom üblichen Dorfbild des Südens wohltuend abhoben. Ein Beispiel ist das an Amerikaheimkehrern reiche Sarconi bei Moliterno/Basilicata. Aber auch vieles andere ist von Amerikageldern finanziert worden, wie aufwendige Kirchenbauten (z. B. Cappella dell'Annunziata in Montesano/Prov. SA), Feuerwerke an den Kirchweihtagen usw. Im großen gesehen brachten die

›Rimessen‹ für Italien und vor allem für den Süden viel Segen, der südliche Wirtschaftskörper schien sich zu verjüngen. Welche Ausmaße das im Einzelfall annahm, mag das von FORTUNATO (1926) genannte Beispiel der mittleren Landstadt Rionero am Vúlture in der Basilicata zeigen, wohin 2000 fortgewanderte Bürger, aus den USA und Argentinien, beinahe 500000 Lire an Geldsendungen jährlich abfertigten (VÖCHTING 1951, S. 261). Mit der Weltwirtschaftskrise hörten diese Sendungen freilich auf.

Bei allen positiven Erscheinungen sind ›Gegenposten‹ zu beachten; dazu gehört die allgemeine Unfähigkeit und Trägheit, an Ort und Stelle den Boden in Wert zu setzen, z. B. Neuerungen im Futterpflanzenanbau und im Obst- und Gemüseanbau einzuführen, wie sie vielfach erst nach dem Zweiten Weltkrieg allmählich Eingang gefunden haben (VÖCHTING 1951, S. 262). Negativ war die mit der Anlage von Auslandsersparnissen verbundene Ausbeutung, der große Schaden, der dem Landbürgertum und Kleinbesitzer erwachsen war, und vieles mehr. Dennoch hätte ohne den ›stummen Protest‹ (LAUDISA 1973), der sich in der Auswanderung geäußert hat, die drohende Sozialkatastrophe nicht verhindert werden können, denn nichts war geschehen, die sich zur Massenauswanderung steigernde Bewegung aufzuhalten.

## *c) Arbeiterwanderungen über Landesgrenzen nach dem Zweiten Weltkrieg*

### c1 Der Wanderungsprozeß. Herkunfts- und Zielräume

Schon vor dem Ersten Weltkrieg waren Arbeiterwanderungen in europäische Länder, vorwiegend nach Frankreich, in die Schweiz und nach Deutschland, gerichtet gewesen (ALBERONI 1970, Tab. 1; hier Fig. 34). Nach diesem Kriege gab es zwei Höhepunkte, vor und nach der Weltwirtschaftskrise. Fast unmittelbar nach dem Zweiten Weltkrieg aber setzte eine kräftige Auswanderungswelle und vor allem eine Arbeiterwanderungswelle in westeuropäische Länder ein, hinter der die Überseeauswanderung stark an Bedeutung verlor. An diesem Prozeß lassen sich grundsätzlich die gleichen Beobachtungen über Verlauf, Ursachen und Folgen machen wie an den Auswanderungsprozessen. Wieder wandern meist gering ausgebildete Arbeitskräfte über größere Entfernungen zwischen Staaten sehr unterschiedlicher wirtschaftlicher und sozialkultureller Entwicklung (LIENAU 1977, S. 49). Sie folgen dem Gefälle zwischen Überschuß und Bedarf an Arbeitskräften, angeworben, organisiert oder aus freien Stücken, für bestimmte Zeit und oft auf Grund von Verträgen, z. B. dem zwischen der Bundesrepublik Deutschland und Italien im Jahr 1955. Es sind temporäre oder ›Rotationswanderungen‹ auf kürzere oder längere Zeit hin, gewöhnlich für fünf bis zehn Jahre, wobei ein bis zwei längere Pausen über die Urlaubs- und Festtage hinaus eingelegt werden. Etwa die Hälfte der im Ausland Arbeitenden kommt jedes Jahr einmal in die Heimat zu-

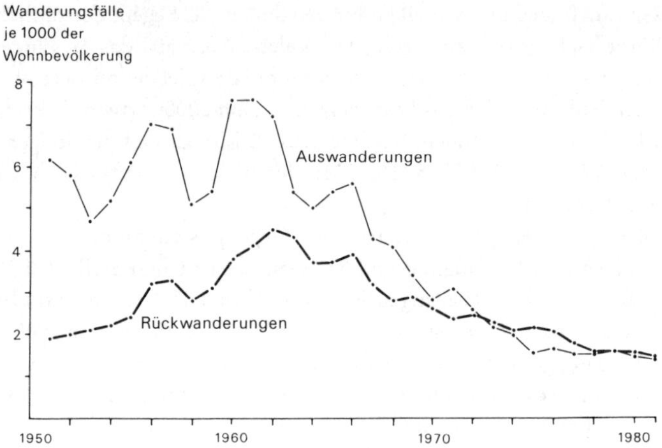


*Fig. 34: Auswanderungen und Rückwanderungen nach Europa und Übersee 1951–1981.* Aus ACHENBACH 1983, Abb. 5.

rück. Ein jahreszeitlicher Zyklus ist bei der Migration in die Schweiz zu beobachten. Gewöhnlich werden wenige Kinder mitgenommen, es wandern also Kleinfamilien oder Unverheiratete aus, auf jeden Fall bei weitem mehr Männer als Frauen (ACHENBACH 1981, S. 43). Wegen der wiederholten Aus- und Einreisen ist in der Auswandererstatistik hier nur die Zahl der erstmals in europäische Länder Ausreisenden eindeutig verwendbar. Unter diesen war die Altersgruppe zwischen 15 und 30 Jahren im Zeitraum 1957–1961 zu 68% und 1972–1975 zu 79% beteiligt. In zwanzig Jahren sank das Durchschnittsalter dieser Gruppe sogar von 27 auf 20 Jahre ab (REYNERI 1979, S. 153 u. Tab. 11). Eine scharfe Trennung zur Auswanderung ist nicht möglich. Ein und derselbe Arbeiter kann nacheinander an verschiedenen Migrationstypen beteiligt sein, beginnend etwa als Gastarbeiter in Deutschland, der sich als Industriearbeiter in Norditalien niederläßt und sich dann doch zur endgültigen Auswanderung nach Kanada entschließt, bis er im Alter in seine süditalienische Heimat zurückkehrt (MORI 1961).

Wieder kommen die meisten Gastarbeiter aus ländlichen Räumen und aus dem Süden. Zwischen 1950 und 1970 haben fast 4 Mio. Süditalien verlassen (KING 1976, S. 76). Anfangs gingen sie nach Frankreich, in die Schweiz und nach Belgien, ab Ende der fünfziger Jahre mehr nach der Schweiz und Deutschland mit dem Höhepunkt 1966 mit 1,3 Mio. Danach überwog die Binnenwanderung in die anwachsende Industrie Nordwestitaliens. Nach der großen Auswanderungswelle von 1947/48 wurden mehrmals Jahresmengen über 300000 erreicht; von den sechziger Jahren ab sanken sie ständig, um etwa bei 150000 zu bleiben. Wegen der steigenden Rückkehrerzahlen kam es erstmals 1972 wieder zu einem positiven Wanderungssaldo, es gab sogar einige griechische und spanische Einwanderer in den Norden. Durch die Bildung der EG war die italienische Arbeiterwanderung begünstigt und hatte 1960 mit 170 580 einen Anteil von 52 % aller Einwanderer in die EG-Länder; bis 1970 sank er auf 16 % mit 56 754 (King 1976, S. 77).

Im Jahr 1970 war die Arbeiterwanderung in die EG-Länder ein Phänomen des Südens, denn mit seinem Bevölkerungsanteil von 35 % stellte er 72 % der Auswanderer in die EG-Länder, allen Regionen voran Apulien, Sizilien und Kampanien; erst dann folgte die alte Auswandererregion Venetien (King 1976, Tab. 3). Die Lombardei war oft eine Zwischenstation auf dem Weg nach Norden. Mit ihrem hohen Auswandereranteil waren die kleinen Regionen Molise und Basilicata von dem Phänomen besonders betroffen. Allein Sardinien trat noch zurück, was mit der dort begonnenen positiven Wirtschaftsentwicklung erklärbar ist. Einen Verlust für den Süden bedeuten auch diejenigen Rückkehrer, die im Norden bleiben, weil es dort für sie ständige Industriearbeitsplätze gibt, die in ihren kleinen Heimatorten des Binnenraumes fehlen. Manche Regionen, wie Sizilien, Kalabrien und Abruzzen, besonders deren Küstenorte, haben neben der Gastarbeiterwanderung ihre alten Auswandererziele in Übersee weiter aufrechterhalten, während andere, wie Sardinien, Apulien und Venetien, mehr in die EG orientiert sind. Sizilien hat zudem alte Beziehungen zu Belgien, seit seine Schwefelgrubenarbeiter in den dortigen Kohlengruben Arbeit fanden. Aus Norditalien, aber nicht aus Venetien, zogen viele seit jeher nach Frankreich, aus dem Süden die meisten nach Deutschland. Dabei konnten die Wanderungsziele der Auswanderer eines Ortes sehr eng gesteckt sein, sogar zu einem einzigen Betrieb hin. So arbeiteten 200 Einwohner von Roggiano/Nordkalabrien (7500 Einw.) in einer Baufirma in Göggingen (Schrettenbrunner 1976, S. 12).

Zu Beginn der achtziger Jahre schwächte sich der Gastarbeiterstrom aus Italien in die anderen Industrieländer Europas deutlich ab, die Rückwanderungen nahmen, verursacht durch die wirtschaftliche Krisensituation, zu. Eine andere Art von Arbeiterwanderung stellte sich gleichzeitig ein, die Zuwanderung von Saisonarbeitern und Hilfskräften aus anderen mediterranen Ländern und aus Afrika (vgl. Kap. III 2 d 3). Ist also inzwischen sogar in Süditalien der Arbeitsmarkt erschöpft? Während höherwertige Arbeit weiter exportiert wird, überläßt man niedrige Dienstleistungen und schwere oder schlecht angesehene Arbeit den oft illegal anwesenden Ausländern, sogar in der Industrie. Noch haben die Gewerkschaften nichts gegen solche Schwarzarbeit zu geringen Löhnen bei längerer Arbeitszeit und ohne soziale Sicherung getan. Die durch die Schul- und Universitätsausbildung gegangene Jugend stellt einen großen Teil der Arbeitslosen und Unterbeschäftigten, steht aber für einen derartigen Arbeitsmarkt nicht zur Verfügung (Reyneri 1979, S. 121). Italien ist zum Einwandererland geworden (Arena 1982).

### c2 Folgen der Arbeiterwanderung

Ebenso wie die Auswanderungsprozesse hatten auch die Arbeiterwanderungen deutliche Veränderungen in der Bevölkerungsstruktur zur Folge. In der Heimat blieben ältere Menschen, Frauen und Kinder zurück, was zu Überalterung und Verstärkung des Frauenanteils in den Herkunftsgemeinden führte. Eine Änderung im generativen Verhalten ergab sich daraus, daß sich für die unverheirateten Migranten das Heiratsalter erhöhte und sich bei den Verheirateten und nun längere Zeit getrennt Lebenden die Zeugungsmöglichkeit verringerte. Außerdem übernahmen wahrscheinlich viele die in den Zielgebieten üblichen Gewohnheiten der Geburtenkontrolle (Reyneri 1979, S. 260). An dem hohen Verlust von Arbeitskräften in Höhe von fast 1 Mio. im Süden zwischen 1951 und 1971, der ebenso hoch ist wie der in Gesamtitalien, ist sicher die Arbeitsmigration erheblich beteiligt gewesen (Wagner 1975, Tab. 7). Das konnte zu weiteren Rationalisierungsvorgängen in der Landwirtschaft führen, oft wurden sie aber verhindert, weil das Land im Besitz der Abwanderer blieb, weiterbewirtschaftet von Frauen und Alten. Bei einem saisonalen Wanderungszyklus wurde die Familienlandwirtschaft gelegentlich angepaßt, z. B. wurden die Haselnußkulturen am Vesuv noch vor der erneuten Ausreise versorgt (Wagner 1967, S. 216).

Zur Unterstützung der Familienangehörigen in der Heimat werden beträchtliche Gelder transferiert, und nach der Rückkehr kann es zu erheblichen Investitionen kommen. Selten handelt es sich dabei aber um Investitionen in Betrieben, im Gewerbe oder um Erwerb von Maschinen, sondern meistens von Immobilien und landwirtschaftlichen Grundstücken, was die hohe Bautätigkeit auch im dörflichen Bereich erklärt und in den Gemeinden erhebliche Probleme verursachen kann (Signorelli u. a. 1977, S. 282). Häufig werden Kleinunternehmen im Dienstleistungsbereich, wie Bar, Laden oder Taxi, begründet. Eine Grundlage für zukünftige Produktivität oder gar eine Industrieförderung wird selten erreicht. Nicht überall in den Herkunftsorten können die Heimkehrer ihre Kenntnisse dem in der Industrie des Auslandes erworbenen Ausbildungsstand entsprechend anwenden, und wer das erkennt, wandert wieder ab. Nur die Erfolglosen, die ohne Fortbildung geblieben sind, bleiben – eine negative Auslese. Die Wiedereingliederung in eine veränderte Umwelt ist äußerst schwierig, besonders dann, wenn im Ausland geborene Kinder beteiligt sind. Imponierend sind die Veränderungen, wenn sie über längere Zeit hin beobachtet werden, wie das Schrettenbrunner in Roggiano seit 1957 getan hat.

Mit dem Rückgang der arbeitsaufwendigen Landwirtschaft nahmen Pferde und Ochsen erheblich, Schafe um die Hälfte ab. Landwirtschaftliche Maschinen, Kühe, Radios, Fernseher, Autos, Motorroller breiteten sich aus. Der steigende Konsum betrifft auch Fleisch, Spirituosen und Kaffee; Butter, früher auf dem Lande nahezu unbekannt, ist begehrt, das Warenangebot stieg kräftig. Jedes Haus erhielt Wasserversorgung; aber es kam nicht zur Gründung von industriellen oder gewerblichen Betrieben, und das trotz einer Berufsschulausbildung. Die Neubautätigkeit ging bis 1976 wieder zurück, obwohl die Zahl der Gastarbeiter noch immer hoch war.

In Scandale stellte DICKEL (1970) fest, daß fast die Hälfte aller Neubauten von Gastarbeitern errichtet wurde, die zu drei Vierteln in Deutschland tätig waren. Nahezu jede Befragung, jede Stichprobe in einem Dorf Süditaliens dürfte zu ähnlichen Ergebnissen führen, wo man deutsch sprechende Kinder und ehemalige Gastarbeiter trifft oder solche, die gerade im Urlaub ihre Heimat aufgesucht haben und voller Stolz ihr neuerbautes Haus zeigen.

Alle diese positiven Effekte sind zu verstehen durch die Aufbesserung der finanziellen Lage der Migranten und ihrer Familien mit Hilfe der Ersparnisse und Rimessen. Diese sind außerdem eine wesentliche Hilfe zum Ausgleich der Außenhandelsbilanz des Staates. Den Gunstfaktoren stehen aber beträchtliche und wahrscheinlich gleichwertige Negativeffekte gegenüber, ohne daß sie quantifizierbar wären (KING 1982b, S. 228): der Verlust an Facharbeitern, soziales Leid in den getrennten Familien, kulturelle Zwiespältigkeit, Schäden durch Betriebsunfälle, das Gefühl, ausgebeutet worden zu sein, die Schwierigkeit bei der Rückkehr, Arbeit zu finden. Daraus ist der Schluß zu ziehen, daß bei der Entwicklung Süditaliens, wie in anderen südeuropäischen Ländern, die Migration wenig hilft. Die Kritik an der Arbeiterwanderung geht so weit, daß sie eine Art Entwicklungshilfe genannt wird, die von Südeuropa an Nordeuropa gegeben wird. Es ist ein Mythos, daß die Rückkehr von Migranten zu Produktivität und Innovation führt, man kann vom ›Fortschritt ohne Entwicklung‹ sprechen (REYNERI 1979, S. 183 u. 271; SCHNEIDER u. SCHNEIDER 1976, S. 203).

## *d) Binnenwanderungen*

### d1 Wanderungsströme der Nachkriegszeit

Mit den bisher besprochenen Wanderungstypen, der Auswanderung und den Arbeiterwanderungen über die Landesgrenzen hinweg, sind Vorgänge der Binnenwanderung in vielfacher Weise verknüpft, die sich nach dem Ersten Weltkrieg als Flucht vom Land in die Stadt zu verstärken begannen. Nach der Behinderung des Zuzugs in die Städte durch gesetzliche Maßnahmen der faschistischen Regierung, schon 1931, drakonischer 1939, wuchsen die Binnenwanderungsströme nach dem Zweiten Weltkrieg rasch wieder an. Sie können sogar als Hauptcharakteristikum der jüngsten italienischen Geschichte gelten (MIGLIORINI 1962, 1978).

Der Aufschwung der Wirtschaftszentren Norditaliens schuf Arbeitsplätze, und mit dem Auf und Ab der Konjunktur wurde die Strömung stärker und ausgreifender oder schwächte sich ab. In den fünfzehn Jahren von 1951–65 hat der

Triangolo jährlich 113000, Latium 31000 Personen aufgenommen (MIGLIORINI 1978, S. 13). Dennoch ist die italienische Binnenwanderung im Vergleich mit der statistisch erfaßten Zahl der Wanderungsfälle über die Gemeindegrenzen in der Bundesrepublik Deutschland zwischen 1953 und 1967 nur halb so groß gewesen. Während in unserem Land 59–62 Einw. von 1000 als Wanderungsfälle registriert wurden, lag in Italien zur gleichen Zeit diese Mobilitätsziffer nur bei 23–28 (KÜHNE 1974, S. 19). Dazu kommen außer den nicht erfaßbaren, nicht registrierten Fällen wahrscheinlich noch nicht einmal soviel Umzüge innerhalb von Großstadtgemeinden und in weitläufigen ländlichen Gemarkungen, die nicht gemeldet wurden, aber doch bedeutende Veränderungen in der Siedlungs- und Wirtschaftsstruktur einer Gemeinde oder eines ganzen Landesteiles als Ausdruck eines tiefgreifenden sozioökonomischen Wandels zur Folge gehabt haben können. Die ›marine‹ Kalabriens sind ein sprechendes Beispiel dafür.

Die Binnenwanderung erscheint nur in den statistischen Daten als einheitlicher Prozeß, als Migration über Gemeinde-, Provinz- und Regionsgrenzen hinweg und mit ihren jährlichen Schwankungen. Sie umfaßt aber in Wirklichkeit vier große Wanderungsströme, die sich nach Herkunft- und Zielgebieten unterscheiden lassen und außerdem eng miteinander verflochten sind. Mit KÜHNE (1974, S. 20) lassen sich unterscheiden:

1. die Süd-Nord-Wanderung vom Mezzogiorno nach dem industrialisierten Norden und vorwiegend zum Triangolo gerichtet mit der Folge einer ›meridionalizzazione‹;
2. die Ost-West-Wanderung, die Verlagerung der Bevölkerung von der adriatischen auf die tyrrhenische Seite der Halbinsel und aus der östlichen in die westliche Padania, dort mit einer ›venetizzazione‹;
3. die Bergflucht in tiefer gelegene Landesteile und an die Küsten, dort mit der Bildung der ›marine‹;
4. die Land-Stadt-Wanderung ist Teil der anderen Wanderungsströme aus dem ländlichen Raum in die Städte mit der Folge einer ›deruralizzazione‹ und einer ›urbanizzazione‹.

### d2 Interregionale Wanderungsbewegungen

Die auffälligsten Prozesse sind Fernwanderungen, wie aus dem agrarischen Süden in den industrialisierten Norden oder in die Hauptstadt Rom. Dennoch sind zahlenmäßig die Nahwanderungen, von einer Gemeinde oder Provinz in die benachbarte, von viel größerem Ausmaß. Im Jahre 1976 zogen von allen Binnenwanderern zwei Drittel nur innerhalb der Region und die Hälfte nur innerhalb der Provinz um. Schon die Nahwanderungen können gleichzeitig Abwanderungen vom Lande, aus dem Gebirge und in die nächste Stadt oder Hauptstadt der Provinz oder Region sein, im Fall von Rom oder Neapel auch eine Ost-West-Wanderung. Jüngere Industrialisierungsprozesse in Süditalien haben ebenfalls zu Nahwanderungen geführt, z. B. aus der Basilicata nach Apulien oder aus der Provinz

*Tab. 21: Die interregionale Wanderung in und zwischen den Großräumen 1955–1980*

| Herkunfts-region in den Großräumen | Zahl der Wegzüge in 1000. Fünfjahres-durchschnitt | Verteilung auf die Zielregionen in den Großräumen (in %) | | | |
|---|---|---|---|---|---|
| | | Norden | Mitte | Süden | Inseln |
| Norditalien | | | | | |
| 1955/59 | 184,7 | 75,0 | 12,9 | 7,7 | 4,4 |
| 60/64 | 264,6 | 69,6 | 12,5 | 11,2 | 6,6 |
| 65/69 | 210,8 | 55,3 | 15,7 | 17,5 | 11,5 |
| 70/74 | 213,5 | 51,1 | 15,5 | 21,1 | 12,4 |
| 75/79 | 168,8 | 44,6 | 15,3 | 25,7 | 14,4 |
| 1980 | 149,7 | 40,2 | 18,0 | 27,2 | 14,6 |
| Mittelitalien | | | | | |
| 1955/59 | 75,5 | 42,2 | 33,0 | 17,9 | 7,0 |
| 60/64 | 104,5 | 43,0 | 32,8 | 17,3 | 7,0 |
| 65/69 | 85,2 | 39,8 | 28,6 | 22,4 | 9,3 |
| 70/74 | 83,6 | 39,3 | 26,8 | 24,4 | 9,6 |
| 75/79 | 63,3 | 35,3 | 25,2 | 28,7 | 10,8 |
| 1980 | 64,1 | 34,0 | 27,8 | 28,5 | 9,7 |
| Süditalien | | | | | |
| 1955/59 | 120,3 | 45,7 | 27,8 | 20,5 | 6,0 |
| 60/64 | 205,9 | 57,9 | 25,3 | 13,1 | 3,7 |
| 65/69 | 162,3 | 57,6 | 23,2 | 14,9 | 4,3 |
| 70/74 | 178,4 | 60,2 | 21,7 | 14,1 | 4,0 |
| 75/79 | 123,7 | 54,8 | 23,4 | 17,2 | 4,6 |
| 1980 | 114,9 | 52,7 | 26,4 | 16,5 | 4,4 |
| Inselitalien | | | | | |
| 1955/59 | 41,9 | 54,4 | 26,0 | 16,0 | 3,5 |
| 60/64 | 94,9 | 70,3 | 20,4 | 7,8 | 1,5 |
| 65/69 | 74,1 | 68,2 | 20,4 | 9,6 | 1,8 |
| 70/74 | 76,2 | 70,1 | 18,8 | 9,4 | 1,8 |
| 75/79 | 50,2 | 65,8 | 20,5 | 11,7 | 2,0 |
| 1980 | 45,9 | 64,5 | 23,2 | 10,5 | 1,7 |

Quelle: Errechnet nach ISTAT: Popolazione e movimento anagrafico dei comuni, 20, 1976 bis 25, 1981 und Ann. Stat. It. 1982.

Neapel in die Provinz Caserta. Dennoch hat die interregionale Wanderung aus Regionen Süd- und Inselitaliens heraus vor allem nord- und mittelitalienische Regionen zum Ziel, wie Tab. 21 zeigt.

Es wird deutlich, daß sich Wanderungen von Einwohnern Norditaliens vorwiegend im Norden vollziehen, wobei die Ost-West-Wanderung aus Venetien in die Lombardei mit enthalten ist. Sie hatte ihr Maximum zwischen 1955 und 1962,

*Tab. 22: Saldo der interregionalen Wanderung 1960/64 und 1975/79 Zuzüge abzüglich Wegzüge im Fünfjahresdurchschnitt*

| | | 1960/64 | 1975/79 |
|---|---|---|---|
| Zuzüge in Regionen Nordwestitaliens aus Nordostitalien | Piemont | + 13 447 | − 2 236 |
| | Aosta | + 132 | − 17 |
| | Lombardei | + 22 405 | − 3 976 |
| | Ligurien | + 2 598 | − 280 |
| Ost-West-Wanderung | | + 38 582 | − 6 509 |
| Zuzüge in Regionen Nordostitaliens aus Nordwestitalien | Trentino-Südtirol | − 1 254 | + 83 |
| | Venetien | − 23 874 | + 2 568 |
| | Friaul-Jul. Venetien | − 3 233 | + 843 |
| | Emilia-Romagna | − 10 221 | + 6 509 |
| West-Ost-Wanderung | | − 38 582 | + 6 509 |
| Zuzüge in Regionen Norditaliens aus Mittelitalien | | + 11 886 | + 3 431 |
| Zuzüge in Regionen Norditaliens aus Süditalien | | + 89 630 | + 24 314 |
| Zuzüge in Regionen Mittelitaliens aus Süditalien | | + 33 999 | + 10 795 |
| Zuzüge in Regionen Norditaliens aus Inselitalien | | + 49 259 | + 8 694 |
| Zuzüge in Regionen Mittelitaliens aus Inselitalien | | + 12 071 | + 3 442 |
| Zuzüge in Regionen Süditaliens aus Inselitalien | | + 156 | + 157 |

Quelle: Errechnet nach ISTAT: Popolazione e movimento anagrafico dei comuni, 20, 1976 bis 25, 1981.

als jährlich 22 800–26 800 Menschen daran beteiligt waren, und d. h. ebenso viele, wie im Jahr 1962 von Apulien oder Sizilien in die Lombardei umzogen. Innerhalb des Südens wählen dagegen nur wenige ihren Wohnsitz in einer anderen Region oder gar von Sizilien nach Sardinien oder umgekehrt. Den räumlichen und zeitlichen Wandel des Wanderungssaldos bei der Binnenwanderung aus süditalienischen Regionen, also ohne Wanderung innerhalb der betreffenden Region und ohne Gastarbeiterwanderungen, bringt Tab. 23 für die Zeit nach 1955 zum Ausdruck.

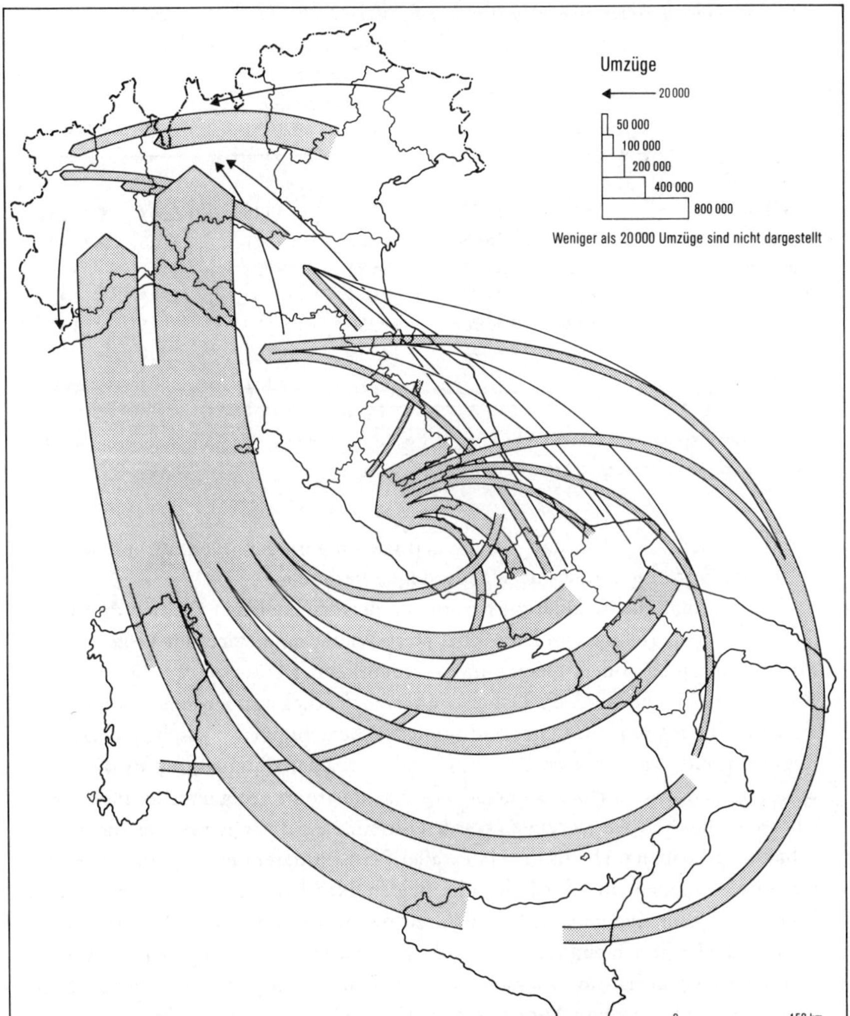


*Fig. 35: Die interregionalen Wanderungsbewegungen (Zuzüge abzüglich Wegzüge) in der Periode 1955–1970.* Nach GOLINI aus MIGLIORINI, Hrsg., 1976, S. 67.

Die Gebirgsräume im Süden verloren besonders große Bevölkerungsanteile; die alte Auswandererregion Basilicata hatte z. B. im Durchschnitt der Periode 1955/74 ein jährliches Defizit von 7851 Personen, das waren 13 ‰ ihrer Wohnbevölkerung von 1971, und den relativ größten Bevölkerungsverlust aller Regio-

*Tab. 23: Saldo der interregionalen Wanderung 1955–1979 und 1980 für die Regionen des Mezzogiorno. Zuzüge abzüglich Wegzüge im Fünfjahresdurchschnitt*

| Regionen | Wanderungssaldo | | | | | |
|---|---|---|---|---|---|---|
| | 1955/59 | 1960/64 | 1965/69 | 1970/74 | 1975/79 | 1980 |
| Abruzzen + Molise | − 9998 | *−18059* | − 7017 | − 4148 | − 1058 | + 251 |
| Kampanien | −11239 | −28680 | −21826 | *−29541* | −13750 | −14441 |
| Apulien | −21098 | *−35913* | −18903 | −19202 | − 6811 | − 5552 |
| Basilicata | − 4946 | *−11222* | − 7974 | − 7262 | − 3817 | − 3205 |
| Kalabrien | −13924 | *−31087* | −19206 | −20699 | − 9515 | − 9421 |
| Sizilien | −15668 | *−43487* | −26235 | −28168 | −10294 | − 9377 |
| Sardinien | − 4249 | *−17286* | − 7593 | − 5172 | − 2000 | − 2601 |

Quelle: Errechnet nach ISTAT: Popolazione e movimento anagrafico dei comuni, 20, 1976 bis 25, 1981 und Ann. Stat. It. 1982.

nen des Südens. Apulien und Kampanien wiesen geringere Defizite auf, weil sie industrialisierte Zielräume für Wanderungen besitzen.

Das Ausmaß der Wanderungsströme in die verschiedenen Zielrichtungen für die süd-nord-gerichtete und die Ost-West-Wanderung wird am besten durch Migrationsbänder oder Diagramme verdeutlicht (Achenbach 1981, S. 44; Wagner 1977, vgl. Fig. 35). Dabei können auch Rückwanderungen eingetragen werden. Interessant sind die traditionellen Beziehungen zwischen einzelnen Regionen und benachbarten Ballungs- und Wirtschaftsräumen, wofür die Nahwanderungen aus Abruzzen und Molise nach Latium geeignete Beispiele sind. Aber auch bei Fernwanderungen werden die einmal gefestigten Beziehungen beibehalten. So haben mehr als die Hälfte aller Fernwanderer der Regionen Apulien, Kalabrien, Sizilien und Sardinien die beiden Nordwestregionen Piemont und Lombardei zum Ziel gehabt, bis 1976 mit nur wenig sinkenden Anteilen.

Das für Regionen aufgearbeitete statistische Material läßt engere Beziehungen zwischen Herkunfts- und Zielräumen nur unvollkommen, den wirklichen Wanderungsvorgang von einer Südgemeinde in eine oder mehrere Nordgemeinden gar nicht erkennen. Gerade solche Prozesse sind aber von hohem geographischem und soziologischem Interesse.

### d3 Agrarische Wanderungen

Nur wenige Beispiele lassen sich angeben, die sich auf die Verlegung des Familienwohnsitzes ohne Berufswechsel und häufig mit einer Neubegründung oder Übernahme eines landwirtschaftlichen Betriebes in Norditalien beziehen:

Einzelne Männer bereiten die geplanten Umzüge vor, und dann läuft das ›Kettensystem‹, gegründet auf Familien- und Dorfgemeinschaften ab, z.B. bei den Wanderungen aus Südkalabrien und den Abruzzen an die Blumenriviera (MARTINELLI 1959). Sie begannen 1921 und hatten zwischen 1951 und 1960 ihre größte Entwicklung; einerseits sind sie mit Saisonarbeiterwanderungen an die Riviera verknüpft, andererseits mit der Olivenernte in der Heimat. Begünstigt war die Wanderung durch die direkte Eisenbahnverbindung und dadurch, daß Arbeitsplätze, Wohnstätten und aufgegebene Anbauflächen zur Verfügung standen, nachdem ein Teil der einheimischen Bevölkerung sich dem sekundären und tertiären Sektor in und außerhalb Liguriens zugewandt hatte. Verlassene Häuser wurden restauriert, und trotz mancherlei Behinderung durch Einheimische und Behörden setzten sich die Zuwanderer allmählich durch. Der vom Erdbeben 1878 zerstörte Ort Bussana Vécchia ist von sieben Familien aus den Abruzzen wieder aufgebaut worden (PELLICCIARI 1970, S. 389). Camporosso und Coldirodi erhielten einen typisch süditalienischen Charakter. SCARIN (1971, S. 42) schätzte die Zahl der Kalabresen auf 50000 bei zunehmender Tendenz trotz beträchtlicher Rückkehrerzahlen. In Camporosso und Vallecrósia vécchia sind vier Fünftel der Zuwanderer aus Kalabrien gekommen. Die Blumenriviera ist ein Beispiel für die über lange Zeit aufrechterhaltenen Beziehungen bei Wanderungsströmen, aber auch für die Übertragung der Südfrage in den Norden; das Wiederauftreten des Analphabetentums in Ligurien demonstriert diese Tatsache.

Agrarische Süd-Nord-Wanderungen gab es auch aus dem apulischen Tavoliere in die lombardische Ebene, wo erfahrene Arbeitskräfte in der intensivierten Landwirtschaft gebraucht wurden. Darüber hinaus ist es in anderen Bereichen zur Übernahme von weniger produktiven, aufgegebenen Nutzflächen gekommen, weshalb BARBERIS (1960) von ›Kompensationsströmen‹ spricht. Außer an der ligurischen Riviera fand ein solches Nachrücken im Hügelland von Piemont, im toskanisch-romagnolischen Apennin und insbesondere auch bei Mezzadriagehöften statt (MIGLIORINI 1962, S. 386; KÜHNE 1974, S. 250). Ein neuer Aspekt der Landnutzung ist mit sardischen Schäfern in die Provinz Perúgia gekommen (MELELLI 1975). In der Gemarkung Radicófani/Siena übernahmen sie 68 Mezzadriahöfe (GIARDINI 1981, Karte).

Agrarische Binnenwanderungen waren in früheren Zeiten fast immer Saisonwanderungen temporären Charakters. Zur Zeit der noch nicht mechanisierten Landwirtschaft ereigneten sie sich regelmäßig in einigen charakteristischen Bereichen (vgl. DAINELLI 1939, Atl. fis.-econ., tav. 33; BARBERIS 1960, S. XIV u. 6). Aus der Umgebung zogen Landarbeiter ins Reisbaugebiet der Padania, in andere Provinzen zur Seidenraupenzucht; um zu hacken, Heu zu machen oder Weizen zu ernten fuhren sie in die Ebene von Grosseto, zum Mähen und Dreschen in den Agro Romano und in den Tavoliere; aber sie gingen auch zum Holzfällen in die Berge der Basilicata. Zur agrarischen Binnenwanderung mit Wohnsitzwechsel dagegen gehören die vom Staat gelenkten Siedlungsunternehmungen der Binnenkolonisation und der Bodenreform (ALMAGIÀ 1959, S. 651). Schon 1884 begann die

Besiedlung der Bonifica Óstia Antica mit etwa 600 Tagelöhnern aus der Romagna, von ALMAGIÀ als bezeichnendes Beispiel einer ständigen Zuwanderung aus einer fernen Region genannt. Zwischen 1930 und 1937 sind 12000 Familien mit 88000 Personen in den Reformgebieten des Agro Pontino, des Agro Romano, der Maremmen (Alberese) und bei Arboréa (Sardinien) angesiedelt worden. In der Nachkriegszeit (1951–1958) ging das Siedlungswerk weiter in der Seleniederung, im Becken von Fúcino, in Apulien und in der Basilicata. Dabei gab es auch Fernwanderungen, sind doch ab 1931 kinderreiche Familien im Agro Pontino angesiedelt worden, bevorzugt solche von Kriegsteilnehmern, die aus dem Polésine, dem Friaul, den Provinzen Ferrara und Vicenza stammten. Hier war das Hilfswerk der Opera Nazionale Combattenti beteiligt. Die ebenso bedürftigen, landlosen Dorfbewohner aus den benachbarten Bergen Latiums wurden offenbar nicht für fähig genug erachtet. In das sardische Reformgebiet von Oristano brachte man Kolonisten aus der Romagna, nach Fertília dagegen Istrienflüchtlinge. Aus den Marken gingen Kolonisten in die Reformgebiete Apuliens, der Basilicata und Kalabriens. Nah- und Mittelwanderungen gingen nach Policoro am Golf von Tarent, mit überwiegendem Zuzug hier aber aus der unmittelbaren Umgebung, begünstigt durch alte Beziehungen wegen der Sommerweiden im Bergland und andererseits als Folge der Tabakarbeiterwanderungen von der Salentinischen Halbinsel her (ROTHER 1973, Abb. 4).

### d4 Land-Stadt-Wanderung

Die Wanderung vom Süden in die norditalienischen Städte und nach Rom ist in den meisten Fällen mit einem Berufswechsel verbunden. Direkt oder in Etappen erreichen die aus der Landwirtschaft ausgeschiedenen, nicht oder zu wenig für eine Tätigkeit im sekundären oder tertiären Bereich ausgebildeten Arbeitskräfte ihr Ziel. Nach Mailand kamen z. B. im Jahr 1961 aus Süditalien zu zwei Dritteln unqualifizierte Arbeitskräfte (DALMASSO 1971, S. 471). Oft wirkte schon der Mythos einer Stadt wie Rom oder der von den neuen Autos überall ins Land getragene Name Fiat für Turin als Magnet. Wegen des hohen Anteils süditalienischer Bevölkerung an solchen Prozessen und wegen der damit aufgetretenen besonderen Probleme sei dieser vom Süden ausgehende Zweig der Land-Stadt-Wanderung vorweggenommen.

Das Ausmaß der Wanderung nach Rom und in die Städte des Triangolo war in den fünfziger Jahren derart groß, daß zwischen 1951 und 1957 monatlich 2300 Menschen nach Turin, 1240 nach Mailand und 1760 nach Rom zogen (GABERT 1958, S. 33). An der Wende zu den sechziger Jahren kamen nach Turin schon 3583 mehr Zu- als Abwanderer im Monatsdurchschnitt. Die größte Wanderungswoge betraf Turin zwischen 1959 und 1962 mit jährlich 69000 Zuzügen, von denen 43000 einen Wanderungsüberschuß brachten. 1964 wanderten viele aus der Stadt ins Umland oder ins Ausland ab; aber 1967–69 kam eine neue Welle in die Stadt selbst mit jährlich 57000 und einem Überschuß von 14500 (Fofi 1975, S. 299). Der Anteil der Süditaliener erreichte in Turin erst in den sechziger und siebziger Jahren größere Anteile, als die Zuwanderung aus der eigenen Region und die traditionelle Wanderung aus Venetien im Jahre 1963 zum Abklingen kamen. Ihr Anteil stieg aber rasch von 34 % (1957) auf fast 50 % (1976), in Mailand im gleichen Zeitraum von 16 auf 41 %. In Rom hielt sich der süditalienische Anteil zwischen 1948 und 1975 gleichbleibend bei 37–40 % mit Zuzug vorwiegend aus Kampanien und Abruzzen-Molise (Seronde-Babonaux 1980).

In den Städten wurde dem Zuwanderer aus dem Süden nicht die gleiche Sympathie entgegengebracht wie auf dem Land. Während er in der Landwirtschaft meistens dankbar aufgenommen wurde, nahm er doch die schwere Handarbeit auf sich, sah man in der Stadt in ihm bald den Fremden, gegen den man seine Arbeitsplätze verteidigte, der sich durch sein Aussehen und durch seine Lebensgewohnheiten von der einheimischen Bevölkerung unterscheidet (Compagna 1959).

Aus Befragungen ergaben sich Ansichten der Norditaliener über die des Südens wie die, ›daß die Südländer weniger wohlerzogen sind, daß sie zu oft das Messer ziehen, daß sie in ihrem Verhältnis zu Frauen noch sehr rückständig sind, (Ansichten), die auch von diesen (!) als richtig angesehen werden. Dazu kommt der Ehrbegriff als besonderes Problem‹ (Fofi 1975, S. 253). Es kam zu Ausschreitungen gegen die ›terroni‹, wie die Norditaliener oft ihre Landsleute aus dem Süden nennen. Das Wort ist abgeleitet zu denken von ›terre matte‹ (verrückte Gegend), ›terre ballerine‹ (tanzende Erde, wegen der Erdbeben) und enthält spaßhafte Anspielungen auf den hitzigen Charakter ihrer Bewohner. Mitunter ist der Ausdruck aber belastet von überkommener Verständnislosigkeit und eingefleischten Vorurteilen, so daß er Geringschätzung ausdrückt (Devoto u. Oli 1978). Vor fünfzig Jahren sprach man noch in zweideutiger Weise von den ›súdici‹.

Die nötige Integration wurde auch dadurch erschwert, daß nicht nur die mit der Südfrage zusammenhängenden Probleme importiert wurden, sondern auch die Mafia, und daß daraus manche Kriminalität erwuchs. Italien hatte sein ›Rassenproblem‹ bekommen; es war eine Situation entstanden, die in Turin in den Jahren 1956/57 von einer politischen Bewegung ausgenutzt wurde (Aquarone 1961, S. 40). Die Arbeiterschaft aus dem Süden brachte man in Randbezirken notdürftig unter, und dort blieb sie sich selbst überlassen. Spekulation und Korruption behinderten den sozialen Wohnungsbau, der wenig Hilfe bringen konnte. Der rasch wachsenden Zuwanderung waren die Stadtverwaltungen nicht gewachsen. Es entstanden Notbehausungen am Stadtrand wie um Mailand die ›corée‹ (vgl. Kap. III 4 a 4). In Rom wurden viele der Zuwanderer zu ›baraccati‹, von denen es 65000–100000 gab, die zum Teil in ›tuguri‹, d. h. elenden Hütten, wohnten (Ferrarotti 1979, S. 70). Nach der Wohnungserhebung 1971 lebten dagegen in der Gemeinde Rom nur 23549 Einw. in 6770 ›altri tipi di alloggio‹; von diesen zählte man 1981 noch 919. Im Zeitraum 1929–62 stieg der Anteil der aus dem Süden Zuziehenden an, und im Jahrzehnt 1953–63 waren es 39,2 %, die vorwiegend aus

Abruzzen-Molise und Kampanien kamen. Von den 35213 Zuwanderern im Jahr 1976 nach Rom stammten 15714, also fast 45%, aus südlichen Regionen, 12,2% aus Kampanien, 7,5% aus Sizilien (ISTAT, Pop. e Movim. 1978, tav. 16). Tragischen Anlaß zur Abwanderung nach Norden gab schon das Südwestsizilienerdbeben vom Januar 1968 und dann wieder das Erdbeben in der Irpínia im November 1980. Nach Mailand kamen 1968 als ›terremotati‹ 6542 Personen (Pellicciari, 1970, S. 652).

Inzwischen ist der Höhepunkt der Land-Stadt-Wanderung überschritten, die Zuwanderung kehrte sich gerade im Norden in eine Abwanderung aus den Großstädten um (vgl. Tab. 29). Turin verlor mit der Krise der Autoindustrie seine Anziehungskraft.

### d5 Ost-West-Wanderung

Seit jeher liegen die Schwerpunkte der Bevölkerungsverteilung auf der tyrrhenischen Seite, im Raum Neapel, später in Rom und jetzt vor allem im Industriedreieck des Nordwestens (vgl. Kap. III 2c). Deren Anziehungskraft hat nicht nur die Süd-Nord-Wanderung in Gang gehalten, die wegen der damit verbundenen sozialen Fragen besondere Beachtung erlangt hat. Zahlenmäßig erreichte die Ost-West-Wanderung zum Teil weit größere Ausmaße als die meridionale, wie die Tab. 24 für die Jahre 1955–58 zeigt, denn erst ab 1959 überwog die Zuwanderung aus dem Süden nach den Regionen Piemont und Lombardei über die aus dem Nordosten. Das allgemeine Ungleichgewicht der beiden Seiten Italiens verstärkte sich immer mehr zugunsten der Westseite. Die Bevölkerung wuchs dort rascher als im Osten, so daß 1977 auf der ›Gunstseite‹ 68,5% der Einwohner lebten (Flächenzuordnung nach De Vergottini 1963).

Größere Bedeutung hatte die Ost-West-Wanderung nur in der Padania, wo sich eine traditionelle Bewegung aus Venetien in Richtung Mailand und Turin nach dem Zweiten Weltkrieg erneuert hatte. 1954–57 kamen fast ebenso viele venetische Zuwanderer nach Turin wie apulische, die gleichfalls an Vorkriegsbeziehungen anknüpfen konnten (Vanni 1957; Fofi 1975). Landwirtschaftlicher Kleinbesitz und Kleinbetrieb, durchschnittlich 3–4 ha, und starke Besitzzersplitterung, dazu die Probleme der Landwirtschaft im Alpenbereich hatten Venetien schon früh zur Auswandererregion gemacht, über die Staatsgrenzen hinaus wie in andere Regionen hinein. Das Beispiel dreier Gemeinden nördlich Mailand (Seregno, Séveso, Meda) zeigt, daß sich die Hauptbewegung unmittelbar nach dem Zweiten Weltkrieg ereignete und eine endgültige Abwanderung ganzer Familien war, wenn auch teilweise mit Weiterwanderung nach Mailand und in Nachbarstädte (Bianchi u. Malvasi 1978). Die meisten Zuwanderer kamen aus den Provinzen Venedig und Pádua; es waren in der Landwirtschaft Tätige, die ihren Beruf wechselten, denn sie fanden häufig als Polierer in der Möbelindustrie einen Arbeitsplatz. Andere blieben in der Landwirtschaft und zogen in die Landschaften

*Tab. 24: Binnenwanderung nach Piemont und Lombardei aus Nordosten und Süden 1955–1960*

| | *Piemont* + Lombardei | nach Piemont | nach Lombardei | Herkunft |
|---|---|---|---|---|
| 1955 | 61929 | 26090 | 35839 | aus dem Nordosten |
| | 38200 | 22361 | 15839 | aus dem Süden |
| 1958 | 59077 | 19048 | 40029 | aus dem Nordosten |
| | 55177 | 22905 | 32272 | aus dem Süden |
| 1959 | 57146 | 18766 | 38380 | aus dem Nordosten |
| | 64266 | 26623 | 37643 | aus dem Süden |
| 1960 | 67835 | 25877 | 41958 | aus dem Nordosten |
| | 94092 | 48654 | 45438 | aus dem Süden |

Quelle: ISTAT: Popolazione e movimento anagrafico dei comuni, 20, 1976, Tav. 25.

Oltrepò Pavese und Lomellina. Der Frauenanteil war wegen der Beschäftigungsmöglichkeiten als Hauspersonal und in Krankenhäusern hoch.

In den siebziger Jahren hörte die Ost-West-Wanderung in der Padania praktisch auf, denn der Triangolo bot nicht mehr genügend Arbeitsplätze; seitdem überwiegt die West-Ost-Wanderung (vgl. Tab. 22). Im Nordosten dagegen hatten die Industrieförderungsmaßnahmen gegriffen, und auch im Dienstleistungssektor war die Beschäftigung in Venetien selbst möglich geworden. Nur die Alpenprovinz Belluno hatte gegenüber 1961 noch bis 1977 eine Bevölkerungsabnahme zu verzeichnen, während eine derart einschneidende Entwicklung im Jahrzehnt 1951/61 noch für die gesamte Region Venetien galt (vgl. Tab. 2), insbesondere aber für die Provinzen Belluno, Treviso, Pádua und Rovigo, außerdem auch für die lombardischen Provinzen Mántua und Cremona (ISTAT 1967). Bisher hatte sich im Regionsbereich nur für die Basilicata eine absolute Bevölkerungsabnahme als Folge der Abwanderung ergeben, schon 1881–1901, 1901–1911 und wieder 1961–1977.

## d6 Bergflucht

Ein beträchtlicher Teil aller Binnenwanderungsvorgänge und der Auswanderungsprozesse ereignet sich als Bergflucht, deren Folgen sich geographisch beobachten und statistisch als Gebirgsentvölkerung erfassen lassen. Die Abwanderung ist aus allen Gebirgen des Landes schon seit langer Zeit im Gange, seitdem der Höhepunkt der Siedlungs- und Rodungstätigkeit überschritten war, was Mitte des 19. Jh. schon da und dort zur Abwanderung geführt hatte. Heute ist dieser Prozeß von einer derartigen Größenordnung, daß er allmählich zum völligen Umbruch in den Kulturlandschaften der Gebirge führt. Mit der Küstenbesiedlung durch eine ehemalige Gebirgsbevölkerung kommt es zu einer schrittweisen Umkehrung des seit dem Hochmittelalter bestehenden kulturgeographischen Gefälles zwischen den einst vom Menschen bevorzugten Gebirgsregionen und den von ihm gemiedenen Küstenlandschaften (ROTHER 1973, S. 38). Landnutzungs- und Siedlungsformen haben sich zum Teil schon grundstürzend verändert. Verlassene Gehöfte und leerstehende, verfallende Häuser sind in vielen Gebirgsdörfern sprechende Zeugen des Geschehens. Aufgegebene, ungepflegte Ackerterrassen unterliegen der Gefahr ausgreifender Bodenzerstörung, solange sie sich noch nicht wieder mit Wald bedeckt haben oder aufgeforstet sind. Erst allmählich und mit kräftigen Hilfsmaßnahmen wird es zu einer ausgewogenen, den Naturhaushalt der Gebirge konsolidierenden Verteilung der Nutzflächen Wald, Weide und Ackerland kommen (TICHY 1966, S. 92).

Vom Ende der fünfziger Jahre unseres Jahrhunderts an begann die Bergflucht als Teil der Landflucht so stark um sich zu greifen, daß es zu gesetzlichen Förderungsmaßnahmen des Staates kam, zur Bildung von Untersuchungskommissionen und von interdisziplinären und internationalen Arbeitsgemeinschaften. Wie groß das Ausmaß der Bergflucht schon im Lauf der letzten hundert Jahre war, das zeigen die Berichte einer Untersuchungskommission von Geographen und Agrarwissenschaftlern (Comitato per la Geogr. e INEA 1932–1938). Die Abnahme der Gebirgsbevölkerung betraf zwischen 1871 und 1931 mit Ausnahme der Auswandererregion Basilicata und der Abruzzen (ALMAGIÀ 1930, PECORA 1955) vor allem den westlichen Alpenbereich. In den ligurisch-piemontesischen Alpen hatten 329 Gemeinden eine Bevölkerungsabnahme, 285 davon über 10%. In den lombardischen Alpen sank die Einwohnerzahl in 180 Gemeinden, in der Provinz Trient in 139 von 227 Gemeinden und in den Alpen Venetiens in 104 Gemeinden (ALMAGIÀ 1959, S. 648 und ISTAT 1967, Popol. resid. e pres. 1861–1961). Südtirol war von diesen Vorgängen noch kaum betroffen, denn es gab gleichzeitig nur in 19 von seinen 116 Gemeinden Abnahmen.

Trotz jener frühen Abwanderungsvorgänge nahm insgesamt in den Gebirgsräumen Italiens die Bevölkerungsdichte aber noch zu, was die immer schwieriger werdenden Existenzbedingungen verdeutlicht, denn erst 1956 ist das Maximum mit 79 Einw./km² erreicht (vgl. auch Tab. 16). Bis 1971 sank dieser Wert rasch auf 73 Einw./km², denn nun wurden alle Apenninregionen einbezogen. Während 1921 noch ein Fünftel aller Italiener im Gebirge wohnte, war es 1971 nur noch ein Siebtel von ihnen. Die mittlere Höhenlage aller Gemeinden errechnete sich für 1886 noch zu 265 m; bis 1901 sank sie auf 256 m, bis 1931 auf 228 m und erreichte 1951 220 m (TAGLIACARNE 1966, S. 6). Heute dürfte sie bei 200 m Höhe liegen. In dem Jahrzehnt 1951–1962 haben aber einige Apenninprovinzen mehr als 20% ihrer Gebirgsbevölkerung verloren (Alessándria, La Spézia, Bologna, Forlì, Pescara, Fóggia). Einige Regionen erlitten derartige Einbußen, daß ihre gesamte Einwohnerzahl, einschließlich der von Hügelland und Ebene, sank, was bisher nur während der stärksten Auswandererbewegung um 1900 in der Basilicata eingetreten war, nämlich wiederum in dieser Region und in den Abruzzen, ferner in Molise, Umbrien, Marken, Kalabrien und im Alpenbereich in Venetien und Friaul-Julisch Venetien. Läßt man die Provinzhauptstädte außer acht, dann kommen noch Emilia-Romagna, Toskana, Apulien und Sizilien hinzu. Aus dem Vergleich der Daten für 1961 und 1971 geht hervor, daß die ständige Abwanderung aus dem Apennin fast überall im Süden zur Abnahme geführt hat. Nur vier der 16 Apenninprovinzen des Mezzogiorno wuchsen (ROTHER u. WALLBAUM 1975, S. 211). Dagegen nahm die Bevölkerung in den nord- und mittelitalienischen Apenninprovinzen, wenn auch nur wenig, zu.

Voll überzeugend wird das Ausmaß des Phänomens erst dann, wenn man die Gemeinden selbst betrachtet, gibt es doch solche, die mehr als die Hälfte ihrer Einwohnerzahl verloren haben. Ein besonders bekanntes Beispiel ist die Abruzzengemeinde Santo Stéfano di Sessánio am Südhang des Gran Sasso, wo im Jahre 1901 1489 Menschen lebten, 1977 nur noch 219 (PARATORE 1980) und beim Zensus 1981 noch 190. Außerordentlich stark betroffene Gebirgsräume sind der Nordwesten des Ligurischen Apennins, der gesamte Zentralapennin und die Ostseite des Südapennins (ROTHER u. WALLBAUM 1975; TICHY 1966). Das ›fernste Italien‹ ist aber erst in den sechziger Jahren voll von der Bergflucht erfaßt worden, während sie gleichzeitig im Nordapennin zurückging. Dennoch war bis 1980 noch kein wirkliches Nachlassen der Abwanderung aus dem Gebirge feststellbar.

Die Folgen der Bergflucht lassen sich vor allem in Einzelsiedlungsgebieten mit Mezzadriahöfen beobachten. Im Gebiet von Forlì wurden fern und hoch gelegene Höfe aufgegeben; das Gelände ist mit dem Ziel der Aufforstung teilweise von der Staatlichen Forstverwaltung angekauft worden (KÜHNE 1974, Abb. 9–11, Karte 15). Die Pächter zogen meist familienweise in tiefer gelegene Gemarkungen, wo Hofstellen durch die Abwanderung in die Städte der Romagna oder der Toskana frei geworden waren. In der Provinz Arezzo war es wie ein ›Abrutschen‹ der Familien vom Gebirge zum Hügelland und weiter zur Ebene, schließlich in die Städte des Casentino und des Valdarno (MIGLIORINI 1962, S. 388). Hier verbindet sich die Gebirgsflucht mit der Landflucht und wird sichtbar als Teil der allgemeinen Binnenwanderungsbewegung innerhalb des Landes. Aus anderen Gebieten wanderten die Bewohner aber unter Umständen direkt ins Ausland und in Gegenden, in denen sie Verwandte oder Bekannte hatten. Alte Beziehungen aus der Zeit der Transhumanz, der Köhlerei und der Wanderarbeiterzeit bestimmten oft die Wanderungsziele (KÜHNE 1974, Karten u. Tab. 20 und 21). In den kulturell, an Schule und kirchlicher Versorgung verarmenden Bergdörfern bleibt eine reduzierte und überalterte Bevölkerung zurück. Der Anteil der Jugendlichen unter 21 Jahren verringerte sich im nordapenninischen Untersuchungsgebiet von KÜHNE zwischen 1951 und 1968 von 26 auf 12 % und im romagnolischen Apennin auf 24 %. Die Überalterung und die abnehmende Kinderzahl wird am Beispiel einiger von der Bergflucht betroffener Gemeinden im Diagramm des Altersaufbaus der Jahre 1951 und 1971 deutlich (Fig. 36). Im allgemeinen war auch der Frauenüberschuß eine

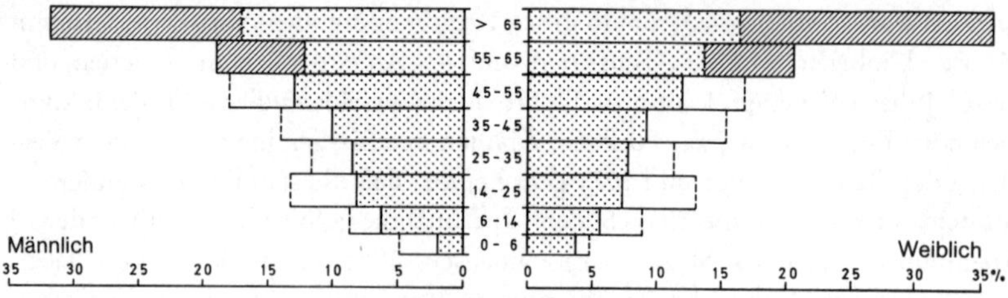


Valbrevenna

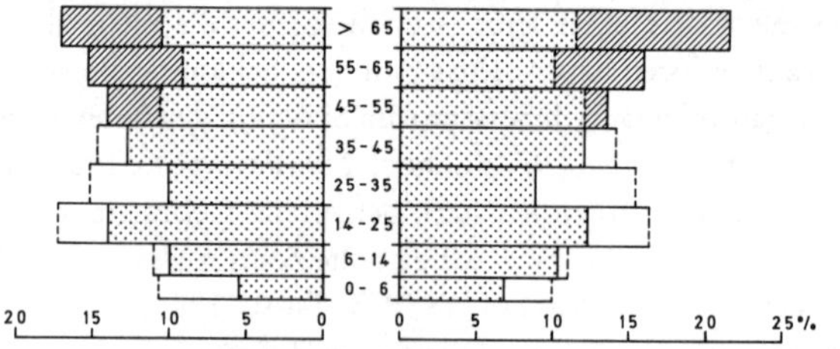


Lizzano in Belvedere

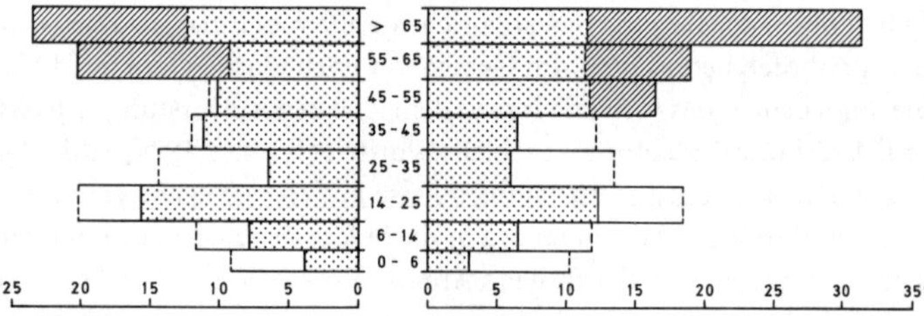


Castelsantángelo

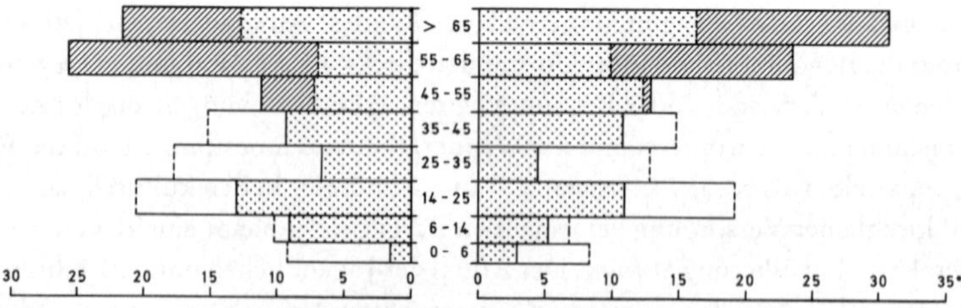


S. Stéfano di Sessánio

*Tab. 25: Genutzte und ungenutzte Wohnungen in vier Gemeinden des Nördlichen und Mittleren Apennins zwischen 1951 und 1981*

| | bewohnt | | | | unbewohnt | | | |
|---|---|---|---|---|---|---|---|---|
| | 1951 | 1961 | 1971 | 1981 | 1951 | 1961 | 1971 | 1981 |
| Valbrevenna Prov. Genua | 491 | 427 | 349 | 317 | 242 | 352 | 644 | 1029 |
| Lizzano in Belvedere Prov. Bologna | 1042 | 1046 | 964 | 861 | 320 | 488 | 1395[1] | 2321 |
| Castelsantángelo sul Nera Prov. Macerata | 355 | 270 | 213 | 182 | 160 | 176 | 339 | 433 |
| Santo Stéfano di Sessánio Prov. L'Áquila | 247 | 163 | 103 | 84 | 87 | 144 | 46 | 185 |

[1] Darunter ca. 80 unbewohnte Ferienhäuser, nach Kühne 1974, S. 82.

Quelle: ISTAT: 9., 10., 11. u. 12. Censimento generale della popolazione, Rom 1955, 1965, 1973, 1982.

Folge der Abwanderung; im Àntolagebiet, das im Einzugsbereich von Genua liegt, wo es gerade für Frauen Arbeitsmöglichkeiten gab, zeigte er sich 1961 noch nicht und war 1971 gering.

Während die Zahl bewohnter Häuser und Wohnungen in den betroffenen Gemeinden bis 1961 und verstärkt bis 1971 abgenommen hat, erhöhte sich gleichzeitig die Zahl der nicht genutzten Häuser, oft die der bewohnten übertreffend (vgl. Tab. 25). Nur zum Teil sind aufgegebene Hofstellen im Mezzadriagebiet von Kleinbauern und Tagelöhnern aus Sizilien, Kampanien, Abruzzen und den Marken übernommen worden, andere von sardischen Schäfern im romagnolischen Apennin (Kühne 1974, S. 127). Wegen der oft nur geringen Aufenthaltsdauer ist dabei der Mobilitätsgrad hoch, auch im Hügelland. Gelegentlich werden leerstehende Häuser in verkehrsgünstiger Lage zu Zweitwohnungen der Städter ausgebaut, wodurch traditionelle Dorfstrukturen nur selten und auch dann nur äußerlich bewahrt bleiben. Auch diese sind wie die inzwischen überall im Land errichteten

*Fig. 36: Altersaufbau ausgewählter Gemeinden des Nördlichen und Mittleren Apennins 1951 und 1971.* Nach Altersgruppen der Popolazione residente aus ISTAT 9. Censimento generale della popolazione 1951, Vol. I, 1955, nach Kühne 1974, Abb. 2, erweitert für 1971, 11. Censimento 1971, Vol. II, 1973. Dargestellt sind: Valbrevenna am Antolamassiv/Ligurischer Apennin, Lizzano in Belvedere im Emilianischen Apennin südwestlich Bologna, Castelsantángelo in den Mti. Sibillini, Santo Stéfano di Sessánio in den Abruzzen des Gran Sasso d'Italia.

Ferienhäuser und Zweitwohnsitze bei den Wohnungszählungen im Oktober 1971 und Oktober 1981 meistens als ›nicht bewohnt‹ gezählt worden, was bei der Auswertung der Statistik zu berücksichtigen ist, so auch bei Lizzano in Tab. 25.

Die Ursachen und Motivationen für die Bergflucht sind ebenso wie die der Auswanderung überhaupt recht vielfältig, verschieden in den Alpen und einzelnen Teilen des Apennins, und sie waren von wechselnder Bedeutung im Lauf der Zeiten. Die naturbestimmten Ungunstfaktoren wie Hanglage, Rutschungen, Bodenzerstörung, kurze Vegetationszeit sind aber überall für die wenig ertragreiche Landwirtschaft entscheidend. Eine Viehwirtschaft lohnt nur bei einer Verbindung mit tiefer gelegenen Nutzflächen, die das Winterfutter gewährleisten, und deshalb sind Klein- und Mittelbetriebe heute unrentabel, nachdem die Winterweideflächen der Ebenen dem Kulturland gewichen sind. Das schlechte Wegenetz, die Abgelegenheit vieler Gehöfte und Dörfer kommt dazu. In der heutigen wirtschaftlichen und sozialen Situation Italiens ist für die unglaublich mühsame und wenig gewinnbringende Arbeit im Bergland kein Platz mehr (Pedreschi 1963 für die Garfagnana). Großzügige Straßenbauten förderten eher die Abwanderung, als daß sie sie hätten aufhalten können. Es fehlt nach wie vor an außerlandwirtschaftlichen Arbeitsmöglichkeiten, denn die Pendlerwege sind zu lang.

Mit der Bergflucht ist die Aufgabe landwirtschaftlicher Nutzflächen verbunden, und das muß zum Konflikt mit der Fremdenverkehrswirtschaft und mit den Interessen der Erholungsuchenden und Sporttreibenden führen, wenn es nicht gelingt wie in Südtirol, die Sommer- und Wintergäste auf die Höfe und in die Dörfer zu den Familien zu bringen, nachdem dort entsprechende Einrichtungen geschaffen worden sein werden (Leidlmair 1978). Der ›Agritourismus‹ verdient stärker als bisher gefördert zu werden. Statt ›Chlorophyll‹ gelte es Landschaftsschönheit, Dienstleistungen und Produkte des eigenen Hofes zu verkaufen (Barberis 1979, S. 50). Das Land könnte durch ›Ferien auf dem Bauernhof‹ wieder neu in Wert gesetzt werden (Sacchi De Angelis u. a. 1979). Gelingt das nicht, dann entstehen Inseln des Tourismus für reiche Städter im armen Gebirge (Vitte 1975), dessen Bevölkerung nach dem Landverkauf an auswärtige Investoren für aufwendige Hotelbauten wie in Roccaraso, Rivisóndoli und Pescocostanzo in den Abruzzen an der Fremdenverkehrsentwicklung kaum noch einen Anteil hat (Ruggeri 1972; Sprengel 1973). Ein positives Beispiel bringt Kühne (1974, S. 82) aus dem Bologneser Apennin mit Lizzano in Belvedere.

### d7 Migration zur Küste. Marinaorte

Die Flucht aus den Bergen in die benachbarten Niederungen und Küstenbereiche hat ganz allgemein zur Vergrößerung und Vermehrung der Siedlungen in diesen Gunsträumen geführt, was sich schon in den Provinzdaten Kampaniens äußert. Während die Binnenprovinzen zwischen 1951 und 1971 etwa ein Siebtel ihrer Bevölkerung verloren, gewannen die Küstenprovinzen ein Fünftel hinzu (PAGETTI u. STALUPPI 1978, S. 55). In wenigen Jahren kann sich die Einwohnerzahl einst kleiner Fischerorte und Städte verdoppelt haben, wie in Porto Sant' Elpídio und San Benedetto del Tronto. Dem raschen Wachstum kam der Bau von Schulen, Krankenhäusern, Wasserversorgungs- und Verkehrseinrichtungen nicht nach. Winterarbeitslosigkeit in Badeorten und Jugendarbeitslosigkeit sind drükkend, denn die erhoffte Wiederbelebung der Fischereiwirtschaft ist noch nicht erfolgt (EGIDI 1980).

Die statistischen Daten für Gemeinden können ein Phänomen, das z. B. innerhalb von Großgemarkungen Kalabriens zum Vorgang der Gebirgsentvölkerung gehört, nicht immer zum Ausdruck bringen, nämlich die Bildung und Entwicklung von ›Marinaorten‹ (KISH 1953; MONHEIM 1973 u. 1977).[13] Während die Bergsiedlung in ihrer ehemaligen Schutzlage gegen Angriffe und die Malaria mit allen Nachteilen für eine weitere Wirtschafts- und Gesellschaftsentwicklung dem allmählichen Verfall preisgegeben wurde, wuchs an der Küste, an Straße und Bahnlinie, ein anderer Ort auf. 1952 gab es an den Küsten Kalabriens 58 Marine, mit einer Häufung an der tyrrhenischen Küste zwischen Belvedere Maríttimo und der Ebene von Sant'Eufémia sowie an der ionischen Küste zwischen Marina di Catanzaro und der Südspitze der Halbinsel (KISH 1953). An der Südostküste existierten nach dem Zensus von 1871 schon 14 Marine (MONHEIM 1973). In dieser Zeit war die Malariagefahr noch groß, und das zeigt, daß sie nicht erst nach deren Beseitigung entstanden sind. Die drückende Landnot im Bereich der steilhängigen Berggemarkungen bewirkte, daß im Lauf der Zeit ein Bauer nach dem anderen das alte Dorf verließ, um sich in der Nähe des ebenen Ackerlandes an der Küste anzusiedeln (KISH 1953, S. 497). Die Küstenorte entstanden also im Lauf der agrarischen Intensivierung und mit der Änderung der Grundbesitzverhältnisse. Bis 1936 wuchsen sie rasch an und überflügelten zum Teil die Muttersiedlung; seitdem wachsen sie langsamer, und es bildeten sich keine neuen mehr, ja manche verloren seit 1961 Einwohner. Die Abwanderer aus der Muttersiedlung gehen in starkem Maß in die Marina, wenn auch manchmal auf dem Umweg über eine Arbeits- und Verdienstphase in Norditalien (MONHEIM 1977, S. 30). Während die Höhenorte stagnieren, zeigen die Marine eine beträchtliche Aktivität, die sich in der Siedlungsentwicklung und dem Wohnungszustand äußert. Neubauten städtischen Charakters fallen auf. Mit Ausnahme der öffentlichen Verwaltung siedelten sich nach dem letzten Krieg alle anderen Funktionen in der Marina an. Fraglich bleibt, ob die positive Entwicklung ohne weitere Unterstützung von außen anhalten kann.

[13] Nicht zu diesem Problemkreis gehören die ›marine‹ zwischen La Spézia und Capo Miseno, die mehr als 70 Badeorte für die italienische Stadtbevölkerung (DONGUS 1970, S. 94), und ebensowenig diejenigen der Emília, die den Beinamen ›Lido‹ tragen. Es sind ebenfalls Badeorte, die sich zum Teil aus Fischersiedlungen entwickelt haben (BONASERA 1962 a).

Alle Ströme der Binnenwanderung, die von Süden, von Osten oder aus dem Gebirge heraus kommen, sind mit dem Wachstum der Städte aufs engste verflochten, und das kann in der heutigen, von der städtischen Lebensweise geprägten Gesellschaft nicht anders sein. Die Abwanderungsgebiete liegen vorwiegend im ›ländlichen Raum‹, dem wenig intensiv genutzten, dem in traditioneller Weise bewohnten und bewirtschafteten, rückständigen und vorwiegend von der Landwirtschaft geprägten Bereich. An dem Abwanderungsstrom aus dem ländlichen Raum hatte dennoch die rein agrarische Binnenwanderung, bei der kein Berufswechsel erfolgt, nur einen geringen Anteil (Barberis 1960, S. 23). In allen anderen Fällen entspricht der Landflucht, der ›deruralizzazione‹, eine Verstädterung, die ›urbanizzazione‹.

### *e) Literatur*

Über die im Text verarbeiteten und dort genannten Quellen hinaus seien aus dem großen Bereich der Mobilitätsforschung und deren Grundlagen einige Ergänzungen gegeben.

Für empirische Untersuchungen von Wanderungsvorgängen bieten Veröffentlichungen des ISTAT mit der Unterscheidung von ›popolazione residente‹ und ›popolazione presente‹ sowie mit der jährlichen Wanderungsbilanz in der Reihe ›Popolazione e movimento anagráfico dei comuni‹ geeignetes Material. Weil der Meldepflicht vermutlich nicht immer regelmäßig nachgekommen wird, sind die Daten jeweils mit einem gewissen Aufschlag zu versehen. Über die Auswandererbewegung sind wir seit den Jahren der Staatsgründung unterrichtet, z. B. durch ein amtliches Sammelwerk für 1876–1920; für 1876–1976 vgl. Rosoli (1978), zum Ablauf und den Ursachen der Massenauswanderung Barbagallo (1973, S. 53–141).

Berichte von Spezialkongressen enthalten Arbeiten zur Binnenwanderung (Livi-Bacci 1967), zu Landflucht und Bergflucht (Vito 1966); besondere Bedeutung erlangte der italienisch-schweizerische Kongreß von 1965 (Commissione Nazionale It. UNESCO 1966). Dem Gesamtkomplex der Wanderungen widmete sich in geographischer Sicht der Kongreß von Piancavallo 1978 (Valussi 1978), womit der Anschluß an die moderne Diskussion und Theorie über die Migrationsprozesse erreicht wurde; vgl. das Referat von Migliorini über die geographischen Arbeiten mit 111 Titeln und seinen Bericht zur Binnenwanderung von 1961. Ein Studienkreis, organisiert vom Institut für Demographie der Universität Rom, veröffentlicht Berichte zur Entvölkerung einzelner Landesteile im Zeitraum 1871–1971 (Sonnino 1977). Zur Entwicklung bis 1978 vgl. Tabellen und graphische Darstellungen in ›Rapporto sulla popolazione in Italia‹, Ist. Encicl. It., Hrsg. (1980).

Die Vorgänge und Folgen der Land-Stadt-Wanderung wurden an Einzelbeispielen untersucht und zum Teil monographisch dargestellt; vgl. für den ›triángolo industriale‹ Pellicciari (1970), für Turin Fofi (1970, 1975), für Mailand Alasia und Montaldi (1960, 1975), für Rom Seronde-Babonaux (1980).

Noch fehlt es weitgehend an einer Motivationsforschung, zu der Kühne (1974) im Bereich der Bergflucht und Schrettenbrunner (1970) in dem der Arbeiterwanderungen beitrugen. Die jeweilige Arbeitsmarktsituation in Quell- und Zielländern sieht Reyneri (1979) als Steuerungsfaktoren. Für die länderkundliche Betrachtung sind die in den Herkunftsräumen vor sich gehenden Änderungen der Raumstrukturen und der sozialen Lage von Interesse, auch im Zusammenhang mit den Rückwanderungsprozessen (King 1978); vgl. dazu Dickel 1970, Formica 1975, Meneghel und Battigelli 1977 und Schrettenbrunner 1976. Hermanns, Lienau und Weber (1979) geben in ihrer Bibliographie zu Gastarbeiterwanderungen für Italien 91 Titel an.

## 4. Stadt und Land im Wandel zu Ballungsgebieten und ländlichen Räumen

### *a) Das Wachstum von Städten, Hauptstädten und Ballungsgebieten*

Das Wachstum der Städte durch Zunahme an Einwohnern, durch Ausdehnung an bebauter Fläche und mit außerordentlichen sozioökonomischen Veränderungen ist in Europa seit Beginn des 19. Jh. im Gange. In Großbritannien ging die Verstädterung parallel mit der früh einsetzenden Industrialisierung vor sich, und in Deutschland war sie, entsprechend verzögert, zwischen 1870 und 1910 besonders kräftig. In Italien verlief die Entwicklung teilweise ähnlich, aber dann hatte die faschistische Regierung die Land-Stadt-Wanderung zu verhindern gesucht. Dennoch wuchsen die großen Wirtschaftszentren Mailand, Turin, Genua und Neapel, dazu Rom als Hauptstadt in der Zeit zwischen den Weltkriegen weiter, danach aber in ganz gewaltigem Ausmaß besonders zwischen 1950 und 1960 (vgl. Tab. 29).

›Eine Überflutung mit Zement und Menschen hat in den letzten dreißig Jahren das Gesicht unserer Städte umstürzend verändert. Der Vermehrung der städtischen Bevölkerung, den Binnenwanderungsströmen und der Veränderung der Lebensformen entsprechen radikale Veränderungen und Umgestaltungen unserer Städte: Abbruch, Sanierung, Wiederaufbau, oft mit Bauspekulation verbunden, haben sie in gewaltige ständige Baustellen verwandelt‹ (Dematteis 1978, S. 170).

Wieder war es eine Periode der Industrialisierung, die späteste im Vergleich zu West- und Mitteleuropa. Bis dahin war Italien von der Landwirtschaft bestimmt, in der die Hälfte der berufstätigen Bevölkerung beschäftigt war. Landflucht und Verstädterung ließen deren Anteil bis 1980 auf 14,1 % sinken. Sowenig wie an dem oft dramatischen und von schwerwiegenden Problemen begleiteten Vorgang der Bevölkerungsverlagerung vom Land in die Stadt zu zweifeln ist, so schwer ist die Verstädterung gerade in Italien begrifflich zu fassen, in ihrer Größenordnung zu beschreiben und mit anderen Ländern zu vergleichen. Die Ursachen dafür liegen in den regionalen, überkommenen siedlungs- und stadtgeographischen Verhältnissen, die uns in drei verschiedenen ›landschaftlichen Idealtypen‹ (Dörrenhaus 1971 b) entgegentreten und die sich deutlich in den Gemarkungsgrößen unterscheiden.

### a1 Größe historischer Stadtgemarkungen

Das Verhältnis zwischen der Stadt und ihrer Gemarkung, zwischen Stadt und offenem Land, ist in den meisten Teilen Italiens ein völlig anderes als z. B. in Mitteleuropa (DÖRRENHAUS 1971 b). In Deutschland und im deutschsprachigen Raum bis Südtirol endet die ursprüngliche Stadtgemarkung wenig weit von der bebauten und einst ummauerten Siedlungsfläche der Stadt, vor ihren ehemaligen Toren. Ausnahmen sind einige bedeutende Reichsstädte mit Großgemarkungen, wie Frankfurt, Ulm und Nürnberg, die ein reiches Stadtpatriziat gehabt haben. Städte Nord- und Mittelitaliens, die inmitten eines weiten ländlichen Umlandes liegen, das zu ihrer Gemarkung gehört, sind mit diesem Stadttyp vergleichbar. Es handelt sich um den Bereich der einst freien ›comuni‹ mit ihren Stadtrepubliken wie in der Toskana, mit zahlreichen Einzelhöfen in der Gemarkung, aber ohne echte Landgemeinden und Dörfer, dagegen reich an Städten. Es ist der Toskanatyp, einer der drei ›landschaftlichen Idealtypen‹ Italiens.

Im Norden konnten nur die freien Comuni die aus der Antike überkommenen Großgemarkungen vor der Umgestaltung durch die fränkische Lehnsorganisation bewahren. Dort kam es im übrigen zu bäuerlichem Kleinbesitz und zur Gründung vieler stadtähnlicher kleiner Dörfer und Gemeinden. Die Großgemarkungen von Vercelli, Novara, Pavía, Mailand und Alessándria liegen wie Exklaven des Toskanatyps inmitten des kleinräumigen Gefüges der Gemarkungen (vgl. DÖRRENHAUS, Karte 4). Städte und Stadtterritorien waren dort die Basis der späteren Dynastien der Visconti, Gonzaga, Scala, Este und anderer.

Auch auf der übrigen Apenninenhalbinsel und auf den Inseln überwiegen große Gemarkungen, die aber dem Mezzogiornotyp angehören. Es sind überwiegend Landarbeiterstädte des überkommenen römischen Latifundiums, die schon in der südlichen Toskana verbreitet sind, so in der Provinz Grosseto. Das ›Römische Tuszien‹ wurde nach umfangreichen Schenkungsversprechen der fränkischen Könige schließlich dem ›Patrimonium Petri‹, d. h. dem Kirchenstaat, zugeschlagen. Die Maremmen sind von Reichsitalien ausgeschlossen, und deshalb beginnt schon hier der Bereich der Großpacht ohne echte Einzelhöfe, mit wenigen, aber um so einwohnerreicheren Städten, die in der ›Agrostadt‹ Apuliens und Mittelsiziliens am reinsten einen weiteren Idealtyp verkörpern (MONHEIM 1969). Das spätrömische Latifundium erhielt sich über die Sozialordnung der Langobarden, der Normannen und Byzantiner und auch im Kirchenstaat mehr oder weniger bis in die Gegenwart. Der noch heute gültige Idealtyp ist in vielen Landschaften Italiens zu beobachten; er wurde von großen, fast souveränen Baronen in feudalen Territorien bei schwacher oberhoheitlicher Macht geformt (DÖRRENHAUS 1971, S. 49).

Die durchschnittliche Gemeindegröße ist ein deutlicher Ausdruck für die unterschiedlichen Verhältnisse im Verbreitungsbereich der drei Idealtypen von Nord-, Mittel- und Süditalien (vgl. Tab. 26). Ein anderer Ausdruck dafür ist die Siedlungsweise einerseits in geschlossenen, dicht bebauten Dörfern und Städten,

*Tab. 26: Zahl der Gemeinden und mittlere Gemarkungsgröße in einigen Regionen und Provinzen 1981*

| Provinz bzw. Region | Zahl d. Gemeinden | Mittl. Gemarkungs-größe in km² | Zahl d. Zentren mit ≧ 20 Ts. Einw.[1] 1971 |
|---|---|---|---|
| Trient/Trentino-Südtirol | 223 | 27,9 | 2 |
| Piemont | 1209 | 21,9 | 20 |
| Lombardei | 1546 | 15,4 | 36 |
| Ferrara/Emília-Romagna | 26 | 101,2 | 1 |
| Ravenna/Emília-Romagna | 18 | 103,3 | 2 |
| Toskana | 287 | 80,1 | 18 |
| Florenz/Toskana | 51 | 76,1 | 5 |
| Groseto/Toskana | 28 | 160,9 | 1 |
| Perúgia/Umbrien | 59 | 107,4 | 2 |
| Fóggia/Apulien | 64 | 112,3 | 5 |
| Bari/Apulien | 48 | 106,9 | 17 |
| Matera/Basilicata | 31 | 111,2 | 1 |
| Ragusa/Sizilien | 12 | 134,5 | 4 |
| Enna/Sizilien | 20 | 128,1 | 2 |
| Syracus/Sizilien | 21 | 100,4 | 6 |

[1] Geschlossene Siedlungen (centri), ohne weitere Orte und Einzelhöfe in der Gemeinde.
Quelle: ISTAT: 12. Censimento generale della popolazione 1981, Vol. 1 und 11. Censimento 1971, Vol. 3.

den ›centri‹, und andererseits in Einzel- und Streusiedlungen, den ›case sparse‹ und ›nuclei‹. Das anschauliche Bild der Karte 26 des ›Atlante fisico-economico d'Italia‹ bringt den Gegensatz zwischen Nord- und Mittelitalien und dem Süden (für 1931) klar zum Ausdruck, der durch den hohen Anteil der ›popolazione accentrata‹ im Süden verursacht wird.

## a2 Städtische Bevölkerung, ein italienisches Problem

Jeder Versuch, die Einwohnerzahl der Gemeinden als Basis der Unterscheidung zwischen Stadt und Land zu verwenden, ist bis auf Norditalien zum Scheitern verurteilt; aber auch dort müssen die Großgemarkungen beachtet werden. Als Beispiel sei Alessándria genannt: Auf der Gemarkungsfläche von 204 km² wohnten 1971 102400 Einw., in der eigentlichen Stadt aber nur 81150. Im Jahr 1911 war der Unterschied mit 72200 gegen 38000 viel größer und ist seitdem z. B. in Novara und anderen Stadtgemeinden fast verschwunden. Wird diese Eigenart

*Tab. 27: Die städtische Bevölkerung Italiens 1936–1981.*
*Ihr Anteil an der Gesamtbevölkerung, bestimmt nach der Klassifikation des ISTAT (1963) und nach Einwohnergrößenklassen in Prozent*

| | 1936 | 1951 | 1961 | 1971 | 1981 |
|---|---|---|---|---|---|
| ISTAT-Klassifikation | (1931) | | | (1970) | |
| ›städtisch‹ | 36,4 | 42,0 | 47,7 | 51,6 | – |
| Anteil in Gemeinden mit mehr als 20000 Einw. | 35,5 | 41,2 | 47,0 | 52,4 | 53,3 |
| Anteil in Provinzhauptstädten | 25,9 | 28,2 | 32,1 | 34,2 | 33,5 |
| Anteil in Gemeinden mit 100000 Einw. und mehr | 17,8 | 20,4 | 24,8 | 29,2 | 28,2 |
| Anteil in Ortschaften mit mehr als 2000 Einw.[1] | – | – | – | 69,6 | – |

[1] Geschlossene Siedlungen (centri), ohne weitere Orte und Einzelhöfe in den Gemeinden. Quelle: ISTAT: 11. Censimento generale della popolazione 1971, Vol. 3, Rom 1973–1975.
Quellen: ISTAT 1963, ISTAT Censimenti della popolazione 1951–1981.

vieler Gemeinden nicht beachtet, dann könnten oft irrigerweise rein ländliche Gemeinden zu Städten gerechnet werden. Ein extremes Beispiel ist Capánnori/Provinz Lucca mit 157 km² und (1971) 41400 Einw., von denen aber nur 2300 im Ort gemeldet waren, der nicht einmal die in Lucca befindliche Gemeindeverwaltung beherbergt.

Nur etwa die Hälfte der Gemeindemitglieder von Lucca, Pistóia, Massa Maríttima und anderen wohnten 1971 in der Stadt, nur zwei Drittel in Arezzo, nur jeder Siebte in Cortona, jeder Fünfte in Firenzuola und Bagno a Rípoli/Florenz. Alle diese Gemarkungen sind mehr oder weniger dicht erfüllt mit Kleinsiedlungen, die statistisch zu ›frazioni‹ oder ›località‹ zusammengefaßt werden; wie im Norden ist auch in der Toskana die Differenz zwischen Gemeinde- und Stadtbevölkerung mit der Verstädterung deutlich geringer geworden, z. B. in Siena.

Unter solchen Bedingungen ist die Trennung von Stadt und Umland problematisch. Zur mediterranen Stadt gehört ein weites Umland, weil die Stadt autonom war, ›auch wenn heutige Geographen ihr den Charakter der Urbanität absprechen würden‹ (Dörrenhaus 1971, S. 25). Die Polis ist mehr als die von Mauern umschlossene Siedlung, wir haben es mit der klassischen Einheit von Stadt und Land zu tun.

Die bisherigen Versuche, Funktionen und Dienstleistungen, mit denen die Gemeinden ausgestattet sind, für deren Klassifizierung zu verwenden, haben gezeigt, daß dafür brauchbare Verfahren nicht für ganz Italien einheitlich sein können (vgl. Monheim 1969, S. 147 und Literatur im Kap. 4f.). Solange es keine variablen Gemeindeklassifikationen auf funktionaler Grundlage für ganz Italien gibt, muß man sich mit den Größenklassen der Gemeinden behelfen (Ridolfi 1978).

Der Anteil der Einwohner in Gemeinden mit mehr als 20000 Einw. entspricht sehr weitgehend den Ergebnissen einer nach sozioökonomischen Gesichtspunkten erarbeiteten Klassifikation des ISTAT (1963, nach Daten von 1951; vgl. Tab. 27). Während vor dem Krieg wenig mehr als ein Drittel der Bevölkerung in solchen Gemeinden lebte, ist es jetzt über die Hälfte, und ein Drittel entfällt allein auf die Hauptstadtgemeinden der Provinzen, Regionen und auf Rom. Mehr als die Hälfte aller dieser ›Städter‹ waren in Großstadtgemeinden gemeldet. Bei einem Wachstum der gesamten Bevölkerung des Landes zwischen 1951 und 1981 um 20% wuchs die so bestimmte ›Stadtbevölkerung‹ um 30%.

Die Überprüfung aller Gemeinden mit 20000 Einw. ergab jedoch, daß die Verwendung solcher Daten problematisch bleibt. Die Differenz zwischen Bevölkerung der Gemeinde und der Zentren war in den meisten Teilen Italiens noch 1971 recht beträchtlich. Auch Süditalien hat Gemeinden mit mehr als 20000 Einw., in denen ein sehr großer Teil der Einwohner in Einzelhöfen, Weilern (Masserie) und kleinen Dörfern lebt. In Molise, Abruzzen und Kalabrien ist das der Fall, aber auch in Nordostsizilien, am Ätna sowie in Westsizilien (vgl. Pecora 1968, Karte S. 185). Die Gemeinde Marsala hatte 1971 79920 Einw., in der Stadt selbst nur 34441, und als Sonderfall sei Érice genannt mit 21979 Einw., von denen nur 1098 im Bergstädtchen selbst gezählt wurden. In den meisten apulischen und sizilischen Gemeinden der Städte und Agrostädte ist die Differenz freilich äußerst gering.

Die Hauptstadtfunktion ist keine Garantie für ein Bevölkerungswachstum: Im Zensus 1951 fehlen zwei der Provinzhauptstädte unter den Gemeinden mit mehr als 20000 Einw. (Sóndrio und Núoro), und in ihrer Stadt hatten darüber hinaus auch Belluno, Rovigo, Macerata, Urbino, Frosinone, Latina, Rieti weniger als diese Anzahl. Bis 1971 gelangten Sóndrio und Urbino noch immer nicht über diese Grenze. Isérnia, Hauptstadt der 1970 gebildeten Provinz in der Region Molise, hat dagegen deutlich einen Zuwachs an Einwohnern erhalten, in der Gemeinde von 11133 (1951) auf 18794 (1981), der vor allem der Stadt zufiel. Die ungünstige Lage im Gebirge und in Abwanderungsräumen konnte durch die wenigen Funktionen, die eine Provinzhauptstadt hat, im allgemeinen nicht ausgeglichen werden.

### a3 Wachstum der Großstädte

Das auffälligste Phänomen unter den Folgen der Land-Stadt-Wanderung und Verstädterung war das rasche Wachstum der Großstadtgemeinden in den 20 Jahren bis zum Zensus 1971, das sich dann verlangsamt hat, für einige Stadtgemeinden sogar Abnahmen brachte im Vergleich zwischen 1971 und 1981 (vgl. Tab. 29), gerade im Norden! Die höchsten Wogen der Bevölkerungsflut sind inzwischen ab-

*Tab. 28: Hauptstadtbevölkerung in den Großräumen 1951–1983. Einwohner der Hauptstädte der Regionen und Provinzen (in 1000) und ihre durchschnittliche jährliche Änderung (in Prozent)*

| | 1951 | % | 1961 | % | 1971 | % | 1981 | 1983 (Juni) |
|---|---|---|---|---|---|---|---|---|
| Nordwesten | 3747 | +2,4 | 4657 | +1,1 | 5162 | −0,5 | 4918 | 4780 |
| Nordosten | 2458 | +1,7 | 2872 | +1,4 | 3267 | −0,2 | 3212 | 3252 |
| Mitte | 3381 | +2,4 | 4190 | +1,3 | 4740 | +0,2 | 4823 | 4820 |
| Süden | 2208 | +1,8 | 2607 | +2,4 | 3242 | +0,4 | 3365 | 3377 |
| Inseln | 1559 | +2,0 | 1867 | +1,0 | 2044 | +0,5 | 2143 | 2170 |
| Italien | 13378 | +2,1 | 16240 | +1,4 | 18454 | +0,002 | 18461 | 18399 |

Quelle: ISTAT: 9.–12. Censimenti generale della popolazione 1951–1981. Bollettino Mensile di Statistica 12/1983.

geebbt, und die unerfreulichen Bilder von Barackenbehausungen sind seltener geworden, auch in Rom. Es kam zur Hypertrophie vieler Provinzhauptstädte, weil sie nicht nur die Bevölkerung aus dem nahen Umland, sondern auch aus anderen Provinzen und Regionen angezogen haben. Zwischen 1951 und 1961 wuchsen sie im Durchschnitt jährlich um 2%, am stärksten im Nordwesten und in Mittelitalien um 2,4%; zwischen 1971 und 1981 ging das Hauptstadtwachstum aber so stark zurück (0,4%), daß es im Nordwesten sogar zur Abnahme kam (vgl. Tab. 28). Aufschlußreich ist das Verhältnis zwischen den Einwohnerzahlen der Provinzen und ihrer Hauptstädte: Drei Viertel der Bewohner der Provinzen Genua und Rom lebten 1981 in der Hauptstadtgemeinde, die Hälfte in Turin, drei Fünftel in Palermo und zwei Fünftel in Mailand, Venedig, Neapel und Florenz.

Um den Wachstumsvorgang über längere Zeiten hin zu veranschaulichen, sind in der Tab. 29 die Daten ab 1400 zusammengestellt. Im 15.–18. Jh. waren Venedig, Neapel und Palermo die größten Städte Italiens, bis dann mit der Bevorzugung des Nordens im jungen Einheitsstaat nach 1871 und mit der Industrialisierung Mailand und Turin in den Vordergrund traten. Dennoch blieb Neapel bis 1901 die größte Stadt des Landes. Rom erreichte die Spitze erst durch die gewaltige Zuwanderung nach dem letzten Krieg, wodurch verständlich wird, daß Italien eigentlich zwei Hauptstädte besitzt, Rom als politische und Mailand als wirtschaftliche Metropole.

### a4 Verdichtungsräume, Konurbationen, Stadtregionen

Die Betrachtung der Städte und größeren Gemeinden allein von der Einwohnerzahl in der Gemarkung und der Lage ihrer Zentren her mag noch vor der

*Tab. 29: Das Wachstum einiger Städte Italiens seit dem ausgehenden Mittelalter*[1] *(Einw. in 1000)*

| | 1400 | 1500 | 1600 | 1700 | 1800 | 1850 | 1871 | 1901 | 1931 | 1951 | 1961 | 1971 | 1981 | (Juni) 1983 |
|---|---|---|---|---|---|---|---|---|---|---|---|---|---|---|
| Turin | 5 | 15 ? | 20 | 50 ? | 70 | 140 | 211 | 330 | 591 | 719 | 1 026 | 1 168 | (–) 1 104 | 1 082 |
| Mailand | 100 | 120 | 70 | 100 | 135 | 190 | 291 | 539 | 961 | 1 274 | 1 583 | 1 732 | (–) 1 635 | 1 573 |
| Bréscia | | | | | | | 59 | 73 | 115 | 142 | 173 | 210 | (–) 206 | 206 |
| Verona | 30 | 40 ? | 45 | 35 | 55 | ? | 87 | 100 | 146 | 179 | 221 | 266 | (–) 261 | 263 |
| Padua | 33 | | | | | | 65 | 81 | 127 | 168 | 198 | 232 | (–) 231 | 232 |
| Venedig | 150 | 200 | 100 ? | 150 ? | 140 | 120 | 165 | 189 | 250 | 317 | 347 | 363 | (–) 333 | 341 |
| Triest | 5 | | | 6 | 28 | 60 | 123 | 179 | 250 | 273 | 273 | (–) 272 | (–) 251 | 248 |
| Genua | 50 ? | 98 | 60 | 55 | 85 | 125 | 256 | 338 | 591 | 688 | 784 | 817 | (–) 760 | 751 |
| Bologna | 40 | 45 ? | 63 | 60 | 67 | 75 | 118 | 153 | 249 | 341 | 445 | 491 | (–) 474 | 452 |
| Florenz | 60 | 70 | 75 | 70 | 85 | 110 | 201 | 237 | 304 | 375 | 437 | 458 | (–) 453 | 443 |
| Rom | 35 | 50 | 100 | 100 | 145 | 170 | 212 | 422 | 931 | 1 652 | 2 188 | 2 782 | 2 831 | 2 836 |
| Neapel | 70 ? | 125 | 260 | 200 | 390 | 400 | 489 | 621 | 832 | 1 011 | 1 183 | 1 227 | (–) 1 211 | 1 209 |
| Bari | | 6 ? | 15 ? | 13 | 20 | 27 | 62 | 94 | 173 | 268 | 312 | 357 | 371 | 370 |
| Tarent | | | | | | | 25 | 56 | 112 | 169 | 195 | 227 | 243 | 243 |
| Palermo | 80 ? | 50 | 100 | 200 | 125 | 150 | 224 | 310 | 380 | 491 | 588 | 643 | 700 | 710 |
| Messina | | 30 | 50 | | 50 | 100 | 113 | 148 | 180 | 221 | 255 | (–) 251 | 256 | 263 |
| Catánia | | 15 | 26 | 20 | 45 | 55 | 84 | 148 | 225 | 300 | 364 | 400 | (–) 379 | 379 |
| Cágliari | | | | 15 | 20 ? | 30 | 40 | 65 | 98 | 139 | 184 | 223 | 233 | 234 |

[1] Der Vergleichbarkeit wegen sind die leichter zu beschaffenden Gemeindedaten angegeben. Zahlen für die Zeit vor 1800 sind nur als Näherungswerte anzusehen, schon wegen ungleicher Jahre.

Quellen: 1400–1850 nach ALMAGIÀ 1959, S. 662, ab 1871 nach ISTAT: Censimenti della popolazione, Bollettino Mensile di Statistica 12/1983.

großen Verstädterungswelle angemessen gewesen sein. Heute muß bei den meisten Großstädten das Umland miteinbezogen werden. Die Verstädterung betraf nicht nur die größeren Städte und deren Gemeindegebiet, sondern dank deren Attraktivität und wegen der geringen Flächenreserven für Industrieanlagen und Wohnsiedlungen bald auch die Orte der Umgebung. An Ausfallstraßen und Bahnlinien entwickelten sich geschlossene Fabrik- und Siedlungsbänder, es kam zur mehr oder weniger flächenhaften städtischen Besiedlung größerer Areale in den ›Stadtregionen‹ (regioni-città). Dann ist die geschlossen bebaute Siedlungsfläche größer als die Verwaltungseinheit der Stadtgemarkung, die Stadtregion umfaßt mehrere Comuni wie im Fall von Mailand, Turin und Neapel. Andere Großstädte haben dagegen so große Gemarkungen, daß die städtische Siedlungsfläche nur einen geringen Anteil daran hat, wie z. B. in Venedig, Ravenna und Rom (Bloch 1982).

Die ungeplante, wuchernde Verstädterung traf die Städte und die stadtnahen Gemeinden völlig unvorbereitet. In Gemeinden unter 10000 Einw. erlaubte die veraltete Bauordnung von 1865 keine schärfere Kontrolle, die Finanzprobleme wuchsen ebenso wie die der Verwaltung, der Versorgung, des Straßenbaus, der Bodenspekulation und der Notsiedlungen gewaltig an. Beispielhaft ist das Geschehen um Mailand mit den ›corée‹ (Einz. coréa):

Von 1953 an siedelten sich Zuwanderer im verkehrserschlossenen Bereich nördlich der Stadtgemarkung in großen Gehöften an oder bauten sich in Eigenleistung Einfamilienhäuser auf billig erworbenem Baugrund, oft in Heimatgemeinschaften. So entstand eine Corea nach der anderen, im planungsleeren Raum der Gemeinden zunächst von den örtlichen Behörden geduldet. Schließlich ergriffen die Bürgermeister der Gemeinden nördlich und nordöstlich von Mailand die Initiative und beschlossen im ›Convegno di Limbiate‹ 1957 gemeinsame Maßnahmen. 1962 lebten 56000 Einw. innerhalb der Provinz Mailand in 34 Coree, verteilt auf 24 Gemeinden (Alasia u. Montaldi 1975, S. 61; Dalmasso 1971, S. 480).

Noch sind in Italien die Verdichtungsräume nicht amtlich festgelegt und abgegrenzt worden, wie das in Frankreich mit den acht Metropolen geschehen ist und in der Bundesrepublik Deutschland mit den zehn großen Verdichtungsräumen (Boustedt, Müller u. Schwarz 1968; Schliebe u. Teske 1970), jedoch fehlt es nicht an Vorarbeiten (Dalmasso 1971; Sestini 1958).

Unter Berücksichtigung der Zahl der Bewohner – mehr als 110000, von denen nicht weniger als 35000 außerhalb der Landwirtschaft tätig sein müssen –, sowie einer Arbeitsplatzdichte von mindestens 100 Beschäftigten je km², hat man für das Jahr 1971 33 derartige Gebiete erhalten, in denen auf 8% der Landesfläche etwa die Hälfte der Bevölkerung Italiens lebte (Dematteis 1978, S. 172). Jeweils mehr als 1 Mio. Einw. hatten die Stadtregionen von Mailand, Neapel, Rom, Turin, Genua, Venedig–Padua, Florenz, Rímini–Ancona, Palermo, Parma–Módena–Réggio, Bologna, La Spézia–Carrara, Catánia und Bari (vgl. auch Fazio 1980, S. 32 u. 37, Karten). Mailand, Turin, Rom und Neapel sind dargestellt von Cori u. a. in Pinna und Ruocco (Hrsg.), 1980, S. 269–282.

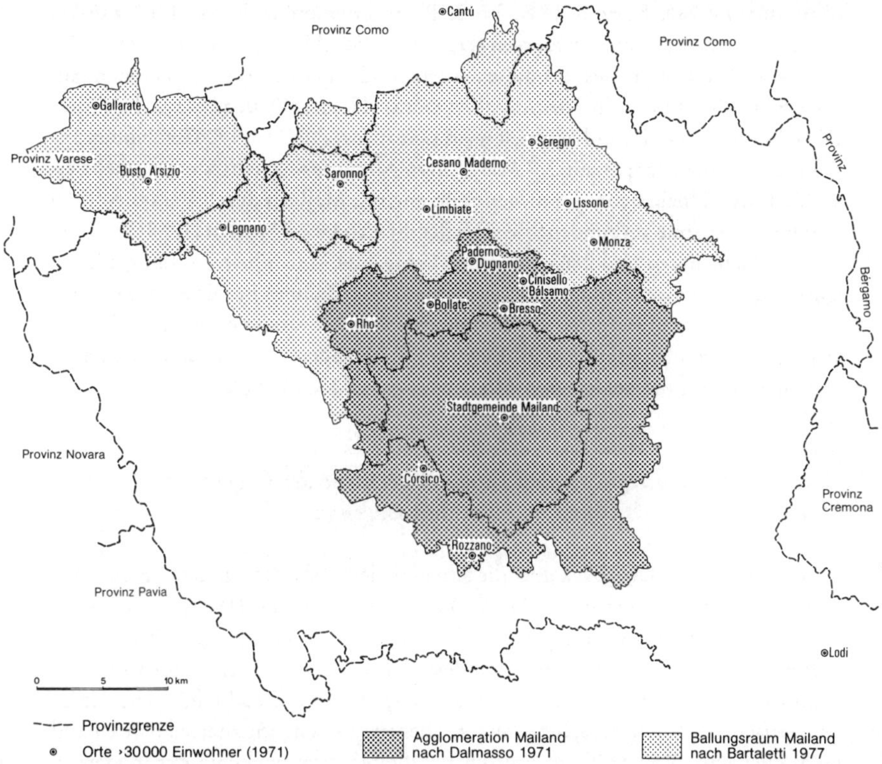


*Fig. 37: Der Verdichtungsraum Mailand und seine Abgrenzung.* Mit 27 ›comuni‹ in der Agglomeration (DALMASSO 1971) und mit 97 ›comuni‹ in der Area metropolitana auf 1090 km² (BARTALETTI 1977, S. 54).

Die Unsicherheit bei der Abgrenzung derartiger Bereiche ist beträchtlich, wofür der Mailänder Ballungsraum als Beispiel genannt sei (vgl. Fig. 37). Schon früh bestand das Bedürfnis zu interkommunalen Arbeits-, Verwaltungs- und Planungsgemeinschaften, weil das eigene städtische Gemeindegebiet (117,1 km²) die wachsende und einströmende Bevölkerung und die sich ausdehnende und neu ansiedelnde Industrie nicht mehr aufnehmen konnte. Immer mehr Betriebe haben sogar ihren Standort in der Innenstadt aufgegeben oder nur Abteilungen dort belassen (DEBOLD 1980, Abb. 26; MIKUS 1979, Fig. 26). 27 Gemeinden nördlich der Stadt bildeten (1967) die dicht verstädterte ›Agglomeration‹ mit 610900 Einw. zusätzlich zur Gemeinde Mailand (DALMASSO 1971, S. 221). Während sich deren Bevölkerung bei 1,7 Mio. hielt, erhöhte sich die der Agglomeration bis 1977 um 36 % auf 829 500. Der ›Piano intercomunale‹ der Gemeinde Mailand von 1951 sah schon eine Zusammenarbeit mit 79 Gemeinden vor, er wurde aber auf 35 reduziert

(Aquarone 1961, Karte S. 184). Im 2. Piano intercomunale von 1967 wurden schon 93 Gemeinden eingeschlossen (Debold 1980, Abb. 32; Meneghetti 1971, Fig. 48). 1978 waren es in dieser ›metropolitan area‹ 106 Gemeinden auf 1161,5 km² (Cori u. a. in Pinna und Ruocco [Hrsg.], 1980, S. 271 u. Fig. 7.6). Die ›Conurbation Mailand‹ enthielt nach Dalmasso (1971) in 170 Gemeinden zusammen mit der Hauptstadt 3,7 Mio. Einw., darunter sechs Städte mit mehr als 40000 Einw. Noch weiter greift der noch eng mit Mailand durch Verkehrsmittel und Pendlerströme verbundene Bereich der ›Stadtregion‹. Sestini (1958) hatte ihn mit 343 Gemeinden und 2863 km² und (1951) 3,24 Mio. Einw. bestimmt; Dalmasso fand die Grenzen des großen rechteckigen Raumes im Norden zwischen Lago Maggiore und Bérgamo, im Süden zwischen Novara und Trevíglio, in dem sich 405 Gemeinden mit 4,8 Mio. Bewohnern befanden. Nach neueren Untersuchungen umfaßt die Stadtregion Mailand sogar 592 Gemeinden.

### *b) Stadtregionen und Städte in der Krise der Gegenwart und im Nord-Süd-Gegensatz*

Dem folgenden Überblick über die Situation der Städte des Landes vom Norden zum Süden liegt die instruktive Darstellung von Dematteis (1978) zugrunde; es sind dabei unter anderem Fragen nach den Ursachen des unterschiedlichen Städtewachstums in den verschiedenen Landesteilen zu beantworten, wobei sich bekannte Gegensätze beobachten lassen: zwischen nord- und süditalienischen Städten, zwischen Städten im Gebirge und in Ebenen, zwischen Städten an Küsten und im Binnenland. Von größtem Einfluß für die Städteentwicklung der modernen Zeit waren die großen Verkehrsachsen und bestehende Bevölkerungsagglomerationen, weniger naturgegebene Bedingungen als vielmehr die Industrialisierung und der Kostenfaktor bei Bauland für Fabrikanlagen und Wohnsiedlungen, die Kommunikations- und Fühlungsvorteile schon vorhandener Städte und die Verwaltungsfunktionen, besonders im Süden.

#### b1 Stadtregionen Norditaliens

Norditalien wird beherrscht von einer 30–50 km breiten Zone zwischen den Provinzen Turin und Údine, wo auf 7% der Landesfläche ein Viertel der Bewohner Italiens leben und sich etwa die Hälfte der verarbeitenden Industrie bei nur etwa 5% landwirtschaftlich Tätigen befindet. Brennpunkte sind die Stadtregionen von Turin mit 39 Gemeinden und 1,7 Mio. Einw. und von Mailand mit 592 Gemeinden und 6,4 Mio. Einw. (1971), von denen allein ein Viertel in der Hauptstadtgemeinde lebt. Im Osten folgt eine Stadtregion um Venedig–Pádua–Treviso mit 46 Gemeinden und 1,1 Mio. Einw. Der westliche Teil der Zone enthält Industriestädte des 19. Jh. wie Pinerolo, Ivréa und Biella, die noch zum Einzugsbereich von Turin gehören. Im mittleren Teil liegen einige größere Städte historischer Bedeutung wie Novara, Como, Bérgamo und Bréscia, in denen sich insbesondere der Handels- und Dienstleistungssektor entfaltet hat; Spezialindustrien kommen dazu. Eine Besonderheit ist die Grenzconurbation Como–Chiasso (Belasio 1970). Im Ostteil hat sich erst in jüngerer Zeit im bisher ländlichen Raum Industrie entwickelt, was zur Beendigung der Ost-West-Wanderung beitrug. Auch hier überwiegt der Dienstleistungsbereich in den bedeutenden historischen Städten wie Verona, Vicenza und Údine. Triest ist in seiner peripheren Lage zur Padania von der Städtezone unabhängig und bildet mit seiner internationalen Hafenfunktion eine urbane Einheit für sich, wobei es an seine ehemalige politische und wirtschaftliche Stellung anschließen konnte. Nördlich der Städtezone der Padania reihen sich – meist an alten Handelswegen des transalpinen Verkehrs – Siedlungen in den Alpentälern aneinander, unter denen sich in den größeren Tälern Klein- und Mittelstädte entwickeln konnten wie Susa, Aosta, Domodóssola, Sóndrio, Belluno und Tolmezzo. Nur das Etschtal gab Raum für ein inneralpines Städtesystem mit Bozen und Trient. Locker ist das Städtenetz auch in der südlichen Padania, in Südpiemont, in der Bassa Pianura, von den Langhe zum Astigiano und zur Ebene von Alessándria, von den Reisfluren des Vercellese über die lombardische feuchte Ebene zum Polésine. Es sind ländliche Räume, und hier sind Stadt und Land noch übergangslos voneinander getrennt. Das Städtenetz ist regelmäßiger als in Alpennähe und bewahrte die Züge der ›borghi‹, der historischen Land- und Marktstädte. Zur Entwicklung von Großstädten kam es nicht; die wenigen Mittelstädte wie Cúneo, Asti, Alessándria, Pavía, Cremona, Mántua und Rovigo werden immer abhängiger von den Hauptstädten ihrer Regionen und stellen vor allem die Verbindung zwischen den oft reichen ländlichen Räumen und den Hauptstädten her.

Am Fuß des Toskanisch-Emilianischen Apennins zieht sich eine alte Städtereihe an der historischen Via Aemilia (ital. Emilia) entlang. Sie wurde zur Wachstumsachse, indem zur alten Handels- und Gewerbefunktion mit Klein- und Mittelbetrieben in Verflechtung mit dem ländlichen Umland moderne Industriefunktionen kamen. Die alten Städte wuchsen mit der Zuwanderung aus dem ländlichen Überschußgebiet und mit der Bergflucht, wobei die lineare Struktur erhalten blieb, abgesehen von einigen Abzweigungen in die Bassa Pianura (Carpi, Ferrara, Ravenna) und zum Fuß des Apennins. Bologna wurde zum Zentrum der Stadtregion dank der Hauptstadtfunktionen und der Verkehrsknotenlage (vgl. Fig. 38).

Eine andere Art von linienhafter Agglomeration zeigt die Städtereihe an der ligurischen Küste (vgl. Fazio 1980, S. 18/19, sozioökonomische Gliederung). Hier sind die Beziehungen zwischen Küstenstadt und Binnenraum fast völlig verlorengegangen, und die Beziehungen der Städte untereinander sind gering. Dagegen stehen sie in direkter Verbindung zu den Metropolitanräumen von Turin und Mailand, nicht zuletzt über die Autobahnen. Diese wieder fördern die flächenhafte Urbanisierung aus dem Raum Alessándria gegen Asti und Pavía hin. Genua,

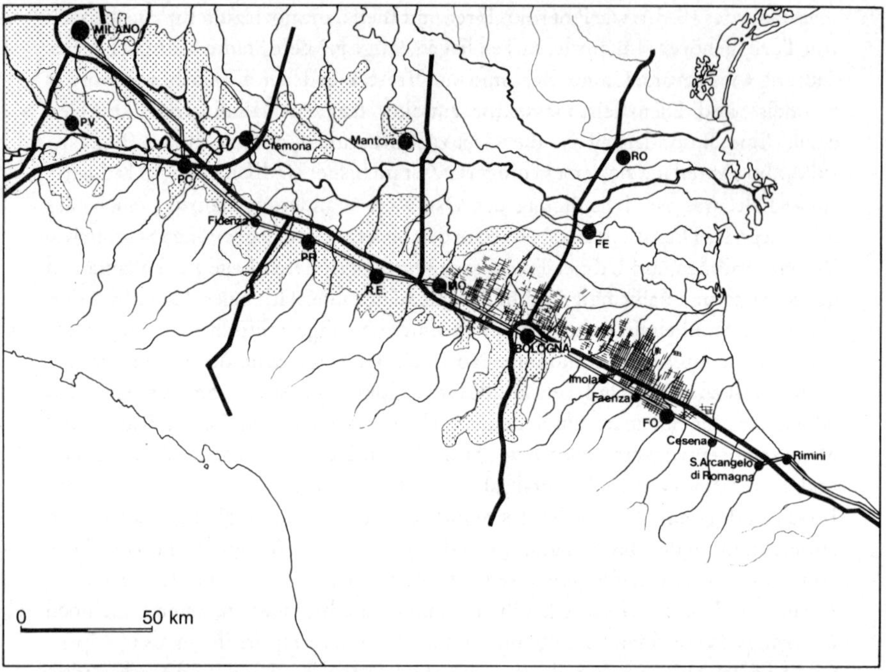


*Fig. 38: Die Städteachse der historischen Via Emilia und deren verstädterte Umgebung (punktiert).* Aus Fazio 1980, S. 32.

Savona und La Spézia sind die Hafenstandorte der westlichen und zentralen Padania, und sie sind auch als Industrieplätze eng mit denen nördlich des Apennins verknüpft. Die übrigen Teile der Küstenagglomeration Liguriens haben sich parallel mit dem Wachstum der städtischen Bevölkerung des Binnenlandes zu ›Ferienstädten‹ entwickelt. Wegen der ähnlichen spekulativen Prozesse im Vergleich zum peripheren Wachstum der Großstädte sind die städtebaulichen Aspekte ähnlich, und Dematteis (1978) nennt sie eine Art ›Peripherie am Meer‹.

### b2 Stadtregionen Mittelitaliens

Südlich des Apenninenhauptkammes ist in der Toskana das Städtenetz in drei Hauptachsen gegliedert. Eine von ihnen reicht von Livorno über Pisa nach Florenz und verbreitert sich im Beckenbereich des unteren Arno, wo am Gebirgsrand Prato, Pistóia und Lucca liegen. Gegen Siena und Arezzo hin findet Wachstum statt. Trotz der Durchdringung mit ländlichen Räumen, die so typisch für die Toskana ist, ist die Verstädterung erheblich. Sie äußert sich in der hohen Bevölkerungsdichte, vielen industriellen Klein- und Mittelbetrieben und im dichten Siedlungsnetz, was durch die gute Verkehrsverbindung zwischen dem Hafen Livorno und der Hauptstadt Florenz gefördert wird. Trotz ihres geringen Zusammenhanges setzt sich die ligurische Städtelinie an der Küste bis Piombino fort. Industrieansiedlungen wechseln mit großen Ferienstädten (Forte dei Marmi, Viaréggio) und Dienstleistungszentren (Massa und Carrara) ab.

An der adriatischen Küste hat sich in jüngerer Zeit eine recht geschlossene dritte Städtereihe gebildet und setzt die Via-Emilia-Linie fort. Zu den Badeorten und Zweitwohnsitzen kommt die Verlagerung von Bevölkerung, Siedlung und Wirtschaft aus den Binnen- und Gebirgsräumen der Marken und Abruzzen an die Küste. An der Hauptverkehrsachse haben sich einige Städte mit Industrie, Handel und Dienstleistungen kräftig entwickelt wie Pésaro, Fano, Ancona, Civitanova Marche, San Benedetto del Tronto, Pescara und andere. Zu der produktiven Landwirtschaft im Küstenraum treten industrielle Kleinbetriebe, Handwerk und Heimgewerbe, die exportorientiert sind. Provinzhauptstädte im Binnenraum tragen die Dienstleistungen bei.

Diese drei Städteachsen heben sich aus dem historischen Städtenetz der mittelitalienischen Städte dank ihrer Lagegunst und ihrer höheren wirtschaftlichen Bedeutung heraus. Innerhalb des recht dichten und regelmäßigen Gefüges bilden Klein- und Mittelstädte in Becken und Talungen die Knoten, eine Struktur, die über die südliche Toskana, Umbrien und Latium sowie die inneren Bereiche der Marken und der Abruzzen verbreitet ist. Abgesehen von den Regionalhauptstädten Perúgia und L'Áquila und dem Industriezentrum Terni sind die übrigen Städte – reich an Zeugnissen der alten Stadtkultur – ebensowenig von der Entwicklung und dem Wachstum berührt wie die ländlichen Räume, zum Teil haben sie bis 1971, vor allem in Umbrien, ebenso wie diese an Einwohnern verloren, bis 1977 aber wieder zugenommen. Ihren städtebaulichen und architektonischen Reichtum versuchen Assisi, Orvieto, Spoleto, Viterbo (Price 1964), Gúbbio, Cortona unter anderem über den Fremdenverkehr und über kulturelle Veranstaltungen in Wert zu setzen.

### b3 Die ausufernde Stadtregion Rom

Im schroffen Gegensatz zu den gegen ihren Verfall ankämpfenden mittelitalienischen Städten steht Rom, das umgekehrt in Gefahr gerät, wegen seines übermäßigen Wachstums zu ersticken. Es droht an Wert und Rang zu verlieren in einem unaufhaltbaren Degenerationsprozeß (Ferrarotti 1979). Anlaß zu der Bevölkerungslawine war die öffentliche Hand als wichtigster Arbeitgeber mit 480 000 Beschäftigten (1971), während nur ein Drittel aller Beschäftigten der Stadt in Gewerbe und Industrie tätig waren. Am Sitz zahlreicher Staatsunternehmen und Entscheidungszentren ist der obere Mittelstand besonders entwickelt; er ist es, der die ausufernde Bauwirtschaft finanziert hat, die nach der Bürokratie das Wirtschaftsleben der Hauptstadt bestimmt. Die Zahl der Wohnungen stieg 1951–1971 um 2 Mio. Einheiten; aber während 6900 Familien auf Notunterkünfte angewiesen blieben, standen 79250 Wohnungen leer (1981: 104785). Die in der Vorkriegszeit noch abgelegenen und isolierten Vororte wie Tufello im Nordosten, Pietralata im Osten und Primavalle sind in das sich wie ein Ölfleck ausbreitende Häusermeer einbezogen worden, das schon stellenweise den äußeren Autobahnring, den ›Grande raccordo anulare‹, erreicht hat. Der Radius des Stadtgebietes verdoppelte sich von 10 auf 20 km, die bebaute Fläche hat sich mehr als vervierfacht. Während der behördlich genehmigte Wohnungsbau auf den Einkommen des Mittelstandes beruht, hat ein wildes Wachstum in spekulativer Art die Wohnungsnot weniger bemittelter Schichten ausgenutzt. Sie konnten Wohnungen nur im Randbereich kaufen oder errichten, und damit haben sich ›borgate spontánee‹ und ›borghetti‹ mit ihren ärmlichen Häusern und Baracken oder aus billigen Wohnungen gebildet, die entgegen den Gesetzen von ›plazzinari‹ auf einem Gelände angeboten werden, wo es noch an Straßen, Kanalisation und allen nötigen Versorgungseinrichtungen fehlt (vgl. Dematteis 1978, Abb. 10–13). Ganz im Unterschied zu den Stadtregionen der Padania hat Rom in den Gemeinden und Städten seiner Umgebung die Verstädterung nicht wesentlich gefördert und nicht einmal die Provinz voll einbezogen, auch nicht im Apenninvorland. Unter starkem Einfluß von Rom steht dagegen der Küstensaum (Lido di Roma) insbesondere mit Badeorten und Zweitwohnungen, und städtisch besiedelt sind auch die Nordhänge der Albaner Berge. Rom umfaßt als Stadtregion außer seiner enormen Gemarkung (1507 km²) nur weitere 16 Gemeinden; nach dem Piano intercomunale sollten es 39 sein mit weiteren 2000 km² des ›Gürtels‹ (cintura; nach Meneghetti 1971, Fig. 51). Ursache der geringen Umlandwirkung ist die schwache Industrieentwicklung. Wo sie im Süden (Pomézia, Aprília, Latina) und im Südosten gegen Frosinone und Cassino hin stattfand, dort handelt es sich nicht um eine Dezentralisierung, sondern darum, daß der Förderungsbereich der Cassa per il Mezzogiorno an den Provinzgrenzen von Latina und Frosinone 20 km südlich von Rom beginnt (Marandon 1977). Nordlatium zeigt dagegen keinerlei Industrialisierung. In dieser Tatsache und in vielen anderen Erscheinungen, im hohen Anteil des Baugewerbes und der öffentlichen Hand am Erwerbsleben, am ungenehmigten Bauwesen und der städtischen Marginalität nimmt Rom schon Eigenschaften der Stadt des Südens vorweg. Ihre wichtigste Stellung hat die Stadt aber wohl als Sitz der politischen und wirtschaftlichen Leitungs- und Kontrollfunktionen, wodurch sie auch Mailand überlegen ist (vgl. Kap. III 4 d 1). ›Als Begegnungsort von Entwicklung und Unterentwicklung, zwischen Norden und Süden, ist Rom der Spiegel der Hauptwidersprüche in der gegenwärtigen Urbanisierung Italiens‹ (Dematteis 1978, S. 180).

Wegen solcher Eigenschaften kann Rom schon als eine – die nördlichste – der großen Stadtagglomerationen des Südens bezeichnet werden. Während im Norden, und zwar bis einschließlich Florenz, die Hauptstädte mit ihren Stadtregionen durch dichte Netze und Achsen mit Mittel- und Kleinstädten ergänzt werden, die fast sämtlich eine rege wirtschaftliche Aktivität zeigen, scheint Rom die umliegende Region geradezu leergesogen zu haben (MONHEIM 1974, S. 265).

### b4 Stadtregionen Süditaliens

Im Unterschied zu Mittelitalien, das außer Rom nur in Florenz noch eine Stadt mit mehr als 200000 Einw. besitzt, hat Süditalien neben der Millionenstadt Neapel noch Bari, Tarent, Messina, Catánia, Palermo und Cágliari, die mit zwei weiteren Städten, Syracus und Sássari, die Zentren von neun Stadtregionen bilden. Deren größte, die kampanische, wird von mehr als 4 Mio. Einw. bewohnt und liegt als geschlossener Block zwischen Caserta, Neapel und Castellammare. Ausläufer reichen ins Binnenland nach Avellino und über Nocera nach Salerno und Battipáglia. Eine Entwicklungsachse zwischen Rom und Neapel ist noch nicht zu erkennen.

In Apulien entstand mit der jungen Industrialisierung, aber schon in alter Zeit angelegt, eine Stadtregion um Bari, an der Küste zwischen Barletta und Monópoli. Von erheblicher Bedeutung ist die Linie, die von der ›Conurbazione dello Stretto‹, an der Straße von Messina mit Réggio di Calábria und Messina, an der Ostküste Siziliens verläuft und sich um Catánia und im Industriebezirk von Augusta und Syracus ausweitet. Zur Verstädterung kommt es auch um Tarent, Palermo, Cágliari und im Bereich Sássari mit Porto Torres und Alghero, was sich in neuen Industriestandorten und wachsenden Wohnsiedlungen, auch in Nachbargemeinden zeigt.

Im Unterschied zu den großen Städten der Padaniazone mit ihren Stadtregionen fehlt zwischen denen im Süden die Integration, die schon durch ihre Küstenlage, dazu die großen Entfernungen zwischen ihnen und die hemmenden Gebirgszüge behindert wird. Die Regionen von Bari, Palermo und Catánia erscheinen als ›extrem isoliert‹; um so größer sind deren Einzelhandelsbereiche (MONHEIM 1974, S. 265). Der seit alten Zeiten nahezu städtelose, leere Binnenraum hat auch in moderner Zeit keine Ansatzpunkte zur Industrialisierung und Verstädterung geboten. In der traditionellen Agrostadt konnten noch 1971 um 60% der aktiven Bevölkerung landwirtschaftlich tätig sein, wie z. B. in Canosa di Púglia, Céglie Messápico, Mesagne und Mandúria in Apulien oder über 50% in Adrano, Bronte und Paternò am Fuß des Ätna. In Gangi waren es 1951 noch 74%, ein Beispiel, das für weite Teile Mittelsiziliens gültig ist (MONHEIM 1969, S. 43). Viele solche Agrostädte und die meisten Kleinstädte haben keine neuen Funktionen übernehmen können, nachdem ihre alten geringer geworden oder nahezu verschwunden sind. Sie verloren teilweise stark an Einwohnern wie Caltagirone und Piazza Armerina, und das gilt sogar zwischen 1951 und 1971 für die Provinzhauptstädte Caltanissetta und Trápani. Es besteht eine wichtige planerische Aufgabe darin, die Kleinstädte aufzuwerten überall dort, wo sie nicht im Einzugsbereich von Großstädten liegen und zu Ballungsräumen gehören (BARTALETTI 1977, S. 63).

Das Ungleichgewicht zwischen Binnenland und Küste, das sich in Bevölkerungsdichteunterschieden und im Wanderungsverhalten äußert, gilt auch für die Städte. Im Vergleich zu den Ballungsräumen in Nord- und Mittelitalien ging das Wachstum in der Stadt des Südens langsamer vor sich, sie gewann nur halb soviel an Einwohnern dazu wie jene, und zwar weniger durch Zuwanderung als durch natürliches Wachstum der Bevölkerung. Sie bildet oft nur Zwischenstation, Filter für die Wandernden, und so kommt es, daß vielfach sogar die Zahl der Wegziehenden die der Zuziehenden übertrifft, wie 1961/71 in Neapel, Bari, Tarent, Bríndisi, Réggio di Calabria, Palermo, Catánia. Weder die neue Industrie von Tarent noch die alteingesessene von Neapel und Umgebung konnten genügend Arbeitsplätze bieten. In der Gemeinde Neapel waren 1971 nur 26% der Bevölkerung im arbeitsfähigen Alter (offiziell) beschäftigt. In den norditalienischen Stadtregionen liegt das Verhältnis um 40%. Stärkeres Wachstum zeigten die Hauptstädte wegen ihrer Verwaltungsfunktion, wie in Potenza, Cosenza, Cágliari, auch Isérnia, außerdem solche mit Industrieansiedlung wie Casória, Augusta, Gela, Porto Torres, Térmoli, aber auch Caserta, Avellino, Salerno, Battipáglia, die im äußeren Einflußbereich von Neapel liegen. Fast alle süditalienischen Städte sind in höchstem Maß von der öffentlichen Hand als Arbeitgeber abhängig.

Bei allgemein geringem Wirtschafts- und Bevölkerungswachstum ist die Bautätigkeit auch in der Stadt Süditaliens so hoch wie in anderen Landesteilen. Die Expansion betrifft die Randzonen, und in Bergstädten sind oft mit gewaltigem Aufwand Betonmauern und Stahlbetonkonstruktionen am Hang errichtet worden, während die Innenstädte oft bis zur Unkenntlichkeit umgestaltet worden sind, wie in Salerno, Tarent, Potenza, Syracus, Agrigent und Cosenza. Selten jedoch kam es zur Gründung voll ausgestatteter, neuer Stadtteile wie am Vómero von Neapel oder in Neutarent. Trotz der starken Bautätigkeit und trotz der Bevölkerungsverluste durch Ab- und Auswanderung hat der Süden bei der Erhebung 1981 noch 67000 ungeeignete Wohnungen (Baracken, Höhlen, Keller) gehabt; das waren mehr als zwei Drittel aller Notunterkünfte Italiens, von denen etwa die Hälfte von Erdbebengeschädigten in Kampanien, in der Basilicata und in Südwestsizilien bewohnt waren (ISTAT, 12. censimento Vol. 1, Tav. 15). Zwei Drittel aller Wohnungen entbehren der sanitären Einrichtungen. ›Mehr als anderswo werden die Regeln des Städtebaus und der Stadthygiene vernachlässigt und verletzt im stillen Einverständnis mit den örtlichen Behörden. Beim Mangel an anderen Quellen zur Bereicherung ist der Auf- und Umbau oder die Zerstörung der Stadt zum bevorzugten Feld der Ausbeutung und der Spekulation geworden‹ (Dematteis 1978, S. 182). Das Wachstum der größeren Städte und jener, die auf großen Verkehrsachsen liegen, steht im Kontrast zu den kleineren in Randlage. Neben Luxuswohnsiedlungen entstanden Barackenviertel. Während es 1971 über 2 Mio. ungenutzte Wohnungen gab, warteten noch 3 Mio. Familien auf eine angemessene Wohnung.

Der Gegensatz zwischen der norditalienischen und der traditionellen süditalienischen Stadt – gemeint ist die Mittelstadt, nicht die Agrostadt – wird in Italien oft mit den Eigenschaften ›produktiv‹ und ›parasitär‹ verbunden, worunter man versteht, daß das Wirtschaftswachstum des Stadtumlandes von der norditalienischen Stadt gefördert wird, während die süditalienische Stadt nichts anderes als Wohn- und Verwaltungsort ohne eigene Produktion ist. Hier wohnte der Grundbesitzer, in sie floß der landwirtschaftliche Ertrag, und hier wurde er verzehrt. Es besteht Überfluß an Unterbeschäftigten nicht nur des primären, auch des tertiären Sektors. Die Sozialstruktur ist bestimmt vom Klientenwesen: ›Eine Stadt voller Widersprüche, von denen der widersinnigste darin besteht, daß einerseits die Bindung mit dem Land als ihrer unverzichtbaren wirtschaftlichen und finanziellen Grundlage untrennbar ist, andererseits aber gleichzeitig eine Kluft zwischen Stadt und Land wegen der unüberbrückbaren sozialen Unterschiede besteht‹ (SAIBENE 1978, S. 13).

Zwanzig Jahre nach der Befragung, die D. DOLCI in Palermo unternahm, hat sich im Quartiere del Capo wenig an den ärmlichen Verhältnissen geändert (CALDO u. SANTALUCIA 1977, S. 97). Bis auf eine in Messina entstandene soziologische Untersuchung (GINATEMPO 1976) fehlt es noch an eingehenderen Forschungsarbeiten vor allem geographischer Art. Man hat aber erkannt, daß sich die Südfrage jetzt weniger auf das Land, auf Landwirtschaft und Siedlung bezieht; sie hat sich auf die Stadt verlagert, und dort muß sie nun zu lösen gesucht werden, nachdem das auf dem Lande nicht oder doch nur selten gelungen ist.

### *c) Die traditionelle Stadt und ihre Gegenwartsprobleme*

Die historische Basis für die Lage, Gestalt und Funktion einzelner Städte bedarf gerade in Italien einer Betrachtung, weil sonst die Gegenwart mit ihren schwerwiegenden Problemen nicht verständlich wird. In unvergleichlich höherem Maß als in Deutschland sind die Städte, ihre Bürger und ihre Verwaltungen drängenden Fragen der Stadtsanierung gegenübergestellt. Unter den insgesamt rund 20000 historischen Zentren, d. h. Altstädten und Dorfkernen, werden allein 826 als ›Historische Stadtzentren größter Bedeutung‹ klassifiziert. Nicht nur in Bauleitplänen, auch in der Praxis müssen Kompromisse gefunden werden zwischen Restaurierung, Entlastung, Wiederinwertsetzung einerseits, Abriß und Modernisierung andererseits. Weil der Fortbestand der Stadt unter gesunden Lebensbedingungen Vorrang haben muß, kann nicht jede alte Bausubstanz, und stamme sie auch aus der Antike, erhalten bleiben. Von 8074 auf ihre Entstehungszeit hin überprüften Gemeinden sind 713 schon in vorrömischer Zeit bekannt gewesen, und 1971 entstanden während des römischen Zeitalters. 228 wurden erstmals im 8. Jh. erwähnt, 262 im 9. Jh., 552 im 10. Jh., 945 im 11. Jh., 1014 im 12. Jh., 886 im 13. Jh. und 217 im 14. Jh. (FAZIO 1980, S. 21). Der Höhepunkt der Städtebautätigkeit ist im 12. Jh. erreicht worden, und aus dieser Zeit stammt noch ein großer Teil der Bausubstanz, z.B. in Siena aus dem 13. Jh. (Sabelberg 1980b).

Eine Wertung auch nur einzelner Städte nach ihrer historischen Bedeutung oder nach ihren architektonischen, städtebaulichen Schätzen kann hier ebensowenig geschehen wie eine Beschreibung einzelner Beispiele. Über die Städte Italiens wird der deutsche Leser in historischer und kunsthistorischer Sicht in ausgezeichneter Weise orientiert, schon durch Reiseführer, Kulturführer und Lexikonartikel. Deshalb dürfte es erlaubt sein, sich in diesem Kapitel auf die historischen Grundzüge und jene Epochen zu beschränken, die für die Entwicklung der Städte als entscheidend angesehen werden können. Aus der Vielfalt der städtischen Erscheinungen gilt es das jeweils Regelhafte herauszustellen.

### c1 Historische Stadttypen

In vor- und frühgeschichtlichen Zeiten wird sich an einem Wegekreuz ein Handelsplatz entwickelt haben; einige Orte wurden im Lauf der Zeit zur Siedlungsstätte von Handwerkern, zur Kultstätte, zur Verteidigungsanlage und damit zu Schlüsselelementen der Raumordnung. Für die Anlage der Stadt werden vielfach Rituelles, Kultisches und die kosmologische Vorstellung entscheidend gewesen sein (Rykwert 1976).

Ein bedeutenderes Städtewesen begann innerhalb Italiens mit der griechischen Kolonisation vom 8. Jh. an, und es war von großem Einfluß auf die Entwicklung und Anlage von Städten der Vorbevölkerung, der Italer und Etrusker. Die griechische ›Polis‹ ist aber vom Begriff ›Stadt‹ zu unterscheiden, denn sie ist als Siedlung ländlicher Grundherren zu definieren, die im Besitz eines, etwa durch Flußsedimente entstandenen, Vorlandes sind (Kirsten 1956, S. 77). Es waren Landstädte oder ›Gartenstädte‹ wegen ihrer lockeren Bebauung im Kolonisationsgebiet. Zu den berühmten Tempelbauten und anderen Anlagen im abgesonderten öffentlichen Teil kommen dort die oft erst durch Luftbilder erkennbar gewordenen, planmäßigen Grundrißformen der privaten Siedlungs- und Nutzflächen. Lange, schmale Rechteckblöcke haben Megara Hyblaea bei Augusta (gegründet im 8. Jh. v. Chr.), Agrigent (6. Jh.), Heraclea (5. Jh.), Metapont (8. Jh.) und Poseidonia-Paestum (7. Jh.). Selten gab es eine Kontinuität der Besiedlung, denn die meisten Orte liegen in Ruinen oder sind wie Sybaris erst in jüngster Zeit überhaupt geortet worden. Ständig besiedelt waren die Hafenstädte Neapel und Tarent dank ihrer ausgezeichneten Lage und ihrer in allen historischen Epochen bedeutenden Funktionen. In der Altstadt von Neapel haben sich in erhöhter Lage des ›Neapolisplateaus‹ (Döpp 1968, S. 93; Napoli 1959; Schmiedt 1970, S. 58; vgl. Fig. 39) die Spuren des griechischen Stadtplans des 5. Jh. v. Chr. noch im heutigen Grundriß erhalten. Es sind drei oder vier 20 Fuß breite große Ost-West-Straßen, die ›plateiai‹, und 20–23 schmale, 10–12 Fuß breite Nord-Süd-Straßen, die ›stenopoi‹.

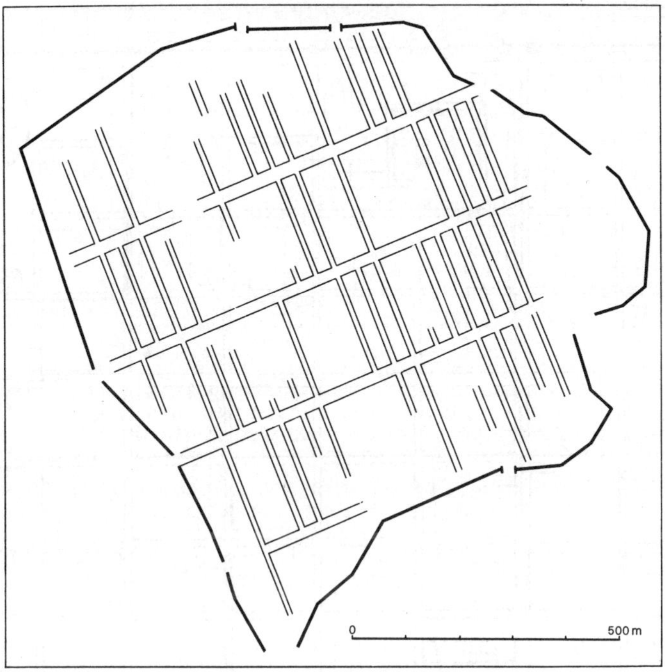


*Fig. 39: Grundriß einer Stadt in Großgriechenland. Neapolis, 5. Jh. v. Chr., mit 4 ›plateiai‹ (Ost-West) und 21 ›stenopoi‹ (Nord-Süd).* Aus TCI: Le Città 1978, S. 38.

Die Stadt Syracus – ihr Mauerring war 15 km lang – war wahrscheinlich eine zeitlang nach ihrem Sieg über die Etrusker in der Tyrrhenis die größte Stadt des westlichen Mittelmeerraumes.

In Sizilien und Sardinien bezeugen die Phönizier-Punier die Machtausbreitung von Kartago aus mit befestigten Höhensiedlungen (Monte Sirai westlich Carbonia, vgl. TCI: Le Città 1978, S. 38), mit Kultstätten, wie in Mózia nördlich Marsala, und vor allem mit Häfen, wie Tharros, und zwar als Doppelhäfen, wie auch in Cágliari, Nora, Sulcis und Sant' Antíoco in Sardinien, Lilibeo-Marsala in Sizilien. Wie den Städten Großgriechenlands fehlt auch den phönizischen Stützpunkten der territoriale Zusammenhang.

Die Etruskerstädte gründen sich zum Teil auf Siedlungen der Terranovakultur und entsprechen dem Typ der ummauerten Burg- und Bergstadt, die in gewisser Entfernung von der tyrrhenischen Küste liegt, dort aber mit Hafenstandorten verbunden sein kann. Landwirtschaft, Bergbau und Handel waren die Lebensgrundlagen der ›Herzogtümer‹, denn einen Etruskerstaat gab es nicht, nur einen kultischen Bund. Beispiele sind die Höhenorte der Toskana und Latiums wie Fiésole, Volterra, Orvieto, Tarquínia, Caere (Cervéteri), Véio, Chiusi, Sutri und Vulci

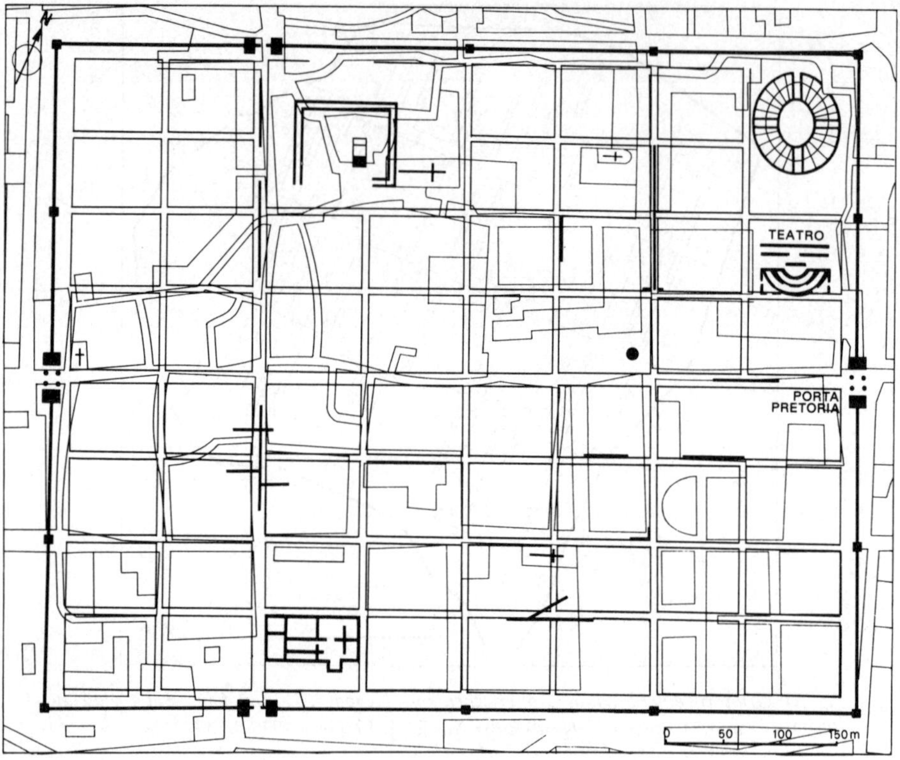


*Fig. 40: Römische Lagerstadt, Aosta, gegr. 25 v. Chr. als Augusta praetoria.* Aus TCI: Le Città 1978, S. 53.

(vgl. TCI: Le Città 1978, S. 50). Tarquinia, eine Gründung des 9. Jh., lag in typischer Weise auf einem Tuffplateau nordöstlich der heutigen Stadt, die bis 1922 Corneto hieß. Dazu gehörte ein außerordentlich großes Gebiet zwischen den Herrschaftsbereichen von Vulci im Norden und Caere im Süden. Ihr Hafen für den Metallhandel war Graviscae. Wie bei den Städten Großgriechenlands gab es selten eine unmittelbare Siedlungskontinuität, wie sie Fiésole, Volterra, Orvieto und auch Rom bieten. In römischer Zeit zerstört oder überbaut, sind außer Resten der Ummauerung und der Nekropolen wenig Spuren etruskischer Städte auf uns überkommen. Ob sie schon früh einen in schematische Rechtecke gegliederten Grundriß gehabt haben, ist umstritten (Castagnoli 1971). Jener von Marzabotto am Reno südwestlich Bologna mit erstmals genauer Nord-Süd-Ausrichtung wird der Gründung im 5. Jh. zugeschrieben und läßt sich durch griechischen Einfluß erklären. Hier schien das Ideal etruskischer Stadtplanung gefunden zu sein, doch das bewahrheitete sich nicht.

*Fig. 41: Stadtanlage unter islamischem Einfluß. Martina Franca/ Apulien, gegr. 1310 durch das Haus Anjou.* Aus GUTKIND IV 1969, Abb. 342, vgl. GUIDONI 1980, Abb. 119, Luftbild.

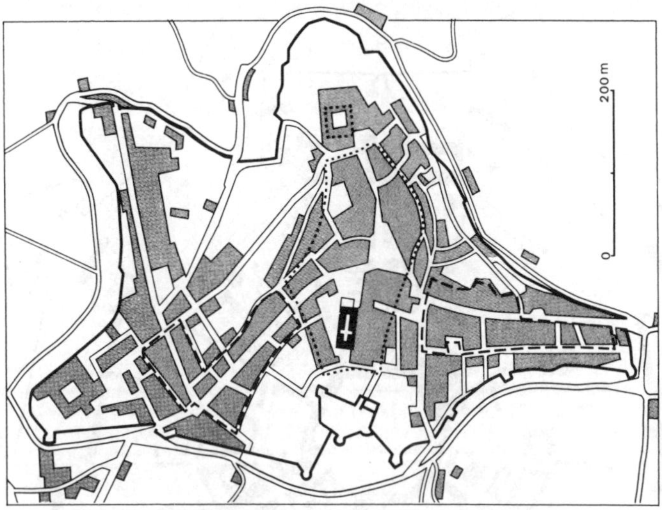


*Fig. 42: Entwicklung eines Bischofssitzes. Das Beispiel San Gimignano/Toskana.* Aus TCI: Le Città 1978, S. 73. . . . ursprünglicher Bischofssitz. ---- jüngere ›borghi‹.

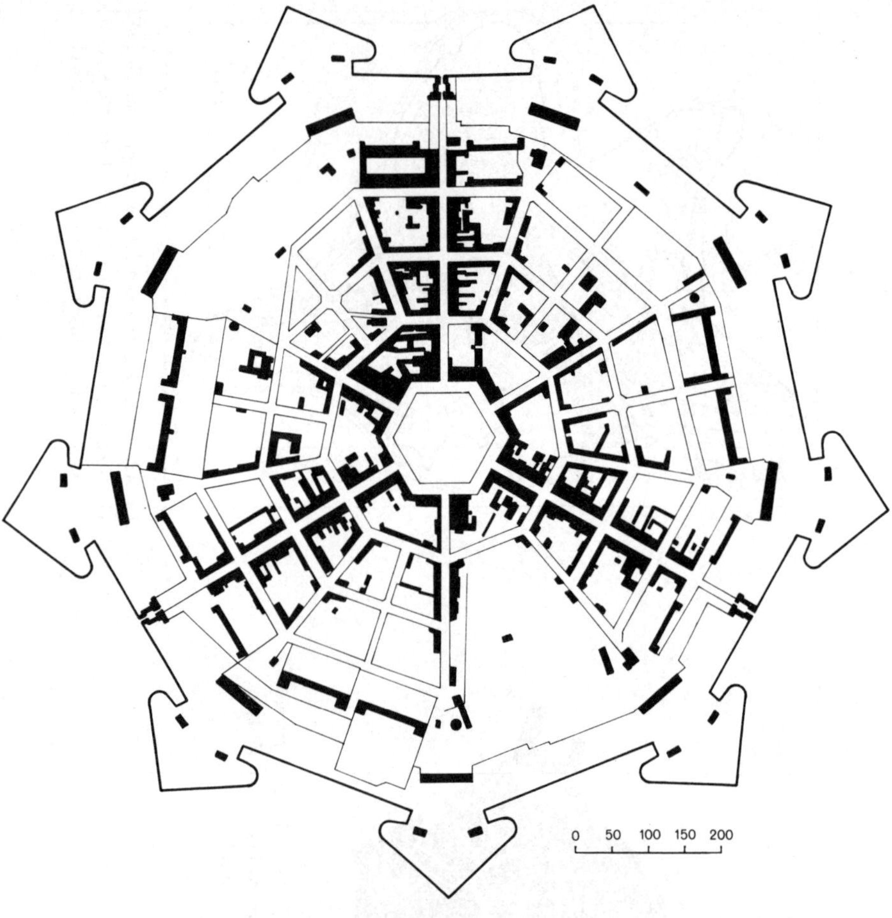


*Fig. 43: Festungs- und Garnisonstadt im Übergang von der Renaissance zum Barock als Beispiel des italienischen Manierismus. Palmanova im Friaul, venezianische Gründung von 1593; historischer Kern innerhalb des Walles, Zustand 1851.* Aus Döpp 1981, S. 143, nach Comune di Palmanova, Ufficio Técnico.

Latiner errichteten ihr ›oppidum‹ auf eingeebneten Berggipfeln und umgaben es durch einen Mauerring, der an drei oder vier Stellen unterbrochen war. Damit kreuzten sich die Straßen im Zentrum, wo der Brunnen lag. Später trennten sich oft Stadt und Akropolis dadurch, daß die Stadt in tiefere Lage verlegt wurde. Italische, griechische, phönizische und punische Methoden städtischer Ansiedlung haben Etrusker und Römer übernommen und ausgeführt, weshalb man heute die Beiträge einzelner Kulturen kaum voneinander unterscheiden kann.

Rom ist als Marktort im Schnittpunkt mehrerer Verkehrslinien eine künstliche

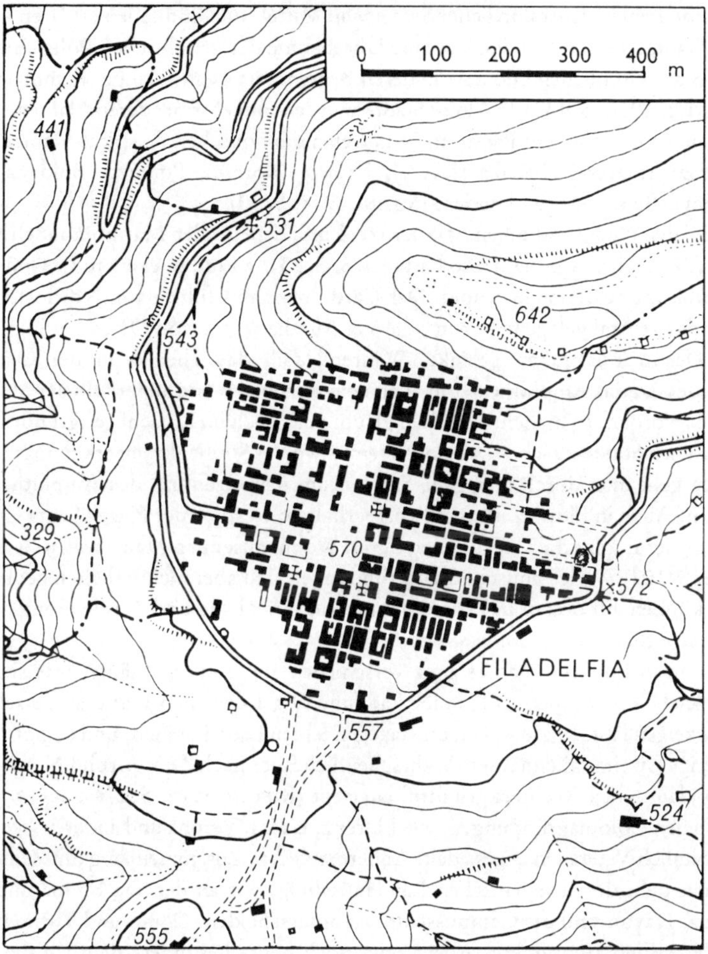


*Fig. 44: Wiederaufbau einer Stadt nach einer Erdbebenkatastrophe.* Filadélfia, Provinz Catanzaro, erbaut in den letzten Jahren des 18. Jh. nach Erdbeben 1783 in 2 km Entfernung des zerstörten Ortes Castel Monardo. Aus GAMBI, 1965, S. 283.

Bildung, die aus dem Zusammenwachsen kleiner Höhensiedlungen um das Forumstal mit der ›Roma quadrata‹ auf dem Palatin entstand. Die Stadt nahm immer wieder fremde Elemente auf und entwickelte sich zu einem Gemeindestaat eigener Prägung (KIRSTEN 1956, S. 117; OLSEN 1969). Die von hier ausgehende Urbanisierung bestand in der Aufgliederung von Stammesgebieten durch die Einrichtung von Munizipien, nicht aber in der Gründung städtischer Siedlungen als zentraler Orte mit Dörfern, eine Tatsache, die bis heute nachwirkt und das weitgehende Fehlen zentralörtlicher Systeme in Mittel- und Süditalien erklären kann. Das Stadtgebiet, die Civitas, ist eine Übernahme der griechischen Polis und lebt fort in der kirchlichen Diözese, in deren Begrenzung es noch lange erkennbar war (Kirsten 1956, S. 130).[14] Ältere Städte wurden umgeformt, deren Namen geändert, wie Poseidonia in Paestum. Nun treten die typischen Auspical-Namen auf: Piacenza (placere), Faenza (favere), Firenze (florere), Potenza, Bologna von Boninia, Benevento und andere (Susini 1978, S. 30).

Bei den Neugründungen, wie der von Luni, dem großen Marmorhandelshafen von 177 v. Chr. (vgl. TCI: Le Città 1978, S. 33), wurde in ebenem Gelände das Schachbrettmuster angewendet. Der Cardo maximus führte von Nordosten her über das zentral gelegene Forum, die Via Aurelia wurde von Osten her über eine der Decumanusstraßen gelenkt. Während sich das Theater in der Ostecke befindet, ist das Amphitheater in allgemein üblicher Weise außerhalb der Mauern erbaut worden. In manchen Städten glaubt man noch im Schachbrettgrundriß der römischen Städte zu leben, wie in Piacenza, wo das Straßenkreuz erkennbar ist; in Lucca geht man durch gebogene Straßen um den Grundriß des Amphitheaters herum. Auch in Florenz ist er teilweise erhalten, westlich der Piazza Santa Croce, und in Terni folgt die Überbauung durch Wohnhäuser den Mauerresten (Rieche 1978, S. 102). Viele römische Stadtgründungen sind aber nicht erhalten geblieben und können am besten in Luftaufnahmen in ihrer Lage und Ausdehnung beobachtet werden.

Je nach Funktion gab es ganz verschieden ausgestaltete Städte, was sich im Vergleich von Pompeji als Handelsstadt und Ostia als Hafenstadt und Umschlagplatz zeigen läßt. In Herculaneum dagegen fehlen Ladenstraßen, und es gibt zweistöckige Zweifamilienhäuser. Wahrscheinlich ist es nach dem Vorbild Neapels im hippodamischen Rechteckgrundriß angelegt (Rieche 1978, S. 274).

In den Coloniagründungen, wie Florenz, Lucca, Verona und anderen, wurden gewöhnlich Veteranen angesiedelt. Andere stehen in Zusammenhang mit Zenturiationen, d. h. der schematischen Landaufteilung, wie an der Via Emília und um Padua. Davon sind die Campusstädte zu unterscheiden. Como und Turin waren solche Militärstützpunkte. Aosta zeigt noch heute besonders deutlich die Elemente der Lagerstadt, es ist die 25 v. Chr. gegründete Augusta praetoria. Ihre Mauern, mit denen die Straßen zum Großen und Kleinen St. Bernhard gesichert wurden, sind fast ganz erhalten.

Nur wenige der Römerstädte konnten über die Zeiten der Invasionen, der Verwüstungen und Hungersnöte hinweg überleben. Das gelang nur dort, wo sie zu Zentren von Handel und politischer Macht ausgewählt wurden. Andere sind an gleicher Stelle erst zwischen dem 11. und 13. Jh. neugegründet worden. Was an Strukturen und öffentlichen Bauten erhalten blieb, ist in vielen Fällen den Edikten

[14] Die 360 Bistümer Italiens, Deutschland hat 37, sind die Traditionsträger der 430 ›civitates‹ im spätantiken Italien (Dörrenhaus 1971b, S. 27).

Theoderichs zu verdanken (Guidoni 1980, S. 37). Amphitheater dienten zu Verteidigungszwecken und entgingen dadurch der endgültigen Zerstörung (Verona, Spoleto). Im übrigen waren aber die Veränderungen während des Mittelalters so tiefgreifend, daß von einem Fortbestehen antiker Elemente nur dort gesprochen werden kann, wo städtische Infrastrukturen weiter benutzt wurden, wie Straßen, Aquädukte und Abwasserleitungen. Mit der Christianisierung sind dagegen römische Elemente aus der antiken Tradition gelöst, umgedeutet und übernommen worden, auch das Vermessungsverfahren mit dem Visierkreuz (groma). Tempel wurden unter Beibehaltung von deren Orientierung in die verschiedensten Himmelsrichtungen zu Kirchen umgebaut (Nissen 1906–1910); neue Kirchen wurden in heidnische Städte gesetzt. Das Kreuz der Kirchen löste das Kreuz der Straßen, ›cardo‹ und ›decumanus‹, ab. So kommt es, daß sich in Rom auf der heiligen Achse (cardo) der Stadt die großen Basiliken Sankt Peter und San Salvatore (S. Giovanni in Laterano) an den Enden des West-Ost-Balkens des Kreuzes im Grundriß der Stadt erheben, senkrecht dazu am Querarm des Kreuzes (decumanus) im Norden Santa Pudenziana und Santa Maria Maggiore, im Süden San Paolo (Guidoni 1980, S. 30). Auch in Mailand ist das Grundrißkreuz in den kreuzförmig verteilten Basiliken verwirklicht. Die christliche Interpretation der antiken Stadtanlage ist bei der Wiedergründung von Albenga in Ligurien durch Constantius III. (415–420) angewendet worden; die vier abgegrenzten Viertel erhielten hier wie in anderen Städten Namen der Kirchen (Guidoni 1980, S. 36; Lamboglia 1957, Fig. 26).

Besonders radikal ist die Umgestaltung antiker Anlagen unter arabischem Einfluß in Sizilien und weit darüber hinaus gewesen. Palermo war als große Hafenbasis organisiert worden und erhielt im 10. Jh. eine Zitadelle, die Kalsa. Von der vornormannischen Stadtanlage ist wenig erhalten, doch zeigt der Plan von 1777 (Guidoni 1980, S. 84) noch klar das typische Sackgassenprinzip. In Kalabrien und Apulien ist der arabische Einfluß vor allem zwischen dem 9. und 13. Jh. stark gewesen. Er überwog in Tarent, dem Emiratssitz von 840–880, gegenüber den engen byzantinischen Baublöcken (strigae) von 967. Indizien für den weitgehenden Einfluß sind die in der Verteidigungsaufgabe begründeten Unterbrechungen der Sicht auf weite Entfernung und insbesondere die mehr oder weniger entwickelten Sackgassen (vgl. Plan von Benevent bei Guidoni 1980, S. 87). Sogar in Latium und Umbrien, in Perúgia und Todi läßt sich noch ebenso wie in den südlichen Marken ein direkter Einfluß durch Sarazeneneinfälle feststellen. Ausgeprägt ist er im Tal des Aniene in Ortsnamen oder auch im Saccotal, das der Weg für die Streifzüge vom Stützpunkt am Garigliano aus war. Ohne weitere Belege ist das Vorkommen von Sackgassen kein Beweis für sarazenischen Einfluß, weil sie auch die Folge von Siedlungsverdichtung sein können. Sabelberg (1984, S. 83) zeigt das am Beispiel von Agrigent und Favara.

Zur rechtwinkligen Gliederung der Stadt in der römischen Antike kommt nun noch die byzantinisch-arabische, radiale Anordnung der Stadtteile rund um das

Zentrum. In Ravenna geschah das zu militärischen Zwecken; in Bologna und Genua waren es die ›horae‹, in Spoleto und Rom die 12 ›scholae‹; Trastévere kam als 13. später hinzu. Es ist eine geometrisierte, mit den himmlischen Regionen verbundene Stadt mit einem ihr unterstellten kreisförmigen Gebiet (GUIDONI 1980, S. 94).

Im Norditalien der vorkommunalen Periode wird der Po zur Achse von Wirtschaft, Städtesystem und Straßen, wobei der Handel seine Wurzeln in Venedig hat. Die Städte erhalten verschieden große Gebiete, die ihrem Bischof unterstellt sind: Asti mit 2 Meilen Radius, Parma und Triest mit 3 Meilen, Réggio Emília mit 4 Meilen. Verona kann sich aber dank seiner Lage und Aufgabe an der Handelsstraße nach Deutschland der Macht des Bischofs entziehen. Überall sonst kommt es zur Zweiteilung in Bischofs- und Bürgerstadt und häufig zur Zusammensiedlung, zur Ballung der Bevölkerung des Umlandes. Im Hochmittelalter wird die Stadt zum Koordinationspol des Raumes.

Einen besonderen Aufschwung nahmen die zwischen dem 7. und 12. Jh. gegründeten Hafenstädte, wie Venedig und Amalfi, oder auch die byzantinische Pentapolis an der Adria: Rímini, Pésaro, Fano, Senigállia, Ancona, die dann unter die Herrschaft des Kirchenstaates kam. Andere verloren an Bedeutung, wie z. B. Aquileia, dessen Erbe Grado antrat; anstelle von Altinum entwickelte sich Torcello; Concórdia wurde im Binnenland von Portogruaro abgelöst (LEHMANN 1963, 1964). Festungen wurden an neuralgischen Punkten der Ebenen angelegt (Údine, Ferrara, Viterbo, Cápua, Aversa). Klosterzentren entstanden am Binnenrand der Padania, wo die Landerschließung mit Entwässerungsarbeiten voranschritt. Von Abteien aus wurden die stadt- und straßenfernen Räume organisiert, wobei der über 1000 km² große Klosterstaat von Montecassino entstand.

Beginnend mit Genua 958 entziehen sich die Städte der Autorität von König und Adelsherrschaft und demonstrieren es durch die Ummauerung (GUIDONI 1980, S. 106; GUTKIND IV, 1969, S. 262). In der großen Stadtgründungsphase des Mittelalters sind die freien Kommunen ebenso beteiligt wie Könige, Kaiser und Fürsten. Es entstehen zahlreiche Städte mit schematischen Grundrißformen: Massa Lombarda und Crevalcore (GADDONI SCHIASSI 1977, S. 1080) zeigen das viertorige Quadrat; rechtwinklig sind Cortemaggiore, Villafranca di Verona, Pontecurone, San Giovanni in Persiceto, Gattinara, Cúneo, Pietrasanta und Camaiore in der Toskana und andere. Das 1164–67 gegründete Alessándria besitzt in seinem Mauerring ein Vieleck; kreisförmig sind Castelfranco Véneto und Cittadella, das 1220 von Padua aus gegen Castelgrano/Treviso erbaut wurde. Das Vieleck der Festungen zeigt Guastalla in der Romagna Fiorentina, innen folgt es aber dem Radialplan.

Um Rom sind seit dem 10. Jh. durch Päpste, römischen Stadtadel und Klöster Burgen ›auf brunnenfündige Gipfel gesetzt‹ und mit Suburbien erweitert worden (STOOB 1974; vgl. GUIDONI 1980, Abb. 124). Als Schutz gegen die Normannen wurde das Rundkastell zum Oval erweitert, wie das durch die Colonna erbaute

Tusculum. Es wurde nach der Zerstörung Ende 12. Jh. von Rom aus zur berühmtesten Stadtwüstung des Mittelalters.

Bei der mittelalterlichen Stadtgründungsphase spielen auch in Italien seit dem 13. Jh. die Bastidenplanstädte eine wichtige Rolle, die von England über Südwestfrankreich bis nach Savoyen und in den italienischen Raum ausstrahlen, kenntlich an ihren Namen, wie Villanova, Villafranca, Terranova, Borgonovo, Castelfranco (Nitz 1972, S. 383). Diese sogenannten ›terre murate‹ sind kleine befestigte Städte mit Markt zur Sicherung der Fernhandelswege, z. B. an Paßstraßen, oder als Stützpunkte bei der Binnenkolonisation, wie in der Emilia-Romagna (Gaddoni Schiassi 1977, S. 1094).

Der Süden hatte ebenso seine mittelalterliche Gründungsphase, schon durch Roger II., der Cefalù bauen ließ. Aversa (1020) in der kampanischen Ebene hat eine normannische Plananlage. Friedrich II. zählt zu den großen Städtegründern Italiens. Nachdem er aus politischen Gründen einige ältere Städte (Centúripe und Montalbano) zerstören ließ, gründete er auf Sizilien ab 1230 Augusta, dann Terranova (seit 1927 Gela) nach dem Castrumprinzip, und legte auf dem Festland Planstädte an wie L'Áquila, wobei er sich an das klassische Vorbild hielt, Auspizien stellen ließ und den Umriß selbst mit dem Pflug zog (Nitz nach Kantorowicz 1927). Unter den Anjou sind in Apulien dadurch Städte entstanden, daß die islamische Landbevölkerung in befestigte Plätze zusammengezogen wurde. Beispiele sind Lucera, Altamura und Martina Franca, dies 1310 (vgl. Fig. 41; Luftbild bei Guidoni 1980, Abb. 119).

Unter der Fremdherrschaft der Anjou, Aragonier und Bourbonen gab es nur schwache Zentralregierungen, unter denen die Barone die Herren auch der Städte waren, der ›Baronalstädte‹ nach Sabelberg (1984, S. 32). Sie herrschten anfangs von ihren Kastellen, dann von den Palazzi an der zentralen Piazza aus. Die Wirtschaft der Städte stagnierte, Handwerk und Handel waren auch in Küstenstädten ohne Bedeutung. Die Oberschicht der Latifundienbesitzer erkaufte sich Privilegien durch Stadtgründungen. Im 15.–17. Jh. kam es dadurch und mit dem Prozeß der Binnenkolonisation zu einer unerhörten Welle von Stadtgründungen in Sizilien mit 165 Neugründungen und Städteausbauten, darunter auch größeren, wie Vittória (Mancuso 1978, S. 103).

In der Renaissance- und Barockzeit erhielten viele Städte, insbesondere die großen und kleinen Hauptstädte und Residenzen der Großkommunen und Stadtstaaten in Nord- und Mittelitalien ihr Gesicht, wie Sabbioneta bei Mántua unter den Gonzaga (Bonasera 1962b), dann Mántua, Urbino, Ferrara, Parma, Florenz. Für Cortemaggiore, Mirandola, Guastalla, Sabbioneta, Terra del Sole und Palmanova vgl. Gaddoni Schiassi (1981). In Festungs- und Garnisonstädten fand die neue Architektur Anwendung. Cosimo I. ließ Terra del Sole 1564 an der Grenze der Toskana gegen die päpstliche Romagna bei Forlì im Rechteckschema erbauen (Mancuso 1978, S. 102). Solche Planstädte sind stets auf den Palazzo des Herrschers ausgerichtet. Das berühmte Palmanova wurde 1593 mit seiner sternförmigen Mauer zur Sicherung der Ostgrenze der Republik Venedig gegründet (Döpp 1981; vgl. Fig. 43). Zentrale Plätze wurden angelegt, wie die Piazza Ducale von Vigévano (1494), die Leonardo da Vinci zugeschrieben wird; breite Straßen wurden durchgebrochen oder angefügt. In Rom war es Sixtus V. (1585–1590), unter dem die wichtigsten Leitlinien entstanden; in Genua sind die Strada Nuova (Via Garibaldi) im 16. Jh. und die Via Balbi von 1606 zu nennen. Venedig und Rom erhielten ihre grundlegende Umgestaltung. Ein wichtiges Beispiel ist die Anlage der Kreuzung ›Quattro Canti‹ in Palermo durch Maqueda im 17. Jh. Anlaß zur Gründung von ›Baronalstädten‹ nach neuen architektonischen Gesichtspunkten gaben die schweren Erdbebenkatastrophen von 1693 in Südostsizilien und 1783 in Südkalabrien. Noto wurde an anderer Stelle in großartiger, ja übertriebener Weise nach dem Gitterschemaplan von Landolina aufgebaut (vgl. Tobriner 1982). Fürst Carlo Maria Branciforte Carafa ließ Grammichele im Hexagonalschema errichten, Fürst Nicolò Aragona die Stadt Ávola ebenso, aber im Innern mit Gitternetz. In Kalabrien sind allein 33 Städte neu gebaut worden, darunter Réggio, Palmi und Filadélfia (vgl. Fig. 44), meist im Gitterschema. Auf die Angliederung von Neustädten an alte mittelalterliche und antike Kerne, wie sie im 19. Jh. vorgenommen wurde, z. B. in Mailand und Bari, kann in diesem Zusammenhang nicht eingegangen werden. Es sind zwangsläufige Erscheinungen, die mit der besprochenen Verstädterung und Land-Stadt-Wanderung ebenso zusammenhängen wie mit der Industrialisierung, die auch kleine Städte im Norden betraf. Bergstädte erhielten Industrieanlagen und Wohnstädte in der Ebene zu ihren Füßen.

### c2 Historische Stadtzentren in der Gegenwart

Der Verlust an traditioneller, im Lauf langer Stadtgeschichte gewachsener und überkommener Bausubstanz, sei es solcher von künstlerischem oder wirtschaftlich-sozialem Wert, ist in unserer Zeit von Jahrzehnt zu Jahrzehnt größer geworden. Fragt man nach den Ursachen und den Möglichkeiten, ihn aufzuhalten, muß man von Anfang an differenzieren, denn die Gründe dafür, daß Bürger einer Altstadt ihr Haus aufgeben und ihre Heimat verlassen sind allzu verschieden. Viele, und gerade die auf unsere Zeit fast unversehrt überkommenen kleinen historischen Zentren, liegen an der Peripherie der von der stürmischen Wirtschafts- und Verkehrsentwicklung mitgerissenen Räume. Sie stagnieren, und sie haben nach der Abwanderung vieler ihrer Bewohner einen mehr oder weniger großen Gebäudebestand, der dem Verfall, der Verödung preisgegeben ist. Die überalterte, finanzschwache, daheimgebliebene Bevölkerung kann dem fortschreitenden Prozeß nicht allein begegnen. Wie das Beispiel Castelfiorentino, 30 km südwestlich Florenz, nach einer städtebaulichen Studie zeigt, können solche Orte bei günstiger Lage zu einem Anziehungspunkt werden wegen der für Arbeiter, Studenten und Rentner preiswerten Unterkunft (Fazio 1980, S. 127). Fremde, besonders Großstädter, nutzen die Situation in geeigneten Orten, um Zweitwohnungen einzurichten, womit die Sozialstruktur zumindest in manchen Jahreszeiten völlig umgestaltet, aber auch das äußere Erscheinungsbild zerstört wird, wenn nicht strenge Bauordnungen erlassen sind. Auf diese Weise wird auch in bedeutenden Fremdenverkehrszentren, wie an der Riviera z. B. in Portofino, das historische Zentrum nur formal bewahrt. Ausländer und reiche Mailänder traten an die Stelle der Fischerbevölkerung. Andere Orte wurden zu Kolonien von Künstlern, Intellektuellen und Ausländern, wie z. B. Sperlonga am M. Circeo. In wieder anderen Orten hat der Abbruch und Umbau zu Urlaubswohnungen schon so weit um sich gegriffen, daß nur noch kleine Altstadtreste übriggeblieben sind. Das wichtige historische Zentrum von Albenga, die erste Wiedergründung am Ausgang der Antike, ist einer blindwütigen Bauwirtschaft überlassen worden. Hotel- und Ferienhauskolonien haben auf der Halbinsel Sorrent die alten Zentren überwuchert (Fazio 1980).

Völlig anderen Situationen begegnen wir in den historischen Zentren der Großstädte des Landes. Sie sind wiederum verschieden je nach ihrer Zugehörigkeit zu den großen Wirtschaftsräumen. Allen gemeinsam ist aber doch die Bevölkerungsabnahme in den Altstadtbereichen zwischen 1951 und 1971 und dabei eine Vertreibung alter Leute und Angehöriger der Unterschicht (Ghelardoni 1979, S. 113). Eine sehr weitgehende soziale Umschichtung ereignet sich in jüngerer Zeit, weil die zentrale Lage nicht nur als kommerzieller Wert, sondern auch als wertvoller Wohnstandort wieder erkannt worden ist. Mit der Rückkehr des höheren Bürgertums scheint eine neue Phase in der Altstadtentwicklung begonnen zu haben.

Im Industriedreieck, insbesondere in Turin und Mailand, dienten die Altstädte lange als Sammel- und Verteilerstädte für Einwanderer. Viele Turiner Altstadtwohnungen sind dringend zu sanieren. Die Einwohnerzahl ging um 33 000 zurück, weil trotz massiver Proteste, 1976 mit Hausbesetzungen, Mieter hinausgedrängt, abgefunden wurden. Es entstanden Nobelviertel mit teuren Lokalen und Geschäften neben den Arbeitsstätten des tertiären Sektors.

In Mailand ist nach den Umbauten im Lauf der letzten 100 Jahre von der Altstadt wenig erhalten geblieben. Als ›Centro storico‹ gilt der Bereich innerhalb der spanischen Bastionen des 18. Jh. Von 300 000 Bewohnern im Jahr 1921, es waren 70 % der Mailänder, leben dort noch 120 000 oder 7 % der heutigen Bevölkerung der Stadt. Der unzureichende Bauleitplan von 1953 wurde 1976 endlich ersetzt und ermöglicht nun auch den Schutz von Altstadtvierteln ohne künstlerischen, jedoch von sozialem Wert. Auch die Altstadt von Genua ist trotz des Bevölkerungsrückganges durch Büroviertel und Hochhäuser, Terrassenbauten, Tunnelstraßen und unterirdische Parkplätze schwer in Mitleidenschaft gezogen worden.

Man sollte meinen, daß Florenz als Zentrale italienischer Kunst und Kultur und als Brennpunkt des Fremdenverkehrs von den Verwaltungs- und Planungsbehörden bevorzugt behandelt worden wäre; aber nur in Teilbereichen gab es

Lösungen. Hinter Einzelproblemen, wie dem Hauptbahnhofbau, trat das Problem der Gesamtstruktur der Altstadt bisher zurück. Schon im 19. Jh. wurde hier ›saniert‹, wobei ein altes Marktviertel der Piazza della Repúbblica weichen mußte (Fażio 1980, S. 144; Sabelberg 1980a). Glücklicherweise konnte Florenz die Hauptstadtfunktion für den jungen Staat bald wieder abgeben! Auch hier fand ein Exodus der Altstadtbewohner statt: von 1951 mit 141000 auf 95000 im Jahr 1971. Florenz ist aber ebenso wie Siena ein Beispiel für den historischen Typ der mittelitalienischen Stadt, der durch außerordentliche Persistenz der Bausubstanz und deren Nutzung charakterisierbar ist. Die Genese der toskanischen Stadt ist durch die überkommene, immer wieder von innen heraus erneuerte und den Bedürfnissen angepaßte Bausubstanz bestimmt worden (Sabelberg 1980b, 1981, 1983, 1984). Das gilt für den öffentlichen Bereich mit den Repräsentationsbauten im Zentrum ebenso wie für die privaten Palazzi an ›Palazzistraßen‹ mit Oberschichtwohnungen und gehobenen Funktionen des tertiären Sektors, z. B. Banken, auch für die Borghi mit Wohnungen und Handwerksquartieren der unteren Schichten. So blieb auch die räumliche Verteilung der Sozialgruppen weitgehend konstant. Im Unterschied zum allgemeinen Stadtmodell ist das Altstadtzentrum hier nicht ein Bevölkerungsdichte-›Krater‹, sondern enthält weiterhin trotz starker tertiärer Nutzung eine dichte Wohnbevölkerung, und zwar gerade auch der höheren sozialen Schicht. In manchen Palazzi ist sogar eine lange Familienpersistenz nachweisbar.

Rom gilt als Zentrum parasitärer Wirtschaft und des brutalen Mißbrauchs des Bauwesens im Zusammenhang mit einer gewaltigen Bevölkerungszunahme. Trostlos sind die Verunstaltungen des 19. Jh. und des Faschismus, man denke nur an die Piazza Venezia und das Nationaldenkmal (vgl. Fazio 1980, Plan S. 160). Um das antike Zentrum vor weiteren Schäden durch den Verkehr zu bewahren und seine Einheit wiederherzustellen, wurde die Via della Consolazione zwischen Capitol und Forum 1980 geschlossen; die Via dei Fori Imperiali, Mussolinis Prachtstraße, sollte folgen. Wenn auch das Außenbild vielfach noch stimmt, so sind Innenräume oft völlig verändert; mit teuren Terrassenwohnungen sind ganze ›Dachlandschaften‹ entstanden. Der Bauleitplan für die Gesamtgemeinde Rom vom Dezember 1962 trat erst 1972 in Kraft. Er hat den Schutz der Altstadt sogar zum Schwerpunkt der Stadtplanung erklärt (Comune di Roma 1962, S. 15). Das ›Einfrieren‹ von Altstadtteilen mit Fußgängerzonen, aber ohne besondere Schutzmaßnahmen für ihre Bewohner, hat den negativen Entwicklungsprozeß jedoch noch verstärkt. Hotels, Boutiquen und Luxusappartements verdrängten alteingesessene Familien. Bis 1976 gab es 15000 Zwangsräumungen im Zusammenhang mit unglaublicher Spekulation, mit ungenehmigten Baustellen sogar in der Zone A, und dennoch standen viele Wohnungen wegen zu hoher Mietkosten leer.

In Neapel dehnte sich der Wohnungsbau ungehemmt nach außen aus, und während sich dort Wohnraumdichten bis zu 2 Einw. je Raum ergaben, nahm die Bevölkerung im Spanischen Viertel auf Dichten von 1,4–1,6 ab. Von dort und aus der griechisch-römischen Altstadt ziehen noch immer Bewohner fort. Sie besteht aus immer wieder aufgestockten und damit überhöhten Privathäusern, die infolge abnormer Wohnmarktverhältnisse von Vernachlässigung zeugen, nachdem der ehemalige Bereich des Adels, hoher Beamter und Handelsherren zum Wohnsitz niederer und mittlerer Bevölkerungsschichten geworden ist. Die bauliche Situation des meist überalterten Wohnhausbestandes ist nicht nur allgemein schwierig, sondern hinsichtlich des Untergrundes sogar chaotisch. Mit den öffentlichen Bauten, vor allem Kirchen, steht es nicht besser. Am Beispiel der Cavonestraße schildert Döpp die Situation in jenen Vierteln, die Bassi-Elendswohnungen enthalten. Dort leben und arbeiten fünf bis sechs Menschen in einem Raum zu ebener Erde für Heimgewerbe oder Kleinindustrie mit hoher Frauen- und Kindertätigkeit, der typischen ›economia sommersa‹, der Untergrundwirtschaft. In der inneren Altstadt, dem Centro storico, lebten 1961 auf 146 ha 84000 Einw., d.h. 580 Einw./ha, ein für vergleichbare italienische Altstädte keineswegs besonders hoher Wert, denn Tarent hatte 1951 auf 29 ha sogar 1004 Einw./ha, Palermo im Bezirk Palazzo Reale 607 Einw./ha (Döpp 1968, S. 242).

In Bari verlor die alte Innenstadt schon vor 150 Jahren durch die Muratsche Neustadt sehr an Bedeutung; die oberen Schichten zogen aus, die Infrastruktur verfiel, so daß heute das Abwasserproblem groß ist. Die schweren Bombenschäden im Zweiten Weltkrieg führten zu einer stark gestiegenen Wohndichte, z.B. in San Nicola mit 31100 Einw. auf 40 ha oder 775 Einw./ha 1951. Die Abwanderung aus der Innenstadt wurde durch den oft trostlosen Wohnungsbau an der Peripherie gefördert, so daß 1971 nur noch 12800, jetzt weniger als 10000 Einw. in der Altstadt San Nicola leben, das sind 250 Einw./ha.

Das barocke Lecce, eine Altstadt mit 67 ha innerhalb der 1926 zum großen Teil abgebrochenen Bastionen des 16. Jh., ist ein Beispiel für das Geschick, das eine Stadt erwartet, die besonders reich an architektonischen Schätzen ist, denn sie wird zum Museum der Baudenkmäler und zum Ghetto für ihre Bürger. Während sie 1901 noch 30000 Einw. hatte, sind es heute etwa ein Viertel weniger. Die Abwanderung führte zur Verschlechterung des Bauzustandes und zu unhygienischen Verhältnissen (vgl. Fig. 45).

Matera besitzt die einzige Altstadt Italiens, die aus Höhlenwohnungen besteht. In den Kalksandsteinwänden einer Schlucht (gravina), die in zwei Kessel geweitet ist, sind seit der Altsteinzeit natürliche Höhlen genutzt, später künstliche geschaffen worden. Nicht zuletzt durch die Schilderung von C. Levi wurde die Weltöffentlichkeit auf die unwürdigen Zustände in diesen ›sassi‹ aufmerksam. Ein Spezialgesetz von 1952 sah die Sanierung, außerdem den Bau von Sozialwohnungen vor. Bis 1973 sind etwa 20000 Bewohner in städtische Wohnviertel und in z.T. wieder verlassene Gehöfte der Bodenreform umgesiedelt worden. Die Sassi sollen für 8000 Einwohner wieder instand gesetzt werden, was bisher aber fast nur durch Besetzung und Selbsthilfe geschieht (vgl. Atti XXII. Congr. Geogr. It. Salerno 1975, Vol. IV. 1977, S. 158).

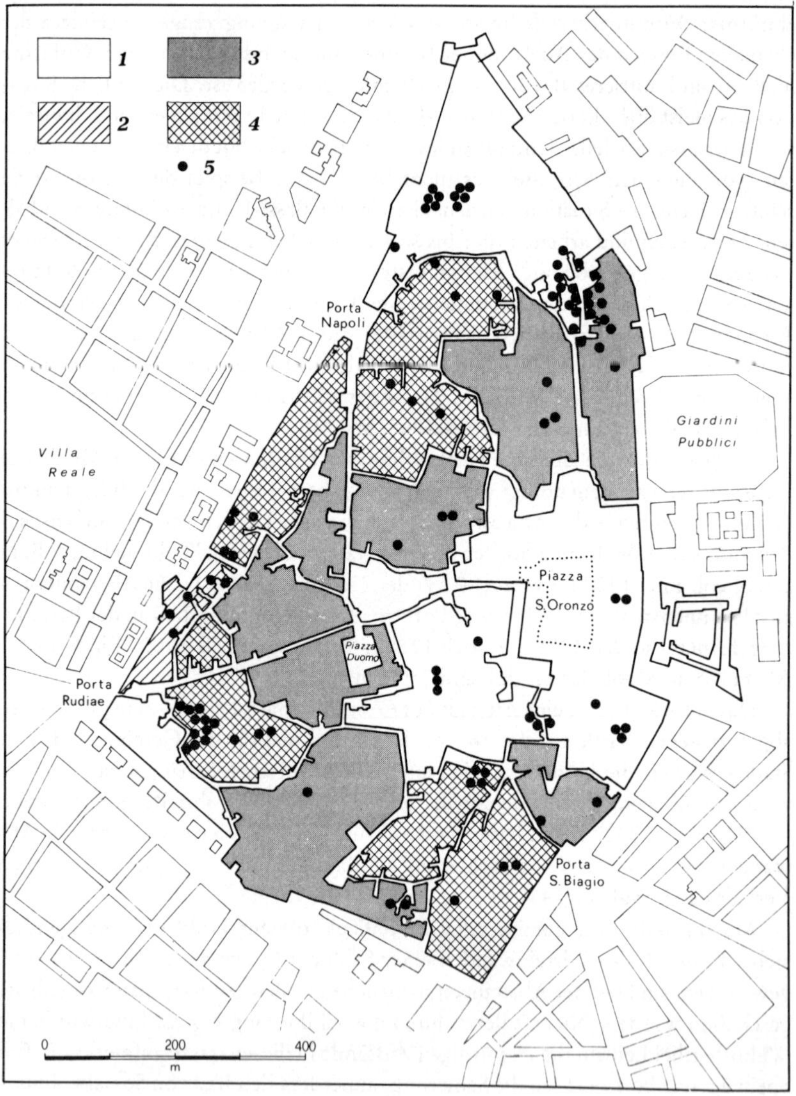


*Fig. 45: Das historische Zentrum von Lecce/Apulien.* Aus PINNA 1981, S. 256.
1 Wohndichte unter 100 Einw./ha. 2 101–150 Einw./ha. 3 151–200 Einw./ha. 4 über 200 Einw./ha. 5 Gebäude in sehr schlechtem Zustand.

Auch in Palermo ist in der Nachkriegszeit die Peripherie gefördert worden, in der Altstadt wurde abgebrochen; der Bauleitplan von 1965 änderte wenig, und das Sanierungsprogramm von 1962 wurde nicht verwirklicht. Das Erdbeben von 1968 verstärkte die Abwanderung. Gegenüber 120000 Bewohnern 1951 leben nur noch etwa 50000 in der Altstadt.

Der Centro storico vom Typ der süditalienischen Stadt unterscheidet sich z. B. in Sizilien grundsätzlich vom mittelitalienischen Typ der Toskana (Sabelberg 1984, S. 89). Trotz Persistenz der Bausubstanz, darunter der Palazzi, gab es eine Verschiebung der Zentralfunktionen von Verwaltung, gehobenem Handel und der Wohnungen der Oberschicht in die jeweiligen Neubauten. Die Palazzi wurden nicht weiterhin als Repräsentationsbauten der Oberschicht genutzt; sie hatten nicht wie in der Toskana ihren Wert als Kapitalanlage und hatten keine wirtschaftlichen Funktionen wie diese. Man erneuerte sie nicht, sondern zog nach außen in neue Palazzi, heute in moderne Neubauwohnungen. Als Ursache dieses Wandels darf die in der Stadt des Südens fehlende städtische Selbstverwaltung durch die Bürgerschaft und das völlig andere Wirtschaftsdenken gelten. So kommt es, daß es kein einheitliches Verwaltungs- und Handelszentrum im Centro storico gibt wie in der Toskanastadt.

### c3 Altstadtsanierung in Italien

Die bekanntesten Beispiele für Altstadtsanierung in Italien und für deren Probleme bieten sicherlich Bologna und Venedig, die beide internationales Aufsehen erregt haben. In Bologna ging es nicht allein um die Rettung des historischen Zentrums (Cervellati u. Scannavini 1973), sondern um eine Gesamtplanung der Stadt und ihrer Umgebung (Tömmel 1976), weil es den Folgen der industriellen Expansion und dem raschen Anstieg der Einwohnerzahlen zu begegnen galt: 1951 waren es 340400, 1975 491300. 1977 war durch ein Absinken auf 481100 Einw. schon ein Erfolg zu verzeichnen. Während die Stadt an der Peripherie wuchs und die Altstadt mehr und mehr verlassen wurde, nahm der Auspendlerstrom zu, die Innenstadt drohte zu verfallen. Der Bebauungsplan von 1951 hätte fast alle Grünflächen den Neubauten für 1,1 Mio. Einw. geopfert; im Zentrum wären nur noch Geschäfts- und Bürohäuser übriggeblieben. Obwohl auch für Bologna die gleichen Planungsgesetze gelten und ebenso große finanzielle Schwierigkeiten wie in anderen Städten des Landes bestehen, gelang es vor allem wegen eines besonders fähigen Planer- und Architektenteams – es wurde von der UNESCO ausgezeichnet – und dank kluger politischer Entscheidung der kompromißbereiten ›roten‹ Stadtverwaltung, einen Großraumbebauungsplan zu erarbeiten und teilweise in die Tat umzusetzen.

Der Bauleitplan von 1970 begrenzte die Einwohnerzahl auf höchstens 600000; 1973 trat der Altstadtplan in Kraft; auf 450 ha mit 89000 Bewohnern liegen 13 Interventionszonen, von denen sofort fünf dringliche in Angriff genommen wurden.

Zum Schutz der Bewohner und Kleinbesitzer hat man auf Enteignungen und Zwangsräumungen verzichtet, wodurch die Voraussetzung zur Zusammenarbeit bestand. Alte öffentliche Bauten wurden für Sozialeinrichtungen umgebaut. Inzwischen sind die engen finanziellen Grenzen des Projektes längst erreicht, und der weitere Sanierungsplan macht langsamere Fortschritte.

Während Bologna dank klarer kultureller und politischer Entscheidungen die Gesamtplanung und die Altstadtsanierung erfolgreich angehen konnte, gelang das in Venedig trotz einiger Sondergesetze, zuletzt 1973, lange nicht. Das Hauptproblem, die Gefährdung der Inselstadt durch Hochwasser, ist schon behandelt worden (vgl. Kap. II 1 f5); aber das nächste sind die Auswirkungen der Feuchtigkeit auf die Gebäude und die hygienischen Verhältnisse der Wohnhäuser, über 600 historisch wertvolle Bauten sind gefährdet. Industrieabgase wirken zusammen mit der feuchten Meeresluft schädigend auf Marmorskulpturen. Einige gemeindeeigene Monumentalbauten, Schulen und Kirchen standen im Sanierungsplan an erster Stelle, ohne daß etwas geschah. Die einzigen Restaurierungen sind ausländischen Vereinigungen zu verdanken. Im zweiten Abschnitt geht es um Wohnbauten, denn die Bevölkerung soll möglichst weitgehend in der Altstadt gehalten werden. Dazu werden leerstehende Häuser angekauft, enteignet und restauriert. Von 35000 Wohnungen des Zentrums war die Hälfte sanierungsbedürftig, 12500 galten als baufällig, 1500 hatten keine sanitären Anlagen. 1980 lebten nur noch 87000 Menschen in der Inselstadt gegen 180000 im Jahr 1945, über 210000 wohnen dagegen in Mestre, von wo aus sie täglich zu ihren Arbeitsstätten im Zentrum pendeln. Konservierende Maßnahmen und ein Ausbau der vorhandenen Funktionen allein können den Rialtokern nicht wieder zu neuer Blüte bringen (Dongus 1974, S. 192). Ein Ausbau der Fremdenverkehrseinrichtungen dürfte bei der Durchgangsstruktur des Tourismus wenig bringen; aber ob die Wohnfunktion durch Zweitwohnsitze verstärkt werden kann, wodurch die Spekulation gefördert wird, ist fraglich. Im übrigen gilt für Venedig als Gesamtstadt, über Lagunenvenedig hinaus, das gleiche wie für die übrigen Großstädte: es ist seit der Zeit um 1900, als die Dezentralisierung, seine Festlandsentwicklung begann, gewaltig gewachsen, und es ist nicht nur mit seiner Altstadt Fremdenverkehrszentrum und Verwaltungssitz, sondern mit Mestre und Porto Marghera der bedeutendste Handels- und Industrieplatz in Nordostitalien mit weitem Hinterland auf eigenem Territorium im Unterschied zu Triest.

Da der Verfall der Altstädte nicht nur ein Problem der Großstädte ist, sei noch auf die Sanierung in Urbino hingewiesen, der kleinen Berg- und Doppelstadt (›urbs bino‹) mit einstiger Residenz-, heute Universitätsfunktion (Brock 1982). Nach der Renaissance hatte es bis in die sechziger Jahre unseres Jahrhunderts wenig Änderungen im Baubestand gegeben, auch nicht in der faschistischen Zeit. Stagnation und Niedergang prägten die ersten Nachkriegsjahre. Der Entwicklungs- und Flächennutzungsplan von 1964 trat erst 1971 in Kraft. Sein Ziel ist die Revitalisierung des historischen Zentrums in Verbindung mit der Entwicklung der

Gesamtstadt. Die Altstadt soll Wohn-, Bildungs- und Verwaltungsfunktionen dienen. Für die Bergstadt war die Konsolidierung von Stadt- und Stützmauern, Treppenstraßen und Rampen nötig. Von der Unterstadt und einer Tiefgarage aus stellen eine wiederentdeckte Wendelrampe der Renaissancezeit und zwei Aufzüge die Verbindung zur Oberstadt her. Schlüsselfunktionen erhielten der Tourismus und besonders die Universität. Die 1564 gegründete Universität wurde 1924 als ›Freie Universität‹ anerkannt, d.h. sie erhält nur Zuschüsse vom Staat. Sie liegt zum Teil in der Altstadt und nutzt Um- und Neubauten innerhalb und außerhalb der Mauern mit etwa 7000 anwesenden Studenten, fast so vielen wie die Stadt 1981 Einwohner besaß (7647, als Gemeinde 15924 Einw.).

Der Besitz hoher architektonischer und anderer künstlerischer Werte, die gerade auch kleinen Städten aus ihrer historischen Blüteperiode überkommen sind, bringt sehr hohe, oft kaum zu erfüllende Verpflichtungen mit sich. Es geht dabei nicht nur um Erhaltungsmaßnahmen für die Altstadtkerne, sondern auch um die viel schwerer zu leistende Aufgabe, sie nicht als Museum einzurichten, ihnen vielmehr innerhalb der Gesamtstadt ursprüngliche Funktionen zu sichern oder neue zuzuweisen, die ihnen angemessen sind.

## *d) Rom, die Hauptstadt Italiens*

### d1 Die Sonderstellung von Rom als Hauptstadt

Als Sitz zweier voneinander unabhängiger Residenzen nimmt Rom unter den Hauptstädten aller Staaten der Erde eine Sonderstellung ein: Auf dem Vatikan residiert der Papst und auf dem Quirinal der Präsident der Republik Italien. Die Hauptstadt des Kirchenstaates war 1871 plötzlich Hauptstadt ganz Italiens geworden, des bisher nur geographisch und als Kulturgemeinschaft faßbaren, nicht auch politisch geeinten Raumes. Die Einigung war durch den ›Risorgimento‹ im Kampf um die italienische Einheit und Freiheit (1796–1870) zustande gekommen, dessen Führung Piemont übernommen hatte. Nur Rom konnte diese Funktion übertragen bekommen, nicht Mailand, dem schon früh die Rolle der Wirtschaftsmetropole zugefallen war, und nicht Florenz, die Interimshauptstadt, oder etwa die damals größte Stadt des Landes, Neapel. Der alte Nimbus Roms als Kapitale bestand fort; die Stadt galt als Mutter und Herz Italiens, wie es bei Dante, Petrarca, Cola di Rienzi und dem florentinischen Geschichtsschreiber Giovanni Villani heißt (Goez 1979, S. 71). Rom allein war für alle als Hauptstadt akzeptierbar, das Symbol der Einheit, wie es in dem Schlagwort ›Roma o la morte!‹ zum Ausdruck kam, unter dem die letzten Phasen des Risorgimento standen.

Zur Zeit der Einigung war Rom mit 205100 Einw. die fünftgrößte Stadt Italiens nach Neapel, Mailand, Genua und Palermo (vgl. Tab. 29). Es hatte die für diese Größe und seine früheren Funktionen angemessene Ausstattung, nicht zuletzt dank der Tätigkeit von Künstlern und Architekten unter Sixtus V. Über die aus der Renaissance- und Barockzeit überkommenen, für die neuen Aufgaben geeigneten Gebäude hinaus waren in kurzer Frist Zweckbauten für Ministerien und Behörden zu errichten. Seitdem änderte sich an der Ausstattung für die Aufgaben der Hauptstadt wenig, obwohl sich die Einwohnerzahl um mehr als das Vierzehnfache erhöht hat (Tab. 29). Das Wachstum Roms war nicht von einer entsprechenden wirtschaftlichen Entwicklung begleitet. Die der Planung und Kontrolle durch die Stadtverwaltung oft entglittene Ausbreitung von Wohngebieten brachte hier gewaltige, nie wirklich lösbare, sich vielmehr ständig verstärkende Probleme mit sich.

### d2 Bauliche Entwicklung

Auf dem niedrig gelegenen Tuffplateau links des Tibers, das nur wenig vom Tiber und seinen Zuflüssen zerschnitten ist (vgl. Creutzburg u. Habbe 1956), konnte sich die Stadt nach 1871, besonders in den Bebauungsperioden 1881–86 und 1926–31, ungestört entwickeln, während rechts des Flusses schwer und teuer zu bebauendes Gelände mit den steilen Hängen der Hügel und Talränder überwiegt. Noch 1930 lag der Stadtrand nur 4,5 km vom Kapitol entfernt, abgesehen von einigen Ästen zum Stadtteil Monte Sacro hin, wo damals die sogenannte ›Gartenstadt‹ rechts des Aniene entstand, die den ersten Vorortkern Roms jenseits der Aurelianischen Mauer bildete (Baldacci 1959, S. 40). Diese Mauer war noch nicht überall erreicht. Seit 1950 aber griff die Bebauung in alle Richtungen aus, den Konsularstraßen folgend. Weil einige von ihnen bevorzugt wurden, entstand im Grundzug die Gestalt eines X mit den Armen nach Nordosten, Südwesten, Nordwesten und Südosten. Jetzt ist ein Kreis von 8–10 km Radius nahezu vollständig bebaut. Nur zwischen den vier Armen reichen noch Grünflächen bis nahe an das Zentrum heran. Sie sind die Reste einst großer Parkanlagen mit Villen des aus dem Kirchenstaat überkommenen Adels, der ›aristocrazia nera‹, der der Grundbesitz allein gehörte. In diesen Besitzverhältnissen liegen auch die Ursachen für die bis heute anhaltende Grundstücks- und Bauspekulation, die zusammen mit der allmählichen Parzellierung derartiger Flächen zu dem Mosaikbild unterschiedlichen Baubestandes geführt hat (vgl. Fig. 46).

Sicherlich war die topographische Entwicklung Roms als Hauptstadt ›nicht immer das Ergebnis einer durch die Umstände unmittelbar dringlich gewordenen Improvisation‹ (Baldacci 1959, S. 40), es kam auch zur Ausarbeitung von Gesamt- und Teilbebauungsplänen, in denen sich die jeweilige Einstellung der Epochen zum historischen Erbe und die Selbsteinschätzung ausdrückten. Schon 1885 wurde das Ghetto ›saniert‹, es kam jedoch in Rom nicht zu einem derartigen Umbau wie gleichzeitig in Mailand. Unter der faschistischen Regierung wurde viel abgebrochen und bereinigt, um z. B. zwischen der Piazza Venezia und dem Kapitol das antike Rom sichtbar werden zu lassen. Die Via Bissolati und die Via della Con-

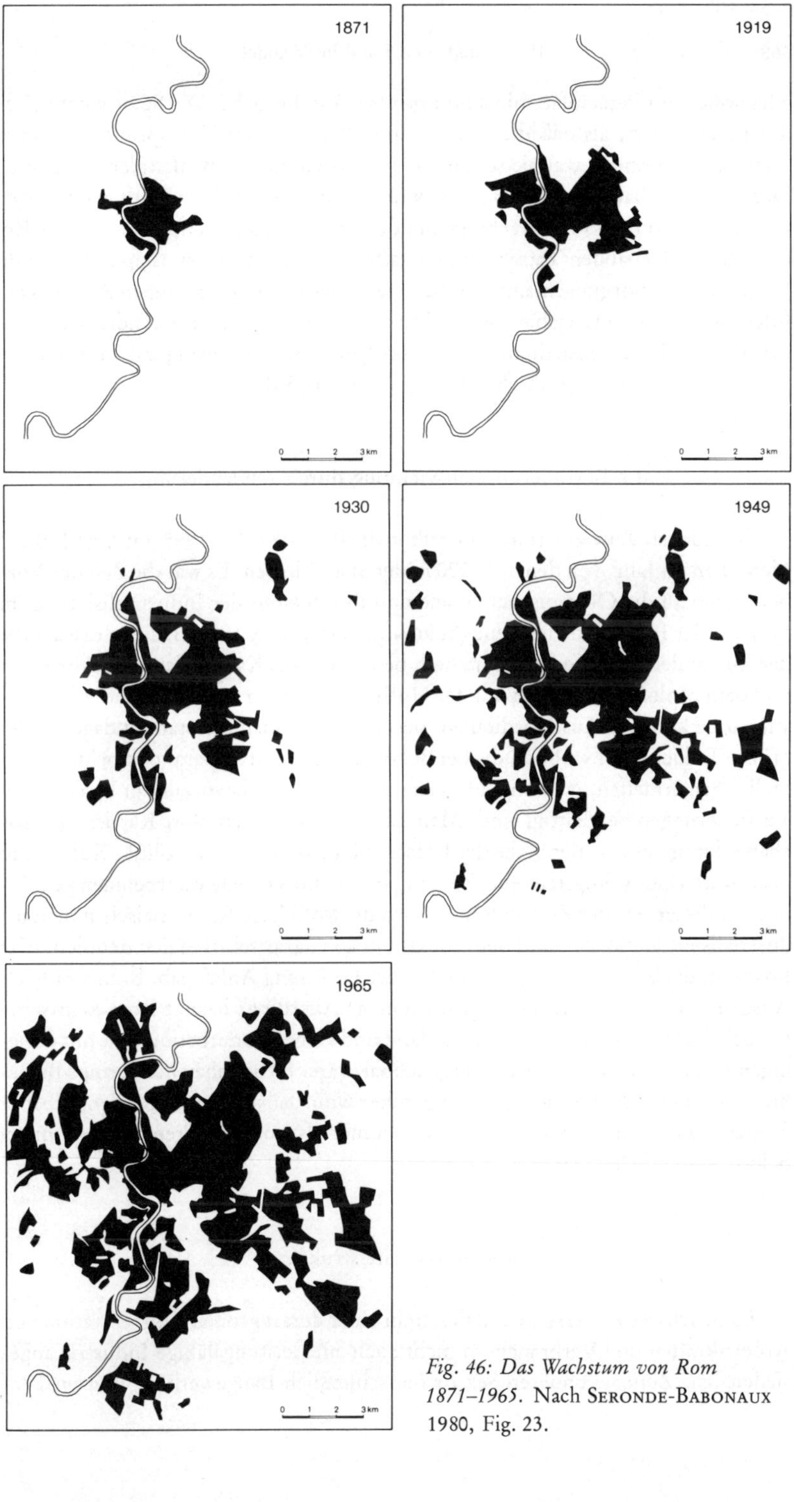


*Fig. 46: Das Wachstum von Rom 1871–1965.* Nach SERONDE-BABONAUX 1980, Fig. 23.

ciliazione zum Petersplatz hin sind rigorose Durchbrüche. Die Stadt wuchs aber doch allzu rasch, als daß die zeitraubende Planung hätte Vorsprung gewinnen können; gewöhnlich war sie schon vor Fertigstellung der Bauleitpläne überholt. Der Generalbebauungsplan von 1962 wurde zudem erst 1972 in Kraft gesetzt (vgl. Comune di Roma, 1962). Nachdem mit der Bauspekulation und dem illegalen Errichten von Gebäuden Tatsachen geschaffen waren, galt es zunächst, dringende Fehler und Versorgungsmängel zu beheben. Der in viel zu geringem Ausmaß erfolgte soziale Wohnungsbau vermochte den ›schwer zu resorbierenden Abszeß‹, der in den Barackensiedlungen der ›borgate‹ besteht, wenig zu beeinflussen (Seronde-Babonaux 1980, S. 341; vgl. Kap. III 3 d4).

### d3 Bevölkerungsentwicklung durch Zuwanderung

Die höchste Zuwanderungsrate fällt in die Periode 1959–1965 mit rund 100000 Menschen im Jahr, von denen 65000 in der Stadt blieben. Es war die Zeit der Vorbereitung auf die Olympischen Spiele und des Beginns der Industrialisierung im Norden der Pontinischen Ebene (Seronde-Babonaux 1980, S. 225). Etwa 40% der Zuwanderer kamen aus Süditalien, besonders aus Kampanien, den Abruzzen und dem Molise, viele davon mit der Hoffnung, in Rom auf irgendeine Weise existieren zu können. Aus Norditalien, besonders aus Piemont stammt dagegen der größte Teil jener Einwohner, die bei Behörden, im Staatsapparat und beim Militär Stellungen erhielten, während aus Venetien Zugereiste bevorzugt in Banken und Versicherungen beschäftigt sind. Man kam nach Rom, um dort Karriere zu machen oder um dort in der Nähe der Entscheidungszentren von Politik, Kultur und auch Wirtschaft wenigstens eine Zeitlang leben und Vorteile wahrnehmen zu können. In dieser Art der Zuwanderung wird die Mittellage Roms zwischen dem industrialisierten Norden und dem rückständigen agrarischen Süden deutlich, eine Position, die bei der Staatsgründung zu der Hoffnung Anlaß gab, Rom werde als Ausgleichsfaktor eine Rolle spielen können. Allerdings besitzt Rom kein wirtschaftlich aktives Umland und Hinterland und keine ›Conurbation‹, die mit derjenigen von Mailand oder Neapel vergleichbar wäre. Es bestehen nur geringe Beziehungen zu den Städten Latiums, abgesehen vom Küstensaum und den Albaner Bergen. Die Hauptstadt erscheint noch immer als isolierter Fremdkörper innerhalb des räumlichen Zusammenhanges.

### d4 Wirtschaftsstruktur

Es ist schwer zu verstehen, daß sich in einer derart großen Konzentration von Arbeitskräften und Verbrauchern nicht auch eine leistungsfähige Industrie angesiedelt hat. Zum sekundären Sektor (einschließlich Baugewerbe) gehörten 1971 nur 26 % der Berufstätigen, während es 1961 noch 32 % waren. Rom, die ›nichtindustrielle Hauptstadt eines Industriestaates‹, ist nicht durch Industrie und Handel groß geworden. Die aus dem Süden Gekommenen fanden meistens im Baugewerbe Beschäftigung, das in der Wachstumsphase der Nachkriegszeit Hochkonjunktur hatte. Der Versorgung der Bevölkerung dienen selbstverständlich einige ortsansässige Industriezweige im Bereich der Nahrungsmittelverarbeitung, der Möbel-, Textil- und Bekleidungswirtschaft. Nur in der Mode- und Filmindustrie (Cinecittà) hat Rom eine über Italien hinausreichende gewerbliche Funktion. Eng mit den Hauptstadtfunktionen und dem regen kulturellen Leben verknüpft sind die Druckereien mit der Staatsdruckerei an erster Stelle; die großen Verlage Italiens aber befinden sich in Mailand, Turin und Bari. Der Flächennutzungsplan von 1962 weist zwischen der Via Prenestina nach Osten und der Via Tiburtina nach Ostnordosten Gebiete zur Ansiedlung industrieller Groß- und Mittelbetriebe aus. An der Tiburtina und an der Via Salaria nach Norden entstanden tatsächlich einige moderne, wenig auffallende Industrieanlagen, entgegen der Tendenz der Unternehmer, nicht direkt in Rom zu investieren, weil man die Standortvoraussetzungen schon wegen des Mangels an Facharbeitern für wenig günstig hielt. Zu verlockend waren auch die Förderungsmaßnahmen der Südkasse, deren Geltungsbereich fast bis zur südlichen Stadtgrenze reicht (SERONDE-BABONAUX 1980, S. 376; hier Kap. IV 2 d6). Rom sollte die Stadt der Regierung, der Verwaltung, des Fremdenverkehrs und der Kultur bleiben. Man darf mit BÉTHEMONT und PELLETIER (1979, S. 154) annehmen, daß 250 000 Einwohner Roms beim Staat beschäftigt sind, und dazu kommen noch die beim Vatikan und bei der Food and Agricultural Organization der UN (FAO) Tätigen, wahrscheinlich weitere 5000. Zum tertiären Sektor gehören noch die in den Büros von privaten und staatlichen Unternehmenssitzen Beschäftigten, deren Zahl mit dem wachsenden Staatseinfluß beträchtlich zugenommen hat. Von wachsender Bedeutung ist Rom als Standort und Direktionszentrum von Banken und Versicherungen. Von hier aus werden mehr ihrer Angestellten innerhalb Italiens (27 %) kontrolliert als von Mailand aus (26 %) (vgl. SERONDE-BABONAUX 1980, S. 388).

Der Kulturbereich ist einerseits eng mit den Hauptstadtfunktionen Roms, andererseits mit der Zentrale der katholischen Kirche im Vatikan verbunden. Zur größten Universität Italiens kommen weitere Einrichtungen, darunter jene der Kirche wie die Università Gregoriana, dann die zahlreichen Bibliotheken und Museen sowie die ausländischen Kultureinrichtungen, die von der nationalen und internationalen Bedeutung Roms zeugen. Da der Fremdenverkehr, der Pilgerverkehr und der Geschäftsreiseverkehr in Rom eine bedeutende Rolle spielen, lebt ein erheblicher, kaum in seinem Ausmaß abschätzbarer Teil der Bevölkerung von den damit verbundenen Tätigkeiten.

### d5 Die funktionale Gliederung des Zentrums

Die Funktionen, die Rom als Hauptstadt des Staates, der Region Latium und der Provinz Rom sowie der Stadtverwaltung besitzt, sind größtenteils im Zentrum vereinigt, dem ›Centro storico‹ oder ›Centro Tradizionale della Città‹ des Planungswerkes. Der Vatikan mit seiner vergleichbaren Hauptstadtfunktion schließt sich im Westen unmittelbar an. Dank des historisch wertvollen Inventars liegt hier auch das Touristenzentrum, und außerdem finden sich hier, wie zu erwarten, die Bestandteile einer Bürocity mit Banken, Versicherungen, Handelsniederlassungen, den ausländischen Vertretungen, Zeitungszentralen und Verlagen.

Eine Gliederung des Zentrums von Rom, das so viele Funktionen auf sich vereinigt, ergibt sich zunächst nach historischen Gesichtspunkten. Die archäologische Zone liegt südlich des Kapitols und reicht bis zur Porta San Sebastiano. Im römischen Alltag dient dieser Bezirk außer den Touristen vor allem dem Verkehr, wird er doch von dicht befahrenen Straßen begrenzt, die mit der Luftverschmutzung eine Konfliktsituation hervorgerufen haben. Der Renaissanceteil umfaßt den Tiberbogen westlich des Corso, Trastévere mit dem Gianícolo und den Borgo. Er ist, von seinen Bewohnern und deren Lebensweise her betrachtet, mit seinen Märkten, Trattorien und Plätzen (Piazza Navona) der ›römischste‹ Teil der Stadt; an der Via Coronari und der Via Giulia sind Antiquitätengeschäfte aufgereiht. In den Gassen liegen Werkstätten des traditionellen Handwerks (z. B. Stilmöbel). Die Uferstraße am Tiber jedoch dient dem Schnellverkehr, nicht dem Spaziergang, denn wie schon erwähnt hat der Römer kein Verhältnis zu seinem Fluß (vgl. Kap. II 3 e4). Der dritte Stadtteil ist der aktivste. Er liegt östlich des Corso und nördlich der Via Nazionale, wo sich das eigentliche hauptstädtische Zentrum befindet. Hier trifft man auf die Sitze der Großbanken, auf die Behörden, auf Kaufhäuser und Luxuswarengeschäfte. Hier finden sich aber auch bedeutende Touristenanziehungspunkte, viele Museen und die Via Véneto, außerdem der Pincio und die Villa Borghese.

Es ist kaum möglich, über diese historische Gliederung Roms hinaus zu einer funktionalen Gliederung des Zentrums zu kommen, weil sich die einzelnen Distrikte mit hohem Anteil an Verwaltung, Handel, Kultur und Tourismus immer wieder überschneiden oder gar miteinander vergesellschaftet sind (vgl. Seronde-Babonaux 1980, Fig. 96). Sehr deutlich ist dagegen die Beziehung der Lage von Hotels und Pensionen zum Bahnhof Términi und zur Via Véneto. Eine Konzentration von zwei Dritteln aller Büros der Luftverkehrsgesellschaften ist an der Via Bissolati und der Via Barberini, den Durchbruchstraßen des 19. Jh., erkennbar.

Ein Verwaltungszentrum, ein Regierungsviertel etwa, ist ebensowenig abzugrenzen, weil städtische und staatliche Behörden über das ganze Zentrum verstreut sind. Zur Zeit der Staatsbildung okkupierten die Ministerien Paläste und Klöster in möglichst zentraler Lage. Nur die Deputiertenkammer und der Senat blieben bis heute in den ursprünglichen Gebäuden. Die Ministerien wurden später an der Achse der Via XX. Settembre angesiedelt, um so die politisch symbolträchtigen Punkte Quirinal und Porta Pia zu verbinden. Es entstand die Nordostdorsale der Stadt. Die meisten Zentralbehörden befinden sich heute östlich des Corso und nördlich Santa Maria Maggiore. Einige Ministerien liegen weit außerhalb am Fuß des M. Mario und in Trastévere, andere wurden in das ›Zweite Zentrum Roms‹, zur EUR verlegt. Die Behörden der Stadtverwaltung jedoch konzentrieren sich deutlich auf das Kapitol und seine Umgebung.

Rom ist als Hauptstadt Italiens aber nicht nur politisches, sondern zum Teil auch wirtschaftliches Entscheidungszentrum durch Direktionssitze von staatlichen, halbstaatlichen und privaten Großunternehmen geworden. Wegen der Fühlungsvorteile zu Behörden und untereinander wurden sie zwischen der Piazza Barberino und dem Bahnhof einerseits und der Viale Regina Margherita andererseits angesiedelt.

Betrachtet man das Zentrum Roms danach, wo die belebtesten Straßen liegen und wo der tägliche Fußgängerverkehr am stärksten ist, dann erhält man einen Bereich, den Seronde-Babonaux (1980, S. 418) das ›symbolische Zentrum‹ nennt. Es liegt zwischen dem Corso, der Porta Pia und dem Bahnhof Términi.

›Der Zentralbereich Roms, am Ende des 19. Jh. noch längs des Corso gelegen, hat sich rasch nach Nordosten ausgedehnt, wobei er das Schema der Ausbreitung der ganzen Stadt im kleinen nachzeichnete. Eingeengt zwischen der Villa Borghese und der Archäologischen Zone und abgestoßen von den ungeeigneten alten Quartieren des Tiberbogens, aber angezogen von den Organen der Staatsmacht, hat sich das Hauptstadtzentrum nach und nach in Richtung zum römischen Tuffplateau ausgebreitet. Es hat dabei die Form eines Schmetterlings mit asymmetrischen Flügeln angenommen; der eine schiebt sich mühsam über den Tiber nach Westen vor, der andere entfaltet sich unbehindert in den Vierteln, die als erste nach der Einigung Italiens errichtet worden waren‹ (Seronde-Babonaux 1980, S. 423).

## d6 Dezentralisierung. Die Bildung neuer Zentren

Das Zentrum Roms ist überfüllt mit Funktionen jeder Art und deshalb in jeder Hinsicht überlastet, was sich fast alltäglich durch das Verkehrschaos und die hohe Luftverschmutzung in den engen Straßen äußert. An Plänen zur Altstadtsanierung und zur Entlastung von zu großen Einrichtungen öffentlicher und privater Art fehlt es nicht. Es ist sehr zu wünschen, daß es gelingt, andere Geschäfts- und Verwaltungsbezirke einzurichten, allein um den täglichen Pendlerverkehr zu verringern.

Ein erfolgreicher Anfang einer Dezentralisierung ist mit der Nutzung des Geländes der sogenannten EUR gemacht worden, wo das ›Zweite Zentrum von Rom‹ entstanden ist, nur 7 km vom Kapitol entfernt links des Tiber an der Verkehrsachse nach Ostia, seit 1955 mit U-Bahn-Station, auf dem Hügel Tre Fontane. Zu

Kriegsbeginn standen dort elf imponierende Gebäude, die für die Weltausstellung 1942 bestimmt waren, die der Krieg verhinderte, jedoch bei den Kämpfen stark zerstört wurden. 1951 begann der Wiederaufbau und Neubau. Mannigfaltig ist die Flächennutzung mit öffentlichen, politischen und kulturellen Einrichtungen, mit Büros großer Gesellschaften, mit Hotels, Schulen und mit Sportstätten aus der Zeit der Olympiade, mit Wohnblocks und Villen in Gärten sowie zwei Einkaufszentren. Eindrucksvoll sind der künstliche See und Grünanlagen auf 22 % der Fläche. Es fehlen aber Produktionsstätten, der Dienstleistungssektor herrscht absolut vor. Die EUR ist auch nicht selbständig wie eine Trabantenstadt, sondern ist Teil der Großgemeinde Rom. Die Einordnung in städtische Funktionskategorien macht Schwierigkeiten: OLSEN (1970, S. 256) spricht von einem ›Administrations-Distrikt besonderer Art‹, SERONDE-BABONAUX (1980) von einem ›Zweiten Zentrum‹ und der Generalbebauungsplan von 1962 vom ›Centro direzionale‹. Dieser Plan als Grundlage für die weitere Gestaltung Roms enthält als Hauptcharakteristikum den sogenannten ›Asse attrezzato‹; diese (wörtlich) gut ausgestattete Achse besteht in der neuen Via Casilina im Osten mit Autobahnanschluß. Sie soll zwei neue ›centri direzionali‹, Pietralata und Centocelle (Zona I, 1), verbinden, in denen die Wohnfunktion untergeordnet sein soll. An den ostwärts abzweigenden Ausfallstraßen ist eine Bebauung für den sekundären Sektor und mit Wohnungen geplant (Zona I, 2).

Was geschieht, fragt sich SERONDE-BABONAUX (1980, S. 439), wenn diese beiden weiteren Zentren des Typs EUR entstehen sollten? Werden die im Renaissanceviertel wohnenden und arbeitenden Menschen zugunsten der steinernen Architektur verschwinden? Die alten Fassaden zu reinigen, zu sanieren und zu renovieren ist wünschenswert; weniger sinnvoll wäre es aber, einen folkloristischen und touristischen Raum oder Vorzugswohnungen zu schaffen, die für eine ›glückliche Minderheit‹ reserviert sein würden.

### *e) Die ländlichen Siedlungen*

#### e1 Ortsformen

Die meisten ländlichen Siedlungen bewahren noch historisch überkommene Formen, die auf frühere soziale, wirtschaftliche und politische Verhältnisse zurückgehen. Solche konservativen Elemente sind die Flurformen im Bereich des Großgrundbesitzes in Süditalien ebenso wie die Splitterparzellen des Kleineigentums dort und fast überall in den Alpen und im Apennin (vgl. Kap. IV 1 a). Häufig läßt sich ein direkter Zusammenhang zwischen Flurformen und Ortsformen erkennen. Bei diesen sind Gelände- und Bodenverhältnisse, dazu das verfügbare Baumaterial, Holz oder Stein, formbildend gewesen. Insgesamt sind die Formen der ländlichen Siedlung, Ort, Haus und Flur, für eine Charakterisierung der Kul-

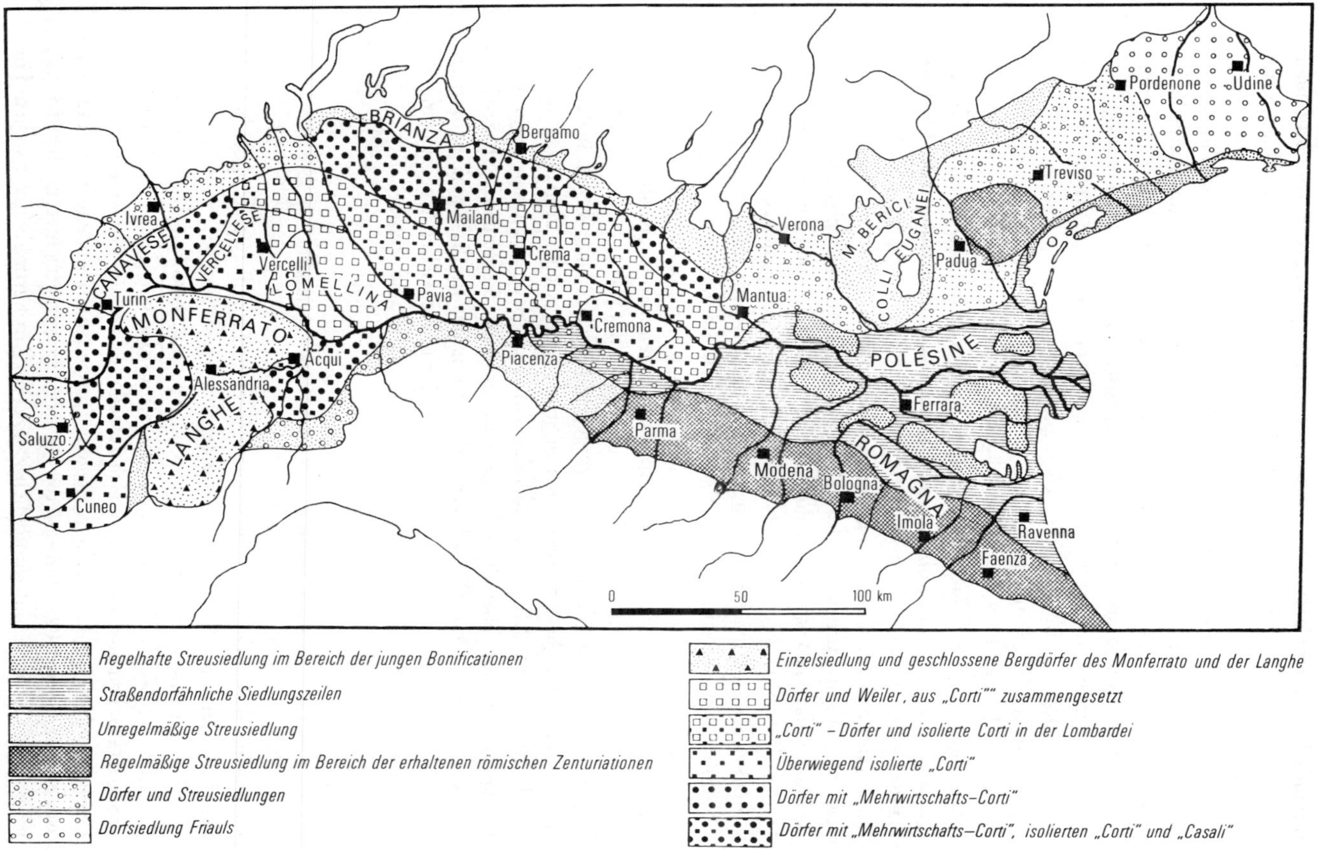
Pordenone
Udine
Bergamo
BRIANZA
Treviso
Ivrea
Mailand
Verona
M. BERICI
COLLI EUGANEI
Padua
CANAVESE
VERCELLESE
Vercelli
Crema
LOMELLINA
Turin
Pavia
Mantua
MONFERRATO
Cremona
POLÉSINE
Acqui
Piacenza
Alessandria
Ferrara
LANGHE
Parma
Saluzzo
ROMAGNA
Modena
Bologna
Cuneo
Imola
Ravenna
Faenza
0
50
100 km
Regelhafte Streusiedlung im Bereich der jungen Bonificationen
Straßendorfähnliche Siedlungszeilen
Unregelmäßige Streusiedlung
Regelmäßige Streusiedlung im Bereich der erhaltenen römischen Zenturiationen
Dörfer und Streusiedlungen
Dorfsiedlung Friauls
Einzelsiedlung und geschlossene Bergdörfer des Monferrato und der Langhe
Dörfer und Weiler, aus „Corti"" zusammengesetzt
„Corti" – Dörfer und isolierte Corti in der Lombardei
Überwiegend isolierte „Corti"
Dörfer mit „Mehrwirtschafts-Corti"
Dörfer mit „Mehrwirtschafts-Corti", isolierten „Corti" und „Casali"

*Fig. 47: Ortsformentypen der Padania.* Nach LEHMANN 1961 a, Fig. 19 aus MATZAT 1979, S. 330.

turlandschaften sehr geeignet, wozu der vollständig aufgearbeitete traditionelle Hausformenbestand eine Grundlage bietet, die einer Verbreiterung durch Orts- und Flurformenforschung bedarf.

Die regionale Differenzierung der Ortsformen wurde zwar schon in der Antike und im Mittelalter angelegt, ist aber vor allem das Ergebnis unterschiedlicher dynamischer Vorgänge im Hoch- und Spätmittelalter. Als Grundtypen erscheinen Streusiedlungen und unregelmäßige Gruppensiedlungen, wobei das enggebaute und im Gelände exponierte, einst befestigte, mit Mauern, Türmen und Burg versehene Dorf die auffälligste Erscheinung ist.

Eine deutliche räumliche Abfolge lassen die Ortsformentypen der Padania erkennen (Matzat 1979, S. 334; vgl. Fig. 47). Die Zone des Moränenhügellandes hat unregelmäßige Streusiedlung. Die Alta Pianura ist mit Dörfern, zum Teil mit Streusiedlungen besetzt, wobei die reine Dorfsiedlung im Friaul auffällt. Die Bassa Pianura ist der Bereich der ›corti‹ (s. u.) und deren Ansammlungen zu Cortidörfern, ursprünglich eine Häufung von Halbpachthöfen, die im 16. Jh. zu Landarbeitersiedlungen wurden. Die Lomellina mit ihren großen, weitständigen Dorfsiedlungen darf nicht zu dem Schluß verleiten, es handele sich um ›Altsiedelland‹. Das zur Kelten- und Römerzeit besiedelte Land ›verödete entweder schon in den Gotenkriegen oder nach dem Langobardeneinfall, wurde inforestiert und damit Königsforst in der Nähe der Hauptstadt Pavía. In fränkischer Zeit wurde in Lomello ein Graf als Verwalter eingesetzt, der einige Königshöfe im Waldbezirk anlegte. Sie bildeten den Anknüpfungspunkt für den Siedlungsausbau des frühen Hochmittelalters durch weitere Rodungen im Wald‹ (Matzat 1979, S. 321). Das langobardische Dauersiedelland hat demgegenüber viele kleine Weiler. In der Deltazone stehen die Häuser gewöhnlich an Straßen, die wieder an die Dammflüsse angelehnt sind, so daß von ›straßendorfähnlichen Siedlungszeilen‹ gesprochen wurde; sie sind aber eher als locker gereihte, gestreute Siedlungen zu bezeichnen (Dongus 1966, S. 55). Die Schwemmfächerzone der Emilia-Romagna und ein Bereich zwischen Padua und Treviso zeigt Reste römischer Wegesysteme des Zenturiationssystems mit starker Streusiedlung (s. u. und Fig. 51).

## e2 Geschlossenes Dorf und Agrostadt

Die dichtbebauten, unregelmäßigen Haufendörfer sind zwar im südlichen Teil der Halbinsel und auf den Inseln besonders häufig, sie sind aber weithin als Form der Gebirgssiedlung in den Alpen und im Apennin, gewöhnlich zusammen mit Einzelhöfen, ›case‹ und ›casali‹, verbreitet. Sie werden von einem Netz enger Gassen und Gäßchen durchzogen, die sich zuweilen zu kleinen Plätzen erweitern. Im Gebirge und in Hanglagen führen oft steile Treppen und Treppengassen hindurch. Auf einen größeren Platz hin sind die breiteren Straßen gerichtet, an dem Kirche, öffentliche Gebäude und womöglich Palazzi der Großgrundbesitzer stehen. Die

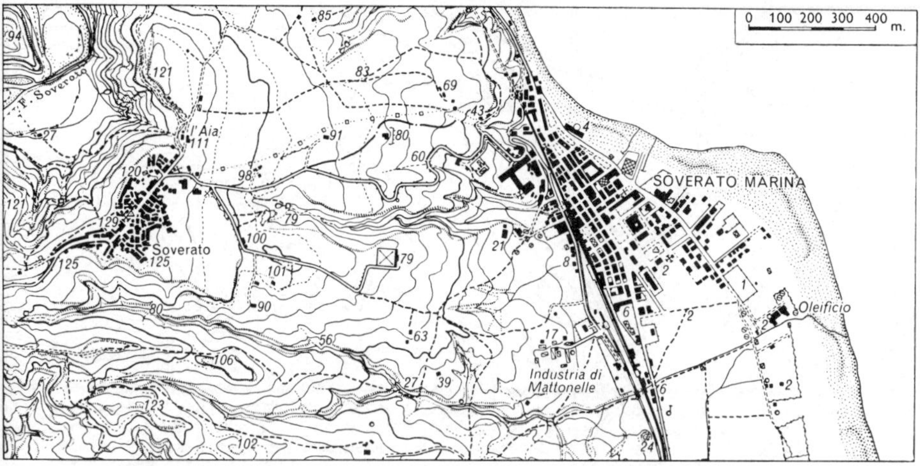


*Fig. 48: Marinasiedlung Süditaliens.* Soverato, Provinz Catanzaro, Kalabrien. Aus GAMBI 1965, S. 273.
Die ›marina‹ entstand Mitte des 19. Jh. um eine kleine Befestigung. Sie wuchs ab 1880 mit der Eröffnung der Bahnlinie an der ionischen Küste.

kleinen, ein- oder zweistöckigen Häuser sind gelegentlich als schematische Reihenhäuser gebaut und waren oder sind noch heute die Unterkünfte der Landarbeiterfamilien. Ställe für Tragtiere, in Hirtendörfern der Abruzzen auch Schafställe, liegen im Dorf, Speicherbauten gewöhnlich am Ortsrand.

Nach der Lage zweier Orte, die oft den gleichen Namen mit unterscheidendem Suffix haben, kennt man verschiedene Arten von Paarsiedlungen. Sie können beiderseits eines Flusses liegen, von einer Brücke getrennt, es kann sich um Höhenort und Talort handeln (Alta- und Bassadorf), Tochterorte an Straße oder Eisenbahnstation (Scalo- und Stazionedorf) oder Tochterorte von Bergdörfern an der Küste (Marina-, Maríttima- oder Lidodörfer; vgl. Beispiele bei ALMAGIÀ 1959, S. 629). Oft haben diese Tochtersiedlungen den Mutterort in seiner entlegenen oder extremen Position überflügelt.

Die Lage auf Bergkuppen, Rücken und Spornen oder an steilen Hängen ist nicht immer als Zufluchts- oder Verteidigungsposition zu erklären. Oft fand sich nur dort fester Baugrund, wie z. B. im rutschungsgefährdeten Flysch- oder Pliozäntonbereich. Charakteristisch ist die Spornlage vieler, auch jüngerer Orte im etruskischen Siedlungsraum. Sicherer Baugrund, Schutzlage und die Höhenlage über malariagefährdeten Tälern und Niederungen können als Gunstfaktoren gelten.

Manche im Mittelalter und in der frühen Neuzeit gegründete Siedlungen liegen heute in Ruinen. Brände, Erdbeben, Kriegszerstörungen oder allgemeine Abwanderung können die Ursachen für solche Wüstungen sein. Wahrscheinlich gibt es

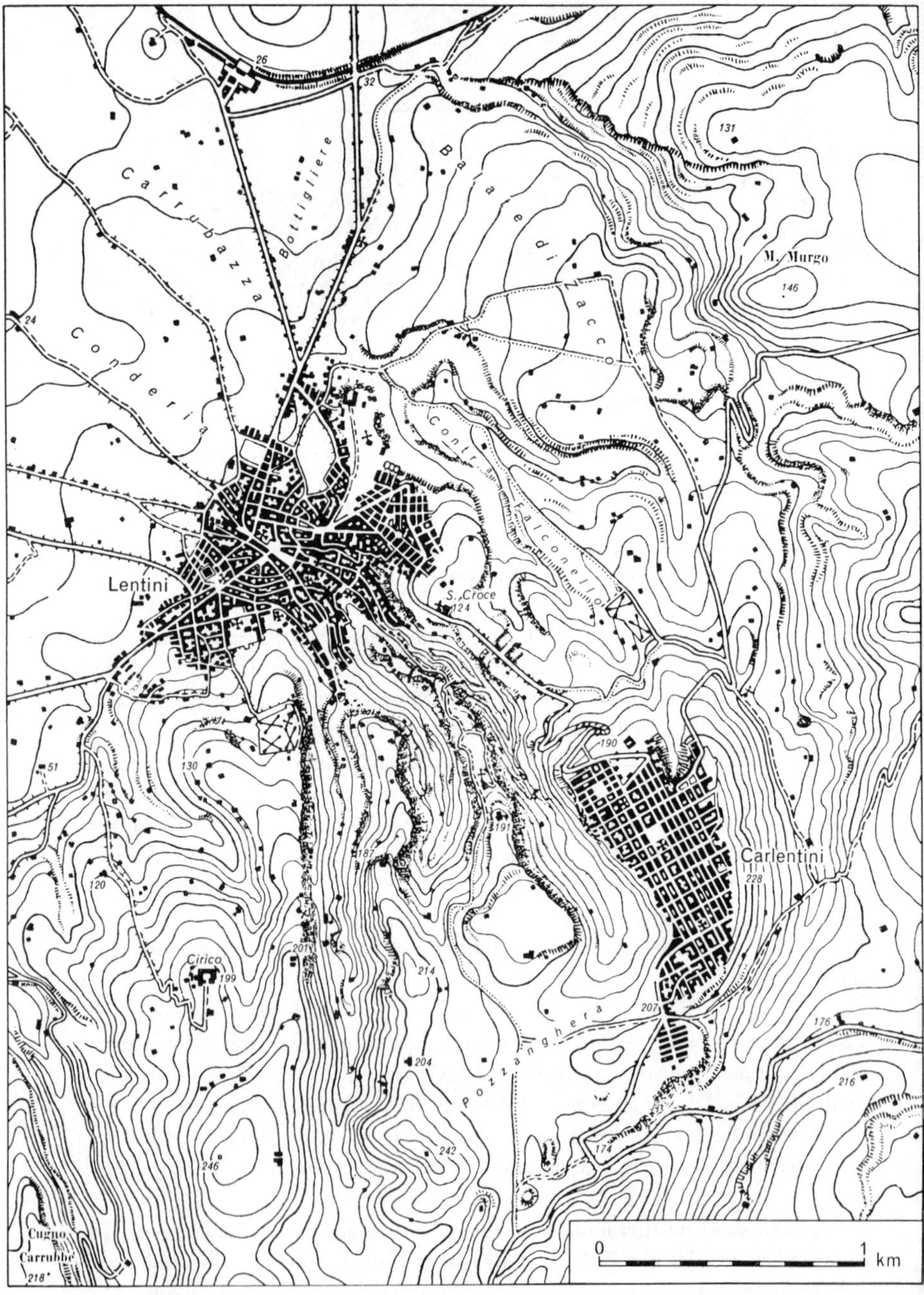
Carrubazza
Bottigliere
Baee di Zacco
Conderia
Contr. Falconello
M. Murgo
Lentini
S. Croce
Carlentini
Cirico
Pozzanghera
Cugno Carrubbe
26
32
131
146
24
124
190
51
130
191
187
120
228
201
199
214
207
176
204
216
242
246
174
218
0
1 km

keine für ganz Italien gültigen Ortswüstungsperioden, sondern nur solche in einzelnen Regionen (KLAPISCH-ZUBER 1965 u. 1973; vgl. MATZAT 1979, S. 327). In Latium sind allein um 30 Ortswüstungen bekannt. Ein Beispiel ist Centocelle, das Mitte des 9. Jh. von Leo IV. nach der Einnahme von Centocelle (Civitavécchia) durch die Sarazenen begründet wurde. Die Bewohner zogen aber so bald als möglich wieder an die Küste zurück. Weitere Beispiele sind Monterano bei Bracciano, das Anfang des 19. Jh. zerstört wurde, das wegen Malaria aufgegebene Galéria weiter südlich und Ninfa am Fuß der Mti. Lepini, das schon im 17. Jh. verlassen wurde (STOOB 1972). Ein jüngeres Beispiel ist Rocca Caláscio im Zentralapennin (ALMAGIÀ 1959, S. 638), mit 1464 m das höchste Dorf des Apennins. Beispiele aus dem Bereich des Neratals bringt die Exkursionsbeschreibung von MEDORI und MEDELLI (in TCI 1981, S. 54–61).

Im Süden, d. h. schon von der südlichen Toskana ab, lebt man auf dem Lande seit jeher vorwiegend in geschlossenen Dörfern und Landstädten wie in Apulien, Sizilien und Sardinien. Im Latifundienbereich konnten die Bauern, auch wenn sie es wollten, nicht in der Feldflur siedeln, die ihnen nicht gehörte. Man ist an das Dorfleben gewöhnt, vor allem liegt dort der tägliche Arbeitsmarkt, und dank der Motorisierung sind heute die Äcker in der Großgemarkung auch leicht zu erreichen im Vergleich zu einst, als man auf das Tragtier oder den Zweiradkarren angewiesen war. Unter diesen ländlichen ›centri‹ läßt sich die eigenartige ›Agrostadt‹ beschreiben (MONHEIM 1969, S. 161; 1971). Zu diesem Typ gehören dicht bevölkerte und eng gebaute Dörfer, die weit voneinander entfernt sind und sich oft in exponierter Lage über ihre Umgebung und ihre Fluren erheben. In den großen Siedlungen, die 12000–40000 Einw. haben können wie in Mittelsizilien, ist besonders in der Hauptstraße und auf der Piazza ein reges Leben wie in einer kleinen Stadt. Jedoch ist die Siedlung weder Dorf noch Stadt. Dörflich sind die landwirtschaftliche Produktion und die Sozialordnung sowie das Fehlen zentraler Funktionen. Städtisch sind die hohe Einwohnerzahl, die innere Differenzierung der Gebäude und die Funktionen und ein gewisses urbanes Leben. In früheren Zeiten, als hier zahlreiche rentenkapitalistische Grundbesitzer mit eigenem Lebensstil und Konsum lebten, dürfte der städtische Charakter noch stärker gewesen sein, so wie er es auch in manchen der zu diesem Typ gehörigen Bischofssitze noch heute ist. Der eigenständige Siedlungstyp tritt in der südlichen Toskana auf, in Latium, Kampanien, Apulien, in der östlichen Basilicata, in Kalabrien und Sardinien, besonders charakteristisch aber in Sizilien (vgl. Fig. 49).

*Fig. 49: Agrostädte Siziliens.* Aus PECORA 1968, S. 202.
Lentini, Provinz Syracus, am Nordfuß der Hybläischen Tafel an der Stelle einer griechischen Gründung von 729 v. Chr. – Carlentini auf der benachbarten Tafelfläche, erbaut 1551 durch Vizekönig G. Vega für die Bewohner von Lentini zum Schutz vor Malaria und Türkeneinfällen.

### e3 Einzelsiedlung, Streusiedlung und ›Kerne‹

Seit 1921 läßt sich aus Volkszählungsdaten jener Teil der Bevölkerung erfassen, der auf dem Lande in Einzelsiedlungen und Streusiedlungen, den ›case sparse‹ lebt, oder – erstmals 1951 gesondert – in ›núclei‹ (= Kerne), kleinen weilerähnlichen Gruppensiedlungen und Gutshöfen. Unbekannt bleibt der Anteil der Bewohner von geschlossenen Dörfern und Agrostädten, weil sie wie die Städte als Centri gelten. Sie haben auch eine gewisse zentrale Funktion durch öffentliche Dienste, Kirche, Schule und Handel, die den Einzel- und Streusiedlungen fehlt. Diese Grobgliederung der Ortsformen und Ortsgrößen gibt im räumlichen und zeitlichen Wandel recht guten Aufschluß über deren Verteilung und die Veränderungen seit 1951. So kommt im Vergleich mit 1971 die starke Land-Stadt-Wanderung zum Ausdruck:

Während 1951 noch 7,7% der Bevölkerung in Nuclei und 16,5% in Case sparse wohnten, waren es 1971 nur noch etwa die Hälfte (4,1 und 8,9%). Einen höheren Anteil an letzteren mit über 25% hatten noch 26 der 94 Provinzen und die drei Regionen Venetien, Umbrien und Marken. 1951 ging der Anteil in Emilia-Romagna, Marken und Umbrien noch über 50% hinaus. Rein statistisch erreicht der Anteil der nicht in Centri lebenden Bevölkerung in den Großräumen des Nordens heute schon durchschnittlich weniger als 10%, in den Provinzen Mailand und Triest waren es 1971 nur 2%. Die Verteilung der ›popolazione sparsa‹ auf das Staatsgebiet zeigt für 1931 die Karte 31 des ›Atlante fisico-economico d'Italia‹. Abgesehen von der Größenordnung dürfte sich an dem Verteilungsbild bis heute wenig geändert haben.

Vorwiegend lockere Siedlungen mit Einzelhöfen verschiedener Größe und Streusiedlungen sind vor allem in Mittelitalien, im Hügelland und im Gebirge, aber auch in den Ebenen verbreitet. Dazu kommen Bereiche um Cúneo, im Monferrato, in den Langhe, zwischen Verona und Vicenza und von dort ausgehend beiderseits der Via Emília bis zur Ostabdachung der Abruzzen. Eine regelmäßige Anordnung kommt im Bereich der römischen Zenturiationen vor, und schematische Aufteilung führte in den Bodenreformgebieten zu regelhaften Formen der Hoflage.

Besonders charakteristisch sind unter den Streusiedlungen die jetzt so stark von der Bergflucht betroffenen und häufig dem Verfall preisgegebenen ›poderi‹ im Verbreitungsgebiet der ›mezzadría‹ (Sabelberg 1975a). Erst vom 15. und 16. Jh. an und besonders im 18. Jh. sind viele von ihnen eingenommene Gebirgsflächen der Besiedlung gewonnen worden, wo vorher nur extensive Bewirtschaftung von temporären Siedlungen aus üblich war und die Bauern in befestigten Dörfern und Städten wohnten (Sereni 1972, S. 306; Desplanques bei Barbieri u. Gambi 1970, S. 195). Es sind mehr oder weniger große Gehöfte; nach Familiengröße wurden die Halbpachthöfe zugewiesen, die zur Selbstversorgung und Überschußproduktion geeignet waren. Deshalb bestehen sie aus Wohnhaus, Stall,

Scheune und anderen Nebengebäuden in lockerer Anordnung als feste Stein- oder Ziegelbauten.

Zwischen Einzel- und Gruppensiedlungen stehen die folgenden Typen, obwohl sie als Nuclei gelten: In den Maremmen, im Agro Romano, auf der Salentinischen Halbinsel und in einigen Bereichen Sardiniens und Siziliens, z. B. im Weinbaugebiet Westsiziliens, gibt es größere Gutshöfe. In den Maremmen spricht man von der ›fattoría‹, im Agro Romano von dem ›casale‹, im Süden von der ›massería‹, die sehr verschiedene Gestalt und Funktion haben kann.

Das Gehöft in den dünnbesiedelten Maremmen ist der Ausdruck des Großgrundbesitzes vor Entwässerung und Bodenreform, als extensiver Weizenbau und Weidewirtschaft für Rinder und Pferde mit Landarbeitern und Tagelöhnern, Mezzadri und Bauern betrieben wurde (Mori in Barbieri u. Gambi 1970, S. 257). Dabei herrscht im Grunde das altertümliche sogenannte italische Bruchsteinhaus mit Obergeschoß, Satteldach und Außentreppe, im Hügelland mit Innentreppe. In höheren Lagen, wo das Kleineigentum überwiegt, ist der Typ mit Innentreppe verbreitet, die von der Küche ins Obergeschoß und zum Heuboden aufsteigt. Neben dem Wohn-Wirtschafts-Gebäude kommen auch danebenstehende Stall-Scheune-Gebäude vor.

Aus der Zeit der Meliorationen des Großgrundbesitzes im 18. Jh. stammen massige Zweifamilienhäuser mit Unterkünften für Tagelöhner und Lohnarbeiter. Auf die Maremmen von Grosseto beschränkt ist das quadratische Hirtenhaus mit Wohnungen für den Verwalter und einen Bauern im Obergeschoß, unten mit Räumen für das in der Viehwirtschaft nötige Personal und für Magazine. In der Nähe diente der mit Ginster oder Schilf gedeckte rechteckige Holzbau des ›capannone‹ dem Großvieh als Unterstand. In den Mittel- und Großbetrieben, den sogenannten ›tenute‹, die in Poderi aufgeteilt sein konnten, bildete die Fattoria das Zentrum mit Wohnungen für Verwalter, Besitzer, Arbeiter, mit Scheunen und Ställen in unregelmäßiger Anordnung oder um einen rechteckigen Hof gestellt, bei größeren Fattorie auch mit zwei Höfen. Weitere Bauernhäuser machten das Gehöft zum Gutsdorf, das recht groß sein kann, wie das Beispiel Péscia Romana (Provinz Viterbo, 1971: 2027 Einw.) zeigt. Ist der Verwaltungssitz in einer Burganlage, wie es in der Provinz Siena vorkommt, dann erscheint der Typ der sogenannten ›castelli-fattoría‹. Mit den Entwässerungsarbeiten der Bonifica und der Ansiedlung mit Bauernstellen sind die Einwohnerzahlen solcher Dörfer kleiner geworden, und auch der traditionelle Typ des Maremmengutes hat an Bedeutung verloren.

Der ›casale‹ des Agro Romano ist nur noch selten anzutreffen, obwohl der Ortsname Casale weit verbreitet ist (Fondi bei Barbieri u. Gambi 1970, S. 265). Die Ausbreitung der Hauptstadt und ihr Einfluß haben die Siedlungsform zurückgedrängt oder stark verändert, vor allem nachdem die ehemalige Weizen-Weide-Wirtschaft verschwunden ist. Wo wir den Casale noch finden, dort hebt er sich in isolierter Lage mit seinem massigen Gebäude und den Resten seiner Befestigung, dem imponierenden Turmhaus (torre), hervor. Zusammen mit Nebengebäuden wird ein Innenhof umschlossen. Nach der Entwässerung des Agro Romano Ende 19. Jh. wurden die primitiven Kegeldachstrohhütten für Hirten und Tagelöhner durch Steinbauten ersetzt. Zu der typischen, geschlossenen Form aus dem 15.–17. Jh. kommen einfachere, quadratische Bauten mit vier Türmen oder rechteckige Casale, andere sind aus aneinandergebauten Gebäuden unregelmäßig zusammengefügt. Charakteristisch ist stets der Torre, dann die flach ansteigende, mit Schottern gepflasterte Außentreppe. Heute haben die Casali fast alle früheren Funktionen verloren; entweder sind sie modernisiert oder wurden zum reinen Wohngebäude, zu einer Schule oder zur Villa, hinter deren Fassade im alten Stil ein modernes Innere verborgen ist.

Unter einer ›massería‹ – abgeleitet von ›massa‹, dem großen Gut der römischen Kaiserzeit – versteht man in Süditalien allgemein ein größeres landwirtschaftliches Anwesen (Spano in Barbieri u. Gambi 1970, S. 271). Im Verbreitungsgebiet des Namens, zwischen den unteren Abruzzentälern und den Valli Südsiziliens, tragen aber auch andere Gehöfte diese Bezeichnung, z. B. die Gebäude der Transhumanz im Gebirge und in der Ebene, etwa des Tavoliere. Besonders typisch ist der große ›casamento‹ ehemaliger Feudalsitze in Apulien, der Basilicata, im Cilento und in Sizilien; Spano unterscheidet deshalb die einfache Masseria als Einhaus mit und ohne Pferch bei Viehwirtschaft von den mittleren und großen Masserien, bei denen mehrere Gebäude um einen Hof stehen. Der dritte Typ, die geschlossene Hofmasseria mit zwei oder mehr Höfen, hat verschiedene Bezeichnungen, dabei auch den Namen ›curte‹ in Apulien, ›curtíglio‹ in Kampanien, ›bagghiù‹ in Sizilien, darf aber nicht mit den Corti der Padania gleichgesetzt werden. Wie bei den Casali kam es zuweilen zur Dorfbildung um ein mächtiges Zentralgebäude herum, z. B. in Policoro am Golf von Tarent (Rother 1973).

Die ›corti‹ der Padania gehören zu den auffälligsten Siedlungs- und Hausformen Italiens. Sie werden in ihrer Entstehung mit der Kolonisation der Po-Ebene in Zusammenhang gebracht, die schon in römischer Zeit und dann im Mittelalter durch Zisterzienser und Benediktiner durchgeführt wurde. Zu seiner heutigen Form und Größe hat sich der Corte mit dem Pachtsystem der Mezzadria in der 2. Hälfte des 17. Jh. und bis ins 19. Jh. weiterentwickelt. Hinsichtlich der Besitzverhältnisse handelt es sich um Groß- und Mittelbesitz, und bei den landwirtschaftlichen Betrieben lassen sich größte, große und mittlere Betriebe unterscheiden, wobei man beim Betrieb von der ›cascina‹ spricht. Entscheidend wichtig ist die Unterscheidung in ›corte mono-‹ und ›pluriaziendale‹ (Saibene 1955, S. 202). Erstgenannter ist ein zentral geleiteter, kapitalintensiver Mittel- und Großbetrieb mit spezialisierter Viehzucht und starkem Futterbau oder mit Reismonokultur mit Tagelöhnern in der bewässerten Bassa Pianura (vgl. Fig. 50; Lehmann 1961 a, S. 132). Diese Corti können isoliert liegen oder zu mehreren Dörfer bilden, wie in der Lomellina. Die kleineren Corti pluriaziendali liegen in Dörfern der Alta Pianura. Mehrere Familien leben dort nebeneinander in Häusern um den gemein-

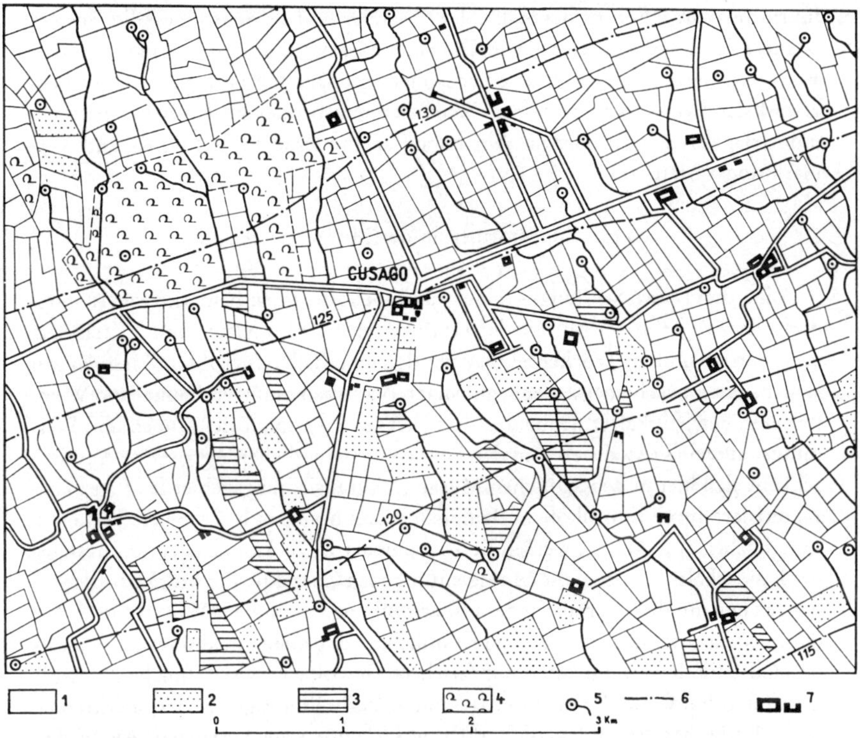


*Fig. 50: Siedlung und Landnutzung im Verbreitungsgebiet der ›corti‹ südwestlich Mailand an der Nordgrenze der Fontanilizone.* Aus LEHMANN 1961 a, S. 131.
1 Feld mit Weizen-Mais-Klee- (oder Luzerne-)Rotation. 2 Dauerwiesen. 3 Marcite. 4 Wald. 5 Fontanili. 6 Isohypsen von 5 zu 5 m. 7 Corti. – In Cusago befindet sich ein Kastell der Visconti aus dem 4. Jh., das einst von größeren, zur Jagd benutzten Wäldern umgeben war.

samen Hof und arbeiten oft unter Teilpachtbedingungen, d. h. der Besitzer wohnt nicht dort.

Im allgemeinen gehören in Getreide-Futterbau-Corti mit Lohnarbeitern vier Grundelemente zur wirtschaftlich-sozialen Einheit (PECORA in BARBIERI u. GAMBI 1970, S. 225): 1. das Herrenhaus, 2. die Landarbeiterwohnungen in einer Reihe unter einem Dach mit Schlafräumen im Obergeschoß, 3. der Stallkomplex für 35–200 Stück Milchvieh, für Kälber und Pferde, darüber die Heuböden, 4. Schuppengebäude für Wagen, Gerät, Maschinen, Traktoren, Düngemittel, dazu Hühner- und Schweineställe und die Tenne.

Mit dem Reisanbau kamen Trocknungsanlagen und Schlafräume für die Saisonarbeiter und -arbeiterinnen (mondine) dazu. Die Verstärkung des Futterbaus führte zur Vergrößerung der Ställe, der Käsereien und der Schweineställe; manche kleinere Höfe spezialisierten sich. Die neuere Entwicklung ist bedingt durch die Industrialisierung, die Nachteile der isolierten Lage, den Übergang zur Nebenerwerbslandwirtschaft, zu reinen Wohnsiedlungen oder zu landwirtschaftlich-industrialisierten Betrieben in Anpassung an moderne Produktions- und Vermarktungsverfahren.

### e4 Siedlungsformen in der Múrgia dei Trulli

Eine durch ihre Siedlungs-, Haus- und Gehöftformen bemerkenswerte Sonderlandschaft ist in der Múrgia dei Trulli zu sehen.[15] Im Klein- und Mittelbesitz und -betrieb und im Trockenfeldbau werden innerhalb des größten Karstgebietes Italiens unter anscheinend wenig günstigen Naturbedingungen Baum- und Weinkulturen bewirtschaftet. Dabei hat man sich auf Speiseöl, Tafeltrauben und Wermutgrundwein spezialisiert. An den Bereich der bäuerlichen Agrostädte Apuliens schließt sich hier in den südlichen Murge ein Streusiedlungsgebiet an. Es ist charakterisiert durch Einzelhöfe in Baumhainen auf braunrot leuchtender Terra rossa, umgeben von dicken, weißen Lesesteinmauern. Die kausalen Verknüpfungen der Landschaftselemente, die den eigentümlichen Charakter der Múrgia bedingen, hängen eng mit dem Verfahren der Urbarmachung zusammen (Wirth 1962). Auf diese Weise hat sich ein sehr altertümlicher, allgemein mediterraner Kulturbestandteil in den Steinbauten mit falschem Gewölbe erhalten. Solche Feldtrulli genannten Bauwerke kommen im gesamten Verbreitungsgebiet der oberkretazischen Kalke vor, besonders dicht dort, wo Kleinbetriebe herrschen. Als Wohnhaus genutzt ist der Bau aus Trockenmauerwerk, also ohne Mörtel, dadurch, daß mehrere Räume, jeder mit seiner kegelförmigen Kuppel, der sogenannten Kragkuppel, aneinandergebaut sind, woraus die sogenannte ›casedda‹ entstand (Spano in Colamonico 1970, S. 184). Derartige Wohntrulli finden sich aber nur im viel engeren Bereich zwischen Putignano und Céglie. Als Ausgangspunkt der Entwicklung gilt die Ansiedlung von Kolonisten 1635 durch den Grafen von Conversano in Alberobello. Grund für die Übernahme des Feldtrullo als Wohnhaus wird die dadurch ersparte Steuer gewesen sein, die sonst vom Grafen nach Neapel zu entrichten war. In der weiteren Umgebung wurde später der Wohntrullo zum Einzelhof im Bereich der Streusiedlung. Das Vorbild dafür waren die nicht rein landwirtschaftlich bestimmten Streusiedlungen in Selva di Fasano und Laureto, die schon Ende des 19. Jh. als Zweitwohnsitze für den Sommer und als Wochenendhaus dienten, wo sie hoch über der Küstenebene zur Zeit der Malariagefahr be-

[15] Das Wort ›trullo‹ ist aus mittelgriechisch τϱοῦλλος entlehnt, einer Gefäßbezeichnung, die auch metaphorisch auf Kuppel und Kuppelbau angewandt wird; τϱοῦλλος ist seinerseits ein lateinisches Lehnwort (aus trulla = Schöpflöffel; vgl. Chantraine: Dictionaire étymologique de la langue grecque, Paris 1977, S. 1140).

sonders geschätzt waren. Im Zentrum der Múrgia dei Trulli, das stark vom Fremdenverkehr frequentiert ist, werden die Haustrulli wie bisher gepflegt, obwohl die Bevölkerungsabnahme stark spürbar ist. Im übrigen aber ist diese Art des Wohnhausbaus im Rückgang begriffen. Neubauten sind eher Nachahmungen, Fälschungen in Funktionen und Strukturen. Wo sie noch bewohnt werden, dort werden sie immer häufiger zu modernen Häusern umgebaut (SPANO in COLAMONICO 1970, S. 208).

### e 5 Regelhafte Streusiedlung in Zenturiations- und Bodenreformgebieten

Ein Problem bildete lange Zeit die Frage, ob aus römischer Zeit nicht nur städtische Grundrisse, sondern auch ländliche Siedlungsformen bis auf unsere Zeit überkommen sind. Kann man die Spuren römischer, schematischer Landvermessung in den Kolonisationsgebieten, die Zenturiationen, als solche ansehen? Aus Karten und Luftbildern ist bekannt, daß sich an der Via Emília und bei Padua sowie an anderen weniger bekannten Stellen Wege- und Grabennetze in quadratischer Gitterstruktur finden. Trotz der Tatsache, daß sie 1–3 m über dem römerzeitlichen Niveau liegen, haben sie sich über 2000 Jahre hin erhalten. Mit Abständen von 710 × 710 m und einer Fläche von etwa 50 ha haben sie die Maße von 20 × 20 actus (vgl. Fig. 51; CASTAGNOLI 1958; KÜNZLER-BEHNCKE 1961 mit Karten; MATZAT 1979, S. 313). An den Wegen liegen Einzelhöfe, meist von Teilpächtern, wodurch sich das Bild einer mehr oder weniger regelhaften Streusiedlung ergibt, ohne daß dieses selbst auf römische Wurzeln zurückzuführen wäre. Die Aufgliederung in Betriebsparzellen, Blöcke oder Streifen, kann erst aus dem späten Mittelalter oder der frühen Neuzeit stammen (DONGUS 1966, S. 163). Man kann deshalb nicht von ›römischen Flurformen‹ sprechen, was nicht ausschließt, daß es solche in anderen Bereichen gibt (MATZAT 1979). Meistens sind die Formen stark verändert, in Apulien ist sogar an die Stelle des rechteckigen Straßennetzes ein radiales getreten (DELANO SMITH 1967).

Zwischen den Streusiedlungen in Zenturiationsgebieten und den Bodenreformsiedlungen in den Bonificaarealen besteht eine große, wahrscheinlich bewußte Ähnlichkeit. Auch im Polésine, in den Maremmen, bei Cumae und am Golf von Tarent liegen die Gehöfte an Straßen und Feldwegen in schematischen Netzen angeordnet. Die Streusiedlungen sind aber wesentlich geregelter als im Zenturiationsgebiet verteilt und sind stets mit einer planmäßigen, hofanschließenden Flur verbunden. Dennoch sind die Grundrißformen vielfältig mit lockerer Reihung und zeilenartiger Anordnung der Betriebe, mit marschhufen- und straßendorfähnlichen Formen und kleinen Gruppen.

Ländliche Mittelpunktsiedlungen sind außerdem mit der Bodenreform in der Zeit nach 1953 angelegt worden und sollten die Stützpunkte bilden für die großflächige Agrarkolonisation in den Küstenebenen, die stets in der Form der

*Fig. 51: Siedlung und Landnutzung im Bereich der alten römischen Zenturiatseinteilung nördlich Ímola, Provinz Bologna.* Aus LEHMANN 1961 a, S. 128.
Die schmalen Feldstreifen zwischen dem rechteckigen Wegenetz waren mit Baum-Weinreihen eingesäumt. Dazwischen verstreut Obstbauspezialkulturen (Pfirsiche, Äpfel, Birnen). Siedlungen auf der Grundlage der Naturalteilpacht (Mezzadria).

Streusiedlung erfolgt ist; sie haben sich aber weder in den Maremmen noch am Ionischen Meer recht entwickelt. Eine Ausnahme bildet dort Policoro. Die älteren Mittelpunktorte im Agro Pontino dagegen sind allmählich zu lebendig aufstrebenden Städten geworden, nicht zuletzt durch die hier gelungene Industrialisierung. Erfolg und Mißerfolg im Ansatz der Bodenreform, je nach Lage, Bodenqualität und Größe der zugeteilten Besitzeinheiten, hat auch die Entwicklung der Siedlungen bestimmt. Wegen zu kleiner Größe der Betriebsfläche (15 ha) sind nach 1959 in Sardinien Höfe aufgegeben worden, und viele Sarden wanderten aus. Als die Durchschnittsgröße erhöht wurde, hat sich die Lage wieder stabilisiert. Im ehemaligen Kolonisationsgebiet von Óstia standen schon 1969 viele Höfe leer und verfielen, weil inzwischen die Großgrundbesitzer die Tenutenbetriebe selbst gutsmäßig mit Lohnarbeitern führen. Die kleinen gemischtwirtschaftlich arbeitenden Neusiedlerhöfe der Bodenreform von 1950/51 haben nur durch Zusammenschluß zu Genossenschaften Aussicht zu überleben (KRENN 1971, S. 303).

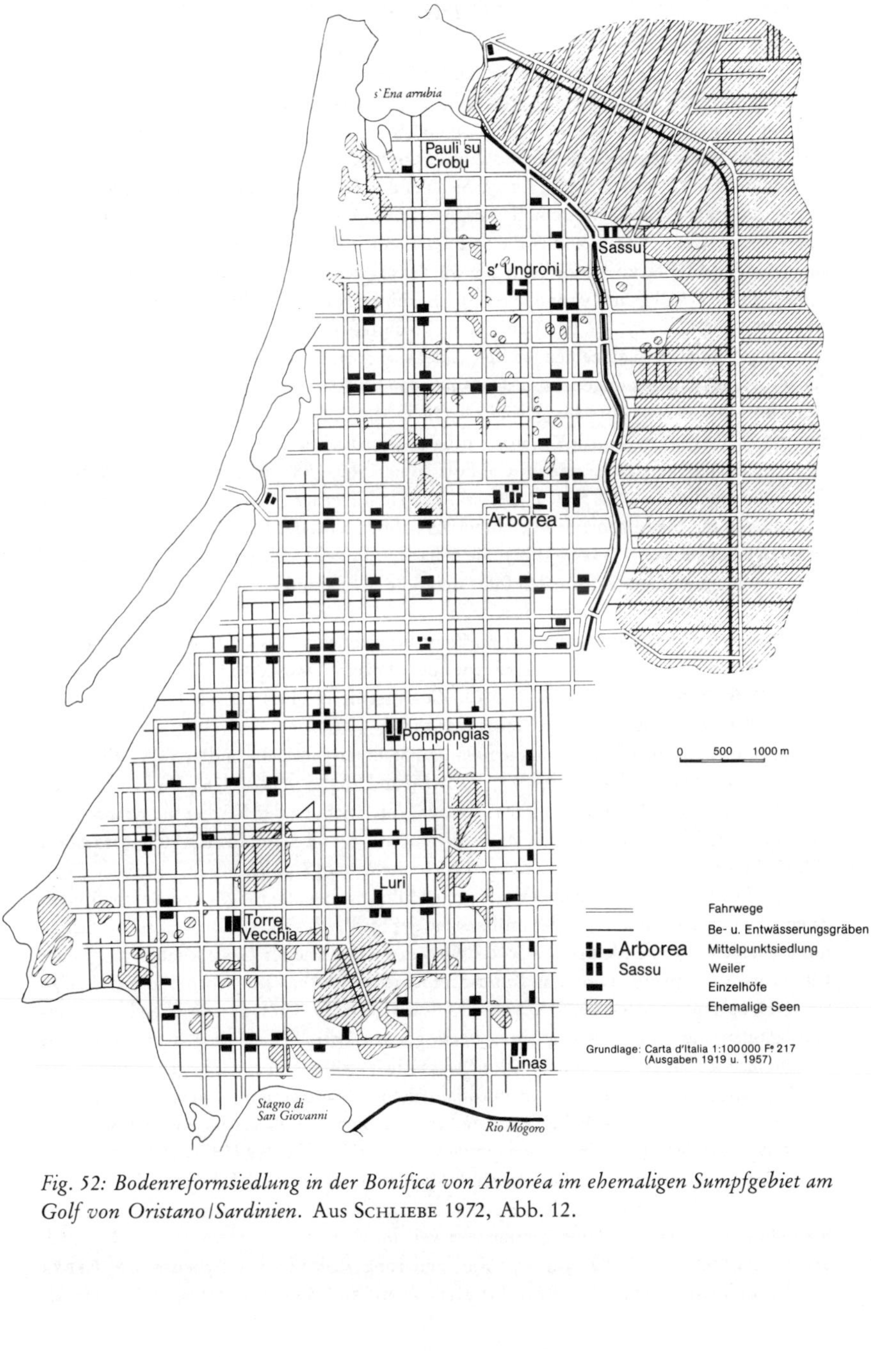


*Fig. 52: Bodenreformsiedlung in der Bonífica von Arboréa im ehemaligen Sumpfgebiet am Golf von Oristano/Sardinien.* Aus SCHLIEBE 1972, Abb. 12.

## *f) Literatur*

Zur Einführung in Stadtgeschichte und Stadtgeographie Italiens vorzüglich geeignet ist der Band ›Le Città‹ der Reihe ›Capire l'Italia‹ des TCI, Milano 1978. Die von acht Autoren verfaßten Beiträge sind sehr gut mit Bildern und Karten ausgestattet, ebenso der zugehörige Teil ›Itinerari‹ mit stadtgeschichtlicher Einführung und Routenbeschreibungen für 19 Städte, darunter auch Parma, Urbino, Lucca, Siena und sogar Latina, Martina Franca und Lecce, während unverständlicherweise z. B. Verona, Tarent und Messina fehlen. Dematteis gibt einen instruktiven Überblick über die Städte Italiens in der heutigen Zeit, der den Ausführungen in Kap. III 4 b zugrunde liegt. Die von Gambi betreute, 1983 mit Norditalien begonnene Reihe des TCI ›Città da scoprire‹ ist ein Führer zur Geschichte kleinerer Städte, der reich dokumentiert ist, u. a. mit farbigen Senkrechtluftbildern und Kärtchen zur Stadtentwicklung. Literatur zu einzelnen Städten findet sich dort, außerdem in den Regionalbänden der ›Guida d'Italia‹, stadtgeographische Literatur bei Emiliani-Salinari (1948 u. 1956). Zeitschriften zur Stadtforschung sind ›Archivio di Studi Urbani e Regionali‹, ›Città e Società‹, ›Dibattito urbanistico‹, ›Storia urbana‹, ›Urbanistica‹.

Über die neuere stadtgeographische Forschung 1960–1980 berichtet Cori (in Corna-Pellegrini u. Brusa 1980, S. 273–291) mit 303 Titeln, ferner Cori (1983). Im Vergleich zu den anderen mit Stadtproblemen befaßten Disziplinen wird der Beitrag der Geographie für unzureichend gehalten (Gambi 1973). Sie beharrt zum Teil noch auf traditionellen Bahnen einer trockenen statistisch-formalen Interpretation. Man vermißt aber auch weitgehend empirische Forschung mit Hilfe von Kartierung und Befragung, denn die Anwendung moderner Rechenverfahren führt kaum weiter. Es ist bezeichnend, daß wertvolle Monographien von Ausländern erarbeitet worden sind, wie über Mailand (Dalmasso 1971), Turin (Gabert 1964), Rom (Seronde-Babonaux 1980), die Altstadt Neapels (Döpp 1968), Viaréggio (Schlieter 1968), die Agrostadt Gangi (Monheim 1969).

Methoden zur funktionalen Gemeinde- und Stadtklassifikation sind vom ISTAT (1963; vgl. Corsini 1966), Bartaletti (1977), Cortesi und Formentini (1976), Da Pozzo (1976) und Monheim (1969) erprobt worden. An der Untersuchung der Verdichtungsräume und Verstädterungsphänomene waren Geographen beteiligt, wie Aquarone (1961), Mainardi (1971), Marchese (1981); vgl. auch obengenannte Monographien.

Von diesen Versuchen, Stadtregionen mit Hilfe von Bevölkerungs- und Beschäftigtendaten abzugrenzen, sind die Funktionsbereiche der Städte als zentrale Orte grundsätzlich zu unterscheiden, wie sie Mori und Cori (1969) in einer Karte für Gesamtitalien dargestellt haben, wobei Umland, Hinterland und Einflußgebiet der großen Zentren ausgeschieden sind (vgl. auch Dematteis 1978, S. 174). Die von Monheim (1974) dargestellten Einzelhandelsregionen sind gerade um so größer, je geringer das zentralörtliche System entwickelt ist; sie sind also im Süden mit rund 7000 km² wesentlich größer als bei der engen funktionalen Verflechtung des hochentwickelten norditalienischen Städtesystems (Mailand 2500 km²). Die Erforschung zentralörtlicher Systeme hat in Räumen möglichst homogener Struktur, wie in der Friauler Ebene, begonnen (Strassoldo 1973). Wapler (1972, 1979) gab einen Literaturbericht und untersuchte die zentralörtliche Funktion von Perúgia.

Zu Gegenwartsproblemen der Großstädte einschließlich der Zuwanderung haben insbesondere Soziologen Stellung genommen; vgl. für Rom Ferrarotti (1979), aber auch Seronde-Babonaux (1980) und zur Einwanderung ausländischer Arbeitskräfte Arena (1982); für Turin Fofi (1970, 1975), für Mailand Alasia-Montaldi (1960, 1975), für das

Industriedreieck PELLICCIARI (1970), für Messina GINATEMPO (1976). Probleme der süditalienischen Stadt wurden in Einzeltexten ans Licht gebracht von CALDO und SANTALUCIA (1977). Zum Neapel-Problem äußerte sich kurz SPOONER (1984).

Aus der weitgespannten Literatur zur traditionellen Stadt und Stadtgeschichte seien außer den Beiträgen in TCI: ›Le Città‹ (1978) genannt: BRAUNFELS (1979), DÖPP (1968), GUIDONI (1980), GUTKIND (1969, IV), SABELBERG (1984) mit weiterführender Literatur. In der Reihe ›Le Città nella Stória d'Italia‹ wird seit 1980 die Geschichte einzelner Städte dargestellt (vgl. POLEGGI u. CEVINI 1981). Probleme der Altstadtzentren und der Altstadtsanierung werden unter anderem in dem reich ausgestatteten Band von FAZIO (deutsch 1980) behandelt, in spezieller Weise für Bologna von CERVELLATI u. SCANNAVINI (1973) und TÖMMEL (1976), für Urbino von BROCK (1982). Über das Thema ›Erhaltung und Inwertsetzung der kleinen historischen Zentren‹ fand ein interdisziplinäres Rundgespräch mit Referaten von Geographen, Urbanisten und Architekten statt (PINNA, Hrsg., 1981). Es finden sich zahlreiche Beispiele und Literaturangaben.

Im Vergleich zur Stadt ist den ländlichen Siedlungen in jüngerer Zeit weniger Interesse zugewendet worden, obwohl vor allem in der Erforschung der Wohnstätten noch bis vor kurzem ein Schwerpunkt der italienischen Kulturgeographie lag. Im Anschluß an die ältere Bibliographie zur Siedlungsforschung von LUCCHETTI (1953) und zur Hausforschung von DE ROCCHI-STORAI (1968) berichtet MIGLIORINI (in CORNA-PELLEGRINI u. BRUSA, Hrsg., 1980, S. 445–456) mit 93 Titeln über den neueren Forschungsstand. Zu ergänzen ist die hauskundliche Bibliographie von HÄHNEL (1977). Beispiele von Hausformen enthalten die Regionalbände der Reihe des CNR ›Ricerche sulle dimore rurali in Italia‹ ab 1938 mit dem zusammenfassenden Band 29 ›La casa rurale in Italia‹ (BARBIERI u. GAMBI 1970). Das Phänomen der ›Villa‹ behandelt DÖRRENHAUS (1976). Eine Hausformenkarte entwarf GAMBI (1976). Diese und die mehrmals veröffentlichte Siedlungsformenkarte nach BIASUTTI (1932) bringt wiederum SORICILLO (in PINNA und RUOCCO [Hrsg.], 1980, S. 246). Letztere fand durch SCARIN (1968) eine Neubearbeitung im Maßstab 1 : 1,5 Mio. Karten einzelner Regionen finden sich ebenso wie Beispiele für Orts- und Flurformen in Bänden der Reihe ›Le Regioni d'Italia‹. An Einzelarbeiten siedlungsgeographischen Inhalts sind zu nennen: für den Nordwestapennin ULLMANN (1967), für die Padania DONGUS (1966) und MATZAT (1979), für Umbrien DESPLANQUES (1969), für den Tavoliere DELANO-SMITH (1975), für die Múrgia dei Trulli SPANO (1968) und WIRTH (1962), zu den Trullibauten selbst schon BERTAUX (1899). Die archivalischen und kartographischen Quellen bieten noch viel auszuwertendes Material. Größeres Interesse fanden die Zenturiationsgebiete (CASTAGNOLI 1958; KÜNZLER-BEHNCKE 1961; MATZAT 1979; MORRA u. NELVA 1977). Siedlungsformenbeispiele aus Meliorations- und Bodenreformgebieten finden sich bei ALMAGIÀ (1959), DESPLANQUES (1975), DONGUS (1966), RETZLAFF (1967), ROTHER (1971 a), SCHLIEBE (1972).

# IV. WIRTSCHAFTSSTRUKTUREN IN BALLUNG UND STREUUNG

## 1. Der Agrarsektor. Formen, Prozesse und räumliche Differenzierung

Jahrzehnte nach der Umwälzung der Wirtschaft in Westeuropa ist Italien erst nach dem Zweiten Weltkrieg aus einem Agrarstaat zu einem Industriestaat geworden. Von 1951 bis 1982 verlor die Landwirtschaft 5,7 Mio. ihrer Erwerbstätigen. Im Norden beginnend, setzte sich die Bewegung nach Süden rasch fort, wenn auch nicht im gleichen Ausmaß, trotz der dort andauernden Abwanderung von Landarbeitern und auch Selbständigen. Der Anteil der in der Land- und Forstwirtschaft Beschäftigten sank in Gesamtitalien von 43,9 % im Zensusjahr 1951 bis 1982 auf 13,3 %. Überalterung und Steigerung des Frauenanteils in diesem Sektor gingen damit einher (vgl. Kap. III 2 d 1 und Tab. 19). Mit etwa einem Fünftel der Erwerbstätigen trug die Land- und Forstwirtschaft nur zu einem Zehntel des Volkseinkommens bei. Im Vergleich zu anderen Wirtschaftsbereichen ist die Pro-Kopf-Produktion am geringsten, und es werden nur geringe Einkommen erzielt. Dennoch ist es berechtigt, die Landwirtschaft in einer Länderkunde vor den anderen Wirtschaftsbereichen zu besprechen, weil ihre das ganze Land überziehenden Nutzflächen mit dem Nord-Süd-Wandel, dem hypsometrischen Wandel und ihren vielseitigen Abhängigkeiten und Ursächlichkeiten das Bild und das Wesen Italiens am stärksten bestimmen.

Im Vergleich mit anderen Staaten der Mittelmeerländer, der Bundesrepublik und der Europäischen Gemeinschaft ist der Anteil des Ackerlandes einschließlich der Fruchtbaumkulturen an der landwirtschaftlich genutzten Fläche mit über 70 % besonders hoch, und das gilt auch für den Anteil an der Land- und Forstwirtschaftsfläche (vgl. Tab. 30). Darin drückt sich nicht nur das Ergebnis jahrhundertelanger Rodung und Neulanderschließung aus, sondern auch die noch immer übliche Nutzung geringwertiger und ertragsarmer Flächen als Ackerland mit und ohne Fruchtbaumkulturen, obwohl auch in Italien immer mehr Nutzflächen brachfallen (vgl. Tab. 31). Nach Ruggieri (1984, S. 363) werden mehr als 2 Mio. ha oder 11,5 % der Landnutzungsfläche nicht mehr kultiviert. Trotz Landflucht und Gebirgsentvölkerung haben sich die landwirtschaftlichen Strukturen doch noch nicht überall so rasch an die Anforderungen der modernen Zeit anpassen können, wie das zu erwarten wäre. Die Gründe dafür sind in sehr hohem Maße in den natürlichen Grundlagen zu finden, wie in den jahreszeitlichen Klimakontrasten, in der häufigen Bodenungunst und im Wassermangel der Süd- und Inselregionen. Große Anstrengungen sind gemacht worden, um solche Abhängigkeiten zu mildern, wenn nicht sogar zu beseitigen, besonders durch Bewässerungs- und

*Tab. 30: Die Bodennutzung von Italien 1979 im internationalen Vergleich (in 1000 ha)*

| | Land-wirtsch. Nutz-fläche | Acker-land u. Baum-kulturen | Dauer-gras-land, Weide | Wald | Land- u. forst-wirtsch. Fläche |
|---|---|---|---|---|---|
| Bundesrepublik Deutschland | 12314 | 7517 | 4797 | 7318 | 19632 |
| | 100 % | 61,0 % | 39,0 % | 37,3 % | 100 % |
| Italien | 17562 | 12436 | 5126 | 6355 | 23917 |
| | 100 % | 70,8 % | 29,2 % | 26,6 % | 100 % |
| Spanien | 31538 | 20528 | 11010 | 15260 | 46798 |
| | 100 % | 65,1 % | 34,9 % | 32,6 % | 100 % |
| Griechenland | 9175 | 3920 | 5255 | 2618 | 11793 |
| | 100 % | 42,7 % | 57,3 % | 22,2 % | 100 % |

Quelle: ISTAT: Ann. Stat. It. 1982, S. 342.

*Tab. 31: Die Bodennutzung von Italien im Jahr 1981 (in 1000 ha)*

| | | | |
|---|---|---|---|
| Land- u. forstwirtschaftliche Fläche | 26965 | | |
| Ackerland | 9400 | Baumkulturen | 2940 |
| Getreide | 5017 | Reben | 1297 |
| Hülsenfrüchte | 233 | Ölbäume | 1050 |
| Knollenfrüchte | 154 | Agrumen | 167 |
| Gemüse | 606 | Obst | 407 |
| Industriepflanzen | 444 | andere | 19 |
| Futterbau | | Gartenland | 66 |
| Wiesen | 2438 | Baumschulen u. a. | 18 |
| Futterpflanzen | 1571 | Wälder | 6355 |
| Dauergrasland | 5127 | andere Flächen | 3059 |

Quelle: ISTAT: Ann. Stat. It. 1982, S. 114 u. 116.

Entwässerungsmaßnahmen. Nicht geringer, aber nicht immer wirklich erfolgreich, waren die Maßnahmen bei der Bodenreform zur Änderung der agrarsozialen Verhältnisse, die ein schwer lastendes historisches Erbe sind. In der Besitzgrößenverteilung, in den verschiedenen Pachtverfahren und in den Betriebsweisen lassen sich die agrarsozialen Verhältnisse in der Zeit bis 1950 vor Beginn der staatlichen Eingriffe und vor Beginn der von der Industrie bestimmten Wirtschaftsentwicklung der Nachkriegszeit beschreiben.

## *a) Agrarsoziale Verhältnisse*

### a1 Besitzgrößenverteilung

Nach den Erhebungen des Staatlichen Landwirtschaftsinstitutes INEA war im Jahr 1946 der Kontrast zwischen wenigen privaten Großgrundbesitzern mit einem hohen Anteil an der gesamten Nutzfläche und sehr vielen Kleineigentümern, die über den Rest verfügten, ganz erheblich (vgl. Tab. 32). Nur 1 % der Landeigentümer besaß Flächen mit mehr als 25 ha, die aber die Hälfte der landwirtschaftlichen Nutzfläche einnahmen. Die 0,2 % der Besitzungen mit mehr als 100 ha Größe deckten mehr als ein Viertel der Fläche. Am anderen Ende der Reihe teilten sich 93 % der Landbesitzer mit weniger als 5 ha 30 % der Nutzfläche auf. Mittlere Besitzgrößen zwischen 5 und 50 ha umfaßten 6 % und nahmen 34 % der Agrarfläche ein. Außer den 9,5 Mio. privaten Grundbesitzern gab es noch 165 000 korporative, davon mehr als die Hälfte Gemeinden, die 22,5 % der gesamten Agrar- und Forstfläche besaßen. Der Großgrundbesitz mit mehr als 500 ha war in den späteren Bodenreformgebieten konzentriert, im Süden mit 13 000 Besitzern und 4,5 Mio. ha, und in den Maremmen, wo 1 % der Eigentümer über 75 % der Nutzflächen verfügten (King 1973, S. 31). Besitzgrößendaten sind nach Tabellen und Karten über Italien hin nicht leicht zu interpretieren, weil Besitz und Betrieb nur selten wie im Höfegebiet Südtirols und teilweise im Cortehofgebiet der Padania übereinstimmen. Außerdem ist es ein großer Unterschied, ob ein Besitz von 200 ha im Norden oder im Süden oder in Ebene, Hügelland oder Gebirge liegt. Ein größerer Mittelbetrieb hatte im Jahr 1947 in der Po-Ebene 80–120 ha Ackerland, im Hügelland Mittelitaliens 150–200 ha und in Süditalien 250–350 ha (Hetzel 1957, S. 9, nach Medici).

Losgelöst von den Betrieben sind für die agrarsozialen Verhältnisse alle jene

*Tab. 32: Der private Grundbesitz in Italien 1946 nach Größenklassen*

| Größenklasse ha | Zahl der Besitze in 1000 | % | Fläche der Besitze in 1000 ha | % | Durchschnittsgröße in ha |
|---|---|---|---|---|---|
| 0–2 | 7926 | 83,4 | 3758 | 17,5 | 0,5 |
| 2–10 | 1283 | 13,5 | 5233 | 24,2 | 4,1 |
| 10–50 | 254 | 2,6 | 5050 | 23,5 | 19,9 |
| 50–100 | 28 | 0,3 | 1956 | 9,1 | 68,9 |
| 100–500 | 19 | 0,2 | 3728 | 17,3 | 191,7 |
| über 500 | 2 | 0,02 | 1847 | 8,6 | 951,0 |
| Gesamt | 9512 | 100 | 21572 | 100 | 2,3 |

Quellen: Medici 1956; King 1973, S. 31.

*Tab. 33: Die landwirtschaftlichen Berufsgruppen in den Großräumen 1881 in Prozentanteilen. Landwirtschaftlich selbständig Tätige und Abhängige nach dem Zensus 1881*

| Großraum | Landwirte auf Eigenbesitz | Mezzadri | Pächter | Abhängige Feste | Abhängige Tagelöhner | Gesamt |
|---|---|---|---|---|---|---|
| Norden | 23,1 | 12,7 | 8,7 | 29,1 | 26,4 | 55,5 |
| Mitte | 12,8 | 46,8 | 1,7 | 18,0 | 20,7 | 38,7 |
| Süden | 14,4 | 3,4 | 6,8 | 27,6 | 47,8 | 75,4 |
| Inseln | 17,1 | 5,2 | 2,7 | 29,7 | 45,3 | 75,0 |
| Italien | 19,4 | 14,5 | 6,3 | 26,9 | 32,9 | 59,8 |

Quelle: Banca Nazionale dell'Agricoltura: Storia dell'agricoltura italiana, 1976, S. 273.

*Tab. 34: Betriebsweisen in der Landwirtschaft Italiens 1946*

| Großraum | Fläche 1000 ha | Landwirtschaftliche Nutzfläche (Acker, Baumkulturen, Wiesen) Selbständ. Bauern- betriebe in % | Pacht- betriebe in % | Teilpachtbetriebe Mezza- dria in % | Teilpachtbetriebe Parzel- lenpacht in % | Teil- haber in % | Lohn- arbeiter- betriebe in % |
|---|---|---|---|---|---|---|---|
| Alpen | 736 | 80,2 | 11,8 | 3,4 | 1,7 | 0,4 | 2,5 |
| Ligurien | 244 | 69,8 | 13,8 | 10,5 | 2,8 | 0,4 | 2,7 |
| Hügelland und Altipiani Norditaliens | 1729 | 50,9 | 27,7 | 15,0 | 1,9 | 0,2 | 4,3 |
| Po-Ebene | 2572 | 18,9 | 27,0 | 20,7 | 0,7 | 7,1 | 24,6 |
| Nord- und Zentralapennin | 1566 | 48,2 | 7,0 | 37,6 | 4,0 | 1,0 | 2,2 |
| Mittelitalien ohne Bergland mit Emilia | 2937 | 22,9 | 6,3 | 58,6 | 3,4 | 1,6 | 7,2 |
| Süditalien | 3783 | 40,8 | 23,8 | 5,3 | 12,1 | 2,9 | 15,1 |
| Sizilien | 1967 | 31,0 | 19,3 | 2,6 | 33,3 | 5,5 | 8,3 |
| Sardinien | 539 | 46,2 | 18,0 | 1,5 | 10,7 | 11,3 | 12,3 |
| Italien | 16073 | 37,2 | 18,6 | 21,2 | 8,8 | 3,3 | 10,9 |

Quelle: MEDICI 1951 aus VON BLANCKENBURG 1955, S. 440.

Daten aufschlußreich, die uns über die Anteile der Sozialgruppen Auskunft geben, d. h. der selbständig auf Eigenland oder als Pächter Tätigen und der Landarbeiter als fest Angestellte oder als Tagelöhner. Für das Zensusjahr 1881 erhält man für die Großräume die in Tab. 33 mitgeteilte Verteilung, an der sich im Grunde bis zum

*Tab. 35: Betriebsweisen in der Landwirtschaft Italiens 1970*

| Großraum | Fläche 1000 ha | Landwirtschaftliche Nutzfläche (incl. Weideland, ohne Wald) Selbständige landwirtschaftliche Betriebe in Besitz in % | in Pacht, z.T. Besitz in % | mit Lohnarbeitern u. Teilhabern in % | Mezzadria in % | Sonstige in % |
|---|---|---|---|---|---|---|
| Nordwesten | 2878 | 30,3 | 45,7 | 21,6 | 2,1 | 0,3 |
| Nordosten | 3102 | 39,5 | 26,0 | 25,0 | 9,1 | 0,4 |
| Mitte | 3071 | 40,6 | 8,9 | 31,3 | 18,0 | 1,2 |
| Süden | 4731 | 48,3 | 20,7 | 24,9 | 2,6 | 3,5 |
| Inseln | 3680 | 41,1 | 27,1 | 25,9 | 0,3 | 5,5 |
| zum Vergleich mit 1946: | | | | | | |
| Ligurien | 142 | 66,3 | 17,1 | 12,4 | 3,0 | 1,1 |
| Sizilien | 1920 | 50,5 | 13,4 | 27,7 | 0,3 | 8,0 |
| Sardinien | 1760 | 30,9 | 42,0 | 24,0 | 0,3 | 2,8 |
| Italien | 17462 | 40,9 | 25,0 | 25,7 | 5,9 | 2,5 |

Quelle: ISTAT: 2. Censimento generale dell'agricoltura 1970, Vol. I, Tav. 10.

Zweiten Weltkrieg wenig geändert hat (vgl. Tab. 32). Im Norden überwiegen die selbständigen Landwirte auf Eigenbesitz, in Mittelitalien finden wir das klassische Land der Halbpacht, genauer der Mezzadria, und im Süden sind drei Viertel aller in der Landwirtschaft Tätigen abhängige Landarbeiter und vorwiegend Tagelöhner. Für 1951 findet sich eine entsprechende kartographische Darstellung bei ALMAGIÀ (1956, S. 729). Diese Arbeitskräfte- und Sozialgliederung der ländlichen Bevölkerung ist Ausdruck der unterschiedlichen Besitz-, Betriebs- und Pachtverhältnisse, die zusammengenommen als Betriebsweisen (›forme di conduzione‹ des Agrarzensus; vgl. dazu DONGUS 1966, S. 68) und als Betriebstypen (›tipi d'impresa‹, vgl. Karten des INEA, MEDICI 1958) erfaßt und beschrieben werden können. Sehr unterschiedlich ist die Bewirtschaftung von Groß- und Kleinbesitz in der Toskana (SABELBERG 1975b; vgl. Tab. 36 und Karte 9).

## a2 Kapitalintensive Großbetriebe Norditaliens

In Norditalien war im Jahr 1881 im Durchschnitt zwar nur etwa ein Viertel der in der Landwirtschaft Beschäftigten auf eigenem Grund und Boden tätig, aber in manchen der Nordregionen herrschten damals wie heute Eigenbesitz und Familienbetrieb absolut vor. In Venetien, Ligurien, Piemont und Lombardei waren es im Jahr 1950 Anteile um 80%, in manchen Provinzen mehr als 95% (ALMAGIÀ

1959, S. 730). Im schroffen Gegensatz dazu standen die kapitalkräftigen Großbetriebe mit Lohnarbeitern in den feuchten Niederungsflächen der Bassa Pianura vom Vercellese bis zum Chiese und auch auf der bewässerten Alta Pianura. Es ist das Marcitewiesen- und Reisbaugebiet. Große Cascinenbetriebe wurden vom Unternehmer selbst oder dem ›fattore‹, dem Gutsverwalter, geleitet. Sie waren mit ihrem spezialisierten Personal schon seit langem auf Futterbau und Viehzucht eingestellt. ›Das mitunter verwahrloste Aussehen der Gebäude besonders auch der Unterkünfte darf nicht darüber hinwegtäuschen, daß es sich um hochmoderne, auch sozial gut funktionierende Betriebe handelt, die mit ihrer Arbeitsintensität – im Durchschnitt 100 Arbeitstage je ha im Jahr! – und ihrem Ertrag an der Spitze der landwirtschaftlichen Betriebe Italiens und nicht nur Italiens marschieren‹ (LEHMANN 1961 a, S. 136). Seit der Eröffnung des Cavourkanals (1866) entwikkelte sich die geschlossene Reisbaulandschaft des Vercellese mit seinen isolierten, hinter Baumgruppen verborgenen Corti. Die Betriebe waren überwiegend 100–500 ha groß. Im Frühjahr, zur Pflanzzeit, war das Land belebt von rund 40000 meist weiblichen Saisonarbeitskräften, die auf den Corti in großen Tagelöhnerkasernen untergebracht wurden; es sind die ›corti monoaziendali‹ (vgl. Kap. III 4 e3). Zur zentralen Zone der kapitalintensiven Betriebe gehörten südlich des Po noch Marengo, Oltrepò Pavese und Basso Piacentino, aber hier trat der Reisbau hinter Getreide- und Zuckerrübenschlägen zurück. Spezialisierter Gemüsebau erfolgte ebenso in Großbetrieben mit Wanderarbeitern in der Ebene von Piacenza.

Ein zweiter Bereich mit kapitalintensiven Großbetrieben auf Lohnarbeiterbasis hatte sich im Polésine und um Ferrara entwickelt. Weil Schlachtvieh und nicht Milchvieh erzeugt wurde, waren weniger ständige Arbeitskräfte erforderlich, Tagelöhner und Saisonarbeiter traten jeweils hinzu. In anderen Betrieben wurden vorwiegend Zuckerrüben, Hanf und Weizen angebaut. Im Unterschied zum Cortisystem spricht man vom Boariensystem (DONGUS 1966, S. 70). Es ist die Betriebsweise der ›conduzione a boaría‹ (boaro = Ochsenknecht), die im 16. Jh. in der Ebene von Ferrara auf Großgrundbesitz entstanden ist. Der Verbreitungsschwerpunkt des Systems, dem ein besonderer Arbeitsvertrag zugrunde liegt, befand sich zuletzt in den jungen Meliorationszonen, wo der Eigentümer Kapital zu Bodenverbesserungsmaßnahmen zur Verfügung stellte (BARUZZI-LEICHER 1962, S. 205).

### a3 ›Latifondo capitalistico‹ und ›Latifondo contadino‹ Süditaliens

Dem mit Landarbeitern wirtschaftenden Großbesitz und Großbetrieb Norditaliens kapitalintensiver Art standen bis zur Agrarreform und teilweise bis heute im Mezzogiorno völlig andere, extensiv wirtschaftende Betriebe gegenüber. Sie beruhten weniger auf ständigen Arbeitskräften als vielmehr auf der Tätigkeit von Tagelöhnern. Nur zum geringen Teil handelt es sich um echte Großbetriebe auf

Eigenbesitz. Nur da, wo solche konzentriert waren, dort hatte der Großgrundbesitz schwerwiegende soziale Folgen (KING 1973, S. 34). Im übrigen war das Kleineigentum charakteristischer für die Landwirtschaft des Südens. Während das Kleinbauernland aber meist intensiv bestellt war, nahmen die großen und sehr großen Besitztümer gewöhnlich die schwer zu bearbeitenden Tonböden ein, auf denen in extensiver Weise Weizenbau und Schafweide im Brachfeld betrieben wurden. Diese Betriebsweise ist unter der Bezeichnung ›latifondo capitalístico‹ bekannt.

Wegen der großen Unterschiede in Bodenqualitäten und Lage hatten sich sehr verschiedene Pacht- und Arbeitsverträge entwickelt, die außerdem auf unterschiedliche historische Wurzeln zurückgehen. Zu den wichtigsten gehören 1. die Großpacht durch ein kapitalkräftiges Unternehmen, die mit dem Absentismus des Großgrundbesitzers verbunden ist, 2. die vielfältigen Pacht- und Kleinpachtverträge, von der Mezzadria, der ›colonía parziária‹, d. h. Teilbau mit Teilung von Kosten und Produktion, über Erbpacht und Parzellenpacht bis zur ›compartecipazione‹, der bloßen Arbeitsleistung an einer Kultur in einer Anbauperiode (Reben, Ölbaum, Seidenraupen), 3. der Jahresvertrag mit Dauerarbeitskräften (salariati fissi), 4. der Tagesvertrag mit dem Tagelöhner (bracciante oder salariato giornaliere).

Der Grundbesitzer stellte im Süden des Landes gewöhnlich nicht mehr als den Boden zur Verfügung. Der Bauer als Pächter hatte in bar oder Ernteanteilen zu zahlen, die zwischen 25 und 60 % des Ertragswertes lagen. Bei 50 % sprach man in Sizilien von der ›metatería‹ oder unechten Mezzadria. Es gab viele Mischformen von Kontraktverhältnissen. Der ›terraticante‹ Siziliens hatte ähnlich wie der ›terragerista‹ Kalabriens Haus- und etwas Landeigentum, bewirtschaftete aber außerdem fremdes Land im Teilbau (VON BLANCKENBURG 1955, S. 441; zu den Vertragsformen vgl. VÖCHTING 1951, S. 315).

Die Betriebsweise, bei der das Latifundium in eine Vielzahl von Pachtländereien, d. h. Parzellen ohne Gebäude, dazu mit oft unsicheren Verträgen aufgeteilt war, läuft unter dem Begriff ›latifondo contadino‹. Als typisch latifundistische Eigenschaften gelten auch hier im Klein- und Mittelbesitz die extensive Bewirtschaftung, die lockere Bindung zwischen Betriebsführung und Arbeitskräften, die Abwesenheit des Besitzers, der hier oft ein Städter und Angehöriger der ›borghesía‹ ist, und ein sehr geringer Kapitaleinsatz.

Im äußeren Erscheinungsbild lassen sich beide Formen kaum unterscheiden, weil es sich um weite, unbesiedelte Fluren handelt (non appoderato). Auch der ›contadino‹, der Kleinpächter oder Kleinbesitzer, wohnt im engen Großdorf oder der Agrostadt. In weiten Abständen erheben sich gelegentlich Masserien oder Strohhütten als temporäre Unterkünfte oder Scheunen. Es ist der mehr oder weniger baumlose ›mezzogiorno nudo‹ nach ROSSI-DORIA (1956, vgl. TICHY 1962, S. 105), der über zwei Drittel Süditaliens einschließlich der Maremmen umfaßt hat. Soziale Probleme entstanden vor allem im Bereich des Latifondo capitalistico, wo mehr als die Hälfte der Landbevölkerung aus Tagelöhnerfamilien bestand. Noch 1961 waren 88% der landwirtschaftlich Erwerbstätigen in Baghería/Provinz Palermo Tagelöhner, in Gela 75% (Monheim 1972, S. 398). Hier ›im tiefen Süden‹ herrschten große Armut und Unzufriedenheit. Am schlimmsten entwikkelte sich das System wohl in Sizilien mit der Kette von Pacht und Unterpacht der Weizenfelder, im sogenannten Gabellottisystem, bei dem der ›gabellotto‹, der Großpächter, die Weidewirtschaft selbst betrieb.

Allgemein verbreitet war der Typ des Latifondo capitalístico in den Maremmen, im apulischen Tavoliere, im Metapontino, im kalabrischen Marchesato (Crotone) und in den kampanischen Küstenebenen, die noch nicht entwässert waren. In den hochgelegenen Großdörfern und Agrostädten versammelten sich täglich bei Morgengrauen die Tagelöhner auf der Piazza in der Hoffnung, angeheuert zu werden zu kärglichem Tageslohn bei harter Arbeit. Regentage blieben unbezahlt, im Winter gab es keine Arbeit. Extensive Monokultur und die allein als Arbeitsmarkt und zur Aufrechterhaltung aller lebenswichtigen Beziehungen geeignete Großsiedlung bildeten einen grundlegenden Zusammenhang. Das Prestige hebende, soziale Gründe waren es außerdem, die das Leben in der Agrostadt förderten (Monheim 1971, S. 212).

### a4 Mischkultur und Halbpacht in Mittelitalien

Die typische Wirtschaftsweise in Mittelitalien war die ›coltura promiscua‹. Das altbekannte und wegen seiner Stabilität gerühmte Verfahren der Mischkultur bestand aus der dem Gartenbau ähnlichen Bodennutzung durch Fruchtbäume (Ölbaum), Strauchkulturen (Reben), Getreide (Weizen) und Gemüse auf ein und derselben Fläche über- oder nebeneinander. Besonders charakteristisch waren die Rebzeilen zwischen Wildbäumen oder Fruchtbäumen (Desplanques 1959). Wenn die Mischkultur mit der besonderen Form der Halbpacht, der ›mezzadría‹, verbunden war, dann handelte es sich um die eigentliche ›coltura mista‹ (vgl. Tab. 36). Sie war mit der Ablösung des Lehnssystems und mit der Bauernbefreiung von den freien Kommunen seit dem 12. Jh. eingeführt worden. Die Bewohner der ehemaligen Haufendörfer wurden in Einzelhöfe umgesiedelt (Sabelberg 1975a, S. 223). Vom 14. Jh. an wurde die Coltura mista noch intensiviert und in entwässerten Sumpfgebieten eingeführt. Villen und Fattorien legte man an, es hatte sich der Agrarlandschaftstyp der ›Toscana urbana‹ entwickelt.

Die Mezzadría darf nicht mit Teilpacht gleichgesetzt werden, bei der auch eine Pachtzahlung von 50% des Ertrages vorkommen kann, denn hier galten besondere Rechtsnormen, die sich auf die Betriebsweise und die Agrarbevölkerung auswirkten. Die gleichzeitige Verpachtung von Einzelhof (podere) und Land hatte zur Siedlung in der Flur, zur ›colonía appoderata‹ geführt (vgl. Kap. III 4 e3). Der Besitzer stellte Saatgut, besorgte Bodenverbesserungen, ließ Spezialkulturen anle-

*Tab. 36: Die Bewirtschaftung von Groß- und Kleinbesitz in der Toskana*

| Besitzgröße | Kleinbesitz 0–10 ha | | Mittel- und Großbesitz (10–100 ha und über 100 ha) | | | |
|---|---|---|---|---|---|---|
| Anteil in der Toskana | 23 % | | 28 % und 49 % | | | |
| Betriebssystem | selbständiger Bauernbetrieb vom Eigentümer geführt ›Coltivatori diretti‹ | als Mezzadriabetrieb verpachtet ›Colonia parziaria appoderata‹ | in Mezzadriabetriebe aufgeteilt u. verpachtet ›Colonia parziaria appoderata‹ | ›Latifundien‹ (Latifundienwirtschaft) Bauernlatifundium ›latifondo contadino‹ | ›latifondo capitalistico‹ | kapitalistischer Großbetrieb geführt ›a conto diretto‹ |
| | | | | Mischformen | | |
| Bearbeitung des Betriebes durch | Eigentümer und seine Familie | Halbpächter, ›Mezzadro‹ und dessen Arbeitsfamilie, langfristiger Pachtvertrag, Anleitung durch den Eigentümer und/oder Fattore | | kurzfristige Verpachtung an Großpächter Weiterverpachtung in allen Teilpachtformen, ›Colonia parziaria‹ *außer* der Mezzadria | Bearbeitung mit Tagelöhnern ›giornalieri‹ | Besitzer und/oder Fattore mit fest angestellten Lohnarbeitern, z. T. Spezialarbeiter |
| | | | | Mischformen | | |
| Betriebsgröße und Betriebszersplitterung | gleich Besitzgröße, stark zersplittert | gleich Besitzgröße, unzersplittert | 5–60 ha je nach Bodengüte, unzersplittert | Aufteilung in möglichst viele kleinste Einheiten, stark zersplittert | große Einheiten, unzersplittert | gleich Besitzgröße, unzersplittert |
| Agrare Siedlungen und Organisation der Betriebe | dicht gebaute Dörfer eigener Hof | Einzel-, Halbpachthöfe | unter Verwaltungszentrum einer Villa-Fattoria | Agrarstädte und ›Masserien‹ als Verwaltungszentren | | weitständig, einzeln liegende Großhöfe, meist alte Villen und Fattorien |
| Betriebsziel | Selbstversorgung des Eigentümers | Selbstversorgung des Mezzadro und des Großhaushaltes des Verpächters und Marktversorgung | | Pächter: kurzfristiger Raubbau zu Selbstversorgung. Besitzer: langfristig geringer, aber gleichmäßiger Geldgewinn | | Marktversorgung |

| | | | | |
|---|---|---|---|---|
| Investitionen in den Betrieb | hohe Investitionen von Arbeitskraft, geringe Investition von Kapital | hohe Arbeitsinvestition durch den Mezzadro, hohe Kapitalinvestition durch den Eigentümer | möglichst geringe Investitionen von Kapital und Arbeit | sehr hohe Kapitalinvestition, geringe Investition von Arbeitskraft |
| Nutzung | individuell, intensiv, Nutzpflanzen an den klimatischen Höhenstufen orientiert | ›Coltura mista‹ mit geringen, ökologisch bedingten Abwandlungen, sehr intensiv, Gartenbau ähnlich | Kulturen, die wenig Investitionen verlangen (Weizen, Weide, seltener Ölbaum, Wein), extensiv | individuell, Nutzung überregional marktorientiert |
| Mechanisierung | gering | häufig gering, stellenweise recht hoch | sehr gering | sehr hoch |
| Hauptverbreitung in der Toskana | alt im NW-Apennin u. M. Amiata, neu in d. Bodenreformgebieten d. Maremma | alt in d. Toscana urbana (um Pisa, Lucca, Florenz, Pistoia, Arezzo, Siena), neu in d. Bodenreformgeb. d. Maremma vor 1940 | Maremma | neu in der Toscana urbana, selten in den Bodenreformgebieten der Maremma |
| Hauptverbreitung im übrigen Italien | große Teile der italienischen Gebirge | Umbrien, Marken, Emilia, Venetien, ehemals auch Lombardei, Ligurien | Mezzogiorno einschließlich Sizilien und Sardinien, in Teilen der Po-Ebene | Po-Ebene, neu in d. ehem. Mezzadriagebieten, selten in Bodenreformgebieten |

Quelle: Sabelberg 1975 b, S. 327.

*Tab. 37: Betriebsweisen in der Landwirtschaft Italiens 1970 nach regionalen Gruppen. Flächenanteile (in Prozent) an der landwirtschaftlichen Nutzfläche inkl. Weideland, ohne Wald*

| Typ | Region | *Selbständiger Betrieb* | | *mit Lohnarbeitern und/oder Teilhabern* | *Mezzadria* | *Sonstige* |
|---|---|---|---|---|---|---|
| | | *Besitz* | *Pacht + Besitz* | | | |
| 1 | Ligurien | 66 | 17 | 12 | 3 | 1 |
| 2 | Piemont | 24–33 | 40–51 | 20–35 | <2 | 1–2 |
| | Aosta | | | | | |
| | Lombardei | | | | | |
| | Sardinien | | | | | |
| 3 | Südtirol-Trentino | 35 | 13 | 50 | <1 | 1 |
| 4 | Toskana | 32–39 | 7– 8 | 22–35 | 17–36 | 1 |
| | Umbrien | | | | | |
| | Marken | | | | | |
| 5 | Friaul | 37–42 | 12–37 | 18–35 | 4–15 | 0–2 |
| | Emilia-Romagna | | | | | |
| | Venetien | | | | | |
| | Abruzzen | | | | | |
| 6 | Latium | 47–50 | 11–33 | 13–33 | 1– 5 | 1–2 |
| | Molise | | | | | |
| | Kampanien | | | | | |
| 7 | Sizilien | 50–53 | 12–19 | 25–30 | <1 | 4–8 |
| | Apulien | | | | | |
| | Kalabrien | | | | | |

Quelle: ISTAT: 2. Censimento generale dell'agricoltura 1970, Vol. I, Tav. 10.

gen und beaufsichtigte die Wirtschaftsweise seiner Pächterfamilien. Der Halbpächter trug mit seiner Familie die Arbeitslast – ein sehr wichtiger Unterschied zur Teilpacht in Sizilien! – und brachte die Geräte mit ein. Weitere Kosten teilte man. Bei der Mezzadría wurden also nicht nur die Erträge, sondern auch die Kosten geteilt. Im allgemeinen handelte es sich um mittelgroße Betriebe, deren Fläche aber je nach Bodengüte und Intensität der Nutzung, außerdem mit der Zahl der Familienmitglieder, schwankte. Wein, Oliven und Weizen dienten als Grundprodukte der Versorgung von Pächter- und Eigentümerhaushalten und ermöglichten eine ausreichende Vermarktung. Die Mezzadrifamilien waren wirtschaftlich und sozial gesichert und hatten wenig Probleme zu bestehen. Die Mezzadría galt als eines der stabilsten, wirtschaftlich produktivsten und sozial gesündesten Agrarsysteme Italiens (Merlini 1948). Im Unterschied zur Latifundienwirtschaft trat hier nicht der reine Absentismus auf, denn der städtische Eigentümer schrieb die

Wirtschaftsweise vor, besonders beim ›fattoría‹-System. Dort waren auf Großgrundbesitz mehrere Halbpachthöfe zusammengefaßt und wurden vom ›fattore‹ gemeinsam verwaltet. Trauben und Oliven erhielten hier die erste Verarbeitung. Wie auf manchen Einzelhöfen lebte der Eigentümer mit seiner Familie vier bis sechs Monate auf dem Lande zur ›villeggiatura‹ in der ›villa‹, weshalb man von ›Villenfattorien‹ spricht. Die Villa der Toskana, ein Landhaus, ist aber weder Gutsbezirk noch Herrenhaus oder Schloß (Dörrenhaus 1976, S. 12).

### a 5 Kleinbauerntum und Besitzzersplitterung

Eine der Hauptursachen für die unzureichende Entwicklung, ja sogar Behinderung der italienischen Landwirtschaft sind die in ihrer Mehrzahl völlig ungenügenden Besitz- und Betriebsgrößen des Kleinbauerntums. Seit Jahrhunderten vollzog sich mit der Realerbteilung der Prozeß der Bodenaufteilung bis zu jener extremen Art von Bodenzersplitterung (frammentazione), der Pulverisierung (polverizzazione) in kleinste Parzellen. Die Ursachen sind zu sehen 1. im Erstarken des Bürgertums seit dem 18. Jh., wodurch der Landbesitz mobilisiert wurde; 2. ereignete sich der Niedergang des adligen Grundbesitzes; 3. verstärkte sich der Landhunger mit der im 19. Jh. stark wachsenden Bevölkerung, und 4. breitete sich im Norden mit der industriellen Entwicklung ein Arbeiterbauerntum aus, das Land benötigte. In Süditalien gehen die kleinen Besitzeinheiten des 19. Jh. vielfach auf die ›Emphyteuse‹ zurück. Das sind seit dem 4. Jh. übliche Erbpachtverfahren, die es ermöglicht haben, das Land zu kolonisieren und zu meliorieren, wobei in günstigen Lagen Kleinbetriebe entstanden, in denen Fruchtbäume und Gemüse in gartenbauähnlichen Kulturen angebaut wurden (Baruzzi-Leicher 1962, S. 200).

Besonders während und nach dem Ersten Weltkrieg ging eine Art ›Bodenreform‹ vor sich, bei der zwischen 1919 und 1939 über 1 Mio. ha Land in das volle Eigentum ihrer kleinbäuerlichen Bewirtschafter gelangten (Hetzel 1957, S. 10 nach Medici 1947, S. 70). Rückwanderergelder führten nach dem Zweiten Weltkrieg die Bodenzersplitterung weiter. Hierdurch entstanden Probleme, die trotz eingehender Untersuchungen und Dokumentationen unter anderem durch Medici u. a. (1962) kaum zu Gegenmaßnahmen etwa in einer Flurbereinigungsgesetzgebung geführt haben. Man hat sogar gegen besseres Wissen die Ausbreitung des Kleinbauerntums aus verständlichen politischen Gründen noch gefördert. Im Jahr 1964 bestanden 4 Mio. ha Land (vgl. Tab. 38), das waren 19,2 % der landwirtschaftlichen Nutzfläche (Ackerland, Baumkulturen, Dauerwiesen), aus Besitzflächen unter 2 ha, und außerdem war solcher Kleinbesitz gewöhnlich in einzelne, verstreut in der Flur liegende Parzellen aufgesplittert. Viele von ihnen, in der Padania etwa ein Drittel, waren verpachtet und bildeten die tatsächlich bewirtschafteten Betriebsflächen, die aber auch gewöhnlich weniger als 3 ha groß waren.

*Tab. 38: Klein- und Kleinstbesitz unter 2 ha im Jahr 1946 in den Großräumen (Schätzung)*

| | Fläche 1000 ha | Anteil % | Anteil an der landwirtschaftlichen Nutzfläche |
|---|---|---|---|
| Norden | 1 515 | 37,5 | 19,8 |
| Mitte | 555 | 13,8 | 14,7 |
| Süden | 1 300 | 32,2 | 23,4 |
| Inseln | 665 | 16,5 | 16,3 |
| Italien | 4 035 | 100 | 19,2 |

Quelle: Medici u. a. 1962, S. 21.

Derart kleine Flächen erlauben im reinen Ackerland keine bäuerliche Existenz, es sei denn mit Bewässerung. Dann sind Futterbau, Viehhaltung und Düngung möglich, oder es können Spezialkulturen angepflanzt werden.

Nach Schätzungen von Medici (1962, S. 17) konnte sich eine nicht zu große Familie ernähren von
- 0,5 ha Agrumen- und 2 ha Ackerland oder von
- 0,1 ha Glashauskulturen und 0,5 ha bewässertem Gartenland oder von
- 1 ha bewässertem Gartenland oder von
- 1 ha Rebland und 1,5 ha Ackerland oder von
- 1 ha Obstfläche und 1 ha Ackerland oder von
- 3 ha bewässertem Ackerland.

Derartige Kleinbetriebe können sehr vielfältig zusammengesetzt sein. Die einen wirtschaften auf dem eigenen Kleinbesitz, andere auf Pachtland verschiedener Vertragsformen mit deren typischer regionaler Verbreitung, was eine beträchtliche Unsicherheit bedeutet, wenn es sich nicht um Mezzadria handelt. Landwirtschaftliche (compartecipazione z. B.) und außerlandwirtschaftliche Nebentätigkeiten kommen je nach Möglichkeit hinzu.

Eine der wenigen Untersuchungen über Gemeinden mit Kleinbauernland ist die über Castellúccio Inferiore/Provinz Potenza (Medici, Sorbi u. Castrataro 1962). Aus 3409 Besitzen auf 2791 ha ergab sich eine Durchschnittsgröße von 0,8 ha. 93 % lagen unter 2 ha und nahmen 42 % der Fläche ein. Mehr als die Hälfte bestanden aus zwei und mehr kleinen Parzellen (spezzoni). 48 Besitze, fünf von ihnen unter 2 ha, setzten sich aus 15 und mehr getrennt liegenden Parzellen zusammen. Extrem war und ist die Zersplitterung auf den kleinen tyrrhenischen Inseln. Im Jahr 1930 hatten 96 % aller Betriebe auf Íschia, Capri und Prócida Größen unter 3 ha (1970 sogar 98,2 %) auf 83,5 % der gesamten Betriebsflächen der Inseln einschließlich Wald. Ein Betrieb auf Íschia wirtschaftet auf 23 verschiedenen Besitz- und Pachtparzellen, die über 600 m Höhendifferenz verteilt sind (Mikus 1970, S. 442).

Medici gab in einer Karte einen Überblick über die Verteilung der ›proprietà polverizzata‹ unter 2 ha (für 1946). Verschärft zeigte sich das Phänomen in den Tälern der Alpen und Voralpen, dann im Friaul und in den Moränenhügelländern am Rand der Padania, weiterhin im Weinbaugebiet des Monferrato und der Langhe. In der Lombardei auf den Pianalti steht der Kleinbesitz in Verbindung mit der Pendlerarbeit in der Industrie. Stark war die Zersplitterung auch im Oltrepò Pavese, schwer in Ligurien, in der Versilia, um Lucca, im Valdarno und allgemein im Apennin. Mit zunehmender Höhe wird das Grundeigentum im Nordwestapennin immer kleiner (Ullmann 1967, S. 49, Tab.). In Mittelitalien fand sich der Kleinbesitz außerhalb des Mezzadriagebietes im Bergland Umbriens, dann wieder in den Beckenlandschaften und in der Ciociaría von Frosinone. Schwerwiegend war der Klein- und Kleinstbesitz in seinen Auswirkungen in Süditalien, fast überall in den Regionen Abruzzen und Molise, am Golf von Neapel und auf der tyrrhenischen Seite der Basilicata. In Apulien gehörten die Bereiche um Barletta und Bríndisi dazu, ebenso die Salentinische Halbinsel, dann in der Basilicata die Täler zwischen Brádano und Sinni, in Kalabrien die Abhänge von Sila, Serra und Aspromonte sowie einige Küstenstreifen; eine gute Vorstellung vermitteln Flurkarten aus dem Vallo di Diano (Desplanques 1975, Fig. 1 u. 2). Schwer lastet bis heute die Kleinstparzellierung auf den kleinen Inseln, aber auch auf Sardinien. Auf Sizilien waren und sind die Bereiche zwischen Palermo und Castellammare del Golfo, zwischen Agrigent und Enna und der Südwestfuß des Ätna besonders betroffen.

Allgemein kann man sagen, daß sich Klein- und Kleinstbesitz und das Kleinbauerntum dort finden, wo ein intensiver Anbau im Familienbetrieb bei hohem Einsatz von Handarbeit betrieben wird. Sind die Betriebsflächen groß genug und der Eigenbesitz ebenfalls, dann kann es sich dennoch um recht stabile und leistungsfähige Wirtschaften handeln. Prekär ist dagegen stets die Situation des Klein- und Kleinstbesitzes im Gebirge und im höheren Hügelland auf ärmeren Böden, wo sich seit der Erhebung von 1946 in zunehmendem Maß die Gebirgsentvölkerung ereignet hat und große ehemalige Nutzflächen wüstgefallen sind.

## *b) Melioration, Binnenkolonisation und Bodenreform*

### b1 Meliorationsmaßnahmen. ›Bonífica integrale‹ und ›Bonífica montana‹

Die heutige Situation der Agrarlandschaften Italiens ist nicht zu verstehen ohne einen Blick auf die unerhörte Arbeitsleistung, die in Generationen aufgewendet worden ist, um den Boden nutzbar und bewohnbar zu machen, in Küstenräumen, Binnenbecken, Tonhügelländern und an Gebirgshängen. Das bedeutet an dieser Stelle mehrmals einen Rückblick in Kapitel, in denen es um die Gestaltung und Umgestaltung der physischen Umwelt und die Bekämpfung drohender

Gefahren ging. Mit Hilfe von besonderen Bestimmungen in Pachtverträgen, z. B. der alten Emphyteuse, der Boaría und anderen, gelang es den Grundherren und Großgrundbesitzern, die agrarische Nutzfläche auszudehnen und damit ihre Ländereien ertragreich zu machen. Eine langjährige Verbesserungspacht diente in Apulien zum Aufbau oder Wiederaufbau von Rebland (Vöchting 1951, S. 326). Im Berg- und Hügelland entwickelten sich oft sehr aufwendige und pflegebedürftige Terrassenformen, die angelegt wurden, um der Bodenzerstörung zu begegnen (vgl. Kap. II 1 g4). In Flußniederungen, Binnenbecken und Küstenhöfen sind schon seit frühgeschichtlicher Zeit mit mehr oder weniger großem Erfolg Anstrengungen gemacht worden, um mit den damals möglichen technischen Methoden Sumpfflächen zu entwässern, und um andererseits Anbauflächen zu bewässern (vgl. Kap. II 3d). Auf ein von deutschen Forschern untersuchtes, historisches Beispiel sei hier besonders hingewiesen, das ist die Entwässerung des Maremmenabschnittes östlich von Cosa durch die sogenannte Tagliata in etruskischer Zeit (Rodenwaldt u. Lehmann 1962). Die wichtigsten Maßnahmen der Melioration – in Italien spricht man von ›bonífica‹-Maßnahmen –, waren Be- und Entwässerung, Malariabekämpfung und Neulandgewinnung (vgl. Kap. II 1 g5).

Bis weit ins 19. Jh. hinein blieb den oft großangelegten Meliorationsunternehmungen früherer Zeit der Erfolg oder zumindest der dauernde Erfolg wegen der unvollkommenen Technik versagt.

Wie bei vielen anderen Maßnahmen solcher Art ist die Rekultivierung der Pontinischen Sümpfe zum ›Agro Pontino‹ erst durch intensive Arbeiten im Gefolge des ehrgeizigen Programms der faschistischen Regierung und mit den Gesetzen von 1923, 1928 und 1933 zur sogenannten ›integralen Urbarmachung‹ möglich geworden. Weitergeführt wurden die in der Verfassung von 1948 geforderten Arbeiten zur Binnenkolonisation nach dem Zweiten Weltkrieg im Rahmen der Bodenreform. Man sprach von ›bonífica integrale‹, weil man alle für eine vollständige landwirtschaftliche und siedlungspolitische Inwertsetzung notwendigen Maßnahmen damit bezeichnen wollte. Dazu gehörten nicht nur die wasserwirtschaftlichen Arbeiten, sondern auch diejenigen zur Schaffung von Ackerland, zur Ansiedlung der Bevölkerung in Einzelhöfen, Gruppensiedlungen, Dörfern und Städten und Maßnahmen zur Verkehrserschließung. Das Landeshilfswerk ehemaliger Kriegsteilnehmer erhielt den Auftrag, für die Bodenumgestaltung und für die Förderung des mittleren und kleinen Besitzes zu sorgen. In den ehemaligen Pontinischen Sümpfen, im apulischen Tavoliere und am unteren Volturno in Kampanien entstanden 48 ländliche und städtische Siedlungen, deren Orts- und Gehöftnamen deutlich auf die Entstehungszeit hinweisen. Wir finden Namen berühmter Kampfstätten von der Alpenfront im Ersten Weltkrieg wieder, im Unterschied zu den nach dem Zweiten Weltkrieg erbauten Gehöften, die fast ausschließlich Heiligennamen erhalten haben. Die Neulandgewinnung und die Siedlungsgründungen führten zu einer ersten größeren Welle von gelenkten Binnenwanderungen (vgl. Kap. III 3 d).

In der Nachkriegszeit konnten die großen staatlichen Bonificaprojekte der faschistischen Regierung abgeschlossen, weitere begonnen und ebenfalls erfolgreich beendet werden. Heute gilt es einzuhalten und nicht weitere und letzte Feuchtgebiete, vor allem am Küstensaum – jetzt für Industrieansiedlung oder für den Fremdenverkehr – der Natur zu entziehen, etwa den Stagno di Cabras bei Oristano in Sardinien. In stärkerem Maß wendete man sich nun der Wasserversorgung der Bevölkerung, der Industrie, des Fremdenverkehrs und der landwirtschaftlichen Nutzflächen zu, wofür kostspielige Stauseeprojekte und Leitungssysteme (apulische Wasserleitung) – bis zu submarinen Rohrleitungen wie nach Capri – verwirklicht worden sind. Auch hier ist man bald an den Grenzen des Möglichen angelangt. Ausbau- und modernisierungsfähig sind aber noch Bewässerungsanlagen im Süden (Rother 1980d); der naturgegebene Vorsprung Norditaliens ist zwar nicht einzuholen, das Wasser kann jedoch noch besser bewirtschaftet werden, so daß es nicht zum dauernden Mangelfaktor wird.

Allzu spät ist man staatlicherseits über die Forstverwaltung darangegangen, die Bonifica oder Melioration aus den begünstigten Ebenen auf das Bergland zu übertragen. In der Nachkriegszeit erhielt die ›bonífica montana‹ zunehmende Bedeutung, und seit dem Berglandgesetz von 1952 ist im Gewässerausbau, im Kampf gegen die Bodenzerstörung und für die Wiederaufforstung sehr viel, aber noch längst nicht genug getan worden. Die nach der Bergflucht geringer gewordene Bodenpflege, z. B. die fehlende Unterhaltung der Ackerterrassen, macht sich bei Hochwassern in der wachsenden Schuttführung bemerkbar. Hier liegen einige der noch unter sehr hohem Einsatz zu bewältigenden Probleme der allernächsten Zukunft.

### b2 Bodenreformgesetze und Bodenreformgebiete

Einige der auffälligsten Veränderungen innerhalb des Agrarsektors haben sich in der Nachkriegszeit im Zusammenhang mit der Bodenreform ereignet, und zwar vor allem im Süden. Dort war die Lage der Landwirtschaft um 1945 nach Mussolinis Weizenschlacht, die zur großen Ausdehnung des Ackerlandes mit folgender Bodenzerstörung geführt hatte, geradezu hoffnungslos. Während die landwirtschaftlich tätige Bevölkerung im Norden abnahm, erhöhte sich ihr Anteil im Süden noch auf 57% (1951), in den meisten Provinzen auf über 70%. Armut, Unterernährung, Krankheiten, Analphabetentum, Mangel an Schulen und an Krankenversorgung sowie fehlende sanitäre Einrichtungen kennzeichneten die aussichtslose Lage. Tagelöhner fanden in der Landwirtschaft nur für 100–150 Tage im Jahr Arbeit. Am schlimmsten war die Arbeitslosigkeit in Nordapulien und im Po-Delta (King 1973, S. 28). Gegenüber der offenen gab es aber die von der Statistik unbeachtete verdeckte Unterbeschäftigung, die für die bäuerliche Wirtschaft in Eigentum oder Pacht charakteristisch war; jede Art von Nebentätigkeit war gesucht, z. B. bei Arbeitsspitzen auf Gutsbetrieben, beim Ölbaumschnitt oder bei

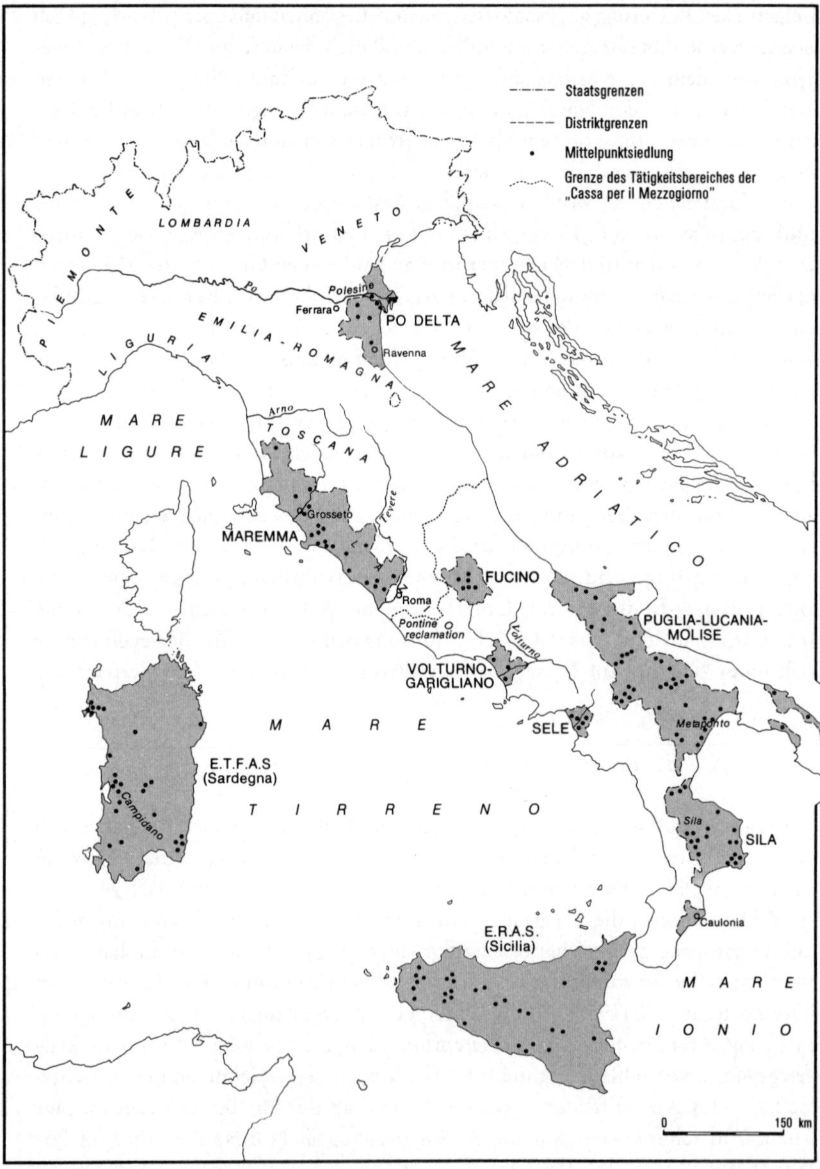


*Fig. 53: Die Bodenreformgebiete in Italien.* Aus DAGRADI 1976, S. 171.

Erntearbeiten; aber im Gebirge gab es dazu keine Möglichkeiten. Noch war die bisher gesetzlich gestoppte Auswanderung nicht wieder in Gang gekommen, der Druck auf alle nutzbaren Landflächen war bei den fehlenden außerlandwirtschaftlichen Beschäftigungsmöglichkeiten enorm.

Landnot, Arbeitslosigkeit und Hunger waren bei dem Bevölkerungsüberschuß so groß geworden, daß Staat und Regierung in Gefahr gerieten, als sich der angestaute Unwillen Luft machte. Politische Entscheidungen schienen vordringlich. Als eine Gesetzesvorlage zur allgemeinen Bodenreform im Parlament diskutiert wurde, kam es zu Landbesetzungen in Sizilien und Kalabrien. Um einem drohenden kommunistischen Umsturz zu begegnen, mußten sofort wirksame Spezialgesetze erlassen werden. Eine blutig niedergeschlagene Bauernerhebung bei Melissa nahe Crotone in Kalabrien führte im Mai 1950 zum ›Silagesetz‹. Es brachte die Enteignung des Großgrundbesitzes mit mehr als 300 ha und die Verteilung an landlose und landarme Bauernfamilien (Vöchting 1951, S. 532). Im Oktober 1950 folgte das ›Legge strálcio‹, d. h. Bodenbeschneidungsgesetz, das aber auf bestimmte Bereiche mit Großgrundbesitz begrenzt wurde, nämlich auf das Po-Delta, die Maremmen, das Fuciner Becken, die Flußniederungen von Volturno, Garigliano und Sele in Kampanien, auf Teile der Regionen Molise, Apulien und Basilicata und den Caulóniabereich in Kalabrien; außerdem wurde ganz Sardinien eingeschlossen. Ein Sondergesetz für Sizilien wurde im Dezember 1950 vom Regionalparlament verabschiedet (vgl. Fig. 53). Man bildete Bodenreformgebiete (comprensori di riforma), jedes unter Leitung einer ›Ente Riforma‹, die dem Landwirtschaftsministerium unterstanden. Weder Bauern und Landarbeiter noch Grundbesitzer glaubten an die unmittelbar folgende Ausführung der Gesetze; doch jetzt sollte den lange vernachlässigten Schichten geholfen werden, auch wenn es unter Zeitdruck nicht mit der nötigen Sorgfalt geschah, wie sich bald zeigen sollte.

Die zu enteignenden Flächen wurden nach einem gleitenden Schlüssel bestimmt, der das Durchschnittseinkommen des Gesamtbesitzes berücksichtigte, denn es galt eine Gleichbehandlung zu erreichen. Die Eigentümer konnten ein Drittel der enteignungsfähigen Fläche behalten, den ›terzo resíduo‹, wenn sie für dessen entsprechende Entwicklung sorgten. Nicht betroffen waren gutgeführte, sogenannte ›Modellbetriebe‹ und einige Viehzuchtbetriebe, ein viel kritisiertes Verfahren. In Sizilien nahm man Agrumen-, Reb-, Garten-, Gemüseland und bewässerte Flächen aus. Das enteignete Land war zu entsteinen, zu entwässern, tief zu pflügen und sollte binnen drei Jahren an landlose Arbeiter, Pächter, Teilpächter und andere vergeben werden. Zwei Drittel der entstandenen Kosten sollten in 30 Jahresraten zurückgezahlt werden, und in dieser Zeit waren Verpachtung und Verkauf untersagt. Mit Reformgenossenschaften war zusammenzuarbeiten. Zwei Siedlungstypen wurden geschaffen: der ›podere‹, ein selbständiger Betrieb mit dem Bauernhaus auf der Betriebsfläche, und die ›quota‹, ein kleineres Landlos, das zur Abrundung andersartiger Einkommensquellen dienen sollte. Dem Ente

*Tab. 39: Daten zur Bodenreform nach dem Stand von 1965*

| Comprensorio (Bodenreformgebiet) | Fläche ha | enteignet ha | zugeteilt 1963 | Familien-zahl | Cooperative 1965 | Größe ∅ ha |
|---|---|---|---|---|---|---|
| Po-Delta | 335316 | 49981 | 37185 | 4768 | 33 | 6,7 |
| Maremmen | 995390 | 182083 | 173268 | 19474 | 229 | 8,7 |
| Fúcino | 45006 | 15977 | 15300 | 9026 | 64 | 1,5 |
| Kampanien | 126891 | 16394 | 15422 | 3734 | 39 | 4,0 |
| Apulien-Lukanien-Molise | 1501807 | 201651 | 189642 | 31129 | 284 | 5,7 |
| Kalabrien | 573489 | 86008 | 83631 | 18262 | 84 | 4,5 |
| Sizilien | 2570733 | 115273 | 93090 | 23046 | 104 | 4,0 |
| Sardinien | 2408900 | 100674 | 74058 | 3625 | 85 | 13,0 |
| Italien, Reformgebiete | 8557532 | 767041 | 681596 | 113064 | 922 | 5,6 |

Quelle: King 1973.

Riforma wurden übertragen: Bodenverbesserungsmaßnahmen, Errichtung der Gehöfte und Versorgungszentren, Bau von Straßen und Bewässerungsanlagen, technischer Beistand, Gründung von Genossenschaften, Sozialwesen und Schulen.

Im Gesamtbereich der Comprensori von über 8 Mio. ha sind etwa 800000 ha enteignet worden (vgl. Tab. 39). 113000 Familien erhielten Land, davon 48000 als Poderi und 65000 als Quote. Nur zwei der 8 Comprensori lagen nördlich des Tätigkeitsbereichs der Cassa per il Mezzogiorno, einer davon in den Maremmen, in denen im Grunde unter den gleichen Bedingungen wie im Süden gewirtschaftet wurde. King (1971c, S. 372) betrachtet sie mit Recht als Anhängsel des Südens. Das Po-Delta dagegen ist aus politischen Gründen als Antwort auf die Tätigkeit der kommunistischen Arbeiterunion in die Bodenreform einbezogen worden.

Nach dem Wortlaut der Reformgesetze sollte die Landverteilung sowohl wirtschaftliche als auch soziale Vorteile bringen; aber oft waren die Landarbeiter – wenn es nicht sogar Schneider, Frisöre oder Bauarbeiter waren (King 1973, S. 52) – gar nicht in der Lage, einen Betrieb zu leiten. Dennoch sind nach offiziellen Angaben des Landwirtschaftsministeriums 47% der mit Land Versehenen landlose Landarbeiter gewesen. 37% waren Pächter und 9% Kleinbauern mit Eigenbesitz.

Man war sich darüber klar, daß nicht alle größeren Betriebe zerschlagen werden durften, was zum Schaden der landwirtschaftlichen Produktivität des Südens geführt hätte. Das Silagesetz legte die Grenze bei 300 ha fest, das Legge strálcio dagegen sah eine gleitende Skala ohne bestimmte Hektarwerte vor. Bestraft wurde dadurch, wer wenig produzierte, belohnt, wer gewisse Erträge erwirtschaftete, und diese waren nicht zuletzt durch Boden und Klima bedingt. Gerade die minderwertigeren Flächen kamen auf diese Weise zur Verteilung. Die Größen der Poderi und der Quote schwankten beträchtlich und waren nur insoweit festgelegt,

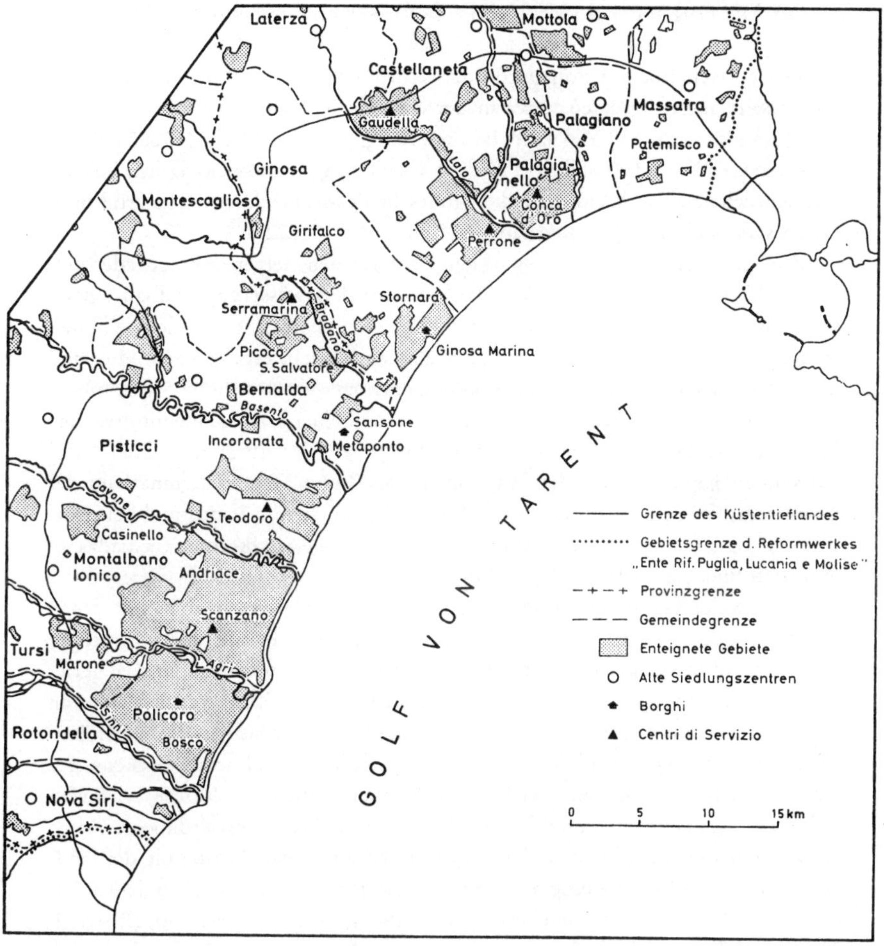


*Fig. 54: Die enteigneten Gebiete im Tiefland von Metapont.* Nach Ente Riforma Fondiaria Puglia, Lucania e Molise, Bari, aus Rother 1971 a, S. 58.

daß sie zum Unterhalt einer Familie ausreichen sollten. Im Durchschnitt hatten 1958 ein Podere 9 ha und eine Quota 2,4 ha (Barbero 1961, S. 32). Im teilweise bewässerungsfähigen Land der Ebene von Metapont hatten die Podere 4,6 ha und im Bergland rund 10 ha, in den Murge Apuliens 8,9 ha (Rother 1971 a, S. 60).

### b3 Die Folgen der Bodenreform für Wirtschafts- und Agrarstrukturen

Der wirtschaftliche Erfolg der Bodenreform läßt sich nicht in einigen zusammenfassenden Erfolgsdaten, etwa in der Zahl der gepflanzten Obstbäume und Rebstöcke (bis 1962 140 Mio.), der bewässerbar gemachten Fläche (45000 ha), der erbauten Gehöfte (43000), der Straßen, Wasserleitungen und elektrischen Leitungen deutlich machen. Wenn auch die Unterschiede im einzelnen viel zu groß sind, lassen sich doch drei Typen erkennen (King 1973, S. 222):

Zum ersten Typ gehören die wirklich erfolgreichen Gebiete mit zufriedenstellenden Einkommensverhältnissen. Meistens wird Bewässerungsfeldbau betrieben, oder die Flächen sind im Trockenfeld genügend groß, so daß sie wie in den Maremmen mit 20–50 ha selbständige Viehzuchtbetriebe ermöglichen. Hier und im Obst-, Gemüse- und Industriepflanzenanbau werden hohe Einkommen erwirtschaftet, wenn der Betriebsleiter die entscheidenden Fachkenntnisse einbringt. Derartige Reformflächen sind im Po-Delta weit verbreitet, auch in Kampanien, im Küstenbereich der Maremmen, im Raum Metapont, innerhalb des Comprensorio Apulien–Lukanien–Molise auch noch am Ófanto und bei Bríndisi. Kleinere Gebiete in Sardinien, z. B. die ehemalige Strafkolonie Castiadas im Südosten und die südliche Nurra, kommen dazu.

Der zweite Typ umfaßt jene weniger erfolgreichen Reformgebiete, in denen die wirtschaftliche Lage schon immer prekär war und die mit der allgemeinen Entwicklung nicht Schritt halten konnten. Trotz aller Reformmaßnahmen gerieten sie in eine Randposition wegen zu geringer Betriebsgrößen, wegen Mangel an Bewässerung und wegen unzureichender Fähigkeiten der Siedler. Dazu gehören die Flächen im Binnenland der Maremmen, große Teile des Fuciner Beckens, des Tavoliere und der Binnenbereiche von Apulien–Lukanien–Molise, viel vom kalabrischen Marchesato und die nichtbewässerten Teile Westsardiniens.

Zum dritten Typ, bei dem die Reform überhaupt keine Förderung der landwirtschaftlichen Entwicklung hat bewirken können, gehören nach offiziellen Angaben nur 10% der Reformgebiete, nach King aber mindestens doppelt soviel. Dort beschränkte sich die Reform auf die soziale Aufgabe der Landzuteilung. Die Versuche, stabile, lebensfähige Betriebe zu begründen, wo die physischen Bedingungen eigentlich nur die Aufforstung, die Weidewirtschaft oder Weizengroßbetriebe zulassen, blieben nutzlos. Dazu gehören die Hohen Murge, die lukanischen Gebirge, große Teile der Sila, die meisten sizilianischen Reformflächen und einzelne Flächen im sardischen Gebirge.

Welche Folgen hatte die Bodenreform für die Agrarstrukturen des Landes? – Eigentlich sind nur 3% der Fläche Italiens und 1% seiner Bevölkerung von ihr berührt worden, und doch war ihr Einfluß beträchtlich. Und das gilt, obwohl die Reform im Grunde zu spät kam, zu einer Zeit, als der traditionelle Sozialwert des Grundbesitzes zusammenzubrechen begann, als überall Land verkauft wurde, um in anderen Bereichen, in Handel, Industrie und Bauwesen zu investieren (King

1973, S. 199). Die bäuerlich bewirtschafteten Flächen wuchsen zwischen 1946 und 1961 um 13%, d. h. die überkommenen Agrarstrukturen verstärkten sich noch. Geographisch bedeutsamer wurde jedoch die Neusiedlung auf vorher praktisch unbewohnten Flächen des ›latifondo‹. Etwa 200000 Menschen sind aus übervölkerten Dörfern in eigene Höfe verpflanzt worden, was für den Süden und auch die Maremmen völlig neue Siedlungsformen mit sich brachte, abzulesen an der erheblichen Erhöhung der in Einzel- und Streusiedlungen lebenden Bevölkerung der betroffenen Gemeinden (vgl. KING 1973, Tab. 7.4). Freilich bedeutete diese Umsiedlung für die einzelnen Familien eine ungewohnte Isolierung, und in späteren Siedlungsvorhaben ist dem teilweise Rechnung getragen worden. Nachteilig war dabei auch die Mischung von Neusiedlern aus verschiedenen Gemeinden, was das Zusammengehörigkeitsgefühl und die Bildung lebendiger neuer Gemeinschaften behinderte. Daß mit der Melioration und der Bodenreform die Wanderungsbewegung aus dem Berg- und Hügelland in die jetzt malariafrei gemachten Küstenräume begann, haben wir gesehen.

Die traditionelle Weizen-Schafweide-Wirtschaft wurde abgelöst durch eine sich immer mehr intensivierende Misch- und Polykultur mit Obst, Gemüse, Vieh und Futterpflanzenanbau im Fruchtwechsel. Ackerland, Gärten und Rebflächen nahmen zu, Weideland und Brachland verringerten sich ebenso wie Wald und Strauchformationen. Starke Zunahme gab es bei Gemüse, Industriepflanzen (besonders Zuckerrüben, Tabak, Tomaten) und Futterpflanzen, während Getreide abnahm (von 61% des Ackerlandes 1953 auf 47% 1964; KING 1973, S. 207). Die Viehbestände erhöhten sich beträchtlich, die Zahl der Ziegen, charakteristisch für ein verarmtes Bauerntum in Italien, nahm stark ab, ebenso die der Schafe im Weidegang.

Über die Auswirkungen der Reform auf der Seite der Enteigneten und des Großgrundbesitzes wissen wir bis auf kurze Mitteilungen wenig (RETZLAFF 1967, S. 185–187). Bei manchen Betrieben kam es ebenfalls zur Intensivierung, zumal die Einrichtungen in den Bodenreformgebieten mitbenutzt werden konnten. Andere haben den Betrieb aufgegeben, und das bedeutete einen Kapitalverlust für die Landwirtschaft zugunsten von Industrie, Fremdenverkehrseinrichtungen und Bodenspekulation.

Für den Beginn der fünfziger Jahre war die Bodenreform das einzig mögliche Instrument, um der ländlichen Bevölkerung im Süden zu helfen. Damals konnte niemand vorhersehen, daß die Ziele und Möglichkeiten so rasch überholt sein würden. Sie brachte gerade dann eine neue Gruppe von Kleinbauern hervor, als diese begannen, von der modernen Landbautechnik mit ihren halbindustriellen Betrieben verdrängt zu werden. Auf dem europäischen Markt war schon kein Platz mehr für sie. Nachteilig war auch, daß es nicht gelingen konnte, aus Tagelöhnern leistungsfähige Bauern zu machen. Die hohen Investitionen für Hausbau und Dorfgründungen in ungeeigneten Siedlungsräumen blieben oft genug erfolglos. Manche Fehlschläge wären zu vermeiden gewesen, wenn statt des viel und heftig kritisierten paternalistischen Verfahrens des Ente Riforma die Betroffenen mit zur Entscheidung herangezogen worden wären. Nicht Übervölkerung und weitere Bodenzersplitterung der Reformflächen wurde zum Problem, wie man noch 1961 fürchtete, sondern die Bewahrung der Siedlerstellen überhaupt, die Übernahme durch einen der Söhne, die in die Industriezentren drängen. Das gilt nicht für die jungen Bewässerungsgebiete, in denen es vielmehr darauf ankommt, die Verarbeitung und Vermarktung der Produkte zu meistern. Eine Wertung der äußerst kostspieligen Reform kommt zu dem Ergebnis, daß sie für das Italien von 1950, nicht aber für 1970 geeignet war. Sie hat als Experiment Erfahrungen vermittelt, die für andere Länder mit ähnlichen Naturgrundlagen und vergleichbarem Entwicklungsstand der Landwirtschaft nützlich sein könnten (King 1973, S. 382).

Dreißig Jahre nach der Agrarreform ist ein Sammelwerk mit vielen Beiträgen erschienen, in denen die Ergebnisse der Reform in zehn Thesen zusammengefaßt werden (vgl. De Rosa, Zangheri u. a. 1979): Obwohl die Reform konservativ war und politische Ziele verfolgt hat, erreichte sie doch eine Mobilisierung des Bodens über die Enteignungen von 700000 ha hinaus. Bis 1968 haben reformbegünstigte Landwirte weitere 1,5 Mio. ha dazu erworben. Von den 121000 neuen Betrieben waren 1974 nur noch 97000 vorhanden, und nur 80000 wurden noch von den gleichen Besitzern aus der Reformzeit bewirtschaftet. Als positiv wertet man die Förderung des bäuerlichen Familienbetriebes und die deutliche Verbesserung der Betriebsgrößenstruktur, außerdem die genossenschaftliche Bewegung, ohne die der Erfolg ausgeblieben wäre. Die Verhaltensweisen der Bevölkerung sind also deutlich verändert worden. Was häufig übersehen wird, ist die Tatsache, daß die drohende Radikalisierung verhindert worden ist und die den Umsturz des Systems anstrebende kommunistische Partei nicht in großem Maß gewählt wird. Das ›muß als ein ganz wichtiger Erfolg der zielgerichteten ersten Phase der Mezzogiornopolitik gewertet werden‹ (Schinzinger 1983, S. 167).

### *c) Von der traditionellen zur modernen Landwirtschaft*

#### c1 Der entwicklungshemmende Kleinbetrieb

In der Nachkriegszeit hat die Modernisierung der Landwirtschaft anfangs nur langsame, dann aber immer stürmischere Umwandlungsprozesse in Gang gesetzt. Zunächst fehlte es noch weithin an Produktionsmitteln, an Dünge- und Futtermitteln und an Maschinen. Allmählich wurde schon zum Ausgleich der abnehmenden Zahl der Arbeitskräfte stärker investiert, was sich an der zunehmenden Zahl der Traktoren und Landmaschinen und der Abnahme der Zugtiere ablesen läßt. Während es 1950 noch 2 Mio. Pferde, Esel und Maultiere gab, so waren es 1976 nur noch 540000. Der Schlepperbestand erhöhte sich zunächst jährlich um mehr als 9%, seit 1973 noch um jährlich 6%. Damit stieg der Verbrauch an Treibstoff, ferner an elektrischer Energie, die Verwendung von Dünge- und Pflanzenschutzmitteln nahm zu, freilich über das Land hin in sehr unterschiedlicher Weise. Der Düngeraufwand liegt etwa auf der Mitte des EG-Durchschnitts, z. B. bei Stickstoff je ha Ackerland mit Baumkulturen bei 0,6 dt 1975/76, was im Vergleich zu Spanien (0,34) viel, gegenüber der Bundesrepublik Deutschland (1,5) wenig ist.

Eine wirkliche Verbesserung der Agrarstruktur, wie sie sich in den Ländern der EG mit der Modernisierung, Vergrößerung und Zusammenlegung von Kleinbetrieben ereignet hat, ist fast nirgends erreicht worden, die Veränderungen zwischen den Betriebsgrößenklassen blieben gering. Noch 1970 befanden sich 60 % der Betriebe mit weniger als 2 ha auf nur 6,6 % der landwirtschaftlichen Nutzfläche des Landes, und die Betriebe unter 5 ha stellten fast 76 % aller Betriebe auf 18,3 % der Fläche (vgl. Tab. 40). Bis 1975 blieb die Änderung bei letzteren mit 74,4 % der Betriebe auf 22,5 % der Fläche gering. Obwohl, wie wir gesehen haben (vgl. Tab. 38), nach der Schätzung von Medici (1962) für 1946 – und das wird noch immer nahezu gelten – etwa 4 Mio. ha als flurbereinigungsbedürftig anzusehen sind, gibt es kein entsprechendes Gesetz und keine besondere Behörde. Nur in Sonderfällen ist es zur Flurbereinigung und zur Zusammenlegung ›pulverisierter‹ Parzellen gekommen. Ein häufig genanntes Beispiel ist das des entwässerten Bekkens von Fúcino, wo von 1951–1954 die 29 000 Parzellen auf 8800 und ebenso viele Eigentümer reduziert worden sind, was eine Erhöhung der jeweiligen Betriebsfläche auf 1–2 ha brachte (Hetzel 1957, S. 28; Castrataro in Medici 1962, S. 176; Rauhut 1963, S. 11; Giarrizzo 1971, S. 637). Die Ursachen für die nicht in Angriff genommene Flurbereinigung liegen in der von der Regierung aus politischen Gründen geförderten Stellung des Kleinbauerntums mit Familienbetrieben, der ›coltivatori diretti‹. Das geschieht z. B. durch Krediterleichterungen, Pächterschutz bei Kündigung, Kranken- und Pensionskasse. Die Durchschnittsgröße der Familienbetriebe beträgt etwa 6 ha im Vergleich zu Unternehmerbetrieben mit 38 ha. Mit Kleinbesitz und Kleinbetrieb eng verbunden ist der arbeits- und kapitalintensive Anbau in den Obst-, Blumen- und Agrumengebieten und überall dort, wo reichhaltige Mischkultur üblich ist. Im Norden handelt es sich meistens um Eigenbesitz, während in Mittelitalien Pacht – und hier bisher Halbpacht (Mezzadria) – herrschte. Im Süden setzt sich die kleine Betriebsfläche oft genug aus verschiedenen Besitz- und Pachtverhältnissen zusammen. Innerhalb der Kleinbetriebe ist die Kleinpacht besonders nachteilig, weil alle Eigeninitiative zur Bodenverbesserung und zu Innovationen verhindert wird. Nur ein funktionierendes Genossenschaftswesen könnte hilfreich sein, wie es in manchen Bodenreformgebieten der Fall ist. Lane (1980) fand als Ursachen für das Weiterbestehen der Kleinparzellierung im oberen Agrital (Basilicata) vor allem den Mangel an Kapital, um etwa Land der Abwanderer übernehmen zu können, fehlende landbautechnische Kenntnisse, die für eine moderne Wirtschaft erforderlich sind, und dazu den Raubbau natürlicher Ressourcen. Bis heute ist die Landwirtschaft Italiens von kleinen Familienbetrieben bestimmt. Die Wirtschaftsweise kommt aber noch

*Tab. 40: Zahl und Fläche der landwirtschaftlichen Betriebe 1970 nach Größenklassen in den Großräumen*
*a) Zahl der landwirtschaftlichen Betriebe in den Großräumen in 1000 und ihr Anteil in Prozent*

| ha | Nordwesten | | Nordosten | | Mitte | | Süden | | Inseln | | Italien | |
|---|---|---|---|---|---|---|---|---|---|---|---|---|
| ≦1 | 171 | 27,9 | 143 | 23,2 | 175 | 30,0 | 458 | 37,8 | 218 | 37,3 | 1164 | 32,3 % |
| > 1– 5 | 271 | 44,3 | 275 | 44,6 | 247 | 42,2 | 540 | 44,6 | 240 | 41,1 | 1573 | 43,6 % |
| > 5–10 | 92 | 15,0 | 104 | 16,9 | 81 | 14,0 | 129 | 10,6 | 61 | 10,5 | 468 | 13,0 % |
| >10–20 | 49 | 8,0 | 61 | 9,9 | 48 | 8,2 | 51 | 4,2 | 32 | 5,5 | 240 | 6,6 % |
| >20–50 | 21 | 3,5 | 25 | 4,1 | 22 | 3,7 | 23 | 1,9 | 20 | 3,4 | 111 | 3,1 % |
| >50 | 8 | 1,3 | 8 | 1,3 | 11 | 1,9 | 11 | 0,9 | 13 | 2,2 | 51 | 1,4 % |
| | 612 | 100 % | 616 | 100 % | 584 | 100 % | 1212 | 100 % | 584 | 100 % | 3607 | 100 % |

*b) Bewirtschaftete Nutzfläche in den Großräumen in 1000 ha und ihr Anteil in Prozent*

| ha | Nordwesten | | Nordosten | | Mitte | | Süden | | Inseln | | Italien | |
|---|---|---|---|---|---|---|---|---|---|---|---|---|
| ≦1 | 88 | 2,0 | 77 | 1,6 | 96 | 1,9 | 247 | 3,9 | 111 | 2,6 | 619 | 2,5 % |
| > 1– 5 | 692 | 15,4 | 718 | 14,5 | 644 | 12,9 | 1322 | 20,9 | 598 | 13,8 | 3974 | 15,8 % |
| > 5–10 | 651 | 14,5 | 742 | 15,0 | 590 | 11,8 | 910 | 14,4 | 433 | 10,0 | 3326 | 13,2 % |
| >10–20 | 677 | 15,1 | 845 | 17,1 | 673 | 13,5 | 714 | 11,3 | 445 | 10,2 | 3354 | 13,4 % |
| >20–50 | 635 | 14,1 | 732 | 14,8 | 661 | 13,2 | 686 | 10,8 | 639 | 14,7 | 3353 | 13,4 % |
| >50 | 1743 | 38,9 | 1830 | 37,0 | 2322 | 46,7 | 2453 | 38,7 | 2117 | 48,7 | 10465 | 41,7 % |
| | 4486 | 100 % | 4944 | 100 % | 4986 | 100 % | 6332 | 100 % | 4343 | 100 % | 25091 | 100 % |

Quelle: ISTAT: 2. Censimento generale dell'agricoltura, 1971, Vol. I, S. 5 u. 6.

nicht in Daten der Besitz- und Betriebsgrößen zum Ausdruck. Betriebstypen lassen sich besser nach der Zahl der Arbeitskräfte unterscheiden (KING u. TOOK 1983, S. 198). Danach gehören 81,5 % der landwirtschaftlichen Arbeitskräfte zum Contadino-Typ, 9,4 % zu einem Mischtyp, Contadino-Capitalistico, und 8,5 % zum Capitalistico-Typ. Wie groß die regionalen Unterschiede sein können, sieht man in Süditalien. In Sizilien lautet die Verteilung der Anteile im Jahr 1970: 45,9 %, 35,8 %, 17 % und in Apulien: 38,3 %, 47,9 %, 13,3 %, wo die arbeitsintensiven Obst- und Weinkulturen das Bild bestimmen.

Es sind große, bisher extensiv bewirtschaftete Areale im Mezzogiorno aufgegeben worden, bei einem Vorgang, der als Folge der Abwanderung angesehen werden kann. Zwischen 1952 und 1972 ist nach FORMICA (1975, S. 118) die sogenannte ›nicht kultivierte produktive Fläche‹ von rund 275000 auf 808000 ha gewachsen. Dies läßt sich nicht überprüfen, weil die Landnutzungsstatistik seit 1971 nicht mehr von ›incolto produttivo‹ spricht, sondern eine Gruppe ›altri terreni‹ enthält, die für Gesamtitalien im Jahr 1971 dreimal so große Flächen nennt wie ›incolti produttivi‹ 1963. Außerdem sind in den Weide- und Dauergraslandflächen ehemals bewirtschaftete Ackerländereien enthalten.

Auf ertragreicheren Böden und im bewässerten Land ist es im Lauf der Abwanderungsprozesse zu einer Intensivierung der Nutzung gekommen. Im Küstenbereich ist überall eine starke Mechanisierung und ein vielfältiger Anbau über die traditionellen Kulturen hinaus mit arbeitskräftesparenden Methoden zu beobachten. Hier wurde die Gemüseanbaufläche mehr als verdoppelt, so daß sie im Mezzogiorno etwa 40 % der bewässerten Nutzfläche einnimmt (FORMICA 1975, S. 117–134). Im ehemaligen ›Mezzogiorno alberato‹ mit Mischkulturen breiten sich sowohl im Weinbau als auch im Obstbau Monokulturen aus; der Anteil des Ackerlandes geht zurück. Im Mittel- und Großbetrieb des Binnenlandes dagegen herrscht weiterhin der Weizenanbau und wurde teilweise noch ausgedehnt.

### c2 Das Verschwinden der Mischkultur

Etwa seit 1955 ereignet sich vor allem in Mittelitalien ein Umwandlungsprozeß in der Landwirtschaft, der historisch gewachsene Strukturen in den Betriebsverhältnissen und in den Methoden der Bodennutzung allmählich zum Verschwinden bringt. Zwischen 1955 und 1965 waren z. B. die Veränderungen in Umbrien größer als zwischen 1600 und 1750 und ereigneten sich so rasch wie nie zuvor (DESPLANQUES 1969, S. 382). Zweifellos ein weltweites Phänomen, das aber hier um so heftiger wirkte, weil es bisher keinerlei Entwicklung gegeben hatte. Das Verfahren der Coltura promiscua (vgl. Kap. IV 1 a 4) ist nicht mehr rationell, es macht mehr und mehr Monokulturen Platz.

An die Stelle der Mischkultur ist häufig ein Spezialrebenanbau getreten. Ehemals intensiv bestellte und im Hackbau bearbeitete Terrassenäcker verschwinden mit der zunehmenden Mechanisierung; die Agrarlandschaften der Emilia, der Toskana, Umbriens und der Marken werden vielfältiger. Weil Weinbau und Viehzucht die höchsten Erträge bringen, bildeten sich als neue Grundtypen der Weinbau-Oliven-Betrieb und der Getreide-Viehzucht-Betrieb heraus.

Das Pachtverfahren, bei dem der ›mezzadro‹ 52 % des Ernteertrages erhält und mit seiner oft großen Familie ohne Kapitalaufwand tätig ist, gab zwar eine gewisse wirtschaftliche Selbständigkeit, war aber dennoch wegen der damit verbundenen Abhängigkeit vom Verpächter politisch in Mißkredit geraten (Rauhut 1963, S. 16). Seit 1955, verstärkt seit 1960 durch Land- und Bergflucht, löst sich nun die Mezzadria auf (vgl. Tab. 41, für die Toskana Sabelberg 1975a, Abb. 22; für die Provinz Chieti King u. Took 1983). Großbetriebe treten an die Stelle von Villa und Fattoria, das Land der Halbpachthöfe wird mit Lohnarbeitern bewirtschaftet (condizione a conto diretto); die Höfe selbst werden teilweise als Zweitwohnsitze angeboten, in ungünstigen Lagen wird das Kulturland aufgegeben. Als Ursachen des Verfalls der Mezzadriabetriebe gelten die Industrialisierung und die Landflucht der Halbpächter. Das Landwirtschaftsgesetz von 1963, mit dem der weitere Abschluß von Halbpachtverträgen verboten wurde, hatte keineswegs das Ziel, Großbetriebe zu fördern, sondern wollte ganz im Gegenteil die Mezzadriabetriebe in Eigenbesitz überführen, was erfolglos blieb.

›Die Mezzadria schien über Hügelland und Ebene einen gleichmachenden Schleier geworfen zu haben: gleiche Besitztypen, gleiche Betriebsweisen, gleiche Anbauverfahren. Die traditionelle Wirtschaft war wenig differenziert. Erst in der modernen Zeit, besonders in den letzten Jahren, sind die Gegensätze zwischen Ebene, Hügelland und Gebirge kräftiger geworden. Die Bewässerungseinrichtungen, Industriepflanzenanbau, moderne Betriebsver-

*Tab. 41: Der Anteil der Mezzadria an Betrieben und Betriebsflächen 1961 und 1970 in Italien und sechs ausgewählten Regionen*
*Daten des jeweiligen Agrarzensus unter ›colonía appoderata‹*

| | 1961 | | | | 1970 | | | |
|---|---|---|---|---|---|---|---|---|
| | Betriebe in 1000 | % | Fläche in 1000 ha | % | Betriebe in 1000 | % | Fläche in 1000 ha | % |
| Italien | 317 | 7,4 | 3126 | 11,8 | 131 | 3,6 | 1271 | 5,1 |
| Venetien | 22 | 7,0 | 204 | 13,5 | 9 | 3,2 | 79 | 5,6 |
| Emilia-Romagna | 63 | 25,8 | 665 | 33,8 | 24 | 11,9 | 255 | 13,8 |
| Marken | 60 | 50,4 | 532 | 59,1 | 31 | 30,8 | 265 | 31,3 |
| Toskana | 70 | 29,9 | 656 | 31,2 | 26 | 14,1 | 230 | 11,6 |
| Umbrien | 26 | 33,6 | 327 | 41,9 | 10 | 16,7 | 134 | 18,3 |
| Abruzzen | 19 | 11,6 | 144 | 14,7 | 10 | 7,3 | 76 | 8,4 |

Quelle: für 1961: ISTAT: Ann. Stat. It. 1964, S. 150;
für 1970: ISTAT: 2. Censimento generale di agricoltura 1970, Vol. I, 1971, S. 7.

fahren vermehrten sich in der Ebene; Berg- und Hügelland sind verödet. Gewiß hat sich die Anpassung des Menschen an die Naturgegebenheiten seit jeher geändert, aber sie ist niemals so eng gewesen wie heute und wird morgen noch enger sein‹ (Desplanques 1969, S. 540).

Die Änderung der Landnutzung und die Brachlegung von Kulturflächen haben im Berggebiet bis 1977 erheblichen Umfang angenommen. In Ligurien fielen fast 19 % der landwirtschaftlichen Nutzfläche (= LN) brach, in den Abruzzen und im Friaul waren es fast 15 %, im Molise 14 % und im Aostatal 13 % (Mitt. üb. Ldw. 62, Brüssel 1979). Auf Ton- und Mergelböden des Hügellandes können schwere Schäden die Folge sein, denn dort bot bisher die Mischkultur mit Terrassen und Baumkulturen, mit Stützbäumen, die 60–80 Jahre alt wurden, guten Schutz vor der Bodenzerstörung. In ungünstigen Gebirgslagen könnten die Brachflächen zur erwünschten Wiederbewaldung und Aufforstung Anlaß geben. Auf jeden Fall entleert sich das Land immer mehr zugunsten der wachsenden Städte, und die reizvollen, malerischen Landschaftsbilder Mittelitaliens, die mit der Mezzadria und der Coltura mista entstanden waren, sind nur noch in entlegeneren Landesteilen zu finden.

### c3 Die Entwicklung der landwirtschaftlichen Produktion seit 1957

Der starke Rückgang der Zahl landwirtschaftlicher Arbeitskräfte, die noch unzureichende Mechanisierung und Düngerverwendung und die Beibehaltung der Kleinbetriebsstruktur haben es doch nicht verhindert, daß es bei fast allen wichtigen Produkten zu ständig steigenden Erträgen kam (Tab. 42). Bei einigen von ihnen sind die Anbauflächen ausgeweitet worden, wie bei Reis, Hybridmais, Zukkerrüben und Agrumen, bei anderen, z. B. bei Wein und Oliven, kam es durch den Übergang vom gemischten zum reinen Anbau zur Spezialisierung. Im Weinbau hat sich die Lage dadurch außerordentlich verbessert. Seit 1967 werden charakteristische Anbaugebiete abgegrenzt und kontrollierte Herkunfts- und Qualitätsbezeichnungen verliehen, z. B. D. O. C. (denominazione di orígine controllata). Die Bildung von privaten und genossenschaftlichen Verarbeitungsbetrieben (cantine sociali) wurde gefördert, um den Nachteilen der allgemein verbreiteten Kleinbetriebsstruktur zu begegnen. Während die Rebflächen im Hügelland reduziert wurden, erweiterte man sie in den Ebenen beträchtlich. Italien steht (1978) an erster Stelle unter den Produzenten in der Welt bei Oliven, Wein und Birnen, bei Pfirsichen an zweiter Stelle. 1980 wurde eine Rekordernte bei Wein gewonnen mit 84,8 Mio. hl. Bei steigenden Erträgen sank die Anbaufläche bei Weizen und Kartoffeln. Im allgemeinen sind höhere Hektarerträge die Ursache der Produktionssteigerung. Dennoch gelang es nicht, die Eigenversorgung der Bevölkerung, die 1951 noch zu 88 % möglich war, auf einem hinreichenden Stand zu halten; sie sank sogar bis 1977 auf 61 % (Di Sandro 1979). Der Verbrauch stieg nicht nur mit der Einwohnerzahl, sondern auch mit dem wachsenden Pro-Kopf-Verbrauch und

*Tab. 42: Entwicklung der landwirtschaftlichen Produktion 1957–1981 Durchschnitt der Fünfjahresperioden (in 1000 t)*

| | 1957–61 | 1962–66 | 1967–71 | 1972–76 | 1977–81 |
|---|---|---|---|---|---|
| Weizen | 8301 | 9077 | 9704 | 9432 | 8614 |
| Reis | 690 | 596 | 793 | 959 | 898 |
| Mais | 3759 | 3548 | 4330 | 5114 | 6532 |
| Kartoffeln | 3711 | 3836 | 3773 | 2943 | 2987 |
| Artischocken | 327 | 436 | 647 | 692 | 593 |
| Blumenkohl | 628 | 641 | 726 | 604 | 544 |
| Tomaten | 2366 | 3033 | 3486 | 3296 | 4287 |
| Auberginen | 203 | 246 | 301 | 320 | 321 |
| Paprika | 222 | 309 | 407 | 468 | 453 |
| Zuckerrüben | 8041 | 8667 | 10766 | 11253 | 13605 |
| Wein 1000 hl | 57007 | 64698 | 68958 | 69858 | 75220 |
| Olivenöl | 336 | 379 | 487 | 449 | 544 |
| Apfelsinen | 722 | 966 | 1374 | 1676 | 1699 |
| Mandarinen | 117 | 159 | 262 | 328 | 229 |
| Zitronen | 388 | 513 | 756 | 773 | 765 |
| Aprikosen | 39 | 64 | 94 | 100 | 99 |
| Pfirsiche | 749 | 1272 | 1133 | 1258 | 1311 |
| Pflaumen | 93 | 126 | 139 | 144 | 163 |
| Äpfel | 1679 | 2275 | 1926 | 2018 | 1893 |
| Birnen | 573 | 1094 | 1592 | 1519 | 1208 |
| Mandeln | 203 | 207 | 220 | 109 | 178 |

Quellen: ISTAT: Ann. Stat. Agr. 24, 1977, Tav. 95–96, ISTAT: Ann. Stat. It. 1980, Tav. 130, 1982, Tav. 125, 129.

höheren Qualitätsansprüchen. Mit den im Lauf der Industrialisierung steigenden Einkommen wuchsen die Ausgaben für die Ernährung. Es ›erfolgte in Italien eine revolutionäre Umstellung von der Kost des armen Mannes auf die eines wohl- und oft überernährten Bürgers‹ (Graf W. Harrach 1978, S. 718, Diagramm). Italien war immer stärker auf Einfuhren von Nahrungs- und Futtermitteln angewiesen, der Negativsaldo des Agraraußenhandels erhöhte sich von Jahr zu Jahr. Besonders ungünstig wurde die Versorgungslage bei tierischen Produkten, bei Fleisch, Milch und Eiern. Es gelang z. B. nicht, die Rindfleischproduktion genügend zu erhöhen. Die Kleinbauern, bei denen 1970 noch 77% der Rinder standen, konnten wegen der wachsenden Haltungskosten die Bestände nicht ausweiten, viele gaben die Rinderhaltung sogar auf. Es kam viel zu selten zu den notwendigen Zusammenschlüssen in Gemeinschaften oder Genossenschaften.

## *d) Die räumliche Gliederung der Landwirtschaft*

### d1 Agrarregionen

Die naturräumliche Differenzierung Italiens ist außerordentlich groß, so daß auch die agrarräumliche Gliederung sehr mannigfaltig sein muß. Die Agrarstrukturen bringen weitere Unterscheidungsmerkmale in das zu entwerfende agrargeographische Verteilungsbild hinein. Unter diesen Voraussetzungen ist – je nach Maßstab – eine mehr oder weniger starke Generalisierung nötig, wie sie z. B. in einer älteren Gliederung von Merlini (1948) in 40 Einheiten zum Ausdruck kommt. Allein aus statistischen Daten, wie sie für Regionen und Provinzen vorliegen, für Flächen und Produktion einzelner Kulturpflanzen und die Tierhaltung, läßt sich wegen der großräumigen Verwaltungseinheiten nur ein für den Geographen sehr unbefriedigendes Verteilungsbild weniger, weite Bereiche übergreifender Einheiten gewinnen; sechs sind es bei Dumolard (1974, S. 53).

Die 770 ›regioni agrarie‹ (ISTAT 1958), die sich für unsere Aufgabe anzubieten scheinen, sind jedoch – trotz ihrer Bezeichnung – nicht das Ergebnis einer Agrarstatistik oder einer sonstigen Erhebung, sondern nichts anderes als eine zweckmäßige Zusammenfassung von Gemeindearealen in ähnlicher Lage. Um ihrem Namen gerecht zu werden, müßten sie erst mit Inhalt erfüllt und mit Hilfe der im Agrarzensus erhobenen Daten jeweils neu gruppiert werden. Auf dieser Basis, aber mit starker Vereinfachung, entstand eine Karte der agrarräumlichen Gliederung mit 15 Typen (Wagner 1975); sie ist auf die im Zensus 1970 genannten ›Leitkulturen‹, Ackerland, Baumkulturen, Weide- und Grasland, gegründet. Eine viel weitergehende Gliederung liegt für die Padania vor mit 10 Großregionen und insgesamt 32 Agrarregionen (Upmeier 1981, Karte 8).

Der Wirklichkeit der Verbreitungstatsachen sehr nahe kommt erst eine unmittelbare kartographische Darstellung im Übersichtskartenmaßstab, wie sie in der ›Carta della utilizzazione del suolo d'Italia‹ seit 1956 erschien und durch die wir über die Bodennutzung des Landes etwa zu dieser Zeit so gut informiert sind wie kaum über ein anderes Land der Erde. Diese Grundlage hat auch Karte 9 nach Gambi 1976. Landnutzungskarten und erläuternde Beihefte sind für eine große Zahl agrargeographischer Monographien und Einzelarbeiten, darunter vieler deutscher Geographen, von großem Nutzen gewesen (vgl. Kap. IV 1 e).

Im großräumigen Überblick ist auch unter agrargeographischen Gesichtspunkten das nördliche, kontinentale Italien wegen seiner nichtmediterranen Feld- und Fruchtbaumkulturen von Halbinsel- und Inselitalien zu unterscheiden, wo mediterraner Feldbau mit und ohne Baumkulturen, Trockenweideflächen und mediterraner Wald in seinen klimabedingten Höhenstufen verbreitet sind (Wagner 1975). Die Großformen der Oberflächengestaltung differenzieren das Bild der Agrarlandschaften in einem so hohen Maß, daß sich ein außerordentlich abwechslungsreiches Gefüge verschiedenartigster Nutzflächen ergibt, in dem nur selten größere, gleichförmig bestellte Areale erkennbar sind. Deshalb kann hier in Karte und Beschreibung notgedrungen nur sehr generalisierend vorgegangen werden. Eine Grundlage dafür gab Gribaudi (1969, S. 46–66).

### d2 Agrarregionen im Alpenbereich Italiens

Bedingt durch Gelände-, Boden- und Klimaunterschiede ist die landwirtschaftliche Nutzung in Höhenstufen gegliedert; Ackerland und Wiesen bedecken die Talböden, Schuttkegel und untere Hangteile, Steilhänge sind Wäldern überlassen, und darüber folgen Almen. Ein und derselbe Betrieb kann an allen Stockwerken beteiligt sein, andere sind auf eine bestimmte Höhenstufe beschränkt. Schon in der unteren Stufe mit Anbau und Wiesenwirtschaft bis 800–1000 m fehlt es – sieht man von wenigen großen Talungen ab – an zusammenhängenden Nutzflächen, es herrschen Kleinbesitz und Kleinbetrieb. In den Piemonteser Alpen werden 88 % des Ackerlandes von Betrieben mit weniger als 2 ha bewirtschaftet, in den Lombardischen Alpen gehören 80 % zu Betrieben unter 5 ha. Auf den tiefgründigen Schwemmlandböden der Talungen können Wiesen bewässert werden, und Sommerregen begünstigen den Maisanbau. Dank der Klimagunst in den großen Talungen, die nach Westen oder Süden gerichtet sind, wie das Aostatal, das Veltlin und das Etschtal, haben sich hier besondere Agrarlandschaften mit intensivem Wein- und Obstbau, mit Apfel- und Birnenkulturen entwickelt. Bevorzugte Standorte für intensiven Anbau und dichtere Besiedlung sind die größeren Schuttkegel auch wegen der Schutzlage gegenüber Hochwassern.

Oberhalb von 800–1000 m dehnen sich Wälder, Wiesen und Hochweideflächen aus. Die kristallinen Schiefer der Westalpen haben mit ihren Böden im mittleren Susatal und im Chisonetal den Graswuchs begünstigt, denen gegenüber die Grünsteinbereiche in den Piemonteser Alpen steril erscheinen. In den Kalken und Dolomiten der Ostalpen sind die Schuttmassen am Fuß der schroffen Berggipfel von Wäldern und Wiesen bedeckt. Moränenablagerungen bringen mit ihren anderen Bodenqualitäten Unterschiede hinein. Die Hanglage oberhalb häufiger Inversionen und Kaltluftseen mit höherem Strahlungsgenuß ist ein weiterer Vorteil im Vergleich zu Tallagen, die auch dem Berg- und Talwind ausgesetzt sind. Weil in den inneren Alpentälern geringere Niederschlagsmengen fallen, werden dort und sogar auf Almen die Wiesen bewässert. An die Stelle des alten ausgeklügelten Kanalsystems, das im Aostatal und im Vinschgau berühmt wurde (Rosenberger 1936; Fischer 1974, S. 68), tritt heute mehr und mehr die Beregnung. Die Nutzung der Hochalmen mit Beweidung und Schnitt begegnet wachsenden Schwierigkeiten, wie die Almwirtschaft überhaupt, die aber in den italienischen Alpen immer eine untergeordnete Stellung gehabt hat (Morandini 1964, S. 65). Die Wald- und Weidewirtschaft der Alpen wird auf Flächen betrieben, die zumeist in Gemeinde- und Genossenschaftseigentum sind. Das gilt z. B. für die Gemeindeweiden der Brescianer Alpen. Die ›alpi‹ in den Venetischen und Trentinischen Alpen sind in Gemeinbesitz (Magnífiche Comunità) von Ampezzo, Cadore, Fiemme. Im Trentino gehören 74,2 % der Wälder den Gemeinden.

Die Hochalmen werden im Sommer in traditioneller Weise von Rind- und Schafherden bestoßen, die nachts in Ställen der temporären Siedlungen (báite, casére, malghe, Almhütten) stehen. Etwa 25–35% der Fläche der italienischen Alpen werden als Weideland genutzt, das etwa ein Drittel der Weideflächen Italiens umfaßt. Bei seiner Nutzung durch Rinder der Rassen ›pezzata-rossa‹ und ›bruno-alpina‹ überwiegt die Milch- und Käseproduktion mit Butter und Alpenkäse hoher Qualität. Fontina aus dem Aostatal, Taléggio, Pecorino von Asiago und andere kommen auch auf ausländische Märkte. Vier Haupttypen der Viehzucht lassen sich in den italienischen Alpen ausgliedern (Morandini 1964, S. 59): 1. die transhumante Schafweide mit dem Weidewechsel zwischen Ebene und Voralpen; 2. die Almweide durch Rindvieh, das aus der Ebene stammt, jetzt fast nur noch Jungvieh; 3. die Almweide durch Rindvieh, das in den Alpentälern den Winter verbringt (alpéggio, monticazione), wobei sich die Wanderungen in Etappen vollziehen, z. B. Dorf–Maiensäß–Alm. Im Gürtel der Maiensässen (maggenghi) herrscht Privateigentum mit Splitterbesitz, dagegen ist der Almbereich Gemeindeland; 4. die Rindviehaufzucht ohne Wanderungen. Dazu gehören die Alpentäler, wo z. B. im Sommer für den Fremdenverkehr eine starke Nachfrage nach Milch besteht. Auf die Almen kommen nur nicht milchtragendes Vieh oder Schafe und Ziegen.

Trotz der Abwanderung der Bergbewohner wurden auch bisher noch in Gemeinden bis über 1000 m Höhenlage Getreide und Kartoffeln angebaut, aber der Feldfutterbau gewinnt mit Klee zunehmend an Fläche. Die Höhengrenze des Anbaus lag 1965/66 an der Alpensüdseite und in Südexposition mit Getreide und Kartoffeln im Aostatal (Chamois im Valtournanche nach Bianchi 1967) bei 1980 m, im Vinschgau sogar bei 2050 m in der Gemeinde Schnals (Fischer 1974, S. 135). In Südtirol ist seit 1970 die Feldbestellung stark zurückgegangen, auch auf sonnigen Getreidebauterrassen des Vinschgaus und im Pustertal mit Hackfruchtbau. Die Vergrünlandung schreitet rasch fort. Südlich der agrargeographischen Grenze, die von der Malser Heide über den Südrand der Sarntaler Alpen zu den Dolomiten zieht, haben sich in der Talwirtschaft Obst- und Weinbau auf Kosten anderer Nutzungsarten ausgedehnt. Auch das agrarsoziale Gefüge ist in Bewegung geraten von der Gesindewirtschaft über die Familien- zur Einmannwirtschaft (Leidlmair 1978, S. 44).

Eine besondere Bedeutung kommt dem äußerst intensiven Obstbau in Südtirol zu (Leidlmair 1958, S. 176 ff.), wo in Monokulturen fast ausschließlich Kernobst erzeugt wird und der als der älteste Erwerbsobstbau Europas gilt. Der Bau der Brennerbahn, die Gründung von Obstgenossenschaften und geeignete Verwertungs- und Vermarktungsverfahren sind für die Entwicklung entscheidend gewesen. Im Vinschgau sind Marillen (Aprikosen) über Ackerland oder Grünland mit Bewässerung zur Charakterkultur geworden (Becker 1962). Im Nonsbergtal wird der größte Teil der in der Provinz Trient angebauten Äpfel erzeugt (Zunica 1974). Der Obstbau hat in Südtirol die Rebkulturen aus ihrer einst führenden Rolle verdrängt. Eine Ausweitung gab es für den Weinbau in Überetsch (Kalterer See) und im Süden bis nahe an die Salurner Klause; im übrigen hat er sich auf die sonnigen Hang- und Schuttkegellagen zurückgezogen (Leidlmair 1973, S. 241). Auch in der bisher traditionellen Landwirtschaft der Kleinbauern in einigen abgelegenen Alpentälern wie den Valli Giudicarie im Südwesttrentino brachte die Industrialisierung in der Gegenwart Verbesserungen, z. T. den Übergang zu Sonderkulturen. Milchviehhaltung und Rinderzucht, teilweise in Großbetrieben, beruhen auf der Basis von Dauergrünland und Futtermais. Eine Sonderentwicklung besteht in der Forellenzucht (Loose 1983).

### d3 Agrarregionen im Hügelland Norditaliens

Die Landwirtschaft im Moränenhügelland und weiterhin im Hügelland Norditaliens ist in hohem Maß an die besonderen Lage-, Klima- und Bodenqualitäten angepaßt, wobei Rebland und Baumkulturen bestimmend sind. In Klimagunstlagen mit natürlichen Steineichenstandorten im Südosten und Süden des Gardasees und an Südhängen der Euganeen kommen schon Ölbäume dazu. In den Euganeen nimmt die Olivenanbaufläche seit 1910 ab, während Rebland, Obst- und Gemüsekulturen zunehmen. Ehemals mit Weizen bestellte Terrassenäcker werden heute im Weinbau genutzt (Bevilacqua 1975). Kleinbesitz und Kleinbetrieb (0,5–1 ha) auf stark parzellierten Flächen sind im Hügelland der Padania die Regel. Im Vergleich zur Ebene liegen die Hektarerträge im Weinbau niedrig und die Mechanisierung ist erschwert, weshalb es zu deutlicher Flächenreduzierung kam, in der Ebene zur Erweiterung. In Venetien werden die Reben meist als Pergola oder in der ihr ähnlichen Tendoneform gezogen und liefern bei höherer Produktion die Soave- und Valpolicellaweine auf den Kalksteinhängen der Lessini, den Bardolino im Gardaseegebiet. Pinot, Merlot, Cabernet, Verduzzo kommen von Trevigliano, aus dem Hügelland von Conegliano und aus dem Valdóbbia. Bérici und Euganeen liefern ausgezeichnete Weine.

Das Hügelland von Turin, der Monferrato und die Langhe sind zusammengenommen ein einheitliches Weinbaugebiet. Barbera, Grignolino, Moscato werden von Asti bis zur Bonarda und die Freisarebe im Raum Chieri angebaut; Dolcetto, Bracchetto, die Nebbiolorebe der Langhe von Alba, die Barolo und Barbaresco liefert, der Cortese der Hügel von Gavi sind weitere Rebsorten (Beier 1964, S. 22). Die Reben werden als Einzelreiser rechtwinklig abgebogen gezogen (Guyoti). Wenn auch nicht immer als Monokultur, so sind doch 40 % der Provinz Asti mit Rebland bedeckt (Tirone 1970, S. 345). Den genossenschaftlichen Kellereien, den ›cantine sociali‹, kommt besondere Bedeutung zu. Sie dienen der Produktions- und Qualitätssteigerung weniger Weinsorten und bieten für die Kleinwinzer Krisenschutz. Die Weinindustrie ist auf Wermut- und Schaumweinherstellung spezialisiert, wobei Vermouth hauptsächlich in die USA und Asti spumante nach Frankreich exportiert werden. Als größtes Unternehmen gilt Cinzano. Weinindustriezentrum ist Canelli im Medio Monferrato. Im Oltrepò pavese werden am Fuß des Apennins zwischen Voghera und Stradella Tafeltrauben und Weintrauben erzeugt, und von dort setzt sich der Weinbau in das Hügelland der Emilia-Romagna fort.

Nord- und Westhänge sind meistens dem Wald, besonders der Kastanie überlassen. Die Viehhaltung geschieht gewöhnlich in Familienbetrieben, gewinnt aber an Bedeutung in der Fleischviehzucht von Alba und im emilianischen Hügelland. Spezialisierter Obstbau findet sich mit Haselnüssen in den Langhe, mit Erdbeeren und Kirschen im Hügelland von Turin und in Vignola bei Módena, mit Äpfeln und Birnen um Ímola. Zum Teil gibt es Spezialbetriebe mit eigener Vermarktung, aber im allgemeinen handelt es sich um Kleinbetriebe mit hohem Aufwand an Handarbeit. Im Hügelland von Asti z. B. haben sie zwischen 3 und 10 ha, wenige bis zu 50 ha. Eng mit dem Weinbau verbunden sind die Einödsiedlung und die Berglage der Dörfer.

### d4 Agrarregionen in den padanischen Ebenen

Die Landwirtschaft in den Ebenen der Padania hat eine so bedeutende Stellung erlangt, daß Gribaudi (1969, S. 53) vom ›agrarischen Herzen Italiens‹ und einem der fortschrittlichsten Agrarräume der Erde spricht. Innerhalb der Europäischen Gemeinschaft ist die Po-Ebene eine marktwirtschaftlich führende Agrarregion. Im kleinräumigen Maßstab betrachtet weist sie jedoch ›beachtliche naturgeographische Standortunterschiede, ganz erhebliche strukturelle Ungleichgewichte und bedeutsame agrarwirtschaftliche Fehlentwicklungen‹ auf (Upmeier 1981, S. 1, u. Karte 8; Lehmann 1961a, S. 140). Die wichtigsten Unterscheidungsmerkmale sind die Boden- und Wasserverhältnisse in der trockenen Alta Pianura und in der feuchten Bassa Pianura. In der Alta Pianura überwiegt Getreidebau mit Weizen und Mais, ergänzt durch Klee in vierjähriger Rotation. Dauerwiesen sind auf dem durchlässigen, trockenen Untergrund selten. Häufig treten Maulbeerbaum und Reben auf, letztere besonders an den gut besonnten Rändern der Pianalti. Die Maulbeerbäume sind Zeugen der einst hier verbreitet gewesenen Seidenraupenzucht. Solchen Anbauverhältnissen entspricht das Kleineigentum mit Parzellen in Streulage. Kartoffeln und Gemüse, besonders grüne Bohnen in Vergesellschaftung mit Mais, ergänzen zusammen mit Obstbäumen auf dem Ackerland den gemischten Anbau. Viehhaltung tritt demgegenüber wegen der arbeitsintensiven Kulturen und bei geringem Futterbau zurück. Auf der Alta Pianura am Fuß des Apennins wiederholt sich das Anbaubild im kleineren Maßstab.

Die Bassa Pianura ist begünstigt durch die gleichmäßig temperierten Quellwässer der Fontanilizone und im tieferen Teil durch Flußwasser zur Bewässerung. Nun herrschen Weichhölzer, wie Weiden, Pappeln und Ulmen, die Wege und Feldränder säumen, Pappelkulturen kommen dazu. Der Reisbau, der in feuchten Niederungen des Raumes um Vercelli bei hohen Sommertemperaturen günstige Bedingungen hat, nimmt dort mehr als 70 % der Landnutzungsfläche ein, weshalb man von einem ›Reismonokulturareal‹ sprechen kann (Upmeier 1981, S. 208). Im übrigen mußte er stellenweise den Pappelkulturen weichen.

Im Piemont nahm der Reisanbau 1981 über 104000 ha ein, in der Lombardei über 55700 ha, das waren zusammen 94,6% der Reisanbaufläche Italiens. Dank günstiger Exportmöglichkeiten sind Produktion und Anbaufläche seit Mitte der sechziger Jahre bei gemeinsamer Marktorganisation im Steigen begriffen (Mitchell 1982). Am weitesten verbreitet sind aber Dauer- und Rotationswiesen neben Weizen-, Mais- und Kleeanbau. Dazu gehört mit dem Schwerpunkt südlich Mailand die Viehwirtschaft mit Milch-, Butter- und Käseproduktion. Die Kanalbewässerung ermöglichte die Ausbreitung dieses Typs über das eigentliche Niederungsgebiet hinaus. Den für die Bewässerung nötigen Kapitalaufwand konnten nur Großbetriebe und Großbesitz erbringen. Die Marcitewiesen, die bis zu acht bis neun Schnitte erlauben, das ständig bewässerte Wiesenland, das Dauerreisland und das Rotationsreisland erfordern hohe Produktionskosten. Im Mailänder Bewässerungsgebiet nehmen die Besitze zwischen 50 und 200 ha 63% der Nutzfläche ein, diejenigen über 200 ha weitere 25%. Ähnlich sind die Verhältnisse in der Ebene von Novara mit 55% und 10% der Fläche (Gribaudi 1969, S. 56). In Familienbetrieben ist die heute erforderliche Mechanisierung kaum möglich. Auf den kapitalintensiven Azienden haben Mechanisierung und Automatisierung schon zu einem beträchtlichen Rückgang der Zahl der Lohnarbeiter geführt.

Der landwirtschaftliche Unternehmer ist heute ein jüngerer Besitzer oder Pächter, der außer seiner Fachausbildung auch alles Vieh, Maschinen und Anfangskapital einbringt. Futterbau und Viehzucht sind in ihrem Ausmaß innerhalb Italiens einzigartig. Die Einführung des Hybridmaises, dessen Verfütterung in gehäckseltem Zustand und die Silage brachten ab 1957 eine völlige Umwandlung mit sich. Mais trat weithin an die Stelle von Getreide und gilt als Zeichen hoher Intensivierung (Tirone 1979, S. 80). Zu den Molkerei- und Käsereibetrieben kommt die Schweinehaltung zur Verwertung der Nebenprodukte. Die Stallmisterzeugung ist wiederum eine der Grundlagen für die hohen Hektarerträge im Futter- und Getreidebau, bei Weizen im Durchschnitt bei 50 dt/ha, im Maximum bis 70 dt/ha. An Mais, der fast ausschließlich verfüttert wird, werden bis um 70 dt/ha erzeugt. Im Reisbau der Piemonteser Niederungen um Vercelli, Casale Monferrato und Novara lag der Ertrag (1976) bei 54 dt/ha, südlich Mailand und in der Lomellina (Provinz Pavía mit 55000 ha) wurden 45 dt/ha geerntet. Unter den Industriekulturen ist nur die Pappel zu nennen, die eine revolutionierende Entwicklung erlebt hat. In der lombardischen Bassa Pianura, wo die Bewässerungsmöglichkeit geringer wird, um Crema und Cremona, hatte der Weizenbau früher die Vorherrschaft.

In der unteren Po-Ebene, in der Emília und in Venetien, schwächen sich die Unterschiede zwischen Alta und Bassa Pianura spürbar ab. Nur zum Teil wird bewässert; auf den schweren Tonböden kann ein vielfältiger Anbau betrieben werden. An die Stelle der Wässerwiesen, besonders der Dauerwiesen, tritt mehr und mehr Getreide, gewöhnlich Weizen, aber in Venetien mehr Mais, und der Reisbau hat vor allem noch im Polésine (Provinz Ferrara 7500 ha) einige Ausdehnung. Östlich der Linie Gardasee–Parma beherrscht der Weinbau als Folge einer ganz jungen Entwicklung die Ebene. Bisher zog man die Reben als ›filari‹ zwischen oder als ›alberati‹ auf Bäumen, die für das Ackerland Windschutz boten und Holz lieferten. Ausgelöst durch die Land-Stadt-Wanderung und das Verschwinden der Halbpacht, begann in größeren Betrieben die Umstellung auf den Weinbau als Leitkultur in geschlossenen Flächen mit Rebzeilen, wobei mechanisiert wurde und man sich auf wenige Rebsorten beschränkte. Die Kleinbauern folgten dem Beispiel allmählich, was durch Förderungsmittel und die Gründung von Genossenschaftskeltereien erleichtert wurde. Die Erträge stiegen bis zu 250 dt/ha und auch im Durchschnitt der Provinzen Ravenna und Módena bis 150 dt/ha doppelt so hoch wie in den Provinzen von Piemont. In einigen Nordostprovinzen (Rovigo, Venedig, Parma, Ferrara, Bologna) sind größere Betriebe mit mehr als 20 ha LN-Fläche erheblich am Weinbau beteiligt; sie bearbeiteten 1970 mehr als 30 % der Rebflächen dieser Provinzen, in der Provinz Rovigo sogar 36,2 %. Zum Weinbau kommen Apfel-, Birnen- und Pfirsichkulturen, welche die Ebenen von Verona und der Romagna beherrschen. Man spricht von der ›Romagna frutticola‹ (Merlini 1954), die sich südlich Ferrara bis über den Reno und dann als geschlossenes, breites Band von der Via Emília bis Ravenna und Rímini erstreckt, dichter, als es in der Landnutzungskarte Blatt 7, 9 und 10 zum Ausdruck kommt. Zahlreich sind die Obstmärkte, Versand- und Verarbeitungsstätten (Merlini 1954, Karte 12). Am Alpenrand bei Vicenza, zwischen Maróstica und Bassano del Grappa, hat man sich auf Kirschen spezialisiert mit eigener Vermarktung und Kühlhäusern (Gorlato 1972). Unter den Feldgemüsearten nimmt die Tomate den ersten Platz ein. Nach Kampanien mit 1,1 Mio. t werden mit mehr als 0,7 Mio. t (1981) die größten Ernten eingeholt. Das Hauptanbaugebiet liegt in der Alta und Bassa Pianura von Piacenza und Parma, wo sich eine sehr leistungsfähige Tomatenkonservenindustrie entwickelt hat (Upmeier 1981, S. 238). Nach Latium erzeugt die Landwirtschaft von Ferrara auch die meisten Wassermelonen. Industriepflanzenanbau ist mit Zuckerrübe und Tabak weit verbreitet, während der früher als Brachpflanze vertretene Hanf heute völlig zurücktritt (Candida 1972, S. 114). Bei der Viehhaltung überwiegt das Milchvieh noch in der westlichen Emília und in der Ebene der Romagna, in der venetischen Ebene kommt Fleischvieh dazu.

Die Bodenqualitäten sind sehr ungleich verteilt und die Besitzgrößen mit durchschnittlich 6–15 ha wesentlich kleiner als in der bewässerten lombardischen Ebene. Der Bereich um Pádua und Treviso gilt wegen der Klein- und Zwergbetriebe als Problemgebiet (vgl. Upmeier 1981, Karten 5 u. 8). In der Emília haben sich die Kleinbauern zu fortschrittlichen und effizienten Genossenschaften vereinigt. Weiter verbreitet sind aber die in Einzelbesitze aufgeteilten Neulandflächen älterer Meliorationen im Bereich von Ferrara und im Polésine (Dongus 1962 b u. 1966). Es sind baumarme, ausgedehnte Flächen mit großen Gehöften, den Boaríe, wobei es sich oft um Pachtland oder noch um Mezzadria mit Landarbeitern handelt. Hier werden die höchsten Hektarerträge Italiens erwirtschaftet, z. B. von Weizen, Wein, Zuckerrüben, Tomaten, Tabak, Obst, und die Vermarktung ist aufs beste organisiert. Die Milchviehwirtschaft liefert die bekannten Käsequalitäten Reggiano und Parmigiano, und aus der Schweinezucht und der Verarbeitung stammen so bekannte Erzeugnisse wie Mortadella, Schinken und ›zamponi‹, eine Wurstspezialität der Emília, so genannt wegen der an Schweinsfüße erinnernden Form.

### d5 Agrarregionen im Apennin

Die Landwirtschaft ist im Apennin durch die wenig stabilen, leicht zerstörbaren Tonböden ebenso benachteiligt wie durch die durchlässigen, leicht austrocknenden Böden über Kalkgestein. Die höhere Feuchtigkeit ist im Winter eher von Nachteil; sie bringt aber im Sommer gegenüber dem Tiefland einige Vorteile mit sich, die von der Weidewirtschaft seit alter Zeit genutzt werden. In charakteristischer Weise wechseln Wald auf steileren Hängen und Weideland auf flacheren Rücken und Gipfeln miteinander ab. Für den rationellen Anbau sind allein die innerapenninen Beckenräume und einige Karstbecken geeignet. Der klimabedingte hypsometrische Formenwandel kommt in Höhenstufen der landwirtschaftlichen Nutzung, wie z. B. in den Abruzzen, zum Ausdruck: Bis 500 m Höhe reicht die Stufe der intensiven Mischkultur, gefolgt von der Getreidebaustufe bis 800 oder 900 m. Ein Eichen- und dann ein Buchenwaldbereich schließen sich an. Oberhalb der Waldgrenze bei 1700 m erstrecken sich die offenen Gebirgsweideflächen bis 2250 m bis zur Felsregion. Die höchsten Getreidefelder (Weichweizen, Roggen und Gerste) lagen 1961 bei 1890 m Höhe, Reben reichten bis 1030 m, Ölbäume bis 600 m im Durchschnitt, maximal auch auf 900 m im Val Roveto (ORTOLANI 1964, S. 58 u. 159).

Die einst auch im toskanisch-emilianischen und im umbrisch-märkischen Apennin weitverbreitete Schafzucht ist zwar zurückgegangen, wird aber mit Methoden der sardischen Hirten weitergeführt (PICCARDI 1978). Sie bildet im Apennin im Bereich der Gipfellagen und an steilen Hängen noch die einzige Nutzungsmöglichkeit. Die Transhumanz, die sich zwischen den Sommerweiden in den Abruzzen (CITARELLA 1980) und den Winterweiden im Küstenbereich von Latium (MIGLIORINI 1973, S. 243) sowie dem apulischen Tavoliere abgespielt hat (vgl. das Idealprofil SPRENGEL 1971, S. 36), ist stark eingeschränkt worden, weil die ehemaligen Tieflandweideflächen auch im Winterhalbjahr größtenteils kultiviert sind. Von den ehemals begrasten Weidewegen, den bis um 1930 genutzten ›tratturi‹, kann man hin und wieder Reste bemerken; gelegentlich zeichnen sich ihre Spuren im Parzellengefüge ab (SPRENGEL 1970). Heute befördern Speziallastwagen je 300 Schafe, oder der Transport zwischen Gebirge und Tiefland wird mit Eisenbahnwaggons durchgeführt.

Gegen Süden nimmt der Anteil des Ackerlandes im Gebirge zu, und zum Weizen kommt in bedeutendem Maß die Kartoffel, vor allem in den Abruzzen, im kampanischen Apennin und in der Sila. Das Ackerland ist gewöhnlich frei von Baumbestand, abgesehen von jungem Rodungsland mit Resten von Eichen. Die bäuerlichen Familienbetriebe haben geringe Größe und sind besonders in höheren Lagen und gerade im mittelitalienischen Mezzadriabereich seit den sechziger Jahren häufig aufgelassen worden. Im südlichen Apennin gibt es aber trotz der Bodenreform im Gebirge noch größere Betriebe.

### d6 Agrarregionen in Hügelland und Ebenen von Halbinselitalien

Hier wird die Landwirtschaft zwar vor allem von den Ton- und Sandböden der Pliozänsedimente bestimmt, darüber hinaus aber auch vom planetarischen, klimabestimmten Wandel zum immer stärker mediterranen Anbau. Im Bereich Mittelitaliens, von der Toskana bis Latium, liegt die Heimat der Mischkultur oder des Stockwerkbaus, der Coltura promíscua und deren Sonderform, der im Mezzadriabereich charakteristischen Coltura mista mit Wein-, Oliven- und Weizenerzeugung auf der gleichen Fläche (Sabelberg 1975b, S. 329). Desplanques (1969) verdanken wir eine umfassende und eingehende Darstellung der Agrargeographie einer Region im Apennin, nämlich Umbriens, in der gerade der umstürzende Wandel von der einheitlichen Mischkultur alter Traditionen zu vielfältigen, an den Markt angepaßten Spezialkulturen erfaßt worden ist. Zum Getreidebau mit Weizen und Mais kamen Hülsenfrüchte und Futterleguminosen, Klee und Luzerne, daneben Gehölze von Reben, Ölbäumen, Obstbäumen und Ahorn. Die Gehöfteinheit, der Podere, entsprach in ihrer Größe von 5–10 ha den Arbeitskräften einer bäuerlichen Familie, bisher auf der Basis von Mezzadriaverträgen, jetzt oft umgewandelt in Eigentum oder größere, zentral bewirtschaftete Einheiten, mit denen die Monokultur verbunden ist. Mehrere Poderi zusammen können einen gemeinsam verwalteten Besitz von 20 bis 200 ha bilden, eine Fattoria (Sabelberg 1975b, S. 330; vgl. Kap. IV 1 a4).

Je nach Natur- und Lagebedingungen und je nach Fortschreiten von Innovationen haben sich eigentümliche Agrarlandschaften herausgebildet. Als Weinbaugebiet ist das Chiantihügelland südlich Florenz bekannt, wo sich der Erzeugungsbereich des roten Chianti aus drei kleinen Gemeinden im inneren Hügelland (Radda, Castellina, Gaiole), d. h. dem Bereich des Chianti Classico, weit hinaus ausgebreitet hat (Cianferoni 1979; Flower 1978; Rezoagli 1965). Das Gewicht der veralteten Misch- und Nebenkultur ist geringer geworden, der Kleinbetrieb herrscht nicht mehr wie bisher. In zunehmendem Maße bringen moderne Kellereien Qualitätsweine als ›vino di fattoría‹ auf den Markt. Der Raum Spoleto hebt sich durch seine Ölbaumhaine heraus, während im Hügelland der Marken Weizenbau und Viehhaltung überwiegen. In jedem Fall handelt es sich um stark- bis mittelintensive Landwirtschaft, die sich von der extensiven Getreidebau-Weide-Wirtschaft der Hügelländer im südlichen Apenninvorland deutlich abhebt. Dort tritt an die Stelle des Weichweizens der Hartweizen mit grundsätzlich geringeren Hektarerträgen. Das Baumackerland wird seltener, und Ölbaum und Rebe finden sich nicht mehr vereint mit Getreide und Futterpflanzen, sondern werden je für sich oder auch zusammen als Vigneto-Uliveto kultiviert.

Im Bereich der typischen Getreide-Weide-Wirtschaft und des mediterranen Weizenbaus ohne Baumkulturen mit geringen Erträgen ist an die Stelle des herrschaftlichen Latifundiums der kapitalistische Großpachtbetrieb, Latifondo capitalístico, oder bei Weiterverpachtung einzelner Parzellen in Teilpacht, das Bauernlatifundium, Latifondo contadino, getreten. Hier wird nicht wie bei der Mezzadria ein ganzer Betrieb verpachtet, und der Pächter muß Risiko und Investitionen allein tragen (Sabelberg 1975b, S. 330). Fast überall in Ortsnähe aber, wo eine höhere Intensität der Bearbeitung möglich ist, dort wird in kleinparzellierten Familienbetrieben der Boden in einer vielfältigen Weise und mit Baumkulturen genutzt.

### d 7 Agrarregionen an den Küsten Liguriens und Mittelitaliens

In den wenigen Küstenebenen der Halbinsel sind die Produktions- und Vermarktungsbedingungen wesentlich günstiger als im Berg- und Hügelland. In der ›Blumenriviera‹ Liguriens hat sich in schmalem, terrassiertem Saum bis um 200 m Höhe über dem Meer ein sehr leistungsfähiger Blumen- und Gemüseanbau entwickelt. Allein die Blumenkulturen lieferten 1970 58% der ligurischen Agrarproduktion.

Der Gärtner und Kunstmaler Ludwig Winter aus Heidelberg hat ab 1870 in Bordighera den Blumenanbau begonnen und bald Nachahmer gefunden. Mit der neueröffneten St.-Gotthard-Bahn war der Transport gesichert. Auf ehemaligem Rebland und Ölbaumstandorten mußte jedoch für Bewässerungsmöglichkeiten gesorgt werden. San Remo wurde zum Zentrum und Markt der Blumenwirtschaft. Ventimíglia und Vallecrósia kamen dazu. Die klimatische Schutz- und Strahlungslage wird im Freilandanbau von Schnittblumen, vor allem Nelken, Rosen und Margeriten, im Winterhalbjahr genutzt. Glashauskulturen für Strelitzien, Gerbéra und Orchideen kommen verstärkt dazu. In kleinen Gartenbaubetrieben, 85% hatten 1970 in der Provinz Impéria weniger als 5 ha landwirtschaftliche Nutzfläche, beträgt die durchschnittliche Gartenbaufläche 8,6 a. Es gab etwa 15000 Beschäftigte, darunter viele Süditaliener, die teilweise im Randbereich selbständig wurden (Cani 1970; Scarin 1971, S. 87; vgl. Kap. III 3 d 3).

Der geschlossene Blumenkultursaum wird nach Osten lückenhaft und setzt sich in die Riviera di Levante, schließlich zu den Intensivkulturen der apuanischen Küstenebene hin fort. In vielen Kleinbetrieben hat man sich dem Anbau von Obst, Gemüse und Blumen zugewandt, mit Nelken und Gladiolen, die in Péscia und

Viaréggio vermarktet werden (Dongus 1962a; Cianferoni 1974). Die toskanischen Maremmen, auch das junge Bonifica- und Bodenreformgebiet, blieben lange beim Weizenbau und haben erst während der siebziger Jahre mit der Sonnenblume eine neue Nutzungsweise zur Ölproduktion hinzugewonnen. Haupterzeuger Italiens ist die Provinz Grosseto.

Im adriatischen Küstensaum hat sich südlich Pescara in den vergangenen 20 Jahren in Anbau und Siedlung eine völlige Umwandlung vollzogen, einerseits zur Tafeltraubenerzeugung hin und andererseits mit Kanal- und Brunnenbewässerung zum Dauer- und Rotationsgemüsebau (Dagradi 1980). Für den Export werden im Sommer Tomaten, Paprika und Auberginen, im Winter Blumenkohl, Fenchelgemüse und Salate produziert.

### d 8 Agrarregionen im Süden des Festlandes

Die einst fast nur in extensiver Weidewirtschaft genutzten, vernachlässigten und nicht zuletzt deshalb malariaverseuchten Niederungen der römischen Campagna oder des Agro Romano sind zum Standort moderner Tenutengroßbetriebe zur Milch- und Fleischproduktion geworden. Im Gegensatz dazu stehen die kleinen, genossenschaftlich zusammengeschlossenen Direktbetriebe mit Weinbau, Obst-, Blumen- und Gemüsekulturen (Krenn 1971). Latium liefert sehr bekannte Weine wie den ›est est est‹ von Montefiascone, die Castelliweine, den Falerno von Fórmia, den Cesanese von Píglio, den Sangiovese, Aleático und andere. Rebland umgibt die Albaner Berge mit Ausnahme der Ostseite mit dicht am Boden gezogenen Reben in Spezialkultur. Die Produktionszone des weißen Frascati ist festgelegt (Migliorini 1973, S. 214). Im Agro Pontino, der in schematischer Weise in durchschnittlich 10–12 ha große bäuerliche Betriebsflächen aufgeteilt ist (Migliorini 1973, Fig. 12), hat sich im früheren Weizen- und Zuckerrübengebiet der Anbau von Reben und Gemüse ausgebreitet. Auch in Latium hat der Weinbau die Tendenz, sich aus dem Hügelland in die Ebenen zu verlagern. Größere Fortschritte machte die Speisetraubenerzeugung mit Pergolaanlagen. In den südlichen Küstenebenen herrscht noch der Weizenanbau, wo die alte Latifundienwirtschaft überlebt hat; er steht aber in schroffem Gegensatz zu den Intensivanbaugebieten auf günstigen Böden und mit Bewässerung, wo in recht kleinen Obst- und Gemüsebaubetrieben auch für den Export produziert wird.

Die Bucht von Neapel, gepriesen als ›Campánia felix‹ und früher als ›Terra di Lavoro‹ bezeichnet, ist mit ihren vulkanischen Böden und ihrer hohen Bevölkerungsdichte seit jeher dafür das beste Beispiel (Wagner 1966, 1967, 1968). An den Vesuvhängen wird die Nutzung nach dem Alter der Lavaströme und Aschendekken und deren Verwitterungsgrad differenziert. Die Höhenstufung ist am Osthang, wo die Betriebe sehr geringe Größe (0,3–1,5 ha) haben, klar ausgeprägt. An den Bewässerungsfeldbau in der einst versumpften Sarnoniederung mit Brunnen schließen sich Haselnußkulturen an, von 70–100 m Höhe ab folgen Reben und Fruchtbäume, bis 400–500 m noch Reben in Mischkultur. An Gebüschbeständen, Edelkastanienhainen oder Kiefernaufforstungen auf Aschendecken endet die landwirtschaftliche Nutzung (WAGNER 1966, Fig. 1, 1967, Karte 2). Auf den leicht zu bearbeitenden Tuffen der Phlegräischen Felder ist eine besonders interessante Agrarlandschaft entstanden mit Terrassenkulturen, an Pappeln gezogenen Reben, Obst besonders auf den Kraterböden und mit vielfältigen Fruchtbaumkulturen. Den tiefgreifenden Veränderungen ist RUOCCO (1954) in seiner Monographie nachgegangen. Hier und an anderen Orten Kampaniens, auf 706 ha, dann auch in der Emília-Romagna (512 ha) wird die Lotuspflaume (loto; *Diospyros lotus L.*), auch Dattelpflaume genannt, angebaut.

Die wachsende Bevölkerungsballung und die Ausdehnung des bebauten Areals für Industrie, Wohnungen und Fremdenverkehr verdrängt die Landwirtschaft immer mehr aus den kampanischen Ebenen, aber sie vermag sich doch zu halten, weil die Böden so außerordentlich fruchtbar sind (MANZI 1977, S. 44–57).

Ein räumlich und an Bedeutung geringeres Gegenstück einer Agrarlandschaft auf vulkanischen Böden bietet der M. Vúlture in der nordwestlichen Basilicata. Aus dem ebenen, offenen Sedimentbereich mit Masserien im Norden oder dem Hügelland im Süden gelangt man in Fruchtbaumkulturen, wo Reben und Ölbäume meistens vergesellschaftet sind. Hier werden die Reben mit spanischem Rohr gestützt. Im Kleinbetrieb wird auf Eigenbesitz oder Pachtland gewirtschaftet, am Osthang auf stark zersplitterten Parzellen. Im Westteil liegen die Poderi einer privaten Landaufteilung. Der übrige Berg mit seinen Kraterwänden ist dicht mit Eichenniederwald, Kastanien- und Buchenhochwald bestanden (RANIERI 1953).

Die Seleniederung ist ein weiteres Beispiel für die moderne Inwertsetzung von Küstenebenen. Vor allem rechts des Sele ist dank der Bewässerung die Nutzung mit Obst und Gemüse, links des Sele um Paestum mit Artischocken sehr vielfältig. Urtümlich wirken die weidenden Büffel – 1970 waren es etwa 20000 Stück –, die zur Milch- und Käseerzeugung gehalten werden (MIGLIORINI 1949; MONTI 1974, S. 178).

Agrumenkulturen beginnen schon südlich von Rom bei Sperlonga und Fondi an der tyrrhenischen Küste und nehmen südwärts bis Kalabrien nahezu alle geeigneten Standorte ein (RUOCCO 1961). An der Nordwestküste Kalabriens hat man sich zwischen Práia a Mare und Cetraro auf die Kultur der Zedratzitrone (cedro; *Citrus medica*) spezialisiert, aus deren Fruchtwand unter anderem Zitronat hergestellt wird (PIPINO 1971). Ein Teil der italienischen Zitronatproduktion (12%) stammt aus Sizilien (Ragusa). Für die Kulturen der Bergamotten *(Citrus aurantium)* sind aber nur die klimatisch günstigen Standorte an der kalabrischen Südküste und deren Täler, besonders südlich von Réggio mit 3900 ha (1976) geeignet. Italien ist einziges Erzeugerland für die daraus gewonnene Essenz (MEYRIAT 1960, S. 40, NOVEMBRE 1961). An der adriatischen Küste treten Agrumen zwar schon am Nordsaum des M. Gargano mit Windschutz aus Rohr, Lorbeer oder Mauern auf, haben aber erst mit den Neupflanzungen von Mandarinen- und Clementinenbäumen im Bereich des Golfs von Tarent und auch Apfelsinenanlagen bis in das Reformgebiet von Metapont und am Sinni größere Flächen erhalten.

Aus dem Tavoliere hat sich außer der Weidewirtschaft auch der Weizenbau weitgehend zurückgezogen, um ertragreicheren Kulturen Platz zu machen, vor allem der Zuckerrübe. Innerhalb Süditaliens liegen hier – vor den Abruzzen mit dem Fuciner Becken – die größten Anbauflächen mit dem Verarbeitungsstandort San Severo. Am Ófanto beginnt dann der breite Gürtel der apulischen Fruchtbaumkulturen, in dem sich ein spezialisierter Reben- und Olivenanbau je nach Standortqualitäten mit Obstgehölzen, auf trockeneren Flächen gegen die Höhen der Murge hin mit Mandeln, abwechselt. Auf den Rebflächen wachsen mehr als die Hälfte der Tafeltrauben, die in Italien verzehrt oder exportiert werden, 62 % waren es 1979. Wie in der Region Abruzzen bevorzugt man, hier zu drei Fünfteln, die Sorte Regina di Púglia, auch Mennavacca Bianca genannt (Colamonico 1960, S. 142). Von den 11,11 Mio. t Trauben, die 1981 in Italien gelesen wurden, waren nur 1,48 Mio. t zum Verzehr bestimmt, was aber im Vergleich zu den fünfziger Jahren eine beträchtliche Zunahme bedeutet. Bisher zog man nur die zur Speisetraubenproduktion bestimmten Reben an Spalieren oder als Pergolen (tendone), die Weinreben niedrig als ›alberello‹. Etwa seit 1970 werden auch diese auf ›spalliera‹, bald 80 cm, bald 2,5–3 m hoch über dem Boden, umgestellt. Dadurch verdoppelten sich die Erträge auf 100–200 dt/ha, und es erniedrigten sich die Alkoholgehalte auf 12–13° von früher 14–17°. Jetzt können die Weine ohne Verschnitt direkt vermarktet werden. Die Zahl der Genossenschaftskeltereien steigerte sich von 36 im Jahr 1960 bis 1977 auf 125. Mandelkulturen wurden durch Speisetraubenanlagen ersetzt, die bis 250 dt/ha liefern. Inzwischen droht die Gefahr der Überproduktion sowohl bei Speisetrauben als auch bei Wein (Tirone 1975, S. 67).

Etwa ein Drittel der Oliven und des Olivenöls Italiens kommen aus Apulien, und zwar von den Kalksteinflächen des Murgevorlandes in der Provinz Bari, ferner von Lecce und Fóggia. Hier begegnet der Ölbaum geeigneten Klima- und Bodenverhältnissen und hat auch trotz des hohen Arbeitsaufwandes noch keine Flächenreduzierung wie in Mittelitalien hinnehmen müssen. Typisch ist das apulische Schnittverfahren, bei dem kubusförmige Kronen entstehen. Fast die Hälfte aller Genossenschaftsölmühlen Italiens hat Apulien (1977 waren es 156 von 355), die allergrößtenteils nach 1960 eingerichtet worden sind, eine Parallele zu den Weinkeltereien. Ebenfalls in der Mitte Apuliens, an den unteren Hängen der Murgehochflächen bis etwa 450 m Höhe, hatten Mandelbäume in der ersten Hälfte unseres Jahrhunderts vor allem als Folge der Reblausschäden im Weinbau eine große Anbaufläche erhalten. Bis 1976 ist deren Fläche stark verkleinert worden, in den Spezial- oder Leitkulturen um ein Drittel, stärker noch in Mischkulturen. Entscheidend waren wirtschaftliche Gründe wie Preisverfall, Lohnkosten und ausländische Konkurrenz. In der Tabakanbaufläche Italiens liegt Apulien mit der Provinz Lecce auf der Salentinischen Halbinsel seit jeher an erster Stelle. Die ausgelaugten Böden lieferten aber weniger als die Hälfte der Hektarerträge Kampaniens, wo mit 44 % im Jahr 1976 fast die Hälfte der italienischen Produktion, besonders in der Provinz Caserta, geerntet worden ist. In Apulien waren es dagegen nur 27 %. Mit Tabakbauern von Lecce kam der Anbau auch in das Bodenreformgebiet von Metapont, wo man sich recht flexibel an geeignete vermarktungsfähige Kulturen hält und jetzt den Erdbeeranbau bevorzugt (Rother 1968 a, 1980 a).

### d 9 Agrarregionen in Sizilien

Bis in jüngste Zeit war in Sizilien der Kontrast beeindruckend, der zwischen der Landwirtschaft mit Bewässerung im kleinparzellierten Küstensaum und den eintönigen Anbauflächen des Latifondo contadino im inneren Berg- und Hügelland bestand. Noch überwiegen dort weithin Mittel- und Großbesitze, die mit Landarbeitern oder in Teilpacht von Agrostädten aus bisher im Weizenbau bestellt wurden; aber jetzt findet auch der Weinbau Eingang. Die Wanderweidewirtschaft mit Schafen und Ziegen hatte seit 1925 mit der Melioration der feuchten Küstenebenen ihre Grundlage verloren, war aber zuletzt noch zwischen dem Binnenland und der Piana di Catánia, der größten Bonifikationsebene Siziliens, lebendig. Die Rinderhaltung stößt bei der Sommertrockenheit und geringem Futterbau auf große Schwierigkeiten. Im Bereich der Tonböden herrschte früher neben dem arbeitsaufwendigen Saubohnenanbau (fave) der wenig ertragreiche Weizen. Er wurde ursprünglich im Wechsel mit Brache, dann mit Fave und Süßklee (Sulla; *Hedysarum coronarium L.*) oder jetzt Wicken angebaut. Auf etwa 60 % des Ackerlandes oder 30 % der LN-Fläche wurde auch 1976 noch Hartweizen mit Durchschnittserträgen von nur 16 dt/ha erzeugt. Bei ungünstiger Witterung können die Erträge stark absinken. Besonders benachteiligt ist der Getreidebau auf den tonig-kompakten Böden Innersiziliens, in denen es in den Wintermonaten zu einer Feuchtigkeitsübersättigung kommt. Bei normalen Niederschlägen dauert der Zustand bis April und erfaßt nur die oberste Bodenschicht. Hohe Herbstniederschläge aber führen auch in tieferen Bodenschichten während drei bis vier Monaten zu Wasserstau. Die Gefahr der Verschlämmung und Verdichtung ist groß und erlaubt auf derartigen Böden keinen Anbau von Reben oder Obstkulturen. Die Gefahr der Bodenzerstörung kommt dazu (Gerold 1979, S. 190). Im Vergleich zu Obstkulturen, die 30 % des Wertes der Agrarproduktion Siziliens erbringen, ist der Wert der Weizenerzeugung mit 11,3 % auf der ausgedehnten Fläche sehr gering. ›Das Klischee von der fruchtbaren Kornkammer Siziliens beruht also auf vollkommen falschen Vorstellungen; die Weizenmonokultur wird sogar von Agrarwissenschaftlern als »Elends- und Entvölkerungskultur« bezeichnet‹ (Monheim 1972, S. 399).

Im besonders trocken-warmen Süden zwischen Agrigent und Caltanissetta nehmen Mandelkulturen die Flächen auf Sandstein ein, unter denen die Erzeugnisse von Ávola hervorragen. Aus günstigeren Standorten verdrängt, findet man sie auch auf recht mageren Böden (Milone 1959, S. 145). Besser als Tonböden eignen sich Kalksteinböden für Reben- und Fruchtbaumkulturen, wofür die Weinberge im Südwesten ebenso Beispiele sind wie die Baumkulturen um Noto am Rande der Hybläischen Tafel. Ohne Bewässerung werden Opuntien, Haselnußkulturen und auch Pistazien angepflanzt. In Spezialkulturen finden sich Pistazien auf den Terpentinbaum (terebinto; *Pistacia terebinthus*) gepfropft einzig in Italien am Ätna, besonders um Bronte. Manche Baumbestände, wie die Johannisbrotbäume (carrúbo; *Ceratonia siliqua*) auf dem Kalkplateau von Ragusa, weichen der extensiven Weide oder Saatfeldern (Gerold 1982, S. 239).

Für den herrschenden Kleinbesitz und Kleinbetrieb in Küstenebenen ist das Weinbaugebiet im Nordwesten bei Partinico und Álcamo typisch, wo 60% der Nutzfläche in Besitze unter 2 ha und weitere 20% in solche zwischen 2 und 5 ha aufgesplittert sind. Ein bekanntes Weinbaugebiet ist das der Ebene von Marsala mit seinen schweren Südweinen, das bis zum Bélice reicht, das andere ist dasjenige um den Ätna. In der Provinz Trápani ist die Rebfläche so ausgedehnt und dicht, daß sie (1980) etwa zwei Fünftel der LN-Fläche einnimmt (85720 von 216032 ha). In Westsizilien liefert die Rebsorte ›cataratto bianco‹ beliebte Weißweine. Die ›grillo‹-Rebe eignet sich besonders zur Herstellung des typischen Marsalaweines, der seit 1773 von Trápani nach England verschifft wurde und heute in etwa 70 Industriebetrieben verarbeitet wird (Milone 1959, S. 126). Andere Weine kommen erst allmählich in den Außenhandel. Seit den sechziger Jahren ist eine geradezu explosionsartige Entwicklung im sizilischen Weinbau in Gang gekommen. Wie in Apulien werden durch neue Kulturmethoden (tendone), neue Rebsorten und Bewässerung höhere Erträge erzielt, und die alkoholärmeren Weine können direkt vermarktet werden, statt zum Verschnitt zu dienen. Die Produktion nahm bei Wein- und Speisetrauben sehr stark zu, auch durch Ausweitung der Anbauflächen, begünstigt durch den Bau von Genossenschaftskeltereien; von 126 im Jahr 1977 bestehenden ›cantine sociali‹ sind 104 nach 1960 erbaut worden.

Die Agrumenkulturen liegen vorwiegend an der Nord- und Ostküste, am Simeto und am Südwestfuß des Ätna (Paternò), am Ostfuß und in der Piana di Lentini, dem Zentrum der Apfelsinenproduktion. Die Anbauflächen sind mit der Ausweitung der Bewässerungsanlagen seit den sechziger Jahren stark vergrößert worden, z.B. in der Ebene von Catania an deren Rändern und in Flußnähe (Gerold 1982, Karte 9, Tab. 38). Fast 62% der Apfelsinenerzeugung Italiens entfielen 1981 auf Sizilien, 91% der Zitronen (limone) und 54% der Mandarinen, wobei Apfelsinen an Menge (1,1 Mio. t) voranstehen. Aus der ›Conca d'Oro‹ sind die Agrumenkulturen von der spekulativen Bautätigkeit der ›Zementmafia‹ und wegen des Mangels an Bewässerungswasser als Folge des erhöhten Bedarfs für Palermo nach Osten über Baghería hinaus verdrängt worden (Manzi 1977, S. 62). In bewässerten Küstenebenen gedeihen Gemüsearten mit Vorrang der Tomaten bei Milazzo, besonders aber zwischen Gela und Scicli und mit der Verlagerung in den Winter in Foliengewächshauskulturen (vgl. Gerold 1982, S. 219). Noch sind Agrumen- und Gemüseanbau nicht genügend krisenfest, was sich durch geringe Pflege der Absatzmärkte und unzureichende Verarbeitung der Erzeugnisse erklären läßt (Monheim 1972, S. 399).

Die Landwirtschaft der kleinen Inseln leidet unter der Isolierung, der hohen Bevölkerungsdichte trotz Abwanderung, einer sehr starken Besitzzersplitterung und allgemeinem Wassermangel, der von Elba bis Pantellería zunimmt. Nach der Ausweitung der Nutzflächen im 19. Jh. oft auf die gesamte Insel, schränkte man sie nach dem Zweiten Weltkrieg stark ein. Die Eigenversorgung ist trotz überwiegender Subsistenzwirtschaft bei der starken Beharrungskraft überkommener Agrarstrukturen nicht möglich (Mikus 1970, S. 441). Als Weinbauinseln (bis 50 % Rebland) können Íschia, Prócida und Pantellería gelten, wo Spezialweine erzeugt werden. Bei Bewässerungsmöglichkeit kommt Gemüse- und Agrumenbau vor mit Spezialisierung auf Zitronen. Kapern sind ein weiteres Spezialprodukt. Auf manchen Inseln spielt aber auch die Weidewirtschaft eine wachsende Rolle, besonders auf den Pelagischen Inseln.

### d 10 Agrarregionen in Sardinien

In seiner Landnutzung, in Besitz- und Betriebsverhältnissen und anderen Eigenschaften unterscheidet sich Sardinien von Festlandsitalien und Sizilien so erheblich, daß es agrargeographisch als völlig eigenständig gelten kann. Wie im Süden der Halbinsel und in Sizilien liegen zwar auch hier die agrarischen Gunstgebiete mit mediterranen Fruchtbaumkulturen, Gemüse- und Blumenanbau im Küstenbereich, sie werden aber immer wieder durch Felsküsten voneinander getrennt. In der Campidanosenke durchdringen sie sogar nahezu die Insel (vgl. Mori 1972, S. 222, Karte der Agrarregionen; Oberbeck 1961; Schliebe 1972). Zwischen den Sedimentationsräumen mit tiefgründigen und ertragreichen Böden erheben sich Hügelländer und kristalline Gebirgsmassive, in denen weithin nur noch eine von der Jahrtausende währenden Weidenutzung bestimmte Heide-, Macchie- und Buschwaldvegetation gedeiht. Die Osthälfte der Insel wird von der Wald- und Weidewirtschaft und der reinen Weidewirtschaft mit Transhumanz bestimmt, nur im Norden der Gallura kommen noch Korkeichenwälder und Ackerland dazu. In diesem korsischen Siedlungsgebiet leben Bauern ebenso wie Hirten in Streusiedlungen, für Sardinien ein Sonderfall. Dauerweideland nimmt (1976) 55 % der land- und forstwirtschaftlich genutzten Fläche ein, und darauf weiden etwa zehnmal soviel Schafe als Ziegen, über 2,5 Mio. Stück. Die Viehhaltung auf den ausgedehnten Gemeindeländereien bildet bis heute das ökonomische Rückgrat Sardiniens, denn sie lieferte (1976) 56,4 % seiner marktfähigen Agrarproduktion, darunter geschätzte Käsespezialitäten (Pecorino, Fiore sardo). Die Tatsache, daß fast ein Drittel aller Schafe und Ziegen Italiens hier gehalten werden, spricht für sich. Der größte Teil der Agrarbevölkerung, und dazu gehören (1982) 15,5% der Berufstätigen, lebt im Bergland in Hirtendörfern, nur 7% in Einzelsiedlungen und Weilern. Beispielhaft ist das höchstgelegene Dorf Sardiniens, Fonni (Provinz Núoro) im Gennargentubergland, in 1000 m Höhe mit 5000 Einw. (1977) und 80000 Schafen (King 1971, S. 173). 85% der Land- und Forstwirtschaftsfläche der Gemeinde sind ›prati permanenti e páscoli‹ (1970), 10% sind Ackerland. In der Provinz Núoro hat das Weideland einen entsprechenden Anteil (69,4%) bei nur 12% Ackerland und Baumkulturen. Die oft schwerwiegenden Probleme der Hirtenbevölkerung sind nicht durch Industrieansiedlung, wie in Ottana, zu lösen (King 1975, 1977).

Im Gegensatz zum Ostteil mit seiner Weidewirtschaft steht der Westteil der Insel mit seiner Bauernbevölkerung im Hügelland und den Ebenen. Auf dem fast allein verfügbaren Trockenfeld überwiegt der Weizenbau im Wechsel mit Brache, dem alten mediterranen Zweifeldersystem entsprechend, im Campidano mit Gewannfluren bei hoher Besitzzersplitterung. Dicht um das Campidanodorf liegen in intensiver Mischkultur bestellte eingehegte Parzellen mit Gemüse, Reben und Obst, ›tanche‹ genannt (Schliebe 1972; Welte 1933, S. 273). In dem 2–3 km breiten Feldflurgürtel, den ›vidazzoni‹, ist die ehemalige 10jährige Rotation abgelöst worden vom 2- bis 4jährigen Rhythmus mit Getreide, Gemüse und dazu Reben. Erst in größerer Entfernung findet sich das alte Bild, wo dem Weizen eine mehrjährige Überweidung folgt und wo Flurzwang herrscht. Dauerweideland ist der letzte Gürtel, größtenteils Allmende (ademprívio). Hier sind ab 1860 große Flächen abgeholzt und gerodet worden (Schliebe 1972, S. 29).

Bezeichnend ist nach King das Fehlen von Klassenunterschieden zwischen Großgrundbesitzer und Bauer ebenso wie innerhalb der Hirtengesellschaft. Sardinien besitzt eine traditionsreiche Bauerngesellschaft und leidet nicht wie der übrige Süden unter dem Druck einer landlosen Agrarbevölkerung. Latifundien sind schon 1820 mit dem Gesetz zur Einhegung des Privatbesitzes aufgelöst worden, das die mit Mauern eingefaßten Fluren im gesamten Hügelland zur Folge hatte. Der Großgrundbesitz besteht größtenteils aus Gemeinde- und Korporationsland, vorwiegend im Gebirge und von geringem Wert. Nicht zuletzt deswegen hatte auch die Bodenreform hier einen anderen Charakter. Das Problem besteht wie im übrigen Italien im Klein- und Splitterbesitz mit Realerbteilung in den Familienbetrieben, wobei aber Kleinpacht und Teilpacht fast keine Rolle spielen.

Nach der erfolgreichen Bekämpfung der Malaria 1946–1950, unter der die Bevölkerung Sardiniens ganz besonders zu leiden hatte (vgl. Fig. 27), sind viele tausend Hektar neu genutzt und besiedelt worden. In Bonificagebieten kann bewässert werden, so daß sich in der Nurra (Tottubella), um Arboréa und im südlichen Campidano Gemüsebau entwickelt hat. Hier liegt mehr als ein Fünftel der italienischen Artischockenanbauflächen (1976). Besonders erfolgreich sollte schließlich die Reform im Bereich der ehemaligen Häftlingskolonie Castiadas im Südosten werden, wo ab 1962 Tunesienaussiedler sizilianischer Abstammung die Höfe übernahmen (King 1971 b, S. 177). Nichtsarden, hier Veneter, sind auch in der Bonifica von Arboréa und um Fertília tätig.

Wie die Übersichtskarte zeigt, breiten sich weite Ölbaumhaine im Agro di Sássari, in der Ebene von Alghero südlich Bosa und im Olienatal bei Núoro aus. Geschlossene Rebflächen liegen auf der Küstenterrasse von Sorso nördlich Sássari, am Nordwestausgang des Campidano bei Terralba und im Südosten dieses Gunstraumes, in charakteristischer Weise auch zwischen den Basaltfelsen der Inseln San Pietro und Sant' Antíoco im Südwesten. Die sardischen Weine, Vernáccia, Mónica, Girò, Canonáu, Malvasía, sind recht alkoholreich. Agrumen waren bisher auf wenige isolierte Standorte beschränkt und haben erst kürzlich durch Neuanlagen an Fläche gewonnen, so in Milis, Cágliari, Muravera und Tortolì. Fortschritte im agrarischen Bereich sind auch auf dieser so lange vernachlässigten Insel erreicht worden, aber doch nur auf kleinen Flächen der begünstigten Peripherie und im Campidano. Die Weidewirtschaftsbereiche zeigen noch den gleichen Ausdruck der alten Hirtenkultur, sieht man von den sie durchschneidenden modernen Straßen ab. Sie sind nicht nur nicht gefördert, sondern sogar deutlich benachteiligt worden, weil traditionelle Weidegründe in Ebene und Hügelland der ackerbaulichen Nutzung zugeführt worden sind. Das Ungleichgewicht zwischen dem neuen und dem alten agrarischen Sardinien und zwischen dem Ost- und dem Westteil der Insel hat sich noch vergrößert (Mori 1972, S. 225).

### *e) Literatur*

Das grundlegende Werk, das über die Landwirtschaft in Italien informiert, besteht aus der Reihe ›Memórie Illustrative‹ als Begleithefte zur ›Carta della utilizzazione del suolo‹, die unter C. Colamonico seit 1956 (CNR Rom) erschienen sind. 26 Karten 1:200000 des TCI Mailand liegen vollständig vor, stellten aber schon zur Zeit ihres Erscheinens nicht immer den tatsächlichen Zustand dar. Vor allem im Süden gab es durch die Intensivierung im Küstenbereich und Extensivierung im Binnenland Veränderungen. 1983 fehlten noch die Begleithefte der Regionen Trentino-Südtirol und Marken. Die Einteilung in Regionen ist einmal durch die Verwendung statistischer Daten begründet und dann durch das Ziel, den öffentlichen Stellen Unterlagen für die Planung bereitzustellen. Zum Gesamtkonzept des Werkes vgl. Colamonico (1952 u. 1971), Formica (1980) in seinem Forschungsbericht zur Agrargeographie und Tichy (1965). Eine zusammenfassende Darstellung bieten Antonietti und Vanzetti (1961) sowie Favaretti, dieser im World Atlas of Agriculture (1969). Eine ganz Italien deckende agrargeographische Karte veröffentlichte Gambi (1976), einen Überblick über die Agrarregionen gab Gribaudi (1969), beides wichtige Stützen der hier gegebenen Darstellung (vgl. Karte 9). Zur modernen Entwicklung der Landwirtschaft Italiens vgl. Graf W. Harrach (1976) und Rauhut (1963).

Für den deutschen Leser dürften einige agrargeographische Monographien von Interesse sein, die von Norden nach Süden genannt werden: Fischer (1974) über das westliche Südtirol, Loose (1983) über den südwestlichen Trentino, Upmeier (1981) über die Padania, Beier (1964) über Monferrato und Langhe, Dongus (1962 a) über die apuanische Küstenebene und über die östliche Po-Ebene (1966), Retzlaff (1967) über die Maremmen, Sprengel (1971) über die Wanderherdenwirtschaft in Mittel- und Südostitalien, Wagner (1967) über die Hänge am Vesuv, Rother (1971 a) über die tarentinische Golfküste, Gerold (1982) über Südostsizilien, Schliebe (1972) über Sardinien.

Die italienische Agrargeographie, der wir das Landnutzungskartenwerk verdanken, begann mit der Monographie über die Seleebene von Migliorini (1949) in Erscheinung zu treten, der diejenige über den M. Vúlture von Ranieri (1953), über die ›Romagna fruttícola‹ von Merlini (1954) und die Phlegräischen Felder von Ruocco (1954) folgten.

Eine Geschichte der italienischen Landwirtschaft als zusammenfassende Darstellung bietet Sereni (1961, 1962, 1972); bestes Anschauungsmaterial enthält der Prachtband der Banca nazionale dell'Agricoltura (1976). Beiträge und Exkursionsführer zur Geschichte der Agrarlandschaft bietet der Band des TCI (1981) Campagna e industrie, i segni di lavoro. Zur römischen Zeit vgl. Schmitz (1938), ferner die entsprechenden Kapitel bei Doren (1934). Eine Bibliographie lieferte Caroselli (1964).

Fachzeitschriften sind ›Agricoltura d'Italia‹, Rom; ›Indústrie agrárie‹, Verona; ›Annuário dell'Agricoltura italiana‹, INEA Rom; ›Italia agricola‹, Rom; ›Rivista di Economia agraria‹, INEA Rom. Ein nützliches Hilfsmittel beim Studium der Fachliteratur ist F. Favati, Dizionário di Agricoltura, Dictionary of Agriculture, Italiano-Inglese, Inglese-Italiano, Bologna 1971.

Die einzige Erhebung, die Produktionsflächen einzelner Nutzpflanzen in der Gemeinde enthält, war der ›Catasto agrário‹ von 1929, erschienen in 94 Heften, ISTAT Rom 1933–1939. Der erste ›Censimento generale dell'agricoltura‹ von 1961 und der zweite von 1970 liefern Daten über Betriebsverhältnisse und Anteile einiger Leitkulturen (coltivazione principale) in 93 Heften für die Gemeinden und Provinzen. Unter Coltivazione principale wird die wirtschaftlich wichtigste Kultur des Betriebs verstanden, nicht die an Fläche bedeutendste, bei Mischkultur jeweils nur eine, die wertmäßig wichtigste Art, z. B. Weinrebe oder Ölbaum. Jährlich erscheint der ›Annuário di statística agrária‹ des ISTAT, unter anderem mit Produktionsangaben für Provinzen, Produktionsmittel sowie der ›Annuário statístico della zootécnica, pesca e cáccia‹.

Über die Verteilung der Besitzgrößen in der Zeit vor der Bodenreform kann man sich leichter informieren als über die Betriebsgrößen (vgl. Hetzel 1957). Erstere sind für 1947 reich dokumentiert in einer dreizehnbändigen Veröffentlichung des INEA mit der Zusammenschau durch Medici (1956). Die Betriebsgrößenverteilung ist dagegen erstmals mit dem 1. Agrarzensus 1960, und wieder mit dem 2. Agrarzensus 1970 erhoben worden, weshalb man für frühere Zeiten auf Schätzungen angewiesen ist. Für die Verhältnisse im 19. Jh. vgl. Baruzzi-Leicher (1962), zur Teilpacht von Blanckenburg (1955), zur Mezzadria Sabelberg (1975 a), für Süditalien King (1973), Vöchting (1951), im übrigen die genannten Monographien, darunter für Umbrien Desplanques (1959). Die Probleme des Kleinbauerntums und der Besitzzersplitterung behandeln Medici, Sorbi und Castrataro (1962) mit Kartenbeispielen, die seltene Flurbereinigung Hetzel (1957). Die Folgen der Abwanderung für die Landwirtschaft im Mezzogiorno diskutiert Formica (1975).

Die italienische Boden- und Agrarreform hat eine sehr reiche, insbesondere fachliche und offizielle Literatur hervorgerufen, so von der Cassa per il Mezzogiorno aus, von der FAO

(Barbero 1961), aber auch seitens der Geographie auf italienischen und internationalen Geographentagen z. B. Dagradi (1976); ferner sind regionale Veröffentlichungen zu nennen, z. B. Della Valle (1956), Ortolani (1956), aus der neueren Literatur Giarrizzo (1971), L. Bortolotti (1980), Monti (1974). Über erste Ergebnisse berichtete Hahn schon 1957. Von King (1973) stammt das grundlegende Werk, in dem das ›italienische Experiment‹ als solches und in seiner allgemeinen Bedeutung kritisch dargestellt ist. 30 Jahre nach Beginn der Reform erschien ein Sammelwerk, in dem die Ergebnisse der Reform zusammengefaßt sind (De Rosa, Zangheri u. a. 1979). Einen Rückblick liefert Schinzinger (1983). Eine Aufsatzsammlung veröffentlichte Giorgi (1972) in deutscher Sprache. Wieder sind hier die deutschen Monographien zu erwähnen (Dongus; Gerold; Retzlaff, Rother u. Schliebe).

Zu einzelnen Kulturpflanzen vgl. den Literaturbericht von Formica (1980). Über die Entwicklung im Weinbau informiert Tirone (1970, 1975 u. in Huetz de Lemps, Hrsg., 1978), über den Obstbau und die industrielle Verarbeitung Coulet und Tirone (1972). Das Hauptwerk zur Geschichte des italienischen Weinbaus ist A. Marescalchi und G. Dalmasso, Stória della vite e del vino in Italia. 3 Bde. Mailand 1931–1937. Eine spezielle Erhebung im Weinbau ist erstmals 1970 im ›Catasto vitícolo‹ durchgeführt worden, veröffentlicht vom ISTAT, Rom 1972. Informativ sind zahlreiche Beiträge in den Reihen ›Dok.‹ und ›Doc.‹.

## 2. Der gewerbliche Sektor. Die Industrie in Tradition und Entwicklung

Bei der Behandlung der Bevölkerungs- und Siedlungsstrukturen sind einige Prozesse und Probleme zur Sprache gekommen, die aufs engste mit der Wirtschaftsentwicklung Italiens nach dem Zweiten Weltkrieg zusammenhängen und mit dem Komplex ›Industrialisierung – Binnenwanderung – Verstädterung‹ zu umreißen sind. Mit dem Wachstum der Industrie wurden manche Stadtgemarkungen mit ihrer Umgebung zu Ballungsräumen, Gebirgs- und Binnenland entleerten sich, Küstensäume verdichteten sich. Einige negative Folgen der Industrieausweitung und Bevölkerungsansammlung wurden beobachtet: Verschmutzung der Binnen- und Küstengewässer, Verbauung der Küsten und auch Luftverunreinigung mit Folgeschäden für den Menschen und seine Kunst- und Bauwerke. Aus der Besprechung des geologischen Aufbaus Italiens ergab sich, in wie junger Vergangenheit der Gesteinsuntergrund entstand und wie arm infolgedessen das Land an industriell nutzbaren Rohstoffen, an Erzen und an fossilen Brennstoffen ist, die in anderen Ländern die Basis für eine Industrieentwicklung geboten haben (vgl. die Dokumentation durch H. Wagner 1982). Wie war es aber dennoch möglich, daß sich in Italien das ›Wirtschaftswunder‹ der Nachkriegszeit ereignen konnte? Sind die Lage- und Verkehrsbedingungen, die Situation als Mole im Mittelmeerraum und die Verbindung mit West- und Mitteleuropa so günstig? Hat Italien eine gut ausgebildete, erfindungsreiche und technisch fähige Arbeiterschaft, hat es genügend reiche Kapitalquellen für Investitionen, eine hochstehende Forschung im technischen Bereich und eine risikofreudige Unternehmerschicht? Wie wirksam waren die Eingriffe des Staates durch seine Wirtschaftspolitik, durch seine Staatsbeteiligung und staatliche Betriebe insbesondere im lange vernachlässigten Süden? Wenn es auch im länderkundlichen Rahmen nicht möglich ist, solche und andere Fragen auszudiskutieren, so können doch die geographisch faßbaren Aspekte der Industrie in ihrem Entwicklungsgang, in ihren Strukturen, ihrer Leistung und ihren Verbreitungsphänomenen dargestellt werden.

### *a) Die Hauptphasen der Entwicklung der Industrie*

#### a1 Die Frühphase bis Ende des 18. Jahrhunderts

Italien gehört zu jenen europäischen Ländern, in denen sich deutlich eine Frühphase des produzierenden Gewerbes erkennen läßt, die für die Industrieentwicklung bis in einzelne Standorte hinein Grundlagen geschaffen hat. Es finden sich immer wieder Beispiele für das Phänomen der Persistenz, für das Beibehalten von Produktionsstandorten über die Zeit rohstoff- oder energiebedingter Standortbindung hinaus bis in die moderne Zeit (vgl. Karte 93 in ›L'Italia storica‹, TCI 1961). Schon zu Beginn dieser Phase, die wie im übrigen Europa von etwa 1500 bis in das zweite Drittel des 18. Jh. reicht (MIKUS 1978, S. 6), werden neu erfundene mechanische Geräte für die gewerbliche Produktion genutzt. Dennoch war Leonardo da Vinci mit seinen Maschinenkonstruktionen seiner Zeit weit voraus. Typische Merkmale sind in dieser Phase bei der politischen Zersplitterung Italiens der Schutz des Gewerbes hinter Zollmauern und die handwerkliche Struktur in Kleinbetrieben, bevorzugt in Städten. Florenz z. B. mit seinen ›arti‹-Vereinigungen von Angehörigen unter anderem des Wolle-, Seide- und Kürschnergewerbes besaß auch die erste Gobelinmanufaktur Italiens von 1546–1737. Bei der Seidenverarbeitung kam es schon im 18. Jh. in einigen Städten der Padania zu industrieähnlichen Konzentrationen, so auch in den venezianischen Staaten (PONI 1972). In Bologna, Racconigi südlich Turin und Bérgamo gab es ›mulini da seta‹ zur Seidenverarbeitung mit einigen 100 Arbeitern. Überdimensioniert war ein 1678–1685 erbauter quasi-staatlicher Betrieb in Piacenza mit 290 Lohnarbeitern einschließlich Frauen und Kindern und 194 Heimarbeitern. Man kann ihn als echte mechanisierte Fabrik unter kapitalistischer Leitung ansehen (PONI 1978). Schafwolle aus der Transhumanzweidewirtschaft und die reichen Wasserkräfte bestimmten die Standorte des Textilgewerbes am Ausgang der Alpentäler, dessen Tradition in den Zentren von Biella im Piemont und Schío in Venetien fortgesetzt wird.

Im Eisengewerbe war die Abhängigkeit von benachbarten Erzgruben, z. B. auf Elba, vom Wald mit seiner Holzkohle und von reichen Wasserkräften der Gebirgsbäche, sehr eng. Aus frühen Wurzeln entwickelten sich die eisenschaffende und die eisenverarbeitende Industrie in den Tälern der Südalpen, die bis heute im

Aostatal (Cogne) und in der Umgebung von Bréscia mit den Kleinstahlwerken der ›Bresciani‹ aktiv ist (Fumigalli 1973, 1978; Simoncelli 1973). Mit Spezialisierung sind Krisenzeiten überwunden worden, z. B. mit der Besteckproduktion in Lumezzane (Bartaletti 1978). Ganze Dörfer, wie Laorca am Comer See, lebten vom Eisen (Sella 1974, 1978). Der Holzmangel nach der übermäßigen Entwaldung erschwerte bald die Brennstoffversorgung. Die in den Venetischen Südalpen vorherrschenden Fichtenbestände gelten als Folge der abgetriebenen Buchenwaldungen im Bereich ehemaliger Bergbau- und Hüttenstandorte, wie z. B. in drei Dolomitentälern im Raum Belluno (Cucagna 1961). Ebenso zu verstehen ist der Standort Stilo während der Blütezeit der kalabrischen Eisenindustrie im 17. Jh. mit angeschlossener Waffenproduktion (Di Vittorio 1978). Militärische Belange brachten die Eisenverarbeitung und Waffenproduktion in die Städte. Im 13. Jh. waren im Arsenal von Venedig, das schon Dante beschrieb, etwa 16000 Arbeiter im Schiffbau, bei der Produktion von Kanonen, Waffen und Pulver tätig. In der Militär- und Residenzstadt Turin legte der König von Savoyen die Grundlage für die Eisen- und mechanische Industrie in zwei Militärarsenalen. Im Vergleich zur frühneuzeitlichen Eisenproduktion Gesamteuropas war freilich diejenige Italiens mit ihrem Anteil von nur 4–5 % sehr gering; auch im 17. Jh. erreichte sie nur etwa 7000 t im Jahr, überwiegend auf Elba (Sella 1974, S. 95).

An den Rändern der Alpen und des Apennins fand auch die Papierfabrikation geeignete Standorte. Mit ihr blühte im 14./15. Jh. die Stadt Fabriano in den Marken auf, wo noch heute Spezialpapiere hergestellt werden. Eine geschätzte Papiersorte lieferten auch die Mühlen des Liritals in Kampanien. Die Standortbindung an Rohstoffe oder Energie war bei den meisten größeren Gewerbebetrieben die Ursache ihrer punkthaften Verteilung oder Streuung innerhalb des Landes, und das war zu jener Zeit die Regel auch bei der Verarbeitung agrarischer Produkte in Getreide- und Ölmühlen; dennoch kam es zu einer Konzentration am Rand der Städte, den Markt- und Verbrauchszentren.

### a2 Die Phase der Mechanisierung bis Ende des 19. Jahrhunderts

In der folgenden zweiten Phase, vom zweiten Drittel des 18. Jh. bis um 1890, nahm die begonnene Mechanisierung kräftig zu. Fördernd wirkten sich die offenen Grenzen in der Napoleonischen Periode durch den wirtschaftspolitischen Einfluß Frankreichs auf Piemont und Österreichs auf Lombardei und Venetien aus (Corna-Pellegrini 1974, S. 113). In Turin entstanden an der Dora, die der Waffenfabrik Energie lieferte, Werkssiedlungen, die 1851 20000 Einwohner beherbergten. Einen weiteren kräftigen Anstoß brachten die Gründungen von Eisenbahnwerkstätten und der Bahnbau sowie der Auf- und Ausbau von Kommunikationsnetzen. Im Piemont sind bis 1860 1303 km Bahnlinien fertiggestellt worden, in der Toskana 256 km. Um 1840 begann mit der Baumwollverarbeitung in der Lombardei und vorwiegend in und um Mailand der Aufbau einer Industrie mit Massenproduktion. Charakteristisch waren das rasche Wachstum und der Einfluß deutscher und Schweizer Unternehmer (Dalmasso 1971, S. 128f.). In der Seidenindustrie betätigten sich Franzosen. Die sozialen Verhältnisse waren erschrekkend, bedenkt man für Mailand 1833 den Anteil von 18 % Kindern ab fünf Jahren an der Arbeiterschaft gegenüber 24 % Frauen und 58 % Männern. Trotz zahlreicher weiterer großer Betriebe (Zuckerraffinerie 1211 Arbeiter, Knopffabrik 400) und unter Berücksichtigung der allmählich beginnenden chemischen Industrie war das Mailand dieser Zeit nicht durch seine Industrie geprägt, die Hauptfunktion war der Handel.

Um 1850 gab es ein industrielles Neapel, das Mailand nur wenig nachstand (Vöchting 1951, S. 79; Ruocco 1965). Die seit alten Zeiten einheimische Seidenzucht und Seidenverarbeitung erlebten jetzt zwischen Kampanien und Réggio einen Aufschwung. In Eisenwerken, Werften und Maschinenfabriken wurde am Golf nordwestlich Pórtici produziert, unter anderem im Werk Pietrarsa. Nach Pórtici fuhr 1839 die erste Bahn Italiens; Lokomotiven und rollendes Material wurden hergestellt. Dennoch brachte es der Süden bis 1860 nur auf 98 km Streckenlänge. Unter der Protektion der bourbonischen Regierung blühte die Wollindustrie in vielen Orten des Liritals auf, begünstigt durch dessen Wasserkräfte, so daß man vom ›Valle delle indústrie‹ sprach (Ruocco 1965, S. 609). In der Papierindustrie wurde die Tradition fortgesetzt.

Nach dem Zusammenschluß der Einzelstaaten ab 1860 setzte sich der langsame Aufschwung in regional unterschiedlicher Weise fort, brachte aber erst kurz vor der Jahrhundertwende einen wirklichen Umschwung und den Beginn der dritten Entwicklungsphase der Industrie Italiens, die bis zum Ersten Weltkrieg dauerte. Eisenbahnbau und Freihandel kamen vorwiegend dem Norden zugute. Die vom Staat hoch bezuschußte Eisenbahn wurde von ausländischen Gesellschaften gebaut, nur Ansaldo in Genua war an Materiallieferungen beteiligt. Die Entnahme von Eichenholz für die Herstellung von Bahnschwellen schädigte die Wälder im Süden sehr. Der Freihandel förderte die Industrialisierung zunächst kaum, weil an ihm neben der Textilindustrie nur die norditalienische Agrarwirtschaft beteiligt war. Günstig wirkte sich erst die gesamteuropäische Hochkonjunktur der frühen siebziger Jahre aus, die zur Gründung großer Aktiengesellschaften im Norden führte; dazu gehörten die Pirelli-Gummiwerke (1872) und Círio (1874) in der Zucker- und Lebensmittelindustrie. Das Industriedreieck Mailand–Turin–Genua begann sich abzuzeichnen. Weil eine Stahlindustrie nahezu fehlte, entwickelte sich die weiterverarbeitende Eisen- und Maschinenbauindustrie nur langsam. Eine moderne Schwerindustrie erstand erst mit massiver staatlicher Intervention (Lill 1980, S. 196 u. S. 217; Mikus 1981).

Die Landwirtschaft war nur im Nordwesten modernisiert worden, weshalb die Agrarkrise nicht aufzuhalten war. Venetien und der Süden mit seinem rückständigen, extensiven Getreidebau waren der Konkurrenz des billigen amerikanischen Getreides nicht gewachsen. Die Bevölkerung sah den einzigen Ausweg in der Auswanderung, zumal die Regierung kein Mittel zur Hilfe fand. Sie traf eine politische Entscheidung mit dem Aufbau der Schwerindustrie, zur Unterstützung von Heer, Marine und Eisenbahnbau im Zusammenhang mit der ehrgeizigen Außen- und Kolonialpolitik (LILL, S. 219). In strategisch sicherer Binnenlage erstand in Terni 1875 die Régia Fábbrica d'Armi, gegründet auf Spoletobraunkohle und die reichen Wasserkräfte der Nera und des Velino unterhalb seiner zur Römerzeit angelegten Ableitung über den Mármorefall. Trotz ihrer isolierten Lage entwickelte sich die Wirtschaftsinsel mit den Stahlwerken von 1884 und anderen Betrieben weiter (ALBERTINI 1965). Die Industrialisierung brachte zwar dem Norden und einigen Orten in Mittelitalien den Aufschwung, ihm wurden aber die agrarischen Interessen des Südens geopfert, der mit der Agrarkrise zurückfiel. Die Volkswirtschaft spaltete sich in einen hochmodernen Bereich im Norden und einen geradezu archaischen Bereich im Süden. Die Gegensätze verstärkten sich, die Südfrage wurde von nun an sehr heftig diskutiert (LILL 1980, S. 221).

### a3 Die Phase der ›industriellen Revolution‹

Im Verlauf einer endgültigen ›industriellen Revolution‹ gelangte Norditalien 1895/96 zum weltwirtschaftlich bedeutsamen Aufschwung, der aber im Vergleich zu Frankreich, wo er um 1830 stattfand, oder zu Deutschland, wo er um 1850 anzusetzen ist, wesentlich verzögert erfolgte. Merkmale dafür sind die Stahlwerksgründungen an Küstenstandorten und in der Nähe von Erz und Kalk, wie in Piombino 1897 mit Maremmenbraunkohle (INNOCENTI 1965) und in Portoferráio auf Elba 1898 auf Holzkohlebasis (zerstört im Zweiten Weltkrieg). 1899 gründete Giovanni Agnelli das Fiat-Werk in Turin, 1904 errichtete der Ilva-Konzern – er war 1902 aus der Fusion von Savona und Elba entstanden – mit Staatshilfe aus einem Sondergesetz für Neapel das einzige Stahlwerk der Zeit im Süden, die Ferriere Ilva in Bagnoli bei Neapel.

Mit der Ausnutzung der alpinen Wasserkräfte zur Elektrizitätsgewinnung gab es einen weiteren Aufschwung in der Metallverarbeitung, im Maschinenbau und in der chemischen Industrie (vgl. Kap. II 3 c4). Turin und das gesamte Industriedreieck profitierten davon erheblich. Die Gründung des damals bedeutendsten Kraftwerks Europas an der Adda bei Paderno im Jahr 1898 durch die Edison-Gesellschaft bedeutete den Beginn der Elektrizitätswirtschaft auf der Basis von Wasserkraft. Erstmals konnte Strom über die Entfernung von 32 km nach Mailand geführt werden (DALMASSO 1964). Die Elektrizitätswirtschaft brachte Vorteile für die neu entstehende Elektroindustrie, aber auch besonders für die Zementindustrie. Es entstand der Kern der späteren Gesellschaft Italcementi 1906 in Bérgamo. 1916 begann die Stromerzeugung durch Nutzung der geothermischen Energie der Soffioni von Larderello in der Toskana. Für den Süden mit seinem chronischen

Energiemangel, der jede Industrialisierung bislang verhindert hatte, brachte das noch keine Erleichterung.

Während der Kriegsjahre 1915–18 wurden die Textil- und die Maschinenindustrie besonders durch die Produktion von Kraftfahrzeugen und Flugzeugen zum kräftigen Wachstum gebracht. In der chemischen Industrie begannen dank elektrischer Energie die Sprengstoff- und die Düngemittelherstellung. Die Industriestandorte Italiens sind von nun an festgelegt; es kamen bis etwa 1950 keine neuen dazu, abgesehen von jenen, die ihre Existenz staatlichen Eingriffen verdanken, wie später Marghera ab 1917 (MUSCARÀ 1965; DÖPP 1982 MS.), Livorno (PINNA 1965) und andere Standorte (CORNA-PELLEGRINI 1974, S. 141). Das übrige Italien sollte noch für lange Zeit von der Industrialisierung ausgeschlossen bleiben. Am Ende des Ersten Weltkrieges war Italien, ökonomisch gesprochen, ein halbentwickeltes Land, und trotz der industriellen Revolution in der Ära des Premierministers Giolitti (1903–1913) fehlten viele der nötigen Voraussetzungen für die weitere Entwicklung (RICOSSA 1980, S. 178).

### a4 Die Industrie unter dem Faschismus

Das Jahrzehnt nach dem Ersten Weltkrieg bis zur Weltwirtschaftskrise war die Zeit der liberalen Wirtschaftspolitik des Faschismus, der übrigens von den großen Finanz- und Industriegruppen kräftig gefördert wurde (DALMASSO 1971, S. 177). Verkehrslage, hohe Bevölkerungsdichte und elektrische Energie waren im Norden günstige Voraussetzungen für den Erfolg dieser Wirtschaftspolitik. Nicht zuletzt diente die Rüstungspolitik dazu, die zahlreiche Arbeiterschaft zu versorgen. Die Vorkriegssituation fand nach der Krise von 1920 – die Inflation hielt sich im Vergleich zu Deutschland in engen Grenzen – ihre Fortsetzung, z. B. mit einem Neubeginn am geplanten Hafenstandort Marghera-Venedig. Dort ging es darum, die reichen hydroelektrischen Energien der Venetischen Alpen zu nutzen, was zunächst mit Werften, Glas- und Kokswerken und schließlich mit Aluminium-, Stahl- und Kupferhütten geschah. Mit Düngemittelproduktion und anderer chemischer Industrie beteiligte sich der Montecatinikonzern, der von seinem Zentrum in Mailand aus im ganzen Land tätig wurde. In der Textilindustrie, etwa durch die Snia-Viscosa-Gesellschaft, brachten die Kunstfasern Neuerungen mit sich. Die Maschinenindustrie wuchs erheblich. Mailand entwickelte sich durch seine Industrie und vor allem seine Banken zur Wirtschaftshauptstadt Italiens. Der Süden aber stagnierte, denn für Privatinvestitionen dieser von Banken gelenkten liberalen Wirtschaftsperiode (1922–25) war dort kein Gewinn zu erwarten. Die wenigen Rohstoffe, wie Salze und der im internationalen Vergleich wenig reine Schwefel Siziliens, erlaubten die Entwicklung einer chemischen Industrie nicht (COLONNA 1971; TEWS 1980).

Während der Weltwirtschaftskrise ab 1929 war in Italien, ebenso wie auch in anderen Ländern Europas, eine staatliche Hilfe für deren Opfer unvermeidlich. Um die in Schwierigkeiten geratenen Banken zu stützen und damit den Betrieben zu helfen, wurde 1933 der Istituto per la Ricostruzione Industriale (IRI) gegründet. Er wurde dadurch auch Eigentümer zahlreicher Unternehmen. In Staatseigentum waren nach 1936 fast die gesamte Eisen- und Stahlindustrie, der Schiffbau, das Transport- und Fernmeldewesen und außerdem ein geringer Teil des Maschinenbaus, der chemischen und anderer Industrien. In Verbindung mit der neugegründeten staatlichen Banca d'Italia war dieses Organ das geeignete Mittel, um bei voller Staatskontrolle die nötige Infrastruktur für eine moderne Wirtschaft zu schaffen. Eisenbahnen und Autostraßen wurden verbessert, vor allem die Maschinenbauindustrie gefördert und eine Handelsflotte aufgebaut. Die Prestigepolitik des faschistischen Staates führte zur Beteiligung von großen Passagierschiffen am Wettbewerb um das ›Blaue Band‹ auf der Atlantikroute; ›Rex‹ gewann es 1933. Mit der Gründung der AGIP 1929 zeichnete sich die beginnende Bedeutung der Kohlenwasserstoffe für Energie und Chemie ab.

Die liberale Wirtschaftspolitik wurde von der Selbstversorgungspolitik abgelöst. Aus Gründen der Kosten- und Zeitersparnis – es galt möglichst rasch Erfolge vorzuweisen – stärkte man alte Strukturen und Standorte im Norden zum Nachteil des Südens (vgl. Vöchting 1951, S. 571 f.).

Im Süden blieb es beim Ausbau der Konservenindustrie, die ebenso im Sinne der Autarkiebestrebungen war wie die rasch gewachsene Zellstoffindustrie. In Fóggia wurde ab 1937 nach dem Verfahren der Snia-Viscosa zur Nutzung einjähriger Pflanzen zur Zelluloseproduktion Weizenstroh verarbeitet. Im Norden begann eine entsprechende Produktion im Betrieb von Torviscosa 1938 auf der Grundlage von Schilfrohr (*Arundo donax;* Gorlato 1965; Paschinger 1961). Die 1945 zerstörte Fabrik wurde modern wieder errichtet und nutzte jetzt Pappelholz. Vorrang genossen bei der faschistischen Selbstversorgungspolitik aber Metallverarbeitung, Maschinenbau und mechanische Industrien. Die höchsten Zuwachsraten hatten zwischen 1928 und 1938 Elektrizitätsproduktion, Elektroartikel, Gußeisen, Bauxitförderung und Aluminiumerzeugung (Vöchting 1951, S. 576). Die elektrochemische Industrie entstand. Die Schwerindustrie war aber im europäischen Vergleich noch immer mit 2 Mio. t Stahlerzeugung im Jahr 1938 von recht geringer Bedeutung. In Deutschland erreichte die Rohstahlproduktion dagegen fast 22 Mio. t.

### a 5 Die Lage nach dem Zweiten Weltkrieg

Die Wirtschaft Italiens und seine Industrie waren nach Kriegsende von zerstörten Anlagen gezeichnet, besonders im Süden, der das Hauptkampfgebiet war. Im Norden war die Wiederaufnahme der Produktion zwar möglich, sie wurde aber durch die wegen des Mangels an Devisen fehlenden Rohstoffimporte behindert. In der mechanischen und der Textilindustrie gab es ein hohes Angebot an unbeschäftigten Arbeitskräften. Die Arbeitslosigkeit begünstigte die rasch anschwellende Inflation. Es herrschte Mangel an Nahrungsmitteln und ebenso an Grundstoffen wie Kohle, Zement, Stahlwaren und an elektrischer Energie.

Dank verschiedener Hilfsprogramme, bis 1946 UNRRA, dann Interimshilfe, ab 1948 durch das Europäische Wiederaufbauprogramm ERP und dank einer energischen Geldmarktpolitik war die Krisenzeit nur kurz. Die Auslandshilfe machte die freie oder halbfreie Einfuhr von Getreide, Kohle, Erdöl und Industrierohstoffen möglich; es konnte der medizinische Bedarf befriedigt werden, Industrieausrüstungen kamen ins Land (Ricossa 1980, S. 192). Die Stabilisierungsmaßnahmen der Regierung Einaudi griffen, Auslandskapital strömte ein. Alsbald kam es zu einem erstaunlich raschen Industriewachstum. Die Industrieproduktion stieg 1949–63 jährlich um durchschnittlich 8,1 %. Der Industrialisierungsprozeß veränderte die Struktur des Angebots von Grund auf. Italiens Bevölkerung wurde zu einer Verbrauchergesellschaft. Zur Hochkonjunktur kam es bei wertvolleren Konsumgütern, bei Autos, elektrischen Hausgeräten usw.; die mechanisierte Massenproduktion konnte die Nachfrage befriedigen. Als Ursachen des ›Wirtschaftswunders‹ lassen sich außer den schon genannten noch weitere hervorheben: das niedrige Startniveau, die staatliche Investitionsförderung, als Hauptursache jedoch das große Arbeitskräfteangebot, das niedrige Löhne zuließ. Auf dem Markt der Europäischen Gemeinschaft waren die Industrieprodukte konkurrenzfähig. Italien wurde zum zweitgrößten Stahlproduzenten in der EG mit (1982) 24,0 Mio. t nach der Bundesrepublik Deutschland mit 35,9 Mio. t und ist der größte Importeur von Schrott in der Welt.

## *b) Die Lösung des Energieproblems*

### b1 Erdöl und Erdgas

Von entscheidendem Einfluß, gerade auch auf die beginnende Industrialisierung im Süden, war die völlig geänderte Energiesituation; das alte, schwerwiegende Energieproblem schien gelöst. An die Stelle von Kohle trat Erdöl als Hauptbrennstoff. Jetzt machte sich der Lagevorteil der süditalienischen Häfen zu den Erdölländern des Orients geltend. Der Bau von Raffinerien führte zu massiven Rohölimporten (1982 fast 64 Mio. t; EG 1981 476 Mio. t). Es entstanden Spezialhäfen für Tankerlöschanlagen mit angeschlossener Industrie wie bei Ravenna, aber gerade auch im Süden: Bríndisi in Apulien, Syrakus-Augusta und Milazzo in Sizilien, Porto Torres und Porto Foxi in Sardinien. Die neu aufgebaute Petrochemie nutzte den Rohstoff aus, Raffinerieprodukte ließen sich exportieren. Italien hat die größte Rohölverarbeitungskapazität Westeuropas (1981 200 Mio. t; EG 1981 968 Mio. t).

Eine gewisse Entlastung für den Import brachten die geringen Ölfunde in der

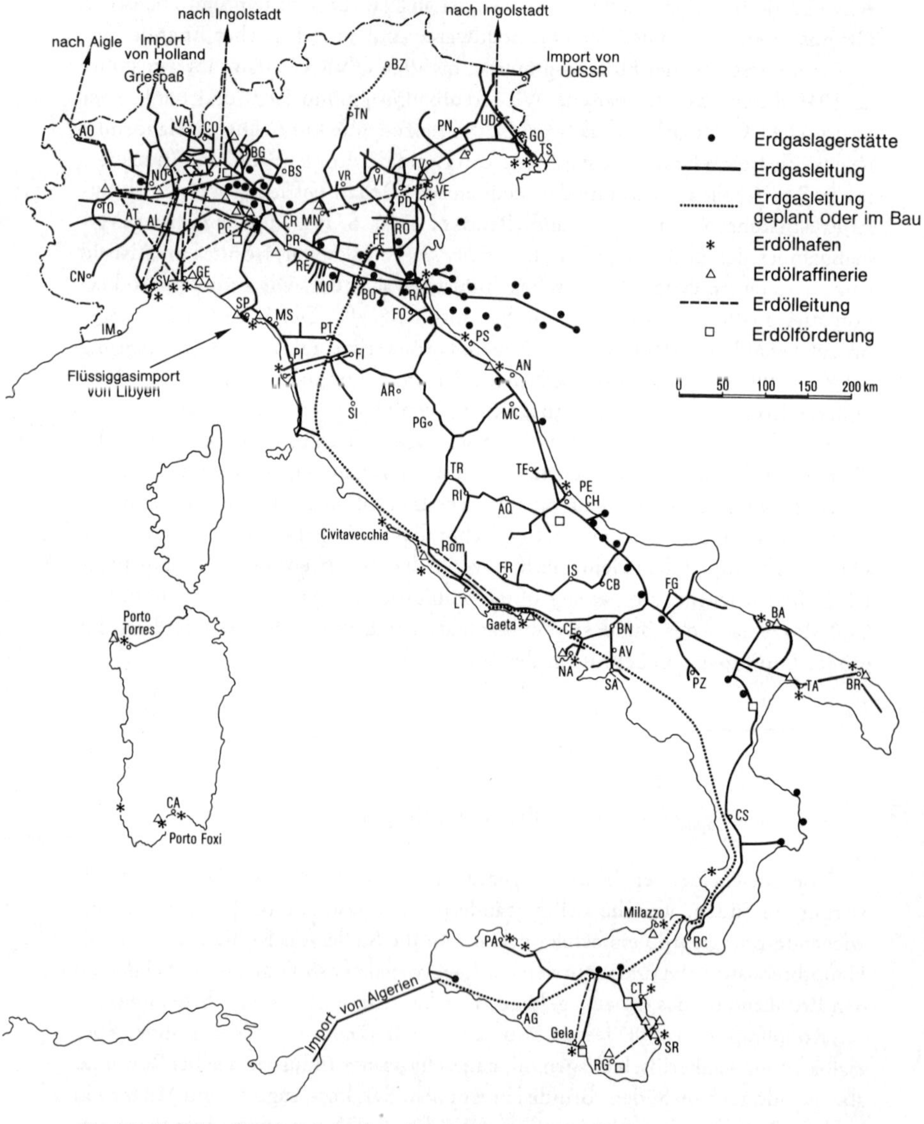


*Fig. 55: Erdöl und Erdgas in Italien.* Nach CORNAGLIA u. LAVAGNA 1977, S. 142, ergänzt nach MAYER 1982.

Padania und auf Sizilien (Gela, Ragusa). Viel wichtiger als diese bald sich erschöpfenden Lagerstätten wurden aber die Methanfunde in der Padania, in der Adria und auf der Ostseite des Apenninenbogens bis nach Innersizilien (zur Förderung vgl. H. WAGNER 1982, S. 29). Erdgasleitungen mit 11 000 km Länge verbinden sie mit den Verbraucherzentren in Städten und Industrien (vgl. MAYER 1982, Petroatlas). Die Förderung stieg von 1950 mit 510 Mio. $m^3$ rasch auf 8 Mrd. (1965) und 14 Mrd. $m^3$ (1981), so daß etwa 10% des Energieverbrauchs auf diese Weise gedeckt sind. Der Verbrauch für Heizungszwecke kann nur durch Importe weiter befriedigt werden (1981: 26 Mrd. $m^3$). Das Erdgasnetz steht in Verbindung mit dem europäischen Netz für Lieferungen aus Holland und Rußland über die TENP und die TAG, die Transeuropa-Naturgas-Pipeline und die Trans-Austria-Gasleitung. Schiffe bringen verflüssigtes Gas von Libyen nach La Spézia; von Algerien her führt eine Rohrleitung über Tunesien nach Mazara del Vallo in Südwestsizilien mit Anschluß an das italienische Gasnetz (FORNARO 1980). Auch für Öltransporte ist der Lagevorteil Italiens wirksam genutzt worden, nämlich für die transalpinen Leitungen CEL vom Ölhafen Multedo bei Genua nach Ingolstadt, für die TAL von Triest nach Ingolstadt und die abzweigende AWP nach Wien, sowie von Multedo über Aosta nach Aigle bei Lausanne.

### b2 Elektrizitätsproduktion

Wärmekraftwerke übertrafen in der Elektrizitätsproduktion der Nachkriegszeit sehr bald die bisher vorherrschenden, stark ausgebauten Wasserkraftanlagen. Noch 1957 lieferten diese drei Viertel der Stromversorgung, inzwischen nur ein Viertel (Tab. 43); man denkt aber an einen Ausbau technisch nutzbarer Wasserkräfte bis zu weiteren 9 Mrd. kWh (Doc. 30, 1980, Nr. 11, S. 43). Eozäne Glanzbraunkohle von Sulcis/Sardinien ist zwar schwer zu verstromen, soll aber zur Kohlevergasung wieder eingesetzt werden (WAGNER 1982, S. 36). Pliozäne Braunkohle verarbeiten die Werke von Castelnuovo dei Sabbioni/AR und Pietrafitta/PG. In den 22 Jahren von 1957 bis 1979 ist die Elektrizitätserzeugung um das Vierfache gesteigert worden, im Süden auf das Sechsfache, auf den Inseln, wo das Ausgangsniveau besonders niedrig war, auf das 13fache. So kommt es aber auch, daß die erdölbetriebenen Kraftwerke Siziliens an die vierte Stelle im Rang der Elektrizitätserzeugung gerückt sind nach Lombardei, Ligurien und Emília-Romagna, gefolgt von Apulien, Latium und Kalabrien. Die großen Energiemengen werden auf Sizilien und Sardinien jedoch keineswegs im erwünschten Maß für die Industrialisierung verwendet, sondern exportiert. Die Inseln werden zur Rohstoffanlandung und Verarbeitung genutzt und, was die Umweltverschmutzung anlangt, mißbraucht. Die Überschußmengen werden z. B. von Sizilien über die Straße von Messina in gigantischer Hochleitung aufs Festland gebracht. Dennoch waren die neuen Wärmekraftwerke neben den reichlich vorhandenen Arbeitskräf-

*Tab. 43: Die Nettoproduktion elektrischer Energie in den Großräumen 1957 und 1981*

*a) 1957*

| Großraum | Mio. kWh (%) | | Wasser-kraft-werke (%) | Wärme-kraft-werke[1] (%) |
|---|---|---|---|---|
| Nordwesten | 17259 (40,4) | 100% | 76,3 (41,4) | 23,7 (37,6) |
| Nordosten | 13410 (31,4) | 100% | 86,8 (36,5) | 13,2 (16,3) |
| Mitte | 5998 (14,0) | 100% | 52,2 ( 9,8) | 47,8 (26,3) |
| Süden | 4481 (10,5) | 100% | 78,7 (11,1) | 21,3 ( 8,8) |
| Inseln | 1578 ( 3,7) | 100% | 24,1 ( 1,2) | 75,9 (11,0) |
| Italien | 42726 (100) | 100% | 74,5 31848 kWh (100) | 25,5 10878 kWh (100) |

[1] Incl. geothermische Werke.

*b) 1981 und Zunahme 1957–1981*

| Großraum | Mio. kWh (%) | | Wasser-kraft-werke (%) | Wärme-kraft-werke[2] (%) | Zunahme 1957–1981 Wasser-/Wärme-kraftwerke % | |
|---|---|---|---|---|---|---|
| Nordwesten | 58889 (33,9) | 100% | 34,6 (44,8) | 65,4 (30,1) | 154 | 943 |
| Nordosten | 43067 (24,8) | 100% | 35,9 (34,0) | 64,1 (21,5) | 133 | 1558 |
| Mitte | 23904 (13,8) | 100% | 16,6 ( 8,8) | 83,4 (15,6) | 127 | 695 |
| Süden | 27084 (15,6) | 100% | 17,8 (10,6) | 82,2 (17,4) | 136 | 2335 |
| Inseln | 20553 (11,8) | 100% | 4,2 ( 1,9) | 95,8 (15,4) | 224 | 1646 |
| Italien | 173497 (100) | 100% | 26,2 45457 (100) | 73,8 128040 (100) | 143 | 1177 |

[2] Incl. geothermische und Kernkraftwerke.

Quelle: ISTAT: Ann. Stat. Ind. 1958, Le regioni in cifre 1983.

ten und den hohen Subventionen die wichtigsten Voraussetzungen für die Gründung und den Ausbau von Industrieanlagen, vor allem für die Großindustrie an Hafenstandorten in Süditalien und auf den Inseln.

### b3 Kernkraftanlagen und Alternativenergien

Nachdem von den Stauseen und deren Nutzung ebenso wie von den geothermischen Kraftwerken der Toskana, den nicht fossilen und mehr oder weniger erneuerbaren natürlichen Energiequellen, schon die Rede war (vgl. Kap. II 1 d3 u. Fritzsche 1981), ist noch ein Blick auf die Kernkraftwerke zu werfen, von denen man sich auch in Italien eine Erleichterung in der immer drückender werdenden Abhängigkeit vom teuren Importrohöl erhofft, obwohl es innerhalb der Staatsgrenzen nur geringe Uranvorkommen z. B. in den Bergamasker Alpen, im Trentino und in Südtirol gibt (vgl. Wagner 1982, Abb. 7); man ist also ebenso auf Importe angewiesen.

In der Nutzung der Kernenergie und in der Kernforschung durch den Comitato Nazionale per l'Energia Nucleare (CNEN) ist der Anschluß an den modernen Stand erreicht worden. Weit gestreut liegen die Forschungszentren: Ispra, Varese, Salúggia, Vercelli, Casáccia am Braccianer See, Frascati/Rom und Trisáia/Matera am Golf von Metapont (Doc. 25, 1975, Nr. 6, S. 635). Die drei ersten Kernkraftwerke geringer Leistung arbeiten nach verschiedenen Verfahren: Trino Vercellese (165 MW), Foce Verde bei Latina (200 MW) und eines an der Gariglianomündung nördlich Neapel (230 MW). Vor dem bisher größten in Caorso östlich Piacenza (860 MW) soll das von Montalto di Castro nördlich Rom 2000 MW Leistung erreichen, weitere acht sind geplant. Allmählich wachsen auch in Italien die Vorbehalte und die Furcht vor möglichen ökologischen Gefahren. Dazu gehört die starke Aufheizung des Wassers im Po mit seiner geplanten Kraftwerkskette. Zur Entsorgung sollen Steinsalzlagerstätten in Sizilien und Kalabrien dienen.

Außer durch Kernkraftwerke soll in Zukunft Erdöl durch die billigere Kohle, ebenfalls ein zu importierender Brennstoff, ersetzt werden. Die Wärmekraftwerke sind auf die Umrüstung eingestellt, 16 neue sind geplant. In einigen Häfen sind neue Verladeanlagen zu errichten, unter anderem in Triest und Livorno. Gezeitenkräfte sind zu gering und nicht nutzbar, andere Meeresenergien sind technisch noch nicht zu bewältigen. Die lange Sonnenscheindauer im Süden hat zwar den Standort des ersten europäischen Sonnenkraftwerkes Eurelios bei Adrano am Südwestfuß des Ätna bestimmt; der teure Versuch bei geringer Leistung (1 MW) läßt auch bei einer Vielzahl solcher Anlagen keine Lösung des Energieproblems erwarten. Die stark geförderten privaten Warmwasser-Solaranlagen könnten aber eine spürbare Entlastung bringen. Nach Stock (1981) sind auch noch einige Erdölreserven nutzbar.

### b4 Die Energiekrise und das Wunder des Überlebens mit der ›Untergrundwirtschaft‹

Industrialisierung und Energieverbrauch gehen im allgemeinen Hand in Hand, denn die Industrie ist stets der größte Konsument, zumal gerade die italienische Industrie sehr energieintensiv ist; sie benötigte allein etwa zwei Drittel der produzierten Energie. Verteilt auf die Bevölkerung errechnet sich deren Verbrauch von 700 kWh je Einw. im Jahr 1956 und 2894 kWh für 1981 (Bundesrepublik Deutschland 1981: 5780 kWh). Das Rechenexempel ist sinnvoll, denn für Haushalte, tertiären Sektor und Beleuchtung stieg in den über 20 Jahren der Anteil nicht zuletzt wegen der Elektrifizierung der Haushalte von 19,4 auf fast 34%.

Mit steigenden Energiekosten, negativer Zahlungsbilanz wegen der teuren Importe und hoher Inflation, die durch die gleitende Lohnskala stabil blieb, bei starker Arbeitslosigkeit besonders im Süden –1984 im Durchschnitt Italiens 10,4% – geriet Italien ab 1972 in wachsende wirtschaftliche und politische Schwierigkeiten. Sie machten sich in inneren Unruhen und in der Kapitalflucht bemerkbar. Das Anwachsen der von Gewerkschaften geführten Arbeitermassen ist eine zwangsläufige Folge der Industrialisierung, die aber durch deren Arbeitskämpfe empfindlich gedrosselt wurde; die Produktivität nahm ab. Man muß es eigentlich für ein zweites Wirtschaftswunder halten, daß trotzdem noch ein reges Wirtschaftsleben gedeihen konnte und der Lebensstandard der Bevölkerung offensichtlich nicht gelitten hat. Als Erklärung dafür bietet sich die oft gerühmte Fähigkeit des Italieners zum ›Durchschlängeln‹ und ›Durchwursteln‹ an. Weithin ist Doppelarbeit üblich, wenn ein zum Lebensunterhalt ausreichender Hauptberuf fehlt, aber sie wird auch von Angestellten und Beamten sogar der römischen Ministerien als ›Wohlstandsdoppelarbeit‹ geleistet. Neuerdings ist die versteckte, die Schatten- oder Untergrundwirtschaft, die ›economia sommersa‹, die auf irregulären Arbeitsverhältnissen beruht, näher untersucht worden (Cantelli 1980; Monheim 1981; Saba 1980). Schwarzarbeit und Kinderarbeit gehören ebenso dazu wie die Betätigung in der Unterwelt, die ›malavita‹ mit Schmuggel und vielem anderem. Heimarbeit ist vor allem in der Textilindustrie, und zwar vorwiegend in Nordost- und Mittelitalien, bei hoher Spezialisierung üblich und wird überwiegend von Frauen geleistet. Im Raum Neapel trägt sie zur Produktion von Handschuhen, Schuhen, zur Korallenverarbeitung und anderem in hohem Maße bei. In der ›economia del vícolo‹ arbeiten dort alte Leute und Kinder unter oft unwürdigen hygienischen und sanitären Verhältnissen. Die Schätzungen über die Zahl der in der versteckten Wirtschaft Tätigen gehen mit 2,5 bis 7 Mio. im Vergleich zu den 20,7 Mio. im Jahr 1980 im offiziellen Arbeitsprozeß erfaßten Personen weit auseinander. Der Ertrag der Untergrundwirtschaft wurde für 1979 auf rund ein Viertel des Bruttoinlandsproduktes geschätzt (Dok. 1981, Nr. 13).

Hätte Italien – wie es dem Trend entspricht – schon vorwiegend eine konzentrierte Großindustrie und nicht noch weitgestreute Klein- und Mittelbetriebe und ein funktionierendes Handwerk innerhalb des sekundären Wirtschaftssektors – im folgenden Abschnitt wird das ausgeführt –, dann wäre die Gegenreaktion auf derartige Rezessionen, wie sie mit den siebziger Jahren kamen, viel problematischer gewesen. Dennoch ist die weitere Entwicklung zur Großindustrie und mit ihr die Konzentration in einigen Stadt- und Hafenstandorten unverkennbar. Schon im Jahrzehnt 1953–63 zeichnete sich das in den Wachstumsdaten der ›modernen Industrien‹ ab. In der Chemieindustrie stieg der Index der industriellen Erzeugung (1953 = 100) auf 264 %, in der Schwerindustrie auf 175 %, im Maschinenbau auf 113 %, bei Kohle- und Erdölderivaten auf 247 % und dann bei Transportmittelindustrien auf 255 %. Die Binnenwanderung nach Norden und der Bauboom in den Zielräumen sind weitere Merkmale dieser Entwicklung. Typische Kennzeichen der Industrieentwicklung der Gegenwart sind außerdem Vorgänge der Standortverlagerung zur Küste und zum Hafen, zum Rohstoffimport hin und weg von alten, mehr oder weniger erschöpften Lagerstätten. Dieser Trend war es auch, der die breitere Industrialisierung im Süden verhinderte, wo es eine Wendung zum Besseren im Wirtschaftsleben fast nur in wenigen stark geförderten Zentren gab.

## *c) Charakteristische Strukturen*

### c1 Kleinstbetriebe des ›artigianato‹

Der gewerbliche oder sekundäre Wirtschaftssektor ist von der italienischen Statistik so definiert worden, daß in ihm auch alle Betriebe mit weniger als zwei Arbeitskräften enthalten sind. Um einen internationalen Vergleich zu ermöglichen, werden ab 1975 diejenigen Unternehmen gesondert erfaßt, die mehr als 20 Arbeitskräfte beschäftigen und die man als die eigentlichen Industrieunternehmen mit einem oder mehreren Betrieben ansehen kann.

Das produzierende Gewerbe war im Jahr 1971 in allen Bereichen durch ein Überwiegen kleiner und kleinster Betriebe bestimmt, insbesondere aber das verarbeitende (indústria manifatturiere) und das Baugewerbe. Dort hatten mehr als die Hälfte aller Betriebe nur ein oder zwei Beschäftigte, ebenso diejenigen, die mit der Land- oder Forstwirtschaft und der Fischerei in Verbindung stehen.

Derartige Kleinstbetriebe jeder Art, von der Produktion bis zu Dienstleistungen, z. B. Taxiunternehmen, werden als ›artigianato‹ bezeichnet. Nach den Gesetzen von 1956 und 1962 beschäftigen sie nicht mehr als neun Arbeitskräfte einschließlich der Familienangehörigen und drei Lehrlinge. Die Betriebe sind nicht voll mechanisiert; im Unterschied zur Handwerkerschaft in Deutschland müssen die Betriebsinhaber keine Fachprüfung abgelegt haben (Barberis 1980, S. 10). Das Wort ›artigiano‹ darf also nicht mit ›Kunsthandwerker‹ übersetzt werden, zumal solche nur zu etwa 2 % in der Gruppe der Kleinstbetriebe bis zu zehn Beschäftigten beteiligt sind. Über die gesetzliche Grenze hinaus ist die Grauzone beträchtlich, denn es werden häufig Hilfskräfte, besonders Frauen, zusätzlich beschäftigt (ALEXANDER 1970, S. 89).

Im Jahre 1971 hatten fast 88 % der Betriebe aller Teilbereiche des produzierenden Gewerbes weniger als zehn Arbeitskräfte; 25 % aller Beschäftigten gehörten in die Artigianatogruppe, im Baugewerbe sogar 38 %. Im räumlichen Verbreitungsbild sind die Unterschiede sehr beträchtlich. Während im Nordwesten nur 14–29 % der im produzierenden Gewerbe Beschäftigten zu dieser Betriebsgrößenklasse gehörten, waren es im Nordosten und in Mittelitalien 21–46 %, im Süden aber bis zu 68 % (MONHEIM 1981, Abb. 2). Nach kräftiger Zunahme der Betriebe und der Beschäftigten bis um 1963 folgte eine kräftige Abnahme bis 1971 und seitdem wieder ein Anstieg (ALEXANDER 1970, S. 91; BARBERIS 1980, S. 10). Im Süden war die Gründung von Großindustrien für die Abnahme verantwortlich. Der Wiederanstieg in jüngster Zeit steht sicherlich unter dem Einfluß der Wirtschaftsunsicherheit in einer Krisensituation.

In den vielen, viel zu kleinen Betrieben zeigt sich wie im agrarischen, so auch in diesem Wirtschaftssektor eine ungemein starke ›Pulverisierung‹. Freilich ist sie nicht die Folge von Erbteilungen, sondern ist als Ergebnis der Eigeninitiative kleiner Unternehmer zu verstehen, die sich trotz geringer Finanzmittel im Vertrauen auf ihr persönliches Können selbständig gemacht haben. Steuer- und Versicherungsvorteile kommen als Anreiz dazu. Bisher hatte sich das auch bewährt, aber nun fällt es ihnen immer schwerer, beim technischen und organisatorischen Fortschritt mitzuhalten. Die Handwerksbetriebe sind oft nur in geringem Maß mit Maschinen ausgestattet; wir finden viele Reparaturwerkstätten dabei, aber auch Zuliefererbetriebe mit Teilfertigung für größere Unternehmen. Zu genossenschaftlichen Zusammenschlüssen, die manche Nachteile wettmachen würden, kommt es nur selten.

### c2 Klein- und Mittelbetriebe und der Trend zum Großbetrieb

Kleinbetriebe mit 10–100 und Mittelbetriebe mit bis zu 250 Arbeitskräften spielen eine größere Rolle auch mit ihrem Arbeitskräfteanteil im verarbeitenden und im Baugewerbe. Bei ihnen ist noch das Können, die Initiative und das Eigenkapital der Unternehmerpersönlichkeit bestimmend. Sie verdienen kräftige Förderung, weil sie die Industriestruktur ausgewogener gestalten würden. In der genannten Größenklasse sind in Nordost- und Mittelitalien, aber auch in der Lombardei und in Kampanien, besonders viele Arbeitskräfte tätig, deren Anteil sich zwischen 1961 und 1971 meist wenig, aber immer zum Positiven hin verändert hat; nur im Piemont gab es eine Abnahme. Der Nordosten profitiert seit 1968 von der Dezentralisierung und der Verlagerung der Fertigung, die aus verschiedenen Gründen in Gang gekommen ist, wegen zu großer Betriebe, Absentismus oder

Streiks. In der Emília-Romagna sind Klein- und Mittelbetriebe ebenso wie größere Betriebe fast überall diffus verbreitet (Coulet 1978).

Die Tendenz ging bisher zum Großbetrieb hin, der mit hohem Kapitaleinsatz, mit reichen Forschungsmitteln und ausgesuchtem Management den Bedürfnissen der modernen Wirtschaft am ehesten angepaßt zu sein schien. Die Direktionssitze der Gesellschaften, die Entscheidungszentren und die Werke mit der eigentlichen Industrietätigkeit sind heute oft räumlich weit getrennt (Pagetti 1979). Innerhalb von großen Unternehmen können große Betriebe an den verschiedensten Orten des In- und Auslandes und bei unterschiedlichsten Produktionsbereichen zusammengefaßt sein, was im Grunde das geographische Interesse an ihnen schwächen sollte, andererseits aber die Untersuchung von Verbundsystemen der Mehrwerksunternehmen auch wieder angeregt hat (Mikus 1979). Für Italien und für seine Industrieentwicklung im Süden sind sie besonders wichtig, weil es sich vielfach um Staatsunternehmen handelt. Andere arbeiten mit Auslandskapital oder sind Teilbetriebe und Teilunternehmen ausländischer Firmen.

Die höchsten Anteile an großen Mittelbetrieben (> 250 Arbeitskräfte) und an Großbetrieben (mit mehr als 500 Arbeitskräften) hat die Industrie des Triangolo im Nordwesten. Zunahmen gab es in dieser Größenklasse mit dem Konzentrationsprozeß, am stärksten aber mit den staatlich geförderten modernen Großanlagen, den problematischen ›Kathedralen in der Wüste‹, wie dem Stahlwerk von Tarent. Apulien und die Basilicata haben die größten Zunahmeraten.

Die Darstellung der Veränderungen 1961/71 in den drei Größenklassen der Industriebetriebe im Dreiecksdiagramm für die Regionen macht den Trend zum Großbetrieb deutlich (Monheim 1981, S. 324). Wo dessen Anteile schon vorher hoch waren, ist der Änderungsweg kurz, wo dagegen wie im Süden Großbetriebe weitgehend fehlten, dort ist die Verschiebung am größten. Gleichzeitig nahm der Anteil der in traditionellen Sektoren des produzierenden Gewerbes Tätigen im Süden und auf den Inseln besonders stark ab, d. h. außerhalb der erst in neuerer Zeit entwickelten modernen Bereiche der hochtechnisierten Metallindustrie, der Transportmittel, der chemischen und der Gummiindustrie (Monheim 1981, Abb. 4).

## *d) Struktur- und Standortwandel im Süden unter Einfluß des Staates und von Privatunternehmen des In- und Auslandes*

### d1 Ziele der Staatsintervention

Schon der junge Einheitsstaat hatte besonders um die Jahrhundertwende die beträchtlich verzögerte Industrieentwicklung zu beschleunigen gesucht. Als Beispiel seiner Tätigkeit wurde das Stahlwerk Terni von 1884 erwähnt, das im Sinne einer Industrieplanung dank seiner Energiegrundlage auch zum Kristallisationskern einer vielseitigen Industrie geworden ist; ein weiteres Beispiel bildet das Stahlwerk von Bagnoli bei Neapel von 1904. Auf die Werftindustrie wirkte der Staat ebenfalls recht früh ein, und die 1905 verstaatlichten Eisenbahnen waren in der Lage, die Industriepolitik mit ihrer Tarifgestaltung zu beeinflussen. Wirtschaftskrisen, insbesondere die von 1929, weiteten den Staatseinfluß sehr bedeutend aus, was sich in der Gründung des IRI ausdrückt (vgl. Kap. IV 2 a4). Dabei griff die öffentliche Hand auf recht verschiedene Weise direkt und indirekt auch in Gemeinden und Regionen ein. Der Staat selbst versuchte durch Steuer- und Zollpolitik und vielseitige Gesetze die Industrie zu beeinflussen (Mikus 1981, S. 300). Im Norden war es unter anderem das Ziel der Industrieplanung, den Raum Turin zu entlasten und innerhalb von Piemont neue Schwerpunkte zu fördern. Der Nordosten erfuhr eine sehr erfolgreiche Förderung, mit der es gelang, das alte Auswanderungsgebiet wirtschaftlich zu stabilisieren. Nach dem Zweiten Weltkrieg sind wie in der vorausgegangenen Zeit anfangs noch vorwiegend Grundstoffindustrien als moderne Großbetriebe ausgebaut worden. Die geänderte Energiegrundlage machte gewaltige Investitionen nötig und verlangte ein völliges Umdenken gerade auch in der Standortplanung für Raffinerien und petrochemische Anlagen. Im Verlauf dieser Nachkriegsentwicklung wurden IRI und ENI zu den größten Staatsholdinggesellschaften unserer Zeit. Eines der damit verfolgten Ziele ist sehr rasch erreicht worden, nämlich die Stärkung der internationalen Wettbewerbsfähigkeit. Dem zweiten wichtigen, vom geographischen Standpunkt vorrangigen Ziel, einen Ausgleich der so ungemein divergierenden, wirtschaftlichen Produktivität innerhalb des Landes selbst herbeizuführen, hat Italien sich aber bei weitem nicht so nähern können, wie sich die damit befaßten, zu vielen Institutionen erhofft hatten. Auf die Staatsbeteiligungen an der Industrie der Nachkriegszeit, auf die Tätigkeit der in staatlichen Holdinggesellschaften zusammengefaßten Unternehmen im Mezzogiorno und deren Auswirkungen, soll nun näher eingegangen werden.

### d2 Der Ausbau der Staatsbeteiligungen nach dem Zweiten Weltkrieg

Das Prinzip der Staatsbeteiligung, das nach der pragmatischen Gründung des IRI 1933 als Hilfsorganisation bis 1937 zu einem ständigen Organismus einer Superholdinggesellschaft geführt hatte, blieb auch für die Nachkriegszeit gültig. Beim Wiederaufbau waren einige der von der Privatwirtschaft wegen geringer Rentabilität unbeachtet gelassene Bereiche zu fördern. Ohne wirkliche Planung – was heftig kritisiert wurde –, stets von der jeweiligen Wirtschaftslage und der notwendigen Politik bestimmt, weitete sich das Gebäude der Staatsindustrie aus, kontrolliert vom ›Ministerio delle participazioni statali‹ (Bisaglia 1975).

1962 kam unter anderem eine Beteiligungsgesellschaft für die weiterverarbeitende Industrie (EFIM) dazu. Der Industriekomplex des IRI umfaßte schließlich Finanzierungsgesellschaften für Stahlindustrie (Finsider), Elektrizitätswirtschaft (Finelettrica), Handelsmarine (Finmare), Schiffbau (Fincantieri), mechanische Industrie (Finmeccanica) und andere. Direkte Beteiligungen hat der Staat durch IRI bei Rundfunk und Fernsehen (RAI), im Flugverkehr (Alitalia), bei Autobahnen und Straßen (Autostrade, Italstrade). Geringere Anteile an vorwiegend privaten Unternehmen wie Montecatini, 1966 Montedison, und Terni folgten.

Staatliche Banken bildeten dabei die eigentliche Basis. Die ursprüngliche Aufgabe der finanziellen Hilfe in Krisenzeiten, die Übernahme konkursreifer Betriebe, erfüllte der IRI auch im Süden, und sie sollte sich in der jüngeren Vergangenheit wieder stellen. Gerade die Groß- und Schwerindustrie geriet in hohe Verluste. Große italienische Unternehmen sterben nicht. Wenn eines in eine Krise gerät, wird es vom Staat übernommen, der es dann mit massiven Finanzspritzen aus Steuergeldern am Leben erhält – aber ›alles viel schlechter macht als wir Privaten‹, kritisierte einmal der Fiat-Chef Agnelli (FAZ 1979, Nr. 278, S. 17). Damit hatte er nicht unrecht, denn manche solcher Konzerne wurden meist nur ›verwaltet‹, verstrickt in Bürokratie.

›Das IRI ist mit seinen Investitionen im Mezzogiorno der Maxime gefolgt, daß in einem Gebiet, in dem die Gründung großer Industriebetriebe mit einem besonderen Risiko verbunden ist, dieses Risiko vom Staat übernommen werden muß; weiterhin ging man von der Annahme aus, daß erst nach Gründung von Industriegiganten in diesem Raum mit der Ansiedlung von kleineren und mittleren Privatbetrieben zu rechnen sei. Ein besonders gutes Beispiel für diese Denkweise ist die Errichtung des Stahlwerkes in Tarent‹ (Schinzinger 1970, S. 171). 1983 ist der IRI mit 1200 Firmen und 550000 Beschäftigten eine der größten Holdinggesellschaften der Welt, aber auch eine mit den höchsten Verlusten.

Die 1926 gegründete AGIP sollte der Kern des rasch anwachsenden Erdöl- und Gasimperiums des ENI (Ente Nazionale Idrocarburi) werden, und zwar unter der Leitung des ehemaligen Partisanenführers Enrico Mattei (1906–1962). Der schwarze sechsbeinige Hund auf gelbem Grund wurde zum Symbol. Der ENI wuchs zu einem internationalen Riesenunternehmen heran mit den drei Hauptgesellschaften für Forschung und Exploration (AGIP mineraria), dem Atomwirtschafts- und Forschungsbereich (AGIP nucleare), dem Bereich Raffinerien und Petrochemie (AGIP petroli) und dem Bereich Transport und Verteilung von Erdgas (SNAM), dem unter anderem die Gasleitungen nach Deutschland unterstehen, aber auch Unternehmen im Textilbereich und im Maschinenbau (Tescon). Eine Liste vom 31. 12. 1974 (Bisaglia 1975) zählt allein 268 Unternehmen im In- und Ausland auf, an denen der ENI mit mehr als 10 % beteiligt war. Darunter befand sich auch eine Beteiligung an dem bisher rein privaten Großunternehmen Montedison (vgl. Kap. d6). Durch dessen Reprivatisierung scheint sich eine Wende in der Politik der Staatsbeteiligungen abzuzeichnen, was die Meinung stützt, daß die Wirtschaftslenkung über eine Staatsindustrie in Italien gescheitert ist. Einen nicht unbeträchtlichen Anteil an der schwindenden Finanzkraft der Staatsunternehmen muß man ihrem wirtschaftspolitisch zwar notwendigen und richtigen, ökonomisch aber notgedrungen verlustreichen Einsatz bei der schwierigen Aufgabe der

Industrialisierung im Süden zuschreiben. Anfangs bestand ein Ausgleich zwischen Gewinnen im Norden oder im Ausland und Verlusten im Süden. Mit der Rezession im Lauf der Erdölpreissteigerung ging die Rechnung nicht mehr auf.

### d3 Phasen der Staatsintervention im Süden

Die Auswirkungen der staatlichen Einflußnahme und deren Probleme können am Beispiel Süditalien am besten aufgezeigt werden, wo beide Holdinggesellschaften, aber in geringerem Maße auch private in- und ausländische Unternehmen an der Industrialisierung beteiligt waren und sind.

Staatsunternehmen haben bei der Industrialisierung des Südens die wichtigste Rolle übernehmen müssen, denn sie wurden schon 1957 veranlaßt, 40% ihrer gesamten Investitionen und 60% ihrer Neuinvestitionen im Mezzogiorno anzulegen. In der zweiten Phase der ›gezielten Industrialisierung‹ (vgl. Kap. III 2 e4) leisteten sie tatsächlich 48,5% aller dort durchgeführten Investitionen, vor allem in den Finanzierungsbereichen von IRI und ENI. Aber erst in der dritten Phase der ›geplanten Industrialisierung‹ setzten sie sich mit dem Aufbau großer Betriebe der Grundstoffindustrien durch, die zu ›Katalysatoren‹ der weiteren Entwicklung werden sollten, wie man hoffte. Nach einem Gesetz von 1971 erhöhten sich die Anteile auf 60 bzw. 80% bis 1980 (Podbielski 1978, S. 72). Das mußte zwangsläufig zur Gründung von überwiegend kapitalintensiven Betrieben führen (Wagner 1977, S. 75). So kommt es, daß die Staatsbeteiligung in manchen Industriegruppen besonders groß ist, z.B. mit über 50% der Beschäftigten in der Eisen- und Stahlindustrie, bei der Verarbeitung bergbaulicher Produkte und in der Transportmittelindustrie. Nach einer Analyse der Eigentümerstruktur der süditalienischen Industrie gehörten 1977 21% von den mehr als 300000 in den erfaßten Betrieben Beschäftigten zu Unternehmen der öffentlichen Hand, 21% zu privaten Unternehmen Nord- und Mittelitaliens, etwa 10% zu ausländischen Gesellschaften und fast 44% zu süditalienischen Unternehmen (Brusa u. Scaramellini 1978, S. 115; Mikus 1981, S. 307).

Ein hoher Anteil von mehr als 25% der in Staatsbetrieben Beschäftigten ist in den bisher kaum industrialisierten Regionen Basilicata (32,2%) und Abruzzen, aber auch in weiter entwickelten, wie Apulien, Sizilien und Kampanien, schon durch wenige Werke hervorragender Größe erreicht worden. Am größten ist der Anteil an den staatlichen Betrieben Süditaliens in Kampanien (41,5%), Apulien und Sizilien, denn dort sind die großen Werke der Automobilindustrie (Neapel), der Stahlindustrie (Tarent) und der chemischen, besonders der petrochemischen Industrie (Syrakus) errichtet worden.

Der Staat ist bei der Festlegung der Standorte für die zu fördernde oder neuzugründende Industrie vorrangig beteiligt gewesen, ebenso beim Ausbau der Infrastruktur. In der Nähe von Verdichtungsräumen, wo die Absatz- und Fühlungsvorteile der Kommunikation überwiegen, ist sein Einfluß weniger auffällig als an mehr oder weniger isolierten und zu den Ballungsräumen peripher liegenden Standorten. In den meisten Industrieförderungsgebieten des südlichen Mezzogiorno mit Großindustrie – im Unterschied zum nördlichen in Südlatium – spielt der Absatzfaktor jedoch nur eine geringe Rolle, weil deren Produkte hauptsächlich exportiert werden. Man schloß sich aber auch dort wie in Apulien deutlich an bestehende Siedlungssysteme und Bevölkerungsagglomerationen, an Städte, Großstädte und Hafenplätze an, bei denen gute Verkehrs- und Handelsverbindungen bestehen. Eine der Ausnahmen, Ottana in Zentralsardinien mit seinem Kunstfaserwerk, muß als Fehlplanung gelten (Hiller 1978, S. 122; King 1975).

### d4 Entwicklungsgebiete und Entwicklungskerne

Um die Industrialisierungsmaßnahmen steuern zu können, war eine räumliche Festlegung nach landesplanerischen Gesichtspunkten notwendig, wobei sich in mehreren Schritten das heute gültige Konzept ergab. Nach dem Gesetz Nr. 555 vom 18. 7. 1959 sollte ein sogenanntes ›Entwicklungsgebiet‹ (Área di Sviluppo Industriale, ASI) mindestens 200000 Einw. in zahlreichen Gemeinden um ein Hauptzentrum gruppiert besitzen, um genügend Arbeitskräfte stellen zu können (Gribaudi 1965, S. 199). Vorausgesetzt wurden Infrastruktureinrichtungen und ausbaufähige Industriestandorte. Außerdem wurden nun ›Kernbereiche‹ (Núclei di Industrializzazione, NI) als selbständige Entwicklungspole bestimmt, die sich auf eine Gemeinde beschränken können und weniger als 75000 Einw. haben. Mit ihnen sollte eine Industrialisierung kleineren Maßstabs ermöglicht werden, wofür Potenza den Anlaß gab (Podbielski 1978, S. 183). Unter Berücksichtigung schon vorhandener Betriebe sollten gezielt und punkthaft kleinere, gut funktionierende Industrien aufgebaut werden. Von ihnen erwartete man eine Industrialisierung auch bisher ländlicher und passiver Räume. Die nötige gesetzliche Anerkennung war dadurch zu erreichen, daß sogenannte ›Konsortien‹ (Consorzi industriali) aus Vertretern der Gemeinden, der Handelskammern und von öffentlichen und privaten Einrichtungen einen Industrialisierungsplan mit Flächen- und Infrastrukturplanung ausarbeiteten und dem Ministerialkomitee für den Mezzogiorno vorlegten. Schließlich wurde für jede ›área‹ und jeden ›núcleo‹ der ›Piano Regolatore‹ ausgearbeitet, in dem die für die eigentliche Industrieansiedlung vorgesehenen Flächen (agglomerati) enthalten sind. Weitere Erschließungsaufgaben folgten. 1979 gab es 48 Konsortien mit 176 Industrieflächen oder ›Industrieparks‹, von denen im Jahr 1981 aber nur 113 schon Betriebe besaßen. Als Beispiel für die Lage von Agglomerati innerhalb einer Area oder eines Nucleo ist in Fig. 56 der Raum Molise–Kampanien–Apulien–Basilicata zum Teil wiedergegeben. Es wird deutlich, daß es sich bei den Aree nicht um wirkliche Industriegebiete, sondern um nicht mehr als die in Planung, Organisation und Statistik vorgenommene Zusam-

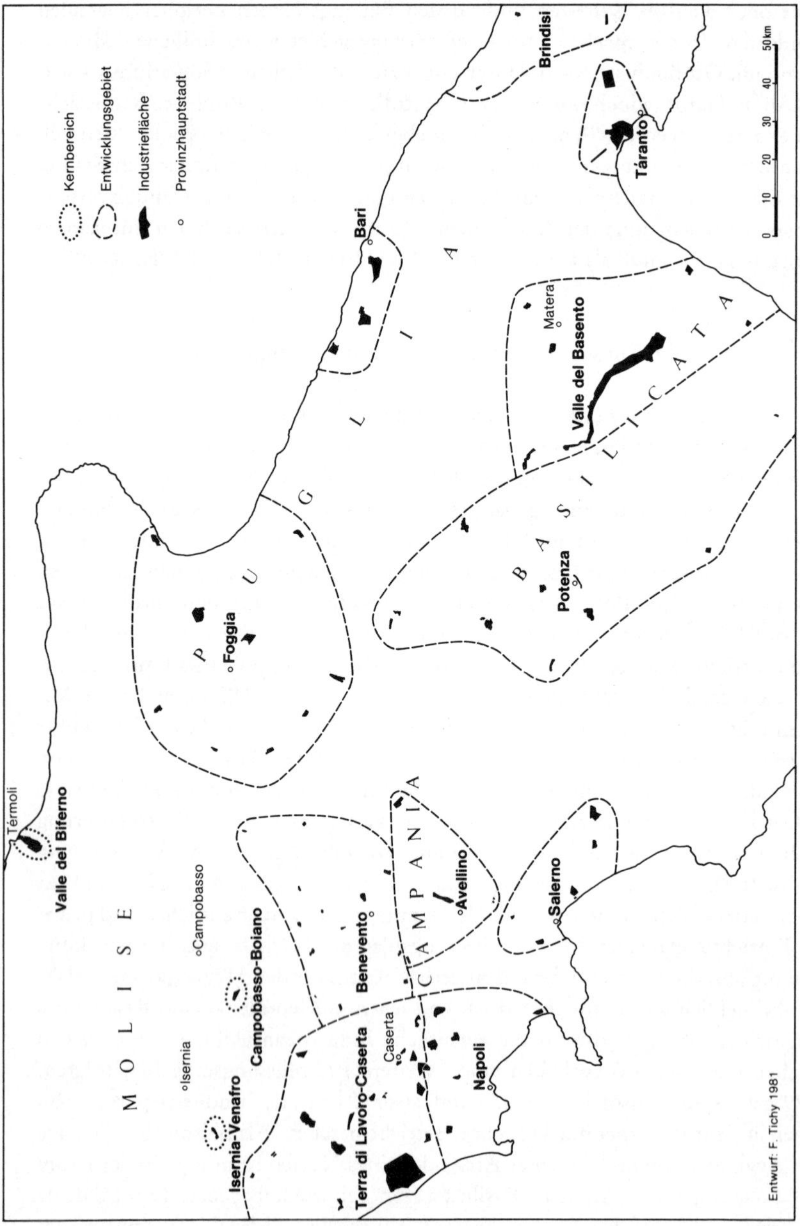


*Fig. 56: Industrieflächen und Industrieparks in Entwicklungsgebieten und Entwicklungskernen Süditaliens (Ausschnitt).* Nach IASM, Erhebung 1978/79.

menfassung räumlich getrennter Industrieflächen handelt. An Verkehrslinien und in Tälern, wie im Basentotal/Basilicata, folgen sie dichter aufeinander und treten am Rand von Städten und Häfen, auch als regelrechter Industriepark wie in Bari-Modugno, einem besonders gelungenen Fall, massiert auf (Vlora 1965; Biondi u. Coppola 1974; Wagner 1977, S. 71). Die von Mikus (1981) entworfene ›Karte der industriellen Entwicklungspole in Süditalien 1978/79‹ enthält Zahl und Art der Betriebe, ob in Betrieb, in Bau oder in Planung befindlich, und die Zahl der Beschäftigten für jede Area. Die als vorteilhaft geltende Branchenstreuung ist in Südlatium und Kampanien, aber auch in anderen Südregionen, wie in der Gebirgsregion Abruzzen, recht groß (Sprengel 1977b).

### d 5 Großindustrie in Neapel und Tarent. Grundstoffindustrien im Süden – ›Kathedralen in der Wüste‹?

Zwei der Entwicklungsgebiete stechen mit hohen Beschäftigtenzahlen, weitgehend einheitlichem Industriezweig und wenigen Betrieben hervor: Neapel mit der Autoindustrie Alfasud und Tarent mit dem Italsider-Stahlwerk. Der Zweigbetrieb von Alfa Romeo in Pomigliano d'Arco, im Norden vor den Toren Neapels, sollte nach dem Willen des IRI zur Entwicklung des großen neapolitanischen Notstandsraumes beitragen. 1967 begann der Aufbau und zog magnetisch die Arbeitsuchenden an, die rigoros ausgesiebt wurden. Mehr als 15000 Arbeitsplätze gab es nicht. Aus anderen Regionen, besonders vom Norden her zugezogene 1200 Familien fanden Vorzugswohnsitze am Golf und an den Vesuvhängen. Diese plötzliche Einpflanzung von Großindustrie in einen Bereich traditioneller Kleinindustrie brachte im Siedlungswesen, durch das hohe Verkehrsaufkommen der täglichen Pendlerströme und im Verhältnis der sozialen Schichten zueinander Probleme bzw. Antipathien mit sich. Man fand sich einem Industrialisierungsprozeß ausgeliefert, der einige von absentistischer Leitung ferngesteuerte Großbetriebe in kurzer Frist in den Raum stellt, Ableger von Unternehmen, die in ihrem Entstehungsraum in allmählicher Entwicklung herangewachsen waren. Man empfand sie wie ausländische Investitionen im eigenen Land (Vitiello 1973).

Das ebenfalls zum IRI-Konzern gehörende Italsider-Stahlwerk in Tarent von 1964 gilt mit seiner Jahreskapazität von 10,5 Mio. t Rohstahl und 20000 Beschäftigten als größtes Stahlwerk der EG. Sein Anteil an der Stahlproduktion Italiens betrug 1974 29%. Allmählich sind zwar weitere Betriebe angesiedelt worden, darunter ein Zementwerk des IRI und eine Raffinerie, aber nur wenige der erhofften Folgeindustrien, wenn auch einige arbeitsintensive Klein- und Mittelbetriebe der Eisen- und Stahlverarbeitung bestehen. Der meiste Rohstahl wird über den eigenen Hafen in die Nordregionen oder ins Ausland transportiert. Trotz des starken Pendlerwesens war die Bevölkerungszunahme im Entwicklungsgebiet und in der Gemeinde Tarent erheblich (1951: 187000, 1981: 242774 Einw.). Die

Trabantenstadt Paolo VI ist Werksangehörigen vorbehalten. Der Einfluß auf die weitere Umgebung geschieht durch den Arbeiterpendelverkehr mit Werksbussen und Pkw. Obwohl deutliche Veränderungen in der Siedlungs-, Wirtschafts- und Sozialstruktur zu beobachten sind, die man zum größten Teil als Folgen der Industrialisierungsmaßnahmen ansehen darf, läßt sich Tarent doch nicht als ›mediterrane Industriestadt‹ typisieren (LEERS 1981).

Monostruktur mit wenigen Beschäftigten haben die petrochemischen Anlagen von Bríndisi, Priolo-Syrakus (STEIN 1971; RUGGIERO 1975), Gela und Porto Torres-Sássari, auch Sulcis-Iglesiente mit der Tonerdefabrik Eurallumina und der Aluminiumhütte in Portovesme (WAGNER 1982, S. 118). Nur diese letztgenannten Standorte (ohne Neapel) entsprechen der Vorstellung von einer ›Industrialisierung ohne Entwicklung‹, dem verbreiteten Vorurteil und der oft scharfen Kritik gegenüber Riesenanlagen der Grundstoffindustrien. Die Kritik trifft nämlich die Erdölraffinerien nicht, weil sie gar nicht den Zweck hatten, die Wirtschaft ihrer Umgebung zu stimulieren. Der viel und meistens unpassend verwendete Ausdruck ›Kathedralen in der Wüste‹, nach LO MONACO (1980, S. 809) besser ›Isole technologiche‹, gilt auch nicht für Alfasud und nicht für die Kunstfaser- und Elektronikfabriken, die wirklich zahlreiche Aktivitäten an sich gezogen haben. ›Da gibt es viel weniger Wüste um die Fabriken, als man gewöhnlich denkt oder sagt‹, meint PODBIELSKI (1978, S. 179). Kapitalintensive Industrien haben ihrer Meinung nach ihre Aufgabe sicher auch im Mezzogiorno und gerade jetzt, wo auch dort Arbeit teuer geworden ist. Italien ist kein Niedriglohnland mehr. Mit dem hohen Kapitalaufwand war es sicher auch organisatorisch leichter möglich, Großindustrieanlagen zu begründen, als in hochkoordinierten Einzelmaßnahmen arbeitsintensive Klein- und Mittelbetriebe einzurichten und zu fördern. Dennoch muß auch der Grad der Diversifikation eines Entwicklungsgebietes hinsichtlich seiner Krisenanfälligkeit bewertet werden. Einseitige Spezialisierung bedeutet hohes Risiko (MIKUS 1981, S. 312).

### d6 Privatunternehmen im Mezzogiorno und die Förderung durch die Südkasse

Die Privatindustrie des In- und Auslandes hat ebenfalls die im Mezzogiorno auf sie zukommenden Möglichkeiten genutzt, wobei sie durch kräftige Anreize der Finanz- und Steuerpolitik unterstützt worden ist. Unter den inländischen Firmen sind es wiederum Großunternehmen, die wegen ihrer Beteiligung hervorzuheben sind, und unter ihnen vor allem die als die vier Säulen der italienischen Wirtschaft bekannten Unternehmen Montedison, Fiat, Olivetti und Pirelli. Um sie wenigstens kurz zu kennzeichnen, sei erwähnt, daß die 1888 in Mailand gegründete Firma Montecatini zunächst im Bergbau (Pyrit, Schwefel) tätig war, dann in der Düngemittelproduktion und in den Bereichen Metallurgie von Aluminium, Blei und Zink – unter anderem in Marghera. An der Großchemie und Petrochemie war sie mit etwa zwei Dritteln beteiligt. Das Unternehmen verschmolz 1966 mit dem Chemiegroßunternehmen Edison, einem ehemaligen Elektrounternehmen, wie der Name sagt, das nach der Verstaatlichung der Elektrizitätswirtschaft seine Tätigkeit änderte. Ab 1969 mit Beteiligung des Staates, zuletzt mit 17%, von diesem beeinflußt, geriet Montedison in beträchtliche Schwierigkeiten und wurde 1981 reprivatisiert.

Den größten privaten Komplex stellt der IFI (Istituto Financiario Italiano) dar mit Fiat (Turin), Bonomi, Pirelli (Mailand), mit dem Zementunternehmen Marchino und der Photoindustrie Ferrania, einem Teil der Bredastahlwerke, Hotelketten, der Marke Cinzano und sogar der zweitgrößten Tageszeitung Italiens, der ›Stampa‹. Die unter der Dachgesellschaft selbständigen elf Einzelgesellschaften sind mit Zweigunternehmen oder Zweigbetrieben nahezu sämtlich auch im Süden tätig.

Olivetti ist der größte europäische Büromaschinen- und Informatikkonzern, der sich seit seiner Gründung in Ivrea 1908 zum Weltunternehmen entwickelt hat. Bekannt wurde er auch durch die sozialen und kulturellen Ziele seines Leiters Adriano Olivetti (1901–1960) und die charakteristische, moderne Industriearchitektur der Werke im In- und Ausland, so auch des Werks in Marcianise/Caserta. Über die genannten Konzerne hinaus gibt es in der nichtstaatlichen Industrie starke Konzentrationen besonders in der chemischen, in der Zement-, Maschinen- und Kunstfaserindustrie unter dem Dach der mächtigen Confindustria. Zur Dezentralisierung neigen dagegen Textil-, Bekleidungs- und Glasindustrie.

Seit Beginn der Industrieentwicklung im 18. und 19. Jh. haben sich ausländische Unternehmerpersönlichkeiten als Industriegründer einen Namen gemacht, unter denen als Beispiel die spätere Mailänder Stahlfirma Falck genannt sei. Bis in die jüngste Zeit betätigten sich ausländische Unternehmen zunächst im Norden, und es kam zu zahlreichen Verbindungen zwischen ausländischen und italienischen Unternehmen. Ein Beispiel hierfür ist die Verbindung zwischen der Kunstfaserfirma Snia-Viscosa und der englischen Firma Courteaulds. Fiat fusionierte mit Allis (Deerfield) zum italo-amerikanischen Baumaschinenkonzern. Edison war eng liiert mit der britischen Monsanto Chemicals, Montecatini mit Shell International im Bereich Petrochemie. Dazu kamen zahlreiche Direktinvestitionen, z. B. von Standard Oil unter anderem mit der Erschließung der Erdöllagerstätten in Sizilien, ferner von General Motors, US-Steel, Saint Gobain, Michelin, Siemens, Kugelfischer, Hoechst und viele andere. Die unter anderem in Portovesme/Sardinien tätige Eurallumina enthält zu 40 % Auslandskapital, unter anderem der Deutschen Metallgesellschaft und der australischen Comalco. Mit dem Europäischen Gemeinsamen Markt vervielfachte sich die Tätigkeit ausländischer Gesellschaften und Firmen in Italien. Ihnen kamen ebenso die Förderungsmittel und die übrigen Vergünstigungen durch staatliche Maßnahmen zugute wie den einheimischen Firmen. Dazu gehören zehnjährige Befreiung von örtlicher Einkommen- und Körperschaftssteuer, geringere Sozialabgaben und Kapitalhilfen (Micheli in

Amatucci u. Hemmer 1981, S. 242). Die für die Entscheidung wichtigsten Standortfaktoren waren Marktlage, Infrastruktur und Arbeitskräfteangebot. Dennoch waren die Anfangsrisiken in jedem Falle zahlreich. ›Der Süden Italiens hatte eben keine Industrietradition wie der Norden‹, meint Marandon (1977, S. 155), was zumindest für Neapel eingeschränkt werden muß; aber die Konkurrenz mit den Erzeugnissen Norditaliens und des Auslandes war scharf, die Gefahr von Fehlinvestitionen groß. Nicht jede der Branchen kam für eine ausländische Beteiligung in Frage, am wenigsten die sogenannten ›traditionellen‹, auf lokale Standortfaktoren angewiesenen, wie Papier-, Möbel-, Bau- und Textilindustrie, am meisten die ›neuen‹ oder Wachstumsindustrien (chemische, pharmazeutische, elektrotechnische Industrie, Waschmittel- und Autoreifenerzeugung).

Untersuchungen haben ergeben, daß ausländische Unternehmen an erster Stelle die Nähe zu Rom bevorzugt haben wegen des Angebotes der Groß- und Hauptstadt an Behörden, kulturellen Einrichtungen, Auslandsschulen, Forschungsinstituten, aber auch wegen des Absatzmarkts. Zweitens spielte das Arbeitskräfteangebot eine große Rolle, wobei man hervorhob, daß Süditaliener rasch lernen. Anfangs wirkte das noch niedrige Lohnniveau und das ruhigere Arbeitsklima im Vergleich zum Norden begünstigend. Drittens konnte genügend Industriegelände angeboten werden, wobei als günstigste Lagen solche mit schnellen Verkehrsverbindungen galten. Kontakte mit anderen ausländischen Firmen wurden gesucht. Die viertens zu berücksichtigende Versorgung lokaler Märkte spielte dagegen selten eine Rolle, weil es sich meistens um eine Produktion für den Export oder doch für Großstädte, für Rom und Norditalien handelt.

Die Südkasse unterstützte nicht nur Unternehmen innerhalb der Südregionen (Fig. 53). Zu ihrem Förderungsgebiet gehörten auch der toskanische Inselarchipel, ein Teil der Provinz Áscoli Piceno in den Marken, ein Teil der Provinz Rieti in Latium östlich von Rieti und die Provinzen Latina und Frosinone in Südlatium. Bei der Bildung zweier Entwicklungsgebiete wurden aus der Provinz Rom die Städte Pomézia zur Provinz Latina und Colleferro zur Provinz Frosinone geschlagen. Auffällig ist der hohe Anteil amerikanischer Betriebe mit 28 von 43 ausländischen, was sich dadurch erklären läßt, daß für amerikanische Unternehmen Zweigniederlassungen wegen der großen Entfernung nötiger sind als für europäische. Gerade sie legen aber auf die Nähe von Rom und zum Flugplatz Fiumicino den größten Wert (Marandon 1977, S. 160; Mori 1965b). Die regionalen Auswirkungen sind im nördlichen Mezzogiorno sehr viel günstiger zu beurteilen als im südlichen mit seinen Großobjekten. Es handelt sich im allgemeinen um größere Mittelbetriebe mit einer vielfältigen Branchenverteilung, und es kam zu deutlichen Verbreitungseffekten von Zweigwerksgründungen. Nachdem der Vorteil niedrigerer Löhne im Süden nicht mehr die entscheidende Rolle spielte, erhoffte man sich die Einführung neuer Technologien und eine entsprechende Ausbildung der Beschäftigten. Wenn auch die Zahl der Arbeitsplätze in den ausländischen Betrieben in der Nähe Roms und um Neapel mit fast 30000 und 25000 besonders groß ist (vgl. Tab. 44),

*Tab. 44: Anteil der ausländischen Investitionen am gesamten Industriegefüge Süditaliens um 1980*

| | Anzahl der Betriebe mit ausländischer Beteiligung (a) | Anzahl der Betriebe mit 20 oder mehr Beschäftigten (b) | % (a:b) | Arbeitsplätze in Betrieben mit ausländischer Beteiligung (a) | Arbeitsplätze in Betrieben mit 20 oder mehr Beschäftigten (b) | % (a:b) |
|---|---|---|---|---|---|---|
| Südlatium | 95 | 663 | 14,3 | 29930 | 89833 | 33,3 |
| Abruzzen | 20 | 536 | 3,7 | 5116 | 49028 | 10,4 |
| Molise | – | 77 | – | – | 6069 | – |
| Kampanien | 81 | 1720 | 4,7 | 24674 | 171620 | 14,4 |
| Apulien | 23 | 930 | 2,5 | 7589 | 91112 | 8,3 |
| Basilikata | 2 | 86 | 2,3 | 530 | 10681 | 5,0 |
| Kalabrien | 3 | 297 | 1,0 | 1029 | 14734 | 7,0 |
| Sizilien | 23 | 792 | 2,9 | 5940 | 65629 | 9,1 |
| Sardinien | 16 | 431 | 3,7 | 2694 | 37869 | 7,1 |
| Insgesamt[1] | 263 | 5532 | 4,8 | 77502 | 536575 | 14,4 |

[1] Ausgenommen die Provinz Ascoli Piceno.

Quelle: IASM: Ausländische Investitionen in der Industrie des Mezzogiorno, Rom o. J., Tab. 5.

so sind doch auch die Regionen Abruzzen, Apulien und Sizilien daran beteiligt. Auf Südlatium kamen jedoch 1979 fast 39 % aller jener, die in Betrieben mit ausländischer Beteiligung innerhalb Süditaliens tätig waren, mit Kampanien zusammen waren es 70 %. Um die Motive der Ansiedlung zu erfahren, wurde eine Untersuchung durch die IASM (1980) durchgeführt. Finanzielle Anreize wirkten an erster Stelle anziehend, danach spezielle Regierungsprogramme und Lieferverbindungen zu anderen Betrieben, erst an dritter Stelle Marktchancen. Der Faktor Arbeitskräfte fiel gegen eine frühere Umfrage wegen der gestiegenen Löhne und der beträchtlichen Arbeitsausfälle zurück; aber dort ist eine Änderung zum Besseren eingetreten.

## *e) Leistung und Verbreitungsphänomene der Industrie*

### e1 Die Rangfolge der Industriezweige

Im Laufe der letzten Jahrzehnte hat Italien mit seiner rasch wachsenden Industrialisierung einen der vorderen Plätze unter den Industrienationen erreicht, was aus dem Anteil der Industrie am Bruttoinlandsprodukt hervorgeht. Er belief sich im Jahr 1980 auf 39,7 %, wovon 7,4 % (19 % der industriellen Wertsteigerung) auf den Süden entfielen. Zum Vergleich: Bundesrepublik Deutschland 41,3 %, Frank-

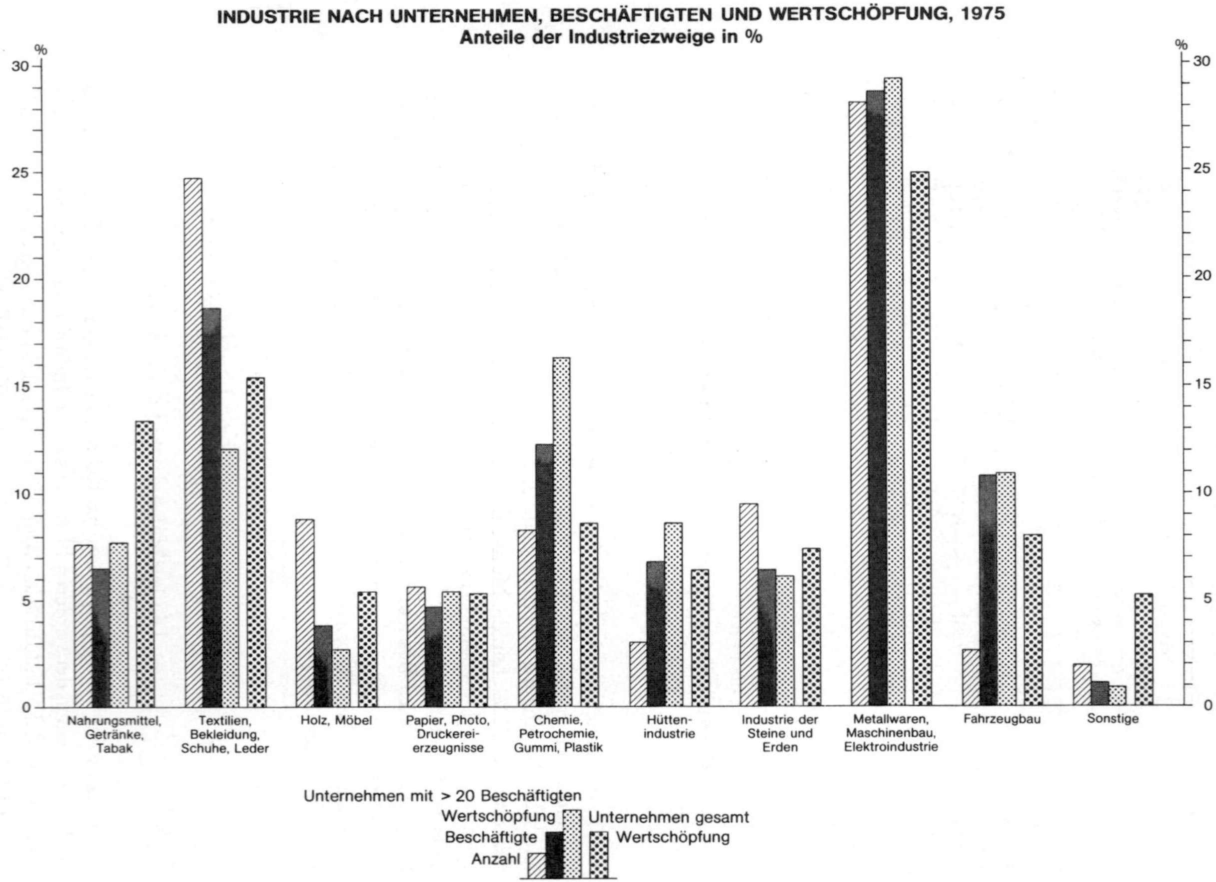


*Fig. 57: Verarbeitende Industrie nach Unternehmen, Beschäftigten und Wertschöpfung (Bruttoproduktion nach laufenden Preisen) 1975 (Anteil der Industriezweige in Prozent).* Nach ISTAT, Ann. Stat. Ind. 21, 1977, Tav. 19 u. 22.

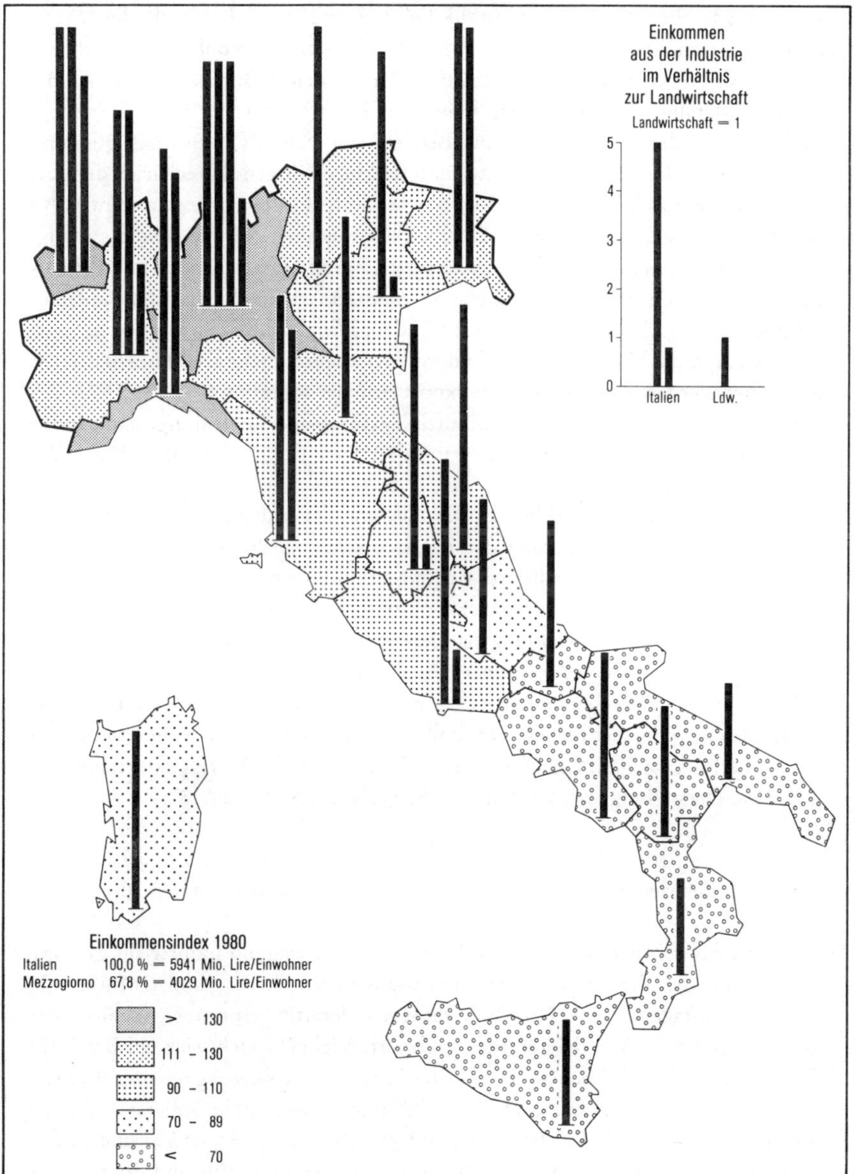


*Fig. 58: Die Wirtschaftskraft der Regionen 1980.* Ausgedrückt ist sie durch den Einkommensindex und den Anteil der Industrie am Einkommen der Regionen im Verhältnis zur Landwirtschaft. Daten aus ISTAT: Le regioni in cifre 1983, Tav. 58 u. 59; für 1971 vgl. MONHEIM 1974.

reich 29,8% (Stat. Jb. Bundesrepublik Deutschland 1981). Innerhalb des sekundären Wirtschaftssektors waren (1981) 36,7% (Bundesrepublik Deutschland 48,9%) der Erwerbstätigen beschäftigt. Unter den Industriezweigen ist die Gruppe Metallverarbeitung–Maschinenbau–Elektroindustrie führend, sowohl nach der Zahl der Unternehmen und Betriebe mit mehr als 20 Beschäftigten und der Zahl der in diesen echten Industrieunternehmen Tätigen als auch nach der dort erbrachten Wertschöpfung (vgl. Fig. 57; prodotto lordo a prezzi correnti). An zweiter Stelle steht die Gruppe Textilien–Bekleidung–Schuhe–Leder, gefolgt von der Gruppe Nahrungs- und Genußmittel. Bei den Unternehmen mit mehr als 20 Beschäftigten sind an dritter Stelle die meisten Arbeitnehmer in der Chemiegruppe und danach im Fahrzeugbau zu finden. Die gleiche Reihenfolge zeigt sich auch, wenn nicht Unternehmen, sondern Betriebe mit mehr als 20 Beschäftigten betrachtet werden. Die Erfolge im Export bringen – gemessen an der Höhe des Außenhandelsüberschusses – gewöhnlich Textilien und Bekleidung, dann Industrieanlagen und zuletzt Fahrzeuge (zu Exportmengen vgl. Tab. 45 in Kap. IV 3 e3).

Im großräumigen Überblick ist die Leistung der Industrie darstellbar durch den Vergleich mit der Leistung der Landwirtschaft in den einzelnen Regionen (Fig. 58). Der hochindustrialisierte Ballungsraum Piemont-Lombardei steht dem übrigen Italien, besonders dem Mezzogiorno, gegenüber. Der Gang durch die Phasen der Industrieentwicklung hat schon in manchen Einzelheiten über die regionale Differenzierung der Industrie Auskunft gegeben. Dennoch soll die räumliche Verbreitung noch einmal im Zusammenhang betrachtet werden, um die charakteristischen Erscheinungen der Ballung und Streuung im Industriebereich schärfer erfassen zu können. Wie bei dem Gang durch die Agrarregionen bot sich dafür die Darstellung von Gribaudi (1969) als Grundlage an.

### e2 Der Industriegürtel vor dem Alpenrand und die Industrie in den Alpentälern

Wem das Schlagwort ›Industriedreieck‹ oder ›Triangolo industriale‹ geläufig ist, dem muß bei Verbreitungskarten der Industriebevölkerung und der Industriestandorte auffallen, daß in Nordwestitalien ein derartig geformtes, geschlossenes Industriegebiet in Wirklichkeit nicht existiert. Vielmehr zieht sich ein Band mit Gemeinden hoher bis höchster Dichte der Industriebevölkerung und der Betriebe vor dem Alpenrand durch die nördliche Padania. Es beginnt im äußersten Westen im Susatal, umzieht das Reisbaugebiet von Vercelli, läuft in Alpentäler und zu den Seen hinein und reicht zunächst bis Bréscia. Seine größte Dichte und Breite hat es im nördlichen Halbkreis um Mailand.

Im Piemonteser Teil lassen sich mehrere Distrikte nach ihrer vorherrschenden Branchenzusammensetzung unterscheiden. Der Ossolaner Distrikt hat Elektro-, Stahl-, Eisen- und Maschinenindustrie, Nahrungsmittel- und chemische Industrie. In Villadóssola werden Stahl und Kunstharze produziert (Bertamini 1967). Der Seendistrikt besitzt am Lago Maggiore und am Ortasee (Fasola 1965) Maschinen- und Textilindustrie, Holzverarbeitung, Marmor- und Granitwerke, Nahrungsmittelindustrie, in Pallanza Kunstfaserherstellung; im Novaradistrikt gibt es Maschinen-, Textil-, Nahrungsmittel- und Konfektionsindustrie; in dem von Biella herrscht fast ausschließlich Wollindustrie; im Canavese findet sich Maschinen-, Bergbau-, Hütten-, Textil-, Papier-, Lederwaren-, Gerberei-, Bau- und chemische Industrie. Ivrea bildet einen eigenständigen Schwerpunkt mit der Großfirma Olivetti und dem Kunstfaserunternehmen Châtillon.

Der Distrikt Turin im engeren Sinne mit Stahlwerken, Eisenhütten, Maschinenbau, chemischer, Textil- und anderer Industrie hat mehrere Ausläufer, gegen Süden im Bereich Carmagnola (Nahrungsmittel- und mechanische Industrie), nach Südosten gegen Chieri mit Textilindustrie und im Sangonetal mit Textil- und Papierindustrie. Im Susatal gibt es Bergbau, Stahl-, Maschinen- und Textilindustrie (Spinelli 1970), um Pinerolo Bergbau, Textil-, Maschinen- und Süßwarenindustrie. Im Stadtbereich von Turin erreicht die Industrie von Piemont ihre größte Dichte. 55 % (1971) der Beschäftigten sind in Industriebetrieben mit mehr als 20 Arbeitskräften tätig und machen Turin zur Industriestadt ersten Ranges in Italien (Dematteis 1965; Gabert 1964). Turin ist die Stadt des Autos, des Flugzeugbaus und der Elektronik. Wegen der starken Abhängigkeit vom Fiat-Unternehmen, der ›Fábbrica Italiana Automóbili Torino‹ (gegr. 1899), dem größten Privatunternehmen Italiens mit dem Stammwerk Mirafiori und etwa 100 000 Mitarbeitern in der Autoproduktion innerhalb Italiens (1983), sagt man auch: ›Turin ist Fiat‹. Im starken Tagespendlerverkehr kommen die engen Beziehungen zwischen Werk und Stadt zum Ausdruck. Turin ist Zentrum eines eigenen, auf den Fahrzeugbau konzentrierten Verbundsystems mit Aktivitäten des Konzerns, die keineswegs auf Turin und Nordwestitalien beschränkt sind. Über 20 Werke mit mehr als 40 000 Mitarbeitern liegen im Mezzogiorno (Fig. 59).

Im lombardischen Teil des Alpenrandstreifens kann man weitere Industriedistrikte nennen: Da ist zunächst der eigentliche Distrikt Mailand mit zahlreichen Verzweigungen, mit Eisenwerken, Maschinen-, Textil-, chemischer Industrie (Séveso!) und anderen mehr; der Distrikt Busto Arsízio-Legnano zeigt die größte Entwicklung der Textilindustrie, besonders bei Baumwollwaren (Dagradi 1962); der Distrikt Como ist ebenfalls durch Textil-, früher Seidenindustrie bestimmt (Della Valle 1961). In der Brianza, zwischen Como und Mailand, sind Cantù und Lissone bedeutende Standorte der italienischen Möbelindustrie. Der Distrikt Bérgamo besitzt Nahrungsmittel-, Textil-, Stahl- und Maschinenindustrie (Bruno 1965). Außergewöhnlich ist die Verdichtung um Varese und in der Brianza, wo in manchen Gemeinden bis zu 80 % der Erwerbstätigen in der Industrie tätig sind. In der Provinz Bréscia (Ódolo, Gardone, Lonato) gibt es 80 kleine Stahlwerke von Kleinproduzenten, der sogenannten ›Bresciani‹, die fast nur Elektrostahl herstellen. ›Straffe Spezialisierung, geringe Streikanfälligkeit und niedrige

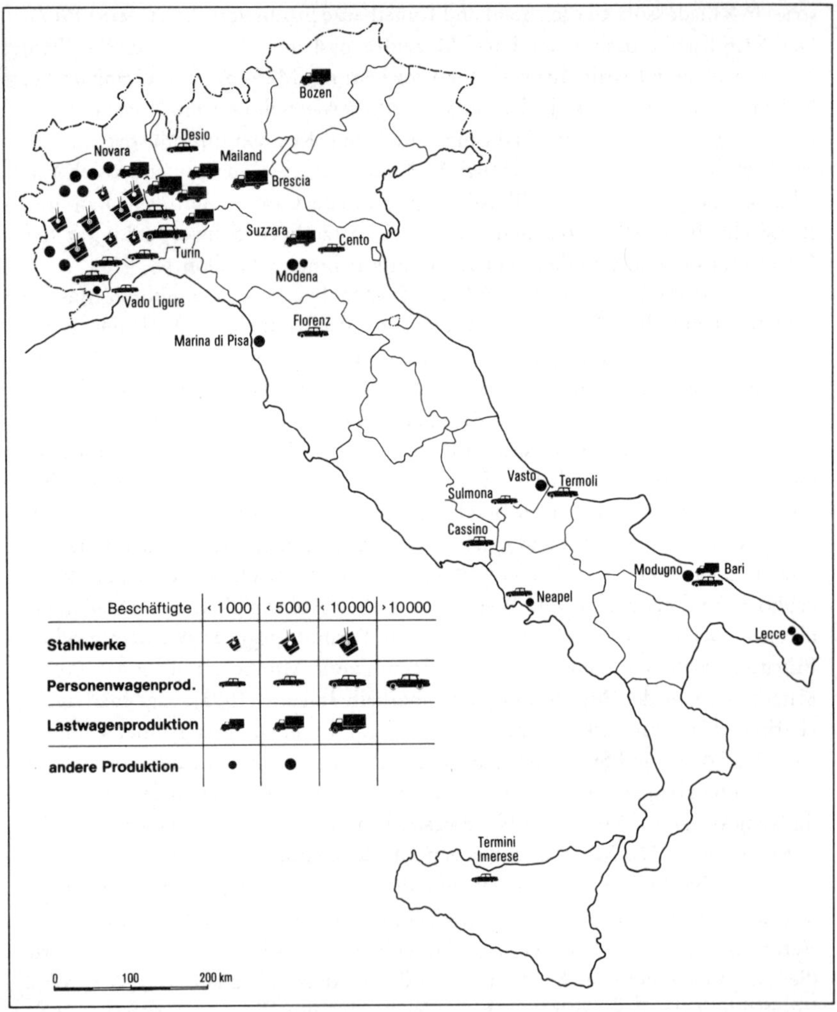


*Fig. 59: Fabrikanlagen der Firma Fiat in Italien.* Nach CORNAGLIA u. LAVAGNA 1977, S. 149.

Verwaltungskosten machen diese Firmen auf dem europäischen Markt konkurrenzfähig‹ (H. WAGNER 1982, S. 52, vgl. auch Kap. IV 2 a1). Die Produktion von Betonstahl und Handfeuerwaffen hat internationale Bedeutung.

Isoliert außerhalb des dichtbesiedelten Industriebandes liegt das italienische Schuhindustriezentrum Vigévano, in dem zu je einem Drittel Tagespendler und Heimarbeiter tätig sind (HOUSSEL 1972, S. 253).

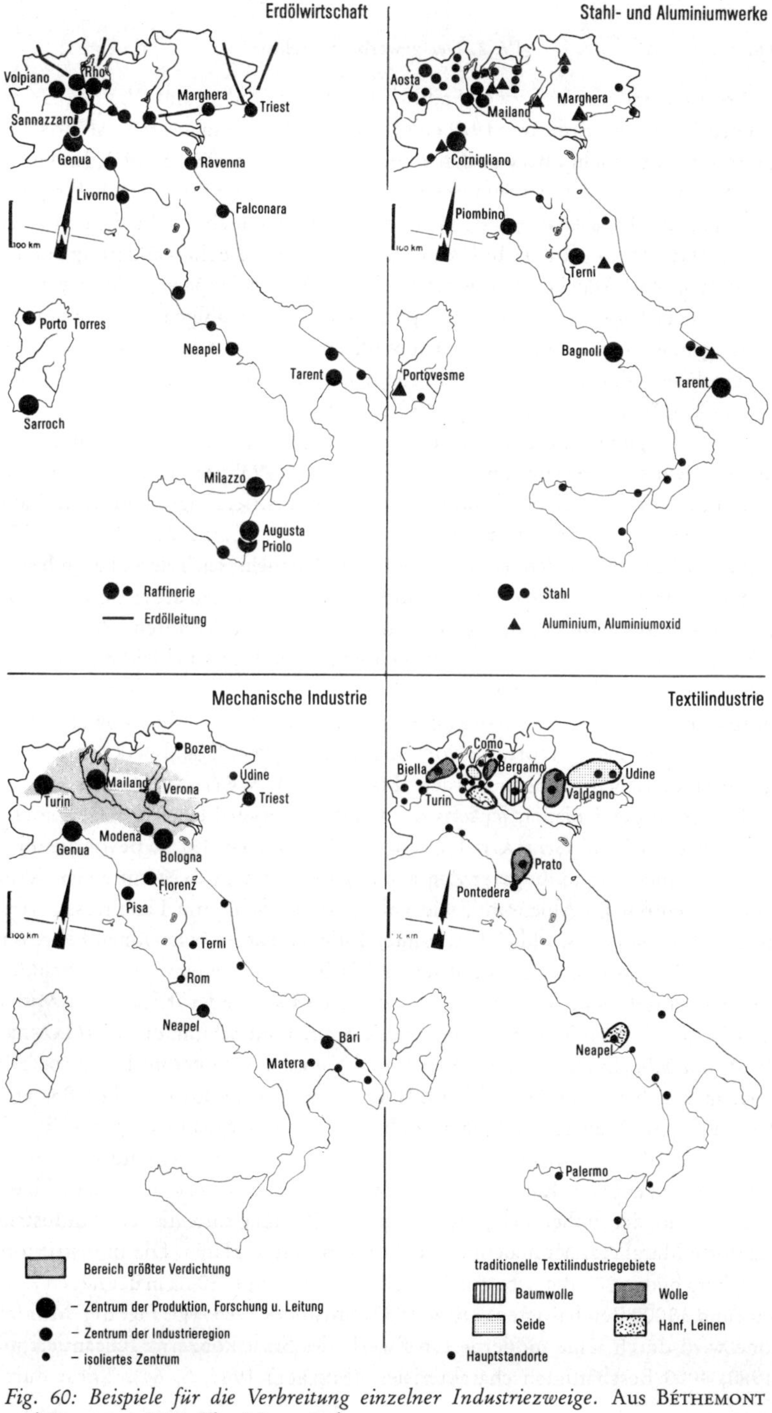


*Fig. 60: Beispiele für die Verbreitung einzelner Industriezweige.* Aus Béthemont und Pelletier 1979, Fig. 3.5, verändert.

Im Aostatal nutzten zwei Stahlwerke (Cogne-Sider und Ilsa Viola) das Cogneerz, dessen Förderung 1979 eingestellt wurde. Die ungesunde Monostruktur konnte noch nicht überwunden werden (Hilsinger 1977, S. 193). Im Unterschied zu dieser großen Alpentalung herrschte in der anderen, im Etsch-Eisacktal, vor Beginn der Industrialisierung in faschistischer Zeit noch absolut die Land- und Forstwirtschaft vor. Mit der Industrieansiedlung sollte die Einwanderung und Beschäftigung von Angehörigen der italienischen Volksgruppe erleichtert werden, um die deutschsprachige Bevölkerung in ihrem zahlenmäßigen Vorrang zurückzudrängen; es ging um ausgesprochen politische Ziele. Mit der Tarifbefreiung für 130 km Eisenbahntransport wurden die neuen Betriebe praktisch an den norditalienischen Wirtschaftsraum angeschlossen. Die reichen Wasserkräfte wurden zur Energieversorgung für die Industrieanlagen nutzbar gemacht. Nach dem Beginn mit einer Kunstdüngerfabrik bei Meran 1926 kam es 1935 zur Gründung einer Bozener Industriezone mit Stahl- und Aluminiumindustrie, Magnesiumwerk, Fahrzeugbau (Lancia), Holzverarbeitung und anderem (Leidlmair 1965, S. 375; Pixner 1983, S. 14). In den sechziger Jahren sind in mehreren Tälern, besonders im Pustertal, etwa zur Hälfte durch ausländische Unternehmen arbeitsintensive Betriebe gegründet worden, die auch für die deutsche und ladinische Bevölkerung Arbeitsplätze bereitstellten (Leidlmair 1969, S. 260). Die Bekleidungsindustrie war expansiv und bekam dann die weltweite Krise zu spüren. In den siebziger Jahren setzte sich die Entwicklung in anderen, auf den heimischen Markt ausgerichteten Zweigen fort, die vor allem vom örtlichen Handwerk mit Kleinst- und Kleinbetrieben getragen werden (Pixner 1983, S. 84).

Im Osten der Padania, jenseits der Gardasee-Etsch-Lücke, folgt ein locker gegliederter Bereich (Gorlato 1965, S. 425; Muzzolon 1978). Bevor die industrielle Verdichtung in jüngerer Zeit auch hier einsetzte, gab es nur einige Wollindustriezentren am Alpenrand, wie Valdagno und Schío mit Lane Rossi, wozu andere Orte mit handwerklich bestimmter Tätigkeit kamen, wie Údine, Feltre und Maniago. Murano/Venedig ist mit seiner Glasindustrie ein einzigartiger Standort auf seiner Insel. Seither breiteten sich in vielen Gemeinden Klein- und Mittelbetriebe aus, z. B. in Stra, Montebelluna, Cornuda mit Schuhindustrie (Gazerro 1973), mit Möbelindustrie unter anderem in Cerea, Bovolone; im Friaul spezialisierte man sich auf Stühle (vgl. Kap. II 4 g); Maschinenindustrie haben Bassano, Arzignano und Montécchio Maggiore. Im Dreieck Conegliano Véneto – Vittório Véneto – Pordenone hat sich die Produktion elektrischer Hausgeräte (z. B. Firma Zanussi) konzentriert. Räumlich abgesetzt von der Industriezone vor dem Alpenrand und in der höher gelegenen östlichen Padania sind die Großindustriestandorte Marghera, Monfalcone und Triest mit ihren Häfen. Die Industriezone Marghera bilden 200 Betriebe auf 540 ha in der alten und 780 ha in der neuen Zone mit rund 30000 Beschäftigten (Döpp 1982; Muscarà 1965; vgl. Fig. 61). Monfalcone wird durch seine moderne Großwerft des Staatskonzerns Italcantieri mit (1980) 4000 Beschäftigten charakterisiert (Melelli 1983, S. 64), Triest durch

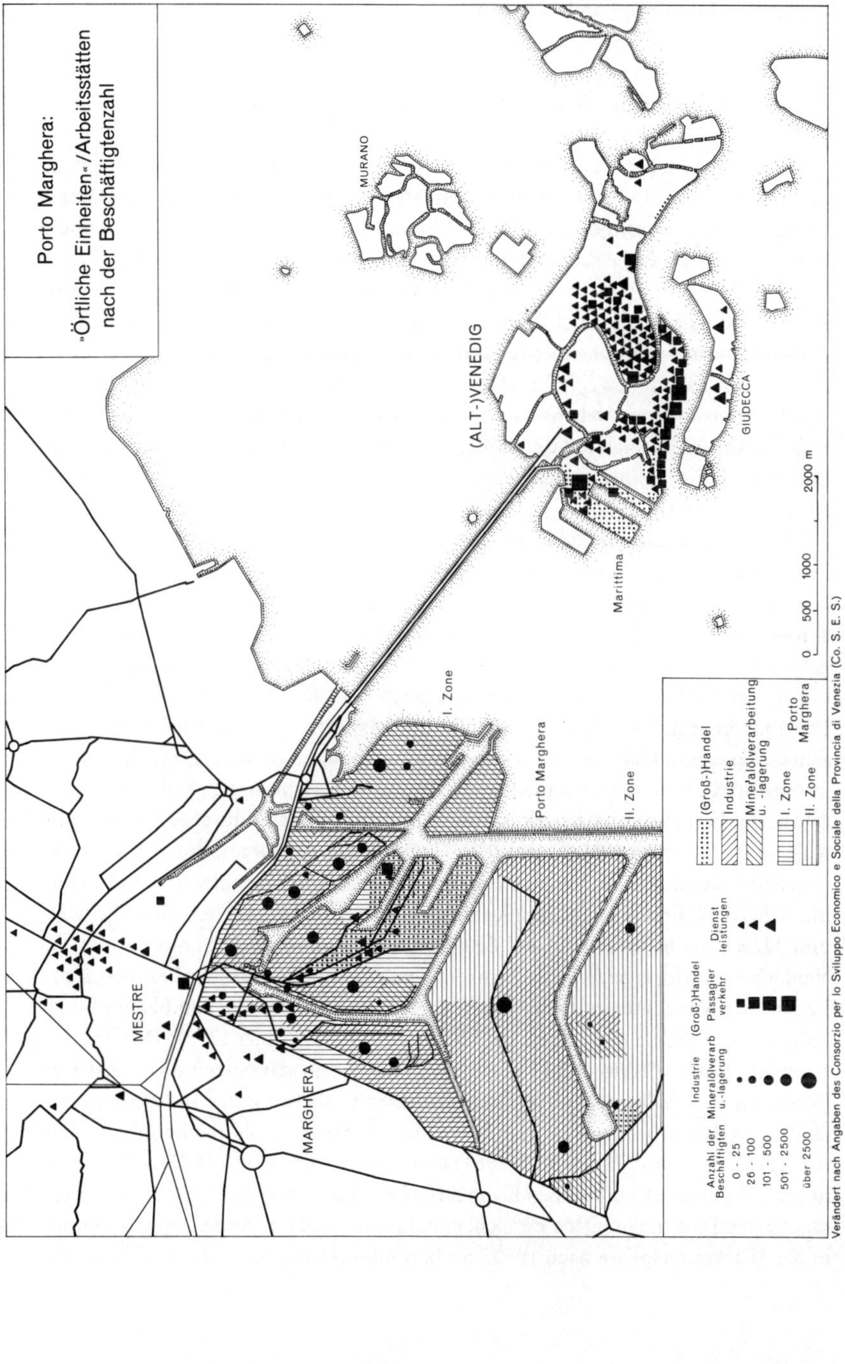


*Fig. 61: Porto Marghera und Venedig. Arbeitsstätten und Beschäftigte 1969.* Quelle: DÖPP 1982 (Manuskript).

einige Hafenindustrien wie Erdölraffinerien, Reparaturwerft, Eisenhüttenwerk, Zement-, Maschinen- und Lebensmittelindustrien.

### e3 Industriebestimmte Wirtschaftsräume der Emília-Romagna und der Toskana

In der Region Emília-Romagna ist die Industrie zwar meistens in Stadtgemeinden konzentriert (PEDRINI 1965); es kam aber an der Via Emília, der stark ausgebauten Verkehrsleitlinie (Autobahn, Eisenbahn), zu einer deutlichen Verdichtung, die sich auf das Arbeitnehmerreservoir des angrenzenden Apennins stützen konnte. Hohe Industriebeschäftigtenanteile haben Bologna, Ferrara (Kunststoffe), Módena, Réggio nell'Emília, Parma, Piacenza und Forlì mit Maschinen-, Nahrungsmittel- und chemischer Industrie, Textilindustrie und anderen. Carpi entwickelte sich in zwei Jahrzehnten vom emilianischen Agrarstädtchen zum Strickwarenzentrum Italiens mit sehr hohem Exportanteil (HOUSSEL 1972, S. 261). Ravenna erhielt mit der modernen Löschanlage für Rohölimporte eine Industriezone für Erdölraffinerie, Petrochemie und synthetischen Gummi (GABERT 1963; MONTANARI 1966).

Wie in der östlichen Padania konzentriert sich die Industrie im übrigen Italien mit Ausnahme mancher moderner geplanter Anlagen und des Bergbaus gewöhnlich auf Städte. Darüber hinaus haben sich einige größere Industrieagglomerationen entwickelt. In der Toskana gehören das apuanische Marmor- und Industriegebiet und das Bergbau- und Schwerindustriegebiet von Nordostelba und des Golfs von Follónica mit Piombino dazu (HOTTES 1961, S. 16; INNOCENTI 1965). Die 1938 gegründete ›Zona Industriale Apuana‹ erhielt in der Küstenzone zwischen Massa und Carrara als krisensichere Ergänzung zur althergebrachten Marmorindustrie Betriebe verschiedenster Produktionsrichtungen: Kokerei, Erdölraffinerie, Ferrolegierungswerk, Großchemie, Maschinenindustrie, Zement- und Kalkwerke (HOTTES 1961; PEDRESCHI 1965). In der Agglomeration des Valdarno superiore nutzen die Zentren San Giovanni, Pontassiéve, Castelnuovo und andere die elektrische Energie der Braunkohlevorkommen unter anderem durch Schwer- und Maschinenindustrie, Glas-, Zement-, Textilindustrie (PICCARDI 1967); im Valdarno ínferiore liegen die Zentren Signa, Émpoli, Cáscina-Pontedera mit Leder- und Maschinenindustrie, den Piággiowerken in Pontedera und der Möbelindustrie in Cáscina (vgl. Karte bei HOTTES 1977; VERACINI 1975). Der Beckenraum von Pistóia, Prato und Florenz gehört zu den am stärksten industrialisierten Bereichen der Halbinsel, ohne doch dank der Einbettung der Industrie in den ländlichen Raum und seiner kleinbetrieblichen Struktur als solcher aufzufallen (CORI u. CORTESI 1977; HOTTES 1961; INNOCENTI 1979; MORI 1977). Die Bedeutung des Handwerks mit seinen kleinen Betrieben und des Heimgewerbes darf gerade in der Toskana in vielen Bereichen nicht unterschätzt werden, spielte es doch in der Wachstumsphase nach 1950 und besonders in der Krise der großbetrieblichen Strukturen Mitte der siebziger Jahre eine aktive Rolle (ALEXANDER 1970, S. 121). Weithin bekannt ist die an erster Stelle Italiens stehende Wollindustrie von Prato, wo es auch ein bedeutendes Heimgewerbe gibt (BARBIERI 1957; HOUSSEL 1972; SARRACCO 1972). Im Unterschied zu den Betrieben in der Provinz Vercelli, wie in Biella mit Kammgarnproduktion, wird hier hauptsächlich aus Abfällen gewonnene Wolle verarbeitet (Streichgarn, Hechelstoffe). Die Keramikindustrie liegt zwischen Sesto Fiorentino und Montelupo in starker Ballung; chemische, Maschinen- und Zementindustrie kommen dazu. Als Städte mit bedeutender Industrie heben sich Arezzo und Livorno, dort am Hafenstandort mit Schwer- und Großindustrie (GOSSEAUME 1969), Florenz mit Leder- und Keramikindustrie und Lucca mit Tabak- und Textilindustrie heraus (HOTTES 1961, Karte). Pisa hat die größte Spiegelglasmanufaktur Italiens. Volterra mit seiner Alabasterbearbeitung, auch Siéna und Grosseto, haben Industriebetriebe erhalten. Neuartige Standortvorteile bieten die Autobahnausfahrten und Autobahnkreuze, wo weit außerhalb der Ortschaften großangelegte Industriekomplexe entstanden sind (San Zeno bei Arezzo, San Giustino Valdarno, San Sepólcro; vgl. HOTTES 1977, S. 175).

### e 4 Industriestandorte im Nördlichen und Mittleren Apennin

Genua hat als Hafenstandort typische Grundstoff- und Schwerindustrien ebenso wie Savona, in denen IRI und Ölgesellschaften tätig sind (RODGERS 1960). Der Mangel an ebenen Industrieflächen am Küstensaum drängte Anlagen und Wohngebiete in den Tälern aufwärts, die wie das Polcéveratal bei Genua in ungeordneter Weise von deren Bauten erfüllt sind. Gewässer und Atmosphäre sind verschmutzt, der Verkehr beengt. Im oberen Bórmidatal haben einige Gemeinden hohe Industrieanteile mit chemischer, keramischer, Glas- und Photoindustrie (Ferránia). Über die Industriegassen der Täler mit ihren Autobahnen und Bahnlinien besteht ein enger Zusammenhang zunächst mit dem Industriedreieck der Provinz Alessándria zwischen Novi Lígure, Tortona und Arquata Scrívia (MASSI 1964; ADAMO 1979). Über Alessándria, der jetzt außer durch ihre Hutfabrikation (Borsalino) vielseitig industrialisierten Stadt (Maschinen-, Möbelindustrie), geht die Verbindung weiter zu den Ballungsräumen von Turin und Mailand, mit denen zusammen das sogenannte ›Industriedreieck‹ gebildet wird.

Im Mittleren Apennin heben sich immer wieder Einzelstandorte alter Tradition oder moderner Planung heraus, aber auch kleinere Städte mit Industrie und Agglomerationen. In Umbrien gehören dazu Perúgia mit seiner Süßwarenindustrie (Perugina), wo es aber inzwischen in Stadt und Umland eine breite Produktionspalette gibt (HOTTES 1977, S. 177). In Città di Castello, wo sich Druckereien spezialisiert haben, entstand ein ›Industriepark‹. Der einst aus militärischen Gründen geförderte Schwerpunkt Terni hat einen weiteren Ausbau erfahren (ALBERTINI 1965). Die Agglomeration Rieti-Cittaducale ist 1971 unmittelbar jenseits der Tätigkeitsgrenze der Cassa per il Mezzogiorno gegründet worden und stellt eine Insel auswärtiger Unternehmen dar, die zu vier Fünftel aus Norditalien und zu einem Fünftel aus dem Ausland stammen (Grillotti di Giacomo 1978). An die Mittelgebirgsindustrie Deutschlands erinnert die Musikinstrumentenindustrie der Marken in Ancona und Umgebung, z. B. die Akkordeonproduktion von Castelfidardo und Camerano sowie die berühmte Papierindustrie von Fabriano. Im Valle del Pescara greift die Industrie mit vier Agglomerati ins Gebirge ein (Sprengel 1977). Am Oberlauf der Pescara hat Bussi sul Tirino elektrochemische Industrie. Áscoli Piceno, Avezzano, L'Áquila und Sulmona liegen im Förderungsgebiet der Südkasse, was unter anderem zur Ansiedlung ausländischer Unternehmen geführt hat, die das Arbeitskräftepotential zu nutzen verstanden (vgl. Tab. 44).

### e 5 Industriegründungen im Mezzogiorno

Im Vergleich zum Norden Italiens erschien der Süden bis in die Nachkriegsjahre hinein als nahezu rein agrarisch bestimmter Raum, obwohl manche Standorte, vor allem Neapel, gestützt auf traditionelle Gewerbe, sehr wohl an der frühen Industrialisierung des 19. Jh. teilgenommen hatten (vgl. Kap. IV 2 a2). Danach aber hatte sich ›zugleich mit der Auf-Industrialisierung des Nordens ... eine Ent-Industrialisierung des Südens, nicht nur verhältnismäßig, sondern absolut, vollzogen‹ (Vöchting 1951, S. 620). Der Süden besaß 1936 nur 2,6 in der Industrie Tätige auf 100 Einw., der Norden 11,2 bei einem italienischen Durchschnitt von 7,3. Die Kriegszerstörungen an Industrieanlagen zu 35% und an Wasserkraftwerken zu 50% machten die Teilnahme am allgemeinen Nachkriegsaufschwung unmöglich. Besonders schwer betroffen waren die Eisenindustrie bei Neapel, die Werften von Castellammare, das Hydrierwerk und die Mühlen von Tarent, während die Textilfabriken und die Teigwarenbetriebe Kampaniens weniger gelitten hatten. Süditalien besaß aber seit langem nicht nur die in Apulien und Kampanien verbreitete Nahrungsmittelindustrie, die Eisen- und Textilindustrie, sondern an einigen Standorten manche bis heute zum Teil noch gewachsene, höchst produktive Gewerbezweige. Ein Blick auf Karten im ›Atlante físico-económico d'Italia‹ zeigt die Situation von 1927. Beispielhaft seien hier die Papierindustrie im Lirital auf der Grundlage von Wasserkraft (Ísola del Liri/FR) und die Gerbereien von Solófra/AV genannt. Hier wird in zahlreichen Kleinbetrieben und wenigen größeren hochwertiges Leder für die Bekleidungsindustrie hergestellt.

Die neugeplante und von der Südkasse geförderte Industrie schließt sich in manchen Fällen an ältere Standorte an, z. B. südlich von Rom und im Saccotal an Frosinone. Charakteristisch sind dort die Branchenvielfalt und die starke Beteiligung ausländischer, besonders US-amerikanischer Firmen (Marandon 1977). Fiat gründete in Cassino 1971 ein modernes Personenwagenwerk mit über 10000 Mitarbeitern (Borlenghi 1974). In Kampanien wurde die Industrie von Caserta ebenso erweitert wie die von Neapel und den Golfgemeinden, ohne doch bei dem starken Zuwandererstrom und hohem natürlichem Wachstum genügend Arbeitsplätze bereitstellen zu können (Ruocco u. Formica 1964; Ruocco 1965). Zur überkommenen und modernisierten Stahlindustrie von Bagnoli (Mautone 1980) und der modernen Fabrikationsanlage in Pomigliano d'Arco von Alfasud kommen viele weitere Branchen in mehreren Agglomerati im Hinterland von Neapel. Sie wurden dort zur Entlastung der überfüllten Küstenzone gegründet (Spooner 1984, Fig. 1).

Viele der im Lauf der Industrialisierungspolitik im Mezzogiorno neugegründeten Betriebe sind auf freier Fläche in bisher landwirtschaftlich genutzter Umgebung errichtet worden. Beispiele sind das große Flachglaszentrum von 1966 in San Salvo und das Autoelektrikwerk der Fiat-Gruppe von 1972 (Sprengel 1977, S. 95) im Nucleo industriale ›Vasto‹/Abruzzen, das Dieselmotorenwerk Sofim in Fóggia von 1978, das Transporterwerk im Sangrotal/Abruzzen, das Baumaschinenwerk in Lecce mit Sitz der Fiat-Allis Europe sowie weitere Fiat-Werke in Térmoli/Molise und Términi Imerese/Sizilien. Im Golf von Policastro schloß man sich an Maratea und Práia a Mare an, im Basentotal an Ferrandina, in der Ebene von Sybaris an Castrovíllari. In Kalabrien ist hinsichtlich der Zahl der Beschäftigten (2500) nur das alte Zentrum Crotone mit Chemiewerken und Elektrometallurgie (Zinkhütte) zufriedenstellend. Vom Großprojekt Gióia Táuro, dem äußerst fragwürdigen Stahlwerksplan, blieb fast nur der neue Hafen für andere Funktionen übrig, ebenso in Saline Ióniche (›Liquichimica‹; Gambino 1980).

Der Schwefelbergbau Siziliens war einst der wichtigste Zweig des italienischen Bergbaus, als er zu Beginn des Jahrhunderts mit einer Jahresförderung von 0,5 Mio. t Weltstellung besaß. Diese mußte er von 1906 ab an die USA abgeben, wo mit dem Frasch-Verfahren durch Aufschmelzung in der Tiefe mit überhitztem Wasser reiner Schwefel billiger gewonnen werden konnte. Heute folgen Polen, die Sowjetunion und Mexiko als Großproduzenten, Italien liefert nur noch 54 000 t (vgl. Bäcker 1976; Stacul 1967). Im gleichen Gebiet, zwischen Agrigent und Enna, sind heute hochmechanisierte Bergwerke für Kali und Steinsalz in Betrieb. Erdöl- und Erdgasfelder wurden erschlossen (vgl. Fig. 64) und führten mit zu dem auffälligen Dualismus, der zwischen der vorindustriellen, auf Lokalmärkte ausgerichteten Produktion und den hochindustriellen, kaum in die sizilianische Wirtschaft integrierten Produktionszweigen besteht (Monheim 1972, S. 9).

Industrielle Verdichtungszonen, deren Betriebe meist von mittlerer Größe sind und von einheimischen Unternehmern getragen werden, liegen bei Palermo und Catánia. Die Werft von Palermo ist mit 3350 Beschäftigten (1980) der wichtigste Industriekomplex (Melelli 1983, S. 63). Das Gebiet Pantano d'Arci südlich Catánia, seit Ende der fünfziger Jahre im Aufbau, bietet mit seinen über 100 Betrieben und mehr als 9000 Beschäftigten ein buntes Branchenbild. Weitere 1000 sind im Bereich Belpasso tätig.

In die größte Industriezone zwischen Syrakus und Augusta strömen Pendler aus den Agrostädten der ganzen Umgebung (Stein 1971, Fig. 4). Im Jahre 1979 umfaßte sie 4318 ha mit nur 42 Betrieben, aber 11 000 Arbeitskräften (IASM 1979). Die Großindustrie nutzt Hafenstandorte und dient der Erdölverarbeitung mit Raffinerie, Petrochemie- und Gaswerken. Ein Wärmekraftwerk, Zement- und Röhrenwerke kommen dazu. Auch 1983 ist die Industrie Siziliens ›nicht annähernd in der Lage, die aus Handwerk und Landwirtschaft freigesetzten Arbeitskräfte aufzufangen und den notwendigen sozioökonomischen Wandel zu tragen‹ (Monheim 1972, S. 9). Die Situation hat sich in den vergangenen zehn Jahren durch die Rückkehrerbewegung eher verschlechtert.

In Sardinien gab es für den neuen Industriebereich Sulcis in Portovesme Anknüpfungsmöglichkeiten, weniger an den Braunkohlebergbau von Carbónia als an den Erzbergbau des Iglesiente, was zur Errichtung einer großen Zinkhütte und einer Bleihütte führte. Aus unterschiedlichen Lagerstätten werden dort seit langer Zeit wertvolle Erze gewonnen (vgl. Wagner 1982, Abb. 9). Nach dem Gesamtwert der Förderung steht Sardinien nach der Toskana an zweiter Stelle der Regionen. Es lieferte 1972 rund 70 % des in Italien abgebauten Bleiglanzes, 43 % der Zinkblende und 89 % an Zinkspat. Das alte Bergbauzentrum Iglésias besitzt eine Bergbauschule und eine zur Zeit geschlossene Zinkelektrolyseanlage. Die Bleielektrolyse findet in S. Gavino Monreale statt. Wie die Kohleförderung sank auch die Erzförderung ständig ab. Der sardische Bergbau befindet sich wie derjenige ganz Italiens in einer Krise, die zu Arbeitslosigkeit und Abwanderung geführt hat (Hiller 1978, S. 123). Gänzlich neu sind die Standorte von Tortolì-Arbatáx mit der Papierindustrie an der Ostküste und im Inneren das Kunstfaserzentrum Ottana (King 1975).

Die Entstehung neuer und Erweiterung bestehender Industriestandorte im Mezzogiorno sind nur zu verstehen durch die großen Anstrengungen des Staates und der von ihm geschaffenen Institutionen im Verlauf seiner Wirtschaftspolitik. Eine größere Krisenfestigkeit wird nur dort zu erwarten sein, wo auch die ökonomischen Voraussetzungen auf Dauer gegeben sind. Das gilt z. B. für die kostengünstige Versorgung der im Mezzogiorno selbst ansässigen Bevölkerung, weniger für die Großindustrie, die in europäischer und Weltmarktkonkurrenz zu produzieren gezwungen ist.

### *f) Literatur*

Die geographisch-länderkundliche Behandlung der Industrie über die Statistik und über Standortfragen hinaus hat wenig Vorbilder, Regionalmonographien gibt es für Italien nicht. Um so wichtiger ist die Behandlung der Toskana durch Hottes (1960, 1977) und Südtirols durch Pixner (1983). Die monographische Darstellung von Porto Marghera-Venedig durch Döpp (1982) folgt methodisch einer umorientierten Industriegeographie, denn hier wird das Hauptgewicht auf den Industrialisierungsprozeß und dessen Träger gelegt. Von der modernen Entwicklung angeregt, haben sich italienische Geographen verstärkt seit dem Italienischen Geographen-Kongreß in Como 1964 regionalen Fragen der Industrie zugewandt. Gribaudi gab in Como einen Überblick (1965, vgl. auch 1969). Der Forschungsbericht von Massi (in Corna-Pellegrini u. Brusa, Hrsg., 1980, S. 359–418) orientiert über die neuere Literatur in umfassender und kritischer Weise; zur älteren Literatur vgl. Della Valle (1964). Bei der Darstellung der Industrie im Kartenbild wählte Gribaudi die relative Methode und setzte die Untergrenze für eine ›Industriegemeinde‹ bei 50 % in der Industrie Beschäftigten. Ruocco und Coppola (1967) setzten die Grenze bei absoluter Darstellung bei 100 Beschäftigten. Dabei werden die Daten der Volkszählung zur Berufstätigkeit verwendet, die bei Trennung von Wohn- und Arbeitsort nicht aussagekräftig sind. Außer diesen Zensusdaten veröffentlicht der ISTAT die Ergebnisse des gleichzeitigen ›Censimento generale dell'indústria e del commércio‹ über Unternehmen, Betriebe und Beschäftigte in Gemeinden nach neuer Klassifikation in 20 Industrieklassen (1971). Dadurch lassen sich für industriegeographische Darstellungen die Betriebe mit 20 und mehr Beschäftigten, also die wirklichen Industriebetriebe aussondern. Produktionsdaten enthält das ›Annuário di statistiche industriali‹, zum Teil auch das ›Annuário statístico italiano‹.

Die Entwicklung der Industrie seit der Staatsbildung ist häufig verfolgt worden, so durch Castronovo (1980). Eine Aufsatzsammlung zu diesem Thema mit einem Literaturanhang bietet Giorgio Mori (1981). Entwicklungsperioden grenzte Corna-Pellegrini (1974) ab; vgl. auch Lill (1980) und Mikus (1981). Die Zeit 1920–1970 behandelt Ricossa (1980). Die Entwicklung im Süden in der Zeit vor Beginn der Förderungsmaßnahmen hat Vöchting (1951) ausführlich dargestellt. Einen Überblick vermittelt auch das Erdkundelehrbuch von Cornaglia und Lavagna (1977) mit Anschauungsmaterial. Die Industriegeschichte wird einem breiteren Kreis durch den Band des TCI (1981) ›Campagna e industria, i segni di lavoro‹, d. h. einer Agrar- und Industriearchäologie mit Exkursionsführer, nahegebracht. Von historischem Wert, eindrucksvoll im Vergleich mit der Gegenwart sind die Karten im ›Atlante físico-económico d'Italia‹ (Dainelli 1939), die den Stand von 1927 und zum Teil 1937 zeigen. Der Situation um 1957 entsprechen die Beiträge von Reisser (1961) und Tichy (1961).

Die aktuelle Situation der Rohstoffwirtschaft bis 1980/81, der Bergbau und seine geologischen Grundlagen werden in ausgezeichneter Weise durch Wagner (1982) dokumentiert und machen den Verzicht auf ein entsprechendes Kapitel in dieser Länderkunde leicht. Zum Energieproblem vgl. Gay und Wagret (1964, S. 81–87), Pacione (1976 b), für die neuere Problematik Doc. 30, 1980, Nr. 11, S. 23–53. Das Bild der Förder- und Verteilungseinrichtungen für Erdöl und Erdgas zeigt der ›Petro-Atlas‹ (F. Mayer, Braunschweig $^{3}$1982; vgl. Fig. 55).

Noch ist über die Klasse der Klein- und Mittelbetriebe wenig bekannt, abgesehen von einem Typisierungsvorschlag und einigen Fallstudien über Novara, Biella und Verona (Cori, Balcet, Piana u. Cortesi 1979).

Eine charakteristische Erscheinung des sekundären Sektors ist in Italien das stark besetzte Handwerk, das einer Interpretation bedarf, die Barberis (1980) gibt und den Vergleich mit anderen Ländern der EG durchführt. Eine Bibliographie über die zahlreichen Arbeiten zur ›economía sommersa‹ stellte Monheim (1981) zusammen.

Über theoretische Grundlagen, Methoden und Folgen der Staatstätigkeit zur Industrialisierung im Süden gibt es eine reiche Literatur. In deutscher Sprache wird der Interessent ausführlich informiert unter anderem bei Dutt (1972), Marandon (1977), Mielitz (1970, 1977), Mikus (1981), Stein (1971), Wagner (1977), in der italienischen Literatur bei

Amoroso (1978), Lo Monaco (1965, 1980), Petriccione (1975), in englischer Sprache bei Mountjoy (1966), Podbielski (1978), Rodgers (1960a, 1970, 1979), in französischer Sprache bei Labasse (1968).

Die Abhängigkeit der süditalienischen von auswärtigen Unternehmen des In- und Auslandes zeigen Brusa und Scaramellini (1978); Mikus (1981) behandelt industrielle Verbundsysteme Norditaliens im Vergleich zu denen der Schweiz und Südwestdeutschlands. Der Istituto per l'assistenza allo sviluppo del Mezzogiorno (IASM) mit seinen Delegationen in den Regionalhauptstädten und seiner Zentrale in Rom dokumentiert den Stand der Industrialisierung, zuletzt nach der Erhebung von 1978/79 (vgl. Mikus 1981, S. 310 u. 313). Dort erscheinen zahlreiche Informationsschriften für interessierte Unternehmer. Unter den Großbetrieben fand das Stahlwerk Tarent bei deutschen Geographen besonderes Interesse (Leers 1981; Mielitz 1970, 1977; Slezak 1968). Eine Fallstudie erarbeiteten Hytten und Marchioni (1970) am Beispiel Gela; vgl. Furnari (1973) und De Masi und Signorelli (1973, S. 110).

Die Leistung der italienischen Industrie wird nur zum Teil durch statistische Angaben, die sich in den ISTAT-Jahrbüchern finden, deutlich gemacht; es fehlt gewöhnlich der regionale Bezug. Dennoch muß man auf sie zurückgreifen. Eine gute Orientierung über den jeweiligen Stand bei den einzelnen Produkten gibt der ›Calendário Geográfico De Agostini‹; für die Entwicklung bis 1978 vgl. Castronovo (1980) mit Tabellen, aber auch die ›dati retrospettivi‹ für 1926–1976 im ›Annuário di statístiche industriali‹ 1977. Aufschlußreich sind derart gegenläufige Bewegungen wie der Rückgang der Rohseidenproduktion von 4366 auf 38 t und der Anstieg der Stahlproduktion von 1,8 auf 23,3 Mio. t.

## 3. Der Dienstleistungssektor

### *a) Italien auf dem Weg zur Dienstleistungsgesellschaft*

Der tertiäre Sektor, der Wirtschaftsbereich des Handels, der Verwaltung, des Verkehrs und der öffentlichen und privaten Dienstleistungen, ist bisher nur gestreift worden. Schon bei dem Überblick über die wirtschaftsräumlichen Disparitäten Italiens fiel aber auf, daß in seinem Bereich mehr als die Hälfte und im Süden ein noch größerer Teil des Sozialprodukts erwirtschaftet wird. Außerdem war zu erkennen, daß dieser Anteil von Jahr zu Jahr gewachsen ist. Wie in allen Industriestaaten nimmt auch in Italien die Zahl der im tertiären Sektor Beschäftigten absolut und relativ zu, was man dort kurz so ausdrückt: ›L'Italia si va terziarizzando‹, d. h. Italien ist auf dem Weg in die ›tertiäre Zivilisation‹. 1984 lag Latium im tertiären Sektor mit 71,5 % der Beschäftigten an der Spitze der Regionen, was sich durch die Hauptstadtfunktionen von Rom leicht erklären läßt. Wie aber sind die hohen Anteile von Ligurien (64,4 %), Sardinien (58,4 %), Trentino-Südtirol (57,7 %), Aostatal (59,6 %) und Friaul-Julisch Venetien (58,8 %) zu erklären? Handel, Fremdenverkehr und Verwaltung stehen offenbar in Ligurien, Aostatal und Kampanien an vorderster Stelle. Gilt das aber auch für Kalabrien und Sizilien? Die Antwort besteht in der ›Flucht in die Dienstleistungen‹ (Monheim 1972, S. 401). Bei den unattraktiv gewordenen Beschäftigungsmöglichkeiten in der Landwirtschaft und bei der noch unzureichenden Zahl von Industriearbeitsplätzen für die Jugendlichen mit besserer Schulbildung als früher gilt die Bürotätigkeit als höchst erstrebenswert. Der Ausbau der Verwaltung in den Provinz- und Regionalhauptstädten brachte neue Stellen, freilich mit der üblicherweise recht geringen Besoldung. Deren Aufbesserung durch Nebentätigkeiten ist dann der allgemein genutzte Ausweg. Es wäre falsch, wollte man den tertiären Sektor als unproduktiven Wirtschaftsbereich bezeichnen, denn er enthält ja nicht nur Verwaltung und Handel, sondern auch das Fremdenverkehrsgewerbe. Mit Handel, Fremdenverkehr, Transport und Verkehr werden Umwelt und Kulturlandschaften zwar in unterschiedlicher, aber oft in sehr deutlicher Weise gestaltet. Ihnen begegnet der Italienreisende ganz unmittelbar und täglich, indem er die Dienstleistungen in Anspruch nimmt.

Als Wirtschaftsfaktor hat der Tourismus schon in der Zeit des Wirtschaftswunders neben Kapitalzufluß und Rückfluß von Gastarbeiterlöhnen steigende Bedeutung als Devisenbringer gewonnen. Mit Einsetzen der italienischen Krise seit 1970 wurde er der einzige große Einnahmeposten, weil die Auswanderer heimkehrten und der Kapitalzufluß abnahm. Der Fremdenverkehr ist zur ›Sauerstoffflasche‹ und zum ›Öl‹ der Wirtschaft Italiens geworden, freilich regional in sehr wechselndem Maße (vgl. Rognant 1981, S. 202–291).

## *b) Handel, Märkte und Messen*

### b1 Strukturen des Einzelhandels

In seiner Struktur zeigt der Einzelhandel in Italien einige ›nationale Eigentümlichkeiten‹, wie sie Döpp (1977) beispielhaft in Altvenedig beschrieben hat. Da sind die vielen kleinen Ladengeschäfte dicht nebeneinander in den engen Straßen der Städte einerseits und andererseits die erstaunlich wenigen Warenhäuser – insbesondere der Mailänder Unternehmenskette Rinascita von 1920 mit UPIM (= Unico Prezzo Italiano Milano) und La Standa von 1931 (Montedisongruppe); Kaufhausketten fehlen fast ganz. Auch Diskont- und Verbrauchermärkte kommen erst allmählich auf. Am Stadtrand, an Ausfallstraßen und an Autobahnknotenpunkten werden in Norditalien autoorientierte Einkaufsstätten, die ›supermercati‹, errichtet, eine Bezeichnung, die ab 400 $m^2$ Verkaufsfläche gilt. Charakteristisch ist der hohe Anteil, den der ambulante Handel mit einem Viertel der im Handel Beschäftigten besitzt; man begegnet solchen fahrenden Kaufleuten häufig genug auf ihrem Weg zu Märkten und in abgelegene Dörfer, wo sie ihre Stände aufschlagen wollen. Ihr hoher Anteil ergibt sich durch die vielen Wochenmärkte und die traditionellen Jahrmärkte, in denen man das Erbe der agrarisch bestimmten Vergangenheit sehen kann. Heute scheinen solche Märkte anachronistisch zu sein, kann doch ein großer Teil der Bevölkerung häufig und rasch mit privaten oder öffentlichen Verkehrsmitteln zum Einkaufen fahren. Gerade in Großstädten erfüllt der tägliche Markt in zentraler Lage jedoch die Aufgabe, die einkommensschwachen Schichten der Bevölkerung mit einem breiten Warenangebot auf niedrigem Preisniveau zu versorgen. In Venedig findet man sie an der Rialtobrücke und auf anderen Plätzen. Sicherlich wird dieser gerade auch den Touristen immer wieder faszinierende Angebotstyp des Einzelhandels nicht so bald verschwinden.

Jeder der rund eine Million Einzelhandelsbetriebe hat im Durchschnitt nur ein bis zwei Beschäftigte, das heißt es überwiegen die kleinen Familienbetriebe, und zwar in drei Viertel aller Fälle. Sie werden zumeist von Frauen oder alten Leuten und oft nur als Zuerwerb zum Familieneinkommen geführt. Im tertiären Sektor treffen wir also noch stärker als im sekundären Sektor auf Klein- und Kleinststrukturen mit Zwergbetrieben. Bisher nahm die Zahl der Läden und der dort Beschäftigten noch zu, am stärksten außerhalb des Lebensmittelhandels (Dalmasso 1971, S. 327 für Mailand). Wichtige Faktoren, die zur Erklärung dienen können, sind der Übergang zur Konsumgesellschaft infolge allgemein gestiegener Kaufkraft, die Beseitigung der Massenarmut dank der erheblichen Verbesserungen der öffentlichen Sozialleistungen, der Altersrente und der Arbeitslosenunterstützung, der Rückgang der Selbstversorgung und das bisherige Steuerrecht; Geldsendungen aus dem Ausland tragen ihr Teil dazu bei. In Süditalien war nicht nur ein starker Aufschwung, sondern eine regelrechte Flucht in den Einzelhandel zu beobachten (Monheim 1972, S. 402).

### b2 Räumliche Aspekte des Einzelhandels und der Kaufkraft

Die Verbreitung der Handelslizenzen, wie sie die Statistik mitteilt, ist sehr ungleichförmig (Landini 1981). Der Süden und die Inseln sind wesentlich schlechter versorgt als der Norden, Toskana und Latium, nicht nur hinsichtlich der Supermärkte, sondern auch in Anbetracht der Branchenstreuung, der Dichte der Ladengeschäfte und in der Zahl der Beschäftigten. Das Pro-Kopf-Einkommen war im Süden im Jahr 1980 nur 57,6 % desjenigen im Raum Norden und Mitte, weshalb auch die Kaufkraft besonders für Waren über die Lebensmittelversorgung hinaus entsprechend gering war. Im Einkommen lagen fast alle Provinzen Süditaliens um mehr als 30 %, Kalabrien sogar um 43 % unter dem Landesdurchschnitt und beim Verbrauch oft um 20–30 % darunter. Wegen der geringeren Bedürfnisse, die zu befriedigen sind, ist es möglich, sich in den Ortschaften, den Agrostädten zum Beispiel, weitgehend selbst zu versorgen. Die Anziehungskraft der Zentren ist geringer als im Norden, wo auch das zentralörtliche Netz wesentlich dichter ist. Die Italienische Union der Industrie- und Handelskammern ließ von Tagliacarne (1968, 1973) wiederholt die Wirtschaftskraft und die regionale Differenzierung des Einzelhandels darstellen. Die Auswertung der für die ›Carta commerciale‹

(TAGLIACARNE 1968) erstellten Daten in einer Karte der ›Kaufkraft und Einkaufsbeziehungen in Italien 1965‹ ermöglichte nicht nur eine kleinräumig differenzierende Betrachtung der Wirtschaftskraft, sondern auch des vom Einkaufsverhalten bestimmten zentralörtlichen Netzes (MONHEIM 1974).

### b3 Handelsmessen und Bankwesen

In Stadtbeschreibungen, Reiseführern, Prospekten und anderen Quellen wird man auf die Funktion mancher Städte als Standort von allgemeinen oder Fachmessen aufmerksam gemacht. Dabei handelt es sich um ein recht junges Phänomen, das nicht mit den Handelsmessen von Leipzig und Frankfurt zu vergleichen ist, die auf die Tradition der mittelalterlichen Messen zurückgreifen können. In Italien hatten diese nur eine kurze Blütezeit (SAPORI 1952). Mailand besitzt in der Fiera Campionaria, die im April abgehalten wird, seit 1920 die größte Mustermesse Italiens für Industrieerzeugnisse mit breitem Spektrum und in großer Ausdehnung mit über 15000 Ausstellern, davon etwa 4000 aus dem Ausland (DALMASSO 1971, S. 339). Weitere internationale Mustermessen haben Pádua, Bozen, Triest und – für die Wirtschaftsentwicklung Süditaliens besonders wichtig – Bari in der Fiera del Levante, Palermo in der Fiera del Mediterraneo und Cágliari, die sich als Brücke zu anderen Mittelmeeranrainerstaaten verstehen. In den Fachmessen manifestiert sich der besondere wirtschaftliche Schwerpunkt mancher Städte oder deren vorteilhafte Lage an Handelswegen. Das gilt für den Autosalon und die Bekleidungsmesse von Turin, die Landwirtschafts- und Viehzuchtmessen von Verona und Pádua, die Agrumenmesse in Réggio, die Weinmessen in Marsala und Verona, die Seefahrtmesse von Genua, die Hausgeräteausstellung von Monza, die Möbelmesse von Cantù, die Schuhschau von Vigévano, die Kunsthandwerksmesse und die Antiquitätenmesse von Florenz, die Kinderbuchmesse in Bologna, die Fischereimesse von Ancona und viele andere. Carpi führt seine Schuhwarenmesse in Bologna durch, das über geeignete Infrastrukturen verfügt. Eine Marmormesse hat außer Carrara auch Sant'Ambrógio bei Verona.

Einige Großhandelsmärkte, die zur Versorgung der Großstädte und für den Export dienen, sind von außerordentlichem Einfluß auf die Handelsströme von Erzeugnissen der Landwirtschaft und der Industrie. Der Obst- und Gemüsegroßmarkt Mailand ist ein solcher Umschlagplatz, der größte Italiens und eine deutliche Parallele zu München (ZIMPEL 1972). Man sah dort schon Waren aus dem Süden, die dann erst in die Läden Neapels gelangten (DALMASSO 1971, S. 334). Einzelne weitere Obstgroßmärkte sind näher untersucht worden, z. B. die von Verona, Údine, der Versília, diejenigen Kampaniens, weiterhin einige Blumenmärkte.

Eng verbunden mit dem Handel ist das Bankwesen, das in Italien auf eine altberühmte historische Entwicklung zurückblicken kann und immer wieder einen von geographischer Seite noch kaum gewürdigten Einfluß auf die Wirtschaftsgeschichte und damit die Kulturlandschaftsgeschichte und Stadtentwicklung gehabt hat. Die Bedeutung der Florentiner Bankhäuser für Neapel ist schon erwähnt worden (vgl. Kap. III 2 e 2). Venedig, Genua, Pisa, Florenz und vor allem Siena als dessen Gegenspieler, dann die Wirtschaftsmetropole Mailand sind vom Wirken der Bankhäuser sehr stark bestimmt worden. Italiens Bankwesen schuf die Grundlagen für das europäische Bankwesen überhaupt, was sich in den branchenüblichen Begriffen niedergeschlagen hat.

### c) *Der Fremdenverkehr und seine Entwicklung*

#### c 1 Vier Probleme des Fremdenverkehrs in Italien

Als Wirtschaftsfaktor und in seinem Angebot für die Freizeitgestaltung zeigt der italienische Fremdenverkehr noch immer wachsende Tendenz. Dabei wird es in Zukunft häufiger zu Konflikten kommen, nicht zuletzt als Folge von verschiedenen Problemen, von denen vier genannt seien: die saisonale Überfüllung, das räumliche Ungleichgewicht, die mediterrane Konkurrenz und die rücksichtslose Umgestaltung, ja der Verbrauch der den Fremdenverkehr tragenden Landschaftsressourcen; einerseits durch ihn selbst und andererseits durch die Industrialisierung.

In jedem Sommer ereignet sich eine regelrechte Menschenwanderung, der sich kaum jemand zu entziehen vermag. Das Bild leerer Großstädte wie Mailand im ›ferragosto‹, die vollen Zeltplätze und Strände, die hochbepackten Autos an den dringend zu meidenden Reiseterminen der Feriensaison sind deutliche Zeichen dafür, in welch hohem Maß die Italiener selbst am Fremdenverkehr beteiligt sind.

Seit 1959 erlebte der inneritalienische Tourismus mit dem steigenden Wohlstand einen ungeahnten Aufschwung (Barberis 1979, S. 21; Doc. 33, 1983, S. 149). Während anfangs nur etwa 13 % der Bevölkerung an ihm teilnahmen, waren es 1982 schon fast 43 %, die nach der Definition länger als vier Tage hintereinander vom Wohnort wegreisen konnten, und zwar durchschnittlich für über drei Wochen. Im Norden war der Anteil höher als im Süden (59,5 % der Lombarden waren beteiligt, nur 21 % der Einwohner des Molise). Rund jeder zweite Großstädter gehörte dazu, und bevorzugt beteiligt waren Studenten, Angehörige des öffentlichen Dienstes, von Handel und Industrie, insbesondere Unternehmer und freiberuflich Tätige, die in Urlaubsorte fuhren. Benachteiligt waren die durch ihre Arbeit an den Boden gebundenen Landwirte (15 %), dann Alte, Kranke und die arme Bevölkerung. Während früher die Kinder in Ferien verschickt wurden, reiste man von nun ab mit der ganzen, gewöhnlich kleineren Familie. Auch in den Urlaubszielen ereignete sich ein Wandel. Gingen bisher die notgedrungen sparsamen Arbeitnehmer ins Gebirge und ins einst dort aufgegebene Haus auf eigenem Land, so ist jetzt auch bei ihnen der Drang nach Strand und Meer gewachsen, trotz der damit verbundenen höheren Unterkunftskosten. Entsprechend stieg der Anteil an Campingplatzaufenthalten auf 6%. Hotels und Pensionen nutzte aber nur etwa jeder Fünfte der Urlauber; am häufigsten fand man Raum in Häusern von Verwandten und Freunden (Barberis 1979, S. 29).

Die Überfüllung in den Monaten Juli und August ist das erste Problem. Bisher ist es noch nicht gelöst, weil die Ferien in Italien noch nicht genügend gestaffelt sind. Das zweite Problem besteht aus der nach Bettenangebot und Gästezahlen sehr erheblichen räumlichen Differenzierung des Fremdenverkehrs (vgl. Fig. 64), an der auch die aufwendigen Förderungsmaßnahmen der Südkasse nicht viel ändern konnten. Nur der achte Teil der Ausländer, aber doch der vierte Teil der Italiener unter den Touristen hält sich im Mezzogiorno auf. Als drittes Problem kann man die abnehmende relative Attraktivität Italiens für den Ausländer nennen; Ursachen dafür können die Preiskonkurrenz anderer Länder ähnlichen Angebotes sein, wie Spanien und Jugoslawien, aber auch Hotelstreiks, Versorgungsmängel und die Verschmutzung von Stränden und Meerwasser. Diese negativen Erscheinungen gehören zum vierten Problem, dem Verbrauch an bisher mehr oder weniger unberührter Natur mit der gewaltig anschwellenden Überbauung an den Küsten, örtlich auch in den Alpen. Daran ist nicht sosehr das Fremdenverkehrsgewerbe als vielmehr die Tätigkeit von Baugesellschaften mit der Spekulation in Zweitwohnsitzen und Feriendörfern beteiligt.

### c2 Der Weg zum ersten Fremdenverkehrsland Europas

Zunächst seien aber zwei Fragen zu beantworten gesucht: Weshalb ist gerade Italien zum ›Fremdenverkehrsland Europas Nummer eins‹ geworden (Rognant 1972, 1981)? – Weshalb reisen noch immer besonders viele Ausländer und ganz überwiegend Deutsche aus der Bundesrepublik ins Land? – Die Anziehungskraft Italiens ist offenbar geblieben, und die Erfüllungsmöglichkeit vieler Wünsche scheint weiterhin gegeben zu sein, wenn sich Italien auch nicht auf dem ersten Platz hat halten können wegen der Konkurrenz anderer Gestadeländer des Mittelmeeres.

Versteht man unter Fremdenverkehr alle jene Phänomene, die als Folge des Reisens – vorwiegend zu Erholung und Vergnügen – im eigenen Land und ins Ausland auftreten, dann erkennt man die Ursprünge schon in der Antike. Seinen kartographischen Ausdruck fand er in der ›Peutingerschen Tafel‹, der Kopie einer römischen Straßenkarte, die Handelsstädte, Heilbäder und Wallfahrtsorte als Reiseziele enthält. Die Reise aufs eigene Landgut, die ›rusticatio‹ bei Cicero, ist wie die spätere ›villeggiatura‹ am Zweitwohnsitz des Städters auf dem Land ein Vorgang des damaligen Freizeitverkehrs. Reisebeschreibungen früher Zeiten geben uns über die damaligen Zustände Auskunft (vgl. Zaniboni 1921). Auf der Vorstufe des Fremdenverkehrs standen die jungen Adeligen der Renaissancezeit; es folgten ihnen Musiker, Maler, Architekten, Bildhauer und Dichter, die wegen ihrer beruflichen Fortbildung reisten (Waetzold 1927). Schon im 17. Jh. begann man wieder, Reisen zu den Thermalquellen zu unternehmen, an denen Italien dank seiner geologischen Jugend und des sekundären Vulkanismus so reich ist. Vom 16. bis 18. Jh. galt Italien als Hohe Schule für Staatsverwaltung und Politik, für Kunst, Kultur und Geschichte; das Landschaftserlebnis trat weitgehend zurück. Beispielhaft für Reisende, die sich für Land, Volk und Brauchtum interessierten, ist M. de Montaigne 1580/81 (Rognant 1981, S. 214 u. Fig. 6; Schudt 1959). Im 18. Jh. entstand mit der ›Kavalierstour‹ und der ›Grand Tour‹ der britischen Aristokraten ein erster Tourismus (Rognant 1981, S. 242 u. Fig. 8). Aus dem 18. Jh. stammen die berühmten Schilderungen der Ferienaufenthalte des mittleren Bürgertums von Mailand, Venedig und der Toskana in Komödien von Goldoni. Sie sind zwar als Villeggiatura bezeichnet, zeigen aber doch den beginnenden Ferientourismus, wenn er auch nicht im heißen Sommer wie heute, sondern im Oktober zur Zeit der Weinlese stattfand (Barberis 1979, S. 15). In der Zeit der Romantik suchten Ausländer die Naturschönheiten Italiens zu erfahren und zu beschreiben. Das gehobene Bürgertum unternahm Reisen in die Thermalbäder gerade auch zum Vergnügen. Die ersten Sommerbäder an den Meeresküsten boten Viaréggio 1820, Rímini 1843, der Lido von Venedig 1857, Cattólica 1880 (Schlieter 1968, S. 43). Die Eisenbahnverbindungen über die Alpen erleichterten das Reisen an die Riviera und an die nördliche Adria außerordentlich; auch an den lombardischen Seen fanden sich im Sommer und Herbst 1854 schon zahlreiche Ausländer ein (Della Valle 1957, S. 317).

Ein regelrechtes Fremdenverkehrsgebiet entstand wohl zuerst an der Riviera di Ponente, 1855 mit Bordighera, 1857 mit San Remo, für den Winteraufenthalt reicher Engländer, dann Deutscher, Russen und anderen. Die Erschließung der Riviera di Levante, die schwerer zugänglich war, folgte um 1870 mit Pegli und Nervi, gefördert durch den Bahnbau Genua–La Spézia 1869/70 (Schott 1981, S. 224).

Seit jeher waren berühmte Städte mit ihren Bauwerken, Kunstschätzen, Museen und Ruinen starke Anziehungspunkte, besonders Venedig, Florenz und Rom (Charrier 1971). Zu den klassischen Reisegebieten Italiens, die bis heute nicht an Reiz verloren haben, gehört aber auch Neapel mit seiner vulkanischen Umgebung, mit Íschia und Capri. Selten führten die Reisen weiter in den Süden. Bekannte Ausnahmen sind Goethe 1787 und Seume 1802, die bis nach Sizilien gelangten. Solche Reisende kann man sicherlich nicht als Touristen bezeichnen. Dennoch gab es auch im Süden schon gegen Ende des 18. Jh. Erscheinungen, die dem heutigen Tourismus vergleichbar sind. So berichtet Goethe, daß Engländer auf der Fahrt von Catánia zu den ›Felsen von Jaci‹ (Isola di Aci bei Acitrezza) Musikunterhaltung liebten. Es dauerte noch bis um die letzte Jahrhundertwende, bis in Sorrent und Amalfi, in Palermo und Taormina geeignete Fremdenverkehrseinrichtungen verfügbar waren.

Von stark anregender Wirkung für den Fremdenverkehr war in der großen Zeit der Eroberung der Alpengipfel (1863–1890) die Gründung des Deutschen und des Österreichischen Alpenvereins 1862 und des Club Alpino Italiano 1863, wodurch ganze Ketten von Schutzhütten und Unterkünften entstanden (vgl. für Südtirol RUNGALDIER 1962). In Cortina d'Ampezzo öffneten die ersten Hotels im Jahr 1875. Reiseführer kamen auf den Markt und sind bis heute interessante Quellenwerke für die zu schreibende Geschichte des Fremdenverkehrs, wie die von BAEDEKER und dann die des 1894 gegründeten Touring Club Italiano, dessen Einfluß nicht hoch genug eingeschätzt werden kann.

Der Erste Weltkrieg brachte im Fremdenverkehr den einschneidenden Wandel vom Einzel- und Elitetourismus zum Sozial- und Massentourismus, wenn dieser auch schon durch die organisierten Pilgerreisen vorweggenommen worden war. Der Förderung und Werbung im Lande selbst diente nun die 1919 gegründete staatliche Fremdenverkehrsbehörde ENIT. Dank der gesetzlichen Urlaubsregelung und entsprechender Organisationen begann sich im faschistischen Italien ab 1925 ebenso wie in Deutschland in den dreißiger Jahren der Sozialtourismus auszubreiten. Wegen der geringen Ansprüche dieser Gruppen, wie schon der Pilger, entstanden zunächst noch wenig auffällige Zweckbauten. Das wurde anders, als in den Fischerdörfern der erschlossenen Küsten und in den Gebirgsdörfern, vor allem der Alpen, wie im Aostatal und in Südtirol, die Umgestaltung zugunsten des Fremdenverkehrs begann. Nach dem Zweiten Weltkrieg ging die Entwicklung zum Massentourismus mit Auto- und Omnibusreiseverkehr immer rascher vor sich und droht nun die vom Fremden, Italiener oder Ausländer, gesuchte charakteristische Gestalt von Landschaft, Mensch und Siedlung zu überwältigen. Zum Ausbau der Beherbergungsbetriebe, der Campingplätze, Bungalow- und Feriensiedlungen kam ein vielfältiges Angebot für den Aktivurlauber, z. B. mit Wassersport, Tauchsport und Fischerei. Sommerferienzentren sind besonders in Kalabrien, Sizilien und Sardinien entstanden, zum Teil als Großbetriebe mit bis zu 2000 Betten. Der Club Méditerranée hatte damit den Anfang gemacht. Ferienhäuser in Multieigentum setzen die Entwicklung fort.

Im Gebirge erreichte der Wintersport nach allmählichem Beginn – Ponte di Legno gilt als ältester Wintersportort Italiens von 1912 – örtlich gewaltige Dimensionen. Cortina d'Ampezzo, der Austragungsort der Olympischen Winterspiele von 1956, wurde zur Hochburg des Skisports. Zwischen 1953 und 1967 entstanden unzählige Wintersportplätze in den Alpen und auch im Apennin, Italien erlebte einen ›Skiboom‹ (BONAPACE 1968, S. 163). Aufwendige technische Anlagen wurden erforderlich, Freizeitunternehmen etablierten sich. So kam es zwischen benachbarten Orten, ja innerhalb der Orte selbst, zur Differenzierung nach Angebot, Kosten und Nachfrage.

Die sozialen und wirtschaftlichen Bedingungen änderten sich in den Skizentren von Grund auf. Die neue Form der sogenannten ›Total-Ski-Orte‹ setzte sich auch in Italien durch. Im Vergleich zu den Zweitwohnsitzen, die eine enorme

Verschwendung an Ressourcen bedeuten, erlaubt das dort übliche Multieigentum eine mehrmonatige Nutzung im Jahr. Die teuren Dienstleistungen in großen Baukomplexen und der Zwang zur zentralen Versorgung wegen der Isolierung, der Absonderung von Wohnorten, erfordern sehr hohe Aufenthaltskosten (Dok. 28, 1981, Nr. 11/12, S. 20).

### c3 Das Fremdenverkehrsangebot und seine Nutzung

Eine Aufzählung der Angebotstypen, wie sie CHRISTALLER (1955) zusammengestellt hat, erübrigt sich nun, denn im Rückblick auf die Fremdenverkehrsentwicklung sind sie schon genannt worden: die mediterrane Küste mit Meer und Strand, dann die Naturschönheiten der Alpen, des Apennins und der Vulkanlandschaften. Selten auf der Erde sind solche Anziehungspunkte ähnlich nah benachbart mit sehenswerten Städten. Die etwa 120 Thermalbäder werden nach wie vor zu therapeutischen Zwecken, nach der Statistik durchschnittlich für 10 Tage, aufgesucht (LEARDI 1978). In den Seebädern halten sich Italiener im allgemeinen ebenso lange auf (vgl. Fig. 62); aber auch Binnenseen haben ihre Anziehungskraft behalten und teilweise verstärkt, besonders für Ausländer, darunter der Gardasee. Ziele der Bildungsreisenden sind seit jeher die berühmten Kunst- und Ruinenstätten. Die an Kunstschätzen reichen Städte stehen bei den Ausländern als Aufenthaltsort obenan, aber gewöhnlich nur für zwei Tage, was an den organisierten Reisen liegen dürfte. Mancher folgt individuell den Spuren der Geschichte auf der mittelalterlichen Kaiserstraße (GOEZ 1972), oder er sucht die Wirkungsstätten berühmter Maler, Musiker und Dichter auf. Neben dem saisonal begrenzten Ferientourismus im Sommer und im Winter wirken derartige Individualreisen ausgleichend. Dazu kommt der Besuch von Ausstellungen, Messen und Festen, an denen der Kalender so reich ist und deren Termine in Anpassung an die allgemeine Touristenfrequenz ins Frühjahr und in den Herbst gelegt sind. In manchen Städten und Wallfahrtsorten strömt an bestimmten Tagen eine große Menschenmenge zusammen, um volkstümliche Veranstaltungen mitzuerleben oder sich an Prozessionen zu beteiligen (PEDRESCHI 1966). In Sardinien hat das zur Entstehung einer temporären Siedlung, San Salvatore di Sinis, geführt (Fig. 63). Rom hat als ›Heilige Stadt‹ mit dem Vatikan nicht an Anziehungskraft verloren. Für das Fremdenverkehrsgewerbe und den Ausländerzustrom sind auch die Festspiele für Theater, Musik, Film, Schlager und dann die Ferien- und Sommerkurse der Universitäten von Bedeutung.

Es wäre falsch, den Begriff ›Fremdenverkehr‹ zu weit fassen zu wollen, denn viele Reisevorgänge im Lande haben keine oder nur geringe wirtschaftliche Auswirkungen. Die klassische Villeggiatura gehört sicher nicht dazu. Bei den Nutzern von Zweitwohnungen an der Küste oder im Gebirge handelt es sich nur ausnahmsweise um ›Fremde‹, seien es Besitzer oder Mieter. Der ›agriturismo‹, die

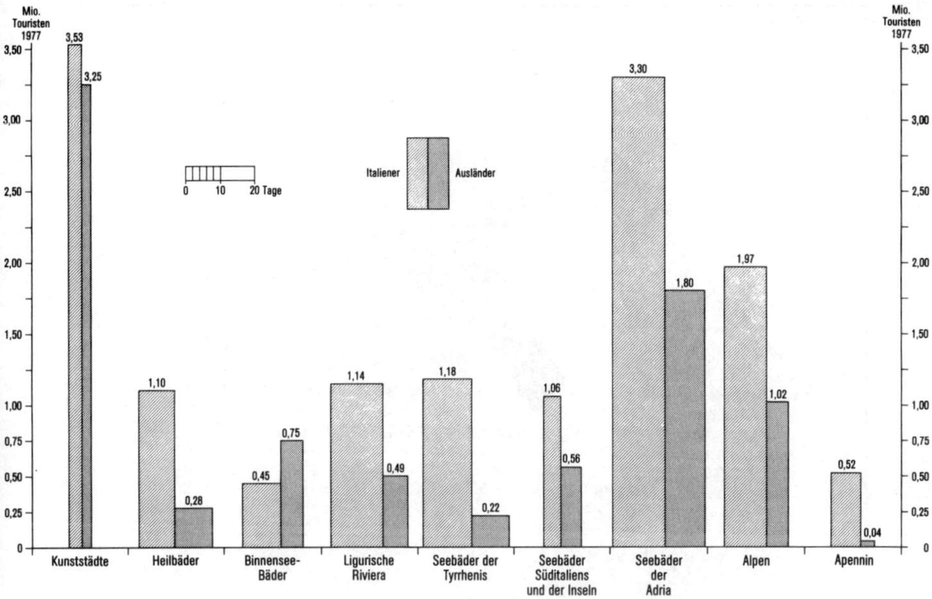


*Fig. 62: Zahl der Gäste in Fremdenverkehrsorten unterschiedlichen Angebotes und deren durchschnittliche Aufenthaltsdauer 1977.* Nach ENIT, Daten aus Dok. 28, Nr. 11/12, 1981, S. 18.

Ferien auf dem Bauernhof, werden zum Fremdenverkehrsgewerbe zu rechnen sein, sicher nicht die Feriennutzung der von der Familie aufgegebenen Wohnsitze im Gebirgsdorf. Man spricht in Italien von ›parahotelería‹ und ›turismo sommerso‹ (ALHAIQUE 1979). Das sind nur einige Beispiele für einen Reise- und Touristenverkehr, der in der Statistik nicht oder selten erfaßt wird. Das wirkliche Fremdenverkehrspotential nach Angebot und Nachfrage bleibt also unbekannt. Statistische Daten dieses Bereichs gelten allgemein als wenig zuverlässig, weil die Beherbergungsunternehmen und die Privatvermieter nicht alle Gäste anmelden. In Südtirol rechnet man mit einem Fehler von 15–20 % und mehr (JENTSCH u. LUTZ 1975, S. 407).

Mit der Verteuerung im Gaststätten- und Beherbergungsgewerbe nahm die Nutzung der sonstigen Unterkunftsmöglichkeiten, wie der Campingplätze, stark zu. In den 23 Jahren seit 1955 bis 1978 stieg die Zahl der Benutzer von Campingplätzen von 0,5 auf 3 Mio. Anfangs waren Italiener nur zu 5 % daran beteiligt, zuletzt aber mit 1,7 Mio. zu 56 % (DELLA VALLE 1957, S. 340, ISTAT). 1980 standen von 4,6 Mio. Betten zwei Drittel nicht in Beherbergungsbetrieben, im Süden anteilsmäßig noch etwas mehr. Die wesentlich teureren Ferienwohnungen wurden zu über 80 % von 2 Mio. Italienern genutzt.

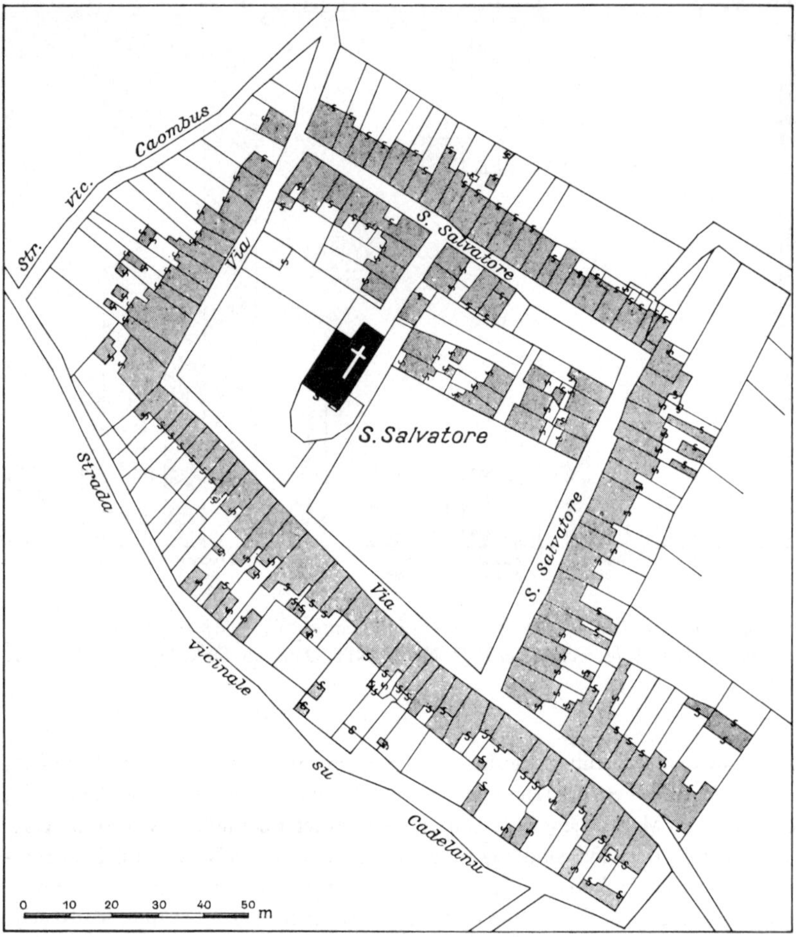


*Fig. 63: San Salvatore di Sinis (Provinz Oristano/Sardinien). Die temporär bewohnte Wallfahrersiedlung dient den Einwohnern von Cabras am ersten Septembersonntag als Unterkunft.* Aus Mori 1966, S. 282.

Eine erste Vorstellung vom Wachstum des Fremdenverkehrs kann die steigende Bettenzahl geben, die sich von 1959 bis 1981 mehr als verdoppelt hat. Der Mezzogiorno rückte in dieser Zeit vom neunten Teil fast auf den sechsten Teil daran vor, blieb aber weiterhin benachteiligt. Dort sind größere Betriebe als im übrigen Italien an der Entwicklung beteiligt. Während sich die durchschnittliche Bettenzahl je Betrieb im allgemeinen auf 38 Betten (1981) erhöhte, stieg sie in Sizilien auf 66 und in Sardinien auf 73. Der Nord-Süd-Wandel im Fremdenverkehrs-

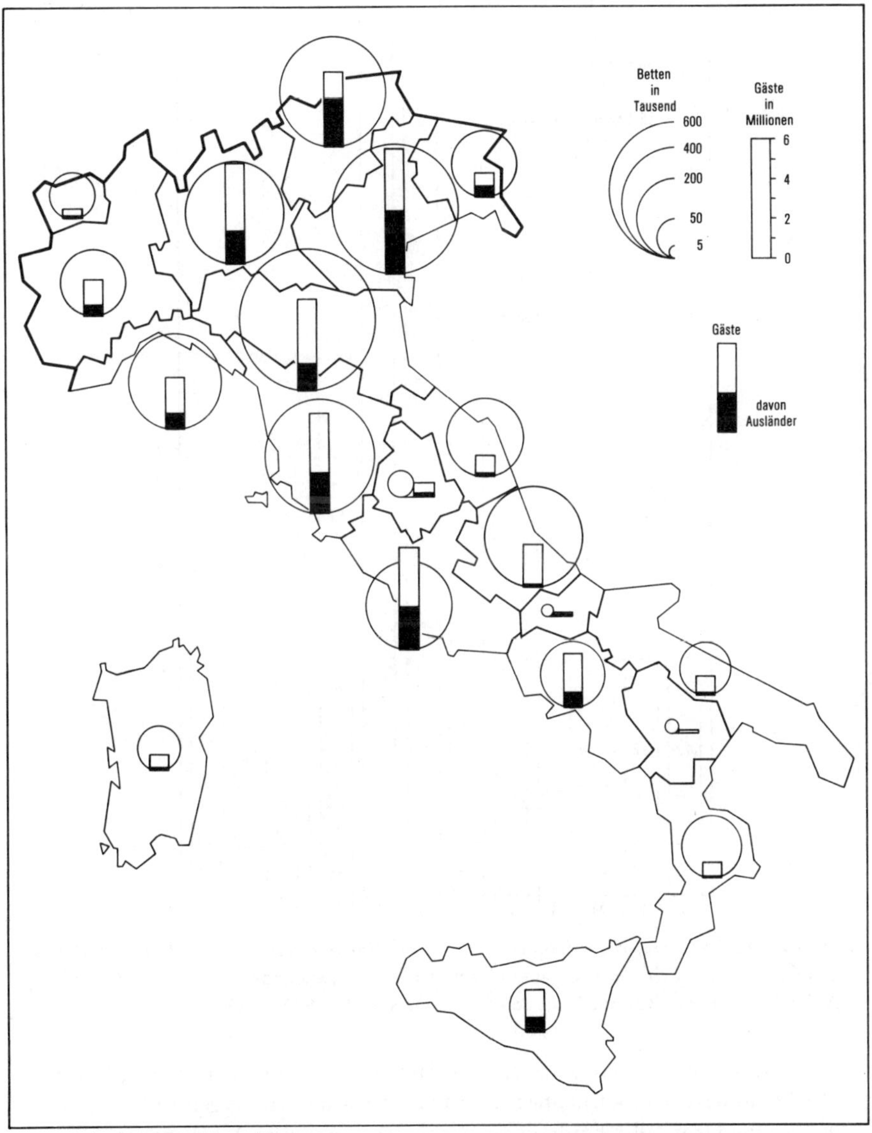


*Fig. 64: Bettenangebot der Regionen und Gästeankünfte in Hotels und anderen Beherbergungsstätten 1979.* Nach ISTAT: Le regioni in cifre 1981, Tav. 44.

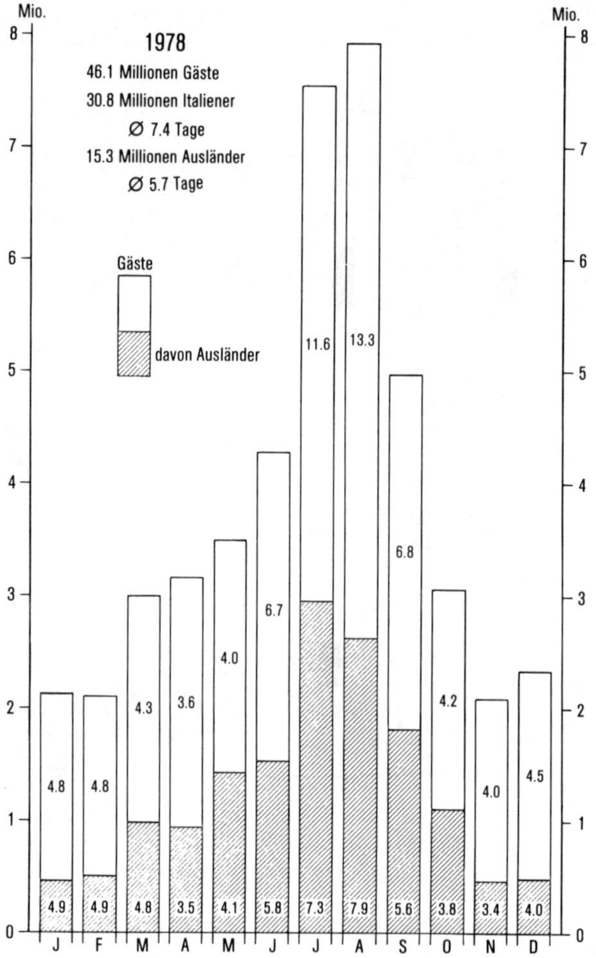


*Fig. 65: Die Fremdenverkehrsfrequenz 1978 nach Monaten und Aufenthaltsdauer.* Dargestellt durch die Zahl der Gästeankünfte in den Beherbergungsbetrieben und außerhalb. Aufenthaltsdauer in Ziffern. Nach ISTAT: Ann. Stat. It. 1980, S. 256.

angebot, dem die Nachfrage entspricht, läßt sich gut durch Isochronen, Linien gleicher Reisezeiten, beschreiben. Der Touristenstrom wird gegen Süden immer dünner, und trotz aller Förderungsmaßnahmen – geringere Autobahngebühren, Eisenbahntariferleichterung und die Tätigkeit der Südkasse auch auf dem Fremdenverkehrsbereich – haben die Südregionen bei allen deutlichen Fortschritten und Planungsmaßnahmen doch nur einen geringen Anteil an der Fremdenverkehrswirtschaft (Sprengel 1977a).

Der Jahresgang im Fremdenverkehrsgewerbe, wie er für Gesamtitalien mitgeteilt wird, zeigt die für den Sommer zu erwartende hohe Spitze (vgl. Fig. 65); das Novemberminimum der Italiener mit 1,6 Mio. Ankünften (weißer Säulenabschnitt) wurde aber 1978 vom Augustmaximum, 5,3 Mio., nur um das Dreifache übertroffen. Bei den Ausländern war die Amplitude zwischen Januar (0,46 Mio.) und Juli (2,95 Mio.) um das 6,4fache größer. Hierin zeigt sich der höhere Anteil des reinen Urlaubsreiseverkehrs der Ausländer im Unterschied zum allgemeinen Reiseverkehr innerhalb des Landes. Vor dem Beginn des Massentourismus sowie des Bade- und Ferientourismus hatte der Winteraufenthalt an klimatisch günstigen Küsten noch große Bedeutung. Heute sucht man solche Winteraufenthalte wieder, z. B. in Sizilien, zu fördern. Auch in den ehemaligen Winterkurorten der Riviera liegt das Maximum der Gästezahlen heute im Sommer (vgl. Fig. 67).

### c4 Der Ausländertourismus

Seit 1959 ist etwa gleichbleibend ein Drittel aller in den Beherbergungsbetrieben eingetragenen Gäste von Ausländern gestellt worden (1959: 6,8 von 41,8 Mio.; 1982: 14,9 von 41,8 Mio.). Im Süden ist das Verhältnis ebenso gleichbleibend bei einem Viertel bis einem Fünftel geblieben. Der Ausländertourismus hat in den 20 Jahren eine ständige Steigerung erfahren, die Zahl der Übernachtungen in einem Jahr verdoppelte sich.

Für unsere Betrachtung ist die Herkunft der Ausländer und die regionale Differenzierung der Reiseziele von größerem Interesse als die gesamtitalienischen Daten. Unter allen Staaten hat die Bundesrepublik Deutschland die meisten Touristen gestellt, und zwar mit fast ständigem Anstieg von 1963 mit 2,5 Mio. auf 5,6 Mio. im Jahr 1980. Wie es bei der Nachbarschaftslage und der guten Erreichbarkeit nicht anders zu erwarten ist, werden die meisten Übernachtungen deutscher Touristen in der Region Trentino-Südtirol gezählt; es folgen dann mit Abstand Venetien, Emília-Romagna, Ligurien, Kampanien, Toskana und Lombardei. Hauptziele waren wie seit langem schon zuerst Südtirol und dann die Sonnenküsten der Adria. Auf den Süden entfiel etwa ein Zehntel der rund 45 Mio. Übernachtungen deutscher Touristen in Italien im Jahr 1980; von den gesamten Ausländerübernachtungen war es aber auch nur ein Siebtel. Touristen aus Frankreich fanden sich ebenfalls häufig an der Adria ein, danach in der Toskana, in Latium, in Sizilien, in der Lombardei und im Piemont, woraus man auf einen beträchtlichen Anteil am Bildungstourismus schließen darf.

Der Touristenstrom aus Übersee ist ungebrochen, wenn auch von schwankendem Ausmaß je nach Wirtschaftslage, Devisenkursen und Inflation. In den fünfziger Jahren war der USA-Tourismus noch an erster Stelle des Ausländerfremdenverkehrs, liegt aber auch heute den Ankunftsdaten nach an zweiter Stelle. Italoamerikaner, die ihre Verwandten besuchen, sind daran erheblich beteiligt, was

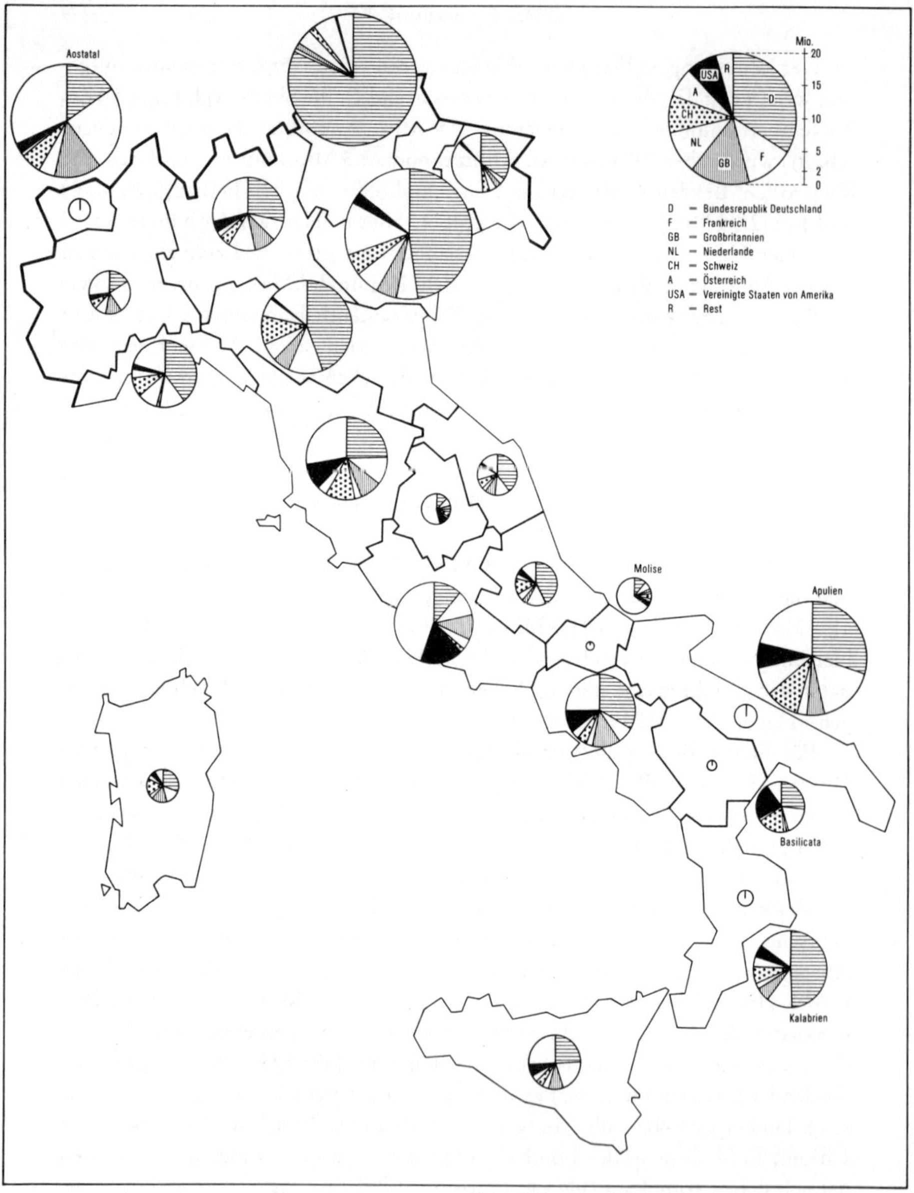


*Fig. 66: Ausländische Gäste nach Herkunftsländern und Zielregionen 1979. Zahl der Übernachtungen in Beherbergungsbetrieben und außerhalb.* Nach ISTAT: Le regioni in cifre, 1981, Tav. 45.

Die Kreisdiagramme der Regionen mit geringer Gästezahl sind außerhalb der Landesgrenzen mit fünffachem Durchmesser und mit dem Namen der Region eingetragen.

man z. B. an ihrem hohen Anteil in der Basilicata erkennen kann (vgl. Fig. 66). US-Amerikaner halten sich sonst nur zwei bis drei Tage im Lande auf und übernachten in Rom, Florenz, Neapel und Venedig (ROGNANT 1981, Fig. 88). So kommt es, daß sie in der Statistik der Übernachtungsdaten von 1980 mit 4,3 % erst an siebter Stelle nach Deutschen, Franzosen, Österreichern, Briten, Schweizern und Holländern erscheinen. Von allen registrierten Fremdenverkehrsübernachtungen dieses Jahres entfielen 103 Mio. oder 31,4 % auf Ausländer. Die mittlere Aufenthaltsdauer betrug 5,7 Tage, die der Deutschen 8,1 Tage. Als Ausländer sind freilich auch einst ausgewanderte Italiener gezählt, und das macht sich deutlich bemerkbar im hohen Anteil von Zugereisten aus jenen Ländern, die nicht zu den typischen Touristenquellgebieten gehören; im Molise waren das z. B. 64,6 % und in Umbrien 55,3 %. Der japanische Touristenstrom tritt zwar in der Statistik kaum hervor, ist aber örtlich von wachsender Bedeutung und entspricht dem Verhalten der US-Amerikaner auf Europareisen (DE ROCCHI STORAI 1980).

## *d) Die Fremdenverkehrsgebiete der Gegenwart*

Die von der Statistik gegebene regionale Differenzierung des Fremdenverkehrs nach Angebot und Nachfrage läßt zwar schon teilweise die Unterschiede und Gegensätze erkennen, die zwischen besonders häufig und selten besuchten Regionen und Provinzen Italiens bestehen, vor allem auch den Nord-Süd-Wandel. In länderkundlicher Sicht befriedigen aber solche Daten nicht, wie das freilich krasse Beispiel des internationalen Thermalbades Fiúggi in Latium augenfällig macht. Fiúggi ist der einzige Fremdenverkehrsort der Provinz Frosinone; er verfügte 1977 allein über 15900 Betten oder 72 % aller Fremdenbetten der Provinz. Auch in anderen Provinzen zeigt sich das Phänomen der Polarisierung des Tourismus, am häufigsten bei deren Hauptstädten, darunter Florenz mit 74 %, Rom mit 84 % (ROGNANT 1981, S. 668). Bei eng standortgebundenen Heilbädern kommt es selten zur Häufung wie östlich der Euganeen, und der landschaftsgestaltende Einfluß bleibt gering. Andererseits entstanden im Lauf der Zeit an Küsten und im Gebirge, besonders in den Alpen, zusammenhängende, sehr stark vom Fremdenverkehr geprägte Bereiche. In Anlehnung und Fortsetzung des Überblicks über die Fremdenverkehrsgebiete Italiens, den RITTER (1966) gegeben hat, läßt sich die Entwicklung weiter verfolgen, und es können regionale Eigenheiten deutlich gemacht werden.

### d1 Die italienischen Alpen

Mit ihren Hochlagen bieten die Alpen für Sommertourismus, Bergsteigen und Wandern ebenso Gelegenheit wie für den Wintersport, auch für Sommerskilauf (BONAPACE 1968). Inzwischen können viele Fremdenverkehrsorte zwei saisonale

Gipfel in der Besucherfrequenz nutzen. In den Cottischen Alpen sind im Susa- und Cisonetal die Orte Bardonécchia, Alagna, Sansicário, Sestrière und Sauze d'Oulx zu nennen, alle im Einzugsgebiet von Turin. Sestrière wird zu den modernsten und am besten ausgebauten Wintersportplätzen innerhalb von Europa gezählt. In den Meeralpen kommen Limone Piemonte und Saint-Grée di Viola dazu. In den Seitentälern des Aostatals liegen Courmayeur, Breuil-Cervínia, Cogne, Brusson, La Thuile, Champoluc und Gressoney; Saint Vincent ist mit Anlagen für Thermalkuren und seinem Casino ein moderner Sommerkurort über dem mittleren Dora-Báltea-Tal. Die Tunnelstrecken durch Montblanc und Großen Sankt Bernhard erleichtern den Zugang erheblich. Auch die Simplonstrecke führte in einigen Hochtälern zur Entstehung von Fremdenverkehrszentren wie im Tocebereich. Hochlagen werden am Splügenpaß, im oberen Veltlin, in der Bernina-, Ortler- und Adamellogruppe viel besucht. In der Walsergemeinde Macugnaga am M. Rosa wird die Entwicklung von der Bevölkerung selbst getragen und eine Verstädterung, etwa durch Freizeitwohnsitze, verhindert. In der Gemeinde Madésimo unterm Splügenpaß sind dagegen Zweitwohnsitze besonders durch Mailänder in extremster Weise ausgebaut worden (SPRENGEL 1981 a). Der Sommerskilauf auf Gletschern veranlaßte in jüngster Zeit hohe Investitionen für Straßenbau, Aufstiegshilfen und anderes mehr, oft gegen heftige Widerstände, weil eine weitere Kommerzialisierung der Alpen und deren Verbauung befürchtet wird. Es wird nicht nur die Natur geschädigt, sondern auch das für den Fremdenverkehr selbst nutzbare Potential verringert. Schwerpunkte sind Chiesa in Valmalenco, Tirano, Bórmio, Aprica, Ponte di Legno am Tonalepaß und Madésimo. Einen Wintersportboom erlebte vor allem durch deutsche Besucher das bisher schwer zugängliche, seit 1971 aber durch einen Tunnel erschlossene, zollfreie Gebiet von Livigno im Veltlin mit dem Ortsteil Trepalle (SANTARELLI 1975; ROUGIER u. SANGUIN 1981). Santa Caterina Valfurva kommt dazu.

In der städtisch geprägten Ortsmitte liegen gewöhnlich, wie z. B. in Ponte di Legno, die Oberklassehotels, außen die einfacheren Unterkünfte in alten Häusern in der traditionell bewirtschafteten Umgebung. Beispiele aus Südtirol sind Trafoi und Sulden am Ortler, aus dem Trentino Malè im Val di Sole und das stark modernisierte Madonna di Campíglio. Meran ist seit langem als Winterkurort bekannt, und auch dort hat sich der Wintersport ausgebreitet. Zeugen älteren Fremdenverkehrs finden sich wie in Meran auch am Ritten und auf dem Mendelpaß. Der Sommerfremdenverkehr hat nicht zuletzt wegen der leichten Erreichbarkeit von Norden her, aber auch für die italienische Bevölkerung von Süden her enorme Fortschritte gemacht und ganze Dörfer bis zu Einzelhöfen in seinen Bann gezogen. Seit Ende der sechziger Jahre wandelt sich Südtirol von der bäuerlichen Siedlungs- und Nutzungslandschaft zur urbanisierten Erholungslandschaft (LEIDLMAIR 1978, S. 47). Die Gefahr der Landschaftszerstörung ist wegen des zu weitgehenden Straßenbaus und der ausgreifenden Neubautätigkeit, unter anderem von Freizeit- und Zweitwohnsitzen, bedrohlich gewachsen. Anlagen für den Massenskisport bringen überall in den Alpen erhöhte Erosionsgefahr mit sich. Der Verlust des eigentümlichen Landschaftsbildes und der überkommenen Lebens- und Wirtschaftsweise der Bewohner bedeutet auch einen erheblichen Schwund an Attraktivität; dennoch läßt sich die Entwicklung nicht aufhalten, nur die Auswüchse müssen gebremst werden. Die eingerichteten und die geplanten Naturparks können jedoch nur zum Teil Entlastung bringen und ausgleichend wirken.

Die Dolomiten gelten als das wichtigste Sommerfrische- und Wintersportgebiet Italiens. Ziel vieler Bergsteiger und Kletterer sind ihre schroffen Wände und Türme. Einen Bauboom mit Hotels mußte auch die Seiser Alm über sich ergehen lassen. Als Zentren heben sich St. Ulrich (Ortiséi) und Wolkenstein (Selva) im Grödnertal sowie Corvara im Abteital hervor. Cortina d'Ampezzo, der Austragungsort der Olympischen Winterspiele von 1956, wurde zur wahren Touristenstadt (Brunetta 1967). Auronzo di Cadore und Canazéi im Fassatal sind zu nennen; im Cismontal hat San Martino di Castrozza einen modernen, anspruchsvollen Ausbau auch als Wintersportzentrum erfahren. Hoteldörfer, die oberhalb des bäuerlichen Dauersiedlungsraumes liegen, gehen oft auf Hospize des alten Verkehrs über Pässe zurück, andere sind Neugründungen, wie Folgárida und Marilleva im Sulzberg (Penz 1982a u. b). Ab 1966 entstand am M. Cavallo im Karstgebiet des Bosco del Cansíglio in den Venetischen Voralpen die Skistation Piancavallo. Einige Orte in den Karnischen Alpen, wie Sappada, Ravascletto und Tarvis, treten dahinter zurück. In den Julischen Alpen ist ab 1983 mit Sella Nevea eine neue ›Skistation‹ errichtet worden.

### d2 Der Alpenrand

Die Großstädter aus der Padania besuchen, verstärkt an den Wochenenden, die nahegelegenen Orte am Alpenrand. Dazu gehört für Turin die Aviglianamoränenzone. Von Mailand aus ist der Alpenrand zwischen Ivréa und Bérgamo leicht erreichbar. Seit dem 19. Jh. ist die klimabegünstigte Landschaft der Insubrischen Seen mit ihren Villen, Parks und Gärten an den Ufern und Hängen stark vom Fremdenverkehr geprägt. Alle Seen sind von Uferstraßen umschlossen, die teilweise aus strategischen Gründen gebaut worden sind. Sie ermöglichen den Zugang zu den Orten, stehen aber gleichzeitig im Konflikt zu den vom Tourismus gesuchten Schönheiten der eigenartigen Landschaft (Della Valle 1957, S. 315). Die italienische Exklave Campione d'Italia am Luganer See bildet mit ihrem Kasinobetrieb einen Sonderfall. Hier und dort kam es zur Häufung erstrangiger Hotels, wie in Stresa und Verbánia (Pallanza) am Westufer des Lago Maggiore, in Menággio, Bellágio, Cadenábbia, Tremezzo und Como am Comer See. Nach Ansprüchen und Angebot unterscheiden sich die Orte, z. B. diejenigen zwischen Arona und Stresa, durch ihre höherrangigen Hotels im Vergleich zur nördlichen Uferstrecke zwischen Baveno und Cannóbio am Lago Maggiore. Zur anspruchsvollen Gruppe gehört auch Cernóbbio am Lárioteil des Comer Sees. Auch die kleineren lombardischen Seen sind vom Tourismus beeinflußt worden (PAGETTI 1977). Wo Stadt und Industrie sich ausdehnten wie um Varese, im ›Varesotto‹, dort mußte es zu Konflikten mit dem Fremdenverkehr kommen (BRUSA 1979).

Dank ihrer Klimagunst wurden auch die Ufer des Iseo- und des Gardasees dem Fremdenverkehr erschlossen, der im Sommer seine Besucherspitzen mit dem Massentourismus in Ortschaften, Ferienhausarealen und auf Campingplätzen erreicht, aber die Seen werden auch für den Winterurlaub aufgesucht. Die Brennerautobahn hat gerade dieses Urlaubsziel für Deutsche und Österreicher rasch erreichbar gemacht. Sirmione und Desenzano im Südteil, Salò, Gardone, Toscolano-Maderno am Westufer am Alpenrand und Riva am Nordende des Gardasees sind die bevorzugten Orte, auch der Ausstattung nach, Limone und Malcésine kommen dazu. Alle diese Orte sind Zeugen des hier schon alten Fremdenverkehrs, besonders aber Gardone mit seinen luxuriösen Gärten. Dank der größeren Entfernung zu Mailand und Venedig sind die Ufer noch nicht mit Villen und Zweitwohnsitzen verbaut.

Der östliche Alpenrand wird trotz seiner attraktiven Orte in den Lessinischen Alpen, wie Bosco Chiesanuova, weniger häufig besucht. Recoaro Terme ist außer Bade- und Sommerkurort auch Wintersportplatz mit Recoaro Mille. Für den italienischen Touristen sind Wanderungen im M.-Grappa-Gebiet wegen der Weltkriegsstellungen der Alpenfront von nationalem Interesse. Das gilt auch für den Bereich der Sieben Gemeinden mit Asiago, das dem mit seinem Angebot Rechnung trägt; seine Bedeutung als Wintersportzentrum kommt dazu. Die Euganeen sind eine Fremdenverkehrsinsel eigener Art, gebildet durch die am Ostfuß der Berge gelegenen Heilbäder Ábano Terme, Battáglia T., Montegrotto und durch das neue eingerichtete Galzignano Terme, unter denen sich Ábano T. mit Luxus- und Großhotels auszeichnet.

### d3 Die Küsten der nördlichen Adria

In der Nachkriegszeit entwickelte sich an der nördlichen Adriaküste ein durchgehendes Band des Badetourismus mit städtisch geprägten Orten von Triest bis Ancona. Ließen sich bisher der nördliche Teil bis zur Etsch-Mündung und der südliche jenseits der Reno-Mündung unterscheiden, so hat sich in jüngerer Zeit nach der Melioration und der Bodenreform im Po-Mündungsgebiet, nachdem die Malariagefahr gebannt war, auch das amphibische Land dazwischen nutzen lassen. Nördlich liegen die modern geplante ›Urlaubsinsel‹ Albarella, Rosolina Mare und andere Plätze, südlich das Band der ›Lidi ferraresi‹ (CORNA-PELLEGRINI 1968, 1973). Es sind die Sommerferienziele für die Großstadtbewohner Norditaliens ebenso wie für das nahegelegene Süddeutschland, für Österreich und darüber hinaus. In die erst in den Jahren zwischen 1930 und 1940 aufgeforsteten Pinien- und Pappelhaine legte man die Neubauten hinter dem Strand. Bei Grado und Venedig

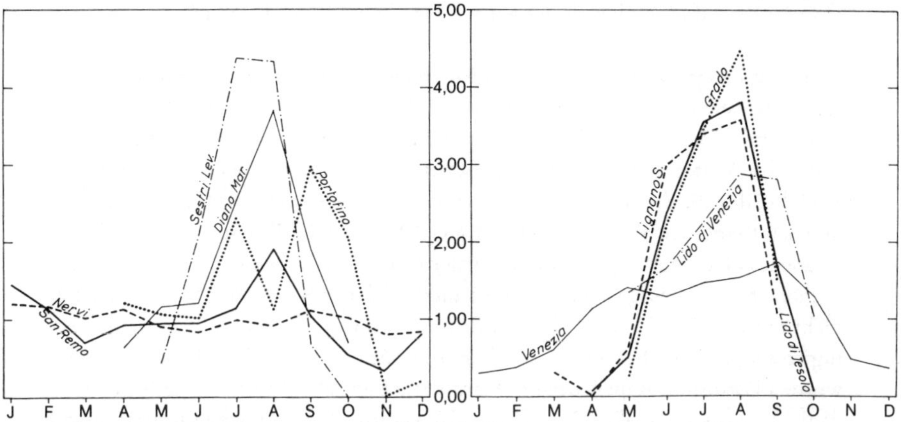


*Fig. 67: Die Fremdenverkehrsfrequenz an den Küsten Liguriens und an der nördlichen Adria 1976.* Dargestellt ist der Jahresgang des Übernachtungsquotienten (= Verhältnis der durchschnittlichen Anzahl der Übernachtungen im Monat zu der durchschnittlichen Anzahl der Übernachtungen im Jahr). Nach Titi 1980, S. 270.

bis Comácchio liegen die Orte auf den Lidi (Nehrungen) und haben deshalb Außen- und Innenküste. Eine touristische Ergänzung bieten die Kunststädte der Nachbarschaft als Ausflugsziele. Hier werden für einige Gemeinden die höchsten Übernachtungszahlen innerhalb Italiens überhaupt erreicht, so in Jésolo, Cesenático, Rímini, Riccione und Cattólica. Schlieter (1968, S. 152), der eine Typenbildung nach Kriterien der Sozialstruktur, des Einzugsgebietes und der Dauer der Saison versucht hat, kennzeichnet die gesamte Riviera di Rímini als ›Ausländerseebad des vorwiegend unteren Mittelstandes, wozu italienische Badegäste, vorwiegend kinderreiche Familien aus Nord- und Mittelitalien kommen‹. Zur Differenzierung nach Ausländer- und Inlandstourismus kommt jene nach Massen- und Individualtourismus, auch nach der Höhe der Ansprüche und Kosten. Als Zentrum des Elitetourismus mit anspruchsvollem Hotelangebot, unter anderem mit den Cigahotels, gilt Venedig (Titi 1980). Wegen der wachsenden Freizeitansprüche nach Spiel und Sport weitet sich das Angebot aus, und damit wird auch die Landschaftsumgestaltung erheblich intensiver. Gegen die Schwierigkeiten, die während der saisonalen Spitzenzeit im Sommer bei der Wasserversorgung und Abwasserbeseitigung aufgetreten sind, konnten schließlich erfolgreiche Maßnahmen getroffen werden, wie in Rímini, dessen Zukunft davon abhing. Nur wenige Hotels bleiben hier ganzjährig geöffnet, es sind ›monosaisonale‹ Sommerbadeorte (Titi, S. 270; vgl. Fig. 67). Aber auch während der Öffnungszeit lag die Auslastung allgemein unter 50 % und darunter mit der Ausnahme von Lignano-Sabbiadoro, dem besonders stark ausgebauten Zentrum.

## d4 Die ligurische Küste, Versília und Nordapennin

Das Einzugsgebiet des Bade- und Kurfremdenverkehrs an der ligurischen Küste der Riviera di Ponente und der Riviera di Levante umfaßt seit jeher Mailand, Turin und andere norditalienische Zentren; dazu kamen Ausländer, die von der Milde des Winterklimas und der Landschaftsschönheit angezogen wurden. In der 2. Hälfte des 19. Jh. bevorzugten Engländer, dann Deutsche die Orte Bordighera und San Remo, Russen folgten (Rognant 1981, S. 290). Eisenbahnbau und neue Straßen, zuletzt der Autobahnbau, förderten die Entwicklung und ließen die Besucherzahlen gewaltig steigen; damit änderte sich der Aspekt der beiden Rivieren nicht nur zu deren Vorteil. Alássio, Bordighera, Ospedaletti und San Remo verfügten schon 1936 über mehr als 2500 Betten. Am Golf von Rapallo oder Tigúllio wurden Portofino, Rapallo, Santa Margherita Lígure und Sestri Levante zu mondänen Kurorten, vor allem Rapallo als Klimakurort für das reiche Bürgertum und Ausländer. Dem entspricht die Zuordnung Rapallos durch Schlieter (1968) zum Typ ›Sommerseebad und Winterkurort überwiegend wohlhabender Italiener und Ausländer‹. Die Stadt hat jährlich mehr als eine Million Übernachtungen, von denen mehr als die Hälfte auf Italiener kommen. Viele Häuser in der Altstadt sind abgerissen worden, um Platz zu schaffen für den Neubau von Appartementhäusern. Allein 40 % aller Wohnungen waren 1977 Zweitwohnsitze (vgl. Karte für die Riviera bei Schott 1981, S. 228). Nervi dagegen war ursprünglich allein Badeort für Genua. Nach dem Zweiten Weltkrieg ist an der Riviera weiter investiert worden, alte Zentren wurden ausgebaut, neue entstanden, weniger an der Levanteküste; Beispiele sind Diano Marina, Laiguéglia, Arma di Tággia, gerade auch für höhere Ansprüche. Ab 1966 aber reduzierte sich die Zahl der Oberklassehotels, einige wurden geschlossen, andere in Appartementhäuser umgewandelt. Sommer- und Wintergäste haben Bordighera, Ospedaletti, Rapallo, San Remo und Santa Margherita Lígure mit Spitzen im Juli oder August und Januar (vgl. Fig. 67); im Winter überwiegen die Ausländer. Dennoch war im Jahr 1976 die Auslastung nur an wenigen Orten größer als 50 % (Titi 1980, S. 274). Nach dem Zensus vom Oktober 1981 ergab sich im Vergleich zu 1961 eine teilweise enorme Zunahme leerstehender Wohnungen und Zimmer in den Seebädern, in Rímini/FO um das Acht- bzw. Neunfache, in Borghetto Santo Spírito/SV um das 30- bzw. 40fache (Fuga 1976, S. 74 und ISTAT 1982).

Die Flachküste der Versília erfuhr eine immer dichter werdende städtische Verbauung. Kostbare Waldflächen sind teilweise der Brandstiftung zum Opfer gefallen. Die Zweit- und Appartementwohnungen sind vorwiegend Renditeobjekte; in Forte dei Marmi jedoch nutzen die Besitzer aus Florenz oder Mailand die Wohnungen mit ihren Familien in den Ferien und am Wochenende. In den südlichen Orten waren zwei Fünftel der Besitzer Florentiner und ein Achtel Mailänder (Battistoni 1973). Schlieter (1968) definierte Viaréggio als ›Familiensommerbad des unteren und gehobenen Mittelstandes mit begrenztem Einzugsgebiet‹.

Wohlhabende Italiener und Ausländer bevorzugen Forte dei Marmi mit seinem größeren bis überregionalen Einzugsgebiet.

Im nördlichen Apennin nutzen einige Orte im Nahbereich der Großstädte und in Paßlagen der Straßen die Gunst für Sommerfrischen- und Wintersportangebote, vom Col di Cadibona bis zum Mandriolipaß. Für Genua gilt das von Santo Stéfano d'Áveto nordöstlich der Stadt. Abetone mit seinem Staatsforst und vielen Aufstiegshilfen besonders im Winter ist von Lucca, Pistóia und Módena erreichbar; Porretta Terme liegt zwischen Bologna und Pistóia. Im Nahbereich von Florenz besteht ein reiches Angebot im Pratomagno, unter anderem mit Vallombrosa, und im oberen Arnotal.

### d5 Küsten, Binnenland und Apennin Mittelitaliens

Nicht nur der einheimische Badetourismus breitete sich an den Stränden von Adria und Tyrrhenis weiter südwärts aus, auch die Ausländer konnten dank des Autobahnbaues nun sauberere Strände, reineres Wasser, neuangelegte Zeltplätze und billigere Quartiere nutzen. Der Streifen zwischen Livorno und Piombino verdichtete sich, und Elba zog weitere Fremde an, nachdem es dank der Förderung durch die Südkasse im Fremdenverkehr eine Nachfolgewirtschaft für den Verlust der Stahlindustrie und großer Teile des Bergbaus erhalten hatte (vgl. Corda in: Mori 1960/61, S. 206–219).

Der M. Argentário ist ein Beispiel für die Folgen, die durch den Bau von Zweitwohnsitzen im Küstenraum eintreten können, wenn fast jede Planung fehlt (Fuga 1976). Nach frühen Anfängen um 1880 waren es zunächst reiche Norditaliener, die hier ihre Villeggiatura (Sommerfrische) im eigenen Haus verbracht haben. Zu einer nahezu vollkommenen Umgestaltung kam es etwa ab 1965 mit der Tätigkeit von Bauunternehmen und Grundstücksspekulanten. In rascher Folge und schneller Ausbreitung wurden architektonisch fremdartig wirkende ›Feriendörfer‹ (villaggi turístici) errichtet (vgl. Fig. 68). Diese und die häufiger gewordenen, verheerenden Macchienbrände vernichteten die eigentlichen Naturschönheiten auf großen Flächen. Lange Küstenstrecken sind durch die Verbauung vom Land her nicht mehr zugänglich. In zwei Monaten des Jahres ist das Argentariovorgebirge überfüllt, die Wasserversorgung bricht zusammen, Land und Meer werden verschmutzt. Im Lauf von 20 Jahren sind die Bevölkerungsstrukturen, die Wirtschafts- und Lebensformen fast völlig verändert worden. Landwirtschaft und Fischerei gingen stark zurück, Baugewerbe, Kleinhandel, Hotelgewerbe und öffentliche Dienste sind die wichtigsten Beschäftigungszweige geworden. Dabei spielt das Hotelwesen nur eine randliche Rolle mit seinen (1971) 747 Betten neben 474 Privatzimmerbetten. Annäherungsweise kann man zur gleichen Zeit mit 16000 Betten der ›villeggianti‹ rechnen. Die alten kleinen Küstenorte wurden nicht nur zu Versorgungszentren, sondern erfuhren auch einen Ausbau für die Bedürf-

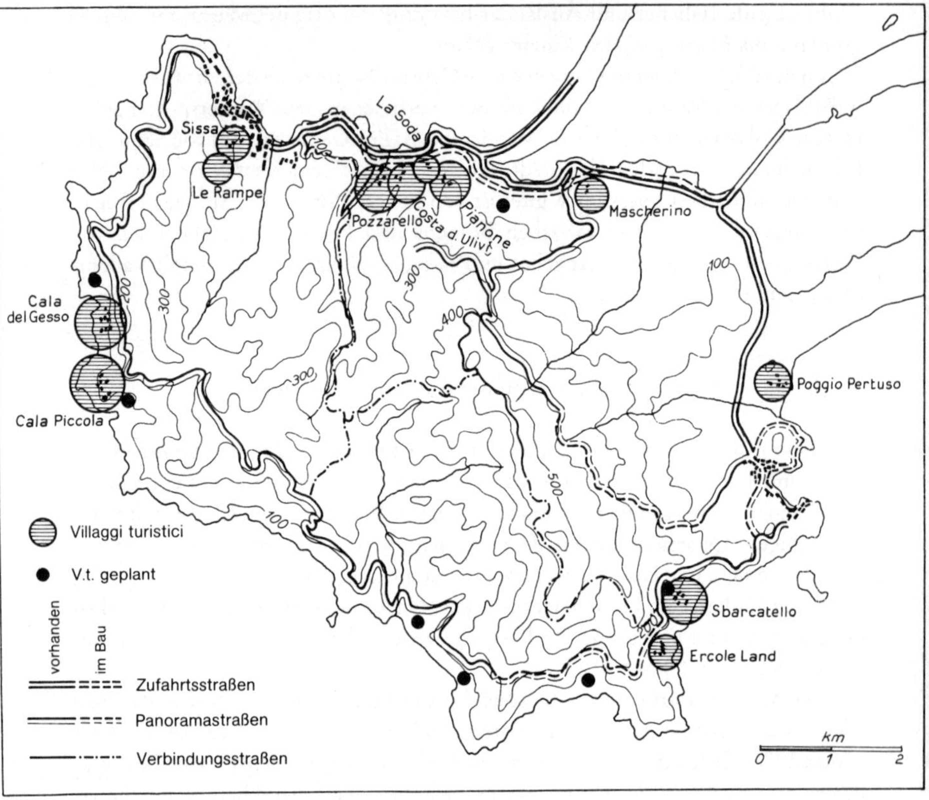


*Fig. 68: Ferienhäuser und Zweitwohnsitze in ›villaggi turístici‹ des M. Argentario 1970 und die Straßenverbindungen.* Aus FUGA 1976, S. 89.

nisse des Jachttourismus und der Unterwasserjagd. Hier ist allgemein die Fremdenverkehrswirtschaft nicht durch das Beherbergungsgewerbe bestimmt, sondern durch die Aufgaben einer Wohnungswirtschaft (economia ricettiva; FUGA 1976), der unter anderem die Haus- und Gartenpflege obliegt.

Die Römer überwältigten in ähnlicher Weise ihren Küstenraum. Es kam zum Bauboom an den Stränden von Civitavécchia, Ladíspoli, Lido di Roma und Ánzio. Von dieser Entwicklung ›profitierten‹ auch die Orte am Südrand des Agro Pontino, wie Sabáudia, S. Felice Circeo am Circeo-Nationalpark, Terracina und Sperlonga, überall mit Zweitwohnungen spekulativer Bautätigkeit.

An der Adriaküste kam es auch südlich Ancona bis Términoli an der Küste der Marken, der Abruzzen und des Molise zur Entwicklung kleiner Badestrände, zunächst mit Campingplätzen, nicht zuletzt dank der Adriática-Autobahn. Zentren sind Porto S. Giórgio, Grottammare, S. Benedetto del Tronto und Pescara. Erst in jüngster Zeit ist das bisher geringe Bettenangebot der Hotels angestiegen. Durch die Autostrada Rom – Pescara wurde die Erreichbarkeit von Rom aus wesentlich erleichtert.

Ein starker Magnet im Fremdenverkehrsnetz Italiens und in der Toskana ist selbstverständlich Florenz, insbesondere für die ausländischen Touristen und die Kunstliebhaber, weshalb dort auch die wirtschaftliche Bedeutung des Fremdenverkehrs nicht zu unterschätzen ist (CHARRIER 1971). In der nördlichen Toskana bildet das elegante Montecatini Terme ein Zentrum (ca. 300 Hotels und 15000 Betten), während sich andere Orte im abwechslungsreichen Hügelland zwischen Florenz und Siena, die dem Naherholungsverkehr und der Villeggiatura dienen, nach Angebot und Nachfrage wenig herausheben; Chianciano Terme gehört aber ebenfalls zu den berühmten Heilbädern des Landes. Im Vergleich zum Bade- und Kunsttourismus stagniert der geringe Gebirgstourismus, an dem fast nur Toskaner und andere Italiener beteiligt sind. In den Sommerferien wird nach wie vor S. Marcello Pistoiese aufgesucht, besonders die Privatquartiere. Den Wintersport ermöglichen Abetone und Cutigliano im Apennin und Abbadía San Salvatore am M. Amiata (GARRAPA 1980).

Das südliche Umbrien und Etrurien sind reich an Erholungsmöglichkeiten an Seen und in kleinen Orten. Erfüllt mit Villen und kleinen Landsitzen sind die Mti. Címini mit dem Lago di Vico und die Albaner Berge mit ihrer Häufung von Erholungsorten, während sich in der Ausstattung nur noch Tívoli abhebt und dann östlich von Rom das bekannte Bad Fiuggi.

Die Abruzzen sind erstmals durch die Bahnlinie Rom–Pescara im Jahr 1873 erschlossen worden, die aber für den Fremdenverkehr wenig Impulse brachte; auch der wichtige Einschnitt der Nationalparkgründung von 1923 bedeutete nicht viel. Erst um 1965 kam es durch den Wintersport punkthaft zu stürmischer Entwicklung, so in Tagliacozzo in der Mársica (SALVATORI 1973), mit Pietracamela – Prato di Tivo am Gran Sasso, in Pescasséroli am Nationalpark und in Roccaraso, wo die höchsten Übernachtungszahlen erreicht werden. Der schroffe Gegensatz zweier Welten, zwischen den Lebensformen reicher Großstädter aus Rom und Neapel und den von karger Landwirtschaft und Weidewirtschaft lebenden Einheimischen hat nicht zu deren Beteiligung geführt. Die Beschäftigungsmöglichkeiten sind nicht verbessert worden, zumal es auch hier hauptsächlich zum Bau von Freizeitwohnungen kam (SPRENGEL 1973; VITTE 1975).

### d6 Fremdenverkehrszentren und Förderungsgebiete im Mezzogiorno

Süditalien hat mit Neapel und Umgebung ein altes Fremdenverkehrszentrum, das bis heute nicht an Attraktivität verloren hat, wenn auch nur in Neapel selbst und in Íschia die jährlichen Besucherzahlen über die Millionengrenze hinausgehen. Im Sommer wie im Winter haben Capri, Íschia, Positano, Amalfi, Sorrent und Salerno ihre Gäste. Sorrent gehört zu den berühmtesten und vornehmsten Fremdenverkehrsorten Italiens, was sich auch in der großen Zahl von Hotels der Luxusklasse und der ersten Kategorie äußert. Tauchsport, Unterwasserjagd und Segeln haben vielen kleinen Küstenplätzen zur Beteiligung am Tourismus verholfen, wobei gerade Felsküsten gesucht sind. An malerischen Buchten liegen südlich Paestum Santa Maria di Castellabate und S. Marco, am Golf von Policastro folgen Sapri, Maratea, Santa Vénere.

Einen zum Teil allzu kräftigen Ausbau erfuhren einige Küstenplätze am M. Gargano mit den Zentren Vieste und Péschici unter anderem mit Großhotels, mit Feriendorfsiedlungen und Campingplätzen, die von Ausländern stark besucht werden. Ostuni südwestlich Bríndisi mit seiner Marina gehört zu den jüngsten und modernen Entwicklungsgebieten. Die Orte am Golf von Tarent werden aber trotz des weiten Sandstrandes und bei deutlichem Ausbau noch wenig frequentiert.

Um den Tourismus im Süden zu beleben, sind durch die Cassa del Mezzogiorno Förderungsgebiete festgelegt worden (vgl. SPRENGEL 1977a, Abb. 1). Sichtbare Erfolge gab es am Golf von Sant'Eufémia, bei Tropéa, am Golf von Squillace (Soverato, Copanello). Das Binnenland hat auch hier einige traditionelle Erholungsorte im Gebirge, im Nahbereich von Neapel, dann am M. Vúlture und im Lukanischen Apennin; verdichtet und modern ausgebaut sind sie in der Sila auch für Wintersport, wie in Camigliatello Silano und Lórica; sogar der Aspromonte hat mit Gambárie einen Wintersportplatz! Wirkliche Fremdenverkehrsgebiete gab es 1971 in ganz Kalabrien noch nicht (LUZZANA-CARACI 1972), und sie haben sich auch seitdem nicht entwickeln lassen, vor allem wegen fehlender Planung, trotz ungewöhnlicher Attraktionen.

Auch Süditalien, vor allem Kampanien, ist reich an Mineral- und Thermalquellen, unter denen die warmen Wässer vor der Küste Ischias im Ausland am bekanntesten sein dürften. Andere stagnieren oder verloren an Besuchern, weshalb eine gezielte Förderung ausgewählter Badeorte angebracht wäre (NOVELLI 1977).

Die Anziehungspunkte Siziliens für den Ferntourismus bestehen in den historischen und vor allem den archäologischen Stätten und in der Vulkanlandschaft des Ätna. Flugreisen und Flugplatzausbau (Catánia, Palermo) haben die Insel leichter zugänglich gemacht, denn trotz der Autostrada del Sole und deren Fortsetzungen innerhalb Siziliens sind lange Reisezeiten zu überwinden. Dennoch blieb der erwartete Massentourismus aus, wofür Nachteile im Verkehr, Wassermangel, Meeresverschmutzung und Industrieanlagen die Ursache sein könnten. Die Trinkwasserversorgung bringt schwer lösbare Probleme mit sich (MANZI u. RUGGIERO 1971; RUGGIERO 1979, Anm. 13).

Nach CAMPAGNOLI-CIACCIO (1979, S. 140) fehlt es hier innerhalb der Fremdenverkehrswirtschaft trotz der sogenannten ›comprensori‹ an Planung, weil die Industrieförderung Vorrang hatte. Förderungsmittel sind umgelenkt worden und erlaubten auswärtigen Gesellschaften den Bau von Zweitwohnsitzsiedlungen, womit die erhebliche Waldzerstörung durch Feuer und die Blockierung von Buchten und Küsten verbunden war. Feriendörfer mit ihrer unabhängigen Wirtschaft, geführt von auswärtigem Fachpersonal, können keinen wesentlichen Beitrag zur Wirtschaftsentwicklung leisten, z. B. Brúcoli, Póllina, Camarina, Favignana. Es fehlt nicht an Großhotels, die für den heutigen Bedarf zu luxuriös sind, sondern an einem Netz von kleinen und mittleren Familienhotels. Als wirkliches Fremdenverkehrsgebiet kann man neben den Einzelzielen für den Zugang zu antiken Stätten, z. B. Piazza Armerina, Agrigent und andere, und zu den Städten Palermo, Catánia und Messina nur den Ätnabereich ausgliedern (vgl. das Kartogramm bei Ruggiero 1979, Fig. 1). Dessen weltbekanntes Zentrum Taormina hat noch an Bedeutung gewonnen und kommt höchsten und mittleren Ansprüchen nach. Die Stadt liegt etwa 200 m über dem Meer und bietet keinen Raum für Großhotels, obwohl ein Kongreßzentrum erbaut wurde. So entstand eine ›Lidosiedlung‹ in Mazzarò und vor allem südlich anschließend in Giardini-Naxos. Sciacca an der Südwestküste erfährt als Mineral- und Thermalbad einen modernen Ausbau. An der Übernachtungsfrequenz gemessen, haben Sizilien und Sardinien zwischen 1970 und 1978 um 50 % gewonnen. Der Anteil der Ausländer war in Sizilien 1981 höher als in Kampanien. Obwohl Frühling und Herbst als beste Reisezeit gelten, werden doch die meisten Besucher im heißen Sommer gezählt. Die ehemals wichtigere Wintersaison ist heute fast ohne Bedeutung.

Die Äolischen oder Liparischen Inseln haben stark am Wachstum des Fremdenverkehrs teilgenommen und sind wie die Gebirge Italiens ein Beispiel für die gegenläufige Entwicklung von Bevölkerungszahl und Touristenfrequenz (Mikus 1969). Das gilt ebenso, wenn auch mit geringeren Gästezahlen, für die Ägadischen und Pelagischen Inseln, für Ústica und Pantellería. Aufwendig ist die Wasserversorgung im trockenen Sommer der Hochsaison mit Tankschiffen, wenn nicht schon Meerwasserentsalzungsanlagen in Betrieb sind. Der Tauchsport hat auf den Inseln seine Zentren, und es entstanden viele ›villaggi turístici‹.

Konnte Sardinien im Jahr 1966 wegen seiner ungünstigen Lage noch als benachteiligt gelten – Schwerpunkte waren nur Alghero mit traditionellem Ländertourismus und dann die Strände von Cágliari –, so hat sich seitdem eine teilweise umstürzende Entwicklung abgespielt (Rognant 1981, S. 493). Es begann mit den Elitejachthäfen, die dank der Initiative von Aga Khan an der von Sarden verlassenen felsigen, buchtenreichen Galluraküste, an der ›Costa smeralda‹ (Smaragdküste) erbaut worden sind. Der lange strittige Plan zum Ausbau des Touristikzentrums von bisher 15000 auf 55000 Betten wurde 1983 genehmigt. Inzwischen sind nicht nur weitere Sporthäfen, sondern auch an mehreren Buchten Feriendörfer und Campingplätze entstanden (Dragone 1979; Price 1980, S. 204, Fig. 71 u. a. Karten). Dabei läßt sich klar trennen zwischen örtlichem Freizeit- und Ferientourismus und Ausländerfremdenverkehr, der 1960 begann und zur Entstehung einer völlig neuartigen Küstenlandschaft geführt hat. Ausländerplätze sind Rias und Felsküsten, während Sarden die Sandstrände, Dünen und Flachküsten bevorzugen (Price 1980, S. 192, 198, 199). Das Binnenland hat für Rundreisen Bedeutung, erfuhr aber wenig Förderung, wenn auch am Gennargentu sogar ein Ausbau für den Skibetrieb begann. An der Galluraküste sind die Leistungen, die für den Fremdenverkehr erbracht werden, so groß, daß sie der Gemeinde Arzachena einen kräftigen Bevölkerungsanstieg gebracht haben und eine völlige Umstrukturierung des Wirtschaftslebens der Bewohner zur Folge hatten, und zwar eindeutig durch den Tourismus. Die drohende Meerwasserverschmutzung, die Industrietätigkeit, die Belästigung der Feriengäste durch militärische Aktivitäten, die Überlastung der Flug- und Fährverbindungen und Engpässe bei der Wasserversorgung können Konfliktsituationen hervorrufen (Hiller 1978, S. 129).

Sprengel (1977a, S. 238) stellte sich die Frage, ob die Förderung des Tourismus als Mittel zur Regionalförderung im Mezzogiorno wirklich erfolgreich sein kann, und beantwortet sie unter zwei Voraussetzungen positiv: wenn ›unter Beachtung von raumwirtschaftlichen Lagemomenten und dem Vorhandensein eines gewissen Fremdenverkehrspotentials vor allem auf dem Sektor der arbeitsplatzintensiven gewerblichen Beherbergung investiert wird, und es darüber hinaus gelingt, die einheimische Bevölkerung auch als Träger des Fremdenverkehrsangebotes zu beteiligen, oder zumindest, wie offenbar im Falle der Costa Smeralda, auch nach der Aufbauphase durch Arbeitsplätze stärker an das Projekt zu binden‹. Weil die weitere Entwicklung des Fremdenverkehrs in ganz Italien, wegen der Entfernung und der Reisekosten insbesondere im Süden, im wesentlichen von der gesamtwirtschaftlichen Situation in Europa abhängt, ist mit einer kräftigeren Steigerung des Fremdenverkehrsanteils des Südens kaum zu rechnen.

### *e) Transport- und Verkehrssysteme im Konflikt von Lageverhältnissen und Landesnatur*

Die schmale Gebirgshalbinsel, die Inseln und der Alpenbogen ließen es nicht zu, daß im Lauf der Zeiten ein regelmäßiges, ›normales‹ Binnenverkehrsnetz mit Landverbindungen zu den Nachbarländern entstanden wäre. Als im Industriezeitalter und mit der Gründung des Einheitsstaates das Bedürfnis nach einem funktionsfähigen Binnen- und Außenverkehr wuchs, traten schwere und nur sehr kostspielig zu lösende Probleme auf. Wie schon der Bau, verlangt auch die Unterhaltung von Straßen und Bahnlinien im stark gegliederten Relief, auf instabilem Untergrund oder eingeengt zwischen Küste und Gebirge über Torrenti und breite Fiumaremündungen hinweg, über Brücken und durch Tunnels besondere Ingenieurleistungen und einen gewaltigen finanziellen Aufwand. Im Unterschied zu weniger bewegt gestalteten Ländern mit einem nahezu gleichmäßig verzweigten Straßen- und Bahnnetz besitzt Italien vor allem längsgerichtete, parallel verlaufende Fernstrecken, die Längstäler und Beckenräume durchziehen, aber immer wieder kurvenreich sind und viele Kunstbauten erfordern. Im transalpinen Verkehr wurden schon früh Bahnstrecken durch Tunnels geleitet, und heute ist die historische Alpenschranke durch Autobahnen und ihre Tunnels, nahezu unbehindert von der Witterung, an vielen Stellen durchbrochen. Rohrleitungen dienen dem Transport von Erdgas und Erdöl, teilweise durch die gleichen Tunnelöffnungen, und entlasten die Transportmittel und Transportstrecken in hohem Maße. Die Orte an der langen Küstenlinie – mit ihren versandeten Schwemmlandküsten oder vom Hinterland abgeschnittenen Steil- und Felsküsten – waren einst mit der Küstenschiffahrt verbunden, die fast allein den Handel zwischen den Landesteilen besorgt hat. Diese Art von Verkehr ist heute bedeutungslos. Lageverhältnisse und Landesnatur wirkten sich über die Jahrhunderte hin so nachteilig, zersplitternd und isolierend aus, daß sich keine wirklich aktiven Verkehrszentren entwickeln konnten und bis in die moderne Zeit hinein der Nahverkehr innerhalb der historischen Landschaftseinheiten bestimmend blieb. ALTAN (nach MUSCARÀ 1976, S. 196) erklärt damit einen großen Teil der ›Atomisierung‹ der Agrargesellschaft des 19. Jh. und die recht weitgehende Begrenzung des Wirtschaftslebens auf die Familie.

### e1 Straßen und Eisenbahnen im Nord-Süd-Dualismus

Obwohl die natürlichen Voraussetzungen die Anlage von Straßen bis heute erschweren, gelang es doch schon in römischer Zeit, ein erstaunlich gut funktionierendes Netz von Heerstraßen zu bauen (vgl. Karte bei ALMAGIÀ 1959, S. 652). Die Halbinsel wurde vom Zentrum Rom aus erschlossen. Fernstraßen zielten auf Hafenplätze und Alpenpässe und sind bis heute im Verkehrs- und Siedlungsnetz erkennbar. Im Mittelalter und in der Neuzeit war der Binnenverkehr durch die politische Zersplitterung und die fehlenden Initiativen der einzelnen Regierungen in höchstem Maß behindert. Die antiken befestigten Straßen wurden absichtlich zerstört oder verfielen. Verbindungswege über mittlere und größere Entfernungen wurden immer wieder verlegt, je nach Witterungsbedingungen und politischer Lage, um den jeweils sichersten und wirtschaftlichsten Weg zu nutzen. Im Mittelalter ist nur eine Straße, wahrscheinlich von Langobardenkönigen, unter Verwendung antiker Reststrecken neugeschaffen worden, die ›Via Sancti Petri‹ oder ›Strata Romea‹, dann ›Frankenstraße‹ genannt (GOEZ 1972, S. 16). Einen wirklichen Straßenbau gab es erst wieder vom 18. Jh. an.

Unter den günstigeren Bedingungen Nord- und Mittelitaliens wurden, größtenteils unter französischer und österreichischer Verwaltung, zahlreiche Straßen und Paßstraßen erbaut, so daß dort schon vor 1870 ein beachtliches Verkehrsnetz bestand. Im Königreich beider Sizilien waren aber nur zwei Drittel aller Gemeinden auf Straßen zu erreichen (vgl. Karte bei ALMAGIÀ 1959, S. 862). Zur Zeit der Bildung des Einheitsstaates waren die Verkehrsverbindungen völlig unzureichend, wodurch der Prozeß der politischen Einigung und die Bildung eines gesamtitalienischen Marktes über die alten Zollgrenzen hinweg behindert wurden.

Das vorhandene Verkehrsnetz wurde alsbald ausgebaut, wobei man sich an römische und mittelalterliche Straßen, aber auch an Maultierwege in den Bergen anlehnte. Die Karte bei ALMAGIÀ (S. 653) macht einen Vergleich zwischen dem Verlauf der wichtigsten Straßen der Gegenwart mit dem der Römerstraßen möglich. Um den Nachholbedarf im Süden zu befriedigen, sollen in den Jahren 1862–1923/24 insgesamt drei Viertel des Straßenbauetats in Süditalien und auf den Inseln ausgegeben worden sein (TREMELLONI 1962). Mit den Mitteln der Südkasse setzte man die auch nach dem Zweiten Weltkrieg noch nicht erfüllte Aufgabe fort.

Im Ausbau des Eisenbahnnetzes und dessen Neubau im Süden bestand eine der größten Aufgaben und Leistungen des neuen Staates. Im Jahre 1861 gab es zwar 1632 km an Bahnstrecken, es waren aber nur Stichbahnen von Großstädten aus, von Turin, Mailand, Venedig, Florenz und Neapel zu Nachbarstädten. Schon 35 Jahre später waren mit 16000 km Länge die Grundlinien des heutigen Netzes (20000 km) errichtet. Eine West-Ost-Achse durch die Po-Ebene zwischen Turin, Mailand und Venedig hat Anschluß an die Alpenbahnen zum Fréjus-Tunnel (1871), St.-Gotthard-Tunnel (1882) und zum Brennerpaß (1867). Zwei Längsachsen durchziehen die Halbinsel von Mailand über Bologna einmal nach Florenz–Rom–Neapel–Salerno und dann nach Ancona–Fóggia–Bari–Bríndisi und Tarent. Von Turin und Mailand kommend folgt eine Strecke ab Genua der tyrrhenischen Küste nach Livorno–Grosseto–Civitavécchia und Rom.

1905 erreichte die Bahn Sizilien. Innersizilien wurde erschlossen, ebenso Sardinien. Zu Knotenpunkten des Eisenbahnverkehrs wurden Mailand und Rom, im Güterverkehr auch Alessándria und Bologna, und dann Verona am Kreuzungspunkt der padanischen Transversalstrecke mit der Brennerstrecke, die als überlastet gilt und einen Tunnel erhalten soll. Anstelle solchen Aufwandes sollten zunächst die technischen Anlagen modernisiert werden. Der Konkurrenz des Straßenverkehrs begegnet heute der Bau der ›Direttissima‹ (d.h. Línea direttíssima) zwischen Bologna und Rom. Wenig genutzte Strecken sind auch in Italien stillgelegt worden und werden von Omnibussen bedient, die in staatlichen Unternehmen fahren und unter anderem auch den Verkehr zwischen Bahnhöfen und Höhenorten besorgen.

Personen- und Güterverkehr konzentrieren sich heute auf einige große Achsen; insgesamt aber stagniert der Eisenbahnverkehr oder nimmt sogar ab. In keinem anderen Land Europas, nicht einmal in den höchstmotorisierten, ist der Anteil der Eisenbahn am Gesamtverkehr von Personen und Waren heute so niedrig wie in Italien (NICE 1976, S. 216). Bis zum Beginn des Autobahnbaues und der raschen Motorisierung und Mobilisierung der Bevölkerung hatte die Eisenbahn noch fast den gesamten Landverkehr zu bewältigen. Der rasch gewachsene Verkehr zwischen den einzelnen Regionen ermöglichte jedoch keineswegs den von den Eisenbahnpolitikern des vorigen Jahrhunderts, darunter auch Cavour, erhofften Ausgleich zwischen dem sich industrialisierenden Norden und dem unter dessen Konkurrenz leidenden, agrarisch verharrenden Süden. Der wirtschaftliche Dualismus blieb bis heute erhalten. Die Ursache für den geringen Einfluß auch der modernen Verkehrswege auf die Wirtschaftsentwicklung Süditaliens sieht MUSCARÀ (1976, S. 195) unter anderem darin, daß sich fast niemals an die Hauptverkehrslinien untergeordnete Verbindungen angeschlossen haben.

### e2 Das Konzept der Autobahnen. Flugverkehr

Auch die zweite bedeutende Phase der Entwicklung der Verkehrsverbindungen Italiens, die mit dem nach dem Zweiten Weltkrieg rasch vorangetriebenen Autobahnbau begonnen hat, erfüllte nicht die erwarteten sozioökonomischen Aufgaben. Nach der ausführlichen geographischen Darstellung der Autobahnen durch BERETTA (1968) wertete und kritisierte NICE (1976) das Gesamtkonzept. Man wollte die Halbinsel ›kürzer machen‹, das Relief ›einebnen‹, den Süden dem Norden annähern und das ganze Land mit Europa verbinden. Die ›Autostrada‹ sollte als möglichst kurze Verbindung dem Fernverkehr dienen. So ist es zu verstehen, daß keine Rücksicht genommen wurde auf wichtige, schon beim Eisenbahnbau vernachlässigte Städte, wie Perúgia und Siena; sie erhielten schließlich Zufahrtsstrecken, an denen es sonst noch weitgehend fehlt. Anschlußstellen sind wegen der Gebührenerhebung weit voneinander entfernt. Die Mittel- und Nahbereiche, aber auch die Ballungsräume wurden übersehen; sie erhielten erst in jüngster Zeit durch randlich berührende ›tangenziali‹, Mailand und Rom auch durch Ringautobahnen, geeignete Anschlußmöglichkeiten. Ohne Rücksicht auf das alltägliche Verkehrsaufkommen wurde die ›Autostrada del Sole‹ als Teil der Entwicklungspolitik für den Mezzogiorno bevorzugt und rasch verwirklicht.

Zur Zeit des Neubeginns bestanden 1951 schon einige Strecken mit 480 km Länge, darunter die erste Autobahn Europas von 1924 (Mailand–Ligurische Seen, 84 km). Den Stand vom Ende der fünfziger Jahre zeigt ALMAGIÀ (1959, S. 878). An der Jahreswende 1980/81 waren 5900 km fertiggestellt, davon 2000 km im Süden, weitere 940 km befanden sich im Bau oder in der Planung. Damit besitzt Italien nach der Bundesrepublik Deutschland das längste Autobahnnetz Europas, nach dem Einwohneranteil sogar das dichteste Netz überhaupt.

Das Grundnetz der Eisenbahnen wiederholt sich in der Trassenführung der Autobahnen. Die Transversalachse durch die nördliche Padania hat über Tunnelstrecken Anschluß an das Netz der Nachbarländer (Fréjus-Tunnel 12,8 km, M.-Blanc-Tunnel 11,6 km, Großer St.-Bernhard-Tunnel 5,8 km, St.-Gotthard-Tunnel 16,3 km, San-Bernardino-Tunnel 6,6 km). Die Brennerautobahn, die einzige grenzüberschreitende Autobahn bisher, hat mit täglich etwa 3000 Lastzügen in jeder Richtung die größte Bedeutung erlangt. Zeitraubende Grenzkontrollen und Mautzahlungen führen häufig zu Stauungen, besonders bei Streik. In Zukunft werden die Strecken von Turin nach Bardonécchia und zum Fréjus-Tunnel und von Údine über Tarvis nach Villach die Alpenüberquerung noch mehr erleichtern.

Eine zweite Transversale verbindet Turin über Alessándria und Bologna mit Rímini und geht in die ›Adriática‹ über. Der Hafen Genua ist mit zwei Linien an die Padania angeschlossen, die dort die ligurische Küstenstrecke erreichen. Die wichtigste Längsachse und die Dorsale des gesamten Netzes ist die ›Autostrada del Sole‹, die eine durchgehende Verbindung vom Brenner bis Réggio di Calábria über 1400 km ermöglicht und über die Fähre ihre Fortsetzung in Sizilien findet. Sardinien ist mit autobahnähnlichen ›superstrade‹ versorgt worden. Wie in der Padania wurden die großen Achsen nach und nach auf der Halbinsel durch Querverbindungen zu einem Netz gestaltet, was bei der Durchtunnelung und Überquerung des Apennins einen gewaltigen Aufwand erfordert hat. Ist aber die nach besonders langer Bauzeit 1984 eröffnete Strecke L'Áquila–Villa Vomano wirklich nötig, oder handelt es sich um ein Prestigeobjekt? Bei der 10,2 km langen Durchtunnelung des Gran Sasso d'Italia waren erhebliche Widerstände wegen der tektonischen Störungen und der Karstnatur des Massivs zu überwinden. Es kam zu starken Ausbrüchen von Wasser, das man in Zukunft zur Versorgung des Raumes Téramo nutzen will (Ruggieri 1981, S. 587).

Das Wirtschaftsleben Italiens ist durch den Autobahnbau tiefgreifend beeinflußt worden, ohne daß dies im einzelnen nachweisbar wäre. Fremdenverkehr und Industrieansiedlungen in Südtirol und im Trentino sind in ihrer jüngeren kräftigen Entwicklung sicher nicht ohne die Brennerautobahn zu verstehen (Penz 1979), auch nicht die Industriezone südlich von Rom und die bei Caserta (Cataudella 1968). Bedarfsstationen, aber auch Einkaufszentren in Großstadtnähe wurden an günstigen Standorten errichtet. Höher zu veranschlagen ist die indirekte Wirkung auf die private Motorisierung und die Autoindustrie, die gleichzeitig einen raschen Aufschwung erlebte (1960: 2,4 Mio., 1982: 19,6 Mio. Fahrzeuge in Betrieb). Trotz der im Vergleich zu deutschen Autobahnen erheblichen Nachteile – weite Wege zur nächsten Auffahrt, Gebührenerhebung – sind die Strecken im Norden auch nach dem häufigen Ausbau auf drei Spuren oft bis zur Überlastung benutzt. Zu den am meisten befahrenen Strecken gehören Mailand–Bréscia, Neapel–Salerno und Genua–Serravalle Scrívia. Die Südstrecken dagegen sind trotz kräftiger Förderung (Gebührenfreiheit) außerhalb des Raumes Neapel nur wenig befahren, abgesehen vom sommerlichen Ferienverkehr, und lassen erkennen, daß sie ebensowenig wie die Eisenbahn einen wirtschaftlichen Ausgleich zwischen den beiden Teilen Italiens gebracht haben. Bezeichnend für die Ansicht, Autobahnen seien ein Allheilmittel in der Wirtschaft, ist der Bau der Strecke Punta Ráisi–Mazara del Vallo gleich nach dem Erdbeben in Südwestsizilien 1968. Dringendere Bedürfnisse der betroffenen Bevölkerung blieben damals unberücksichtigt.

Reisewege und Reisezeiten zwischen Norden und Süden sind bedeutend verkürzt und die Reisekosten verringert worden, die Großstädter kommen schneller ans Meer oder ins Gebirge, im direkten Individualverkehr von Haus zu Haus. Es ist mit Cori (1972–73) und Nice (1976) aber doch zu fragen, ob die sehr hohen Investitionskosten und die öffentlichen Mittel eine derart einseitige Förderung des

Fernstraßenverkehrs zum Nachteil der öffentlichen Verkehrsmittel, der Normalstraßen und besonders der stark vernachlässigten Eisenbahnen rechtfertigen können. Die Autobahnen waren für die Wirtschaftsentwicklung notwendig, ihr Bau wurde aber zu wenig mit anderen Sektoren koordiniert. Eine massive Kritik kommt in der Meinung zum Ausdruck, daß der Markt im Süden rascher zugänglich geworden sei und es sich nun erübrige, dort Produktionsstätten zu errichten! Positiv ist zu sehen, daß der Durchschnittsitaliener ›entprovinzialisiert‹ wurde, daß die Gegensätze von Sitte und Mentalität innerhalb des Landes abgeschwächt, die Isolierung vieler Orte verringert wurde. Die Autobahnen nutzen dem nationalen und internationalen Tourismus, sie beschleunigen die Verteilung der Industrieprodukte auf dem Binnenmarkt und erleichtern den Export von Obst und Gemüse. Viele einst hochproduktive Nutzflächen fielen schon in Südtirol und im Trentino dem Autobahnbau zum Opfer, und die angrenzenden Flächen haben unter den Auswirkungen des Verkehrs zu leiden.

Die langen Fahrstrecken und Reisezeiten auf den meridionalen Verbindungen erklären den hohen Anteil, den der Inlandflugverkehr, besorgt von der staatlichen Alitalia mit 54 % aller Flüge und mit 47 % des gesamten Personenverkehrs, auf den Flugplätzen Italiens gewonnen hat. Rom-Fiumicino ist das nationale und internationale Luftverkehrszentrum mit 35 % aller Flüge. Tägliche Flüge gehen vor allem nach Norden, nach Turin-Caselle, Mailand-Linate und M.-Malpensa, Genua-Sestri, Bologna-Panigale und Venedig-Tesséra, dann nach Süden nach Neapel-Capodichino, Bari-Palese, Catánia-Fontanarossa, Palermo-Punta Ráisi, Cágliari-Elmas. Die weitere wünschenswerte Entwicklung des Fremdenverkehrs auf den Inseln ist nicht zuletzt vom Ausbau des Flugverkehrs abhängig (vgl. für Alghero-Fertília Giordano 1981). Zur Entlastung von Rom-Fiumicino ist in Sant' Eufémia-Lamézia ein internationaler Flughafen im Bau. Es ist zu befürchten, daß es sich dabei um nicht mehr als einen Umsteigeplatz handeln wird, der jede fördernde Wirkung auf Kalabrien vermissen lassen dürfte.

### e3 Der Schiffsverkehr im internationalen Handel

›In einem Land wie Italien von Halbinselcharakter, wo das Relief oft ein schweres Hindernis für den Landverkehr bildet, und das, wenigstens in einer bestimmten Epoche, eine handelspolitische Ausbreitung über See erfahren hat, haben die Häfen über die Geschichte hin und noch heute aus verschiedenen Gründen eine bedeutende Rolle gespielt, nicht nur für sich selbst und im Leben der zugehörigen Region, sondern auch in der Wirtschaft des ganzen Landes‹, meint Barbieri in seinem Werk ›I Porti d'Italia‹ (1959, S. 16). Er schränkt andererseits ein: ›Und trotz gewisser überkommener Meinungen, die von vereinfachenden geographischen Beobachtungen ausgehen, ist das moderne Italien mehr ein kontinentaler als ein maritimer Staat, mehr europäisch als mediterran.‹

*Tab. 45: Import- und Exportmengen der Jahre 1960, 1979 und 1983 im Vergleich*

*a) Importe (in 1000 t)*

| | 1960 | 1979 | jährliche Änderung 1960/79 in % | 1983 |
|---|---|---|---|---|
| Rohöl und Derivate | 30385,3 | 120239,6 | + 15,6 | 100094,5 |
| Holz | 3245,6 | 7546,2 | + 6,8 | 5942,5 |
| Schrott | 3495,0 | 6942,7 | + 5,3 | 4450,3 |
| Eisen und Stahl | 1967,3 | 6114,6 | + 11,0 | 4776,9 |
| Weizen | 582,7 | 2934,4 | + 21,0 | 2900,6 |
| Fleisch | 166,5 | 706,3 | + 16,8 | 855,8 |
| Rohbaumwolle | 276,0 | 233,5 | − 0,8 | 268,4 |
| Kaffee | 99,2 | 225,3 | + 6,7 | 246,2 |

*b) Exporte (in 1000 t)*

| | 1960 | 1979 | jährliche Änderung 1960/79 in % | 1983 |
|---|---|---|---|---|
| Agrumen | 402,5 | 336,5 | − 0,8 | 269,1 |
| Wein (1000 hl) | 2156 | 19976 | + 43,7 | 14743 |
| Baumwollgarn | 18,2 | 37,4 | + 5,3 | 34,5 |
| Baumwollgewebe | 11,4 | 43,4 | + 14,7 | 38,6 |
| Obst | 094,9 | 1582,6 | + 2,1 | 1734,9 |
| Kunstfasergarne | 43,9 | 159,7 | + 13,7 | 214,9 |
| Lederschuhe (1000 Paar) | 27651 | 283466 | + 48,7 | 282331 |
| Autos und Teile | 194,1 | 1421,6 | + 33,2 | 1235,4 |
| Chemische Düngemittel | 1250,5 | 1899,3 | + 2,6 | 1571,1 |
| Erdölderivate | 9483,1 | 24254,5 | + 8,4 | 14136,5 |

Quelle: ISTAT: Le regioni in cifre, 1985, Tav. 83 u. 84.

Im Rahmen des gesamten Handelsvolumens hat der Schiffsverkehr mit jährlich 350 (1981) bis 400 Mio. t (1979) einen bedeutenden Anteil. Dazu kommt der Transport von 23–32 Mio. Passagieren. Die italienische Handelsflotte ist mit ca. 1450 Schiffen (über 100 BRT) und (1980) 11 Mio. BRT beteiligt, wovon 45,4 % auf 360 Tanker entfallen. Außer einigen großen Privatreedereien (Flotta Láuro, Costa Armatori) wird sie von staatlichen Reedereien betrieben.

Der Personenverkehr beschränkt sich heute zu 90 % auf den Transport zwischen Festlands- und Inselhäfen. Wegen der Halbinselgestalt und mit den beiden großen Inseln ist es verständlich, daß die sogenannte Cabotageschiffahrt zwischen italienischen Häfen ihre Stellung behaupten konnte, schon allein durch den Fährverkehr. In gewissem Maß leistet sie auch die Aufgaben, die der Binnenschiffahrt anderer europäischer Länder mit dem Massengütertransport gestellt sind (Fontanella 1971; Muscarà 1982, S. 47). Viele kleinere Häfen sind aber auch in der Küstenschiffahrt nicht mehr leistungsfähig genug und lohnen die Unterhaltung und nötige Verbesserung der Einrichtungen nicht, damit größere Schiffe anlegen könnten und die Ladevorgänge beschleunigt würden. Manche konnten sich inzwischen spezialisieren und wurden zu Touristikhäfen.

Muscarà betont, daß sich die Bedeutung des Hafenverkehrs gut am Vergleich zwischen den von der internationalen Schiffahrt über italienische Häfen transportierten Warenmengen (220–260 Mio. t) und der gesamten Warenmenge im Handel mit dem Ausland erkennen läßt, die mit 240–290 Mio. t kaum 10% höher ist. Die Hauptmenge besteht aus Öltransporten mit 120 Mio. t. In den letzten 30 Jahren bedeutet das eine Steigerung um das Siebenfache. Wie in allen Industrieländern überwiegen die importierten, gewöhnlich viel Raum und Gewicht beanspruchenden Mengen bei weitem über die exportierten Industriewaren und anderen Produkte (1979 waren es 293 Mio. t gegen 103 Mio. t). Das Verhältnis hält sich seit 1961 etwa bei 3:1, bei manchen Häfen, die vor allem der Erdöleinfuhr dienen, liegt es aber bei 10:1. Dieses Verhältnis ist in Italiens Handel deswegen größer als bei anderen Ländern Europas, weil nicht nur Rohstoffe, sondern auch große Mengen an Nahrungsmitteln importiert werden. Mit dem Wirtschaftswachstum sind nicht nur die Bedürfnisse der Industrie, sondern auch mit der gestiegenen Kaufkraft die Bedürfnisse der Bevölkerung so stark gewachsen, daß ein beträchtliches Versorgungsdefizit an Nahrungsmitteln entstand.

### e4 Die Häfen des Mezzogiorno

Die Wirtschaftsentwicklung der Nachkriegszeit ist charakterisiert durch die wachsende Nutzung von Erdöl und Erdgas, durch den Aufbau von Raffinerien und einer leistungsfähigen petrochemischen Industrie, was zum konsequenten Ausbau und zur Neugründung von Hafenindustrien geführt hat, einem Typ, der sich schon in Piombino, Bagnoli und vor allem in Marghera fand. Die Erdölindustrie war durch niedrige Preise und die geeignete Lage italienischer Häfen zu den Levantehäfen und zum Suezkanal begünstigt. Libyen und Algerien kamen als Lieferländer dazu.

Die den Erdöllieferländern benachbarten oder nah gelegenen Küsten Süditaliens und der Inseln wurden am stärksten von dieser Entwicklung beeinflußt. Bis dahin gab es praktisch nur zwei im Handelsverkehr bedeutende Häfen. Neapel an seinem Golf und mit dem reich bevölkerten Hinterland hatte vor 30 Jahren

5–6 Mio. t Jahresumschlag, Bari folgte mit 2–3 Mio. t (Muscarà 1982, S. 49). Alle anderen Häfen, die über gute natürliche Voraussetzungen geschützter Buchten verfügen, erreichten kaum 0,5 Mio. t, darunter Palermo und Catánia, die Marinebasis Tarent und Bríndisi, der Fährhafen nach Griechenland mit seinen Anlagen in zwei untergetauchten Talstücken (vgl. Barbieri 1959, Fig. 6). Nur Cágliari kam schon an 1 Mio. t heran. Die größten Veränderungen gab es an der Ostküste Siziliens mit Raffinerien und petrochemischer Industrie in Augusta ab 1957 (vgl. Fig. 25 bei Barbieri 1959), Syrakus und Gela ab 1963, Milazzo mit seiner Großraffinerie 1961/62 (vgl. für die Entwicklung Arcuri Di Marco u. a. 1961 und Stein 1971). Diese vier Häfen zusammen hatten Ende der siebziger Jahre einen Hafenumschlag von 40 Mio. t im internationalen Handelsverkehr und 20 Mio. t innerhalb Italiens, d. h. etwa ein Siebtel des gesamtitalienischen Umschlags. Mazara del Vallo ist zu einem bedeutenden Fischereihafen ausgebaut worden. Messina steht durch den Fährdienst nach Villa San Giovanni und Réggio di Calábria mit dem Festland in enger Verbindung. Ob Brücke oder Tunnel einmal Wirklichkeit werden, ist weiterhin ungewiß. Noch im Jahr 1984 sollte der von der Südkasse finanzierte neue Hafen von Gióia Táuro in Dienst gestellt werden. Wegen seiner Lage weit im Süden des Festlandes erhofft man sich dort ein ›intermodales Verkehrszentrum‹, das eine Mittlerfunktion zwischen Atlantik, Nordeuropa, Afrika und dem Vorderen Orient erlangen könnte.

Sardinien besitzt an seiner reich gegliederten Küste einige Naturhäfen, darunter den wichtigen Fährhafen Ólbia. Hafenindustrien auf Erdölbasis erhielten mit Raffinerien und petrochemischen Anlagen Porto Torres bei Sássari und Porto Foxi mit Sarróch bei Cágliari mit zusammen 29,1 Mio. t Umschlag (1981). Bari und Bríndisi erreichten im gleichen Jahr 2,2 und 3,5 Mio. t, an denen ebenfalls Erdöl und dessen Produkte stark beteiligt waren. Fiumicino (4,8 Mio. t) und Civitavécchia (7,1 Mio. t) versorgen als Rohölhäfen den Raum der Hauptstadt und die Valle Latina. Als Hafenstandort der Stahlindustrie kam zu dem erweiterten Bagnoli bei Neapel mit 3–4 Mio. t noch Tarent mit 25–30 Mio. t Umschlag allein im Werkshafen. Der Hafen Neapel hat in der vergangenen Zeit an Bedeutung gewonnen und seinen Umschlag (10 Mio. t) verdoppelt. Innerhalb Italiens leisten die Häfen des Südens inzwischen mit 150 Mio. t 45 % des gesamten Schiffstransportes, wovon 40 % auf den internationalen und 55 % auf den Binnenverkehr entfallen (Muscarà 1982, S. 49).

Die Häfen des Mezzogiorno sind nur unzureichend an das Verkehrsnetz angeschlossen und haben gewöhnlich nur ein enges Hinterland, das sie versorgen oder aus dem sie ihre Arbeitskräfte beziehen, was auch für Neapel, Bari und Palermo gilt. Seine modernen Industriehäfen sind zum Teil krasse Beispiele für isolierte Standorte, wie etwa Milazzo, wo das importierte Erdöl verarbeitet und die Produkte wieder exportiert werden. Man kann von einer Verarbeitungsindustrie und Grundstoffindustrie am zentralmediterranen Hafen auf Inseln sprechen oder auch die hier ausgenutzte Funktion der natürlichen Mole der Halbinsel sehen. Mit den

Industriehäfen ist dem Süden selbst nur wenig geholfen, mit der damit verbundenen Wasserverschmutzung aber erheblich geschadet worden. ›Man muß sich fragen, ob es gerechtfertigt ist, die Fischgründe an den Küsten zu zerstören zu einem Zeitpunkt, in dem das Land übervölkert ist. Lange und nutzlose Klagen begleiten jedes Jahr die Feststellungen vom wachsenden Nahrungsmitteldefizit und dem damit steigenden Außenhandelsdefizit. Noch fehlt es an den nötigen Schlußfolgerungen, die daraus zu ziehen sind‹ (MANZI 1977, S. 88).

### e 5 Die großen Häfen Norditaliens

Auch im übrigen Italien überwiegt in den Häfen heute der Mineralölimport, wenn auch die Kohle wieder im Kommen ist (VALLEGA 1982, Fig. 1). Sie haben ebenfalls Verarbeitungsanlagen, daneben jedoch im Unterschied zum Süden sehr vielseitige Industrie- und Gewerbebetriebe. Vor allem dienen sie aber dem Warenaustausch ihres dichtbevölkerten und hochindustrialisierten Hinterlandes. Das Einzugsgebiet von Genua reicht dank seiner ausgezeichneten Eisenbahn- und Autobahnverbindungen noch weit über die Alpen hinüber, und das gilt in besonderer Weise für den internationalen Transithafen, den ›politischen Hafen‹ Triest (RIFFEL 1973).

Mit der Bildung des Einheitsstaates und mit der Industrialisierung wurde Genua, die einst mächtige Beherrscherin der Tyrrhenis, am Ende des 19. Jh. zum Hafen des Wirtschaftsraumes der Lombardei. Mit den Ballungsräumen von Mailand und Turin bildet es die marine Spitze des ›Industriedreiecks‹. Für seine Entwicklung war der Ausbau der Alpenverkehrswege, besonders durch die Eisenbahntunnels Fréjus, St. Gotthard und Simplon von ganz entscheidender Wirkung (BRUSA 1963). Als vorteilhaft erwies sich die kurze Verbindung auf dem Seeweg zur Straße von Gibraltar, dem damals wichtigsten Schiffahrtsweg für Importe, und für den Passagierverkehr zwischen Italien und der Neuen Welt. Nach dem Zweiten Weltkrieg nahm Genua mit der Industrieentwicklung im Nordwesten einen Aufschwung auch als Handelsplatz, so daß der Hafenumschlag mehr als ein Drittel des gesamtitalienischen erreichte. Trotz des Raummangels am Hang des Apennins und in seinen engen Tälern wurde die Stahlindustrie von Cornigliano ausgebaut und die Erdölraffinerie errichtet. Genua wurde Ausgangspunkt für eine transalpine Erdölleitung. Zwei zweigleisige Eisenbahnen, zwei Autobahnen und der Flughafen dienen der engen Verbindung mit dem wirtschaftlichen Zentrum Italiens in der westlichen Padania. Der Hafen ist heute ein Kunsthafen mit seinen weiten Außenmolen und seinen über 26 km langen Kaianlagen. Für ein größeres Containerterminal war kein Raum mehr. Dafür steht in Rivalta Scrívia 70 km jenseits des Apennins, im ›Centro Tráffici Internazionali‹ ein Warenlager und Verteilungsstandort mit Zollabfertigung zur Verfügung (INNOCENTI 1970).

La Spézia ist ebenso wie Genua durch den Apennin vom Hinterland abgeschnitten, konnte aber nicht wie Genua so leicht durch Eisenbahn und Straße mit der Padania verbunden werden (DA POZZO 1971). Das leistete erst die Autobahn nach Parma mit der Durchtunnelung des Cisapasses. Die alte Marinebasis übernahm nun auch Funktionen für die Padania und darüber hinaus durch den Bau von Getreidesilos.

Der künstliche Hafen von Livorno sollte nach seinem Bau in der Zeit der Medici der Versorgung von Florenz und der Toskana dienen. Er hat neben seiner Funktion als Fischereihafen eine spezielle Funktion als Containerhafen erhalten, wofür genügend Raum vorhanden war (111 ha; DELLA CAPANNA 1979; VALLEGA 1982, Fig. 2). Savona gilt als Hafen von Piemont. Er verfügt über die gut geschützte Reede von Vado Lígure und ist begünstigt durch den leicht zu überwindenden Cadibonapaß mit seinen zwei Bahnlinien, Straße, Autobahn und zwei Ölleitungen. Dazu kommt wie in La Spézia die heute wieder wichtig gewordene Anlage zur Entladung von Kohleschiffen, hier mit einer Seilbahn nach San Giuseppe di Cáiro. Savona, La Spézia und Livorno hatten (1981) einen Hafenumschlag zwischen 13 und 15 Mio. t, Genua 45 und Triest 31 Mio. t. Nur diese beiden Häfen und Venedig sind mit Hamburg oder Wilhelmshaven hinsichtlich ihrer Umschlagsdaten vergleichbar.

Im Norden ist Ravenna als neuer Hafenstandort dazu gekommen, ferner Falconara bei Ancona, beides Häfen, die mit den süditalienischen Erdöl- und Raffineriehäfen vergleichbar sind, wenn auch Ravenna nicht eine derart einseitige Industrie besitzt wie diese ›Kathedralen in der Wüste‹. Von einigen 20 Mio. t entfallen zwei Drittel auf Ravenna, ein Drittel auf Falconara und Ancona. Ravenna nutzte außerdem die reichen Erdgasvorkommen der östlichen Padania für seine petrochemische und Gummiindustrie. Mühlenindustrie und die Vermarktung und Verarbeitung der Produkte des Obstbaus in der Region Emília-Romagna kommen dazu.

Venedig besitzt gegenüber Genua die unschätzbaren Vorteile des offenen Hinterlandes und der Lage nahe der Alpenübergänge nach Mitteleuropa. In der modernen Zeit der Großschiffahrt mit Tankern besteht der Nachteil in der seichten Laguna, durch die eine Fahrrinne zum Industriehafen Marghera auszubaggern war. Trotz der starken Konzentration der Hafenindustrie mit chemischen und Hüttenwerken erreicht der Hafenumschlag mit 26 Mio. t (1981) wenig mehr als die Hälfte desjenigen von Genua.

Der Hafen von Triest kann eigentlich mehr als Hafen für Bayern und Österreich gelten, weil er wegen seiner peripheren Lage kein italienisches Hinterland besitzt (MATZNETTER 1971; RIFFEL 1973). Diese Funktionen hat er aber in höchstem Maß immer erfüllt und ab 1949 einen entsprechenden Ausbau erfahren, obwohl er unter der Konkurrenz der jugoslawischen Häfen Koper (Capodístria) und Rijeka, genauer Sušak (Bakar) leidet, die auf Erzverladung spezialisiert sind. Der gewaltige Anstieg des Hafenumschlags in wenigen Jahren ab 1967 ist auf Mineralölimporte zurückzuführen. Eine besondere Funktion erhielt Triest als

Ausgangspunkt der Erdölleitung nach Ingolstadt und Wien, nachdem die Entscheidung wegen des nach Baggerarbeiten hinreichend tiefen Wassers zugunsten der Stadt ausgefallen war. Außer neuen Anlagen im Industriehafen Zaule und der Lagerhaltung, auch zur Verarbeitung (z. B. Kaffee, Getreide), erhielt Triest eine weitere wichtige Aufgabe als Containerhafen, die für die weitere Entwicklung als sehr positiv zu betrachten ist. Die Werftindustrie ist ins 25 km entfernte Monfalcone verlagert worden, wo sich die größte Werft Italiens für den Bau von Großschiffen entwickelt hat.

## e6 Zukunftsaufgaben des Verkehrssystems

Hafenumschlag und Hafenindustrien werden von den weltwirtschaftlichen Vorgängen in höchstem Maße beeinflußt. Die jüngste Krisensituation schwächte die Industrieproduktion, die Rohstoffeinfuhren nahmen ab, ebenso die Exportmengen. Genua bekam die Krise besonders stark zu spüren. Die auf Rohölimporte gegründete Industrie war von der Ölpreiserhöhung betroffen. Ein positiver Aspekt für die zukünftige Entwicklung der Häfen besteht in neuen Transportformen wie den Containerschiffen (Franz 1981). Ab 1976 gab es erstaunliche Veränderungen. Italiens Containerflotte hatte 1978 eine Kapazität von 34000 Einheiten (TEU) erreicht, die von Frankreich 50000 und von Israel sogar 56000 dieser 20-Fuß-Container-Normeinheiten (Vallega 1981). Die Wiedereröffnung des Suezkanals war ein besonders positiver Aspekt. Dennoch hat das Hafensystem nicht mit der Modernisierung des Seeverkehrs Schritt gehalten. Geringe Leistung und zu hohe Kosten bei der Containerverladung brachten den Häfen von Genua und Venedig hohe Verluste, während steigende Gütermengen über Nordseehäfen importiert und exportiert werden.

In den Verkehrssystemen Italiens gab es in den vergangenen Jahrzehnten einen gewaltigen Einsatz von Organisation, Technik und Finanzmitteln. Jetzt nahmen auch Geographen die Gelegenheit wahr, die Verkehrspolitik innerhalb der einzelnen Sektoren zu überdenken und sich kritisch zu äußern. Nach Ruggiero (1980, S. 463) ist es nötig, auf realistischer Grundlage die Transportpolitik neu zu formulieren, derart, daß die Konflikte zwischen der wachsenden Nachfrage und der Notwendigkeit, den sozioökonomischen Tatsachen zu entsprechen, so ausgetragen werden, daß die Umwelt möglichst wenig geschädigt wird. Diese Forderung ist seit der ersten Hälfte der siebziger Jahre noch dringender geworden wegen der gestiegenen Energiekosten, der unsicheren Wirtschaftslage und mit dem wachsenden Bewußtwerden der Probleme, die mit der Zunahme des Verkehrs entstanden sind, nicht zuletzt mit der Lärmbelästigung und der Luftverschmutzung, weshalb die wichtigsten Verkehrsträger schon angegriffen und teilweise in Krisen geraten sind. Die Vermehrung und die Vergrößerung der Infrastrukturen entziehen immer mehr Flächen den anderen Nutzern, der Land- und Forstwirtschaft, dem

Fremden- und Naherholungsverkehr und allgemein der bis dahin noch unversehrten naturnahen Landschaft. Jetzt geht es darum, den Landverbrauch durch eine möglichst präzise Landesplanung zu minimieren (Cori 1972/73). Es sind Probleme und Aufgaben gestellt, an denen die Geographie mitzuarbeiten gewillt ist, um eine die verschiedenen Verkehrssektoren verbindende Planung zu ermöglichen.

### *f) Literatur*

Die für Italien im Bereich des Einzelhandels besonders charakteristischen Jahrmärkte, Wochenmärkte und die in vielen Städten täglichen, öffentlichen Märkte haben das Interesse zahlreicher Geographen erregt. Darstellungen gibt es für Rom (Landini 1977) und für Florenz (Sabelberg 1980a), für die Provinzen Perugia und Terni (De Santis 1977, 1982); Manzi (1972) beschreibt die Märkte der Provinz Neapel, Biondi u. a. (1974) behandeln einzelne Städte Kampaniens, Leardi (1976) stellt die der Langhe dar. Mustermessen und Fachmessen erfuhren eine Untersuchung von geographischer Seite durch De Rocchi Storai (1974). Über die mittelalterlichen Messen informiert Sapori (1952). Zur Lage der Messeorte vgl. Karte 93 in TCI: ›L'Italia storica‹ 1961 und zu Messen und Märkten in der Lombardei am Ende des 15. Jh. ebenda Fig. 113. Über die jüngere italienische Literatur zum Binnenhandel informiert Della Capanna (1980), darunter unter anderem über Blumenmärkte.

Das Interesse der Geographie am Fremdenverkehr Italiens ist groß, vor allem wegen der regional ausgeprägten Eigenentwicklungen. Eine erste, sehr ausführliche monographische Untersuchung über ›Types de régions touristiques en Italie‹ legte Rognant (1981) in seiner Thèse vor, die ein reiches Literaturverzeichnis und einen Atlas enthält. Aus der deutschsprachigen Literatur seien genannt: Christaller (1955), Dissertori (1982), Döpp (1978), Fuckner (1963), Leidlmair (1978), Matznetter (1977), Müller (1969), Pongratz (1974), Schlieter (1968), Schott (1973, 1977, 1981), Spanier (1971), Sprengel (1973, 1977, 1981a). Aus der italienischen Literatur vgl. Corna-Pellegrini (1968/1973), Della Valle (1964 mit Literatur bis 1964); Langella (1980) und Parente (1980) geben Berichte über die fremdenverkehrsgeographische Forschung. Zu den geographischen Aspekten des Wintertourismus in Italien vgl. Bonapace (1968), zum Tourismus in den Hochalpen Janin (1964). Das Fremdenverkehrsgebiet der ligurischen Riviera behandeln Cavaco (1974), Fuckner (1963), Galliano (1978), Hayd (1962), Schott (1981); zu weiterer regionaler Literatur vgl. Text.

In ökonomischen, soziologischen und anderen kulturwissenschaftlichen Disziplinen werden ebenfalls die räumlichen Merkmale des Tourismus untersucht. Barberis (1979) lieferte aus soziologischer Sicht einen Beitrag unter anderem zum Ferienverhalten der Italiener, darunter der Jugendlichen, über die Hotelorganisation und zur Staatsbeteiligung. Das Phänomen der Zweitwohnsitze findet sich behandelt bei Battistoni (1973), Carparelli (1979), Meneghel (1980), der ›Agriturismo‹, die Ferien auf dem Bauernhof, bei Parente (1980) und Sacchi De Angelis (1979). Zum Besuch religiöser Zentren und zur Teilnahme an Wallfahrten vgl. Pedreschi (1966). Über die im ›Annuario Statistico Italiano‹ zusammengefaßten Daten hinaus liefert das ›Annuario der ENIT‹ (Ente Nazionale Italiano per il Turismo) Daten für einzelne Gemeinden, die für 1972 kartographisch verarbeitet sind im ›Calendário Atlante De Agostini‹ 1982. ›Der Tourismus als Wirtschaftsfaktor‹ ist das

Thema in den Informationsheften ›Das Leben in Italien‹ (Dok. 27, 1980, Nr. 10, S. 3–16, u. Nr. 11/12, S. 13–24).

Über neuere Arbeiten und die Aufgaben der Verkehrsgeographie in Italien orientieren MUSCARÀ (1976), über Eisenbahnen CORI (1973), über Häfen MUSCARÀ (1982). Die Hafenmonographie von BARBIERI (1959) hat historischen Wert. Sie schloß die über 20 Jahre vom Forschungsrat betreute zwölfbändige Publikationsreihe über italienische Häfen ab, die mit Genua (JAGÀ 1936) und Neapel (MILONE 1936) begonnen hatte. RUGGIERO (1972) behandelte die Erdölhäfen Siziliens und gab (1980) einen Bericht über Forschungsarbeiten seit 1960 auf den Gebieten der Geographie des Transports. VALLEGA (1982) behandelt Gegenwartsprobleme der großen Häfen im Zusammenhang mit der Hafenausstattung und der räumlichen Organisation unter besonderer Berücksichtigung der Öl- und Kohleimporte sowie des Containerverkehrs. Zu diesem Thema vgl. auch FRANZ (1981). Zu den Problemen der Häfen im Mezzogiorno in Hinsicht auf Planung, Verkehrsanschluß und Meeresverschmutzung vgl. MANZI (1977, S. 66–88). Sieben Typen der Häfen in Italien unterscheidet LUCIA (1983) nach vorherrschenden Funktionen und stellt sie in einer Skizze sowie im Entwicklungsgang zwischen 1955 und 1979 dar.

# V. DIE ›DREI ITALIEN‹ UND IHRE GEOGRAPHISCHE DIFFERENZIERUNG

## 1. Beharrung oder Ausgleich zwischen den Grossräumen?

Im Laufe der länderkundlichen Analyse stellte es sich heraus, daß Italien in seiner Gesamtheit gesehen beträchtliche Kontraste zeigt und mit Konfliktsituationen belastet ist. Schon die Natur neigt zu Extremen. Sie zeigt sich oft in ihrer atemberaubenden Schönheit und trägt dazu bei, daß Italien vielen Menschen als ihr ›Traumland‹ gilt. Die gleiche Natur bringt aber auch häufig gewaltsame Ausbrüche hervor, Erdbeben, Vulkaneruptionen oder Unwetter, die Hochwasser und Bodenzerstörung verursachen. Seit Jahrtausenden wird die Natur ausgebeutet, heute aber geradezu verbraucht, verschmutzt und rascher umgestaltet als bisher im Lauf der Geschichte. Trotz seiner Armut an natürlichen Ressourcen erlebte Italien nach dem Zweiten Weltkrieg ein Wirtschaftswunder, das vielen seiner Bürger Reichtum brachte, andere dennoch in der Armut verharren ließ. Italien ist das am stärksten industrialisierte und am dichtesten bevölkerte Land im Mittelmeerraum, und dies trotz gewaltiger Emigration seit über hundert Jahren und wiederholter Arbeiterwanderungen über seine Grenzen hinweg. Trotz kultureller Blüte, die ihre Wurzeln in glänzenden Epochen der Geschichte hat, sind geringe Teile der Bevölkerung noch immer Analphabeten, die am Rande der Industriegesellschaft leben. Das Wirtschaftsleben Italiens wird beeinträchtigt durch Arbeitskämpfe, Energiekrise, die hohe negative Außenhandelsbilanz und hohe Inflationsraten. Dennoch halten es die Aktivitäten jedes daran beteiligten einzelnen, nicht so sehr die Eingriffe des Staates, in Gang. Entgegen allen Befürchtungen reisen jedes Jahr wieder große und noch wachsende Mengen von Touristen ins Land. Ist Italien also doch mehr ›Traumland‹ als ›Problemland‹?

Ein derartiges Gesamtbild in grellen Farben ist zwar nicht falsch, gilt aber nicht für die Wirklichkeit in geographisch-länderkundlicher Sicht. Tatsächlich sind die kontrastreichen Brennpunkte des gegenwärtigen Geschehens in die so viel größeren Landesteile eingebettet, die von der modernen Entwicklung der großen Zentren und Ballungsräume noch weitgehend verschont geblieben sind. Es wäre falsch, von rückständigen Räumen zu sprechen. Ihr Wert ist inzwischen auch der Bevölkerung bewußt geworden. Die Großstädte sind nicht mehr die erstrebenswerten Ziele für Leben und Arbeit wie noch vor einem Jahrzehnt. Sie alle haben seit 1977 Verluste an Einwohnern erlitten oder sie stagnieren; manche fielen (1981) unter den Stand von 1971 zurück, wie Turin, Mailand und Neapel, unter den von

1961, wie Genua und Venedig, oder sogar unter den Stand von 1951 wie Triest (vgl. Tab. 29).

Aus der länderkundlichen Untersuchung ergab sich eine außerordentliche Verschiedenheit in den Teilaspekten von Natur, Bevölkerung und Wirtschaft. Wenn sie wegen ihrer gegenseitigen Bedingtheit miteinander korrespondieren, sollten räumliche Einheiten bestimmbar und Großräume abgrenzbar sein. Welche derartige Großräume sind für großzügige Vergleiche geeignet? Ist mit dem vielberufenen Nord-Süd-Gegensatz das Problemland Italien schon hinreichend zu charakterisieren?

Im physisch-geographischen Bereich erwies sich das Schema der Dreiteilung in Ebene, Hügelland und Gebirge als zu einfach, ermöglicht aber vergleichende Betrachtungen mit statistischen Daten, weil die Höhengliederung der am stärksten differenzierende Faktor ist, gefolgt von der Land-Meer-Verteilung. Die klimatische Gliederung brachte den planetarischen Wandel ins Spiel, dazu Kontinentalität und Maritimität. Festlands-, Halbinsel- und Inselitalien wurden in ihren Erscheinungen faßbar, die wiederum einen Dreiklang bilden, nun in der Horizontalen. Der Aufbau des Untergrundes und der Böden gab die Möglichkeit der Differenzierung in Landschaftsräume mehr oder weniger einheitlicher Ausstattung und entsprechender Erscheinungsformen; es traten die von Ton- und Kalkgesteinen und von vulkanischen Ablagerungen aufgebauten Landesteile mit ihren Ressourcen, Problemen und Konflikten hervor.

Die Wertung der Naturfaktoren läßt den ›Gunstraum Norditalien‹ erkennen; er ist dank seiner Ebenen, mit vielseitig nutzbaren Böden, mit fast immerfeuchtem Klima, mit reichem Wasserdargebot und mit eigenen Energiequellen für die agrarische und für die industrielle Nutzung in gleicher Weise sehr gut ausgestattet. Die geographische Lage, die Zugänglichkeit innerhalb der Padania und der Anschluß an Mitteleuropa sind Gunstfaktoren bei der Wirtschaftsentwicklung gewesen.

Der Süden zeigt sich in Natur- und Lagebedingungen dem Norden gegenüber so deutlich benachteiligt, daß man die begrenzenden Ungunstfaktoren nicht übersehen kann. Im Blick auf diesen natürlichen Nord-Süd-Gegensatz ist mehrfach versucht worden, die beiden Teile, Nord- und Süditalien, abzugrenzen. Wir sollten auf Grenzen zwischen so großen Natur-, Agrar-, Wirtschafts- und Kulturräumen verzichten und zwischen dem kontinentalen Norden und dem mediterranen Süden einen breiten Übergangsbereich offenlassen. Er umfaßt mindestens etwa den Bereich der Regionen Umbrien, Marken und der südlichen Toskana. Zu der hypsographischen Dreigliederung kommt dadurch eine planetarische Dreigliederung, die sich in Klima, Boden und Vegetation manifestiert und durch die agrarische Inwertsetzung verdeutlicht wird.

Aus der Dreiteilung im Nord-Süd-Wandel und der dreistufigen hypsometrischen Gliederung ergeben sich modellartig neun, im wahren Sinn räumliche, dreidimensionale Einheiten. In ihnen haben die Naturfaktoren trotz aller Eingriffe des Menschen bisher die Herrschaft behalten. Der siedelnde und wirtschaftende

Mensch hat sich jeweils an den für ihn günstigsten Orten niedergelassen, wodurch die Unterschiede nicht ausgeglichen, sondern eher zu Gegensätzen verstärkt worden sind. In der Vergangenheit waren die kulturgeographischen Unterschiede zwischen Ebene und Gebirge dadurch ausgeprägt, daß die Bevölkerung den Vorteil wahrnahm, sicher vor Feinden und außerhalb der ungesunden Niederungen auf Höhen und im Gebirge zu leben. Die damit verbundene Vegetations- und Bodenzerstörung gehört zu den folgenreichsten Vorgängen in der Landschaftsgeschichte ganz Europas. Bis in die jüngste Vergangenheit hinein lief die Gegenbewegung ab, die Wanderung an die Küsten, in die Ebenen, nach Norden, vor allem nach Nordwesten, in die Großstädte, wenn nicht gleich der Weg ins Ausland gewählt wurde. Es verstärkte sich der Kontrast zwischen Stadt und Land zu dem Gegensatz zwischen Verdichtungs- und Abwanderungsraum. Wieder traten Umweltschäden ein, im verlassenen Gebirgsland wegen der fehlenden Maßnahmen zur Bodenerhaltung, im Industrie- und Verdichtungsraum sowie im Küstenbereich wegen der zunehmenden Verschmutzung (vgl. Fig. 69). Im Laufe der siebziger Jahre ebbte der Wanderungsprozeß ab. In die Heimat gesandte Gelder, Landkauf und Hausbau machen es dem Rückkehrer möglich, die verlassenen Abwanderungsräume wieder etwas aufzufüllen und zum Ausgleich beizutragen.

Die Vierteilung der Statistik in Nord-, Mittel-, Süd- und Inselitalien hat sich inzwischen als unzureichend erwiesen. In der Zeit geringer Industrialisierung bis zum Zweiten Weltkrieg fiel dieser Nachteil weniger auf als heute. Der wirtschaftliche Schwerpunkt, der schon im Mittelalter in der westlichen Padania lag, verstärkte sich im Lauf der Industrieentwicklung ungemein rasch. Er zog Unternehmertum, Kapital, Energie und Arbeitskräfte an sich, diese gerade auch aus der östlichen Padania und aus den Alpentälern von Venetien bis Friaul, die bis 1970 Abwanderungsräume mit geringer Industrie waren. Der in Venetien und in der Emília-Romagna intensiv agrarisch genutzte Nordosten erschien in seinen sozioökonomischen Verhältnissen den mittelitalienischen Regionen ähnlicher als denen im Nordwesten. Die naturräumliche Einheit der Padania wurde mit dieser Gliederung aufgebrochen. Die amtliche Statistik bietet seitdem zusammenfassende Daten für die Großräume Nordwest-Italien, Nordost-Italien vereinigt mit Mittelitalien, Süditalien und Inselitalien (Bonasera 1965). Die Abgrenzung zwischen dem Nordwesten und dem Nordosten war nur unter Vorbehalt an Regionsgrenzen möglich; diejenige zwischen Mitte und Süden blieb umstritten, so die Zuordnung der Region Abruzzen zum einen oder anderen Großraum (Mori 1965b).

Die Nordgrenze des Förderungsgebietes der Südkasse entspricht nicht der Grenze des Mezzogiorno, weil bei dessen Abgrenzung politische Entscheidungen eine Rolle gespielt haben, die von geographischer Seite schwer zu stützen sind. An dieser Grenze berühren sich auch nicht etwa Förderer und Geförderte, Geber und Nehmer oder Reiche und Arme. Historische Tatsachen geben jedoch geeignete

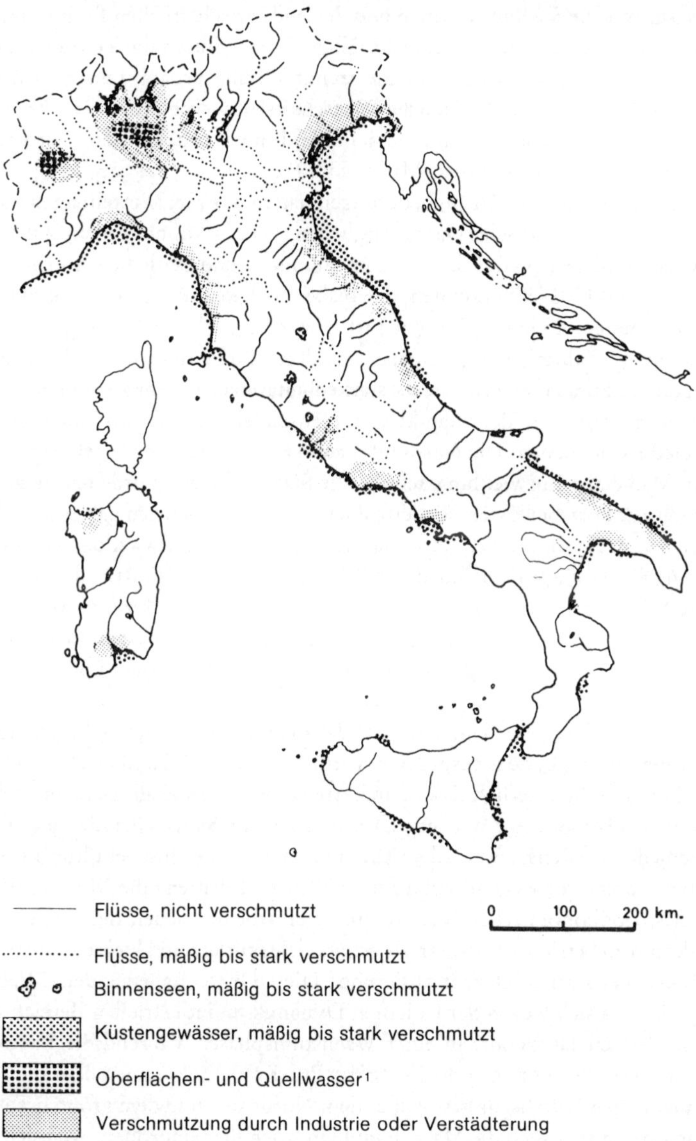


*Fig. 69: Umweltverschmutzung in Italien.* Aus Muscarà 1978, S. 213, nach Relazione TECNECO (1974) vereinfacht.

[1] Flächen mit Oberflächenwasser für Bewässerung oder Brunnenwasser zur Versorgung der Städte mit besonders großer Verschmutzung durch Industrie.

Hinweise. Wie die Siedlungsformen und die landwirtschaftlichen Besitz- und Betriebsverhältnisse zeigen, geht eine auffällige Grenze durch die Toskana, die die Maremmen dem ›Süden‹ zuweist. Sie trennt ›l'Italia urbanizzata‹ von ›l'Italia feudale‹ (vgl. Kap. III 4 a 1). Nach der Wirtschaftsentwicklung der Nachkriegszeit befindet sich eine ähnlich differenzierende Linie etwa auf der Verbindung zwischen Livorno und Ancona (Muscarà 1978, S. 65).

Die bisher genannten Großgliederungen hatten das Ziel, Einteilungen zu bieten, nach denen statistische Daten verglichen werden können, nicht zuletzt als Planungsgrundlagen (vgl. Tab. 19). Der räumliche und zeitliche Vergleich zwischen 1951 und 1981 läßt erkennen, daß bisher noch kein Ausgleich zwischen diesen Großräumen in Gang gekommen ist. Zwar hat auch der Mezzogiorno seine Entwicklung erfahren; einige intensiv genutzte Bodenreform-Areale sprechen eine deutliche Sprache ebenso wie die starke Bautätigkeit seitens der einheimischen Bevölkerung, vor allem der Heimkehrer. Der seit jeher große Abstand zum Norden ist jedoch geblieben. Die Aus- und spätere Rückwanderung brachte nur in geringem Maß einen Entwicklungsschub. Die Staatsindustrie wurde bei steigenden Defiziten zur kostspieligsten Fördermaßnahme. Statt Ausgleich gab es jedoch ein Angleichen an die allgemeine, wirtschaftliche und soziale Entwicklung Gesamtitaliens. Die Förderungsmaßnahmen und die Regionalisierung führten dazu, daß der tertiäre Sektor ausuferte (vgl. Fig. 32). Inzwischen ist der Mezzogiorno bei der Wasserversorgung an eine naturgegebene Grenze gelangt. Bei Wassermangel kann der Tourismus ebensowenig existieren wie eine leistungsfähige Landwirtschaft oder Industrie.

Die ›Drei Italien‹, von denen heute in der soziologischen und in der geographischen Literatur des Landes gesprochen wird, sind weniger räumlich als durch ihre sozioökonomischen Verhältnisse, durch ›tre formazioni sociali‹ zu kennzeichnen (Bagnasco 1977, S. 246). Wieder stehen Norden und Süden einander gegenüber, genauer jedoch erstens der Nordwesten mit seiner alten Industriekultur, zweitens der noch immer vorwiegend agrarische Süden und drittens die Mitte mit ihren eigenen sozioökonomischen Strukturen. Hier arbeiten neben der intensiv und marktkonform betriebenen Agrarwirtschaft viele mittlere und kleine Industrieunternehmen bei starker Dezentralisierung. Dies ›Dritte Italien‹ oder ›l'Italia di Mezzo‹ befand sich wegen der lebhaften Dynamik im industriellen Bereich während der letzten Jahrzehnte in einer Wachstumsphase. Während die Landwirtschaft etwas an Bedeutung verlor, stieg das Pro-Kopf-Einkommen über die Höhe des italienischen Durchschnitts. Außer dem Nordosten und dem größten Teil der Toskana lassen sich auch die Marken und Umbrien hier einordnen, weil sich dort die Industrie an einigen Leitlinien, an den Küsten und in den Beckenräumen entwickelt hat, ähnlich wie in der Emília-Romagna, in Venetien und im Valdarno (vgl. Rocca 1980, Fig. 2). Typisch für ›l'Italia di Mezzo‹ ist das dichte Städtenetz und die Streusiedlung. Die bäuerlichen Familien haben sich an die Industriewirtschaft angepaßt, wobei Strukturen der alten Bauern- und Händlergesellschaft wieder in Wert gesetzt wurden (Dematteis 1982, S. 134). Der Erfindungs- und Unternehmergeist des selbständig handelnden Bürgers ist charakteristisch.

Im Nordwesten dagegen haben sich seit Ende des 19. Jh. ökonomische Strukturen mit Großunternehmen und Kapitalgesellschaften entwickelt, die denen Nordwest- und Mitteleuropas ähnlich sind. Im Süden herrschen noch überkommene Wirtschaftsstrukturen, die sich nach der Einigung Italiens an moderne Formen angeglichen hatten. Es handelt sich aber nicht um eine selbständige, sondern um eine nachgeordnete, vom Norden und vom Ausland abhängige Wirtschaft, die zudem auf Unterstützung angewiesen ist.

Im ›Dritten Italien‹, das sich auf erstaunlich lebhafte Weise entwickelt hat, läßt sich die gesunde Mitte erkennen, in der in breiter Streuung auch außerhalb von Ballungszentren ein wirtschaftlicher Fortschritt zugunsten breiter Schichten der Bevölkerung möglich wird. Eine Folge dieser positiven Entwicklung ist die deutliche Bevölkerungszunahme etwa seit 1967. Bevölkerungswachstum zeigt auch der sogenannte ›Norden des Mezzogiorno‹, das sind die Küstengebiete der Regionen Abruzzen und Apulien ebenso wie die Bereiche der Verkehrsachse Rom–Neapel–Salerno. Im übrigen Mezzogiorno ereignete sich die Wiederbelebung nach der Zeit der Bevölkerungsabnahme von 1957–1963 besonders im Binnenland und im Anschluß an die Industriezentren und Industrieareale (Dematteis 1982, S. 137).

Das durch Wachstum charakterisierte ›Dritte Italien‹ hat nicht insgesamt, sondern nur im Nordosten eine so kräftige Entwicklung gehabt, daß es flächenhaft die gleiche Bevölkerungszunahme erreichte wie die Zentren; aber es kam doch zu einer Verlangsamung des Verdichtungsprozesses in den Ballungsräumen und zu einem Wiederanstieg der Einwohnerzahlen in den peripheren Räumen. Die Ursachen dafür sind unterschiedlich. Während in Nord- und Mittelitalien die Wiederinwertsetzung seit 1960 und eine weitere Ausdehnung der Metropolitanbereiche als Ursachen gelten können, handelt es sich im Süden meistens um nicht mehr als die Folgen der zu Ende gegangenen Wanderungsbewegungen. Nur im nördlichen Mezzogiorno hat sich bisher die Wirtschafts- und Bevölkerungsentwicklung, die im Nordosten begann und die Mitte einbezog, fortgesetzt. Es ist fraglich, ob der Prozeß im Süden den Bereich der mit öffentlichen Mitteln gestützten Wirtschaft beeinflussen kann. In ›l'Italia di Mezzo‹ wird ein Weg beschritten, der auch im Süden allmählich aus der Beharrung heraus zum Ausgleich führen könnte. Dennoch wird immer ein Ungleichgewicht zwischen den drei Italien erhalten bleiben. Wichtiger als das Streben nach Ausgleich ist es, die regionalen Eigenheiten zu fördern und das nach Lage, Ressourcen, Arbeitskraft und Fähigkeiten spezifische Wirtschaftsleben zu stärken. Dazu brauchen die Regionen Selbstverantwortung. Die noch nicht überwundene Zentralität in Politik und Verwaltung war lange genug ein Hemmschuh regionaler Individualisierung.

## 2. Die Grossräume in ihrer inneren Differenzierung

Die Naturraumgliederung Italiens läßt sich vor allem aus den Großformen des Reliefs ableiten (vgl. Karte 1). Wegen der vorherrschenden Gebirgsnatur des Landes folgt auch die länderkundliche Gliederung, wenn sie von den großen Verwaltungseinheiten der Regionen unabhängig sein soll, der Grundstruktur des Reliefs. Ohne den Versuch zu machen, etwa nach besonderen Verfahren definierte, komplexe Teilräume abzugrenzen, soll der Blick auf einige Züge der regionalen Differenzierung gelenkt werden.

*Norditalien* kann zwar als ein von der Natur begünstigter Großraum gelten; zwischen Alpen und Apennin sind es jedoch nur ganz bestimmte, agrarisch höchst produktive Ebenen, die über geeignete Böden, reiches Wasserdargebot und günstiges Klima verfügen. Beispielhaft sind das Marcitewiesen- und das Reisbaugebiet des Vercellese in der Bassa Pianura im Westen und das planmäßig besiedelte, ehemals versumpfte Po-Mündungsgebiet, der Polésine, im Osten. In der inneren Padania liegen die vom Beginn der römischen Zenturiation an im Lauf der Geschichte am stärksten geformten Kulturlandschaften Italiens. Die Klimagunst am Alpenrand und in den Moränenhügelländern nutzen Weinbau und Obstkulturen, darüber hinaus die Reben- und Baumkulturen im Monferrato-Hügelland und in den Ebenen Venetiens und der ›Romagna frutticola‹. Die Differenzierung nach den Naturgrundlagen und den Möglichkeiten ihrer Inwertsetzung wird ergänzt und meist betont durch die unterschiedlichen Besitz- und Betriebsverhältnisse. Einige große Typen lassen sich unterscheiden, die jeweils deutlich mit der Siedlungsstruktur übereinstimmen und dadurch die Agrarlandschaften in ihrer Gesamtheit charakterisieren (vgl. Fig. 47, 50 u. 51). Kennzeichnend für den Westteil der inneren Padania sind Corti und Cortidörfer, für Randbereiche Dörfer und Streusiedlungen; regelmäßige Streusiedlung weisen die Zenturiationsgebiete, geregelte Siedlung der Bonificabereich auf.

Die flache *Lagunenküste der nördlichen Adria*, die im Sommer vom Seebad-Tourismus beherrscht wird, verbindet sich über das Po-Delta hinweg mehr und mehr mit der Flachküstenzone von Rímini-Cattólica. Die jungen Schwemmlandsedimente vor allem sind Ursache der schwerwiegenden Probleme, denen die Adriaküstenräume und *Venedig* als Brennpunkt des Geschehens durch Küstensenkung bzw. Meeresspiegelanstieg ausgesetzt sind. Triest, noch auf festem Land zwischen Karst und Adria, aber ohne italienisches Hinterland, ist weiterhin der Mittelmeerhafen Österreichs und wurde auch zu dem von Bayern, nicht nur durch die Erdölleitung. In Venedig treffen konkurrierende Nutzungsinteressen hart aufeinander. Die Hafenwirtschaft und deren Industrie auf dem Festland in Marghera ist der Verursacher der Luft- und Wasserverschmutzung. Für den im Sommer überbordenden Besichtigungstourismus ist die einzigartige, geschichtsträchtige Lagunenstadt ein Museum. Ravenna ist besonders von der Landsenkung betroffen, in der die Folgen der hohen Grundwasserentnahme durch die Großindustrie zu sehen sind, die die Stadt zu älteren Funktionen in Handel und Fremdenverkehr erhielt.

Am einzigen Strom Italiens, dem *Po*, sind im Unterschied zu anderen Strömen Europas auf weiten Strecken keine Städte aufgereiht, was seinen gefährlichen Hochwassern und einst häufigen Laufverlegungen sowie der geringen Bedeutung der Binnenschiffahrt zuzuschreiben ist. Die wichtigsten Städte entwickelten sich an alten Handelsstraßen, am Rand der feuchten Ebene, am Alpenrand und in Alpentälern, die zu den Pässen führen. Sie sind an der Via Emilia aufgereiht oder haben bis heute als Hafenstädte eine hervorragende Funktion. Während der Hafen von Venedig die östliche Padania versorgt, hat Genua diese Aufgabe für die Industriezone im Nordwesten übernommen. Es ist Teil des ›Triangolo‹. Einige Städte wie Mailand behielten ihre aus der Antike überkommenen Großgemarkungen und wurden zur Basis späterer Dynastien. Im übrigen entstand ein kleinräumiges Gefüge von Gemarkungen mit der Gründung vieler stadtähnlicher Dörfer und Gemeinden. Zur Handels- und Gewerbefunktion kamen moderne Verkehrs- und Industriefunktionen. Die alten Städte wuchsen mit der Zuwanderung aus den Alpen und dem Apennin, aus dem Nordosten und dann vor allem aus dem Süden Italiens. Von der Natur benachteiligte Räume, wie die Terrassenebenen der Alta Pianura, verloren an Bevölkerung und landwirtschaftlicher Nutzfläche, wenn sie nicht wie jene nördlich von Mailand zu den bevorzugten Industriestandorten gewählt wurden.

Im *Piemont* wuchs Turin mit seiner Fahrzeugindustrie rasch heran, und viele Orte am hydroenergiereichen Alpenrand, besonders um Ivrea und Biella, nahmen an der industriellen Entwicklung teil. In der Lombardei konzentrieren sich im Dreieck Mailand–Varese–Lecco auf der trockenen Schotterebene Bevölkerung, Siedlung, Verkehr und Wirtschaftskraft. Hier liegt der wirtschaftliche Schwerpunkt ganz Italiens, beherrscht von Mailand. Der Westen Norditaliens ist vom Ungleichgewicht bestimmt, vom ungeplanten Wachstum der Zentren auf Kosten der peripheren Räume. Im Ostteil sind die Kontraste deswegen geringer geworden, weil sich auch außerhalb der eigentlichen Industriezentren, wie eines gegenüber von Venedig auf dem Festland in Marghera begründet und ausgebaut worden ist, eine ausgeglichene Entwicklung in gewerblichen und industriellen Klein- und Mittelbetrieben fast überall abgespielt hat. Nach der vorherrschenden Wirtschaft kann man im vereinfachenden Überblick mit FORMICA (1976; vgl. Fig. 70) die Industriezone unterschiedlicher Dichte am Rand der Alpen ausgliedern, die jedoch nicht immer scharf vom Alpenbereich abgesetzt ist, sondern manchmal tief in die Täler hineinreichen kann, auch im Bereich der lombardischen Seen. Der Gardasee liegt weit genug sowohl von Mailand als auch von Venedig entfernt, daß seine Ufer von der übermäßigen Bebauung verschont blieben. Um so mehr wurde er zum leicht erreichbaren Ferienziel der Deutschen, wo schon mediterrane Landschaftselemente eine südliche Welt bieten.

Innerhalb des italienischen Alpenanteils sind Aostatal, Südtirol (Provinz

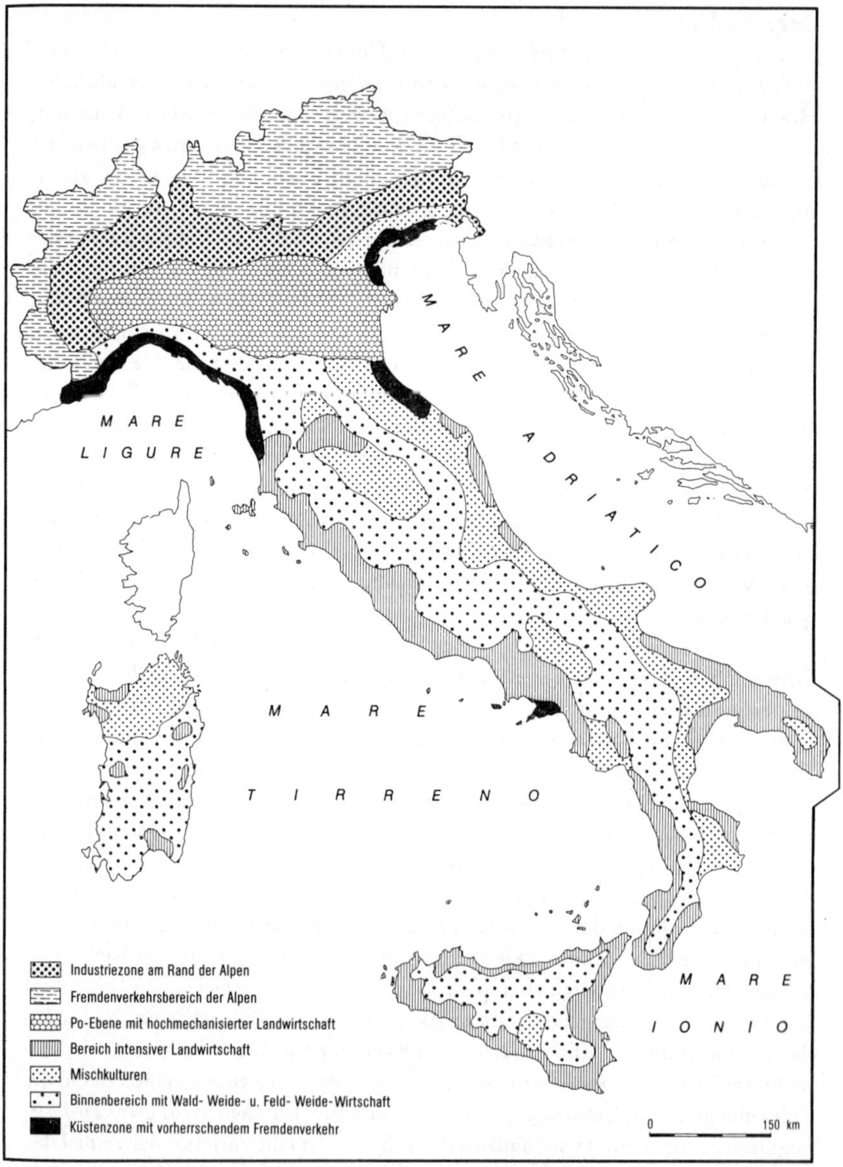


*Fig. 70: Gliederung Italiens nach vorherrschender oder charakteristischer Wirtschaftstätigkeit.* Aus FORMICA 1976, S. 159.

Bozen) und Friaul Beispiele für Sonderlandschaften mit einer Bevölkerung, die eigene Sprachen und Kulturen aufweisen. Autonomieverträge haben dieser Situation mehr oder weniger weitgehend Rechnung getragen.

Die Alpen werden immer mehr vom Freizeit- und Fremdenverkehr in Anspruch genommen. In den entlegeneren, von ihm weniger berührten Teilen der italienischen Alpen ist die Gebirgsentvölkerung weit fortgeschritten und bedroht die Existenz der Almwirtschaft.

Die Bedeutung der Alpen als Lieferant hydroelektrischer Energie und als Durchgangsraum für den auf einige Pässe zusammengedrängten Verkehr mit West- und Mitteleuropa ist nicht zu übersehen. Im scharfen Gegensatz zu der übermäßig beanspruchten und vielfach degradierten Umwelt der nördlichen Padania steht die noch weitgehend im Gleichgewicht der Naturprozesse stehende Gebirgswelt, die es dringend zu bewahren gilt, zum Beispiel gegenüber übertriebenen Ansprüchen von Verkehr und Fremdenverkehr.

Im *Nordapennin* beginnt der sich bald nach Süden verbreiternde Binnen- und Gebirgsbereich mit Wald-Weide- und Feld-Weide-Wirtschaft, der sich durch die Halbinsel hindurchzieht und auch das Innere der großen Inseln bestimmt. Böden auf Tongestein wie im Emilianischen Apennin sind stark von der Erosion betroffen und oft von Calanchi und Frane verheert. Die sich hier stellenden Aufgaben zur Eindämmung des hohen Bodenabtrags durch Aufforstung und Gewässerverbauung sind nur unter höchsten Anstrengungen zu leisten. In den schroffen, hochgebirgsartigen Apuanischen Alpen ist das tiefere Stockwerk im geologischen Aufbau des Nordapennins mit metamorphen Kalken, die als Marmor abgebaut werden, freigelegt. Die Entvölkerung der Gebirgsdörfer ist weit fortgeschritten, und dadurch ist der Kontrast zu den verkehrsreichen Talungen und den Städten mit ihrer Industrie noch verstärkt worden. Die Wirkung des Nordapennins als Klimascheide drückt sich aus in dem wintermilden Klima der Riviera di Ponente und der Riviera di Levante mit ihren Blumenkulturen, mit Weinbau und ganzjährigen Kurorten altüberkommenen Fremdenverkehrs. *Genua* ist an den Standort eines Kunsthafens am schmalen Küstensaum gebunden und in seiner räumlichen Entwicklung durch das steile Gelände und enge Täler behindert. Die gute Verkehrsanbindung Genuas und überhaupt Liguriens an Turin und Mailand sowie die Bildung des Industriedreiecks in Nordwestitalien haben nicht verhindern können, daß Stadt und Hafen ebenso wie die gesamte Region in der Bevölkerungs- und Wirtschaftsentwicklung stagnieren.

Erst vom südlichen Teil des *Nordapennins* ab wird der bisher geschlossene Gebirgszug von großen und kleinen Binnenbecken unterbrochen, in deren größtem sich der Industrieschwerpunkt der Toskana mit der Städtereihe Florenz–Prato–Pistoia befindet, der noch in Verbindung mit intensiver Landwirtschaft steht. Durch dieses Becken und die anschließende Chianasenke mit dem flachen Trasimenischen See führt der Längsverkehr durch die Halbinsel mit Eisenbahn und Autobahn. An den Kalkgebirgsstöcken der Abruzzen werden die höchsten

Höhen des gesamten Apennins erreicht, und dort sind weitere intramontane Bekken eingelagert, in denen alte Städte wie L'Áquila und Sulmona durch Industrieansiedlung gefördert wurden. Andere, einst auf Landwirtschaft, Weidewirtschaft und Kleingewerbe begründete Städte mit ihren historischen Altstädten konnten an dieser Entwicklung nicht teilhaben oder leiden immer wieder unter Erdbeben, denen diese tektonischen Becken besonders ausgesetzt sind. Die nur punkthaft errichteten Fremdenverkehrseinrichtungen im Gebirge dienen dem Großstädter im Rahmen des Wintersports und stehen oft in Verbindung mit Standorten von Zweitwohnsitzen. Mit der Abwanderung der Bevölkerung aus hochgelegenen Dörfern sind erhebliche Ackerlandflächen brachgefallen, die zum Teil beweidet werden, aber noch zu selten zur Aufforstung kamen. Die Wanderherdenwirtschaft mit Schafen war weiter als heute verbreitet, bestimmt aber weiterhin den Charakter der Kulturlandschaften des hohen Apennins. Naturnahe Wälder sind nicht nur im Abruzzen-Nationalpark zu finden. Karstquellen am Rande der Täler und Becken sind wichtige Siedlungsgrundlagen im dünn besiedelten Gebirge, und sie versorgen zum Teil schon seit der Antike auch die Hauptstadt Rom mit Trinkwasser. Stauseen sichern die Wasserversorgung in der sommerlichen Trockenperiode und dienen daneben der Energiegewinnung und dem Hochwasserschutz.

In den Berg- und Hügelländern mit Tertiärsedimenten westlich der vom oberen Tiber und oberen Arno durchzogenen Beckenreihe ist die einst bestimmend gewesene Mischkultur mit ihren Reben- und Ölbaumreihen auf Weizenfeldern heute im Verschwinden begriffen oder schon durch Monokulturen ersetzt worden. Einzelgehöfte und Villen liegen wie die Dörfer und die enggebauten, ummauerten Kleinstädte auf Anhöhen. Im Tertiärhügelland der adriatischen Seite bieten nur Sandsteinschichten inmitten der Tongesteine sichere Siedlungsplätze. Wegen der tiefen Zertalung der Landschaft ist der Nord-Süd-Verkehr dort auf den immer wieder unterbrochenen, weniger als einen Kilometer breiten Küstenstreifen beschränkt gewesen und erst durch den Bau der Adria-Autobahn erleichtert worden. Dadurch konnte auch der Badetourismus weiter südwärts vordringen und machte aus nicht mehr leistungsfähigen Fischereisiedlungen lebhafte Fremdenverkehrsorte. In einige Talungen hinein breiteten sich von der Küste her Industrieflächen aus, gefördert durch entsprechende Programme für den Mezzogiorno, zu dem die Region Abruzzen gezählt wird.

Im *tyrrhenischen Apenninenvorland* sind das Toskanische Erzgebirge und andere Gebirgsgruppen von Sedimenten des Pliozänmeeres umgeben, auf deren Böden der Weizenanbau überwiegt. Phantastisch und wild anmutende Formen hat die Erosion mit den vegetationslosen Runsen, den Calanchi, und den Steilwänden der Balze wie bei Volterra geschaffen oder in den Crete von Siena. Reichtum an Erzen, die an Wert gewinnen könnten, und die nutzbare Erdwärme sind die Äußerungen des erloschenen Vulkanismus in dem Bruchschollenland auch am M. Amiata. Die Insel Elba hat heute weniger durch ihre Eisenerze als durch den Fremdenverkehr Bedeutung. Piombino gegenüber auf dem Festland ist ein isolierter Industriestandort. Jüngerer, ebenfalls nicht mehr aktiver Vulkanismus schuf die Tufftafeln, Vulkankegel, Kraterwälle und Seen, die das Vorland des Apennins in Latium charakterisieren. Wo der Kalkapennin am Golf von Gaeta an die Küste herantritt, dort beginnt der Vulkanismus Kampaniens, mit dessen wiederauflebender Aktivität stets zu rechnen ist.

Von Vorgebirgen, oft ehemaligen Inseln, unterbrochen, folgen südlich der Versilia am Fuß der Apuanischen Alpen mehr oder weniger breite Küstenebenen aufeinander. In den einst offenen, später verlandeten und von Strandwällen abgedämmten Mündungsbuchten von Arno, Ombrone, Tiber, Volturno und Sele, die ihre charakteristische Ausbildung in den Maremmen der südlichen Toskana und in Latium erfahren haben, sind nach der Trockenlegung und mit der Bodenreform geplante Siedlungs- und Agrarräume entstanden. In Wechselbeziehung miteinander und auch in Konkurrenz entwickelten sich die von Landwirtschaft, Industrie, Hafenausbau oder Fremdenverkehr bestimmten Orte.

Ländliche Siedlung und Landnutzung erhielten in der Toskana, in Umbrien und darüber hinaus über die Emília bis Venetien ihre Prägung durch das Pachtverfahren der Mezzadria und die Mischkultur. Dazu gehört der Typ der toskanischen Stadt, deren Bürger die Grundbesitzer waren oder noch sind. Kennzeichnend für das Bild der Landschaft sind hochgelegene Villen und verstreute Einzelgehöfte. Die Umstellung auf reinen Qualitätsweinbau ist weithin erfolgt. Vielfältiger ist der Anbau im Vulkangebiet von Latium und noch abwechslungsreicher in Kampanien mit Obstbau und Spezialkulturen wie an den Vesuvhängen und in der kampanischen Ebene mit Gemüse im Bewässerungsanbau. Alte Kleinstädte mit ihren Burgen auf Tufftafeln oder Anhöhen haben oft lebhafte Neusiedlungen unterhalb im verkehrsreichen Tal erhalten, manche sind aufgegeben und dem Verfall preisgegeben worden, andere bemühen sich, ihre mittelalterlichen Stadtbilder und Kunstschätze dem Fremdenverkehr zugänglich zu machen, ohne doch mit den Brennpunkten in Pisa, San Gimignano, Siena oder Viterbo konkurrieren zu können.

Im tyrrhenischen Apenninenvorland liegen heute die Schwerpunkte von Bevölkerung, Wirtschaft und Verkehr von *Mittelitalien* und des *nördlichen Süditalien* mit Florenz, Rom und Neapel. Der noch wenig intensiv bewirtschaftete und dünn besiedelte Agro Romano bildet eine Ausnahme. Der Agro Pontino dagegen ist heute in der Nachbarschaft von Rom und in seinen Städten weniger von der Landwirtschaft in dem mühsam entwässerten und kolonisierten, ehemaligen Sumpfgebiet geprägt als durch meist moderne Industrie, die hier im ›Norden des Mezzogiorno‹ kräftige Förderung erfuhr. *Rom* besitzt nicht den Vorteil besonderer Lagegunst im Tibertal zwischen den Hügeln und Tufftafeln und hat wenig Beziehung zum nahen Meer, auch nicht durch den Tiber, sieht man von der Bebauung der Strände mit Freizeit- und Zweitwohnungen ab. Zur Metropole wurde die alte Stadt durch ihre Hauptstadtfunktionen seit 1870, nicht durch begleitende Industrieansiedlung. Mit der Zuwanderung vor allem aus dem Süden erlebte sie nach dem Zweiten Weltkrieg einen gewaltigen und ungeplanten Bauboom. Dennoch ist die Hauptstadt nicht nur durch den Sitz der Regierung und den Vatikan, durch Pilger- und Fremdenverkehr und andere Funktionen bestimmt, sondern hat heute neben Mailand auch zunehmende Bedeutung im Wirtschaftsleben, besonders wegen der staatlichen Großunternehmen.

Der Platz von *Neapel* ist seit der Zeit Großgriechenlands mit seinem Naturhafen an der von Bruchlinien begrenzten Küste mit tiefem Wasser bevorzugt worden, trotz häufiger Erdbeben und Vulkanausbrüche. Noch 1901 war Neapel die an Einwohnern reichste Stadt Italiens und ihr Umland mit der höchst produktiven Landwirtschaft in der kampanischen Ebene, mit vielfältigem Gewerbe und früher Industrieentwicklung der am dichtesten bewohnte Landesteil. Heute erleidet Neapel das Schicksal vieler anderer alter Großstädte, in denen sich die zu bewältigenden Probleme häufen und sich gegenseitig verschärfen. ›Vedi Napoli e poi muori‹ klingt heute anders, angesichts der dichten Bevölkerung, ihrer Armut, mit Kriminalität, Schattenwirtschaft und den Problemen des Verkehrs, des Handels, des Hafens, der Industrie, der Abwässer und des Fremdenverkehrs. Ist der Niedergang Neapels aufzuhalten? Es wird seine Anziehungskraft behalten, auch als Brennpunkt des Fremdenverkehrs dank der einzigartigen Lage und der benachbarten Inseln Prócida, Ischia und Capri sowie der Halbinsel Sorrent.

Im *Kampanisch-Lukanischen Apennin* stehen sich kahler Kalkapennin und bewaldeter oder landwirtschaftlich genutzter Flyschapennin auch mit ihren Auswirkungen im Siedlungsbild schroff gegenüber. Nur dort, wo große Talungen oder Grabensenken wie im Vallo di Diano eingeschaltet sind, bieten sich günstige Agrarräume mit hochgelegenen Dörfern an den Rändern. Klein- und Kleinstbetriebe wurden durch heimgekehrte Auswanderer vermehrt. Ausdruck stärkerer Besiedlung im Flyschgebirge sind enggebaute Höhendörfer mit Großgemarkungen, die auf anstehendem Sandstein Baugrund fanden, der sie vor Frana-Rutschungen bewahrt, nicht jedoch vor der Erdbebengefahr. Die Gebirgslandwirtschaft bietet bei der kurzen Vegetationszeit zwischen Winterkälte und Sommertrockenheit wenig Möglichkeiten, ausreichende Ernten zu erzielen. Dies erklärt zum guten Teil die seit langem anhaltende Aus- und Abwanderung.

Im Hinterland des *Golfs von Tarent* liegen auf Tafelrücken, oft mehr als 200 m über den einst malariaverseuchten breiten Talungen, große Dörfer und Städte oberhalb der großflächig von Calanchi zerstörten, jetzt immer mehr durch Aufforstungsterrassen geschützten Hänge. Der altüberkommene Großgrundbesitz ist teilweise Bodenreformsiedlungen gewichen. Erdgasfunde führten im Basentotal zu Industrieansiedlungen.

Das *Apulische Vorland* bestimmt den Südostraum der Apenninenhalbinsel. Jenseits der welligen Ebene des Tavoliere und des vom Brádano durchflossenen pliozänen Hügellandes erheben sich mit steilen Bruchstufenrändern das Kreidekalkmassiv des M. Gargano bis über 1000 m und die Kreidekalkhochflächen der Murge bis fast 690 m. Zur karstbedingten Trockenheit kommt noch der meist geringe Niederschlag, weshalb die apulische Fernwasserversorgung an die Selequellen angeschlossen worden ist. Die ehemaligen Eichenwälder und die Macchie der Murge haben bis auf kleine verarmte Reste dem Weideland und steinigem, nur gelegentlich genutztem Ackerland Platz gemacht. Noch sind stellenweise die breiten Tratturi aus der Zeit der Herdenwanderungen erkennbar. Aus Lesesteinen wurden Mauern um Felder und Weideflächen und die charakteristischen Feldhütten errichtet. In der Murgia dei Trulli dienten Kalksteinplatten auch dem Wohnhausbau. Die Terrassenflächen der nordöstlichen Abdachung in der Terra di Bari werden mit Baumkulturen, mit Mandel- und Ölbäumen, mehr und mehr mit Reben für Wein und Speisetrauben, bei Bewässerungsmöglichkeit auch mit Gemüsearten bestellt. Zentren der Großgemarkungen mit ihrem einzigartigen Radialnetz der Feldwege und Straßen sind die Città contadine oder Agrostädte mit bis zu 50 000 Einwohnern. Mit der Bodenreform kamen Streusiedlungen und Einzelhöfe innerhalb vieler Gemarkungen dazu. Bari konnte wie Bríndisi unter den zahlreichen Hafenorten außer in Verwaltung und Handel auch als Industriestandort große Bedeutung erlangen. Tarent erhielt zum bestehenden Marinehafen ein besonders großes Stahlwerk, dessen Errichtung der Wirtschaftsförderung im Mezzogiorno dienen soll.

Der klimatischen und der edaphischen Trockenheit zum Trotz wird die flache *Salentinische Halbinsel* fast vollkommen agrarisch genutzt; sie ist recht dicht besiedelt. Hier liegen die größten Tabakanbauflächen Italiens. In großen Dörfern leben Kleinbauern und Tagelöhner, die auf Gutshöfen, den *masserie*, beschäftigt sind. Die vielen kleinen Orte im Inneren bei Ótranto wurden in starkem Maß von der Auswanderung betroffen. Die Küstensäume haben in jüngster Zeit auch hier eine teilweise radikale Umgestaltung erfahren, nachdem die Küstensümpfe trokkengelegt und Straßen gebaut waren. Die günstigsten Plätze erfuhren nicht zuletzt wegen des sauberen Meerwassers eine kaum gesteuerte Fremdenverkehrsentwicklung. Die kleinen Fischerorte verloren ihre Eigenheiten im Lauf der allzu raschen Bautätigkeit.

Auf den Terrassenflächen, die den Golf von Tarent begleiten, ist das ehemalige Großgrundbesitzland mit seinen Weidewirtschaftsgehöften nahezu völlig umgestaltet worden. Die einst versumpfte Küstenebene wurde Bodenreformgebiet mit Neusiedlungen. In bester Anpassung an den Markt haben geeignete Kulturen Eingang gefunden. Agrumen werden auf feuchten Talböden und Gemüse, Erdbeeren, Futterpflanzen und Zuckerrüben auf bewässertem Land angebaut. Altberühmte Auwälder wie am Sinni sind stark reduziert worden, Dünenstreifen mit Macchie-Vegetation wurden mit Aleppokiefern aufgeforstet. Langsam dringt auch auf die ionische Küste von Großgriechenland der Fremdenverkehr vor.

Der *Kalabrische Apennin* zeigt in seinen Kernräumen allgemein Mittelgebirgscharakter mit den sich über steile Flanken erhebenden kristallinen Massiven, ihren Hochflächen und sanften Rücken. Häufige Erdbeben erweisen die Andauer endogener Vorgänge. Tertiärhügelländer sind angelagert, und zwischen dem breiten Silablock und der schmalen Küstenkette ist die Senke des Cratigrabens mit jungen

Sedimenten erfüllt. Steilhänge werden von geröllführenden Wildbachtälern zerschnitten. Hochwasser gefährden bei winterlichen Starkregenfällen Verkehrswege und Siedlungen, weshalb schon beim Eisenbahnbau und dann bei der Konstruktion der Autobahn höchste Anforderungen an die Ingenieurskunst gestellt wurden.

Auf den Hochflächen der Sila stehen Buchen- und Schwarzkiefernforsten in den seit der Antike berühmten Waldungen, den größten Süditaliens. Hohe Winterniederschläge ermöglichten die Anlage von Stauseen, deren hydroelektrische Energien vorwiegend von den Industriebetrieben von Crotone genutzt werden. Für Sommererholung und Wintersport werden Sila und Aspromonte aufgesucht, gefördert durch neue Straßen und Fremdenverkehrseinrichtungen. Das in seiner landwirtschaftlichen Nutzung von der Natur aus benachteiligte Silagebiet war wegen seiner Großgrundbesitzstruktur nach heftigen Unruhen Anlaß zu ersten Bodenreformmaßnahmen nach dem Zweiten Weltkrieg. Heute sind als Folge der Auswanderung weite ehemalige Ackerflächen im Gebirge aufgegeben und vom Adlerfarn überwuchert worden. Unterhalb von 700 m Höhe sind die terrassierten Hänge mit Ölbäumen bestanden, die wie Wälder erscheinen, da sie nicht wie in Apulien geschnitten werden. Im Tertiärhügelland bestimmen Ölbäume und Weizenfelder das Bild, das noch an die frühere Herrschaft des Großgrundbesitzes erinnert. Durch Mauern gegen die Hochwasser geschützt, liegen Agrumenhaine tief im Innern der schmalen steilwandigen Täler des Aspromonte, wo vielfältige Sorten, darunter Bergamotte, zur Herstellung von Essenzen angebaut werden.

Die Küstenzonen *Kalabriens,* die wenigen Ebenen und die Talgründe waren jahrhundertelang malariaverseucht und gemieden, sie wurden nur zeitweise von Hirten mit ihren Herden aufgesucht. Die Bevölkerung lebte sicher vor Malaria und Piraten in Höhensiedlungen und am Gebirgsfuß wie am Rande des Cratigrabens, was auch für Städte, die Altstadt von Cosenza und Catanzaro, gilt. Manche Orte sind nach dem verheerenden Erdbeben von 1783 in schematischer Weise angelegt worden. Als Neusiedlungen haben sich die Marina-Orte an der Küste unterhalb der Höhendörfer in jüngster Zeit stark entwickelt. Die Bevölkerung wanderte – wenn nicht nach Norditalien oder ins Ausland – seit Ende des 19. Jh. an die Küsten und an die Straßen- und Bahnlinien ab, die Höhensiedlungen den alten Bewohnern überlassend und schließlich dem Verfall preisgebend. Der Fremdenverkehr hat die ferngelegenen, noch sauberen Küsten kaum berührt, jedoch sind schon einige Plätze für den Tourismus modern ausgebaut worden.

Innerhalb des Inselgroßraumes *Sizilien* müssen die Gebirge und Hügelländer von den Tafelländern, den Küsten- und Schwemmlandebenen unterschieden werden. Diese zweite Gruppe umfaßt die meist dicht besiedelten, intensiv agrarisch genutzten und mit einigen Industriestandorten besetzten Bereiche. Hier liegen die Hauptstadt der Region, Palermo, und die meisten Provinzstädte, die den Typ der ›Baronalstadt‹ oder der süditalienischen Stadt vertreten. Die erste Gruppe physisch-geographischer Bereiche bildet den davon scharf abgesetzten Binnenraum, der die meisten Probleme im Hinblick auf Bevölkerung, Siedlung und Wirtschaft birgt und schon von der Naturausstattung her benachteiligt ist.

Innersizilien erscheint mit Ausnahme des Ätnabereichs dem Reisenden fast unbesiedelt, weil die Dörfer und Städte auf fernen Höhenrücken und Kuppen bis auf 1000 m Höhe liegen und als einwohnerreiche Agrostädte große Gemarkungen besitzen. Das bis auf Teile der Nordkette nahezu waldfreie Land dient trotz mancher Umstellung auf Weinbau mit Speisetraubenerzeugung noch immer überwiegend dem Anbau von Weizen, der im Wechsel mit Saubohne und Sullaklee erfolgt. Trotz mannigfacher, aber auch von Fehlschlägen begleiteter Erfolge der Bodenreform sind die Nachwirkungen des jahrhundertelangen Großgrundbesitzes noch erkennbar. Nach fast völliger Einstellung des Schwefelbergbaus in Miozänsedimenten haben die Steinsalz- und Kalilagerstätten an Bedeutung gewonnen.

Wegen seiner großen Höhe und Ausdehnung ist der immer wieder tätig werdende Ätna in zwei große Landschaftsstufen zu gliedern, die unteren, reich besiedelten und genutzten Hänge bis 1000 m Höhe und nach einer Übergangsstufe mit Wäldern und Weideland bis 2000 m die steilen Lava-, Schlacken- und Aschenhänge der Höhen. Die Fußstufe wird von Kleineigentümern intensiv mit Hilfe von Terrassenanlagen und Bewässerung aus Rückhaltebecken gepflegt und im Obst-, Wein- und Gemüsebau genutzt. Zu den sizilianischen Vulkangebieten gehören nicht mehr die als eigene Provinz abzusondernden *Liparischen* oder *Äolischen Inseln* mit dem tätigen Strómboli, von denen einige durch ihre Weine berühmt wurden. Viel Kulturland ist auf den Inseln inzwischen mit der Ab- und Auswanderung aufgegeben worden. Energie- und Wassermangel bieten auf den im Sommer durch Sonnenschein begünstigten, aber trockenen Inseln angesichts des Fremdenverkehrs, der stellenweise stark Fuß gefaßt hat, nur schwer und kostspielig zu lösende Probleme.

Im Südosten Siziliens sind am Rand der Hybläischen Tafel erschlossene Erdölvorkommen um Ragusa Standortfaktor für eine Erdölindustrie geworden. Wie in Südkalabrien trifft man hier auf die erstaunlichen Wiederaufbauleistungen nach einer Erdbebenkatastrophe, hier der von 1693, oder die Neugründung von Städten wie Noto und Ávola. Am Fuß der Tafel und in einigen Tälern und auf Schwemmlandebenen wird ein außerordentlich intensiver Gemüseanbau in Gewächshäusern betrieben. An der Westküste Siziliens bilden schwach gewellte Ebenen ein Tafelland. Meeressalinen waren leicht anzulegen. Weinbau und andere Intensivkulturen sowie Streusiedlungen bestimmen das Landschaftsbild. Mazara del Vallo hat einen der wichtigsten Fischereihäfen Italiens. Im Binnenland Südwestsiziliens werden noch lange die Folgen der Erdbebenkatastrophe, die 1968 das Bélicetal betroffen hat, nachwirken.

Bereiche dichter Besiedlung sind auch die tyrrhenischen und ionischen Küstenstreifen Siziliens mit ihrem Wechsel von Hügelspornen, Felsenkliffs und kleinen Schwemmlandebenen, Meeresterrassen und schroffen Kalksteinbergen sowie mit ihrem vielfältigen Mosaik der Bodennutzung. Aus der Conca d'Oro wurde die namengebende Agrumenkultur von der Ausbreitung der Hauptstadt Palermo und deren Wasserbedarf verdrängt. Schuttreiche Fiumaretäler durchbrechen die Küstenzone vom Gebirge her. Obst- und Agrumenhaine auf feuchten oder bewässerten, Ölbäume auf trockenen und terrassierten Standorten wechseln sich ab. Die Wintermilde begünstigt subtropische Kulturen und zieht den Fremdenverkehr an, wenn auch noch nicht im erhofften Ausmaß, da er seine Schwerpunkte im Sommer, in und um Palermo und Taormina besitzt. Der unerhörte Reichtum an Schätzen der Kunst und Architektur seit den Zeiten Großgriechenlands macht die Rundreise für den Fremden zur Pflicht, die durch neue Autobahnen erleichtert wird. Die Schwemmlandebenen von Catania und von Gela, einst unbesiedelte Gebiete mit ungeregelter Entwässerung und Malariagefahr, sind für den Anbau erschlossen und tragen vielfältige Kulturen. Randlich konnten Agrumenflächen in die Simetoebene vorgeschoben werden und dies große Apfelsinenanbaugebiet zwischen dem Südfuß des Ätna und dem Nordfuß der Hybläischen Tafel beträchtlich erweitern. Die Industrie in Südostsizilien befindet sich mit ihren Küstenstandorten und Häfen zum Erdölimport bei Gela wie bei Syrakus-Augusta mit Erdölraffinerien und petrochemischen Anlagen sowie der davon ausgehenden Luft- und Wasserverschmutzung in Konkurrenz zu den Bestrebungen, den Fremdenverkehr zu fördern.

Wie in Sizilien und auf dem italienischen Festland stehen sich auch in *Sardinien* Gebirgsrelief und Ebenen gegenüber. Im Unterschied zum übrigen Italien gibt es weite Hochflächen, wie im Gennargentumassiv mit metamorphen Schiefern und im Nordosten die von Granit aufgebaute Kuppenlandschaft der Gallura. Ein unruhiges Steilrelief besitzt dagegen das paläozoische Iglesiente-Gebirge. Außer in Küsten- und Schwemmlandebenen, wie in der Grabensenke des Campidano, findet sich ebenes Land auch auf Basalt- und Kalksteintafeln. Wo die sauren Böden auf kristallinen und metamorphen Gesteinen wenig Ackerland bieten, erhielt sich die seit Jahrtausenden überkommene Hirtenkultur. Rinder- und Ziegenweidewirtschaft überwiegt in der Gallura mit ihren Korkeichenwäldern bei weitständiger Einzelhofsiedlung. Die von Südwesten her eingreifende Tirsotalung wurde als besonders malariagefährdet gemieden. Dort liegen Dörfer am Hang der Gocéanu-Kette. Heute sammelt der Omodeo-Stausee die Winterniederschläge und liefert Energie auch für den problemreichen Industriestandort Ottana, der der Hirtenbevölkerung neue Lebensmöglichkeiten bieten sollte. Fast reines Sommerweidegebiet von Schafherden ist das entwaldete Gennargentumassiv.

Am Rande des dünn besiedelten Gebirges im Südosten Sardiniens erfolgt in den kleinen, einst versumpften Küstenebenen nach der Bodenreform marktorientierter Anbau. In tief eingeschnittenen Tälern liegen Talsperren. Dicht besiedelt ist die kleine Ebene von Tortolì mit dem Hafen Arbatáx.

Südwestsardinien enthält in kambrischen Kalken und Dolomiten des Iglesiente Zinkerze und silberführende Bleierze, die schon in vorgeschichtlicher Zeit abgebaut wurden. Der Bergbau hat mit seinen Abraumhalden die Landschaft stark verändert. Die Förderung der eozänen Kohle von Sulcis hatte die Gründung der Stadt Carbonia zur Folge. Auf der Kohlebasis arbeiten ein Wärmekraftwerk und die Großindustrie von Portovesme. Auf Basaltlaven der vorgelagerten Inseln Sant'Antìoco und San Pietro gedeiht der Weinbau.

Der Nordwesten Sardiniens wird weithin von Basalt- und Trachythochflächen beherrscht, die sich mit dem bewegteren Relief im Bereich miozäner Mergel abwechseln. Über das Weideland mit seinen Macchien auf den vulkanischen Decken ist ebenso wie über das Ackerland auf Miozänböden ein Netz von Lesesteinmauern gebreitet. Einen alten Vulkankomplex für sich stellt der teilweise bewaldete M. Ferru dar. Die bäuerliche Bevölkerung lebt zum Teil in regelmäßig angelegten Dörfern. Die Provinzhauptstadt Sássari liegt auf der küstenwärts geneigten Kalksteinfläche, die reiche Ölbaumhaine und bewässertes Ackerland trägt. Ihr Hafen, Porto Torres, hat Raffinerien und petrochemische Industrie. In der Nurra ist noch beweidete Macchie mit Zwergpalmen verbreitet, daneben werden in der bewässerbaren Bonificalandschaft neben Baumkulturen eine Vielzahl von Handelspflanzen angebaut.

Zwischen dem zentralen Bergland und der Campidanoebene breitet sich ein Miozänhügelland aus, das von den Tafelbergen der Giare beherrscht wird, an deren Hängen Mandelhaine und Weinberge liegen. Breite Schuttfächer und Fußflächen begrenzen die einst versumpfte Schwemmlandebene des Campidano, der besonders von der Malaria betroffen war. Um große Dörfer an seinem Rande breiten sich kleinparzellierte Fluren der Klein- und Mittelbetriebe. Mit Kanalwasser aus dem Flumendosagebiet konnte die aus Brunnen bewässerte Fläche erweitert werden. Bodenreformfluren im Bereich ehemaliger Seen und Macchien fallen durch Windschutzanlagen aus Pappel- und Eukalyptusreihen auf. Meeresnahe Seen und Lagunen dienen bei Oristano dem Fischfang, bei Cágliari der Meersalzgewinnung. Zum Industriestandort Cágliari kam die benachbarte petrochemische Industrie von Sarróch mit Porto Foxi.

Die Küsten Sardiniens sind zu drei Vierteln Steilküsten, was erklären könnte, daß die Bevölkerung wenig Beziehung zum Meer hat. Thunfischfang und Korallenfischerei wurden oder werden nicht von einheimischen Fischern betrieben. Die malerische Riasküste im Granit der Gallura ist als ›Smaragdküste‹ dem Fremdenverkehr und Jachttourismus erschlossen worden. Eine ähnliche Entwicklung erfuhren andere kleine Buchten wie die von Porto Conte bei Alghero. Das Binnenland ist durch Schnellstraßen erschlossen und erlaubt den Besuch der Stätten der Nuraghenkultur und der mit dem übrigen Italien nicht vergleichbaren eigentümlichen Landschaften.

Diese kurzgefaßte Übersicht konnte bei der Mannigfaltigkeit der Natur- und Kulturlandschaften der Apenninenhalbinsel und der Inseln nur einige Grundzüge aufzeigen, die sich leicht aus den vorstehenden Kapiteln zur physischen Geographie und zur Kulturgeographie ergänzen lassen, deren Inhalt keiner Wiederholung bedarf. Dem Leser mit Kenntnissen der italienischen Sprache seien hier noch einmal zwei Werke empfohlen, die Landschaftsschilderungen mit Erläuterungen enthalten und reich mit Karten- und Bildmaterial ausgestattet sind: ›Il Paesággio‹ von A. SESTINI (1963) und ›I Paesaggi umani‹ (TCI 1977).

# LITERATURVERZEICHNIS

## 1. Anmerkungen zur Literatur

Eine der Aufgaben, die der Länderkunde gestellt sind, besteht darin, Anregungen zu weiterem Eindringen in die behandelten Themenbereiche und Fragestellungen und zu einzelnen, oft nur kurz erwähnten Phänomenen zu geben. Es sollte dem Leser möglich sein, ohne langes Suchen in zitierten Werken die benutzen Quellen aufzufinden. Dadurch können zukünftige Studien und Forschungen zur Geographie Italiens nicht nur angeregt, sondern auch unterstützt und gefördert werden. Der kleine Nachteil, der darin besteht, daß der Text immer wieder durch Namen der Verfasser, deren Ergebnisse oder Meinungen hier mitgeteilt werden, unterbrochen wird, dürfte dem praktischen Vorteil dieses Verfahrens gegenüber in Kauf zu nehmen sein. Weil auf diese Weise die direkte Beziehung zur Literatur gewahrt bleibt und außerdem im Anschluß an einzelne Abschnitte über Forschungsstand und Literatur kommentierend berichtet wird, darf das Literaturverzeichnis in alphabetischer Folge geboten werden. Das ist auch deshalb möglich, weil diese Länderkunde keine regionalen Darstellungen enthält und die sich enger auf einzelne Regionen beziehende Literatur wegfallen durfte, wenn sie nicht in anderem Zusammenhang Verwendung fand. So enthält das Verzeichnis nur die an irgendeiner Stelle des Buches erwähnte und benutzte Literatur, weil dies die einzige Möglichkeit ist im Blick auf die ungemein große Fülle an Publikationen jeder Art, weit über geographische Veröffentlichungen hinaus, die für eine länderkundliche Darstellung Beiträge leisten.

Bei jeder Literatursuche sind selbstverständlich die sachlich und regional ausgerichteten Bibliographien und die laufenden Fachzeitschriften besonders hilfreich. Deshalb seien diese und andere wichtige Quellenwerke zusammengestellt:

Nach dem Beginn 1900 und 1905 erscheinen seit 1925 die Hefte der ›Bibliografia geográfica della Regione Italiana‹ bei der Società Geográfica Italiana in Rom. In systematischer Anordnung nach Sachgebieten werden über das ganze Land hin auch nichtgeographische Veröffentlichungen angeführt und in sorgfältiger Auswahl im Zusammenhang kurz besprochen, wodurch gleichzeitig ein Überblick über den Forschungsstand gegeben wird. Die notwendigen Regional- und Sachindices erscheinen in Dezennien. Der staatliche Forschungsrat (CNR) förderte die Bearbeitung und Herausgabe der Reihe ›Collana di Bibliografie Geográfiche delle Regioni Italiane‹. In Neapel sind 1959–1971 15 Bände für einzelne Regionen erschienen. Spezielle Bibliographien gibt es unter anderem für den Bereich der Siedlungen (Lucchetti 1954), der Städte (Emiliani-Salinari 1948 u. 1956), der Geologie (CNR), der Bevölkerungswissenschaft (Golini 1966), der Hausformen (De Rocchi Storai 1968). Für die Historische Geographie von Bedeutung sind auch die ›Bibliografia stórica nazionale‹ (Rom 1942 ff.) und eine Bibliographie zur Geschichte der italien. Landwirtschaft (Caroselli 1964). Bibliographie und Forschungsbericht für die Zeit vor und nach 1960 sind die Bände ›Un sessanténnio di ricerca geográfica italiana‹ (Hrsg.: Soc. Geogr. It. 1964) und ›La ricerca geográfica in Italia 1960–1980‹ (Corna-Pellegrini u. Brusa, Hrsg., 1980). Zur wichtigsten englischsprachigen Literatur mit anthropogeographischen Themen vgl. KING (1982 a).

Aus der Zeit vor der Bildung des Einheitsstaates sind einige Regionaldarstellungen für die Historische Länderkunde von Wert, wie die von L. GIUSTINIANI: ›Dizionário geográfico ragionato del Regno di Napoli‹, 10 Bde. Neapel 1797–1805, A. LA MARMORA: ›Voyage en Sardaigne de 1819 à 1825 ou description statistique, physique et politique de cette île‹ (1826) und ›Itinéraires de l'île de Sardaigne‹ (1860); E. REPETTI: ›Dizionário geográfico físico stórico della Toscana‹, 6 Bde. Florenz 1835–1841; C. CATTANEO: ›Notízie naturali e civili sulla Lombárdia‹ (1844). Daneben ist das monumentale 17bändige Werk von A. ZUCCAGNI ORLANDINI bemerkenswert: ›Corografia stórica e statística dell'Italia e delle sue ísole‹ (1848–1855). Die beiden Sizilien seiner Zeit schilderte J. M. GALANTI in seiner ›Nuova descrizione storica e geografica delle Sicilie‹ (1786–1790), ein Werk, das schon 1790, übersetzt von C. J. JAGEMANN, in Leipzig erschien: ›Neue historische und geographische Beschreibung beider Sizilien‹.

Nach 1870 wurde die geographische Arbeit mit der Bereitstellung von Material durch die Behörden und staatliche Institutionen wesentlich bereichert und erleichtert. Als klassisches Werk gilt ›Il bel paese‹ von STOPPANI (1875), neu herausgegeben von SESTINI (1939). Von T. FISCHER (1893) besitzen wir die erste größere Darstellung Italiens in deutscher Sprache, die unter dem Titel ›La Penísola Italiana‹ 1902 unter Mitarbeit italienischer Geographen veröffentlicht wurde. Das große Interesse der Zeit an der antiken Geographie des Landes wurde in der zweibändigen ›Italischen Landeskunde‹ von NISSEN (1893 u. 1902) deutlich, einem für die Kulturlandschaftsgeschichte grundlegenden Werk. MARINELLI (1902) widmete Italien einen umfassenden Band in der Reihe ›La Terra‹. Nach FISCHER folgte schon 1898 die Länderkunde des Geologen DEECKE, der über die geographische Beschreibung hinaus auch Geschichte, Verwaltung und kulturelle Einrichtungen einbezog. P. D. FISCHER (1901) betrachtete in ›Italien und die Italiener‹ die politischen, wirtschaftlichen und sozialen Verhältnisse vor allem auf statistischer Grundlage. Alle diese Werke sind für die Situation um die Jahrhundertwende und zur Diskussion der Probleme von Interesse, denen der neugebildete Einheitsstaat gegenüberstand.

Aus der Zeit zwischen den Weltkriegen sind zu erwähnen die Darstellungen von MAULL (1929) in seiner Länderkunde von Südeuropa, von SION (1934) in der ›Géographie Universelle‹, von KANTER (1936) im ›Handbuch der Geographischen Wissenschaft‹ und von A. MORI u. a. (1936) in der Reihe ›Terra e Nazioni‹. Während des Zweiten Weltkrieges wurden die vier Bände ›Italy‹ in der Reihe ›Geographical Handbook Series‹ der Naval Intelligence Division (1944–1945) bearbeitet, die später der Öffentlichkeit zugänglich gemacht wurden.

Die ersten länderkundlichen Darstellungen Italiens nach dem Zweiten Weltkrieg stammen aus Frankreich und Großbritannien; sehr bald wuchs dann die Zahl inhaltsreicher und aufs beste ausgestatteter Bearbeitungen des Landes und der einzelnen Regionen in Italien selbst. In der Reihe ›Orbis‹ wenden sich BIROT und GABERT (1953, 1964) an eine fachgeographische Leserschaft und stellen geomorphologische und agrargeographische Probleme in den Vordergrund. Norditalien ist im Mitteleuropaband der gleichen Reihe (GEORGE u. TRICART 1954) behandelt. Während sich WALKER (1958, 1967) an ein breiteres Publikum wendet, ist der Italien gewidmete Teil bei HOUSTON (1964) weit anspruchsvoller und auch mit Literaturbelegen versehen. Von COLE (1964) stammt ein kleines, über die Gegenwartsverhältnisse orientierendes Lehrbuch. Dem Bändchen von GEORGE (1964) folgte in Frankreich die nützliche Darstellung und Einführung in geographische Probleme Italiens von Béthemont und Pelletier (1979). Die von Chiellino u. a. (1981, 1983) veröffentlichte, nichtgeographische Einführung in die Landeskunde Italiens informiert über Geschichte, Staat, Verwaltung, Wirtschaft, Gesellschaft, Politik und Kultur, ist jedoch von unterschiedlichem Wert.

Das bisher größte geographische Werk über Gesamtitalien neuerer Zeit hat R. Almagià verfaßt. Es erschien zuerst 1959 in sehr reicher und gediegener Ausstattung und mit umfassend beschreibendem Inhalt. In den folgenden Jahren ab 1960 begann die von ihm begründete Reihe großer Regionaldarstellungen in 18 Bänden, die der Gliederung in Verwaltungseinheiten folgen, zu erscheinen, an denen sich die besten Geographen Italiens beteiligt haben. Sehr zuverlässige Informationen vermitteln die unter Mitarbeit von Geographen in wiederholten Auflagen erscheinenden roten Reiseführer für alle Regionen und die Stadtgebiete Turin, Mailand, Venedig, Florenz, Rom und Neapel (›Guida d'Italia‹ des TCI Mailand). Sehr gut ausgestattet sind die Bände der Reihe ›Conosci l'Italia‹ des gleichen Verlages, von denen hier die Bände I: ›L'Italia física‹ (1957) und VII: ›Il paesággio‹ (1963) zu nennen sind. Dieser von A. Sestini verfaßte Band wird als Meisterwerk geschätzt (Houston 1964, S. 763). Es folgte die Reihe ›Capire l'Italia‹ mit 5 Bänden (1977–1981), unter denen der über die Kulturlandschaften und der über die Städte mit zugehörigen Itinerarbänden von geographischem Wert sind. Italienischen Emigranten hat Cotti-Cometti (1970) eine ›Geografia umana‹ gewidmet, worin die Regionen nach charakteristischen Aspekten dargestellt sind. Schwer zugänglich sind leider die zu den internationalen Geographenkongressen in Moskau und Tokio erschienenen Bände mit wichtigen Beiträgen zur Länderkunde Italiens, herausgegeben von Pecora und Pracchi (1976) und Pinna und Ruocco (1980). Eine wirtschaftsgeographische regionale Länderkunde veröffentlichte Milone (1955). Gribaudi (1969) stellte die wirtschaftsgeographischen Probleme des Landes im Überblick dar. Aufschlußreich sind einige Erdkunde-Lehrbücher, insbesondere das gut illustrierte von Cornaglia und Lavagna (1977).

Über die neuere Entwicklung der geographischen Forschung orientieren durch Aufsätze und Besprechungen die Zeitschriften und Institutsreihen. Die wichtigsten Zeitschriften sind der ›Bollettino della Società Geográfica Italiana‹ mit seinen ›Memórie‹, seit 1867 in Rom, die seit 1894 in Florenz erscheinende ›Rivista Geográfica Italiana‹ der Società di Studi Geográfici sowie ›L'Universo‹, seit 1920 vom Istituto Geográfico Militare in Florenz herausgegeben. Der Forschung und Regionalplanung soll die seit 1978 in Rom erscheinende Zeitschrift ›Geografia‹ dienen. Die Interessen des Unterrichts pflegt ›La Geografia nelle Scuole‹ seit 1956. Über die seit 1892 im allgemeinen alle drei Jahre stattfindenden italienischen Geographenkongresse berichten die ›Atti‹. Zu den ausländischen Zeitschriften, die häufig über Italien berichten, gehört ›Méditerranée‹ in Lyon.

Berühmt ist die alte Kartographie Italiens, stammen doch die ersten Seekarten des 13.–14. Jh., die mit dem Kompaß hergestellten Portulankarten, aber auch Weltkarten aus der Hand italienischer Kartographen. Die Geschichte der Kartographie wurde intensiv bearbeitet. Almagià gab die ›Monumenta Italiae cartographica‹ (1929) heraus; vgl. auch seine Übersicht von 1934.

Unmittelbar nach der Staatsbildung begann das Militärgeographische Institut in Florenz mit der Bearbeitung der ›Tavolette‹ 1:25000, eines Kartenwerkes, das inzwischen auf aerophotogrammetrischer Grundlage modernisiert worden ist. Die gleichzeitig begonnenen und in kurzer Zeit entstandenen ›Quadranti‹ 1:50000 haben noch historisch-geographischen

Wert. Eine neue Karte dieses Maßstabs wird seit 1964 bearbeitet. Das Hauptwerk bilden die Gradabteilungskarten 1 : 100 000, die auch die Grundlage für Gemeindegrenzenkarten und geologische Karten bieten. Weitere amtliche topographische Übersichtskarten und Karten Italiens haben die Folgemaßstäbe 1 : 200 000, 1 : 500 000 und die Teile der Weltkarte 1 : 1 Mio. Von großer praktischer Bedeutung sind die Karten des TCI. Für wichtige Fremdenverkehrsgebiete stehen Karten 1 : 50 000 zur Verfügung; als Übersichtskarte dienen die farbigen Blätter 1 : 500 000 in 4 Teilen. An die Stelle der Karte 1 : 250 000 trat die Autokarte 1 : 200 000, auch als Grundlage der Landnutzungskarte.

An thematischen Kartenwerken stehen die geologischen Karten des Servízio Geológico mit dem Maßstab 1 : 100 000 zu Verfügung. Weitere thematische Karten sind in den entsprechenden Kapiteln genannt.

Obwohl in Teilen veraltet, bildet der ›Atlante físico-económico d'Italia‹, 1939 von Dainelli herausgegeben, noch immer eine wichtige Grundlage und Bezugsbasis für die Entwicklung bis heute. An seine Stelle wird der seit langem geplante Thematische Atlas von Italien treten, der noch in den achtziger Jahren vom TCI herausgegeben werden soll. Mehrere Beispielkarten liegen vor. Ein großes Gesamtwerk stellt auch der ›Atlante dei tipi geográfici‹ dar, der von Marinelli (1922), dann in 2. Aufl. von Almagià, Sestini und Trevisan (1948) herausgegeben worden ist. An thematischen Regionalatlanten ist der von Sardinien erschienen (Pracchi u. Terrosu Asole 1971 ff.).

Die statistischen Daten des ganzen Landes werden im Istituto Centrale di Statística in Rom gesammelt, verarbeitet und in einer breit gefächerten Art von Veröffentlichungen vorgelegt. Neben die Monatsberichte und das allgemeine, umfassende Jahrbuch (Annuário statístico italiano) treten spezielle Jahrbücher wie z. B. für Bevölkerung; Demographie; Meteorologie; Landwirtschaft; Viehwirtschaft, Jagd und Fischerei; Forstwirtschaft; Industrie; Handel und Tourismus; Schiffahrt; Außenhandel; Arbeit. Hier werden die Daten der Volkszählungen und der Sonderzählungen (Landwirtschaft, Weinbau, Industrie) veröffentlicht. Kurzfassungen enthalten der ›Compéndio statístico italiano‹ und ›Le regioni in cifre‹.

Die im Literaturverzeichnis genannten Zeitschriftenartikel sind mit einer abgekürzten Bezeichnung für die jeweilige Zeitschrift angegeben, was in üblicher Weise geschieht. Die italienischen Zeitschriften und einige Reihen werden in folgender Weise abgekürzt:

| | |
|---|---|
| Ann. Fac. Econ. Comm. Univ. di Bari | Annuario della Facoltà di Economia e Commercio della Università di Bari. Bari. |
| Ann. Stat. It. | Annuario Statistico Italiano. ISTAT, Rom. |
| Atti Congr. Geogr. It. | Atti del Congresso Geografico Italiano (Comitato dei Geografi Italiani). Mehrere Orte. |
| Boll. Serv. Geol. It. | Bollettino del Servizio Geologico Italiano. Rom. |
| Boll. Soc. Geol. It. | Bollettino della Società Geologica Italiano. Rom. |
| Boll. Soc. Geogr. It. | Bollettino della Società Geografica Italiana. Rom. |
| Doc. | Documenti e informazioni. Vita italiana. Presidenza del Consiglio dei Ministri. Rom. |
| Dok. | Dokumente und Berichte. Das Leben in Italien. Rom. |
| Geogr. Fis. Dinam. Quat. | Geografia Fisica e Dinamica Quaternaria. Turin. |
| Geogr. Scuole | La Geografia nelle Scuole. Triest. |
| L'Univ. | L'Universo. Istituto Geografico Militare. Florenz. |

| | |
|---|---|
| Mem. Geogr. Econ. e Antr. N. Ser. | Memorie di Geografia Economica ed Antropica. Nuova Serie. Neapel. |
| Mem. Soc. Geogr. It. | Memorie della Società Geografica Italiana. Rom. |
| Notiz. Geogr. Econ. | Notiziario di Geografia Economica. Rom. |
| Pubbl. Ist. Geogr. Econ. | Pubblicazioni dell'Istituto di Geografia Economica. Neapel. |
| Pubbl. Ist. Sc. Geogr. | Pubblicazioni dell'Istituto di Scienze Geografiche dell'Università di Genova. Genua. |
| Riv. Geogr. It. | Rivista Geografica Italiana. Florenz. |

Vgl. die Liste der Institutsveröffentlichungen in Corna-Pellegrini und Brusa 1980, S. 10–11.

Eine Auswahl üblicher Abkürzungen, die häufig in der geographischen Literatur vorkommen:

| | |
|---|---|
| AGEI | Associazione dei Geografi Italiani<br>Italienischer Geographenverband |
| AIIG | Associazione Italiana Insegnanti in Geografia<br>Italienischer Geographielehrerverband |
| ASI | Associazione per lo Sviluppo Industriale<br>Industrielles Entwicklungskonsortium |
| CAI | Club Alpino Italiano<br>Italienischer Alpenverein |
| CASMEZ | Cassa per il Mezzogiorno<br>Südkasse |
| CNR | Consiglio Nazionale delle Ricerche<br>Staatlicher Forschungsrat |
| ENEL | Ente Nazionale per l'Energia Elettrica<br>Staatliche Elektrizitätsgesellschaft |
| ENI | Ente Nazionale Idrocarburi<br>Dachverband der staatlichen Energiewirtschaft |
| ENIT | Ente Nazionale per il Turismo<br>Staatliches Fremdenverkehrsamt |
| EUR | Esposizione Universale di Roma<br>Weltausstellung in Rom |
| FORMEZ | Centro Formazione e Studi per il Mezzogiorno<br>Ausbildungs- und Forschungszentrum für Süditalien |
| FS | Ferrovia Statale<br>Staatliche Eisenbahngesellschaft |
| IASM | Istituto per l'Assistenza allo Sviluppo del Mezzogiorno<br>Institut für Entwicklungshilfe in Süditalien |
| IGMI | Istituto Geografico Militare Italiano |
| INEA | Istituto Nazionale di Economia Agraria<br>Staatliches Landwirtschaftsinstitut |
| IRI | Istituto per la Ricostruzione Industriale<br>Dachverband der Gesellschaften mit Staatsbeteiligung |
| ISTAT | Istituto Centrale di Statistica<br>Statistisches Zentralamt |

| | |
|---|---|
| SAU | Superficie Agricola Utilizzata<br>Landwirtschaftliche Nutzfläche |
| SVIMEZ | Associazione per lo Sviluppo dell'Industria nel Mezzogiorno<br>Industrielle Entwicklungsgesellschaft für Süditalien |
| TCI | Touring Club Italiano<br>Italienischer Touristenverein |

## 2. Alphabetisches Verzeichnis der im Text genannten Literatur


Abati, Ricardo, u. Franco Giannini: Gravine e lame. Analisi, cartografia e censimento. – L'Univ. 59 (1979) S. 185–204.

Achenbach, Hermann: Bozen. Bevölkerungsdynamik und Raumgliederung einer zweisprachigen Stadt. – Die Erde 106 (1975) S. 152–173.

–: Studien zur räumlichen Differenzierung der Bevölkerung der Lombardei und Piemonts. – Erdkunde 30 (1976) S. 176–186.

–: Nationale und regionale Entwicklungsmerkmale des Bevölkerungsprozesses in Italien. Kiel 1981 (= Kieler Geogr. Schr. 54).

–: Regionale Merkmale der natürlichen Bevölkerungsdynamik in Italien. – Erdkunde 37 (1983) S. 175–186.

Adamo, Francesco: Una periferia industriale dell'Italia di Nord-Ovest. La provincia di Alessandria. Alessandria 1979.

Adamović, Lujo: Die pflanzengeographische Stellung und Gliederung Italiens. Jena 1933.

Alasia, F., u. D. Montaldi: Milano, Corea. Inchiesta sugli immigrati. Mailand 1960, [2]1975.

Alberoni, Francesco: Aspects of international migration related to other types of italian migration. – In: C. J. Jansen (Hrsg.), Readings in the sociology of migration, Oxford 1970, S. 285–316.

Albertini, Renzo: Gli aspetti geografico-economici della zona industriale ternana. Como 1965 (= Atti XIX. Congr. Geogr. It. Como 1964, Vol. II), S. 571–586.

Alexander, Ramy: L'artisanat. – In: Tradition et changement en Toscane. Paris 1970, (= Cahiers de la fondation nationale des sciences politiques 1976), S. 85–132.

Alfani, A.: Bonifica idraulica e sistemazione delle colline argillose italiane. – In: Cassa per il Mezzogiorno. Studi e Testi 2: Problemi dell'agricoltura meridionale, Neapel 1953, S. 337–389.

Alfieri, Nereo: Encore ›Sur l'évolution morphologique de l'ancien delta du Po‹. – Erdkunde 21 (1967) S. 147–149.

Alhaique, (C.): Turismo, settore sommerso e Mezzogiorno. – Realtà Mezzog. It. 19 (1979) S. 525–537.

Almagià, Roberto: Studi geografici sulle frane in Italia. – Mem. Soc. Geogr. It. 13 (1907), 14 (1910) Rom [= 1910a].

–: Bergstürze und verwandte Erscheinungen in der italienischen Halbinsel. – Geogr. Z. 16 (1910) S. 272–279 [= 1910b].

–: Le frane in Italia (1924). – In: R. Almagià, Scritti Geografici, Rom 1961, S. 343–358.

–: Monumenta Italiae Cartographica, riproduzioni di carte generali e regionali d'Italia dal secolo XIV al XVII. Ist. Geogr. militare, Florenz 1929.

–: Osservazioni sul fenomeno della diminuzione della popolazione in alcune parti dell' Abruzzo. Neapel 1930 (= Atti XI. Congr. Geogr. It. Napoli 1930, Vol. II), S. 188–194.

–: Intorno alle ricerche di storia della cartografia in Italia. Paris 1934 (= Comptes Rendus Congr. Internat. Géogr., Paris 1931. Vol. III), S. 643–648. – In: R. Almagià, Scritti Geografici (1905–1957), Rom 1961, S. 407–412.

–: L'Italia, 2 Bde. Turin 1959.

– (Begr.,) E. Migliorini (Hrsg.): Le regioni d'Italia, 18. Bde. Turin 1960–1966.

–: Scritti Geografici (1905–1957). Rom 1961.

–: Lazio. Turin 1966 (= Le regioni d'Italia XI).

Amatucci, Andrea, u. Hans-Rimbert Hemmer: Wirtschaftliche Entwicklung und Investitionspolitik in Süditalien. Saarbrücken/Fort Lauderdale 1981 (= Schr. des Zentrums f. region. Entw. Forsch. der J. L. Univ. Gießen 15).

Amoruso, Onofrio: I consumi idrici nell'area servita dall'Ente Autonomo Acquedotto Pugliese. Cercola/Napoli 1977 (= Atti XXII. Congr. Geogr. It. Salerno 1975, Vol. II. 1), S. 101–113.

Amoroso, P. L.: Le politiche industriale dello Stato e delle Regioni. – Nord e Sud 284/286 (1978) S. 285–300.

Antonietti, Alessandro, u. Carlo Vanzetti: Carta della utilizzazione del suolo d'Italia. – INEA, Mailand 1961.

–, Attilio D'Alanno u. Carlo Vanzetti: Carta delle irrigazioni d'Italia. – INEA, Rom 1965, 15 Karten 1 : 750 000, 1 Karte 1 : 2 500 000.

Aquarone, Alberto: Grandi città e aree metropolitane in Italia. Bologna 1961.

Arcuri di Marco, Luigi, Cesare Saibene, Silvio Piccardi u. Aldo Pecora: I porti della Sicilia. – Mem. Geogr. Econ. XIX, 1958, Neapel 1961.

Arena, Gabriella: Lavoratori stranieri in Italia e a Roma. – Boll. Soc. Geogr. It. 119 (1982) S. 57–93.

Arlacchi, Pino: Mafia, contadini e latifondo nella Calabria tradizionale. Le strutture elementari del sottosviluppo. Bologna 1980 (= Studi e Ricerche 116).

Artuso, Max, u. Michel Ertaud: La Méditerranée: un potentiel de ressources menacé? – Options méditerranéennes 6, Nr. 31 (1975) S. 77–87.

Augier, Henry: Les particularités de la mer Méditerranée: son origine, son cadre, ses eaux, sa flore, sa faune, ses peuplements, sa fragilité écologique. – Options méditerranéennes 4, Nr. 19 (1973) S. 27–53.

Bäcker, Harald: Rohstoffe Siziliens. Geologischer Rahmen und Nutzung. – Der Aufschluß 27 (1976) S. 5–30. Heidelberg.

Baggioni, Mireille: Les côtes du Cilento (Italie du Sud). Morphogénèse littorale actuelle et héritée. – Méditerranée 22 (1975) S. 35–52.

–: Le Mont Bulgheria (Italie méridionale). Morphologie littorale et néotectonique. – Méditerranée 32 (1978). S. 33–46.

Bagnasco, Arnaldo: Tre Italie. La problematica territoriale dello sviluppo italiano. Bologna 1977 (= Studi e Ricerche 74).

Baldacci, Antonio: Die Slawen von Molise. – Globus (1908) S. 44–49 u. 53–58.

Baldacci, Osvaldo: Lo studio dei nomi regionali in Italia. – Riv. Geogr. It. 51 (1944) S. 1–15.

–: Le Isole Ponziane. – Mem. Soc. Geogr. It. 22 (1955).

Baldacci, Osvaldo: Rom als Weltstadt. – In: J. H. Schultze (Hrsg.), Zum Problem der Weltstadt, Berlin 1959, S. 33–45.

– u. a.: Ricerche sull'Arcipelago de la Maddalena. – Mem. Soc. Geogr. It. 25 (1961).

Banca Nazionale dell'Agricoltura (Hrsg.): Storia dell'Agricoltura Italiana. Rom 1976.

Banfield, Edward C: Die moralischen Grundlagen der rückständigen Gesellschaft: Süditalien. – Eine Hypothese. – In: P. Heintz (Hrsg.), Soziologie der Entwicklungsländer. Köln 1962, S. 534–548.

Barbagallo, Francesco: Lavoro ed esodo nel sud 1861–1971. Neapel 1973 (= Studio Sud 4).

Barberis, Corrado: Le migrazioni rurali in Italia. Mailand 1960.

–: Sociologia rurale. Bologna 1965.

–: Per una sociologia del turismo. Mailand 1979.

–: L'artigianato in Italia. – In: C. Barberis, Gabriella Harvey u. Olga Tavone, L'artigianato in Italia e nella comunità economica europea. Contributo allo studio della famiglia como impresa, Mailand 1980, S. 7–82.

Barbero, Giuseppe: Land reform in Italy. Rom 1961 (= FAO Agricultural Studies 53).

Barbero, M., u. G. Bonin: La végétation de l'Apennin septentrional. Essai d'interprétation synthétique. – Ecol. méditerr. Fr. 5 (1979) S. 273–313.

Barbieri, Enrico, Carlo Conedera u. Pietro Dainelli: Aspetti geologici e morfologici del territorio nazionale dalle immagini del satellite ERTS. – L'Univ. 53 (1973) S. 867–879.

Barbieri, Giuseppe: Prato e la sua industria tessile. – In: G. Barbieri, Studi geografici sulla Toscana in occasione della XXII escursione geografica interuniversitaria. Florenz 1957 (= Riv. Geogr. It., Suppl. zu Bd. 63, 1956, S. 1–70), Auszug in: K. H. Hottes (Hrsg.), Industriegeographie, Darmstadt 1976, S. 315–349.

–: I porti d'Italia. – Mem. Geogr. Econ. 20 (1959).

– u. Franca Canigiani: Problèmes de la sauvegarde du paysage et du milieu en Italie. Un projet-modèle pour les zones de verdure de la région toscane. – In: A. Pecora u. R. Pracchi (Hrsg.) 1976, S. 47–57.

– u. Lucio Gambi: La casa rurale in Italia. Florenz 1970 (= CNR Ricerche sulle dimore rurali in Italia, Vol. 29).

Barratta, Mario: I terremoti in Italia. Florenz 1936.

Bartaletti, Fabrizio: Le piccole città italiane. – Pubbl. Ist. Sc. Geogr. Univ. Pisa 24 (1977) S. 1–68.

–: Lumezzane: Il maggior centro italiano dell'industria della posateria. – Boll. Soc. Geogr. It. 115 (1978) S. 369–388.

Bartz, Fritz: Die großen Fischereiräume der Welt, Bd. 1: Atlantisches Europa und Mittelmeer. Wiesbaden 1964.

Baruzzi-Leicher, Renate: Die landwirtschaftlichen Besitz- und Betriebsverhältnisse Italiens im 19. Jahrhundert. – Z. f. Agrargesch. u. Agrarsoz. 10 (1962) S. 195–211.

Battistoni, Giampiero: Le residenze secondarie nella fascia costiera tra la foce della Magra e quella del Serchio. – Boll. Soc. Geogr. It. 110 (1973) S. 147–167.

Baumann, Hans: Bewässerungsprobleme in einem Bewässerungsgebiet Kalabriens. – Z. Bewässerungswirtsch. 9 (1974), S. 5–15.

Baumgartner, Albert, u. Eberhard Reichel: Die Weltwasserbilanz. Niederschlag, Verdunstung und Abfluß über Land und Meer sowie auf der Erde im Jahresdurchschnitt. München–Wien 1975.

BAZZONI, Renato: Mulini a vento solo per turisti. – Qui Touring 3 (1973) S. 14–18.

BECK, Nordwin: Studien zur klimagenetischen Geomorphologie im Hoch- und Mittelgebirge des Lukanisch-Kalabrischen Apennin (M. Pollino). Mainz 1972 (= Mainzer Geogr. Stud. 4).

BECKER, Hans: Marillenkulturen im Vinschgau. – In: Beiträge zur Landeskunde Südtirols. Festgabe für Dr. F. Dörrenhaus, o. O. [Köln] 1962, S. 171–191.

–: Lusern. Geographische Skizze einer deutschen Sprachinsel in den Lessinischen Alpen. – Ber. dt. Landeskde. 41 (1968) S. 195–216.

–: Das Land zwischen Etsch und Piave als Begegnungsraum von Deutschen, Ladinern und Italienern in den Südlichen Ostalpen. Köln 1974 (= Kölner Geogr. Arb. 31).

BEDERKE, Erich, u. Hans Georg WUNDERLICH (Hrsg.): Atlas zur Geologie. Mannheim 1968 (= Meyers Großer Physischer Weltatlas, Bd. 2).

BEHRMANN, Rolf B.: Die Faltenbögen des Apennins und ihre paläogeographische Entwicklung. Berlin 1935 (= Abh. d. Ges. d. Wiss. zu Göttingen, Math.-phys. Kl., III. Folge, H. 15, 1936).

–: Die geotektonische Entwicklung des Apennin-Systems. Stuttgart 1958 (= Geotektonische Forschungen, Hrsg. H. Stille und F. Lotze, Heft 12).

BEHRMANN, Walter: Die Dolomiten als Schichtstufenlandschaft. – Die Erde 2 (1954) S. 137–146.

BEIER, Marianne: Kulturgeographische Studien im Hügelland des Monferrato und der Langhe. Ein Beitrag zur Kulturgeographie der Poebene. – Diss. Frankfurt am Main, Phil. Fak. 1964.

BELARDINELLI, Enrico: La pesca in Sicilia. Rom 1971 (= Atti XX. Congr. Geogr. It. Rom 1967, Vol. IV), S. 255–268.

BELASIO, Maria Antonietta: Como–Chiasso. Conurbazione di frontiera. – Mem. Soc. Geogr. It. 29 (1970) S. 9–207.

BELLEZZA, Giuliano: San Benedetto del Tronto. Studio di Geografia urbana. – Boll. Soc. Geogr. It. 103 (1966) S. 137–197.

BELLONI, Severino, B. MARTINIS u. Giuseppe OROMBELLI: Karst of Italy. – In: M. HERAK u. V. T. STRINGFIELD (Hrsg.), Karst – Important Karst Regions of the Northern Hemisphere, Amsterdam u. a. 1972, S. 85–128.

BELLUCCI, Vincenzo: I boschi di salice della Pianura Padana. – Osserv. Naz. Econ. Mont. e Forest. Florenz 1961.

BELOCH, Karl Julius: Bevölkerungsgeschichte Italiens. Bd. I: 1937, 1940; Bd. II: ²1965; Bd. III: 1961. Berlin.

BENEO, Eliseo: Présentation de la carte géologique de la Sicile au 500000. – Geol. Rdsch. 53 (1964) S. 17–21.

BÉNÉVENT, Ernest: Bora et Mistral. – Ann. Géogr. 39 (1930) S. 286–298.

BERETTA, Pier Luigi: Le autostrade d'Italia. – L'Univ. 48 (1968) S. 209–240 u. 525–566.

BERNATZKY, Aloys: Die Bonifikationen in Italien. Eine landeskulturelle Aufgabe großen Ausmaßes. – In: Forsch. Sitz. Ber. Akad. Raumforsch. u. Landespl. 2 (1951) S. 253–278.

BERTAMINI, T.: Il centro siderurgico di Villadossola nelle antiche e recenti attività ossolane. Domodossola 1967.

BERTAUX, Emile: Étude d'un type d'habitation primitive: Trulli, caselle et specchie des Pouilles. – Ann. Géogr. 8 (1899) S. 207–230.

Béthemont, Jaques: De travaux et des hommes dans le delta du Po. – Rev. Géogr. de Lyon 49 (1974) S. 253–284.

– u. Jean Pelletier: L'Italie. Géographie d'un espace en crise. Paris 1979.

Bevilacqua, Eugenia: La dinamica del paesaggio rurale dei Colli Euganei. – In: Deputazione di Storia Patria per L'Umbria (Hrsg.), 1975, S. 27–36.

– u. Ugo Mattana: The river Po basin: water utilization for hydroelectric power and irrigation. – In: A. Pecora u. R. Pracchi (Hrsg.) 1976, S. 181–189.

Bevilacqua, Piero, u. Manlio Rossia-Doria: Le bonifiche in Italia dal '700 a oggi. Bari 1984.

Bianchi, Emilio, Michele D'Innella u. Marco Laurini (Hrsg.): Parchi e riserve naturali in Italia. TCI Mailand 1982.

Bianchi, Giulio: Controlli di limiti altimetrici sul versante italiano delle Alpi. – Boll. Soc. Geogr. It. 104 (1967) S. 553–571.

– u. Marisa Malvasi: L'immigrazione veneta in un'area dell'alto Milanese: Seregno-Seveso-Meda. – In: G. Valussi (Hrsg.), Italiani in movimento, 1978, S. 269–275.

Biancotti, Augusto: L'evoluzione dell'alveo del Po al suo sbocco nella pianura padana. – Riv. Geogr. It. 79 (1972) S. 270–287.

Biasutti, Renato: Materiali per lo studio delle salse. I: Le salse dell'Appennino Settentrionale. – Mem. Geogr. 2, Florenz 1907.

–: Ricerche sui tipi degli insediamenti rurali in Italia. – Mem. Soc. Geogr. It. 17 (1932) S. 5–25.

Billi, Paolo: Trasporto solido nei corsi d'acqua. – L'Univ. 58 (1978) S. 489–512.

Biondi, Gennaro, u. Pascale Coppola: Industrializzazione e Mezzogiorno. La Basilicata. – Pubbl. Ist. Geogr. Econ. Univ. Napoli 14 (1974).

–, E. D. Arcangelo, A. Di Gennaro, E. Manzi, S. Monti u. U. Tortolani u. a.: Fiere e mercati della Campania. – Pubbl. Ist. Geogr. Econ. Univ. Napoli 11 (1974).

Birot, Pierre, u. Pierre Gabert: La Méditerranée et le Moyen-Orient. Tome I. Paris $^{2}$1964.

Bisaglia, Antonio (Hrsg.): Il sistema italiano delle participazioni statali. – Suppl. Doc. e inform., Vita italiana 10 (1975).

Bissanti, Andrea Antonio: La dolina Pozzatina nel Gargano. – Riv. Geogr. It. 73 (1966) S. 312–321.

–: Sulla variabilità relativa delle precipitazioni in Italia. Rom 1970 (= Atti XX. Congr. Geogr. It. Rom 1967, Vol. III), S. 53–74.

Blanc, Alberto C.: Low levels of the Mediterranean Sea during the pleistocene glaciation. – Quart. J. Geol. Soc. London 93 (1937) S. 621–651.

Blanckenburg, Peter von: Der Teilbau. Seine Problematik in der modernen Landwirtschaft. – Ber. üb. Ldw. NF 33 (1955) S. 435–462.

Bloch, Dieter: Die Großstädte Italiens und die Problematik von Verwaltungseinheit und Siedlung. – Petermanns Geogr. Mitt. 126 (1982) S. 201–203.

Blok, Anton: The Mafia of a Sicilian village, 1860–1960. A study of violent peasent entrepreneurs. Oxford 1974.

Blüthgen, Joachim, u. Wolfgang Weischet: Allgemeine Klimageographie. Berlin $^{3}$1980. (= Lehrbuch der Allgem. Geographie 2).

Boccaletti, Mario, u. Massimo Coli: Sistemi di fratture nell'Appennino settentrionale da immagini Landsat: Loro significato e problematiche. – L'Univ. 59 (1979) S. 123 bis 136.

BODECHTEL, Johann: Photogeologische Untersuchungen über die Bruchtektonik im Toskanisch-Umbrischen Apennin. – Geol. Rdsch. 59 (1970) S. 265–278.

– u. Hans-Günter GIERLOFF-EMDEN: Weltraumbilder. Die dritte Entdeckung der Erde. München 1974.

– u. Jürgen NITHACK: Geologisch-tektonische Auswertungen von ERTS-1 und SKYLAB-Aufnahmen von Nord- und Mittelitalien. – Geoforum 20 (1974) S. 11–24.

BOENZI, Federico, u. Giovanni PALMENTOLA: Nuove osservazioni sulle tracce glaciali nell'Appennino Lucano. – Boll. Comit. Glac. It. 20 (1972) S. 9–52.

–: Osservazioni sulle tracce glaciali della Calabria. – Boll. Soc. Geol. It. 94 (1975) S. 961 ff.

BONAPACE, Umberto: Il turismo della neve in Italia e i suoi aspetti geografici. – Riv. Geogr. It. 75 (1968) S. 157–186 u. 322–359.

BONASERA, Francesco: Le ›Marine‹ emiliane. Triest 1962 (= Atti XVIII. Congr. Geogr. It. Triest 1961, Vol. II), S. 269–275 [= 1962 a].

–: Sabbioneta esempio di ›città creata‹ nella pianura padana. Triest 1962 (= Atti XVIII. Congr. Geogr. It. Triest 1961, Vol. II), S. 331–338 [= 1962 b].

–: Le ›Grandi regioni economico-sociali‹ dell'Italia in seno alla Comunità Economica Europea. – L'Univ. 45 (1965) S. 127–150.

–: Un convegno di studio per il Parco dei Sibillini. – Boll. Soc. Geogr. It. 115 (1978) S. 408–410.

BONASIA, Vito, Lorenzo CASERTANO, Giuseppe IMBÒ u. Alessandro OLIVERI DEL CASTILLO: Variazioni morfologiche del Gran Cono Vesuviano e conformazione di alcuni crateri Flegrei e cileni. Rom 1969 (= Atti XX. Congr. Geogr. It. Rom 1967, Vol. II), S. 45 bis 79.

BORLENGHI, Erminio: Grande impresa e uso del territorio. Il caso della Fiat a Termoli e a Cassino. – In: Aspetti geografici della politica regionale, Atti, Neapel 1974, S. 241–246.

BORTOLOTTI, Lando: La Maremma settentrionale 1738–1970. Storia di un territorio. Mailand 1980 (= Geografia umana 17).

BORTOLOTTI, Lucio: Parco nazionale d'Abruzzo. – Ministero dell'Agricoltura e delle foreste. Rom 1969 (= Collana Verde 23).

BORTOLOTTI, Valerio, Mario SAGRI, Ernesto ABBATE u. Pietro PASSERINI: Geologic map of the Northern Apennines and adjoining areas. 1:500000. – CNR Centro di Studi per la Geologia dell'Appennino – Sez. di Firenze, 1969.

BOSSOLASCO, Mario, Ignazio DAGNINO u. Giuseppe FLOCCHINI: Über die Wetterlagen, die in den italienischen Alpen starke und ausgedehnte Niederschläge hervorrufen. – Ann. Meteor. NF 6 (1971) S. 27–30.

–: On sea and land climate differences. – In: Klimatologische Forschung. Festschrift f. Hermann Flohn. Bonn 1974 (= Bonner Meteor. Abh. 17), S. 467–473.

BOTTA, Giorgio: Difesa del suolo e volontà politica. Inondazioni fluviali e frane in Italia: 1946–1976. Mailand 1977.

BOUSTEDT, Olaf, Georg MÜLLER u. Karl SCHWARZ: Zum Problem der Abgrenzung von Verdichtungsräumen. Gutachten. – Mitt. Inst. f. Raumordn. 61 (1968).

BRAMBATI, Antonio, Luigi CAROBENE u. Marcello ZUNICA: Caratteristiche geologiche e dinamica dei litorali nella prospettiva della pianificazione territoriale. – Mem. Soc. Geol. It. 14 (1975) S. 1–8.

BRANDIS, Pasquale: Le ricerche geografiche sulla disponibilità e i fabbisogni idrici in Italia negli ultimi venti anni. – Boll. Soc. Geogr. It. 118 (1981) S. 341–346.

Braun, Gustav: Beiträge zur Morphologie des nördlichen Appennin. – Z. Ges. f. Erdkde. (1907) S. 441–472 u. 510–538.

Braunfels, Wolfgang: Mittelalterliche Stadtbaukunst in der Toskana. Berlin [4]1979.

Bremer, Hanna: Der Fluß als Gestalter der Landschaft. – Geogr. Rdsch. 20 (1968) S. 372–381.

Bringe, Martin: Zur Karten-Skizze der südlichen Toscana. – Aufschluß 33 (1982) S. 234–235.

Brock, Ingrid: Altstadtsanierung: zum Beispiel Urbino. – Die Alte Stadt 9 (1982) S. 264–286.

Broili, Luciano: New knowledges on the geomorphology of the Vaiont slide slip surfaces. – Felsmechanik und Ingenieurgeologie 5 (1967) S. 38–88.

Brückner, Helmut: Marine Terrassen in Süditalien. Eine quartärmorphologische Studie über das Küstentiefland von Metapont. Düsseldorf 1980 (= Düsseldorfer Geogr. Schr. 14).

–: Flußterrassen und Flußtäler im Küstentiefland von Metapont (Süditalien) und ihre Beziehung zu Meeresterrassen. – In: A. Gerstenhauer u. K. Rother (Hrsg.), Beiträge zur Geographie des Mittelmeerraumes. Düsseldorf 1980 (= Düsseldorfer Geogr. Schr. 15), S. 5–32.

–: Ausmaß von Erosion und Akkumulation im Verlauf des Quartärs in der Basilicata (Süditalien). – Z. f. Geomorph. NF Suppl. Bd. 43 (1982) S. 121–137.

Brunetta, Giovanna: Appunti sul turismo a Cortina d'Ampezzo e conseguente sviluppo topografico e demografico. Rom 1971 (= Atti XX. Congr. Geogr. It. Rom 1967, Vol. IV), S. 97–111.

Bruno, Maria Laura: L'industrializzazione di zone della pianura bergamasca. Como 1965 (= Atti XIX. Congr. Geogr. It. Como 1964, Vol. II), S. 391–397.

Brusa, Alfio: Cento anni di opere e di traffici del porto di Genova (1861–1961). In: E. Migliorini (Hrsg.), Scritti geografici in onore di Carmelo Colamonico, Neapel 1963, S. 35–60.

Brusa, Carlo: Evoluzione di un'immagine geografica: Il Varesotto turistico. Turin 1979.

– u. Guglielmo Scaramellini: Armatura urbana e industrializzazione nel Mezzogiorno. Cercola/Neapel 1978 (= Atti XXII. Congr. Geogr. It. Salerno 1975, Vol. II), S. 76–122.

Bucher, Otto Mathias: Die Ursachen der ›italienischen Südfrage‹ und ihr Lösungsversuch durch die Staatsintervention (Cassa per il Mezzogiorno). Diss. Bern 1963.

Buchner-Niola, Dora: L'Isola d'Ischia. Studio geografico. – Mem. Geogr. Econ. Antr. N. Ser. 3. 1965.

Büdel, Julius: Klima-Geomorphologie. Berlin–Stuttgart 1977.

Bundesforschungsanstalt für Forst- u. Holzwirtschaft in Hamburg-Reinbek (Hrsg.): Weltforstatlas. Italien, 3 Blätter, bearb. v. Richard Torunsky. Hamburg–Berlin 1952.

Cacciabue, Francesco: La 37. escursione geografica interuniversitaria (Sicilia occidentale, 10–14 maggio 1978). – Boll. Soc. Geogr. It. 115 (1978) S. 401–405.

Caizzi, Bruno: Nuova antologia della Questione Meridionale. Mailand 1962.

Calamita, Fernando, Mauro Coltori, Giovanni Deiana, Francesco Dramis u. Gilberto Pambianchi: Neotectonic evolution and geomorphology of the Cascia and Norcia depressions (Umbria-Marche Apennine). – Geogr. Fis. Dinam. Quat. 5 (1982) S. 263–276.

CALDO, Costantino: Sottosviluppo e terremoto. La Valle del Belice. Palermo 1975.
– u. Francesco SANTALUCIA: La città meridionale. Florenz 1977 (= Strumenti 65, Geografia).
CALOI, P.: Le sesse del lago di Garda. – Ann. Geofis. 1 (1948) S. 24–48 u. 175–199; 2 (1949) S. 19–23.
CAMPAGNA, Francesco: De la préindustrialisation du midi à la planification nationale. – In: J. CUISINIER (Hrsg.), Problèmes du développement dans les pays méditerranéens, Paris 1963, S. 165–193.
CAMPAGNOLI CIACCIO, Candida: The organisation of tourism in Sicily. Wien 1979 (= Wiener Geogr. Schr. 53/54), S. 132–142.
CANDIDA, Luigi: Saline adriatiche (Margherita di Savoia, Cervia e Comacchio). – Mem. Geogr. Econ. 5 (1951).
–: Memoria illustrativa della carta della utilizzazione del suolo del Veneto. Rom 1972.
– u. Alberto MORI: La pesca in Italia nei suoi caratteri economici e antropogeografici. Faenza 1955 (= Atti XVI. Congr. Geogr. It. Padova–Venezia 1954), S. 321–348.
CANI, Yvette: La floriculture sanremoise. – Méditerranée N. S. 1, Nr. 1 (1970) S. 51–82.
CANTELLI, Paolo: L'economia sommersa. Industria manifatturiera e decentramento produttivo. Rom 1980 (= Economia e società 9).
CANTÙ, Vittorio: The climate of Italy. – In: C. C. WALLÉN (Hrsg.), Climates of Central and Southern Europe, Amsterdam u. a. 1977, World Survey of Climatology 6, S. 127–183.
– u. Pierino NARDUCCI: Bibliografia climatologica italiana. – Ist. Fis. Atm. Rom, STR-22 (1973).
CAPELLO, Carlo F.: Bibliografia analitica sulle valanghe in Italia (sino al 1977). Turin 1977 (= Pubbl. Ist. Geogr. alpina 24, Studi sulle valanghe 10).
CAROSELLI, Maria Raffaella: Contributo bibliografico alla storia dell'agricoltura italiana (1946–1964).– Riv. Stor. Agric. 4 (1964) S. 323–385.
CAROZZO, M. T., G. DE VISENTINI, F. GIORGETTI u. Edoardo IACCARINO: General catalogue of Italian earthquakes. – Com. Naz. Energia Nucleare, Rom 1973.
CARPARELLI, Sante: Aspetti geografici della seconda casa nel territorio di Fasano (Brindisi). – Amministrazione e politica 13 (1979) S. 217–240.
CASE, Charles C.: Similarities in hydraulic systems of the Near East and the Etruscans. – Anthropol. J. of Canada 14 (1976) S. 20–25.
CASSOLA, Fabio: La caccia in Italia. Florenz 1981 (= Coll. Italia Nostra. Educazione 13).
CASTAGNOLI, Ferdinando: Le ricerche sui resti della centuriazione. Rom 1958.
–: Orthogonal town planning in Antiquity. Cambridge/Mass.–London 1971 (Übers. a. d. Ital.).
CASTELLANO, Cesare: Les ›projets spécifiques‹ dans l'expérience du Mezzogiorno italien. – In: Inst. Sc. Mathém. et Econ. Appl. (Hrsg.), Plans et Projets spécifiques de développement, Paris 1976, S. 741–771.
CASTELVECCHI, Attilio, Orlando VEGGETTI u. Sebastiano VITTORINI: Contributi regionali allo studio dell'erosione del suolo in Italia. CNR L'erosione del suolo in Italia e i suoi fattori II. Pisa [1974] (Nachdruck).
– u. Sebastiano VITTORINI: Osservazioni preliminari per uno studio sull'erosione in Val d'Orcia. – In: A. CASTELVECCHI, O. VEGGETTI u. S. VITTORINI, Contributi regionali allo studio dell'erosione del suolo in Italia, CNR L'erosione del suolo in Italia e i suoi fattori II, Pisa 1974, S. 1–18.

CASTIGLIONI, Bruno: Ricerche morfologiche nei terreni pliocenici dell'Italia centrale. Rom 1935 (= Pubbl. Ist. Geogr. Univ. Rom, Ser. A., Vol. 4), S. 131–138.

CASTIGLIONI, Giovanni Battista: Internationaler Karst-Atlas, Blatt 2, Bosco del Cansiglio. – Ist. Geogr. de Agostini, Novara 1960.

CASTRONOVO, Valerio: L'industria italiana dall'ottocento a oggi. Mailand 1980.

CATALANO, R., u. a.: The mesozoic volcanics of Western Sicily. – Geol. Rdsch. (1984) S. 577–598.

CATAUDELLA, Mario: Il tronco Roma–Napoli dell'Autostrada del Sole e la localizzazione delle industrie. – Boll. Soc. Geogr. It. 105 (1968) S. 357–371.

CAVACO, Carminda: Aspetti geografici del turismo nella Riviera di Ponente (da Finale a Laigueglia). Genua 1974 (= Pubbl. Ist. Sc. Geogr. Univ. di Genova 24).

CAVAZZA, Luigi: I metodi irrigui nell'agricoltura di oggi. – Options méditerranéennes 16 (1972) S. 41–47.

CAVINA, Giovanni: Le grandi inondazioni dell'Arno attraverso i secoli. Saggio storiografico. Florenz 1969.

CEDERNA, Antonio: La distruzione della natura in Italia. Turin 1975.

CELLI, Angelo: Malaria e colonizzazione dell'Agro romano dai più antichi tempi ai nostri giorni secondo notizie e commentate. Città di Castello 1926 (= Atti R. Accad. naz. Lincei Anno 323, 1926, Ser. 6, Mem. Cl. Sc. Fis. Mat. e Nat. Vol. 1), S. 73–467.

CERVELLATI, Pier Luigi, u. Roberto SCANNAVINI: Interventi nei centri storici. Bologna. Politica e metodologia del restauro. Bologna 1973.

CHARDON, Michel: Les préalpes lombardes et leur bordures, 2 Bde. Paris 1975.

–: Les séismes du Frioul et leurs effets géomorphologiques. – Rev. Géogr. alpine 67 (1979) S. 406–422.

CHARRIER, Jean-Bernard: Le tourisme à Florence. La contribution directe et indirecte du fait touristique à la formation des revenus dans une grande ville. Gap 1971 (= Études et Traveaux de Méditerranée 7), S. 401–427.

CHIAPPETTI, Francesco S. (Hrsg.): Rapporto sull'attività dell'Istituto nel 1971. – Quaderni Ist. Ric. Acque 16 (1972).

CHIELLINO, Carmine, Fernando MARCHIO u. Giocondo RONGONI: Italien. 2 Bde. München 1981, 1983.

CHRISTALLER, Walter: Beiträge zu einer Geographie des Fremdenverkehrs. – Erdkunde 9 (1955) S. 1–19.

CIANFERONI, Reginaldo: La floricoltura in Toscana. – Centro Studi e Ric. Econ.-Soc. Unione Reg. Camere di Comm. della Toscana, Quad. 9 (1974).

–: Il Chianti classico fra prosperità e crisi. Bologna 1979.

CICALA, Aldo: La grande pioggia. – L'Univ. 47 (1967) S. 519–532.

CINANNI, Paolo: Die ›Meridionale Frage‹ und die Emigration. – In: C. LEGGEWIE u. M. NIKOLINAKOS (Hrsg.), Europäische Peripherie, Meisenheim 1975, S. 270 bis 285.

CIRESE, Alberto M.: Cultura egemonica e cultura subalterna. Palermo 1976.

CITARELLA, Francesco: Problemi e prospettive della pastorizia in Abruzzo. – In: M. FONDI (Hrsg.), Ricerche geografiche sull'Abruzzo, Mem. Geogr. Econ. Antr., N. Ser. 12 (1977–78), Neapel 1980, S. 75–124.

CLAPPERTON, Chalmers: Patterns of physical and human activity on Mount Etna. – Scott. Geogr. Mag. 88 (1972) S. 160–167.

COARELLI, Filippo: Rom. Ein archäologischer Führer. Aus d. Italien. übers. von Agnes Allroggen-Bedel. Freiburg 1975.

COLALONGO, Maria Luisa, u. a.: The Neogene/Quaternary boundary definition: a review and proposal. – Geogr. Fis. Dinam. Quat. 5 (1982) S. 59–68.

COLAMONICO, Carmelo: Per la carta della utilizzazione del suolo d'Italia. – Mem. Geogr. Econ. 7 (1952).

–: Memoria illustrativa della carta della utilizzazione del suolo della Puglia. CNR Rom 1960.

–: La casa rurale nella Puglia. CNR Florenz 1970 (=Ricerche sulle dimore rurali in Italia, Vol. 28).

–: La geografia agraria delle regioni italiane. – Boll. Soc. Geogr. It. 108 (1971) S. 593–604.

COLE, John Peter: Italy. London [2]1964.

COLI, Massimo: Lineazioni da fotoaeree nell'intorno della linea Ancona–Anzio nella zona d'incontro dell'Umbria e dell'Abruzzo. – L'Univ. 56 (1976) S. 542–548.

COLONNA, Maurizio: L'industria zolfifera siciliana. Origini, sviluppo, declino. Ist. di Storia Econ. dell'Univ. Catania 1971.

COMITATO PER LA GEOGRAFIA DEL CNR e INEA: Lo spopolamento montano in Italia, 8 Bde., in 11 Bde. Rom 1932–1938 (= Studi e monografie 16).

COMMISSIONE NAZIONALE ITALIANA UNESCO (Hrsg.): L'esodo rurale e lo spopolamento della montagna della società contemporanea. Mailand 1966 (=Atti del Convegno italo-svizzero Rom, 24.–26. maggio 1965).

COMPAGNA, Francesco: I terroni in città. Bari 1959.

–: La questione meridionale. Mailand 1963.

COMUNE DI ROMA, Ufficio speciale nuovo piano regolatore: Piano regolatore generale di Roma adottato dal Consiglio comunale in data 18 dicembre 1962. Relazione e norme di attuazione; schema del piano scala 1:50000.

CONCHON, O.: Tectonique quaternaire dans le bassin tyrrhénien. Corse orientale. In: J. TRICART u. J.-Cl. MISKOVSKY (Hrsg.), Recherches françaises sur le quaternaire hors de France. X. Congr. Intern. INQUA Birmingham août 1977. Paris 1977 (= Suppl. Bull. AFEQ Nr. 50), S. 87–98.

CNR = CONSIGLIO NAZIONALE DELLE RICERCHE: Ricerche sulle variazioni delle spiagge italiane. Rom u. a. O. 1: 1933–8: 1971.

–: Ricerche sui terrazzi fluviali e marini d'Italia. Bologna 1:1935, 3: 1942.

–: Ricerche sulle dimore rurali in Italia. Vol. 1: Florenz 1938ff.

–, Comitato per la geografia, geologia e min.: Bibliografia geologica d'Italia. Neapel 1954ff.

–: Carta della utilizzazione del suolo d'Italia 1:200000. 26 Blätter. TCI, Mailand 1956–1968.

–: Memorie regionali illustrative della carta della utilizzazione del suolo d'Italia. Rom – Calabria, 1956; Sicilia, 1959; Puglia, 1960; Basilicata, 1963; Abruzzi e Molise, 1964; Toscana, 1966; Umbria, 1966; Emília Romagna, 1969; Friuli–Venezia Giulia 1970; Campania 1970; Piemonte-Valle d'Aosta, 1971; Liguria, 1971; Sardegna, 1972; Veneto, 1972; Lazio 1973; Lombardia 1980.

–: Collana di bibliografie geografiche delle regioni italiane. Neapel 1959ff.

–, Istituto di geografia dell'Università di Pisa: L'erosione del suolo in Italia e i suoi fattori. Nr. I–X, Pisa 1964–1977.

–: Progetto finalizzato difesa del suolo. Sottoprogetto dinamica dei litorali (Area campione Alto Adriatico). Padua 1976, 1980.

CNR = Consiglio Nazionale delle Ricerche: Contributi preliminari alla realizzazione della Carta Neotettonica d'Italia. Rom 1980 (= Pubbl. 356 Prog.fin. geodinamica sottoprog. neotettonica).

Cori, Berardo: Rapporti tra erosione del suolo e condizioni litologiche e morfologiche in alcune zone-campione della Val'Era. Como 1965 (= Atti XIX. Congr. Geogr. It. Como 1964, Vol. III), S. 61–81.

–: Alcune osservazioni sullo sviluppo delle comunicazioni in Italia secondo gli orientamenti del Progetto 80 e del Programma 71–75. – In: Poli, assi e aree di sviluppo economico. Roma, maggio 1972. Atti.-Boll. Soc. Geogr. It. Suppl. al Vol. I. 1972, S. 195–200 (= Pubbl. Ist. Geogr. Univ. Padua 9 Nr. 6, 1972/73).

–: Studi geografici sulle ferrovie in Italia nell'ultimo decennio. – Riv. Geogr. It. 80 (1973) S. 485–488.

– (Hrsg.): Città, spazio urbano e territorio in Italia. Mailand 1983 (= Collana Ist. Sc. Geogr. Univ. Pisa 1).

–, G. Balcet, M. Piana u. Gisella Cortesi: Le piccole e medie industrie in Italia: aspetti territoriali e settoriali. – Fondaz. Giovanni Agnelli. Quad. 34 (1979). Turin. S. 1 bis 124.

– u. Gisella Cortesi: Prato: frammentazione e integrazione di un bacino tessile. – Fondaz. Giovanni Agnelli. Quad. 17 (1977). Turin.

– u. Antonio Steffanon: Osservazioni preliminari sull'erosione del suolo nella Valle dell'Era. Triest 1962 (= Atti XVIII. Congr. Geogr. It. Triest 1961, Vol. I) S. 273–284.

– u. Sebastiano Vittorini: Ricerche sui fenomeni di erosione accelerata in Val d'Era (Toscana). CNR. L'erosione del suolo in Italia ei suoi fattori I. Pisa [1974 Nachdruck] – (Como 1965), (= Atti XIX. Congr. Geogr. It. Como 1964, Vol. III) S. 61–101.

Corna-Pellegrini, Giacomo: Studi e ricerche sulla regione turistica. I Lidi ferraresi. Mailand 1968 (= Pubbl. Univ. Cattol. S. Cuore. Saggi e ric. Ser. 2, Sc. geogr. 2).

–: Studi e osservazioni geografiche sulla regione-città. La media Valle d'Olona. Mailand 1969 (= Pubbl. Univ. Cattol. S. Cuore. Ser. 3, Sc. Geogr. 3).

–: La ricerca geografica urbana. Contributi per una metodologia. Mailand 1973.

–: Geografia e Politica del territorio. Problemi e ricerche. Mailand 1974.

– u. Carlo Brusa (Hrsg.): La ricerca geografica in Italia 1960–1980. Varese 1980.

Cornaglia, Bruno, u. Elvio Lavagna: Geografia del mondo d'oggi. L'Italia. Bologna ²1977.

Cornelisen, Ann: Torregreca. A study of life in an italian village. London 1969.

–: Frauen im Schatten. Leben in einem süditalienischen Dorf. (Aus dem Amerik. ›Women of the Shadows‹.) Frankfurt 1978.

Corsini, Carlo A.: Sulla classificazione dei comuni italiani in rurali e urbani. – Riv. Geogr. It. 73 (1966) S. 52–61.

Cortesi, Gisella, u. Ubaldo Formentini: La ruralità nei comuni toscani. – In: Contributi a congressi e convegni internazionali (1975–76), Pisa 1976 (= Pubbl. Ist. Sc. Geogr. Univ. Pisa 23) S. 129–145.

Cotti-Cometti, Giampiero C.: Italia. Una Geografia umana. Mailand 1970.

Coulet, Lise: La fabrique diffuse en Emilie-Romagne. – Méditerranée 34 (1978) S. 13–25.

– u. Lucien Tirone: Les cultures fruitières en Italie, production et débouchés (1), industrie et commerce (2). – Méditerranée, 2. série, t. 10 (1972), S. 104–118 u. 177–186.

Creutzburg, Nikolaus, u. Karl-Albert Habbe: Die Bedeutung des Bodenreliefs für die

Entwicklung der Stadt Rom. – Korrespondenzbl. Geogr.-Ethnol. Ges. Basel 6 (1956) S. 2–12.

Cristofolini, Renato: L'Etna nel quadro di recenti risultati della ricerca geo-vulcanologica. – Riv. Geogr. It. 88 (1981) S. 243–252.

–, Giuseppe Patané u. Sebastiano Recupero: Morphologic evidence for ancient volcanic centres and indications of magma reservoirs underneath Mt. Etna, Sicily. – Geogr. Fis. Dinam. Quat. 5 (1982) S. 3–9.

Cucagna, Alessandro: Le industrie minerarie, metallurgiche e meccaniche del Cadore, Zoldano e Agordino durante i secoli passati. – Univ. degli Studi di Trieste. Fac. Econ. Comm. Ist. di Geogr. 4 (1961).

Cucuzza-Silvestri, Salvatore: Genesi e morfologia degli apparati eruttivi secondari dell'Etna. Rom 1969 (= Atti XX. Congr. Geogr. It. Rom 1967, Vol. II), S. 81–111.

Dagradi, Piero: Un ›complesso industriale‹: Legnano-Busto Arsizio-Gallarate. Triest 1962 (= Atti XVIII. Congr. Geogr. It. Triest 1961 Vol. II), S. 533–540.

–: Il complesso industriale Legnano-Busto Arsizio-Gallarate. – In: Panorama storico dell'alto Milanese II. Fognano Olona 1971.

–: Reclamation and Land Reform in Italy. – In: A. Pecora u. R. Pracchi (Hrsg.) 1976, S. 169–179.

–: I problemi dell'agricoltura nel Subappennino abruzzese. – In: M. Fondi (Hrsg.), Ricerche geografiche sull'Abruzzo. Mem. Geogr. Econ. e Antr. N. Ser. 12 (1977–78) 1980, S. 33–61.

Dainelli, Giotto (Hrsg.): Atlante fisico-economico d Italia. (Note illustrative a cura del Prof. Aldo Sestini) TCI Mailand 1939, 82 Tafeln.

Dalmasso, Étienne: L'industrie électrique en Italie. – Ann. Géogr. 73 (1964) S. 450 bis 461.

–: Milan. Capitale économique de l'Italie. Étude géographique. Gap 1971.

–: Milano capitale economica d'Italia. Geografia umana, collana dir. da Lucio Gambi. Mailand 1972.

D'Aponte, Tullio: Aspetti geografici della politica di incentivazione finanziaria per lo sviluppo industriale del Mezzogiorno. – In: A. Pecora u. R. Pracchi (Hrsg.) 1976, S. 259–271.

Da Pozzo, Carlo: La ferrovia Parma–La Spezia nel suo quadro economico ed antropico. Pisa 1971 (= Pubbl. Ist. Geogr. Univ. Pisa 18).

–: Ruralità e urbanizzazione in Liguria. – In: Contributi a congressi e convegni internazionali (1975–76). Pisa 1976 (= Pubbl. Ist. Sc. Geogr. Univ. Pisa 23), S. 109–128.

Davis, J.: Land and family in Pisticci. London 1973 (= London School of Econ., Monogr. on Soc. Anthrop. 48).

Debold, Peter: Staatliche Planung im Agglomerationsprozeß Mailand 1950–1978. Dortmund 1980 (= Dortmunder Beitr. z. Raumplanung 16).

Deecke, Wilhelm: Italien. Berlin, o. J. [1898] (= Bibliothek d. Länderkunde. Hrsg. v. A. Kirchhoff u. R. Fitzner).

Defant, Albert: Scylla und Charybdis und die Gezeitenströmungen in der Straße von Messina. – Ann. Hydrogr. 68 (1940) S. 145–157.

–: Ebbe und Flut des Meeres, der Atmosphäre und der Erdfeste. Berlin–Göttingen–Heidelberg 1953 (= Verst. Wiss. 29).

Delano Smith, Catherine: Ancient Landscapes of Tavoliere, Apulia. – Inst. British Geogr. Transactions 41 (1967) S. 203–208.

–: Western Mediterranean Europe. London 1979.

Della Capanna, Maria Laura: Sui rapporti tra sviluppo regionale e traffici marittimi: il caso del porto di Livorno. – Stud. stor. geogr. It. (1979) S. 81–114.

–: Il commercio interno. – In: G. Corna-Pellegrini u. C. Brusa (Hrsg.) 1980 S. 303–315.

Della Valle, Carlo: Le bonifiche di Maccarese e di Alberese. – Mem. Geogr. Econ. 14 (1956).

–: I laghi lombardi e la geografia del turismo. – Boll. Soc. Geogr. It. 94 (1957) S. 304–342.

–: La popolazione industriale nella provincia di Como. Como 1961.

–: Geografia dell'industria. In: Soc. Geogr. It. (Hrsg.) 1964, S. 335–354; Geografia del turismo, dgl. S. 405–414.

Del Noce, Giuseppe: Trattato storico scientifico ed economico delle macchie e foreste del Gran Ducato Toscano. Florenz 1849.

De Lorenzo, Giuseppe: Studio geologico del Monte Vulture. Neapel 1901 (= Atti della R. Accademia di Fis. e. Mat., Vol. 10).

–: La costituzione geologica dei terreni meridionali. In: Cassa per il Mezzogiorno. Studi e Testi 2. Ist. Edit. del Mezzogiorno Napoli 1953, S. 267–287.

De Luca, Gabriella: Erosione del litorale del Lido di Roma: cause ed effetti. – L'Univ. 59 (1979) S. 1169–1182.

Demangeot, Jean: Géomorphologie des Abruzzes Adriatiques. – Mém. et Doc. num. hors série. Centre de recherches et documentation cartographiques et géographiques. Paris 1965.

De Masi, Domenico, u. Adriana Signorelli: L'industria del sottosviluppo. Neapel 1973 (= Studio Sud 6).

Dematteis, Giuseppe: Zone industriali della provincia di Torino. Como 1965 (= Atti XIX. Congr. Geogr. It. Como 1964, Vol. II) S. 217–236.

–: La crisi della città contemporanea. – In: TCI (Hrsg.): Le Città. Mailand 1978 (= Capire L'Italia, Vol. II), S. 170–197.

–: Repeuplement et revalorisation des espaces périphériques: le cas de l'Italie. – Rev. géogr. Pyrén. e Sud-Ouest 53 (1982) S. 129–143.

De Monte, Matteo: Il Parco nazionale d'Abruzzo. – Le Vie d'Italia 72 (1966) S. 281 bis 293.

De Nardi, Antonio: Il bacino del Vajont e la frana del M. Toc. – L'Univ. 45 (1965) S. 21 bis 70.

De Philippis, Alessandro: Classificazione ed indici del clima in rapporto alla vegetazione forestale italiana. – N. Giorn. Bot. It., N. S. 44 (1937) S. 1–169.

Deputazione per la Storia Patria per l'Umbria (Hrsg.): I paesaggi rurali europei. Atti del convegno internazionale indetto a Perugia dal 7 al 12 maggio 1973 dalla conférence européenne permanente pour l'étude du paysage rural. Perugia 1975 (= Appendici al Boll. Nr. 12).

De Rocchi Storai, Tina: Bibliografia degli studi sulla casa rurale italiana. CNR Ricerche sulle dimore rurali in Italia, Vol. 25, Florenz 1968.

–: Le manifestazioni fieristiche in Italia. Indagine geografico-economica con una introduzione generale sulle fiere. – Mem. Ist. Geogr. Econ. Univ. Firenze 2, Florenz 1974.

–: La corrente giapponese nel movimento turistico straniero in Italia. – Boll. Soc. Geogr. It. 117 (1980) S. 85–116.

De Rosa, G., R. Zangheri u. a.: La riforma agraria trent'anni dopo. – Riv. Econ. Agrar. 34 (1979)S. 701–920.

De Santis, Giovanni: Fiere e mercati periodici nella provincia di Terni. – Geografia 5 (1982) S. 34–40.

Desio, Ardito (Bearb.): Geologia dell'Italia. Turin 1973 (= Manuali di Geografia 4).

Desplanques, Henri: Il paesaggio rurale della coltura promiscua in Italia. – Riv. Geogr. It. 66 (1959) S. 29–64.

–: Campagnes ombriennes. Contribution à l'étude des paysages ruraux en Italie centrale. Paris 1969.

–: Campagnes et paysans de l'Ombrie. – Acta Geogr. 3 (1971) S. 79–84.

–: Types de parcellaires dans les bassins intérieurs de l'Apennin. – In: Deputazione di Storia Patria per L'Umbria (Hrsg.), 1975, S. 149–154.

De Stefani, Carlo: Die Phlegräischen Felder bei Neapel. Gotha 1907 (= Peterm. Geogr. Mitt. Erg.-H. 156).

Detti, Edoardo: Firenze dopo l'alluvione. – Urbanistica 48 (1966).

De Vecchis, Gino: Territorio e termini geografici dialettali nel Molise. – CNR Glossario di termini geografici dialettali 1. Ist. Geogr. Univ. Rom 1978.

–: L'ampliamento di Roma nella costa laziale mediante la casa seconda. Rom 1979 (= Pubbl. Ist. Geogr. Ser. A, 23).

De Vergottini, Mario: Sulla gravitazione della popolazione italiana verso occidente. – In: Scritti di Economia e Statistica in memoria di Alessandro Molinari, Mailand 1963, S. 263–276.

Devoto, Giacomo, u. Gabriella Giacomelli: I dialetti delle regioni d'Italia. Florenz 1972.

– u. Gian Carlo Oli: Dizionario della lingua italiana. Florenz [9]1978.

Di Berenger, Adolfo: Selvicoltura. Neapel 1887.

Dickel, Horst: Süditalienische Gastarbeiter aus Scandale (Kalabrien) in Deutschland. In: C. Schott (Hrsg.), Beitr. z. Kulturgeogr. d. Mittelmeerländer. Marburg/Lahn 1970 (= Marburger Geogr. Schr. 40), S. 115–132.

Dickinson, Robert E.: The population problem of Southern Italy: An essay in Social Geography. Syracuse 1955.

–: Dispersed settlement in Southern Italy. – Erdkunde 20 (1956) S. 282–297.

–: Geographical aspects of economic development in Southern Italy. In: H. Graul u. H. Overbeck (Hrsg.), Heidelberger Studien zur Kulturgeographie. Festgabe zum 65. Geb. v. Gottfried Pfeifer. Wiesbaden 1966 (= Heidelberger Geogr. Arb. 15), S. 340–359.

Dietrich, Günter, u. Johannes Ulrich: Atlas zur Ozeanographie. Mannheim 1968 (= Meyers Großer Physischer Weltatlas, Bd. 7).

–, Kurt Kalle, Wolfgang Krauss u. Gerold Siedler: Allgemeine Meereskunde. Eine Einführung in die Ozeanographie. Berlin–Stuttgart [3]1975.

La difesa del suolo in Italia: Aspetti tecnici economici e sociali. – Contributi al convegno di studio tenuto presso il Centro di cultura dell'Università Cattolica del Sacro Cuore dal 9 al 15 settembre 1967. Mailand 1969 (= Quaderni della Mendola 2).

Di Geronimo, Italo: Geomorfologia del versante adriatico delle Murge di SE. – Geologia Romana 9 (1970) S. 47–57.

Di Girolamo, Pio, u. Jörg Keller: Zur Stellung des Grauen Campanischen Tuffs innerhalb des quartären Vulkanismus Campaniens (Mittelitalien). – Ber. Naturf. Ges. Freiburg i. Br. 61/62 (1971/72) S. 85–92.

Di Marco, Igino: Il Lago Peligno nel pliocene e nel quaternario glaciale. – L'Univ. 56 (1976) S. 129–146.

Di Pasquale, Alfonso: Carta geologica d'Italia, scala 1:1000000. Min. Ind. e Comm., Serv. Geol., Rom 1961.

Direzione Generale della Pesca Marittima del Ministero della Marina Mercantile: La pesca marittima in Italia (jährlich).

Dissertori, Arnold: Der Fremdenverkehr in Kaltern. – Der Schlern 56 (1982) S. 548–564.

Di Vittorio, Antonio: L'industria del ferro in Calabria nel '600. – In: J. Schneider (Hrsg.), Wirtschaftskräfte und Wirtschaftswege III. Stuttgart 1978 (= Beitr. z. Wirtsch.gesch. 6) S. 47–69.

Dobler, Richard: Regionale Entwicklungschancen nach einer Katastrophe. Ein Beitrag zur Regionalplanung des Friaul. Regensburg 1980 (= Münchener Geogr. H. 45).

Documenti e informazioni [=Doc.] Vita Italiana: Presidenza del consiglio dei Ministri. Servizi informazioni e proprietà Letteraria. – Rivista mensile. Rom. 1951 ff.

Dokumente und Berichte [=Dok.]. Das Leben in Italien. – Ministerpräsidium der Republik Italien. Dienststellen für Information und literarisches Urheberrecht. – Zweimonatsschrift. Hrsg. Italo Borzi, Rom 1953 ff.

Dolci, Danilo: Vergeudung. Bericht über die Vergeudung im westlichen Sizilien (aus dem Ital. ›Spreco‹ 1960). Zürich 1965.

Dongus, Hansjörg: Die apuanische Küstenebene. Eine agrargeographische Untersuchung. Stuttgart 1962 (= Stuttgarter Geogr. St. 72) [= 1962 a].

–: Agrargeographische Skizze des Podeltas (Polésine). – Geogr. Rdsch. 14 (1962) S. 490–497 [=1962 b].

–: Die Entwicklung der östlichen Po-Ebene seit frühgeschichtlicher Zeit. – Erdkunde 17 (1963) S. 205–222.

–: Entgegnung. – Erdkunde 19 (1965) S. 331–333.

–: Die Agrarlandschaft der östlichen Po-Ebene. Tübingen 1966 (= Tübinger Geogr. Stud. Sonderbd. 2).

–: Die Maremmen der italienischen Westküste. – In: C. Schott (Hrsg.), Beitr. z. Kulturgeogr. d. Mittelmeerländer. Marburg/Lahn 1970 (= Marburger Geogr. Schr. 40), S. 53–114.

–: Venedig im Wandel. – In: H. Gress (Hrsg.), Die Europäische Kulturlandschaft im Wandel. Festschr. f. K. H. Schröder, Kiel 1974, S. 183–194.

Donner, Wolf: Die ›laghi collinari‹. – Z. f. Wirtsch. geogr. 9 (1965) S. 137–143.

Döpp, Wolfram: Die Altstadt Neapels. Entwicklung und Struktur. Marburg 1968 (= Marburger Geogr. Schr. 37).

–: Zur Sozialstruktur Neapels. – In: C. Schott (Hrsg.), Beitr. z. Kulturgeogr. d. Mittelmeerländer. Marburg/Lahn 1970 (= Marburger Geogr. Schr. 40), S. 133–162.

–: Der Einzelhandel in (Alt-)Venedig. – In: C. Schott (Hrsg.), Beitr. z. Kulturgeogr. d. Mittelmeerländer III. Marburg/Lahn 1977 (= Marburger Geogr. Schr. 73), S. 109 bis 146.

–: Das Hotelgewerbe in Italien. Räumliche Differenzierung, Typen und Rangstufen der Betriebe. Marburg/Lahn 1978 (= Marburger Geogr. Schr. 74).

–: Die venezianische Stadtgründung Palmanova – ein ›monumentales Relikt‹ im Wandel. – In: A. Pletsch u. W. Döpp (Hrsg.), Beiträge zur Kulturgeographie der Mittelmeerländer IV. Marburg/Lahn 1981 (= Marburger Geogr. Schr. 84), S. 131–164.

–: Porto Marghera (Venedig). Ein Beitrag zur Entwicklungsproblematik seiner Großindustrie. Habil. Schr. Marburg 1982.

Doren, Alfred: Italienische Wirtschaftsgeschichte, Bd. 1. Jena 1934.

Dörrenhaus, Fritz: Die Flut von Florenz am 4. November 1966. – Geogr. Rdsch. 19 (1967) S. 409–420.

–: La Maremma. Der Mißbrauch eines Landschaftsnamens und die Folgen. – In: W. Meid, H. Ölberg u. H. Schmeja (Hrsg.), Studien zur Namenkunde und Sprachgeographie. Festschr. Karl Finsterwalder. Innsbruck 1971 (= Innsbrucker Beitr. z. Kulturwiss. 16), S. 363–375 [1971 a].

–: Urbanität und gentile Lebensform. – Geogr. Z., Beih. 25. Wiesbaden 1971 [= 1971 b].

–: Villa und Villeggiatura in der Toskana. – Geogr. Z. Beih. 44. Wiesbaden 1976.

Douglas, Norman: Reisen in Süditalien. Apulien–Basilicata–Kalabrien. München 1969. Aus dem Engl. ›Old Calabria‹, London 1915.

Dragone, Maria Antonietta: La Costa Smeralda e lo sviluppo turistico della Gallura nord-orientale. – Riv. Geogr. It. 86 (1979) S. 30–53.

Dragoni, Walter: Idrogeologia del Lago Trasimeno: Sintesi, problemi, aggiornamenti. – Geogr. Fis. Dinam. Quat. 5 (1982) S. 192–206.

Dramis, Francesco, Bernardino Gentili, Mauro Coltorti u. Claudio Cherubini: Osservazioni geomorfologiche sui calanchi marchigiani. – Geogr. Fis. Dinam. Quat. 5 (1982) S. 38–45.

Dumas, Bernard, Pierre Guérémy, René Lhénaff u. Jeannine Raffy: Le soulèvement quaternaire de la Calabre méridionale. – Rev. Géol. dyn. et Géogr. phys. 23 (1981/82) S. 27–40.

Dumolard, Pierre: Facteurs de différenciation spatiale et archétypes dans l'agriculture italienne. – Soc. Languedocienne de Géogr. 97 (1974) S. 37–60.

Duncan, A. M., D. K. Chester u. J. E. Guest: Mount Etna Volcano: Environmental impact and problems of volcanic prediction. – Geogr. Journ. 147 (1981) S. 164–178.

Dutt, Reinhardt: Die Industrialisierung als Entwicklungsproblem Süditaliens. Kritische Würdigung des staatlichen Versuchs zur Lösung des Beschäftigungsproblems mit Hilfe der Industrialisierung. Freiburg 1972.

Eberle, Georg: Pflanzen am Mittelmeer. Mediterrane Pflanzengemeinschaften Italiens mit Ausblick auf das ganze Mittelmeergebiet. Frankfurt a. M. 1965.

Egidi, Bruno: I centri costieri della provincia di Ascoli Piceno. – L'Univ. 60 (1980) S. 289–318.

Elsner, F.: Vallombrosa und die italienische Forstwirtschaft. – Allg. Forstz. 10 (1955) S. 321–322.

Embleton, Clifford (Hrsg.): Geomorphology of Europe. Weinheim 1984.

Emiliani-Salinari, Marina: Bibliografia degli scritti di geografia urbana. I: 1901–44. Rom 1948 (= Mem. Geogr. Antr. 2, 2, 1947); II: 1945–1954. Rom 1956 (= Mem. Geogr. Antr. 11, 1956).

ENI = Ente Nazionale Idrocarburi (Hrsg.): Acque dolci sotterranee. Inventario dei dati raccolti dell'AGIP durante la ricerca di idrocarburi in Italia. Rom 1972.

EREDIA, Filippo: Distribuzione della temperatura dell'aria in Italia nel decennio 1926–1935. – Min. Lav. pubbl., Cons. sup., Serv. Idrogr. Rom 1942 (= Pubbl. 21 del Serv.).
ERIKSEN, Wolfgang: Die Häufigkeit meteorologischer Fronten über Europa und ihre Bedeutung für die klimatische Gliederung des Kontinents. – Erdkunde 25 (1971) S. 163 bis 178.

FABBRI, Davide: Il Canale Emiliano–Romagnolo. – In: B. MENEGATTI (Hrsg.) 1979, S. 183–195.
FAIDUTTI-RUDOLPH, Anne-Marie: L'immigration italienne dans le sud-est de la France. – Études et traveaux de ›Méditerranée‹. Rev. Géogr. Pays méditerr., 2 Bdc. Gap 1964.
–: Les migrations de travail et leur rôle économique: exemple de l'immigration italienne en France. – In: G. VALUSSI (Hrsg.), 1978, S. 187–193.
FARINELLI, Franco: Il versante meridionale del Gran Sasso. La ›forma‹ dei campi. – In: M. FONDI (Hrsg.), Ricerche geografiche sull'Abruzzo. – Mem. Geogr. Econ. Antr. N. Ser. 12, 1977–78 (1980) S. 63–73.
FARNETI, Gianni, Fulco PRATESI u. Franco TASSI: Natur-Reiseführer Italien. München 1975.
FASOLA, Giovanni: Un distretto industriale pedemontano e lacustre (Cusiano–Borgomanerese). Como 1965 (= Atti XIX. Congr. Geogr. It. Como 1964, Vol. II), S. 237–253.
FAVARETTI, G.: Italy. – In: Committee for the World Atlas of Agriculture (Hrsg.): World Atlas of Agriculture. Vol. 1. Europe, USSR, Asia Minor. Novara 1969, S. 241–263.
FAVATI, Francesco: Dizionario di Agricoltura. Dictionary of Agriculture. Italiano-Inglese, Inglese-Italiano. Bologna 1971.
FAVERO, Luigi, u. Graziano TASSELLO: Cent'anni di emigrazione italiana (1876–1976). – In: G. ROSOLI (Hrsg.), 1978, S. 9–64.
FAZIO, Mario: Historische Stadtzentren Italiens. Köln 1980 (aus dem Ital. ›I centri storici italiani‹, Mailand 1976).
FEDERICI, Paolo Roberto: On the Riss glaciation of the Apennines. – Z. Geomorph. N. F. 24 (1980) S. 111–116.
FELS, Edwin: Die italienischen Stauseen. – In: Scritti geografici in onore di Riccardo Riccardi. – Mem. Soc. Geogr. It. 31 (1974) S. 217–235.
FENAROLO, Luigi, u. Valerio GIACOMINI: La Flora. Mailand 1958 (= Conosci L'Italia, Vol. 2, hrsg. v. TCI).
FERRAROTTI, Franco: Roma da capitale a periferia. – Rom u. Bari [4]1979.
FEY, Manfred, u. Armin GERSTENHAUER: Geomorphologische Studien im campanischen Kalkapennin. Düsseldorf 1977 (= Düsseldorfer Geogr. Schr. 5).
FISCHER, Klaus: Agrargeographie des westlichen Südtirol. Wien–Stuttgart 1974.
FISCHER, Paul David: Italien und die Italiener. Berlin 1901.
FISCHER, Theobald: Das Halbinselland Italien. – In: Kirchhoffs Länderkde. v. Europa, 2. Teil, 2. Hälfte, Wien, Prag u. Leipzig 1893, S. 283–515.
–: Die Verbreitung der Malaria in Italien. – Peterm. Mitt. 41 (1895) S. 46–48.
–: La Penisola Italiana. Saggio di Corografia scientifica. Turin 1902.
FLIRI, Franz: Die Alpen als Klimascheide. – In: Festschrift für Hermann Flohn. Bonn 1974. (= Bonner Meteor. Abh. 17), S. 417–426.
FLOHN, Hermann: Zur Kenntnis des jährlichen Ablaufs der Witterung im Mittelmeergebiet. – Geofis. pura e appl. XIII (1948) S. 184–187.

FLOWER, Raymond: Chianti: The land, the people, and the wine. London 1978.

FOFI, Goffredo: Immigrants to Turin. – In: C. J. JANSEN (Hrsg.), Readings in the sociology of migration, Oxford 1970, S. 269–284.

–: L'immigrazione meridionale a Torino. Ediz. ampl. Mailand 1975.

FONTANELLA, G.: Il cabotaggio e la navigazione interna nel sistema del trasporto di merci italiano. – Ricerche Economiche 3–4 (1971) S. 413ff.

FORMICA, Carmelo: L'utilizzazione delle acque nel Matese. Como 1965 (= Atti XIX. Congr. Geogr. It. Como 1964, Vol. III), S. 363–372.

–: La coltura degli agrumi in Puglia. – Boll. Soc. Geogr. It. 102 (1965) S. 96–106.

–: Lo spazio rurale nel Mezzogiorno. Esodo, desertificazione e riorganizzazione. Neapel 1975 (= Geografia regionale Nr. 3).

–: Répartition du territoire italien selon les activités économiques dominantes ou caractérisantes. – In: A. PECORA u. R. PRACCHI (Hrsg.) 1976, S. 155–168.

–: La geografia agraria e rurale. – In: G. CORNA-PELLEGRINI u. C. BRUSA (Hrsg.) 1980, S. 345–354.

FORNARO, Antonina: Il collegamento Algeria-Italia, attraverso il Canale di Sicilia e lo Stretto di Messina, per il trasporto del metano algerino. – Boll. Soc. Geogr. It. 117 (1980) S. 378–380.

FORNASERI, Mario, Antonio SCHERILLO u. Ugo VENTRIGLIA: La regione vulcanica dei Colli Albani. Vulcano Laziale. Rom 1963.

FORTUNATO, Giustino: Il mezzogiorno e lo stato italiano. Discorsi politici (1880–1910). 2 Bde. Florenz 1926.

FRANCIOSA, Luchino: Sviluppo e centri del littorale italiano. – Boll. Soc. Geogr. It. 75 (1938) S. 834–851.

FRANKE, Wolfgang: Nutzpflanzenkunde. Nutzbare Gewächse der gemäßigten Breiten, Subtropen und Tropen. Stuttgart 1976.

FRANZ, Johannes (Hrsg.): Der Containerverkehr aus geographischer Sicht: Beiträge zur Strukturveränderung durch ein neues Transportsystem. Nürnberg 1981 (= Nürnberger Wirtsch.- u. sozialgeogr. Arb. 33).

FRÄNZLE, Otto: Untersuchungen über Ablagerungen und Böden im eiszeitlichen Gletschergebiet Norditaliens. – Erdkunde 13 (1959) S. 289–297.

–: Die pleistozäne Klima- und Landschaftsentwicklung der nördlichen Po-Ebene im Lichte bodengeographischer Untersuchungen. Mainz, Wiesbaden 1965 (= Abh. Math.-Naturwiss. Kl. Akad. d. Wissensch. u. Lit., 1965, Nr. 8).

FREI, Max: Die Gebirgswelt Siziliens mit dem Ätna, 3274 m. – In: M. RIKLI, Das Pflanzenkleid der Mittelmeerländer, 2. Bd., Bern 1946, S. 596–610.

FRITZSCHE, Klaus: Geothermische Kraftwerke der Welt. – Geogr. Rdsch. 33 (1981) S. 258–260.

FROSINI, Pietro: Il Lago Trasimeno e il suo antico emissario. – Boll. Soc. Geogr. It. 95 (1958) S. 6–15.

–: La carta della precipitazione media annua in Italia per il trentennio 1921–1950. Rom 1961 (= Min. Lav. Pubbl. 24, fasc. 13).

–: Il Tevere. Le inondazioni di Roma e i provvedimenti presi dal governo italiano per evitarle. – Accad. Naz. dei Lincei 13, Rom 1977.

FUCHS, Friderun: Quartäre Küsten- und Flußterrassen in der Umrahmung des Golfs von Tarent (Süd-Italien). – Catena 7 (1980) S. 27–50.

FUCHS, Friderun, u. Arno SEMMEL: Pleistozäne kaltzeitliche Ablagerungen in der Sila und Basilicata (Süd-Italien). – Catena 1 (1974) S. 387–400.

FUCKNER, Helmut: Riviera und Côte d'Azur – mittelmeerische Küstenlandschaften zwischen Arno und Rhone. – In: Festschrift für Otto Berninger. Erlangen 1963 (= Mitt. Fränk. Geogr. Ges. 10), S. 39–68.

FUGA, Fabrizio: Il turismo nell'Argentario nei suoi aspetti economici sociali e urbanistici. Pisa 1976 (= Pubbl. Ist. Sc. Geogr. Univ. Pisa 22).

FUMAGALLI, Mario: La siderurgia italiana. – In: E. MASSI (Hrsg.), Geografia dell'acciaio, Vol. 1, Mailand 1973, S. 161–299.

–: Il fenomeno del pendolarismo in una provincia ›povera‹ dell'umland torinese. – Notiz. Geogr. Econ. 7 (1976) S. 8–24.

–: Italian Steel. The Bresciani. A problem of economic geography. – Metal Bulletin Monthly 93 (1978) S. 9–41.

–: Una regione prevalentemente agricola entro un'area industriale avanzata: il caso dell'Astigiano. – Mem. Soc. Geogr. It. 32 (1979) S. 227–354.

FURNARI, Mena: Industrialization without development: A comment on an Italian case study. – Sociologia Ruralis 8 (1973) S. 15–26.

GABERT, Pierre: L'immigration italienne a Turin. – Bull. Assoc. Géogr. Franç. 276–277 (1958) S. 30–45.

–: Les plaines occidentales du Pô et leurs piedmonts. Gap 1962.

–: Le port de Ravenne et sa zone industrielle, un exemple de l'essor économique italien. – Méditerranée 4 (1963) S. 67–82.

–: Turin – ville industrielle. Étude de géographie économique et humaine. Paris 1964.

GADDONI SCHIASSI, Silvia: Centri a pianta regolare in Emília-Romagna: I castelli medievali. – L'Univ. 57 (1977) S. 1073–1096.

–: Esempi di pianificazione urbana nel Rinascimento. – L'Univ. 59 (1981) S. 219 bis 256.

GALASSO, Giuseppe: Storia d'Italia, 23 Bde. Turin 1979ff.

GALLIANO, Graziella: Aspetti geografici del turismo nella Riviera di Ponente (il litorale fra Genova e Savona). Genua 1978 (= Pubbl. Ist. Sc. Geogr. Univ. Genova 28, 1975).

GAMBI, Lucio: Geographische Betrachtungen zur Überschwemmung des Po in Polesine (November 1951 bis Mai 1952). – Die Erde 5 (1953) S. 15–29.

–: La pesca del pesce spada nello Stretto di Messina. Faenza 1955 (= Atti XVI. Congr. Geogr. It. Padova-Venezia 1954), S. 401–408.

–: I problemi urbanistici odierni del nostro paese negli scritti dei geografi. – In: L. GAMBI, Una geografia per la storia, Turin 1973, S. 109–135.

–: Da città ad area metropolitana. – In: R. ROMANO u. C. VIVANTI (Coordinatori), Storia d'Italia (Einaudi), Vol. V, 1, Turin 1973, S. 365–424.

–: Calabria. Turin 1965, [2]1978.

–: A map of the rural house in Italy. – In: A. PECORA u. R. PRACCHI (Hrsg.) 1976, S. 83–86, mit Karte.

–: Le città e l'organizzazione dello spazio in Italia. – In: TCI (Hrsg.), Le Città. Mailand 1978 (= Capire l'Italia, Vol. II), S. 8–25.

GAMBINO, Carlo José: L'industrializzazione fantasma. Il caso Calabria. Neapel 1980 (= Coll. Conoscere il Mezzogiorno 2).

GARAZZI, Egidio: Il Sinis deve diventare un grande parco naturale. – Qui Touring 9, Nr. 16 (1979) S. 46–51.

GARRAPA, Rocco: Il turismo montano in Toscana. – L'Univ. 60 (1980) S. 481–536 u. 653–712.

GAUTHIER, M. J.: Les pollutions bactériennes en mer Méditerranée. – Options méditerranéennes 4, Nr. 19 (1973) S. 100–107.

GAY, François, u. Paul WAGRET: L'économie de l'Italie. – Paris $^{2}$1964 (= Que sais-je? 1007).

GAZERRO, Marialuisa: Un'industria e il suo territorio: i calzaturifici della ›Riviera del Brenta‹. – Atti e Mem. Accad. Patavina Sc. Lett. ed Arti 85 (1972–73) parte 3, S. 187–209 (= Pubbl. Ist. Geogr. Padova, Vol. 9, H. 10).

GAZZOLO, Tomaso: Caratteristiche pluviometriche ed idrometriche dell'evento alluvionale del novembre 1966. – Accad. Naz. dei Lincei, Quaderno 169, Rom 1972, S. 137 bis 153.

– u. Mario PINNA: Monografia. Distribuzione della temperatura dell'aria in Italia nel trentennio 1926–1955. Rom 1969 (= Pubbl. 21 del Servizio idrografico. II. Ed., fasc. IV).

GEIPEL, Robert: Friaul. Sozialgeographische Aspekte einer Erdbebenkatastrophe. Kallmünz–Regensburg 1977 (= Münchener Geogr. H. 40).

–: Friaul – Umweltzerstörung durch die Natur und den Menschen. – Geogr. Rdsch. 30 (1978) S. 376–383.

–: Katastrophen nach der Katastrophe? Ein Vergleich der Erdbebengebiete Friaul und Süditalien. – Geogr. Rdsch. 35 (1983) S. 17–26.

GENTILESCHI, Maria Luisa: Immigration flows to the regional capitals of Italy. – In: A. PECORA u. R. PRACCHI (Hrsg.) 1976, S. 73–80.

GENTILLI, Joseph: Il Friuli: i climi. Udine 1964.

–: I climi del Prescudin. Pordenone 1977.

GEORGE, Pierre: Géographie de l'Italie. Paris 1964 (= Que sais-je? 1125).

– u. Jean TRICART: L'Europe Centrale. Paris 1954.

GERLACH, Tadeusz, u. Giovan Battista PELLEGRINI: Sui processi morfogenetici in atto in un piccolo bacino idrografico delle Prealpi Venete. Inizio di uno studio sperimentale e sue finalità. Padua 1973 (= Atti e Mem. Accad. Patavina Sc. Lett. Arti 85, Parte 2, Cl. Sc. Mat. e Nat.) S. 153–173 (= Pubbl. Ist. Geogr. Univ. Padova, Vol. IX, Nr. 11, Padua 1972–73).

GEROLD, Gerhard: Untersuchungen zum Naturpotential in Südost-Sizilien im Hinblick auf ihre Bedeutung für die agrare Landnutzung. Hannover 1979 (= Jb. Geogr. Ges. Hannover 1979).

–: Agrarwirtschaftliche Inwertsetzung Südost-Siziliens. Die Entwicklung der Landwirtschaft nach 1950 in einer insularen zentralmediterranen Region. Hannover 1982 (= Jb. Geogr. Ges. Hannover 1980).

GEROSA, Guido: L'Arno non gonfia d'acqua chiara. Cronaca dell'inondazione di Firenze. Verona 1967.

GERSTENHAUER, Armin: Kritische Anmerkungen zu den Vorstellungen von der Genese der Korrosionspoljen. – In: K.-H. PFEFFER (Hrsg.), Festschrift für Alfred Bögli. Blaubeuren 1977 (= Abh. z. Karst- und Höhlenkde. 15), S. 12–25.

GHELARDONI, Paolo: La salvaguardia dei centri storici italiani ed europei nel quadro delle iniziative del consiglio d'Europa. – Boll. Soc. Geogr. It. 116 (1979) S. 103–164.

GHEZZI, Giuseppe, u. Deryck Davis BAYLISS: Uno studio del Flysch nella Regione Calabrolucana. Stratigrafia, tettonica e nuove idee sul miocene dell'Appennino meridionale. – Boll. Serv. Geol. It. 84 (1963), Rom 1964, S. 3–48.

GHIGI, Alessandro, u. a.: La Fauna. Mailand 1959 (= Conosci L'Italia, Vol. III, hrsg. TCI).

GIARDINI, Maria Pia: Insediamento di pastori sardi in un'area di spopolamento della Toscana meridionale (Radicofani, Siena). – L'Univ. 61 (1981) S. 465–478.

GIARRIZZO, Adriana: La piana del Fucino dopo il prosciugamento; note antropogeografiche. – Boll. Soc. Geogr. It. 108 (1971) S. 619–666.

GIESE, Peter, Konrad GÖRLER, Volker JACOBSHAGEN u. Klaus-Joachim REUTTER: Geodynamic evolution of the Apennines and Hellenides. – In: H. CLOSS (Hrsg.), Mobile Earth. International Geodynamics Project; final report of the Federal Republic of Germany, – DFG Boppard 1980, S. 71–87.

GINATEMPO, Nella: La città del Sud. Territorio e classi sociali. Mailand 1976.

GIORDANO, Giuseppe: L'aeroporto di Alghero-Fertilia. Aspetti di geografia dei trasporti in Sardegna. – L'Univ. 59 (1981) S. 65–76.

GIORGI, Enzo: Il castagneto da frutto in Toscana. Florenz 1960 (= Osserv. Naz. Econ. Mont. e Forest.).

GIORGI, Giacomo: Italienische Agrarreform. Gesammelte Aufsätze über Probleme und Daten der italienischen Agrarreform. Berlin 1972 (= Volkswirtschaftliche Schr. 191).

GIUSTINIANI, Lorenzo: Dizionario geografico ragionato del regno di Napoli, Tom. I–X. Neapel 1797–1805.

GOEZ, Werner: Von Pavia über Parma–Lucca–San Gimignano–Viterbo nach Rom. Ein Reisebegleiter entlang der mittelalterlichen Kaiserstraße Italiens. Köln 1972 (= Du Mont Kunstführer).

–: Das Hauptstadtproblem Italiens vom Beginn des Mittelalters bis zur Gegenwart. – In: A. WENDEHORST u. J. SCHNEIDER (Hrsg.), Hauptstädte. Entstehung, Struktur und Funktion. Neustadt a. d. Aisch 1979 (= Schr. des Zentralinst. f. Fränk. Ldkde. u. Allg. Reg. Forsch. Univ. Erlangen-Nürnberg 18), S. 61–74.

GOLINI, Antonio (Hrsg.): Bibliografia delle opere demografiche in lingua italiana (1930–1965). Rom 1966. Ist. Demogr. Univ. Roma.

–: Distribuzione della popolazione, migrazioni interne e urbanizzazione in Italia. Rom 1974 (= Pubbl. Ist. Demogr., Fac. Sc. Demogr. ed Attuariali, Univ. Roma, Nr. 27).

GORLATO, Laura: La localizzazione delle industrie nella provincia di Vicenza. Como 1965 (= Atti XIX. Congr. Geogr. It. Como 1964, Vol. II), S. 425–436.

–: Torviscosa come centro industriale. Como 1965 (= Atti XIX. Congr. Geogr. It. Como 1964, Vol. II), S. 483–488.

–: La cerasicoltura nel Vicentino. – Boll. Soc. Geogr. It. 109 (1972) S. 337–340.

GÖRLER, Konrad, u. Hillert IBBEKEN: Die Bedeutung der Zone Sestri–Voltaggio als Grenze zwischen Alpen und Apennin. – Geol. Rdsch. 53 (1964) S. 73–84.

– u. Klaus-Joachim REUTTER: Die stratigraphische Einordnung der Ophiolithe des Nordapennins. – Geol. Rdsch. 53 (1964) S. 358–375.

– u. Klaus-Joachim REUTTER: Entstehung und Merkmale der Olisthostrome. – Geol. Rdsch. 57 (1968) S. 484–514.

– u. Max RICHTER: Über die Geologie der Molise (Süditalien). – N. Jb. Geol. Paläont. Mh. 1966, S. 129–151.

GOSSEAUME, Edouard: Livourne, port industriel. – Rev. Géogr. de Lyon 44 (1969) S. 169–193.

–: Le tombolo triple d'Orbetello (Toscane). – Bull. Soc. Languedocienne de Géogr. 7 (1973) S. 3–11.
–: Le contact Apennin – Plaine Padane au Sud de Parme et de Reggio. – Bull. Ass. Géogr. Franç. 59 (1982) Nr. 486, S. 139–152 [= 1982a].
–: Le soulèvement récent des Alpes Apouanes. – Rev. Géogr. alpine 70 (1982) S. 391–414 [= 1982b].
GRANDJACQUET, Claude: Schéma structurel de l'Apennin campano-lucanien (Italie). – Rev. Géogr. phys. et Géol. dyn. 5 (1963) S. 185–202.
GREGOROVIUS, Ferdinand: Zur Geschichte des Tiber-Stromes. (1876) – In: F. GREGOROVIUS, Wanderjahre in Italien. Köln 1953, S. 214–227.
GRIBAUDI, Ferdinando: Piemonte e Val d'Aosta. Turin 1960.
–: Le zone industriali in Italia. Como 1965 (= Atti XIX. Congr. Geogr. It. Como 1964, Vol. II), S. 189–215.
–: Gegenwärtige Wandlungen der Agrarlandschaft in Italien. – Wiss. Ztschr. Martin Luther-Univ. Halle-Wittenberg 16 (1967) S. 213–219.
–: Italia geoeconomica. Turin 1969.
–: Memoria illustrativa della Carta della utilizzazione del suolo del Piemonte – Valle d'Aosta. Rom 1971.
– u. Pier L. GHISLENI: La distribuzione geografica delle sistemazioni del suolo agrario in Italia. Rio de Janeiro 1966 (= Comptes rendus XVIII. Congr. Intern. Géogr. Rio de Janeiro 1956, Tome 4), S. 51–56.
GRILLOTTI DI GIACOMO, Maria Gemma: Considerazioni geografiche sul nucleo industriale di Rieti-Cittaducale. – Boll. Soc. Geogr. It. 115 (1978) S. 63–80.
GRIMM, Frankdieter: Das Abflußverhalten in Europa – Typen und regionale Gliederung. Leipzig 1968 (= Wiss. Veröff. Dt. Inst. f. Ldkde. NF 25/26), S. 18–180.
GRÜN, Rainer, u. Karl BRUNNACKER: Absolutes Alter jungpleistozäner Meeres-Terrassen und deren Korrelation mit der terrestrischen Entwicklung. – Z. Geomorph. N. F. 27 (1983) S. 257–264.
GUASPARRI, Giovanni: Calanchi e biancane nel territorio senese: studio geomorfologico. – L'Univ. 58 (1978) S. 97–140.
GUIDONI, Enrico: Die europäische Stadt. Eine baugeschichtliche Studie über ihre Entstehung im Mittelalter. Stuttgart 1980. Aus dem Ital. Mailand 1978.
GUIGO, Maryse: Pluie et crue des 7 et 8 Octobre 1970 dans la région génoise. – Méditerranée 12, Nr. 1 (1973) S. 55–80.
–: Les variations de la turbidité et leurs relations avec le débit et les précipitations sur le Magra, fleuve de la Ligurie orientale. – Rev. géogr. phys. géol. dyn. 17, Nr. 3 (1975) S. 259–277.
GUTKIND, Erwin A.: Urban development in Southern Europe: Italy and Greece. New York 1969 (= International History of City Development, Vol. IV).

HABBE, Karl-Albert: Die würmeiszeitlichen Gletscher in den Tälern des Gardasees, der unteren Etsch und des Chiese. Wiesbaden 1965 (= 34. Dt. Geogr.-Tag Heidelberg 1963, Tag.-Ber. u. Wiss. Abh.), S. 197–203.
–: Die würmzeitliche Vergletscherung des Gardaseegebietes. Freiburg 1969 (= Freiburger Geogr. Arb. 3).
HAFEMANN, Dietrich: Die Frage des eustatischen Meeresspiegelanstiegs in historischer Zeit.

Wiesbaden 1960 (= 32. Dt. Geogr.-Tag Berlin 1959, Tag.-Ber. u. Wiss. Abh.), S. 218–231.

HAHN, Helmut: Die Boden- und Agrarreform in Süditalien. – Geogr. Rdsch. 9 (1957) S. 89–96.

HÄHNEL, Joachim: Hauskundliche Bibliographie. Italien (1961–1970). Vierter Teil. Detmold 1977 (= Beiträge zur Hausforschung, Beiheft-Reihe).

HARRACH, Graf W.: Die Entwicklung der italienischen Landwirtschaft von 1945–1975. – Ber. üb. Ldw. 56 (1978) S. 712–723.

HAYD, Franz: Die ligurische Riviera in den Wintermonaten. Ein Beitrag zur Klimatographie. – Ann. Ric. Studi Geogr. 18, Genua 1962, S. 49–100.

HEBERLE, Rudolf: Theorie der Wanderungen: Soziologische Betrachtungen. – Schmollers Jahrb. 85 (1955) S. 1–23.

HEER, Anselm: Larderello, ein Beispiel für die Ausnutzung vulkanischer Kräfte. – Geogr. Rdsch. 8 (1956) S. 235–236.

HEHN, Victor: Kulturpflanzen und Haustiere in ihrem Übergang aus Asien nach Griechenland und Italien sowie in das übrige Europa, Berlin 1870. ²1874.

–: Italien – Ansichten und Streiflichter. Berlin ⁵1896.

HERMANNS, Hartmut, Cay LIENAU u. Peter WEBER: Arbeiterwanderungen zwischen Mittelmeerländern und den mittel- und westeuropäischen Industrieländern. E. annot. Ausw.-Bibliogr. unter geogr. Aspekt. München, New York, London, Paris 1979.

HETZEL, Wolfgang: Die Flurbereinigung in Italien. Stuttgart 1957 (= Schr. Reihe f. Flurbereinigung 13).

HILLER, Otto K.: Sardinien. Einführung in die Landeskunde einer mediterranen Insel. – Mitt. Geogr. Ges. München 63 (1978), S. 117–140.

–: Die Gebirgstreppe Ostsardiniens. Eine geomorphologische Analyse. Augsburg 1981 (= Augsburger Geogr. H. 3).

HILSINGER, Horst-H.: Aspekte einer modernen Industrialisierung in Italien, aufgezeigt an Beispielen aus den Regionen Lombardei und Piemont. – In: K. ROTHER (Hrsg.) 1977, S. 189–197.

HIRSCHMAN, Albert O.: Die Strategie der wirtschaftlichen Entwicklung. Stuttgart 1967.

HOFELE, Hermann: Die Niederschlagsverhältnisse der Insel Sardinien im Rahmen der übrigen Klimafaktoren. Öhringen 1937 (= Tübinger geogr. u. geol. Abh., R. II, H. 2).

HOFMANN, Albert von: Das Land Italien und seine Geschichte. Stuttgart–Berlin 1921.

HOLLAND, Stuart: Regional under-development in a developed economy: The italian case. – Regional Studies 5 (1971) S. 71–90.

HONNOREZ, José, u. Jörg KELLER: Xenolithe in vulkanischen Gesteinen der Äolischen Inseln (Sizilien). – Geol. Rdsch. 57 (1968) S. 719–736.

HOPFINGER, Hans: Die Entwicklung der raumwirtschaftlichen Disparitäten in Italien und Spanien. Ein empirischer Vergleich der regionalen Wirtschafts- und Strukturpolitik in beiden Ländern. Frankfurt am Main 1982.

HORVAT, Ivo, Vjekoslav GLAVAČ u. Heinz ELLENBERG: Vegetation Südosteuropas. Stuttgart 1974.

HOTTES, Karlheinz: Die Industrien in der Toscana und ihre Lokalisationsformen. – Geogr. Rdsch. 12 (1960) S. 484–486, u. 13 (1961) S. 16–27.

–: Die Naturwerkstein-Industrie und ihre standortprägenden Auswirkungen. Gießen 1967 (= Gießener Geogr. Schr. 12).

–: Industriegeographie. Darmstadt 1976 (= Wege der Forschung 329).

–: Aspekte der modernen Industrialisierung in Italien: Toscana–Umbrien. – In: K. ROTHER (Hrsg.) 1977, S. 171–188.

HOUSSEL, Jean-Pierre: Lo slancio recente delle città manifatturiere dell'abbigliamento nella ›Italia di mezzo‹. – Riv. Geogr. It. 79 (1972) S. 241–269. – [In franz. Spr. = Rev. Géogr. Lyon 47 (1972) S. 361–383].

HOUSTON, James M.: The western Mediterranean World. An introduction to its regional landscapes. London 1964.

HUETZ DE LEMPS, Alain (Hrsg.): Géographie historique des vignobles. Paris 1978 (= Actes du Colloque de Bordeaux octobre 1977).

HUGONIE, Gérard: Le relief de la région de Messine (Sicile). – Méditerranée 16 (1974) S. 43–61.

–: Mouvements tectoniques et variations de la morphogenèse au Quaternaire en Sicilie Septentrionale. – Rev. Géol. dyn. et Géogr. phys. 23 (1981–82) S. 3–14.

HYTTEN, E., u. M. MARCHIONI: Industrializzazione senza sviluppo. Gela: Una storia meridionale. Mailand 1970.

IACCARINO, Edoardo: Attività sismica in Italia dal 1893 al 1965. – Centro Nazionale Energia Nucleare. Ricerche tecniche/Geo. (68) 14. Rom 1968.

–: Probabilità della scossa di IX grado in Italia. – Comitato Nazionale Energia Nucleare. Ricerche tecniche/Prot. (73) 40. Rom 1973.

IMBÒ, Giuseppe: Fenomeni endogeni terrestri. – In: TCI (Hrsg.), L'Italia Fisica, Turin 1957, S. 101–134.

INCHIESTA PARLAMENTARE sulle condizioni dei contadini nelle province meridionali e nella Sicilia. 5 Bde. Rom 1909–1911.

INEA = ISTITUTO NAZIONALE DI ECONOMIA AGRARIA: Annuario dell'agricoltura italiana. Rom (jährlich).

–: La distribuzione della proprietà fondiaria in Italia, 13 Bde. Rom 1946–1956.

–: Carta dei tipi d'impresa nell'agricoltura italiana. Rom 1958. 15 Karten 1:750000, Gesamtkarte 1:2,5 Mio.

– (Hrsg): Carta della utilizzazione del suolo d'Italia. Mailand 1961.

– (Hrsg.): Carta delle irrigazioni d'Italia. Rom 1965.

INNOCENTI, Piero: La città di Piombino: Studio di geografia industriale. – Riv. Geogr. It. 71 (1964) S. 319–403.

–: L'area industriale di Piombino. Como 1965 (= Atti XIX. Congr. Geogr. It. Como 1964, Vol. II), S. 537–553.

–: L'Italia e la localizzazione di un ›terminal‹ mediterraneo per contenitori. Note di geografia applicata. – Boll. Soc. Geogr. It. 107 (1970) S. 192–232.

–: L'industria nell'area fiorentina. Processo evolutivo, struttura territoriale, rapporti con l'ambiente, prospettive di sviluppo. – Assoc. degli Industr. della Prov. di Firenze. Florenz 1979.

INTERPRETAZIONI DI ROMA. Contradizzioni urbanistiche e sociali nella ›capitale del capitale‹. – I quaderni di Roma I, 3 (1978).

IASM = ISTITUTO PER L'ASSISTENZA ALLO SVILUPPO DEL MEZZOGIORNO: Documentazione sugli agglomerati delle aree e dei nuclei industriali del Mezzogiorno. Rom 1978 u. 1979.

IASM = Istituto per l'Assistenza allo Sviluppo del Mezzogiorno: Ausländische Investitionen in der Industrie des Mezzogiorno. Rom o. J. [1980].

ISTAT= Istituto Centrale di Statistica: Jährliche Publikationen: Annuario statistico italiano; Compendio statistico italiano; Ann. di statistiche provinciali; Ann. di statistiche demografiche; Popolazione e movimento anagrafico dei Comuni; Ann. di statistica agraria; Ann. di statistica forestale; Ann. di statistiche meteorologiche; Ann. di statistiche zootecniche; Ann. statistico della pesca e della caccia; Ann. di statistiche industriali; Ann. statistico del commercio interno e del turismo; Statistica annuale del commercio con l'estero; Ann. di statistiche del lavoro u. a.

–: Catasto Agrario 1929. 94 Hefte und zusammenfassender Band. Rom 1933–1939.

–: 1° Censimento generale dell'agricoltura 1961. 4 Bde. Rom 1962–1966.

–: 2° Censimento generale dell'agricoltura 1970. 7 Bde. Rom 1971–1973.

–: 5° Censimento generale dell'industria e del commercio 1971. 9 Bde. Rom 1974 ff.

–: Circoscrizioni statistiche. – Metodi e norme, Ser. C, Nr. 1, Rom 1958.

–: Classificazione dei comuni secondo le caratteristiche urbane e rurali. – Metodi e norme serie C., Nr. 5. Rom 1963.

–: Popolazione residente e presente dei comuni ai censimenti dal 1861 al 1961. Circoscrizioni territoriali al 15 ottobre 1961. Rom 1967.

–: 11° censimento generale della popolazione 24. ottobre 1971, Vol. I–XI. Rom 1972–1977.

–: 12° censimento generale della popolazione. 25. ottobre 1981, Vol. I. Rom 1982.

–: Indagine sulla struttura delle aziende agricole 1975. Rom 1978.

–: Sommario di statistiche storiche dell'Italia 1861–1975. Rom 1978.

–: Le regioni in cifre. Edizioni 1981–1985. Rom.

Istituto della Enciclopedia Italiana: Rapporto sulla popolazione in Italia. Rom 1980.

Istituto Geografico De Agostini: Calendario Atlante De Agostini (jährlich).

Istituto di Sociologia, Università di Torino: Lavorare due volte. Una ricerca pilota sul secondo lavoro. Turin 1979.

Jagà, Goffredo: Il porto di Genova. CNR Com. Naz. Geogr. VI, Ric. geogr. econ. sui porti italiani 2. Rom 1936.

Janin, Bernard: Le tourisme dans les Grandes Alpes italiennes. Breuil-Cervinia et Valtournanche. – Rev. Géogr. alpine 52 (1964) S. 211–264.

–: Circulation touristique internationale et tourisme étranger en Val d'Aoste. – Rev. Géogr. alpine 70 (1982) S. 415–430.

Jentsch, Christoph, u. Wilhelm Lutz: Pustertal–Dolomiten. Soziale und wirtschaftliche Wandlungen im östlichen Südtirol. – In: F. Fliri u. A. Leidlmair (Hrsg.), Tirol. Ein geographischer Exkursionsführer. Innsbruck 1975 (= Innsbrucker Geogr. St. 2), S. 369–410.

Jochimsen, Reimut: Alternativen zur Entwicklungspolitik in dualistischen Wirtschaften – dargestellt am Beispiel Italiens. – Saeculum 16 (1965) S. 135–151.

Judson, Sheldon, u. Anne Kahane: Underground drainageways in southern Etruria and northern Latium. – Paper of the Brit. School at Rome 31 (1963) S. 74–99.

Kanter, Helmuth: Kalabrien. Hamburg 1930 (= Abh. aus d. Gebiet d. Auslandskde. 33, Reihe C. Naturwiss. 10).

–: Italien. – In: Handb. d. Geogr. Wissensch. Potsdam 1936, Südost- u. Südeuropa, S. 289–425.

KARRER, Franco, u. Alberto LACAVA: Ambiente e territorio. Pianificazione territoriale e quadro di vita in Italia. Rom 1975 (= Rapporti di ricerca 4. Materiali per la conoscenza della società contemporanea).

KAYSER, Bernard: Recherches sur les sols et l'érosion en Italie méridionale. – Lucanie. Paris 1961.

–: Studi sui terreni e sull'erosione del suolo in Lucania. Matera 1964.

KELLER, Harald: Die Kunstlandschaften Italiens. München 1960.

KELLER, Jörg: Alter und Abfolge der vulkanischen Ereignisse auf den äolischen Inseln/Sizilien. – Ber. Naturf. Ges. Freiburg i. Br. 57 (1967) S. 33–67.

–: Die historischen Eruptionen von Vulcano und Lipari. – Z. Dt. Geol. Ges. 121 (1969) S. 179–185.

KELLER, Reiner: Die Regime der Flüsse der Erde. Freiburg 1968 (= Freiburger Geogr. H. 6), S. 65–86.

KELLETAT, Dieter: Quartärmorphologische Untersuchungen an den Küsten der M. Poro-Halbinsel, Westkalabrien. – Eiszeitalter u. Gegenwart 23/24 (1973) S. 141–153.

–: Beiträge zur regionalen Küstenmorphologie des Mittelmeerraumes. Gargano/Italien und Peloponnes/Griechenland. – Z. f. Geomorph. Suppl.-Bd. 19 (1974).

KIEFFER, Guy, u. René-Simon POMEL: Morphologie et volcanologie de Stromboli (Îles Eoliennes). – Bull. Assoc. Géogr. Franç. 59, Nr. 488 (1982) S. 211–226.

KING, Russell: The ›Questione Meridionale‹ in Southern Italy. Department of Geogr. Univ. of Durham 1971 (= Research Papers 11) [= 1971 a].

–: Development problems in a mediterranean environment. History and evaluation of agricultural development schemes in Sardinia. – Tijdschr. Econ. Soc. Geogr. 62 (1971) S. 171–179 [= 1971 b].

–: Italian land reform: critique, effects and evaluation. – Tijdschr. Econ. Soc. Geogr. 62 (1971) S. 369–383 [= 1971 c].

–: Land Reform: The italian experience. London 1973.

–: Some spatial and environmental aspects of conflict resolution. Livestock thift in Sardinia. – Tijdschr. Econ. Soc. Geogr. 65 (1974) S. 407–413.

–: Ottana; an attempt to bring industry to Sardinia's shepherd-bandits. – Geography 60 (1975) S. 218–222.

–: The evolution of international labour migration movements concerning the E. E. C. – Tijdschr. Econ. Soc. Geogr. 67 (1976) S. 66–82.

–: Recent industrialization in Sardinia. Rebirth or Neo-Colonialism? – Erdkunde 31 (1977) S. 87–102.

–: Return migration: a neglected aspect of population geography. – Area 10 (1978) S. 175–182.

–: Recenti scritti in lingua inglese sulla Geografia umana dell'Italia. – Boll. Soc. Geogr. It. 119 (1982) S. 411–421 [= 1982 a].

–: Southern Europe: Dependency or Development? – Geography 67 (1982) Nr. 296, S. 221–234 [= 1982 b].

– u. Alan STRACHAN: Sicilian Agro-Towns. – Erdkunde 32 (1978) S. 110–123.

– u. Alan STRACHAN: Patterns of Sardinian migration. – Tijdschr. Econ. Soc. Geogr. 71 (1980) S. 209–222.

KING, Russell, u. Laurence TOOK: Land tenure and rural social change: the italian case. – Erdkunde 37 (1983) S. 186–198.

– u. Susan YOUNG: The Aeolian Islands. Birth and death of a human landscape. – Erdkunde 33 (1979) S. 193–204.

KIRSTEN, Ernst: Die griechische Polis als historisch-geographisches Problem des Mittelmeerraumes, Bonn 1956 (= Coll. Geogr. 5).

KISH, George: The ›Marine‹ of Calabria. – Geogr. Rev. 43 (1953) S. 495–505.

KITTLER, Gustav Adolf: Bodenfluß. Eine von der Agrarmorphologie vernachlässigte Erscheinung. – Forsch. z. dt. Ldkde. 143 (1963).

KLAER, Wendelin: Verwitterungsformen im Granit auf Korsika. Gotha 1956 (= Peterm. Geogr. Mitt. Erg.H. 261).

KLAPISCH-ZUBER, Ch.: Villaggi abbandonati ed emigrazione interne. – In: R. ROMANO u. C. VIVANTI (Coord.), Storia d'Italia (Einaudi). Vol. V, 1. Turin 1973, S. 309 bis 364.

KLEBELSBERG, Richard von: Die eiszeitliche Vergletscherung der Apenninen. 1: Gran Sasso – Maiella. – Z. f. Gletscherkde. 18 (1930) S. 141–169.

–: Die eiszeitliche Vergletscherung der Apenninen. 2: Monte Pollino. – Z. f. Gletscherkde. 20 (1932) S. 52–65.

–: Die eiszeitliche Vergletscherung der Apenninen. 3: Monti Sibillini. – Z. f. Gletscherkde. 21 (1933) S. 121–136.

KNAPP, Rüdiger: Studien zur Vegetation und pflanzengeographischen Gliederung Nordwest-Italiens und der Süd-Schweiz. Köln 1953 (= Kölner Geogr. Arb. 4).

KOCH, Horst-Günther: Tagesperiodische Winde in Oberitalien. – Z. f. Meteor. 4 (1950) S. 299–313.

KOLB, Albert: Morphologische Probleme im Toskanischen Bergland. – Mitt. Geogr. Ges. München 27 (1934) S. 1–84.

KRAMER, Hans: Geschichte Italiens II. Von 1494 bis zur Gegenwart. Stuttgart 1968 (= Urban-Bücher).

KRENN, Hilmar: Der Agro Romano. Kulturlandschaftsgenese seit 1870 und moderne Entwicklungstendenzen. – Die Erde 102 (1971) S. 286–306.

KÜHNE, Ingo: Die Sozialgruppe der Mulattieri im Apennin. – Erdkunde 24 (1970) S. 127–134.

–: Die Gebirgsentvölkerung im nördlichen und mittleren Apennin in der Zeit nach dem Zweiten Weltkrieg unter besonderer Berücksichtigung des gruppenspezifischen Wanderungsverhaltens. Erlangen 1974 (= Erlanger Geogr. Arb. Sonderband 1).

–: Abwanderung aus den früheren Schwefelbergbaugemeinden der Romagna und der Marken/Italien. Ein Beispiel für gelenkte Wanderung. – In: C. SCHOTT (Hrsg.), Beitr. z. Kulturgeogr. d. Mittelmeerländer III. Marburg/Lahn 1977 (= Marburger Geogr. Schr. 73), S. 29–47.

KÜNZLER-BEHNCKE, Rosemarie: Das Zenturiatsystem in der Po-Ebene. Ein Beitrag zur Untersuchung römischer Flurreste. – In: Festschr. z. 125-Jahrfeier d. Frankf. Geogr. Ges. 1836–1961. Frankfurt 1961 (= Frankf. Geogr. H. 37), S. 159–170.

LABASSE, Jean: L'industrialisation dans le Sud-Est du Mezzogiorno. Le triangle Bari–Brindisi–Tarente. – Ann. Géogr. 77 (1968) S. 14–36.

LAMBOGLIA, Nino: Albenga romana e medioevale. Albenga 1957 (= Itinerari liguri 1).

LANDINI, Piero: Le irrigazioni sul versante tirrenico della Sicilia. – Boll. Soc. Geogr. It. 78 (1944) S. 169–187.

LANDINI, Piergiorgio: Note preliminari a una ricerca sui mercati di Roma. – Notiz. Geogr. Econ. 8 (1977) S. 25–39.

–: Caratteri geografici del terziario commerciale in Italia. – Boll. Soc. Geogr. It. 118 (1981) S. 11–46.

LANE, D.: Minifarming in the Italian South. – Geogr. Magazine 53 (1980) S. 177–179.

LANGELLA, Vittorina: La geografia del turismo. – In: G. CORNA-PELLEGRINI u. C. BRUSA (Hrsg.) 1980, S. 355–358.

LANGINI, Osvaldo: Laghi prealpini italiani. Florenz 1962 (= Estratti da L'Univ. 41, 1961 u. 42, 1962).

LA SAPONARA, F.: Trasporti marittimi e regioni italiane. Dieci anni di attività. Neapel 1979.

LAUDISA, F.: Le dimensioni di una protesta silenziosa. La emigrazione italiana in cento anni. Bari 1973.

LAUER, Wilhelm u. Peter FRANKENBERG: Untersuchungen zur Humidität und Aridität von Afrika. Das Konzept einer potentiellen Landschaftsverdunstung. Bonn 1981 (= Bonner Geogr. Abh. 66).

LAURETI, Lamberto: Caratteri strutturali e geomorfologici dell'Appennino abruzzese. – In: M. FONDI (Hrsg.), Ricerce geografiche sull'Abruzzo, Mem. Geogr. Econ. Antr. N. Ser. 12 (1977–78), Neapel 1980, S. 7–32.

LAUTENSACH, Hermann: Der geographische Formenwandel. Studien zur Landschaftssystematik. Bonn 1953 (= Colloquium Geographicum 3).

–: Die Insel Ischia. Eine länderkundliche Skizze. – In: Festschr. Väinö Auer, Helsinki 1955 (= Acta Geographica 14), S. 249–285.

–: Madeira, Ischia, Taormina. Inselstudien. Wiesbaden 1977 (= Geogr. Z. Beih. 47).

LEARDI, Eraldo: Fiere e mercati delle Langhe. Genua 1976 (= Pubbl. Ist. Sc. Geogr. 27, 1975).

–: La funzione turistica: i centri idrominerali italiani. – Boll. Soc. Geogr. It. 115 (1978) S. 517–538.

LEERS, Kurt-Jürgen: Die räumlichen Folgen der Industrieansiedlung in Süditalien – das Beispiel Tarent (Taranto). Düsseldorf 1981 (= Düsseldorfer Geogr. Schr. 17).

LEHMANN, Herbert: Der Gardasee und sein Jahr. – Die Erde 1 (1949/50) S. 46–59.

–: Studien über Poljen in den Venezianischen Voralpen und im Hochapennin. – Erdkunde 13 (1959) S. 258–289.

–: Das Landschaftsgefüge der Padania. Grundzüge einer natur- und kulturräumlichen Gliederung des Po-Tieflandes. – In: Festschr. z. 125-Jahrfeier d. Frankf. Geogr. Ges. 1836–1961. Frankfurt 1961 (= Frankf. Geogr. H. 37), S. 87–158 [= 1961 a].

–: Zur Problematik der Abgrenzung von ›Kunstlandschaften‹, dargestellt am Beispiel der Po-Ebene. – Erdkunde 15 (1961) S. 249–264 [= 1961 b].

–: Standortverlagerung und Funktionswandel der städtischen Zentren am Adriasaum der Poebene. – Mitt. Österr. Geogr. Ges. 105 (1963) S. 119–140.

–: Standortverlagerung und Funktionswandel der städtischen Zentren an der Küste der Po-Ebene. Wiesbaden 1964 (= Sitz. Ber. Wiss. Ges. Joh. Wolfg. Goethe-Univ. Frankfurt am Main 2, Nr. 3, 1963) [= 1964 a].

–: Die Rolle des Landschaftsklischees im Italienbild des Deutschen. – In: List. 150 Jahre buchhändlerische Tradition, 70 Jahre Paul List Verlag, 1964, S. 313–325 [= 1964 b].

LEHMANN, Herbert: Goethe und Gregorovius vor der italienischen Landschaft. Wiesbaden 1964 (= Sitz. Ber. Wiss. Ges. Frankfurt am Main 3, Nr. 5 1964) [= 1964c].

–: Europa. München [20]1969 (= Harms Handbuch der Erdkunde Band 2).

LEIDLMAIR, Adolf: Bevölkerung und Wirtschaft in Südtirol. Innsbruck 1958 (= Tiroler Wirtschaftsstudien 6).

–: Bevölkerung und Wirtschaft 1919–45. – In: F. HUTER (Hrsg.), Südtirol. Eine Frage des europäischen Gewissens, Wien 1965, S. 362–381.

–: Bevölkerung und Wirtschaft seit 1945. – In: F. HUTER (Hrsg.), Südtirol. Eine Frage des europäischen Gewissens, Wien 1965, S. 560–580.

–: Südtirol als geographisches Problem. – In: E. TROGER u. G. ZWANOWETZ (Hrsg.), Neue Beiträge zur geschichtlichen Landeskunde Tirols. 2. Teil. Festschrift für Univ.-Prof. Dr. Franz Huter. Innsbruck–München 1969 (= Tiroler Wirtschaftsstudien 26), S. 249–262.

–: Beharrung und Wandel in der Agrarlandschaft Südtirols. – Veröff. Mus. Ferdinandeum 53 (1973) S. 227–244.

–: Tirol auf dem Wege von der Agrar- zur Erholungslandschaft. – Mitt. Österr. Geogr. Ges. 120 I (1978) S. 38–53.

LE LANNOU, Maurice: Pâtres et paysans de la Sardaigne. Tours 1941.

–: Pastori e contadini di Sardegna. Sassari 1979.

LEMBKE, Herbert: Beiträge zur Geomorphologie des Aspromonte. – Z. f. Geomorph. 6 (1931) S. 58–112.

LEONE, Ugo (Hrsg.): Ambiente e sviluppo nel Mezzogiorno. Neapel 1974 (= Geografia regionale Nr. 2).

LEPSIUS, M. Rainer: Immobilismus; das System der sozialen Stagnation in Süditalien. – Jahrb. Nationalökon. u. Stat. 177 (1965) S. 304–342.

LEVI, Carlo: Cristo si è fermato a Eboli. Turin 1945.

–: Christus kam nur bis Eboli. Berlin 1960.

–: Le parole sono pietre. Tre giornate in Sicilia. Turin 1956.

–: Worte sind Steine. Drei Reisen nach Sizilien. Berlin 1960.

LICHTENBERGER, Elisabeth: The nature of european urbanism. – Geoforum 4 (1970) S. 45–62.

–: Die europäische Stadt – Wesen, Modelle, Probleme. Wien 1972 (= Ber. z. Raumf. u. Raumplanung 16), S. 3–25.

–: The changing nature of european urbanization. – In: B. J. L. BERRY (Hrsg.), Urbanization and counterurbanization, Urban Affairs Annual Rev. 116 (1976) S. 81–107.

LIENAU, Cay: Geographische Aspekte der Gastarbeiterwanderungen zwischen Mittelmeerländern und europäischen Industrieländern; mit einer Bibliographie. – In: K. ROTHER (Hrsg.) 1977, S. 49–86.

LILL, Rudolf: Geschichte Italiens vom 16. Jahrhundert bis zu den Anfängen des Faschismus. Darmstadt 1980.

LINK, Harald: Speicherseen der Alpen. Wasser- und Energiewirtschaft. – Schweizer. M. Schr. f. Wasserrecht, Wasserbau, Wasserkraftnutzung, Energiewirtschaft, Gewässerschutz und Binnenschiffahrt 62 (1970) S. 241–358.

LIVI, Rodolfo: Saggio dei risultati antropometrici ottenuti all' ispettorato di sanità militare. Rom 1894.

–: Antropometria militare. 3 Teile. II. Teil: Dati demografici e biologici. Rom 1905; III. Teil: Rom 1898.

LIVI-BACCI, Massimo: Le migrazioni interne in Italia. Florenz 1967 (= Atti del seminario di demografia tenuto nell'anno accademico 1965–66).

LODDO, M., u. Francesco MONGELLI: Heat flow in Italy. – In: V. ČERMÁK u. L. RYBACH (Hrsg.), Terrestrial heat flow in Europe. Heidelberg-New York 1979, S. 221–231.

LOMBARDINI, E.: Studi idrologici e storici sopra il grande estuario adriatico, i fiumi che vi confluiscono e specialmente gli ultimi tronchi del Po. – Mem. Ist. Lomb. (1867–1868).

LO MONACO, Mario: Nascita delle regioni industriali in Sardegna. Rom 1965 (= Pubbl. Ist. Geogr. Econ. 2).

–: Gli studi sugli effetti regionali della polarizzazione industriale nel Mezzogiorno e nelle isole. – In: G. CORNA-PELLEGRINI u. C. BRUSA (Hrsg.) 1980, S. 805–814.

LOOSE, Rainer: Agrargeographie des südwestlichen Trentino. Landwirtschaft und agrarsoziale Verhältnisse der Valli Giudicarie (Judikarien) in der Mitte des 19. Jh. und in der Gegenwart. Wiesbaden 1983.

LOSACCO, Ugo: La glaciazione quaternaria dell'Appennino settentrionale. – Riv. Geogr. It. 56 (1949) S. 90–152 u. 196–272.

LÖTSCHERT, Wilhelm: Ölbäume vom Gardasee. – Natur und Museum 100 (1970) S. 65 bis 70.

LOUIS, Herbert: Der Bestrahlungsgang als Fundamentalerscheinung der geographischen Klimaunterscheidung. – In: H. PASCHINGER (Hrsg.), Geographische Forschungen. Festschrift zum 60. Geburtstag von Hans Kinzl. Innsbruck 1958 (= Schlern-Schriften 190), S. 155–164.

– u. Klaus FISCHER: Allgemeine Geomorphologie. Berlin–New York $^{4}$1979 (= Lehrbuch der Allgemeinen Geographie 1).

LOVARI, Sandro, u. Fabio CASSOLA: Naturconservation in Italy: The existing national parks and other protected areas. – Biol. Conservation 8 (1975) S. 127–142.

LUCCHETTI, Annie: Guida bibliografica allo studio degli insediamenti in Italia. – Mem. Geogr. Antr. 8 (1953) f. 3, Rom 1954.

LUCIA, Maria Giuseppina: Evoluzione delle strutture dei traffici marittimi in Italia. – Riv. Geogr. It. 90 (1983) S. 29–63.

LÜDI, Werner: Die Gliederung der Vegetation auf der Apenninenhalbinsel, insbesondere der montanen und alpinen Höhenstufen. – In: M. RIKLI, Das Pflanzenkleid der Mittelmeerländer, 2. Bd., Bern 1946, S. 573–596.

LUTZ, Vera: Italy. A study in economic development. London, New York, Toronto 1962.

LUTZ, Wilhelm: Gröden. Landschaft, Siedlung und Wirtschaft eines Dolomitenhochtales. Innsbruck 1966 (= Tiroler Wirtschaftsstudien 21).

LUZZANA-CARACI, Ilaria: Il turismo in Calabria. Note geografiche. – Boll. Soc. Geogr. It. 109 (1972) S. 661–705.

MACHATSCHEK, Fritz: Das Relief der Erde. Versuch einer regionalen Morphologie der Erdoberfläche, 2 Bde. Berlin 1938, $^{2}$1955.

MAGALDI, Donatello, u. Ugo SAURO: Landforms and soil evolution in some karstic areas of the Lessini Mountains and Monte Baldo (Verona, Northern Italy). – Geogr. Fis. Dinam. Quat. 5 (1982) S. 82–101.

MAIER, Wilhelm: Karbildung am Ätna. – Peterm. Geogr. Mitt. 75 (1929) S. 82–83.

MAINARDI, Roberto (Hrsg.): Le grandi città italiane. Saggi geografici ed urbanistici. Mailand 1971.

MAIURI, Amedeo: Arte e civiltà nell'Italia antica. Mailand 1960 (= Conosci l'Italia, Vol. 4, hrsg. TCI).

MANCINI, Fiorenzo: Breve commento alla carta dei suoli d'Italia, in Scala 1 : 1 000 000, Florenz 1966.

– u. Giulio RONCHETTI: Carta della potenzialità dei suoli italiani (con note illustrative). Scala 1 : 1 000 000. Florenz 1968 (= Pubbl. Accad. Ital. Sc. Forestali).

MANCINI, Maria: Le vicende del bosco nel Molise nel XIX secolo. Cercola/Neapel 1979 (= Atti XXII. Congr. Geogr. It. Salerno 1975, Vol. III), S. 376–391.

MANCUSO, Franco: Dal Quattrocento all'Ottocento. Le città di antico regime. – In: TCI (Hrsg.), Le Città (= Capire L'Italia, Vol. II), Mailand 1978, S. 85–128.

MANFREDINI, Manfredo: Schema dell'evoluzione tettonica della penisola italiana. – Boll. Serv. Geol. It. 84 (1963) S. 101–130.

MANFREDINI GASPARETTO, Marialuisa: Il Polesine. Studio di Geografia economica. Padua 1961 (= Pubbl. Fac. Sc. polit. Univ. Padova 6).

MANZI, Elio: Note geografiche sulle fiere e i mercati periodici nella provincia di Napoli. – Riv. Geogr. It. 79 (1972) S. 137–155.

–: La lunga via al sottosviluppo. Saggi di geografia umana sul Mezzogiorno. Neapel 1977.

– u. Vittorio RUGGIERO: I laghi artificiali della Sicilia. – Mem. Geogr. Econ. e Antr. N. Ser. 8 (1970–71), Neapel 1971.

MARANDON, Jean-Claude: Aspekte einer modernen Industrieansiedlung in Italien; ausländische Industriebetriebe als Initiatoren und Indikatoren regionalen Wachstums. – Das Beispiel des nördlichen Mezzogiorno. – In: K. ROTHER (Hrsg.) 1977, S. 154–170.

MARANELLI, Carlo: Considerazioni geografiche sulla questione meridionale. Bari 1908, repr. 1946.

MARASPINI, A. L.: The study of an italian village. Paris 1968 (= Publ. Soc. Sc. Centre Athens, Vol. 5).

MARCACCINI, Paolo: I fenomeni carsici del Gargano nelle recenti tavolette dell'Istituto Geografico Militare. – Riv. Geogr. It. 69 (1962) S. 186–193.

MARCHESE, U.: Aree metropolitane e nuove unità territoriali in Italia. – Ist. Geogr. econ. e trasp. Univ. Genua 1981.

MARINELLI, Giovanni: L'accrescimento del delta del Po nel secolo decimonono. – Riv. Geogr. It. 3 (1898) S. 24–37 u. 65–85; repr. in: Scritti geografici, estratti dalla Riv. Geogr. It., Florenz 1968, S. 107–137.

–: L'Italia. – In: G. MARINELLI (Hrsg.), La Terra, 2 Bde., Mailand 1902.

MARINELLI, Olinto: Area e profondità dei principali laghi italiani. – Riv. Geogr. It. 1 (1894) S. 558, 623; 2 (1895) S. 32, 93.

–: Materiali per lo studio dei fenomeni carsici. III. Fenomeni carsici nelle regioni gessose d'Italia. – Mem. Geogr. Suppl. Riv. Geogr. It. 11 (1917) S. 263–416.

–: Materiali per lo studio morfologico dell' Italia. I. La regione del Monte Amiata. – Mem. Geogr. Suppl. Riv. Geogr. It. 13 (1919) S. 177–243.

–: Considerazioni sui delta dei fiumi italiani. – In: P. VUJEVIĆ (Hrsg.), Recueil de Traveaux. Offert à M. Movan Cvijić, Belgrad 1924, S. 151–165.

–: Sull'età dei delta dei fiumi italiani. – La Geogr. 14 (1926) S. 21–29.

–: Atlante dei tipi geografici (1 : 25 000 u. 50 000). – 1. Ausgabe Florenz 1922, Ist. Geogr. Militare; 2. Ausgabe von ALMAGIÀ, SESTINI u. TREVISAN, Florenz 1948.

–: La maggiore discordanza fra orografia e idrografia nell'Appennino. – Riv. Geogr. It. 33 (1926) S. 65–74.

Marini, Alberto, u. Marco Murru: Movimenti tettonici in Sardegna fra il Miocene superiore ed il Pleistocene. – Geogr. Fis. Dinam. Quat. 6 (1983) S. 39–42.

Marsili, Renata: Guida bibliografica allo studio dei laghi italiani. Rom 1965 (= Pubbl. Ist. Geogr. Univ. N. Ser. 13).

Martelli, Alessandro: Le balze di Volterra. – Riv. Geogr. It. 15 (1908) S. 91 bis 101.

Martens, Robert: Quantitative Untersuchungen zur Gestalt, zum Gefüge und Haushalt der Naturlandschaft (Imoleser Subapennin). Hamburg 1968 (= Hamburger Geogr. Stud. 21).

Martinelli, Franco: Contadini meridionali nella ›Riviera dei fiori‹. – Riv. It. Econ. Demogr. e Stat. 13 (1959) S. 219–248.

Martinis, Bruno: Osservazioni sulla tettonica del Gargano orientale. – Boll. Serv. Geol. It. 85 (1964) S. 45–93.

Marx, Siegfried: Die Unwetter in Norditalien Anfang November 1966 in klimatologischer Sicht und im Vergleich zu mitteleuropäischen Verhältnissen. – Wiss. Z. Päd. Hochschule Potsdam 13 (1969) S. 1005–1035.

Massi, Ernesto: Aspetti geografico-economici del triangolo industriale Novi Ligure–Tortona–Arquata. Mailand 1964.

Matzat, Wilhelm: Phasen siedlungsstruktureller und -räumlicher Entwicklung im ländlichen Raum der Padania (Po-Tiefland). – In: J. Hagedorn, J. Hövermann u. H.-J. Nitz (Hrsg.), Gefügemuster der Erdoberfläche. Festschr. z. 42. Dt. Geogr.-Tag Göttingen 1979, S. 309–337.

Matznetter, Josef: Triest im Wandel seiner Verkehrssituation. – Verkehrsannalen 18 (1971) S. 395–429.

–: Tourismus am Golf von Triest. – In: K. Rother (Hrsg.) 1977, S. 214–228.

Maull, Otto: Länderkunde von Südeuropa. Leipzig–Wien 1929.

Maurone, Mariolina: Un quartiere periferico della città di Napoli: Bagnoli. – Ann. Fac. Lett. Filos. Univ. Napoli 20 (1977–78), Neapel 1980, S. 449–472.

Mayer, Ferdinand: Petro-Atlas. Erdöl und Erdgas. Braunschweig $^{3}$1982.

Mazzanti, Renzo, u. Marinella Pasquinucci: L'evoluzione del litorale lunense-pisano fino alla metà del XIX secolo. – Boll. Soc. Geogr. It. 120 (1983) S. 605–628.

Mazzarella, S.: I problemi posti dal sovrasfruttamento idrico del serbatoio naturale nella conurbazione milanese. – Inquinamento 15 (1973) S. 25–34.

Medici, Giuseppe (Hrsg.): La distribuzione della proprietà fondiaria in Italia, Bd. 13, Relazione generale INEA Rom 1956.

–, Ugo Sorbi u. Antonio Castrataro: Polverizzazione e frammentazione della proprietà fondiaria in Italia. Mailand 1962.

Melelli, Alberto: L'industrie italienne des constructions navales: évolution récente, problèmes actuels, perspectives. – Méditerranée 49 (1983) S. 61–68.

– u. a.: Pastori sardi nella provincia di Perugia: un nuovo aspetto della utilizzazione delle campagne. – In: Deputazione di Storia Patria per L'Umbria (Hrsg.) 1975, S. 359–376.

Menegatti, Bruno (Hrsg.): Ricerche geografiche sulle pianure orientali dell'Emília-Romagna. Bologna 1979.

Meneghel, Giovanna: Freizeitwohnsitze in Italien. Sozialgeographische Untersuchung im Wintersportort Piancavallo. – Z. f. Wirtsch.-Geogr. 24 (1980) S. 217–221.

– u. F. Battigelli: Contributi geografici allo studio dei fenomeni migratori in Italia. Analisi di due comuni campione delle Prealpi Giulie: Lusevera e Savogna. Pisa 1977.

Meneghetti, Lodovico: Aspetti di geografia della popolazione. Italia 1951–1967. – Coop. libr. univ. del Politecnico, Mailand 1971.

Mennella, Cristofaro: Il clima d'Italia nelle sue caratteristiche e varietà e quale fattore dinamico del paesaggio, 3 Bde. Neapel 1967, 1972, 1973.

Mensching, Horst: Die Moränenlandschaft der Dora Riparia und der angeblich postglaziale Löß westlich Turin. – In: Ergebnisse und Probleme moderner geographischer Forschung. Hans Mortensen zu seinem 60. Geburtstag. Bremen-Horn 1954 (= Raumf. u. Landespl. Abh. 28), S. 29–39.

Merla, Giovanni (Hrsg.): Il Tevere. Monografia idrologica. Rom 1938. Vol. I 2a.

–: Geologia dell'Appennino settentrionale. – Boll. Soc. Geol. It. 70 (1951) S. 95–382, Pisa 1952.

Merlini, Giovanni: Le regioni agrarie in Italia. Bologna 1948.

–: La Romagna frutticola. Neapel 1954 (= Mem. Geogr. Econ. 10).

Messerli, Bruno: Die eiszeitliche und die gegenwärtige Vergletscherung im Mittelmeerraum. – Geogr. Helvet. 22 (1967) S. 105–228.

Mestre, Catherine: Lumezzane. Une ville en quête d'espace. – Méditerranée 16 (1974), Nr. 4, S. 35–54.

Metallo, Antonio: Evoluzione della circolazione marina dell'Adriatico. Como 1965 (= Atti XIX. Congr. Geogr. It. Como 1964, Vol. III), S. 169–178.

Meurer, Dieter: Studien zur Geomorphologie eines intermontanen Beckens im Subapennin. – Il Valdarno Superiore. Frankfurt a. M. 1974 (= Frankfurter Geogr. H. 50).

Meyriat, Jean (Hrsg.): La Calabre. Une région sous-développée de l'Europe méditerranéenne. Paris 1960.

Mielitz, Gerd: Die italienische Landesentwicklungspolitik am Beispiel des industriellen Entwicklungsgebietes Tarent. – In: K.-A. Boesler u. A. Kühn (Hrsg.), Aktuelle Probleme geographischer Forschung. Festschrift für Joachim Heinrich Schultze. Berlin 1970 (= Abh. 1. Geogr. Inst. FU Berlin 13), S. 463–473.

–: Industrialisierung in Südostitalien (Tarent). – In: K. Rother (Hrsg.) 1977, S. 199–205.

Migliorini, Elio: La Piana del Sele. Studio di Geografia agraria, con una premessa su ›la Geografia agraria nel quadro della scienza geografica‹. – Mem. Geogr. Econ. 1 (1949).

–: Migrazioni interne e spostamenti territoriali della popolazione italiana. Triest 1962 (= Atti XVIII. Congr. Geogr. It. Triest 1961, Vol. I), S. 365–416.

–: Note sulle sedi umane nelle aree sismiche italiane. – In: E. Migliorini (Hrsg.), Scritti geografici in onore di Carmelo Colamonico, Neapel 1963, S. 125–139.

–: Memoria illustrativa della carta della utilizzazione del suolo del Lazio. Rom 1973.

–: Spostamenti di popolazione in Italia nell'ultimo quarto di secolo. – In: A. Pecora u. R. Pracchi (Hrsg.) 1976, S. 61–72.

–: Studi geografici sui fenomeni migratori in Italia. – In: G. Valussi (Hrsg.) 1978, S. 11 bis 27.

Mikus, Werner: Luftbild: Vulkanische Inseln im Luftbild. Wirtschaftsgeographische Übersicht über die Äolischen Inseln mit Hilfe von Luftaufnahmen. – Die Erde 100 (1969) S. 71–92.

–: Wirtschafts- und bevölkerungsgeographische Wandlungen auf den kleinen süditalienischen Inseln. Wiesbaden 1970 (= 37. Dt. Geogr.-Tag Kiel 1969, Tag.-Ber. u. Wiss. Abh.), S. 440–462.
–: Industriegeographie. Darmstadt 1978 (= Erträge der Forschung 104).
–: Industrielle Verbundsysteme. Studien zur räumlichen Ordnung der Industrie am Beispiel von Mehrwerksunternehmen in Südwestdeutschland, der Schweiz und Oberitalien. Heidelberg 1979 (= Heidelberger Geogr. Arb. 57).
–: Einflüsse staatlicher Industrieförderung auf industrieräumliche Wandlungen in Italien. – In: A. Pletsch u. W. Döpp (Hrsg.), Beitr. z. Kulturgeogr. d. Mittelmeerländer IV. Marburg/Lahn 1981 (= Marburger Geogr. Schr. 84), S. 299–320.
Milone, Ferdinando: Il porto di Napoli. – CNR Com. Naz. Geogr. VI. Ricerche di Geografia economica sui porti italiani 1. Rom 1936.
–: L'Italia nell'economia delle sue regioni. Turin 1955, [2]1958.
–: Memoria illustrativa della carta della utilizzazione del suolo della Sicilia. Rom 1959.
Mitchell, Mark: Italy and the rice market in the European Community. Ashford, Kent 1982. Centre for Eur. Agr. Studies, Wye Coll., Univ. of London (= CEAS Rept. 15).
Modugno, Giovanni: I laghi collinari e la XI. Conferenza regionale europea dell'ICID. – L'Univ. 57 (1977) S. 1236–1237.
Monheim, Rolf: Die Agrostadt im Siedlungsgefüge Mittelsiziliens. Untersucht am Beispiel Gangi. Bonn 1969 (= Bonner Geogr. Abh. 41).
–: Der Einzugsbereich des Einzelhandels in Italien. – Erdkunde 24 (1970) S. 229–234.
–: Die Agrostadt Siziliens – ein städtischer Typ agrarischer Großsiedlungen. – Geogr. Z. 59 (1971) S. 204–225.
–: Sizilien, ein europäisches Entwicklungsland. – Geogr. Rdsch. 24 (1972) S. 393–408.
–: Sviluppo e struttura delle marine lungo la costa ionica della Calabria. – Cah. internat. Hist. écon. et soc. 2 (1973) S. 411–434. Genf.
–: Regionale Differenzierung der Wirtschaftskraft in Italien. – Erdkunde 28 (1974) S. 260–267.
–: Marina-Siedlungen in Kalabrien. – Beispiele für Aktivräume? – In: K. Rother (Hrsg.) 1977, S. 21–37.
–: Beobachtungen zur economia sommersa in Italien. – In: A. Pletsch u. W. Döpp (Hrsg.), Beitr. z. Kulturgeogr. d. Mittelmeerländer IV. Marburg/Lahn 1981 (= Marburger Geogr. Schr. 84), S. 321–343.
Montanari, Luciano: Il porto industriale di Ravenna. – Riv. Geogr. It. 73 (1966) S. 449–471.
Monti, Sebastiano: La Piana del Sele. Ricerca di geografia agraria. – Riv. Geogr. It. 81 (1974) S. 145–208.
Morandini, Giuseppe: I laghi di Caldonazzo e di Lévico, 2 Bde. CNR Ricerche limnologiche. Bologna 1952.
–: Relazione sul programma di lavoro del Centro di Studio per la geografia fisica del CNR con particolare riguardo all'erosione accelerata. Bari 1957 (= Atti XVII. Congr. Geogr. It. Bari 1957, Vol. III), S. 14–27 [= 1957a].
–: I mari, le coste, le isole. Le acque interne. – In: TCI (Hrsg.), L'Italia fisica, Mailand 1957 (= Conosci l'Italia I), S. 135–168 u. 246–283 [= 1957b].
–: Aspetti e riflessi geografici dell'erosione del suolo in Italia. Considerazioni generali. Triest 1962 (= Atti XVIII. Congr. Geogr. It. Triest 1961, Vol. I), S. 109–127 [= 1962a].

MORANDINI, Giuseppe: Aspetti geografici dell'erosione del suolo in Italia. – L'erosione del suolo in Italia II, Padua 1962 [= 1962b].
–: Dieci anni di osservazione sul manto nevoso in Italia 1950/51 – 1960/61. – In: E. MIGLIORINI (Hrsg.), Scritti geografici in onore di Carmelo Colamonico, Neapel 1963, S. 140–157.
–: Die almgeographische Situation in den italienischen Alpen. – In: W. HARTKE u. K. RUPPERT (Hrsg.), Almgeographie, Kolloquium Rottach-Egern 1962, Wiesbaden 1964 (= DFG, Forschungeberichte 4), S. 57–73 [= 1964a].
–: Limnologia. – In: Soc. Geogr. It. (Hrsg.), 1964, S. 3–20 [= 1964b].
MORGAN, Griffith M.: A general description of the hail problem on the Po Valley of Northern Italy. – Journ. Appl. Meteor. 12 (1973) S. 338–353.
MORI, Alberto: Le saline della Sardegna. Neapel 1950 (= Mem. Geogr. Econ. 3).
–: Il clima. – In: TCI (Hrsg.), L'Italia fisica. Mailand 1957 (= Conosci l'Italia I), S. 21–63.
–: Studi geografici sull'Isola d'Elba. Pisa 1960–61 (= Pubbl. Ist. Geogr. Univ. di Pisa 7/8).
–: Progetto per un atlante climatico d'Italia. Triest 1962 (= Atti XVIII. Congr. Geogr. It. Triest 1961, Vol. II), S. 113–121.
–: Osservazioni sull'emigrazione vitalizia nella Italia meridionale. – Boll. Soc. Geogr. It. 98 (1961) S. 224–235.
–: Nuove carte delle precipitazioni medie annue in Italia. – L'Univ. 45 (1965) S. 593–600 [= 1965a].
–: Il limite della zona d'intervento della Cassa del Mezzogiorno come fattore d'attrazione e localizzazione industriale. – Riv. Geogr. It. 72 (1965) S. 19–41 [= 1965b].
–: Sardegna. Turin 1966, [2]1975.
–: Carta dei regimi pluviometrici d'Italia (Trentennio 1921–1950). CNR Rom 1969.
–: Memoria illustrativa della carta della utilizzazione del suolo della Sardegna. CNR Rom 1972.
–: Classificazione del paesaggio su base ecologica e sua applicazione all'Italia. – In: A. PECORA u. R. PRACCHI (Hrsg.) 1976, S. 33–46; auch in: Contributi a congressi e convegni internazionali (1975–76), Pisa 1976 (= Pubbl. Ist. Sc. Geogr. Univ. Pisa 23), S. 11–30.
–: Aspetti e problemi dell'industrializzazione in Toscana. Contributi recenti e considerazioni integrative. – Boll. Soc. Geogr. It. 114 (1977) S. 55–66.
– u. Berardo CORI: L'area di attrazione delle maggiori città italiane. – Riv. Geogr. It. 76 (1969) S. 3–14.
– u. Domenico RUOCCO: Relazione introduttiva alla riunione per l'Atlante tematico nazionale. – Boll. Soc. Geogr. It. 118 (1981) S. 206–211 u. 211–216.
MORI, Assunto u. a.: L'Italia. Caratteri generali. Terra e Nazioni. Mailand 1936.
MORI, Attilo: La ricostruzione della città di Messina. – Riv. Geogr. It. 24 (1917) S. 257–269.
MORI, Giorgio (Hrsg.): L'industrializzazione in Italia (1861–1900). Bologna 1977, nuova ed. 1981.
MORRA, Luigi, u. Riccardo NELVA: Reciproca rotazione di tracciati delle ›Centuriatio‹ romane. – L'Univ. 57 (1977) S. 249–270.
MORTARA, Giorgio: Alcune caratteristiche demografiche differenziali del Nord e del Sud dell'Italia. Rom 1960 (= Pubbl. Ist. Demogr. Univ. Roma 5).
MOUNTJOY, Alan B.: Planning and industrial developments in Apulia. – Geography 51 (1966), S. 369–372.
–: The Mezzogiorno. (= Problem Regions of Europe). London 1973.

MÜHLMANN, Wilhelm E., u. Roberto J. LLARYORA: Klientschaft, Klientel und Klientelsystem in einer sizilianischen Agro-Stadt. Tübingen 1968 (= Heidelberger Sociologica 6).

– u. Roberto J. LLARYORA: Strummula Siciliana. Ehre, Rang und soziale Schichtung in einer sizilianischen Agro-Stadt. Meisenheim am Glan 1973 (= Studia Ethnologica 5).

MÜLLER, German: Vulkanismus – Fluch und Segen Italiens. – Geogr. Rdsch. 13 (1961) S. 286–289.

MÜLLER, Renate: Die Entwicklung der Naturwerksteinindustrie im toskanischen Apennin als Funktion städtebaulicher Gestaltung. Frankfurt 1975 (= Frankfurter Wirtsch.- u. Sozialgeogr. Stud. 19).

MÜLLER, Sabine, Michael RICHTER u. Elmar SABELBERG: Beiträge zur Landeskunde Italiens. Aachen 1984 (= Aachener Geogr. Arb. 16).

– u. Michael RICHTER: Entwicklungsablauf eines Scirocco und seine Abwandlungen durch die Orographie (dargestellt am Beispiel des 30./31. 3. 1981). In: S. MÜLLER u. a. 1984, S. 3–39.

MÜLLER, Wolfgang: Bibione. Die Entstehung und Entwicklung eines Ortes an der venezianischen Küste unter dem Einfluß des Tourismus. Diss. Marburg 1969.

MÜLLER-HOHENSTEIN, Klaus: Die Wälder der Toskana. Ökologische Grundlagen, Verbreitung, Zusammensetzung und Nutzung. Erlangen 1969 (= Mitt. Fränk. Geogr. Ges. 15/16, S. 47–173; Erlanger Geogr. Arb. 25).

MUSCARÀ, Calogero: Il nuovo mercato ortofrutticolo di Verona. – Riv. Geogr. It. 71 (1964) S. 232–250.

–: La zona industriale di Porto Marghera. Como 1965 (= Atti XIX. Congr. Geogr. It. Como 1964, Vol. II), S. 437–448.

–: Pour une recherche géographique sur l'histoire des communications en Italie pendant les cent dernières années. – In: A. PECORA u. R. PRACCHI (Hrsg.) 1976, S. 193–201.

–: La società sradicata. Saggi sulla geografia dell'Italia attuale. Mailand $^4$1978.

–: L'évolution de la géographie des ports italiens dans les trente dernières années. – Méditerranée 44 (1982), S. 47–52.

MYRDAL, Gunnar: Ökonomische Theorie und unterentwickelte Regionen. Stuttgart 1959.

MUZZOLON, Carla: La Val d'Illasi: un'area in trasformazione. Verona 1978 (= Ist. di Geogr. Univ. Padua No. 2), S. 5–26.

NANGERONI, Giuseppe: Appunti sull'origine di alcuni laghi prealpini lombardi. – Atti Soc. It. Sc. Nat. 95 (1956) S. 176–196.

–: Il carsismo, le grotte, le acque sotterranee. – In: TCI (Hrsg.) L'Italia fisica. Mailand 1957 (= Conosci l'Italia I), S. 284–303.

NAPOLI, Mario: Napoli greco-romana. Neapel 1959.

NÄTHER, Günter: Ableitungen von Ortsbezeichnungen in Italien. – Neue Sprachen 1972, S. 145–147.

NATONI, Edmondo: Le piene dell'Arno e i provvedimenti di difesa. – Accad. d'Italia. Commissione italiana di studio per i problemi del soccorso alle popolazioni, Vol. 12. Florenz 1944.

NAVAL INTELLIGENCE DIVISION: Geographical Handbook Series Italy, 4 Bde. – B. R. 517 u. 517 A–C 1944/45. o. O.

NÉBOIT, René: Plateaux et collines de Lucanie orientale et des Puilles. – Étude morphologique. Paris 1975.

NÉBOIT, René: Un exemple de morphogenèse accélérée dans l'antiquité: Les vallées du Basento et du Cavone en Lucanie (Italie). – Méditerranée 31 (1977) S. 39–50.
–: Morphogenèse et occupation humaine dans l'Antiquité. – Bull. Ass. Géogr. Franç. 57 (1980) Nr. 466–467, S. 21–27.
–: Instabilité et morphogenèse au Quaternaire en Lucanie orientale. – Rev. Géol. dyn. et Géogr. phys. 23 (1981–82) S. 15–26.
NELZ, Walter: Zur Bewässerung der Poebene. – Geogr. Helvet. 15 (1960) S. 74–86.
NICE, Bruno: Il ruolo delle autostrade nell'organizzazione territoriale dell'Italia. – In: A. PECORA u. R. PRACCHI (Hrsg.) 1976, S. 203–217.
NICKEL, Erwin: Führer durch die Äolischen Inseln (Isole Eolie). Heidelberg 1964.
NISSEN, Heinrich: Italische Landeskunde. 1: Land und Leute. Berlin 1883.
–: Orientation. Studien zur Geschichte der Religion. Berlin 1906–1910.
NITZ, Hans-Jürgen: Zur Entstehung und Ausbreitung schachbrettartiger Grundrißformen ländlicher Siedlungen und Fluren. – In: J. HÖVERMANN u. G. OBERBECK (Hrsg.), Hans-Poser-Festschrift. Göttingen 1972 (= Göttinger Geogr. Abh. 60), S. 375 bis 400.
NOVELLI, Giovanni: Acque minerali e termo-minerali nel Mezzogiorno. Cercola/Neapel 1977 (= Atti XXII. Congr. Geogr. It. Salerno 1975, Vol. II), S. 87–100.
NOVEMBRE, Domenico: La coltura del bergamotto nella provincia di Reggio Calabria. – Boll. Soc. Geogr. It. 98 (1961) S. 376–395.
–: Aree antiche e recenti della macchia nel Salento. Como 1965 (= Atti XIX. Congr. Geogr. It. Como 1964), S. 179–194.
–: La molluschicoltura in Puglia. Rom 1971 (= Atti XX. Congr. Geogr. It. Rom 1967, Vol. IV), S. 225–243.

OBERBECK, Gerhard: Sardinien. Eine landeskundliche Skizze – Geogr. Rdsch. 13 (1961) S. 28–37.
OBERDORFER, Erich: Der insubrische Vegetationskomplex, seine Struktur und Abgrenzung gegen die submediterrane Vegetation in Oberitalien und in der Südschweiz. – Beitr. naturk. Forsch. SW-Deutschl. 23 (1964) S. 141–187.
– u. Alberto HOFMANN: Beitrag zur Kenntnis der Vegetation des Nordapennin (Wälder, Heiden, Wiesen und Krautfluren). – Beitr. naturk. Forsch. SW-Deutschl. 26 (1967) S. 83–139.
OGNIBEN, Leo, Maurizio PAROTTO u. Antonio PRATURLON (Hrsg.): Structural Model of Italy 1:1000000. Rom 1975 (= Quaderni de ›La Ricerca Scientifica‹ 90).
OLSCHKI, Leonardo: Italien. Genius und Geschichte. Darmstadt 1958.
OLSCHOWY, Gerhard: Bodenerosion und Bodenschutz auf tertiären Tonböden unter besonderer Berücksichtigung italienischer Erosionsgebiete. – In: K. BUCHWALD, W. LENDHOLT u. K. MEYER (Hrsg.), Festschr. für Heinrich Friedrich Wiepking. Stuttgart 1963, S. 147–169.
OLSEN, Karl Heinrich: Das frühe Rom. Geburt einer Stadt. – Akad. f. Raumf. u. Landespl. Arbeitsmaterial. Hannover 1969.
–: Das römische Stadtquartier EUR. Trabant, neue City oder Administration District? – In: K.-A. BOESLER u. A. KÜHN (Hrsg.), Aktuelle Probleme geographischer Forschung. Festschrift für Joachim Heinrich Schultze. Berlin 1970 (= Abh. 1. Geogr. Inst. FU Berlin 13), S. 245–259.

–: Rom. Weltstadt der Antike. – Akad. f. Raumf. u. Landespl. Arbeitsmaterial. Hannover 1972.

Ortolani, Mario: La Pianura Ferrarese. Neapel 1956 (= Mem. Geogr. Econ. 15).

–: Memoria illustrativa della carta della utilizzazione del suolo degli Abruzzi e Molise. Rom 1964.

Otto, Ulla: Agrargeschichtliche und agrarsoziologische Hintergründe des italienischen Südproblems. – Z. Agrargesch. u. Agrarsoz. 19 (1971) S. 40–50.

Pacione, Michael: Development policy in Southern Italy. Panacea or polemic? – Tijdschr. Econ. Soc. Geogr. 67 (1976) S. 38–47 [= 1976a].

–: Italy and the energy crisis. – Geography 61 (1976) S. 99–102 [= 1976b].

Pagetti, Flora: Aspetti del turismo sui minori laghi prealpini della Lombardia. – Riv. Geogr. It. 84 (1977) S. 407–427.

–: Dissociazione territoriale fra decisionalità e operatività: Una verifica per l'industria in Italia. – Riv. Geogr. It. 86 (1979) S. 172–186.

– u. Giuseppe Staluppi: Popolazione e territorio nel Mezzogiorno. Cercola/Neapel 1978 (= Atti XXII. Congr. Geogr. It. Salerno 1975, Vol. II, 2), S. 34–75.

Pagnini Alberti, Maria: Sistemi di raccolta dell'acqua nel Carso Triestino. Triest 1972.

Palagiano, Cosimo: La morfologia del Lago di Mezzano. – Boll. Soc. Geogr. It. 106 (1969) S. 626–637.

Pallucchini, A.: Classifica dei fiumi italiani secondo il loro coefficiente di deflusso. Warschau 1936 (= Comptes rendus XIV. Congr. Intern. Géogr. Varsovie 1934, Tome 2), S. 388–413.

Panizza, Mario: Carta ed osservazioni geomorfologiche del territorio di Calopezzati (Calabria). – Riv. Geogr. It. 73 (1966) S. 1–32.

–: Carta e lineamenti geomorfologici del territorio di San Giorgio Lucano e Colobraro (Lucania orientale). – Riv. Geogr. It. 75 (1968) S. 437–480.

– (Coord.): Geomorfologia del territorio di Febbio tra il M. Cusna e il F. Secchia (Appennino Emiliano). Gruppo Ricerca Geomorfologia CNR. – Geogr. Fis. Dinam. Quat. 5 (1982) S. 285–360 u. Suppl.

Pantanelli, Enrico: Problemi agronomici della bonifica nell'Italia meridionale. Florenz 1936.

Panza, G. F., G. Cacagnile, P. Scandone u. S. Mueller: Die geologische Tiefenstruktur des Mittelmeerraumes. – Spektrum der Wissenschaft 1982, S. 18–28.

Paratore, Emanuele: Un emblematico abbandono della montagna abruzzese. Santo Stefano di Sessanio. – In: M. Fondi (Hrsg.), Ricerche geografiche sull'Abruzzo, Neapel 1980 (= Mem. Geogr. Econ. e Antr. N.S. 12, 1977–78), S. 158–176.

Pardé, Maurice: Le régime du Tibre. – Rev. Géogr. alpine 21 (1933) S. 289–335.

–: Le régime du Tibre. – Ann. Géogr. 43 (1934) S. 428–432.

–: Fleuves et rivières. Paris 1947.

–: Katastrophale Abflüsse als Funktion der Einzugsgebiete. – Mitt. Geogr. Ges. Wien 99 (1957) S. 3–34.

–: Les crues de novembre 1966 en Italie. – Ann. Géogr. 77 (1968) S. 187–193.

– u. M. Visentini: Quelques données sur le régime du Pô. – Ann. Géogr. 45 (1936) S. 257–275.

PARENTE, Amalia: L'agriturismo. – In: G. CORNA-PELLEGRINI u. C. BRUSA (Hrsg.) 1980, S. 461–462.

PASCHINGER, Herbert: Torviscosa. – Mitt. Österr. Geogr. Ges. 103 (1961) S. 338–341.

PASCOLINI, Mauro: Il terremoto e la percezione del rischio sismico. Risultati di un'indagine a Cividale del Friuli. Padua 1981 (= Ist. Geogr. Univ. di Padova 4), S. 5–24.

PASKOFF, Roland, u. Paul SANLAVILLE: Le Tyrrhénien de la Sardaigne. – Ann. Géogr. 90 (1981) S. 744–747.

PATRONE, Generoso: L'influenza del bosco sulle piene dell'Arno. – L'Italia forest. e mont. 21 (1966) S. 245–252.

PAULI, Rainer: Sardinien. Geschichte – Kultur – Landschaft. Köln 1978 (= DuMont Kunst-Reiseführer).

PAVARI, Aldo: Die waldbaulichen Verhältnisse Italiens. – Z. f. Weltforstwirtschaft 8 (1940/41) S. 175–217.

PECORA, Aldo: Sullo spopolamento montano negli Abruzzi. – Boll. Soc. Geogr. It. 82 (1955) S. 508–524.

–: Sicilia. Turin 1968.

– u. Roberto PRACCHI (Hrsg.): Italian contributions to the 23rd International Geographical Congress 1976. CNR Rom 1976.

PÉDELABORDE, Pierre: Le climat de la Méditerranée Occidentale. – In: Festschrift für Otto Berninger. Erlangen 1963 (= Mitt. Fränk. Geogr. Ges. 10), S. 108–117.

PEDRESCHI, Luigi: Il Lago di Massaciúccoli e il suo territorio. – Mem. Soc. Geogr. It. 23 (1956) S. 1–225.

–: I terrazzamenti agrari in Val di Sérchio. Pisa 1963 (= Pubbl. Ist. Geogr. Univ. Pisa 10).

–: La zona industriale apuana. Como 1965 (= Atti XIX. Congr. Geogr. It. Como 1964, Vol. II), S. 503–514.

–: Aspetti geografici di alcuni centri religiosi italiani. – Boll. Soc. Geogr. It. 103 (1966) S. 333–443.

–: Nuove osservazioni sulle ›corti‹ della Piana di Lucca. – Riv. Geogr. It. 74 (1967) S. 487–507.

PEDRINI, Leandro: Le aree industriali dell'Emília-Romagna. Como 1965 (= Atti XIX. Congr. Geogr. It. Como 1964, Vol. II), S. 489–502.

PELLEGRINI, Giovan Battista: Carta dei dialetti d'Italia (1:1 Mio. + Erläuterungsheft). – Profilo dei dialetti italiani. Pisa 1977.

PELLEGRINI, Maurizio, u. Livio VEZZANI: Faglie attive in superficie nella Pianura Padana presso Correggio (Reggio Emilia) e Massa Finalese (Modena). – Geogr. Fis. Dinam. Quat. 1 (1978) S. 141–149.

PELLETIER, Jean: Notes sur la morphologie de la Gallura. – Rev. Géogr. Lyon 26 (1951) S. 147–153.

–: Le relief de la Sardaigne. Lyon 1960. – (= Inst. Études Rhod., Mém. et Doc. 13).

PELLICCIARI, Giovanni (Hrsg.): L'immigrazione nel triangolo industriale. Mailand 1970.

PENCK, Albrecht, u. Eduard BRÜCKNER: Die Alpen im Eiszeitalter, 3 Bde. Leipzig 1909.

PENNINO, C. u. a.: Analisi demografica dei comuni della Valle del Bélice colpiti dal sisma del 1968. Palermo 1979.

PENTA, Francesco: Frane e ›movimenti franosi‹. – App. Lez. Geol. Tecnica. Univ. degli Studi di Roma. Facoltà di Ingegneria. Rom [2]1956.

PENZ, Hugo: Die italienische Brennerautobahn. – Z. f. Wirtsch. geogr. 23 (1979), S. 12–17.

–: Grundzüge der Siedlungsentwicklung an der Obergrenze der Ökumene im Trentino (Italienische Alpen). Gegenwärtige Wandlungen unter dem Einfluß des Freizeitverkehrs. – Geogr. Z. 70 (1982) S. 227–229 [= 1982 a].

–: Das Trentino. Entwicklung und räumliche Differenzierung der Gesellschaft und Wirtschaft einer sozio-ökonomischen Region in den italienischen Alpen. Habil. Schr. Innsbruck 1982. [= 1982 b].

Perroux, François: Note sur la notion de pôle de croissance. – Économie appliquée (1955) S. 307–320.

Persi, Peris: L'erosione accelerata nelle Marche settentrionali. – Ann. Ric. e Studi di Geogr. Genua 30 (1974) S. 1–56.

Petriccione, Sandro: Politica industriale e Mezzogiorno. Bari 1975.

Petrucci, Franco, Bruno Bigi, Morello Pecorari u. Maria Eleonore Vidoni Tani: Le risorgive nella pianura parmense e piacentine. – Geogr. Fis. Dinam. Quat. 5 (1982) S. 277–284.

Pfeffer, Karl-Heinz: Beiträge zur Geomorphologie der Karstbecken im Bereiche des Monte Velino (Zentralapennin). Frankfurt 1967 (= Frankf. Geogr. H. 42).

–: Zur Genese von Oberflächenformen in Gebieten mit flachlagernden Carbonat-Gesteinen. Wiesbaden 1975.

Philippson, Alfred: Das fernste Italien. Leipzig 1925.

–: Die Landschaften Siziliens. – Z. Ges. f. Erdkde. Berlin 1934, S. 321–343.

Piccardi, Marco: Trapianto di tecniche pastorali sarde nell'Italia centrale. – In: G. Valussi (Hrsg.) 1978, S. 355–361.

Piccardi, Silvio: Il Valdarno Superiore. Studio di geografia industriale. – Riv. Geogr. It. 74 (1967) S. 157–222.

–: Conseguenze geografiche delle migrazioni. – In: G. Valussi (Hrsg.) 1978, S. 65–73.

Piccioli, Lodovico: Selvicoltura. Turin $^{2}$1923. In: Nuova enciclopedia agraria italiana 5.

Piccoli, Armando: Esame delle piene verificatesi nel novembre 1966 e loro confronto con precedenti analoghi eventi. – Accad. Naz. dei Lincei, Quaderno 169, S. 155–177. Rom 1972.

Pichler, Hans: Beiträge zur Geologie der Insel Salina (Äolischer Archipel, Sizilien). – Geol. Rdsch. 53 (1964) S. 800–821.

–: Neue Erkenntnisse über Art und Genese des Vulkanismus der Äolischen Inseln (Sizilien). – Geol. Rdsch. 57 (1968) S. 102–126.

–: Italienische Vulkangebiete. I: 1970 [= 1970 a]; II: 1970 [= 1970 b]; III: 1981; IV: 1984, V. in Vorb. Berlin-Stuttgart (= Sammlung Geol. Führer 51, 52, 69, 76).

–: Der Ätna-Ausbruch 1983. – Naturwissenschaften 70 (1983) S. 609–611.

Pieri, Marco: Lezioni di Geologia Regionale. III. L'Appennino settentrionale, IV. L'Appennino centro-meridionale. Modena 1967/68.

Pignatti, Sandro: Flora d'Italia. 3 Bde. Bologna 1982.

Pinna, Mario: Il clima della Sardegna. Pisa 1954 (= Pubbl. Ist. Geogr. Univ. Pisa 1).

–: La carta della densità della popolazione in Italia (Cens. 1951). Florenz 1960.

–: Il progetto per la zona industriale Livorno-Pisa e i suoi presupposti geografico-economici. Como 1965 (= Atti XIX. Congr. Geogr. It. Como 1964, Vol. II), S. 515–535.

–: Le variazioni del clima in epoca storica e i loro effetti sulla vita e le attività umane. – Boll. Soc. Geogr. It. 106 (1969) S. 198–275.

–: Contributo alla classificazione del clima d'Italia. – Riv. Geogr. It. 77 (1970) S. 129–152.

PINNA, Mario (Hrsg.): Atti della Tavola Rotonda sul tema: ›Ricupero e valorizzazione dei piccoli centri storici. – Mem. Soc. Geogr. It. 33, Teil 1 (1981).

– (Hrsg.): Atti del Convegno sul tema: ›La protezione dei laghi e delle zone umide in Italia.‹ – Mem. Soc. Geogr. It. 33 Teil 2 (1983).

– u. Domenico RUOCCO (Hrsg.): Italy. A Geographical Survey. Pisa 1980.

– u. Sebastiano VITTORINI: Evaporazione e bilancio idrico. Tavola 24 dell'Atlante d'Italia. In: A. PECORA u. R. PRACCHI (Hrsg.) 1976.

PIOVENE, Guido: Achtzehn mal Italien. München 1960.

PIPINO, Antonio: La geografia del cedro in Calabria. – Riv. Geogr. It. 78 (1971) S. 48–66.

PIRAZZOLI, Paolo Antonio: Les variations du niveau marin depuis 2000 ans. Dinard 1976 (= Mém. Lab. Géomorph. École Pratique des Hautes Études 30).

–: Le variazioni del livello del mare durante il post-glaciale. – Riv. Geogr. It. 88 (1981) S. 154–164.

PIROZZI, Elio: Allevamento bufalino nella Piana del Sele. Salerno 1971 (= Il Follaro 6).

PIXNER, Albin: Industrie in Südtirol. Standorte und Entwicklung seit dem Zweiten Weltkrieg. Innsbruck 1983 (= Innsbrucker Geogr. St. 9).

PLETT, Gustav: Das Volterrano. Ein Beitrag zur Landschaftskunde und Morphologie Toskanas. Hamburg 1931.

–: Die ›Biancane‹ in den pliozänen Tonen des Volterrano. – Geogr. Wschr. 1 (1933) S. 433–439.

PODBIELSKI, Gisèle: Twentyfive years of special action for the development of southern Italy. Mailand 1978 (= Coll. ›Monografie‹ SVIMEZ).

POLEGGI, Ennio, u. Paolo CEVINI: Genova. Rom–Bari 1981 (= Coll. Grandi Opere, Ser. Le città nella storia d'Italia).

POLITI, V., u. E. ZILIOLI: Geomorphic features in the Po river delta (Italy), by the means of different space platforms. – Photo Interprét. (1980) Nr. 3.

POMEL, René-Simon: Problèmes morphologiques et volcanologiques de Stromboli. – Bull. Ass. Géogr. franç. 59 (1982) S. 105–108.

PONGRATZ, Erica: Historische Bauwerke als Indikatoren für küstenmorphologische Veränderungen (Abrasion und Meeresspiegelschwankungen) in Latium. Feldbegehung und Luftbildauswertung. München 1972 (= Münchener Geogr. Abh. 4).

–: Zur Frage der Meeresspiegelschwankungen in historischer Zeit. Ergebnisse aus Latium. – Mitt. Österr. Geogr. Ges. 116 (1974) S. 318–329 [= 1974a].

–: Möglichkeiten der Landschaftspflege in einem toskanischen Abwanderungsgebiet. Die Erholfunktion der grossetanischen Maremmen am Beispiel der Comune Roccastrada. – Mitt. Geogr. Ges. München 59 (1974) S. 163–193 [= 1974b].

PONI, Carlo: Archéologie de la fabrique. La diffusion des moulins à soie ›alla Bolognese‹ dans les états vénitiens du XVI^e^ au XVIII^e^ siècles. – In: Colloques internationaux du CNRS 540: L'industrialisation en Europe au XIX^e^ siècle, Paris 1972, S. 401–409.

–: Per la storia dei mulini da seta: il ›filatoio grande‹ di Piacenza dal 1763 al 1768. – In: J. SCHNEIDER (Hrsg.), Wirtschaftskräfte und Wirtschaftswege III. Festschrift für Hermann Kellenbenz Stuttgart 1978 (= Beitr. z. Wirtsch.gesch. 6), S. 83–118.

PORENA, Filippo: Sul deperimento fisico della Regione Italica. – Boll. Soc. Geogr. It. 23 (1886) S. 555–563 u. 609–623.

POUNDS, Norman J. G.: An historical geography of Europe 1500–1840. Cambridge 1979.

PRACCHI, Roberto, u. Angela TERROSU ASOLE: Atlante della Sardegna. Cágliari 1971, 1980.

Pratesi, Fulco, u. Franco Tassi: Guida alla natura della Sardegna. Verona 1973.

Price, Edward T.: Viterbo. Landscape of an italian city. – Annals Ass. Am. Geogr. 54 (1964) S. 242–275.

Price, Richard Lee: A geography of tourism, settlement and landscape on the sardinian littoral. – Ph. D. Oregon 1980.

Principe, Ilario: Le coste meridionali d'Italia. – L'Univ. 51 (1971) S. 1307–1336; 52 (1972) S. 109–136, 269–292 u. 1001–1034.

– u. Paolo Sica: L'inondazione di Firenze del 4 novembre 1966. – L'Univ. 47 (1967) S. 192–222.

Principi, Paolo: I terreni italiani. Caratteristiche geopedologiche delle Regioni. – Trattati di Agricoltura, Vol. 16. Rom 1961.

Procacci, Giuliano: Geschichte Italiens und der Italiener. Aus dem Italien. v. Friederike Hausmann. München 1983.

Pruneti, Piero: Un Tevere per l'irrigazione. – L'Univ. 59 (1979) S. 989–1008.

Radtke, Ulrich: Genese und Altersstellung der marinen Terrassen zwischen Civitavecchia und Monte Argentario (Mittelitalien) unter besonderer Berücksichtigung der Elektronen-spin-Resonanz-Altersbestimmungsmethode. – Düsseldorf 1983 (= Düsseldorfer Geogr. Schr. 22).

Raffestin, Claude: L'immigrazione italiana in Svizzera. – In: G. Valussi (Hrsg.) 1978, S. 171–176.

Raffy, Jeannine: Étude géomorphologique du Bassin d'Avezzano (Italie centrale). – Méditerranée N.S. 1 (1970) S. 3–19.

–: Le versant tyrrhénien de l'Apennin central, étude géomorphologique. Thèse de doctorat Paris 1979. Fontenay-aux-Roses.

–: Orogenèse et dislocations quaternaires du versant tyrrhénien des Abruzzes (Italie centrale). – Rev. Géol. dyn. et de Géogr. phys. 23 (1981–82) S. 55–72.

Ranieri, Luigi: La regione del Vulture. Studio di geografia agraria. Neapel 1953 (= Mem. Geogr. Econ 8).

Rapetti, F., u. Sebastiano Vittorini: La temperatura del suolo in due versanti contrapposti del preappennino argilloso Toscano. CNR L'erosione del suolo in Italia e i suoi fattori IX, Pisa 1975. – Boll. Soc. It. Sc. Suolo 9 (1975).

Rast, Horst: Vulkane und Vulkanismus. Stuttgart 1980.

Rauhut, Wilhelm: Die Landwirtschaft in Italien. Frankfurt a. M. 1963.

Rehm, Sigmund, u. Gustav Espig: Die Kulturpflanzen der Tropen und Subtropen. Stuttgart 1976 (= Ulmers Taschenbücher).

Reichel, Eberhard: Über die Faktoren der Niederschlagsverteilung in Europa und im Mittelmeergebiet. – Met. Rdsch. 1 (1948) S. 414–416.

Reisser, Adolf: Die Entwicklung der italienischen Industrie nach dem Zweiten Weltkrieg. – Geogr. Rdsch. 13 (1961) S. 11–16.

Retzlaff, Christine: Kulturgeographische Wandlungen in der Maremma, unter besonderer Berücksichtigung der italienischen Bodenreform nach dem Zweiten Weltkrieg. Kiel 1967 (= Schr. Geogr. Inst. Univ. Kiel 27, H. 2).

Reutter, Klaus-Joachim: Submarine Gleitungs- und Resedimentationsvorgänge am Beispiel des Monte Modino (Nord-Apennin). – In: P. Schmidt-Thomé u. R. Schönenberg (Hrsg.), Festschrift Max Richter. Clausthal-Zellerfeld 1965, S. 167–183.

REUTTER, Klaus-Joachim: Die tektonischen Einheiten des Nordapennins. – Ecl. geol. Helv. 61 (Zürich 1968) S. 183–224.

–: Subduktion und Orogenese im Nord-Apennin. Übereinstimmungen und Abweichungen von heutigen Inselbogenmodellen. – In: J. POHLMANN (Hrsg.), Festschr. Max Richter zum 80. Geb. Berlin 1980 (= Berliner geowiss. Abh. (A) 20), S. 100–115.

REYNERI, Emilio: La catena migratoria. Il ruolo dell'emigrazione nel mercato del lavoro di arrivo e di esodo. Bologna 1979.

REZOAGLI, Giovanni: Il Chianti. Rom 1965 (= Mem. Soc. Geogr. It. 27).

RICCARDI, Riccardo: Il Lago di Canterno e il suo recente svuotamento. – Boll. Soc. Geogr. It. 62 (1925) S. 363–372 [= 1925a].

–: I laghi d'Italia. – Boll. Soc. Geogr. It. 62 (1925) S. 506–587 [= 1925b].

–: Appunti sui laghi-serbatoi d'Italia. – Boll. Soc. Geogr. It. 63 (1926) S. 263–292.

–: Il lago di Scanno (Abruzzo). – Boll. Soc. Geogr. It. 66 (1929) S. 162–182.

–: Il lago di Piediluco e il suo territorio. Rom 1955 (= Mem. Soc. Geogr. It. 22).

–: Lo stato attuale delle conoscenze dei mari italiani. Triest 1962 (= Atti XVIII. Congr. Geogr. It. Triest 1961, Vol. I), S. 323–362.

–: Carta della distribuzione della popolazione in Italia. 1:1 Mio. Novara 1964.

RICHTER, Max: Beziehungen zwischen Ligurischen Alpen und Nordapennin. – Geol. Rdsch. 50 (1960) S. 529–537.

–: Der Bauplan des Apennins. – N. Jb. Geol. Paläont. Mh. 1963, S. 509–518.

RICHTER, Michael: Vegetationsdynamik auf Stromboli (zur Geoökologie trocken-mediterraner Standorte). In: S. MÜLLER u. a. 1984, S. 41–110.

RICOSSA, Sergio: Italien 1920–1970. – In: C. M. CIPOLLA u. K. BORCHARDT, Europäische Wirtschaftsgeschichte Bd. 5, Stuttgart–New York 1980, S. 175–212.

RIECHE, Anita: Das antike Italien aus der Luft. Bergisch-Gladbach 1978.

RIFFEL, Egon: Der Hafen von Triest – eine verkehrsgeographische Skizze. – In: E. MEYNEN u. E. RIFFEL (Hrsg.), Geographie heute. Einheit und Vielfalt. Ernst Plewe zu seinem 65. Geburtstag. Wiesbaden 1973 (= Erdkundl. Wissen 33, Geogr. Z. Beih.) S. 261 bis 289.

RIKLI, Martin: Das Pflanzenkleid der Mittelmeerländer, 3 Bde. Bern 1943, 1946, 1948.

RITTER, Wigand: Fremdenverkehr in Europa. Eine wirtschafts- und sozialgeographische Untersuchung über Reisen und Urlaubsaufenthalte der Bewohner Europas. Leiden 1966.

RITTMANN, Alfred: Geologie der Insel Ischia. Berlin 1930 (= Jahrb. f. Vulkanologie Erg. Bd. VI).

–: Sintesi geologica dei Campi Flegrei. – Boll. Soc. Geol. It. 69 (1950) S. 117–128.

–: Vulkane und ihre Tätigkeit. Stuttgart [2]1960, [3]1981.

–: Vulkanismus und Tektonik des Ätna. – Geol. Rdsch. 53 (1964) S. 788–800.

–, Romolo ROMANO u. Carmelo STURIALE: Some considerations on the 1971 Etna eruption and on the tectonophysics of the Mediterranean area. – Geol. Rdsch. 62 (1973) S. 418–430.

ROCCA, Giuseppe: La struttura regionale del sistema economico italiano. Considerazioni geografiche. – L'Univ. 60 (1980), S. 9–40.

ROCHEFORT, Renée: Le travail en Sicile; étude de géographie sociale. Paris 1961.

RODENWALDT, Ernst, u. Herbert LEHMANN: Die antiken Emissare von Cosa-Ansedonia. Ein Beitrag zur Frage der Entwässerung der Maremmen in etruskischer Zeit. Heidelberg 1962 (= Sitz.-Ber. Heidelberger Akad. d. Wiss. Math.-Naturwiss. Kl. 1962, 1).

RODGERS, Allan: Regional industrial development with reference to Southern Italy. Chicago, Ill. 1960 (= Dep. of Geogr. Research Paper 62), S. 143–173 [= 1960a].

–: The industrial geography of the port of Genova. Chicago, Ill. 1960 (= Dep. of Geogr. Research Paper 66) [= 1960b].

–: Migration and industrial development. The southern Italian experience. – Econ. Geogr. 46 (1970) S. 111–135.

–: Economic development in retrospect. The italian model and its significance for regional planning in market-oriented economies. Washington D. C. 1979.

RODOLICO, Francesco: Le pietre delle città d'Italia. – Florenz 1953, ²1964.

ROGNANT, Loïc: L'Italia nel quadro del turismo mediterraneo. – Riv. Geogr. It. 79 (1972) S. 367–400.

–: Types de régions touristiques en Italie. Essai de macrogéographie, 2 Bde. + Atlas. Nizza 1981. Fac. des lettres et sci. hum. de Nice.

ROHLFS, Gerhard: Greek remnants in Southern Italy. – The Classic Journal 62 (1967) S. 164–169.

ROSENBERGER, Kurt: Die künstliche Bewässerung im oberen Etschgebiet. Stuttgart 1936 (= Forsch. z. dt. Ld.- u. Vkde. 31), S. 286–374.

ROSENSTEIN-RODAN, Paul N.: Problems of industrialisation of Eastern and South-Eastern Europe. – Econ. Journ. 53 (1943) S. 202–212.

ROSOLI, Gianfausto: Un secolo di emigrazione italiana: 1876–1976. – Centro di Studi Emigrazione, Rom 1978.

ROSSI, Pasquale: Il canale di Pirro. – Ann. Fac. Econ. Comm. Univ. Bari 1973, S 143 bis 154

ROSSI-DORIA, Manlio: Struttura e problemi dell'agricoltura meridionale. – In: M. ROSSI-DORIA (Hrsg.), Riforma agraria e azione meridionalista. Bologna ²1956, S. 3 bis 51.

ROTH, Manfred: Das mediterrane Klima im nördlichen Italien. Versuch einer Klimazuordnung auf der Basis von Temperatur- und Niederschlagswerten (Zulassungsarbeit Erlangen 1976).

ROTHER, Klaus: Gressoney. Skizze einer Walsersiedlung am Monte Rosa. – Ber. z. dt. Landeskde. 37 (1966) S. 16–39.

–: Luftbild. – Policoro Süditalien. Ein Gebiet der Agrarreform im Küstenstreifen von Metapont. – Die Erde 98 (1967) S. 85–88.

–: Saisonwanderung und Tabakanbau am Golf von Tarent. – Geogr. Rdsch. 20 (1968) S. 296–301 [= 1968a].

–: Die Albaner in Süditalien. – Mitt. Österr. Geogr. Ges. 110 (1968) S. 1–20 [= 1968b].

–: Die Kulturlandschaft der tarentinischen Golfküste. Bonn 1971 (= Bonner Geogr. Abh. 44) [= 1971a].

–: Neue Betriebstypen in der süditalienischen Landwirtschaft. – Z. f. ausl. Ldw. 10 (1971) S. 162–174 [= 1971b].

–: Policoro. Siedlung und Bevölkerung einer neuen Gemeinde in Süditalien. – Mitt. Österr. Geogr. Ges. 115 (1973) S. 38–58.

–: Die italienische Bevölkerung nach der Volkszählung 1971. – Geogr. Rdsch. 26 (1974) S. 69–72.

– (Hrsg.): Aktiv- und Passivräume im mediterranen Südeuropa. Düsseldorf 1977 (= Düsseldorfer Geogr. Schr. 7).

ROTHER, Klaus: Ein neues Anbaugebiet für Erdbeeren in Süditalien. – Z. f. Wirtsch.geogr. 24 (1980) S. 33–39 [= 1980a].

–: Die agrargeographische Entwicklung und die Wandelbarkeit der Betriebstypen im Küstentiefland von Metapont (Süditalien). – In: A. GERSTENHAUER u. K. ROTHER (Hrsg.), Beitr. z. Geogr. d. Mittelmeerraumes. Düsseldorf 1980 (= Düsseldorfer Geogr. Schr. 15), S. 89–104 [= 1980b].

–: Die Bevölkerungsdichte in Italien 1971 (mit 2 Karten). – In: A. GERSTENHAUER u. K. ROTHER (Hrsg.), Beitr. z. Geogr. d. Mittelmeerraumes. Düsseldorf 1980 (= Düsseldorfer Geogr. Schr. 15), S. 105–109 [= 1980c].

–: Bewässerungsgebiete und Bewässerungsprojekte in Südostitalien. – Erdkunde 34 (1980) S. 287–293 [= 1980d].

–: Das Mezzogiorno-Problem. Versuche des italienischen Staates zu seiner Lösung. – Geogr. Rdsch. 34 (1982) S. 154–162.

– u. Ursula WALLBAUM: Die Entvölkerung des Apennins 1961–1971. Eine Kartenerläuterung. – Erdkunde 29 (1975) S. 209–213.

ROUGIER, Henri, u. André-Louis SANGUIN: Zones franches au cœur des Alpes Centrales: Livigno et Samnaun. – Rev. Géogr. alpine 69 (1981) S. 543–560.

RUBNER, Konrad, u. Fritz REINHOLD: Das natürliche Waldbild Europas als Grundlage für einen europäischen Waldbau. Hamburg u. Berlin 1953.

RUGGIERI, Michelangelo: Il lago artificiale di Campotosto. Un contributo alla soluzione del problema della montagna abruzzese. – Boll. Soc. Geogr. It. 105 (1968) S. 530 bis 560.

–: Il Vomano e la sua utilizzazione. – Boll. Soc. Geogr. It. 107 (1970) S. 341–369.

–: Modificazioni degli abitati abruzzesi, con particolare riferimento all'Abruzzo aquilano. – Boll. Soc. Geogr. It. 109 (1972) S. 487–505.

–: I terreni-abbandonati: nuova componente del paesaggio. – Boll. Soc. Geogr. It. 113 (1976) S. 441–464.

–: Dal traforo del Gran Sasso d'Italia acqua per il Teramano. – Boll. Soc. Geogr. It. 118 (1981) S. 581–589.

–: Il recupero dei terreni abbandonati nei paesi della CEE. – Boll. Soc. Geogr. It. 121 (1984) S. 359–366.

RUGGIERO, Vittorio: I porti petroliferi della Sicilia e le loro aree di sviluppo industriale. – Annali del Mezzogiorno 1971–72 (1972) S. 5–252.

–: Siracusa, nuovo centro coordinatore della Sicilia sud-orientale. – Riv. Geogr. It. 82 (1975) S. 21–86.

–: Turismo e sviluppo regionale della Sicilia. – Cercola/Neapel 1979 (= Atti XXII. Congr. Geogr. It. Salerno 1975, Vol. III), S. 194–213.

–: La geografia dei trasporti. – In: G. CORNA-PELLEGRINI u. C. BRUSA (Hrsg.) 1980, S. 463–469.

– u. Gaetano SCIUTO: I laghi artificiali della Calabria. Neapel 1977 (= Mem. Geogr. Econ. e Antr. N. Ser. 10, 1974–75).

RÜHL, Alfred: Die wirtschaftlichen Zustände der südlichen Provinzen Italiens. – Peterm. Geogr. Mitt. 58 (1912) S. 206–208 [= 1912a].

–: Die geographischen Ursachen der italienischen Auswanderung. – Z. Ges. f. Erdkde. Berlin 1912, S. 655–671 [= 1912b].

RUNGALDIER, Randolf: Südtirols Bedeutung für den Alpinismus. – In: Beiträge zur

Landeskunde Südtirols, Festgabe für Dr. F. Dörrenhaus, o. O. [Köln] 1962, S. 67 bis 94.

RUOCCO, Domenico: I Campi Flegrei. Studio di Geografia agraria. Neapel 1954 (= Mem. Geogr. Econ. 11).

–: Le saline della Sicilia con uno sguardo d'insieme sulla produzione del sale in Italia. Neapel 1958 (= Mem. Geogr. Econ. 18).

–: Gli agrumi in Italia. Neapel 1961.

–: L'industria in Campania. Como 1965 (= Atti XIX. Congr. Geogr. It. Como 1964, Vol. II), S. 603–644.

– u. Pasquale COPPOLA: Una carta dell'occupazione industriale in Italia. Neapel 1967 (= Pubbl. Ist. Geogr. Econ. Univ. Napoli 2).

– u. Carmelo FORMICA: La Geografia industriale della Campania. Neapel 1964 (= Pubbl. Ist. Geogr. Econ. Univ. Napoli 1).

RUOFF, Herbert: Der Monte Gargano. Ein Beitrag zur Landeskunde. Öhringen 1938 (= Tübinger geogr. u. geol. Abh. Reihe II, H. 5).

RUPPERT, Helmut: Bevölkerungsentwicklung und Mobilität. Braunschweig ²1982 (= Westermann-Colleg. Raum + Gesellschaft 2).

RUSSO, G.: Baroni e contadini. Bari 1955.

RUTGERS, J. R.: Mass movements near Bobbio (prov. Piacenza), Italy. – In: From field to laboratory, Publicaties van het fysisch en bodemkundig laboratorium van de Universiteit van Amsterdam, Nr. 16 (1970) S. 125–132.

RYKWERT, Joseph: The idea of a town. Princeton N. J. 1976.

SABA, Andrea: L'industria sommersa. Un nuovo modello di sviluppo. Venedig 1980.

SABELBERG, Elmar: ›La Maremma‹, die nördlichste Landschaft des Mezzogiorno in Mittelitalien. – In: Forschungen zur allgemeinen und regionalen Geographie, Festschr. für Kurt Kayser. Köln 1971 (= Kölner Geogr. Arb. Sd. Bd.), S. 271–279.

–: Der Zerfall der Mezzadria in der Toskana urbana. Köln 1975 (= Kölner Geogr. Arb. 33) [= 1975a].

–: Kleinbauerntum, Mezzadria, Latifundium. – Geogr. Rdsch. 27 (1975) S. 326–336 [= 1975b].

–: Das ›zentrale Marktviertel‹. Eine Besonderheit italienischer Stadtzentren am Beispiel von Florenz. – Die Erde 111 (1980) S. 57–71 [= 1980a].

–: Siena. Ein Beispiel für die Auswirkungen mittelalterlicher Stadtentwicklungsphasen auf die heutige Bausubstanz in den toskanischen Städten. – In: A. GERSTENHAUER u. K. ROTHER (Hrsg.), Beitr. z. Geogr. d. Mittelmeerraumes. Düsseldorf 1980 (= Düsseldorfer Geogr. Schr. 15), S. 111–131 [= 1980b].

–: Die Palazzi in toskanischen und sizilianischen Städten und ihr Einfluß auf die heutigen innerstädtischen Strukturen, dargestellt an den Beispielen Florenz und Catania. – In: A. PLETSCH u. W. DÖPP (Hrsg.), Beitr. z. Kulturgeogr. d. Mittelmeerländer IV. Marburg/Lahn 1981 (= Marburger Geogr. Schr. 84), S. 165–191.

–: The persistence of palazzi and intra-urban structures in Tuscany and Sicily. – Journ. Hist. Geogr. 9 (1983) S. 247–264.

–: Regionale Stadttypen in Italien. Genese und heutige Struktur der toskanischen und sizilianischen Städte an den Beispielen Florenz, Siena, Catania und Agrigent. Wiesbaden 1984 (= Erdkdl. Wissen 66, Beih. Geogr. Z.).

SACCHETTI, R. P. Giovanni Battista: Ostacoli psicologici e sociali all'adattamento degli emigrati nelle grandi città. – In: M. LIVI BACCI (Hrsg.), Le migrazioni interne in Italia, Scuola Statist. Univ. Florenz 1967, S. 1–7.

SACCHI DE ANGELIS, Maria Enrica: Turismo rurale in Umbria. – Geografia 2 (1979) S. 71–82.

–, Tommaso SEDIARI u. Vincenzo MENNELLA: I Monti Martiani. Il contributo dell'agriturismo per la rivalutazione del territorio. – L'Univ. 59 (1979) S. 257–293.

SAIBENE, Cesare: Sedi umane e sviluppo socio-economico nel Mezzogiorno. Cercola/Neapel 1978 (= Atti XXII. Congr. Geogr. It. Salerno 1975, Vol. II,2), S. 7–33.

SALVATORI, Franco: Evoluzione e prospettive del turismo montano in un centro dell'Abruzzo: Tagliacozzo. – Notiz. Geogr. Econ. 4 (1973) S. 32 ff.

SAMES, Carl-Wolfgang: Zur Bildung konglomeratischer Mudflows und gradierter Konglomerate. – In: P. SCHMIDT-THOMÉ u. R. SCHÖNENBERG (Hrsg.), Festschr. Max Richter, Clausthal-Zellerfeld 1965, S. 185–202.

SANTARELLI, Lilla: Aspects récents de l'évolution du tourisme dans la province de Sondrio. – Rev. Géogr. alpine 63 (1975) S. 329–352.

SAPORI, Armando: Le marchand italien au Moyen Age. Conférences et bibliographie. Paris 1952 (= Affaires et Gens d'Affaires I).

SARACENO, Pasquale: Development policy in a overpopulated area: Italy's experience. – In: E. A. G. ROBINSON (Hrsg.), Backward areas in advanced countries, London etc. 1969, S. 226–239.

SARRACCO, Franca: I quartieri geografici della città di Prato. – Riv. Geogr. It. 79 (1972) S. 185–207.

SARTORIUS, Freiherr von WALTERSHAUSEN, August: Die süditalienische Auswanderung und ihre volkswirtschaftlichen Folgen. – Jb. Nat. ökon. u. Statist. III, 41 (Jena 1911) S. 1–27 u. 182–215.

SARTORIUS, Freiherr von WALTERSHAUSEN, Wolfgang S.: Der Aetna, 2 Bde. Leipzig 1880.

SAURO, Ugo: Il paesaggio degli Alti Lessini. Studio geomorfologico. – Museo civico stor. nat. Verona, Mem. fuori ser. 6, 1973.

SCARIN, Emilio: Carta dei tipi dell'insediamento rurale, scala 1 : 1,5 Mio. Rom 1968.

–: Memoria illustrativa della carta della utilizzazione del suolo della Liguria. Rom 1971.

SCARIN, Maria Luisa: Laghi e laghetti artificiali del bacino del fiume Chienti. – Ann. Fac. Lett. e Filos. Univ. Macerata 1972/73, S. 431–498.

SCHAMP, Heinz: Die Winde der Erde und ihre Namen. Wiesbaden 1964 (= Erdkundl. Wissen 8).

SCHEU, Erwin: Sardinien. Landeskundliche Beiträge. – Mitt. Ges. f. Erdkde. Leipzig (1919–1922), Leipzig 1923, S. 32–102 [= 1923 a].

–: Heutige und tertiäre Riasküsten auf der tyrrhenischen Landmasse von Sardinien und Korsika. – Z. Ges. f. Erdkde. Berlin 1923, S. 174–179 [= 1923 b].

SCHILLING-KALETSCH, Ingrid: Wachstumspole und Wachstumszentren. Untersuchungen zu einer Theorie sektoral und regional polarisierter Entwicklung. Hamburg 1976 (= Arb. Ber. u. Ergebnisse z. Wirtsch.- u. Soz.geogr. Regionalforsch. 1).

SCHINZINGER, Francesca: Die Mezzogiorno-Politik. Möglichkeiten und Grenzen der Agrar- und Infrastrukturpolitik. Berlin 1970.

–: Agrarstruktur und wirtschaftliche Entwicklung Süditaliens – kritischer Rückblick. – Z. f. Agrargesch. u. Agrarsoz. 31 (1983) S. 153–171.

SCHLARB, Auguste: Morphologische Studien in den Euganeen. – In: Festschr. z. 125-Jahrfeier d. Frankf. Geogr. Ges. 1836–1961. Frankfurt 1961 (= Frankf. Geogr. H. 37), S. 171–200.

SCHLIEBE, Klaus: Die jüngere Entwicklung der Kulturlandschaft des Campidano (Sardinien). Tübingen 1972 (= Tübinger Geogr. St. 48).

–: Der Campidano. Entwicklungsmöglichkeiten einer mediterranen Kulturlandschaft im südlichen Sardinien. – Geogr. Rdsch. 27 (1975) S. 337–344.

– u. Hans-Dieter TESKE: Verdichtungsräume – eine Gebietskategorie der Raumordnung. – Geogr. Rdsch. 22 (1970) S. 347–352.

SCHLIETER, Erhard: Viareggio. Die geographischen Auswirkungen des Fremdenverkehrs auf die Seebäder der nordtoskanischen Küste. – Marburg 1968 (= Marburger Geogr. Schr. 33).

SCHLITTER, Horst: Italien. Industriestaat und Entwicklungsland. Hannover 1977.

SCHMID, Emil: Flora und Vegetation der Gebirge Sardiniens. – In: M. RIKLI, Das Pflanzenkleid der Mittelmeerländer, 2. Bd., Bern 1946, S. 556–573.

SCHMIEDT, Giulio: Antichi porti d'Italia. – L'Univ. 45 (1965) S. 225–274; 46 (1966) S. 297–353; 47 (1967) S. 2–44.

–: Note introduttive. Atlante aerofotografico delle sedi umane in Italia. 2. Le sedi antiche scomparse. Ist. geogr. militare, Florenz 1970.

– u. a.: Il livello antico del Mar Tirreno. Testimonianze dei resti archeologici. Florenz 1972 (= Coll. Arte e Archeologia, Studi e Documenti 4).

SCHMITHÜSEN, Josef: Allgemeine Vegetationsgeographie. Berlin $^{3}$1968 (= Lehrbuch der Allgemeinen Geographie IV).

SCHMITZ, Peter: Die Agrarlandschaft der italienischen Halbinsel in der Zeit vom Ausgange der römischen Republik bis zum Ende des ersten Jahrhunderts unsrer Zeitrechnung. Berlin 1938 (= Ber. ü. Landwirtsch. 139).

SCHNEIDER, Götz: Erdbeben. Entstehung – Ausbreitung – Wirkung. Stuttgart 1975.

SCHNEIDER, Jane, u. Peter SCHNEIDER: Culture and political economy in Western Sicily. New York 1976.

SCHNELLE, Fritz: Beiträge zur Phänologie Europas, I. u. II. – Ber. d. Dt. Wetterdienstes 101 (1965) u. 118 (1970).

SCHOLZ, Eberhard: Gliederung, Genese und Hydrographie der Poebene. – Geogr. Ber. 28 Nr. 107 (1983) S. 119–133.

SCHÖNENBERG, Reinhard: Einführung in die Geologie Europas. Freiburg i. Br. 1971.

SCHOTT, Carl: Die Entwicklung des Badetourismus an den Küsten des Mittelmeeres. – In: E. MEYNEN (Hrsg.), Geographie heute, Einheit und Vielfalt. Ernst Plewe zu seinem 65. Geb. Wiesbaden 1973 (= Erdkdl. Wissen 33, Geogr. Z. Beihefte), S. 302–322.

–: Die Entwicklung des Badetourismus an der nördlichen Adriaküste. – In: C. SCHOTT (Hrsg.), Beitr. z. Kulturgeogr. d. Mittelmeerländer III. Marburg/Lahn 1977 (= Marburger Geogr. Schr. 73), S. 147–176.

–: Wandlungen des Fremdenverkehrs und Entwicklungen der Kulturlandschaft an der Ligurischen Riviera. – In: A. PLETSCH u. W. DÖPP (Hrsg.), Beitr. z. Kulturgeogr. d. Mittelmeerländer IV. Marburg/Lahn 1981 (= Marburger Geogr. Schr. 84), S. 213–232.

SCHRECK, Winfried: Waldgeschichte der Toskana im 19. Jahrhundert. Diss. Erlangen 1969.

SCHREIBER, Detlef: Entwurf einer Klimaeinteilung für landwirtschaftliche Belange. Paderborn 1973 (= Bochumer Geogr. Arb. Sonderreihe 3).

SCHRETTENBRUNNER, Helmut: Bevölkerungs- und sozialgeographische Untersuchung einer Fremdarbeitergemeinde Kalabriens. München 1970 (= Wirtsch.-geogr. Inst. München, Ber. z. Regionalforsch. 5).

–: Gastarbeiter, ein europäisches Problem aus der Sicht der Herkunftsländer und der Bundesrepublik Deutschland. Frankfurt $^2$1976.

SCHUDT, Ludwig: Italienreisen im 17. und 18. Jahrhundert. Wien–München 1959.

SCOTONI, Lando: Sulla situazione astronomica della Regione Italiana e della Repubblica Italiana. Precisazioni e nuova determinazione. – Boll. Soc. Geogr. It. 101 (1964) S. 149–170.

–: Le sorgenti prenestine (Subappennino laziale). – Riv. Geogr. It. 75 (1968) S. 360–373.

–: Un nome territoriale recente: la Ciociaría (Lazio). – Geogr. Scuole 22 (1977) S. 193–207.

–: Greci e arabi in Sicilia. Geografia comparata di due civiltà. – Mem. Soc. Geogr. It. 32 (1979) S. 125–225.

SEIDELMAYER, Michael: Geschichte Italiens. Stuttgart 1962.

SEIDENSTICKER, August: Waldgeschichte des Altertums. Frankfurt a. d. O. 1886.

SELLA, Domenico: The iron industry in Italy, 1500–1650. – In: H. KELLENBENZ (Hrsg.), Schwerpunkte der Eisengewinnung und Eisenverarbeitung in Europa 1500–1650, Köln 1974, S. 91–105.

–: An industrial village in Sixteenth-Century Italy. – In: J. SCHNEIDER (Hrsg.), Wirtschaftskräfte und Wirtschaftswege III. Festschrift für Hermann Kellenbenz. Stuttgart 1978 (= Beitr. z. Wirtsch.gesch. 6), S. 37–46.

SENATO DE LA REPUBBLICA: I problemi delle acque in Italia. Relazoni e documenti. – Conferenza Nazionale delle Acque. Rom 1972.

SERENI, Emilio: Storia del paesaggio agrario italiano. Bari 1961, 1962, 1972.

SERONDE-BABONAUX, Anne-Marie: De l'urbs à la ville: Rome, croissance d'une capitale. [Aix-en-Provence] 1980.

SERVIZIO IDROGRAFICO: Distribuzione della temperatura dell'aria in Italia nel trentennio 1926–1955, 4 Bde., hrsg. Ministero dei Lavori Pubblici, Cons. Sup., 2. Aufl. Rom 1966–1969 (= Pubbl. Nr. 21 del Serv.).

–: Precipitazioni medie mensili ed annue e numero dei giorni piovosi per il trentennio 1921–1950, 13 Bde., hrsg. Ministero dei Lavori Pubblici, Cons. Sup., Rom 1955–1961 (= Pubbl. Nr. 24 del Serv.).

–: Dati caratteristici dei corsi d'acqua italiani, hrsg. Ministero dei Lavori Pubblici, Cons. Sup., Rom 1934, 1939, 1953, 1963 (= Pubbl. Nr. 17 del Serv.).

–: La nevosità in Italia nel quarantennio 1921–1960 (gelo, neve e manto nevoso), hrsg. Ministero dei Lavori Pubblici, Cons. Sup., Rom 1973 (= Pubbl. Nr. 26 del Serv.).

SESTINI, Aldo: Delimitazioni delle grandi regioni orografico-morfologiche dell'Italia. – Riv. Geogr. It. 51 (1944) S. 16–29.

– u. a.: L'Italia fisica. Mailand 1957 (= Conosci l'Italia, Vol. 1, hrsg. TCI).

–: Qualche osservazione geografico-statistica sulle conurbazioni italiane. – In: Studi geografici pubblicati in onore del Prof. R. Biasutti, Riv. Geogr. It. Suppl. 1958, S. 313–328.

–: Il Paesaggio. Mailand 1963 (= Conosci l'Italia, Vol. 7, hrsg. TCI) [= 1963 a].

–: Appunti per una definizione del paesaggio geografico. – In: Scritti geografici in onore di Carmelo Colamonico, Neapel 1963, S. 272–286 [=1963 b].

–: Per un nuovo Atlante nazionale d'Italia. – Boll. Soc. Geogr. It. 106 (1969) S. 539–548.

SESTINI, Giuliano (Hrsg.): Development of the Northern Apennines Geosyncline. – Special Issue. Sedim. Geol. 4 (1970) S. 203–647.

Seufert, Otmar: Die Reliefentwicklung der Grabenregion Sardiniens. Ein Beitrag zur Frage der Entstehung von Fußflächen und Fußflächensystemen. Würzburg 1970 (= Würzburger Geogr. Arb. 24).

–: Mediterrane Geomorphodynamik und Landwirtschaft. Grundzüge und Nutzanwendungen geoökodynamischer Untersuchungen in Sardinien. – Geoökodynamik 4 (1983) S. 287–341.

Seume, Johann Gottfried: Spaziergang nach Syrakus im Jahre 1802. [1803]. Leipzig 1960.

Sibilla, Paolo: Una comunità Walser delle Alpi. Strutture tradizionali e processi culturali. Florenz 1980.

Sieberg, August: Einführung in die Erdbeben- und Vulkankunde Süditaliens. Jena 1914.

Signorelli, Amalia, Maria Clara Tiriticco u. Sara Rossi: Scelte senza potere. Il ritorno degli emigranti nelle zone dell'esodo. Rom 1977.

Simoncelli, Ricciarda: La Val Camonica: una valle siderurgica alpina. Rom 1973 (= Pubbl. Ist. Geogr. Econ. Univ. Roma).

Sion, Jules: Les péninsules méditerranéennes. – Géographie Universelle, Tome VII, Paris 1934.

Siracusa, Giusi: Una ricerca sulla decadenza delle tonnare in Sicilia. – Boll. Soc. Geogr. It. 117 (1980) S. 117–124.

Skirke, Skirnir, u. Friedrich Tönnies: Das Abflußverhalten an einigen ausgewählten Pegeln im Einzugsgebiet des Po, dargestellt anhand von Punktsäulendiagrammen. Freiburg 1972 (= Freiburger Geogr. Mitt. 1), S. 91–109.

Skowronek, Armin: Untersuchungen zur Terra rossa in E- und S-Spanien – ein regionalpedologischer Vergleich. Würzburg 1978 (= Würzburger Geogr. Arb. 47).

Slezak, Friedrich: Stahlwerk Tarent und Industrialisierung des ›Mezzogiorno‹. – Mitt. Österr. Geogr. Ges. 110 (1968) S. 85–88.

Società Geografica Italiana (Hrsg.): Bibliografia geografica della Regione Italiana. Rom 1949ff.

– (Hrsg.): Un sessantennio di ricerca geografica italiana. – Mem. Soc. Geogr. It. 26 (1964).

Sonnino, Eugenio (Hrsg.): Ricerche sullo spopolamento in Italia: 1871–1971. Comitato italiano per lo studio dei problemi della popolazione. Ist. demogr. Univ. Roma, Schr. Reihe ab 1977.

Spanier, Rainer: Der Fremdenverkehr im Gebiet Bruneck. Innsbruck 1971 (= Beitr. z. alpenländ. Wirtsch. u. Soz. Forsch. 114).

Spano, Benito: L'industria miticola a Olbia. – L'Univ. 34 (1954) S. 755–764 [= 1954a].

–: La pesca di stagno in Sardegna. – Boll. Soc. Geogr. It. 91 (1954) S. 462–496 [= 1954b].

–: La grecità bizantina e i suoi riflessi geografici nell'Italia meridionale e insulare. Pisa 1965 (= Pubbl. Ist. Geogr. Univ. Pisa 12).

–: Insediamenti e dimore rurali della Puglia centro-meridionale (Murgia dei Trulli e Terra d'Otranto). Pisa 1967–68 (= Pubbl. Ist. Geogr. Univ. Pisa 14/15).

Spinelli, Giorgio: La siderurgia della Val di Susa. Ottimizzazione locazionale ed individualità geografico-economica. – Notiz. Geogr. Econ. 1, Nr. 4 (1970) S. 13–26.

Spooner, Derek J.: The southern problem, the Neapolitan problem and italian regional policy. – Geogr. Journ. 150 (1984) S. 11–26.

Sprengel, Udo: Die Herdenwege auf der italienischen Halbinsel und ihre Stellung im gegenwärtigen Landschaftsbild. – In: C. Schott (Hrsg.), Beitr. z. Kulturgeogr. d. Mittelmeerländer. Marburg/Lahn 1970 (= Marburger Geogr. Schr. 40), S. 33–52.

Sprengel, Udo: Die Wanderherdenwirtschaft im mittel- und südostitalienischen Raum. Marburg/Lahn 1971 (= Marburger Geogr. Schr. 51).

–: Der Fremdenverkehr im Zentralapennin. – In: C. Schott (Hrsg.), Beitr. z. Kulturgeogr. d. Mittelmeerländer II. Marburg/Lahn 1973 (= Marburger Geogr. Schr. 59), S. 163–183.

–: Fremdenverkehrsentwicklung als Bestandteil sektoraler und regionaler Förderung im italienischen Mezzogiorno. – In: K. Rother (Hrsg.), 1977, S. 229–239 [= 1977 a].

–: Junge Industrieentwicklungsgebiete und -kerne in der unteritalienischen Hochgebirgsregion Abruzzen. – In: C. Schott (Hrsg.), Beitr. z. Kulturgeogr. d. Mittelmeerländer III. Marburg/Lahn 1977 (= Marburger Geogr. Schr. 73), S. 81–108 [= 1977 b].

–: Zur freizeitverkehrsgeographischen Entwicklung in den mittleren Südalpen (Norditalien) – die Beispiele Macugnaga und Madesimo. – In: E. Grötzbach (Hrsg.), Freizeit und Erholung als Probleme der vergleichenden Kulturgeographie. Regensburg 1981 (= Eichstätter Beitr. 1., Abt. Geogr.), S. 39–70 [= 1981 a].

–: Zur Aufsiedlung des Tavoliere di Puglia im 19. Jahrhundert. – In: A. Pletsch u. W. Döpp (Hrsg.), Beitr. z. Kulturgeogr. d. Mittelmeerländer IV. Marburg/Lahn 1981 (= Marburger Geogr. Schr. 84), S. 75–86 [=1981 b].

Stacul, Paul: Der Schwefelbergbau in Sizilien. – Natur u. Museum 97 (1967) S. 17 bis 28.

Stein, Norbert: Die Industrialisierung an der Südostküste Siziliens. – Die Erde 102 (1971) S. 180–207.

Steuer, Michael: Wahrnehmung und Bewertung von Naturrisiken am Beispiel zweier ausgewählter Gemeindefraktionen im Friaul. Kallmünz/Regensburg 1979 (= Münchener Geogr. H. 43).

Stock, Francine: Italy: New plan to reduce oil imports. – Petroleum economist 48 (1981), S. 241–243.

Stoob, Heinz: Norba-Ninfa-Norma-Sermoneta. Latinische Modelle zu Problemen von Fortdauer und Abbruch städtischen Lebens. – In: W. Besch, K. Fehn u. a. (Hrsg.), Die Stadt in der europäischen Geschichte. Festschrift Edith Ennen, Bonn 1972, S. 91–107.

–: Die Castelli der Colonna. – Herrschaftsbildung in der Campagna Romana im Hochmittelalter. – In: Stadt-Land-Beziehungen und Zentralität als Problem der historischen Raumforschung. Hannover 1974 (= Veröff. Akad. f. Rf. u. Ldpl., Forsch. u. Sitz. Ber. 88, Historische Raumforsch. 11), S. 73–75.

Stoppani, Antonio: Il Bel Paese. Mailand 1875; 2. Aufl. hrsg. v. Aldo Sestini, Mailand 1939.

Straaten, L. M. van: Holocene and late-Pleistocene sedimentation in the Adriatic Sea. – Geol. Rdsch. 60 (1971) S. 106–131.

Strappa, Osvaldo: Storia delle miniere di mercurio del Monte Amiata. – Ind. miner. 28 (1977) S. 252–259, 336–348 u. 433–439.

Strassoldo, Marzio: Le località centrali nella bassa Friulana. Udine 1973 (= Coll. Tesi di Laurea 7).

Susini, Giancarlo: La città antica. – In: TCI (Hrsg.), Le Città, Turin 1978 (= Capire L'Italia, Vol. II), S. 26–55.

Susmel, Lucio: Bosco e diluvio. – Le Vie d'Italia 73 (1967) S. 317–328.

Suter, Karl: Die alte Vergletscherung des Zentral-Apennins. – Geogr. Z. 38 (1932) S. 257–270.

SVIMEZ = Associazione per lo sviluppo dell'Industria nel Mezzogiorno (Hrsg.): Statistiche sul Mezzogiorno, 1861–1950. Rom 1956.
– (Hrsg.): Un equilibrio fra il Nord e il Sud d'Italia. Rom 1957.

TAGLIACARNE, Guglielmo: Spopolamento montano ed esodo rurale: misura e prospettive. – In: F. VITO (Hrsg.) 1966, S. 3–14.
– (Hrsg.): La carta commerciale d'Italia. Varese 1968.
–: Atlante delle aree commerciali d'Italia. Mailand 1973.
–: Il reddito prodotto nelle province italiane 1951–1971. Indici di alcuni consumi e del risparmio assicurativo. Mailand 1973.
TARGA, Artaserse: Fiumicino porto di pesca. Rom 1971 (= Atti XX. Congr. Geogr. It. Rom 1967, Vol. IV), S. 197–206.
TASSI, Franco: Der Abruzzen Nationalpark. – Regionalregierung der Abruzzen, Abt. Fremdenverkehr. o. J.
TECNECO (ENI, Hrsg.): Prima relazione sulla situazione ambientale del Paese, 4 Bde. Rom 1974.
TEICHMÜLLER, Rolf, u. Hans-Wilhelm QUITZOW: Deckenbau im Apenninbogen. Berlin 1935 (= Abh. Ges. Wiss. Göttingen, Math.-phys. Kl. 14).
TERROSU ASOLE, Angela: Osservazioni preliminari sull'insediamento costiero nel Lazio. – Boll. Soc. Geogr. It. 97 (1960) S. 401–445.
TEWS, Helmut H.: Vom Niedergang der sizilianischen Schwefelindustrie. – Geogr. Rdsch. 32 (1980) S. 460–464.
THIELSCHER, Paul (ed.): Des Marcus Cato Belehrung über die Landwirtschaft. Berlin 1963.
TICHY, Franz: Beobachtungen von Formen und Vorgängen ›mediterraner Solifluktion‹. Wiesbaden 1960 (= 32. Dt. Geogr.-Tag Berlin 1959, Tag.-Ber. u. Wiss. Abh.), S. 211–217.
–: Die geographischen Grundlagen der italienischen Industrien. – Geogr. Rdsch. 13 (1961) S. 1–10.
–: Die Wälder der Basilicata und die Entwaldung im 19. Jahrhundert. Heidelberg–München 1962 (= Heidelberger Geogr. Arb. 8).
–: Die Bodennutzungskarte von Italien. Peterm. Mitt. 109 (1965) S. 208–209.
–: Kann die zunehmende Gebirgsentvölkerung des Apennins zur Wiederbewaldung führen? – In: E. WEIGT (Hrsg.), Angewandte Geographie. Festschrift für Professor Dr. Erwin Scheu. Nürnberg 1966 (= Nürnberger Wirtsch.- u. Sozialgeogr. Arb. 5), S. 85–92.
TIRONE, Lucien: La vigne dans l'exploitation agricole en Italie. – Méditerranée, N. Ser. 1 (1970) S. 339–362.
–: Mutations récentes du vignoble italien. – Méditerranée 23 (1975) S. 59–80.
TITI, Carlo: Il turismo alberghiero qualificato sulle coste liguri e veneto-friulano-giuliane. Un'analisi comparata della capacità ricettiva e del movimento degli ospiti. – Riv. Geogr. It. 87 (1980) S. 249–280.
TOBRINER, Stephen: The genesis of Noto: an eighteenth century sicilian city. Berkeley 1982.
TOMAS, François: La formation d'un fossé méditerranéen: la vallée du Crati. – Rev. Géogr. Lyon 41 (1966) S. 155–165.
TOMASELLI, Ruggero: Note illustrative della Carta della vegetazione naturale potenziale d'Italia. – Minist. Agric. e Foreste, Rom 1970 (= Collana verde 27).

Tomaselli, Ruggero, A. Balduzzi u. S. Filipello: Carta bioclimatica d'Italia. – R. Tomaselli, La vegetazione forestale d'Italia, Min. Agric. e Foreste, Rom 1973 (= Collana verde 33).

Tömmel, Ingeborg: Bologna – Planungspolitik als praktische Kritik des Agglomerationsprozesses. – In: Redaktionskollektiv (Hrsg.), Stadtentwicklungsprozeß – Stadtentwicklungschancen: Planung in Berlin, Bologna und in der VR China, Göttingen 1976, S. 35–134.

Toniolo, Antonio Renato: I regimi dei corsi d'acqua della Penisola Italiana. Lissabon 1950 (= Comptes rendus Congr. Internat. Géogr. Lisbonne 1949 Tome II), S. 435–454.

Tönnies, Friedrich: Die Abflußregime in Italien unter besonderer Berücksichtigung statistischer Methoden. – Mitt. geogr. Fachschaft Freiburg, NF 1 (1971) S. 92–115.

Tortolani, Ugo: La Salina di Margherita di Savoia: trasformazioni geografiche recenti. – Riv. Geogr. It. 76 (1969) S. 432–439.

Toschi, Umberto: Emília-Romagna. Turin 1961.

TCI = Touring Club Italiano (Hrsg.): Guida d'Italia, 23 Bde. (seit 1914 i. Neuaufl.), Mailand.

– (Hrsg.): Conosci l'Italia. Mailand. – Vol. 1: L'Italia física, 1957; Vol. 2: La Flora, 1958; Vol. 3: La Fauna, 1959; Vol. 4: Arte e Civiltà nell'Italia antica, 1960; Vol. 5: L'Italia storica, 1961, Vol. 7: Il paesaggio, 1963, u. a.

– (Hrsg.): Qui Touring. Settimanale del Touring Club Italiano. Mailand 1971 ff.

– (Hrsg.): Capire l'Italia. Mailand. – Vol. 1: I Paesaggi umani, 1977; Vol. 2: Le Città, 1978; Vol. 3: Il Patrimonio storico-artistico, 1979; Vol. 4: I Musei, 1980; Vol. 5: Campagna e industria. – I segni del lavoro, 1981.

– (Hrsg.): Annuario Generale dei comuni e delle frazioni d'Italia. Mailand 1980. Edizione 1980/1985.

– (Hrsg.): Città da scoprire. 1. Italia settentrionale. Guida ai centri minori. Mailand 1983.

–: Attraverso l'Italia. 1. Serie, 21 Bde., Mailand 1930–1954; 2. Serie, 26 Bde., Mailand 1956–1972; 3. Serie, 30 Bde., Mailand 1984 ff.

Tremelloni, Roberto: Cento anni di strade in Italia. Rom 1962 (= Quaderni di autostrade 1).

Treves, Anna: La politique anti-urbaine fasciste et un siècle de résistance contre l'urbanisation en Italie. – L'Espace géographique 10 (1981) S. 115–124.

Trewartha, Glenn Thomas: The earth's problem climates. Wisconsin 1961, London 1962.

Trzpit, Jean-Paul: La Méditerranée, un creuset d'humidité. – Méditerranée 40 (1980) S. 13–28.

Turco, Angelo: Organizzazione territoriale e compromissione ambientale nel bacino imbrifero del Lago Maggiore. Verbania Pallanza 1977 (= Mem. Ist. It. Idrobiol. 35).

Turri, Eugenio: L'Italia allo specchio: le recenti trasformazioni del paesaggio e la crisi del rapporto società-ambiente in Italia. – Comunità. Riv. Inf. culturale 31 (1977) S. 1 bis 94.

Ullmann, Rudolf: Abtragungs- und Verwitterungsformen im Ligurisch-emilianischen Apennin. – Geogr. Helvet. 19 (1964) S. 229–244.

–: Der nordwestliche Apennin. Kulturgeographische Wandlungen seit Beginn des 18. Jahrhunderts. Freiburg 1967 (= Freiburger Geogr. Arb. 2).

UNESCO: World catalogue of very large floods. Paris 1976.

UPMEIER, Helga: Der Agrarwirtschaftsraum der Poebene. Eignung, Agrarstruktur und regionale Differenzierung. Tübingen 1981 (= Tübinger Geogr. Studien 82).

VALENTIN, Hartmut: Die Küsten der Erde. Beiträge zur allgemeinen und regionalen Küstenmorphologie. Gotha ²1954 (= Pet. Mitt. Erg.-H. 246).

VALLEGA, Adalberto: Maritime transport, ports and mediterranean megalopolises: towards new interdependences. – Ekistics 290 (1981) S. 332–335.

–: Armatura portuale italiana e strategie spaziali. – Boll. Soc. Geogr. It. 119 (1982) S. 233–276.

VALUSSI, Giorgio: La pietra calcarea in Italia e nel Carso triestino. Triest 1957 (= Univ. degli Studi di Trieste. Ist. Geogr. 1).

– (Hrsg.): Italiani in movimento. Pordenone 1978 (= Atti del convegno di studi sui fenomeni migratori in Italia, Piancavallo, 28–30 aprile 1978).

VANNI, Manfredo: L'immigrazione a Torino dall'Italia Meridionale. Riv. Geogr. It. 64 (1957) S. 1–8.

VARANI, Luigi: Evoluzione dei rapporti uomo-ambiente nei gessi bolognesi e romagnoli. – Boll. Soc. Geogr. It. 111 (1974) S. 325–347.

VARDABASSO, Silvio: La pénéplaine hercynienne de la Sardaigne du Centre. – Rev. Géogr. Lyon 26 (1951) S. 131–139.

– : Die außeralpine Taphrogenese im kaledonisch-variszisch konsolidierten Vorlande. – Geol. Rdsch. 53 (1964) S. 613–630.

VAROTTO, Sandro: Carta dell'uso attuale del suolo del Parco Naturale della Maremma. – Riv. di Agric. Subtrop. e Trop. 71 (1977) S. 237–245.

VENZO, Giulio Antonio: Rilevamento geologico dell'anfiteatro morenico frontale del Garda dal Chiese all'Adige. – Mem. Soc. It. Sc. Nat. e del Museo Civico di Sc. Nat. di Milano 14, Nr. 1 (1965).

–: Glaziale Übertiefung und postglaziale Talverschüttung im Etschtal. – Eiszeitalter und Gegenwart 29 (1979) S. 115–121.

VERACINI, Giovanni: Le industrie del cuoio e delle calzature nel Valdarno inferiore. Pisa 1975.

VINAY, Tullio, u. G. VINAY: Riesi. Ein christliches Abenteuer. Stuttgart u. Berlin 1964.

VITA, Felice, u. Vittorio LEONE: La distribuzione attuale di ›Quercus macrolepis‹ KOTSCHY in Puglia. Aspetti fitoecologici e fitosociologici. – Boll. Soc. Geogr. It. 120 (1983) S. 35–54.

VITA-FINZI, Claudio: The mediterranean valleys. Geological changes in historical times. Cambridge 1969.

VITALI, Ornello: La popolazione attiva in agricoltura attraverso i censimenti italiani. Rom 1968 (= Pubbl. Ist. Demogr. Univ. Roma 19).

–: La crisi italiana: il problema della popolazione. Univ. degli Studi di Urbino. Mailand 1976.

VITIELLO, Antonio: Come nasce l'industria subalterna: Il caso Alfasud a Napoli 1966–1972. Neapel 1973 (= Studio Sud Nr. 7).

VITO, Francesco (Hrsg.): L'esodo rurale e lo spopolamento della montagna nella società contemporanea. Mailand 1966 (= Atti del convegno italo-svizzero, Roma, 24–26 maggio 1965).

VITTE, Pierre: Tourisme riche et montagne pauvre: la province de l'Aquila (Abruzzes). – Rev. Géogr. alpine 63 (1975) S. 511–532.

VITTORINI, Sebastiano: Osservazioni sulla morfologia del Monte Amiata. Rom 1969 (= Atti XX. Congr. Geogr. It. Rom 1967 Vol. II), S. 23–44.

–: La degradazione in un campo sperimentale nelle argille plioceniche della Val d'Era (Toscana) e i suoi riflessi morfogenetici. CNR L'erosione del suolo in Italia e i suoi fattori IV, Pisa 1971 – Riv. Geogr. It. 78 (1971) S. 142–169.

–: Ricerche sul clima della Toscana in base all'evapotraspirazione potenziale e al bilancio idrico. CNR L'erosione del suolo in Italia e i suoi fattori V, Pisa 1971. – Riv. Geogr. It. 79 (1972) S. 1–30.

–: Il bilancio idrico secondo Thornthwaite in alcuni bacini della Toscana. CNR L'erosione del suolo in Italia e i suoi fattori VII, Pisa 1972. – Atti Soc. Tosc. Sc. Nat., Mem. Serie A, 79 (1972) S. 138–149.

–: Il bilancio idrico secondo Thornthwaite nelle isole di Stromboli, Ustica, Pantelleria e Lampedusa. Forlì 1972 (= Lav. Soc. Ital. Biogeogr., N. Ser. 3), S. 87–94.

– : Le condizioni climatiche dell'Arcipelago toscano. – L'Univ. 56 (1976) S. 147–176.

– : Osservazioni sull'origine e sul ruolo di due forme di erosione nelle argille: calanchi e biancane. CNR L'erosione del suolo in Italia e i suoi fattori X, Pisa 1977. – Boll. Soc. Geogr. It. 114 (1977) S. 25–54.

VLORA, Alessandro K.: ›Zone industriali‹ e ›industrializzazione‹ in Puglia e Basilicata. Como 1965 (= Atti XIX. Congr. Geogr. It. Como 1964, Vol. II), S. 659–672.

VÖCHTING, Friedrich: Die Urbarmachung der Römischen Campagna. Zürich und Leipzig 1935.

–: Die italienische Südfrage. Berlin 1951.

VORDEMANN, Jürgen: Erdwärme. Energie aus heißem Gestein. – Bild d. Wiss. 16 (1979) S. 177–190.

WAETZOLD, Wilhelm: Das klassische Land. Wandlungen der Italiensehnsucht. Leipzig 1927.

WAGNER, Hermann: Italien. Rohstoffwirtschaftliche Länderberichte 28. Bundesanstalt für Geowissenschaften und Rohstoffe Hannover. Stuttgart 1982.

WAGNER, Horst-Günter: Der Osthang des Vesuv. Struktur und junge Veränderungen der Agrarlandschaft. – Die Erde 96 (1966) S. 6–30.

–: Die Kulturlandschaft am Vesuv. Eine agrargeographische Strukturanalyse mit Berücksichtigung der jungen Wandlungen. Hannover 1967 (= Jb. Geogr. Ges. Hannover 1966).

–: Der Golf von Neapel. Geographische Grundzüge seiner Kulturlandschaft. – Geogr. Rdsch. 20 (1968) S. 285–295.

–: Italien. Wirtschaftsräumlicher Dualismus als System. – In: E. MEYNEN (Hrsg.), Geographisches Taschenbuch und Jahrweiser für Landeskunde 1975/1976. Wiesbaden 1975, S. 57–79.

–: Industrialisierung in Süditalien. Wachstumspolitik ohne Entwicklungsstrategie? – In: C. SCHOTT (Hrsg.), Beitr. z. Kulturgeogr. d. Mittelmeerländer III. Marburg/Lahn 1977 (= Marburger Geogr. Schr. 73), S. 49–80.

WAGNER, Max Leopold: La lingua sarda. Storia, spirito e forma. Bern 1950.

WALDECK, Hans: Die Insel Elba. Mineralogie, Geologie, Geographie, Kulturgeschichte. Berlin–Stuttgart 1977 (= Sammlg. Geol. Führer 64).

WALKER, Donald Smith: A geography of Italy. London ²1967.

WALLNER, Ernst M.: Fischereiwesen und Fischerbevölkerung in Sizilien. Bestand – Besonderheiten – Bedeutung heute. München 1981 (= Minerva Fachserie Wirtsch.- u. Soz. wiss.).

WAPLER, Gernot: La ricerca sulle località centrali nella letteratura geografica italiana. Perugia 1972.

–: Die zentralörtliche Funktion der Stadt Perugia. Berlin 1979 (= Abh. Geogr. Inst. FU Berlin, Anthropogeogr. 28).

WARD-PERKINS, John B.: Etruscan towns, roman roads and medieval villages: the historical geography of southern Etruria. – Geogr. Journ. 128 (1962) S. 389–405.

WEBER, Christian, u. P. COURTOT: Le séisme du Frioul (Italie, 6 mai 1976) dans son contexte sismotectonique. – Rev. Géogr. phys. Géol. dyn. 20 (1978) S. 247–258.

WELTE, Adolf: Ländliche Wirtschaftssysteme und mittelmeerische Kulturlandschaft in Sardinien. – Z. Ges. f. Erdkde. zu Berlin 1933, S. 270–290.

WERNER, Dietrich: Naturräumliche Gliederung des Ätna. Landschaftsökologische Untersuchungen an einem tätigen Vulkan. Göttingen 1968 (= Göttinger Bodenkdl. Ber. 3).

–: Interpretation von ökologischen Karten am Beispiel des Ätna. – Erdkunde 27 (1973) S. 93–105.

WINDHORST, Hans-Wilhelm: Geographie der Wald- und Forstwirtschaft. Stuttgart 1978.

WINKLER-HERMADEN, Arthur: Geologisches Kräftespiel und Landformung. Grundsätzliche Erkenntnisse zur Frage junger Gebirgsbildung und Landformung. Wien 1957.

WIRTH, Eugen: Die Murgia dei Trulli (Apulien). – Die Erde 93 (1962) S. 249–278.

WUNDERLICH, Hans-Georg: Maß, Ablauf und Ursachen orogener Einengung. – Geolog. Rdsch. 55 (1965) S. 699–715.

–: Wesen und Ursachen der Gebirgsbildung. Mannheim 1966 (= B. I. Hochschultaschenb. 339).

WUNDT, Walter: Gewässerkunde. Berlin–Göttingen–Heidelberg 1953.

WURZER, Bernhard: Die deutschen Sprachinseln in Oberitalien. Bozen $^{3}$1973.

ZANELLA, Guglielmo (Hrsg.): Atti del primo convegno di meteorologia appenninica (Reggio Emília, 7–10 aprile 1979). Reggio Emília 1982.

ZANETTO, Gabriele: Il potenziale: da modello a strumento. – Riv. Geogr. It. 86 (1979) S. 298–320.

ZANFERRARI, Adriano, Franco PIANETTI, Ugo MATTANA, Luigi DALL'ARCHE u. Vladimiro TONIELLO: Evoluzione neotettonica e schema strutturale dell'area compresa nei fogli 38 – Conegliano, 37 – Bassano del Grappa e 39 – Pordenone. – Pubbl. Ist. Geogr. Padua. Suppl. al Vol. XIV, Padua 1980.

ZANGHERI, Pietro: La Provincia di Forlì nei suoi aspetti naturali. Castrocaro 1961.

–: Flora Italica. I: Testo; II: Tavole. Padua 1976.

ZANIBONI, Eugenio: Alberghi italiani e viaggiatori stranieri sec. XIII–XVIII. Neapel 1921.

ZAVATTI, Silvio: Porti e porticciuoli delle Marche dal Conero al Tronto. Rom 1971 (= Atti XX. Congr. Geogr. It. Rom 1967, Vol. IV), S. 173–182.

ZIENERT, Adolf: Das Moränenamphitheater von Ivrea (Dora Báltea). – In: H. GRAUL u. H. EICHLER (Hrsg.), Sammlung quartärmorphologischer Studien I. Heidelberg 1973 (= Heidelberger Geogr. Arb. 38), S. 141–157.

ZIMPEL, Heinz-Gerhard: München und Mailand, zwei Metropolen in den Vorlanden der Alpen. – Mitt. Geogr. Ges. München 44 (1972) S. 99–126.

Zucconi, Giovanni: I laghi collinari nell'economia italiana. Trescore Balneario/Bergamo 1971.

Zunica, Marcello: Osservazioni sulla mareggiata del 4 novembre 1966 nel tratto di litorale compreso tra le foci del Piave e del Livenza. Rom 1971 (= Atti XX. Congr. Geogr. It. Rom 1967, Vol. IV), S. 4–16 [=1971 a].

–: Le spiagge del Veneto. Padua 1971 (= CNR Ricerche sulle variazioni delle spiagge italiane 8). [= 1971 b].

–: Considerazioni morfologiche sul delta Padano. – In: Atti del Convegno ›Per il grande parco naturale del delta‹. Rovigo 10–11 giugno 1972, S. 47–51 (= Pubbl. Ist. Geogr. Padova 9, Nr. 23).

–: La frutticoltura ›Nonesa‹, fisionomia di una valle. – In: F. Donà (Hrsg.), Aspetti geografici del Trentino-Alto Adige occidentale. Padua 1974 (= Pubbl. Ist. Geogr. Padova 11), S. 127–149.

–: Human influence on the evolution of the Italian coastal areas. – In: A. Pecora u. R. Pracchi (Hrsg.) 1976, S. 87–93.

–: Coastal changes in Italy during the past century. – In: A. Pecora u. R. Pracchi (Hrsg.) 1976, S. 275–281.

–: Un convegno sul tema ›Le spiagge di Romagna: uno spazio da proteggere‹. – Riv. Geogr. It. 86 (1979) S. 488–489.

# REGISTER

## Ortsregister[1]



[1] Mit † sind Ruinenstädte oder ehemalige Orte bezeichnet. Die Lage in den Provinzen ist mit der üblichen Abkürzung angegeben (vgl. S. XIX).

# Sachregister